基本単位と特別の名称を持つ単位の組合せによる誘導SI単位

項 目	単 位	項 目	単 位
加速度	m/s^2	モルエネルギー	J/mol
角加速度	rad/s^2	モルエントロピー	J/mol·K
角運動速度	rad/s	モル熱容量	J/mol·K
面積	m^2	力のモーメント	Nm
モル濃度	mol/m^3	透磁率	H/m
電流密度	A/m^2	誘電率	F/m
密度,質量	kg/m^3	放射輝度	W/m^2·sr
電荷密度	C/m^3	放射強度	W/sr
電界の強さ	V/m	比熱容量	J/kg·K
表面電荷	C/m^2	比エントロピー	J/kg·K
体積エネルギー	J/m^3	比エネルギー	J/kg
エントロピー	J/K	比容積	m^3/kg
熱容量	J/K	表面張力	N/m
熱流密度	W/m^2	熱伝導率	W/m·K
放射照度	W/m^2	速度	m/s
輝度	cd/m^2	粘度	Pa·s
磁界の強さ	A/m	動粘度	m^2/s

SI接頭語

乗 数		接頭語[a]	記号
1 000 000 000 000	= 10^{12}	テラ(tera)	T
1 000 000 000	= 10^9	ギガ(giga)	G
1 000 000	= 10^6	メガ(mega)	M
1 000	= 10^3	キロ(kilo)	k
100	= 10^2	ヘクト(hecto)	h
10	= 10^1	デカ(deka)[b]	da
0.1	= 10^{-1}	デシ(deci)[b]	d
0.01	= 10^{-2}	センチ(centi)[b]	c
0.001	= 10^{-3}	ミリ(milli)	m
0.000 001	= 10^{-6}	マイクロ(micro)	μ
0.000 000 001	= 10^{-9}	ナノ(nano)	n
0.000 000 000 001	= 10^{-12}	ピコ(pico)	p
0.000 000 000 000 001	= 10^{-15}	フェムト(femto)	f
0.000 000 000 000 000 001	= 10^{-18}	アト(atto)	a

[a] 接頭語が認識できるよう各接頭語の第1音節にアクセントをつける.したがって,kilometerの発音は,第2音節ではなく第1音節にアクセントを置くことが望ましい.

[b] 非技術的にcentimeterを使う面積や体積の測定,身体や布の測定を除いて,これらの接頭語の使用は避けるべきである.

WATER REUSE
— Issues, Technologies, and Applications

水再生利用学
―持続可能社会を支える水マネジメント

監訳◎監訳委員会
- 顧問　　浅野　孝
- 委員長　大垣眞一郎
- 委員　　江藤　隆
- 　　　　滝沢　智
- 　　　　船水尚行
- 　　　　松井正樹
- 幹事長　田中宏明
- 幹事　　加賀山守
- 　　　　土橋隆二郎
- 　　　　藤木　修
- 　　　　山口　登

企画◎大阪市下水道技術協会

METCALF & EDDY　　AECOM

Written by
Takashi Asano
Franklin L. Burton
Harold L. Leverenz
Ryujiro Tsuchihashi
George Tchobanoglous

技報堂出版

Japanese translation rights arranged with
the McGraw-Hill Companies, Inc. through
Japan UNI Agency, Inc., Tokyo.

Water Reuse
Issues, Technologies, and Applications

Metcalf & Eddy | AECOM

Written by

Takashi Asano
Professor Emeritus of Civil and Environmental Engineering
University of California at Davis

Franklin L. Burton
Consulting Engineer
Los Altos, California

Harold L. Leverenz
Research Associate
University of California at Davis

Ryujiro Tsuchihashi
Technical Specialist
Metcalf & Eddy, Inc.

George Tchobanoglous
Professor Emeritus of Civil and Environmental Engineering
University of California at Davis

New York Chicago San Francisco Lisbon London Madrid Mexico City
Milan New Delhi San Juan Seoul Singapore Sydney Toronto

The McGraw·Hill Companies

Library of Congress Cataloging-in-Publication Data

Water reuse : issues, technologies, and applications / written by
  Takashi Asano . . . [et al.]. — 1st ed.
    p.   cm.
  Includes index.
  ISBN-13: 978-0-07-145927-3 (alk. paper)
  ISBN-10: 0-07-145927-8 (alk. paper)
  1. Water reuse. I. Asano, Takashi.
 TD429.W38515   2007
 628.1′62—dc22

                                                    2006030659

Copyright © 2007 by Metcalf & Eddy, Inc. All rights reserved. Printed in the United States of America. Except as permitted under the United States Copyright Act of 1976, no part of this publication may be reproduced or distributed in any form or by any means, or stored in a data base or retrieval system, without the prior written permission of the publisher.

4 5 6 7 8 9 10 11   DOC/DOC   1 5 4 3 2 1 0

ISBN-13: 978-0-07-145927-3
ISBN-10: 0-07-145927-8

Photographs: All of the photographs for this textbook were taken by George Tchobanoglous, unless otherwise noted.

The sponsoring editor for this book was Larry S. Hager and the production supervisor was Pamela A. Pelton. It was set in Times by International Typesetting and Composition. The art director for the cover was Brian Boucher.

Printed and bound by RR Donnelley.

This book is printed on acid-free paper.

McGraw-Hill books are available at special quantity discounts to use as premiums and sales promotions, or for use in corporate training programs. For more information, please write to the Director of Special Sales, McGraw-Hill Professional, Two Penn Plaza, New York, NY 10121-2298. Or contact your local bookstore.

Information contained in this work has been obtained by The McGraw-Hill Companies, Inc. ("McGraw-Hill") from sources believed to be reliable. However, neither McGraw-Hill nor its authors guarantee the accuracy or completeness of any information published herein, and neither McGraw-Hill nor its authors shall be responsible for any errors, omissions, or damages arising out of use of this information. This work is published with the understanding that McGraw-Hill and its authors are supplying information but are not attempting to render engineering or other professional services. If such services are required, the assistance of an appropriate professional should be sought.

　本書を Metcalf & Eddy の James(Jim) Anderson にささげる．彼は，2006 年 3 月，癌のため死去し，そのため，本書出版に至るまでの本書を見届けることはできなかった．

　Jim は，技術部長として Metcalf & Eddy の研究プログラムと継続して本書の作成に責任を担っていた．本書が結実できたのは，戦略的な水資源管理には水の再利用が重要であるという彼のビジョンのお陰である．Jim はまた，環境工学の専門家の研修の必要性を理解し，約 100 年前に Leonard Metcalf と Harrison P. Eddy が初めに発案し，実行したように Metcalf & Eddy がその役割を果たすことを理解していた．

Metcalf & Eddy 社長
Steve Guttenplan

日本語版刊行にあたって

　私達原著者一同は，水再生利用分野の総合的な教科書であり，参考書として初めて上梓され，現在アメリカで広く使用されている本書が，日本語に翻訳され，日本の読者に届けられることを心から歓迎するものである．

　21世紀になって，地球規模の人口増加と都市化が顕著になり，都市用水の必要量が増大し，水質汚濁など旧来から認識されていた問題に加え，気候変動の影響による洪水，渇水などの防災対策，枯渇資源の節約，回収と再利用など，社会の持続性を見据えた対応が緊急に求められている．このような時代を反映して，統合的な水資源マネジメント，都市の水資源の確保，水質や生態系の保全，水利用の効率化など，革新的な技術の適用と思考のパラダイム・シフトが求められている．本書のトピックスである水再利用は，都市下水や排水の処理と再生を出発点として，持続可能な水資源として地域社会の総合的な水管理政策を構築するための重要な要素として重要視されている．

　水再利用は，海水淡水化に比べてエネルギー使用量が少ないため，コスト効率が良く，都市の中にある直ぐに使える「水瓶」として脚光を浴び，世界各国の水資源マネジメント政策の重要な要素として認識されている．

　水再利用の基盤になっている原理は，(1)都市下水や排水を信頼度の高い水処理技術により浄化し，(2)公衆衛生の保護に万全を期し，(3)市民の賛同を得て，都市の中にある水資源として有効利用することにある．水再利用の主要な適用例としては，農業，景観などの灌漑用水や工業用水などがあるが，近年では環境修景，レクリエーション用水や地下水涵養など，より高度な水処理技術が必要となる用途への適用例が多くなっている．この高度処理を施した再生水は，水の供給と需要の量的なバランスが取れるため，都市の中にある経済効果の高い適切な「水瓶」として将来さらに重要性が高まってくると思われる．特に，地下水涵養や貯水池への再生水の導入は，間接的な飲料水としての利用であるが，長期にわたっての微量物質の摂取によって健康への影響が起こることがないか，市民の理解や支持をいかにして得るのかなど今後の研究が必要な分野である．

　既存の水インフラストラクチャーの老朽化が進み，修繕や改築にかかる財政負担が増加する今日，下水の回収を進め，その処理再生を行うという構造にも新たな視点を取り入れる必要性が認識されている．分散型，サテライト型の下水処理，再利用システムをはじめ，高度処理を行った再生水の飲料水補充への利用など，水再利用は統合的な水マネジメントを実施するための重要な役割を担うものと考えられる．

　水再利用を含めて，さらに21世紀の革新的で持続的な技術として，都市の下水処理場や水再生センターなどで行われなければならない研究開発には，(1)下水・排水中のエネルギーの回収，例えばCOD成分のエネルギーとしての回収，(2)化学物質(例えばリン)の回収があげられる．したがって，都市の下水処理場が水再生センターとして重要であるばかりでなく，エネルギーや化学物質回収施設としての役割も期待される．

　本書は，4年の歳月をかけて完成された「水再生利用学」の集大成で，アメリカをはじめとして世界各国で唯一の水再利用の専門家の参考書や大学院の教科書として広く使われて

きた．本書の日本語版出版によって，将来の持続可能社会を支える統合的な水マネジメントの重要な要素としての水再利用を進めていくうえで，科学的・技術的基礎原理と社会学的・経済学的な広範囲な側面の考察を日本の読者と共有できることを著者らは大変うれしく思う．本書の最終的な目標は，地域に基づいた統合的な水資源マネジメントの重要な要素である水再利用を通して，将来の地球環境を守っていく責任を持つことになる若い研究者，技術者の養成に役立つものになることである．したがって，本書の日本語版の表題『水再生利用学―持続可能社会を支える水マネジメント』はまさに著者らの概念を的確に捉えたものである．

この日本語版への翻訳作業は，大垣眞一郎国立環境研究所理事長（東京大学名誉教授）を監訳委員会委員長とし，田中宏明幹事長（京都大学教授）の元で，松井正樹氏（国土交通省下水道部長），江藤隆氏（下水道新技術推進機構専務理事，元国土交通省下水道部長），滝沢智東京大学教授，船水尚行北海道大学教授，加賀山守氏（元大阪府下水道技術センター理事長），藤木修氏（下水道新技術推進機構下水道新技術研究所長，元国土総合技術研究所下水道研究部長），および山口登氏（大阪市下水道技術協会理事長）の方々により監訳された．その翻訳陣は，農学，土木工学，水質科学，環境工学に関わる日本を代表する大学教授諸氏ならびに実務者28人よりなるすばらしい翻訳チームによってなされた．このようなすばらしい翻訳チームを構成され，実施された努力と協力に深く敬意を表すものである．

最後に，1993年に出版された『水質環境工学―下水処理・処分・再利用』以来，私達の分野の研究・出版のご助力をいただき，今回の『水再生利用学―持続可能社会を支える水マネジメント』を上梓していただいた技報堂出版の小巻慎氏に厚くお礼を申し上げる．小巻慎氏は，監訳委員会とともに，膨大な原稿内容の点検，原著の校正版の点検，索引の調整など，本書の出版にあたって，地道な作業を精力的かつ正確に行っていただいた．

2010年初夏

California大学Davis校名誉教授　　Takashi Asano（浅野孝）
Metcalf & Eddy社元副社長　　Franklin L. Burton
California大学Davis校博士研究員　　Harold L. Leverenz
AECOM株式会社技術スペシャリスト　　Ryujiro Tsuchihashi（土橋隆二郎）
California大学Davis校名誉教授　　George Tchobanoglous

原著者紹介

Takashi Asano(浅野 孝)　California大学Davis校名誉教授(工学部土木・環境工学専攻). 北海道大学農学部農芸化学科卒, California大学Berkeley校工学部衛生工学科修士(M.S.E.), Michigan大学Ann Arbor校工学部環境水資源工学科で1970年に工学博士(Ph.D). 研究領域・専門は, 統合的水マネジメントにおける水再生と再利用, 高度水処理技術および排水高度処理. Montana州立大学Bozeman校, Washington州立大学Pullman校で教鞭を執った. また, 1978年より15年間California州SacramentoにあるCalifornia State Water Resources Control Board(水資源管理局)に勤務し, 発展途上にあった水再生と再利用の研究および行政に従事した. 2001年, 「Stockholm Water Prize(ストックホルム水賞)」受賞. European Academy of Sciences and Arts会員, International Water Academy会員, Water Environment Federation名誉会員. 2004年, 北海道大学名誉博士. 2008年, スペインのCádiz大学名誉博士. 2009年, 瑞宝重光章叙勲. California州, Michigan州, Washington州認定技術士.

Franklin L. Burton　Metcalf & Eddy社のチーフエンジニア, 副社長としてCalifornia州Palo Altoで30年間勤務. 1986年に退社し, コンサルタントとして処理技術評価, デザイン批評, エネルギー管理, バリューエンジニアリングの分野を専門に活動. Lehigh大学機械工学学士, Michigan大学土木工学修士. Metcalf & Eddy社による教科書『Wastewater Engineering : Treatment and Reuse』の第3版, 第4版の共著者の一人である. また飲料水, 下水の処理およびこれらの分野でのエネルギーマネジメントに関する30以上の著作を持つ. California州認定技術士(土木), American Society of Civil Engineers, American Water Works AssociationおよびWater Environment Federationの生涯会員.

Harold L. Leverenz　California大Davis校博士研究員. Michigan州立大学バイオシステム工学学士, California大学Davis校環境工学修士, 博士. 専門と研究分野は, 分散型水再利用システム, 自然処理プロセス, エコロジカルサニテーションシステムに及ぶ. California州認定技術士(土木). American Ecological Engineering Society会員, American Society of Agricultural and Biological Engineers会員, International Water Association会員.

Ryujiro Tsuchihashi(土橋隆二郎)　AECOM社(旧Metcalf & Eddy社)技術スペシャリスト. 京都大学衛生工学学士, 京都大学地球環境工学修士, California大学Davis校環境工学博士. 専門分野は, 栄養塩類処理技術, 水再処理技術評価およびデザイン, 下水中の病原菌検出, 地下水涵養に伴う健康影響評価, 水再利用アプケーションの評価. American Society of Civil Engineers会員, International Water Association会員, Water Enviroment Federation会員, Water Reuse Association財団AECOM使節. AECOM水再利用技術ネットワークリーダー.

George Tchobanoglous　California大学Davis校名誉教授(工学部土木・環境工学専攻). Pacific大学土木工学学士, California大学Berkeley校衛生工学修士, Stanford大学で1969年に工学博士. 研究分野は, 下水処理, 水再利用, 下水ろ過, 紫外線処理, 水生生物を利用した下水マネジメントシステム, 小規模分散型下水処理マネジメントシステム, 廃棄物マネジメントに及ぶ. 教科書13編, 参考図書4編を含め, 350を超える技術文献を著作・共著. 氏が著作した教科書は国内225を超える大学および実務専門家に愛用されているばかりでなく, 世界各国で原著の英語版, 翻訳版が広く使われている. Association of Environmental Engineering and Science Professors前会長. 数多くの賞

を受賞しており，2003年にはNational Water Research InstituteよりClarke賞を受賞．2004年にはNational Academy of Engineeringに就任．2005年にはColorado School of Mines大学名誉博士．California州認定技術士（土木）．

本書の意義

　この翻訳書に先立つこと19年前の1991年にアメリカで出版された"WASTEWATER ENGINEERING—Treatment, Disposal, and Reuse"［翻訳書名『水質環境工学—下水の処理・処分・再利用』（1993年，技報堂出版）］は，世界的に広く教科書として利用されていた．本書の監訳委員会顧問の浅野孝教授はその著者の一人であるが，日本においてその翻訳書は，集大成された排水処理分野の教科書として高い評価を受けている．基礎から実務までの水のすべての分野を網羅しており，世界の水を対象とした視点から幅広い知見を学ぶことができるものである．今回の書は，それに続く翻訳書と位置付けることができ，水再生利用を主体にした新しいこれからの時代の教科書ないしは参考書である．新しい時代への対応という意義を表すために副題を加え，『水再生利用学—持続可能社会を支える水マネジメント—』と題している．

　すべてがグローバル化し，各種情報がネットワークを通して世界を駆け巡る時代ではあるが，いま，この'WATER REUSE—Issues, Technologies, and Applications'を日本語に翻訳出版することに重要な意義がある．翻訳の必要性とその意義はどこにあるのであろうか．

　日本の水関連技術は，戦後，産官学のそれぞれの分担のもと，上下水道技術，公害対策，環境保全など国内の社会資本整備を効率的にかつ高度で精密に実施してきた．その中には多くの革新的な技術開発，新材料の適用を含み，高度な国内の施設を作り上げ，都市システムとして完成させてきた．東京，大阪をはじめとするメガシティーにおける水洗便所用水や景観維持用水への下水再生水の利用を大規模に導入し，長年にわたり確実に運営してきている．世界に類例のない実施例である．

　しかし，世界全体において，水システム技術は，土木施設としての性格から設備システム技術としての性格へと変化してきている．下水処理システムは生物化学的反応であり，処理水の環境影響評価は生態学の知識が必要であり，再利用は人の健康へのリスク評価が必要である．地域の施設を建設・管理・運用する産業から，水と衛生のサービス（利便の提供）をする産業に変化してきている．世界は，水と衛生のサービスを提供する統合的な技術システムとしての機能を水システムに求めている．

　また，飲料水水質基準と水環境の環境基準の強化，下水処理水の再利用技術の進展，地球規模気候変動への対応としての省エネルギー設計の強化，あるいは農業用水と都市用水の合理的運用などが求められる時代となっている．加えて，現日本政府の「新成長戦略」（2010年6月）では，社会インフラあるいは社会システムの国外展開が重要であるとしている．エネルギー（原子力），交通輸送（鉄道），資源（水など）である．これらを興し，マネジメントする組織とその人材がさらに必要である．

　原書は，世界の水再生利用を広く，かつ深く把握するための最適の教科書であり参考書である．上に示した現在の日本の水分野の置かれている位置を考えるとき，日本のあらゆる水の関係者が広く，日本語でその内容と体系を読み学べることに重要な価値がある．本書を参考として，それぞれの専門分野で新しい展開を切り開いていただければ幸いである．

新しく世界に飛躍しようとしている日本の若い技術者・専門家，中堅の今まさに様々な課題に直面している技術者・専門家，さらに経験豊富な技術者・専門家に至るまで，本書により，より大きな視野と新しい概念を学ぶことができるものと期待している．

　この翻訳出版に貢献された方々への謝辞は，「日本語版刊行にあたって」ならびに「翻訳にあたって」に詳しいのでここでは重複を避ける．持続可能な社会を支える水マネジメントを確立するためには，行政機関，産業界，学界，各種民間団体などの連携が不可欠である．この翻訳書の出版自体がそのような幅広い協力のもとで実施されたことも関係者にとっては喜ばしいことである．特に，(財)大阪市下水道技術協会，翻訳企画時の(財)大阪府下水道技術センターの支援，また，17年前の大著の翻訳出版に引き続き本書を刊行された技報堂出版，に深く敬意を表するものである．

　平成22年9月

　　　　　　　　　　　監訳委員会　委員長
　　　　　　　　　　　独立行政法人環境研究所　理事長／東京大学名誉教授

　　　　　　　　　　　　　　　　　　　　　　　　　　　大　垣　眞一郎

監訳委員会 名簿

(五十音順／太字は担当箇所．所属は2010年8月時です)

顧　　問	浅野　　孝	(カリフォルニア大学デーヴィス校名誉教授)
委 員 長	大垣　眞一郎	(独立行政法人国立環境研究所 理事長／東京大学名誉教授)
委　　員	江藤　　隆	(財団法人下水道新技術推進機構 専務理事／前・国土交通省都市・地域整備局下水道部 部長)
	滝沢　　智	(東京大学大学院工学系研究科　**24章**)
	船水　尚行	(北海道大学大学院工学研究院　**13章**)
	松井　正樹	(国土交通省都市・地域整備局下水道部 部長)
幹 事 長	田中　宏明	(京都大学大学院工学研究科　**1章**)
幹　　事	加賀山　守	(元・大阪府下水道技術センター 理事長　**20章**)
	土橋　隆二郎	(AECOM株式会社 技術スペシャリスト)
	藤木　　修	(財団法人下水道新技術推進機構下水道新技術研究所　**26章**)
	山口　　登	(財団法人大阪市下水道技術協会 理事長　**21章**)
翻訳委員	池　　道彦	(大阪大学大学院工学研究科　**10章**)
	大瀧　雅寛	(お茶の水女子大学大学院人間文化創成科学研究科　**11章**)
	岡部　　聡	(北海道大学大学院工学研究院　**5章**)
	岡本　誠一郎	(独立行政法人土木研究所材料地盤研究グループ　**7章**)
	片山　浩之	(東京大学大学院工学系研究科　**22章**)
	神子　直之	(立命館大学理工学部環境システム工学科　**11章**)
	木村　克輝	(北海道大学大学院工学研究院　**9章**)
	久場　隆広	(九州大学大学院工学研究院　**19章**)
	黒住　光浩	(東京都下水道局施設管理部　**15章**)
	榊原　　隆	(国土交通省国土技術政策総合研究所下水道研究部　**14章**)
	清水　芳久	(京都大学大学院工学研究科　**12章**)
	鈴木　　穣	(独立行政法人土木研究所材料地盤研究グループ　**3章**)
	高橋　正宏	(北海道大学大学院工学研究院　**8章**)
	長岡　　裕	(東京都市大学工学部都市工学科　**2章**)
	中島　　淳	(立命館大学理工学部環境システム工学科　**附録**)
	治多　伸介	(愛媛大学農学部地域環境工学コース　**17章**)
	藤井　滋穂	(京都大学大学院地球環境学堂　**23章**)
	古米　弘明	(東京大学大学院工学系研究科　**25章**)
	南山　瑞彦	(独立行政法人土木研究所水環境研究グループ　**4章**)
	村上　孝雄	(日本下水道事業団　**6章**)
	谷戸　善彦	(日本下水道事業団　**18章**)
	山縣　弘樹	(環境省大臣官房廃棄物・リサイクル対策部　**16章**)
共 訳 者	石田　　貴	(財団法人下水道新技術推進機構資源循環研究部　**18章**)
	猪木　博雅	(日本下水道事業団事業統括部計画課　**6章**)
	岡安　祐司	(滋賀県琵琶湖環境部下水道課　**3章**)
	小熊　久美子	(東京大学大学院工学系研究科　**24章**)
	小越　眞佐司	(国土交通省国土技術政策総合研究所下水道研究部　**4章**)

小田垣 正 則（大阪府都市整備部下水道室　20章）
春 日 郁 朗（東京大学大学院工学系研究科　25章）
川 本 和 昭（東京都下水道局計画調整部　15章）
川 本 　 健（埼玉大学工学部建設工学科　17章）
北 村 清 明（東京都下水道局計画調整部　3章）
栗 栖 　 太（東京大学大学院工学系研究科　25章）
小 松 登志子（埼玉大学大学院理工学研究科　17章）
斎 藤 広 隆（東京農工大学大学院農学研究院　17章）
桜 井 健 介（独立行政法人土木研究所材料地盤研究グループ　7章）
佐 野 大 輔（北海道大学大学院工学研究院　5章）
重 松 賢 行（環境省水・大気環境局総務課　1章）
城 居 　 宏（大阪市建設局東部下水道管理事務所　21章）
清 　 和 成（大阪大学大学院工学研究科　10章）
惣 田 　 訓（大阪大学大学院工学研究科　10章）
竹ノ内 　 恵（大阪府都市整備部東部流域下水道事務所　20章）
田 崎 敏 郎（東京都下水道局建設部　15章）
田 中 弘 美（財団法人大阪市下水道技術協会工務部工務課　20章）
田 本 典 秀（日本下水道事業団事業統括部新プロジェクト推進課　26章）
塚 本 幸 雄（東京都下水道局計画調整部　15章）
中 里 卓 治（財団法人下水道新技術推進機構企画部　18章）
永 持 雅 之（大阪市環境局環境保全部　21章）
長谷川 明 巧（大阪府都市整備部南部流域下水道事務所　20章）
長谷川 福 男（大阪府都市整備部南部流域下水道事務所　20章）
原 田 英 典（京都大学大学院地球環境学堂　12章）
平 山 孝 浩（独立行政法人土木研究所水環境研究グループ　26章）
福 永 良 一（大阪府都市整備部交通道路室　20章）
藤 田 　 眞（公益財団法人地球環境センター企画調整課　21章）
藤 田 昌 史（茨城大学工学部都市システム工学科　25章）
前 田 邦 典（大阪市建設局　21章）
松 宮 洋 介（さいたま市建設局　14章）
宮 本 綾 子（国土交通省国土技術政策総合研究所下水道研究部　4章）
宮 本 豊 尚（国土交通省国土技術政策総合研究所下水道研究部　7章）
山 田 欣 司（東京都下水道局中部下水道事務所　15章）
吉 田 敏 章（国土交通省都市・地域整備局下水道部　14章）

事 務 局　田 中 弘 美（財団法人大阪市下水道技術協会工務部工務課）
　　　　　中 村 睦 朗（財団法人大阪市下水道技術協会工務部工務課）
　　　　　八 百 　 清（財団法人大阪市下水道技術協会工務部工務課）

翻訳にあたって

　原著のタイトルは"Wastewater Reclamation and Reuse"ではなく，"Water Reuse"であり，これまで我々が抱いてきた「下水や廃水の再利用」という狭い概念ではない．"Water Reuse"は，もはや「捨てられる」水の再利用ではなく，どのような水質の水も「貴重な」水であり，最新の科学と技術を使えば，水資源マネジメント，汚染物質の流域管理，さらには地球環境問題対応のために，再利用は役立つとの理念へ進化したことを意味している．

　1992年，ブラジルのリオ・デ・ジャネイロで開催された国連環境開発会議（UNCED）の行動計画アジェンダ21は，すべての淡水資源の開発は現在と未来の世代の資源の持続可能性を確実にする方法で行わなくてはならないと述べている．水再生利用は，その根幹をなす概念である．まず，水再生利用の必要性を本書は熱く説いている．

　都市で使われた下水や廃水は，干ばつの影響をあまり受けないため，リサイクルされた水は安定した貴重な水資源を供給することができる．用途に応じたレベルに再生した水は，様々な目的に使用でき，特に水資源が乏しい地域にとって，限られた貴重な水資源の消費を抑制するのに重要な役割を果たす．また，再生水には有機物や窒素やリンなどの栄養素を含んでいることから，特に灌漑への資源利用も可能である．

　次に，水を再利用することは，地上や地下への排水の排出を少なくし，汚染物質の水環境への負荷を軽減できる．水が豊富な地域や都市部では，多くの水が使用されるため，大規模な水資源開発による環境破壊がもたらされる可能性がある．また，同時に排水が多量に発生するため，環境への汚染負荷は巨大なものとなる．水再生利用は，水資源の保全と同様に，環境破壊や環境汚染といった環境管理における適正な処理処分という側面から非常に重要な意味を持つ．

　さらに，目的に応じた水質までに個別に対した排水処理を行うことは，水をすべて飲料水と同じ水質に処理した後，利用する従来の方法よりエネルギーを抑制し，コスト的に有利になる場合もある．

　本書は，水の再利用：序論，水再利用における健康と環境に関する課題，水再生と再利用の技術とシステム，再生水利用用途，水再利用の実施，の5つのパートから構成されている．それぞれのパートでは，水再利用についての理念，水再利用の規制と安全性評価，水の再生と輸送に関連する技術，再生水の用途と事例，水再利用を実施するための計画論と合意形成という水再利用に関する一連の課題を扱っている．水再利用の理念を説き，水再利用に関わる人の健康や環境へのリスクやその規制についての最新の科学情報を提供している．これらは，再利用に限らず，水道や下水道にも役立つ概念であり，これまでの生物処理や消毒などの下水処理技術をはじめ，現在大きな関心が持たれている膜技術や微量化学物質の除去技術などの様々な処理技術を広く紹介している．また，どこで処理し，そこで循環させるかをサテライト型，オンサイト型，集中型システムとして議論している．そして，これまでまとまった叢書がなかった再生水の輸送システムについても大きなページが割かれている．さらに，世界中の様々な国々や地域で実施されている農業用水，修景用水，工業用水，都市散水，環境用水，地下水涵養水，挑戦的なテーマである飲料水への

利用に至るまでの様々な再利用の例を学ぶことができる．最後に，再利用プロジェクトの成否を決定づける計画論については，統合的水資源計画や制度，環境影響評価，経済分析，経営計画にまで及び，そして様々な利害関係者との合意形成の手段といったきわめて多様な視点から書かれた興味深い叢書である．本書は，ようやく我が国でも重要性が認識されてきた水再生利用に直接携わる関係者の教科書や実務書として役立つことは間違いなく，国内外の水に関係する様々な分野の研究者，行政，産業界，さらには水問題に興味を持たれる学生や一般市民にも必ずや参考になるものと考える．

　原著は1570ページにのぼる大冊であり，かつ最新の水の再利用に関する情報が記載されているため，水再生と再利用に関わる大勢の研究者や実務者の方々（延べ70名）に多大なご協力をいただいた．翻訳を担当していただいた28名の委員の方々に担当章の原稿を提出いただいた後，11名の監訳者が内容を点検しつつ，各章の翻訳委員に誠心誠意校正していただいた．また，監訳者委員会では，監訳者が担当した章間での必要な調整を行った．

　しかし，例えばwater recycling, water reuse, water reclamation and reuse などの表現は，「水の再生と利用」，「水再生利用」，「再生水利用」など各章内ではほぼ統一を取ったが，各章間では必ずしも完全な統一を行わなかった．これは，主に各章の翻訳委員に責任をもって校正いただいたことによるものである．

　2008年1月16日に"下水道の新しいスタイル「水循環」の計画と設計"と題して，特別セミナー／講演とパネルデスカッション［主催：国土交通省国土技術政策総合研究所，（独）土木研究所，（財）大阪府下水道技術センター，（財）大阪市下水道技術協会］が大阪市で開催された．この会議では，原著者である浅野孝先生，監訳委員会委員長の大垣眞一郎先生（当時：東京大学教授）の基調講演の後，監訳者グループの幹事である船水尚行先生（北海道大学教授）や藤木修先生（当時：国土交通省国土技術政策総合研究所下水道研究部長），そして当方らがパネリストとして水の再利用の重要性を議論した．その際，浅野孝先生から第1版が出版されたばかりの原著"WATER REUSE : Issues, Technologies, and Applications"のご紹介をいただいた．このことが日本語翻訳を出版するきっかけとなっている．そして，（財）大阪市下水道技術協会理事長の山口登氏や当時（財）大阪府下水道技術センターの理事長であった加賀山守氏の資金面および繁多な事務作業における全面的な支援なくしては，この翻訳作業は成り立たなかったであろう．

　最後に，主要な原著者であり，原著の日本語への翻訳作業にあたってご指導いただいたカリフォルニア大学の浅野孝教授に深く感謝いたしますとともに，本書の出版までに大変ご苦労いただいた技報堂出版編集部の小巻慎部長に厚く感謝いたします．

平成22年9月

監訳委員会　幹事長
京都大学大学院工学研究科附属流域圏総合環境質研究センター　教授

田　中　宏　明

本書の構成・特徴・使い方

　多くの地域社会において，利用可能な水供給は限界に近づいている．水の再生と再利用は，潜在的に，(1)再生水を飲料水基準を必要としない用途に適合させる，(2)既存の水資源を補い，現在と将来の水需要を満たす水源を新たに付加する，(3)栄養塩類や有害汚染物質の水系への流入量を減らすとともに，淡水の取水量を減少させることで水生態系を保護する，(4)水を制御するための施設の必要性を先延ばしにする，(5)水消費と排水放流のより良いマネジメントにより環境規制に従うことが可能であり，水の再生と再利用は可能な水資源を保護し，かつ拡張するための論理的な選択肢の一つとなっている．水の再生と再利用の重要性が増大し，その認知度が高まってきたことによって，実務を担当するエンジニアや科学者に加えて，学部レベル，大学院レベルの理工学の学生に，プロジェクトマネージャーや政府職員のための技術参考書が求められてきている．水の再利用用途，再生水の処理と配水に使われる技術についての教科書の必要性に加えて，公衆衛生，事業計画と経済性，市民の受容(public acceptance)，社会における再生水の多様な用途について特別な検討を行う必要もある．

本書の構成と目次

　本書「Water Reuse：Issues, Technologies, and Applications」は，水の再生と再利用に関する膨大な情報を著者らが収集し，分析し，統合した努力の成果である．利用できる素材を幅広く扱うため，本書は5つの部から構成されており，それぞれ，以下に述べる首尾一貫した一連の情報を扱っている．

1部　水の再利用：序論

　水の再生と再利用の基礎として持続可能な水資源マネジメントの概念を理解することは重要である．したがって，1部では，現在と将来予測される水不足，持続可能な水資源マネジメント，水の再生と再利用の重要性について簡潔に紹介する．水の再生と再利用の過去と現在の実例を示すが，これは後に出てくる水の再生と再利用の技術ならびに水利用用途の章の導入でもある．

2部　水再利用における健康と環境に関する課題

　水の再利用に関連する健康と環境問題について，2部の3つの章で議論する．はじめに，下水の特徴について紹介し，続いて適用可能な規制とその発展について議論する．健康リスク分析は，水の再利用で重要であるので，リスクアセスメントのツールや方法，化学物質リスクアセスメント，微生物リスクアセスメントについて独立した章を設けて記述する．

3部　水再生と再利用の技術とシステム

　再生水の製造と配水に利用できる様々な技術とシステムが3部のテーマである．設計値が示されているが，詳細な設計は，この部の焦点ではない．焦点はむしろプロセスと技術

の信頼できる性能に当てられている．詳細な説明は，粒子性物質，溶存性の汚染物質，病原性微生物等の再利用用途に関連して懸念される成分について行っている．水の再生に関してもう一つの重要な側面は，本書で繰り返し強調するように，下水性状の変化と処理プロセスの信頼性に影響されながらも，いかにして厳格な水質基準に適合させるかということである．

4部　再生水利用用途

要求水質と施設要件は，水の再利用用途によって大きく変わるので，4部では，次の主な水の再利用についてそれぞれ章を設けて議論する．農業利用，修景用灌漑，工業利用，環境・リクレーション利用，地下水涵養，都市部の非飲用利用・商業利用を含む非飲用再利用についてである．間接的飲用再利用と直接的飲用再利用については，幾つかの有名なプロジェクトに関連して議論する．地下水涵養は，涵養する地下水層が飲用水源井戸につながっている場合，間接的飲用再利用とみなすことができる．

5部　水再利用の実施

本書最後の5部では，水の再利用の計画と実施に焦点を置く．再生水の市場評価と経済財政分析を含む統合的水資源計画を取り扱う．技術は進展し続け，水の再利用システムの費用効果と信頼性は，一層広く認識されてきているので，水の再生と再利用の計画と施設は，持続可能な水資源マネジメントにおいて必要不可欠な要素として拡大し続けるであろう．水の再生と再利用の実施の課題が論じられるが，そこには，地域住民の関心を高めるとともにそれに対応すること，教育プログラムを通して一般の人々からの支持を拡大すること，財政手段を創設することが含まれる．

本書の重要な特徴

水の再生と再利用分野の原理，応用，施設を説明するため，350を超えるデータと情報の表，80の詳細な例題，500を超える絵，グラフ，ダイアグラム，写真が使われている．本書の読者の分析能力と教材習得の研鑽を助けるため，各章の最後に問題と議論のためのトピックスを入れている．各章には選ばれた参考文献も掲載されている．

本書では，国際単位系(SI)が使われている．SI単位の使用は，米国や世界のほとんどの国の多くの大学での教育実務と一致している．

本書の利用性を一層充実させるため，幾つかの附録もつけられている．SI単位から米国での慣用単位への変換係数と逆の変換係数が附録A-1，A-2にそれぞれ示されている．上下水道管理システムの解析と設計に共通して使われる変換係数が附録A-3に示されている．SI単位と米国慣用単位の省略記号が附録A-4，A-5にそれぞれ示されている．空気と特定の気体，および水の物理特性をそれぞれ附録B，Cに示した．例を使ったデータ統計解析を附録Dに載せている．

米国における重要な水の再利用プロジェクトおよび世界の幾つかの国の水の再生と再利用の要約を附録E-1，E-2にそれぞれ示している．非飲用再利用の基準とCalifornia州での地下水涵養基準の展開を附録Fに掲載している．無次元井戸関数値を附録Gに示している．最後に，利子係数とその利用法を附録Hに示している．

近年のインターネットの発展に伴い，本書で議論した施設の多くは，検索エンジンで衛星画像を使って見ることが可能である．自然の情況を背景に，可能な場合には注目する水

再利用施設を見ることができるよう，適宜これら施設の地球位置経緯が示されている．

本書の使い方

　学部あるいは大学院2学期制の1つまたは2つの学期(semester)，あるいは4学期制の3つの学期(quarter)での様々な講義をサポートする十分な教材が本書に示されている．カバーすべき特定のトピックスは，時間量，コースの目的による．例として3つのコース計画を以下のように示すこととしよう．

講義計画Ⅰ
講　義　名：水の再利用の調査
設　　　定：1 semester あるいは1 quarter の独立した授業
対　　　象：環境科学を専門とする高学年または修士課程
講義目的：水の再利用の計画と実施に影響を与える重要な考慮事項の紹介

講義内容例

トピックス	章	節
水の再利用のイントロダクション	1，2	全部
下水の特徴	3	3.1，3.2，3.5〜3.8
水の再利用の規制	4	4.1〜4.7
公衆衛生の保護とリスク評価	5	5.1〜5.5，5.9
水の再生技術のイントロダクション	6	全部
水の再利用のインフラ	12，13，14，15	12.1，12.2，13.1，13.2，13.6，14.1，14.2，15.1，15.2
再利用用途の消毒の概要	11	11.1，11.2
水の再利用用途のイントロダクション	16	全部
水の再利用計画の展望	25	25.1〜25.4
市民の受容(public acceptance)の展望	26	26.1〜26.3

講義計画Ⅱ
講　義　名：水の再利用の用途
設　　　定：1 semester あるいは1 quarter
対　　　象：環境工学を専門とする修士課程の高学年
講義目的：サテライト型，分散型，オンサイト処理と再利用を含めた従来型とは異なるエンジニア面の紹介．様々な水の再利用用途が紹介される．

講義例

トピックス	章	節
水の再利用のイントロダクション	1，2	1.1〜1.5，2.1
下水の特徴	3	3.1，3.2，3.5〜3.8
水の再利用の規制とガイドライン	4	4.1〜4.4，4.6〜4.8
公衆衛生の保護とリスク評価	5	5.1〜5.5，5.8，5.9
水の再生技術のイントロダクション	6	6.1〜6.5
再利用用途の消毒の概要	11	11.1，11.2
水の再利用用途のイントロダクション	16	全部
再生水灌漑利用	17，18	17.1〜17.3，18.1〜18.2，18.4，18.5，19.1〜19.3
再生水の工業プロセスへの利用	19	19.1〜19.3
都市の非灌漑利用，環境利用，レクリエーション利用	20，21	20.1，20.2，21.1
地下水や表流水への補給による間接的飲用再利用	22，23	22.1，22.2，22.7，23.1〜23.3，23.8，25.6〜25.9
経済と財政分析	25	25.6〜25.9
市民の参加と受容(public acceptance)	25，26	25.3，26.1〜26.3

講義計画Ⅲ

講　義　名：高度処理技術と水の再利用のインフラストラクチャ
設　　　定：1 semester あるいは 1 quarter
対　　　象：環境工学を専門とする修士課程レベル
講義目的：水の再利用で重要な処理技術のイントロダクション．信頼性問題，消毒のパフォーマンスを評価する確率分布の概念，将来の方向性を紹介する．このコースは，水の再生，リサイクル，再利用に焦点を当てた二次処理および高度処理についての，高度処理あるいは下水処理の授業の一部となる．

　本書は，「Wastewater Engineering：Treatment and Reuse」第 4 版(Tchobanoglous, G., F.L. Burton, and H.D. Stensel)の次のトピックについて有益な参考書となる．

講義内容例

トピックス	章	節
水の再利用のイントロダクション	1，2	全部
下水の特徴	3	3.1，3.2，3.5〜3.8
水の再生技術のイントロダクション	6，16	6.2〜6.4，16.1〜16.4
膜ろ過，膜分離活性汚泥法	7，8	7.5，7.6，8.5
ナノろ過，逆浸透，電気透析	9	9.1〜9.4
吸着，促進酸化	10	10.1，10.2，10.6，10.7
消毒	11	11.1〜11.3，11.5，11.6，11.8
水の再利用の代替システム	12，13	12.1，12.2，13.1，13.2，13.6
再利用のインフラストラクチャ	14，15	14.1，14.2，15.1〜15.3

謝　辞

　本書「Water Reuse：Issues, Technologies, and Applications」を，曖昧な姿で実施されていた段階から持続可能な水資源マネジメントの原則へと，将来を見据え，水の再生と再利用のフロンティアを推し進めてきた先駆的な計画者やエンジニアに捧げる．水の再利用を広範囲に容認し，新しい処理技術を開発し，実施することで，このテーマを扱う総合的な教科書を作成する適切な時期となっている．この大書は，以下に謝辞を表す一部の人たちの他，表に出ない多くの人たちの支えなしには書き上げることはできなかった．著者らは，特に個人的な交流を通して，あるいは会議やシンポジウムの講演集，あるいは無記名の文献を通して，情報提供いただいた多くの方々に深く感謝する．

　本書の執筆，編集，内容の調整，および査読コメントへの回答の責任は，本書の主要な執筆者にある．

　章の順を追って示すが，4章の水の再利用の規制とガイドラインを準備いただいた環境コンサルタントのJames Crook博士，5章の健康リスク解析では，化学物質のリスクアセスメントを用意いただいたJ. Cotruvo AssociateのJoseph Cotruvo博士，微生物リスクを準備いただいたEisenberg Olivieri & AssociatesのW. Olivieri博士とSoller EnvironmentのJeffery A. Soller氏，14章の再生水の貯水と配水を準備いただいたWitley Burchette & AssociateのMax E. Burchete氏，19章の再生水の工業用水と商業用水の利用の一部を準備いただいたSouth Florida大学AudreyD.Levine教授，22章の再生水を用いた地下水涵養を準備いただいたArizona州立大学Peter Fox教授，25章の水の再生と再利用計画を準備いただいたCalifornia State Water Resources Control BoardのRichard A. Mills氏，以上の各氏にはそれぞれの各章において特別に貢献いただいた．Pier Matovani氏には，本書の準備にあたって構成段階に大いに貢献いただいた．特筆すべきぐらい本書の準備に貢献いただいた方は，すべての章の編集と洞察に満ちたコメントをいただいたAieta Cole EnterprisesのJennifer Cole Aietaさんである．

　その他に貢献いただいた方々を，アルファベット順に紹介する．23章の一部をレビューいただいたUpper Occoquan Sewage AuthorityのRobert Anglelotti氏，17章をレビューいただいたガーナにあるInternational Water Management InstituteのAkissa Bahri博士，21章の一部をレビューし，18，21章で使われた幾つかの図を提供していただいたPadra Dam Municipal Water DistrictのHarold Bailey氏，4章の一部をレビューいただいたスイスにあるWorld Health OrganizationのJamie Bartram博士とRobert Bos博士，23章の一部をレビューいただいたUpper Occoquan Sewage AuthorityのMatt Brooks氏，18章で使われている数枚の写真を提供いただいたCalifornia州Roseville市のBryan Buchanan氏，21章の情報を提供いただいたCalifornia州San Luis Obiso市のKatie

DiSimone 氏，24 章の資料を提供いただいた英国 Veolia 市の Bruce Durham 氏，18 章の一部をレビューいただいた St. Petersburg 市の Jeffery Goldberg 氏，17 章をレビューいただいた California 大学 Davis 校の Stephen Gratten 博士，1，2，25 章の一部の情報編集，原稿作成を補助いただいた California 大学 Davis 校の Lori Kennedy 氏，24 章をレビューいただいたシンガポール Public Utilities Board の Tze Wen Kok 氏，5 章をレビューいただき，また水の再利用の写真も提供いただいた日本の北海道大学の船水尚行教授，24 章のレビューと作成に貢献していただいたオーストラリアの WABAG の Josef Lahnsteiner 博士と 24 章のレビューと作成に貢献していただいたナミビアの Aqua Service & Engineering (Pty) Ltd. の Guter G. Lemper 博士，14，18 章で題材を提供いただいた Serrano El Drado Owner's Association の Gary Mayers 氏と John Bowman 氏，1 章をレビューいただいた California 大学 Berkeley 校の Slawomir W. Hermanowicz 教授，1，2 章をレビューいただいた South Florida 大学 Audrey D. Levine 教授，26 章をレビューいただいた Colorado 州立大学 Cooperative Extension の Loretta Lohman 博士，長年にわたり数多くの議論をもとに価値ある洞察に貢献いただいたスペイン Catalonia 技術大学の Rafael Mujeriego 教授，11 章の一部をレビューし，UV 消毒での微生物回復の情報を提供いただいた日本の東京大学の小熊久美子博士，24 章をレビューいただいた国立 Singapore 大学の Choon Nam Ong 教授，灌漑の写真を提供いただいたイスラエル Negev の Ben-Gurion 大学の Gudeon Oron 教授，26 章をレビューいただいた San Jose 市の Erick Rosenblum 氏，17，23，24 章をレビューいただいた水再生コンサルタントの Bahman Shiek 博士，20，21 章の幾つかの水の再利用の図を提供いただいた日本の東京都の曽根啓一氏と上野敏明氏，6，7 章をレビューいただいた Washington 大学の H. David Stensel 教授，18 章の情報の提供と一部のレビューをいただいた California 州の El Drado Irrigation District の Tim Sullivan 氏，17 章をレビューいただいた California 大学 Davis 校の Kenneth Tanji 教授，24 章の一部のレビューと情報を提供いただいたシンガポール Public Utilities Board の Thai Pin Tan 氏，5 章の病原性微生物リスクアセスメントの節をレビューいただいた日本の京都大学の田中宏明教授，7 章をレビューいただき，膜分離活性汚泥法について価値あるコメントをいただいた R. Shane Trussell 博士，水再生と再利用について長年にわたり数多くの議論をもとに価値ある洞察に貢献いただいたイスラエルの Israel Institute of Technology の Gedalish Shelef 教授，1，2 章の当初の原稿をレビューいただいた California 大学 Davis 校の Edward D. Schroeder 教授，2 章の一部をレビューいただいた Florida Department of Environmental Protection の David York 博士である．これら各位の共同の努力は，計り知れないぐらい貴重であり，深く感謝したい．

　本書の準備にあたって，Metcalf & Eddy のスタッフの支援にも感謝したい．James Anderson 氏は，本書を実現し，Metcalf & Eddy の資源を著者らに利用可能とするマネジメントしていただいた点で重要である．残念なことに，Anderson 氏は，本書の出版を見ることはできなかった．彼は，原稿がほぼ完成した時に他界したからである．彼は，水の再生と再利用は，地球の水資源管理に重要な役割を果たすというヴィジョンを持っていた．土橋隆二郎博士は，Kathaleen Esposito 氏と本書の完成への追加的な責任を果たし，Dorothy Frohlich 氏は，著者とレビュー者との連絡窓口となってくれた．

　McGraw-Hill のスタッフも本書の出版になくてはならなかった．Larry Hager 氏は，本書の企画展開にはなくてはならなかった．David Fogarty 氏は，編集責任者として独立し

た原稿を集約するのを助けてくれた．Pamela Pelton 氏は，制作責任者として働いてくれた．Arushi Chawla 氏は，組版の業務管理者としてご苦労いただいた．

Takashi Asano, California 州 Davis
Franklin L. Burton, California 州 Los Altos
Harold L. Leverenz, California 州 Davis
Ryujiro Tsuchihashi, New York 州 New York
George Tchobanoglous, California 州 Davis

はじめに

　Metcalf & Eddy の教科書は，会社とほとんど同じ歴史の長さがある．100 年前に会社が創立されたその 2，3 年後に Leonard Metcalf と Harrison P. Eddy は，下水道の設計と運転についての容易な参考書として使いやすい形式で，理論と実務の規則を併せ持った本の準備を行った．

　その仕事を 1914 年から 1915 年に 3 巻からなる「American Sewerage Practice」という書籍にした．学術界からの強い要請を受けて，工学部で使えるように 1 巻に簡約化した書籍が 1922 年に出版された．

　その時以来，Metcalf & Eddy の書籍は，数多くの改訂と出版を繰り返してきた．世界的な需要に合わせるため，Metcalf & Eddy の書籍は，中国語，イタリア語，日本語，韓国語，スペイン語にも翻訳されてきた．現在，その書籍は，世界中で 300 大学を超えて使われている．

　「Wastewater Engineering：Treatment and Reuse」と題名がつけられた第 4 版が 2003 年に出版された後，世界の水問題とニーズから，水の再利用が水資源マネジメントの不可欠な要素の一つであることが明らかとなった．そのため，Metcalf & Eddy は，水の再利用をテーマとした教科書を出すことが適切な対応であるという結論に達した．新しい教科書である「Water Reuse：Issues, Technologies, and Applications」は，それ故，我々にとって最も不可欠な資源である「水」を合理的にマネジメントするのに必要な基礎要素をつくるための教育を提供することに焦点を当てることとした．

　Metcalf & Eddy は，上下水道の専門家が水の再利用を計画するにあたって，この限られた資源を効率的にマネジメントし，適切に保全できるように，戦略的なレベルにまで引き上げることを推進することが不可欠であると信じる．下水の専門家は，この教科書を複雑な水の再利用プロジェクトを実行するためのロードマップとみなすことが想像される．水の再利用の課題の議論，政策，最新の処理技術，現実の再利用用途，計画と実施の留意点を一緒にした情報源は，現在他にはない．Metcalf & Eddy は，このような総合的な水の再利用を述べた最初の教科書を提供できることを大いに誇りに思う．本書は，第 4 版と合わせて下水をテーマとする最も完全な専門書である．

　Metcalf & Eddy は，2001 年，Water Prize 受賞者である Takashi Asano 博士，National Academy of Engineering 会員である George Tchobanoglous 博士，Metcalf & Eddy の前副社長で西部地域事務所の主任技師である Franklin Burton という他に比類のない著者達のチームを組むことができた．著者のチームに，Harold Leverenz 博士と Metcalf & Eddy の土橋隆二郎博士を新たに加えた．土橋隆二郎博士はまた，Meticalf & Eddy の常勤職員として，California 州に拠点を置く著者チームとの連絡員となって働い

てくれた．

　この教科書は，我が主著者に加えて，数多くの人々の貢献なしには完成しなかったであろう．その他に各章のレビュー者として貢献した(特に記述した人物以外)Metcalf & Eddy の専門家は，以下のとおりである．William Bent, Bohdan Bodniewicz, Anthony Bouchard(Consoer Townsend Envirodyne Engineers), Gregory Bowden, Timothy Bradley, Pamela Burnet, Theping Chen, William Clunie, Nicholas Cooper, Ashok Dhingha, Bruce Engerholm, Kathleen Esposito, Robert Jarnis, Gary Johnson (Connecticut Department of Environmental Protection), McMonagle, Mark Laquidara, Thomas McMonagle, Chandra Mysore, Wiliam Pfang, Charles Pound, John Reidy, James Schaefer, Robert Scherpf, Betsy Shreve, Beverley Stinson, Brian Stitt, Patrick Toby(Consoer Townsend Envirodyne Engineers), Dennis Tulang, Larry VandeVenter, Stanley Williams(Turner Collie & Braden), Alan Wong である．Kathleen Esposito は，Dorothy Frohlich の助手としてこのプロジェクトの調整に貢献した．

　このプロジェクトの発端から完成まで，McGraw-Hill の資金の提供に尽力してくれた McGraw-Hill の専門部の Larry Hager にも感謝したい．

　この新しい教科書は，Metcalf & Eddy の親会社である AECOM Technology Corporation の熱心な支援なしには立ち上がらなかったであろう．役員会の議長である Richard Newman 氏と社長兼最高執行責任者である John Dionisio 氏からいただいた支援と構想力に感謝したい．

Metcalf & Eddy 社長
Steve Guttenplan

目　次

日本語版刊行にあたって　*iii*
原著者紹介　*v*
本書の意義　*vii*
監訳委員会 名簿　*ix*
翻訳にあたって　*xi*
本書の構成・特徴・使い方　*xiii*
謝　辞　*xvii*
はじめに　*xxi*

第1部　水の再利用：序論　*1*

第1章　水問題：水再生と再利用の現況と役割　*3*

関連用語　*5*
1.1　用語の定義　*7*
1.2　持続可能な水資源マネジメントの原則　*7*
1.3　現在，そして潜在的な未来の世界的水不足　*13*
1.4　水の再生と再利用の重要な役割　*20*
1.5　水の再生と再利用とその未来　*25*
問　題　*27*
参考文献　*28*

第2章　水再利用：これまでの経過と現状　*31*

関連用語　*33*
2.1　水再生と水再利用の登場　*34*
2.2　水再利用に与える連邦法および州法の影響　*38*
2.3　水再利用：米国における最近の状況　*39*
2.4　California 州における水再利用の事例　*40*
2.5　Florida 州における水再利用の事例　*45*
2.6　世界の他の地域における水再利用　*49*
2.7　まとめと総括　*54*
問　題　*55*
参考文献　*56*

第2部　水再利用における健康と環境に関する課題　*61*

第3章　下水の特性と健康・環境問題の関係　*63*

関連用語　*65*
3.1　水道水に含まれる下水—事実上の飲用再利用　*67*
3.2　水系感染症と健康問題への序論　*68*

3.3 水系感染病原微生物　*71*
3.4 指標微生物　*79*
3.5 生下水，下水処理水，環境中における病原微生物の存在　*81*
3.6 生下水および下水処理水中の化学成分　*87*
3.7 水中および下水中の新興汚染物質　*97*
3.8 環境に関する問題　*100*
問　題　*102*
参考文献　*103*

第4章　水の再利用の規則と指針　*109*

関連用語　*111*
4.1 規制用語の理解のために　*112*
4.2 水の再利用のための規格基準，規則，および指針の策定　*113*
4.3 水の再生と再利用に関する一般的な規制の考慮事項　*116*
4.4 水の再利用用途別規制の考慮事項　*124*
4.5 間接的飲用再利用に関する規制の考慮事項　*129*
4.6 州の水再利用規則　*131*
4.7 U.S.EPA の水の再利用指針　*140*
4.8 水の再利用のための WHO 指針　*145*
4.9 将来的な規則と指針の方向性　*148*
問　題　*150*
参考文献　*151*

第5章　再生水利用における健康リスク分析　*155*

関連用語　*157*
5.1 リスク分析：概要　*158*
5.2 健康リスク評価　*161*
5.3 リスク管理　*168*
5.4 リスクコミュニケーション　*168*
5.5 リスク評価に用いられる手段と方法　*168*
5.6 化学的物質リスク評価　*174*
5.7 微生物リスク評価　*182*
5.8 水の再利用における微生物リスク評価の適用　*188*
5.9 水再利用用途へのリスク評価の適用の制限　*198*
問　題　*199*
参考文献　*199*

第3部　水再生と再利用の技術とシステム　*205*

第6章　水再利用技術と処理システム：概説　*207*

関連用語　*209*
6.1 都市部の未処理下水中の汚濁成分　*210*
6.2 水再生と再利用の技術的事項　*210*
6.3 水再生のための処理技術　*214*

6.4 水再利用技術の選定において重要な要素　*220*
6.5 再生水処理施設の位置の影響　*227*
6.6 再生水処理技術と処理システムの今後　*230*
問　　題　*235*
参考文献　*236*

第7章　二次処理による汚濁成分除去　*237*

関連用語　*239*
7.1 未処理水の成分　*241*
7.2 水再利用のための技術　*245*
7.3 膜を用いない二次処理プロセス　*247*
7.4 栄養塩の制御および除去のための膜を用いない二次処理プロセス　*256*
7.5 膜分離型生物反応タンクによる二次処理　*264*
7.6 膜分離活性汚泥プロセスの解析と設計　*273*
7.7 二次処理プロセスの選択の問題　*288*
問　　題　*293*
参考文献　*295*

第8章　残存浮遊物質の除去　*297*

関連項目　*299*
8.1 二次処理プロセスからの残存浮遊物質の特性　*300*
8.2 残存浮遊粒子性物質の除去技術　*308*
8.3 深層ろ過　*311*
8.4 表層ろ過　*329*
8.5 膜ろ過　*334*
8.6 加圧浮上分離　*348*
8.7 残存粒子状物質を除去するための技術を選択する条件　*355*
問　　題　*357*
参考文献　*359*

第9章　膜処理による溶存成分の除去　*361*

関連用語　*363*
9.1 溶存成分の除去に用いる処理技術　*364*
9.2 ナノろ過　*369*
9.3 逆浸透　*371*
9.4 ナノろ過システム，逆浸透システムの設計と操作　*373*
9.5 ナノろ過および逆浸透のパイロット試験　*390*
9.6 電気透析　*391*
9.7 膜処理から発生する濃縮水の処分・管理　*397*
問　　題　*404*
参考文献　*406*

第10章　残留微量成分の除去　*409*

関連用語　*411*

10.1　微量成分除去技術序論　*413*
10.2　吸　着　*415*
10.3　イオン交換　*429*
10.4　蒸　留　*436*
10.5　化学酸化　*438*
10.6　促進酸化　*442*
10.7　光分解　*451*
10.8　高度生物変換技術　*456*
問　題　*460*
参考文献　*462*

第11章　水再利用のための消毒プロセス　*467*

関連用語　*469*
11.1　水の再生利用に用いられる消毒技術　*470*
11.2　消毒における実用上の留意事項と問題点　*472*
11.3　塩素による消毒　*484*
11.4　二酸化塩素を用いた消毒　*509*
11.5　脱塩素　*511*
11.6　オゾンによる消毒　*513*
11.7　その他の化学的消毒方法　*522*
11.8　紫外線照射による消毒　*524*
問　題　*554*
参考文献　*557*

第12章　水再利用のためのサテライト処理　*563*

関連用語　*565*
12.1　サテライト処理システムの紹介　*566*
12.2　サテライトシステムを構築するための注意点　*568*
12.3　農業以外での水再利用におけるサテライトシステムの利用　*572*
12.4　集水システムの必要条件　*575*
12.5　排水の特徴　*576*
12.6　サテライト処理システムのための基盤施設　*578*
12.7　サテライトシステムのための処理技術　*581*
12.8　既存施設との結合　*583*
12.9　事例1：New York市 Solaire Building　*586*
12.10　事例2：東京における水再生と再利用　*589*
12.11　事例3：California州 Upland市　*593*
問　題　*594*
参考文献　*595*

第13章　排水再利用のためのオンサイト分散型システム　*597*

関連用語　*599*
13.1　分散型システムの概要　*601*
13.2　分散型システムの形式　*604*

13.3　排水の量と質　*607*
13.4　処理技術　*614*
13.5　住宅団地や小規模コミュニティシステムのための技術　*629*
13.6　分散型水再利用の可能性　*638*
13.7　分散型システムの管理とモニタリング　*642*
問　題　*645*
参考文献　*645*

第14章　再生水の供給と貯留　*649*

関連用語　*651*
14.1　計画策定における課題　*652*
14.2　計画と基本設計　*653*
14.3　管路の設計　*667*
14.4　ポンプ施設　*675*
14.5　再生水貯水施設の設計　*684*
14.6　配水施設の運転管理　*688*
14.7　再生水の配水，貯留における水質管理の問題　*689*
問　題　*695*
参考文献　*699*

第15章　二系統配管システム　*701*

関連用語　*703*
15.1　二系統配管システムの概要　*703*
15.2　二系統配管システムの計画の考え方　*707*
15.3　二系統配管システムにおける設計上の留意事項　*708*
15.4　点検と運転における留意事項　*712*
15.5　事例1：California 州 Orange 郡 Irvine Ranch Water District　*713*
15.6　事例2：Rouse Hill Recycled Water Area Project（オーストラリア）　*716*
15.7　事例3：California 州 Serrano　*718*
問　題　*721*
参考文献　*721*

第4部　再生水利用用途　*723*

第16章　再生水利用用途：概観　*725*

関連用語　*727*
16.1　再生水利用用途　*727*
16.2　再生水利用における課題　*731*
16.3　再生水利用の選択における重要な要因　*733*
16.4　再生水利用用途の将来の動向　*737*
問　題　*740*
参考文献　*740*

第17章　再生水の農業利用　*741*

関連用語　*743*
17.1　再生水による農業灌漑の概要　*744*
17.2　農学と水質における検討事項　*748*
17.3　再生水灌漑システムの設計要素　*765*
17.4　再生水灌漑システムの維持管理　*787*
17.5　事例1：California 州の Monterey Wastewater Reclamation Study for Agriculture　*792*
17.6　事例2：Florida 州の Water Conserv II　*797*
17.7　事例3：Soueh Australia 州の Virginia Pipeline Scheme — 灌漑を目的とした再生水による帯水層の貯留と回復　*802*
問　　題　*808*
参考文献　*810*

第18章　再生水の修景用灌漑　*815*

関連用語　*817*
18.1　修景用灌漑：概観　*817*
18.2　再生水景観灌漑システムの設計と運転についての考察　*819*
18.3　再生水によるゴルフ場の灌漑　*836*
18.4　再生水を用いた公共地域への灌漑　*841*
18.5　再生水による住宅地の修景用灌漑　*844*
18.6　分散処理と地表下灌漑システムによる修景用灌漑　*846*
18.7　事例1：Florida 州 St. Petersburg 市の修景用灌漑　*849*
18.8　事例2：California 州 El Dorado Hills における住宅地の灌漑　*855*
問　　題　*858*
参照文献　*860*

第19章　再生水の工業利用　*863*

関連用語　*865*
19.1　再生水の工業利用：概論　*866*
19.2　再生水の工業利用に対する水質上の問題点　*869*
19.3　冷却水系　*885*
19.4　他の工業での水再利用　*892*
19.5　事例1：Colorado 州 Denver の火力発電所における冷却塔　*904*
19.6　事例2：California 州 West Basin Municipal Water District における再生水の工業利用　*905*
問　　題　*908*
参考文献　*910*

第20章　都市における灌漑用途以外の再生水利用　*915*

関連用語　*917*
20.1　都市における水利用と再生水利用の事例　*918*
20.2　都市における灌漑以外の再生水利用に影響を及ぼす要因　*920*
20.3　空調設備　*924*
20.4　防　　火　*928*

20.5 トイレの洗浄　930
20.6 商業利用　935
20.7 公共施設での修景用利用　935
20.8 道路の維持管理　938
問　題　939
参考文献　939

第21章　再生水の環境利用とレクリエーション利用　943

関連用語　945
21.1 再生水の環境利用とレクリエーション利用の概説　946
21.2 湿　地　948
21.3 川の流量の増加　958
21.4 池・湖　963
21.5 その他の利用　965
21.6 事例1：California 州 Arcata　966
21.7 事例2：California 州 San Luis Obispo　968
21.8 事例3：California 州 San Diego 市の Santee 湖群　971
問　題　974
参考文献　974

第22章　再生水による地下水涵養　977

関連用語　979
22.1 再生水を用いた計画的な地下水涵養　980
22.2 水質要件　986
22.3 地表浸透池による涵養　986
22.4 通気帯注入井を用いた涵養　1005
22.5 直接注入井による涵養　1009
22.6 地下水涵養に使われるその他の手法　1013
22.7 事例：Orange County Water District Groundwater Replenishment System　1017
問　題　1019
参考文献　1020

第23章　表流水の増量を通じての間接的飲用再利用　1023

関連用語　1025
23.1 間接飲用再利用の概要　1025
23.2 健康とリスクについて　1028
23.3 間接飲用再利用の計画　1029
23.4 湖沼および貯水池の表流水増大のための技術検討　1031
23.5 事例1：Upper Occoquan Sewage Authority における間接飲用再利用の実施　1038
23.6 事例2：2005年における San Diego 市の水再浄化事業と水の再利用研究　1044
23.7 事例3：間接飲用再利用のためのシンガポールの NEWater　1048
23.8 間接飲用再利用に関する所見　1053
問　題　1053
参考文献　1054

第 24 章　再生水の飲料水としての直接利用　*1057*
　　　関連用語　*1059*
　　24.1　直接的な飲用再利用における論点　*1059*
　　24.2　事例1：Kansas 州 Chanute 市における非常時の飲料水としての再利用　*1061*
　　24.3　事例2：ナミビア Windhoek 市における直接的な飲用再利用　*1065*
　　24.4　事例3：Colorado 州 Denver 市における直接的な飲用再利用の実証プロジェクト　*1071*
　　24.5　再生水の飲料水としての直接利用について　*1082*
　　　問　　題　*1082*
　　　参考文献　*1083*

第 5 部　水再利用の実施　*1085*

第 25 章　水再生・水再利用のための計画　*1087*
　　　関連用語　*1089*
　　25.1　統合的水資源計画　*1091*
　　25.2　水の再生と再利用計画における技術的課題　*1096*
　　25.3　環境アセスメントと市民参加　*1097*
　　25.4　水の再利用における法律・制度上の側面　*1098*
　　25.5　事例：Walnut Valley Water District（California 州）における制度設計　*1101*
　　25.6　再生水の市場評価　*1102*
　　25.7　水の再生と再利用の財務評価に影響を与える要因　*1108*
　　25.8　水の再利用のための経済分析　*1113*
　　25.9　財務分析　*1121*
　　　問　　題　*1128*
　　　参考文献　*1130*

第 26 章　市民の参加と事業実施の課題　*1133*
　　　関連用語　*1135*
　　26.1　水の再利用はどのように受けとめられるのか　*1135*
　　26.2　再生水利用に関する市民の視点　*1138*
　　26.3　市民の参加とアウトリーチ　*1140*
　　26.4　事例1：Redwood 市における修景用灌漑事業で直面した問題点　*1146*
　　26.5　事例2：Florida 州 St. Petersburg 市における水の再生と再利用　*1149*
　　26.6　水の再生と再利用に関する所見　*1154*
　　　問　　題　*1154*
　　　参考文献　*1155*

附　　録　*1157*

附録 A　換算係数　*1159*
附録 B　気体の物理特性と空気組成　*1163*
附録 C　水の物理特性　*1165*
附録 D　データの統計解析　*1168*
附録 E　米国および世界の代表国における水再生事業のレビュー　*1172*

附録 F　California 州における非飲用の下水再利用基準と地下水注入規制の変遷　*1190*
附録 G　Hantush 関数 $F(\alpha, \beta)$ 表および井戸関数 $W(u)$ 表　*1200*
附録 H　利子・減価計算因子とその使用方法　*1201*

謝　辞 *1205*

索　引 *1207*

英文索引 *1244*

英和対訳リスト *1250*

第1部　水の再利用：序論

　過去の水資源開発による社会，経済，環境への影響や，水不足が避け難い将来見通しにより，水資源マネジメントは，新しいパラダイムへの変換を余儀なくされている．現在の新しい方法は，持続可能性の原則，環境倫理，プロジェクト開発への一般市民の参加という原則を含んでいる．多くの地域社会が利用可能な水の供給の限界に近づいていることから，水の再生と再利用は，潜在的に，(1)再生水を高品質な飲用水までは必要としない利用の代用，(2)現在と将来の水需要を満たす際に水資源の増加と補助的な代替水資源の提供，(3)流域外への淡水の導水量を削減し，栄養塩類や他の有害な汚染物質の水域への流入量を削減することによる水生生物の保護，(4)ダムや貯水池のような水制御構造物の必要性の削減，(5)水の消費と排水の排出をより良く管理することによる環境規制の遵守，によって利用可能な水供給を節約し，拡大する魅力的な選択肢の一つとなってきた．

　水の再利用は，利用可能な水供給が既に限界に達しており，成長する開発途上地域の水需要を満足できないといった状況においては，特に魅力的である．さらに，社会は，もはや水を1回きりしか使わないという余裕はなくなった．第1部は，水の再利用という全般的なテーマについての序論である．1章では，現在そしてこれから起こりうる水不足や持続可能な水資源マネジメントの原則，水再生と再利用の重要な役割を議論する．2章は，これまでの水再生と再利用の利用事例と課題の概要であり，後の章への導入の役割も果たしている．

第1章　水問題：水再生と再利用の現況と役割

翻訳者　田中　宏明（京都大学大学院工学研究科附属流域圏総合環境質研究センター　教授）
共訳者　重松　賢行（環境省水・大気環境局総務課環境管理技術室企画係）

関連用語　5
1.1　用語の定義　7
1.2　持続可能な水資源マネジメントの原則　7
　1.2.1　持続可能性の原則　7
　1.2.2　持続可能性の実用的な定義　8
　1.2.3　持続可能性への挑戦　8
　1.2.4　持続可能な水資源マネジメントの基準　8
　　　　節水／10　　　水の再生と再利用／10
　1.2.5　環境倫理　12
　　　　公平な水の分配／13　　　予防原則／13
1.3　現在，そして潜在的な未来の世界的水不足　13
　1.3.1　現在と将来予測世界人口の影響　14
　　　　都市化／15　　　灌漑用水の利用／16　　　家庭，工業での水の利用／16
　1.3.2　地球規模での水不足の可能性　16
　1.3.3　水不足　17
　1.3.4　米国本土における地域規模での水不足の可能性　17
　　　　グレートプレーンズ中央部／18　　　中西部の東部地域／18　　　五大湖／19
　　　　東海岸の大都市圏 New York 市／19　　　大西洋岸中部／19　　　Rio Grande 川流域／19
　　　　大西洋岸を含む南東部／19　　　西部での危機と争いを防ぐ／20
1.4　水の再生と再利用の重要な役割　20
　1.4.1　水再利用の類型化　20
　1.4.2　統合的水資源計画　22
　　　　飲用目的の代替としての再生水／22　　　水の利用パターン／22
　1.4.3　人材の必要性と持続可能な工学技術　22
　1.4.4　処理と技術への要求　23
　1.4.5　インフラおよび設計に関する問題　24
1.5　水の再生と再利用とその未来　25
　1.5.1　困難を乗り越える　26
　1.5.2　市民の支援　26
　1.5.3　機会と必要性によって変化する受容性　26
　1.5.4　汚染した水源からの水道供給　26
　1.5.5　水再生技術の進歩　27
　1.5.6　水の再生と再利用への挑戦　27

問 題 *27*
参考文献 *28*

関連用語

飲用再利用（間接） potable reuse, indirect 　　間接的飲用再利用を参照.

飲用再利用（直接） potable reuse, direct 　　直接的飲用再利用を参照.

飲料水 potable water 　　有害な健康リスクのない，人間の利用にふさわしい水．飲料水（drinking water）という用語の方が一般市民にはよりよく理解される適切な用語である．

家庭用水利用 domestic water use 　　通常の生活目的のための水利用．飲用，食品調理，入浴，衣服や食器の洗浄，トイレの水洗，芝生や庭の水撒きを含む．

灌漑用水利用 irrigation water use 　　穀物や牧草の成長を助け，公園やゴルフ場のようなレクリエーション用地での植物成長の維持のための土地への水の人工利用．

環境効率 ecoefficiency 　　経済活動の単位生産に使用される環境資源の効率．

環境倫理 environmental ethics 　　環境と関連して道徳的責任について探求する倫理の規律．

間接的飲用再利用 indirect potable reuse 　　飲料水貯水池や地下水帯水層のような原水の供給源への再生水の計画的混入で，その結果，混合と同化が行われるため，環境での緩衝作用が利用できることになる（22, 23章参照）．

還流水 return flow 　　使用した地点から放流され，地下水源や表流水源に至り，その結果，さらに利用できるようになる水．

公営水道 public water supply 　　公共や民間の水供給元によって取水され，家事・商業・工業・火力発電利用のために複数のユーザーに届けられる水．

工業用水使用 industrial water use 　　工業の作業・プロセスに用いられる水．主要な工業用水の利用者は，火力発電や原子力発電．

再生可能な水資源 renewable water resources 　　国土の表面と地下水に入ってくる水．たとえどのような経済的，技術的に可能な貯留施設や系外導水施設をつくったとしても，一部は利用できない場所，時間での降水があるので，すべての降水が使えるわけではない．

再生水 reclaimed water 　　（例えば，農業灌漑等）有効利用の目的で特定の水質基準を満たすために様々な処理プロセスを経た都市の下水．特にCalifornia州では，リサイクル水（recycled water）という用語は，再生水と同義的に使われている．

持続可能な開発 sustainable development 　　将来の世代の人々の需要を満たす機能を損なうことなく，現在の需要を満たす開発．

持続性 sustainability 　　将来，類似した便益の機能を減らすことなく，現在のシステムの利点を最大限に利用するという原則．

修景［用］灌漑 landscape water use 　　ゴルフ場や公園，遊園地，校庭，競技場のような場所での水供給ための灌漑システム．

取水 withdrawals 　　利用する目的で土地あるいは水路や湖から引き抜いた水．

蒸発散 evapotranspiration 　　土壌からの蒸発と植物からの蒸散による水の損失を示す集合語．

蒸発散 transpiration 　　葉の気孔内の液体状態の水から，大気中の水蒸気の状態への変化を経て，土から取られる水．

消費的利用 consumptive use 　　蒸発・発散したり，製品または作物に含まれたり，人または家畜によって消費されたり，その他，直近の水環境から引き抜かれた取水の一部．

帯水層 aquifer 　　地下水を含み，透水性のある地層．

地下水 groundwater 　　十分に飽和した土壌や地層中の水面下に存在し，井戸や泉を供給する地下の水．

第1章　水問題：水再生と再利用の現況と役割

地下水涵養　groundwater recharge　　地下水源を補充したり，海水の侵入を防止したりするため，帯水層への自然水や再生水の浸透，あるいは注入．

地球的水循環　global hydrologic cycle　　地球全体を循環する様々な蒸気フラックス形態での年間回転数．

直接的飲用再利用　direct potable reuse　　水処理施設の下流にある飲料水の配水システムへの，あるいは水処理施設のすぐ上流に原水を供給するための，十分に処理された再生水の導入．

統合的水資源計画　integrated water resources planning　　公平で持続可能な方法によって結果として生じる経済的・社会的福祉を最大化するために，水や土地また関連する資源の調整開発・管理を促進するプロセス．

都市用水利用　municipal water use　　都市や町，住宅団地の人々や家庭，公共事業，企業によって行われる水の利用．また，直接，都市の水道システムから高品質の水を消費する都会に住む住民の必要に応えるのに用いられる水を含む．

農業用水　agricultural water use　　穀物生産や家畜に利用される水．

排水（下水，廃水）　wastewater　　家庭，業務，都市，工業，農業から排出される使用された水．都市排水（下水），工業排水，雨水排水のような様々な同義語が使われている．

非飲用再利用　nonpotable reuse　　間接的・直接的飲用再利用を含まない，あらゆる水の再利用．

1人当りの水利用原単位　per capital water use　　1人当りの標準的な時間．通常は，1日当りの平均的な水の使用量．

水再生　water reclamation　　限定的な処理の信頼性と適切な水質基準を満たすことで再使用できるようにする排水の処理，あるいはプロセス．

水再利用　water reuse　　例えば，農業灌漑や工業の冷却水といった有効利用のための，処理された排水の使用．

有効利用　beneficial uses　　人々に直接利用されるか，あるいは不特定多数の人の便益のための水の利用．例えば，都市の上水道，農業や工業への利用，舟運，魚類や野生動物の生息地の増加，水に触れるレクリエーション行為．

流域　watershed　　直接的な降水，融雪水，その他の貯水池からの水が集まり，水が別の水域（例えば，水路，河川，湿地，湖または海）に入るため，共通の流出口へ流下する土地の自然単位．

流出水　runoff　　表流水として現れる降水の一部．それは，河川での人工的な流域外への導水，貯留，その他流路の中，あるいは上での人の行為によって影響を受けない川の流れと同じである．

　社会的需要を満たすため適切な量と質の水を供給する可能性と信頼性は，地理的・水文学的・経済的・社会的要因によって制約されている．特に都市部において先例のないほど世界人口が増加するという予測から，ますます複雑になる環境・経済・社会状況下で，水の確保に対する心配を燃え立たせている．次のような幾つかの重要な疑問や懸念がある．
（1）　既存の水源は，どの程度将来もつのか？
（2）　どのようにして現在と将来の水資源の信頼性を確かめるのか？
（3）　増大している生活用水の需要や使用，農業用水や工業用水の供給需要を満たすための次世代の水資源はどこで見つけるのか？
（4）　環境保全に関する流域の利害と水資源の有効利用との対立はどのように解決されるのか？
水資源開発の社会的・経済的・環境的影響に焦点を当て，また，水不足という険悪な予測を回避するために，水資源システムを計画・建設・管理する方法を再検討する必要がある．
　持続可能な水資源マネジメントの新しいパラダイムは，現在と次世代の水需要を確実に，かつ公正に満たすための全体としてのシステムの解決策として重視することである．持続可能な水資源マネジメントの概念を，水の再生と，再利用の基礎として理解することは非常に重要である．したがって，

本章の目的は，
① 本書で使われる基礎的な用語を含む言葉の定義，
② 持続可能な水資源マネジメントの原則，
③ 現在，そして将来に起こるかもしれない地球上の水不足，
④ 水の再生と再利用の重要な役割，
⑤ 将来の水の再生と再利用，

についての総合的な見方を提供することである．本章での議論は，実行可能なオプションの一つとして水の再生と再利用を組み入れることで，より持続的で高度な方法によって将来の水資源開発や管理を積極的に読者が考える刺激を与えるようにつくられている．

1.1 用語の定義

　数種類の分野の異なる用語が水，下水，それらに続く処理や再利用を説明するために用いられている．水の再生と再利用を実施する中で形成されてきた異分野間での意思疎通を助けるために，水の再生と再利用の分野で用いられる専門用語を広く理解することは肝要である．水の再生と再利用に関連する有用な表現の用語は，本章，そして後章の初めに関連用語の一覧として掲載されている．

　水の再利用を多くの一般市民に広く受け入れてもらうことを目的として，1995年にCalifornia州政府は，現存のWater Codeの規定を改正し，「recycled water（リサイクル水）」という語句を「reclaimed water（再生水）」に，「recycling（リサイクル）」を「reclamation（再生）」に変更した（State of California, 2003）．「water recycling（水のリサイクル）」は，排水処理の結果，直接有効利用に適している，そうでなければ利用できない制御的な利用に適している水を意味する語句として定義されている．しかしながら，伝統的な用語の使い方や水の再生と再利用の実践により，「reclaimed water」と「recycled water」は，本書では同意語として使用されている．先にあげた関連用語は，広く一般や再生水の利用者から寄せられた質問への回答と同様に，水道や排水の処理や再利用の法律や規制から発展してきたものであることを記しておく必要がある．

1.2 持続可能な水資源マネジメントの原則

　歴史的に水資源マネジメントは，着実に増加する水需要や，より厳しい水質の要求にも技術的な解決法によって対応可能であるという自然な仮定のもとで，人類の活動に水を供給することに焦点を当ててきた．過去の水資源開発は，地域の社会的，経済的背景や，人口，都市の拡大等における社会的な水需要の高まりとともに，地域固有の水の賦存性のバランスを保とうとして，自然な水文循環を操ることを基本としてきた（Baumann *et al.*, 1998；Thomps, 1999；Bouwer, 2000）．過去の開発の経済や環境影響と，水不足発生の将来見通しから，持続可能性と環境倫理の原則に基づいた水資源開発とマネジメントの新たなパラダイムが発展している．持続可能性と環境倫理の原則は，本節の後半部分で検討している．

1.2.1 持続可能性の原則

　「Our Common Future」（WCED, 1987）と題したBrundtland Commission報告の礎となっている持続可能性の原則は，次のように定義されている．「人類は，将来の世代が自分たちのニーズを満たすための可能性に妥協することなく，現在のニーズを満たすことを保障するために，開発を持続可能に

する能力を持ち合わせている」．持続可能性は，政治的，経済社会発展の推進原理となりつつあり，これは，十分に一般の人々の理解を得ている．しかしながら，何をどのように，誰のために持続すべきかの議論は，今も続いている(Wilderer *et al.*, 2004；Sikdar, 2005)．

1.2.2 持続可能性の実用的な定義

持続可能性は，一連の人類の活動(例えば，持続可能な農業等)，あるいは人間社会全体に適用できる．生活を守る不可欠な機能として取返しがつかないぐらいに自然の生態系を悪化させるのであれば，環境の観点からは人間の活動は，持続可能的ではない．経済学において，例えば，持続可能性は，「将来数千年間にわたって，社会を代表する者に機能(幸福)を下させないこと」(Pezzy, 1992)として定義されているかもしれない．持続可能性とは何かという共通認識の欠如や，異なる定義の間で様々な解釈があるにもかかわらず，特に水資源マネジメントにおいては，持続可能性を評価し，それに近づけるためには，全体としてのシステム，つまり長期的な視点が不可欠であるということが一般的に理解されている．本書では，「持続可能性」という単語は，将来において，現在と同様な便益を損なうことがないよう，現在のシステムの便益を最適化する原理として定義されている．

1.2.3 持続可能性への挑戦

持続的な水資源の開発とマネジメントの目標は，総合的で柔軟性のあるシステムを構築し，水利用の効率を最適化し，さらに自然の生態系の保護と回復に向けた絶え間ない努力によって，現代と未来の世代にわたって水の需要を確実にそして公平に満たしていくことなのである．持続的な社会への転換には，多くの技術的，社会的な挑戦が求められる．いわゆる環境効率と呼ばれるものを改善するには，技術革新が手助けとなるであろう．水資源は，限りあるものであることを認識するにつけ，現在や将来の技術の効率性の向上にもかかわらず，資源を全体として活用することが不可欠になる．もし，人口や消費の成長率が低下しなければ，技術の改良のみでは悲観的な結末の始まりを遅らせるだけに終わるだろう(Huesemann, 2003)．今日では，持続可能性を考える時には，エネルギーや資源の利用，そして環境汚染を含めて考えなければならないのである(Hermanowicz, 2005)．

1.2.4 持続可能な水資源マネジメントの基準

異なる利害関係者によって，様々な形で持続的な水資源マネジメントについての新しいパラダイムが解釈されてきている．American Society of Civil Engineers(米国土木学会)は，持続的な水資源システムについて，以下のような実用的な定義を提唱している(ASCE, 1998)．「持続的な水資源のシステムは，現在，そして将来において，生態系，環境，そして水文的な健全性を維持しながら，社会の目的に完全に貢献するように設計，管理されるものである」．実践においては，水資源マネジメントにおける持続可能性の程度は，適切な基準で評価されなければならない．しばしば用いられる持続可能な水資源マネジメントの基準は，表-1.1 に示されている．

これまでの水資源開発のやり方は，ダムや貯水池を建設することで水の貯留や流況を変更し，そして，あるいは，確実な水の供給のために流域間での水の輸送システムを設計することばかりに注目してきた(図-1.1 参照)．多くの事例では，付加的な水資源開発は，表-1.1 に示されている第一の基準(つまり，人間の基本的な水需要)を満たしている．しかしながら，増え続けている多くの場合においては，世界の多くの地域で水不足が起こっていることが示しているように，基本的な水需要を満たすには不十分となっている．開発途上の地域では，多くの主要な都市部では，費用効果のある新しい水資源は十分には満たされていない．費用効果のある水資源は，既に開発済みであるか，現在開発中の

1.2 持続可能な水資源マネジメントの原則

表-1.1 持続可能な水資源マネジメントのための基準[a]

目 的	行 動
人類の基本的な水の需要の満足	自然環境の質を悪化させることなく、公衆衛生を守るために十分な質と量の水を供給する.
長期の再生可能性の持続	環境に還流する淡水を補給する.
生態系の保護	社会活動と敏感な生態系の調和を保つ．生態系の水のバランスを維持できていることを確認する．排水の負荷をゼロにするとの達成目標に向かって努力する.
資源の効率的な利用の推進	エネルギー，原料，水を最大限に利用し，温室効果ガスの排出を制御する.
節水の推奨	水の利用者に節水のメリットを確実に知らせる．新しい節水方法を開発する．節水を促進するインセンティブを与える方法を開発する.
水の再生と再利用の推奨	良質な水資源を他の用途のために保全する．新しい水の再生と再利用の方法を開発する．閉鎖系で管理することにより環境悪化を防止する.
水の多目的利用における水質の重要性の強調	汚染防止プログラムと，効率的な工業用水の利用，下水処理，水の代替利用との関係を見出す．排水の排出をゼロにするとの目標の達成に努力する.
水資源の必要性と合意形成の必要性とその機会の吟味	公共あるいは民間の利害関係者を計画や決定に参加させ，公正に費用と便益を配分する.
回復性と適応性の設計	不確定性やリスク，変わりゆく社会的価値観についてのメカニズムを組み込んだ計画の方針を策定する.

[a] ASCE(1998), Gleick(1998, 2000), Braden and van Ierland(1999), Loucks(2000), Asano(2002), Baron *et al.*(2002)等の多くの文献より引用.

図-1.1 California州Reddingの近くにあるSacramento川のShastaダムは，洪水をコントロールして，冬の雨水流出水をSacramentoやSan Joaquin Valleysの灌漑のために貯留し，舟運維持用水を確保し，魚類の保護や都市や工業利用のために水を供給し，Sacramento-San Joaquinデルタに海水が侵入するのを防ぎ，水力発電をしている(U.S. Department of the Interior, Bureau of Reclamation)(北緯40.718度，西経122.420度)

ものであり，ほとんどの場合，これまで利用されてきた水は，完全に配分されており，また多くの場合，過剰に配分されている．

さらには，ダムや貯水池の建設は，生態系や社会的な影響，安全性および環境規制を遵守するための費用により，実現可能ではなくなってきている．このように多くの場所で，飲用水の供給は，これ

まで農業等の別の分野で使用されてきた水を再配分するか,あるいは,海水,汽水,雨水,あるいは再生水等の代替水資源を使うことで賄ってきた.持続可能な水資源マネジメントの原則のもと,基本的な水の需要を満たすために,節水(water conservation)といった需要の管理が行われている.水利用のさらなる効率化の施策を実施することで,新しい水資源の開発の必要性を回避することができるとする議論が一部でなされている(Vickers, 1991;Gleick, 2002).表-1.1に示したように,水の再生と再利用,節水,そしてその他需要管理も含めた水資源マネジメントの持続可能性を保証するために多角的な取組みが必要であるといったことも議論されるであろう.

節　水

節水は,歴史的に水の産業界によって,旱魃やその他の緊急の水不足の期間に利用される緊急一時的な方策として捉えられてきた.節水の役割についてのこの限定された見方は,変わりつつある.すなわち,先進的に節水の利用を進めてきた公共事業体は,実行可能な長期間にわたる水供給の選択肢であることを示したのである(Vickers, 2001).節水は,水の公共事業体や,環境,地域に多くの便益をもたらす.これらの便益には,水処理の際に削減されるエネルギーや薬品の投入量,水関連設備の縮小化もしくは拡張時期の延伸,排水管理の費用や影響の減少等がある.

一般的な節水の方法としては,水利用についての顧客の教育や,節水効果の高い設備の利用,水効率の良い社会の形成,水利用量の計測,経済的なインセンティブの付与,水利用の制限プログラム等がある(Maddaus, 2001).米国では,年間の水使用量のうち,平均的には42％が屋内での使用,58％が屋外での使用である(Mayer et al., 1999).屋内の住宅での水の使用は,少ない水で洗浄できるトイレのような,節水設備の導入により確実に節水することができる.典型的な米国の家庭の屋内での水の利用と住居での水の節約の見通しを表-1.2に示した.節水により1人当り32％の水利用の削減が可能であることが表-1.2から示される.節水する方法を実行することで,屋内での水の利用に加えて,庭の散水や洗車,その他の洗濯やレクリエーション利用にも便益を与えうる.

表-1.2　典型的な一戸建てでの節水を行う場合と行わない場合の水利用[a]

水の利用	典型的な一戸建てでの水利用			
	節水を行わない場合		節水を行う場合	
	L/人・d[b]	%	L/人・d[b]	%
トイレ	76.1	27.7	36.3	19.3
洗濯	57.2	20.9	40.1	21.4
シャワー	47.7	17.3	37.9	19.3
飲料調理	42	15.3	40.9	21.9
漏れ	37.9	13.8	18.9	13.8
その他家庭内	5.7	2.1	5.7	3.1
風呂	4.5	1.6	4.5	2.4
食器洗浄機	3.8	1.3	3.8	2
合計	274.4	100	187.8	100

[a]　AWWA Research Foundation(1999)より引用.
[b]　L/人・d：1日1人当りのL.

水の再生と再利用

水の再生とは,下水を信頼性のある処理を用いて水質基準を満たして再利用可能にするという処理あるいはプロセスである.水の再利用は,処理された下水を農業用灌漑や工場の冷却水等の有益な形で利用することである.処理された都市部の下水は,農業排水,雨水排水,工業排水等の排水に由来する下水に比べ,再生水としてより信頼でき,より意義のある資源である.Clean Water Act

(CWA)やこれに関連する下水処理の規定の結果，米国の都市部では，集中型の下水処理は普通のこととなった(2.2参照)．分散型やサテライト型の下水処理についての新しい技術もまた開発されてきている(12, 13章参照)．したがって，本書は，都市部の下水に由来する水の再生と再利用の計画と実行に重点を置いている．水の再生と再利用の便益とその将来に向かわせる要因を表-1.3にまとめた．

多くの地域社会では，地域固有の利用可能な水資源の限界が近づいており，(1)高品質の水の供給を必要としない用途の水は，再生水で代用すること，(2)現在と将来の水需要に対応するため水供給量を増加させ，別の供給源を開発すること，(3)淡水の流域外への導水量を減らし，水路へ流入する

表-1.3 水の再生と再利用，理論的根拠，潜在的便益，さらなる利用促進への要因

水の再生と再利用の理論的根拠
・水は，限られた資源である．次第に，社会は最早，水を1度しか使わないというような贅沢はできない．
・水のリサイクルは，既に行われていて，より多くより良く実施するということを認識する．
・再生水の水質は，灌漑，工業用冷却水や洗浄水のような飲料目的ではない多くの利用方法には適しており，それ故，より効果的で効率的な水利用が可能な補完的な水資源を提供している．
・水資源の持続可能性という目標を達するために，水が効率的に使われているということを確認する必要がある．
・水をエンドユーザーに供給するために必要な処理を行うことで，水の再生と再利用は，より効率的にエネルギーと資源の利用を可能にする．
・受水域に排出された処理水の放流量を減らすことで，水の再利用で環境を保護できる．

水の再生と再利用の潜在的便益
・淡水供給の節約．
・環境の悪化をもたらす可能性のある栄養塩類の管理．
・排水放流量の削減による影響を受けやすい水環境の保護の改善．
・補完的な水資源とそれに関連するインフラを減らすことによる経済的な便益．再生水は，水供給の信頼性が最も深刻的で，水が最も高価な，都市の開発地域周辺でも利用可能である．
・再生水中の栄養塩類は，補助的な肥料の必要性を相殺するかもしれないし，それによって資源を保護できる．処理水から生まれる再生水は，栄養塩類を含んでいる．もしもこの水が灌漑農地に使用されれば，穀物の成長のために必要な肥料は少なくてすむ．水路へ流れ込む栄養塩類と結果として生じる汚染を減らすことで，観光産業や漁業にとっても良い．

水の再生と再利用をさらに促進させる要因
・近接性：再利用のために処理された水は，水資源が最も必要とされていて，最も高価である都市環境の近くにおいて，容易に利用可能である．
・信頼性：渇水年においても都市部の排水量は，ほぼ一定に保たれているので，再生水は，信頼ある水資源となる．
・多様性：今や，技術的，経済的に信頼できる処理プロセスは，非飲料目的の水を提供でき，飲料用水の必要条件を満たす質の水を生み出せる．
・安全性：水の再生と再利用のシステムは，40年以上行われてきているが，米国やその他の先進国において公衆衛生を害するような影響は，報告されていない．
・水資源の需要の競合：人口増加や農業での需要の増加による，既存の水資源への高まる切迫感．
・財政負担性：再生水を利用することが経済面，環境面で便益があると上下水道の管理者で高まっている認識．
・市民の関心：水資源の乱用に関わる環境面への影響の認識の高まりや，水の再生と再利用についての考え方に対する地域社会の強い興味．
・従来の水資源の利用方法による環境面，経済面での影響：ダムや貯水池等の水を蓄える設備の環境面，経済面での費用についての高まる認識．
・証明された実績：世界中での水の再生と再利用のプロジェクトの増加している成功事例．
・より正確な水の費用：水を消費者へ届けるのに掛かる全費用をより細かく反映させた(フルコストプライシングのように)新たな水料金制度の導入や，このような料金制度の増加．
・より厳しい水質基準：排水をより高い水質にするための下水処理施設に掛かる費用の増加．
・必要性と機会：旱魃や水不足，海水の侵入防止，排水放流の規制，水の再生と再利用を歓迎する経済的，政治的，そして技術的な環境等，水の再利用の発展を動機づける要因．

図-1.2 注意喚起の看板例．(a)節水，(b)再利用

栄養塩類やその他の有害物質の量を減らすことで水生生態系を保護すること，(4)水を管理する施設の需要を減らすこと，(5)水の利用と下水の排出をより良く管理することにより，環境規制を遵守すること，が可能であることから，水の再生と再利用は，利用可能な水の供給を節約するとともに拡大するための魅力的な選択肢となった．

水の再利用は，利用可能な供給水量が既に限界に達していて，成長する地域で増大する水の需要量に対応できず，社会がもはや水を一度しか使わないという贅沢ができなくなった時に特に魅力的である．節水と再利用に焦点を当てた例を図-1.2に示した．

水の再利用は，渇水の年でさえも都市域でいつも利用できる，代替の水供給である．しかしながら，都市部の下水(これまで下水として知られている)は，その発生過程のために，代替水資源の一つとして再生水を受容するためには，その特有の困難を克服しなくてはならない．米国や他の先進国では，再生水は，それが毒性を有せず，病原性微生物が含まれない水であることを保証するために，厳格な水質制御方法を用いて処理されるが，それは，人間の排泄物に曝露されるいかなる資源利用時にも内在する，潜在的なリスクを広めることになる．健康や安全性についての懸念は，水の再生と再利用の計画や実行段階において，議論されなくてはならない．世界の多くの場所における水の再生と再利用のプロジェクトの成功は，水を緊急に必要とする圧力と密接な関係があり，それは，水の再利用システムを発展させる機会と結びついていることがわかっている．

1.2.5 環境倫理

環境倫理(environmental ethics)は，自然環境管理に関係する道徳的責任の適用を含んでいる．持

続性の原則と同様に，環境倫理は，自然資源の過剰分配のような社会的活動によって生じた深刻な環境破壊に応じて現れたものである．自然システムの保護における人間の義務を述べるのに用いられる環境倫理の学説が幾つか存在する．人間中心の見方では，人類だけが生き延び，幸せであるために環境を保護することを強調する．自然中心の見方では，人間をより広い自然社会の単なる一つの構成要素とみなし，自然本来の価値や権利に道徳的責任の基礎を置いている．

公平な水の分配

現在進行中の水資源マネジメントの議論では，社会には，すべての人々や生態系に対して基本的な水の欲求をみたす義務があるのかどうかという疑問がもたらされている．地理的に一様でない人口や水の利用可能性，富の分布のために，水資源を平等で，公平に提供することは困難である．科学の定義する複雑な生態系のニーズや，大きく異なる生態系価値の認識，水不足による深刻な社会の結果を考えると，社会的な水需要と生態系が必要とする水量との均衡をとるのはかなり難しい(Harremoes, 2002)．

予防原則

もう一つの倫理的問題は，もし環境や公衆衛生に対して潜在的ではあるが，証明されていない危険性がある場合も，人間の活動を推し進めるべきかどうかということである．1970年代後半に欧州の環境政策において導入された予防原則(precautionary principale)は，この分野における導入と論争とをもたらしてきた(Foster et al., 2000；Krayer von Krauss et al., 2003)．1990年の Third North Sea Conference に用いられた予防原則の定義は，「排出物質と影響との間に因果関係を証明する科学的根拠が全くない状況でも，保存性が高く，有害性があり，生物濃縮しやすい物質の潜在的な悪影響を防ぐために行動すること」というものである(Harremoes et al., 2001)．その核心において，予防原則には「お詫びよりも安全を」という概念を含むが，もちろん，中にはこの考え方では全く進歩できないだろうとする人もいる．

持続可能な開発と同様に，予防原則を政策手法として用いる際，その解釈がきわめて多様であることが非常に困難に陥っている．Rio de Janeiro Declaration で述べられたように，予防原則は，いかなる行動をする前にも安全の完全なる裏づけを求めるものと解釈されうるし，またそれは，費用便益分析や，任意の判断への扉を開けるものとして解釈されるかもしれない(United Nations, 1992；Foster et al., 2000)．困難となっている最後の問題は，政策の文脈における不確かな情報をどのように用いるかということである．この問に答えるには，さらなる研究が必要である(Krayer von Kraus et al., 2005)．

1.3 現在，そして潜在的な未来の世界的水不足

地球全体の水循環において再生可能な淡水の全量は，現在の世界人口を維持するのに必要な量の数倍以上である．しかしながら，再生可能な水の地理的，季節的な変動のために，年間再生利用水量のおよそ31％しか人間が利用するために入手することができない(Postel, 2000；Shiklomanov, 2000)．地球規模で見れば，人が利用するために得られる水全体のうち65％以上が灌漑用である．それは，総量3800 km^{3}のうちの2500 km^{3}に及ぶ．工業用水は約20％で，約10％が都市において用いられる(Cosgrove and Rijsberman, 2000)．

北アフリカや中東の諸国，特にエジプトとアラブ首長国連邦は，得られる淡水量が最も少ない国々である(図-1.3，1.4参照)．反対に，アイスランド，スリナム，ガイアナ，パプアニューギニア，ガボン，カナダ，ニュージーランドは，1人当りの水の利用可能量に基づくと，最も多くの水を得られ

第 1 章　水問題：水再生と再利用の現況と役割

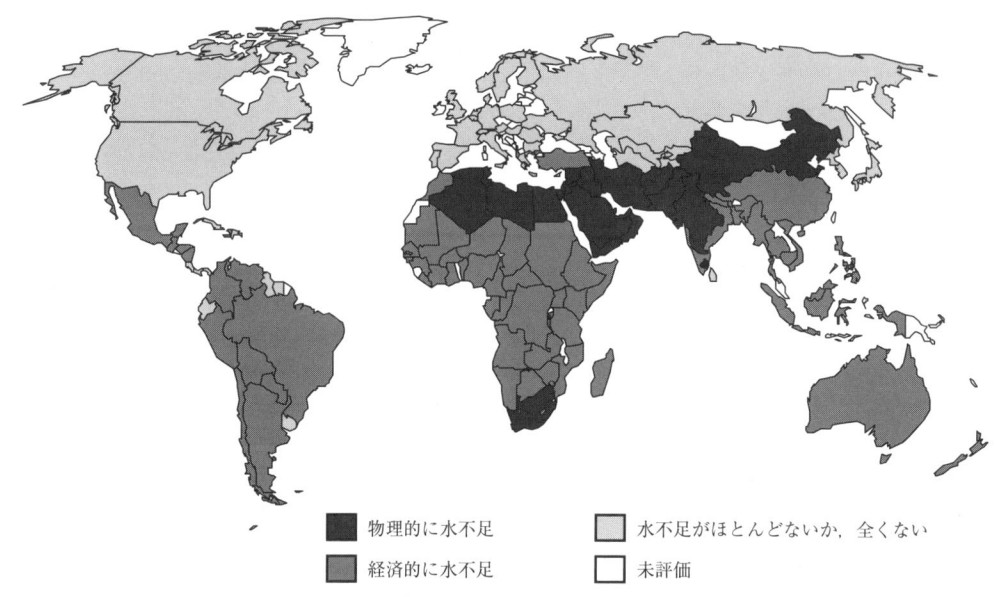

図-1.3　2025 年，世界的な水不足の予測．地球規模では，北アフリカ，中東，パキスタン，インド，および中国の北半球地域の国々が厳しい水不足に直面すると予測される

凡例：物理的に水不足／経済的に水不足／水不足がほとんどないか，全くない／未評価

る国々である（WRI, 2000）．

　水の再生と再利用プロジェクトは，主として水資源の乏しい特定の国において，現状または将来見込まれる水不足により実施されている．また，沿岸域での淡水資源への海水の侵入防止や脆弱な水環境域への処理水放流禁止といった要因も，水の再利用の決定に影響を及ぼしている．現在と将来の世界人口の影響，水の必要量，そして潜在的な地球規模と地域規模の水不足について次項で手短に議論する．

1.3.1　現在と将来予測世界人口の影響

　2002 年時点での 62 億人の世界人口は，毎年1.2 % の増加，すなわち年間 7 700 万人が増加していると推定されている．最近の増加から見ると，1900 年は 16 億人にすぎず，そして 1950 年でも25 億人にすぎなかった．2050 年は，79 億〜103 億人になると予測される（United Nation, 2003）．1 年当りの工業国における人口増加は，多くても1 % 未満である．しかしながら，開発途上国では，

図-1.4　Saggara（エジプト）（北緯 29.87 度，東経 31.216 度）のピラミッドの近くでは，バケツで水を運んでいる．水のインフラ施設が限られた中での利用は，世界の多くの地域で共通である

増加率が年 2 % を超えており，アフリカ，アジアの一部の地域，および中東では，1 年当り 3 % を超えている．その結果，今後の人口増加の 90 % 以上は，すべて開発途上地域で起こるであろう（United Nation, 2003）．現在，6 つの国で年間の人口増加の半分を占めている．インド，中国，パキスタン，ナイジェリア，バングラデシュ，およびインドネシアである．米国の人口は，2001 年に約 2 億 8 500

万人と見積もられており,およそ年率1%で増加していた(U.S. Census Bureau, 2003).

都 市 化

ニューヨークは,1950年においては1 000万人以上の人口がいる世界で唯一の都市であった.1 000万人以上の都市数は,1975年には5,2001年には17まで増加し,2015年には21都市まで増加すると予想される.世界の都市人口は,2000年に29億人に達しており,2030年までに21億人が増加すると予想されている.これは,世界総人口の増加人数よりもわずかに少ない数である(United Nation, 2002). 1950,1975,2001,および2015年に住民1 000万人以上の都市の人口を表-1.4に記載している.アジアとアフリカは,世界の他の大陸よりも都市の居住者が多いと予測され,アジアでは,2030年までに世界の都市人口の54%を占めるであろう.

表-1.4　1950年,1975年,2001年,および2015年の1 000万人以上の都市および大都市圏の人口[a]

1950年		1975年		2001年		2015年	
都市名	人口(百万人)	都市名	人口(百万人)	都市名	人口(百万人)	都市名	人口(百万人)
New York	12.3	Tokyo	19.8	Tokyo	26.5	Tokyo	27.2
		New York	15.9	Sao Paulo	18.3	Dhaka	22.8
		Shanghai	11.4	Mexico City	18.3	Mumbai	22.6
		Mexico City	10.7	New York	16.8	Sao Paulo	21.2
		Sao Paulo	10.3	Mumbai	16.5	Delhi	20.9
				Los Amgeles	13.3	Mexico City	20.4
				Calcutta	13.3	New York	17.9
				Dhaka	13.2	Jakarta	17.3
				Delhi	13.0	Calcutta	16.7
				Shanghai	12.8	Karachi	16.2
				Buenos Aires	12.1	Lagos	16.0
				Jakarta	11.4	Los Angeles	14.5
				Osaka	11.0	Shanghai	13.6
				Beijing	10.8	Buenos Aires	13.2
				Rio de Janeiro	10.8	Metro Manila	12.6
				Karachi	10.4	Beijing	11.7
				Metro Manila	10.1	Rio de Janeiro	11.5
				Cairo	11.5	Istanbul	11.4
						Osaka	11.0
						Tianjin	10.3

[a] United Nations(2002)より引用.

開発途上地域では,都市化がより際立っているが,先進国の都市人口もまた増加している.米国では,大都市域(都市と郊外)の1990～1998年の間の平均年間の人口増加が1.14%であった.一方,「大都市域以外」の地域は,田舎から都市への人口移動が反映して0.88%の人口増加となった.1998年の米国総人口の28.1%は,500万人以上の人口を有する大都市域に住んでいた.500万人以上の人口がいる都市部の中では,California州のLos Angels-Riverside-Orange郡地区とSan Francisco-Oakland-San Jose地区が全米の都市部の増加率よりわずかに低い年率1.08%を反映して,1990～1998年の間に最も急速に増加した(Mackun & Wilson, 2000). 500万人以上の人口がある米国の大都市圏地区は,表-1.5に示されている.

都市化は,水需要と水源の隣接性との間の釣合いを不均衡にするため,人口増加は,水資源に対する圧迫を激化させる.さらに,田園域,農業域,都市域の域間での水の使用利用パターンに著しい違いが存在している.このために,人口増加と都市化は,世界中の水資源マネジメントに重要な影響を

第1章 水問題：水再生と再利用の現況と役割

表-1.5 人口500万以上の米国の大都市圏，1990〜1998年の変化[a]

大都市圏	1998年人口	1990〜1998年の人口変化	
		実数	%
New York-Northern New Jersey-Long Island（New York州-New Jersey州）	20 126 150	558 939	2.9
Los Angeles-Riverside-Orange County（California州）	15 781 273	1 249 744	8.6
Chicago-Gray-Kenosha（Illinois州-Indiana州-Wisconsin州）	8 809 846	570 026	6.9
Washington-Baltimore-Northern Virginia（DC-Maryland州-Virginia州）	7 285 206	558 811	8.3
San Francisco-Oakland-San Jose（California州）	6 816 047	538 522	8.6
Phiadelphia-Wilmington-Atlantic City（Pennsylvania州-New Jersey州-Delaware州）	5 988 348	95 329	1.6
Boston-Worceater-Lawrence-Southern Maine and New Hampshire（Massachusetts州-New Hampshire州-Maine州）	5 633 060	177 657	3.3
Detroit-Ann Arbor-Flint（Michigan州）	5 457 583	270 412	5.2

[a] Mackun & Wilson（2000）より引用．原著は，U.S. Census Bureau, Population Estimates Program.

引き起こすであろう．

灌漑用水の利用

人口増加に対応した灌漑農地の拡大は，世界の水使用量の増加へ最も影響する要因の一つである．1995年において，人間が使用する地球での取水量の65％以上は，灌漑のためのものであり，農業と非居住地の修景への利用を含んでいる．灌漑は，貯水池，運河，土壌からの蒸発により，また作物からの蒸発散と合わせて，多量の水を消費する．消費水量は，蒸発，蒸散，製品や作物へ取込み，人間や家畜による消費，または別の方法で近接の水環境から移行させた取水量の一部である．技術と管理によって，灌漑に関連する消費水量は，総取水量の30％から90％までに及ぶ（Cosgrove & Rijsberman, 2000）．

灌漑水のうち消費されなかった水は，地下水に涵養（recharge）されるか，排水（drainage）されるか，河川に還流される．これらの水は，再利用できるし，実際かなり再利用されているが，河川への還流水は，より高い塩分濃度を持つ傾向に加え，また栄養塩類，堆積物，殺虫剤および他の化学物質で汚染されている可能性があるために，使用前に処理されなければ，有効な再利用に使用制限を受ける．

家庭，工業での水の利用

農地の宅地や工業用地への転用は，農業用水の使用量の減少と同時に，家庭，工業用水の使用量の増加を引き起こしている．家庭，サービス業，そして工業によって使われた水の大部分（水の総使用量が多い地域では90％を占める）は，下水となる．家庭で使われた水と工業用水の大部分は，下水として集められるが，この水は汚れた状態にあるので，再利用される前に処理が必要である．

1.3.2 地球規模での水不足の可能性

地球規模の様々な地域，各国における水資源は，継続的な人口増加と，人口と水資源が不均等に分布している結果，数十年のうちに先例のない逼迫に直面すると予想されている．水の供給を受けることのできる人口は，増加しているものの，およそ11億人，全世界の18％もの人々が安全な飲料水を手に入れられていない．そして2000年の段階では，世界で24億人もの人々が適切な衛生サービスを受けられていないのである（WHO, 2000）．開発途上地域で急増している人口は，限られている水供給への圧力を増大させている．都市での人口集中は，水需要と地域の水の利用可能性との不均衡をさらに悪化させている．

再生可能な淡水の年間供給量が国民1人当り1 000 m³ を下回ると，その国は水不足とされる（Falkenmark and Widstrand, 1992；Falkenmark and Lindh, 1993）．そのような国では，その国の発展と繁栄を妨げる慢性的で広域的な水不足が予想される．地球規模でいうと，水不足により多くの危機，例えば，食料不足や地域的な水の紛争，制限される経済成長，環境悪化等が引き起こされる（Postel, 2000）．このような問題のため淡水の利用可能性は，ここ数十年間の国家や国際的な努力の最重要課題となっている．

1.3.3 水不足

水不足の国々には2種類ある．第一は，実質的な水不足を起こしている国であり，水利用に関して最高度の効率性と生産性を用いても，将来の農業，家庭，産業，そして環境のニーズでさえも満たすのに足りる水を持っていない場合である．第二は，経済的に水不足の国であり，十分な水資源を持っているにもかかわらず，資源を入手し，使用するために必要な資金が欠けていたり，深刻な財政面や開発能力の問題に直している国である．これらの国は，2025年の水の需要を満たすため，貯水施設や導水施設等を増設することにより水の供給を1995年の水準を25%以上増やさなければならない．2025年に予想されている地球規模の水不足は，図-1.4 に示されている．北アフリカ，中東，パキスタン，インド，そして中国北部の国々は，深刻な水不足に直面すると予想されている（IWMI, 2000）．

図-1.3 で紹介されているデータは，地球規模での見通しを示しているが，その情報を地域や流域の規模で適用するのは難しい．例えば，中国の人口のおよそ半分は，南中国の湿潤地域，主には揚子江流域に住んでいるが，もう半分は，乾燥地域，主に黄河流域に住んでいる．これは，インドにも該当しており，インドでは，人口の半分が乾燥した北西地域，南西地域に住んでいるが，残りの人々は，かなり湿った地域に住んでいる（IWMI, 2000）．多くの国々では，利用できる水資源と人口が集中している地域との距離があまりに遠いため，必要とする大規模な設備の建設供用と維持管理の資金がなく，水源から水を必要する地域へ運ぶことができない．さらには，水輸送の総合的にみた可能性を制限する環境的，社会的，そして経済的制約がある．このように，21世紀を通して持続可能な水供給が利用できることを保証するために水のガバナンスにより多くの注意を払うべきである（Rogers *et al.*, 2006）．都市部の下水は，水が最も必要とされ，価格の高い大都市圏で生み出されるために，持続可能な水資源マネジメントの背景のもと，水の再生と再利用を実施するという価値は，多くの人によって認められている．

1.3.4 米国本土における地域規模での水不足の可能性

米国における平均的な水消費量と再生可能な水の供給量との比較を図-1.5 に示した．再利用可能な水の供給量は，降水量と水の輸入量から，自然に起こる蒸発散等の利用不可能量と輸出量を差し引いた合計である．再利用可能な水の供給量は，持続的な基盤のある地域で起こりうる水消費の合計量を単純に上限としたものであり，舟運，水力電気，魚類，そしてその他の水利用ためにその地域を流れる川の最小流量を維持するための必要量によって使用可能な水の供給量は制限される．さらに蒸発による水の損失は，貯水池が建設されればされるほど大きくなるので，表流水供給量をすべて開発することは不可能である．それにもかかわらず，消費的な水使用と比較した再生可能な水の供給量は，既にどの程度開発されたかという指標なのである（USGS, 1984；Adamus, 1998）．

妥当性と信頼性に関して，水供給における潜在的な制限を持っている水資源地域は，図-1.5 で示しているように，Rio Grande 地域，Missouri 州，Texas 州-Mexico 湾，Colorado 川上流域・下流域，グレートベースン（Great Basin），そして California 州である．水供給の観点から言うと，米国の主な地域の一部は，現在その地域の持続可能な水資源量を超過して使っている．ある地域では完全に地

第1章 水問題：水再生と再利用の現況と役割

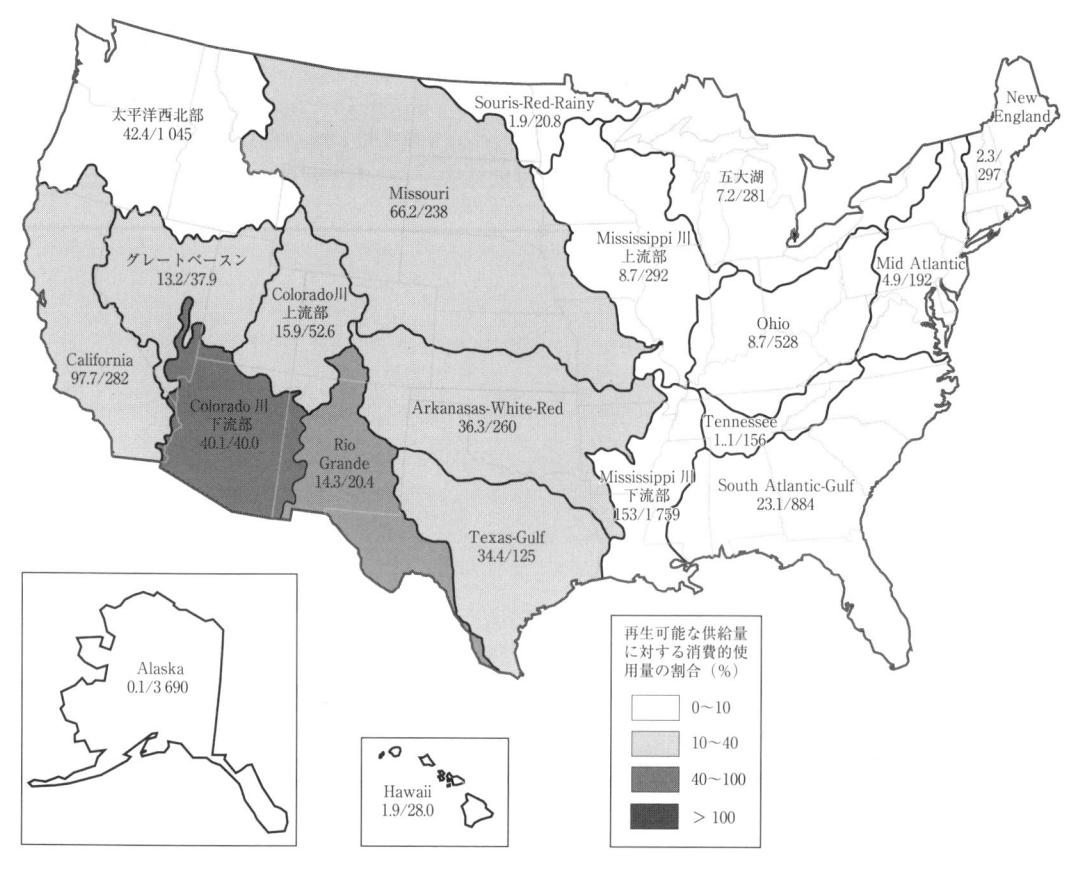

図-1.5 米国の20水資源地域における平均水消費量と再生可能な水供給量の比較[USGS(1984)より引用．1995年の水利用量推定値を使って更新した]．それぞれの水資源地域の数字は，消費的使用量と再利用可能な水の供給量であり，m/dである．再生可能な水としての消費使用の割合を示した

下水の採掘に頼っている．表流水を使っている別の地域では，降水量が例年並みか例年より降水量の多い年に河川流量から比較的多い量を取水することで，肥大化する需要を満たすことができている．U.S. Geological Survey Water-Supply Paper 2250(USGS, 1984)に基づくと，様々な地域で認識されている水資源問題は，以下のように要約されている．

グレートプレーンズ中央部

グレートプレーンズ(Great Plains)中央部では，この地域に運搬される水に依存している．流域間の主な水の輸送手段は，Colorado川からグレートプレーンズへと水を供給するためにRocky山脈を貫通するトンネルである．農業灌漑がこの地域での主な使用目的であり，この需要は高まっている(一方で，水の使用が農業目的から都市開発に伴う使用へと変化している地域もある)．地域での最も大きな問題は，地域の水供給の余裕容量が不足していることである．例えば，Arkansas川からの水は，各州を通る間に様々な形で利用されている．その結果，限りある地下水や表流水の供給の分配による争いによって，当該地域では多くの訴訟が起こっている．

中西部の東部地域

中西部東部地域には，米国の中でも大規模な河川水系が幾つかあり，そしてこの地域は，旱魃や洪水の影響を大きく受けている．旱魃は，流量の低下や地下水の水位低下を引き起こしている．洪水は，

穀物や財産への損害，浸食・堆積作用の原因となっている．加えて，その地域からの農業排水によって酸素欠乏(hypoxia)(生物が生きられないレベルへの水中溶存酸素濃度の低下)がMexico湾内で引き起こされている．しかしながら，淡水は希釈と溶存酸素濃度を上げることによって魚類の個体数を保つのに役立っている．全般的にこの地域では，水は十分であるが，水配分の効率性は季節によって様々で，結果的に旱魃の期間に水不足を引き起こしている．

五 大 湖

五大湖(Great Lakes)は，カナダと資源を分け合っているが，米国の淡水の表流水の95%を占めている．水量や水質，関連する生態系，そして湖岸線の悪化の可能性が両国の懸念である．持続可能性に対する真剣な検討，地下水の供給も含んだしっかりした管理計画，水質や五大湖周辺の121水域の水質および生態系への影響評価が地域的に必要である．

東海岸の大都市圏 New York 市

この地域にある自治体の多くは，独自に水供給システムを持っているが，それらはたいていNew York 市のものと比べて小さい．これらの自治体から放流される排水の水質は，年月を追って著しく改善してきている．全般的に，開発が原因で悪化した水質や増大する水需要に対処するため，新しいインフラシステムとともに，制度の制定や改正も必要となっている．

大西洋岸中部

大西洋岸中部地域は，とても変わりやすい気候であり，人変脆弱である．過去数十年間に，この地域は，激しい旱魃とともに冬に嵐，夏にハリケーンによる洪水の両方を受けてきた．この地域は，気候の変動に大きな影響を受けやすい水システムに依存している大都市圏を幾つか抱えている．大部分の人は，自前で所有している井戸から水を得ている．結果的に乾季の水管理は，この地域にとって大問題となっている．

Rio Grande 川流域

水不足は，地域全体で心配であるが，同時にこの地域は，急速な都市化と人口増加を迎えている．この地域では，人口が増大するにつれ，急激に帯水層の地下水位が低下してきている．先住民とその他の住民の間で争いが起こっており，結果的に多くの場合，裁判になっている．メキシコ国境を流れるRio Grande 川の水は，農業に分配されているが，旱魃に対する管理計画は，整備されていない．この地域の生態系は，これまでの歴史上の流量レベルの20%にも減少した流量に脅かされている．問題の解決につながる可能性のある答えの一つは，農業用水の効率性を高めることである．

大西洋岸を含む南東部

この地域には，豊富な水が存在するが，この地域のさらなる開発に向けた強い圧力によって，水管理政策は，危機的な状況にある．海岸沿いは，人口密度が高く，また季節的に人口が大きく変化するといった，人口統計上の影響もこの地域における水管理や使用において重要な役割を果たしている．農業や林業，生態系は，水質や水の利用可能性とに特に関連した地域であることがわかる．さらに健康への危険性も汚染された水資源に関係している．

Florida 州は，毎年，基本的におよそ1 400 mmの降水があるが，その大部分は3，4ヶ月間(雨季)に降る．その他の時期は，比較的乾燥している．水利用の傾向は，降水とは逆で，水利用が多い時期は乾季(冬)で，少ない時期は雨季(夏)である．農業から都市化への土地利用用途の変化は，水の利用可能性と需要の不均衡を引き起こしている．さらに，旅行や退職後余生を過ごす人たちによる季節的な人口の変化は，乾季の水利用にさらなる圧力を掛けている．地下水の過剰揚水は，地盤沈下の原因

にもなっている．将来起こると予測される人口増加に関連した水需要を満たすための新しい水資源の必要性が非常に高い．

西部での危機と争いを防ぐ

西部での慢性的な水供給問題は，今後数十年間に米国が直面するとされる最も大きな課題のうちの一部である．U.S. Department of Interior(2003)がWater 2025: Preventing Crises and Conflict in the Westという報告書を出版したが，西部での水使用者間の主な対立を引き起こしている問題について説明している．報告書で説明されている特定の争いの問題は，(1)西部の都市における急激な人口増，(2)新たに生まれた環境・レクリエーション用の水の必要性，(3)西部の農場や牧場で生産されている食糧やの繊維の国家的な重要性，である．「Water 2025」は，水供給の危機が進む中にあって適切な水準の判断ができるよう，西部が直面する現実について公に議論するための基礎情報を与えている．

1.4 水の再生と再利用の重要な役割

水の再生と再利用は，公衆衛生への考慮を必然的に含み，またインフラや施設計画に対する綿密な調査，下水処理施設の設置，処理プロセスの信頼性，経済的そして財政的分析，水資源と再生水の有効な統合を必要とする水利用マネジメントを必要とする．水の再利用が適切かどうかは，慎重な経済的考察，再生水の利用可能性，公衆衛生の保護，排水規制の厳しさ，利用可能な水資源の開発よりも保護という要望が他の障壁より優先される場合の公共政策に依存している．加えて，環境を第一とする者を含めて，多くの利害関係者の様々な便益も考慮されなければならない．

1.4.1 水再利用の類型化

処理された都市部の下水に由来する再生水に対する水再利用の主なカテゴリーが利用量の順に従ってに示されている(表-1.6)．水の再利用プロジェクトの大多数は，図-1.6，1.7に見られるような農業灌漑，修景用灌漑，工業利用のような非飲用利用が目的である．地下水の涵養は，再生水によって地下水を涵養し，飲用地下水の一部を充足することにより，場所によって間接的飲用再利用を計画することが可能になる．水の再利用用途の技術的側面に関する詳細な議論は，**第4部**で扱っている．

表-1.6 水の再利用のカテゴリーと主な適用例

カテゴリー	主な適用例
農業用灌漑	商業用種苗，作物用灌漑
修景用灌漑	公園，校庭，高速道路の中央分離帯，ゴルフ場，共同墓地，緑地帯，住宅
工業でのリサイクルと再利用	冷却水，ボイラ補給水，プロセス水，建設現場
地下水涵養	地下水補給，海水侵入防止，地盤沈下対策
レクリエーション利用・環境利用	湖・池，湿地環境保持，流量の増大，水産業，人工雪
都市部での非飲用再利用	防火用水，空調，トイレ洗浄水
飲用再利用	水道用貯水池水との混合，地下水との混合，水道管内の水への直接的混合

図-1.6 再生水による灌漑. (a)家畜飼料, (b)野菜, (c)ギリシャのクレタ島のゴルフ場用灌漑, (d)景観用灌漑（前方の庭）

図-1.7 再生水の非灌漑利用. (a)冷却塔, (b)商業用自動車洗浄, (c)地下水の涵養, (d)レクリエーション用貯水

1.4.2　統合的水資源計画

統合的水資源計画(integrated water resources planning)は，水，土地，関連する資源の調和のとれた開発と管理を促進し，その結果，公正で維持可能な手段で結果として生じる経済的，社会的福利を最大にする．未来の世代の人々も含めて，競合する便益を比較する枠組は，水管理と計画においては現在存在しない．これまでの需要と供給のアプローチを拡大し，環境問題や社会問題を包含するような持続可能な水開発の新たな定義もまた必要とされる．持続可能性の様々な側面を評価するのに適した方法が特に詳細な工学的分析のために必要とされる．

水の再利用の背後にある直接的な要因は，場合ごとに異なるかもしれないが，全体としての目標は，より小さな地域規模に水文循環系を閉ざすことである．このようにして，適切な処理の後に使用済みの水(下水)が，処分すべき廃棄物になる代わりに，文字どおり「地域社会のすぐ側にある」価値ある資源になるのである．多くの場合，水の再利用は，物理的，政治的，経済的制限や，消費を抑えるさらなる試みが実行可能でないという理由で実践されている．水資源の持続可能性の進展における重要な突破口は，水需要を満たす選択肢として水の再生と再利用が導入されことであった．その資源は，通常，最も低い質であるため，水の再生と再利用は，技術的にも経済的にも最も困難な選択肢である．結果として，時には最終的な水使用から生じる第一義的な要求を超えて，一般の人々に水の再利用が選択肢として役立つよう健康に対する懸念の緩和を目標として広範囲の処理が通常行われる．しかしながら，再生水に対する要求(例えば，高度処理や個別の配水システム)は，水の再利用をコスト高にし，その結果，幅広い水の再利用を制限する結果となっている(Hermanowicz, 2005)．

飲用目的の代替としての再生水
増大する水資源マネジメントの世界的な傾向は，利用可能性や品質に基づき水の利用を優先させるというものである．優先すべきことに，農耕地やゴルフ場灌漑のような，健康リスクがさほど重大ではない適用を目的とした再生水のような代替資源を利用することで，飲用水供給のための最高質の水資源の保全があることを強調しておく．増大する灌漑に対する水の生産性は，特に水資源が非常に脆弱である地域において緊急に必要とされている．水の再生と再利用および水資源マネジメントとの統合は，直接的非飲用再利用に再生水を代用することで高品質な水の供給の保護を可能にする．

水の利用パターン
水再生と再利用の役割を評価し，水の再利用の可能性を評価するための枠組を与えるために，主要な水の利用パターンを可能性のある水再利用の用途とを関連づけることが重要である．例えば，都市部では工業用，商業用，そして非飲用目的の都市用水の需要が水需要の大半を占めている．乾燥地帯や半乾燥地帯では，灌漑が水需要の主要な構成要素である．灌漑利用に対する水需要は，季節によって変動するが，工業用水の需要の方はより安定している．ある流域での水の再利用の程度は，その流域での商業用，工業用，そして農業用用途における水需要のパターンに依存する．水の再利用における季節的変動，再生水の貯留の必要性は，14章で論じられている．

1.4.3　人材の必要性と持続可能な工学技術

過去30年間，水資源の開発と管理には，劇的な変化が起こった．20世紀の工学技術について，技術者や事業者は，ダム，貯水池，そして処理施設を建造することに熟達したが，今日の水の専門家は，水の持続可能性と社会や環境に対するその影響を評価するという複雑な課題に直面している．水管理事業の技術的，経済的側面を考慮するのに加えて，今日の水の専門家は，現在と未来の人間と環境に

図-1.8 Maryland 州 Harford 郡の Sod Run 生物学的栄養塩除去(BNR)下水処理場(北緯 39.426 度, 西経 76.219 度). 施設の容量は, $76\times10^3\,\mathrm{m}^2/\mathrm{d}$ (20 Mgal/d)

必要となる水資源の世話人となりつつある.

25 年以上もの間, 環境工学と水資源工学において頻発してきた研究課題とは, 都市部の下水処理を改善し, 捨てるのではなく有効利用できるような品質の処理水を供給するということであった(図-1.8 参照). 増大する水不足と環境汚染という困難な課題を関連させると, この確信は, 世界の大部分における水資源の一つとして都市部の下水を考えるという現実的な構想を与える. 特に水質汚染防止の努力によりますます高価になり, またしばしば環境破壊する場合と比べると, 都市部の下水処理施設からの処理水は, これまでの水供給を増強する有望な代替法の一つになってきている.

1.4.4 処理と技術への要求

水の再利用の用途の潜在性と処理の必要性を決定づける主な因子は, 都市部で様々に使用した結果生じた水質である. 都市部での利用による水質の変化の程度を概念的に比較したものを図-1.9 で示している. 水の処理技術は, 効力のある規定や指針を満たす飲み水をつくるために, 水源, 例えば, 表流水, 地下水, または海水に適用される. 一方, 都市部における水利用により, 化学的あるいは生物学的な汚染物質やその他の物質が吸収・蓄積されることで, 水質が悪化する. 結果として生じた下水を改善するために必要な水質の変化幅が下水処理の内容を定める. 実際には, 水生生態系を含む環境保護と, 受水域での水利用の保全を担当する規制当局に要求される項目を達成するために処理が実

第1章 水問題：水再生と再利用の現況と役割

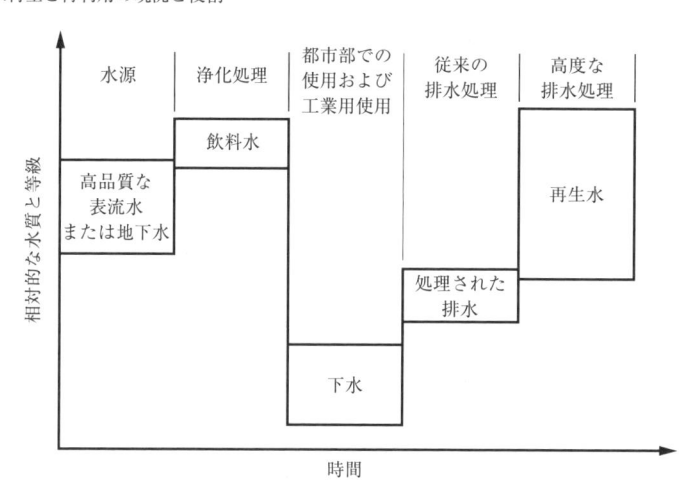

図-1.9 水利用に伴う水質変化と水の再生と再利用のコンセプト

施される．

処理水の水質が汚染されていない自然水の水質に近づくにつれて，水の再生と再利用の効果的な利点が明白になってくる．処理レベルやその結果の水質によって，水源の一つとしての経済的な価値がその水に与えられている．活性炭，促進酸化，膜処理技術(9, 10章参照)のようなさらに進歩した技術を水の再生のために利用するにつれて，再生水の品質は，測定可能な項目すべてがこれまでの飲用水の水質基準の全要素を満たすか，あるいはそれ以上になる．間接的飲用再利用でのこの高品質な水は，California州San Diegoの場合には，"reunified water"，シンガポールの場合では，"NEWater"と呼ばれている(23章参照)．今日，技術的に確立された水の再生や浄水の工程により，精密機器産業や医療目的での利用のための超純水を含む，ほぼ希望されるどのような水質の水をも供給することができる．

1.4.5 インフラおよび設計に関する問題

しばしば再生水のシステム設計は，従来の飲料用水のシステム設計に似てきている．しかし，水質や信頼性，需要と供給の変動，そして再生水と淡水のその他の違いから，特別な課題が生じている．水の再生や再利用計画に関する工学的な問題は，一般に次のような種類に分類される．(1)水質，(2)公衆衛生の保護，(3)排水処理の代替案，(4)ポンプ，貯留および配水システムの配置と設計(図-1.10参照)，(5)水道水と再生水を別系統で供給するような水の再利用の現場での対応，(6)再生水の需要と供給の均衡，(7)補足および予備の水供給．これらの問題の多くの側面が本書の随所で述べられている．

米国西部における人口増加の傾向を調べることと，それらが影響する水の再利用のインフラと計画立案の問題をよく考えることは有益である．平均60%を超えるような人口増加率の最も高い郡では，平均以下の人口密度(約4人/km^2)であることが特徴であった．対照的に人口密度の高い郡(大都市や人口の密集した郊外)や人口密度が非常に低い郡では，人口増加率が非常に低く，時には減少していた．比較的低めの人口密度の地域におけるこのような高い人口増加率は，水の供給や下水処理，そしてさらに重要な水の再利用という重大な課題を生み出す．このような人口密度の地域においては，水の供給のための井戸や，下水処理と処分のための浄化槽やろ過施設等の整備といった個々の解決策は，もはや適していないかもしれない．しかし，輸送管や収集システムを含む従来からの地方自治体による解決策は，個々の使用者間の距離の長さからとても費用が掛かるようになる(Hermanowicz and

(a) (b)

図-1.10 インフラは，水の再利用の成功に不可欠である．(a)灌漑用のポンプ，(b)貯留用の溜池

Asano, 1999；Anderson, 2003).

　都市部でのインフラの整備に費用が掛かるとすれば（補助金なしでは），その費用は，不公平に分配され，人口密度の低い地域では1人当りがより高くなりがちである．規模が大きく，人口が密集しない地域では，人口学的に中程度の人口密度になる傾向とも相まって，より高い費用が必要となり，将来の水プロジェクトを財政的に制約する．最近まで，水の再生と再利用プロジェクトは1970年代の後半から開発された集中型の下水処理施設から実施されてきていることに留意すべきである．

　大規模なインフラの建設を緩和するため，サテライト型の上下水処理や分散型のオンサイトシステムが推進されてきた．サテライト型で分散型のオンサイトシステムにおける水の再生と再利用に関連するトピックスは，12，13章の項目で詳述されている．

　最終的に適切な処理を行った後に都市から集められた下水は，大地や水源に戻されなければいけない．環境を保護するために何を除去しなければいけないかという複雑な質問は，その地域の条件，環境と健康リスク，科学的知見，工学的判断，経済的可能性，そして人々の受容性等の分析結果を考慮して答えられなければいけない．水の再利用の計画については，25章の項目で詳述されている．

1.5　水の再生と再利用とその未来

　これまでの水資源開発の実施による社会的，経済的，環境的影響と水不足が避けられないという将来見通しのため，水資源マネジメントでの新しいパラダイムシフトが起きている．新しいアプローチは，持続可能性，環境倫理，市民参加という原則と協調したものである．

　持続可能な水資源マネジメントは，現在と将来の水需要を信頼性と公平性を持って満足させるシステム全体を解決することに重点を置いている．持続可能な水資源マネジメントを達成できるかどうかは，水文循環での水資源の分布と賦存性および人間の活動が環境に与えている影響をはっきりと理解するかどうかに依存している．持続可能な水資源マネジメントは，水利用の効率を上げ，生態系の保護に向かって絶え間ない努力を続けることで，統合的で適応的なシステムの設計を目指すものである（Baron *et al.*, 2002）．

　環境倫理は，社会のニーズと環境保護という責務という文脈を考慮する際に，公平性を持ち込むため，持続可能な水資源マネジメントに重要な役割を果たす．プロジェクトの計画と実施における市民参加は，コミュニテイの優先度と懸念を見出すのに不可欠であり，これには，公平性だけでなく，成長による影響，費用，人々の安全性が含まれる．

　世界の水問題は，大きくのしかかっているかもしれないが，水の再生と再利用は，1970年代から

着実に推進されてきている．再生水によって生み出された水資源を十分に使うために，幾つかの困難を乗り越えなければならない．これらには，例えば，規制を設けたり，一般の人々から受け入れてもらうこと等の制度的，社会的障害が含まれる．技術的，経済的な困難もまた述べておかなければならない．水再生と再利用に関連する重要な課題は，以下の項に述べるように要約できる．

1.5.1 困難を乗り越える

水の再生と再利用は，持続可能なアプローチであり，長期間の運転で費用対効果は上がるが，再利用のための二次処理を超えた追加的な下水処理と再生水の配水システムを設置するため，（流域間での）輸送される水や地下水というような水供給の代替案とを比べると，費用とエネルギーが余分に掛かる可能性がある．さらに，当局の優先度の変化とともに制度的な障壁によって，ある場合には水再利用プロジェクトを実施することが困難となる可能性がある．

1.5.2 市民の支援

持続可能な水資源マネジメントという市民の自覚が必要不可欠である．このため，地域社会価値基準意思決定モデルを使って，計画を立案すべきである．水の再利用を水資源マネジメントのより広い意味での文脈に置き，水供給と水質問題に取り組み，例えば，海水淡水化といった他の選択肢の中に置くことは重要である．次に地域社会の価値と優先度を代替的な解決法として体系化し，選択する際に，初めから計画を誘導するものとして認識するものである．

1.5.3 機会と必要性によって変化する受容性

現在までの水の再生と再利用の主要な重点は，農業や修景用の灌漑利用，工業用冷却，大規模な商業ビルでのトイレ洗浄水といった建物内利用のような非飲用再利用に置かれてきた．間接的あるいは直接的飲用再利用という選択は，市民の懸念や不確実性をより増大させる．どのような場合でも，水の再利用の価値は，市民のより大きな関心事という文脈に置かれている．水の再利用の実施は，機会と必要性，渇水と水供給の信頼性，成長対非成長，都市の拡大，交通騒音，再生水の安全性の受容性，審美性，政治的意思，持続可能な水資源マネジメントを支配する公共政策といった様々な要因に影響され続けている．

1.5.4 汚染した水源からの水供給

土地利用の進展によって全米の水域へ放流される処理された排水量の割合が増加しているため，飲料水の淡水資源は，今や再生水で見出されるのと全く同じく，公衆衛生学的に懸念される数多くの成分を含んでいる．多くの研究から，直接的あるいは間接的な飲料水目的の再利用は，排水の放流水が含まれている水源が飲料水の供給源として使われる際，自然に行われている非計画的な間接的飲用目的の再利用（事実上の間接的飲用再利用）とほとんど同じ意味を持ち始めていることが明らかになっている．研究としての関心と市民の懸念のために，新興病原微生物や消毒副生成物，医薬品様活性物質，日用品等を含む微量有機物質が研究されてきており，公共用水域の水源に関して広範囲に報告されている．しかし，数多くのこれらの成分が微量に存在する結末は，長期的な健康影響に関してよく理解できていない（**5 章**参照）．

図-1.11 高度処理システム．(a)逆浸透膜プロセス，(b)紫外線消毒システム

1.5.5 水再生技術の進歩

費用対効果で信頼性がある水再生技術は，水再利用プロジェクトの実施を成功に導くために不可欠である．膜プロセス，促進酸化処理，信頼性の高い消毒技術といった高度処理技術やその組合せ技術についての包括的な研究が不可欠である（図-1.11参照）．

1.5.6 水の再生と再利用への挑戦

水の再利用プログラムのインセンティブは，新しい水源であり，節水ができ，経済的利点があり，環境に便益があり，政府が支援しているうえ，下水処理費用から「捨て去る」，つまり処分するにはあまりに価値の高い生産物を生み出すという事実を技術的な専門家が妥当であると理解していることである．したがって，地域社会に喜んで受入れてもらえない，あるいは非常に熱心に支持されないということがあろうか(Wegner-Gwidt, 1998)？ 政治，公共政策，技術的進歩に関する意思決定の人間的側面は，必ずしも技術的な専門家や技術的な進歩と協調できるわけではない．技術が前進し続け，水の再利用システムの安全性が広く実証され，公共政策と住民の受容性がこれらの技術の進歩を喜んで受けるように変化するにつれて，水の再生と再利用は，持続可能な水資源の必要不可欠な要素として拡大し続けるであろう．

問　題

1-1　メソポタミアのような文明の歴史的な発展と消滅に水が果たした役割は何か？ 少なくとも3つの参考文献を引用し，あなたが見出したことを要約せよ．

1-2　再生可能な水資源を扱った3つの論文をレビューし，本章の関連用語における定義を文献での定義と比較せよ．さらにその相違を議論せよ．

1-3　あなたが住む地域の「再生可能水資源」に影響する時間的，地理的な要因を議論せよ．

1-4　再生可能な水資源にメガシティの発展が与える影響とは何か？

1-5　世界的な水の分布が地政学的に暗示する意味を議論せよ．あなたの考えに対応した3つの参考文献を引用せよ．

第1章 水問題：水再生と再利用の現況と役割

1-6 持続可能な開発についてかなり多く引用される定義は，Brundtland Commission 報告書「Our Common Future」[WCED (1987). オンライン入手可能]で示されている．しかし，何が，どのように，誰のために，持続されるのかという疑問が過去20年間にわたって広範囲に議論されている．持続可能な水資源マネジメントについての要素を公平性と相互依存性に関して簡潔に議論せよ．

1-7 将来の世代は進化し，どのような水不足に対しても新たに解決できる方法を生み出せるために，節水の実施は不要であるとの意見に対するあなたの答を示せ．

1-8 水源が都市部の下水であるため，再生水の利用は，技術的，経済的，社会的に困難を伴う．水の再生と再利用を正当化するために使われている工学的，社会的，経済的な要因を議論せよ．

1-9 水の再利用プログラムのインセンティブは，新しい水源であり，節水ができ，経済的利点があり，環境に便益があり，政府が支援しているうえ，下水処理費用から「捨て去る」，つまり処分するにはあまりに価値の高い生産物を生み出すという事実を技術的な専門家が妥当であると理解していることである．そこで，なぜこの概念は地域社会に喜んで受け入れられ，心から支援されてきていないのであろうか？

1-10 最近，米国では，水の再利用が最も多く実施されているのは，California州とFlorida州であるが，両州は，降水量のパターンがかなり大きく違う．水の再利用を実施の可能性に影響を与える地域要因を比べよ．

参考文献

Adams, D. B. (1998) "Regional Water Issues, Newsletter of the U.S. National Assessment of the Potential Consequences of Climate Variability and Change," *Acclimations*, 11–12. http://www.usgcrp.gov/usgcrp/Library/nationalassessment/newsletter/1998.12/frame7.html

Anderson, J. (2003) "The Environmental Benefits of Water Recycling and Reuse," *Water Sci. Technol: Water Supply*, **3**, 4, 1–10.

Asano, T. (2002) "Water from (Waste) Water—the Dependable Water Resource," *Water Sci. Technol.*, **45**, 8, 24–33.

Asano, T. (ed.) (1998) *Wastewater Reclamation and Reuse*, Water Quality Management Library, **10**, CRC Press, Boca Raton, FL.

ASCE (1998) *Sustainability Criteria for Water Resources Systems,* prepared by the Task Committee on Sustainability Criteria, Water Resources Planning and Management Division, American Society of Civil Engineers and the Working Group of UNESCO/IHP IV Project M-4.3, Reston, VA.

Baron, J. S., N. L. Poff, P. L. Angermeier, C. N. Dahm, P. H. Gleick, N. G. Hairston, R. B. Jackson, C. A. Johnston, B. D. Richter, and A. D. Steinman (2002) "Meeting Ecological and Social Needs for Freshwater," *Ecol. Appl.*, **12**, 5, 1247–1260.

Baumann, D. D., J. J. Boland, and W. M. Hanemann (1998) *Urban Water Demand Management and Planning,* McGraw-Hill, New York.

Bouwer, H. (2000) "Integrated Water Management: Emerging Issues and Challenges," *Agric. Water Mgmt.*, **45**, 217–228.

Braden, J. B., and E. C. van Ierland (1999) "Balancing: the Economic Approach to Sustainable Water Management," *Water Sci. Technol.*, **39**, 5, 17–23.

Cosgrove, W. J., and F. R. Rijsberman (2000) *World Water Vision: Making Water Everybody's Business,* Earthscan Publications, London, UK.

Falkenmark, M., and G. Lindh (1993) "Water and Economic Development," in P. H. Gleick (ed.), *Water in Crisis: A Guide to the World's Fresh Water Resources*, Pacific Institute for Studies in Development, Environment, and Security, Stockholm Environment Institute, Oxford University Press, New York.

Falkenmark, M., and M. Widstrand (1992) "Population and Water Resources: A Delicate Balance," *Population Bulletin*, Population Reference Bureau, Washington, D.C., **47**, 3, 2–35,

Foster, K. R., P. Vecchia, and M. H. Repacholi (2000) "Science and the Precautionary Principle,"

Science, **288**, 5468, 979–981.
Gleick, P. H. (1998) "Water in Crisis: Paths to Sustainable Water Use," *Ecol. Appl.*, **8**, 3, 571–579
Gleick, P. H. (2000) "The Changing Water Paradigm: A Look at Twenty-First Century Water Resources Development," *Water Inter.*, **25**, 1, 127–138.
Gleick, P. H. (2002) "Soft Water Paths," *Nature*, **418**, 373.
Hermanowicz, S. W., and T. Asano (1999) "Abel Wolman's "The Metabolism of Cities" Revisited: A Case for Water Recycling and Reuse," *Water Sci. Technol.*, **40**, 4–5, 29–36.
Hermanowicz, S. W. (2005) "Sustainability in Water Resources Management: Changes in Meaning and Perception," University of California Water Resources Center Archives. http://repositories.cdlib.org/wrca/wp/swr_v3
Harremoës, P., D. Gee, M. MacGarvin, A. Stirling, J. Keys, B. Wynne, and S. G. Vaz, (eds.) (2001) "Late Lessons from Early Warnings: the Precautionary Principle 1896–2000," *Environmental Issue Report*, No. 22, European Environment Agency, Copenhagen, Denmark.
Harremoës, P. (2002) "Water Ethics: a Substitute for Over-Regulation of a Scarce Resource. Water Scarcity for the 21st Century—Building Bridges Through Dialogue," *Water Sci. Technol.*, **45**, 8, 113–124.
Huesemann, M. W. (2003) "The Limits of Technological Solutions to Sustainable Development," *Clean Tech. Environ. Pollut.*, **5**, 1, 21–34.
IWMI (2000) "*World Water Supply and Demand: 1990 to 2025*," International Water Management Institute, Colombo, Sri Lanka.
Krayer von Krauss, M., M. B. A. van Asselt, M. Henze, J. Ravetz, and M. B. Beck (2005) "Uncertainty and Precaution in Environmental Management," *Water Sci. Technol.*, **52**, 6, 1–9.
Loucks, D. P. (2000) "Sustainable Water Resources Management," *Water Inter.*, **25**, 1, 3–10.
Mackun, P. J., and S. R. Wilson (2000) *Population Trends in Metropolitan Areas and Central Cities: 1990 to 1998*, Current Population Reports, P25-1133, U.S. Department of Commerce, U.S. Census Bureau, Washington, DC.
Maddaus, W. O. (2001) *Water Resources Planning: Manual of Water Supply Practices, AWWA Manual M50*, American Water Works Association, Denver, CO.
Mantovani, P., T. Asano, A. Chang, and D. A. Okun (2001) *Managing Practices for Nonpotable Water Reuse*, Project 97-IRM-6, Water Environment Research Foundation, Alexandria, VA.
Mayer, P. W., W. B. DeOreo, E. M. Opitz, J. C. Kiefer, W. Y. Davis, B. Dziegielewski, and J. O. Nelson, (1999) *Residential End Uses of Water*, American Water Works Research Foundation, Denver, CO.
Pezzey, J. (1992) "Sustainability: An Interdisciplinary Guide," *Environ. Values*, **1**, 4, 321–362.
Postel, S. L. (2000) "Entering an Era of Water Scarcity: the Challenges Ahead," *Ecol. Appl.*, **10**, 4, 941–948.
Queensland Water Recycling Strategy (2001) *Queensland Water Recycling Strategy: An Initiative of the Queensland Government*, The State of Queensland, Environmental Protection Agency, Queensland, Australia.
Rogers, P. P., M. R. Llamas, and L. Martínez-Cortina (eds.) (2006) *Water Crisis: Myth or Reality?* Taylor & Francis, London.
Sikdar, S. K. (2005) "Science of Sustainability," *Clean Tech. Environ. Pol.*, **7**, 1, 1–2.
Simpson, J. (2006) *Water Quality Star Rating—From Waste-d-Water to Pure Water*, Woombye, Qld, Australia.
Shiklomanov, I. A. (2000) "Appraisal and Assessment of World Water Resources," *Water Inter.* **25**, 1, 11–32.
State of California (2003) California Code—Water Code Section 13050, Subdivision (n). (http://www.leginfo.ca.gov)
Thompson, S. A. (1999) *Water Use, Management, and Planning in the United States*, Academic Press, San Diego, CA.
United Nations (1992) *Agenda 21: The United Nations Programme of Action from Rio de Janeiro*, New York.
United Nations (2002) *World Urbanization Prospects: The 2001 Revision—Data Tables and Highlights*, United Nations, Population Division, Department of Economic and Social

Affairs, United Nations Secretariat, United Nations, New York.
United Nations (2003) *World Population Prospects: The 2002 Revision—Highlights,* United Nations Population Division, Department of Economic and Social Affairs, United Nations, New York.
U.S. Department of the Interior (2003) *Water 2025: Preventing Crises and Conflict in the West*, Washington, DC.
USGS (1984) *National Water Summary 1983—Hydrologic Events and Issues*, U.S. Geological Survey Water-Supply Paper 2250.
U.S. Census Bureau (2003) *Population Briefing National Population Estimates for July, 2001*, United States Census Bureau. http://www.census.gov/
Vickers, A. (1991) "The Emerging Demand-Side Era in Water Management," *J. AWWA,* **83**, 10, 38–43.
Vickers, A. (2001) *Handbook of Water Use and Conservation*, WaterPlow Press, Amherst, MA.
Wegner-Gwidt, J. (1998). Public Support and Education for Water Reuse, Chap. 31, 1417–1462, in T. Asano (ed.), *Wastewater Reclamation and Reuse,* Water Quality Management Library, **10**, CRC Press, Boca Raton, FL.
Wilderer, P. A., E. D. Schroeder, and H. Kopp (eds.) (2004) *Global Sustainability*, Wiley-VCH, Germany.
WCED (1987) *Our Common Future (The Brundtland Commision's Report)*, World Commission on Environment and Development, Oxford University Press, Oxford, UK.
WHO (2000) *Global Water Supply and Sanitation Assessment 2000 Report*, WHO/UNICEF Joint Monitoring Programme for Water Supply and Sanitation, World Health Organization, Geneva, Switzerland.
WRI (2000) *World Resources 2000–2001: The Fraying Web of Life*, World Resources Institute, Washington, DC.

第2章 水再利用：これまでの経過と現状

翻訳者　長 岡　　裕（東京都市大学工学部都市工学科 教授）

関連用語　*33*
2.1　水再生と水再利用の登場　*34*
　　2.1.1　1960年以前の歴史　*34*
　　2.1.2　米国における再生水と再利用をめぐる出来事―1960年以後　*35*
　　　　　西部乾燥地帯における急発展／*36*　　湿潤地域における発展／*37*
　　　　　冬季間における放流許容／*37*　　水再生利用に関する研究，法令と指針の制定／*37*
2.2　水再利用に与える連邦法および州法の影響　*38*
　　2.2.1　Clean Water Act (CWA)　*38*
　　2.2.2　Safe Drinking Water Act (SDWA)　*39*
2.3　水再利用：米国における最近の状況　*39*
　　2.3.1　表流水原水および地下水原水からの取水　*39*
　　2.3.2　下水処理水の有効利用と再利用　*39*
　　2.3.3　水再利用プロジェクトと調査研究の出来事　*40*
2.4　California州における水再利用の事例　*40*
　　2.4.1　水再利用における経験　*40*
　　2.4.2　現在の水再利用の状況　*41*
　　　　　水再利用の用途／*41*　　水再利用施設の地理的分布／*41*　　水再利用システムの規模／*43*
　　2.4.3　水再利用方針と水再生規制　*44*
　　2.4.4　再生水利用の将来の可能性　*45*
2.5　Florida州における水再利用の事例　*45*
　　2.5.1　水再利用における経験　*45*
　　2.5.2　現在の水再利用の状況　*46*
　　　　　水再利用の適用事例／*47*　　水再利用施設の地理的分布／*47*　　水再利用施設の規模／*47*
　　2.5.3　水再利用政策と水再生規則　*48*
　　2.5.4　再生水利用の将来の可能性　*48*
2.6　世界の他の地域における水再利用　*49*
　　2.6.1　世界の重要な水再利用　*49*
　　2.6.2　WHOの水再利用ガイドライン　*51*
　　2.6.3　発展途上国の水再利用　*52*
2.7　まとめと総括　*54*
問　題　*55*
参考文献　*56*

関連用語

間接的飲用再利用 indirect potable reuse 水道水源として利用されている貯水池や地下滞水層等に再生水を計画的に注入し,現地の水と混合させることにより,これらの場を環境的な緩衝地として利用すること.

計画的水再利用 planned water reuse 再生水の意図的な直接的および間接的利用で,送水途中の管理を継続しているもの.

下水の採掘 sewer mining 下水道幹線途中より局所的に下水を取り出し,付近のサテライト処理場において処理をした後,再利用水として用いること.

再生水 reclaimed water 都市下水で,ある用途に再利用できるよう特定の水質基準を満足させるべく様々な処理プロセスによって処理され,付加価値を与えられたもの(例えば,灌漑用水等).

Title 22 法 Title 22 regulations California 州では,再利用水の処理,用途および配水方法については,Title 22 of California Administrative Code において記述されている.州内の水再利用基準は,Department of Health Services において決定され,9つの State Regional Water Quality Control Boards において実施されている.

直接的飲用再利用 direct potable reuse 高度に再生処理された水を,浄水場下流の水道水の配水システム内や,水道原水の浄水場入口地点に直接注入すること(**24** 章参照).

統合的水資源計画 integrated water resources planning 水,土地および関連資源の統合的開発および管理プロセスで,経済的・社会的効用を公正かつ持続可能な形で最大化することを目的とするもの.

非飲用再利用 nonpotable reuse 直接的または間接的飲用再利用を含まないすべての再利用用途.

水再生 water reclamation 下排水を確実な方法で処理して水質基準を満足させ,再利用可能とするプロセスのこと(1章より).

水再利用 water reuse 処理された下排水を,農業用水,灌漑用水,工業用冷却水等,便益のある用途に利用すること.

水リサイクル water recycling 工業プロセス等において,排水を再びプロセスに戻して,同一の用途で利用させること.ただし,「水リサイクル」は,水再利用と同義語として用いられることが多い(1.1 参照).

有効利用 beneficial uses 住民による直接利用だけでなく,人々に便益をもたらす様々な間接的利用を含む水の多様な利用用途.例として,都市用水,工業用水,農業用水,水運,漁業資源と野生生物,自然生態系の保全,親水レクリエーション活動等があげられる.

輸入水 imported water ある流域から別の流域へ輸送された水.California State Water Project や Colorado River Project が例としてあげられる.

リサイクル水 recycled water 「再生水」参照.

1章において,継続的な人口増加,地表水および地下水の汚染,水資源の偏在,周期的な渇水により,水関係部局は,新たな水源の開発の必要性を迫られてきたことを述べた.下水処理水の再利用は,将来の水資源マネジメント戦略の重要な要素の一つであると認識されている.本章では,米国およびその他の地域における水再利用をめぐる過去の経緯と現状を概観し,今後の傾向について考えることとする.そのことは,将来にわたるより効率的かつ持続可能な水再利用の手法を考えるうえでの基礎となるであろう.

第2章 水再利用：これまでの経過と現状

過去および現在の水再利用手法について，本章では，以下の7節に分けて論じていく．(1)水再生と水再利用の登場，(2)水再生と水再利用にもたらした連邦法の影響，(3)米国における水再利用の現状，(4)California州における水再利用の事例，(5)Florida州における水再利用の事例，(6)世界の他地域における水再利用，(7)水再利用の実例から学んだこと．

2.1 水再生と水再利用の登場

本節では，水再生と水再利用の発展について概観する．内容は，(1)1960年以前の水再利用の歴史，(2)1960年以降の米国における水再生と水再利用の展開，(3)世界的な展開，である．1960年で区切るのは，米国における重要な水質汚染防止活動と水再生と水再利用の現代的展開がともに1960年以降に起こったからである．州法および連邦法が水再生と水再利用にもたらした影響については，2.2において議論する．

2.1.1 1960年以前の歴史

水再生と水再利用の発展に寄与した1960年以前に起きた重要な事例を表-2.1に示す．下水再利用の歴史は，新しいわけではない．例えば，下水の農業用灌漑水としての利用は，およそ3 000年前のギリシャ，クレタにおけるミノア文化期にまで遡る(Angelakis *et al.*, 1999, 2003)．現代における水再生と水再利用は，19世紀半ばに，家庭から発生する下水を住居から排除し，付近の水系に排出する下水システムの導入に始まる．Londonを通過して著しく汚濁したThames川は，Londonにおける不潔な環境をもたらしただけでなく，不衛生なThames川を原水する水道の供給区域の住民の間において繰り返し流行したコレラ症の原因ともなった．これらの解決のため，巨大な管路がThames川に沿って建設され，Edwin Charwick氏の勧告「雨は川へ，下水は土へ」(the rain to the river and the sewage to the soil)に従って汚水は下流へ運ばれ，下水処理農地へ散水された．このような土壌処理法は，20世紀初頭まで米国だけでなくヨーロッパの大都市でも広く採用されていた(Metcaf and Eddy, 1928；Barty-king, 1992；Okun, 1997；Cooper, 2001)．

水道水と疾病との関係等が明らかになると，貯水池と導水管の建設，取水地点の下水放流地点の上流への移動，水のろ過の導入等の工学的な解決方法が1850年代から1860年代にかけて実施された(Barty-King, 1992；Cooper, 2001)．19世紀終わりにおける微生物学の発達により，Great Sanitary Awakening(偉大な衛生的目覚め)がもたらされ(Fair and Geyer, 1954)，塩素消毒が発明されたのである．1913年における活性汚泥法の開発によって下水処理技術，とりわけ生物学的下水処理法の著しい発展を遂げた．

公衆衛生の視点から，下水の再利用において要求される水質について初めて言及されたのは，1906年2月のMonthly Bulletin, California Stare Board of HealthにおいてOxnardにおける下水処分用腐敗槽に関する記述である．「なぜ灌漑用水として利用し，溶存している貴重な肥料成分を有効利用し，同時に水を完全に浄化することをしないのだ．California州において，腐敗槽と灌漑の組合せは，最も合理的，安価かつ効率的なシステムである」(Ongerth and Jopling, 1977)．1915年，U.S. Public Health Service Bulletinにおいて，「腐敗槽からの放流水を地表より0.3 m深い位置に設置された浅いトレンチに送れば，バラやその他の灌木の見事な生垣を育て，またトウモロコシその他の食用の農作物を地表において育てることに有効に利用されるであろう」(Lumsden *et al.*, 1915)との記述が見られる．

米国における工業用水としての再利用の事例は，1942年にMaryland州BaltimoreのBethlehem Steel Companyにおいて塩素処理された下水処理水を鉄鋼プロセスに利用したものが最初であり，

2.1 水再生と水再利用の登場

表-2.1 世界における水再生および水再利用をめぐる歴史(1968年まで)

年	場所	事例
～紀元前3000年	ギリシャ，クレタ	ミノア文化：下水の農業灌漑用水としての利用
97	ローマ	Roma市が水道管理者(Sexus Julius Frontinus)を置く
1500～	ドイツ	下水処理農地による下水処理が実施される
1700～	英国	下水処理農地による下水処理が実施される
1800～1850	フランス，英国，米国	し尿排除のための下水管の法的利用が開始．Paris(1880)，London(1815)，Boston(1833)
1850～1875	ロンドン	コレラ流行がSnowにより汚染井戸水と関連づけられる
1850～1875	英国	チフス症予防理論がBuddにより提唱される
1850～1875	ドイツ	炭疽病は細菌が原因であることがKochにより証明
1875～1900	フランス，英国	微生物学的な水の汚染がPasteurにより証明される．Downにより次亜塩素酸ナトリウムにより消毒が「純粋で衛生的」な水をつくると提唱される
1890	Mexico City(メキシコ)	未処理の下水を市北部の重要な農業地域における灌漑用水として利用するための排水路が建設されるが，この再利用は，今日まで継続されている．未処理あるいは最低限の処理をされたMexico Cityからの下水は，Mexico渓谷まで輸送され，約9万haの畑地を含む農地の灌漑用水として利用される
1906	Jersey市(New Jersey州)	水道水の塩素消毒
1906	Oxnard(California州)	公衆衛生の視点から，下水再利用のための要求水質に関する言及が初めて登場．Oxnardにおける下水処分腐敗槽に関して1906年2月にMonthly Bulletin, California State Board of Healthにて
1908	英国	Chickにより消毒の動力学が解明される
1913～1914	米国，英国	Massachusetts州のLaurence Experiment Stationにおいて活性汚泥法が開発され，英国のArdenとLockettによって実証される
1926	米国	Grand Canyon国立公園において，下水処理水が初めて二系統配水システムによって，トイレフラッシュ用水，芝散水，冷却水，ボイラ用水として利用される
1929	米国	California州Pomana市において，再生水を芝・庭園の散水用に利用するプロジェクトが開始される
1932～1985	San Francisco(California州)	Golden Gate Parkにおいて，芝散水および人造湖への供給水用として下水処理水が用いられる
1955	日本	三河島処理場からの下水処理水が東京都下水道局によって工業用水として供給される
1968	ナミビア	Windhoek's Goreangab Water Reclamation Plantにおいて直接的飲用再利用が開始される

それは1990年後半に同社が操業を停止するまで継続された(**19.3参照**)．1960年代において，California, Colorado, Florida州では，急速な都市化に対応するため，計画的な都市水再利用システムの開発がなされた．

2.1.2 米国における再生水と再利用をめぐる出来事— 1960年以後

20世紀前半における物理的，化学的および生物学的水処理技術が発達は，1960年頃より始まる水再生と水再利用の時代をもたらすことになる．1960年以降に水再生と水再利用が発達したのは，(1)西海岸における急速な人口増，(2)とりわけFlorida州の湿地地域における開発，(3)下水処理工程と

表-2.2 米国における水再生利用に関わる重要な事例(1960年以降)[a]

年	場所	事例
1960	California 州 Sacramento	State Water Code によって排水再生利用が奨励される
1962	California 州 Los Angeles 郡	Whittier Narrows 流域において大規模な地下水涵養プロジェクトが開始
1965	California 州 San Diego 郡	再生水の供給による Santee レクリエーション湖において遊泳と釣りを開始
1972	Washington, DC	水質改善と維持に関する Clean Water Act が成立
1975	California 州 Fountain Valley	Orange County Water District において,地下水滞水層に再生水の直接注入が開始(Water Factory 21 として知られる)
1977	California 州 Poroma	Los Angeles 郡 Sanitation District によって Pomona Virus Study が実施され成果が刊行される
1977	California 州 Irving	Irving Ranch Water District により二系統配管システムによる再生水供給を用いた大規模な灌漑事業が開始
1977	Florida 州 St. Petersburg	大規模な都市水再利用システムが運用開始
1978	California 州 Sacramento	California Wastewater Reclamation Criteria(Title 22 法)が Department of Health Services により交付され,9つの Regional Water Quality Control Board により実施される
1982	Arizona 州 Tucson	ゴルフ場における再生水の利用を義務づける都市水再利用プログラムが開始
1984	California 州 Los Angeles	Los Angeles County Sanitation District による Health Effects Study の成果が刊行
1987	California 州 Monterey	Monterey Regional Water Pollution Control Agency により Monterey Wastewater Reclamation Study for Agriculture が刊行
1992	Washington, DC	U.S. EPA と U.S. Agency for International Development による Guidelines for Water Reuse 発刊
1993	Colorado 州 Denver	Potable Water Reuse Demonstration Plant 最終レポートが刊行(プラントは,1984 年より運転)
1996	California 州 San Diego	Western Consortium for Public Health により City of San Diego Total Resource Recovery Health Effects Study が刊行
2003	California 州 Sacramento	Water Recycling 2030 : Recommendations of California's Recycled Water Task Force, Department of Water Resources and State Water Resources Control Board, State of California による勧告が刊行
2004	Washington, DC	U.S. EPA と U.S. Agency for International Development が Guidelines for Water Reuse を発刊

[a] Metcaf and Eddy(1928), Barty-King(1992), Ongerth and Jopling(1977), Okun(1997), Asano(1998), Cooper(2001), U.S. EPA(1992), State of California(2001a), U.S. EPA and U.S. AID(2004) より一部を引用.

放流水質基準の厳格化,(4)水再利用の実証プロジェクトの実施,(5)多くの州における水再生と水再利用ガイドラインの作成,等によるところが多い.下水処理工程と放流水の要求水準の厳格化がもたらした影響については,2.3 において説明する.1960 年以降の米国における水再生利用に関連した重要な事例は,表-2.2 に示す.

西部乾燥地帯における急発展

1960 年代以降の西部乾燥地帯における急速な人口増において,水質汚染防止と水不足に関連する規制に基づく要請より再生利用水の使用が推進されてきた(図-2.1).例えば,Colorado 州 Colorado Springs は,ロッキー山脈の東部山麓地域の水資源に乏しい地域に位置するが,山岳地域からの水資源への依存率を減らすため,1960 年代初めに市当局によって限定的な二系統配水システムが構築さ

2.1 水再生と水再利用の登場

図-2.1 米国における水再生利用の始まり．急速な人口増と，水質汚染防止と水資源不足に関する規制により再生水の利用が推進されてきた．（a）Arizona 州 Scottsdale Wter Campus，（b）Florida 州 St. Petersburg

れ，周辺の河川から取水する地表水に加えて再生水が灌漑目的で使用された．この例は，再生水を都市灌漑用水として利用する水システムとして米国では最も古い部類に入るものである．Colorado Springs における近年の再生水利用は，280 MW の Martin Drake 発電所の事例に加えて，公園，ゴルフ場，墓地，商業施設まで多岐にわたっている．

湿潤地域における発展

　湿潤な地域においても，住宅開発が進行して，水資源と取水システムに過度の負荷が掛かっている場合，水再生利用は，重要な意味を持っている．例えば，Florida 州 St. Petersburg においては，水再生システムは，その質を変えながら拡張を続けている．1970 年代後半の創設以来，St. Petersburg の再生水システムは，下水処理水の処分方法の代替手段としての位置づけから，事業として成立する水供給手段へと変貌してきている．この 20 年間，再生水の利用によって水道水の需要は，大きく減少してきた．また，水資源の逼迫と高い成長率という問題を抱える Florida 州 Venice では，East Side Wastewater Treatment Plant からの再生水を都市灌漑用水として供給している．

冬季間における放流許容

　Georgia 州における水再利用の奨励に関する画期的な手法として，表流水系への処理水放流を冬季のみに許可する制度があげられる．同州は，水中生物への影響を考慮して，温暖期における放流を制限している．その結果，夏季における水再利用が奨励されることとなるが，冬季には水資源を蓄える余地がほとんどなくなることとなる．

水再生利用に関する研究，法令と指針の制定

　これまでに水再生利用に関する研究や実証プロジェクトが幾つかなされ，再利用に関する処理システム設計の考え方と健康リスク評価について貴重な知見が得られている．1977 年，Sanitation Districts of Los Angeles County の Pomona Research Facility において実施されていた Pomona Virus Study と呼ばれる総合的な研究プロジェクト［SDLAC(1977)，**附録 E-1 を参照のこと**］が完了し，腸管系ウイルスを除去するための様々な三次処理システムの評価を行った（Dryden *et al.*, 1979；Chen *et al.*, 1998）．プロジェクトの成果を受けて，California Department of Health Services は，水再生利用に特化した処理システムの設計および運転管理条件を提案し，凝集剤注入，フロック形成，沈殿，ろ過のフローより構成される従来法に比較し，より低コストのろ過システムであるインライン凝集・フロック形成および直接ろ過等を例示している（図-2.2）．

37

第2章 水再利用：これまでの経過と現状

Pomona Virus Study の成果は，他州や外国において広く参考にされてきた State of California's 1978 Wastewater Reclamation Criteria(Titile 22法)の内容に影響を与えた(State of California, 1978)．例えば，State of California Water Code において，「議会は，州があらゆる手段を講じて水再生利用の施設を充実させ，再生水が増大する州の水需要を満たすための有効な資源とならしめることを期待する」と述べている(Water Code Sections 13 510-13 512)．2003年，California州は，報告書「Water Recycling 2030：Recommendations of Califonia's Recycled Water Task Force」を出版し，州および自治体の法的枠組み，法体系，法令，命令等を調査し，次の25年間における再生水の安全な利用の促進のための機会，障害，阻害要因等を整理している．

図-2.2 1977年，Pomona Virus Studyで使用したパイロットプラント．研究は，Sanitation Districts of Los Angeles CountyのPomona Research Facilityにおいて実施された．研究は，様々な下水三次処理システムを腸管系ウイルスの除去特性から評価することを目的とした

2.2 水再利用に与える連邦法および州法の影響

計画的な下排水再利用のための計画は，20世紀初めに立案されている．California州は，水再利用のパイオニアであり，1918年には，Board of Public Healthが初めて「Regulation Governing Use of Sewage for Irrigation Purposes」を定めている．規則では，「生下水，腐敗槽やインホフタンクからの流出水，または同等の下水あるいは下水に汚染された水」をトマト，セロリ，レタス，ベリー類他の生食用の農産物用の灌漑目的での利用を禁止している(Ongerth and Jopling, 1977)．以来，公衆衛生を保全するため，水処理と再利用のための基準は，発展を続けている．放流される排水の質と量，および水再利用の可能性に対して大きな影響を持つ連邦法は，Clean Water Act(CWA)として知られる Water Pollution Control Act と修正条項と Safe Drinking Water Act(SDWA)である．これらの2つの法律を有効に協調させることにより，水再利用に用いられる水の質と量を決定することができる．これらの2つの法律については，以下に簡単に解説する．

2.2.1 Clean Water Act(CWA)

都市，工業，および産業からの排水が未処理のまま放流されると，河川，湖沼，沿岸域の広汎な汚染を引き起こす．1972年，議会は，国内の水域の惨憺たる状況に対する国民の怒りに対応し，CWAを制定した．CWAおよび修正条項は，処理水が再利用されるか水系に放流されるかによって決まる排水基準を満たすために必要となる排水処理施設のレベルと種類を定めている．

CWAの制定は，航行，釣り，遊泳ができる水域への汚濁物質のゼロディスチャージを究極の目標としながら，「国内の水域の化学的，物理的，生物学的健全性を回復する」ことを目的とする，米国における水質汚染防止における一里塚であった．CWAの中には，排水を生産的に処理してリサイクルする水の再利用システムの有効活用の達成目標について言及されている．さらにCWAは，工場排水

の前処理に関するより厳格な基準の適用による下水水質の全体的な改善についても規定している．CWA 制定の結果，集中排水処理システムは，都市域における標準となり，処理水が直ちに再利用用途に利用可能な資源となった(WEF, 1997；U.S. EPA, 1998)．

2.2.2 Safe Drinking Water Act(SDWA)

SDWA は，1974 年に制定されて以来，水処理と配水の方法に対して大きな影響を与えてきた．SDWA は，修正を重ねて，健康あるいは技術上の発達に歩調を合わせてきた．SDWA の目的は，国民への水供給システムが公衆衛生を保持するために満たすべき最低限の条件を満足させることである．SDWA は，規制すべき汚濁物質を決定してその最大許容濃度レベルを定めることにより，米国における飲料水の一律の安全性と水質を担保することを目的としている．

SDWA は，水道水の供給に関する基準を定めているわけであるが，その一方で，排水が水道原水として利用される河川に放流されることが多い状況を考慮すると，間接的に排水の水質に影響を与えていることにもなる(3.1 参照)．公共水供給システムは，流域水保全計画を実践し，ヒト由来の腸管系ウイルスやジアルジアによる汚染の可能性を最小限にしなければならない(Clark and Summers, 1993)．

2.3　水再利用：米国における最近の状況

本節では，水再利用に関わる米国の最近の状況について解説する．特に California 州と Florida 州における水再利用の現状についてより詳細に調べ，水再利用の適用と応用範囲，推進要因，水再利用を推進し，管理するための政策的アプローチについて説明する．California 州と Florida 州はまた，水再利用の適用先の種類別に総括的な目録を作成している州でもある．

2.3.1　表流水原水および地下水原水からの取水

2000 年における米国の取水量は，すべての用途を合わせ，およそ 1.5×10^9 m^3/d である(Hutson et al., 2004)．California, Texas, Florida 州で，これらの 4 分の 1 を占める．表流水の取水量が最も多い州は，灌漑用水および発電用水を多く取水している California 州と，発電用水の取水の多い Texas 州である．地下水の取水が多い州は，California, Texas, Nebraska 州であり，各州ともにその最大の用途が灌漑である．

2.3.2　下水処理水の有効利用と再利用

公共の下水処理場において処理，放流され，水文学的な水循環サイクルに戻され，あるいは再び有効利用される(水再生利用)水量に関する情報は，U.S Geological Survey によって報告されている(Solley et al., 1998)．1995 年のデータによると，米国全土で約 16 400 の公共の下水処理施設から 155×10^6 m^3/d の処理水が放流されている．このうち約 2％(4×10^6 m^3/d)の処理水のみがゴルフ場や公園への灌漑用水等として有効に再生利用されている．Florida, California, Arizona 州では，再利用水が多いことが報告されている．なお，U.S. Geological Survey による最大の刊行物「Estimates Use of Water in the United States in 2000」では，水再利用水量，下水処理施設数，水域への放流水量に関する報告が記載されていないため，1995 年のデータに基づいて報告がなされている．2000 年の報告において，これらのデータが省略されている理由として，データの質があげられている(Hutson et *al.*, 2004). しかしながら，Water Reuse Association（水再利用に関する調査研究と普及振興に関する組織）によると，現在 $9.8 \times 10^6\,\mathrm{m^3/d}$ の都市下水が再利用されており，水量ベースで毎年 15％の割合で増えていると推定している(Water Reuse Association, 2005)．

　水再利用に関するプロジェクトを推進させる動機づけとしては，水資源の逼迫と下水処理水の放流水基準があげられる．水再利用が実施される場所は，そのほとんどが水供給に限界がある乾燥地あるいは半乾燥地の西部，西南部の州に位置している．しかし，米国内の多湿な地域においても，急速な成長と都市化を背景として，水再生プロジェクトが実施される例が増えている．

2.3.3　水再利用プロジェクトと調査研究の出来事

　前世紀において実施された多くの重要な水再利用プロジェクトや調査研究によって，水再利用に関する情報が現在のレベルにまで達成しているのである．米国で実施されてきた重要なプロジェクトおよび調査研究は，**附録 E-1** にまとめておいた．ここで取り上げているプロジェクトは，水再利用の応用事例の先進性や，水再利用のその後の発展に対する科学的工学的なインパクトの重要性の観点から選定した．これらのプロジェクトを記しておくことで，時代を超えた将来を見据えて，水再利用のフロンティアを曖昧な慣習の世界から持続的な水資源マネジメントの中の成長分野まで推し進めてきた先進的な計画者や技術者を記憶にとどめることができよう．

2.4　California 州における水再利用の事例

　California 州は，米国の中で最も人口の多い州であり(2004年：3 590万人)，人口の3分の2は，半乾燥地あるいは砂漠気候の地域に居住している．したがって，利用可能な水資源の持続のためには，効率的な水利用が不可欠である．将来の人口増に伴う水需要増に対応するため，California 州は，水資源の調和型ポートフォリオを策定中である．将来の水資源ポートフォリオには，伝統的な手段であるダムや貯水池に加え，水長距離輸送，節水，海水淡水化，水再利用等の新たな種類の施設や管理技術が含まれている(State of California, 2005)．1991年，California 州は，2010年までに水の再生利用を $1\,234 \times 10^6\,\mathrm{m^3/yr}$ まで増やす全州的な目標を立案した．また，再生水の利用によって余剰となる淡水資源によって，2030年に予想される1 700万人の人口増に必要となる家庭水需要量の30〜50％を賄うことができると試算されている．この施策の実現には，110億ドルの投資が必要であると考えられている(State of California, 2003b)．

2.4.1　水再利用における経験

　California 州は，あらゆる意味で，州となった初期の頃より水再利用の先駆者であった．California 州では，再生水の農業利用は，1890年より実施されている．1910年には，少なくとも35のコミュニティで下水を農業灌漑に利用していたが，そのうち11コミュニティでは生下水を，24コミュニティでは腐敗槽からの処理水を利用していた．San Francisco の Golden Gate Park における散水用灌漑（**附録 E-1 を参照**）は，未処理の都市下水を用いて開始されたが，1912年には最小限の処理を行うようになった．

　下水処理の水準の向上により，さらなる公衆衛生の保持が実現されるようになり，1952年には，California 州の107のコミュニティで再生水を農業用水あるいは散水用に利用するようになった．

2.4.2 現在の水再利用における状況

1970年には，再生水の利用に関する最初の全州レベルの調査が行われ，年間 216×10^6 m^3 の再生水が利用されていた．2001年には，California 州の再生水利用は，648×10^6 m^3/yr に達した（State of California, 2002）．

水再利用の用途

再生水の用途別の利用量を表-2.3に示す．農業用水および散水用水が再生水利用用途のほとんどを占めている（全再生水の67％）．レタス，セロリ，イチゴ等の生食用農産物を含む少なくとも20品目の農産物が再生水により生産されている．11の非食用穀物，とりわけ牧草，家畜用飼料用穀物，苗等の生産には，再生水による灌漑がなされている．散水用水は，主に芝散水用途であり，125以上のゴルフ場，公園，校庭，高速道路緑地等で利用されている．工業用水や商業用水には，発電所における冷却塔，石油精製業におけるボイラ用水，絨毯染色，新聞紙リサイクル施設等における利用が含まれる．再生水は，オフィスビルや商業施設において，トイレの洗浄用水として用いられている（CSWRCB, 2003；State of California, 2003b；Crook, 2004；Levine and Asano, 2004）．

表-2.3 California 州および Florida 州における水再利用の用途と量[a]

再利用用途	再利用水量			
	California 州		Florida 州	
	10^6 m^3/yr	%	10^6 m^3/yr	%
農業用灌漑	287	46	131	16
庭園等散水	137	21	379	45
工業用水	34	5	122	15
地下水涵養	60	9	135	16
海水浸入バリア	32	5	NA	—
レクリエーション用水	41	6	NA	—
野生生物保護地域用	25	4	61	7
熱・エネルギー利用	3	1	NA	—
その他，複合用途	19	3	6	1
合計	648	100	834	100

[a] State of California (2002), State of Florida (2004) より引用.
注) NA：適用外

California 州の地下水滞水層では，多くの場合，ポンプによる取水量が自然の涵養量を上回っている．一部の地域では，河川から引き込まれた雨水，他流域から引き込まれた水，あるいは再生水を人工的に地下水滞水層に涵養することが実施されている．再生水を涵養している最も顕著な例は，1962年より開始されている Los Angeles 郡 Whittier 近くに位置する Montebello Forebay における地下水涵養である（図-2.3，附録E-1を参照）．この沿岸域においては，地下水を過剰にポンプアップし続けてきたため，地下水位が低下し，海水が内陸部まで浸透して，滞水層の水質悪化を引き起こしてきた．そこで再生水を沿岸域の滞水層に沿って注入して海水に対するバリアを形成し，地下水水質を保全するとともに，さらに一部では，飲料水用滞水層の再生を図っている．Orange County Water District における歴史的な Water factory 21 プロジェクトでは，1976年以来，高度に処理された再生水を沿岸域の滞水層に注入して海水浸入に対するバリアを形成している（図-2.4参照）．Orange 郡におけるその他の地下水涵養施設を図-2.5に示す．また，最近も Los Angeles 郡内の沿岸域に沿って新たなプロジェクトが実施されている（State of California, 2003b）．最新技術（精密ろ過と逆浸透ろ過の組合せ）を組み入れた新たな地下水涵養システム（Water factory 21 の施設を更新）は，Orange County Water District と Orange County Sanitation District の共同プロジェクトであり，施設建設が2004年に開始された（**22章参照**）．

水再利用施設の地理的分布

California 州における水再利用施設のほとんどは，Central 渓谷と South Coastal 地域に分布しており，California 州全体の再生利用水の80％を占めている．残りの20％は，Santa Barbara 郡北部砂漠地帯の沿岸域および東部 Sierra Nevada 地域に分布している．これらの地域における再生水利用には，

第2章 水再利用：これまでの経過と現状

図-2.3 Rio Hondo 散水グラウンド（提供：Sanitation District of Los Angeles County）．これらの区域と河床の非改修区域から大量の再生水を滞水層に浸透させることが可能である（北緯 33.993 度，西経 118.105 度，地上 4 km から）

図-2.4 Orange County Water District における Water factory 21（California 州）．化学凝集沈殿池（石灰）の集水樋から管理塔を見る．石灰および薬品貯蔵所が左手に，アンモニアストリッピング塔が右手に見える（1976）

その土地利用が反映されている．Central 渓谷は，農業地域であるが，比較的低い処理レベル（二次処理）の再生水を利用可能な地域にある．

再生水の都市域における利用は，California 州の人口の半分を占める南部沿岸地域（Ventura 郡，Los Angeles 郡，Orange 郡，San Diego 郡，San Bernardino 郡の一部，Riverside 郡）に分布している．南部沿岸地域は，費用の高い他地域からの導水に依存していたため，再生水等の他水源への模索につながったといえる．実際に，これらの地域の水道局あるいは下水道局が初めて広域的に再生水を利用したのである．例外は，San Diego 市であり，都市用水の需要が大きく，そのほとんどを他地域からの導水により賄っているにもかかわらず，きわめて限られた水再利用のプロジェクトが実施されてきたにすぎない．これには，水再利用が，政治，計画段階の制限，そして市民の不支持等により阻害されてきた経緯がある．しかしながら，将来は，San Diego 市において水再利用が重要な役割を担

42

図-2.5 California 州 Orange County における地下水涵養施設(提供：Orange County Water District)．左手に見える散水池では，Colorado 川からの河川水を涵養する，右手に見える短い堤防で区切られている Santa Ana 川散水池は，上流に位置する処理場からの再生水がほとんどを占める河川水を地下に涵養するために用いられている

うことが期待されている(23 章参照)．図-2.6 に示すように，2020 年には，水資源の 6% は再生水に依存すると予想されている(San Diego County Water Authority, 2002)．

水再利用システムの規模

水再利用システムの規模の指標としては，下水処理場から供給される再生水の年間の全量が用いられる．規模は，400 m³/yr 年以下(Tulare 郡 Terra Bella Sewer Maintenance District)から，50×10⁶ m³/yr 以上(Los Angeles 市 Donald C. Tillman Water Reclamation Plant)まで分布している．幾つかの下水道局では，自ら，あるいは水道局や他の水関連部局との連携によって再生水利用の拡大に主導的な役割を果たしてきた．幾つかの地域では，複数の下水処理場より再生水を供給している．表-2.4 に California 州における 15 の大規模再生水供給部局を示す．2002 年において，California 州で 200 以上の再生水プラントから再生水が供給されていたが，そのうちの 60% 近くの再生水は，表-2.4 に示す 15 の大規模水再利用部局より供給されている．

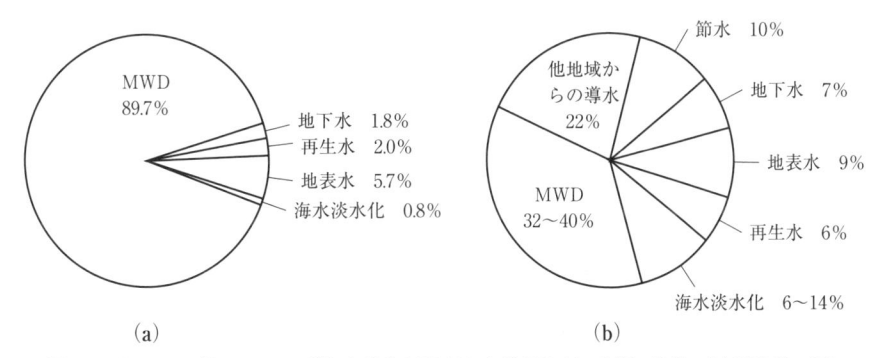

図-2.6 California 州 San Diego 郡における 2002 年および 2020 年の水源の比較．(a) 2002 年，(b) 2020年．主な水源は，California 州南部における Metropolitan Water District(MWD)である [San Diego County Water Authority(2002) より引用]

表-2.4 California州における大規模再生水供給事業体[a]

順位	事業体名	プラント数	再生水生産量(10^6 m^3/yr)	
			1987年	2001年
1	Los Angele 郡 Sanitation District	8	66	103
2	Los Angeles 市	2	4	50
3	Bakersfield 市	2	30	39
4	Eastern Municipal Water District	4	12	35
5	West Basin Municipal Water District	1	0	32
6	Irvine Ranch Water District	1	10	24
7	Santa Rosa 市	2	11	15
8	Monterey Regional Water Pollution Control Agency	1	0	15
9	Orange County Water District	1	3	14
10	Modesto 市	1	18	13
11	Inland Empire Utilites Agency	4	2	12
12	Las Virgenes Municipal Water District	1	5	8
13	East Bay Municipal Utility District	1	0	7
14	San Jose 市	1	0	7
15	South Tahoe Public Utility District	1	6	6
合計		31	167	380

[a] State of California (1990, 2002) より引用.

注) 2001年時点でCalifornia州内で再生水を供給する施設は200以上となっていが，そのうち59%[$(380×10^6$ m^3/yr) / $(648×10^6$ m^3/yr)]の再生水は，上記の15の大規模再生水供給事業体により生産されている．

2.4.3 水再利用方針と水再生規則

California Department of Health Services(DHS)は，California州全体の水再利用に関わる健康関連の規制の担当部局である．Wastewater Reclamation Criteria(State of California, 1978)は，制定以来，水再利用の黎明期であった20年間以上にわたって広く活用されてきたが，California Code of Regulations, Title 22, Division 4 において記述されていることから，一般にはTitle 22法として知られている．現在の下水再利用基準は，DHSによって2000年に改定された(State of California, 2000)．この基準では，水質基準，処理プロセスの要件，維持管理の要件，処理安定性の要件が定められている(詳細は，4章参照)．

State of California Water Code では，9つのRegional Water Quality Control Board(RWQCB)の責務として，水質基準の制定，排水基準の制定と実施，DHSと協議に基づく再生水の要求基準の制定と実施，を定めている．RWQCBは，DHSが定めたWater Recycling Criteriaを実施する権限を持っており，各々の水再利用プロジェクトは，所管のRWQCBからDHS基準に適合していることの認定を得る必要がある．

2.4.4 再生水利用の将来の可能性

水資源計画に携わる者は，常に多様な水源の選択肢の中から，最も費用的に有利で，実現が容易である選択をすることが求められている[例えば，California Water Plan Update 2005(State of California, 2005)]．再生水にとどまらず，あらゆる水源に関連して，公衆衛生の問題に対する関心が高まっている．

しかしながら，近年の技術では，懸念の対象となっている病原性微生物や微量化学物質を効率的に除去できるようになっている．将来，さらなる技術革新により，水再利用や膜処理プロセスのような新しい処理技術は，より信頼性のある，かつ経済的な手段となると期待される．

長期的視点から見て，再生水が他の代替水源とどのように対抗できるようになるかを正確に予測することは困難である．しかし，California州南部の沿岸地域およびSan Francisco湾岸地域を含む地域では，水再利用の将来の可能性に関する2つの調査研究が実施された(State of California, 2003b)．さらに，下水道部局に対しては，処理区域内におけるプロジェクトの可能性に関してアンケート調査が実施されている．これらの調査に基づき，再生利用可能な下水の量の予測を表-2.5に示す．計画的な非飲用水と計画的な間接的飲用水では，公衆衛生に対する考え方が異なること，また間接的飲用水利用の受入れに対する市民感情の問題があることから，表では両者を分けて示している．

水再利用の今後の予測であるが，2002年には 635×10^6 m^3/yr (表-2.5の範囲の中間値)の再生水が利用されており，これは2000年のCalifornia州における下水の処理量である 6.2×10^9 m^3/yr の約10%に相当する量である．2030年には，下水処理水量のおよそ23%に相当する 2500×10^6 m^3/yr になると推定されている．

表-2.5 California州における再生水利用の推移と予測(単位：10^6 m^3/yr)[a]

用途	2002年	2007年	2010年	2030年
計画的な非飲用水	494〜629	624〜913	950〜1 234	1 875〜2 283
計画的間接飲用水	61〜86	99〜148	148〜210	407〜494
合計	555〜715	741〜1 061	1 098〜1 444	2 282〜2 777

[a] State of California(2003b)より引用．
注) 計画的な間接的飲用水には，地下水涵養，海水侵入防止バリアとして注入された地下水の一部，水道水源として利用される表流水貯水池への貯留が含まれる．

2.5 Florida州における水再利用の事例

Florida州における降水量は，平均して年間1 270 mmであり，水資源が豊かであると一見見えるものの，とりわけ沿岸域における継続的な人口増により将来の水資源に対する不安が指摘されている．Florida州の人口は，2004年時点でおよそ1 740万人であり，米国では，California，Texas，New York州に続く4位に位置しているが，1990年から2000年の間の人口増加率は，23.5%に及ぶ(State of Florida, 2003a)．

Florida州において，水再利用が継続的に検討されている大きな理由は，2020年にはおよそ2000万人まで増加するといわれている州内の急速な人口増加と，それに伴う水需要の増加である(York and Wadsworth, 1998)．しかし，Florida州で最初に水再利用が実施されたのは，下水処理水の放流と，それに伴う沿岸域にける富栄養化等の環境負荷を低減させるための手段としてであった．近年では，Florida州は，California州とともに水再利用の先導的州として認められるに至っている．

2.5.1 水再利用における経験

1960年代後半まで，Florida州では，下水二次処理水の公共用水域への放流が一般的であった．しかし，環境問題への関心の高まりから，Florida州内の自治体や水関連部局は，環境的視点から，健全で，かつ低費用な方法によって下水を処理・処分する方向を検討し始めた．Florida州の河川は，ほとんどが小規模，高水温，低流速であり，また環境負荷に対して脆弱な湖沼，河口部，および沿岸

域が州内に多く点在している．公共用水域の水環境の悪化を防止する目的で，これらに放流される排水の水質と水量は，厳しく規制されている．その結果，1970 年には，排水の土壌浸透と再生利用への方向性が導入されるに至り，1980 年代になり，その規模の増大と目的の多様化が進むようになった（Young and York, 1996）．1986 年，1990 年に制定された 2 つの州法により，生態学的に脆弱な沿岸域の保全の方向性がさらに推進されるに至った（State of Florida, 2002, 2003b）．これらの州法によって，生態学的に脆弱な沿岸域の環境保全のため，完全な下水高度処理が要求され，高度処理されない限り，公共用水域への下水放流は，基本的に認められなくなった．高度処理の要件は，処理水の炭素性生物学的酸素要求量（CBOD）が 5 mg/L 以下，全浮遊物質（TSS）が 3 mg/L 以下，全窒素（TN）が 3 mg/L 以下，全リン（TP）が 1 mg/L 以下である．

　Tallahassee 市は，1961 年に再生水の散水灌漑を試験的に開始した．この試みが成功したことから，農業用水目的の再利用は，809 ha にまで普及した．その 10 年後には，St. Petersburg 市で大規模な再生水の農業用水利用が始められた．この下水の再生水による灌漑用水供給システムは，米国で最大の規模であるが，2 つの決定的な出来事によって推進されたものである．一つは，水再利用と深井戸への再生水の注入を実施するよう提言した市当局による 1972 年の決定である．二つ目は，環境負荷に対して脆弱な湾岸域へ放流する下水の高度処理を要求する Wilson-Grizzle Act である（Johnson and Parnell, 1998）．1972 年以降に実施された他の主な水再利用プロジェクトには，CONSERV II（Orland および Orange 郡における農業用水再利用プロジェクト），APRICOT プロジェクト（Altamonte Spring における都市水再利用システム）と Orlando における湿地帯プロジェクト（York and Wadsworth, 1998）がある．Collier 郡および Naples 市における再生水供給システムは，きわめて広範囲に広がっているものである．St. Petersburg 市における水再利用と CONSERV II については，図-2.7 に示した．

図-2.7　Florida 州における水再利用．(a)St. Petersburg. 再生水利用システムは，その規模をますます拡大しており，下水の処分方法としての代替的手段から灌漑用水や市の Public Utilities Department による雑用水供給へと変化している．(b)CONSERV II．Water Conserv II は，農業用灌漑と急速ろ過池を組み合わせた最大の水再利用プロジェクトである（附録 E-1 参照）

2.5.2　現在の水再利用の状況

　Florida 州において，何らかの価値を得る目的での再生水の利用は，2003 年時点で約 834×10^6 m³/yr となっている．再生水を生産できる下水処理場の全施設能力は，1986 年で 500×10^6 m³/yr であったものが，2003 年には $1\,590 \times 10^6$ m³/yr にまで増大しており，233% の増加率となっている．Florida 州における現在の水再利用施設の能力は，認可されている全下水処理能力の約 54% に相当す

るものとなっている(State of Florida, 2004). Florida 州において，水再利用の推進が大きな成功を収めている一方で，面白いことに，$1\,200\times10^6\,\mathrm{m}^3/\mathrm{yr}$ 以上の下水処理水が深井戸への注入，海洋放流，その他の公共用水域への放流の手段によって処分されている．

水再利用の適用事例

2003 年には，154 234 世帯の家庭，427 のゴルフ場，486 の公園，および 213 の学校へ再生水が供給されている．Florida 州における水再利用事業を California 州と比較しながら表-2.3 にまとめた．ゴルフ場は，重要な再生水の利用者である．2003 年には，184 の水再利用システムで 1 つまたは複数のゴルフ場が供給先としてリストされている(State of Florida, 2004)．

水再利用施設の地理的分布

水再利用は，全州でくまなく実施されており，その中でも最大規模の水再利用施設は，フロリダ州中央(Orland-Lakeland 地域)，Tampa 湾地域，フロリダ州南西部，および Palm Beach, Volusia, Brevard 等の Atlantic 沿岸域に位置している．Dade 郡および Broward 郡は，人口が 1 位と 2 位の郡である(両郡合わせて 300 万以上の人口を抱える)が，Florida 州の全人口の 24％以上を擁し，全下水量の 33％が排出されている．しかし，両郡は，Miami-Ft. Lauderdale 地域に位置しているが，排出される下水のそれぞれ 3.1％と 5.7％のみを再利用しているにすぎない(State of Florida, 2004)．

水再利用施設の規模

Florida 州では，67 の郡のうち，63 の郡で下水処理場からの放流水を再利用している．再利用を実施していない 4 郡の人口は，それぞれ 2 万人以下である．再利用される水量は，4 万 m^3/yr(Holmes 郡)から $124\times10^6\,\mathrm{m}^3/\mathrm{yr}$(Orange 郡)まで様々である．表-2.6 に再生水の配水量が多い 15 の郡のデー

表-2.6 Florida 州において再生水利用の多い郡[a]

郡	下水処理場放流水[b] ($\times10^3\,\mathrm{m}^3/\mathrm{d}$)	再生利用施設規模 ($\times10^3\,\mathrm{m}^3/\mathrm{d}$)	再利用水量 ($\times10^3\,\mathrm{m}^3/\mathrm{d}$)	再利用率 (％)	年間再利用水量 ($\times10^6\,\mathrm{m}^3/\mathrm{yr}$)
Orange	345	639	339	98.3	124
Pinellas	383	492	186	48.4	68
Seminole	186	287	137	73.7	50
Lee	150	200	132	88.2	48
Hillsborough	546	352	115	26.7	42
Palm Beach	424	199	110	26.0	40
Collier	114	141	101	89.3	37
Polk	102	221	97	95.3	35
Volusia	119	125	69	57.5	25
Brevard	136	162	68	50.0	25
Leon	675	115	67	100.0	24
Osceola	68	149	67	98.8	24
Miami-Dade	1 165	860	67	5.7	24
Okaloosa	63	113	63	100.9[c]	23
Manetee	104	142	62	59.5	23
15 郡合計	3 971	2 786	1 342	33.8	490
67 郡合計	5 627	4 357	2 211	39.3	807

[a] State of Florida(2004)より引用．
[b] WWTP：wastewater treatment plant
[c] 再利用率が 100％を超えているのは，切捨て誤差によるもの．

タを示すが，2003年に全Florida州で再利用された水量のおよそ60%は，これらの15郡において実施されたものである．全Florida州での下水の再利用率は，39.3%であるが，これら15郡では，平均して33.8%となっている．表-2.6に示されているように，これら15郡の再利用率は，5.7%のMiami-Dade郡から，98%以上のOrange，Leon，Osceola，Olaloosa郡まで幅広く分布している．

2.5.3 水再利用政策と水再生規則

Florida Statutes(F.S.)Section 403.064(1)および373.250で謳われているように，「水再利用と節水を奨励，推進」することを州の公式な目的としている．Florida州は，1987年に再生水利用を推進するプログラムを開始している．1988年には，Water Resources Caution Areas(WRCA)内における再生水利用の義務化を含む水再利用規程がFlorida Administrative Code(FAC)61-40章に加えられた．FACの62-610章には，水再利用を規程する規則が含まれている．WRCAとは，深刻な水供給に関する問題を抱えているか，今後20年以内に水供給に関する危険にさらされると予想される地域のことである．WRCA内では，水再利用可能性調査により，経済的視点，環境的視点または技術的視点から見て適切でないと判断されない限り，水再利用の実施が義務づけられる．下水処理施設で，WRCA内に位置する，WRCA内に放流先がある，あるいはWRCA内から発生する下水を受け入れる場合は，処理水の放流許可を受ける前に水再利用可能性調査を実施することが要求される(York and Wadsworth, 1998)．

2.5.4 再生水利用の将来の可能性

Reuse Coordinating Committee は，Water Reuse work Groupと協力し，2020年水再利用ビジョンを含むFlorida州における水再利用の戦略の立案を行っている．ビジョンでは，(1)380 m^3/d以上の施設能力のすべての下水処理場で水再利用が実践されること，(2)全州で有価目的で65%台の下水再生利用率を達成すること，(3)水再利用施設のバックアップとして機能する施設を除いて，海洋を含む公共用水域への放流や深井戸注入が制限されること，(4)地下水涵養および間接的飲用再利用が一般的手段となること，(5)「下水の採掘(sewer mining)」(訳者注：下水管渠の任意の地点から下水を取り，元位置で簡易な処理を行って再利用を行うこと)が，とりわけ大規模な都市地域においては，再生水を効果的に利用する手段として一般的になること，(6)再生水が商業施設，工業施設，ホテル・モーテル，集合住宅等におけるトイレの洗浄用水として広く利用されること，等を掲げている．

これらのビジョンを実行するため，Florida州は，以下の16の戦略を掲げ，再生水を貴重な水資源であることを明確にしている(State of Florida, 2004)．この戦略の要旨は，以下のとおりである．

- メータを取りつけ，従量制の料金体系を推奨すること．そのことにより，市当局，水道部局，下水道部局が再生水を計量し，課金することができるようになる．
- 実現性のある基金プログラムを実施すること．基金は，高度な飲料水レベルの水の生産や涵養に対して用い，効果的かつ効率的な水再利用を奨励する手段とすること．
- 滞水層貯水を含む貯水施設を建設し，季節変動に対応すること．とりわけ使用量に大きな季節変動のある農業用水利用が主体となっているプロジェクトでは，貯水は大きな問題である．
- 他の水資源とともに，農業用水，修景用灌漑用水，工業施設／商業施設／オフィス用，建築物内部の水利用等への再生水利用を推進すること．
- 地域の水供給計画(総合的水資源計画を含む)と水再利用を関連づけること．水計画においては，水再利用を含むあらゆる代替水資源を考慮するべきである．
- 総合的水教育プログラムを開発すること．市民に代替的に水供給の必要性と関連事項の周知を徹底する必要性から検討されるものである．

・再生水の地下水涵養と，間接的飲用再利用は，既存の水供給システムを補強するうえできわめて効果的であるので推奨されること．
・下水処理水の放流を避け，大量の処理水の放流が無駄であることが強調されるべきこと．
・水再利用計画を実施する団体に対する動機づけを与えるような水利権許可を行うこと．
・Florida 州南西部，とりわけ Miami-Dade 郡および Broward 郡において大量の処理水が無駄に処分されていることから，同地域における再利用を奨励すること．Florida 州内における水再利用の恩恵をより享受するため，処理水の放流を制限し，再利用を奨励すべきである．「下水の採掘」は，水再利用を実施するための一つの手段として有効である．
・処理した雨水を含むあらゆる水資源を利用する補助的水供給を推奨すること．
・効率的な灌漑の実施を奨励すること．
・複数の水再利用システムの連絡による相互融通を奨励し，システムの柔軟性と信頼性を増すこと．
・既存の水再利用システムをより良いシステムへ再構築することを可能とし，事業体のモチベーションを上げること．
・再生水利用を政府機関において実施する州は，自ら再利用を推進し，水資源を節約するだけでなく，市民への教育の手段として有効に機能すること．
・水再利用の安全性を継続的に担保すること．誤接合の防止，病原性微生物およびその他の汚染物質の制御，事業体による責任ある運営と管理，市民の教育等の事項が考慮される．

　Florida 州における水再利用計画の目的の一つに，水に関連する行政的あるいは法制度的な矛盾点の克服がある．重要な課題の一つに，利用される水の水源に関わらない「利用ベース (use-based)」の基準の制定がある (State of Florida, 2004)．言い方を変えれば，Florida 州では，「水は水である」との立場を取り，再生水を含む代替水源が将来の水マネジメントにおいて重要な役割を果たすと考えている．水再利用は，下水マネジメントおよび水資源マネジメントにおいて既に重要な要素であると認識されている．上記で説明した水再利用戦略によって，水再利用を奨励し，推進するという州の目標の実現の方向性に水道および下水道部局を向かわせることができるのである．

2.6　世界の他の地域における水再利用

　米国の状況と同様に，世界においても水再利用の実施を統合的水資源マネジメントの重要な要素と位置づけるような傾向にある．多くの国では，水再利用は，水資源の逼迫，水環境保全，代替水資源の獲得等に関連づけられて実施しされている．先進国における都市では，下水の収集および処理は，通常行われていることであるが，水再利用は，環境，公衆衛生，美的価値に配慮しながら実施されている．

2.6.1　世界の重要な水再利用

　ヨーロッパ連合 (European Union；EU) に所属する国における水再利用は，2000 年に制定された EU Water Framework Directives に従って実施されている．European Communities Commission Directive (91/271/EEC) では，「下水は，いかなる場合も適正に再利用されるべき」，「放流先は，環境への悪影響を最小限とするよう決定する」(EEC, 1991) とされている．世界的に水再利用が発達している地域の大部分は，乾燥地帯である．ヨーロッパでは，地中海沿岸諸国，特にポルトガル，スペイン，フランス南部，イタリア，キプロス，ギリシャが二次処理水あるいは三次処理水を用いた再利用の尖兵役となっている．また，イスラエル，チュニジア，その他のアフリカ北部諸国においては，再生水を利用した農業灌漑システムが確立している (Mujeriego and Asano, 1991, 1999；Angelakis *et al.*, 1996, 1999, 2003；Shelef and Azov, 1996；Marecos do Monte, 1998；Bonomo *et al.*, 1999；Shelef, 2000；Brissaud *et al.*, 2001；Sala *et al.*, 2002；Jimenez and Asano, 2004；Bahri and Brissaud, 2004；Bixio *et al.*, 2005；Lazarova and Bahri, 2005）．

2001年から2003年にわたってオーストラリア大陸の大部分を襲った旱魃により，Sydney, Melbourne, Camberra, Perth, Queensland Gold Coastにおいては，給水制限が実施されるに至った．処理水の一部でも再利用を実施している下水処理場は，500を超えている．大都市においては，各々特定の水再利用の目標が設定されている(Radcliffe, 2004；Anderson, 2005)．例えば，Queensland Water Recycling Strategyは，効率的に，経済的に，持続的環境調和的に，かつ健康影響を排除しながら，最大限に水再利用を実施することを目的とする政府イニシアチブである．

世界的には，水再利用は，灌漑目的であることがほとんどであることを考慮すると，日本の都市域における水再利用は，商業施設やオフィスビル内のトイレのフラッシュ用水用途でのビル内水循環，都市修景用水，河川維持用水が中心となり，さらには融雪用水や再生水の熱を利用した空調にまで及んでいることはユニークである(Japan Sewage Works Association, 2005；UNEP and GEC, 2005)．

1960年以降に世界で起こった水再利用関連の重要な出来事を**表-2.7**に示す．さらに**附録E-2**には，世界の先進国で実施された水再利用の事例をまとめて示している．**附録E-2**には，世界において実施された水再利用の様々な適用先を示しているが，これらの事例が地域の法規制，環境，水資源の逼迫度に強く関連していることが理解される．水再利用の用途の大部分は，農業用水，修景灌漑用水や工業用水等の非飲用目的であるが，代表的な水再利用の事例を図-2.8に示している．

ナミビアのWindhoekでは，極度に乾燥した気象条件であることから，1968年に直接的飲用目的での再利用技術に関する大規模な研究が実施され，再生水の飲用に伴う健康影響の評価に関して感染症学的な検討がなされた(Isaacson *et al.*, 1987；Odendaal *et al.*, 1998)．研究結果に基づいて，高度処理された下水は，他の水道原水と混合されて利用されるに至った．シンガポールにおいては，再生水

表-2.7 世界における水再利用に関連した重要な出来事[a]

年	地 域	出 来 事
1962	チュニジア，La Soukra	柑橘類農場への再生水の灌漑と沿岸域の地下水への海水浸入を防止する目的での地下水への注入
1965	イスラエル	二次処理水を穀物農場へ灌漑
1969	オーストラリア，Wagga Wagga	スポーツ競技場，芝，墓地への修景灌漑用水
1968	ナミビア，Windhoek	直接的飲用目的の水再利用の研究と実施
1977	イスラエル，Tel-Aviv	Dan Region Project：地下水涵養と汲み上げた地下水を100 kmの輸送システムを通してイスラエル南部の農地灌漑用水として利用
1984	日本，東京	東京都下水道局の落合下水処理場からの再生水を新宿副都心地域の商業ビルにおけるトイレフラッシュ用水として利用
1988	英国，Brighton	IAWPRC(現IWA，本部ロンドン)の第14回Bienniel ConferenceにおいてF水再利用とリサイクルに関するSpecialist Groupが設立
1989	スペイン，Girona	Consorci de la Costa Brava下水処理場からの再生水をゴルフ場で散水
1999	南オーストラリア州，Adelaide	Virginia Pipeline Project：オーストラリアで最大の水再利用プロジェクトで，Bolivar下水処理場からの再生水を野菜農場に灌漑利用(12 000 m^3/d)
2002	シンガポール	NEWaterプロジェクト：精密ろ過膜，逆浸透膜，紫外線消毒を経た再生水で，シンガポールの新たな代替水道水源として利用されている

[a] Metcaf and Eddy(1928)，AWWA(1981)，Ongeth and Ongeth(1982)，Asano and Levine(1996)，Baird and Smith(2002)他より引用．

図-2.8 世界各地における代表的な水再利用の事例．(a)オーストラリアにおける家畜飼料用農地，(b)イスラエルの条植作物農地［提供：Israel National Water Company（MEKOROT）］，(c)ヨルダン，Agave（提供：A. Bahri），(d)スペイン，Costa Brava，人口湿地（提供：L. Sala）

は，国の水道水源を補完するものとして位置づけられている．シンガポールおよびWindhoekにおける事例を含む直接的および間接的飲用再利用については，それぞれ23章および24章において詳しく説明している．膜分離活性汚泥法，膜ろ過，紫外線消毒等の水処理技術は，高品質再生水の生産の鍵となるものであるが，これらについては第3部において説明する．

2.6.2 WHOの水再利用ガイドライン

1989年，世界保健機関（World Health Organization；WHO）は，下水の計画的再利用の経験がほとんどあるいは全くない発展途上国への適用を念頭に，Health Guidelines for the Use of Wastewater in Agriculture and Aquacultureを出版した（WHO, 1989）．この対象となる国では，農業用水目的での再利用のための処理としては，下水の安定池，および下水の貯水と処理池が可能性のある選択肢である．WHOガイドラインは，2002年以来，改訂作業に入り，2006年には改訂ガイドラインが発刊される予定である（Carr *et al.*, 2004；また4.8参照のこと）．ガイドラインは，国レベルあるいは地方レベルにおける意思決定のための枠組みを示すとともに，下水の農業あるいは水産業目的での再利用に伴う健康リスク管理を目的とした，基準や規制の制定を含む，国際的あるいは国レベルでの実践のための根拠として利用されることを念頭にいれている（WHO, 2005, 2006）．

2.6.3 発展途上国の水再利用

発展途上国において，都市人口の増加に対応すべき社会基盤施設整備は，緊急の課題である(1.2参照)．アジア，アフリカ，ラテンアメリカでは，下水収集システムおよび下水処理施設が存在しない都市が多く存在する．

下水収集システムが存在する時，多くの場合，下水は，未処理のまま近隣の排水路や河川等に放流される．発展途上国にとって，特に乾燥地帯の場合は，下水は，単に廃棄するにはもったいない貴重なものである．下水には貴重な水と植物の栄養素を含んでおり，下水で灌漑すれば，清澄な水を使う場合より作物の収穫量は大きくなる(Shende *et al.*, 1988)．農民達は，必要に迫られて未処理の下水を使うのであって，それ故，これを否定したりあるいは禁止したりできないのが実情である(Buechler *et al.*, 2002)．残念ながら，発展途上国の実情は以上のようなものであり，これらを計画的で管理された水再利用とは切り離して考えるべきである．発展途上国における急速な都市化を前にして，健康影響への関心の高まりから，各国政府あるいは国連機関は，公衆衛生および環境保全の実現を迫られている．

発展途上国の水再利用は，ほとんどの場合，農業用水である．水再利用の適用例の幾つかを図-2.9に示す．都市近郊に存在する高付加価値の農作物の農地への灌漑用水として，多くの場合，低費用の代替水源が存在しないため，一般的には未処理の下水を直接散水したり，あるいは未処理下水や工場排水によって極端に汚濁された近くの河川水を引き込んで用いたりする．全世界の10分の1以上の人口は，下水の灌漑によって収穫された食物を消費している(Smit and Nasr, 1992)．発展途上国においては，特に多く見られるが，都市内で消費される新鮮な野菜の大部分を生産・供給しているような都市近郊農地においても，下水やし尿が利用されている．例えば，セネガルのDakarでは，市内で消費される野菜の60%以上が都市域内で生産されており，そこでは地下水と未処理下水を混合して利用している(Faruqui *et al.*, 2002)．

発展途上国で下水を灌漑用水として利用している場合，十分な処理をされることなく利用されてい

(a)　　　　　　　　　　　　(b)

図-2.9　発展途上国における水再利用の事例．(a)ガーナにおいて，未処理下水が大部分を占める河川水を手を用いて野菜へ散水している例(提供：IWMI, Ghana)．(b)ヨルダン，Aqabaにおいてナツメヤシへドリップ灌漑をしている例(北緯29.563度，東経24.988度)

2.6 世界の他の地域における水再利用

(a) (b) (c) (d)

図-2.10 Mexico City における未処理下水と Mezquital Valley 灌漑水路システム．9つのダム（うち6つは，下水用），3本の河川，そして1 900万人の人口を擁するMexico City から排出される 60 m^3/s の未処理の下水を輸送する総延長 858 km にわたる水路群により構成される複雑な水利システムにより下水を需要場所まで配水するようになっている．(a) Mexico City から 28 km 離れた農業地帯まで未処理下水を輸送するために用いられている Grand Canal（上流側を向く）．Grand Canal には下水の輸送に加えて，酸化池としての機能も付加されている．(b) 配水システムにより届けられた下水を水路からの農地へポンプアップするためのポンプ場（下流側を見る）．(c)，(d) 配水用水路群と未処理下水により灌漑されている農地（北緯19.778度，西経99.120度～北緯19.579度，西経99.024度）

ることがほとんどである（図-2.10参照）．汚染された収穫物を生で食べることは，腸管系疾患に罹る可能性を高くし，地域への旅行者へも深刻な影響を及ぼすことになる．したがって，新規の水資源の確保に加えて，公衆衛生の保全を目的とし，発展途上国の都市近郊において農業用水再利用プロジェクトが実施されている．下水を収集して処理施設まで輸送することは，現状では，多くの発展途上国では大変に費用の掛かる作業である．この状況を受け，WHO は，下水の農業利用に関する現実的なガイドラインを策定するよう準備中である（Blumenthal *et al.*, 2000；Mara, 2003；Carret *et al.*, 2004．および4章を参照のこと）．

水道および下水処理の適正技術に関する国際雑誌である Water Lines では，発展途上国における水再利用の幾つかの事例を報告しており，ベトナム農村集落における自然ろ過システムを利用した水再利用の事例（Takizawa, 2001）やインド Chennai（旧 Madras）における工業用途の下水再利用の事例（Kurian and Visvanathan, 2001）等が報告されている．

2.7 まとめと総括

　20世紀に実施された幾つかの重要な水再利用プロジェクトや調査研究によって，下水再利用に関する現在までの知見を得るに至ったといえる．米国において実施された代表的な重要なプロジェクトおよび調査研究を附録 E-1 に示す．これらのプロジェクトは，水再利用の適用事例の先進性や，その後の水再利用の発展に与えた科学的および工学的なインパクトの大きさにより選定されたものである．

　米国では，CWA および SDWA の 2 つの連邦法が，放流下水および再利用水の水量と水質に対して大きな影響を与えてきた．これらの法規制は，1970年代前半に制定されたものであるが，厳格な放流水基準の適用と，連邦および州によって水再利用に対して実施された補助金や融資により水再利用が促進されてきたといえる．

　歴史的に見ると，水資源が逼迫した地域において水再利用が適用されてきたといえる．米国では，西部あるいは南西部の Arizona, California, Colorado, Nevada, Texas, Utah 州等の乾燥地帯や半乾燥地帯，あるいは Florida, Georgia, Maryland, Missouri 州等の急速な人口増が発生している湿潤地帯が該当する．これらの州のうち，California 州および Florida 州において実施されてきた水再利用に関わる規制が最も総合的であるといえるが，これは，この半世紀近くの間，両州が積極的に水再利用に関わってきたことが要因であろう．

　世界の水再利用を巡る状況を見ると，水再利用を持続的・統合的水資源マネジメントの中の必須の要素とみなすような傾向にあるといえる．米国の状況と同様に，水再利用の実施の背景には水資源の逼迫，水環境保全，代替水資源の確保等の状況がある．先進国の都市や地域では，通常は下水の収集および処理システムが運用されているが，水再利用は，環境，公衆衛生，景観的要素等に配慮しながら実施されている．

　しかしながら，発展途上国では，集中的な下水収集および処理システムは，多くの場合，存在しておらず，未処理あるは簡易に処理された下水が水資源および肥料資源として重要な位置を占めていることが多い．特に乾燥地帯に位置する発展途上国にとっては，下水は，単に放流するにはもったいない貴重なものであり，必要に迫られて未処理下水が利用されている．発展途上国では，生下水により汚染された食物に起因する重大な健康関連問題に対応するため，公衆衛生あるいは環境保全を徐々に実現させ，安全で効果的な水再利用プログラムを実現していくことが求められている．

　公衆衛生に関連する基準が高レベルである地域においても，水再利用の実施にあたっては多くの課題があり，これに対する解決が求められている．水質汚染防止や環境保護に関する厳しい規制が制定，実施され，1年を通して再生水を灌漑用水として利用する余地がほとんどない場合がある．このような地域で水再利用を実施するにあたって学んだ重要な事項は，以下のとおりである．

・水再利用を実施する動機づけには，水資源の逼迫，下水処理水放流基準，持続的な代替水資源の獲得等がある．
・これらのすべての場合において，信頼性のある下水処理が水再利用事業の成功の鍵である．
・再生水に対する需要が増えるに従い，需要地の付近に下水処理システムを建設することが有効な手段となり，分散型あるいはサテライト型下水処理および再利用システムを実現されるようになる．地方において下水管渠から下水を直接採取する「下水の採掘」等，現位置での水再利用システムは，膜分離活性汚泥法や紫外線消毒等の技術を用いることによって効果的に機能するようになっている．
・再生水の将来需要に関する調査によると，大量の再生水利用の需要が予想される分野は，(1)都市域における修景用水，(2)工業用水，(3)地下水への涵養と地表貯水による間接的飲用水，が考えられている．また，U.S. EPA は，再生水を利用して人口湿地を建設するプログラムを検討中であり，これらの用途は，将来ますます重要になると考えられる (**21章参照**)．

- 水再利用は，統合的水資源マネジメントの一部であると一般に考えられている．都市域へ供給される水資源は，多様であり，(1)農業用水から都市用水への転用，(2)流域間導水(流域間の水の移動)，(3)地元の地表水や地下水，(4)節水，(5)再生水，(6)海水や鹹水の脱塩，等がある．多様な水資源に基づく水資源計画の考え方は，図-2.6に示した．
- 水再利用計画の成功には，非技術的側面を含む多様な要素の考慮が不可欠である．市民感覚や政治的プロセスへの配慮は，水再利用を統合的水資源計画に取り込むうえで必要な要素である．
- 再生水，飲料水を問わず，水に関わる公衆衛生問題への関心はますます高くなっている．水処理技術の革新により，水再利用は，より安全で，信頼性があり，経済的に有利な手段となっており，公衆衛生問題の解決に寄与している．膜処理等の新しい技術開発は，安全で効率的な分散型現位置処理施設システムの構築にとって重要であるが，このことにより再生水の用途が広がることが期待される．

問　題

2-1　あなたの住んでいる町や地域における水再利用の実態を簡単にまとめよ．また，どのような理由に基づいて水再利用が実現されたのかを考えよ．

2-2　文献レビューにより，California州とFlorida州における水再利用の実例の違いについて，表-2.3の上から4例を参照しながら異なっている理由を説明せよ．

2-3　文献レビューに基づき，沿岸域における海水淡水化の実施が節水や水再利用への動機づけを低下させるかどうかについて考えよ．

2-4　21世紀における合成化学物質の消費材への適用がEdwin Chadwick卿による警告(雨は川へ，下水は土壌へ)にどのような影響を与えているかについて，少なくとも3つの事例を示しながら論じよ．

2-5　二系統配管システム(14章を参照)は，都市域における水再利用の適用に関し，その経済性にどのような影響を与えるか示せ．

2-6　下水処理場からの放流水基準をより厳しくすることで，水再利用に対してどのような影響があるか示せ．

2-7　現時点では，下水からの再生水を直接的飲用用途で用いることは，極端な状況下のみに限定されているが，一方で，飲料水の水質基準は，一本化されるべきであるとの議論もされている．もし，再生水が飲料水の水質基準を満たすことができるのであれば，水源に関係なく，再生水も飲料水として受け入れるべきでもある．この議論の賛否について，美的問題および市民感情の問題に加え，健康リスクについて考慮しながら議論せよ．

2-8　2001年時点で，California州における再生水の60%は，15の大規模水事業体によって生産されている(表-2.5参照)が，これらの事業体は，水再利用に関して多くの経験を有している．小規模の自治体による水再利用は，州全体の水資源への影響が小さいこと，専門的知識が乏しいこと，地方での利用に関する規制が困難であること，等の理由から推奨するべきではないという議論も成立する．州水資源局の政策立案者としての立場から，水再利用をあなたの住む地域の小規模自治体または大規模自治体へ適用するとした場合への見解を述べよ(13章参照)．

2-9　2章では，飲料水目的での水再利用について，2つの例を示している．州や郡により再利用をめぐる必要性や条件が異なることを考慮し，直接的飲用または間接的飲用目的の再生水利用を適用する際に，持続的水資源マネジメントの視点から求められる導入の理論的根拠基準について考えよ．

2-10　将来は，大規模な水再利用事業において，直接的あるいは間接的飲用用途への適用が最も費用的に有利な選択肢になるであろうとの議論がある．また，水再利用技術の進歩により，処理技術

と運転条件の組合せによって，どんな水質の水でも安定的に生産することができるようになっている，との議論もある．しかしながら，計画的な直接的あるいは間接的飲用目的の再利用が将来どのように位置づけられるのかは不明である．政策決定，工学，公衆衛生保持，市民感情および費用等の要素を考慮しながら，この議論の賛否についてのリストを作成せよ．統合的水資源マネジメントの視点から，水再利用の推進および適用範囲の決定に関する理論的根拠を示せ．

参考文献

Anderson, J. M. (2005) "Integrating Recycled Water into Urban Water Supply Solutions," in S. J. Khan, M. H. Muston, and A. I. Schäfer (eds.), *Integrated Concepts in Water Recycling,* 32–40, University of Wollongong, Australia.

Angelakis, A., T. Asano, E. Diamadopoulos, and G. Tchobanoglous (Issue eds.) (1996) "Wastewater Reclamation and Reuse 1995," *Water Sci. Technol.*, **23**, 10–11.

Angelakis, A. N., M. H. F. Marecos do Monte, L. Bontoux, and T. Asano (1999) "The Status of Wastewater Reuse Practice in the Mediterranean Basin: Need for Guidelines," *Water Res.*, **33**, 10, 2201–2217.

Angelekis, A. N., N. V. Paranychianakis, and K. P. Tsagarakis (Issue eds.) (2003) "Water Recycling in the Mediterranean Region," *Water Sci. Technol.,* **3**, 4.

Asano, T., and A. D. Levine (1996) "Wastewater Reclamation, Recycling and Reuse: Past, Present, and Future," *Water Sci. Technol.,* **33**, 10–11, 1–14.

Asano, T. (ed.) (1998) *Wastewater Reclamation and Reuse*, Water Quality Management Library, **10**, CRC Press, Boca Raton, FL.

AWWA (1981) *The Quest for Pure Water*, Vol. 1 and 2, 2nd ed., American Water Works Association, Denver, CO.

Bahri A., and F. Brissaud (2004) "Setting up Microbiological Water Reuse Guidelines for the Mediterranean," *Water Sci. Technol.*, **50**, 2, 39–46.

Baird, R. B., and R. K. Smith (2002) *Third Century of Biochemical Oxygen Demand*, Water Environment Federation, Alexandria, VA.

Barty-King, H. (1992) *Water: the Book, an Illustrated History of Water Supply and Wastewater in the United Kingdom*, Quiller Press, Ltd., London.

Bixio, D., J. De Koning, D. Savic, T. Wintgens, T. Melin, and C. Thoeye (2005) "Water Reuse in Europe," in S. J. Khan, M. H. Muston, and A. I. Schäfer (eds.), *Integrated Concepts in Water Recycling,* 80–92, University of Wollongong, Australia.

Blumenthal, U., D. D. Mara, A. Peasey, G. Ruiz-Palacios, and R. Stott (2000) "Guidelines for the Microbiological Quality of Treated Wastewater Used in Agriculture: Recommendations for Revising WHO Guidelines," *Bulletin of the World Health Organization*, **78**, 9, 1104–1116.

Bonomo, L., C. Nurizzo, R. Mujeriego, and T. Asano (eds.) (1999) "Advanced Wastewater Treatment, Recycling and Reuse," Proceedings volume, *Water Sci. Technol.,* **40**, 4–5.

Brissaud, F., J. Bontoux, R. Mujeriego, A. Bahri, C. Nurizzo, and T. Asano, (Issue eds.) (2001) "Wastewater Reclamation, Recycling and Reuse," Proceedings volume, *Water Sci. Technol.,* **43**, 10.

Buechler, S., W. Hertog, and R. Van Veenhuizen (2002) "Wastewater Use for Urban Agriculture," *Urban Agric. Mag.*, **8**, 12, 1–4.

Carr, R. M., U. J. Blumenthal, and D. D. Mara (2004) "Guidelines for the Safe Use of Wastewater in Agriculture: Revising WHO Guidelines," *Water Sci. Technol.,* **50**, 2, 31–38.

Chen, C. L., J. F. Kuo, and J. F. Stahl (1998) "The Role of Filtration for Wastewater Reuse," 219–262, in T. Asano (ed.) *Wastewater Reclamation and Reuse*, Water Quality Management Library, **10**, CRC Press, Boca Raton, FL.

Clark, R. M., and R. S. Summers (eds.) (1993) *Strategies and Technologies for Meeting SDWA Requirements*, Technomic Publishing Co., Inc., Lancaster, PA.

Cooper, P. F. (2001) "Historical Aspects of Wastewater Treatment," 11–54, in P. Lens, G. Zeeman, and G. Lettinga (eds.) *Decentralised Sanitation and Reuse: Concepts, Systems and*

Implementation, IWA Publishing, London.

Crook, J. (2004) *Innovative Applications in Water Reuse: Ten Case Studies*, WateReuse Association, Alexandria, VA.

CSWRCB (2003) *Recycled Water Use in California*, Office of Water Recycling, California State Water Resources Control Board, Sacramento, CA. http://www.waterboards.ca.gov/recycling/docs/wrreclaim1.attb.pdf

Dryden, F. D., C. L. Chen., and M. W. Selna (1979) "Virus Removal in Advanced Wastewater Treatment Systems," *J. WPCF*, **51**, 8, 2098–2109.

EEC (1991) European Communities Commission Directive (91/271/EEC), The Council of the European Community.

Fair, G. M., and J. C. Geyer (1954) *Water Supply and Waste-Water Disposal*, John Wiley & Sons Inc., New York.

Faruqui, N., S. Niang, and M. Redwood (2002) "Untreated Wastewater Reuse in Market Gardens: A Case-Study of Dakar, Senegal," Paper presented at the International Water Management Institute Workshop on Wastewater Reuse in Irrigated Agriculture: Confronting the Livelihood and Environmental Realities, International Water Management Institute, Hyderabad, India.

Hutson, S. S., N. L. Barber, J. F. Kenny, D. S. Lumia, and M. A. Maupin (2004) *Estimated Use of Water in the United States in 2000*: Reston, VA, U.S. Geological Survey, Circular 1268.

Isaäcson, M., A. R. Sayed, and W. Hattingh (1987) *Studies on Health Aspects of Water Reclamation during 1974 to 1983 in Windhoek, South West Africa/Namibia*, Report WRC 38/1/87 to the Water Resources Commission, Pretoria, South Africa.

Japan Sewage Works Association (2005) *Sewage Works in Japan 2005: Wastewater Reuse*, Tokyo, Japan.

Jimenez, B., and T. Asano (2004) "Acknowledge All Approaches: The Global Outlook On Reuse," *Water 21*, **3**, 32–37.

Johnson, W. D., and J. R. Parnell (1998) "Wastewater Reclamation and Reuse in the City of St. Petersburg, Florida," 1037–1104, in T. Asano (ed.) *Wastewater Reclamation and Reuse*, Water Quality Management Library, **10**, CRC Press, Boca Raton, FL.

Kurian J., and C. Visvanathan (2001) "Sewage Reclamation Meets Industrial Water Demands in Chennai," *Water Lines*, **19**, 4, 6–9.

Lazarova V., and A. Bahri (eds.). (2005) *Water Reuse for Irrigation: Agriculture, Landscapes, and Turf Grass*, CRC Press, Boca Raton, FL.

Levine, A. D., and T. Asano (2004) "Recovering Sustainable Water from Wastewater," *Environ Sci. Technol.*, **38**, 11, 201A–208A.

Lumsden, L. L., C. W. Stiles, and A. W. Freeman (1915) *Safe Disposal of Human Excreta in Unsewered Homes*, Public Health Bulletin No. 68, United States Public Health Service, Government Printing Office, Washington, DC.

Mara, D. (2003) *Domestic Wastewater Treatment in Developing Countries*, Earthscan, London.

Marecos do Monte, M. H. F. (1998) "Agricultural Irrigation with Treated Wastewater in Portugal," Chap. 18, in T. Asano (ed.) *Wastewater Reclamation and Reuse*, Water Quality Management Library, **10**, CRC Press, Boca Raton, FL.

Metcalf, L., and H. P. Eddy (1928) *American Sewerage Practice*, Vol. **1**, Design of Sewers, McGraw-Hill Book Co., Inc., New York.

Mujeriego, R., and T. Asano (Issue eds.) (1991) "Wastewater Reclamation and Reuse," *Water Sci. Technol.*, **24**, 9.

Mujeriego, R., and T. Asano (1999) "The Role of Advanced Treatment in Wastewater Reclamation and Reuse," *Water Sci. Technol.*, **40**, 4–5, 1–9.

Odendaal, P. E., J. L. J. van der Westhuizen, and G. J. Grobler. (1998) "Water Reuse in South Africa," 1163–1192, in T. Asano (ed.) *Wastewater Reclamation and Reuse*, Water Quality Management Library, **10**, CRC Press, Boca Raton, FL.

Okun, D. A. (1997) "Distributing reclaimed water through dual systems," *J. AWWA*, **89**, 11, 52–64.

Ongerth, H. J., and W. F. Jopling (1977) "Water Reuse in California," Chap. 8, in H. I. Shuval (ed.) *Water Renovation and Reuse*, Academic Press, Inc., New York.

Ongerth, H. J., and J. E. Ongerth (1982) "Health Consequences of Wastewater Reuse," *Annu. Rev. Public Health*, **3**, 419–444.

Radcliffe, J. C. (2004) *Water Recycling in Australia*, Australia Academy of Technological Sciences and Engineering, Parkville, Victoria, Australia.

Sala, L., L. Mujeriego, M. Serra, and T. Asano (2002) "Spain Sets the Example," *Water 21*, **4**, 18–20.

San Diego County Water Authority (2002) *2000 Urban Water Management Plan*, San Diego, CA. http://www.sdcwa.org/news/plan2000.phtml

SDLAC (1977) *Pomona Virus Study Final Report,* prepared for California State Water Resources Control Board and U.S. Environmental Protection Agency, Sanitation Districts of Los Angeles County, Los Angeles, CA.

Shelef, G., and Y. Azov (1996) "The Coming Era of Intensive Wastewater Reuse in the Mediterranean Region," *Water Sci. Technol.*, **33**, 10–11, 115–125.

Shelef, G. (2000) Wastewater Treatment, Reclamation and Reuse in Israel, in *Efficient Use of Limited Water Resources: Making Israel a Model State*, Begin-Sadat (BESA) Center for Strategic Studies, Bar-Ilan University, Ramat Gan 52900 Israel.

Shende, B, C. Chakrabarti, R. P. Rai, V. J. Nashikkar, D. G. Kshirsagar, P. B. Deshbhratar, and A. S. Juwarkar (1988) "Status of Wastewater Treatment and Agricultural Reuse with Special Reference to Indian Experience and Research and Development Needs," 185–209, in M. B. Pescod and A. Arar (eds.) *Treatment and Use of Sewage Effluent for Irrigation*, Butterworths, London

Smit, J., and J. Nasr (1992) "Urban Agriculture for Sustainable Cities: Using Wastes and Idle Land and Water Bodies as Resources," *Environ. Urban.*, **4**, 2, 141–152.

Solley, W. B., R. R. Pierce, and H. A. Perlman (1998) *Estimated Use of Water in the United States in 1995,* U.S. Geological Survey Circular 1200, U.S. Geological Survey, Reston, VA.

State of California (1978) *Wastewater Reclamation Criteria, An Excerpt from the California Code of Regulations, Title 22, Division 4*, Environmental Health, Department of Health Services, Berkeley, CA.

State of California (1990) *California Municipal Wastewater Reclamation in 1987*, Office of Water Recycling, State Water Resources Control Board, Sacramento, CA.

State of California (2000) *Code of Regulations, Title 22, Division 4, Chap. 3 Water Recycling Criteria*, Sections 60301 *et seq.*, Sacramento, CA.

State of California (2002) *Statewide Recycled Water Survey*, Office of Water Recycling, State Water Resources Control Board, Sacramento, CA. http://www.waterboards.ca.gov/ recycling/munirec.html

State of California (2003a) *California Cod*e—Water Code Section 13050, subdivision (n). http/www.leginfo.ca.gov

State of California (2003b) *Water Recycling 2030: Recommendations of California's Recycled Water Task Force*, Department of Water Resources, Sacramento, CA.

State of California (2005) *California Water Plan Update 2005*, Department of Water Resources. http://www.waterplan.water.ca.gov/cwpu2005/

State of Florida (2002) *2001 Reuse Inventory*, Florida Department of Environmental Protection, Tallahassee, FL.

State of Florida (2003a) *Florida Population*, Office of Economic and Demographic Research, State of Florida. http://www.state.fl.us/edr/population.htm

State of Florida (2003b) *Water Reuse for Florida: Strategies for Effective Use of Reclaimed Water,* Florida Department of Environmental Protection, Tallahassee, FL.

State of Florida (2004) *2003 Reuse Inventory*, Department of Environmental Protection, Division of Water Resources Management, Tallahassee, FL.

Takizawa, S. (2001) Water reuse by a natural filtration system in a Vietnamese rural community, *Water Lines,* **19**, 2–5.

UNEP, and GEC (2005) *Water and Wastewater Reuse: An Environmentally Sound Approach for Sustainable Urban Water Management*, United Nations Environment Programme and Global

Environment Centre Foundation, Osaka, Japan. http://www.unep.or.jp/Ietc/Publications/Water_Sanitation/wastewater_reuse/index.asp

U.S. EPA, and U.S. AID (1992) *Manual—Guidelines for Water Reuse*, EPA/625/R-92/004, U.S. Environmental Protection Agency and U.S. Agency for International Development, Washington, DC.

U.S. EPA (1998) *Water Pollution Control—Twenty-five Years of Progress and Challenges for the New Millennium*, 833-F-98-003, Office of Water, U.S. Environmental Protection Agency, Washington, DC.

U.S. EPA, and U.S. AID (2004) *Guidelines for Water Reuse*, EPA/625/R-04/108, U.S. Environmental Protection Agency and U.S. Agency for International Development, Washington, DC.

WateReuse Association (2005). http://www.watereuse.org/aboutus.htm

WEF (1997) *The Clean Water Act: 25th Anniversary Edition,* Water Environment Federation Alexandria, VA.

WHO (1989) *Health Guidelines for the Use of Wastewater in Agriculture and Aquaculture*, Report of a WHO Scientific Group, Technical Report Series 778, World Health Organization, Geneva, Switzerland.

WHO (2005) *Meeting Report: Final Expert Review Meeting for the Finalization of the Third Edition of the WHO Guidelines for the Safe Use of Wastewater, Excreta and Greywater: 13–17 June, 2005*, World Health Organization, Geneva, Switzerland.

WHO (2006) *WHO Guidelines for the Safe Use of Wastewater, Excreta and Greywater,* Third Edition, Volume II, *Wastewater Use in Agriculture,* World Health Organization, Geneva, Switzerland.

York, D. W., and L. Wadsworth (1998) "Reuse in Florida: Moving Toward the 21st Century," *Florida Wat. Res. J.*, **11**, 31–33.

Young, H. W., and D. W. York (1996) "Reclaimed Water Reuse in Florida and the South Gulf Coast," *Florida Wat. Res. J.*, **11**, 32–36.

第2部　水再利用における健康と環境に関する課題

　米国においては，再生水の利用により集団感染が引き起こされたことを示す疫学的証拠は，いかなる適用例においても存在しないが，病原微生物による感染症伝播の可能性は，水の再生・再利用において最も一般的に懸念されることである．この懸念は，特に，未処理または不適切に処理された下水が広く用いられている発展途上国において，残念ながら当てはまる．さらに，適切に規制されていない再生水の製造，供給，利用により，環境に対して数多くの悪影響が引き起こされる可能性がある．

　2部においては，水の再利用に関連する健康と環境の問題を関連する3つの章において論じる．下水の特性と健康や環境の問題は，3章で扱う．水系感染病原微生物，下水や再生水における化学成分，新興汚染物質については，環境影響とともに3章で論じる．水の再生・再利用に関する規則の制定と実施は，水再利用の発展において重要な役割を果たしてきたが，4章で論じる．様々な再生水用途に適用される規則やガイドラインについても，4章で論じる．健康リスク評価は，一般的な水や再生水，下水中に存在する微生物や天然・人工化学成分に関して，人への健康リスクを評価するための，新しく，有用となる可能性を持つツールである．公衆衛生や疫学，毒性学の概念を含む健康リスク分析のツールと方法について簡単に紹介した後，水の再利用における化学物質や微生物によるリスク評価について5章で論じる．

第3章　下水の特性と健康・環境問題の関係

翻訳者　鈴木　穣(独立行政法人土木研究所材料地盤研究グループ　グループ長)
共訳者　岡安　祐司(滋賀県琵琶湖環境部下水道課　主席参事)
　　　　北村　清明(東京都下水道局計画調整部計画課　主査)

関連用語　*65*
3.1　水道水に含まれる下水―事実上の飲用再利用　*67*
　　3.1.1　水道水中の下水処理水の存在　*67*
　　3.1.2　水道水中の下水処理水の存在が及ぼす影響　*68*
3.2　水系感染症と健康問題への序論　*68*
　　3.2.1　重要な歴史上の出来事　*68*
　　3.2.2　水系感染症　*70*
　　3.2.3　水系感染症の病因　*70*
3.3　水系感染病原微生物　*71*
　　3.3.1　生物に関する用語上の慣例　*73*
　　3.3.2　対数除去率　*73*
　　3.3.3　細菌類　*73*
　　　　　赤痢菌／*73*　　サルモネラ菌／*74*　　大腸菌／*74*　　エルシニア・エンテロコリチカ／*74*
　　　　　カンピロバクター・ジェジュニ／*74*
　　3.3.4　原虫類　*74*
　　　　　ジアルジア・ランブリア（あるいはランブル鞭毛虫）／*75*　　クリプトスポリジウム・パルブム／*75*
　　　　　赤痢アメーバ／*76*
　　3.3.5　蠕虫類　*76*
　　　　　回虫／*76*　　マンソン住血吸虫／*76*
　　3.3.6　ウイルス　*77*
　　　　　A型肝炎ウイルス／*77*　　ノロウイルスと他のカリシウイルス／*77*　　ロタウイルス／*77*
　　　　　エンテロウイルス／*78*　　アデノウイルス／*78*
3.4　指標微生物　*79*
　　3.4.1　指標微生物の理想的特徴　*79*
　　3.4.2　大腸菌群　*79*
　　3.4.3　ファージ　*80*
　　3.4.4　その他の指標微生物　*80*
3.5　生下水，下水処理水，環境中における病原微生物の存在　*81*
　　3.5.1　生下水中の病原微生物　*82*
　　3.5.2　下水処理水中の病原微生物　*82*
　　　　　処理レベルと技術／*82*　　一次処理水中の病原微生物／*83*　　二次処理水中の病原微生物／*83*
　　　　　三次処理水および高度処理水中の病原微生物／*83*
　　3.5.3　環境中の病原微生物　*86*

  3.5.4　病原微生物の生残　　*86*
3.6　生下水および下水処理水中の化学成分　　*87*
  3.6.1　生下水中の化学成分　　*87*
    天然水中の化学成分／*87*　　　水道水中の化学成分／*88*
  3.6.2　家庭，商業，工業での水使用により追加される化学成分　　*88*
    合流式下水管渠における雨水や浸入水により追加される化学成分／*89*
    非生物・生物反応の結果として下水管渠で生成される化学成分／*89*
    臭気や腐食制御のために下水管渠内の下水に加えられる化学成分／*89*　　　生下水の化学成分／*90*
  3.6.3　下水処理水中の化学成分　　*91*
    一次処理後に残留する化学成分／*91*　　　二次処理後に残留する化学成分／*91*
    三次処理後に残留する化学成分／*91*　　　高度処理後に残留する化学成分／*91*
    微量化学成分の除去／*92*　　　処理後に残留する化学成分の影響／*92*
  3.6.4　消毒副生成物の生成　　*93*
  3.6.5　下水処理水と天然水の比較　　*95*
  3.6.6　代替指標の利用　　*96*
3.7　水中および下水中の新興汚染物質　　*97*
  3.7.1　内分泌撹乱化学物質と医薬品類　　*97*
  3.7.2　新たに問題となっている特殊成分　　*98*
    N-ニトロソジメチルアミン(NDMA)／*98*　　　1,4-ジオキサン／*98*　　　過塩素酸イオン／*99*
    メチル-t-ブチルエーテル(MTBE)およびその他の酸化物／*99*
  3.7.3　新興・再興病原微生物　　*100*
3.8　環境に関する問題　　*100*
  3.8.1　土壌や植物への影響　　*100*
  3.8.2　表流水や地下水への影響　　*101*
  3.8.3　生態系への影響　　*101*
  3.8.4　開発と土地利用への影響　　*101*
問　　題　　*102*
参考文献　　*103*

関連用語

胃腸病　gastrointestinal illness　　胃と腸に関連し，腹部の痙攣を伴う嘔吐や下痢，吐き気といった広い範囲にわたる症状．

医薬品由来化合物　pharmaceutically active compounds；PhACs　　抗生物質のように，医療目的で合成された化学物質．

in vitro　生きている生物からは分離して行われる生物学的研究手法のことで，試験管やペトリ皿を用いてで行われる．

in vivo　生きている生物の体内で実施する生物学的研究手法．

疫学　epidemiology　　多数の人を対象とした疾病の発生や分布，疾病の広がりや重篤さに影響を与える条件を研究する医科学．

オーシスト　oocyst　　腸管系に寄生する原生動物は，シストやオーシストをつくる．オーシストは，通常，感染力を持った環境存在段階であり，スポロゾイトを含む．

公衆衛生　public health　　予防医学，健康教育，伝染病の制御，衛生的な対策の適用や環境中の危害原因の監視を通じて，地域社会の健康を保全し向上させる科学および実践のこと．

高度処理　advanced treatment　　溶解性物質や微量成分を特定の水再利用に必要なレベルにまで除去すること．関連する処理段階については，表–3.8 を参照．

三次処理　tertiary treatment　　二次処理後に残存している浮遊物質を除去する処理のことで，通常は，粒状ろ材によるろ過，表面ろ過，膜ろ過による．消毒も，通常，三次処理の一部である．栄養塩除去は，しばしばこの三次処理に含まれる．関連する処理段階については，表–3.8 を参照．

事実上の間接的飲用再利用　*de facto* indirect potable reuse　　多くの都市は，上流の都市や工場の様々な排水を含む河川から上水を取水している．このため，個別の水利用あるいは公共の水供給において，間接的で非計画的な事実上の下水の飲用再利用が広がっており，また，増加しつつある．

シスト　cyst　　寄生虫学的には，シストは，抵抗性があり，休眠状態の単細胞生物であり，体外排出後に種の繁殖につながる（オーシスト参照）．

指標微生物　indicator organism　　環境中の存在状況が，他の問題微生物の存在の指標となる微生物．例えば，水中に大腸菌群が検出されると，病原微生物の存在可能性を示す．

消毒副生成物　disinfection byproducts；DBPs　　消毒のための強い酸化剤（例えば，塩素，オゾン）添加によって，再生水中の残存有機化合物との反応により生成する化学物質．

新興汚染物質　emerging contaminants　　水中で存在が確認され，健康と環境への影響についてさらなる情報が蓄積されるのを待ちつつ，規制等が検討されている成分．

人工化合物　anthropogenic compounds　　人によってつくられた化学化合物で，多くの場合，生物難分解性である．

生物反応　biotic reaction　　生物によってもたらされる反応．非生物反応も参照されたい．

全大腸菌群　total coliforms　　温血動物の糞便とは関連のない細菌も含む大腸菌群のすべての細菌であり，一般的に指標微生物として用いられる．

大腸菌群　coliform group of bacteria　　腸内細菌科に含まれる幾つかの属の細菌で，大腸菌が最も重要な構成員である．この群の歴史的な定義は，検出に用いられたラクトース発酵法に基づく．

腸管系　enteric　　腸に関連していることで，人の排泄物と関連づけられていること[例えば，腸管系疾病とは，通常，下痢を引き起こす腸の病気のことであり，腸管系細菌（あるいは，ウイル

第3章 下水の特性と健康・環境問題の関係

ス)とは,腸管系に影響を与える病原微生物のこと.

腸管出血性 enterohemorrhagic 鮮血性下痢を引き起こす.

内分泌撹乱化学物質 endocrine-disrupting compounds;EDCs 人を含む動物の内分泌システムにおいて,天然ホルモンの模倣,阻止,促進,妨害を行う合成あるいは天然の化合物.殺虫剤,医薬品類,生活ケア用品,除草剤,工業化学物質,消毒副生成物があげられる.

ナトリウム分 sodicity 水中の交換可能なナトリウムイオンの量を表し,土壌の透水性に関係する.

熱耐性大腸菌群 thermotolerant coliforms 糞便性大腸菌群としても知られる.大腸菌群の一部で,人間や他の温血動物の腸管系に見られる.44.0~44.5℃の温度において,乳糖から酸やガスを生成することができる.それ故,検出試験は,大腸菌群のそれより特殊であり,より狭い範囲の微生物を選別する.大腸菌は,通常,熱耐性大腸菌群の中で多くを占める.

パーソナルケア製品 personal care products;PCPs シャンプー,整髪剤,防臭剤,ボディローション等の製品.

発癌性物質 carcinogen 癌の原因となる物質や媒介.放射能や幾つかの化学物質,ウイルスが発癌性物質として知られている.

非生物反応 abiotic reaction 生態系における生物が関与しない反応.光,温度,大気といった環境の非生物要素があげられる(例としては,化学的酸化,光分解,蒸発,吸着).

病因学 etiology 疾病の原因や由来に関する医科学の一分野.

病原微生物 pathogens 感染する宿主に危害を与える能力を有する疾病原因微生物.

微量有機物 trace organics 精密な分析機器により 10^{-12}~10^{-3} mg/L といった非常に低濃度で検出される有機化合物.

不飽和層 vadose zone 地表より下で,地下水面よりは上の不飽和な層のこと.

糞便性大腸菌群 fecal coliforms 腸管内に生息し,糞便汚染に関係する大腸菌群の細菌.最も一般的な腸管系細菌である大腸菌が,通常,指標微生物として用いられる.

無症候性 asymptomatic 現時点で,病気の症状が見られない人を表すのに用いる.病気が活動し始めると,後で無症候性の人にも病気の症状が現れることがある.

溶血性尿毒症症候群 hemolytic uremic syndrome;HUS 赤血球が破壊され,腎臓が正常に働かなくなる疾病.

　下水(近年,米国においては,下水の用語として sewage ではなく wastewater が用いられる)から得られた再生水は,家庭,学校,オフィス,病院や商業施設,工業施設といった様々な発生源からのものである.各発生源から発生する下水の量と質は,地域における商業や工業の数や種類,下水収集システムにおける浸入水の程度,合流式下水道の場合には,雨天時流出といった条件の影響を受けて,地域ごとで様々である.したがって,一般的に未処理の下水は,人の健康や環境にとって危険な様々な微生物や化学物質を含む.多くの発展途上国においては,未処理あるいは適切に処理されていない下水による農作物灌漑が腸管系疾病の主要な原因となっている.しかし,米国や他の工業国においては,信頼できる下水処理と水の再生・再利用に関する規則により,水の再利用の実現性と市民の受容が可能となっているため,状況は異なる.

　水の再生・再利用に関連する健康や環境の問題には,下水処理,再生水の水質,水中に存在する化学物質や微生物,健康リスク評価,市民の認識と受容が関係している.これまでに,再生水の非飲用再利用に関する課題の多くは成功裡に解決されてきており,数多くの農業・修景用灌漑事業や工業用冷却水への適用が世界中で実施されてきている.

　本章では,4章の水再利用の規則やガイドライン,5章の水再利用における健康リスク解析への導入となるよう,下水の特性や関連する健康および環境問題について述べる.そのため,本章では,以

下のトピックについて論じる．(1)水道水に含まれる下水—事実上の飲用再利用，(2)水系感染症と健康問題への序論，(3)水系感染病原微生物，(4)指標微生物，(5)生下水や下水処理水，環境における病原微生物の存在，(6)生下水および下水処理水中の化学成分，(7)水中および下水中の新興汚染物質，(8)環境に関する問題．

3.1 水道水に含まれる下水—事実上の飲用再利用

多くの都市は，一般的に良質な表流水が得られる保護された上流域の貯水池から飲料水を取水している．こういった水源が得られない場合には，図-3.1 に示すように，飲料水は，上流の都市や工場からの排水を含む河川から取水される（図-23.1 も参照）．Philadelphia, Cincinnati, New Orleans, Los Angels がそういった都市の例である．New York, San Francisco, Seattle を含む他の都市は，上流域に保護水源を開発してきた．また，幾つかの都市では，環境影響から守られた一般的に良質である地下水源を幸運にも利用することができる．しかし，多くの都市では，地下水を取水しすぎたために，拡大する飲料水供給に対応するため，様々な量の下水処理水を含んでいる表流水に水源を変更せざるを得なくなってきている．このように，間接的，非計画的，つまり事実上の下水の飲用再利用が個別の水利用あるいは公共の水供給において広がり，増加している．

3.1.1 水道水中の下水処理水の存在

下水処理水が全流量のかなりの割合を占める受水河川が多く存在する．特筆すべき例として，

(a) (b)

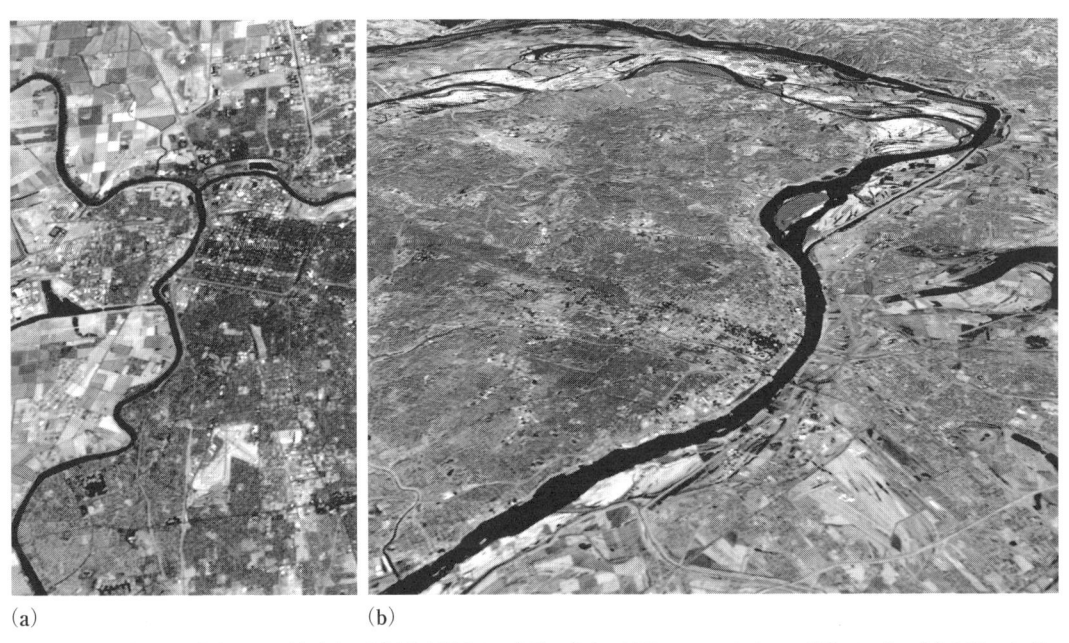

図-3.1 非計画的で非意図的な(事実上の)飲用再利用は，米国の多くの河川システムにおいて起きている．(a)California 州 Sacramento の Sacramento 川，(b)Missouri 州 St. Louis 近傍の Mississippi 川(U.S. Geological Survey より引用)．(a) において，Sacramento 川とその支流に隣接する Sacramento 市や他の都市からの下水処理水放流水を含む河川水は，San Francisco 湾デルタから California Aqueduct(注：送水路)を経て California 州南部へ飲料水源として運ばれる．(b) において，Mississippi 川は，Minnesota 州から Mexico 湾へと流れる．この河川に沿っている都市は，この河川を飲料水源として，また下水処理水の排水先として用いている

California 州南部の Santa Ana 川，Colorado 州 Denver 市の下流の Platte 川，Ohio 州 Cincinnati 市近郊の Ohio 川，Washington DC の南西に位置する Occoquan 流域があげられる．

これらの状況における水再利用の多くは，非意図的・非計画的であり，市民や多くの専門家にあまり認識されていない．これらの状況は，正式で計画的な水の再生・再利用を扱う本書の範囲からは外れるが，下水処理水が水道水源に存在している場合には，事実上の下水の飲用再利用が起きていることを認識することが必要である．事実，水再利用の種類の区別にはあまり根拠がなく，あらゆる段階の水再利用が存在する．「間接的飲用再利用が不慮もしくは非計画的か，計画的かの区別は，結局のところ，人の意図や注意力の問題である」(Dean and Lund, 1981)．

3.1.2　水道水中の下水処理水の存在が及ぼす影響

標準的な下水処理では，下水中のすべての既知成分を除去できるわけではなく，また，雨水は，通常は処理されないので，下流の水道に与える健康リスクが懸念される．水域に排出される下水処理水の量が増加しているので，「非計画的な間接的飲用再利用(unplanned indirect potable reuse)」に焦点を当てた研究の多くは，計画的な直接的あるいは間接的な飲用再利用と同様に重要になりつつある．研究上の興味や分析技術の高度化，人々の関心により，腸管系ウイルスを含む新興病原微生物(すなわち，最近になり同定された病原微生物)や，消毒副生成物，医薬品，パーソナルケア製品を含む微量有機成分の存在が天然水や再生水中に報告されるようになってきた．これらの化合物の多くは，内分泌攪乱物質として疑われている．これら微量な成分による長期の健康影響や環境影響に関しては，よくわかっていない．

しかし，米国や先進国における計画的な水再利用のほとんどは，農業・修景用灌漑や工業利用等の非飲用再利用であることに注意しなくてはならない．したがって，再生水の摂取可能性に関する人々の健康懸念は，関連性が薄い問題であり，ほとんどの水再利用について直接関連づけられるものではない．

3.2　水系感染症と健康問題への序論

水の再生・再利用における最も一般的な関心事として，病原微生物による感染症伝播の可能性があげられる．米国においては，再生水(すなわち，適切に処理された下水で，水の再生・再利用に関する厳しい規則を満たすもの)の利用によって集団感染が引き起こされたという疫学的な証拠は，いかなる適用例においても存在しないが，未処理あるいは適切に処理されていない下水を通じて感染症が広がる可能性は，特に発展途上国において公衆衛生に関する懸念として残されている．

3.2.1　重要な歴史上の出来事

公衆衛生の改善や微生物の進化，予防薬の使用，集団感染の原因微生物を同定する微生物学的・疫学的手法の向上により，関心の対象となる水系感染微生物は，時とともに変わってきた．歴史的には，1860 年代の英国でのコレラ(cholera)の流行中に，水系感染症の原因として初めて微生物が同定された．1884 年，先駆的なドイツの小児科医で細菌学者である Theodor Escherich がコレラ患者の便から微生物を単離したが，当初，彼は，それをコレラの原因と考えていた．後に，同じ微生物が健康な人すべての腸管にも存在することが明らかとなった．Escherich によって単離された微生物(大腸菌)は，やがて彼の名前を取って *Escherichia coli* あるいは *E. coli* と名づけられた．New York State Board of Health は，Theobald Smith が開発した発酵チューブ法(fermentation tube method)(図-

図-3.2 大腸菌群の検出手法．(a)最確数法，(b)メンブレンフィルタ法

3.2)を用いて大腸菌を検出し，Mohawk川の下水汚染と腸チフス(typhoid feber)の広がりとの関係を明らかにした．1920年代，腸チフスは，水系感染細菌である腸チフス菌(*Salmonella typhi*)と関係づけられた．1960年代には，水系感染原生動物であるジアルジア・ランブリア(*Giardia lamblia*)に大きな関心が寄せられ，1970年代初頭には，ロタウイルス(rotavirus)やノーウォークウイルス(Norwalk virus)が多くの集団感染と関連づけられた．そして，これも原生動物であるクリプトスポリジウム・パルブム(*Cryptosporidium parvum*)が1980年代に初めて水系集団感染と関係づけられた(Hunter, 1997; NRC, 1998; Crittenden *et al*., 2005)．代表的な病原微生物の顕微鏡写真を図-3.3に示す．

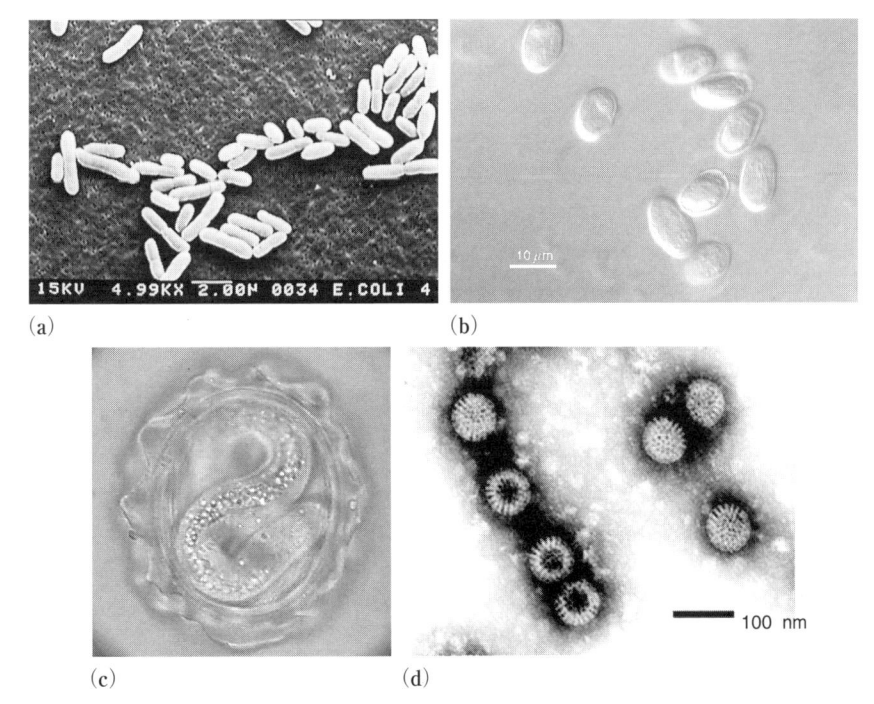

図-3.3 代表的な病原微生物の顕微鏡写真．(a)大腸菌，(b)原生動物，(c)蠕虫，(d)ウイルス［提供：(a)A.Levine，(b) U.S. EPA，(c)K.Nelson，(d)U.S. EPA］

3.2.2 水系感染症

水系感染症に関係する微生物は，主として，腸管系の細菌，原生動物，ウイルスを含む腸管系病原微生物である．これらの病原微生物は，水中で生存することができ，糞便汚染された水の摂取，人と人との接触，あるいは汚染された表面や食物により，人に感染する．腸管系疾病の感染経路の概略を図-3.4に示す．

人や動物の排泄物が原水に混入する水道水は，病原微生物に汚染される可能性がある．いわゆる清浄自然水の供給においても集団感染が発生しており，この原因として，おそらく保護流域における野生生物による汚染が考えられる(Cooper and Olivieri, 1998; NRC, 1998; Yates and Gerba, 1998)．

表-3.1に示すように，細菌，原生動物，藍色細菌，蠕虫，ウイルスといった多様な病原微生物が生下水には存在する可能性がある．発展途上国においては，蠕虫感染率が高いため，生下水中の蠕虫の濃度が特に高い．

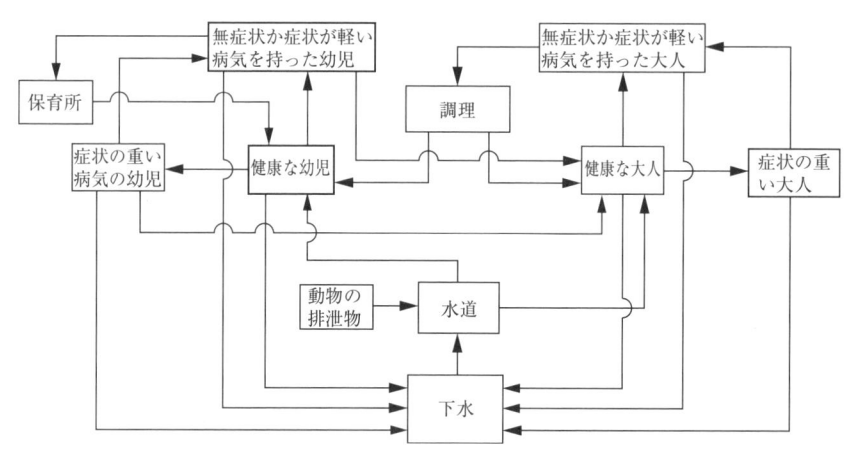

図-3.4 疾病の伝播，下水・水道・調理の役割についての概念的な枠組み

3.2.3 水系感染症の病因

米国においては，州や自治体の公衆衛生部署は，集団感染の探知や監視，水系集団感染が疑われる際の疫学的調査に責任を負う．集団感染が発生し，水系感染病原微生物が疑われると，水系が感染経路となっていないかを明らかにするため，病因(原因と由来)に関する情報を得るための疫学的調査が実施される．

胃腸病に関して病院の試験室で行われる日常の便の検査では，サルモネラ菌(*Salmonella*)，赤痢菌(*Shigella*)，カンピロバクター(*Campylobactor*)といった細菌の培養が行われる．内科医の要請があれば，多くの試験室ではロタウイルス，ジアルジア，クリプトスポリジウムの検査も可能である．それにもかかわらず，多くの集団感染において原因微生物が特定されず，病因不明の急性胃腸炎(acute gastrointestinal illness；AGI)として分類される．実際のところ，1982年以前には，報告された水系集団感染の多くは，AGIとされていた(NRC, 1988)．臨床試料や水試料が適切に収集されなかったり，多くの腸管系病原微生物に対する診断技術の限界により，病原微生物を正確に判定できないことがある．臨床上の症状に基づくと，AGI集団感染の多くは，ノロウイルス(Norovirus)[かつてはノーウォーク様ウイルス(Norwalk-like virus)として知られていた]やヒトカリシウイルス(Human Caliciviruses)等のウイルスによるものと考えられる(NRC, 1988; Craun and Calderon, 1999; Huffman

表-3.1 水系感染病原微生物のグループと属の例[a]

グループ	病原微生物	引き起こされる疾病や症状
細菌	サルモネラ(*Salmonella*)	腸チフスおよび下痢
	赤痢菌(*Shigella*)	下痢
	カンピロバクター(*Campylobacter*)	食物での伝染による下痢
	エルシニア・エンテロコリチカ(*Yersinia enterocolitica*)	下痢
	大腸菌(*Escherichia coli*)O157: H7とその同種	溶血性尿毒症症候群を小児に引き起こす下痢
	在郷軍人病菌(レジオネラ)(*Legionella pneumophila*)	肺炎と他の呼吸器系感染症
原虫	ネグレリア(*Naegleria*)	髄膜脳炎
	赤痢アメーバ(*Entamoeba histolytica*)	アメーバ赤痢
	ジアルジア・ランブリア(*Giardia lamblia*)	慢性の下痢
	クリプトスポリジウム・パルブム(*Cryptosporidium parvum*)	免疫機能が弱っている個人には致命的となる急性下痢
	サイクロスポラ(*Cyclospora*)	下痢
	微胞子虫(Microsporidia)(以下を含む)	慢性の下痢,体力の消耗や肺,目,筋肉,腎臓の疾病
	Enterocytozoon spp.	
	Encephalitozoon spp.	
	Septata spp.	
	Pleistophora spp.	
	Nosema spp.	
藍色細菌(藍藻類)	ミクロキスティス(*Microcystis*)	これらの生物が生成する毒の摂取による下痢
	アナベナ(*Anabaena*)	Microcystin毒による肝臓への危害の恐れ
	アファニゾメノン(*Aphantiomenon*)	
蠕虫	回虫(*Ascaris lumbricoides*)	回虫病
	鞭虫(*Trichuris trichiora*)	鞭虫病
	サナダムシ(*Taenia saginata*)	サナダムシの大型化
	マンソン住血吸虫(*Schistosoma mansoni*)	住血吸虫病(肝臓,膀胱や大腸に作用する)
ウイルス	エンテロウイルス(Enterovirus)[ポリオ(polio),エコー(echo),コクサッキー(coxsackie)]	髄膜炎,麻痺,発疹,発熱,心筋炎,呼吸器系の疾病,下痢
	A型およびE型肝炎ウイルス(Hepatitis A and E virus)	感染性肝炎
	ヒトカリシウイルス(Human Caliciviruses)	
	ノロウイルス(Noroviruses)	下痢,胃腸炎
	サッポロウイルス(Sapporo virus)	下痢,胃腸炎
	ロタウイルス(Rotavirus)	下痢,胃腸炎
	アストロウイルス(Astroviruses)	下痢
	アデノウイルス(Adenovirus)	下痢(40型と41型),目の感染症,呼吸器系の疾病
	レオウイルス(Reovirus)	呼吸器系と腸管系の感染症

[a] Garba(1996), Straub and Chanadler(2003)より引用.

et al., 2003).

　飲料水の安全性と同様,健康問題と再生水の質に関する情報は増えつつあり,再生水の安全性に関する問いへの回答が可能になってきている.米国や他の先進国での実際の水再利用に関するデータからは,適切な処理が行われて,水の再生利用に関する規則が遵守されていれば,感染症の伝播に関するリスクは,とても小さいといえる.4, 5章でさらに論じる.

3.3　水系感染病原微生物

　生下水に見られる主要な感染病原微生物は,大まかに4つのグループ,すなわち,細菌類,原虫類,

蠕虫類，ウイルスに分類される．表-3.1 に報告されている感染媒体の多くは，生下水中に存在する可能性がある．飲料水やレクリエーションで接する水を原因とする胃腸炎をそれぞれ表-3.2, 3.3 に示す．それぞれのグループにおける重要な感染病原微生物について，以下に記す．

表-3.2　米国における飲料水に関係した水系感染胃腸炎の集団感染，1993〜2002[a, b]

病原体	1993〜1994		1995〜1996		1997〜1998		1999〜2000		2001〜2002	
	集団感染件数	感染者数	集団感染件数	感染者数	集団感染件数	感染者数	集団感染件数	感染者数	集団感染件数	感染者数
不明	5	495	8	684	5	163	17	416	7	117
ノロウイルス	0	0	2	742	1	1 450	5	512	5	727
ジアルジア	5	385	3	1 546	4	159	6	52	3	18
クリプトスポリジウム	5	403 271	0	0	2	1 432	2	10	1	10
カンピロバクター・ジェジュニ	3	223	0	0	0	0	2	117	1	13
大腸菌 O157: H7	1	2	1	33	3	164	4	60	1	2
サルモネラ	1	625	0	0	0	0	2	208	0	0
赤痢菌	2	263	2	93	1	83	0	0	0	0
その他細菌	1[c]	11[c]	1[d]	60[d]	0	0	0	0	0	0
2種類以上の細菌	0	0	0	0	0	0	1[e]	781[e]	1[f]	12[f]
化学物質	8	93	7	90	3	44	2	3	5	39
合計	31	405 368	24	3 248	19	3 495	41	2 159	24	938

[a] Blackburn *et al.* (2004), Lee *et al.* (2002), Barwick *et al.* (2000), Levy *et al.* (1998), Kramer *et al.* (1996)より引用．
[b] CDC に報告された胃腸炎集団感染．髄膜脳炎の集団感染は含まれない．
[c] 非 O1 型．
[d] プレジオモナス・シゲロイデス．
[e] カンピロバクター・ジェジュニと大腸菌 O157: H7．
[f] カンピロバクター・ジェジュニとエルシニア・エンテロコリチカ．

表-3.3　米国におけるレクリエーションでの水利用に関係した水系感染胃腸炎の集団感染，1993〜2002[a, b]

病原体	1993〜1994		1995〜1996		1997〜1998		1999〜2000		2001〜2002	
	集団感染件数	感染者数	集団感染件数	感染者数	集団感染件数	感染者数	集団感染件数	感染者数	集団感染件数	感染者数
不明	1	12	4	65	3	939	6	95	7	141
ノロウイルス	0	0	1	55	2	48	3	202	5	146
ジアルジア	4	141	1	77	0	0	1	18	1	2
クリプトスポリジウム	6	693	6	8 512	9	538	16	1 394	11	1 474
カンピロバクター・ジェジュニ	0	0	0	0	0	0	1	6	0	0
大腸菌 O157: H7	1	166	6	52	3	39	5	61	4	78
サルモネラ	0	0	1	3	0	0	0	0	0	0
赤痢菌	4	737	3	190	1	9	3	46	2	78
その他細菌	0	0	0	0	0	0	0	0	0	0
2種類以上の細菌	0	0	0	0	0	0	1[c]	38[c]	0	0
合計	16	1 749	22	8 954	18	1 573	36	1 860	30	1 919

[a] Yoder *et al.* (2004), Lee *et al.* (2002), Barwick *et al.* (2000), Levy *et al.* (1998), Kramer *et al.* (1996)より引用．
[b] CDC に報告された胃腸炎集団感染．髄膜脳炎，皮膚炎，角膜炎，レプトスピラ症，ポンティアック熱(レジオネラ・ニューモフィラによる)の集団感染は，含まれない．
[c] クリプトスポリジウム・パルブムとシゲラ・ソネイ．

3.3.1 生物に関する用語上の慣例

慣例により，ウイルスを除くすべての生物種は，2語からなるラテン語名をつけられている．最初の語は属(genus)を表し(例えば，*Giardia*)，2番目の語は種(species)を表す(例えば，*lamblia*)．属名の最初の文字は大文字とし，属名，種名ともにイタリック体とするか下線を引く．属名，種名を*Escherichia coli*のように正式に記述した後は，*E. coli*のような省略形を用いることができる．これら微生物の多くは，血清型分類と呼ばれる免疫抗体の抗原認識によってさらに分類することができる(Chon *et al.*, 1999)．これらの慣例は，生きているとはいえないウイルスには適用されないことに注意が必要である．

3.3.2 対数除去率

微生物は，通常，排泄物や下水中に多く存在するため，下水処理プロセスにおける微生物の除去や不活化は，対数除去率として表現される．微生物が検出可能な濃度レベルにある場合は，対数除去は，下水処理や水再生のプロセスにおける除去を表す．対数除去率は，次式のように定義される．

対数除去率 = − log(流出濃度／流入濃度) (3.1)

例えば，活性汚泥法による処理によってジアルジア・ランブリアの濃度が流入水の100/Lから処理水の1/Lに削減された場合は，その処理による対数除去率は，次式のようになる．

対数除去率 = − log(1/100) = 2 または99％の除去

3.3.3 細菌類

細菌(bacteria)は，大きさがほぼ0.2〜10 μmであるごく微細な生物である．細菌は，自然界にくまなく分布し，多様な栄養要求性を有する．人の腸管内で多種類の無害で有益な細菌が増殖し，その後，糞便中に排出される．感染者の糞便中には病原細菌も存在する．そのため下水には，人に対する病原性のものも含め，きわめて多様で濃度範囲の広い細菌が含まれる(Schroeder and Wuertz, 2003)．

腸管系細菌は，人や動物の糞便に由来し，糞便-経口伝染経路によって人に伝染する(図-3.4参照)．腸管系細菌による疾病の多くは，急性下痢症であり，ある種の細菌は，特に重い症状の原因となる．赤痢(dysentery)，腸チフス，コレラ等の古典的な水系感染細菌症は，発展途上国では，いまだに重要であるが，米国においては，1920年代以降，劇的に減少した(Craun, 1991)．しかしながら，カンピロバクターや非腸チフス性サルモネラ菌(nontyphoid *Salmonella*)，病原性大腸菌(pathogenic *E. coli*)による疾病は，1年間に300万件，米国で引き起こされていると推定されている(Brennett *et al.*, 1987)．水系集団感染発生時に入院を必要とした患者の割合で見ると，最も症状の重い病気は，病原性大腸菌(14％)，赤痢菌(*Shigella*)(5.4％)，サルモネラ菌(4.1％)により引き起こされていた(Gerba *et al.*, 1994)．このように，腸管系病原細菌は，米国においていまだに水系感染症の重要な原因となっている．腸管系細菌は，1970年から1990年にかけて，米国における水系集団感染の14％の原因となったと見積もられている(Craun, 1991)．腸管系細菌のうち，特に重要なものについて，以下に論ずる(Cohn *et al.*, 1999; AWWA, 1999; Schroeder and Wuertz, 2003)．

赤痢菌

赤痢菌(*Shigella*)は，人や霊長類に感染し，細菌性赤痢を引き起こす．様々な集団感染において，志賀赤痢菌(*S. dyseteriae*)，*S. flexneri*，*S. boydii*，*S. sonnei*といった赤痢菌属の4つすべてのサブグループが単離されているが，水系感染のほとんどの原因を占めているのは，*S. sonnei*である(Moyer,

1999). 水系感染の細菌性赤痢は，ほとんどの場合，消毒が十分でない井戸水のように特定の汚染源が原因となっている．赤痢菌の水中での生存や水処理に対する応答は，大腸菌群のそれに似ている．このため，大腸菌群を制御できるシステムは，赤痢菌に対しても防御効果を発揮する．

サルモネラ菌

2 200 を超える血清型のサルモネラ菌（*Salmonella*）が存在しており，それらは，すべて人に対して病原性を有する．ほとんどのものが胃腸疾病を引き起こすが，腸チフス菌（*S. typhi*）による腸チフス，パラチフス菌（*S. paratyphi*）によるパラチフス菌（paratyphoid）のように，幾つかのものは，異なるタイプの疾病を引き起こす．前述の2種は，人だけに感染するが，その他のものは，人および動物に感染する．常に人口の約 0.1％がサルモネラ菌を排出しており，多くの原因は，汚染された食物による感染である．

大腸菌

大腸菌（*E. coli*）は，人や温血動物の腸管内で見られる糞便性大腸菌群の一員であり，通常は，病原性を持たない［図-3.3(a)参照］．水中にこの微生物が存在することは，糞便汚染を指し示す．しかしながら，大腸菌の幾つかの株（strain）は，病原性を有し，胃腸炎を引き起こす．特殊な株である大腸菌 O157: H7（*E. coli* O157: H7）は，急性の鮮血性下痢と激しい腹痛［出血性腸炎（enterohemorrhagic）］を引き起こし，幾らかのケース（感染事例の 2～7％）では，溶血性尿毒症症候群（hemolytic uremic syndrome；HUS）に陥り，赤血球が破壊され腎臓機能が不全となる．HUS は，水系感染症に関して最も高い死亡率の原因となっている．

健常な牛が大腸菌 O157: H7 を保菌していることはよく知られている．加熱の不十分な牛肉や生乳の摂取，また，汚染された水の飲用によって伝染が生じる（NRC, 1998）. Missouri 州のある地域で 1989 年に発生した大腸菌 O157: H7 集団感染は飲料水が原因であり，入院32人と死亡4人を含む 243 人の発症者が出た．塩素が添加されていない井戸水と水道水供給システムの破損が原因と考えられた．また，Oregon 州で 1991 年に 80 人の発症者が出た大腸菌 O157: H7 による水系集団感染では，湖のレクリエーション利用における水との接触が原因と考えられた（Oregon Health Division, 1992; CDC, 1993）.

エルシニア・エンテロコリチカ

エルシニア・エンテロコリチカ（*Yersinia enterocolitica*）は，急性の胃腸疾病の原因となるが，人，豚，その他の多くの動物に感染する．この微生物は，通常，表流水中に見られるが，ときおり地下水や飲料水からも検出される．エルシニアは，4℃という低温でも増殖し，温暖な時期よりも寒冷な時期においてより頻度高く，浄水前の表流水から検出されている．

カンピロバクター・ジェジュニ

カンピロバクター・ジェジュニ（*Campylobactor jejuni*）は，人や様々な動物に感染するとともに，入院が必要な胃腸疾病を引き起こす最も一般的な細菌であり，また，食物を介した疾病の主要な原因となっている．カンピロバクターは，温血動物の腸管に棲息し，下水や表流水中によく見られる．

3.3.4 原虫類

原虫（protozoa）は，細胞壁を欠く単細胞生物であるが，外皮と呼ばれる柔軟性のある最外層を有する［図-3.3(b)参照］．原虫は，特徴的に細菌よりも大きく，藻類とは異なり，光合成ができない．原虫は，淡水および海水に存在し，あるものは土壌やその他の場所において増殖することができる

(Cohn et al., 1999). 腸管系寄生原虫は，下水中や水環境の悪条件下において生存するため，シストやオーシストを形成する．重要な病原性原虫に，ジアルジア・ランブリア，クリプトスポリジウム・パルブム，赤痢アメーバがある．

ジアルジア・ランブリア（あるいはランブル鞭毛虫）

原虫ジアルジア・ランブリア（*Giardia lamblia*）により起こる水系感染のジアルジア症（giardiasis）は，米国における最も一般的な原虫感染とみなされており，公衆衛生の主要な関心事である（Craun, 1986; Kappus et al., 1992）．水系感染ジアルジア症は，下痢，倦怠感，激しい腹痛が特徴の胃腸病であるが，その報告件数は，米国において1971年から増加を続けた（Craun, 1986）．1998〜2002年の期間におけるジアルジア調査データによると，報告された全感染件数は，年間で約19 700〜24 200件にのぼっている（Hlavsa et al., 2005a）．1993〜2002年の間に，飲料水に関係したジアルジア症の集団感染が21件，水レクリエーションによるものが7件発生している．ジアルジア・ランブリアは，野生および飼育された動物内に存在するため，下水の影響のない上水によっても感染が生じる．ジアルジア・ランブリアの疾病サイクルを図-3.5に示す．生下水中のジアルジア・ランブリアのシスト濃度は，10^1〜10^4 シスト/L の範囲にあることが報告されており（Sykora et al., 1991; Rose et al., 1996; Chauret et al., 1999; Caccio et al., 2003），高い場合には3 375シスト/Lにもなる．さらに，ジアルジア・ランブリアは，下水処理水中にも検出され，塩素消毒への耐性が細菌よりもはるかに強い．紫外線（UV）照射は，ジアルジア・ランブリアおよびジアルジア・ミューリス（*G. muris*）の不活化に有効であることが明らかになっている（Craik et al., 2000; Linden et al., 2002）．

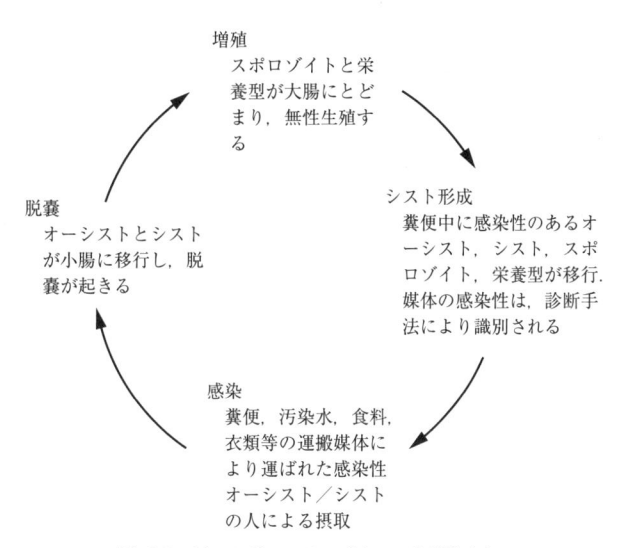

図-3.5 ジアルジア・ランブリアの疾病サイクル

クリプトスポリジウム・パルブム

クリプトスポリジウム・パルブム（*Cryptosporidium parvum*）が病原体であることが初めて報告されたのは，1976年である．クリプトスポリジウム属の2つの種，すなわちクリプトスポリジウム・パルブムとクリプトスポリジウム・ホミニス（*C. hominis*）は人に感染することが知られているが，以前，遺伝子型のクリプトスポリジウム・パルブムとして認識されていた．それ以外の *C. canis*, *C. felis*, *C. meleagridis*, *C. muris* 等の種は，免疫不全の人に感染する可能性がある（CDC, 2005a）．環境中において，クリプトスポリジウムは，径4〜6 μmのオーシストの形態をとり，動物に摂取されるまで生き延びることができる．オーシストが動物の腸管に達すると，オーシスト中のスポロゾイトが感染を開始し，クリプトスポリジウム症（cryptosporidiosis）といわれる胃腸不全症状を引き起こす．

クリプトスポリジウム症は，激しい下痢を引き起こすが，現時点で治療薬は存在しない．ある人口におけるオーシストの排出数から求められた米国における平均感染率は，0.6〜20%である（Fayer and Ungar, 1986; Lisle and Rose, 1995）．この疾病は，免疫システムが不全な人にとって特に危険である（Current and Garcia, 1991）．

CDC（Center for Disease Control and Prevention; 米国疾病予防管理センター）の水系集団感染調査

によると，1993～2002年の間に飲料水に関係したクリプトスポリジウム症集団感染が10件，水レクリエーションによるものが49件発生した(Hlavsa et al., 2005b)．1993年，飲料水に関係したクリプトスポリジウム症の大規模集団感染がWisconsin州のMilwaukeeで発生し，約40万人の患者と少なくとも50人の死者を出した．原水が動物または人の排泄物で汚染されたことと，雨水流入により浄水の処理機能が低下したことが集団感染の原因とされたが，クリプトスポリジウムの排出源を明確に特定することはできなかった(MacKenzie et al., 1995; Kramer et al., 1996)．

クリプトスポリジウムは，二次処理水中に様々な濃度レベルで検出されているが，代表的な濃度範囲は，10^1～10^3オーシスト/Lである(Madore et al., 1987; Peeters et al., 1989; Villacorta Martinez et al., 1992; Rose et al., 1996; Robertson et al., 2000)．通常の二次処理に加えて砂ろ過と塩素消毒を行った再生水においても，低濃度ながらオーシストが検出されており，その幾つかは感染性が確認されている(Korick et al., 1990; Gennaccaro et al., 2003; Ryu et al., 2005)．塩素消毒は，クリプトスポリジウムの不活化に効果的でない．それに代えて，紫外線照射がクリプトスポリジウムオーシストの不活化に効果的であることが証明されている(Clancy et al., 2000; Craik et al., 2001)．

赤痢アメーバ

赤痢アメーバ(*Entamoeba histolytica*)の摂取によりアメーバ赤痢に罹ることがあり，症状は，鮮血性下痢や高熱という急性症状から軽い胃腸病にわたる．時折，この生物は，潰瘍を生じさせて血流に侵入し，重篤な症状を引き起こすことがある．しかしながら，ほとんどの感染者は，治療を要するような症状を呈さない．ジアルジア・ランブリアやクリプトスポリジウム・パルブムと異なり，動物は，赤痢アメーバを保菌しないので，下水が適切に処理されていれば，水源汚染の可能性は比較的低い．毎年約3 000件のアメーバ症(amebiasis)が典型的に米国で発生しているが，赤痢アメーバによる水系集団感染は稀である(CDC, 1985)．

3.3.5 蠕虫類

蠕虫(helminths)という言葉は，ほぼ寄生により生活する細長い後生動物のグループを表すために用いられる[図-3.3(c)参照]．世界中で蠕虫類は，人の疾病の原因となっている主要な媒体であり，年間に延べ45億ほどの疾病を引き起こしている．米国においては，20世紀に衛生施設が広範囲に整備され，下水処理施設や食物取扱い方法が改善されたことにより蠕虫感染は劇的に減少した．しかしながら，寄生虫が常在しているような国からの移民者が増えたことにより，蠕虫やその卵が米国の生下水中からより多く見つかるようになっている(Tchobanoglous et al., 2003; Maya et al., 2006)．

回虫

回虫(腸管線虫)(*Ascaris lumbricoides*)が原因となる感染症は，回虫症(ascariasis)として知られている．軽症の場合は，消化不良・栄養摂取不良，腹痛，嘔吐，便や嘔吐物への回虫の混入等の症状が特徴である．症状が肝臓に及ぶ重いケースでは，死に至ることがある．感染は，人糞由来の蠕虫卵で汚染されたサラダや野菜を食べることにより起きる．世界中で，特にほとんどの熱帯地域において，回虫症の感染率が50％を超える可能性がある．米国では，回虫症は，南部において最も一般的である．

マンソン住血吸虫

マンソン住血吸虫(*Schistosoma mansoni*)により引き起こされる住血吸虫症(schistosomiasis)は，宿主の静脈に棲息したり，慢性的感染が肝臓や泌尿器システムに影響したりするような場合には，宿主を衰弱させる疾病である．人，家畜，ネズミが主要な宿主であり，カタツムリが欠くことのできない中間宿主の役割を果たす．水中で見られる幼虫は，カタツムリの中で孵化し放出されたものであるが，

人の皮膚を貫通して人体内に侵入することができる．卵が尿や糞によって排出され，幼虫が水の中で発育してカタツムリに再び感染すると，生活環がまた動き始める．住血吸虫症は，アフリカ，アラビア半島，南アメリカ，中東，アジア，インドの一部で流行している．

3.3.6 ウイルス

ウイルス(virus)は，宿主の細胞内でのみ増殖できる偏性細胞内寄生性であり，宿主特異性を有する．ウイルスは，様々な形をとるとともに，横断方向に0.01〜0.3 μmの大きさであり，核酸とこれを覆うタンパク質の殻から構成されている．腸管系ウイルスは，偏性の人病原体であり，人宿主の中でしか複製されない[図-3.3(d)参照]．タンパク質の殻が中心の遺伝子(DNAあるいはRNA)を囲んでいるという簡単な構造により，ウイルスは，環境中で長く生存することができる．これまでに，120を超える人腸管系ウイルスが発見されている．よく調べられているウイルスとしては，エンテロウイルス(ポリオウイルス，エコーウイルス，コクサッキーウイルス)，A型肝炎ウイルス，ロタウイルス，ヒトカリシウイルス(例えば，ノロウイルス)等がある．

腸管系ウイルスのほとんどは胃腸炎や呼吸器感染を引き起こすが，加えて幾つかのものは，以下のような他の疾病を引き起こす．脳炎，新生児疾病，心筋炎，ウイルス性髄膜炎，黄疸(Gerba *et al.*, 1985, 1996; Frankel-Conrat *et al.*, 1988; Wagenkneckt *et al.*, 1991. 表-3.1 参照)．水系感染症を引き起こし，またその可能性がある一般的な腸管系ウイルスについて以下で論ずる(Cohn *et al.*, 1999).

A型肝炎ウイルス

すべての腸管系ウイルスは，飲料水によって伝播する可能性があるが，A型肝炎ウイルス(Hepatitis A virus；HAV)については，このルートにより感染するという最も強い証拠がある．HAVは，肝臓の炎症や壊死が特徴の感染性肝炎(infectious hepatitis)を引き起こす．症状としては，高熱，虚弱，吐き気，嘔吐，下痢，たまに黄疸が見られる．

ノロウイルスと他のカリシウイルス

カリシウイルス(calicivirus)に分類される病原性ウイルスは，培養できないことから，定量的にはよく把握されていない．このグループのウイルスは，通常，逆転写ポリメラーゼ連鎖反応(reverse-transcriptase polymerase chain reaction；RT-PCR)といった分子生物学の手法や電子顕微鏡によって同定される．ヒトカリシウイルス(Human Caliciviruses；HuCVs)は，最初に集団感染の発生した地域に因んで命名されている(例えば，ノーウォークウイルス，Snow Mountain ウイルス，Hawaii ウイルス，Montgomery County ウイルス等)(Gerba *et al.*, 1985)．カリシウイルス科(Caliciviridae)は，4つの属に分類され，そのうちノロウイルスとサポウイルスが人の疾病に関係する．以前ノーウォーク様ウイルスあるいは小型球形ウイルスと認識されていたノロウイルスは，大部分の非細菌性胃腸炎の原因であると考えられている(Karim and LeChevallier, 2004).

現在の推定では，病因不明の非細菌性胃腸炎集団感染の90%以上はヒトカリシウイルスによる可能性がある．例えば，1997〜2000年にかけてCDCが284の非細菌性集団感染の糞便試料を調べたところ，93%がノロウイルスを原因とするとされた(Frankhouser *et al.*, 2002)．カリシウイルス水系集団感染に関する情報を表-3.4に示す．以前は同定が不可能であったウイルスでも，分子生物学の進歩により同定・定量が可能となってきたことから，様々な水試料についてのカリシウイルスの検出方針がより精緻になってきている(Huffman *et al.*, 2003; Karim and LeChevallier, 2004).

ロタウイルス

ロタウイルス(rotavirus)は，主として子供に胃腸炎を引き起こす．ほとんどの子供は，5才までに

第3章　下水の特性と健康・環境問題の関係

表-3.4　報告されているカリシウイルス水系集団感染[a]

年	場所	原因水	推定第一次感染者数	ウイルスの遺伝子型
2000	イタリア	水道水	344	GG Ⅱ
1999	フランス	水道水	～6	GG Ⅱ
1998	スイス	地下水	>1 750	GG Ⅰ，GG Ⅱ
1998	フィンランド	水道水	1 700～3 100	GG Ⅱ
1998	Wisconsin 州	湖水[d]	18	Serum Ab positive[b]
1998	Ohio 州	湖水[d]	30	Serum Ab positive[b]
1996	Florida 州	井戸水	594	Serum Ab positive[b]
1995	Wisconsin 州	水道水	148	SRSV
1995	Alaska 州	浅井戸水	433	GG Ⅱ
1994	英国 Bristol/South Wales	水道水	130	GG Ⅰ，GG Ⅱ
1988	Idaho 州	井戸水	339	Serum Ab positive[b]
1987	Pennsylvania, Delaware, New Jersey 州	井戸水[c]	5 000	Serum Ab positive[b]
1986	South Dakota 州	井戸水	135	Serum Ab positive[b]
1986	California 州	湖水[d]	41	Serum Ab positive[b]
1986	New Mexico 州	小川	36	Serum Ab positive[b]
1978	Washington 州	水道水（誤接続）	>1 600	Serum Ab positive[b]
1977	Ohio 州	水泳プール	103	Serum Ab positive[b]
1976	Colorado 州	泉	418	Immune, electron microscopy

[a] Huffman *et al.* (2003) より引用.
[b] コントロール血清に比較して血清抗体価が4倍増加.
[c] 製氷工場が使用し，地域住民用ではない井戸.
[d] レクリエーション利用に関連した集団感染.

少なくとも1回は感染しており，発展途上国においては，ロタウイルス感染は，乳児死亡の大きな原因である．ロタウイルスは，糞便-経口伝播により広がり，下水，湖沼水，河川水，地下水，そして水道水においても検出されている(Gerba *et al.*, 1985; Gerba, 1996).

エンテロウイルス

エンテロウイルス(enterovirus)には，ポリオウイルス(poliovirus)，コクサッキーウイルス(coxsakievirus)，エコーウイルス(echovirus)が含まれる．エンテロウイルスは，下水や表流水中で見られるが，しばしば飲料水中でも発見される．1952年，ポリオ集団感染により16人の麻痺症患者が発生し，水道水源が原因であるとされたが，それ以来，米国においてはポリオウイルスによる水系感染例の報告はない(Craun, 1986)．ポリオウイルスワクチンの発明とその広範囲な投与実施によって，西半球から脊髄性小児麻痺(paralytic poliomyelitis)が撲滅された(Gerba, 1996)．ポリオウイルスワクチンの経口投与は，米国では2000年に中止された．しかし，2005年，Minnesota 州においてワクチン未投与の4児童がウイルスに感染し，これを受けて，ワクチン接種率の低い地域への伝播が懸念されるとともに，米国における集団感染発生の可能性について関心が高まった(CDC, 2005b).
コクサッキーウイルスは，通常の風邪，ウイルス性髄膜炎，心臓病等の様々な病気を引き起こし，時に重篤となるが，エコーウイルスも程度は低いものの，同様の症状を引き起こす．

アデノウイルス

アデノウイルス(adenovirus)には47のタイプがあるが，40型と41型だけが特に児童に胃腸疾病を引き起こす重要なものである．他のタイプのアデノウイルスは，通常の風邪を含む上部呼吸器官疾病の原因となる．しかし，すべてのタイプが糞便中に排出され，糞便-経口ルートによって広がる．

アデノウイルスは，下水，表流水，飲料水で検出されているが，水の実態に関するデータは限られている．これらのウイルスによる飲料水集団感染は，これまで報告されておらず，それ故，水系病原体としての重要性は明確ではない．アデノウイルスは，消毒剤に対して比較的抵抗性があり，従来の処理法では容易には不活化あるいは除去されない(Chon *et al.*, 1999)．

3.4 指標微生物

下水中には，多種多様な微生物が数多く存在する．通常のモニタリングにおいて，ウイルスを含んだすべての微生物を検査することは，不可能または非現実的である．さらに，微生物の同定には長時間を要するため，水質管理ツールとしての有用性が期待できない．このため，病原微生物の存在下では必ず存在するような代替微生物(一般には指標微生物と呼ばれる)を検出することにより，病原微生物の存在を予測する手法がとられてきた．

3.4.1 指標微生物の理想的特徴

指標微生物の理想的特徴は，以下のようにあげられる(Cooper and Olivieri, 1998; Maier *et al.*, 2000; NRC, 2004)．
1. 糞便汚染が存在する場合には，必ず存在すること．
2. 存在数が，対象とする病原微生物(例えば，病原ウイルス)の存在数以上であること．
3. 処理プロセスや環境中における生残性が対象とする病原微生物以上であること．
4. 宿主外では増殖しないこと(すなわち，培養試験自体が実験作業者の健康に重大な脅威とならないこと)．
5. 対象とする病原微生物よりも単離と定量が迅速に行えること(すなわち，対象病原微生物に比べて，試験法が安価であり，培養が簡単であること)．
6. 温血動物の腸管系微生物群に属すること．

上記のように，指標微生物の理想的特徴として，対象病原微生物が存在する場合には必ず存在することがあげられる．しかし残念ながら，病原微生物の排出が1年を通して均一ではないため，対象病原微生物は，1年中存在するわけではない．このため，公衆衛生の保持のためには，糞便汚染が存在する場合に指標微生物が必ず存在することが重要である．これまでのところ，理想的特徴を備えた指標微生物は見つけられていない．

3.4.2 大腸菌群

人の腸管には，集合的に大腸菌群(coliform group of bacteria)として知られる桿菌が多数含まれている［図-3.2, 3.3(a)参照］．人は，1日当り1 000億～4 000億個の大腸菌群を他種の細菌とともに排出している．このため，長年，環境試料中に大腸菌群が存在することは，糞便に関係した病原微生物(例えば，ウイルス)が存在するかもしれないことを示すと考えられ，大腸菌群が存在しないことは，疾病を引き起こす微生物が存在しないことを示すと考えられてきた．

糞便性大腸菌群(fecal coliform)は，糞便汚染(fecal contamination)とそれに関連する健康リスクを指し示すものであるが，消毒においては，大腸菌群を測定して制御する方が糞便性大腸菌群だけを対象とするよりも厳しい処理目標であると考えられている．糞便性大腸菌群は，乳糖を44.5℃で発酵させ，トリプトファンからインドールを生成する大腸菌群として分類される．糞便性大腸菌群試験により同定されたほとんどの細菌は，温血動物に由来する大腸菌(*E. coli*)であるが，非糞便性の熱耐性細

菌も存在する．大腸菌群試験で同定される微生物は，35℃の胆汁塩存在下で増殖でき，乳糖の発酵において酸とガスを生成するものである(Standard Methods, 2005)．水質基準としては，水利用の形態に応じて，大腸菌群あるいは糞便性大腸菌群，またはその両者が使用されてきた(NRC, 1998)．大腸菌群は，病原微生物の指標として有効に機能しているが，腸管系の原虫，ウイルス，蠕虫の不活化や除去の予測には使用できない可能性がある．

飲料水水質基準は，大腸菌群数に基づき，大腸菌のタイプにかかわらず大腸菌群数 1/100 mL 以下という低濃度の基準値を用いており，きわめて用心深いものとなっている．U.S. EPA は，再生水の標準的指標微生物として糞便性大腸菌群を提案している．しかし，例えば Califonia Department of Health Service のように，幾つかの規制官庁は，さらに慎重であり，再生水の基準遵守に大腸菌群の測定を求めている(4章参照)．

3.4.3 ファージ

ファージ(bacteriophage)は，細菌に感染するウイルスで，水質評価のみならず，基礎的遺伝子研究において，人感染ウイルスのモデルあるいは代用物として使用されてきた(Graboal, 2001)．大腸菌ファージ(コリファージ)(coliphage)は，大腸菌に感染するウイルスである(図-3.6 参照)．それ故，大腸菌ファージが水に存在することは，その宿主であって動物や人から排出された大腸菌が存在することを示すものであると考えられている．大腸菌ファージは，大きさ，形，処理プロセスに対する耐性が人腸管系ウイルスと似ているため，人腸管系ウイルスの指標として細菌の指標より有効であると考えられる．Havelaar *et al.* (1993)は，生下水と下水処理水，河川水，浄水処理された河川水および湖沼水を比較し，生下水と下水処理水を除くと，大腸菌ファージと腸管系ウイルスの間に顕著な相関関係があることを見出した．データ解析の結果，下水が環境水に流入した直後においては，他の未確認要因によって大腸菌ファージを指標とすることは困難であるという結論が導き出されている(NRC, 1998)．

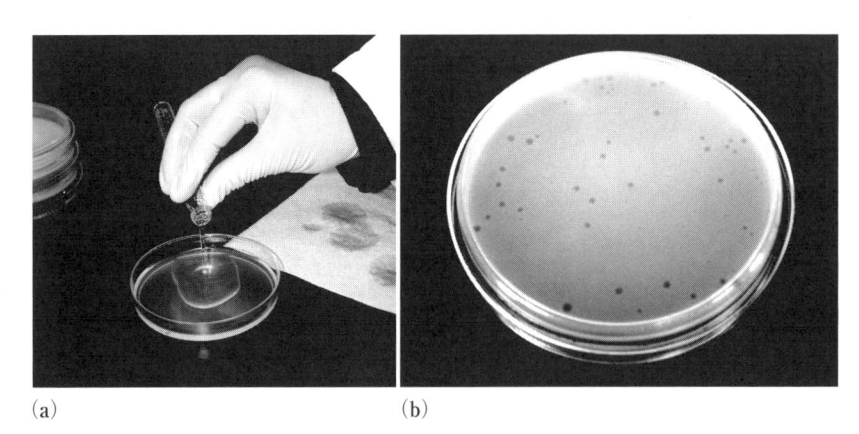

図-3.6 大腸菌に感染する大腸菌ファージ MS-2 ウイルスの検出試験方法．(a)あらかじめ増殖段階とした大腸菌を含むペトリ皿中の培地に大腸菌ファージを含む試料を投入，(b)12時間培養後のペトリ皿の透明なスポットを大腸菌ファージとして計数

3.4.4 その他の指標微生物

これまで，糞便汚染の指標として使用され，あるいは提案されてきた微生物を表-3.5 に示す．また，表-3.6 には，様々な水利用の基準策定に使用された指標微生物を示す．

表-3.5 糞便汚染の指標として使用あるいは使用が提案されてきた特定の微生物あるいは微生物群[a]

指標微生物	特徴
全大腸菌群	35 ± 0.5℃で乳糖を発酵してガスを生成(あるいは,適切な培地の上で24 ± 2〜48 ± 3時間培養において明確なコロニーを形成)するグラム陰性桿菌.しかし,この定義に合致しない株もある.大腸菌群には,腸内細菌科の4つの属が含まれ,る.それらは,Escherichia 属,Citrobactor 属,Enterobacter 属,Klebsiella 属である.この中で,Escherichia 属(大腸菌)が糞便汚染を最もよく表すと考えられる.
糞便性大腸菌群	糞便性大腸菌群は,高い培養温度(44.5 ± 0.2℃で24 ± 2時間)でガス生成(あるいはコロニー形成)するグラム陰性桿菌のグループである.
クレブシエラ(Klebsiella)属	大腸菌群は,Klebsiella 属を含む.熱耐性を持つ Klebsiella も,糞便性大腸菌に含まれる.このグループは,35 ± 0.5℃,24 ± 2時間で培養される.
大腸菌	大腸菌は,大腸菌群の一つの種類であり,他の大腸菌群の属よりも糞便汚染をより適切に表す.
バクテロイデス(Bacteroides)属	嫌気性微生物である Bacteroides 属は,人特異的な指標微生物として提案されてきた.
糞便性連鎖球菌(fecal Streptococci)	このグループは,直近の糞便汚染(人あるいは家畜)を検出するため,糞便性大腸菌群とともに用いられてきた.しかし,幾つかの菌株は,環境中に遍在しており,真の糞便性連鎖球菌との区別ができなかったので,指標微生物として使われなくなった.
腸球菌(Enterococci)	糞便性連鎖球菌の2菌種 S. faecalis と S. faecium(訳注:現在は Enterococcus 属に区分)は,この属の中で最も人特異的である.他の菌種を排除する測定法によって,腸球菌として知られる2菌種を分離・計数することができる.腸球菌は,一般的に他の指標微生物よりも低濃度であるが,海水中では生存期間がより長い.
ウェルシュ菌(Clostridium perfringens)	この微生物は,胞子を形成する偏性嫌気性細菌である.消毒実施の場合,汚染が過去に発生した場合,分析間隔が長くなった場合に,微生物の特性から,理想的な指標微生物となる.
緑膿菌(Pseudomonas aeruginosa)とエロモナス・ハイドロフィラ(Aeromonas hydrophila)	これらの微生物は,下水中に多数存在する可能性がある.どちらも水域で生存する微生物と考えられており,直接的な糞便汚染源がない場合にも検出されることがある.

[a] Tchobanoglous et al. (2003) より引用.

表-3.6 様々な水の種類・利用において性能基準として使用されている指標微生物[a]

水の種類および利用	指標微生物
飲料水	大腸菌群
淡水レクリエーション	糞便性大腸菌群,大腸菌,腸球菌
海水レクリエーション	糞便性大腸菌群,大腸菌群,腸球菌
貝の生育域	大腸菌群,糞便性大腸菌群
農業用灌漑(再生水について)	大腸菌群
下水処理水	大腸菌群
消毒	糞便性大腸菌群,大腸菌ファージ MS2

[a] Tchobanoglous et al. (2003) より引用.

3.5 生下水,下水処理水,環境中における病原微生物の存在

様々なタイプの下水中の病原微生物の存在について,本節で論ずる.下水のタイプとしては,(1)生下水,(2)一次処理水,(3)二次処理水,(4)三次処理水,(5)高度処理水を取り上げる.これらすべてのタイプの下水は,様々な再利用用途に使用されてきたことから,ここで説明する情報は,水再利

第3章 下水の特性と健康・環境問題の関係

用における健康リスクを評価するうえで有用であり，このことは5章で論ずる．

3.5.1 生下水中の病原微生物

生下水中の病原微生物の存在と濃度は，生下水のオーバーフローのように予見が難しい要因に左右される(図-3.7参照)．重要な変数は，水の出所と水がどのように使われたかということ，住民の全般的な健康状態，感染微生物保菌者存在，感染微生物の排泄量，感染の継続期間，感染微生物が宿主外の様々な環境条件下で持つ生残能力である(NRC, 1998)．以下の解説においては，下水中の病原微生物の主要な源は，住宅，商業，工業から排出される下水であると仮定している．下水収集システムにおける下水の源について，追加情報を3.5.2において説明する．

図-3.7 環境中における病原微生物．(a)海水浴場における雨水排水路，(b)細菌レベルが健康基準を超過しているとの健康影響警告(提供：Orange County Sanitation District, California 州)

生下水中の微生物濃度の報告値を推定された感染用量中央値(median infectious dose)とともに表-3.7に示す．現場では病原微生物濃度が広範囲にわたることや，感染用量中央値である N_{50} が人に疾病を引き起こすのに必要な代表的用量に対応していることに注意が必要である(図-3.8参照)．N_{50} も人によって大きく異なり，個人の健康状況，遺伝的要素，年齢，免疫システムの健全性に左右されるため，N_{50} の値に幅が生じている．感染用量中央値については，5章でさらに論じる．

3.5.2 下水処理水中の病原微生物

下水処理水中の病原微生物の存在および濃度は，次に示す項目を含む数多くの要因に影響される．(1)生下水中の微生物数，(2)処理レベル，(3)用いられた処理技術，(4)規則による規制．以下では，最初に処理レベルと適用可能な処理技術，次いで下水処理水中の病原微生物について述べる．処理技術の詳細については，3部において解説する．

処理レベルと技術

物理力の利用が支配的である処理方法は，単位操作(unit operations)と呼ばれ，化学的あるいは生物学的反応により汚濁物の除去が行われるものは，単位プロセス(unit processes)と呼ばれている．ここでは，単位操作と単位プロセスを一緒にしたうえで，処理レベルによって予備処理，一次処理，高度一次処理，二次処理，三次処理，高度処理に分けることとする(表-3.8および図-3.9参照)．予備処理においては，設備に損傷を与えるような大きな固形物がスクリーンによって除去される．一次処理においては，沈殿等の物理的操作が下水中の浮上物質や沈殿可能物質の除去に使用される[図-

3.5 生下水，下水処理水，環境中における病原微生物の存在

表-3.7 生下水中の微生物濃度および感染用量中央値[a]

微生物	生下水中の濃度(MPN/100 mL)[b]	感染用量中央値(N_{50})
細菌類		
バクテロイデス	$10^7 \sim 10^{10}$	
大腸菌群	$10^7 \sim 10^9$	
糞便性大腸菌群[c]	$10^5 \sim 10^8$	$10^6 \sim 10^{10}$
ウエルシュ菌	$10^3 \sim 10^5$	$1 \sim 10^{10}$
腸球菌	$10^4 \sim 10^6$	
糞便性連鎖球菌	$10^4 \sim 10^6$	
緑膿菌	$10^3 \sim 10^6$	
赤痢菌	$10^0 \sim 10^3$	$10 \sim 20$
サルモネラ	$10^2 \sim 10^4$	
原虫類		
クリプトスポリジウム・パルブム オーシスト	$10^1 \sim 10^5$	$1 \sim 10$
赤痢アメーバ シスト	$10^0 \sim 10^5$	$10 \sim 20$
ジアルジア・ランブリア シスト	$10^1 \sim 10^4$	< 20
蠕虫類		
蠕虫卵	$10^0 \sim 10^3$	
回虫		$1 \sim 10$
ウイルス		
腸管系ウイルス	$10^3 \sim 10^4$	$1 \sim 10$
大腸菌ファージ	$10^2 \sim 10^4$	

[a] Feacham *et al.* (1983)，NRC(1996)，Crook(1992)より部分的に引用．
[b] MPN：最確数．
[c] 大腸菌(腸管病原性)．

3.9(a)参照]．二次処理においては，有機物を除去するために生物学的および化学的プロセスが用いられる[図-3.9(b)，3.10参照]．消毒は，通常は二次処理の一部である．栄養塩類の除去も二次処理段階でよく行われる[図-3.9(c)参照]．三次処理においては，消毒効果を高めるため，通常はろ過を用いて残存浮遊物質が除去される．高度処理においては[図-3.9(d)参照]，特別な再利用用途のため，従来の二次処理や三次処理では顕著に除去されない汚濁物質を除去することを目的として，単位操作や単位プロセスがさらに組み合わせられる(Tchobanoglous *et al.*, 2003)．

一次処理水中の病原微生物

　一次処理では，下水中の病原微生物をほとんど除去できない．しかし，ある種の原生動物や寄生虫の卵やシストは，一次処理で沈殿除去され，下水粒子に付着している微生物も沈殿可能物とともに除去される．一次処理における微生物除去の推定値を表-3.9に示す．

二次処理水中の病原微生物

　二次処理は，処理水中の病原微生物の数を減らすが，完全に除去することはできず，消毒を行っても然りである[図-3.9(b)参照]．様々な処理プロセスによる代表的な微生物対数除去を表-3.9に示す．本表のデータによれば，下水処理水放流の下流側で飲料用水源として利用されるかもしれない天然水に対して，下水の放流は，腸管系病原微生物の排出源となりうるということができる(1章参照)．

三次処理水および高度処理水中の病原微生物

　高度処理プロセスの処理水中の微生物濃度は，微生物の種類と高度処理の形式(例えば，化学処理，粒状ろ材によるろ過，膜ろ過)の影響を受ける．三次処理および高度処理プロセスによって得られた

第3章 下水の特性と健康・環境問題の関係

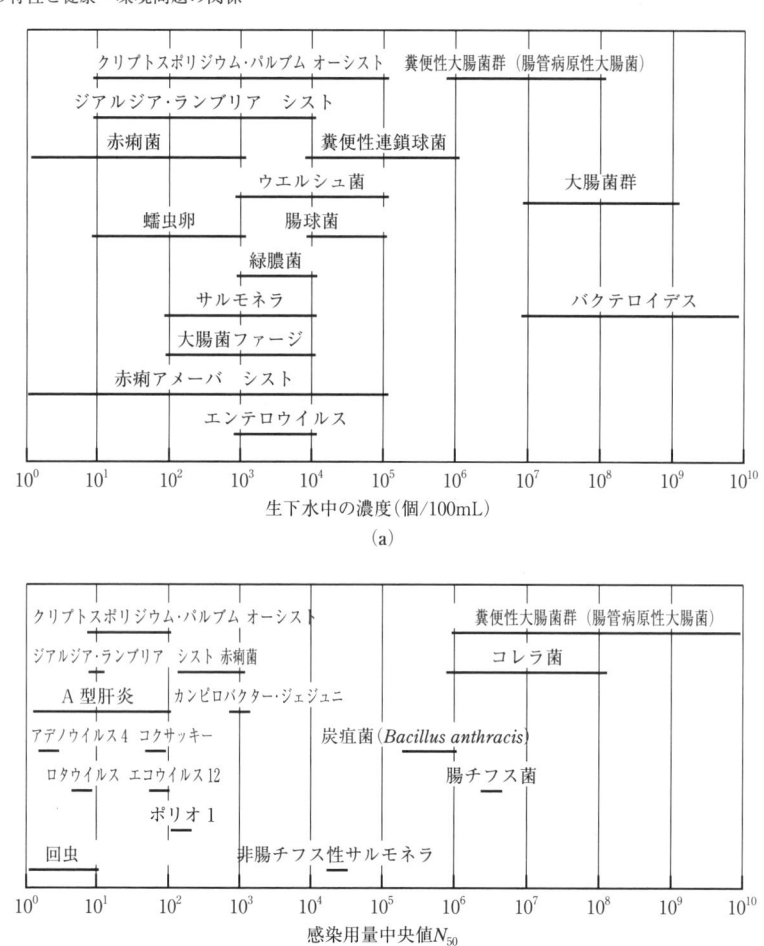

図-3.8 生下水中の微生物濃度および感染用量中央値の報告値(Crittenden et al., 2005)

表-3.8 下水処理および水再生の処理段階の分類[a]

処理レベル[b]	説　　明
予備処理	下水処理の操作やプロセス，補助システムに管理・操作上の問題を引き起こす可能性のある布くず，小枝，浮上物，砂，油脂等の下水中夾雑物の除去．
一次処理	下水中の浮遊物質や有機物の一部除去．
高度な一次処理	下水中の浮遊物質や有機物の高度な除去．凝集剤添加やろ過による．
二次処理	生物分解可能な有機物(溶解性あるいは粒子性)および浮遊物質の除去．消毒も通常の二次処理に含まれる．
栄養塩除去を伴う二次処理	生物分解可能な有機物，浮遊物質，栄養塩類(窒素，リン，または窒素・リンの両者)の除去．
三次処理	二次処理後の残留浮遊物質の粒状ろ材ろ過，表層ろ過，膜による除去．消毒も三次処理の一部を構成する．栄養塩除去がしばしばこの中に含まれる．
高度処理	特定の水再利用用途のため，溶解性物質や微量成分の除去．

[a] Crites and Tchobanoglous(998)より部分的に引用．
[b] 処理プロセス図として図-3.9参照．

3.5 生下水，下水処理水，環境中における病原微生物の存在

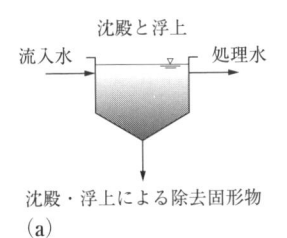

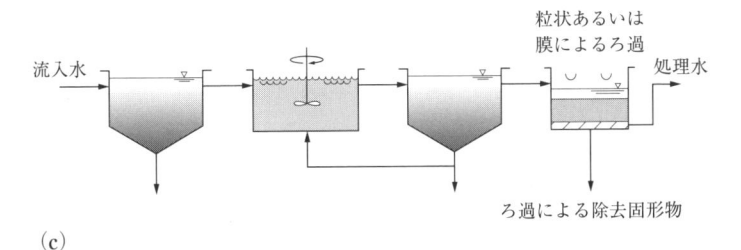

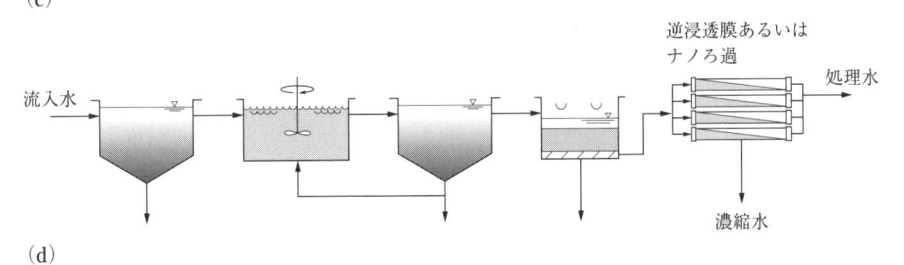

図-3.9 下水処理の単位操作と単位プロセス．(a)一次処理，(b)二次処理，(c)三次処理，(d)高度処理

図-3.10 California 州 San Diego 市の植生浄化施設(1996年頃)は，二次処理の活性汚泥プロセスや散水ろ床の代わりにホテイアオイを用いていた．(a)ステップ流入パイプとエアレーションシステムが設置された栓流方式の池，(b)ホテイアオイに全面覆われた運転中のプロセス

第3章 下水の特性と健康・環境問題の関係

表-3.9 下水処理プロセスによる代表的な微生物対数除去[a]

微生物	処理プロセスにおける微生物除去(対数表示)					
	一次処理	二次処理		三次処理		高度処理
	沈殿	活性汚泥法	散水ろ床法	深層ろ過	精密ろ過[b]	逆浸透[c]
糞便性大腸菌群	<0.1〜0.3	0〜2	0.8〜2	0〜1	1〜4	4〜7
サルモネラ菌	<0.1〜2	0.5〜2	0.8〜2	0〜1	1〜4	4〜7
結核菌(*Mycobacterium tuberculosis*)	0.2〜0.4	0〜1	0.5〜2	0〜1	1〜4	4〜7
赤痢菌	<0.1	0.7〜1	0.8〜2	0〜1	1〜4	4〜7
カンピロバクター	1	1〜2		0〜1	1〜4	4〜7
クリプトスポリジウム・パルブム	0.1〜1	1		0〜3	1〜4	4〜7
赤痢アメーバ	0〜0.3	<0.1	<0.1	0〜3	2〜6	>7
ジアルジア・ランブリア	<1	2		0〜3	2〜6	>7
蠕虫卵	0.3〜1.7	<0.1	1	0〜4	2〜6	>7
腸管系ウイルス	<0.1	0.6〜2	0〜0.8	0〜1	0〜2	4〜7

[a] Crook(1992)より部分的に引用.
[b] 広範な数値は,膜製造者の違いや膜の欠陥・破損による膜性能の差異が原因である(**例題8-4参照**).
[c] 理論的には,逆浸透は,すべての微生物を除去するが,膜の欠陥や破損により,微生物が透過流とともに通過することがある(**例題8-4参照**).

(a) (b)

図-3.11 再生水は,様々な灌漑利用において安全に使用されている.(a)ブドウの灌漑,(b)修景利用

再生水は,非制限的な修景用灌漑への使用に関して安全であると考えられている[図-3.11(b)参照].

3.5.3 環境中の病原微生物

受水域においては,希釈と死滅といった自然プロセスによって腸管系微生物の濃度が減少する.自然における不活化あるいは死滅の速度は,通常,微生物生育数の90%減少に要した時間として報告される.不活化速度は,粒子性物質の量,酸素,塩分濃度,水に照射される紫外線等の多くの要因の影響を受ける.しかし,以下に述べるように,温度が最も重要な役割を果たしていると思われる.

3.5.4 病原微生物の生残

腸管系病原微生物が一般的に低温においてより長く生存することは知られている.ある温度におけ

る病原微生物の生残率を表-3.10に示す．表中のデータについては，多くの例外が文献によって報告されており，不完全であることから，大まかな目安としてだけ使用すべきである．

表-3.10 淡水における腸管系病原微生物と指標細菌の生残[a]

微生物	生存濃度の90%減少に必要な時間
大腸菌群	0.83～4.8 d(10～20℃)(平均2.5 d)
大腸菌	3.7 d(15℃)
サルモネラ菌	0.83～8.3 d(10～20℃)
エルシニア菌	7 d(5～8.5℃)
ジアルジア	14～143 d(2～5℃)
	3.4～7.7 d(12～20℃)
腸管系ウイルス	1.7～5.8 d(4～30℃)

[a] Feachem *et al.* (1983), Korhonen and Martikainen (1991), Kutz and Gerba(1988), McFeters and Terzieva(1991)より引用．

3.6　生下水および下水処理水中の化学成分

下水中の化学成分は，一般には無機化合物と有機化合物に分類される．重要な無機化学成分には，溶解性成分，栄養塩類，非金属成分，金属，気体が含まれる．下水中の重要な有機成分は，集合的成分と単一成分に分類される．集合的有機成分は，かなりの数の別々に区別できない単一成分で構成されている．集合的および単一の有機成分は，下水処理および下水の再利用において，大きな重要性を持っている．

3.6.1　生下水中の化学成分

下水の化学的な性状を理解するため，下水中に見出される化学成分の発生源を知ることが重要である．生下水には，既知および未知の無機成分および有機成分が含まれる．これらの有機成分は，(1) 水源中に天然に存在するもの，(2)水道として供給される浄水中に存在するもの，(3)上下水道整備地域における家庭，商業，工業，その他の人間活動によって追加されるもの，(4)合流式下水道の雨水や下水管への浸入水から加えられるもの，(5)非生物学的または生物学的反応の結果，下水管渠において生成するもの，(6)臭気や腐食制御のために下水管渠において下水に加えられるもの，がある．下水の化学成分のそれぞれの発生源について，以下に簡単に論じる．

天然水中の化学成分

天然水は，無機成分と有機成分の両方を含んでいる．天然水中の無機成分は，その水に接していた岩石や鉱物に由来する．天然の蒸発過程では，表流水の水分が除去され，水中には無機物質が残されるため，無機成分の濃度は増加する．たいていの天然水中の主要な無機陽イオン成分は，カルシウムイオン(Ca^{2+})，マグネシウムイオン(Mg^{2+})，カリウムイオン(K^+)，ナトリウムイオン(Na^+)である．これらの陽イオンに対応する主要な陰イオンは，炭酸水素イオン(HCO_3^-)，硫酸イオン(SO_4^{2-})，塩化物イオン(Cl^-)である．天然水中の微量無機成分の濃度は，幅広い範囲に及び，その地域における地質学的特徴や流域における人間活動，農業活動によって決まる．

無機成分に加え，たいていの天然水，特に表流水は，様々な天然有機化合物(natural organic matter; NOM)，その物質の分解生成物，および様々な系統の微生物をも含む．地下水は，通常，測定できるほどの濃度の有機物を含まない．しかし，泥炭地や地下の有機物に接していた，または，表

流水の影響を受けた地下水の中には，同定されていないような様々な有機化合物を含むものもある．天然水中の有機物の濃度は，水源によって大きく異なる(例えば，貯水池なのか，帯水層なのかで)．

一般的には，NOMは，植物，藻類，微生物やその代謝産物，および高分子脂肪族化合物や芳香族炭化水素化合物で構成されている．これらの有機物の中には，味覚や臭気等に不快感を引き起こす臭気原因代謝産物のような厄介者もあるが，一般的には，これらの有機物は良性である．高分子の脂肪族化合物および芳香族炭化水素化合物のうち，幾つかについては，健康に悪影響を及ぼす可能性がある．さらに，フミン物質は，塩素消毒工程におけるトリハロメタン類や他の有機ハロゲン酸化副生成物の前駆物質となる可能性がある．

水道水中の化学成分

水質が清浄な1, 2箇所の大きな水源を除き，ほとんどの水道供給では，U.S. EPA Drinking Water Standardsで規定されている規則の要求を満足するため，特定の無機成分および有機成分を除去する浄水処理が行われている．飲料水中で検出される残留無機化学物質については，様々な程度の健康影響が懸念される．ヒ素，鉛，カドミウム等の幾つかの物質は，発癌性物質として知られ，または発癌性が疑われている．幾つの無機化学物質は，低用量ではヒトの栄養素として必須であるが，高用量では健康に悪影響を示す．これらには，アルミニウム，クロム，銅，マンガン，モリブデン，ニッケル，セレン，亜鉛，ナトリウムが含まれる．鉛，銅，亜鉛，アスベストのような追加の成分が配管材料との接触により浄化処理後の飲料水中に溶出する．

浄水中の集合的残留有機化合物は，一般的には，ほとんど重要ではない．他のアクリルアミド，エピクロロヒドリン，凝集剤の構成成分(ポリアクリルアミド)のような有機成分は，浄水処理過程で溶出し，浄水中に存在している可能性がある．さらに，多環芳香族炭化水素化合物(polynuclear aromatic hydrocarbons；PAHs)，エピクロロヒドリン，溶剤のような，配水管の表面コーティング剤，下地材，接合用接着剤中の有害な化合物が浄水中に溶出していることが発見されている．消毒副生成物(disinfection byproducts；DBPs)は，以下に述べるように，蛇口に到達する前に配水システムにおいて生成される可能性がある．

3.6.2 家庭，商営業，工業での水使用により追加される化学成分

公共の水道が家庭用，商業用，工業用の目的に使用されると，多様な既知または未知の成分が水に加えられ，最終的に下水となる．水利用の結果生じる下水の無機物含有量の増加に関するデータ，下水道における無機物増加の変動は，下水の再利用可能性を評価するうえで特に重要である．家庭における使用の結果として家庭排水中で見込まれる無機物含有量の増加に関する代表的なデータを表-3.11に示す．下水中の無機物含有量の増加は，一部は，高濃度に無機物を含有した個人井戸や地下水の浸入，工業での使用によってももたらされる．家庭用および工業用の軟水剤も，無機物

表-3.11 家庭での水利用による典型的な無機物増加[a]

成分	増加範囲(mg/L)[b, c]
陰イオン	
炭酸水素イオン(HCO_3)	50 ～100
炭酸イオン(CO_3)	0 ～ 10
塩化物イオン(Cl)	20 ～ 50
硫酸イオン(SO_4)	15 ～ 30
陽イオン	
カルシウムイオン(Ca)	6 ～ 16
マグネシウムイオン(Mg)	4 ～ 10
カリウムイオン(K)	7 ～ 15
ナトリウムイオン(Na)	40 ～ 70[d]
その他の成分	
アルミニウム(Al)	0.1～ 0.2
ホウ素(B)	0.1～ 0.2
フッ素(F)	0.2～ 0.4
マンガン(Mn)	0.2～ 0.4
二酸化ケイ素(SiO_2)	2 ～ 10
アルカリ度($CaCO_3$換算)	60 ～120
溶解性物質	150 ～380

[a] Fchobanogious *et al.* (2003)より引用．
[b] 中位の下水濃度に対応する下水量 460 L/人·d(120 gal/人·d)に基づく計算結果．
[c] 商業・工業排水による追加を含まない値．
[d] 家庭用軟水剤による追加を除外．

含有量の増加に顕著に寄与する．そして，ある地域では，主要な排出源となる可能性がある．時には，個人井戸と地下水浸入により加えられた水がその高い品質のために，下水中の無機物濃度を希釈することに役立つこともある．軟水剤により下水に加えられた塩分の量は，次式を使って見積もることができる．

$$\text{混合された排水中の塩分}(kg/m^3) = \frac{(\text{水軟化剤を使用する家庭の割合}) \times [\text{年間に水軟化剤として加えられる塩分の量}(kg/yr)]}{(365 \ d/yr) \times [\text{各家庭での日平均水使用量}(m^3/d)]} \quad (3.2)$$

有機化合物は，通常，炭素，水素，酸素の，さらにある場合には窒素と硫黄の組合せで構成されている．下水中の有機物は，一般的にはタンパク質(40〜60%)，炭水化物(25〜50%)，油脂(8〜12%)から構成されている．尿の主要成分である尿素は，新鮮な下水中に見出されるもう一つの主要な有機化合物である．尿素は，急速に分解するため，新鮮な下水中以外に発見されることは滅多にない．タンパク質，炭水化物，油脂，尿素とともに，下水は，様々な量の多種の合成有機化合物(synthetic organic chemicals；SOCs)を含んでおり，その構造は，単純なものからきわめて複雑なものにまでわたっている．多くの個別の化学物質が知られている一方，これら化合物の大多数は未知であり，そして通常は，集合的成分として報告されている．

興味深いことに，1940年頃以前には，米国の下水の大部分は，家庭排水を排出源とするものであった．1940年以降，米国における工業発展が著しくなるにつれ，商業排水および工業排水の量が増大し，これが下水道に放流され続けている．商業・工業活動によって生み出されたSOCsは，増加し，毎年約10 000にも及ぶ新たな有機化学物質が開発されている．これらの化学物質の多くは，現在，たいていの生活排水中で発見されている．新たな化学物質の追加により，下水の性状を完全に把握することは困難となっている．

合流式下水管渠における雨水や浸入水により加えられる化学成分

水使用を通じて追加される成分に加えて，通常は，未知の他の無機成分および有機成分がしばしば雨水流入や浸入水により下水に加えられる．さらに，合流式下水道は，国の多くの部分で使用されている．雨水中の重要な成分には，路面排水由来の油脂，タール，金属，殺虫剤と除草剤，肥料，動物の糞尿，腐敗したフミン物質が含まれる．

浸入水は，特に年数を経て耐水性の乏しくなった下水管渠において現在進行中の問題である．沿岸地域においてきわめて問題となる成分は，主に海水や汽水として浸入する塩分である．溶解性フミン物質も問題となる成分であり，処理が困難で，消毒工程を妨害する可能性がある．

非生物・生物反応の結果として下水管渠で生成される化学成分

流下時間が6時間以上と長い下水管渠では，下水処理場への流下過程で，多くの非生物・生物反応が生じる．無酸素条件下での硫化水素の生成は，下水管渠内で生じる生物反応としてよく知られている．しかしながら，下水が流下する際に無酸素および嫌気条件下で生じる反応の大部分については，正確なことはほとんどわかっていない．

臭気や腐食制御のために下水管渠内の下水に加えられる化学成分

長時間の流下時間を有する下水管渠では，臭気の発生抑制と腐食の緩和のために，化学物質が加えられる場合がある．ある場合には，硫化水素を生成する無酸素および嫌気反応を抑制するために，純酸素が加えられることがある．

生下水の化学成分

下水処理場への流入水には，これまでに述べてきた成分が混合して含まれており，その濃度は，季節ごと，月ごと，日ごとに様々に変化する．下水管渠内で見られる家庭生下水中の成分に関する典型的なデータを表-3.12に示す．表-3.12で中程度の濃度の下水として示されているデータは，平均流量460 L/人・d (120 gal/人・d)に基づいており，また，商業排水，工業排水によって追加される成分を含んでいる．様々な浸透水量が影響した薄い下水と濃い下水の典型的な濃度も表中に示している．ただし，「典型的」な下水というものはないため，表-3.12で示されたデータは，単なる参考としてのみ使用すべきである．

集合的成分として，生物化学的酸素要求量(biochemical oxygen demand；BOD)，化学的酸素要求量(chemical oxygen demand；COD)，全有機炭素(total organic carbon；TOC)は，下水中の有機物全体を特徴づけるために使用される(表-3.12参照)．これらのカテゴリーの中に，未知の数多くの微量合成有機化合物(SOCs)は含まれる．揮発性有機化合物(volatile organic chemicals；VOCs)は，これらの化合物の中の一部を特徴づけるために使われるカテゴリーである．SOCsは，現在では，これらの化合物に対する化学的な記述というよりは，むしろ規制用語としてよく使用されることに注意

表-3.12 家庭生下水の典型的な組成[a]

汚染物質	濃度 範囲	代表値[b]
TS (mg/L)	390 〜 1 230	720
TDS (mg/L)	270 〜 860	500
強熱残留物 (mg/L)	160 〜 520	300
強熱減量 (mg/L)	110 〜 340	200
TSS (mg/L)	120 〜 400	210
非揮発性浮遊物質 (mg/L)	25 〜 85	50
揮発性浮遊物質 (mg/L)	95 〜 315	160
沈殿性物質 (mg/L)	5 〜 20	10
BOD (5d) (20℃) (mg/L)	110 〜 350	190
TOC (mg/L)	80 〜 260	140
COD (mg/L)	250 〜 800	430
全窒素 (mg/L)	20 〜 70	40
有機性窒素 (mg/L)	8 〜 25	15
アンモニア性窒素 (mg/L)	12 〜 45	25
亜硝酸性窒素 (mg/L)	0 〜微量	0
硝酸性窒素 (mg/L)	0 〜微量	0
全リン (mg/L)	4 〜 12	7
有機性リン (mg/L)	1 〜 4	2
無機性リン (mg/L)	3 〜 10	5
塩化物イオン[c] (mg/L)	30 〜 90	50
硫酸イオン[c] (mg/L)	20 〜 50	30
油脂 (mg/L)	50 〜 100	90
VOCs (μg/L)	<100 〜 >400	100 〜 400
大腸菌群 (個/100 mL)	10^6 〜 10^9	10^7 〜 10^6
糞便性大腸菌群 (個/100 mL)	10^3 〜 10^7	10^4 〜 10^5
クリプトスポリジウム オーシスト (個/100 mL)	10^{-1} 〜 10^2	10^{-1} 〜 10^1
ジアルジア・ランブリア シスト (個/100 mL)	10^{-1} 〜 10^3	10^{-1} 〜 10^2

[a] Tchobanoglous *et al.* (2003)より引用．
[b] 典型的な下水の組成は，約460 L/人・d (120gal/人・d)の流量に基づく．
[c] 水道水中に存在する成分の量によって増加する．

しなくてはいけない．

BOD, COD, TOC, TDS, TSS のような集合的指標は，どのような化合物が構成しているのかわかっていないことから，下水処理水を間接的飲用に再利用することに対しては，ある程度の懸念がある．しかし，高度処理法や新たな改良された分析方法は，これらの懸念を和らげる助けとなってきている．

3.6.3 下水処理水中の化学成分

再生水のための必要とされる水質は，それぞれの再利用用途によって異なる．以下においては，前述した様々な処理の後に下水処理水中に残存する成分について焦点を当てて検討する（表-3.8 参照）．

下水処理水中の化学成分に関する情報は，再生水の利用に関する潜在的な健康リスクを評価するうえにおいて重要である．

一次処理後に残留する化学成分

既述のとおり，一次処理は，下水中の浮上性および沈殿性物質を除去するために用いられる．沈殿性物質の除去の結果，BOD, TSS, TOC, TSS に関連する金属がある程度減少する．一次処理による除去実績，残留成分のデータを表-3.13 に示す．表-3.13 のデータは，従来の沈殿施設の代わりに細目スクリーンを採用し，活性汚泥法や散水ろ床法等の標準的二次処理の代わりにホテイアオイを採用した 3 800 m³/d の規模の水再生施設で収集されたものである（図-3.10 参照）．

二次処理後に残留する化学成分

有機物および TSS の大部分を除去するため，二次処理では，生物学的・化学的プロセスが用いられる．二次処理による除去実績，残留成分のデータを表-3.13, 3.14 に示す．表-3.13 におけるデータは，既述の水再生施設でのものである．様々なプロセス組合せの二次処理後に，処理水中に残留する成分の一般的な情報を表-3.14 に示す．

三次処理後に残留する化学成分

主に，二次処理の沈殿後に残留する TSS の除去のために三次処理が適用され，一般にはろ布やろ材が用いられる．三次処理による除去実績，残留成分のデータを表-3.13, 3.14 に示す．表-3.13 におけるデータは，既述の水再生施設でのものである．三次処理後に残留する成分の般的な情報を表-3.14 に示す．

高度処理後に残留する化学成分

既述のように，高度処理は，残留浮遊物質や，標準的な二次処理によって大きくは削減されない他の成分を除去するために用いられる．高度処理による除去実績，残留成分のデータを表-3.13, 3.14 に示す．表-3.13 におけるデータは，既述の水再生施設でのものである．高度処理後に残留する成分の一般的な情報を表-3.14 に示す．

高度処理プロセスによる微量汚染物質の除去能力は，よく確立されている（10 章参照）．飲用再利用に関するこれまでの基礎研究および実証研究により，高度処理は，U.S. EPA の一次および二次飲料水質基準を十分満足する水を製造することができることが示されている．San Diego の Aqua Ⅲ パイロットプラント，Tampa の Hookers Point 高度処理パイロットプラントおよび Denver の Potable Reuse Demonstration Project で製造された水質と，U.S. EPA の飲料水質基準との比較を表-3.15 に示す．

表-3.13 水再生施設における下水中化学成分の除去[a]（単位は，濁度以外はすべて mg/L）

	生下水濃度	一次処理水		二次処理水		三次処理水		高度処理水		全体
		濃度	除去率(%)	濃度	除去率(%)	濃度	除去率(%)	濃度	除去率(%)	除去率(%)
標準項目[b]										
炭素性 BOD	185	149	19	13	74	4.3	5	NA	98	
浮遊物質	219	131	40	9.8	55	1.3	4	NA	99+	
TOC	91	72	21	14	64	7.1	8	0.6	7	99+
蒸発残留物	1452	1322	9	1183	10	1090	6	43	72	97
濁度(NTU)	100	88	12	14	74	0.5	14	0.27	0	99+
アンモニア性窒素	22	21	5	9.5	52	9.3	1	0.8	39	96
硝酸性窒素	0.1	0.1	0	1.4	0	1.7	0	0.7	0	0
ケルダール窒素	31.5	30.6	3	13.9	53	14.2	0	0.9	41	97
リン酸イオン性リン	6.1	6.1	16	3.4	28	0.1	54	0.1	0	98
標準項目以外										
ヒ素	0.0032	0.0031	3	0.0025	19	0.0015	30	0.0003	40	92
ホウ素	0.35	0.38	0	0.42	0	0.31	13	0.29	3	17
カドミウム	0.0006	0.0005	17	0.0012	0	0.0001	67	0.0001	0	83
カルシウム	74.4	72.2	3	66.7	7	70.1	0	1.0	88	99
塩化物イオン	240	232	3	238	0	384	0	15	90	94
クロム	0.003	0.004	0	0.002	32	0.001	24	0.001	28	83
銅	0.063	0.070	0	0.043	33	0.009	52	0.011	0	83
鉄	0.60	0.53	11	0.18	59	0.05	22	0.04	2	94
鉛	0.008	0.008	0	0.008	0	0.001	93	0.001	0	91
マグネシウム	38.5	38.1	1	39.3	0	6.4	82	1.5	13	96
マンガン	0.065	0.062	4	0.039	37	0.002	57	0.002	0	97
水銀	0.0003	0.0002	33	0.0001	33	0.0001	0	0.0001	0	67
ニッケル	0.007	0.010	0	0.004	33	0.004	11	0.001	45	89
セレン	0.003	0.003	0	0.002	16	0.002	0	0.001	64	80
銀	0.002	0.003	0	0.001	75	0.001	0	0.001	0	75
ナトリウム	198	192	3	198	0	211	0	11.9	91	94
硫酸イオン	312	283	9	309	0	368	0	0.1	91	99+
亜鉛	0.081	0.076	6	0.024	64	0.002	27	0.002	0	97

[a] Western Consortium for Public Health(1992)より引用．一次処理は，ドラムスクリーンとディスクスクリーンから構成され，二次処理は，ホテイアオイを用い，三次処理は，石灰凝集と深層ろ過，そして高度処理は，逆浸透，エアストリッピング，活性炭吸着から構成される．

[b] 生下水および一次処理水の結果は，CBOD(炭素性 BOD)ではなく，BOD である．

微量化学成分の除去

　微量化学成分の除去は，標準法でも高度処理法でも起こるが，個別の成分が除去される程度は，明確にはなっていない．一連の二次処理，精密ろ過，逆浸透について，最近問題となってきた成分の除去実績データを表-3.16に示す．表-3.16に示されたデータを見ると，最近問題となってきた微量化学成分の処理実績は，きわめて幅広く，定まってはいない．

処理後に残留する化学成分の影響

　様々な処理プロセス後に残留する成分の影響は，公衆衛生と環境を長期間にわたり保護する観点から大変重要である．表-3.16に示された新興の汚染成分を $10^{-9} \sim 10^{-12}$ g/L の範囲で測定できるようになってきたのは，ここ数年のことである．これらの健康および環境への影響は，現在，ほとんどわかっていない．

表-3.14 二次処理後の処理水質の典型的な範囲

	生下水 a	処理後の処理水質の範囲					
		標準活性汚泥法[b]	標準活性汚泥法と急速ろ過法[b]	生物学的栄養塩除去活性汚泥法[c]	生物学的栄養塩除去活性汚泥法と急速ろ法[c]	膜分離活性汚泥法	活性汚泥法と精密ろ過および逆浸透
TSS(mg/L)	120 ~ 400	5 ~ 25	2 ~ 8	5 ~ 20	1 ~ 4	≤2	≤1
コロイド状物質(mg/L)		5 ~ 25	5 ~ 20	5 ~ 10	1 ~ 5	≤1	≤1
BOD(mg/L)	110 ~ 350	5 ~ 25	<5 ~ 20	5 ~ 15	1 ~ 5	<1 ~ 5	≤1
COD(mg/L)	250 ~ 800	40 ~ 80	30 ~ 70	20 ~ 40	20 ~ 30	<10 ~ 30	≤2 ~10
TOC(mg/L)	80 ~ 260	10 ~ 40	8 ~ 30	8 ~ 20	1 ~ 5	0.5 ~ 5	0.1 ~ 1
アンモニア性窒素(mg-N/L)	12 ~ 45	1 ~ 10	1 ~ 6	1 ~ 3	1 ~ 2	<1 ~ 5	≤0.1
硝酸性窒素(mg-N/L)	0 ~微量	10 ~ 30	10 ~ 30	2 ~ 8	1 ~ 5	<10[d]	≤1
亜硝酸性窒素(mg-N/L)	0 ~微量	0 ~微量	0 ~微量	0 ~微量	0 ~微量	0 ~微量	0 ~微量
全窒素(mg-N/L)	20 ~ 70	15 ~ 35	15 ~ 35	3 ~ 8	2 ~ 5	<10[d]	≤1
全リン(mg-P/L)	4 ~ 12	4 ~ 10	4 ~ 8	1 ~ 2	≤2	<0.3[e]~ 5	≤0.5
濁度(NTU)		2 ~ 15	0.5~ 4	2 ~ 8	0.3~ 2	≤1	0.01~ 1
VOCs(μg/L)	<100 ~>400	10 ~ 40	10 ~ 40	10 ~ 20	10 ~ 20	10 ~ 20	≤1
金属類(mg/L)	1.5~ 2.5	1 ~ 1.5	1 ~ 1.4	1 ~ 1.5	1 ~ 1.5	微量	≤?
界面活性剤(mg/L)	4 ~ 10	0.5~ 2	0.5~ 1.5	0.1~ 1	0.1~ 1	0.1~ 0.5	≤1?
TDS(mg/L)	270 ~ 860	500 ~700	500 ~700	500 ~700	500 ~700	500 ~700	≤5 ~40
微量成分(μg/L)	10 ~ 50	5 ~ 40	5 ~ 30	5 ~ 30	5 ~ 30	0.5 ~ 20	≤0.1
大腸菌群(個/100 mL)	10^6 ~ 10^9	10^4 ~ 10^6	10^3 ~ 10^5	10^4 ~ 10^5	10^4 ~ 10^5	<100	~ 0
原虫のシスト, オーシスト(個/100 mL)	10^1 ~ 10^4	10^1 ~ 10^2	0 ~ 10	0 ~ 10	0 ~ 1	0 ~ 1	~ 0
ウイルス(PFU/100 mL)[f]	10^1 ~ 10^4	10^1 ~ 10^3	10^1 ~ 10^3	10^1 ~ 10^3	10^1 ~ 10^3	10^0 ~ 10^3	~ 0

a 表-3.12 より引用.
b 標準活性汚泥法は,硝化促進型活性汚泥法を指す.
c 生物学的栄養塩除去法は,生物学的窒素およびリン除去法を指す.
d 無酸素工程を有する..
e 凝集剤添加.
f プラーク形成単位.

3.6.4 消毒副生成物の生成

下水処理水の消毒のために使用される塩素処理のような化学的酸化プロセスは,消毒副生成物(DBPs)を生成する.たいていのDBPsは,水中有機物の酸化によって生成した溶解性有機塩素化合物である(Bellar *et al.*, 1974; Rook, 1974; Cooper *et al.*, 1983; Bauman and Stenstrom, 1990; Rebhun *et al.*, 1997).DBPsは,一般的には,トリハロメタン類(trihalomethanes),ハロアセトニトリル類(haloacetonitriles),ハロケトン類(haloketones),ハロ酢酸類(haloacetic acids),クロロフェノール類(chlorophenols),アルデヒド類(aldehydes),トリクロロニトロメタン(trichloronitromethane),抱水クロラール(chloral hydrate),塩化シアン(cyanogens chloride)にグループ分けされる.これらのうち,トリハロメタンとハロ酢酸が最も一般的であり,その他のあまり検出されないDBPsと比べ,高い濃度でよく存在している(Krasner *et al.*, 1989).下水や再生水中に見られる他のDBPsとしては,*N*-ニトロソジメチルアミン(*N*-nitrosodimethylamine;NDMA)があり,発癌性を有する物質である.再生水中のNDMAの実態は,3.7でさらに論じる.

塩素消毒は,最も一般的な下水の消毒方法である(11章参照).塩素消毒によるDBP生成の程度は,pH,温度,反応時間,遊離塩素および結合塩素の濃度,アンモニア濃度,DBP前駆物質濃度および前駆物質の種類に依存する(Stevens *et al.*, 1989; Recknow *et al.*, 1990; Rebhun *et al.*, 1997).芳香性が高く,フェノール,2,4-ペンタネジオン,有機性窒素,メタジヒドロキシベンゼン,様々なアセチル

第3章　下水の特性と健康・環境問題の関係

表-3.15　U.S. EPA Drinking Water Standards と3箇所の再生水の水質パラメータの比較[a]

成分[b]	U.S. EPA 飲料水基準	再生水[c]		
		San Diego	Tampa	Denver
物質				
TOC(mg/L)	—	0.27	1.88	0.2
TDS(mg/L)	500	42	461	18
濁度(NTU)	—	0.27	0.05	0.06
栄養塩類				
アンモニア性窒素(mg-N/L)	—	0.8	0.03	5
硝酸性窒素(mg-N/L)	—	0.6	0	0.1
リン酸イオン性リン(mg-P/L)	—	0.1	0	0.02
硫酸イオン(mg/L)	250	0.1	0	1
塩化物イオン(mg/L)	250	15	0	19
ケルダール窒素(mg/L)	—	0.9	0.34	5
金属類				
ヒ素(m/L)	0.05	<0.0005	0[d]	ND[e]
カドミウム(mg/L)	0.005	<0.0002	0[d]	ND
クロム(mg/L)	0.1	<0.001	0[d]	ND
銅(mg/L)	1.0	0.011	0[d]	0.009
鉛(mg/L)	[f]	0.007	0[d]	ND
マンガン(mg/L)	0.05	0.008	0[d]	ND
水銀(mg/L)	0.002	<0.0002	0[d]	ND
ニッケル(mg/L)	0.1	0.0007	0.005	ND
セレン(mg/L)	0.05	<0.001	0[d]	ND
銀(mg/L)	0.05	<0.001	0[d]	ND
亜鉛(mg/L)	5.0	0.0023	0.008	0.006
ホウ素(mg/L)	—	0.29	0	0.2
カルシウム(mg/L)	—	<2.0	—	1.0
鉄(mg/L)	0.3[g]	0.37	0.028	0.02
マグネシウム(mg/L)	—	<3.0	0	0.1
ナトリウム(mg/L)	—	11.9	126	4.8

[a] CH2M Hill(1993), Lauer *et al.* (1991), Western Consortium for Public Health(1992)より引用.
[b] NTU：ホルマジン濁度単位(nephelometric turbidity units).
[c] San Diego の物質および栄養塩濃度値は，算術平均.
非検出の結果は，検出下限値と一致する値で存在すると仮定．金属濃度値は，プロビット法による幾何平均．Tampa 値は，検出値の算術平均．Denver の値は，検出値の幾何平均．
[d] 7試料で非検出．
[e] 50%以上の試料で非検出．
[f] 鉛は，処理基準により規制されている．
[g] 鉄の非腐食性限界．

表-3.16　注目されている新興汚染成分の除去率範囲の報告値

成分[a]	除去率の範囲(%)		
	二次処理	精密ろ過	逆浸透
N-ニトロソジメチルアミン((NDMA)	50〜75	50〜75	50〜75
17β-エストラジオール			50〜100
アルキルフェノールエトキシレート(APEOs)	40〜80	40〜80	40〜80

[a] 流入下水中の3成分の濃度は，かなり変化することが観察されている．

部分等の塩素反応部位を含む有機物がDBPsの前駆物質であると考えられている(Stevens et al., 1989). 下水処理水中の有機物は，多くの天然有機物と比べて芳香性が低い傾向にあるが，溶解性有機炭素(dissolved organic carbon；DOC)濃度が高いため，塩素消毒されたほとんどの下水処理水においてDBP生成が見られる.

主に塩素処理された水の直接摂取によりDBPsの害がもたらされる(Canter et al., 1998; Hildesheim et al., 1998; Whller et al., 1998). 農業灌漑においては，食物連鎖および／または地下水の汚染を通じて，消費者は，DBPsに曝露される可能性がある. しかしながら，DBPsは，周囲の環境へ揮発しやすく，化学・生物反応により分解しやすい. 塩素処理された再生水は，通常，灌漑利用される前に貯留されるが，塩素消毒によって生成されたDBPsは，概して貯留の間に分解する. 農地への適用後も，この分解プロセスは，土壌内で継続する. DBPsは，土壌に蓄積することがないと予想されるため，農業灌漑においてはほとんど重要ではない. 地下不飽和層における水の滞留時間とDBPsの分解を考慮すると，灌漑農地の地下水に対してDBPsが重大な脅威を及ぼす可能性も低い(Thomas et al., 2000; Chang, 2002). 再生水においてDBPs生成が問題となるのは，再生水の間接的飲用再利用および直接的飲用再利用が関係する場合である.

3.6.5 下水処理水と天然水の比較

天然水，つまり環境と長期間接触していた水は，土壌の表面鉱物，水中・陸上の微生物，人工化合物に関連した化学・生物学的特徴を有している. 環境中での滞留時間が長いため，物理・化学・生物学的反応によって媒介される生物的，非生物的変換が多数生じる. 最終的には，これらの反応により，自然界で合成された有機化合物と生物起源有機物の分解産物が幅広く蓄積する. 既述のとおり，天然水中に見出されるこれらの有機化合物は，集合的にNOMと命名されている. そのため，表流水から取水された飲料水は，NOMと人工化学物質の基底濃度を含む.

下水処理プロセスで見られる生物は，主に自然の水生生態系や排泄物中で見られる生物由来である. 下水の生物処理プロセスで起こっている微生物代謝反応は，自然界でも生じているものである. しかしながら，反応は自然界で起こっているものと同様ではあるが，この工学システムにおいては，処理水質が排水基準に適合するように，プロセス最適化を通じて反応速度が向上するように設計されている. 向上した反応速度は，短時間での生物学的下水処理を可能にしたが，同時に，再生水中の成分にも影響を与える. 下水中に見られる易分解性有機成分は，微生物によって容易に同化される一方，より処理が難しい成分の多くは，分解されないか，一部のみが分解される. その結果として，下水処理水は，標準的生物処理による化学・生物学的な特徴に加えて，天然化学物質の特徴を有している. 水の再生・再利用のため，追加的な処理プロセスとして，粒状ろ材によるろ過，膜ろ過，逆浸透，標準的な(低レベル)酸化，促進(高レベル)酸化，もしくは，紫外線照射が用いられる. それぞれのプロセスや操作により，再生水中の残留成分は特徴的な影響を受ける. しかしながら，逆浸透や促進酸化，程度の高い高度処理プロセスを例外として，生物処理により加えられたものを含む天然化学物質の特徴は，ほとんど変化しない.

環境への放流の後に，自然のプロセスやシステムが化合物を同化し，再生水は，再度，環境の化学的特徴を帯びるようになる. 下水処理の程度と環境の要因によって，同化の速度と程度が制御される. 人工の成分は，反応速度が小さい小川の流れのように，環境中での滞留時間が短いシステムにおいて検出される(Barber et al., 1996; Kolpin et al., 2004; Linetal et al., 2006). Mississippi川において，下水や工場排水による有機物汚染の起源を特定するため，表-3.17に示すような有機化合物が使用されている. 残留成分をより急速に同化する自然システムとして，浅い開水システム，湿地，不飽和層浸透が例としてあげられる. 一方，高度処理プロセスからの再生水は，放流先に比べてかなり高度な水質である可能性があり，そのような場合には，再生水質の方が劣化することとなる.

表-3.17 Mississippi川の下水による汚染を評価するために測定された有機化合物，1987～1992[a]

汚染物質	略語	化合物および発生源
溶解性有機炭素	DOC	すべての天然および人合成有機化合物．地域規模の天然の発生源．
糞便性大腸菌群	(—)	人畜の糞便，下水処理水，畜産および農業排水起源の細菌．
メチレンブルー活性物質	MBAS	合成および天然の陰イオン性界面活性剤の合計値で，主に都市下水の放流に由来する．
直鎖アルキルベンゼンスルホン酸塩	LAS	石鹸や洗剤で使用されている特定の陰イオン性界面活性剤化合物の混合物．主な発生源は，家庭下水放流水．
非イオン界面活性剤	NP, PEG	ノニルフェノール(NP)やポリエチレングリコール(PEG)残留物等の非イオン界面活性剤を起源とする化合物の混合物．下水や工場起源．
吸着性有機ハロゲン物質	AOX	溶解性有機炭素や合成有機化学物質(SOCs)の塩素消毒による副生成物．溶媒，殺虫剤等の吸着性のハロゲン含有有機化合物．多様な天然および人工の発生源．
糞便性ステロール	(—)	人畜の糞便中に主に見出される天然の生化学化合物．主な発生源は，生活下水および畜産排水である．
多環芳香族炭化水素	PAH	その多くが規制対象汚染物質である化合物の混合物．燃料燃焼に関係する多くの発生源．
カフェイン	(—)	特に人が消費する飲料，食料，薬品の特定の構成要素．最も主要な発生源は，家庭下水放流水．
エチレンジアミン四酢酸	EDTA	金属のキレート剤として幅広く使用されている化学物質．家庭，工場および燃料等の幅広い発生源．
揮発性有機化合物	VOCs	様々な有機塩素系溶媒や芳香族炭化水素．主に工業と燃料が発生源．
半揮発性有機化合物	TTT, THAP	トリメチルトリアジントリオン(TTT)やトリハロアルキルリン酸(THAP)のような規制対象汚染物質や化学物質を含む幅広い化合物．主に工場が発生源．

[a] U.S. Geological Survey (1996) より引用．

3.6.6 代替指標の利用

再生水は，自然または人起源に由来する何百もの化合物を含むため，これら化学物質の一部だけを定量するためにでも，精密な分析手法が求められる．費用の掛かる採水や長時間の実験室作業に関する制約を克服するため，処理水や再生水の化学構成や，環境における同化可能性を評価するための幾つかの代替指標が開発されてきた．水の集合的有機微量成分に関する主要な代替指標としては，濃度に応じて，同化性有機炭素(assimilable organic carbon；AOC)，生物分解性溶解性有機炭素(biodegradable dissolved organic carbon；BDOC)，全有機炭素(TOC)，CODがある．しかしながら，これらの集合的有機物指標は，それを構成する個々の化合物に関する情報が提示できないことが問題である．AOC，BDOC，TOCあるいはCODが測定された場合には，再生水中には未知の有機化合物群が存在していることを示している．

再生水中の未知の化学物質に関する不確実さのため，特に間接的飲用再利用および直接的飲用再利用の状況下においては，一つもしくはそれ以上の代替指標が適用できれば有用である(23, 24章参照)．5章で吟味するように，健康や環境へのリスク評価の実績が少ないこともあり，人や環境の再生水曝露に対する安全性や適合性を評価する代替指標は，現在のところ残念ながら存在しない．環境システムは，きわめて複雑である．例えば，下水処理水中の幾つかの微量成分は，受水域における魚類の異常を引き起こすことが知られていたり，疑われたりしている．化学物質がヒトの健康に対して

与える影響を水環境として早期に警告する試験において，魚類は，優秀なモデルであると，ますます認識されるようになってきている(Klime, 1998)．異常が観測された場合，天然由来の化合物や水温のような他の要因によって引き起こされることもあることから，異なる化学物質や混合物の影響を評価するための手法が開発されなければならない．カフェインや他の薬を含む，おびただしい数の代替指標が評価されてきたが，多くの課題を解決するためには，より一層の研究が必要である(NRC, 1998)．

3.7 水中および下水中の新興汚染物質

「新興汚染物質(emerging contaminants)」という用語は，ごく最近になって水中に確認され，規制が検討されている化学物質や微生物に対して使われる．医薬品類や内分泌撹乱化学物質等の新興汚染物質や，新興・再興病原微生物による環境への潜在的な影響について，本節で論じる．これらの成分は，下水には固有のものである(Rebhun *et al.*, 1997; Hale *et al.*, 2000; Hufhan *et al.*, 2003)が，再生水中の実態についての知見は限られている．再生水が土地に適用または水環境へ放流される時，これらの化学成分や病原体は，注意されることなく放出され，環境に対する悪影響を及ぼす可能性がある(Bouwer *et al.*, 1998)．これらの化学物質や病原体の不飽和土壌や地下水中での挙動や輸送，そして，この非意図的な移動がヒトに与えるリスクについては，実質的にはよくわかっていない．

3.7.1 内分泌撹乱化学物質と医薬品類

この数十年間，科学者により，ある種の人工または天然の化合物は，動物の内分泌系において，天然ホルモン様に作用したり，作用を阻害したり，亢進したり，抑制したりすることが報告されてきた．これらの物質は，現在，集合的に，内分泌撹乱化学物質(endocrine-disrupting compounds；EDCs)として知られており，人および野生生物に生じている様々な悪影響と関連づけられている．EDCsとして分類される化学物質は，医薬品，パーソナルケア製品，家庭用化学物質，殺虫剤や除草剤，工業用化学物質，消毒副生成物，天然由来ホルモン，金属等の多様なものに由来する．医薬品由来化合物(pharmaceutically active chemicals; PhACs)として分類される化学物質は，抗生物質，抗炎症剤，X線造影剤，抗鬱剤のように医療目的で合成されたものである．避妊薬やステロイドのような医薬品類も，内分泌撹乱化学物質である(NRC, 1999)．

これらの人工および天然の化学物質は，様々な表流水や地下水中で発見されてきており，これらの幾つかは，微量の濃度で生態学的影響があるとされている．内分泌撹乱化学物質や医薬品類の大部分は，これまで問題となってきた汚染物質と比べて，極性物質(親水性)で，幾つかの物質は，酸性またはアルカリ性の官能基を有する．これらの特性のため，微量濃度レベル(すなわち，1 μg/L 未満)であることと相まって，除去プロセスと分析検出の開発には，難しい課題が存在する．水中のEDCsや医薬品類に関する報告には，市民や行政が高い関心を示したが，上水や下水処理の過程におけるこれらの物質の挙動は，ほとんどわかっていない．相当な数の調査により，標準的な浄水場や下水処理場は，EDCsや医薬品類の多くを完全には除去できないことが明らかになっている．

塩素やオゾンによる酸化は，浄水場および下水処理場で採用されている条件下において，反応しやすい官能基を有する化合物を変質させる．活性炭，促進酸化，逆浸透のような高度処理技術は，EDCsや医薬品類等の多くの微量汚染物質の除去に対して有効であると思われる(**10章参照**)．今後の研究として，水中のごく微量なEDCsや医薬品類について，詳細な挙動や移動のデータ，標準化された分析方法，除去動力学，予測モデル，毒性学上の重要性の明確化が必要である(Snyder *et al.*, 2003)．

第3章 下水の特性と健康・環境問題の関係

3.7.2 新たに問題となっている特殊成分

過去10年間，公衆衛生当局，環境エンジニア，科学者は，様々な水汚染物質に実に高い関心を寄せてきた．この状況は，高感度の新しい分析技術と，近代の工業製品，および科学者や技術者の認識向上が組み合わされたことにより新たな汚染物質の出現が導かれたことを示している(Alvarez-Cohen an Sedlak, 2003)．本項では，N-ニトロソジメチルアミン(NDMA)，1,4-ジオキサン(1,4-dioxane)，過塩素酸イオン(perchlorate)，メチル-t-ブチルエーテル(methyl tertiary-butyl ether; MTBE)，他の酸化剤について，簡単に述べる．

N-ニトロソジメチルアミン(NDMA)

NDMAは，きわめて強い発癌性物質であるN-ニトロソアミンの一化合物である．最近まで，NDMAについては，主に，食品，消費財，汚染された空気中の存在に関心が集まってきた．しかしながら，最近の関心は，飲料水中の汚染物質として，塩素消毒による生成や直接の工業汚染由来が中心となっている．下水の塩素消毒によって生成するNDMAは，比較的高濃度であるため，意図的および非意図的に生じる再生水の間接的飲用再利用にとっては，重大な関心事である．紫外線照射は，効果的にNDMAを除去することができるが，より安価な代替処理技術の開発に強い関心が持たれている．これらの代替技術としては，塩素消毒前にNDMA前駆物質を含む有機窒素を除去するものや，太陽光による光分解の利用，オンサイトバイオレメディエーションによるNDMAやその前駆物質を除去する方法があげられる(Mitch *et al.*, 2003; Sedlak and Kavanaugh, 2006)．

標準法もしくは高度処理法の下水処理水には，比較的高い濃度のNDMAが含まれる可能性がある．さらに，NDMAは，しばしば塩素消毒前の生下水中に存在する．例えば，NDMAで汚染されたジメチルジチオカルバミン酸を金属除去のために使用していたプリント基板製造業者の排水中には，105 000 ng/Lと高い濃度のNDMAが含まれていたことが報告されている(Orange County Sanitation District, 2002)．これらの工業排水の流入により，生下水中のNDMA濃度は，約1 500 ng/Lとなった．工業排水の流入により，流入下水および処理水中のNDMA濃度が急上昇することがあるが，二次処理の除去プロセスの結果，塩素消毒前の二次処理水中のNDMA濃度は，通常20 ng/L以下である．二次処理水の塩素消毒により，通常，20～100 ng/Lの間の濃度が生成される．二次処理水の高度処理を行う水再生施設では，精密ろ過膜(MF)の微生物学的ファウリングを防止するために行われる塩素添加の結果，処理水中のNDMA濃度は，およそ30～50 ng/L増加する(Mitch *et al.*, 2003)．

高度処理施設では，通常，精密ろ過-逆浸透および／または紫外線処理が用いられる．この一連の処理は，NDMAおよびNDMA前駆物質の除去に効果的であることが示されている．

1,4-ジオキサン

1,4-ジオキサンは，工業製品や商業製品中に幅広く利用されていること，高い水溶性および難生分解性のため，様々な場所で水中の汚染物質として報告されてきている．1975年頃，Kraybill(1977)は，米国の飲料水中に1,4-ジオキサンを検出したことを報告した．Johns *et al.* (1998)は，Mississippi川下流で，1,4-ジオキサンがしばしば川を汚染していることを明らかにした．日本における環境水の調査では，Abe(1999)は，河川水，海水，地下水の95試料中83試料において，1.9～94.8 ng/Lの濃度の1,4-ジオキサンを検出した．1,4-ジオキサンは，1,1,1-トリクロロエタン(1,1,1-trichloroethane；TCA)で汚染された地下水や，化学工場や下水処理場の処理水に由来すると考えられた．

1,4-ジオキサンは，ヒトに対して恐らく発癌性がある物質として分類されている．1,4-ジオキサンは，有機塩素溶媒(特にTCA)の安定剤として使用され，また，ポリエステルや様々なポリエトキシレート化合物の製造の際に副生成物として生成される．不適切な産業廃棄物の処分や溶媒の流出事故

により，1,4-ジオキサンによる地下水汚染が引き起こされてきた．1,4-ジオキサンは，水と完全混和性であるため，揮発や吸着による減少機構は顕著でない．標準的な下水処理プロセスにおいて1,4-ジオキサンの除去効率が低いため，水環境中に1,4-ジオキサンが検出されるようになってきている．現時点で促進酸化プロセス（advanced oxidation processes; AOPs）だけが確認されている技術である（Adams et al., 1994; Zenker et al., 2004）．しかしながら，AOPsの薬品およびエネルギーコストが相当なものであるため，その利用は普及していない．

紫外線も，ある種のAOPとして，通常，使用されている．1,4-ジオキサンは，紫外線をあまり吸収しないため，直接の光分解によってはさほど分解されない．しかし，紫外線を過酸化水素と組み合わせることにより，1,4-ジオキサンと反応するヒドロキシルラジカルをつくり出すことができる．紫外線は，二酸化チタンとの組み合わせることで，1,4-ジオキサンを分解することも証明されている．Hill et al. (1997)は，300 nmより大きな波長を使用して，1,4-ジオキサンの99％以上の分解を達成した．エチレングリコールギ酸エステルが最も重要な酸化副生成物であった．過酸化水素も第1鉄イオンとの組合せ［フェントン試薬（Fenton's reagent）］により1,4-ジオキサンを分解することができる．1,4-ジオキサンの処理のため，過酸化水素，オゾン，紫外線を組み合わせた幾つかのAOPsが既に販売されている．AOPsに関しては，**10章**でさらに論じる．

過塩素酸イオン

過塩素酸イオン（ClO_4^-）は，高度に酸化された塩素酸イオン（+7）であり，ロケット，ミサイル，爆薬，花火の固体燃料の酸化剤として製造されている（Gullick et al., 2001; Logan, 2001）．過塩素酸イオンの環境への放出は，主にその製造および固体ロケット燃料の使用に関連して起こる．過塩素酸イオンが地下水中に放出されると，溶解性が高く，土壌にほとんど吸着しないことから，広い範囲に拡散する恐れがある．飲料水から過塩素酸イオンを除去する技術として確認されているのは，嫌気性生物処理とイオン交換である．

過塩素酸イオンによる環境汚染は，自然の植物相に加えて，農作物に影響する可能性がある（U.S. EPA, 2002）．塩素酸イオンが枯葉剤として使用されてきたことから，過塩素酸イオンも植物に吸収され得ることは驚きではない．過塩素酸イオンの植物への蓄積は，幾つかの理由で重要な問題である（Hutchinson et al., 2000）．過塩素酸イオンは，幾つかの植物に対して有毒となりうる．もし，過塩素酸イオンが植物中に蓄積し，植物によって分解されなければ，植物が枯死すると，過塩素酸イオンが環境中に再び放出され，他の植物や野生生物に有毒となる可能性がある．食用作物に過塩素酸イオンが蓄積される場合には，過塩素酸イオンのヒトへの曝露経路がさらに加えられることになる．Mead湖やColorado川のように，過塩素酸イオンで汚染された水が，現在，食用作物の灌漑に使用されている．最近，過塩素酸イオン汚染水で灌漑され，家畜の餌として使用された作物において，過塩素酸イオンの蓄積が発見され，乳製品においても顕著な濃度が確認されている（Urbansky et al., 2000）．

メチル-t-ブチルエーテル（MTBE）およびその他の酸化物

大気環境を改善することを目指した連邦および州の規制のため，燃料酸化剤の生産と使用は，1990年代初期から米国において劇的に増加した．現在，MTBEは，最もガソリンで広く使用されている酸化剤であり，エタノールがこれに続く．ガソリン酸化剤の幅広い利用により，環境へのこれらの物質が幅広く放出されてきた．地下貯留タンクやパイプラインからのガソリン流出事故は，地下水汚染の最も重要な点源である．酸化剤は，その親水性のため，ほとんど遅滞なく帯水層を移動することから，飲料水源に到達する可能性について，全国的に重大な関心を引き起こした（Dedb et al., 2003）．

3.7.3 新興・再興病原微生物

ここ10年間において，米国や世界の多くの他の地域で集団感染の発生数が増加しており，そのうちの幾つかは，既に制御または撲滅と考えられた風土伝染病によって引き起こされている（現時点までに撲滅されたのは天然痘のみ）．例えば，レジオネラ症を引き起こすレジオネラ・ニューモフィラ（*Legionella pneumophila*）は，下水や再生水中で検出されている．アフリカで報告されている数多くの結核感染数は，制御または実質的に撲滅したと考えられた疾病の再興の例である．新たな病原微生物の出現や集団感染の発生，以前の疾病が再興している現実は，水の再生・再利用を含む下水の管理において，公衆衛生が依然として第一に考慮すべき事項であることを示している（Tchobanoglous *et al.*, 2003）．

3.8 環境に関する問題

再生水の製造，供給，利用により多くの環境影響が生じる．連邦が出資するプロジェクトにおいては，環境影響報告書（environmental impact statement；EIS）を提出しなければならず，基準が適用される幾つかの州においても必要とされている（Kontos and Asano, 1996）．以下に示すEIS基準は，水再利用プロジェクトによる影響可能性を明らかにすることができるため，有用である．
- プロジェクトが土地利用を大きく変える．
- プロジェクトと相容れない何らかの土地利用計画や政策がある．
- 湿地が悪影響を受ける．
- 絶滅の危機にさらされている種やそれらの生息地が影響を受ける．
- プロジェクトが種を置き換えたり生息範囲を変化させたりする可能性がある．
- プロジェクトが氾濫原や重要な農地に悪影響を与える．
- プロジェクトが景観，レクリエーション，考古学，歴史の上で価値があるとされている風致地区，保護地区や，他の公共用地に悪影響を与える．
- プロジェクトが周辺の大気や騒音，表流水，地下水の量や水質に悪影響を与える．
- プロジェクトが水供給や魚介類，野生生物やそれらの生息地に悪影響を与える．

水再生システムによる影響は，美的（貯水タンクや貯水池の配置），社会文化的（地上や地下の文化資源への影響），物理的（地下の導管の位置），環境的（地下水と表流水の有益な利用），感覚的（悪臭），健康や安全（エアロゾル，大気汚染，化学物質，病原微生物）といった様々な観点に及ぶ．

3.8.1 土壌や植物への影響

栄養塩類，塩類，有機・無機化合物といった再生水中のすべての成分は，灌漑によって土壌に適用される場合には，土壌や植物に影響を与える可能性がある．さらに再生水は，土着の微生物群集を変化させたり，植生に病原性を示すような微生物を含む可能性がある．灌漑水がその土地の植物による摂取や土壌に求められる排水に対して過不足となる場合には，やはり土壌や植生に影響が生じる．灌漑時の土壌と植生に関する水収支により，適用する再生水の適切な量を見積もることができる．再生水の適用における化学成分，塩分，栄養塩類に関するガイドラインについては，17章で詳細に論ずる．

3.8.2 表流水や地下水への影響

塩類，栄養塩類，病原微生物の表流水や地下水への流出により，水質や有益な水利用に影響が生じる可能性がある．表流水は，再生水の流出や直接の排出により汚染される．再生水の流出は，適切な使用量や余剰水を貯水する施設により制御できる．滴下や地下注入の技術のように高効率の灌漑手法は，余剰水の流出防止のために好ましい．低浸透性の土壌を灌漑する際には，水浸しにならないような排水システムが必要になる．土壌の飽和を防ぐため，灌漑地への降雨による水の流入は，制御しなければならない．降雨の直前，降雨中，降雨直後の灌漑は，勧められない．環境への病原微生物の流出による危険に加えて，受水域において過剰の栄養塩類により藻類の異常発生が引き起こされる可能性がある．藻類の異常発生により，飲料水システムや水生生物が影響を受け，有益な水利用が制限されることがある．ある種の藻類が生成する毒性化合物は，特に懸念される．

灌漑水が地下帯水層へ浸出することにより，地下水が影響を受ける可能性がある．再生水に存在する化合物のうち硝酸イオンは，土壌中を水とともに移動しやすいことから，地下水の汚染物質として最もよく知られている．多様な他の汚染物質についても，特に工業排水が下水に流入するような場合には存在する可能性がある．土壌に適用される再生水中の汚染物質の移動は，適用場所の土壌の性質や水文地質学的性質等の多くの特性に依存する．したがって，再生水の影響を受ける帯水層においては，地下水監視を行う必要がある．

3.8.3 生態系への影響

水再生プログラムにより河川水の流れや水質が変わる所では，河川や陸上の生態系が悪影響を受ける可能性がある．それ故，影響を受けやすい生態資源を有している地域やその近傍において，再生水を利用することには注意深い配慮が必要である．再生水の適用により，ある生物種が選択的に他の種以上に卓越したり，生態系の構造や特性が変えられたりすることがある．幾つかの事例では，河川流量の大部分あるいはすべてが下水処理水で占められることがある．このような状況においては，水の再生・再利用を行うことは，下流の水利用に大きな影響を与える．また，他の事例では，水生生態系の保護や下流での活動維持のために流量を最低限確保することを目的として，再生水が流量増加に有効に利用されている(21章参照)．影響を受けやすく重要な種を保護するために，水質や水量に関して制限がなされることもある．

下水処理水を水再利用へ転用することにより，環境の水質は，様々な面で影響を受ける可能性がある．幾つかの事例では，下水処理水の排出が生態システムに対する汚染源とみなされていたことから，下水処理水を再利用する転用は，改善と考えられた．例えば，下水放流口近くに棲息する水生生物の繁殖に効果があったとの報告がある．一方，再生水によって河川水量を増加させる必要があった場合に，河川水の変化に対して生態系が時間とともによく適応した事例も見られる．

再生水の土壌への灌漑利用は，土壌中の水分含有量増加によって，間接的に雨水流出量を増加させる場合がある．灌漑と地下水涵養は，どちらも地下水位の上昇をもたらす可能性がある．雨水流出の増加と地下水位の上昇により，再利用地域の河川システムにおいては，流出量の増加に至ることもありうる．

3.8.4 開発と土地利用への影響

再生水プロジェクトは，都市の成長や開発様式の変化を促進する可能性を有する．限られた水供給を強いられている地域においては，再生水は，非飲用再利用のための信頼できる水源となりうる．住

第3章 下水の特性と健康・環境問題の関係

宅,工業,都市,農業の発展は,水再利用システムの整備により可能となってきた.公園,ゴルフ場,植木,庭園といったアウトドアにおける水利用は,十分な量の信頼性の高い水供給により実現可能となる例である.しかし,開発の実現性が再生水に依存する場合には,水利用パターンの変化により負の影響も現れる.水再利用プロジェクトによりもたらされる土地利用の変化は,前もって予測が難しく,時には新しい発展に対する抵抗もあるので,プロジェクト開始時から意思決定において住民の参加を考慮しておくことが重要である(26章参照).

問 題

3-1 下水成がかなり混入した水源を使う自治体が増加している.最近の文献をレビューし,上水用水源に含まれる微量汚染物質の潜在的影響を扱った最新情報について文献の簡単な要約を作成せよ.最低3本の文献を引用せよ.

3-2 上水と下水中のいわゆる「新興」の病原微生物や汚染物質は,時とともに変わっている.例えば,1960年代には生物難分解性(ハード型)洗剤,1970年代には消毒副生成物,続いて,空気,水,下水中のレジオネラ(*Legionellae*)や原虫(*Giardia*と*Cryptosporidium*),1990年代と21世紀初頭には多くの議論はあるものの,コンセンサスはほとんど得られていない微量汚染物質(医薬品や内分泌撹乱化学物質)について懸念が持たれてきた.最近の文献を最低3本レビューし,重要な新興汚染物質についての論文の簡単な要約を作成し,飲料水や下水,再生水,水環境におけるこれらの重要性について論じよ.水の再生・再利用において,地方自治体は,将来の新興病原微生物や他の汚染物質をどう扱うべきか?

3-3 あなたの地域の下水処理場における流入水と処理水の特性に関するリストを入手せよ.表-3.12,3.14の値と比べてどうか? 主要な相違点について論じよ.

3-4 あなたの自治体の水道水と下水処理水の溶解性物質を比較し,家庭での水利用によるミネラルの増加量を求めよ.その値は,表-3.11の値と比べてどうか?

3-5 下水処理水が水環境や帯水層に排出された後,天然水と混合されることにより生じる間接的飲用再利用の構図が広まっている.その構図は,計画的あるいは非計画的であるが,非計画的な飲用再利用は,世界中の多くの場所で何百年もの間行われてきた.最近の分析化学,毒性学,公衆衛生学,経済学,市民の認識と受容に関する知識を用いて,将来の間接的飲用再利用の利点と不利な点を評価せよ.いかに計画的な間接的飲用再利用を合理的に説明し,人々の許容度を高めることができるか?

3-6 再生水を天然水と比較し,成分,濃度,変動性,人々の認識の観点から,重要な相違を論じよ.

3-7 都市への飲料水の供給を補うため,1968年に下水の直接的飲用再利用システムがナミビアのWindhoekにおいて先駆的に行われた.以下に示す論文をレビューし,Dr. Lucas van Vuurenの「水はその由来で判断されるべきではない,質で判断されるべきだ」という思慮深い言葉の意味を論じよ.

　　Harrhoff, J., and B. Van der Merwe (1996) "Twenty-five Years of Wastewater Reclamation in Windhoek, Namibia," *Water Sci. Technol.*, 33, 10–11, 25–35.

3-8 通常の生物処理では分解できない化学物質や医薬品の代替管理方法について,簡単に論じよ.それぞれの代替案について利点と不利な点をあげよ.

3-9 *N*-ニトロソジメチルアミン(NDMA)の負荷源として,食事による摂取,工業における化学物質利用,消毒副生成物の相対的な重要性を論じよ.3本以上の文献をレビューし,水の再生・再利用に与える影響を説明せよ.

参考文献

Abe, A. (1999) "Distribution of 1, 4-Dioxane in Relation to Possible Sources in the Water Environment," *Sci. Total Environ.*, **227**, 41–47.

Adams, C. D., P. A. Scanlan, and N. D. Secrist (1994) "Oxidation and Biodegrability Enhancement of 1, 4-Dioxane using Hydrogen Peroxide and Ozone," *Environ. Sci. Tech.*, **28**, 1812–1818.

Alvarez-Cohen, L., and D. L. Sedlak (2003)" Introduction—Emerging Contaminants in Water," *Environ. Eng. Sci.*, **20**, 5, 387–388.

AWWA (1999) *Waterborne Pathogens*, AWWA M48, American Water Works Association, Denver, CO.

Barber, L. B., J. A. Leenheer, W. E. Pereira, T. I. Noyes, G. K. Brown, C. F. Tubor, and J. H. Writer (1996) "Organic Contamination of the Mississippi River from Municipal and Industrial Wastewater," in R. H. Mead (ed.) *Contaminants in the Mississippi River 1987–1999*, U.S. Geological Survey Circular 1133, Denver, CO. Accessible at: http://pubs.usgs.gov/circ/circ1133/organic.html

Barwick, R. S., D. A. Levy, G. F. Craun, M. J. Beach, and R. L. Calderon (2000) "Surveillance for Waterborne-Disease Outbreaks—United States, 1997-1998," Centers for Disease Control and Prevention (CDC), *Morbidity and Mortality Weekly Report (MMWR), Surveillance Summaries*, **49**, SS-4, 1–35.

Bauman, L. C., and M. K. Stenstrom (1990) "Removal of Organohalogen and Organohalogen Precursors in Reclaimed Wastewater I," *Water Res.*, **24**, 8, 957–964.

Bellar, T. A., J. J. Lichtenberg, and R. C. Kroner (1974) "The Occurrence of Organohalides in Chlorinated Drinking Water," *J. AWWA*, **66**, 22, 703–706.

Bennett, J. V., S. D. Homberg, M. F. Rogers, and S. L. Solomon (1987) "Infectious and Parasitic Diseases," *Amer Prev. Med.*, **3**, 102–114.

Blackburn, B. G., G. F. Craun, J. S. Yoder, V. Hill, R. L. Calderon, N. Chen, S. H. Lee, D. A. Levy, and M. J. Beach (2004) "Surveillance for Waterborne-Disease Outbreaks Associated with Drinking Water—United States, 2001-2002," Centers for Disease Control and Prevention (CDC), *Morbidity and Mortality Weekly Report, Surveillance Summaries*, **53**, SS-8, 23–45.

Bouwer, H., P. Fox, and P. Westerhoff (1998) "Irrigating with Treated Effluent—How Does this Practice Affect Underlying Groundwater?" *Water Environ. Tech.*, **10**, 9, 115–118.

Caccio, S. M., M. De Giacomo, F. A. Aulicino, and E. Pozio (2003) "*Giardia* Cysts in Wastewater Treatment Plants in Italy," *Appl. Environ. Microbiol.*, **69**, 6, 3393–3398.

Cantor, K. P., C. F. Lynch, M. E. Hildwsheim, M. Dosemeci, J. Lubin, M. Alavanji, and G. Cruan (1998) "Drinking Water Sources and Chlorination Byproducts, I. Risk of Bladder Cancer," *Epidemiol.*, **9**, 21–28.

CDC (1993) "Surveillance for Waterborne Disease Outbreaks—United States, 1991–1992," Centers for Disease Control and Prevention, *Morbidity and Mortality Weekly Report, Surveillance Summaries*, **42**, 1–22.

CDC (1985) *Water-Related Disease Outbreaks: Annual Summary 1984*, Centers for Disease Control, Atlanta, GA.

CDC (2005*a*) "Parasites and Health, Cryptosporidiosis," Centers for Disease Control and Prevention, Atlanta, GA, Accessible at: http://www.dpd.cdc.gov/dpdx/HTML/Cryptosporidiosis.htm

CDC (2005*b*) "Poliovirus Infections in Four Unvaccinated children—Minnesota, August–October 2005," Centers for Disease Control and Prevention, *Morbidity and Mortality Weekly Report, Surveillance Summaries*, **54**, 1–3. http://www.cdc.gov/mmwr/preview/mmwrhtml/mm54d1014a1.htm

Chang, A. C., G. Pan, A. L. Page, and T. Asano (2002) *Developing Human Health-related Chemical Guidelines for Reclaimed Water and Sewage Sludge Applications in Agriculture*, Prepared for World Health Organization, Geneva, Switzerland.

Chauret, C., S. Springthorpe, and S. Sattar (1999) "Fate of *Cryptosporidium* Oocysts, *Giardia* Cysts, and Microbial Indicators during Wastewater Treatment and Anaerobic Sludge Digestion," *Canadian J. of Microbiol.*, **45**, 3, 257–262.

CH2M Hill (1993) *Tampa Water Resources Recovery Project Pilot Studies*, Vol. 1 Final Report, Tampa, FL.

Clancy, J. L., Z. Bukhari, T. M. Hargy, J. R. Bolton, B. W. Dussert, and M. M. Marshall (2000) "Using UV to Inactivate *Cryptosporidium*," *J. AWWA*, **92**, 9, 97–104.

Cohn, P. D., M. Cox, and P. S. Berger (1999) "Health and Aesthetic Aspects of Water Quality," in *Water Quality & Treatment, A Handbook of Community Water Supplies,* American Water Works Association, McGraw-Hill, Inc., New York.

Cooper, R. C., and A. W. Olivieri (1998) "Infectious Disease Concerns in Wastewater Reuse," Chap. 12, in: T. Asano, (ed), *Wastewater Reclamation and Reuse*, Water Quality Management Library **10**, CRC Press, Boca Raton, FL.

Cooper, W. J., J. T. Villate, E. M. Ott, R. Slifker, and F. Z. Parsons (1983) "Formation of Organohalogen Compounds in Chlorinated Secondary Wastewater Effluent," 483–497, in: R. L. Jolley et al. (eds) *Water Chlorination: Environemtnal Impact and Health Effects,* Vol. 4. Ann Arbor Science, Ann Arbor, MI.

Craik, S. A., G. R. Finch, J. R. Bolton, and M. Belosevic (2000) "Inactivation of *Giardia muris* Cysts Using Medium-Pressure Ultraviolet Radiation in Filtered Drinking Water," *Water Res.*, **34**, 18, 4325–4332.

Craik, S. A., D. Weldon, G. R. Finch, J. R. Bolton, and M. Belosevic (2001) "Inactivation of *Cryptosporidium parvum* Oocysts Using Medium- and Low-Pressure Ultraviolet Radiation," *Water Res.*, **35**, 6, 1387–1398.

Craun, G. F. (1986) *Waterborne Diseases in the United States*, CRC Press, Boca Raton, FL.

Craun, G. F. (1991) "Statistics of Waterborne Disease in the United States," *Water Sci. Technol.*, **24**, 2, 10–15.

Craun, G. F., and R. L. Calderon (1999) *Waterborne Disease Outbreaks: Their Causes, Problems, and Challenges to Treatment Barriers*, Chap. 1, "Waterborne Pathogens", AWWA Manual M48, 1st ed., American Water Works Association, Denver, CO.

Crites, R., and G. Tchobanoglous (1998) *Small and Decentralized Wastewater Management Systems*, WCB/McGraw-Hill, Boston, MA.

Crittenden, J. C., R. R. Trussell, D. W. Hand, K. J. Howe, and G. Tchobanoglous (2005) *Water Treatment: Principles and Design*, 2nd ed., John Wiley & Sons, Inc., Hoboken, NJ.

Crook, J. (1992) "Water Reclamation," 559–589, in R. Meyers (ed.) *Encyclopedia of Physical Science and Technology,* **17**, Academic Press, San Diego, CA.

Current, W. L., and L. S. Garcia (1991) "Cryptosporidiosis," *Clin. Microbiol. Rev.*, **4**, 3, 325–358.

Dean R. B., and E. Lund (1981) *Water Reuse: Problems and Solutions*, Academic Press, London.

Deeb, R. A., K. H Chu, T. Shih, S. Linder, I. Suffet, M. C. Kavanaugh, and L. Alvarez-Cohen (2003) "MTBE and Other Oxygenates: Environmental Sources, Analysis, Occurrence, and Treatment," *Environ. Eng. Sci.,* **20**, 5, 443–447.

Fankhauser, R. L., S. S. Monroe, J. S. Noel, C. D. Humphrey, J. S. Bresee, U. D. Parashar, T. Ando, and R. I. Glass (2002) "Epidemiologic and Molecular Trends of 'Norwalk-like Viruses' Associated with Outbreaks of Gastroenteritis in the United States," *J. Infect. Dis.*, **186**, 1, 1–7.

Fayer, R. G., and B. L. P. Ungar (1986) "*Cryptosporidium* spp. and Cryptosporidiosis," *Microbiol. Rev.*, **50**, 4, 458–483.

Feachem, R G., D. J. Bradley, H. Garelick, and D. D. Mara (eds.) (1983) "*Entamoeba histolytica* and Amebiasis," 337–347 in *Sanitation and Disease: Health Aspects of Excreta and Wastewater Management*, John Wiley and Sons, New York.

Frankel-Conrat H., P. C. Kimball, and J. A. Levy (1988) *Virology*, 2nd ed., Prentice Hall, Englewood Cliffs, NJ.

Gennaccaro, A. L., M. R. McLaughlin, W. Quintero-Betancourt, D. E. Huffman, and J. B. Rose (2003) "Infectious *Cryptosporidium parvum* Oosysts in Final Reclaimed Effluent," *App. Environ. Microbiol.*, **69**, 8, 4983–4984.

Gerba, C. P., S. N. Singh, and J. B. Rose (1985) "Waterborne Viral Gastroenteritis and Hepatitis," *CRC Cri. Rev. Environ. Contr.*, **15**, 213–236.

Gerba, C. P., J. B. Rose, and C. N. Haas (1994) "Waterborne Disease: Who is at Risk?" *Proceedings of the American Water Works Association's Water Quality Technology Conference*, San Francisco, American Water Works Association, Denver, CO.

Gerba, C. P. (1996) "Pathogens in the Environment," 279–299, in I. L. Pepper, C. P. Gerba, and M. L. Brusseau, (eds.), *Pollut. Sci.*, Academic Press, New York.

Grabow, W. O. K. (2001) "Bacteriophages: Update on Application as Models for Viruses in Water," *Water SA*, **27**, 2, 251–268.

Gullick, R. Q., M. W. Lechvallier, and T. A. S. Barhorst (2001) "Occurrence of Perchlorate in Drinking Water Sources," *J. AWWA*, **93**, 1, 66–76.

Hale, R. C., C. L. Smith, P. O. de Fur, E. Harvey, E. O. Bush (2000) "Nonylphenols in Sediments and Effluents Associated with Diverse Wastewater Outfalls Environ.," *Toxicol. Chem.* **19**, 4, 946–952.

Harrhoff, J., and B. Van der Merwe (1996) "Twenty-five Years of Wastewater Reclamation in Windhoek, Namibia," *Water Sci. Technol.*, **33**, 10–11, 25–35.

Havelaar, A. H., M. Van Olphen, and Y. C. Drost (1993) "F-specific RNA Bacteriophages are Adequate Model Organisms for Enteric Viruses in Fresh Water," *Appl. Environ. Microbiol.*, **59**, 2956–2962.

Hill, R. R., G. E. Jeffs, and D. R. Roberts (1997) "Photocatalytic Degradation of 1, 4-dioxane in Aqueous Solution," *J. Photochem. Photobiol., A: Chemistry*, **108**, 55–35.

Hildesheim, M. E., K. P. Cantor, C. F. Lynch, M. Dosemeci, J. Lubin, M. Alavanji, and G. Cruan (1998) "Drinking Water Sources and Chlorination Byproducts, II. Risk of Colon and Rectal Cancers," *Epidemiol.*, 9:29–35.

Hlavsa, M. C., J. C. Watson, and M. J. Beach (2005a) "*Giardia* Surveillance—United States, 1998–2002," Centers for Disease Control and Prevention (CDC), *Morbidity and Mortality Weekly Report, Surveillance Summaries*, **54**, SS01, 9–16.

Hlavsa, M. C., J. C. Watson, and M. J. Beach (2005b) "Cryptosporidiosis Surveillance—United States, 1999–2002," Centers for Disease Control and Prevention (CDC), *Morbidity and Mortality Weekly Report, Surveillance Summaries*, **54**, SS01, 1–8.

Huffman, D. E., K. L. Nelson, and J. B. Rose (2003) "Calicivirus-An Emerging Contaminant in Water: State of the Art," *Environ. Eng. Sci.*, **20**, 5, 503–515.

Hunter, P. R. (1997) *Waterborne Disease—Epidemiology and Ecology*, John Wiley & Sons, Chichester, UK.

Hutchinson, S. L., S. Susarla, N. L. Wolfe, and S. C. McCutcheon (2000) "Perchlorate Accumulation from Contaminated Irrigation Water and Fertilizer in Leafy Vegetables," Procedings *Second International Conference on Remediation of Chlorinated and Recalcitrant Compounds*, May 2000, Monterey, CA.

Johns, M. M., W. E. Marshall, and C. A. Toles (1998) "Agricultural By-products as Granular Activated Carbons for Adsorbing Dissolved Metals and Organics," *J. Chem. Technol. Biotechnol.*, **71**, 131–140.

Juranek, D. D. (1995) "Cryptosporidiosis—Source of Infection and Guidelines for Prevention," *Clin. Infect. Dis.*, **21**, Suppl. 1, S57–S61.

Kappus. K. K., D. D. Juranek, and J. M. Roberts (1992) "Results of Testing for Intestinal Parasites by State: Diagnostic Laboratories, United States, 1987," *Morbidity and Mortality Weekly Report, Surveillance Summaries*, **40**, SS-4, 25.

Karim, M. R., and M. W. LeChevallier (2004) "Detection of Noroviruses in Water: Current Status and Future Directions," *J. Water Sup. Res. Technol.—AQUA*, **53**, 6, 359–380.

Klime, D. E. (1998) *Endocrine Disruption in Fish*, Kluwer Academic Publishers, Norwell, MA.

Kolpin, D. W., M. Skopec, M. T. Meyer, E. T. Furlong, and S. D. Zaugg (2004), "Urban Contribution of Pharmaceuticals and Other Organic Wastewater Contaminants to Streams during Differing Flow Conditions," S*ci. Total Environ.*, **328**, 1–3, 119–130.

Kontos, N., and Asano, T. (1996), "Environmental Assessment for Wastewater Reclamation and Reuse Projects," *Wat. Sci. Tech.*, **33**, 10–11, 473–486.

Korhonen, L. K., and P. J. Martikainen (1991) "Survival of *Escherichia coli* and *Campylobacter jejuni* in Untreated and Filtered Lake Water," *J. Appl. Bacteriol.*, **71**, 379–382.

Korick, D. G., J. R. Mead, M. S. Madore, N. A. Sinclair, and C. R. Sterling (1990) "Effects of Ozone, Chlorine Dioxide, Chlorine and Monochloramine on *Cryptosporidium parvum* Oocysts Viability," *Appl. Environ. Microbiol.*, **56**, 5, 1423–1428.

Kramer, M. H., B. L. Herwaldt, G. F. Craun, R. L. Calderon, and D. D. Juranek (1996)

"Surveillance for Waterborne-Disease Outbreaks—United States, 1993–1994," Centers for Disease Control and Prevention (CDC), *Morbidity and Mortality Weekly Report, Surveillance Summaries*, **45**, SS-1, 1–33.

Krasner, S. W., M. J. McGuire, J. G. Jacangelo, N. L. Patania, K. M. Reagan, and E. M. Aieta (1989) "The Occurrence of Disinfection By-products in U.S. Drinking Water," *J. AWWA*, **81**, 41–53.

Kraybill, H.R. (1977), "Global Distribution of Carcinogenic Pollutants in Water," *Ann. New York Acad. Sci.*, **298**, 80–89.

Kutz, S. M., and C. P. Gerba (1988) "Comparison of Virus Survival in Freshwater Sources," *Wat. Sci. Tech.*, **20**, 11/12, 467–471.

Lauer, W. C., S. E. Rogers, A. M. La Chance, and M. K. Nealy (1991) "Process Selection for Potable Reuse Health Effect Studies," *J. AWWA*, **83**, 11, 52–63.

Lee, S. H., D. A. Levy, G. F. Craun, M. J. Beach, and R. L. Calderon (2002); "Surveillance for Waterborne-Disease Outbreaks—United States, 1999–2000," Centers for Disease Control and Prevention (CDC), *Morbidity and Mortality Weekly Report, Surveillance Summaries*, **51**, SS-8, 1–47.

Levy, D. A., M. S. Bens, G. F. Craun, R. L. Calderon, and B. L. Herwaldt (1998); "Surveillance for Waterborne-Disease Outbreaks—United States, 1995–1996," Centers for Disease Control and Prevention (CDC), *Morbidity and Mortality Weekly Report, Surveillance Summaries*, **47**, SS-5, 1–33.

Lin, A. Y-C., M. H. Plumlee, and M. Reinhard (2006) "Natural Attenuation of Pharmaceuticals and Alkylphenol Polyethoxylate Metabolites during River Transport: Photochemical and Biological Transformation," *Env. Toxicol. and Chem.*, **25**, 6, 1458–1464.

Linden, K. G., G. Shin, G. Faubert, W. Cairns, and M. D. Sobsey (2002) "UV Disinfection of *Giardia lamblia* Cysts in Water," *Environ. Sci. and Tech.*, **36**, 11, 2519–2522.

Lisle, J. T., and J. B. Rose (1995) "*Cryptosporidium* Contamination of Water in the USA and UK: A Mini-review," *J. Inter. Wat. SRT-Aqua,* **42**, 4, 1–15.

Logan, B. E. (2001) "Assessing the Outlook for Perchlorate Remediation," *Environ. Sci. Technol.*, **35**, 482A–487A

MacKenzie, W. R., N. J. Hoxie, M. E. Proctor, M. S. Gradus, K A. Blair, D. E. Peterson, J. J. Kazmierczak, D. G. Addiss, K. R. Fox, J. B. Rose, and J. P. Davis (1995) "A Massive Outbreak in Milwaukee of *Cryptosporidium* Infection Transmitted through the Public Water Supply," *New Eng. J. Med.,* **331**, 3, 161–167.

Madore, M. S., J. B. Rose, C. P. Gerba, M. J. Arrowood, and C. R. Sterling (1987) "Occurrence of *Cryptosporidium* Oocysts in Sewage Effluents and Selected Surface Waters," *J. Parasitol.,* **73**, 4, 702–705.

Maier, R. M., I. L. Pepper, and C. P. Gerba (2000) *Environmental Microbiology*, Academic Press, San Diego, CA.

Maya, C., B. Jimenez, and J. Schwartzbrod (2006) "Comparison of Techniques for the Detection of Helminth Ova in Drinking Water and Wastewater," *Water Environ. Res.* **78**, 2, 118–124.

McFeters, G. A, and S. I. Terzieva (1991) "Survival of *Escherichia coli* and *Yersinia enterocolitica* in Stream Water: Comparison of Field and Laboratory Exposure," *Microb. Ecol.*, **22**, 65–74.

Mitch, W. A., J. O. Sharp, R. R. Trussell, R. L. Valentine, L. Alvarez-Cohen, and D. L. Sedlak (2003) "*N*-Nitrosodimethylamine (NDMA) as a Drinking Water Contaminate A Review," *Environ. Eng. Sci.*, **20**, 5, 389–404.

Mohr, T. K. G. (2001) *Solvent Stabilizers,* Santa Clara Valley Water District, San Jose, CA.

Moyer, N. P. (1999) "Shigella," Chap. 17, 115–117, in *Waterborne Pathogens*, AWWA M48, American Water Works Association, Denver, CO.

NRC (1996) *Use of Reclaimed Water and Sludge in Food Crop Production*, National Research Council, National Academy Press., Washington, DC.

NRC (1998) *Issues in Potable Reuse: The Viability of Augmenting Drinking Water Supplies with Reclaimed Water*, National Research Council, National Academy Press, Washington, DC.

NRC (1999) *Hormonally Active Agents in the Environment*, National Research Council, National Academy Press, Washington, DC.

NRC (2004) *Indicators for Waterborne Pathogens,* National Research Council, National Academy Press, Washington, DC.

Orange County Sanitation District (2002) "Industrial sampling and IRWD sampling," Presentation at the NDMA Workshop: *Removal and/or Destruction of NDMA and NDMA Precursors in Wastewater Treatment Processes, March 14, 2002,* West Basin Municipal Water District, Carson, CA.

Oregon Health Division (1992) *A Large Outbreak of Cryptosporidiosis in Jackson County, Communicable Disease Summary,* Oregon Health Division, Portland, OR, **41**, 14.

Peeters, J. E., E. A. Mazas, W. J. Masschelein, L. Villacorta Martinez de Maturana, and E. DeBacker (1989) "Effect of Drinking Water with Ozone or Chlorine Dioxide on Survival of *Cryptosporidium parvum* Oocysts," *Appl. Environ. Microbiol.,* **55**, 6, 1519–1522.

Rebhun, M., L. Heller-Grossman, and J. Manka (1997) "Formation of Disinfection Byproducts during Chlorination of Secondary Effluent and Renovated Water," *Water Environ. Res.,* **69**, 6, 1154–1162.

Reckhow, D. A., P. C. Singer, and R. L. Malcolm (1990) "Chlorination of Humic Materials: Byproducts Formation and Chemical Interpretations," *Environ. Sci. Technol.,* **24**, 11, 478–482.

Robertson, L. J., C. A. Paton, A. T. Campbell, P. G. Smith, M. H. Jackson, R. A. Gilmour, S. E. Black, D. A. Stevenson, and H. V. Smith (2000) "*Giardia* Cycts and *Cryptosporidium* Oocysts at Sewage Treatment Works in Scotland, UK," *Water Res.,* **34**, 8, 2310–2322.

Rook, J. J. (1974) "Formation of Haloforms During Chlorination of Natural Waters," *J. Soc. Water Treat. Exam.,* **23**, 234–243.

Rose, J. B., J. Dickson, S. R. Farrah, and R. P. Carnahan (1996) "Removal of Pathogenic and Indicator Microorganisms by a Full-scale Water Reclamation Facility," *Water Res.,* **30**, 11, 2785–2797.

Ryu, H., A. Alum, and M. Abbaszadegan (2005) "Microbial Characterization and Population Changes in Nonpotable Reclaimed Water Distribution Systems," *Environ. Sci. Technol.,* **39**, 22, 8600–8605.

Schroeder, E. D., and S. Wuertz (2003) "Chap. 3 Bacteria," 57–68, in D. Mara and N. Horan (eds.) *The Handbook of Water and Wastewater Microbiology,* Elsevier Science, Amsterdam, The Netherlands.

Sedlak, D., and M. Kavanaugh (2006) Removal and Destruction of NDMA and NDMA Precursors during Wastewater Treatment, *WateReuse Foundation,* Alexandria, VA.

Snyder, S. A., P. Westerhoff, Y. Yoon, and D. L. Sedlak (2003) "Pharmaceuticals, Personal Care Products, and Endocrine Disruptor in Water: Implications for the Water Industry," *Environ. Eng. Sci.,* **20**, 5, 449–469.

Standard Methods for the Examination of Water and Wastewater (2005) 21st edition, Prepared and published jointly by American Public Health Association, American Water Works Association, and Water Environment Federation, Washington, DC.

Stevens, A. A., L. A. Moore, and R. S. Miltner (1989) "Formation and Control of Nontrihalomethanes Disinfection Byproducts," *J. AWWA,* **81**, 8, 54–60.

Straub, T. M, and D. P. Chandler (2003) "Toward a Unified System for Detecting Waterborne Pathogens," *J. Microbiol. Meth.,* **53**, 185–197.

Sykora, J. L., C. A. Sorber, W. Jakubowski, L. W. Casson, P. D. Gavaghan, M. A. Shapiro, and M. J. Schott (1991) "Distribution of *Giardia* cysts in Wastewater," *Wat. Sci. Technol.,* **24**, 2, 187–192.

Tchobanoglous, G., F. L. Burton, and H. D. Stensel (2003) *Wastewater Engineering: Treatment and Reuse,* 4th ed., McGraw-Hill, New York.

Thomas, J. M., W. A. McKay, E. Cole, J. E. Landmeyer, P. M. Bradley (2000) "The Fate of Haloacetic Acids and Trihalomethanes in an Aquifer Storage and Recovery Program, Las Vegas, Nevada," *Ground Water,* **38**, 4, 605–614.

Urbansky, E. T., M. L. Magnuson, C. A. Kelty, and S. K. Brown (2000) "Perchlorate Uptake by Salt Cedar *(Tamarix ramosissima)* in the Las Vegas Wash Riparian Ecosystem," *Sci. Tot. Environ.,* **256**, 227–232.

U.S. EPA (2002) *Perchlorate Environmental Contamination: Toxicological Review and Risk Characterization (External Review Draft). NCEA-I-O503,* Office of Research and

Development, U.S. Environmental Protection Agency, Washington, DC.

U.S. Geological Survey (1996) Meade, R.H. (ed.) *"Contaminants in the Mississippi River, 1987–92"*, USGS Circular 1133, Denver, CO.

Villacorta-Martinez De Maturana, L., M. E. Ares-Mazas, D. Duran-Oreiro, and M. J. Lorenzo-Lorenzo (1992) "Efficacy of Activate Sludge in Removing *Cryptosporidium parvum* Oocysts from Sewage," *Appl. Environ. Microbiol.,* **58**, 11, 3514–3516.

Wagenknecht, L. E., J. M. Roseman, and W. H. Herman (1991) "Increased Incidence of Insulin-dependent Diabetes mellitus following an Epidemic of Coxsackievirus B5," *Am. J. of Epidemiol.,* **133**, 1024–1031.

Waller, K., S. H. Swan, G. DeLorenze, and B. Hopkins (1998) "Trihalomethane in Drinking Water and Spontaneous Abortion," *Epidemiol.,* **9**, 2, 134–140.

Western Consortium for Public Health (1992) *The City of San Diego Total Resource Recovery Project Health Effects Study, Final Summary Report*, Oakland, CA.

Yates, M. V., and Gerba, C. P. (1998) "Microbial Considerations in Wastewater Reclamation and Reuse," Chap. 10, in T. Asano (ed.), *Wastewater Reclamation and Reuse*, Water Quality Management Library **10**, CRC Press, Boca Raton, FL.

Yoder, J. S., B. G. Blackburn, G. F. Craun, V. Hill, D. A. Levy, N. Chen, S. H. Lee, R. L. Calderon, and M. J. Beach (2004) "Surveillance for Waterborne-Disease Outbreaks Associated with Recreational Water—United States, 2001–2002," Centers for Disease Control and Prevention (CDC), *Morbidity and Mortality Weekly Report, Surveillance Summaries*, **53**, SS-8, 1–21.

Zenker, M. J., R. C. Borden, and M. A. Barlaz (*2004*) "Biodegradation of 1, 4-Dioxane using Trickling Filter,*" J. Environ. Eng. Div.* ASCE, **130**, 9, 926–931.

第4章　水の再利用の規則と指針

翻訳者　　南　山　瑞　彦（独立行政法人土木研究所水環境研究グループ水質チーム　上席研究員）
共訳者　　小　越　眞佐司（国土交通省国土技術政策総合研究所下水道研究部下水処理研究室　室長）
　　　　　宮　本　綾　子（国土交通省国土技術政策総合研究所下水道研究部下水処理研究室　研究官）

関連用語　*111*
4.1　規制用語の理解のために　*112*
　　4.1.1　規格基準と評価基準　*112*
　　4.1.2　規格基準と評価基準の比較　*112*
　　4.1.3　規　　　則　*113*
　　4.1.4　規則と指針の違い　*113*
　　4.1.5　水の再生と再利用　*113*
4.2　水の再利用のための規格基準，規則，および指針の策定　*113*
　　4.2.1　水質基準の根拠　*114*
　　4.2.2　水の再利用の規則と指針の策定　*114*
　　4.2.3　規制プロセス　*116*
4.3　水の再生と再利用に関する一般的な規制の考慮事項　*116*
　　4.3.1　下水中の重要な成分と物理的性質　*118*
　　　　　　微生物学的成分／*118*　　化学的成分／*118*　　物理的性質／*118*
　　4.3.2　下水処理と水質に関する考慮事項　*119*
　　　　　　下水処理の方法／*119*　　経済面の考慮事項／*119*　　BOD，TSS，および濁度の要件／*119*
　　　　　　指標微生物の使用と限界／*120*　　消毒要件／*120*
　　4.3.3　再生水の水質監視　*121*
　　　　　　浮遊物質の監視／*121*　　濁度の監視／*121*　　監視する遵守ポイント／*121*
　　　　　　地下水の監視／*121*
　　4.3.4　貯水要件　*122*
　　4.3.5　再生水使用量　*122*
　　4.3.6　エアロゾルと飛沫　*123*
　　　　　　病原体の生残／*123*　　曝露制限／*123*　　後退距離／*123*
4.4　水の再利用用途別規制の考慮事項　*124*
　　4.4.1　農業灌漑　*124*
　　　　　　作物の汚染／*124*　　病原体について／*124*　　作物の処理／*124*
　　　　　　微量成分／*125*　　処理水準／*125*
　　4.4.2　修景用灌漑　*125*
　　　　　　市民の近づきやすさ／*125*　　微量成分／*126*　　利用区域の管理／*126*
　　4.4.3　二系統配管方式と建物内利用　*126*
　　　　　　識別の考慮事項／*126*　　誤接合防止／*126*　　再生水の水質／*127*
　　　　　　配水系等の特徴／*127*
　　4.4.4　園池利用　*127*

　　　　　園池用途／127　　　水質の問題／127
　　4.4.5　工業用水　128
　　　　　エアロゾル／128　　　製品の安全性／128
　　4.4.6　その他の非飲用用途　128
　　　　　健康の課題／128　　　環境影響／128
　　4.4.7　地下水涵養　128
　　　　　帯水層の特性／129　　　飲用以外の目的で利用される帯水層の涵養／129
　　　　　飲用帯水層の涵養／129　　　土壌-帯水層処理（SAT）／129　　　帯水層への直接注入／129
4.5　間接的飲用再利用に関する規制の考慮事項　129
　　4.5.1　最も保護的な水源の利用　129
　　4.5.2　2つのWater Actの影響　130
　　4.5.3　微量化学成分と病原体の懸念　130
　　4.5.4　健康リスクの評価　131
4.6　州の水再利用規則　131
　　4.6.1　水の再利用の規則および指針の現状　133
　　4.6.2　個別の再利用用途の規則と指針　133
　　　　　州規則の多様性／133　　　自発的な再利用と強制的な再利用／136
　　4.6.3　再生水の非飲用利用のための規制要件　136
　　　　　湿地／137　　　冷却用以外の工業用水／137　　　非飲用雑用水／137
　　4.6.4　間接的飲用再利用のための州の規則　138
　　　　　California州／138　　　Florida州／138　　　その他の州／139
4.7　U.S. EPAの水の再利用指針　140
　　4.7.1　消毒要件　140
　　4.7.2　微生物に関する上限値　144
　　4.7.3　管理手法　144
　　4.7.4　間接的飲用再利用のための勧告　144
4.8　水の再利用のためのWHO指針　145
　　4.8.1　農業と養殖漁業のためのWHO指針　145
　　4.8.2　Stockholm枠組み　145
　　4.8.3　傷害調整生存年数（DALYs）　146
　　4.8.4　耐容リスク（許容リスク）の概念　146
　　4.8.5　水中の微生物の耐容リスク　147
　　4.8.6　農業における下水の安全使用のためのWHO指針　147
　　　　　健康リスク評価／147　　　健康目標／147　　　健康保護対策／148
4.9　将来的な規則と指針の方向性　148
　　4.9.1　州の規格基準，規則，および指針の継続的開発　149
　　4.9.2　処理技術の進歩　149
　　4.9.3　情報ニーズ　149
問　　題　150
参考文献　151

関連用語

医薬品由来化合物 pharmaceutically active compounds；PhACs　医療目的で合成された化学物質（例えば，抗生物質）（3章参照）．

間接的飲用再利用 indirect potable reuse　環境の緩衝を経た再生水による水供給の増大．環境水と再生水の混合水は，通常，飲料水としての配水の前に付加的な処理を受ける．

規格基準 standards　規格基準は，規制機関によって設定された法執行可能なルール，原則，または尺度に用いられる．しばしば数字で表される水質上限値と同義．

規則 regulations　法的に採用され，政府機関により法執行可能な評価基準，規格基準，ルール，または要件（requirements）．

最確数 most probable number；MPN　試験管中の液体培地とその連続希釈を使用した，100 mL の当りの大腸菌群密度の統計的測定．実際に数えた数値ではない．

指針 guidelines　自発的，助言的，非強制的な，推奨または提案された規格基準，評価基準，ルール，または手順．

指標微生物 indicator organism　水やその他の媒体中での病原微生物の存在の可能性を検出するために用いられる非病原微生物．理想的な指標微生物は，病原体と同様の生存や輸送等の性質を有し，病原体より多く存在している（3章も参照）．

死亡率 mortality　死亡率は，死に関連する．毎年，特定の疾患や疾患群の結果，死亡する個体数．率で表される場合は，単位人口当りの特定期間内の死亡数．

全大腸菌群 total coliforms　大腸菌群（coliform group）に含まれるすべての細菌．温血動物の糞便と関係ないものも含む．大腸菌群は，指標生物として一般に使用される（3章参照）．

大腸菌群 coliform group　すべての好気性，通性嫌気性の，そしてグラム陰性の無芽胞の桿菌で，35℃，48時間以内にガスを発生させつつ乳糖を分解する．大腸菌群は，腸内細菌科に属する細菌の幾つかの種で構成されており，主として，ほとんど腸管起源である（3章も参照）．

多重バリア multiple-barrier concept　多重安全措置ともいう．再生水中の病原体と有害な化学物質の存在を制限するため，多重バリアは，処理操作とプロセスの信頼性を増加させ，一貫した水質を提供するための，水源管理，各種単位操作とプロセスの組合せ，再生水配水システムの設計や操作等で構成される．

直接的飲用再利用 direct potable reuse　途中の貯水や付加的な処理のない飲料水配水システムへの再生水の直接導入（例えば，パイプからパイプ）．

媒介生物 vector　蚊やダニのように，ある宿主から別の宿主に病気を引き起こす生物を運ぶ生物．

パーソナルケア製品 personal care products；PCPs　シャンプー，整髪料，消臭剤，ボディローション等の製品．

評価基準 criteria　判断，決定が基づくことができる規格基準，ルール，または検査．「規格基準」，「ルール」，「要件」または「規則」と互換性を持って使用されることがある．

評価基準 criterion　成分，その他の因子の濃度，レベル，説明文で，科学的な判断に基づく場合もある．「規格」，「ルール」，「要件」，または「規則」と互換性を持って使用されることがある．

病原体 pathogens　病気の原因となる生物で，感染対象の宿主に損害を与える能力を有する．

糞便性大腸菌群 fecal coliforms　大腸菌群のうち，腸管に生息し，糞便汚染に関連している細菌．最も一般的な腸内細菌 *Escherichia coli* が指標生物として一般的に使用される（3章も参照）．

水の再生 water reclamation　有効再利用のため許容できるように下水を処理する行為．本章では，水の再利用の評価基準，規格基準，規則，または指針は，暗に水の再生の要件を含む．

第 4 章 水の再利用の規則と指針

利害関係者 stakeholder 何らかの問題に関わっていたり，関心を持っている，人，人々，共同体，企業，監督官庁，または組織．
罹患率 morbidity ある人口の中の病気または発病．罹患率は，特定の疾患の発生と流行を表す比率である．特定期間内に，単位人口当りの病気で苦しめられる人々の数．
利用区域 use area ゴルフ場や他の灌漑箇所，貯水池，またはビル等の，再生水が 1 つ以上の有益な目的に使用される境界の定義を伴う位置．

　水の再生と再利用の規則(regulations)と指針(guidelines)の策定と施行は，米国や世界中の水の再利用の前進にとって重要で画期的な出来事であった．下水の再利用のための規則と指針を扱う本章の目的は，(1)規制用語，(2)水の再利用のための規格基準(standards)，規則，指針の策定，(3)水の再生と再利用のための一般的な規制の考慮事項，(4)特定の非飲用再利用のための規制の考慮事項，(5)間接的および直接的飲用再利用のための規制の考慮事項，に関する情報を提供することである．4.1～4.5 に提示された情報は，それらに続く，(1)州の規則，(2)水の再利用のための U.S. EPA の指針，(3)水の再利用のための WHO の指針，を取り扱っている 4.6～4.8 の背景として役立つことを意図している．本章は，規則と指針を確立に向けての今後の方向性の議論で締めくくられている．

4.1　規制用語の理解のために

　水の再利用の規則と指針の策定の根拠について議論する前に，幾つかの一般的に使用される規制用語の基礎を定義し，考察することは有益である．水の再生と再利用に関する規制文書でよく使用される用語は，規格基準，評価基準(criterion)，評価基準(criteria)，規則，指針(guideline)等である．これらの用語の意味を以下の議論で考察する．

4.1.1　規格基準と評価基準

　規格基準と評価基準の以下の定義は，独創的な文献である McKee and Wolf(1963)による Water Quality Criteria から引用されたものである．規格基準という語は，権威者によって制定されたルール(rule)，原理・原則，または尺度に適用される．規格基準が権威者によって制定されてきたため，それはとても厳格，公的，または準法的な傾向がある．
　権威を与えられていることが必ずしも規格基準は公正，公平，または健全な科学知識に基づいていることを意味しない．というのは，それがいくらか任意に確立され，慎重な安全係数によって調節されたかもしれないからである．科学的データが法的権限を問わず水質の尺度として機能するように蓄積されている時，評価基準という用語が最も適切である．規格基準とは異なり，一般に，評価基準は，公正さと公平さ以外の権威を含まない．また，それは，理想状態を意味しない．役に立つように，評価基準は，許容できる分析手順で定量的評価ができるべきである．数値での評価基準がなければ，曖昧で記述的で定性的な用語は，法解釈か行政的な意思決定に従う．

4.1.2　規格基準と評価基準の比較

　古典的な意味で，評価基準は，規格基準と互換的に，または，同義語として使用されるべきではない．評価基準は，通常，環境効果の程度に関連し，成分の濃度かレベルを表す．評価基準は，例えば，許容できる再生水をつくり出すために必要とされる処理過程のように，説明文である場合もある．通常，評価基準は，単に利用可能なデータと科学的判断に基づき，しばしば技術的，経済的な実行可能

性の考慮なしで策定され，規格基準の基礎として機能する．実際には，規格基準と評価基準という用語は，しばしば州ごとに互換性を持って使用され，規則は，法的強制力がある規格基準か評価基準を含んでいる．規格基準は，いつもではないが，通常，数字の上限値を想起させるが，評価基準は，数字の上限値と，数字の上限値以外に説明文としての規定の両方を含むと考えられる．要件（requirement）という用語もまた，規制機関による行政的意思決定を表現するために使用され，規格基準，評価基準，また，標識やその他の利用区域の操作，管理制限等，その他の必要条件を含むと考えられる．

4.1.3 規　　則

州議会や水質汚濁規制官庁のような規制機関に公式に採用されると，規格基準，評価基準，または指針が規則になる．規則が義務的であって，行政機関により法的強制力があることに注意することは重要である．例えば，U.S. EPA の飲料水水質規格基準は，個々の州によって採用された時点で，法的強制力のある飲料水規則（drinking water regulations）になる．水の再利用の規則（water reuse regulations）は，通常，下水処理プロセスの要件，処理の信頼性の要件，再生水の水質の評価基準，誤接合管理規定，標識，後退距離等の利用区域管理を含んでいる．水の再生と再利用のために規則を策定することは，やりがいがあり，また，しばしば論議を巻き起こす．現在，米国には，水の再生と再利用事業を管理している連邦規則がなく，通常，規則は，州のレベルで策定される．したがって，州の規制官庁は，公衆衛生と環境への脅威を抑えるため，水の再生と再利用の規則や指針を課す．

4.1.4 規則と指針の違い

規則と指針の違いを理解することは重要である．規則は，法的に採用されていて，法的強制力があり，義務的である．一方，指針は，助言的，自発的で，強制力がないが，水の再利用の許可に組み込むことができ，その結果，強制力のある要件になる．幾つかの州は，プロジェクト特有の状況により規制的要件に柔軟性を持たせるため，指針の使用を好んでいる．これは，州内で同様の用途に異なった要件をもたらし，もし指針が一様に課されない場合，水の再利用の許可で不公平につながることがある．再生水の利用は，指針を持っている州でより著しくなる一方で，ほとんどの州では，結局，規則の策定と強制へと進んでいる．

4.1.5 水の再生と再利用

いろいろな州や地域により異なった用語が用いられるが，下水の処理とそれに連なる有効利用は，一般に水の再生と再利用と呼ばれる．例えば，幾つかの頻繁に使用される用語には，水の再利用（water reuse），水の循環利用（water recycling），水の浄化（water purification），再生水（reclaimed water），循環水（recycled water），再利用水（reuse water），再浄化水（repurified water），NEWater 等がある．本書では，水の再生という用語は，下水を再利用可能な状態にするための処理やプロセスを表し，再生水という用語は，有益な目的に使用される下水処理水を，また，水の再利用という用語は，再生水の使用を表す．

4.2　水の再利用のための規格基準，規則，および指針の策定

環境分野での公衆衛生の初期の焦点は，安全な水供給と安全な下水の処分を提供することであった．

第4章　水の再利用の規則と指針

後者については，最初の努力は，環境への未処理の排水の見境のない放出の排除と，下水処理の提供に向けられた．これらの努力は，以下の3点に進展した．(1)より高いレベルの処理の提供，特に，放流水域を好気的な状態にするための生物学的酸化，(2)レクリエーション水域と人々が接触することに伴う微生物による健康被害から保護するための処理水の消毒，(3)飲料水供給における汚染の低減．許容範囲にある性能の規格基準は，これらの実践から発展した．すなわち，最も優れた実践を表していて，良好に設計され操作された下水処理場で到達することができて，その結果として，もう流行性疾患を発生させていないという状況が示されていることから正当性が確認されている優れた実践を表した規格基準である．このように，水質の規格基準は，飲料水の供給と下水処理に関連している主要な公衆衛生上の危険を制御するためプロセスの一部として発展した．規格基準の策定と規則の施行に伴う複雑さをより完全に理解するために，(1)水質基準の根拠，(2)水の再利用の規格基準の策定，(3)規制プロセスに関わるステップ，を見直すのは有益である．

4.2.1　水質基準の根拠

水質の規格基準は，最終的には，望まれる境界条件を設定する数字として水質を表現する必要がある．McGauhey(1968)は，使用できると考えられる根拠を列記した．すなわち，(1)確立したか進行中の実践，(2)簡単にまたは合理的に，技術的かつ経済的に達成できるという達成可能性，(3)利用可能な最も良い情報を用いた，経験に基づいた推測，(4)疫学的，毒物学的なデータ，(5)人への曝露，(6)数学的モデルからのデータ，または処理プロセスの有効性，である．以上のリストを提出して以来，パイロットプラントや実証プラントの運転からの進行中の調査研究，そして長期の実下水処理場の運転データの結果として，膨大な情報群が利用可能になってきた．さらに，リスク評価とリスク解析の科学的検討は大きく進歩し，リスク解析は，水質基準，特に多くの微量成分の水質基準を作り出すために広く使用されている．本書では，健康リスク評価の重要性のため，5章すべてがこの項目に割かれている．また，5章では，再生水の安全性を評価するための疫学的，そして，毒物学的な研究の使用方法の分析が記載されている．

実際には，再生水の水質の規格基準を裏づける根拠は，通常，上記の幾つかの要素を考慮したものである．規格基準を確立するのに関わる要素を考えている場合，当然のことながら，規格基準は，本来ダイナミックであり，新しい情報が利用可能になる時には改正しなければならない．しかしながら，実際問題として，規格基準の公布は，長時間を要するものでありがちで，しばしば数年の努力を要し，規格基準がいったん確立し，適用されるとそれらは変えるのが困難になる．

4.2.2　水の再利用の規則と指針の策定

低質の下水による農業用水が1800年代後半に米国の幾つかの地域で実践されたが，20世紀の初期まで，実行上，特段の規則も制限もなかった．市街地が下水灌漑を行っている農地に食い込み始め，疾病の科学的素地がより広く理解されるようになった時，下水を使用する灌漑に関する健康リスクへの懸念が公衆衛生当局の間で高まった．これは，農業用水への下水を使用するための規則と指針の制定につながった．灌漑は，規制された最初の再生水用途であった．

現在，水の再利用の規則と指針は，表-4.1に示された要素等の様々な考慮事項に基づいている．下水処理により重要な微生物学的成分，化学的成分を除去したり，濃度を低減させることによって，そしてまた，設計や運転管理により一般の人々や労働者の水への曝露を制限することによって公衆衛生の保護が達成される．さらに公衆衛生を保護するために，様々な利用区域管理が開発され，実行されてきた．再生水が使用されていることを人々に注意喚起するのに使用されてきた看板の例が図-4.1に示されている．再生水が農作物の灌漑に使用される所(図-4.2参照)では，水質要件は，決定

4.2 水の再利用のための規格基準，規則，および指針の策定

表-4.1 水の再利用の指針，規則，水質要件に影響する要素

項　目	説　明
公衆衛生の保護	水の再利用の指針と規則は主に公衆衛生の保護を目指す．非飲用再利用のため，一般に評価基準は，微生物学的，環境的問題にのみ注意を向ける．病原微生物と化学的成分の両方に関連している健康リスクは，再生水が飲用水の供給増大に使用されることになっているところで記述される必要がある．
利用区域管理	再生水の水質要件は，水が使用されている領域で実行された適切な管理と安全措置に基づく．再生水の水質と用途により，管理には，危険信号，色分けされたパイプおよび付属物，フェンス，使用可能領域への水の囲込み，誤接合管理規定，その他の公衆衛生保護対策が含まれる．
使用要件	多くの工業利用，その他の用途には，健康問題に関連しない特定の物理的，化学的水質要件がある．同様に，再生水の農業灌漑利用においても，作物，その他の植物，土壌，地下水，その他の受水域への，個々の成分や因子の効果は，重要な考慮事項である．物理的，化学的，微生物学的な質は，特定の用途の再生水の利用者や規制的受容性を制限する可能性がある．提案または推奨される水質上限値を持つ多数の指針が利用可能である．公衆衛生や環境の保護に関連づけられていない水質要件は，規制官庁が水の再利用評価基準にほとんど含めていない．
環境考慮事項	再生水は，再生水を用いている領域の中やその周辺，そして再生水の受水域の自然な植物相や動物相に悪影響を与えるべきではない．
美的要素	都市の灌漑利用，トイレの水洗用水利用等，高いレベルの非飲用利用については，再生水は，透明，無職，無臭等，外観で飲用水と異なるべきではない．レクリエーション用の貯水池に関しては，再生水は藻類増殖を促進すべきではない．
経済的要素	規制官庁は，規則が再生水の供給者と使用者に負わせるコストを考慮に入れるが，彼らは安全であると考えられる規格基準を設定し，プロジェクトを経済的に魅力的にするというだけのために健康や環境に関する規格基準をゆるめたりはしないという傾向がある．
行政的実現可能性	水の再生と再利用に関する規制の決定は公共政策，市民の受容，技術的実施可能性，および財政的な問題の影響を受ける可能性がある．

図-4.1 水の節約(a)や水の再利用(b)を強調している看板の例

的な重要性を持つものである．自然な動植物相の環境保護は，水の再利用において常に重要となる．市民の受容(public acceptance)が重要であるため，水質への特別な注意がレクリエーション用の貯水や水洗用水利用等の水の再利用においては要求される．水の再利用規則と指針の策定の間，規制官庁は，経済性，技術的な実行可能性，法執行可能性，政治情勢等の他の要素もまた考慮する(表-4.1参照)．

第4章 水の再利用の規則と指針

図-4.2 再生水によるブドウの木々の灌漑

　規則と指針は，以下のような形をとることがある．すなわち，(1)粒状層ろ過(granular medium filtration)を必要とするなどの，プロセスの仕様や処理のレベル，(2)濁度や大腸菌群の上限値等の再生水の水質の明示，(3)処理の信頼性の要件や，誤接合管理規定，後退距離，捜査員資格要件等の設計や運転管理，等である．規則と指針を制定するための理想的な方法は，環境保全上の便益と健康リスクの科学的決定，様々な水質目標を満たすコストの技術的／工学的決定，および便益とコストを量る規制的／政策的決定，等を必要とする．

4.2.3 規制プロセス

　水の再利用の規則の採用をもたらす規制プロセスは，一般的に論理的で段階的な方法で進む．(1)再生水の有益な用途が特定される．(2)規制官庁は，規格基準の案の策定を助けるため，技術的な諮問委員会(technical advisory committee；TAC)をつくる．(3)規格基準の案が作成され，レビューとコメントのために利害関係者その他に提供される．(4)コメントと修正提案が規制官庁によって受けつけられる．(5)規制官庁は，すべてのコメントを評価し，しばしばTACからの支援と助言を受けつつ，規格基準の案を修正する場合がある．(6)公聴会が規格基準の案を提示して，追加コメントを受けるために開催される．(7)最終的な修正が規制官庁によって行われ，そして，規格基準が公表される．(8)規則案の採用に関する公示がされる．(9)規格基準または規則が策定される．様々な理由で，これらの段階をいつも正確になぞるというわけではないが，以上のプロセスが一般的な流れである．以下の節で考慮すべき因子の範囲について議論する．特定の用途のための考慮事項は，4.4で考察されている．

4.3 水の再生と再利用に関する一般的な規制の考慮事項

　水の再生と再利用に関する一般的な規制の考慮事項は，水中の成分，下水処理技術，監視要件，貯水要件，再生水散布量，エアゾルと飛沫，誤接合等，広範囲の重要事項を含んでいる．これらの一般的な考慮事項に加えて，特定の水の再利用の用途に関連して，そして最近では間接的飲用再利用のための再生水の利用について追加事項がある．一般的な規制の考慮事項は，本節に記述されている．特定の再利用用途と間接的飲用再利用は，それぞれ4.4，4.5に記述されている．本節と4.4，4.5で

4.3 水の再生と再利用に関する一般的な規制の考慮事項

表-4.2 水の再生と再利用で重要な微生物学的成分，化学的成分，物理的性質

要素	内容
微生物学的成分	
細菌	生下水は，多くの病原細菌を含む可能性があるが，細菌は，適切に処理が施された再生水では公衆衛生を損なう大きな脅威となっていない．ここ50年間以上の調査研究と運転経験から，大腸菌群または糞便性大腸菌群を低レベルに引き下げるための高いレベルの消毒が施されると，標準の二次処理や三次処理が再生水中の病原細菌を効果的に除去するか，またはそれらをかなり低濃度に引き下げることが示されている．
原虫	世界中の多くの水系感染症の集団感染は，飲料水やレクリエーション水の中の寄生性原虫である *Giardia lamblia* と *Cryptosporidium parvum* によるとされている．水の再利用プロジェクトに関連するジアルジア症やクリプトスポリジウム症の事例は確認されていないが，原虫が主要な水系感染症の原因であることが明らかになってきた．
蠕虫	寄生虫は，生下水または不十分に処理された下水が灌漑に使用される発展途上国で多大な健康被害を示すが，二次処理，またはより高いレベルの処理が容易に生物を取り除いている先進国では，あまり重要ではない．寄生虫は，米国の再生水使用箇所で健康問題を示していない．
ウイルス	未処理の都市部の下水は，無数の病原ウイルスを含んでいる．幾つかのウイルスは，大腸菌群より消毒に抵抗力がある．また，再生水中の大腸菌群の濃度レベルとウイルス濃度との直接の関係は，ほとんどない．しかしながら，公衆衛生の専門家の間に，再生水中の低濃度のウイルスの健康に対する重要性に関するコンセンサスがない．ろ過と消毒を含む下水処理の過程で，腸内ウイルスが低いか不検出レベルに除去，破壊，または不活化されることを示す，多くの情報が存在する(Crook, 1989; Engineering Science, 1987; SDLAC, 1977)．3章で特定のウイルスの同定における困難さについて議論されている．
化学的成分	
生物分解性有機物	生物分解性有機物は，美観や不快感に関する問題を生じさせる可能性がある．有機物は，微生物の栄養となり，消毒プロセスに悪影響を与え，水を幾つかの工業，その他の利用用途に適合しなくし，再生水が飲用目的に使用される場合は，急性か慢性の健康影響を引き起こす可能性がある．
全有機炭素(TOC)	全有機炭素(TOC)は，飲用目的で使用される再生水における有機物含有量の総量把握のための最も一般的な監視因子である．TOCは，処理過程の有効性の尺度として使用される．しかしながら，TOCの分析は，非常に低濃度の幾つかの健康上重要な化学物質を示すための役に立つ予測ツールではなく，未規制化学物質のための代替物質として使用できる1つ以上の下水成分の同定が必要である．
硝酸塩	土地に過度のレベルで用いられると，硝酸性窒素は土壌を容易に浸透し，地下水の濃度は飲料水の水質規格基準を超える原因となる可能性がある．また，再生水が飲用再利用に使用される時も，硝酸塩と亜硝酸塩は重要である．
重金属	カドミウム，銅，モリブデン，ニッケル，亜鉛等の幾つかの重金属が作物の消費者にとって有毒なレベルに作物中に蓄積する可能性がある．一般に，少なくとも二次処理を受けた再生水中の重金属は，ほとんどの用途において許容水準内にあるが，工業排水前処理事業が強制されない場合，都市部の下水収集システムに排出された幾つかの工業排水は，かなりの量の重金属負荷を与える可能性がある．
水素イオン濃度(pH)	下水のpHは，消毒の効率，凝集，金属溶解性，および土のアルカリ度に影響する．都市部の下水の一般的なpH領域は，6.5～8.5であるが，産業廃棄物の中には，この範囲の外のpHレベルのものもありうる．
微量成分	医薬品由来化合物(PhACs)，内分泌攪乱化学物質(EDCs)，パーソナルケア製品(PCPs)，その他の微量成分は，カエル，魚，その他の水生動物への悪影響に関わってきた．従来の処理法で多くの微量成分は除去されるが，それらの幾つかは低濃度で下水処理水中に存在している可能性がある．これらの物質の多くは，低濃度域での健康リスクが明らかになっていないが，再生水が飲用目的に使用されたり，灌漑，その他の地下水注入や表面供給といった方法による用途に再生水が使用されるなら，健康上の問題を示す可能性がある．
消毒副生成物	水中の有機物と塩素やオゾン等の化学的酸化剤との反応が様々な消毒副生成物(DBPs)を作成する可能性がある．そのうちの幾つかは，長期的に摂取するなら，人の健康に有害である可能性がある．飲料水で関心の高い主要なDBPsは，トリハロメタン，ハロ酢酸，臭素酸塩，ハロアセトニトリルである(11章参照)．
全溶解性蒸発残留物(TDS)	水中の総イオン成分の尺度．高いTDS濃度は，農業用・修景用の灌漑，工業用途等の多くの再利用用途で重要である(17, 18, 19章参照)．
物理的性質	
全浮遊物質(TSS)	浮遊物質は，消毒剤から微生物を保護し，塩素やオゾン等の消毒剤と反応して，消毒の有効性を少なくする．紫外線(UV)照射が消毒プロセスとして使用される所では，消毒の前に下水中で低レベルに粒子性物質を引き下げることは不可欠である．TSSは，点滴灌漑システム等の再利用施設の性能に影響する可能性がある．
濁度	濁度は，浮遊物質の代替の尺度として使用される．ただし，濁度の測定値は，消毒プロセスで微生物を保護できる大粒子の存在を反映しないことがある．
温度	下水の温度が周囲の環境より一般に高いことから，水温は，パイプや付属物中での加速された生物増殖やスケール生成を伴う幾つかの再利用用途に影響する可能性がある．

第4章 水の再利用の規則と指針

提示された資料は，4.6～4.8で提示され，議論されている様々な水の再利用の規則と指針の策定の根拠を理解するための背景となる資料として役立てることを目的としている．

4.3.1 下水中の重要な成分と物理的性質

3章では，下水中で見られる成分が提示され，議論された．以下，表-4.2に示されるように，水の再利用で重要な水の微生物学的成分，化学的成分，物理的性質が簡潔に考察されている．

微生物学的成分

3章で議論されているように，未処理の下水は，病原微生物や様々な化学成分を含んでおり，その多くが接触，吸入，または食物摂取により病気や疾病を引き起こすことが知られている．発展途上国では，未処理または不十分に処理された下水の灌漑利用に関連した疾病の発生等の健康への悪影響がよく記録される．下水を起源とする再生水の使用に伴う潜在的な健康と環境リスクを考える際，再生水中の微生物学的成分，化学的成分が除去されるか，安全なレベルに低減されることを保証するために，制御することが必要とされる．重要な微生物の分類を表-4.2に示している．生下水中の病原微生物の存在と濃度は，多くの要素に依存しており，伝染性の微生物に関する特定の下水の一般的特性について，ある程度の保証をもって予測することが可能ではないことに注意するべきである．

病原微生物による感染症の伝播の可能性は，処理された下水の非飲用再利用に関連した最も一般的な関心事である．衛生工学と予防医学における進歩により，米国では水系感染症の疫学的集団感染は，大いに制御された．しかしながら，水を介した疾病の伝播の可能性は，なくなっていない．若干の例外はあるものの，過去の流行病の歴史上の病原体は，今日，下水中にまだ存在しており，その状況は，病原体の根絶よりも伝播経路の遮断を行うという状況である．米国では，適切に処理された再生水の使用から生じている感染症の確認事例は全くないが，不適切な水の再利用による感染症の流行可能性は，公衆衛生上の関心事として残っている．再生水の非飲用利用では，一般に規則と指針は，病原微生物の管理に基づいているが，飲用水の増加は，微生物と化学物質の両方の成分の管理を必要とする．再生水と人との接触の度合いが増すに従って，規則と指針は，より厳しく限定的になる．5章で，より詳しく水の再利用に関連する健康と環境問題について議論する．

化学的成分

水の再利用に関連する主要な化学的成分も表-4.2に記載されている．一般に，表-4.2で示されている化学成分は，特定の再利用の用途に関連している．間接的飲用再利用の可能性がある所では，BOD，TOCまたはCODとして測定された構成が未知の有機物質に関する懸念がある．最近の包括的な研究では，有機物画分を構成する個々の成分を同定するために協調した努力がなされている（Leenheer, 2003）．分析的研究の結果によると，下水処理水中の残留有機物の大部分がテルペノイド族の細胞片からなっていることがわかった．例えば，幾つかのビタミン，ホルモン，および生体高分子は，テルペノイドである．

物理的性質

水の再利用に関連する主要な物理的性質は，表-4.2に示されている．全浮遊物質（TSS）と濁度は，下水を処理するために用いられる処理過程に関連する．通常，濁度は，TSSの代替指標として，またプロセスの制御因子として使用される．残念ながら，濁度測定自体は，消毒効果を評価するにあたって重要な，濁度として測定された粒子の粒径分布に関する情報をほとんどもたらさない．温度は，使用箇所特有の要素であり，その重要性は，例えば，人工造雪，融雪，管腐食速度への影響等，水の再利用用途に依存するであろう．

4.3.2 下水処理と水質に関する考慮事項

　病原体や健康影響のある化学物質が測定できるレベルにない再生水が原則的につくり出されるであろうことを保証するため，処理の単位プロセスと単位操作，そして許容できる水質上限値の両方を定めることが必要である．許容できる質の再生水をつくり出すことが知られている処理と水質要件の組合せは，幾つかの化学的・微生物学的汚染物に関する処理水の監視の必要性を未然に取り除く．例えば，幾つかの健康影響のある化学物質や腸管系ウイルスや寄生虫等の病原微生物のような，生産される水の高価で手間が掛かる幾つかの重要な項目に関する監視は，健康保護を犠牲にすることなく省略できる可能性がある．

下水処理の方法

　予想される曝露が偶発的であったり，ほとんど起こりそうもない所では，通常，低レベルの下水処理が適用可能であり，非消毒か消毒された二次処理水が使用用途に依存して許可されうる．ほとんどの州では，二次処理の定義は，BODもTSSも30 mg/Lを超えていないことである．幾つかの州が二次処理水を定義するため，「酸化された下水(oxidized wastewater)」という用語を使用している．ここで，酸化された下水とは，有機物が安定して，腐敗しにくく，溶存酸素を含む下水と定義することができる．ほとんどの州の規則は，例えば，標準活性汚泥法(conventional activated sludge)，長時間エアレーション法(extended aeration activated sludge)，ラグーンシステム(lagoon system)のような特定の種類の二次処理法を要求しておらず，様々な種類の二次処理が適用されよう．非飲用用途の再生水による市民への曝露が起こりうる所では，通常，三次処理が要求される．三次処理として摘要可能な方法は，砂ろ過(sand filtration)，複層ろ過(multi-media filtration)，膜(membrane)，その他，微粒子および有機物の除去に効果的な方法であろう．

経済面の考慮事項

　規則への処理プロセス要件の包含が経済的な実行可能性がない結果となる可能性があること，処理プロセス要件が革新的な処理技術の策定と適用を妨げるであろうこと，その結果，設定されている水質上限値を満たす処理プロセスの選択は，プロジェクト提案者に残されるべきであることが時々主張される．規制官庁は，規則の策定の間，経済的，技術的な実行可能性を考慮しているが，彼らの基本的な責務は，公衆衛生と環境保護である．したがって，規制官庁は，水の再利用プロジェクトをより経済的に魅力的にするために保健福祉面で妥協するということはない．包括的な規則がある州は，―規制官庁の意見では―規則で指定された方法と同じくらい有効であると実証されたことが提示された代替処理法を認める(Crook, 1998; Crook et al., 2002)．

BOD，TSS，および濁度の要件

　ほとんどの州において，下水処理の過程と，TSSと濁度の一方または双方，大腸菌群または糞便性大腸菌群，そして消毒に関する再生水の水質上限値を指定している．飲用再利用のための規則を持っている州は，制限はされていないが，U.S. EPAの飲料水水質規格基準等の化学的成分に関する上限値も含んでいる．高品質の水を要求する再生水の利用にあたっては，幾つかの州で5 mg/L程度のBOD，TSS上限値が指定されている．これらの上限値は，ろ過，その他の三次処理プロセスが幾つかの好ましくない成分を除去し，消毒の前段階で使用されている所で適用できる．幾つかの州では，より低頻度の採水は認められているものの，通常，コンポジットサンプル(composite samples)を用いたBODとTSSの測定のための毎日の採水が要求される．すべての州がBODとTSSの上限値を持っているというわけではなく，また，幾つかの州ではTSSの代わりに濁度の要件を設定している．

第4章　水の再利用の規則と指針

　一般に，濁度の上限値は，人との接触が想定あるいは想定されうる場合，三次処理を施された再生水についてのみ要求される．必要な場合には，ほとんどの州が濁度を連続的に監視することを要求している．通常，消毒のすぐ前に濁度の遵守ポイントがある．

　指定されている所では，ろ過後の再生水の濁度の上限値は，1～10 NTU の範囲で，一般的な要件は，2 NTU である．California 州は，三次処理の方法により異なった濁度要件を指定している．ろ過が三次処理過程である所では，ろ過の後の濁度は，24 時間内で平均 2 NTU を超えることができず，24 時間内で 5% 以上の時間割合で 5 NTU を超えることができず，常に 10 NTU を超えることができない．膜ろ過の代わりに使用される所では，濁度は，24 時間内で 5% 以上の時間割合で 0.2 NTU を超えることができず，常に 0.5 NTU を超えることができない．**付録 F の F-1 で** California 州の濁度要件のための原理が議論されている．

指標微生物の使用と限界

　重要なすべての病原微生物について再生水を監視することは，非実用的であるので，一般に代替指標が認められている(3.4 参照)．現在，米国では，大腸菌群または糞便性大腸菌群は，再生水を監視するために好んで用いられる指標微生物である．どちらの大腸菌群を使用すべきかという選択に関する規則的な決定は，いくらか主観的である．病原細菌が存在しないことを示すために低レベルの大腸菌群が要求される場合，大腸菌群測定が糞便性大腸菌測定より優れているという微生物学者の間でのコンセンサスはない．大腸菌群を用いることは，水の再利用への保守的な考え方に固執する規制官庁の好みに合うような追加の安全係数を与える．腸球菌，大腸菌(*E. coli*)，ウェルシュ菌(*Clostridium perfringens*)，大腸菌ファージ等の他の指標生物が提案されてきたが，様々な理由で，米国の既存の水の再利用規則や指針で推奨も要求もされていない．Colorado 州の再生水規則の指標として大腸菌が用いられているのが唯一の例外である．

　分析的検出と同定法が何年にもわたって向上するに従って，大腸菌群それ自体では，幾つかの病原体，特にウイルスや寄生虫の存在や濃度に関する不適当な指標であることが明らかになってきた．これらの多くの病原体は，大腸菌群等の古典的な微生物指標より下水処理に抵抗性があることが示されている．さらに，人間でない生物から発するであろうジアルジア(*Giardia lamblia*)やクリプトスポリジウム(*Cryptosporidium parvum*)等の病原微生物に関する懸念は，主として人の糞便の混入に起因する汚染の指標の使用に対する問題意識につながってきた．そのため，高いレベルでの全大腸菌群，または，糞便性大腸菌群の除去，それ自体が再生水からの高いレベルでの病原体の除去を暗示していると推論するのは不適当である．

消毒要件

　塩素が消毒剤として使用されている所，特に人と水の接触が起こりそうな所での再生水利用のため，幾つかの州が残留塩素の連続監視を必要とし，残留塩素と接触時間の双方を必ず守るよう指定している．必要な残留塩素と消毒接触時間は，実際には，それぞれ 1～5 mg/L，最大流量で 15～90 分の範囲で，州ごとに異なっている．紫外線が消毒に使用されている所では，ほとんどの州では紫外線の照射量，設計容量，運転条件を指定していないが，幾つかの州の規則は，Ultraviolet Disinfection Guidelines for Drinking Water and Water Reuse (NWRI, 2003)に従うことを求めている．

　臭い，スライム，および細菌の再増殖を防ぐため，再生水配水システムで残留塩素を維持する必要性は，二系統配管システム(dual water system)の開発初期に認識されていたが(Okun, 1979)，規制官庁が残留塩素を要求し始めたのは，最近約 10 年のことである．現在，ほんの数州が再生水を運ぶ配水システムにおける残留塩素(通常，0.5 あるいは 1.0 mg/L)の維持を要求している．

4.3.3 再生水の水質監視

水質監視に伴い必要な決定事項は，水質パラメータの選択，数値での上限値，採水方法と頻度，および監視する遵守ポイント等である．問題となるすべての有毒化学物質と病原微生物について再生水を監視するのは非実用的である．したがって，代替因子が必要で，広く受け入れられている．先に示した指標生物に関する問題点に加え，重要な問題点は，ウイルスのための監視の必要性，微粒子の測定のための適切な因子等である．

浮遊物質の監視

粒子性物質が消毒の有効性に直接の影響を持っているので，濁度やTSSの測定値は，消毒の直前の下水処理水の監視のための有用な因子である．通常，浮遊物質の測定は，24時間のコンポジットサンプルにより毎日行われ，採水期間の平均値が得られる．浮遊物質の監視を裏づけようとする一般的な論旨は，他のほとんどの因子に関して要求されている採水頻度がグラブ(grab)かコンポジットサンプルとして毎日あり，そして，それ故，粒子性物質のより頻繁な監視は，適切でないというものである．二次処理の流出水は，測定可能なレベルのすべての病原体が完全になくなるように意図されていないため，二次処理だけを受ける再生水の場合，TSSの監視は適切である．

濁度の監視

連続的に監視された濁度が毎日の浮遊物質測定値より処理の実行を助けるという点で優れているのは明らかである．信頼できる計装が濁度の連続したオンライン測定に利用可能であり，濁度監視は，水の再生施設における水質因子として広い用途を見出してきた．低い濁度や浮遊物質の測定値それ自体は，再生水が病原微生物の全くない状態であることを示しておらず，濁度や浮遊物質の測定値は，微生物学的な質の指標としては使用されないが，むしろ消毒の前の再生水の水質評価基準として使用される．

監視する遵守ポイント

指標微生物の法規制の遵守のための監視の位置づけは，幾つかの州で論点となってきた．一つの観点は，再生水は，使用箇所での微生物に関する水質上限値を遵守すべきであるということである．この位置づけを支持する主張は，一般に，処理場と再利用の使用箇所の間での微生物の再増殖の可能性に集中する．しかしながら，制限している大腸菌要件は，病原細菌が消毒の間に破壊され，細菌の再増殖は，非病原性の生物のものにすぎないことを確実にしている．ウイルスは，侵入して彼ら自身を複製するために生きた細胞を必要とし，オープンな環境では濃度は高くならない．同様に，ジアルジアやクリプトスポリジウム等の原虫は，増殖のために宿主を必要とする．多くの規制官庁は，貯水と配水の間に起こりうるあらゆる水質の劣化は，他の水の使用で起こるそれと異ならないであろうという理論的解釈に理解を示している．この考え方は，その後の水質管理が無視されるべきであること示唆するということではない．用意されている処理，再生水の用途，そして，貯水と配水系統の特性に依存して，配水系統のスライム生成を減らしたり，かび臭を減少させることを助けたり，より消毒安全性を提供するため，残留塩素を維持するのが適当であると考えられる．ほとんどの州で，指標微生物に関する監視の遵守ポイントは，消毒直後にある．

地下水の監視

再生水が灌漑や漏出を防ぐ処置が施されないで貯水に使用される時，地下水監視がしばしば要求される．一般に，地下水の監視プログラムは，背景となる環境の状態と問題となる帯水層に入ってくる

第4章 水の再利用の規則と指針

地下水の状態を評価するため，1つの井戸が水の再利用箇所の水理学的上流側に置かれ，1つ以上の井戸が地下水質要件の遵守を監視するために再利用箇所の水理学的下流側に置かれることが要求される（図-4.3参照）．一般に，再生水の灌漑に関する地下水の監視プログラムは，浅い帯水層の水質に焦点を絞っている．採水の因子と採水頻度は，一般にケースバイケースで考えられている．

4.3.4 貯水要件

図-4.3 地下水監視（井戸採水器）とその計装

貯水要件に関する現在の規則と指針は，主として表流水への排出を制限するか防ぐかの必要性に基づいており，需要と供給に関する日中や季節の変化を満たすために必要な貯水とは関係がない．貯水要件は，州によって異なり，一般に，地理的な位置，気候，および設置箇所の条件に依存する．暖かい気候で水が足りない州では，最小貯水量は，平均設計流量で3日分に等しい量が典型的であるが，北部の幾つかの州では，多くの雨や凍結温度により非灌漑日が多いことにより貯水200日以上が要求される．

貯水要件を指定するほとんどの州では，操作上の貯水と季節的な貯水を区別していない．州の規則や指針に貯水要件を持っている州の大部分は，指定された降雨間隔に基づき再利用システムへのすべての水の流入と流出を考慮して，再利用システムでの水収支がとられることを要求している．

4.3.5 再生水使用量

ほとんどの州の規則は，使用量が灌漑される植物や穀物，使用場所特有の条件によるため，再生水の灌漑使用量に関して要件も勧告も含んでいない．使用量を推奨する州では，代表的な最大推奨水負荷率（maximum recommended hydraulic loading）は，50 mm/wk（2.5 in/wk）である．

(a) (b)

図-4.4 エアロゾルや飛沫状の再生水への曝露に関連する公衆衛生の考慮事項．(a)農業灌漑，(b)修景灌漑

4.3.6 エアロゾルと飛沫

　エアロゾルや飛沫状で再生水を曝露することは，公衆衛生の関心事としてしばしば引き合いに出されてきた(図-4.4参照)．エアロゾルは，大きさ 0.01～50 μm の空気中に漂う粒子である．再生水の噴霧によるエアロゾル中の病原体レベルは，元となった再生水中のそれらの濃度，水滴の大きさ，噴霧プロセスのエアロゾル化効率(aerosolization efficiency)の関数である．通常，噴霧された水の 1% 以下がエアロゾル化する．疾病の伝播の可能性は，下水処理の程度，エアロゾルや飛沫の形成と移動の範囲，人口の多い領域や市民がアクセスしやすい領域との近接，主な気候条件，灌漑システムの設計等の多くの因子に依存する．感染や疾病は，吸入により直接的に，また，食物や植物や衣服等の表面に付着した感染性生物を含むエアロゾルによって間接的に，発症する可能性がある．ある種の病原体が感染を引き起こす投与量は，腸管系を経由する感染より呼吸器系感染の方がより低い．したがって，これらの病原体に関しては，接触や食物摂取よりも，吸入が疾病の伝播のための経路としてより可能性が高い場合があり得る．

病原体の生残

　エンテロウイルスやサルモネラ菌(*Salmonella*)等の幾つかの病原微生物は，指標微生物よりはるかによく下水のエアロゾル化過程で生残するように思われる(Teltsch *et al*., 1980)．病原体がエアロゾルに存在している場合，それらは，一般に生存したままで，風速が速くなるほど，相対湿度が上がるほど，温度が低いほど，日射量が少ないほど，より遠くに移動する．最適な条件下では，エアロゾルは，数 100 m 伝播することができる．

　最近約 20 年の間，下水や再生水の散布灌漑から生じるエアロゾル形成や病原体の移動に関し，ほとんど研究が行われていない．下水処理場からのエアロゾルに曝された地域の居住者を対象とした研究では，エアロゾルへの曝露と疾病との決定的な相関関係は検知されていない(Camann *et al*., 1980; Fannin *et al*., 1980; Johnson *et al*., 1980)．細菌とウイルスは，生下水や不十分な処理の下水を使用する散布灌漑システムによって生成したエアロゾルで見つかっているが，消毒された再生水での散布灌漑に起因する疾病の発生は全く記録されておらず，研究からは消毒された再生水を用いる散布灌漑サイトからのエアロゾルに関連している健康上のリスクが低いことが示されている(U.S. EPA, 1980; U.S. EPA, 1981)．

曝露制限

　一般的な慣行としては，設計や運転管理のうえで，必ずしも十分に消毒されていない再生水から発生するエアロゾルや飛沫への曝露は制限されるべきである．設計上の特徴としては，しばしば緩衝地域とも呼ばれる後退距離，灌漑された地域の周りの林や壁等の防風林，低圧灌漑システム，細かい霧の発生を抑制する大きな穴のスプレノズル，低い姿勢のスプリンクラ，地表面あるいは地表下への灌漑方法等が含まれる．運転上の対策は，低風速の期間にのみ散布すること，注意すべき領域に向かって風が吹いていて，その結果，エアロゾルが吹き寄せられたり，風で吹き飛んで飛沫化する場合には散布しないこと，市民や従業員がエアロゾルか散布に関する領域にいない休み時間に灌漑すること，などである．

後退距離

　再生水の小滴の飛沫は，エアロゾルより大きな健康被害の可能性をもたらす可能性がある．後退距離(setback distance)の意義は，再生水と人との過度な接触を防ぐことや，飲用水供給源の汚染の可能性を防ぐことである．下水の散布灌漑から生じるエアロゾルやより大きい水滴の中の微生物濃度を

見積もるため,予測モデルが開発されてきたが,後退距離は,規制官庁により経験と工学的判断に基づいてやや自由裁量ぎみに決定されている.

多くの州は,再生水利用区域と表流水,飲料水供給井戸,市民がアクセスしやすい領域との間に後退距離を設定してきた.通常,後退距離は,再生水が散布灌漑,冷却塔冷却水,その他飛沫や霧が形成される所で要求される.また,後退距離は,浸透した再生水が飲用水供給井戸に達することを予防するため,灌漑や貯水箇所で要求されることがある.後退距離は,再生水の品質,再利用のタイプ,利用方法,そして,水と人との接触を避けるか,または汚染から飲用水供給源を保護するといった設定する目的によって異なる.後退距離は,要求される所でも,州によって距離も 15 m(50 ft)から最大 240 m(800 ft)と,かなり異なっている.幾つかの州では,高いレベルの処理と消毒が提供されている場合,灌漑領域と市民がアクセスしやすい領域までの間の後退距離を要求していない.California 州で要求される後退距離は,**付録 F** の **F-1** で示されている.

4.4 水の再利用用途別規制の考慮事項

4.2 で検討した因子に加え,(1)農業灌漑(agricultural irrigation),(2)修景用灌漑(landscape irrigation),(3)二系統配水方式(dual distribution system)と建物内利用,(4)園池利用(impoundment uses),(5)工業用水,(6)雑用水(miscellaneous nonpotable use),(7)地下水涵養(groundwater recharge),等の用途ごとに多くの考慮すべき事項がある.これらの考慮事項について,以下で簡単に述べる.斬新で試行的な水の再利用法である間接的もしくは直接的飲用再利用の規制的側面については,**4.5** で述べる.

4.4.1 農業灌漑

再生水の農業用水利用に伴う主な健康上の関心事は,食用作物の汚染とそれに伴う消費者への被害の可能性である(17章参照).以下に示すような農業用水の重要な考慮事項を含む.(1)作物の直接,間接の汚染,(2)病原成分の残留,(3)作物の流通前の加工,(4)微量化学物質の摂取,(5)処理レベルの設定.

作物の汚染

病原微生物を含む下水は,灌漑中の直接接触により,または土の接触により間接的に作物を汚染する.地上で生育し,無調理で食べられる作物への噴霧灌漑(spray irrigation)は,再生水と作物が直接接触するため,より厳しい基準が必要である.ニンジン,ダイコン,タマネギのような根菜類の噴霧灌漑,もしくは地表面灌漑(surface irrigation)もまた,作物と再生水の接触は直接的である.作物の間接的汚染は,飛来したほこりや,灌漑水や土壌から作物の可食部へ作業者,鳥,昆虫等が生物を運ぶことによって起きる.

病原体について

食用作物を汚染する生物は,食品の表面で生存できる.多くの病原体が植物表面や土壌中で長期間生存でき,単純に灌漑から収穫までの期間を長くすること,または販売前に商業上の貯蔵を行うことは,あらゆる病原体を死滅させることにはならない.

作物の処理

食用作物の灌漑に用いる再生水が病原体を死滅させるまで高度に処理されていない場合は,物理的

または化学的な商業上の加工が食品を消費者に販売する前に行われなければならない．感染性微生物の伝播は，汚染された作物を取り扱うこと，および加工前に販売あるいは流通させることによって生じる．

微量成分

微量化学物質は，用水または土壌から根を通して吸収される可能性，および葉面吸収の可能性に関心が持たれる．幾つかの成分は，特定の作物に蓄積することが知られており，それを食べる人や動物への健康を損ねる可能性がある．しかしながら，大部分の微量有機化合物は，植物根の半透膜を透過できない大きさであるとみなされている(U.S. EPA, 1981; NRC, 1996)．

処理水準

処理の水準は，水質，作物のタイプ（食用・非食用，生食用・調理用），灌漑方法（噴霧灌漑，地表面灌漑，地表下灌漑）および作物と再生水の接触の程度によって異なる．

4.4.2 修景用灌漑

修景用灌漑には，ゴルフ場，公園，墓地，校庭，中央分離帯，住宅の芝生等の灌漑がある（8章参照）．利用される区域の特性，居住地域との位置関係，および市民の近づきやすさ，または土地の用途等によって，必要な水質やシステムに求められる運転管理は異なると考えられる．修景用灌漑の課題は，以下で議論する．(1)市民の近づきやすさ，(2)微量化学物質の蓄積，(3)利用区域の管理等である．

市民の近づきやすさ

修景用灌漑は，しばしば，市民が近寄りにくい所や立入りが制限されている場所で再生水利用が行われる場合と比べ，利用の管理が大変重要な，都市内や市民がよく訪れる所で行われる（図-4.5参照）．例えば，公園や遊園地のように子供が集まる修景区域の灌漑では，芝生や土壌との接触や摂取の可能性がある．市民の利用が想定されていない場所の修景用灌漑では，公衆衛生上の問題が発生する可能性は限られているが，再生水と人の直接または間接接触の可能性が増すのに伴い，灌漑用水中の病原微生物濃度を下げる必要性が一層重要になる．

(a) (b)

図-4.5 高度に処理された再生水を用いている非制限的使用例．(a)California州でのゴルフ場の灌漑，(b)日本の札幌市のせせらぎ（提供：札幌市）

微量成分

近年，PhACs や EDCs のような極微量の化学物質が修景用灌漑水中に存在するかもしれないという不確実な懸念が表明された．これらの物質は，飲料水供給源の地下水に移行し，あるいは芝生や土壌中に健康に影響のある濃度まで蓄積され，子供が不慮に摂取あるいは接触する可能性がある．

利用区域の管理

利用区域の管理（usearea control）は，立入り制限のない灌漑区域で，そこを頻繁に利用する子供と大人を保護するための安全上の予防措置として義務づけられる．有効な管理には，その区域では再生水による散水が行われていることを表示して市民に警告すること，散水と直接接触しないように飲用水栓を防護すること，再生水の水溜まりができないようにすること，再生水を設計された灌漑区域にだけ散水するように制限すること，利用時間帯の散水をしないこと，が含まれる．すべての利用区域の管理が厳守されていることを確かめるため，再生水供給者または再生水使用者による日常的な検査がすべての再生水使用区域で実施されるべきである．

4.4.3　二系統配管方式と建物内利用

都市域での複数の用途（例えば，住宅地等の散水，噴水，水洗便所，洗車，およびクリーニング業）への再生水の需要が増加した結果，同じ供給区域に上水と再生水の両方を供給する大規模な二系統配管網が発達することとなった．重要な考慮事項は，(1)再生水管と付帯機器の識別，(2)誤接合の防止，(3)再生水の水質，(4)給配水系統の設計と施工，等である．

識別の考慮事項

再生水管と付帯機器の識別は，普通，色分けと標識によって行われる．再生水を送る建物内の配管を正確に識別することは，保守作業と誤接合防止のために必要である．再生水供給のための配水管と給水系統の識別については，14，15 章で検討する．

誤接合防止

水洗用水や防火用水として建物内で使用される再生水は，誤接合防止が重要である．用途としては，頻繁に人が触れることにはならないが，上水管との不注意による誤接合が生じたことがあり，これによりやむを得ず再生水を少量摂取した場合に病気が伝染する可能性を減少させるため，これらの用途には，高度に消毒された再生水を使用する必要がある．

規則では，しばしば送配水管および付帯機器を色分け，テープ巻き，その他の手法［再生水管と上水管の隔離，許容可能な水圧，調査，および逆流防止装置(14，15 章参照)］による識別を呼びかけている．上水と再生水の両方の供給を受けている利用区域では，利用区域で誤接合が生じても上水系統の汚染水準を低くするために，通常は，区域ごとの上水供給管に逆流防止装置が要求される．再生水と上水の系統の直結は，どの州でも許可されない．

California's Water Recycling Criteria は，California Department of Health Services の誤接合管理規則を遵守することを求めている(State of California, 2000)．それらの規則は，再生水を修景用灌漑に用いるために二系統配管方式で住宅地に給水する水道は，最低限，二重逆止弁逆流防止装置を使用しなければならないことを定めている．同規定は，防火用に独立した配水管系統で再生水を使用している建物内の水道にも適用される．上記以外の場所では，上水系統を保護するため，最低限，圧力低減を原理とする逆流防止装置が必要である．再生水供給系統の補助水源として公共水道が使用される場合は，両系統が管路で物理的に接合されていないことが要求されている．

California 州の建物内二系統配管系統に関する評価基準には，次のような要件がある．

- 個人所有の住宅単位で，複合住宅や分譲マンションを含め，再生水を建物内で使用することは禁止．
- 利用予定区域，計画と諸元，および誤接合管理設備と試験方法の詳細を含む報告書の提出．
- 可能性のある誤接合に関する試験を少なくとも4年ごとに行うこと．
- 再生水系統から上水系統へのどのような逆流発生についても検知後24時間以内に通知すること．
- Department of Health Services の誤接合管理規則に従うこと．
- 食品や飲料の製造または加工を行う施設は，火災抑制用としてのみ施設内部で再生水を使用できる．

再生水の水質

再生水が人と接触する可能性のある所では，健康リスクを最小限にするため，高度処理と高度な消毒が必要である．ほとんどの非飲用都市用水としての使い方では，高度処理水中の化学成分は，一般的に問題にならない．再生水中の栄養塩類―特に，窒素とリン―は，生物膜の成長を刺激するが，必要に応じて，高度処理プロセスによって制御あるいは除去可能である（7章参照）．

配水系統の特徴

配水系統の設計と建築における特徴は，監視，貯留，利用区域の管理，および運用等である（14章参照）．

4.4.4　園池利用

園池（貯水池）（impoundment）は，修景用，非接触利用（noncontact use）から，ボート遊び，釣り，および水浴まで，様々な目的で使うことができる．他の再生水利用と同様に，必要な処理水準は，予定している水の用途によって変化し，人と接触する可能性が増加するとともに上昇する．園池利用において重要な考慮事項は，(1)園池の用途，(2)水質の問題である．

園池用途

再生水の園池は，修景的に使用されるか，レクリエーション目的で使用されるかで分けられる．レクリエーション用園池は，制限的（身体非接触のみ）であるか，非制限的（身体接触が許される）であるかによって細分類される．身体非接触は，ボート遊びや釣りのように再生水と付随的に接触するだけの活動用であるのに対し，身体接触は，全身の浸漬を含む活動用である．

水質の問題

園池利用の水質要件は，予定する用途によって異なる．非制限的なレクリエーション用園池（および，プールと装飾的噴水）は，偶発的な摂取による毒性または目や皮膚への刺激性を示す化学物質を含まず，微生物学的に安全でなければならない．その他，温度，pH，含有物質，水生生物の生育，および清澄性も重要である．清澄性は，安全性，視覚的アピール，レクリエーションの楽しみ等幾つかの理由から重要である．ボートや釣りができるレクリエーション用園池で使用される再生水は，高濃度の病原微生物や魚の消費者に健康リスクを示すレベルまで魚に蓄積される重金属を含んではならない．もし，再生水に曝露される魚，貝，あるいは植物が人に消費されるものであるなら，原水の微生物学的な水質と化学的な水質の両方について，食物連鎖による有毒汚染物の生物濃縮性が十分に評価されなければならない．

4.4.5 工業用水

標準的な下水処理工程からの再生水は，飲用の水質より低質の水でもよい多くの工業用途には十分な水質である．再生水は，また，渇水の年でも供給が安定しているという重要な利点を有する．再生水の工業用途には，冷却，工程用，ガス洗浄，ボイラ供給，洗浄，材料搬送，および食品と無関係な製品の材料(19章参照)等がある．工業用の水の再生利用のための規制の考慮事項は，(1)エアロゾルの生成，(2)製品の安全性である．

エアロゾル

冷却塔で使用される再生水中の病原微生物は，従業員や冷却塔の近くの市民にエアロゾルや風に飛ばされた飛沫に乗って害を及ぼす可能性がある．しかし，実際のところ，スライム発生を予防し，その他の微生物活動を防止するため，普通，殺菌剤やその他の薬品がどんな冷却水にもその場で添加されているので，副次的にエアロゾルや風で飛んだ飛沫による健康被害の可能性を除去，または大幅に減少させている．

製品の安全性

再生水を工程で使用することの是非は，その用途と，従業員あるいは市民が水と接触する可能性によって異なる．低質の再生水は，その製造工程で病原微生物や有害物質が除去されるか，許容水準まで減少することが十分に保証されない限り，市販され，直接，人と接触したり摂取されたりする製品を製造する工場で使用されたり，製品に混入されたりするべきではない．

4.4.6 その他の非飲用用途

あまり一般的でない再生水の用途として，汚水管のフラッシュ洗浄，路面清掃，防塵，土の締固め，コンクリート製造，造雪，融雪，噴水，クリーニング業，有料洗車場，装置洗浄，防火用水等がある(20章参照)．各用途は，個別事例ごとに評価されなければならないが，一般的な規制の考慮事項は，(1)人との接触の量，(2)環境影響の可能性である．

健康の課題

予想される人と再生水の接触の程度によって適切な消毒水準が決まる．再生水の最小限の消毒は，人との接触がほとんどないか全くないと思われる汚水管のフラッシュ洗浄やコンクリート製造での利用でも必要であり，人工雪の製造や乗り物の洗浄のような用途では，人と再生水の接触がありうると推測されるので，かなり高い水準の消毒が行われなければならない．

環境影響

再生水の環境影響は，個別の利用形態によって異なり，個別事例ごとに評価されなければならない．例えば，融雪水が原始的な環境中に流入したり，上水道水源に浸透したりするような場合には，スキー場の人工降雪装置で使用される再生水には，栄養塩類除去のような追加的な処理が必要であるとされるであろう．

4.4.7 地下水涵養

地下水涵養(groundwater recharge)に関連する規制の考慮事項は，(1)帯水層(aquifer)の特性，

(2)非飲用帯水層の涵養，(3)飲用帯水層の涵養，(4)土壌‐帯水層処理(soil-aquifer treatment；SAT)プロセスの設計，(5)帯水層への直接注入に伴う諸課題(**22章**参照)によって異なる．

帯水層の特性

　健康影響の懸念は，飲用と非飲用の帯水層の境界が明確に分離できることが稀であることから，およそすべての地下水涵養事業に及んでいる．明瞭な境界が決定できない場合は，その帯水層は，飲用目的で利用されると安全側に仮定し，飲用帯水層を涵養するのに適切な処理水準を適用しなければならない．

飲用以外の目的で利用される帯水層の涵養

　再生水で非飲用帯水層を涵養しており，飲用帯水層に移動する可能性がない所では，健康影響の懸念は，緩和される．しかし，汲み出された再生水は，利用先用途の要求水質を満足する必要がある．

飲用帯水層の涵養

　多くの水道事業体は，飲用水供給用井戸から無処理のままか，簡易な処理を行うだけで飲用水を配水しているので，飲用帯水層の地下水涵養は，問題が多い．そのため，汲み出す前に，再生水は，あらゆる飲料用水規格基準と，有毒である可能性がある未規制の化学汚染物質や病原微生物について水質の上限値に適合している必要がある．

土壌‐帯水層処理(SAT)

　地表面散布では，不飽和浸透部を通って浸透する間に再生水の付加的な処理が行われる．幾つかの事例では，自然の地下水と混じる前にすべての適用可能な基準類に適合している．もし，SATを再利用のために行われる必要がある処理の一つである標準的なろ過に置き換えるなら，浸透速度や所要不飽和浸透層の厚さについて規制や限度が設けられるであろう．汲み出された水は，その後の用途に用いるためのすべての再生水質要件に適合しなければならないので，SATの後消毒が必要になるかもしれない．

帯水層への直接注入

　限られた帯水層に直接注入する場合は，地表面下で水質が改善されることがほとんどないので，高度処理導入によって注入前にすべての水質基準に適合している必要がある．飲用帯水層の地下水涵養に関する規制の考慮事項は，複雑であり，詳細は**22章**で検討される．

4.5　間接的飲用再利用に関する規制の考慮事項

　計画された間接的飲用再利用には，上水供給源である表流水量を再生水を使って増加させることを含んでいる．その水は，通常は飲料水として配水される前に付加的な処理が行われる．直接的飲用再利用の場合は，対照的に再生水は，直接上水道に導入される．しかしながら，飲料水としての直接的再利用は，現時点で米国内では行われていない．

4.5.1　最も保護的な水源の利用

　最も保護された水源から来る自然の水を水道水源として利用するのが可能な限り実践されてきた伝統的な方法である．そのため，正式に計画的に行われる間接的飲用再利用事業はほとんどない．保護

された水源を利用する原則は，米国内でほぼ150年間，飲用水供給の選択として指導されてきており，その原則は，1962 Public Health Service Drinking Water Standards に，「水供給は，経済的で最も望ましい水源から取水すべきであり，その水源の汚染を保護あるいは規制する努力がなされなければならない」(U.S. Department of Health, Education, and Welfare, 1962)と明確に述べられている．この原則は，1975年に，U.S. EPA の Primary Drinking Water Regulations の中で，「・・・最も純粋な水源の選択を優先しなければならない．汚染された水源は，他の水源が経済的に利用できない限り使用してはならない・・・」(U.S. EPA, 1975)と，再び強調された．飲用再利用に関わる公衆衛生上の関心は，水質，処理の信頼性，審美性，および再生水中に含まれるかもしれない毒性の可能性がある化学物質や病原体への人の曝露の同定と評価の困難さ，に集まっている．健康リスクの可能性は，下水処理場からの相当な放流水を含む一般的な原水を使用している水道事業者向けに提供された一連の膨大な知見に基づいて，ある程度評価することができる．

4.5.2　2つの Water Act の影響

　Safe Drinking Water Act(SDWA)の要件は，どちらかというと，汚染されていない保護された水源が利用されている時に安全な飲料水を保証するものである．反対に，Federal Clean Water Act (CWA)は，汚濁を除き，国内の水を物理的，化学的，生物学的に保全しようとするものであるが，その水質上限値は，飲料水規格基準を反映していない(2.3参照)．それ故，CWA と SDWA の規定は，CWA も SDWA も下水中に含まれるかもしれないすべての有害である可能性がある成分に関する規格基準を定めていない以上，下水の成分によるあらゆる公衆衛生上の関心事に答えるには不十分である．さらなる成分制限につながる下水の寄与水準は，法律や文献では確認されていない．どのような場合も，閾値は，多くの要因の影響を受ける．例えば，特別な問題になる下水に対する産業，商業，研究所，あるいは医療の影響や，下水処理方式や，下水処理水の放流口と上水道の取水点または取水井戸との間にある汚染物質の移動に対する自然の障壁等である．このように，計画的な間接的飲用再利用のために使用する再生水は，通常，飲料水や下水放流に適用される項目に加えて，問題が既知のあるいは疑いのある微生物および化学成分に関する評価基準に適合しなければならない可能性がある．

　下水処理水が水路，原水貯水池，あるいは地下帯水層に放流された後，その下流または下部で取水され，処理をして飲料水として配水されている所では，間接的飲用再利用が実行されている．飲用再利用は，表面的には，より上質の飲用水源を利用することに比べて望ましくなく，再生水は，本来，水源としては，病原体，重金属および有機物等の有害の可能性のある汚染物質を含む生下水とみなされている．飲料水として再利用する再生水は，最終的にあらゆる物理的，化学的，放射線学的，および微生物学的な飲料水規格基準に適合しなければならない．しかしながら，飲料水規格基準は，飲むと有害であると知られているか推定されている未規制の成分を含む可能性がある汚染された原水に適用することを想定していない．したがって，飲料水規格基準は，安全性の唯一の規格基準として信頼できない．

4.5.3　微量化学成分と病原体の懸念

　下水の処理水から見つかる大部分の化学成分は，長期の曝露だけが問題になる濃度で含まれている．そのため，これらの成分は，処理水の放流が長期にわたって継続する所で特に重要である．しかしながら，処理水中に飲んでも安全と考えられる濃度より高い濃度で見つかる物質は，より低い排出率でも，急性曝露による健康リスクを起こす可能性がある．

　多くの無機成分の水質基準が確立されており，処理と分析の技術によってこれらの物質の同定，定量および制御が可能であることが明らかにされている．同様に，汚染された水から病原微生物を除く

ことができる技術もある．入手可能な情報に基づく限り，高度に処理された再生水を飲用目的に使う方が既存の水道を使うより健康リスクが高いという徴候はない(NRC, 1994)．しかしながら，主として，潜在的な種類の多さと，低濃度で長期間摂取を続けた結果起こる健康リスクの可能性が未解明であることから，有機物質については反駁されていない疑いが残っている．

再生水の化学的および微生物学的特性に関する研究が行われたが，数や視野が限られたものであった．幾つかの研究は，再生水は，飲料水規格基準に適合することが可能であって，しばしば規格基準より質的に優れていることを示した．これらの知見は，何人かの専門家をして再生水が飲料水の水源として受け入れられるとの結論に導いた．他の専門家は，例えば，次のような理由から同意しなかった．(1)再生水の消毒では，標準的な水道水で見つかるものとは異なる未確認の消毒副生成物を生じる可能性がある，(2)再生水中の有機物重量の25％以下の物質しか識別されていないし，2, 3の成分の健康影響しか決定されていない，(3)再生水に存在する可能性のある何千もの化合物の2つ以上の混合についての健康影響は，容易に決定できない，(4)全工程を通じて，技術と経営の信頼性が向上している(3章参照)．

4.5.4 健康リスクの評価

間接的飲用再利用に伴う健康リスクの評価は，化学的および毒物学的データが限られていること，利用できる毒物学的および疫学的手法が本来的に限られていることから，確定的ではない．飲料水を対象にした疫学調査の結果は，健康リスクが依然として存在する可能性があることを仮定しているが，一般的に確定的であることはなかった．多くの紛らわしい要素による疫学的研究の限界を認識すれば，健康関連の研究は，再生水の飲用水利用への懸念に根拠を与えるだけである．さらに，毒物学的評価において，限定されたデータと外挿法が用いられたため(5章参照)，全般的なリスクを特徴づけることの制約および不確さのもとになった．このような状況の中で，読者は，1章で検討した予防原理(precautionary principle)を思い出させられるであろう．

実証された処理技術を用いた多重バリアシステム(multiple barrier concept)は，再生水が飲料水供給量増加のために使われても，少なくともそれ以外の代替供給源と同じ程度には安全で信頼性があることを保証するうえで必須である．既存の処理技術は，現行のすべての飲料水基準に適合する再生水を製造することができる．しかしながら，原水として考えると，その水が安全であることを示すうえで，必ずしも飲料水基準に適合している必要はない．水質監視の強化や装置の故障に対応する非常時対策は，控え目で強制力のある手法の一部でなければならない．監視計画は，処理工程の機能の評価と，有害の可能性がある規制された汚染物質および未規制の汚染物質の検出を行うために十分なものでなければならない．監視は，シール部，欠陥部，または膜にあいた孔から，もしくは不適切な運転によって，破過した汚染物質を検出するため，運転中の水質監視の開発が必要とされる膜処理工程では特に重要である(8, 9章参照)．

4.6 州の水再利用規則

米国には，水の再生と再利用を支配する連邦法令はない．そのため，州政府レベルで規則が制定され，改定される．連邦制度がないため，水再利用規則を定めた州ごとに規格基準が異なることとなった．1990年代に，幾つかの州が各々の規則を制定，改定した．そして，それは，包括的な規則，指針，およびそれらを支える背景情報を有する州が水の再利用規則を設立するというごく普通のことであった．Guidelines for Water Reuse(U.S. EPA, 1992, 2004)もまた，制限のある規則または指針の州，もしくは規則も指針もない州の根拠として利用された．この指針が発行されたため，それまでは水の

第4章 水の再利用の規則と指針

表-4.3 非飲用再利用に対する州の水の再利用規則と指針の概要[a]

州	規則	指針	共になし	制限のない非飲用の都市用水利用	制限された非飲用の都市用水利用	食用作物の灌漑	食用でない作物の灌漑	制限のないレクリエーション活動用園池	制限されたレクリエーション活動用園池	環境用	工業用
Alabama		●			●		●				
Alaska	●						●				
Arizona	●			●	●	●	●		●		
Arkansas		●		●	●	●	●				
California	●			●	●	●	●	●	●		●
Colorado	●			●	●						●
Connecticut			●								
Delaware	●			●	●	●	●				
Florida	●			●	●	●	●			●	●
Georgia		●		●	●	●	●				
Hawaii		●		●	●	●	●		●		●
Idaho	●			●	●	●	●				
Illinois	●			●	●	●	●				
Indiana	●			●	●	●	●				
Iowa	●			●	●	●	●				
Kansas		●		●	●	●	●				
Kentucky			●								
Louisiana			●								
Maine			●								
Maryland		●			●		●				
Massachusetts		●		●	●		●				
Michigan	●						●	●			
Minnesota			●								
Mississippi			●								
Missouri	●				●		●				
Montana		●		●	●	●	●				
Nebraska	●				●	●	●				
Nevada	●			●	●	●	●	●	●		
New Hampshire			●								
New Jersey		●		●	●	●	●				●
New Mexico		●		●	●	●	●				
New York		●					●				
North Carolina	●			●	●		●				●
North Dakota		●		●	●		●				
Ohio		●		●	●		●				
Oklahoma	●				●	●	●				
Oregon	●			●	●		●	●	●		●
Pennsylvania		●					●				
Rhode Island			●								
South Carolina	●			●	●		●				
South Dakota		●		●	●		●			●	
Tennessee	●			●	●		●				
Texas	●			●	●	●	●	●	●		●
Utah	●			●	●	●	●	●	●		●
Vermont	●										
Virginia			●								
Washington		●		●	●	●	●	●	●	●	
West Virginia	●						●				
Wisconsin	●						●				
Wyoming	●			●	●	●	●				

[a] U.S. EPA (2004) より引用.

再利用規則がなかった幾つかの州で水の再利用に対する関心が高まった.

現時点では,再生水の利用が可能なすべての用途に及ぶ規則を有する州はないが,幾つかの州は,再生水の末端の用途の広がりに対して要件を定めた外延的な規則を有している.その他の州は,たとえ放流水が農地や市民が立ち入る土地の灌漑に使われている可能性があるとしても,有効利用より下水放流水の土壌処理,付加処理の強化,あるいは放流水の処分を主眼とした規則や指針を作成している.

4.6.1 水の再利用の規則および指針の現状

2004年時点の米国内の水の再生と再利用の規則および指針に関する現状と概要は,Guidelines for Water Reuse(U.S. EPA, 2004)に記録されており,表-4.3に示されている.特定の再利用用途について州の規則および指針がないことは,これらの用途を禁止する必要がないからではなく,多くの州は,特別な方式の水の再利用について個別の根拠に基づいて水再利用の方法を評価している.表-4.3によれば,25州が再生水利用についての規則を有し,16州が指針あるいは設計基準を有し,9州が規則や指針を定めていない.なお,これらの情報には,有効利用というよりは,むしろ下水処分の仕組みとして,放流水の土地処分,あるいは下水の地表散布を指導するための規則や指針が含まれているので,幾分か誤りがある.

4.6.2 個別の再利用用途の規則と指針

再利用の用途別に規則または指針が制定されている州の数をGuidelines for Water Reuseから改変して表-4.4に要約した.表-4.4に示したように農業と植栽の灌漑が最も普通に規定された再生水の用途であり,多くの州がそのような用途にだけ利用する規則を施行している.上述のように,これらのデータは,第一義的には有効利用というよりは,むしろ処分の仕組みである放流水の土地処分,もしくは下水の地表散布に関する規則を含んでいる.大部分の水の再利用経験がある州の規格基準は,水の再利用事業がほとんどない州より厳しいものになる傾向がある.水の再利用規則または指針を有する州は,通常は再生水質の規格基準を設定し,最低限必要な処理を定めるが,Texas州やNew Mexico州のように,処理工程を定めず,水質上限値だけによっている幾つかの州がある.

州規則の多様性

かつては,多くの州の水の再利用規則は,その州での水の再利用事業の数の増加を調整する必要に応じて定められた.近年,現在,再利用事業がほとんどない幾つかの州が促進する方針をとり,事業の実施を推進するような評価基準を制定した.Arizona州,California州,Florida州,およびTexas州の各州は,多年にわたって包括的な評価基準を有していたが,最近の10年の間に,再生水用途の追加,下水処理技術の進歩,および微生物学や公衆衛生保護の分野の知識の増加に応じて水の再利用規則を改正した.州の規則間の多様性や不一致を表-4.5に示すが,本表には,幾つかの州の,飼料作物灌漑から建物のトイレや小便器のフラッシュ洗浄までの再生水規則の例が含まれている.読者は,すべての州の水の再利用規則の表として完成させるためにGuidelines for Water Reuse(U.S. EPA, 2004)を参照されたい.幾つかの注目すべき州法令間の多様性は,以下に強調して示す.

大腸菌群の上限値　大部分の州では,糞便性大腸菌群を再生水中の病原微生物の指標微生物としているが,2, 3の州では,大腸菌群を用いている.糞便性大腸菌群数または大腸菌群数の上限値は,水の用途によって異なるが,州間での違いも大きい.Arizona州,Florida州,その他幾つかの州の規則は,Guidelines for Water Reuseに基づいているか,それに類似しており,指標微生物としては糞便性大腸菌群を用いている.これらの州の規則では,高度な非飲用の用途では,糞便性大腸菌群数

第4章 水の再利用の規則と指針

表-4.4 用途別の水の再利用規則または指針の州数[a]

用　途	規則または指針を有する州の数	説　明
非制限的都市用水再利用	28	公園，遊園地，校庭，および住宅のような市民の立入りが制限されていない区域の散水．
散水	28	
水洗用水	10	
防火用水	9	水洗用水，空調，防火用水，建設，洗浄，修景用噴水および修景池．
建設	9	
修景園池	11	
街路洗浄	6	
制限的都市用水再利用	34	ゴルフ場，墓地，高速道路の中央分離帯のような市民の立入りが制限されている区域．
食用作物の灌漑	21	人に消費される食用作物の灌漑．食用作物は，加工される．食用作物は，生で消費される
食用でない作物の灌漑	40	飼料，繊維および種子作物の灌漑．牧草地，種苗場，芝農場．
非制限的レクレーション活動用再利用	7	身体と水の接触の制限がない水遊び用園池．
制限的レクレーション活動用再利用	9	釣り，ボート遊び，その他の身体と水が接触しない水遊びに限定された園池．
環境用水	3	人工湿地創成，自然湿地の保全，水流の維持に用いられる再生水．
工業用水	9	工業施設で使用される再生水．冷却用水が主，ボイラ補給水，工程用水，および一般的な洗い落とし用および洗浄．
地下水涵養	5	浸透地，浸透池，注入井を使用して地下水帯水層を涵養するために再生水が用いられる．
間接的飲用再利用	5	高度処理された再生水を上水源である表流水や地下水に放流する．

[a] U.S. EPA (2004) より引用．

は，100 mL 中に検出されないことが通常は必要であり，人との接触が最小限の用途では，糞便性大腸菌群数が 100 mL 中に 200 を超えてはならない．

大腸菌群を指標微生物として用いる州では，高度な用途に対しては，大腸菌群数が 2.2/100 mL を超えないことが必要であり，その水と人との接触がないか，最小限である用途に対しては，23 あるいは 240/100 mL のどちらかを超えないことが必要である．幾つかの州では，単一試料ではより高い大腸菌群の上限値が許されている．規則の遵守は，州によって異なるが，普通は，与えられた期間中の中央値もしくは幾何平均に基づく．大腸菌群の試料は，処理施設の運転条件が最も厳しい状況での値を示すため，通常は，1日1回の流量ピーク時に採取されることが必要とされる．幾つかの州では，より少ない頻度での大腸菌群試料採取が許されている．幾つかの州での大腸菌群の分析は，結果を最確数(most probable number；MPN)として表す複式発酵管を用いることが示されているが，他の州では，膜ろ過(MF)法の使用を認めている．2, 3 の州では，どの計数法を用いるか指定おらず，幾つかの州では，MPN または MF のどちらの方法も認めている．大腸菌群の存在は，依然として糞便性

4.6 州の水再利用規則

表-4.5 選択された非飲用水用の州の水の再利用規則の例

州	飼料作物灌漑[a] 水質上限値	飼料作物灌漑[a] 必要な処理	加工食用作物灌漑[b] 水質上限値	加工食用作物灌漑[b] 必要な処理	食用作物灌漑[c] 水質上限値	食用作物灌漑[c] 必要な処理	制限的余暇活動用園池[d] 水質上限値	制限的余暇活動用園池[d] 必要な処理
Arizona	糞便性大腸菌群数 1 000/100 mL	二次処理	なし	なし	糞便性大腸菌群数 ND 濁度 2 NTU	二次処理，ろ過，消毒	糞便性大腸菌群数 ND 濁度 2 NTU	二次処理，ろ過，消毒
California	なし	酸化処理	なし	酸化処理	大腸菌群数 2.2/100 mL 濁度 2 NTU	酸化処理，凝集処理[e]，ろ過，消毒	大腸菌群数 2.2/100 mL	酸化処理，消毒
Colorado	なし	なし	なし	なし	なし	なし	なし	なし
Florida	糞便性大腸菌群数 200/100 mL CBOD 20 mg/L TSS 20 mg/L	二次処理，消毒	糞便性大腸菌群数 ND CBOD 20 mg/L TSS 5 mg/L	二次処理，ろ過，消毒	使用禁止	使用禁止	糞便性大腸菌群数 ND CBOD 20 mg/L TSS 5 mg/L	二次処理，ろ過消毒
New Mexico（政策）	糞便性大腸菌群数 1000/100 mL CBOD 30 mg/L TSS 75 mg/L	なし	なし	なし	使用禁止	使用禁止	糞便性大腸菌群数 100/100 mL CBOD 30 mg/L TSS 30 mg/L	なし
Utah	糞便性大腸菌群数 200/100 mL CBOD 25 mg/L TSS 25 mg/L	二次処理，消毒	糞便性大腸菌群数 ND CBOD 10 mg/L 濁度 2 NTU	二次処理，ろ過，消毒	糞便性大腸菌群数 ND CBOD 10 mg/L 濁度 2 NTU	二次処理，ろ過，消毒	糞便性大腸菌群数 200/100 mL CBOD 25 mg/L TSS 25 mg/L	二次処理，消毒
Texas	糞便性大腸菌群数 200/100 mL BOD 20 mg/L CBOD 15 mg/L	なし	糞便性大腸菌群数 200/100 mL BOD 20 mg/L CBOD 15 mg/L	なし	使用禁止	使用禁止	糞便性大腸菌群数 20/100 mL BODまたはCBOD 5 mg/L 濁度 3 NTU	なし
Washington	大腸菌群数 240/100 mL	酸化処理，消毒	大腸菌群数 240/100 mL	酸化処理，消毒	大腸菌群数 2.2/100 mL 濁度 2 NTU	酸化処理，凝集処理，ろ過，消毒	大腸菌群数 2.2/100 mL	酸化処理，消毒

[a] 幾つかの州では，乳用動物が再生水で灌漑された牧草を食べることを許されている場合はもっと厳しい要件が適用される．
[b] 病原微生物を破壊するのに十分な物理的または化学的処理．再生水と作物の可食部が直接接触しない所ではより緩やかな要件を適用できる．
[c] 再生水と作物の可食部が直接接触がある所で食用作物が生で食べられる．
[d] レクリエーション活動は，釣り，ボート遊び，および他の身体接触がない活動に限られる．
[e] もし，ろ過処理水の濁度が 2 NTU 以下であるなら，不要．ろ過の入口の濁度は，連続測定し，流入水の濁度は15分以上 5 NTU を超えてはならない，また最大で 10 NTU を超えてはならない．そして，ろ過入口の濁度が15分以上 5 NTU を超えると，自動的に薬品添加が始まるか，流入しないように迂回させる能力があること．

汚染の証と考えられているが，大腸菌群がないことがその水が汚染されていないことを示しているとみなしてはならない．

病原微生物の上限値と監視 現在，あらゆる非飲用の再利用用途に病原微生物の上限値を設定した州はないが，少なくとも2つの州—Florida州とCalifornia州—は，ある環境では特定病原体の監視を要求している．三次処理と高度な消毒を施した再生水中に病原原虫が存在する可能性をよく知るた

めに努力している Florida 州では，再利用規則に寄生虫監視の要件がある．能力が $3\,780$ m^3/d(1.0 Mgal/d)以上の施設では，少なくとも 2 年に 1 回，ジアルジアとクリプトスポリジウムの検査のための再生水の試料を採取する必要がある．それより小規模な施設では，少なくとも 5 年に 1 回試料を採取しなければならない．試料は，消毒工程の後で採ることとされている．

California 州は，非制限的なレクリエーション用園池で使用する再生水には，三次処理プロセスが薬品凝集ろ過の間に沈殿工程を含まない場合には，腸管系ウイルス，ジアルジア，クリプトスポリジウムが監視されることを要求している．運転初年度は，毎月の試料採取が，運転 2 年目は，4 半期ごとの試料採取が必要とされる．試料採取は，2 年目の運転が終了した後，California's Department Health Service の許可によって終了する．

処理施設の信頼性　幾つかの州では，不適切な処理をされた再生水が再利用されないように処理の信頼性要件を定めている．一般的に，要件は，動力源の故障あるいは必須の単位工程の故障を知らせる警報，自動的に立ち上がる動力源，非常貯留または廃棄の設備，および各処理工程が複数系列であるか予備系列を有すること，からなる．California 州と Florida 州の信頼性要件を例として以下に示す．

① California 州の要件：California 州の Water Recycling Criteria は，警報，動力供給，非常時貯留および廃棄，下水処理工程，および薬品供給・貯蔵および注入設備を含む設計と運転上の考慮事項を規定している．処理工程には，幾つかの信頼性の考え方が受け入れられる．例えば，すべての生物学的処理プロセスには，以下の中の 1 つが該当することが必要である．すなわち，(1)警報(故障および動力損失)および酸化された下水をつくること(すなわち，二次処理)が可能な複数の設備で，そのうち 1 設備は運転していない，(2)警報(故障および動力損失)および短期間(少なくとも 24 時間)貯留もしくは廃棄できる設備および待機中の代替施設，(3)警報(故障および動力損失)および長期(20 日以上)の貯留または廃棄設備．同様の信頼性要件がその他の処理プロセスにも適用される(California Department of Health, 1973)．

② Florida 州の要件：Florida 州は，ろ過と高度な消毒が行われている下水再生施設に U.S. EPA (1974)が定義したクラス I の信頼性を要求している．クラス I の信頼性では，複数の処理設備または予備施設，および補助動力源を要求している．さらに，許容できない水質の再生水を貯留するために最小限 1 日分の貯蔵設備が必要である．Florida 州はまた，再生水が再利用システムに配水される期間に応じて 1 日 24 時間で週に 7 日，または 1 日 6 時間で週に 7 日水再生施設に資格のある運転者を配置することを要求している．運転者の配置は，付加的な信頼性設備が設置された場合は，6 h/d に削減することができる．

自発的な再利用と強制的な再利用

ほぼすべての州で，水の再利用は，自発的なものであり，政府機関によって強制されていない．一つの例外は Florida 州で，そこでは強制的な再利用事業が設定され強制利用が行われている(Florida Department of Environmental Protection, 1999)．この政策は，州の水管理区域に現に限界に達した地域，あるいは今後 20 年以内に限界に達する懸念がある地域を水供給上の問題がある水資源注意地域として定めることを求めている．州の規則は，水資源注意地域にある処理施設に対して水の再利用について予備調査の準備を要求している．指定された水資源注意地域内では，水の再利用が経済的でなかったり，環境的でなかったり，あるいは技術的に適切でなかったりする場合を除き，合理的な量の下水処理施設からの再生水を利用することが要求される．

4.6.3　再生水の非飲用利用のための規制要件

水の再利用規則は，再生水を用いることによる公衆衛生への影響に焦点を絞っているので，健康保

護と関係のない水質項目は，通常，水の再利用規則には含まれていない．広範な水の再利用経験がある大部分の州では，類似の保守的な水質評価基準あるいは指針を持っている．より制限が少ない規格基準についての論争で最も多いのは，被害が小さいか，もしくは存在しないことの確実性よりも，健康被害が立証されていないことに根拠を置くものである．確実な疫学的資料および病原体曝露に関して科学的資料と技術的資料を統合した解釈が欠けているため，水質上限値の選定は，どちらかというと主観的であり，州ごとに食い違いのある状態が続くであろう．幾つかの再生水の非飲用用途の規制要件で表-4.5に含まれないものを次に検討する．

湿　地

多くの場合，再生水を湿地で利用するのは，第一に処理水を放流する前または再利用する前に付加的な処理を行うためであるが，湿地が単独で環境強化のためにつくられる場合がある．このような場合，湿地系への流入水としては，普通，二次処理水が適している．非常に少数の州は，再生水で人工湿地をつくる，あるいは自然湿地を再生し，あるいは強化するための特別な規則を定めている．規則のない所では，規制当局が個別の根拠に基づいて要件を定めている．州の要件に加え，自然湿地では，米国の公共の水であると考えられるので，U.S. EPA の National Pollutant Discharge Elimination System (NPDES) の許可および Water Quality Standards 計画によって保護されている．下水処理が目的で建設され運用されている人工湿地の水は，米国の公共の水であるとは考えられていない．

湿地における再生水利用の規則を設けた2, 3の州では，要件は，湿地の種類と市民の近づきやすさによって変わる．例えば，Washington 州は，人との接触が考えられない自然湿地に放流される場合は，クラスDの再生水規格基準（二次処理と大腸菌群数 240/100 mL 以上でないこと）に適合しなければならない．自然の，あるいは人工の湿地への放流で，人と接触する余暇活動や教育に関わる有効利用が行われる場合は，クラスAの再生水規格基準（三次処理と再生水中の大腸菌群数が 2.2/100 mL を超えないこと）に適合しなければならない．Washington 州では，どの湿地に放流する再生水でも，次の水質上限値を超えてはいけない．すなわち，BOD 20 mg/L，TSS 20 mg/L，全ケルダール窒素 3 mg-N/L および全リン 1 mg-P/L．

冷却用以外の工業用水

水を使用する工場の工程は，無数にあるので，規制当局は，通常，冷却用以外の工業の用途については，個別の条件に基づいて水の再利用要件を定めている．例えば，Florida 州の規則には，工場の装置で食品加工するための再生水使用についての記述がある．Florida 州の水の再利用規則は，特に，人が消費する食品や飲料の製造または加工中に再生水が食品や飲料の製品に混入，もしくは接触する所での再生水の使用を禁じている．同様に，Washington 州の規格基準は，食品調理に再生水を使用することを認めず，人の食品や飲料の中に再生水を使用することを禁じている．多くの工業用水では，典型的な再生水より高度に化学的な水質が必要であるにもかかわらず（例えば，マイクロチップ製造には洗浄用超純水をつくるための逆浸透膜処理が必要である），水の再利用規則は，健康保護を目的とし，それを最終的に達成するための要件を記載するだけである．

非飲用雑用水

水の再利用に関する規則または指針を有するすべての州は，作物の灌漑および／または修景用灌漑のための評価基準を有するが，汚水管のフラッシュ洗浄，路面清掃，防塵，土の締固め，造雪，装飾的噴水，洗濯業，洗車場，装置洗浄，および防火設備等の一般的でない再生水の用途に対する要件を定めている州は少ない．これらおよび類似の用途に対し，様々な州の規格基準が下水処理工程の要件，再生水質の上限値，および設計と運転上の要件を，他の一般的な再生水の用途と関連づけて定めた再生水に人が曝される程度に基づいて，課している．例えば，最低水準の消毒が行われた二次処理水は，

第4章 水の再利用の規則と指針

汚水管のフラッシュ洗浄あるいはコンクリート製造のような，その水と人の接触がほとんどないか全くない用途には許容される．これに対し，造雪や乗り物の洗浄のような用途は，再生水と接触することになると思われ，通常，三次処理と高い水準の消毒が要求される．

4.6.4 間接的飲用再利用のための州の規則

計画的な直接的飲用再利用事業は，米国内にはなく，どの州もそのような利用を認める規則をつくっていない(24章参照)．規制の立場から，ごく少数の州が間接的飲用再利用に対する規則をつくる試みを行った(23章参照)．California 州と Florida 州は，再生水の計画的な間接的飲用再利用に対して独立した評価基準を策定している先進地域である．他の幾つかの州は，飲用地下水源保護のためのU.S. EPA の Underground Injection Control に従う一方，幾つかの州は，間接的飲用再利用もまた禁止している．再生水の間接もしくは直接の飲用再利用のための連邦規則はない．

California 州

現在の California 州の Water Recycling Criteria には，地表面散水による上水供給用帯水層の地下水涵養のための一般要件がある．この規則は，地表面散水による上水供給用帯水層の地下水涵養のために使用する再生水は，「常時，市民の健康を完全に保護する質であり」，Department Health Service の勧告は，「各事業のすべての関連する側面(以下のような要素，すなわち処理方法，処理水の水量・水質，散水域の運転，土壌特性，地下水文学，滞留時間，汲出し地点距離を含む)に基づく」と述べている．さらに信頼すべき評価基準が採用されるまでは，地表面散水または地下注入の何れの方法でも，地下水涵養計画は，個別の根拠に基づいて評価される．California 州は，地下水涵養の評価基準案を(直近では 2004 年に)準備した．それは，**付録 F の F-2** に掲載されている．

Florida 州

地下水涵養と間接的飲用再利用に関する Florida 州の水の再利用ルールを要約し，**表-4.6** に示す．このルールは，急速浸透池方式(rapid-rate infiltration basin system)と吸収地方式(absorption field system)に向けられており，ともに地下水涵養を行うものである．間接的飲用再利用方式として特に設計されていないが，飲用帯水層上の地下水涵養事業は，間接的飲用再利用方式として機能する．もし，この方式を利用する 50% 以上の下水がろ過後に集められているなら，この方式は，有効利用ではなく，放流水処分であるとみなされる．これらの方式への負荷は，230 mm/d (9 in/d) までに限られている．通常の場合より高い負荷率や，もしくはより直接的な水源とのつながりがある場合，再生水は，二次処理，ろ過，消毒を受けなければならない．そして，一次および二次の飲料水規格基準に適合しなければならない．

この Florida 州の規則は，水道供給水源への注入および表流水供給の増量による間接的飲用再利用計画に対する要件を含んでいる．再生水注入井戸と飲用水供給井戸の間は，水平距離で少なくとも 150 m (500 ft) 離れていることが必要である．この注入規則は，G-Ⅰ，G-Ⅱおよび F-Ⅰ地下水に関係し，それらは，すべて飲用帯水層として格づけされている．再生水は，注入前に G-Ⅱ地下水の規格基準に適合しなければならない．G-Ⅱ地下水の規格基準は，大部分が一次および二次飲料水規格基準である．Florida 州は，クラスⅠ表流水(公共水道)への放流を間接的飲用再利用とみなしている．クラスⅠ水系までの流下時間が 24 時間以下の上流側への放流もまた間接的飲用再利用とみなされている．表流水への放流口は，クラスⅠ表流水域内の既存または許可された取水点から 150 m (500 ft) 以内に設けることができない．注入の実施もしくは表流水増量事業の実施に先立ち，パイロット試験が要求される．

4.6 州の水再利用規則

表-4.6　Florida 州の地下水涵養および間接的飲用再利用のための水の再利用規則[a]

利用形式	水質上限値	必要な処理
急速浸透池による地下水涵養	糞便性大腸菌群数　200/100 mL $CBOD_5$　20 mg/L TSS　20 mg/L NO_3-N　12 mg/L	二次処理，消毒
不適切な条件の急速浸透池による地下水涵養	糞便性大腸菌群数　ND $CBOD_5$　20 mg/L TSS　5 mg/L 一次[b]および二次飲料水規格基準 T-N　10 mg/L	二次処理，ろ過，消毒
TDS 3 000 mg/L 未満の地下水の涵養又は注入	大腸菌群数　ND $CBOD_5$　20 mg/L TSS　5 mg/L TOC　3 mg/L TOX^c　0.2 mg/L T-N　10 mg/L 一次[b]および二次飲料水規格基準	二次処理，ろ過，消毒，病原体と生物制御のための多重防御，パイロット試験が必要
TDS 3 000〜10 000 mg/L の地下水の涵養または注入	大腸菌群数　ND/100 mL $CBOD_5$　20 mg/L TSS　5 mg/L T-N　10 mg/L 一次飲料水規格基準[b]	二次処理，ろ過，消毒
間接的飲用再利用；クラスⅠ表流水(上水道水源として利用)に放流	大腸菌群数　ND/100 mL $CBOD_5$　20 mg/L TSS　5 mg/L TOC　3 mg/L T-N　10 mg/L 一次[b]および二次飲料水規格基準 $WQBELs^d$ を適用できる	二次処理，ろ過，消毒

[a] Florida Department of Environmental Protection (1999) より引用.
[b] 石綿を除く.
[c] TOX：全有機ハロゲン.
[d] WQBELs は，放流先水域の水質基準を守るための排出上限値に基づく水質.

その他の州

幾つかの州では，間接的飲用再利用の規則は，州の水の再利用規則から独立している．例えば，Arizona 州での地下水涵養のための再生水利用は，Arizona Department of Environmental Quality (ADEQ)と Arizona Department of Water Resources(ADWR)によって管理される法令と行政規則のもとに規制されている．幾つかの異なる許可が，地下水涵養事業の実施に先立ち，これらの当局によって要求される．一般的に，ADEQ は，地下水質を規制し，ADWR は，地下水供給を管理している．Arizona 州のすべての帯水層は，現在，飲料水用利用保護に分類されていて，帯水層水質規格基準として National Primary Drinking Water Maximum Contaminant Levels(MCLs)を適用している．これらの規格基準は，飽和層にあり，20 L/d(5 gal/d)以上の水を得られるすべての地下水に適用される．再生水の帯水層注入を含むどんな地下水涵養事業も，注入点で帯水層水質規格基準の遵守を示すことが要求される．

4.7 U.S. EPAの水の再利用指針

国の水資源マネジメントに欠かせない要素として水の再利用の重要性が増している中で，水の再利用事業の秩序立った計画，設計を実施するため，U.S. EPAは，U.S. Agency for International Development（U.S. AID）と協力して1992年にGuidelines for Water Reuse(U.S. EPA, 1992)を発行した．U.S. EPAは，国としての水の再利用の規格基準は必要でなく，州の柔軟な規則と組み合わせた包括的な指針が水の再利用プロジェクトの検討と実現を育成するであろうという立場をとった．2004年，この指針は，過去10年間の技術的進歩，研究資料，その他の情報を反映するよう更新された(U.S. EPA, 2004)．この指針では，推奨される処理プロセス，再生水の水質上限値，モニタリングの頻度，後退距離，様々な再利用用途のための管理手法等，水の再利用について様々な観点から記述している．下水処理法と再生水の水質について提案されている指針を表-4.7に示す．

4.7.1 消毒要件

指針では，再生水の利用用途にかかわらず，再生水との不慮の接触，水再利用システムの偶然もしくは意図的な誤用による健康被害を避けるため，なんらかの消毒を行うことが推奨されている．非飲用用途の再生水の消毒は，2つの異なったレベルが推奨されている．市民または労働者との接触がないと予想される用途に使用される再生水は，糞便性大腸菌群200/100 mL以下を達成するように消毒を行わなければならない．これは，水中のほとんどの病原細菌が，低いもしくは問題でないレベルまで破壊されること，生残ウイルスの濃度がある程度抑えられること，二次処理水中の大腸菌をこの程

表-4.7 下水再利用のためのU.S. EPAの推奨指針

再利用用途	処理法	再生水水質	監視項目	距離	備考
都市利用					
修景用水(ゴルフ場，公園，墓地)，洗車，トイレ用水，防火用水，商用の空調用水，その他(人との接触があるもの)	・二次処理[d]，ろ過[e]，消毒[f]	・pH 6～9 ・BOD[g]≤10 mg ・≤2 NTU[h] ・100 mL中に糞便性大腸菌不検出[i,j] ・残留塩素[k]≥1 mg/L	・pH, BOD 週ごと ・濁度 連続 ・大腸菌群 毎日 ・残留塩素 連続	・飲料水源より15 m(50 ft)	・金属類の基準については農業利用用の勧告を参照 ・アクセスが管理された，特に市民と再生水の接触可能性が少ない灌漑施設では，二次処理水，糞便性大腸菌≤14個/100 mLを達成できるような消毒が適切である ・水質基準を満たすためにはろ過に化学的な前処理(凝集剤そして/あるいはポリマー)が必要である ・再生水中に病原体が検出されてはいけない[l] ・再生水は，透明かつ無臭であること ・ウイルスと寄生虫を不活化するためには残留塩素を高くすること，あるいは接触時間を長くすることが必要 ・臭気，スライム，微生物の再増殖を防止するためには配水設備中の残留塩素を0.5 mg/L以上にすることを推奨 ・処理の信頼性を確保
立ち入り制限区域の灌漑					
芝生，植林，その他一般の立入りが禁止・制限されているか頻度が少ない所	・二次処理[d]，消毒[f]	・pH 6～9 ・BOD[g]≤30 mg ・TSS≤30 m ・糞便性大腸菌[i,m,n]≤200個/100 mL ・残留塩素[k]≥1 mg/L	・pH, BOD 週ごと ・TSS 毎日 ・大腸菌群 毎日 ・残留塩素 連続	・飲料水源より90 m ・散水灌漑を実施する場合は市民の立ち入る場所より30 m	・農業利用用の勧告を参照 ・散水灌漑を行う場合は，スプリンクラヘッドのつまり予防のためTSSを30 mg/L以下とする必要がある ・処理の信頼性を確保

4.7 U.S. EPA の水の再利用指針

再利用用途	処理法	再生水水質	監視項目	距離	備考
農業利用-非商業プロセス[p]					
生食用の作物を含む食用作物の地表灌漑・散水灌漑	・二次処理[d], ろ過[e], 消毒[f]	・pH 6～9 ・BOD[g]≤10 mg ・≤2 NTU[h] ・100 mL 中に糞便性大腸菌不検出[i, j] ・残留塩素[k]≥1 mg/L	・pH, BOD 週ごと ・濁度 連続 ・大腸菌群 毎日 ・残留塩素[k] 連続	・飲料水源より15 m	・農業利用用の勧告を参照 ・水質基準を満たすためにはろ過に化学的な前処理（凝集剤そして/あるいはポリマー）が必要である ・再生水中に病原体が検出されてはいけない[l] ・ウイルスと寄生虫を不活化するためには残留塩素を高くすること，そして/あるいは接触時間を長くすることが必要 ・作物の生育の段階によっては栄養塩濃度が悪影響を及ぼす可能性がある ・処理の信頼性を確保
農学利用-商業プロセス[o]					
果樹園もしくはブドウ園の地表灌漑	・二次処理[d], 消毒[f]	・pH 6～9 ・BOD[g]≤30 mg ・TSS≤30 mg ・糞便性大腸菌[i, m, n]≤200 個/100 mL ・残留塩素[k]≥1 mg/L	・pH, BOD 週ごと ・TSS 毎日 ・大腸菌群 毎日 ・残留塩素[k] 連続	・飲料水源より90 m ・散水灌漑を実施する場合は市民の立ち入る場所より 30 m	・農業利用用の勧告を参照 ・散水灌漑を行う場合は，スプリンクラヘッドの，つまり予防のため TSS を 30 mg/L 以下とする必要がある ・作物の生育の段階によっては栄養塩濃度が悪影響を及ぼす可能性がある ・処理の信頼性
農業利用-非食用作物					
搾乳用動物の牧草地，飼料，繊維，種子用作物	・二次処理[d], 消毒[f]	・pH 6～9 ・BOD[g]≤30 mg ・TSS≤30 mg ・糞便性大腸菌[i, m, n]≤200 個/100 mL ・残留塩素[k]≥1 mg/L	・pH, BOD 週ごと ・TSS 毎日 ・大腸菌群 毎日 ・残留塩素[k] 連続	・飲料水源より90 m ・散水灌漑を実施する場合は市民の立ち入る場所より 30 m	・農業利用用の勧告を参照 ・散水灌漑を行う場合は，スプリンクラヘッドの，つまり予防のため TSS を 30 mg/L 以下とする必要がある ・作物の生育の段階によっては栄養塩濃度が悪影響を及ぼす可能性がある ・灌漑後 15 日間は搾乳用動物の放牧を禁止する．その期間を守れない場合は，例えば糞便性大腸菌≤14 個/100 mL を達成できるような消毒を行うこととする ・処理の信頼性
レクリエーション用人工池					
釣り，ボートなど接触のあり得る利用，再生水への接触が許可されている利用	・二次処理[d], ろ過[e], 消毒[f]	・pH 6～9 ・BOD[g]≤10 mg ・≤2 NTU[h] ・100 mL 中に糞便性大腸菌不検出[i, j] ・残留塩素[k]≤1 mg/L	・pH, BOD 週ごと ・濁度 連続 ・大腸菌群 毎日 ・残留塩素 連続	・底部に透水性がある場合は飲料水源より最低150 m	・水生の植物相・動物相を保護するために脱塩素の必要が生じる可能性がある ・再生水が皮膚や目に刺激を与えないこと ・再生水は透明かつ無臭であること ・池に藻類が発生しないように栄養塩を除去すること ・水質基準を満たすためにはろ過に化学的な前処理（凝集剤と/あるいはポリマー）が必要である ・再生水中に病原性細菌が検出されてはいけない[l] ・ウイルスと寄生虫を不活化するためには残留塩素を高くすること，そして/あるいは接触時間を長くすることが必要 ・臭気・スライム・微生物の再増殖を防止するためには配水設備中の残留塩素を 0.5 mg/L 以上にすることを推奨 ・釣った魚は食べてよい ・処理の信頼性を確保
修景用人工池					
接触が許可されていない修景用人工池	・二次処理[d], 消毒[f]	・BOD[g]≤30 mg ・TSS≤30 mg ・糞便性大腸菌[m, n, o]≤200 個/100 mL ・残留塩素[k]≥1 mg/L	・pH 週ごと ・TSS 毎日 ・大腸菌群 毎日 ・残留塩素 連続	・底部に透水性がある場合は飲料水源より最低150 m	・水生の植物相・動物相を保護するために脱塩素の必要が生じる可能性がある ・池に藻類が発生しないように栄養塩を除去すること ・処理の信頼性を確保

第4章　水の再利用の規則と指針

再利用用途	処理法	再生水水質	監視項目	距離	備考
建設利用					
圧密，ほこりの飛散防止，骨材の洗浄，コンクリート材料用	・二次処理[d]，消毒[f]	・BOD[g]≦30 mg ・TSS≦30 mg ・糞便性大腸菌[i, m, n]≦200個/100 mL ・残留塩素[k]≧1 mg/L	・BOD　週ごと ・TSS　毎日 ・大腸菌群　毎日 ・残留塩素　連続		・作業者と再生水の接触は最低限にする ・頻繁に再生水に接触する作業者がいる可能性のある場合は，糞便性大腸菌≦14個/100 mLを達成できるような消毒が必要である ・処理の信頼性を確保
工業利用					
冷却水（循環しない）	・二次処理[d]	・pH 6～9 ・BOD[g]≦30 mg ・TSS≦30 mg ・糞便性大腸菌[i, m, n]≦200個/100 mL ・残留塩素[k]≧1 mg/L	・pH, BOD　週ごと ・濁度　連続 ・大腸菌群　毎日 ・残留塩素　連続	・市民の立ち入る場所より90 m	・風により飛散した水滴が使用者あるいは市民のいる場所に及ばないこと
冷却水（循環）	・二次処理[d]，消毒[f] ・（凝集剤もしくはろ過が必要となる可能性あり）	循環比による ・pH 6～9 ・BOD[g]≦30mg ・TSS≦30 mg ・糞便性大腸菌≦200個/100 mL ・残留塩素[k]≧1 mg/L	・pH, BOD　週ごと ・濁度　連続 ・大腸菌群　毎日 ・残留塩素　連続	・市民の立ち入る場所より90m ・消毒のレベルを高くすることにより，90 m以下にすることも可能	・風により飛散した水滴が使用者あるいは市民のいる場所に及ばないこと ・スケール生成，腐食，微生物の増殖，ファウリング，泡の防止のために使用者により付加的な処理を行うことが一般的である
その他工業利用		用途により異なる			
環境利用					
湿地，沼地，野生物の生息地，河川の流量回復	・場合による ・少なくとも二次処理と消毒は行う	・場合によるが，すくなくとも ・BOD[g]≦30 mg ・TSS≦30 mg ・糞便性大腸菌[i, m, n]≦200個/100 mL	・BOD　週ごと ・濁度　連続 ・大腸菌群　毎日 ・残留塩素　連続		・水生の植物相・動物相を保護するために脱塩素の必要が生じる可能性がある ・地下水に及ぼしうる影響について評価を行う必要がある ・受水域の水質要件により追加の処理が必要になる場合がある ・再生水の水温が生態系に悪影響を及ぼしてはならない ・処理の信頼性を確保
地下水涵養					
飲料水として使用されない帯水層への散布あるいは注入	・現場の特性と用途による ・散布の場合すくなくとも一次処理 ・注入の場合すくなくとも二次処理[d]	・現場の特性と用途による	・処理法と用途による	・現場による	・飲料水供給用の帯水層に再生水が届かないことを確保できる設計とすること ・散布する計画の場合，閉塞防止するために二次処理が必要となる可能性がある ・注入する計画の場合，閉塞防止のためにろ過と消毒が必要になる可能性がある ・処理の信頼性を確保
間接的飲用再利用					
飲用帯水層への散布による地下水涵養	・二次処理と消毒[f] ・ろ過と高度処理も必要になる可能性がある	・不飽和透水層への浸透後に飲料水基準を満たすこと	・下記の内容を含むが，これらに限定するものではない ・pH　毎日 ・BOD　週ごと ・濁度　連続的 ・大腸菌群　毎日 ・残留塩素　連続 ・飲料水基準　四半期ごと ・その他[g]　内容による	・汲上げ井より150 m以上 ・ただし，処理法と現場の特性による	・地下水堆において地下水までの深さ（不飽和透水層の厚さ）が少なくとも2 m以上あること ・汲上げまで6ヶ月以上地下に滞留すること ・推奨される処理法は現場の特性により異なり，その要素は土壌の種類，透水係数，不飽和層の厚さ，もともとの地下水質，希釈倍率による ・涵養が地下水に与える影響を検知するために観測井をもうける必要がある ・不飽和層浸透後の再生水中に病原体が検出されてはいけない[k] ・処理の信頼性を確保

4.7 U.S. EPA の水の再利用指針

再利用用途	処理法	再生水水質	監視項目	距離	備考
飲用帯水層への注入による地下水涵養	・二次処理[d], ろ過[e], 消毒[f], 高度処理[p]	下記の内容を含むが, これらに限定するものではない ・pH 6.5~8.5 ・≤2 NTU[h] ・100 mL 中に糞便性大腸菌不検出[i,j] ・残留塩素[k]≥1 mg/L ・TOC≤3 mg/L ・TOX≤0.2 mg/L ・飲料水基準を満たすこと	下記の内容を含むが, これらに限定するものではない ・pH 毎日 ・濁度 連続 ・大腸菌群 毎日 ・残留塩素 連続 ・飲料水基準 四半期ごと ・その他[q] 内容による	汲上げ井より 600 m (2 000 ft) 以上. ・ただし, 現場の特性による	・汲み上げるまで9箇月以上地下に滞留すること ・涵養が地下水に与える影響を検知するために観測井を設ける必要がある ・推奨される水質の上限値を注入地点で満たしていること ・不飽和透水層浸透後の再生水中に病原性細菌が検出されてはならない[l] ・処理の信頼性を確保
地表面涵養	・二次処理[d], ろ過[e], 消毒[f], 高度処理	下記の内容を含むが, これらに限定するものではない ・pH 6.5~8.5≤2 NTU[h] ・100 mL 中に糞便性大腸菌不検出[i,j] ・残留塩素[k]≥1 mg/L ・TOC≤3 mg/L ・飲料水基準を満たすこと	下記の内容を含むが, これらに限定するものではない ・pH 毎日 ・濁度 連続的 ・大腸菌群 毎日 ・残留塩素 連続 ・飲料水基準 四半期ごと ・その他 内容による	・現場による	・推奨される処理法は, 現場の特性により異なり, その要素を, 例えば, 受け入れる水質, 汲上げ位置までの経過時間と距離, 希釈倍率, この処理以降飲料水利用までの処理法等である ・再生水中に病原体が検出されてはならない[l] ・ウイルス不活化のために, 残留塩素濃度をより高くする, そして/あるいは接触時間を長くする必要がある場合がある ・処理の信頼性を確保

a U.S. EPA (2004) より引用.
b 注記のない場合, 推奨される水質基準値は処理施設より排出される時点での再生水に適用される.
c 飲料水源の汚染防止と再生水への曝露による不要なリスクを避けるために後退距離を設けることが推奨される.
d 二次処理には, 活性汚泥法, 散水ろ床法, 回転生物接触法が含まれ, 安定化池も含んでよい. 二次処理水は, BOD, SS ともに 30 mg/L を超えないこと
e ろ過とは, 撹乱されていない土壌による排水のろ過, 砂またはアンスラサイト, 布, MF あるいは膜によるろ過を意味する.
f 消毒とは, 破壊, 不活化, 化学的, 物理的, 生物学的に病原性微生物を除去することである. 消毒は塩素消毒, オゾン消毒その他化学的消毒, UV 照射, 膜等により行われる. ここでは, 消毒のレベルを塩素で規定しているが, 再生水の消毒に他の手段を用いることを排除するわけではない.
g BOD_5 の試験で決定.
h 推奨される濁度上限値は, 消毒の前に満たす必要がある. 平均濁度は, 24時間の測定結果に基づき, 5 NTU を超えることがあってはならない. 濁度の代わりに TSS の測定を行う場合, 5 mg/L を超えてはならない
i 注記のない場合, 大腸菌の基準値は分析が完了するまでの7日間の中央値から決定する. ファーメンテーションチューブ, メンブレンフィルタのいずれを用いても問題ない.
j すべてのサンプルについて大腸菌数が 14 個/100 mL を超えてはならない.
k 総残留塩素は, 最低 30 分以上の接触時間をとった後の値とする.
l 再生水利用計画の実行前に, 再生水の微生物学的分析を十分に行うことが望ましい.
m すべてのサンプルについて大腸菌数が 800 個/100 mL を超えてはならない.
n 安定化池の中には消毒を行わなくても大腸菌の基準を満たすものがある.
o 商業生産されている農作物は, 販売にさきがけて物理的あるいは化学的に微生物を破壊する措置がとられている.
p 高度処理は, 凝集沈殿, 活性炭吸着, RO その他の膜処理, ストリッピング, UF, イオン交換を含む.
q 毒性, 発癌性, 催奇性, 変異原性のある, もしくは疑わしい, 無機あるいは有機化合物も監視の必要があるが, これらは飲料水基準に含まれない.

度のレベルまで低減する程度の消毒は最小限のコストで容易に達成可能であること, 消毒による健康に関連した効果が明確に出る(病原体が完全にないわけではない)最低限のレベルが明らかでないこと, が理由である.

指針では, 再生水と直接または間接的に接触するおそれがある用途であるか, 上水道との誤接合の可能性がある二系統配管を用いる場合, 糞便性大腸菌群が 100 mL 中で検出されないレベルの消毒を

推奨している．このより厳しい消毒レベルは，三次処理やその他の水質上限値，例えば，消毒の前処理で濁度 2 NTU 以下にする，などとともに適用することを想定している．この処理と水質上限値の組合せにより，病原細菌とウイルス性病原体が検出限界以下の再生水を製造することが可能であるとされている．

4.7.2 微生物に関する上限値

指針には，糞便性大腸菌群のための上限値が設けられているが，寄生虫とウイルスの上限値は，含まれていない．蠕虫等の寄生虫は，指針で推奨された処理レベルと再生水質上限値では米国での水再利用運用時に問題になっていないが，近年は，再生水中のジアルジアとクリプトスポリジウムの発生とその重要性に関心が寄せられている．指針では，病原体が検出限界以下の再生水を製造するためにろ過と高レベルの消毒が推奨されている場合は，寄生虫とウイルスを除去あるいは不活化するため，ろ過の前処理として薬品を添加することが必要だとしている．腸管系ウイルスは，再生水における懸念である一方，ウイルスによる上限値は，
・適切な下水処理により，ウイルスが不活化されるか，検出限界以下まで除去されるという知見がある，
・分析のために必要な設備と人員がある施設は限られている，
・再生水中の低レベルのウイルスが健康に及ぼす影響について，公衆衛生の専門家間で合意がなされていない，
・米国内では，再生水を原因としたウイルス性疾病の症例がない，
といった理由により指針で推奨されていない．

4.7.3 管理手法

州の水再利用の評価基準とともに，指針は，主に健康の保護に向けられており，様々な規制措置を含む．例えば，都市での再生水の非飲用利用のために，指針は，以下の内容を含む．
・再生水は，清澄，無色，無臭であること．
・再生水による灌漑地域から飲料水の供給井まで 15 m (50 ft) 以上の距離があること．
・配水施設での残留塩素濃度を 0.5 mg/L 以上とする．
・処理の信頼性と，緊急時のための貯水または処理が不十分な再生水の処分．
・飲用水給水管との誤接合防止策，色分けもしくはテープを巻いた再生水管および機器．
同様の設計と操作上の勧告は，他の用途の再生水指針にも含まれている．

4.7.4 間接的飲用再利用のための勧告

非飲用用途のための水質要件は，扱いやすく，将来的にも大きな変化はなさそうだが，飲料水および間接的飲用用途を目された再生水では，監視項目数が増加し，水質要件も厳しくなるであろう．そのため，指針では，重要な成分についての上限値を完全にリスト化する必要はないとした．

幾つかの下水処理法と再生水水質の勧告に加えて，指針は，間接的飲用のための再利用計画に課されると考えられる拡張的な処理と水質要件についての一般的な勧告を示している．指針は，直接的飲用再利用を勧めておらず，またそのような用途のための勧告を含んでいない．飲用再利用に関連する幾つかの話題については，National Research Council report, Issues in Potable Reuse: The Viability of Augmenting Drinking Water Supplies with Reclaimed Water (NRC, 1998) で詳細に議論されている．

水の再利用指針では，この指針で提示された処理ユニットプロセスと水質上限値が「水の再生処理と再利用の決定的な評価基準として使用されることを意図していない．この指針は，特に，州独自の評価基準あるいは指針を策定していない州で水を再利用する場合に合理的な指針を提供することを意図している」と明示している(U.S. EPA, 2004).

4.8 水の再利用のためのWHO指針

1章で議論したように，50年以内に世界の人口の40％以上が緊迫した水問題か水不足に直面している国に住むことになると見積もられている．人口増加のほとんどは，発展途上国の都市とその周辺領域に起こると予想される．発展途上国で発生した下水のうち，何らかの処理を受けているものが約10％でしかないことからも，国民の健康と環境保護は困難な問題といえる．

長年にわたって，世界保健機関(World Health Organization；WHO)は，下水の安全な利用のためのガイダンスを提供している．1971年，WHOは，水再利用の専門家会議を開催し，結果はいろいろな下水の活用のための推奨される健康関連評価基準と処理プロセスに関する1973年報告にまとめられている(WHO, 1973)．1973年に作成された評価基準は，1989年に改訂され，また，最新であるWHO Guidelines (第3版)は，2006年に発行された(WHO, 2006)．

一般に，WHO指針は，米国の様々な州によって採用されている水の再利用に係る規則もしくは指針より緩い．WHO, Food and Agriculture Organization of the United Nations(FAO)等の国際的な技術協力組織，世界銀行(World Bank)やUnited Nations Development Programme(UNDP)等の多面的な開発機関では，食用作物灌漑に供する前に何らかのレベルの下水の処理を導入して，積極的な疾病の伝播抑制あるいは曝露防止を達成することを意図している．WHO指針は，その意図を満たし，多くの国の社会経済的な現実を背景として，それらの国がより良い水質の再生水をつくり出す能力を持つまでの暫定措置として適切であると考えられる．

4.8.1 農業と養殖漁業のためのWHO指針

1989年，WHOは，Health Guidelines for the Use of Wastewater for Agriculture and Aquaculture(WHO, 1989)を発行した．この指針では，下水使用における主な健康リスクは，寄生虫感染に関連していることを根拠に，農業と養殖漁業における下水の安全利用のためには寄生虫卵を高度に除去することが必要であるとした．土地が手頃な費用で利用でき，複雑な手法は利用できず，技術的な支援が十分に受けられない温暖地域では，指針を満たす選択肢として下水安定化池があげられた．寄生虫除去性能に基づいて，8～10日の滞留時間を推奨するとともに，糞便性大腸菌群を指針の基準である1 000/100 mLまで除去するためには，温暖気候で少なくともその2倍の滞留時間が必要であるとしている．幾つかの既存あるいは模擬安定化池でのフィールド試験によると，寄生虫と糞便性大腸菌群を目標値まで除去することは，実際には困難であるという結果が示された．しかしながら，適切な計画，設計，操作，および維持管理に従った場合，安定化池が指針の蠕虫と糞便性大腸菌群の目標値を満足する可能性は高くなる．安定化池に関連する問題については，包括的なマニュアルと論文が入手可能である(U.S. EPA, 1983; Arthur, 1983; Mara and Pearson, 1998; Mara, 2003)．

4.8.2 Stockholm枠組み

2001年，Stockholm(スウェーデン)でのWHO専門家会議において，リスクアセスメントとリスクマネジメントを統合した，水に関連した疾病を抑止するためのアプローチを促進する枠組みが策定さ

れた.このアプローチは,健康影響に基づいた指針と水と衛生に関連した有害微生物に関する規格基準を策定する手法をまとめ,水に関連したWHOのすべての指針に概念的な構成を提供する.Stockholm枠組みは,以下の3点を含んでいる,すなわち,(1)健康影響に基づいた目標値を定めるための健康リスクアセスメントと指針の目標値設定,(2)基礎的な制御手法の決定,(3)これらの統合的なアプローチが公衆衛生に与える影響の評価(Bartram *et al.*, 2001; WHO, 2006).

この枠組みでは,各国が地域,社会,文化,経済,環境的な状況に応じた指針とすることと,それらに関連した健康リスクと排水の利用,飲料水,レクリエーションや職業での水との接触を通した微生物への曝露によって生じる可能性のある健康リスクと比較することを可能にしている.このアプローチは,疾病をそれ単独でなく,総合的な健康の観点から管理することを必要としている.つまり,許容リスクまたは耐容リスクの決定は,特定の疾病につながる,他の水利用および衛生状況を含めたすべての曝露に関連した人口における実際の罹患率の現状に組み入れて考える必要があることを示唆している.したがって,各国は,状況に基づいて異なった健康目標を設定してよい.さらに,例えば,以下で議論する障害調整生存年数(disability adjusted life years;DALYs)等の共通の指標を使用することにより,ある曝露の経路もしくは一つの疾病から他の疾病に至る結果を比較することができる.

4.8.3 障害調整生存年数(DALYs)

障害調整生存年数(DALYs)は,集団の健康状態の概要を表す尺度で,DALYsの損失は,特定の疾病かリスク要因による負荷の指標である.DALYsは,特定の疾病による障害か死によって失われた時間を,健康で疾病による障害がない寿命と比較することによって測定しようとするものである.DALYsは,損失生存年数(years of life lost;YLLs)と障害生存年数(years lived with a disability;YLDs)の和である.YLLsは,年齢層ごとの死亡率と与えられた母集団の標準平均余命(life expectancy)から計算される.YLDsは,疾病の症例数と平均的な継続期間と重篤度の重み係数(severity factor)の積から計算される.重篤度の重み係数は,疾病によって1(死)から0(完全な健康)までの値をとり,例えば,水様便は,年齢層によって0.09~0.12までの値をとる(Murray and Lopez, 1996; Priiss and Havelaar, 2001).DALYsは,急性の健康影響だけではなく,遅発または慢性の効果も説明できるので,罹患率と死亡率を含めた健康影響を比較するための重要な手段である(Bartram, Fewtrell & Stenstrom, 2001).リスクをDALYsで表現すれば,異なった健康影響(例えば,癌とランブル鞭毛虫症)を比較でき,費用対効果でリスクマネジメントの意志決定の優先順位をつけることが可能となる(Aertgeerts and Angelakis, 2003).

4.8.4 耐容リスク(許容リスク)の概念

リスクが許容できるかどうか判断するため,以下の評価基準を適用することができる(Hunter and Fewtrell, 2001).
・リスクが任意の,定義された確率を下回る.
・リスクが既に耐容されている何らかのレベルを下回る.
・リスクがコミュニティ内の疾病による負担のうちの任意の部分を下回る.
・リスクを削減するためのコストが「苦痛の代価」も計算したうえで節減されるコストを超過する.
・他の,より緊急の公衆衛生問題に費用が使われる方がよい.
・公衆衛生の専門家がリスクを許容できるとした.
・市民がリスクを許容できるとした(というより,それを許容できないと言わない).
・政治家がリスクを許容できるとした.

耐容リスクは,必ずしも不変というわけではない.水に関連した疾病伝播を管理するための手法が

向上するのに従って，耐容リスクのレベルは，減少する可能性がある．したがって，継続的に改善させるという認識で耐容リスクを設定できる．例えば，天然痘とポリオが根絶されたのは，技術的にそうすることが可能であったからであって，これらの病原体に由来する世界の疾病負担を継続的に減少させるためではない．

4.8.5 水中の微生物の耐容リスク

水に関連した曝露について，WHO は，飲料水により伝播した（化学物質もしくは感染性物質に起因する）1 人 1 年当り 10^{-6} DALYs（すなわち，1 マイクロ DALY）の疾病負担が耐容リスクである，と定義した（WHO, 2003）．このレベルの健康負荷は，低死亡率（例えば，1/100 000）の軽度の疾患（例えば，水様便）の 1 人当りの年間リスク約 1/1 000 と同等であり，これは，生涯リスクで 1/10 に相当する（WHO, 1996）．

耐容リスクは，すべての曝露によるリスクとの関係から見ることができる．つまり，まず最も大きなリスクに取り組むためのリスクマネジメント上の意志決定に使用できる．例えば，サルモネラ感染症の 99％の症例が食物に関連するのであれば，飲料水による感染を半減させても疾病の負荷を下げることに対して非常に小さな効果しか与えないであろう．水に関係した微生物汚染への曝露において，しばしば下痢あるいは胃腸疾患の発生がすべての水系感染症を表すために用いられる．

4.8.6 農業における下水の安全使用のための WHO 指針

2005 年 6 月 13〜17 日，Geneva（スイス）で行われた専門家による最終的なレビューミーティングの後，2006 年に発行された WHO Guidelines for the Safe Use of Wastewater, Excreta and Greywater の第 3 版は，先に述べた Stockholm 枠組みを含めた新しい科学的知見とリスクマネジメントへのアプローチを含めて，1973 年と 1989 年の版を拡張，更新したものである．この指針は，Vol. Ⅰ：政策と規定の視点，Vol. Ⅱ：農業における下水，Vol. Ⅲ：養殖漁業における下水と排泄物使用，Vol. Ⅳ：農業におけるし尿と生活雑排水使用，の 4 部からなる．これらの指針は，国家の，そして地域の意思決定に枠組みを提供することと同様に，農業と養殖漁業における下水使用に関連する有害物質からの健康リスクマネジメントの国際的また国家的なアプローチ（規格基準と規則を含む）開発の基礎としての利用を意図して作成された（WHO, 2005; WHO, 2006）．

健康リスク評価

この指針では，リスク評価のため，微生物学的および化学的な分析，疫学的研究，定量的微生物リスク評価（quantitative microbial risk assessment；QMRA）の 3 つの評価手法が用いられた．下水は，環境（排水，農作物，土壌）中で人間に感染するのに十分な期間生存できる多様な病原体を含む．下水が適切な処理をされずに使用される場所では，通常，腸内寄生虫に関連した健康リスクが最も高い．その他の QMRA 評価に基づく結論としては，ロタウイルス伝播のリスクがカンピロバクターもしくはクリプトスポリジウム感染リスクより高いと評価された．

健康目標

健康目標は，それぞれの有害物質に対する健康保護のレベルを定義する．健康目標は，例えば，DALY（例えば，10^{-6} DALYs）等のような疾病の標準指標に基礎を置くことができる．あるいは，農業における下水使用に関連した曝露から生じる媒介動物（蚊あるいはマダニのような，ある宿主から別の宿主に微生物を運ぶ生物）により感染する疾病の伝播防止等のような適切な健康への成果に基づくことができる．健康目標を達成するために，健康安全策が開発された．通常，システム内の異なっ

第4章 水の再利用の規則と指針

表-4.8 再生水の農業利用における健康目標[a]

曝露経路	健康影響指標(DALY/人/日)	所要の減少率(対数)	寄生虫卵数/L
限定されていない灌漑			
レタス	$\leq 10^{-6}$[b]	6	≤ 1[c,d]
タマネギ		7	≤ 1[c,d]
限定されている灌漑			
高度な機械化	$\leq 10^{-6}$[b]	3	≤ 1[c,d]
労働集約的		4	≤ 1[c,d]
局地的な灌漑(点滴灌漑)			
低木[e]	$\leq 10^{-6}$[b]	2	推奨しない
高木[e]		4	≤ 1[c]

[a] WHO(2006)より引用.
[b] ロタウイルス削減.健康目標は,規制されていない灌漑では対数で6～7,規制された灌漑では対数で2～3の病原体削減(下水処理とその他の健康保護策の組合せによる)で達成される.
[c] 15才以下の子供が曝露される場合,追加的な健康保護策を設けるべきである(本文参照).
[d] 灌漑時期を通した算術平均.平均値で寄生虫卵数1個/Lが少なくとも90%のサンプルで得られなければ,例えば10個/Lのような突発的な高い値がでた場合に基準を満たすことができない.安定化池のような下水処理システムでは,滞留時間が代替指標となりうる.
[e] 地中から作物を収穫してはならない.

た要素を対象とした 10^{-6} DALYs の耐容リスクを達成するための健康保護方策の組合せで健康目標を達成することが可能となる.

WHOの農業における下水利用のための健康目標を表-4.8に示す.ロタウイルスを標的とした健康目標は,QMRAによる 10^{-6} DALYs を達成するために必要となるそれぞれの曝露経路ごとの病原体の削減数の結果に基づく.寄生虫感染に関する健康目標の策定には,疫学的根拠が使用された.この結果は,1L中に寄生虫卵1個以下の下水を灌漑に使用した場合,過度の寄生虫感染が消費者と生産者の両者に見られないことを示している.また,以下の下水処理からもこのレベルの健康保護を達成することが可能である.すなわち,下水を処理し,農産物を洗浄することにより消費者との接触を避ける,下水の処理と保護具(靴,手袋)の使用による生産者の保護,である.15才未満の子供の曝露可能性がある場合は,さらに高度な下水処理(下水1L当り寄生虫卵0.1個以下とする)や,その他の健康保護対策の追加(例えば,化学療法等の駆虫剤による処理)を検討する必要がある.

健康保護対策

消費者,労働者,その家族,および地域住民の健康危険を減少させるために様々な健康保護対策をとることが可能である.健康目標を達成するための健康リスクマネジメント戦略は,適切な微生物学的水質指針,作物の限定,下水の適用方法,ヒトの曝露制御,化学療法(例えば,駆虫剤),および予防接種がある.下水処理を徐々に導入するか,または例えば10～15年期間をかけて処理を向上させる場合,微生物に関する水質規格基準の段階的な導入が必要となるだろう.公衆衛生上の効果を最大にするため,指針は,衛生向上等の他の保健措置,適正な飲用と衛生設備,その他の健康管理策とともに実施される必要がある(Carr *et al.*, 2004; WHO, 2006).

4.9 将来的な規則と指針の方向性

先述のとおり,米国には,水の再生と再利用について明確に記述し,または管理する連邦規定がな

く，規則は，州レベルで確立されている所があるにすぎない．U.S. EPA が Guidlines for Water Reuse(U.S. EPA, 1992, 2004)を発表した一方，飲用用途で同様の国家規則がすぐに公表されるという見通しはない．したがって，水再利用基準の作成と再生水プロジェクトの認可の負担は，個々の州に残り，その結果として，州ごとの水再利用規則の統一性がない状態が続くだろう．

4.9.1 州の規格基準，規則，および指針の継続的開発

歴史的に Arizona 州，California 州，Florida 州，Texas 州等の水資源に乏しい州は，州で展開している総合的な水の再生と再利用規格基準でリードしており，その基準が州に方向性を与え，水の再利用を進めている．その他の州は，概して，一般性と，場合によっては厳密さを比較的欠いた規格基準を採用している．多くのこれまで水が豊富であると考えられた地域で水不足が発生するようになるに伴い，水の再利用は，国家的な水資源マネジメントの不可欠な要素となっている．その結果，近年になって，これまで再利用水が経済的には代替水源となりえないと考えていた州で水再利用規則がつくられている．

4.9.2 処理技術の進歩

下水処理プロセスと微生物・化学汚染物質検出の方法論における技術の進歩は，技術の成熟によるコスト低減と組み合わせることにより，間違いなく将来の規則に反映されるだろう．例えば，
・膜は，既により効果的な三次処理の手段として多くの水の再生利用施設で従来のろ材によるろ過の代替となり始めている．
・現在，紫外線照射は，多くの施設で支持される消毒法である．
・ポリメラーゼ連鎖反応(polymerase chain reaction；PCR)による分析技術は，まだ水再利用での病原微生物の監視規則として要求されていないが，最終的には幾つかの用途に使用される再生水の水質監視に必要となるだろう．

新しい，または改良された処理プロセスの有効性が研究と実証プロジェクトにより確認されれば，規制官庁は，もうそれらを承認の前にそれぞれの現場で処理効果の広範なデータ収集と資料による裏づけを必要とする「代替の処理」とはせず，国の規則に組み込み，標準的な要件の一部とするだろう．

4.9.3 情報ニーズ

現在のところ，水再利用，再利用規則，および実施例は，問題となるような健康リスクの存在を示していないが，幾つかの分野では，規制官庁が評価基準の有効性向上，あるいは確認のために以下のような情報を必要としている．
・再生水中の病原微生物の存在を評価するためのより適切な指標微生物．
・病原微生物の存在と活性を判定する，より安価な方法．
・指標細菌と病原体の，より迅速なオンラインモニタリング．
・消毒前処理の有効性を判断するためのより良い指標．
・規則を作成するうえでリスクアセスメントをより有用なツールとして使用することが可能となるような進歩．
・処理の有効性と再生水中の有害微生物および化学物質除去の信頼性の判定．
・再生水中の PhACs，EDCs，およびその他の健康に影響を与えるおそれのある化学汚染成分の毒性評価．
・健康に関わる化学的成分の，より良い代替物質．

第4章 水の再利用の規則と指針

・飲用再利用を意図した再生水のための現在の毒性評価手法の代わりとなるオンラインバイオモニタリング手法の開発.

新しい情報があれば，規則が改正されるであろう．州間の水再利用規則の多くの不一致は，幾つかの州の規則が他の州より健康保護の程度が高いことを示している．異なった要件を遵守し，許容リスクをより統一的に解釈した結果として実際の健康リスクを判断することが必要である．これらの問題を解決することにより，最終的に規則は，より統一的になるはずである．

水再利用規則の改正と改良には，たいてい長いプロセスがあり，成立に数年掛かる場合もある．しかしながら，水再利用の到達技術水準を高めるために必要なのは，継続的な作業である．規制官庁には，公衆衛生と環境を保護する規格基準を立案する責任と権限がある．ほとんどの州機関には，知識の不足を補うために必要な研究を行う財政的能力がなく，大学の研究所，研究組織，コンサルタント，その他に研究開発を依存している．この状況は変化しそうになく，水の再利用産業界は，適切な技術と科学的な水再利用規則について規制官庁に協力していくことになるだろう．

問　題

4-1　U.S. EPA は，飲料水水質規格基準のための指針を1年間の曝露に対する住民の腸疾患への感染リスクが 10^{-4} を超えないように設計するべきであると決定した(Regli *et al.*, 1991; Macler and Regli, 1993)．Shuval et al. は，糞便性大腸菌群を1 000 個/100 mL(WHO 提案の指針値)から 100 mL 中に不検出(U.S. EPA 提案の指針値)とするための処理に必要となる付加的な費用と，それぞれのケースによって避けることのできた疾病のコストを見積もった(Shuval *et al.*, 1997)．ロタウイルスのための総費用は 350 万ドルで，A 型肝炎には 3 500 万ドルであった．U.S. EPA によって提案された指針を守ることによるリスク減少から生じるであろう健康利益は，そのような厳しい規格を満たす下水処理に必要である高価な技術により発生する追加費用と比較して無意味であるように見える．

上記のアセスメントに基づき，このようなコストは不当で，病院を建設するなどの初期健康保護施設に投資すべきだとする反論もある．水の再利用プロジェクト実行に関わる様々な要素を考慮した水の再生と再利用についてより厳しい規格基準とすることの賛否を，地域的な水不足，水の価値，公衆衛生，市民の認識，パブリックアクセプタンス，および経済問題を含めて議論せよ．

4-2　California Department of Health Services(DHS) は，California Regional Water Quality Control Boards(RWQCBs)が適用する地下水涵養の評価基準を作成する権限を持つ．DHS の地下水涵養に関する規則案は，計画的な地下水涵養のみに適用され，下水の放流には適用されない．下水を浸透池あるいは河川に放流し，結果として飲用地下水源が涵養される場合には，DHS の地下水涵養評価基準が適用されない．しかしながら，California 州，特に Central Valley 地域ではこのような状況が大規模に起こる．このような「意図的でない」涵養は，RWQCBs によって設けられた，DHS の地下水涵養規則案より制限の少ない水質上限値を適用されることになる．

このように，意図しない，あるいは偶発的な地下水涵養に対して，計画的な地下水涵養にはより厳しい規則が課されるという矛盾がある．監督機関の変更，地下水の水質，水質悪化の防止策，土壌-帯水層処理，および市民の健康保護を含めて議論せよ．

(1) DHS で問題になっているのは，飲料用水として汲み上げられる地下水の水質のみであるが，涵養時の水質は問題にする必要はないのか．

(2) もしあなたが適切と考えるのであれば，どうすれば一般的な評価基準を，結果的に飲用地下水源への供給となるすべての計画に課すことができるか．

4-3　人と接触する，もしくはその可能性がある用途に再生水を利用する場合，ほとんどの州は，

消毒の有効性を高めるために，ろ過後の濁度もしくは SS の上限値を設定している．濁度は，ろ過による粒子の除去の指標としては SS より優れているが，どちらもろ過による病原体の除去またはある種の病原体に対する消毒効果との相関性はない．

粒子除去率，消毒効率の指標として使用できる濁度もしくは SS 以外のパラメータ(例えば，粒子数の計測)について，オンラインモニタリングの可能性，分析監視能力，分析手法，実用性，得られたデータの意味，処理法と消毒効果の関係，提案されている上限値等を含めて議論せよ．

4-4　米国では，水の再利用に関連した連邦での規則がなく，再生水と再利用の規則あるいは指針は，州レベルで作成されている．この結果として，州ごとの規則にかなりの差がある．U.S. EPA は，推奨される水処理プロセス，水質基準，その他の勧告を含む Guidelines for Water Reuse (U.S. EPA, 2004)を発行した．しかし，この指針は，強制力を持たない．

U.S. EPA 飲料水水質規格基準と同様の全国的な再生水と水再利用の規則を作成し採用することについて，規制を作成するための労力(時間，コスト，専門性)，実効性，現行の規制との競合，地域の条件，州の権利に関する問題，国民の信頼，整合性を考慮して議論せよ．

4-5　下水処理水は，たびたび河川，せせらぎ，および貯水池を含めた放流水域の総流量に対してきな割合を占める．したがって，下水の放流とノンポイントソースの規則は，将来的に飲料水の規則と密接かつ公式に関連することになる可能性がある．

自治体に対して間接的な飲用用途の再利用規則を提案せよ．上述の状況とあなたの提案した再利用規則を，工学的信頼性，水質における整合性，公衆衛生の保護，およびパブリック・アクセプタンスの観点から比較・分析せよ．

4-6　U.S. EPA の 2004 年の Guidelines for Water Reuse と WHO の 2006 年の Guidelines for the Safe Use of Wastewater in Agriculture について以下の観点から比較せよ．
(1)　微生物学，疫学，微生物のリスクアセスメント定量，保健統計学の利用．
(2)　耐容リスクの概念．
(3)　上水および下水中の微生物の耐容リスク．
(4)　健康保護策．
(5)　水質汚濁管理と環境保護の関係．
　　これらの点について，2つの指針が異なっている主要な理由をまとめよ．

参考文献

Aertgeerts, R., and A. Angelakis (eds.) (2003) *State of the Art Report: Health Risks in Aquifer Recharge Using Reclaimed Water,* SDE/WSH/03.08, WHO, Geneva, Switzerland, and WHO Regional Office for Europe, Copenhagen, Denmark.

Arthur, J. (1983) *Notes on the Design and Operation of Waste Stabilization Ponds in Warm Climates of Developing Countries*, World Bank Technical Paper Number 7, The World Bank, Washington, DC.

Bartram, J., L. Fewtrell, and T. A Stenström (2001) "Water Quality: Guidelines, Standards and Health," Chap. 1, in L. Fewtrell and J. Bartram (eds.) *Water Quality: Guidelines, Standards and Health; Assessment of Risk and Risk Management For Water-Related Infectious Disease*, IWA Publishing, London, UK.

California Department of Health (1973) *Development of Reliability Criteria for Water Reclamation Operations*, California Department of Health Services, Water Sanitation Section, Berkeley, CA.

Camann, D. E., D. E. Johnson, H. J. Harding, and C. A. Sorber (1980) "Wastewater Aerosol and School Attendance Monitoring at an Advanced Wastewater Treatment Facility: Durham Plant, Tigard, Oregon," 160–179, in H. Pahren and W. Jakubowski (eds.) *Wastewater Aerosols and Disease,* EPA-600/9-80-028, U.S. Environmental Protection Agency, Cincinnati, OH.

Wastewater in Agriculture: Developing Realistic Guidelines," in C. Scott, N. Faruqui, and L. Raschid-Sally (eds.) *Wastewater Use in Irrigated Agriculture: Confronting the Livelihood and Environmental Realities*, CAB International, London.

Crook, J. (1989) "Viruses in Reclaimed Water," 231–237, in *Proceedings of the 63rd Annual Technical Conference,* Florida Pollution Control Association, and Florida Water & Pollution Control Operators Association, St. Petersburg Beach, FL.

Crook, J. (1998) "Water Reclamation and Reuse Criteria," Chap. 14, in T. Asano (ed.) *Wastewater Reclamation and Reuse*, **10**, CRC Press, Boca Raton, FL.

Crook, J. (2002) "The Ongoing Evolution of Water Reuse Criteria," in *Proceedings of the AWWA/WEF 2002 Water Sources Conference*, Las Vegas, NV.

Crook, J., R. H. Hultquist, R. H. Sakaji, and M. P. Wehner (2002) "Evolution and Status of California's Proposed Criteria for Groundwater Recharge with Reclaimed Water," in *Proceedings of the AWWA Annual Conference and Exposition*, American Water Works Association, Denver, CO.

Engineering-Science (1987) *Monterey Wastewater Reclamation Study for Agriculture: Final Report*, prepared for the Monterey Regional Water Pollution Agency by Engineering-Science, Berkeley, CA.

Fannin, K. F., K. W. Cochran, D. E. Lamphiear, and A. S. Monto (1980) "Acute Illness Differences with Regard to Distance from the Tecumseh, Michigan Wastewater Treatment Plant," 117–135, in H. Pahren and W. Jakubowski (eds.) *Wastewater Aerosols and Disease*, EPA-600/9-80-028, Health Effects Research Laboratory, U.S. Environmental Protection Agency, Cincinnati, OH.

Florida Department of Environmental Protection (1999) *Reuse of Reclaimed Water and Land Application*, Chap. 62–610, *Florida Administrative Code*. Florida Department of Environmental Protection, Tallahassee, FL.

Hunter, P. R., and L. Fewtrell (2001) "Acceptable Risk," Chap. 10, in L. Fewtrell and J. Bartram (eds.) *Water Quality: Guidelines, Standards and Health; Assessment of Risk and Risk Management For Water-Related Infectious Disease*, IWA Publishing, London.

Johnson, D. E., D. E. Camann, D. T. Kimball, R. J. Prevost, and R. E. Thomas (1980) "Health Effects from Wastewater Aerosols at a New Activated Sludge Plant: John Egan Plant, Schaumburg, Illinois," 136–159, in H. Pahren and W. Jakubowski (eds.), *Wastewater Aerosols and Disease,* EPA-600/9-80-028, U.S. Environmental Protection Agency, Cincinnati, OH.

Leenheer, J. (2003) *Comprehensive Characterization of Dissolved and Colloidal Organic Matter in Waters Associated with Groundwater Recharge at the Orange County Water District,* U.S. Geological Survey, Denver, CO.

Macler, B. A., and S. Regli (1993) "Use of Microbial Risk Assessment in Setting U.S. Drinking Water Standards," *Intern. J. Food Microbiol.,* **18**, 4, 245–256.

Mara, D. (2003) *Domestic Wastewater Treatment in Developing Countries*, Earthscan, London.

Mara, D., and H. Pearson (1998) *Design Manual for Waste Stabilization Ponds in Mediterranean Countries*, Lagoon Technology International Ltd., Leeds, UK.

McGauhey, P. H. (1968) *Engineering Management of Water Quality*, McGraw-Hill, New York.

McKee, J. E., and H. W. Wolf (eds.) (1963) *Water Quality Criteria*, 2nd ed., Publication 3-A, California State Water Resources Control Board, Sacramento, CA.

Murray, C. J. L., and A.D. Lopez (1996) *The Global Burden of Disease*, Vol. 1, Global Burden of Disease and Injury Series, Harvard School of Public Health, Cambridge, MA.

NRC (1994) *Ground Water Recharge Using Waters of Impaired Quality,* National Research Council, National Academy Press, Washington, DC.

NRC (1996) *Use of Reclaimed Water and Sludge in Food Crop Production*, National Research Council, National Academy Press, Washington, DC.

NRC (1998) *Issues in Potable Reuse: The Viability of Augmenting Drinking Water Supplies with Reclaimed Water*, National Research Council, National Academy Press, Washington, DC.

NWRI (2003) *Ultraviolet Disinfection Guidelines for Drinking Water and Water Reuse.* Report Number NWRI-2003-06, National Water Research Institute, Fountain Valley, CA.

Okun, D.A. (1979) *Criteria for Reuse of Wastewater for Nonpotable Urban Water Supply Systems in California*. Report prepared for the California Department of Health Services, Sanitary Engineering Section, Berkeley, CA.

Prüss, A., and A. Havelaar (2001) "The Global Burden of Disease Study and Applications in Water, Sanitation, and Hygiene," Chap. 3, in L. Fewtrell and J. Bartram (eds.) *Water Quality: Guidelines, Standards and Health; Assessment of Risk and Risk Management for Water-Related Infectious Disease*, IWA Publishing, London, UK.

Regli, S., J. B. Rose, C. N. Haas, and C. P. Gerba (1991) "Modeling the Risk from *Giardia* and Viruses in Drinking Water," *J. AWWA*, **83**, 11, 76–84.

SDLAC (1977) *Pomona Virus Study: Final Report*. Sanitation Districts of Los Angeles County, California State Water Resources Control Board, Sacramento, CA.

Shuval, H. I., Y. Lampert, and B. Fattal (1997) "Development of a Risk Assessment Approach for Evaluating Wastewater Reuse Standards for Agriculture," *Water Sci. Technol.*, **35**, 11–12, 15–20.

State of California (2000) *Cross-Connection Control by Water Users. Health and Safety Code*, Division 104, Part 12, Chap. 5, Art. 2, California Department of Health Services, Sacramento, CA.

Teltsch, B., S. Kidmi, L. Bonnet, Y. Borenzstajn-Roten, and E. Katzenelson (1980) "Isolation and Identification of Pathogenic Microorganisms at Wastewater-Irrigated Fields: Ratios in Air and Wastewater," *App. Environ. Microbiol.*, **39**, 1184–1195.

U.S. Department of Health, Education, and Welfare (1962) *Public Health Service Drinking Water Standards*, Public Health Service, U.S. Department of Health, Education, and Welfare, Washington, DC.

U.S. EPA (1974) *Design Criteria for Mechanical, Electric, and Fluid System and Component Reliability. MCD-05*. EPA-430/99-74-001, Office of Water Program Operations, U.S. Environmental Protection Agency, Washington, DC.

U.S. EPA (1975) *National Interim Primary Drinking Water Regulations, Fed. Reg.* **40**(248): 59566–59588.

U.S. EPA (1980) "Wastewater Aerosols and Disease," in H. Pahren and W. Jakubowski (eds.) *Proceedings of a Symposium*, 1979, EPA-600/9-80-028, Health Effects Research Laboratory, U.S. Environmental Protection Agency, Cincinnati, OH.

U.S. EPA (1981) *Process Design Manual for Land Treatment of Municipal Wastewater*, EPA-625/1-81-013, Center for Environmental Research Information, U.S. Environmental Protection Agency, Cincinnati, OH.

U.S. EPA (1983) *Design Manual: Wastewater Stabilization Ponds*. EPA-625/1-83-015, Office of Research and Development, U.S. Environmental Protection Agency, Washington, DC.

U.S. EPA (1992) *Manual: Guidelines for Water Reuse*, EPA-625/R-92-004, U.S. Environmental Protection Agency and U.S. Agency for International Development, Washington, DC.

U.S. EPA (2004) *Guidelines for Water Reuse,* EPA-625/R-04-108, U.S. Environmental Protection Agency and U.S. Agency for International Development, Washington, DC.

WHO (1973) *Reuse of Effluents: Methods of Wastewater Treatment and Health Safeguards*, Report of a WHO Meeting of Experts, Technical Report Series No. 17, World Health Organization, Geneva, Switzerland.

WHO (1989) *Health Guidelines for the Use of Wastewater in Agriculture and Aquaculture*, Report of a WHO Scientific Group, Technical Report Series 778, World Health Organization, Geneva, Switzerland.

WHO (1996) *Guidelines for Drinking-Water Quality,* Vol. 2, *Health Criteria and Other Supporting Information.* 2nd ed., World Health Organization, Geneva, Switzerland.

WHO (2003) *Guidelines for Drinking Water Quality*, 3rd ed., World Health Organization, Geneva, Switzerland.

WHO (2005) *Meeting Report: Final Expert Review Meeting for the Finalization of the Third Edition of the WHO Guidelines for the Safe Use of Wastewater, Excreta and Greywater, 2005*, World Health Organization, Geneva, Switzerland.

WHO (2006) *WHO Guidelines for the Safe Use of Wastewater, Excreta and Greywater,* 3rd ed.,

Vol. 2, *Wastewater Use in Agriculture,* World Health Organization, Geneva, Switzerland.

第5章　再生水利用における健康リスク分析

翻訳者　岡部　聡（北海道大学大学院工学研究院環境創生工学部門 教授）
共訳者　佐野　大輔（北海道大学大学院工学研究院環境創生工学部門 准教授）

関連用語　*157*
  5.1　リスク分析：概要　*158*
    5.1.1　リスク評価の成り立ちと発展　*158*
    5.1.2　ヒトの健康リスク評価の目的と適用　*158*
    5.1.3　リスク分析の要素　*159*
    5.1.4　リスク分析：定義と概念　*160*
  5.2　健康リスク評価　*161*
    5.2.1　危害の同定　*161*
        化学物質／*161*　　微生物／*162*
    5.2.2　用量-反応評価　*162*
        化学物質／*162*　　微生物／*162*
    5.2.3　用量-反応モデル　*163*
        シングルヒットモデル／*164*　　多段階モデル／*164*　　ベータポアッソンモデル／*164*
        モデル係数／*165*
    5.2.4　曝露評価　*166*
    5.2.5　リスク特性評価　*166*
    5.2.6　ヒトの健康リスク評価と生態学的リスク評価の比較　*167*
  5.3　リスク管理　*168*
  5.4　リスクコミュニケーション　*168*
  5.5　リスク評価に用いられる手段と方法　*168*
    5.5.1　公衆衛生学の側面　*168*
        疾病の定量／*169*　　環境公衆衛生学の指標／*169*
    5.5.2　疫学的側面　*169*
        疾病伝播のダイナミクス／*169*　　疫学の研究計画／*169*　　環境疫学における問題／*170*
    5.5.3　毒性学的側面　*170*
        in vitro 試験／*170*　　*in vivo* 試験／*173*　　発癌性に対する全動物試験／*173*
    5.5.4　National Toxicology Program における発癌バイオアッセイ　*173*
    5.5.5　環境毒性学：環境影響　*174*
  5.6　化学物質リスク評価　*174*
    5.6.1　化学物質規制における安全性とリスクの決定　*174*
        生涯リスク／*175*　　非発癌性影響／*176*
    5.6.2　非閾値毒性物質によるリスク　*178*
        外挿法による発癌物質のリスク推定／*178*　　ヒトへの発癌作用があると考えられる物質の同定／*179*
        米国の飲料水規制における化学物質リスク評価／*179*　　US. EPA による定性的発癌性評価／*179*

　　　　　　　　MCLG の設定のための 3 つの分類アプローチ／180　　　強制力のある米国内飲料水基準／181
　　5.6.3　リスクの考慮　　181
　　5.6.4　化学的リスク評価の要約　　181
5.7　微生物リスク評価　　182
　　5.7.1　微生物リスク評価のための伝染病のパラダイム　　182
　　　　　　　　ヒト-ヒト間相互作用の複雑性／182　　　リスク解析の枠組み／184
　　5.7.2　微生物リスク評価方法　　184
　　5.7.3　静的微生物リスク評価モデル　　184
　　　　　　　　状態モデル／184　　　感染確率あるいは罹患確率／184　　　求められる健康影響の情報／184
　　5.7.4　動的微生物リスク評価モデル　　185
　　　　　　　　感受性状態から曝露状態への移行／185　　　その他の要因／185　　　疫学的状態／185
　　　　　　　　静的モデルと動的モデルの類似／185　　　決定論的あるいは確率論的モデル／186
　　　　　　　　微生物リスクモデルの複雑性／186
　　5.7.5　微生物リスクモデルの選択　　186
　　　　　　　　静的モデルと動的モデルの評価／187　　　求められるデータ／187
　　　　　　　　最も強く影響を与えるパラメータ／187　　　重要な注意点／187　　　リスク管理者の役割／188
5.8　水の再利用における微生物リスク評価の適用　　188
　　5.8.1　静的微生物モデルを適用したリスク評価　　188
　　5.8.2　動的モデルによる微生物リスク評価　　191
　　5.8.3　腸管系ウイルスを含む水の再利用に対するリスク評価　　195
5.9　水再利用用途へのリスク評価の適用の制限　　198
　　5.9.1　リスク評価の相対特性　　198
　　5.9.2　二次感染に対する不十分な知見　　198
　　5.9.3　用量-反応データの不足　　198
問　　題　　199
参考文献　　199

関連用語

飲料水相当レベル drinking water equivalent level；DWEL　典型的な成人の体重を70 kg, 1日の消費水量を2 Lと仮定した時の, 一生のうちに健康への悪影響および発癌影響を与えない水中化学物質濃度.

環境毒性学 ecotoxicology　生態系における毒物の消長と影響の研究.

危害 hazard　ある物質の害を引き起こす能力.

急性毒性 acute toxicity　1回の曝露後に短期間で生じる毒性影響.

健康リスク評価 health risk assessment　実際もしくは潜在的に化学物質に曝露した結果として生じる健康への悪影響の可能性を評価すること.

最大汚染許容濃度 maximum contaminant level；MCL　上水道に適用される法的効力のある飲料水基準. この値は, 現在最も有用な分析方法や処理方法を適用し, かつ費用を考慮したうえで, できる限り最大汚染許容目標水準に近い値に設定される.

最大汚染許容目標水準 maximum contaminant level goal；MCLG　知られていないか, 予測される健康への悪影響が生じるレベルに適切な安全率を加味して設定される法的拘束力のない目標値.

参照用量 reference dose；RfD　感受性小集団を含み, 一生にわたって相当量の有害影響を除きうると考えられるヒト集団への1日摂取量[通常, (mg/kg)/dで表される]の推定値(おそらく, 1桁の幅がある).

人為的 anthropogenic　ヒトが引き起こす, もしくはヒトの活動による結果のこと. 本用語は, 本書中でしばしば環境改変と記述されるヒトの活動によって生じた化学物質や生物的排出物について用いられる.

生態学的リスク評価 ecological risk assessment　何らかの好ましくない生態学的事象が起こる確率を推定するための, 利用可能な毒物学的・生態学的情報を評価すること.

媒介生物 vector　ある宿主から別の宿主へ病原微生物を運ぶ蚊やダニのような生物(4章も参照されたい).

曝露 exposure　経口, 吸入, もしくは経皮ルートによる化学物質等への接触.

発癌強度 cancer potency　発癌性物質の用量0近辺における用量−反応曲線の95%上側信頼限界の傾き.

発癌性化学物質 chemical carcinogen　実験動物やヒトにおいて腫瘍形成が見られた化学物質.

非発癌性化学物質 chemical noncarcinogen　実験動物やヒトにおいて腫瘍形成とは異なる悪影響を生み出しうる化学物質.

慢性毒性 chronic toxicity　長時間(例えば, 1年)の継続的な曝露から生じる毒性影響.

リスク risk　ある特定の危険度にさらされた生物が有害反応を示す可能性.

リスク管理 risk management　曝露源とリスクの評価(およびもし必要であれば管理)プロセス. 適切な環境リスク管理とは, ある決定事項における多くの異なった特性を考慮し, 代替案を考え出すことを意味する.

リスクコミュニケーション risk communication　リスク評価者, リスク管理者, 消費者およびその他の利害関係者の間におけるリスクとリスク管理に関する情報と意見の相互交換.

リスク評価 risk assessment　危険な物質や状況にさらされた個人や集団における潜在的な健康への悪影響の定性的, もしくは定量的特性評価と推定.

リスク分析 risk analysis　リスク分析は, 3つの主要な要素で構成される. (1)リスク評価, (2)

第5章 再生水利用における健康リスク分析

リスク管理，(3)リスクコミュニケーション．

環境中や職業的に毒性物質に曝露されることによる健康リスク(health risk)の定量の必要性は，健康リスク分析(health risk analysis)と呼ばれる学際的な方法を生み出してきた．健康リスク分析は，水中や下水中の微生物，天然もしくは人為由来物質への曝露によるヒトの健康リスクを比較するのに便利な道具である．水の再利用における健康リスク分析は，米国の飲料水規制から始まり，まだ発達途上であるが，近年，その知見は急速に蓄積されつつある．本章の目的は，健康リスク分析を紹介し，それがどのように水の再利用に関係するかを議論することである．本章で示される内容は，(1)リスク分析の概要，(2)健康リスク評価，(3)リスク管理，(4)リスクコミュニケーション，(5)リスク評価の手段と方法，(6)化学物質リスク評価，(7)微生物リスク評価，(8)再生水利用における微生物リスク評価，(9)再生水利用におけるリスク評価適用の限界である．

5.1 リスク分析：概要

本節の目的は，ヒトの健康リスク分析であるが，リスク分析を理解するために以下のことについて触れる．(1)リスク評価の成り立ちと発展，(2)健康リスク評価の目的と適用，(3)健康リスク評価の手順，(4)リスク分析に関する定義と概念である．

5.1.1 リスク評価の成り立ちと発展

正式な学問領域としてのリスク評価は，1940年代と50年代の原子力産業とその規制活動の始まりに伴って発展してきた．危害分析(safety hazard analysis)(リスク評価の一種)が，1950年代以来，原子力，精油，化学，および航空宇宙産業において使用されてきた．ヒトの健康リスク評価(health risk assessment)は，1980年代において『Carcinogenic Risk Assessment Guidelines』(U.S. EPA, 1986)の発行とともに始まり，Comprehensive Environmental Response, Compensation, and Liability Act(CERCLA：包括的環境対策賠償責任法)とResource Conservation and Recovery Act (RCRA：産業廃棄物規制法)のような"スーパーファンド法"の推進によって成長が続いた．環境生態系や資源の持続的発展に関して人々の注目が集まるようになり，生態学的リスク評価をさらに進める結果となった(Kolluru et al., 1996)．リスク評価の発展に関する幾つかの代表的な出来事を表-5.1に示す．

5.1.2 ヒトの健康リスク評価の目的と適用

与えられた曝露条件において，リスク評価は，次のような目的のために用いられる．
・予想される健康影響の種類の特徴づけ，
・それらの健康影響が起きる可能性(リスク)の推定，
・それらの健康影響の発生件数の推定，
・大気中，水中，もしくは食物中の危険物質の推奨許容濃度．

リスク評価の結果は，作業者の曝露，工場からの排出や流出，周辺の空気や水の曝露，食物中の残留化学物質，廃棄物処理場，消費される製品，および自然に発生する汚染物質等に関する規制の設定を行うために必要である．リスク評価とリスク管理は，連邦や州の規制当局が同時に行う規制活動の一部である．リスク評価の主な目的と利点および限界を表-5.2に示す．

表-5.1 定量的リスク評価の発展に関する主な出来事[a]

年	代表的な出来事
1938	Federal Food, Drug, and Cosmetic Act.
1940〜50年代	原子力エネルギーと宇宙空間オペレーションにおける確率論的技術の開発と適用(HAZOP, 故障モード, フォルト・ツリー等).
	改正 Food, Drug, and Cosmetic Act:デラニー条項(食品添加物や動物の医薬品がヒトや動物に癌を誘発すると判明した場合,その使用を禁止するもの.ゼロリスク理念を例示するものである).
1958〜1975	U.S. Nuclear Regulatory Commission における Rasmussen による WASH-1400 Reactor Safety Study.
1976	U.S. EPA の発癌リスク評価指針の出版(放射線発癌リスクに続く,最初の化学物質発癌リスクの定量).
1980年代	特に発癌リスクからヒトの健康を守ることが引き続き重要視された.例えば,U.S. EPA による線形多段階用量−反応モデルにおける 10^{-7}〜10^{-5} のリスクに基づく水質基準等.
1980	OSHA(Occupational Safety and Health Act)は,ベンゼンの許容濃度 10 ppm を下回ることの健康上の効用を証明すべきであるという裁判所の判決.
1981	Society for Risk Analysis の学会誌 Risk Analysis の初刊行.
1983	NRC(National Research Council)報告書. Risk Assessment in the Federal Government:Managing the Process.
1985	California Department of Health Services. Guideline for chemical carcinogens:risk assessment and their scientific rationate.
1986	U.S. EPA によるリスク評価指針の形式化. 発癌リスク評価指針 発生毒性リスク評価指針 曝露評価指針 U.S. EPA による Superfund Public Health Evaluation Manual. リスク管理におけるリスクコミュニケーションの重要性の認識が広まる(SARA Title Ⅲ, 1986).
1987	U.S. EPA 報告書. Unfinished Business:A Comparative Assessment of Environmental Problems.
1988	California Department of Health Services. プロポジション 65(Safe Drinking Water and Toxic Enforcement Act of 1986)に関する指針および安全使用決定手順.
1989	U.S. EPA 報告書. Risk Assessment Guidance for Superfund(RAGS), Human Health Evaluation Manuals, Environmental Evaluation Manuals の刊行.
1990	U.S. EPA Science Advisory Board による Reducing Risk の刊行. Setting Priorities and Strategies for Environmental Protection. 改正 Clean Air Act(1990)に基づく U.S. EPA リスク管理計画(揮発性毒性物質の不慮の放出の防止).
1990年代	OSHA による Process Safety Management(PSM)Standard(1992). 非発癌性影響(例えば,生殖異常)が引き続き重要視された.薬物動態モデル,毒性当量[例えば,ダイオキシン類や PAHs(多環芳香族炭化水素),発生毒性・生殖毒性・神経毒性,発癌リスク,室内曝露(大気質)のための新しい指針. 生態系影響と環境影響への注目の高まり. WHO, UNEP, OECD 等を通じたリスク問題に関する国際協調.環境型政策決定におけるリスクと費用便益基準の使用拡大.

[a] Paustenback(1989), Kolluru et al.(1996)より引用.

5.1.3 リスク分析の要素

多因子性,非曝露集団における発病(バックグラウンドノイズ),長い潜伏期間,および非常に希薄な因果関係のため,健康リスク分析には多くの不確定さ生じる.例えば,ヒトは皆,毎日数千もの化学物質に曝露されている.それらの化学物質の多くは,一般的に低濃度であり,ヒトを発病させるほ

第5章 再生水利用における健康リスク分析

表-5.2 リスク評価の目的,利点,限界[a]

項　目	説　　明
目　的	・様々なリスクの発生源や特性の全体像を得ること:発生源,場所,および時間に関するリスクの本質を得ること. ・投資依存および時間依存的リスクと同様,最悪のケースリスクを特定すること. ・リスクの回避もしくはコントロールのための最適な資源配分を行う組織的枠組みを見出すこと. ・ある特定レベルの化学物質もしくは微生物に曝露されたヒト集団,野生動物集団,生態系への悪影響の度合いを推定すること.
利　点	・共通言語で書かれた公衆衛生および安全性に関する最低ライン. ・問題の優先順位を決め,資源を配分し,将来的な問題を避けるための組織的枠組み. ・リスク管理のための科学的基礎.
限　界	・不十分なデータとあり得ない仮説により,目的,アプローチ,もしくは結果に関する統一見解が得られない. ・求められた範囲の能力を持つ専門家の不足.リスク評価者,技術者,経済学者の間では,言葉は通じない. ・多様な依頼者,様々な意図,非現実的な予測,信頼性の問題.

[a] Kolluru et al.(1996)より引用.

どの濃度ではない.しかしながら,ある種の病気(特に癌)は,10～20年,もしくはそれ以上の長い潜伏期間を持つため,真の危害を見出すことが困難である.自然環境の変動,不安定性,および生態系の回復力により,その悪影響が明白でないかもしれず(後年において評価する場合を除いて),生態学的リスク評価は,さらに難しい.

　リスク分析は,(1)リスク評価(risk assessment),(2)リスク管理(risk management),(3)リスクコミュニケーション(risk communication)の3つの主要な要素で構成される.リスク評価とは,危険物質や状況に曝露されたヒトや集団における潜在的な健康への悪影響を定性的,もしくは定量的に評価し,推定することである(Hoppin, 1993).リスク管理では,代替政策はリスク評価の結果をもって評価され,もし必要であれば,定期的な測定を含む適切な制御手段が選択され,実施される.リスクコミュニケーションとは,リスク評価者(risk assessor),リスク管理者(risk manager),消費者,その他の利害関係者の間におけるリスクとリスク管理に関する情報と意見の相互交換のことである(Charnley et al., 1997;WHO, 1999).これらの要素については,さらに5.2～5.4で議論される.

5.1.4　リスク分析:定義と概念

　リスク評価は,広義には「ある特定の期間において,ある事象が生じる確率や,安全,健康,生態系,もしくは財政に対して起こりうる悪影響の程度を推定するプロセス」であると定義される.ヒトの健康リスク評価に対して最も広く用いられている定義は,1983年にNational Research Council (NRC)によって示されたものである(NRC, 1983).

　　リスク評価とは,環境中の危険物質に曝露されたヒトにおける潜在的な悪影響を評価することを意味する.リスク評価は,幾つかの要素から成り立つ.すなわち,①疫学的,臨床学的,毒性学的,および環境的研究成果に基づいた潜在的な健康への悪影響を記述すること,②ある曝露状態に置かれたヒトの健康への悪影響の種類と程度を推定すること,③様々な強度や時間において曝露されたヒトの数と特性を判断すること,そして④公衆衛生問題の存在と問題の大きさの判断を行うこと,である.また,リスク評価には,リスク評価を行う場合の不確実性を評価することも含む.

　リスク評価の目的は,リスク管理者,特に政策決定者や規制側の人間が,有用な情報に基づいて判断を下すことができるような情報を提供することである.リスク評価で扱うもの以外の要素としては,公平性,規制,信頼性といった社会的配慮が含まれるが,これらもリスク評価に影響を与える.さらに詳細にいうと,毒性学,疫学,人の経験,環境中の消長および曝露に関するすべての適切な科学的

情報に基づきリスク評価を行い，文章としてまとめなければならない．

NRC は，リスク分析においてリスク評価とリスク管理のプロセスが分離して行われることを重視した．これは，多くの評価活動が科学的情報だけでなく，リスクの価値判断や主観的な見方に影響を受けるからである(Paustenbach, 1989)．科学者，政策決定者，および国民による評価と管理の分離を促進するために，NRC レポートでは，リスク管理の定義について次のように述べている．

リスク管理とは，代替規制活動の評価やそれらの選択プロセスを意味する．リスク管理は，様々な立法機関のもとで規制機関によって実行されるものであり，それは，潜在的な慢性的健康被害の適切な規制活動を選択し，規制法律を確立し，評価・比較するための意思決定プロセスである．その選択プロセスは，リスクの受入れや制御に係るコストの妥当性等の評価も必要とされる．

5.2 健康リスク評価

本節では，リスク分析の手順全体のうち，健康リスク評価の部分を扱う．健康リスク評価の構成要素は，危険物質や状況に曝露されたヒトや集団における潜在的な健康への悪影響を定性的もしくは定量的に評価し，推定することである．健康リスク評価は，次の4つの段階に分割される．すなわち，(1)危害の同定(hazard identification)，(2)用量-反応評価(dose-response assessment)，(3)曝露評価(exposure assessment)，(4)リスク特性評価(risk characterization)，である(NRC, 1983)．これらのステップの相互関係を図-5.1 に示す．健康リスク評価は，化学物質リスク評価と微生物リスク評価を含んでおり，それについては，5.6, 5.7 で議論する．

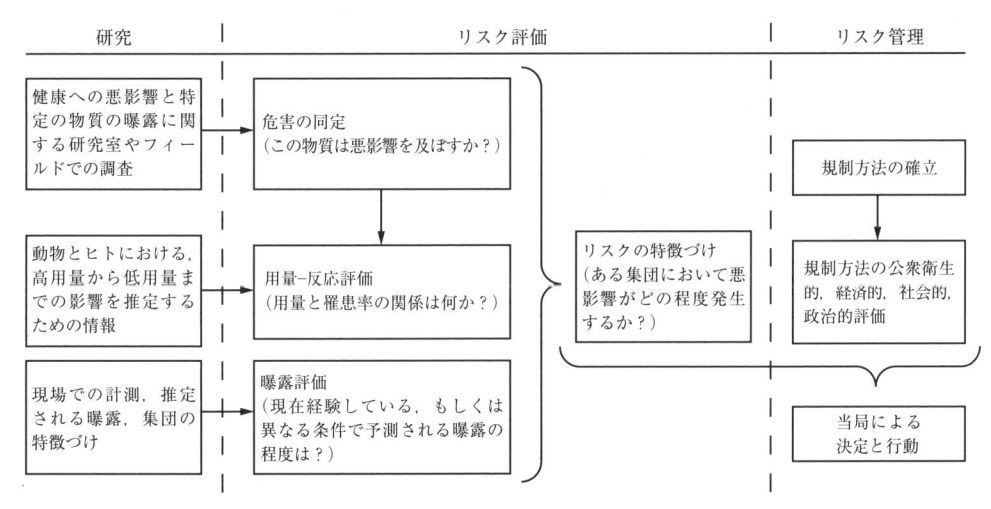

図-5.1 リスク評価とリスク管理の要素[NRC(1983)より引用]

5.2.1 危害の同定

危害の同定は，ある化学物質に曝露された際，ある疾患(癌や奇形等)への罹患率が増加するかどうかを決定するプロセスであり，規制当局により行われる最も一般的なプロセスと認識である．水の再利用においての主な危険物質は，再利用水中の化学物質と微生物である．

化学物質

化学物質に関する危害の同定は，化学物質の性質と因果関係の強さとを特徴づけることが含まれる．

化学物質が癌や他の健康への悪影響の原因になるかどうかという問題は，理論上，白黒がつけられることであるが，ヒトの健康に関する信頼に足るデータのある化学物質はほとんどない．そのために，この問題は，「この化学物質は，実験動物において癌を誘発するか？」といったような実験室内の動物への効果等にしばしば言い換えられる．そのような問いに対して，陽性の結果は，その化学物質に曝露された場合，いかなるヒトにおいても発癌リスクを生じうるものとして一般的には解釈される．短期間の in vitro 実験の結果や既知の危険化学物質の構造的類似性などの情報も考慮される．

微 生 物

微生物における危害の同定の目的は，問題となる微生物や微生物由来毒素を同定することである．危険度は，科学論文，データベース，および専門家の意見等の情報源をもとに同定される．この危険度の同定に関係する情報とは，臨床研究の総説，疫学研究および調査，動物実験，微生物の特性評価，微生物と環境の相互作用，および類似した微生物や状況における研究例を含む．

5.2.2 用量–反応評価

用量–反応評価とは，投与された物質の用量と曝露された人々の健康への悪影響の発生率の間の関係を求め，その後，ヒトへの曝露量の関数として悪影響の発生率を推定するプロセスである［図-5.2 (a)参照］．

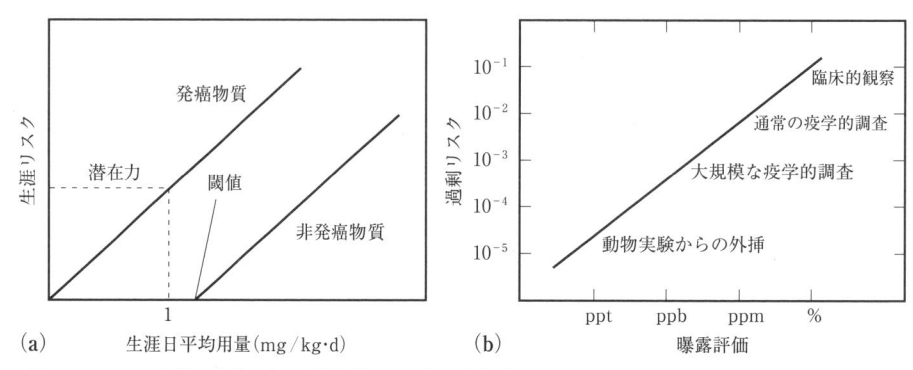

図-5.2 リスク評価の定義．(a)発癌物質および非発癌物質に対する用量–反応曲線(図示されているように，発癌性成分の用量–反応曲線は，閾値を持たないと仮定されている)，(b)過剰リスクを決定するための疫学調査の相対的な感度 ［NRC(1993)より引用］

化学物質

化学物質に関する用量–反応関係を求める際に考慮される因子は，曝露強度，曝露時間，およびその他の要因，例えば，性別，生活様式，などである．用量–反応評価は，ヒトへの悪影響を推定するため，高用量から低用量への外挿や，動物実験の結果からの外挿が必要とされる．発生率の予測に用いられる外挿方法とそれらの方法における統計学的・生物学的不確実性は，慎重に記述され，証明されなくてはならない［図-5.2(b)，5.3(a)参照］．化学物質用量–反応における外挿についての詳しい議論は，5.6 で行う．

微 生 物

微生物リスク評価において，用量–反応評価は，微生物やそれに由来する毒素への曝露によってもたらされる悪影響の可能性，重大性，および／もしくは持続時間の定性的あるいは定量的理解を与える．用量–反応関係は，対象となる微生物に依存する感染症や疾患といった異なったエンドポイント

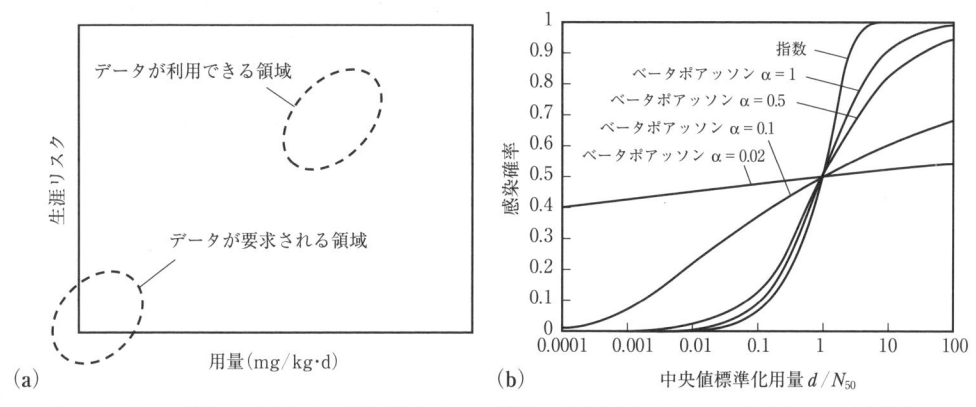

図-5.3 用量-反応曲線の略図．(a)利用可能なデータの領域と必要とされるデータの領域を示す，(b)指数モデルとベータポアッソンモデルの比較(Haas and Eisenberg, 2001)

に対して求められるものである．適当な用量-反応データがない場合には，専門家の意見を抽出するようなリスク評価のツールが，危険度の特性評価に必要となると思われる感染力等の因子を考慮するのに用いられる．

5.2.3 用量-反応モデル

高い濃度領域で得られた用量-反応データを用いてごく低濃度領域において何が起きるかを予測するため，用量-反応データは，平均摂取量と感染確率を関連づけるモデルに当てはめられる．多くの場合は罹患をエンドポイントとして扱うが，感染により生じる疾患を正確にモデル化することは困難である(Teunis and Havelaar, 1999)．これまでにヒトの曝露に用いられている典型的な用量-反応モデルは，(1)シングルヒットモデル(single-hit model)，(2)多段階モデル(multistage model)，(3)線形多段階モデル(linear multistage model)，(4)マルチヒットモデル(multi-hit model)，(5)ベータポアッソンモデル(beta-Poisson model)，(6)プロビットモデル(probit model)である．これらのモデルの特徴を表-5.3に要約した．化学物質リスク評価および微生物リスク評価の両方に最も用いられているシングルヒット指数モデル，多段階モデル，ベータポアッソンモデルについて，感染をエンドポイントとして用いて以下に説明する．

表-5.3 閾値を持たない毒性物質の評価に用いられるモデル[a]

モデル[b]	説　　明
シングルヒット	1回の曝露が腫瘍発生を誘発する．
多段階	腫瘍形成は，連続した生物学的事象の結果により生じる．
線形多段階	多段階モデルの改良版．このモデルは，用量領域においてリスクを過小評価する可能性を統計的に5%以下とする比例定数を有する直線となる．
マルチヒット	細胞が形質転換されるためには，幾つかの相互作用が必要とされる．
ベータポアッソン	このモデルは，指数モデルと同様の仮定に基づいているが，(単位摂取生物に対する感染確率が一定であるという)3つ目の仮定に関しては，緩和されている．ベータポアッソンモデルにおいて，生存し，宿主に到達する可能性は(指数モデルのr)，β分布をとる．そのため，このモデルは，β分布の2つのパラメータ(αとβ)を含む．
プロビット	曝露された人々の耐性は，対数正規分布(プロビット)に従うと仮定される．

[a] Cockerham and Shane(1994)，Pepper *at al.*(1996)より引用．
[b] 本表に引用されたすべてのモデルにおいて，毒性物質の曝露は，用量に関わらず常に影響を生み出すと仮定されている．

シングルヒットモデル

シングルヒットモデルの最も単純な形は，式(5.1)である．

$$P_{\inf}(n_p, r) = 1 - (1-r)^{n_p} \tag{5.1}$$

ここで，$P_{\inf}$：n と r の関数である感染確率，n_p：病原体の摂取量，r：摂取された病原体がすべての防御機構を乗り越え，宿主に定着する非ゼロ確率．

シングルヒット指数モデル(exponential single-hit model)(上述したシングルヒットモデルから誘導される)は，以下の仮定(Haas *et al.*, 1999)に基づく．

- 微生物は，水中にランダムに分布しており，それは以下に説明されるようにポアッソン分布 (Poisson distribution)で表される．
- 感染が起こるように，少なくとも1つの病原体が宿主の中で生き残っていること．
- 摂取された，もしくは吸入された微生物当りの感染確率は一定であること．

シングルヒット指数モデルにおけるリスクと摂取量との関係は，次式で表される．

$$P_{\inf}(r, d) = 1 - \exp(-rd) \tag{5.2}$$

ここで，$P_{\inf}$：感染確率(r と d の関数)，r：経験値であり，データフィッティングに用いたすべての宿主や病原体に対しても一定であると仮定，d：平均摂取量．

多くの原虫およびウイルスにおける用量-反応関係は，このモデルにおおよそ従う傾向がある．このモデルの生物学的意義は，曝露された集団における感受性の差が小さく，したがって曝露された集団の構成員は，等しく感染を受けるということである(McBride *et al.*, 2002)．

多段階モデル

多段階モデルにおけるリスクと摂取量との関係は，次式で表される．

$$P_{\inf}(r_i, d, s) = 1 - \exp\left[-\sum_{i=0}^{s}(r_i d^i)\right] \tag{5.3}$$

ここで，$P_{\inf}$：感染確率(r，d および n の関数)．r_i：データフィッティングに用いられた正の経験値，d：平均摂取量，s：段階数．

ベータポアッソンモデル

ベータポアッソンモデルは，基本的に指数モデルと同様の過程に基づいているが，3番目の仮定については緩和されている．このモデルにおいては，摂取もしくは吸入された微生物当りの感染確率が集団によって変化する．ベータポアッソンモデルでは，指数モデルにおいてその病原体が生存し，宿主へ達する確率はβ分布すると考えている．したがってこのモデルは，β分布の2つのパラメータ(α, β)を含んでいる．一般的に用いられているベータポアッソンモデルにおける式は，以下の2式である．どのような摂取量の表現となるかでそれぞれ式が異なっている．

$$P_{\inf}(d, \alpha, \beta) = 1 - \left(1 + \frac{d}{\beta}\right)^{-\alpha} \tag{5.4}$$

ここで，$P_{\inf}$：d, α, β の3つの関数で表される感染確率，d：平均摂取量，β：勾配パラメータ，β = 1 の時，α = β，α：勾配パラメータ．

そして，

$$P_{\inf}(d, \alpha, N_{50}) = 1 - \left[1 + \frac{d}{N_{50}}(2^{1/\alpha} - 1)\right]^{-\alpha} \tag{5.5}$$

ここで，N_{50}：摂取量中央値，他は，既に定義済み．

摂取量中央値(median dose)は，以下の式で表される．
$$N_{50} = \beta(2^{1/\alpha} - 1) \tag{5.6}$$
また，年感染確率(annual probability of infection)と日感染確率(daily probability of infection)の間の変換がしばしば必要とされ，次式で表される．
$$P_{yr} = 1 - (1 - P_d)^n \tag{5.7}$$
ここで，P_{yr}：病原体による1年当りの許容感染リスク，P_d：1日当りの許容曝露リスク，n：1年当りの曝露回数．

より厳密なベータポアッソンモデルについては，Haas *et al.*(1999)の論文を参照されたい．注意すべきことは，このベータポアッソンモデルへの省略形においては，αが明確な物理的意味を持たず，用量-反応曲線の傾きを支配するパラメータで，値が大きくなれば，傾きは大きくなる(McBride *et al.*, 2002)．

ベイズアプローチ(Bayesian approach)に基づく用量-反応関係の評価方法は，ここ数年発表されてきている．ベイズアプローチの重要な特徴は，集団パラメータに対して経験に基づく確率分布を使用するということである．ベイズアプローチは，事前分布を表現する際，客観的データもしくは主観的視点を使うことができる(Messner *et al.*, 2001；Englehardt, 2004；Englehardt and Swartout, 2004)．

モデル係数

これまでに議論してきた様々なモデルにおける様々な微生物についての係数は，表-5.4に示してある．シングルヒット指数モデルとベータポアッソンモデルの関係は，図-5.3(b)に示した．ベータポアッソンモデルの勾配パラメータも同様に図-5.3(b)に示した．ベータポアッソンモデルは，低用量においては線形であり，指数関数よりも常に変動幅が小さい．しかし，$\alpha \to \infty$とすると，指数関数モデルとなることがわかる．**例題5-1**は，このモデル係数を用いたものである．

表-5.4 様々な腸管系病原体からの指数モデルとベータポアッソンモデルにおける用量-反応パラメータ

分類	モデル			文献
	指数	ベータポアッソン		
	r	α	β	
ウイルス				
Echovirus 12		0.374	186.69	Regli *et al.*(1991)
Rotavirus		0.253	0.422	Ward *et al.*(1986)
Poliovirus 1	0.009102	0.1097	1 524	Regli *et al.*(1991)
Poliovirus 3		0.409	0.788	Regli *et al.*(1991)
細菌				
Salmonella	0.00752			Regli *et al.*(1991)
		0.33	139.9	
Shigella flexneri		0.2	2 000	
Escherichia coli		0.1705	1.61×10^6	Regli *et al.*(1991)
Campylobacter jejuni		0.145	7.589	Black *et al.*(1988)
		0.039	55	
Vibrio cholera		0.097	13 020	
原生動物				
Cryptosporidium	0.004191			Regli *et al.*(1991)
Giardia lamblia	0.02			Regli *et al.*(1991)

例題5-1 ベータポアッソン用量-反応関係モデルの適用

Campylobacter jejuni を1 200個体/100 mL含む飲料水がある．ベータポアッソンモデルを用いて，この飲料水250 mLを摂取したヒトの感染確率を求めよ．なお，この時の係数は，それぞれ $\alpha = 0.145$，$\beta = 7.589$である．

解　答

1. 摂取する水から与えられる曝露量を計算する.
   用量 = (1 200 個体/100 mL)(250 mL) = 3 000 個体
2. 式(5.4)を用いて感染確率を推定する.

$$P_{inf} = 1 - \left(1 + \frac{d}{\beta}\right)^{-\alpha} = 1 - \left(1 + \frac{3\,000\,個体}{7.589}\right)^{-0.145} = 0.58$$

解　説

以上のように, $C.\ jejuni$ の 3 000 個体の摂取により, 58% の感染確率が推定される. 感染者の一部は, さらに臨床疾病(認識しうる症状がある疾病)を発生する可能性がある.

5.2.4 曝露評価

曝露評価とは, 環境中に存在している毒性物質もしくは新規化学物質への曝露に対し, 曝露期間, 頻度, 強度等について測定するプロセスである. より確かな曝露評価を行うためには, 曝露強度, 期間, パターン, および経路(具体的には状態, 人口集団の大きさ, 階級)等を定量する必要がある. 曝露評価は, 実行可能な将来の制御技術を選定したり, 現在利用可能な曝露制御技術を予測するために用いられる(図-5.4 参照).

微生物リスク評価においては, 曝露評価は, 病原微生物影響や微生物由来毒素における実際, または推定される曝露確率やその強度について示すものである. 病原微生物に対する曝露評価は, 潜在的な汚染曝露の頻度や期間等に基づくものである.

曝露評価で考慮されなければならない因子は, 病原体のヒトへの曝露頻度とその濃度である. その他の因子としては, 水の摂取パターンがあげられる. 摂取パターンには, 社会的地位, 民族性, 季節性, 年齢(人口統計), 地域性, そして消費者の思考と行動パターンが関係している. その他としては, もし必要であれば, 環境条件や処理能力等が含まれる.

(a) 　　　　　　　　　(b)

図-5.4　都市での再利用水の曝露事例. (a)California 州南部において, 公園で再生水が散布され, そこを走る子供(提供：A. Bahri), (b)人工の小川の中で遊ぶ子供. これにも都市の中で再生水が使われている[MF 膜と RO 膜処理後, 低塩素消毒 (〜0.1 mg/L)](提供：東京都)

5.2.5 リスク特性評価

リスク特性評価とは, 曝露評価における様々な曝露条件のもとでの健康への悪影響の発生確率を推

定するプロセスである．それに加え，リスク特性評価は，与えられたモデルとシミュレーションの実行に必要なデータをすべてまとめる必要がある．リスク特性評価は，曝露と用量-反応評価の両方を組み合わせることによって行われる．この前段階における不確さは，この段階で説明される．

リスク特性評価は，推定リスクを得るために危害の同定，有害性確認，用量-反応評価，および曝露評価等の構成要素を統合したものである．リスク特性評価により，ある集団で起こるかもしれない悪影響の生じる確率やその強さの定量的または定性的な推定が可能となる．

リスク特性評価は，利用可能なデータと専門家のデータ解釈に依存する．定量的または定性的なデータを統合することによって定性的なリスク推定が可能となる．リスク特性評価の最終的な信頼性は，データのばらつき，不確実さ，および仮説に左右される(WHO, 1999)．

5.2.6 ヒトの健康リスク評価と生態学的リスク評価の比較

ここまでのリスク評価は，ヒトの健康に焦点を当ててきたが，その他に生態学的リスク評価(ecological risk assessment；ERA)が存在する．生態学的リスク評価は，幾つかのストレス曝露条件下において生態学的悪影響が生じる可能性を評価するのに使われる．ERAは，再生水が生物の生息環境や他の環境において使用される際に非常に重要となる．ヒトの健康リスク評価とERAの主なステップ，代表的なエンドポイント，適用例の違いに関する比較を表-5.5に示した．ERAは広い適用範囲があり，その多くは再生水に関連するものである．

表-5.5 ヒトへの健康リスク評価と生態学的リスク評価(ERA)の概要

ヒトへの健康影響リスク評価	ERA
主なステップ	
1. データ解析／危害の同定 　環境中の化学物質や微生物濃度．懸念される化学物質の選択． 2. 曝露評価 　経路，感受性小集団を含む曝露の可能性のあるヒトや曝露頻度およびタイミング． 3. 用量-反応評価，毒性評価 　曝露量もしくは摂取量と健康影響の関係． 4. リスク特性評価 　定量的，定性的な健康リスク評価のための毒性と曝露データの統合	1. 問題の形成／危害のスクリーニング 　住民と植物相および動物相．特に絶滅危惧種．水圏および地圏調査，研究領域における汚染物質と懸念されるストレス． 2. 曝露評価 　経路，生息環境もしくは曝露集団，特に希少価値の高い種，曝露ポイントでの濃度． 3. 毒性影響評価 　水圏，地圏，LC_{50}，微生物テスト，フィールド調査． 4. リスク特性評価 　因果関係および不確実性を関連づけるフィールド調査結果，毒性および曝露データの統合．
代表的なエンドポイント	
個体および集団における発癌リスク，非発癌性の危険度．	生態系や生息環境への影響，例えば，固体数，種の多様性，地球規模の影響．
典型的な適用例	
危険な廃棄物処分場(スーパーファンド／RCRA)． 空気，水，土壌の許可． 食品，薬，化粧品． 施設の拡大，閉鎖．	環境影響に関する文書． 天然資源影響評価 (resources natural damage assessments；NRDA)． スーパーファンド法／RCRA処分場． 施設の場所，湿地の研究． 農薬登録．

5.3 リスク管理

リスク管理においては，政策代替案は，リスク評価の結果をもとに重みづけされる．そして必要に応じて，規制措置を含む適切な制御オプションが選択され実行される(Cothern, 1992；Charnley et al., 1997)．リスク管理は，リスクと曝露源の評価，そして必要に応じて制御するプロセスである．環境リスク管理は，ある決定における多くの異なった根拠の重みづけとその代替案の提案を含むものである．

リスク評価によって得られる科学的な情報は，プロセスに入力される情報のうちの一つにしかすぎない．その他には政治，経済，リスクの競合，公平性，および社会的問題が含まれる．リスク評価は，科学に根差すものであるが，その結果がどの程度有用であるかは問題の設定のされ方，結論の出し方，およびその構成のされ方に依存する．残念なことに，多くのリスク評価は，不適当な計画のためにリスク管理者からあまり評価されていない(Kolluru et al., 1996)．コスト意識や価値判断等の先入観により誤った判断を下すことを避けるために，リスク評価とリスク管理を分離すべきであるが，実際の場合，両者は一体となっている場合が多い．

5.4 リスクコミュニケーション

リスク解析においてのリスクコミュニケーションとは，リスク評価者，消費者，その他の利害関係者間でリスクとリスク管理に関する情報や意見等を交換することである(Charnley et al., 1997；WHO, 1999)．

リスクコミュニケーションは，リスクの性質，大きさ，重要性もしくは制御方法等に関して利害関係者間で諸情報を交換することである．利害関係者とは，政府機関，企業，労働組合，報道，科学者，専門家や興味を持つ集団や個人のことである．

リスクについての情報は，様々な手段，例えば報道，製品における警告ラベルから，会議の場，市民集会，官公庁や企業等の代表者のヒアリング等を通じて交換される．意見広告と市民による受け入れに関しては26章に詳述した．

5.5 リスク評価に用いられる手段と方法

水の再生と再利用を考えるうえで，人への健康被害，化学物質や微生物への曝露の特徴を理解することは重要である．市民の衛生と再利用水の安全性は，主に3つの分野において研究されてきた．まずは，医学分野の感染症(infectious disease)と毒性学(toxicology)である．第三の分野は，水系感染のような特定の感染経路に焦点を当ててきた疫学(epidemiology)に基づく公衆衛生学(public health)である．本節と後に続く2つの節では，これらの公衆衛生学，疫学，毒性学について概説する．

5.5.1 公衆衛生学の側面

公衆衛生学とは，広義的には，疾病を防ぎ，寿命を伸ばし，身体的精神的健康を促進し，そして衛生的な環境経営の効率を高めるための科学と技術であると定義される．コミュニティにおける感染制御，個人の衛生観念の教育，医療・看護における疾病初期の診断・治療，介護組織および健康維持の

ための生活水準をすべての人に保障する社会システムの確立も公衆衛生学といえる.

公衆衛生学の使命は,人々を健康にすることで社会の要求を満たすことである(IOM, 1988).公衆衛生学の目標は,社会における疫病減少と健康改善である.公衆衛生の科学的基盤は,人々や環境の健康リスク,そして要求されるサービスを提供できる会社システムである.疫学と生物統計学は,すべての公衆衛生を下から支える重要な学問分野である(Scutchfield and Keck, 1997).

疾病の定量

公衆衛生学では,一般に3種類の方法で疾病が定量される.発生率(incidence),有病率(prevalence),死亡率(mortality)である.発生率[もしくは疾病率(morbidity)]は,ある一定期間における患者数である.累積発生率(cumulative incidence;CI)は,ある一定期間において罹患した人の割合であり,次式で表される.

$$CI = (ある一定期間に罹患した患者数)/(全曝露人口) \quad (5.8)$$

有病率(P)は,疾病率と既に疾病に罹っている人の和で,次式で表される.

$$P = (ある時点での疾病に罹っている患者数)/(全人口) \quad (5.9)$$

死亡率は,ある期間に死亡した患者数で,一般に1年当りの死亡数で表される(Hennekens and Buring, 1987).

環境公衆衛生学の指標

環境公衆衛生学指標(environmental public health indicators;EPHIs)とは,環境曝露による公衆衛生的結末を表す指標である.多くの国家と国際機関は,EPHIs が必要であることを認識している.EPHIs は,毒性学,伝染疫病学,臨床学等に関する他の情報と組み合わせることにより,汚染,危険物と健康の関係について理解の促進を図る重要な手段となる.

5.5.2 疫学的側面

広義の疫学とは,ヒトの疾病パターンを研究することである.疫学の重要な目的は,他のヒト集団よりも感染リスクの高いヒト集団を特定することである.環境疫学(environmental epidemiology)は,外部環境の生物的,化学的,物理的要因がヒトの健康に及ぼす影響を研究するものである.異なる環境に曝された特定の人々や集団を調査することで,物理的,生物的,化学的要因とヒトの健康との関係を明らかにすることができる.

疾病伝播のダイナミクス

疾病は,宿主,病原物質あるいは他の毒性物質,曝露環境の相互作用の結果生じる.多くの場合,ある媒介生物(vector:宿主から別の宿主まで疾病を引き起こす微生物を運ぶ蚊やダニのような生物)は,疾病の伝播に関わる.媒介生物と宿主,毒性物質,環境の関係を図-5.5に示した.

疫学の研究計画

一般に室内実験と異なり,疫学の研究は,研究者がコントロールすることができない個人や集団の観察を含んでいる.したがって,因果関係を左右する潜在的な要素は,有益な情報を抽出するために慎重に調べられる必要がある.疫学は2つの基本型,(1)観察的研究と(2)実証的研究に分けることができる.疫学研究の枠組みを図-5.6に示した.図-5.6で示された各研究については,表-5.6に示す.

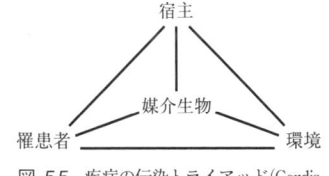

図-5.5 疾病の伝染トライアッド(Gordis, 1996)

第5章 再生水利用における健康リスク分析

環境疫学における問題

疫学は，曝露とその結果が明らかである場合の因果関係を決定する際に役立つ方法である．しかしながら，従来の疫学的アプローチでは，疑われる原因とその影響の因果関係を明らかにできないことが多い．この問題点は，環境疫学においてより顕著である．一般に環境疫学において，リスクへの曝露は，多くの集団で生じる．しかしながら曝露は，通常，非常に低いレベルであり，多くの危害因子（交絡因子および効果修飾因子）があり，間接的で慢性的であり，複雑に相互作用するため，曝露状態を特定することが困難である．腸内ウイルスへの感染のような急性影響においてさえ，もともとある疾病と分離することは難しい．さらに，局地的および地球規模の生態系への影響は，特定するのがより難しく，しばしば環境疫学者も見落とす(Pekkanen and Pearce, 2001)．

疫学は，さらなる研究が必要であると言い難い稀な研究分野である．疫学研究は，一般的に100～200万ドルかそれ以上の費用を必要とするため，環境疫学の研究の中心は，個人もしくは分子レベルの研究にシフトしている．このシフトは，本質的には環境リスク評価からの疫学研究の排除へとつながり，毒性学的な研究に基づくリスク評価に向かうことになる．しかしながら，個人もしくは分子レベルの研究は，ヒト集団への影響を直接的に示唆するものではなく，分子および個人レベルの研究成果を集団レベルに反映させる研究計画が必要とされる(Pekkanen and Pearce, 2001)．

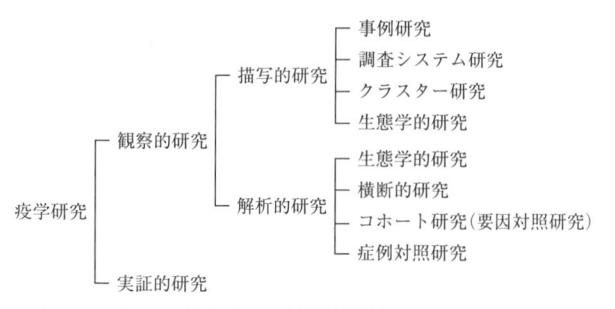

図-5.6 疫学研究の構成．各研究領域は表-5.6で説明している

5.5.3 毒性学的側面

毒性学は，生物に対する化学物質の悪影響を研究する学問であり，生物学，化学および環境科学を含む学際的分野である．環境毒性学(environmental toxicology)は，人間活動から環境に放出された毒性物質の影響を評価する科学分野である．対象となる毒性物質は，通常，低濃度であり，環境に広く分布しているものである．

毒性影響をテストするため，毒性物質(toxic)もしくは潜在的毒性物質をヒトに投与することはできない．そのため，通常，哺乳動物から細菌まで様々な生物が毒物の潜在的なヒトへの影響（健康影響）を評価するために用いられ，その結果がヒトの健康リスクを推定するために用いられる．生物細胞，核酸，および他の器官が毒性の有無や毒性メカニズムを調べるために用いられる．野生生物への毒性影響に関しては，ある自然環境に存在する生物を使って実験が行われる．毒性テストの概要を表-5.7に示した．*In vitro*（生体外），*in vivo*（生体内）試験（毒性試験の基礎）について以下で述べる．

***in vitro* 試験**

In vitro 試験(*in vitro* assey)（試験管やペトリ皿のような生体から孤立した系で行われる生物学的試験）は，微生物，細胞，その他核酸等の典型的な生物を用いて実施される．*In vitro* 試験では，毒性を発揮する過程の一部が試験される．*In vitro* 試験は，Ames 変異原性試験(mutagenicity test)である．Ames 試験(Ames test)は，化学物質がネズミチフス菌(*Salmonella typhinurium*)に変異株を発生させる可能性があるかどうかを試験する(McCann *et al.*, 1975)．*In vitro* 試験は，他の試験よりも安価かつ短時間で実施することができるうえ，大変精度が高いので，ますます用いられるようになってきている．しかし，*in vitro* 試験において，発癌性試験のような実験結果と実際の毒性の間の相関を立証することは難しい．加えて，*in vitro* 試験から得られた結果は，人体における吸収，分布，解毒，排出

5.5 リスク評価に用いられる手段と方法

表-5.6 疾病発生パターンの因果関係を調査するために用いられる疫学の主なタイプ[a]

実証的研究	実証的研究においては，最初に基本状態を記録し，次に曝露系，非曝露系が構築される．それぞれのグループにおいて疾病やその他の影響が発生するかモニタリングをする．実証的研究における主な利点は，無作為化することで，未知の統計的な交絡因子を排除できることである．しかし，倫理的もしくは他の理由により，実証的研究は，既知のリスク評価のためには用いることはない．したがって，実証的研究は，主に医学的治療か予防策に用いられ，臨床的に使用されるが，毒性物質の健康影響を評価するためには使用できない．
観察の研究	事例証拠と事例史に基づいて，疫学者は，疾病と推測されるリスク要因との関係について評価するため，主に(1)描写的観察研究，(2)分析的観察研究，の2つの観察的研究を行う．一般的にこれらの研究は，①対象となるリスクを曝露から分離した疾病とリスク研究，②ヒトおよびホストの特性，③環境条件をモニタリングするために用いられる．
描写的研究	描写的研究は，疾病，曝露等に関して利用可能な情報が少ない場合に行われる．描写的研究において，現状は報告されるが，諸要因を関連づけることはせず，仮説を提案するものである．描写的研究は，事例研究，クラスター研究，生態的研究，および調査システム研究の4つに分けられる．
事例研究	事例研究は，個人または小集団の個々に関する描写的研究である．観測された影響と特定の環境曝露との関連性は，詳細な臨床評価と個人の病歴に基づいて調査される．
クラスター研究	クラスター研究は，特定の地理的な領域における集団，職業環境，またはある特定の悪影響の速度が予想よりはるかに大きい，小集団に対して行われる描写的研究である．
生態学的研究	生態学的研究においては，集団レベルにおいて2つ以上の変数との相互関係が調査される．多くのデータが存在する場合，有用である．統計的な交絡因子は，大規模分析のため生態的研究においては重要ではない．生態的研究は，一般には描写的研究として分類されるが，使用される分析方法によっては解析的研究に分類される．生態的研究は，環境汚染物質の健康への影響を評価するために使用される．
調査システム研究	調査システム研究は，疫学的分析調査が行われる特定集団における広範囲の情報を提供する．
解析的研究	演繹的仮説を立てるために十分な情報が利用可能である時に解析的研究が行われる．解析的研究は，症例対照研究，コホート研究，および横断解析研究の3つに分けられる．
症例対照研究	症例対照研究は，対象となる疾患に罹患した集団と罹患していない集団について，特定の因子への曝露状況を調査して比較することで，潜在的リスク要因と疾病の関連を研究するために用いられる．症例対照研究は，回顧的データに依存する．症例対照研究では，症例と対照の数が重要となる．それらは一般化できるように選択しなければならない．対照は，同じグループから選択された疾病を持たない個体群である．
コホート研究(要因対照研究)	コホート研究においては，曝露グループと非曝露グループに対し，病気の発生率の変化が時間を追って評価・観測される．コホート研究は，大きく2つに分けられる．事例的研究と，同時発生的研究である．事例的研究では，現時点における曝露状態が定義され，そのサンプルにおいて今後どのように発病が発生するかが追求される．遡及的研究では，過去におけるコホートの曝露状態が定義され，現時点に至るまでの発病発生動向が追求される．曝露とその結果の両方を測定するために，コホート研究では一般的にアンケートや臨床試験が用いられる．
横断の研究	横断的研究では，曝露の状態や病気の発生がある時点で測定される．1つの母集団が最初に定義され，曝露の有無や病気の有無が各個体に対して測定される．横断的研究の利点は，(1)データの収集が1回，1ヶ所で事足りる，(2)費用が安く，導入しやすい，(3)変数間の相関や関連性が簡単に評価できる，等があげられる．事例研究は，疾病の発生が稀な場合に望ましい．なぜなら，コホート研究による奇病の調査は，十分な事例を得るため非常に多くの人を追跡する必要があり，実用的でない恐れがある．

[a] NAS(1998)，Gordis(1996)，Sullivan and Krieger(2001)より引用．

第5章 再生水利用における健康リスク分析

表-5.7 毒性試験の要約[a]

試 験	内 容
Ⅰ. 化学的・物理的特性評価	注目する化合物，中間生成物や廃棄物等の汚染物質
Ⅱ. 曝露と環境中の動態	A. 分解試験：加水分解，光分解等 B. 土壌，水中等の様々な条件下での分解 C. 土壌，水，大気中での移動と消散 D. 植物，水生生物，野生の陸生生物，食用植物および動物等における蓄積
Ⅲ. in vivo 試験	A. 急性毒性 　1. LD_{50} や LC_{50}：経口感染，経皮感染および空気感染 　2. 目の炎症 　3. 皮膚炎 　4. 皮膚感作 B. 亜慢性毒性 　1. 90日間の摂取 　2. 30日から90日間の経皮曝露あるいは吸入曝露 C. 慢性毒性 　1. 慢性的摂取（発癌性試験を含む） 　2. 奇形発生 　3. 生殖 D. 特殊検査 　1. 神経毒性（遅発性神経傷害） 　2. 相乗作用 　3. 代謝 　4. 薬理学 　5. 行動学
Ⅳ. in vitro 試験	A. 変異原性：原核生物（Ames試験） B. 変異原性：真核生物（ショウジョウバエ，マウス等） C. 染色体異常（ショウジョウバエ，姉妹染色分体交換等）
Ⅴ. 野生生物への影響	野生哺乳類，鳥類，魚類，無脊椎動物から選択された種に対する急性毒性，蓄積性および生殖影響 A. バイオアッセイ：生物を用いた毒性の測定 B. バイオモニタリング：水生生物への影響の測定

[a] Hodgson and Levi(1997)より引用.

のプロセスを再現していないため，人体への毒性として直接適用することができない．

LD_{50} と LC_{50}　半数致死量(median lethal dose；LD_{50})とは，定義された条件下で，曝露された母集団の50％が死亡する毒性物質の用量である．半数致死濃度(median lethal concentration；LC_{50})とは，定義された条件下において母集団の50％が死ぬ毒性物質の濃度である．用量－反応曲線の概念図を図-5.7に示した．

NOAEL と LOAEL　亜慢性曝露(通常，30～90日の曝露期間を指す)による毒性試験は，無毒性量(no observed adverse effect level；NOAEL)と最小毒性量(lowest observed adverse effect

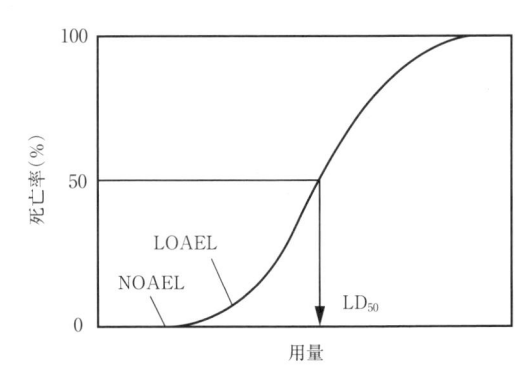

図-5.7 用量－反応曲線の概念図．LD_{50}は，50％の死亡率が観察される用量である．毒性を示さない最も高い用量(NOAEL)および毒性を示す最も低い用量(LOAEL)も図示している

5.5 リスク評価に用いられる手段と方法

level；LOAEL）を決定するために行われる．NOAEL と LOAEL の値の決定は，規制のために重要である．U.S. EPA は，NOAEL を用いて安全係数を組み込み，次に参照用量（reference dose；RfD）を算出し，規制のための汚染物質の許容水準を決定してきている（Eaton and Klaassen, 2001）．NOAEL と LOAEL の概念を図-5.7 に示した．

in vivo 試験

In vivo 試験（生きた生物体中で行われる生物学的試験）は，哺乳類や魚類のような生体を用いて行われる．長期間の慢性毒性や短期間の急性毒性試験を定量的および定性的に評価するため，目的化合物が実験動物に投与される．ヒトに対する毒性は，様々な条件下での *in vivo* 試験の結果を用いて推測される．*In vivo* 試験の主な利点は，ヒトに対する毒性と同様の曝露経路を哺乳動物で試験することが可能なことである．*In vivo* 試験の欠点は，大量の動物個体が必要とされ，実施するために費用と時間が掛かってしまうということである．

発癌性に対する全動物試験

全動物試験（whole animal test）は，高用量条件の動物実験より毒性が示された物質が環境曝露や食物経由曝露等の低用量でもヒトに対する発癌物質となりうるか評価するために行われる．人間の寿命は 70 年以上であるのに対し，試験動物の寿命はたったの 2 年程度であるため，実験における擬陰性（false negative）の結果をもたらす可能性を減らすため，用量は過剰なものにしなければならない．擬陰性とは，誤った陰性結果を示す用語である．

長期間の発癌性試験における陰性結果が擬陰性でないを証明するためには，実験動物数を増し，寿命が長い動物の使用，病理学的検査の質の向上によって達成される（図-5.8 参照）．

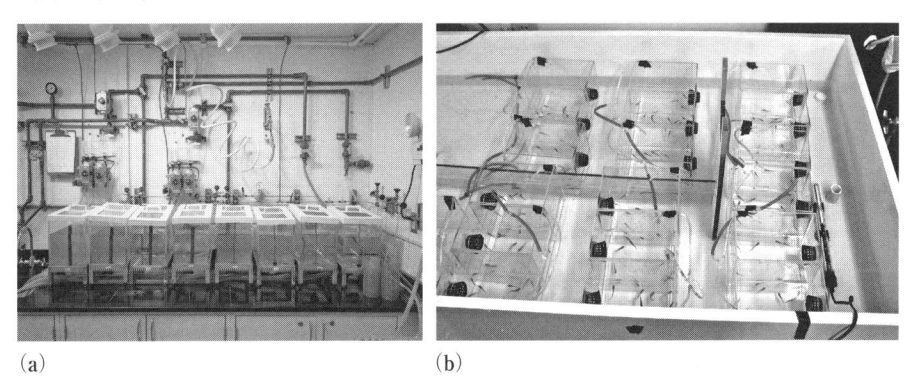

図-5.8 魚を用いたバイオアッセイによる毒性試験の例．(a)一連の水槽を用いた放流水の毒性試験を実施するための実験施設，(b)致死率をエンドポイントとしたニホンメダカを試験種として用いた実験（提供：S.A. Lyon）

5.5.4 National Toxicology Program における発癌バイオアッセイ

National Toxicology Program（NPT）における発癌バイオアッセイは，遺伝的に同様なマウスやラットの近交系雄・雌各 50 匹に対してそれぞれの化学物質で高用量の試験を 18～24ヶ月間行う．一般的には最大許容用量（maximum tolerated dose；MTD），MTD の半分量，その他の有益な用量等，2, 3種類の用量が採用される．様々な対照母集団も採用されるが，それらには陽性対照集団（既知の発癌物質），陰性対照集団（媒体のみ），曝露履歴の判明している集団等が用いられる．試験曝露は，食物や飲料水の消費，トウモロコシ油のような媒体中への添加による強制摂取もしくは強制吸入によりなされる．MTD は，10% 程度の体重減少以外の悪影響を及ぼさない最大用量であるが，これは通常

90日間の曝露用量範囲決定予備試験から決定される．この試験の目的は，実験動物が続いて行われる発癌性試験で生き残るためのMTDを把握することである．したがって，主なエンドポイントは，非発癌性慢性毒性影響よりも「発癌」である．

しばしば早死や他の交絡因子のために，用量を発癌性試験中に調整しなければならない．ある種のグループや性別グループには，50動物個体しか存在せず，発癌性は比較的発生確率が低いので，対照との間に統計的に有意な差として検出しうる発癌性を与えるためには，容量を高くして試験を行わなければならない．最終的に，実験動物の健康状態や生存率(survival rate)が評価される．残った動物は安楽死させられ，多くの臓器組織の切除サンプルは，癌の兆候を調べるため病理学者によって試験される．癌のタイプが診断され，その数と癌病巣のタイプが表にまとめられる(NIH, 2004)．

5.5.5 環境毒性学：環境影響

毒性物質は，人間だけでなく生態系にも影響を及ぼす．生態系における毒性物質の影響と挙動の研究は，環境毒性学(ecotoxicology)と呼ばれる．この分野では，生態学的原理・原則，そして化学物質が個体，集団，コミュニティ，および生態系に悪影響をいかに及ぼすかを理解する必要がある．測定には，種特異的な毒性物質への応答，あるいはより高等な生物への影響等が評価される．環境毒性試験(ecotoxicologic testing)における化学物質の輸送，挙動，および生物への曝露を測定する能力は，生態学的リスク評価の最終的な確立のためには欠かせないものであり，表-5.5に要約されている(Daughton and Ternes, 1999；Klassen and Watkins, 1999)．

5.6 化学物質リスク評価

リスク評価は，規制決定プロセスにおいて，発癌性の強度や最大汚染許容目標水準(maximum contaminant level goal；MCLG)および最大汚染許容濃度(maximum contaminant level；MCL)の確立において欠かすことができない．本節では化学的リスク評価についてまとめた．

5.6.1 化学物質規制における安全性とリスクの決定

毒性は，悪影響を生み出す化学物質固有の特性として定義されている．飲料水の化学物質に関する毒性は，次の3つに大別することができる．すなわち，(1)急性毒性あるいは慢性毒性，(2)発癌性，(3)生殖毒性，発生毒性および神経毒性である．同じ物質が用量とそれぞれの特性により，このうちのどれか，もしくはすべての毒性を引き起こすことが可能とされている(Cotruvo, 1987, 1988)．これらの毒性の特徴は，以下のようである．
1. 慢性毒性影響には用量閾値が存在するという，おそらく証明不可能な仮定がある．
2. 発癌効果や神経毒性には用量閾値が存在しないという，おそらく証明不可能な仮定がある．
3. しばしば比較的低い用量においても，ある毒性物質により胎児が悪影響を受けるリスクが発生する特定の妊娠期間が存在する場合がある．

慢性毒性影響に用量閾値が存在する場合，曝露中もしくは曝露後，集団内の個体に悪影響が生じるレベル以下の1日総摂取量(total daily dose)を設定しなければならない．閾値が存在しないと考えられる毒性物質に関しては，少なくともどんなに低い投与量レベルでも何らかのリスクが存在するということになる．生殖毒性や発生毒性に関しては，曝露のタイミングは，それがたとえ短期間だったとしても非常に重要なものになる可能性がある．このように，基準の設定値は，0(定量は不可能であり，その物質の製造もしくは使用を禁止する以外実質的には達成できないが)から，曝露された個体ある

いは集団に対する悪影響の生涯リスクの増加が理論上もしくは仮説上無視できるレベルの日摂取量 (daily dose) まで変動する.

生涯リスク

U.S. EPA は, 以上の背景から増加生涯発癌リスク (incremental life time risk for cancer) を次のように定義した.

$$\text{増加生涯発癌リスク} = \text{CDI} \times \text{PF} \tag{5.10}$$

恒常的日摂取量 (chronic daily intake; CDI) は, 次式により算出される.

$$\text{CDI} = \text{平均 1 日用量 (mg/d)} / \text{体重 (kg)} \tag{5.11}$$

ここで, CDI:生涯 70 年以上にわたる恒常的日摂取量 $(mg/kg \cdot d)$, PF:(発癌)強度係数 (potency factor) $(mg/kg \cdot d)^{-1}$. 最も一般的な形として, 総用量は, 以下のように定義される.

$$\text{総用量}(mg/kg \cdot d) = (\text{成分濃度}) \times (\text{摂取割合}) \times (\text{曝露期間}) \times (\text{吸収係数}) \tag{5.12}$$

日摂取量算出のために用いられる水分摂取量や体重の推奨値もまた U.S. EPA によって提案されている. 成人と幼児に適用される平均体重は, それぞれ 70 kg と 10 kg で, 水分摂取量は, それぞれ 2 L/d と 1 L/d である (U.S. EPA, 1986).

PF は, しばしば傾き係数 (slope factor) と記述されるが, 極低用量領域における用量−反応曲線の傾きである [図-5.3 (b)]. 実際には PF は, 以上の背景から毒性物質の生涯平均用量による増加生涯リスクに相当するものである. U.S. EPA は, リスク評価の基盤として線形多段階モデルを選択している. このモデルを用い, 最も有効なデータを得ることで, U.S. EPA は, 統合的リスク情報システム (Integrated Risk Information System; IRIS) として知られる, 毒性物質における多数のデータベースを構築し, 管理している. 幾つかの化学成分に対する代表的な毒性データは, 表-5.8 に示されている. 化学物質成分の相対的強度は, 表-5.8 に示される値の大きさを比較することで評価することが可能である (例えば, 経口ルートでヒ素の PF は, クロロホルムのおよそ 245 倍である). しかしながら, データベースの確立には, 動物データから外挿によりヒトへの影響を推定することや, 実験における高用量と実生活で直面する環境低用量により生じる数多くの不確実性が含まれてくることから, IRIS データベースで与えられている値を用いて病気の発生率や化学成分が個体に与える影響を正確に予測することはできない. 表-5.8 にあるデータの使い方は, **例題 5-2** に示されている.

表-5.8 潜在的発癌性化学物質成分の毒性データ[a, b]

化学成分	CASRN[c]	(発癌)強度係数(PF)	
		経口 $[(mg/kg \cdot d)^{-1}]$	空気 $[(mg/kg \cdot d)^{-1}]$
ヒ素, 無機物質	7440-38-2	1.5 E+1	3.0 E−2
ベンゼン	71-43-2	1.5〜5.5 E+1	1.54〜5.45 E−5
臭素酸塩	15541-45-4	7 E−1	NA
クロロホルム	67-66-3	6.1 E−3	1.6 E−4
ディルドリン	60-57-1	1.6 E+1	3.2 E−2
ヘプタクロロビフェニル	76-44 8	4.5 E+0	9.1 E−3
ニトロソジエチルアミン	55-18-5	1.2 E+2	3.0 E−1
ニトロソジメチルアミン	62-75-9	5.1 E+1	9.8 E−2
塩化ビニル	75-01-4	7.2 E−1	3.1〜8.2 E−5

[a] U.S. EPA の IRIS データベース (1996) より引用 (http://www.epa.gov/iris).
[b] IRIS データベース中のデータは, 継続的に更新されているため, 一番新しいデータベースをチェックすることが重要である.
[c] Chemical Abstracts Service Registry Number.
[d] 成人期の継続的な生涯曝露量.

例題5-2　N-ニトロソジメチルアミンを含む飲料水の生涯摂取に対するリスク評価

2.0 µg/L の N-ニトロソジメチルアミン(NDMA)を含む飲料地下水の成人に対する生涯リスクを算出せよ．10万分の1のリスクに抑えるために必要とされる濃度を決定せよ．

解　答

1. 式(5.11)を用いて CDI (mg/kg d) を算出する．
   CDI ＝ 平均1日用量(mg/d)／体重(kg)
   ＝ $(2.0\,\mu g/L)(2\,L/d)(10^{-3}\,mg/1\,\mu g)/70\,kg = 0.57 \times 10^{-4}\,mg/kg\cdot d$

2. 式(5.11)と表-5.8を用いて，飲料水摂取量に対する増加生涯リスクを算出する．
   増加生涯リスク ＝ CDI × PF
   表-5.8から，経口経路からの NDMA の PF は，$5.1 \times 10\,(mg/kg\cdot d)^{-1}$
   増加生涯リスク ＝ $(0.57 \times 10^{-4}\,mg/kg\cdot d)[5.1 \times 10\,(mg/kg\cdot d)^{-1}] = 0.29 \times 10^{-2}$

   このように，2.0 µg/L の NDMA を含む水を生涯摂取した場合の癌を発症する確率は1 000人中2.9人となる．

3. 10万分の1のリスクに制限するための NDMA 濃度を決定する．
   a. 目標リスクと表-5.8の PF に基づき CDI を見積もる．
      $10^{-5} = (CDI)[5.1 \times 10\,(mg/kg\cdot d)^{-1}]$
      CDI ＝ $1.96 \times 10^{-7}\,mg/kg\cdot d$
   b. 式(5.12)により NDMA 濃度を見積もる．
      $(C, \mu g/L)(2\,L/d)(1\,mg/10^{-3}\,\mu g)/70\,kg = 1.96 \times 10^{-7}\,mg/kg\cdot d$
      $C = 0.0069\,\mu g/L$

解　説

NDMAは，非常に強力な発癌物質であるN-ニトロソアミンのファミリーの一種である．近年まで，NDMAについての関心は，主に食物や消費者製品，汚染された大気中のNDMAに集まっていた．しかし，最近は，塩素処理や工業排水の直接汚染等に起因するNDMAに注目が集まっている．下水処理における塩素処理の過程で生成されるNDMAは，比較的高濃度であるため，意図的あるいは非意図的な間接的飲用を目的とする水の再利用において特に重要である．

非発癌性影響

発癌性物質の用量-反応情報に加えて，U.S. EPA は，細胞のネクローシス(necrosis)(生体組織の局部的な死)のような毒性影響には閾値があるが，発癌には存在しないという仮定のもとに様々な化学物質に対する参照用量(RfD)を作成してきた．一般的にRfDは，ヒトの疫学的データ，長期間の動物試験，そして他の有用な毒性情報に基づいて設定される．RfDの値は，生涯にわたって悪影響のリスクがほとんどないようなヒト集団(感受性の高い小集団を含む)に対する日曝露量(daily exposure)の推定値を表す．各化学物質のRfD値は，IRISデータベースから入手可能である．

RfDは，他の用量領域における潜在的影響を推定する基準点として使用される．通常，RfDより低い用量では，健康リスクがないと考えられる．曝露の頻度がRfDを超えたり，用量がRfDを大きく超過するにつれて，ヒト集団において健康への悪影響が観測される確率が増加する．RfDは，以下の式を用いることで得られる．

$$\mathrm{RfD} = \frac{\mathrm{NOAEL\,あるいは\,LOAEL}}{(\mathrm{UF}_1 \times \mathrm{UF}_2 \cdots\cdots) \times \mathrm{MF}} \tag{5.13}$$

ここで，NOAEL：無毒性量，LOAEL：最小毒性量，UF_1, UF_2：不確実性係数，MF：修正係数．

上式において，不確実性係数(uncertainty factor)は，種類，作用や実験期間に依存する．一方で修正係数(modifying factor)は，実験の信頼性を反映する専門的評価を反映している．要するに，これらの係数は，安全係数(safety factor)を表している．LOAEL は，適当な NOAEL が使用できない時だけ使用される．

長期間曝露による修正をした RfD や成人への生涯曝露は，NOAEL の実験値(mg/kg·d)に典型的な成人の標準体重を乗じ，安全係数で除することにより得られる．

$$\text{RfD, mg/人·d} = \frac{(\text{NOAEL, mg/kg·d})(70 \text{ kg/人})}{\text{安全係数}} \tag{5.14}$$

RfD は，毒性物質の総日摂取量を表すものであるから，健康因子のみを考慮した最大飲料水基準値あるいは最大飲料水基準値での飲料水用に調整された RfD を求めようとする際には，水からの摂取と同様，吸入や食物からの摂取も考慮すべきである．したがって，そのような情報が利用できる場合には，吸入による日摂取量や(もし 100% の摂取が想定されれば)食物からの日摂取量を RfD から差し引くべきである．最終的に 1 L 当りの許容飲料水中濃度を決定する際は，成人が 1 日に 1 人当り 2 L の水を消費すると仮定しているから，最終値は 2 で除したものとなる．

$$\text{飲料水基準, mg/L} = \frac{(\text{Rfd, mg/人·d}) - (\text{吸入, mg/人·d}) - (\text{食物, mg/人·d})}{2(\text{L/人·d})} \tag{5.15}$$

不確実なものの 1 つが各個人による実際の水の消費量である．研究によると，米国人の約 90% は 1 日当り 2 L/d の水を消費している．その範囲を 1 L 以下から 4 L までとすると，人口全体の 99% が当てはまる(Ershow and Canter, 1989)．このように，水消費量に対する不確実性の範囲は，2 倍もしくは 1/2 に収まる．この不確実性は，動物毒性学からのヒトへの外挿から生じる不確実性に比べれば微細なものである．想定された飲料水 2 L という日常的消費量は，小さな安全係数を与えるものである．

相対的発生源寄与 相対的発生源寄与(relative source contribution；RSC)とは，実際の，あるいは想定される各経路への曝露量の配分であり，最終的な MCL の値に含まれるべきものである．U.S. EPA は，無機化学物質に関しては飲料水の寄与は 20%，揮発性有機化学物質に関してはより高い値を仮定している．RSC の値が減少する場合，飲料水基準はより厳しくなるだろう．健康リスクに対する飲料水の寄与率が増加するに伴って，水道事業者への負担が増加することになる．NOAEL の値が 20 mg/kg·d，体重 70 kg の人間，不確実係数を 1 000 とすると，RfD の値は，次式で表せる．

$$\text{RfD, mg/人·d} = \frac{(20 \text{ mg/kg·d})(70 \text{ kg/人})}{1\,000} = 1.4 \text{ mg/人·d}$$

飲料水相当レベル(drinking water equivalent level；DWEL)は，飲料水に割り当てられた日用量が 20% であるということを仮定すると，以下のように算出される．

$$\text{DWEL} = \frac{1.4 \text{ mg/人·L}}{2 \text{ L/人·d}} \times 0.20 = 0.14 \text{ mg/L}$$

RfD の妥当性は，実験データの質と，適切な安全係数の選択に依存している．実験データの質に影響を与える因子は，低用量におけるヒトに対する作用機序の理解，ヒトの代替としての適切な動物モデルの選択，各用量での実験に供した動物数，十分な統計学的有意性を得られるだけの用量の設定数・範囲，実験的用量－反応曲線の形，最も感受性の高い悪影響の検出(これは生物化学的変化のみかもしれないし，明らかな臓器へのダメージや死を含むかもしれない)，試験期間の長さ(生涯試験 vs 短期間試験)，適切な曝露経路(吸入，チューブによる栄養補給，食物や水からの摂取等)，である．

実験データの質は，適用すべき安全係数の大きさ(不確実性)を決めるものである．毒性への理解が乏しいと，不確実係数がより大きくなり，RfD や MCL は低くなる．

安全(不確実性)係数　　不確実性の程度を反映する数値であり，実験データによりヒト集団への影響を推定する際に考慮されなければならない．用量-反応データの量と質が高い場合には不確実係数は低くなるが，そのデータが不適切あるいは曖昧な場合，安全係数は大きくなる．

以下の一般的なガイドラインは，National Academy of Sciences Safe Drinking Water Committee によって採用されているもので，このガイドラインは，U.S. EPA において，飲料水基準，ガイドライン，健康に関する勧告の策定のためにも用いられている．

1. 10因子：ヒトが長期間摂取しても発癌性を示さないという有効な実験結果，
2. 100因子：ヒトによる摂取に関する実験結果がないか，乏しい．ヒトに対する実験結果がない場合，1種類もしくはそれ以上の種類の実験動物に対する長期間曝露試験において発癌性を示さないという有効な実験結果，
3. 1000因子：ヒトに対する長期曝露，または急性毒性のデータがなく，数少ない実験結果において発癌性が示されていない．

1から10の安全係数は，データの質や悪影響の重要性を反映させるために，特に子供のようなリスクの高い集団に対し用いられる．要約すると，安全係数が大きくなるほど，実験データへ依存する比重は低くなり，RfD や MCL の値は，安全係数に大きく依存するようになるため，科学的な妥当性は低くなる．少なくとも理論的には，毒性に関するより詳しい情報が得られれば，安全係数は小さくなり，リスク評価も精度が増す．

5.6.2　非閾値毒性物質によるリスク

慢性的な不可逆毒性や長期曝露の影響等の危険度の評価を行うための4つの原則を以下に示した．これらの原則は，化学物質による発癌リスクに対して主に適用されるが，変異原性と奇形発生にも適用可能である．

1. 多くのデータより，動物に対して発癌性をもたらす物質は，ヒトに対しても発癌性があるといえ，その逆もまた同様である．
2. 現在，毒性物質の長期的な影響に対する閾値を求めるための方法は存在しない．すべての集団に適用可能な発癌性に関する閾値は，実験的に得ることができない．
3. 実験動物に対する高用量曝露実験は，ヒトに対する発癌性を発見するために有効な手段である．この場合，予想されるヒト曝露量よりも高用量が数多くの実験動物に与えられる．これらのデータを用いて，モデルにより低用量におけるリスクを推定することができる．
4. 物質は安全か安全でないか，というよりも，ヒトへのリスクという観点から評価されるべきである．外挿法は，ヒト集団へのリスクの上限を推定可能にする．そのためには，精密，正確かつ再現性のある実験データが必要であり，データを得るための動物実験方法の確立，および統計学的分析手法の確立も重要である．

外挿法による発癌物質のリスク推定

多くの数学モデルが発癌物質の低用量曝露によるヒトへの潜在的なリスクの推定を行うために開発されてきた．各モデルは，多くの立証不可能な仮定を含んでいる．低用量曝露における推定は，モデルに大きく依拠することになり，得られる結果は大きく異なる場合がある．低用量曝露に対しては適用が困難である．それ故，本アプローチの使用の決定と計算方法の選択は，主に政策的判断の問題である．意思決定者が考慮しなければならない選択肢は，どのモデルを適用するか，どの仮定を組み込むか，そして許容リスクはどれほどかである．初期設定の線形多段モデルは，主に飲料水中の発癌物

質の生涯(70年)曝露によるリスクを推定する目的で用いられてきた．しかし，毒性物質の機序や挙動に関する理解が進んできたために，現在では生物学に基づいたモデルが非線形用量-反応モデルとして採用され始めている．

低用量曝露におけるリスク推定に用いる外挿方法は，入手可能なデータに基づいた外挿直線を描く．低用量曝露におけるリスクの外挿推定は，まず測定データからの開始点(point of departure；POD)を選択することから始まる．飲料水のユニットリスクは，外挿直線のあらゆる場所における傾きから傾斜係数[(mg/kg)/d]を mg/L で表される傾斜に変換することによって計算される．

ヒトへの発癌作用があると考えられる物質の同定

ヒトへの発癌性作用が疑われる物質のリスク評価は，明らかな発癌の閾値となる値を超える物質に対して行われる．それ故，ある物質が発癌性を有するかどうかの結論は，定義された明らかな閾値を超えている物質に関する科学的知見に基づいている．IARC(International Agency for Research on Cancer)とその他の研究機関は，膨大な数の物質の発癌性の強度を求めるための疫学および動物毒性学データベースを解析するガイドラインを提供している．

米国の飲料水規制における化学物質リスク評価

Safe Drinking Water Act(SDWA)(1974)は，U.S. EPA に対して，ある物質がヒトの健康に対して悪影響を持つことが示された場合，飲料水基準の設定を求めている．飲料水基準の設定は，(1)最大汚染許容目標水準(MCLG)の確立，(2)最大汚染許容濃度(MCL)の確立の2つのプロセスからなる．MCLG は，毒性物質の過剰曝露により生じる健康リスクを評価するプロセスによって得られる．MCLG とは，ヒトへのリスクが知られていない，あるいは予測されていない飲料水の汚染レベルである．MCLG は，安全側に余裕を持っており，実行義務の生じない公衆衛生学的目標である．

MCL は，実行義務の課される値であり，コストを考慮したうえで，技術的に MCLG に可能な限り近づくように設定される．ある物質に対する MCLG と MCL は，SDWA で定められたプロセスにより決定され，パブリックコメント(public coment)期間が公表される．MCLG と MCL が法律的に設定されるまでの道のりは険しく，MCLG と MCL の確立には3～5年を要し，5年以上掛かることも多い．

一般的な飲料水規制プロセスを表-5.9に示した．リスク評価プロセスは，安全側に立って，動物実験データや，ヒトの疫学的情報をすべて定量化し，健康への悪影響を引き起こす飲料水濃度を決定するものである．このプロセスは，膨大な情報に基づいた判断や仮定が要求される複雑なものである．また，しばしば入手可能なデータは不足している．リスク評価を意思決定に用いる場合は，特にはっきりとした閾値がないと考えられる毒性物質(DNA に直接作用する物質，すなわち遺伝子毒性発癌物質)に対しては，科学データの他に多くの政策選択や仮定を必要とする．

表-5.9 分析と飲料水規制プロセスの概要

段　　階	過程あるいは活動
健康評価	全国規模の水曝露評価 リスク評価 癌の分類 MCLG の草案 毒性評価
技術/経済的評価	分析方法の特性 国全体と地域への影響 MCL と MCLG の草案 オプションごとの経費評価
MCLG と MCL の草案	提案されたパブリックコメントとして官報で公開
最終的な MCLG と MCL の公表	MCLG と MCL は指定された効果的データとともに官報内で公開

U.S. EPA による定性的発癌性評価

現在の飲料水規制が作られる際，U.S. EPA は，ヒトの発癌リスクを評価するため，次の5つのグループに対して定性的な重みづけを施している．

グループA：ヒトに発癌性がある． → ヒトにおける十分な証拠がある．
グループB：おそらくヒトに発癌性がある． → 動物に関しては十分な証拠があるが，ヒトに対しては限定的な証拠しかないか，あるいは全く証拠がない．
グループC：ヒトに発癌性の可能性がある． → ヒトに対するデータがなく，動物に対して限定的，あるいは曖昧な証拠がある．
グループD：ヒトに発癌性があるか断定できない． → 不十分な証拠しかないか，データがない．
グループE：ヒトに発癌性があるという事実がない． → 少なくとも2つの種で非発癌性の証拠がある．

これらの定性的な発癌性評価は，時々データに対する十分な考察がなく，機械的で柔軟性に欠けるやり方で行われることもある．U.S. EPAは，毒性学者が保守的な解釈をせず，より科学的根拠に基づいた判断を行えるよう証拠の重みづけに焦点を置いた新たなガイドラインを作成した．例えば，ほとんどの研究者は，現在，クロロホルムは，肝臓の細胞毒性を引き起こすような高用量では発癌作用を示すが，一般的な飲料水中で見られる濃度レベルではヒトへの発癌リスクはないと考えている．

MCLGの設定のための3つの分類アプローチ

現在の飲料水規制の設定において，U.S. EPAは，上述した定性的な発癌性の分類方法に基づきMCLGを設定するため，次のような3つの分類アプローチを行っている．この方法に従うと，物質は次の3つのカテゴリーにグループ化できる．

カテゴリーⅠ：グループAとBの物質． → 目標ゼロ（チャレンジングな目標）．
カテゴリーⅡ：グループCの物質． → 目標は，70年の生涯当り10^{-5}〜10^{-6}（100 000人に1人〜1 000 000人に1人）の発癌リスク，あるいはヒトへの発癌性が疑われる物質の不確実性を考慮に入れるため，安全側に立ち，追加的な安全係数を用いてDWELに変換されたRfD値と等しい目標（カテゴリーⅡ，グループCの物質は，動物実験により限定的で不十分な発癌の証拠のある物質を含んでいる）．
カテゴリーⅢ：グループDとEの物質． → 目標は，飲料水に対するRfDアプローチを用いて計算される．

発癌性カテゴリーⅡのグループCに含まれていると考えられる化合物に対しては，次の条件が課される．

1. 単一の種，株，あるいは実験を含む研究．
2. 実験が不十分な投与レベルと不十分な報告によって限定された実験．
3. 良性腫瘍のみの増加．

MCLGの設定に次のような2つのアプローチが用いられている．(a)最大10までの安全係数を追加し，非発癌エンドポイント（RfD）をもとに設定する．もしくは，(b)従来の計算モデル（線形多段モデル）を用い，生涯リスク10^{-5}〜10^{-6}の目標範囲を設定する．最初のアプローチが一般的に用いられる．しかし，2番目のアプローチは，妥当な非発癌データの入手が不可能であるが，リスク計算に必要な実験データの入手が可能な場合に用いられる．

MCLGやMCLの設定において最も議論の余地のあることは，ヒトの発癌リスクに基づいて規制された物質（カテゴリーⅠ，グループA，B）に対する強制力のない目標値の設定である．閾値を持たない物質のMCLGが0であるべきという立法精神と立法過程における考え方は，次の3つの選択肢の基本となるものであった．3つの選択肢とは，次のとおりである．

1. MCLG＝0．
2. MCLGは，対象となる計算されたリスクに基づく．
3. 分析上の検出限界．

検出限界は，常に変化する技術的課題であり，分析上の検出限界アプローチはほとんど受け入れら

れていない．ゼロオプションと有限リスクオプションの選択は，これまでの立法精神と立法経緯に基づいて行われてきた．癌による死亡数を目標値として設定することが適切か否かを議論したうえで，有限リスクを選択することによってMCLGを設定する．また，U.S. EPAは，MCLGがゼロであるということは，実際の被害が0以上で起こることを必ずしも表しておらず，MCGLは基準ではなく，達成すべき理想的目標値であるということを指摘している．

強制力のある米国内飲料水基準

MCLは，できるだけMCLGに近くて実現可能な値に設定されている．通常，数値目標があるカテゴリーIIやカテゴリーIIIの物質に対して，MCLの設定は容易であり，費用も掛からない．しかし，MCLGが0であるカテゴリーIの物質のMCLを設定しようとする時にジレンマが生じる．MCLGが0の場合には，理想的にはMCLは0であるが，MCLは，利用可能な最善の技術(best availability technology；BAT)，様々な水システムの費用，影響を受ける供給者側である浄水場等の数，国の負担総額，および分析方法の信頼性といった多様な要因を考慮に入れて決定されなければならない．そして，技術的に実現可能なMCLにおける曝露で理論的な生涯リスクが評価される．

MCLの設定時に多くの要因が考慮されているとはいえ，特にMCLが信頼できる測定値より低いレベルで設定される場合，分析方法が制限要因となる場合もある．このため実用定量限界(practical quantification limits；PQLs)が設けられている．実用定量限界は，認証された研究室における通常の操作において，ある一定の精度と正確性で確かに測定できる最少濃度と定義される．分析方法が制限要因となる場合，リスク評価がより低い値を要求したとしても，PQLがMCLとして設定される．今後，分析技術がさらに向上すると予想されるため，MCLは低くなっていくと予想される．しかし，それに対応する新たなリスク評価，規制評価，新規のパブリックコメント，法制化プロセスはまだできあがっていない．それ故，分析方法が常に改善されても，MCLはそれほど頻繁に変化しない．

5.6.3　リスクの考慮

上記の側面を考慮した後，起こりうる発癌性物質に対するMCLが提案される．U.S. EPAは，このレベルが安全性の観点から受け入れられるかどうかを検証するため，提案されたMCLレベルにおけるリスクを推定している．典型的な従来の線形多段モデル[式(5.3)]で計算された場合，一般に許容できると考えられる(安全で公衆衛生を保護できる)リスク上限は，10^{-4}〜10^{-6}(10 000人に1人〜1 000 000人に1人の死者)であり，下限は実質0である．U.S. EPAが用いたアプローチは，10^{-5}を一般の健康保護に基づいた飲料水の発癌性物質のガイドラインとしているWHOのGuidelines for Drinking-water Quality(2004)の概念と一致している．また，経済状況や適用上の問題等により，国ごとに上下限両側10倍の違い(すなわち，10^{-4}〜10^{-6})は生じうる．

5.6.4　化学的リスク評価の要約

U.S. EPAは，発癌性が疑われる物質に対し，MCLGを0，毒性学に基づき非発癌性物質に対しては，MCLGを0以外と設定している．また，発癌性に対して曖昧な証拠しかない物質に対しては，追加的安全係数や非閾値リスクモデルには目標値を設定している．

法的に強制力のある飲料水質基準であるMCLは，MCLGに近く，技術的および経済的に実行可能な値に設定される必要がある．非発癌物質や発癌の証拠が曖昧である物質に対して，MCLは，通常，MCLGと同じである．発癌の可能性がある物質に対し，MCLは，様々な技術や掛かる費用に基づいて設定されるが，参照リスクは10^{-4}〜10^{-6}を目標とする(保守的なモデルを使用すると，推定増加生涯リスクを過小評価する可能性がある)．その範囲内の基準であれば，安全で公衆衛生を保護できる

と考えられる．基準設定プロセスでは，官報に提案された MCLG と MCL を，それを補完する事柄と共に公表することを求めている．続いてパブリックコメントの期間が始まり，最終的な MCLG と MCL が設定され実行される前に，出された各コメントに対し議論され，解決されなければならない．

5.7 微生物リスク評価

定量的微生物リスク評価(QMRA)としても知られている微生物リスク評価(microbial risk assessment；MRA)は，新興分野で，ヒトの健康に対する微生物リスクを分析するための有用なツールを提供できる．5.1 で述べたとおり，リスク解析は，(1)リスク評価，(2)リスク管理，(3)リスクコミュニケーションの3つからなる．本節では，リスク解析プロセスの(1)に焦点を当てる．本節で検討されるトピックは，(1)微生物リスク評価の定義，(2)MRA の実施，(3)MRA 方法の概要，(4) MRA 方法に関する議論，について述べる．水再利用における MRA の適用については，次節で説明する．

5.7.1 微生物リスク評価のための伝染病のパラダイム

媒体微生物リスク(または病原細菌リスク)評価は，病原微生物あるいは病原体を含む媒体への曝露によって発生するヒトへの健康影響の程度を評価するプロセスである(Cooper *et al.*, 1986a；Cooper, 1991；Haas *et al.*, 1999；ILSI, 2000)．MRA プロセスは，可能な限り定量的な情報に基づくが，定性的情報も適宜使用される(Cooper *et al.*, 1986b；WHO, 1999；Ashbolt *et al.*, 2005)．初期の MRA の多くは，NRC による概念的な化学リスク評価の枠組み(5.1)を用いた(Haas, 1983a；Cooper *et al.*, 1986b；ILSI, 1996；Regli *et al.*, 1991；Rose *et al.*, 1991a)．

ヒト-ヒト間相互作用の複雑性
MRA の分野が発展するに従って，ヒトからヒトへの感染の伝播や，個々人の免疫機能等の病原体に特有な感染プロセスがあり，モデル化するには複雑な問題があることが明らかとなった(図-5.9)．それ故，5.6 で述べたような化学的リスク評価(統計的モデル)を用いた化学物質の概念的な枠組みは，

図-5.9 混雑した海岸．感染と疾病のヒトからヒトへの複雑な相互作用によって曝露経路の同定が困難になる

病原体の曝露によるヒトへの感染(動的モデリング)リスクを評価するのに適していない.この2つのリスク評価の技術の根本的な相違点は,静的モデルが動的な感染プロセスを表現できないことにある.例えば,静的モデルでは,感染に感受性のあるヒトの数は時間的に変化しないが,動的モデルでは時間的に変化しており,より現実の状態に近い.静的MRAモデルと動的MRAモデルの比較を表-5.10に示す.これら2つの根本的な相違点は,リスク評価の視点が(静的MRAにおける)個人から(動的MRAにおける)ヒト集団ベースに移行していることである.静的MRAモデル,動的MRAモデルについては,以下のリスク評価方法においてさらに議論する(図-5.10).

表-5.10 静的リスク評価モデルと動的リスク評価モデルの比較

静的リスク評価モデル	動的リスク評価モデル
静的な説明(時間内で変化しない)	動的な説明(経時変化).
直接曝露(環境からヒトへ)	直接曝露(環境からヒト)と間接曝露(ヒトからヒト).
個人ベースのリスク	母集団ベースのリスク.
感染や疾病の潜在的な二次感染は無視できる	感染や疾病の潜在的な二次感染またはヒトからヒトへの感染は存在する.
微生物因子からの感染の免疫は無視できる	曝露されたヒトは既に感染したか,以前の曝露による感染に対する免疫があるため,感染や疾病に敏感ではない可能性がある.
用量-反応関数は重大な健康の要素である	用量-反応関数は重要だが,感染症の伝染に特異的な要因も重要である可能性がある.

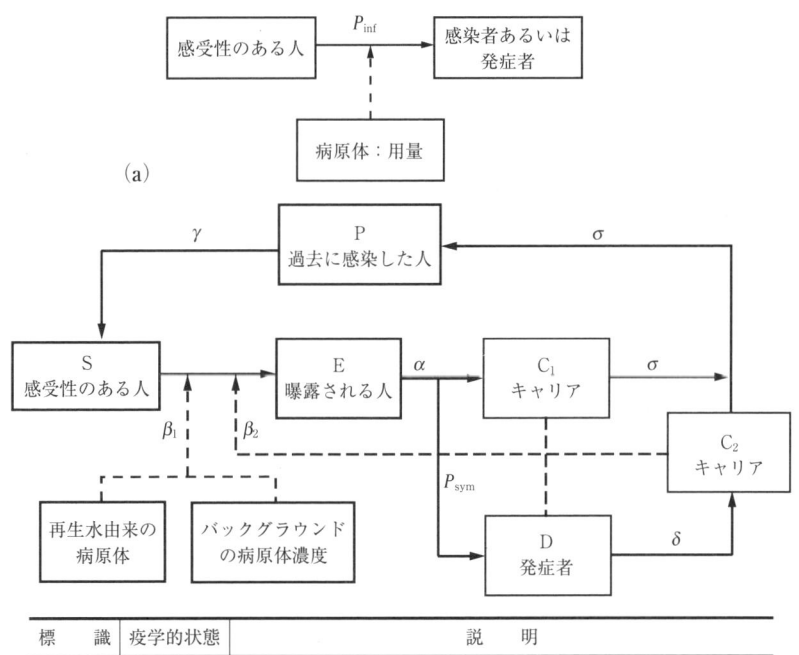

図-5.10 微生物リスク評価の概念モデル.(a)静的モデル,(b)動的モデル.ギリシャ記号で示された動的モデルの速度パラメータについては表-5.11参照

リスク解析の枠組み

U.S. EPA の ILSI(International Life Science Institute)による水および食物経路による病原体のヒトへの感染リスク評価の枠組みは，(1)問題の明確化，(2)解析，(3)リスクの特徴づけの3つの主要要素からなる(Teunis and Havelaar, 1999；Soller et al., 1999；ILSI, 2000)．枠組みは，5.2で述べた化学物質の曝露によるヒトの健康リスクのNRCパラダイム(NRC, 1983)や経済的リスク評価(U.S. EPA, 1992)と概念的には類似している．

5.7.2 微生物リスク評価方法

病原微生物への曝露と関連するヒトの健康リスクを評価する定量的な方法は，1970年代半ばから論文として発表されるようになった(Dudely et al., 1976；Fuhs, 1975；Haas, 1983a,b；Cooper et al., 1986b；Olivieri et al., 1986)．それ以来，MRAの分野は発展・成熟し，用量-反応関係は様々な病原微生物で明らかになり，現在，用量-反応の情報は実用的に用いられている(Haas et al., 1999；McBride et al., 2002)．

5.7.3 静的微生物リスク評価モデル

静的モデルを用いた微生物リスクの評価は，主に1回の曝露の結果，ヒト1人への感染確率や罹患確率の推定に焦点が当てられている．このような評価では，一般的に複合的曝露あるいは繰り返される曝露が，均一な汚染分布における独立した事象として，成り立っていると仮定している(Regli et al., 1991)．二次感染や免疫は無視できるか，あるいは互いに相殺されると仮定されている．つまり，特異的な病原体の曝露を受けたコミュニティにおいて，二次感染は，感染/疾病レベルを増加させ，免疫は減少させるものと考える．

モデル状態

図-5.10(a)で示した静的MRAモデルでは，ヒト集団は，(1)感染を受ける状態，(2)感染したあるいは発病した罹患状態，という2つの疫学的状態に分類されると仮定される．感受性のある個体は，病原体に曝露され，曝露された病原体の摂取量と病原体の感染力によって決定される確率に従って感染状態に移行する．図-5.10の実線は，それぞれ1つの疫学的状態から別の状態へ移動する個体を表しており，点線は，病原体の移動を表している．ヒトは，多くの潜在的な環境要因から病原体に曝露されるかもしれないが，静的モデルでは，感受性個体は，特定経路からの病原体に曝露されるものであり，潜在的相互作用や複数の曝露経路は含まれないと仮定している．

感染確率あるいは罹患確率

感受性個体が感染あるいは罹患状態になる確率は，曝露される病原体の摂取量の関数である．個人が環境中の汚染源から病原体に曝露された場合，特定の確率で感染あるいは罹患状態へ移行する．この用量-反応確率関数は，図-5.10(a)ではP_{inf}と表示されている．摂取量は，主に，(1)曝露場所での病原体の濃度，(2)摂取した水の量，という2つの因子によって決定される．この摂取量は，用量-反応関数にインプットされ，曝露された個人が感染あるいは罹患状態となる確率が推定される．

求められる健康影響の情報

静的モデルに必要とされる重要な健康影響の情報は，病原体に特異的な用量-反応関数である感染確率(P_{inf})を表す関数の中に含有される．有害な病原体への曝露による感染確率は，宿主と病原体特異的な要因に依存している．病原体と宿主間の相互作用は，各事象が感染を引き起こす一連の条件つ

き事象とみなすことができる．感染状態は，(1)宿主に侵入した病原体の数，(2)このような病原体を不活性化する宿主の能力，(3)宿主の局所的な免疫防御に耐えられる病原体の数，(4)病原体の毒性や宿主の感染感受性の多様性，といった多くの要因に依存する(Eisenberg *et al.*, 1996；Eisenberg *et al.*, 2004)．検討されている曝露シナリオのもとで感染確率に曝露個体数を乗じて，感染者数の期待値を推定する．

5.7.4　動的微生物リスク評価モデル

動的リスク評価モデルでは，ヒト集団は，より多くの疫学的状態のグループに分けられる．個体は，疫学的に信頼できるデータ(感染期間あるいは免疫期間)に基づいて状態移動する．集団の一部のみが期間内のどの点でも感受性状態にあり，さらにその一部が微生物曝露により感染もしくは罹患する．

感受性状態から曝露状態への移行

感受性を持つヒトが曝露状態となる確率は，(1)病原体の投与量，(2)病原体の感染力，(3)接触する恐れのある感染/罹患者の数，に左右される．投与量の関数である感染力(用量－反応関数を用いて推定)は，罹患プロセスの静的モデルによるリスク推定で重要な因子となる．用量－反応関数は，動的MRAモデルでも重要であるが，ヒトからヒトへの伝達，免疫，無症状感染，および潜伏期といった因子がより重要となる．

その他の要因

病原微生物への曝露によるリスクを評価する場合，先述のとおり，追加的要素を組み込み，図-5.10(a)で概念的に示した静的モデルよりも洗練された数学モデルを必要とする．動的な疾病伝染モデルが用いられる場合，伝染病の感染に特異的な要因を考慮することができる．重要な伝染病プロセスに依存して，動的モデルは様々な要素を組み込むことができるため，複雑性が変化する．例えば，動的モデルは，図-5.10(b)で説明したように，ヒトからヒトへの伝達，免疫，潜伏期，および無症状感染を表現できる(Soller *et al.*, 2004)．

疫学的状態

図-5.10における集団は，6つの疫学的状態に分割される．図-5.10(b)でギリシャ文字で表した疫学的状態の移行を特定するのに用いられている速度パラメータを表-5.11に示す．各疫学的状態に属する集団の個体数は時間的に変化するため，図-5.10(b)に示されたモデルは動的モデルと呼ばれている．動的モデルは，静的モデルと比べて数学的により包括的である．しかし，次に述べるように，特定の仮定に関して2つのモデルは，本質的に同じである(Soller *et al.*, 2004)．

静的モデルと動的モデルの類似性

図-5.10(a)と(b)を比較すると，2つのリスク評価モデルは，以下の場合に同等である．
・集団中における病原体のバックグラウンド濃度(あるいは，地域レベルにおける感染数および罹患数)は，0または無視できる．
・感染および疾病期間が0に近づく．
・感染および疾病が免疫を与えない，あるいは免疫の持続期間が0に近づく．

集団の疫学的状態の分類においては，個体が糞便中に病原体を排出するとか，抗体レベルの増加のような免疫応答を示す時，感染したとみなされる．また，下痢や嘔吐等のように病原体に特異的な症状を示した時，その個体は罹患したとみなされる．集団における個体は，臨床的観察，曝露データ，および曝露と感染確率間の用量－反応関係に基づいてある疫学的状態から他の状態へ移行する．

表-5.11 図-5.10で示した代表的な動的モデルの速度パラメータの説明

記号	説明
α	曝露状態からキャリア状態(感染, 無症状)または病的状態(感染, 発症)までの移行速度. $1/\alpha$は注目している病原体の感染前の潜伏期間に対応している.
σ	キャリア状態から感染後の状態への移行速度. $1/\sigma$は感染の持続期間または糞便中に病原体が放出されなくなる期間に対応している.
δ	病的状態(感染, 発症)から無症状状態(キャリア)への移行速度. $1/\delta$は感染中の症状の持続期間に対応している.
γ	感染後状態(非感染, 発症, 感染に敏感ではない)から感染に敏感な状態への移行速度. $1/\gamma$は免疫または感染からの保護期間に対応している.
β_1	環境要因(つまりヒトからヒトへの伝染ではない)からの曝露による感染に敏感な状態から曝露状態への移行速度. ヒトに曝露された病原体の数と注目している病原体の感染力の関数.
β_2	感染力は1つか2つの用量反応パラメーターからなる用量反応関数で定量的に説明される. 二次感染(ヒトからヒト, ヒトから環境経由でヒトへ)による病原体曝露による感染に敏感な状態から曝露状態への移行速度.
P_{sym}	発症の確率. 症状へと発展した感染者の割合を示す臨床データ.

決定論的あるいは確率論的モデル

動的MRAモデルは, 主に, (1)決定論的, (2)確率論的という2つの型をとる. 決定論的なモデルでは, 設定されたパラメータと初期条件を持つ一連の微分方程式で表現されており, これらはある疫学的状態から他の状態へ移行する速度を推定するものである. このタイプのモデルは, 互いにランダムに相互作用する多くの個体からなる集団に最も適している(Eisenberg *et al.*, 1996 ; Soller *et al.*, 2003). 確率論的なモデルは, 個体レベルでの確率を取り入れ, Markov Chain Monte Carlo解析のような反復プロセスによって評価される. 確率論的モデルの形は, 不均一な分数パターンを有する少人数からなる集団に最も適している(Koopman *et al.*, 2002).

微生物リスクモデルの複雑性

感染症伝播を明らかにしたり, 可能な対処方法の評価に用いられる単純なものから複雑なものまで様々なモデルがある. 異なる感染症伝播システムは, 各モデルごとの様々な伝染方法と経路の組合せを表すパラメータを選定することによって評価される. それ故, 1つのモデルがすべての水系感染症のMRAに適しているとみなすのは現実的ではない. 再生水利用における微生物曝露では, 適切なモデル(静的か動的か)は, 3, 4つのモデルのパラメータによって選択される(Soller *et al.*, 2004). このことは, 対象とする病原体と曝露の考えられるすべての組合せに適合する唯一のモデルは存在しないことを意味している.

モデルの選択は, 二律背反を含んでいる. 生物学的あるいは人口統計学的な「現実的描写」は, 入手可能なデータとモデルがかけ離れるという解析的な複雑性を通じて達成されうる. さらに, 各モデルは, 幾つかの仮定を含んでいる. 異なるアプリケーションには異なるモデルのタイプ, 型, および解析アプローチが必要であり, Koopman *et al.*(2001)は, 単純なモデルから数学的に扱いやすくより現実的なMRA解析を可能とする複雑なモデルまでの階層的なモデル解析法を提案している. 現在では, MRAにおけるモデルの複雑性という問題は, 将来かなりの注目を浴びる研究分野になると予想されている.

5.7.5 微生物リスクモデルの選択

感染症は, 動的に振る舞うので, ある集団における感染症プロセスのモデル化のための最も厳密で科学的に正当化できるアプローチは, 動的な数学モデルである. しかし, 上述したように, 静的モデ

5.7 微生物リスク評価

ルおよび動的モデルから得られる結果が似たようになることもあるであろう．静的プロセスとして感染症の伝播をモデル化する場合は，動的プロセスに比べて求められるデータ数や数学的な精巧度は大幅に少ないため，このような状況は，リスク評価者にとって特に興味深いところである．

静的モデルと動的モデルの評価

最近，Soller *et al.*(2004)は，2つのタイプのモデルの評価を行い，公衆衛生に対し懸念がある病原体の再生水からの曝露のリスク評価において，いつ静的モデルあるいは動的モデルを使用するのか検討した．Soller *et al.*(2004)による研究の詳細を次に述べる．

モデル評価結果に基づいた前提は，以下のとおりである．

- 2つのモデルが類似したリスクを推定した場合は，より単純な静的モデルの方が適切である．
- 2つのモデルがかなり異なるリスクを推定する場合は，1つ以上の感染プロセスがリスク評価に影響を与えるため，動的モデルがより適切である．

求められるデータ

静的モデルおよび動的モデルにより，与えられたある病原微生物への曝露に対するリスク評価のために必要なデータの比較を表-5.12に示した．静的モデルは，動的モデルよりも必要なデータ数は少ない．検討中のある曝露シナリオにおけるリスク推定結果が静的モデルと動的モデルで似ている場合と大きく異なる場合の差別化を図るため，適切なパラメータの組合せを決定する一連の数値シミュレーションを行う．曝露量は，再生水利用による病原微生物の濃度範囲を表している．選択したシミュレーションに基づいて500 000以上のシミュレーションが行われた．感度解析は，どのパラメータが2つのモデル間において予測された感染率の違いに影響を与えるかを明らかにするために行われた．

表-5.12 静的，動的な疾病プロセスのモデル化に要するパラメータ

パラメータ	モデル	
	静的	動的
曝露に関連		
病原体の濃度	×	×
摂取した水の体積	×	×
曝露された母集団の割合		×
曝露の頻度		×
病原体に関連		
用量-反応パラメータ	×	×
潜伏期間		×
感染持続期間		×
疾病の持続期間		×
防護の持続期間		×
発症の確率		×
ヒトからヒトへの感染の可能性		×
バックグラウンド濃度のレベル		×

最も強く影響を与えるパラメータ

感度解析の結果に基づくと，静的モデルと動的モデル間の予測感染率の違いに最も強い影響を与えたパラメータは，重要性の順に以下のとおりである．

- 病原体の投与量，
- 曝露強度，
- 用量-反応パラメータ(ベータポアッソンモデルにおける α, β)，
- 感染期間．

重要な注意点

モデルの比較において次の点に注意しなければならない．

- 調査対象に関連するもののみにしか結果は適用できないので，曝露経路，病原体および罹患レベルの違いを含め対象外のモデル変数の外挿推定は，注意深く行わなければならない．

- 微生物リスク評価は，本質的に病原体特異的であるため，複数の病原体曝露に対する影響を明確に表現できない．
- 感染および罹患による症状が胃腸炎である場合，用量 - 反応データが予測するものは，胃腸炎症状である．病原微生物に起因するもっと深刻な疾患は他にも数多く存在し，ただ一つの症状に関するリスク評価は，健康に関する真の累積リスクを低く見積もる結果となりうる．他のエンドポイントによる判定方法の開発は研究の範囲外であるが，このような症状の存在は重要であり，リスク管理のプロセスで考慮されるべきである．

これらの結果は，比較的単純な MRA モデルが再生水由来病原体のヒトへの曝露に対して適用される場合，有用な知見とガイドをリスク管理者に提供するものである．

リスク管理者の役割

MRA モデルの選択の際，リスク管理者は，リスク問題は複雑であり，規制の設定と順守の両方に影響を与えるという点を認識しておくことが求められる．後者に関しては Olivieri *et al.*(2005)の論文において，家庭排水処理施設における流出水の季節的水質規制(すなわち，水泳や体が水に接触するスポーツにおいて公衆衛生を維持するため，冬季には二次処理と消毒を行うこと，夏季には三次処理を行うこと)による経費と，それによって得られる公衆衛生上の相対的便益が調査された．この季節的水質規制の容認は，夏季に加えて冬季の間三次処理を行う経費とそれによる相対的便益の水処理政策上の重要な課題を提案する．冬季における三次処理によって想定される社会的便益は，娯楽目的に使用される水の水質改善であり，それによる健康被害リスクの減少である．Olivieri *et al.*(2005)は，California 州北部において冬季の三次処理に掛かる費用を正当化するためには，400 万〜1 600 万回の娯楽行事が必要になると推定した．論文に掲載された情報は，下水処理水の放流や下水処理水の再利用のための季節的水質規制を考慮する際のリスクをもとにした政策を決定するため，水質規制当局に利用される可能性がある．

5.8 水の再利用における微生物リスク評価の適用

水の再利用において静的 MRA モデルおよび動的 MRA モデルの適用を考えるため，本節では，(1)静的微生物モデルを適用したリスク評価，(2)動的微生物モデルを適用したリスク評価，(3)再生水の腸管系ウイルスに関連した健康リスク評価，の代表的な 3 つの例をあげる．本節で示した例に用いる必要な式の誘導と計算手順は，本章の対象外である．しかし，必要な場合，詳細な誘導は示さないが必要な式を示し，MRA 適用するための計算手順を記述する．詳細な式の導出や計算手順は，掲載した参考文献を参照されたい．

5.8.1 静的微生物モデルを適用したリスク評価

5.7 で記述した静的な MRA モデルは，再生水と同様に様々な水系感染症病原体を含む飲料水に起因するヒトの健康への潜在的悪影響を評価するために用いられてきた．適用される評価方法は，モデルの推定にパラメータ値を用いた比較的単純な評価から，確率変数(確率的)モデルによるより複雑な評価まで多岐にわたる．静的モデルを適用した代表的なリスク評価の例を表-5.13にまとめた．静的 MRA モデルの使用に関して**例題 5-3** で説明している．

5.8 水の再利用における微生物リスク評価の適用

表-5.13 静的モデルを適用したリスク評価の例

モデルの目的，構成，成果	文献
エンテロウイルス(腸内ウイルスのサブグループ)は，すべてのウイルスの指標としての役目を果たしている．ロタウイルスは，現在，用量-反応情報が入手できる水系ウイルスの中で最も感染しやすいため，ロタウイルスの用量-反応関係は水中のウイルスの上限リスクの推定を行うために用いられてきた．	Regli et al.(1991)
California 州の二次処理，三次処理水中の腸内ウイルスデータは，California 州の Water Recycling Criteria に従って評価された．水泳やゴルフのような娯楽活動で1 viral unit 単位/100 L を含む消毒した三次処理水の年間曝露リスクは，10^{-2}〜10^{-7} である．一方で，再生水を用いた農作物の灌漑や地下水の涵養における年間曝露リスクは，10^{-6}〜10^{-11} である．	Asano et al.(1992)
モンテカルロシミュレーション法を用いた飲料水のウイルス曝露評価(摂取量は対数正規分布)と用量-反応関係(α と β の最尤推定法における95%信頼区間)で不確実性を考慮した．	Haas et al.(1993)
点推定値は，飲料水のロタウイルス濃度(0.004/L，100/L)と上水処理における99.99%のロタウイルス除去のために用いられた．水の摂取量(2 L/d，4 L/d)とベータポアッソン用量-反応パラメータ($\alpha = 0.26$，$\beta = 0.42$)も点推定値に基づいている．臨床的疾病確率は，感染確率に0.5を掛けて決定された．死亡率は，疾病確率に一般人口の場合は0.01%を，高齢者の場合は1%を掛けて決定された．	Gerba et al.(1996)
水再生と再利用の安全性に関連する2つの懸念が示された．1つは，再生水の腸内ウイルスの感染リスクが許容リスクを超えない確率であると定義される信頼性で，もう1つは腸内ウイルスの曝露が数的シミュレーション(モンテカルロ)によって確率的に推定されうる年間許容リスクの期待値である． 未消毒の二次処理水中の腸内ウイルス濃度は，広範囲にわたるとみなされるため，ばらつきの把握は非常に重要である．最低95%の期間で 10^{-4}(1年で10 000人に1人感染かそれ以下)を満たすという基準が，4つの異なる曝露シナリオにおける再生水利用の安全性の評価に用いられた．この研究をもとに，California 州の Water Recycling Criteria が策定された(Title 22法の規制)．	Tanaka et al.(1996)
レタスとニンジンに付着したウイルスの消長を表現するモデルが，検討中の包括的な下水灌漑の微生物リスク評価モデルの一部として示された．このモデルシミュレーション結果から，初期に急速に減少するが，その後，減少速度が遅くなる．きわめて生残性の高いウイルスが存在することが明らかになった．さらに，ウイルス数は，ポアソン分布よりも負の二項分布により表現できる．このデータは，ウイルスがそれぞれの植物の葉の表面上に均一に分布していないことを示している．	Petterson and Ashbolt (2001)
Rose et al.(1991)は，*Giardia lamblia* と *Cryptosporidium* により汚染された飲料水による潜在的な健康への悪影響を評価した．1日に消費する水の量(2 L)，表流水中のシストの平均濃度レベル(0.22〜104/100 L)，浄水処理によるシストの除去率(99.9%)，用量-反応関係等を決定するために点推定が用いられた．年間リスクは，前述のように計算され，1/10 000 の年間リスクに相当する原水濃度が求められた． Teunis et al.(1997)は，表流水を原水とした飲料水における *Giardia lamblia* と *Cryptosporidium* による感染リスク評価したが，その中で，リスクを構成する主要な要因を確率論的変数として扱った．確率論的変数には，原水中のシスト(*Giardia lamblia*)やオーシスト(*Cryptosporidium*)濃度，検出方法における回収率，回収したシストやオーシストの生菌数，処理過程における微生物除去率，および，未沸騰飲料水の1日消費量が含まれている． Teunis and Havelaar(1999)は，飲料水中の *Cryptosporidium parvum* によるヒトへの感染リスクを評価する研究を行った．曝露量は，河川水から蛇口までの病原体のルートを異なる段階に分割することにより評価された．浄水処理プロセスにおける除去能力は，硫酸塩還元菌の芽胞を *Cryptosporidium* 代替生物として用いて評価された．用量-反応評価においては，ベータポアッソンモデルが用いられた．感染と発病の用量-反応関係は，モンテカルロ法により，感染と発病の日リスク，年間リスク，および生涯リスクの分布を得るために用いられた．	Rose et al.(1991)，Teunis et al.(1997)，Perz et al.(1998)，Teunis and Havelaar(1999)，Makri et al.(2004)
レクリエーション活動中に淡水中の病原体に曝露されることによる健康リスクが，静的モデルを用いて評価された．Vacaville 市と，California 州にある El Dorado Irrigation District は，下水処理水を介した病原体への曝露による健康リスクを推定した．Vacaville 市において推測されたリスクは，二次処理水において 10^4〜10^6 のレクリエーション活動につき1回の感染から，高度処理水において 10^6〜10^7 回のレクリエーション活動につき1回の感染という範囲であった．El Dorado Irrigation District においては，高度処理水からの水泳者への感染確率の中央値は，10^7 回の曝露に対し5回の感染レベルと推察された．これらの調査結果は，米国における発病に関する U.S. EPA の許容健康リスクレベル(すなわち，8/1000)は，夏季と冬季における地方自治体の家庭排水処理場の現在の処理効率で十分にクリアできることを示している．	Olivieri and Soller(2001)，HDR Engineering et al. (2001)

例題5-3　ロタウイルスに関して非制限的農業用水に再生水を用いる場合の下水処理効率の計算

制約がない農業用水に再生水を用いる際，下水処理において要求されるロタウイルスの除去率を微生物リスク評価手段を用いて計算せよ．ロタウイルスを対象生物とし，許容発症率 P_{ill} を 10^{-3} 発症/人・yr，感染した人のうち10%の人が発症すると仮定する．以下のパラメータを定量的微生物リスク解析に用いる．

1. 年間を通じて100gのレタスを2日おきに消費する．
2. 生下水中にロタウイルスが1000個/Lの濃度で含まれる．
3. 灌漑において100gのレタスに10mLの再生水が残留する．
4. 最後の灌漑から消費までに2 logの減衰が生じる．
5. 消費する前にきれいな水でレタスを洗うことによってウイルスが1 log減衰する（最終的に3 logのウイルスが死滅と洗浄により減少する）．

本題を図示すると，以下のようになる．

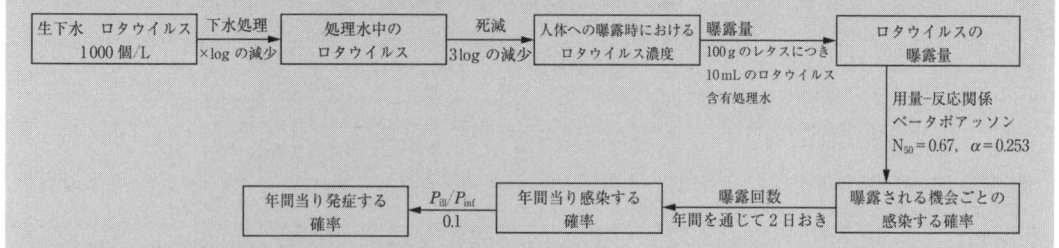

[フローチャート: 生下水 ロタウイルス 1000個/L → 下水処理 ×logの減少 → 処理水中のロタウイルス → 死滅 3logの減少 → 人体への曝露時におけるロタウイルス濃度 → 曝露量 100gのレタスにつき10mLのロタウイルス含有処理水 → ロタウイルスの曝露量 → 用量-反応関係 ベータポアッソン $N_{50}=0.67, \alpha=0.253$ → 曝露される機会ごとの感染する確率 → 曝露回数 年間を通じて2日おき → 年間当り感染する確率 → P_{ill}/P_{inf} 0.1 → 年間当り発症する確率]

上図と年間感染リスクの算出により，下水処理過程によって要求される除去率を決定せよ．

解　答

1. 年間許容発症率 P_{ill} が 10^{-3} であるので，許容感染リスクは，以下のようになる．

    $(10^{-3} 発症/人・yr)/(0.1 発症/感染)=1\times 10^{-2}$ 感染/人・yr

2. 許容感染リスクを式(5.7)を用いて1人当り・曝露当りの感染確率に変換する．

    $$P_{yr}=1-(1-P_d)^n$$

    ここで，n：曝露回数，P_{yr}：1人・年間当りの許容感染確率，P_d：1人・1日当りの許容感染リスク．

    上式を P_d について解くと，次式のようになる．

    $$P_d=1-(1-P_{yr})^{1/n}$$

    P_{yr} の値を代入し，さらに年間を通じて2日おきに曝露が生じることを考慮すると（すなわち，$n=365/2$），P_d の値は次式のようになる．

    $$P_d=1-(1-10^{-2})^{1/(365/2)}=5.5\times 10^{-5}$$

3. 摂取量中央値 [N_{50}，式(5.5)] に基づくベータポアッソン用量-反応式を用いてロタウイルス摂取量を計算する．ベータポアッソン用量-反応式を摂取量(d)について解く．1回の曝露当りの感染確率 P_{inf} は，上式で計算した P_d に等しい．

    $$P_{inf}(d, \alpha, N_{50})=1-[1+\frac{d}{N_{50}}(2^{1/\alpha}-1)]^{-\alpha}$$

    上式を d について解くと，次式を得る．

    $$d=\frac{(1-P_d)^{-1/\alpha}-1}{N_{50}/(2^{1/\alpha}-1)}$$

得られた式にロタウイルスにおける無次元の感染定数 $N_{50}=6.17$，$\alpha=0.253$ を代入し，d について解くと，

$$d=\frac{[1-(5.5\times10^{-5})]^{-1/0.253}-1}{6.17/(2^{1/0.253}-1)}=5\times10^{-4}$$

4. 曝露時の濃度を計算する．消費する際，レタス上に残っている 10 mL には 5×10^{-4} のロタウイルスが含まれている．すなわち，曝露時のロタウイルスの濃度は，1 L 当り 5×10^{-2} である．
5. 最後の灌漑と消費の間に 3 log の減少を考慮して，下水処理中におけるロタウイルスの濃度を計算する．下水処理水のロタウイルスの最大許容濃度 C は，
   $C=[(5\times10^{-2})\times10^{3}]=50/L$
6. 下水処理において要求されるロタウイルスの除去率 R を計算する．
   $\log R=\log(1\,000/L)/\log(50/L)=1.77\,(\text{round to 2})$
   したがって，要求されるロタウイルスの除去率は約 2 log であり，そこに最後の灌漑から消費までに 2 log の減少と消費直前の洗浄による 1 log の減少を加えると，全体で約 5 (2+2+1) log の除去となる．

5.8.2 動的モデルによる微生物リスク評価

　静的 MRA モデルと動的 MRA モデルの根本的な違いは，リスク評価の対象が個体から集団にシフトした点にある．動的 MRA モデルは，病原体濃度等の環境変数や集団における疫学的状態の時間的変化を予測するために用いられる．健康影響に対するモデルは，調査対象ケースごとに作成されなければならない．曝露と健康影響をパラメータ化により統合し，さらにモンテカルロシミュレーション (Monte Carlo simulation) を行うことによりリスク特性を評価する．モデルシミュレーションにより健康影響の分布が予測される．動的モデルを用いたリスク評価の例を表−5.14 に示した．**例題 5−4** では，動的モデルの適用に関して説明している．**例題 5−4** で用いられている計算手順は，本書の対象外であるが，この例題に使用されているアプローチは，動的 MRA モデルを理解するうえで重要で

表−5.14　動的モデルを用いたリスク評価

モデルの目的，構成，成果	文献
動的微生物リスク評価は，飲料水中のロタウイルスによる潜在的な健康影響を評価するために用いられ，排水処理の失敗によるロタウイルスの流行予測や，レクリエーション活動による微生物リスクや，静的モデルを用いた感染症のモデリングに関する問題点を明らかにするのに使われた． 個々の研究において，健康への悪影響に対する評価モデルが構築された．リスクの特性評価は，曝露と健康への悪影響をパラメータ化することにより統合し，さらにモンテカルロシミュレーションを行うことにより健康悪影響の分布を推定した．	Olivieri (1995a, b), Eisenberg et al. (1996, 2003), Soller et al. (1999, 2003, 2006)
動的モデルが構築され，Wisconsin 州の Milwaukee 市における 1993 年の *Cryptosporidium* 感染症の大流行の調査データに適合するようなパラメータの組合せを見出すことができた．モデル化の結果は，報告された大流行の前に小さな流行が生じていたことを示していた．この発見により，調査により小さな流行を検出しておけば，感染件数の 85 % を防げたであろうことが推測された． 発症データを用いたさらなる解析により，感染プロセスにおける 3 つの特性が明らかになった．すなわち，(1) 平均潜伏期間は 3〜7 日間であったこと，(2) *Cryptosporidium* オーシストの原水中濃度の上昇と同時に浄水処理施設における処理効率の低下があったこと，(3) モデルにおける用量−反応関数の変動は，感染症発生の予測結果に明らかな影響を与えなかったこと．	Eisenberg et al. (1996)

ある.

例題 5-4 動的モデルを用いたリスク評価

California 州南部の Newport Bay におけるレクリエーションによって生じる腸管系ウイルスに起因する潜在的健康リスクを動的 MRA モデルを用いて評価せよ．以下の解析は，Soller *et al.*(2006) の報告に基づくものである．

解　答

1. 下図は，どのような異なるデータが用いられているかを示している．

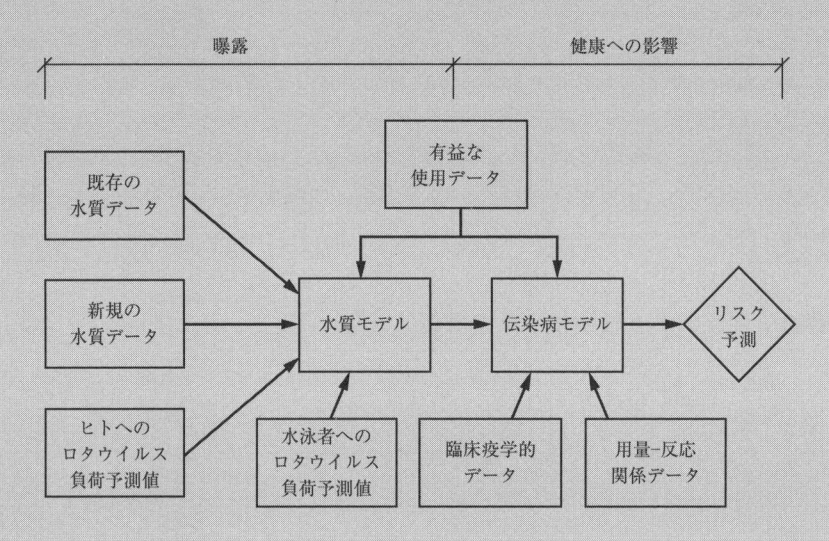

2. 感染症モデルは，集団中における個人の疫学的状況が時間の経過とともにどのように変化するかを記述するために用いられる．次図にあるように，動的感染症モデルの4つの状態変数(S, C, D, P)は，ある時点での，それぞれの疫学的状態にいる人数を追跡するために用いられる．速度パラメータは，ある集団がある状態から他の状態へ移行することを決定するために用いられる．速度パラメータには，感染速度，感染状態からの回復速度，および免疫の低下速度を含む．速度パラメータは，文献より直接引用したものと，文献に示されたモデルパラメータの関数として取り扱った．

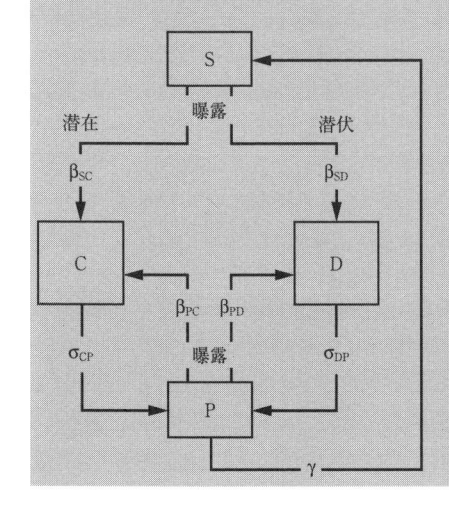

状態変数

S：感受性はあるが，感染しておらず，症状がない状態．
C：感染しているが，症状がない状態．
D：感染しており，症状がある状態．
P：感染から守られており，感染しておらず，症状がない状態．

速度パラメータ

β_{SC}：状態Sから状態Cへの移行速度．
β_{SD}：状態Sから状態Dへの移行速度．
β_{PC}：状態Pから状態Cへの移行速度．
β_{PD}：状態Pから状態Dへの移行速度．
σ_{CP}：状態Cから状態Pへの移行速度．
σ_{DP}：状態Dから状態Pへの移行速度．
γ　：状態Pから状態Sへの移行速度．

次の2つの感染経路を考慮する．すなわち，バックグラウンド曝露およびNewport Bayにおけるレクリエーションでの接触による一次感染と，ヒトからヒトへの感染を含む二次感染である．ある一定期間における各疫学的状態の人口の変化は，一次微分方程式で表現される．例えば，一次感染による一定期間における状態 S の人口の相対変化は，次のように表せる．

$$dS_1/dt = -\beta_{SC1}S - \beta_{SD1}S + \gamma P$$

ここで，下付き数字は，感染経路が，(1) 一次感染か，(2) 二次感染（ヒトからヒトへの感染）であるかを示している．同様に，二次感染による一定期間における状態 S の人口の相対変化は，その期間中の状態 S, C, D の個体数に直接関係する．

$$dS_2/dt = -(\beta_{SC2} + \beta_{SD2})S(D+C)$$

ある一定期間での感染しやすい個人数の全体変化は，$dS_1/dt + dS_2/dt$ に等しくなる．

3. 無作為にモデルパラメータ値を選び，一連のモンテカルロシミュレーションを行った（下表）．

モデルパラメータ	パラメータ	単位	範囲
用量-反応パラメータ	$DR\alpha$	—	0.125 ～0.5
	$DR\beta$	—	0.21 ～0.84
症状の起こる可能性	P_{sym}	—	0.1 ～0.45
前曝露係数	ε	—	0.1 ～0.9
培養期間の逆数	$1/\tau_I$	d^{-1}	0.33 ～1.0
潜伏期間の逆数	$1/\tau_L$	d^{-1}	0.143～0.333
発病から感染状態への移行率	σ_{dp}	d^{-1}	0.09 ～0.5
キャリアから感染状態への移行率	σ_{cp}	d^{-1}	0.05 ～0.125
感染しやすい状態への再移行率	γ	d^{-1}	0.0009～0.0027
モデルパラメーターに依存する速度パラメータ			
$\beta_{SC} = (P_{dose} + P_{contact}) \times (1 - P_{sym}) \times \tau_L$			
$\beta_{SD} = (P_{dose} + P_{contact}) \times (P_{sym}) \times \tau_I$			
$\beta_{PC} = (P_{dose} + P_{contact}) \times \varepsilon \times (1 - P_{sym}) \times \tau_L$			
$\beta_{SD} = (P_{dose} + P_{contact}) \times \varepsilon \times (P_{sym}) \times \tau_I$			
速度変数の計算に用いる中間媒介変数			
$P_{dose} = 1 - (1 + dose/DR\beta)^{-DR\alpha}$			
$P_{contact} = 1.38 \times \sigma/N$			
N = population size			1 200 000

4. 罹患モデルのアウトプットは，それぞれの状態における個体数と，全シミュレーション期間中に症状を示した（状態 D の）人口の平均比率で定義された日平均患者数である．どの条件のシミュレーションにおいても，定常状態に達するまで，それぞれの状態における個体数が変化する．

5. 1 000 回のシミュレーションが終了した時のそれぞれの疫学的状態における個体数は，バックグラウンド曝露とそれに加えてレクリエーション時の身体接触による曝露を考慮した場合が非常に酷似したものであった（次頁図参照）．

　本解析の結果より，いかなる場合においても，罹患状態にある人口の僅か 0.1% がレクリエーション活動によるものであるのに対し（REC-1），99.9% はバックグラウンド曝露によるものであることが明らかとなった．これらのシミュレーションにおいて，すべてのヒトがバックグラウンド曝露を受けるが，Newport Bay でのレクリエーションを選んだヒトのみがレクリエーション曝露の対象となる．

第 5 章　再生水利用における健康リスク分析

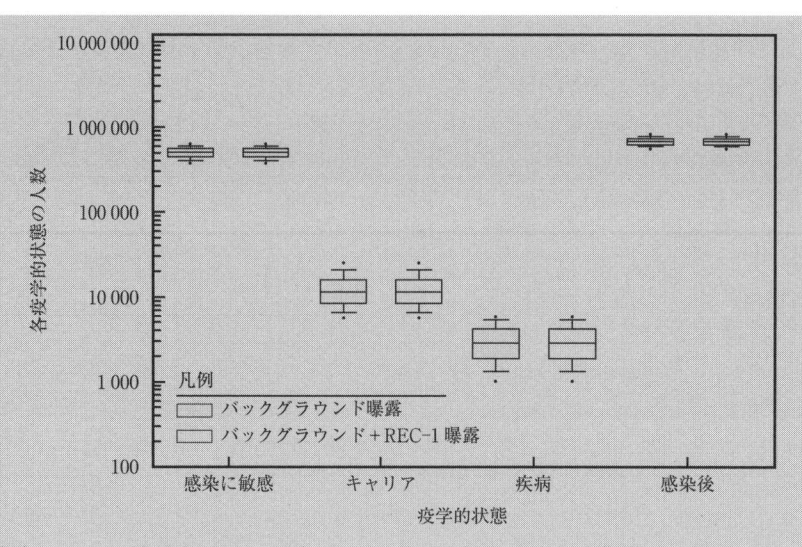

6. 疾病感染モデルの結果をチェックするために，最も人が訪れる保養地である Newport Bay で集めた腸球菌のデータを個別分析手法を用いて評価した．U.S. EPA による腸球菌の濃度-疾患応答関数を用いた，静的リスク評価アプローチを適用した．1999 年と 2000 年の保養地での水質検査を通じて 246 の腸球菌サンプルを入手し，検出限界の 10 MNP/100 mL よりも低いサンプル（全体の 48%）は検出限界であるとみなした．

　腸球菌のデータは，最尤法を用いて対数正規分布により表した．この分布と海水中の腸球菌濃度と罹病率に関する U.S. EPA の方程式（U.S. EPA, 1986）に基づいて，モンテカルロ法を用いて REC-1 活動に起因する疾病分布を見積もった（上図参照）．

　疾病感染モデリングシミュレーションで得たアウトプット（疾病感染モデリングのアウトプットは下図参照）とこれらシミュレーションの結果を比較したところ，腸球菌のデータと疾病感染モデルから予想される罹患レベルは，U.S. EPA の許容海水レベルよりも低くなった．さらに，疾病感染モデルにより見積もったレクリエーションの身体接触に起因する発症レベルは，腸球菌のデータから見積もった発症レベルよりほぼ 1 桁低くなった．

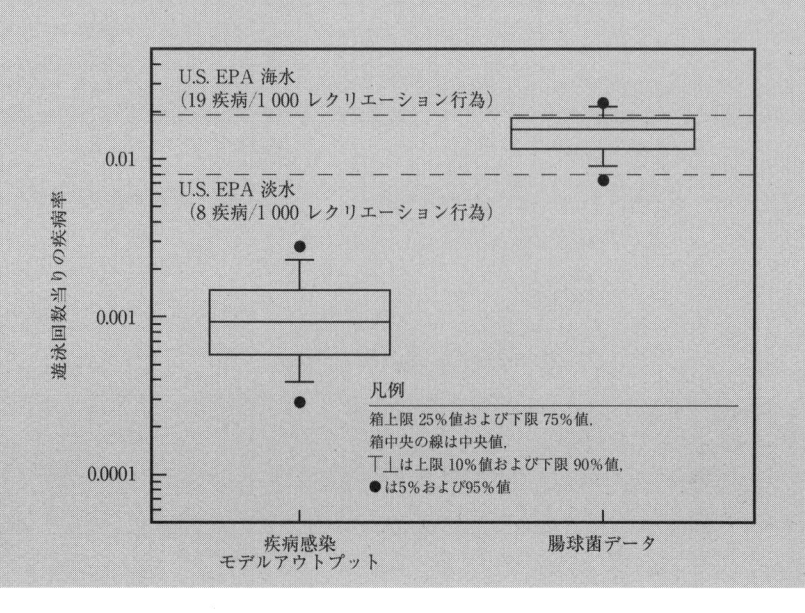

解 説

推定された健康リスクが実際に観測されたレベルよりも低いことがしばしばある．推奨する水管理方法の便益やコストを評価できるので，このようなシミュレーションに基づいたアプローチは非常に有効である．MRA 法は，環境中に存在するすべての病原体の累積リスクを明らかにすることはできないが，対象とする病原体の特徴を捉えたモデルに基づいたシミュレーションを行い，実質的なリスク管理計画を提案することが可能である．

5.8.3 腸管系ウイルスを含む水の再利用に対するリスク評価

米国において，下水処理再生水中で最も高い関心を集めているのは病原菌であり，特に腸管系ウイルスである．これらの病原菌は，その低用量感染性，環境中での長期残存性，モニタリングの困難さ，および従来の下水処理での除去率の低さと不活化効率の低さ等の点から関心を集めている．再生水中の腸管系ウイルスの健康リスクは，一般的に，(1)ゴルフ場の灌漑，(2)食用作物の灌漑，(3)レクリエーション用水の貯留，(4)地下水涵養，等のような水再利用用途において重要である．それぞれの水再利用用途における健康リスク解析を**例題 5-5** に示す．

例題 5-5 再生水中の腸管系ウイルスへの許容曝露感染リスクを達成するために三次処理で必要なウイルス除去率の計算

二次処理工程からの未塩素消毒処理水中のロタウイルス濃度分布は，幾何平均値が -1.47 vu/L (ウイルス数/L)，幾何標準偏差が 0.91 vu/L の対数正規であった．感染の年間許容リスクが 10^{-4}，ロタウイルスが主な対象要素と仮定して，下表の4つの曝露シナリオの各々について，ベータポアッソンモデルを使用して，ロタウイルス濃度の除去率を 3 log, 4 log, 5 log とした場合の信頼度を求めよ．また，信頼度をロタウイルス摂取による感染リスクが年間許容リスクに等しいかそれ以下となる時間確率として定義し，90, 95, 99.9% 信頼度を得るために三次処理で必要なウイルス除去レベルを求めよ．用量-反応モデルパラメータには，Rose and Gerba(1991a, b) により示された $\alpha = 0.232$ と $\beta = 0.247$ を使用せよ．

曝露条件の概要[a]

項目	シナリオ I	II	III	IV
用途	ゴルフコースの灌漑	農作物の灌漑	レクリエーション用の貯水	地下水涵養
リスクのある集団	ゴルファー	消費者	スイマー	地下水消費者
曝露頻度	週2回	毎日	40 d/yr 夏季のみ	毎日
1回曝露での摂取水量 V (mL)	1	10	100	1 000
ウイルス除去方法	ゴルフ前に1日灌漑を停止	収穫と出荷前に2週間灌漑を停止	ウイルス除去なし	3 m 不飽和透水層と帯水層での6ケ月保持
環境除去率 k	0.69/d	0.69/d	なし	0.37/d

[a] Tanaka *et al.* (1998) より引用．

解 答

1. 曝露シナリオ I での1日許容ウイルス曝露濃度を計算する．

a. ウイルス摂取による日曝露リスク P_d は，式(5.7)を整理したものを用いて計算できる．
$P_d = 1 - (1 - P_{yr})^{1/n}$

シナリオⅠは，曝露1回につき 0.001 L 摂取で，週2回(52×2)の曝露回数である．したがって，日曝露リスクは，以下のように計算できる．
$P_d = 1 - (1 - 10^{-4})^{1/(52 \times 2)} = 9.62 \times 10^{-7}$

b. 日曝露リスク P_d に付随する日許容ウイルス濃度 C_d はベータポアッソン用量-反応式(5.4)を用いて計算する．この時，1日用量は，$C_d \times V$ で与えられることに注意する．用量-反応モデルパラメータ $\alpha = 0.232$ と $\beta = 0.247$ を使用して算出したシナリオⅠの日平均濃度は，次のようになる．
$C_d = [(1 - P_d)^{-1/\alpha} - 1]\beta / V = [(1 - 0.000000962)^{-1/0.232} - 1]0.247 / 0.001 \text{ L} = 1.024 \times 10^{-3}$ vu/L

2. 1. で算出した1日許容ウイルス曝露濃度に等しいか，それ以下のウイルス濃度を含有する再生水を供給する時のシナリオⅠの水再利用の信頼度 p を推定する．

a. 1日の環境曝露によるウイルス減少後の残留割合 E（シナリオⅠで $E = 1$ 日であることに注意する）を計算する．
$E = N/N_0 = e^{-kt} = e^{-(0.69/d)(1d)} = 0.5$

b. 処理プロセスの能力が1日許容ウイルス曝濃度に等しいか，それ以下となる確率を示す下式を用いてプロセス信頼度を計算する．
$p = \Phi\{[\log C_d + R - \log E - (\mu)] / \sigma\}$

ここで，Φ：標準正規関数，R：処理プロセスによる対数除去(無次元)，E：環境曝露によるウイルス減少，μ：塩素処理が施されていない二次処理水中の腸管系ウイルス濃度幾何平均，σ：塩素処理が施されていない二次処理水中の腸管系ウイルス濃度．

1.b. で算出される C_d 値を代入すると，p は，次のように求まる．
$p = \Phi\{[\log 0.001024 + 3 - \log 0.5 - (-1.47)] / 0.91\} = \Phi\{1.96\}$

c. 上で得られた標準値を百分率信頼度に変換する．

p の値は，統計表か適切なコンピュータソフトウェアを用いて決定できる．標準正規分布関数 NORMSDIST を用いてエクセルで計算可能である．
$p = \text{NORMSDIST}\{1.96\} = 0.975$

3. 4つの各々のシナリオの異なる log 除去率に対応する値を決定する．1., 2. で述べた方法を用いて得られた値を下表にまとめる．

三次処理プロセスによるウイルス対数除去	水再利用シナリオの信頼度 p（%）			
	ゴルフ場の灌漑	農作物の灌漑	レクリエーション用貯水	地下水涵養
3	97.5	100.0	45.4	100.0
4	99.9	100.0	83.7	100.0
5	100.0	100.0	98.1	100.0

4. 2.b. で与えられた式を用いて R について解くと，90, 95, 99.9 % 信頼度の許容ウイルス曝露濃度を達成するために必要な二次処理水のウイルス log 除去率が決定できる．

a. ゴルフ場の灌漑（シナリオⅠ）で 90% 信頼度は，以下のようになる（エクセル機能 NORMSINV を逆標準正規関数を計算するために用いることができる）．
$R = \sigma\Phi^{-1}(p) + (\mu) + \log E - \log C_d = 0.91\Phi^{-1}(0.90) + (-1.47) + \log 0.5 - \log 0.001024 = 2.4$

b. 4つのシナリオで 90, 95, 99.9 % 信頼度で許容ロタウイルス濃度（10 000 人につき1人がウイルスに感染する濃度）を達成するために必要な二次処理水の対数除去レベルを次頁の表に

	表示された百分率信頼度を達成するために必要な対数除去 R		
シナリオ	90	95	99.9
Ⅰ．ゴルフ場の灌漑	2.4	2.7	4
Ⅱ．農作物の灌漑	0.02	0.35	1.66
Ⅲ．水泳	4.3	4.6	5.92
Ⅳ．地下水涵養	0.0	0.0	0.0

示す．

5. 年間感染リスクの不確実性を決定する．この例題における対象領域を超えているが，モンテカルロ法を各々の曝露シナリオにおけるリスク分布の計算に用いることができる．本方法は，表計算モデルか専用のリスク解析ソフトを用いて行うことが可能である．所要のStepは，下図のとおりである．

解 説

下水処理プロセスの変動を考慮して，下水中の成分濃度を確率分布により記述した．上述の解答では，一つの微生物（ロタウイルス）についてのみ考察した．しかしながら，実際は多種の微生物が存在しており，それぞれの微生物，それぞれの曝露シナリオについて解析を繰り返し行う必要性があると考えられる．

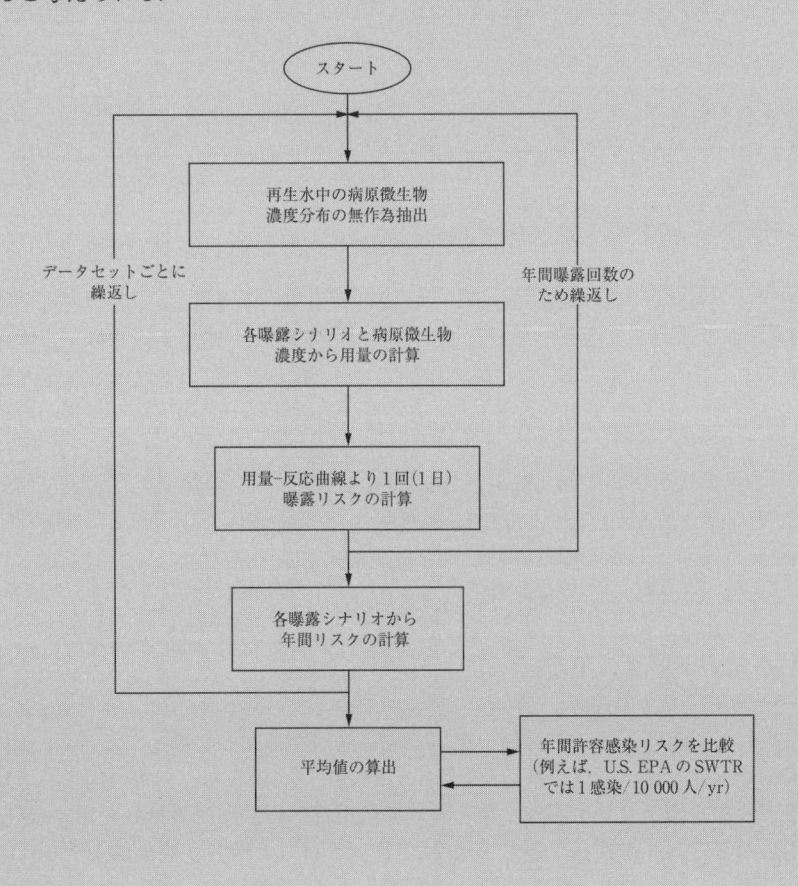

5.9 水再利用用途へのリスク評価の適用の制限

リスク評価は様々な状況下で政策決定に用いられるが，水再利用へのリスク評価の適用には多くの制限が存在する．水再利用への適用におけるリスク評価の主な制限は，(1)リスク評価が根本的あるいは絶対的なリスクとは異なり，他のものとの相対的な健康リスクとして決定されること，(2)MRA において二次感染に対する考慮が不十分であること，そして最も重要なこととして，(3)曝露データと有効な用量−反応データが不足していることである．

5.9.1 リスク評価の相対特性

現在の知見では，絶対的リスクを決定することは不可能であるので，絶対的リスクと対局にある相対的な健康リスクを水再利用の安全性評価や代替水再利用用途の評価に用いなければならない．例えば，近年 Englehard *et al.*(2004)は，3 つの異なる下水処理水の放流方法の相対的なヒトに対するリスクおよび生態学的リスクを入手可能な情報と専門家の意見に基づき，ベイズ解析法(Bayesian analysis)を用いて解析した．ヒ素，*Cryptosporidium parvum*，ロタウイルス，NDMA は，3 つの放流オプション，(1)飲用水帯水層下に位置する深層地下水帯への注入，(2)処理放流水が地下浸透し，既存の天然地下水と混合される表流水路への放流，(3)水泳や海辺でのレクリエーションを含む身体接触のあるスポーツが行われる海域への放流，における健康リスク指標として用いられた．

Englehardt *et al.* が用いたベイズアプローチは，再生水事業に直接適用できる．しかしながら，ベイズアプローチを用いたかどうかに関係なく，相対的リスクが人々によく理解されていない．そのため，リスク評価が事業評価に用いられるとしても，可能な限りわかりやすいプロセスを構築することが必須である．

5.9.2 二次感染に対する不十分な知見

化学物質リスク評価は，化学物質を摂取したヒトに対して行われる．前述のように解析には，MRA と同じ方法がとられることがあるが，病原体はヒトからヒトに感染するので，より厳密な定量的方法が求められる．ヒトからヒトへの感染伝播の可能性から，特に多数の人々が曝露される場所(再生水が主な成分である場所での水泳等)は，微生物リスク評価で二次感染を考慮しなければならない．曝露集団内で腸管系ウイルスの感染と病気の伝播を記述するには，(1)感染しており症状がある，(2)感染しているが症状がない，(3)感染しておらず症状がない，(4)短期免疫および部分免疫により感染しておらず症状がない，などの疫学的状態間の移行について定量的に表現する必要がある(Eisenberg *et al.*, 2004)．しかしながら，これは一般的アプローチではなく，ヒトからヒトへの感染伝播は確率であるので，MRA が所定の方法となるにはさらなる研究を行う必要がある．

5.9.3 用量−反応データの不足

最後に，水再利用におけるリスク評価の適用で最も深刻な制限となっているのは，用量−反応データの入手が困難であることである．前述のように，動物データからヒトへの外挿や，実験的な高用量から水再利用リスク評価で直面するようなきわめて低用量への数学的外挿等の用量−反応データの取扱いには，多数の不確実性が存在する．用量−反応データは，大部分が数学的モデルにより構成されているので，モデリングから得られる結果は慎重に使用する必要がある．多くの水再利用用途のため

のリスク評価は，有効な用量-反応データが広く入手できるようになるまで，定量的評価の面で課題が残るだろう．

問　題

5-1　表-5.3を一般的な指針として用いて，水の再生と再利用において重要と考えられる化学物質や微生物についてのモデル適用例を文献から見つけよ．また，用量-反応モデルの実際の適用と水再生および再利用における課題について議論せよ．

5-2　指数モデルとベータポアッソンモデルにより，表-5.4のデータを用いてポリオウイルス1の無次元化用量の関数として感染確率プロットを描け．2つの曲線を比較し，議論せよ．

5-3　αを1とした場合の指数関数とベータポアッソン関数に対し，図-5.3(b)に示された結果を検証せよ．

5-4　表-5.8のデータを用いて，飲料用地下水に関する成人の発癌リスクを評価せよ．地下水は，無機ヒ素，ベンゼン，臭素酸塩，クロロホルム，ディルドリン，ヘプタクロール，NDMA，塩化ビニルのうち1つの成分を2.0 μg/L含むものとする（何を含むかは授業担当者により指定される）．許容発癌リスクが1/100 000となる曝露に制限するため，許容できる地下水中の成分の濃度を求めよ．また，U.S. EPAのIRISデータベースの値と算出した値を比較せよ．

5-5　最新の文献を調査し（最低でも3つの論文を調査し，引用すること），水再利用計画に影響する健康因子および規制因子をあげよ．腸管系ウイルスが蔓延している開発途上国で，あまり厳しくない微生物基準が定められている論理的根拠は何か．

5-6　環境中における病原体の不活化は，日光照射，捕食，自然減衰により生じる．環境中における減少量の制御および予測は困難であるため，必要な処理レベルを評価するためにある程度の幅の環境中における除去率を用いる．環境中における除去率を0.25, 0.5, 0.75として，例題5-5のゴルフ場灌漑における問題を解け．仮定した環境中の除去率に対して，90, 95, 99.9%信頼度を達成するのに必要なlog除去率を算出せよ．感度解析が十分でない結果であると考え，環境因子を補うために必要とされる処理効率の程度に関する結果の意味することを議論せよ．

5-7　水再利用に関する微生物リスクモデルにおける静的リスク評価および動的リスク評価について簡潔にまとめよ．

5-8　現状では，微生物リスク評価の主な制限は何か．3つ以上の文献を引用して述べよ．

参考文献

Asano, T., L. Y. C. Leong, M. G. Rigby, and R. H Sakaji (1992) "Evaluation of the California Wastewater Reclamation Criteria Using Enteric Virus Monitoring Data," *Water Sci. Technol.,* **26**, 7–8, 1513–1524.

Asbolt, N. J., S. R. Petterson, T-A. Stenström, C. Schonning, T. Westrell, and J. Ottson (2005) *Microbial Risk Assessment Tool*, Report 2005:7, Urban Water, Chalmers University of Technology, Gothenburg, Sweden.

Charnley, G., S. Newsome, and J. Foellmer (1997) *Risk Assessment and Risk Management in Regulatory Decision-Making*, The Presidential/Congressional Commission on Risk Assessment and Risk Management, **1–2**.

Cockerham, L. G., and B. S. Shane (1994) *Basic Environmental Toxicology*, CRC Press, Boca Raton, FL.

Cooper, R. C. (1991) "Public Health Concerns in Wastewater Reuse," *Water Sci Technol*, **4**, 9, 55–65.

Cooper, R. C., A. W. Olivieri, R. E. Danielson, and P. G. Badger (1986a) "Evaluation of Military Field-Water Quality," **6**, *Infectious Organisms of Military Concern Associated with Nonconsumptive Exposure: Assessment of Health Risks and Recommendations for Establishing Related Standards*, UCRL-21008.

Cooper, R. C., A. W. Olivieri, R. E. Danielson, P. G. Badger, R.C. Spear, and S. Selvin (1986b) "Evaluation of Military Field-Water Quality," **5**, *Infectious Organisms of Military Concern Associated with Consumption: Assessment of Health Risks and Recommendations for Establishing Related Standards*, UCRL-21008.

Cothern, C. R. (1992) *Comparative Environmental Risk Assessment,* Lewis Publishers, Boca Raton, FL.

Cotruvo, J. A. (1987). "Risk Assessment and Control Decisions for Protecting Drinking Water Quality," in I. A. Suffet and M. Malayiandi (eds.) *Organic Pollutants in Water, Advances in Chemistry Series, No. 214, Am. Chem. Soc.*, Washington, DC.

Cotruvo, J. A. (1988) "Drinking Water Standards and Risk Assessment," *Reg. Toxicol. Pharmacol.,* **8**, 288–299.

Daughton, C. G., and T. A. Ternes (1999) "Pharmaceuticals and Personal Care Products in the Environment: Agents of Subtle Change?" *Environ. Health Perspect.*, **107**, Suppl. 6, 907–938.

Dudely, R. H., K. K. Hekimain, and B. J. Mechalas (1976) "A Scientific Basis for Determining Recreational Water Quality Criteria," *J. WPCF,* **48**, 12, 2761–2777.

Eaton, D. L., and C. D. Klaassen (2001) "Principles of Toxicology," in C. D. Klaassen (ed.) *Casarett and Doull's Toxicology: The Basic Science of Poisons*, 6th, McGraw-Hill, New York, NY.

Eisenberg, J. N., A. W. Olivieri, K. Thompson, E. Y. W. Seto, and J. I. Konnan (1996) "An Approach to Microbial Risk Assessment," *AWWA and WEF Water Reuse Conference Proceedings*, 735–744, American Water Works Assoc., Denver, CO.

Eisenberg, J. N. S., E. Y. W Seto, J. M. Colford, A. Olivieri, and R. C. Spear (1998) "An Analysis of the Milwaukee Cryptosporidiosis Outbreak Based on a Dynamic Model of the Infection Process," *Epidemiol.*, **9**, 3, 255–263.

Eisenberg, J. N. S., B. L. Lewis, T. C. Porco, A. H. Hubbard, and J. M. Colford (2003) "Bias Due to Secondary Transmission in Estimation of Attributable Risk from Intervention Trials," *Epidemiol.* **14,** 4, 442–450.

Eisenberg, J. N. S., J. A., Soller, J., Scott, D. Eisenberg, and J. Colford (2004) "A Dynamic Model to Assess Microbial Health Risks Associated with Beneficial Uses of Biosolids," *Risk Anal.*, **24**, 1, 221–236.

Englehardt, J. (2004) "Predictive Bayesian Dose-Response Assessment for Appraising Absolute Health Risk from Available Information," *Human Ecol Risk Assess.*, **10**, 1, 69–74.

Englehardt, J., and J. Swartout (2004) "Predictive Population Dose-Response Assessment for *Cryptosporidium parvum*: Infection Endpoint," *J. Toxicol. Environ. Health: Part A.* **67**, 8–10, 651–667.

Ershow, A. G., and K. P. Canter (1989) *"Total Water and Tapwater Intake in the United States: Population-Based Estimates of Quantities and Sources,"* National Cancer Institute, Order No. 263-MD-810264. Life Science Research Office, Fed. Am. Soc. Exper. Biol., Bethesda, MD.

Fuhs, G.W. (1975) "A Probabilistic Model of Bathing Beach Safety," *The Sci. Total Environ.*, **4**, 165–175.

Gerba, C. P., J. B. Rose, C. N. Haas, and K. D. Crabtree (1996) "Waterborne Rotavirus: A Risk Assessment," *Water Res.*, **30**, 12, 2929–2940.

Gordis, L. (1996) *Epidemiology*, W. B. Saunders Company, Philadelphia, PA.

Haas, C. N. (1983a) "Estimation of Risk Due to Low Doses of Microorganisms—A Comparison of Alternative Methodologies," *Am. J. Epidemiol.*, **118**, 4, 573–582.

Haas, C. N. (1983b) "Effect of Effluent Disinfection on Risks of Viral Disease Transmission Via Recreational Water Exposure," *J. WPCF,* **55**, 8, 1111–1116.

Haas, C. N., and J. N. S. Eisenberg (2001) "Risk Assessment," Chap. 8, 161–183, in L. Fewtrell and J. Bartram (eds.), *Water Quality: Guidelines, Standards and Health, Assessment of Risk and Risk Management for Water-Related Infectious Disease,* IWA Publishing, London.

Haas, C. N., J. B. Rose, C. P. Gerba, and S. Regli (1993) "Risk Assessment of Virus in Drinking

Water," *Risk Anal.* **13**, 5, 545–52.

Haas, C. N., J. B. Rose, and C. P. Gerba (1999) "*Quantitative Microbial Risk Assessment.*" John Wiley & Sons, Inc., New York.

Hallenbeck, W. H., and K. M. Cunningham (1986) *Quantitative Risk Assessment for Environmental and Occupational Health*, Lewis Publishers, Inc., Chelsea, MI.

Hennekens, C. H., and J. E. Buring (1987) *Epidemiology in Medicine*, Little, Brown and Company, Boston, MA.

HDR Engineering, EOA Inc., and Roberston-Bryan Inc. (2001) "Investigation of Effluent Coliform Bacteria Levels and CBOD/TSS Mass Loading for the Deer Creek Wastewater Treatment Plant," *Technical Report Prepared for El Dorado Irrigation District*.

Hodgson, E., and P. E. Levi (1997) *A Textbook of Modern Toxicology*, Appleton and Lange, Stamford, CT.

Hoppin, J. (1993) "Risk Assessment in the Federal Government: Questions and Answers," Center for Risk Analysis, Harvard School of Public Health, Boston, MA.

ILSI (1996) "A Conceptual Framework for Assessing the Risks of Human Disease following Exposure to Waterborne Pathogens," Risk Science Institute Pathogen Risk Assessment Working Group, International Life Sciences Institute, *Risk Anal.*, **16**, 841–848.

ILSI (2000) *Revised Framework for Microbial Risk Assessment*, International Life Sciences Institute, Risk Science Institute Pathogen Risk Assessment Working Group, ILSI Press, Washington, DC.

IOM (1988) *The Future of Public Health*, Institute of Medicine, The National Academy of Sciences, National Academy Press, Washington, DC.

Klaassen, C. D. (ed.) (2001) *Casarett and Doull's Toxicology: The Basic Science of Poisons*, 6th ed., McGraw-Hill, New York.

Klaassen, C. D., and J. B. Watkins III (1999) *Casarett and Doull's Toxicology: The Basic Science of Poisons*, *Companion Handbook,* 5th ed., McGraw-Hill, New York.

Kolluru, R., S. Bartell, R. Pitblado, and S. Stricoff (1996) *Risk Assessment and Management Handbook for Environmental, Health, and Safety Professionals*, McGraw-Hill, New York.

Koopman, J. S., S. E. Chick, C. P. Simon, C. S. Riolo, and G. Jacquez (2002) "Stochastic Effects on Endemic Infection Levels of Disseminating Versus Local Contacts," *Math. Biosci.*, **180**, 49–71.

Koopman, J. S., G. Jacquez, and S. E. Chick (2001) "New Data and Tools for Integrating Discrete and Continuous Population Modeling Strategies," *Ann. New York Acad. Sci.* **954**, 268–294.

McBride, G., D. Till, and T. Ryan (2002) *Pathogen Occurrence and Human Health Risk Assessment Analysis, Freshwater Microbiology Research Programme Report*, Ministry of Health, Wellington, New Zealand.

McCann J., E. Choi, E. Yamasaki, and B. N. Ames (1975) "Detection of Carcinogens as Mutagens in the *Salmonella*/Microsome Test: Assay of 300 Chemicals," *Proc. Nat. Acad. of Sci.*, **72**, 12, 5135–5139.

Makri, A, M. Goveia, J. Balbus, and R. Parkin (2004) "Children's Susceptibility to Chemicals: A Review by Developmental Stage," *J. Toxicol. Environ. Health—Part B—Crit. Rev.*, **7**, 6, 417–435.

Messner, M. J., C. L. Chappell, and P. O. Okhuysen (2001) "Risk Assessment for *Cryptosporidium*: a Hierarchical Bayesian Analysis of Human Dose Response Data," *Water Res.* **35**, 16, 3934–3940.

NAS (1998) *Issues in Potable Reuse: The Viability of Augmenting Drinking Water Supplies with Reclaimed Water,* 135–145. National Academy of Sciences, National Academy Press, Washington, DC.

NIH (2004) *National Toxicology Program—A National Toxicology Program for the 21st Century: A Roadmap for the Future*, National Institute of Environmental Health Sciences, National Institutes of Health, Research Triangle Park, NC.

NRC (1983) *Risk Assessment in the Federal Government: Managing the Process*, National Research Council, National Academy Press. Washington, DC.

Olivieri, A. W., R. C. Cooper, R. C. Spear, S. Selvin, R. E. Danielson, D. E. Block, and P. G. Badger (1986) "Risk Assessment of Waterborne Infectious Agents," *Envirosoft 86*, Computational Mechanics Publications.

Olivieri, A. W., R. C. Cooper, J. Konnan, J. Eisenberg, and E. Seto (1995a) *Mamala Bay Study—Infectious Disease Public Health Risk Assessment*, Prepared by EOA, Inc. for the Mamala Bay Study Commission, Honolulu, HI, Oakland, CA.

Olivieri, A. W., J. Eisenberg, J. Konnan, and E. Seto (1995b) *Microbial Risk Assessment for Reclaimed Water*, Prepared by EOA, Inc. and University of California at Berkeley School of Public Health for the Irvine Ranch Water District and the National Water Resource Association, Oakland, CA.

Olivieri, A. W., and J. Soller (2001) *Evaluation of the Public Health Risks Concerning Infectious Disease Agents Associated with Exposure to Treated Wastewater Discharged by the City of Vacaville, Easterly Wastewater Treatment Plant*, Prepared by EOA, Inc. for the City of Vacaville, Oakland, CA.

Olivieri, A. W., J. A. Soller, K. J. Olivieri, R. P. Goebel, and G. Tchobanoglous (2005) "Seasonal Tertiary Wastewater Treatment in California: An Analysis of Public Health Benefits and Costs," *Water Res.,* **39**, 13, 3035–3043.

Paustenbach, D. J. (ed.) (1989) *The Risk Assessment of Environmental and Human Health Hazards: A Textbook of Case Studies*, John Wiley & Sons, Inc., New York.

Pekkanen, J., and N. Pearce (2001) "Environmental Epidemiology: Challenges and Opportunities," *Environ. Health Perspect.*, **109**, 1, 1–5.

Pepper, I. L., C. P. Gerba, and M. L. Brusseau (eds.) (1996) *Pollution Science,* Academic Press, San Diego, CA.

Perz, J. F., F. K. Ennever, and S. M. Blancq (1998) "*Cryptosporidium* in Tap Water—Comparison of Predicted Risks with Observed Levels of Disease," *Am. J. Epidemiol.*, **147**, 3, 289–301.

Petterson, S. R., and N. J. Ashbolt (2001) "Viral Risk Associated with Wastewater Reuse: Modeling Virus Persistence on Wastewater Irrigated Salad Crops," *Water Sci. Technol.*, **43**, 12, 23–26.

Regli, S., J. B. Rose, C. N. Haas, and C. P. Gerba (1991) "Modeling the Risk from *Giardia* and Viruses in Drinking-Water," *J. AWWA,* **83**, 11, 76–84.

Rose, J. B., and C. P. Gerba (1991a) "Use of Risk Assessment for Development of Microbial Standards," *Water Sci. Technol.*, **24**, 2, 29–34.

Rose, J. B., C. N. Haas, and S. Regli (1991b) "Risk Assessment and Control of Water Borne *Giardiasis*," *Am. J. Public Health*, **81**, 6, 709–713.

The Safe Drinking Water Act, 42 U.S.C. s/s 300f et seq (1974). Revisions June 19, 1986; January 16, 1996.

Scutchfield, F. D., and C. W. Keck (1997) *Principles of Public Health Practice*, Delmar Publishing, Albany, New York.

Soller, J. A., J. N. S. Eisenberg, and A. W. Olivieri (1999) *Evaluation of Pathogen Risk Assessment Framework*, Prepared by EOA, Inc. for ILSI Risk Science Institute, Oakland, CA.

Soller, J. A., J. N. S. Eisenberg, J. DeGeorge, R. Cooper, G. Tchobanoglous, and A. W. Olivieri (2006), "A Public Health Evaluation of Recreational Water Impairment," *J. Water Health*, **4**, 1–19.

Soller, J. A., A. Olivieri, J. Crook, R. Parkin, R. Spear, G. Tchobanoglous, and J. N. S. Eisenberg (2003) "Risk-based Approach to Evaluate the Public Health Benefit of Additional Wastewater Treatment," *Environ. Sci. Technol.,* **37**, 9, 1882–1891.

Soller, J., A. Olivieri, J. N. S. Eisenberg, R. Sakaji, and R. Danielson (2004) *Evaluation of Microbial Risk Assessment Techniques and Applications, Water Environment Research Foundation*, Project 00-PUM-3, Final Project Report, Washington, DC.

Sullivan, J. B., and G. R. Krieger, *Clinical Environmental Health and Toxic Exposures*, 2nd ed., Lippincott Williams and Wilkins, Philadelphia, PA.

Tanaka, H., T. Asano, E. D. Schroeder, and G. Tchobanoglous (1998) "Estimating the Safety of Wastewater Reclamation and Reuse Using Enteric Virus Monitoring Data," *Water Environ. Res.*, **70**, 1, 39–51.

Teunis, P. F. M., G. J. Medema, L. Kruidenier, and A. H. Havelaar (1997) "Assessment of the Risk of Infection by *Cryptosporidium* or *Giardia* in Drinking Water from a Surface Water Source," *Water Res.,* **31**, 6, 1333–1346.

Teunis, P. F. M., and A. H. Havelaar (1999) "*Cryptosporidium* in Drinking Water: Evaluation of the ILSI/RSI Quantitative Risk Assessment Framework," RIVM report No. 284 550 006. Bilthoven, National Institute of Health and the Environment, The Netherlands.

U.S. EPA (1986) *Guidelines for Carcinogen Risk Assessment, Federal Register,* 51, 33, 992 (September 24, 1986).

U.S. EPA (1992) *Framework for Ecological Risk Assessment*, EPA/630/R-92/001, U.S. Environmental Protection Agency, Washington, DC.

Ward, R. L., D. L. Bernstein, C. E. Young, J. R. Sherwood, D. R. Knowlton, and G. M. Schiff (1986) "Human Rotavirus Studies in Volunteers: Determination of Infectious Dose and Serological Response to Infection," *J. Infect. Dis.*, **154**, 5, 871–880.

WHO (1999) *Principles and Guidelines for the Conduct of Microbiological Risk Assessment,* CAC/GL-30, World Health Organization, Geneva, Switzerland.

WHO (2004) *Guidelines for Drinking-water Quality,* 3rd ed., Vol. 1, *Recommendations,* World Health Organization, Geneva, Switzerland.

第3部　水再生と再利用の技術とシステム

　再生水の製造とユーザへの配水には，処理施設，貯水池，ポンプ場と配水管からなるインフラ施設が必要である．このインフラ施設は，大都市向けのきわめて複雑なものから，何軒かの家からなる小規模で簡易なものまである．それぞれの施設は，地域条件に応じて設計される必要があるため，独自のシステムとなる．水再生と再利用のシステムと技術は，排水の特徴，再利用基準，規制，ユーザの状況，地形等を含む多くの要素によって決定される．3部の中心となるプロセスの多様性と信頼性を考慮することは，水再生と再利用，特に間接的飲用再利用においては非常に重要である．適切なシステムとその構成要素の選定を行ううえで，これらの要素の基本的な理解が必要である．

　再生水の製造および配水を行うための多様な技術とシステムが3部のテーマである．プロセスおよびシステム選定の要素については，6章で紹介する．二次処理による除去物質，残存固形物の除去，溶解性物質の除去については，それぞれ7，8，9章で触れる．また，特定の物質の除去については，10章で紹介する．水再利用において不可欠な消毒については，11章で紹介する．特別な状況や小規模集落用に使用されるサテライトシステムあるいは分散処理システムについては，12，13章で紹介する．再生水の貯水池，配水・ポンプ施設については，それぞれ14，15章で紹介する．

第6章　水再利用技術と処理システム：概説

翻訳者　村 上　孝 雄（日本下水道事業団 理事）
共訳者　猪 木　博 雅（日本下水道事業団事業統括部計画課 課長代理）

関連用語　*209*
6.1　都市部の未処理下水中の汚濁成分　*210*
6.2　水再生と再利用の技術的事項　*210*
　6.2.1　水再利用用途　*212*
　6.2.2　必要な水質　*212*
　6.2.3　多重バリアの考え方　*212*
　6.2.4　複数の処理技術の必要性　*213*
6.3　水再生のための処理技術　*214*
　6.3.1　二次処理による溶解性有機成分，浮遊物質，栄養塩類の除去　*215*
　6.3.2　二次処理水からの残存粒子性物質の除去　*215*
　6.3.3　残存浮遊物質の除去　*215*
　6.3.4　微量物質の除去　*219*
　6.3.5　消　　毒　*220*
6.4　水再利用技術の選定において重要な要素　*220*
　6.4.1　多種の水再利用への適用　*220*
　6.4.2　微量物質除去の必要性　*223*
　6.4.3　パイロット規模調査実施の必要　*223*
　6.4.4　プロセスの信頼性　*223*
　6.4.5　予備，冗長性　*225*
　6.4.6　再生水供給のために必要な施設　*226*
6.5　再生水処理施設の位置の影響　*227*
　6.5.1　集約型処理施設　*228*
　6.5.2　サテライト施設　*228*
　6.5.3　分散型施設　*230*
6.6　再生水処理技術と処理システムの今後　*230*
　6.6.1　将来の再利用に与える微量物質の影響　*230*
　6.6.2　新しい規制　*231*
　6.6.3　処理施設の改築　*232*
　6.6.4　新しい処理施設　*232*
　6.6.5　サテライト施設　*232*
　6.6.6　分散型施設とシステム　*233*
　6.6.7　新しい施設コンセプト，設計　*233*
　　　　　エネルギー効率／*233*　　堅牢な処理プロセス／*234*　　安全面／*234*
　6.6.8　調査の必要性　*234*

問　題　*235*
参考文献　*236*

関連用語

汚濁成分 constituents　個別あるいは集合的な構成成分，要素，微生物学的要素で，排水中に存在し，定量可能なものを指し，全浮遊物質(total suspended solids；TSS)，生物化学的酸素要求量(biochemical oxygen demand；BOD)，大腸菌(*E. coli*)，アンモニア性窒素(ammonia nitrogen)等がある．

固形物滞留時間 solids retention time；SRT　汚泥滞留時間ともいう．微生物が活性汚泥エアレーションタンク(activated sludge aeration tank)にとどまる平均的期間．

サイドストリーム sidestream　何らかの特定の処理のため，主処理フローから分水された排水．

サテライト処理システム satellite treatment system　排水が，収集システムの上流部で抽出され，再利用地点に近い場所に立地している水再生施設に送水・処理されるシステム．サテライトシステムには，通常，汚泥処理施設はなく，汚泥は，収集システムに戻され，下流の処理施設で処理される．

集約型排水管理 centralized wastewater management　一般的には，大規模な都市域と郊外の地域からの，時には雨水を含む排水の収集と排除のため，通常，環境上，排水が適切である1箇所での処理・再生施設に送水するためのポンプ・管渠のネットワークを用いる排水システム．

処理プロセスフロー treatment process flow diagram, treatment train　決められた処理水質目標や規準を満足する処理水を製造するために用いられる処理操作や処理プロセスの組合せ．

多重バリア multiple barrier concept　多重安全措置ともいう．信頼できる処理水質を保つため，複数の安全措置を講じること．これには，発生源制御，冗長性を有するシステム，連続的に配置した処理プロセスが含まれる．

単位操作 unit operation　物理的操作が中心となる処理技術．重力沈殿やろ過が例．

単位プロセス unit process　汚濁成分の除去が化学的あるいは微生物学的反応により行われる処理法．

二次処理水 secondary effluent　標準的生物処理施設から発生する処理水で，通常，30日平均濃度で，TSSで30 mg/L，BODで30 mg/Lを満足する．

パイロット規模調査 pilot scale testing　特定の環境条件下における特定の排水処理において，処理法の持続性を確認し，また，実規模施設に必要なデータを得るために要素装置やプロセスを小規模な施設で調査すること．

標準的二次処理 conventional secondary treatment　溶解性有機物質(soluble organic matter)と粒子性物質(particulate constituents)の除去のための活性汚泥処理で，通常，硝化(nitrification)を含む．

プロセスの信頼性 process reliability　あるプロセスが，想定される運転条件の範囲で，必要な汚濁物質の除去をどの程度定常的に行うことができるかの程度．

分散型排水管理 decentralized wastewater management　個別の家庭，集落，孤立したコミュニティ，工場，事業場，既存コミュニティの一部から排水発生点において，あるいはその近傍において，排水収集および処理を行うこと．

膜分離活性汚泥法 membrane bioreactor；MBR　浮遊増殖型活性汚泥法(suspended growth activated sludge reactor)と膜分離法(membrane separation system)を組み合わせたプロセス．膜分離は，精密ろ過(microfiltration)か限外ろ過(ultrafiltration)により行われ，重力沈殿(gravity sedimentation)の代わりに用いられる．

予備機 standby　緊急時や代替用の装置あるいはプロセス．

第6章　水再利用技術と処理システム：概説

　農業用灌漑(agricultural irrigation)や工業用冷却水(industrial cooling water)等の多くの再利用目的には，二次処理水は，歴史的に十分な水質を有している．しかしながら，再利用規制の導入により，再利用における水質目標レベルが高まり(4章)，付加的な処理が必要となってきた．また一方で，排水基準がより厳しくなるにつれて，再利用を行わない施設でさえも付加的な処理が必要となってきている．このため，可能な箇所においては，将来的に再利用にも対応できるような処理システムを設計することを考慮するとよい．

　現在，水再生に用いられる技術は，上水および排水処理の運転とプロセスから発展したものである．現在では，技術の発展により，より高い汚濁成分除去が可能である．水中あるいは排水中に検出される特定の物質の影響について，この10年間の科学知識の増大により飲料水と再利用に対しての関心は一層高まり，特に地下水涵養や貯水量増加への利用については関心が高い．このことから，水質に関する問題と関心に対応し，浮遊物質(suspended solids)，コロイド(colloidal solids)，溶解性物質(dissolved constituents)，病原性微生物(pathogenic microorganisms)，微量物質(trace constituents)に対するより高いレベルの除去可能な技術に重きが置かれている．このような技術には，プロセスの性能と信頼性を高めるため，プロセスの組合せ，新規開発されたプロセス，既存システムの修正あるいは高度化等が含まれる．

　本章の目的は，水再利用のための処理技術選定に影響する事項について概観するとともに，後出9章の導入部となるものである．本章で扱う事項としては，(1)未処理下水中に存在する関連汚濁成分の概説，(2)水再生・再利用における技術的事項，(3)水再利用に用いられる処理技術の概説，(4)水再生技術の選定における重要点，(5)再利用における処理施設立地場所の影響，(6)水再生技術および処理システムの今後，が含まれる．

　設計値が3部の多くの章で紹介されているが，詳細な設計は，これらの章の目的ではない．むしろ，中心となるのは，再利用において問題となる粒子性物質(particulate matter)〔濁度(turbidity)，粒径(particle size)，粒径分布(particle size distribution)〕，溶解性物質〔微量物質，栄養塩類(nutrients)，塩類(salts)〕，病原性微生物〔細菌(bacteria)，原生動物(protozoa)，蠕虫(helminths)，ウイルス(viruses)〕といった汚濁成分除去と関連した既存プロセスや技術の性能である．

6.1　都市部の未処理下水中の汚濁成分

　3章で述べたように，未処理下水中に存在する汚濁成分は，様々な家庭排水(domestic uses)，事業所排水(commercial uses)，工業排水(industrial uses)に起因するものである．未処理下水中に存在する汚濁成分の基本的な分類と対応する物理的性状を表-6.1に示す．表-6.1より明らかなことは，幾つかの汚濁成分は，複数の性状分類中に属していることである．その代わり，多様な処理プロセスが単独あるいは組み合わせて所定の汚濁成分除去に用いられる．未処理下水の汚濁成分と物理的性状は，原水の水質および上水処理過程で添加される物質に依存することに注意する必要がある．

　ほとんどすべての汚濁成分は，基本的に除去対象であるが，すべての汚濁成分が排水処理プロセスにより除去されるわけではない．様々な処理技術により除去される汚濁成分の分類は，6.3で紹介し，対応する個別技術については，後で詳述する．

6.2　水再生と再利用の技術的事項

　水再生と再利用においては，再利用用途が必要な処理の種類，処理システムに要求される処理程度および信頼性を決定する．健康と環境が水再利用を実施するうえで主要な関心事であることから，水

表–6.1 未処理下水中に存在する汚濁成分の分類と物理的性状[a]

パラメータ	成分の説明
汚濁成分の分類	
浮遊物質	浮遊物質とコロイドの両方を含む．通常，シルトと粘土，微生物，粒子性有機物からなる．浮遊物質は，汚泥堆積や嫌気状態の原因となり，処理が不十分な場合には，消毒効率に影響する．
有機物質	溶解性および粒子性物質を含む．基本的にタンパク質，炭水化物，脂肪からなる．生物分解可能な有機物は，通常，生物化学的酸素要求量(BOD)や化学的酸素要求量(COD)として測定される．発癌性，変異性，奇形生成性，急性毒性を有する，または疑わしい有機化合物は，優先物質とされる．標準的な処理で除去しにくい物質は，難分解性物質として分類される．典型的な例は，界面活性剤，フェノール類，農薬である．有機物の不十分な処理は，腐敗状態や悪臭発生を招く．
無機物質	カルシウム，ナトリウム，硫酸イオン等の無機成分は，家庭に供給される上水に，水利用の結果，添加される．重金属は，通常，事業場や工業活動から排出される．発癌性，変異性，奇形生成性，急性毒性を有する，または疑わしい有機化合物は，優先物質とされる．特定の無機成分は，再生水利用に大きく影響する．
病原性微生物	基本的な病原性微生物としては，細菌，原虫，寄生虫，ウイルスがある．
栄養塩類	基本的な栄養塩類は，様々な形態の窒素およびリンである．その他の無機成分も栄養塩類である．水域に排出されると，栄養塩類は好ましくない水生生物の生育を増進する．陸上に供給される場合，特に地下水涵養の場合，過剰な供給は地下水汚染を招く．
微量成分	きわめて低い濃度で検出される物質で，基本的に殺虫剤，医薬品，ホルモン作用物質，残留生活ケア用品が含まれる．幾つかの金属も微量物質とされる．微量物質は，摂取された場合，健康に影響を及ぼすことがある(3章参照)．
全溶解性蒸発残留物 (TDS)	全溶解性蒸発残留物は，溶解性無機物および有機物からなる．全溶解性蒸発残留物の量は，工業用，農業用，地下水涵養等の再利用において適性に影響する．
物理的性状	
濁度	水中の粒子で，光を散乱する物質は，濁度物質として測定されうる．濁度は，しばしば再利用に関してプロセスの性能や適正を判断するための代替指標として用いられる．
色	色は，未処理下水の経過日数や状態を判断するのに用いられる(例えば，新鮮か，腐敗しているか)．
臭気	有機または無機物質の生物学的変換作用の結果．臭気性成分が排水収集システムに排出されることもある．
温度	排水が熱いか冷たいかの指標．処理システムにおいて，微生物学的作用の速度に影響する．
透過率	溶液を通過する光の量で，％で表現する．水中の溶解性およびコロイド性汚濁物質は，光を吸収し，光の透過度を低減するが，これはUV消毒プロセスの効果に影響する．
伝導度	溶解性化学物質濃度の指標．

[a] 様々な化学物質の数値は，表–3.12に示してある．また，後続章にも出てくる．

質基準に常に合致するような方法を開発することに留意する必要がある．放流できる水質を有する処理水を製造する通常の排水処理システムと比較して，水再生システムは，(1)水質は，特定の水質基準を厳しく遵守することが必要であること，(2)多様な利用目的に適合するため，異なった水質基準をも満足する処理を行う必要があること，(3)公衆衛生の確保のため，フェイルセーフ機構(fail-safe provisions)が必要である，という理由で難度が高い．

水再生と再利用における技術的事項をさらに調べるためには，(1)基本的な再利用範囲(これについては，4部により詳細な記述がある)，(2)多様な再利用目的のための水質の総括的議論，(3)十分な水質を保証するための多重バリア(multiple barrier concept)，(4)複数の水質レベルの処理水製造および多重バリアの考え方を実施するための複数技術の利用，を考慮するとよい．

6.2.1 水再利用用途

7つの水再利用用途のカテゴリーを表-6.2に使用水量の多い順に示す．表-6.2のカテゴリーは，基本的な利用目的の広い範囲について示しているが，これらのうちの多くは，特定のケースでは適用できないかもしれない．各々の利用目的は，製造される水質(以下で議論する)，必要な水量，利用時間(連続，間欠，季節的)に関連して，それぞれに必要な事項がある．

表-6.2 水再利用の基本的な用途[a]

一般的なカテゴリー	基本的用途
農業用灌漑	穀物の灌漑，養魚場
修景利用	公園・学校，道路中央分離帯および路側植樹，住宅芝生，ゴルフ場，緑地帯，工業公園
工業利用	冷却水，ボイラ用水，工程水，建設時利用(粉塵防止，コンクリート養生，締固め，清掃)
地下水涵養	地下水補充，汽水や海水浸入防止バリア，地盤沈下対策
親水／環境利用	表流水供給，湿地への供給，漁業，人工湖沼，人工雪
非飲用都市内利用	トイレ洗浄用水，防火用水，エアコン，汚水管清掃，洗車，道路およびテニスコート洗浄
間接的飲用再利用	公共水源水への混合(表流水あるいは地下水)

[a] Tchobanoglous et al.(2003)より引用．

6.2.2 必要な水質

4章で述べるように，必要水質および基準は，それぞれの再利用目的に対応する監督官庁により設定され，また，司法権を有する監督官庁により異なる．表-6.2に示した再利用カテゴリーの必要水質の範囲を表-6.3に示す．これらは，California州とFlorida州における必要水質レベルである．表-6.3の目的は，公衆衛生の確保のための一般的な汚濁成分の幾つかを示すことである．しかしながら，ある特定の地域と用途については，汚濁成分の数は，きわめて広範囲にわたっており，必要水質は，本表の数値とは異なる．処理水や再利用される水の汚濁成分濃度の上限値は，ある幅を持って超えてはならない上限値を意味する．例えば，U.S. EPAは，特定の急性健康被害(acute health effects)および慢性健康被害(chronic health effects)と関連した汚濁成分の規制値を推奨している．この規制値は，3年に1度あるいは99.9％の信頼性で特定の状況に適用できる(U.S. EPA, 1994)．

6.2.3 多重バリアの考え方

水再利用のための適切な操作やプロセスを選定するにあたっては，多重バリアを考慮することが重要である．多重バリアは飲用水に用いられ，水中への病原菌や有害な有機・無機物質への移動を最大限阻止するというものである(WEF, 1998)．水再利用には，安全措置は，(1)処理を阻害する，あるいは再利用を不可能とする物質が排水収集システムへ入り込むのを防ぐための発生源制御計画，(2)各々が一定の汚濁成分処理レベルを達成する処理プロセスの組合せ，(3)環境バッファ(environmental buffer)，という形態をとる．環境バッファは，貯水池，淡水による希釈，土壌-滞水層による処理によって混合や水質の均等化を行うことである．多重バリアによる主な利点は，(1)安全措置が故障した際でも，市民や環境をある程度保護できること，(2)多重バリアが一度に故障することは可能性が低いこと，(3)多重バリアによりプロセスが頑丈なものとなることである．何箇所かにおいて，再利用基準と合致していることを保証するためのモニタリングを行うことは，総合的多重バリアの一部である．

表-6.3 California 州と Florida 州における再利用用水質基準[a, b]

再利用形態	代表的な汚濁指標					
	BOD(mg/L)	TSS(mg/L)	TN(mg/L)	濁度(NTU)	大腸菌(個/100mL)	糞便性大腸菌(個/100mL)
California 州[a]						
農業用灌漑						
非食用穀物	≤ 30	≤ 30			< 23	
食用穀物	≤ 10			≤ 2	< 2.2	
修景利用						
非接触	≤ 30	≤ 30			< 23	
接触	≤ 10			≤ 2	2.2	
工業利用[c]					23	
地下水涵養[d]				≤ 2	≤ 2	
親水/環境	≤ 10			≤ 2	< 2.2	
非飲用都市内利用	≤ 10			≤ 2	< 2.2	
間接飲用利用[d]				≤ 2	< 2.2	
Florida 州[b]						
農業用灌漑						
非食用穀物	≤ 20	≤ 5				200
食用穀物	≤ 20	≤ 5				最大 25[e]
修景利用						
非親水	≤ 20	≤ 5				最大 25[e]
親水	≤ 20	≤ 5				最大 25[e]
工業利用[c]	≤ 20	≤ 20				200
地下水涵養						
急速浸透	≤ 20					
望ましい条件	≤ 20	≤ 20				
望ましくない条件		≤ 5	≤ 12[f]			200
涵養あるいは注入		≤ 5	≤ 10			
親水利用						
溜池(非接触)	≤ 20	≤ 5				
非飲用都市内利用	≤ 20	≤ 5				
間接飲用利用[d]	≤ 20	≤ 5	≤ 10			

a 注記以外は, California Code of Regulations, Title 22 より引用.
b Florida Adoministrative Code より引用(State of Florida, 1999).
c 工業利用においては, 再利用の形態によって必要な水質が異なり, TDS を含む特定物質の除去が必要な場合がある.
d 特定物質の除去が必要な場合がある.
e 試料の 75% において検出されないこと.
f NO_3-N として.
注) 空白部は, 数値が示されていないことを示す.

6.2.4 複数の処理技術の必要性

再利用には, 基本的に幾つかの用途があるので, 各々のユーザは, 再生水の水質に特定の要件を有する. 複数の処理技術を用いることは, このような要求を満たすために適当な措置である. 例として, (1)単一の処理システムでは経済的に到達できないレベルの水質が要求され, 複数の処理システムが必要, (2)5 章に述べるように, リスク分析の結果, 公衆衛生の保持のため, 付加的な安全措置が必要, (3)ある再利用目的における処理プロセスの運転方法の変更では, 他の用途には対応できない,

(4) 再利用基準に合致するため，高レベルの汚濁成分除去が必要な場合がある．複数の処理システムの採用が難しい場合には，再生水ユーザは，利用箇所か，その近くに付加的処理を設置すればよい．複数の処理技術の考え方は，次第に厳しくなる排水基準を満足しなければならない処理施設にも適用できるものである．

6.3 水再生のための処理技術

排水処理および再利用における水質は重要であることから，必要な汚濁成分除去レベルを達成するため，様々な処理技術が単独あるいは組み合わせて用いられる．表-3.8 に様々な処理技術を前処理，一次処理，高度一次処理，二次処理，栄養塩除去二次処理，三次処理，高度処理に分類して示してある．本書において中心となる処理技術は，表-6.3 に述べた一般的な再利用基準に合致するための二次処理，三次処理，高度処理である．

水再生において汚濁成分の分類とその除去に用いられる基本的操作およびプロセスを表-6.4 に示した．表-6.4 に示した技術は，図-6.1 中の目的に応じて階層的に示してある．図-6.1 に示す操作とプロセスを見ると，要求される水質レベルに応じて，ほとんど無限の種類の処理フローがあることが明らかである．本書において取り扱う処理技術の一般的分類は，以下のような目的に用いられる技術である．

- 溶解性有機物，浮遊物質，栄養塩類の二次処理による除去 (7 章)．
- 残存粒子性物質の二次処理水からの除去 (8 章)．
- 残存溶解性汚濁成分の除去 (9 章)．
- 残存微量物質の除去 (10 章)．
- 病原菌の除去または不活化 (11 章)．

これらの分類については，以下に簡単に紹介するが，その詳細については後続の章で述べる．処理技術に加え，集中システムや分散システムといった再利用システムのタイプや社会資本的要素については本章において後述し，12〜15 章で詳述する．

表-6.4 再利用において除去が必要となる汚濁

単位操作あるいはプロセス	浮遊物質	コロイド状物質	有機物質(粒子性)	溶解性有機物質	窒素	リン	微量物質
二次処理	×			×			
窒素除去を行う二次処理				×	×	×	
深層ろ過	×						
表層ろ過	×		×				
精密ろ過	×	×	×				
限外ろ過	×	×	×				
加圧浮上分離	×	×	×				
ナノろ過			×	×			×
逆浸透				×	×	×	×
電気透析		×					
活性炭吸着				×			×
イオン交換					×		
促進酸化			×	×			×
消毒				×			

6.3.1 二次処理による溶解性有機成分，浮遊物質，栄養塩類の除去

二次処理では，BOD や TSS として測定される大部分の有機物の除去に生物学的および化学的プロセスが用いられる．二次処理による BOD および TSS 除去率は，85〜95％の範囲である．二次処理に用いられる典型的な生物学的プロセスには，図-6.1 に示すように活性汚泥法（activated sludge），膜分離活性汚泥法（membrane bioreactor），散水ろ床法（tricking filter），回転生物接触法（rotating biological contactor）がある．二次処理と付加的ろ過および塩素消毒の代表的なプロセスフローを図-6.2(a) に示す．二次処理プロセスの外観を図-6.3 に示す．

生物学的窒素・リン除去を行うため，無酸素タンク（anoxic reactor）や嫌気タンク（anaerobic reactor）あるいは無酸素ゾーン（anoxic zone）や嫌気ゾーン（anaerobic zone）を導入する二次処理施設が増加している．栄養塩類除去を組み込んだ代表的な処理フローを図-6.2(b)〜(d) に示す．中小規模施設では，一般的にリン除去には生物学的方法よりも化学的凝集法が用いられる．化学的凝集法＋ろ過法は，非常に低い処理水リン濃度が要求される場合に採用される．

6.3.2 二次処理水からの残存粒子性物質の除去

二次処理水には，浮遊物質，コロイド物質が残存しており，さらに処理が必要なことがある．例えば，残存粒子性物質は，塩素消毒や紫外線（UV）消毒から病原菌を保護してしまう．一般的に，残存粒子性物質の付加的な処理は，消毒プロセスの最適化のために必要である．California Recycled Water Criteria（普通，Title 22 法と呼ばれる）等の再生水基準を満たすため，また，公衆衛生の確保のための典型的な処理技術として，深層ろ過（depth filtration），表層ろ過（surface filtration），膜ろ過（membrane filtration），加圧浮上分離処理（dissolved air flotation；DAF）が採用される．残存粒子性物質除去のためのろ過プロセスの代表的処理フローについては，図-6.2(a)〜(f) に示している．典型的な全層ろ過を図-6.4(a) に，精密ろ過モジュール（microfiltration module）を(b)に示す．

6.3.3 残存浮遊物質の除去

塩類のような溶解性物質が高濃度で処理水中に存在すると，ボイラ用水のような再利用用途には，適用が困難あるいは不可能となる．溶解性無機物質（dissolved inorganic constituent）は，特に冷却塔（cooling tower）においては，スケール生成あるいはパイプにおける腐食の発生を招くことがある．溶解性汚濁成分の起源としては，(1)原水の高塩濃度の原水（例として，Colorado 川河川水の TDS 濃度は 500 mg/L 以上），(2)家庭における水利用による塩類付加，150〜380 mg/L の範囲，(3)塩類を含有する軟水剤（water softener），(4)事業所や工場からの

成分ごとの除去単位操作およびプロセス

全溶解性物質	細菌	原虫のシストおよびオーシスト	ウイルス	参照章
				7
				7
	×	×		8
	×	×		8
	×	×		8
	×	×	×	8
		×	×	8
×	×	×	×	9
×	×		×	9
×				9
				10
×				10
	×	×	×	10
	×	×	×	11

第6章 水再利用技術と処理システム：概説

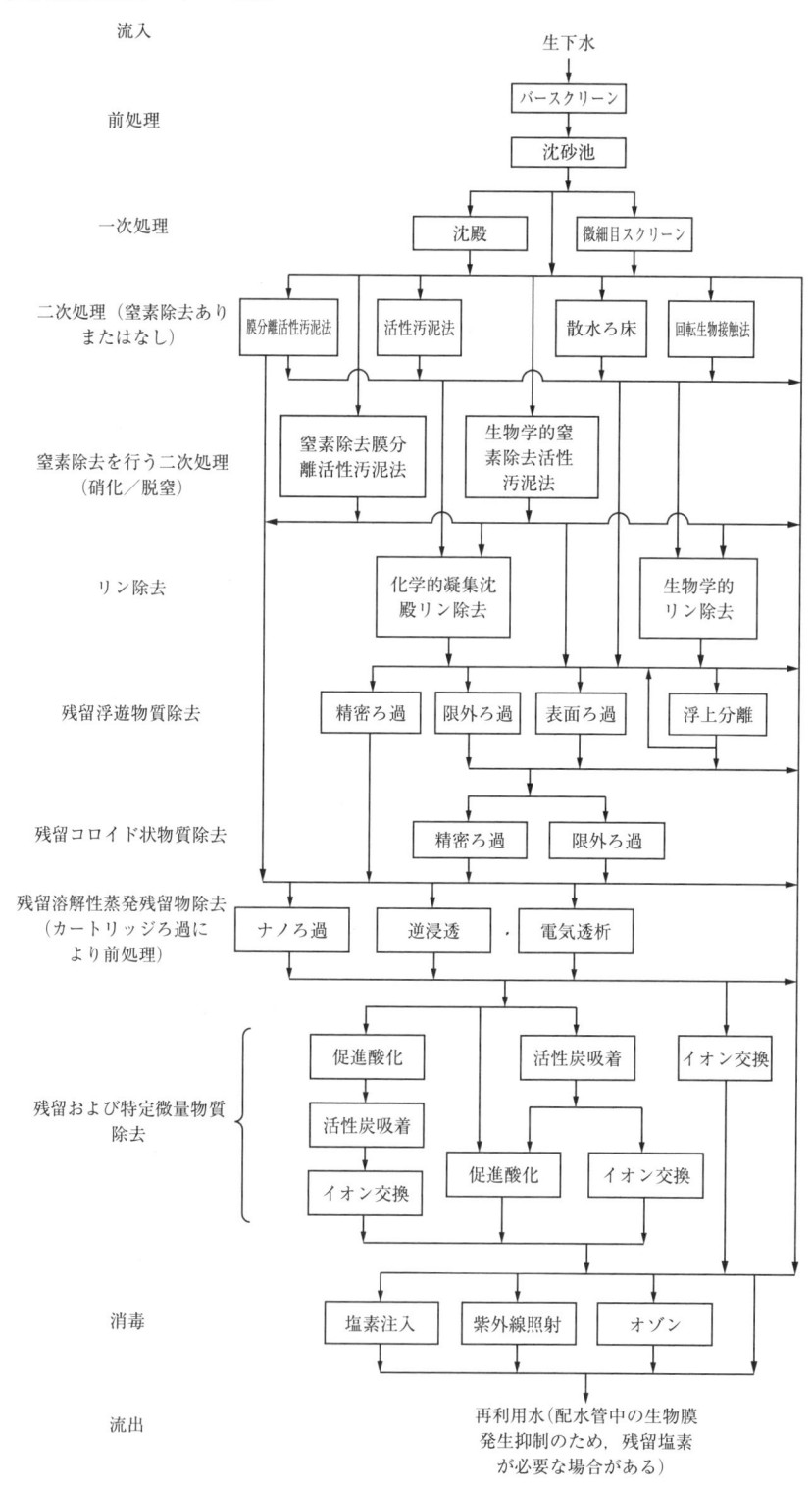

図-6.1 排水再生処理と再利用に用いられている処理プロセスのマトリックス

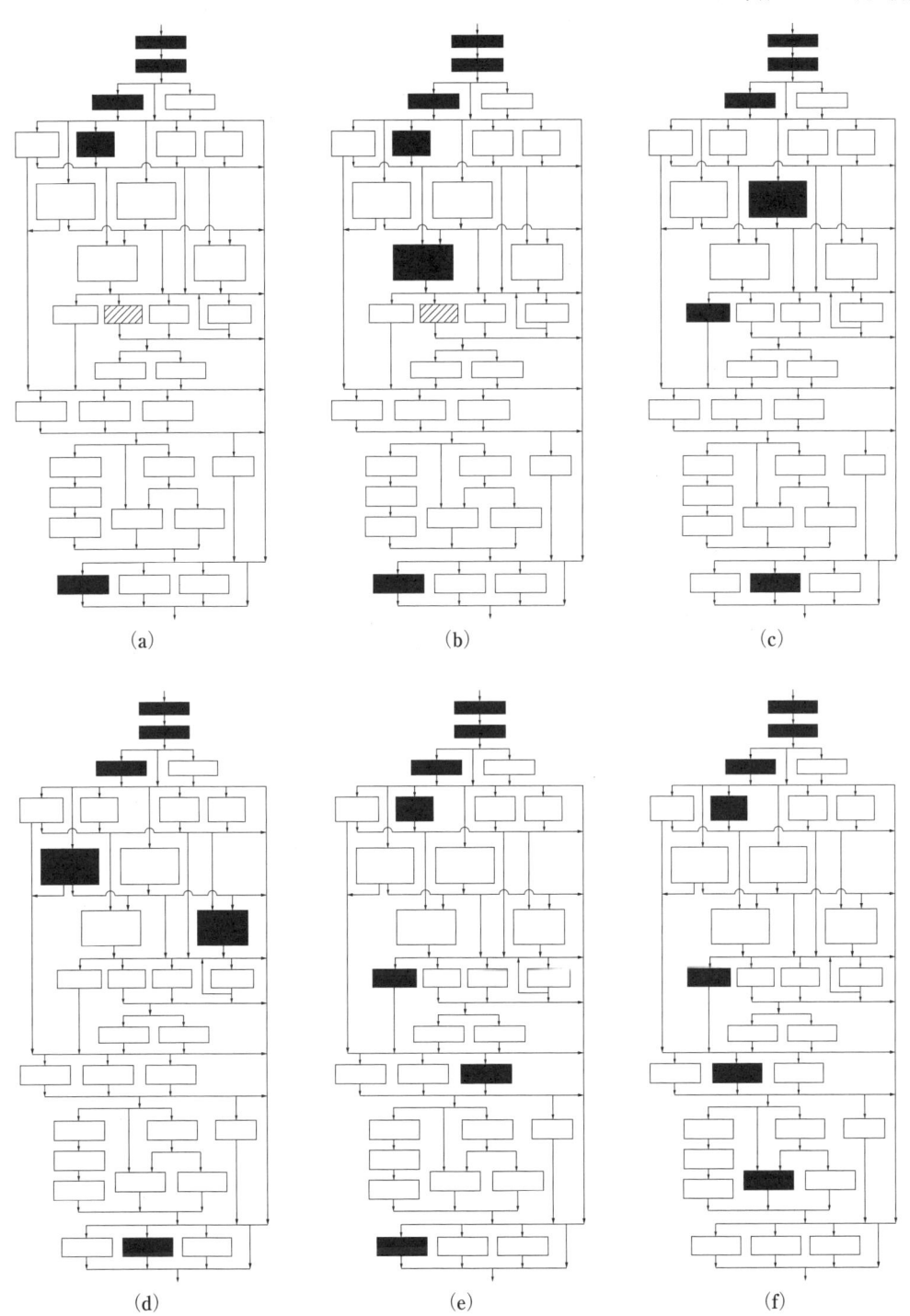

図-6.2 図-6.1に示したプロセスのマトリックスについての典型的な処理フロー．(a)農業利用のための標準活性汚泥法，オプションで深層ろ過（斜線部），塩素消毒，(b)ゴルフ場散水利用のための窒素除去および化学的リン除去を行う活性汚泥法，オプションで深層ろ過，塩素消毒，(c)修景利用および工業用冷却水利用のための窒素除去を行う活性汚泥法および精密ろ過，UV消毒，(d)鑑賞用水利用のための生物学的窒素・リン除去MBR，UV消毒，(e)修景利用のためのTDS除去用活性汚泥法，精密ろ過，電気透析，塩素消毒，(f)地下水涵養や表流水補給による間接的飲用再利用のための窒素除去を行う活性汚泥法，精密ろ過逆浸透，UV＋過酸化水素促進酸化

第6章 水再利用技術と処理システム：概説

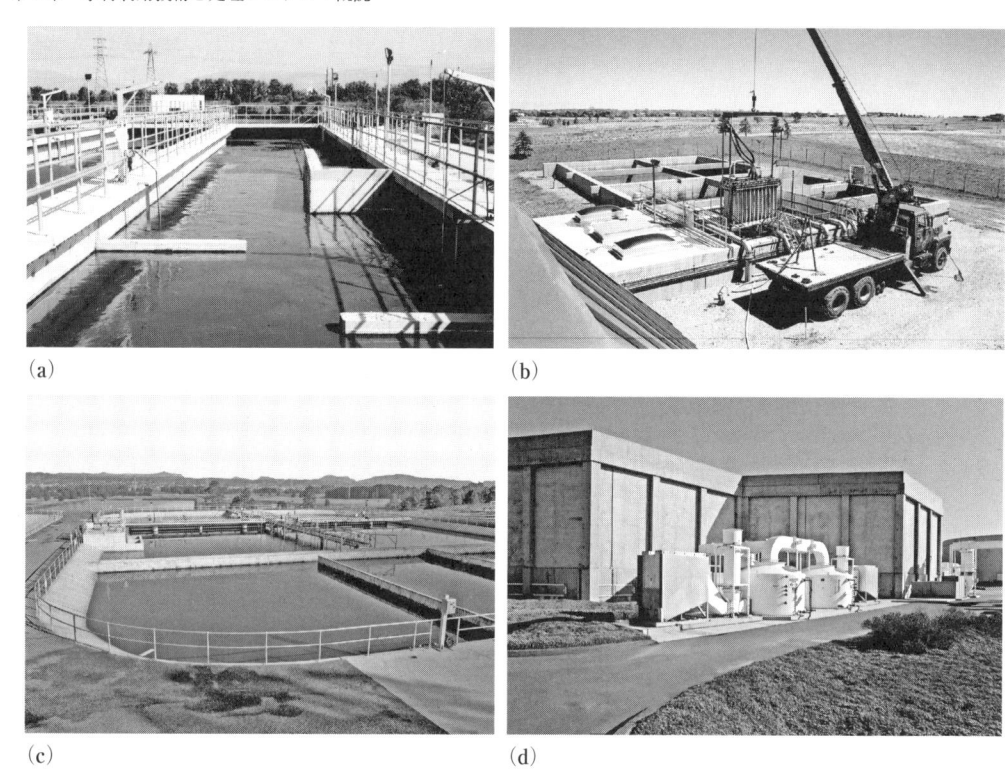

(a) (b) (c) (d)

図-6.3 各種二次処理プロセス．(a)押出し流れ活性汚泥法，(b)膜ユニットを据付中のMBR，(c)回分式活性汚泥法，(d)四角形覆蓋の塔状散水ろ床，前面は脱臭設備

(a) (b)

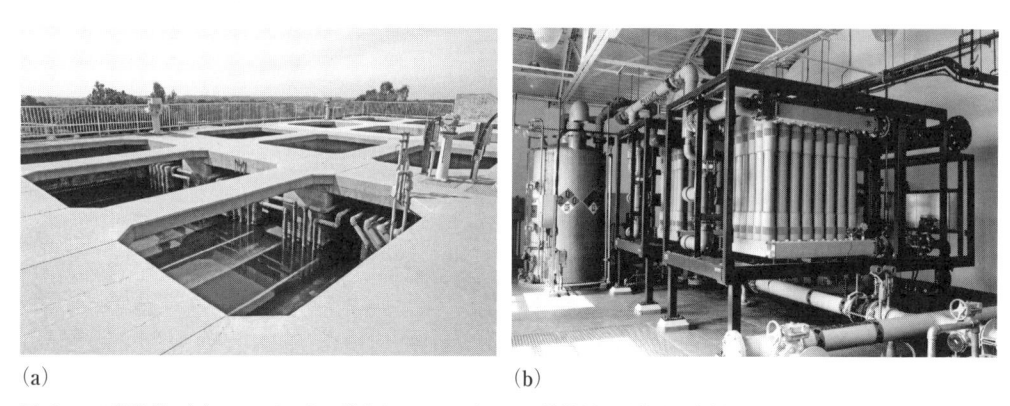

図-6.4 ろ過設備．(a)コンクリートろ過水トラフに固定された粒状層ろ過装置，(b)加圧ろ過膜モジュールを装備した精密ろ過プロセス

排出，(5)水再生プロセスにおける次亜塩素酸ナトリウムや凝集剤(coagulant)等の塩類添加，がある．沿岸地域においては，事例は多くはないが，海水の排水管への浸入がある．脱塩は，ナノろ過(nanofiltration；NF)，逆浸透ろ過(reverse osmosis；RO)，電気透析(electrodialysis；ED)により行われる．溶解性物質除去のためのEDとROを組み込んだ代表的な処理フローを図-6.2(e)，(f)に示す．典型的なRO施設を図-6.5に示す．

図-6.5　残留溶解性汚濁成分除去のための典型的逆浸透ユニット

6.3.4 微量物質の除去

　地下水涵養や表流水涵養，工業用工程水といった再利用目的では，微量物質除去が要求されることがある．微量物質除去の必要性については，ケースバイケースで判断する．対象の微量物質が前述した標準的処理および三次処理で十分に除去されない場合には，単独あるいはNF，ROと組み合わせた促進酸化(advanced oxidation)，吸着(adsorption)，イオン交換(ion exchange)処理が必要な場合がある．ROと促進酸化を組み合わせたフローを図-6.2(f)に示す．典型的なイオン交換接触槽(ion exchange contactor)を図-6.6に示す．

(a)　(b)

図-6.6　再利用のためのイオン交換プロセス．(a)固着型固定床交換接触槽，(b)一つの接触槽が再生中に他の接触槽で連続運転できるよう可動式床に据え付けられている固定床交換接触槽

6.3.5 消　毒

　水再生の主要な目標は，再生水と接触する際に生じる公衆衛生上のリスクを低減するために病原菌量を減少することである．消毒の必要性は，再利用目的によって異なるが，消毒は，通常，塩素化合物 (chlorine compound) か UV 照射 (UV light)，あるいはその両方によって行われる．オゾン (ozone) は，コストが高いので，限られた用途で使用される．UV が主消毒法として用いられる場合，塩素は，配水システム中での微生物増殖を防止するための残留塩素を保持するために添加される．配水システム中での水質を維持するため，残留消毒剤の測定をしなければならない (11, 14 章参照)．

　消毒は，あらかじめ消毒剤から病原性微生物を保護する役割を果たす粒子性物質を除去することで効果が高まる．粒子性物質除去は，特に UV 消毒においては必須である．表層ろ過あるいは全層ろ過は，消毒前処理に有効である．処理プロセス後，多重バリアの考え方に基づき 1 つあるいは複数の消毒剤を使用することにより，公衆衛生の確保とプロセス信頼性を最大化することができる．図-6.2(a)～(e) に示すすべてのプロセスは，個別の消毒プロセスを組み込んだものである．(f) では，消毒は，促進酸化段階で行われる．塩素消毒および UV 設備の例をそれぞれ図-6.7(a)，(b) に示す．

(a)　　　　　　　　　　　　　　　　(b)

図-6.7　消毒施設．(a) 迂流式水路を持つ塩素接触槽，(b) 流れ方向に直角に水平に設置された UV 消毒ランプで，手動式のランプ清掃機構がついている

6.4　水再利用技術の選定において重要な要素

　現行および将来的な再生の必要性と規制を満足するためには，水再利用技術の選定は，きわめて多数の要素について注意深い考慮と評価が必要となる．水再利用技術の選定では，既存施設の改造・高度化を行うか，全くの新規施設を建設するかを考慮しなければならない．通常，物理的および運転操作的因子が検討されなければならない．既存施設および新規施設用の技術の選定において評価されるべき最も重要な要素を表-6.5 に示す．表-6.5 中の個々の要素は，それ自体重要であるが，以下の議論では幾つかの因子をさらに考慮する必要がある．これらの因子についても，以降の章で議論する．

6.4.1　多種の水再利用への適用

　表-6.5 の最初の要素である「水再利用の種類」については，複数の利用を行うため，異なる水質が要求される場所では特に重要である．最高の水質が要求される場合であっても，単一の水質の再生水

6.4 水再利用技術の選定において重要な要素

表-6.5 技術の選定において考慮すべき重要な要素および事項

要素／事項	既存の二次処理施設の高度化	新規再生水施設
再利用の形態	所要の水質から必要とされる技術に関して立地条件による制約．製造再生水の供給時期，すなわち連続，間欠，季節的，公衆衛生および環境保護のレベル．処理の高度化が単一の再利用目的に対応するものである場合，プロセスの選定は，「付加的」対応のプロセスに注意を払う必要がある．多様なグレードの再生水が必要な場合には，複数のプロセスを考慮する．	新規施設の場合には，統合的プロセスが「付加的」プロセスよりも望ましい．多様なグレードの再生水が必要な場合，複数のプロセスの使用は，現実性およびコストの面から機会が少ない．
プロセス供給排水の性状	二次処理水の物理的，化学的特性は，使用プロセスや消毒効果に影響する．	未処理下水の物理的，化学的特性は，前処理を含む使用プロセスに影響する．
再利用水に必要な水質(基準)	必要な水質に応じ，使用プロセスは，汚濁物質による制約を満足するものに限られる．例えば，もし目標水質が製造水の全溶解性蒸発残留物に関する制約であれば，膜処理(ナノろ過やROろ過の可能性が高い)が必要になろう．	既存二次処理施設の高度化の場合と同じ．上述したように，複数のグレードの再生水が再利用に用いられる場合には，複数のグレードの再生水を製造可能な実用的な処理系列が再利用の可能性を拡大する．
微量物質	特定の再利用目的において，微量物質が既存施設の処理水中に検出される場合には，実施設による除去効果や設計因子を明らかにするため，パイロットプラント実験を行う必要がある．	排水収集システムの別の場所の処理水から特定の微量物質が検出されるような事態がない限り，未知の微量物質は，プロセス選定にはほとんど影響しない．
既存条件との互換性	新規プロセスの選定は，水理条件や敷地条件等の既存条件により影響を受け得る．	新規の敷地におけるプラントでは，互換性は，以下に議論する敷地および環境的制約に関連する．
プロセスの信頼性	流入水特性や規制の将来的な変化に関して，当該プロセスの変更への対応可能性についても考慮する必要がある．	既設二次処理施設の高度化の場合と同じ．また，同プロセスにおける過去の経験やパイロット規模調査結果を考慮しなければならない．
維持管理上の必要事項	新たな維持管理(O&M)の評価と実施．新規プロセス機器の維持管理には，追加の研修が必要．プロセスのモニタリングおよび制御には，制御監視装置の高度化が必要なことがある．	どの部分の更新が必要か，その適用性とコストの評価が必要．膜のような基本部品の寿命についても考慮する．自動化プロセス制御システムは，特別な研修が必要であろう．
エネルギー消費	ポンプやブロワ等，電力消費量が大きい機器を負荷することの配電設備と予備受電設備への影響の調査	コスト効果の高いシステムを設計しようとするのであれば，エネルギー消費および将来のエネルギーコストを知っておく必要がある．予備電源が必要か，あるいは停電時でもプロセスが安全に停止できるかどうかを調べる．
薬品必要量	新規の薬品添加は，オゾンや膜材料等の処理システムに影響を及ぼす可能性がある．薬品が処理水質にマイナスの影響を与えないか，消毒副生成物の発生がないか，システムの維持管理に影響しないかを調べる．	既設二次処理施設の高度化の場合と同じ．薬品の搬入や使用により問題が発生しないか調査する．
必要人員／自動化	新規プロセスは，特別な管理技術を必要とすることがあるため，研修を実施したり，新規なスタッフを入れる．既存制御システムに新規プロセスを組み込むことができるか，また，将来どのような新しいプロセスが必要か調査する．	人員数，技術レベル，労働形態(フルタイムあるいはパートタイム)，自動化導入の必要性，無人管理か有人管理かを決定する．
環境の制約	騒音や臭気の発生は，周辺環境を悪化し，規制に触れることがある．対策としては新規システムや高度化，囲いがある．特別な残渣は，処理処分が必要なことがある．	住居への距離，交通，臭気発生，騒音はプラント立地場所，囲いや自動化の選定に影響することがある．発生する残渣は，やはり処理処分が必要である．

第6章 水再利用技術と処理システム：概説

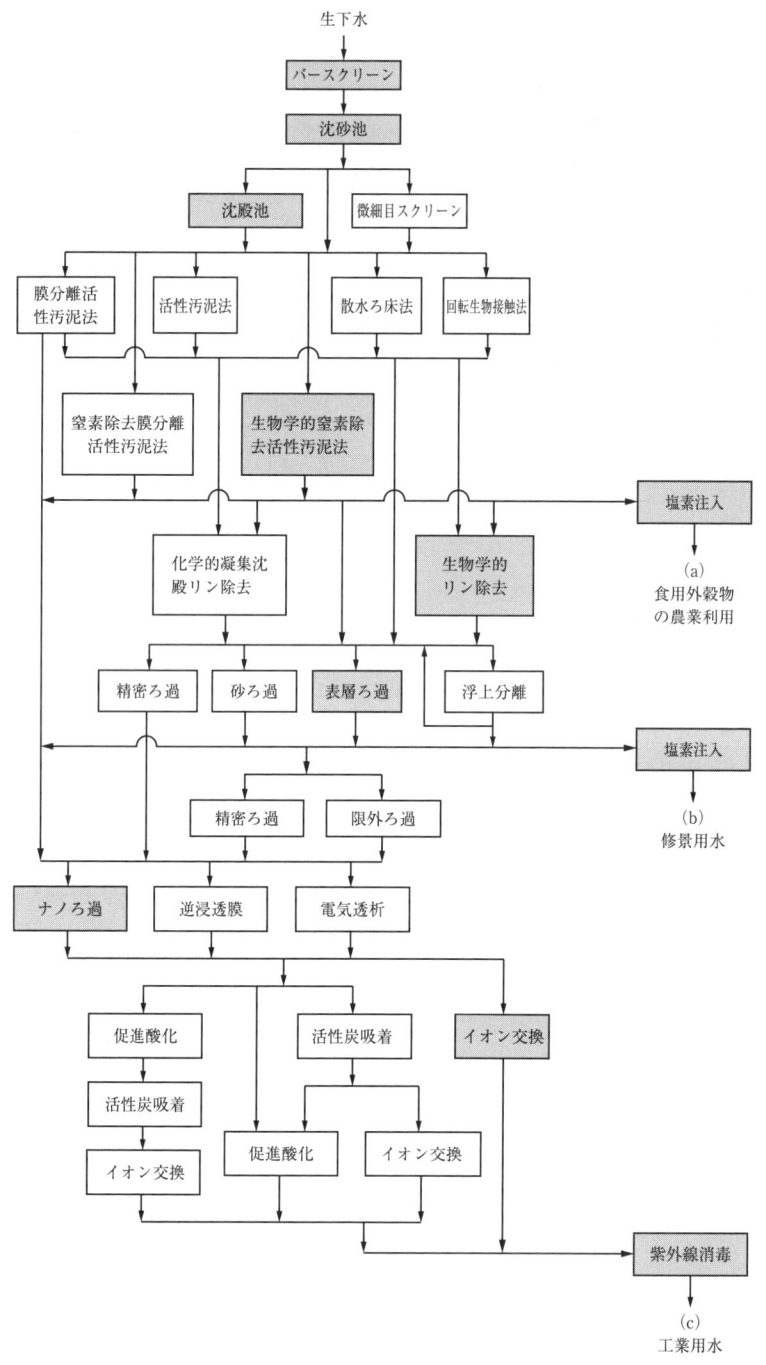

図-6.8 複数の再生水利用目的．(a)食用外穀物の農業利用，(b)修景用水，(c)工業利用のための処理フロー

を製造するシステムに代わって，異なる水質を製造できる複数のシステムを考慮することが必要であろう．例えば，図-6.8に示されるように生物学的窒素除去(biological nitrogen removal)，表層ろ過，ナノろ過，イオン交換，紫外線消毒からなる処理プロセスは，3種類の異なった水質の再生水を製造することができる．それに代わる方法として，配水に必要な所定レベルの水質の処理水を製造し，再

利用地点で付加的な処理を行う方法もある．流量の一部だけが再生される既存二次処理施設の高度化にあたっては，二次処理水の一部を処理する付加的なサイドストリームプロセスも考えられる．例えば，既設の二次処理施設で窒素および TSS 濃度が低い処理水を製造するためには，窒素除去のためには浸漬型付着生物膜法(submerged attached growth process)の使用も考えられる(7 章参照)．新規の水再生施設では，生物学的窒素除去を行う膜分離活性汚泥法が非常に低い窒素および TSS 濃度の処理水を製造することができるので，プロセスとして有力であろう．

6.4.2 微量物質除去の必要性

もう一つの重要な要素は，以前は検出されていなかった，新規な課題である微量物質の処理である．前述した微量化学物質は，N-ニトロソジメチルアミン(N-nitrosodimethylamine；NDMA)，メチル-t-ブチルエーテル(methyl tertiary butyl ether；MTBE)，医薬品由来化合物，殺虫剤，工業化学剤等で，これらの多くは，内分泌撹乱化学物質として同定されているか，もしくはその疑いが持たれている物質である(3 章参照)．幾つかの物質は，通常の生物処理過程で処理されるだろうが，排水処理過程において生成される物質もある．例えば，NDMA は，塩素消毒過程で生成されることがある．

このため，特別な処理の必要性は，既存施設処理水において微量化学物質が検出された場合に限られるであろう．このような場合には，可能であれば，当該汚濁成分の発生源を突き止め，対策をとる必要がある．発生源が不明であり，対策もとれないため処理が必要な場合には，パイロット規模調査が適切かつ適用可能な処理法を選定するために必要となる．

6.4.3 パイロット規模調査実施の必要

あるプロセスの与えられた条件に対しての適用性や性能は未知であるものの，そのプロセスを用いた場合の便益を得る可能性が十分高い場合には，パイロット規模での調査を実施すべきである．パイロット規模調査(pilot-scale testing)の目的は，意図した使用方法で場合の効果の確認，処理の特性を含めた処理データの取得，実規模施設の設計に使用する設計パラメータの入手等である．パイロット規模調査で考慮すべき項目を表-6.6 に示す．表-6.6 に示す項目の相対的な重要度は，それぞれの状況によるものの，示す項目は，事前チェックには有益と思われる．個別のパイロット規模調査の方法については，個別の処理方法を扱った章で議論する．高度処理プロセスを評価するための典型的なパイロット規模調査の状況を図-6.9 に示す．

6.4.4 プロセスの信頼性

プロセスの信頼性は，特定の条件で特定の期間十分機能する確実さであり，ここで十分機能するとは，処理水質が規制値を満足することと定義する．プロセスの信頼性は，個別のプロセス，あるいはプロセスの集合から発生する処理水に対し与えられる．信頼性が強調されるのは，住民に再生水を利用してもらえること，特に事実上の間接的飲用再利用となることを受け入れてもらうためにも，再生水処理プロセスは，信頼ある運転が必要だからである．運転状況のモニタリングは，信頼性を確かめるうえで，運転管理の重要な部分である．多重バリア，各プロセスごとのモニタリングを採用すると，施設の健全度を確認することに役立つ．各部分の故障を早期に検知すると，適切にモニタリングの校正もできる．さらに，水の再利用の規制は，水質基準値に基づいており，この規制は，市民の健康に対し 100%信頼で保護できるよう考慮されている．

プロセスの信頼性は，処理水に触れることによって生じるリスクと関係し，重要である．例えば，消毒施設が故障し，処理水中の病原菌が一時的に増加する場合等のリスクが急激に増加するようなプ

第6章 水再利用技術と処理システム：概説

表-6.6 パイロット規模調査実施のためのチェックリスト[a]

項　目	検討内容
実施理由	新しいプロセスのテスト 既存プロセスの新しい適用に関するテスト 別のプロセスのシミュレーション（例：腸内ウイルスのためMS2を使用） プロセス性能の予測（モデルパラメータ，係数の決定） プロセス性能の記録 システム設計の最適化 安全基準の要求 安全に関する法律上の要求（例：22章要求事項）
施設規模	ベンチ，ラボスケール パイロット規模 実規模（試作品）
施設設計以外の検討	利用可能な時間，予算，人員 新規性・改善の程度 処理水質 利用可能な敷地面積 プロセスの複雑さ 類似したテストの実績 安全性 デモンストレーション運転の必要性
設計要素	スケールアップ項目 試作品の規模 想定される流量変動 流入水質の変動 必要となる施設，機材およびその組立て 建設材料 必要電力
実験方法	従属変数の範囲と想定される変動 独立変数の範囲と想定される変動 データ収集（データロガーまた他の手法，通信，電話，無線の利用可能性） 実験期間 季節の影響 試験施設，機材 サンプル数，採取スケジュールを含む試験手順 実験データの統計整理，解析

[a] Tchobanoglous *et al.*(2003)より引用.

ロセスは，特に重要である．プロセスの故障や突発的な出来事により処理水中の毒性物質あるいは病原菌が増加する場合，水に触れた人々の感染リスクが増すことになる．平均的な設計値は，特に日常の運転性能を設定するには十分である．しかし1年に1回(99.7％)，3年に1回(99.9％)に起きるようなピーク現象には，大局的なリスク管理(5章参照)の観点から注意を払う必要がある．信頼性に影響のある項目には，以下のようなものがある．

・利用可能な下水の量が再生水の需要に合致するか．
・流入下水の水質の変動幅が処理プロセスと処理プロセスが適切に処理できる範囲にあるか．
・流入水質の変動割合，特に流入水に浸入水や工場排水が混入する場合．
・機材の種類と数，自動化の程度．
・熟練した維持管理要員が確保できるか．

図-6.9 パイロットプラントの設置状況．(a)上向流連続逆洗ろ過装置，(b)圧縮性ろ材ろ過装置

・運転モード(連続運転，間欠運転，季節運転).
・予備プロセス，補助電源装置を含む予備機.

6.4.5 予備，冗長性

再生水の供給において，施設，装置の予備，余裕の必要性は，停止できる再生水の範囲，または悪影響を及ぼさない範囲でプロセスを停止させることのできる最大時間により決まってくる．例えば，再生水を継続的に供給されることが求められる時，次のようなことが検討される．(1)機構的または構造的に故障が生じた時の予備機，予備プロセス，(2)必須のプロセスで交互運転を可能にする予備施設[図-6.10(a)参照]，(3)停電時の補助電源または非常用発電機.

予備機の必要性は，事例ごとに評価しなければならない．例えば，計画的な停止以外供給を止められないような工業用水供給の場合には，バックアップが必要となる．このような場合，非常用発電機，予備機もサービスを維持するために必要となる．その他の事例では，常に十分な水量が供給されなければならない消防用水等がある．もし，再生水供給が必要最小限の影響で停止することができる場合，

図-6.10 予備機の状況．(a)再生水配水ポンプ施設のポンプ予備機，(b)非常時用エンジン発電機

予備機は，減らすことができる．上水道のような代替の水を得る施設についても，非常時の給水信頼性を高めるためにも検討した方がよい．修景用灌漑等は，1, 2日供給を止めることのできる事例である．このような場合，補助電源や予備機は必要ではない．

6.4.6 再生水供給のために必要な施設

再生水供給事業において，事業を支える施設が必要となり，必要となる施設は，処理施設の外にも及ぶ．全体システムの様々な役割を担った施設が再生水を利用者まで確実に配水できるようにするためには，統合的な計画が必要となる．必要となる施設は，ポンプ場(pumping station)，送水管(transmission pipeline)，配水管(distribution pipeline)，貯留施設(storage)，さらに分水施設(appurtenance)，給水施設(service connection)，計測施設(metering station)等がある．代表的な施設の構成を表-6.7に示すが，詳細については，14章で述べる．典型的な地上型貯留タンクの事例を図-6.11に示す．事業全体のコストと経済効果を評価するには，施設の必要性とコストについて慎

表-6.7 再生水供給システムを構成する施設

構成施設	機能と概要
ポンプ場	ポンプ場は，未処理の水を浄水施設に導水するため，または処理された水を送水施設，配水施設を経由して利用者に届けるために必要となる．未処理の水を導水するためには，ポンプ施設には汚泥を扱えるような機能が必要となる．再生水を送水するポンプは，浄水の送水施設と類似している． 異なる水圧が必要となる大きなシステムでは，中継ポンプ施設も必要となる．
貯留施設	貯留施設は，再生水の処理能力と水の需要量，需要時間帯の違いを調整するために必要となる．貯留施設は，地下式または地上式の構造物，あるいは湖や池，滞水層等が使用される．
送水管，配水管	送水施設は，処理施設から配水施設に接続されているポイントまで水を運ぶ施設である．配水施設は，利用者に水を直接供給する施設である．
分水施設	分水施設は，管渠を堰き止めたり流れを変えたりすることで，未処理の水をサテライト施設に取り込むための施設である．
給水施設	給水施設は，配水管と個別の利用者をつなぐ個々の配管である．給水施設は，通常，配水管本管との接続点となる栓，弁，そして使用者の所有物となる給水管，メータ等からなる．メータから使用する場所までは，通常，それぞれの使用者の所有物となる．給水施設は，誤って飲料水に使用したりしないよう色等で区別できるようにすべきである．
計測施設	メータは，需要量を制御したり，使用量に応じた課金の根拠として利用されている．通常，使用されている水道メータを使用することもできるが，それぞれが区別できるようにしなければならない．

(a)　(b)

図-6.11 貯留施設の外観．(a)コンクリート製タンク，(b)鋼製タンク

重に検討しなければならない．というのも，二系統管を設置しようとすると，システムを導入することを困難にしてしまうからである．

6.5 再生水処理施設の位置の影響

再生水処理は，中心となる下水処理施設[本書では，集約型処理施設(centralized treatment plant)と呼ぶ]で行われ，処理水の全部または一部が処理される．また，再生水の水源と利用場所が近接しているサテライト施設(satellite facility)，分散型施設(decentralized facility)も設計されている．再生水施設の位置選択方法を図-6.12に示す．しばしば集約型処理施設は，再利用の可能性がある地域から離れた所に位置しており，需要がある地域へ再生水を送るコストが掛かることから，再利用の機会は限られている．上流部にサテライト施設を設けると，地域から集められた排水が分配でき，再生水の需要がある場所に配水することができる．このことにより集約型処理施設から再生水を長距離送水する必要性がなくなる．分散型施設は，元の下水システムから独立して下水を集め，処理し，再生水を供給する，地方での再生水利用の選択肢の一つである[図-6.13(b)，(c)参照]．よって，処理施設の位置は，(1)どのように再生水計画が実施されるか，(2)処理施設の規模と処理方法，(3)必要とされる補助設備の種類と範囲，等に影響を及ぼす．サテライト施設，分散型施設については，12，13章でそれぞれ詳細に検討する．

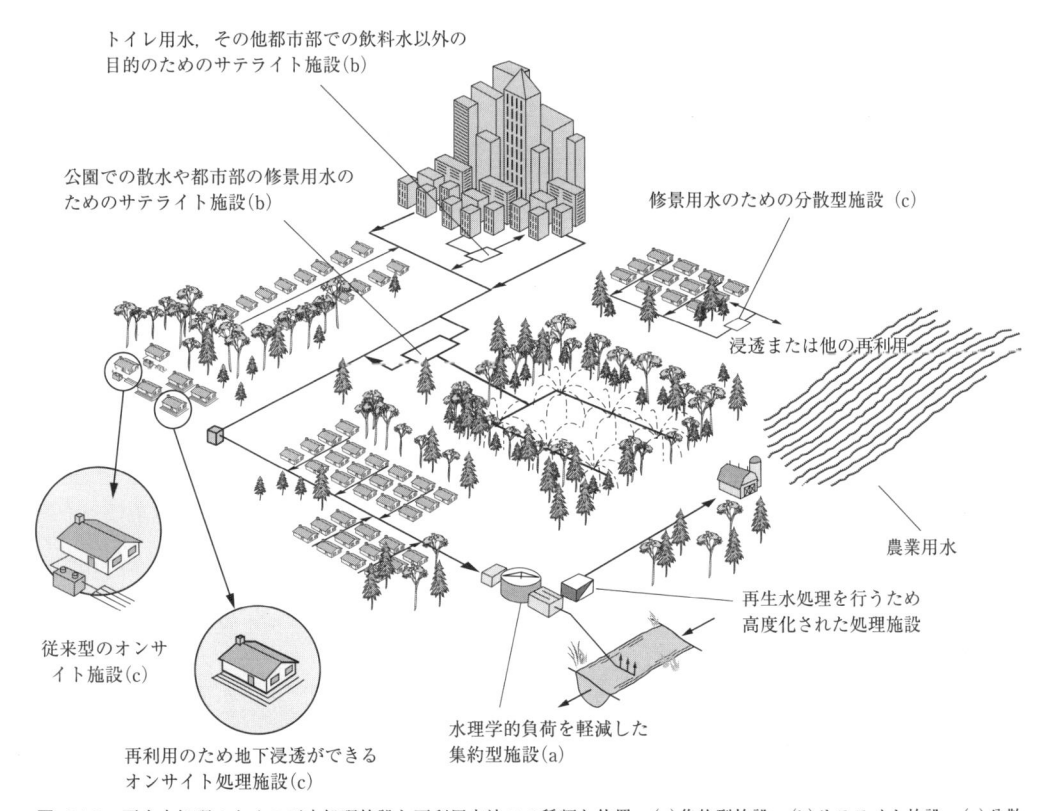

図-6.12 再生水処理のための下水処理施設と再利用方法のの種類と位置．(a)集約型施設，(b)サテライト施設，(c)分散型施設

第6章 水再利用技術と処理システム：概説

(a)

(b) (c)

図-6.13 水の再利用のための下水処理施設．(a)集約型施設，(b)サテライト施設（長時間エアレーション法），(c)分散型施設（Orenco Systems 社）下部左に覆蓋された6つの処理施設がある

6.5.1 集約型処理施設

典型的な集約型処理施設を図-6.12に示す．処理施設は，排水区域の低い位置にあり，通常，放流箇所の近くに位置する．当初，処理場の位置を選ぶ場合，処理所の周辺にあまり人の住んでいない地域を選定する．しかし時間が経過するにつれ，周辺地域は，住宅地，商業用地，工業用地等に利用されていく．このような環境になると，もし，要求に合致した処理水質に達していれば，地域によっては修景用水，工業用水等に利用される機会を得るかもしれない．もし，再生水の成分に関する要求がある場合は，特別な要求に対応するよう別系統の処理施設を追加することになる．高品質な水を供給するため高度処理を導入する事例としては，ボイラ用水の供給や冷却塔用水を供給する場合等である．集約型処理施設の長所，短所を表-6.8に示す．

6.5.2 サテライト施設

図-6.12に示すようにサテライトシステム(satellite system)では，処理施設は，排水区域の上流で供給の可能性がある場所に近い位置に設置される．供給目的としては，地下水涵養(groundwater

6.5 再生水処理施設の位置の影響

表-6.8 集約型,サテライト,分散型施設の長所,短所

長　　所	短　　所
集約型施設	
・処理場を設置するのに適切な環境にある． ・運転技術，試験室，維持管理要員が既に確保されている． ・再利用の要求に応じ複数の水質の水，すなわち二次処理水，ろ過水，低TSSの処理水等が経済的に供給される． ・スケールメリットにより電力，薬品代等のコストが安価になる．	・周辺の住宅地，商業用地の開発の程度により，処理場近隣での大きな再利用需要は制限されるかもしれない． ・需要のある場所は，集約化施設から離れていると，再生水供給施設への投資額が大きくなる． ・運営コスト，特にエリアの端まで再生水を届けるためのポンプ施設は，高くなるかもしれない． ・再生水の水質確保に必要な追加処理施設は，必ずしも既存の処理施設との相性が良くないかもしれない．
サテライト施設	
・再生水処理施設のための敷地を確保しやすい． ・集約型施設に比べ管理する施設やそのコストが大幅に減少する． ・処理施設の近隣で再利用される可能性が高くなり，処理水の輸送コストが最小化できる． ・処理区域の上流域で排水が入手可能な場所では，処理施設，貯留施設をより適切な場所に配置できるかもしれない． ・排水施設から未処理の排水を分水することは，排水施設，中央の処理施設の負担を軽減できる． ・処理施設を拡張するトータルのコストは，集約型施設を拡張するより，サテライト施設を1つまたは複数建設する方が効率的かもしれない． ・再生水を高圧で長距離輸送する必要がなく，エネルギー消費量を削減できるかもしれない． ・特に公道での管渠工事等での建設工事に伴う混乱が減少するかもしれない．	・処理場，貯留施設住宅地域の中，近隣での位置の選定は，用途区域，土地利用に関する条例，地元の反対等により論争となるかもしれない． ・収集システムから供給できる排水の量は，再利用の量とは連動していない． ・計測施設，遠方監視，運転制御施設が新たに必要となる． ・追加される施設が遠方になると，人件費，計測施設に係る費用がさらに必要となる． ・再生水処理，電力供給の信頼性を確保することがさらに難しくなるかもしれない． ・消毒やその他の目的で薬品が必要となれば，危険物の輸送が発生する． ・膜分離活性汚泥法を採用すると，膜の洗浄，更新に特別な薬品，装置が必要になるかもしれない． ・汚泥を排水システムに戻す場合，臭気の原因となるかもしれない．
分散型施設	
・排水施設，処理施設等の施設がない場所でも選択することができる． ・与えられた地域において開発を制限，制御するために使用することができる． ・個別の家，集落，分譲地，孤立した開発地域に適用できる． ・再生水を集約的に使用させることは，修景用水や地下水涵養を容易にし，実行させることができる． ・一般的に処理システムは，複雑ではないことから維持管理に熟練技術を必要としない．	・急勾配，地表近くの岩盤，地下水位が高い等の地形的，地質的な特徴により制限されるかもしれない． ・分散型施設で発生する汚泥は，定期的に引き抜く必要があり，さらに引き抜いた汚泥の処理が必要になる． ・多くの小規模施設を導入，管理していくことは，投入可能な資源や熟練技術者が限られるため難しい． ・十分に維持管理されない施設は，故障しやすい． ・設計では，水量や水質の大きな変動を考慮しなければならない．

recharge)，農業用水(agricultural irrigation)，親水用水(recreational enhancement)等である．このシステムでは，排水施設からサテライト施設に未処理の排水が分水される．サテライト施設は，排水を再生水として利用できるレベルまで処理するように設計され，処理の過程で残ったものは，本来の処理場で処理するように元の排水施設に戻す．サテライト施設でも中央の処理場と同じよう処理プロセスを採用するかもしれないが，よりコンパクトになるよう開発されたプロセスは，サテライト施設をより経済的にしている．サテライト施設の長所，短所を表-6.8に示す．また，サテライト処理施設管理については，12章で詳細に検討する．

6.5.3 分散型施設

本書における分散型施設の定義は，個々の家，集落，コミュニティ，工場，企業，またはあるコミュニティの一部，または排水が発生する場所の近くで，排水を集め，処理し，再生水の利用に供する施設で，中央の処理場とは接続していないものである．分散型施設も図-6.12に例を示す．分散型施設を構成するものとしては，(1)排水の前処理施設，(2)排水の収集施設，(3)排水処理施設，(4)再生水施設，(5)再生水利用のための施設，(6)汚泥の処分，有効利用のための施設，等がある．ただし，すべての分散型施設がこれらの構成要素を含んでいるわけではない(Crites and Tchobanoglous, 1998)．分散型施設の長所，短所を表-6.8に示す．

分散型施設は，排水の発生源の近くで液体と固体両方を取り扱っている．しかし，残った固形物に関しては，さらに処理，有効利用するため中央の処理場に運搬するかもしれない．分散型施設を検討するような典型的な状況としては，以下のようなものがある．

・既にある処理場を改築または停止させなければならない場合．
・既存の排水施設から集落や施設が離れた場所にある場合．
・地域での再利用の機会がある場合．
・上水の供給が不足している場合．
・既にある中央処理場の排水施設，処理施設の容量，拡張費用が不足している場合．

分散型施設では，一次処理として腐敗槽(septic tank)が採用され，間欠式・循環式ろ過装置(intermittent and recirculating packed-bed filter)，人工湿地(constructed wetland)，小型の処理施設等が二次処理に採用されている．分散型施設については，13章で検討する．

6.6 再生水処理技術と処理システムの今後

1章で述べた持続可能な水資源マネジメント(sustainable water resources management)という概念は，既にある水供給を節約し，延命させるため，再生水の利用を促進させる原動力の一つになる．他にも環境や健康への影響に配慮した基準や規制等を取り入れたより厳しい処理水基準も促進の原動力である．再生水利用を拡大していくために処理施設は，(1)既存のそして今後設定される再生水基準に一貫してかつ確実に対応できるような能力を有し，(2)コストメリットがある場合，既存の排水処理，再生水利用システムを統合することが可能，(3)再生水処理のために開発されてきた新技術を利用することが可能，(4)他の水供給に比べても手頃でなければならない．再利用システムは，今後の課題に応える能力によりその成長が試されることになる．

6.6.1 将来の再利用に与える微量物質の影響

確認されてきた，あるいは今後検出される微量物質は，再生水の利用の将来にとっての関心事である．幾つかの微量物質は，発癌性が認められ，また幾つかは，ホルモンの正常な働きを阻害すると疑われている．産業，家庭，農業でこれらの物質を含む自然物質あるいは人工物質を使用することは，これらの物質を日常生活の中に至る所に存在させ，最終的には環境中に放出してしまう．処理水の放流は，水循環，特に水道水源への微量物質の主要な排出源にあげられてきた．このため，下水道界，特に再生水を供給する者にとって，(1)これら物質の発生源を確認し，排除することができるための経済的な手法(例えば，管渠内モニタ)，(2)これらの物質を除去または削減することのできる処理プロセスの開発は，将来への課題である．

SRTs(solids retention times)が11～13日と長く,硝化(nitrification),脱窒(denitrification)が生じている活性汚泥法では,天然または人工のエストロゲン(estrogen)を分解しているという期待の持てる結果が得られている(Andersen *et al.*, 2003).ナノろ過,逆浸透ろ過,促進酸化,活性炭吸着(carbon adsorption)等の高度処理は,微量物質を高い除去率で取り除く.地下水涵養に一般的に採用されている土壌-滞水層処理(soil aquifer treatment;SAT)は,ほとんどの微量物質を削減する効果的なプロセスであると報告されている(Crites., 2000).よって,微量物質の存在,消長に関する研究は,将来,規制や再利用の影響に関する変化を視野に入れなければならない(Esposito *et al.*, 2005).

6.6.2 新しい規制

処理水の排出と再利用に関する新しい規制は,進展し続けている.処理水の排出を対象とする規制は,より厳しくなり,施設の高度化や別の排出方法を求めることにより,処理水の再利用は,より魅力的な選択肢となる.米国東部の比較的水源に恵まれている地域で,最近,水の再利用計画の策定が進んだのは,より厳しくなった処理水排出に関する規制によるところが大きい.環境やその他の理由から,規制により処理水を水域に排出することは制限されてきた.以下に3つの事例を示す.

- Pennsylvania州立大学では,Pennsylvania州政府によりマスが生息する水質の良好な川として指定されているSpring川に対する処理水の排出制限が設けられている.処理水を放流することにより水温が上昇することがマスの個体数に悪影響を与え,また生殖を抑制すると考えられるからである.
- Florida州の多く水の再利用計画の策定は,厳しい放流基準により推進された.St. Petersburgでは,認可されていない高度処理以外で処理された水を放流することが禁止されたことにより,水の再利用計画が進められた.
- California州San Joseでは,South San Ftancisco湾の塩分濃度に,全溶解性蒸発残留物(TDS)の少ない処理水が悪影響を与えるため,処理水の放流が制限され,このことが修景用水用の水処理施設の拡張につながった.

再生水に関する新しい基準は,病原菌,化学物質,微量物質等の除去を扱うことになる.水,下水の特性に関する研究が活発になり,これら物質の健康,環境に与える影響の可能性についても理解が深まるにつれて規制の改正も必要になると考えられる.また,今後,多くの情報が入れば,変更が行われるであろう.将来の水の再利用に関する規制は,病原性微生物の検出・監視,残留物質の測定・除去,そして微量物質の確認・処理等を取り扱うことになるだろう.発癌性や内分泌撹乱物質と考えられている化学物質のような微量物質に関する規制は,市民の健康や環境に問題を起こす可能性があると考えられ,影響を緩和させなければならないように広がっている.公共用水の水源に処理水が入っている状況,つまり事実上の再利用を行っているような状況は,3,23章の重要な事項である.地下水涵養における規制では,溶解性物質と硝酸について制限している.再生水が直接的または間接的に飲料水に使用される場合,処理の信頼性,市民の健康を確実に守るため多重化した処理システム,保護システムが必要となる.

2006年現在,ナノろ過や逆浸透膜処理から発生する濃縮水の処分(concentrated residuals disposal)を扱う連邦レベルでの規制がないため,州で規制されている濃縮水の要求レベルには大きな幅がある.州レベルの規制は,しばしば限られた情報や経験に基づいていることがある(Hightower and Kees, 2005).将来に対する不確実性,一貫した規制やガイドラインがないことが淡水化(desalination)技術や再利用技術の適用の障害になる.長期の濃縮水の処分計画の立案は難しく,制定される規制に大きく影響されるだろう(Lynch *et al.*, 2005).

6.6.3 処理施設の改築

多くの下水処理施設は，施設の老朽化，機能の低下，または施設の機能向上，機能改善，臭気の緩和，新しい水質基準への対応等のため，更新を行っている，または今後行うことになる．多くの施設では新しいプロセスを使える場所が限られることから，用地は，重要な要素になる．高速凝集(ballasted flocculation)，高速沈殿(high-rate clarification)，ろ布ろ過(cloth-media filter)等の残留物質を除去するコンパクトな処理技術は，重力沈殿(gravity sedimentation)やろ過(media filtration)のような従来技術に対する魅力的な代替技術である．活性汚泥プロセスの機能を強化したり，微量物質を取り除いたりするため最適化することは，水再生のプロセスの信頼性を増すことにつながる．新しい処理技術を開発することは，信頼性を高めながら処理水の再利用の拡大を可能にする．例えば，生物反応槽に固定化担体(fixed-film media)を加えた固定化生物膜活性汚泥法[integrated fixed-film activated sludge(IFAS) process]の場合，比較的小さな容量の槽で硝化が促進できる(Johnson et al., 2004)．新しいプロセスである酸素透過膜法(oxygen-based membrane biofilm reactor；MBfR)については，7，10章で議論しているが，全窒素や過塩素酸(perchlorate)等の物質を除去するような場合適用できるかもしれない(Nerenberg, 2005)．塩素消毒の代わり，または付加施設としてUVランプを使って消毒機能を改善するには，6.3に示してあるようなプロセスを使い残留浮遊物質(residual suspended solids)の除去レベルを改善させることが必要になる．

6.6.4 新しい処理施設

近年，世界の水供給において量，質で新たな要求があり，高い品質での物質管理，除去を維持するため，既にある技術の最適化新しい技術を適用する必要性が増している．標準活性汚泥法のような従来型の生物処理技術は，改善が続けられ，単独あるいは他のプロセスと組み合わされ使用されていく．除去レベルを改善するため膜技術を利用することは，高い品質の処理水が得られることから拡大しており，設計手法の改善，市場での競争により価格が下がり，サテライト施設，分散型施設への適用が進んでいる(**6.5**でも紹介)．加えて，より新しい処理施設の設計では，改良された窒素除去，改善された消毒や再利用システムのための残留浮遊物質回収，除去システム等を含むことになる．

さらなる水の再利用が求められ，再生水の水質に対する要求はさらに厳しくなっており，溶解成分の除去もますます必要となっている．ナノろ過や逆浸透膜ろ過等の改善手法では，ポンプでのエネルギー消費量が大幅に改善されてきた．ナノろ過，逆浸透ろ過システムからエネルギーを回収する技術も市場に出ている．ナノろ過や逆浸透膜ろ過が改善されたことにより，多くの新しい処理場において，膜処理技術は，費用効果のある技術として検討されていくだろう．溶解成分の除去がますます必要になっていくにつれて，濃縮水の管理は，ますます重要となっていく．

6.6.5 サテライト施設

サテライト施設は，分散型施設と同様，都市の発展とともに採用が増えていくと期待されている．都市域の端部で開発されるコミュニティは，既にある排水施設，処理施設，放流施設の能力に対し，新たな負荷を与えることになる．サテライト施設の考えを採用することにより，地域での再利用が可能になり，既存施設への水理学的負荷を低減できる．サテライト施設は，既に開発された都市域でも，トイレ用水，飲料水以外のオフィス・住宅での利用，さらには都市公園における灌漑用水等の目的で採用することができる(**20章**参照)．

6.6.6 分散型施設とシステム

　分散型施設は，集落，住宅開発，商業施設，公共施設，娯楽施設等の個別のシステムとして活用できることから，柔軟性が高い．分散型施設の処理水も表-6.2に示したような一般的な再利用の対象に幅広く利用することができる．修景用灌漑が最も一般的な利用方法である．興味深いのは，米国の約6 000万人の人々が分散型施設で下水道のサービスを受けており，さらに新しく建てられる家の1/3以上は，オンサイトあるいは分散型施設を利用している(Crites and Tchnbanoglous, 1998).

　人口の増加する限り水不足は続き，分散型施設による地域での再生水利用を行うことは，飲料水以外の需要を再利用水で代替することで，飲料水に対する需要を埋め合わせてくれる．膜分離活性汚泥法は，施設が小型であること，厳しい規制値にも対応できることなどから，分散型施設の考え方を前進させていく．

6.6.7 新しい施設コンセプト，設計

　米国では，ほとんどの下水処理施設は，1970年代から1990年代の半ばにかけ建設されている．これらの施設は，老朽化し，耐用年数に達しつつあるため，更新の必要が高まっている．新しい下水道施設のコンセプト，設計手法が確立されなければならない．これら考え方により，エネルギー効率を改善し，処理能力を強化し，自然災害や故意の攻撃に対し抵抗力を増すことができる．

エネルギー効率
　多くの処理場に対して適用された設計手法は，エネルギー効率についてはあまり強調されることなく開発されてきた．排水システムに適用される公式は，75年前に開発されたものである．多くの評価に基づけば，これらの公式は更新されなければならず，特に新しい材料，建設手法に基づいて更新しなければならない．下水処理場内でのエネルギー損失(図-6.14参照)は水理学的分析からも削減していかなければならない．ポンプ，ポンプ施設の設計において，エネルギー効率を改善する大きな発展もあったが，膜分離やUV消毒(UV disinfection)等のプロセスによりエネルギー消費量が増えていることから，さらなるエネルギー効率改善が達成される必要がある．また，老朽化した施設には，膜分離やUV消毒施設導入による電力需要量増加，周波数制御による高いアンペア数と振動数(oscillation)の影響，プロセスの信頼性を確保するために必要な余裕施設等を扱いきれない配電システムもあるかもしれない．既存施設の更新や新しい処理施設を追加する時には，処理システムをいか

図-6.14　沈殿池の越流堰でエネルギーが過剰に失われている事例

表-6.9 下水処理技術のエネルギー必要量[a]

技　　術	エネルギー必要量[b]	
	kWh/Mgal	MJ/1 000 m^3
微細気泡散気装置（粗大気泡散気装置の代わりとして）	−125〜−150	−120〜−140
超微細散気装置	−180〜−220	−170〜−210
溶存酸素制御システム（手動操作に対し）	−50〜−100	−48〜−95
エネルギー高率化ブロワ制御システム（吸込みベーン，バタフライ弁，回転数制御）	−50〜−150	−48〜−140
高効率ブロワ（吸込みベーン付きブロワと比較して）	−100〜−150	−95〜−140
紫外線消毒	+50〜+200	+48〜+190
膜処理		
精密ろ過	+200〜+400	+190〜+380
逆浸透	+1 000〜+2 000	+950〜+1 900

[a] Burton(1998)より引用.
[b] マイナス値はエネルギー削減を，プラス値は必要エネルギー増加を意味する.

に効率的にさせるかをすべての視点から検討しなければならない．異なる技術での水量当りのエネルギー効果の事例を表-6.9に示す．

堅牢な処理プロセス

近年の遺伝子工学や新しい微生物同定技術等のバイオテクノロジーの進展は，生物学的な水処理に影響を与えている．膜分離技術が改善されれば，原則的には下水に由来するすべての物質を取り除くことができる．特定の物質を処理することのできる複合生物学的膜処理技術（combined biological membrane technology）は，一般的な技術になるだろう．場合によっては，生物学的処理を必要としない膜分離だけの水処理が利用されるかもしれない．

安 全 面

途中に貯留タンクを設け，また遠隔操作のできるサテライト施設，分散型施設では，システムとして個別のトラブルが生じにくくなる．極端な場合，排水システムは，テロリストの行動に対しても十分な安全を提供しなければならない．現在，多くの化学物質や微生物に関するセンサが利用可能になっているが，現時点では多くの不正確な陽性反応を示すため，開発中の段階である．実際に適用中のものと基礎的な研究によると，堅牢な水質センサが使用可能になり，そして非常に低い濃度でも外部から侵入した物質を検出できることが望まれている．

6.6.8　調査の必要性

再利用に関する関心が高まるにつれ，処理技術の迅速な開発，非常に低い濃度で含まれる物質を検出する技術，健康への影響等の多くの問題について調査が進められている．今後5年から10年間後まで続けられるような研究には，以下のようなものが含まれている．
・非常に低濃度ではあるが，ごく最近に確認された物質の健康への影響評価，そしてこれらの物質を無害化するのに必要な処理の程度についてさらに評価が必要.
・活性汚泥法を最適にコントロールするシステム.
・微量物質を除去するための活性汚泥法や膜分離活性汚泥法のSRT評価.
・IFASやMBfRのような栄養分や特定の物質を除去するための技術のさらなる発展.

- 膜分離の運転性能，差圧，コストの抑制の継続的な改善．
- 運転性能を改善し，洗浄の頻度を抑制するようなファウリング(fouling)のコントロール方法．
- 小規模や集約化した濃縮水処理(brine processing)に適用できる濃縮，処分システムの開発．
- 高いレベルで消毒が達成されているか，モニタリングを含めた様々な消毒システムのさらなる評価．

問　題

6-1　再生水は，親水池に使われようとしている．このような目的に使用する時，図-6.1を見てどのような新しい処理施設を検討すべきか．また，その理由を述べよ．

6-2　修景用灌漑と地下水涵養のための再生処理施設が計画されている．流入下水中のTDSと全窒素は，それぞれ850 mg/L，36 mg/Lである．ある利用においてTDSを500 mg/L以下，全窒素を10 mg/Lに下げなければならない．要求される水質に合うような処理ができる処理フローを描け．また，それらのプロセスを選択した理由を説明せよ．

6-3　多重バリアを扱っている文献を2編レビューせよ．また，著者が多重バリアの効果をどのように定量化しているか要約せよ．

6-4　様々な環境中の緩衝機能，例えば，湿地，河川等により再利用の前に幾つかの物質の追加的なバリアとなっていると言われている．幅広く文献を調査したうえで，このようなバリアは現実的なものか，直感的なものか答えよ．環境中のバッファがバリアとして認めるには，どのような制約があるか．

6-5　再生水は，産業用では年間を通じて冷却水に使用され，農業用では夏季の4ヶ月だけ使用される．このような再生水の利用がされる時，どのような種類の施設が必要になるか．回答では，追加施設の必要性について，農業需要に対応するため冬季に処理水を貯留する可能性，再生水需要に対応することの影響について検討せよ(**23章参照**)．

6-6　米国南西部の半乾燥地域にあるゴルフ場に再生水を供給するため，サテライト型施設が計画されている．システムの設計，運用について，どのような余裕，予備施設を検討するか．システムの構成についてあなたの仮定を述べよ．

6-7　都市部の大規模公園に修景用水として再生水を供給することが検討されている．この公園には，運動施設もある．再生水の供給源としては，遠方にある集約型処理場の活性汚泥処理された処理水が検討され，そして公園の近くにサテライト型施設を設置することも提案されている(一般的なシステムの考え方については，図-6.12参照)．この事例において，(a)どのような水質，処理法，施設が必要となるか，(b)2つの再生水処理施設の長所，短所は何か述べよ．

6-8　地下水涵養のための再生水処理施設として窒素除去可能な膜分離活性汚泥法を採用する．流入水の塩素濃度が1 000 mg/Lを超えることがわかっている．再生水中の塩分濃度を緩和，コントロールするためどのような手法が考えられるか．

6-9　既設の窒素除去もできる活性汚泥プロセスの処理水を利用した地下水涵養が提案されている．2段の追加施設施設として市販のMF膜と逆浸透膜が検討されている．あなたは，設計チームのリーダーとしてある課題，つまりパイロット試験を実施すべきか否かに直面している．パイロット試験を実施するかしないかその理由を述べよ．

6-10　自国の安全を確保するため，下水処理施設の安全を保全するため簡単な手法としてどのようなものが考えられか．

第6章　水再利用技術と処理システム：概説

参考文献

Andersen, A., H. Siegrist, B. Halling-Sorensen, and T. A. Ternes (2003) "Fate of Estrogens in a Municipal Sewage Treatment Plant," *Environ. Sci. Tech.,* **37**, 18, 4021–4026.

Burton, F. L. (1998) "Saving on Wastewater Treatment," *Energy Magazine*, **23**, 1, 17–20.

Crites, R. W., and G. Tchobanoglous (1998) *Small and Decentralized Wastewater Management Systems*, McGraw-Hill, New York.

Crites, R. W. (2000) "Soil Aquifer Treatment of Municipal Wastewater," *Proceedings of WEFTEC 2000,* Water Environment Federation, Alexandria, VA.

Esposito, K. M., P. J. Phillips, B. M. Stinson, R. Tsuchihashi, and J. Anderson (2005) "The Implication of Emerging Contaminants in the Future of Water Reuse," *Proceedings of the 2005 Annual Symposium,* WateReuse Association, Alexandria, VA.

Hightower, M. M. and C. G. Keyes, Jr. (2005) "Working Group Efforts to Establish Concentrate Management Guidelines for Desalination and Water Reuse," *Proceedings of WEFTEC 2005,* Water Environment Federation, Alexandria, VA.

Johnson, T. L., J. P. McQuarrie, and A. R. Shaw (2004) "Integrated Fixed-Film Activated Sludge (IFAS): The New Choice in Nitrogen Removal Upgrades in the United States," *Proceedings of WEFTEC 2004*, Water Environment Federation, Alexandria, VA.

Lynch, S. T., B. Rohwer, Z. Erdal, and A. Lynch (2005) "Brine/Concentrate Management Strategies for Southern California," *Proceedings of WEFTEC 2005,* Water Environment Federation, Alexandria, VA.

Marcino, S. A. (2004) "Water Reuse in the Northeast Region," *Proceedings of the 2003 Annual Symposium*, WateReuse Association, Alexandria, VA.

Nerenberg, R. (2005) "Membrane Biofilm Reactors for Water and Wastewater Treatment," *2005 Borchardt Conference: A Seminar on Advances in Water and Wastewater Treatment*, University of Michigan, Ann Arbor, MI.

State of California (2001) Code of Regulations, Title 22, Division 4, Chapter 3, *Water Recycling Criteria*, Sections 60301 et seq., June, 2001 Edition.

State of Florida (1999) *Reuse of Reclaimed Water and Land Application*, Chap. 62–610, Florida Administrative Code, Florida Department of Environmental Protection, Tallahassee, FL.

Tchobanoglous, G., F. L. Burton, and H. D. Stensel (2003) *Wastewater Engineering: Treatment and Reuse*, 4th ed., McGraw-Hill, New York.

U. S. EPA (1994) *Water Quality Handbook*, 2nd ed., EPA 823-B-94-005a, U.S. Environmental Protection Agency, Washington, DC.

WEF (1998), *Using Reclaimed Water to Augment Potable Water Resources*, A Special Publication, Water Environment Federation, Alexandria, VA.

第7章　二次処理による汚濁成分除去

翻訳者　岡本　誠一郎(独立行政法人土木研究所材料地盤研究グループリサイクルチーム　上席研究員)
共訳者　桜井　健介(独立行政法人土木研究所材料地盤研究グループリサイクルチーム　研究員)
　　　　宮本　豊尚(国土交通省国土技術政策総合研究所下水道研究部下水道研究室　研究官)

関連用語　*239*
7.1　未処理水の成分　*241*
　　7.1.1　考慮すべき汚濁成分　*241*
　　7.1.2　標準的な汚濁成分濃度　*242*
　　7.1.3　負荷量の変動　*242*
　　　　　流入下水パラメータの変動／*243*　　　流入水量の変動／*243*　　　成分濃度の変動／*243*
7.2　水再利用のための技術　*245*
7.3　膜を用いない二次処理プロセス　*247*
　　7.3.1　再生水利用への適合性　*247*
　　7.3.2　処理方法の解説　*248*
　　　　　浮遊増殖型処理法／*248*　　　付着増殖型処理法／*248*　　　ハイブリッドプロセス／*251*
　　7.3.3　処理性能の期待値　*251*
　　　　　処理水中の成分量／*251*　　　処理水中の成分のばらつき／*253*
　　7.3.4　最終沈殿池の設計の重要性　*255*
　　　　　水深／*255*　　　その他の物理的因子／*255*　　　沈殿池設備の改善／*256*
7.4　栄養塩の制御および除去のための膜を用いない二次処理プロセス　*256*
　　7.4.1　窒素の制御　*257*
　　7.4.2　窒素の除去　*257*
　　　　　浮遊増殖型処理法／*257*　　　浸漬型の付着増殖型処理法／*257*
　　　　　固定化生物膜担体添加活性汚泥法／*259*
　　7.4.3　リンの除去　*259*
　　　　　生物学的なリン除去／*260*　　　薬品添加によるリン除去／*260*
　　7.4.4　処理性能の期待値　*262*
　　　　　処理水の成分値／*262*　　　処理水の成分の変動性／*263*
7.5　膜分離型生物反応タンクによる二次処理　*264*
　　7.5.1　膜分離活性汚泥法の解説　*264*
　　7.5.2　再生水利用への膜分離活性汚泥法の適合性　*266*
　　7.5.3　膜分離型生物反応システムの型式　*266*
　　7.5.4　主要な独自商標の浸漬型膜システム　*267*
　　　　　Zenon Environmental／*267*　　　クボタ／*267*　　　三菱／*268*　　　USFilter／*269*
　　　　　Huber Technology／*270*
　　7.5.5　その他の膜システム　*271*
　　　　　回分式活性汚泥／布フィルタ／精密ろ過プロセス（AquaMbプロセス）／*271*
　　　　　エアリフト式MBR／*271*　　　Koch/Puron MBR／*272*

7.5.6 プロセスの性能予測　*272*
　　　排出水の濃度値／*272*　　　排出水濃度の変動／*272*

7.6　膜分離活性汚泥プロセスの解析と設計　*273*
7.6.1 プロセス解析　*273*
　　　下水の主要な汚濁成分／*273*　　　水質の問題／*273*　　　動力学方程式／*274*　　　係数／*275*
　　　下水汚泥の生成量／*276*　　　プロセス変数／*280*　　　水温／*280*　　　孔径／*281*
　　　膜透過流束／*281*　　　膜の寿命／*281*　　　反応タンクの浮遊物質濃度／*281*
　　　固形物と水の滞留時間／*282*

7.6.2 設計上の考慮事項　*282*
　　　前処理／*282*　　　空気供給／*282*　　　膜のファウリング抑制と洗浄／*283*
　　　最大流量管理／*285*　　　汚泥の発生と管理／*285*

7.6.3 栄養塩除去　*285*
　　　窒素除去／*286*　　　リン除去／*287*

7.6.4 汚泥処理　*287*

7.7　二次処理プロセスの選択の問題　*288*
7.7.1 既存プラントの拡張か，新規建設か　*288*
7.7.2 最終的な処理水の利用用途　*288*
7.7.3 処理プロセスの比較　*289*
7.7.4 パイロットプラントによる試験　*289*
7.7.5 消毒プロセスの種類　*290*
7.7.6 将来的に求められる水質　*290*
7.7.7 エネルギーに関する検討　*290*
7.7.8 場所の制限　*290*
7.7.9 経済性およびその他の検討事項　*292*
　　　経済性の検討／*292*　　　その他の検討事項／*293*

問　　題　*293*
参考文献　*295*

関連用語

汚泥滞留時間 solid retention time；SRT 固形物滞留時間ともいう．生物処理システムの中に汚泥がとどまっている時間の平均．SRT は，活性汚泥法の設計に最も影響を与えるパラメータである．

回分式活性汚泥法 sequencing batch reactor；SBR 活性汚泥処理で起こるすべての工程を1つの完全混合槽で行う充填-引抜き式の処理システム．

活性汚泥 activated sludge 混合やエアレーションにより浮遊状態が保たれている大量の好気性微生物により下水中の有機物や他の成分を気体や細胞組織に変える生物学的処理法．微生物は，フロック粒子を形成する．粒子は，沈殿池で分離され，その後，一部は好気性処理に戻され，残りは廃棄される．

限外ろ過 ultrafiltration；UF 精密ろ過(MF)と似た膜分離システムであるが，膜の孔径がおおよそ 0.005〜0.1 μm．一般的に UF 膜は，MF より高度に分離することができ，特に細菌やウイルスに有効．

嫌気性処理法 anaerobic process 酸素や酸化物が存在しない条件での生物学的処理法．

原子質量単位 atomic mass unit；amu 原子の重さを示す単位．1 amu は，1 Da(ダルトン)としても知られ，1.66054×10^{-24} g と等しい．

好気性処理法 aerobic process 遊離した溶存酸素が存在することによって起きる生物学的な処理法．酸素は，好気性微生物の代謝反応に利用され消費される．

孔径 pore size ろ過膜の孔の大きさ(標準的には μm 単位)．孔径より大きい不純物は，膜の表面に保持される一方，ろ液は膜の孔を透過する．

固形物滞留時間 solid retention time；SRT 汚泥滞留時間を参照．

混合液 mixed liquor 返送汚泥と流入下水を生物反応槽で混ぜた固形物の混合物を一般に混合液浮遊物質(MLSS)と混合液揮発性浮遊物質(MLVSS)と呼んでいる．生物反応槽中の全体の下水汚泥の濃度は，一般に全浮遊物質(TSS)と揮発性浮遊物質(VSS)で表されるのが一般的である．

サイドストリーム処理 sidestream treatment 一部の下水を分離して処理する方法．

サテライト処理システム satellite treatment system 集水システムの上流部で一部の下水を引き込み，水の再利用をする場所の近傍で水処理を行う．サテライト処理プラントは，概して汚泥処理の設備を有していない．汚泥は，下流の中心となる処理場で処理するため下水管網に戻す．

残留液 residual stream 水の再生プロセスで発生する廃液．残留液には，廃泥，廃洗浄液，濃縮水，化学的な洗浄廃液が含まれる．

硝化 nitrification アンモニアイオン(NH_4^+-N)をまず亜硝酸イオン(NO_2^--N)に変換し，さらに硝酸イオン(NO_3^--N)に変換する2段階にわたる生物学的処理．

生物学的な栄養塩除去 biological nutrient removal 生物学的処理により窒素やリンを除去すること．

生物学的リン除去 biological phosphorus removal；BPR 生物中にリンを蓄積させ，後段の固液分離で取り除く方法．

精密ろ過 microfiltration；MF 流入水中の比較的大きな粒子を除去する際に標準的に使用される膜分離プロセス．精密ろ過膜の孔の大きさは，おおよそ 0.05〜2 μm．

脱窒 denitrification 無酸素条件下で生物の働きにより硝酸塩を窒素ガスに変換する生物学的な処理法．

第7章　二次処理による汚濁成分除去

炭素系生物化学的酸素要求量　carbonaceous biochemical oxygen demand；CBOD　　生物による下水中の有機分を細胞組織や気体の最終生産物への転換による酸素要求量．CBOD は，窒素酸化物による酸素要求量を含まないとされている．

透過水　permeate　　ろ過水，生産水とも呼ばれる．膜を通過した液体．

透水性　permeability　　清浄な脱イオン水が新しい膜を透過するという特定条件での流束で，膜の性能を示す指標．

濃縮水　concentrate, retentate　　濃縮液とも呼ばれる．膜処理システムにより塩類を含む流入水の一部は排除される．また，膜分離活性汚泥法(MBR)の場合，排除されたMLSS(混合液浮遊物質)のことを指す．MLSS は，生物学的処理において決められた生物濃度を維持するために再利用または廃棄される．

ハイブリッドプロセス　hybrid processes　　浮遊増殖型活性汚泥法と付着増殖型活性汚泥法を合わせた処理方法．

バックパルス　backpulse　　特定の間隔で透過液や塩素処理された透過液を逆流させる膜の洗浄方法の一種．

標準型処理技術　conventional treatment technology　　下水から BOD や浮遊物質(SS)を除去する活性汚泥法や散水ろ床法等の技術．標準型処理技術は，栄養塩除去のために無酸素処理や嫌気性処理と組み合わされていることが多い．

ファウリング　fouling　　汚染物質が膜の表面や空隙に付着し，膜を通過する流れを妨げること．

浮遊増殖型処理法　suspended growth process　　下水中の有機物や他の成分を気体と細胞組織へ転換する微生物が液中で浮遊している生物学的処理法．

付着増殖型処理法　attached growth process　　石，スラグ，あるいは特別に設計されたセラミックやプラスチック製の不活性媒体に下水中の有機物や他の成分をガスに変換する微生物や細胞の組織を付着させる生物学的な処理方法．付着増殖型処理法は，固定生物膜処理法としても知られている．

膜　membrane　　通常，有機ポリマーからつくられており，特定の成分を通過させて他の特定の大きさや重さを超えるものを排除する装置．

膜エレメント　membrane element　　中空糸膜(hollow-fiber membrane)の固定された集合体や平膜(membrane plate)を含む単独の膜ユニット．

膜間差圧　transmembrane pressure；TMP　　膜分離処理において固形分をろ過するのに必要な推進力．膜透過圧ともいう．

膜透過流束　flux　　フラックス，流束ともいう．膜表面における質量や体積の移動速度であり，通常，$kg/m^2 \cdot h$ や $L/m^2 \cdot h$ で表される．流束は，膜システムにおける水の生産速度を示す用語として普及している．

膜分離活性汚泥法　membrane bioreactor；MBR　　浮遊増殖型活性汚泥法と膜分離法を合わせたプロセス．膜分離は，精密ろ過膜でも限外ろ過膜でも行われている．

無酸素処理法　anoxic process　　硝酸塩や硫酸塩等の酸化物が代謝反応に使用され，遊離した溶存酸素が存在しない条件下での生物学的処理法．

モジュール　module　　膜，膜を支える構造物，透過液の収集管からなる全体が揃った一単位．

有酸素処理　oxic process　　好気性処理法参照．

流量調整　flow equalization　　一定またはほぼ一定の流量を得るため，通常，大きな貯留タンクを用い流入量の変動を抑えること．ピーク時に蓄えてピークでない時に放出することで，下流の施設における流量を調整する．

都市の下水処理システムは，放流水や再生水に関する多くの処理目標を満足するように設計される．「二次処理」は，浮遊物質(SS)や溶解性有機物，栄養塩，病原微生物を除去する処理を指す言葉として使われている．本章中では，従来型の，膜を使わない生物学的処理方法について述べているが，詳細な設計例については触れていない．姉妹書である"Wastewater Engineering；Treatment and Reuse"(Tchobanoglous *et al.*, 2003)には，それらの処理方法が幅広く紹介されている．栄養塩除去のための，付加的な処理プロセスについても述べている．再生水利用のため膜を導入した生物処理プロセスの重要性が増してきており，膜処理システムについての説明と設計に特に重点を置いている．本章の主題は以下のとおりである．(1)未処理水中の成分，(2)水再利用のための技術，(3)膜を用いない二次処理プロセス，(4)栄養塩の制御および除去のための膜を用いない二次処理プロセス，(5)膜分離活性汚泥法(MBR)による二次処理，(6)膜分離活性汚泥法の解析と設計，(7)二次処理プロセスの選択の問題．二次処理水の水質が様々な再生利用用途に適合していても，浮遊性，溶解性，微量な残渣成分の除去について，より高度な処理が再生水の利用に必要になることが多い．二次処理後の残渣の除去については8章で，溶解性，微量な成分についてはそれぞれ9，10章で述べる．

7.1　未処理水の成分

　生物学的処理および再生処理過程を設計するためには，流入下水の成分に関する情報が利用されなければならない．したがって，本節の目的は，考慮すべき成分(constituents of concern)を明らかにし，考慮すべき成分の典型的なデータや未処理水中で検出される成分の変動を示すことである．成分濃度の平均値とそれに対応する所定の時間の流量の積は，その時間区間の負荷量(mass loading)として知られている．成分の負荷量は，処理過程の運転や設計時に重要である．処理施設へ流入する成分の負荷量の変動は，流量の関数であるので，流入水量の変動もまた考慮されなければならない．

7.1.1　考慮すべき汚濁成分

　表-6.1に示した成分の分類を用いる時，各分類の問題と分析法は，表-7.1のように決められる．表-7.1に示された情報を検討する際，未処理水中の成分の定量のために個別成分の測定値(discrete mea-surement)と包括的測定値(aggregate measurement)の両方が使われることに注意することが重要である．個別成分の測定値は，個別の要素，特定の成分，特定の微生物を定量するのに使われる．多数の個別の構成物質(component)から構成される成分(constituent)は，別々に区別されておらず，包括的成分(aggregate constituent)として知られている．例えば，TSS試験は，水試料中の浮遊微粒子の全質量を測定するのに使われる．しかし，個別の微粒子の質量や微粒子の粒径の分布は，TSSの結果からは判断できない．同様に，BOD，COD，TOC，油分(oil and grease)を測定しても，それぞれの試験結果からは，個別の構成要素(individual compound)はわからない．幾つかの水の再利用，特に直接的または間接的な飲用利用の際に，どの要素が未処理下水や下水処理水中の有機物を構成しているかわからないことがしばしば懸念材料となることに注意しておくことは重要である．

　下水処理水中の微粒子や有機物の性質に関して，さらに詳細な情報を得るために使われる手法がある．異なる大きさの微粒子のTSS測定値へのおおよその寄与が，連続的なろ過操作(serial filtration)により得られる．光学的な手法による微粒子単体の測定は，微粒子粒径の分布を捉えるのに使われる．連続的なろ過操作と微粒子粒径の分布については，8.1で議論する．個別の成分の測定もまた行われるが，未処理水中の化合物の複雑さや未知の性質によりさらに難しくなっている．負荷量に影響を及ぼす典型的な成分の濃度値と下水パラメータ(wastewater parameter)の変動は，以下の議論で検討されている．

第7章 二次処理による汚濁成分除去

表-7.1 未処理水中に見られる汚濁成分,考慮事項と分析試験

パラメータ	考慮事項	分析試験
成分の分類		
浮遊物質	浮遊物質は,内包する微生物を保護するので,消毒効果を妨害する	TSS,固定化浮遊物質,揮発性浮遊物質(VSS),沈降可能物質
有機物質	微生物や藻類増殖に使われる有機基質は,塩素要求量に影響し,消毒効果を低減させる.有機化合物は,塩素と結合し,トリハロメタンのような消毒副成物(chlorinated byproducts)を形成する	BOD,COD,TOC,油脂
無機物質	カルシウム,ナトリウム,硫酸塩(sulfate)のような無機成分は,水利用の結果として,家庭用の水道水(original domestic water supply)に加わる.重金属は,商業や産業活動からの排水に混ざり,重大汚染としてしばしば認識される	Ca^{2+},Cl^-,Na^+,Fe^{3+}等の個別元素
病原微生物	腸管系ウイルス,病原細菌,原虫による微生物健康リスクの測定	個別の細菌(例えば,大腸菌群や糞便性大腸菌群),原虫,蠕虫,ウイルス
栄養塩類	灌漑による栄養塩類の増加は,地下水中の過剰な硝酸を引き起こす可能性があり,微生物や藻類増殖に寄与する	有機性窒素,NH_4^+,NO_2^-,NO_3^-,有機性リン,PO_4^{3-}
微量成分(trace constituents)	発癌性,変異原性,催奇形性,高濃度急性毒性として知られている,または疑われている無機および有機物質	NDMAのような個別物質
全溶解性蒸発残留物	高濃度の場合は,地下水の悪化を引き起こす可能性がある	全溶解性蒸発残留物,固定化溶解性蒸発残留物,揮発性溶解性蒸発残留物
物理的性状		
色	色は,経過時間や未処理水(例えば,生下水や浄化槽排水)の状況を評価するのに使われ,紫外線消毒の伝達率(transmissibility)や能力に影響する	色度,直接測定(measured directly)
伝導度	溶解性化学物質濃度の測定	μS/m,直接測定
温度	温度は,水処理反応速度に影響する	℃,直接測定
透過率	紫外線消毒の効率に影響する	%,直接測定
濁度	微粒子の尺度,しばしば水処理過程の能力評価や再利用の適切さの代理の指標として使われる	NTU,直接測定

7.1.2 標準的な汚濁成分濃度

多くの水の再利用の適用における水質の問題は,包括的成分と個別成分の両方の除去に関係している.考慮すべき成分は,ほとんどが微粒子物質(TSS,濁度),有機物(BOD,COD,TOC),栄養塩,病原微生物である.未処理水を特徴づけるのに使われる成分の典型的な濃度値は,表-3.12に報告されている.表-3.12に示すように,個別の成分として報告された値は,かなりの幅で変動する.成分値の幅は,微生物を除いて,住宅以外からの排水(nonresidential discharge)や浸透により収集システム(collection system)に入る浸入水(extraneous water)が主要な原因である.観測される微生物濃度の幅は,その地域内に居住していて,微生物を排出する感染者数により変動する.

7.1.3 負荷量の変動

負荷量は,考慮すべき流入下水パラメータ,流入水量,成分濃度に影響される.

7.1 未処理水の成分

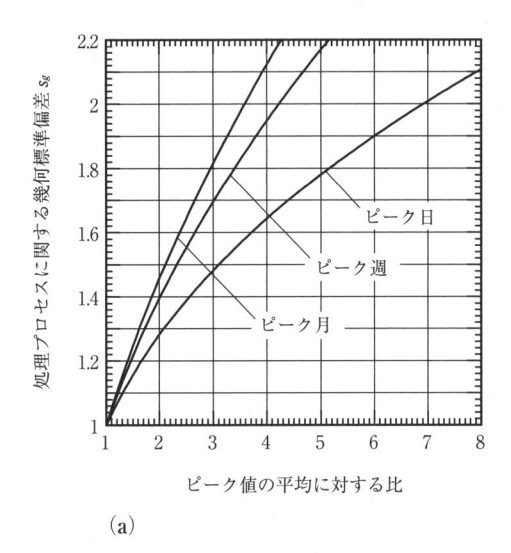

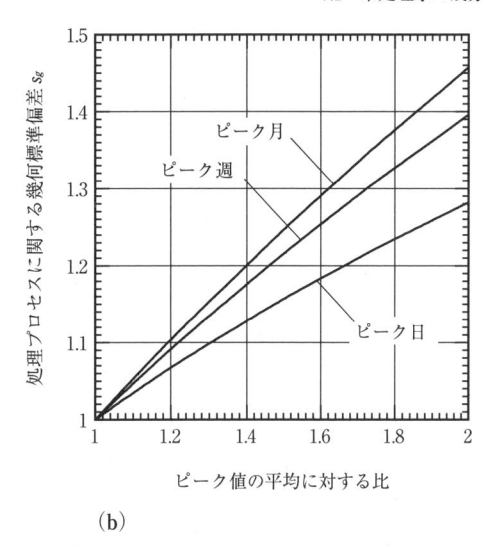

図-7.1 ピーク日，ピーク週，ピーク月のピーク係数とs_g値の関係．(a) ピークの平均値に対する比の変動が大きい施設の図形，(b) ピークの平均値に対する比の変動が小さい施設の図．(a) の一部の拡大図

流入下水パラメータの変動

下水成分の管理や処理プロセスの選択，サイズの決定の際には，流入水のパラメータの変動が考慮されなければならない．ポンプ場の設計，流量調整池および水処理装置等のすべては，流入水のパラメータの変動の知見を必要とする．ピーク係数(peaking factor)は，想定される最大値を見積もるのに使われる．下水パラメータの変動と処理プロセスの特性化には，幾何標準偏差s_gが使われる(**附録D参照**)．平均値がわかっている，または推定できる場合，s_gの値は，すべての予想される値の全体の分布を近似するのに使うことができる．附録Dに示すとおり，s_gの値が大きいほど測定値の観測幅は大きくなる．度数が特定されれば，ピーク係数もまたs_gと関係する．ピーク係数は，与えられた頻度の値を平均値で除することによって計算される(図-7.1参照)．例えば，1年に1回の事象に相当するピーク日値は，99.7%[(364/365)×100]の頻度で発生する値となる．流入水量および成分の変動については，以下の項で検討する．

流入水量の変動

処理施設への流入水量は，1日の時間帯や季節，関与する人口の規模や特徴，および収集システムへの浸入水や浸出水等の要素によって決まる．流入水量は，収集システムで生じる平準化や，平準化のために設計された施設によって抑制することが可能である．変動量は，開発の型とも関連がある．大都市における下水の流れは，生活スタイルの多様性が広く，夜間の活動量も多いので，より均一に分散する．一方，小規模居住区における下水処理施設は，平均流量と比較してしばしばピーク流量がより多くなる．小規模，中規模，大規模の下水処理場においてs_gの観測される典型的な幅は，**表-7.2**に示される．ピーク日，ピーク週，ピーク月のs_g値とピーク係数の関係は，図-7.1の曲線により決定される．s_g値と図-7.1の曲線を用いた例題を**例題7-1**に示した．

成分濃度の変動

下水中の成分の変動は，生物学的処理プロセスの設計時，特にエアレーション施設の設計時には注意深く考慮されなければならない．流入下水の成分で観測されるBOD，COD，TSSの変動の幾何標準偏差s_gを表-7.2に示した．表-7.2に示されるs_g値の幅は，文献や筆者の経験上の範囲に一致する．**例題7-1**では，ピークの期待値の推定のために図-7.1を利用する例を示している．

第7章 二次処理による汚濁成分除去

表-7.2 小規模, 中規模, 大規模下水処理施設で観測される流入水パラメータの幾何標準偏差 s_g の範囲

パラメータ	典型的な下水処理施設の s_g の範囲[a]					
	小規模[b]		中規模[c]		大規模[d]	
	範囲	標準値	範囲	標準値	範囲	標準値
流量	1.4〜2.0	1.6	1.1〜1.5	1.25	1.1〜1.2	1.15
BOD	1.4〜2.1	1.6	1.3〜1.6	1.3	1.1〜1.3	1.27
COD	1.5〜2.2	1.7	1.4〜1.8	1.4	1.1〜1.5	1.30
TSS	1.4〜2.1	1.6	1.3〜1.6	1.3	1.1〜1.3	1.27

[a] 収集システムにおいて多量の浸透を行うシステムを除く.
[b] 流量 4 000〜40 000 m^3/d
[c] 流量 40 000〜400 000 m^3/d
[d] 流量 400 000 m^3/d 以上

例題 7-1 流入水のパラメータの変動の見積もり

小規模および大規模の下水処理施設の流入水について, 水量, BOD, COD, TSS の想定される最大値を計算せよ. 右の平均設計値を適用すると仮定する.

最大日と最大月の流入水パラメータの最大値を決定し, それらの計算結果の重要性を解説せよ.

パラメータ	平均設計値	
	小規模	大規模
水量 (m^3/d)	10 000	500 000
BOD (mg/L)	250	250
COD (mg/L)	600	600
TSS (mg/L)	200	200

解 答

1. 着目する下水パラメータに一致する s_g 値を表-7.2 から選択する. 施設の設置場所や地域特有の情報がない場合には, 表-7.2 に与えられた標準的な s_g 値を右のとおり使用する.

施設の大きさ	パラメータ			
	水量	BOD	COD	TSS
小規模	1.6	1.6	1.7	1.6
大規模	1.15	1.27	1.30	1.27

2. 図-7.1 より所定の頻度に対する選ばれた s_g 値を見つけ, 対応するピーク係数を決定する. 1.で決定された s_g 値を利用する場合, ピーク日およびピーク月の対応するピーク係数は, 小規模施設の図-7.1(a) および大規模施設の (b) から得られる. ピーク係数は, 右表にまとめられる.

パラメータ	小規模施設			大規模施設		
		ピーク係数			ピーク係数	
	s_g	日	月	s_g	日	月
水量	1.6	3.70	2.35	1.15	1.48	1.29
BOD	1.6	3.70	2.35	1.27	1.95	1.55
COD	1.7	4.40	2.65	1.30	2.20	1.62
TSS	1.6	3.70	2.35	1.27	1.95	1.55

3. 指定された頻度に対する最大値を得る. 2.で決定されたピーク係数と問題文で与えられた表からの平均値を乗じる.

 a. ピーク日水量から, ピーク係数は 3.70 であり, 平均設計値は, 10 000 m^3/d である.

 b. 2つの施設の設計値は, 右表にまとめられる.

パラメータ	設計値					
	小規模施設			大規模施設		
	平均値	ピーク日	ピーク月	平均値	ピーク日	ピーク月
水量 (m^3/d)	10 000	37 000	23 500	500 000	740 000	645 000
BOD (mg/L)	250	925	588	250	488	388
COD (mg/L)	600	2 640	1 590	600	1 320	972
TSS (mg/L)	200	740	470	200	390	310

解 説
3.の要約表に示したとおり，小規模施設は，大規模施設と比べて，流入水のパラメータをより広い範囲に適合させて設計しなければならない．

　流入水量と成分の変動に加えて，処理施設の設計，能力や信頼性に影響を及ぼす．水処理過程での固有の変動と機械の故障，設計の不備，操作の失敗による変動もまた，返流水の流れ，特に汚泥処理施設からの返流水は，水処理プロセスの水処理能力を悪くすることがある．水処理過程中の固有の変動は，7.3～7.5 で検討され，そこで様々な水処理法の能力について議論されている．機械の故障や，設計の不備，操作の失敗によって引き起こされる変動については，Tchobanoglous et al. (2003)に記述されている．

7.2 水再利用のための技術

　水再利用の際には，除去すべき成分の種類と程度に応じて，様々な種類の水処理プロセスを使用することができる．本章で議論され水再利用時に使われる技術を表-7.3 に示す．一般に使われる処理の流れは，図-7.2 に示される．すべての水処理プロセスは，TSS や BOD 除去のため生物処理が採用されている．8 章で議論されるろ過は，残留浮遊物質除去や消毒効果の改善のために処理システムの一部としてしばしば用いられる．化学処理は，固形物の物理的分離の強化やリン除去のために使われる．多くの水再利用の場合，特に地下水涵養および表流水の増大のためには，窒素およびリン除去が重要な要求事項であり，生物学的処理と一体として，または追加的な処理として導入されている．

表-7.3　水再利用時の浮遊物質，溶解性有機物，栄養塩類の除去のために広く用いられる技術

型	一般的な名前	効用
好気法		
流れ式浮遊増殖	活性汚泥変法，基本的な押出し流れ(plug flow)，完全混合法，ステップ流入式，オキシデーションディッチ法	CBOD と TSS の除去，硝化
回分式浮遊増殖	回分式活性汚泥法	CBOD と TSS の除去，硝化
付着増殖	散水ろ床法	CBOD と TSS の除去，硝化
	浸漬型付着生物膜法(submerged attached growth process)	CBOD の除去，硝化
	固定床反応(packed-bed reactor)	CBOD の除去，硝化
ハイブリッド(浮遊および付着増殖過程の結合)	散水ろ床／活性汚泥法，散水ろ床／汚泥接触法(solid contact)	CBOD と TSS の除去，硝化
無酸素／好気法		
流れ式浮遊増殖	修正 Ludzack-Ettinger 法(MLE)	脱窒
回分式浮遊増殖	回分式活性汚泥法(改良型運転)	脱窒
付着増殖	上昇流および下降流ろ床法	脱窒
	流動床法	脱窒
嫌気／好気法		
浮遊増殖	Phoredox 法，A^2/O 法，VIP 法	CBOD と TSS の除去，脱リン
回分式浮遊増殖	回分式活性汚泥法(改良型運転)	脱リン
膜システム	膜分離活性汚泥法およびその変法	CBOD と TSS，コロイド状固体，リンの除去，硝化，脱窒

第7章　二次処理による汚濁成分除去

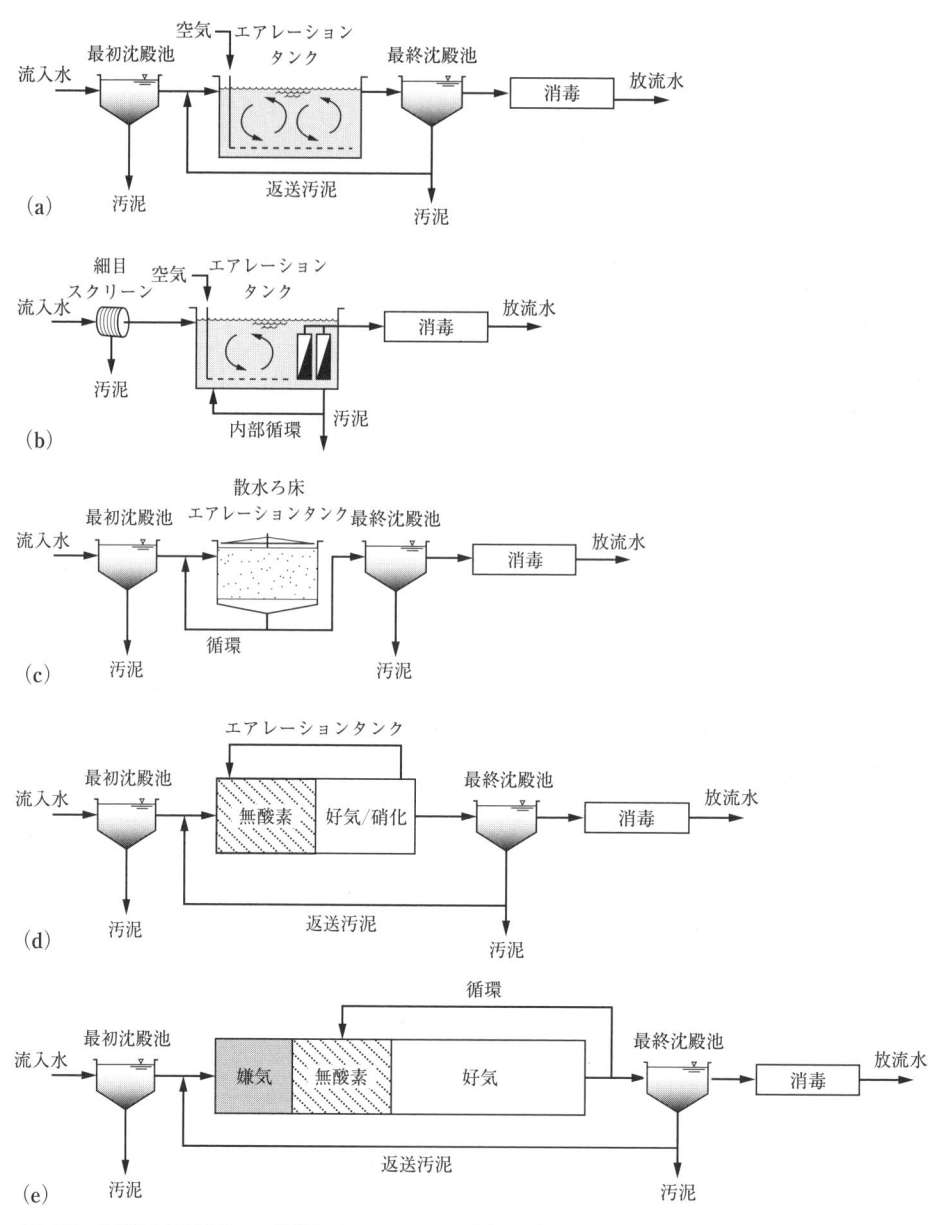

図-7.2　典型的な処理方法の一般的なプロセスフロー．(a)TSSとBODの除去，硝化のための活性汚泥法，(b) TSSとBODの除去のための膜分離活性汚泥法，(c)TSSとBODの除去のための散水ろ床法，(d)窒素除去のための浮遊増殖型生物学的処理法，(e)リン除去のための浮遊増殖型生物学的処理法

　膜分離活性汚泥法(membrane bioreactor；MBR)は，急速に発展が続く比較的新しい方法であり，特に水再利用によく適している．MBRは，既存下水処理場の改良のためや多目的用途に適した高品質の水の生産に使われている．MBRは，浮遊増殖型処理(suspended growth treatment)に膜ろ過を結合した方法であり，それ故，最終沈殿池を必要とすることなく微粒子や病原微生物を高い割合で取り除く．MBRは，生物反応タンク内の水理学的滞留時間が短く，かつ膜分離設備の設置面積が小さいため，従来の活性汚泥法より少ない用地でしか必要としない．MBRは，コンパクトサイズであるためサテライト型排水管理システム(satellite wastewater management system)および分散型排水管

理システム(decentralized wastewater management system)に特に適している．サテライト型システムおよび分散型システムについては，それぞれ 12，13 章で論じる．

7.3 膜を用いない二次処理プロセス

　浮遊物質(SS)や有機物の除去のために水再利用向けに適用される好気性生物処理法(aerobic biological process)は，主に浮遊増殖型処理法[連続流れ式(flow-through type)と回分式(batch type)]，付着増殖型処理法(attached growth process)，ハイブリッドプロセス(hybrid process)に分類される(関連用語と表-7.3 参照)．

　浮遊増殖型処理法では，処理を担う微生物が混合やエアレーションにより好気状態を保ちながら懸濁液中に存在し続ける．一般的な浮遊増殖型処理法は，連続流の活性汚泥法である．回分式活性汚泥法(sequencing batch reactor；SBR)は，活性汚泥法を修正したものであり，すべての処理を 1 槽で回分的に行うものである．

　付着増殖型処理法では，固定された充填材，回転する円盤，粒状の充填材といった媒体が微生物を付着させ生物膜を形成するために用いられる．生物膜中の微生物は，下水と接触し，有機物を酸化する．微生物が増殖すると，充填材表面から剥離し，その後で重力沈殿槽やフィルタといった固液分離装置(solids separation device)により除去される．

　付着増殖型処理法と浮遊増殖型処理法の反応槽を組み合わせたハイブリッドシステムでは，詳細な条件を探るための開発が行われてきた．他の様々な適用技術を用いた多くの処理方法に関する解説や議論は，Tchobanoglous *et al.* が著した専門書(2003)に詳細が示されている．再生水の利用用途に適するそれらの技術について，本章では特に取り上げている．

7.3.1 再生水利用への適合性

　再生水利用のために用いられる多くの処理方法のうち，活性汚泥法，散水ろ床，重力沈殿(gravity sediment)等は，伝統的な処理方法であるため，標準型処理方法(conventional treatment)と呼ばれている．特に農業用・修景用の灌漑用水や地下水涵養のような用途のため，大量の再生水を生産するシステムでは，これらの処理方法が主に採用されている．従来の処理技術を水の再生や再利用に使用する利点は，以下のとおりである．(1)プロセスがなじみやすく，よく知られている．(2)かなり高度な自動制御ができる．(3)栄養塩除去が必要な場合を除き，高度な技能を持つ運転管理者(オペレータ)が必ずしも必要ではない．標準型技術の欠点は，(1)沈殿池のような大きな物理的な装置が必要となる場合がある．(2)処理プロセスの急変更(process upset)に影響されやすい可能性がある．(3)特に TSS や濁度等の処理水質はコントロールすることが難しく，特別な処理を追加しないと，水質基準を満足しないこともある．

　標準型処理技術は，水処理も汚泥処理も行う集約型の再生水処理プラントで，または排水を処理して再利用するために集水システムから下水を採取し，処理プロセスで生じた残渣を下流で処理するために下水道に戻すサテライトシステムのプラントで使用することができる．排水を処理して再利用するために集水システムから下水を取り出すことを下水の採掘(sewer mining)とも呼んでいる．**7.5**に記載している膜分離活性汚泥法は，下水の採掘による利用のため，**12**章で示しているサテライトシステムとしてよく使用されている．

7.3.2 処理方法の解説

本項では，二次処理や再生水の利用用途に適した様々なタイプの浮遊増殖型処理法，付着増殖型処理法，ハイブリッドプロセスについて説明する．多くの再生水利用において，残留した浮遊物質(SS)の除去や消毒の過程を強化するため，8章で述べる化学的な凝集やろ過がこれらの処理プロセスの後段にしばしば付け加えられる．

浮遊増殖型処理法

活性汚泥法は，都市部の下水の生物学的処理に最も一般的に利用されている浮遊増殖型処理法である．幾つかの活性汚泥法を改良・変化させた処理方法が再生水利用に用いられている．表-7.4に示した押出し流れ法(plug flow)，完全混合法(complete mix)，ステップ流入法(step-feed)は，中規模から大規模の再生水プラントで利用されている．押出し流れおよび完全混合活性汚泥反応槽の代表的な図を図-7.3(a)，(b)に示した．小規模なプラントでは，運転管理が比較的容易であり，流入水の変動に対応できること，栄養塩を回収することができるため，表-7.4に示したオキシデーションディッチ法(oxidation ditch)や回分式活性汚泥法(SBR)がよく使われている．SBRの図を図-7.3(c)に示している．各処理法の利点・欠点を表-7.5に示す．

付着増殖型処理法

最も一般的に利用されている付着増殖型処理法は，表-7.6および図-7.4に示した散水ろ床法である．散水ろ床法は，その考え方や運転が単純であるが，散水ろ床単独では必ずしも再生水の処理目標

図-7.3 典型的な浮遊増殖型の反応槽の外観．(a)押出し流れ，(b)完全混合，(c)回分式活性汚泥法，(d)膜分離活性汚泥法

7.3 膜を用いない二次処理プロセス

表-7.4 BOD や TSS の除去ならびに硝化を行う一般的に使用されている活性汚泥法[a]

プロセス	解　説
連続流れ式浮遊増殖型処理法	
完全混合型活性汚泥法（CAMS）	CAMS では，一般的に最初沈殿池流出水と返送汚泥をエアレーションタンクの数箇所から投入する．エアレーションタンク内の有機物負荷，混合液中の SS 濃度，酸素要求量は，タンク内の全体である．本法の利点は，一時的に高負荷な流入水が入ってきても希釈することができることである．本プロセスは，運転操作が比較的簡単であるが，糸状性細菌の成長を促し，バルキングの問題を引き起こすことを避けるため，有機物濃度を低くする（すなわち，微生物の栄養分の濃度を低くする）傾向にある．また一方で，バルキングは，好気処理の前にセレクタリアクタを用いることで制御することが可能である．
標準押出し流れ	最初沈殿池流出水や返送汚泥をエアレーションタンクの先端から投入し，散気や機械撹拌式エアレーションで混合する．通常は 3〜5 本の水路がある．エアレーションのシステムは，槽の長さにあわせて徐々に割合を変化させ，酸素要求量を満たすよう設計する．すなわち，先端部では高濃度にし，末端部では低濃度にする．
ステップ流入	ステップ流入は，標準押出し流れ法を変化させた方法である．ピーク酸素要求量を低下させるため，最初沈殿池流出水をエアレーションタンクの 3〜4 箇所の流入ポイントから投入して微生物の養分の濃度を平均化する．下水の投入量の割当てを運転条件によって容易に変化させることが可能であることから，自由度の高い運転が本処理法の重要な特徴である．本法は，同容量の通常の押出し流れと比べ，高い汚泥蓄積量となっており，それ故，高い滞留時間（SRT）となっている．
オキシデーションディッチ（OD）	OD 法は，機械撹拌式エアレーション装置と混合装置を備えたリング状または楕円状の水路からなっている．スクリーンで前処理を行った下水は，水路に入り，返送汚泥と一緒になる．反応槽の構造とエアレーション装置と撹拌装置が一定方向の流れをつくり出す．エアレーションに使用したエネルギーは，比較的長い水理学的滞留時間を持つ本システムの混合に利用されている．下水がエアレーションをしている領域から外れると，DO 濃度が低下し，脱窒が起こることもある．
回分式浮遊増殖型処理法	
回分式活性汚泥法（SBR）	SBR は，活性汚泥処理プロセスで起こるすべての段階を一つの完全混合槽で行う fill-and-draw 型の反応槽システムである．連続的な運転を行うためには，少なくとも 2 池を使用し，一つの池に流入させている間に他の池で反応や沈殿，処理水の引抜きを行う．混合液は，すべてのサイクルを通して反応槽の中に残っているが，それ故，分離を行う沈殿池は必要ない．通常，余剰汚泥は，エアレーションを行っている間に発生する．エアレーション時間を延長することにより硝化が起きうる．

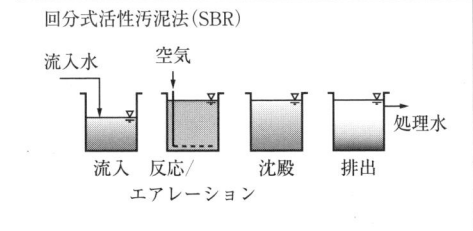

[a] Tchobanoglous *et al.* (2003) より引用．

第7章 二次処理による汚濁成分除去

表-7.5 BODの除去ならびに硝化に関する種々の活性汚泥法の長所と限界[a]

プロセス	長　所	限　界
完全混合活性汚泥法（CAMS）	・一般に，多くの種類の下水に対して適応可能であると証明された処理方法 ・設計が比較的単純 ・比較的運転が容易	過度のTSSや濁度により，繊維状のスラッジのバルキングの影響を再生水が受けやすく，多くの塩素が必要となる． 混合が不十分あるいは短い循環時間となると，処理水質に悪影響を及ぼす．
標準押出し流れ法	・実績のある処理方法 ・ステップ流入やセレクタの設計，無酸素好気処理を含めた多くの処理の枠組みに適応することができる	一時的な大きな負荷による擾乱の影響をより受けやすい． 酸素の供給量と要求量を合わせることが難しくなることがあり，運転動作に悪影響を及ぼす．
ステップ流入	・負荷を分割することにより，酸素要求量がより一定になるようにできる ・無酸素好気法を含む多くの処理の枠組みに組み込むことができる	処理やエアレーションシステムがより複雑な設計となる． 特に運転条件を変更する時には，運転がより複雑となる．
オキシデーションディッチ（OD）	・運転が簡単で，かなり信頼できる方法 ・小規模なプラントでは経済的な方法 ・窒素除去にも適応可能． ・汚泥の発生量が少ない	大きな設備と広い敷地が必要． ある修正型のOD法は，特許があり，特許使用料が必要となる． 標準の完全混合活性汚泥法や押出し流れと比べ，エアレーションに必要なエネルギーが必要． プラントの処理能力を拡張することは難しい．
回分式活性汚泥法（SRB）	・最終沈殿池や返送汚泥ポンプが不要であり，コンパクトな施設である ・運転方法を変えることで脱窒を行うことができるなど，運転の自由度が大きい ・静置した条件のため，固液分離が促進され，浮遊物質（TSS）の流出量が少ない ・小規模なプラントでは経済的な方法	プロセスの制御がより複雑． ろ過や消毒に先立って，バッチ処理の排出調整を必要とする場合がある． 連続的な運転のためには余分な設備が必要．

[a] Tchobanoglous *et al.* (2003) より引用．

水質を一貫して満足しない．BOD除去と硝化の両方のために散水ろ床法が使用される場合，BOD濃度がかなり低減してから初めて顕著な硝化が起きるため，有機物負荷量の低い状態で運転しなければならない．散水ろ床法は，二次処理の後段で硝化するための三次処理の過程として，より多く使用されている．次に示すハイブリッドプロセスは，散水ろ床と活性汚泥法を組み合わせたものであり，再

(a)　　　　　　　　　　　　　　　(b)

図-7.4 石を担体とした散水ろ床．(a)外観，(b)内観

7.3 膜を用いない二次処理プロセス

表-7.6 BODやTSSの除去ならびに硝化を行う付着増殖型処理法およびハイブリッドプロセスを利用した標準的な方法[a]

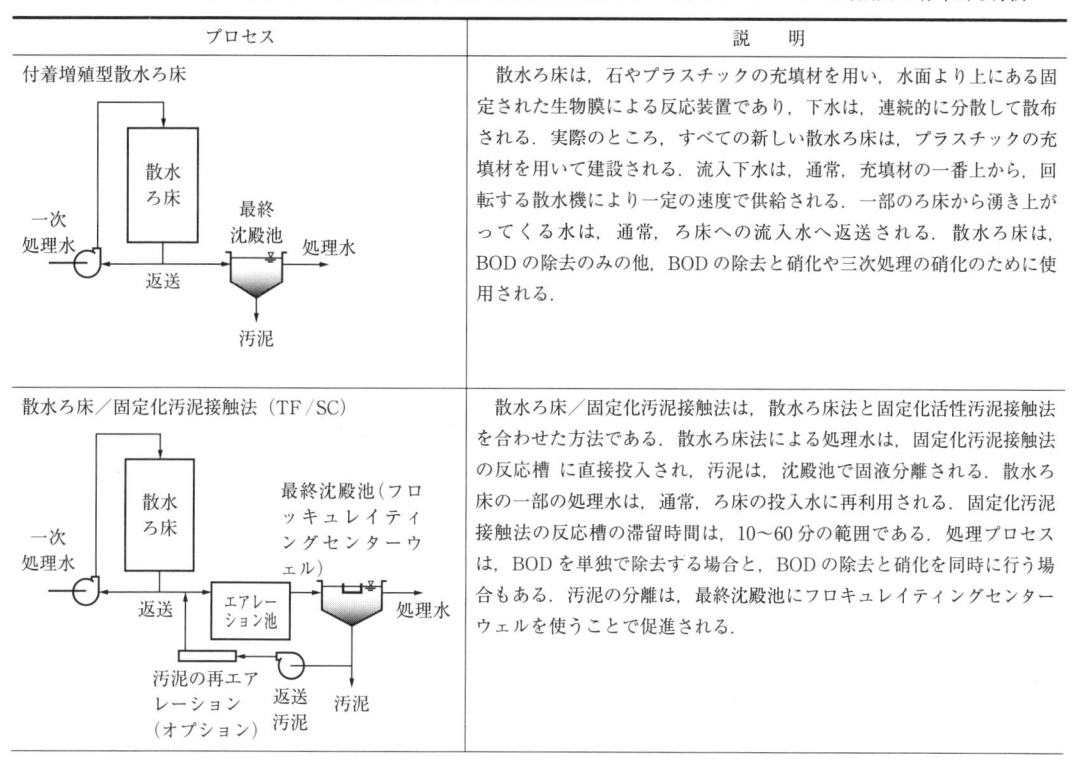

プロセス	説 明
付着増殖型散水ろ床	散水ろ床は，石やプラスチックの充填材を用い，水面より上にある固定された生物膜による反応装置であり，下水は，連続的に分散して散布される．実際のところ，すべての新しい散水ろ床は，プラスチックの充填材を用いて建設される．流入下水は，通常，充填材の一番上から，回転する散水機により一定の速度で供給される．一部のろ床から湧き上がってくる水は，通常，ろ床への流入水へ返送される．散水ろ床は，BODの除去のみの他，BODの除去と硝化や三次処理の硝化のために使用される．
散水ろ床／固定化汚泥接触法（TF/SC）	散水ろ床／固定化汚泥接触法は，散水ろ床法と固定化活性汚泥接触法を合わせた方法である．散水ろ床法による処理水は，固定化汚泥接触法の反応槽に直接投入され，汚泥は，沈殿池で固液分離される．散水ろ床の一部の処理水は，通常，ろ床の投入水に再利用される．固定化汚泥接触法の反応槽の滞留時間は，10～60分の範囲である．処理プロセスは，BODを単独で除去する場合と，BODの除去と硝化を同時に行う場合もある．汚泥の分離は，最終沈殿池にフロキュレイティングセンターウェルを使うことで促進される．

[a] Tchobanoglous *et al.* (2003)より引用．

生水の目的に適したより高度な処理水をつくることができる．

ハイブリッドプロセス

最も再生水の利用に適しているハイブリッドプロセスは，表-7.6に示す散水ろ床／固定化汚泥接触法(TF/SC)である．本処理法は，散水ろ床(石やプラスチックの充填材)，活性汚泥処理法のエアレーションタンク，最終沈殿池から構成される．TF/SC法の利点は，(1)活性汚泥反応槽が小さい(エアレーション時間は10～60分である)，(2)標準的な活性汚泥法と比べ省エネルギー，(3)汚泥の沈殿が良い，(4)高品質の処理水が得られる，があげられる(Tchobanoglous *et al.*, 2003)．エアレーションの時間の長さによっては，硝化も起きる．

7.3.3 処理性能の期待値

処理水を再利用する場合，処理水中に含まれる成分の予想される代表的な平均値とそのばらつきを知っておくことは重要である．成分の値とそのばらつきの情報は，処理水に追加のプロセスとして用いる可能性のある処理技術の選定のために重要である．

処理水中の成分量

様々な生物学的処理により達成される処理水中に含まれる成分の代表的な平均値の範囲を表-7.7に示す．ほとんどのケースで，観察されたBODやTSSの平均値の範囲は，活性汚泥法のタイプや，運転の方法(例えば，SRTの値)，最終沈殿池の施設の設計に起因している．注目すべきは，前掲の因子は，図-7.5に掲載した処理水の粒径分布にも影響を与えることである．粒径分布は，ろ過や凝

第7章 二次処理による汚濁成分除去

集システムの性能にも影響を与えるため重要である．図-7.5 に示すように，活性汚泥処理法のタイプと SRT の値は，直径 10～20 μm 以下の粒子の分散に大きな影響を与える．20 μm 以上の粒子であ

表-7.7 二次処理後の標準的な放流水質の範囲[a]

成分	未処理下水	各処理後の水質の範囲		
		標準活性汚泥法[b]	BNR を用いた活性汚泥法[c]	膜分離活性汚泥法
全浮遊物質(TSS)(mg/L)	120～400	5 ～ 25	5 ～ 20	≦1
生物化学的酸素要求量(BOD)(mg/L)	110～350	5 ～ 25	5 ～ 15	<1～5
化学的酸素要求量(COD)(mg/L)	250～800	40 ～ 80	20 ～ 40	<10～30
全有機性炭素(TOC)(mg/L)	80～260	10 ～ 40	8 ～ 20	0.5～ 5
アンモニア性窒素(mg-N/L)	12～ 45	1 ～ 10	1 ～ 3.0	<1～5
硝酸性窒素(mg-N/L)	0～微量	10 ～ 30	2 ～ 8	<10[d]
亜硝酸性窒素(mg-N/L)	0～微量	0～微量	0～微量	0～微量
全窒素(mg-N/L)	20～ 70	15 ～ 35	3 ～ 8	<10[d]
全リン(mg-P/L)	4～ 12	4 ～ 10	1 ～ 2.0	0.5～2.0[d]
濁度(NTU)		2 ～ 15	2 ～ 8	≦1
揮発性有機化合物(VOCs)(μg/L)	<100～>400	10 ～ 40	10 ～ 20	10 ～20
金属類(mg/L)	1.5～ 2.5	1 ～ 1.5	1 ～ 1.5	微量
界面活性剤(mg/L)	4～ 10	0.5～ 2	0.1～ 1	0.1～0.5
全溶解性蒸発残留物(TDS)(mg/L)	270～860	500 ～700	500 ～700	500 ～700
微量成分(μg/L)	10～ 50	5 ～ 40	5 ～ 30	0.5～ 20
全大腸菌(個/100 mL)	10^6～10^9	10^4～10^5	10^4～10^5	<100
原虫のシストとオーシスト(個/100 mL)	10^1～10^4	10^1～10^2	0 ～ 10	0 ～ 1
ウイルス(PFU/100 mL)[e]	10^1～10^4	10^1～10^3	10^1～10^3	10^0～<10^3

[a] 表-3.12，3.14 より引用．
[b] 標準法の二次処理は，硝化を行う活性汚泥処理と定義する．
[c] BNR(biological nutrient removal)は，生物学的な栄養塩(窒素，リン)除去と定義する．
[d] BNR プロセスを付加した場合．
[e] PFU(plaque forming unit)：プラーク形成単位．

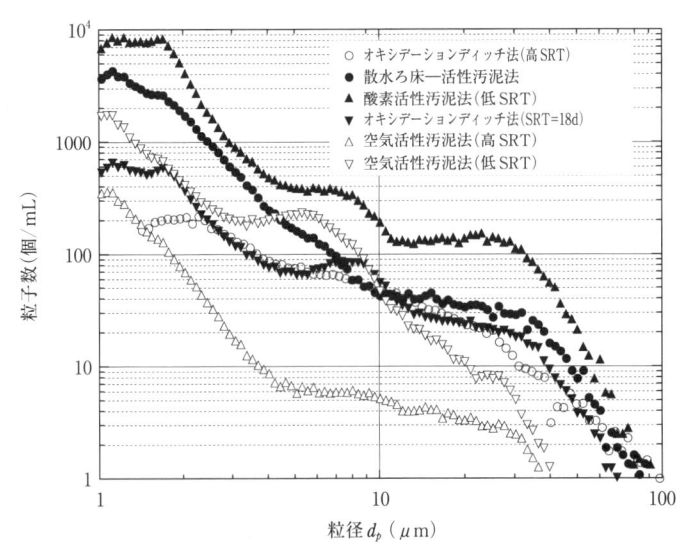

図-7.5 幾つかの生物的二次処理プロセス後の処理水中の粒径分布
(K. Bourgeous より引用)

7.3 膜を用いない二次処理プロセス

れば，最終沈殿池の施設設計により粒径分布の制御を行える．処理水の粒度と粒径分布に関する解析方法の詳細については 8.1 で示している．最終沈殿池施設の重要性については，次に示す処理水のばらつきに関する議論で検討している．

処理水中の成分のばらつき

すべての物理的・化学的・生物学的処理方法は，得られる性能にばらつきを有している．処理法により観察されたばらつきは，(1)流入水の流量と成分のばらつき，(2)生きている微生物の存在や偶然性といった生物学的処理の持つ固有のばらつき，(3)機器の故障や設計の欠陥，運転の失敗によるばらつき，(4)設計の限界，があげられる．処理水中のBOD，TSS，濁度に関する様々な活性汚泥法の能力について観察されたばらつきを表-7.8 に示す．s_g で示されたばらつきの量と，BOD や TSS との関係を図-7.6 に示している．s_g の範囲は，文献に示されている値で代表した．例題7-2 は，表-7.8 のデータを用い，例証したものである．さらに，図-7.6(b)で(図-7.7 でも)示し，また次項で議論するが，最終沈殿池施設の物理的な特徴は，活性汚泥法で見られる性能に大きな影響を与える．

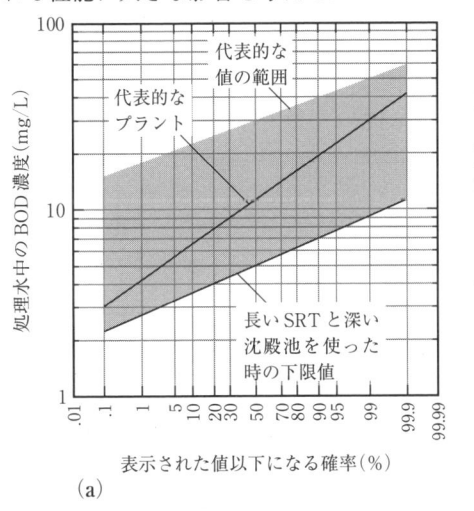

表-7.8　二次処理後に観察された標準的な放流水質のばらつきの範囲[a]

成分	処理水質の範囲	幾何標準偏差 s_g[b]	
		範囲	代表値
標準活性汚泥法			
BOD(mg/L)	5〜25	1.3〜2.0	1.5
TSS(mg/L)	5〜25	1.2〜1.8	1.4
濁度(NTU)	5〜15[c]	1.2〜1.6	1.4
BNR を用いた活性汚泥法			
BOD(mg/L)	5〜15	1.3〜2.0	1.5
TSS(mg/L)	5〜20	1.2〜1.8	1.4
濁度(NTU)	2〜8	1.2〜1.6	1.4
膜分離活性汚泥法			
BOD(mg/L)	<3	1.3〜1.6	1.4
TSS(mg/L)	≦1	1.3〜1.9	1.5
濁度(NTU)	≦1	1.1〜1.4	1.3

[a] いずれの報告されている分布も，対数正規である．
　M_g=幾何平均　s_g=幾何分散
[b] $s_g = P_{84.1}/P_{50}$
[c] 2 NTU より低い濁度の値は，深い沈殿池(例えば，水深 5.5〜6 m)を持つプラントで観察されている．その時の BOD と TSS の値は，3〜6 mg/L であった．

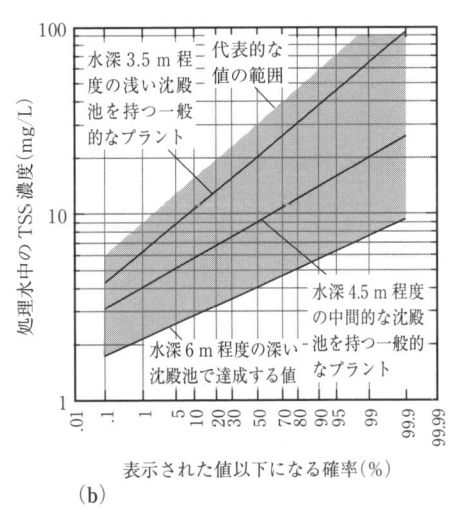

図-7.6　活性汚泥プロセスによる処理水中の BOD と TSS 値の変動．(a)BOD，(b)TSS

例題 7-2　活性汚泥法の信頼性の評価

ある標準活性汚泥法は，処理水の平均的な BOD と TSS が 15 mg/L になるように設計されている．最大の BOD と TSS の値は，(a)1 年に 1 度起きうる値と，(b)3 年に 1 度起きうる値が決められている．BOD と TSS 両方の処理水の上限を 30 mg/L とすると，年間何回処理水質が上限を超え

るか計算せよ．

解　答

1. BOD および TSS について，表-7.8 より標準活性汚泥法処理水中の BOD と TSS に合致する s_g の値を選択する．表-7.8 を使うと，代表的な s_g は，BOD で 1.5，TSS で 1.4 である．
2. 処理水中の BOD と TSS の確率分布を決定する．
   a. s_g の値を用い，BOD と TSS の値について，$P_{84.1}$ となる場所にプロットする（表-7.8 の注釈 b を参考）．
      i. BOD　　$P_{84.1} = s_g \times P_{50} = 1.5 \times 15 \text{ mg/L} = 22.5 \text{ mg/L}$
      ii. TSS　　$P_{84.1} = s_g \times P_{50} = 1.4 \times 15 \text{ mg/L} = 21 \text{ mg/L}$
   b. $P_{84.1}$ と P_{50} の値をプロットすることにより，処理水中の BOD と TSS の値の確率分布を計算する．BOD および TSS の値は，右に示すような対数正規分布になると予想されるため，右に示すように $P_{84.1}$ と P_{50} を通る直線を引くことができる．
3. 問題とする頻度において発生する BOD と TSS の予想値を計算する．
   a. 1年に1度与えられた事象が発生する確率は，0.3% である［$(1/365) \times 100 = 0.3\%$］．それ故，1年に1度発生する最大の値を下回る確率は，$100 - 0.3 = 99.7\%$ となる．2. で作成した図を利用すると，処理水中の BOD と TSS の 99.7% に相当する値は，以下のとおりである．
      i. BOD　　$P_{99.7} = 45.8 \text{ mg/L}$
      ii. TSS　　$P_{99.7} = 37.8 \text{ mg/L}$
   b. 同様に，3年に1度発生する発生する最大の値を下回る確率は，99.9% であるため，
      i. BOD　　$P_{99.9} = 52.6 \text{ mg/L}$
      ii. TSS　　$P_{99.9} = 42.5 \text{ mg/L}$
4. どのくらいの頻度で処理水中の BOD と TSS の値が放流基準である 30 mg/L を超えるか計算する．
   a. 2. で示した図から，BOD が 30 mg/L を超えるのは，おおよそ 4.5%（年間16日）である．
   b. 2. で示した図から，TSS が 30 mg/L を超えるのは，おおよそ 2.0%（年間7日）である．

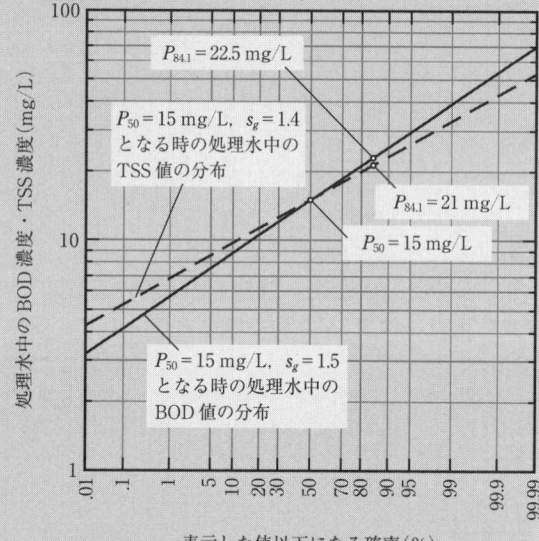

解　説

4. に見られるように，処理水中の BOD や TSS の値が処理水質の上限である 30 mg/L を超えるのは，それぞれ 4.5%，2.0% である．BOD や TSS が処理水質基準値を超えていなくても，そ

れでもより低い平均値になるように設計するか，放流基準値を確実に満足させるために処理水に対して何らかのろ過施設を加える必要がある．追加的な何らかのろ過施設の効果については，8章に記載する．

7.3.4 最終沈殿池の設計の重要性

標準的な二次処理において，十分な検討を経て設計された最終沈殿池の重要性は，強調しすぎることはない．再生水利用における処理水質に関する設計の重要性については，図-7.7 に示されており，ここでは 2 種類の沈殿地から流出する粒子の粒度分布がプロットされている．粒度分布の特性は，粒子の体積の分布が 2 つのピークを持つのと同じように 2 峰性である．図のように，小さい粒子の方の粒径のデータは，両方の処理場でよく似ている．しかし，中～大の粒径での粒度分布は，かなり異なっており，これは沈殿に関する設備，特に沈殿池の水深の設計が主な原因である．2 つの粒径の間の質量百分率の分布は，生物処理プロセスの運転条件と，最終沈殿施設での凝集の度合いに依存している．2 峰の粒径分布は，浄水場でも観察されている．他の固液分離に影響する重要な因子としては，Tchobanoglous *et al.*（2003）によって議論されているとおり，流速分布，槽への流入口（inlet）の設計，堰の設置，負荷等がある．

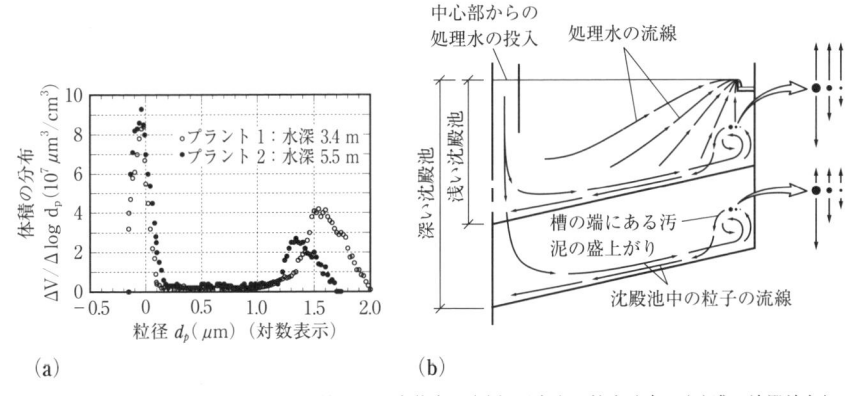

図-7.7　浅い沈殿池と深い沈殿池の粒子の除去能力．(a)処理水中の粒度分布，(b)浅い沈殿池と深い沈殿池の流線．［注］浅い沈殿池では，等価な小-中規模粒径の粒子の沈降速度は，水の上向流速度と比べて遅い．深い沈殿池では，最も小さな粒子の沈降速度のみが水の上向流速度と比べて遅い］

水　深

沈殿池の水深の重要性は，図-7.7(b)によって理解することができる．浅い沈殿池では，槽の出口に形成された汚泥の山の頂上における処理水の上昇流は，小中規模の粒子の沈降速度よりも速い．一方で深い沈殿池では，処理水の上昇流は，小さな粒子の沈降速度に対してのみ卓越している．水深の重要性は，また図-7.7(b)に明確に示されるように，放流水の TSS の沈降速度特性が沈殿池の水深の深浅によって与えられる．浅い沈殿池を持つ既存の多くの活性汚泥処理プラントでは，粒状媒体ろ過のような後段のプロセスを付け加えない限り，より厳しい処理水質基準を満足させるのは難しい．後段の処理に関する粒度分布の重要性については，8.1 で説明している．

その他の物理的因子

最終沈殿池の設備の運転に影響を及ぼす他の物理的因子には，密度流，死水域（dead space），風に

第7章 二次処理による汚濁成分除去

よる吹送流の循環(circulation cell)があげられる．図-7.8 に示すように，それぞれの条件は，水理学的滞留時間を減少させ，総流出汚泥量と，それに対応する粒度分布の面で沈殿池の性能を低下させてしまう．これらの因子が沈殿池の能力に与える影響の詳細については，Tchobanoglous *et al.* (2003) の中に記載されている．再生水利用のため，残余の浮遊物質を除去するための下流側処理の働きを向上するためには，沈殿池の設計は決定的に重要である．もし，越流堰が円形の槽の周辺に配置されていたり，矩形の端壁面に設置されていたりする場合，粒子が上昇流に乗って越流堰から流亡するのを妨げるために，バッフル(baffle)板を用意するべきである．沈殿池から流出する水の上昇流をそらすために使われる典型的なバッフル板の配置は，Tchobanoglous *et al.* (2003) によって示されている．

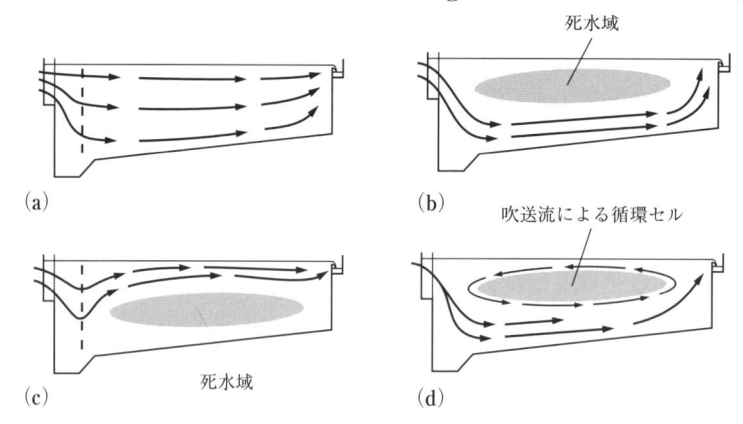

図-7.8 矩形の沈殿池で観察された流動パターンの物理因子の影響．(a)理想的な流れ，(b)密度流や温度成層による影響(槽内の水が流入水よりも温かい場合)，(c)温度成層による影響(槽内の水が流入水よりも冷たい場合)，(d)吹送流による循環セルの形成

沈殿池設備の改善

　もし，既存の沈殿池設備では連続して SS の除去が達成できておらず，より多くの SS を除去する必要がある時は，沈殿池設備の運転方法の改善も有効な選択肢である．薬品を混合液に加える，投入口の配置を修正することによりエネルギーを逸散させて流速分布を改善する，板や管といった沈降を促進する装置を既存の沈殿池に加える，といったことが沈殿池の性能を向上させる改善方法である．セントラルフロキュレーションウェル(center flocculation well)の導入は，ひとつの選択肢であるが，沈殿池のシステムを大規模に変更する必要がある．いずれの方法も性能を改善するが，セントラルフロキュレーションウェルの有無にかかわらず，深い沈殿池を使うことが薬品の投入がないため一番運転が単純である．8 章で議論するろ過も SS の改善のひとつの方法である．

7.4　栄養塩の制御および除去のための膜を用いない二次処理プロセス

　再生水のレクリエーション水域や外部の影響を受けやすい水域への放流，地下水涵養への利用，あるいはその他の再生水利用の場面で，しばしば栄養塩の除去が必要とされる．考慮すべき主たる栄養塩は，窒素とリンである．再生水利用のために栄養塩の制御および除去に関する技術を選ぶ時，生下水の特性，もし存在するならば現在の設備，そして求められる栄養塩除去のレベルを評価する必要がある．栄養塩制御に用いられる方法は，主として生物学的なプロセスによる栄養塩類除去と化学的なプロセス，または特定の栄養塩を除去する付加的プロセスを統合したものがある．以下に，(1)窒素の制御[硝化(nitrification)]，(2)窒素の除去[硝化／脱窒(denitrification)]，(3)リンの除去，(4)窒素とリンの除去，の技術について述べる．

7.4.1 窒素の制御

下水中の全窒素のうち30%弱しか二次処理によって除去されない．そのため，窒素の制御や除去は追加的な処理方法が担わなければならない．窒素の制御は，アンモニアを硝酸塩に変換(硝化)することで行われる．窒素は，硝化と脱窒によって除去される．アンモニア(NH_4^+-N)が酸化されて亜硝酸(NO_2^--N)になり，亜硝酸が酸化され硝酸(NO_3^--N)になる2段階の生物学的なプロセスのことを硝化と呼ぶ．硝酸が一酸化窒素(NO)，亜酸化窒素(N_2O)，そして窒素ガス(N_2)へと変化して生物学的に減少していくことを脱窒と呼ぶ．約5〜20%とごくわずかな窒素しか硝化の過程では除去されないが，これはストリッピング(stripping)や摂取の効果である．窒素の除去や削減が求められるなら，硝化の後段に脱窒を行う必要がある．生物学的な窒素の除去は，一般的にコスト面で有利であり，エアストリッピング(air stripping)やイオン交換等の物理的・化学的な方法よりもよく利用されている．

浮遊増殖型処理法と付着増殖型処理法，いずれの処理方法でも硝化を行うことは可能であるが，浮遊増殖型処理法の方が一般的である．浮遊増殖型処理法が利用される主な理由は，(1)好気槽の設計において硝化を都合良く組み込むことが可能であること，(2)プロセスの運転が比較的単純であること，があげられる．表-7.4に示す連続流れ型の浮遊増殖型処理法では，エアレーションの方法やエアレーション装置の設計，汚泥滞留時間(solids retention time；SRT)，そして運転のモードを修正することによって硝化を行うことができる．回分式活性汚泥法(SBR)では，運転のサイクルを修正することで硝化可能である．表-7.10に示すBioforやBiostyrの上向流浸漬型(upflow submerged)の付着増殖型処理法でも硝化を行うことが可能である．

7.4.2 窒素の除去

様々な方法が窒素除去のために利用されている．それは，(1)硝化および脱窒を行うために活性汚泥法を変化させた方法，(2)浸漬型の付着増殖型処理法，(3)固定生物膜の担体を加えた活性汚泥法が含まれる．低い窒素の濃度(3 mg/L 未満)が処理水に求められている場合には，メタノールのような窒素を含まない代替の炭素源を好気処理に続く無酸素・脱窒プロセスに加える．

浮遊増殖型処理法

幾つかの浮遊増殖型処理法は，生物学的に窒素を除去するために使用される．最もよく使用されるプロセスは，(1)修正Ludzack-Ettinger法(MLE)，(2)ステップ流入法，(3)回分式活性汚泥法(SBR)，(4)オキシデーションディッチ法である．これらのそれぞれのプロセスについて表-7.9に説明している．プロセスごとに，表-7.4で述べられた基本形から修正された点を示している．MLE法は，窒素除去のために無酸素-好気法の概念を加えたLudzack-Ettinger法を近年発展させたものである．MLE法では，硝酸塩を増やすために無酸素域に内部循環(internal recycle)が付加されている．ステップ流入では，無酸素-好気の区画が連続しており，下水はそれぞれの無酸素槽に投入される．

浸漬型の付着増殖型処理法

表-7.10に示すように，上向流浸漬型の付着増殖型処理法には，BioforとBiostyrの2つの商標がある．いずれもBODの除去と硝化，三次処理の硝化，あるいは窒素除去のための追加式のプロセスとして使用される．一般的に，この処理過程は，充填材，生物膜，そして液体の3種類の段階からなる．充填材に付着した生物膜を下水が通過する時，BODやアンモニアは酸化される．酸素は，散気式のエアレーションによって充填材から，また流入下水にあらかじめ溶解させることにより供給される．充填材の種類や大きさは，浸漬型の付着増殖型処理法の性能や運転の特性に大きく影響を与える

第7章 二次処理による汚濁成分除去

表-7.9 窒素除去のために使用される一般的な浮遊増殖型処理法[a]

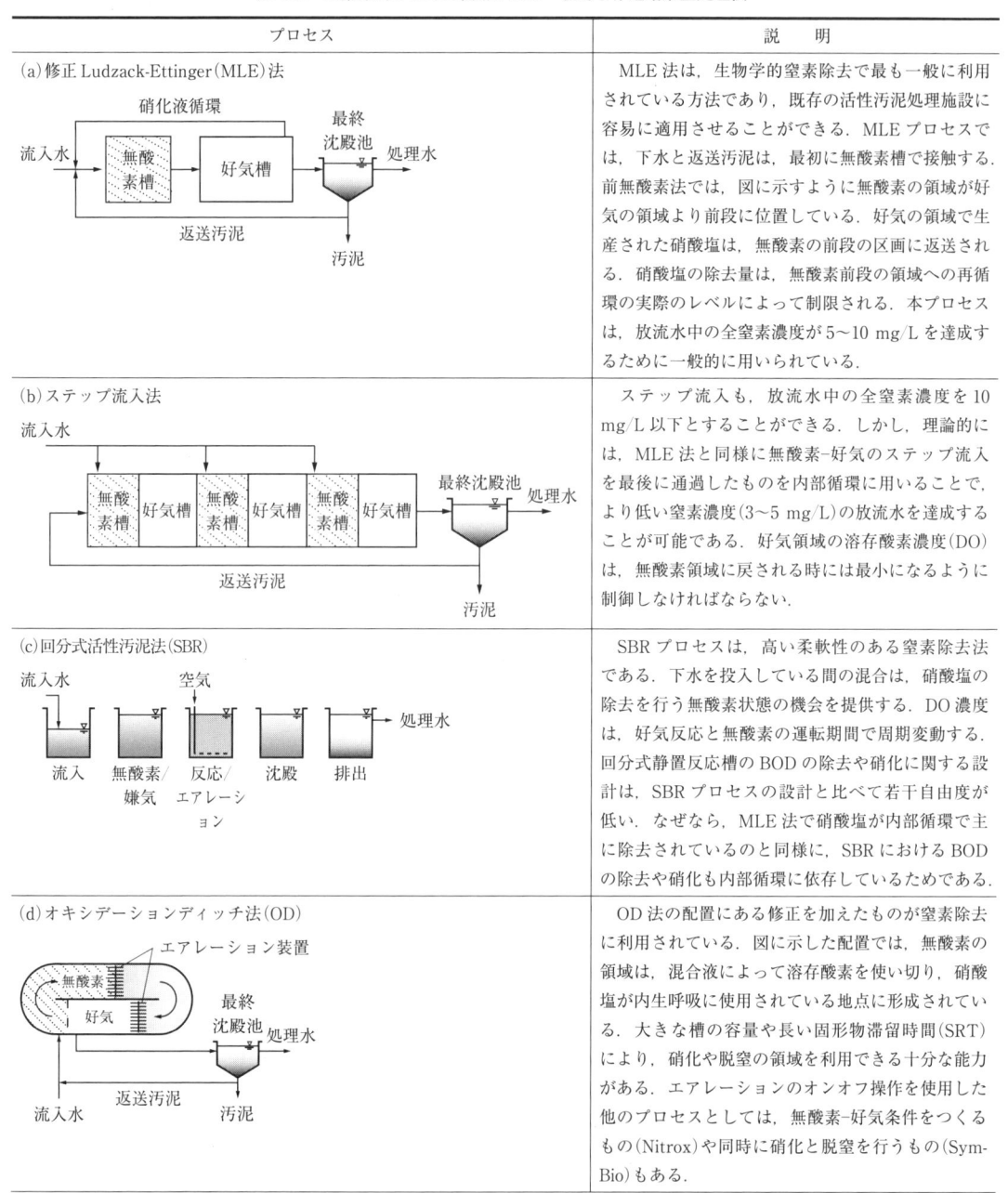

プロセス	説 明
(a) 修正 Ludzack-Ettinger (MLE) 法	MLE法は，生物学的窒素除去で最も一般に利用されている方法であり，既存の活性汚泥処理施設に容易に適用させることができる．MLEプロセスでは，下水と返送汚泥は，最初に無酸素槽で接触する．前無酸素法では，図に示すように無酸素の領域が好気の領域より前段に位置している．好気の領域で生産された硝酸塩は，無酸素の前段の区画に返送される．硝酸塩の除去量は，無酸素前段の領域への再循環の実際のレベルによって制限される．本プロセスは，放流水中の全窒素濃度が5～10 mg/Lを達成するために一般的に用いられている．
(b) ステップ流入法	ステップ流入も，放流水中の全窒素濃度を10 mg/L以下とすることができる．しかし，理論的には，MLE法と同様に無酸素-好気のステップ流入を最後に通過したものを内部循環に用いることで，より低い窒素濃度(3～5 mg/L)の放流水を達成することが可能である．好気領域の溶存酸素濃度(DO)は，無酸素領域に戻される時には最小になるように制御しなければならない．
(c) 回分式活性汚泥法 (SBR)	SBRプロセスは，高い柔軟性のある窒素除去法である．下水を投入している間の混合は，硝酸塩の除去を行う無酸素状態の機会を提供する．DO濃度は，好気反応と無酸素の運転期間で周期変動する．回分式静置反応槽のBODの除去や硝化に関する設計は，SBRプロセスの設計と比べて若干自由度が低い．なぜなら，MLE法で硝酸塩が内部循環で主に除去されているのと同様に，SBRにおけるBODの除去や硝化も内部循環に依存しているためである．
(d) オキシデーションディッチ法 (OD)	OD法の配置にある修正を加えたものが窒素除去に利用されている．図に示した配置では，無酸素の領域は，混合液によって溶存酸素を使い切り，硝酸塩が内生呼吸に使用されている地点に形成されている．大きな槽の容量や長い固形物滞留時間(SRT)により，硝化や脱窒の領域を利用できる十分な能力がある．エアレーションのオンオフ操作を使用した他のプロセスとしては，無酸素-好気条件をつくるもの(Nitrox)や同時に硝化と脱窒を行うもの(Sym-Bio)もある．

[a] Tchobanoglous *et al.* (2003) より引用．

因子である．これらの設計では，充填材の形状や注入口，放出口での流水の配分と収集が異なっている．好気的な浸漬型の付着増殖型処理法には沈殿池がなく，汚泥生成に伴う余剰汚泥と流入するSSは，システム内で捕捉されるため定期的に除去する必要がある．堆積した汚泥を洗い流すため，ほとんどの設計では水ろ過プラントで日常的に利用されているような逆洗(backwashing)システムが必要である．

　主な浸漬型の付着増殖型処理法の利点は，比較的狭い場所しか必要としないこと，薄い下水の処理

7.4 栄養塩の制御および除去のための膜を用いない二次処理プロセス

表-7.10 硝化・脱窒を行う付着増殖型処理法[a]

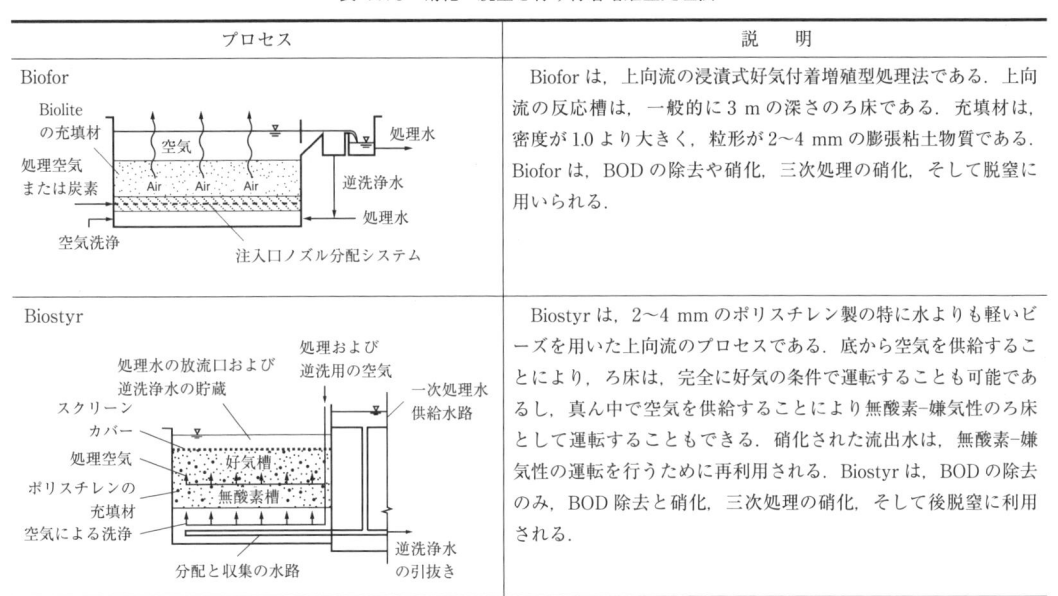

プロセス	説 明
Biofor	Bioforは，上向流の浸漬式好気付着増殖型処理法である．上向流の反応槽は，一般的に3 mの深さの古床である．充填材は，密度が1.0より大きく，粒形が2～4 mmの膨張粘土物質である．Bioforは，BODの除去や硝化，三次処理の硝化，そして脱窒に用いられる．
Biostyr	Biostyrは，2～4 mmのポリスチレン製の特に水よりも軽いビーズを用いた上向流のプロセスである．底から空気を供給することにより，ろ床は，完全に好気の条件で運転することも可能であるし，真ん中で空気を供給することにより無酸素-嫌気性のろ床として運転することもできる．硝化された流出水は，無酸素-嫌気性の運転を行うために再利用される．Biostyrは，BODの除去のみ，BOD除去と硝化，三次処理の硝化，そして後脱窒に利用される．

[a] Tchobanoglous et al. (2003)より引用．

に効果があること，活性汚泥法のように沈殿池が必要ないこと，そして窒素除去の組込みの順応性である．さらに多くのプロセスでは，固形物のろ過により高品質の処理水をもたらす．その欠点は，器械や制御がより複雑なシステムであること，大きな設備へ適用するには規模による経済性が限定されること，そして活性汚泥処理と比べて一般に高い初期費用が必要であることがあげられる．

固定化生物膜担体添加活性汚泥法

幾つかの人工的な担体の材料が活性汚泥処理に利用するために開発されてきた．これらの担体は，活性汚泥の混合液中で浮遊しているか，あるいはエアレーションタンクに固定されているかのどちらかである．このようなタイプの処理方法を固定化生物膜担体添加活性汚泥法(integrated fixed film activated sludge process)と呼ぶ(Sen et al., 1994)．これらのプロセスは，エアレーションタンクに高濃度のバイオマスを供給して活性汚泥プロセスを増強することを目的としており，それ故，必要な池の大きさを減らせる可能性が示されている．さらに，体積当りの硝化速度を向上させ生物膜内に無酸素の領域を保持することで，エアレーションタンクで脱窒を行うためにも用いられる．プロセスが複雑であり，また生物膜の面積と活性を把握する必要があるため，プロセスの設計は，経験とともに，事前のパイロットプラントまたは限定された実寸大(limited full-scale)プラントでの結果に基づいて行う．浮遊型の担体プロセスに関する代表的な例は，Captor, Linpor, Kaldnesによるものであり，これらを表-7.11に示す．

7.4.3 リンの除去

リンの除去は，水生生物の生長や工業利用におけるプロセス装置への生物付着といった，特別な状況を考慮する再生水利用に関してのみ必要とされる．分散型の再生水利用では，リンと反応する担体によるろ過か凝集沈殿によってリンの除去が行われる．生物学的なリンの除去(BPR)は，実用的でないほど運転が複雑になってしまうため，非集中型の再利用には向いていない(13章を参照)．再生水利用のためにリンの除去が求められる場合には，嫌気の接触ゾーン，または区画を好気または無酸素

第7章 二次処理による汚濁成分除去

表-7.11 窒素除去のために固定化した生物膜(fixed-film)を充填した活性汚泥法[a]

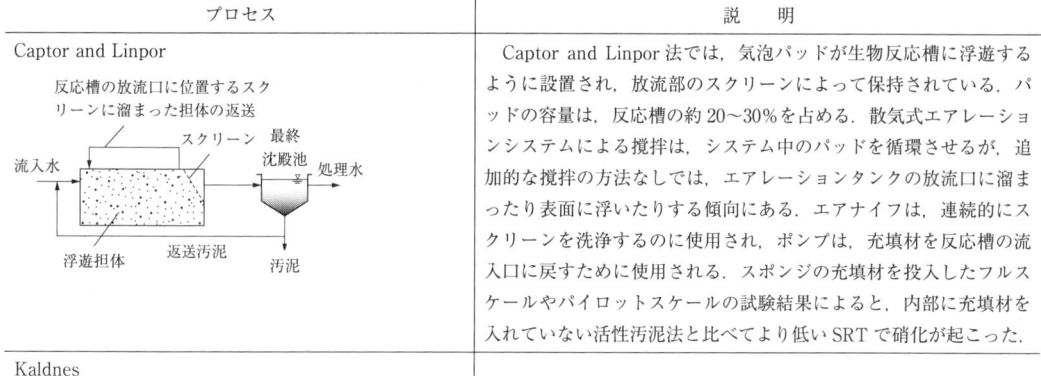

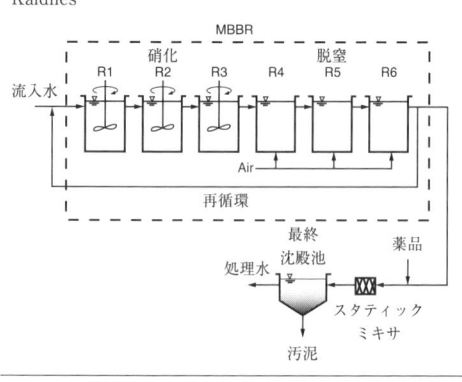

プロセス	説 明
Captor and Linpor	Captor and Linpor 法では，気泡パッドが生物反応槽に浮遊するように設置され，放流部のスクリーンによって保持されている．パッドの容量は，反応槽の約 20〜30%を占める．散気式エアレーションシステムによる撹拌は，システム中のパッドを循環させるが，追加的な撹拌の方法なしでは，エアレーションタンクの放流口に溜まったり表面に浮いたりする傾向にある．エアナイフは，連続的にスクリーンを洗浄するのに使用され，ポンプは，充填材を反応槽の流入口に戻すために使用される．スポンジの充填材を投入したフルスケールやパイロットスケールの試験結果によると，内部に充填材を入れていない活性汚泥法と比べてより低い SRT で硝化が起こった．
Kaldnes	可動床生物膜反応(moving bed biofilm reactor；MBBR)と呼ばれるプロセスは，ノルウェーの Kaldnes Miljøteknologi 社によって開発された．本プロセスでは，生物膜の成長を助けるため，エアレーションまたは無曝気のタンクに小さな円筒状のポリエチレン担体要素を加えたものからなる．生物膜の担体は，タンクの放流口にある穴の開いた板によって反応槽内に維持される．空気撹拌またはミキサが連続して充填材を循環させるために導入されている．充填材は，タンク容量の 25〜50%を満たしている．MBBR 法は，返送汚泥のフローや逆洗浄は，必要ない．最終沈殿池は，剥離汚泥を沈降させるのに用いられる．無酸素-好気処理の状態では，6つの段階からなる反応槽の方式が使用されている．

[a] Tchobanoglous *et al.* (2003) より引用．

ゾーンの前に配置するか，あるいは化学的な処理を追加することで除去が行われる．

生物学的なリン除去

リンを蓄積するある種の細菌は，特定の酸化還元条件において活性汚泥法の一部としてリン除去に利用することができる．リン除去を行うためには，これらの生物がリンを摂取した後，それをプロセスから除去，廃棄する必要がある．Barnard(1975)は，生物学的なリン除去(BPR)を促進するために嫌気/好気の配列を持つあらゆるプロセスをフォレドックス(Phoredox)と呼んでいる．標準のPhoredox プロセスに対する様々な修正型が生物学的なリンおよび窒素の除去に利用されている．特定のプロセス配置を選定して発展してきたプロセスの名称としては，A/O 法(嫌気好気のみ)と A^2O 法(嫌気/無酸素/好気)等がある．A/O 法[図-7.9(a)参照]は，Phoredox プロセスと似ており，A^2O 法とともに Air products and Chemical 社によって特許，販売されていた．Phoredox プロセス(A/O 法)と A^2O 法の主な違いは，Phoredox プロセス(A/O 法)では硝化が起こらないことである．A^2O 法は，生物学的なリン除去とともに窒素除去を行う基本的な形態の一つである．図-7.10 にリン除去のための嫌気槽の外観を示す．図-7.9(c)に示すように，リン除去は，膜分離活性汚泥法(7.5 で議論)にも，嫌気のゾーンを付加することにより適用されている．

薬品添加によるリン除去

下水からのリンの除去には，リン酸塩を TSS に取り込んだ後にその汚泥を除去することも含まれる．難溶性のリン酸塩による沈殿物を形成する多価金属イオンの塩を加えることにより，リンが除去されることになる．最も一般的に使用される多価の金属イオンは，カルシウム(Ca^{2+})，アルミニウ

7.4 栄養塩の制御および除去のための膜を用いない二次処理プロセス

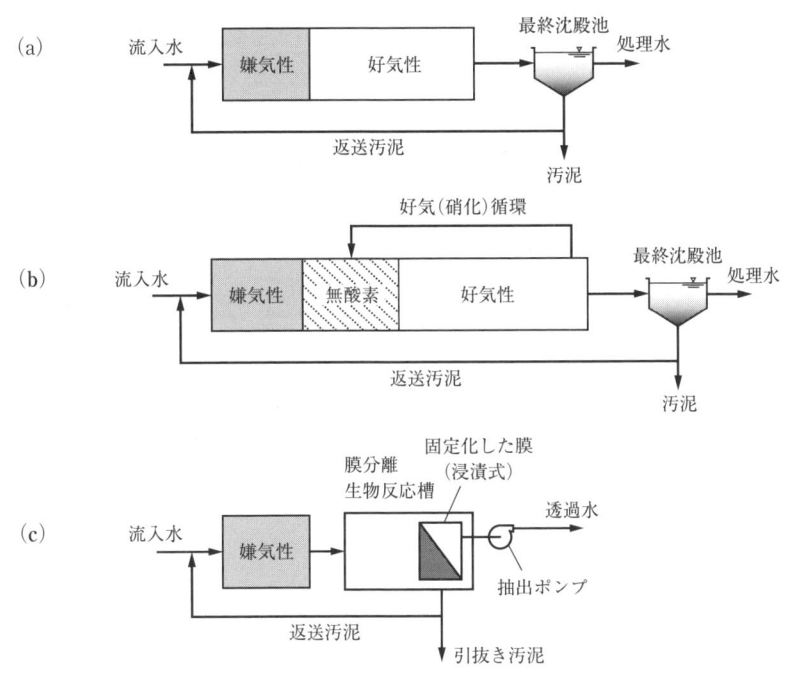

図-7.9 代表な生物学的リン除去プロセス．(a)嫌気好気法(A/O法，Phoredox法)，(b)嫌気無酸素好気法(A^2O法)，(c)リン除去のために嫌気ゾーンを設けた膜分離活性汚泥法

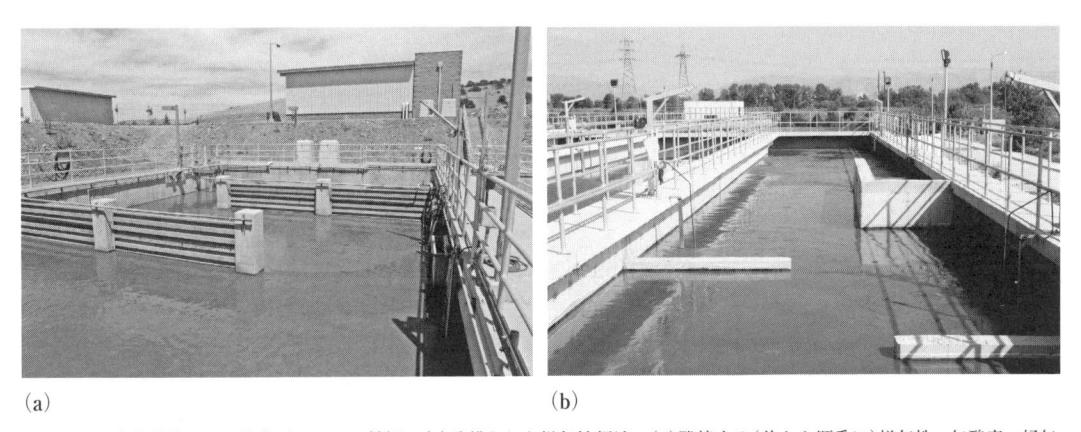

図-7.10 生物学的なリン除去プロセスの外観．(a)分離された嫌気性領域，(b)隣接する(前から順番に)嫌気性，無酸素，好気性槽の連続プロセス

ム(Al^{3+})，そして鉄(Fe^{3+})である．ミョウバンや石灰とともに凝集助剤として高分子が効果的に使用されてきた．

図-7.11に示すように，下水からのリンの凝集は，プロセスフロー図の中にある様々な場所で行いうる．リンを除去する一般的な場所は，次のように分類される．(1)最初沈殿前—沈殿のため薬品を最初沈殿池に投入する，(2)共沈—余剰汚泥とともに除去される沈殿物をつくるために薬品を添加する，(3)最終沈殿後—二次処理水に薬品を添加し，二次沈殿やろ過施設により除去を行う．求められるリン除去のレベルに応じて，薬品は1箇所以上の場所に投入することが可能である．表-7.12に下水処理プロセスの中で薬品を投入する様々な場所の利点と欠点を示している．化学的なリン除去に関する追加情報は，専門書であるTchobanoglous *et al.* (2003)を参考にされたい．

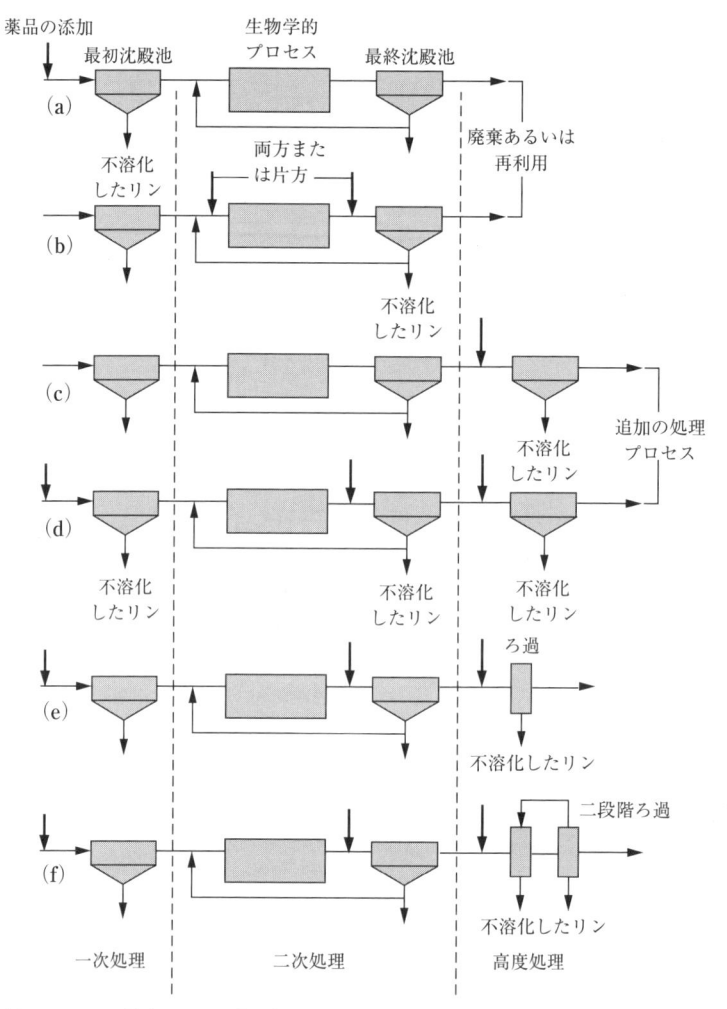

図-7.11 リン除去のための薬品投入の選択肢となる点. (a)最初沈殿池の前, (b)後段の生物処理の前後, (c)二次処理の後, (d)～(f)は分割処理として知られている複数の地点で投入するプロセス

7.4.4 処理性能の期待値

一般的に，生物学的栄養塩除去プロセスを組み込んだ活性汚泥プロセスの性能は，標準的な活性汚泥プロセスと比べ，BOD や TSS 除去が向上している．

処理水の成分値

生物学的栄養塩除去を行った標準的な処理水中の成分値を表-7.7 に示している．硝化のみを行う処理プラントでは，処理水中のアンモニア濃度は，1 mg-N/L 以下を達成することもある．硝化および脱窒を行う処理プラントでは，下水の化学的な特性に依存するものの全窒素濃度は2～10 mg-N/L に達する．メタノールを用いた後段無酸素(postanoxic)の脱窒を行っている所では，処理水質中の窒素濃度は，3 mg-N/L 以下に達する．寒冷地に位置する処理施設では，冬季には硝化が進まないことに注意しておくべきである．生物学的栄養塩除去を行っているプラントでは，薬品を加えなく

7.4 栄養塩の制御および除去のための膜を用いない二次処理プロセス

表-7.12 処理場内の様々な場所におけるリン除去のための金属塩と石灰の薬品添加の長所と短所[a]

薬品投入の場所	長　所	短　所
金属塩の投入		
最初沈殿池の前	・BODとTSSの除去の促進 ・金属の漏出が最小限	・金属の使用の効果が最も小さい ・凝集するために高分子が必要になることもある ・初沈汚泥と比べて汚泥の脱水が難しくなる
最終沈殿池の前	・コストが最も安い ・最初沈殿地の前に投入するのと比べて薬品の投入量が少ない ・石灰と比べてpHに影響を及ぼさない ・活性汚泥のエアレーションシステムを利用することで有効に混合される ・活性汚泥の安定性が改善する ・高分子が必要でないときもある	・金属の過剰は，pH毒性の原因になりうる ・再生水中の全溶解性蒸発残留物(TDS)が増加する
二次処理後に投入して沈殿	・放流水中のリン濃度が低い ・最も有効な金属の使用	・追加的な凝集および沈殿の段階が必要となり，初期費用が増加する ・金属の漏出が最大となる ・再生水中の全溶解性蒸発残留物(TDS)が増加する
二次処理後に投入してろ過(1段/2段)	・放流水中のリン濃度が最も低い	・ろ過運転の長さが1段ろ過では短くなる ・2段ろ過は，費用がより掛かる
複数の場所	・リン除去の最適化のための自由度が最も高い	・薬品の分配と制御システムがより複雑になる
石灰の投入		
最初沈殿池の前	・BODとTSSの除去が促進することによりエアレーションタンクの負荷が減少する ・石灰の回収ができる	・pHが過剰に高いと生物処理を妨げるので，石灰の投入は，pHが約9.0までしかできない ・溶存するリンのレベルは，2～3mg/Lである
最終沈殿池の前	・最初沈殿地の前に投入するのと比べ，薬品の投入量が少ない ・生物反応により，リン酸複合体がより簡単に沈殿するオルトリン酸態に分解される	・不活性の固形物が混合液中に付加される ・VSの割合が減少する ・高いpHや返送汚泥が生物処理能力に影響を与えうる
二次処理後に投入して沈殿	・放流水中のリン濃度が低い ・石灰の回収ができる	・追加的な凝集および沈殿の段階が必要となる ・処理水のpHが高く，アルカリ度が低いため，再炭酸化が必要となる
二次処理後に投入してろ過(1段/2段)	・放流水中のリン濃度が最も低い	・ろ過運転の長さが1段ろ過では短くなる ・2段ろ過は，費用がより掛かる ・最初沈殿池と比較して，汚泥の沈降がより難しくなる

[a] WEF(1998)より引用．

ても処理水中のリンのレベルを1～2 mg-P/Lにすることができる．薬品を添加すれば，処理水中のリンのレベルを0.1 mg-P/L以下にすることができる．一般的に，薬品によるリンの沈殿は，リンの除去が必要なプラントのうち規模が最も小さな所で利用されている．

処理水の成分の変動性

　生物学的な窒素除去(BNR)プロセスで観察される処理水の変動は，活性汚泥プロセスの水質変動と似ている(表-7.8参照)．安定的な運転が行えることから，多くのケースで生物学的栄養塩除去(BNR)プロセスが標準活性汚泥法よりも選択されることだろう．また，リン除去のために薬品を添

加することで，観察される変動は一般的に減少する．

7.5 膜分離型生物反応タンクによる二次処理

水再利用システムに活用するための新しい最も有望な技術の一つが，膜分離活性汚泥法(MBR)である．MBRは，生物処理と有機物や浮遊物質の高度な除去を行う膜ろ過システム(membrane system)を組み合わせたものである．膜は，浮遊増殖型システム(suspended growth system)の中のバイオマスを処理水から分離する際，沈殿や深層ろ過(depth filtration)に代わる働きをする．図-7.2(b)のように生物反応タンクと膜ろ過システムを組み合わせることで，それと同等の放流水を得るために行われていた重力沈殿(gravity sedimentation)や接触ろ過等で標準的に行われていた水処理のオペレーションをなくすことができるようになった．MBRでは，全体の必要とするスペースと設備コストを低減することも可能である．より設置面積が小さい(smaller "footprint")ことで，MBRの処理施設をサテライト処理のために，限られた敷地や完全に住宅地に囲まれたエリアに設置することができるようになった．

膜は，当初，鹹水や海水の脱塩に使われ，1970年代には実験的に排水処理に使われるようになった．活性汚泥の固液分離に中空糸膜(hollow fibers)を用いる試みが Yamamoto et al. (1989) によって行われた．研究者たちのコンセプトは，膜を生物反応タンクに浸し，吸引により水を膜に浸透させて除去するというものだった．生活排水に対するその後の浸漬式MBRの試験では，典型的な家庭排水の日変動パターン下での運転において，一貫して濁度，COD，窒素の高い除去性能が得られた(Chiemchaisri et al., 1993)．浸漬式MBRのコンセプトは，これまでに開発されて，現在，排水処理や再生水利用に適用されている多くのMBRシステムの基礎となっている．

7.5.1 膜分離活性汚泥法の解説

膜分離活性汚泥法(MBR)は，幾つかの異なった設備の配置形式がある．これは，ほとんどのMBRが独自商標のデザインであり，独自の異なる特徴を持っているからである．主な形式は，図-7.12に示すとおりである．大部分の生物反応槽システムに共通した特徴は，固液分離に低圧の膜ろ過システム(例えば，MFまたはUF)が使われていることである．標準的な浄化方法に対する説明では，膜処理の利点としては，(1)付帯設備がきわめて小規模，(2)高品質の処理水が得られる，(3)高MLSSによって障害を受けにくい安定した汚泥が形成，(4)小規模のMBR施設では，返送汚泥システムの省略または大幅な縮小が可能，(5)運転管理が容易，があげられる．

いろいろなタイプのMBRシステムがある中で，重要な要素となるのは，MF膜またはUF膜である．MBRで一般に使用されるMF，UF膜のタイプは，中空糸膜または平膜(fixed plate)であり，表-8.18および図-8.28に示すとおりである．膜は，圧力駆動(pressure driven)によるか，または吸引駆動(vacuum driven)による場合がある．圧力駆動式の場合，膜は，生物反応タンクの外部に設置され[図-7.12(a)参照]，生物反応タンクからの混合液は，ポンプで膜に供給される．圧力駆動の膜は，一般にチューブ状の形をしており，槽外型MBR(external membrane bioreactor；EMBR)と呼ばれている(Trussell et al., 2005)．浸透性を維持し，性能を向上させるため，膜ユニットの前面に細目スクリーンまたは布製フィルタ等の前処理装置が設置される．

吸引駆動式の膜は，活性汚泥反応タンクに直接浸漬するか，膜分離タンクに分離される[図-7.12(b)～(d)参照]．この膜には，固形物を反応タンクや膜分離タンクに残しながら膜から水(透過水)を引き抜くため，負圧(50 kPa以下)がかけられる．膜の外側を洗浄するため，膜の下側から空気が供給される．気泡が水面に上昇していく間に膜表面の洗浄が行われ，膜で阻まれた粒子は，混合液に戻

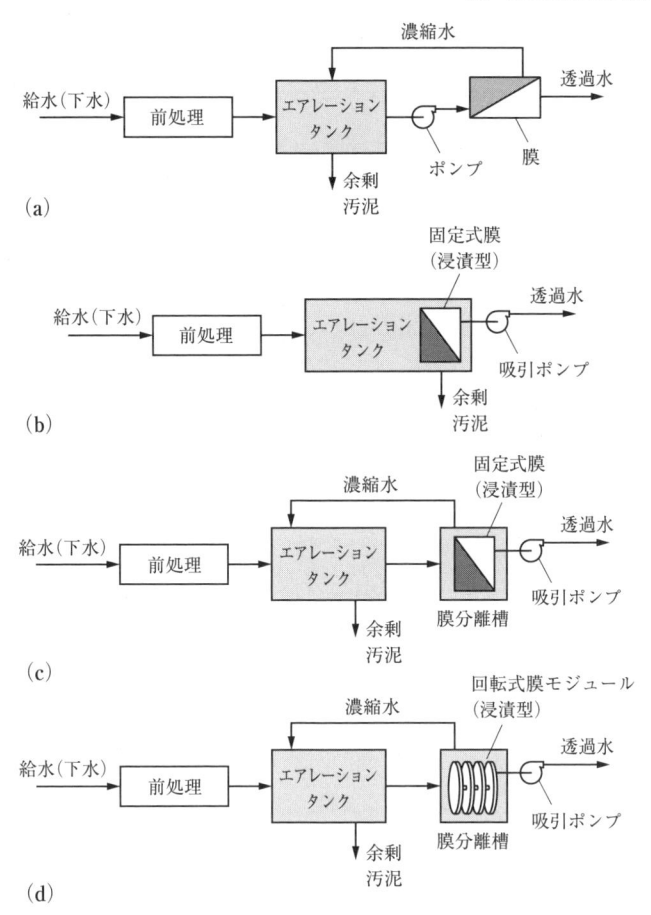

図-7.12 膜分離活性汚泥法の一般的な形式．(a)槽外式圧力駆動膜，(b)一体式浸漬型，(c)槽外式浸漬型，(d)槽外式浸漬型回転膜

される．

　MBRの技術は，排水処理と水再生・再利用のための最も重要な処理方式の一つであることは間違いない．最近の調査では，1 000を超えるMBRが世界中で稼動しており，さらに計画中・建設中のものも多数ある．MBRは日本国内で急増しており，世界中の全設置数の約2/3にも相当する．98%以上のMBRシステムは，膜ろ過と好気的生物反応タンクの組合せが採用されている(van der Roest et al., 2002)．

　浸漬型の膜を使ったほとんどのMBRの設置から10年を経過していないにもかかわらず，その技術は急速に進歩しており，多くのサプライヤ(suppliers)がこの市場に参入した．MBRは，サテライトシステムや既設処理場の処理能力の補充等に適している．また，今では修景や灌漑，冷却等の飲用以外に使われている水を飲用水に転換するため，高品質の再生水を生産するような統合的水資源マネジメント(integrated water resource management)の面からも，MBRは重要である．

　MBR技術の導入と適用に向けて，本節では，以下の事項について検討している．(1)再生水利用へのMBRの適合性，(2)MBRシステムの型式，(3)期待される能力，(4)独自商標の浸漬型膜ろ過システム，(5)他の膜ろ過システム．これ以外の，残余粒子性物質や溶存成分の除去のための膜ろ過システムの適用については，それぞれ8，9章で論じることとする．

7.5.2 再生水利用への膜分離活性汚泥法の適合性

　MBRシステムを再生水利用に適用する場合の最大の利点は，(1)安定的に高いレベルの水質が確保できること，(2)システムの規模がコンパクトなため，水再利用ポテンシャルのある地点の近くにMBR施設を設置できること，である．膜の孔径は小さい(通常は0.04～0.4 μmの範囲)ため，BODやTSS，濁度，細菌濃度が低く，二次処理後にMFによる処理が行われたのと同程度の高レベルに浄化された水が生成される(**8章参照**)．生成された水の水質は，様々な再生水の用途に適するものであり，消毒後には飲用以外の様々な用途に制限なく利用することができる(**6章参照**)．MBRは，栄養塩類，特に窒素のコントロールが必要な場合には，その除去のための処理を組み込むことも可能である．
　水の再利用施設を設計する際の重要な検討事項の一つは，再生水を貯水，送水して利用ポイントまで配水するためのインフラのコストである．MBRの施設は，管路システムの上流部で下水の遮集用に戦略的に設置することが可能であることから(**12章参照**)，水を処理して地区内で再利用するために下水を回収することができる．このコンセプトの結果として，次の効果が生ずる．(1)以前は実施できなかった所にも再利用の機会を広げることが可能，(2)管路やポンプ，貯水施設の必要性が減ることから，地域の再生水へのニーズにより経済的に対応できる．

7.5.3 膜分離型生物反応システムの型式

　MBRシステムには，生物処理工程の外付けで設置するシステムもあるが，現在では，世界中で使われている50％以上のMBRシステムは，生物反応タンク中への膜浸漬型である(van der Roest, 2002 ; Judd and Judd, 2006)．浸漬型システムでは，膜の透過水をポンプ吸引により引き抜く際にフロック形状を完全に維持するため，膜の性能と固液分離性能が改善されてきた.
　図-7.12に一般的に用いられる4つのMBRの構造を示した．図-7.12(a)では，エアレーションタンクの次に外付けの膜ろ過システムが見られる．エアレーションタンク内の混合液は，ポンプで送水され，膜ユニットを通過する．膜は，その表面に堆積する物質を除去するため，一定期間ごとに逆洗される．浸漬型の膜ろ過は，異なる形態に発展してきており，3つの基本的なタイプを図-7.12(b)～(d)に示す．これらのタイプは，①一体型の浸漬膜を固定のモジュールに設置[(b)]，②固定式の膜モジュールを外付けの膜分離槽内に設置[(c)]，③回転膜モジュール[(d)]，となっている．それぞれのタイプには，はっきりと異なった特長がある．
- タイプ①は，既設のエアレーションタンクに取付けが可能であるため，省面積である．
- タイプ②は，エネルギー効率を高めるためにエアレーションタンク内には微細気泡散気装置を用い，粗大気泡散気装置を膜の洗浄とファウリング(fouling)抑制用として設計することができる．
- タイプ③は，膜のファウリング抑制を助けるために膜モジュールの回転を活かして，粗大気泡散気装置の必要空気量を最小化することができる．図-7.12(d)に示す回転円盤は，通常，膜分離槽に設置されるが，生物反応タンク内に設置することも可能である．

　従来型の浮遊増殖型処理システムと比較すると，MBRの長所は，以下のとおりである．(1)MBRは，SS濃度を高くして運転するため，反応タンクの水理学的滞留時間(hydraulic retention times)がより短くなる．(2)標準法よりも約2～3倍長いSRTの結果として，汚泥発生量が少なく，運転が安定しており，処理が不調となる回数が少ない．(3)長いSRTと低い溶存酸素(DO)のプロセスを組み合わせて制御することにより，同時に硝化-脱窒を行うことが可能である．MBRの短所としては，(1)膜モジュールの初期投資費用が大きい．(2)膜の寿命に関するデータが限られていることから，定期的な膜交換時の更新コストが高くなる可能性がある．(3)従来型の浮遊増殖型プロセスと比べて，膜洗浄のエネルギーコストが高くなる．(4)膜がファウリングを起こし，設計処理フローの機能に影

響する恐れがある，(5)膜プロセスからの余剰汚泥は，脱水がより困難となる可能性がある，ことがあげられる．

7.5.4 主要な独自商標の浸漬型膜システム

　ほとんどのMBRは，施設の設置から10年を経ていないため，再生水向けのプロセス装置のサプライヤは限られた数しかない．しかし，その他の多くの企業がこの市場に参入し，あるいはその準備をしているところである．米国には商標化された浸漬型MBRを提供する主要な4社のサプライヤがある．GE Water and Process Technologiesの一部であるZenon Environmental，クボタ，三菱レイヨン，Siemensの子会社のUSFilterである．本項で扱うそれぞれの独自商標の膜設備は，使用する膜のタイプと配置が異なっている．様々なタイプのMBRの特徴について表-7.13に要約した．また，以下でも説明していく．Zenonの膜は，Michigan州Traverse市の膜分離タンクに設置されてはいたが，初期の3つのサプライヤであるZenon，クボタ，三菱は，一体式のMBRを広く市販していた（Crawford et al., 2005）．USFilterは，膜分離槽向けの膜モジュールを提供している．それぞれの膜ろ過システムの本質的な特徴を以下に述べている．独自商標のMBRデザインによって異なる膜のファウリング対策手法については，別項で述べる．

　もう一つのサプライヤであるHuber Technologyは，回転式のMBRを生産している．本稿執筆時点（2006）では，Huberは，California州のTitle 22法の要求に適合したという認可を得ていないため，再利用向けの主要なMBRサプライヤとして扱われていない．Huberのシステムに関しては，他の場所で使用されてきたものの情報提供の目的で記述している．Huberは，Hawaiiにおいて比較パイロット試験を実施しているところである（Babcock, 2005）．

Zenon Environmental

　Zenogemと呼ばれるZenon社のシステムは，活性汚泥反応タンク内の区画化されたセルの中に浸漬させた管状の中空糸膜モジュールからなるカセットを使用している．各カセットは，全体の寸法が幅0.91 m，長さ2.13 m，高さが約2.44 mとなっている（図-7.13参照）．カセットは，32~48の膜モジュールを収納しており，各モジュールは，32 m^2 の膜面積を有している．その構造は，膜カセットを生物反応タンクから取り外すことなく洗浄することが可能となっている．補助機器類としては，透過水ポンプ，薬液貯蔵タンク，薬液注入ポンプ，そしてプロセス制御装置が必要である．また，膜の補助システムとして，気泡洗浄（air-scour）システム，バックパルス洗浄（backpulse water flushing）システムが含まれる．気泡洗浄システムは，エアコンプレッサまたはブロワと，エアレーションタンクの底に設置する粗大気泡散気装置からなる．気泡洗浄システムでは，固形物の付着を最小限にするため，継続的に膜外面を撹拌し続ける．気泡洗浄システムへの空気は，一般的には活性汚泥プロセスの空気に加えて供給されている．膜の維持管理と洗浄についての追加情報を7.6に「膜のファウリング抑制と洗浄」として示している．

クボタ

　日本でクボタが製造している図-7.14に示した膜ユニットは，米国ではEnviroquip, Inc.により販売されている．このシステムは，1またはそれ以上の膜パネルが使われており，各パネルは，全体の寸法が幅490 mm，高さ1 000 mm，厚さ6 mmで，有効な表面積が0.8 m^2 となっている．膜パネルは，カセットを形成するために8 mmの中心間距離でそれぞれ近接して並べられている．1つのカセットは，最大200枚のパネルを一重ねで収めることが可能で，もし二重に重ねれば400枚のパネルを収納できる．カセットは，複数の押出し流れの水槽の流れに垂直に縦一列で設置される．より小さい設備を設計する時には，パネルは，洗浄や交換のために個々に取り外すこともできる．それぞれのカ

第7章 二次処理による汚濁成分除去

表-7.13 様々な独自商標の MBR システムの特徴[a]

製造会社	Zenon	クボタ	三菱	USFilter	Huber
膜のタイプ	中空糸 UF	平膜 MF	中空糸 UF	中空糸 UF	平膜 UF
配置構造	固定型 垂直式	固定型 垂直式	固定型 水平式	固定型 垂直式	回転盤
孔径(μm)	0.04	0.4	0.04	0.04	0.04
表面積/モジュール (m^2)	31.6	0.8	10.5	9.3	3
モジュール数/エレメント	—	—	—	—	6 または 8
膜の推定寿命(yr)	8	不明	不明	5〜10	不明
配置	水槽内または分割された区画	水槽内または分割された区画	水槽中	分割された区画	水槽内または分割された区画
前処理スクリーンのサイズ(mm)	1〜2	3 以下	1〜2	1〜2	3 以下
膜のエアレーション					
タイプ	粗大気泡	粗大気泡	粗大気泡	ジェットエアレーション	粗大または微細気泡
エアレーション周期	10s-on/10s-off	9s-on/1s-off	一定	一定	一定
透過流束					
平均(L/m^2·h)	17〜25	17〜25	8.5〜17	17〜25	16〜22
最大(6 h 以下) (L/m^2·h)	< 37	<73	<55	<51	<55
維持洗浄(気泡洗浄に加えての)					
タイプ	圧力解放,塩素逆洗	圧力解放	圧力解放	塩素逆洗	なし
洗浄時間(min)	1, 2 または 3	1, 2 または 3	1, 2 または 3	—	—
頻度	10 min/必要に応じ	10 min	10 min	毎週	—
回復洗浄					
タイプ	薬品洗浄	塩素逆洗	塩素逆洗	薬品浸漬	塩素逆洗
場所	水抜きしたセル	原位置	原位置	水抜きしたセル	原位置
頻度(mo)	6	6〜12	3	3	必要に応じて
生物学的パラメータ					
SRT(d)	12〜15	15	20	12〜15	15〜20
MLSS(mg/L)	≤10 000	≤10 000	≤15 000	≤10 000	12 000〜16 000

[a] Crawford(2002), Wallis-Lage(2003), Adham and DeCarolis(2004), Babcock(2005), Judd and Judd(2006)の一部を引用.

セットには,下方の散気装置ケースと上側の膜ケースがある.散気装置ケースは,膜洗浄用の空気を供給する粗大散気装置の分岐管を収納している.膜ケースには,膜から水を吸引して集水用連結管に接続する一連の管がある.大型設備向けには,膜パネルは,共通の多岐管に固定されている.膜透過の補助機器類は,Zenon システムのものと同様である.

三 菱

三菱の MBR ユニットは,日本で製造され,米国では GE Water and Technologies の事業部門である Ionics により販売されており,孔径 0.4 μm の中空糸のステラポアー膜を使用している.この膜は,水平に配置され,透過ラインが両端に取りつけられる.各膜モジュールは,トータル 105 m^2 の

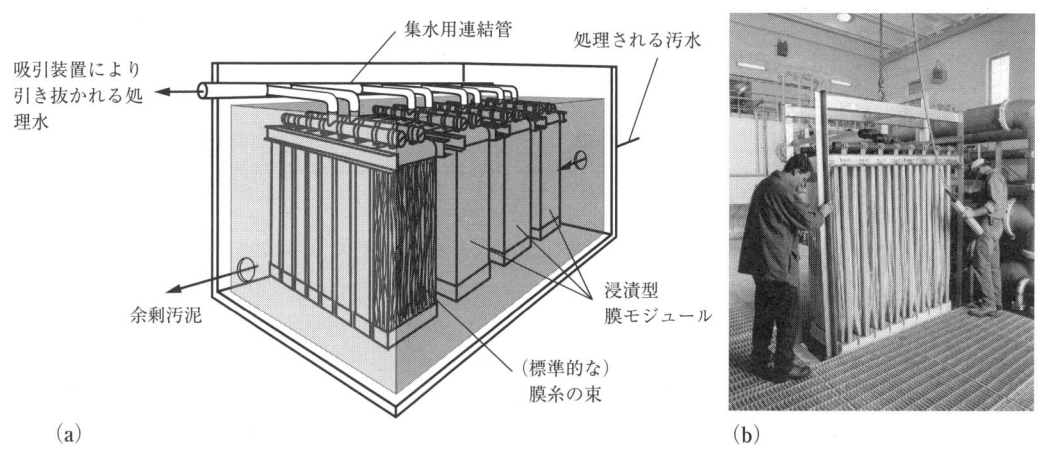

図-7.13 標準的な Zenon 社の浸漬型 MBR．(a)型生物反応タンク中の膜配置の概略図，(b)膜分離型生物反応タンクに設置されようとしている膜の束［提供：Zenon Environmental 社（GE Water and Process Technologies の一部門）］

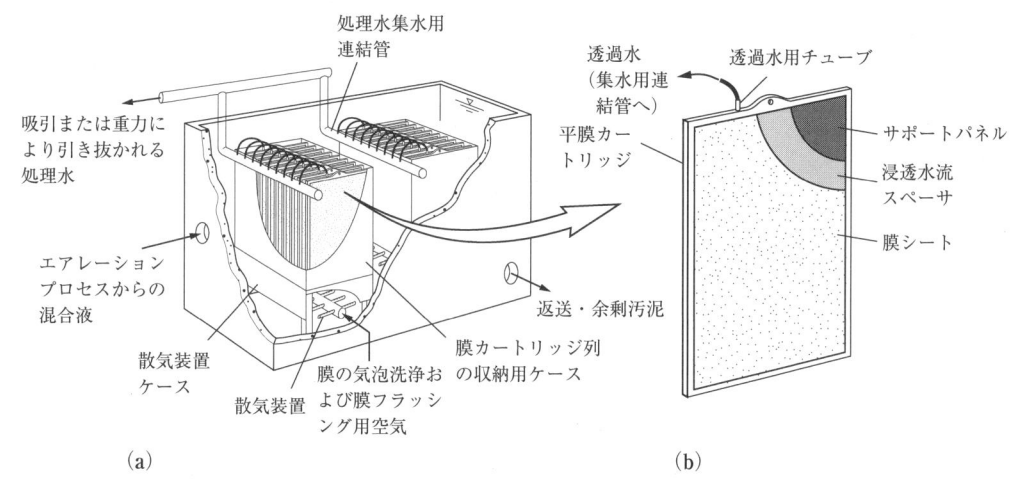

図-7.14 標準的なクボタの浸漬型 MBR．(a)活性汚泥反応槽中の膜ユニット配置の概略図，(b)膜カートリッジ

表面積を有しており，モジュールは，3層まで積み重ねられる．膜ファイバを横断する乱流パターンを維持するため，低圧の気流が用いられる．透過水は，Zenon やクボタのユニットと同様の方法で部分減圧（partial vacuum）により膜を通して引き抜かれる．膜は，吸引ポンプを停止しつつエアレーションを続けることにより，周期的に"弛緩"される．

USFilter

MemJet と呼ばれる USFilter の MBR システムは，中空糸膜を使用しており，膜モジュールは，エアレーションタンクから分離された開放式の水槽に浸漬される（図-7.15参照）．このシステムは，最大40のモジュールを収納した多数のラックを利用している．運転は，エアレーションタンクから混合液を投入し，二相ジェット（two-phase jet）により各膜モジュールの底部から通気する工程からなる．このジェットシステムは，膜のファウリングを避けるための液体の移動と気泡洗浄の両方のエネルギーを供給する．気泡は，混合液を混ぜ合わせながら膜の束を通過して上昇し，膜表面を洗浄するエネルギーを与えるとともに，固形物の堆積を防止するように膜表面を流動化している．二相ジェットは，このシステム内のすべての膜に対して膜モジュールを限られた膜の束に分け，気体と液体が

第7章 二次処理による汚濁成分除去

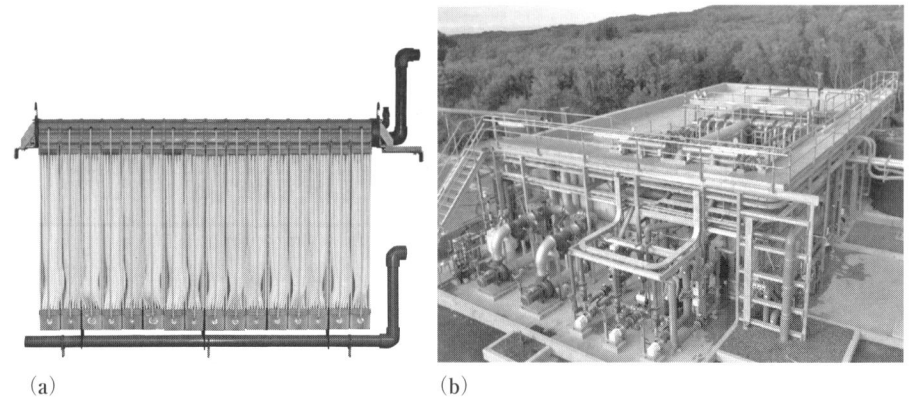

図-7.15 US Filter の膜技術．(a)フィルタモジュール，(b)小型 MBR の空中写真(提供：Siemens Water Technologies Corporation)

個々の膜糸の間を上昇できるように常に液体を送り込んでいる．

MemJet システムの長所をあげれば，(1)生物処理と膜プロセスを独立して最適化できる，(2)膜水槽から膜モジュールを取り出すことなく薬品洗浄をその場で行える，(3)すべての膜が均一に洗浄できる，ことである．このシステムの短所としては，その場での洗浄には膜ろ過システムの全体または一部を4または6時間おきに停止する必要があり，再生水の製造が短時間の間停止されることである．継続的な再生水製造が必要でない場合に適用すれば，膜洗浄のための停止は，再生水利用に著しい影響を与えることはない．継続的な再生水製造が必要な場合は，複数のユニットを使用しなければならない．

Huber Technology

Huber Germany の子会社である Huber Technology は，米国内で回転式 MBR を販売している．Huber の VRM ユニットは，エアレーションタンクまたは分離した区画か水槽に浸漬した支持フレームに取りつけられた UF 膜ディスクからなる[図-7.16(a)参照]．4枚の平膜の束がモジュールを形成し，円盤型の膜エレメントを形づくるため，6つまたは8つのモジュールが中空の回転軸の周囲に配置される[(b)参照]．最大60のエレメントが回転軸に載せられており，透過水は，吸引ポンプによって膜と流出管を通過して引き抜かれる．膜間差圧(transmembrane pressure)は，30 kPa 未満に維持される．膜エレメント上に集積する固形物の除去を支援する気泡洗浄システムによって，ファウリ

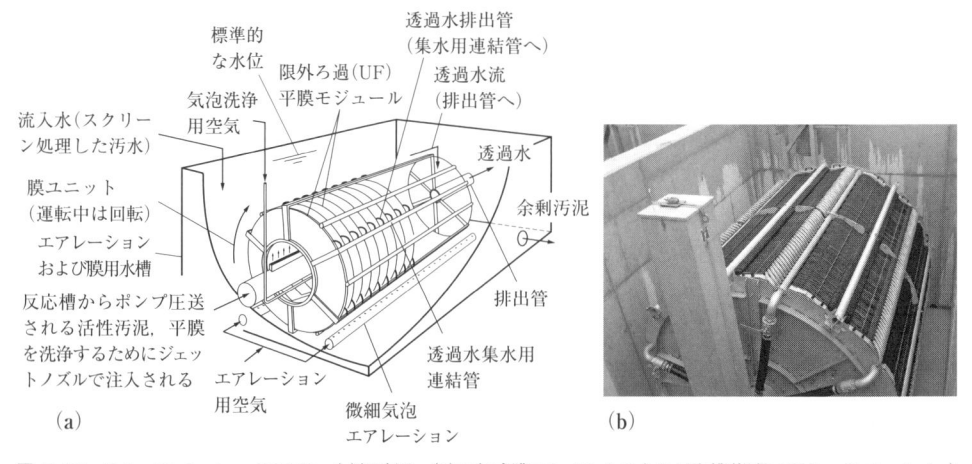

図-7.16 Huber Technology の MBR．(a)概略図，(b)回転式膜エレメントのある反応槽(提供：Huber Technologies)

ングは抑制される．エアレーションと気泡洗浄には，一般に粗大気泡エアレーションが使用される．透過水を用いた別途の逆洗システムは必要なく，膜は，吸引ポンプを停止することにより周期的に弛緩することができる．

膜をエアレーションタンクから分離された区画に設置した場合は，膜タンクのMLSSを調整するために濃縮された活性汚泥がエアレーションタンクに返送される．活性汚泥は，エアレーションタンクからポンプによって膜ユニットの中空軸上のジェットノズルから送られ，膜の間を洗浄する汚泥の流れが生み出されている．

7.5.5 その他の膜ろ過システム

主に工業利用用途の幾つかのMBRの形態では，活性汚泥プロセスの後に固液分離のために加圧されたクロスフロー方式の膜フィルタが使われる．水の軟化や脱塩処理の運転と同様，エアレーションタンクからの混合液は，槽外型のクロスフロー方式の膜へとポンプ圧送されている．濃縮水は，エアレーションタンクに返送される．この固液分離方式では，洗浄のために膜表面全体に十分な洗い流し速度を生成することと，透過のための十分な圧力を供給するためのポンプ駆動エネルギーを必要とする．工業用途への利用では，一般に膜モジュールが小さいことから，ポンプ駆動エネルギーを考慮するほどではない．

その他のタイプの膜ろ過システムは，市場に参入途上か，当局の認可の要件を満たすための実証試験を実施しているところである．これらの新しい製品は，主に独自商標の装置を基礎にしている．幾つかの製品について，以下に手短に紹介する．

回分式活性汚泥／布フィルタ／精密ろ過プロセス（AquaMBプロセス）

Aqua-Aerobic Systemsから販売されているAquaMBプロセスでは，回分式活性汚泥法（SBR）による生物処理の後に布フィルタと圧力駆動式の膜を使用することで，固液分離が行われている（図-7.17参照）．表-7.4に示したSBRプロセスでは，充填-引抜き反応タンクを用いる．処理して静置した後の浄化された水は，細かい浮遊物質を取り除くため，上澄み液が布フィルタへと移される．布フィルタ（8章参照）は，膜ろ過の手前で前処理の役割を果たす．布フィルタからの流出水は，その次にさらに残っている微粒子性物質を取り除くため，槽外型の膜ユニットにポンプで送水される．MFまたはUFのどちらかが固液分離に使われる．本節で前述したように，膜分離は，吸引式または圧力式の膜を使って行われることとなる．

エアリフト式MBR

エアリフト式MBR（Airlift membrane Bioreactor；AL-MBR）は，オランダの企業Noritにより都市部の下水の再利用のために開発された．排水はエアレーション式生物反応タンク（aerated bioreactor）で処理され，次に特別に設計された槽外型膜ユニットへと排出される．槽外型膜ユニットは，管状の

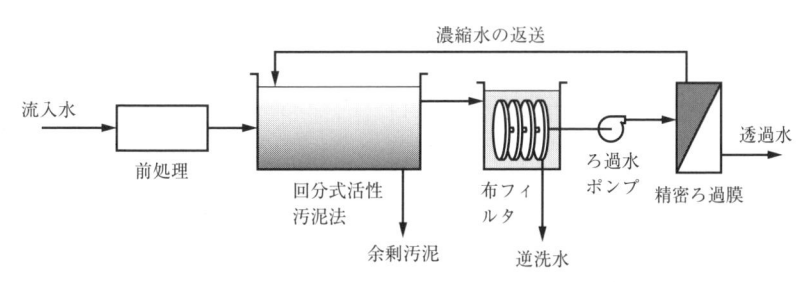

図-7.17 回分式活性汚泥法，布フィルタ，精密ろ過による膜ろ過システム

膜を収容している長さ3 m の垂直の管の一群からなっている．このユニットがZenon，クボタ，三菱の膜システムと異なるのは，膜を混合液に浸漬しないことである．生物反応タンクからの混合液は，内部がエアレーションされた管状のモジュール内に流し込まれる．ろ過表面は，管状になった支持材上の孔径 0.03 mm のポリフッ化ビニリデン(polyvinylidene fluoride；PVDF)製限外ろ過膜である．膜の管に沿った乱流パターンを維持し，汚染物質の堆積防止を助けるため，低圧の空気と低圧の汚泥の循環流が使用される(van der Roest, 2002)．図-7.12(a)のシステムと異なるのは，管束の外から部分減圧によって透過水を膜から引き抜くことである．ファウリングの原因物質を膜表面から除去するため，幾らかの透過水を管膜からポンプで逆流させることで膜を周期的に逆流洗浄する．

Koch/Puron MBR

Koch Membrane Systems は，生物反応槽から分離した水槽に浸漬した中空糸膜方式を開発してきた．独自商標であるPuron 膜モジュールは，長い中空糸の束(図-7.18参照)からなっている．膜糸は，寸法約 0.05 µm の孔がある．膜モジュールは，底部のみを固定して全長にわたって自由に動くことができる中空糸膜による片端排水(single-header)のデザインを採用している．膜糸の先端は，塞がれている．透過水は，糸状の膜壁の外側から内側へ減圧下で引き抜かれる．膜糸の束がモジュール内に垂直に取りつけられ，膜糸を洗浄して堆積した固形物を除去するため，膜束の底面中央に圧縮空気が送り込まれる．膜糸は，また周期的に透過水により逆洗される．麦芽製造工程からの排水処理用に大型の MBR プラント(2 000 m^3/d)がベルギーで稼働中である．また，都市排水処理用の MBR 実証施設が 2003 年に設置された(www.kochmembrane.com)．

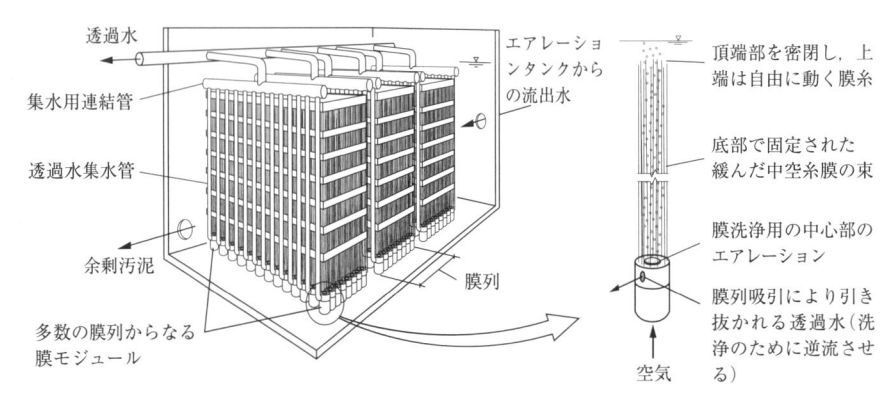

図-7.18 Koch Puron の浸漬型中空糸膜分離活性汚泥法(Koch Industries, Inc. より引用)

7.5.6 プロセスの性能予測

以下では，MBR プロセスからの代表的な排出水の成分濃度と，その変動について検討する．さらなる性能データは，製造者から得ることができる．

排出水の濃度値

膜は，大型のコロイド状や浮遊性の粒子の排出のバリアの役目を果たすため，浮遊物質濃度は，TSS の測定限界によってしばしば測定不能(すなわち，1 mg/L 未満)となる．膜表面に堆積する固形物は，溶解性有機物の除去にとって重要である(Trussell et al., 2004)．

排出水濃度の変動

膜プロセスで得られる処理レベルに見られる変動は，(1)流入下水の成分濃度の変動，(2)溶解性と

コロイド状の COD 濃度，(3)生物処理の運転，特に SRT（表-7.8 参照），(4)膜糸の破損や膜の傷の存在，が原因となっている．下流のパイプや付帯装置における生物膜の生長もまた，粒子性物質の変動検出の一因となろう．

7.6 膜分離活性汚泥プロセスの解析と設計

本節では，MBR システムのプロセス解析と設計における検討事項を紹介する．このプロセス解析は，浮遊増殖型活性汚泥システムの設計に用いられているものと同様であり，その動力学方程式 (kinetic equations) は，基本的に同じである．事例と問題で使用する際に参照する便宜のため，本節には動力学方程式とそれに関連する係数を示した．

7.6.1 プロセス解析

MBR のプロセス解析は，水質の問題，動力学方程式，特別な応用のために開発された動力学係数に基づいている．生物処理の設計についての原理を再掲することは，本書の意図するところではないが，その詳細は Tchobanoglous *et al.* (2003) の専門書に取り上げられている．しかし，ほとんどの MBR 設計で用いられる浮遊増殖型反応タンクのデザインを決定するためには，基礎的な動力学方程式が必要である．そこで，反応タンクの設計に必要な基礎的な動力学方程式と係数について本節で取り上げた．また，下水汚泥の生成量を決定する方法論と方程式についても示した．

下水の主要な汚濁成分

活性汚泥システムの設計では，特に生物学的栄養塩除去プロセスと既存システムの能力評価において，下水の特性が重要となる．表-7.14 に，下水の特性分析に一般的に用いられる係数と，その計算時に用いられる方程式の一部のリストを示す．全体のリストは，専門書[Tchobanoglous *et al.* (2003)]に示されている．

水質の問題

水質の問題は，流入水質 (influent water quality) と排出水質 (effluent water quality) の双方を包含

表-7.14 汚水の特性分析によく使われる方程式の概要[a]

数式	式番号	用語の定義
$nbVSS = \left(1 - \dfrac{bpCOD}{pCOD}\right) VSS$	(7.1)	bCOD = 生分解性 COD (mg/L) bpCOD = 粒子態生分解性 COD (mg/L) iTSS = 不活性 TSS (mg/L)
$\dfrac{bpCOD}{pCOD} = \dfrac{(bCOD/BOD)(BOD - sBOD)}{COD - aCOD}$	(7.2)	nbCOD = 難分解性 COD (mg/L) nbpCOD = 粒子態難分解性 COD (mg/L) nbsCOD = 溶存態難分解性 COD (mg/L)
$COD = bCOD + nbCOD$	(7.3)	nbVSS = 難分解性 VSS (mg/L)
$bCOD = \sim 1.6 (BOD)$	(7.4)	pCOD = 粒子態 COD (mg/L)
$nbCOD = nbsCOD + npbCOD$	(7.5)	rbCOD = 易生分解性 COD (mg/L) sBOD = 溶存態 BOD (mg/L)
$bCOD = sbCOD + rbCOD$	(7.6)	sCOD = 溶存態 COD (mg/L)
$iTSS = TSS - VSS$	(7.7)	sbCOD = 緩生分解性 COD (mg/L)

[a] Tchobanoglous *et al.* (2003) より引用．

している．MBR に送り込まれる流入排水の特性は，生物反応タンクと膜の設計と性能に影響することから重要であり，栄養塩除去が必要な場合にはさらに重要である．排出水(膜透過水)の水質要件は，化学的な前処理または後処理の必要性に影響してくる．

流入水質についての考慮事項　流入水の特性解析は，次の点から重要である．すなわち，(1)除去する必要のある対象成分を特定し定量化しなければならない，(2)膜の働きを妨げ，前処理が求められる汚染物質を見つけ出す必要がある．

膜の孔径が細かいことから，膜ユニットに供給される下水の特性解析には特別な注意が払われなければならない．膜の性能に影響を及ぼす典型的な成分を表-7.15 に示す．沈降可能物質や浮遊物質等のような幾つかの物理的な成分は，通常の集約型処理場では，スクリーン処理，土砂の除去，一次処理により抑制できるが，サテライト施設や分散型施設では，膜の上に物質が堆積するのを抑えるため，細目スクリーンや表層ろ過が必要となる．細胞外高分子物質(extracellular polymeric substances；EPS)や溶解性微生物代謝産物(soluble microbial products；SMP)のような浮遊増殖型プロセスからの生物的な副産物も，特に低 SRT(～2d)の場合にはファウリングを引き起こす(Trussell *et al.*, 2004)．幾つかの生物学的なファウリング原因物質や微量成分は，生物反応槽の SRT を増すことによって抑制することが可能で，そしてこれらの成分の生物フロックの粒子への吸着をさらに進める．高い MLSS 濃度も深刻な膜のファウリングを引き起こす．

流出水質についての考慮事項　MF 膜や UF 膜は，BOD，COD，TSS，濁度の低い生成水をつくり出すのには有効であるため，一般に流出水質に関しては，他の論点-栄養塩値やウイルスのレベル，全溶解性蒸発残留物(total dissolved solids；TDS)の濃度に焦点が絞られる．それぞれのケースについて，処理工程列(process train)の開発では，栄養塩類の除去プロセスや，消毒システム，後処理の形式等の個別要素を考慮しなければならない．本章や他章で論ずるように，たくさんのプロセスが選択可能であると同時に，特定の応用に対しては，注意深く選択しなければならない．例えば，TDS の除去が必要な場合であれば，MBR の後にナノろ過(nanofiltration；NF)や逆浸透法(reverse osmosis；RO)が必要となってくる(**9 章参照**)．もし NDMA(*N*-nitrosodimethylamine)や過塩素酸塩(perchlorate)のような微量成分の抑制が必要であれば，促進酸化(advanced oxidation)を行う後処理を考える必要があるだろう(**10 章参照**)．

表-7.15　膜分離活性汚泥法の性能に影響する汚水成分

成分のタイプ	特定成分	MBR への影響
物理的	高濃度の TSS(>30 mg/L)，髪の毛，繊維性物質，その他の不活性固形物 水温変化	膜の表面に堆積して，膜の効果を低下し，物理的損傷を与え，膜洗浄を維持する能力を低減する． 水の粘性と透過流束に影響する．
化学的	高アルカリ，溶解性鉄 油と油脂 界面活性剤 オキシダント(例えば，オゾン，塩素)	化学的ファウリングの原因物質を除去するために酸洗浄を必要とするような膜ファウリング． 能力の減衰を引き起こす膜ファウリング，より頻繁な洗浄． 除去を必要とする発泡． 幾つかのタイプの膜材料を攻撃．
生物学的	溶解性有機物，コロイド状有機物 細胞外高分子物質(EPS)	膜の能力を減衰するファウリング，より頻繁な洗浄． 膜の孔を詰まらせて膜の能力を減衰させ，より頻繁に洗浄を必要とする．また，汚泥の粘性に影響する．

動力学方程式

動力学的関係(kinetic relationships)は，バイオマス増殖と基質利用のモデル化と，プロセス能力を明らかにするために用いられる．浮遊増殖型プロセスの解析と設計に一般に用いられる重要な動力

学的関係を表-7.16 に示した．動力学方程式の由来については，Tchobanoglous *et al.* (2003)に示されている．

活性汚泥による硝化の設計のための動力学方程式も表-7.16 に示した．硝化反応速度は，きわめて重要なプロセス設計パラメータであるので，その場所特有の毒性と速度抑制のポテンシャルを評価するために，ベンチスケールまたは現場での試験が実施される．エアレーションタンクの必要容量とSRT 値は，硝化の μ_m 値に直接的に関連する．

表-7.16 浮遊増殖型プロセスの解析でよく使われる方程式の概要[a]

方程式	式番号	用語の定義
$k_T = k_{20}\theta^{T-20}$	(7.8)	DO：溶存酸素濃度(ML^{-3})
$r_{su} = -[kXS/(K_s+S)]$	(7.9)	F/M：有機物(F)対微生物(M)の比率
$\mu_m = kY$	(7.10)	f_d：細胞重量残存率
$r_{su} = -[(\mu_m XS/\{Y(K_s+S)\}]$	(7.11)	k：最大基質利用速度(T^{-1})
$r_g = Y[kXS/(K_s+S)] - k_d X$	(7.12)	k_d：内生分解係数(T^{-1})
$\mu = r_g/X$	(7.13)	k_{dn}：硝化細菌による内生分解係数(T^{-1})
SRT $= VX/[(Q-Q_w)X_e + Q_w X_R]$	(7.14)	k_T：温度(T)時の反応速度係数
SRT $= 1/\mu$	(7.15)	k_{20}：温度20℃時の反応速度係数
$1/\text{SRT} = -[YkS/(K_s+S)]k_d$	(7.16)	K_n：硝化に関する半飽和定数(ML^{-3})
$S = [K_s(1+k_d\text{SRT})]/[\text{SRT}(Yk-k_d)-1]$	(7.17)	K_o：DO の半飽和定数(ML^{-3})
$X = (\text{SRT}/\tau)[Y(S_o-S)/(1+k_d\text{SRT})]$	(7.18)	K_o'：酸素阻害係数(ML^{-3})
$X_{VSS}V = P_{X,VSS}\text{SRT}$	(7.19)	K_s：半飽和定数(ML^{-3})
$X_{TSS}V = P_{X,TSS}\text{SRT}$	(7.20)	K_{s,NO_3}：脱窒に関する半飽和定数(ML^{-3})
$R_o = Q(S_o-S) - 1.42P_{X,bio}$	(7.21)	L_{org}：有機物の容積負荷率(ML^{-3}T^{-1})
F/M $= QS_o/VX$	(7.22)	μ：比増殖速度(T^{-1})
$L_{org} = QS_o/V$	(7.23)	μ_m：最大比増殖速度(T^{-1})
$\mu_n = [\mu_{nm}N/(K_n-N)][DO/(K_o+DO)] - k_{dn}$	(7.24)	μ_n：硝化に関する比増殖速度(T^{-1})
$r_{su} = [kXS/(K_s+S)][NO_3/(K_{s,NO_3}+NO_3)][K_o'/(K_o'+DO)]\eta$	(7.25)	μ_{nm}：硝化細菌の最大比増殖速度(T^{-1})

N：NH$_4$-N 濃度(ML^{-3})	TSS：全浮遊物質量(M)
NO$_3$：硝酸性窒素濃度(ML^{-3})	τ：水理学的滞留時間(HRT)(T)
η：電子受容体としての硝酸と酸素の基質消費速度の比	θ：温度活性係数
P_X：固形物量(M)	V：容量(L^3)
Q：流量(L^{3}T^{-1})	VSS：揮発性浮遊固形物(M)
Q_w：余剰汚泥の流量(L^{3}T^{-1})	X：バイオマス濃度(ML^{-3})
R_o：酸素(MT^{-1})	X_e：流出水中のバイオマス濃度(ML^{-3})
r_g：純バイオマス生産速度(ML^{-3}T^{-1})	X_R：沈殿池からの返送ライン中のバイオマス濃度(ML^{-3})
r_{su}：溶解性基質利用速度(ML^{-3}T^{-1})	X_{VSS}：反応槽内の揮発性固形物質量(ML^{-3})
S：溶液中の増殖制限基質濃度(ML^{-3})	X_{TSS}：反応槽内の全固形物質量(ML^{-3})
S_o：流入水濃度(ML^{-3})	Y：バイオマス収率，基質消費質量当りの形成された細胞の質量
SRT：固形物滞留時間(T)	Y_n：g-生成されたバイオマス/g-NH$_4$-N 消費量

[a] Tchobanoglous *et al.* (2003)より引用．
注) 単位　M：質量　　L：長さ　　T：時間

係　数

標準的浮遊増殖型プロセス内の従属栄養細菌による生分解性 COD に基づく炭素質物質除去に関して表-7.16 の方程式で使用される代表的な動力学係数を表-7.17 に示す．表-7.17 で与えられている μ_m と K_s の値は，IAWPRC (International Association of Water Pollution Research and Control)の活性汚泥モデル(Activated Sludge Model；ASM)1 で推奨されるデフォルト値(default valure)である (Henze *et al.*, 1987)．一般に IAWPRC モデルは，活性汚泥法の標準モデルとして認められている．

代表的な活性汚泥硝化反応の動力学係数を表-7.18 に示した.

　沈殿プロセスを膜に交換すると，微生物個体群の淘汰圧を変えることから，生物学的動力学係数に差異が生ずることが知られている．フロック粒子に作用する剪断力や，種々の混合，物質移動条件の変化等の要素もまた動力学的活動に影響する．限られた情報しか入手できないことから，プロセス解析に用いる動力学係数は，類似施設による試験データやパイロット実験によって確かめるべきである．表-7.17，7.18 の係数は，単に参考として使うべきである．

表-7.17　20℃における従属栄養細菌の活性汚泥の設計係数[a]

係数	範囲	標準値
μ_m(g-VSS/g-VSS・d)	3.0 ～13.2	6.0
K_s(g-bCOD/m^3)	5.0 ～40.0	20.0
Y(g-VSS/g-bCOD)	0.30～ 0.50	0.40
k_d(g-VSS/g-VSS・d)	0.06～ 0.20	0.12
f_d(—)	0.08～ 0.20	0.15
θ 値		
μ_m(—)	1.03～ 1.08	1.07
k_d(—)	1.03～ 1.08	1.04
K_s(—)	1.00	1.00

[a] Henze *et al.*(1987)，Barker and Dold(1997)，Grady *et al.*(1999)より引用．

表-7.18　20℃における活性汚泥の設計硝化反応の動力学係数[a]

係数	範囲	標準値
μ_m(g-VSS/g-VSS・d)	0.50～0.90	0.85
K_n(g-NH$_4$-N/m^3)	0.5 ～1.0	0.70
Y_n(g-VSS/g-NH$_4$-N)	0.10～0.15	0.12
k_{dn}(g-VSS/g-VSS・d)	0.05～0.17	0.17
θ 値		
μ_n(—)	1.06～1.123	1.072
K_n(—)	1.03～1.123	1.053
k_{dn}(—)	1.02～1.08	1.029

[a] Melcer *et al.*(2003)より引用．

下水汚泥の生成量

　浮遊増殖型プロセスの設計に含まれる事柄として，下水汚泥(biological solid)生成量の決定がある．汚泥量の決定は，次の2 つの理由から重要である．(1)プロセス制御のため，そして(2)必要に応じて，後続の汚泥処理設備を設計するため．次の段落で述べるように，汚泥生成量の決定には2 つの方法が用いられる．

公表データに基づく下水汚泥生成量の推定　第一の方法は，類似施設による公表データから実際の汚泥生成量を推定するもので，第二の方法は，下水の特性解析を行い，様々な汚泥の発生源を考慮し，それを計上する実際の活性汚泥プロセス設計に基づくものである．第一の方法では，日汚泥発生量は，（したがって，日当りの余剰量も）式(7.26)を用いて推定することができる(Tchobanoglous *et al.*, 2003)．

$$P_{X,\text{VSS}} = Y_{\text{obs}} Q (S_0 - S)(1\text{kg}/10^3\text{g}) \tag{7.26}$$

ここで，$P_{X,\text{VSS}}$：1 日当り純余剰活性汚泥発生量(kg-VSS/d)，Y_{obs}：収率の観測値(g-VSS/g-除去された基質)，Q：流入水量(m^3/d)，S_0：流入基質濃度(g/m^3)(mg/L)，S：放流基質濃度(g/m^3)(mg/L)．

　揮発性浮遊固形物質(volatile suspended solid；VSS)(BOD に基づく)の収率の観測値を図-7.19 に図示した．収率の観測値は，SRT が増えるに従って内生呼吸(endogenous respiration)の増加に伴うバイオマスの損失のために減少していく．この収率は，高温では内生呼吸速度が高まる結果として，温度が高くなるに従って低下する．収率は，一次処理が行われない場合，沈降しやすい有機物や非生物分解性 VSS(nonbiodegradable VSS；nbVSS)が流入下水中に多く残ることから，より高くなる．反応速度方程式(7.8)における内生呼吸の温度補正値 θ は，20～30℃ では1.04，10～20℃ では1.12 である(Tchobanoglous *et al.*, 2003)．

動力学係数を用いた下水汚泥生成量の推定　下水の特性解析を十分行うことで，より正確に下水汚泥生成量を予測することが可能である．以下の方程式は，従属栄養バイオマスの増殖，内生分解

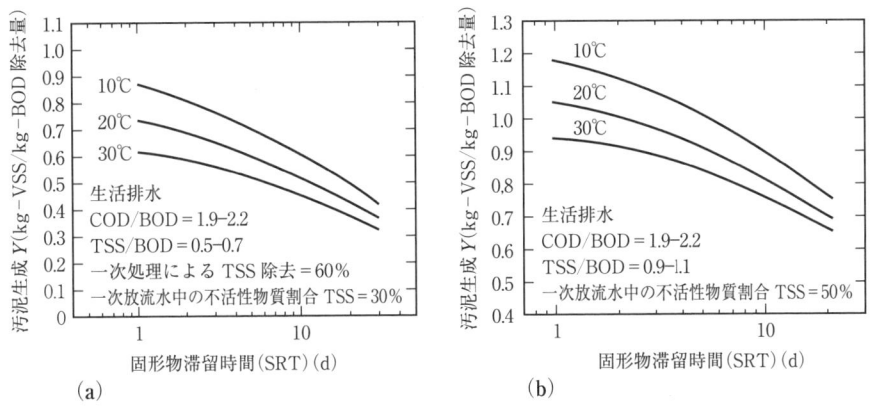

図-7.19 純汚泥生成量と固形物滞留時間(SRT), 温度の関係. (a)一次処理あり, (b)一次処理なし

(endogenous decay)による細胞の残骸, 硝化細菌のバイオマス, そして非生物分解性VSSに関する項からなっており, 汚泥生成量の推定に用いることが可能である(Tchobanoglous et al., 2003).

$$P_{X,\text{VSS}} = \underbrace{\frac{QY(S_0-S)(1\text{ kg}/10^3\text{ g})}{1+k_d\text{SRT}}}_{\text{A 従属栄養バイオマス}} + \underbrace{\frac{f_d k_d QY(S_0-S)\text{SRT}(1\text{ kg}/10^3\text{ g})}{1+k_d\text{SRT}}}_{\text{B 細胞残骸}} + \underbrace{\frac{QY_n\text{NO}_x(1\text{ kg}/10^3\text{ g})}{1+k_{dn}\text{SRT}}}_{\text{C 硝化細菌バイオマス}} \\ + \underbrace{Q\text{nbVSS}(1\text{ kg}/10^3\text{ g})}_{\text{D 流入水中のnbVSS}} \tag{7.27}$$

ここで, $P_{X,\text{VSS}}$:揮発性浮遊物質の1日当り生成される全重量(kg-VSS/d), Y:従属栄養バイオマスの収率(g-バイオマス生成量/g-利用された基質量), k_d:内生分解係数(g-VSS/g-VSS·d), f_d:細胞重量残存率(g/g), SRT:汚泥滞留時間(d), NO_x:硝化された流入水中のNH_4-N濃度(g/m^3), Y_n:硝化細菌バイオマスの収率(g-バイオマス生成量/g-利用されたNH_4-N量), k_{dm}:硝化細菌による内生分解係数(g-VSS/g-VSS·d), nbVSS:非生物分解性揮発性物質量(g/m^3).

前述したように, 従属栄養生物による炭素系物質除去の標準的な動力学係数値を表-7.17に, 硝化に関する係数の標準値を表-7.18に示している.

汚泥の1日当り全乾燥重量には, 流入水の不活性物質のTSSも含まれなければならない(TSSは, VSSに加えて無機固形物を含む). 流入下水中の無機固形物($\text{TSS}_0 - \text{VSS}_0$)は, 余剰固形物の一因であり, また式(7.27)に追加すべき固形物生成の項である. 式(7.27)のバイオマス項(A, B, C)には無機固形物が含まれており, 細胞組成に基づけば, 全バイオマス中のVSSの比率は, 約0.85である(Tchobanoglous et al., 2003). そこで, 式(7.27)は, TSSで見ると, 固形物生成を算定して, 以下のように変形できる.

$$P_{X,\text{TSS}} = \frac{A}{0.85} + \frac{B}{0.85} + \frac{C}{0.85} + D + \underbrace{Q(\text{TSS}_0 - \text{VSS}_0)}_{\text{E 流入中の不活性TSS}} \tag{7.28}$$

ここで, $P_{X,\text{TSS}}$:廃棄固形物の1日当り全重量(kg-VSS/d), TSS_0:流入下水のTSS濃度(g/m^3), VSS_0:流入下水のVSS濃度(g/m^3).

エアレーション内の日当り全固形物重量は, SRTから決定される. 1日当り汚泥生成量は, 表-7.16中の式(7.19)を用いて算出することが可能である. 全固形物重量は, 表-7.16中の式(7.20)により計算できる. 適切なMLSS濃度を選ぶことによりエアレーションタンクの容量を式(7.20)から決定することができる.

例題7-3　膜分離活性汚泥法と標準活性汚泥法を比較した固形物生成量の推計

18 900 m³/d の一次処理水を処理する標準活性汚泥反応タンクにおける固形物生成量を算定し，MBR による生成量の結果と比較せよ．反応タンクは，BOD 除去のためにのみ設計するものとする．

右の下水の特性値を適用する．

以下の設計条件と仮定を適用する．

① 活性汚泥プロセスの SRT を 5 日とし，MBR の SRT を 15 日とする．
② エアレーションタンクの混合液温度を 12℃ とする．
③ 表-7.17 の動力学係数を使用する．
④ bCOD/BOD　1.6

成分	濃度(g/m³)(mg/L)
BOD	140
sBOD	70
COD	300
sCOD	132
rbCOD	80
TSS	70
VSS	60

解　答

1. 下水水質指標を展開し，活性汚泥プロセスのエアレーションタンク中の VSS および TSS 重量を計算する．

　a.　下水水質指標を展開．

　　i.　式(7.4) より bCOD を求める．

　　bCOD = S_0 = 1.6 BOD = 1.6×140 g/m³ = 224 g/m³

　　ii.　式(7.1) より nbVSS を求める．

　　nbVSS = (1 − bpCOD/pCOD) VSS

$$\frac{\text{bpCOD}}{\text{pCOD}} = \frac{(\text{bCOD/BOD})(\text{BOD}-\text{sBOD})}{\text{COD}-\text{sCOD}} = \frac{1.6(\text{BOD}-\text{sBOD})}{\text{COD}-\text{sCOD}}$$

$$= \frac{1.6(140-70)\,\text{g/m}^3}{(300-132)\,\text{g/m}^3} = 0.67$$

　　nbVSS = (1 − 0.67) × 60 g-VSS/m³ = 20 g/m³

　　iii.　式(7.7) より iTSS を求める．

　　iTSS = TSS − VSS = (70 − 60) g/m³ = 10 g/m³

　　iv.　表-7.16 の式(7.17) より，溶液中の増殖制限基質濃度 S を決定する．

$$S = \frac{K_s(1+k_d\text{SRT})}{\text{SRT}(Yk-K_d)-1} \quad (\text{注}: Yk = \mu_m)$$

　　表-7.17 の μ_m と，k_s, k_d を用いる．

μ_m = 6.0 g/g·d
K_s = 20 g/m³
k_d = 0.12 g/g·d

　　式(7.8) および θ = 1.07 より，T = 12℃ の μ_m を決定する．

$\mu_{m,T} = \mu_{m,12℃}\,\theta^{T-20}$ = 6.0 g/g·d × 1.07^{12-20} = 3.5 g/g·d

　　式(7.8) および θ = 1.04 より，T = 12℃ の k_d を決定する．

$k_{d,T} = k_{d,12℃}\,\theta^{T-20}$ = 0.12 g/g·d × 1.04^{12-20} = 0.088 g/g·d

$$S = \frac{(20\,\text{g/m}^3)[1+(0.088\,\text{g/g·d})(5\,\text{d})]}{(5\,\text{d})[(3.5-0.088)\,\text{g/g·d}-1]} = 1.8\,\text{g-bCOD/m}^3$$

b. 活性汚泥反応タンク内の VSS と TSS の質量を決定する.
 i. 式(7.27)の A と B の部分から日当りバイオマス生成量を決定する. 硝化のない時は, C 項=0 で, また D 項は, nbVSS が反応タンク内で生成された生物汚泥物の一部ではない時は考慮しない. $Y=0.40$ g-VSS/g-bCOD および $f_d=0.15$ を用いる.

$$P_{X,\text{VSS}} = \frac{QY(S_0-S)(1\ \text{kg}/10^3\ \text{g})}{1+k_d\text{SRT}} + \frac{f_d k_d QY(S_0-S)(1\ \text{kg}/10^3\ \text{g})}{1+k_d\text{SRT}}$$

$$= \frac{(18\,900\ \text{m}^3/\text{d})(0.40\ \text{g/g})[(224-1.8)\ \text{g/m}^3](1\ \text{kg}/10^3\ \text{g})}{1+(0.088\ \text{g/g}\cdot\text{d})(5\ \text{d})}$$

$$+ \frac{(0.15\ \text{g/g})(0.088\ \text{g/g}\cdot\text{d})(0.40\ \text{g/g})(18\,900\ \text{m}^3/\text{d})[(224-1.8)\ \text{g/m}^3](5\ \text{d})(1\ \text{kg}/10^3\ \text{g})}{1+(0.088\ \text{g/g}\cdot\text{d})(5\text{d})}$$

$P_{X,\text{VSS}} = (1\,166.5 + 77.0)\ \text{kg/d} = 1\,243.5$ kg-VSS/d

 ii. 表-7.16 の式(7.19)より, エアレーションタンク内の VSS 重量を決定する.
エアレーションタンク内の VSS 重量 $= X_{\text{VSS}}V = P_{X,\text{VSS}}\text{SRT}$

式(7.27)の A, B, D 項より $P_{X,\text{VSS}}$ を決定する. D 項には, nbVSS が全体の VSS 量に寄与するとしてこれを含める.

式(7.27)式より $P_{X,\text{VSS}}$ は,
$P_{X,\text{VSS}} = 1\,243.5$ kg/d $+ Q$nbVSS$(1\ \text{kg}/10^3\ \text{g}) = 1\,243.5$ kg/d $+ (18\,900\ \text{m}^3/\text{d})(20\ \text{g/m}^3)(1\ \text{kg}/10^3\ \text{g})$
$= (1\,243.5 + 378)$ kg/d $= 1\,621.5$ kg/d

エアレーションタンク内の VSS 重量を計算する.
エアレーションタンク内の VSS 重量 $= P_{X,\text{VSS}}\text{SRT} = (1\,621.5\ \text{kg/d})(5\ \text{d}) = 8\,107.5$ kg

 iii. 表-7.16 の式(7.20)より, エアレーションタンク内の TSS 重量を決定する.
重量 $= X_{\text{TSS}}V = P_{X,\text{TSS}}\text{SRT}$

式(7.28)より, $P_{X,\text{TSS}}$ は,
$P_{X,\text{TSS}} = (1\,243.5\ \text{kg/d})/0.85 + 378\ \text{kg/d} + Q(\text{TSS}_0 - \text{VSS}_0)$
$= 1\,463\ \text{kg/d} + 378\ \text{kg/d} + (18\,900\ \text{m}^3/\text{d})(10\ \text{mg/L})(1\ \text{kg}/10^3\ \text{g}) = 2\,030$ kg/d

エアレーションタンク内の TSS 重量を計算する.
エアレーションタンク内の TSS 重量 $= P_{X,\text{TSS}}\text{SRT}$
MLTSS $= (2\,030\ \text{kg/d})(5\ \text{d}) = 10\,150$ kg

2. 下水水質指標を展開し, MBR の VSS および TSS 重量を計算する. 1. と同様の計算手順を用いる.
 a. 下水水質指標を展開.
$S_0 = 224$ g/m³(1. a. 参照)
  1. b. と同じ手順に従って SRT=15 日として S を計算.

$$S = \frac{(20\ \text{g/m}^3)[1+(0.088\ \text{g/g}\cdot\text{d})(15\ \text{d})]}{(15\ \text{d})[(3.5-0.088)\ \text{g/g}\cdot\text{d}-1]} = 1.3\ \text{g-bCOD/m}^3$$

 b. MBR 内の VSS と TSS の質量を決定する.
  i. 式(7.27)の A および B 項に値を代入し, $P_{X,\text{VSS}}$ の汚泥生成に関する要素の値を求める.

$$P_{X,\text{VSS}} = \frac{(18\,900\ \text{m}^3/\text{d})(0.40\ \text{g/g})[(224-1.3)\ \text{g/m}^3](1\ \text{kg}/10^3\ \text{g})}{[1+(0.088\ \text{g/g}\cdot\text{d})(15\ \text{d})]}$$

$$+ \frac{(0.15\ \mathrm{g/g})(0.088\ \mathrm{g/g \cdot d})(0.40\ \mathrm{g/g})[224-1.3]\mathrm{g/m^3}(1\ \mathrm{kg}/10^3\ \mathrm{g})}{[1+(0.088\ \mathrm{g/g \cdot d})(15\ \mathrm{d})]}$$

$$= (725.7 + 143.7)\ \mathrm{kg/d} = 869.4\ \mathrm{kg\text{-}VSS/d}$$

ii. 表-7.16 の式(7.19)より,反応槽内の VSS 重量を決定する.

反応タンク内の VSS 重量 $= X_{\mathrm{VSS}}V = P_X\mathrm{SRT}$

式(7.27)の A,B,D 項より,$P_{X,\mathrm{VSS}}$ を決定する.D 項には,nbVSS が全体の VSS 量に寄与するとして含める.式(7.27)より,$P_{X,\mathrm{VSS}}$ は,

$P_{X,\mathrm{VSS}} = 869.4\ \mathrm{kg/d} + Q\mathrm{nbVSS}(1\ \mathrm{kg}/10^3\ \mathrm{g}) = 869.4\ \mathrm{kg/d} + (18\,900\ \mathrm{m^3/d})(20\ \mathrm{g/m^3})(1\ \mathrm{kg}/10^3\ \mathrm{g})$

$= (869.4 + 378)\ \mathrm{kg/d}$

$= 1\,247.4\ \mathrm{kg/d}$

反応タンク内の VSS 重量 $= P_{X,\mathrm{VSS}}\mathrm{SRT} = (1\,247.4\ \mathrm{kg/d})(15\mathrm{d}) = 18\,711\ \mathrm{kg}$

iii. 表-7.16 の式(7.20)より,反応タンク内の TSS 重量を決定する.

反応タンク内の TSS 重量 $= X_{\mathrm{TSS}}V = P_{X,\mathrm{TSS}}\mathrm{SRT}$

式(7.20)より,$P_{X,\mathrm{TSS}}$ は,

$P_{X,\mathrm{TSS}} = [(869.4\ \mathrm{kg/d})/0.85] + (378\ \mathrm{kg/d}) + Q(\mathrm{TSS}_0 - \mathrm{VSS}_0)$

$= 1\,022.8\ \mathrm{kg/d} + 378\ \mathrm{kg/d} + (18\,900\ \mathrm{m^3/d})(10\ \mathrm{mg/L})(1\ \mathrm{kg}/10^3\ \mathrm{g})$

$= 1\,589.8\ \mathrm{kg/d}$

TSS 重量 $= P_{X,\mathrm{TSS}}\mathrm{SRT} = (1\,589.8\ \mathrm{kg/d})(15\ \mathrm{d}) = 23\,847\ \mathrm{kg}$

3. 結果の要約.

パラメータ	活性汚泥法	MBR
日当り汚泥生成量(g-VSS/d)	1 243.5	869.4
エアレーションタンクと反応タンク内の日当り生成 VSS 重量および nbVSS の流入重量[a](kg-VSS/d)	1 621.5	1 247.8
SRT(d)	5	15
反応タンク内の全 VSS 重量(kg-VSS)	8 107.5	18 711
反応タンク内の全 TSS 重量(kg-TSS)	10 150	23 847

[a] 1 日に廃棄しなければならない VSS 重量.

解　説

MBR の汚泥の生成量は,より長い SRT のために,活性汚泥法と比較して 30% 削減される.1 日に廃棄しなければならない VSS の総量も 23% 削減される.その結果として,汚泥処理設備の同程度の縮小が期待できる.

プロセス変数

MBR システムの設計と運転に関する主要なプロセス変数(process variables)としては,水温,孔径,膜透過流束(membrane flux rate),膜の寿命,反応タンクの浮遊物質濃度,固形物と水の滞留時間がある.

水　温

水温は,透過水の粘性と(反応タンク中のバイオマスの)濃度に影響することから,流入下水の水温は,膜の性能を評価する際の検討事項である.膜の孔は大変に小さく,また水温が下がると,水の粘度が高まり,要求される流束(flux)を得るために必要な駆動力が増加することから,透水性とそのろ

過流束は，減少することとなる．水温変化の影響は，最大流量条件下でよりはっきりと表れ，特に雨天時に顕著である．最大流量と動作水温の十分な変化が予想される場合には，設計前のパイロットプラント実験が作動条件の範囲下でのファウリングも含むMBRの性能評価にとって有効である．実験条件下では，異なる時間帯の透水性と温度変化とを関連づけることが可能であり，それは言い換えると，流量と温度の条件を変動させる運転方策への発展が可能になる．

孔　径

多くの膜ろ過システムは，孔径が0.04～0.4 μmの範囲の精密ろ過(MF)膜か限外ろ過(UF)膜のどちらかを使用している(MF膜の方が孔径が大きい)．MF膜は，一般に浮遊物質や乳化油(emulsified oils)，分子量が10^7原子質量単位(AMU)より大きい高分子物質(macromolecules)のような比較的大きな粒子を除去するために使用される(図-8.1参照)．通例，UF膜は，特に細菌とウイルスに対して，より高いレベルでの分離を行うことができる．UF膜は，一般に分子量が10^5 AMUより大きい高分子物質を分離することが可能である．

膜透過流束

膜表面を通して移動する質量または体積の率として($L/m^2 \cdot h$を単位として)定義される膜透過流束は，処理工程の経済性や運転条件に影響する設計および運転管理上重要なパラメータである．種々の独自商標システムにおける標準的な透過流束は，表-7.13に記されている．高MLSS濃度および低水温では，透過流束は，低くなることとなる．設計上の透過流束は，通常，日最大および時間最大によるが，これは最大流量管理により低減することも可能である．表-7.13に示すように，時間最大の透過流束は，著しく変動しうることから，処理施設において過度な膜のファウリングや，予備設備(backups)，オーバフローまたはバイパスなしに水理学的な設計条件が維持されることを保証するため，最大流量と最大膜透過流束を注意深く評価する必要がある．7.6.2の中で論じている流量の平準化は，必要に応じて高い最大流量を抑制するためのひとつの選択肢である．

膜の寿命

MBRは比較的短い期間しか使用されていないため，膜の寿命に関して限られたデータしか得られていない．膜の寿命は，処理する下水の水質や，採用される洗浄方法の形式や頻度，そして特に前処理の有効性により影響される．幾つかの機器のサプライヤによる推定膜寿命を表-7.13に記している．

反応タンクの浮遊物質濃度

最終沈殿池内の重力沈降を膜ろ過システムに置き換えることで，糸状菌による汚泥のバルキングや他のフロック沈降や浄化に関する問題は回避されるようになった．エアレーションタンクのMLSS濃度は，もはや最終沈殿池における固形物負荷の限界値に左右されることはなくなった．MBRは，標準活性汚泥法よりもずっと高いMLSS濃度(最大15 000 mg/Lまで)で運転することが可能である(Cote et al., 1998)．高MLSS濃度の例が報告されてはいるが，あらゆる要素，特に膜の洗浄について考慮すると，MLSS濃度が8 000～12 000 mg/Lの範囲にある時が最も費用対効果が高いように思われる．通常，MBRは，エアレーションタンク内ではMLSS濃度が8 000～10 000 mg/L，膜タンク内では10 000～12 000 mg/Lで設計される．独自商標システムのMLSS濃度範囲を表-7.13に示した．MLSS濃度が15 000～20 000 mg/Lでは，急速に膜のファウリングが発生する(Trussell et al., 2005)．

反応タンク内のMLSS濃度がより高いことから，膜表面のケーキ層形成を抑制するためには，固形物管理は重要な配慮事項となる．しかし，特に膜を収納する分離槽内では，膜の固化が激しくなる可能性があるため，固形物の堆積は，抑制されなければならない．小さな膜分離槽を使用するUSFilterのシステムでは，膜のタンク内の混合液の固形物は，エアレーションタンクに返送されて

いる．返送率は，一般的には固形物の堆積を抑制するため，流入水の4倍をとっている(Wallis-Lage, 2003)．もし膜分離槽を使用する際には，膜タンク内のMLSSを制御する方法を決定するため，マスバランス分析を用いることができる．

固形物は，エアレーションタンクか膜分離槽の一方が使用されている場合，どちらからも引き抜くことが可能である．時間とともに油脂や泡が集積して，臭気の発生や見栄えの悪さを防止するためにこれを除去しなければならないことから，スカム除去の準備もされなければならない．油脂は，また膜の性能にも影響する．表層からの固形物引抜きは，好ましくない表層のスカムを取り除き，処理プロセスを制御するために有効な手段である(Trussell et al., 2004)．

固形物と水の滞留時間

SRTの値は，10日から20日の範囲が，水理学的滞留時間τは，約4時間が通例である．以下の設計上の考慮事項で議論するように，MLSSの値が増加すると，エアレーションのα係数(alpha factors)も減少する．

7.6.2 設計上の考慮事項

設計上の考慮事項としては，前処理，MBRへの空気の供給，膜のファウリング抑制と洗浄，最大流量管理，汚泥の発生と管理，栄養塩除去，そして汚泥処理があげられる．

前処理

都市部の下水の処理に適用する膜ろ過システムは，破片類による破損や粗大気泡散気装置の効率低下に敏感であることから，プラスチック，葉，ゴミくずのような粗大固形物や，油脂，排水中の毛髪等の微粒子やコロイド状物質を下水中から除去するための前処理が必要である．マクロファウリング(macro-fouling)を防ぐために用いることができる前処理には，粗目スクリーンと一次処理の併用，またはもう一つの方法として細目スクリーンがある(8章参照)．微細な固形物と特に毛髪は，膜の目詰まりを加速することから，膜を守るためには，細目スクリーンか表層フィルタを検討すべきである．MBR設備用には，目が1 mm以下，最大でも3 mmのスクリーンが一般的になってきている．前処理には，不活性固形物や生物反応タンクの有機物負荷を低減するという別の利点もある．一次処理では，約30％の有機物と約60％のTSSを除去できる．細目スクリーンでは約10～15％のCODを除去できるだろう．不活性固形物の割合も，スクリーン処理した下水と比べると，一次処理水は，低くなる．「汚泥の発生と管理」の項で述べるように，流入水における(BODにより計測される)基質濃度と不活性固形物濃度は，全汚泥発生量と生物反応槽からの引抜き必要量に影響する．

空気供給

MBRでは，エアレーションシステムの設計に注意深く配慮することが必要である．MBRにおいて空気は，生物処理を持続するエアレーション用と，膜洗浄用として供給される．粗大気泡エアレーションにより引き起こされる乱流は，膜モジュールの近辺にクロスフロー(cross-flow)の流速を発生させる．この空気流速度または空気流強度(単位面積当りの空気流速度)は，膜の洗浄や，MLSS濃度，膜透過流束(flux rate)に影響を及ぼす．Trussell et al. (2005)による実験で，高い通気速度がMLSS濃度を増加させ，それがかなり顕著に流束の低下をもたらすことが発見された．この流束の低下は，膜表面のケーキ層が可逆的であり，ファウリング成分の付着や膜孔の閉塞が起こっていないことによるものである．比流束は，混合液が元のMLSS濃度へと薄まっていくに従って，その初期値の1～2％以内に戻っていく．

使用されているエアレーションシステムの形式によっては，ファウリング抑制に要するエアレーシ

ョンは，標準的生物処理のエアレーションの 2 ～4 倍の量となる可能性がある．2 つのフルスケールの MBR プラントでの試験における必要エアレーション量に関する以下の観測結果がよく知られている(Wagner et al., 2002)．

- 細孔エアレーションシステムの α 補正係数は，エアレーションタンク内の MLSS 濃度に応じて変化する(図-7.20 参照)．α を混合液の粘度の増加に対してプロットした時にも同様の関係が見られる．
- 都市のフルスケール MBR の微細気泡エアレーションシステムにおける α 値は，MLSS が 12 g/L の時，従来型の下水処理場でのより低い MLSS および SRT における値と比べ，ほぼ同程度の 0.6(±0.1) となっている．

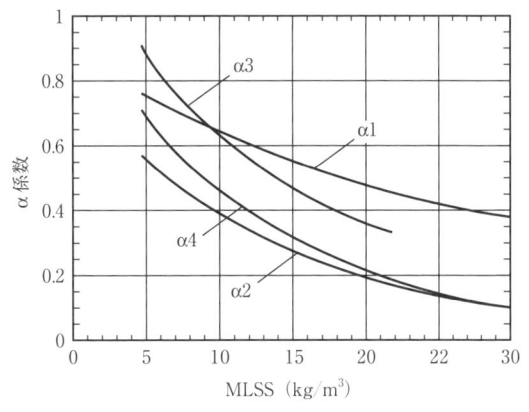

図-7.20 MLSS の MBR の細孔エアレーションにおける α 値に対する影響[α1：MBR の粗大気泡エアレーションにおける(Bratby et al., 2002)．α2：微細気泡エアレーションにおける(Brathy et al., 2002)．α3：Wagner et al., 2002．α4：Thompson, 2004]

- クロスフローの粗大気泡エアレーションシステムでは，α 値と MLSS の間には何も従属関係が見られない．ファウリング抑制のためのクロスフローエアレーションシステムにおける標準的なエアレーション効率[kWh/m^3(空気流)で表される]は，微細散気システムにおいて生物学的な酸素供給のために行われるエアレーション効率の約 1/3 であった．
- ファウリング抑制のためのエアレーション必要量は，空気供給のための全容量と必要エネルギー量を決定するために注意深く評価される必要がある．

必要な空気量に関する問題は，現在，研究が進行中であり，個別の基準によって評価する必要がある．図-7.20 に示したように，プロットされた α 値と MLSS は，使用される MBR のタイプや，曝気システムのタイプ，MLSS の特有の性質に応じて幅広く変化することが報告されている(Bratby et al., 2002；Thompson, 2004；Wagner et al., 2002)．

空気洗浄に必要な空気量は，使用される膜ろ過システムのタイプによって決まり，そしてその量は，膜のファウリング速度を決定づけるパラメータとなる．表-7.13 で述べたように，粗大気泡散気装置は，前述の 3 つの膜メーカーが使用している．もう一社は，ジェットエアレーションを使用し，5 番目のメーカーは，粗大・微細気泡エアレーションの双方を使用している．Zenon の膜を使用して 2004 年初期に完了したプロジェクトでの必要な空気供給量の例では，膜洗浄のための空気供給は，流入水の単位(m^3/d)当り 0.56 m^3/h だった(Crawford and Lewis, 2004)．

膜のファウリング抑制と洗浄

前掲のように，膜分離活性汚泥法の技術には，標準的な生物学的処理法と比較して幾つかの長所がある．一方で，主な短所の一つに，定期的に膜を洗浄する必要があることがあげられる．前処理は，主に膜の健全性を維持するとともに，毛髪やその他の下水中の汚濁成分が膜の水理学的性質を変えてしまうことを回避するための役割を果たす．ファウリングという用語は，供給水流の中で膜の上に汚濁成分が堆積し，蓄積する可能性を表現するのに用いられる．活性汚泥反応槽中では，バイオマス混合液中で処理水の引抜きの際に膜で排除された成分が膜の外層を覆ってしまう．堆積したケーキ状物質や，さらに細かい微粒子は，膜に吸着し，圧力損失の増大を引き起こす．このバイオマスは，フロックの中の微生物の塊で形成される生物フロックだけではなく，流入する下水に含まれる，または細菌の代謝による，あらゆる種類の溶解性，不溶性，コロイド状の複合物を含有している．ある実験設備では，リン除去のために MBR に硫酸アルミニウム(alum)を添加したことにより，ファウリング

第7章 二次処理による汚濁成分除去

原因の有機物が減ってファウリングが抑制され，フロックの構造と強度を改善することが確認された(Holbrook et al., 2004). MBRの運転中は，膜のろ過能力を維持するために周期的によりしっかりと膜の洗浄を行いながら，間断なくファウリング抑制が行われている．以下で，独自商標の膜ろ過システムの製造企業による様々なファウリング対策と洗浄の手法を紹介する．

Zenon Environmental　膜繊維の外表面のファウリングを抑制するためにZenon Environmental Inc.により開発された方法は，3ステップの過程からなっている．第一に，膜タンクの底から直接膜繊維へと粗大気泡エアレーションが行われる．気泡は，鉛直方向に向けられた膜繊維の間を浮上し，機械的洗浄効果をもたらす膜繊維同士の撹拌を引き起こしていく．第二に，ろ過は，約10～20分おきに中断され，30～45秒の間，膜繊維は透過水で逆洗されるか弛緩される(Giese and Larsen, 2000). 通常，低濃度の塩素(5 mg/L以下)が膜の外側の表面に定着した微生物を不活性化して除去するための逆流水として保存されている．第三に，週に約3回，ろ過機の逆洗に似た維持洗浄(maintenance clean)と呼ばれる手順の中で，強い次亜塩素酸ナトリウム溶液(約100 mg/L)またはクエン酸が45～60分の逆流モードに用いられる．45分間のその場での洗浄の後，このシステムは，透過水で15分間勢いよく洗い流される．そのうえに，透過水の洗浄と排水運転がシステムから遊離塩素を取り除くために10～15分間行われると，すぐに吸引が開始され，透過水が引き抜かれる．維持洗浄中のシステムの全休止時間は，約75分である．

膜のファウリングを抑制するには，空気洗浄と逆洗，維持洗浄の組合せだけでは完全に有効とはいえず，膜間の圧力損失は，時間とともに増加する．ファウリング状況と洗浄の必要性を示すためには，圧力損失が計測される．運転時の最大圧力損失が60 kPaに達した時点で，膜は，回復洗浄(recovery cleaning)のためにエアレーションタンクから取り外される(Fernandez et al., 2000). 回復洗浄の間，膜カセットは，1 000～2 000 mg/Lの次亜塩素酸ナトリウム溶液が入っているタンクに約24時間浸される．回復洗浄の間，通常，予備の膜がエアレーションタンク内に設置されるため，処理能力が低下することはない．

三菱とクボタ　三菱とクボタの膜ろ過システムも膜の洗浄に空気洗浄システムを使用している．空気洗浄に加え，膜洗浄の間に膜を弛緩させる方法が採用されている．膜を弛緩させるため，8～15分間隔で1～2分の間稼働停止される．維持洗浄運転の自動化により遠隔操作が可能となっている(Wallis-Lage, 2003).

三菱，クボタの双方のユニットともに，原位置での回復洗浄を用いている．三菱のユニットでは，3 000 mg/Lの塩素溶液の逆パルス洗浄を用いて，回復洗浄を毎月行うことを推奨している．クボタのユニットでは，6ヶ月おきの回復洗浄を推奨している．回復洗浄の間は，約1時間逆流をさせている．平膜は，洗浄のために取り外されることはなく，0.5％の次亜塩素酸溶液による不定期の逆洗がファウリング抑制に有効であることが確認されている(Stephenson et al., 2000).

USFilter　噴流混合(jet mixing)は，USFilterのMBRシステムが通常運転する間のファウリングを最小化する洗浄作用をもたらす．噴流混合は，原位置での膜洗浄をするうえでも重要である．洗浄が必要となると，膜ユニットは，4～6時間の間は運転ラインから外され，化学的に洗浄される．原位置洗浄運転は，膜モジュールを引き上げたり取り外したりせず，透過水の配管系を切断したり高圧ホースを使ったりすることもなく完了する．USFilterのMBRシステムでは，膜は，生物処理プロセスから分離されているため，塩素や酸のような酸化性の化学物質は，活性汚泥に影響を及ぼすことがない．原位置洗浄法の最大の利点としてあげられることは，共通の吸気管に接続するすべての膜が同時に洗浄されて洗浄の均一さが確保されることである．

Huber Technology　Huber Technologyシステムは，先の解説に示したように，主に膜エレメント上の固形物体積の除去を助ける膜ディスクの継続的な回転運動と空気洗浄システムによってファウリングが抑制される．

最大流量管理

MBRが主流の処理プロセスに使用される場合は，サイドストリームやサテライト処理への適用と比べて，最大流量管理が全体の規模決定や膜設備の選択の面から重要な考慮事項となる．それぞれの膜設備の製造企業は，各自の膜設備用のサイズ決定基準を用いている．この基準には，日平均流量だけでなく，最大流量の継続時間と大きさの設計条件も含まれる．原則として，最大流量は，平均流量の 1.5 倍に限定すべきである．ほとんどの場合，最大流量が膜ろ過システムのタイプの選択と必要な膜モジュールの数を決定する．著しい流量変動がある場合には，最大流量に対応するために，流れを弱めるために上流側で流量調整が必要となるか，または多量の追加の膜モジュールが必要となる (Crawford, 2002)．直結式と非直結式の流量調整の例を図-7.21 に示した．膜ろ過システムや流量調整は，高価になる場合があることから，最大流量に対応し処理するための代替案に対してコスト分析が行われるべきである．

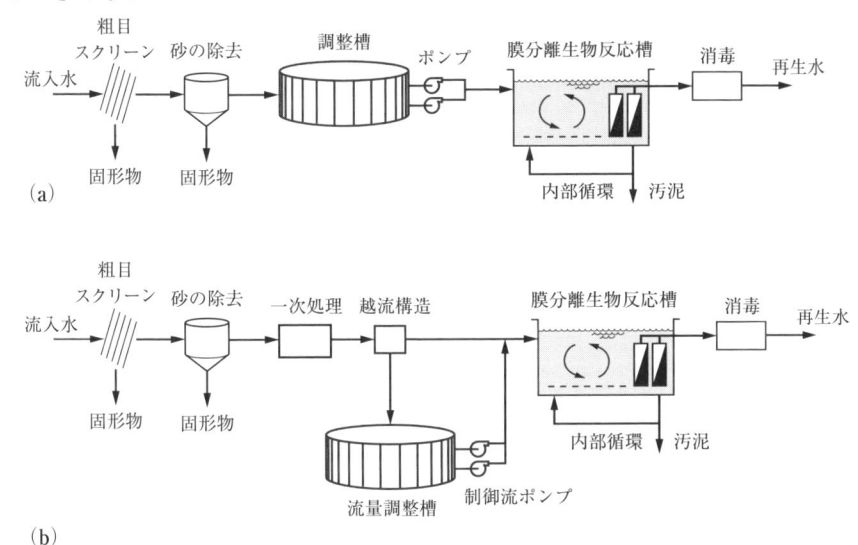

図-7.21 流量調整を組み込んだ一般的なプロセスフロー図．(a)直結式，(b)非直結式．流量調整は，砂除去の後と一次沈殿処理の後に用いることができる

汚泥の発生と管理

MBR は，標準活性汚泥法のような沈殿池への自然流下口 (gravity outlet) のない密閉された容器であることから，活性汚泥の生成と制御を理解することが大変に重要である．もし生物反応タンク内の固形物が増え続け，SRT が長くなってくれば，反応タンクの処理の動的特性は，徐々に影響を受けることとなる．プロセス設計中では説明されなかったとしても，通気速度は，BOD 除去量に対応した活性汚泥の生成や，硝化反応にも影響される．長い SRT のもとでは，エアレーションの必要量にも影響するさらなる内生呼吸により，幾らかのバイオマス損失が発生する．すなわち，部分的な好気性消化が発生しているわけである．もしも混合液中で過剰な固形物の堆積が生ずれば，より頻繁な膜の洗浄が必要になるだろう．こうしたことから，余剰の固形物の引抜きを管理できるように，固形物生成について理解されなければならない．

7.6.3 栄養塩除去

7.5 で述べた各 MBR システムは，7.4 で述べた方法と同様，生物学的な栄養塩除去用に改善したり適合させたりすることが可能である．生物学的栄養塩除去では，栄養塩除去に資する無酸素および，または嫌気条件を確立するため，MBR の好気的な区域の前段にさらにゾーンや区画を追加している．

幾つかの応用例では，窒素およびリンの除去能力を高めるため，薬品を添加することも可能である．

窒素除去

図-7.22に窒素除去のMBRへの組込み方を示したプロセスフロー図を，統合型と分離段階型の膜分離過程について示す．(a)では，前処理後の下水が好気状態のMBRユニットの上流側の無酸素反応槽に流入する．MBRからの混合液は，無酸素槽に返送される．返送率は，一般的に流入水量の2～5倍で，無酸素槽の滞留時間は，一般に2～4時間である．

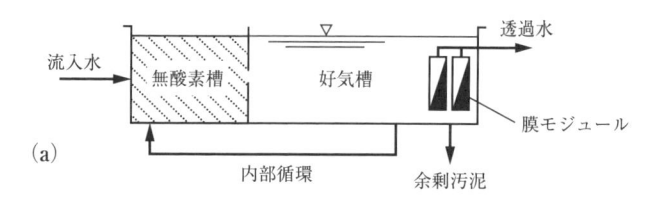

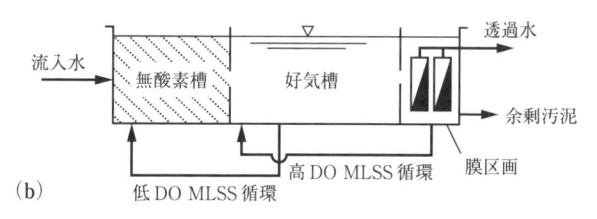

図-7.22 窒素除去型の膜分離活性汚泥法．(a)統合型，(b)分離型（選択的汚泥循環方式）

(b)に示した分離段階型膜システムのプロセスフロー図では，好気反応槽の代わりに膜区画(membrane compartment)から返送を行っている点を除いて，統合型の方式と類似している．以下に述べるように，より良いプロセス制御のために2つの循環ラインが示されている．返送率と無酸素槽での滞留時間は，統合型の場合と同様である．

一般にMLSSの循環は，最大の硝酸性窒素濃度およびDO濃度の位置から抽出して行われる．一方で，膜ゾーンまたは好気ゾーンから無酸素ゾーンへの返流水による循環は，脱窒能力に影響を及ぼす可能性がある．膜区画での集中的なエアレーションと高DOのため，返送混合液中の残存DOが無酸素槽での脱窒反応を抑制する場合がある．この窒素除去抑制の問題を軽減するため，2つの循環ラインを使用することができる．一つは，膜ゾーンから好気ゾーンへの固形物返送で，いま一つは，より低いDOの固液混合物の無酸素槽への返送である［図-7.22(b)参照］．2つの循環ラインは，統合型，分離段階型のどちらの構造でも用いることができる．このため，内部再循環率(internal recirculation rates)の積極的な制御により栄養塩除去プロセスの最適化を確保することが可能になる．

表-7.9に示したものと同様の，処理後の全窒素濃度が10 mg/L未満となる無酸素／好気MLE生物学的窒素除去プロセスを備えたMBRシステムのパイロットプラントや本格施設が既に稼働している(Mourato *et al.*, 1999；ReVoir *et al.*, 2000；Giese *et al.*, 2000)．硝酸塩を分離型の前無酸素槽(preanoxic tank)に供給しているこれらの事例では，流入水と循環水の流量比は4～6とされている．再生水では，全窒素が10 mg/L未満であれば，地下水涵養のための通常の許容値である．図-7.23

図-7.23 窒素除去用の無酸素槽を持つMBR．(a)プラント全景，(b)無酸素槽の拡大

7.6 膜分離活性汚泥プロセスの解析と設計

に窒素除去のための無酸素部を持つMBRの例を示す．

リン除去

一般に，嫌気反応のゾーンまたは区画をMBRの無酸素ゾーンの前段に設置することで，窒素除去に加えてリン除去を行うことができる．図-7.24に標準的な生物学的窒素およびリン除去のプロセスフロー図を示す．通常，易生分解性COD（readily biodegradable COD；rbCOD）として測定される易分解性有機物の分解に必要な嫌気反応ゾーンにおける水理学的滞留時間 τ は，0.5〜1時間である．嫌気ゾーンの内容液は，返送汚泥と流入下水を接触して供給するために混合される．BOD除去や硝化，脱窒の反応速度論（reaction kinetics）は，従来の浮遊増殖型プロセスのものと同様である．

リン除去は，フロック形成を増進するためにMBRに金属塩を加えることでも行うことができる．リン除去に対する薬品添加の有効性の確認と，膜のファウリング抑制に対して起こり得る効果の評価のため，パイロット試験を行うことが推奨される．より詳しい情報は，Holbrook *et al.* (2004)を参照されたい．

前記の窒素除去で述べたように，嫌気と無酸素の状態を維持することができるように固形物の循環流を制御することが重要である．図-7.24に示すようなプロセスフローを用いた場合，再生水の全リン含有量は，2 mg/L未満となることが期待できる．

リンの上限値で1 mg/L未満を要求される場合には，以下の3方法のいずれかによってさらにリンを除去することが可能である．(1)嫌気または無酸素ゾーンにアルミニウム塩または鉄塩を投入，(2) rbCOD濃度の高いアセテートや他の廃棄物を投入，(3)リン濃度の高い（脱水等の）他の工程からの返流水を制限する（Stensel, 2003）．ただし，薬品添加による膜へのファウリングを含めた影響の可能性について考慮しなければならない．その他のリン除去方法も採用することが可能であり，ケースバイケースの基準で評価されることとなる．リン除去の代替手法については，手引書，Tchobanoglous *et al.* (2003)に掲載されている．

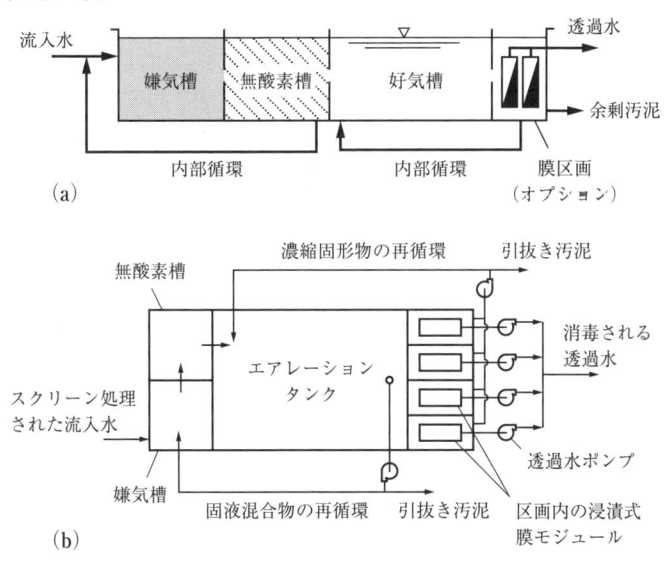

図-7.24　MBRによる代表的なリン除去のプロセスフロー図．(a)概略図，(b)実施設の平面図

7.6.4　汚泥処理

下水収集システムに汚泥が戻されるサテライト処理場では影響因子とはならないが，MBRで生成

する活性汚泥の性質は，特に反応槽が高MLSS値(12 000 mg/Lを超える値)で運転している場合には，中央処理場における濃縮，脱水，消化工程の運転と処理に影響を及ぼす．Merlo *et al.* (2005)の研究に基づけば，浸漬式MBRの活性汚泥は，高発生度数の微粒子，多量のコロイド状物質，低レベルの細胞外高分子物質(EPS)，そしてノカルジオフォーム(nocardioform)の存在による多量の微生物に特徴づけられる．これらの物質の存在は，汚泥濃縮と脱水にとって重要であることが認められている．

MBRの余剰汚泥の濃縮に関しては限られた文献情報しか利用できないが，長時間エアーションの処理場の汚泥と似ていることが報告されている(Crawford *et al.*, 2000)．MBRの活性汚泥の脱水は，好気性消化を用いた場合，次いでベルトプレスによる場合に良好に行われた．通常，MBRの余剰汚泥は，重力濃縮することができないが，他の濃縮法は適している．MBRプロセスからの固形物が必要な処理汚泥の大部分を占める場合，MBR活性汚泥の濃縮性と脱水性の特性は，パイロットスケールの実験プログラムの一部として検証されるべきである．

MBR活性汚泥の脱水特性については，限られた情報しか利用できない．Fernandez *et al.* (2000)による調査では，汚泥容量指標(sludge volume index；SVI)と毛管吸引時間(capillary suction time；CST)の測定結果より，高いMLSSレベル(〜10 000 mg/L)の活性汚泥は，粘性が高く，脱水特性や膜の透水性に対して悪影響の可能性があることが示唆された．他の研究者は，粒子が小さくなることから脱水への耐性が増すことを示唆している(Sanin and Vesilind, 1999)．活性汚泥の固形物が内生呼吸を受けることから，特に長いSRTのMBRでは，より細かい粒子サイズとなることがしばしば起きる(Merlo *et al.*, 2005)．

7.7　二次処理プロセスの選択の問題

二次処理技術には，幅広い種類があり，考慮しなければならない様々な項目があるので，適当な技術を選択することは，時に困難な仕事になることがある．考慮しなければならない問題は，以下のとおりである．(1)既存のプラントを拡張するのか，新規に建設するのか，(2)最終的な処理水の利用用途，(3)様々な技術の性能の比較，(4)パイロットプラントによる試験，(5)消毒の方法，(6)将来的に求められる水質，(7)エネルギーに関する検討，(8)場所の制限，(9)経済性およびその他の検討．ほとんどのケースで，これらの多くの因子を元に最終的な選択を決定する．

7.7.1　既存プラントの拡張か，新規建設か

6.4で議論したように，既存の設備を変更または改良するのか，全く新しい施設にするのかということによって異なる検討が必要とされる．前者のケースでは，既存の設備が有効に利用できるかという点で既存の設備との適合性が重要である．とりわけ，処理水の放流を続けなければならない場合には，通常，既存のプラントに新しいプロセスを統合することは手腕を問われる仕事となる．既存の施設の変更に影響を与える因子として，汚泥処理だけでなく新しい施設のための空間，プラントの水理断面，配管の変更，運転に関する考え方，補助システムの必要性といった事項が含まれている．新規のプラントについては，ほとんどの上記の制約が除かれ，新しい技術の適用に関する検討等，異なるアプローチをプロセスの選択時にとることができる．

7.7.2　最終的な処理水の利用用途

処理された水は，目的とする再生水の要求水質を満たさなければならない．最も重要な処理水の基

準は，二次処理水を使用するほとんどの利用用途で必要とされる消毒である．最終的に達成される消毒のレベルは，二次処理された処理水中のSSの粒度分布に依存するため(8.1で議論)，重力による沈殿でも，(新しいプラントでは)精密ろ過(MF)でも，固液分離の方法が設計を考えるうえで重要である．将来の再生水の用途はどのようになるのか，また，これらは異なる再生水の基準を満たすためのプロセスの選定にどれだけ影響するのか，といったことも併せて検討しなければならない．

7.7.3 処理プロセス性能の比較

成分除去の要求範囲は，決められた再生水利用用途の水質基準を満たすために考慮するプロセスの種類によって規定される．二次処理への単位プロセスの様々な組合せにより達成しうる処理レベルの例を表-7.7に示す．

7.7.4 パイロットプラントによる試験

BODやTSSを標準的なレベルまで除去するために二次処理プロセスを選択する場合は，プロセスが完成していることと，生物学的な処理の基礎がしっかり文章化してあることから，パイロット実験は必要ない(Tchobanoglous et al., 2003). 膜を使った処理を検討する場合，ほとんどのMBRの設計

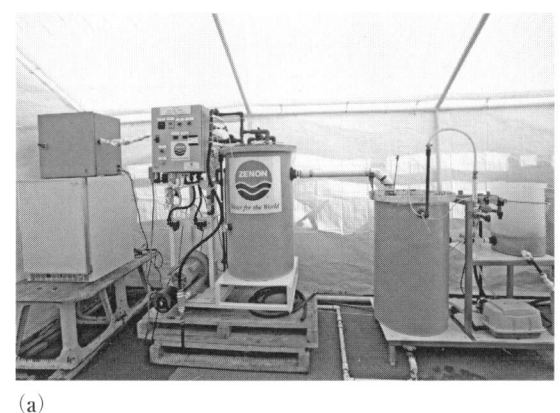

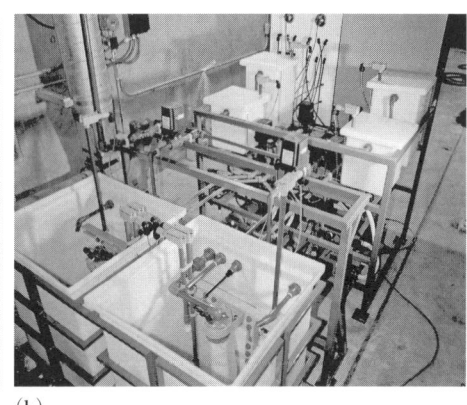

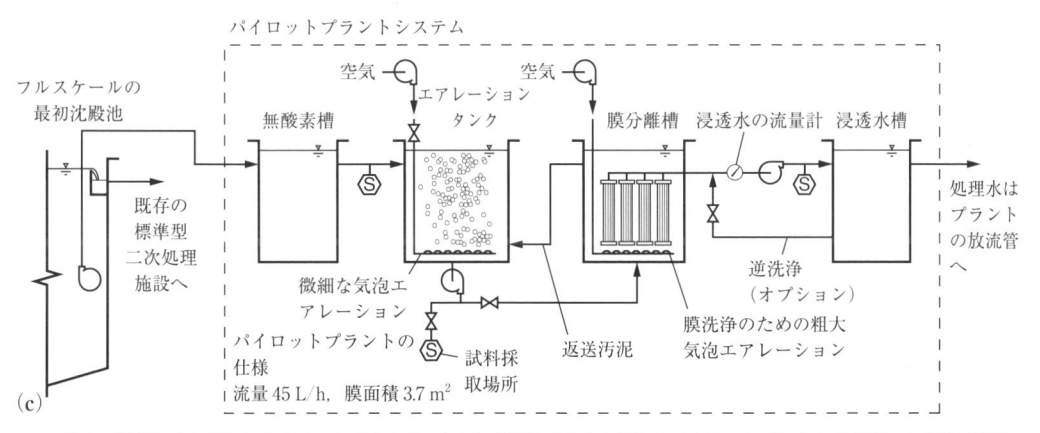

図-7.25 代表的なMBRのパイロットプラント．(a)膜が槽外にあるMBRのパイロットプラントの外観．(b)膜が槽内にあるMBRのパイロットプラントの外観 (c)(a)で示したパイロットプラントのフロー概略図(試料採取を行う場所を含む)．汚泥の処理はマニュアル操作で行う(O. Virgadamo and K. Bourgeousによる)

は特許化されており，設計の条件と性能は変化しうるため，パイロットプラントでの試験が推奨される．代表的な膜分離活性汚泥法のパイロットプラントの概観と概略図を図-7.25に示している．

7.7.5 消毒プロセスの種類

前記のとおり，固液分離プロセスは，採用される消毒プロセスの種類によって決定されることがある．例えば，紫外線消毒が使用される場合は，処理水中に存在する粒子性物質を除くために深い沈殿池や膜ろ過の使用が必要となる(11章参照)．

7.7.6 将来的に求められる水質

いずれの用途においても，予想される将来の要求水質についての慎重な検討が必要である．例えば，将来的に栄養塩除去が求められることが予想される場合には，無酸素や嫌気の区画をあらかじめ準備した設計を検討するべきである．

7.7.7 エネルギーに関する検討

運転経費は，運転部門では継続中の懸案事項である．エネルギーの経費は，人件費に次いで運転経費の中で最も高い構成要素である．標準的な二次処理では，ほとんどのエネルギーが，(1)活性汚泥処理か散水ろ床による生物学的処理，(2)下水や液状汚泥，下水汚泥，プロセス水の輸送のためのポンプ装置，(3)固形物や余剰汚泥の処理，脱水，乾燥の設備に用いられている．活性汚泥処理では，おおよそ1/2の電力が活性汚泥のエアレーションに使用されている．電力消費量は，一般にプラントの大きさや処理システムの種類により変化する(図-7.26参照)．硝化を加えると，全体の電力消費量は，標準活性汚泥法と比べ約20～30％増加する．

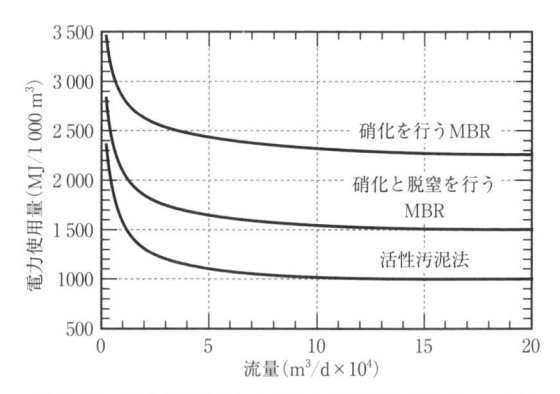

図-7.26 流量を関数とした異なる活性汚泥処理プロセスが使用する電気エネルギーの比較[Burton(1996)より引用]

得られるデータが限られており，様々な種類の独自商標のシステムがあるため，MBRのエネルギー消費量は，十分に明文化されていない．7.6で議論したように，MBRは，生物学的な処理を続けるとともに，ファウリング制御のための膜洗浄(scouring)のためにエアレーションが必要である．ファウリング制御のためのエアレーションは，生物学的な処理のものと比べて2～4倍多く必要になる．膜透過に必要なエネルギーは，プロセスの配置により変化する．必要となるエネルギーの一部は，標準活性汚泥システムで使用されている返送汚泥のポンプ輸送や沈殿池等の付属の装置の運転がなくなることにより相殺される．パイロット試験プログラムや代替設備の評価の一部として，必要エネルギー定量化を行うべきである．

7.7.8 場所の制限

多くの処理プラントでは，エアレーションタンク，散水ろ床，沈殿池，そして付属設備の配置可能な場所は限られている．その場合，設置面積がコンパクトにできる処理技術は，技術の選択，設備の

7.7 二次処理プロセスの選択の問題

配置を決めるうえで重要な要因である．Michigan 州 Traverse 市で建設された大規模 MBR プラント (32 000 m³/d) では，分離された膜の区画の必要空間は，エアレーションタンクの容量の 36％相当で，沈殿池を使う二次処理施設の必要空間よりもずっと小さい (Crawford and Lewis, 2004)．標準活性汚泥プラントと MBR プラントの必要面積の比較について**例題 7-4** に示している．

例題 7-4 活性汚泥プラントと膜分離型生物反応タンク設備の設置面積の比較

例題 7-3 で定めた下水の特性と汚泥の発生量を使い，標準活性汚泥プラントと MBR 処理システムの必要とする面積を計算せよ．前処理ならびに一次処理に必要な面積は，両方の処理場で同じと仮定し，この例題には含めない．処理場は，処理水中の BOD が 30 g/m³ 未満となるように設計されている．活性汚泥法では，最終沈殿池が使用される．MBR では，エアレーションタンク容量の 35％相当の分離された区画に膜ユニットを設置することができる．以下に適用する設計条件を示す．

プロセスユニット/パラメータ	標準活性汚泥プラント	MBR 処理システム
平均流量 (m³/d)	18 900	18 900
[エアレーションタンク]		
汚泥滞留時間 (SRT) (d)	5	15
MLSS X_{TSS} (g/m³)	3 000	10 000
TSS の量[a] (kg/d)	10 150	23 847
槽の深さ (m)	5	5
[最終沈殿池]		
水面積負荷 (m³/m²·d)	22	N/A
膜を設置できる許容領域		エアレーションタンクの 35％の容積

[a] 例題 7-3 より．

解 答

1. 標準活性汚泥法．
   a. エアレーションタンクの容量を決定する．

   $VX_{TSS} = 10\,500$ kg/d
   $X_{TSS} = 3\,000$ g/m³

   $$V = \frac{10\,150 \text{ kg}(10^3 \text{ g/kg})}{3\,000 \text{ g/m}^3} = 3\,383 \text{ m}^3$$

   b. エアレーションタンクの設置面積を決定する．
   $A = V/d = (3\,383 \text{ m}^3)/(5 \text{ m}) = 677 \text{ m}^2$

   c. エアレーションタンクの水理学的滞留時間 (hydraulic retention time；HRT) を決定する．

   $$\tau = \frac{V}{Q} = \frac{(3\,383 \text{ m}^3)(24 \text{ h/d})}{18\,900 \text{ m}^3/\text{d}} = 4.30 \text{ h}$$

   d. 沈殿池の設置面積を決定する．

   $$\text{Area} = \frac{18\,900 \text{ m}^3/\text{d}}{22 \text{ m}^3/\text{m}^2 \cdot \text{d}} = 859 \text{ m}^2$$

   e. エアレーションタンクと沈殿池の設置面積の合計．
   $\text{Area}_T = 677 \text{ m}^2 + 859 \text{ m}^2 = 1\,536 \text{ m}^2$

2. MBR.
   a. エアレーションタンクの容量を決定する.
   $VX_{TSS} = 23\,847$ kg/d
   $X_{TSS} = 10\,000$ g/m^3

   $$V = \frac{23\,847 \text{ kg}(10^3 \text{ g/kg})}{10\,000 \text{ g/m}^3} = 2\,385 \text{ m}^3$$

   b. エアレーションタンクの設置面積を決定する.
   $A = V/d = (2\,385 \text{ m}^3)/(5 \text{ m}) = 477 \text{ m}^2$

   c. エアレーションタンクの滞留時間を決定する.
   $$\tau = \frac{V}{Q} = \frac{(2\,385 \text{ m}^3)(24 \text{ h/d})}{(18\,900 \text{ m}^3/\text{d})} = 3.02 \text{ h}$$

   d. 膜の槽の設置面積を決定する.
   Area $= 0.35 \times 477$ m$^2 = 167$ m^2

   e. エアレーションタンクと膜のタンクの設置面積の合計.
   Area$_T = 477$ m$^2 + 167$ m$^2 = 644$ m^2

解　説

本例では，コンクリートの壁，流入・流出水路，堰といった多くの主要な構造物や，送風機(blower)の建屋や給水(feedwater)・送泥のポンプ場といった周辺施設(support feature)を説明していないが，幾つかの構造物では，MBRの施設を設計でコンパクトにしたということが示されている．この個別事例では，MBRの設置面積が標準活性汚泥法の必要面積の半分未満となっている．また，標準活性汚泥プラントでは，最終沈殿池の円形の施設はほとんどのプラントで推奨されてきた設計であるが，これは矩形のものと比べて必要な設置面積が広くなる．最後に，MBRの施設からの処理水は，膜ろ過による性状と比べて非常に高品位なものとなる．活性汚泥法で同程度の水質を得るためには，沈殿池の流出水にろ過をする必要がある．

7.7.9　経済性およびその他の検討事項

　適切な二次処理プロセスを最終的に選択するためには，これまで議論してきた因子の他，経済性やその他の検討事項(既存のシステムとの相性，熟練労働者の必要性，将来的な拡張や改善の必要性等)についても検討するべきである．これらの検討事項について，以下で議論する．

経済性の検討
　初期投資と運転・維持(O&M)経費は，ほとんどの地方公共団体の設備において重要な検討事項である．代表的なライフサイクル費用(life cycle cost；LCC)分析が，薬品のような制御困難な費用については感度分析を組み合わせて，異なる技術の実行可能性を評価するのに使用される．
　LCC分析の結果によると，運転経費や維持経費がより割安で，かつ(または)抑制可能な場合，より初期投資の掛かる技術が選ばれることもある．最後に，LCC分析を行う際に，再生水の再利用用途への供給により生じる潜在的な収入について検討することも重要である．

その他の検討事項

本章で議論されたように，二次処理として幾つかの異なる種類の技術が適用できる．利用者の要求を満足する再生水の生産とそれに掛かる経費は，第一の検討事項であるが，その他の因子もプロセスの選定に影響する．しばしば，既存の方法あるいは実績のある方法といった親しみやすさがプロセスの選定に大きく影響するが，一方で新技術の潜在的な便益によって選定につながることもある．標準活性汚泥法と MBR プロセスを区別するため，お互いの長所と短所の一般的な比較を表-7.19 に示した．しかし，実際の適用にあたっては，事業に固有の因子について検討しなければならない．

表-7.19 標準活性汚泥法と MBR 処理システムの利点と欠点の比較

利　点	欠　点
標準活性汚泥法	
・技術は十分に理解されており，様々なモデルが利用できる． ・多くの特許のない設計が可能． ・プロセスの性能が最も一般的に受け入れられている． ・ステップ流入のような異なった構造により，高分子と微生物の接触時間を最大とする設計プロセスが可能になる． ・空気の要求量がよく知られている． ・熟練した運転・維持要員を数多く確保できる． ・2.5×10^6 m^3/d を超えるプラントの性能を備えた最も大きな処理施設は標準活性汚泥処理法を用いている． ・反応速度がゆっくりである．	・SS 除去の限界があり高レベルの消毒が必要． ・(MBR と比べて)汚泥の発生量が多く，処理が必要な汚泥やコストが増加する． ・プロセスの性能が最終沈殿池の設計や運転にある程度影響される． ・沈殿池の能力は，エアレーションタンク中の糸状細菌や難沈降性の汚泥によって低下する． ・効果的な紫外線消毒のためには後段のろ過が必要． ・膜分離活性汚泥法と同じ放流水質を達成するためには膜ろ過が求められる． ・プロセスの設置面積が広くなる．
MBR	
・非常に大きな再生利用のポテンシャルを持つ高い品質の放流水ができる． ・SS 濃度が低く，再生水中の大きな粒子が除去されることで，効果的な消毒を行うことが可能． ・栄養塩除去のプロセスをシステムに組み込むことが可能． ・硝化細菌を長時間保持することで硝化がよく進む． ・高い MLSS 値による緩衝効果で，放流水質は，流入水の成分の変動に影響を受けない． ・沈殿池および(または)ろ過装置が不要なため，設置面積が大幅に削減される． ・モジュール構造により将来の拡張性の可能性を有している． ・長い固形物滞留時間(SRT)により汚泥の量を減少させる可能性を有している． ・サテライトや大規模な分散型のシステムに容易に適用することができる． ・プロセスは，比較的容易に自動化できる．	・運転に長い歴史がない． ・すべての膜分離活性汚泥システムには，独自商標の装置および設計の使用を伴うため，基準となる配置がない． ・幾つかの商標化された方法は，行政当局から認可されていない． ・膜エレメントに損傷や目詰まりが起きるのを防ぐため，通常，細目スクリーン等の前処理が必要である． ・効果的な運転のためには，エネルギーをより多く消費する． ・1.5 倍を超えたピーク係数となる場合，通常，流量の安定化装置かより多くの処理ユニットが必要である． ・膜のファウリングの機構や制御は，まだ研究中である． ・膜の交換は，比較的高価． ・パイロット試験がフルスケールの設計のためにしばしば必要である． ・経験のある運転職員がわずかしかいない． ・最も大きな膜分離活性汚泥法施設の能力は，今までのところ 40 000 m^3/d 未満である．

問　題

7-1　地域の下水処理場における日々の放流水の BOD と TSS の確率プロットを作成せよ．幾何標準偏差は図-7.6(a)，(b)の値と比較してどうか．

7-2　水処理プロセスの変動の特性を検討せよ．幾つかのプロセスの s_g が他のプロセスより高いかに

ついて解説せよ．所定のプロセスのs_gの最小化のために重要な要素は何だと思うか．

7-3 地域の下水処理場または再生施設の流量のデータを得て，ピーク日，ピーク週，ピーク月のピーク係数を決定せよ．対応するs_g値はいくつか．

7-4 標準的な水処理プロセス[浮遊増殖型活性汚泥法後に浅型沈殿池(shallow clarifier)]は，放流水の濁度の幾何平均が5 NTU，s_g値2.5である．放流水の濁度が10 NTUを超過する時間の割合を求め，能力が向上する処理プロセスの改良を提案せよ．

7-5 以下に示した流量データを用いて，流量変動を平準化するために必要な非直結式調整池のサイズを見積もれ．処理施設への最大時間当り流量は，日平均流量の(a)1.25，(b)1.35，(c)1.45倍を超過してはならない(a，b，cは，指導者による選択)．

時間	時間中の平均流量(m^3/s)	時間	時間中の平均流量(m^3/s)
M～1	0.275	N～1	0.465
1～2	0.220	1～2	0.465
2～3	0.165	2～3	0.420
3～4	0.130	3～4	0.380
4～5	0.105	4～5	0.355
5～6	0.120	5～6	0.355
6～7	0.140	6～7	0.360
7～8	0.245	7～8	0.395
8～9	0.385	8～9	0.430
9～10	0.450	9～10	0.440
10～11	0.485	10～11	0.390
11～N	0.480	11～M	0.340

7-6 既存の活性汚泥法による下水処理場からの放流水を観賞用の池に使うことが計画されるが，追加的な硝化が必要である．固定化生物膜担体添加硝化法へ変換するため，浮遊担体をエアレーションタンクに導入することが計画される．この計画の便益と限界を議論せよ．

7-7 二次処理法の信頼性が向上する設計条件と処理プロセスの改良の要約表を作成せよ．

7-8 最終沈殿による微粒子の除去への水深の影響を自分の言葉で説明せよ．

7-9 図-7.8(b)，(c)，(d)に記述された状況が最も発生しそうな地理的な場所を説明せよ．

7-10 栄養塩で，(a)全窒素10 mg/L，リン5 mg/L以下を達成する，(b)全窒素3 mg/L，リン1 mg/L以下を達成するような2つの膜分離活性汚泥法のプロセスフロー図を作成せよ．

7-11 MBRプロジェクトの設計者として，あなたは2つの異なった独自商標の設計の評価を頼まれた．装置の選択の過程でどんな具体的な評価基準を使うか．使用することができる参照文献を引用せよ．

7-12 従来の活性汚泥処理と比較したサテライト型の水再生のための膜分離活性汚泥法の適切さを論評せよ．

7-13 活性汚泥法のMBR膜のファウリングの最新文献の少なくとも3つの論文を論評せよ．運転上の問題とファウリングの管理のために導入された改良点についての概略報告を作成せよ．

7-14 ろ過速度100 L/m^2・minでの運転時の粒状担体ろ過(granular media filtration)について**例題7-4**で与えられた標準活性汚泥法の設計において要求される付加的な用地を見積もれ．

7-15 **例題7-4**の標準活性汚泥法と膜分離活性汚泥法のエネルギー要求量を見積もれ．

7-16 膜分離活性汚泥法のエアレーションシステムは，MLSS濃度12 000 g/m^3であった．しかし，ファウリングの限界のため，MLSS濃度8 000 g/m^3で操作される．この変化の結果として，推定される処理能力への影響を見積もれ．必要であれば，Tchobanoglous *et al.*(2003)を参照せよ．

7-17 7.5.5で，代わりに使える3つの独自商標のろ過システムが紹介された．3つのシステムから

一つを選択し，表-7.13 に記されたのと同じ形式で設計情報と説明をまとめよ．本書内で記載されなかったシステムや現在販売されているシステムについてでもよい．

7-18　例題 7-3，7-4 で与えられた膜分離活性汚泥法の設計の手順のスプレッドシートによる解決手法を作成せよ．例題で与えられた結果の確認を行った後，感度解析を行い，(a)水温，(b)反応槽の MLSS 濃度，(c)下水成分の濃度，または汚泥生成物および反応槽のサイズについて個別の効果を評価せよ．解析時には，右のスプレッドシートモデルの値を使用し，膜分離活性汚泥法の設計の結果および導入を論評せよ．

パラメータ	低値	高値
水温(℃)	5	20
反応槽中の MLSS(g/m^3)	5 000	15 000
下水成分		
BOD(g/m^3)	98	420
溶解性 BOD(g/m^3)	49	210
COD(g/m^3)	210	900
溶解性 COD(g/m^3)	92.4	396
rbCOD(g/m^3)	56	240
TSS(g/m^3)	49	210
VSS(g/m^3)	42	180

参考文献

Adham, S., and J. F. DeCarolis (2004) "Optimization of Various MBR Systems for Water Reclamation—Phase III," *Desalination and Water Purification Research and Development Report No. 103*, U.S. Department of the Interior, Bureau of Reclamation, Denver CO.

Babcock, R., Jr. (2005) "Comparison of Five Different Membrane Bioreactors," presented at the 27th Annual HWEA Conference, Honolulu, HI.

Barker, P. L., and P. L. Dold (1997) "General Model for Biological Nutrient Removal in Activated Sludge Systems: Model Presentation," *Water Environ. Res.*, **69**, 5, 961–984.

Barnard, J. L. (1975) "Biological Nutrient Removal without the Addition of Chemicals," *Water Res.*, **9**, 485–490.

Bratby, J. R., B. Gaines, M. Loyer, F. Luiz, and D. Parker (2002) "Merits of Alternative MBR Systems," *Proceedings of WEFTEC 2002*, Water Environment Federation, Alexandria, VA.

Burton, F. L. (1996) *Water and Wastewater Industries: Characteristics and Energy Management Opportunities*, CR-10691, Electric Power Research Institute, St. Louis, MO.

Chiemchaisri, C., K. Yamamoto, and S. Vigneswaran (1993) "Household Membrane Bioreactor in Domestic Wastewater Treatment," *Water Sci. Technol.*, **27**, 1, 171–178.

Cote, P., H. Buisson, and M. Praderie (1998) "Immersed Membranes Activated Sludge Process Applied to the Treatment of Municipal Wastewater," *Water Sci. Technol.*, **38**, 4–5, 437–442.

Crawford, G., D. Thompson, J. Lozier, G. Daigger, and E. Fleischer (2000) "Membrane Reactors—A Designer's Perspective," in *Proceedings of WEFTEC 2000*, Water Environment Federation, Alexandria, VA.

Crawford, G. (2002) "Competitive Bidding and Evaluation of Membrane Bioreactor Equipment—Three Large Plant Case Studies," in *Proceedings of WEFTEC 2002*, Water Environment Federation, Alexandria, VA.

Crawford, G. and R. Lewis (2004) "Exceeding Expectations," *Civil Engineering, ASCE,* **74**, 1, 62–67.

Crawford, G., G. Daigger, J. Fisher, S. Blair, and R. Lewis (2005) "Parallel Operation of Large Membrane Bioreactors in Traverse City," in *Proceedings of WEFTEC 2005*, Water Environment Federation, Alexandria, VA.

DeCarolis, J., S. Adham, B. Pearce, and L. Wasserman (2003) "Application of Various MBR Systems for Water Reclamation," in *Proceedings of WEFTEC 2003*, Water Environment Federation, Alexandria, VA.

Fernandez, A., J. Lozier, and G. Daigger (2000) "Investigating Membrane Bioreactor Operation for Domestic Wastewater Treatment: A Case Study," in *Proceedings of WEFTEC 2000*, Water Environment Federation, Alexandria, VA.

Giese, T. P. and M. D. Larsen (2000) "Pilot Testing New Technology at the Kitsap County Sewer District No. 5/City of Port Orchard, WA Joint Wastewater Treatment Facility," *Proceedings of WEFTEC 2000*, Water Environment Federation, Alexandria, VA.

Grady, C. P. L., Jr., G. T. Daigger, and H. C. Lim (1999) *Biological Wastewater Treatment,* 2nd ed.,

Marcel Dekker, Inc., New York.

Henze, M. C., P. L. Grady, W. Gujer, G. v. R. Marias, and T. Matsuo (1987) *Activated Sludge Model No. 1*, IAWPRC Scientific and Technical Reports, no. 1, IAWPRC, London.

Holbrook, R. D., M. J. Higgins, S. N. Murthy, A. N. Fonseca, D. Anabela, E. J. Fleischer, G. T. Daigger, T. J. Grizzard, N. G. Love, and J. T. Novak (2004) "Effect of Alum Addition on the Performance of Submerged Membranes for Wastewater Treatment," *Water Environ. Res.*, 76, 7, 2699–2702.

Jefferson, B., P. Le Clech, S. Smith, A. Laine, and S. Judd (2000) "The Influence of Reactor Configuration on the Efficacy of Membrane Bioreactors for Domestic Waste Water Recycling," in *Proceedings of WEFTEC 2000*, Water Environment Federation, Alexandria, VA.

Judd S., and C. Judd (eds.) (2006) *The Membrane Book: Principles and Applications of Membrane Bioreactors in Water and Wastewater Treatment*, 1st ed., Elsevier, Amsterdam.

Lorenz, W., T. Cunningham, and J. P. Penny (2002) "Phosphorus Removal in a Membrane Reactor System: A Full-Scale Wastewater Demonstration Study," in *Proceedings of WEFTEC 2002*, Water Environment Federation, Alexandria, VA.

Merlo, R., R. S. Trussell, S. H. Hermanowicz, and D. Jenkins (2005) "Properties Affecting the Thickening and Dewatering of Submerged Membrane Bioreactor Sludge," in *Proceedings of WEFTEC 2005*, Water Environment Federation, Alexandria, VA.

Mourato, D., D. Thompson, C. Schneider, N. Wright, M. Devol, and S. Rogers (1999) "Upgrade of a Sequential Batch Reactor into a Zenogem Membrane Bioreactor," in *Proceedings of WEFTEC 1999*, Water Environment Federation Alexandria, VA.

ReVoir, G. J., II, D. R. Refling, and H. J. Losch (2000) "Wastewater Process Enhancements Utilizing Submerged Membrane Technology," in *Proceedings of WEFTEC 2000*, Water Environment Federation, Alexandria, VA.

Sanin, F. and P. A. Vesilind (1999) "A Comparison of Physical Properties of Synthetic Sludge with Activated Sludge," *Water Environment Research*, 71, 2, Water Environment Federation, Alexandria, VA.

Sen, D., P. Mitta, and C. W. Randall (1994) "Performance of Fixed Film Media Integrated in Activated Sludge Reactors to Enhance Nitrogen Removal," *Water Sci. Technol.*, 30, 11, 13–24.

Stensel, H. D. (2003) "MBR Processes for Nitrogen and Phosphorus Removal: Alternatives and Process Considerations," *Membrane Bioreactors Designed for Ultimate Nutrient Removal*, Enviroquip Workshop VII, Los Angeles, CA.

Stephenson, T., S. Judd, B. Jefferson, and K. Brindle (2000) *Membrane Bioreactors for Wastewater Treatment*, IWA Publishing, London, UK.

Tchobanoglous, G., F. L. Burton, and H. D. Stensel (2003) *Wastewater Engineering: Treatment and Reuse*, 4th ed., McGraw-Hill, New York.

Thompson, D. (2004) "ZeeWeed MBR Technical Workshop," WEFTEC 2004, Workshop #114, Water Environment Federation, Alexandria, VA.

Trussell, R. S., R. P Merlo, S. Hermowicz, and D. Jenkins (2004) "The Effect of Organic Loading on Membrane Fouling in a Submerged Membrane Bioreactor Treating Municipal Wastewater," *Proceedings of WEFTEC 2004*, Water Environment Federation, Alexandria, VA.

Trussell, R. S., S. Adham, and R. R. Trussell (2005) "Process Limits of Municipal Wastewater Treatment with the Submerged Membrane Bioreactor," *J. Environ. Eng., ASCE*, 131, 410.

Van der Roest, H. F., D. P. Lawrence, and A. G. N. Bentem (2002) *Membrane Reactors for Municipal Wastewater Treatment*, STOWA Report, IWA Publishing, London, UK

Wagner, M., P. Cornel, and S. Krause (2002) "Efficiency of Different Aeration Systems in Full Scale Membrane Bioreactors," in *Proceedings of WEFTEC 2002*, Water Environment Federation, Alexandria, VA.

Wallis-Lage, C. (2003) "MBR Similarities and Differences between Manufacturers," *Proceedings of WEFTEC 2003*, Water Environment Federation, Alexandria, VA.

WEF (1998) *Design of Municipal Wastewater Treatment Plants, Manual of Practice 8*, Water Environment Federation, Alexandria, VA.

Yamamoto, K., M. Hiasa, T. Mahmood, and T. Matsuo (1989) "Direct Solid-Liquid Separation Using Hollow Fiber Membrane in an Activated Sludge Aeration Tank," *Water Sci. Technol.*, 21, 43–54.

第8章　残存浮遊物質の除去

翻訳者　高橋　正宏（北海道大学大学院工学研究院環境創生工学部門　教授）

関連項目　*299*

8.1　二次処理プロセスからの残存浮遊物質の特性　*300*
  8.1.1　残存成分とその性質　*301*
    微生物／*301* 浮遊粒子／*301* 浮遊物質の測定／*301* 粒径の分布／*302*
    濁度／*305*
  8.1.2　二次処理プロセス流出水中の残存粒子の除去　*306*
    活性汚泥法／*306* 散水ろ床法／*307* ラグーン／*307* その他の処理法／*308*

8.2　残存浮遊粒子性物質の除去技術　*308*
  8.2.1　再生水に用いられる技術　*308*
    深層ろ過／*308* 表層ろ過／*309* 膜ろ過／*309* 加圧浮上分離／*309*
  8.2.2　処理フロー　*310*
  8.2.3　処理能力の推計　*310*
  8.2.4　再生水利用への適用性　*311*

8.3　深層ろ過　*311*
  8.3.1　利用可能なろ過技術　*312*
  8.3.2　深層ろ過の処理性能　*312*
    運転条件／*313* 粒子除去機構／*313* 濁度の除去／*313* TSS の除去／*317*
    濁度，TSS 除去の変動／*318* 粒径の変化／*319* 微生物の除去／*320*
  8.3.3　設計上の留意事項　*322*
    ろ材の性状／*322* ろ材の選択／*323* ろ床の性状／*325* ろ過装置の選択／*326*
  8.3.4　パイロット規模試験　*326*
  8.3.5　運転上の課題　*328*

8.4　表層ろ過　*329*
  8.4.1　適用ろ過技術　*329*
    布ろ過／*330* ディスクフィルタ／*330* ダイアモンド布ろ過／*332*
  8.4.2　表層ろ過の処理成績　*332*
    TSS と濁度の除去／*332* 除去粒子のサイズ／*333* 微生物の除去／*333*
  8.4.3　設計上の留意点　*333*
  8.4.4　パイロット規模試験　*334*

8.5　膜ろ過　*334*
  8.5.1　膜ろ過の用語，膜の種類，膜の分類，水の流れ
    膜ろ過の用語／*334* 膜の分類／*335* 膜の種類と材質／*335*
  8.5.2　精密ろ過と限外ろ過　*337*
    装置の構成／*338* 加圧式の運転方法／*340*
  8.5.3　MF，UF の性能解析　*341*

　　　　　　操作圧／341　　　　透過水流量／341　　　　回収率／341　　　　排除率／342
　　　　　　物質収支／342
　　8.5.4　MF膜，UF膜の操作因子と運転方法　342
　　8.5.5　膜の処理性能　343
　　　　　　二次処理水の膜ろ過処理／343　　　　一次処理水のろ過／344
　　8.5.6　設計上の留意点　346
　　8.5.7　パイロットプラント試験　347
　　8.5.8　運転上の問題　348
　　　　　　膜の寿命／348　　　　膜の性能／348　　　　運転効率／348　　　　現地洗浄の頻度／348
8.6　加圧浮上分離　349
　　8.6.1　処理プロセスの概要　349
　　　　　　DAFの種類／349　　　　循環水加圧と全量加圧／349　　　　浮上汚泥，沈殿汚泥の除去／350
　　8.6.2　DAFの処理成績　351
　　8.6.3　設計上の留意点　351
　　　　　　固形物濃度の低い場合の空気量／352　　　　高濃度固形物に対する空気量／354　　　　薬品注入／354
　　8.6.4　運転上の留意点　355
　　8.6.5　パイロットプラント試験　355
8.7　残存粒子性物質を除去するための技術を選択する条件　355
　　8.7.1　処理水の最終的な用途　355
　　8.7.2　相対的な処理性能　356
　　8.7.3　パイロットプラント試験の結果　356
　　8.7.4　消毒プロセスの種類　356
　　8.7.5　将来的な水質要求　356
　　8.7.6　エネルギー要件　356
　　8.7.7　現場の要請　356
　　8.7.8　経済的要件　357

問　　題　357
参考文献　359

関連用語

加圧浮上分離 dissolved air flotation；DAF　特別に設計されたタンクで，上昇する空気の気泡群を粒子に付着させる粒子性物質の除去法．

逆洗浄，逆洗 backwash　ろ層の表面や内部に蓄積した固形物を除去するため，空気や清浄な水を併用するか，またどちらか単独でろ過の方向とは逆に流すプロセス．除去された固形物を含む逆洗水は，洗浄排水(waste washwater)と呼ぶ．

限外ろ過 ultrafiltration；UF　孔径が約 0.005〜0.1 μm の範囲にあることを除けば，MF と同様の膜分離プロセス．特に細菌やウイルスを分離する場合，UF は，MF より一般的に高いレベルの分離を行うことがでる．

孔径 pore size　膜の細孔(pore)の公称径(nominal size)．細孔は，汚濁物質を選択的に膜面に抑止し，透過水を膜壁から通過させる．膜のタイプは，孔径によって分類されることが多い．

工程排水 residuals　水再生プロセス(water reclamation process)から発生する排水．深層ろ過や表層ろ過の工程排水は，ろ層洗浄排水(filter waste washwater)であり，膜ろ過システム(membrane system)では，洗浄排水，濃縮水，化学洗浄排水(chemical cleaning waste water)が含まれる．

深層ろ過 depth filtration　砂，アンスラサイト等で構成される粒状のろ層に液体を通過させることにより，液体中に懸濁している粒子性物質を除去すること．

精密ろ過 microfiltration；MF　供給水中の比較的大きな粒子の除去に用いられる膜分離プロセス(membrane separation process)．精密ろ過の孔径範囲は約 0.1〜2 μm である．

濃縮水 retentate, concentrate　濃縮液ともいう．膜供給水のうち，膜を通過しなかったもの．

表層ろ過 surface filtration　液体を布や金属等の薄い隔壁面を通過させ，液体に懸濁している粒子性物質を除去する処理法．

ビン bin　粒径ごとの粒子個数と一定の幅（例えば，2〜5 μm）でまとめたもの．

ファウリング fouling　膜汚染ともいう．膜面への物質の蓄積によって膜の性能が劣化すること．

膜 membrane　水や一部の成分を通過させるが，物理的サイズや分子量が一定以上の成分を阻止する製品．通常，有機ポリマーが原料である．

膜間差圧 transmembrane pressure；TMP　透過水が膜を通過するための駆動力．

(膜)供給水 feed stream, feed water　膜処理プロセス(membrane treatment process)に供給される水（または排水）．

(膜)透過水 permeate, filtrate, product water　膜を透過した水．

膜透過流束 flux　フラックス，流束ともいう．時間当り膜面を通過する質量または体積．通常，$m^3/m^2 \cdot h$ や $L/m^2 \cdot h$ ($gal/ft^2 \cdot d$)で示される．膜透過流束は，膜ろ過システムにおいて水の生産速度を示す一般的な術語である．

　再生水利用用途の多くにおいて，生物学的二次処理(secondary biological treatment)の後に残存する粒子性物質(particulate matter)の除去が必要である．粒子性物質は，濁度(turbidity)の原因となり，望ましくない化学的汚濁物質や病原体を含んでいる可能性があり，消毒プロセスを妨害するであろう．下水処理水からのこれらの粒子性物質の除去が本章の主題である．残存溶解性物質の除去は，9 章で扱う．本章で扱う主題は，(1)二次処理プロセスからの残存浮遊物質の特性，(2)残存浮遊物質の除去に用いられる技術の紹介，(3)深層ろ過(depth filtration)，(4)表層ろ過(surface filtration)，(5)膜ろ過(membrane filtration)，特に精密ろ過(microfiltration；MF)と限外ろ過(ultrafiltration；

UF)，(6)加圧浮上分離(dissolved air flotation；DAF)，(7)残存浮遊物質除去のためのろ過技術を選択する際の留意点，である．

8.1 二次処理プロセスからの残存浮遊物質の特性

二次処理に採用されているプロセスによって残存浮遊物質の大きさや組成は異なる．一般的に二次処理水は，サブコロイド(subcolloidal particle)，コロイド(colloidal particle)，浮遊粒子(suspended particle)，さらに粒子の凝集物［通常，フロック粒子(flocculent particle)と呼ばれる］を含んでいる．粒子の除去機構や処理プロセスに与える粒子の影響を理解するためには，それらの性質や性状を確認することが必要である．残存浮遊物質の除去プロセスの性能を評価するために用いられる分析技術の基本原理，限界とバイアスについて理解することも重要であるため，本章では主要な試験法についてある程度詳細に確認している．図-8.1は，二次処理水中の粒子性物質のタイプと大きさ，定量に用いられる測定方法，除去に用いられる処理方法を示したものである．

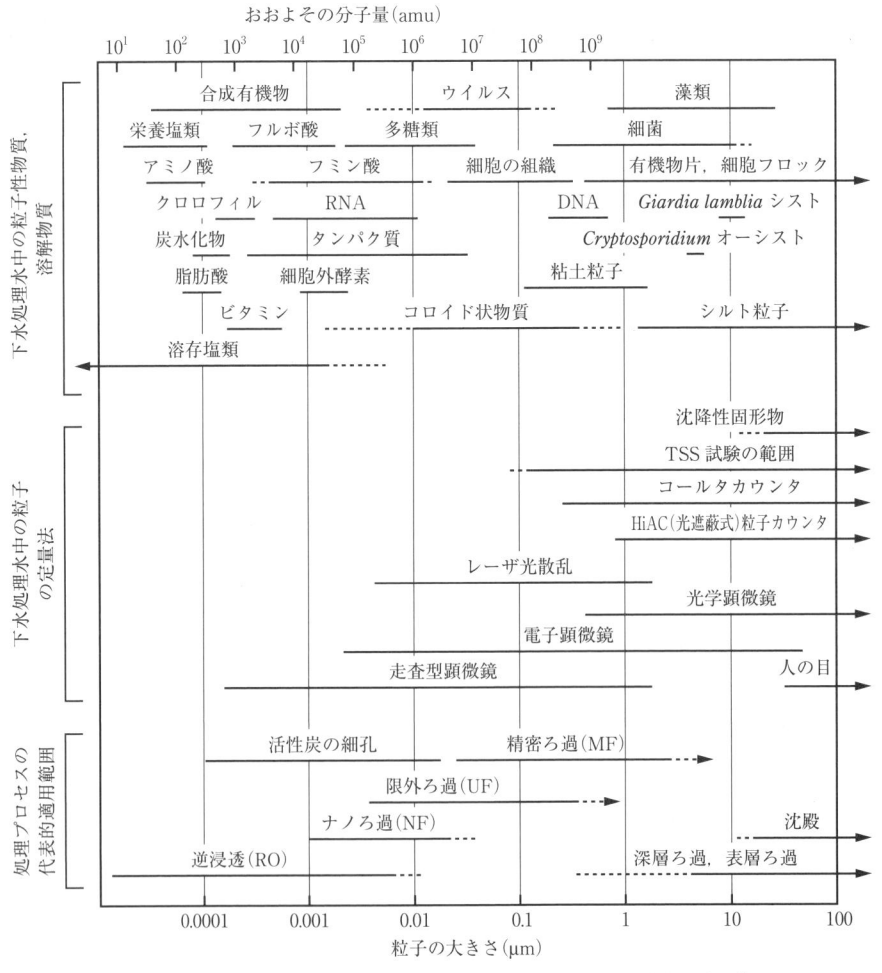

図-8.1 下水中の成分の大きさ，粒子性物質の定量法，粒子除去技術の適用範囲

8.1.1 残存成分とその性質

粒子(particle)は，その物理的，化学的，生物学的性状によって水質に一定の影響を与える．表-8.1に示したように，主要な残存浮遊物質には，微生物(microorganism)，コロイド，浮遊粒子が含まれる．残存浮遊物質の除去に当たって重要な性質は，粒子サイズの分布と濁度である．吸光度(absorbance)，透過率(transmittance)等の関係する他の物理学的性質については，消毒を扱う11章で考察する．

表-8.1 下水処理水中の代表的な残存物質とその再利用への影響[a]

残存物質	影　響
有機性および無機性浮遊物質・コロイド	
浮遊物質	微生物を被覆することによる消毒効果への影響 スプリンクラや点滴灌漑の配管の目詰まり
コロイド	処理水の濁度への影響，コロイド粒子には有害物質が吸着していることがある
粒子性有機物	消毒時に細菌を被覆
生　物	
細菌	病原性
原生動物のシスト，オーシスト	病原性
ウイルス	病原性

[a] Tchobanoglous *et al.*(2003)より引用．

微 生 物

標準活性汚泥法の二次処理水中で考慮すべき主な物質は，病原性の細菌(pathogenic bacteria)，原生動物(protozoa)，蠕虫(helminths)そしてウイルス(virus)である．ラグーンの処理水中には，これらの他に多量の藻類(algae)が含まれている．表-7.7に示したように，未処理下水に含まれる微生物の数の範囲は，非常に大きくなることがある．図-8.1にあるように，深層ろ過や表層ろ過は，問題となる原生動物のシスト(cyst)やオーシスト(oocyst)のある部分を効率的に除去することを期待できるが，細菌やウイルスは，一部しか除去することができない．ろ過工程に続く消毒の信頼性を担保する水質を確保することが微生物に関するろ過プロセスの重要な役割である．

浮遊粒子

二次処理施設の構成によって，処理水中の代表的浮遊物質は，約1～200 μmの大きさで変化する．生物処理の運転条件や二次沈殿池の構造によっては，500 μmか，それ以上の軽くて大きなフロックも存在する．浮遊物質は，濁度の原因となり，消毒(disinfection)，逆浸透(reverse osmosis；RO)，促進酸化(advanced oxidation)等の後段のプロセスを阻害する可能性がある．大きな浮遊粒子は，灌漑再利用の場合のスプリンクラノズルや点滴灌漑の配管の阻害要因となるかもしれない．

浮遊物質の測定

文献で報じられているコロイド粒子の大きさは，小さい場合には0.001～0.003 μm，大きい場合には1.0～2.0 μmである．本書で想定しているコロイド粒子は，0.01～0.1 μmの大きさである．図-8.1に示すように，コロイド状物質には小さな細菌や多くの大型ウイルスが含まれる．下水処理水中に含まれるコロイド粒子の数は，通常10^8～10^{12}個/mLである．コロイド状物質は，濁度や透過率に対し

て重要である．

浮遊物質の総重量は，重量測定済みの公称孔径 1 μm のろ紙で，既知の体積の水をろ過して決定される．ろ紙によって全浮遊物質(total suspended solid；TSS)と全溶解性蒸発残留物(total dissolved solids；TDS)を区分するため，TSS 試験は，用いるろ紙の孔径によってある程度左右される．公称孔径 0.45～2 μm のろ紙が TSS 測定に用いられてきたため，文献における TSS 値を比較することが困難になっている．また，孔径が小さいろ紙を使うほど TSS 値が大きくなるため，報告された TSS 値を比較する場合は用いられたろ紙の孔径に十分留意することが重要である．

浮遊物質測定の限界　TSS 試験それ自体は，本質的な意義がないことを理解することが重要である．基本的な意義に欠ける主な理由は，以下のとおりである．

1. TSS の測定値は，用いたろ紙の性状や孔径に依存する．
2. TSS を測定するために用いた試料の体積によって，自己ろ過(auto filtration)，ろ紙に捕捉された浮遊物質それ自体がろ紙の働きをする現象，が起きる．自己ろ過によって，通常は捕捉されない小さな粒径の浮遊物質が捕捉されるため，実際の TSS 値より明らかに測定された TSS は大きくなる．
3. 粒子性物質の性状によっては，既にろ紙上にある物質に小さい粒子が吸着することがある．
4. 測定値を構成する粒子の数や大きさの分布が不明であるため，TSS は，総括指標(lumped parameter)である．

粒径の分布

粒径の分布データは，粒子除去プロセスの効率を最適化するために利用されよう．下水二次処理水中に残存する粒子性物質やコロイドの粒径分布を求める方法には，(1)分画ろ過(serial filtration)，(2)粒子性電子カウンタ(electronic particle size counter)，(3)顕微鏡による直接観察(direct microscopic observation)，等がある．

分画ろ過　分画ろ過は，質量を基準として，浮遊物質サイズのおおよその分布を求めるものである(Levine et al., 1985)．分画ろ過では，排水の試料は，数段階のメンブレンフィルタで順次ろ過される(図-8.2 参照)．用いるメンブレンフィルタには，既知の孔径の円形の孔が開いており(代表的な孔径は，それぞれ 12, 8, 5, 3, 1, 0.1 μm)，それぞれのメンブレンフィルタに捕捉された粒子性物質を測定する．図-8.3 に代表的な測定結果を示す．図-8.3 で注目すべき点は，大量のコロイド状物質が 0.1～1 μm の間に存在することである．排水試料中の粒子に関する粒径やその分布のある程度の情報は得られるが，個々の粒子の性状に関する情報はほとんど得られない．

粒子サイズ電子カウンタ(粒子カウンタ)　排水中の粒径とその分布をより詳しく知るために，現在，粒径と粒径分布の非破壊測定が広く用いられている．しかし，粒径測定と計数のための電子技術は，粒子の種類や性状を決定するためには利用できないことに留意するべきである(活性のあるシスト，不活性のシスト，小粒径のシルト粒子の区分等)．

粒子カウンタは，希釈された下水処理水サンプル

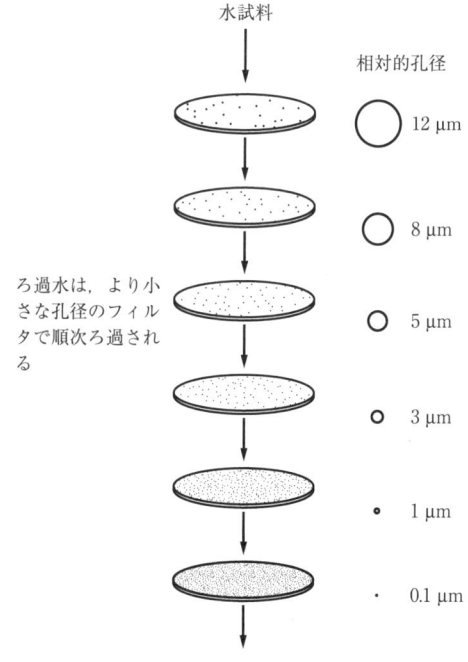

図-8.2　メンブレンフィルタを用いた分画ろ過による粒径分布(質量)の測定法

を校正済みのオリフィスに通過させたり，レーザ光線を横切らせたりすることによって粒子を計測する．粒子がオリフィスを通過する際に，粒子の存在によって液体の電気伝導度が変化する．電気伝導度の変化は，それに相当する球のサイズに換算される．同様の方法で，粒子がレーザ光線を横切る時に光を散乱させるため，レーザの強度が低下する．強度の低下分が粒径に換算される．

粒子カウンタには異なったサイズレンジのセンサがあり，1.0〜60 μm や 2.5〜150 μm 等，製造元や適用法によって異なる．異なる種類の粒径計測器(particle size analyzer)における代表的な測定範囲を表-8.2に示した．1 μm 以下の粒子を測定できない粒子カウンタは，場合によっては問題があるであろう．粒子カウンタは，用いるセンサのレンジによって，通常10〜20 のチャンネル[またはビン(bin)と呼ばれるレンジ（例えば，2〜5 μm）を測定し，記録する．チャンネルの大きさは，測定目的に従って，算術目盛，対数目盛，または任意に区切られる．対数スケールを用いる場合には，チャンネルの上限は，チャンネルの下限にスケールファクタを乗じたものとなる．消毒の調査では，調査の対象に合わせたチャンネルレンジとしなくてはならない．例えば，クリプトスポリジウム(*Cryptosporidium*)では 2〜5 μm，ジアルジア(*Giardia*)では 5〜15 μm である．数多くの細かなチャンネルサイズを用いる粒子カウンタでは，結果の解釈がより難しくなる．非常に細かなチャンネルサイズを用いた場合には，適当なチャンネルサイズに調整し直すことを推奨する（図-8.16参照）．サイズごとの粒子数を報告するとともに，表面積や体積のデータとしても報告することができる．必要なら，それぞれのサイズレンジの体積割合を計算することも可能である(Standard Methods, 2005)．代表的な粒子カウンタを図-8.4に示した．

下水では，粒径が小さいほど数多くの粒子が観測され，頻度分布はべき乗分布に従うことが多い．

$$\frac{dN}{d(d_p)} = A(d_p)^{-\beta} = \frac{\Delta N}{\Delta(d_{pi})} \tag{8.1}$$

ここで，dN：粒径の増分 $d(d_p)$ に対する粒子数濃度(個/mL·μm)，$d(d_p)$：粒径の増分(μm)，A：べき乗密度係数(-)，d_p：カウンタチャンネルの形式に依存する粒径の算術(または幾何)平均(μm)，β：べき乗則の傾き，ΔN：そのチャンネル内の粒子数密度(個/mL)，$\Delta(d_{pi})$：チャンネル幅(μm)．

事実上，式(8.1)の右辺は，データを正規化するために用いられ，粒子径分布間の比較を行うことを可能にする．式(8.1)の両辺の対数をとると，以下の式となり，プロットによって未知の係数 A と β を決定することができる．

$$\log[\Delta N/\Delta(d_{pi})] = \log A - \beta \log(d_p) \tag{8.2}$$

A の値は，d_p が 1 μm の時の値である．A の値が増加すると，各サイズ範囲の粒子数は，増加する．傾き β は，各サイズレンジの粒子の相対数の基準である．つまり，β が 1 より小さい時には，粒径の分布は，大きな径に偏っており，β が 1 の時は，すべての粒子の大きさが等しくなり，β が 1 より大きい時には，分布は，小さな粒径に偏ることとなる(Trussell and Tate, 1979)．どのようなチャンネルサイズを選択するかによって傾きが異なるため，結果の解釈にあたっては注意が必要である．**例題**

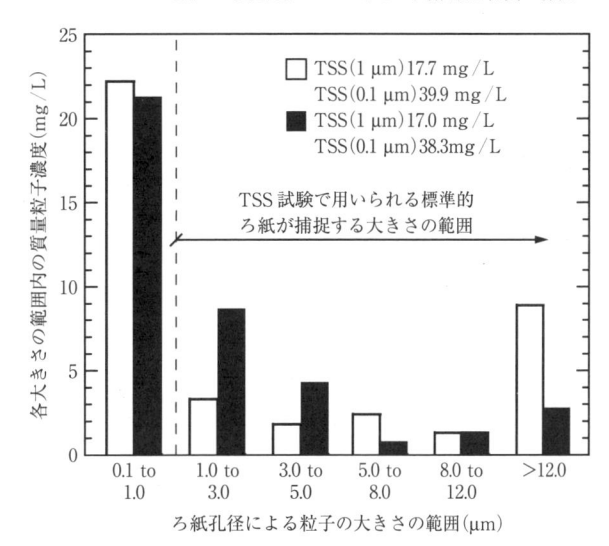

図-8.3 散水ろ床処理水の分画ろ過による代表的な固形物の分画データ．通常のTSS試験では測定されない 0.1〜1 μm の間の大きな分画に注意[Levine *et al.*(1985)より引用]

第8章 残存浮遊物質の除去

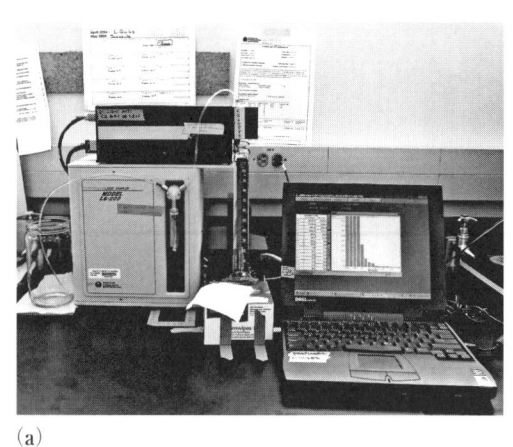

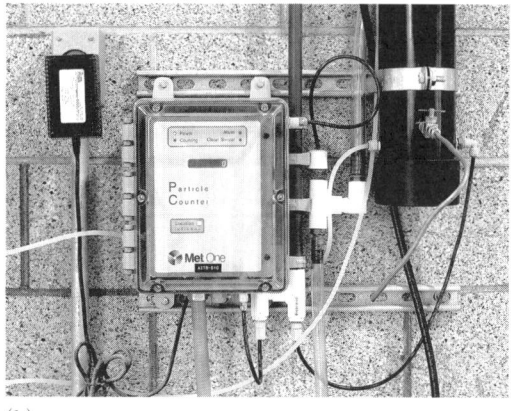

図-8.4 粒子カウンタ．(a)実験室タイプ，(b)オンライン屋外タイプ

8-1に粒子カウンタによって得た結果の分析例を示した．

例題 8-1 粒径情報の解析

正規数でチャンネルを設定した粒子カウンタより得られた右表のデータから式(8.1)の係数 A, β を求めよ．

チャンネルサイズ(μm)	粒子数
1～ 2	20 030
2～ 5	6 688
5～ 15	1 000
15～ 20	300
20～ 30	150
30～ 40	26.8
40～ 60	12.3
60～ 80	5.4
80～100	3.4
100～140	1.1

解　答

1. データをプロットするため必要な情報を作表する．

チャンネルサイズ(μm)	平均径[a] d_p(μm)	ΔN (個/mL)	チャンネルサイズの間隔 $\Delta(d_{pi})$	$\log(d_p)$	$\log[\Delta N/\Delta(d_{pi})]$
1～ 2	1.50	20 030	1	0.18	4.30
2～ 5	3.50	6 688	3	0.54	3.35
5～ 15	10.00	1 000	10	1.00	2.00
15～ 20	17.50	300	5	1.24	1.78
20～ 30	25.00	150	10	1.40	1.18
30～ 40	35.00	26.8	10	1.54	0.43
40～ 60	50.00	12.3	20	1.70	−0.21
60～ 80	70.00	5.4	20	1.85	−0.57
80～100	90.00	3.4	20	1.95	−0.77
100～140	120.00	1.1	40	2.08	−1.56

[a] 算術平均径．例えば，1.5＝[(1+2)/2]．

2. ビンサイズ当りに正規化した粒子数 $\Delta N/\Delta(d_{pi})$ と粒径の算術平均 d_p それぞれの対数をとり，プロットする．
3. 式(8.1)の A と β を求める．
   a. A の決定．
      $\log(d_p)=0$, $d_p=1$ の時，$A=105.05$
   b. β の決定．

$$-\beta = \frac{3.5-(-1.0)}{0.5-2} = -3.0$$

$$\beta = 3.0$$

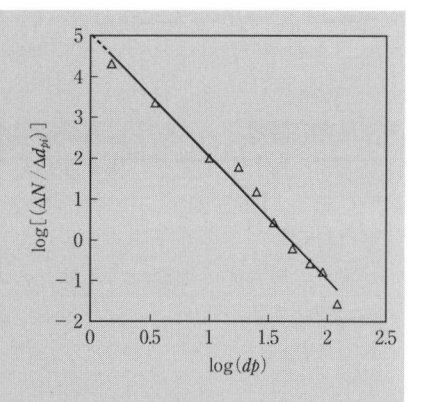

解　説

β の値が1より大きいため，粒径の小さな粒子数が卓越する分布となっており，実際のデータと一致する結果となった．解析のために選択したチャンネルサイズによって，プロットされたデータを通る回帰直線の傾きが異なることに留意しなくてはならない．浮遊物質の性状や，測定した粒子の最小，最大径によっては β を決めるための線は直線とはならないかもしれない．また，粒径測定がクリプトスポリジウムやジアルジアの計数に用いられるのであれば，2～5 µm と 5～10 µm のチャンネルサイズを選ばなくてはならない．

直接観測　補助手段を用いない肉眼では見ることができない小さな粒子の可視化のため，顕微鏡の技術が用いられる．粒子の大きさを顕微鏡で観察することができ，場合によっては，顕微鏡以外の他の方法よりも粒子の起源そのものを正確に同定することができる．顕微鏡観察では，一定量のサンプルを粒子計測用のセルに滴下し，粒子一つひとつを計数する．この時，粒子のコントラストを上げるために染色する場合も多い．表-8.2 に各種顕微鏡で定量できる粒径範囲を示した．一般的に顕微鏡による計数は，下水1 mL 当りの粒子数を求めるためのルーチン作業として行うことは現実的でない．むしろ，下水中の粒子の性状や大きさを定性的に評価する方法として用いることが適当である．

表-8.2　下水中の物質に適用可能な測定方法[a]

	測定方法	代表的粒径範囲(µm)
粒子カウンタ	電気伝導度の変位	0.2 ～>100
	光散乱当量	0.005～>100
	光遮蔽	0.2 ～>100
顕微鏡	光学	0.2 ～>100
	透過型電子	0.2 ～>100
	走査型電子	0.002～　50
	画像分析	0.2 ～>100

[a] Levine *et al.* (1985) より引用．

濁　度

コロイド状物質や粒子性物質に関する下水処理水の清澄さを示すために使われる方法の一つに濁度――一定の光を透過させる水の特性――がある．水の清澄さを損なう粒子性物質の存在により濁度が発現する．濁度は，「試料を通過する光が散乱し，遮断されることによって生じる光学的性質の表現であり，光が直進し，光束が減衰する現象とは異なる」と定義されている(Standard methods, 2005)．

濁度の測定　濁度の測定には，光源(白熱灯または発光ダイオード)と散乱光を測定するセンサが必要である．図-8.5 に示すように，散乱光センサは，光源に対して90度の位置にある．散乱光の強度が強まると，濁度の測定値は上昇する．濁度は，NTU(nephelometric turbidity unit)で表される．

散乱光の空間的な分布や強度は，図-8.5 に示されるように光源の波長と粒子径の関係に依存する（Hach, 1997）．入射光の波長の 10 分の 1 以下の粒子径では，散乱光は，きれいな対象形となる[図-8.5(a)参照]．

濁度測定の限界　入射光の波長に対して粒径が大きくなると，粒子の異なる部分から反射した光は，図-8.5(b)，(c)に示したように，前方に特化するような干渉パターンを形成する．また，散乱光の強度は，入射光の波長によって変化する．例えば，青色光は，赤色光よりも散乱しやすい．このような考察から，濁度の測定は，入射光の波長（可視光で 0.3～0.7 μm）のサイズレンジにある粒子に影響を受けやすい．したがって，ほぼ同様の濁度測定値を示す 2 種類の下水ろ過サンプルが非常に異なる粒径分布を有する場合もある．濁度の測定に当たってさらに厄介なことには，ある種の粒子は，その性質上ほとんどの光を吸収してしまい，入射光のごく一部しか散乱させないことがある．さらに，大きな粒子の光散乱特性のため，多くの小さな粒子の中に存在する少数の大粒子を検出することができない．濁度と全浮遊物質濃度(TSS)の間には本質的な関係がないため，下水を効果的に消毒できるかどうかの指標として，濁度単独では有効な指標になりえない．

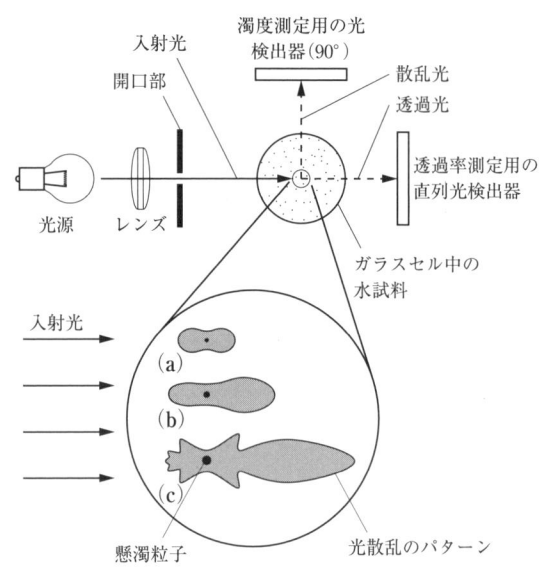

図-8.5　濁度測定の原理と種々の粒径における光散乱パターン[Hach (1997)より一部引用]

8.1.2　二次処理プロセス流出水中の残存粒子の除去

ほとんどの下水処理水は，様々なコロイド性，浮遊性の残存物を含んでいる．多くの下水処理水再利用では残存粒子性物質の除去が求められ，通常，何らかのろ過技術が用いられる．各種の生物学的処理プロセスで残存する粒子性物質の性質について以下に論じる．

活性汚泥法
　二次処理沈殿池からの残存粒子の TTS，粒径分布，フロック強度については，残存粒子を除去するろ過プロセスや他の下流側の処理プロセスに影響を与えるので，以下に考察を加える．
TSS と濁度　活性汚泥法(activated sludge process)[および散水ろ床法(tricking filter)]流出水の代表的 TSS 濃度は 5～25 mg/L の間にある．栄養塩除去と深い二次沈殿池を採用している最近の処理場では，処理水 TSS は 4～10 mg/L である．それに相当する濁度は，2 NTU 以下から 15 NTU の間である．
　活性汚泥法の TSS および濁度の確率分布を図-8.6 に示した．処理場間の幾何標準偏差の値の幅は，それほど大きくはないが，異なる活性汚泥処理プロセス間で観察される平均値には大きな違いがある．報告された平均値の違いには，活性汚泥法の運転方法，二次沈殿池の設計と運転方法が関係し，流入水質は，それらより関与の度合いは小さい．
粒径分布　種々の活性汚泥処理場における流出水中の粒径分布データは図-7.5 に示してある．図-7.5 の流出水粒径分布は，このサイズレンジの体積分布に関して 2 峰分布となっている．粒径 0.8～

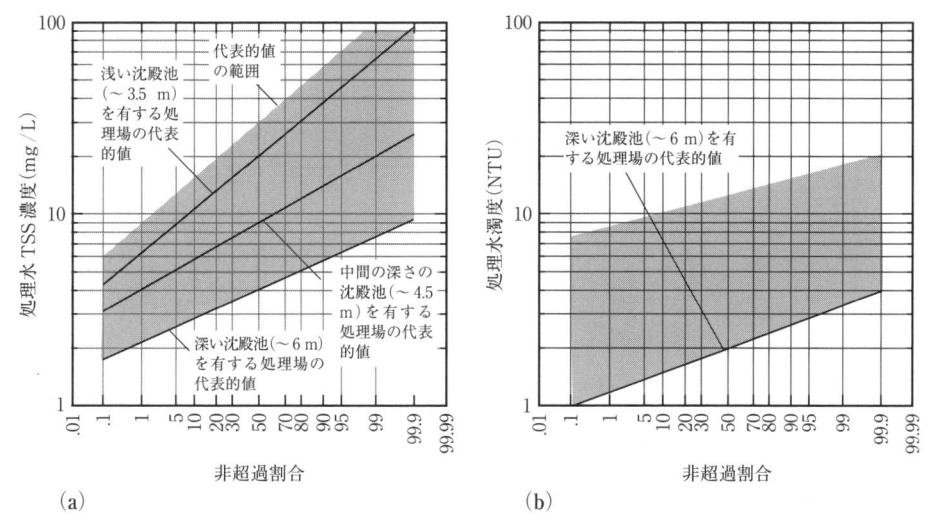

図-8.6 活性汚泥法処理水中のTSSと濁度の変動．(a)TSS，(b)濁度

1.2 μmの面積範囲(円の直径に相当)にある小さな粒子は，主として細菌や細胞の破片に相当し，大きなフロックは，5〜100 μmの間で変化する．小さな粒子の体積割合は，全体の40〜60%程度である．ただし，この割合は，生物処理法の運転条件や二次沈殿池におけるフロック形成の程度によって変化する．観察された粒径分布は，ろ過プロセスの除去機構に影響を与えるため重要である．例えば，1.0 μmの粒子の除去機構は，10〜100 μmの粒子の除去機構と異なると仮定することは合理的であろう．

フロック強度 処理プロセスや運転モードによって変化するフロック強度も重要な因子である．例えば，生物処理に引き続き化学凝集を行った後の残存フロックの強度は，凝集前の生物学的な残存フロックよりはるかに弱いであろう．さらに，生物学的なフロックの強度は，汚泥滞留時間(solids retention time；SRT)によって変化し，SRTが長いと強固なフロックとなる．SRTが長くなると，細胞外ポリマーの生成量が増加することが強度増加の一因であるが，非常に長いSRT(15日以上)では，フロックが解体するため強度は低下する．

微生物 活性汚泥法における微生物の除去は，処理プロセスや運転モードによって変化する(**7.3**参照)．通常，ほとんどの活性汚泥法で2〜3 logの大腸菌除去が期待できる．ウイルスに関しては1.5〜2 logの除去が期待できる．

散水ろ床法

散水ろ床法の処理水平均TSS，BOD濃度は，良好に運転されている活性汚泥法のそれと比較して通常は高く，代表的な値として20〜30 mg/L程度である(**7.5**参照)．図-7.5に見るように，散水ろ床法の処理水中浮遊物質の分布は，短いSRTで運転されている活性汚泥法の分布に類似している．

ラグーン

ラグーン流出水中の浮遊物質には，ある程度の残存浮遊物質に加えて，様々な大きさの藻類が含まれている(Crites and Tchobanoglous, 1998)．ラグーン流出水中の藻類は，図-8.7に示すように，季節や他の要因によって，様々の種類，大きさ，個数濃度を示す．浮遊物質の確率分布の傾向は，活性汚泥法に類似している．

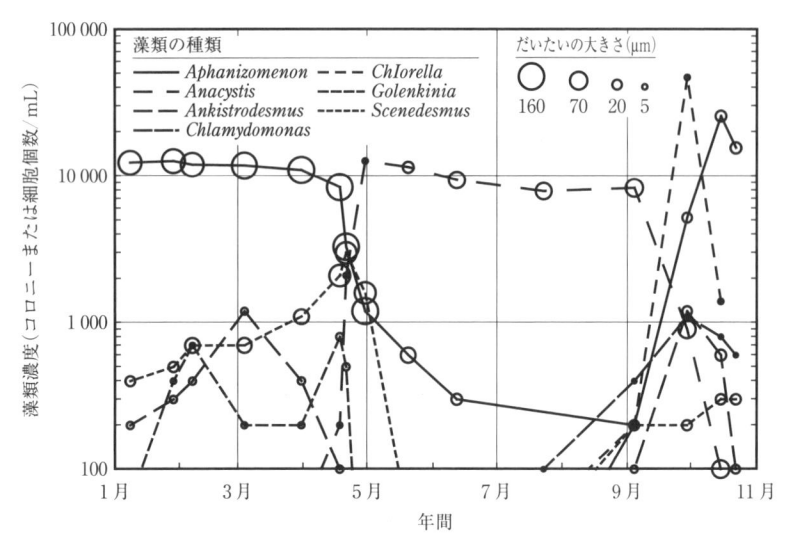

図-8.7　年間のラグーン流出水中の藻類濃度の変化[Stowell(1976)より引用]

その他の処理法

その他の処理法としては，散水ろ床法の後段に短い滞留時間の活性汚泥法を付加したものが含まれる．処理水平均 TSS，BOD 濃度と，粒径の分布は，活性汚泥法と類似している(図-7.5 参照)．人工湿地も処理水再利用に用いられる場合がある．流出水の TSS 濃度は，20～30 mg/L である．人工湿地の流出水には，浮遊物質に加えて，プロセス中で生産される処理困難な粒子が含まれている．

8.2　残存浮遊粒子性物質の除去技術

最も広く用いられている物理的操作(physical operation)は，深層ろ過(depth filtration)，表層ろ過(surface filtration)，膜ろ過である．ある場合には，加圧浮上分離(dissolved air flotation；DAF)が用いられる．本節では，これらの技術について概説し，続く4つの節で詳細に説明する．

8.2.1　再生水に用いられる技術

水中に浮遊している粒子性物質の除去は，以下の4つの技術で行われている．(1)深層ろ過(粒状または圧縮性のろ材で構成されるろ床に液体を通過させる)，(2)表層ろ過(薄い隔壁を通過する際の機械的篩い作用により液体に浮遊している粒子性物質を除去)，(3)膜ろ過(大きさ 0.005～2.0 μm の粒子を阻止する半透過性膜に液体を通過)，(4)加圧浮上分離(空気の気泡を粒子に付着させて浮力を与え，浮上した粒子を掻取り除去)．各技術の図解を図-8.8 に示し，下記に簡単な解説を記した．

深層ろ過

深層ろ過は，もともと表流水を飲料水用に処理するために開発され，その後，下水の処理に応用された[図-8.8(a)参照]．深層ろ過は，浮遊物質(粒子性の BOD を含む)を下水処理水からさらに除去するために下水再利用に適用されており，以下の目的を有する．(1)より効果的な消毒，(2)活性炭吸着(carbon adsorption)，膜ろ過，促進酸化等の前処理，(3)リンの化学凝集物(chemically precipitated phosphorus)の除去．

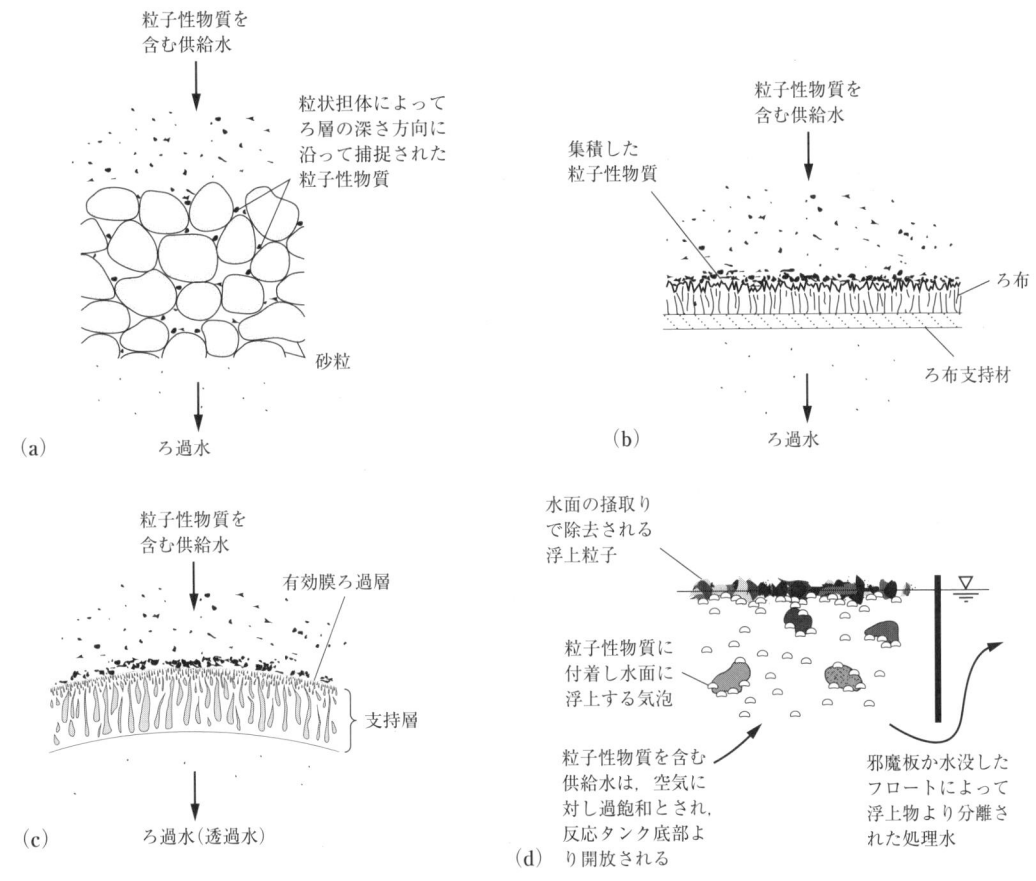

図-8.8 粒子性物質除去法の説明図．(a)深層ろ過，(b)表層ろ過，(c)膜ろ過，(d)加圧浮上分離

表層ろ過

表層ろ過[図-8.8(b)参照]は，下水二次処理水や酸化池流出水から残存する浮遊物質を除去するために用いられ，膜ろ過の前処理として深層ろ過の代わりにも用いられる．表層ろ過は，比較的新しい技術であり，台所の水切りと同様の篩い作用を利用している．

膜ろ過

精密ろ過(MF)膜や限外ろ過(UF)膜を用いる膜ろ過[図-8.8(c)参照]は，上下水の処理に急速に用いられるようになった．MF膜やUF膜を用いた膜ろ過は，表層ろ過の一種ではあるが，膜の細孔径の大きさが基本的に異なり，その大きさは$0.005〜2.0\ \mu m$の値である．下水再利用への適用では，通常，生物処理の後にMFやUFを用い，粒子性物質(病原体を含む)，有機物，二次処理の沈殿池で除去できなかった栄養塩類の一部を除去するために用いられる．MFやUFのろ過水は，種々の再利用用途に直接用いられるか，ナノろ過(NF)や逆浸透(RO)といったさらなる処理の前処理水として用いられる．

加圧浮上分離

浮上分離[図-8.8(d)参照]は，固形粒子に気泡を付着させ，気泡と固形物の総重量を水よりも軽くすることによって重力による分離を行うプロセスである．DAFは，炭酸飲料のキャップを外した時のように，空気で飽和した水を減圧することで気泡を発生させる．加圧浮上分離は，大量の藻類を含

む富栄養の貯留池の水に対して沈殿処理の代わりとして用いられ，アルカリ度が低い水や色度のある水の処理法として用いられる（AWWA, 1999）．下水の再利用では，DAF は，藻類や密度の低い粒子を含む酸化池流出水に深層ろ過や表層ろ過の前処理として適用される．藻類等は，重力沈殿で除去することが困難である．

8.2.2 処理フロー

二次処理水中に残存する浮遊粒子性物質を深層ろ過，表層ろ過，膜ろ過，加圧浮上分離で除去するための代表的処理フローを図-8.9 に示す．(a)に示すように，深層ろ過や表層ろ過では，一般に薬剤の添加が行われ，多くの場合，それに伴うフロック形成，沈殿が付加される．膜ろ過では，膜の閉塞を起こす固形物の影響を緩和するため，微細目スクリーンがしばしば用いられる．加圧浮上分離では，二次処理や酸化池の処理水から浮上分離によって凝集した粒子を除去するための補助として，多くの場合，凝集剤が用いられる．

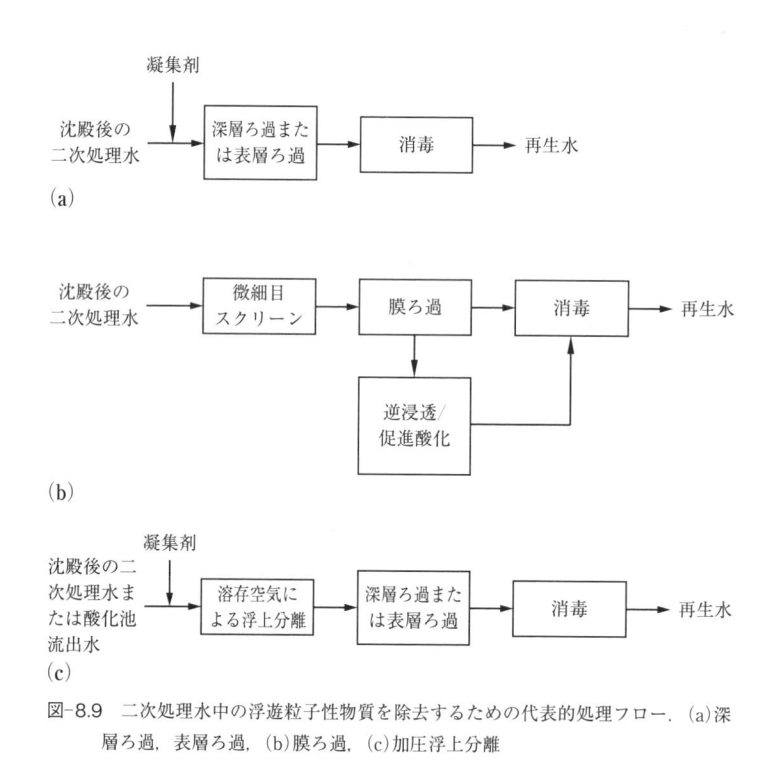

図-8.9 二次処理水中の浮遊粒子性物質を除去するための代表的処理フロー．(a)深層ろ過，表層ろ過，(b)膜ろ過，(c)加圧浮上分離

8.2.3 処理能力の推計

7.3 で述べたとおり，下水処理水を再利用する場合，下水処理水中の代表的水質成分の平均値やその変動がどの程度かを知ることが重要である．水質成分の数値や変動に関する情報は，下水処理水をさらに処理するために用いる技術を選択するうえで重要である．

微粒子を除去するための種々の処理法によって達成可能な処理水中の水質成分の平均的な値の範囲を表-8.3 に示した．処理水中の TSS と濁度を指標とした処理方式ごとの除去能の変動は，深層ろ過，表層ろ過，膜ろ過を扱う後述の 3 つの節で議論する．

表-8.3 残留粒子性物質除去後の代表的処理水質の範囲[a]

水　質	処理水質の範囲			
	標準活性汚泥法[b]	標準活性汚泥法＋ろ過[b]	活性汚泥法による生物学的栄養塩除去法＋ろ過[c]	膜分離活性汚泥法
TSS(mg/L)	5 ～ 25	2 ～ 8	1 ～ 4	≤1
コロイド状固形物(mg/L)	5 ～ 25	5 ～ 20	1 ～ 5	≤1
BOD(mg/L)	5 ～ 25	<5 ～ 20	1 ～ 5	< 1 ～ 5
COD(mg/L)	40 ～ 80	30 ～ 70	20 ～ 30	< 10 ～ 30
TOC(mg/L)	10 ～ 40	15 ～ 30	1 ～ 5	0.5 ～ 5
アンモニア性窒素(mg/L)	1 ～ 10	1 ～ 6	1 ～ 2	< 1 ～ 5
硝酸性窒素(mg/L)	10 ～ 30	10 ～ 30	1 ～ 5	<10[d]
亜硝酸性窒素(mg/L)	0～trace	0～trace	0～trace	0～trace
全窒素(mg/L)	15 ～ 35	15 ～ 35	2 ～ 5	<10[d]
全リン(mg/L)	4 ～ 10	4 ～ 8	≤2	< 0.3[e]～ 5
濁度(NTU)	2 ～ 15	0.5 ～ 4	0.3 ～ 2	≤1
揮発性有機物(VOCs)(μg/L)	10 ～ 40	10 ～ 40	10 ～ 20	10 ～ 20
金属類(mg/L)	1 ～ 1.5	1 ～ 1.4	1 ～ 1.5	trace
界面活性剤(mg/L)	0.5～ 2	0.5～ 1.5	0.1～ 1	0.1～ 0.5
全溶解性蒸発残留物(TDS)(mg/L)	500 ～700	500 ～700	500 ～700	500 ～700
微量物質(μg/L)	5 ～ 40	5 ～ 30	5 ～ 30	0.5～ 20
大腸菌群数(個/100 mL)	10^4～10^5	10^3～10^5	10^4～10^5	<100
原生動物のシスト，オーシスト(個/100 mL)	10^1～10^2	0 ～ 10	0 ～ 1	0 ～ 1
ウイルス(PFU/100 mL)[f]	10^1～10^3	10^1～10^3	10^1～10^3	10^0～10^3

[a] 表-3.12, 3.14 より.
[b] 標準活性汚泥法は，硝化を行う方式とする．
[c] 生物学的栄養塩除去法は，窒素とリンを生物学的に除去する方式とする．
[d] 無酸素状態を伴う．
[e] 凝集剤添加．
[f] プラークフォーミングユニット．

8.2.4　再生水利用への適用性

本節で紹介した技術を組み合わせることによって様々な水質の再生水を生産することができる．ろ過操作は，図-8.1 に示したように種々の孔径を有するため，異なる成分を除去することができる．UF 膜は，細菌細胞，一定のコロイド状物質，ウイルスを除去する能力を有する．下水再利用では，MF，UF の処理レベルは，様々な再利用用途に適しているとともに，NF や RO と直列につないで溶存固形物や溶存有機物のより高度な除去が必要な場合にも用いることができる．

8.3　深層ろ過

深層ろ過は，飲料水の処理に用いられる最も古い単位操作(unit operation)の一つであり，下水処理水のろ過，特に下水再利用に用いられる最も一般的な処理方法である．深層ろ過は，生物学的または化学的下水処理の処理水から浮遊物質(粒子性 BOD を含む)をさらに除去するとともに，膜ろ過の前処理としても用いられる．深層ろ過は，効果的な消毒を行うためのステップとして特に重要である．

8.3.1 利用可能なろ過技術

下水のろ過に用いられる深層ろ過の主要な型式を表-8.4に示した．表-8.4に示すようにろ過形式は，半連続運転(semicontinuous operation)または連続運転(continuous operation)という区分けで分類することができる．逆洗のために周期的にオフラインとなるろ過形式は，半連続運転に分類される．ろ過と逆洗を同時に行うろ過形式は，連続運転である．この2つの分類の中に，ろ層深さ(例えば，浅床，標準，深床)，使用するろ材の種類(単層，二層，多層)，ろ層が飽和しているか不飽和か，操作方向(下向流，上向流)，固形物の取扱い(表面抑留または内部抑留)，等の違いがある．単層または二層の半連続運転ろ過では，駆動力(重力式，加圧式)によってさらに分類できるが，再利用のため広く用いられているろ過方式のほとんどは重力式である．表-8.4における分類でもう一つ重要な点は，規格設計であるか個別設計であるかという点である．

大規模な(1 000 m³/d以上)下水処理用のろ過で，通常用いられている深層ろ過を5種類あげると，(1)標準的な下向流ろ過(downflow filter)(単層，二層，多層)，(2)深床下向流ろ過(deep-bed downflow filter)，(3)上向流式連続逆洗深床ろ過(deep-bed upflow continuous-backwash filter)，(4)パルスベッドろ過(pulsed bed filter)，(5)移動ブリッジろ過(traveling bridge filter)，である．近年，開発された再利用のためのろ過技術では，合成ろ材を用いたろ過やリン除去のための二段ろ過がある．重力式ろ過と同じ方法で運転される圧力式ろ過は，小規模な施設に用いられる．多くのろ過装置が規格で守られ，製造業者から完成品として供給される．上記の8種類のろ過施設は，表-8.5で取り上げている．幾つかの異なるタイプの施設写真を図-8.10に示す．

8.3.2 深層ろ過の処理性能

深層ろ過の形式を選択するうえで決定的な問題は，期待した性能を引き出せるか否かである．深層ろ過の性能を見抜くためには，運転条件と要求性能の確認，実際の粒子除去機構，濁度・TSS除去の処理成績，処理前後の粒径の変化が必要である．粒状ろ材を用いた深層ろ過の代表的処理水の水質とその変動を，粒子性物質を除去するための他のろ過法と並べて表-8.6に示した．

表-8.4 深層ろ過の

ろ床の形式	運転方法	ろ床の詳細		代表的な流れ方向	逆洗操作	ろ層内流速
		形式	ろ床			
標準	半連続式	単層(飽和または不飽和)	砂またはアンスラサイト	下向流	回分	定常／変動
標準	半連続式	二層(飽和)	砂とアンスラサイト	下向流	回分	定常／変動
標準	半連続式	多層(飽和)	砂とアンスラサイトとザクロ石	下向流	回分	定常／変動
深床	半連続式	単層(飽和または不飽和)	砂またはアンスラサイト	下向流	回分	定常／変動
深床	半連続式	単層(飽和)	砂	上向流	回分	定常
深床	半連続式	単層(不飽和)	砂	上向流	連続	定常
パルスベッド	半連続式	単層(飽和)	砂	下向流	回分	定常
ファジーフィルタ	半連続式	単層(不飽和)	合成繊維	上向流	回分	定常
移動ブリッジ	連続式	単層(飽和)	砂	下向流	半連続	定常
移動ブリッジ	連続式	二層(飽和)	砂とアンスラサイト	下向流	半連続	定常
加圧ろ床	半連続式	単層または二層	砂またはアンスラサイト	下向流	回分	定常／変動

注) ろ床深さについては，表-8.8, 8.9を参照．

運転条件

深層ろ過の主要な運転条件は，一定時間内に処理可能な水の量である．処理水量は，損失水頭の上昇と，一般的に濁度で表される処理性能に関係がある．損失水頭の上昇と処理水濁度の基本的な関係を図-8.11 に示す．逆洗サイクル終了後の熟成期間の後，ろ床内に固形物が蓄積し，徐々に損失水頭が増加し，処理性能が低下する．ろ過池は，損失水頭が限界損失水間に達するか濁度の破過が起きるまで運転を継続する．

均衡のとれたろ床の設計は，限界損失水頭と濁度の破過が同時か，それに近いタイミングで起こることを目標としている．小規模な施設では，熟成期間のろ過水は，許容可能な水質になるまで捨てられる(通常は，処理場流入部に返送)．多くのろ過池がある大規模施設では，ろ過水の排除は行われていない．

濁度の破過時間を延長するためや，種々の処理目標を達成するため，化学薬品の添加が行われる．処理目標としては，リン，金属イオン，フミン質等の特定の汚濁物質の除去をあげることができる．ろ過処理水に用いられる化学薬品としては，有機ポリマー，硫酸バンド，塩化第二鉄等がある．

粒子除去機構

粒状ろ層内での物質の除去に関わる主要な機構を表-8.7 に示し，解説した．篩い作用は，二次処理後に残存する大きな浮遊物質を除去する主要な機構であるとされる(Tchobanogrous and Eliassen, 1970)．遮断，衝突，付着の機構については，その作用は認められるが，効果は小さく，ほとんどが篩い効果に隠されてしまう．2つの段階を通じて下水中の小粒子は除去される．(1)小粒子が除去される表面へ，または表面近傍へ輸送される，(2)1つまたは複数の除去機構により除去される．2つの段階は，輸送と接触と呼ばれる(O'Melia and Stumm, 1967)．

標準的な下向流ろ過，二層ろ過，多層ろ過，深床式単層ろ過(図-8.12 参照)は，水中の浮遊物質をろ床の内部に浸透させ，ろ床内の固形物貯留能力をより多く使うことができるようにしたものである．固形物のより深い浸透は，損失水頭の発生を抑えることにも，ろ過継続時間を長くすることにも有効である．これに比べ，ほとんどの浅床式単層ろ過では，ろ床上部の数 mm の層で除去が行われる．

濁度の除去

図-8.13 に薬剤無添加で同じ活性汚泥法プロセス(SRT＞15 d)からの流出水を処理した，異なる7

主要な形式の比較

固形物の抑留位置	設計方法	摘　　　要
表層およびろ層上部	個別設計	急速な損失水頭増大
ろ層内	個別設計	ろ過継続時間延長のための複相構造
ろ層内	個別設計	粒子が深部まで到達するための多相構造
ろ層内	個別設計	固形物を抑留し，ろ過継続時間を延長するための深床構造
ろ層内	規格設計	固形物を抑留し，ろ過継続時間を延長するための深床構造
ろ層内	規格設計	水の流れと逆方向に砂が移動
表層およびろ層上部	規格設計	表面に抑留された固形物を壊し，ろ過継続時間を延長するための空気パルス
ろ層内	規格設計	逆洗時ろ材を保持するための有孔板
表層およびろ層上部	規格設計	個々のろ過セルを順次逆洗
表層およびろ層上部	規格設計	個々のろ過セルを順次逆洗
表層およびろ層上部	個別設計および規格設計	小規模施設用

第8章 残存浮遊物質の除去

表-8.5 再生水のために一般的に用いられる深層ろ過方式の説明[a]

方式	説明
(a)標準的下向流方式 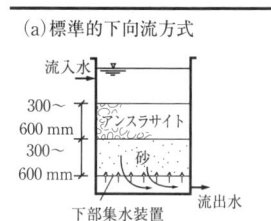 流入水 300～600 mm アンスラサイト 300～600 mm 砂 下部集水装置　流出水	浮遊物質を含む排水は，ろ床上部に供給される．単層，二層，多層のろ材が使用される．単層では砂かアンスラサイトが多く用いられる．二層は，通常，砂床とその上部のアンスラサイト床で構成される．他の組合せとしては，(1)活性炭と砂，(2)樹脂床と砂，(3)樹脂床とアンスラサイトがある．多層は，ザクロ石床の上の砂床，その上のアンスラサイト床で構成されるものが典型的である．他の組合せとしては，(1)活性炭，アンスラサイト，砂，(2)重量調整済みの球形樹脂床，アンスラサイト，砂，(3)活性炭，砂，ザクロ石，がある．
(b)深床式下向流方式  流入水 1 200～2 400 mm アンスラサイト 下部集水装置　流出水	深床式下向流方式は，ろ床の深さとろ材(通常はアンスラサイト)の大きさが標準方式と比べ大きいことを除くと，標準的下向流方式と同様な方式である．ろ床が深く，ろ材(砂またはアンスラサイト)が大きいことによって，より多くの固形物をろ床内に抑留でき，ろ過継続時間を延長できる．この形式に用いられるろ材の最大径は，ろ床の逆洗能力により決まる．一般的に，深床ろ床は，逆洗時に完全には流動化しない．ろ床をきれいに保つためには，逆洗運転時に空気洗浄と水洗浄を併用する．
(c)上向流方式連続逆洗深床 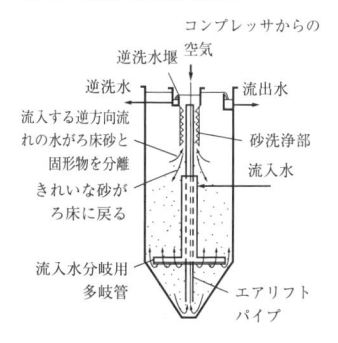	ろ過される排水は，流入水分散フードの下部の開口部より砂床に均等に分散される形で，ろ床の下部に供給される．水は，下方に移動する砂の中を上向きに流れる．清澄なろ過水がろ床から離れ，堰を越流し，ろ過装置から流出する．一方，砂粒子は，ろ過装置の中心にあるエアリフトの吸引口に向け抑留した固形物とともに下方に吸引される．少量の圧縮空気がエアリフトの底部に供給され，比重1より小さい流体を形成しながら，砂，固形物，水をパイプの上方に引き上げる．上向きの乱れた流れの中で，汚濁物は，砂粒子から洗浄(削り取り)される．エアリフトの頂上に到着すると，汚れた泥は中心部の排水装置に越流する．清澄なろ過水が一定量，洗浄部を上方に流れ，砂は逆方向に沈降していく．この上向きの流れが固形物と逆洗排水を排除する．砂は，除去された固形物より沈降速度が速いため，ろ床から排出されない．砂は，洗浄部を沈降する間にさらにきれいに洗浄される．砂はろ床上部に再び分散し，ろ過水と逆洗排水は，連続的に絶え間なく流れ続ける．
(d)パルスベッド 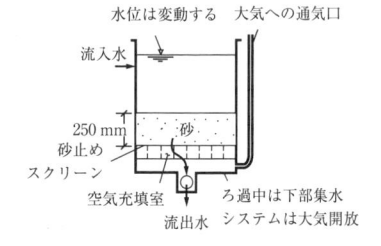	パルスベッドフィルタは，細かな砂をろ材とした不飽和の浅いろ床を用いる重力式下向流ろ過で，規格装置である．他の浅床ろ過が主としてろ床表面に固形物を抑留するのとは対照的に，この浅床ろ過では，内部に固形物を抑留する．このろ過装置が通常異なる点は，空気のパルスで砂表面を撹乱し，ろ床内への固形物の進入を促進することにある．空気パルスの操作は，下部集水装置に一定体積の空気を導入し，しばらく集水装置内にとどめた後，浅床ろ床に空気を上向きに開放し，表面の固形物マットを破壊し，砂層表面を更新するものである．固形物マットが破壊されると，一部の固形物は再浮遊するが，大部分はろ床内に抑留される．間欠的な空気パルスによって砂層表面は倒置され，固形物はろ床内に取り込まれ，ろ床表面は再生される．ろ過は，最終的な損失水頭に達するまで間欠的な空気パルスを伴って継続される．その後，標準的な逆洗サイクルで砂から固形物を洗浄する．通常の運転中は，標準的ろ過と異なり，集水装置は満水とはならない．
(e)移動ブリッジ 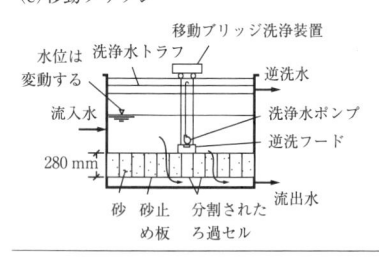	移動ブリッジは，連続式下向流の規格装置で，自動逆洗，低水頭，粒状ろ材の深層ろ過装置である．ろ床は，水平方向に長い独立したろ過セルに分割されている．それぞれのろ過セルには，おおよそ280 mmの深さのろ材が充填されている．処理された排水は重力によってろ材間を流れ，ポリエチレンの下部集水用細孔板を通って，満水の集水室に流出する．それぞれのろ過セルは，ろ過池上部の移動ブリッジによって個別に逆洗され，逆洗されていないその他のセルは，ろ過を行っている．逆洗水は，集水室から直接ポンプアップされてろ床を通過し，洗浄水トラフに排除される．逆洗サイクル中は，逆洗を行っていないセルが排水を連続してろ過している．逆洗装置には，表面のマットやろ床内の「マッドボール」を破壊するための表面洗浄ポンプも装備されている．逆洗操作は，必要に応じて行われるため，逆洗サイクルは「半連続的」となる．

8.3 深層ろ過

(f) 合成ろ材

当初，日本で開発された合成ろ材ろ過は，再生水のろ過に用いられる．通常と異なる点は，(1)ろ床の空隙率がろ材の圧縮によって変化する．(2)逆洗時には，ろ床の高さが機械的に増加する．砂やアンスラサイトろ材では，ろ材の周りを流入水が流れるのに対して，合成樹脂製で空隙の大きな合成ろ材では，流入水はろ材の中を流れる．圧縮されていない擬似球形のろ材そのものの空隙率は，88～90％と推定され，ろ床の空隙率は，約94％になる．パイロット試験では400～1 200 L/m²·min のろ過速度を達成した(Caliskaner and Tchobanoglous, 2000)．ろ過運転時には，二次処理水は，ろ過装置の底部に導入される．流入水は，2枚の多孔板の間に保持されたろ材の中を上向きに流れ，ろ層上部から流出する．ろ床を逆洗する時には，上部の多孔板が機械的に上昇する．ろ床への水の流入を続けながら，空気が下部の多孔板の下からろ床の右側，左側に交互に吹き込まれ，ろ材を旋回流によって回転させる．ろ材は，水がろ材を通過する際の剪断力やろ材同士が衝突して摩擦を起こすことによって洗浄される．洗浄された固形物を含む排水は，次の工程に排除される．上昇していた多孔板が元の位置に戻り，逆洗工程の後に，ろ過装置は，ろ過工程に復帰する．短時間の排水サイクルの後にろ過処理水バルブが開放されて，処理水が流出し始める．

(g) 二段ろ過

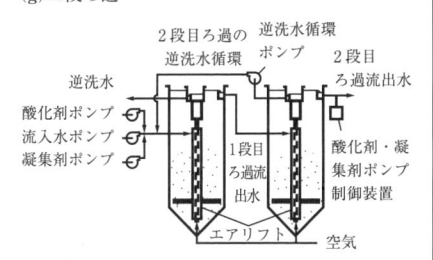

特許登録された二段ろ過は，濁度，TSS，リンの除去に利用される．2台の上向流式連続逆洗深床ろ過が高度な処理水質を得るために直列で運転される．接触時間を増やし，目詰まりを最小とするために，大きなサイズの砂が一番目のろ過装置に用いられる．一段目のろ過装置で残留した固形物を除去するため，2番目のろ過装置には細かなサイズの砂が用いられる．1段目のろ過装置におけるフロック形成を向上させ，逆洗水量と流入水量の比を小さくするため，微小な固形物と凝集剤を含む2段目の逆洗排水は，1段目のろ過装置に戻される．実規模プラントの運転結果より，排水比は5％以下であった．最終処理水のリン濃度は，0.02 mg/lレベルまたはそれ以下であった．

(h) 加圧ろ過

加圧ろ過の運転は，重力式ろ過と同様であり，小規模な施設に用いられる．ただ一つの違いは，加圧ろ過は，密閉容器内でポンプによる圧力をかけて行われることである．加圧ろ過は，通常，より高い最終損失水頭まで運転され，その結果，ろ過継続時間が延長され，逆洗頻度が少なくなる．ただし，逆洗を適正なペースで行わなければ，マッドボールによるトラブルが起きる可能性がある．

a Tchobanoglous *et al.* (2003)より引用．

表-8.6 粒子性物質除去プロセスで観測された代表的処理水質変動の範囲

除去プロセス	指 標	処理水質の代表的範囲	幾何標準偏差 s_g [a]	
			範 囲	代表値
活性汚泥法+深層ろ過	TSS(mg/L)	2 ～8	1.3～1.5	1.4
	濁度(NTU)	0.5～4	1.2～1.4	1.25
生物学的栄養塩除去活性汚泥法+深層ろ過	TSS(mg/L)	1 ～4	1.3～1.5	1.35
	濁度(NTU)	0.3～2	1.2～1.4	1.25
活性汚泥法+表層ろ過	TSS(mg/L)	1 ～4	1.3～1.5	1.25
	濁度(NTU)	0.5～2	1.2～1.4	1.55
活性汚泥法+精密ろ過	TSS(mg/L)	0 ～1	1.3～1.9	1.5
	濁度(NTU)	0.1～0.4	1.1～1.4	1.3
活性汚泥法+表層ろ過+限外ろ過	TSS(mg/L)	0 ～1	1.3～1.9	1.5
	濁度(NTU)	0.1～0.4	1.1～1.4	1.3
膜分離活性汚泥法	BOD(mg/L)	<1 ～5	1.3～1.6	1.4
	TSS(mg/L)	<1 ～5	1.3～1.9	1.5
	濁度(NTU)	0.1～1	1.1～1.4	1.3

a 幾何標準偏差 $s_g = P_{84.1}/P_{50}$.

第8章 残存浮遊物質の除去

(a) (b) (c) (d) (e) (f)

図-8.10 代表的なろ過装置．(a)大規模ろ過施設の躯体全景．施設の大きさは，ろ過施設躯体間の道路を走行するトラックの大きさによってわかる．(b)(a)の施設を運転するための回廊内の複雑な配管システム．(c)移動ブリッジろ過とろ過セル(ろ床は，空)[表-8.5(e)参照]．(d)脱窒用の深床ろ過．(e)上向流式連続逆洗ろ過(提供：Austep, s. r. l., Italy)．(f)小規模下水処理場で用いられている小規模な加圧ろ過装置

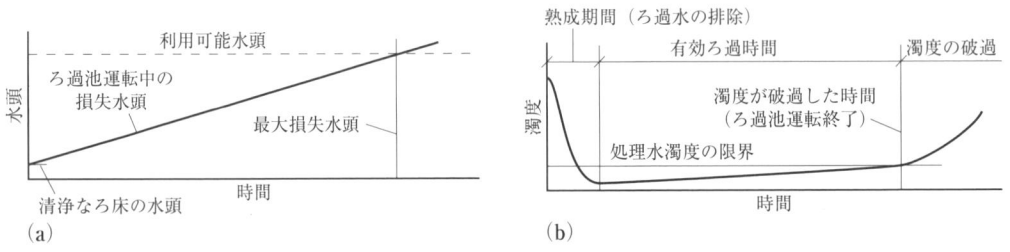

図-8.11 (a)損失水頭上昇，(b)処理水濁度破過をもとにしたろ過池運転の経時変化概念図

8.3 深層ろ過

表-8.7 粒状ろ層深層ろ過の物質物除去に関わる主要な機構と現象[a]

機構／現象	説　明
1. 篩い作用	
a. 機械的	ろ材の空隙よりも大きな粒子は機械的にろ過される
b. 偶然の接触	ろ材の空隙よりも小さな粒子が偶然の接触によってろ床に抑留される.
2. 沈殿	ろ床内のろ材に粒子が沈殿する.
3. 衝突	重い粒子がろ材の周りの流線から逸脱する.
4. 遮断	流線上の多くの粒子が，ろ材表面に達した時に除去される.
5. 付着	粒子がろ材表面を通過する際にそこにとどまるようになる．水流の力によって一部の付着物はしっかりと固着せずに剥離し，ろ床の深部に押し出される．ろ床が閉塞してくると，表面剪断力が増加し，それ以上物質が付着しない場所が形成される．一部の付着物はろ床の底部まで破過し，処理水中の濁度が突然上昇する.
6. フロック形成	ろ材の間隙中でフロック形成が起こることがある．ろ床内の流速速度勾配によって大きな粒子が形成され，上述の機構のうちのいずれか，または複数の機構で除去される.
7. 化学的吸着	粒子がろ材表面や既に表面に抑留された粒子と接触すると，これらのいずれかの機構，または両方の機構が粒子の抑留に関係するであろう
a. 結合	
b. 化学反応	
8. 物理的吸着	
a. 静電気力	
b. 動電気力	
c. ファンデルワールス力	
9. 生物の増殖	ろ床内で生物が増殖すると空隙体積が減少し上述の機構(1〜5)によって粒子除去が促進されるであろう.

[a] Tchobanoglous *et al.* (2003)より引用

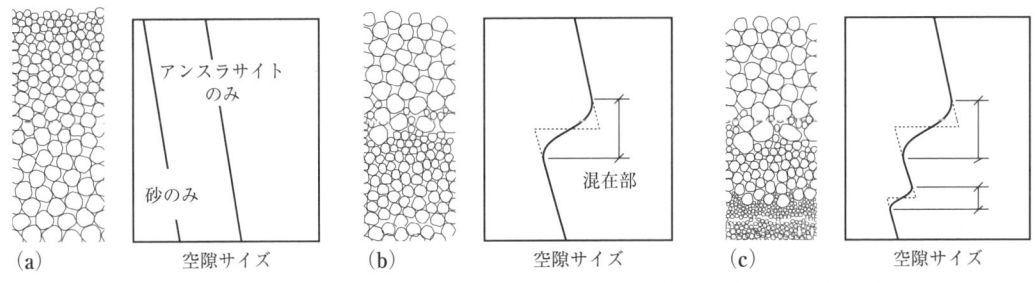

図-8.12 ろ床構成の違いによる空隙サイズ分布の概念図. (a)単層，(b)二層，(c)多層

種類のろ過形式の長期間パイロットプラント試験結果を示した．他の大規模再生水処理プラントの長期間の結果も併せて示した．図-8.13のデータを解析して導かれる主要な結論は，(1)ろ過施設への流入水質が良好(濁度5〜7以下)な場合には，大規模施設を含むすべての施設で濁度2以下の良好な処理水質を得ることができる，(2)流入水濁度が5〜7を超える場合には，濁度2以下の処理水を得るために薬剤添加が必要である，(3)薬剤添加を行わなければ，処理水質は，流入水質と直接連動する.

TSS の除去

濁度測定の限界を考慮しつつも，濁度と TSS に関する以下の2種類のおおよその関係を利用することができる.

第8章 残存浮遊物質の除去

沈殿後の二次処理水 TSS(mg/L)
$$= (2.0 \sim 2.4) \times 濁度(NTU) \quad (8.3)$$
ろ過水 TSS(mg/L)
$$= (1.3 \sim 1.6) \times 濁度(NTU) \quad (8.4)$$

上述の関係を用いると，ろ過池の流入水である沈殿後の二次処理水の濁度 5〜7 NTU は，TSS の範囲で 10〜17 mg/L に相当し，処理水濁度 2 NTU は，TSS 2.6〜3.2 mg/L に相当する．

濁度，TSS 除去の変動

再利用への適用に当たって，守らなくてはならない固有の処理水濁度の限界値があるため，ろ過性能の変動は，非常に重要な要素である．例えば，4章で論じたように California 州における市民と接触可能な再利用用途における濁度の基準は，2 NTU 以下である．基準の濁度に小数点がついていないため，2.49 NTU の濁度は 2 NTU として報告される．大規模な再生水プラントにおける 1995 年と 1998 年の運転で観察された変動を図-8.14 に示した．1995 年と 1998 年の平均濁度，TSS を比較すると，TSS/濁度の比は，それぞれ 1.51，1.32 であり，式(8.4)の範囲に収まっている．1995 年と 1998 年の濁度の幾何標準偏差 s_g は 1.26 と 1.23 である．同様に TSS の幾何標準偏差はそれぞれ 1.37，1.42 である．両方の値とも，表-8.6 に与えられた s_g の文献値の範囲内である．幾何標準偏差を用いた処理水中成分の変動の評価法は，附録 D で論じる．s_g の値が大きいほど測定値の範囲は大きくなる．表-8.6 のデータを用いた例を例題 8-2 に示した．

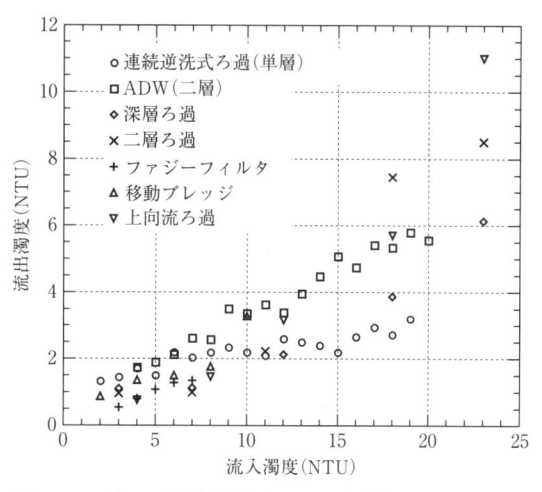

図-8.13 同一の活性汚泥法プラント流出水を用いた 7 種類の異なる形式の深層ろ過の処理成績．ファジーフィルタは 800 L/m²·min，それ以外は 160 L/m²·min のろ過速度

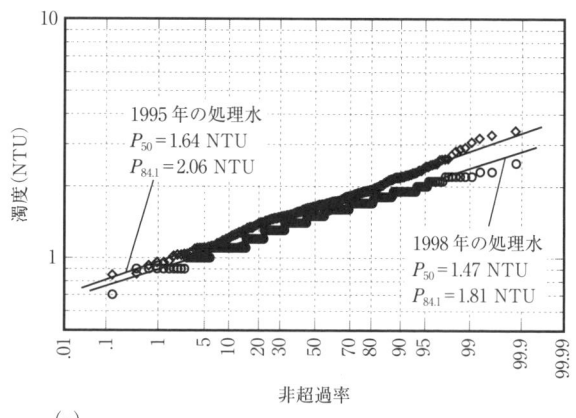

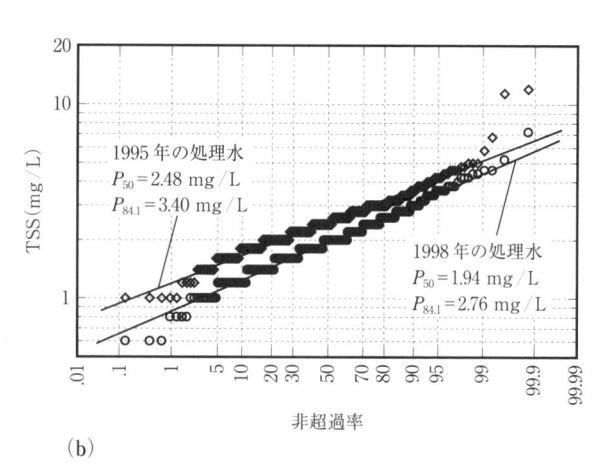

図-8.14 沈殿後の二次処理水をろ過した場合のろ過性能の頻度分布．(a)濁度, (b)TSS

例題 8-2　活性汚泥法と粒状ろ層ろ過の組合せにおける処理水質変動の評価

活性汚泥法と粒状ろ層ろ過の組合せにより処理水平均濁度 2 NTU とする設計を行った．(a) 1 年に 1 度，(b) 3 年に 1 度，の頻度で予想される最大濁度を求めよ．処理水濁度の基準が 2.49 NTU の場合，どのくらいの頻度でこの値を超過するか？

解　答

1. 活性汚泥法と粒状ろ層ろ過の組合せの場合の s_g を表-8.6 より選択する．表-8.6 より代表的 s_g は 1.25 である．
2. 処理水濁度の頻度分布を求める．
    a. s_g を用いて $P_{84.1}$ のプロッティングポジションを計算する（表-7.8 の脚注参照）．
    $P_{84.1} = s_g \times P_{50} = 1.25 \times 2 \text{ NTU} = 2.5 \text{ NTU}$
    b. $P_{84.1}$ と P_{50} をプロットし，処理水濁度の変動を評価する．処理水濁度の値は，対数正規分布に従うと考えられるので，以下に示すように $P_{84.1}$ と P_{50} を通る直線をひく．

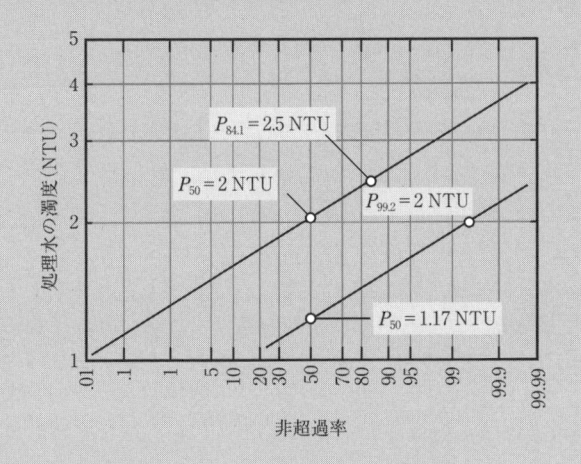

3. 対象となる頻度で起こると思われる処理水濁度を計算する．
    a. 対象イベントが 1 年に 1 度生起する確率は，(1/356)×100 = 0.3%．2. で作成したプロットを用いると，0.3% の確率で起きる濁度は 3.5 NTU 以上となる．
    b. 同様に，3 年に 1 度 (99.9%) 生起する濁度は 3.7 NTU 以上となる．
4. 組合せプロセスで 2.49 NTU の基準を超過する確率を求める．2. のプロットより処理水濁度が 2.49 NTU を超過するのは，時間にして約 16%（100−84%）である．

解　説

より厳しい処理水濁度の基準が掛かる場合には，処理性能の変動を認識することが設計のうえで特に重要となる．例えば，濁度の基準が最低 99.2%（1 年に 3 日の超過）の信頼性で 2.0 NTU である時，上述の図に示すように幾何標準偏差は変化せずに 1.25 とすると，設計平均値は，1.17 NTU としなければならない．ほとんどの場合，平均濁度 1.17 NTU を達成するためには，薬剤添加が必要となる．

粒径の変化

表-8.5 に示されているすべてのろ過装置は，平均濁度 2 以下の処理水を生産することができるが，処理水中の粒径分布は，各ろ過装置で異なったものとなる．活性汚泥処理水を深層ろ過で処理した場

合の代表的粒径分布を図-8.15 に示した．図に示すように，ろ過速度 260 L/m²·min までは，粒子除去率は，ろ過速度から独立した関係にある．ここで重要なのは，ほとんどの深層ろ過が粒径 20 μm 以上の粒子の一部を通過させることである．

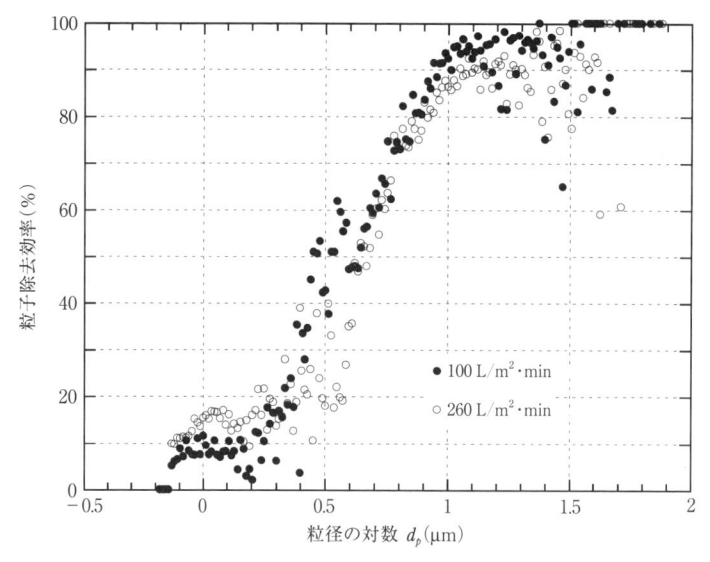

図-8.15 活性汚泥法による処理水の深層ろ過による粒径ごとの除去効率

沈殿後の二次処理水の水質によっては，濁度に関するろ過処理水質を向上させるために薬剤が添加される．図-8.16 に活性汚泥法による処理水に薬剤を添加した場合と無添加の場合のろ過水中の粒径分布の例を示した．測定した元データは，(a)である．選択した範囲にデータを集めたものが(b)であり，最終的に，元データをべき乗分布(**例題 8-1 参照**)の関数としてプロットしたものが(c)である．(a)に示すように，ろ過単独では，大きな粒径にのみ効果があるが，薬剤を添加すると，すべての粒径に対しある程度均等に除去効果を示す．(b)によると，すべての粒径の粒子が一定程度除去されているが，かなりの数の粒子がそれぞれの粒径範囲に残留していることがわかる．

粒径 2〜5 μm と 5〜15 μm の粒径範囲は，クリプトスポリジウムとジアルジアの大きさに相当し，消毒の面で重要である．10〜15 μm より大きな粒子も微生物の遮蔽物となるため重要である．このため，採用する消毒方法によっては，薬剤添加に関するパイロット試験を求められることもあろう．パイロット試験では，ろ過後に残留する粒子が消毒に与える影響を評価するべきであろう．

微生物の除去

薬剤を使用しない場合には，生物学的二次処理の大腸菌群数とウィルスの除去率は，それぞれ 0〜1 log, 0〜0.5 log のオーダである．除去率は，生物学的プロセスの汚泥滞留時間(SRT)に依存する．例えば，図-8.17 に示すとおり，SRT が長くなれば，大腸菌群数を 1 つ以上含む粒子の数は少なくなる．大腸菌ファージ MS2 の除去に関する代表的なデータを図-8.18 に示す．図に示すように，二次処理水のろ過による MS2 の平均除去率は 0.3 log である．しかし，データの分散は，より興味深い結果となっている．図-8.18 によれば，再生水の利用におけるろ過の除去率を 1 log と認めたとしても，公衆衛生を守ることはできない．大腸菌類の除去にしても同様である．薬剤を使用した場合の微生物除去のデータは，統計的に解析困難となる．一般的に，薬剤添加の影響とろ過の処理成績を分離することは不可能である．

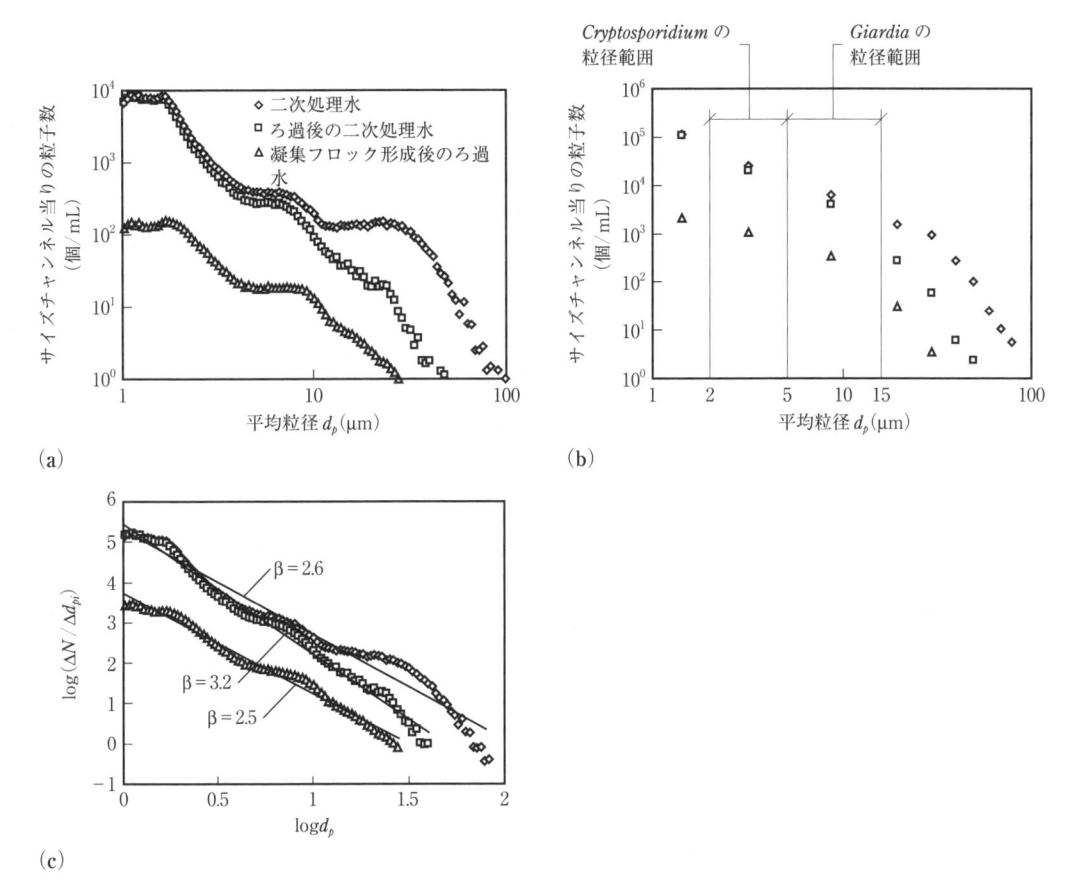

図-8.16 粒径ごとのろ過除去率への薬剤の影響．(a)観測した元データ（提供：K. Bourgeous），(b)元データをビンサイズごとに集計したもの，(c)元データをべき乗分布関数に従ってプロットしたもの

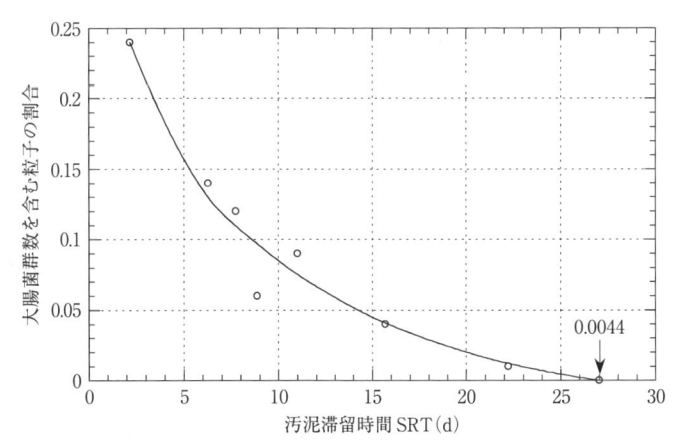

図-8.17 活性汚泥の汚泥滞留時間と1つ以上の大腸菌群数を含む粒子数との関係[Darby et al.(1999)]

第8章 残存浮遊物質の除去

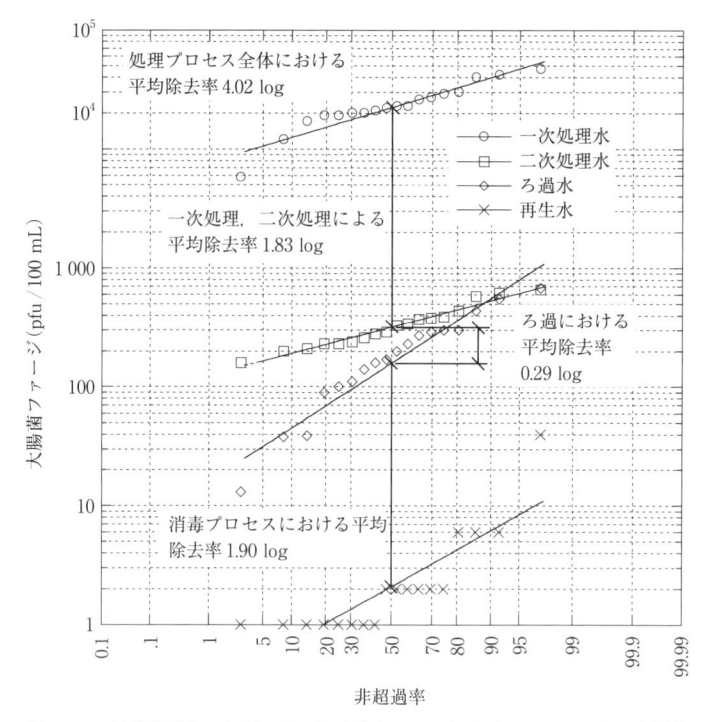

図−8.18 活性汚泥法，深層ろ過，塩素消毒による処理プロセスにおける大腸菌
ファージMS2の除去

8.3.3 設計上の留意事項

施設を新設する場合，二次処理の沈殿施設には特別の注意を払わなくてはならない．的確に設計された沈殿施設の処理水には，低濃度のTSS（一般的に5 mg/L）と濁度（2 NTU以下）が含まれることを前提に，どのような形式のろ過施設を選択するかは，通常，プラントに関わる要件に基づくこととなる．その要件とは，利用可能な用地，ろ過継続時間（季節的変動と年間値），施工期間，費用等である．既存の下水処理場では，処理水中の浮遊物質濃度は様々であり，過重な負荷が掛かった時にも運転可能な形式のろ過施設であることが重要な要件となる．このような場合には，パルスベッドろ過や下向流・上向流いずれかの深床式粗ろ層ろ過が用いられる．

ろ材の性状

ろ過の運転に影響を及ぼすろ材の主要な性状は，粒径である．粒径は，初期損失水頭と運転中の損失水頭の上昇の両方に影響を与える．もしも小さすぎるろ材を選択すると，ろ過に必要な力の多くがろ床の摩擦抵抗に抗するために浪費されるであろう．一方，ろ材が大きすぎると，流入水中の多くの微小な粒子がろ床を通過してしまうであろう．ろ材の粒径分布は，目幅の異なる幾つかの篩いを用いて調べられ，通常，その結果は，算術−対数紙または対数確率紙にプロットすることによって解析される．

ろ材の有効径は，質量で10%に相当する粒径で定義され，d_{10}と表記される．砂の場合，質量で10%のサイズは，数量で50%のサイズに相当する．均等係数（uniformity coefficient；UC）は，数量で60%の粒径と10%の粒径の比で与えられるUC＝d_{60}/d_{10}．場合によっては99%が通過するサイズと1%が通過するサイズを求め，それぞれのろ材の粒径曲線をより正確に求めることも有効である．

ろ材性状に関するさらなる情報は，ろ過装置の設計を扱っている以降の部分でも論じる．

ろ材の選択

ろ材（または担体）の選択には，有効径で定義される粒径，均等係数(UC)，90％径，比重，溶解度，硬度，ろ床に用いられる幾つかのろ層の深さ等が通常考慮される．一般的な砂，およびアンスラサイトのろ材の粒径分布を図-8.19に示した．粒径分析から求められるd_{90}で表記された90％サイズが，通常，深層ろ床の逆洗時の逆洗速度を求めるために用いられる．単層，二層，多層深層ろ過に用いられるろ材の一般的なサイズを表-8.8，8.9に示した．表-8.10には深層ろ過に用いられるろ材の物理的性状を示した．

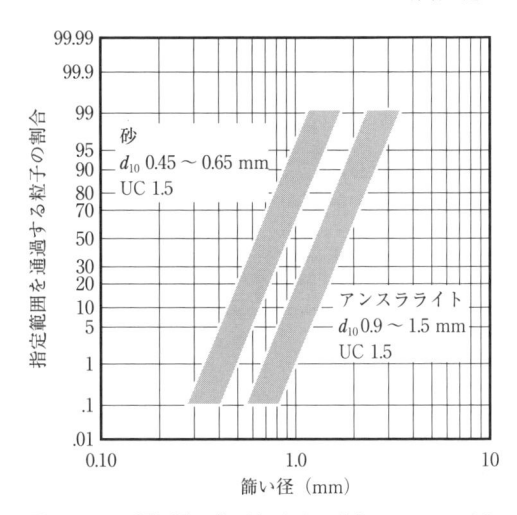

図-8.19 二層深層ろ過に用いられる砂とアンスラライトの一般的な粒径の範囲（注：砂の場合，質量で10％のサイズは，数量で50％のサイズに担当する）

表-8.8 単層深層ろ過の代表的設計諸元[a]

ろ過形式	ろ材	設計項目	設計値 範囲	設計値 代表値
浅床ろ過（成層型）	アンスラサイト	深さ(mm)	300 ～ 500	400
		有効径(mm)	0.8 ～ 1.5	1.3
		均等係数(－)	1.3 ～ 1.8	≤1.5
		ろ過速度(L/m²·min)	80 ～ 240	120
	砂	深さ(mm)	300 ～ 360	330
		有効径(mm)	0.45 ～ 0.65	0.45
		均等係数(－)	1.2 ～ 1.6	≤1.5
		ろ過速度(L/m²·min)	80 ～ 240	120
標準的ろ過（成層型）	アンスラサイト	深さ(mm)	600 ～ 900	750
		有効径(mm)	0.8 ～ 2.0	1.3
		均等係数(－)	1.3 ～ 1.8	≤1.5
		ろ過速度(L/m²·min)	80 ～ 400	160
	砂	深さ(mm)	500 ～ 750	600
		有効径(mm)	0.4 ～ 0.8	0.65
		均等係数(－)	1.2 ～ 1.6	≤1.5
		ろ過速度(L/m²·min)	80 ～ 240	120
深床（非成層型）	アンスラサイト	深さ(mm)	900 ～ 2 100	1 500
		有効径(mm)	2 ～ 4	2.7
		均等係数(－)	1.3 ～ 1.8	≤1.5
		ろ過速度(L/m²·min)	80 ～ 400	200
	砂	深さ(mm)	900 ～ 1 800	1 200
		有効径(mm)	2 ～ 3	2.5
		均等係数(－)	1.2 ～ 1.6	≤1.5
		ろ過速度(L/m²·min)	80 ～ 400	200
ファジーフィルタ	合成繊維	深さ(mm)	600 ～ 1 080	800
		有効径(mm)	25 ～ 30	28
		均等係数(－)	1.1 ～ 1.2	1.1
		ろ過速度(L/m²·min)	600 ～ 1 000	800

[a] Tchobanoglous(1988)，Tchobanoglous *et al.* (2003)より引用．

第8章 残存浮遊物質の除去

表-8.9 二層および多層深層ろ過の代表的設計諸元[a]

	ろ 材	設計項目	設 計 値[b] 範 囲	設 計 値[b] 代表値
二層ろ過	アンスラサイト ($\rho=1.60$)	深さ(mm)	360 ～900	720
		有効径(mm)	0.8～ 2.0	1.3
		均等係数(－)	1.3～ 1.6	≤1.5
	砂 ($\rho=2.65$)	深さ(mm)	180 ～360	360
		有効径(mm)	0.4～ 0.8	0.65
		均等係数(－)	1.2～ 1.6	≤1.5
		ろ過速度(L/m²·min)	80 ～400	200
多層ろ過	アンスラサイト (四層の1相目 $\rho=1.60$)	深さ(mm)	240 ～600	480
		有効径(mm)	1.3～ 2.0	1.6
		均等係数(－)	1.3～ 1.6	≤1.5
	アンスラサイト (四層の2相目 $\rho=1.60$)	深さ(mm)	120 ～480	240
		有効径(mm)	1.0～ 1.6	1.1
		均等係数(－)	1.5～ 1.8	1.5
	アンスラサイト (三層の1相目 $\rho=1.60$)	深さ(mm)	240 ～600	480
		有効径(mm)	1.0～ 2.0	1.4
		均等係数(－)	1.4～ 1.8	≤1.5
	砂 ($\rho=2.65$)	深さ(mm)	240 ～480	300
		有効径(mm)	0.4～ 0.8	0.5
		均等係数(－)	1.3～ 1.8	≤1.5
	ザクロ石 ($\rho=4.2$)	深さ(mm)	50 ～150	100
		有効径(mm)	0.2～ 0.6	0.35
		均等係数(－)	1.5～ 1.8	≤1.5
		ろ過速度(L/m²·min)	80 ～400	200

[a] Tchobanoglous(1988), Tchobanoglous *et al.* (2003)より引用.
[b] アンスラサイト,砂,ザクロ石の大きさは,混在を防ぐように決められている.式(8.5)に密度 ρ を代入する.

二層,および多層ろ過におけるろ層の混在の問題は,ろ材間の比重や粒径の違いが関係する.混在を拡大させないためには,二層,多層の各ろ材の沈降速度を基本的に等しくする必要がある.適正なサイズ構成とするために次の関係式が用いられる(Kawamura, 2000).

表-8.10 深層ろ過用ろ材の代表的性状[a]

ろ 材	比 重	空隙率 α	真球度[b]
アンスラサイト	1.4 ～1.75	0.56～0.60	0.40～0.60
砂	2.55～2.65	0.40～0.46	0.75～0.85
ザクロ石	3.8 ～4.3	0.42～0.55	0.60～0.80
チタン鉄鋼	4.5	0.40～0.55	
ファジーフィルタろ材		0.87～0.89	

[a] Cleasby and Logsdon(1999)より引用.
[b] 真球度とは,対象ろ材と等しい体積の真球の表面積と,対象ろ材の表面積の比である.

$$\frac{d_1}{d_2} = \left(\frac{\rho_2-\rho_w}{\rho_1-\rho_w}\right)^{0.667} \quad (8.5)$$

ここで,d_1, d_2:ろ材の有効径,ρ_1, ρ_2:ろ材の比重,ρ_w:水の比重.

例題8-3に式(8.5)の応用例を示した.

例題 8-3 ろ材サイズの決定

二層ろ過で二次処理沈殿水のろ過を行う.砂の有効径が 0.55 mm の時,混在を避けるためのアンスラサイトの有効径を求めよ.

解　答

1. ろ材の性状をまとめる.
    a. 砂
        i. 有効径　　0.55 mm
        ii. 比重　　2.65(表-8.10 参照)
    b. アンスラサイト
        i. 有効径　　求める解
        ii. 比重　　1.7(表-8.10 参照)
1. アンスラサイトの有効径を式(8.5)で求める.

$$d_1 = d_2 \left(\frac{\rho_2 - \rho_w}{\rho_1 - \rho_w} \right)^{0.667} = 0.55 \left(\frac{2.65 - 1}{1.7 - 1} \right)^{0.667} = 0.97 \text{ mm}$$

解　説

他の方法としては,2つの隣接した層(上部の砂層 450 mm と下部のアンスラサイト層 100 mm)が流動化した場合のバルクの比重を比較し,混在が起きるか否かを知ることができる.

ろ床の性状

設計に当たって考慮すべき代表的因子を表-8.11 に示した.残存浮遊物質を除去するろ過装置においては,ろ過すべき粒子性物質の性質,ろ床の構成,ろ材のサイズ,ろ過速度が最も重要なプロセス

表-8.11　粒状ろ材ろ過の設計で考慮すべき主要因子[a]

設計因子	影　響　度
1. ろ過処理水質	再利用の用途や法律等で定められた要求に合致すること.
2. 流入水の性状 　a. SS 濃度 　b. フロックまたは粒径とその分布 　c. フロック強度 　d. フロックまたは粒子の電荷 　e. 流体の性質	選択したろ床構成における除去特性に影響を与える.設計者は,前処理やろ過システムを選択することで,ある程度,これらの影響を制御することができる.
3. ろ材の性状 　a. 有効径 d_{10} 　b. 均等係数 UD 　c. 材質,粒子の形状,密度,ろ材構成	粒子の除去率と損失水頭の上昇に影響を与える.
4. ろ床の性状 　a. ろ材の数,単層,二層,多層 　b. ろ床深さ 　c. 層の分割 　d. ろ材混在の程度 　e. 空隙率	ろ床深さは,初期損失水頭とろ過継続時間に影響を与える.ろ材混在の程度は,ろ過の効率に関与する.空隙率は,ろ床に抑留できる固形物の量を左右する.
5. ろ過速度	ろ過装置の大きさを左右する.

[a] Tchobanoglous and Schroeder (1985), Tchobanoglous *et al.* (2003) より一部引用.

変数である.

ろ過装置の選択

ろ過装置の選択に当たって考慮するべき重要な事項は，以下のとおりである．(1)予想される供給水の水質，(2)使用するろ過装置のタイプ，個別設計か規格設計か，(3)ろ過速度，(4)ろ過の駆動動力，(5)ろ過池の数と大きさ，(6)逆洗水への要求，(7)システムの冗長性．これらについては，表-8.12 で論じている．

下水処理に用いられる個別設計型の代表的なろ床構成は，単層，二層，多層ろ床である．標準的な下向流式ろ過では，逆洗後のろ材の粒子サイズは，小さいものから大きなものへの順となる．単層，二層，多層ろ床の代表的な設計データは，前述の表-8.8, 8.9 に示してある．

8.3.4 パイロット規模試験

初期損失水頭は，よく知られた公式(Tchobanoglous et al., 2003)で予想できるが，下水処理用の実規模ろ過施設を設計するための汎用的手法はないということを強調するべきであろう．その主な理由としては，ろ過対象となる流入 SS の性状がまちまちであること，商業的に利用可能なろ過施設の種類が多いこと，再生水の変動をどこまで許容するか，などをあげることができる．例えば，沈殿池中では，二次処理水SSのフロック形成の程度は変動するが，それは，ろ過処理水の粒径や粒径分布に影響し，結果としてろ過効率を左右する．さらに，二次処理水中のSSの性状は，二次処理への有機物負荷により変動し，同時に日間変動もするため，ろ過施設は，広い範囲の運転条件に対応するように設計されなければならない．選択したろ過システムが与えられた条件で適正に運転され，処理水質が要求された水質を保つことを確認する最良の方法は，パイロット規模試験を行うことである(図-8.20 参照).

図-8.20 ろ過パイロットプラント．(a)水が供給されているろ過カラム，(b)濁度，粒子カウンタ等のろ過成績を監視するための機器

表-8.12 再利用に用いるろ過施設を選択する場合の留意事項[a]

予想される供給水質	あるタイプのろ過施設は、周期的なショックロードに強いため、予想される供給水質は、ろ過プロセスの選択に影響を与える。例えば、浅い沈殿池があるため、大きな処理水質の変動が予想される場合等である。深い沈殿池では、一定の処理水質を期待することができる。近年用いられている深い沈殿池（側壁水深5〜6 m）では、流出水濁度は定常的に2 NTU以下が期待できる。
ろ過施設のタイプ 規格設計か個別設計か	近年用いられているろ過技術には、規格設計のものと個別設計のものがある。規格設計のろ過装置は、製造業者が基本的な設計基準と求められる処理性能に基づいて、完成したろ過ユニットとその運転方法を提供する責任がある。個別設計の施設は、設計技術者が複数の資材業者と協力してシステムを構成する施設を構築する責任がある。建設業者と資材業者は、技術者の設計に基づき資材や装置を設置する。
ろ過速度	ろ過速度は、実際に必要なろ過施設の大きさに影響を与える。選択したろ過施設において、ろ過速度は、フロックの強度とろ材のサイズによって規定される。例えば、フロック強度が弱い場合には、速いろ過速度は、フロック粒子を剪断し、多くの物質をろ過装置から流出させるであろう。沈殿後の活性汚泥法処理水をろ過する場合のろ過速度は、一般的に80〜320 L/m^2・minの範囲にある。
ろ過の駆動動力	ろ床を流れる時の摩擦抵抗に抗するため、重力、または圧力による動力を用いることができる。大規模施設では、表-8.5で扱った重力式ろ過が最も一般的に用いられている。圧力式ろ過は、運転方法が重力式と同様であり、小規模施設に用いられている。圧力式ろ過では、ろ過は、ポンプによる加圧を受けながら密閉容器中で行われる。
ろ過ユニットの数と大きさ	配管の費用や建設費を抑えるため、ろ過ユニットの数は、最少にするべきであるが、以下の点を満足させなくてはならない。(1)逆洗流量が過大とならないようにする。(2)一つのユニットが逆洗を行っている時に、残りのユニットに掛かる負荷が過大とならないようにする。連続逆洗式の施設では逆洗時の負荷は問題とならない。冗長性を保つためには、最低2基のろ過ユニットが必要である。 　個々のろ過ユニットの大きさは、下部集水装置、逆洗水トラフ、表面洗浄装置等の装置のサイズに見合った大きさでなくてはならない。一般的に個別設計される重力式ろ過池のろ過ユニットの縦横比は、1：1〜1：4の範囲である。より広いろ過面積のろ過池が建設されているとはいえ、1つの深層ろ過のろ過面積は、実用的には約100 m^{2}が限界である。規格設計のろ過では、製造業者が製作可能な標準的なサイズが用いられる。 　深層ろ過のろ過面積は、最大ろ過水量と処理施設の最大流入水量に基づいて決定される。通常、許容可能な最大ろ過速度は、要求される基準値によって規定される。選定したろ過施設の運転範囲は、過去の経験やパイロットプラント運転の結果、製造業者の推奨値、規制値の厳しさに基づいて決定される。
逆洗水への要求	表-8.4に示したように、深層ろ過は、半連続式または連続式で運転される。半連続式運転の場合、ろ過池は、処理水質が悪化するか、損失水頭が高くなるまで運転され、その時点でろ過施設は停止し、抑制した固形物を排除するために逆洗が行われる。半連続式では、ろ床を洗浄するための逆洗水の供給が必要である。通常、逆洗水は、ろ過水室からポンプで送られるか、高所に設置した貯水槽から重力で送水される。逆洗水貯留施設の容量は、それぞれのろ過施設を12時間に1回逆洗できる容量でなくてはならない。上向流ろ過や移動ブリッジ等の連続式ろ過では、ろ過と逆洗が同時に行われる。移動ブリッジでは、連続でも半連続でも逆洗を行うことができる。連続逆洗を行うろ過では、濁度の破過や損失水頭の最終的な上昇は起こらない。
システムの冗長性	システムの冗長性は、非常用電力や通常の維持管理への予備能力を与えることに関係している。常時運転されている下水再生プラントのほとんどは、緊急貯留槽や処理施設を運転するための自家発電装置を保有している。一般的に、予備の供給に備え、最低一つの予備のろ過装置を設置することが望ましい。敷地やその他の理由で予備を設置できない場合には、ろ過装置とその配管は、維持管理期間の定期的な過剰負荷に対応できるようにしておくべきである。

[a] Tchobanoglous *et al.* (2003)より引用．

第8章 残存浮遊物質の除去

図-8.20に示したパイロットプラントは，人の健康や環境へ悪影響を与えずに，現在のろ過速度200 L/m²·minを300 L/m²·minに上げることができるかどうかを検証するために設計された．厳密な試験の条件として，ろ過速度200 L/m²·minと300 L/m²·minの時の処理水質が基本的に同等であるなら，California Department of Health Services(DHS)は，実プラントにおけるろ過速度の高速化を認める意向である．処理水質の同等性を確認するため，DHSは，フェーズⅠのパイロットプラント試験における予備的で非公式な4つの基準を設けた．

1. 10%以下の処理水濁度の上昇．
2. 10%以下の2～5 μmと5～15 μmの粒子の増加．
3. 10%以下のMS2のlog除去率の減少．
4. 処理水の消毒効果．

実際の施設を用いてろ過速度を高速化するフェーズⅡの基準では，まだ議論が続いている(2006年現在)が，濁度，粒子，消毒効果が評価され，MS2は含まれないようである．DHSは，現在の200 L/m²·minでの処理成績が「許容基準」にならないであろうことを認めている．なぜなら，現状で二次処理水の濁度の範囲が1～3 NTUという高度な処理を行っている処理場を不適格とすることになるからである．

解析するべき試験の操作条件が多いため，1度に1つ以上の条件を変更して，試験結果を統計的に混乱させることがないよう留意しなくてはならない．図-8.21は，薬剤添加量を増加させた時の影響を示したものであり，上述の試験施設における処理水濁度をきれいに追跡できる．試験は，複数の期間で行われなくてはならず，ろ過対象の処理水の季節変動を確認するために，理想的には1年間行われるべきである．パイロット試験を行うにあたって考慮すべき事項は，表-6.6に示したとおりである．

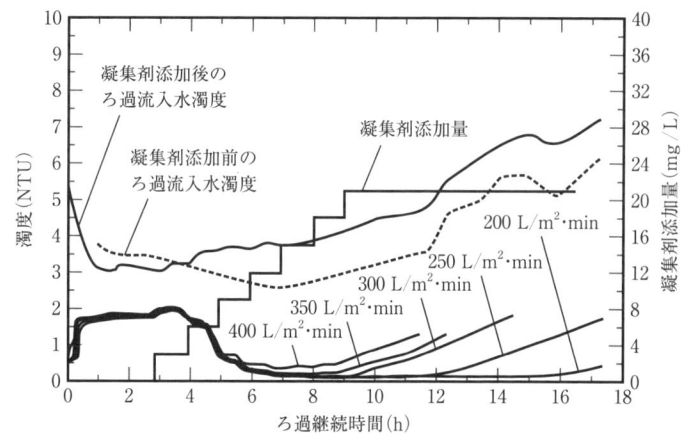

図-8.21 図-8.20に示したろ過装置を用いて測定した凝集剤を段階的に増量添加した時の効果(提供：G. Williams and K. Nelson)

8.3.5 運転上の課題

下水のろ過に関する代表的トラブルは，(1)濁度の破過，(2)マッドボールの形成，(3)乳化した油の蓄積，(4)ろ床の亀裂や短絡，(5)ろ材の消失，(6)支持砂利の盛上り，である．これらの問題は，ろ過効率と運転管理の両方に影響を与えるため，これらの問題を最小限とするための必要な装置を設計段階で確保するよう努めなくてはならない．これらの問題は，表-8.13で詳細に述べる．

表-8.13 下水の深層ろ過によく見られる問題とその対処方法[a]

問 題	内容／対処方法
濁度の破過[b]	最終損失水頭に達する前にろ過処理水の濁度が許容レベルを超えてしまう．処理水濁度の増加を抑えるため，薬剤やポリマーをろ過施設に添加する．薬剤やポリマーの添加位置は，試験によって決定する．
マッドボールの形成	マッドボールとは，生物フロック，泥，ろ材が集塊を形成したものである．もしもマッドボールを取り除かなければ，それは大きく成長し，ろ床の中に埋没していく．最終的には，ろ過や逆洗の効率を悪化させる．マッドボールの形成を防ぐには，水による逆洗とともに，または水逆洗終了後に，空気洗浄や水による表面洗浄のような補助洗浄を行う．マッドボールの形成や油脂の蓄積(下段参照)を防ぐには，たとえろ過継続時間をより長くとれる場合でも，最低1日1回逆洗を行うべきである．
乳化した油脂の蓄積	乳化した樹脂がろ床に蓄積すると，損失水頭が増加して，ろ過継続時間が短くなる．空気洗浄と水による表面洗浄により油脂の蓄積を抑えることができる．極端な場合には，ろ床の蒸気洗浄や特別な洗浄システムが必要となる．
ろ床の亀裂や短絡	ろ床が適正に洗浄されていないと，ろ材表面が汚濁物で覆われる．この状態でろ床に圧力が掛かると，特にろ床の側壁で亀裂が発生する．ついにはマッドボールが形成される．この問題は，適正な逆洗とろ材の摩擦で防ぐことができる．
ろ材の(機械的)消失	時間の経過に伴い，ろ材の一部が逆洗時や下部集水装置(支持砂利が乱れたり，下部集水装置が不適正に設置されている箇所から)を通って消失する．逆洗トラフや下部集水装置の配置を適正に行うことで，ろ材の消失を最小限にすることができる．特別の邪魔板も防止に効果的である．
ろ材の(運転上の)消失	生物学的フロックの性状によっては，ろ材粒子にフロックが付着し，逆洗時に浮遊するほど比重が軽くなることがある．この問題は，補助的な空気洗浄，水洗浄によって最小限に防ぐことができる．
支持砂利の盛上がり	支持砂利の盛上がりは，逆洗時に過大な流速を与えたため，幾層かで形成された支持砂利層が破壊されることによって起こる．粒径50〜75 mmのチタン鉄鉱やザクロ石のような密度の高い材質の層を追加し砂利層を保護することでこの問題は解決する．

[a] Tchobanoglous *et al.* (2003)より引用．
[b] 連続運転を行っているろ過施設では，濁度の破過は起こらない．

8.4 表層ろ過

表層ろ過は，(1)深層ろ過の代わりに二次処理水中の残存SS除去，(2)安定化池処理水から藻類やSS除去，(3)MFや紫外線消毒の前処理，等に適用されている．

図-8.8(b)に示したように，表層ろ過は，薄い隔膜(ろ布)に液体を通過させ，粒子性の浮遊物質を篩い作用で除去するものである．ろ布の材質は，異なった織り方の様々な布，金属布，種々の合成素材である．MFとUFの膜ろ過は8.5で扱うが，表層ろ過の一種である．しかし，ろ過素材の孔径という点で異なったものとして扱う．布製ろ布の代表的な目開きは10〜30 μmの範囲であり，MFの孔径は0.08〜2.0 μm，UFの孔径は0.005〜0.2 μmである．

8.4.1 適用ろ過技術

再生水の処理に用いられる代表的な布製ろ布は，布ろ過(cloth-media-filter；CMF)，ディスクフィルタ(discfilter；DF)，ダイアモンド布ろ過(diamond cloth-media filter；DCMF)である．ROの場合，前処理としてカートリッジフィルタが用いられるが，それについては9章で論じる．表-8.14は，CMFとDFの運転方法である．

第8章　残存浮遊物質の除去

表-8.14　再生水処理に用いられる表層ろ過の解説

型	解　　説
布ろ過(cloth-media filter：CMF) 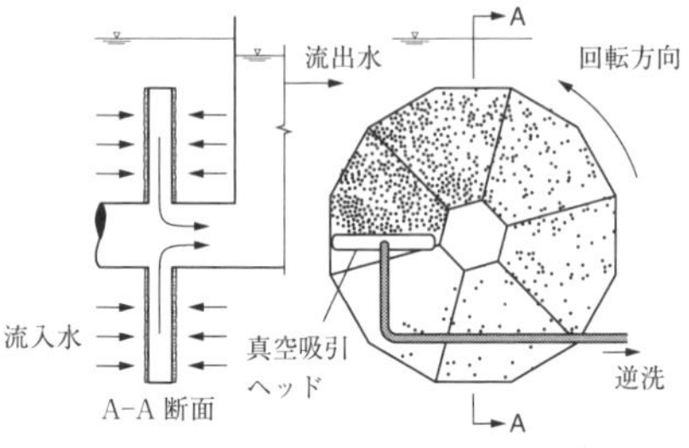	CMFはAqua-Aerobic Systemes社の登録商標「Aqua Disk」であり，水槽に縦に設置された複数の円盤で構成されている．各円盤は，等面積の6つのセグメントに分割されている．CMFは，重力によってろ布を通じて外部の水を内部の集水装置に浸透させるという点でDFと異なっている．2種類のろ布が用いられている．(1)ポリエステル製の針状繊維のフェルト布　(2)合成樹脂のパイル布
ディスクフィルタ(discfilter：DF) 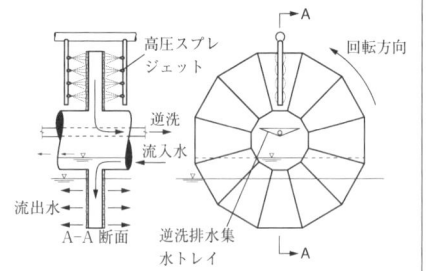	DFは，Hydroteth社が開発し，米国ではVelia Water Systemesが販売している．DFは，縦に平行してろ布を保持している2つの円盤からなる複数のディスクで構成されている．それぞれのディスクは，中央の供給管に接続している．ろ布は，ポリエステル，またはType304かType316のステンレススティールである．ろ過装置は，専用水槽に組み込まれるか，コンクリート水槽に設置される．寒冷地や臭気対策が必要な場合には，ディスクを覆うこともできる．

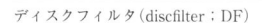

布ろ過

　表-8.14と図-8.22(a)に示した布ろ過(CMF)では，水は，供給水槽に流入し，ろ布を通って中央の集水管(collection tube)かヘッダ(header)に流入する．ろ過水は，中央の集水管かろ過水ヘッダ(filtrate header)に集められ，流出水路にヘッダの堰を越流して流れ込む．ろ布表面やろ布内部に固形物が抑留されると，流れ抵抗や損失水頭が増加する．損失水頭があらかじめ決められた値に達すると，ディスク(disk)は逆洗される．逆洗により残留物が除去された後，ディスクはろ過を再開する．逆洗サイクルが開始されると，ディスクは水に漬かったまま1回転/minで回転し，各セグメントを洗浄する．固形物はディスクの両面から液体とともに吸引される．真空吸引ヘッド(vacuum suction head)はCMFの両面にあり，ディスクを回転しながら，ろ過水ヘッダからろ布を通じて水を吸引する．この逆の水の流れによって，ろ布の表面や内部に抑留されていた固形物が除去される．通常，逆

図-8.22　表層ろ過装置．(a)布ろ過(提供：Aqua Aerobic Systems, Inc.)，(b)ディスクフィルタ

洗によってろ過水の3%未満の水が使用される.

時とともに，通常の逆洗操作では除去されない固形物がろ布に蓄積する．固形物の蓄積によって，ろ布の損失水頭や逆洗時の吸引圧力が増加し，逆洗間隔が短くなる．逆洗吸引圧力か運転時間があらかじめ決められた値に達すると，自動的に高圧スプレ洗浄(high-pressure spray wash)が開始される．高圧スプレ洗浄では，ディスクは，1回転/minでゆっくり回転し，ろ過水がろ布の外側から高圧で散布される．ディスクが2回転する間に高圧スプレ洗浄によりろ布の中にとどまっていた粒子が排出される．高圧スプレ洗浄の作動間隔は，供給水の水質に依存する．CMFは，専用水槽に組み込まれるか，コンクリート水槽に設置される．CMFの一般的な設計条件を表-8.15に示した．

表-8.15 布ろ過による沈殿二次処理水の表層ろ過に関する一般的設計条件[a]

設計条件	代表値	摘要
公称孔径(μm)	10	ろ布は，ポリエステル製三次元針状フェルト布
水面積負荷(m³/m²·min))	0.1～　0.27	除去SSの性状による
スクリーン間損失水頭(mm)	50　～300	ろ布上およびろ布中の固形物集積量による
ディスク浸漬率(%-高)	100	
(%-面積)	100	
ディスク径(m)	0.90 または 1.80	2つの径が選択可能
回転速度(回/min)	ろ過運転中は停止	逆洗時は1回/min
逆洗および汚泥洗浄水量比(ろ過水量当り%)	0.1 m³/m²·min の場合 4.5 0.27 m³/m²·min の場合 7.2	水面積負荷と供給水質による

[a] Tchobanoglous *et al.* (2003)より引用.

ディスクフィルタ

図-8.22(b)と表-8.14に示したディスクフィルタ(DF)では，水は，中央水路より流入し，ろ布を通って外部に流出する．固形物は，ディスクの中にとどまり，処理水は，ディスクの外に流出し集水タンクに流入する．通常運転時には損失水頭の多寡によってDF表面積の60～70%が水に浸漬しており，ディスクは，1～8.5回転/minで回転している．DFは，断続逆洗(intermittent backwash)にも連続逆洗(continuous backwash)にも対応している．連続逆洗では，DFのディスクは，ろ過と逆洗を同時に行う．断続逆洗では，規定の損失水頭に達した時にのみ逆洗ノズルが作動する．一般的に逆洗水量比は，3～5%以下である．DFの一般的設計情報を表-8.16に示した．

表-8.16 ディスクフィルタによる沈殿二次処理水の表層ろ過に関する一般的設計条件[a]

設計条件	代表値	摘要
ろ材の目幅(μm)	20 ～ 35	10～60 μm 目幅のステンレスまたはポリエステル布が利用可能
水面積負荷(m³/m²·min))	0.25～　0.83	除去SSの性状による
スクリーン間損失水頭(mm)	75 ～150	ドラムの浸漬面積による
ディスク浸漬率(%-高さ)	70 ～ 75	損失水頭が200 mmを超えると，バイパスが必要
(%-面積)	60 ～ 70	
ディスク径(m)	1.75～ 3.0	設計条件による 3mが最も一般的．小さいものは，逆洗水量比が大きくなる
逆洗水量比(ろ過水量当り%)	350 kPa の場合 2 100 kPa の場合 5	

[a] Tchobanoglous *et al.* (2003)より引用.

第8章 残存浮遊物質の除去

ダイアモンド布ろ過

ダイアモンド布ろ過(DCMF)は，近年の革新的発明である．DCMFの概念図と写真を図-8.23に示した．(a)に示すように，ダイアの形をしたろ布エレメントは，ろ過装置に沿って前後に移動する真空吸引機で洗浄される．ろ過エレメントの下に沈殿した固形物は，吸引機で定期的に引き抜かれる．ダイア型のろ布エレメントを採用することによって，ろ過装置単位体積当りのろ過面積を大きくすることができた．単位体積当りより多くのろ過水を得ることができるので，DCMFは新設にも，(a)に示すように既存のろ過池の更新にも用いることができる．

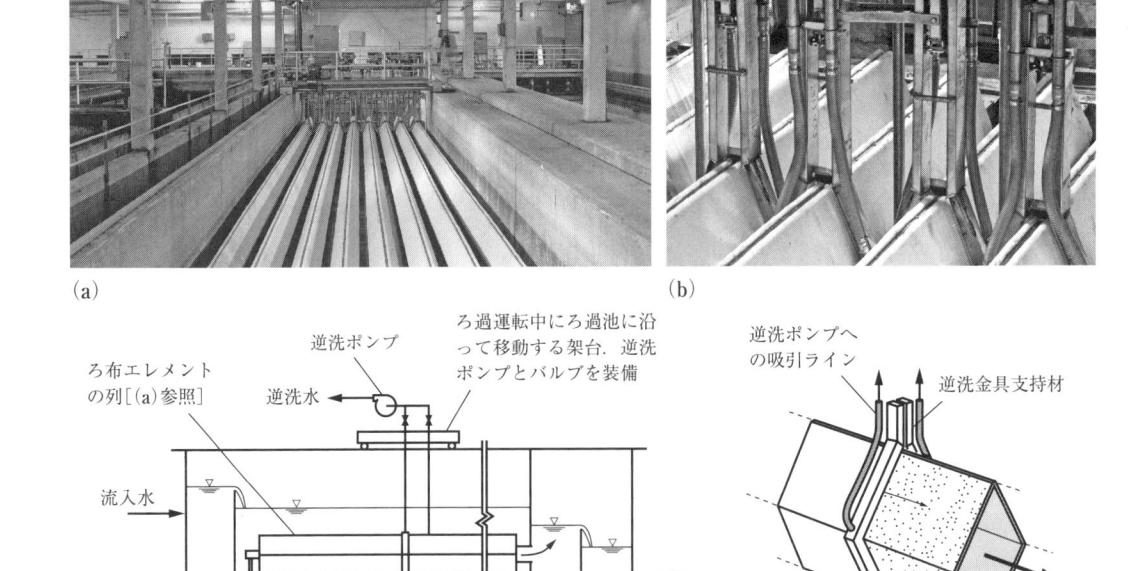

図-8.23 ダイアモンド布ろ過(diamond cloth-media filter；DCMF)．(a)既設ろ過池に設置されたDCMF，(b)固形物除去装置，(c)真空吸引機運転状況，(d)ろ布エレメントの断面[(a)，(b)の提供：Aqua Aerobic Systems, Inc.]

8.4.2 表層ろ過の処理成績

粒状ろ材ろ過と表層ろ過を比較した調査(Reiss *et al.*, 2001；Oliver *et al.*, 2003)によると，表層ろ過の方が濁度の除去，除去粒子の数やサイズにおいて優れた成績であった．表-8.6に他のろ過方式と比較した表層ろ過の処理水質やその分散を示した．

TSSと濁度の除去

表層ろ過の処理成績を評価するため，汚泥滞留時間15日の長時間エアレーション活性汚泥法(aeration-activated sludge process)による水をろ過するCMFの調査が行われた．活性汚泥法による処理水のTSSと濁度は，それぞれ3.9〜30 mg/L，2〜30 NTUであった．長期間の調査結果より，図-8.24(a)に示すように，処理水のTSS，濁度は，92%の期間いずれも1以下であった(Reiss *et al.*,

2001).深層ろ過とCMFの処理成績を同じ活性汚泥法による処理水を用いて比較した結果は，(b)のようであった．図に示すように，流入水濁度30 NTUまで試験した範囲で，処理水の濁度は一定に保たれていた．

粒状ろ層ろ過と同様に，活性汚泥法による処理水からのTSSの除去成績は，活性汚泥法のSRTに依存する．

除去粒子のサイズ

粒状ろ層ろ過との比較試験において，表層ろ過は，粒子の除去で常に優れた成績であった(図-8.25参照)．粒径を小さくすることは，紫外線消毒で大腸菌の不活化を行うために非常に重要な要因である(Oliver et al., 2003).

微生物の除去

薬剤添加を行わない場合，生物学的二次処理水における大腸菌群とウイルスの除去は，それぞれ0～1.0 log，0～0.5 logのオーダである．

8.4.3 設計上の留意点

新設の施設では，パイロット試験を行って設計値，処理成績を推定することが望ましい．設計に有用なデータとしては，(1)供給水の性状の変動，(2)通常の運転に必要な逆洗水量がある．必要逆洗水量(backwash water requirement)は，供給水中のTSSとろ過への固形物負荷の関数である．もし，二次処理システムでのTSSの除去が優れているのなら，逆洗水量をかなり削減することができる．

CMFの表層ろ過は，比較的新しい技術であるため，ろ布の寿命に関するデータは，ほとんど利用できない．表層ろ過の採用を考慮する場合は，同じタイプのろ材を用いている施設の運転成績を用いて評価しなくてはならない．CMFろ過の運転上の利点として，ろ布が取り外しでき，高効率の洗浄機で洗浄できることがある．

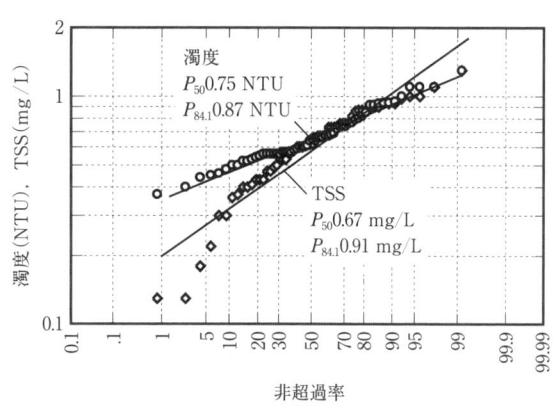

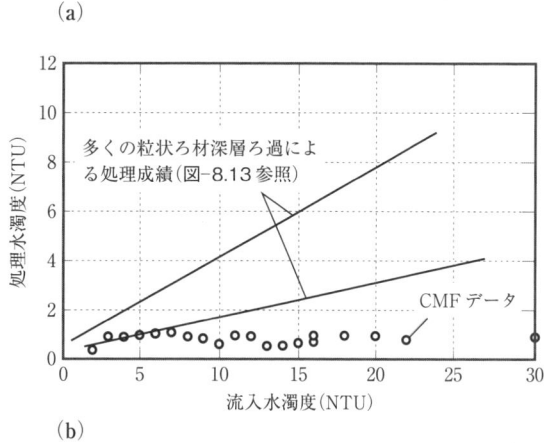

図-8.24 布ろ過の処理成績．(a)処理水の濁度，TSSの生起確率分布，(b)流入水の濁度の関数としての処理水の濁度(ろ過速度176 L/m²·min)

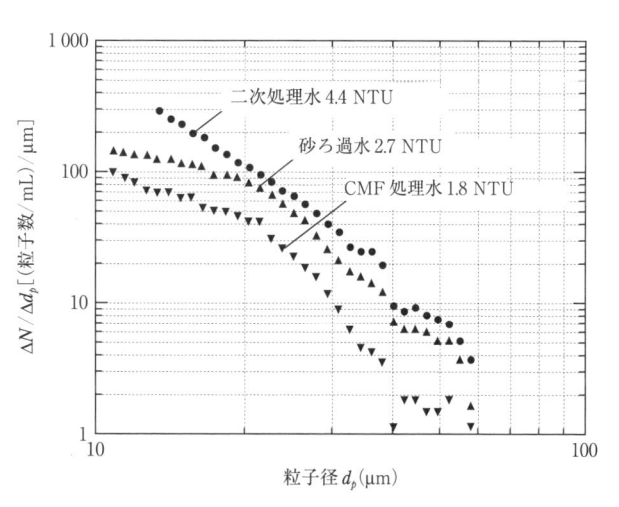

図-8.25 二次処理水を粒状ろ層ろ過とCMFで処理した時の比較[Olivier et al. (2003)より引用]

8.4.4 パイロット規模試験

先に述べた粒状ろ層ろ過の場合と同様に，排水処理用の実規模施設を設計する一般的な手法は存在しない．パイロット規模試験に関する先の節の論議は，表層ろ過にも適用される．代表的な表層ろ過パイロットプラントを図-8.26に示した．ここに示した1枚のディスクは，実規模のディスクである．大規模施設においては，センターシャフトに多数のディスクが設置される［図-8.22(a)参照］．

図-8.26　表層ろ過パイロットプラント．ディスクは実物大の小規模実験施設

8.5　膜ろ過

膜ろ過は，通常，薄い膜(隔膜と呼ばれる場合もある)に生物処理の処理水を通過させ，生物処理で除去されなかった粒子性物質，病原体，有機物，栄養塩類および溶解性物質を除去するものである．膜処理には，精密ろ過(microfiltration；MF)，限外ろ過(ultrafiltration；UF)，ナノろ過(nanofiltration；NF)，逆浸透(RO)および電気透析(electrodialysis；ED)がある．本節では，最初に深層ろ過や表層ろ過に代わって二次処理水をろ過するためのMFとUFについて論ずるものとする．溶解性物質を除去するためのNF，RO，EDについては9章で論じる．

8.5.1　膜ろ過の用語，膜の種類，膜の分類，水の流れ

再生水のためのMFやUFを詳細に論じる前に，膜ろ過に関して共通して用いられる用語，膜の分類法，利用される膜の種類，一般的な水の流れについて説明することが有用であろう．

膜ろ過の用語
膜ろ過で共通して用いられる用語に，膜供給水(feedwater)，膜透過水(permeate)，濃縮水(retentate)*

---

*　訳者注：retantateは正確には「残留水」であるが，日本では一般に濃縮水と呼ぶ．

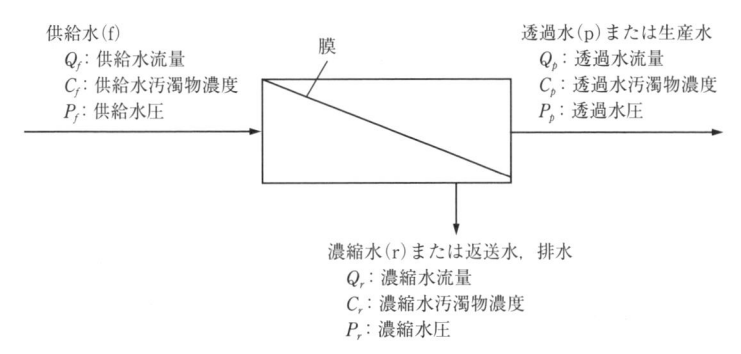

```
                供給水(f)                    膜            透過水(p)または生産水
                Q_f: 供給水流量                              Q_p: 透過水流量
                C_f: 供給水汚濁物濃度                         C_p: 透過水汚濁物濃度
                P_f: 供給水圧                                P_p: 透過水圧

                            濃縮水(r)または返送水，排水
                              Q_r: 濃縮水流量
                              C_r: 濃縮水汚濁物濃度
                              P_r: 濃縮水圧
```

図-8.27 膜ろ過プロセスの概要

がある．これらは用語の定義ですでに触れられており，図-8.27 に示されている．膜システムに処理のために供給される流入水を供給水と呼ぶ．膜を通過した水を膜透過水と呼ぶ．膜を通過しなかった供給水の一部を濃縮水[返送水または排水と呼ぶこともある]と呼ぶ．膜透過流束(membrane flux)は，膜を通過した流量であり，$L/m^2 \cdot d$ または $kg/m^2 \cdot s$ で表され，膜の性能を示す代表的尺度である．

膜の分類

膜ろ過は，幾つかの面から分類できる．(1)分離のための駆動動力，(2)分離の機構，(3)膜の孔径，(4)分離が行われる公称径，(5)膜の材質である．本節では MF と UF を取り扱うが，本節および 9 章で扱う膜ろ過の分類法について，比較のために表-8.17 に示した．膜の種類やその材質については，本節で詳細に解説する．

表-8.17 膜ろ過の一般的性質

膜ろ過	膜駆動力	代表的分離機構	代表的孔径 (μm)	代表的分離範囲 (μm)	材　質
精密ろ過(MF)	水頭差または開放容器中での吸引	篩	マクロ孔 (>50 nm)	0.008 ～2.0	アクリロニトリル，セラミック(種々の材質)，ポリプロピレン，ポリサルフォン，ポリテトラフルオルエチレン，ナイロン，テフロン
限外ろ過(UF)	水頭差または開放容器中での吸引	篩	メソ孔 (2～50 nm)	0.005 ～0.2	芳香族ポリアミド，セラミック(種々の材質)，酢酸セルロース，ポリプロピレン，ポリサルフォン，フッ化ポリビニルデン，テフロン
ナノろ過[a](NF)	水頭差	篩＋溶液／拡散＋排除	ミクロ孔 (<2 nm)	0.001 ～ 0.01	セルロース系，芳香族ポリアミド，ポリサルフォン，フッ化ポリビニルデン，複合膜
逆浸透[a](RO)	水頭差	溶液／拡散＋排除	稠密 (<2 nm)	0.0001～0.001	セルロース系，芳香族ポリアミド，複合膜
透析[a]	濃度差	拡散	メソ孔 (2～50 nm)	―	シート状に成形されたイオン交換樹脂
電気透析[a](ED)	電動力	イオン交換		―	シート状に成形されたイオン交換樹脂

[a] 9章で扱う．

膜の種類と材質

代表的な膜の種類として，管型(tubular membrane)，中空糸型(hollow membrane)，スパイラル型(spiral wound membrane)，平膜型(plate and frame membrane)，カートリッジ型(cartridge membrane)のモジュールがある．その概要については図-8.28 に，詳細については表-8.18 に示した．膜の流れについては，2 種類の基本形がある．(1)内圧式(outside-in flow)[(e)参照]，と(2)外圧

第8章 残存浮遊物質の除去

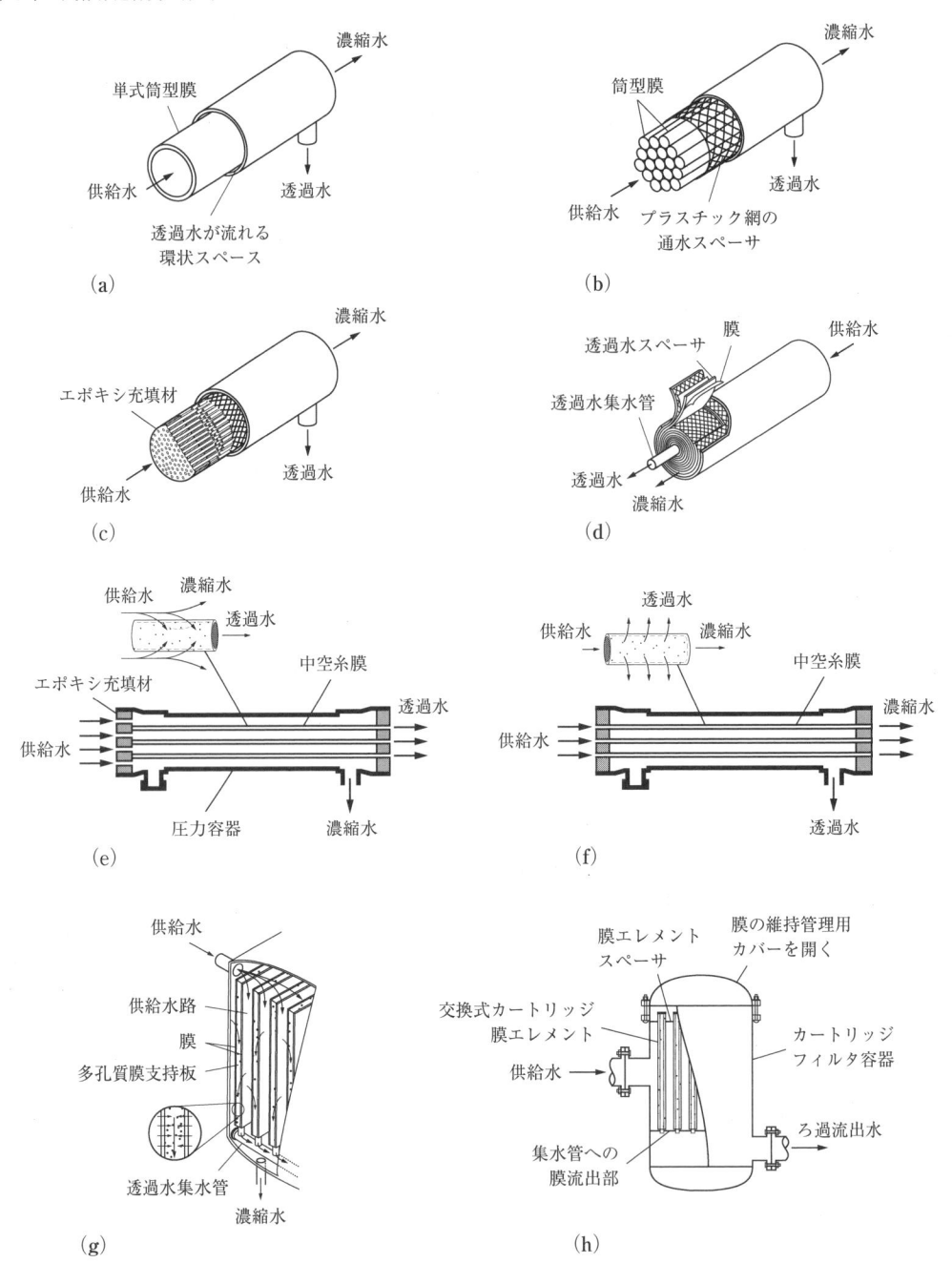

図-8.28 膜の種類の概要. (a)単式筒型膜, (b)容器に収納された束状筒型膜, (c)容器に収納のされた内圧式の束状中空糸膜, (d)スパイラル型結合膜とその内部, (e)外圧式中空系膜の概念図, (f)内圧式中空系膜の概念図, (g)平行に設置した平膜, (h)エレメント交換式カートリッジフィルタ

式(inside-out flow)[(f)参照]である. 排水処理として中空糸型や平膜型を用いる場合には, 外圧式がほとんどである. 外圧式の流れの場合には, 膜は, 空気や水, および両者の組合せで洗浄される. 外圧式は, 高濃度のTSS, 濁度の供給水に用いられる.

市販の膜のほとんどは, 管型, 中空糸型, 平膜型である. 一般的に3種類の膜が生産されている. 対称膜(symmetric membrane), 非対称膜(asymmetric membrane), 複合膜(thin film composite

8.5 膜ろ過

表-8.18 通常使用される膜モジュールの解説

種　類	説　明
筒型モジュール [図-8.28(a)参照]	筒型モジュールでは，膜は支持筒の中に形成される．多数の筒が(単独でまたは束状で)圧力容器内に設置される．供給水は，供給管を通じてポンプで流入し，透過水は，筒の外に集められる．濃縮水は，供給管の中を流下する．通常，このモジュールは，SS濃度が高く，閉塞の危険がある水に用いられる．洗浄も容易であり，薬品洗浄や「フロートボール」や「スポンジボール」を圧送し，膜表面を機械的に洗浄する．筒型モジュールは，体積当りの透過水量が少なく，膜も一般的に高価である．
中空糸型モジュール [図-8.28(c)参照]	中空糸型モジュールは，数百～数千本の中空糸の束で構成されている．全体の部品が圧力容器に収納されている．供給水は，中空糸の中(内圧式)へも，外(外圧式)へも供給できる．中空糸型モジュールは，7章で述べたように膜分離活性汚泥法に広く用いられている．
スパイラル型モジュール [図-8.28(d)参照]	スパイラル型モジュールでは，フレキシブルな透過水スペーサが2枚の平膜に挟まれている．2枚の膜は，3方向が綴じ合わさって密閉されている．残り1方向の開口部は，透過水管に連結されている．フレキシブルな供給水スペーサが重ね合わされ，平膜は，きつく筒状に巻き取られている．スパイラル型モジュールでは，一般に複合膜が用いられている．スパイラルという用語は，巻き上げられた膜を水が流れること，および支持シートが渦巻状の流れに沿っていることからきている．
平膜型モジュール [図-8.28(g)参照]	平膜型モジュールは，幾組かの膜と支持板から構成されている．供給水は，2枚の接近した平膜の間を通過する．支持板は，膜を支持し，透過水がモジュールの外に流出する水路となる．
カートリッジ型 [図-8.28(h)参照]	プリーツ状のカートリッジフィルタは，通常，使捨てのカートリッジとして精密ろ過システムで最も一般的に用いられている．処理水からウイルスを濃縮して分析する手段として，ほとんどの場合プリーツ状カートリッジフィルタが用いられている．

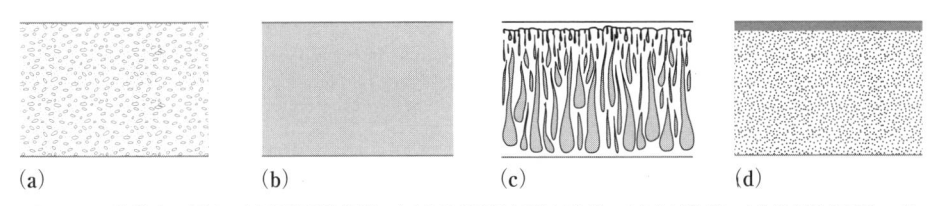

図-8.29 膜構造の種類．(a)細孔型対称膜，(b)無孔型(稠密型)対称膜，(c)非対称膜，(d)複合膜(TFC)，場合によっては非対称膜として扱う

membrane；TFC membrane)である(図-8.29参照)．(a)，(b)にあるように対称膜は，均一構造である．対称膜には，細孔を有するものと有しないもの[いわゆる，稠密膜(dense membrane)]がある．(c)の非対称膜は，一つの工程で製作され，非常に薄い層(1 μm以下)と厚い多孔質の層(100 μm程度)からなる．後者は，支持層であり，大きな膜透過流束を維持できる．

複合膜[(d)参照]は，セルロース，アセテート，その他のろ過に有効な薄層(通常，厚さ0.15～0.25 μm)を安定化のため，厚い多孔層に接着して作成する．表-8.17に示したように，膜は，多様な有機および無機の材質からつくられる．排水処理には，一部無機膜が用いられているが，一般的には有機膜が用いられている．膜とろ過システムの選択に当たっては，一般的にはパイロット試験を行い，膜の閉塞と劣化が最小になるものを選択しなくてはならない．

8.5.2　精密ろ過と限外ろ過

MFとUFは，上下水の処理において，深層ろ過，表層ろ過，薬注＋フロック形成＋重力沈殿の複合処理等の固形物除去プロセスの代替として用いられている．MFやUFは，SSの除去に加え，大きな分子量の有機物の一部，大きなコロイド状物質，多くの微生物を除去する(図-8.1参照)．MF

は，通常，濁度を減じ，ある種のコロイド状懸濁物を除去するために用いられる．

UFは，MFより除去効率は高いが，より高い操作圧が必要である．孔径の小さな一部のUF膜は，コロイド，タンパク質，炭水化物等の溶存物質を除去するためにも用いられている．消毒後のMF，UF処理水は，多様な再利用用途に供給可能で，NF，RO，EDのファウリングを防ぐための前処理としての働きもある(図-8.30参照)．通常のろ過と比較したMF，UFの長所，短所を表-8.19に示した．

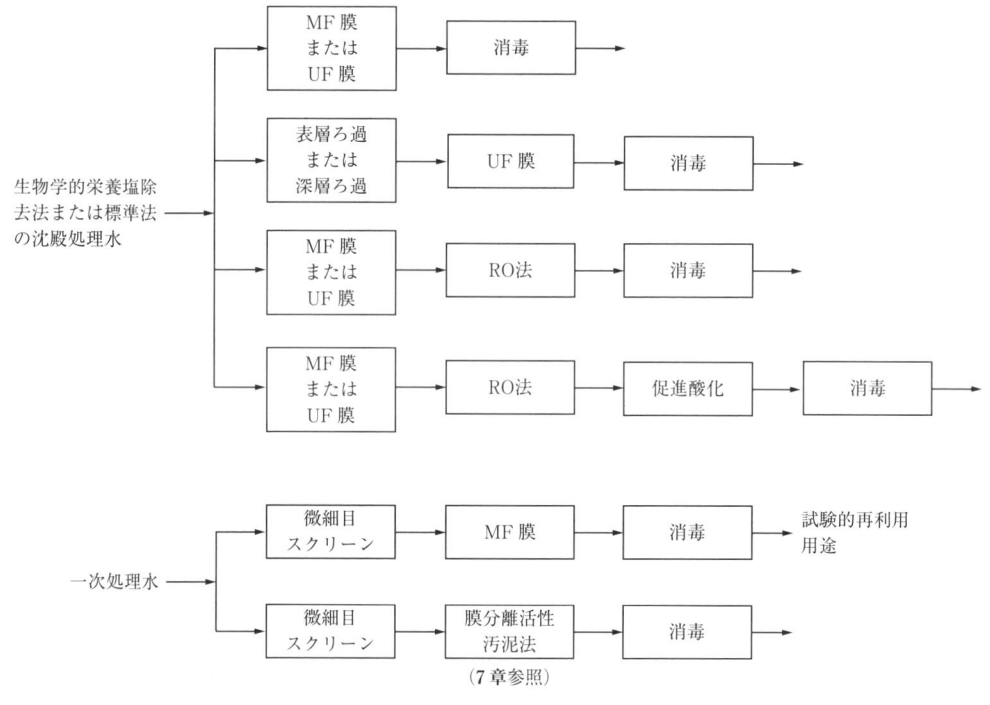

図-8.30 代表的な処理プロセスのフロー．(a)沈殿後の生物処理水，(b)一次処理水

表-8.19 MFとUFの長所と短所

長　　所	短　　所
・薬剤使用量を削減することができる． ・敷地面積の削減．膜ろ過は，通常のろ過に比べ敷地面積は50〜80%． ・労働力の削減．自動化が容易． ・最近の膜は，操作圧が低下．システムの費用は，通常のろ過に対抗できる． ・原生動物のシスト，オーシスト，寄生虫卵の除去．細菌やウイルスも一定程度除去できる．	・使用動力量が大きい．高圧のシステムは，エネルギー使用量が大きくなる． ・場合によりファウリング防止のための前処理が必要．前処理施設は，敷地や全体コストを増加させる． ・ろ過残留物の処理と濃縮水の処分が求められる． ・スケールの形成が深刻な問題となることがある．スケールが形成するか否かは，現場実験を行わずには予測困難． ・流束(膜を通過する供給水流量)が時間とともに減少する．回収率は，100%を大きく下回るであろう． ・処理性能を監視する安価な方法がない．

装置の構成

加圧式(pressurized membrane system)と浸漬式(submerged membrane system)という2種類の装置構成がある．

加圧式　加圧式では，ポンプによって水を供給し，膜モジュール内を循環させている[図-8.31(a)，(c)参照]．圧力容器(pressure vessel)[または，圧力管(pressure tube)]の第一の目的は，膜を支持し，供給水と透過水を分離することである．また，容器は，外部への漏水や圧力損失を防ぐように設計されなくてはならない．操作圧や供給水の性状によるが，通常使用されている材質は，プラスチックやグラスファイバの管である．一つのモジュールは，一般的に，直径100～300 mm，長さ0.9～5.5 mで，開架状または吊り下げた形で配置されている．各モジュールは，個別に供給水管，透過水管と配管されている．代表的な加圧式MFモジュールを図-8.32(a)に示した．

浸漬(吸引)式　浸漬式では，膜ろ過モジュールは，供給水槽に水没しており，透過水は，膜を吸引することによって得られる．吸引は，通常，遠心ポンプの吸引側から行われる[図-8.31(e)参照]．透過水ポンプによって発生した膜間差圧により膜を通じた清澄な水が得られる．透過水ポンプの全陰

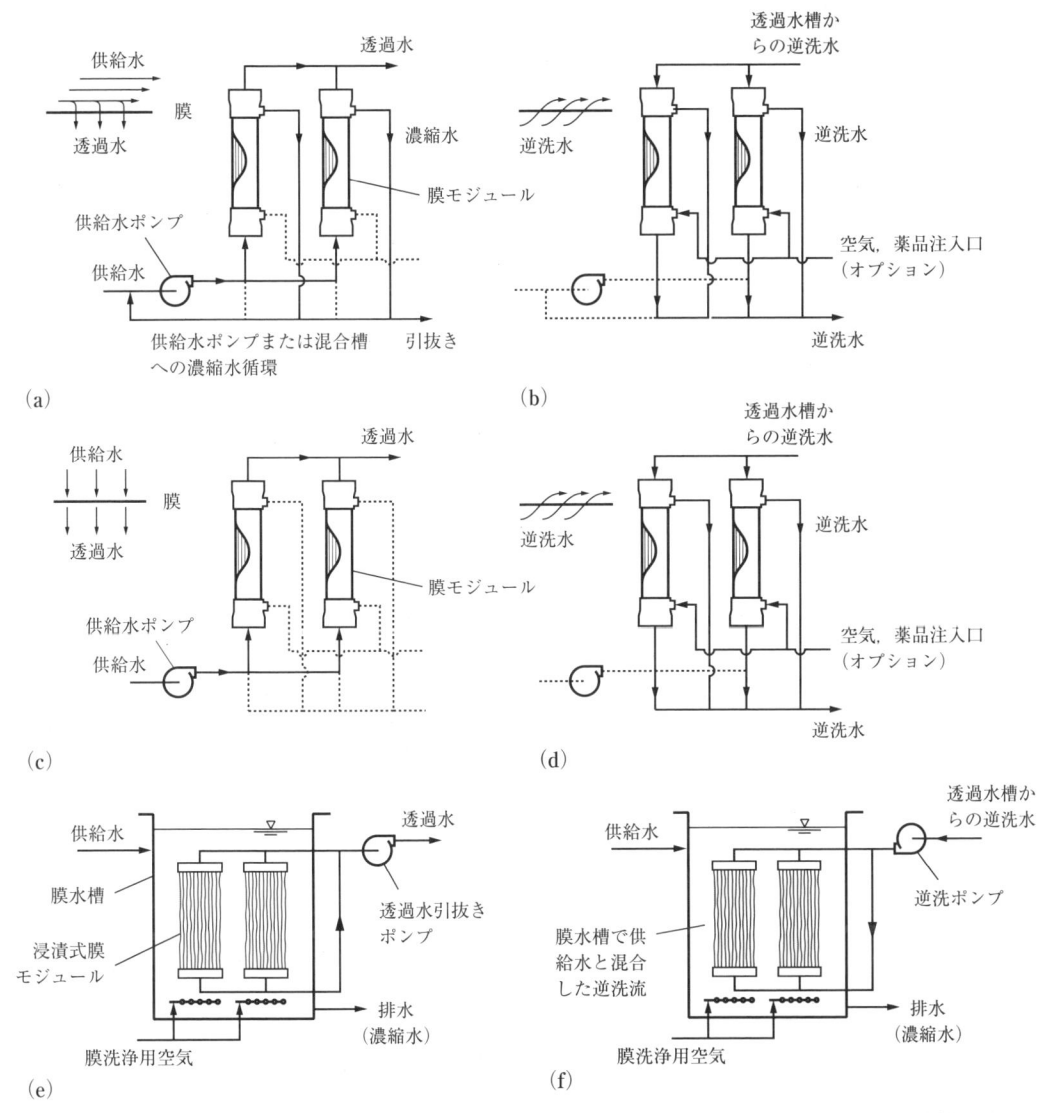

図-8.31　膜システムの概念図．(a)加圧式クロスフロー膜システム，(b)加圧式クロスフローシステムの逆洗，(c)加圧式デッドエンドろ過[図-8.32(a)参照]，(d)加圧式デッドエンドろ過の逆洗，(e)吸引引抜きを行う浸漬膜[図-8.32(d)参照]，(f)加浸漬ろ過システムの逆洗

第8章 残存浮遊物質の除去

図-8.32 沈殿二次処理水をろ過する代表的な加圧式装置,浸漬式装置. (a)加圧式MF装置,(b)加圧式MF装置,(c)開放容器で用いられるUF膜,(d)開放容器に設置されたMF膜モジュール

圧水頭(net positive suction head：NPSH)の制限によって,浸漬している膜の最大の膜間差圧(transmembrane pressure)は,50 kPa,一般的な運転時の膜間差圧は,20～40 kPaに制限されている(Crittenden *et al.*, 2005).代表的な浸漬式膜モジュールを図-8.31(c)に示した.

加圧式の運転方法

加圧式のMFやUFでは,2種類の異なった運転方法が適用されている.第一は,クロスフロー方式(cross flow filtration)[図-8.31(a)参照]であり,供給水は,膜に対してある程度,接線方向に平行に供給される[図-8.28(e),(f)も参照].膜間差圧によって供給水の一部が膜を通過する.膜を通過しなかった水は,供給水と混合された後膜に戻され循環するか,混合(調整)槽に戻され,循環する.また,膜を通過しなかった水の一部は,分離工程で引き抜かれ,廃棄される.クロスフローは,スパイラル膜の流れパターンであることに留意しなければならない.

第二の運転方法は,デッドエンド方式(dead-end filtration)[直接供給(direct-feed)または垂直供給(perpendicular-feed)とも呼ばれる]と呼ばれ,図-8.31(c)に示されている.透過水を生産している間,クロスフロー(排水の流れ)はない.膜に供給された水のすべてが膜を通過する.膜の細孔を通過できなかった粒子が膜表面に抑留される.デッドエンドろ過は,前処理としても,透過水を直接再利用する場合にも用いられる.

供給水中の不純物が膜表面に蓄積する(通常,ファウリングという)ため,供給側に圧力が増加し,膜透過流束(膜を通過する流量)が低下して,排除率[式(8.11)参照]も低下する(図-8.33参照).予定のレベルよりも性能が劣化すると,膜モジュールは,運転を停止し,逆洗や定期的な薬品洗浄が行われる[図-8.31(b),(d),(f),8.33参照].薬品洗浄は,膜の性能を初期状態に戻すために行われ,

膜の運転中に発生する非可逆的な膜性能の劣化に関係する（図-8.33参照）．非可逆的な膜の劣化は，膜の材質や運転条件と関係し，(1)膜材質の長期的経年劣化，(2)高い操作圧による機械的な圧縮や変形，(3)溶質のpHに関係した加水分解反応，(4)供給水中の特定の不純物による反応等の原因により生じる．

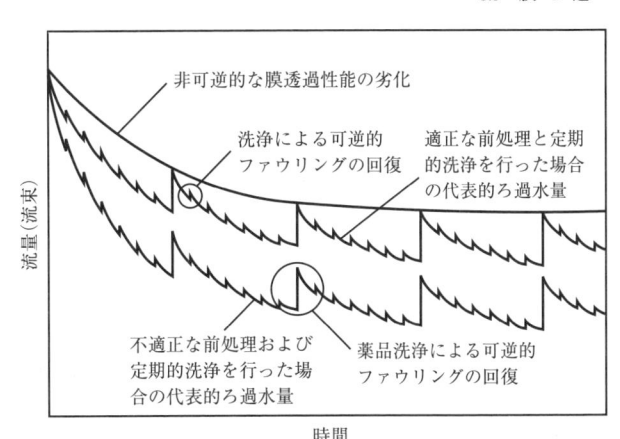

図-8.33 細孔洗浄の有無による膜性能の経時変化概念図

8.5.3 MF, UF の性能解析

膜ろ過の性能解析項目としては，操作圧(operating pressure)，透過水量(permeate flow)，回収率(degree of recovery)，排除率(degree of rejection)および物質収支(mass balance)がある．

操作圧

クロスフロー運転の場合，膜間差圧は，次式で与えられる．

$$P_{tm} = \frac{P_f + P_r}{2} - P_p \tag{8.6}$$

ここで，P_{tm}：膜間差圧(bar)（1 bar = 10^5 Pa），P_f：供給水の注入圧(bar)，P_r：濃縮水圧(bar)，P_p：透過水圧(bar)．

クロスフロー運転における膜モジュールでの全圧力損失は，次式で与えられる．

$$P = P_f - P_p \tag{8.7}$$

ここで，P：モジュール全体の圧力損失(bar)．

加圧式デッドエンドろ過と浸漬式膜ろ過の膜間差圧は，次式で与えられる．

$$P_{tm} = P_f - P_p \tag{8.8}$$

ここで，P_{tm}：膜間差圧(bar)．

透過水流量

膜ろ過システムの全透過水流量は，

$$Q_p = F_w A \tag{8.9}$$

ここで，Q_p：透過水流量(m^3/h)，F_w：膜透過流束(m/h)($m^3/m^2 \cdot h$)，A：膜面積(m^2)．

予想されるように，膜透過流束は，供給水の水質と水温，前処理の程度，膜の性状およびシステムの操作因子に関連する．

回収率

回収率 r は，全体水量に対する正味の生産された水量の割合と定義され，以下のとおりである．

$$r(\%) = \frac{V_p}{V_f} \times 100 \tag{8.10}$$

ここで，V_p：透過水の正味体積(m^3)，V_f：膜に供給された水の体積(m^3)．

正味の生産水量を求めるためには，逆洗に使われた透過水量を考慮する必要がある．

排 除 率

排除率 R は，供給水から除去された物質の割合である．回収率 r（水に関する事項）と R（溶質に関する事項）の違いに注意しなくてはならない．R は％で示され，以下の式で求める．

$$R(\%) = \frac{C_f - C_p}{C_f} \times 100 = 1 - \frac{C_p}{C_f} \times 100 \tag{8.11}$$

ここで，C_f：供給水中の濃度（g/m^3，mg/L），C_p：透過水中の濃度（g/m^3，mg/L）．

排除率を示す他の表現として，下記に示すような対数表示も一般的に行われている．

$$R_{\log} = -\log(1-R) = \log\frac{C_f}{C_p} \tag{8.12}$$

物質収支

加圧式クロスフロー運転における流れと不純物の物質収支式は，
水量収支
$$Q_f = Q_p + Q_r \tag{8.13}$$
成分物質収支
$$Q_f C_f = Q_p C_p + Q_r C_r \tag{8.14}$$
ここで，Q_r：濃縮水流量（m^3/h，m^3/s），C_r：濃縮水中の濃度（g/m^3，mg/L）．

8.5.4 MF 膜，UF 膜の操作因子と運転方法

MF，UF 膜を下水処理や再利用に用いる場合の，操作圧や流束を含む一般的な条件を表-8.20 に示した．膜処理の運転方法として，流束と膜間差圧に関して 3 種類の異なった操作方法が採用されている．それらは図-8.34 にあるように，(1)一定流束で運転し，時間の経過とともに膜間差圧を変動（上昇）させる，(2)一定の膜間差圧で運転し，時間の経過とともに流束を変動（減少）させる，(3)流束も膜間差圧も時間の経過とともに変動させる．今までは，一定流束運転が用いられてきた．多くの排

表-8.20 MF 膜，UF 膜の性状[a]

性　状	MF 膜	UF 膜
生産時の孔径（μm）	0.08〜2.0	0.005〜0.2
排除対象	微小 SS，コロイドの一部，ほとんどの細菌	有機物 >1 000 MW，発熱毒素，ウイルス，細菌，コロイド
流束（$L/m^2 \cdot d$）	400 〜1 600	400 〜800
操作圧[b]（bar）	0.07〜1	0.7 〜7
エネルギー消費量（kWh/m^3）	0.04	3.0
回収率（％）	94 〜98	70 〜80
材質	アクリロニトリル，セラミック（種々の材質），ポリプロピレン，ポリサルフォン，ポリテトラクロルエチレン，ナイロン，テフロン	芳香族ポリアミド，セラミック（種々の材質），酢酸セルロース，ポリプロピレン，ポリサルフォン，フッ化ポリビニリデン，テフロン
形状	中空糸膜，スパイラル膜，平膜，筒型膜	中空糸膜，スパイラル膜，平膜，筒型膜
代表的製造メーカー	Dow, Koch, Pall, USFilter	Dow, Koch, Pall, Hydranautics, Zenon

[a] Crites and Tchobanoglous(1998), Paranjape *et al.* (2003) より一部を引用．
[b] $kPa \times 10^{-2} = bar$　$bar = 10^5 N/m^2$　$kPa \times 0.145 = lb/in^2$

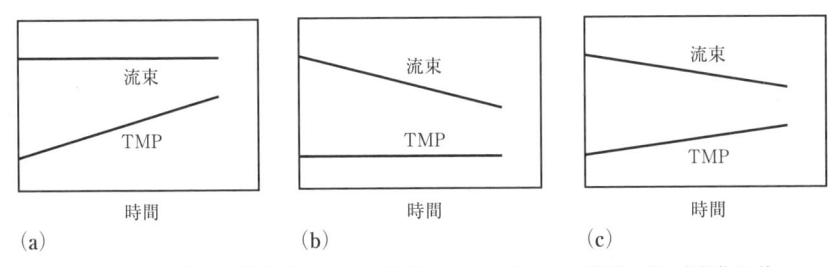

図-8.34 3種類の膜運転法．(a)一定流速，(b)一定差圧，(c)流速，差圧を操作せず

水を用いた試験結果(Bourgeous et al., 1999)より，流束も膜間差圧も時間の経過とともに変動させる運転方法が最も効率的な運転であるとされた．なお，図-8.34は，先に述べた不可逆的な透過能力の損失を無視していることに留意する必要がある．

8.5.5 膜の処理性能

MFとUFは，生物処理の二次処理水の処理に広く用いられてきた．予想される処理性能と処理の変動について以下に解説する．MFは，一次処理水の処理にも用いられてきた．

二次処理水の膜ろ過処理

MFやUFを二次処理水の処理に用いる場合，汚濁物の除去性能は，表-8.21に示す範囲と予想できる．表の脚注に示したように，UF膜の場合，予想される標準偏差に加え，膜メーカーによってその処理性能は大きく異なっている．二次処理水中の粒子の除去を目的として，クロスフィルタ(表層ろ過)の後にUF膜を用いた場合の処理性能を図-8.35に示した．分離が細孔によってのみなされるMF膜やUF膜の場合，操作圧を高めて流束を上げることによって，透過流量の増加と透過水の質の低下が起こる．分離を確実に行い，処理水質を良好に保つためには，低い操作圧が望ましい．ウイルス(coliphage $Q\beta$)の分離に与えるクロスフロー運転時のUF膜の細孔径分布の影響が調査された(Urase et al., 1994)．公称の排除分子量から予測される結果に反して，実験に用いた5種類の膜すべてがモデルウイルスの完全な除去を行うことができなかった．

粒子除去に用いられる他の処理方式と比較した，一般的な膜処理の処理成績，分散を表-8.6に示

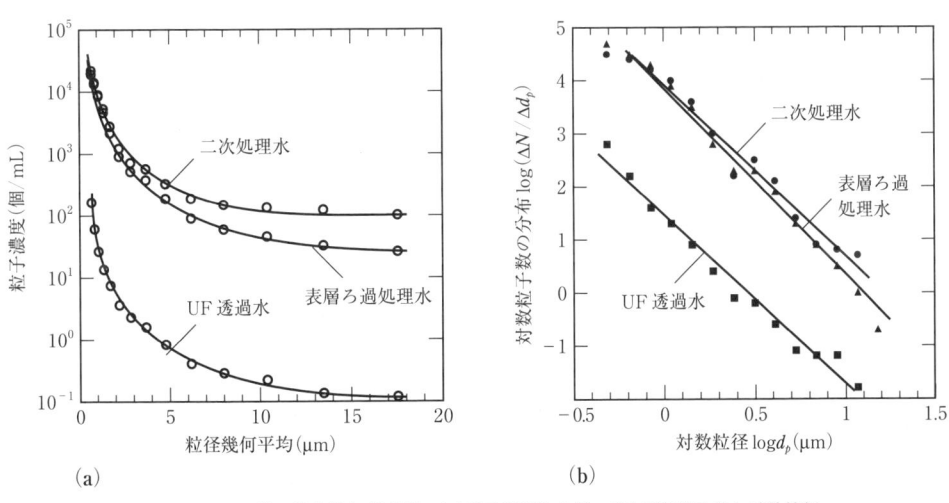

図-8.35 UF膜の代表的処理成績．(a)粒子濃度と粒径，(b)対数粒子数と対数粒径

第8章 残存浮遊物質の除去

してある．表に示すように，膜処理の s_g 値は，他の処理法に比べて明らかに大きな値である．s_g 値が大きな理由は，汚濁成分濃度が非常に低く，少しの変動が大きな影響を与えるためである．また，測定値の一部が検出限界に近いため，測定誤差が観測される処理成績の変動に関わっている．処理成績とその変動に関わる膜の信頼度の重要性については**例題 8-4** で論ずる．

一次処理水のろ過

California 州 Santa Ana において，Orange County Sanitation District がスクリーン処理後の一次処理水を浸漬型 MF 膜で処理する長期間試験を行い，その結果を**表-8.22**(Juby, 2003)にまとめた．表に示したように，TSS と微生物の除去成績はきわめて高く，有機物の除去も良好であった．これは，MF 膜の透過性から予測された成績とほぼ一致した．非食用作物の灌漑のように，有機物の除去がそれほど求められない再利用用途に対しては，一次処理水の MF 処理は，適用可能な技術である．

表-8.21 MF, UF による二次処理水における予想処理成績

汚濁成分	排除率	値 MF	値 UF
TOC	%	45～65	50～75
BOD	%	75～90	80～90
COD	%	70～85	75～90
TSS	%	95～98	96～99.9
TDS	%	0～2	0～2
NH_4^+-N	%	5～15	5～15
NO_3^--N	%	0～2	0～2
PO_4^{2-}	%	0～2	0～2
Cl^-	%	0～1	0～1
大腸菌群数[a]	log	2～5	3～6
糞便性大腸菌群数[a]	log	2～5	3～6
原生動物[a]	log	2～5	>6
ウイルス[a]	log	0～2	2～7[b]

[a] この値は，経験値と膜の信頼性より求めた．b に示すように膜によっては処理生成は大きく異なる．
[b] 同じ水を処理した4種類の UF 膜の低位値および調和平均値は，それぞれ 2.5, 4.0, 5.3, 6.1 および 3.8, 5.5, 6.5, 7.5 であった(Sakaji, 2006)．

表-8.22 Orange County Sanitation District Plant におけるスクリーン処理後一次処理水の MF 処理成績[a]

水質	パイロットプラントの結果 供給水	パイロットプラントの結果 透過水	デモプラントの結果 供給水	デモプラントの結果 透過水
TSS[b](mg/L)	39(171)	<2(158)	60(92)[d]	4(93)[d]
COD[b](mg/L)	274(123)	138(117)	253(16)	111(15)
BOD[b](mg/L)	124(124)	65(124)	105(16)[d]	56(89)[d]
大腸菌群数[c](MPN/100 mL)	$2.4×10^6$	5～7 log	$5.0×10^7$	4.9 log
糞便性大腸菌群数[c](MPN/100 mL)	$2.4×10^6$	5～7 log	$6.8×10^6$	4.7 log
大腸菌ファージ[c](PFU/100 mL)	$8.4×10^5$	2 log	$1.6×10^3$	1.7 log

[a] Judy(2003)より引用．
[b] 平均値．括弧内はサンプル数．
[c] 供給水の代表値．透過水の代表的対数除去率．
[d] 24時間コンポジットサンプル．

例題 8-4 破損した中空糸が膜処理水質に与える影響

二次処理水の再利用のために膜ろ過が用いられている．膜ろ過の供給水である下水処理場の流出水は，濁度 5 NTU で，一般細菌 10^6 個/L の水質である．膜ろ過処理水の一般的な水質は，一般細菌 10 個/L 以下，濁度は約 0.2 NTU である．この情報を基にすると，中空糸が破損していない通常運転時の一般細菌の対数排除率は，いくらとなるか？ もしも，6 000 本の中空糸のうち6 本 (0.1%) が運転中に破損していたとすると，処理水中の濁度と一般細菌数に与える影響はどの程度か．

解析に当たっては，逆洗により失われる水は無視する．

解　答

1. 中空糸が破損していない場合の対数排除率を式(8.12)に従って計算する．

$$R_{\log} = \log \frac{C_f}{C_p} = \log \frac{10^6 \text{個/L}}{10 \text{個/L}} = 5.0$$

2. 6本の中空糸が破損した場合の一般細菌の対数排除率を求める．

  a. 破損がある場合の物質収支を求める．

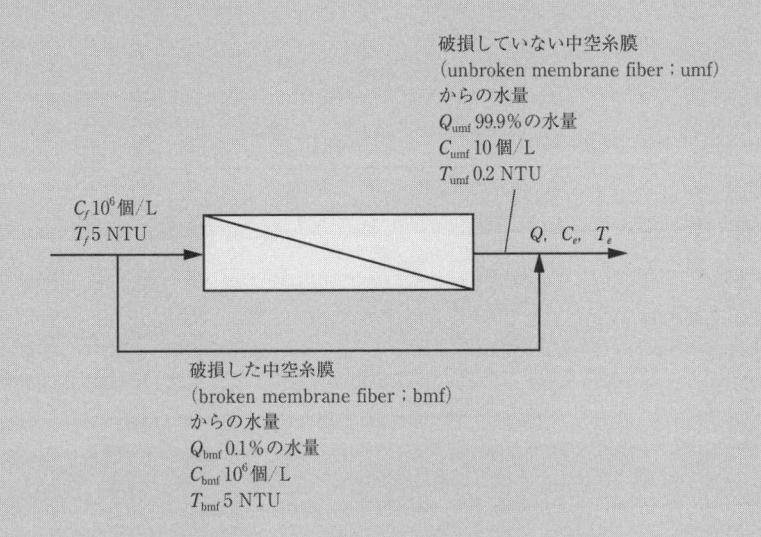

破損していない中空糸膜
(unbroken membrane fiber；umf)
からの水量
Q_{umf} 99.9％の水量
C_{umf} 10 個/L
T_{umf} 0.2 NTU

C_f 10^{6}個/L
T_f 5 NTU

Q, C_e, T_e

破損した中空糸膜
(broken membrane fiber；bmf)
からの水量
Q_{bmf} 0.1％の水量
C_{bmf} 10^6 個/L
T_{bmf} 5 NTU

  b. 膜処理水中における一般細菌の物質収支式を立てる．

$$C_e = \frac{C_{umf}Q_{umf} + C_{bmf}Q_{bmf}}{Q_e} = \frac{(10 \text{個/L})(0.999) + (10^6 \text{個/L})(0.001)}{1} = 1\,010 \text{個/L}$$

  c. 破損がある場合の一般細菌対数排除率を計算する．

$$R_{\log} = \log \frac{C_p}{C_f} = \log \frac{10^6 \text{個/L}}{1\,010 \text{個/L}} = 3.0$$

2. 6本の中空糸が破損した場合の濁度の影響を計算する．2.で行った物質収支式を用い，処理水濁度について解く．

$$T_e = \frac{T_{umf}Q_{umf} + T_{bmf}Q_{bmf}}{Q_e} = \frac{(0.2 \text{ NTU})(0.999) + (5 \text{ NTU})(0.001)}{1} = 0.205 \text{ NTU}$$

解　説

例題は，少数の中空糸の破損が処理水の一般細菌数(1 010 対 10)と対数排除率(5 対 3 log)に大きな影響を与えること，および濁度(0.2 対 0.205 NTU：この違いは計測不可能)にはほとんど影響を与えないことを示している．このため，濁度は，細菌の代替指標として利用できず，再生水の接触利用で人の健康を守るためにはMF処理水の消毒が不可欠である．

8.5.6 設計上の留意点

MF 膜や UF 膜の設計上の留意点として，処理する排水の性状，膜の選択，前処理の必要性，システムの構成，操作圧，流束，膜ファウリングの制御をあげることができる．これらについては，表-8.23 に示した．

膜処理を処理プロセスとして選択する場合には，再利用用途に適合する最も単純な膜処理を選択するべきである．例えば，UF 膜の代わりに MF 膜というように，膜選択のための最初の評価項目として以下の基準に基づくべきである(Celenza, 2000)．

・MF 膜は，SS，分子量 300 000 以上の溶質，粒径 0.02～10 μm の範囲の粒子の除去に用いるべきである．
・UF 膜は，SS，分子量 300～300 000 の範囲の溶質，粒径 0.0010～0.02 μm の範囲の粒子の除去に

表-8.23 設計上および膜の選択上の重要な留意点

項　目	留　意　点
排水の性状	排水の性状は，以下の点に関して重要である．(1)選択した膜ろ過システムが処理すべき排水に適用できることを確認する．(2)特別の前処理が必要かを判断する．特に考慮すべき水質としては，膜の処理性に影響を与える可能性がある SS の性状および分子量，ファウリングを起こす可能性のある油脂や浮渣，膜装置に対する腐食性物質，膜の劣化を引き起こす可能性のある化学物質，である．膜のファウリングや劣化を起こす排水中の代表的な汚濁成分を表-8.24 に示した．膜の寿命や処理成績に有害なこれらの成分は，除去，削減，pH の場合は，調整し害の少ない状態にしなくてはならない．微細粒子，特に毛髪は，繊維状のマットを形成し，膜ファウリングを引き起こすため，前処理で除去する必要がある．
膜の選択	上下水の処理に用いられている膜は，通常，厚さ 0.2～0.25 μm の薄い被膜と，より多孔質で厚さ 100 μm ほどの支持体で構成されている．市販の膜の形状のほとんどは，平膜や中空糸，筒形である．排水処理に用いられる膜は，多くは有機膜(表-8.20 参照)である．膜の種類は，使用現場における膜の閉塞や劣化が最小のものを，通常，パイロットプラント試験で選択する．
前処理	膜システムは，非常に繊細であり，処理成績を最適化するよう注意を払わなくてはならない．処理すべき排水によるが，前処理は，通常，目開き 1～4 mm の微細目スクリーン，表層ろ過，または化学的中和，調整，凝集で構成されよう．必要な前処理を決定するためには，現場でのパイロットプラント試験が非常に有効である．
システム構成と運転方法	装置構成には，通常，連続運転される(回分運転も可能であるが，管理が難しい)加圧式ろ過タイプか浸漬式ろ過タイプかの選択がある．ナノろ過や逆浸透を考慮する場合には，フローシートにおいて様々な多段階の装置構成が考えられる(図-8.30 参照)．運転方法としては，直接ろ過(デッドエンドろ過)が最も一般的に用いられる．
圧力	圧力は，膜抵抗とファウリングの抵抗に抗するために掛けられる．低い圧力では，膜の圧縮が小さくいため，流束の回復が速く，流束の減少を最小限にし，膜寿命を延命させることができる．必要な圧力は，選択された膜や膜システムが加圧式か浸漬式かによって決定される．
流束	膜性能に関連する代表的因子は流束であり，供給水量が定められると，膜の大きさや面積を決定する因子となる．流束に影響を与える要因は，操作圧，ファウリングの可能性，排水の性状である．流束を維持するための操作要因は，クロスフロー流速で制御される掃流速，逆流洗浄，空気洗浄，膜洗浄等のファウリングを防ぐ操作である．通常，MF 膜は，流束 0.28～11 L/m²·min で，UF 膜は，0.15～0.6 L/m²·min で運転されている(Celenza, 2000)．
ファウリング	膜ファウリングは，前処理の必要性，洗浄の必要性，運転条件，コスト，処理性能に影響を与える．膜ファウリングを制御するために，一般的に 3 通りの方法がある．(1)供給水の前処理，(2)膜の逆流洗浄，(3)膜の薬品洗浄である．前処理は，供給水の TSS や細菌数を削減するために行われる．膜装置内での化学的凝析を防ぐため，供給水を薬品調整することがある．膜表面に物質が集積するのを防ぐため，逆流洗浄や水・空気洗浄が一般的に用いられている．通常の逆洗で除去できない成分を除去するため，薬品洗浄が行われる．有害物質による膜の損傷は，回復できない．

用いるべきである．

8.5.7 パイロットプラント試験

すべての排水は，化学的に独特であるため，ある膜の性能を先験的に予見することは困難である．そのため，ある現場に対応する最高の膜は，通常，パイロットプラント試験に基づいて選択される．パイロットプラントには，(1)必要に応じて前処理システム，(2)流量調整と洗浄のためのタンク設備，(3)膜を加圧し逆洗を行うための，適正に制御されたポンプ，(4)試験膜モジュール，(5)膜の性能を監視するための適正な施設，(6)膜を逆洗浄するための適当な施設，を装備しなくてはならない．収集すべき情報は，実規模施設を設計するうえで十分なものでなくてはならず，最小限，以下の情報が必要である(Tchobanoglous *et al.*, 2003)．

膜の操作因子
　　薬注量を含む前処理の必要性／運転時間と膜透過流束の関係／膜間差圧／洗浄排水量／循環率／

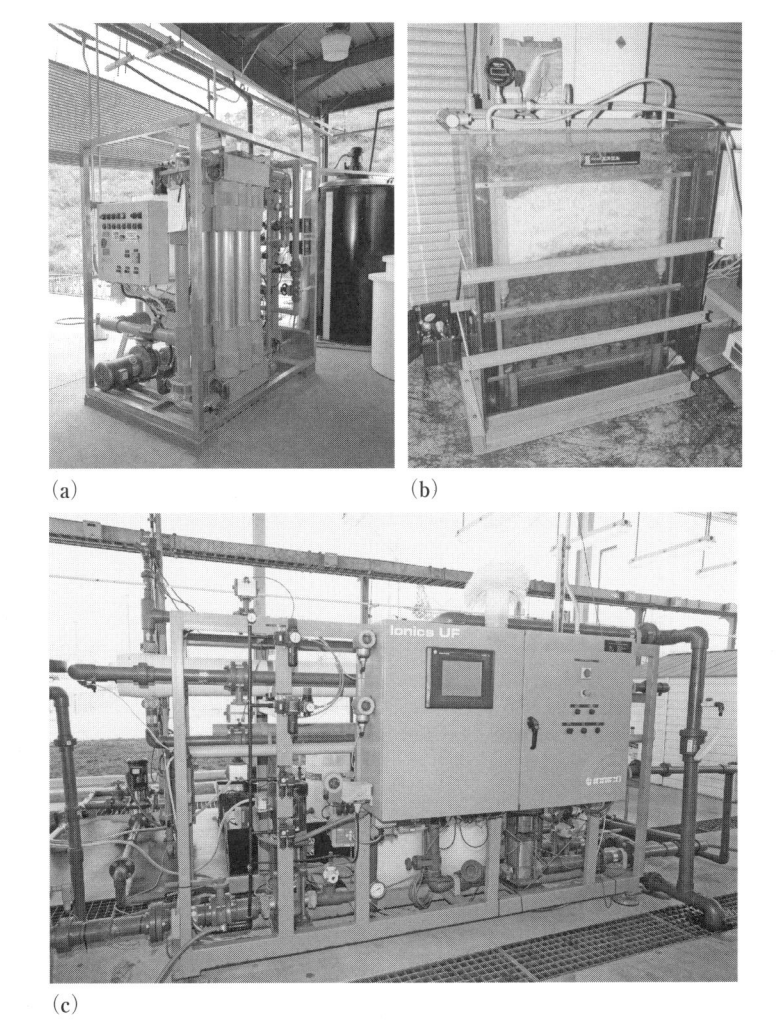

図-8.36　膜処理パイロットプラント．(a)密閉加圧式MF，(b)浸漬式の平膜MF，(c)密閉加圧式UF

洗浄方法や薬剤量を含む洗浄間隔／後処理の必要性
基本的な測定水質
濁度／水温／粒子数

パイロットプラント試験を行ううえでさらに留意するべき事項は，表-6.6 に示してある．再生水の製造のための代表的なパイロットプラントの写真を図-8.36 に示した．

8.5.8　運転上の問題

膜の寿命

膜の修理，更新，頻繁な膜の交換によって必要となる運転再開等の追加費用が膜処理の経済性を損なうために，膜の寿命は，重要な項目である．通常の状態では 5〜10 年間の膜寿命を見込むことができるが，2〜3 年の寿命では，膜の経済性に大きな影響を与える．

膜の性能

膜の性能は，適正な膜洗浄方法を含む，正しい設計，運転指標を選択したパイロットプラント試験によって注意深く評価されなくてはならない．いったんシステムが実規模で設置された後に不十分な試験のためにシステムを改良し，または修正することは高価につくからである．

運転効率

運転効率は，膜寿命と膜の安定性に依存する．もしも，システムが予定された維持管理時間を含めて最低 80％ の運転効率を満たさなければ，システムは，成立し得ないか，信頼性をなくすこととなり，経済的に成り立たないであろう．運転効率に大きく関わる項目としては，(1)頻繁で長期にわたる膜再生時間を要する強度の膜ファウリング，(2)膜の故障と交換，(3)高圧ポンプの故障，(4)有害物質によるポンプや膜の故障，がある(Celenza, 2000)．

現地洗浄の頻度

流束の維持は，上述の要因のすべてに関わっている．もし，流束の悪化がファウリングによって頻繁に起きるなら，運転効率が悪化し，頻繁な逆流洗浄や薬品洗浄が必要となり，膜の劣化を引き起こすであろう．膜ファウリングや膜の劣化を引き起こす下水中の代表的成分を表-8.24 に示した．労働コスト，エネルギーコスト，修理・更新コストの上昇が全体の運転コストを上昇させることとなる．

表-8.24　膜ファウリングや劣化の原因となる下水中の代表的成分[a]

下水中の原因成分	膜ファウリングのタイプ	摘　要
金属酸化物，有機および無機のコロイド，細菌，微生物，濃度分極	ファウリング（しばしば生物膜形成とされるケーキ層の形成）	これらの成分を制御することで，損害を小さくすることができる（例：微細目スクリーン）
硫酸カルシウム，炭酸カルシウム，フッ化カルシウム，硫酸バリウム，金属酸化物の形成，ケイ酸	スケール（凝結）	スケールは，塩濃度の制御，pH 調整，スケール防止剤等の薬品の添加により減少させることができる
酸，塩基，極端な pH，遊離塩素，遊離酸素	膜の劣化	膜の劣化は，供給水中のこれらの成分を制御することで，押しとどめることができる．劣化の程度は，選択した膜の性状による

[a]　Tchobanoglous(2003)より引用．

予見不可能な運転条件を最小にするために，先述したパイロットプラント試験の重要性を強調したい．

8.6　加圧浮上分離

加圧浮上分離(DAF)は，排水処理の分野では以下の用途に用いられている．事業所排水からの油分を分離する，余剰活性汚泥を消化やその他の汚泥処理の前処理として濃縮する，大規模施設において深層ろ過の逆洗排水の濃縮，標準的なフロック形成＋沈殿で除去が困難な浮遊粒子の除去，安定化池や貯留池流出水中の藻類をろ過の前処理として除去，等である．水処理としてのDAFは，重力沈殿と比べ密度の低い粒子を除去しやすい．上水処理において，高速DAFの研究が最近盛んに行われている．同様の技術の多くが再利用にも適用可能である．

8.6.1　処理プロセスの概要

DAFでは，ヘンリーの法則の溶解度に従って空気が加圧され，処理すべき水に溶解される．加圧後，水は，常圧で解放され，無数の微小気泡が発生する．気泡は，沈降速度の遅い粒子を包み込み，水面に浮上させ除去される［図-8.8(d)参照］．浮上層が厚くなると，そこで若干の脱水，圧密が起こる．

DAFの種類

2種類の基本的な形式が再生水の処理に用いられており，一つは循環水を加圧するタイプ［図-8.37(a)］，いま一つは流入水全体を加圧するタイプである［(b)］．図に示すように，DAFシステムの代表的構成要素は，加圧システム(pressurization system)と浮上分離タンク(dissolved air flotation tank)である．加圧システムは，加圧ポンプ(pressurization pump)，コンプレッサ(compressor)，加圧タンク(air pressurization tank)，減圧バルブ(pressure release valve)で構成される．浮上タンクは，正方形，長方形［図-8.38(a)］，円形［(b)］のものがあり，浮上汚泥を掻き取る表面スキマ(surface skimmer)と沈殿汚泥を除去する底部掻寄せ機(bottom scraper)を装備している．邪魔板が設置されており，浮上汚泥が池内に残り，分離水は，邪魔板の下部から流出堰に流出する．どちらの種類を用いるかは，供給水の性状，施設の規模，パイロット試験の結果により判断する．複層階のDAFと成型ろ材のろ過によるシステムのように，他のタイプのDAFが上水処理の分野でより一般的に用いられていることに留意すべきであろう．

循環水加圧と全量加圧

循環水DAFは，やや浮力のある粒子，または浮力と重力が釣り合ったような粒子を除去するシステムに最適の方法である．このシステムでは，全流入水がフロック形成タンク(flocculation tank)に流入するか，フロック形成の必要のない場合には，直接，浮上分離槽(flotation tank)に流入する．浮上分離タンク流出水の一部(5〜20％の範囲)は，循環し，加圧タンクに送られる．加圧タンクには，流入水を小さな水滴とする充填材が詰められている．タンクの上部空間には，加圧空気があり，容易に水に溶解する．加圧された循環水は，圧力開放装置を通じて浮上分離タンクに流入し，フロック形成後の流入水と混合する．圧力開放装置では，圧力が大気圧に開放され，空気は，一面の微細気泡(直径30〜100 μm)を形成する．全量加圧は，小規模施設に適している．薬品が流入ポンプの流入側に供給されることと，流入水全量が加圧されることを除けば，全量加圧の処理フローは，循環加圧と同様である．

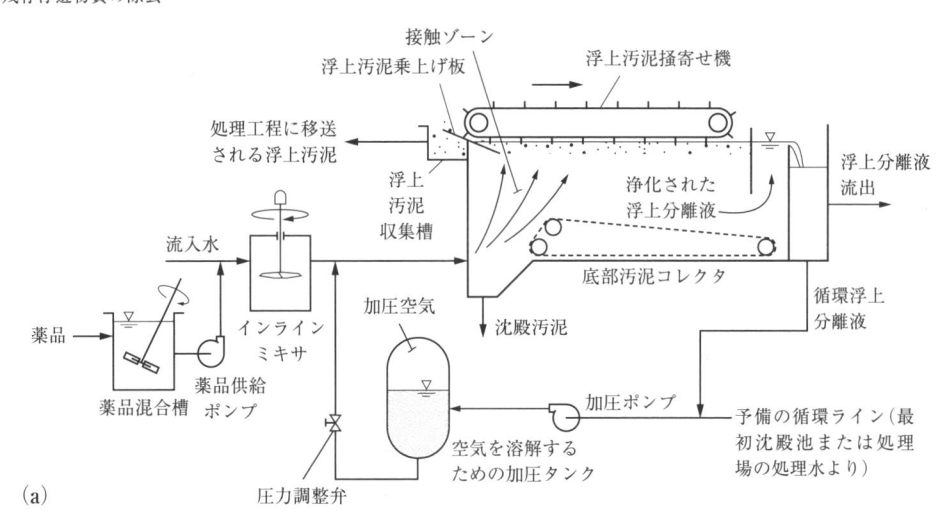

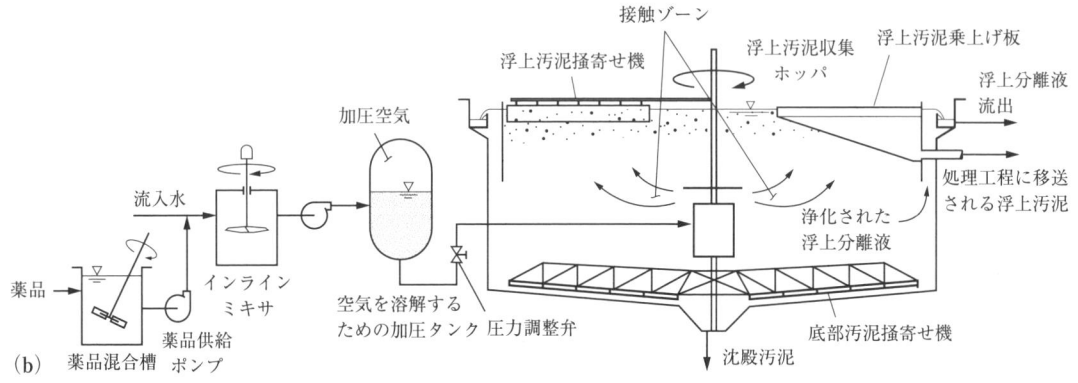

図-8.37 加圧浮上システムの概念図．(a)循環水の加圧，(b)全流入水の加圧．どちらの加圧方式でも長方形または円形のタンクが適用可能

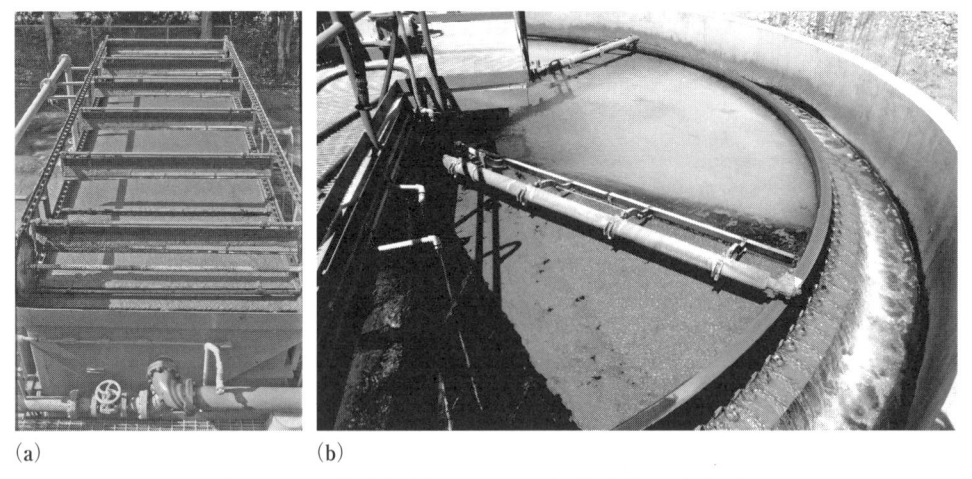

図-8.38 代表的な加圧浮上システム．(a)長方形池，(b)円形池

浮上汚泥，沈殿汚泥の除去

気泡とそれに付着した固形物を含む浮上汚泥は，機械式の掻取り機(skimming device)によって定

期的に除去される(図-8.37, 8.38 参照). 浄化された水は, 水面下から引き抜かれる. DAF の下部からは掻寄せ機や集水管によって汚泥が引き抜かれる. 機械的掻寄せは, 集水管に比べて引き抜く固形物濃度が高いため, 機械的掻寄せがよく用いられる.

8.6.2 DAF の処理成績

DAF の処理成績は, SS を除去すべき排水の性質, 二次処理方式, 薬品使用の有無に依存する. DAF の処理成績の変動の予測は, 活性汚泥法のそれと類似している(図-8.6 参照).

藻類を含む池の処理水を対象とする場合, 薬品注入を行って TSS 5～30 mg/L の処理水を得ることができる. 藻類の濃度は, 季節(図-8.7 参照)や処理水を引き抜く場所によって大きく異なる. 後述するように, 基本的に薬注量は, 藻類濃度と無関係である.

8.6.3 設計上の留意点

浮上分離は, 粒子表面の性状に大きく依存するため, 実験室規模やパイロットプラント規模の試験を行って設計基準を作成しなくてはならない. DAF システムの設計と処理成績は, 表-8.25 に示した要因に関係し, 代表的な設計条件は, 表-8.26 に示されるとおりである. 以下に論じる 2 つの代表的要因は, 空気量と薬品添加である. 藻類除去のための代表的な DAF の写真を図-8.39 に示した.

表-8.25 DAF システム設計にあたっての留意事項[a]

留意事項	重要性
流入水質 TSS, pH, 水温, 粒子径	特にここに示した流入水質は, 薬品注入の必要性と種類, DAF 全体の処理性能に関係する. 水温はフロック形成時間に関わるため, 主に低水温時の留意事項である.
凝集 凝集剤の種類, 薬注率, 撹拌	化学凝集剤は, 気泡が容易に付着し, 包囲できる構造体を生成させる. 凝集剤の選択と薬注率は, 上述の水質項目に関係する. 確実な撹拌が必要で, ある種のインラインミキサが好んで用いられる.
フロック形成 フロック形成時間, 撹拌強度, フロック形成手法	通常, 100 μm 以下の小さなフロック粒子に対してフロック形成は, 有効である. フロック形成時間は, 流入水の性状, 凝集剤の種類, 水温によって変化し, 10～20 分程度である. フロックに過剰な剪断力が掛かるのを防ぐため, 撹拌強度と撹拌方法は, 重要な因子である.
処理効率	実用上, DAF の処理効率は, 気泡の数と大きさ, 気泡の速度によって規定される. 加圧タンクで生成される気泡の大きさは, 操作圧によって決まる(表-8.26 参照).
必要空気量	低 TSS の場合, 必要空気量は, 処理水量によってのみ決まり, TSS 濃度には依存しない. 1 000 mg/L 以上の高 TSS の場合, 空気/固形物比を決めるにあたっては本文を参照されたい.
循環水量	循環水量は, 循環水に飽和した空気の量によって決まる. DAF を用いた表流水の処理では, 循環水量比は, 7～10％である.
水量負荷	過大な水量負荷は, 気泡や懸濁粒子の流出を引き起こし, 処理水質を悪化させる.
固形物負荷	固形物負荷の範囲は, パイロットプラント試験で決めるべきである. もし流入水の固形物濃度がかなり上昇した場合には, 浮上分離を行うために, 循環率や操作圧を大きく上げる必要がある.
浮上汚泥, 沈降汚泥の除去	通常, 浮上汚泥は, 機械式掻取り機で除去する(図-8.37 参照). 沈殿汚泥は, 機械式, または水理学的に除去する.

[a] AWWA(1999), Edzwald *et al.*,(1999) より一部引用.

第8章 残存浮遊物質の除去

表-8.26 DAFの代表的設計条件[a]

設計条件	固形物濃度	
	低(< 500 mg/L)	高(> 1 000 mg/L)
水面積負荷(m/h)	8 ～ 20	10 ～ 20
水理学的滞留時間(min)	5 ～ 30	5 ～ 30
池断面流速(m/h)	20 ～100	20 ～100
接触ゾーン滞留時間(s)	30 ～240	30 ～240
接触ゾーン水量負荷[b](m/h)	35 ～ 90	35 ～ 90
縦横比(－)	1:2～1:4	1:2～1:4
池の水深(m)	1.5～ 3.0	1.5～ 3.0
加圧接触時間(s)	30 ～240	30 ～240
加圧タンク操作圧(kPa)	400 ～600	450 ～600
気泡径範囲(μm)	10 ～100	10 ～100
400 kPaにおける気泡径(μm)	50 ～ 60	50 ～ 60
500 kPaにおける気泡径(μm)	40 ～ 50	40 ～ 50
600 kPaにおける気泡径(μm)	30 ～ 40	30 ～ 40
空気負荷[c](g/m^3)	8 ～ 12	NA
空気/固形物比(g/g)	NA(本文参照)	式(8.15), (8.16)参照
循環比(循環系における)(%)	50 ～300	50～300

[a] AWWA(1999), Couto et al. (2004), Crittenden et al. (2005), Edzwald et al. (1999))より一部引用.

[b] 長方形池の接触ゾーンは，通常，全長の15～25%．円形池の場合は，中心から半径約1/3の範囲.

[c] g-空気/m^3-流入水

図-8.39 DAF施設の全景．(a)池(背景)流出水の藻類除去用円形DAF装置(前景)．加圧タンクが左に，深層ろ過が右の屋根の向こう側にある．(b)ヨーロッパで用いられている藻類除去浅槽DAF．前景に加圧タンクがある(提供：Austep s. r. l., Italy)

固形物濃度の低い場合の空気量

活性汚泥の濃縮浮上分離と比較して，低TSS濃度の再生水の浮上分離に必要な空気量は，非常に多く，表流水の上水処理に必要な空気量と同様である．相対的に低TSS濃度であるため，必要空気量は，TSS濃度と相関を示さない．気-固比(air/solids ratio)は，非常に高濃度の藻類を含む安定化池流出水の処理のように，流入TSSが高濃度(>1 000 mg/L)の場合のみ意味を持つ．低TSS濃度の処理を行った例では，TSS 20 mg/Lの表流水の処理において，必要空気量は，380 mL-空気/g-固形物であった(AWWA, 1999)．このように大きな気・固比は，固液分離の前に気泡の付着を促進さ

8.6 加圧浮上分離

せるため，フロックと気泡を適正に衝突させる必要があるためである．冬季，貯水池の水から藻類を除去するためのDAFシステムの規模推定例を**例題 8-5**に示した．

例題 8-5　浮上分離による藻類の除去

冬季，貯水池の水を再生水とするため，藻類を除去する実規模 DAF の施設規模を大まかに推計せよ．表-8.26 の低濃度用の平均的な設計値を用い，以下の条件に従うこと．また，操作圧が 400 kPa の場合，開放点での mL 当りの気泡数を求めよ．
1. 再生水水量　　　　4 000 m³/d
2. 池水の藻類濃度　　75 mg/L
3. アルカリ度を消費するための硫酸バンド濃度　　175 mg/L
4. 20℃における空気の密度　　1.204 kg/m³（**附録 B** 参照）

解　答

1. 必要な表面積を求める．**表-8.26** より水面積負荷を 14 m/h（14 m³/m²·h）とする．

$$A = \frac{(4\,000 \text{ m}^3/\text{d})}{(14 \text{ m}^3/\text{m}^2\cdot\text{h})(24 \text{ h/d})} = 11.9 \text{ m}^2$$

2. 槽の寸法を選択する．**表-8.26** より縦横比を 1:3 とし，長さ L と幅 W を求める．

$L = \sqrt{(11.9 \text{ m}^2) \times 3} = 6.97 \text{ m}(6.0 \text{ m とする})$
$W = (1/3) \times 6.0 = 2.0 \text{ m}$

3. 滞留時間 τ を検証する．**表-8.26** より深さを 2.25 m とすると，

$$\tau = \frac{V}{Q} = \frac{(2.0 \text{ m} \times 6.0 \text{ m} \times 2.25 \text{ m})(1\,440 \text{ min/d})}{(40\,00 \text{ m}^3/\text{d})} = 18.0 \text{ min(OK)}$$

4. 断面流速 v_{cf} を検証する．

$$v_{cf} = \frac{Q}{\text{断面積}} = \frac{(4\,000 \text{ m}^3/\text{d})}{(2.0 \text{ m} \times 2.25 \text{ m})(24 \text{ h/d})} = 37.0 \text{ m/h(OK)}$$

5. 接触ゾーンの水面積負荷 CZ_{hyd} を検証する．**表-8.26** より池長の最初の 20% を接触ゾーンと仮定する．

$$CZ_{hyd} = \frac{(4\,000 \text{ mm}^3/\text{d})}{[2.0 \text{ m} \times 6.0 \text{ m} \times (0.2)(24 \text{ h/d})]} = 69.4 \text{ m/h(OK)}$$

6. 空気量を Q_{air} 計算する．**表-8.26** より 10 g-空気/m³-水量を用いる．

$$Q_{air} = \frac{(10 \text{ g/m}^3)(4\,000 \text{ m}^3/\text{d})}{(1.204 \text{ kg/m}^3)(10^3 \text{ g/kg})(1\,440 \text{ min/d})} = 0.023 \text{ m}^3/\text{min}$$

7. 開放点における mL 当りの気泡数を計算する．6. より m³ 当りの空気量は 10 g/m³ である．
   a. 20℃，400 kPa における空気密度を求める．
      $\rho_{air,\,400\text{ kPa}} = (400 \text{ kPa}/101.3 \text{ kPa})(1.204 \text{ kg/m}^3\text{-空気}) = 4.754 \text{ kg/m}^3\text{-空気}$
   b. 単位水量当りの空気の体積を求める．

$$V_{\text{air}} = \frac{(0.010 \text{ kg-空気/m}^3\text{-水量})}{(4.754 \text{ kg/m}^3\text{-空気})} = 0.00210 \text{ m}^3\text{-空気/m}^3\text{-水量}$$

c. 400 kPa における1つの気泡の体積を求める．

$$V_{\text{bubble}} = \frac{4 \times 3.14 \times [(55/2) \times 10^{-6} \text{ m}]^3}{3} = 8.71 \times 10^{-14} \text{ m}^3 = 8.71 \times 10^{-8} \text{ mL}$$

d. 気泡の数を求める．

$$\text{気泡の数} = \frac{(0.00210 \text{ mL-空気/mL-水量})}{(8.71 \times 10^{-8} \text{ mL/気泡})} = 24\,144 \text{ 気泡/mL}$$

解　説

1 000 mg/L 未満の低濃度の TSS に対しては，必要空気量は，TSS に無関係であることを再び強調したい．この例題では TSS 濃度は，250 mg/L である（75 mg/L + 175 mg/L）．

高濃度固形物に対する空気量

高濃度の浮遊物質を含む流入水に対しては，気-固比［A/S(mL-空気/mg-固形物)］と，全流入水を加圧する場合の空気の溶解度，操作圧，システムに流入する固形物の関係が式(8.15)で与えられる．

$$A/S = \frac{1.3 \, s_a(fP-1)}{S_a} \tag{8.15}$$

ここで，s_a：空気の溶解度(mL/L)（水温に依存する．右表参照），f：圧力 P で溶解する空気の割合（通常，0.5），P：圧力(atm)［(p+101.35)/101.35］，p：ゲージ圧(kPa)，S_a：流入 SS(g/m^3, mg/L)．

一部の加圧水を循環するシステムでは，

$$A/S = \frac{1.3 \, s_a(fP-1)R}{S_a Q} \tag{8.16}$$

気温(℃)	s_a(mL/L)
0	29.2
10	22.8
20	18.7
30	15.7

ここで，R：加圧循環水量(m^3/d)，Q：流入水量(m^3/d)．

これらの式は，分子が空気重量を，分母が固形物重量を表している．係数 1.3 は，1 mL の空気の重量を mg で示したもの，括弧内の(−1)は，システムが大気圧下にあることを示している．

薬品注入

池の流出水を処理する場合，薬注率は藻類濃度には無関係で，浮遊している藻類を捕捉する大きなフロックを作成するため，アルカリ度を消費する量で決まることに留意しなくてはならない．薬注率の文献値は，20～225 mg/L の範囲にあり，用いる薬剤と排水のアルカリ度によって異なった値となる．極端に高い薬注率（すなわち，175～225 mg/L）の場合，処理水の変動は，活性汚泥法による処理水をろ過した場合に比べ若干小さいようである．ポリマーによる補助は，DAF の処理性能を向上させることができる．補助剤の添加量，流入水に添加するか循環水に添加するかといった添加位置，撹拌方法は，個々の施設ごとに決定しなくてはならない．ベンチスケールまたはパイロット規模の試験によって，薬品の必要性，ポリマーの種類や添加量，撹拌方法を求めることができる．

8.6.4 運転上の留意点

循環流式のDAFでは，浮上分離システムの消費電力コストの約50％が加圧容器の圧力に対抗して水を循環するポンプにより使用される．つまり，循環システムの最適化には，電力量を最小化することが重要となる．担体を充填しない加圧容器に替えて，担体充填型の加圧容器の利用を設計，運転に際して考慮すべきであろう．担体充填型の加圧容器は送水圧を低くすることができるが，担体に生物が増殖したり，凝析物が付着したりする可能性があり，担体が閉塞するかもしれないという欠点がある（AWWA，1999）．

8.6.5 パイロットプラント試験

DAFの処理性能を決定するためには，多くの因子が関係するためベンチスケールまたはパイロットプラントスケールの試験によってDAFの処理性能を予測し，設計条件を特定することが有効である（図-8.40）．パイロットプラントを設計するための予備的な情報は，実験室規模の浮上試験機で求めることができる．理想的には，同じ流入水を用い，実規模と同じ大きさの気泡を用い，同じ操作圧で運転するなど，パイロットプラントは，実規模施設と同じ条件で運転されるべきであろう．パイロットプラント実験の結果を実規模施設にスケールアップするに当たっては，装置業者が助言するべきである．

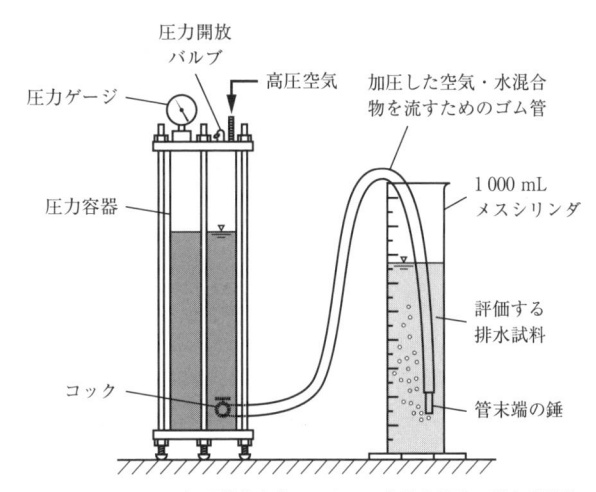

図-8.40 DAFの処理性能を求めるための実験室規模の浮上試験装置．装置は，加圧され，振揺されて空気を溶解する．空気を溶解後，飽和した液は，目盛付きシリンダに開放される

8.7 残存粒子性物質を除去するための技術を選択する条件

適用可能な種々のろ過技術があり，考慮すべき事項も多いため，適正な技術の選択は，しばしば厄介な仕事となる．考慮すべき条件としては，(1)処理水の最終的な用途，(2)ろ過技術の相対的な処理成績，(3)パイロットプラント試験の結果，(4)消毒プロセスの種類，(5)将来的な水質への要求，(6)エネルギー要件，(7)現場の要請，(8)経済的要件，がある．ほとんどの場合，これらの条件のうち複数が関係して最終決断が行われる．

8.7.1 処理水の最終的な用途

当然のことながら，ろ過された水は水質基準値を満足しなくてはならず，例えば，Califonia州のTitle 22法によると，濁度の基準は2 NTU以下となっている．しかし，多くのろ過技術が水質基準を満足するとしても，処理水の変動や粒径分布といった処理技術の選択に影響を与える条件は異なっているということに留意しなくてはならない．このため，単一の水質基準を満足することは，多くの選択要因の一つにすぎない．より良い水質が再利用の市場性を高めることも選択要因の一つとなろう．

8.7.2 相対的な処理性能

残存物質の除去に用いられる種々の単位操作を組み合わせて得られる処理レベルについて表-8.3, 8.6に示した．DAFの処理成績については，限られた情報しか利用できないが，高度な沈殿と同様の処理成績であると思われる．

8.7.3 パイロットプラント試験の結果

ろ過技術の選択は，しばしばパイロットプラント試験の結果に基づいて行われ，特に消毒プロセスとの組合せを評価する場合にその傾向が強い．例えば，2種類のろ過装置が濁度に関して同等の処理水質を示したとしても，処理水中の粒径については一方が塩素消毒または紫外線消毒を行ううえで適したものであるかもしれない．他の場合には，逆洗頻度が決定要因となるかもしれない．例えば，比較中の2種類のろ過装置の洗浄水量比がろ過水量に対して4%と12%であった場合等である．もしも，すべての処理場流入水をろ過しなくてはならない場合，処理場が大量の洗浄水を処理することができる水理学的能力を持つことは難しい．また，大きな洗浄水量返送比は，処理施設の建設費を増加させることにもなる．ある場合には，返送水量を一定以下にするために，洗浄排水を処理する特別の施設を追加しなくてはならないかもしれない．ある大規模施設向けの技術では，傾斜板沈殿池(lamella plate settler)が用いられている．処理場流入水の一部を再利用のためにろ過している施設では，洗浄水量の多寡はあまり問題とならない．

8.7.4 消毒プロセスの種類

ろ過技術の選択は，採用する消毒プロセスの種類によっても規定される．例えば，紫外線消毒を行うのならば，ろ過処理水中の粒径分布(パイロットプラント試験で決定)がろ過施設の選択に影響を与えるであろう．

8.7.5 将来的な水質要求

どのような場合にも，将来的な水質要求を注意深く考慮しなくてはならない．例えば，将来的に特別の微量物質を除去するためNFやROが必要となるのであれば，深層ろ過や表層ろ過よりもMFが適しているであろう．MFの方がNFやROの前処理として適しているからである．

8.7.6 エネルギー要件

エネルギー価格は，上昇を続けており，以前にも増して処理水のろ過におけるエネルギー消費量は，適正なろ過技術を選択するうえで重要な因子となっている．近い将来においてエネルギー消費量やそのコストは，重要な要件であり続けるため，異なる種類のろ過技術(深層ろ過 対 表層ろ過 対 MFまたはUF)についてエネルギー消費量や運転コストを比較する必要がある．

8.7.7 現場の要請

どの処理場においても，処理水ろ過施設を建設できる用地は限られているであろう．そのような状況で，適用可能なろ過技術の敷地面積は，選択に当たっての重要な要件となる．

8.7.8 経済的要件

建設費と維持管理費は，公共事業計画において重要な要件である．一般的に，薬品やエネルギーコストのような予測できない費用の感度分析を含むライフサイクル費用分析の結果，異なる種類のろ過技術の適用性が評価されている．ライフサイクル費用分析に基づき，維持管理費が適正で管理しやすい技術が複数あれば，建設費が有利な方の技術が選択されるであろう．さらに，予測が困難な薬品費が維持管理費の中で大きな割合を占めるのであれば，多少高価であってもより費用予測が確かな処理技術を多くの公共機関は選ぶであろう．最後になるが，ライフサイクル費用分析を行うに当たって，再利用水としてより高度な水質の水を生産し販売することで得られる潜在的な収入についても考慮することが重要である．

問　題

8-1　右表の粒径が与えられた時（A，B，C，D は出題者が選択のこと），べき乗分布［式(8.1)］の係数 A と β を求めよ．

ビンサイズ (μm)	粒子数(個/mL)			
	A	B	C	D
1〜 2	20 000	30 000	50 000	10 000
2〜 5	12 000	12 000	12 000	2 000
5〜 15	2 000	2 000	2 000	800
15〜 20	200	250	200	150
20〜 30	100	100	100	125
30〜 40	40	40	40	90
40〜 60	15	15	15	50
60〜 80	8	7	7	20
80〜100	6	4	4	12
100〜140	3	1	1	6

8-2　べき乗分布の係数が右のとおり与えられた時（どの水かは出題者が選択のこと），粒径範囲 2〜5 μm と 5〜15 μm の粒子数を推定せよ．

べき乗分布係数	試料水			
	A	B	C	D
log A	4.5	5.0	4.9	3.5
β	3.5	2.5	2.9	1.8

8-3　あなたの地域の下水処理場の処理水濁度と SS（もし可能なら）のデータを入手して，処理水の分布を幾何標準偏差 s_g で求め，表-8.6 に示された値と比較せよ

8-4　4 箇所の異なる処理場で右表の粒状ろ過施設の処理水濁度が得られた時，平均値，幾何標準偏差 s_g，濁度 2.5 NTU 以上となる確率を求めよ（どの処理場かは解答者が選択のこと）．

濁度(NTU)			
処理場			
A	B	C	D
1.7	1.7	1.0	1.2
1.8	1.1	1.8	1.4
2.2	0.9	1.5	1.5
2.0	1.4	1.1	1.6
	1.3	1.7	1.7
		1.3	1.9
			2.0
			2.1

8-5　問題 8-4 における A と B のデータは，同一の処理場の異なる期間で得られたと仮定し，A と

Bのデータを一つのデータセットとして計算した場合と，別々のデータセットとして計算した場合の影響はどのようなものか．一般的に，より多くの濁度のデータを集めることの長所と短所は何か？

8-6 右のような砂の粒径分布（どの砂かは解答者が選択のこと）が与えられた時，有効径 d_{10}，均等係数 UC を求めよ．もし，アンスラサイトの層が厚さ 600 mm の砂の層の上に置かれる時，混在を最小とするために必要な有効径を求めよ．

篩い番号	篩いに残った砂の割合（%）			
	A	B	C	D
6〜8	2	0	1	0.1
8〜10	8	0.1	2	0.7
10〜14	10	0.5	4	1.2
14〜20	30	7.4	13	10
20〜30	26	32	20	24
30〜40	14	30	20	29
40〜60	8	25	23	25
Pan	2	5	17	10

8-7 MF の処理成績（どの水かは解答者が選択のこと）が右の表のように与えられた時，それぞれの微生物群の排除率と対数排除率を求めよ．

微生物	微生物群濃度（個/mL）			
	水 A		水 B	
	供給水	透過水	供給水	透過水
一般細菌	6.5×10^7	3.3×10^2	8.6×10^7	1.5×10^2
大腸菌群数	3.4×10^6	100	5×10^5	60
腸管ウイルス	7×10^3	6.6×10^3	2.0×10^3	9.1×10^2

8-8 内圧式の中空糸膜がクロスフローで運転されている．各モジュールには，内径 1 mm，長さ 1.25 m の中空糸が 6 000 本設置されている．この情報をもとに以下の値を求めよ．
  a. 膜内で 1 m/s のクロスフロー流速が得られるような膜モジュール入口の供給水流量．
  b. 透過流束が 100 L/m²・h を維持している時の透過水流量．
  c. 中空糸出口における濃縮水のクロスフロー流速．
  d. 個々の中空糸における膜表面を通過する透過流速と平均クロスフロー流速の比．
  e. 透過流量と供給水流量の比．
  この問題は Crittenden *et al.* (2005) より作成した．

8-9 デッドエンドの膜ろ過が二次処理水の処理に用いられている．もし，一般細菌数が通常運転時の 5 個/L から，運転時間の経過とともに 200 個/L に増加したとすると，その時に破損している中空糸の数を求めよ．流入水量，流入水一般細菌数は，それぞれ 4 000 m³/d，6.7×10^7 個/L である．膜束には 5 000 本の中空糸がセットされている．通常運転時の流入水，透過水の濁度が 4，0.25 NTU の時，透過水の濁度の増加を検出できると仮定して，その増加量を求めよ．

8-10 深層ろ過，表層ろ過，MF の長所と短所を比較せよ．

8-11 例題 8-5 を円形浮上分離タンクを用いた場合について解け．最近の文献照会の結果から，どちらの浮上分離タンク（長方形か円形か）が推奨できるか？

8-12 小規模な集落が屋外の池に貯留されている処理下水を再利用することとした．2 種類の異なる方法が再生水の処理法として提案された．(1)硫酸バンドによる化学凝集後のフロック形成，沈殿分離し，粒状ろ材ろ過，(2)化学凝集後のフロック形成，加圧浮上分離し，粒状ろ材ろ過．両者の硫酸バンド添加量は，ともに 175 mg/L で，アルカリ度を消費するための添加量である．両者の全体の除去効率はおおよそ等しいとして，2 つの選択肢を以下の観点から比較せよ．(a)滞留時間，(b)水面積負荷，(c)電力投入量，(d)処理効率．もしあなたが処理プロセス選択に責任のあるコンサルタントであったなら，どちらを推奨するか，その理由は？

参考文献

AWWA (1999) *Water Quality and Treatment*, 5th ed., Chap. 8, 8.54–8.58, American Water Works Association, Denver, CO.

Bourgeous, K., G. Tchobanoglous, and J. Darby (1999) "Performance Evaluation of the Koch Ultrafiltration (UF) Membrane System for Wastewater Reclamation," Center For Environmental and Water Resources Engineering, Report No. 99-2, Department of Civil and Environmental Engineering, University of California, Davis, CA.

Caliskaner, O., and G. Tchobanoglous (2000) "Modeling Depth Filtration of Activated Sludge Effluent Using a Synthetic Compressible Filter Medium," Presented at the 73rd Annual Conference and Exposition on Water Quality and Wastewater Treatment, Water Environment Federation, Anaheim, CA.

Celenza, G. J. (2000) *Specialized Treatment Systems, Industrial Waste Treatment Process Engineering*, Vol. 3, Technomic Publishing, Lancaster, PA.

Cleasby, J. L., and G. S. Logsdon (1999) "Granular Bed and Precoat Filtration," Chap. 8, in R. D. Letterman (ed.) *Water Quality and Treatment: A Handbook of Community Water Supplies*, 5th ed., American Water Works Association, McGraw-Hill, New York.

Couto, H. J. B., M. V. Melo, and G. Massarani (2004) "Treatment of Milk Industry Effluent by Dissolved Air Flotation," *Braz. J. Chem. Eng.*, **21**, 1, 83–91.

Crites, R., and G. Tchobanoglous (1998) *Small and Decentralized Wastewater Management Systems*, McGraw-Hill, Boston.

Crittenden, J. C., R. R. Trussell, D. W. Hand, K. J. Howe, and G. Tchobanoglous (2005) *Water Treatment: Principles and Design*, 2nd ed., John Wiley & Sons Inc., New York.

Darby, J., R. Emerick, F. Loge, and G. Tchobanoglous (1999) *The Effect of Upstream Treatment Processes on UV Disinfection Performance*, Project 96-CTS-3, Water Environment Research Foundation, Washington, DC.

Edzwald, J. K., J. E. Tobiason, T. Amato, and L. J. Maggi (1999) "Integrating High Rate DAF Technology into Plant Design," *J. AWWA*, **91**, 12, 41–53.

FLEWR (2005) *Filter Loading Evaluation for Water Reuse*, Monterey Regional Water Pollution Control Agency and National Water Research Institute, Monterey, CA.

Hach (1997) *Hach Water Analysis Book*, 3rd ed., Hach Co., Loveland, OH.

Juby, G. (2003) "Non-Biological Microfiltration Treatment of Primary Effluent," *Wastewater Professional*, **39**, 2, 6–14.

Kawamura, S. (2000) *Integrated Design and Operation of Water Treatment Facilities*, 2nd ed., John Wiley & Sons Inc., New York.

Levine, A. D., G. Tchobanoglous, and T. Asano (1985) "Characterization of the Size Distribution of Contaminants in Wastewater: Treatment and Reuse Implications," *J. WPCF*, **57**, 7, 205–216.

Olivier, M., and D. Dalton (2002) "Filter Fresh: Cloth-Media Filters Improve a Florida Facility's Water Reclamation Efforts," *Water Environ. Technol.*, **14**, 11, 43–45.

Olivier, M., J. Perry, C. Phelps, and A. Zacheis (2003) "The Use of Cloth Media Filtration Enhances UV Disinfection through Particle Size Reduction," in *Proceedings 2003 WateReuse Symposium*, WateReuse Association, Alexandria, VA.

O'Melia, C. R., and W. Stumm (1967) "Theory of Water Filtration," *J. AWWA*, **59**, 11, 1393–1411.

Paranjape, S., R. Reardon, and X. Foussereau (2003) "Pretreatment Technology for Reverse Osmosis Membrane Used in Wastewater Reclamation Application—Past, Present, and Future—A Literature Review," in *Proceedings 76th Annual Technical Exhibition and Conference*, Water Environment Federation, Alexandria, VA.

Riess, J, K. Bourgeous, G. Tchobanoglous, and J. Darby (2001) *Evaluation of the Aqua-Aerobics Cloth Medium Disk Filter (CMDF) for Wastewater Recycling in California*, Center for Environmental and Water Resources Engineering, Report No. 01-2, Department of Civil and Environmental Engineering, University of California, Davis, CA.

Sakaji, R. H. (2006) "What's New for Membranes in the Regulatory Arena," Presented at Microfiltration IV, National Water Research Institute, Anaheim/Orange County, Orange, CA.

Standard Methods (2005) *Standard Methods for the Examination of Water and Waste Water*, 20th ed., American Public Health Association, Washington, DC.

Stowell, R (1976) *A Study of the Screening of Algae from Stabilization Ponds,* Masters Thesis, Department of Civil and Environmental Engineering, University of California, Davis, CA.

Tchobanoglous, G. (1988) "Filtration of Secondary Effluent for Reuse Applications," Proceedings of the Twelfth Sanitary Engineering Conference, University of Illinois, Urbana, IL.

Tchobanoglous, G., F. L. Burton, and H. D. Stensel (2003) *Wastewater Engineering: Treatment and Reuse*, 4th ed., McGraw-Hill, New York.

Tchobanoglous, G., and R. Eliassen (1970) "Filtration of Treated Sewage Effluent," *J. San. Eng. Div.*, ASCE, **96**, SA2, 243–265.

Tchobanoglous, G., and E. D. Schroeder (1985) *Water Quality: Characteristics, Modeling, Modification*, Addison-Wesley Publishing Company, Reading, MA.

Trussell, R. R., and C. H. Tate (1979) Measurement of Particle Size Distribution in Water Treatment, in *Proceedings Advances In Laboratory Techniques for Water Quality Control*, AWWA, Philadelphia, PA.

Trussell, R. R., and M. Chang (1999) "Review of Flow through Porous Media as Applied to Head Loss in Water Filters," *J. Environ. Eng.*, ASCE, **125**, 11, 998–1006.

Urase, T., K. Yamamoto, and S. Ohgaki (1994) "Effect of Pore Size Distribution of Ultrafiltration Membranes in Virus Rejection in Crossflow Conditions, *Water Sci. Technol.* **30**, 9, 199–208.

第9章　膜処理による溶存成分の除去

翻訳者　　木村　克輝（北海道大学大学院工学研究院環境創生工学部門 准教授）

関連用語　363
9.1　溶存成分の除去に用いる処理技術　364
　　9.1.1　膜処理　364
　　9.1.2　浸透圧の定義　365
　　9.1.3　ナノろ過と逆浸透　365
　　9.1.4　電気透析　366
　　9.1.5　主な用途およびフロー図　367
9.2　ナノろ過　369
　　9.2.1　ナノろ過に用いられる膜の種類　369
　　9.2.2　ナノろ過の適用範囲　370
　　9.2.3　予想される性能　370
　　　　　除去率／370　　　性能の変動度／370
9.3　逆浸透　371
　　9.3.1　逆浸透に用いられる膜の種類　371
　　　　　スパイラル型複合(TFC)膜／372　　　中空糸膜／372
　　9.3.2　逆浸透の適用範囲　372
　　9.3.3　予想される性能　372
　　　　　除去率／372　　　性能の変動度／373
9.4　ナノろ過システム，逆浸透システムの設計と操作　373
　　9.4.1　原水水質に関する検討事項　373
　　9.4.2　前処理　374
　　9.4.3　運転性の評価　375
　　　　　SDI／376　　　MFI／376　　　MPFI／377　　　ファウリング指標の限界／377
　　9.4.4　膜透過流束と必要膜面積　378
　　　　　膜透過流束／378　　　溶質の膜透過流束／378　　　回収率／379　　　除去率／379
　　　　　物質収支式／380
　　9.4.5　膜ファウリング　381
　　　　　浮遊物質の蓄積によるファウリング／382　　　スケールの生成／382
　　　　　有機物によるファウリング／382　　　微生物によるファウリング／382
　　9.4.6　膜ファウリングの制御　383
　　　　　原水の前処理／383　　　化学的処理および調整／383　　　水理学的洗浄／383
　　　　　膜の化学的洗浄／383
　　9.4.7　プロセス操作上の検討事項　384
　　　　　操作圧力と膜透過流束／384　　　所要エネルギーと回収率／384　　　原水の分割処理と混合／385
　　9.4.8　後処理　385
　　　　　逆浸透処理水の安定性／385　　　混合処理と化学薬品の添加／385　　　水の安定度指数／385

　　　　　　　　　脱気処理およびエアレーション処理／390　　　　消毒処理／390
9.5　ナノろ過および逆浸透のパイロット試験　390
9.6　電気透析　391
　　9.6.1　電気透析プロセスの概略　391
　　9.6.2　極性転換式電気透析　392
　　9.6.3　消費電力　394
　　　　　　ポンプに必要とされる電力／395
　　9.6.4　設計と操作における留意事項　395
　　9.6.5　膜と電極の寿命　396
　　9.6.6　電気透析と逆浸透の比較　396
9.7　膜処理から発生する濃縮水の処分・管理　397
　　9.7.1　膜処理から発生する濃縮水の問題　397
　　　　　　濃縮水の量／397　　　濃縮水の分類／398　　　洗浄廃液／399
　　9.7.2　廃液の濃縮と乾燥　399
　　　　　　膜の多段配置による濃縮／399　　　天日乾燥蒸発／399　　　流下液膜式濃縮器／399
　　　　　　晶析／400　　　スプレドライヤ／401　　　膜を用いた蒸留／401
　　9.7.3　膜処理から発生する廃液の最終的な処分方法　402
　　　　　　下水道への放流／402　　　表流水への排出／403　　　地下への注入／403
問　　題　404
参考文献　406

関連用語

回収率 recovery 膜ろ過水量あるいは膜透過水量を膜供給水量で除したもの．％表示となる．

逆浸透 reverse osmosis；RO 10 bar（1 000 kPa）以上の高圧下で運転する膜分離プロセスであり，下水からの有機物・塩分除去や海水・鹹水(かんすい)の淡水化に用いる．

極性転換式電気透析 electrodialysis reversal；EDR 電気透析の改良型．電位極性を定期的に切り替えることによってイオンの移動方向を反転させ，膜を「電気的に」洗い流すことで膜面におけるスケールやファウリングの発生を防止できる．

クロスフローろ過 cross-flow filtration 原水を膜表面に対して平行に，高速度で圧力を掛けて供給し，膜ろ過により除去された物質が膜表面に堆積することを防ぐろ過方法．

浸透圧 osmotic pressure 半透膜を挟んで低濃度側から高濃度側に働く自然の圧力．

電気透析 electrodialysis；ED 電位差を駆動力とし，半透膜を用いてイオン（電荷を持った分子）を原水から濃縮液へと移動させる方法．

ナトリウム吸着比 sodium adsorption ratio；SAR 農業用水の塩分度を表す指標．ナトリウムイオンとカルシウムイオンおよびマグネシウムイオンの比として表される（17章参照）．

ナノろ過 nanofiltration；NF 通常 5～10 bar の操作圧で運転が行われ，0.001 μm 程度の寸法を持つ成分の除去が可能となる膜ろ過プロセス．

濃縮水 concentrate[*1]，retentate 濃縮液，排除液ともいう．膜によって排除された塩類その他の成分を高濃度に含む溶液．

排除率 rejection, solute rejection 供給原水中に含まれていた溶質（通常，TDS が対象となる）のうち，濃縮液側に残る割合．ED/EDR システムの場合は，除去率という用語が通常用いられる[*2]．

半透膜 semipermeable membrane 原水中に含まれる成分のうち，あるものは透過させるが，他の成分は透過させないような膜．

ファウリング fouling 膜汚染ともいう．膜面における物質堆積．膜性能の低下を引き起こす．

複合膜 thin film composite（TFC）membrane 複数の異なる材質の膜を重ね合わせて形成した膜．分離特性や膜構造は，それぞれの用途に応じて最適化される．

ブライン brine 総溶存固形物濃度が高くなっている廃液．

分画分子量 molecular weight cutoff；MWCO 膜によって除去され得る物質のサイズを分子量により表示したもの．

膜間差圧 transmembrane pressure 膜透過前後の圧力差．

膜透過流束 flux フラックス，流束ともいう．膜を透過する質量あるいは体積の移動速度．通常，$m^3/m^2 \cdot h$ あるいは $L/m^2 \cdot h$（$gal/ft^2 \cdot d$）が単位として用いられる．膜システムの処理速度を表す際に最も使われる用語．

8章に述べたような方法で懸濁成分の除去を行えば，多くの用途において水の再利用が可能となる．さらに溶存態の有機物・無機物の除去を求められる場合には，異なる技術の適用が必要となる．8章で解説した方法では，溶存物質は，ほとんど除去されない．溶存物質は，水再利用の障害となることがあるが，ナノろ過（NF），逆浸透（RO），電気透析（ED）等の膜技術が溶存物質の除去に有効に用い

[*1] 訳者注：排除液という用語は，日本ではほとんど使われていない．
[*2] 訳者注：日本では，NF/RO 膜の場合でも「除去率」を用いることが多い．以後，本章では基本的に「除去率」を用いる．

られている．本章では，(1)溶存物質の除去に用いられる膜技術の概説，(2)NF，(3)RO，(4)ED，(5)濃縮水の取扱いについて述べる．特定成分の除去を目的として用いられるイオン交換については，10章で，精密ろ過(microfiltration；MF)と限外ろ過(ultrafiltration；UF)に関しては8章で解説する．

9.1 溶存成分の除去に用いる処理技術

間接的飲用再利用や特殊な工業用途等，水質・信頼性がきわめて重要となる用途における再生水利用の拡大に伴い，溶存成分や微量成分の除去がこれまで以上に求められるようになってきた．膜処理技術の発達により，溶存成分の高度な除去を高い信頼性かつ低コストで実行することが現実的なものとなっている．本節では，溶存成分の除去に適用可能な膜処理技術であるNF，RO，EDについて概説する．

9.1.1 膜処理

再生水中に存在する溶存成分を除去するための膜処理は，圧力差によって駆動されるものと電位差によって駆動されるものとに分けられる．前者に分類されるのがNF，ROであり，後者に分類されるのがEDである．表-9.1に再生水からの溶存成分除去に用いられる膜処理プロセスの特徴を示す．

表-9.1 ナノろ過，逆浸透，電気透析プロセスの特徴[a]

	膜プロセス		
	ナノろ過	逆浸透	電気透析
駆動力	圧力差	圧力差	電位差
除去機構	篩い分け，溶解/拡散，静電的反発	溶解/拡散，静電的反発	イオン選択膜
膜細孔径	非常に小さな細孔(<2 nm)	緻密層(<2 nm)	非該当
除去対象とする成分の粒径(μm)	0.001〜0.01	0.0001〜0.001	非該当
分画分子量	300〜1 000	<300	非該当
透過水中に存在する成分	水，非常に小さな分子，イオン類	水，非常に小さな分子，イオン類	水，イオン類
除去の対象となる成分	小さな分子，色度成分，一部の硬度成分，細菌類，ウイルス，タンパク質	非常に小さな分子，色度成分，硬度成分，硫酸塩，硝酸塩，ナトリウム等のイオン	荷電イオン
操作圧[b]	350〜550 kPa 3.5〜5.5 bar (50〜80 lb/in^2)	1 200〜1 800 kPa 12〜18 bar (175〜260 lb/in^2)	非該当
消費エネルギー[b]	0.6〜1.2 kWh/m^3	1.5〜2.5 kWh/m^3	1.1〜2.6 kWh/m^3
材質	セルロース誘導体，芳香族ポリアミド，TFC[c]	セルロース誘導体，芳香族ポリアミド，TFC[c]	イオン交換樹脂をシート状にキャストしたもの
形状	スパイラル，中空糸	スパイラル，中空糸	シート

[a] Tchobanoglous *et al.*(2003)より引用．
[b] TDS濃度が1 000〜2 500 mg/Lの再生水を処理する場合を想定(表-9.11も参照)．海水淡水化の場合には，さらにかなり高い圧力が必要となる．
[c] 表面の膜分離層には，様々なポリアミド化合物，支持層には，通常，ポリスルホンが用いられる．
注） kPa×10^{-2}＝気圧(1 bar＝100 kPa＝10^5 N/m^2)　　kPa×0.145＝lb/in^2

MF，UF プロセスの特徴に関しては，表-8.17 に示されている．

9.1.2 浸透圧の定義

NF，RO の取扱いでは，浸透圧を考慮に入れる必要があり，この点で MF，UF の場合とは異なる．以下に浸透圧の定義を述べる．濃度の異なる 2 つの溶液が半透膜によって隔てられている時，膜を隔てて化学ポテンシャル差[図-9.1(a)]が発生する．この時，水は，薄い濃度側（ポテンシャルが高い）から高い濃度側（ポテンシャルが低い）へ膜を通って拡散していく．水が膜を通過することで高濃度側を希釈し，膜の両側で濃度が等しくなるような方向に水が動くのである．この際に定まる圧力差のバランスを浸透圧[図-9.1(b)]と呼び，溶質の性質・濃度，温度によってその大きさが定まる．浸透圧の方向とは反対向きに浸透圧よりも大きな圧力を膜に掛けてやれば，高濃度側から低濃度側への水の流れが起こる．これが逆浸透[図-9.1(c)]と呼ばれるものである．逆浸透の原理は，NF プロセスとRO プロセスの双方に適用される．

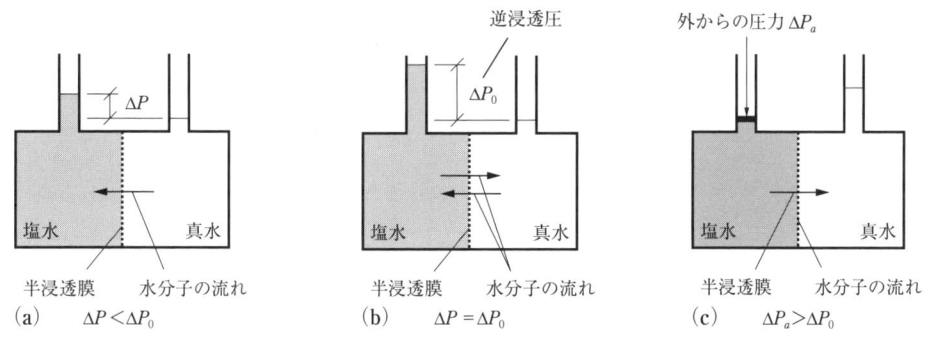

図-9.1 (a)浸透圧による流れ，(b)浸透圧平衡，(c)逆浸透概念図

9.1.3 ナノろ過と逆浸透

8 章で述べた MF，UF とは異なり，NF と RO（図-9.2）は，原水中に含まれる溶存イオンの分離が可能である．8 章で述べたとおり，MF，UF では，膜を通過する水の移流を発生させるために圧力（減圧の場合もある）を用いるが，NF と RO では，原水の浸透圧に打ち勝つだけの圧力を必要とする．MF と UF では，除去性は水中の汚染物質の大きさにより定まり，細孔径（pore size）や開孔率（porosity）で性能が評価されるのに対し，NF と RO では，塩類の除去により性能が評価される．図-8.1 に示したとおり，NF と RO では，10^{-2} μm 未満の寸法を持つ粒子も除去可能である．NF と RO により除去が可能となる成分には，塩類，有機物，農薬類，除草剤等の様々な溶存・コロイド物質が含まれる．

分離機構上および運転操作上，NF は，RO と非常に類似している．大きな違いは，ナトリウムイオンや塩化物イオン等の 1 価イオンの除去性にある．RO は，1 価イオンを 98～99% 以上除去するが，NF の 1 価イオン除去率は，材質・メーカーにより異なるが，50～90% 程度である．NF は，しばしば「ルーズ RO」膜（loose RO membrane）として分類されるが，これは誤った呼称である．NF は，非荷電の溶存物質，陽イオン類を除去可能であるが，除去性は，水中の汚染物質のサイズおよび形状に依存する．一方，「ルーズ RO」膜-低圧 RO 膜と呼ばれることもあるが，これは塩類除去率が若干低く設定されている RO のことを指し，それほど高度な塩類除去が求められない用途に用いられる（www.gewater.com）．NF については，詳細を 9.2 で述べる．

RO は，海水，鹹水の淡水化，工業用水における溶存成分の除去等に広く用いられてきている．

第9章 膜処理による溶存成分の除去

図-9.2 RO施設の外観．(a)，(b)建設中の大規模RO施設設置状況．活性汚泥法による処理水を原水として，MF，薬品添加，カートリッジフィルタによる前処理を行っている．一つのROモジュール集合体単位（バンクと呼ばれる）が19 000 m³/dの処理能力を持つ．施設全体の処理能力は，265 000 m³/dである．NFの設置状況も同様の外観となる．(c)MFによる前処理を伴う処理能力4 000 m³/dのRO施設．(d) オンサイトでの処理を可能とする，カートリッジフィルタとポンプを装備した移動式ROユニット

ROでは，95～99.5％の全溶解性蒸発残留物の除去，95～97％の溶存有機物が除去される．低圧下で駆動可能な新しい膜の開発によりROの水再利用用途での使用が拡大している．ROについては9.3で扱う．

9.1.4 電気透析

電気透析(electrodialysis；ED)は，直流電圧差を駆動力とし，無機塩等の成分がイオン選択性のある膜を通して2溶液間で輸送されることにより処理が行われるプロセスである．塩類は，溶液中で正あるいは負の電荷を帯びてイオンとして存在する．直流電流が溶液に流れると，陽イオンは陰極(negative electrode)［カソード(cathode)］に，陰イオンは陽極(positive electrode)［アノード(anode)］に移動する(図-9.3)．NFやROでは，水が膜を透過して処理水となり，塩類は，

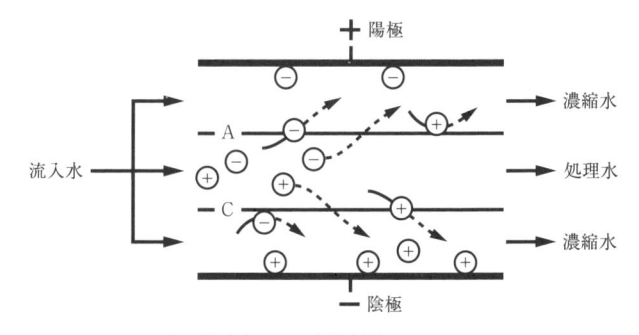

C―陽イオンのみを通す膜
A―陰イオンのみを通す膜

図-9.3 電気透析プロセス概念図．陰イオンは，陽極(アノード)へ，陽イオンは，陰極(カソード)へ移動する．さらに詳細な解説図を図-9.14，9.15に示す．電気的中性を保つため，運転中に陰極から水素ガス(H_2)が，陽極からは酸素ガス(O_2)が発生する

濃縮水側に残るが，EDでは溶液から徐々に塩類が移動した結果，塩類濃度の低くなった処理水が手に入ることになる．EDでは，コロイド成分，電荷を持たない成分，細菌は除去されない(USBR, 2003)．

EDとその改良型プロセスである極性転換式電気透析(electrodialysis reversal；EDR)は，鹹水からの脱塩で主に用いられてきたが，下排水処理への適用も進められつつある．最近行われたROとEDRとの比較実験では，非飲用目的の再生水処理における脱塩を目的とした場合，両者で同等の結果が得られている(Lehman *et al.*, 2004)．EDおよびEDRについては**9.5**で述べる．

9.1.5　主な用途およびフロー図

表-9.2に溶存成分の除去に用いられる膜プロセスの主要用途を示す．NF，RO，EDの代表的なフロー図を図-9.4に示す．必要とされる前処理の種類，要求される処理水質によってフローは異なる．図-9.4(d)にはEDとROを組み合わせたハイブリッド脱塩プロセスを示している．前処理に多用されているものとして，粒状ろ材ろ過[深層ろ過(depth filtration)，表層ろ過(surface filtration)]，MF，UF，EDがあげられる．膜ファウリング(fouling of membrane)の制御を目的として，スクリーンやカートリッジフィルタがこれらの前処理方法と同時に用いられることもある．処理システム構成要素を決定する際，スケールの発生と膜ファウリングは，最重要の検討事項となる．

表-9.2　溶存成分の除去に用いられる膜技術の主な用途[a]

用途	プロセスおよびその機能	該当節
ナノろ過(NF)		9.2, 9.4
硬水軟水化	硬度の原因となる多価イオンを除去	
水再利用	再生水のTDS濃度を下げるために用いられる．逆浸透と組み合わせて用いることもある(図-9.6参照)	
水再利用	地下水涵養等の間接的飲用再利用にあたり，前処理(多くの場合，MFかUF)した下水処理水をさらに処理	
逆浸透(RO)		9.3, 9.4
脱塩(淡水化)	鹹水および海水からの脱塩	
水再利用	地下水涵養等の間接的飲用再利用にあたり，前処理した下水処理水(カートリッジろ過，MF，UFが多用される)をさらに処理	
二段処理によるボイラ用水供給	工業用途の水再利用において，高圧ボイラでも使用できるような水を二段RO処理により製造	
電気透析(ED)，極性転換式電気透析(EDR)		9.6
脱塩(淡水化)	鹹水からの荷電イオン除去	
水再利用	前処理された(通常，カートリッジフィルタが用いられる)TDS濃度の低い鹹水の処理．ED，EDRは，イオンしか除去できないので，溶存有機成分は，これらのシステムを通り抜けてしまう．このような成分には，何らかの処理が必要となる	
軟水化	硬度の原因となる多価イオンを除去	

[a] Stephenson *et al.*(2000)より一部引用．

第9章 膜処理による溶存成分の除去

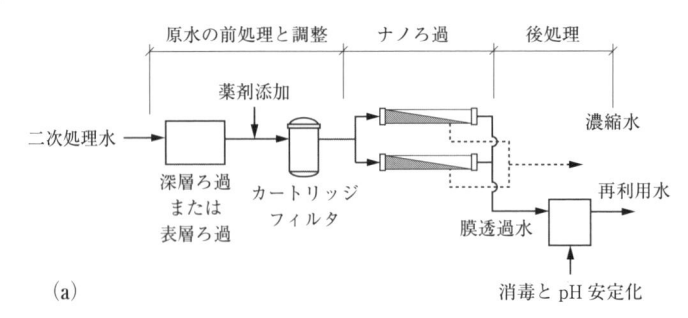

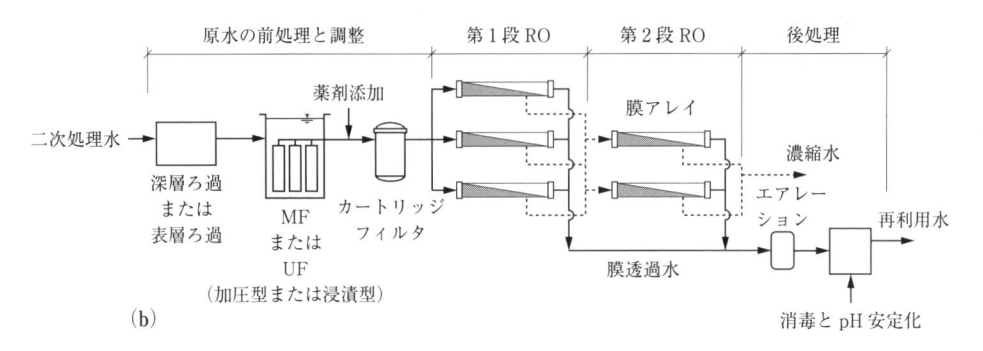

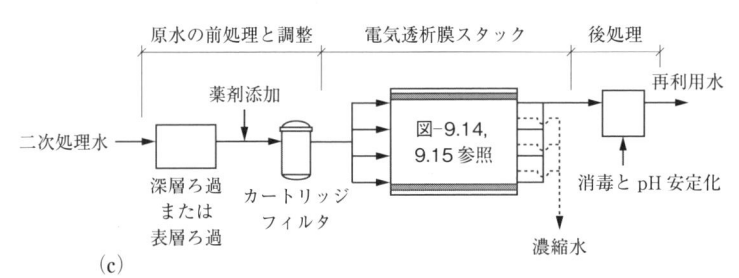

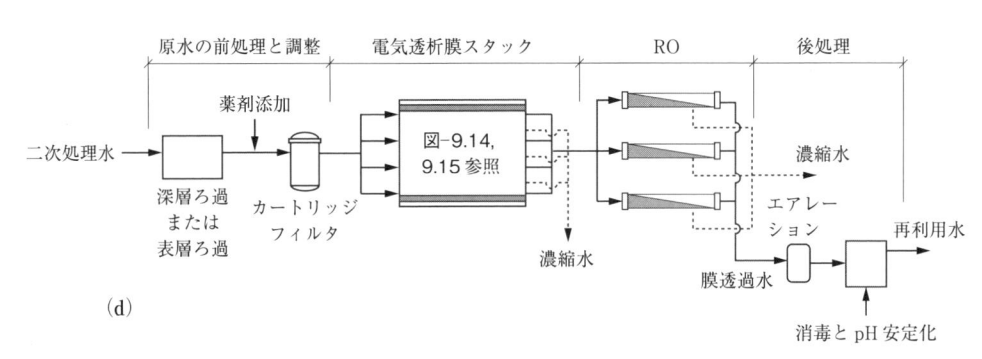

図-9.4 典型的なプロセスフロー．(a)ナノろ過，(b)逆浸透，(c)電気透析，(d)電気透析と逆浸透の組合せ(脱塩処理を想定)

9.2 ナノろ過

ナノろ過(nanofiltration; NF)は, 分子量300〜1000程度の成分を除去するために用いる. 特定の塩類, ほとんどの有機物と微生物が除去の対象となり, ROシステムに比べると, 高い回収率と低い操作圧で運転を行うことが可能である. NFでは, 大部分の無機・有機成分および微生物が除去されるが, 膜の破損に備えて消毒処理が行われる(**例題8-4参照**).

9.2.1 ナノろ過に用いられる膜の種類

NFでは, 主にスパイラル型(spiral wound)と中空糸型(hollow fiber)の膜が用いられる(図-9.5). ほとんどのNF施設ではスパイラル型のポリアミド複合(TFC)膜を使っているが, 10種以上にのぼる他のタイプの膜も入手可能である[ポリアミド中空糸膜, スパイラル型のポリビニル酢酸膜, チューブラー型の非対称酢酸セルロース膜[図-8.29(c)参照]等]. 圧力損失が大きいこと(200〜280 kPa), また面積-容積比が小さく, 大きな敷地面積が必要となることから, チューブラー型はあまり使われない.

NFに用いる膜の細孔径は, 0.001 μm以下から0.003 μmの範囲にあり, 2つの除去機構により汚濁成分が分離される. 荷電を持たない溶解性有機物については, その大きさと形状によって除去され

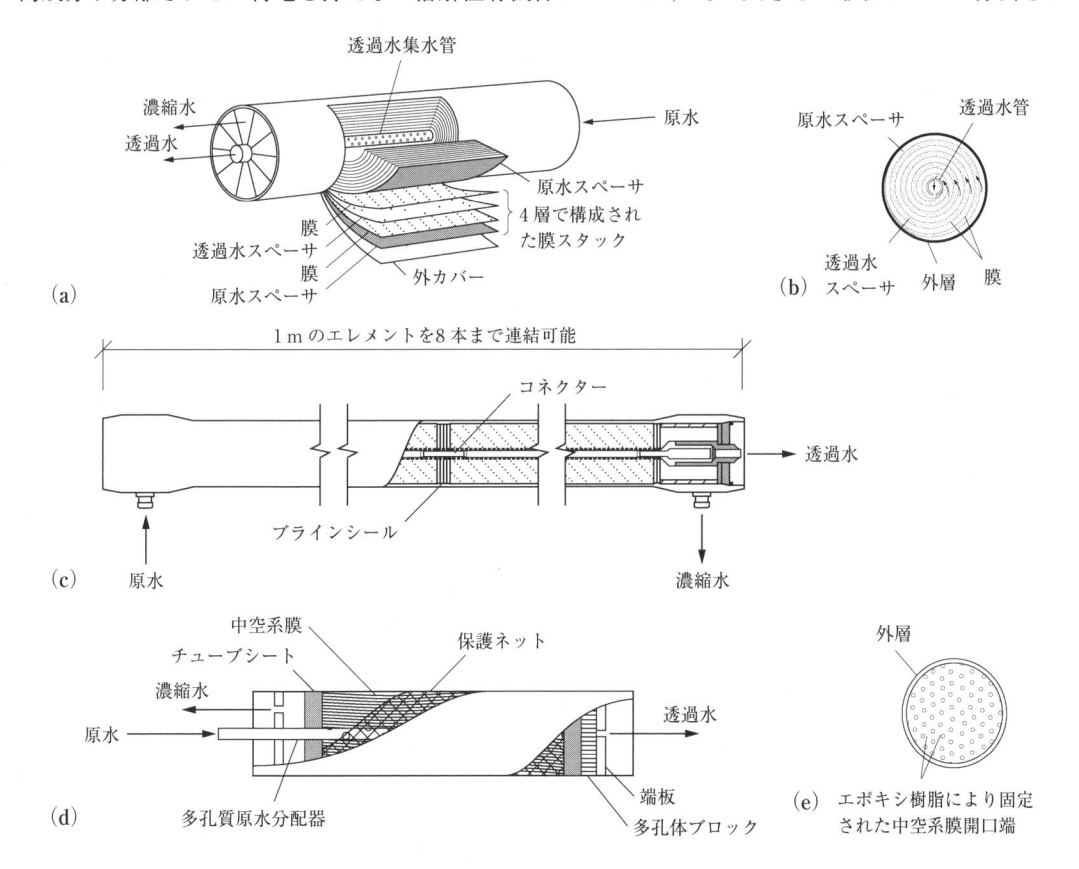

図-9.5 ナノろ過および逆浸透に用いる膜エレメントの構造図. (a)スパイラル型膜エレメント構造図, (b)スパイラル型膜エレメント断面図, (c)連結したスパイラル型膜エレメントを内包する圧力容器の構造図, (d)中空糸膜エレメント構造図, (e)中空糸膜エレメントの端部

るかどうかが決まる．有機物分子が細孔径に比べてあまりに大きければ，膜細孔を通過できない．また，細孔径より小さな荷電成分も，膜への溶解性が水よりも小さいために一部については除去が行われる．多くのNF膜は，1価の陽イオンと2価の陽イオンを分離するために用いることができる（Lien, 1998）．

9.2.2 ナノろ過の適用範囲

NFは，ROのような高脱塩率が必要とされない場合に用いられるが，NFによってもカルシウムやマグネシウム等の硬度成分を除去することが可能である（表-9.2参照）．NFは，地下水涵養あるいは硬水軟水化におけるTDS基準を満たすための塩分除去にしばしば用いられる．

オーストラリアでは，ROと組み合わせた二段プロセスの1段目にNFが使われている（図-9.6）．このプロセスでは，TDS濃度が高い下水処理水からの塩分除去を行っている．NF部では，2価および3価のイオンが除去される．NF処理水には1価イオンが残存しているが，これらは後段のROにより除去される．NF部で発生する濃縮水に含まれるカルシウムやマグネシウムの一部は，最終的な処理水であるRO透過水と混合される．これは，再利用水を灌漑用途で使用する場合にナトリウム吸着比（SAR）が問題とならないようにするためである．前段のNF部で2価イオン，3価イオンを除去しておくことにより，後段のROプロセスでは高回収率での運転が可能となる（Leslie *et al.*, 2005）．

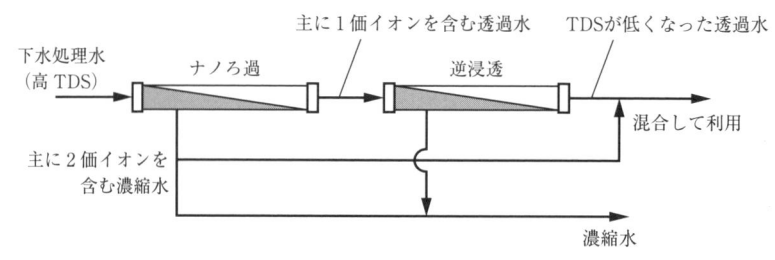

図-9.6 塩分除去のためのNF膜-RO膜二段プロセスフロー図

9.2.3 予想される性能

ある成分についてのNFの除去性能は，原水水質や膜の種類，運転方法等に大きく影響されるため，場所ごと，施設ごとに異なる．NFプロセスの性能に関連する事項として，ここでは除去率（rejection rate）と性能の変動度（variability）について述べる．

除 去 率

NF膜は，多価イオンと2価の陽イオンを高い除去率で除去する一方で，1価イオンは，透過させても良いような場合に用いられる．様々な成分のNFによる除去率を表-9.3に示す．表-9.3中，NFによる除去率と合わせて比較のためにルーズROによる除去率も示してあるが，NFとルーズROの厳密な区別は，諸文献等においても明確には行われていない．

性能の変動度

NFプロセスの性能変動度について，標準的とされる値を表-9.4に示す．表-9.4には，他の膜プロセスの変動度についても示している．表-9.4では標準的な処理水水質としての整理をしていない．これは膜の使用条件等によって非常に広い範囲の値が報告されていることを考慮したためである．一般的に，NFプロセスにおける幾何標準偏差の値と変動範囲は，深層ろ過，表層ろ過の場合に比べて

表-9.3 NFとROにおける典型的な除去率[a]

成分	除去効率	
	ナノろ過	ルーズRO
全溶解性蒸発残留物(TDS)(%)	40〜60	
全有機炭素(TOC)(%)	90〜98	
色度(%)	90〜96	
硬度(%)	80〜85	
塩化ナトリウム(%)	10〜50	70〜95
硫酸ナトリウム(%)	80〜95	80〜95
塩化カルシウム(%)	10〜50	80〜95
硫酸マグネシウム(%)	80〜95	95〜98
硝酸イオン(%)	10〜30	
フッ化物イオン(%)	10〜50	
ヒ素(5価)(%)	<40	
アトラジン(%)	85〜90	
タンパク質(log)	3〜5	3〜5
細菌[b](log)	3〜6	3〜6
原生動物[b](log)	>6	>6
ウイルス[b](log)	3〜5	3〜5

[a] www.gewater.com, Wong et al.(2003)より一部引用.
[b] これらの膜では,すべての微生物が除去されると考えられる.表中の値は,膜破損の懸念を反映したものである(**例題8-4参照**).

表-9.4 下水再生プロセスにおいて観察される処理水質の変動度[a]

成分	幾何標準偏差 s_g[c]	
	範囲	典型的な値[b]
ナノろ過		
TDS	1.3〜1.5	1.4
TOC	1.2〜1.4	1.5
濁度	1.5〜2.0	1.75
逆浸透[d]		
TDS	1.3〜1.8	1.6
TOC	1.2〜2.0	1.3
濁度	1.2〜2.2	1.8
電気透析		
TDS	1.2〜1.75	1.5

[a] WCPH(1996)より一部引用.
[b] 処理水質は,プロセスの運転条件および要求される処理水質によって大きく変わるため,典型的な処理水質の値としては表示していない.
[c] s_g=幾何標準偏差 $s_g=P_{84.1}/P_{50}$
[d] 処理水質の値は,検出限界付近となっていることがよくあるので,測定方法に伴うエラーが処理水質の変動度を大きく見せていることがある.

大きくなる.NFプロセスにおける変動度の大きさについては,ROプロセスにおいても同様に認められる変動度の大きさと合わせて次節で説明する.

9.3 逆浸透

逆浸透(reverse osmosis；RO)は,溶存成分,特に塩類の除去に用いられる.TDS濃度が低い場合(1 000〜2 500 mg/L)には,1 200〜1 800 kPaの圧力で,海水の場合には,5 500〜8 500 kPaの圧力で駆動され,膜透過流束は12〜200 L/m²·hの値をとる.ROは,分子量が300未満の成分(粒径0.0001〜0.001 μmに相当)の分離を行うことができる(Calenza, 2000).

9.3.1 逆浸透に用いられる膜の種類

ROは,通常,スパイラル型複合(TFC)膜か中空糸膜であり,その細孔径は,0.0005 μm程度とされている.ROエレメントの構造を図-9.5に,特徴を表-9.1に前掲した.図-9.5に示したとおり,ROは,濃縮液の循環を伴わないクロスフローろ過(cross-flow filtration)により運転される.スパイラル型と中空糸型の操作面に関する比較を表-9.5に示す.スパイラル型は,モジュールの

表-9.5 一般的に用いられるRO形状の比較[a]

性状	膜形状	
	中空糸	スパイラル
物理的なダメージに対する強さ	強い	弱い
目詰まりのしやすさ	しやすい	しやすい
物理的洗浄のしやすさ	しにくい	しにくい
面積-容積比	高い	中程度
消費動力	許容範囲	許容範囲
膜交換コスト	高い	低い

[a] Celenza(2000)より引用.

価格が低く,また消費動力が小さいことから経済的な運転が可能である.圧力損失は,100～140 kPa とされている.スパイラル型膜の容積-面積比は,チューブラ膜と中空糸膜の中間に位置するものとなるので,必要な敷地面積については慎重な見積が必要である.膜エレメント内部の目詰まりは,1～10 μm のフィルタによる前処理を行うことで軽減可能であるが,膜スペーサの構造にも左右される(Celenza, 2000).

スパイラル型複合(TFC)膜

芳香族ポリアミドポリマーを用いて製造する従来の TFC 膜は疎水性が強く,有機物濃度が高い原水を処理する場合には膜ファウリングが生じやすい.最近開発されている低ファウリング膜は,表面荷電の小ささ,あるいは親水性膜と同様の表面状態を創出するコーティングが特徴となっており,溶存有機物との親和性が小さくなるように設計されている.低ファウリング膜を下水再生システムに適用した例では,ファウリングの進行が効果的に抑制されており,RO を良好な水質の地下水処理に適用した場合と同程度のファウリングが観察された.膜ファウリングが抑制された理由として,親水化処理された膜表面への溶存有機物の吸着率が低くなったことがあげられている(Wong, 2003; Freeman et al., 2002; Pearce et al., 2001).

中空糸膜

中空糸膜モジュールは,面積-容積比が最も大きい.また,操作圧の低下(35～140 kPa)が比較的小さい点ではエネルギー消費面での優位性がある.中空糸膜では逆洗の実施が可能であり,膜の洗浄が比較的容易になっている.膜チューブの直径が小さいことから流路の目詰まりが起こりやすく,20～100 μm のフィルタを用いた前処理が必要となる(Celenza, 2000).

9.3.2 逆浸透の適用範囲

下水再利用に適用する場合,RO は,深層ろ過(あるいは MF や UF)による高度処理後になお残存する溶存成分の除去に用いられる(表-9.2,図-9.4 参照).地下水の涵養,表流水の修景用および冷却塔用水への補充,高圧ボイラへの給水等が RO システムを用いた下水の再生により行われている.

9.3.3 予想される性能

前述した NF の場合と同様に,RO プロセスの溶存成分除去性能も原水の水質や膜の種類,運転方法等が影響するため場所ごと,施設ごとに異なったものになる.

除去率

RO を用いた際の典型的な除去率を表-9.6 に示す.表-9.6 に示すとおり,ほとんどの成分に関して RO による除去率はきわめて高い.特に,TDS 濃度が比較的低い(1 000～2 500 mg/L)再生水を処理する場合には,除去率が高くなる.原水中の TDS 濃度上昇に伴って除去率は低下し,表-9.6 に示した範囲の下限に近づいていく.

表-9.6 RO 膜処理の典型的な性能値[a]

除去対象成分	除去効率
全溶解性蒸発残留物(TDS)(%)	90～98
全有機炭素(TOC)(%)	90～98
色度(%)	90～96
硬度(%)	90～98
塩化ナトリウム(%)	90～99
硫酸ナトリウム(%)	90～99
塩化カルシウム(%)	90～99
硫酸マグネシウム(%)	95～99
硝酸イオン(%)	84～96
フッ化物イオン(%)	90～98
ヒ素(5価)(%)	85～95
アトラジン(%)	90～96
タンパク質(log)	4～7
バクテリア[b](log)	4～7
原生動物[b](log)	>7
ウイルス[b](log)	4～7

[a] www.gewater.com, Wong(2003)より一部引用.
[b] RO は,すべての微生物類を除去すると考えられる.表中の値は,膜破損の懸念を反映したものになっている(例題 8-4 参照).

性能の変動度

表-9.4にROプロセスの性能変動度を他の膜プロセスと比較して示す．一般的にROプロセスにおける幾何標準偏差の範囲と値は，他の膜プロセスに比べて大きくなる．8章でMF，UFの性能に関する議論において触れたとおり，処理水中の濃度が低くなれば低くなるほど微細な撹乱が性能の変動度に及ぼす影響が大きくなる．分析における誤差も，ある成分については性能の変動度を大きくする要因となりうる．ROプロセスにおける幾何標準偏差の決定においては，処理水中の濃度が非検出として報告されているデータを使用することが多い．非検出である場合を扱うための統計学的方法は種々あるが，データ解析の慣例として，非検出の場合には検出限界の半分に相当する値を当てはめることがよく行われる．

9.4 ナノろ過システム，逆浸透システムの設計と操作

溶存成分の除去を目的とした膜システムの設計においては，原水水質の慎重な分析と適当な前処理システムの選択が計画の成否を左右する．膜システムは非常に繊細であり，その保護と装置寿命の確保のためには相当な注意が払われなければならない．NFシステム，ROシステム設計にあたっての検討事項を表-9.7に示す．本節では，NFシステム，ROシステムの設計と操作について解説する．

表-9.7 NFシステムおよびROシステムの設計における検討事項[a]

検討事項	解　説
原水特性	膜ファウリングを引き起こす可能性が高い成分を特定するためには，原水の十分な特性解析が必要である．膜供給水中に残存する懸濁成分が及ぼす影響については，特に検討が必要である．
前処理	膜寿命を長くするためには，前処理の検討がきわめて重要である．流量の平準化，pH制御，化学的処理，残存懸濁成分の除去等が検討されねばならない．
膜透過流束	膜透過流束は，必要な膜面積を規定するとともに，濃度分極の制御，膜寿命にも深く関連するため，システムの費用に大きな影響を及ぼす．
回収率	回収率は除去効率および膜の性能に影響する．
膜ファウリング	パイロット試験に基づき検討されるべきである．酸，スケール防止剤，殺菌剤等が膜ファウリングの制御に用いられる．膜の多段配置，操作条件もファウリングに影響する．
膜洗浄	膜洗浄手順，頻度を設定する必要がある．
膜寿命	費用面において，膜技術適用の成否を左右する最も重要な検討事項である．
操作および維持管理コスト	高圧で運転するシステムであるため，消費エネルギー費用，高圧ポンプのための初期費用，装置の摩耗に伴う維持費用が高くなる．膜交換費用を別にすると，消費エネルギーが次に大きな運転費用要因である．
処理水の循環	循環液速度や膜供給水濃度の調整，流入水量の平準化等のため，処理水の一部をリサイクルすることが有効となることがある．これらの可能性についても，計画に含んでおくべきである．
濃縮水，逆洗廃液の処分	前処理あるいは膜洗浄に化学薬品を用いる場合，あるいは処分が必要となる廃液の量が多い場合，濃縮水，逆洗廃液の特性について検討が必要である．

[a] Celenza(2000)より一部引用．

9.4.1 原水水質に関する検討事項

膜の性能を十分に引き出すためには，原水の前処理を適切に行う必要がある．原水の特性について，以下にあげる観点から検討が必要である(Celenza, 2000)．

・目詰まりを引き起こす懸濁成分あるいは濁度．

- 膜の劣化を引き起こす有機物.
- 鉄，マンガンその他の析出物.
- ファウリングを引き起こす油分，浮上性成分.
- 膜破損を引き起こす腐食性成分.
- 水温は膜の使用が可能となる温度域かどうか.
- pH は膜分解が起こるような範囲ではないか.

NF システム，RO システムの設計にあたり考慮すべき重要な点は，以下のとおりまとめられる.

- 浮遊粒子のろ過方法．NF と RO は，主に溶存成分を除去するためのものであり，供給水中の濁度レベルは，0.5 NTU 未満であることが望ましい．
- 供給水中における酸化剤の濃度レベル．多くの複合(TFC)膜は，遊離塩素やオゾン等の酸化剤に対する耐性が低い．一般的に，膜製造メーカーは，遊離塩素に関して 1 000 mg/L·h 未満の接触しか性能を保証していない(1 mg/L の遊離塩素を含む供給水であれば，1 000 時間までの接触，5 mg/L の遊離塩素を含む場合には 200 時間までの接触までしか膜の性能を保証しないというものである)．オゾンへの高い耐性を持つポリフッ化ビニリデン製の膜が入手可能になってきている．
- 生物学的な汚染．前処理では，微生物と大分子量有機物が除去されねばならない．これらの成分は，膜表面に蓄積し，膜の性能低下を引き起こす．生物学的なファウリングを防ぐためには，ろ過による粒子性成分除去に加えて適当なレベルで殺菌剤を加えておくのが有効である．殺菌剤の添加濃度については，膜製造メーカーの推奨値に準ずるものとする．
- 化学薬品の添加による膜の保護．膜性能の向上を目的として原水に加えられる薬品が数種類ある．酢酸セルロース膜が用いられている場合には，原水の pH を下げてスケールの生成を抑制するために酸が加えられることがある．溶解度が小さい塩類の析出を防ぐためにスケール防止剤を加えることもある．

9.4.2 前処理

原水中に存在するコロイド成分その他は，NF，RO のファウリングを引き起こす．RO の適用において顕著となるが，ある成分が溶解度上限あるいは上限近傍の濃度で原水中に存在する場合，これらの析出に伴い発生する膜ファウリングは代表的な例である．膜ファウリングを引き起こす成分を除去あるいは削減するために，ほとんどの場合で前処理が不可欠となる．様々な前処理方法が単独であるいは他の方法と組み合わせて用いられている．表-9.8 に NF システム，RO システムの前処理に用いられる方法を示す．8 章で述べた深層ろ過，表層ろ過，MF，UF，加圧浮上法等に加えてカートリッジフィルタが用いられている．

下水の再生処理においても海水淡水化においても，図-9.7 に示すようなカートリッジフィルタを上述したような前処理方法の後段に配して，なお一層の前処理ステップとして用いるのが通例である．カートリッジフィルタは，2つの役割を果たしている．すなわち，(1)前処理システムで問題が発生した場合の安価な 2 次安全対策，(2)NF，RO，EDR への供給水質を調整するために添加した薬品に起因するファウリング粒子の除去，である．

よく用いられる化学的前処理としては，pH の調整，凝析処理，スケール防止剤の添加があげられる．膜の保護のために脱塩素処理が必要になる場合もある．食品工場で用いられるようなきわめて品質の高い薬品は，通常使われない．このため，膜供給水ラインに添加される化学薬品は，粒子成分を含んでいることが多いが，これらの成分は膜にダメージを与えるので除去しなければならない．例えば，膜供給水の pH を下げるために用いられる硫酸にはしばしば粒子成分が混入しているが，この粒子成分は，ほとんどの膜にダメージを与えることが知られている．このような不純物の除去には，上

9.4 ナノろ過システム，逆浸透システムの設計と操作

表-9.8 NFシステム，ROシステムの前処理として用いられる方法

除去対象物質	前処理法	解説
鉄とマンガン	イオン交換あるいは化学処理	鉄・マンガンの除去によりスケール生成の可能性を小さくできる．
微生物	消毒	塩素，オゾン，紫外線照射により微生物活性を低下させる．UFによって微生物の数を減らすこともできる．
粒子状成分	深層ろ過または表層ろ過 MFまたはUF	粒子性成分は，様々なろ過方法によって除去できる（8章参照）．ファウリングを引き起こす物質は，前処理に用いるろ過プロセスを通過する可能性もあるため，膜ファウリングの可能性は，パイロット試験により検証しなければならない．
粒子性成分とコロイド成分	カートリッジフィルタ（UFを用いてもよい）	圧力を掛けることによって孔径5～15 μmのろ材を通すものである．ROの前段に設置されることが多い．カートリッジフィルタは，比較的大きな成分がROへ侵入することを防ぐ最終防護壁となるが，溶存物質を除去するものではない．ほとんどのカートリッジフィルタは，800～1 000 mmの長さのポリプロピレン膜を巻きつけた形で，ステンレス製あるいはグラスファイバ製の容器に格納したものである．容器の置き方には，縦型と横型がある．通常，未使用のカートリッジフィルタにおける圧力損失は，0～35 kPaである．固形分が蓄積して圧力損失が限界値である70～80 kPaに達した場合には，カートリッジを交換する（Paranjape et al., 2003）．
スケールの生成	pHの調整	スケールの生成を抑制するためには，供給水中のpHを4.0～7.5の範囲に調整する必要がある．pHを低く抑えることで，炭酸塩は，溶解度が大きい炭酸水素塩として存在するようになる．酢酸セルロース製のROについては，最適pH範囲は，5～7とされている．これは，pHが5を下回ると，膜の加水分解が起こるからである．最近のポリアミドROは，pH 2～11の広い範囲で用いることができる（Paranjape et al., 2003）．
	スケール防止剤	スケール防止剤は，スケールの生成を抑える，あるいは洗浄で簡単に除去できるようなスケールしか生成させないような機能を有している．ある種のスケール防止剤は，RO上でフミン質によるファウリングを促進する可能性がある（Richard et al., 2001）．
溶解度の低い塩類	化学処理	シリカのように溶解度の低い物質は，化学処理によって除去する．再生水が工業用途に用いられる場合には，熱交換器上でのシリカ析出を防ぐなどの目的で必要となる場合がある．化学処理には，アルミニウムあるいは鉄酸化物の添加，塩化亜鉛の添加，酸化マグネシウムの添加，オゾンの添加（オゾン耐性膜が使われる場合），石灰多量添加沈殿等がある．石灰沈殿は，他の方法ほどには効果的でないことがあり，この場合には頻繁な膜洗浄が必要となる（Gagliardo, 2000）．

述したようなカートリッジフィルタが好適である．

9.4.3 運転性の評価

ある下水にNF，ROを適用した場合の運転性評価を目的として，ファウリングの起こりやすさを表すための指標が提案されている．よく用いられる指標は，(1) silt density index (SDI)，(2) modified fouling index (MFI)，(3) mini-plugging factor index (MPFI) の3つである．これらの指標は，ラボスケールのデッドエンド膜ろ過装置を用いた試験により決定される．試料は，直径47 mm，細孔径0.45 μmのミリポアフィルタを用いて207 kPa (30 lb/in^2) の圧力下でろ過され，用いる指標に応じて種々の測定が行われる．試料水のファウリング発生度により異なるが，試験に必要な時間は，15分から2時間程度である．

第9章 膜処理による溶存成分の除去

図-9.7 NF, RO, ED に供給する原水の前処理を行うために用いるカートリッジフィルタ(図-9.4参照). (a)10個のカートリッジフィルタが背中合せに配置され,中央部の配管に接続されている.化学薬品を添加した浸漬型MF処理水が通水されている.このカートリッジフィルタは,図-9.2(a), (b)に示したROユニットの前処理に用いられている.(b)右前方に見えるのがカートリッジフィルタ.UV および RO 処理の前処理に用いられている(提供: Austep, r.s.l., Italy)

SDI

最も広く用いられている指標は,SDIである(DuPont, 1977;ASTM, 2002).SDI は,次式により定義される.

$$\mathrm{SDI} = \frac{\%\,P_{207}}{t} = \frac{100[1-(t_i/t_f)]}{t} \tag{9.1}$$

ここで,$\%\,P_{207}$:供給圧 207 kPa における閉塞%,t:実験に要した全時間,t_i:最初のろ液 500 mL を得るのに要した時間,t_f:最後のろ液 500 mL を得るのに要した時間.

SDI は,ろ過試験の最初と最後から得られる情報により決定される指標であり,抵抗の静的測定となる.SDI 試験では,試験中にろ過抵抗の発生がどのように変化するのかに関する情報は得られない.表-9.9 に推奨される SDI の値を示す.**例題 9-1** では,SDI の計算例を示している.

表-9.9 推奨されるファウリング指標値[a]

膜プロセス	ファウリング指標		
	SDI	MFI(s/L²)	MPFI(L/s²)
NF	0〜3	0〜10	0〜1.5×10⁻⁴
中空糸 RO	0〜2	0〜2	0〜3×10⁻⁵
スパイラル RO	0〜3	0〜2	0〜3×10⁻⁵

[a] Taylor and Wiesner(1999), AWWA(1996)より一部引用.

MFI

MFI は,SDI の決定に用いたものと同じ装置,同じ試験手順によって決定されるが,MFI の場合は,ろ過流量を 15 分の試験時間中 30 秒ごとに記録することとされている(Schippers and Verdouw, 1980).MFI は,ケーキろ過式より誘導されたものであり,次式で定義される.

$$1/Q = \mathrm{MFI}\,V + b \tag{9.2}$$

ここで,Q:平均流量(L/s),MFI:(s・L²),V:体積(L),b:定数(直線部の切片).

MFI の値は,流量の逆数を積算流量に対してプロットした曲線の直線部の傾きより決定される[図-9.8(a)].MFI の推奨値を表-9.9 に示す.

9.4 ナノろ過システム，逆浸透システムの設計と操作

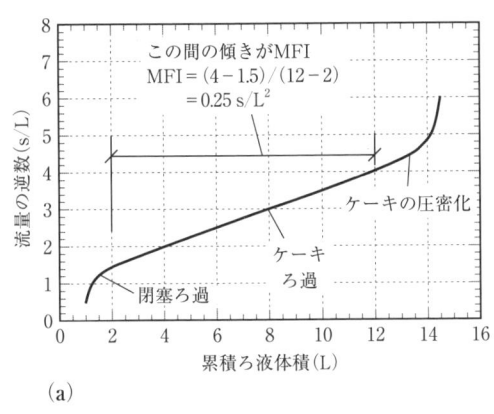

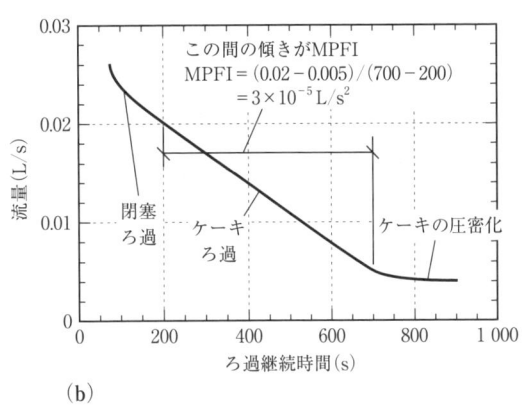

図-9.8 ファウリング指標の決定に用いるデータプロット．(a)MFI, (b)MPFI

MPFI

図-9.8(b)に示すとおり，MPFIは，ろ過流量の時間変化を測定するものである(Taylor and Jacobs, 1996)．MPFIの決定に用いる試験器具は，SDI, MFIに用いるものと同じである．MPFIは，流量を時間に対してプロットした際の直線部(ケーキろ過が進行している状態)の傾きとして定義される．数式としては，次式により表される．

$$Q = \text{MPFI}\, t + a \tag{9.3}$$

ここで，Q：30 s ごとの平均流量(L/s)，MPFI：(L/s^2)，t：時間(s)，a：定数(直線部の切片)．

MPFIの典型的な値を表-9.9に示す．MFIは，積算流量に基づいて決定する指標であり，MPFIよりもファウリングの起こりやすさを敏感に反映する指標であると考えられている．

ファウリング指標の限界

上述したSDI, MFI, MPFIおよびその他のファウリング指標には，以下に記すように解決の難しい問題がある．すなわち，(1)クロスフローろ過におけるファウリングを予測しなければならないのにデッドエンドろ過実験によりデータが採取される，(2)実験は0.45 μmのフィルタで行われるため，小粒径コロイド粒子の影響が反映されない(図-8.1参照)，(3)クロスフロー運転で起こるようなケーキろ過を反映しない，(4)ファウリング指標は，定圧ろ過によって膜透過流束が変化する試験により決定するが，実際の運転条件は，通常，定流量ろ過となっている，ことなどである．小粒径のコロイド成分および大分子量有機物質のファウリングへの影響を反映させるために，ミリポアフィルタの代わりにMFあるいはUFを用いた他の指標の開発が現在(2006年時点)進行中である．また，動的なクロスフロー試験も開発中である(Adham, 2006)．

例題 9-1　RO 適用にあたっての SDI 評価

以下に示す実験データより，ROの適用を検討している原水のSDI値を求めよ．スパイラル型のROを用いる場合，前処理は必要となるか．

全ろ過時間	30 min
最初の500 mL ろ過に要した時間	2 min
最後の500 mL ろ過に要した時間	10 min

解　答

1. 式(9.1)によりSDI値を計算する．

$$\text{SDI} = \frac{100[1-(t_i/t_f)]}{t} = \frac{100[1-(2/10)]}{30} = 2.67$$

2. 求めたSDI値を標準値と比較する．

算出されたSDI値は，3より小さいので(表-9.9参照)，前処理は必要にならないと考えられる．

解　説

原水水質の変動や膜の特性にもよるが，SDI値が3に近いので，実際には何らかの前処理を考えておくことが賢明である．

9.4.4 膜透過流束と必要膜面積

必要となる膜面積，膜段数[図-9.4(b)参照]を決定するための様々なモデルが開発されている．モデルの構築にあたり基本となる式を以下に解説する．

膜透過流束

図-9.9に概略を示しているが，膜を透過する水の流束は，圧力勾配の関数である．

$$F_w = k_w(\Delta P_a - \Delta\Pi) = Q_p / A \tag{9.4}$$

ここで，F_w：膜透過流束(water flux rate)(L/m²·h)，k_w：水の物質移動係数(温度，膜特性，溶液特性の影響を含んだものになる)(L/m²·h·bar)，ΔP_a：平均操作圧力(bar)(1 bar = 10^5 Pa) = $[(P_f+P_r)/2]-P_p$，$\Delta\Pi$：浸透圧勾配(bar) = $[(\Pi_f-\Pi_r)/2]-\Pi_p$，P_f：原水供給圧力(bar)，P_r：濃縮水圧力(bar)，P_p：膜透過水圧力(bar)，Π_f：原水浸透圧(bar)，Π_r：濃縮水浸透圧(bar)，Π_p：膜透過水浸透圧(bar)，Q_p：膜透過水流量(L/h)，A：膜面積(m²)．

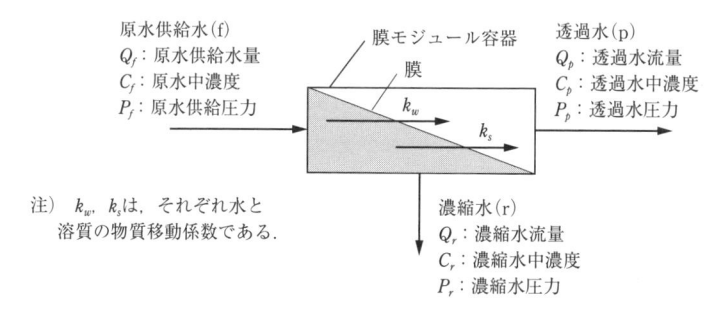

図-9.9 膜プロセスの概略図

溶質の膜透過流束

どんな場合でも，ある割合の溶質は，膜を透過してしまう．溶質の膜透過流束は，次式により記述される．

$$F_s = k_s \Delta C_s = \frac{Q_p(10^{-3}\,\text{m}^3/\text{L})C_p}{A} \tag{9.5}$$

ここで，F_s：溶質の膜透過流束(g/m²·h)，k_s：溶質の物質移動係数(m/h)，ΔC_s：膜透過前後での濃

度勾配(g/m³), ＝[(C_f＋C_r)/2]－C_p, C_f：原水中溶質濃度(g/m³), C_r：濃縮水中溶質濃度(g/m³), C_p：透過水中溶質濃度(g/m³), Q_p：透過水流量(L/h).

回収率

原水から透過水(生産物としての水)への変換量を表す透過水回収率(permeate recovery ratio) r は, 以下のように定義される.

$$r(\%) = \frac{Q_p}{Q_f} \times 100 \tag{9.6}$$

ここで, Q_p：透過水流量(L/h, m³/h, m³/s), Q_f：原水供給水量(L/h, m³/h, m³/s).

8章でも述べたとおり, MFやUFでは高い回収率を設定することが可能である. 原水水質にもよるが, NFシステム, ROシステムにおける典型的な回収率(recovery ratio)は, 60〜90％とされる. 運転効率上, 回収率80％がしばしば実用上の上限値となる(IAEA, 2004).

透過水回収率は, 膜システムの初期コストおよび運転コストに影響する. ある透過水量を得るために必要とされる原水供給水量は, 設定回収率により決定される. 原水供給システムの大きさ, 前処理システムの容量, 高圧ポンプ, 配管のサイズ等も回収率の関数である. 回収率を増加させることで, 圧力がいくらか高くなるかもしれないが, 原水供給水量を減少させることができる. 一方で廃液はより濃縮されたものになり, 処分が難しくなる.

透過水回収率が原水供給圧力, 消費電力, 原水供給水量に及ぼす影響を図-9.10に示す. 図-9.10では, あるROシステムにおいて回収率を60〜90％に変化させた場合を示している. 原水供給水量は, 回収率のみに依存する. 原水供給圧力は, 回収率, 供給水塩分濃度, 供給水温度, 膜透過性能等の複雑な関数となる. 高圧ポンプの所要動力は, 原水供給水量と圧力に比例する. 通常の運転条件範囲では, 原水供給水量の減少によって消費電力が小さくなることの効果が原水供給圧力の増加に伴う消費電力の上昇分よりも大きくなる(Wilf, 1998). ROの場合には, 高圧運転により分離度が向上して処理水質が改善されるという側面もある.

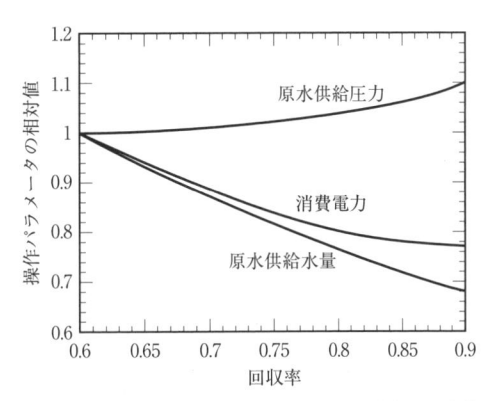

図-9.10 回収率が原水供給圧力, 原水供給水量, 消費電力に及ぼす影響

除去率

除去率(rejectin efficiency)[あるいは排除率(retention efficiency)]は, 膜により保持される, あるいは膜を通過しない溶質や固形成分の割合を表すものである. 除去率は, 以下に示すように, 通常, ％で表される.

$$R(\%) = \left(\frac{C_f - C_p}{C_f}\right) \times 100 = \left(1 - \frac{C_p}{C_f}\right) \times 100 \tag{9.7}$$

ここで, C_f：原水中濃度(g/m³), C_p：透過水中濃度(g/m³).

成分にもよるが, 標準的な条件でのROによる除去率として膜メーカーが提示しているのは, 85〜99.5％である. 微生物の除去を考える場合には, 除去率を対数表示するのが便利である. $R_{\log}$ は, 以下のように記される.

$$R_{\log} = -\log(1-R) = \log(C_f/C_p) \tag{9.8}$$

第9章 膜処理による溶存成分の除去

物質収支式

水と各成分の物質収支式(mass balance equation)をMFとUFを対象として8章に示したが，NFおよびROシステムについても同様の解析が可能である．

水の収支　　$Q_f = Q_p + Q_r$ 　　　　　　　　　　　　　　　　　　　　　　　　(9.9)

各成分の収支　$Q_f C_f = Q_p C_p + Q_r C_r$ 　　　　　　　　　　　　　　　　　　(9.10)

ここで，Q_r：濃縮水流量(m^3/h，m^3/s)，C_r：濃縮水中濃度(g/m^3)．他の変数については先に定義したとおりである．

上式を用いてTDSの除去に用いる膜の必要面積の算出を行った例を**例題9-2**に示す．

例題9-2　再生水中のTDS除去を行うROの性能

TDS濃度が1 500 g/m^3である下水を再生処理し，地表散布による地下水涵養に用いたい．RO処理により，処理水中のTDS濃度を200 g/m^3未満にする必要がある．水および溶質の物質移動係数がそれぞれk_w 1.0 $L/m^2 \cdot h$とk_s 5×10^{-4} m/hであるTFC膜を用い，処理水流量を150 m^3/hとする．正味の操作圧力($\Delta P_a - \Delta \Pi$)を20気圧(2 000 kPa)，回収率を85%として，除去率と濃縮液中の濃度を求めよ．

解　答

1. 150 m^3/hの処理流量を得るために必要となる膜面積と処理水中のTDS濃度を求める．
2. 式(9.4)を用いて膜面積を計算する．

$F_w = k_w(\Delta P_a - \Delta \Pi) = (1.0\ L/m^2 \cdot h \cdot bar)(20\ bar) = 20\ L/m^2 \cdot h$

$Q_p = F_w \times A$, $Q_p = rQ_f = 0.85\ Q_f$

$$A = \frac{(0.85)(150\ m^3/h)(10^3\ L/m^3)}{(20\ L/m^2 \cdot h)} = 6\ 375\ m^2$$

3. 式(9.5)を用いて処理水中のTDS濃度を計算する．

$$F_s = k_s \Delta C = \frac{Q_p C_p}{A}$$

式(9.5)で定めたΔCの定義を代入し，C_pについて整理すると，

$$C_p = \frac{k_s[(C_f + C_r)/2]A}{Q_p + k_s A}$$

$C_r \approx 10 C_f$と仮定して(注：ここで仮定したC_rと，以下の計算により求められるC_rの値が大きく異なる場合には，仮定を見直して計算をやり直さなければならない)C_pについて解く．$Q_p = rQ_f$を仮定する．

$$C_p = \frac{(5 \times 10^{-4}\ m/h)[1\ 500\ g/m^3 + 15\ 000\ g/m^3]/2](6\ 375\ m^2)}{(0.85)(150\ m^3/h) + (5 \times 10^{-4}\ m/h)(6\ 375\ m^2)} = 201\ g/m^3$$

溶質濃度は，要求される濃度をほぼ満している．処理水を原水と混合してよいのであれば，膜面積をさらに減らすことができる．

4. 式(9.7)により除去率を計算する．

$$R(\%) = \frac{C_f - C_p}{C_f} \times 100 = \frac{(1\,500 \text{ g/m}^3 - 201 \text{ g/m}^3)}{(1\,500 \text{ g/m}^3)} \times 100 = 86.6\%$$

5. 式(9.10)を変形し，濃縮水中のTDS濃度を計算する．

$$C_r = \frac{Q_f C_f - Q_p C_p}{Q_r} = \frac{(150 \text{ m}^3/\text{h})(1\,500 \text{ g/m}^3) - (0.85 \times 150 \text{ m}^3/\text{h})(201 \text{ g/m}^3)}{(0.15)(150 \text{ m}^3/\text{h})} = 8.9 \times 10^3 \text{ g/m}^3$$

解　説

処理水中のTDS濃度が200 g/m^3を大きく下回るようであれば，膜供給水と処理水を混合したものを地下水涵養に用いることで，必要な膜面積を減らすことができる．この例では，原水と処理水の混合は適当ではない．

9.4.5 膜ファウリング

膜ファウリング(membrane fouling)は，前処理の必要性，洗浄の必要性，操作条件，コスト，性能に影響する．膜ファウリングは，膜システムの設計および運転において重要な検討項目の一つである．膜ファウリングの発生程度は，原水の物理的・化学的・生物学的特性，膜の種類，操作条件によって変化する．表-9.10に示したように，ファウリングには以下の4つの形態，(1)膜供給水中に含まれる粒子性成分が膜表面に堆積することによって生じるファウリング，(2)無機塩の析出に起因するスケールの形成に伴うファウリング，(3)有機物によるファウリング(organic fouling)，(4)微生物によるファウリング(biological fouling)が考えられる．また，原水中に存在する成分と膜が化学反応を起こすことで膜が損傷することもある．下水中に含まれる成分で膜ファウリングを起こす可能性のある成分を表-9.10に示す．

表-9.10　膜ファウリングの種類と下水中に含まれるファウリングを起こす成分，膜に損傷を与える成分[a]

ファウリングの種類	関与する下水中成分	解　説
粒子性成分によるファウリング	有機および無機コロイド，粘土成分およびシルト，シリカ，鉄およびマンガン酸化物，酸化された金属類，金属塩凝集処理に伴う生成物	定期的に膜洗浄を行うことで，この種類のファウリングは，軽減させることができる．
スケール(過飽和塩の析出)	硫酸バリウム，炭酸カルシウム，フッ化カルシウム，リン酸カルシウム，硫酸ストロンチウム，シリカ	塩分濃度の低減，pH調整，スケール防止剤添加等の化学処理を行うことで軽減できる．
有機物によるファウリング	フミン酸，フルボ酸，タンパク質，多糖類等からなる天然有機化合物(NOM)，前段の処理で用いられる高分子物質類	効果的な前処理により軽減させることができる．
微生物によるファウリング	死滅菌体，微生物菌体，微生物によって生産された高分子物質	微生物が膜面で増殖することにより，生物膜が形成される．
膜の損傷	酸，アルカリ，極端なpH値，遊離塩素，酸素	これらの成分の原水中における濃度を下げることで，膜の損傷は，軽減される．膜損傷の程度は，用いる膜の種類による．

[a] 多くの場合，複数の種類のファウリングが同時に進行する．

浮遊物質の蓄積によるファウリング

膜近傍あるいは内部に物質が蓄積して，ろ過抵抗を発現する形態（図-9.11参照）として，(1)膜細孔の縮小，(2)膜細孔の閉塞，(3)濃度分極（concentration polarization）によって引き起こされるゲル／ケーキの形成（Ahn et al., 1998）が考えられている．膜細孔の縮小や閉塞は，ファウリングを起こす成分が膜細孔径あるいは分画分子量よりも小さい場合にのみ起こる．膜細孔の閉塞は，細孔径に近い寸法を有する成分が膜細孔に填み込む場合に起こる．細孔径が小さくなってくると，濃度分極が顕著になり，ファウリングが一層進行すると考えられている（Crozes et al., 1997）．

濃度分極によって引き起こされるゲル／ケーキ生成は，原水中に含まれる固形分の大半が膜細孔径あるいは分画分子量よりも大きい場合に起こる．濃度分極とは，膜表面あるいは表面近傍において物質が蓄積する現象で，溶媒が膜を透過する際の抵抗を増加させる．膜システムの運転において，ある程度の濃度分極は常に発生している．濃度分極が極端に発達した状態になると，膜表面における物質の堆積が始まり，ゲルあるいはケーキ層を形成する．

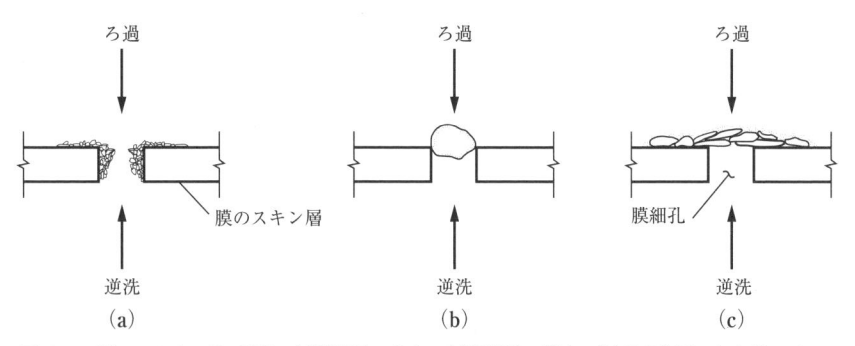

図-9.11　膜ファウリングの形態．(a)膜細孔の縮小，(b)膜細孔の閉塞，(c)濃度分極によるゲル／ケーキの生成（Bourgeous et al., 1999）

スケールの生成

膜供給水中に含まれる成分の濃度は，膜ろ過によって除去される結果，膜表面において局所的に上昇し，個々の成分濃度がそれぞれの溶解度上限を超えると，析出するようになる．析出の程度は，原水の化学的特性および温度に依存する（表-9.8参照）．海水中の塩濃度は高いので，特に海水淡水化処理に用いるRO装置において析出は起こりやすい．膜表面において生成するスケールは，膜の透水性能を低下させることに加えて膜へ不可逆的なダメージを与える可能性もあるため，制御が重要である．

有機物によるファウリング

下水処理水は，様々な有機物を様々な濃度で含んでいる．表-9.10に示したとおり，有機物によるファウリングにはもともとの水道水中に残存する天然有機化合物（natural organic matter；NOM）によるもの，生物処理過程で生成されるもの，下水処理過程で添加される高分子有機物質によるものがある．下水処理過程で加えられるもので，NF/ROのファウリングを引き起こす可能性がある高分子物質としては，三次処理におけるろ過助剤，汚泥脱水工程で添加される高分子物質が下水処理プロセスに返流されてくるもの等がある．これらの高分子物質は，付着性が高く，膜表面に蓄積した後に強度の高い有機／無機粒子を形成してファウリングを加速させる．

微生物によるファウリング

生物学的処理システムからの流出水の処理では，生物学的な活動に伴う膜ファウリングの発生が予想される．有機物と栄養塩濃度は，膜表面で高くなり，微生物の増殖に適した条件が形成される．微

生物が膜表面でコロニーを形成すると，膜透過性能は低下する．膜プロセスが間欠的に運転される場合には，膜細孔内において微生物の増殖が起こる結果，膜透過性能の低下が一層深刻になる可能性がある．微生物の増殖は，細胞外高分子物質の生成を伴う点からも問題になる．細胞外高分子物質は，他のファウリング成分と相互作用を起こしていると考えられる．

9.4.6 膜ファウリングの制御

膜ファウリングの制御を目的として，(1)原水の前処理，(2)水理学的洗浄(hydraulic flushing)，(3)化学的処理および調整，(4)膜の化学的洗浄(chemical cleaning)が行われる．

原水の前処理

原水中の TSS および微生物量を削減し，膜ファウリングを抑制する目的で原水の前処理が行われる．膜の種類にもよるが，MF や UF が RO の前処理には最もよく使われる．NF により 2 価および 3 価のイオンを除去することで，RO システムの性能をかなり改善できる．同様に，ED を用いて TDS を 50〜60％削減することで，RO システムの性能を改善できることが報告されている．典型的な RO システムフロー図は，先の図-9.4 に示してある．2 つの膜プロセスがシステム内に使われている場合は，複膜システム(dual membrane system)と呼ばれる．RO が膜ではないプロセスと組み合わせて用いられている場合は，統合膜システム(integrated membrane system)と呼ばれる＊．

化学的処理および調整

炭酸カルシウム等の溶解度が低い塩類の析出を抑制するため，前処理の段階で化学凝析によるカルシウムの除去，あるいは上述した NF を用いたカルシウムおよびマグネシウム塩の除去が行われる．溶液中にカルシウムをとどめておくことを狙って，硫酸か塩酸により pH を 5.5〜6 の範囲に調整することもある．このような pH 範囲では，炭酸塩が膜を二酸化炭素として通過するため，後処理が必要になることを付記しておく(**例題 9-3 参照**)．よく用いられるもう一つの方法は，スケール防止剤と分散剤を継続的に添加し，スケール形成を抑制する方法である．ヘキサメタリン酸ナトリウム(sodium hexametaphosphate；SHMP)がスケール防止剤としてよく用いられる．この薬品は，結晶の発生と成長を抑制するので，化学凝析を起こさないまま過飽和状態を保つことが可能になる(Crittenden *et al.*, 2005)．

水理学的洗浄

粒子性物質の膜面への堆積を防ぐために最もよく用いられる方法は，膜面上のクロスフロー流速を適切に維持することである．膜面における粒子性物質蓄積を抑制するため，定期的な洗浄を行う膜システムもある．

膜の化学的洗浄

膜の化学的洗浄は，現場での洗浄ということでしばしば CIP(cleaning-in-place)とも表記されるが，これは，通常のクロスフローによる水理学的洗浄では除去されない成分を除去するために行うものである．通常は高 pH 溶液および低 pH 溶液を洗剤と組み合わせて用い，膜面堆積物の構造を弛緩させた後に除去する．最近開発された膜は，pH 1〜13 の範囲で洗浄が可能となっているものもある．高 pH 溶液は，微生物による膜ファウリング，有機物による膜ファウリングの解消に有効であり，低 pH 溶液は，炭酸カルシウム堆積物の除去に有効である．

＊ 訳者注：2 つの異なる膜プロセスを組み合わせる場合に integrated membrane system と呼ぶことがよくある．

9.4.7 プロセス操作上の検討事項

本項で解説する膜プロセス操作上の検討事項は，透過水回収率と除去率（これらについては既に述べた），操作圧力と膜透過流束，所要エネルギー，原水の分割処理と混合である．後処理も重要な操作上の検討事項であるが，次項で述べることとする．

操作圧力と膜透過流束

NF および RO における典型的な操作圧力と膜透過流束を表-9.11 に示す．膜透過流束に重大な影響を及ぼす因子は，温度と操作圧力である．流体の粘度が低下するため，温度の上昇に伴い膜透過流束は増加する．温度が 1℃ 上がると，膜透過流束は約 3% 増加するとされている（IAEA, 2004）．前述したとおり，圧力が増加すれば膜透過流束も比例して増加し，透過水水質も向上する．

表-9.11 NF および RO における典型的な操作条件[a]

項目	NF	RO
除去対象物粒径（μm）	0.001 〜 0.01	0.0001 〜 0.001
膜透過流束（L/m²·h）	10 〜 35	12 〜 20
操作圧力		
1 000〜2 500 TDS-mg/L（kPa）	350 〜 550	1 200 〜 1 800
海水の TDS（kPa）	500 〜 1 000	5 500 〜 8 500
所要エネルギー		
1 000〜2 500 TDS-mg/L（kWh/m³）	0.6 〜 1.2	1.5 〜 2.5
海水の TDS（kWh/m³）	非適合	5 〜 10

[a] Crittenden *et al.*(2005), Taylor and Weisner(1999), Tchobanoglous *et al.*(2003) より引用．

注）　$kPa \times 10^{-2} = bar(1\ bar = 100\ kPa = 10^5\ N/m^2)$
　　　$kPa \times 0.145 = lb/in^2$

所要エネルギーと回収率

NF 膜および RO 膜における典型的な所要エネルギーと回収率を表-9.11 に示す．表-9.11 中，操作圧力の値は 5〜10 年前に比べるとかなり低くなっていることに留意する必要がある．新しい膜が開発されれば，さらに操作圧力は低下することが予想される．

高圧の濃縮水が特に RO においては発生する．この高圧濃縮水からエネルギーを回収するため，様々な方法が提案されており，また現在も開発が進んでいる．エネルギー回収装置により濃縮水に含まれるエネルギーの大半が回収されて供給水へと輸送される．この結果，プロセス全体での所要エネルギーは，削減されることになる．これまでに検討されてきた，あるいは用いられてきた装置は（Beck, 2002），

・逆運転ポンプ，
・ペルトン水車，
・ワークエクスチェンジャ，

である．

最近になって適用が検討され始め，今後有望であると考えられるのは，VARI-RO システムである．このシステムは，可変流量式の容積移送式ポンプとエネルギー回収装置を組み合わせたものであり，RO を用いた海水や鹹水からの脱塩処理への適用を目的として開発された．Carifornia 州 Santa Barbara における高圧 RO の実証試験では，市販の遠心ポンプ，ペルトン水車，可変周波数エネルギ

一回収装置と比較して30%程度のエネルギー削減を達成できたことが報告されている(Childs and Dabiri, 1998). エネルギーコストが高くなる再生水のRO処理にVARI-ROシステムは好適であるかもしれない.

原水の分割処理と混合

最終的な処理水の使用目的にもよるが，原水を複数の流れに分割して，それぞれに違ったレベルの処理を施すこともあり得る．異なる水質となるそれぞれの処理水は，最終的に要求される水質を満たすようにある割合で混合されるのである．このような分割処理は，RO処理水のように高質な処理水が低質な処理水と混合されても最終的な要求水質を満たすような場合には有効であり，コスト的にも有利となることがある．分割処理とその後の処理水混合には，(1)コストが高い高度処理用装置のサイズを小さくできる，(2)TDS濃度とアルカリ度が低すぎるRO処理水の安定化，(3)後処理に用いる薬品の最小化等の利点がある.

9.4.8 後 処 理

NFあるいはRO処理を行った後，何らかの後処理を行う必要が生じることがある．代表的な後処理として，処理水を安定化させるための薬品の添加，ある種の再利用において必要となるガス成分の除去あるいは添加，消毒に関する基準を満たすためあるいは配管内の微生物増殖を抑制するための薬品添加等があげられる．これらの内容について以下に解説する.

逆浸透処理水の安定性

溶存成分の除去程度によるが，NFおよびROプロセスからの処理水は，装置や配管に対する腐食性が高くなることがある．膜の塩類透過性能が減少するのに伴い無機成分の除去量は上昇するが，この際にpH調整や他の方法による腐食制御が必要とされる可能性が高くなる．pHの調整によく用いられる薬品を表-9.12に示す.

混合処理と化学薬品の添加

処理水を安定化させるため，混合処理あるいは化学薬品の添加が必要になる場合がある．RO処理水の腐食性を低減させる方法として用いられてきたのは，(1)前述した処理程度の低い水との混合，(2)浅い帯水層から取水した鹹水との混合(混合割合としては，RO水が60～70%になることが多い)，(3)貯水池における混合，(4)小規模システムに限られるが，RO処理水をドロマイトやカルサイト型炭酸カルシウムのような石灰剤を充填したベッドへ通水する方法，(5)炭酸水素ナトリウム，塩化カルシウム，次亜塩素酸ナトリウム(大規模システムではコストが高くなる)等の適切な薬品による塩分添加，(6)炭酸カルシウム($CaCO_3$)の添加，(7)石灰[$Ca(OH)_2$]の添加である．これらの中では$Ca(OH)_2$あるいは$CaCO_3$の添加が好んで用いられる．後述するように，$CaCO_3$に関する平衡を適切に制御することで，炭酸カルシウムの保護膜を配管表面に発生させることができる．RO処理水に添加する石灰を調整するための施設を図-9.12に示す.

水の安定度指数

何年もの間，ある水においてカルシウム被膜が形成されるのかあるいは除去されるのかを判断するための水質指標が開発されてきた．これらの指標の中には，ランゲリア飽和度指数(Langelier saturation index；LSI)(Langelier, 1936)，リズナー安定度指数(Ryznar stability index；RSI)(Ryznar, 1944)，スティフ-デービス安定度指数(Stiff and Davis stability index；SDI)(Stiff and Davis, 1952)等があるが，ここではよく使われるLSIについて述べる．これらの指標については，19.2でも取り

第 9 章　膜処理による溶存成分の除去

表-9.12　pH 制御(中和)に最もよく用いられる薬品[a]

薬品名	化学式	分子量(g/mol)	当量	入手可能形態 形態	入手可能形態 含有率(%)
pH を上昇させるために用いる薬品					
炭酸カルシウム	$CaCO_3$	100.0	50.0	粉砕粉体	90〜98
水酸化カルシウム(石灰)	$Ca(OH)_2$	74.1	37.1	粒状粉体	90〜94
酸化カルシウム	CaO	56.0	28.0	塊, 小塊, 粉砕物	75〜99
ドロマイト消石灰	$[Ca(OH)_2]_{0.6}[Mg(OH)_2]_{0.4}$		33.8	粉末	$Ca(OH)_2$ 換算で 58〜50
ドロマイト生石灰	$(CaO)_{0.6}(MgO)_{0.4}$		24.8	粉末あるいは他の固体状	$MgCO_3$ 換算で 35〜46
水酸化マグネシウム	$Mg(OH)_2$	58.3	29.2	軽粉体, 重粉体	90〜96
酸化マグネシウム	MgO	40.3	20.2	粉末	90〜98
炭酸水素ナトリウム	$NaHCO_3$	84.0	84.0	粉末	95〜99
炭酸ナトリウム[ソーダ灰(無水塩)]	Na_2CO_3	106.0	53.0	粉末	99.2
水酸化ナトリウム(苛性ソーダ)	$NaOH$	40.0	40.0	フレーク, 粉砕フレーク	90〜98
水酸化ナトリウム(苛性ソーダ)	$NaOH$	40.0	40.0	液体	50
pH を低下させるために用いる薬品					
炭酸	H_2CO_3	62.0	31.0	CO_2	
塩酸	HCl	36.5	36.5	液体	27.9, 31.45, 35.2
硝酸	HNO_3	63.0	63.0	液体	50〜70
硫酸	H_2SO_4	98.1	49.0	液体	77.7((60° Be[b]) 97(66° Be[b])

[a] Eckenfelder(2000)より一部引用.
[b] ボーメ度.

(a)　(b)

図-9.12　ランゲリア飽和度指数(LSI)を調整するために RO 処理水へ添加する石灰の供給設備. (a)手前に見えるのは, 建設中の石灰飽和槽である. ここでは消石灰$[Ca(OH)_2]$を用いている(California 州 Fountain Valley, Orange County Water District の施設). (b)生石灰(CaO)を溶解させるための石灰消化機. 石灰粒の貯蔵容器が消化機の直上に見える

扱う．

ランゲリア飽和度指数(LSI)　処理水が炭酸カルシウムのスケールを生成しやすいのか，あるいは除去しやすいのかということは，処理水のLSIを計算することによっておおまかな予想ができる(Langelier, 1936；Larson and Buswell, 1942)．LSIは，以下の式によって計算される．

$$\mathrm{LSI} = \mathrm{pH} - \mathrm{pH_s} \tag{9.11}$$

ここで，pH：処理水のpH，$\mathrm{pH_s}$：カルシウムと炭酸水素塩濃度で決まる炭酸カルシウムの飽和pH[式(9.12)参照].

LSIによるスケール発生の判断は，以下のようになされる．

LSI＞0の時，水は，炭酸カルシウムについて過飽和であり，スケールの発生が起こりやすい．

LSI＜0の時，水は，炭酸カルシウムについて不飽和であり，既に存在している炭酸カルシウムを溶かす傾向がある．炭酸カルシウムによる被覆は，配管や装置を腐食から防護する働きがある．

LSI＝0の時，水は，中性である(スケールの発生も，除去も起こらない).

LSI＜0の水は，「腐食を起こしやすい水」と表現されることがある．この場合，「腐食を起こしやすい」という表現を用いるのは適切ではない．なぜならば，LSIは，炭酸カルシウムが存在するかどうかを判断するためにのみ用いられる指標であるからである．

LSIの計算　式(9.11)における$\mathrm{pH_s}$は，以下の計算により求められる．

$$\mathrm{pH_s} = -\log\frac{K_{a2}(\gamma_{\mathrm{Ca}^{2+}})[\mathrm{Ca}^{2+}](\gamma_{\mathrm{Alk}})[\mathrm{Alk}]}{K_{sp}} \tag{9.12}$$

ここで，K_{a2}：炭酸水素塩の解離平衡定数，$\gamma_{\mathrm{Ca}^{2+}}$：カルシウムの活量係数，$[\mathrm{Ca}^{2+}]$：カルシウム濃度(mol/L)，$\gamma_{\mathrm{Alk}}$：アルカリ度の活量係数，$[\mathrm{Alk}]$：アルカリ度(pHが6.5〜9.0の範囲においては，通常，炭酸水素イオン濃度と同義になる)(mol/L)，K_{sp}：炭酸カルシウムの溶解度積定数．

活量係数は，式(9.13)により求められる．

$$\log\gamma_i = -0.5\,Z_i^2\left(\frac{\sqrt{I}}{1+\sqrt{I}} - 0.3I\right) \tag{9.13}$$

ここで，Z_i：イオン種iの荷電，I：イオン強度(mol/L).

ある溶液のイオン強度は，次式によって求められる．

$$I = \frac{1}{2}\Sigma C_i Z_i^2 \tag{9.14}$$

ここで，C_i：成分iの濃度(mol/L)，Z_i：成分iの荷電数(あるいは酸化数).

イオン強度は，式(9.15)でも概算できる．

$$I = 2.5\times 10^{-5}\times \mathrm{TDS} \tag{9.15}$$

専門書では，式(9.12)を変形した形がよく用いられている．

$$\mathrm{pH_s} = pK_{a2} - pK_{sp} + p[\mathrm{Ca}^{2+}] + p[\mathrm{Alk}] - \log\gamma_{\mathrm{Ca}^{2+}} - \log\gamma_{\mathrm{Alk}} \tag{9.16}$$

炭酸塩平衡に関するK_{a2}とK_{sp}の値については，各温度ごとの値を表-9.13に掲載してある．上述した式の応用例を**例題9-3**に示す．炭酸カルシウムの平衡条件を計算する方法は，Benefield *et al.*(1982), Snoeyink and Jenkins(1980), Pankow(1991),

表-9.13　各温度における炭酸塩平衡定数[a]

温度(℃)	平衡定数[b]			
	$K_{a1}\times 10^7$	$K_{a2}\times 10^{11}$	$K_{sp}\times 10^9$	$K_{sp}\times 10^{14}$
5	3.020	2.754	8.128	0.166
10	3.467	3.236	7.080	0.295
15	3.802	3.715	6.02	0.450
20	4.169	4.169	5.248	0.692
25	4.467	4.477	4.571	1.000
30	4.677	5.129	4.078	1.479
40	5.012	6.026	3.090	2.951
60	5.129	7.244	1.820	9.772
80	4.898	7.586	1.047	25.704

[a] Snoeyink and Jenkins(1980), Pankow(1991)より引用．
[b] 表中の値は，上段部に示したべき乗数を乗じたものである．例えば，20℃におけるK_{a2}の本当の値は，4.169×10^{-11}である．

Standard Methods(2005)等の専門書にも解説されている.

例題 9-3　RO 処理水のスケール生成ポテンシャル推定

ランゲリア飽和度指数を用いて，後述する水質特性を有するRO 処理水のスケール生成ポテンシャルを推定せよ．化学的安定化処理が必要となるならば，石灰／二酸化炭素の注入量を求めよ（表-9.12 を参照のこと）．まとめの表も作成すること．

成　　分	濃度値
Ca^{2+}(mg/L)	5.0
アルカリ度(mg-$CaCO_3$/L)	12.5
TDS(mg/L)	30.5
pH(－)	6.5
温度(℃)	20

解答：第1段階　炭酸カルシウムに関する安定度の評価

1. 式(9.15)により処理水のイオン強度を求める．
   $$I = 2.5 \times 10^{-5} \times TDS = 2.5 \times 10^{-5} \times 30.5 = 76.3 \times 10^{-5}$$

2. 式(9.13)によりカルシウムと炭酸水素塩の活量係数を求める．
   a. カルシウムについて(2価イオンであることに留意)．
   $$\log \gamma_{Ca^{2+}} = -0.5\, Z_i^2 \left(\frac{\sqrt{I}}{1+\sqrt{I}} - 0.3 I \right) = -0.5 (2)^2 \left(\frac{\sqrt{76.3 \times 10^{-5}}}{1+\sqrt{76.3 \times 10^{-5}}} - 0.3 \times 76.3 \times 10^{-5} \right)$$
   $$= -0.053$$

   $\gamma_{Ca^{2+}} = 0.885$

   b. この問題の pH では，すべてのアルカリ度は，炭酸水素イオンであると考えてよい(1価イオンであることに留意)．
   $$\log \gamma_{HCO_3^-} = -0.5\, Z_i^2 \left(\frac{\sqrt{I}}{1+\sqrt{I}} - 0.3 I \right) = -0.5 (1)^2 \left(\frac{\sqrt{76.3 \times 10^{-5}}}{1+\sqrt{76.3 \times 10^{-5}}} - 0.3 \times 76.3 \times 10^{-5} \right)$$
   $$= -0.0133$$

   $\gamma_{HCO_3^-} = 0.970$

3. カルシウムとアルカリ度のモル濃度を計算．
   a. カルシウムについて．
   $$[Ca^{2+}] = \frac{0.005\ g/L}{40\ g/mol} = 0.000125\ mol/L$$

   b. アルカリ度について．
   $$[Alk] = \frac{0.0125\ g/L}{50\ g/mol} = 0.00025\ mol/L$$

4. 式(9.12)により飽和 pH_s を計算．
   $$pH_s = -\log \frac{K_{a2}(\gamma_{Ca^{2+}})[Ca^{2+}](\gamma_{Alk})[Alk]}{K_{sp}}$$
   $$= -\log \left[\frac{(4.17 \times 10^{-11})(0.885)(0.125 \times 10^{-3})(0.970)(0.25 \times 10^{-3})}{5.25 \times 10^{-9}} \right]$$

$= -\log(2.13 \times 10^{-10}) = 9.67$

5. 式(9.11)よりランゲリア飽和度指数を計算.
   $LSI = pH - pH_s = 6.5 - 9.67 = -3.17$
   LSI ＜ 0 であり，RO 処理水は，炭酸カルシウムに対して不飽和である．

解答：第2段階　水の安定化に必要となる石灰添加量の決定

1. 炭酸カルシウム換算でアルカリ度が 40 mg/L となるような石灰添加量を計算する．
   炭酸カルシウム換算のアルカリ度を 40 mg/L にするには，40 − 12.5 より炭酸カルシウム換算で 27.5 mg/L の石灰添加が必要となる．
2. 石灰添加に伴うカルシウムとアルカリ度の濃度変化を計算する．
   a. 石灰添加量 = 27.5 mg-CaCO$_3$/L × [(37 g-Ca(OH)$_2$)/(50 g-CaCO$_3$)] = 20.35 mg/L
   b. Ca^{2+} = 20.35 mg-Ca(OH)$_2$/L[(40 g-Ca/mol)/(74 g-Ca(OH)$_2$/mol)] = 11.0 mg/L
      = 0.000275 g/mol
   c. アルカリ度 = (0.04 g/L)/(50 g/mol) = 0.0008 mol/L
3. 石灰添加後の pH を計算する．
   平衡 pH を決定する方法には，コンピュータを用いるもの，Coldwell-Lawrence 図を用いる方法，表計算ソフトを用いる方法等の様々なものがある．今回の条件では，全カルシウム濃度が 0.0004 mol/L (0.000125 + 0.000275) の時，平衡 pH はだいたい 10.3 になる．
4. pH を 8.75 に下げるために必要となる二酸化炭素量を求める．
   3. で用いた方法を目的とする pH にするのに必要とされる二酸化炭素を計算するために再び用いることができる．この問題の場合，必要とされる二酸化炭素添加量は，15.5 mg/L である．
5. 石灰の添加および再炭酸化後の pH$_s$ を計算する（TDS 濃度の増加を考慮して，活量係数が計算し直されていることに注意）．

$$pH_s = -\log\left[\frac{(4.17 \times 10^{-11})(0.855)(0.274 \times 10^{-3})(0.962)(0.8 \times 10^{-3})}{5.25 \times 10^{-9}}\right] = -\log(2.09 \times 10^{-9})$$

$= 8.68$

6. LSI を計算し直す．
   $LSI = pH - pH_s = 8.75 - 8.68 = 0.07$
   LSI ≈ 0 であり，処理水は，炭酸カルシウムに関してほぼ中性である．
7. 表にまとめると，右のとおりである．

成分	値	
	処理前	安定化処理後
Ca^{2+} (mg/L)	5.0	16.0
アルカリ度 (mg-CaCO$_3$/L)	12.5	40
TDS (mg/L)	30.5	50.9
pH (―)	6.5	8.75
温度 (℃)	20	20

解　説

RO 膜でどの程度の除去が行われるかによって，また水質特性や配水システムをどのように運用するかによって，処理水の安定化をどの程度まで行うのかという点についてはある程度の幅が

第9章 膜処理による溶存成分の除去

許容されている(一つの目安としては,最終的なアルカリ度が 10〜50 mg/L).安定化処理に関する一般的な推奨条件等に関しては,Merrill and Sanks(1977a and b, 1978)に詳しい.

脱気処理およびエアレーション処理

用途によっては,RO プロセス処理水から気体の除去あるいは添加が必要になることがある.例えば,RO 処理水がボイラの補給水に用いられる場合,腐食を抑制するために酸素,二酸化炭素や他の非凝縮性ガス(アンモニア等)を除去しなければならない.これらの気体が存在することで,特に高圧ボイラで腐食が発生しやすくなる.腐食の問題については,19 章でさらに考察する.NF や RO 処理水には酸素がほとんど残存していないので,用途によってはエアレーションが必要になることがある.

消毒処理

処理水の微生物による汚染を回避し,また貯水・配水システムにおける微生物の再増殖を抑制するため(11,14 章参照),ほとんどの場合において消毒処理が必要とされる.NF および RO では非常に高いレベルでの除去が行われているので,塩素要求量は,きわめて低くなる.

9.5　ナノろ過および逆浸透のパイロット試験

すべての下水は,それぞれ異なる水質を有しているので,ある膜プロセスがどのような性能を発揮するのかを事前に予想することは難しい.ある用途における最適な膜の選択は,パイロット試験の結果に基づいて行われるのが通例となっている.膜ファウリング指標(表-9.9 参照)は,前処理の必要性を評価するために用いられている.ある原水に対してどの膜が最も適しているか,膜製造メーカーが試験を行ってくれる場合もある.図-9.13 に NF/RO 処理プロセスの性能評価を行うために用いるパイロット装置の典型的なものを示す.

パイロットプラントに含まれるのは,(1)前処理システム,(2)流量の平準化および洗浄のためのタンク,(3)膜ろ過,循環,逆洗のための適当な制御装置を備えたポンプ,(4)試験を行う膜モジュール,(5)モジュールの性能把握のための機器,(6)膜逆洗システムである.パイロット試験において検討すべき操作因子,水質項目を表-9.14 に示す.処理水の最終的な用途によっては,検討が必要な因子

図-9.13　RO プロセスの評価に用いるパイロット規模装置.(a)6 本の膜エレメントが装着された装置.操作盤前面がエレメント後方に見える.(b)4 本の膜エレメントが装着された移動式の装置.カートリッジフィルタと操作盤が前面に見える(提供:Austep r.s.l., Italy)

表-9.14 膜施設のパイロット試験において検討すべき操作因子と水質項目[a]

操作因子	
薬品注入量等の前処理	
膜透過水流量	
膜間差圧	
回収率	
洗浄水の導入	
循環比	
化学薬品洗浄の頻度，方法	
後処理	
水質項目	
濁度	一般細菌数
粒子数	他の微生物学的指標
全有機炭素(TOC)	シリカ，バリウム，カルシウム，フッ素，ストロンチウム，硫酸塩等の回収率を制限する項目
栄養塩	生物学的毒性
重金属	ファウリング指標
主要な有機汚染物質	
全溶解性蒸発残留物(TDS)	
pH	
温度	

[a] Tchobanoglous et al.(2003)より引用．

および水質項目が追加される．

9.6 電気透析

電気透析(ED)は，電気化学の原理を応用した分離プロセスであり，無機塩やイオン類がイオン選択性の膜を通って溶液間を移動することにより分離が達成される．駆動力は，直流(direct current；DC)電圧である．NFやROでは，膜を透過した純水が処理水として得られる一方で，塩類がプロセス内に残すが，EDでは塩類が徐々に原水から移動する結果，塩分濃度の低い水が得られる．ED濃縮液に含まれるのは，膜を通って輸送されてきた塩類ということになる．EDプロセスでは，懸濁成分や電気的に中性の成分は除去されない．

9.6.1 電気透析プロセスの概略

EDプロセスで重要な部分は，イオン交換樹脂をシート状に塗ったイオン選択膜である．ナトリウムやカリウムのような陽イオンを通す膜は，陽イオン膜と呼ばれる．反対に，塩化物イオンやリン酸イオンのような陰イオンを通す膜を陰イオン膜と呼ぶ．脱塩を行うED装置内部では，陽イオン膜と陰イオン膜がプラスチックのスペーサを挟んで交互に配置され，何重にも積み重ねられている．一方の端が陽極(アノード)となり，反対側の端が陰極(カソード)となる(図-9.14参照)．直流電圧が掛けられると，電位差によってイオンが動くようになるが，反対荷電のイオンに対してはイオン選択膜が移動を遮る障壁となる．すなわち，アノード側に動こうとする陰イオンは，陰イオン膜を通過するが，移動方向で次に遭遇する陽イオン膜を通過できない．カソード側に動こうとする陽イオンは，陽イオン膜を通過するが，陰イオン膜によってストップされる．これらの膜は，イオン濃度が薄くなる流路

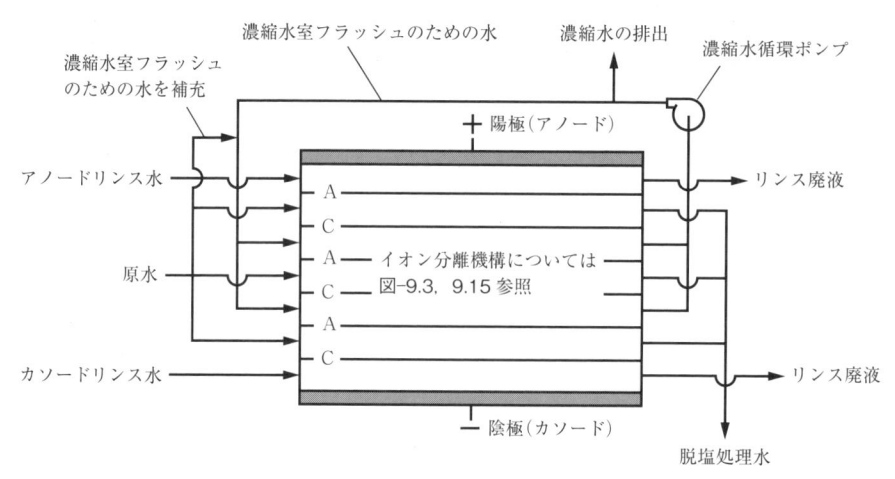

図-9.14 電気透析膜スタック図解．この例では，陽極(アノード)と陰極(カソード)のリンスが行われている．電極の極性を定期的に反転させる極性転換方式電気透析(EDR)プロセスが主流になってきている(図-9.15参照)．

と，イオン濃度が高くなる流路をつくり出すことになる(www.ionics.com)．

スタックと呼ばれるEDの積層構造内には，アノードとカソードの間に何層もの流路対が存在している．濃度が薄くなる溶液(脱塩液)の流路，陰イオン膜，濃縮水流路，陽イオン膜が一組の単位構成要素となるが，この一組はセルと呼ばれる．EDスタック内に内包されているセル数は，600にも上る．原水(ろ過された下水)は，ポンプによりスタック構造内に供給される．典型的な処理速度は，$0.8 \sim 1.0 \text{ m}^3/\text{m}^2 \cdot \text{d}$である．EDにおける溶存成分の除去性は，(1)下水の温度，(2)電流量，(3)イオンの種類および量，(4)膜の透過性/選択性，(5)原水のファウリングおよびスケール発生特性，(6)原水供給速度，(7)装置段数および装置配置に影響される．

9.6.2 極性転換式電気透析

極性転換式電気透析(EDR)プロセスは，1970年代初頭に開発された．EDRは，EDと同じ原理に基づいて運転されるが，同一流路が脱塩水流路と濃縮水流路の両方として機能する点が異なっている(図-9.15参照)．継続した膜洗浄を行うため，EDRプロセスでは定期的に直流極性の反転が行われる．この結果，システムを高い回収率で運転することが可能となる．極性の反転により，濃縮水流路と脱塩水流路がサイクルごとに入れ替わることになる．極性転換時に脱塩水を濃縮液流路に注入することで，スケールやスライムその他の堆積物の破壊と洗出しが効果的に行われる．極性転換直後の処理水流路から出てくる水は，しばらくの間は処理水としての取水はされない．

EDRシステムは，TDS濃度が$10\,000 \sim 12\,000$ mg/Lの場合でも脱塩処理が可能であるが，エネルギー消費量が問題となるため，TDS濃度が$1\,000 \sim 5\,000$ mg/L程度の鹹水の処理により適しているとされている．おおまかに言って，1kgの脱塩をするのに$1 \sim 1.2 \text{ kWh/m}^3$のエネルギーが必要となる．典型的な除去率は，$50 \sim 94\%$である(www.ionics.com)．EDR装置の設置状況および外に取り出された状態の膜スタックを図-9.16に示す．図-9.16に示したEDR施設では，California州San Diego市のNorth City処理場で造水される再生水の一部についてTDS除去を行っている．TDS濃度が低くなったEDR処理水は，TDS濃度が$1\,200 \sim 1\,300$ mg/Lである残りの大部分の再生水と混合され，再生水使用者との契約で合意した条件(TDS濃度$1\,000$ mg/L以下)を満たせるようになっている．

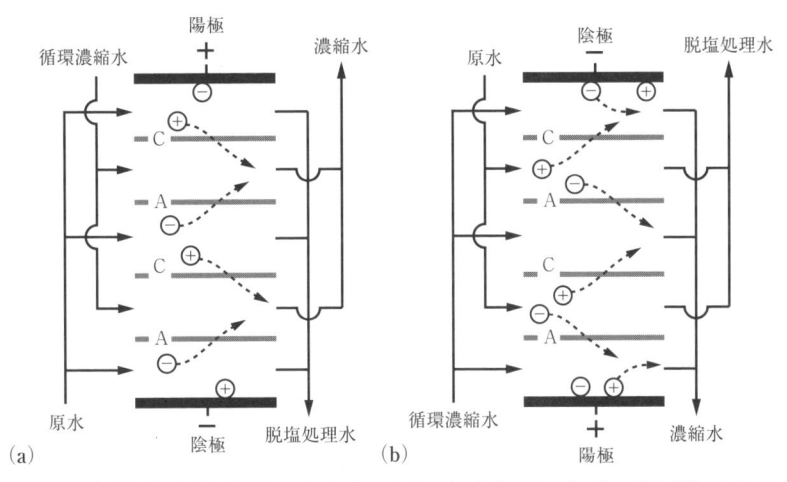

図-9.15 極性転換式電気透析（EDR）プロセス図解．(a)逆相運転，(b)正相運転状態．極性が反転されるため，図-9.14の例で用いられていた陽極（アノード）と陰極（カソード）のリンスは不要となる

図-9.16 California州San Diego市のNorth Cityプラントに設置された再生水のTDS除去に用いるEDRプロセス．(a)電気透析ユニット供給水の前処理に用いるカートリッジフィルタ，(b)カバーが取り外された状態の電気透析膜スタック，(c)フルスケール電気透析施設

9.6.3 消費電力

ED/EDR プロセスは，イオン選択膜を介したイオンの輸送およびシステム内のポンプ設備で電力を消費する．ポンプ段数は，2 あるいは 3 段とするのが通例である．ED に必要な電流量は，電気分解におけるファラデーの法則を用いることで推定できる．1 ファラデーに相当する電気量は，1 グラム当量に相当する物質を電極から電極へ移動させるので，単位時間当りに除去されるグラム当量分は，以下の式で表すことができる．

$$\text{グラム当量/単位時間} = Q(N_{\text{inf}} - N_{\text{eff}}) = Q \Delta N \tag{9.17}$$

ここで，グラム当量：溶質の質量(g)/溶質の当量，Q：処理水流量(L/s)，N_{inf}：流入水の規定度(原水側)(g-eq/L)，N_{eff}：流出水の規定度(処理水側)(g-eq/L)，ΔN：処理前後における規定度の変化(g-eq/L)．

膜スタック内の電流は，次式で表される．

$$i = \frac{FQ(N_{\text{inf}} - N_{\text{eff}})}{nE_c} = \frac{FQ \Delta N}{nE_c} \tag{9.18}$$

ここで，i：電流(A)，F：ファラデー定数(96 485 A·s/g-eq = 26.80 A·h/eq)，n：スタック内のセル数，E_c：電流効率(%)(式中では小数にして用いる)．

ED プロセスでは，膜が電流を受け渡しできる容量は，電流密度(current density；CD)と原水の規定度(N)に関係することがわかっている．電流密度は，電流に対して垂直方向の 1 cm^2 の膜を通って流れる電流量(mA)として定義される．規定度は，1 L 当りに含まれる溶質のグラム当量数により溶液の濃度を表すものである．1 L 当り 1 グラム当量の溶質を含む溶液が 1 規定となる．電流密度と溶液の規定度との関係は，電流密度-規定度比(current density to normality ratio；CD/N 比)と呼ばれる．

高い CD/N 比は，電流に対して輸送されるべき電荷の量が不足していることを示す．「分極(polarization)」と呼ばれるこのような状態では，膜表面上におけるイオンの局所的不足が生じる恐れがある．分極は，大きな電気抵抗を発生させて電力消費を増加させるため，できるだけ避けねばならない．電流密度が mA/cm^2 で表される場合，実際の CD/N 比は，500〜800 の間の値をとる．ED 装置の抵抗の値は，それぞれの使用条件において実験的に決定されねばならない．抵抗値 R と電流値 i が定まれば，オームの法則に従い，以下の式により所要電力を計算できる．

$$P = Ei = Ri^2 \tag{9.19}$$

ここで，P：電力(W)，E：電圧($V = Ri$)，R：抵抗(Ω)，i：電流(A)．

上述した関係式の応用例を例題 9-4 に示す．

例題 9-4　再生水の ED 処理における膜面積と所要動力の推定

日水量 4 000 m^3/d の再生水を工業用冷却水に用いるために，TDS 含量を減らしたい．必要となる電力と膜の面積を決定せよ．計算には，以下の条件を仮定すること．
① ED 装置は，500 セルから構成される．
② 流入 TDS 濃度　　2 500 mg/L（〜0.05 g·eq/L）
③ TDS 除去率　　50%
④ 処理水流量　　供給水流量の 90%
⑤ 電流効率　　90%
⑥ CD/N 比　　(500 mA/cm^2)/(g·eq/L)

⑦ 抵抗　5.0Ω

解　答

1. 式(9.18)により電流値を計算．

$$Q = (4\,000\ \text{m}^3/\text{d}) \times (1\,000\ \text{L/m}^3)/(86\,400\ \text{s/d}) = 46.3\ \text{L/s}$$

$$i = \frac{FQ\Delta N}{nE_c} = \frac{(96\,485\ \text{A}\cdot\text{s/eq})(46.3\ \text{L/s})(0.9)(0.05\ \text{eq/L})(0.5)}{500 \times 0.90} = 223\ \text{A}$$

2. 式(9.19)により所要電力を計算．

$$P = Ri^2 = (5.0\,\Omega)(223\ \text{A})^2 = 248\,645\ \text{W} = 249\ \text{kW}$$

3. 処理水 1 m³ 当りの所要電力を計算．

$$\text{所要電力} = \frac{(249\ \text{kW})(24\ \text{h/d})}{(4\,000\ \text{m}^3/\text{d})(0.9)} = 1.66\ \text{kWh/m}^3$$

4. 1 セル当りに必要となる膜面積を計算．

  a. 電流密度の計算．

  $$\text{CD} = (500\ \text{mA/cm}^2)/(\text{g}\cdot\text{eq/L}) \times 0.05\ \text{g}\cdot\text{eq/L} = 25\ \text{mA/cm}^2$$

  b. 必要となる面積の計算．

  $$\text{面積} = \frac{(223\ \text{A})(1\,000\ \text{mA/A})}{25\ \text{mA/cm}^2} = 8\,920\ \text{cm}^2 = 0.89\ \text{m}^2$$

解　説

実際の性能は，パイロット試験により評価されねばならない．単位体積当りの所要電力として計算された 1.66 kWh/m³ という値は，表-9.1 に示した TDS 濃度が 1 000～2 500 mg/L の場合についての値(1.1～2.6 kWh/m³)と一致している．

ポンプに必要とされる電力

ポンプ部の所要電力は，濃縮水の循環率，処理水と排水の放流におけるポンプの必要性，ポンプ装置の効率に依存する(USBR, 2003)．

9.6.4　設計と操作における留意事項

ED 処理は，連続流方式でも，回分式でも行うことができる．必要な水理学的容量を満たすために装置を並列に配置することもできるし，要求される脱塩度を達成するために直列に装置を配置する場合もある．一つの典型的な例として，3 段の 2 系列 ED 処理フロー図を図-9.17 に示す．粒子性物質による ED プロセスのファウリングを防ぐため，10 μm のカートリッジフィルタを用いた前処理を行うことが望ましい[図-9.4(c)，(d)および図-9.7 参照]．

原水水質にもよるが，1 つの ED スタックで 25～60% の TDS が除去される．さらに脱塩が必要となる場合には，複数のスタックを直列に配置する(USBR, 2003)．膜を継続的に洗浄するため，供給水量の約 10% に相当する補充水が必要となる．それぞれのイオン選択膜両側において流量・圧力を維持するために濃縮水の一部を循環させる．表-9.15 に ED プロセスにおける標準的な運転操作条件を示す．

第9章 膜処理による溶存成分の除去

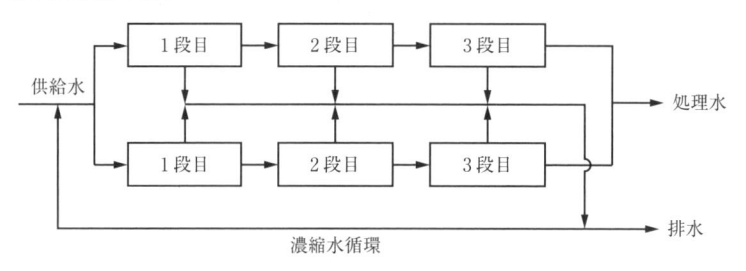

図-9.17 3段, 2系列の電気透析プロセスフロー

EDプロセスを用いた下水の再生に伴う問題としては，溶解度の低い塩類の膜表面における析出と，下水処理水中のコロイド有機物による膜目詰まりがあげられる．膜目詰まりを軽減するためには，何らかのろ過が必要となる．適切に設計されたプラントでは，膜の洗浄は，それほど頻繁に行わずとも済む．しかし，EDでもEDRでも，装置の分解を行わずに膜を洗浄できるようなシステムを準備しておくのが通例である．無機スケールを溶解させるためには塩酸を，有機物の除去のためにはpH調整を行った塩化ナトリウム溶液を循環させる(USBR, 2003).

表-9.15 電気透析装置における標準的運転条件

項　目	範　囲
フラックス($m^3/m^2 \cdot d$)	0.8 ～ 1.0
CD/N比(mA/cm^2)	500 ～ 800
膜の電気抵抗(Ω)	4 ～ 8
TDS除去(％)	50 ～ 94
電流効率(％)	85 ～ 95
濃縮水流量(供給水量に対する％)	10 ～ 20
消費エネルギー[a](kWh/m^3)	1.5 ～ 2.6
塩類1 kgを除去するために必要なエネルギー($kWh/m^3 \cdot kg$)	1 ～ 1.2

[a] TDS濃度が1 000～2 500 mg/Lの再生水を処理する場合．TDS濃度が10 000～12 000 mg/Lを超えるような場合にあてはまるものではない．

9.6.5 膜と電極の寿命

EDやEDR処理に用いられる膜は，およそ10年間使用可能であるとされている．効果的また適切な時期での膜洗浄の実施は，膜寿命を延長し，処理水質と電力消費量を改善する．通常，陽イオン膜は，陰イオン膜よりも長く使用することが可能である．これは，陰イオン膜が塩素その他の強い酸化剤による酸化を受けやすいことによる(USBR, 2003)．EDR周辺の技術発達と新しい電極の開発に伴い，アノードとカソードの寿命は2年から3年になった．通常，アノードの寿命は，カソードのそれよりも短い．電極は，再生可能である(USBR, 2003).

9.6.6 電気透析と逆浸透の比較

最近行われた研究では，TDS濃度が750 ± 50 mg/Lの再生水から脱塩を行って500 mg/L以下にする事例において2つの高度処理プロセスの比較が行われている(Adham et al., 2004)．比較の対象となったのは，(1)MFを前処理としたROと，(2)EDRである．試験は6ヶ月間にわたり2系列同時に実施され，カートリッジフィルタによる前処理を行ったEDRは，MF／RO処理よりもコスト的には有利であったことが明らかとなった．それぞれの高度処理が有する長所・短所を表-9.16に示す．EDRの適用範囲拡大が現在も検討されている．本件に関しては新しい文献を参照されたい．

表-9.16 脱塩処理に用いる電気透析と逆浸透の長所および短所の比較[a]

長　所	短　所
電気透析	
最小限の前処理で済む(カートリッジフィルタが推奨される)	膜スタック1つ(1段)では，脱塩率が50%にとどまる
低圧力で運転可能	多段装置が必要になる場合，ROと同等の水量と水質を得るために必要となる面積が大きくなる
高圧ポンプが必要ではないので，運転中静かである	電気的な安全性を考慮する必要がある
スケール防止剤が不要	米国内では，脱塩処理への適用例が少ない
極性転換によってファウリング物質が連続的に除去されるため，膜寿命が長い	微生物や多くの種類の人工有機汚染物の除去には効果的ではない
極性転換によって維持管理がROに比べて簡単になる	
逆浸透	
RO膜は，微生物や多くの人工有機汚染物を良好に除去する(処理水については)	高い脱塩率を得るためには，高い圧力が必要になる
下水からの脱塩処理に多くの実績がある	スケールの発生，膜ファウリングを抑制するために前処理が必要となる
RO膜は，TDSを90%除去する	MFとROのファウリングを制御するために薬品の注入が必要となる
原水を処理水に混合することで，システムのサイズを小さくできる	性能を維持するための日常管理がEDRに比べて比較的煩雑
必要となる場合には，高度な水質の水を供給する自由度が高い	

[a] Adham *et al.*(2004 より引用.

9.7　膜処理から発生する濃縮水の処分・管理

　NFあるいはROを用いる場合，濃縮水が発生する(図-9.4参照). 前述したように，濃縮水は，溶解性成分を多量に含む一方で，懸濁成分の含有量は少ない. 本節では，膜処理から発生する濃縮水とその廃棄方法，濃縮方法について解説する. 以下の記述においては，Mickley((2001)とCrittenden *et al.*(2005)の著作を一部参考にしている.

9.7.1　膜処理から発生する濃縮水の問題

　膜処理から発生する濃縮水の管理にあたり，考慮されなければならない重要な点は，(1)濃縮水の量，(2)濃縮水の水質，(3)処分先の環境区分と関連する規制である. 膜洗浄に伴って発生する廃液の管理も重要な検討事項である. 膜処理から発生する濃縮水・廃液の管理・処分に影響を及ぼす因子を表-9.17に示す.

濃縮水の量
　膜処理から発生する濃縮水は，比較的量が多く，その管理は，しばしば困難なものとなる. プロセスへの供給水量から得ることのできる処理水の量として定義される回収率は，NFやRO装置の場合，50～85%の範囲となる. 10 000 m^3/dの処理を行うNFプロセスが85%の回収率で運転したとすると，濃縮水の量は1 500 m^3/dになる. このくらいの量になると，廃液の処分はきわめて難しいものになることがある. ROプロセスより発生する濃縮水の量と濃度の推定について**例題9-5**で扱う.

第9章 膜処理による溶存成分の除去

表-9.17 膜処理プロセスから発生する廃液の管理と処分に際し考慮すべき問題[a]

考慮すべき問題	説　明
発生する廃液の量	NFでは，供給水量の10〜30%が，ROでは，15〜50%が濃縮水になる
塩分濃度／毒性	濃縮水の塩分濃度は高く，多くの動植物に対して毒性がある．このことが要因となって土壌散布や表流水への放流が難しくなったり，濃縮水のリサイクルが不可能になることがある．多くの場合，濃縮水は嫌気的であり，表流水に直接放流した場合には，魚類への悪影響が懸念される．ROがある特定成分の除去に用いられる場合には(ヒ素，カルシウム，ラジウム等)，濃縮水は，危険物質としての取扱いが必要となることもある
処分先における規制	濃縮水は，U.S. EPAにより産業廃棄物として規定されている．濃縮水の処分は，連邦政府法，州法，地域の法律や条令により規制されており，またこれらの規制間における相互関係が複雑なものになっている(Kimes, 1995；Pontius et al., 1996)．濃縮水の処分方法を決定する際，規制に対する配慮は，しばしばコスト面および技術的な検討と同等に重要となる

[a] Crittenden et al.(2005)より引用．

例題9-5　RO施設から発生する濃縮水の量と質の推定

下水処理水を原水として工業冷却用水を供給するため，処理水流量4 000 m³/dのRO施設を設計する．濃縮水の水量と水質，処理水の水質，処理が必要となる全水量を予測せよ．以下の条件を仮定すること．

① 回収率，除去率　　90%
② 供給水のTDS濃度　　1 000 mg/L

解　答

1. 濃縮水の流量と，処理が必要になる全水量を計算する．
   a. 式(9.6)と式(9.9)より濃縮水流量を決定する．

   $$Q_r = \frac{Q_p(1-r)}{r} = \frac{(4\,000\ \mathrm{m^3/d})(1-0.9)}{0.9} = 444\ \mathrm{m^3/d}$$

   b. 4 000 m³/dのRO処理水を得るためにRO施設への供給が必要となる全水量を求める．式(9.9)より，

   $$Q_f = Q_p + Q_r = 4\,000\ \mathrm{m^3/d} + 444\ \mathrm{m^3/d} = 4\,444\ \mathrm{m^3/d}$$

2. 透過水中の濃度を求める．式(9.7)より，
   $C_p = C_f(1-R) = 1\,000\ \mathrm{mg/L}(1-0.9) = 100\ \mathrm{mg/L}$

3. 式(9.10)を書き直して，濃縮水中の濃度を求める．

   $$C_r = \frac{Q_f C_f - Q_p C_p}{Q_r} = \frac{(4\,444\ \mathrm{m^3/d})(1\,000\ \mathrm{mg/L}) - (4\,000\ \mathrm{m^3/d})(100\ \mathrm{mg/L})}{444\ \mathrm{m^3/d}} = 9\,108\ \mathrm{mg/L}$$

濃縮水の分類

膜処理プロセスから発生する濃縮水の処分には，他の廃棄物処分プロセスから発生する最終排出物の場合と同様の規制がかけられている．浄水場から発生する排出物は，Clean Water Act(2章参照)において産業廃棄物として分類されているが，膜処理プロセスから発生する濃縮水も浄水場からの排出物と同様の特性を有している．濃縮水の処分は，様々な連邦政府法，州法，地域的な条例等で規制されており，これらの法令間の相互関係が複雑になることがある(Kimes, 1995；Pontius et al., 1996)．

濃縮水は塩分濃度が高いことから毒性を発現する可能性があり，毒性物質・危険物質の制御に関する規制も考慮されなければならない．濃縮水処分方法の決定にあたり，法令への配慮は，しばしばコスト面および技術面での検討と同等に重要となる．

洗浄廃液

膜処理から発生する廃液類中では濃縮水が大部分の体積を占めるが，NF/ROプラントからは，膜洗浄に用いた薬品廃液も発生する．通常，洗浄廃液は，洗剤や界面活性剤を含んだ酸性あるいはアルカリ性溶液である．多くの場合，洗浄廃液の体積は，濃縮水の体積に比べてかなり小さいので，洗浄廃液を濃縮水で混合希釈する形で濃縮水と一緒に排出されている．排出に先立って洗浄廃液の処理が必要になる場合もあるが，処理は，pH中和か脱塩素処理のみになることも多い．洗浄剤や界面活性剤の選定にあたっては，処分の問題も念頭に置いておく必要がある．

9.7.2 廃液の濃縮と乾燥

濃縮水の排出量が大きい場合，体積を減らして処分を簡単にする必要が生じることがある．このための方法として，(1)膜の多段配置(multiple-stage membrane)による濃縮，(2)天日乾燥蒸発(solar evaporation)，(3)蒸気圧縮式濃縮装置(vapor compression evaporator system)［ブライン濃縮器(brine concentrator)］），(4)晶析(crystallizer)，(5)スプレドライヤ(spray dryer)等がある．

膜の多段配置による濃縮

処理水の回収率を増加させることで濃縮水の発生量は減少し，濃縮水中の塩分濃度は増加する．2段あるいは3段のRO膜処理による濃縮(図-9.18)が濃縮水中のTDS濃度を増加させるために用いられ，TDS濃度は，35 000 mg/L以上にまで増加する．塩分濃度の増加により，適用可能な処分方法は限定されるかもしれないが，濃縮水体積を小さくすることで，天日乾燥蒸発池や深井戸への注入による処分が容易になる．濃縮処理後は，蒸気圧縮式濃縮装置や，晶析の適用も可能になる．

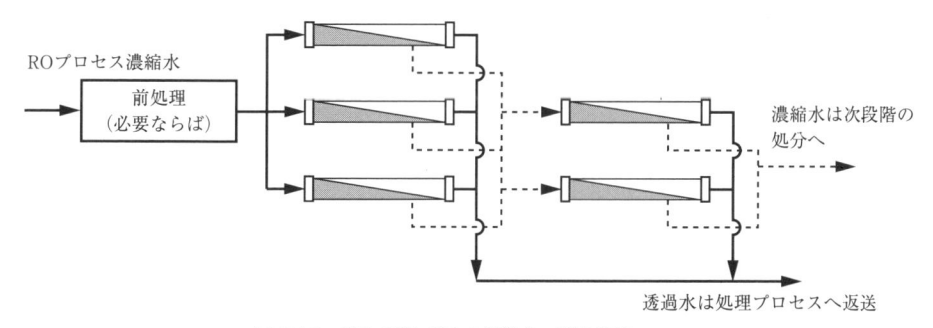

図-9.18 膜を2段に配した濃縮水の減容処理フロー

天日乾燥蒸発

気候条件が適している所なら，天日乾燥蒸発池の使用が合理性を持ち得る．蒸発池の性能を左右する重要な因子としては，相対湿度，風速，気圧，水温，濃縮水の塩含有量があげられる．ある地域では，地中海域の乾燥地帯で見られる脱塩装置のようにガラスで覆われた蒸発池が濃縮水やブラインの濃縮に使われている(図-9.19参照)．

流下液膜式濃縮器

蒸気圧縮を併用する場合としない場合があるが，流下液膜式濃縮器がNFやROから発生する循環

第9章 膜処理による溶存成分の除去

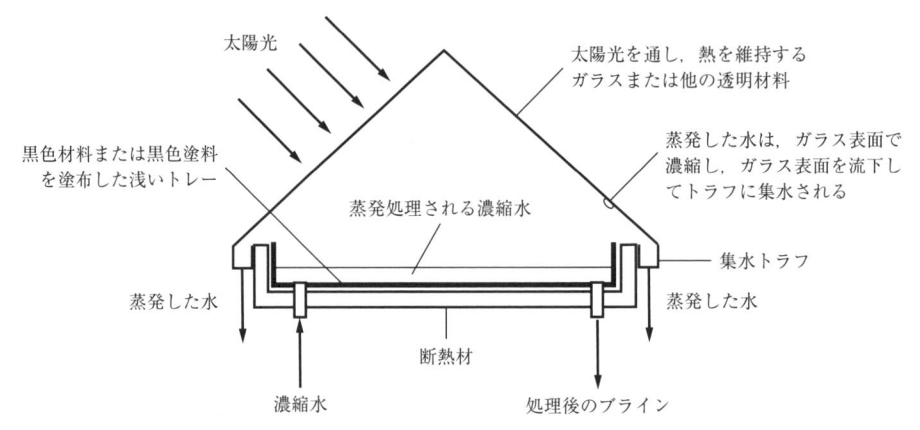

図-9.19 濃縮水の減容に用いる太陽光利用型蒸発室

水の濃縮に用いられる．蒸気圧縮を併用する場合[図-9.20(a)]，蒸気の凝縮に伴い放出される熱は，濃縮器内部の熱交換器表面を通して濃縮水へ移動する．濃縮器内部で濃縮水は，沸騰状態となる．

沸騰濃縮液から発生した蒸気は，コンプレッサにより圧縮され，圧力と飽和温度が上昇した蒸気が濃縮器内に戻される．凝縮する蒸気と濃縮水の間の熱交換があるので，コンプレッサの運転に必要となる分の動力以外には外部からの熱源をほとんど加えずに運転を行うことが通常は可能である．蒸気圧縮を用いる場合，1 kgの水(100 BTU/lb)の水を蒸発させるのにわずか230 kJのエネルギーしか必要としない．処理水中のTDS濃度は，通常，10 mg/L未満である．濃縮器からの排出水量は，通常，供給水量の2～10%となり，TDS濃度は，250 000 mg/Lに達する．晶析処理(図-9.21 参照)やスプレドライヤと組み合わせて用いれば，あらゆる気候条件下においてRO濃縮水起因の液状廃棄物量を0にすることが可能になる(Mickley, 2001)．RO濃縮水の処理に用いる典型的な流下液膜式濃縮器を図-9.20(b)に示す．

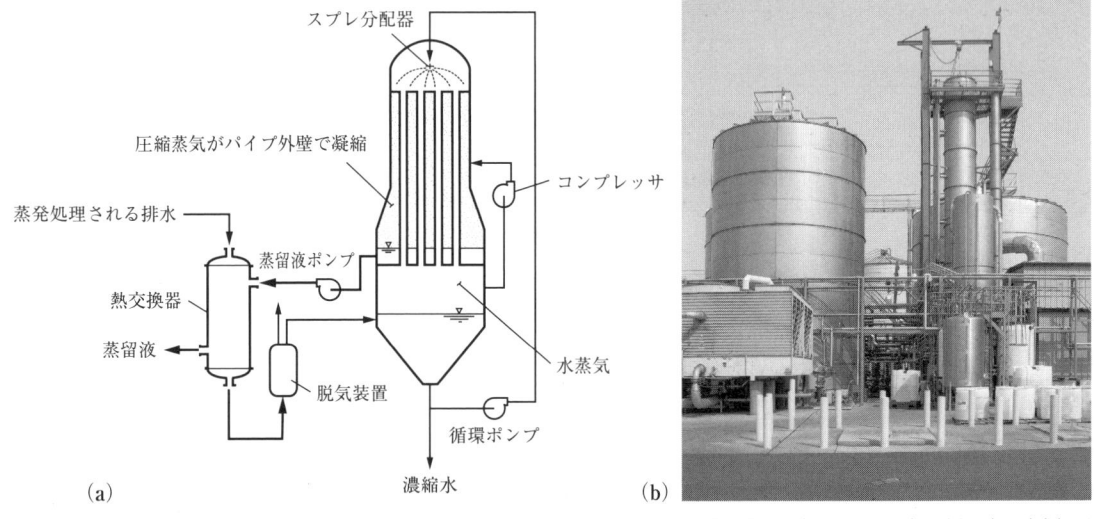

図-9.20 濃縮水の減容に用いる流下液膜式濃縮器．(a)図解図，(b)稼働中の流下液膜式濃縮器(蒸発塔が右手に見える)．減容処理された濃縮液水(ブライン)は，処分場へ運搬される

晶　析

晶析技術は，工業プロセスにおいて原料濃縮を目的として古くから用いられている技術である．最

9.7 膜処理から発生する濃縮水の処分・管理

近になって，この技術が脱塩プロセスからの濃縮液に適用され始め，廃液からより輸送しやすい形態への変換が行われている．晶析は，天日乾燥蒸発池の建設コストが高くつく地域，天日乾燥の速度が遅い地域，深井戸への排出が適当ではない，あるいは可能ではないような地域において特に適している技術である(Mickley, 2001)．晶析装置には様々な規模のものがあり，蒸気圧縮あるいは利用可能な蒸気から得られる熱を利用する．

蒸気圧縮を用いた強制循環式晶析装置のフロー図を図-9.21に示す．濃縮水は，晶析装置下部に設置された受水槽に排出され，ここで晶析装置循環水と混合される．混合液は，熱交換器へと送られ，ここで圧縮蒸気からの蒸気により加熱される．水が混合濃縮水より蒸発するのに伴って結晶が析出する．晶析装置からは湿潤状態の固体が発生するが，これは，直ちに埋立地へ輸送可能である．RO濃縮水の処分では，晶析装置を濃縮水蒸発器と組み合わせて用いるのが通例である．この組合せにより，液状廃棄物を輸送のしやすい固形物に変換することができる．

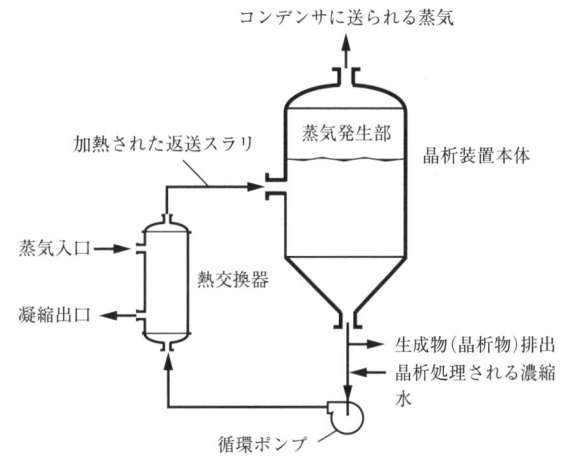

図-9.21 減容処理された濃縮水の処理に用いられる強制循環式晶析装置

スプレドライヤ

スプレドライヤは，晶析装置と同様に廃液容量を減らすために用いられる．システムは，廃液タンク，縦型スプレドライヤ，バッグフィルタから構成される(図-9.22参照)．濃縮水は，遠心噴霧器により上部からスプレドライヤ内に放出される．加熱空気がスプレドライヤ内に導入され，バッグフィルタから引き抜かれる．乾燥粉末は，バッグフィルタで分離された後排出され，貯蔵施設あるいは廃棄施設へ輸送される．

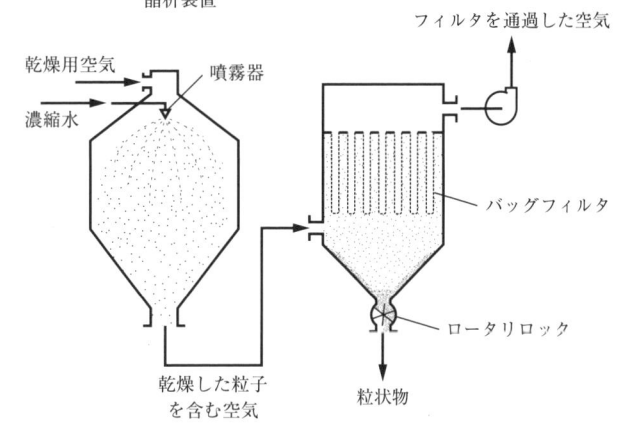

図-9.22 濃縮液の乾燥に用いられるスプレドライヤ

膜を用いた蒸留

膜を用いた蒸留(membrane distillation)は，脱塩処理およびRO廃液その他のブラインの濃縮に用いうる新しい方法である．膜を用いた蒸留の模式図を図-9.23に示す．膜を用いた蒸留では疎水性の多孔性膜(porous membrane)を使用し，濃縮水からの水蒸気発生を促進させる．疎水性膜(hydrophobic membrane)は，水蒸気は通過させるが，水滴は通過させない．図-9.23(a)に示したように，50～60℃の濃縮水が膜の片面を流れると，水蒸気は膜を通過してゆく．膜の反対側には低温の濃縮水が流れており，ここで水蒸気は冷やされて凝縮する(www.takenaka.co.jp)．濃縮水を加熱するために必要となる熱源として，日射される池の水，汚泥消化上澄水，エンジンのジャケット水等が考えられる．NFやROの濃縮水を膜を用いた蒸留で処理するパイロット試験がオーストラリアで行われており，TDS濃度の高い下水処理水が検討対象となった(Leslike et al., 2005)．また，膜を用いた蒸留により地下水を処理するパイロット規模試験がテキサス大学のEl Paso校で試みられた．この試験では，膜を用いた蒸留がROやNFの濃縮水処理においては競争力のある方法であるという結果が

第 9 章 膜処理による溶存成分の除去

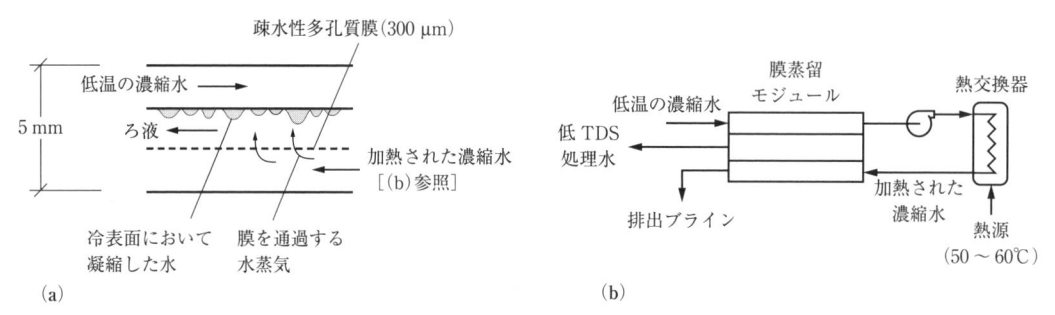

図-9.23 膜を用いた蒸留．(a)処理原理，(b)プロセスフロー

得られている(Walton *et al.*, 2004)．

9.7.3 膜処理から発生する廃液の最終的な処分方法

膜処理から発生する濃縮水の処理によく用いられる方法を表-9.18 に示す．中でもよく用いられる方法は，(1)下水道への放流，(2)表流水への放流，(3)地下への注入であり，これらについては，以下で解説する．

下水道への放流

濃縮水を発生させる処理施設の規模が小さく，濃縮水の水量が下水道終末処理施設における処理能力に比較して小さい場合には，下水道への放流が有力な選択肢となる．下水道への濃縮水放流につい

表-9.18 膜プロセスから発生する濃縮水の処分方法

処分方法	解説
加熱による蒸発	エネルギー消費量が大きいが，多くの地域でこの方法が唯一の適用可能な方法となるのかもしれない
地下への注入	地下帯水層が鹹水あるいは都市用水として不適なものであれば，選択肢の一つとなる
下水道への放流	TDS の上昇が問題にならないような(例えば，20 mg/L 未満)少量の排出であれば，有力な選択肢となる．大量の放流については，濃縮水の水量と TDS が下水処理施設の運転あるいは下水処理水の処分や再利用に影響しない場合にのみ適用が可能である
下水処理水と混合して放流	表流水域あるいは海域への既存放流施設を用いる．放流基準と放流の位置によっては可能となる
蒸発池	一部の南部および西部の州を除き，大きな表面積が必要となる
土壌散布	低濃度の濃縮水については，これまでにも行われている
埋立て	濃縮後の廃液は，厳重に管理された有害廃棄物埋立地で処分してもよい．二重にライニングされた一般廃棄物埋立地に乾燥物として処分する場合もある
海洋投棄	米国海岸域に位置する処理施設がよく採用する方法である．通常，1 本のブライン管が海域深部において複数の排出装置へ分岐している．Florida 州では，発電所の冷却水と一緒に濃縮水が排出されている．内陸部施設の場合には，トラックや鉄道による輸送，あるいはパイプラインの敷設が必要になる．微量汚染物質の存在が懸念されることから，将来は再生水処理施設から発生する濃縮水の継続的な海洋排出は認められないかもしれない
有価物として回収	濃縮物の起源と処理の方法によっては(晶析等)，有用な副生成物として回収することが可能になることがある
表流水への排出	濃縮水の処分方法として最も一般的なものである．少量の排出であれば許容されうるが，受水域の TDS によっては，濃度の高い濃縮水の排出は許可されない場合もある

ては，当該地域で定められた規則に抵触しないかどうかを確認しなければならない．RO濃縮水中の主な成分は，高濃度の無機成分であるが，生物学的処理プロセスは，このような成分に対しての有効性はほとんどない．

水質に関わる問題　濃縮水の下水道への放流にあたっては，未処理の下水と混合されることによる影響について考慮する必要がある．濃縮水を一度に大量に放流するのではなく，計量しながら徐々に放流することで，放流後に起こり得る悪影響を最小化することができる．濃縮水と下水の混合が処理施設に悪影響を与えないか，混合の結果NPDESで許容される排水基準値を超えるようなことにならないかということを明確に示すためには，パイロット規模での調査，モデル化の実施が必要になることが多い．下水処理場からの放流水が地下水再涵養に用いられる場合で，TDS濃度が地下水のTDS濃度上限，例えば500 mg/Lを超える恐れがある時には(**22章**参照)，サテライトプラント(周囲の小規模施設)から集約型収集システムへの濃縮水放流を受け入れないこともある．

設計時における留意事項　濃縮水処分システムの設計にあたっては，放流量を調整できるようにしておくべきである．流量調整池や計量ポンプの設置により，下水処理場の突然の不調を引き起こすような濃縮水塊の混入を避けることができる．濃縮水の排出にあたっては，下水処理場のオペレータとの連携が考慮されるべきである．

表流水への排出

許可が得られる所に限られるが，ROプラント(特に沿岸部地域にあるもの)から排出される濃縮水の処分方法のうち最も経済的なものは，鹹水域への排出である．表流水への排出システムが有する長所は，比較的低い建設コストおよび維持管理コストである．反対に短所としては，(1)排出が健康影響あるいは環境影響を引き起こさないことを明示する必要があること，(2)将来にわたり表流水への排出が許可されるかわからないこと，(3)NPDESの許認可条件が遵守されていることを示すため，排出廃液と放流域の徹底したモニタリングが必要となることがあげられる．

水質に関わる問題　濃縮水の水質は，表流水排出のあり方を大きく左右する．濃縮水は，主に原水から分離された無機成分から構成されている．濃縮水と放流先間におけるTDS(塩分濃度)の差が重要な検討項目である．多くの場合，濃縮水を環境中に十分に分散させるための特別な設計がなされた拡散システムが必要になる．TDSに加えて，個々の重金属成分による毒性についても留意が必要である．これらの成分も，TDSと同等程度に濃度が上昇しているはずである．また，多くの濃縮水は，嫌気性であり，十分な希釈がなされない場合には放流先の魚類に有毒となる．毒性に関する検討は，予想される重金属濃度レベルと規制されている上限値との比較が第一段階となるが，許認可の条件としてバイオアッセイの実施を求められることが多い．経済的な観点からは，プラントに近い河川感潮域や港湾域へ放流を通じて排出することが有利になるとしても，環境への配慮からこのような手段をとることへの躊躇が生じることが少なくない．

設計時における留意事項　表流水排出システムの設計時における留意事項としては，濃縮水の水質，放流の位置，ポンプの必要性，流量の調整，放流の構造等があげられる．放流の位置は，きわめて重要な検討事項である．放流は，排出濃縮水の分散が最大限に行われるような地点に配置されねばならない．また，放流は，放流先の良混合域に濃縮水が広く分散するような構造を持たねばならない．放流の位置と構造は，ポンプ設備への要求度と密接に関連する．流量の調整は，ポンプと原動機のサイズを最小化するために検討されるべき事項であるが，一方で，放流先の環境影響を低減させるという観点からも検討が必要である．

地下への注入

濃縮水をポンプにより注入井より数千m下の地層に圧入させることで処分することもある．濃縮水が注入されるのは，鹹水あるいは塩水帯水層であり，水道水として使う見込みのない部分である．

これらの帯水層は，厚い不透水性の岩石層や堆積物に覆われており，より浅い所に存在する淡水帯水層と混ざり合うことはない．このような深い帯水層への濃縮水注入が，脱塩処理を行うROプラントのうち約10%で実施されている．特にFlorida州では，この方法が一般的になりつつある．Florida州でこの方法が好まれている理由は，信頼性の高い帯水層が存在すること，表流水放流へ対する市民および規制面の抵抗が強いことにある．

水質に関わる問題　膜処理プロセスから発生する濃縮水の帯水層への注入は，連邦環境規制あるいは地域的な環境規制により制限されている．約300 000本の帯水層注入井が，米国全土にわたり存在する．これらの注入井に起因する地下水汚染への懸念が高まった結果，飲料水水源として用いる地下水資源を保護するための法定義務が1978年に制定されたDrinking Water Actに含まれた．このことにより，州ごとの地下水汚染防止計画における最小限の必要事項が確立された．続いて制定されたUnderground Injection Control(UIC)では，成功事例が反映されており，州ごとの規制強化と最低限としての連邦基準確立が意図されたものとなっている．現在，40州がUICによる規制に基づき地下水汚染制御を行っている(Mickley, 2001)．

設計時における留意事項　注入井の建設にあたっては，産業廃棄物の深井戸への注入について定められた関連法令を遵守しなければならない．注入井は，3〜4つのケーシング枠からなっており，それぞれのケーシング枠間は，セメントグラウトが充填されている(図-9.24参照)．通常，各ケーシング枠は，それぞれ異なる深さまで下方に延びている．検討を行う地域の地下水水理条件によっては，帯水層間の水移動による地下水の汚染が起こりやすい場合もあるので，多層のケーシング枠を用いた設計が行われる．連続的な地下水注入を行うためには，複数の注入井を準備する必要がある．下部帯水層への注入システムは，井戸の掘削費と維持管理費が嵩むことから，かなり高額になるのが通例である．注入井底部での高圧力と高塩分濃度に起因して，スクリーンとケーシング枠の腐植が起こりやすい．これらの条件下で耐腐食性の高い材質を選択できれば，地下水注入設備の寿命を延ばすことができる．

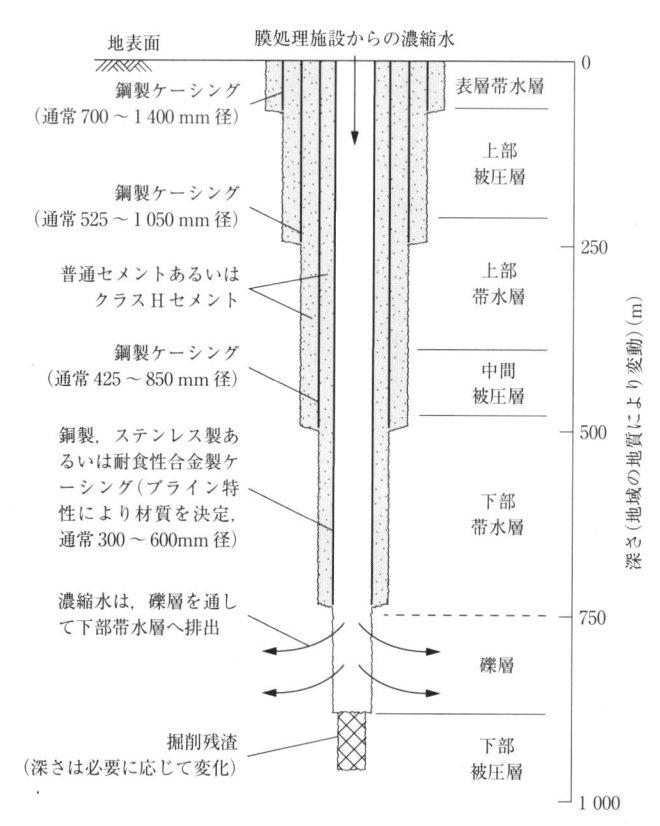

図-9.24　濃縮水ブラインの処分に用いる地下水注入井[Crittenden et al.(2005)]

問　題

9-1　TFCRO膜により4種類の水を処理したい．A，B，C，D4種の水について(指導教員が指定すること)必要な膜面積，除去率，濃縮水の濃度を推定せよ．

問題

条件	水			
	A	B	C	D
原水供給水量 (m³/d)	4 000	5 500	20 000	10 000
原水中 TDS (g/m³)	2 600	3 200	5 400	2 700
透過水中 TDS (g/m³)	200	500	400	225
水の物質移動係数 k_w (m/s)	1.5×10^{-6}	1.5×10^{-6}	1.5×10^{-6}	1.5×10^{-6}
溶質の物質移動係数 k_s (m/s)	5.8×10^{-8}	5.8×10^{-8}	5.8×10^{-8}	5.8×10^{-8}
正味の操作圧力 (bar)	28	25	28	30
回収率 (%)	88	90	89	86

9-2 右表に示すデータを用いて RO 膜ユニットにおける回収率と除去率を求めよ(ユニットの選択は,指導教員が行うこと).

	ROユニット			
	A	B	C	D
原水供給水量 (m³/d)	4 000	6 000	8 000	10 000
透過水流量 (m³/d)	350	600	7 500	9 000
透過水中 TDS (g/m³)	65	88	125	175
濃縮水中 TDS (g/m³)	1 500	2 500	2 850	2 850

9-3 下表に示すデータを用いて RO 膜ユニットにおける水の物質移動係数と溶質の物質移動係数を求めよ(ユニットの選択は,指導教員が行うこと).

	ROユニット			
	A	B	C	D
原水供給水量 (m³/d)	4 000	5 500	20 000	10 000
原水中 TDS (g/m³)	2 500	3 300	5 300	2 700
透過水中 TDS (g/m³)	20	50	40	23
正味の操作圧力 ΔP (bar)	28	25	28	30
膜面積 (m²)	1 600	2 000	10 000	5 000
回収率 (%)	85	90	89	86

9-4 処理水として 4 000 m³/d の脱塩水を造水することになっている RO 施設がある.この施設における濃縮水の量と質,処理しなければならない水の総量を推定せよ.回収率は 80%,除去率は 85%,供給水中の TDS は 1 500 mg/L とする.

9-5 右表に示すろ過後の下水処理水について SDI を決定せよ.これらの水をスパイラル型の RO 膜により処理する場合,追加の処理は必要になるか.

ろ過時間 (min)	累積透過水量 (mL)			
	A	B	C	D
2	315	480	180	500
5	575	895	395	700
10	905	1 435	710	890
20	1 425	2 300	1 280	1 150

9-6 MF 処理水(サンプルの選択は,指導教官が行うこと)の修正ファウリング指標 (MFI) を右表に示すデータを用いて計算せよ.

時間 (min)	ろ過水体積 (L)		時間 (min)	ろ過水体積 (L)		時間 (min)	ろ過水体積 (L)	
	サンプル			サンプル			サンプル	
	A	B		A	B		A	B
0			2.5	5.22	5.37	5.0	8.57	9.67
0.5	1.50	1.50	3.0	3.03	6.28	5.5		10.34
1.0	2.50	2.50	3.5	6.78	7.17	6.0		10.97
1.5	3.45	3.48	4.0	7.48	8.03	6.5		11.47
2.0	4.36	4.40	4.5	8.08	8.87			

9-7 水温20℃で，右表に示すような化学的特性を持つRO処理水についてスケール発生の可能性を推定せよ（サンプルの選択は，指導教官が行うこと）．ランゲリア飽和度指数，リズナー安定度指数の両方で評価を行うこと．

成分	水サンプル			
	A	B	C	D
Ca^{2+} (mg/L)($CaCO_3$換算)	5	12	15	10
HCO_3^- (mg/L)($CaCO_3$換算)	7	9	16	12
TDS(mg/L)	20	40	50	25
pH(—)	6.5	8.0	6.8	7.8

9-8 TDS濃度が2 000 g/m³(0.04グラム当量/L)の原水を処理量2 500 m³/d，50%のTDS除去率でEDR処理する場合の動力コスト(現時点での電気料金に基づくもの)を推定せよ．膜スタックは，400，500，600セルを含むものと仮定し，抵抗は5Ωとする．

9-9 処理量2 500，4 000，あるいは6 000 g/m³で，下表に示すような化学的特性を有する再生水をEDR処理する場合の動力コスト(現時点での電気料金に基づくもの)を推定せよ(水の種類と流量は，指導教員が行うこと)．カルシウムとマグネシウムを60%除去する必要があり，膜スタックは，500セルを含むものと仮定し，抵抗は5Ωとする．

陽イオン	濃度(mg/L)			陰イオン	濃度(mg/L)		
	A	B	C		A	B	C
Ca^{2+}	610	800	130	HCO_3^-	660	1 220	410
Mg^+	180	380	180	SO_4^{2-}	260	224	50
Na^+	55	1 100	640	Cl^-	80	595	110
K^+	60	230	360	NO_3^-	80	470	850

9-10 再生水を処理しているRO施設に関する右表のデータを用い，処分が必要となる濃縮水の量と質を求めよ(RO施設の決定は，指導教員が行うこと)．

	RO施設			
	A	B	C	D
原水供給水量(m³/d)	4 000	6 000	8 000	10 000
原水中TDS(g/m³)	1 500	2 000	1 800	2 500
回収率(%)	88	92	85	90
除去率(%)	95	90	92	96

9-11 NF，RO，EDから発生する廃液を扱った最近の論文(過去5年以内)3本について論評せよ．どのような種類のプロセスあるいはプロセスの組合せが現在用いられているか，何が廃液の処理・処分にあたり重要な問題であると考えられるのかを重点的に述べること．

参考文献

Adham, S., T. Gillogly, G. Lehman, E. Rosenblum, and E. Hansen, (2004) *Comparison of Advanced treatment Methods for Partial Desalting of Tertiary Effluents, Desalination and Water Purification Research and Development*, Report No. 97, Agreement No. 99-FC-81-0189, U.S. Department of the Interior, Bureau of Reclamation, Denver, CO.

Adham, S. (2006) Personal communication.

Ahn, K. H., J. H. Y. Song Cha, K. G. Song, and H. Koo (1998) "Application of Tubular Ceramic Membranes for Building Wastewater Reuse," 137, in *Proceedings IAWQ 19th International Conference*, Vancouver, Canada.

ASTM (2002) *D4189-95 Standard Test Method for Silt Density Index (SDI) of Water*, American Society for Testing and Materials, Philadelphia, PA.

AWWA (2004) "Committee Report: Current Perspectives on Residuals Management for Desalting Membranes," AWWA Membrane Residuals Management Committee, *J. AWWA*,

96, 12, 73–87.

Beck, R. W. (2002) *Technical Memorandum B.7, Demineralization Treatment Technologies,* St. Johns Water Management District, Palatka, FL.

Benefield, L. D., J. F. Judkins, Jr., and B. L. Weand (1982) *Process Chemistry for Water and Wastewater Treatment,* Prentice-Hall, Englewood Cliffs, NJ.

Bourgeous, K., G. Tchobanoglous, and J. Darby (1999) "Performance Evaluation of the Koch Ultrafiltration (UF) Membrane System for Wastewater Reclamation," Center for Environmental and Water Resources Engineering, Report 99-2, Department of Civil and Environmental Engineering, University of California, Davis, CA.

Celenza, G. (2000) *Specialized Treatment Systems, Industrial Wastewater Process Engineering, Vol. 3,* Technomic Publishing Co., Inc., Lancaster, PA.

Childs, W. D., and A. E. Dabiri (1988) *VARI-RO Desalting Pilot Plant Testing and Evaluation,* Water Treatment Technology Program Report No. 30, U.S. Department of the Interior, Bureau of Reclamation, Denver, CO.

Crittenden, J. C., R. R. Trussell, D. W. Hand, K. J. Howe, and G. Tchobanoglous (2005) *Water Treatment: Principles and Design,* 2nd ed., John Wiley & Sons, Inc., New York.

Crozes, G. F., J. G. Jacangelo, C. Anselme, and J. M. Laine (1997) "Impact of Ultrafiltration on Membrane Irreversible Fouling," *J. Membr. Sci.* **124**, 1, 63–76.

Dupont (1977) "Determination of the Silt Density Index," *Technical Bulletin No. 491,* Dupont de Nemours and Co., Wilmington, DE.

Eckenfelder, W. W., Jr., (2000) *Industrial Water Pollution Control,* 3rd ed., McGraw-Hill, Boston, MA.

EPRI (1999) *The Desalting and Water Treatment Manual: A Guide to Membranes for Municipal Water Treatment,* TR-112644, Electric Power Research Institute, Palo Alto, CA.

Freeman, S., G. Leitner, J. Crook, and W. Vernon (2002) "A Clear Advantage—Membrane Filtration is Gaining Acceptance in the Water Quality Field," *Water Environ. Technol.*, **14**, 1, 16–21.

Gagliardo, P., R. P. Merlo, S. Adham, S. Trussell, and R. Trussell (2000) "Application of Reverse Osmosis Membranes for Water Reclamation with Various Pretreatment Processes," *Proceedings of WEFTEC 2000, Water Environment Federation,* Alexandria, VA.

IAEA (2004) *Desalination Economic Evaluation Program (DEEP): User's Manual.* International Atomic Energy Agency, Vienna, Austria.

Kimes, J. K. (1995) "The Regulation of Concentrate Disposal in Florida," *Desalination,* **102**, 1–3, 87–92.

Langelier, W. (1936) "The Analytical Control of Anti-Corrosion Water Treatment," *J. AWWA,* **28**, 10, 1500–1521.

Larson, T., and A. Buswell (1942) "Calcium Carbonate Saturation Index and Alkalinity Interpretations," *J. AWWA,* **34**, 11, 1667–1684.

Lehman, G., T. Gillogly, S. Adham, E. Rosenblum, and E. Hansen (2004) "Comparison of Advanced Water Treatment Methods for Partial Desalting of Tertiary Effluents," *Proceedings of WEFTEC '04,* Water Environment Federation, Alexandria, VA.

Leslie, G., D. Stevens, and S. Wilson (2005) "Designer Reclaimed Water," *Water,* **32**, 6, 75–79.

Lien, L. (1998) "Using Membrane Technology to Minimize Wastewater," *Pollut. Eng.,* **30**, 5, 44–47.

Merrill, D. T., and R. L. Sanks (1977a) "Corrosion Control by Deposition of $CaCO_3$ Films: Part I," *J. AWWA,* **69**, 11, 592–599.

Merrill, D. T., and R. L. Sanks (1977b) "Corrosion Control by Deposition of $CaCO_3$ Films: Part II," *J. AWWA,* **69**, 12, 634–640.

Merrill, D. T., and R. L. Sanks (1978) "Corrosion Control by Deposition of $CaCO_3$ Films: Part III," *J. AWWA,* **70**, 1, 12–18.

Mickley, M. C. (2001) *Membrane Concentrate Disposal: Practices and Regulation,* Desalination and Water Purification Research and Development Program Report No. 69, U.S. Department of the Interior, Bureau of Reclamation.

Pankow, J. F. (1991) *Aquatic Chemistry Concepts,* Lewis Publishers, Chelesa, MI.

Paranjape, S., R. Reardon, and X. Foussereau (2003) "Pretreatment Technology for Reverse Osmosis Membrane Used in Wastewater Reclamation Application—Past, Present, and Future—A Literature Review," *Proceedings of the 76th Annual Technical Exhibition & Conference*, Water Environment Federation, Alexandria, VA.

Pearce, G., M. Wilf, S. Alt, and J. Reverter (2001) "Application of UF Combined with a Novel Low Fouling RO Membrane for Reclamation of Municipal Wastewater," CIWEM Wastewater Conference, Edinborough, UK.

Pontius, F. W., E. Kawczynski, and S. J. Koorse (1996) "Regulations Governing Membrane Concentrate Disposal," *J. AWWA*, **88**, 5, 44–52.

Richard, A., W. Surrat, H. Winters, and D. Kree (2001) "Solving Membrane Fouling for the Boca Raton 40 Mgal/d Membrane Water Treatment Plant: The Interaction of Humic Acids, pH, and Antiscalant with Membrane Surfaces," *Membrane Practices for Water Treatment*, American Water Works Association.

Ryznar, J. W. (1944) "A New Index for Determining the Amount of Calcium Carbonate Scale Formed by Water," *J. AWWA*, **36**, 472–484.

Schippers, J. C., and J. Verdouw (1980) "The Modified Fouling Index, a Method for Determining the Fouling Characterstics of Water," *Desalination,* **32**, 137–148.

Snoeyink, V. L., and D. Jenkins (1980) *Water Chemistry*, John Wiley & Sons,Inc, New York.

Standard Methods (2005) *Standard Methods for the Examination of Water and Waste Water*, 21st ed., American Public Health Association, Washington, DC.

Stephenson, T., S. Judd, B. Jefferson, and K. Brindle (2000) *Membrane Bioreactors for Wastewater Treatment*, IWA Publishing, London.

Stiff, H. A., Jr., and L. E. Davis (1952) "A Method For Predicting The Tendency of Oil Field Water to Deposit Calcium Carbonate," *Pet. Trans. AIME*, **195**, 213–216.

Taylor, J. S., and E. P. Jacobs (1996) "Reverse Osmosis and Nanofiltration," Chap. 9, in J. Mallevialle, P. E. Odendaal, and M R. Wiesner (eds.) *Water Treatment Membrane Processes*, American Water Works Association, published by McGraw-Hill, New York.

Taylor, J. S., and M. Wiesner (1999) "Membranes," Chap. 11, in R. D. Letterman (ed.) *Water Quality and Treatment*, 5th ed., McGraw-Hill, Inc., New York.

Tchobanoglous, G., F. L. Burton, and H. D. Stensel (2003) *Wastewater Engineering: Treatment and Reuse*, 4th ed., eds., McGraw-Hill, New York.

USBR (2003) *Desalting Handbook for Planners*, 3rd ed., Desalination Research and Development Program Report No. 72, United States Department of the Interior, Bureau of Reclamation.

Walton, J., H. Lu, C. Turner, S. Solis, and H. Hein (2004) *Solar and Waste Heat Desalination by Membrane Distillation*, Desalination and Water Purification Research and Development Program Report No. 81, United States Department of the Interior, Bureau of Reclamation.

WCPH (1996a) Total *Resource Recovery Project, Final Report*, Prepared for City of San Diego, Western Consortium for Public Health, Water Utilities Department, San Diego, CA.

WCPH (1996b) *Total Resource Recovery Project Aqua III San Pasqual Health Effects Study Final Summary Report*, Prepared for City of San Diego, Western Consortium for Public Health, Water Utilities Department, San Diego, CA.

Wilf, M. (1998) "Reverse Osmosis Membranes for Wastewater Reclamation," in T. Asano (ed.) *Wastewater Reclamation and Reuse*, Chap. 7, pp. 263–344, Water Quality Management Library, **10**, CRC Press, Boca Raton, FL.

Wong, J. (2003) "A Survey of Advanced Membrane Technologies and Their Applications in Water Reuse Projects," *Proceedings of the 76th Annual Technical Exhibition & Conference*, Water Environment Federation, Alexandria, VA.

第 10 章　残留微量成分の除去

翻訳者　池　　道彦（大阪大学大学院工学研究科環境・エネルギー工学専攻 教授）
共訳者　惣田　　訓（大阪大学大学院工学研究科環境・エネルギー工学専攻 准教授）
　　　　清　和成（大阪大学大学院工学研究科環境・エネルギー工学専攻 助教）

関連用語　*411*
10.1　微量成分除去技術序論　*413*
　　10.1.1　物質移動に基づいた分離プロセス　*413*
　　10.1.2　化学的・生物学的変換プロセス　*413*
10.2　吸　着　*415*
　　10.2.1　吸着プロセスの用途　*416*
　　　　　微量有機物の除去／*416*　　金属類の除去／*416*　　吸着剤の種類／*416*　　活性炭／*417*
　　　　　粒状水酸化第二鉄／*418*　　活性アルミナ／*418*
　　10.2.2　吸着プロセスにおける基本的な事項　*418*
　　　　　吸着等温線／*418*　　混合物の吸着／*421*　　吸着能力／*422*　　物質移動帯／*422*
　　　　　吸着反応塔／*424*　　ベンチスケール試験／*428*　　活性炭の再生／*428*
　　10.2.3　吸着プロセスの制約　*429*
10.3　イオン交換　*429*
　　10.3.1　イオン交換の用途　*430*
　　　　　窒素の制御／*430*　　重金属類の除去／*431*　　全溶解性蒸発残留物の除去／*431*
　　　　　有機物の除去／*431*
　　10.3.2　イオン交換体　*432*
　　　　　天然イオン交換体／*432*　　合成イオン交換体／*432*
　　10.3.3　イオン交換における基本的な事項　*432*
　　10.3.4　イオン交換プロセスの制約　*435*
　　　　　前処理の必要性／*435*　　再生／*435*　　ブラインの管理／*435*
10.4　蒸　留　*436*
　　10.4.1　蒸留法の用途　*436*
　　10.4.2　蒸留プロセス　*436*
　　　　　多重効用蒸発／*436*　　多段フラッシュ蒸発／*437*　　蒸気圧縮蒸留／*437*
　　10.4.3　蒸留プロセスにおける基本的な事項　*438*
　　10.4.4　蒸留プロセスの制約　*438*
10.5　化学酸化　*438*
　　10.5.1　標準化学酸化法の用途　*439*
　　10.5.2　化学酸化に用いられる酸化剤　*439*
　　10.5.3　化学酸化における基本的な事項　*441*
　　10.5.4　化学酸化プロセスの制約　*441*

- 10.6　促進酸化　*442*
  - 10.6.1　促進酸化の用途　*442*
    - 分解の程度／*442*　　難分解性有機物の酸化／*443*　　消毒／*443*
  - 10.6.2　促進酸化のためのプロセス　*443*
    - オゾン/UV／*445*　　オゾン/過酸化水素／*445*　　過酸化水素/UV／*446*
    - 他のプロセス／*447*
  - 10.6.3　促進酸化プロセスにおける基本的な事項　*448*
  - 10.6.4　促進酸化プロセスの制約　*449*
    - 促進酸化プロセスにおける副生成物／*449*　　重炭酸と炭酸の影響／*450*　　pHの影響／*450*
    - 金属イオンの影響／*450*　　その他の要素の影響／*450*　　プロセス制限事項の解決法／*451*
- 10.7　光分解　*451*
  - 10.7.1　光分解の用途　*451*
  - 10.7.2　光分解プロセス　*451*
  - 10.7.3　光分解プロセスにおける基本的な事項　*452*
    - UV吸収／*452*　　光分解におけるエネルギー投入／*453*　　光分解速度／*453*
    - 電気効率／*454*
  - 10.7.4　光分解プロセスの制約　*456*
- 10.8　高度生物変換技術　*456*
  - 10.8.1　高度生物変換プロセスにおける基本的な事項　*456*
    - 物質分解におけるエネルギー論／*456*　　バイオオーグメンテーション／*457*
    - バイオスティミュレーション／*457*
  - 10.8.2　生物学的高度処理プロセス　*458*
    - 生物活性炭／*458*　　メンブレンバイオフィルムリアクタ／*459*
  - 10.8.3　高度生物変換プロセスの制約　*459*
- 問　　題　*460*
- 参考文献　*462*

関連用語

イオン交換 ion exchange 　　固相材料中のある特定のイオンが，溶液中の異なる種のイオンで置換されることによって，液相から溶解性のイオン成分を除去するプロセス．

ガスストリッピング gas stripping 　　空気を気相として供給し，充填カラムにて水中からアンモニアを除去するなど，液相の揮発性成分を除去するプロセス．

活性炭 activated carbon 　　水中の微量成分や大気中の臭気物質の除去に一般に用いられる物質の一つ．活性炭は，有機系の物質を高温・高圧下で熱分解処理することで調製（活性化）され，結果として物質移動性に富む性質を有するものとなる．

還元反応 reduction reaction 　　酸化還元反応のうち，電子を得る反応．還元反応は，半反応式のリストから直接得られる．

逆浸透 reverse osmosis；RO 　　加圧式の半透膜を利用した選択的拡散により溶解成分を排除する工程（9章参照）．

吸光係数 extinction coefficient 　　エネルギーを吸収する溶解性物質を含有している水中を紫外線（UV）が通過する際に減衰するUV放射量の指標．モル吸光係数としても知られる．

吸収 absorption 　　液相への気体の移行．例えば，水を石灰で処理した後，二酸化炭素をエアレーションしてpHを低下させる再炭酸化工程．

吸着 adsorption 　　気相あるいは液相にある物質を適当な表面に集めるプロセス．（吸着される）物質は，様々な物理的引力および化学的結合力によって固相に蓄積される．

吸着質 adsorbate 　　吸着媒（吸着剤）に集積される気相あるいは液相中の浮遊物質．

［吸着］等温式 isotherm 　　ある一定の温度下において，水から吸着されるある成分の吸着媒濃度当りの量を表す関数[*1]（当該物質の水中の濃度の関数として表す）．

吸着媒，吸着剤[*2] adsorbent 　　その表面で吸着現象が生じる固体，液体，あるいは気体状の物質．

合成有機化合物 synthetic organic compounds；SOCs 　　工業プロセスで広範に使用され，また，様々な生活消費製品に含まれている合成によってつくられた化合物．飲料水あるいは再生水中のSOCの存在については，その毒性や未知の影響が懸念される．

再活性化 reactivation 　　吸着剤から吸着成分を脱着させ，さらに残った成分を燃焼することで，吸着容量（adsorptive capacity）を回復させる操作．

再生 regeneration 　　吸着剤から吸着成分を脱着させ，吸着容量を部分的に回復させる操作．

酸化還元反応 redox reaction 　　還元および酸化反応を組み合わせて表される（酸化還元の）全体的な反応．

酸化反応 oxidation reactions 　　酸化還元反応のうち電子が奪われる反応．半反応式のリスト（通常，半反応式は，還元反応としてとりまとめられている）において，半反応式を逆方向の反応に書き換え，電位にマイナス1を乗じて得られる．

収着 sorption 　　吸着媒への有機物質（吸着質）の付着／結合を表す用語の一つ．化学的吸着か物理的吸着かを区別することが難しい場合に用いる．

スカベンジャー scavenger 　　促進酸化システムにおいて，酸化剤やラジカル種と優先的に反応する物質で，一般的には，対象物質の分解速度，およびプロセスの全般的な効率を低下させる．

[*1] 訳者注：訳者が補筆した．

[*2] 訳者注：adsorbentの訳語は，吸着現象における学術用語としては「吸着媒」であるが，水処理・再生において吸着に用いられる材料は一般的に「吸着剤」（adsorbent material）と呼ばれるので，文中では両者を使い分けている．

促進酸化　advanced oxidation　　化学酸化プロセスの一つで，ヒドロキシラジカル(hydroxy radical)(HO·)によって水中で検出される微量有機成分の分解を行うものである．HO·を生じる異なるプロセスが幾つか確認されている．

脱着　desorption　　ガスストリッピングにおいて液相から揮発性の気体を除去すること，あるいは，あらかじめ吸着剤に吸着された物質を脱離すること．

電位[*3]　electrical potential　　酸化還元反応において，構成成分間の電子移動の推進力．標準水素電極を対照としてボルト(V)で表す．

電気効率　electrical efficiency per log order[*4]；EE/O　　単位水容積当りの成分の濃度を1オーダー低減するのに必要な電気エネルギー量(単位；kWh)．

天然有機化合物　natural organic matter；NOM　　典型的には，以下の3者を起源とする溶解性，および微粒子状の有機成分．(1)土壌環境(多くは腐植物質)，(2)水環境(藻類および他の水生生物，ならびにその副次的産物)，(3)生物処理プロセス中の微生物．およそ全有機炭素(total organic carbon；TOC)として定量される．

反応停止，クエンチング　quenching　　化学反応を停止させる物理学的あるいは化学的手段．

光分解　photolysis　　UVをフォトン(光量子)源として利用する微量成分処理プロセス．フォトンが微量成分に吸収される結果として，不安定化と(化学)反応を生じ，あるいは分解に至る．

微量物質　trace constituent　　未処理の排水中に低濃度で検出され，通常の二次処理では容易に除去されない多様な成分．微量成分は，多くの物質の毒性が知られていたり，疑いがあることから関心を持たれており，再利用の要件に応じて，水再生工程において除去する必要がある．

分離プロセス　separation process　　水再生における粒子状物質の分離・除去の処理に用いられる物理，化学プロセス．分離された成分は，濃縮され，廃棄物の流れに組み入れられて，管理されることになる(表-10.2参照)．

水のマトリックス　water matrix　　ある水およびその全含有成分を指す用語で，その物理学的，化学的，および生物学的特性(の全体像)を表す．

無機化　mineralization　　化学的・生物学的に触媒される酸化還元反応を通じた有機化合物の完全酸化．結果として，二酸化炭素，水や無機酸等の無機物への変換が行われる．

量子収率　quantum yield　　フォトンの吸収が光分解に結びつく頻度を示す量で，分解の対象となる物質の種類と波長に依存する．

　目的とする水再利用用途に適合する水質基準を満たすために，再生を行うそれぞれの排水から標準的な二次処理(conventional secondary treatment)では除去することのできない特定成分，もしくは成分のグループを除去することが求められる．都市排水の処理水中から最も一般的に見出される水再生(water reclamation)において除去されるべき成分は，有機および無機の微量成分である．3章で述べられたように，再生水(reclaimed water)中の微量成分は，それらの化合物が毒性を有することが知られている，あるいは疑われているという問題があることから，重要な関心事となっている．9章で示された膜プロセスは，これら成分のほとんどを除去することができるが，ある種の適用においては，代替的な処理プロセスを単独で，または膜処理と組み合わせて利用した方がより経済的，あるいは効率的になる可能性がある．本章では，特定の成分の除去を以下の各テーマについて取り扱う．すなわち，(1)微量成分除去技術序論，(2)吸着，(3)イオン交換，(4)蒸留(distillation)，(5)化学酸化(chemical oxidation)，(6)促進酸化，(7)光分解，(8)生物学的高度処理(advanced biological

---

[*3] 訳者注：文中では，electrical potentialもしくはelectromotive forceと表現されている．両者は同義であるが，後者は特に「起電力」と訳している．

[*4] 訳者注：electric efficiency per log order(EE/O)の用語は本書で特に定義され，極一般的ではないと考えられる．文中ではelectric efficiencyを一般的な言葉で「電気効率」とし，特に一まとまりの言葉として意識した訳は行っていない．

treatment)である.

10.1 微量成分除去技術序論

　再生水からの微量成分の除去は，取り除かねばならない化学物質の性質と濃度に依存する．表-7.2で示したように，一般に再生水中に見出される微量成分の濃度は250～1 000 μg/Lの範囲に集中しているが，時としてそれ以上の濃度となることもある．再生水中のほとんどの微量成分は，家庭，商業，あるいは工業における使用時に生じるものであるが，一部の排水中の微量残留成分は，上水供給過程に由来する．モニタリングプログラムは，微量成分の存在の有無，その濃度，およびバックグランドとなる水の化学的性状を明確にするように行わねばならない．次いでモニタリングデータを利用した処理システムの選定が行われるが，ここでは除去すべき成分，およびパイロット試験を行うのに適当と考えられる処理法が決定される．

　微量成分の除去に使用される標準あるいは高度処理法を表-10.1に示す．また，表-10.1に示した処理法を取り入れた幾つかの水再生プロセスのフローダイアグラム(工程図)を図-10.1に示す．凝集(coagulation)，沈殿(precipitation)，イオン交換を含め，これらのプロセスの多くは，歴史的には浄水処理に用いられてきたものである．しかし，取水量の増加に伴う排水量の増加によって水循環のサイクルが短縮されたことから，様々な技術開発が求められ，かつては浄水処理のために開発された多くのプロセスが今は水再生に適用されている．水中からの微量成分の除去に利用されるプロセスの2つの主要な類型は，(1)物質移動による分離，および(2)化学的および生物学的な変換もしくは分解に基づいたものである．

10.1.1 物質移動に基づいた分離プロセス

　一つの相から他の相への物質の移動による，あるいはある相への物質の濃縮による排水中の成分の除去は，様々な分離プロセスによって行われる．水再生において微量成分の除去に利用される基本的な分離プロセスは，表-10.2にまとめたとおりである．すべての分離プロセスにおいて指摘しておかねばならない重要な特性は，処理に伴って，引き続き管理(例えば，処理や処分)しなければならない廃棄物を生じることである．発生する廃棄物の種類や特徴は，適用される分離プロセスのタイプおよび効率に依存する．例えば，9章に示したように，逆浸透(RO)では排除された成分が濃縮された液状廃棄物，吸着では微量成分で飽和した吸着媒，また化学沈殿法では沈殿した物質と凝集剤として添加された化学物質の混合泥，が生じる．多くの場合，分離プロセスから生じる廃棄物の管理は，技術的および経済的に重要な課題となる．本章で紹介する水再生における微量成分の除去に適用されてきた分離プロセスは，吸着(10.2)，イオン交換(10.3)，および蒸留(10.4)である．分離プロセスから生じる残留廃棄物の管理については，9章やTchobanoglous *et al.*(2003)の著作に詳しい．

10.1.2 化学的・生物学的変換プロセス

　微量成分を処理するうえでの2つ目の典型的なプロセスは，化学および生物学的作用によって特定の成分をある形から別な形へ変換するプロセスである．水中の微量成分の変換，あるいは分解反応を利用するプロセスの典型としては，酸化および還元反応があげられる．水再生に用いられる一般的な酸化剤は，過酸化水素，オゾン，塩素，二酸化塩素，過マンガン酸カリウム等である．ヒドロキシラジカル種を利用する化学酸化プロセスは促進酸化プロセス(advanced oxidation processes；AOPs)と呼ばれるが，微量成分の変換，分解に特に有効であり，多くの場合，微量成分を二酸化炭素や無機

第 10 章　残留微量成分の除去

表-10.1　各種微量成分への処理プロセスの有効性の概略[a]

対象成分	基準の例 飲料水	処理プロセスとその有効性[b]							
		エアレーション, ストリッピング	凝集沈殿, ろ過	石灰軟化	吸着[c, d]			イオン交換	
					GAC	PAC	活性アルミナ	陰イオン	陽イオン
無機成分									
ヒ素(3価)(mg/L)	0.010	P	G～E	F～E	F～G	P～F	F～E	G～E	P
ヒ素(5価)(mg/L)	0.010	P	G～E	F～E	F～G	P～F	F～E	G～E	P
バリウム(mg/L)	2.0	P	P～F	G～E	P	P	P	P	E
クロム(3価)(mg/L)	0.10	P	G～E	G～E	F～G	F	P	P	E
クロム(6価)(mg/L)	0.10	P	P	P	F～G	F	P	E	P
銅(mg/L)	1.3	P	G	G～E	F～G	P	—	P	F～G
フッ化物(mg/L)	4.0	P	F～G	P～F	G～E	P	E	P～F	P
硬度(mg/L)	—	P	P	E	P	P	P	P	E
鉄(mg/L)	0.30	F～G	F～E	E	P	P	F～G	P	G～E
鉛(mg/L)	0.0	P	E	E	F～G	P～F	P	P	F～G
マンガン(mg/L)	0.05	P～G	F～E	E	F～E	P	P	P	G～E
水銀(mg/L)	0.002	P	F～G	F～G	P	P	P	P	F～G
硝酸塩(mg/L)	10.0	P	P	P	P	P	P	G～E	P
過塩素酸塩(mg/L)	0.018	P	—	—	F～G	—	—	G～E	P
ラジウム(pCi/L)	5.0	P	P～F	G～E	P～F	P	P～F	E	E
ウラン(pCi/L)	0.030	P	G～E	G～E	F	P～F	G～E	E	G～E
有機成分									
VOCs(mg/L)	—	G～E	P	P～F	F～E	P～G	P	P	P
SOCs(mg/L)	—	P～F	P～G	P～F	F～E	P～E	P～F	P	P
色度成分(CFU)	15	P	F～G	F～G	E	G～E	P	P～G	—
TTHMs(mg/L)	0.080	G～E	P	P	F～E	P～E	P	P	P
MTBE(mg/L)	0.020	G～E	P	P	F～E	P～F	—	P	P
NDMA(mg/L)	0.02	P	—	—	—	—	—	—	—

[a] Crittenden *et al.*(2005)より引用.
[b] プロセスの有効性を示す記号. P:不十分(除去率0～20%)　　F:可能(除去率20～60%)　　G:有効(除去率60～90%)
　　適用不可もしくはデータが不十分
[c] GAC:粒状活性炭　　PAC:粉末活性炭
[d] 粒状水酸化鉄(不記載)による吸着は,ヒ素(3価および5価)除去への適用で高い除去率が得られるが,他の成分にはさほど有
[e] 促進酸化および光分解は,基本的には,限られた用途の水再利用のための微量有機成分の除去に適用される. AOPs(すなわち, 効性は,ヒドロキシラジカルを生成するのに用いる各反応物質によって引き起こされる間接的な反応に依存する.

表-10.2　排水処理および水再生で用いられる分離プロセス[a]

項　目	相	適用プロセス
吸着	気相→液相	曝気,酸素移動,SO₂除去,塩素添加,二酸化炭素およびアンモニア添加,オゾン処理
吸着	気相→固相	活性炭,活性アルミナ,粒状水酸化鉄等の吸着剤による無機・有機化合物の除去
	液相→固相	
蒸留	液相→気相	水の脱塩,塩水廃液の濃縮
ガスストリッピング	液相→気相	NH₃や他の揮発性無機・有機化合物の除去
イオン交換	液相→固相	水の脱塩,特定成分の除去,軟水化
ろ材ろ過	液相→固相	粒子の除去
精密ろ過,限外ろ過	液相→液相	粒子およびコロイド成分の除去
ナノろ過,電気透析, 逆浸透	液相→液相	粒子およびコロイド成分の除去,軟水化
沈殿	液相→固相	軟水化および溶解成分の除去
沈降,浮上分離	液相→固相	粒子および溶解成分の除去

[a] Crittenden *et al.*(2005)より引用.

10.2 吸着

膜ろ過		促進酸化[e]	光分解[e]
逆浸透	限外ろ過		
E	P		
E	P		
E	E	—	
E	E	—	
E	E	—	
E	E	—	
E	E	—	
E		—	
G~E		—	
G~E		—	
G~E		—	
G~E		—	
G			
G~E	E		
E			
E			

F~E	F~E	G~E	G~E
F~E	F~E	G~E	F~G
—	—	E	P~G
F~G	F~G	P~F	P
F~E	F~E	G~E	P~F
		G~E	E

E：きわめて有効(除去率 90~100%)　—：効でない.
UV 単独，UV/H$_2$O$_2$，UV/O$_3$，O$_3$/H$_2$O$_2$)の有

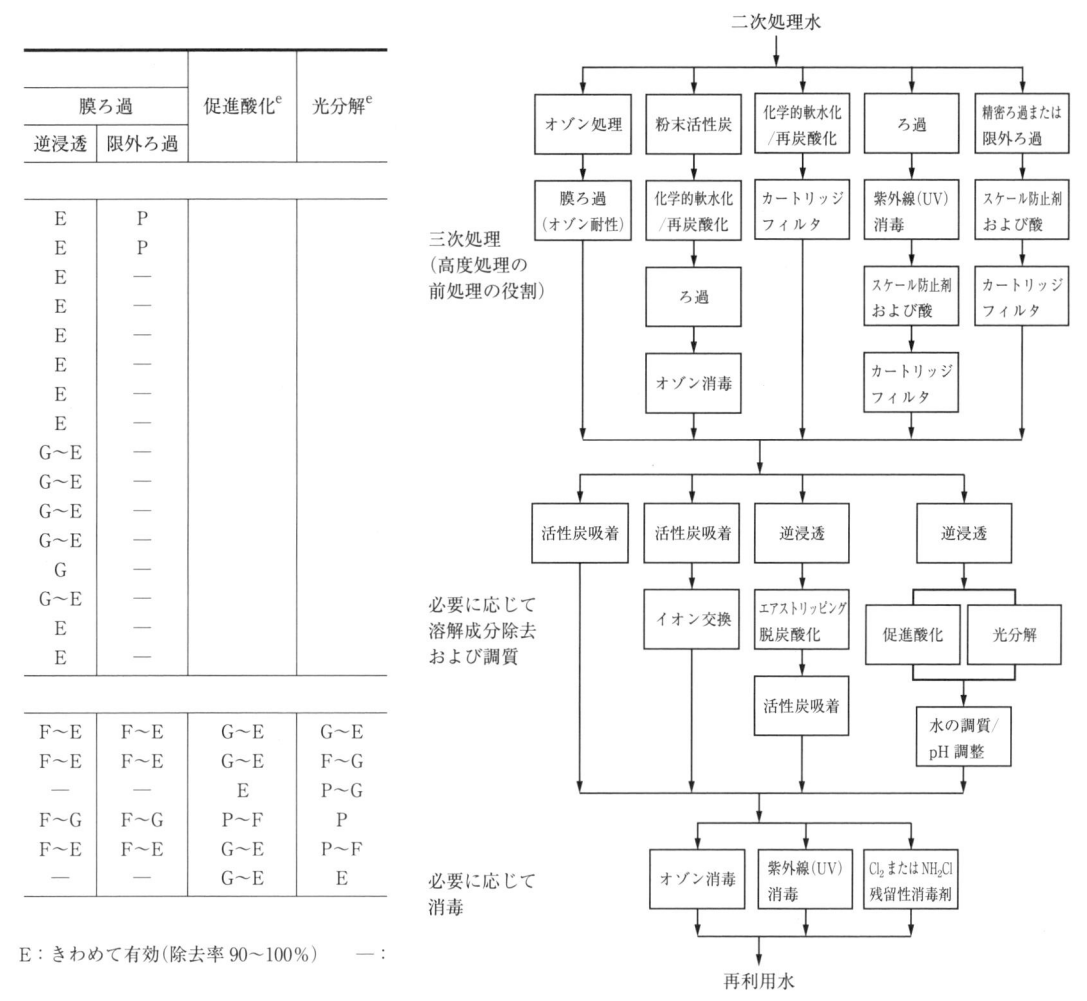

図-10.1　水再利用のための高度処理フローダイアグラムの例

酸へと完全に無機化することができる.

　光分解プロセスは，酸化および還元の両反応を触媒する．適当な条件下では，生物処理も二次処理水に見出される多岐にわたる化学物質を処理するのに利用される．先に述べた分離プロセスとは異なり，変換プロセス，特に AOPs は，付加的な処理や処分が必要な残留廃棄物を生じることなく，微量成分を除去することが可能である．本章で紹介する変換プロセスは，化学酸化(**10.5**)，促進酸化(**10.6**)，光分解(**10.7**)，および生物学的高度処理(**10.8**)である．

10.2 吸　　着

　水の再生処理において，吸着処理は溶液中の物質を固相に蓄積させて除去するために利用されている．すなわち，吸着処理とは，汚染物質を液相から固相へ移す物質移動操作である(**表-10.2**)．吸着質とは，液相または気相から除去される物質であり，吸着剤とは，吸着質が蓄積する固相，液相，ま

たは気相のことである．浮上分離プロセスにおける気相−液相界面でも吸着は行われる(8.6)が，本節では液相 - 固相界面における吸着のみを取り扱うものとする．活性炭は，ここで扱う吸着プロセスの代表的な吸着剤である．本節では，水の再生処理における吸着プロセスのデザインや限界も含め，その基本概念を紹介する．

10.2.1 吸着プロセスの用途

吸着処理は，標準的な生物学的処理の仕上げ処理として用いられることが多く，難分解性有機物 (refractory organic constituent)や，窒素化合物や硫化物，重金属等の残留性の無機物，臭気物質の除去に用いられている．最適な処理条件では，吸着処理によって処理水中の化学的酸素要求量 (chemical oxygen demand；COD)を 10 mg/L 以下にまで削減することもできる．

微量有機物の除去

水の再生処理において有機物の吸着処理には，主に 2 通りの用途がある．一つは有機成分の連続処理であり，もう一つは他の処理プロセスに不具合が生じた際に用いる方法である．滅菌処理によって毒性物質に変化する毒性前駆物質の除去にも吸着処理は有効である．様々な化学物質の活性炭への吸着性を表-10.3 に示す．表-10.3 からわかるとおり，活性炭は，一般に極性が高い低分子化合物に対する吸着性が低い．活性炭接触槽内(10.8 参照)や生物学的処理プロセスの微生物活性が低い場合は，低分子極性化合物を活性炭で除去することは困難である．

金属類の除去

産業廃水等に含まれている金属類を吸着処理によって除去することもできる．吸着剤の金属類に対する除去性能は，活性炭の材質や活性化の方法に大きく影響される．例えば，硫黄含有率の高い石炭の副産物として得られるコークスは，リン酸で活性化することによって水銀や銀に対する吸着性が高まることが知られている(Zamora et al., 2000)．

表-10.3 活性炭に対する易吸着性有機物と難吸着性有機物[a]

易吸着性有機物	難吸着性有機物
芳香族系の溶媒	低分子のケトン類，酸，アルデヒド類
ベンゼン	糖とデンプン
トルエン	超高分子化合物またはコロイド状有機物
ニトロベンゼン類	
塩素化した芳香族化合物	低分子脂肪族類
PCBs	
クロロフェノール類	
多環芳香族化合物	
アセトフェノン	
ベンゾピレン類	
殺虫剤および除草剤	
DDT	
アルドリン	
アトラジン	
塩素化した非芳香族化合物	
四塩化炭素	
塩素化アルキルエステル類	
トリクロロエチレン	
クロロホルム	
ブロモホルム	
高分子炭水化物	
染料	
アミン類	
腐植質類	

[a] Freolich(1978)より引用．

吸着剤の種類

吸着処理には，(1)吸着剤を充填した反応槽／接触槽で排水を処理する方法，または(2)反応槽内に吸着剤を添加した後，沈殿やろ過によって使用した吸着剤を回収する方法がある．代表的な吸着剤は，活性炭，粒状水酸化第二鉄(granular ferric hydroxide；GFH)，活性アルミナ(activated alumina)等である．炭素性の吸着剤は，比較的コストが低く，再生水処理に広く用いられている．今後の研究が

表-10.4 様々な吸着剤の比較[a]

パラメータ	活性炭		活性アルミナ	粒状水酸化第二鉄
	粒状 (GAC)	粉状 (PAC)		
全表面積(m^2/g)	700 ～1 300	800 ～1 800	300 ～350	250 ～ 300
バルク密度(kg/m^3)	400 ～ 500	360 ～ 740	0.641～ 0.960	1.22～ 1.29
水中での粒子密度(kg/L)	1.0～ 1.5	1.3～ 1.4	3.97	1.59
粒径の分布範囲(μm)	100 ～2 400	5 ～ 50	290 ～500	320 ～2 000
有効径(mm)	0.6～ 0.9	NA		
均等係数(UC)	≦1.9	NA		
平均孔直径(Å)	16 ～ 30	20 ～ 40		
ヨウ素価	600 ～1 100	800 ～1 200		
摩耗数(最小値)	75 ～ 85	70 ～ 80		
灰分(%)	≦8	≦6		
充填時の水分(%)	2 ～ 8	3 ～ 10		

[a] 値は,活性炭を生産する時に用いられる原料に依存する.

必要であるものの,その他の吸着剤として期待が高いものは,マンガン緑砂,二酸化マンガン,水酸化鉄粒子,酸化鉄被覆砂等である.どのような吸着剤を選択する場合でも,性能や設計値を検討するためにパイロット試験が必要である.様々な吸着剤の特性を表-10.4に示す.

活 性 炭

活性炭は,木材,石炭,アーモンド殻,ココナッツ殻,クルミ殻等の有機物を熱分解した後,高温の蒸気やCO_2等の酸化ガスに接触させて活性化することで製造される.活性炭の構造は,図-10.2に示すように内部に大きな表面積を有する多孔質である.活性炭の孔径は,以下のように分類される.

マクロポア＞500 Å
メソポア＞20 Å　かつ＜500 Å
マイクロポア＜20 Å

活性炭の表面性状,孔径の分布,再生特性は,原料の特性と製造過程に依存するため,活性炭には

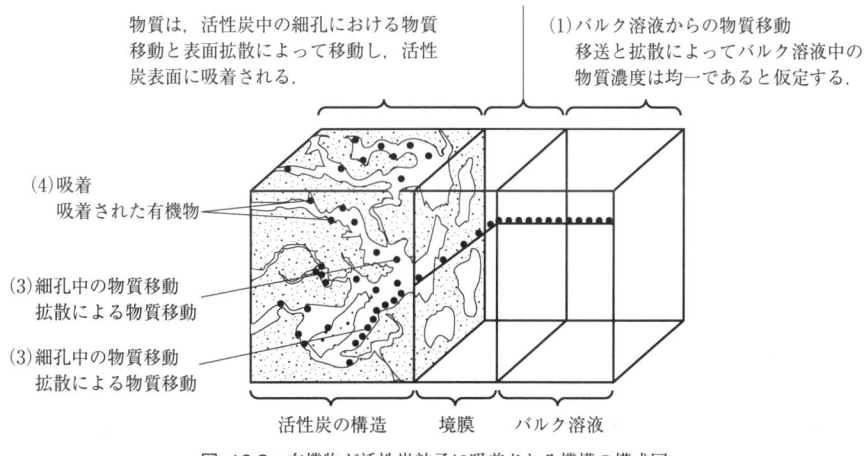

図-10.2 有機物が活性炭粒子に吸着される機構の模式図

様々な特性のものがある.活性炭には大きく分けて2種類あるが,一つは粒径が0.074 mm(200メッシュ)以下で,活性汚泥プロセス等に直接添加される粉末活性炭(powdered activated carbon；PAC)である.もう一つは,粒径が0.1 mm(～140メッシュ)以上の粒状活性炭(granular activated carbon；GAC)であり,圧力式や重力式のろ過プロセスにおいて用いられる.

粒状水酸化第二鉄

粒状水酸化第二鉄(GFH)は,塩化第二鉄溶液を水酸化ナトリウムで中和した際の沈殿物として得られる.GFHの吸着能力は,pHや温度,処理対象水に含まれている様々な物質によって影響を受ける.GFHで除去できるものとしては,ヒ素,クロム,セレン,銅等の金属類があげられる.吸着プロセスの性能は,懸濁物質や鉄やマンガンの沈殿物,吸着サイトを競合する有機物やイオン(例えば,リン酸イオン,ケイ酸イオン,硫酸イオン)の存在によって低下してしまう.ヒ素のような特定物質の除去にはGFHは非常に効果的であるが,コストの観点からすると,大型処理システムには不向きである.その理由は,GFHの吸着能力は,再生処理によって著しく低下してしまうため,使用済みのものは,通常は埋立地で処分され,新しいものと交換しなくてはならないからである.しかし,再生薬剤が有害物質とされる地域では,GFHは再生処理しなければ再生薬剤の廃棄コストが発生しないため,GFHは再生利用型の吸着剤に比べて有利となる.

活性アルミナ

活性アルミナは,ボーキサイトに含まれる天然鉱物であり,その結晶構造から水を除去することで製造される.活性アルミナは,飲料水からのヒ素やフッ化物の除去に用いられており(Clifford, 1999),特定物質の除去を目的とした水の再生処理にも利用できる.活性アルミナは,強塩基と強酸による処理で再生できるが,活性アルミナの再生とそれに伴って発生する廃棄物の管理のため,運転・管理コストは増加する.GFHと同様に,活性アルミナによる吸着処理もpH(最適pHは5.5～6.0)や処理対象水の中に含まれている物質によって影響される.また,膜処理[精密ろ過(microfiltration；MF),限外ろ過(ultrafiltration；UF)]と粉末活性アルミナの組合せは,将来有望な処理プロセスである(Chen et al., 2006).

10.2.2 吸着プロセスにおける基本的な事項

図-10.2に示したように吸着プロセスは,(1)バルク溶液中での移動,(2)境膜中での拡散,(3)細孔中および活性炭表面への移動,(4)吸着(または収着)といった,少なくとも4つの反応過程に分けることができる.このうち吸着過程には,吸着質が吸着剤の吸着サイトに吸着することが含まれる(Snoeyink and Summers, 1999).吸着の物理的または化学的作用の詳しい解説は,Crittenden et al.(2005)の著作を参照されたい.吸着は,吸着剤の外表面,およびマクロポア,メソポア,マイクロポア,サブマイクロポアで生じるが,マクロポアおよびメソポアの表面積は,マイクロポアやサブマイクロポアの表面積に比べると小さく,通常は,そこに吸着する物質量は微々たるものである.

吸着プロセスは,複数の反応過程が連続的に生じるため,最も速度が小さい反応が律速段階(rate-limiting step)となる.吸着速度と脱着速度が等しい場合,吸着は平衡状態(equilibrium)にあり,吸着剤の吸着能力は飽和してしまっている.ある吸着剤の特定物質に対する理論的な吸着能力は,吸着等温線(吸着等温式)によって求めることができる.高度水処理プロセスで汎用されている活性炭を想定し,以下に吸着等温線について解説する.

吸着等温線(adsorption isotherm)

吸着質が吸着剤によって除去される量は,吸着質濃度と温度の関数として表される.吸着質の性質

の中でも，水溶性，分子構造，分子量，極性，炭化水素の飽和度等が重要である．吸着される物質量は，通常，一定温度条件下で濃度を変化させて測定され，その結果から得られる関数が吸着等温式である．

吸着等温線は，ある一定量の吸着質を一定容積の液体に添加した後，様々な濃度で活性炭を添加することによって求めることができる．一般には，10個以上の容器を用意し，そこに異なる量の活性炭を添加する．粉末活性炭ならば，吸着平衡に達するまでに7日程度の時間を置き，液相に残った吸着質の濃度を測定する．そして，吸着平衡に達した後の吸着剤に蓄積した物質量を式(10.1)を用いて計算し，吸着等温線を描く．

$$q_e = \frac{(C_0 - C_e)V}{m} \tag{10.1}$$

ここで，q_e：吸着平衡後の吸着剤中の吸着質量(mg-吸着質/mg-吸着剤)，C_0：実験開始時の吸着質濃度(mg-吸着質/L)，C_e：吸着平衡後の吸着質濃度(mg-吸着質/L)，V：反応槽の容積(L)，m：吸着剤の質量(g)．

実験によって得られた吸着等温線は，フロイントリッヒ(Freundlich)，ラングミュア(Langmuir)，ブルナウアー，エメット，テラー(Brunauer, Emmet, Teller；BET)によって開発されたモデル等で近似することができる．その中でも，フロイントリッヒの吸着等温式とラングミュアの吸着等温式が用いられることが多い(Shaw, 1966)．

フロイントリッヒの吸着等温式(Freundlich isotherm)　フロイントリッヒの吸着等温式は，浄水処理，排水処理，再生水処理において活性炭の吸着特性を表す場合に広く用いられている．1912年に，経験式としてフロイントリッヒの吸着等温式は，下記のように定義されている．

$$\frac{x}{m} = q_e = K_f C_e^{1/n} \tag{10.2}$$

ここで，x/m：吸着平衡後の単位質量当りの吸着剤中の吸着質の量(mg-吸着質/g-活性炭)，K_f：フロイントリッヒの吸着能力係数(capacity factor)[(mg-吸着質/g-活性炭)×(L-水/mg-吸着質)$^{1/n}$]*5，$1/n$：フロイントリッヒの指数パラメータ(intensity parameter)．その他の記号は，これまでの定義のとおりである．

フロイントリッヒの吸着等温式は，$\log C_e$ に対して $\log(x/m)$ をプロットし，式(10.2)を以下のように変形し，線形近似することで求めることができる．

$$\log \frac{x}{m} = \log K_f + \frac{1}{n} \log C_e \tag{10.3}$$

吸着等温式は，様々な有機物に対して求められており，**表-10.5** に示すようにフロイントリッヒの吸着能力係数は，物質によって大きく異なる(例えば，PCBでは14 000，N-ジメチルニトロサミンでは 6.8×10^{-5})．このため，新規の化学物質ごとにその値を評価しなければならない．フロイントリッヒの吸着等温式の利用方法は，**例題 10-1** に示す．

ラングミュアの吸着等温式(Langmuir isotherm)　ラングミュアの吸着等温式は，以下のように定義される．

$$\frac{x}{m} = q_e = \frac{abC_e}{1 + bC_e} \tag{10.4}$$

---

*5 訳者注：K_f と $1/n$ は，どちらもフロイントリッヒの吸着等温式のパラメータと単に称されることが一般的である．

ここで，a, b：経験定数．その他の記号は，これまでの定義のとおりである．

この式は，以下のような仮定に基づいている．(1)吸着剤表面の吸着サイトは有限であり，それぞれが等しいエネルギーを有している．(2)吸着は可逆反応である．吸着剤表面への分子の吸着速度と脱着速度が等しい場合，吸着反応は平衡に達しているとみなすことができる．吸着速度は，吸着可能な濃度とその瞬間における濃度の差に比例しており，吸着平衡に達している場合は，この濃度差は 0 である．

なお，実験データがラングミュアの吸着等温式に従ったとしても，ここで述べた仮定が対象とする系で成立していることを証明しているわけではない．仮定から外れた場合には，相殺効果となることもあり得るからである．ラングミュアの吸着等温式のパラメータは，$C_e/(x/m)$ に対して C_e をプロットし，式(10.4)を変形して線形近似することで求めることができる．

表-10.5 フロイントリッヒの吸着等温式のパラメータ値の例[a, b]

物　　質	pH	K_f(mg/g)(L/mg)$^{1/n}$	$1/n$
ベンゼン	5.3	1.0	1.6〜2.9
ブロモホルム	5.3	19.6	0.52
四塩化炭素	5.3	11	0.83
クロロベンゼン	7.4	91	0.99
クロロエタン	5.3	0.59	0.95
クロロホルム	5.3	2.6	0.73
DDT	5.3	322	0.50
ジブロモクロロメタン	5.3	4.8	0.34
ジクロロブロモメタン	5.3	7.9	0.61
1, 2-ジクロロエタン	5.3	3.6	0.83
エチルベンゼン	7.3	53	0.79
ヘプタクロル	5.3	1 220	0.95
ヘキサシクロエタン	5.3	96.5	0.38
メチレンクロライド	5.3	1.3	1.16
N-ジメチルニトロソアミン	NA	6.8×10^{-5}	6.60
N-ニトロソジ-n-プロピルアミン	NA	24	0.26
N-ニトロソジフェニルアミン	3〜9	220	0.37
PCB	5.3	14 100	1.03
PCB 1221	5.3	242	0.70
PCB 1232	5.3	630	0.73
フェノール	3〜9	21	0.54
テトラクロロエチレン	5.3	51	0.56
トルエン	5.3	26.1	0.44
1, 1, 1-トリクロロエタン	5.3	2〜2.48	0.34
トリクロロエチレン	5.3	28	0.62

[a] Dobbs and Cohen(1980)，LaGrega *et al.*(2001))より引用.
[b] 本表は，様々な有機物に対する吸着等温式のパラメータの値の範囲が大きいことを示している．活性炭の特徴や液相中の各物質濃度の分析方法によって，これらの値は大きく影響を受けることに注意する必要がある．

$$\frac{C_e}{(x/m)} = \frac{1}{ab} + \frac{1}{a} C_e \tag{10.5}$$

ラングミュアの吸着等温式の利用方法を例題10-1に示す．

例題 10-1　活性炭による吸着プロセスのデータ解析

粒状活性炭を用いて得られた以下のデータは，フロイントリッヒあるいはラングミュアの吸着等温式のどちらで表現する方が適切であるか答えよ．また，その吸着等温式のパラメータを求めよ．この回分実験での液相の量は 1 L であり，吸着質の初期濃度は 3.37 mg/L であったとする．この平衡状態のデータは，実験7日後に得られたものである．

GACの質量 (mg)	吸着平衡後の吸着質の溶液中濃度 C_e (mg/L)
0.0	3.37
0.001	3.27
0.010	2.77
0.100	1.86
0.500	1.33

解　答

1. フロイントリッヒの吸着等温式とラングミュアの吸着等温式に当てはめるため，実験データを整理する．

吸着質の濃度 (mg/L)			m (g)	x/m^a (mg/g)	$C_e/(x/m)$
C_0	C_e	$C_0 - C_e$			
3.37	3.37	0.00	0.000	—	—
3.37	3.27	0.10	0.001	100	0.0327
3.37	2.77	0.60	0.010	60	0.0462
3.37	1.86	1.51	0.100	15.1	0.1232
3.37	1.33	2.04	0.500	4.08	0.3260

a $\dfrac{x}{m} = \dfrac{(C_0 - C_e)V}{m}$

2. 1.で整理したデータを用いて図を作成し，どちらの吸着等温式を用いた方が適切か判断する．
   a. データをプロットすると，下図のようになる．

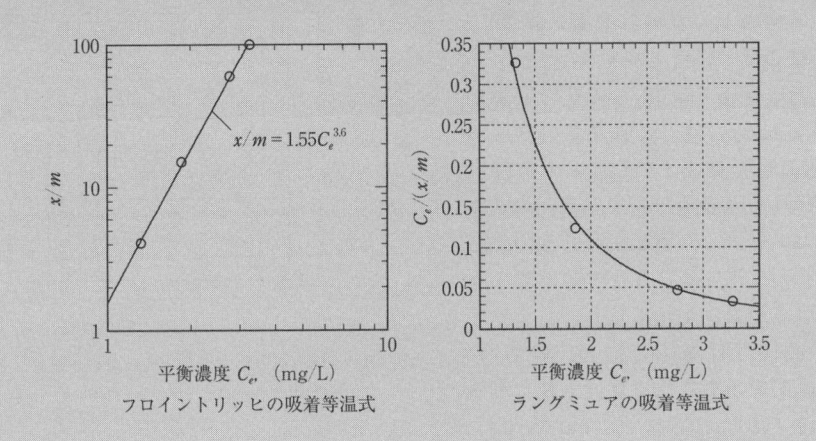

   フロイントリッヒの吸着等温式：$x/m = 1.55 C_e^{3.6}$

   （左図：フロイントリッヒの吸着等温式，右図：ラングミュアの吸着等温式）

   b. 図より，フロイントリッヒの吸着等温式を用いる方が適していると判断できる．ラングミュアの吸着等温式を想定した場合は，データを線形近似できず，ラングミュアの吸着等温式を用いるのは不適切である．

3. したがって，フロイントリッヒの吸着等温式のパラメータを求めるものとする．
   a. $\log(x/m)$ を縦軸に，$\log C_e$ を横軸にプロットすると，$C_e = 1.0$ の時の縦軸の値が K_f に相当する．この時，$x/m = 1.55$ なので，$K_f = 1.55$ である．また，この近似曲線の傾きが $1/n$ の値に等しい．
   b. $x/m = 1.0$ の時，$C_e = 0.89$ となり，$1/n = 3.6$ である[*6]．
   c. 結果として以下の式が得られる．
      $x/m = 1.55 C_e^{3.6}$
   d. このようにフロイントリッヒの吸着等温式は，指数関数で近似することができる．

混合物の吸着

水の再生処理に吸着プロセスを用いる場合，処理対象水中に複数の有機物が含まれていることが一般的である．溶液中に複数の物質が含まれていると，個々の物質に対する吸着能力は，通常，低下し

[*6] 訳者注：この点は図の範囲外にある．

てしまうが，1種類の物質に対する吸着量よりも，溶液に含まれる物質全体に対する吸着量は大きくなることが期待できる．処理対象と競合する物質が存在することによって吸着プロセスが阻害されてしまう要因としては，その物質の分子量，吸着性，および濃度が関係している．複数の物質が含まれている場合でも，TOCや溶解性有機炭素(dissolved organic carbon；DOC)，COD，溶解性有機ハロゲン物質(dissolved organic halogen；DOH)，UV吸光度，蛍光発光等を指標として吸着等温線を求めることができる(Snoeyink and Summers, 1999)．混合物に対する吸着に関しては，Crittenden et al.(1987a, 1987b, 1987c, 1985)によって詳しく研究されている．

吸着能力

吸着剤の能力は，吸着等温線のデータから求めることができる．吸着実験のデータを図にすると，**例題10-1の解答2.**のようになる．図-10.3に示すように吸着能力は，初期濃度 C_0 に相当する横軸上の点から垂線を伸ばし，この線に交わるまで吸着等温線を延長する．この交点における $q_e = (x/m)_{C_0}$ の値を縦軸から読み取る．$(q_e)_{C_0}$ の値は，吸着質の初期濃度 C_0 を液相の平衡濃度とした場合の活性炭の単位重量当りの吸着量を表す．下向流式カラム実験においては，充填した吸着剤の上層部から平衡状態に達することが一般的であり，その部分は吸着能力が飽和に達してしまっている．この破過点吸着能力 $(x/m)_b$ の値は，本節の後で説明する小規模カラム実験で求めることができ，Bohart and Adams(1920)やCrittenden et al.(1987a)によって破過曲線を表す式が提案されている．

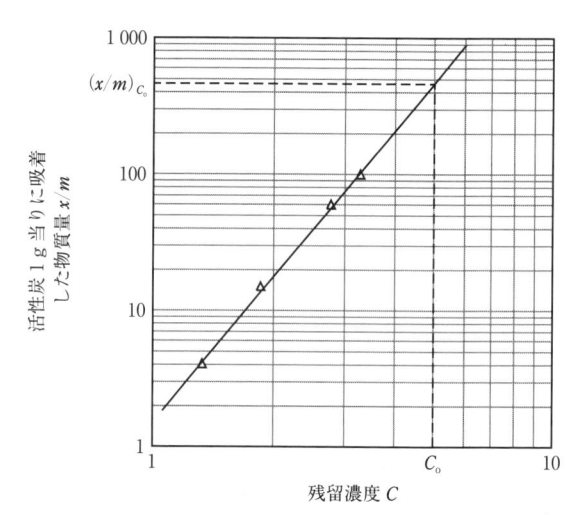

図-10.3 破過点吸着能力を求めるためのフロイントリッヒの吸着等温式の図式化

物質移動帯

図-10.4に示すようにGAC層の中で吸着現象が実際に生じている部分を物質移動帯(mass transfer zone；MTZ)と呼ぶ．除去対象の物質を含む水が，下向流式活性炭反応塔のMTZに相当する深さの領域を通過すると，汚染物質は最少濃度にまで減少する．MTZより下方では，それ以上の吸着現象は進行しない．活性炭塔の上部が汚染物質で飽和してしまうと，MTZは破過するまで下方に移動し続ける．一般的には，処理水濃度が流入水濃度の5%に達すると，破過(breakthrough)が生じたとされる[*7]．処理水濃度が流入水濃度の95%に達してしまうと，活性炭は完全に消耗してしまったといえる[*8]．破過点に達するまでと破過終末点に達するまでの水量を V_{BT} と V_E としてそれぞれ定義する．また，MTZの深さは，一般に水理学的負荷量と活性炭の性能によって関数で表される．極端な例では，負荷量が高すぎると，MTZの深さは，活性炭反応塔の高さよりも大きくなってしまい，汚染物質を活性炭塔で除去できなくなってしまう．活性炭が完全に消耗してしまえば，処理水濃度は，流入水濃度に等しくなってしまう．

破過曲線の形は，負荷量だけでなく，処理対象水に非吸着性物質や生分解性物質が含まれているか否かにも依存している．この影響を図-10.5に示す．もし，非吸着性物質が含まれているとすると，

[*7] 訳者注：この状態を破過点，この濃度を破過濃度と称する．

[*8] 訳者注：この状態を破過終末点，この濃度を破過終末濃度と称する．

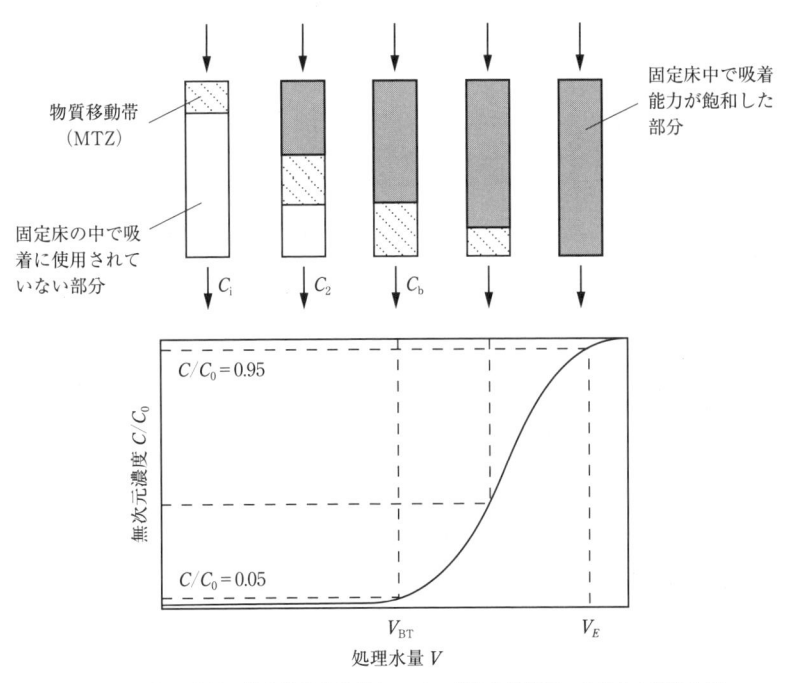

図-10.4 処理水量に伴う物質移動帯（MTZ）の移動と活性炭の典型的な破過曲線

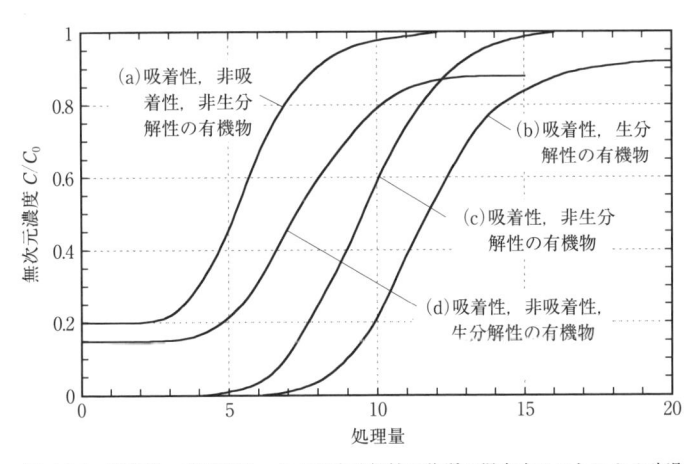

図-10.5 吸着性，非吸着性，および生分解性の物質が混在することによる破過曲線への影響 [Snoeyink and Summers (1999) より引用]

活性炭処理を始めた直後から処理水に非吸着性物質が流出する．もし，吸着性物質と生分解性物質が含まれているとすると，生分解性物質は，吸着された後に微生物分解を受けるため，破過曲線は，$C/C_0 = 1.0$ に達することはなく，C/C_0 の値は，その物質の生分解性に依存することになる．非吸着性物質と生分解性物質が含まれている場合，破過曲線は 0 から始まらず，$C/C_0 = 1.0$ に達することもない (Snoeyink and Sunners, 1999)．このような現象は，再生水処理で一般的な現象であり，特にCOD の除去においてよく当てはまる．

実際に活性炭層の底部までの吸着能力を使いきるには，2 つ以上の反応塔を直列しておき，一つの反応塔内の活性炭が消耗してしまった時にそれを交換するか，一つの反応塔が破過しても処理水質に影響を及ぼさないように，複数の反応塔を並列させておくことが行われている．反応塔の直列方法や並列方法の例が図-10.6(a)，(b) にそれぞれ示してある．いずれにせよ，少なくとも 2 つ以上の反応

第10章　残留微量成分の除去

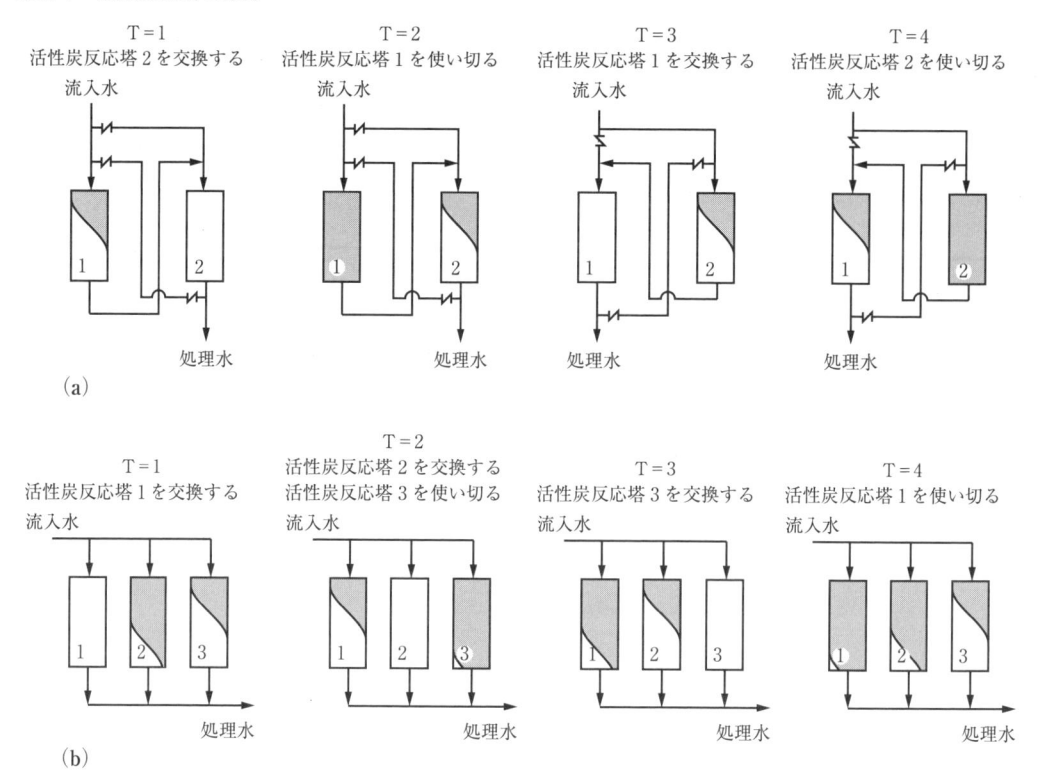

図-10.6　活性炭接触槽の構成例．(a)直列式，(b)並列式

塔を直列または並列して配置することが必要である．複数の反応塔があれば，活性炭の性能が低下した場合や，活性炭の再生，メンテナンスを行う場合にも，残りの反応塔で処理を行うことができる．連続処理を行うには，反応塔の容積や塔数を決めるために最適な流速，活性炭層の深さの値を設定しなくてはならない．これらのパラメータは，以下に説明するように動的カラム試験で求めることができる．

吸着反応塔（adsorption contactor）

活性炭の反応塔には，表-10.6に要約するようにPACを活性汚泥エアレーションタンクに直接添加するものや，独立した反応塔に添加した後に回収するもの，固定床や膨張床等の様々なものがある．典型的な加圧式下向流式固定床の外観を図-10.7に示している．

活性炭接触槽の大きさは，表-10.7に示すように様々な指標で決定される．物質移動速度が大きく，物質移動帯の最前面が明確である時，固定床の定常状態の物質収支は，以下のように表される．

$$\underset{\text{蓄積量}}{0} = \underset{\text{流入量}}{QC_0 t} - \underset{\text{流出量}}{QC_e t} - \underset{\text{吸着量}}{m_{\text{GAC}} q_e} \tag{10.6}$$

ここで，Q：水の流入速度（L/h），C_0：吸着質の初期濃度（mg/L），t：時間（h），C_e：最終的に吸着平衡に達した時の吸着質の濃度（mg/L），m_{GAC}：吸着剤の量（g），q_e：吸着平衡に達した後の吸着剤中の吸着質の量（mg-吸着質/g-吸着剤）．

式(10.6)より，吸着剤の使用率は，以下のように定義される．

$$\frac{m_{\text{GAC}}}{Qt} = \frac{(C_0 - C_e)}{q_e} \tag{10.7}$$

10.2 吸着

表-10.6 排水からの微量物質の除去における活性炭の利用方法

構　成	説　明
固定床 GAC 反応塔 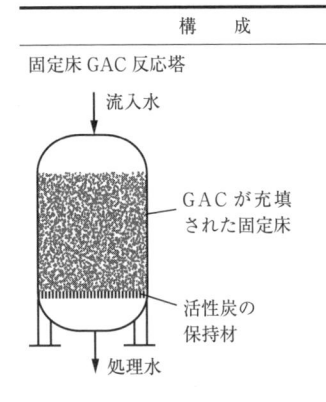 （流入水／GAC が充填された固定床／活性炭の保持材／処理水）	下向流式固定床反応塔は，単独，直列，並列のいずれの形式でも使用できる（図-10.6 参照）．二次処理水に含まれる浮遊性有機物が入らないように活性炭接触槽の上流に粒子性物質のフィルタが通常は設置されるが，有機物の吸着と浮遊物質のろ過を同時に行うことも可能である．下向流式のデザインでは，排水は，反応塔上部から流入し，底部から流出する．活性炭は，反応塔底部のろ床集水設備で流出しないように保持される．排水を処理する場合は，浮遊物質の除去による損失水頭の増加を抑えるため，逆洗や表面水洗が頻繁に行われる．ただし，逆洗を行うと，吸着面を破壊する影響もある．上向流式固定床リアクタもあるが，逆洗による除去が困難な底部に粒子性物質が蓄積するのを避けるため，下向流式固定床が使われることが一般的である．
膨張床 GAC 反応塔（上向流式） 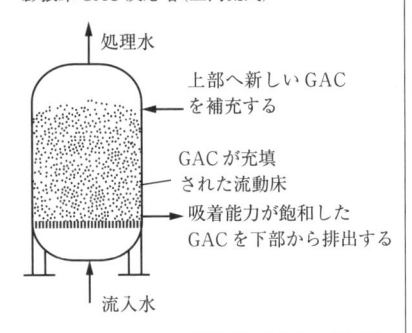 （処理水／上部へ新しい GAC を補充する／GAC が充填された流動床／吸着能力が飽和した GAC を下部から排出する／流入水）	膨張床（流動床）式では，流入水は，反応塔の底面から通水され，固定床が逆洗時に流動する時のように活性炭は内部で流動するようになっている．反応塔底部の活性炭の吸着能力が飽和してしまった場合，底部の活性炭を除去し，再生もしくは新しい活性炭を等量分だけ上部から添加する．この系では，運転が立ち上がれば，時間がたっても損失水頭は増加しない．膨張床式は，活性炭粒子同士を衝突させて摩耗し，膨張床中の流路にその微粒子を流出してしまうため，一般には，上向流式膨張床は，下向流式に比べ，処理水に活性炭の微粒子を含んでしまうことになる．あまり一般的ではないが，連続式逆洗による流動床またはパルス流動床式の活性炭接触槽も用いられている（ろ過方式に関する表-8.4 を参照）．
PAC 添加式活性汚泥法 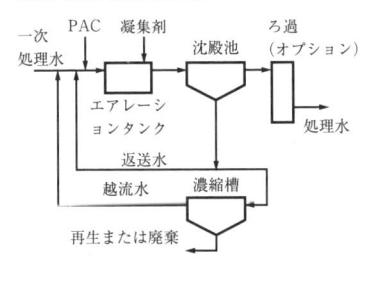 （一次処理水／PAC／凝集剤／ろ過（オプション）／エアレーションタンク／沈殿池／処理水／返送水／越流水／濃縮槽／再生または廃棄）	活性汚泥プロセスのエアレーションタンクに粉末活性炭を直接添加すると，生物酸化と物理的吸着が同時に生じる．この方法の特長は，既存の活性汚泥システムに僅かな投資費用でプロセスを更新できることである．PAC を添加することには，以下のような利点がある．(1) ショックロードに対するシステムの安定性，(2) 通常は処理が困難な汚染物質の除去，(3) 色度やアンモニアの除去，(4) 汚泥の沈降性の向上．毒物を含んでいる工業排水を処理する場合，PAC を添加することで，硝化反応に対するその阻害効果が若干低減されることが期待できる．活性炭の添加量は，通常は 20〜200 mg/L の範囲である．汚泥滞留時間（SRT）が長い場合，単位重量当りの活性炭が除去する有機物量が大きくなり，処理成績が向上する．この現象には，以下のような理由があげられる．(1) 毒性が低下することによる生分解の促進，(2) 活性炭に吸着することによって，難分解性物質が微生物と接触する時間が長くなり，生分解が促進する，(3) 低分子化合物が高分子化合物に置き換わることによって吸着性が向上し，毒性も低下する．
PAC 接触槽と重力沈殿槽の併用 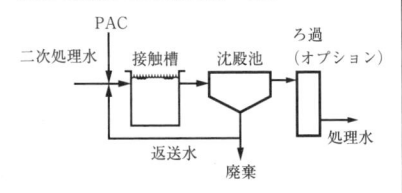 （PAC／二次処理水／接触槽／沈殿池／ろ過（オプション）／処理水／返送水／廃棄）	生物処理槽とは独立した接触槽に二次処理水を通水し，粉末活性炭を添加する．接触槽は，回分式でも連続式でも運転できる．回分式では，一定の接触時間後，活性炭を反応塔底部に沈降させ，処理水を引き抜く．連続式は，接触槽と沈殿槽で構成される．沈殿した活性炭は，接触槽で繰り返して利用することもある．粉末活性炭は，粒子が非常に細かいため，その回収には，高分子電解質の凝集剤や，急速砂ろ過のような方法の併用が必要である．時には，PAC を凝集剤と結合してから使用することもある．
PAC 接触槽と膜分離の併用 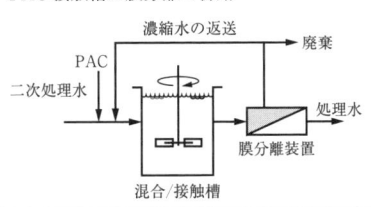 （濃縮水の返送／廃棄／PAC／二次処理水／処理水／混合／接触槽／膜分離装置）	完全混合あるいは押出し流れ型の接触槽では，微量物質の除去において，MF や UF が併用されている．PAC は，二次処理水に連続的あるいはパルス的に添加され，その後，膜分離によって濃縮される．膜処理において損失水頭がある値に達した場合，逆洗が行われる．濃縮された PAC を含む逆洗水は，廃棄されるか接触槽に返送される．多くのフルスケールプラントがこのプロセスを利用している（Snoeyinl et al., 2000；Anselme et al., 1997）．

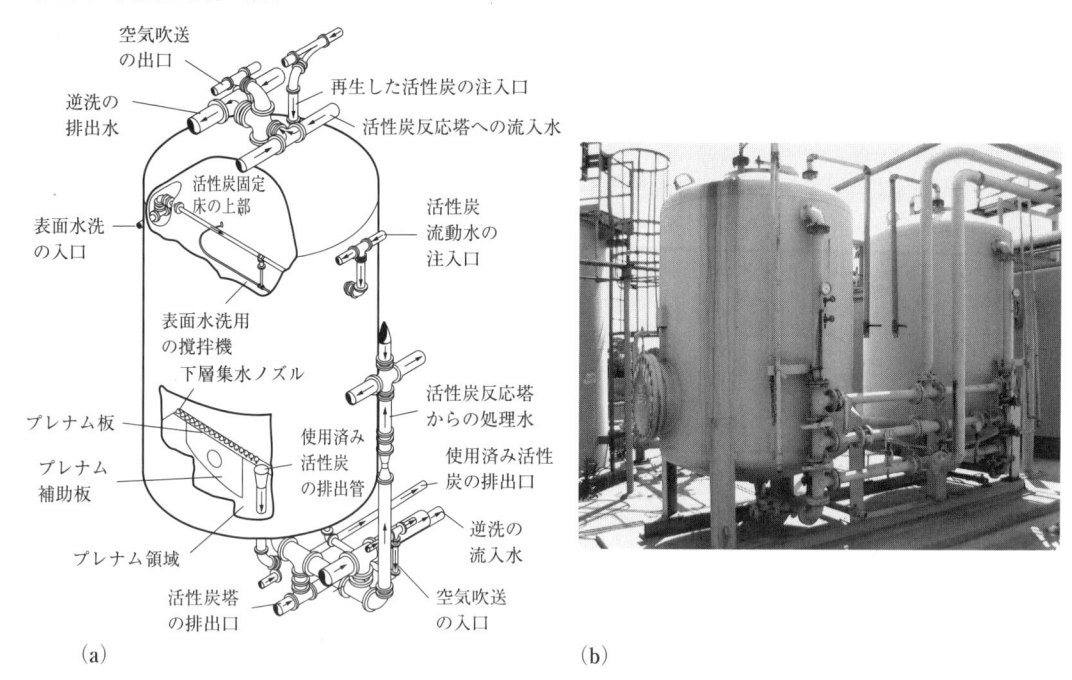

図-10.7 活性炭接触槽. (a)一般的な圧力容器の模式図, (b)ろ過後の二次処理水を処理する典型的なPAC接触槽の外観

ここで,吸着された量に比較して吸着剤の細孔中の吸着質の量が十分に小さいと仮定すると,式(10.7)の項 $QC_e t$ は無視することができ,吸着剤の使用量は,以下のように近似できる.

$$\frac{m_{GAC}}{Qt} \approx \frac{C_0}{q_e} \quad (10.8)$$

GAC接触槽の運転成績を定量するため,以下の指標が広く使われている.

1. 空塔接触時間 (empty bed contact time; EBCT)

$$\mathrm{EBCT} = \frac{V_b}{Q} = \frac{A_b D}{v_f A_b} = \frac{D}{v_f} \quad (10.9)$$

ここで,EBCT:空塔接触時間(h),V_b:GACが占める接触槽中の容積(m^3),Q:流量(m^3/h),A_b:接触槽のGAC充填部分の断面積(m^2),D:接触槽のGAC充填部分の長さ(m),v_f:線速度(m/h).

2. 活性炭の充填密度:活性炭の充填密度は以下のように定義される.

$$\rho_{GAC} = \frac{m_{GAC}}{V_b} \quad (10.10)$$

ここで,ρ_{GAC}:GACの密度(g/L),m_{GAC}:GACの質量(g),V_b:GACが占める接触槽中の容積(m^3).

3. 比処理量[1 gの活性炭当りに処理される流量(m^3)]

表-10.7 GAC接触槽の一般的な設計値[a]

パラメータ	設計値	
流量 V(m^3/h)	50 ~	400
容積 V_b(m^3)	10 ~	50
断面積 A_b(m^2)	5 ~	30
活性炭の充填深さ D(m)	1.8 ~	4
空隙率 A(m^3/m^3)	0.38~	0.42
GAC重点密度 P(kg/m^3)	350 ~	550
線速度 V_f(m/h)	5 ~	15
有効接触時間 T(min)	2 ~	10
空塔接触時間 EBCT(min)	5 ~	30
運転時間 t(d)	100 ~	600
処理水量 V_L(m^3)	10 ~	00
比処理水量 V_{SP}(m^3/kg)	50 ~	200
活性炭の充填容積 BV(m^3/m^3)	2 000	~20 000

[a] Sontheimer et al.(1988)より引用.

$$比処理量 (m^3/g) = \frac{Qt}{m_{GAC}} = \frac{V_b t}{EBCT \times m_{GAC}} \tag{10.11}$$

式(10.10)を用い，式(10.11)は，以下のように表される．

$$比処理量 = \frac{V_b t}{EBCT(\rho_{GAC} \times V_b)} = \frac{1}{EBCT \times \rho_{GAC}} \tag{10.12}$$

4. 活性炭使用率[処理水量 1 m³ 当りの活性炭の使用量(g)]

$$活性炭使用率 (g/m^3) = \frac{m_{GAC}}{Qt} = \frac{1}{比処理量} \tag{10.13}$$

5. EBCT 当りの処理水量(L)

$$処理水量 (L) = \frac{BECT における GAC の質量}{GAC の消費速度} \tag{10.14}$$

6. 活性炭の寿命(d)

$$活性炭の寿命 (d) = \frac{EBCT における処理水量}{Q} \tag{10.15}$$

これらの指標の利用例は，**例題 10-2** に示す．

例題 10-2　活性炭の破過時間の推定

ある固定床式の活性炭反応塔を想定し，その物質移動速度が大きく，物質移動帯の最前面が明確であるとする．以下のデータを使い，1 000 L/min の流量で処理を行う場合の活性炭の必要量と活性炭の寿命を計算せよ．
1. 処理対象物質：トリクロロエチレン(TCE)
2. 流入水中の濃度：$C_0 = 1.0$ mg/L
3. 処理水中の濃度：$C_e = 0.1$ mg/L
4. GAC 充填密度：450 g/L
5. フロイントリッヒの吸着能力係数：$K_f = 28$ (mg/g)(L/mg)$^{1/n}$(表-10.5 参照)
6. フロイントリッヒの指数パラメータ：$1/n = 0.62$(表-10.5 参照)
7. EBCT：= 20 min

活性炭中における微生物反応の影響は無視できるものとする．

解　答

1. まず，GAC 使用率を式(10.7)と式(10.2)を用いて計算する[*9]．

$$\frac{m_{GAC}}{Qt} = \frac{(C_0 - C_e)}{q_e} = \frac{C_0 - C_e}{K_f C_e^{1/n}} = \frac{(1.0 \text{ mg/L} - 0.1 \text{ mg/L})}{[28(\text{mg/g})(\text{L/mg})^{0.62}](0.1 \text{ mg/L})^{0.62}} = 0.134 \text{ g-GAC/L}$$

2. 10 min の EBCT で必要とされる活性炭の量を計算する．
   固定床中の GAC の質量：$V_b \rho_{GAC} = EBCT \times Q \times \rho_{GAC}$

[*9] 訳者注：近似式(10.8)が用いられている．

活性炭の必要量：20 min ((1 000 L/min) (450 g/L) = 9.0×10⁶ g

3. 10 min の EBCT で処理される水量を計算する．
   処理水量：与えられた EBCT における GAC 量/GAC 使用率
   処理水量：$9.0×10^6$ g/0.134 g-GAC/L = $67.2×10^6$ L

4. 活性炭の寿命を計算する．

$$活性炭の寿命 = \frac{EBCT における処理水量}{Q} = \frac{67.2×10^6 \text{ L}}{(1\,000 \text{ L/min})(1\,440 \text{ min/d})} = 46.6 \text{ d}$$

解　説

この例題では，2つの反応塔が直列されていたと仮定しており，活性炭の接触槽の性能が完全に発揮されたものとしている．もし，単一槽で使用されたとすると，活性炭の寿命は破過曲線から求める必要がある．

ベンチスケール試験

フルスケールの活性炭装置の性能を予測するため，ベンチスケールの試験方法が開発されている．古いものでは，Rosene *et al.*(1983)によって開発され，後に Biello and Beaudet(1983)に改良された高圧小型カラム(high-pressure mini column；HPMC)を用いる方法がある．HPMC を用いる方法では，高速液体クロマトグラフィー(high-pressure liquid chromatography；HPLC)のカラムに活性炭を充填したものが用いられる．この方法は，揮発性有機化合物の吸着能力を決定する場合に典型的に用いられている．この方法の基本的な利点は，実際と同様の状況における吸着能力を速やかに推定できることである．

この他，Crittenden *et al.*(1991)により高速小型カラム試験(rapid small-scale column test；RSSCT)が開発されている．この方法では，小型カラム(図-10.8参照)で得られたデータをパイロットスケールやフルスケールの活性炭装置にスケールアップして応用でき，小型カラムと大型カラムの破過曲線を関係づけることに数学モデルが用いられている．HPMC と RSSCT のいずれを用いる場合であっても，実際の運転条件におけるプロセス設計をするには，パイロット規模の試験を行うことが必要である．

活性炭の再生

多くの場合，活性炭処理の経済性は，吸着能力の飽和した活性炭の効率的な再生と再賦活化の過程に依存している．再生とは，再活性化を除く，使用済みの活性炭の吸着能力を回復させるすべてのプロセスを指す言葉である．典型的には，活性炭の吸着能力は，再生過程においてある程度(約4～10%)失われてしまう．一方，再賦活化では，2～5%の損失が見込まれ，摩耗や剥離，不適切な使用によって4～8%が損失される．再生した活性炭は，再生過程で除去できなかった残留

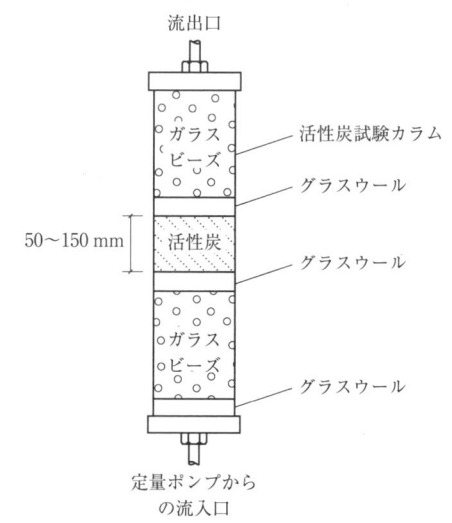

粒径：カラム直径 = 20：1 (またはそれ以上)
カラム直径 = 20～40 mm
カラム長さ = 300 mm

図-10.8　パイロットスケールもしくはフルスケールの活性炭反応塔を開発するためのデータの取得に用いられる高速小型カラム試験装置の模式図[Crittenden *et al.* (1991)より引用]

物が存在し，それが脱着して水を汚染する可能性があるため，水の再生プロセスでは通常は用いられない．活性炭の再生や賦活化に関する詳細は，Sontheimer and Crttenden(1988)の著書が参考となる．

10.2.3 吸着プロセスの制約

活性炭を用いた水処理では，以下のような限界がある．(1)大量の吸着剤を輸送する物流が必要である，(2)活性炭反応塔を設置する土地が必要である，(3)再生が困難であり，毒性物質が含まれているために有害廃棄物として廃棄処分しなくてはならない使用済み活性炭が発生する．さらに，多くの吸着剤は，再生が実質的に不可能であり，その結果，交換コストが高くついてしまう．また，pH，水温，流量等の変動で活性炭接触槽の性能が影響を受けるため，プロセスの監視と制御が必要不可欠である．

10.3 イオン交換

水再生での適用においては，イオン交換は，液相中のイオンを固相中のイオンと交換することを意味する．固相のイオン交換体(ion exchange material)は，溶解しない材質であり，カオリナイト(kaolinite)やモンモリロナイト(montmorillonite)のように天然由来の材料，あるいは高分子樹脂(polymeric resin)のような合成の材料の場合もある．イオン交換体は，電荷を有する官能基が材の外表面および／あるいは内表面に固定されたものであり，これら官能基と逆の電荷を持つ"対イオン"(counter ion)と結びつけられている(図-10.9 参照)．可動性の対イオンは，イオン交換体の内部と水溶液全体において電気的中性が常時維持されるという原則を満たすように，帯電した官能基と静電引力でそれぞれ結合している．交換体上の官能基の電荷に応じて，官能基が負電荷であれば対イオンは陽イオン，または官能基が正電荷であれば対イオンは陰イオン，のいずれでもよく，水中の別な対イオンと交換することができる．また，イオン交換樹脂は，水中の特定の対イオンに親和性，あるいは選択性を持ち，プロセスの効率を左右する．一般的には，高い電荷を持つ対イオンに対して，より高い選択性を示すといえる．しかし，最新の処理プロセス同様にモデル化で評価するには限界があり，

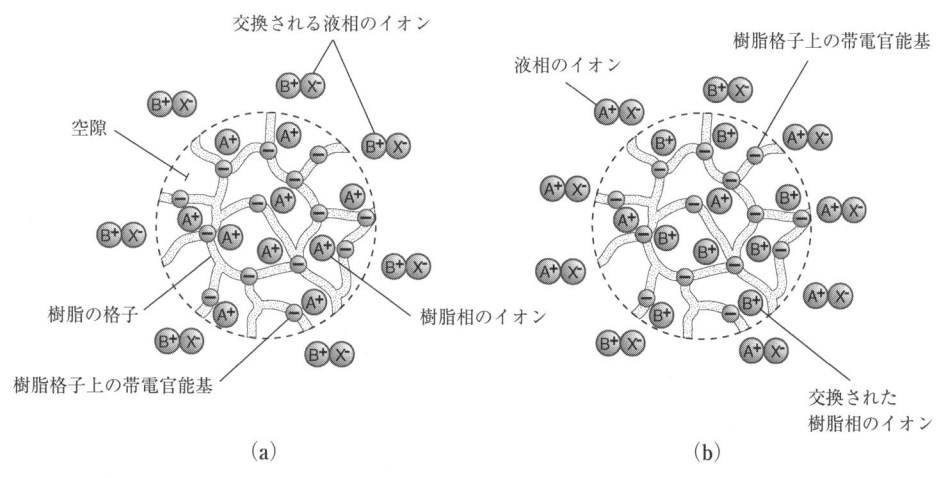

図-10.9 陽イオン交換樹脂の機能的構成の模式図．(a)最初に陽イオンB^+と陰イオン(X^-)を含む溶液に浸漬された樹脂，(b)陽イオンB^+と陰イオンX^-を含む溶液と平衡状態にある陽イオン交換樹脂[Crittenden et al. (2005)より引用]

第10章 残留微量成分の除去

実際の設計・操作パラメータを決定するためには，ベンチスケールおよびパイロットテストでの検討を行わなければならない．

10.3.1 イオン交換の用途

イオン交換プロセスが最も広く利用されているのは生活用水の軟水化(softening)であり，陽イオン交換樹脂由来のナトリウムイオンが処理される水中のカルシウムおよびマグネシウムイオンと交換されることで硬度が低減される．水再生での適用においては，イオン交換は，窒素，重金属類および全溶解性蒸発残留物(total dissolved solid；TDS)の除去に利用されてきたが，(1)Na^+，Cl^-，SO_4^{2-}，NH_4^+，NO_3^-等の特定イオン成分の除去，(2)例えば，Ca^{2+}やMg^{2+}を除去することによる軟水化，あるいは(3)脱塩にも利用できるものと考えられる．他にも，バリウム，ラジウム，ヒ素，過塩素酸塩，クロム酸塩等の特定成分や，おそらくは他の成分の除去にも適用できる．イオン交換に用いられる反応槽の構成は，先に図-10.6に示したものと同様である．

窒素の制御

窒素の制御では，排水中から除去されるイオンは，通常，アンモニウム(NH_4^+)および硝酸塩(NO_3^-)である．アンモニウムが置換するイオンは，ろ床の再生に使用する溶液の特性によって様々である．天然，合成両者のイオン交換樹脂が利用可能であるが，耐久性が高い合成樹脂の方がより広く用いられている．水再生の目的では，幾つかの天然系樹脂(ゼオライト系)(xeolites)が処理水からのアンモニアの除去に使用されている．天然ゼオライトの一つであるクリノプチロライト(Clinoptilolite)は，天然イオン交換樹脂として最良のものであることが明らかとされている．他のイオン交換体と比べてアンモニウムイオンに対する高い親和性を有するとともに，合成材料と比べると相対的に安価である．消耗しイオン交換能が低下すると，クリノプチロライトは，石灰[$Ca(OH)_2$]で再生し，ゼオライトから除去されたアンモニウムイオンは，高pHによりアンモニアガスに転換され，続いてエアストリッピングにより除去される．アンモニアガスが取り除かれた再生液は，再利用するために貯留タンクに収集する．ゼオライトのイオン交換床内，ストリッピング塔内や配管の付帯物においては，過剰の炭酸カルシウムの沈殿が生成することがあり，除去する必要がある．ゼオライト床には，逆洗(backwash)施設が備えられ，ろ床内で生じる炭酸塩の堆積物の除去に用いられる．

一般的な合成イオン交換樹脂を硝酸塩の除去に利用するうえでは，2つの問題がある．多くの樹脂は，塩化物や重炭酸塩に対してよりも硝酸塩に対してより高い親和性を持っているが，硫酸塩に比べればこれらの塩は，明確に樹脂の親和性を低下させ，硝酸塩除去のための有効容量を抑制してしまうのが第一の問題である．第二に，ゼオライトの硝酸塩に対する親和性は，硫酸塩に比べると低いため，硝酸塩蓄積の現象が生じ得ることである．硝酸塩交換の破過点を越えてイオン交換カラムを運転すると，その時点で流入水中に含まれる硫酸塩が樹脂中の硝酸塩と置換するようになり，硝酸塩がカラム処理水中に放出されることにより，硝酸溶出(蓄積)現象が生起するのである．

親和性の低さや硝酸塩交換の破過に関する問題を解決するために，硝酸塩と硫酸塩に対する親和性を逆転させた新しいタイプの樹脂が開発されてきている．かなりの量の硫酸塩が存在する場合[一般的には硝酸塩と硫酸塩の等量(meq/L)としての総量のうち25％以上]には，硝酸塩選択性の樹脂の利用が有利になる．硝酸塩選択性樹脂の性能は，再生水の組成によって異なるものとなることから，通常はパイロット試験を行う必要がある(McGarvey *et al.*, 1989；Dimotsis and McGarvey, 1995)．イオン交換樹脂によるRO処理水中の硝酸塩除去能の試験に用いられる典型的なイオン交換試験用のカラムを図-10.10に示している．

図-10.10　再生水からの特定成分の除去性能を試験する典型的なイオン交換テストカラム．(a)ベンチスケール，(b)パイロットスケール

重金属類の除去

　イオン交換は，金属類の除去に用いられる最も一般的な処理法の一つである．金属類の除去に用いられる交換材は，ゼオライト，強／弱酸／塩基性陽イオン・陰イオン交換樹脂(anion resin, cation resin)，キレート樹脂(chelating resin)，微生物や植物性のバイオマス等である(Ouki and Kavanaugh, 1999)．アミノホスホン酸系やイミノ二酢酸系樹脂のようなキレート樹脂は，Cu, Ni, Cd, Zn等の特定の金属類に対して高い選択性を持つようにつくられている．溶液のpHは，金属の化学的存在形態や交換イオンと樹脂の相互作用に著しい影響を及ぼすため，イオン交換プロセスは，pHに大きく依存する．交換サイトでの水素イオンとの競合が低くなるため，多くの金属類は，高いpHにおいて結合しやすい．

全溶解性蒸発残留物の除去

　全溶解性蒸発残留物(TDS)を低減するためには，陰イオンおよび陽イオン交換樹脂を順次適用しなければならない．脱塩する水は，まず陽イオン交換樹脂に通水し，正に帯電したイオンを樹脂上の水素イオンと交換する．陽イオン交換樹脂からの処理水は，さらに陰イオン交換樹脂に通じ，樹脂上の水酸イオンと陰イオンの交換を行う．これにより陽イオンと陰イオンがそれぞれ水素イオンと水酸イオンに置換され，互いに反応して水分子を形成することになる．

　TDSの除去は，直列に配置した陽イオン，陰イオン交換の各カラムにおいて，あるいは両樹脂を混合して充填した一つの反応槽内で行われる．水再生では線速度は，0.20〜0.40 m/min(5〜10 gal/ft^2・min)である．また，床の深さは，一般的には0.75〜2.0 m(2.5〜6.5 ft)である．水の再利用のためには，再生水の一部をイオン交換で処理し，イオン交換処理していない再生水と混合すれば，許容できる水準までTDSを低下させることができる．時として，イオン交換は，特に一つあるいは幾つかの特定成分を除去する必要がある場合には経済的であり，さほどでない場合でもROに勝る．

有機物の除去

　再生水に含まれる有機物の多くは，かなりイオン化しているため，イオン交換によって除去することが可能であり，主に陰イオン交換樹脂が用いられる．除去の程度は，幾つかの水質項目と樹脂の特性パラメータの関数として決まるものといえる．50％のTOC低減を行う場合，これらのパラメータ

に依存して，再生までの運転時間は典型的にはろ床充填容積[式(10.9)のV_b]の<500～>5 000倍の範囲である．

10.3.2 イオン交換体

イオン交換樹脂の重要な特性として，イオン交換容量，粒径および安定性があげられる．樹脂のイオン交換容量は，交換し取り込むことのできるイオン量と定義され，eq/L または eq/kg(meq/L または meq/kg)で表される．樹脂の粒径は，イオン交換カラムにおける水理学，およびイオン交換の動力学との関連から重要である．一般的には，イオン交換の速度は，粒径の自乗(すなわち，表面積)と反比例する．樹脂の安定性は，長期運転性能において重要である．また，樹脂の過剰な浸透性の膨潤や収縮，化学的分解や，物理的応力による構造の変化は，樹脂の有効寿命を低下させる重要な因子である．

天然イオン交換体

ゼオライトとして知られる天然由来のイオン交換体が水の軟水化やアンモニウムイオンの除去に利用されている．水の軟水化に用いられるゼオライトは，ナトリウムを可動性イオンとして有する複雑なアルミノケイ酸塩であり，天然ゼオライトの一つであるクリノプチロライトは，しばしばアンモニウムイオンの除去に利用される．

合成イオン交換体

合成イオン交換体のほとんどは，樹脂あるいはフェノール系ポリマーである．(1)強酸性陽イオン交換樹脂，(2)弱酸性陽イオン交換樹脂，(3)強塩基性陰イオン交換樹脂，(4)弱塩基性陰イオン交換樹脂，(5)重金属選択性キレート樹脂の5タイプの合成イオン交換樹脂が利用されている．多くの合成イオン交換樹脂は，スチレンとジビニルベンゼンを共重合させるプロセスで製造されており，スチレンは，樹脂の基本的な基盤の役目を果たし，ジビニルベンゼンは，高分子を横断的に結びつけ不溶性で強固な樹脂を形成するために用いられる．ゼオライトとは違い，合成樹脂材料は，再生溶液である鉱酸に対して高い耐久性を有している．

従来からある合成イオン交換樹脂の利用に注意が払われてきた一方で，硝酸塩のような幾つかの汚染物質のイオンに選択的な特殊な樹脂の開発も進められている．他の樹脂技術開発としては，混合スラリーの接触方式で利用できる樹脂があげられる．オーストラリアで水処理用に開発された MIEX 樹脂は，樹脂ビーズが個々の弱い磁石として働くように帯磁成分を含有している(Hamman et al., 2004)．沈殿槽において，帯磁した樹脂ビーズは，容易に凝集体をつくって迅速に沈降し，再生のために回収することができる．

10.3.3 イオン交換における基本的な事項

天然および合成のイオン交換体による典型的なイオン交換反応を表-10.8に示した．イオン交換プロセスは，回分式(batch mode)または連続式(continuous mode)で運転される．回分式プロセスでは，樹脂は，反応槽内で処理する水とともに反応が完了するまで撹拌される．使用済みの樹脂は，沈降により除去され，回分式で再生して再利用に供される．連続式のプロセスでは，イオン交換体は，ろ床あるいは充填カラムに設置され，処理に供する水が通水される．連続式イオン交換装置は，通常は下降流式の充填ろ床カラム型である．再生水は，カラム上部から圧力下で流入させ，樹脂ろ床中を下降方向に通過させて下部から回収する．樹脂の交換容量が破過した際には，カラムを逆洗して捕捉された固形物を除去するとともに，再生を行う．再生を容易にするため回転式台座にイオン交換カラムを

10.3 イオン交換

表-10.8 排水処理プロセスで用いられるイオン交換樹脂の特徴[a]

樹脂タイプ	略語	主要な反応[b]	再生イオン (X)	pK	交換容量 (meq/mL)	除去される成分
強酸性陽イオン交換樹脂	SAC	$n[RSO_3^-]X + M^{+n} \rightleftharpoons$ $n[RSO_3^-]M^{+n} + nX$	H^+ か Na^+	<0	1.7〜2.1	H^+型：陽イオン一般 Na^+型：2価陽イオン
弱酸性陽イオン交換樹脂	WAC	$n[RCOO^-]X + M^{+n} \rightleftharpoons$ $n[RCOO^-]M^{+n} + nX$	H^+	4〜5	4〜4.5	まず2価陽イオン，次に交換樹脂アルカリ度が消費されるまで1価陽イオン
強塩基性陰イオン交換樹脂（タイプ1）	SBA-1[c]	$n[R(CH_3)_3N^+]X + A^{-n} \rightleftharpoons$ $n[R(CH_3)_3N^+]A^{-n} + nX$	OH^- か Cl^-	>13	1〜1.4	OH^-型：全陰イオン Cl^-型：硫酸塩，硝酸塩，過塩素酸塩等
強塩基性陰イオン交換樹脂（タイプ2）	SBA-2[d]	$n[R(CH_3)_2(CH_3CH_2OH)N^+]X + A^{-n} \rightleftharpoons$ $n[R(CH_3)_2(CH_3CH_2OH)N^+]A^{-n} + nX$	OH^- か Cl^-	>13	2〜2.5	OH^-型：全陰イオン Cl^-型：硫酸塩，硝酸塩，過塩素酸塩等
弱塩基性陰イオン交換樹脂	WBA	$[R(CH_3)_2N]HX + HA \rightleftharpoons$ $[R(CH_3)_2N]HA + HX$	OH^-	5.7〜7.3	2〜3	まず2価陰イオン，次に強酸が消費されるまで1価陰イオン

[a] Crittenden et al.(2005)より引用．
[b] 大括弧内の項は，樹脂固相を表している．
[c] SAB-2に比べて再生効率および容量が大きい．
[d] SAB-1に比べて化学的安定性が高い．

設置した，実規模のイオン交換プロセスの例を図-10.11に示している．イオン交換の原理に関するさらなる詳細は，Slater(1991)の書籍を参照されたい．

報告されているイオン交換容量は，樹脂の回復に用いられる再生剤の種類と濃度により異なる．通常の合成樹脂のイオン交換容量は，1〜5 meq/mL-樹脂であり，ゼオライトの陽イオン交換体は，0.05〜0.1 meq/mLのイオン交換容量を持つ．イオン交換容量は，樹脂をある既知のイオン種の形にして測定する．例えば，陽イオン交換樹脂

図-10.11 実規模の陽イオンおよび陰イオン交換カラムの例

であれば，強酸で洗浄して樹脂上のすべての交換サイトをH^+型にするか，高濃度のNaCl溶液で洗浄してNa^+型に置き換えることができる．続いて，既知の濃度の交換されるイオン（例えば，Ca^{2+}）の溶液をイオン交換が完了するまで添加することで交換容量が測定できる．あるいは，酸の場合には強塩基で樹脂の滴定を行う．滴定によるイオン交換樹脂の交換容量の定量については，**例題10-3**で解説している．また，樹脂の交換容量を評価するためのベンチスケールのイオン交換カラムの概観を図-10.10に示している．イオン交換プロセスでは，特定の成分を優先的に除去することが知られていることから(Anderson, 1975, 1979)，パイロット規模での試験によりその適用性を検討することが求められる．

樹脂の交換容量は，通常，樹脂mL当りのミリ等量(meq/mL)，m^3当りの等量(eq/m^3)，あるいはm^3当りの$CaCO_3$相当グラム数(g/m^3)で表す．これらの単位で示す交換容量間の変換は，次式で行うことができる．

$$1 \text{ meq/mL} = 1 \text{ eq/m}^3 = (1 \text{ eq})(50 \text{ g-CaCO}_3/\text{eq})/\text{m}^3 = 50 \text{ g-CaCO}_3/\text{m}^3 \tag{10.16}$$

イオン交換プロセスにおいて必要な樹脂量の計算方法を**例題 10-3** に示す．

例題 10-3　新規樹脂のイオン交換容量の測定

ある陽イオン交換樹脂のイオン交換容量を求めるためにカラム試験を行った．検討を行うに当たっては，まず 10 g の樹脂を R-Na 型になるまで NaCl で洗浄した．次いで塩素イオン（Cl^-）を樹脂の間隙から除去するために，カラムを蒸留水で洗浄した．そこで，樹脂を塩化カルシウム（$CaCO_3$）溶液で滴定し，塩素およびカルシウムの濃度を処理容量ごとに測定した．各処理容量において計測された Cl^- および Ca^{2+} の濃度は，右表のとおりである．このデータを用いて，樹脂のイオン交換容量，および 18 mg/L の NH_4^+ を含む水を 4 000 m^3/d 処理するのに必要な樹脂の質量および容積を求めよ．ただし，樹脂の密度は 700 kg/m^3 と仮定する．

処理容量 (L)	成分 (mg/L)		成分無次元濃度 C/C_0	
	Cl^-	Ca^{2+}	Cl^-	Ca^{2+}
2	0	0	0	0
3	微量	0	~0	0
5	7	0	0.099	0
6	18	0	0.253	0
10	65	0	0.915	0
12	71	微量	1	~0
20	71	13	1	0.325
26	71	32	1	0.8
28	71	38	1	0.95
32	$C_0=71$	$C_0=13$	1	1

解　答

1. 処理容量に対する Cl^- および Ca^{2+} の無次元化された濃度の変化を表した図（プロット）を作成する．求められたプロットは下図のとおりである．

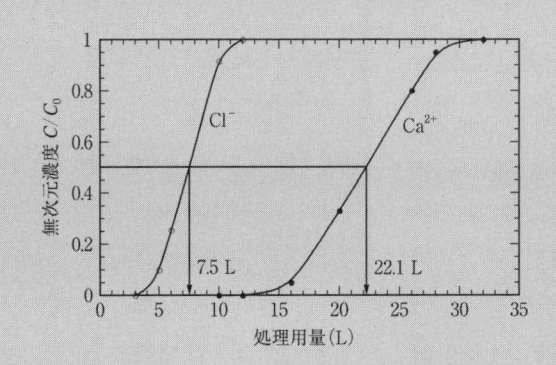

2. イオン交換容量を以下のように求める．樹脂のイオン交換容量（EC）は，meq/kg で表現すると，

    EC = (22.1 L − 7.5 L)[(40 mg/L)/(20 mg/meq)]／10 g-樹脂 = 2.92 meq/g-樹脂

3. アンモニウムイオン（NH_4^+）を 18 mg/L の濃度で含む水 4 000 m^3 を処理するために必要な樹脂の質量と容積を求める．

    a. NH_4^+ の meq（ミリ等量）を求める．
    NH_4^+ (meq/L) = (NH_4^+ として 18 mg/L)／(18 mg/meq) = 1 meq/L

    b. 必要なイオン交換容量は，以下のようになる．
    (1.0 meq/L)(4 000 m^3)(10^3 L/m^3) = 4×10^6 meq

    c. 必要な樹脂の質量は，

R_{mass}(kg) $= 4 \times 10^6$ meq$(1$ kg$/1\,000$ g$) / (2.92$ meq/g-樹脂$) = 1\,370$ kg-樹脂

d. 必要な樹脂の容積は,
R_{vol}(m^3) $= 1\,370$ kg-樹脂$/ (700$ kg/m$^3) = 1.96$ m^3-樹脂

解 説

実際には漏水や運転,設計上の制約もあることから,樹脂の必要量はイオン交換容量に基づいて計算された必要量の1.1～1.4倍程度となる.また,上述の計算は,樹脂の全効果容量が利用できたものという仮定に基づいているが,実規模の施設においてはこのようなことは通常あり得ない.

10.3.4 イオン交換プロセスの制約

イオン交換プロセスの性能は,粒状あるいはコロイド状物質,溶媒や有機性高分子物質の存在によってきわめて大きな影響を受ける.これまでイオン交換は,主として水再利用における特定成分の除去と脱塩に用いられてきたが,再生水の水質マトリックスの化学成分組成が多様であることから,実規模での適用に対する設計基準を定めるためには,処理対象とする水を用いたパイロット規模での検討が必要である.

前処理の必要性

生物処理工程からの処理水中に見られる残留有機物は,床内の目詰まりを引き起こす可能性があることから,例えば,イオン交換をろ過の後に適用した場合等では,ヘッドロス(損失水頭)が大きくなり,非効率な運転につながる.したがって,イオン交換処理の前に化学処理や沈殿が必要とされる.そうでなければ,イオン交換ろ床内に蓄積してしまう二次処理水由来のコロイド状物質を,イオン交換カラムの前に精密ろ過もしくは防護用樹脂を用いて除去することもできる.先に言及したとおり,特定成分の除去にイオン交換を適用する場合には,プロセスの性能を最適化するために,外延的な前処理を施す必要がある.

再 生

樹脂の再生における重要な問題は,不可逆的なファウリング(fouling)(再生で除去することのできない汚れ)が生じるかどうかである.高度下水処理を目的としたイオン交換を経済的に行うには,使用済みの樹脂から陽イオン,陰イオンの両者と有機物質を除去できる再生剤,回復剤を用いることが望まれる.樹脂から有機物質を除去するのに有効であることが明らかにされている化学的・物理的な回復剤には,水酸化ナトリウム,塩酸,メタノールおよびベントナイト等がある.再生剤の選定に当たっては,生成する再生廃液の量と質とその後に必要となる管理についても考慮しなければならない.

ブラインの管理

再生で生じるブライン(塩水)(brine)の管理においては,廃棄するのに許容されるように,処理水pHの中和,塩水の濃縮あるいは処理水との混合による希釈等が必要となる.9章でROの透過残留液管理について解説した濃縮技術は,ブラインにも適用できる.ブラインの処分に用いられる主な方法は,汽水あるいは塩分を含む水域への排出,処理水との混合,深井戸への注入である.高濃度TDSの再生ブラインの処分は,イオン交換技術のより広範な利用を妨げる重要な問題として残されている.

10.4 蒸　留

蒸留は，溶液中の成分を蒸発(vaporization)と濃縮(condensation)により分離する単位操作である．特別に設計された反応槽を用いることで処理される水が気化・蒸発し，処分しなければならない廃塩水(ブライン)が残されることになる．

10.4.1 蒸留法の用途

RO，電気透析(electrodialysis)やイオン交換と同様，蒸留は重要な用途の水再利用において，塩類の蓄積を抑制するために用いられる．蒸留は高価な技術であるため，その適用は，(1)高度な処理が必要とされ，(2)汚濁物質を他の方法で除去することができず，また(3)安価な熱源が利用できる場合に限定される．本節では，蒸留に関する基本的な概念を解説する．水再生における蒸留の利用は，最近進展してきた技術分野であることから，現在進行中の研究開発の成果や最近の実施例については，最新の文献を参考にしなければならない．

10.4.2 蒸留プロセス

過去30年以上にわたって，幾つものタイプの蒸発装置や熱エネルギーの利用・伝達法を採用した多岐にわたる蒸留プロセスが評価され，実用されてきた．主要な蒸留プロセスは，(1)表面伝熱浸漬管による煮沸，(2)垂直長管蒸発器による多重効用蒸発，(3)多段フラッシュ蒸発，(4)加圧蒸気の強制循環，(5)天日乾燥蒸発，(6)回転表面式蒸発，(7)表面清掃式蒸発，(8)蒸気再加熱プロセス，(9)非混和液を用いた直接伝熱，および(10)スチームの蒸気を利用する凝縮蒸気伝熱である．これらのタイプの蒸留プロセスの中で，多重効用蒸発，多段フラッシュ蒸発，および蒸気圧縮蒸留が水再生での適用に最も実用的なプロセスである．

多重効用蒸発

多重効用蒸発(multiple-effect evaporation；MEE)あるいは多重効用蒸留(multiple-effect distillation；MED)においては，幾つもの蒸発器(ボイラ)が直列で配置され，各々が引き続く蒸発器よりも低い圧力で操作される．例えば，三重(三段)効用蒸発装置(図-10.12 参照)では，流入水は，まず熱交換器を通され，そこで(最後の蒸発器の蒸気により)予熱される．予熱された供試水は，第一段目

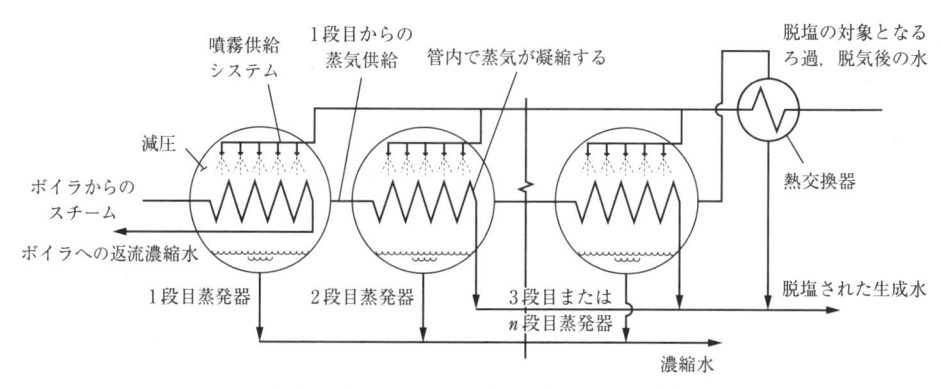

図-10.12　多重効用蒸発／蒸留プロセスの模式図

の蒸発器に入り，ボイラからのスチームで熱された熱交換管に噴霧されることで蒸発する．第一段目の蒸発器で生成した蒸気は，第二段目の蒸発器に入り，管上に予熱された流入水を噴霧することで凝縮される．ここで管内では，凝縮により，脱塩された水が生成することになる．同様に，第二段目の蒸発器からの蒸気は，第三段目の蒸発器内で凝縮される．混入が低いレベルで維持されれば，不揮発性の汚濁物質は，単一の蒸発段階でほぼ完全に除去できる．アンモニアガスや低分子量の有機酸等の揮発性汚濁物質は，おそらくは予備的な蒸発工程で除去できるが，その濃度が低く，最終産物中での存在量が許容できるのであれば，この工程は省略して付加的コストを削減することもできる．MEDプロセスによって得られる水質性能のデータは，パイロット装置での成績がRose et al.(1999)によって報告されている．

多段フラッシュ蒸発

多段フラッシュ(multistage flash；MSF)蒸発システムは，長年にわたって淡水化に商業的に用いられてきた．MSFプロセス(図-10.13参照)では，流入水は，まず過剰なTSSの除去処理と脱気が施された後，多段階の蒸留プロセスの各々減圧が保たれた熱交換器に注入される．この減圧下で誘導された蒸気生成，もしくは沸騰をフラッシュと呼ぶ．水は，減圧ノズルを通じて各段階に導かれることから，水の一部が瞬時に蒸発し蒸気となる．続いて，気化した水の蒸気はコンデンサ管の外側で凝縮し，受け皿に集められる．水の凝縮が生じている間に，その潜熱を用いて，第一段目フラッシュ工程に送られる前にメイン熱源によってさらに過熱される水を予熱する．濃縮されたブラインが最も低圧の段階にまで到達すると，排出される．

熱力学的には，MSF蒸発は，通常の蒸発法に比べて効率的とはいえないが，単一の反応槽で多段階を連結することによって外部の配管を省略し建設コストを削減できる．

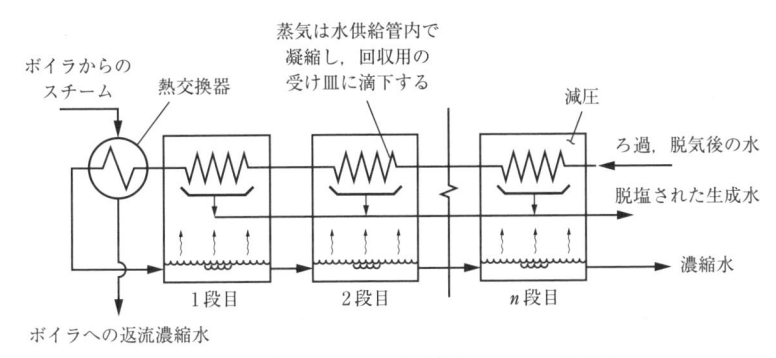

図-10.13 多段フラッシュ蒸発蒸留プロセスの模式図

蒸気圧縮蒸留

蒸気圧縮プロセスにおいては，蒸気圧の増加を伝熱のための温度差をつくり出す目的で利用する．蒸気圧縮蒸留装置の基本構成の模式図を図-10.14に示している．初期に水を加熱した後，蒸気圧縮器を運転して高圧下の蒸気がコンデンサ管内で凝縮するようにするが，同時に濃縮水から同等の蒸気が放出されることになる．ここで熱交換器は，凝縮水とブラ

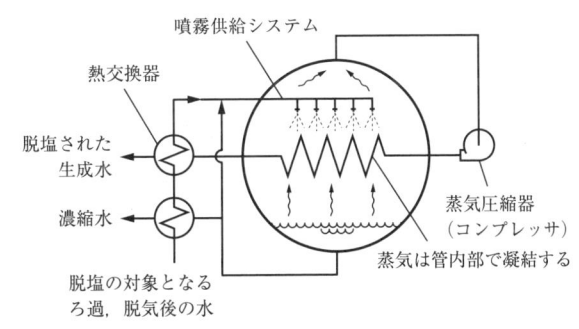

図-10.14 蒸気圧縮蒸留プロセスの模式図

イン両者からの熱を保存する．運転において必要とされるエネルギーの投入は，蒸気圧縮器(コンプレッサ)に要する力学的エネルギーのみである．ボイラにおける過度の塩類濃度の増大を防止するため，高温の濃縮ブラインは，適宜排出しなければならない．蒸気圧縮蒸留(vapor- compression distillation)はブラインの濃縮にも利用される(9章参照)．

10.4.3 蒸留プロセスにおける基本的な事項

理論上，水の温度を上昇させて潜熱を与え気化させるために必要な熱力学的最小エネルギーは，およそ2 280 kJ/kgである．しかし残念ながら，現実の蒸留プロセスでは様々な不可逆性が存在するため，熱力学的な必要最小エネルギーは，実際の蒸留プロセスを評価するうえでは妥当なものとはいえない．通常は，約1.25～1.35倍の蒸発潜熱が必要である．他のプロセスから容易にスチームの供給を受けることができれば，蒸留プロセスの実行可能性が高まる．

10.4.4 蒸留プロセスの制約

蒸留プロセスを水再生に適用するうえでの主な問題としては，流入水を蒸発させるために大量のエネルギーの投入が必要となること，処理した再生水中に揮発性成分の持込みが生じること，および蒸留された水を再生水とするためにかなりの程度の後冷却と処理が必要となることがあげられる．さらに，いかなる蒸留プロセスでも流入水の一部は受け入れることができないうえ，管理しなければならない濃縮された廃棄物を生じてしまう制約がある．

最も一般的に直面する運転操作上の問題には，スケールの生成(scaling)と腐食(corrosion)があげられる．温度を上昇させるため，無機塩類が溶液から析出し，配管や装置の内壁に沈殿する．蒸留による脱塩プロセスにおいては，炭酸カルシウム，硫酸カルシウムや水酸化マグネシウムによるスケールの生成を抑制することが設計および運転上の最も重要な配慮事項の一つである．pHの調整は，炭酸塩や水酸化物のスケール形成を最小限にとどめる対策といえる．腐食については，キュプロニッケル合金(白銅)，アルミニウム，チタンやモネル(ニッケルと銅の合金*10)等の特別な材質の利用で抑制することができる．

10.5 化学酸化

化学酸化(chemical oxidation)は，人工あるいは合成の毒性有機物質の分解を含めて，水再生において多様な用途で利用されている．酸化力のある化学物質を水中に添加して，汚濁成分と直接反応させるプロセスは，標準化学酸化プロセス*11として知られている．一方，酸化剤(oxidant)を水に加えてヒドロキシラジカル(HO・)を生じさせ，汚濁成分と反応させるプロセスは，促進酸化プロセス(AOPs)と呼ばれる．ここでHO・のようにラジカルを示すには，ラジカル種の後に点(・)を付して外郭軌道に不対電子が存在していることを表現している．標準化学酸化プロセスと促進酸化プロセスの重要な違いは，酸化電位として知られる酸化剤の強さによる．標準化学酸化プロセスについては本節で解説するが，ヒドロキシラジカルを利用するAOPsについては10.6のテーマとしている．

---

*10 訳者注：訳者が補筆．

*11 訳者注：conventional oxidation processes，あるいはconventional chemical oxidationは，advanced oxidation(促進酸化)と対比的に用いられたものと思われるが，適当な訳語がないため，ここでは標準化学酸化法(プロセス)とした．

10.5.1 標準化学酸化法の用途

標準的な化学酸化法の水再生における主な適用先は，(1)臭気の抑制，(2)硫化水素の制御，(3)色度除去，(4)除鉄・除マンガン，(5)消毒，(6)処理プロセスおよび配管における生物膜増殖やファウリングの抑制，および(7)特定微量有機成分の酸化である．消毒を除いて，これら各々の適用については表-10.9にまとめている．表-10.9中にあげている酸化剤は，その電位に基づいて並べている．また，水再生において非常に重要である消毒については，11章で解説している．標準化学酸化の利用については，Rakness(2005)，Crittenden et al.(2005)，Tchobanoglous et al.(2003)，U.S. EPA(1999)，White(1999)に詳しい．

表-10.9 酸化剤の形態，適用の用途と方法

酸化剤	形態	用途[a]	適用の方法	電位
フッ素	利用されていない	—	利用されていない	3.06
ヒドロキシラジカル	短寿命であるため専用として設計された装置で用時生成	A, B, C, D	10.6参照	2.80
オゾン	ガス態で，乾燥圧縮空気または純酸素を高電圧電極下に通すことにより現場で発生させる	B, C, D	ガスとして水に適用する．物質移動が重要な問題なため接触槽のデザインに特に配慮が必要（11章参照）	2.08
過酢酸	安定化された液体状	A, D	濃縮液を水と混合して処理	—
過酸化水素	溶液	A	濃縮液を水と混合して処理	1.78
過マンガン酸塩	粒状のバルクで入手可能	A, B	フィーダで粉末の化学物質として添加，または濃縮溶液［溶解度が低く 5%（重量）程度で］	1.67
遊離塩素	塩素ガス，NaOCl 溶液	A, D	ガスエダクタや多様なディヒューザで供給	1.49
結合塩素（クロラミン）	アンモニア添加：無水アンモニアガス，硫酸アンモニウム，アンモニア水(20〜30%アンモニア水溶液)	A, D	ガスエダクタ，粉末薬品フィーダ，噴霧ノズル	—
二酸化塩素	二酸化塩素ガスは 25% 亜塩素酸ナトリウムより現場で生成させる．亜塩素酸ナトリウム溶液を下記の成分と反応させて $ClO_{2(g)}$ を生じる．(1)塩素ガス(Cl_2)，(2)塩素水溶液(HOCl)，または酸［通常は塩酸(HCl)］	A	ガスエダクタ	1.27
酸素	ガスおよび液体	—	純酸素あるいは空気中の酸素をディフューザや他の装置で供給	1.23

[a] A：溶解性の金属類，金属複合体等の還元型無機分子の酸化や臭気原因物質の分解．
B：微量有機物質，色度，臭気原因物質やNOMの酸化．
C：凝集性の向上．
D：貯水池や水槽における藻類抑制，消毒，配水システムの生物膜増殖の抑制．

10.5.2 化学酸化に用いられる酸化剤

水再生においてよく用いられる酸化剤は，(1)ヒドロキシラジカル，(2)塩素(chlorine)，(3)オゾ

ン(ozone),(4)二酸化塩素(chlorine dioxide),(5)過マンガン酸塩(permanganate),および(6)過酸化水素(hydrogen peroxide)であり,**表-10.9**に示す.酸素による酸化反応の速度は,遅すぎて生物学的二次処理後の利用では実用に値しない.化学酸化剤は,通常は三次処理における特定の位置(例として臭気の防止や膜のファウリング防止の目的),あるいは配水前の最終処理工程(例として消毒の目的)で添加される.酸化速度は,概して以下の傾向で表すことができるが,溶液の特性(pH 等)や酸化対象となる成分の種類によって例外もある.

$$HO\cdot > O_3 > H_2O_2 > HOCl > ClO_2 > MnO_4^- > O_2 > OCl^- \tag{10.17}$$

ヒドロキシラジカル($HO\cdot$)の挙動については **10.6** で詳しく解説するが,オゾン処理(ozonation)における生成との関連でここでも簡単に紹介しておく.標準化学酸化法の中でもオゾン処理は,有機化合物(R と表記)の分解に有効であり,式(10.18)に示すように,反応は,O_3 との直接反応および $HO\cdot$ との間接反応の両者で進行する.

$$O_3 \rightarrow \begin{cases} \xrightarrow[O_3]{\text{直接経路}} O_3 + R \rightarrow \text{反応産物 1} \\ \xrightarrow[NOM]{\text{間接経路}} HO\cdot + R \rightarrow \text{反応産物 2} \end{cases} \tag{10.18}$$

オゾンと天然有機化合物(natural organic matter;NOM)の反応による $HO\cdot$ の生成は,標的物質の分解に利用するうえで最も重要なメカニズムの一つである(Elovitz and Gunten, 1999;Westerhoff *et al.*, 1999).しかし,直接のオゾン処理で低いオゾン添加量を用いた場合でも,低 DOC 濃度の再生水中に見出される残留性医薬品等の十分な除去が可能であるとされている(Huber *et al.*, 2005).ベンチスケールおよびパイロットスケールでの性能評価に用いられるオゾン接触槽の概観を**図-10.15**に示す.医薬品等の微量成分の変換はまた,塩素消毒の過程でも可能であるが,その有効性は,化学物質の構造,塩素の形態,接触時間,および塩素除去工程の有無に依存する.

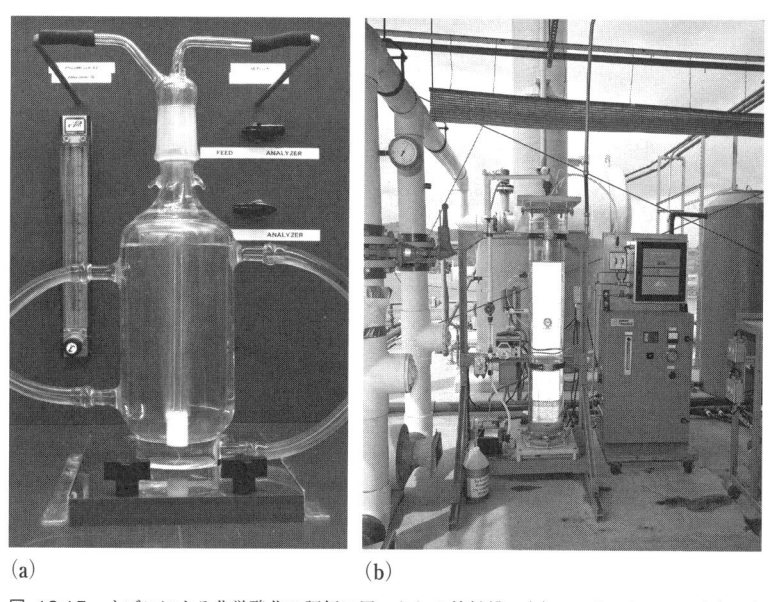

図-10.15 オゾンによる化学酸化の評価に用いられる接触槽.(a)ベンチスケール,(b)パイロットスケール

10.5.3 化学酸化における基本的な事項

水再生では，水に酸化剤が添加されると，酸化還元反応が生じ，電子が還元物質から酸化剤に移動する．電子を受け取る成分は，還元されることになり，酸化剤と呼ばれる．一方，電子を失う物質は，酸化されることになり，還元剤(reductant)と呼ばれる．酸化剤と還元剤間での電子授受が行われるための推進力は，両者の電位の差である(McMurray and Fay, 2003)．

酸化還元反応において電子が獲得されるか，失われるかは，酸化および還元の各半反応式の標準電極電位で評価することができる．酸化あるいは還元の半反応は，電位もしくは起電力(electromotive force；emf)で特徴づけられる．この電位は，標準電極電位(standard electrode potential)(E_{red}^0)，または反応の酸化還元電位(redox potential)と呼ばれ，電圧 V の単位で計測される．多くの文献に，水再生に利用される水中あるいは排水処理において一般的な反応の標準電極電位をまとめた表が示されている(Sawyer et al., 2003；Tchobanoglous et al., 2003)．

慣例的には半反応式は，還元反応として表記されている．酸化半反応式を得るためには，還元半反応式の左辺と右辺を逆にし，還元電位に−1を乗じればよい．すべての関連する反応の電極電位を加えれば，反応全体の電極電位となる．符号の収支をとり，反応において移動する電子の数を一致させた後，酸化電位と還元電位の両者を加えることで酸化還元電位の値を求めることができる．O_2 の還元および H_2 の酸化についての電位は，以下のように示される．

$$O_2 + 4\,H^+ + 4\,e^- \longleftrightarrow 2\,H_2O\,(還元) \quad E_{red}^0 = 1.23\,V \tag{10.19}$$

$$H_2 \longleftrightarrow 2\,H^+ + 2\,e^-\,(酸化) \quad E_{ox}^0 = 0\,V \tag{10.20}$$

ここで，E_{red}^0：還元半反応の標準電極電位(V)，E_{ox}^0：酸化半反応の標準電極電位(V)．

酸化還元全反応は，式(10.20)の両辺に2を乗じ，式(10.19)と足して反応式両辺の電子と H^+ を消去することで得られる．水を生じる最終的な全体的な反応式は，以下の式(10.21)のように示される．

$$O_2 + 2\,H_2 \longleftrightarrow 2\,H_2O\,(全反応式) \quad E_{R_{xn}}^0 = 1.23 \tag{10.21}$$

ここで，$E_{R_{xn}}^0$：酸化還元全反応の標準電極電位(V)．

$E_{R_{xn}}^0$ の値は，E_{red}^0 と E_{ox}^0 の各々の因数を掛け，その和として求められる．$E_{R_{xn}}^0$ の値が正の場合には，理論的には反応は記述されたとおりに進行する．しかし，ある特定の反応の進行は，想定される溶液濃度における反応の起電力と自由エネルギーの両者で決まるものである．化学反応の解析についてのさらなる詳細は，Crittenden et al.(2005)の著書を参照されたい．

10.5.4 化学酸化プロセスの制約

化学薬剤添加のコストの問題とは別に，いかなる化学酸化プロセスにおいても重要な問題となるのは，不完全な酸化によって毒性を持つ副生成物(toxic byproduct)が形成され得ることである．10.6で解説するヒドロキシラジカルによる酸化プロセスでは，最適条件下で数多くの成分の完全無機化が達成されるのに対し，標準化学酸化法は，一般的には完全無機化に至るほど強力ではない．したがって，酸化によって生じる副生成物を除去するために，吸着等の後処理プロセスが必要となる．また，化学酸化によってある種の物質は生分解性が向上するため，残留する生分解性の物質を除去するために生物学的処理を施さねばならなくなることも考えられる(10.8参照)．副生成物の形成は，酸化剤を適用する前に副生成物の前駆物質を除去し，またその添加量を細心の注意をもって制御することによって，抑制することができるであろう．

化学酸化剤が水再生で利用される理由となっている特性(すなわち，強い酸化力[*12])は，同時にあ

[*12] 訳者注：訳者が補筆．

る種の条件下では腐食を引き起こし得る理由にもなる．そのため，施設や装置の腐食を予防するうえでは，酸化剤添加量を慎重に制御すること，および適正な材質を使用することが重要な要因となる．ある条件下での化学酸化剤による特定材料の腐食が生じるかどうか，また，どのような腐食がどの程度生じるかを評価するために，熱力学的解析，動電学的解析（混合電位モデル）や実証試験を含めた幾つもの方法が開発されている．

10.6 促進酸化

促進酸化法は，一般的な酸化剤では完全に酸化できない，例えば内分泌撹乱化学物質のような微量成分の分解に用いられる(Rosenfeldt and Linden, 2004)．三次処理後（図-10.1 参照）の再生水にも通常，多様な天然あるいは人為起源の微量有機物が存在するため，特に間接的飲用再利用では，市民の健康と環境を守るために除去あるいは分解した方がよいと思われる．天然あるいは合成有機化合物が低濃度で残存している．10.5 に記述されている標準的な酸化剤でも問題となる幾つかの成分の除去が可能であるが，化学的な酸化に伴う有毒な副生成物の形成の可能性がある．RO 処理水中にでさえも微量成分が含まれている可能性がある．

促進酸化の長所は，高濃度のヒドロキシラジカル($HO\cdot$)を生成できることにある．このヒドロキシラジカルは，強力な酸化剤であり，ほとんどの有機化合物を二酸化炭素，水と無機酸（HCl 等）に分解できる．前述のように，ラジカル種の後に点をつけ，外軌道に不対電子があることを示している．この不対電子により，$HO\cdot$ は反応性に富んだ求電子剤であり，ほとんどすべての電子に富んだ有機化合物と素早く反応する．ヒドロキシラジカルとの反応は，酸化される構成成分の濃度とヒドロキシラジカル種の濃度に依存する二次反応である．$HO\cdot$ の多くの溶解性有機化合物に対する二次反応速度定数は，$10^8 \sim 10^9$ L/mol/s (Buxton and Greenstock, 1988)であり，他の酸化剤に比べて 3～4 オーダー高い．

10.6.1 促進酸化の用途

電子化学的酸化ポテンシャル(electrochemical oxidation potential)として表されたヒドロキシラジカルの比酸化力を他の一般的な酸化剤とともに表-10.9 にまとめた．フッ素を除いて，ヒドロキシラジカルは，既知の酸化剤の中でも最も活性の高いものの一つであることがわかる．促進酸化プロセスは，水中の有機化合物が濃縮されたり，異なる相へと移動するのではなく，分解されることから，吸着，イオン交換やストリッピング等の他のプロセスとは異なる．さらに，吸着されない，あるいは部分的にしか吸着されないような化合物でも，ヒドロキシラジカルとの反応によって分解可能である．二次的な廃棄物の流れが生じないことから，物質（資材）の廃棄や再生のための追加コストも不要である．ヒドロキシラジカルは，他の酸化剤に比べて，特定の種類やグループの化合物に限ることなく，ほとんどすべての還元性の物質を酸化することが可能である．これに加えて，多くの促進酸化プロセスが常温，常圧下で運転される．触媒酸化(catalytic oxicdation)，気相焼却(gas-phase combustion)，超臨界酸化(supercritical oxidation)，湿式酸化(wet oxidation)等の他のプロセスでもヒドロキシラジカルを生成可能であるが，高温，高圧や触媒の酸化を必要とする．AOPs に関するさらなる詳細は，Singer and Reckhow(1999)や Crittenden *et al.*(2005)を参照されたい．

分解の程度

使い方によっては，特定の化合物について，後段に配した生物学的処理に供しやすくすることや毒性を減少させるための部分的な酸化で十分な場合もあり，必ずしも与えられた化合物や混合物を完全

に酸化する必要はない．特定の化合物の酸化は，最終酸化生成物の分解の程度によって，次のように特徴づけられる(Rice, 1996)．
1. 一次分解(primary degradation)：親化合物の構造変化．
2. 許容分解(acceptable degradation)：毒性が減少する程度の親化合物の構造変化．
3. 完全分解(ultimate degradation)[無機化(mineralization)]：有機物のCO_2への変換．
4. 非許容分解(unacceptable degradation)：毒性が上昇するような親化合物の構造変化．

難分解性有機物の酸化

ヒドロキシラジカルは，RO 処理等の高度処理水中の微量な難分解性有機化合物の酸化等に最もよく使用される．ヒドロキシラジカルは，いったん生成されると，(1)ラジカルの添加，(2)水素の引抜き，(3)電子伝達，(4)ラジカル結合によって，後述するように有機物の分子を攻撃する．

1. ラジカルの添加：ヒドロキシラジカルを不飽和脂肪酸や芳香族化合物[ベンゼン(C_6H_6)等]に添加すると，これらはラジカル化有機化合物となり，酸素や鉄(Ⅲ)イオン等によってさらに酸化され，安定な最終酸化生成物を生成する．ラジカルの添加は，水素の引抜きより非常に速い．次の反応式中の R は，反応性の有機化合物を表している．
$$R + HO \cdot \rightarrow ROH \tag{10.22}$$

2. 水素の引抜き：ヒドロキシラジカルは，有機化合物から水素原子を引き抜くことができる．水素が引き抜かれることでラジカル化有機化合物が生じ，これが酸素と反応することで，他の有機化合物と反応するペルオキシラジカルを生じる連鎖反応が起こる．
$$R + HO \cdot \rightarrow R \cdot + H_2O \tag{10.23}$$

3. 電子伝達：電子伝達は，高い価数のイオンを生成する．1価の陰イオンの酸化は，原子あるいはフリーラジカルを生成する．以下の反応では，n は反応性有機化合物 R の電荷を表している．
$$R^n + HO \cdot \rightarrow R^{n-1} + OH^- \tag{10.24}$$

4. ラジカル結合：2つのラジカルが結合すると，安定な産物を生成する．
$$HO \cdot + HO \cdot \rightarrow H_2O_2 \tag{10.25}$$

二重結合とラジカル添加反応による HO・の有機化合物との反応と水素引抜きは，最も一般的なプロセスである．一般に，ヒドロキシラジカルと有機化合物の完全な反応は，水と二酸化炭素と無機酸と塩を生成する．このプロセスは，無機化として知られる．

消　毒

オゾンから生成するフリーラジカルは，オゾン単独に比べて強力な酸化剤であることが知られていることから，ヒドロキシフリーラジカルは，再生水中の微生物の酸化に効果的に利用できる．残念ながら，ヒドロキシフリーラジカルの半減期は短く，マイクロ秒単位であることから，高濃度にすることができない．きわめて低濃度では，C_Rt 理論(11 章参照)に基づく微生物の消毒(disinfection)に要する滞留時間は非常に長い．しかしながら，光分解を開始する UV エネルギー(1 000〜2 000 mJ/cm^2)の高い投入を伴う促進酸化プロセスは，かなりのレベルの消毒を行うのに十分な強度である．パイロットあるいはフルスケールの装置による試験によって，実際の殺菌を達成できるレベルが決定できると考えられる．

10.6.2　促進酸化のためのプロセス

多くの研究によれば，AOPs はどんな個々の物質(つまり，オゾン，紫外線，過酸化水素)よりも効果的であることが示されている．液相でヒドロキシラジカルを生成させるのには幾つかの技術がある(U.S. EPA, 1998)．幾つかの技術について表-10.10にまとめた．水の再生利用では，AOPs は，通

第10章　残留微量成分の除去

常，低COD再生水(多くの場合，RO処理後)に適用される．これは，ヒドロキシラジカルを生成させるのに必要なオゾンやH_2O_2のコストが掛かるためである．米国で水の再生利用のために商業的に利用可能な促進酸化プロセスは，表-10.10にある技術の中では，オゾン/UV(ozone/UV)，オゾン/過酸化水素(ozone/hydrogen peroxide)と過酸化水素/UV(hydrogen peroxide/UV)である．過酸化水素等の幾つかの化学物質については，使用が認められていない国もあることから，世界中で適用す

表-10.10　ヒドロキシラジカルを生成する各種酸化プロセスの長所と短所[a]

促進酸化プロセス	長　所	短　所
水の再生に商業的に利用可能なAOP		
過酸化水素/UV	・H_2O_2はかなり安定で使用前に一時的に現場で貯蔵可能	・H_2O_2は紫外線をほとんど吸収せず，水が多くのUVエネルギーを吸収すると，反応槽へ投入されたほとんどの光が無駄となる ・UV照射のための特別な反応槽が必要 ・残存H_2O_2への対応が必要 ・UVランプの汚れ
過酸化水素/オゾン	・UV透過性に乏しい水の処理が可能 ・UV照射のための特別なリアクタが不要 ・揮発性有機物がオゾン接触層で除去される(これは処理が必要)	・オゾンの発生にコストが掛かり，かつ非効率なプロセスである ・オゾン接触槽からのオフガス中のオゾン除去が必要 ・オゾン/過酸化水素の適切な用量の維持と決定が難しい ・低pHはプロセスに悪影響
オゾン/UV	・オゾンの用量制御が容易 ・残存酸化剤が素早く分解される(典型的なオゾンの半減期は7分) ・オゾンは等用量の過酸化水素に比べ，よりUVを吸収する(254 nmで200倍以上) ・揮発性化合物がプロセスから除去される(これは処理が必要)	・過酸化水素の発生にオゾンとUVを用いるのは，直接過酸化水素を添加するのに比べて非効率 ・UV照射のための特別な反応槽が必要 ・オフガス中のオゾン除去が必要 ・UVランプの汚れ
その他のAOPs		
オゾン/UV/過酸化水素	・商業化されたプロセスが利用可能 ・過酸化水素がオゾンの輸送を促進する ・揮発性化合物がプロセスから除去される(これは処理が必要)	・UV照射のための特別な反応槽が必要 ・オフガス中のオゾン除去が必要 ・UVランプの汚れ
フェントン反応(鉄/過酸化水素，光フェントン，鉄/オゾン)	・処理水にフェントン反応を進行させるのに十分な鉄が含まれることがある ・商業化されたプロセスが利用可能	・低pH条件が必要
二酸化チタン/UV	・UVで活性化され，その結果として，大きな光透過性が得られる	・触媒の汚れが発生する ・スラリーとして利用すると，二酸化チタンの回収が必要 ・UVランプの汚れ
高pH化でのオゾン(8から10以上)	・UV照射や過酸化水素の添加が不要	・オフガス中のオゾン除去が必要 ・pH調整が現実的でない ・8.6に示した理由により，はっきりとした汚染物の除去効率が得られない

[a] Crittenden *et al.*(2005)より引用.

るには不適当な AOPs もある．

表-10.10 には，各種 AOPs の主な長所と短所を記載した．酸化に伴い，もともと分解されなかった成分がさらなる生物学的処理（生物ろ過等）を必要とするような生分解性化合物へ変換されることに注意が必要である．

オゾン/UV

オゾンの UV 照射に伴う光分解によるフリーラジカル HO・の生成は，次の反応で示される（Glaze *et al*., 1987；Glaze and Kang, 1990）．オゾン/UV 照射プロセスの最初のステップは，オゾンの光分解による過酸化水素の生成である．

$$O_3 + H_2O + UV(\lambda < 310 \text{ nm}) \rightarrow O_2 + HO\cdot + HO\cdot \rightarrow O_2 + H_2O_2 \tag{10.26}$$

式(10.26)に示すように，湿った空気中でのオゾンの光分解によりヒドロキシラジカルが生成する．水中では，オゾンの光分解により過酸化水素が生成し，これは引き続き光分解あるいはオゾンとの反応によりヒドロキシラジカルを生成する．オゾン/UV プロセスは，直接のオゾン処理，光分解，あるいはヒドロキシラジカルとの反応により化合物を分解可能であり，UV 吸収やヒドロキシラジカルとの反応を通じて対象化合物を分解可能な場合，より効果的となる．基本的なオゾン/UV プロセスの構成は，オゾンガス発生装置，オゾン注入装置，UV 光分解反応槽からなる．典型的な UV/オゾン酸化プロセスのフロー図と外観を図-10.16 に示した．

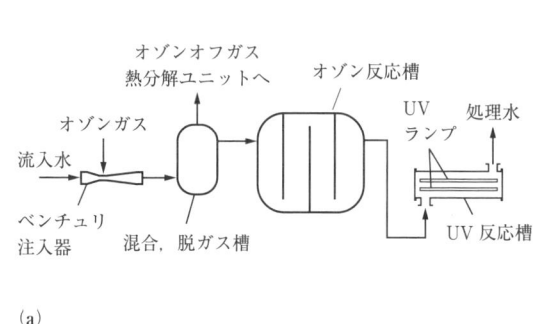

図-10.16 オゾンと UV 照射を組み込んだ促進酸化プロセス．(a)フロー図［オゾン接触槽は，排気塔を省略している（図-10.24 参照）］，(b)全体外観

UV 照射により，過酸化水素をヒドロキシラジカルに分裂可能であるが，254 nm におけるオゾンの吸光係数は，過酸化水素より大きい．したがって，過酸化水素を発生させるためにオゾンを利用することは，次々にオゾンと反応してヒドロキシラジカルを発生させるものの，オンサイトでオゾンを発生させるために大量にエネルギーを必要とすることから，ヒドロキシラジカルを発生させる最も効率的な方法とはいえない．オゾンと UV の用量がそれぞれ 16～24 mg/L と 810～1 610 mJ/cm² のプロセスは，オゾンあるいは UV を単独で使用するプロセスに比べて，TOC 濃度と消毒副生成物の形成に顕著な影響を与えることがわかっている（Chin and Bérubé, 2005）．すべての UV プロセスについて，UV ランプ筒のファウリング，ランプ交換コスト，エネルギー消費は，考慮すべき重要な事項である．

オゾン/過酸化水素

UV を吸収しない化合物や処理対象水の光透過性が光分解を阻害する場合，オゾン/UV に比べ，

第10章 残留微量成分の除去

オゾン/過酸化水素を利用した AOP がより有効である．オゾン/過酸化水素を利用したプロセスは，水中の VOC 混合物，石油化合物，工業用溶剤や除草剤の濃度を減少させるために用いられてきた(Karimi *et al.*, 1997；Mahar *et al.*, 2004；Chen *et al.*, 2006)．過酸化水素とオゾンを用いたヒドロキシラジカル生成の全体反応は，次のようになっている．

$$H_2O_2 + 2\,O_3 \rightarrow HO\cdot + HO\cdot + 3\,O_2 \tag{10.27}$$

式(10.27)によれば，1 mol のオゾンに対して 0.5 mol の過酸化水素が必要であり，重量比では 1 kg のオゾンに対して 0.354 kg の過酸化水素が必要である．しかし，適切な過酸化水素とオゾン用量に対して影響を与える幾つかの問題がある．まず，オゾンは，過酸化水素に比べて，夾雑物として存在する有機物や無機物と反応しやすい傾向にある．その結果，必要となるオゾン用量は，化学量論式によって得られる量より高くなる．典型的なオゾンと過酸化水素濃度は，それぞれ 5～30 mg/L と 5～15 mg/L である．通常，与えられた微量物質の除去に要求される化学物質用量の決定にパイロット試験が行われる．しかしながら，過剰なオゾン投与は，オゾンの無駄な消費，酸化副生成物(ホウ酸等)の形成や次式によるヒドロキシラジカルの消減等を引き起こす可能性がある．

$$O_3 + HO\cdot \rightarrow HO_2\cdot + O_2 \tag{10.28}$$

式(10.28)によって生成した $HO_2\cdot$ ラジカルは，さらにヒドロキシラジカルを生成する．副生成物の形成やヒドロキシラジカルの消減の問題を解決するために，単一反応槽の複数箇所に過酸化水素やオゾンを添加する，あるいは複数の反応槽を連結するなどの新しい反応槽デザインが行われてきた．過酸化水素とオゾンの反応に用いられる反応槽のフロー図と外観を図-10.17 に示した．余剰の過酸化水素は，ヒドロキシラジカルを捕捉することから，過酸化水素/オゾン促進酸化プロセスに悪影響を及ぼす．さらに，残存過酸化水素は，オゾンに比べてより安定であり，また再利用に際して除去の必要な場合もあり，オゾンより問題となりうる．過酸化水素は，過塩素酸との反応により，素早く水，酸素，塩化物イオンを生成する．

過酸化水素/UV

ヒドロキシラジカルは，過酸化水素を含む水が UV 照射(200～280 nm)されることによっても生成する．過酸化水素の光分解は，次の反応式で表される．

$$H_2O_2 + UV(\text{or } h\nu, \lambda \approx 200\sim280\text{ nm}) \rightarrow HO\cdot + HO\cdot \tag{10.29}$$

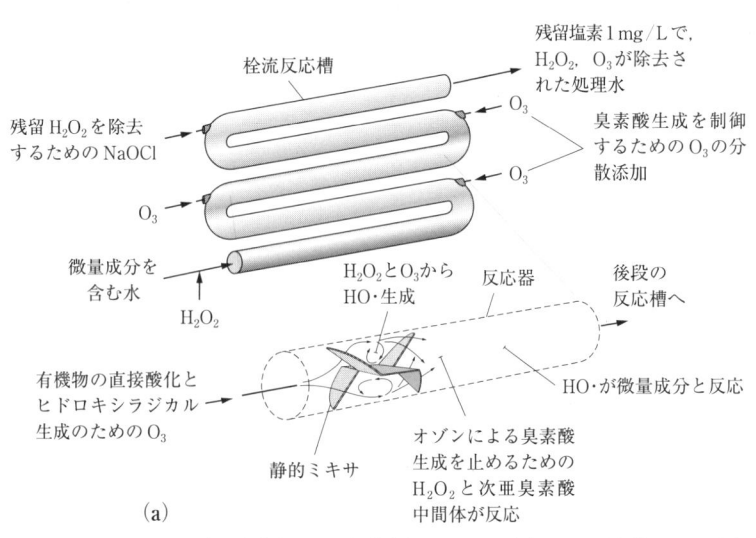

図-10.17 オゾンと過酸化水素を用いた促進酸化プロセス．(a) HiPOx 反応槽のフロー図，Technology, Inc.)

過酸化水素のモル吸光度係数は小さいことから，高濃度の過酸化水素と高いUV線量を必要とすることもあり，過酸化水素/UVプロセスは，実用的でない場合もある．過酸化水素/UVプロセスのフロー図と典型的な外観を図-10.18に示した．

過酸化水素/UVプロセスは，基本的には過酸化水素注入と混合，続いてUV照射装置を備えた反応槽から構成される．図-10.18に示したように，典型的な過酸化水素/UV反応槽では，直列式のステンレス鋼反応槽に低圧(低強度および高強度)あるいは中圧のUVランプを流れに並行，垂直に配置する，あるいは上向流カラムに十字型にランプを配置し，流れに直交するようにする．

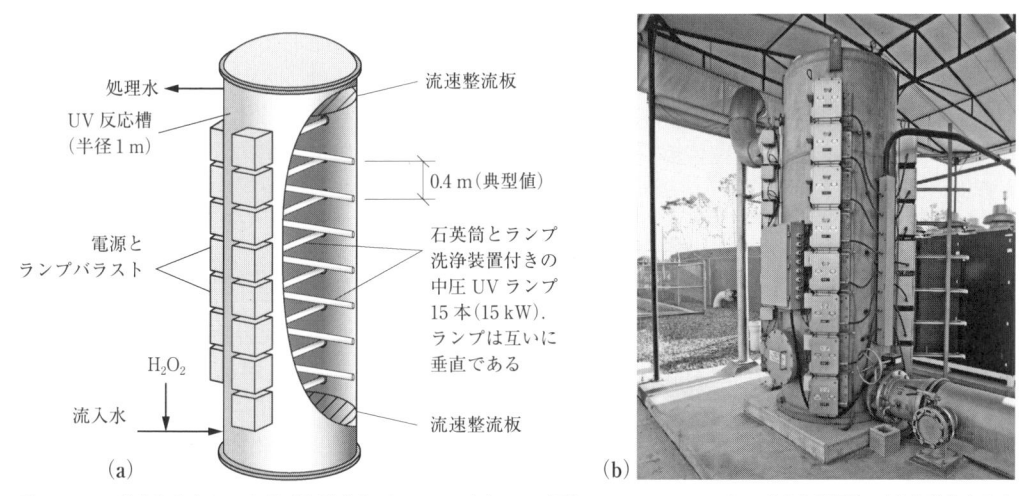

図-10.18 過酸化水素/UV照射型促進酸化プロセス．(a)フロー図[Crittenden et al. (2005)より引用]，(b)典型的な上向流UV反応槽の外観

過酸化水素/UVプロセスは，通常，処理水中の過酸化水素が高濃度となるため，一般には飲用水処理には用いられない．しかし，水の再生利用では残存過酸化水素は問題にはならない．処理水中の過酸化水素が高濃度になるのは，UV照射を利用して効率的にヒドロキシラジカルを生成させるために初期に高い過酸化水素用量が必要となるためである．残存過酸化水素は，塩素を消費し，消毒を阻害する．N-ニトロソジメチルアミン(NDMA)の光分解のように高いUV線量が必要となる場合(3章参照)，光分解だけでは処理しきれない他の成分を促進酸化させるために過酸化水素を添加することもある(Linden et al., 2004)．このような運転法は，今日，多くの水の再生利用に適用されつつある．過酸化水素/UVプロセスをモデル化するための詳細は，Crittenden et al.(1999)を参照されたい．11章で議論するように，UVプロセスでは，UVランプ筒のファウリング，ランプ交換コスト，高いエネルギー消費が問題である．

他のプロセス

その他のヒドロキシラジカルを生成する反応としては，フェントン試薬(Fenton's reagent)を用いた過酸化水素とUVの反応や触媒として水中に懸濁したTiO₂等のような半導体金属酸化物によるUV吸収がある．その他のプロセスは，現在，開発の途上にある．

(b) (a)の反応槽の外観(提供：Applied Process

10.6.3 促進酸化プロセスにおける基本的な事項

促進酸化プロセス(AOPs)の技術は,ヒドロキシラジカルを発生させるためのプロセスの選択,対象化合物との反応動力学の推算,反応場としての反応槽のデザイン等からなる.また,夾雑物として存在する有機物や無機物は,ヒドロキシラジカルと反応し,対象化合物の処理効率を低下させることから,与えられた水のマトリックスにおける処理効率を決定するために,パイロット研究が欠かせない.

商業的に利用可能な AOPs は,与えられたヒドロキシラジカルの生成量によって見積もられる.反応場でのヒドロキシラジカル濃度は,$10^{-11} \sim 10^{-9}$ mol/L と報告されている(Glaze $et\ al.$, 1987;Glaze and Kang, 1990).幾つかの対象化合物に対するヒドロキシラジカルの二次速度定数を表-10.11 に示した.前述のように反応は,ヒドロキシラジカルと酸化される化合物の濃度に依存することから,二次反応である.ヒドロキシラジカルと対象有機化合物 R の間の反応は,次のように表わされる.

$$HO\cdot + R \rightarrow 副生成物 \tag{10.30}$$

式(10.30)に表される二次反応の速度則(rate law)r_R は,次のように表現される.

$$r_R = -k_R C_{HO\cdot} C_R \tag{10.31}$$

ここで,r_R:二次速度則(mol/L·s),k_R:ヒドロキシラジカルによる有機化合物 R の分解に係る二次速度定数(mol/L·s),$C_{HO\cdot}$:ヒドロキシラジカル濃度(mol/L),C_R:対象有機化合物濃度(mol/L).

対象有機化合物の半減期は,ヒドロキシラジカルが一定で,典型的な反応場での値あるいはメーカー指定値であると仮定して計算される.有機化合物の半減期は,速度則を,完全混合型回分式反応槽(completely mixed batch reactor;CMBR)でのマスバランス式に代入し,次のように求められる.

$$dC_R / dt = -k_R C_{HO\cdot} C_R \tag{10.32}$$

$$t_{1/2} = \ln(2) / k_R C_{HO\cdot} \tag{10.33}$$

ここで,$t_{1/2}$:有機化合物 R の半減期(s).

表-10.11 一般的に存在する微量有機物の水酸化速度定数[a]

化合物名	水酸化速度定数(L/mol·s)	化合物名	水酸化速度定数(L/mol·s)
アンモニア	9.00×10^7	次亜臭素酸	2.0×10^9
三酸化二ヒ素(ヒ酸)	1.0×10^9	次亜ヨウ素酸	5.6×10^4
臭化物イオン	1.10×10^{10}	ヨウ化物イオン	1.10×10^{10}
四塩化炭素	2.0×10^6	ヨウ素	1.10×10^{10}
塩素酸イオン	1.00×10^6	鉄	3.2×10^8
塩化物イオン	4.30×10^9	MTBE	1.6×10^9
クロロホルム	5×10^6	亜硝酸イオン	1.10×10^{10}
CN^-	7.6×10^9	N-ニトロソアミンジメチル(NDMA)	4×10^8
CO_3^{2-}	3.9×10^8	オゾン	1.1×10^8
ジブロモクロロプロパン	1.5×10^8	p-ジオキサン	2.8×10^9
1,1-ジクロロエタン	1.8×10^8	テトラクロロエチレン	2.6×10^9
1,2-ジクロロエタン	2.0×10^8	トリブロモエタン	1.8×10^8
過酸化水素	2.7×10^7	トリクロロエチレン	4.2×10^9
HCN	6.0×10^7	トリクロロメタン	5.0×10^6
HCO_3^-	8.5×10^6	塩化ビニル	1.2×10^{10}
硫化水素	1.5×10^{10}		

[a] Crittenden $et\ al.$(2005)より引用.

式(10.32)と式(10.33)は，次のように用いる．

例題10-4　NDMA除去のための促進酸化プロセス

NDMA($C_2H_6N_2O$)は，多くの下水二次，三次処理水に含まれ，問題となっている化合物である．表-10.11にあるように，ヒドロキシラジカルのNDMAへの二次速度定数は4×10^8 L/mol·sである．理想的なプラグフロー反応槽を用い，ヒドロキシラジカル濃度を10^{-9} mol/Lとした時，200 µg/LのNDMAを20 µg/Lにまで低下させるのに必要な時間を計算せよ．なお，プラグフロー反応槽の滞留時間は，完全混合型回分式反応槽の滞留時間と同じと仮定する．

解　答

1. NDMA濃度を完全混合型回分式反応槽(CMBR)中での時間関数として表す．
   a. C_RをNDMA濃度として，式(10.32)を用いると，CMBRの速度式は，次のように与えられる．
   $$r_R = dC_R/dt = -k_R C_{HO·} C_R = -k'C_R$$
   ここで，$k': k_R C_{HO·}$．
   b. CMBRの速度式を積分すると，以下のようになる．
   $$\int_{C_{R_0}}^{C_R} dC_R/C_R = -\int_0^t k't$$
   $$C_R = C_{R_0} e^{-k't}$$
2. 1.で求めた式を用いて，20 µg/Lとするのに掛かる時間を計算する．
   a. 上記の式をtを与えるように変形する．
   $$t = (1/k')\ln(C_{R_0}/C_R)$$
   b. tについて解く．1.より，
   $$k' = k_R C_{HO·} = (4 \times 10^8 \text{ L/mol·s})(10^{-9} \text{ mol/L}) = 0.4 \text{ 1/s}$$
   $$t = (1/0.4)\ln(200/20) = 5.8 \text{ s}$$

解　説

NDMAの促進酸化は，反応に必要な接触時間が短く，実用的であることがわかる．有機化合物の中にはヒドロキシラジカルとの反応がよりゆっくりとしたものもあり，より長い反応時間あるいは高濃度のヒドロキシラジカルが必要となる．夾雑有機物や，炭酸，重炭酸の存在，pHによってはAOPの効率を低下させることから，プロセスをデザインする際には考慮が必要である．6章で議論したように，現場に特有のプロセスデザインと制御パラメータを決定するためには，パイロット試験が必要である．

10.6.4　促進酸化プロセスの制約

促進酸化プロセスの実用性と効率は，阻害や副生成物の生成等の多くの要素によって決まる．水の再利用への応用に際しては，プロセスの制約事項への解決策も考慮しておく必要がある．

促進酸化プロセスにおける副生成物

臭化物イオン含有水のAOPs(およびオゾンを用いるプロセス)では，臭化物や臭素酸(BrO_3^-)が生成する．副生成物として生成する臭化物の量は，臭化物イオン濃度，TOC濃度やpHによって決ま

る．pH制御やアンモニア添加によって臭素酸の生成を最小化するようデザインされたAOPsもある．

水素の引抜きとラジカル添加は，ともに反応性の有機ラジカルを生成する．有機ラジカルは，引き続き酸化され，溶存酸素と結合することにより過酸化有機ラジカル(ROO·)を生成する．これはその後ラジカル連鎖反応を経て，多様な酸化副生成物を形成する．一般的な酸化のパターンを式(10.34)に示した(Bolton and Cater, 1994)．

$$\text{有機化合物} \rightarrow \text{アルデヒド} \rightarrow \text{カルボン酸} \rightarrow \text{二酸化炭素，無機酸} \tag{10.34}$$

カルボン酸は，二次速度定数が他の有機物に比べて非常に低いことから，分解反応を阻害することがあり，特に問題となる．その他，問題となる可能性のある副生成物としては，TCE等のハロゲン化されたアルケン類の酸化によって生成するハロ酢酸がある(Crittenden *et al.*, 2005)．

重炭酸と炭酸の影響

再生水中の高濃度の炭酸と重炭酸は，ヒドロキシラジカルと反応し，促進酸化プロセスの効率を低下させる．重炭酸および炭酸イオンは，ヒドロキシラジカルの捕捉剤(スカベンジャー)として知られており，有機物の分解速度を著しく低下させるが，これらは，分解対象有機物より3オーダーほど高い濃度で含まれることがある．pH 7において，低アルカリ度(50 mg/L)でもTCE分解速度が10倍も低下する(Crittenden *et al.*, 2005)．しかし，炭酸の二次速度定数は，重炭酸のそれより非常に大きいことから，高pHではアルカリ度はより阻害的となる．高いpHとアルカリ度の再生水を促進酸化プロセスで処理するのはより困難である．これらの問題を解決し，促進酸化プロセスの効率を向上させるために，前処理プロセスとして軟水化やROによるアルカリ度の除去が行われる．

pHの影響

pHは，上述のように重炭酸および炭酸イオンの分配を決めることから，促進酸化プロセスに影響を与える．pHは，HO_2^-の濃度も決めることから(H_2O_2のpKaは11.6)，過酸化水素を用いた促進酸化プロセスでも重要である．例えば，過酸化水素/UVプロセスでは，HO_2^-の波長254 nm(228L/mol·cm)におけるUV吸収は，過酸化水素の10倍程度となる．そのため，過酸化水素/UVは，特に反応場における水媒体がUVをきわめてよく吸収する場合，高pHにおいてより効果的である．

プロセスの性能を向上させるためにpHを上げることは，軟水化等の他の目的がある場合のみ実用的であるといえる．また，pHは，弱酸あるいは弱塩基の有機化合物の電荷に影響を与える．化合物の反応性や光吸収特性は，電荷によって影響されることから，AOPsのデザインの際に考慮が必要である(Crittenden *et al.*, 2005)．

金属イオンの影響

Fe(Ⅱ)やMn(Ⅱ)のように，還元的状態にある金属イオンは，ヒドロキシラジカルを捕捉すると同時に，大量の化学酸化剤を消費する．その結果，還元的金属イオンの濃度を処理性試験の際に測定しておき，還元的金属種に依存するCODも考慮して必要酸化剤量の計算を行う必要がある．

その他の要素の影響

その他，処理プロセスに影響を与えるものとして，浮遊物質(これは光透過性に影響する)や残存TOC，CODの種類と性状がある．例えば，NOMは，ヒドロキシラジカルと反応し，反応速度に多大な影響を与える．水マトリックスの化学性状は，再生水ごとに異なることから，パイロット試験によって技術的な適用可能性を評価し，デザインのためのデータを集積するとともに，個別事例としての運転経験を得ておく必要がある．

プロセス制限事項の解決法

上述の問題を解決するために，AOPs は多くの場合，RO 処理の後に用いられる．さらに，適切な反応時間が確保できる場合，99％以上の有機物が無機化される（TOC ベース）(Stefan and Bolton, 1998；Stefan et al., 2000)．AOPs の応用フローを図-10.1 に示した．

10.7　光 分 解

光分解（photolysis）とは，光源からの光子の曝露あるいは吸収によって汚濁成分を分解するプロセスのことである．自然界では，太陽が光分解の光源となるが，工学システムでは UV ランプが光子エネルギー源として使用される．吸収された光子は，化合物の外軌道に電子を生じさせ，不安定になって分裂あるいは反応性となる．光分解プロセスの効率は，部分的には再生水の性質，化合物の構造，光分解反応槽のデザイン，光の線量と波長によって決まる．光分解速度は，化合物の光吸収速度と反応の光子効率（photonic efficiency）[量子収率（quantum yield）]によって算出される．

10.7.1　光分解の用途

光分解は，NDMA（3章参照）等の様々な微量化学成分の除去に用いることができる．多くの化合物は，光分解のみでは除去できず，過酸化水素の添加によって分解を促進することができるが，過酸化水素の添加は，一方で NDMA 等のある種の物質の光分解を妨げる(Linden et al., 2004)．10.8 に記述するように，過酸化水素の光分解は，ヒドロキシラジカルを生成し，多くの有機化合物を効率的に分解できる促進酸化プロセスである．

10.7.2　光分解プロセス

工学的な光分解プロセスは，UV 照射量に合わせて最適化され，デザインされた反応槽中で行われる．光分解反応槽は，多くの場合，流れに並行，垂直あるいは流れの方向に直交するような十字型に配列された UV ランプを備えたステンレス鋼カラムあるいはパイプで構成される．光分解に用いら

図-10.19　再生水からの NDMA 除去に用いる光分解反応槽の外観

れる反応槽の例を図-10.19に示した．保護石英筒の外側に発生する沈殿物や妨害物は，定期的にランプに沿って移動するカラーを用いた自動掃除システムで対処できる．RO処理との組合せで用いる場合，膜へのスケール防止のためにpHを低下させる目的で用いられる薬剤が，UVランプへの沈殿物付着も防ぐ．

光分解反応は，UV域(200〜400nm，図-11.26も参照のこと)の光放射によって引き起こされる．光分解プロセスには，(1)低圧低線量，(2)低圧高線量，(3)中圧高線量ランプの3種類のUVランプが用いられる．低圧ランプは，波長254 nmにそのエネルギーの多くを放出するのに対し，中圧ランプは，複数の波長にエネルギーを放出する(図-11.26参照)．ランプの種類と反応槽構成は，除去対象物質，水のマトリックス，サイト特有の条件等によって決まる．

10.7.3 光分解プロセスにおける基本的な事項

光分解は，汚濁成分分子の外軌道にある電子が光子を吸収し，分裂あるいは反応性の不安定な化合物を生じることで起こる．再生水中には，前処理に依存して様々な非対象成分も含まれており，光分解プロセスにおいて光を吸収する．光分解プロセスへの序説として，光分解に関連したコンセプトを示し，続いて，単一の吸収溶質の場合について議論する．光分解の基礎は，(1)水中の物質によるUV吸収，(2)光分解速度，(3)電気効率，(4)光分解プロセスの制約からなる．

UV吸収

水中あるいはその他の液体溶液中での光吸収は，Beer-Lambertの法則によって表される．溶液の吸光度は，溶液中の溶質による光吸収量を，特定の波長で，固定光路長のもと，吸光光度計を用いて測定する．

$$A(\lambda) = -\log(I/I_0) = \varepsilon(\lambda) C_x = k(\lambda) x \quad (10.35)$$

ここで，$A(\lambda)$：吸光度(無次元)，I：測定対象物質を含む溶液を通過後の波長λの光強度(einsteins/cm^2·s，ただし，1 einsteinは1 molの光子と同じ)，I_0：ブランク溶液[既知の深さ(一般には1.0 cm)の蒸留水を通過後の波長λの光強度](einsteins/cm^2·s)，$\varepsilon(\lambda)$：溶質の波長λにおける底10の吸光係数あるいはモル吸光係数(L/mol·cm)，λ：波長(nm)，C：溶質濃度(mol/L)，x：光路長(cm)，$k(\lambda)$：吸光率(底10)(1/cm)．

波長が小さくなると，より多くの光子が吸収され，物質の光吸収率が上がるため，吸光係数は，波長の関数となる．幾つかの波長での代表的な物質の吸光係数を表-10.12に示した．式(10.35)の応用については，**例題10-5**に示した．

表-10.12 水中によく見られる物質の量子収率と吸光係数[a]

化合物	液相での第1次量子収率(mol/Einstein)	波長253.7 nmにおける吸光係数(L/mol·cm)
NO$_3^-$	—	3.8
HOCl(at 330 nm)	0.23	15
OCl$^-$	0.23	190
HOCl	—	53.4
OCl$^-$	0.52	155
O$_3$	0.5	3 300
ClO$_2$	0.44	108
NaCl	0.72	—
TCE	0.54	9
PCE	0.29	205
NDMA	0.3	1 974
水	—	0.0000061

[a] Crittenden et al.(2005)より引用．

例題10-5　NDMAによるUV吸収

NDMA(3章参照)は，RO処理後の再生水中にも低濃度でよく見つかる物質である．NDMA($C_2H_6N_2O$)が30 ng/Lで存在していると仮定して，波長254 nmにおける吸光度を求めよ．

> **解　答**
> 1. 質量濃度の NDMA をモル濃度に変換する．
>   巻末の元素周期表から，NDMA の分子量は 74.09 g/mol である．濃度は，下のように求まる．
> $C = (30\text{ ng/L}) / (74.09\text{ g/mol})(1\text{ g}/10^9\text{ ng}) = 4.05 \times 10^{-10}\text{ mol/L}$
> 2. 式(10.35)を用いて NDMA の吸光率を求める．
>   a. 表-10.12 から NDMA の吸光係数 $\varepsilon(\lambda)$ を求める．NDMA の波長 254 nm における吸光係数は，1 974 L/mol cm である．
>   b. NDMA の吸光率 $k(\lambda)$ は，次のようになる．
> $k(\lambda) = \varepsilon(254)C = (1\,974\text{ L/mol}\cdot\text{cm})(4.05 \times 10^{-10}\text{ mol/L}) = 8.0 \times 10^{-7}\text{ 1/cm}$
>
> **解　説**
> 水中の NDMA 濃度は低いため，吸光率も低くなる．NDMA の除去に光分解を用いる際には，水媒体中の光子を吸収する他の物質や水のマトリックス自体の吸収を考慮する必要がある．

水中の単一物質による光吸収は，事前の分析で求めることができる．しかし，実際には溶液中には多くの光吸収性の物質が存在する．幾つかの異なる物質が含まれる溶液を透過した光吸収は，次のように個々の物質の吸光度の和で表される．

$$\ln(I/I_0) = -[\Sigma \varepsilon'(\lambda)_i C_i] x \tag{10.36}$$

ここで，$\varepsilon'(\lambda)_i$：物質 i の波長 λ（底 e）における吸光係数(L/mol·cm)［ただし，$\varepsilon'(\lambda)_i = 2.303\,\varepsilon(\lambda)_i$］，$C_i$：物質 i の濃度(mol/L)．その他の記号については，前に定義したとおりである．

式(10.36)に示した関係は，低圧ランプのように単一の波長の場合のものである．中圧ランプのように複数波長の場合は，これと同じような方法で求めることができる．つまり，個々の波長における個々の物質の吸光度を足し合わせればよい．

光分解におけるエネルギー投入

光出力と反応槽のサイズから，光分解反応におけるエネルギー投入量を計算できる．理論的な単位反応槽体積当りの最大光子エネルギー投入量は，次のように求めることができる．

$$P_R = (P \times \eta)/(N_P \times V \times h\nu) \tag{10.37}$$

ここで，P_R：単位反応槽体積当りの光子エネルギー投入量(einstein/L·s)，P：ランプ強度[J/s(W)]，η：特定波長における出力効率（フラクション），N_P：モル当り光子数(einstein)(6.023×10^{23} 1/einstein)，V：反応槽体積(L)，h：Planck 定数(6.62×10^{-34} J·s)，ν：c/λ（光の周波数）(1/s)，c：光速度(3.00×10^8 m/s)，λ：光の波長(m)．

上述の分析は，理論的評価のためのものであり，実際の光反応槽の性能は，光が反応槽壁に吸収されたり，ランプ筒への沈殿物に妨害されたりすることから，式(10.37)で求めた値より低くなる．これらの影響を補正するために，個々のシステム特有の安全係数を導入することもできるが，より信頼性の高いデザイン基準を得るためにパイロット試験が行われる．

光分解速度

化合物の光分解速度は，光子吸収の速度と頻度によって決まる．式(10.36)より，単位体積当りの光子吸収速度は，次のように表される．

$$I_V = -dI/dx = \varepsilon'(\lambda)CI_0 e^{-\varepsilon'(\lambda)Cx} \tag{10.38}$$

ここで，I_V：特定の場所での単位溶液体積当りの光子吸収速度(einstein/cm³·s)，$\varepsilon'(\lambda)$：波長 λ における溶質の底 e の吸光係数あるいはモル吸光率[$2.303\,\varepsilon(\lambda)$](L/mol·cm)，その他の記号については，

第10章 残留微量成分の除去

前に定義したとおりである．

量子収率とは，光子吸収が光分解反応につながる頻度を表した量であり，化合物の種類と波長に固有の値である．量子収率 $\phi(\lambda)$ は，分子に吸収された光子数を光分解反応の回数で除したもので定義され，次のように表される．

$$\phi(\lambda) = -r_R/I_v = 反応速度/光子吸収速度 \tag{10.39}$$

ここで，$\phi(\lambda)$：波長 λ における量子収率(mol/einstein)，r_R：光分解速度(mol/cm³·s)．

一般則として，量子収率は，波長が小さくなる(光子エネルギーが増加する)ほどに上がる．波長 254 nm における代表的な量子収率を表–10.12 に示した．

除去対象物質による光吸収は，水媒体によるバックグランド吸収に比べて小さいことが多い(Crittenden et al., 2005)．光分解反応の擬似一次速度則は，次のようになる．

$$r_{\text{avg}} = |[\phi(\lambda)P_R][\varepsilon'(\lambda)/k'(\lambda)]| C_i = kC_i \tag{10.40}$$

ここで，r_{avg}：リアクタ中での物質の全平均光分解速度(mol/L·s)，$k'(\lambda)$：特定波長 λ(底 e)での水媒体の吸光率の測定値(1/cm)，k：擬似一次速度係数(1/s)．

速度則が得られると，性能予測に適切な反応槽モデルを用いることができる．

電気効率

光分解に必要となる電気エネルギーは，プロセスの欠点であり，重要な事項である．すなわち，化合物の分解量に対する電気使用量に基づいたプロセス効率の比較が重要となる．その評価法の一つとして，化合物の分解量の対数値に対する電気効率(EE/O)がある(Bolton and Cater, 1994)．EE/O は，単位体積の水当り，物質濃度を1オーダー低下させるのに必要な電気エネルギー(kWh)で定義される．

$$EE/O = (P \times t)/[V \times \log(C_i/C_f)] \quad (回分システムの場合) \tag{10.41}$$

$$EE/O = P/[Q \times \log(C_i/C_f)] \quad (連続システムの場合) \tag{10.42}$$

ここで，EE/O：物質濃度を1オーダー低下させるための電気効率(kWh/m³)，P：ランプ出力(kW)，t：照射時間(h)，V：反応槽体積(m³)，C_i：初期濃度(mg/L)，C_f：最終濃度(mg/L)，Q：水の流速(m³/h)．

連続システム(flowthrough system)の場合，1オーダーの濃度減少を達成するために，与えられた反応で処理できる流速は，電力投入量を EE/O で除することで推測できる．結果として，EE/O は，汚染物質の濃度を1オーダー低下させるために必要なエネルギーを推算することができることから，便利な測定単位である．

現状(2006年)で利用可能な技術に基づくと，UV を用いて NDMA 濃度を1オーダー(100 から 10)低下させるのに必要な EE/O 値は，5～6 mg/L の過酸化水素添加のもと，21～265 kWh/10³ m³·log オーダー(0.08～1.0 kWh/10³ gal·log オーダー)となる．ただし，過酸化水素の添加が必要かどうかは不明である(Soroushian et al., 2001)．

例題10-6　NDMA の直接光酸化プロセスのデザイン

ある再生水プラントでは，50 ng/L の NDMA を含有する 1.9×10^4 m³/d(5 Mgal/d)の RO 処理水を生成している．地下水注入に際して，RO 処理水中の NDMA 濃度を 1 ng/L まで低下させるのに必要な光分解反応槽の数を求めよ．用いる光分解反応槽は，直径 0.5 m，長さ 1.5 m とし，有効体積は，242 L である．それぞれの反応槽には，72 本のランプが取りつけられており，その定格出力は，1本当り 200 W，波長 254 nm における出力効率は，30％とする．反応槽の水理学的滞留時間 τ は，直列タンクモデル $\tau = n[(C_e/C_0)^{1/n} - 1]/k$ (ここで，k：反応速度定数，n：反応槽の数)で求めることができるものと仮定する．3つの反応槽を直列に用いることとし，他の影響は無視するものと

する．波長 254 nm における RO 処理水の吸光率 $k'(\lambda)$ を 0.02/cm とする．EE/O と光分解反応に必要な 1 日当りのエネルギー消費量を求めよ．

解　答

1. 反応槽単位体積当りの光子エネルギー投入量を計算する．
   a. 全ランプ出力を計算する．
      $P = (72\text{ 本} \times 200\text{ W/本}) = 14\,400\text{ W} = 14\,400\text{ J/s}$
   b. 式(10.37)を用いて光子エネルギー投入量を計算する．
      P_R
      $= (14\,400\text{ J/s})(0.3)(254 \times 10^{-9}\text{ m})/(6.023 \times 10^{23}/\text{einstein})(6.62 \times 10^{-34}\text{ J}\cdot\text{s})(3.0 \times 10^{8}\text{ m/s})(242\text{ L})$
      $= 3.80 \times 10^{-5}\text{ einstein/L}\cdot\text{s}$

2. NDMA の速度定数を計算する．
   a. 254 nm における NDMA の吸光係数を表-10.12 から得る．
      $\varepsilon(254) = 1\,974\text{ L/mol}\cdot\text{cm}$
      $\varepsilon'(254) = 2.303\,\varepsilon(254) = 2.303 \times 1\,974 = 4\,546\text{ L/mol}\cdot\text{cm}$
   b. NDMA の量子収率を表-10.12 から得る．
      $\phi(\lambda)_{\text{NDMA}} = 0.3\text{ mol/einstein}$
   c. 式(10.40)を用いて k_{NDMA} を計算する．
      $k_{\text{NDMA}} = \phi(\lambda)_{\text{NDMA}} P_R [\varepsilon'(\lambda)_{\text{NDMA}}/k'(\lambda)]$
      $= (0.3\text{ mol/einstein})(3.80 \times 10^{-5}\text{ einstein/L}\cdot\text{s})[(4\,546\text{ L/mol}\cdot\text{cm})/(0.01/\text{cm})]$
      $= 2.59/\text{s}$

3. 反応槽 1 槽当りの処理可能な流速を計算する．
   a. 反応槽 1 槽当りの水理学的滞留時間を計算する．
      $\tau = n[(C_{\text{NDMA, o}}/C_{\text{NDMA, e}})^{1/n} - 1]/k_{\text{NDMA}} = 3[(50/1)^{1/3} - 1]/(2.59/\text{s}) = 3.11\text{ s}$
   b. 反応槽 1 槽当りの処理可能流速を計算する．
      $Q = V/\tau = 242\text{ L}/3.11\text{ s} = 77.7\text{ L/s}$

4. 全体の流量を処理するのに必要となる反応槽数を求める．
   a. 処理対象全流量は，$1.9 \times 10^{4}\text{ m}^{3}/\text{d} = 219\text{ L/s}$
   b. 必要となる反応槽数は，$(219\text{ L/s})/(77.7\text{ L/s}) = 2.8$（3 とする）
   c. 実際に必要となる反応槽数は，ランプの劣化，汚れ，メンテナンス等の影響を補正するために，あるいはピークフローを考慮すると，これより多くなる．しかし，余剰の反応槽については運転には含めず，必要に応じて，また，コスト削減のための運転ローテーションにのみ使われることに注意する．

5. 式(10.42)を用いて光分解プロセスの EE/O を計算する．
   EE/O
   $= P/[Q \times \log(C_i/C_f)] = 14.4\text{ kW} \times (10^{3}\text{ L/m}^{3})/(77.7\text{ L/s}) \times [\log 50\text{ ng/L})/(1\text{ ng/L})] \times (3\,600\text{ s/h})$
   $= 0.0303\text{ kWh/m}^{3}$

   計算された EE/O 値は，典型的な地下水や表層水の値の範囲に比べて小さいが，これは RO 処理水の水質が高いことによる．RO は，対象物質の光分解を妨害する多くの他の物質を除去あるいは低減させることから，低吸光性の処理水が得られ，光分解プロセスの効率を上げる．

6. プロセス全体の 1 日当りエネルギー消費量を推算する．
   2 つの運転反応槽でのエネルギー消費量は，次のように推算される．
   3 反応槽 × 14.4 kW × 24 h/d = 1\,037 kWh/d

第10章　残留微量成分の除去

> **解　説**
> 例題に用いられた光分解反応槽のサイズは最小のもので，非理想流，ランプ出力の変化，その他の非効率性等の補正値を含んでいない．実際のデザインの決定に際しては，パイロット試験が必要である．

10.7.4　光分解プロセスの制約

　光分解プロセスの効率は，部分的に水のマトリックスと分解対象化合物の性質によって決まる．例えば，残存有機物の吸光係数は多様であり，他の物質の光分解を阻害する．また，投入された光エネルギーは，他の物質により吸収され，反応槽壁での反射による光子の消失が生じたり，温度上昇に伴ってランプ筒の外表面に形成される沈殿物等による光透過の減少，あるいは阻害が生じる．幾つかの物質については，10.6で述べたように，直接光分解の性能が過酸化水素の添加によって向上している(Linden *et al.*, 2004)．光分解プロセスにおける，再生水中の非対象物質によるUVエネルギーの吸収に伴う制約事項を解決するためには，多くの妨害物質を除去し，プロセス全体の性能を向上させるために，ROによる前処理が必要である．光分解効率の予測とランプ筒の汚れる速さ，性質を特徴づけるためにパイロット試験を実施する必要がある．

10.8　高度生物変換技術

　微生物，特に細菌は，再生される水中に存在している多数の物質を変換し，分解する多様な反応を行うことができる．活性汚泥法においては，生物化学的酸素要求量(biochemical oxygen demand；BOD)を構成する普通の有機物やアンモニア等の還元性の栄養塩を酸化するのに，自然界に存在する微生物を利用している．しかし，再生の対象となる水中に存在するある種の成分は，以下にあげる幾つかの理由によって，活性汚泥処理ではほんの一部が作用を受けるにとどまるか，あるいは作用を受けない．すなわち，(1)対象となる物質が生物難分解性である，(2)ある成分を分解するのに必要な微生物が十分な数存在していない，(3)環境条件が生分解を妨げている，などの理由である．現在では，重要な残留性成分を処理するために利用することのできる高度生物処理プロセスが利用可能であり，また新たなプロセスの開発も進みつつある．

10.8.1　高度生物変換プロセスにおける基本的な事項

　微生物は，再生水中の成分の形や濃度を変化させる多くの反応を行う能力を有している．微生物がこれらの反応を行う理由は，エネルギーの獲得［異化(catabolism)］，あるいは新たな細胞の合成［同化(anabolism)］等様々である．また，ある種の反応は，細胞環境の解毒を目的に行われたりもする．微生物によって行われる作用を表-10.13にまとめている．以下には，生物学的高度処理技術の開発における物質分解のエネルギー論の重要性，バイオオーグメンテーション(bioaugmentation)，およびバイオスティミュレーション(biostimulation)について簡潔に論じている．

物質分解におけるエネルギー論
　生来，微生物は，エネルギー的に最も有利な反応を触媒するものである．エネルギー論的にいえば，酸素が最も有利な電子受容体(electron acceptor)であり，例えば，電子受容体としてグルコースと対

表-10.13 排水処理において微量成分の挙動に影響を及ぼす微生物反応

反応	説明
蓄積	微生物の細胞内，あるいは表面への物質の貯留．化学物質は，細胞外ポリマー中にも貯蔵され得る．
共代謝	微生物が本来は利用することのできない物質を，その微生物が有する酵素による偶発的な反応で変換・分解する作用．他の微生物は，この反応によって生じる分解産物を利用することが可能となる．
電子供与体の利用	酸化還元反応に関与する物質の利用．反応を進めるためには，利用可能な電子供与体が必要である．
固定化	溶液中の物質の酸化状態(酸化数)や化学構造を変化させることによって，対象物質が(固相として)結合あるいは固定される現象．
無機化	生分解による有機物の CO_2 および無機酸への変換．
可動化	固定化されている物質の酸化状態(酸化数)や化学構造を変化させることによって，対象物質が液相へ放出される現象．
栄養素の利用	一次基質の利用に伴う栄養素の摂取
一次基質の利用	主要な炭素およびエネルギー源となる基質の分解．
二次基質の利用	炭素およびエネルギー源となる基質の分解であるが，同時に一次基質の存在が必須である場合の反応．
変換	生分解による物質の部分的修飾．変換によって物質の毒性(毒性の増大，不変，もしくは低減)，あるいはそれ以降のプロセスの効率も変化し得る．

にした場合には，非常に好適な反応を生じる．すべての微生物が酸素を利用できるわけではなく，したがって，そのような微生物は，好気的な条件下では淘汰されることになる．一方，酸素が使い果たされてしまうと，次にエネルギー論的に最も有利な電子受容体を利用することのできる微生物が優占するであろう．さらに，容易に利用できる電子供与体(electron donor)が枯渇すれば，細胞のエネルギー獲得と増殖のために，新たな電子供与体が必要となる．電子供与体は，次第に枯渇し，ある種の好適な条件下では，最も難分解性の物質でさえも分解されうる．このような反応は，細胞にとってはほんの僅かなエネルギーしか生み出さないため，増殖速度や反応速度は低下する．また，微生物がその物質の分解に適応して十分な個体数に達するまで，もしくは新たな微生物がその物質を利用できるように進化するまでには，長い時間を要する．

バイオオーグメンテーション

ある種の場合には，目的とする反応を担うために必要な微生物が十分な数得られなかったり，完全に不在であることも考えられる．このような場合を想定して，対象となる物質を分解することのできる微生物を処理プロセス中に植種して処理性能を高める可能性を明らかにするため，研究がなされてきている(Maier et al., 2000)．微生物の能力や増殖の要件については，より多くの情報が得られてきていることから，水再生処理におけるバイオオーグメンテーションの役割は，今後拡張されていくことが予想される．また，微生物間の遺伝因子交換の経路を明らかにし，毒性物質の変換を目的として処理微生物の遺伝子改変の可能性について検討している研究者もいる．

バイオスティミュレーション

ある種の環境下では，水再生処理において形成される条件によって，特定の物質の生物学的除去が制限されることがある．例えば，塩素化炭化水素の幾つかは，嫌気条件下で電子受容体として利用されることによって生分解が可能であるが，好気条件下では残留する．バイオスティミュレーションは，環境条件を操作することによって，ある成分の分解や変換を促進するアプローチである．電子供与体および電子受容体の有無に加えて，微生物の作用は，温度，多量・微量の栄養素の存在，毒性物質や物質の生物利用性[バイオアベイラビリティ(bioavailability)]に影響を受ける．栄養素は，必要に応じて直接添加し，逆に毒性物質は，吸着により除去する必要がある．生分解を向上させるうえで，ど

10.8.2 生物学的高度処理プロセス

以下に述べる2つのプロセス，生物活性炭(biological activated carbon；BAC)およびメンブレンバイオフィルムリアクタ(membrane biofilm reactor；MBfR)は，二次処理の後処理および水再生への適用を目的に開発中の技術である．これらのプロセスは，現在の技術を利用しつつ，しかし新しい方法での適用を図っていく，水再生において将来進展するであろう技術の典型ともいえる．さらに，微生物群集が定量的に解析され，より深く理解されるようになれば，将来の処理プロセスは，特定の目的のために構築された高度に特殊化した微生物群集を利用するシステムも含むことになるだろう．

生物活性炭

生物活性炭(BAC)によるろ過は，上水処理で一般に利用されており，GAC内部の生物活性を高めて，ろ過機能を提供するだけでなく，表流水や地下水中にしばしば検出される有機物質の処理をも行うものである．表流水中の有機物質は，通常，植物や動物の構成成分の分解によって生じる物質の複雑な混合物であり，ひとまとめにしてNOMとして取り扱われる．地下水中の有機物質は，典型的には腐植質の分解に由来し，色度の一因となるが，深い帯水層から汲み上げた地下水ではきわめてよくあることである．表流水，地下水中で見つかるNOMは，安定で，分解することが困難であるため，これらの物質は，生物処理の間に生成する物質とともに再生水中から検出され，特定の用途のためには除去する必要がある．オゾンや塩素をこれらの有機物を含む水の消毒に用いた場合には，消毒副生成物(disinfection byproducts；DBPs)が生じ，この除去が必要となる．BACによる処理は，DBPsの除去に有効であることが明らかにされてきている(Wu and Xie, 2005；Wobma *et al.*, 2000)．

活性炭の表面で増殖することのできる多数の微生物は，水中の有機物を増殖の基質として利用することができる．しかし，NOMを構成している多くの物質は，容易には生物学的変換作用を受けないことから，BACsの効率を高めるために，高分子の有機物をよりシンプルな物質へと変換するオゾン処理，あるいは促進酸化法等が前処理として利用される．例えば，1〜2 mg/Lの負荷の範囲でのオゾン処理がNOMの生分解性を向上させるための前処理として適用されている．設計諸元を明らかにし，また，運転制御条件の変動性を評価する目的で使用されている典型的なパイロット施設を図−10.20に示している．

NOMが前処理することなく処理できるかを判断するためには，同化性有機炭素(assimilable organic carbon；AOC)テストが用いられる(Standard Methods, 2005)．BACの後に適用される処理のタイプは，一部は再生水用途の要件に依存する．オゾンが前処理に使われている場合には，これを第一次的な消毒としても利用できる．NOMが認められる場合には遊離塩素を利用することになるが，一般的にはBACフィルタの後処理にはクロラミンを用い，配水システムにおいて残留塩素が維持されるようにする．

BACは，十分に安定なプロセスではあるが，活性炭表面で増殖する微生物は，水質パラメータや温度により影響を受ける．時として，栄養素の欠乏も起こり得る．実際の経験から，BACフィルタの性能を維持するためには，基本的には消毒剤が残留していない状態で，フィルタ(ろ床)を1日に1度逆洗するべきであることが明らかとなっている．1日1度の逆洗は，活性炭上の微生物を良好な増殖活性のある状態に維持し，細菌を捕食する原生動物等の二次増殖を排除することができる．細菌の捕食は，目に見えてBACフィルタの性能を低下させる．二次的増殖が生じた場合には，塩素化された水でフィルタを逆洗し，再起動しなければならない．除去すべき成分の濃度や前処理(例えば，前ろ過)によっては，逆洗の間隔を長時間にとることもできる．現存施設の実績に基づくなら，活性炭

図-10.20 処理場に設置された典型的なパイロット施設．生物活性炭(BAC)プロセスの設計諸元を明らかにし，継続運転の性能を評価する目的で設置されている．(a)オゾン前処理システム，(b)BACカラム

のろ床は，3～5年ごとに交換しなければならないといえるだろう．

メンブレンバイオフィルムリアクタ

メンブレンバイオフィルムリアクタは，水中からの特定成分の除去を目的として開発されてきた生物処理プロセスであり，生物代謝あるいは変換の律速が電子受容体(例えば，酸素ガス)，あるいは電子供与体(例えば，水素ガス，メタンガス)である場合を想定したものである．この技術は，電子供与体もしくは電子受容体を，中空子膜を通じて膜の外側表面に生物膜(biofilm)として増殖する処理微生物に供給するのに利用される．MBfRを利用した生物学的な還元反応による除去性能が評価されてきた物質としては，過塩素酸塩，塩素系溶媒(TCE)，臭素酸塩，セレン酸塩，重金属(クロム酸塩)，および放射性核種がある(Nerenberg, 2005)．

例えば，独立栄養性脱窒プロセス(autotrophic denitrification process)の一例では，水素ガスが膜を通じて半径方向の外側に向けた拡散によって脱窒細菌(denitrifying bacteria)に供給され，生物膜に溶解した水素ガスが与えられた．地下水の脱窒に適用された典型的なパイロット規模のMBfRを図-10.21に示した(Lee and Rittmann, 1999)．ここで生物学的脱窒は，独立栄養の生物膜が無酸素条件下で，NO_3^- を呼吸の最終電子受容体として利用し，一方，水素ガスを電子供与体として利用することによって行われる．生物膜の厚さが増すと，膜を介した電子供与体の移動が効果的でなくなることから，除去速度を保つために生物膜を洗い落とさなければならない．

10.8.3 高度生物変換プロセスの制約

生物学的高度処理プロセスの効率は，多数のあるいは複合的な要因によって制約を受ける．先に述べたバイオスティミュレーションは，細胞の増殖要件の幾つかを満たすように行われるが，他の項目も考慮されないと必ずしもうまくいかない．微生物システムは，本質的に複雑であり，精緻にモデル化することは難しい．しかも，上流のプロセスの乱れに対する応答，水質の変動や除去対象物質への微生物の馴養が生物学的処理プロセスの確実性に影響を及ぼしうる．したがって，生物学的処理プロ

第10章 残留微量成分の除去

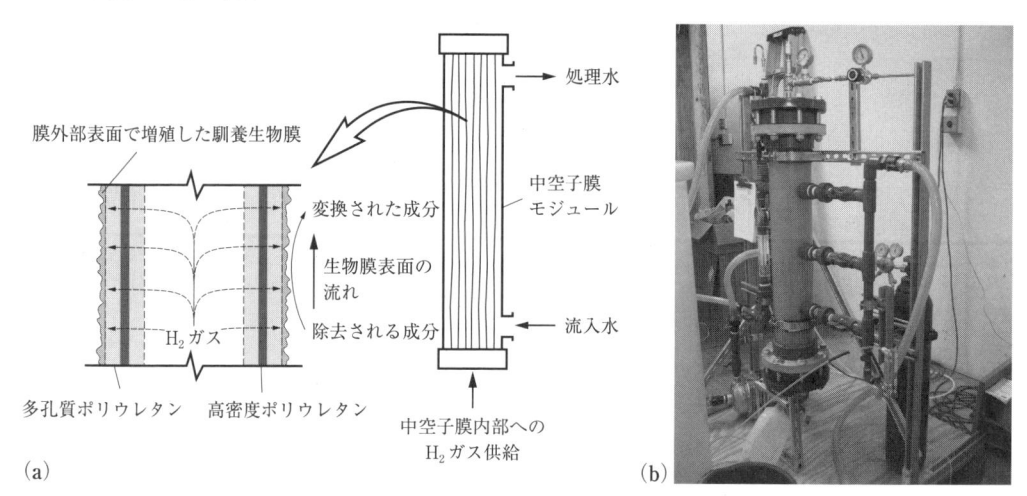

図-10.21 メンブレンバイオフィルムリアクタプロセス．(a)ベンチスケールモデルの模式図，(b)硝酸塩の除去に適用されたパイロット規模 MBfR の外観（提供：Applied Process Technology Inc.）

セスの安定性を確保するように予防的措置を講じておく必要がある．

問　題

10-1　以下のリストにある一般的な水再利用の用途を想定し，できれば三次処理水から再利用するのに除去すべき特定の物質，もしくは物質のカテゴリーを一つ，またはそれ以上選定せよ．それに対し，用途ごとに処理プロセスの仮想フローダイアグラムを作成せよ．
　　　洗車
　　　庭園灌漑
　　　家畜用および繊維用作物
　　　人の生食消費用作物
　　　間接的再利用による飲用を目的とした地下水涵養
　　　野生生物生育を目的とした湿地

10-2　水再利用において重要な微量成分を選定し，現在の文献を調査して，再生水に検出される濃度の値の範囲を求めよ．できれば，この値の範囲と分布，およびそのばらつきの理由について論じよ．

10-3　以下の吸着等温試験のデータを用いて，このデータを最もよく表現することのできるモデルの種類，および対応するモデルパラメータを決定せよ．なお，各吸着等温試験では，試料容積は 1 L が用いられたこととする．

GAC の量（mg）	溶液中における吸着質の平衡濃度 C_e (μg/L)			
	A	B	C	D
0	5.8	26	158.2	25.3
0.001	3.9	10.2	26.4	15.89
0.01	0.97	4.33	6.8	13.02
0.1	0.12	2.76	1.33	6.15
5.5	0.022	0.75	0.5	2.1

10-4　10-3の結果を用いて，二次処理の後 COD 濃度が 30 mg/L である場合に，流量 4 800 m³/d の水の最終 COD 濃度を 2 mg/L まで処理するために必要な活性炭の量を求めよ．

10-5　次頁上表のデータを用いて活性炭固定床を設計せよ．接触槽の数，運転操作の様式，必要な

活性炭量，およびそれに対応するろ床の寿命を求めよ．ここで，ろ床カラム内における生物学的な活性は無視できるものとする．

パラメータ	システム			
	A	B	C	D
化合物	クロロホルム	ヘプタクロル	塩化メチレン	NDMA
流量(m^3/d)	$8×10^3$	$4×10^3$	$0.5×10^3$	$16×10^3$
C_0(ng/L)	500	50	2 000	200
C_e(ng/L)	50	10	10	10
CAC 密度(g/L)	450	450	450	450
EBCT(min)	10	10	10	10

10-6 表-10.5に示したデータを参照して，最も容易に吸着できる物質，および最も吸着性の悪い物質それぞれ5つずつのリストを作成せよ．

10-7 右の標準化された試験のデータは10 g(樹脂A)および15 g(樹脂B)の樹脂サンプルを用いて得られたものである．また，滴定に用いた塩化カルシウム溶液の濃度は100 mg/Lであった．樹脂の密度は，樹脂Aは690 kg/m^3，樹脂Bは720 kg/m^3であるとする．樹脂の陽イオン交換能，および2 500 m^3/dの流量でCr^{6+}濃度を500 mg/Lから50 mg/Lにまで処理するのに必要となる樹脂(AかBかは教員が選定する)の量を求めよ．

処理量(L)	樹脂A		樹脂B	
	Cl^-	Ca^{2+}	Cl	Ca^{2+}
0	0	0	0	0
5	0.02	0	0	0
10	0.2	0.4	0	0
15	0.56	0.18	0	0
20	0.9	0.36	0.02	0
25	0.99	0.56	0.24	0
30	1	0.74	0.48	0.02
35	1	0.88	0.71	0.04
40	1	0.98	0.88	0.07
45		1	0.98	0.12
50		1	1	0.24
55		1	1	0.47
60			1	0.75
65				0.94
70				1
75				1
80				1

10-8 10-7で与えられた樹脂の一つ(AかBかは教員が選定する)の交換能を求めよ．4 800 m^3/dの流量でMg^{2+}濃度を115 mg/Lから15 mg/Lにまで処理するのには，どれだけの量の樹脂が必要となるか？ 反応槽の数，運転操作の様式を含めて考え，イオン交換プロセスの規模を決めよ．

10-9 飲用としての間接的再利用を目的とした再生水製造におけるイオン交換の適用についてRO(9章参照)との比較から，水質の要件，施設の要件，およびプロセスの全体的な利点と欠点を含めて意見を述べよ．

10-10 接触時間10 sでAOPを適用した場合，右の物質を除去するのに必要なヒドロキシラジカルの濃度を求めよ．また，与えられた条件において，各物質について除去できる可能性を論じよ．

	濃度(mg/L)			
	水A		水B	
物質	流入水	処理水	流入水	処理水
クロロベンゼン	100	5	120	7
クロロエタン	100	5	150	5
TCE	100	5	180	10
トルエン	100	5	200	15

10-11 右の物質から一つを選び，3 800 m^3/dの流量で処理して95%の除去を達成するためのAOPを設計せよ．ここで，プロセスで必要な反応槽の大きさ，およびヒドロキシラジカルの量を明記せよ．

物質	初期濃度(μg/L)
A	25
B	10
C	100
D	75

10-12 ある水再生プラントにおいて，100 ng/L の NDMA を含む 1×10^5 m³/d の処理水が製造されているとする．RO 処理水の NDMA を 10 ng/L に低下させ，間接的再利用による飲用に供するのに必要な光分解の反応槽の数を，吸光係数 $k' = 0.01$，0.05，および 0.1 cm^{-1} として求めよ（波長 254 nm における測定値）．求める光分解反応槽は，0.5 m の直径，1.5 m の長さで，有効水容積は 250 L である．また，各反応槽には 500 W と評価されているランプ 25 個が装備され，254 nm の出力効率は 30% である．ここで，反応槽は，完全混合の 4 基直列で運転するものとし，他の損失，ランプの汚れ，プロセスの効率低下等はないものと仮定する．光分解プロセスの EE/O，および 1 日当りのエネルギー使用量を計算せよ．吸光係数の重要性について説明するとともに，適正な処理法を提案せよ．

10-13 光分解装置を用いて，3 800 m³/d の流量で 100 ng/L の濃度の NDMA を 10 ng/L にまで処理するのに必要な電力コストを推算せよ（現状の電気料金に基いて）．

10-14 下にあげた物質に対して，本章と 9 章で説明した高度排水処理プロセスのうち，100 μg/L の濃度を 10 μg/L まで低下させるうえで最も適している技術を判定せよ．

ベンゼン
クロロホルム
ディルドリン
ヘプタクロル
N-ニトロソジメチルアミン
トリクロロエチレン（TCE）
塩化ビニル

10-15 本章で解説した MBfR，および 7 章で解説した MBR について，両者の差ならびに類似点を比較せよ．

参考文献

Anderson, R. E. (1975) "Estimation of Ion Exchange Process Limits by Selectivity Calculations," in I. Zwiebel and N. H. Sneed (eds.) *Adsorption and Ion Exchange*, AIChE Symposium Series, **71**, 152, 236.

Anderson, R. E. (1979) "Ion Exchange Separations," in P. A. Scheitzer (ed.), *Handbook of Separation Techniques For Chemical Engineers*, McGraw-Hill, New York.

Bilello, L. J., and B. A. Beaudet (1983) "Evaluation of Activated Carbon by the Dynamic Minicolumn Adsorption Technique," in M. J. McGuire and I. H. Suffet (eds.) *Treatment of Water by Granular Activated Carbon*, American Chemical Society, Washington, DC.

Bohart, G. S., and E. Q. Adams (1920) "Some Aspects of the Behavior of Charcoal with Respect to Chlorine," *J. Am. Chem. Soc.* **42**, 523–544.

Bolton, J. R., and S. R. Cater (1994) "Homogeneous Photodegradation of Pollutants in Contaminated Water: An Introduction," in Helz, G. R. (ed.) *Aquatic and Surface Photochemistry*, CRC Press, Boca Raton, FL.

Bonné, P. A. C., J. A. M. H. Hofman, and J. P. van der Hoek (2002) "Long Term Capacity of Biological Activated Carbon Filtration for Organics Removal," *Water Sci. Technol.: Water Supply*, **2**, 1, 139–146.

Buxton, G. V., and C. L. Greenstock (1988) "Critical Review of Rate Constants for Reactions of Hydrated Electrons, Hydrogen Atoms and Hydroxyl Radicals in Aqueous Solution," *J. Phys. Chem. Ref. Data*, **17**, 2, 513–886.

Chen, W. R., C. M. Sharpless, K. G. Linden, and I. H. Suffet. (2006) "Treatment of Volatile Organic Chemicals on the EPA Contaminant Candidate List Using Ozonation and O_3/H_2O_2 Advanced Oxidation Process," *Environ. Sci. Technol.*, **40**, 8, 2734–2739.

Chin, A., and P. R. Bérubé (2005) "Removal of Disinfection By-Product Precursors with Ozone-

UV Advanced Oxidation Process," *Water Res.*, **39**, 2136–2144.

Clifford, D. A. (1999) "Ion Exchange and Inorganic Adsorption," Chap. 9, in R. D. Letterman (ed.), *Water Quality and Treatment: A Handbook of Community Water Supplies*, 5th ed., AWWA, McGraw-Hill, New York.

Crittenden, J. C., P. Luft, D. W. Hand, J. L. Oravitz, S. W. Loper, and M. Art (1985) "Prediction of Multicomponent Adsorption Equilibria Using Ideal Adsorption Solution Theory," *Environ. Sci. Technol.*, **19**, 11, 1037–1043.

Crittenden, J. C., D. W. Hand, H. Arora, and B. W. Lykins, Jr. (1987a) "Design Considerations for GAC Treatment of Organic Chemicals," *J. AWWA*, **79**, 1, 74–82.

Crittenden, J. C., T. F. Speth, D. W. Hand, P. J. Luft, and B. W. Lykins, Jr. (1987b) "Multicomponent Competition in Fixed Beds," *J. Environ. Eng. Div. ASCE,* 113, EE6, 1364–1375.

Crittenden, J. C., P. J. Luft, and D. W. Hand (1987c) "Prediction of Fixed-Bed Adsorber Removal of Organics in Unknown Mixtures," *J. Environ. Eng. Div.*, ASCE, 113, EE3, 486–498.

Crittenden, J. C., P. .S. Reddy, H. Arora, J. Trynoski, D. W. Hand, D. L. Perram, and R. S. Summers (1991) "Predicting GAC Performance with Rapid Small-Scale Column Tests," *J. AWWA*, **83**, 1, 77–87.

Crittenden, J., S. Hu, D. Hand, and S. Green (1999) "A Kinetic Model for H_2O_2/UV Process in a Completely Mixed Batch Reactor," *Water Res.*, 33, 10, 2315–2328.

Crittenden, J. C., R. R. Trussell, D. W. Hand, K. J. Howe, and G. Tchobanoglous (2005) *Water Treatment: Principles and Design*, 2nd ed., John Wiley & Sons, Hoboken, NJ.

Dimotsis, G. L., and F. McGarvey (1995) "A Comparison of a Selective Resin with a Conventional Resin for Nitrate Removal," *IWC*, No. 2.

Dobbs, R. A., and J. M. Cohen (1980) *Carbon Adsorption Isotherms for Toxic Organics*, EPA-600/8-80-023, U.S. Environmental Protection Agency, Washington, DC.

Eckenfelder, W. W., Jr. (2000) *Industrial Water Pollution Control*, 3rd ed., McGraw-Hill, Boston, MA.

Elovitz, M. S., and U. von Gunten, (1999) "Hydroxyl Radical/Ozone Ratios during Ozonation Processes," *Ozone Sci. Eng.*, **21**, 239–260.

Froelich, E. M. (1978) "Control of Synthetic Organic Chemicals by Granular Activated Carbon: Theory, Application and Reactivation Alternatives," Presented at the Seminar on Control of Organic Chemical Contaminants in Drinking Water, Cincinnati, OH.

Glaze, W. H., J. W. Kang, and D. H. Chapin (1987) "The Chemistry of Water Treatment Processes Involving Ozone, Hydrogen Peroxide, and Ultraviolet Radiation," *Ozone Sci. Eng.*, **9**, 4, 335–342.

Glaze, W. H., and J. W. Kang, (1990) "Chemical Models of Advanced Oxidation Processes," In *Proceedings Symposium on Advanced Oxidation Processes,* Wastewater Technology Centre Environment Canada, Burlington, Ontario, Canada.

Hammann, D., M. Bourke, and C. Topham (2004) "Evaluation of a Magnetic Ion Exchange Resin to Meet DBP Regs at the Village of Palm Springs," *J. AWWA*, **96**, 2, 46–50.

Huber, M. M., A. Göbel, A. Joss, N. Hermann, D. Löffler, C. S. Mcardell, A. Ried, H. Siegrist, T. A. Ternes, and U. von Gunten (2005) "Oxidation of Pharmaceuticals during Ozonation of Municipal Wastewater Effluents: A Pilot Study," *Environ. Sci. Technol.* 39, 11, 4290–4299.

Karimi, A. A., J. A. Redman, W. H. Glaze, and G. F. Stolarik (1997) "Evaluating an AOP for TCE and OPCE Removal," *J. AWWA*, **89**, 8, 41–53.

Kawamura, S. (2000) *Integrated Design and Operation of Water Treatment Facilities*, 2nd ed., John Wiley & Sons, New York.

LaGrega, M. D., P. L. Buckingham, and J. C. Evans (2001) *Hazardous Waste Management*, McGraw-Hill Book Company, Boston, MA.

Lee, K. C., and B. E. Rittmann (1999) "A Novel Hollow-Fiber Membrane Biofilm Reactor for Autohydrogenotrophic Denitrification of Drinking Water," *Water Sci. Technol.*, **41**, 4, 219–226.

Linden, K. G., C. M. Sharpless, S. A. Andrews, K. Z. Atasi, V. Korategere, M. Stefan, and I. H. M. Suffet (2004) "Innovative UV Technologies to Oxidize Organic and Organoleptic

Chemicals," *AWWA Research Foundation*, Denver, CO.

Mahar, E., A. Salveson, N. Pozos, S. Ferron, and C. Borg (2004) "Peroxide and Ozone: A New Choice For Water Reclamation and Potable Reuse," In *Proceedings of WateReuse Assocation's 9th Annual WateReuse Symposium*, September 19–22, 2004, Phoenix, AZ.

Maier, R. M., I. L. Pepper, and C. P. Gerba (2000) *Environmental Microbiology*. Academic Press, San Diego, CA.

McGarvey, F., B. Bachs, and S. Ziarkowski (1989) "Removal of Nitrates from Natural Water Supplies," Presented at the Amer. Chem. Soc. Meeting, Dallas, TX.

McMurry, J., and R. C. Fay, (1998) *Chemistry*, 2nd ed., Prentice-Hall, New York.

Nerenberg, R. (2005) "Membrane Biofilm Reactors for Water and Wastewater Treatment," In *Proceedings of 2005 Borchardt Conference: A Seminar on Advances in Water and Wastewater Treatment*, February 23–25, Ann Arbor, MI.

Ouki, S. K., and M. Kavanaugh (1999) "Treatment of Metals-Contaminated Wastewaters by use of Natural Zeolites," *Water Sci. Technol.*, **39**, 10–11, 115–122.

Pinkston, K. E., and D. L. Sedlak (2004) "Transformation of Aromatic Ether- and Amine-Containing Pharmaceuticals during Chlorine Disinfection," *Environ. Sci. Technol.*, **38**, 14, 4019–4025.

Rakness, K L. (2005) *Ozone in Drinking Water Treatment: Process Design, Operation and Optimization*, American Water Works Association, Denver, CO.

Rice, R. G. (1996) Ozone Reference Guide, Prepared for the Electric Power Research Institute, Community Environment Center, St. Louis, MO.

Rose, J., P. Hauch, D. Friedman, and T. Whalen (1999) "The Boiling Effect: Innovation for Achieving Sustainable Clean Water," *Water* **21**, 9–10, 16.

Rosene, M. R., R. T. Derthorn, J. R. Lutchko, and N. J. Wagner (1983) "High pressure Technique for Rapid Screening of Activated Carbons for Use in Potable Water," in M. J. McGuire and I. H. Suffet (eds.) *Treatment of Water by Granular Activated Carbon*, Amer. Chem. Soc., Washington, DC.

Rosenfeldt, E. J., and K. G. Linden (2004) "Degradation of Endocrine Disrupting Chemicals Bisphenol A, Ethinyl Estradiol, and Estradiol During UV Photolysis and Advanced Oxidation Processes," *Environ. Sci. Technol.*, **38**, 20, 5476–5483.

Sawyer, C. N., P. L. McCarty, and G. F. Parkin (2003) *Chemistry for Environmental Engineering*, 5th ed., McGraw-Hill, New York.

SES (1994) *The UV/Oxidation Handbook*, Solarchem Environmental Systems, Markham, Ontario, Canada.

Shaw, D. J. (1996) *Introduction to Colloid and Surface Chemistry*, Buttermorth, London, England.

Singer, P. C., and D. A. Reckhow (1999) "Chemical Oxidation," Chap. 12, in R. D. Letterman, (ed.), *Water Quality And Treatment: A Handbook of Community Water Supplies*, 5th ed., AWWA, McGraw-Hill, New York, NY.

Slater, M. J. (1991) *Principles of Ion Exchange Technology*, Butterworth Heinemann, New York.

Snoeyink, V. L., and R. S. Summers (1999) "Adsorption of Organic Compounds," Chap. 13, in R. D. Letterman, ed., *Water Quality and Treatment: A Handbook of Community Water Supplies*, 5th ed., *AWWA*, McGraw-Hill, New York.

Snoeyink, V. L., C. Campos, and B. J. Marinas (2000) "Design and Performance of Powered Activated Carbon/Ultrafiltration Systems," *Water Sci. Technol.*, **42**, 12, 1–10.

Sontheimer, H., J. C. Crittenden, and R. S. Summers (1988) *Activated Carbon For Water Treatment*, 2nd ed., in English, DVGW-Forschungsstelle, Engler-Bunte-Institut, Universitat Karlsruhe, Germany.

Sontheimer, H., and C. Hubele (1987). "The Use of Ozone and Granulated Activated Carbon in Drinking Water Treatment," in P. M. Huck and P. Toft (eds.) *Treatment of Drinking Water for Organic Contaminants*, Pergamon Press, City.

Soroushian, F., Y. Shen, M. Patel, and M. Wehner (2001) "Evaluation and Pilot Testing of Advanced Treatment Processes for NDMA Removal and Reformation," in *Proceedings of the AWWA Annual Conference*, AWWA, Washington, DC.

Standard Methods (2005) *Standard Methods for the Examination of Water and Wastewater*,

21st ed., American Public Health Association, Washington, DC.

Stefan, M. I., and Bolton, J. R. (1998) "Mechanism of the Degradation of 1, 4-Dioxane in Dilute Aqueous Solution Using the UV/Hydrogen Peroxide Process," *Environ. Sci. Technol.*, **32**, 11, 1588–1595.

Stefan, M. I., J. Mack, and J. R. Bolton (2000) "Degradation Pathways during the Treatment of Methyl Tert-Butyl Ether by the UV/H_2O_2 Process," *Environ. Sci. Technol.*, **34**, 4, 650–658.

Tchobanoglous, G., F. L. Burton, and H. D. Stensel (2003) *Wastewater Engineering: Treatment, and Reuse*, 4th ed, McGraw-Hill, New York.

U.S. EPA (1998) *Advanced Photochemical Oxidation Processes*, EPA 625-R-98-004, Office of Research and Development, U.S. Environmental Protection Agency, Washington, DC.

U.S. EPA (1999) *Alternative Disinfectants and Oxidants Guidance Manual*, EPA 815-R-99-014, U.S. Environmental Protection Agency, Cincinnati, OH.

Westerhoff, P., G. Aiken, G. Amy, and J. Debroux (1999) "Relationships between the Structure of Natural Organic Matter and Its Reactivity Towards Molecular Ozone and Hydroxyl Radicals," *Water Res.*, **33**, 10, 2265–2276.

White, G. C. (1999) *Handbook of Chlorination and Alternative Disinfectants*, 4th ed., John Wiley & Sons, New York.

Wobma, P., D. Pernitsky, B. Bellamy, K. Kjartanson, and K. Sears (2000) "Biological Filtration for Ozone and Chlorine DBP Removal," *Ozone Sci. Eng.*, **22**, 4, 393–413.

Wu, H. W., and Y. F. F. Xie (2005) "Effects of EBCT and Water Temperature on HAA Removal Using BAC," *J. AWWA*, **97**, 11, 94–101.

Zamora, R., R. M., R. Schouwenaars, A. Durán Moreno, and G. Buitrón Méndez, (2000) "Production of Activated Carbon from Petroleum Coke and its Application in Water Treatment for the Removal of Metals and Phenol," *Water Sci. Technol.*, **42**, 5–6, 119–126.

第 11 章　水再利用のための消毒プロセス

翻訳者　神子　直之(立命館大学理工学部環境システム工学科 教授)
　　　　大瀧　雅寛(お茶の水女子大学大学院人間文化創成科学研究科自然・応用科学系 准教授)

関連用語　469
11.1　水再生に用いられる消毒技術　470
　11.1.1　理想的な消毒剤の特性　470
　11.1.2　水の再生利用における消毒剤とその適用方法　471
　　　　　化学薬剤／471　　放射／471　　その他の消毒剤／471
　11.1.3　消毒作用の説明に用いられる機構　471
11.2　消毒における実用上の留意事項と問題点　472
　11.2.1　消毒に用いられる物理的施設　473
　　　　　塩素および関連する化合物／474　　オゾン／474　　紫外線(UV)／475
　11.2.2　効果に影響する因子　475
　　　　　接触時間／475　　化学消毒剤の濃度／475　　温度／477　　物理的手法における強さと性質／478
　　　　　微生物の種類／478　　微生物等の浮遊物質を含む液体の性質／479　　上流側の処理プロセスの影響／479
　11.2.3　消毒効果予測のための C_Rt 法の導出　480
　11.2.4　C_Rt 法の再生水の消毒への適用　481
　11.2.5　消毒技術の効果比較　481
　11.2.6　代替消毒技術の長所と短所　481
11.3　塩素による消毒　484
　11.3.1　塩素化合物の性質　484
　　　　　塩素／484　　次亜塩素酸ナトリウム／485　　次亜塩素酸カルシウム／485
　11.3.2　塩素化合物の化学　485
　　　　　水中の塩素の反応／486　　水中の次亜塩素酸塩の反応／486　　塩素のアンモニアとの反応／486
　11.3.3　不連続点塩素処理　487
　　　　　不連続点塩素処理の化学／487　　酸の生成／488　　全溶解性蒸発残留物の増大／489
　11.3.4　消毒プロセスの変数の測定と報告　490
　　　　　生残微生物数／491　　残留塩素の測定／491　　結果の報告／491
　11.3.5　清水中における塩素および様々な塩素化合物の殺菌効果　491
　　　　　残留塩素と接触時間の形式／491　　清水における温度の影響／492
　　　　　塩素と塩素化合物の相対的殺菌効果／492
　11.3.6　塩素による再生水の消毒に影響する要因　492
　　　　　初期混合／492
　11.3.7　再生水の化学的性質　493
　　　　　再生水中の粒子の影響／495　　微生物の影響／495　　接触時間／496
　11.3.8　塩素消毒プロセスのモデリング　497
　　　　　Collins-Selleck モデル／497　　修正 Collins-Selleck モデル／497　　膜プロセスからの処理水／498
　11.3.9　消毒に要する塩素注入量　498
　11.3.10　塩素接触槽の水理的性能の評価　500
　　　　　トレーサの種類／500　　トレーサ試験の実施／500　　トレーサ応答曲線の分析／500
　11.3.11　消毒副生成物の生成と制御　505
　　　　　消毒に塩素を用いる際の DBPs の生成／506　　消毒に塩素を用いる際の DBPs 生成の制御／508
　11.3.12　環境への悪影響　508
　　　　　DBPs の放流／508　　微生物の再増殖／508
11.4　二酸化塩素を用いた消毒　509
　11.4.1　二酸化塩素の性質　509
　11.4.2　二酸化塩素の化学　509

11.4.3　二酸化塩素の消毒剤としての有効性　*509*
　　　　　　二酸化塩素消毒プロセスのモデリング／*510*　　　消毒に必要な二酸化塩素注入量／*510*
　　　11.4.4　副生成物生成と制御　*510*
　　　　　　消毒に二酸化塩素を用いる際のDBPsの生成／*510*　　　消毒に二酸化塩素を用いる際のDBPs生成の制御／*510*
　　　11.4.5　環境への悪影響　*511*
11.5　脱　塩　素　*511*
　　　11.5.1　塩素と塩素化合物で処理された再生水の脱塩素　*511*
　　　　　　二酸化硫黄による脱塩素／*511*　　　亜硫酸化合物による脱塩素／*512*
　　　　　　チオ硫酸ナトリウムおよび関連化合物による脱塩素／*512*　　　活性炭による脱塩素／*513*
　　　11.5.2　二酸化硫黄を用いた二酸化塩素の脱塩素　*513*
11.6　オゾンによる消毒　*513*
　　　11.6.1　オゾンの特性　*514*
　　　11.6.2　オゾンの化学　*514*
　　　11.6.3　オゾン消毒システムの構成　*515*
　　　　　　供給ガスの生成／*515*　　　電力供給／*515*　　　オゾン生成／*516*　　　インライン式オゾン接触反応槽／*516*
　　　　　　副流式オゾン接触反応システム／*517*　　　排オゾンの分解と残留オゾンの分解／*517*
　　　11.6.4　消毒剤としてのオゾンの有効性　*518*
　　　11.6.5　オゾン消毒過程のモデリング　*518*
　　　11.6.6　消毒に必要なオゾン注入量　*520*
　　　11.6.7　副生成物の生成とその制御　*520*
　　　　　　オゾンを消毒に用いる際のDBPs生成／*520*　　　オゾンを消毒に用いる際のDBPs生成の制御／*521*
　　　11.6.8　オゾンを使用するにあたっての環境影響　*522*
　　　11.6.9　オゾン使用のその他の長所　*522*
11.7　その他の化学的消毒方法　*522*
　　　11.7.1　過　酢　酸　*522*
　　　　　　過酢酸の化学と特性／*522*　　　消毒剤としての過酢酸の効果／*523*　　　消毒副生成物の生成／*523*
　　　11.7.2　化学的消毒法の併用処理　*523*
11.8　紫外線照射による消毒　*524*
　　　11.8.1　紫外線照射光源　*524*
　　　11.8.2　紫外線ランプの型　*525*
　　　　　　低圧低出力紫外線ランプ／*526*　　　低圧高出力紫外線ランプ／*526*　　　中圧高出力紫外線ランプ／*526*
　　　　　　新たな紫外線ランプ技術／*527*　　　紫外線ランプの安定器／*527*
　　　11.8.3　紫外線消毒システムの構成　*527*
　　　　　　開水路型消毒システム／*528*　　　密閉型消毒システム／*530*
　　　11.8.4　紫外線照射による不活化機構　*531*
　　　　　　不活化機構／*531*　　　紫外線照射後の生物回復／*532*
　　　11.8.5　紫外線照射の殺菌効果に影響を及ぼす因子　*532*
　　　　　　紫外線量の定義／*533*　　　再生水中の化学組成の影響／*534*　　　再生水の粒状物質の影響／*535*
　　　　　　微生物の性質／*536*　　　システム特性の影響／*536*
　　　11.8.6　紫外線消毒プロセスのモデル化　*537*
　　　11.8.7　紫外線量の推定　*538*
　　　　　　平行光を用いたバイオアッセイによる紫外線量測定／*538*　　　バイオアッセイによる測定／*541*
　　　　　　平行光によるバイオアッセイ結果の報告とその活用／*542*
　　　11.8.8　紫外線消毒ガイドライン　*544*
　　　　　　紫外線消毒ガイドラインの適用／*545*　　　紫外線消毒ガイドラインと紫外線システム設計の関係性／*545*
　　　　　　再生水における紫外線システムの性能検証試験プロトコール／*545*
　　　　　　NMRIの紫外線消毒ガイドラインに基づく検証試験／*545*
　　　11.8.9　紫外線消毒システムの分析　*551*
　　　11.8.10　紫外線消毒システムの運転上の問題　*551*
　　　　　　紫外線消毒システムの水理学／*551*　　　紫外線消毒システムの水路壁および紫外線装置上の生物膜／*551*
　　　　　　紫外線強度の増加による粒子の影響の克服／*552*　　　上流側の前処理プロセスが紫外線性能に及ぼす効果／*553*
　　　11.8.11　紫外線照射の環境影響　*553*
　　　　　　紫外線により化学変化した化合物の放流／*553*　　　微生物の再増殖／*553*

問　　題　*554*
参考文献　*557*

関連用語

換算紫外線量 reduced equivalent dose；RED　平行光の紫外線量と不活化率の関係から求められた，紫外線消毒装置において観察される不活化率に対応した紫外線量．

吸光度 absorbance　溶液と溶液の成分によって吸収される特定波長の光線量の測定値．

結合塩素 combined chlorine　他の化合物と結合した塩素[例えば，モノクロラミン(NH_2Cl)，ジクロラミン($NHCl_2$)，三塩化窒素(NCl_3)]．結合塩素は，一般に電流で測定される．

結合残留塩素 combined chlorine residual　結合塩素化合物[例えば，モノクロラミン(NH_2Cl)，ジクロラミン($NHCl_2$)，三塩化窒素(NCl_3)，その他]からなる残留塩素．

C_Rt　残留塩素濃度 C_R(mg/L)と接触時間 t(min)の積．C_Rt を用いて消毒工程の効果を評価できる．

紫外線(UV) ultraviolet light　可視光線より短い 100～400 nm の波長域における電磁波．

紫外線(UV)照射 ultraviolet irradiation　微生物を不活化するのに用いられる紫外線への曝露の消毒工程．

消毒 disinfection　薬剤(塩素等)や物理反応(紫外線等)への曝露により病原性生物を部分的に破壊，あるいは不活化すること．

消毒剤 disinfectant　病原体を不活化あるいは破壊する薬剤(塩素等)や物理反応(紫外線等)のこと．

消毒副生成物 disinfection byproducts；DBPs　強い酸化剤(塩素やオゾン等)を消毒目的で添加した結果，再生水中の有機物と反応して生成される化学物質．

全塩素 total chlorine　遊離塩素と結合塩素の和．

全残留塩素 chlorine residual total　注入後のある時刻以降の再生水中の遊離塩素および結合塩素濃度の測定値の和．残留塩素は，最も一般に電流で測定される．

脱塩素 dechlorination　二酸化硫黄等の還元剤や活性炭と反応させることにより残留塩素や塩素化合物を溶液から除去すること．

天然有機化合物 natural organic matter；NOM　通常，次の3つの起源から生じる溶存および懸濁有機物成分．①土壌環境(多くはフミン質)，②水域(藻類や他の水生生物とそれらの副生成物)，③生物処理プロセスにおける微生物．

透過率 transmittance　溶液を透過する光線の量．吸光度に対応する．

光回復／暗回復 photoreactivation/dark repair　微生物が紫外線照射によって生じた損傷から回復する能力．

病原体 pathogen　様々な重篤度の病気を引き起こすことが可能な微生物．

不活化 inactivation　微生物の増殖能力を奪うことで疾病を起こす能力をなくすこと．

不連続点塩素処理 breakpoint chlorination　再生水中の被酸化物質の全量と塩素が十分に反応し，さらに塩素を注入した時に遊離塩素として存在するよう塩素を注入するプロセス．

滅菌 sterilization　病原生物や他の生物の完全な破壊．

遊離塩素 free chlorine　溶液中の次亜塩素酸($HOCl$)と次亜塩素酸イオン(OCl^-)の総量．

用量 dose　実際の消毒で用いられるように，消毒剤等の濃度あるいは強度と曝露時間との積で定義される．

用量-反応曲線 dose response curve　微生物の不活化量と消毒剤用量の関係．

　水の再利用において，消毒プロセスは重要なものであるため，本章では，再生水が様々な場面で安全であるために行われる，様々な消毒剤を用いた消毒において考慮すべき重要な点を紹介する．発病

第11章 水再利用のための消毒プロセス

へ最大の影響がある再生水に見られるヒト腸管系微生物は，細菌類，原虫のオーシストとシスト，蠕虫，ウイルスの4つのカテゴリーである．水系微生物による疾病については，3章で既に論じた．本章での第一の話題である消毒は，ある与えられたレベルまで病原微生物の破壊あるいは不活化を成し遂げるために用いられるプロセスである．存在するすべての微生物がそのプロセスの間に破壊されるわけではないため，「消毒」(disinfection)という用語は，すべての微生物を破壊する「滅菌」(sterilization)という用語とは区別される．脱塩素は，塩素による悪影響の可能性がある自然資源(魚等)を保護する目的で再生水から残留塩素を除くプロセスである．塩素消毒と同時に用いられるため，脱塩素も本章で論じる．

消毒に関わる問題の輪郭を描くため，次の話題を考慮する．すなわち，(1)水の再利用に用いられる消毒技術の概略，(2)再生水の消毒における実際的な考察と問題，(3)塩素および関連化合物による消毒，(4)二酸化塩素による消毒，(5)脱塩素，(6)オゾン消毒，(7)その他の薬剤による消毒，(8)紫外線消毒，である．消毒システム設計の詳細については，類書 Wastewater Engineering (Tchobanoglous et al., 2003)を参照されたい．

11.1 水再生に用いられる消毒技術

後で詳しく述べる消毒技術の実際と各消毒技術について論じる前に，理想的な消毒剤や水の再生利用に用いられる主な消毒剤の特性について論じ，消毒剤の一般的な比較をすることが適切である．

11.1.1 理想的な消毒剤の特性

再生水の消毒の全体像を知るためには，表-11.1にある理想的な消毒剤の特性を考えるのが便利である．報告されているとおり，理想的な消毒剤とは，取扱いおよび適用時に安全で，貯蔵中は安定で，微生物に毒性があり，より高等な生物には無害で，水あるいは細胞組織に可溶であるといった広範囲の特性を持つべきである．また，消毒剤の強度あるいは濃度が再生水中で測定できることが重要である．その特性は，消毒後の残留性が低いか，全くないオゾンを用いる場合や，残留効果を測ることができない紫外線消毒の場合に問題となる．

表-11.1 理想的な消毒剤の特性[a]

特性	内容／反応
溶液の特性の変質	全溶解性物質(TDS)の増加等の溶液の特性の最小限の変化においても効果的であること．
入手しやすさ	大量に用意が可能で適切な価格であること．
脱臭能力	消毒中に脱臭がなされること．
均一性	組成が均一であること．
共存物との反応性	細菌の細胞以外の有機物に吸収されないこと．
非腐食性で非着色性	金属を変質させたり，衣類を着色しないこと．
高等生物へ無害	微生物に有害でヒトや他の動物に無害であること．
浸透力	粒子の表面から浸透する能力があること．
安全性	輸送時，貯蔵時，取扱い時，使用時に安全であること．
溶解性	水や細胞組織に溶解すること．
安定性	殺菌力が持続し喪失が少ないこと．
微生物への毒性	高倍率の希釈で有効であること．
常温での毒性	常温で有効であること．

[a] Tchobanoglous et al.(2003)より引用．

11.1.2 水の再生利用における消毒剤とその適用方法

水の再利用時の消毒は,化学薬剤や照射(irradiation)の使用で最も一般的に達成される.それらの方法について次に論じる.他の方法についても,完全を期すために言及する.

化学薬剤

塩素とその化合物およびオゾンは,再生水の消毒に用いられる主要な化合物である.他の消毒剤として用いられる化学薬剤には,(1)臭素,(2)ヨウ素,(3)フェノールおよびフェノール化合物,(4)アルコール類,(5)重金属と関連化合物,(6)染料,(7)石鹸および合成洗剤,(8)第四級アンモニウム化合物,(9)過酸化水素,(10)過酢酸,(11)様々なアルカリ,(12)様々な酸,がある.化学薬剤による消毒は,希釈された消毒剤を消毒される液体(水の再生利用時の下水処理水)によく混ぜ合わせ,液体中に存在するかもしれない微生物と消毒剤が反応する十分な時間接触させることで行われる.

放　射

主要な放射(radiation)の形態は,電磁波,音波,粒子である.例えば,酸化池において観察される微生物の減少は,部分的に微生物の電磁波である日射の紫外線(UV)成分への曝露による.紫外線を放射するよう開発された特別なランプが再生水を消毒するのにうまく用いられてきた.紫外線による消毒は,液体中の微生物を紫外線に曝露することによって達成される.

その他の消毒剤

今まで用いられてきた他の消毒方法に物理的な方法がある.機械的で生物学的方法による微生物の除去を次節で論じる.熱と音波は,再生水を消毒するのに使用可能な物理的方法である.例えば,水を沸点まで熱することは,無芽胞の細菌による主要な疾病を壊滅させる.熱は,清涼飲料や乳製品において一般的に使われているが,大量の再生水の消毒方法としては,必要なエネルギー量に対して費用が掛かるため,可能性は低い.しかし,ヨーロッパでは汚泥の低温殺菌が広く使われている.

11.1.3 消毒作用の説明に用いられる機構

消毒作用の説明に用いるよう提案されてきた5つの主要な機構は,(1)細胞壁への損傷,(2)細胞の透過性の変性,(3)原形質のコロイドとしての性質の変質,(4)微生物のDNAあるいはRNAの変性,(5)酵素活性への阻害,である.塩素,オゾン,紫外線を用いた消毒機構の比較を表-11.2に示す.広範囲において,様々な消毒剤において観察される効果の違いは,基本的に効果的な不活化の機構により説明される.

表-11.2　塩素,オゾン,紫外線による消毒の機構

塩　素	オゾン	紫 外 線
1. 酸化 2. 残留している塩素との反応 3. タンパク質の沈殿 4. 細胞壁の透過性の変質 5. 加水分解と機械的破壊	1. 直接酸化／細胞壁の破壊で細胞内物質の細胞外への漏洩させる 2. オゾンの分解によるラジカル副生成物との反応 3. 核酸成分(プリン類とピリミジン類)への損傷 4. 炭素窒素結合の切断による解重	1. 微生物細胞内のRNAとDNAへの光化学的損傷(二重結合の形成) 2. 微生物内の核酸は,波長240〜280 nmの範囲の電磁波エネルギーの最重要の吸収物質である 3. DNAとRNAは,増殖の遺伝情報を持っているため,それらの物質は,効果的に細胞を不活化する

第11章 水再利用のための消毒プロセス

表-11.3 水再生で通常用いられる消毒剤の比較[a]

特性[b]	塩素ガス[c]	次亜塩素酸ナトリウム[c]	結合塩素	二酸化塩素	オゾン	紫外線照射
脱臭能力	高	中	中	高	高	NA[d]
有機物との相互反応	酸化	酸化	酸化	酸化	酸化	吸光度
腐食性	高腐食性	腐食性	腐食性	高腐食性	高腐食性	NA
より高等な生物への毒性	高	高	あり	あり	あり	あり
粒子への浸透性	高	高	中	高	高	中
安全性の懸念	高	中から低	高から中[e]	高	中	低
溶解性	中	高	高	高	高	na
安定性	安定	軽度に不安定	軽度に不安定	不安定[f]	不安定[f]	na
対象となる微生物						
細菌	優	優	良	優	優	良
原虫	不可から可	不可から可	不可	良	良	優
ウイルス	優	優	可	優	優	良
副生成物生成	THMとHAA[g]	THMとHAA	微量のTHMとHAA、シアン、NDMA	亜塩素酸と塩素酸	臭素酸	測定できる濃度では未知
TDSの増加	あり	あり	あり	あり	なし	なし
消毒剤としての使用	普通	普通	普通	時々	時々	急速に増加中

[a] Tchobanoglous et al.(2003)、Crittenden et al.(2005)より引用.
[b] 特性の記述は、表-11.1を参照のこと.
[c] 遊離塩素（HOClとOCl⁻）.
[d] 適用不可.
[e] 塩素ガスあるいは次亜塩素酸が窒素化合物と組み合わせて使用されるかどうかによる.
[f] 使用時に生成されなくてはならない.
[g] THM：トリハロメタン類　　HAA：ハロ酢酸類

　塩素やオゾンのような酸化剤による細胞壁の損傷、破壊、変性により、細胞は破壊と死に至る。また、酸化剤は、酵素の化学組成を変え、酵素を不活化する。酸化剤の中には、細菌の細胞壁合成を阻害するものもある。紫外線への曝露により、微生物のDNAに二重結合が生じたり、DNA鎖が断裂したりする。紫外線の光子が細菌や原生動物のDNAやウイルスのDNAやRNAに吸収されると、隣接するDNAのチミンやRNAのウラシルが二量体を形成する。二重結合の形成は、転写過程を阻害するので、微生物は増殖できなくなり、それ故、不活化されたことになる。

　対象としている枠組みおよび上で扱った問題と同様、表-11.1で定義された基準を用い、水の再利用で用いられてきた消毒剤の比較を表-11.3に示す。様々な消毒技術の相対的効果についての詳細は、次節および表-11.4に示されている。表-11.3を見てみると、留意すべき重要な比較には、安全性（例えば、塩素ガスか次亜塩素酸ナトリウムか）とTDSの増加（例えば、塩素ガスか紫外線照射か）を含む。これらの問題は、次節においても指摘する。

表-11.4 異なる処理方法による大腸菌群の除去あるいは破壊

プロセス	log 除去率
粗目スクリーン	0 〜 0.7
細目スクリーン	1.0 〜 1.3
沈砂池	1.0 〜 1.4
沈殿のみ	1.4 〜 2.0
凝集沈殿	1.6 〜 1.9
散水ろ床	1.9 〜 2.0
活性汚泥	1.9 〜 3.0
ろ過	0 〜 1.0
精密ろ過	2 〜 >4
逆浸透	>4 〜 7
塩素消毒	4 〜 6

11.2 消毒における実用上の留意事項と問題点

　本節の目的は、消毒プロセスに関わる実用上の留意事項と問題点を紹介することである。提示する

11.2 消毒における実用上の留意事項と問題点

背景の材料は，次節で考える各消毒剤の議論の基礎として提供することを意図している．議論する話題は，次にあげるものを含む．すなわち，(1)消毒に用いられる物理的施設への導入，(2)消毒プロセスの効果に影響する要因，(3)消毒効果予測のための C_Rt 値の導出，(4)再利用水の消毒への C_Rt 値の適用，(5)代替消毒技術の効果の比較，(6)消毒技術ごとの長所と短所のレビュー，である．初期投資費用および維持管理運転費用は，一般的な情報以外は与えられていない．費用は，様々な場所ごとの要因に影響され，ケース・バイ・ケースで評価される必要がある．

11.2.1 消毒に用いられる物理的施設

一般に，再生水の消毒は，特別に設計された反応槽において単独の単位プロセスとして行われる．反応槽の目的は，消毒剤と消毒される液体の接触を最大限にすることである．反応槽それぞれの設計は，消毒剤の特性と作用によって決まる．反応槽の形状を図-11.1，11.2に示し，以下で簡単に述べる．

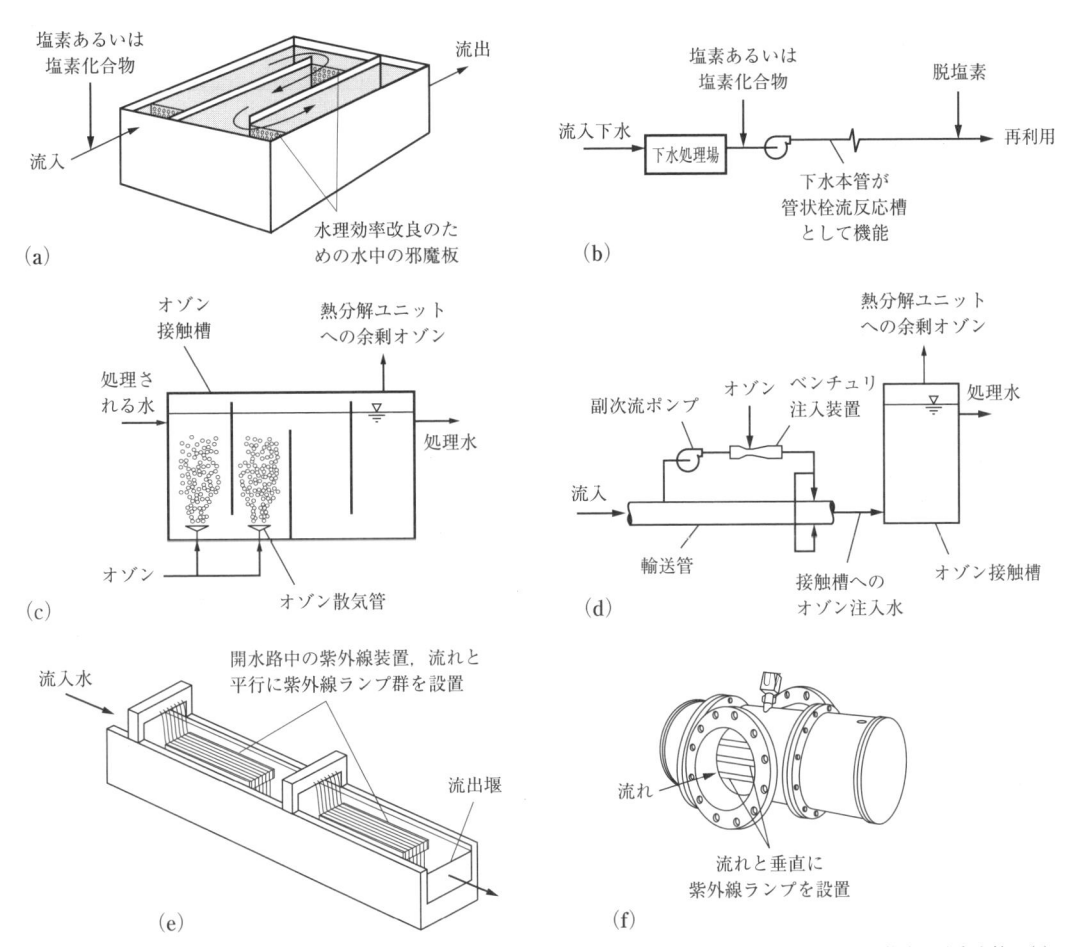

図-11.1 消毒操作に用いられる反応槽の形状．(a)往復形状の栓流反応槽，(b)管状栓流反応槽として機能する下水本管，(c)複槽式インラインオゾン接触槽，(d)サイドストリームオゾン注入システム，(e)2つの紫外線ランプ群を備えたランプ平行流開水路紫外線照射，(f)紫外線ランプと垂直な流れの密閉型紫外線照射装置

第 11 章 水再利用のための消毒プロセス

図-11.2 消毒に用いられる反応槽の外観.(a)末端に反らせ板(deflector)を持つ屈曲した栓流塩素接触槽,(b)角をとった水路と流向修正板を持つ屈曲した栓流塩素接触槽,(c)典型的オゾン発生装置,(d)サイドストリームオゾン注入と連結されて用いられるオゾン接触槽,(e)開水路紫外線反応槽,(f)密閉管内紫外線反応槽

塩素および関連する化合物

図-11.1(a),(b)に示されたように,邪魔板(baffle)を入れて屈曲させた接触槽(serpentine contact chamber)や長い輸送管が希釈された塩素や関連化合物の注入に用いられる.それら両者の接触槽は,理想的な栓流反応槽として機能するように設計されている.後述するように,消毒の効果は,反応槽の流れがどの程度理想条件より悪いかに影響される.実規模の塩素接触槽の外観を図-11.2(a),(b)に示す.

オゾン

オゾンは,通常,接触槽で消毒される液体にオゾンガスを吹き込む[図-11.1(c)参照]か,サイドストリームを用いて[図-11.1(d)参照]注入される.細孔の散気管がオゾンの液体への輸送を改善するために用いられる.ベンチュリ注入装置(Venturi injector)は,サイドストリーム(sidestream)の設計で用いられる.単一の接触槽で発生する可能性がある短絡流の量を限定するため,邪魔板付き槽列を用いる[図-11.1(c)参照].オゾン発生器と接触槽を図-11.2(c),(d)にそれぞれ示す.

紫外線（UV）

開水路型と密閉型の両者の接触反応槽が紫外線消毒に用いられる［図-11.1(e)，(f)参照］．開水路反応槽は，一般に，低圧低出力や低圧高出力紫外線ランプに用いられる．密閉型反応槽は，低圧高出力と中圧高出力紫外線ランプに用いられる．紫外線反応槽では接触時間が短い（数秒）ため，設計が開水路型か密閉型かは，決定的な重要性を持つ．

11.2.2 効果に影響する因子

消毒する物質あるいは物理的プロセスを適用する際，次の因子を考慮しなくてはならない．すなわち，(1)接触時間と接触槽の水理効率，(2)消毒剤の濃度，(3)物理的方法の強度と性質，(4)温度，(5)微生物種，(6)処理される水の性質（例えば，再生水の性質），(7)消毒前の処理プロセス，である．

接触時間

消毒プロセスにおいて最重要な因子の一つは，多分，接触時間（contact time）である．消毒剤が注入されると，放流水が再利用される前の接触時間より重要なものはない．図-11.1に示すように，特別な物理形状を持つ消毒槽は，十分な接触時間が確実に与えられるようにつくられている．

英国において，1900年代初頭，Harriet Chickは，消毒剤がある一定の濃度である場合，接触時間が長ければ長いほど消毒効果が大きくなることを観察した（図-11.3参照）．この観察は，1908年に初めて論文で報告された（Chick, 1908）．微分形でChickの法則は，次式で表される．

$$\frac{dN_t}{dt} = -kN_t \tag{11.1}$$

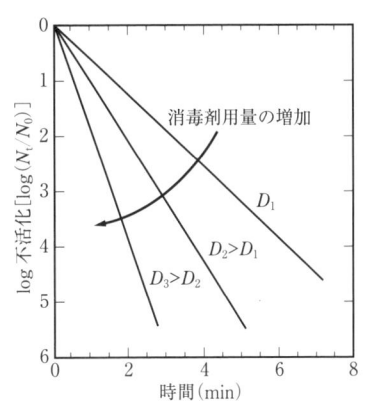

図-11.3 回分反応槽で消毒剤用量を増加させた場合の時間の関数としての分散した微生物のlog不活化

ここで，dN_t/dt：微生物の数（濃度）の変化率，k：不活化速度定数（inactivation rate constant）(T^{-1})，N_t：時間tにおける微生物数，t：時間．N_0を時間tが0の時の微生物数とすると，式(11.1)を積分して次式を得る．

$$\ln\frac{N_t}{N_0} = -kt \tag{11.2}$$

式(11.2)中の不活化速度定数kの値は，$-\ln(N_t/N_0)$を接触時間tに対してプロットすることで求められる．ここでkは，最適な直線の傾きである．

化学消毒剤の濃度

Herbert Watsonもまた，1900年代初頭に英国において，不活化速度定数が次式のように濃度に関連していることを報告した（Watson, 1908）．

$$k = \Lambda C^n \tag{11.3}$$

ここで，Λ：比致死速度係数（coefficient of specific lethality）（単位は，nの値により変わる），C：消毒剤の濃度（mg/L），n：希釈に関連する経験的定数（−）．

希釈定数nの様々な値に対して，次のように説明がなされてきた．

$n=1$　　濃度と時間の両者が同様に重要である場合，

第 11 章 水再利用のための消毒プロセス

$n>1$　濃度が時間よりも重要である場合，
$n<1$　時間が濃度よりも重要である場合．

n の値は，同じ不活化率となる場合の C に対して，t を両対数軸でプロットすることで求められる．n が 1 である場合，データは，片対数軸にプロットされる．

Chick と Watson によって提案された式を微分形で結合すると，次の式になる(Haas and Karra, 1984a, b)．

$$\frac{dN_t}{dt} = -\Lambda C^n N_t \tag{11.4}$$

式(11.4)の積分形は，次のようになる．

$$\ln\frac{N_t}{N_0} = \Lambda_e *^1 C^n t \quad \text{あるいは} \quad \log\frac{N_t}{N_0} = -\Lambda_{10} *^1 C^n t \tag{11.5}$$

n が 1 の場合，それは，過去の経験から合理的な仮定である(Hall, 1973)が，式(11.5)は，次のように書ける．

$$\frac{1}{\Lambda_e}\ln\frac{N_t}{N_0} = Ct = D \tag{11.6}$$

ここで，D：ある不活化率になる殺菌用量(germicidal dose)(mg·min/L)．

用量(濃度×時間)の概念は，後で述べるように，消毒剤の効果がこの概念に基いている(Morris, 1975)ほど重要なものである．この概念は，U.S. EPA(1986, 2003a)においても消毒設置ガイドラインで採用されてきている(**11.2.3** 参照のこと)．

例題 11-1　Chick-Watson の式に基づく比致死速度定数の算定

右表のデータを用い，式(11.6)の比致死速度定数を求めよ．

C(mg/L)	t(min)	微生物数(個/100 mL)
0	0	1.00×10^8
4.0	2	1.59×10^7
4.0	4.5	1.58×10^6
4.0	8	2.01×10^4
4.0	11	3.16×10^3

解　答

1. 比致死速度定数[*2]を求めるため，$\log(N/N_0)$ を Ct の関数としてプロットし，データに最適な直線を求める．
   a. $\log(N/N_0)$ と Ct の値を計算する．必要なデータは，右表のとおりである．

C(mg/L)	t(min)	微生物数(個/100 mL)	Ct(mg·min/L)	$\log(N/N_0)$
0	0	1.00×10^8	0	0
4.0	2	1.59×10^7	8	−0.8
4.0	4.5	1.58×10^6	18	−1.8
4.0	8	2.01×10^4	32	−3.7
4.0	11	3.16×10^3	46	−4.5

[*1]　Λ_e，Λ_{10} はそれぞれ不活化速度定数 Λ を自然対数あるいは常用対数で求めた場合を表す．

[*2]　原書は coefficient of lethality だが，coefficient of specific lethality が正しい．

b. Ct に対する $\log(N/N_0)$ のプロットをする．必要なプロットは，右のとおりである．

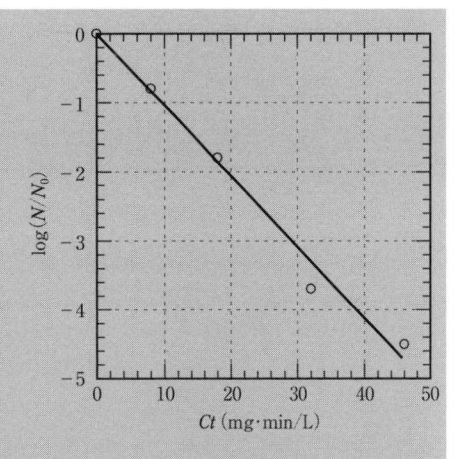

2. 致死速度定数を計算する．上記のプロット中の直線の傾きが，比致死速度定数 Λ_{CW}（底数10）となる．

$$-\Lambda_{CW} = \frac{-5-0}{49-0}$$

$\Lambda_{CW} = 0.102$ L/mg·min
$Ct = 46$ の場合で検算する．

$$\log\frac{N_t}{N_0} = -\Lambda_{10}Ct = (-1.02)\times 46 = -4.69 \quad vs \quad 4.5 \quad \rightarrow OK$$

温　度

化学消毒剤による死滅速度への温度の影響は，van't Hoff-Arrhenius 型の関係で示される．温度を上昇させることで，死滅速度が大きくなる．比致死速度定数 Λ に関して，温度の影響は，次の関係で与えられる．

$$\ln\frac{\Lambda_1}{\Lambda_2} = \frac{E(T_2-T_1)}{RT_1T_2} \tag{11.7}$$

ここで，Λ_1, Λ_2：温度 T_1, T_2 それぞれにおける比致死速度定数，E：活性化エネルギー（J/mol），R：気体定数（8.311 J/mol·K）．

様々な塩素化合物の様々な pH における活性化エネルギーの代表的な値は，**11.3** に記載してある．温度の影響を**例題 11-2** で考えよう．

例題 11-2 消毒時間に対する温度の影響

20℃で塩素注入量 0.05 mg/L における 99.9% 死滅に必要な時間を求めよ．活性化エネルギーが 26 800 J/mol に等しいとする（表-11.12 より）．次の定数値が式(11.5)より回分反応槽で 5℃の場合に計算される．

$\Lambda = 10.5$ L/mg·min
$n = 1$

第11章 水再利用のための消毒プロセス

解　答

1. 式(11.5)を用いて99.9%死滅に必要な時間を計算する.

$$\ln \frac{N_t}{N_0} = -10.5\,Ct$$

$$\ln \frac{0.10}{100} = (-10.5\,\text{L/mg·min}) \times (0.05\,\text{mg/L})t$$

$$t = \frac{-6.91}{(-10.5) \times (0.05)} = 13.2\,\text{min at 5℃}$$

2. 式(11.7)で与えられる van't Hoff-Arrhenius 型の式を用いて, 20℃で必要となる時間を計算する.

$$\ln \frac{10.5}{\Lambda_2} = -0.594$$

$$\frac{10.5}{\Lambda_2} = e^{-0.594} = 0.552$$

$$\Lambda_2 = 19.0\,\text{L/mg·min}$$

$$t = \frac{-6.91}{(-19.0) \times (0.05)} = 5.43\,\text{min at 20℃}$$

物理的手法における強さと性質

先に述べたとおり, 紫外線(UV)は, 再利用水の消毒に広く使われている. 紫外線消毒の有効性が単位面積当りの mW/cm^2 で表される平均紫外線照度(average UV intensity)の関数であることが知られている. 照射時間(exposure time)を考えるのであれば, 液体中の微生物が照射される紫外線量(UV dose)は, 次の式で表される.

$$D = I_{avg}t \tag{11.8}$$

ここで, D：紫外線量 [mJ/cm^2 ($mJ/cm^2 = mW·s/cm^2$)], I_{avg}：平均紫外線照度 (mW/cm^2), t：照射時間 (s).

紫外線量は, mJ/cm^2 と等価な $mW·s/cm^2$ で表される. そのように, 紫外線量の概念は, 化学消毒剤で用いられる方法と同様, 紫外線の有効性を定義するのに用いられる.

微生物の種類

様々な消毒剤の効果は, 微生物の種類, 性質, 状態に影響される. 例えば, 増殖中の細菌は, しばしば粘液(ポリマー)に包まれた古い細菌よりも簡単に死滅する. 胞子をつくることができる細菌は, 温度上昇や毒性物質のような外圧を与えた時に防御的な状態に入る. 細菌の胞子は, 極端に抵抗性があり, 通常, 用いられる化学消毒剤の多くは, 少々しか効果がないか, 全く効果がない. 同様に, ここで考えているウイルスと原虫の多くは, 化学消毒剤のそれぞれに異なる反応を示す. 例えば, 熱や紫外線のような消毒手法を効果的な消毒のために用いる必要が生じることがある. 様々な微生物種の不活化は, 次節で論じる.

微生物等の浮遊物質を含む液体の性質

前述のとおり，ChickとWatsonによって微生物の不活化に対して見出された関係を調べると，多くの試験が蒸留水や緩衝液中のような実験室条件で行われていることが注目すべき重要な点である．実際は，微生物等の浮遊物質(suspended material)を含む液体の性質を注意深く評価しなくてはならない．再利用水の2つの成分が重要である．すなわち，天然有機化合物(natural organic material；NOM)と浮遊物質である．再利用水に見られるNOMは，多くの酸化的消毒剤と反応し，効果を減じるか，有効な消毒のための用量を増加させる．水の再生プラントに見られるNOMには，3つの起源がある．すなわち，(1)土壌環境(多くはフミン質)，(2)水域(藻類や他の水生生物とそれらの副生成物)，(3)生物処理プロセスの微生物，である．また，浮遊物質が存在することで，消毒剤を吸着したり，細菌を中に取り込んで消毒剤の有効性を減じる．

消毒剤と再生水の成分で生じる反応のため，Chick-Watsonの法則[式(11.5)あるいは(11.6)]からの逸脱が図-11.4のように生じる．(a)に示すように，微生物等の懸濁物を含む液体(再生水)の成分が消毒剤とまず反応して消毒剤を無効にする，遅れ時間(lag)あるいは肩(shoulder)と呼ばれる効果がある．消毒されるべき微生物が大きな粒子によって防御されるテーリング(tailing)効果は，(b)に示されている．遅れ時間とテーリングの両効果があれば，(c)に示されたようになる．一般に，式(11.5)の再生水への適用は，再生水の変化しやすく，均一でない性質を考慮できない．

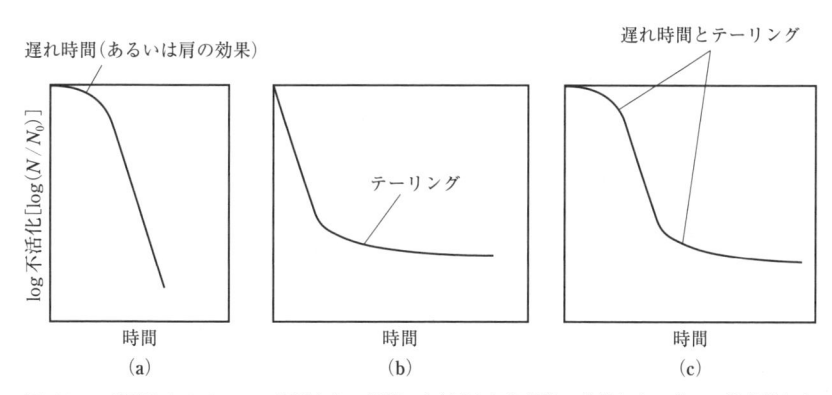

図-11.4 観察されるChickの法則からの逸脱．(a)反応が片対数で直線となる前に，消毒剤がまず微生物を含む液体の成分と反応する遅れ時間あるいは肩の効果，(b)片対数での直線に続き，分散した微生物の不活化後に消毒される微生物が大きな粒子で防御されるテーリング効果，(c)遅れ時間，片対数での直線，テーリング効果の結合

上流側の処理プロセスの影響

どの程度上流側のプロセスがNOMと浮遊物質を除去するかが大きく消毒プロセスに影響する．細菌やその他の微生物は，排水処理中の物理的処理と生物処理でも除去される．様々な処理操作やプロセスにおける典型的な除去効率を表-11.4に示している．最初と最後の4つずつの処理は，物理的なものである．達成される除去は，プロセスの主要な機能の副産物である．

未ろ過処理水の塩素と紫外線の効果へ影響する他の要因(特に，大腸菌群が管理指標となっている場合)は，大腸菌群が吸着している粒子の数である．活性汚泥施設において，大腸菌群が吸着している粒子の数は，SRT(solids retention time；汚泥滞留時間)の関数であることが観察されている．SRTと大腸菌群が吸着している汚水中の粒子の割合との関係を図-11.5に示す．ここで示されているように，SRTが長ければ，大腸菌群を含む粒子の割合が減少している．深い最終沈殿池を使うことでも，細菌を防御する大きな粒子の数は減少する[図-7.7(b)参照]．一般に，ろ過が何もない場合，SRTが短い(例えば，0.75～2日)運転の活性汚泥施設からの沈殿後放流水において，極端に低い大腸

第 11 章　水再利用のための消毒プロセス

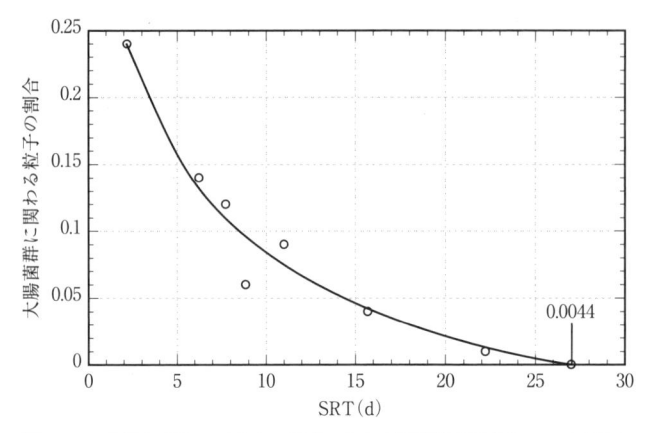

図-11.5　沈殿処理後の下水中の粒子のうち大腸菌群が吸着している割合と SRT（汚泥滞留時間）との関係（Emerick *et al.*, 1999）

菌群数を達成することは難しい．

11.2.3　消毒効果予測のための C_Rt 法の導出

先に述べた消毒モデルは，消毒データの解析に有用であるが，広い範囲の運転条件における消毒効果予測に用いることは難しい．浄水分野においては，SWTR（Surface Water Treatment Rule：表流水処理規則）の採用（1989 年頃）と *Cryptosporidium* の水系感染症流行の原因病原体としての重要性の認識以前には，満たすべき水質要件は，非常に直接的な表現であった．塩素およびその化合物が当時有効であった飲料水質基準を満たすように大腸菌群を不活化するために一般に用いられた．

第一次 SWTR の基本原則を作成する際，U.S. EPA は，ろ過を行っていた水道水供給（例えば，New York City，San Francisco，Seattle）の安全性を担保する方法を必要とした．実施中の研究に基づき，U.S. EPA は，ウイルス 4 log と *Giardia* 3 log の除去が消毒手法により必要とされると判断した．十分な消毒をどのように達成すればよいか示すことが必要と認識されたため，U.S. EPA は，ウイルスと *Giardia* シストの消毒に最も普通に用いられている消毒剤の評価を行った．

その評価において U.S. EPA は，効果測定の方法として単純化された Chick-Watson モデル［式（11.6）参照］から導かれた C_Rt 法（残留消毒剤濃度 mg/L×接触時間 min）を採用した．通常，実験室のベンチスケールで得られる C_Rt 値を代わりに用いて，消毒効果の測定を行う方法である．すなわち，与えられた C_Rt 値が達成されるのであれば，消毒に求められている効果を達成していると一般にみなすことができる．

1989 年に SWTR が制定された時には既に *Cryptosporidium* は同定されていたが，*Cryptosporidium* に対する C_Rt 値は，SWTR の制定を遅らせるという理由で含まれなかった．*Cryptosporidium* を含む多くの病原微生物が塩素とその化合物が他の病原微生物を殺すのに十分濃度の場合にも処理された飲料水中に存在することが知られていた．進められていた研究に基づいて U.S. EPA は，様々な消毒剤，微生物，運転条件における広範囲な C_Rt 値の表を公表した（U.S. EPA, 2003a）．加えて，同様に紫外線量の値も *Cryptosporidium*，*Giardia*，ウイルスについて公表されている．実用的な視点からは，C_Rt 値あるいは紫外線量の使用は，消毒剤の残留濃度測定や紫外線照度と照射時間の測定が比較的容易なので，評価できる．接触時間に関しては，t_{10} 値（流入水の 10% 以下がプロセスを通過してしまう接触時間．11.3 参照のこと）が紫外線照射以外の消毒剤を用いた浄水分野で一般に用いられている．

11.2.4 C_Rt 法の再生水の消毒への適用

消毒プロセスの制御に C_Rt 法を用いることは，水の再生分野では，現在さらに一般的になりつつある．C_Rt 値と塩素接触時間が規則によって定められている州もある．例えば，California 州では，C_Rt 値を結合残留塩素で 450 mg·min/L とすること，水の再生利用の最大流量時に接触時間の最頻値が 90 分以上になるよう定めている．過去の試験結果に基づけば，C_Rt 値 450 mg·min/L 以上であれば，ポリオウィルスを 4 log 不活化すると考えられる．C_Rt 法の使用が水の再生分野で一般的になるにつれて，管理目的でこの方法を用いる際に考慮しなくてはならない多くの限界がある．文献で報告された C_Rt 値の多くは，(1)制御された実験室の条件下における完全混合の回分式反応槽(すなわち，理想状態の流れ)，(2)実験室で純粋株から増殖した分散状態の微生物，(3)分散した微生物懸濁用の緩衝液，(4)浮遊粒子なし，の条件でなされている．

さらに，文献で報告されている C_Rt 値の多くは，旧来の分析方法に基づいている．結果として，管理目的で用いられる C_Rt 値は，現地で観察される結果と合わないことがしばしばある．図-11.6 を参照すれば，テーリング領域においては，微生物濃度が実質的に C_Rt 値と独立であることが見てとれる．加えて，再生水に存在する化合物には，(1)塩素およびその化合物と反応する，(2)結合残留濃度として測定される，(3)消毒力を持たない(11.3 参照)，といった性質を持つものがある．同様に，金属類やフミン酸のような溶存物質は，紫外線消毒の効果を減じる．それ故，再生水の処理ですべての条件に適した，標準化された C_Rt 値や紫外線量を導き出すことは難しい．明らかなのは，後で述べるように，場所ごとの試験が適切な消毒用量を定めるには必要ということである．

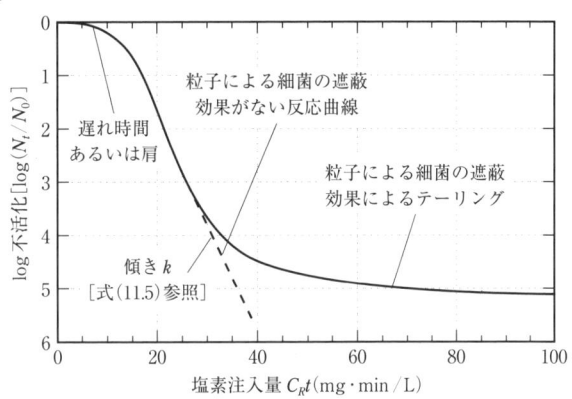

図-11.6 酸化成分と浮遊粒子を含む下水で得られる典型的な消毒曲線．遅れ時間とテーリングの両者が明らかである

11.2.5 消毒技術の効果比較

式(11.6)に基づく消毒技術の効果の一般的な比較を微生物の分類ごとに表-11.5 に示す．各技術を扱っている箇所にはさらに情報がある．ここで留意すべき点は，表にあるそれらの数値は，あくまでもそれら技術の有効性を評価する目安として提供されていることである．C_Rt 値は，温度と pH の両者で大きく変化する．それぞれの再利用水の性質や処理の程度が様々な消毒技術の有効性に顕著に影響するので，代替消毒技術の有効性評価を行う際や適切な用量範囲の設定を行うには，その場所ごとの試験を行わなくてはならない．

11.2.6 代替消毒技術の長所と短所

塩素，二酸化塩素，紫外線およびオゾンを再生水の消毒に用いる場合の一般的な長所と短所を表-11.6 にまとめた．多くの水の再利用において，通例，消毒方法は，塩素と紫外線から選択される．しかし最近，懸念の持たれる微量成分の認識の増大に伴い，オゾンの使用に関心が増してきている．消毒方法選択の考慮点は，通常，(1)経済的評価，(2)公共的および作業者への安全性，(3)環境影響，

第 11 章 水再利用のための消毒プロセス

表-11.5 細菌，ウイルスと原虫オーシストとシストの様々なレベルの不活化に対する典型的な C_Rt 値[a]

	消毒剤	単位	1 log	2 log	3 log	4 log
細菌	塩素（遊離）	mg·min/L	0.1 ～ 0.2	0.4 ～ 0.6	3 ～ 4	8 ～ 10
	クロラミン	mg·min/L	4 ～ 6	10 ～ 12	20 ～ 40	70 ～ 90
	二酸化塩素	mg·min/L	2 ～ 4	8 ～ 10	20 ～ 30	50 ～ 70
	オゾン	mg·min/L		3 ～ 4		
	紫外線照射	mJ/cm^2		30 ～ 60	60 ～ 80	80 ～ 100
ウイルス	塩素（遊離）	mg·min/L		1 ～ 4	8 ～ 16	20 ～ 40
	クロラミン	mg·min/L		600 ～ 700	900 ～ 1 100	1 400 ～ 1 600
	二酸化塩素	mg·min/L		4 ～ 6	10 ～ 14	20 ～ 30
	オゾン	mg·min/L		0.4 ～ 0.6	0.7 ～ 0.9	0.9 ～ 1.0
	紫外線照射	mJ/cm^2		30 ～ 40	50 ～ 70	70 ～ 90
原虫[b]	塩素（遊離）	mg·min/L	30 ～ 40	60 ～ 70	90 ～ 110	
	クロラミン	mg·min/L	600 ～ 650	1 200 ～ 1 400	1 800 ～ 2 000	
	二酸化塩素	mg·min/L	7 ～ 9	14 ～ 16	20 ～ 25	
	オゾン	mg·min/L	0.4 ～ 0.6	0.9 ～ 1.2	1.4 ～ 1.6	
	紫外線照射[c]	mJ/cm^2	5 ～ 10	10 ～ 20	20 ～ 30	

[a] Montgomery(1985)，U.S. EPA(1999b)より引用．清浄な緩衝液中(pH 7～8.5，～20℃)に分散された微生物に対する回分式反応槽で得られたデータ．
[b] 原虫シストおよびオーシストは，一般にさらに大きい値を必要とする．
[c] 感染性による研究に基づく．
注) 様々な消毒技術への様々な微生物の感受性は，このように広い範囲を持つため，用量についても広い範囲の報告が論文でなされている．そのように，本表にあるデータは，様々な消毒方法の相対的効果への一般的な目安としてのみ提供されており，特定の微生物に関するものではない．

表-11.6 塩素，二酸化塩素，オゾンと紫外線の再生水の消毒における長所と短所[a]

(a) 塩 素

長 所	短 所
1. 完成度の高い技術 2. 効果的な消毒剤 3. 残留塩素を監視して維持することができる． 4. 結合残留塩素もアンモニア添加で得ることができる． 5. 殺菌力のある残留塩素を長い配水管で維持できる． 6. 臭気制御，RAS添加，施設の水システムの消毒のような補助的な用途への化学システムの適用性 7. 硫化物の酸化 8. 建設費用は比較的安いが，消防の規則遵守が求められる場合はかなり費用が増大する 9. 塩素ガスより安全と思われる次亜塩素酸カルシウムあるいはナトリウムとして使える 10. 現場で生成できる	1. 施設の労働者や住民に脅威をもたらしかねない有害化学物質．そのように，特に消防規則の観点から厳しい安全対策を行わなくてはならない 2. 他の消毒剤よりも比較的長い接触時間を要する 3. 大腸菌群に用いられる低い注入率では，結合塩素の効果が低いウイルス，胞子，シストがある 4. 処理放流水に残留する毒性を脱塩素で減らさなくてはならない 5. トリハロメタンや，NDMAを含む他の消毒副生成物[b]を生成する(表-11.15 参照)． 6. 塩素接触槽から揮発性有機化合物を放出する 7. 鉄，マンガンや他の無機化合物を酸化する(消毒剤の消費) 8. 様々な有機化合物を酸化する(消毒剤の消費) 9. 処理放流水のTDSを増大させる 10. 処理放流水の塩化物濃度を上昇させる 11. 酸の生成，すなわちアルカリ度が不十分な排水のpHが小さくなり得る 12. 化学洗浄施設は，消防規則に従う必要がある 13. 公式なリスク管理計画が求められる 14. *Cryptosporidium* に有効な消毒剤ではない

11.2　消毒における実用上の留意事項と問題点

(b)　二酸化塩素

長　所	短　所
1. 細菌, *Giardia*, ウイルスに有効な消毒剤	1. 不安定なので, 現場で発生させる
2. 塩素よりも多くのウイルス, 胞子, シスト, オーシストの不活化においてより効果的	2. 鉄, マンガンとその他の無機化合物を酸化する
3. 生物殺傷能力がpHの影響を受けない	3. 様々な有機化合物を酸化する
4. 適切な生成条件では, 塩素が置換したDBPが生成しない	4. DBPを生成する(塩素酸と亜塩素酸等)ため注入率が制限される
5. 硫化物を酸化する	5. 塩素置換の消毒副生成物の可能性がある
6. 残効性がある	6. 太陽光による分解
	7. 臭気発生へつながることがある
	8. 処理放流水のTDS濃度を増大させる
	9. 運転費用が高い(塩素酸と亜塩素酸の測定が必要)

(c)　オゾン

長　所	短　所
1. 効果的な消毒剤	1. 溶存オゾンの監視と記録に, 残留塩素の監視と記録よりも多くの運転者を要する
2. 塩素よりも多くのウイルス, 胞子, シスト, オーシストの不活化でより効果的	2. 残効性がない
3. 生物殺傷能力がpHの影響を受けない	3. 大腸菌群に用いられる低い注入率では, 効果が低いウイルス, 胞子, シストがある
4. 塩素よりも短い接触時間	4. DBPを生成する(表-11.15参照)
5. 硫化物を酸化する	5. 鉄, マンガンや他の無機化合物を酸化する(消毒剤の消費)
6. 必要な面積が小さい	6. 様々な有機化合物を酸化する(消毒剤の消費)
7. 溶存酸素に貢献する	7. 排ガスの処理が必要
8. 消毒に求められるよりも大きい注入率で, 微量有機成分の濃度を減少させる	8. 安全性に懸念がある
	9. 腐食性が高く有毒
	10. エネルギー消費が大きい
	11. 比較的費用が掛かる
	12. 非常に運転管理の影響を受けやすい
	13. 糸状性微生物の増殖を制御すると示されているが塩素よりも高価

(d)　紫外線照射

長　所	短　所
1. 効果的な消毒方法	1. 消毒がうまくいったかどうか即時に測ることができない
2. 有害な化学薬品を用いない	2. 残留効果がない
3. 残留する毒性がない	3. 大腸菌群に用いられる低い線量では, 効果が低いウイルス, 胞子, シストがある
4. 多くのウイルス, 胞子, シストに対し塩素よりも効果的	4. エネルギー消費が大きい
5. 消毒に用いられる線量ではDBPの生成がない	5. 紫外線照射システムの水理学的設計が重要
6. 処理放流水のTDSを増大させない	6. 建設費用は比較的高いが, 新しく改良された技術が市場に出ると価格は下がる
7. NDMAのような難分解性の有機成分に効果的	7. 低圧低出力システムを用いると必要なランプ本数が多くなる
8. 安全性は改良されている	8. 低圧低出力ランプは, スケールを除去するのに酸洗浄を要する
9. 塩素消毒よりも必要な面積が小さい	9. 臭気制御, RAS添加, 施設の水システムの消毒のような補助的な用途に適合し得る反応系がない
10. 消毒に要する紫外線量よりも多い場合, NDMAのような懸念がある微量有害成分の濃度を減少するのに使える	10. 紫外線ランプの汚れ
	11. ランプを定期的に交換する必要がある
	12. ランプの処分は, 水銀を含むため問題がある

a　Crites and Tchobanoglous(1998), U.S. EPA(1999b), Hanzon *et al.*(2006)より部分的に引用.
b　DBPs：消毒副生成物(disinfection byproducts)

(4)運転の容易さ，である(Hanzon *et al.*, 2006). 処理の他の目的は，再生水の消毒方法選択において重要である．農薬の懸念への可能性，懸念のある微量成分，環境ホルモン，それらに類似の化合物が消毒方法の選択に影響する．各消毒方法は，それらの懸念の可能性の点においてそれぞれ異なった効果を示す．

11.3 塩素による消毒

すべての化学消毒剤のうち，塩素(chlorine)は，世界中で最も共通して用いられているものの一つである．本節で扱う内容は，以下の項目を含む．すなわち，様々な塩素化合物(chlorine compound)の特性についての簡単な説明，塩素の化学および不連続点塩素消毒(breakpoint chlorination)，消毒剤としての塩素の効果および塩素処理プロセスに影響する要因に関する分析，消毒副生成物(disinfection byproducts；DBPs)の生成に関する議論，環境へのDBPsの排出による影響可能性についての考察である．二酸化塩素による消毒と脱塩素については，11.4，11.5でそれぞれ考察する．

11.3.1 塩素化合物の性質

水の再利用プラントで用いられている主要な塩素化合物は，塩素(Cl_2)，次亜塩素酸ナトリウム(sodium hypochlorite)(NaOCl)そして二酸化塩素(chlorine dioxide)(ClO_2)である．もう一つの塩素化合物，次亜塩素酸カルシウム(calcium hypochloride)$[Ca(OCl)_2]$は取扱いが容易なので，小規模の処理プラントで用いられる．多くの大都市で，安全性の懸念と液体塩素の貯蔵に関する法的規制(表-11.3参照)により，塩素ガスから次亜塩素酸ナトリウムに変更してきた．塩素，次亜塩素酸ナトリウム，次亜塩素酸カルシウムの特性を以下で論じる．二酸化塩素の特性と消毒剤としての使用については，11.4で述べる．

塩　素

塩素は，気体あるいは液体で存在する．塩素ガスは，黄緑色で空気のおよそ2.48倍の重さである．液体塩素は，褐色で水の1.44倍の重さである．液体塩素が開放されると，常温常圧では急速に蒸発し，液体1Lが450Lの気体となる．塩素は，中程度に水に溶解し，飽和溶解度は，10℃でおよそ1%である．塩素の一般的な性質を表-11.7にまとめた．

飲用水と再生水の両者への塩素の使用は，公衆衛生の観点からとても重要なものであるが，その永続的な使用に懸念が投げ掛けられてきた．重要な懸念は，以下のものである．
① 塩素は，事故が起こりがちな鉄道やトラックで輸送される，毒性の高い物質である．
② 塩素は，処理場の運転者や，事故で放出された場合の一般市民に対して健康被害を生じさせる可能性がある．
③ 塩素は，毒性が高い物質であるため，貯蔵と中和には消防法で定められた要件を厳格に満たす必要がある．
④ 塩素は，再生水の有機成分と反応して臭気物質を生じる．
⑤ 塩素は，再生水の有機成分と反応して，発癌性および変異原性が知られている物質を含む副生成物を生成する．
⑥ 再生水中の残留塩素は，水生生物に有毒である．
⑦ 有機塩素化合物の長期影響が知られておらず，その放出は環境へ悪影響を及ぼす可能性がある．

表-11.7　塩素，二酸化塩素，二酸化硫黄の性質[a]

性質	単位	塩素(Cl_2)	二酸化塩素(ClO_2)	二酸化硫黄(SO_2)
分子量		70.91	67.45	64.06
沸点	℃	−33.97	11	
融点	℃	−100.98	−59	
15.5℃における気化熱	kJ/kg	253.6	27.28	376.0
15.5℃における液体密度	kg/m^3	1 422.4	1 640[b]	1 396.8
15.5℃における水への溶解度	g/L	7.0	70.0[b]	120
4℃における比重（水＝1）	—	1.468		1.486
1気圧 0℃における蒸気圧	kg/m^3	3.213	2.4	2.927
1気圧 0℃における乾燥大気との比重	—	2.486	1.856	2.927
1気圧 0℃における蒸気容積	m^3/kg	0.3112	0.417	0.342
臨界温度	℃	143.9	153	157.0
臨界圧	kPa	7 811.8		7 973.1

[a] U.S. EPA（1986）および White（1999）より部分的に引用．

[b] 20℃

次亜塩素酸ナトリウム

　次亜塩素酸ナトリウム（いわゆる，液体漂白剤）は液体でのみ手に入り，製造時で通常12.5〜17％の有効塩素濃度を含んでいる．次亜塩素酸ナトリウムは大量に購入でき，あるいは現場で生成することができる．しかし，液体は，高濃度の場合に特に速く分解し，熱や光線への曝露でも分解する．26.7℃で貯蔵された16.7％の溶液は，10日で10％，25日で20％，43日で30％が失われる．それ故，腐食性のない槽内で冷所に貯蔵されなくてはならない．次亜塩素酸ナトリウムのもう一つの短所は，その値段である．購入価格は，液体塩素の150〜200％の間であろう．次亜塩素酸ナトリウムの取扱いには，その腐食性，塩素蒸気，注入ラインのシールのため，特別な設計上の考慮が必要となる．塩化ナトリウム（sodium chloride）や海水から次亜塩素酸ナトリウムを生成するシステムが販売されている．それらのシステムは，電力を大量に使い，海水の場合には最高で0.8％の次亜塩素酸という低い濃度での生成になる．現場での生成システムは，複雑で運転費用が高いため，比較的大規模なプラントで代表されるように，使用は限定されてきた．

次亜塩素酸カルシウム

　次亜塩素酸カルシウムは，乾式と湿式のどちらでも商業的に入手できる．乾式の場合は，オフホワイトの粉末や顆粒，圧密されたタブレット，ペレットがある．次亜塩素酸カルシウムの顆粒やペレットは，0℃で約21.5 g/100 mLから40℃で23.4 g/100 mLの範囲で容易に水に溶解する．その酸化能力のため，次亜塩素酸カルシウムは，乾燥した冷所で他の薬品と離して腐食性のない容器で貯蔵されるべきである．適正な条件下では，顆粒は，比較的安定である．次亜塩素酸カルシウムは，液体塩素よりも効果で，貯蔵されると効果が減じ，また使用前に溶解することが必要なため大規模な施設での使用は難しい．加えて，次亜塩素酸カルシウムは，容易に結晶化するため計量ポンプ，管路やバルブを閉塞させる可能性がある．次亜塩素酸カルシウムは，プラントの運転者が比較的取り扱いやすいタブレットの形で，主に小規模施設で用いられる．

11.3.2　塩素化合物の化学

　水中の塩素の反応および塩素とアンモニアの反応は，次のとおりである．

水中の塩素の反応

塩素が塩素ガスの形態で水に注入されると，2つの反応が起きる．すなわち，「加水分解」と「イオン化」である．

加水分解は，塩素ガスが水と結合して次亜塩素酸（HOCl）を形成する反応とも定義できる．

$$Cl_2 + H_2O \rightarrow HOCl + H^+ + Cl^- \tag{11.9}$$

この反応における平衡定数 K_H は，次のようになる．

$$K_H = \frac{[HOCl][H^+][Cl^-]}{[Cl_2]} = 4.5 \times 10^{-4} \text{ at } 25℃ \tag{11.10}$$

平衡定数の大きさにより，大量の塩素が水に溶解できる．

HOCl の次亜塩素酸イオン（OCl^-）へのイオン化は，次のように定義される．

$$HOCl \rightleftarrows H^+ + OCl^- \tag{11.11}$$

この反応におけるイオン化定数 K_i は，次のようになる．

$$K_i = \frac{[H^+][OCl^-]}{[HOCl]} = 3 \times 10^{-8} \text{ at } 25℃ \tag{11.12}$$

K_i の値は，温度により変化し，表-11.8 のように報告されている．

水中に存在する次亜塩素酸と次亜塩素酸イオンの総量を「遊離塩素（free chlorine）」と呼ぶ．次亜塩素酸の殺菌効率は，次亜塩素酸イオンの何倍も大きいので，それら2つの化学種の相対的存在量（図-11.7 参照）は非常に重要である．様々な温度における次亜塩素酸の存在比は，式（11.13）および表-11.8 のデータを用いて計算することができる．

$$\frac{[HOCl]}{[HOCl]+[OCl^-]} = \frac{1}{1+[OCl^-]/[HOCl]}$$
$$= \frac{1}{1+K_i/[H^+]} = \frac{1}{1+K_i 10^{pH}} \tag{11.13}$$

水中の次亜塩素酸塩の反応

遊離塩素は，次亜塩素酸塩（hypochlorite salt）の形態で水に注入することもできる．次亜塩素酸ナトリウムおよびカルシウムの両者が次の反応で加水分解し，次亜塩素酸を形成する．

$$NaOCl + H_2O \rightarrow HOCl + NaOH \tag{11.14}$$
$$Ca(OCl)_2 + 2H_2O \rightarrow 2HOCl + Ca(OH)_2 \tag{11.15}$$

次亜塩素酸のイオン化は，既に論じた［式（11.11）参照］．

塩素のアンモニアとの反応

生下水は，アンモニア（NH_4^+）や有機物と結合した様々な形態の窒素を含んでいる．また，多くの水再生プラントの処理水には，通常，アンモニアの形態で，硝化型の設計の場合は，硝酸の形態で顕著な量の窒素が含まれている．

次亜塩素酸は，きわめて活性の高い酸化剤であるので，再生水中のアンモニアと容易に反応し，逐次反応で3種のクロラミンを生成する．

$$NH_3 + HOCl \rightarrow NH_2Cl[モノクロラミン（monochloramine）] + H_2O \tag{11.16}$$
$$NH_2Cl + HOCl \rightarrow NHCl_2[ジクロラミン（dichloramine）] + H_2O \tag{11.17}$$
$$NHCl_2 + HOCl \rightarrow NCl_3[三塩化窒素（nitrogen trichloride）] + H_2O \tag{11.18}$$

表-11.8 様々な温度における次亜塩素酸のイオン化定数の値[a]

温度(℃)	$K_i \times 10^8$ (mol/L)
0	1.50
5	1.76
10	2.04
15	2.23
20	2.62
25	2.90
30	3.18
35	3.44

[a] Morris(1966)の式を用いて計算した値.

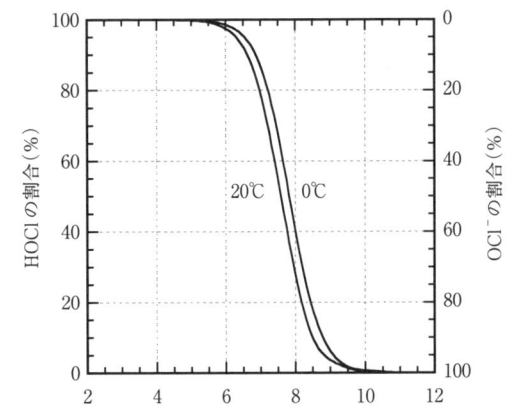

図-11.7 水温0および20℃におけるpHと水中の次亜塩素酸と次亜塩素酸イオンの分配比の関係

これらの反応は，pH，水温と接触時間，さらに塩素とアンモニアの比に依存する(White, 1999)．多くの場合，優占する化合物種は，モノクロラミンとジクロラミンの2つである．様々なpHにおける塩素／アンモニア比とジクロラミンのモノクロラミンへの比を表-11.9に示す．三塩化窒素の存在量は，塩素／窒素比が2.0以下では無視できる．次に議論するように，クロラミンもまた，反応が遅いにもかかわらず，消毒剤として働く．クロラミンが単独で消毒剤として用いられる場合には，次亜塩素酸や次亜塩素酸イオンの形態である遊離塩素に対応して，残留塩素の測定値を「結合残留塩素(combined chlorine residual)」と呼ぶ．

11.3.3 不連続点塩素処理

表-11.9 pHおよびアンモニア／塩素のモル比に対する平衡状態におけるジクロラミン／モノクロラミン比[a]

モル比(NH_4/Cl_2)	pH			
	6	7	8	9
0.1	0.13	0.014	1E-03	0.000
0.3	0.389	0.053	5E-03	0.000
0.5	0.668	0.114	0.013	1E-03
0.7	0.992	0.213	0.029	3E-03
0.9	1.392	0.386	0.082	0.011
1.1	1.924	0.694	0.323	0.236
1.3	2.700	1.254	0.911	0.862
1.5	4.006	2.343	2.039	2.004
1.7	6.875	4.972	4.698	4.669
1.9	20.485	18.287	18.028	18.002

[a] U.S. EPA(1986)により引用.

再生水の消毒目的で(遊離あるいは結合)残留塩素を維持することは，前に述べたように遊離塩素がアンモニア以外とも反応する強力な酸化剤であるため，複雑である．「不連続点塩素処理」という用語は，塩素が十分に添加されてすべての酸化される成分が反応し，塩素をさらに添加した時に遊離塩素として残るようにしたプロセスに適用される．遊離残留塩素を得るために十分な塩素を添加する主な理由は，そうすることで効果的な消毒が通常確保されるからである．望まれる残留濃度に達するまで添加すべき塩素の量は，「塩素要求量(chlorine demand)」と呼ばれる．不連続点塩素処理の化学，酸生成および溶解性成分の増大については，続く議論で考慮する．

不連続点塩素処理の化学

酸化される成分を含む再生水に塩素が添加された際に生じる現象は，図-11.8を参照することで段階的に説明することができる．塩素が添加されると，まずFe^{2+}，Mn^{2+}，H_2Sや有機物のように易酸化性物質が塩素と反応し，その大部分を塩化物イオンへ還元する(図-11.8のA点)．この瞬時の要求量を満たした後，先に述べたとおり，添加された塩素は，アンモニアと反応してクロラミン類をA点とB点の間で生成し続ける．塩素／アンモニアのモル比が1よりも小さい場合，モノクロラミ

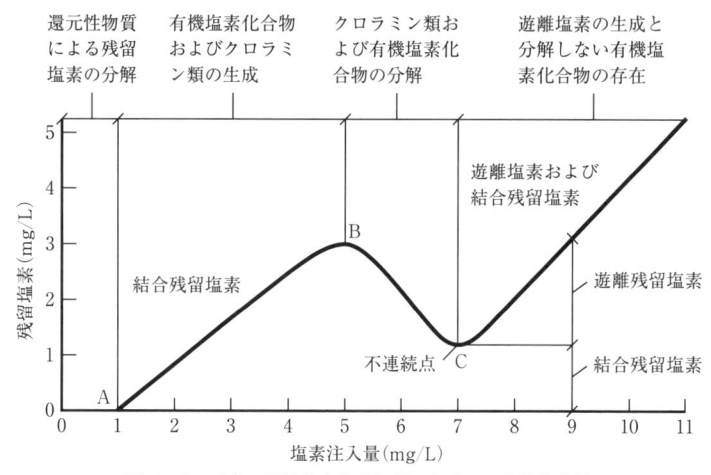

図-11.8 下水の不連続点塩素処理における一般的な曲線

ンとジクロラミンが生成される．B点においては，塩素のアンモニアに対するモル比は1に等しい．

それらの2つの形態の分配比は，それぞれの生成速度に依存するが，生成速度は，pHと温度に依存する．B点と不連続点の間では，三塩化窒素まで変化するクロラミンもあり[式(11.18)参照]，残ったクロラミンは，亜酸化窒素(nitrous oxide)(N_2O)や窒素ガス(N_2)まで酸化され，塩素は，塩化物イオン(chloride ion)まで還元される．塩素をさらに添加すると，不連続点においてクロラミンの大部分は酸化される．不連続点Cを越えてさらに塩素を添加すると，図-11.8にあるように，遊離塩素が直接，比例的に増大する．理論的には，不連続点において塩素対アンモニア性窒素の重量比は7.6：1，モル比は1.5：1である．

不連続点塩素処理における窒素ガスと亜酸化窒素の生成およびクロラミンの消失を説明する反応は，次のように考えられている(Saunier, 1976；Saunier and Selleck, 1976)．

$$NH_4^+ + HOCl \rightarrow NH_2Cl + H_2O + H^+ \tag{11.19}$$

$$NH_2Cl + HOCl \rightarrow NHCl_2 + H_2O \tag{11.20}$$

$$NHCl_2 + H_2O \rightarrow NOH + 2HCl \tag{11.21}$$

$$NHCl_2 + NOH \rightarrow N_2 + HOCl + HCl \tag{11.22}$$

全体として，式(11.19)から(11.22)までを足し合わせることで次式を得る．

$$2NH_4^+ + 3HOCl \rightarrow N_2 + 3H_2O + 3HCl + 2H^+ \tag{11.23}$$

不連続点塩素処理を行うと，時に悪臭問題が生じることがあるが，それは，三塩化窒素や関連する化合物の生成による．塩素と反応する有機窒素化合物のような化合物が存在すると，図-11.9に示すように不連続点の曲線形が大きく異なるものになるかもしれない．消毒副生成物の生成については，本節で述べる．

酸の生成

塩素が水に添加されると，加水分解反応が生じて，式(11.9)で表されるとおりHOCl生成に至る．HOClがアンモニアと反応することでも，式(11.23)で表されるように酸が生成される．中和に必要な水素のモル数は，式(11.9)と式(11.23)を組み合わせて次の式のように求められる．

$$2NH_4^+ + 3Cl_2 \rightarrow N_2 + 6HCl + 2H^+ \tag{11.24}$$

実際には，塩素処理中に生成される塩酸[式(11.23)参照]は，再生水中のアルカリ度と反応し，大部分の場合pH低下は微々たるものである．化学量論的には，$CaCO_3$換算14.3 mg/Lのアルカリ度が不連続点塩素処理で酸化されるアンモニア性窒素1.0 mg/Lごとに必要となる(**例題11-3参照**)．

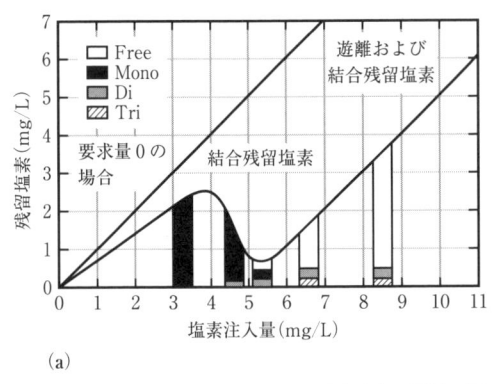

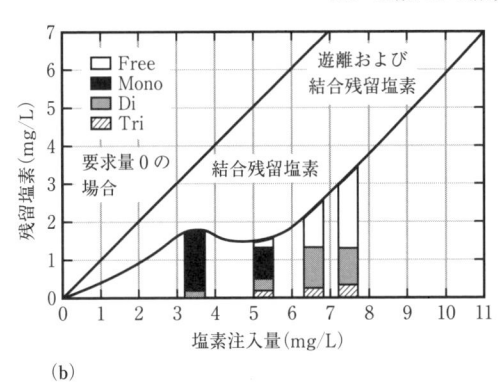

図-11.9 下水に対する塩素注入量と残留塩素の関係．(a)アンモニア性窒素を含む下水の場合，(b)アンモニア性窒素および有機性窒素の形態を含む下水の場合

全溶解性蒸発残留物(TDS)の増大

不連続点反応を行うために添加する薬剤は，塩酸の生成に加え，全溶解性蒸発残留物(total dissolved solid；TDS)の増大に寄与する．式(11.24)に示すとおり，6 mol の HCl と 2 mol の H^+ が生成し，2 mol のアンモニアが溶液から取り除かれる．水の再利用において TDS のレベルが重要である状況では，不連続点塩素処理からの増分を常に調べるべきである．不連続点反応において用いられる幾つかの薬剤の TDS への影響を表-11.10 にまとめる．TDS 増大の可能性については，窒素の季節的制御に用いる不連続点塩素処理を考えている**例題 11-3** で解説している．

表-11.10 不連続点塩素処理における薬剤添加の溶解性成分への影響[a]

薬剤添加	単位 NH_4^+-N 消費当りの TDS の増加
塩素ガスによる不連続点処理	6.2：1
次亜塩素酸ナトリウムによる不連続点塩素処理	7.1：1
塩素ガスによる不連続点処理に石灰(CaO)による酸度の中和を付加	12.2：1
塩素ガスによる不連続点処理に水酸化ナトリウム(NaOH)による酸度の中和を付加	14.8：1

[a] U.S. EPA(1986)により引用．

例題 11-3 窒素の季節的制御に用いる不連続点塩素処理の分析

不連続点塩素処理が窒素の季節的制御に用いられる場合の，1日当りの塩素の添加量，添加の必要があれば必要なアルカリ度および TDS 増大量を求めよ．ただし，この問題では以下のデータを用いよ．

1. 施設流量　　3 800 m³/d
2. 再生水の水質
   a. BOD　　20 mg/L
   b. TSS　　25 mg/L
   c. NH_4^+-N　　5 mg/L
   d. アルカリ度　　150 mg/L($CaCO_3$ 換算)
3. 処理水に求められる NH_4^+-N 濃度　　1.0 mg/L
4. アルカリ度として石灰(CaO)を用いる．

第11章 水再利用のための消毒プロセス

解　答

1. 窒素で表されるアンモニア(NH_4^+)量に対するCl_2で表される次亜塩素酸($HOCl$)量の分子量比を式(11.23)の不連続点反応の全体を用い，定める．

   $2\,NH_4^+ + 3\,HOCl \rightarrow N_2 + 3\,H_2O + 3\,HCl + 2\,H^+$
   2(18)　　3(52.45)
   2(14)　　3(2×35.45)

   $$モル比 = \frac{Cl_2}{NH_4^+ - N} = \frac{3(2 \times 35.45)}{2(14)} = 7.60$$

2. 1.で求めたモル比を用いて必要なCl_2添加量を計算する．

   Cl_2-kg/d $= (3\,800\,m^3/d)[(5-1)\,g/m^3](7.60\,g/g) = 115.5\,kg/d$

3. 必要なアルカリ度を求める．

   a. 酸化されたNH_4^+の1 molを中和するのに必要なH^+の総量は，式(11.24)で与えられており，それを2で除す．

   $NH_4^+ + 1.5\,Cl_2 \rightarrow 0.5\,N_2 + 3\,HCl + H^+$

   b. 酸度を中和するため石灰が使われる場合，必要なアルカリ度割合は次のようになる．

   $2\,CaO + 2\,H_2O \rightarrow 2\,Ca^{2+} + 4\,OH^-$

   $$必要なアルカリ度比 = \frac{2(100\,g/mol\text{-}CaCO_3)}{14\,g/mol\text{-}NH_4^+(N換算)} = 14.3$$

   c. 必要なアルカリ度は，次式で表される．

   アルカリ度 $= [(14.3\,mg/L\text{-}alk)(mg/L\text{-}NH_4^+)][(5-1)\,mg/L\text{-}NH_4^+](3\,800\,m^3/d)$
   　　　　　$= 217.4\,mg/L\text{-}CaCO_3$

4. 不連続点塩素消毒において酸を中和するのに十分なアルカリ度が存在するか調べる．存在するアルカリ度(150 mg/L)は，必要なアルカリ度(217.4 mg/L)よりも小さいため，反応を完了させるためにアルカリ度を添加しなくてはならない．

5. 再生水で増加したTDSの増分を計算する．酸中和にCaOを用いて消費されるアンモニア-mg/L当りのTDSは，表-11.10に報告されているデータを用いれば12.2:1である．

   TDS増分 $= 12.2(5-1)\,mg/L = 48.8\,mg/L$

解　説

　1.で計算した比は，実際の反応に依存して少々変わる．実用上は，典型的な比の値は，8:1から10:1のように変わることが見出されている．同様に，3.において，化学量論の定数は，実際の反応に依存する．実用上は，15 mg/L程度のアルカリ度が，塩素の加水分解のために必要とされる．5.において，不連続点塩素消毒は，窒素制御に用いられるが，TDSの増分と消毒副生成物生成のため，処理水がそのプロセスで使えなくなるのであれば逆効果となる．

11.3.4　消毒プロセスの変数の測定と報告

　消毒の有効性と再利用水の消毒に影響する要因を考慮する枠組みを与えるために，塩素処理プロセスの有効性をどのように評価し，結果をどのように分析するかを考えよう．再生水の消毒に塩素を用いる場合には，pHや水温のような環境変数以外で測定できる重要なパラメータは，定められた時間経過後の微生物数および残留塩素である．

生残微生物数

生残している大腸菌群数の測定は，複試験管培養法(multiple tube fermentation；MTF)，メンブレンフィルタ(membrane filter；MF)法，あるいは酵素基質法(enzymatic substrate test)によりなされる(Standard Methods, 2005)．統計解析に基づく最確数(most probable number；MPN)法がMTF法や酵素的基質法の結果を定量化するのに用いられるが，一方で，MF法には直接計数法(direct counting)が用いられる．大腸菌群数は，通常，100 mL当りの個数で報告される．大腸菌群を指標菌として用いることは，3章でも議論している．

残留塩素の測定

(遊離および結合)残留塩素は，使用可能な方法のうち最も信頼性が高いことが示されている電流測定法(amperometric method)で通常測定される．また，ほとんどすべての残留塩素の測定器が電流測定法を用いているため，それを用いることで別々の研究の結果を直接比較することができる．

結果の報告

消毒プロセスの結果は，ある一定時間後に残留している微生物数と残留塩素濃度で報告される．結果をプロットする場合は，既に図-11.6に示したように，除去率の対数をそれに対応する C_Rt 値に対してプロットするのが一般的な方法である．

11.3.5 清水中における塩素および様々な塩素化合物の殺菌効果

数々の試験において，塩素処理プロセスを制御するすべての物理的パラメータが一定である場合，「分散した細菌」の生残によって測定される消毒の殺菌効果は，残留塩素濃度 C_R，接触時間 t および温度に第一に依存する．

残留塩素と接触時間の形式

次亜塩素酸，次亜塩素イオンとモノクロラミンの相対的殺菌効果の比較を図-11.10に示す．ある決まった接触時間と残留塩素濃度において，次亜塩素酸の殺菌効果は，時間あるいは残留濃度のどちらの点でも，次亜塩素イオンやモノクロラミンのどちらよりも明らかに大きい．同じ接触時間において次亜塩素酸の殺菌効果は，次亜塩素イオンよりも100～200倍大きい．そのように，次亜塩素酸と次亜塩素イオンの平衡関係による適正なpHの維持は，効果的な消毒を達成するのに非常に重要である．しかし，ある十分な接触時間であれば，モノクロラミンは，消毒を達成する点で遊離塩素とほとんど同様に有効である．塩素化合物のデータに加えて，C_Rt 値は，比較の目的のために付け加えられてきた．図-11.10の消毒データは，示されたとおり C_Rt の関係を非常に良好に示している．

図-11.10を見ると，次亜塩素酸が消毒達

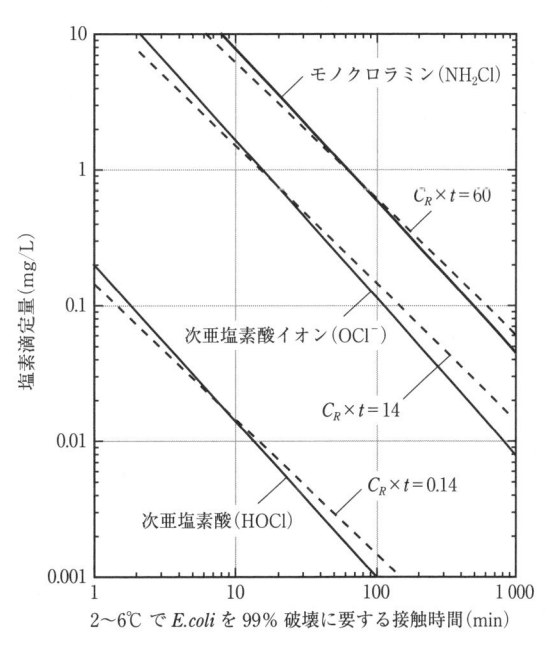

図-11.10 次亜塩素酸，次亜塩素イオンおよびモノクロラミンによる温度2～6℃における $E.coli$ 99%破壊の殺菌効果の比較．比較のために C_Rt 値を加筆した(Butterfield et al., 1943)

成のために最も肯定的な方法を提供していることが明らかである．この理由により，適正な混合を伴えば，不連続点に続く次亜塩素酸の生成は，再生水の塩素処理を達成するのに最も効果的である．しかし，遊離塩素が存在する時には，消毒副生成物(DBPs)の生成は，本節の後に述べるように増大する．もしも十分な塩素が不連続点反応を達成するように加えられなかったら，適正な接触時間が効果的な消毒を確保するために維持されるよう十分に注意しなくてはならない．

清水における温度の影響

塩素およびクロラミンを用いた消毒プロセスにおける温度の重要性は，Butterfieldとその協力者により1943年に検討された(Butterfield *et al.*, 1943)．それら公表された結果に基づき，Fair and Geyer(1954)が表-11.11にある清水中の *E. coli* 消毒における活性化エネルギー(activation energy)の値を求めた．表-11.11のデータを見ると，活性化エネルギーの大きさをpHの関数として考えることが重要である．pHが増大すると，活性化エネルギーが増大する．これは，図-11.11に示されたデータと一致する効果の減少と対応している．

表-11.11 常温における水中の塩素とクロラミンにおける活性化エネルギー[a]

成分	pH	活性化エネルギー	
		cal/mol	J/mol
水中の塩素	8.5	6 400	26 800
	9.8	12 000	50 250
	10.7	15 000	62 810
クロラミン	7.0	12 000	50 250
	8.5	14 000	58 630
	9.5	20 000	83 750

[a] Butterfield *et al.*(1943)によって得られたデータを用いて値を公表したFair *et al.*(1948)より引用．

塩素と塩素化合物の相対的殺菌効果

公衆衛生，環境水質，そして水の再生への関心の高まりを考えると，塩素処理プロセスの効果は，重大事である．様々な微生物への塩素消毒の相対的殺菌効果の一般的なデータを表-11.5に示す．ここで注意すべきことは，表-11.5に紹介されたデータは，制御された条件で運転された回分式反応槽を用いてまず得られているため，様々な微生物群への様々な消毒剤の有効性の相対的比較を説明する目的以外での有用性は限られている．示されたように，各微生物群に対する様々な消毒剤の有効性に顕著な差がある．残念なことに，再生水における同様のデータはない．様々な再生水の消毒の反応には差異が認められるからである．

11.3.6　塩素による再生水の消毒に影響する要因

次の議論の目的は，水の再生利用における塩素化合物の消毒効果に影響する重要な要因を探ることである．以下の点を含む．
① 初期の混合，
② 再生水の化学的性質，
③ NOM成分，
④ 粒子および粒子に吸着した微生物の影響，
⑤ 微生物の性質，
⑥ 接触時間．
それらの要因を以下により詳細に述べる．

初期混合

消毒プロセスに対する初期混合の重要性をどれだけ強調してもし過ぎることはない．塩素の注入は，乱流が発達した状況($N_R \geq 10^4$)でなされ，その結果，同様の条件で旧来の急速撹拌槽に塩素が注入される時よりも殺菌性能が2オーダー大きくなる．初期混合の重要性が指摘されてはいるが，乱流の最適レベルは知られていない．消毒される水への塩素の急速撹拌がなされるように設計された混合施設

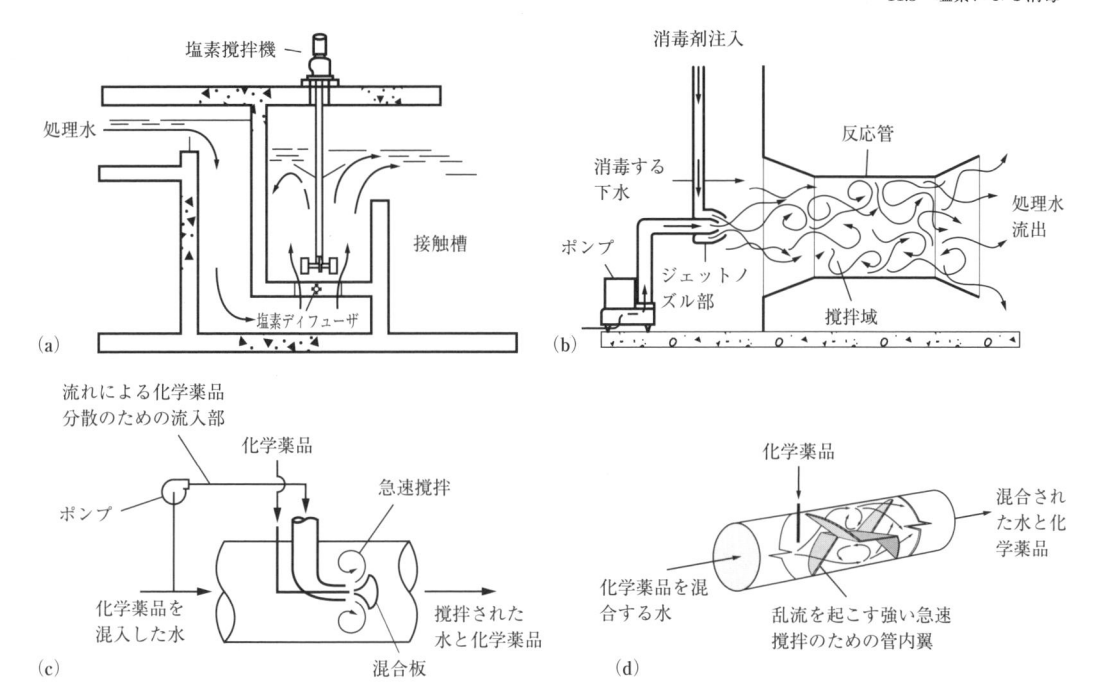

図-11.11 塩素注入の典型的な混合装置．(a)系列内混合装置，(b)注入ポンプ型(Pentech-Houdaille 社)，(c)強制ポンプ混合装置(大流量には複数台用いることが可能)，(d)流路内スタティックミキサ

の例を図-11.11 に示す．

最近の知見によれば，加えられる塩素化合物の形態に関する疑問が投げ掛けられてきた．塩素注入装置が用いられている施設の中には，塩素注入水として塩素処理された下水を用いることに懸念がある場合がある．その懸念とは，もしも排水中に窒素化合物が存在すると，注入された塩素の一部がその化合物と反応し，塩素溶液が注入される時までにモノクロラミンあるいはジクロラミンの形態になっていることである．結合塩素は，より長い接触時間を要するため，クロラミン類の生成は，十分な滞留時間が塩素接触槽で得られない場合に問題となる．また，次亜塩素酸とモノクロラミンは，消毒用の化合物として等しく有効であるが，唯一異なる点が接触時間である(図-11.10 参照)．

DBPs の生成は，遊離塩素を用いる際には塩素分子を注入装置で再生水に直接加えるため，もう一つの大きな懸念である．再生水が遊離塩素に曝露されると，クロラミン類の生成(遊離塩素とアンモニア)，DBPs の生成，およびニトロソジメチルアミン(N-nitrosodimethylamine；NDMA)(遊離塩素，亜硝酸，アミン類)の生成のような競合反応が生じる．優占する反応は，様々な反応の生じる速度に依存する．DBPs の生成と制御については，本節で後述する．

11.3.7 再生水の化学的性質

しばしば見られてきたことだが，同じような設計の処理プラントで，生物化学的酸素要求量(BOD)，化学的酸素要求量(COD)および窒素で測定される放流水質が全く同じ場合でも，塩素処理の効果が処理プラントごとに顕著に異なる．この観察される現象の原因を調べるため，また塩素処理プロセスにおいて存在する化合物の影響を評価するため，Sung(1974)は，生下水および再生水に含まれる化合物の性質を調べた．Sung の研究から得られた重要な結論の中には，以下のものがある．

① 有機性妨害物が存在する場合，全残留塩素を塩素の殺菌効果を評価する信頼できる方法として用いることはできない．

② 研究した化合物の妨害の程度は，化合物の官能基と化学構造に依存していた．
③ 飽和結合の化合物および炭水化物は，塩素要求量がないか少ないため，塩素処理プロセスを妨害しない模様である．
④ 不飽和結合を持つ有機化合物は，化合物の官能基により即座に塩素要求量を持つかもしれない．その生成化合物が残留塩素と滴定されるにもかかわらず，消毒能力を持たないか小さい場合があった．
⑤ 水酸基を持つ多環化合物と硫黄を含む化合物は，塩素と容易に反応し，殺菌能力がないか少ない化合物を生成するが，それらは，残留塩素として滴定される．
⑥ 有機性妨害物の存在下で細菌濃度を低くしたい場合には，塩素の追加投入や接触時間の延長が必要となる．

Sungの結果から，なぜ同様の処理水質のプラントで塩素処理の効率が全く異なり得るのか理解するのは容易である．明らかに，重要なのはBODやCODの値ではなく，測定値を構成する化合物の性質なのである．それ故，どのプラントでも処理プロセスの性質も塩素処理プロセスに影響する．塩素消毒への再生水の影響を表-11.12に示す．フミンや鉄のように酸化される化合物の存在が図-11.6に示した遅れ時間や肩効果を持つ不活化曲線の原因である．実際，注入された塩素は，それら化合物の酸化に利用され，微生物の不活化には用いられない．

多くの水の再生プラントが窒素除去をしているため，塩素消毒における運転上の問題の報告は少なくなってきている．処理水が完全に硝化されている処理プラントでは，再生水に添加される塩素は，瞬時の塩素要求量を満たした後，遊離塩素として存在する．一般に，遊離塩素が存在すれば，必要な塩素注入量を顕著に減少させることができる．しかし，遊離塩素の存在は，望ましくない消毒副生成物NDMAの生成につながりかねない．硝化を完全にはしていない，あるいは部分的にしている処理プラントにおいては，塩素化合物の効果が変化するため，塩素処理プロセスの制御は特に難しい．塩素の中には，残留している亜硝酸やアンモニアによる塩素要求量を満たすことに使われる部分もある．ある時点においてそのプラントがどの程度硝化しているか知るのは不確実なので，添加される塩素注入量は，再生水の消毒が結合塩素でなされるとした時に必要な注入量に基づいて決められ，過度の塩素を消費することになる．

表-11.12 排水の消毒に塩素を用いた場合の排水成分の影響

成分	影響
BOD，COD，TOC	BODおよびCODをなす有機化合物には，塩素要求量がある．妨害の程度は，官能基や化学構造に依存する．
NOM（天然有機化合物）	残留塩素として測定されるが，消毒に有効でない有機塩素化合物を生成することで塩素の効果を減じる．
油脂類	塩素要求量を持つ．
TSS	付着した細菌を防護する．
アルカリ度	影響はないか小さい．
硬度	影響はないか小さい．
アンモニア	塩素と結合しクロラミンを生成する．
亜硝酸	塩素により酸化され，NDMAを生成する．
硝酸	クロラミンを生成しないので，塩素注入量を減じる．完全な硝化は，遊離塩素が存在することによりNDMA生成につながる可能性がある．部分的な硝化は，適正な塩素注入量を達成することを難しくする可能性がある．
鉄	塩素により酸化される．
マンガン	塩素により酸化される．
pH	次亜塩素酸と次亜塩素酸イオンの配分比に影響する．
工業排水	成分により塩素要求量の日間および季節間変動を生じる可能性がある．

再生水中の粒子の影響

考慮すべきもう一つの要因は，消毒される再生水中の浮遊粒子の存在である．既に図-11.6で示したように，浮遊粒子が存在すると，消毒プロセスが2つのメカニズムで制御されることになる．肩効果の後，初期に観察される細菌の大きな不活化は，自由に遊泳している個々の細菌と小さな塊中の細菌のものである．細菌の不活化の直線部分は，式(11.6)を用いて記述される．不活化曲線の曲線部は，殺菌が浮遊粒子の存在で制御されている．不活化曲線の曲線部の傾きは，(1)粒子径の分布，および(2)大腸菌群が吸着している粒子の数の関数である．さらに，先に述べたとおり，粒子が大量の微生物を取り込んでいる場合，ある微生物は，拡散による塩素の透過を制限することで粒子中の他の微生物を保護することになる．不幸なことに，粒子の存在による変動は，妨害成分と粒子の両者の影響を打ち消すための塩素の過剰注入によって隠されている．

微生物の性質

塩素処理プロセスで他の重要な変数は，微生物の種類，性質，培養後の時間である．若い培養細菌（1日以下）は，2 mg/Lの遊離塩素注入の場合，細菌数が低くなるまで1分ほどしか要さない．10日以上の培養細菌は，同じ塩素注入量で同等まで減少するのに約30分を要する．微生物が培養後の時間に応じて放出する多糖類の保護膜による耐性によってこのような現象が生じる．活性汚泥処理プロセスにおいては，細菌のそのシステム中での培養後の時間とある程度関連する運転SRTが，先に述べたように，塩素処理プロセスの効果に影響する．バクテリオファージMS2とポリオウイルスの消毒に関する最近のデータを図-11.12に示す．図-11.12に示したとおり，California州で用いられている450 mg·min/Lという$C_R t$値では，測定された残留塩素が結合塩素(すなわち，モノクロラミンとジクロラミン)である時には，ウイルスの4 log減少を達成できない．明らかに，場所ごとに試験をすることが適切な塩素注入量を確立するのに必要である．

$E.\ coli$と3種の腸管系ウイルスの塩素による不活化効果についての幾つかの代表的なデータを図-11.13に示す．繰り返すが，進歩してきた新たな分析技術のため，図-11.13に示されたデータは，様々な微生物の耐性の差を示すことしか意味がない．塩素処理プロセスのウイルスへの効果について入手できる証拠から，遊離塩素を得るための不連続点を越えた塩素処理が懸念される多くのウイルスを不活化するのに必要とみなされている．不連続点塩素処理を用いる場合，再生水を慎重な実用に再

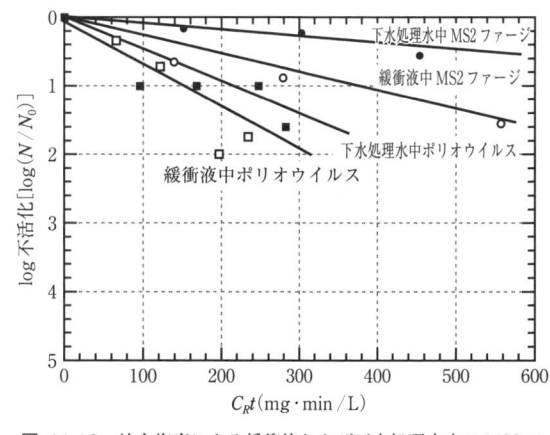

図-11.12 結合塩素による緩衝液および下水処理水中のMS2ファージとポリオウイルスの不活化 (Cooper $et\ al.$, 2000)

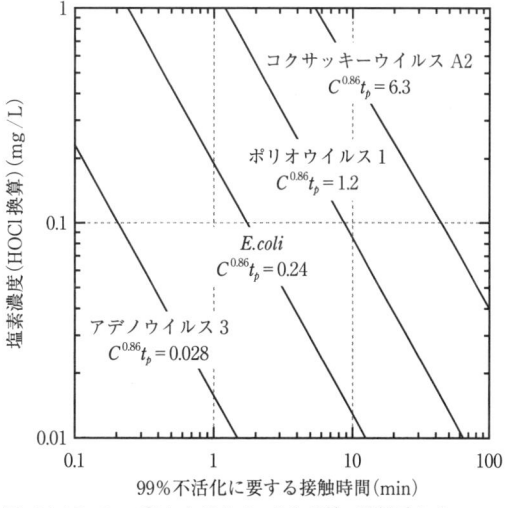

図-11.13 0〜6℃における$E.coli$と3種の腸管系ウイルスの99%不活化に要するHOCl濃度換算した塩素濃度

利用する前に，塩素処理後に残る残留毒性を減じるために脱塩素することが必要である．近年，細胞培養−ポリメラーゼ連鎖反応(polymerase chain reaction；PCR)法の使用に基づき，ポリオウイルスの不活化にはかつて考えられていた量の5倍の塩素が必要かもしれないと報告された(Blackmer *et al.*, 2000)．

接触時間

　消毒剤の残留濃度に加えて，接触時間は，塩素処理施設の設計と運転においてきわめて重大である．塩素接触槽の第一の設計目的は，流れのある一定の割合が設計接触時間の間，塩素接触槽にとどまり，効果的な消毒を確保することである．平均接触時間は，通常，管轄機関により定められ，30〜120分の間であり，最大流量時に15〜90分とすることが多い．流れの定められた割合が定められた時間塩素接触槽にとどまっていることを確かめるため，最も一般的に用いられている戦略は，角を丸くした長い栓流の接触槽である(図-11.14参照)．例えば，水の再利用のため，California州 Department of Health Servicesは，最大流量時に接触時間の最頻値が90分となることを基本としたうえで，450 mg·min/L の C_Rt 値を求めている．他の州では，流れの10％が接触槽を通過する時間 t_{10} を C_Rt の時間として用いている(塩素接触槽の効果評価に関する次の議論を参照のこと)．

　本章に含まれていない塩素接触槽の設計に関連する問題は，(1)槽の形状，(2)邪魔板と導流板の使用，(3)塩素接触槽の数，(4)塩素接触槽における固形物の沈殿，(5)粒子の輸送速度，(6)消毒効果の予測手法，等がある．これらの項目は，Tchobanoglous *et al.*(2003)で詳細に述べられている．

図-11.14　塩素接触槽の外観．(a)，(b)流向修正板を持つ屈曲型栓流塩素接触槽，(c)らせん型栓流塩素接触槽，(d)角が丸い栓流槽

11.3.8 塩素消毒プロセスのモデリング

再生水の消毒を考える場合，遅れ時間あるいは肩効果，そして残留粒子の影響を考慮しなくてはならない（図-11.6参照）．既に注意したとおり，再生水の成分に依存して，消毒剤投入の結果としての微生物数の減少が見られない肩の領域が観察される可能性がある．ある限界値以上に塩素を追加注入すると，微生物数の片対数での直線的な減少が塩素注入量の増加に伴って見られる．浮遊粒子（典型的には 20 μm より大きい）が存在するなら，不活化曲線は，その直線からそれ始め，テーリング域が微生物の粒子の防護により見られるようになる．テーリング域は，厳しい基準（例えば，2.2 MPN/100 mL）の達成が求められる場合に重要となる．テーリング域が処理下水の塩素消毒に関する古い研究レポートで明らかにされたことは興味深い（Enslow, 1938）．さらに，大きな粒子は，濁度に対してほとんど影響しないため，濁度が低い処理水は，検出されない大きな粒子の存在によって消毒することがさらに難しい可能性がある［Ekster(2001)，8 章の濁度に関する議論も参照のこと］．

Collins-Selleck モデル（Collins-Selleck model）

1970 年代初めに Collins は，様々な排水の消毒について広範囲な実験を行った（Collins, 1970；Collins and Selleck, 1972）．よく混合された回分式反応槽を用い，Collins と Selleck は，一次処理水に塩素処理した時の大腸菌群の減少が，両対数グラフにプロットした場合に直線的な関係に従うことを見出した（図-11.15 参照）．観察された結果を表す式を次のように示した．

$$\frac{N}{N_0} = \frac{1}{(1+0.23C_Rt)^3} \qquad (11.25)$$

ここで注意すべきは，Collins によって導かれた式の形では，肩効果やテーリングを説明できないということである．多くの他のモデルが提案されてきたが，中でも Haas and Joffe(1994)や Rennecker et al.(1999, 2001)で後に合理的な説明がなされた，Gard(1957)や Hom(1972)による経験的なモデルがある．

修正 Collins-Selleck モデル（refined Collins-Selleck model）

Collins-Selleck モデルを修正して，肩効果やテーリングが見られる二次処理水の消毒を説明できるよう，White(1999)が以下のように提案した．すなわち，

$$\frac{N}{N_0} = 1 \qquad C_Rt < b \qquad (11.26)$$

$$\frac{N}{N_0} = \left(\frac{C_Rt}{b}\right)^{-n} \qquad C_Rt > b \qquad (11.27)$$

ここで，C_R：時刻 t における薬剤の残留濃度（mg/L），t：接触時間（min），n：不活化曲線の傾き，b：$N/N_0=1$ あるいは $\log(N/N_0)=0$ の時の x 切片の値（図-11.16 参照）．

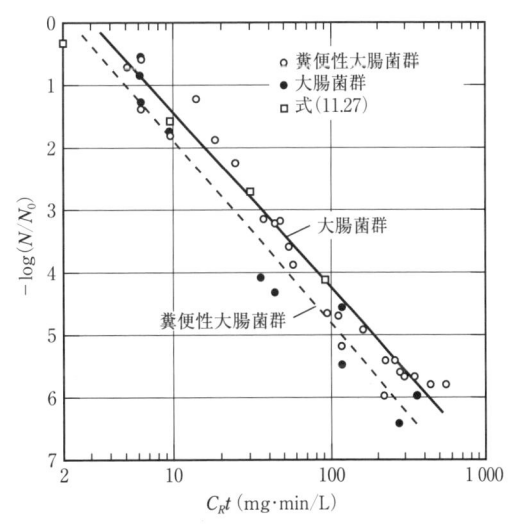

図-11.15 回分式反応槽における電流測定による残留塩素濃度と接触時間の積に対する大腸菌群の生残率（温度は 11.5 ～ 18℃）［Collins(1970)；Collins and Selleck(1972)］

第11章 水再利用のための消毒プロセス

二次処理水中の大腸菌群と糞便性大腸菌群における定数nとbの典型的な値は，それぞれ2.8, 4.0，および2.8, 3.0である(Roberts *et al.*, 1980). しかし，再生水の化学組成の違いや粒径の分布により，問題となる再生水に対して定数を定めることを推奨する．

膜プロセスからの処理水

膜プロセスからの処理水の最も重要な性質は，微生物を防護する粒子を含まないということである．用いる膜プロセスの種類(精密ろ過，限外ろ過，ナノろ過，あるいは逆浸透)により，水中の微生物数の様々なレベルの除去が観察されるであろう(8, 9章の議論を参照のこと)．そのような放流水に対して，式(11.6)で示されるChick-Watsonモデル，あるいはもしも肩が存在するのであれば，Collins-Selleckモデルを塩素消毒プロセスのモデルに用いることができる．通常，特に逆浸透処理水においては，肩効果がかなり軽減される．

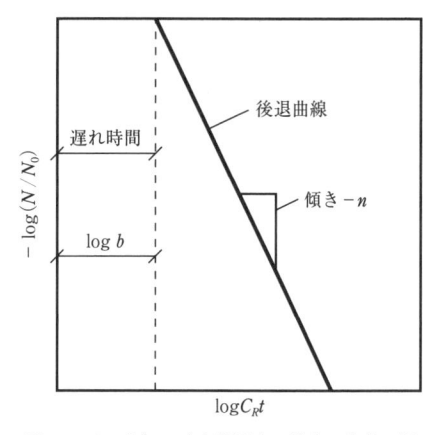

図-11.16 式(11.27)を適用する場合の定義の概要

11.3.9 消毒に要する塩素注入量

消毒に要する薬剤の注入量は，次の点を考えて見積もることができる．すなわち，(1)再生水の初期の塩素要求量，(2)塩素接触時間中の濃度減少に必要な濃度の余裕，(3)対象としている微生物種(例えば，細菌，ウイルス，原虫オーシストあるいはシスト)に対して式(11.27)を用いて求める必要な残留塩素濃度，である．初期の塩素要求量に見合うために必要な塩素注入量は，再生水の成分に依存する．無機化合物による初期塩素要求量に見合うように加えられた塩素は，塩化物イオンへ還元され，残留塩素として測定されないと，覚えておくことが重要である．

フミン質と結合した塩素は消毒剤として有効であり，式(11.27)で表される時間遅れbの値に影響する残留塩素として測定される．典型的な残留塩素の減衰量は，約1時間の接触時間で2～4 mg/L程度である．開水路型塩素接触槽で観察される紫外線酸化による減衰を小さくするため，幾つかのタイプの浮遊型あるいは固定型のカバーが既存の接触槽に付け加えられてきた(図-11.17参照)．様々な再生水に対する，60分の接触時間に基づく大腸菌群に対する典型的な塩素注入量の値が表-11.13に報告されている．注意すべき点は，表-11.13中の注入量は，あくまでも必要な塩素注入量をまず

図-11.17 太陽光による塩素の酸化を抑制するためにカバーをした塩素接触槽の典型例．(a)安価な浮きでカバーした接触槽，(b)特別に設計されたポリプロピレン製カバーで覆われた接触槽

表-11.13 60分の接触時間を前提に，様々な下水に対する大腸菌群の消毒基準を達成するのに要する結合塩素(特に記載がない場合を除く)に基づく典型的な塩素注入量

排水の種類	初期大腸菌群数 (MPN/100 mL)	塩素注入量(mg/L)			
		放流水基準(MPN/100 mL)			
		1 000	200	23	<2.2
生下水	$10^7 \sim 10^9$	5 〜15			
一次処理水	$10^7 \sim 10^9$	5 〜10	6 〜15		
散水ろ床処理水	$10^5 \sim 10^6$	1 〜 2	2.5〜 5	16 〜22	
活性汚泥処理水	$10^5 \sim 10^6$	1 〜 2	2.5〜 5	16 〜20	
活性汚泥+ろ過の処理水	$10^4 \sim 10^6$	0.25〜 0.5	0.5〜 1.5	1.8 〜 7	7 〜25
硝化処理水[a]	$10^4 \sim 10^6$	0.1〜 0.2	0.3〜 0.5	0.9 〜 1.4	3 〜 5
硝化+ろ過の処理水[a]	$10^4 \sim 10^6$	0.1〜 0.2	0.3〜 0.5	0.9 〜 1.4	3 〜 4
精密ろ過処理水	$10^1 \sim 10^3$		0.1〜 0.15	0.15〜 0.2	0.2〜 0.5
逆浸透処理水[a]	〜 0	0	0	0	0 〜 0.3
腐敗槽処理水	$10^7 \sim 10^9$	5 〜10	6 〜15		
間欠砂ろ過処理水	$10^2 \sim 10^4$		0.02〜 0.05	0.1〜0.16	0.4 〜 0.5

[a] 遊離塩素の値.

決める場合の目安として提供していることである．上で注意したとおり，場所ごとの試験が適切な塩素注入量を確立するために求められる．必要な塩素注入量について**例題11-4**で解説する．

例題11-4 典型的な二次処理水に必要な塩素注入量の算定

再生水(二次処理後のろ過水)を消毒するのに必要な塩素注入量を算定せよ．ただし，肩効果の存在と次の条件を適用すること．
1. 消毒前の大腸菌群数　　10^7/100 mL
2. 夏季に処理水が満たすべき大腸菌群数　　23/100 mL
3. 冬季に処理水が満たすべき大腸菌群数　　240/100 mL
4. 処理水の初期塩素要求量　　4 mg/L
5. 塩素接触時の減衰による要求量　　2.5 mg/L
6. 必要な塩素接触時間　　60 min
7. 上記の考察の定数の値として典型的な値を用いよ．すなわち，$b=4.0$，$n=2.8$

解　答

1. 式(11.27)および与えられた定数で表される修正Collins-Selleckモデルを用いて，必要な残留塩素濃度を計算する．

    $N/N_0 = (C_R t/b)^{-n}$

    a. 夏季

    $23/10^7 = (C_R t/4.0)^{-2.8}$

    $(23/10^7)^{-1/2.8} = C_R t/4.0$

    $(234.3)4 = C_R(60)$

    $C_R = 15.6$ mg/L

    b. 冬季

    $240/10^7 = (C_R t/4.0)^{-2.8}$

    $C_R = 3.0$ mg/L

2. 必要な塩素注入量．
   a. 夏季
      塩素注入量 = 4.0 mg/L + 2.5 mg/L + 15.6 mg/L = 22.1 mg/L
   c. 冬季
      塩素注入量 = 4.0 mg/L + 2.5 mg/L + 3.0 mg/L = 9.5 mg/L

解　説

塩素注入量は，処理水の基準がより厳しくなれば，顕著に増大する．上記の計算では，消毒される再利用水は 60 分間ずっと塩素接触槽にとどまることを仮定していた．そのように，栓流の塩素接触槽の適正な設計が消毒剤としての塩素の効果的な使用にはとても重要である．塩素接触槽の設計は，Tchobanoglous et al.(2003) が論じている．

11.3.10　塩素接触槽の水理的性能の評価

塩素接触槽が適正に稼動していることを確かめるため，多くの管轄機関は，トレーサを用いた調査を行って塩素接触槽の水理特性を求めることを要求している．用いられてきたトレーサの種類，トレーサ試験の実施，そしてトレーサ試験データの分析について以下に簡潔に述べる．

トレーサの種類

様々な種類のトレーサが一般に再生水の消毒に用いられる反応槽の水理的性能を評価するのに用いられる．トレーサ誠験でうまく用いられてきた染料や薬剤には，Congo red，フルオレセイン，フルオロケイ酸(H_2SiF_6)，六フッ化硫黄(SF_6)，塩化リチウム(LiCl)，Pontacyl Brilliant Pink B(ローダミン WT の酸)，カリウム，過マンガン酸，ローダミン WT，塩化ナトリウム(NaCl)がある．Pontacyl Brilliant Pink B は，界面への吸着が少ないため，拡散の研究を行う際に特に便利である．フルオレセイン，ローダミン WT，そして Pontacyl Brilliant Pink B は，蛍光光度計によって低濃度で検出が可能なため，下水処理施設の性能評価に最も一般的に用いられる染料トレーサである．

トレーサ試験の実施

トレーサ試験において，トレーサ(最も一般的には染料)は，通常，検討する槽の流入端へ投入される(図-11.18 参照)．流出端への到達時間を求めるため，ある一定時間試料を続けて抜き取る，あるいは機器を用いてトレーサの到着を測定する(図-11.18 参照)．トレーサを投入する際に用いる方法ごとに下流端で観察される応答のタイプが異なる．2 種の染料投入方法が流入および流出の形状により選択される．第一の方法は，短時間のうちにある量の染料の注入をする(染料のパルス，あるいは弾丸といわれることもある)方法である．通常，初期混合をスタティックミキサか補助撹拌で行う．パルス投入において重要なのは，測定される反応槽の滞留時間に対して比較的短い初期混合の時間を維持することである．測定の結果は，図-11.18 ①のようになる．第二の方法において，連続的な染料の投入が処理水の濃度が流入水濃度と同じになるまで続けられる．測定される応答は，図-11.18 ②のようになる．さらに注意すべき点として，再度，応答曲線を測定できるのは，染料投入を止めて反応槽の染料がすべて外に出た後である．

トレーサ応答曲線の分析

トレーサのパルス投入，あるいは連続投入で測定したトレーサ応答曲線は，それぞれ C 曲線(時間に対する濃度)，および F 曲線(時間に対する反応槽内に残留しているトレーサの割合)として知られ

①パルス投入のトレーサの応答

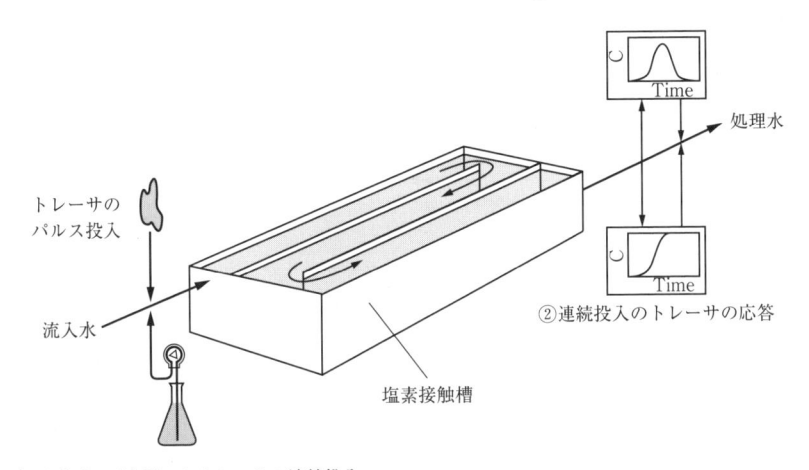

図-11.18 栓流塩素接触槽のトレーサ試験をパルス投入あるいは連続投入で行う場合の装置配置の概略．トレーサの応答を連続的に測定する場合

ている．残留割合は，トレーサのステップ投入によって反応槽から入れ替わった水の体積に基づいている．一般化した3種の染料トレーサ試験の結果を図-11.19に示す．図-11.19に示されたように，3つの槽は，短絡流の量が異なる．長さの幅に対する比(L/W)が少なくとも20(40が望ましい)で，邪魔板および導流板が短絡流を最小にするのを助ける．小規模なプラントでは，塩素接触槽を径の大きい下水管でつくっている場所もある．潜り堰を用いて往復流型塩素接触槽の水理性能を向上させた効果が図-11.20に示されている．

図-11.19，11.20に示したようなトレーサ曲線は，塩素接触槽の水理性能を評価するのに用いられる．塩素接触槽の水理性能を評価するのに用いられるパラメータを表-11.14にまとめ，図-11.21で説明する．前に論じたように，平均値，最頻値，そして t_{10} 値が C_Rt 法における接触時間を定義するのに使われてきた．トレーサ応答曲線の分析を例題11-5で説明する．トレーサ応答曲線の分析の詳細は，さらに Tchobanoglous *et al.*(2003)，Crittenden *et al.*(2005)に見られる．

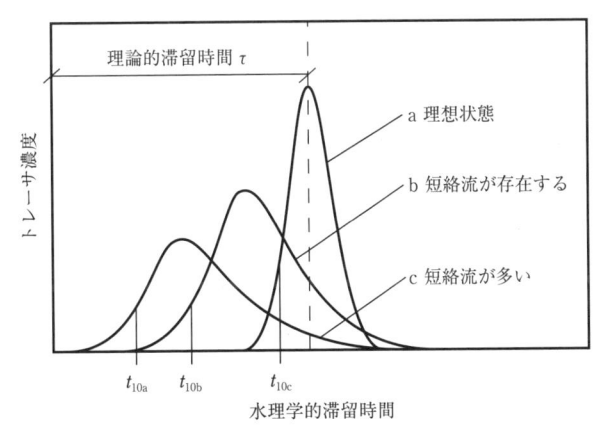

図-11.19 同じ水理学的滞留時間の3つの塩素接触槽における典型的なトレーサ応答曲線．短絡流の程度がトレーサ曲線の形状で明らかに説明できる

第11章 水再利用のための消毒プロセス

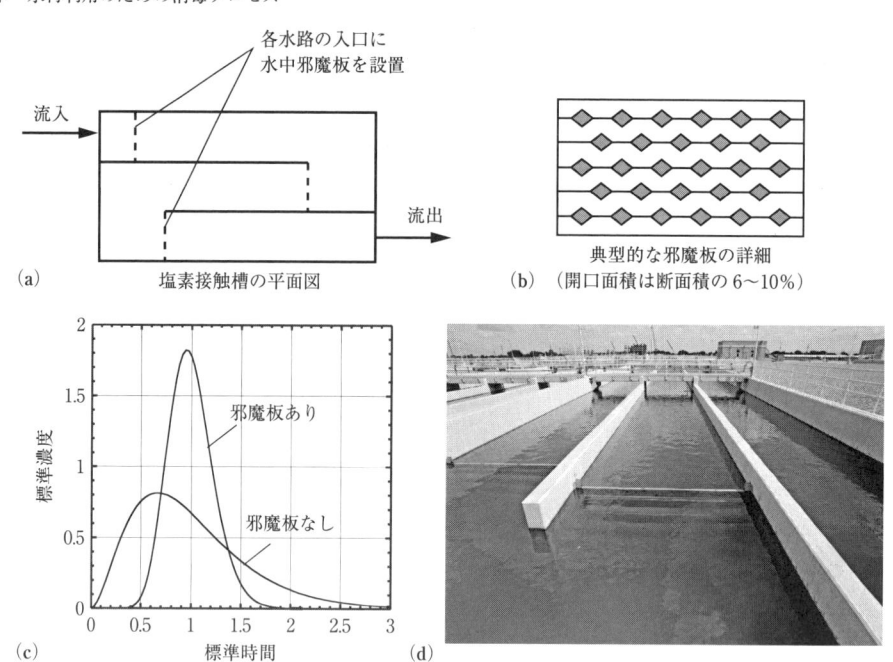

図-11.20 塩素接触槽の邪魔板．(a)塩素接触槽の各水路の入口への邪魔板の設置は重要(Crittenden et al., 2005)，(b)典型的な水中邪魔板の詳細(Kawamura, 2000)，(c)塩素接触槽での邪魔板使用の効果(Hart, 1979)，(d)各水路の入口と出口に木製の水中邪魔板を備えた塩素接触槽の様子

表-11.14 塩素接触槽の水理性能を記述する際に用いられる様々な用語[a]

用語	定義
τ [b]	理論上の水理学的滞留時間[V(容積)/Q(流量)]．
t_i	トレーサが初めて流出する時間．
t_p	トレーサ濃度が最高値になる時間(最頻値)．
t_m	平均滞留時間，滞留時間分布(residence time distribution；RTD)曲線の重心に対応する時間
t_{10}, t_{50}, t_{90}	トレーサの10，50，90%がそれぞれ反応槽を通過した時間．
t_{90}/t_{10}	Morrill分散指標(Morrill dispersion index；MDI)(Morrill, 1932)．
1/MDI	Morrill(1932)により定義された体積効率(volumetric efficiency)．
t_i/τ	短絡流指標(index of short circuiting)．理想的な栓流反応槽では1，混合が増加すると0に近づく．
t_p/τ	最頻滞留時間指標(index of modal retention time)．栓流反応槽では1に近づき，完全混合槽では0となる．この値が1を超えても未満でも，反応槽の流れ分布は一様でない．
t_m/τ	平均滞留時間指標(index of average retention time)．値が1であれば，槽容積の全体を流れている．この値が1を超えても未満でも，反応槽の流れ分布は一様でない．
t_{50}/τ	中央滞留時間指標(index of mean retention time)．t_{50}/τは，RTD曲線のゆがみを表す．この値が1より小さいと，RTD曲線は，左に寄り，同様に1より大きければ，右に寄る．
$t_m \simeq \dfrac{\Sigma t_i C_i \Delta t_i}{\Sigma C_i \Delta t_i}$	平均水理学的滞留時間 t_m を求める際に用いられる式．t_i を i 番目の測定時間，C_i を i 番目の濃度，Δt_i を C_i の値の時間幅とし，時間に対する濃度変化がトレーサ応答曲線として離散的時刻で定義されることを仮定している．
$\sigma_t \simeq \dfrac{\Sigma t_i^2 C_i \Delta t_i}{\Sigma C_i \Delta t_i} - (t_m)^2$	離散的な時間における測定の連続で定義される．時刻に対して濃度をとったトレーサ応答曲線の分散を求める式．

[a] Morrill(1932)，Fair and Geyer(1954)，U.S. EPA(1986)より引用．
[b] 記号 θ および θ_h も理論上の水理学的滞留時間に用いられてきた．

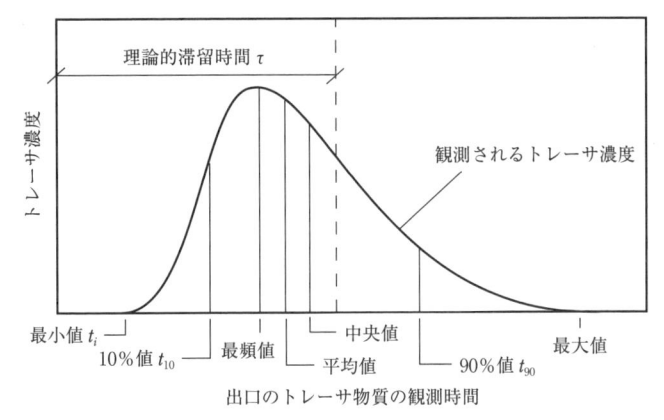

図-11.21 時間に対して濃度をプロットした応答曲線の分析で用いられる
パラメータの定義の概要

例題 11-5 塩素接触槽のトレーサデータの分析

塩素接触槽のトレーサ試験において次のデータが得られた．トレーサ試験の間，接触槽出口で測定された残留塩素は，4.0 mg/L であった．これらのデータを用いて，平均滞留時間 t_m，分散 σ_t，時刻 t_{10} を求めよ．t_m および t_{10} に対応する C_Rt 値を求めよ．塩素接触槽の性能をさらに評価するため，表-11.14 で定義した Morrill 分散指標（MDI）と対応する体積効率（1/MDI）を求めよ．

時間(min)	トレーサ濃度(μg/L)	時間(min)	トレーサ濃度(μg/L)	時間(min)	トレーサ濃度(μg/L)
0.0	0.000	112	0.556	176	14.111
16	0.000	120	0.833	184	8.056
40	0.000	128	1.278	192	4.333
56	0.000	136	3.722	200	1.556
72	0.000	144	9.333	208	0.889
88	0.000	152	16.167	216	0.278
96	0.056	160	20.778	224	0.000
104	0.333	168	19.944		

解　答

1. 表-11.14 の式を用いてトレーサ応答データの平均滞留時間と分散を求める．
   a. 必要な計算表を作成する．次頁上表に示す計算表を作成する場合，Δt の値は，滞留時間および対応する分散を計算する式の分子と分母の両方に現れるため，省略される．
   b. 水理学的平均滞留時間を求める．

$$t_m \approx \frac{\Sigma t_i C_i \Delta t_i}{\Sigma C_i \Delta t_i} = \frac{16\,702.23}{102.22} = 163.4 \text{ min} = 2.7 \text{ h}$$

   c. 分散を求める．

$$\sigma_t \approx \frac{\Sigma t_i^2 C_i \Delta t_i}{\Sigma C_i \Delta t_i} - (t_m)^2 = \frac{2\,757\,959.48}{102.22} - (163.4)^2 = 280.5 \text{ min}^2$$

$\sigma_t = 16.7$ min

   d. t_{10} を累積確率の値を用いて求める．短い時間間隔なので，線形補間法を用いることができ

第11章 水再利用のための消毒プロセス

時刻 t(min)	濃度 C(μg/L)	$t \times C$	$t^2 \times C$	積算濃度	累積確率
88	0.000	0.000	0		
96	0.056	5.338	512.41	0.05	0.05
104	0.333	34.663	3 604.97	0.39[a]	0.38[b]
112	0.556	62.227	6 969.45	0.94	0.92
120	0.833	99.996	11 999.52	1.78	1.74
128	1.278	163.558	20 935.48	3.06	2.99
136	3.722	506.219	68 845.81	6.78	6.63
144	9.333	1 343.995	193 535.31	16.11	15.75
152	16.167	2 457.384	373 522.37	32.28	31.58
160	20.778	3 324.480	531 916.80	53.06	51.91
168	19.944	3 350.592	562 899.46	73.00	71.41
176	14.111	2 483.536	437 102.34	87.11	85.22
184	8.056	1 482.230	272 730.39	95.17	93.10
192	4.333	831.994	159 742.77	99.50	97.34
200	1.556	311.120	62 224.00	101.06	98.87
208	0.889	184.891	38 457.37	101.94	99.73
216	0.278	60.005	12 961.04	102.22	100.00
224	0.000	0.000			
合計	102.222	16 702.229	2 757 959.48		

[a] $0.056 + 0.333 = 0.39$
[b] $(0.39/102.222) \times 100 = 0.38$

る.
$(15.75\% - 6.63\%)/(144 \text{ min} - 136 \text{ min})$
$= 1.14\%/\text{min}$
$136 \text{ min} + (10\% - 6.63\%)/(1.14\%/\text{min})$
$= 139.0 \text{ min}$

e. t_m と t_{10} の時刻を右図のトレーサ曲線上に示す.

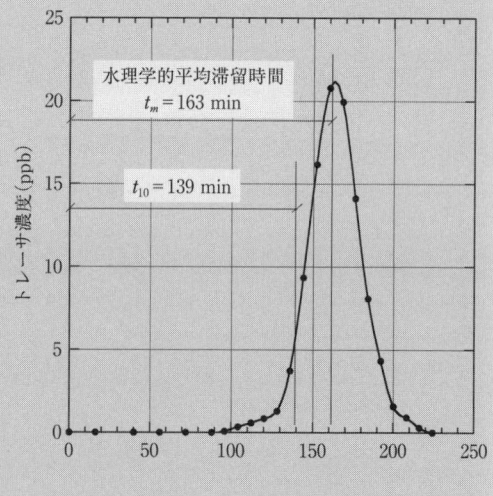

2. 上記の時刻を求めるもう一つの方法は，対数確率紙に積算濃度データをプロットすることである．そのようなプロットは，MDIを求める際にもまた有用である．必要なプロットは右図のとおりである．

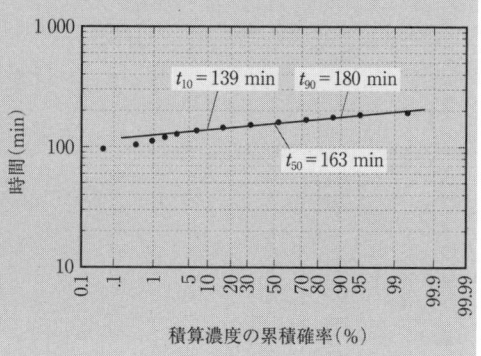

水理学的平均滞留時間および t_{10} は，上記のプロットから読み取る．
$t_{50} = 163$ min
$t_{10} = 139$ min

3. 上記 1. で求めた t_m および t_{10} に対応する C_Rt 値を計算する．
$C_Rt(t_m) = (4.0 \text{ mg/L})(163.4 \text{ min}) = 654 \text{ mg·min/L}$
$C_Rt(t_{10}) = (4.0 \text{ mg/L})(139 \text{ min}) = 556 \text{ mg·min/L}$

4. 表-11.14 の数式と 2. で求めたプロットの値を用いて，MDI とそれに対応する体積効率を計算する．

    a. Morrill 分散指標は，

    $$\text{Morrill 分散指標(MDI)} = \frac{t_{90}}{t_{10}} = \frac{180}{139} = 1.30$$

    b. 対応する塩素接触槽の体積効率は，

    $$\text{体積効率(\%)} = \frac{1}{\text{MDI}} = \frac{1}{1.3} \times 100 = 77\%$$

解　説

1. で計算した分散は，塩素接触槽における流れの分散を評価するのに有用である (Tchobanoglous *et al.*, 2003；Crittenden *et al.*, 2005)．

最頻値および t_{10} に基づく C_Rt 値は，California 州で必要な 450 mg·min/L の値よりも大きい．トレーサ曲線がとても偏っている場合には，特に t_{10} を用いると十分な消毒を達成しない可能性があることに注意が必要である．そのように，塩素接触槽が栓流に近い設計であることは，きわめて重要である．

MDI 値(1.30)は，分散が少ない塩素接触槽の特性を表している．MDI 値が 2.0 より小さいことが効果的な設計であると，U.S. EPA で確立されてきた(U.S. EPA, 1986)．同様に，体積効率は，流れ方向の分散が小さい理想的状態に近い栓流である場合に大きい値になる．

11.3.11　消毒副生成物の生成と制御

1970 年代初め，浄水場における塩素やオゾンのような酸化剤の，消毒，異臭味対策，脱色その他の目的での使用が望ましくない消毒副生成物(DBPs)の生成を引き起こした(Rook, 1974；Beller and Lichtenberg, 1974)．最も高頻度で高い濃度で生成した DBPs は，塩素処理で生じたトリハロメタン類(trihalomethanes；THMs)とハロ酢酸類(haloacetic acids；HAAs)である．THMs と HAAs に加えて，他の DBPs もまた生成される．同定されてきた主要な DBPs を表-11.15 に示す．

それらの化合物の多くは，塩素，クロラミン，二酸化塩素およびオゾンを用いて消毒された再生水においても同定されてきている．

DBPs の生成は，それらの化合物による公衆衛生および環境への悪影響の可能性があるため，直接的あるいは間接的な飲用には大きな懸念を提起する．例えば，クロロホルムは，動物への発癌物質としてよく知られており，多くのハロホルム類もまた動物への発癌物質と考えられている．加えて，多くのそれらの化合物は，ヒトへの発癌物質の怖れがあると分類されてきた．さらに，他のそれら化合物は，染色体や精子の異常を引き起こすことが知られている．さらに，それら化合物に関係する公衆衛生や環境リスクの可能性や，多くの未知の化合物を考え，U.S. EPA は，飲料水におけるそれらの

生成を積極的に制御するようになってきている．

消毒に塩素を用いる際のDBPsの生成

トリハロメタン類と他のDBPsは，遊離塩素とフミン酸(humic acid)と総称される有機物群との複雑な一連の反応の結果として生成される．反応は，しばしばHCX_3と表記される単一炭素の分子の生成につながる．ここでXとは，塩素(Cl^-)あるいは臭素(Br^-)原子である．例えば，クロロホルムの化学組成は，$HCCl_3$である．

DBPsの生成速度は，以下の項目のような多くの要因の影響を受ける．
・有機前駆物質(organic precursor)の存在，
・遊離塩素濃度，
・臭化物イオン(bromide)濃度，
・pH，
・温度，
・時間．

有機前駆物質の種類と濃度は，反応速度とどの程度まで反応が進むかに影響する．

遊離塩素の存在は，THM生成反応を進めるのに必要と考えられていたが，THMsは，結合塩素（クロラミン）が存在すれば非常に遅い速度で生成し得る．塩素とアンモニアの反応と塩素とフミン酸の反応が競合するので，初期混合がTHMsの生成に影響する可能性があることに留意するのは，重要である．臭化物イオンが存在すると，それは，遊離塩素により臭素まで酸化される可能性がある．代わりに，臭素イオンは，有機前駆物質と結合してブロモジクロロメタン，ジブロモクロロメタンおよびブロモホルムを含むTHMsを生成することができる．THMsの生成速度は，pHと温度で増加することが観察されている．THMsの生成に関するその他詳細は，U.S. EPA(1999b)に見られる．

クロラミンは，先に論じたようにTHMsを遅い速度で生成するが，それにもかかわらず懸念の持たれる他のDBPsを生成することがある．再生水がクロラミンで消毒された時に生成される他のDBPsは，ニトロソアミン類として知られる化合物類の一つであるNDMA，塩化シアン，臭化シアン等がある（表-11.15参照）．化合物群として，ニトロソアミン類は，最も強力な発癌物質のひとつであることが知られている(Snyder, 1995)．その化合物群の化合物は，調べた実験動物のすべての種において発癌性があることが示されてきている．

NDMA生成の経路は，次に示す2つの反応で説明することができる．

$$NO_2^- + HCl \rightarrow HNO_2 + Cl^- \tag{11.28}$$
亜硝酸イオン　塩酸　亜硝酸　塩化物イオン
$$CH_3-N-CH_3 \quad CH_3-N-CH_3$$

$$HNO_2 + \qquad \rightarrow \tag{11.29}$$
亜硝酸　ジメチルアミン　N-ニトロソジメチルアミン

生物学的下水処理における懸念は，亜硝酸がプロセスを通過する可能性があるということである．亜硝酸濃度が低く，通常の方法で測定されない場合でも，1あるいは2 ng/Lのような低いNDMA濃度が測定されており，California DHSの地下水涵養における届出濃度は，10 ng/Lである．試験箇所は限られているが，流入下水のNDMA濃度は大きく変動し，14 000 ng/Lにもなる場合があることが観測されている．

先に概説したNDMAの生成に加え，消毒にクロラミンを添加することで，消毒前の処理水に存在したNDMA前駆物質濃度が増加する場合がある．Los Angeles County Sanitation Districtsで行われた一連の研究(Jalali *et al.*, 2005)では，クロラミン処理が消毒後の処理排水中のNDMA濃度を10倍に増大させたことが示された．

クロラミンを再生水の消毒剤として用いることによる他のDBPsには，塩化シアン，臭化物イオ

表-11.15 浄水プロセスへの塩素,クロラミン,オゾンおよび二酸化塩素の適用による既知の副生成物[a]

分類	副生成物	消毒剤	分子式
トリハロメタン類	クロロホルム	塩素	$CHCl_3$
	ブロモジクロロメタン	塩素	$CHBrCl_2$
	ジブロモクロロメタン	塩素	$CHBr_2Cl$
	ブロモホルム	塩素,オゾン	$CHBr_3$
	ジクロロヨウ化メタン	塩素	$CHICl_2$
	クロロジヨウ化メタン	塩素	CHI_2Cl
	ブロモクロロヨウ化メタン	塩素	$CHBrICl$
	ジブロモヨウ化メタン	塩素	$CHBr_2I$
	ブロモジヨウ化メタン	塩素	$CHBrI_2$
	トリヨウ化メタン	塩素	CHI_3
ハロ酢酸類	モノクロロ酢酸	塩素	$CH_2ClCOOH$
	ジクロロ酢酸	塩素	$CHCl_2COOH$
	トリクロロ酢酸	塩素	CCl_3COOH
	ブロモクロロ酢酸	塩素	$CHBrClCOOH$
	ブロモジクロロ酢酸	塩素	$CBrCl_2COOH$
	ジブロモクロロ酢酸	塩素	$CBr_2ClCOOH$
	モノブロモ酢酸	塩素	$CH_2BrCOOH$
	ジブロモ酢酸	塩素	$CHBr_2COOH$
	トリブロモ酢酸	塩素	CBr_3COOH
ハロアセトニトリル類	トリクロロアセトニトリル	塩素	$CCl_3C\equiv N$
	ジクロロアセトニトリル	塩素	$CHCl_2C\equiv N$
	ブロモクロロアセトニトリル	塩素	$CHBrClC\equiv N$
	ジブロモアセトニトリル	塩素	$CHBr_2C\equiv N$
ハロケトン類	1,1-ジクロロアセトン	塩素	$CHCl_2COCH_3$
	1,1,1-トリクロロアセトン	塩素	CCl_3COCH_3
アルデヒド類	ホルムアルデヒド	オゾン,塩素	$HCHO$
	アセトアルデヒド	オゾン,塩素	CH_3CHO
	グリオキサル	オゾン,塩素	$OHCCHO$
	メチルグリオキサル	オゾン,塩素	CH_3COCHO
アルドケト酸	グリオキシル酸	オゾン	$CHCCOOH$
	ピルビン酸	オゾン	$CH_3COCOOH$
	ケトマロン酸	オゾン	$HOOCCOCOOH$
カルボン酸類	ギ酸塩	オゾン	$HCOO^-$
	酢酸塩	オゾン	CH_3COO^-
	シュウ酸塩	オゾン	$OOCCOO_2^-$
オキシハロイド類	亜塩素酸塩	二酸化塩素	ClO_2^-
	塩素酸塩	二酸化塩素	ClO_3^-
	臭素酸塩	オゾン	BrO_3^-
ニトロソアミン類	N-ニトロソジメチルアミン	クロラミン	$(CH_3)_2NNO$
シアノロライド類	シアノ塩化物	クロラミン	$ClCN$
	シアノ臭化物	クロラミン	$BrCN$
その他	抱水クロラール	塩素	$CCl_3CH(OH)_2$
トリハロニトロメタン類	トリクロロニトロメタン (クロロピクリン)	塩素	CCl_3NO_2
	ブロモジクロロニトロメタン	塩素	$CBrCl_2NO_2$
	ジブロモクロロニトロメタン	塩素	CBr_2ClNO_2
	トリブロモニトロメタン	塩素	CBr_3NO_2

[a] Krasner(1999), Krasner *et al.*(2001), Thibaud *et al.*(1987)より引用.

ンがある場合には，臭化シアンが含まれる(表-11.15参照)．塩化シアンは，催涙ガス，燻蒸ガスや他の化合物精製の試薬として用いられる．人体において塩化シアンは，シアン化物へすぐ代謝される．塩化シアンに関する毒性の情報は，限られているため，提案されているガイドラインは，シアン化物に関するものである．シアン化合物は，懸念が持たれるため，処理水の排水基準で規定されつつある．現在のNPDESのシアン化物濃度の基準値は，5 mg/L以下である．

消毒に塩素を用いる際のDBPs生成の制御

再生水中のTHMsと他の関連DBPs生成を制御する第一の方法は，遊離塩素の直接注入を避けることである．最近の証拠によれば，クロラミンの使用は，一般に現行の基準と比較して懸念のある濃度のTHMs生成に至らないようである．先に述べたように，同様な懸念のある他のDBPsが生成されるかもしれないが，それは，他の理由による(後の議論を参照されたい)．重要なのは，クロラミンが消毒に用いられる場合，クロラミン溶液は，アンモニアをほとんど，あるいは全く含まない飲料水で調製されねばならないことである(すなわち，処理場処理水を用いるべきではない)．もしDBPsの生成が，特定の前駆物質(フミン質等)によることが懸念されるのであれば，不連続点塩素処理を実施することができない．さらに，フミン質が一貫して存在するならば，紫外線照射のような代替消毒方法を調べることが適切であるかもしれない．

クロラミンを消毒剤として用いた時に生成されるDBPsの制御は，さらに挑戦的である．NDMAに関しては，適正な生物学的処理プロセスをもってすれば，この化合物の生成や増加の可能性を減じることができる．合成された薄膜を用いた逆浸透により，NDMAの50〜70%除去が報告されている(9章参照)．紫外線照射の使用もNDMA制御に有効であることが証明されている．NDMAと塩化シアンの生成が引き続いて懸念される場所において，幾つかの下水処理機関が消毒を紫外線照射に切り替えた．上に参照した研究(Jalali *et al.*, 2005)において，紫外線照射による処理水中の全シアン(CN^-)濃度に変化は見られなかったことも見出された．

11.3.12　環境への悪影響

塩素と塩素化合物を再生水の消毒剤として用いることによる環境への悪影響は，再生水中のDBPsの放流と微生物の再増殖を含む．

DBPsの放流

多くのDBPsが非常に低い濃度で環境へ悪影響を及ぼすことが示されてきた．NDMAのような化合物やDBPsの発生は，再生水の消毒に遊離塩素を使い続けることに重大な疑問を抱かせている．

微生物の再増殖

多くの場所，放流先の水域や，塩素で消毒された再生水の脱塩素に続く長い輸送管で，微生物の再増殖(regrowth)が観察されている．微生物の再増殖は，多くの微生物が消毒プロセスを生残するとよく知られているので，予想外のことではない．再増殖[後増殖(aftergrowth)としても知られる]は，部分的に次の理由で生じると仮定されている．(1)再生水中の有機物と利用可能な栄養塩の量が消毒後に生残している限られた数の微生物を維持するのに十分であること，(2)原生動物のような捕食者が存在しないこと，(3)水温が好ましいこと，4)残留消毒剤の効果がないこと．再増殖は，再生水を輸送するのに使われる輸送管における重要な問題なので，適切な結合残留塩素(地域の条件により1〜2 mg/L程度)は，再増殖を制御するために輸送管中で維持されるべきである．長い輸送管においては，その長さの中間地点で塩素を添加することが必要であるかもしれない．

11.4 二酸化塩素を用いた消毒

もう一つの殺菌剤である二酸化塩素の消毒力は，塩素と等しいか，塩素以上である．二酸化塩素は，ウイルスにも効果があることが示されており，しかも，塩素よりもウイルスの不活化を達成するのにより効果的である．その理由としては，二酸化塩素がペプトン（タンパク質）に吸収され，ウイルスの外殻がタンパク質を持つので，この外殻への二酸化塩素の吸着がウイルスを不活化させることが考えられる．過去に，二酸化塩素は，価格が高く再生水の消毒剤としてはあまり考えられていなかった．亜塩素酸ナトリウムは，塩素よりも重量ベースで約10倍値段が高い．

11.4.1 二酸化塩素の性質

二酸化塩素（ClO_2）は，常圧状態では，比重の大きい，黄赤色で不快な臭気を持つ不安定な気体である．二酸化塩素は，不安定で速く分解するため，注入前にオンサイトで生成されるのが普通である．二酸化塩素は，塩素水と亜塩素酸ナトリウム（$NaClO_2$）を混合すると，次式に従って生成される．

$$2NaClO_2 + Cl_2 \rightarrow 2ClO_2 + 2NaCl \tag{11.30}$$

式（11.30）に基づけば，1.34 mgの亜塩素酸ナトリウムが0.5 mgの塩素と反応して1.0 mgの二酸化塩素を生成する．工業用等級の亜塩素酸ナトリウムの純度が80％しかないため，1.0 mgの二酸化塩素を生成するのに必要な工業用亜塩素酸ナトリウムは，約1.68 mgである．亜塩素酸ナトリウムを購入した後，冷蔵保存施設で液状（通常，25％溶液）保存できる．二酸化塩素の物性は，既に表-11.3, 11.6に示したとおりである．

11.4.2 二酸化塩素の化学

二酸化塩素のシステムにおいて活発に消毒している物質は，溶解している遊離二酸化塩素（ClO_2）である．現在，水相中の二酸化塩素の化学は，完全には理解されていない．二酸化塩素は，前節で触れた塩素化合物のような加水分解をしないので，二酸化塩素の酸化力は，等価有効塩素（equivalent available chlorine）として言及される．等価有効塩素という言葉の定義は，次に示す二酸化塩素酸化反応の考慮に基づいている．

$$ClO_2 + 5e^- + 4H^+ \rightarrow Cl^- + 2H_2O \tag{11.31}$$

式（11.31）に示されたとおり，塩素原子は，二酸化塩素から塩化物イオンに変化する際に5つの電子の交換を行う．二酸化塩素中の塩素の重量は，52.6％で5つの電子の交換があるため，等価有効塩素の量は，塩素に換算すると，263％に等しくなる．そのように，二酸化塩素は，塩素の2.63倍の酸化力がある．二酸化塩素濃度は，通常，g/m^3で表現される．モル換算であれば，二酸化塩素1 molは，67.45 gとなり，塩素177.5 g（5×35.45）と等価になる．そのように，二酸化塩素の1 g/m^3は，塩素2.63 g/m^3と等価である．

11.4.3 二酸化塩素の消毒剤としての有効性

二酸化塩素は，強力な酸化能力を持っており，おそらくそれが高い殺菌力の理由である．非常に高い酸化能力のため，殺菌機構としては，酵素システムの致命的な破壊やタンパク合成への阻害等が考えられる．しかし，二酸化塩素が再生水に添加された場合，次の反応によって亜塩素酸（ClO_2^-）にしばしば還元されてしまうことに注意が必要である．

$$ClO_2 + e^- \rightarrow ClO_2^- \tag{11.32}$$

式(11.32)は，消毒剤としての二酸化塩素にしばしば見られる効果の変化を説明するのを助けるかもしれない．

二酸化塩素消毒プロセスのモデリング

11.3 で既に考察したように，塩素による消毒プロセスを記述するのに開発されたモデルは，適切な注意をもって二酸化塩素に用いることもできる．塩素の時のように，肩効果や残留粒子の影響を考慮しなくてはならない．さらに，(1)二次処理水とろ過された二次処理水，(2)精密ろ過処理水と逆浸透処理水，それらの相違点を考慮する必要もある．

消毒に必要な二酸化塩素注入量

必要な二酸化塩素の注入量は，pHと懸念される微生物に決まって定められよう．二酸化塩素における相対的 C_Rt 値は，既に示した表-11.5に紹介されている．一般に，二酸化塩素の有効性は，細菌に対しての結合塩素のそれと同様である．しかし，ウイルスの消毒においては，遊離塩素と実質的に同様の有効性であるため，顕著な差が見られる．二酸化塩素は，原虫シストの不活化では，遊離塩素よりも効果的であるように見られている．論文における二酸化塩素のデータは，限られているので，表-11.5の C_Rt 値を出発点として用いることは可能であるが，その場所ごとに試験を行うことが適正な注入量の範囲を定めるのに推奨される．

11.4.4　副生成物生成と制御

DBPsの生成は，二酸化塩素使用において大きな懸念となっている．二酸化塩素によるDBPsの生成と制御を次に考察する．

消毒に二酸化塩素を用いる際のDBPsの生成

二酸化塩素が消毒剤として用いられた時に生成される主要なDBPsは，どちらも毒性の可能性がある亜塩素酸と塩素酸(ClO_3^-)である．亜塩素酸の主要な由来は，二酸化塩素製造に使われるプロセスと二酸化塩素の還元である．式(11.30)に示したように，すべての亜塩素酸ナトリウムが塩素と反応して二酸化塩素を生成する．不幸なことに，時々は未反応の亜塩素酸イオンが二酸化塩素製造の反応槽から流出し，処理されている再生水に混入する道筋ができてしまう．亜塩素酸の第二の由来は，先に考察した[式(11.32)参照]ように二酸化塩素の還元である．塩素酸イオンは，二酸化塩素の酸化，亜塩素酸ナトリウム貯蔵による不純物，二酸化塩素の光化学的分解によって生じる可能性がある．

残留二酸化塩素と他の最終産物は，残留塩素よりも速く分解すると信じられており，残留塩素のように水生生物への重大な脅威にはならないかもしれない．二酸化塩素を用いる利点は，毒性の可能性がある塩素処理DBPsを生成するアンモニアと反応しないことである．ハロゲン化有機物が有意な量生成されないことも報告されている．この情報は，発癌性が疑われているクロロホルム生成の点でとても重要である．

消毒に二酸化塩素を用いる際のDBPs生成の制御

亜塩素酸の生成は，貯蔵を注意深く管理することと，量論的な量を超えて塩素注入量を増加することで制御可能である．亜塩素酸イオン除去のための処理方法は，第一鉄イオンか亜硫酸塩を用いて亜塩素酸イオンを塩化物イオンに還元することである．粒状活性炭も少量の亜塩素酸を吸着するのに用いることができる．現時点で，亜塩素酸除去の経済的な方法はない．塩素酸イオンの制御は，二酸化塩素製造施設の効果的な管理に一義的に依存している(White, 1999)．

11.4.5 環境への悪影響

再生水の消毒剤として二酸化塩素を用いることに関連する環境への悪影響は，あまり知られていない．影響は，塩素処理よりも小さいと報告されている．二酸化塩素は，塩素のようには解離あるいは反応しない．しかし，二酸化塩素は，通常，塩素と亜塩素酸ナトリウムから製造されるため，遊離塩素が二酸化塩素溶液に存在し（生成過程に依存する），塩素やその副生成物のように水環境へ悪影響をもたらすかもしれない．しかし，二酸化塩素自体は，塩素よりも水生生物への有害性が低いと報告されている．

11.5 脱 塩 素

塩素消毒は，ヒトの健康を危険に曝す病原微生物や他の有害微生物の破壊に最も一般的に用いられている方法の一つである．しかし，前で注意したとおり，再生水のある有機成分が塩素消毒プロセスの妨害となる．多くの有機化合物が塩素と反応して有害化合物を生成し，放流される水の有効な利用への長期的な悪影響をもたらしかねない．遊離塩素，結合塩素，そして塩素を含む環境中の有害性のある他の化合物の悪影響を最小にするため，処理排水および再生水の脱塩素が必要である．脱塩素は，二酸化硫黄（SO_2），亜硫酸水素ナトリウム（$NaHSO_3$）のような還元剤と残留塩素を反応させたり，あるいは活性炭への吸着や反応させることで達成されるであろう．

11.5.1 塩素と塩素化合物で処理された再生水の脱塩素

放流水の毒性基準がある場合，あるいは脱塩素がアンモニア性窒素除去のための不連続点塩素処理プロセスに続く仕上げ段階として用いられる場合，二酸化硫黄が最も広く脱塩素に用いられる．使用される他の薬剤は，亜硫酸ナトリウム（Na_2SO_3），亜硫酸水素ナトリウム（$NaHSO_3$），ピロ亜硫酸ナトリウム（$Na_2S_2O_5$），チオ硫酸ナトリウム（$Na_2S_2O_3$）がある．活性炭もまた脱塩素に用いられる．これらの脱塩素用薬剤について下記で論じる．

二酸化硫黄による脱塩素

二酸化硫黄は，高圧ボンベ中で液化したガスとして商業的に入手可能である．二酸化硫黄は，標準的な塩素システムと非常に似通った設備で扱われる．水中に添加されると，二酸化硫黄は，強力な還元剤である亜硫酸（$H_2SO_3^-$）を生成する．続いて，亜硫酸は，解離して亜硫酸水素イオンを生成し，それが遊離および結合塩素と反応して塩化物イオンと硫酸イオンを生じる．二酸化硫黄ガスは，式(11.33)～(11.38)で説明されるように，遊離塩素，モノクロラミン，ジクロラミン，三塩化窒素，複塩化化合物をうまく除去する．

二酸化硫黄と遊離塩素の反応は，以下のとおりである．

$$SO_2 + H_2O \rightarrow HSO_3^- + H^+ \tag{11.33}$$

$$\underline{HOCl + HSO_3^- \rightarrow Cl^- + SO_4^{2-} + 2H^+} \tag{11.34}$$

$$SO_2 + HOCl + H_2O \rightarrow Cl^- + SO_4^{2-} + 3H^+ \tag{11.35}$$

二酸化硫黄と，モノクロラミン，ジクロラミン，三塩化窒素との反応は，以下のとおりである．

$$SO_2 + NH_2Cl + 2H_2O \rightarrow Cl^- + SO_4^{2-} + NH_4^+ + 2H^+ \tag{11.36}$$

$$2SO_2 + NHCl_2 + 2H_2O \rightarrow 2Cl^- + 2SO_4^{2-} + NH_4^+ + 5H^+ \tag{11.37}$$

$$3SO_2 + NCl_3 + 6H_2O \rightarrow 3Cl^- + 3SO_4^{2-} + NH_4^+ + 8H^+ \tag{11.38}$$

二酸化硫黄と塩素の反応[式(11.35)]における塩素に対する二酸化硫黄の量論的重量比は，0.903：1である(表-11.16参照)．実用上は，残留塩素 1.0 mg/L(Cl_2として)の脱塩素に必要な二酸化硫黄は，1.0〜1.2 mg/L である．二酸化硫黄と塩素やクロラミンとの反応は瞬時なので，接触時間は要因とならず，接触槽は用いられない．しかし，注入点における急速および積極的な混合は必要である．

脱塩素前における総結合残留塩素への遊離塩素の比によって，脱塩素プロセスが部分的になるか，完全に進むかが決まる．その比が 85% よりも小さければ，有意な量の有機窒素が存在しているため，遊離残留塩素プロセスを妨害すると考えられる．

多くの状況において，結合残留塩素監視装置が十分正確であれば，二酸化硫黄は，とても信頼できる単位操作である．二酸化硫黄の過剰注入は，薬品の無駄であるうえに酸素消費を増大するので，避けなくてはならない．過剰な二酸化硫黄と溶存酸素の比較的緩やかな反応は，次の式で表せる．

$$HSO_3^- + 0.5O_2 \rightarrow SO_4^{2-} + H^+ \tag{11.39}$$

この反応の結果は，再生水中の溶存酸素の減少，それに対応する BOD および COD の測定値の増大および pH 減少の可能性である．そのすべての影響は，脱塩素システムの適正な制御によってなくすことが可能である．

亜硫酸化合物による脱塩素

亜硫酸ナトリウム，亜硫酸水素ナトリウム，ピロ亜硫酸ナトリウムを脱塩素に用いる時，次に示す反応が生じる．それらの化合物の単位残留塩素 mg/L 当りに必要な量論的重量比を表-11.16に示す．

表-11.16 単位残留塩素(mg/L)当りに必要と計算される脱塩素化合物量の典型的な情報

脱塩素化合物			使用量[mg/(mg/L)-残留塩素]	
種類	分子式	分子量	量論的重量比	使用範囲
二酸化硫黄	SO_2	64.09	0.903	1.0〜1.2
亜硫酸ナトリウム	Na_2SO_3	126.04	1.775	1.8〜2.0
亜硫酸水素ナトリウム	$Na_2S_2O_3$	104.06	1.465	1.5〜1.7
二亜硫酸ナトリウム	$Na_2S_2O_5$	190.10	1.338	1.4〜1.6
チオ硫酸ナトリウム	$Na_2S_2O_3$	112.12	0.556	0.6〜0.9

亜硫酸ナトリウムと遊離残留塩素や結合残留塩素との反応は，モノクロラミンで代表されるとして，次のようになる．

$$Na_2SO_3 + Cl_2 + H_2O \rightarrow Na_2SO_4 + 2HCl \tag{11.40}$$

$$Na_2SO_3 + NH_2Cl + H_2O \rightarrow Na_2SO_4 + Cl^- + NH_4^+ \tag{11.41}$$

亜硫酸水素ナトリウムと遊離残留塩素や結合残留塩素との反応は，モノクロラミンで代表されるとして，次のようになる．

$$NaHSO_3 + Cl_2 + H_2O \rightarrow NaHSO_4 + 2HCl \tag{11.42}$$

$$NaHSO_3 + NH_2Cl + H_2O \rightarrow NaHSO_4 + Cl^- + NH_4^+ \tag{11.43}$$

ピロ亜硫酸ナトリウムと遊離残留塩素や結合残留塩素との反応は，モノクロラミンで代表されるとして，次のようになる．

$$Na_2S_2O_5 + Cl_2 + 3H_2O \rightarrow 2NaHSO_4 + 4HCl \tag{11.44}$$

$$Na_2S_2O_5 + 2NH_2Cl + 3H_2O \rightarrow Na_2SO_4 + H_2SO_4 + 2Cl^- + 2NH_4^+ \tag{11.45}$$

チオ硫酸ナトリウムおよび関連化合物による脱塩素

チオ硫酸ナトリウムは，分析を行う実験室で脱塩素の薬品としてしばしば用いられるが，実規模の

再生処理プラントでの使用は，次の理由で限られている．チオ硫酸ナトリウムの残留塩素との反応は，段階的で，均一な混合に問題を引き起こすようである．チオ硫酸ナトリウムの残留塩素除去能力は，pHの関数である(White, 1999). 残留塩素との反応は，pH 2の時は単に量論的であるが，再生水に適用する時には必要な量を予測することが不可能である．表-11.16に報告したように，チオ硫酸ナトリウムの残留塩素mg/L当りの量論的重量比は，0.556である．広く使われているわけではないが，チオ硫酸カルシウム(CaS_2O_3)，アスコルビン酸($C_6H_8O_6$)，そしてアスコルビン酸ナトリウム($C_6H_7NaO_6$)は，すべて実規模の脱塩素で用いられている．

活性炭による脱塩素

結合および遊離残留塩素の両者は，活性炭への吸着や活性炭との反応で除去することができる．活性炭を脱塩素に用いる時，塩素や塩素化合物が吸着すると，次の反応が生じる．

遊離残留塩素との反応
$$C + 2Cl_2 + 2H_2O \rightarrow 4HCl + CO_2 \tag{11.46}$$

モノクロラミンおよびジクロラミンに代表される結合残留塩素との反応
$$C + 2NH_2Cl + 2H_2O \rightarrow CO_2 + 2NH_4^+ + 2Cl^- \tag{11.47}$$
$$C + 4NHCl_2 + 2H_2O \rightarrow CO_2 + 2N_2 + 8H^+ + 2Cl^- \tag{11.48}$$

粒状活性炭(GAC)は，重力式ろ床あるいは圧力式ろ床で用いられる．炭素を単に脱塩素のために用いるのであれば，活性炭による除去の影響を受けやすい他の成分の除去を活性炭によって前もって行わなくてはならない．粒状活性炭(PAC)を有機物除去にも用いている処理場では，同じろ床あるいは分離されたろ床を脱塩素にも利用することができる．

GACカラムは，効果的で信頼できることがわかっているので，活性炭は，脱塩素が必要な場所で考慮されるべきである．しかし，この方法は，多くの費用が掛かる．脱塩素を主に活性炭によって行う場所は，高レベルの有機物除去も必要な状況の場所である．

11.5.2 二酸化硫黄を用いた二酸化塩素の脱塩素

再生水が二酸化塩素で消毒される場所では，二酸化硫黄を用いて脱塩素をすることができる．二酸化塩素溶液中で生じる反応は，次のように記述できる．

$$SO_2 + H_2O \rightarrow H_2SO_3 \tag{11.49}$$
$$5H_2SO_3 + 2ClO_2 + H_2O \rightarrow 5H_2SO_4 + 2HCl \tag{11.50}$$

式(11.50)に基づけば，残留二酸化塩素mg(ClO_2として)当りの必要な二酸化硫黄は，2.5 mgになることがわかる．実際には，二酸化塩素1 mg当り2.7 mgのSO_2が通常使われている．

11.6 オゾンによる消毒

オゾン(ozone)は，水の消毒法として，歴史的に最も古くから用いられてきた方法ではあるが，オゾン(O_3)を発生させたり，水に溶解させるための技術が近年進んだことにより，再生水のための消毒方法としては，経済的な競争力が非常に高い方法となっている．さらに，再生水の消毒にオゾンを用いる場合，微量物質(trace constituents)の分解もしくは除去法としても関心が高まっている．水の再生処理において，オゾンは炭素吸着処理(carbon-adsorbtion)の代わりに難分解性の有機溶存物質の除去にも用いることができる．以下に，消毒剤としてのオゾンの特性，化学，生成および性能分析について解説する．さらにオゾン処理の適用法についても考えてみたい．

11.6.1 オゾンの特性

オゾンは，酸素分子が原子状態の酸素に解離する際，不安定なガスとして生成される．電気分解，光化学反応，もしくは放射化学反応による放電によってオゾンを生成することができる．オゾンは，紫外光や雷雨時の稲光によってたびたび生成される．水および再生水の消毒方法として利用する場合のオゾンの発生方法としては，放電による方法が用いられる．オゾンは常温では青色の気体であり，また刺激臭を持つ．オゾンは，$2 \times 10^{-5} \sim 1 \times 10^{-4}$ g/m^3(体積比で0.01～0.05 ppm)の濃度で測定することができる．オゾンは臭気を持つので，通常，健康衛生の問題が生じるレベル以下で気づくことができる．空気中でのオゾンの安定性は，水中に比べると高いが，両方とも数分のオーダーである．気体オゾンは，濃度が240 g/m^3(空気中で20%重量比に相当する)に達すると爆発性がある．オゾンの特性を表-11.17にまとめた．オゾンの水への溶解性は，Henry則(Henry's Law)に従う．オゾンの代表的なHenry定数値(Henry's constant)を表-11.18に示した．

表-11.17 オゾンの特性[a]

特 性	単位	値
分子量	g	48.0
沸点	℃	-111.9 ± 0.3
融点	℃	-192.5 ± 0.4
111.9℃における蒸発潜熱	kJ/kg	14.90
-183℃における液体密度	kg/m^3	1 574
0℃ 1 atmにおける気体密度	g/mL	2.154
20.0℃における水への溶解度	mg/L	12.07
-183℃における蒸気圧	kPa	11
0℃ 1 atmにおける乾燥空気に対する蒸気密度	—	1.666
0℃ 1 atmにおける蒸気比容積	m^3/kg	0.464
臨界温度	℃	-12.1
臨界圧	kPa	5 532.3

[a] Rice(1996)，U.S. EPA(1986)，White(1999)より部分引用．

表-11.18 オゾンのHenry定数値[a]

温度(℃)	Henry定数(atm/モル分率)
0	1 940
5	2 180
10	2 480
15	2 880
20	3 760
25	4 570
30	5 980

[a] U.S. EPA(1986)より引用．

11.6.2 オゾンの化学

オゾンに関わる化学特性の一部は，以下のように進行すると考えられている分解反応によって説明できる．

$$O_3 + H_2O \rightarrow HO_3^+ + OH^- \tag{11.51}$$

$$HO_3^+ + OH^- \rightarrow 2HO_2 \tag{11.52}$$

$$O_3 + HO_2 \rightarrow HO\cdot + 2O_2 \tag{11.53}$$

$$HO\cdot + HO_2 \rightarrow H_2O + O_2 \tag{11.54}$$

ドット(·)が付いている水酸基(HO·)および他のラジカルは，これらの種が不対電子を持つことを意味している．形成するフリーラジカル(free radical)のHO$_2$およびHO·は，強い酸化力を持っており，消毒過程においては活性反応物質となる．これらのフリーラジカルは，それらの有する酸化力によって，水中の他の不純物とも反応する(**10章**参照)．

11.6.3 オゾン消毒システムの構成

図-11.22 に示すように，オゾン消毒システムは，次の構成要素から成り立っている．(1)供給ガスの生成施設，(2)電力供給，(3)オゾン生成施設，(4)消毒対象水とオゾンの接触施設（インライン式もしくは副流式の2タイプ），および(5)排オゾンガスの分解施設(Rice, 1996；Rakness, 2005)．オゾンシステムの設計についての詳細，もしくは関連する構成要素に関しての追加情報は，Rakness (2005)を参照されたい．

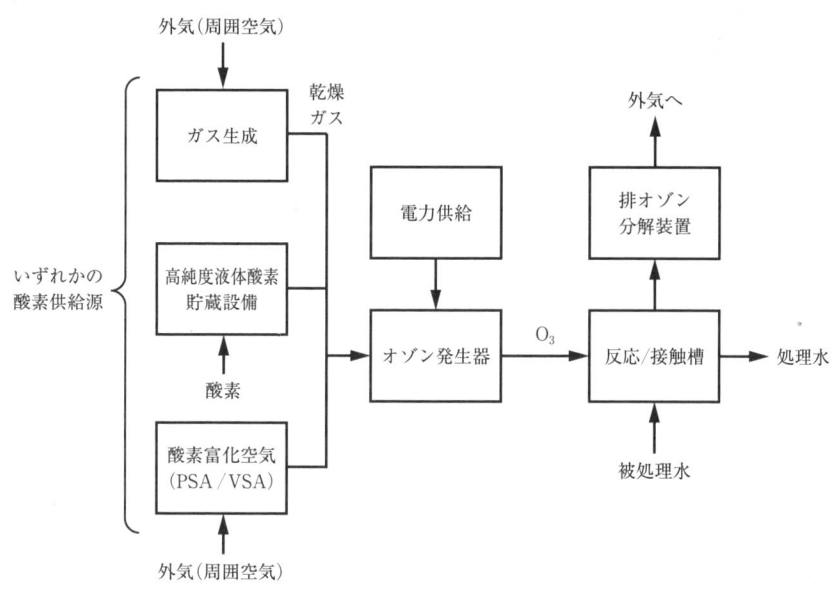

図-11.22 オゾン消毒システム全体の概略図

供給ガスの生成

オゾンは，空気，高純度酸素(high-purity oxygen)，もしくは酸素富化空気(oxygen-enriched air)から生成される．オゾン生成に空気を使う場合は，湿気や粒状物質を除去してから，オゾン発生器(ozone generator)に導入されなければならない．空気の調節には，以下の過程が含まれる．(1)気体の圧縮，(2)空気の冷却と乾燥，そして(3)空気のろ過，である．高純度酸素を用いる場合は，この調節過程は必要ない．液体酸素(liquid oxygen；LOX)を供給するためには，現場にトラックでの運搬および貯蔵するための設備が必要となる．酸素富化空気を用いるシステムにおいては，真空スイング吸着(vacuum swing adsorption；VSA)方式もしくは圧力スイング吸着(pressure swing adsorption；PSA)方式により，現場で高純度酸素を生成する．通常，VSA は大規模な水処理施設に用いられ，PSA は小規模なものに使われる．両方の酸素生成システムとも，オゾン発生器の誘電体に損傷を与える可能性のある湿気を吸着し，炭化水素および窒素を除去して酸素純度を高める設備を持つ．供給ガスの選択は，その時の高純度酸素のコストに依存する．

電力供給

必要電力は，主に必要なオゾンを酸素から生成するために使われる．加えて，供給ガスの生成，オゾン接触，残存オゾンの分解のためにも必要となるし，管理用，計装用，監視設備用にも必要である．主要な構成要素での必要電力については，表-11.19 に示されるような報告がある．

第11章　水再利用のための消毒プロセス

表-11.19　オゾンを適用する際の典型的な必要電力

構成要素	オゾン(kWh/lb)	オゾン(kWh/kg)
空気の調整(コンプレッサおよび乾燥器)	2 ～ 3	4.4～ 6.6
オゾンの生成		
空気の供給	6 ～ 9	13.2～19.8
純酸素	3 ～ 6	6.6～13.2
オゾンの接触	1 ～ 3	2.2～ 6.6
その他の電力	0.5～ 1	1.2～ 2.2
システム全体-(空気使用の場合)	10 ～12	22 ～26
システム全体-(酸素使用の場合)	3.5～ 5.5	7.7～12.1

オゾン生成(ozone generation)

　オゾンは，化学的には不安定であるため，生成しても速やかに酸素に分解するので，現場にて生成する必要がある．現時点で，最も効率の良いオゾン生成方法は放電によるものである．電極間の僅かなスペースに高電圧を掛ければ，空気からでも高純度酸素からでも，オゾンが生成される(図-11.23参照)．このような配置において生じる高エネルギーのコロナ(corona)は，1つの酸素分子を解離させ，他の2つの酸素分子に付加することによって2分子のオゾンを生成する．この工程で生成されたガス流は，空気から生成した場合，重量比で1～3%，高純度酸素の場合では8～12%のオゾンを含んでいる．現在，中周波オゾン生成機を用いれば，オゾン濃度を12%まで上げることができる．

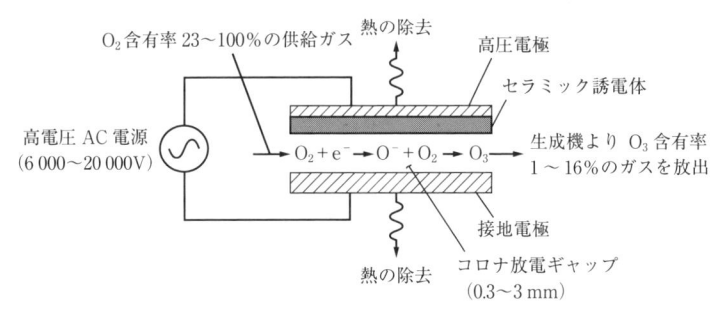

図-11.23　オゾン生成の概略図(U.S. EPA, 1986)

インライン式オゾン接触反応槽(in-line ozone contact／reaction reactor)

　空気もしくは高純度酸素から生成されたオゾン濃度は低いため，経済的視点からも液相への移動効率はきわめて重要である．オゾン溶解の最適化のためには，深くかつ密閉された接触室が通常使われる．図-11.24 に反応筒(chimney)がある場合とない場合の2種の4区画オゾン接触反応槽の概要を示した．(b)に示す反応筒は反応槽内での対向流の促進に使われている．反応筒は残存オゾンの採水用の場所としても使われる．

　オゾンは，細孔型散気装置(porous diffuser)もしくは注入装置(injector)によって第一槽と第二槽に，場合によっては第三槽に導入される．オゾンの高速反応は第一槽で起こる．水とオゾンの混合溶液は，その後第二槽へと入り，そこで緩速反応が起こる．第二槽では一般的に消毒作用も生じる．第三槽および第四槽は緩速反応を完結させ，またオゾンが分解するために使われる．第一槽と第二槽は反応区画と見られており，第三槽と第四槽は，オゾン添加がない限り接触区画とみなされている．使用される区画数は処理対象に依存する．

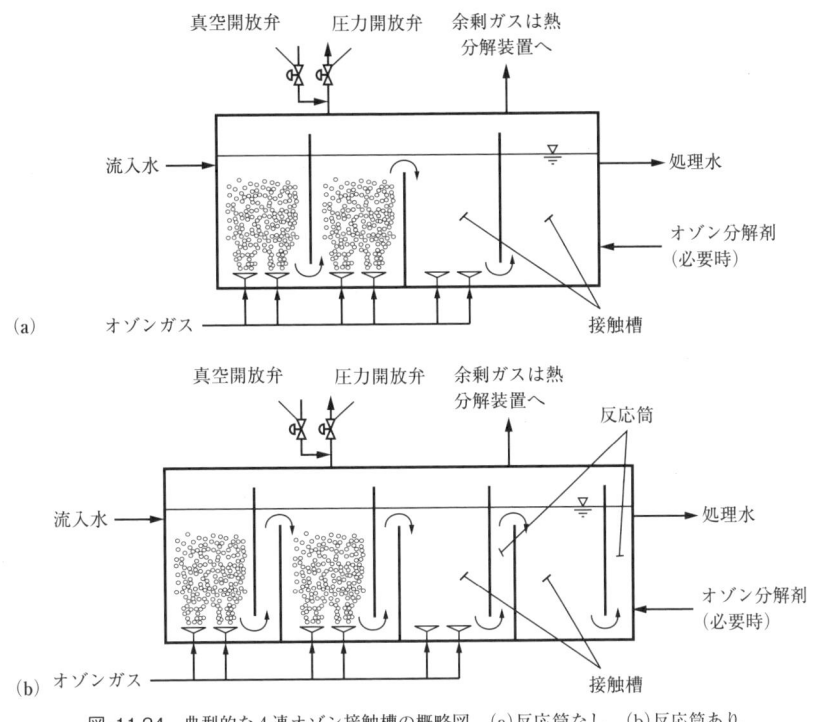

図-11.24 典型的な4連オゾン接触槽の概略図. (a)反応筒なし, (b)反応筒あり. (b)の反応筒は, 反応槽内でのオゾンへの対向流を促進するために使われる (Crittenden *et al.*, 2005)

副流式オゾン接触反応システム (sidestream ozone contact／reaction system)

より高いオゾン濃度(例えば, 10～12%)を生成する能力があれば, 前述したように副流式オゾン注入装置(図-11.25参照)を細孔型散気装置の代替として水深の大きい槽へ設置することが可能である. (a)に見られるように, オゾン注入システムは, オゾン接触槽に依存する. オゾンは, ベンチュリ注入装置(Venturi injector)によって生じる圧力によって注入される. 2種類の副流構造が用いられる. (1)一つは, 脱気装置(degas vessel)を含むもので, (2)他方は含まない. 脱気装置の目的は, (1)オゾン化水のDOレベルを最小化するためと, (2)反応槽へ導く下流側の管内におけるガス泡の数を最小化するためである. オゾン化水が注入される輸送管は, 反応槽へ入る前の最初の反応器としても働くことになる(Rakness, 2005).

排オゾンの分解と残留オゾンの分解

反応槽および脱気装置から出る排オゾンは, 刺激性の高い有害ガスであるので, オゾンが残留しないように処理されなければならない. 排ガスは濃度が0.1 ppm_v未満となるまで分解させる. 残留オゾンの分解による生成物は純粋な酸素であり, 純酸素がオゾン生成に用いられているのであれば再利用が可能である.

処理設備が覆蓋されていて有人管理である場合は, オゾンの残留を消滅させることがU.S. Occupational Safety and Health Administration(米国職業安全衛生管理局；OSHA)の室内環境大気質基準によって定められている. オゾンの分解は下流側の管や設備の腐食を抑制したり制限するためにも必要である. 必要な場合は, 過酸化水素, 硫酸水素ナトリウム, チオ硫酸カルシウムが残留オゾン分解に使われている. オゾン分解が必要な場合, 残留オゾン分解剤は4番目の接触槽で加えられる.

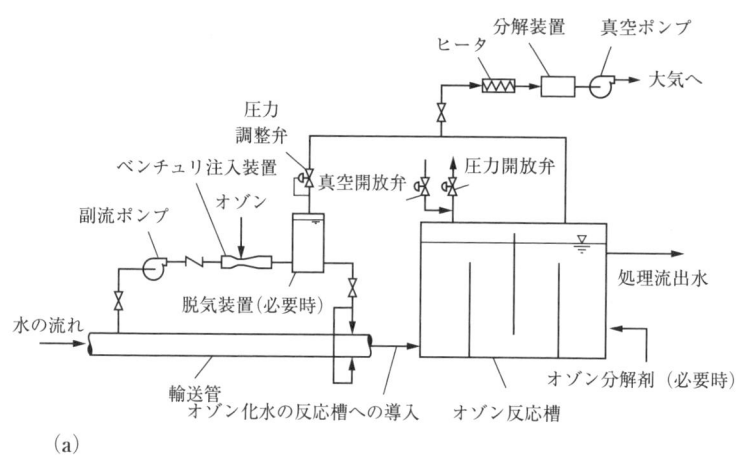

図-11.25 消毒用の副流式オゾン注入．(a)副流式注入システムの典型的な概略図(Rakness, 2005)，(b)脱気装置の写真(ベンチュリ注入装置は背後に設置)，(c)(b)に示されている脱気装置との組合せで使われるベンチュリ注入装置［(b)と(c)はG. Hunter, Process Applications, Inc.に感謝する］，(d)覆蓋されたオゾン反応槽の上部に位置するベンチュリ注入装置(写真内左側)，脱気装置(同中央)，消滅装置(同右)を備えた副流式注入システムの写真

11.6.4 消毒剤としてのオゾンの有効性

オゾンは，非常に反応性の高い酸化剤であり，オゾン処理によって細菌の細胞膜破壊(cell wall disintegration)［細胞溶解(cell lysis)］による直接的な細菌の殺傷が起こると一般的には考えられている．オゾン消毒に対する再利用水水質の影響を表-11.20にまとめた．易酸化物が存在すると，オゾン不活化曲線は，11.3で述べたような肩を持つ効果を示すことになる(図-11.6参照)．

オゾンは，ウイルスにも非常に効果が高く，一般的に塩素よりも効果が高いと考えられている(様々な微生物に対するオゾンの相対的な殺菌有効性は，表-11.5に前掲した)．オゾンは，溶解性固形物(dissolved solids)を生成せず，その有効性は，アンモニウムイオンや流入水のpHに影響されない．このような理由によって，特に脱塩素処理が必要な場合や，高純度酸素施設が処理場内に設置されている場合には，オゾンは塩素処理や次亜塩素酸処理の代替となると考えられている．

11.6.5 オゾン消毒過程のモデリング

11.3で論じたように，塩素を用いた消毒過程をオゾンに適用するための数学的な関係が研究され

表-11.20 排水の消毒にオゾンを利用する場合の下水中成分の影響

成分	影響
BOD, COD, TOC 等	有機物のうち，BOD および COD 成分は，オゾン要求量に影響する．阻害の程度は，それらの官能基や化学構造に依存する．
NOM（天然由来有機化合物）	オゾン分解の速度やオゾン要求量に影響する．
油およびグリース	オゾン要求量に影響する．
TSS	オゾン要求量を増大させ，吸着している細菌を保護してしまう．
アルカリ度	影響はないか，無視できる．
硬度	影響はないか，無視できる．
アンモニア	影響はないか，無視できる．高 pH にてオゾンと反応する．
亜硝酸塩	オゾンによって酸化される．
硝酸塩	オゾンの有効性を低減化する．
鉄	オゾンによって酸化される．
マンガン	オゾンによって酸化される．
pH	オゾン分解速度に影響する．
工業排水	成分によるが，オゾン要求量の日変動および季節変動の原因となりうる．
温度	オゾン分解速度に影響する．

ている．式(11.26)および(11-27)は，次のように変形される(Finch and Smith, 1989, 1990；U.S. EPA, 1986).

$$N/N_0 = 1 \quad U<q \text{ において} \tag{11.55}$$

$$N/N_0 = (U/q)^{-n} \quad U>q \text{ において} \tag{11.56}$$

ここで，N：時間 t における消毒後の生残生物数，N_0：消毒前の存在生物数，U：利用可能(もしくは液相へ移動した)オゾン注入量(mg/L)，n：用量反応曲線の傾き，q：$N/N_0 = 1$ もしくは $\log(N/N_0) = 0$ の時の x 切片(初期オゾン要求量に等しいと仮定)．

必要なオゾン注入量は，投入するオゾンの液相への移動を考慮して増やしておかねばならない．

$$D = U\left(\frac{100}{TE}\right) \tag{11.57}$$

ここで，D：総必要オゾン注入量(mg/L)，U：利用可能(もしくは移動した)オゾン注入量(mg/L)，TE：オゾン溶解効率(transfer efficiencies)(%)．

典型的なオゾン溶解効率は，約 80～90% ほどである．上述の式の適用例を**例題 11-6** に示した．

例題 11-6 典型的な再生水(二次処理水＋ろ過処理)でのオゾン要求量の推定

実規模設備から得られた次の消毒データに基づいて，再生水の消毒によって 240 MPN/100 mL とするために必要なオゾン量を求めよ．ただし，初期の大腸菌濃度を 1×10^6 MPN/100 mL とし，オゾンの溶解効率を 95% と仮定せよ．

テスト番号	初期大腸菌群数 N_0 (MPN/100 mL)	溶解オゾン濃度 (mg/L)	最終大腸菌群数 (MPN/100 mL)	$-\log(N/N_0)$
1	95 000	1	1 500	1.80
2	470 000	2	1 200	2.59
3	3 500 000	5	730	3.68
4	820 000	7	77	4.03
5	9 200 000	14	92	5.00

解　答

1. 実規模設備のデータを使って式(11.56)中の定数を決定する．
   a. 式(11.56)を線形近似するため，不活化データの対数値とオゾン濃度を両対数グラフ用紙上にプロットして定数を求める．
   $N/N_0 = [U/q]^{-n}$
   $\log(N/N_0) = -n(\log U - \log q)$
   b. 得られる両対数プロットは，右図のようになる．

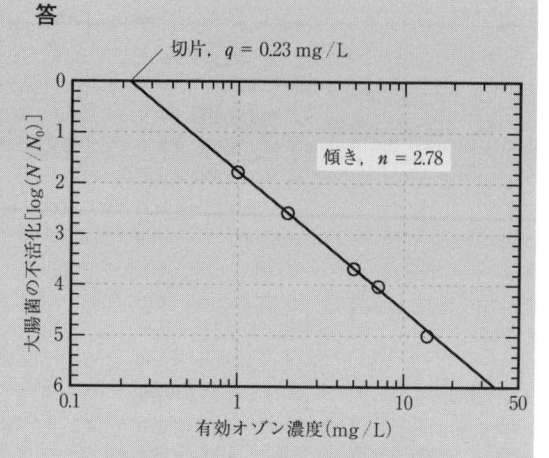

   （図：横軸 有効オゾン濃度(mg/L)，縦軸 大腸菌の不活化 $[\log(N/N_0)]$，切片 $q = 0.23$ mg/L，傾き $n = 2.78$）

   c. 求めたい定数は，それぞれ次のようになる．
   $q = 0.23$ mg/L
   $n = 2.78$

2. 処理水中の大腸菌群数が 240 MPN/100 mL となるに必要なオゾン量を求める．
   a. U を求めやすいように式(11.56)を変形する．
   $U = q(N/N_0)^{-1/n}$
   b. U を得る．
   $U = q(N/N_0)^{-1/n} = (0.23 \text{ mg/L})(240/10^6)^{-1/2.78} = 4.61 \text{ mg/L}$

3. 溶解率95％として式(11.57)を用いて適用するオゾン量を求める．
   $$D = U\left(\frac{100}{TE}\right) = (4.61 \text{ mg/L})\left(\frac{100}{95}\right) = 4.85 \text{ mg/L}$$

11.6.6　消毒に必要なオゾン注入量

消毒に必要なオゾン注入量は，(1)再生水における初期オゾン要求量と，(2)式(11.56)および(11.57)によって求められる必要オゾン量，の2つを考えて求められる．初期要求量として必要なオゾン注入量は，再生水中の成分に依存する．様々な下水における大腸菌群基準を満たすために必要なオゾン要求量について，接触時間15分での典型的な濃度を表-11.21に示す．表-11.21に見られる注入量の値は，必要なオゾン量の初期推定値として表しているものである．多くの場合，必要量範囲を求めるため，実験室規模もしくは実規模での研究(図-10.15参照)が行われる必要がある．

11.6.7　副生成物の生成とその制御

塩素と同様，望まれない副生成物の生成がオゾンによる消毒法の問題の一つとなっている．オゾンを用いる際の消毒副生成物(DBPs)の生成およびその制御については，以下に述べるとおりである．

オゾンを消毒に用いる際のDBPs生成
オゾンを用いることの長所の一つは，トリハロメタン類(THMs)やハロ酢酸類(HAAs)(表-11.15参照)といった塩素系DBPsが生成しないことである．しかしオゾンは臭化物イオンがある程度存在

表-11.21 接触時間を15〜30分とした時の様々な下水における大腸菌群基準を満たすに必要なオゾン要求量の典型的な値[a,b]

下水の種類	初期大腸菌群数 (MPN/100 mL)	オゾン量(mg/L) 処理水基準(MPN/100 mL)			
		1 000	200	23	≤2.2
生下水	$10^7〜10^9$	15〜30			
一次処理水	$10^7〜10^9$	10〜25			
散水ろ床処理水	$10^5〜10^6$	4〜8			
活性汚泥処理水	$10^5〜10^6$	3〜5	5〜7	12〜16	20〜30
活性汚泥処理水のろ過水	$10^4〜10^6$	3〜5	5〜7	10〜14	16〜24
硝化処理水	$10^4〜10^6$	2〜5	4〜6	8〜10	16〜20
硝化処理水のろ過水	$10^4〜10^6$	2〜4	3〜5	5〜7	10〜16
精密ろ過膜処理水	$10^1〜10^3$		2〜3	3〜5	6〜8
逆浸透膜	nil				1〜2
腐敗槽処理水	$10^7〜10^9$	15〜30			
間欠砂ろ過処理水	$10^2〜10^4$	2〜4	4〜6	8〜10	16〜20

[a] WEF(1996), White(1999)より一部引用.
[b] 吸収されるオゾン量は,下水の性質に依存.

しない状況では,アルデヒドや種々の酸,もしくはアルド酸やケト酸等のその他DBPsが生成される(表-11.22参照).臭化物イオンが存在する場合,次のようなDBPsが生成される.無機臭素酸イオン(inorganic bromate ion),ブロモホルム(bromoform),臭素化酢酸(brominated acetic acid),ブロモピクリン(bromopicrin),ブロモアセトニトリル(bromoacetonitriles),臭化シアン(cyanogen bromide),臭素酸塩(bromate)(表-11.15参照)(Haag and Hoigne, 1983;Kim *et al.*, 1999).時には過酸化水素が生成することもある.化合物についての生成量およびその割合は,共存する前駆物質の性質に依存する.再生水の化学的性質は,場所ごとに異なるので,消毒剤としてのオゾンの効果およびDBPsの生成について評価するには,実規模試験が必要であろう.

オゾンを消毒に用いる際のDBPs生成の制御

臭素系でない化合物は,容易に生分解を受けるため,生物活性を持つフィルタや活性炭カラム,もしくはその他の生物活性プロセスを通過させることによって除去することができる.また臭素系でない化合物は,土壌に適用することにより除去することも可能である.臭素が存在する場合に生成するDBPsの除去は非常に面倒である.もし臭素系のDBPsが問題となるようであれば,UV照射といった代替消毒方法を検討する方が良いかもしれない.

表-11.22 有機成分もしくはある種の無機成分を含む下水へのオゾン処理における代表的な消毒副生成物[a]

種類	代表的化合物
酸	酢酸 ギ酸 シュウ酸 コハク酸
アルデヒド	アセトアルデヒド ホルムアルデヒド グリオキサル メチルグリオキサル
アルドおよびケト酸	ピルビン酸
臭素系副生成物[b]	臭素酸イオン ブロモホルム 臭素化酢酸 ブロモピクリン ブロモアセトニトリル 臭化シアン
その他	過酸化水素

[a] U.S. EPA(1999b, 2002)より一部引用.
[b] 臭素系副生成物の生成には,臭化物イオンが存在しなければならない.

11.6.8 オゾンを使用するにあたっての環境影響

残存オゾンは，水生生物に対する急性毒性(acutely toxic)を示しうるという報告がある(Ward and DeGraeve, 1976). 他にもオゾンは，ある有毒な変異原性(mutagenic)もしくは発癌性(carcinogenic)の化合物を生成すると報告する研究者もいる．しかし，通常これら化合物は不安定であり，オゾン処理水中において，ほんの数分間しか存在しない．White(1999)は，オゾンはフミン酸(トリハロメタン生成の前駆物質)やマラチオン(malathion)のような害を及ぼす難分解性有機物質を分解すると報告している．またWhite(1999)は，消毒目的の塩素処理を行う前にオゾン処理を行うことによって，THMs生成の可能性が低くなるとも述べている．

11.6.9 オゾン使用のその他の長所

消毒にオゾンを使用するに伴うその他の長所として，オゾンの適用後に直ぐに酸素に分解されるため，処理後の溶存酸素濃度が飽和レベル近くまで達することがあげられる．酸素濃度が増加するので，処理水が溶存酸素の水質基準を満たすために必要な再曝気を省くことができる場合もある．

11.7 その他の化学的消毒方法

代替消毒方法については，その消毒効果やDBPs生成について懸念があるため，現在も研究が続けられている．ここでは，過酢酸もしくはその併用による消毒方法について，手短に紹介し考えてみることにしよう．これらを含むその他の消毒方法については，研究が現在も続いており，最新の情報は近年の文献や会議予稿集等から参照する必要がある．

11.7.1 過酢酸

1980年代後半において，過酢酸(peracetic acid；PAA, CH_3CO_3H)の使用が下水の消毒法として提案された．過酢酸は酢酸と過酸化水素からつくられるが，病院においては長年にわたり消毒剤や滅菌剤として使われてきたものである．過酢酸は特に食品業界において，殺菌剤や防かび剤としても使用されている．その安全性，およびDBPsを生成しないであろうという可能性から，再生水の消毒法としてのPAA利用について関心が高まっている．ここでは塩素の代替消毒法として現在検討されている一例として，PAA利用を手短に考察してみる．

過酢酸の化学と特性

市販のPAAは，エタン過酸化酸(ethane peroxide acid)，過酸化酢酸(peroxyacetic acid)，もしくはアセチル水酸化物(acetyl hydroxide)として知られているが，酢酸，過酸化水素，過酢酸そして水の4成分が平衡状態で存在する溶液として利用可能なものである．関連する反応式は，以下のとおりである．

表-11.23 様々な過酢酸(PAA)の構成溶液の特性[a]

特性	単位	PAA(%)		
		1.0	5	15
PAA重量	%	0.8～1.5	4.5～5.4	14～17
過酸化水素重量	%	最小で6	19～22	13.5～16
酢酸重量	%	9	10	28
利用可能酸素重量	重量%	3～3.1	9.9～11.5	9.3～11.1
安定性	yes/no	yes	yes	yes
比重		1.10	1.10	1.12

[a] Solvay Interox(1997)より引用．

$$CH_3CO_2H + H_2O_2 \rightleftarrows CH_3CO_3H + H_2O \qquad (11.58)$$
　　　酢酸　　　過酸化水素　　過酢酸

　平衡状態の混合溶液中では，非解離状態のPAAが殺菌作用を持つ形態であると考えられている．しかし過酸化水素も消毒機構には寄与しているであろう．
　また過酸化水素はPAAよりも安定である．PAAの特性を表-11.23にまとめた．

消毒剤としての過酢酸の効果

　PAAの効果は，Lefevre et al.(1992)，Lazarova et al.(1998)，Liverti et al.(1999)，Gehr(2000, 2006)，Wagner et al.(2002)，Gehr et al.(2003)やその他によって研究されてきた．さらにKitis(2004)によるレビューが公表されている．これまでの知見としては，特に単独で使用されている場合について，再生水水質がPAAの効果に与える影響や，PAAの殺菌作用に関して考察している．UVと併用した場合，PAAの効果は著しく促進される(11.7.2参照)．原理的には二次反応によってPAAからヒドロキシラジカル(hydroxyl radical)(HO・)や活性酸素(active oxygen)が生じることにより完遂されるようである(Caretti and Lubello, 2003)．PAAの適用法に関するさらなる情報については，近年の文献を調べる必要がある．

　U.S. EPA(1999a)によるレポートには，PAAは，合流式下水道越流水(combined sewer overflows；CSOs)における消毒剤の5候補の一つとなっていた．二次処理水の消毒データから，PAAはCSOの消毒として考えておくべきであると提案されている．長所として，残留性が高いことや副生成物がないこと，pHの影響を受けないこと，接触時間が短いこと，殺菌剤や殺ウイルス剤としての効果が高いことがあげられる．

消毒副生成物の生成

　利用可能なデータは限られるが，原理的には最終生成物は，CH_3COOH(酢酸または酢)，O_2，CH_4，CO_2およびH_2Oであり，一般的な濃度範囲では無害なものである．

11.7.2　化学的消毒法の併用処理

　複数の消毒過程を連続的に，もしくは同時に行う処理に対する関心は，特に浄水分野において，ほんのここ数年のうちに高まってきた．多重消毒(multiple disinfection)の使用に対する関心が高まってきた理由は，以下のとおりである(U.S. EPA, 1999b)．
- 反応性の低いクロラミン等の消毒剤の利用は，DBPs生成の低減化には非常に効果的であり，また配水管中の生物膜の制御にも，より効果的であることが証明されてきた．
- 様々な病原体に対して高いレベルでの消毒を行った水を供給するという，市民からの圧力や規制的な圧力によって，浄水および再生水業界は，より効果的な消毒方法を検討する必要が出てきた．より厳しい消毒基準に沿うため，消毒剤の大量投入が行われてきたが，不幸にもDBPs生成のレベルを増加させてしまった．
- 近年の研究は，複数の消毒処理を連続的に行うことは，単独処理で消毒効果を高めるよりもより効果的であることを示している．複数の消毒方法を同時に，もしくは連続的に適用することによる相乗効果によって，より効果的に病原を不活化するような場合，その方法は相互作用的な消毒方法とみなされる(U.S. EPA, 1999b)．

　現在，これらの方法についての研究が広範囲にわたって行われている．表-11.24に消毒方法の併用もしくは連続的な処理についての例を幾つか示す．多重消毒方法は，現場の状況や，対象微生物，使用されている消毒技術，消毒以外の処理目的によって適用法が変わるので，併用消毒技術の適合性や効果については，最新の文献を参照して評価しておく必要がある．

第11章 水再利用のための消毒プロセス

表-11.24 浄水および下水処理における消毒剤もしくは消毒方法の併用による効果[a, b]

消毒剤の併用	効 果	参考文献
浄水への適用		
塩素処理をオゾン(O_3), UV, およびクロラミンに置換	CT値相当の効果で3 log増加	Malley(2005)
塩素処理をUVおよびクロラミンに置換	CT値相当の効果で5 log増加	Malley(2005)
塩素処理をUV, O_3およびクロラミンに置換	CT値相当の効果で3 log増加	Malley(2005)
超音波と塩素の連続処理	それぞれの単独処理よりも効果が増加	Plummer and Long(2005)
アデノウイルス不活化のためのUVと塩素の連続処理	それぞれの単独処理よりも効果が増加	Sirikanchana et al.(2005)
下水処理への適用		
過酢酸(PAA)とUV	それぞれの単独処理よりも効果が増加.	Chen et al.(2005), Lubello et al.(2002)
PAAとUVとPAAとオゾン	それぞれの単独処理よりも効果が増加.	Caretti and Lubello(2005)
PAAと過酸化水素(H_2O_2), H_2O_2とUV, H_2O_2とO_3	効果の改善なし.	Caretti and Lubello(2005), Lubello et al.(2005)
オゾン, PAA, H_2O_2と銅(Cu)	PAAとH_2O_2単独では効果なし. 1 mg/LのCu添加で劇的な効果.	Orta de Velasquez et al.(2005)
PAA/UVとH_2O_2/UV	H_2O_2/UVはないが, PAA/UVは相乗効果あり.	Koivunen(2005)
超音波とUV	UV単独よりも効果が増加.	Blume et al.(2002), Blume and Neis(2004)も参照されたい

[a] Gehr(2006)より引用.
[b] U.S. EPA(1999b)中の追加的併用処理を参照.

11.8 紫外線照射による消毒

　紫外線(UV)照射光の持つ殺菌特性については，1880年代にUVの効果が発見され，1900年代初期にその利用が始められて以来，幅広く適用されてきた．最初に高品質な水道水供給に用いられた紫外線(UV)照射(ultraviolet radiation)は，1990年代に，新型ランプ，安定器(ballast)，それに付属機器の発展によって再生水の消毒処理として展開した．適切な線量下では，UV照射は再生水中の細菌，原虫，そしてウイルスに対する効果的な消毒剤であり，かつ有毒な副生成物の生成には寄与しないことが証明されてきた．再生水利用におけるUVの適用法に関して理解を深めるため，ここでは以下の項目について考えていく．(1)紫外(UV)照射光源，(2)UVシステムの構成，(3)UV照射の殺菌効果，(4)UV消毒プロセスのモデル化，(5)紫外線量の推定，(6)紫外線消毒のガイドライン，(7)UV消毒システムの分析，(8)UVシステムの運転管理，(9)UV照射による消毒の環境への影響．

11.8.1 紫外線照射光源

　図-11.26(a)に示されるように，UV照射は，電磁波スペクトルのうち100〜400 nm間の部分である．UV照射域は波長によって長波長側(UV-A)，中波長の近紫外域(near-UV)，中波長(UV-B)，

それといわゆる遠紫外域(far-UV)である短波長(UV-C)に分類される[(b)参照]．UV照射のうち殺菌域は，おおよそ220〜320 nmにわたり，主にUV-C域にある．255〜265 nmに及ぶUV波長は，微生物の不活化にとって最も効果的であると考えられる[(c)参照]．最も一般的なUV照射は，他の混合気体の場合もあるが，特に水銀蒸気(mercury vapor)中において2電極間で電気アーク(electric arc)を引き起こすことによって生じる．ランプ内の封入水銀蒸気の励起によるエネルギー生成がUV光の発生につながる．

再生水の消毒に用いられる場合，直接処理水がUVランプに接触しないよう，またUVランプが接触する処理水温の極限値を緩衝し，UV出力を一定に保つためにランプ直近温度を調整するため，石英スリーブ(quartz sleeves)が用いられる．使用時間とともに，UVランプ内の電子プールの減少や，電極の劣化および石英スリーブの劣化によってもUV消毒システムの効果は落ちる．以下に述べる他の混合気体を用いた無電極ランプによってもUV光は得ることができる．

11.8.2 紫外線ランプの型

主に電極を用いてUV光を照射するランプは，内部の運転パラメータによって，低圧低出力(low-pressure low-intensity)，低圧高出力(low-pressure high-intensity)，中圧高出力(medium pressure high-intensity)の3つに分類される．これら3タイプのUVランプの運転特性についての比較情報を表-11.25に示す．これらUVランプについて，以下に手短に説明するが，UVランプ技術は，日進月歩であることに注意されたい．したがって，UV消毒施設の設計には，製造業者からの最新情報を得ておくことが肝要である．UVランプと一緒に用いられる安定器についても手短に考察する．

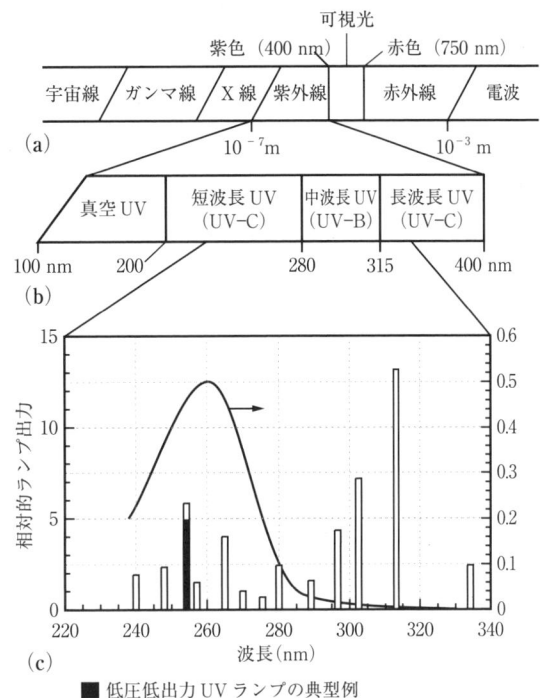

図-11.26 紫外線(UV)光の定義図．(a)電磁波スペクトル中の紫外光領域，(b)UV光スペクトル中の殺菌光領域，(c)低圧低出力および中圧高出力UVランプとDNAのUVランプ光領域の相対吸光度の重合せ図

表-11.25 紫外線ランプの運転上の特性の典型例

項目	ランプの型		
	低圧低出力型	低圧高出力型	中圧高出力型
消費電力(W)	40〜100	200〜500[a]	1 000〜10 000
ランプ電流(mA)	350〜550	様々	様々
ランプ電圧(V)	220	様々	様々
殺菌用出力比(%)	30〜40	25〜35	10〜15[b]
254 nmのランプ出力(W)	25〜27	60〜400	
ランプの運転温度(℃)	35〜50	60〜100	600〜900
圧力(mmHg)	0.007	0.01〜0.8	10^2〜10^4
ランプ長(m)	0.75〜1.5	様々	様々
ランプ径(mm)	15〜20	様々	様々
スリーブ寿命(y)	4〜6	4〜6	1〜3
安定器寿命(y)	10〜15	10〜15	1〜3
推定ランプ寿命(h)	8 000〜12 000	7 000〜10 000	3 000〜8 000

[a] 特に高出力のランプでは1 200 Wのものもある．
[b] 最も効果的な殺菌作用を持つ領域の出力値として(255〜265 nm，図-11.26を参照)．

第 11 章　水再利用のための消毒プロセス

低圧低出力紫外線ランプ

低圧低出力の水銀-アルゴン電極型(mercury-argon electrode)UVランプ[図-11.27(a)]は，UV-C域において，253.7 nm(約 254 nm)の波長に強いピークを持つ．184.9 nmにも弱いピークを持っているが，実質的には単波長照射(monochromatic radiation)のランプとして用いられる．254 nmにおけるピークは，微生物の不活化にとって最も効果的であると考えられる波長である 260 nmに近接している．ランプ出力の約 85〜88％が 254 nmの単波長光となっており，消毒プロセスの中でも効率的な選択肢といえる．低圧低出力ランプ内には液体水銀(liquid mercury)として余剰分が存在するので，ランプ壁の最低温度部分によって水銀蒸気圧(mercury vapor pressure)が決定される．ランプ壁が最適温度である 40℃になっていない分の水銀の一部が液化していると，UV光子を放出するのに用いられる水銀原子が減少するのでUV出力が低下する．

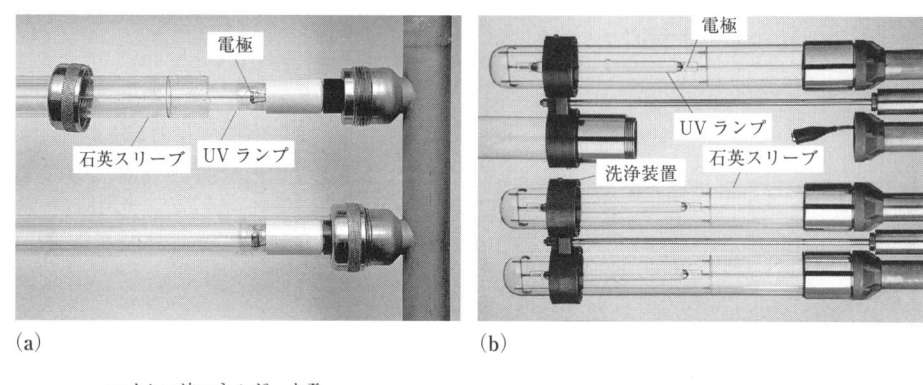

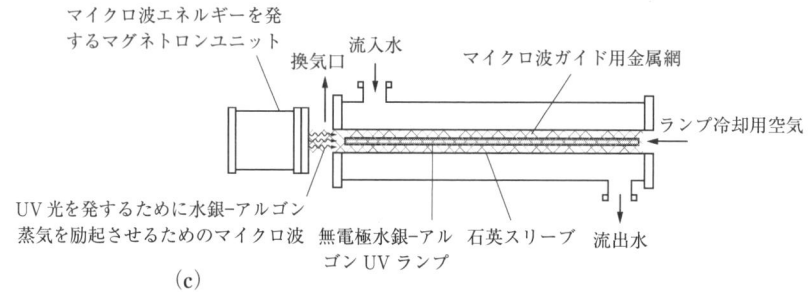

図-11.27　UVランプの典型例．(a)ソケットから取り出した石英スリーブのある低圧低出力UVランプ(M.Fanの好意による)，(b)洗浄装置のついた中圧高出力ランプ(Trojan Technologies, Inc.の好意による)，(c)マイクロ波無電極UVランプ(提供：Quay Technologies Ltd)[図-11.29(d)も参照されたい]

低圧高出力紫外線ランプ

低圧高出力UVランプは，水銀の代わりに水銀-インジウムアマルガム(mercury-indium amalgam)が使われる以外は低圧低出力ランプと同じである[図-11.27(a)参照]．水銀アマルガムを使うことで，従来型の低出力ランプに比べて，通常の 2〜4倍高い UV-C出力が得られる．製造業者によっては，254 nmにおいて 20倍の出力を持つランプがあるという．低圧高出力UVランプ内のアマルガムは，水銀原子を一定レベルに保ち，それにより広い温度域においてより高い安定性を持ち，より長いランプ寿命(lamp life)(他の低圧ランプに比べて 25％増)を持つ．低圧高出力ランプは，現在も開発され続けているので，ランプ特性については製造業者からの最新情報を得ておくべきであろう．

中圧高出力紫外線ランプ

幾つかの中圧高出力UVランプは，ここ 10年で開発されてきた．600〜800℃の温度で，かつ 10^2

〜10^4 mmHg の圧力で運転される中圧高出力 UV ランプは，広い波長域(polychromatic radiation)で照射光を持つ[図-11.26(c)]．中圧高出力 UV ランプ[図-11.27(b)]は，総 UV-C 出力が従来型の低圧低出力 UV ランプの約 50〜100 倍ある．それらは，ランプ本数を減らして，かつ消毒システムの専有面積を大幅に削減できる(接触時間を短くできるため)ので，再生水で流量が大きい場合や，雨水の越流水，または場所が限定されているような所での使用に限られている．

高出力 UV ランプは，すべての水銀が蒸発する温度で運転されるため，ランプの照射波長スペクトルを大幅に変えることなく，UV 出力を調節して照射することができる(通常，60〜100％)．出力調整ができることは，全電力消費量を考えるうえで重要なことである．さらに高い温度で運転するので，石英スリーブ表面での不透明膜(opaque film)形成を抑制するための機械式ワイパ洗浄(mechanical wiping)が必須である．高出力 UV ランプの製造元はたくさんあるが，その多くは，UV 消毒設備丸ごと販売しているわけではない．UV システムをつくるプラントメーカーによって，UV ランプや安定器(ballast)，反応装置を相互的に組み込んだ総合的な設計思想のもとに特定の UV ランプが選択されることになる．

新たな紫外線ランプ技術

再生水の消毒用に利用できるような新しい技術が出てきている．改良され，再生水へ適用できるようになってきたランプ型式の例をあげると，(1)広い波長域を持つキセノンランプ(xenon lamp)[パルス型紫外線ランプ(pulsed ultraviolet lamp)]，(2)狭い波長を持つエキシマ紫外線ランプ(eximer ultraviolet lamp)，(3)水銀とアルゴンを用い，無電極(electrode-less)でマイクロ波(microwave)による電力供給型高出力 UV，である．

パルスランプは，高レベルの照射エネルギーを広い波長域で照射する．パルスランプにより生み出される出力は，海水面での太陽光線の 20 000 倍の強さを持つと推定される(EPRI, 1996；O'Brien et al., 1996)．狭い照射波長を持つエキシマランプは，ランプに封入される気体によって，3 つの波長(172，222 および 308 nm)が決まる単波長光ランプである．消毒用ランプの気体には，キセノン(Xe)，塩化キセノン(xenon chloride, XeCl)，クリプトン(krypton, Kr)および塩化クリプトン(krypton chloride, KrCl)がある．マイクロ波エネルギーによって運転される UV ランプでは，無電極ランプに封入された水銀-アルゴンをマグネトロン(magnetron)にて発生したマイクロ波によって励起することにより，UV 光が発生する[図-11.27(c)]．このランプは電極を持たないので，ランプ寿命が長い．

前述のように UV 技術の発展は非常に速く，最新の資料を参照して UV 消毒システム設計を行うことが重要である．多くの場合，新たな技術開発はコスト性や性能の信用性に関する実績には欠けている．

紫外線ランプの安定器

安定器は，ランプへの電流供給を調節するために用いられる変圧器(transformer)のことである．UV ランプは，アーク放電(arc discharge)をする機器であるので，アーク放電においては電流を高くするほど，抵抗値は低くなる．電流を調節する安定器がないとランプは壊れてしまう．それ故，ランプと安定器をマッチさせることは，UV 消毒システムを設計するにあたり非常に重要なこととなる．3 つのタイプの安定器が用いられる．(1)標準型[芯コイル型(core coil)]，(2)省エネルギー型[芯コイル型]，および(3)電子型[固体型(solid-state)]．一般に，電子安定器(electric ballast)は，磁力型安定器(magnetic ballast)に比べて約 10％ほど省エネルギーである．電子安定器は，消毒装置として UV ランプを制御するのに，最も一般的に用いられるタイプである．

11.8.3 紫外線消毒システムの構成

再生水の消毒用 UV システムでは，使用するランプの型式だけでなく，水の流し方を開水路型

(open channel)にするか密閉型(closed channel)にするかによって分類することができる．これらのシステム構成についてそれぞれ下記に示す．

開水路型消毒システム

低圧の低出力および高出力ランプを構成要素とする開水路型UVシステムは，図-11.28に見られるような再生水消毒用として用いられる．図に見られるように，ランプを水平に設置し，流れに平行

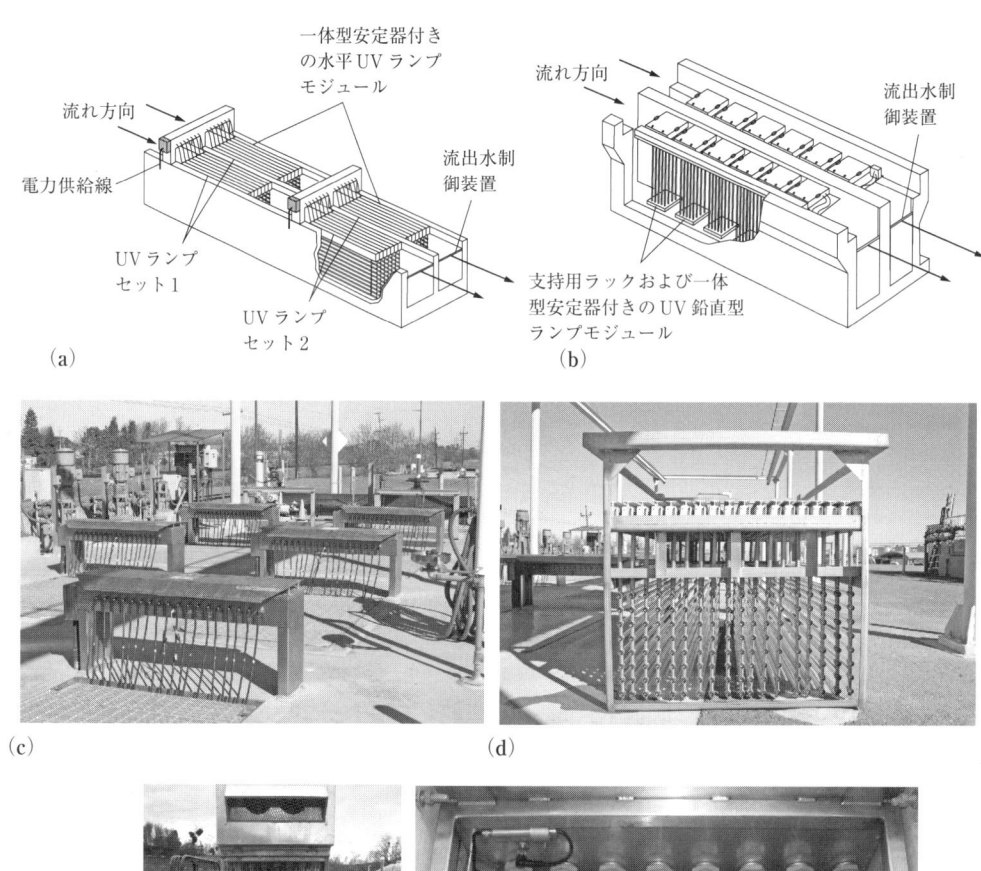

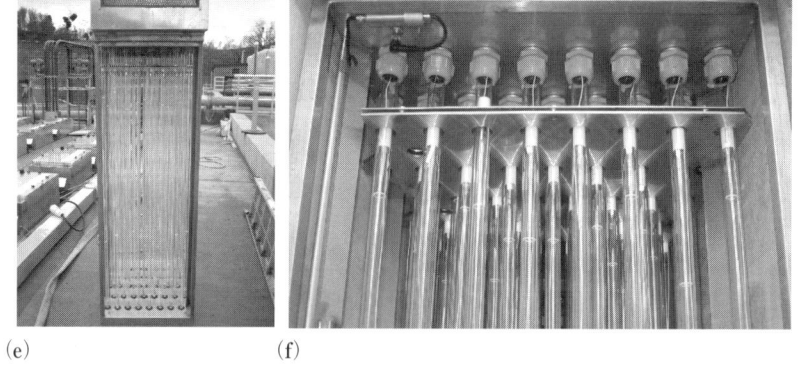

図-11.28 典型的な開水路型UV消毒システムの等角投影図．(a)流れに平行に配置された水平型ランプシステム(提供：Trojan Technologies, Inc.)，(b)流れに垂直に配置された鉛直型ランプシステム(提供：Infilco Degremont, Inc.)，(c)水路ごとに3つの水平型ランプ配置のランプセットを持つシステムの写真，(d)洗浄のため取り出されたUVランプセットの写真，(e)洗浄のため，水路から取り出された鉛直型ランプモジュール，(f)機械的洗浄装置の拡大写真［写真(e), (f)は，P.Friedlander and C.LeBlanc.の好意による］

となっている[(a)]か，垂直に設置して，流れに垂直となっている[(b)]．それぞれのモジュールは，石英スリーブに入れられた特定数のUVランプからなっている．ランプの総本数は，それぞれの適用条件によって決められるが，それぞれのモジュールに含まれるランプ本数は，水路の形状や製造元に依存する．ランプメーカーが製造するUVランプの中心間距離は，75 mm(3 in)となっているのが最も一般的である．錘をつけた招き戸(weighted flap gate)，広幅な刃型堰(extended sharp crested weir)，もしくは自動水位調節器(automatic level controller)を用いて，各消毒水路を流れる水流の深さを調節する．水位調節は，常にランプを浸漬させておくための必須要素である．通常，各水路は，2つ以上の紫外線ランプセット(bank of ultraviolet lamps)を持ち，各ランプセットは，多数のランプモジュール(もしくは，UVランプ枠)で構成されている．予備のランプセットもしくは予備の水路を設けることがシステムの信頼性を高めるということを考えておくのは重要である．通常，総流量を開水路の数で等しく分配して各々の設計流量とする．水平型および垂直型の低圧低出力UV消毒システムを再生水へ適用する場合の典型例を(c)～(f)にそれぞれ示した．

液相への光強度を減衰させるファウリング(fouling)効果への対策として，ランプを時々水路から取り出して洗浄するか，もしくは機械式洗浄装置(mechanical cleaning system)を取りつけておかねばならない．高出力型の低圧および中圧ランプシステムにおいては，石英スリーブのファウリングを避けるため，すべて機械的な洗浄装置がつけられている．低圧高出力型のUV消毒システムは，図-11.28(a)～(f)で見られるものと同様である．中圧UV消毒システムの典型例は，図-11.29(a)，(b)

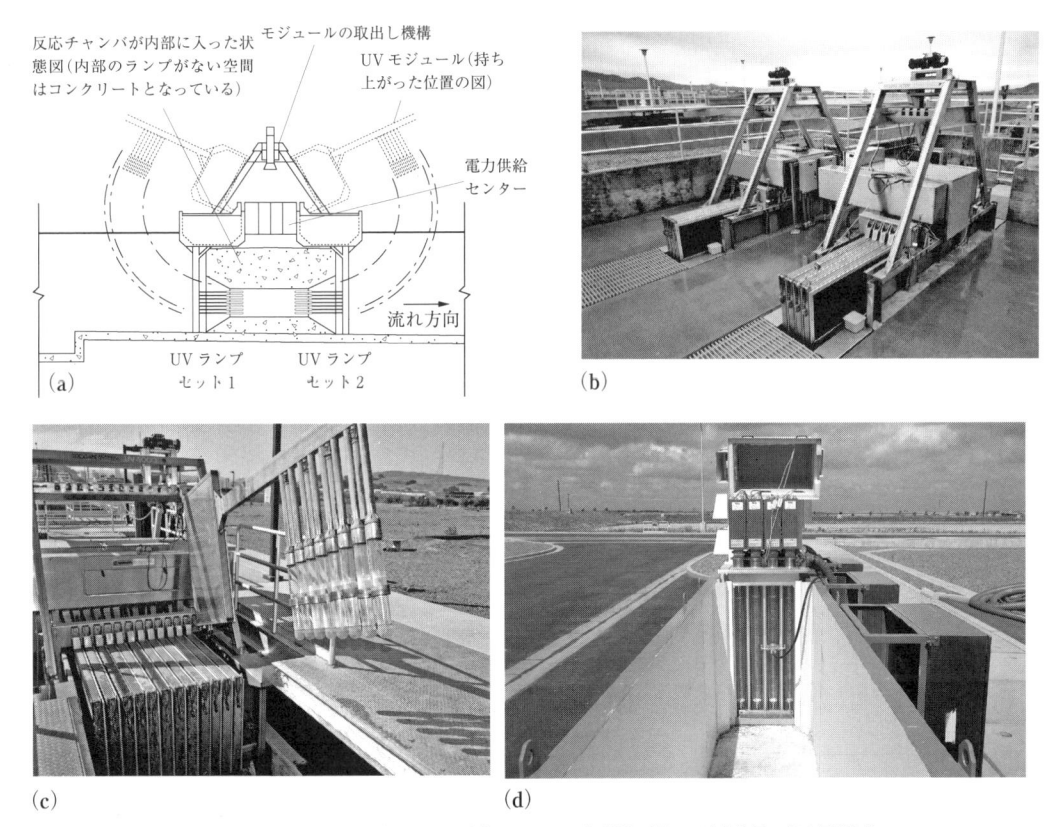

図-11.29 中圧およびマイクロ波ランプの開水路型UV消毒システムの典型例．(a)UV反応装置の概念図(提供：Trojan Technologies, Inc.)，(b)開水路に設置された中圧UVシステムの典型例，(c)反応槽からランプモジュールを1つだけ外に出している中圧UVシステム，(d)開水路に垂直型に設置したマグネトロンをランプ上部に備えつけているマイクロ波UVランプ［図-11.27(c)も参照されたい］

第11章 水再利用のための消毒プロセス

で示されるものである．ランプは，モジュール内に配置され，位置が固定された反応装置として取りつけられる[(c)]．ランプのスリーブ洗浄の様子を(c)にて見ることができる．水銀-アルゴンの無電極でマイクロ波を用いる高出力 UV ランプを垂直型に設置したシステムは，(d)に見ることができる．

密閉型消毒システム

多数の高出力型の低圧および中圧 UV 消毒システムは密閉型水路の方式で設計されている．最も多く設計されるシステム構成としては，図-11.30(a)に見られるような水流方向がランプに対して垂直型(perpendicular)のものである．しかし，水流方向が UV ランプと平行になるように設計されるものもある[(b)]．高出力 UV ランプは，運転中の表面温度が 600～800℃ となるため，ランプからの

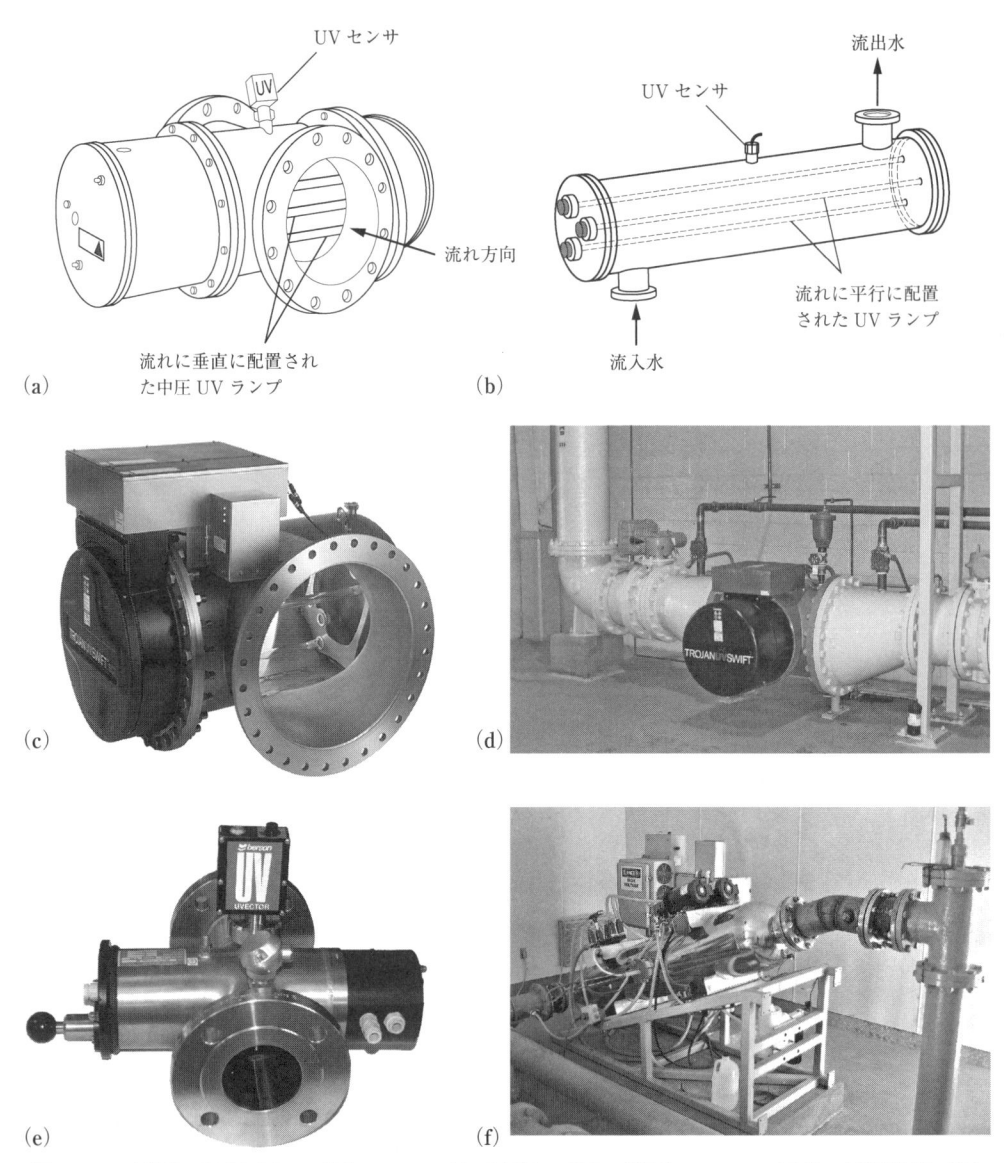

図-11.30 密閉型の中圧高出力 UV 消毒システムの図．(a)流れに垂直に配置する UV ランプを持つ密閉型装置の概念図，(b)流れに水平に配置する UV ランプを持つ密閉型装置の概念図，(c)直結型 UV 反応装置の写真(Trojan Technologies, Inc.の好意による)，(d)設置された UV システムの写真，(e)手動による洗浄装置を備えた小型の直結型 UV システムの写真，(f)パルス UV 反応装置の写真

UV出力は，処理水の温度に左右されない．中圧UV消毒装置の典型例を(c)，(d)に示す．再生水の消毒に用いられる密閉型もしくは固定配置式のシステムでは，基本的にすべてのシステムで，機械式ワイパにて石英スリーブの性能を保つような仕掛けがつけられている．小型の密閉式UVシステムには，手動運転の機械式洗浄装置を持つものもある[(e)]．パルスUV反応装置を用いた密閉式システムは，(f)に示した．

11.8.4 紫外線照射による不活化機構

紫外線光は，化学的というよりは物理的作用による消毒剤である．不活化(inactivation)および光回復(photoreactivation)の機構は，再生水の消毒処理へUV照射を適用する際に考慮すべき重要なことである．

不活化機構

UV照射は，微生物の細胞膜を通過し，すべての生物の進化を導いてきた核酸(nucleic acids)に吸収される．核酸に与える損傷は，細胞の合成(cell synthesis)や細胞の分裂(cell division)といった通常の細胞活動を阻害する．デオキシリボ核酸(deoxyribonucleic acid；DNA)は生物を構成し，リボ核酸(ribonucleic acid；RNA)は代謝過程を司っている．通常，DNAは4つの塩基[アデニン(adenine)，グアニン(guanine)，チミン(thymine)，シトシン(cytosine)]から構成される二本鎖(double-strand)のらせん構造であるが，例外として幾つかのウイルスは，一本鎖(single strand)DNAである．対照的にRNAは，アデニン，グアニン，ウラシル(uracil)，シトシンという塩基からなる一本鎖構造である．

UV照射への曝露によって，図-11.31に示されるように，チミン分子を二量体化することによりDNAに損傷を与える．シトシン-シトシン二量体(dimer)やシトシン-チミン二量体も形成されうる．したがって，チミンを多く含む *Cryptosporidium parvum*(*C. parvum*)や *Giardia lamblia*(*G. lamblia*)等は，UV照射に対して感受性が高い傾向がある(表-11.30参照)．ウイルスはDNAもしくはRNAを持ち，また一本鎖か二本鎖である．アデノウイルス(adenovirus)は二本鎖DNAを持つが，これがUVに対する高い抵抗性の説明となると考えられている(Sommer *et al.*, 2001)．UV照射への曝露により，DNA鎖が切れたり，それ自身と交差結合したり，DNAとタンパク質が架橋したり，その他の副生成物を形成したりするような重大な損傷を与えることもある(Crittenden *et al.*, 2005)．つまり，UV照射への曝露により細胞に対して有効に働くかなりの数の結合や損傷が生じるのである．

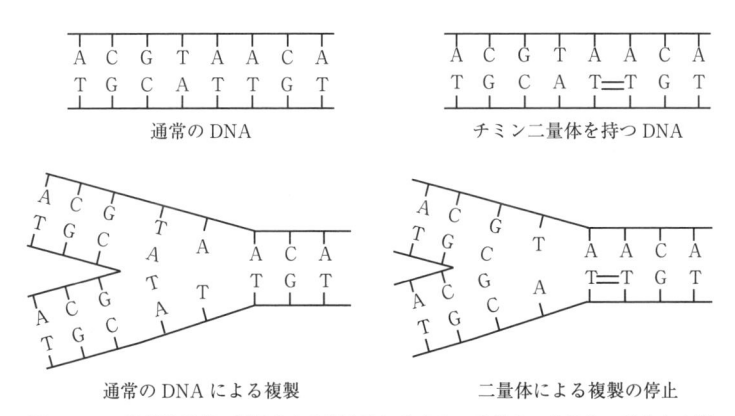

図-11.31 紫外線照射に曝露された微生物に生じる二重結合．生じた二重結合は複製を阻害する

紫外線照射後の生物回復

ある生物は，UV照射の曝露を受けた後でも，代謝機能の一部を維持することができるので，曝露によって受けた損傷を修復することができる．自然界の多くの生物は，UV損傷に抵抗するための機構を発達させてきた．UV損傷に対応する機構には，以下の2つの異なるものがある．(1) 光回復 (photo-reactivation)，(2) 暗回復 (dark repair)．

光回復 光回復は，光曝露によって損傷を受けたDNAの断片を修復する特定酵素が関与する．*Streptomyces griseus* において有することがKelner (1949) によって，またバクテリオファージおいてはDulbecco (1949) によって初めて明らかとなった光回復機能は，酵素によって生じることが示されている (Rupert, 1960)．DNA修復を担う酵素は，光回復酵素 (photolyase) と呼ばれている．光回復は，この光回復酵素とその対象物，すなわちピリミジン二量体との間で生じる2段階の酵素反応によって説明される (Friedberg et al., 1995)．第一段階では，光回復酵素が二量体を認識し (図-11.31 参照)，選択的にそれらに結合し，酵素-基質複合体を形成する．この第一段階は，光とは無関係に起こるので，暗条件においても起こりうる．酵素-二量体複合体は安定であり，第二段階において310～490 nmの波長域の光エネルギーを利用して二量体が解裂される．この第二段階のみが光照射に依存する．

例えば，大腸菌の光回復酵素は，内部に穴がある環状構造を持っており，遺伝子DNAから突き出ているピリミジン二量体を認識し，物理的に結合する．いったんピリミジン二量体が修復される (解裂される) と，その構造が変化し，結合が緩み，酵素は二量体から離れる (Friedberg et al., 1995)．病原寄生体についての光回復効果については未解明である．感染性に基づいた研究では，*C. Parvum* オーシストは，光回復が見られないという報告がある (Shin et al., 2001)．その他の研究では，*C. Parvum* オーシストでは，ピリミジン二量体の修復は生じているという報告がある (Oguma et al., 2001)．UV照射後のDNA修復においては，生物が感染力を再び持つかどうかに関して何が起きているのかは十分にわかっていない．修復するために必要な酵素は，ウイルスDNAには欠けているが，宿主細胞 (host cell) の酵素を利用して修復することができる．

生物が回復できるかどうかは，多くの因子，例えばUV線量 (高いUV線量は，回復効果を低下させる)，UV波長，UV強度，および光回復のための光への曝露時間等に依存することも考慮すべきである (Martin and Gehr, 2005)．低圧UVランプの単波長光を照射した大腸菌は，回復することができるが，中圧UVランプのような広波長光を照射した場合では，回復できない (Zimmer and Slawson, 2002；Oguma et al., 2002)．しかし，*Legionella pneumophila* は，低圧ランプ，中圧ランプのどちらでも非常に高い回復能力を示している (Oguma et al., 2004)．最新の報告をまとめてみると，UV消毒を経た再生水が約3時間ほど暗条件になっていれば，回復して再増殖する可能性は著しく低下する (Martin and Gher, 2005)．中圧UVランプの場合においてどのような効果が生じるのかは，さらに研究される必要があることは明白である．

暗回復 1960年代初め，UV照射によって生じるDNA損傷は，光なしでも修復されることが見出された (Hanawalt et al., 1979)．暗回復は，2つの機構によって生じる．(1) 除去修復 (excision repair)，および (2) 組換え修復 (recombination repair)．除去修復において，酵素がDNAの損傷箇所を除去する．そして，組換え修復においてDNAの相補的配列 (complimentary strand) を利用して，損傷DNAを修復する．修復に必要な酵素はウイルスDNAには欠けているが，光回復の時と同様に，宿主細胞の酵素を利用して修復することができる．光回復と比較すると，ピリミジン二量体の選択性が高いので，暗回復は遺伝子の数種の損傷が修復される．また暗回復は光回復に比べると進むのが遅い．

11.8.5 紫外線照射の殺菌効果に影響を及ぼす因子

UV消毒プロセス全体の効率は，以下のような多くの因子に依存している．(1) 再生水の化学的性

質，(2)粒子の存在，(3)微生物の性質，および(4)UV消毒システムの物理的性質．これらの項目について考える前に，UV消毒に影響する因子を考える際の参考となるUV線量の定義について考えておくことが適切であろう．以下に示す事柄は，その後UVプロセスのモデル化においても有用となることである．

紫外線量の定義

UV消毒の効率は，微生物に照射するUV線量に基づいている．以前に式(11.8)にて定義したUV線量Dをここでも以下のように引用しておく．

$$D = I_{avg} \times t$$

ここで，D：UV線量(mJ/cm^2)(注：$mJ/cm^2 = mW \cdot s/cm^2$)，$I_{avg}$：平均UV強度($mW/cm^2$)，$t$：照射時間(s)．

UV線量(UV dose)というものは，化学的消毒において使われるC_Rtと同様のものである．式(11.8)において示しているように，UV線量は，強度および照射時間を変化させることによって変わる．UV強度は，石英スリーブからの距離によってBeers-Lambert則(Beers-Lambert law)に従って減衰するので，UV消毒システムにおける平均UV強度は，よく数学的に計算される．Beers-Lamber則は，

$$\log(I/I_0) = -\varepsilon(\lambda)Cx \tag{11.59}$$

ここで，I：光源からxの距離における強度(mW/cm^2)，I_0：光源における強度(mW/cm^2)，$\varepsilon(\lambda)$：吸光を持つ溶質の波長λにおけるモル吸光度(molar absorptivity)[吸光係数(extinction coefficient)としても知られる]($L/mol \cdot cm$)，C：吸光を持つ溶質の濃度(mol/L)，x：光路長(light path length)(cm)．

式(11.59)の左辺は，モル吸光度が10を底にした場合で決定されているため，代わりに自然対数を用いる場合は，右辺は2.303を乗じた形にしなければならない．式(11.59)の右辺は，無次元単位にした場合には吸光度(absorbance)$A(\lambda)$と定義されるものであるが，一般には単位としてcm^{-1}を用いる吸光係数(absorptivity)$k(\lambda)$と同一のものである．

$$k(\lambda) = \varepsilon(\lambda)C = A(\lambda)/x \tag{11.60}$$

ここで，$k(\lambda)$：吸光係数(cm^{-1})，$A(\lambda)$：吸光度(-)．

UV装置の設計において再生水の吸光係数は，重要な点である．吸光係数の高い再生水は，UV光をより多く吸収し，消毒に必要なレベルまで照射するために多くのエネルギー投入が必要となる．吸光度は，一般的には分光光度計にて1.0 cmの固定光路長にて測定される．水の吸光度は，254 nm波長光にて測定されることが多い．様々な水

表-11.26 様々な下水の吸光度および透過率値

下水の種類	吸光度(a.u./cm)	透過率(%)
一次処理水	0.55〜0.30	28〜50
二次処理水	0.35〜0.15	45〜70
硝化処理後の二次処理水	0.25〜0.10	56〜79
ろ過した二次処理水	0.25〜0.10	56〜79
精密ろ過処理水	0.10〜0.04	79〜91
逆浸透膜ろ過水	0.05〜0.01	89〜98

処理プロセスを経た下水の吸光度と透過率(transmittance)の一般的な値を表-11.26にまとめた．

溶液の透過率$T(\lambda)$(%)は，次のように定義される．

$$T(\lambda) = I/I_0 \times 100 \tag{11.61}$$

ある波長の透過率は，吸光度測定値から次の関係式を用いて求めることができる．

$$T(\lambda) = 10^{-A(\lambda)} \tag{11.62}$$

文献等でよく見られる%表示の場合は，次の式である．

$$T(\lambda) = 10^{-A(\lambda)} \times 100 \tag{11.63}$$

したがって，完全に透過する溶液においては，$A(\lambda) = 0$，$T(\lambda) = 1$であり，全く透過しない溶液では，$A(\lambda) = \infty$，$T(\lambda) = 0$である．

原理的に水の透過率を決定しているのは，無機化合物(例：銅イオン)，有機化合物(例：有機染料，

フミン質，ベンゼンやトルエン等の芳香族化合物），極小コロイド粒子（small colloidal particles）（≦ 0.45 µm）である．後述するが，消毒効率に影響を及ぼす多くの変数が与えられても，UV 消毒システムの設計において，数学的にモデル化した結果が十分検証されているということにはならない（Tang et al., 2006）．

再生水中の化学組成の影響

再生水の組成が UV 消毒に与える影響を表-11.27 に示した．UV 消毒に対し，溶存物質によって吸光度という面で直接影響する（吸光度の増加が著しく UV 光を減衰させる）ことも，UV ランプのファウリングによって溶液中に照射される光が減少することも考えられる．UV 消毒を再生水に適用するうえで最も考慮しなければならない問題の一つが，処理場内で一般的に見られる吸光度（あるいは，透過率）の変動である．工業用水の流入の影響によって透過率がたびたび変動し，その結果，消毒効率に季節的な変動だけでなく，日変動を与えることになる．

一般的に工業排水から受ける影響は，無機および有機染料，金属を含む排水，および有機物質の複合体の排出に関連している．透過率に影響する無機化合物の中では，溶存鉄が UV 光を直接吸収するため，UV 吸光度という点では鉄が最も重要な物質である．二重結合を持つ有機化合物や芳香族化合物グループも UV 吸光を持つ．下水において見られる様々な化合物の吸光度値は，表-11.28 に示したとおりである．表-11.28 にて示した情報を概観すると，再生水中の鉄の存在が UV 使用において，大きな影響力を持つことが明白であろう．もし鉄塩が処理プロセス中にて使用されることになると，UV 消毒が使われている場合，他の化学物質に変更する必要があるであろう．

また雨水の流入によっても，特に域外からのフミン質が存在するような場合，大きく変動する要因となることに注意しておかねばならない．どちらの場合も透過率の変動という問題点の解決策としては，工業用水の流入の監視，排出源管理問題への取組み，およびろ過による排水源の処理といったことが必要となる．またある場合では，生物学的処理によって流入水の変動を修正することができるであろうし，ある特殊な場合では，UV 消毒は利用できないと結論づけることもあるかもしれない．

UV 消毒を使うにあたっての評価においては，オンラインの透過率測定装置を設置して，透過率変動の経時変化を記録することが有用である．再生水においては，ランゲリア飽和度指数（Langelier saturation index）によって決められるような，スケール生成能（9.4 を参照されたい）がスケール問題が生じるかどうかの評価に利用できる．スケール形成能は，特に高出力 UV ランプの適用性を評価

表-11.27　下水の消毒において下水中の組成が紫外線照射に与える影響

組成項目	影響
BOD，COD および TOC	BOD 成分の大半がフミン質でなければ，影響は少ないか，無視できる．
NOM（天然有機化合物）	UV 照射光を強く吸収する．
油およびグリース	UV ランプの石英スリーブ上に蓄積し，結果，UV 照射光を吸収する．
TSS	UV 照射光を吸収する．また，吸着した細菌が遮光される．
アルカリ度	スケール形成能に影響する．UV 光を吸収するであろう金属の溶解性に影響する．
硬度	カルシウム，マグネシウムおよびその他の塩は，特に温度上昇に伴い石英管に鉱物残渣を形成する．
アンモニア	影響は少ないか，無視できる．
亜硝酸塩	影響は少ないか，無視できる．
硝酸塩	影響は少ないか，無視できる．
鉄	UV 光を強く吸収し，石英管に沈着する．また懸濁物質に吸着し，その吸光により細菌が遮光される．
マンガン	UV 光を強く吸収する．
pH	金属や炭酸塩の溶解性に影響する．
TDS	スケール形成能や鉱物残渣の形成に影響する．
工業排水の流入	組成によっては（例，染料），透過率の日および季節変動を及ぼす．
雨水の流入	組成によっては，透過率の季節変動と同様に短期的な変動を及ぼす．

11.8 紫外線照射による消毒

表-11.28 水および下水中に見られる一般的な化合物の紫外線吸光度

化 合 物	形態もしくは表記名	モル吸光係数(L/mol/cm)	閾値濃度(mg/L)
Ferric iron 第一鉄イオン	Fe[Ⅲ]	3 069	0.057
Ferrous iron 第二鉄イオン	Fe[Ⅱ]	466	9.6
次亜塩素酸イオン	ClO^-	29.5	8.4
N-ニトロソジメチルアミン	NDMA	1 974	
硝酸塩	NO_3^-	3.4	
天然由来有機化合物	NOM	80〜350	
オゾン	O_3	3 250	0.071
亜鉛	Zn^{2+}	1.7	187
水	H_2O	6.1×10^{-6}	

する際に特に重要となる．

再生水の粒状物質の影響

再生水に存在する粒子も，UV消毒効率に影響を与える(Qualls *et al.*, 1983；Parker and Darby, 1995；Emerick *et al.*, 1999)．粒状物質がUVの性能へ与える影響のメカニズムについて図-11.32に図解した．下水中では，対象となる多くの生物(例：大腸菌)は，分散状態(disperse state)(他の物質と結合していない状態)と粒子付着状態(particle-associated state)(例：他の生物もしくは細胞断片といった他の物質に結合した状態)にある．大腸菌は放流の基準において特に重要な役割を担う(例：大腸菌は他の病原生物の存在を示唆する指標，あるいは他の病原生物の不活化効率を推定するために指標としてよく利用される)．粒状物質に吸着した状態の微生物に比べると，水中で分散している大腸菌は，平均UV強度分のエネルギーに完全に曝されることになるので，確実に不活化される(図-11.32参照)．未ろ過の処理水を消毒する場合，消毒関連プロセスが相手にするのは，粒子付着状態の生物である(図-11.5も参照)．実際，大腸菌はUV光から完全に遮光されるように粒状物質に吸着することができるので，照射後に大腸菌が検出されてしまうことになる．

大腸菌に対しては，粒状物質がUV光を遮蔽することができる最小サイズ(再生水特有であるが，10 μmオーダーである)が仮定されている(Emerick *et al.*, 2000)．再生水中の粒状物質は，もともと空隙がたくさんある構造をしているので，限界サイズ以下の粒子は，投入された光強度を減少させることはできず，したがって吸着している生物も分散して存在する微生物と同様に不活化される．限界サイズ以上の粒子は，同様に大腸菌に対して遮光することができる．大腸菌は粒子内にランダムに存

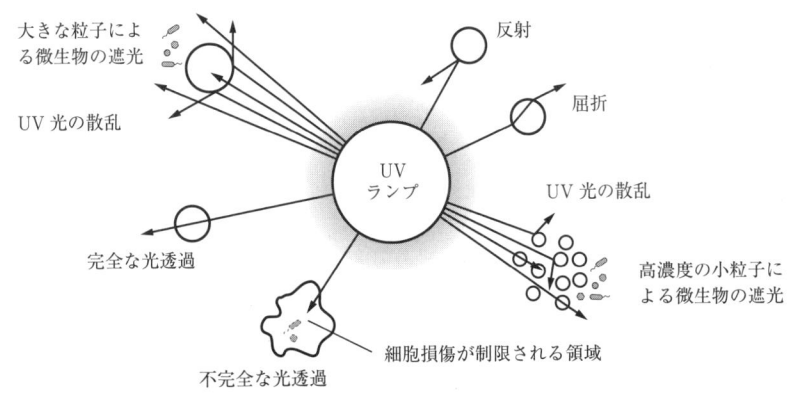

図-11.32 微生物の遮光効果，光の散乱，反射，屈折効果，および不完全な光透過等のUV消毒効率に影響する粒子の相互作用

第11章 水再利用のための消毒プロセス

在し,また粒子内の遮光部分には通常存在していないので,限界サイズを超えていたとしても,粒径の影響を把握することはできない.

微生物の性質

UV消毒プロセスの効率は微生物の性質による.様々な下水におけるUV光による大腸菌の消毒効率について表-11.29に示した.表-11.29に示される線量値は,必要なUV線量値としての最小目安値として理解しておくべきである.報告値は下水の性質がばらつくことによる影響を受けている.再生水において代表的な微生物として考えられるものに対して,UV照射による消毒効率の報告値を表-11.30に示した.表-11.5に示されていた値と同様,表-11.30に見られる値は,異なる微生物に対する必要なUV線量の相対的な値を見るためのガイドとしての意味を持つにすぎない.特定の病原の不活化に必要なUV線量に関する知識は,分析方法が改善されるに伴い今もなお変わり続けている.例えば,感染試験が行われる前には,UV照射は実用的な線量値(例えば,200 mJ/cm^{2}以下)ではC. parvumやG. lambliaの不活化には効果がないと考えられていた.しかし,感染試験をもとにした結果から,これらの原虫の両方ともが非常に低いUV線量値(一般に5～15 mJ/cm^{2}の範囲)で不活化されることが見出された.特定の微生物を不活化するのに必要なUV線量に関しては,新しい文献から最新の情報を得ておくことが必要である.

表-11.29 様々な下水における大腸菌群基準を満たすに必要な紫外線量の典型的な値

下水の種類	初期大腸菌群数 (MPN/100 mL)	UV線量(mJ/cm^2) 処理水基準(MPN/100 mL)			
		1 000	200	23	≤2.2
生下水	$10^7 \sim 10^9$	90～130			
一次処理水	$10^7 \sim 10^9$	90～130			
散水ろ床処理水	$10^5 \sim 10^6$	40～50	50～70	70～90	90～110
活性汚泥処理水	$10^5 \sim 10^6$	40～50	50～70	70～90	90～110
活性汚泥処理水のろ過水	$10^4 \sim 10^6$	35～45	50～60	70～80	80～100
硝化処理水	$10^4 \sim 10^6$	35～45	50～60	70～80	80～100
硝化処理水のろ過水	$10^4 \sim 10^6$	30～40	50～70	70～80	80～100
精密ろ過膜処理水	$10^1 \sim 10^3$		25～35	30～40	40～50
逆浸透膜	～0	—	—	—	5～10
腐敗槽処理水	$10^7 \sim 10^9$	90～130			
間欠砂ろ過処理水	$10^2 \sim 10^4$		10～15	30～40	50～60

システム特性の影響

UV消毒装置の設計を行うにあたり,式(11.8)に関する問題とは,UV消毒システム内を通過する全病原体に対する,(1)平均UV強度,および(2)照射時間が正確に把握できないことにある.実際は,実規模UV消毒装置には線量分布(dose distribution)があり,装置内強度分布(internal intensity profiles)および照射時間分布(exposure time distribution)の両方を用いて求めることができる.装置内部の強度分布は,システム内に不均一に設置されているランプや,システム内での理想的な撹拌状態の欠如,粒子状物質による光の散乱もしくは吸収効果,および溶液による吸光の影響を受ける.照射時間の分布は,軸方向混合(longitudinal mixing)を生み出す非理想的な水理状況の影響を受ける.

開水路型のUV消毒システムにおける最も深刻な問題の一つとして,流入部および流出水路部において均一な速度領域を持たせられるかがあげられる.例えば,塩素接触槽からの設備変更や,UV消毒システム能力の最適化に反するような運転,といった既存の開水路にUVシステムを後付する場合には,均一な速度領域を持たせることが特に難しくなる.

表-11.30 紫外線照射による消毒処理における下水中にて考慮すべき代表的な微生物の相対効果の推定値[a]

	微生物種	大腸菌群に必要な線量との相対値[b]
細菌類	大腸菌（*E. coli*）	1.0
	糞便性大腸菌群	0.9〜1.0
	Pseudomonas aeruginosa	1.5〜1.8
	Salmonella typhi	1.2〜1.5
	Staphlococcus aureus	1.0〜1.5
	Vibrio cholerae	0.6〜0.8
ウイルス類	アデノウイルス	6〜9
	コクサッキー A2	0.8〜1.0
	F 特異細菌ファージ	0.8〜1.0
	肝炎ウイルス A	3.5〜4.5
	ポリオウイルス 1 型	0.6〜0.9
	MS-2 細菌ファージ	0.8〜1.0
	ノーウォークウイルス	0.8〜1.0
	ロタウイルス	4〜6
原虫類	*Acanthamoeba*	6〜8
	Cryptosporidium parvum オーシスト	0.1〜0.3
	Giardia lamblia シスト	0.1〜0.2

[a] Wright and Sakamoto(1999), U.S. EPA(2003b), Hijnen *et al.*(2006) より一部引用.
[b] 単一の凝集していない微生物の懸濁溶液をもとにした相対値. 微生物が凝集, もしくは粒子に付着している場合は, 相対値は適用できない.

11.8.6 紫外線消毒プロセスのモデル化

一般的に, 浮遊物質がある程度の濃度で存在することは, UV 消毒の能力を落とす影響があると考えられるが, Emerick *et al.*(1999)は, 異なる処理プロセスにおいて, 総浮遊物質濃度と大腸菌を含んでいる粒子数との間に相関がなかったことを報告している. 相関がなかったというこの事実によって, より基本的な水質項目をもとにした不活化モデルが必要となる.

UV に曝される均一な生物群において, 対数線形的(log-linear)な不活化を示す前の初期段階における抵抗性を説明するため, 連続式機構(series-event kinetic)もしくはマルチヒット機構(multi-hit kinetic)を用いることが提案されてきた(Severin *et al.*, 1983). しかし, 再生水中に多種の細菌が混合しているような場合(例えば, 大腸菌), 全体的な反応性を見ると, 各微生物種もしくは属の持つ初期段階の抵抗性が見えなくなる. （再生水消毒によく使われるような）$10\,\text{mJ/cm}^2$ 以上の UV 線量においては, 回分式システムにおける分散させた大腸菌について対数線形的な不活化をモデル化するのに以下の式を用いることができる(Jagger, 1967 ; Oliver and Cosgrove, 1975, Qualls and Johnson, 1985).

$$N_D(t) = N_D(0)\,e^{-kD} \tag{11.64}$$

ここで, $N_D(t)$：時間 t における分散状態の生残大腸菌の総数, $N_D(0)$：UV 光を照射する前(時間 $t=0$ の時)の分散状態の生残大腸菌の総数, k：不活化速度定数($\text{cm}^2/\text{mW}\cdot\text{s}$), D：平均 UV 線量($I_{\text{avg}} \times t$, mJ/cm^2), I_{avg}：対象溶液中の平均 UV 強度(mW/cm^2), t：照射時間(s).

分散状態にある大腸菌と粒子に付着した状態の大腸菌との基本的な違いは, 生物に到達する UV 強度にある. 上述の式は, その生物のすべてが同じ UV 強度を受ける(完全な混合状態を仮定して)ことから, 分散状態にある生物にのみ適用することができる. 粒子に付着した生物は, 溶液中に投入

第11章 水再利用のための消毒プロセス

したUV強度に比べて少ない量しか受けられない．適用している強度分布がわかれば，上述のアナロジーで，分散状態および粒子付着状態の大腸菌の両方の不活化を説明するためのモデルを発展させることができる．Emerick *et al.*(2000)は，溶液中への投入強度が把握されている場合，分散状態および粒子付着状態の大腸菌の両方の不活化を説明するため，以下のモデル式の適用性を示した（前に示した図-11.6参照）．

$$N(t) = N_D(0) e^{-kD} + \frac{N_P(0)}{kD}(1 - e^{-kD}) \tag{11.65}$$

ここで，$N_P(0)$：時間 $t=0$ における1つ以上大腸菌を付着させている粒子数，他の変数は，前の定義のとおりである．

式(11.65)は，UV消毒性能に対する根本的な制約を説明するのに都合がよい．大腸菌を付着させた粒子数，不活化速度定数，および投入UV線量（強度と照射時間の積）は，UV消毒能力に影響を与える基本的要素である．平行照射光による不活化データを使って消毒装置を設計し，以下の方法にてUV消毒装置の検証を行うのが経験からより便利な方法であると思われている．

11.8.7　紫外線量の推定

UV消毒システムの性能を評価するにあたり，まずは公衆衛生を保持するために必要なレベルまで対象微生物を不活化させるために必要なUV線量を決定する．UV線量を推定するのに3つの方法が使われてきた．第一の方法は，システムのUV強度と照射時間の平均値を仮定し，平均UV線量を決定するものである．平均UV強度は，有限要素法(point source summation；PSS)として知られるコンピュータ計算法によって算定される(U.S. EPA, 1992)．PSS法は，空間特異な水理学(例えば，予備実験の結果は，その研究に用いられた単位装置の関数にすぎない)に依存しているため，近頃では設計者にはあまり用いられていない．

第二の方法は，システムのUV線量分布を得るため，計算流体力学(computational fluid dynamics；CFD)を用いてUV強度の分布と流速分布の両方を積分する方法である(Blatchley *et al.*, 1995)．CFD方法は確かな方法であるが，現時点(2006年時点)では，(1)その方法が標準化されていない，(2)消毒システム全体を通してその方法の検証がされていない，(3)たとえ正確であったとしても，UV線量分布を求めることはUV消毒システムの特異性において問題となる，といった理由からその利用は限られている．第三の方法は，最もよく用いられている方法であるが，平行光(collimated beam)によるバイオアッセイ(bioassay)を用いてUV線量を決定する方法である．UV消毒装置の設計にバイオアッセイを用いる方法について以下に説明する．

平行光を用いたバイオアッセイによる紫外線量測定

対象となる微生物の不活化に必要なUV線量を決定するために最も一般的に用いられる方法として，平行光と小さな反応器(例えば，ペトリ皿)を用いて，所定のUV量を照射する方法がある．図-11.33に典型的な平行光用装置を示す．平行光用の装置に単波長光を持つ低圧低出力ランプを用いることにより，照射するUV強度を正確に把握することができる．回分式の装置を用いることにより，正確に照射時間を決めることができる．式(11.8)によって定義される照射UV線量は，UV強度もしくは照射時間を変えることによって調節できる．装置の配置は固定されているので，ペトリ皿中の試料における深さ方向の平均UV強度は，次の関係式によって計算される．

$$D = I_m(1-R) P_f \left[\frac{(1-10^{-\alpha d})}{2.303(\alpha d)} \right] \left(\frac{L}{L+d} \right)$$

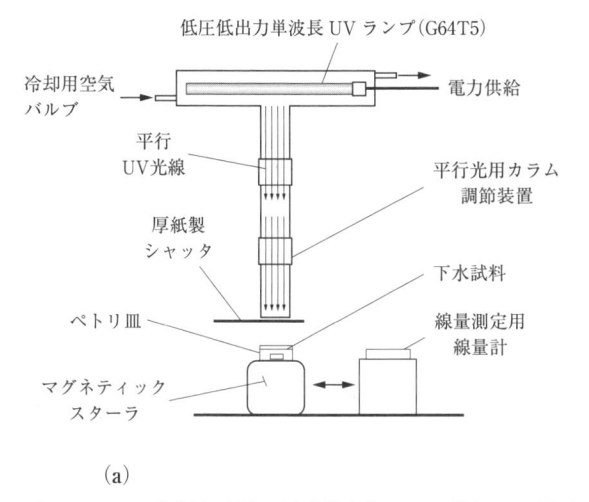

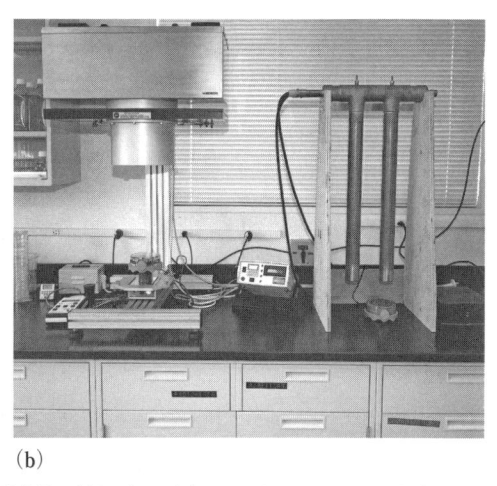

図-11.33 UV消毒用の用量-反応曲線を得るために使われる平行光試験装置.(a)概要図,(b)2つの異なるタイプの平行光試験装置.左側の平行光装置は,ヨーロッパのデザイン.右側は,装置(a)で示したタイプのもの

$$= I_m t (1-R) P_f \left[\frac{(1-e^{-2.303\alpha d})}{2.303(\alpha d)} \right] \left(\frac{L}{L+d} \right) \tag{11.66}$$

ここで,D:平均UV強度(mW/cm^2),I_m:試料表面中央における入射UV強度(mW/cm^2),t:照射時間(s),R:254 nm光の空気-水間の反射率,P_f:ペトリ皿因子,α:試料の吸光度(1 cm当りの吸光係数)[a.u./cm(底が10)],d:試料の水深(cm),L:ランプの中央軸と試料表面間の距離(cm).

式(11.66)の右辺の$(1-R)$項は,空気と水の接触面における反射(lectance)を考慮したものである.Rの値としては,約2.5%がよく使われる.P_fは,ペトリ皿の試料表面においてUV強度が均一ではないことを考慮したものである.P_fの値としては,0.9以上の値がよく使われる.中括弧の中の項は,ペトリ皿中の深さ方向の平均UV強度を示しており,Beers-Lambert則に基づいている.最後の項は,試料の上方にあるUV光源の高さを考慮した修正因子を示す.式(11.66)の適用法について,**例題11-7**に示しておいた.

算定UV線量Dの不確実性は,以下のいずれかの式中に示されるように変数の合計によって推定することができる.

最大の不確実性

$$U_E = \sum_{n=1}^{n=n} \left| U_{V_n} \frac{\partial D}{\partial V_n} \right| \tag{11.67}$$

不確実性の最良の推定

$$U_E = \left[\sum_{n=1}^{n=n} \left(U_{V_n} \frac{\partial D}{\partial V_n} \right)^2 \right]^{1/2} \tag{11.68}$$

ここで,U_E:UV線量値の不確実性(%),U_{V_n}:n個目の変数の不確実性もしくは誤差,V_n:n個目の変数,$\partial D/\partial V_n$:変数V_nによるD値の偏微分値.

式(11.67)に示される不確実性の最大推定値は,すべての誤差が最大値である場合の値である.式(11.68)に示される不確実性の最良推定値は,どの誤差も同時に最大値となることはないだろうということと,それぞれの誤差が違いに打ち消し合う効果も考慮しているために,最も一般的に使われるものである.

第11章 水再利用のための消毒プロセス

平均UV強度と照射時間に関する知識によって，式(11.8)を用いて平均UV線量を算定することができる．以下に示すように，微生物不活化の結果によってUV線量を修正することになる．

例題11-7　平行光試験におけるUV線量の決定法

以下の測定値は，平行光を用いてUV線量の測定を行うために得られた値である．これらのデータを使って試料に照射された平均UV線量を決定し，測定における不確実性の最良推定値を求めよ．

I_m　5 ± 0.35 mW/cm^2（測定器の正確性は $\pm 7\%$）
T　60 ± 1 s
R　0.025（正しい値と仮定する）
P_f　0.94 ± 0.02
α　1 ± 0.05 cm
L　40 ± 0.5 cm

解　答

1. 式(11.66)を用いて照射された線量を推定する．

$$D = I_m t (1-R) P_f \left[\frac{(1-10^{-\alpha d})}{2.303(\alpha d)}\right]\left(\frac{L}{L+d}\right)$$

$$= (5 \times 60)(1-0.025)(0.94)\left[\frac{(1-10^{-0.065 \times 1})}{2.303(0.065 \times 1)}\right]\left(\frac{40}{40+1}\right)$$

$$= (300)(0.975)(0.94)(0.928)(0.976) = 249.1 \text{ mJ/cm}^2$$

2. 算定されたUV線量についての不確実性の最良値を求める．算定線量値の不確実性は，式(11.68)を用いて推定することができる．1つの変数についての例と，その他の残りの合計について示す．

   a. 照射時間tの測定値の不確実性について考える．上述の1.にて用いた式をtに関して偏微分する．

   $$U_t = t_e \frac{\partial D}{\partial t} = t_e \left\{I_m(1-R)P_f\left[\frac{(1-10^{-\alpha d})}{2.303(\alpha d)}\right]\left(\frac{L}{L+d}\right)\right\}$$

   $$= 1.0 \left\{(5)(1-0.025)(0.94)\left[\frac{(1-10^{-0.065 \times 1})}{2.303(0.065 \times 1)}\right]\left(\frac{40}{40+1}\right)\right\}$$

   $$= 4.15 \text{ mJ/cm}^2$$

   b. 同様に残りの変数についても偏微分して値を求めると，次のような値となる．

   $U_{I_m} = 17.44$ mJ/cm^2 and 7.0%
   $U_{P_f} = 5.30$ mJ/cm^2 and 2.13%
   $U_\alpha = -1.40$ mJ/cm^2 and -0.56%
   $U_d = -1.20$ mJ/cm^2 and -0.49%
   $U_L = 0.076$ mJ/cm^2 and 0.03%

   c. 不確実性の最良推定値は，式(11.68)を用いて以下の値となる．

   $$U = [(4.15)^2 + (17.44)^2 + (5.30)^2 + (-1.40)^2 + (-1.21)^2 + (0.076)^2]^{1/2} = 18.79 \text{ mJ/cm}^2$$

3. 上述の不確実性の計算結果をもとにして，UV線量の最良推定値は，以下の値となる．

$249.1 \pm 18.8 \text{ mJ/cm}^2$

解　説

上記の結果から，照射されたUV線量の安全側の推定値としては，$230.3 \text{ mJ/cm}^2 (=249.1-18.8)$となる．不確実性についてのその他の方法は，**例題11-9**に示しておいた．

バイオアッセイによる測定

所定のUV線量を照射した際に得られる不活化率を評価するには，平行光装置(図-11.33参照)において照射前後の微生物濃度を測定する．微生物の不活化率については，細菌はMPN法によって，ウイルスはプラック計数法によって，原虫は動物感染試験によって測定する．実験室における平行光での線量-反応試験データの正確性を検証するためには，平行光試験は統計的な信頼性が得られるように繰り返し行わなければならない．試験に使う微生物の保存液が単種のものであるかどうか確かめるため，実験室の不活化実験データが品質管理限界の範囲内になっていなければならない．National Water Research Institute(NWRI, 2003)，およびU.S. EPA(2003b)によって大腸菌ファージMS2株について提案されている品質管理限界は，以下のとおりである．

NWRI
　　上限値　　$-\log_{10}(N/N_0) = 0.040 \times D + 0.64$ 　　　　　　　　　　　　(11.69a)
　　下限値　　$-\log_{10}(N/N_0) = 0.033 \times D + 0.20$ 　　　　　　　　　　　　(11.69b)

U.S. EPA
　　上限値　　$-\log_{10}(N/N_0) = -9.6 \times 10^{-5} \times D^2 + 4.5 \times 10^{-2} \times D$ 　　(11.70a)
　　下限値　　$-\log_{10}(N/N_0) = -1.4 \times 10^{-4} \times D^2 + 7.6 \times 10^{-2} \times D$ 　　(11.70b)

ここで，D：UV線量(mJ/cm^2)．

例題11-8に示すように，U.S. EPAによって提案されている境界は，NWRIのよるものと比較すると，緩いものとなっている．同様の境界曲線が *B. subtilius* について提案されている(U.S. EPA, 2003b)．NWRIのガイドラインは，California州での再利用水への適用において用いられている．

例題 11-8　大腸菌ファージMS2の反応性に関する実験室手順の検証

以下の平行光実験結果は，UV反応実験に用いるための大腸菌ファージMS2保存溶液について得られたものである．この実験室での実験結果が適用可能なものかどうか検証せよ．

線量(mJ/cm^2)	生残濃度(数/mL)	log 生残数[log(数/mL)]	log 不活化率
0	1.00×10^7	7.0	0.0
20	1.12×10^6	6.05	0.95[a]
40	6.76×10^4	4.83	2.17
60	1.95×10^4	4.29	2.71
80	4.37×10^3	3.64	3.36
100	1.20×10^3	3.08	3.92
120	7.08×10^1	1.85	5.15
140	1.48×10^1	1.17	5.83

[a] 試料の計算方法：$-\log$ 不活化率 $= 7.00 - 6.05 = 0.95$

第 11 章 水再利用のための消毒プロセス

解 答

1. 平行光実験結果をプロットし，NWRI および U.S. EPA の UV ガイドラインに示されている品質管理範囲を示す式(11.69a), (11.69b)と比較する．プロットした図を右に示す．

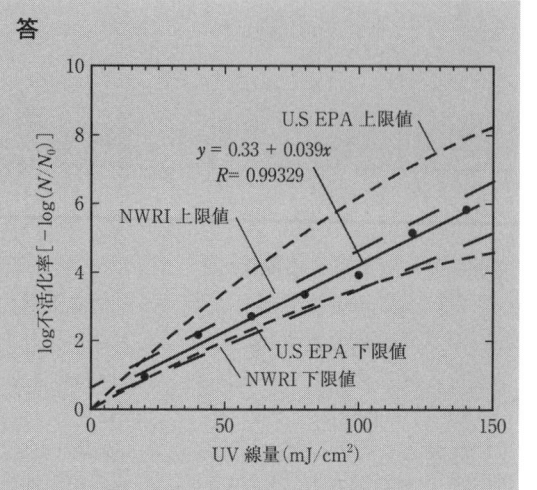

図中の回帰式: $y = 0.33 + 0.039x$, $R = 0.99329$

2. 図に見られるように，すべてのデータ点は，許容範囲内にプロットされている．

解 説

プロットした図に見られるように，NWRI と U.S. EPA のガイドラインに示されている品質管理の上限には，はっきりとした違いが見られる．NWRI ガイドラインが線形であるのに対し，U.S. EPA のガイドラインが曲線型であることにも注意すべきである．NWRI ガイドラインの方が厳しいことは明白であろう．

平行光によるバイオアッセイ結果の報告とその活用

平行光によるバイオアッセイ結果は，線量–反応率曲線により報告される(図–11.34)．(a)に見られる不活化曲線は，微生物を個別に分散させた溶液を UV 光に曝露させた場合であり，(b)の曲線は，懸濁粒子を含んでいる再生水を用いた場合のものである．平行光試験によって分析し，それを用いることによって，大腸菌群の不活化に必要な UV 線量を求めることができる．これを例題 11-9 に示す．

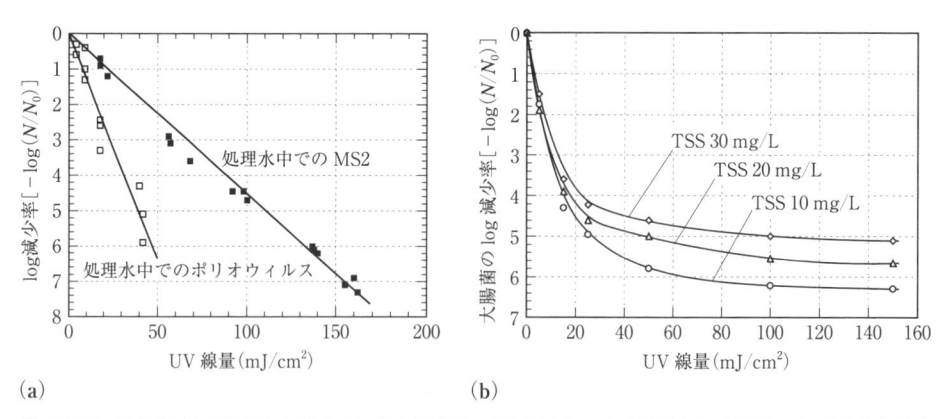

図-11.34 平行光線装置を用いて得られる UV 消毒用に求められた線量-反応曲線の典型例：(a)単離した微生物を分散させた場合(Cooper ら, 2000)および(b)異なる濃度で TSS を含んだ下水の場合

11.8 紫外線照射による消毒

例題 11-9 平行光試験の結果による大腸菌群に必要な UV 線量の決定

次頁の上表の線量-反応データは，平行光試験を 12 ヶ月にわたり再生水に対して 1 ヶ月ごとに実施した結果である．これらのデータを用いて，(1) 各 UV 線量における大腸菌群の生残数についての，平均値，標準偏差および信頼区間を決定し，(2) 大腸菌群基準値である 23 個/100 mL (30 日平均) を満たすために (この再生水の場合に) 必要な線量を決定せよ．

テスト番号	適用した紫外線線量 (mJ/cm²) 時の生残数						
	0	20	40	60	80	100	120
1	3 500 000	280	43	6.8	5.5	5.4	6.0
2	79 000	920	23	6.8	5.5	36	22
3	920 000	58	17	13	10	1.8	1.8
4	430 000	540	110	24	430	14	8.1
5	9 200 000	2 800	540	24	46	1.8	21
6	210 000	54 000	9 200	920	110	2.0	5.5
7	16 000 000	36	23	13	5.5	17	5.5
8	1 700 000	180	46	4.0	4.0	69	4.5
9	920 000	540	49	21	1.8	3.6	5.5
10	5 600 000	2 400	31	69	19	24	1.8
11	79 000	920	280	280	81	12	1.8
12	4 400 000	110	9.1	84	22	54	95

解 答

1. 1 月ごとの線量-反応データにおける平均値，標準偏差および信頼区間を決定する．生物的な UV 線量-反応データは，通常，対数正規分布を持つので，スチューデント t 検定に使えるように，得られた生残率データを対数値に変換する (正規分布を仮定した検定を用いるには通常 30 サンプル以上が必要とされるが，今回はデータ数が不足しているので，スチューデント t 検定を用いなければならない)．

   a. 得られた大腸菌群の生残細菌数を対数変換する．例えば，表のテスト番号 1 の UV 線量 40 の場合，$\log(43) = 1.63$ というように計算する．

   b. 試験した各 UV 線量におけるデータを対数変換した値で，平均値と標準偏差を求める．
   UV 線量 20 の場合，平均値は 2.75 となる．
   UV 線量 20 の場合，標準偏差は 0.86 となる．
   各 UV 線量について，計算した平均値および標準偏差を右の表にまとめた．

テスト番号	適用した紫外線線量 (mJ/cm²) 時の log 生残数						
	0	20	40	60	80	100	120
1	6.5	2.45	1.63	0.83	0.74	0.73	0.78
2	4.90	2.96	1.36	0.83	0.74	1.56	1.34
3	5.96	1.76	1.23	1.11	1.00	0.26	0.26
4	5.63	2.73	2.04	1.38	2.63	1.15	0.91
5	5.96	3.45	2.73	1.38	1.66	0.26	1.32
6	5.32	4.73	3.96	2.96	2.04	0.30	0.74
7	7.20	1.56	1.36	1.11	0.74	1.23	0.74
8	6.23	2.26	1.66	0.60	0.60	1.84	0.65
9	5.96	2.73	1.69	1.32	0.26	0.56	0.74
10	6.75	3.38	1.49	1.84	1.28	1.38	0.26
11	4.90	2.96	2.45	2.45	1.91	1.08	0.26
12	6.64	2.04	0.96	1.92	1.34	1.73	1.98
平均	6.08	2.75	1.88	1.48	1.25	1.01	0.83
標準偏差	0.78	0.86	0.83	0.70	0.70	0.58	0.51

c. 適切な信頼区間を決定する．基準が 30 日平均値をもとにしているので，生残数平均値が基準違反となるリスクをもとに設計する．中央値基準に合わせるためには，75％信頼区間がよく用いられる．

　i．線量が 60 mJ/cm² の場合，75％信頼区間は，次の式にて計算される(Larson and Faber, 2000)．

$$75\%信頼区間 = \bar{x} \pm t_{0.125}\left(\frac{s}{\sqrt{n}}\right)$$

$\bar{x}$：ある UV 線量における平均生残数(1.48)，$t_{0.125}$；75％の信頼性に応じたスチューデント t 検定値[1.214(統計表より求める．Larson and Faber(2000)]．

　自由度は，以下の値であることに注意する．
$n - 1 = 12 - 1 = 11$
n：データ数(12)，s：標本標準偏差(0.70)．

$$75\%信頼区間 = 1.48 \pm 1.214\left(\frac{0.70}{\sqrt{12}}\right) = 1.48 \pm 0.245$$

　ii．平均値および信頼区間を 10 を基底として指数変換して戻す．試験した各 UV 線量ごとの平均値および信頼区間を以下の表にまとめた．

紫外線線量(mJ/cm²)	大腸菌群数の 100 mL 中生残数		
	平均値	75％信頼区間下限値	75％信頼区間上限値
0	1 200 000	623 000	2 320 000
20	560	280	1 200
40	76	38	150
60	30	17	54
80	18	10	32
100	10	6	17
120	7	4	10

2. 必要 UV 線量の推定

　上述の表における 75％信頼区間の上限値をもとにすると，大腸菌群の生残数が 30 日中央値で 23 個/100 mL の基準を満たすための設計 UV 線量は，100 mJ/cm² となると決定できる．

解　説

1.の報告データにあるばらつきは，限られた試験をもとに実用的な値がどのようなものであるかの代表値である．対象とする再生水についてのばらつきについて，より正しく理解するためには，繰返し試験を行うことをお薦めする(少なくとも 3 回試験が望ましい)．

11.8.8 紫外線消毒ガイドライン

　National Water Research Institue(NWRI) と American Water Works Association Research Foundation(AWWARF；米国水道協会研究基金) は，『Ultraviolet Disinfection Guidelines for Drinking Water and Wastewater Reclamation(飲料水および再生水のための紫外線消毒ガイドライン)』を発行した(NWRI, 1993；NWRI and AWWARF, 2000；NWRI, 2003)．紫外線消毒ガイドラインには，以下の項目が含まれている．(1)反応装置の設計，(2)信頼性に関する設計，(3)監視および

警告に関する設計，(4)現場に即した試験，(5)性能管理，および(6)基準化されていない処理水の再利用適用に関する工学的報告書．UV消毒を利用する際，要求レベルが高くない場合は，これらの項目のうち用いられないものもある．

紫外線消毒ガイドラインの適用

再生水に適用できるガイドラインは，浄水システムに適用できるものと同等のものである．最も異なる点は，浄水に対しては線量の推奨値に関する記述がないのに，再生水システムに対しては記述されているところである．再生水にはUV線量として推奨される設計値は，粒状層ろ過(granular medium filtration)の処理水に対しては$100\ mJ/cm^2$であり，膜ろ過(membrane filtration)処理水に対しては$80\ mJ/cm^2$，逆浸透膜ろ過(reverse osmosis filtration)処理水に対しては$50\ mJ/cm^2$となっている．このような推奨値の違いがあるのは，それぞれの処理水において期待されるウイルス濃度が異なることに由来している．線量値は，ポリオウイルス(poliovirus)の4 log不活化に，安全係数を約2として考えた時に必要な量として決められている．

処理水質によって異なる推奨線量値が決まることに加えて，設計透過率についても推奨値が異なる．粒状担体ろ過，精密ろ過，逆浸透の処理水についての設計透過率は，それぞれ55，65および95%である．これら異なる透過率は現場調査に基づいている．浄水もしくは非制限的(unrestricted)再利用用途に用いられるすべてのUV消毒システムは，設置前に検証試験(validation test)を行う必要がある．ガイドラインは，二次処理水の消毒には使われないが，一般的に生じる問題点に関する設計には活用できる．

紫外線消毒ガイドラインと紫外線システム設計の関係性

UV消毒システムの設計には，一般的に3段階必要とされている．(1)バイオアッセイに基づいて対象とする微生物を適切に不活化するための必要UV線量を決定する，(2)製造元によって異なるUV消毒システムの性能を検証する，そして(3)最適なUVシステム構成(例えば，モジュール当りのランプ本数，槽当りのモジュール数，流路当りの槽数，そして流路総数)を決定する．最初の2段階は，ガイドラインに直接述べられており，設計面に関する一般的な説明が書かれている．基準に合格するのに必要なUV線量を決定することは前述のとおりであり，**例題11-10**に例示しておいた．微生物の種類に特有の細かい点や，テストの実施法については，ガイドラインに述べられている．

再生水における紫外線システムの性能検証試験プロトコール

検証試験では，ウイルス指標(例えば，バクテリオファージMS2)の不活化をUV消毒システムの通過流量の関数として定量的に評価する．UV消毒装置によって達成される不活化率を定量するためには，**例題11-10**に示したように，平行光の照射装置を用いて，試験に使われる微生物についてのUV線量−反応関係を求める．UV消毒システムにおいて見られる不活化率をこのUV線量−反応関係と比較して，このUV消毒システムによって得られるUV線量に相当する提供線量(delivered dose)，検証線量(validated dose)，もしくは換算紫外線量(reduction equivalent dose；RED)と呼ばれる値を求める．得られた線量の決定法を図-11.35に図示した．U.S. EPA Guidance Manual(2003b)においては，特に水処理には優先的に修正係数のばらつきについて，以下のように述べられていることに留意しなければならない．(1)REDバイアス—異なる微生物間での線量の修正，(2)多波長バイアス—光出力が異なる波長スペクトルの場合に留意，(3)不確実性係数—検証試験における測定の不確実性に留意．

NWRI(National Water Research Institute)の紫外線消毒ガイドラインに基づく**検証試験**

検証試験は重要である．なぜならば，試験結果によって競合するUV消毒技術を比較し，また第

第 11 章　水再利用のための消毒プロセス

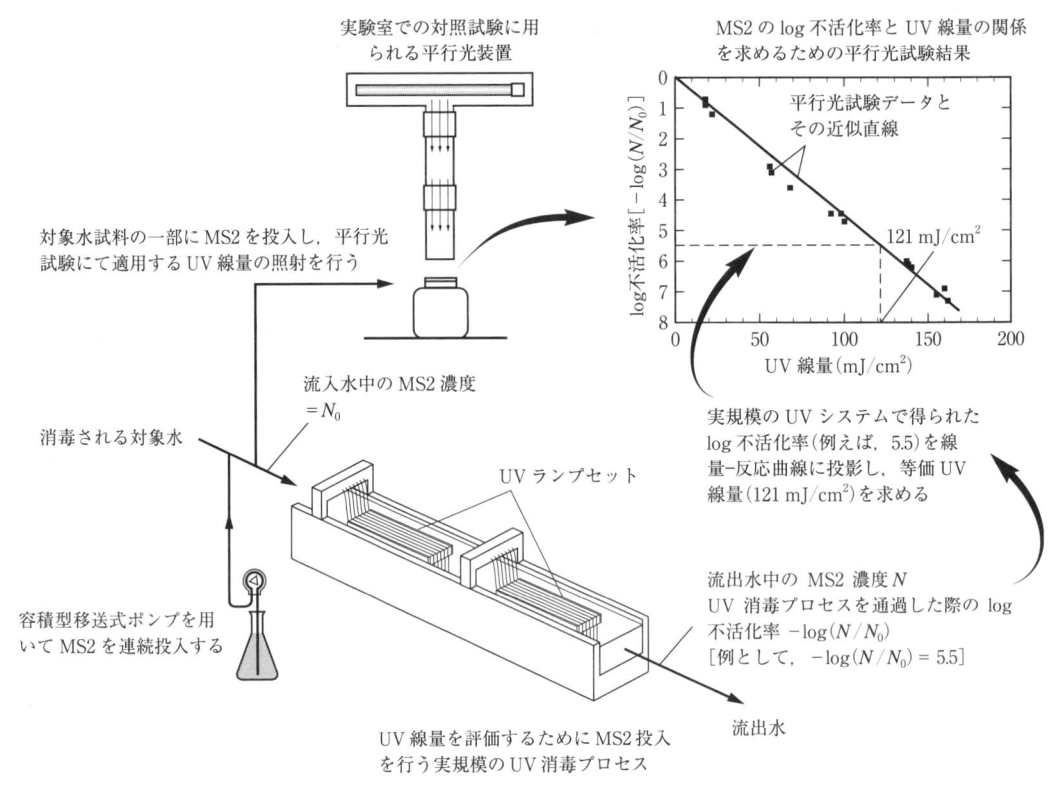

図-11.35　実験室試験もしくは UV 反応槽の性能評価への生物線量計の適用に関する概念図(Crittendenr *et al.*, 2005)

三者による検証がされていないことが多いような製造元の宣伝文句に基づいて選定する必要がないようにするためである．開水路および密閉水路における UV 装置の試験に用いられる流水式プロセスの概要を図-11.36 に示した．

図-11.36 に示した方法によって行われる UV 消毒装置の検証試験は，以下の各段階を踏んで行う．
① 消毒システムの検証試験に用いるための，代表的な供試水を選択する．
② 試験するための UV 消毒システムの構成(低圧低出力の UV システムには，少なくとも 2 つ，通常は 2 つ以上の処理槽で試験されなければならない．ランプの寿命時を模擬的に試験するために，UV ランプの供給電力を下げる操作ができない場合は，古くなったランプを試験に用いなければならない)を選択する．
③ UV 消毒システムの水理学的性能を試験する．水理学的試験は，装置への入口と出口の流速の均一性を検証するために行われる．
④ UV 試験装置(図-11.37 参照)内の水量負荷率(hydraulic loading rate)の関数として，ウイルス指標の不活化率を定量化する．開水路および密閉水路における UV 装置の場合の典型的な設定方法を図-11.36 に示した．
⑤ 同時に平行光試験を供試水に対して実施し，照射した UV 線量に対するウイルス指標の不活化率を決定する．
⑥ 実験室における平行光の線量-反応試験データの正確性を検証する．実験室の試験データは，前述の式(11.69a)，(11.69b)に示される領域に入っていなければならない．
⑦ 平行光試験において照射 UV 線量によって決められる不活化率の測定値をもとに実用装置においての UV 線量を決定する．

実証試験を実施するために必要な工程は，**例題 11-10** に示したとおりである．

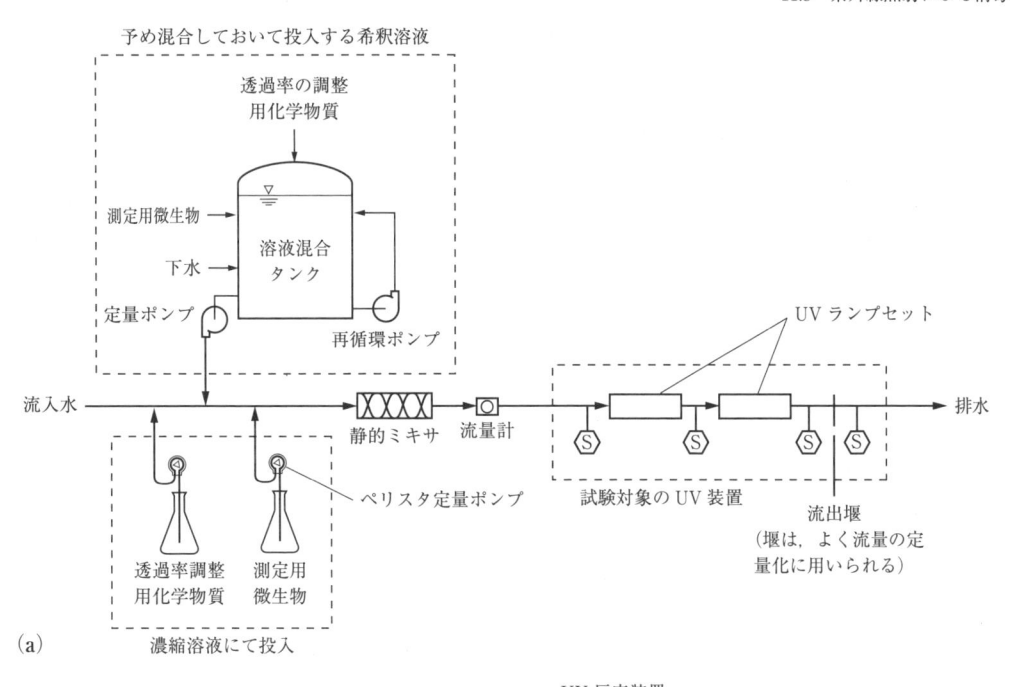

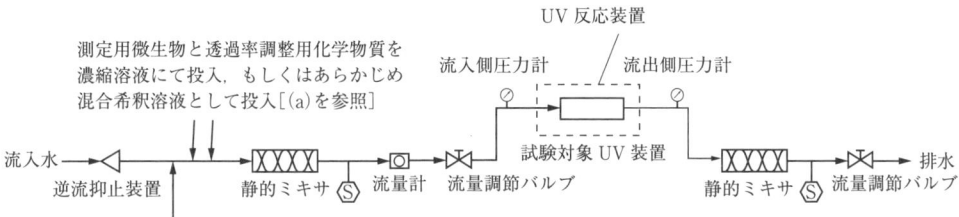

図-11.36 微生物および透過率調整用化学物質の投入によって，UV反応装置の性能評価を行う場合の実験設備の概念図．(a)開水路システムに，あらかじめ混合しておいた希釈溶液もしくは濃縮溶液を投入する方法，(b)密閉型システムに，あらかじめ混合しておいた溶液を投入する方法

図-11.37 性能評価を行っている大型密閉式UV反応装置

例題 11-10　紫外線消毒システム性能の検証に用いられる実用装置の試験結果の分析

製造元は実用規模のUV消毒システムを提供し，ランプへの水量負荷率に応じて得られるUV線

第11章 水再利用のための消毒プロセス

量についての試験を行ってきた．製造元は設定線量を得るために，流路ごとに4本のランプを備えた3流路のシステムをこの試験のために選択した．各ランプを備えている流路は，水理学的に独立したものである．それ故，試験結果はフルスケールの装置では1流路40本のランプの場合まで適用することができる（例えば，フルスケール設備では，流路当り10倍数のランプまで利用できる．古いランプを実用装置に設置して，保証寿命の最後の状態におけるUVランプ性能をシミュレートする．

　この試験は，ある地方の水再生施設における高度処理水に対して実施した．高度処理水の透過率は通常75%である．透過率を低下させる因子（例えば，インスタントコーヒー）を処理水へ投入し，透過率を55%まで低下させた．製造元はこのUV消毒システムを水理学的負荷率でランプ当り20～80 L/min として試験するように設定していた．性能試験に用いるウイルス指標（例えば，細菌ファージ MS2）の濃度測定のためには，おおよそ 1×10^{11} 個/mL の濃度が必要なので，下表に示すような条件にてシステムの試験を行うことに決定した．

水量負荷率[a] (L/min・ランプ)	設定流量[b](L/min)	ウイルス濃度[c] （ファージ/mL）	ウイルス投入流量[d] (L/min)	設定流量中のウイルス濃度の概算値 （ファージ/mL）
20	240	1×10^{11}	0.024	1×10^7
40	480	1×10^{11}	0.048	1×10^7
60	720	1×10^{11}	0.072	1×10^7
80	960	1×10^{11}	0.096	1×10^7

[a] 試験のために，製造元によって設定される値．
[b] 総ランプ数12の3つのランプセットを備えた実規模装置の場合．したがって，水量負荷率が20 L/min/ランプの場合，設定流量としては，（12ランプ）×（20 L/min/ランプ）＝240 L/min となる．
[c] 実験室から供試される．
[d] 各設定流量において，ウイルス濃度が約 1×10^7 ファージ/mL になるように設定した．したがって，240 L/min の場合，その初期設定濃度となるには，ウイルスを含む溶液を 0.024 L/min の流量にて投入する必要がある．

　試験の実施に対し，各流量設定の順番をランダムにして，各流量ごとに3回繰り返し採水した．流入および流出水（例えば，いずれの不活化実験においてもファージをある濃度で含んでいる水として）をそれぞれのプロセスごとに繰り返し採水した．流入水の結果は，下表のとおりである．

流量(L/min)	繰返し番号	流入濃度 （数/mL）	log値に変換した流入濃度 [log(数/mL)]	log値に変換した流入濃度の平均
240	1	5.25×10^6	6.72	
240	2	1.00×10^7	7.00	6.93
240	3	1.15×10^7	7.06	
480	1	1.00×10^7	7.00	
480	2	1.23×10^7	7.09	7.07
480	3	1.29×10^7	7.11	
720	1	1.23×10^7	7.09	
720	2	1.05×10^7	7.02	7.03
720	3	9.55×10^6	6.98	
960	1	1.23×10^7	7.09	
960	2	1.20×10^7	7.08	7.02
960	3	7.94×10^6	6.90	

流出水の結果は，次頁の上表のとおりである．

流量(L/min)	繰返し番号	運転したランプセット数[a]	流出濃度 (数/mL)	log 値に変換した流出濃度 [log(数/mL)]
240	1	2	2.09×10^2	2.32
240	2	2	1.44×10^2	2.16
240	3	2	1.66×10^2	2.22
480	1	3	3.80×10^2	2.58
480	2	3	3.31×10^2	2.52
480	3	3	3.09×10^2	2.49
720	1	3	1.32×10^4	4.12
720	2	3	6.03×10^3	3.78
720	3	3	4.27×10^3	3.63
960	1	3	4.79×10^4	4.68
960	2	3	1.86×10^5	5.27
960	3	3	6.61×10^4	4.82

[a] 試験した低流量設定時(240 L/min)においては，3つのランプセットのうち2つのみを運転させた．3つのランプセットを運転させると，流出水中のウイルス濃度が検出限界以下になってしまうため，2つの運転にて試験した．ランプセットは，水理学的に独立であるので，UV ガイドラインにおいては，ランプセット2つの運転時での不活化で試験し，その結果を外挿することによって，ランプセットを増やした場合の性能予測をすることが許されている．

UV 消毒システムは，二次処理水のろ過水を試験しているので，UV 消毒システムが $100\ \text{mJ/cm}^2$ 以上を照射している流量域をランプ当りの L/min にて決定する．

MS2 の UV 線量−反応曲線は，**例題 11-8** に示したものを仮定し，試験結果の分析に用いる．

解　答

1. 試験した各流量において達成される不活化程度を75%信頼度で決定する．分析結果は，下表に示したとおりである．75%信頼度は，スチューデント t 検定を用いて決定することに留意されたい（正規分布を仮定するには少なくとも30標本が必要である）．

流量(L/min)	繰返し番号	log 不活化率	log 不活化率の平均値	サンプルの標準偏差	75%信頼区間の log 不活化率
240	1	4.61[a]			
240	2	4.77	4.69	0.08	4.63
240	3	7.71			
480	1	4.49			
480	2	4.55	4.54	0.05	4.50[b]
480	3	4.58			
720	1	5.91			
720	2	3.25	3.19	0.25	2.95
720	3	3.40			
960	1	2.34			
960	2	1.75	2.10	0.31	1.81
960	3	2.20			

[a] サンプルから計算する．前述の表より，log 値に変換した流入濃度の平均は6.93であった．したがって，繰返し番号1の log 不活化率は，$6.93 - 2.32 = 4.61$ と計算される．

[b] サンプルから計算する．流量 480 L/min では，75%信頼区間値は，下の式にて4.50と計算される．

$$75\%\text{信頼下限値} = x \pm t_{0.125}(s/\sqrt{n}) = 4.54 - 1.214(0.05/\sqrt{n}) = 4.54 - 0.04 = 4.50$$

第11章 水再利用のための消毒プロセス

2. 試験した各水量負荷率における UV 線量を求め図示する.
   a. **例題 11-8** より, 線形近似式によって, 右図のように log(MS2 不活化率)に応じた線量を決定する.

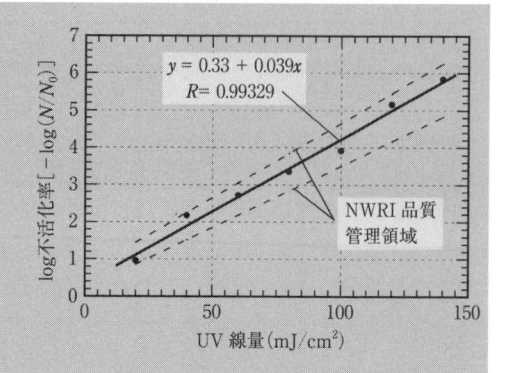

$y = 0.33 + 0.039x$
$R = 0.99329$

NWRI 品質管理領域

log 不活化率 $[-\log(N/N_0)]$
UV 線量 (mJ/cm^2)

   b. 算定された UV 線量を下表にまとめた.

流量(L/min)	水量負荷率 (L/min・ランプ)	75%信頼区間 log 不活化率	等価紫外線線量[b] (mJ/cm^2)
240	20	(1.5)(4.63) = 6.95[a]	170
480	40	4.50	107
720	60	2.95	67.2
960	80	1.81	37.9

[a] この流量の不活化率は, ランプセット2つでの結果から外挿して求めた. このシステムは, ランプセットが3つで構成されているので, ランプセット3つでは, 2つの運転で得られた不活化効果の150%分とした.

[b] サンプルから計算する. 平行光試験から得られる線形近似式を用いて, 流量 480 L/min の時の等価 UV 線量を求める.

$$線量(mJ/cm^2) = \frac{\log 不活性率 - 0.33}{0.039} = \frac{4.50 - 0.33}{0.039} = 107 \, mJ/cm^2$$

   c. 先の工程にて求めた UV 線量をプロットする. 結果を右図に示す.
3. $100 \, mJ/cm^2$ 以上となるランプ当りの流量を決定する. 上述のプロットから, このシステムにおいて $100 \, mJ/cm^2$ 以上の線量が照射されるのは, ランプ当り 20〜43 L/min の範囲内である.

照射された線量 (mJ/cm^2)
ランプ当りの流量域
水量負荷率(L/min・ランプ)

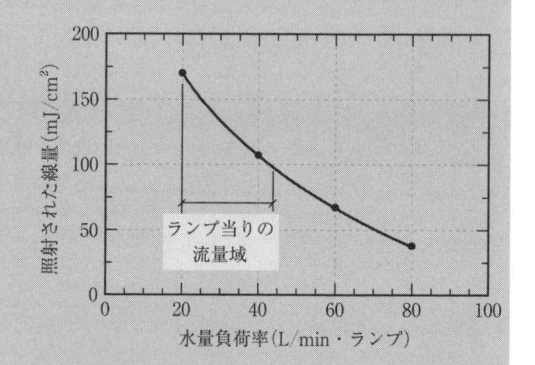

解 説

古いランプを使い, 透過率値も 55% 値に調節したために, 試験結果は UV 消毒システムを考え得る最悪の条件にて運転した場合の性能を示したものとなっており, 通常の運転条件に対して安全側の評価となっている. ランプが新しいものであれば, 試験結果によっては3流路をすべて使う必要はないかもしれない. フルスケール UV 消毒システムの最適な構成を決めるには, 上記の3.における曲線が利用される.

11.8.9 紫外線消毒システムの分析

消毒において，UVランプの必要最小数を決める因子は，以下のとおりである．(1)前述の例題にて概要を示した装置の検証試験において決定される水量負荷率，(2)UVランプもしくはそれに使われる石英スリーブの劣化特性，(3)再生水の水質，およびその変動，そして(4)放流基準の内容および基準に合致するために求められる信頼度．水理学的因子は稼働装置の性能に著しく影響する．平行光試験によって得られたランプ当りの流量は，不活化能力を担保する流速となる．バイオアッセイ結果が実機の導入において適用できるような装置内流速を確保する装置構成にしなければならない．本書の扱う範囲の領域外であったとしても，上述のUVガイドラインは，UVシステム設計を扱うにあたり注意深く参考にすべきものである．どのUVシステムを選ぶか，またどのような規模にするかは，Tchobanoglous *et al.*(2003)等の最新資料が参考になる．

11.8.10 紫外線消毒システムの運転上の問題

UV消毒に伴う運転上の問題は，第一に基準を満たす条件に達することができないことに関するものである．UV消毒に伴う問題の診断を行う際に考慮すべき問題点を以下に述べる．

紫外線消毒システムの水理学

この分野において起こる問題のうち最も深刻なものの一つは，恐らくシステムの水理的側面が劣っているために不活化能力が異常な状態，つまり不足してしまうことであろう．最も一般的な水理的問題は，以下のとおりである．(1)密度流(density current)が発生し，再生水がUVランプ槽に流入した後，槽の底部もしくは上部に沿って流れることにより短絡流(short circuit)が起きる，(2)流入水もしくは流出水の流れ条件が不適切であるために渦流(eddy current)の形成を促して，最終的には不均等な速度分布が生じるために短絡流が起きる，(3)死水域(dead space)部分もしくは領域が槽内に発生し短絡流が起きる．短絡流や死水域の発生は，平均照射時間を減少させ，UVシステムの不効率化につながる．

開水路システムの水理的改善を可能にする設計要件の主なものとしては，以下の利用があげられる．(1)浸漬型穴あき拡散板(submerged perforated diffuser)，(2)長方形型の開水路に水平方向にランプが配置されているシステムの場合の隅の平滑化(corner fillet)，(3)開水路にランプが垂直に配置されているシステムの場合に流れ偏向板(flow deflector)を入れる，(4)穴あき隔壁と一緒に曲がり越流堰(serpentine effluent weir)を用いる．エネルギーを使って流入水を撹拌する必要がある場合もある．開水路のUV消毒システムにおけるこれらの改良方法を図-11.38に図示した．浸漬型穴あき板の穴の面積は，流路断面積の約4〜6%が良い．密閉型のUV消毒システムでは，正しく配管されていれば，穴あき板は通常必要とされない．物理的な流れの邪魔により，より均一な流速領域をもたらすようにする方法の効果を様々試してみる際，計算流体力学は非常に便利である(Blatchely *et al.*, 1995).

紫外線消毒システムの水路壁および紫外線装置上の生物膜

UV消毒システムにおいて起こりうる他の深刻な問題は，UV反応槽の照射表面に生物膜(biofilm)が生じることである．この問題は特に標準的な格子(standard grating)によって覆蓋された開水路において深刻である．UV流路が他の光，ほのかな明かりであっても照射されている場合，生物膜(通常，真菌性の糸状菌)が照射表面に形成する．生物膜による問題とは，それらが細菌に対し効果的にUVを遮蔽してしまうことにある．生物膜の塊が付着面から剥がれると，その塊が消毒システムを通過する際に，細菌に対してUVを遮蔽するのである．最も良い制御方法はUVランプセットを完全に覆

第11章 水再利用のための消毒プロセス

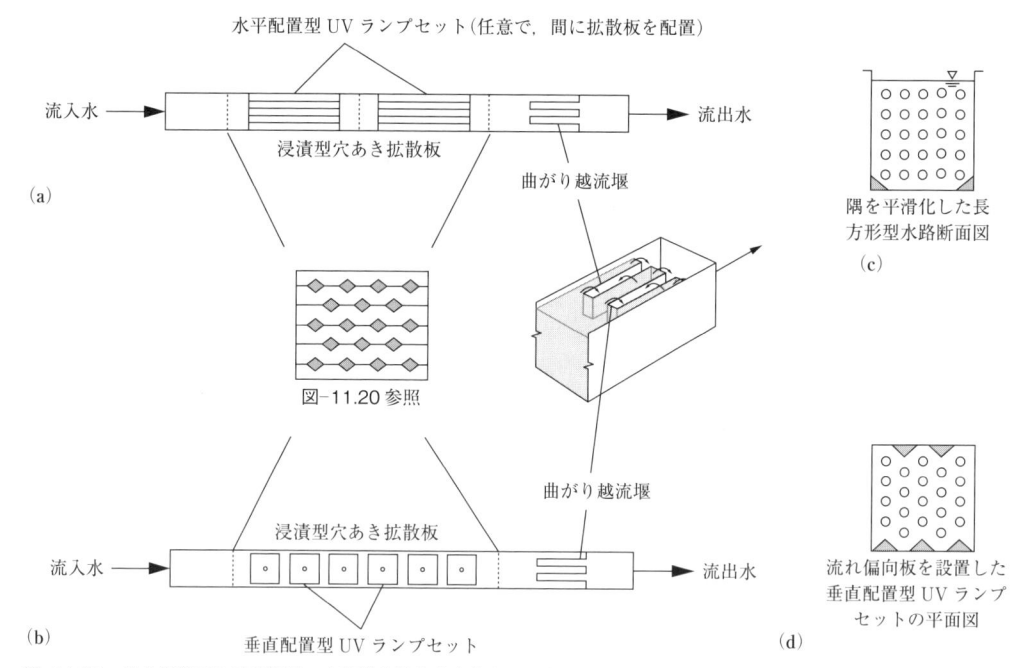

図-11.38 開水路型UV反応装置の水理学的性能を向上させるために利用できる物理的特性の典型例．(a)および(b)拡散板を用いる方法，(c)UVランプを水平配置している反応槽での隅の平滑化，(d)UVランプを垂直配置している反応槽での流れの偏向板の利用．水平配置型および垂直配置型の両方とも，ランプモジュールの数を増やせば，壁の影響を減らすことができる

ってしまうことである．加えて次亜塩素酸塩，過酢酸(11.7参照)もしくはその他の適切な洗浄剤，消毒剤によってランプセットを時折清掃，消毒する．

生物膜の形成は，密閉型UVシステムにおいても生じる可能性があることに留意すべきであるが，中圧高出力型UVランプを用いている場合でなければ深刻度は低い．中圧高出力型UVランプは，可視光領域にも出力を持つので(図-11.26参照)，照射面上にある微生物の成長を刺激することになる．あるケースでは，ランプの支持材に付着して，長さ300 mmにも達するまで成長したものも見つかっている．可視光領域の照射量は，ランプの形式によって(例えば，製造元によって)異なるだろう．このような成長は，定期的に適切な消毒剤によって排除しておく必要がある．

紫外線強度の増加による粒子の影響の克服

UV消毒システムの性能に与える粒子の影響を，UV強度を高めることによって克服できるかどうかを考えてみる．再生水中の粒子によるUV吸光は，溶液中のそれに比べて通常1 000倍以上であるため，UV強度を10倍に増やしても，粒子に付着した大腸菌群の生残数を減らすことはできないことが観察されている．粒子は本質的にUV光の透過を阻止している．ある限界サイズ以上の粒子(対象となる微生物のサイズによって決まる)は，内包する微生物に対してUV光から効果的に遮蔽する(Emerick et al, 1999；Emerick et al, 2000)．UV消毒の効率は，そもそも大腸菌群を含む粒子数によって決まるので，UV消毒システムの性能向上のためには，大腸菌群が付着している粒子数を減らす(例えば，上流側に適切な前処理プロセスを入れるなど)か，粒子数そのものを減らす(例えば，沈殿槽を改善したり，ろ過処理を導入するなど)必要がある．ヒトに接触する可能性のある再生利用水に対して，現在最も厳しい大腸菌群の基準(2.2 MPN/100 mL以下)を適用するとすれば，二次処理水に対してある種のろ過処理を用いる必要がある．

上流側の前処理プロセスが紫外線性能へ及ぼす効果

大腸菌群が付着した粒子数は，UV消毒システムの性能に影響する因子であった．11.2において前述したように，活性汚泥の処理場において大腸菌群が付着している粒子数は，SRTに依存していることが観察されている(図-11.5参照)．それ故，生物学的プロセスの運転状況，および最終沈殿池の設計および運転状況は，処理水をろ過しないで消毒する場合，特に注意深く見ておかねばならない．処理水をろ過している場合においても，ろ過水中の粒子径分布について注意を払う必要がある(Darby *et al*, 1999；Emerick *et al*, 1999)．

11.8.11 紫外線照射の環境影響

UV照射を再生水の消毒として用いる場合に環境へ与える影響としては，化学変化した化学物質の放流や微生物の再増殖が考えられる．

紫外線により化学変化した化合物の放流
紫外光は化学物質でないため，有害な残留物を生成しない．しかし，ある種の化学物質は，紫外照射によって変化するかもしれない．今までの証拠に基づけば，再生水の消毒に用いる線量($80 \sim 200$ mJ/cm^2)では，生成する化学物質は無害であるか，より害の少ない形態へと分解することがわかっている．化合物の構造変化を促す光化学酸化(photooxidation)は，kJ/cm^{2}の線量範囲でないと生じない．したがって，紫外光による再生水の消毒は，環境へ悪影響を与えるようなものであるとは考えにくい．kJの範囲で運転するような，ある種の新しい高出力型ランプに関しては，現時点では知見がない(Gehr, R. or Hanzon, P.C. *et al*. or Tang, C.C. *et al*. 2006)．

微生物の再増殖
前述したとおり，微生物にはUV光に曝露することによって生じるDNA損傷を修復する機能を持つ酵素があるため，UVを再生水に適用する場合，特に再生処理した水を輸送管にて非常に長い距離を輸送するような場合には，微生物の再増殖は考慮するべき問題となる．

再増殖能の評価　微生物自身の回復能力は，微生物の種によっても株によっても大きく異なるため，特定の病原微生物もしくは指標微生物の修復について個々に調べておくことが重要である．答えを用意しておかねばならない問題は，UVによっていったん受けた損傷が光回復によって回復するのであれ，暗回復によって回復するのであれ，微生物が再び自身を複製する能力を得て再増殖するのかどうかということである．もし再増殖が起こるのであれば，その微生物は病気をもたらす能力を持つのであろうか？　光回復に関して単波長光である低圧UVと多波長光である中圧UVの間に相違があるのかどうかについては考えておく必要がある．

抑制措置　11.7において先に報告した研究結果をもとにすると，UV消毒後の光回復による微生物の再増殖は，消毒後の処理水をUV光に曝露した後，約3時間ほど暗所に保っておけば，著しく低減化できることが明らかになっている(Martin and Gehr, 2005)．暗回復による再増殖がほとんどないか，無視できるほど少なくするためには，消毒用のUV線量を増やすことが必要になるであろう．もしUV消毒した再生水を離れた再利用場所にポンプにて送る場合，長い配管で成長するような生物膜の形成は，それを抑制するような運転をしている場合でも，少量の消毒剤(例えば，塩素や，過酢酸)を添加して制御しておく必要があるかもしれない．UV消毒処理水を覆蓋のない環境水へ放流する場合，塩素や他の消毒剤を少量添加して再増殖を制限する必要があるかもしれない．再生水処理にUVを用いた高度処理が用いられる場合には，酸化反応に必要なUV線量は再増殖を制限するのに十分な量であるかもしれない．

第11章 水再利用のための消毒プロセス

問　題

11-1　右の4処理場のうち1つ（選択は出題者が行う）において，大腸菌群の不活化速度定数を Chick 則を適用しつつ決定せよ．なお，処理水の温度は 20℃であった．

生残生物の対数値	時間(min) サンプル			
	A	B	C	D
7	0.0	0.0	0.0	0.0
6	12	4.0	6	8
5	24	8.0	11.8	16.6
4	36	13	17.2	25.2
3	47.8	17	25	35
2	60.2	20	30.4	40
残留結合塩素(mg/L)	5	8	10	7

11-2　11-1 において求めた不活化速度定数を用いて，大腸菌群を 15℃ および 25℃ において，60分間で 99.99% 不活化させるために必要な塩素量を決定せよ．

11-3　塩素の1日必要量，アルカリ分を加えなければならない場合，必要なアルカリ度およびブレークポイント塩素処理を窒素の季節変動に応じて用いる場合の，それによって生じる全蒸発残留物量を推定せよ．本問題においては，以下のデータを仮定せよ．
1. プラント流量　　4 800 m³/d
2. 処理水水質
    a. BOD　　15 mg/L
    b. 総 SS　　15 mg/L
    c. NH_4^+-N　　4 mg/L
    d. アルカリ度　　$CaCO_3$ 換算で 125, 145, もしくは 165 mg/L（選択は出題者が行う）
3. 処理水中の NH_4^+-N の要求濃度　　1.0 mg/L

11-4　4つの異なる再生水に様々な容量の塩素を加えた時の残留塩素濃度を測定した結果を右表に示す．以下の値を求めよ（どの再生水を選択するかは出題者が行う）．(a) ブレークポイント注入量，(b) 残留遊離塩素濃度が 1, 2, 3.5, もしくは 5 mg/L となるための設定注入量．

濃度 (mg/L)	残留濃度(mg/L)			
	A	B	C	D
0	0.0	0.0	0.0	0.0
1	0.6	1.0	0.95	1.0
2	0.2	2.0	1.7	1.98
3	1.0	2.98	2.3	2.9
4	2.0	3.95	1.2	3.4
5	3.0	4.3	0.9	2.7
6		3.6	1.7	1.2
7		2.3	2.7	1.2
8		0.7	3.7	2.1
9		0.7		3.1
10		1.7		4.1
11		2.8		
12				

11-5　最新の文献を参照し，再生水の消毒のための塩素ガスと次亜塩素酸ナトリウムの利用について，比較評価書を作成せよ．評価書においては，1997 年以降の論文や報告書を少なくとも4つは参照していること．

11-6 幾つかの処理水に関して右のようなデータが得られた．これらのデータを用いて，修正 Collins-Selleck モデル［式(11.27)参照］の係数を推定せよ（サンプルの選択は出題者が行う）．

$-\log(N/N_0)$	C_Rt(mg·min/L) サンプル			
	A	B	C	D
1	3.8	7	7	9
2	5.8	15	12	17
3	9.7	36	22	31
4	16	80	37	59
5	27.5	190	66	110
6	45	430	115	200

11-7 コンサルタントは，夏季と冬季において，処理水の消毒として塩素注入量をそれぞれ 20 および 10 mg/L とすることを提案している．処理水の消毒前の大腸菌群数が 10^8/100 mL の場合，この夏季および冬季の設定注入量において，達成される処理後の大腸菌群数を推定せよ．
1. 初期塩素要求量　　5 mg/L
2. 塩素との接触中の減少による要求量　　2.0 mg/L
3. 塩素の要求反応時間　　45 min
4. これらの値に加えて，次の係数を用いよ．$b = 4.0$　　$n = 2.8$

11-8 下のデータは，染料を用いたトレーサ実験を 5 つの異なる塩素接触槽に適用した結果得られたものである．このデータを用いて，平均水理学的滞留時間，相当する分散値，t_{10} 時間，および Morrill Dispersion 指数と体積効率を 1 つの槽に関して求めよ（どの槽を選ぶかは出題者が決める）．また，U.S. EPA ガイドラインに従えば，分析に選んだ槽はどのように分類されるか？

経過時間 (min)	濃度(ppb) 接触槽					経過時間 (min)	濃度(ppb) 接触槽				
	A	B	C	D	E		A	B	C	D	E
0	0.0	0.0	0.0	0.0	0.0	90	3.0	6.0	4.3	11.0	5.5
10	0.0	0.0	0.0	0.0	0.0	100	2.4	4.4	3.0	9.0	3.0
20	3.5	0.1	0.1	0.0	0.0	110	1.9	3.0	2.1	4.3	1.8
30	7.6	2.1	2.1	0.0	0.7	120	1.5	1.9	1.5	2.0	0.8
40	7.8	7.5	10.0	0.3	4.0	130	1.0	1.0	1.0	1.0	0.4
50	6.9	10.1	12.0	1.8	9.0	140	0.6	0.4	0.5	0.2	0.1
60	5.9	10.2	10.2	4.5	12.5	150	0.3	0.1	0.1	0.0	0.0
70	4.8	9.7	8.0	8.0	11.5	160	0.1	0.0	0.0	0.0	0.0
80	3.8	8.1	6.0	11.0	8.8	170	0.0	0.0	0.0	0.0	0.0

11-9 平均流量が 1 400，3 800，4 500，もしくは 7 600 m³/d（どの流量を選ぶかは出題者が決める）である処理水の残留塩素が Cl_2 濃度として 5.0，6.5，8.0 および 7.7 mg/L（どの残留濃度を選ぶかは出題者が決める）である処理水に対し，脱塩素処理を行うために用いる二酸化硫黄(SO_2)，亜硫酸ナトリウム(Na_2SO_3)，亜硫酸水素ナトリウム($NaHSO_3$)，メタ亜硫酸ナトリウム($Na_2S_2O_5$)および活性炭素(C)の年間必要量を求めよ．

11-10 パイロット規模の装置導入に際し，得られた次頁上表の消毒データを用いて，ろ過した二次処理水の大腸菌濃度を 240/100 mL まで消毒するために必要なオゾン注入量を推定せよ．また，初期大腸菌濃度は $1×10^6$/100 mL であり，オゾンの溶解効率を 80% と仮定せよ．

第 11 章　水再利用のための消毒プロセス

テスト番号	初期大腸菌数(MPN/100 mL)	溶存オゾン濃度(mg/L)	最終大腸菌数, (MPN/100 mL)	$-\log(N/N_0)$
1	95 000	3.1	1 500	1.80
2	470 000	4.0	1 200	2.59
3	3 500 000	4.5	730	3.68
4	820 000	5.0	77	4.03
5	9 200 000	6.5	92	5.00

11-11　4つの異なる塩素接触槽における，腸管系ウイルスおよびトレーサデータについての以下の用量-反応データを用いて，期待される処理水中微生物濃度を t_{10} 時間および平均滞留時間をもとにして求めよ(槽の選択は出題者が決める). また，これらの接触槽において 4 log 不活化を達成するのに必要な残留塩素量も推定せよ.

腸管系ウイルスの用量-反応データ

C_Rt(mg·min/L)[a]	生残微生物数
0	10^7
100	$10^{6.2}$
200	$10^{5.4}$
400	$10^{3.8}$
600	$10^{2.1}$
800	$10^{0.6}$
1 000	10^{-1}

[a] 結合残留塩素 6.0.

塩素接触槽のトレーサデータ

経過時間(min)	トレーサ濃度(ppb) 塩素接触槽			
	A	B	C	D
0	0.0	0.0	0.0	0.0
10	0.0	0.0	0.0	0.0
20	0.0	0.0	0.0	0.0
30	0.1	0.0	0.0	0.0
40	2.0	0.0	0.0	0.0
50	7.3	1.1	0.1	0.0
60	7.0	7.0	1.3	0.1
70	5.2	7.3	8.0	1.5
80	3.3	5.7	8.5	7.5
90	1.7	4.2	6.2	8.0
100	0.7	2.9	2.9	5.5
110	0.2	1.7	1.3	3.5
120	0.0	0.9	0.4	1.8
130		0.3	0.0	0.9
140		0.1		0.3
150		0.0		0.1
160				0.0
τ(min)	80	85	90	100

11-12　最新の文献を参照し，再生水の消毒のためのオゾン利用についての評価書を作成せよ. 評価書においては，1995 年以降の論文や報告書を少なくとも 4 つは参照していること.

11-13　最新の文献を参照し，再生水の消毒のための，過酢酸単独とその他の消毒剤との併用処理の利用についての比較評価書を作成せよ. 評価書においては，1997 年以降の論文や報告書を少なくとも 3 つは参照していること.

11-14　下記の測定値およびデータが与えられている時，試料に照射される平均 UV 線量を求め，測定に関わる不確実性について最もあり得る推定値を求めよ.

I_m　　　10 ± 0.5 mW/cm^2((メータの正確性は $\pm 7\%$)
t　　　　30 ± 1 s
R　　　　0/025(この値は正しいと仮定する)
P_f　　　0.94 ± 0.02
α　　　0.065 ± 0.005 cm^{-1}

d	1 ± 0.05 cm
L	48 ± 0.5 cm

11-15 ペトリ皿中の試料水表面でのUV照射強度が $10\,\text{mW/cm}^2$ である時，ペトリ皿中の試料水深が10，22，14，15，もしくは16 mm（水深は出題者が選ぶ）である場合，試料に照射される平均UV強度を求めよ．

11-16 11-15で用いたペトリ皿中の試料表面で測定したUV照射強度を $5\,\text{mW/cm}^2$ と仮定し，水深10 mmとして計算したUV線量を仮定する．ペトリ皿中の試料水深を20 mmとした時，どのような影響が生じるのか？ テスト実験のうち1つ（出題者がどれか選ぶ）について，11-15で報告されている実データ結果と，水深20 mmとして修正した値をプロットせよ．

11-17 右の細菌ファージMS2を用いた平行光線装置での不活化データから，平均値，標準偏差，および信頼区間を求めよ．MS2の4 log不活化に必要なUV線量を75%信頼区間で求めよ．

log 減少率 $[-\log(N/N_0)]$	テスト適用線量 (mJ/cm^2)				
	1	2	3	4	5
1	17	21	26	24	20
2	37	43	51	47	40
3	56	66	80	70	60
4	75	89	105	94	80
5	94	110	131	120	100
6	114	133	160	143	121
7	131	155	185	170	142

11-18 2つのランプセットを持ち，1セット当り4ランプのUV反応装置を2つの再生水（AおよびB）においてテストした．4段階の流量にてMS2を試行微生物として用いテストした．水量負荷率は，ランプ1本当り $25\sim100\,\text{L/min}\cdot\text{ランプ}$ であった．テストを行うにあたり，設定流量をランダムな順番にて変更した．流入水および流出水中のファージ濃度は，右のとおりになった．

流量(L/min)	繰返し番号	処理水A (ファージ/mL)		処理水B (ファージ/mL)	
		流入	流出	流入	流出
200	1	9.65×10^6	1.88×10^2	1.05×10^7	2.19×10^2
200	2	1.00×10^7	1.54×10^2	6.98×10^6	1.54×10^2
200	3	1.15×10^7	1.68×10^2	1.15×10^7	1.70×10^2
400	1	1.00×10^7	3.65×10^2	1.00×10^7	3.75×10^2
400	2	1.29×10^7	3.39×10^2	1.23×10^7	3.62×10^2
400	3	9.55×10^6	3.29×10^2	1.12×10^7	3.08×10^2
600	1	1.23×10^7	1.12×10^4	1.20×10^7	1.32×10^4
600	2	1.05×10^7	9.03×10^3	1.05×10^7	1.05×10^4
600	3	1.25×10^6	8.56×10^3	9.55×10^6	9.95×10^3
800	1	1.13×10^7	4.79×10^4	1.03×10^7	5.95×10^4
800	2	1.08×10^7	8.35×10^4	1.19×10^7	1.00×10^5
800	3	8.95×10^6	6.61×10^4	1.11×10^7	7.68×10^4

与えられたデータを用いて，再生水AもしくはB（選定は出題者による）において，試料に照射されるUV線量が $80\,\text{mJ/cm}$ となるUV消毒装置における水量負荷率の範囲を L/min·ランプ の値にて求めよ．**例題11-8**にて与えられているMS2とUVの反応曲線を今回の試験結果分析に用いよ．

11-19 最新の文献を参照し，再生水の消毒のため，低圧低出力ランプと低圧高出力ランプによるUV消毒システムを利用する場合の比較評価書を作成せよ．評価書においては，1995年以降の論文や報告書を少なくとも3つは参照していること．

11-20 最新の文献を参照し，再生水の消毒のため，中圧高出力ランプによるUV消毒システムを利用する際の評価書を作成せよ．評価書においては，1995年以降の論文や報告書を少なくとも3つは参照していること．

参考文献

Bellar, T. A., and J. J. Lichtenberg (1974) "Determining Volatile Organics at Microgram-per-Litre Levels by Gas Chromatography," *J. AWWA,* **66**, 12, 739–744.

Blackmer, F., K. A. Reynolds, C. P. Gerba, and I. L. Pepper (2000) "Use of Integrated Cell Culture-PCR to Evaluate the Effectiveness of Poliovirus Inactivation by Chlorine," *Appl. Environ. Microbiol.*, **66**, 5, 2267–2268.

Blatchley, E. R. et al. (1995) "UV Pilot Testing: Intensity Distributions and Hydrodynamics," *J. Environ. Eng. ASCE,* **121**, 3, 258–262.

Blume, T., I. Martinez, and U. Neis (2002) "Wastewater Disinfection Using Ultrasound and UV Light," in U. Neis (ed.) *Ultrasound in Environmental Engineering II,* TUHH Reports on Sanitary Engineering, **35**, Hamburg.

Blume, T., and U. Neis (2004) "Combined Acoustical-Chemical Method for the Disinfection of Wastewater," 127–135, *Chemical Water and Wastewater Treatment, Vol. VIII*, Proceedings of the 11th Gothenburg Symposium, Orlando, FL.

Butterfield, C. T., E. Wattie, S. Megregian, and C. W. Chambers (1943) "Influence of pH and Temperature on the Survival of Coliforms and Enteric pathogens When Exposed to Free Chlorine," *U.S. Public Health Service Report*, **58**, 51, 1837–1866.

Caretti C., and C. Lubello (2003) "Wastewater Disinfection with PAA and UV Combined Treatment: a Pilot Plant Study," *Water Res.*, **37**, 2365–2371.

Chen D., X. Dong, and R. Gehr (2005) "Alternative Disinfection Mechanisms for Wastewaters Using Combined PAA/UV Processes," in *Proceedings of WEF, IWA and Arizona Water Pollution Control Association Conference "Disinfection 2005,"* Mesa, AZ.

Chick, H. (1908) "Investigation of the Laws of Disinfection," *J. Hygiene,* British, **8**, 92–158.

Collins, H. F. (1970) "Effects of Initial Mixing and Residence Time Distribution on the Efficiency of the Wastewater Chlorination Process," paper presented at the California State Department of Health Annual Symposium, Berkeley and Los Angeles, CA, May 1970.

Collins, H. F., and R. E. Selleck (1972) "Process Kinetics of Wastewater Chlorination," *SERL Report* 72–75, Sanitary Engineering Research Laboratory, University of California, Berkeley, CA.

Cooper, R. C., A. T. Salveson, R. Sakaji, G. Tchobanoglous, D. A. Requa, and R. Whitley (2000) "Comparison of the Resistance of MS2 and Poliovirus to UV and Chlorine Disinfection," presented at the California Water Reclamation Meeting, Santa Rosa, CA.

Crites, R., and G. Tchobanoglous (1998) *Small and Decentralized Wastewater Management Systems*, McGraw-Hill, New York.

Crittenden, J. C., R. R. Trussell, D. W. Hand, K. J. Howe, and G. Tchobanoglous (2005) *Water Treatment: Principles and Design*, 2nd ed., John Wiley & Sons, New York.

Darby, J., R. Emerick, F. Loge, and G. Tchobanoglous (1999) "The Effect of Upstream Treatment Processes on UV Disinfection Performance," Project 96-CTS-3, Water Environment Research Foundation, Washington, DC.

Dulbecco, R. (1949) "Reactivation of Ultraviolet Inactivated Bacteriophage by Visible Light," *Nature,* **163**, 949–950.

Ekster, A. (2001) Personal Communication.

Emerick, R. W., F. J. Loge, D. Thompson, and J. L. Darby (1999) "Factors Influencing Ultraviolet Disinfection Performance Part II: Association of Coliform Bacteria with Wastewater Particles," *Water Environ. Res.*, **71**, 6, 1178–1187.

Emerick, R. W., F. Loge, T. Ginn, and J. L. Darby (2000) "Modeling the Inactivation of Particle-Associated Coliform Bacteria," *Water Environ. Res.*, **72**, 4, 432–438.

Enslow, L. H. (1938) "Chlorine in Sewage Treatment Practice," Chap. 8, in L. Pearse (ed.) *Modern Sewage Disposal*, Federation of Sewage Works Associations, New York.

EPRI (1996) *UV Disinfection for Water and Wastewater Treatment*, Report CR-105252, Electric Power Research Institute, Inc., report prepared by Black & Veatch, Kansas City, MO.

Fair, G. M., J. C. Morris, S. L. Chang, I. Weil, and R. P Burden (1948) "The Behavior of Chlorine as a Water Disinfectant," *J. AWWA*, **40**, 1051–1056.

Fair, G. M., and J. C. Geyer (1954) *Water Supply and Waste-Water Disposal*, John Wiley & Sons, New York.

Finch, G. R., and D. W. Smith (1989) "Ozone Dose-Response of Escherichia coli in Activate Sludge Effluent," *Water Res.*, **23**, 8, 1017–1025.

Finch, G. R., and D. W. Smith (1990) "Evaluation of Empirical Process Design Relationships for Ozone Disinfection of Water and Wastewater," *Ozone Sci. Eng.*, **12**, 2, 157–175.

Friedberg, E. R., G. C. Walker, and W. Siede (1995) *DNA Repair and Mutagenesis,* WSM Press, Washington.

Gard, S. (1957) "Chemical Inactivation of Viruses," in CIBA Foundation, *Symposium on the Nature of Viruses*, Little Brown & Company, Boston, MA.

Gehr, R. (2000) Seminar Lecture Notes, Universidad Autonoma Metrpolitana, Mexico City, Mexico.

Gehr, R. (2006) Seminar Notes, Presented at III Simposio Internacional en Ingenieria y Ciencias para la Sustentabilidad Ambiental, Universidad Autonoma Metrpolitana, Mexico City, Mexico.

Gehr, R., M. Wagner, P. Veerasubramanian, and P. Payment (2003) "Disinfection Efficiency of Peracetic Acid, UV and Ozone after Enhanced Primary Treatment of Municipal Wastewater," *Water Res.*, **37**, 19, 4573–4586.

Haag, W. R., and J. Hoigné (1983) "Ozonation of Bromide-Containing Waters: Kinetics of Formation of Hypobromous Acid and Bromate," *Environ. Sci. Technol.*, **17**, 5, 261–267.

Haas, C., and S. Karra, (1984a) "Kinetics of Microbial Inactivation by Chlorine—I. Review of Result in Demand-Free Systems," *Water Res.,* **18**, 11, 1443–1449.

Haas, C., and S. Karra (1984b) "Kinetics of Microbial Inactivation by Chlorine—II. Review of Results in Systems with Chlorine Demand," *Water Res.,* **18,** 11, 1451–1454.

Haas, C., and S. Karra (1984c) "Kinetics of Wastewater Chlorine Demand Exertion," *J. WPCF*, **56**, 2, 170–182.

Haas, C. N., and J. Joffe (1994) "Disinfection Under Dynamic Conditions: Modification of Hom's Model for Decay," *Environ. Sci. Technol.*, **28**, 7, 1367–1369.

Hall, E. L. (1973) "Quantitative Assessment of Disinfection Interferences," *Water Treat. Exam.*, **22**, 153–174.

Hanawalt, P. C., P. K. Cooper, A. K. Ganesan, and C. A. Smith (1979) "DNA Repair in Bacteria and Mammalian Cells," *Annu. Rev. Biochem.*, **48**, 783–836.

Hanzon, B., J. Hartfelder, S. O'Connell, and D. Murray (2006) "Disinfection Deliberation," *Water Environ. Technol.,* **18**, 2, 57–62.

Hart, F. L. (1979) "Improved Hydraulic Performance of Chlorine Contact Chambers," *J. WPCF*, **51**, 12, 2868–2875.

Hijnen, W. A. M., E. F. Beerendonk, and G. J. Medema (2006) "Inactivation Credit of UV Radiation for Viruses, Bacteria, and Protozoan (oo)cysts in Water: A Review," *Water Res.*, **40,** 1, 3–22.

Hom, L. W. (1972) "Kinetics of Chlorine Disinfection in an Eco-System," *J. Environ. Eng. Div.* ASCE, **98**, SA1, 183–194.

Jagger, J. H. (1967) *Introduction to Research in UV Photobiology*, Prentice-Hall, Englewood Cliffs, NJ.

Jalali, Y., S. J. Huitric, J. Kuo, C. C. Tang, S. Thompson, J. F. Stahl (2005) "UV Disinfection of Tertiary Effluent and Effect on NDMA and Cyanide," paper presented at WEF Technology 2005, San Francisco, CA.

Kawamura, S. (2000) *Integrated Design and Operation of Water Treatment Facilities*, 2nd ed., Wiley Interscience, New York.

Kelner, A. (1949) "Effect of Visible Light on the Recovery of Streptomyces Griseus Conidia from Ultra-violet Irradiation Injury," *Proc. Nat. Acad. Sci.*, **35**, 73–79.

Kim, J., M. Urban, S. Echigo, R. Minear, and B. Marinas, (1999) "Integrated Optimization of Bromate Formation and *Cryptosporidium Parvum* Oocyst Control in Batch and Flow-Through Ozone Contactors," *Proc. 1999 American Water Works Association Water Quality Technology Conference*, on CD, Tampa, FL.

Kitis, M. (2004) "Disinfection of Wastewater With Peracetic Acid: A Review," *Environ Int.*, **30**, 1, 47–55.

Koivunen, J. (2005) "Inactivation of Enteric Microorganisms with Chemical Disinfectants, UV Irradiation and Combined Chemical/UV Treatments," *Water Res.*, **39**, 8, 1519–1526.

Krasner, S. W. (1999) "Chemistry of Disinfection By-Product Formation," in P. C. Singer, (ed.) *Formation and Control of Disinfection By-Products in Drinking Water*, AWWA, Denver, CO.

Krasner, S. W., S. Pastor, R. Chinn, M. J. Sclimenti, H. S. Wienberg, S. D. Richardson, and A. D. Thruston, Jr., (2001) "The Occurrence of a New Generation of DBPs (Beyond the ICR)," paper presented at the AWWA Water Quality Technology Conference, Nashville, TN.

Larson, R., and B. Faber (2000) *Elementary Statistics*, Prentice-Hall, Upper Saddle River, NJ.

Lazarova, V., M. L. Janex, L. Fiksdal, C. Oberg, I. Barcina, and M Ponimepuy (1998) "Advanced Wastewater Disinfection Technologies: Short and Long Term Efficiency," *Water Sci. Technol.*, **38**, 12, 109–117.

Lefevre, F., J. M. Audic, and F. Ferrand (1992) "Peracetic Acid Disinfection of Secondary Effluents Discharged Off Coastal Seawater," *Water Sci. Technol.*, **25**, 12, 155–164.

Liberti, L., A. Lopez, and M. Notarnicola (1999) "Disinfection with Peracetic Acid for Domestic Sewage Re-Use in Agriculture," *J. Water Environ. Mgmt.* (Canadian), **13**, 8, 262–269.

Linden, K., G. Shin, and M. Sobsey (2001) "Comparative Effectiveness of UV Wavelengths For the Inactivation of *Cryptosporidium Parvum* Oocysts in Water," *Water Sci. Technol.*, **43**, 12, 171–174.

Lubello C., C. Caretti, and R. Gori (2002) "Comparison Between PAA/UV and H_2O_2/UV Disinfection for Wastewater Reuse," *Water Sci. Technol.: Water Supply*, **2**, 1, 205–212.

Malley, J. P. (2005) "A New Paradigm for Drinking Water Disinfection," presented at the 17th World Ozone Congress, International Ozone Association, Strasbourg, Germany.

Martin, N., and R. Gehr (2005) "Photoreactivation Following Combined Peracetic Acid-UV Disinfection of a Physicochemical Effluent," presented at the Third International Congress on Ultraviolet Technologies, IUVA, Whistler, BC, Canada.

Montgomery, J. M., Consulting Engineers, Inc. (1985) *Water Treatment Principles and Design*, A Wiley-Interscience Publication, John Wiley & Sons, New York.

Morrill, A. B. (1932) "Sedimentation Basin Research and Design," *J. AWWA*, **24**, 9, 1442–1458.

Morris, J. C. (1966) "The Acid Ionization Constant of HOCL from 5°C to 35°C," *J. Phys. Chem.* **70**, 12, 3798–3806.

Morris, J. C. (1975) "Aspects of the Quantitative Assessment of Germicidal Efficiency," Chap. 1, in J. D. Johnson (ed.) *Disinfection: Water and Wastewater*, Ann Arbor Science Publishers, Inc., Ann Arbor, MI.

NWRI (1993) *UV Disinfection Guidelines for Wastewater Reclamation in California and UV Disinfection Research Needs Identification*, National Water Research Institute, prepared for the California Department of Health Services. Sacramento, CA.

NWRI and AWWARF (2000) *Ultraviolet Disinfection Guidelines for Drinking Water and Wastewater Reclamation*, NWRI-00-03, National Water Research Institute and American Water Works Association Research Foundation, Fountain Valley, CA.

NWRI (2003) *Ultraviolet Disinfection Guidelines for Drinking Water and Water Reuse*, 2nd ed., National Water Research Institute, Fountain Valley, CA.

O'Brien, W. J., G. L. Hunter, J. J. Rosson, R. A. Hulsey, and K. E. Carns (1996) Ultraviolet System Design: Past, Present, and Future, Proceedings Disinfecting Wastewater for Discharge & Reuse, Water Environment Federation, Alexandria, VA.

Oguma, K., H. Katayama, H. Mitani, S. Morita, T. Hirata, and S. Ohgaki (2001) "Determination of Pyrimidine Dimmers in *Escherichia Coli* and *Cryptosporidium Parvum* During Ultraviolet Light Inactivation, Photoreactivation and Dark Repair," *Appl. Environ. Microbiol.*, **67**, 4630–4637.

Oguma, K., H. Katayama, and S. Ohgaki (2002) "Photoreactivation of *Escherichia Coli* after Low- or Medium-Pressure UV Disinfection Determined by an Endonuclease Sensitive Site Assay," *Appl. Environ. Microbiol.*, **68**, 12, 6029–6035.

Oguma, K., H. Katayama, and S. Ohgaki. (2004) "Photoreactivation of *Legionella Pneumophila* after Inactivation by Low- or Medium-Pressure Ultraviolet Lamp," *Water Res.*, **38**, 11, 2757–2763.

Oliver, B. G., and E. G. Cosgrove (1975) "The Disinfection of Sewage Treatment Plant Effluents Using Ultraviolet Light," *J. Chem. Eng.*, (Canadian), **53**, 4, 170–174.

Orta de Velasquez, M. T., I. Yanez-Noguez, N. M. Rojas-Valencia, and C. l. Lagona-Limon (2005) "Ozone in the Disinfection of Municipal Wastewater Compared with Peracetic Acid, Hydrogen Peroxide, and Copper after Advanced Primary Treatment," presented at the 17th International Ozone Association World Congress & Exhibition, Strasburg, France.

Parker, J. A., and J. L. Darby (1995) "Particle-Associated Coliform in Secondary Effluents: Shielding from Ultraviolet Light Disinfection," *Water Environ. Res.*, **67**, 7, 1065–1075.

Plummer, J. D., and S. C. Long (2005) "Enhancement of Chlorine Inactivation with Chemical Free Sonication," presented at the Water Quality Technology Conference, Quebec City, Canada.

Qualls, R. G., M. P. Flynn, and J. D. Johnson (1983) "The Role of Suspended Particles in Ultraviolet Disinfection," *J. WPCF*, **55**, 10, 1280–1285.

Qualls, R. G., and J. D. Johnson (1985) "Modeling and Efficiency of Ultraviolet Disinfection Systems," *Water Res.*, **19**, 8, 1039–1046.

Rakness, K. L. (2005) *Ozone in Drinking Water Treatment: Process Design, Operation and Optimization*, American Water Works Association, Denver, CO.

Rennecker, J., B. Marinas, J. Owens, and E. Rice (1999) "Inactivation of Cryptosporidium Parvum Oocysts with Ozone," *Water Res.*, **33**, 11, 2481–2488.

Rennecker, J., J. Kim, B. Corona-Vasquez, and B. Marinas (2001) "Role of Disinfectant Concentration and pH in the Inactivation Kinetics of *Cryptosporidium Parvum* Oocysts with Ozone and Monochloramine," *Environmental Sci. Technol.*, **35**, 13, 2752–2757.

Rice, R. G. (1996) *Ozone Reference Guide*, prepared for the Electric Power Research Institute, Community Environmental Center, St. Louis, MO.

Roberts, P. V., E. M. Aieta, J. D. Berg, and B. M. Chow (1980) "Chlorine Dioxide for Wastewater Disinfection: A Feasibility Evaluation," Technical Report No. 21, Civil Engineering Department, Stanford University, Stanford, CA.

Rook, J. J. (1974) "Formation of Haloforms During the Chlorination of Natural Water," *Water Treat. Exam.*, **23**, 2, 234–243.

Rupert, C. S. (1960) "Photoreactivation of Transforming DNA by an Enzyme from Baker's Yeast," *J. Gen. Physiol.*, **43**, 573–595.

Saunier, B. M. (1976) "Kinetics of Breakpoint Chlorination and Disinfection," Ph.D. Thesis, University of California, Berkeley, CA.

Saunier, B. M., and R. E. Selleck (1976) "The Kinetics of Breakpoint Chlorination in Continuous Flow Systems," Paper presented at the American Water Works Association Annual Conference, New Orleans, LA.

Severin, B. F, M. T. Suidan, and R. S. Engelbrecht (1983) "Kinetic Modeling of UV Disinfection of Water," *Water Res.*, British, **17**, 11, 1669–1678.

Shin, G. A., K. G. Linden, M. J. Arrowood, and M. D. Sobsey (2001) "Low-Pressure UV lnactivation and DNA Repair Potential of *Cryptosporidium Parvum* Oocysts," *Appl. Environ. Microbiol.*, **67**, 3029–3032.

Sirikanchana, K., J. Shisler, and B. Marinas (2005) "Sequential Inactivation of Adenoviruses by UV and Chlorine," presented at 2005 Water Quality Technology Conference and Exposition, American Water Works Association, Denver, CO.

Snyder, C. H. (1995) *The Extraordinary Chemistry of Ordinary Things*, 2nd ed., John Wiley & Sons, New York.

Solvay Interox (1997) Proxitane™ Peracetic Acid, Company Brouchure.

Sommer, R., W. Pribil, S. Appelt, P. Gehringer, H. Eschweiler, H. Leth, A. Cabal, and T. Haider (2001) "Inactivation of Bacteriophages in Water by Means of Non-Ionizing (UV-253.7 nm) and Ionizing (Gamma) Radiation: A Comparative Approach," *Water Res.*, **35**, 13, 3109–3116.

Sung, R. D. (1974) "Effects of Organic Constituents in Wastewater on the Chlorination Process," Ph.D. Thesis, Department of Civil Engineering, University of California, Davis, CA.

Tang, C-C., J. Kuo, S-J. Huitric, Y. Jalali, R. W. Horvath and J. F. Stahl (2006) "UV Systems for Reclaimed Water Disinfection—From Equipment Validation to Operation" presented at *WEFTEC 06*, Water Environment Foundation, Washington, DC.

Tchobanoglous, G., F. L. Burton, and H. D. Stensel (2003) *Wastewater Engineering: Treatment*

and Reuse, 4th ed., Metcalf and Eddy, Inc., McGraw-Hill, New York.
Thibaud, H, J. De Laat, and M. Dore (1987) "Chlorination of Surface Waters: Effect of Bromide Concentration on the Chloropicrin Formation Potential," paper presented at the Sixth Conference on Water Chlorination: Environmental Impact and Health Effects, Oak Ridge, TN.
U.S. EPA (1986) *Design Manual, Municipal Wastewater Disinfection*, U.S. Environmental Protection Agency, EPA/625/1-86/021, Cincinnati, OH.
U.S. EPA (1992) *User's Manual for UVDIS, Version 3.1, UV Disinfection Process Design Manual*, U.S. Environmental Protection Agency, EPA G0703, Risk Reduction Engineering Laboratory, Cincinnati, OH.
U.S. EPA (1999a) *Combined Sewer Overflow Technology Fact Sheet, Alternative Disinfection Methods*, U.S. Environmental Protection Agency, EPA 832-F-99-033, Cincinnati, OH.
U.S. EPA (1999b) *Alternative Disinfectants and Oxidants Guidance Manual*, U.S. Environmental Protection Agency, EPA 815-R-99-014, Cincinnati, OH.
U.S. EPA (2002) *National Primary Drinking Water Regulations: Long Term 2 Enhanced Surface Water Treatment Rule*, (LT2SWTR) Proposed Rule, *Federal Register*, **68**, 154, 47640.
U.S. EPA (2003a) *EPA Guidance Manual*, Appendix B. Ct Tables, LT1ESWTR Disinfection Profiling and Benchmarking, U.S. Environmental Protection Agency, Washington, DC.
U.S. EPA (2003b) *Ultraviolet Disinfection Guidance Manual*, Draft, US. Environmental Protection Agency, Office of Water, Washington, DC.
Wagner, M., D. Brumelis, and R. Gehr (2002) "Disinfection of Wastewater by Hydrogen Peroxide or Peracetic Acid: Development of Procedures for Measurement of Residual Disinfectant and Application to a Physicochemically Treated Municipal Effluent," *Water Environ. Res.*, **74**, 33, 33–50.
Ward, R. W., and G. M. DeGraeve (1976) *Disinfection Efficiency and Residual Toxicity of Several Wastewater Disinfectants*, EPA-600/2-76-156, U.S. Environmental Protection Agency, Cincinnati, OH.
Watson, H. E. (1908) "A Note on the Variation of the Rate of Disinfection with Change in the Concentration of the Disinfectant," *J. Hygiene* (British), **8**, 536.
Wattie, E., and C. T. Butterfield (1944) "Relative Resistance of *Escherichia Coli* and Eber-thella Typhosa to Chlorine and Chloramines," *U.S. Public Health Service Report*, **59**, 52, 1661–1671.
WEF (1996) *Wastewater Disinfection, Manual of Practice FD-10*, Water Environment Federation, Alexandria, VA.
White, G. C. (1999) *Handbook of Chlorination and Alternative Disinfectants*, 4th ed., John Wiley & Sons, New York.
Wright, H. B., and G. Sakamoto (1999) "UV Dose Required to Achieve Incremental Log Inactivation of Bacteria, Virus, and Protozoa," Trojan Technologies, Inc., London, Ontario, Canada.
Zimmer, J. L., and R. M. Slawson (2002) "Potential Repair of *Escherichia Coli* DNA following Exposure to UV Radiation from Both Medium- and Low-Pressure UV Sources Used in Drinking Water Treatment," *Appl. Environ. Microbiol.*, **68**, 7, 3293–3299.

第12章　水再利用のためのサテライト処理

翻訳者　清水　芳久(京都大学大学院工学研究科附属流域圏総合環境質研究センター　教授)
共訳者　原田　英典(京都大学大学院地球環境学堂地球親和技術学廊　特定助教)

関連用語　*565*
12.1　サテライト処理システムの紹介　*566*
　　12.1.1　サテライトシステムの型式　*566*
　　　　インターセプト型サテライトシステム／*566*　　抜取り型サテライトシステム／*566*
　　　　上流型サテライトシステム／*567*
　　12.1.2　サテライトシステム選択の際の検討事項　*568*
12.2　サテライトシステムを構築するための注意点　*568*
　　12.2.1　地域における今後の再生水の需要の見極め　*568*
　　12.2.2　現存施設との統合　*569*
　　12.2.3　場所の選定　*569*
　　　　人口密集地における場所選定／*569*　　市街地での場所選定／*570*
　　　　郊外ないし農村地域における場所選定／*571*　　集水システムの設置／*571*
　　12.2.4　市民意識，法的・制度的観点　*571*
　　　　市民意識／*571*　　法的問題／*571*　　制度的問題／*572*
　　12.2.5　経済的観点　*572*
　　12.2.6　環境的観点　*572*
　　12.2.7　政治的規制　*572*
12.3　農業以外での水再利用におけるサテライトシステムの利用　*572*
　　12.3.1　建物内での再利用　*573*
　　12.3.2　修景用灌漑　*573*
　　12.3.3　湖やレクリエーション機能の向上　*573*
　　12.3.4　地下水涵養　*573*
　　12.3.5　産業利用　*574*
　　　　冷却水の補給／*574*　　プロセス用水／*574*　　ボイラ給水／*574*
12.4　集水システムの必要条件　*575*
　　12.4.1　インターセプト型サテライトシステム　*575*
　　12.4.2　抜取り型サテライトシステム　*575*
　　　　集水システムにおける流量の確保／*575*　　流量の変動性／*575*
　　12.4.3　上流型サテライトシステム　*576*
12.5　排水の特徴　*576*
　　12.5.1　インターセプト型サテライトシステム　*576*
　　12.5.2　抜取り型サテライトシステム　*577*
　　12.5.3　上流型サテライトシステム　*577*

12.6　サテライト処理システムのための基盤施設　*578*
　　12.6.1　分流と合流のための構造　*578*
　　　　　　分流／*578*　　　残留物の返送／*579*　　　建設上の注意点／*580*
　　12.6.2　流量調整および貯留　*580*
　　　　　　流量調整／*580*　　　再生水の貯留／*580*
　　12.6.3　再生水の揚水，移送および配水　*581*
12.7　サテライトシステムのための処理技術　*581*
　　12.7.1　標準的な処理技術　*581*
　　12.7.2　膜分離型活性汚泥法　*582*
　　12.7.3　回分式活性汚泥法　*582*
12.8　既存施設との結合　*583*
12.9　事例1：New York 市 Solaire Building　*586*
　　12.9.1　周辺状況　*586*
　　12.9.2　水管理上の問題点　*587*
　　12.9.3　実施方法　*587*
　　12.9.4　得られた知見　*589*
12.10　事例2：東京における水再生と再利用　*589*
　　12.10.1　周辺状況　*589*
　　12.10.2　水管理上の問題点　*590*
　　12.10.3　実施方法　*590*
　　12.10.4　得られた知見　*592*
12.11　事例3：California 州 Upland 市　*593*
　　12.11.1　周辺状況　*593*
　　12.11.2　水管理上の問題点　*593*
　　12.11.3　実施方法　*593*
　　12.11.4　得られた知見　*594*
問　　題　*594*
参考文献　*595*

関連用語

インターセプト型サテライトシステム interception type satellite system 　集水システムに入る前に再生される排水を引き抜くシステム．

回分式活性汚泥法 sequencing batch reactor；SBR 　単一の完全混合槽からなり，活性汚泥プロセスのすべての段階が行われるフィル・アンド・ドロー式(fill-and-draw)の反応槽システム．

下水の採掘 sewer mining 　地域処理および再利用のために集水システム中の排水の全量もしくは一部を引き抜くこと．

サテライト処理システム satellite treatment system 　再利用を行う地点の近くに水再生プラントを置くシステム．サテライト処理場は，通常，固形分処理施設を持たず，固形分は，下流の集約型処理施設で処理するために集水システムに戻される．サテライトシステムの形式として，(1)インターセプト型，(2)抜取り型，および(3)上流型，の3つが認められる(それぞれの定義を参照)．

残留物流 residuals 　水再生プロセスによって生み出される廃物の流れ．残留物流は，排汚泥，逆洗プロセスからの洗浄排水，濃縮物，化学洗浄からの廃棄物を含む．

上流型サテライトシステム upstream type satellite system 　集約型の集水システムの端に位置する住宅団地等からの水を再生するために利用されるシステム．

抜取り型サテライトシステム extraction type satellite system 　再生される排水が集水システム，幹線下水路，もしくは抜取り用下水路から引き抜かれる(掘り出される)．

濃縮倍数 cycles of concentration 　補給水の塩分濃度に対するブローダウンの塩分濃度の比．濃縮倍数は，冷却塔ブローダウン量もしくは必要な補給水量を決定する際に利用される．

ブローダウン blowdown 　冷却塔内の循環水の一部で，引き抜かれた後に，塩分濃度の低い補給水に置き換えられるもの．ブローダウン水は，冷却塔内での蒸発による損失の結果として高濃度の塩分を含み，化学的な調整剤が給水される水に加えられる．

膜分離活性汚泥法 membrane bioreactor；MBR 　懸濁系で増殖する生物反応タンクと膜分離型システムを組み合わせたプロセス．膜分離は，精密ろ過もしくは限外ろ過のどちらかによる．

流量調整 flow equalization 　一定もしくはほぼ一定の流量を維持するために，流量の変動を抑える．通常，貯留(調整)槽が用いられる．

　ほとんどの集水・処理システムにおいて，排水は，集水システムを経由し，集水システムの下流で最終処理地点近くに位置する中央処理施設に運ばれる．水の再利用の適用を進める機会は，利用地点が排水処理施設から離れた場所に位置するために限られることになる．再生水を貯留し，運搬するためのインフラの費用は，しばしば高額となり，水の再利用は，非経済的なものとなる．再生水を中央処理場から運搬するという従来からのアプローチに代わる方策は，地域での水利用を伴う上流地点でのサテライト処理の概念である．このサテライト処理プロセスから生まれる残留物(residuals)は，下流の中央処理場にて処理するため，集水システムに投入される．

　本章で提示される内容は，(1)サテライト処理および再利用システムの紹介，(2)サテライトシステムを構築するための注意点，(3)農業以外での水の再利用におけるサテライトシステムの利用，(4)集水システムの必要条件，(5)排水の特徴，(6)基盤となる施設，(7)処理技術，および(8)現存施設との統合，である．12.9～12.11にわたっては，サテライトシステムの3つの事例研究を示す．小規模コミュニティにて適用される分散型システム(decentralized systems)については13章にて議論する．

第12章　水再利用のためのサテライト処理

12.1　サテライト処理システムの紹介

サテライト処理の概念は，Sanitation Districts of Los Angeles County(SDLAC)で Whittier Narrows Water Reclamation Plant が操業した1960年代前半に導入された．この水再生プラントは，集水システム(collection system)の上流域でSDLACの中央処理プラントから離れた場所に位置する．排水は，処理および地域の地下水涵養のために集水システムから分離回収される．Whittier Narrowsの施設では，標準型の活性汚泥法を採用しており，処理プロセスから発生する残留物は，集水システムに返流される．同様の目的でSDLACによってこれ以外に全部で7つのサテライトプラントが後に建設されたが，これらは，残留物の固形物分離および消毒に関してより高い処理レベルを有している．

再生水の再利用に加え，本書で注目する点としては，サテライト施設は，(1)集水システムと処理施設の処理能力の限界から中央処理施設への流量を減少させるために，(2)放流水域への排水をなくす手段として，さらに(3)水域への排水の削減の手段，としても利用されていることにある．(1)の状況は，拡大し続ける多数の都市で起きている．(2)の状況は，Florida州 St Peterburg市におけるTampa湾への排水撤廃を目的とした水再生および再利用プログラムの開発において，主要な原動力となっている．

本節では，現在利用されているサテライトシステムの種類について，またサテライトシステムを構築するための注意点について紹介する．これらの内容は，後節でより詳しく取り上げる．

12.1.1　サテライトシステムの型式

一般的には，サテライト処理システムは，(1)インターセプト型(interception type satellite system)，(2)抜取り型(extraction type satellite system)，および(3)上流型(upstream type satellite system)，の3つの種類に分けられる．これらサテライトシステムのそれぞれを図-12.1に示し，以下に概説する．処理対象の排水の特徴，適用される処理技術，および実施に必要な基盤がある程度，時には大きく異なるため，サテライトシステムは，このように分けられる．

インターセプト型サテライトシステム
インターセプト型については，図-12.1(a)に示されるように，再生される排水は，集水システムに至る前に捕捉される．この種類のサテライトシステムの典型的な使用例は，高層の商業用ビルもしくは住宅用ビルでの利用である．捕捉され，再生される水量は，地域および季節による水再利用の必要量による．典型的には，個別のビルからのすべての排水は，再利用のため捕捉される．場合によっては，捕捉された排水を飲用水で補う必要もありうる．流量が過剰な場合には，集水システムに排水される．

抜取り型サテライトシステム
抜取り型については，図-12.1(b)に示されるように，再生される排水は，下水道の主線，幹線，支線管渠といった集水システムから採掘される(抜き取られる)．この種類のサテライトシステムの典型的な使用例は，修景用，公園用および緑地帯の灌漑(irrigation)での利用，また近隣の高層商業用ビルおよび住宅用ビルでの利用，さらには商業用および産業用冷却塔としての利用である．採掘され，再生される水量は，地域および季節による水再利用の需要による．特に，修景用の灌漑(landscape irrigation)利用においてそれは顕著である．

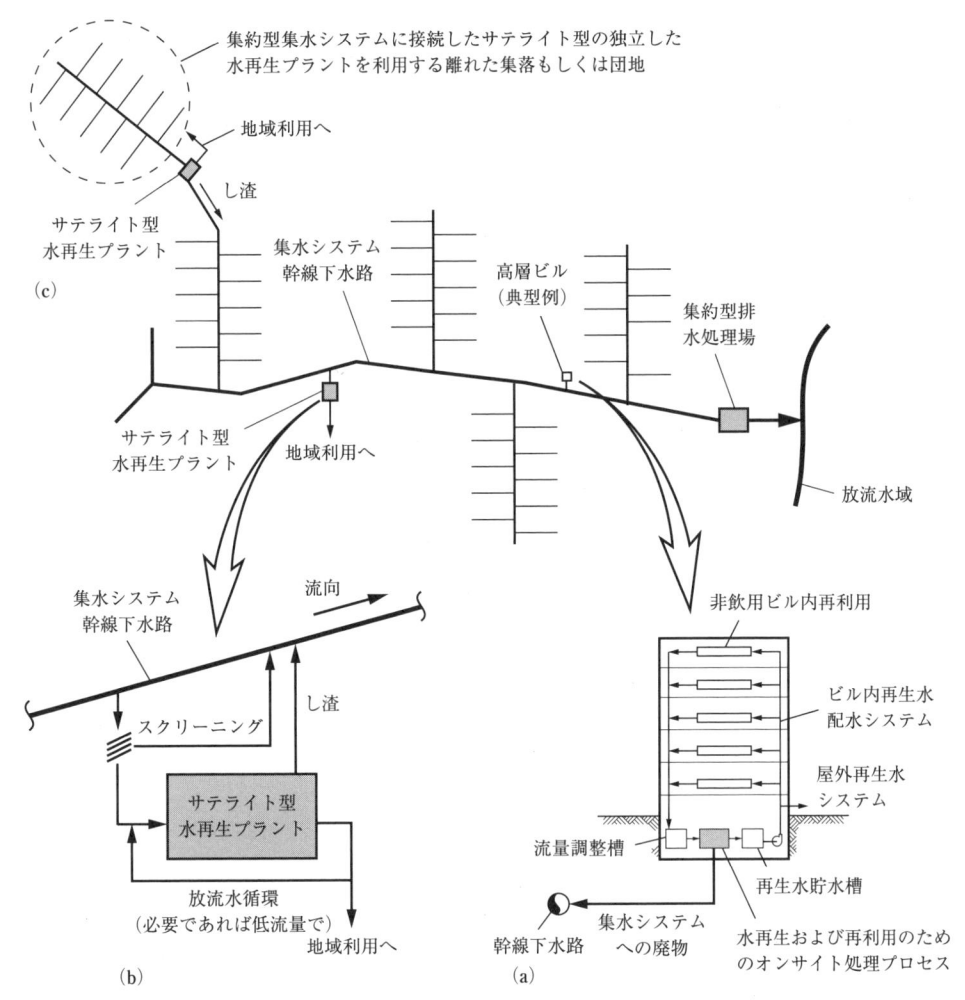

図-12.1 3つのタイプのサテライト型水再生システムの概略図. (a)インターセプト型(再生され再利用される排水が集約型集水システムに排出される前に採掘される), (b)抜取り型[排水が地域利用のために集約型集水システムから採掘される(例えば, ポンプで揚水される)], (c)上流型(離れた集落もしくは居住団地に供給するために処理および再利用され, 固形分は, 集約型集水システムに排出される. 注:固形分を集約型集水システムに排出しない遠隔地での上流型処理施設は, 分散型システムに関する説明として13章で紹介する

上流型サテライトシステム

　上流型については，図-12.1(c)に示されるように，排水再生施設は，集約型集水システムの上流端に位置し，水再利用の機会(例えば，ゴルフ場や中央分離帯への灌漑)が存在し，集約型集水システムの能力が限られている地域の住宅団地排水等を再生するために利用される．この種類のサテライトシステムの典型的な使用例は，新たな住宅開発，郊外型の商業センターやリサーチパークでの利用である．集水システムに接続されていない新たな住宅開発および商業センター再生システムについては，分散型排水管理システムに関して扱う13章において検討する．上流型システムにおいて採掘され，再生される水量は，地域および季節による再生水の需要による．一般的には，住宅団地からのすべての排水は再利用のために採掘される．しかし場合によっては，水量の一部を処理の前もしくは後で直接に集約型集水システムに排出する必要もありうる．

12.1.2 サテライトシステム選択の際の検討事項

集約型システムを接続してサテライトシステムを実施するためには，施設を計画し，設置場所を決めるにあたって複数の事項を検討する必要がある．以下は，検討が必須となる幾つかの重要事項である．

- 再生水のニーズは何か．どれだけの量が，何を目的として，どの程度の水質で，いつ，どこで必要か．
- いかなる施設が必要とされ，これらはどのようにして既存の集水および処理システムと接続されるか．
- 再生水を利用が計画されている場所に運搬するため，いかなるタイプの配水システムが必要とされるか．
- 処理施設とそれを支えるための基盤施設に適した場所を確保できるか．
- システムの費用はいくらか，そしてそれをどのように支払うか．収益を得る可能性はあるか．
- いかなる環境面への影響が検討される必要があるか．
- サテライトシステムの実施にあたって適用される慣例や規制は何か．
- 事業実施許可等，いかなる行政の管轄に関わる事項が検討される必要があるか．

これらの事項については，後節でより詳細に検討する．また，二系統配管(dual plumbling)については，15章で別に議論する．

12.2 サテライトシステムを構築するための注意点

サテライトシステムを構築するための基本的な注意事項は，(1)その地域における今後の再生水の需要の見極め，(2)現存施設との統合，(3)設置場所の考慮，(4)市民意識，法的・制度的観点，(5)経済的観点，(6)環境的観点，そして(7)政治的規則，があげられる．

12.2.1 地域における今後の再生水の需要の見極め

開発中ないし開発済みの地域では，再生水が利用される機会は多い．典型的な利用例は，公園，ゴルフ場，墓地そして道路の中央分離帯等の修景用水のために水が引かれること等である．他には，工業用に使用される冷却水，人工湖・人工湿地を造成するなどのレクリエーションまたは環境施設充実等のためである．図-12.2に再生水がゴルフ場や人工湖造成のために地域で使用された例を示す．今後の再生水利用の可能性を見極めるにあたって考慮すべき事項は，再生水利用の方法，再生水の必要量，日・時・季節による需要の変動を考慮した必要流量，必要水質，そしてサテライト処理施設として可能な場所の近さ等である．

必要な水質，水量，そして使用が継続的なのか一時的なのかということは，異なった再生水利用がある1つの施設から提供される時には必ず見極めなくてはならない．需要の変動は，貯水量と配水システムの条件を決定する際に再生水の生産量と使用量を合わせようとする時に特に重要である．再生水の貯水と配水に関する事項については，14章で述べる．また，再生水利用地域の今後の成長およびそれがいかに将来の再生水のニーズに影響を与えるかについても必ず評価されなくてはならない．

図-12.2 地域における再利用の事例．(a)ゴルフ場灌漑，(b)再生水を用いてつくられた人工湖

12.2.2 現存施設との統合

サテライトシステムの要素として，(1)サテライト処理施設へ流入する集水システム支流の割合，(2)分流構造(必要であれば)，(3)処理施設，(4)再生水利用地点への配水システム，(5)サテライト処理において分離された残留物を集水システムへ排出するための返流用の管渠，そして(6)その場所に必要な付帯的施設，等があげられる．これらは，本章の後半で議論する．サテライトシステムを計画するうえで重要な要素は，どのようにこれらの機能(排水の分配や集水等)を現存の集水システムと統合するのか，そして余剰流の返流が排水の性状や集約型処理施設の運転にどのような影響を与えるのか，ということを検討することである．これらに関しては，12.8で議論する．

12.2.3 場所の選定

適切な場所の選定は，あらゆる排水処理施設の運営においてきわめて重要であり，サテライト型再生水処理施設でも同様である．場所選定に関しては，様々な必要施設を建設するための十分な広さの利用可能な土地が見つかるか，ということが重要である．異なるタイプのサテライトシステムの場所選定に影響を与える様々な要素を表-12.1に記載した．様々な開発度を有する地域においてサテライト施設のための場所を選定する際に考慮すべき要素については，以下に述べる．集水システムについても同様に考慮する．

人口密集地における場所選定

人口密集地(densely populated area)とは，高層アパートやコンドミニアムといった集合住宅やその周辺商業地域等を有する

表 12.1 サテライト処理施設の場所選定において考慮しなければならない重要要素

要素	特記事項
施設の場所	・幹線下水路と再生水利用地点との距離 ・幹線下水路の勾配
土地利用との親和性	・現在の土地利用 ・今後計画されている土地利用 ・近隣の土地利用 ・現在もしくは計画段階の開発地域との距離 ・拡大の可能性
地形的事項	・地面の勾配 ・洪水の可能性
環境的制約事項	・居住地域との近接性 ・風向き ・希少種もしくは絶滅危惧種の存在 ・交通への影響
水質の変化の可能性	・再生水利用の計画に影響を与えうる

第 12 章　水再利用のためのサテライト処理

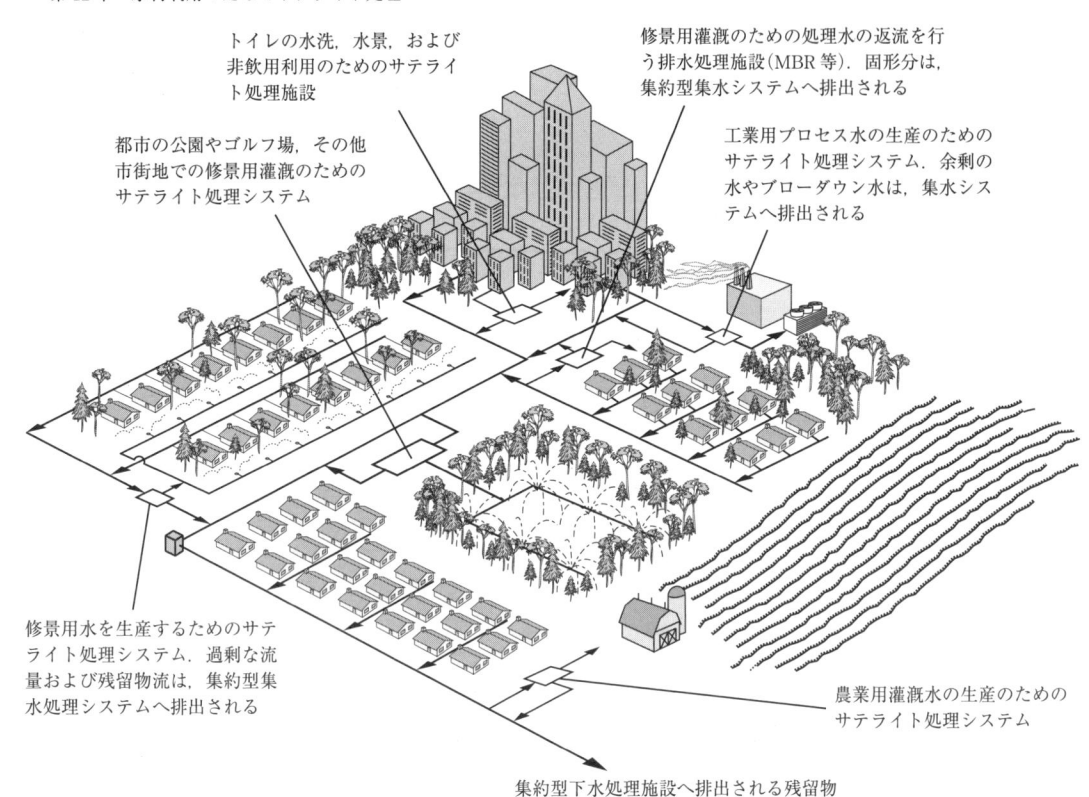

　　　　　　　　　　トイレの水洗，水景，および　　　　　　修景用灌漑のための処理水の返流を行
　　　　　　　　　　非飲用利用のためのサテライ　　　　　　う排水処理施設(MBR等)．固形分は，
　　　　　　　　　　ト処理施設　　　　　　　　　　　　　　集約型集水システムへ排出される

都市の公園やゴルフ場，その他　　　　　　　　　　　　　　　工業用プロセス水の生産のための
市街地での修景用灌漑のための　　　　　　　　　　　　　　　サテライト処理システム．余剰の
サテライト処理システム　　　　　　　　　　　　　　　　　　水やブローダウン水は，集水シス
　　　　　　　　　　　　　　　　　　　　　　　　　　　　　テムへ排出される

修景用水を生産するためのサテ
ライト処理システム．過剰な流
量および残留物流は，集約型集　　　　　　　　　　　　　　　　　　　農業用灌漑水の生産のための
水処理システムへ排出される　　　　　　　　　　　　　　　　　　　　サテライト処理システム

　　　　　　　　　　　　　　　　集約型下水処理施設へ排出される残留物

　　　　　　　　　図-12.3　人口密集地におけるサテライト再生水処理施設の配置と使用法の例

地区と定義する．人口密集地におけるサテライト処理施設の場所選定や利用についての例を図-12.3
に示した．人口密集地における場所選定は，やっかいなこともある．なぜなら，妥当なコストで適切
な場所を利用できる可能性が限られているからである．よって，場所選定は，土地の一部が地下構造
に使用できるような公園や駐車場といった場所に限られるかもしれない．

　しかし，貯水施設の大きさや運用条件は，ほとんどの場合限られることになる．なぜなら，場所が
不十分であったり，建設費が高くついたり，地上の構造物が美的観点から許容されない可能性を持っ
ているからである．他の施設が既に整備されている市街の通りに管渠を敷設するのは，大きな費用を
伴うだろう．もし再生水利用の場所が修景用施設，商業用施設でのトイレ用水，景観用の池といった
目的で，利用の地点が近い場所にあれば，管渠の規模は比較的小さくて済むし，敷設も容易だろう．
もし再生水が防火用として使用されるのであれば，そのための施設(貯水，ポンプ，パイプ)は，防火
用として必要な条件を満たすために，かなり大きなものとなるだろう．

市街地での場所選定
　ここでいう市街地(urban area)とは，低層住宅，行政関連施設やショッピングモールといった公共
のビル，さらには軽工業地域等を指す．考え得る再生水利用の方法は，修景用灌漑への利用，工業用
水や冷却用水としての使用，景観用の噴水や池等である．市街地での場所選定は，開発が進んだ地域
や人口密集地域よりも簡単であるが，環境的影響や美的観点からの配慮は，最重要事項となる．地表
での貯水や1箇所に固まった処理施設のような地上構造物の利用が可能かどうかは，例えば，工業地
域であったり商業地域であったりといった，周辺地域の土地利用次第である．周辺の建物と調和した
建物のデザインも考慮しなくてはならない．

郊外ないし農村地域における場所選定

　郊外(suburban area)ないし農村地域(rural area)では，ショッピングセンターのような商業施設が住宅の近くにあることが多い．再生水利用の可能性は，より多く，農業用や修景用に水を引くこととなる．例えば，公園やゴルフ場，レクリエーション用の湖・湿地の保全や地下水涵養等があげられる．これらの地域は，人口密度が低く開けた場所が多いので，施設のための場所獲得においてもより多くの選択肢が得られるだろう．処理施設の場所選択における環境的・美的観点からの配慮に関しても，外観，騒音，悪臭の軽減に注意していれば，人口密度の高い地域ほど苦慮する必要はないだろう．

集水システムの設置

　上述の場所選定に関することと同じように，主要幹線下水路の配置も重要である．インターセプト型もしくは上流型のサテライトシステムを利用する場合には，過剰な排水(再生水の必要量を超えた水)の放流や処理に伴う固形分を流すため，集水システムには十分な許容量が必要となる．抜取り型システムの場合には，集水システムのどこに接続するかに関して，(1)条件を満たす水量と水質を持つ排水を得ること，および(2)処理過程中に発生した固形分を返送すること，がきわめて重要になる．集水システム中の排水の流況変動も同様に重要であり，これは，①再生水の需要量を満たすために各処理施設が常に十分な排水量を得られるかということを判断する際に，および②処理施設の規模，貯留量，必要な付帯施設の大きさを決定する際に，必要となる情報である(12.6，12.7 参照)．

　幹線下水路の配置は，処理施設にも影響を与える．なぜなら，サテライト処理施設は，集水システムから分流される地点の近くにあることが理想的で，そうでないとポンプ施設や長いパイプラインが必要となり，処理施設まで分流された排水を引くための費用がさらに掛かることになる．

12.2.4　市民意識，法的・制度的観点

　再生水がどのような利用のされ方をしても，再生水利用には市民意識，法的・制度的な事柄が深く関与している．再生水が人間と直接接触する場合，さらには市民の健康への影響が懸念される場合には，この問題はさらに大きくなるだろう．

市民意識

　再生水利用のための最初の障害は，市民が受け入れるかどうかということである．再生水は，排水からつくられるので，もし健康被害が懸念されているならば，再生水と身近で接触することには心理的な拒絶があるかもしれない．修景用水および工業用水として再生水を利用することは一般的には受け入れられるが，人々に直接接触するような場合には受け入れられない場合もある．よって，トイレの洗浄用水といった再生水の安全な利用には，受入れを確かなものにするため，デモンストレーションによる保証および教育が必要になるかもしれない．さらに，修景用に使用されるスプリンクラシステム(sprinkler system)の場合には，そのタイプによってはエアロゾル(aerosol)が発生する可能性があり，風の強い状況では，そのエアロゾルは遠くまで運ばれうる．この場合，水質モニタリングとエアロゾルの影響を最小化するような修景用再生水利用の方法について安全策を講じる必要がある．

法的問題

　法的な障害は，主に責任に関する事項に集中する．実際に被害を受けた，もしくは被害を受けたと感じたことに対する法的な保証がすぐに必要になるような社会においては，再生水利用を履行する機関は，潜在的に存在する法的な問題について考慮する必要がある．再生水利用に伴う潜在的な健康に対する影響を明確に情報公開することは，事実ではなく恐怖感に基づいて行われる訴訟を防止するのに役立つ(Asano, 1998)．よって，再生水利用プログラムは，安全で信頼性のあるシステム構築のた

めの優秀な技術に基づいているだけではなく，事実に基づいた情報を市民に提供し，計画中の再生水利用の利点や潜在的な悪影響について説明する必要がある．

制度的問題

　制度的問題としては，飲用水と非飲用水を供給する機関の間で合意が得られないことや，建設と配管の法規，公衆衛生での規制，財務や金利決定機関，公共事業主と利用者の責任，といった点で衝突が生まれることが考えられる．これらの問題について注意深く検討しなくてはならない．

12.2.5　経済的観点

　サテライト処理システムの計画と実行に関して非常に重要な側面として，経済的側面がある．水へのニーズは，再生水利用計画導入の原動力となるかもしれないが，再生水利用システムが経済的に可能であるかどうかは，その実行におけるきわめて重要な要素である．再生水利用によって生まれる財政的な利益は，経済的分析の中で考慮されるべき事項である．再生水の利用を通じて増加する財政的な便益としては，(1)飲用水を生産，貯留および配水する時に生じる費用を削減できること，(2)再生水が修景用や他の灌漑用水として使用される際の肥料の費用を削減できること，そして(3)飲料水の供給が不足した際にこれを補填する代替飲用水を供給する費用を削減することができること，等である．サテライトシステムの利点の一つとして，再生水が利用される地点へ運ぶためのインフラ整備が比較的安価で済み，計画の経済的な利用可能性を上昇させることがあげられる．その他の経済的要素としては，再生水の販売を通じて収益が生まれる可能性をあげることができる．

12.2.6　環境的観点

　提案されるサテライト施設の環境への影響は，経済的観点ほどではないかもしれないが，同様に重要である．環境への配慮が十分になされていないと，「致命的欠陥」が生ずるかもしれず，その結果，計画の実行を妨げたり挫折させたりするかもしれない．それら施設の配置場所を考慮する際には，その周辺環境に対しては格別の注意を払わなければならない．

12.2.7　政治的規制

　商業・住宅用の建設物へ供給するための再生水利用システムは，一般的に配管の規制を含めた様々な規制に従わなければならない(15.3 参照)．15章で議論されるように，商業・住宅用ビルにおいては，二系統配管を設置することに関する規制は，公衆衛生を守るために考えられ，パイプシステムと付帯装置を安全に据え付けるために考えられたものである．配管以外に関しても，現存の再生水利用の条件は，4章で議論されるように，他の状況でも概ね当てはまるだろう．使用方法によっては，もっと厳しい条件の履行が必要とされるかもしれない．

12.3　農業以外での水再利用におけるサテライトシステムの利用

　水の再利用を検討するにあたりまず決定しなければならないのは，それぞれの用途への水の供給量である．この段階では，農業以外の用途に水を利用する計画を考え，そのために幾つかの検討を行う必要がある．例えば，(1)建物内での再利用，(2)修景用灌漑，(3)湖や憩いの場での利用，(4)地下水涵養，(5)産業用利用，等である．もちろん農業用水についても，サテライトシステムを利用した計

画を立てることはできる．しかし，サテライトシステムを導入して大きな規模で農業用水の分配を考えることが合理的かどうかは，慎重に検討しなければならない．農業における水の再利用に関しては，17章で述べる．

12.3.1 建物内での再利用

商業用または公共用の建物では，エアコンの冷却水やトイレの洗浄水等に水を再利用することができる．一定以上の規模を持つ商業用の建物では，再生水の80〜90％がトイレの洗浄に使われている．高層ビルは，再生水をトイレ洗浄水として利用する絶好の場であるといえる．ほとんどの建物で，トイレは，中央に位置し，しかも各階で同じ場所にある．これらの配置によって配管が短くて済み，利用率が向上している．高層ビルで必要とされる水の量は，従業員の数，トイレおよび付属品の種類と数によって決まる(AWWA, 1994)．これらの水利用には，二系統配管工事が必要である．一つめが飲用水，二つめが再生水の利用のためである．多くの都市で，二系統配管設備を導入することに規制上の問題はない．二系統配管は，建物の建設過程で設置すべきである．現存の1つの配管を二系統に変更しようとすると，工事が非常に高額なものになってしまう．二系統配管設備については，15章で詳しく述べる．

12.3.2 修景用灌漑

都市では，修景用水として再生水を最もよく利用することができる．例えば，公園，広場，共同墓地，街路，車道の中央分離帯，ゴルフ場，温室，ビルの緑地等の場所がある．これらの水のニーズは多様で，降雨量と水の流出量，蒸発散量や土壌，地質，植生の種類，また地域の慣習等も影響を与える．これらの用途では，再生水を利用できる時間および期間も地域の環境によって大きく異なる．典型的なのは，公園，広場，共同墓地，車道の中央分離帯への水利用で，深夜か早朝が望ましい．ゴルフ場では，夕方の水利用が適している．日中は，数時間しか水が必要とされず，量も毎回ほぼ同じくらいだと推測される．修景用水については，18章でも論じる．

12.3.3 湖やレクリエーション機能の向上

湖やレクリエーションのための水利用量は，季節によって変化し，降雨量と流出の状況，気温，日光の量にも左右される．湖や池といった開放水域での水質は，蒸発した分と同程度のものが要求される．水量については，気象情報から得られる蒸発量のデータを利用して見積もることができる．すべての水の損失が考慮されているわけではないが，特に問題はない．浅い湖や池では，特に栄養分を含む再生水，肥料分を含む流出水等が存在する条件下で，藻類の生育状況に影響を与えやすい．池の水を上手く循環させ続けたり，側水深を最大化したり，また傾斜をつけて人工的にエアレーションさせたり，なるべく滞留時間を短くしたりすれば，問題を最小限に抑えられ，その際の最適な滞留時間は，7〜10時間である(AWWA, 1994)．貯水池での開放水域水質の問題は，14章に記述する．また，再生水の環境やレクリエーション利用については，20章で論じている．

12.3.4 地下水涵養

地下水としての再生水の利用は，(1)California州とFlorida州の沿岸地域で，淡水の帯水層に塩水が侵入するのを防ぐこと(2章参照)，(2)飲用または非飲用の帯水層を増やすこと，(3)将来の水の再利用に備えた対策を追加すること，(4)再生水の貯蔵量や地表下への浸透量を増加すること，等を目

図-12.4 再生水を用いた地下水涵養のための施設. (a)表面に広がった水盆(北緯28.491度, 西経81.628度), (b)注入井

的としている. 地下水への再利用では，地表面を広げたり，井戸を増やしたりといった事業が行われる(図-12.4 参照). 地下水への再利用は，場所が限定され，実現できるかどうかは，水質，地質学的条件，地下水の利用状況等の幾つもの要因による. 地下水への再利用は，22 章で取り上げる.

12.3.5 産業利用

工業への再生水の利用では，冷却水，補給水，プロセス用水やボイラへの給水等があげられる. 必要とされる水量および水質は，産業の種類によって異なる. 詳しくは，19 章に述べる.

冷却水の補給

冷却用の補給水は，典型的な工業施設において最も多い再生水の用途の一つである. 冷却水は，特定の場所のみで利用され，気候，化学的な水質，工業施設の種類等の要素が関係する. 再生水に含まれる無機物質は，冷却水を利用するシステムの運用に影響を及ぼす. 濃縮倍数(cycles of concentration)を短くしたり，腐食を増加させたり，薬品の費用を増加させる. 濃縮倍数が3〜7の間にある時，循環水に溶解したカルシウム，リン，シリカ等の固体は，それぞれの溶解度を超えて沈殿を生じる場合があり，パイプや冷却設備にスケールを形成する可能性がある(Tchobanoglous et al., 2003). アンモニアもまた，銅と黄銅との表面での熱交換の効果を減少させる. 再生水に溶解した有機物質および栄養塩類は，藻類の増殖を制御するための殺生物剤の利用量を増加させる.

プロセス用水

プロセス用水への再生水の利用もまた，特殊な状況での利用である. 例えば，再生水は，装置や施設の清掃に共通して使われている. 他には，織物の染色や紙の製造にも使われている.

ボイラ給水

ボイラへの給水に再生水を利用する場合も，特殊な状況での利用であり，さらに冷却水よりも厳しいレベルの水質が求められる. ボイラの給水に利用するには，再生水に脱塩処理を行わなければならない. 鉱物は，高温の金属の表面に堆積するため，結果としてボイラの性能に影響を及ぼすからである. 鉱物を多く含む水を利用すると，突然破裂する現象がより頻繁に起こるようにもなる. これらは，熱の損失につながり，ボイラの効率を悪化させる.

12.4 集水システムの必要条件

サテライトシステムは，残留物流を回収するための集水システムと接続しているので，それぞれのタイプのサテライトシステムに応じて集水システムの必要条件を考える必要がある．排水の特性も後節で考慮する．

12.4.1 インターセプト型サテライトシステム

一般的には，インターセプト型サテライトシステムから発生した残留物は，主要な集水システムの流量よりはるかに小さい．にもかかわらず，インターセプト型サテライトシステムの集水システムの原則的な必要条件は，サテライトシステムの非利用時の総流量を処理できる十分な容量を備えていることである．

12.4.2 抜取り型サテライトシステム

抜取り型サテライトシステムを展開する際に問題になることは，排水の供給源の選定である．供給源の選定における重要な要素は，集水システムの支線において十分な流量が確保できること，およびその変動性である．

集水システムにおける流量の確保

予測された再生水の需要を満たすためには，集水システムにおいて十分な流量を確保できなければならない．利用できる排水量は，直接，間接の方法で特定できるが，一番信頼できる方法は，流量のモニタリングを行うことである．流量のモニタリング装置は，下水管渠の点検口の中で，超音波深度測定器を管渠の路頂に据え付けられる，もしくは，粒子の速度を測定するためにドップラー測定器を管渠の底部に据え付けられる．流量測定は，一定の期間，できれば少なくとも1ヶ月以上行うことが望ましく，そうすることで後に述べるように日・時変動が測定できる．排水の性状を知るためのサンプリングも流量と併せて行うべきである

流量測定が行えない場所では，様々な方法で流量を推定することができる．例えば，(1)水消費量，(2)類似の自治体における流量特性，(3)典型的な住宅・商業地域や他の排出源の流量を推定すること，等である．様々な排出源の流量推定に関する情報は，AWWARF(1999)やTchobanoglous *et al.*(2003)のものが利用できる．しかし，これらの流量推定は，流量モニタリングによる実測値の正確さにはかなわない．

流量の変動性

集水システムの日・時・季節ごとの流量変動は，様々な要素に影響を受ける．例えば，図-12.5に61戸の家からなる小さなコミュニティで日中どのように流量が変化するかを示した．特に乾期においては，最小流量の発生とその期間が特に重要

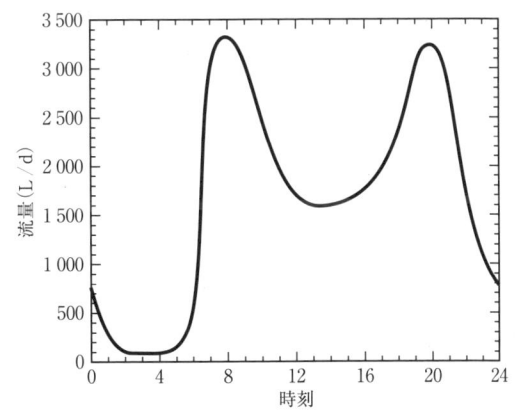

図-12.5 小規模住宅コミュニティにおける集水システムでの典型的な日流量の変動

で，それらは，処理施設の運転や必要な貯留量や再生水供給の契約上の可能な約定に影響を及ぼす．リゾート地域や季節の影響を大きく受ける産業の存在する自治体においては，排水の発生割合は，月によって大きく異なりうる．灌漑のようなある種の再生水利用への需要の季節変動は，一般的に大きく，この変動は，十分な季節ごとの貯留量や再生水生産能力の大幅な増加を必要とする．季節ごとの貯留は，地下水をベースにして行うことができる場合もある．

12.4.3 上流型サテライトシステム

上流型サテライトシステムでは，集水システムの必要条件は，サテライト処理施設の集水システムの支線の特徴やサテライトシステムの目的および利用法によって変化する．上流型サテライトシステムでは，以下を含む様々な集水システムを利用できる．
1. 従来型の重力式集水システム，
2. 腐敗槽排水重力式(septic tank effluent gravity；STEG)下水路，
3. 腐敗槽排水ポンプ式(septic tank effluent pump；STEP)下水路，
4. 粉砕ポンプ利用型圧送式下水路，
5. 真空式集水システム．

それぞれの集水システムのタイプは，13章で詳述する．また，上記の集水システムが使用された時に期待される排水の特性についても詳述する．

サテライトシステムの目的が季節ごとであったり，一時的であったりするのであれば，処理施設がつながっていない時に全流量を処理するための，集約型処理施設に接続する下流の集水システムが十分な処理量を持っていなくてはならない．サテライトシステムの目的の一つが集約型システムへ流れる流量と負荷量の軽減であるならば，下流の集水システムの処理容量は，サテライト施設からの余剰流を処理できる程度の，およびサテライト地域から流れる雨等による過剰な流入水を処理できる程度の大きさであるべきかもしれない．

12.5 排水の特徴

これ以降の議論では，それぞれのサテライトシステムによる排水の特徴を記述する．排水の特徴に応じて，それぞれ必要とされる前処理が異なる．

12.5.1 インターセプト型サテライトシステム

インターセプト型サテライトシステムにおいて排水の水源を分類すると，トイレ洗浄水，風呂場からの水，台所からの水に分類できる．水再生施設に到達するまでに排水は，あまり変化していないので，様々な種類のスクリーニングが欠かせない．特に，膜分離活性汚泥法を利用する場合にはそれが顕著である．例えば，残ったままのトイレットペーパー等があれば，細かい篩分けをして完全に取り除かなければならない(図-12.6参照)．繰返しになるが，排水は，ほとんど変化を受けていないので，比較的大きな粒子の有機物質も細目スクリーンにより取り除く必要がある．

その他の排水の異なる特徴としては，アンモニアをはじめとする栄養塩類，および外部からの流入による希釈を受けていないTDS濃度等がある．同様に，採掘された排水には，高濃度の残留医薬品が含まれていることもある．排水の構成物質の濃度が異なるため，排水の特徴を知るためには，サンプリングは，似たような施設で少なくとも2週間をかけて行うべきである．

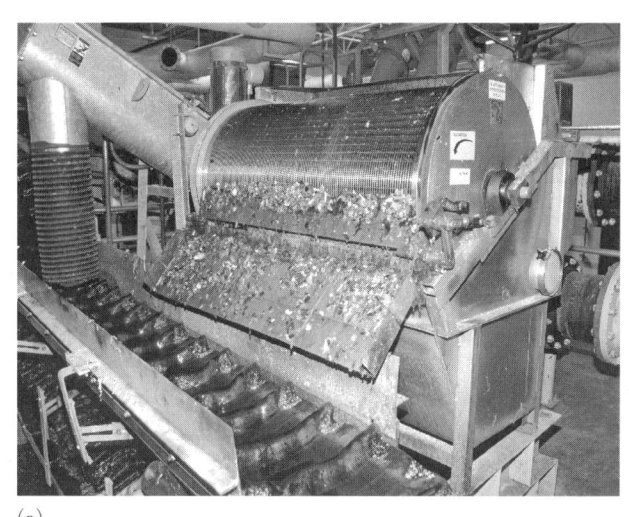

図-12.6 粒子性物質を生排水から取り除くために利用される細目スクリーン．(a) 3 mm (0.125 in) サイズのウェッジワイヤ型スクリーン，(b) ばらばらになっていないトイレットペーパーや髪の毛をスクリーニング後，排水から取り除くための 250 μm 孔径のディスクスクリーン．トイレットペーパーや髪の毛の除去は，膜分離活性汚泥法システムの利用時には特に重要である

12.5.2 抜取り型サテライトシステム

抜取り型サテライトシステムにおいて利用可能な排水源は，集水の方法によっては高濃度の有機物，重金属，溶解性物質等を含んでいる可能性がある．排水の利用は，本来ならば排水の特徴だけでなく，例えば，水の軟化剤の再生から発生する塩分といった水の再利用に影響を与えうる構成要素からも考えられなければならない．また，排水中に有機物が占める割合は，生物反応を設計するうえで重要である．少なくとも 2 週間のサンプリングにより排水の特徴を十分に代表するデータが得られるだろう．

12.5.3 上流型サテライトシステム

住宅団地からの排水は，その集水システムの種類により水質の特徴が様々である．一般には，商業や産業活動に関連する構成物質は含まれない．
1. 従来型の重力式集水システムによって集水が行われている所では，排水の構成物質の濃度が幾らか高いという以外，構成物質は，従来型の排水と同様である．これは，特に，建設資材および建設工程が改善されているために外部からの水の浸透が限られ，希釈が少ないことにより，特に初期段階において顕著である．
2. 腐敗槽排水重力式 (STEG) 下水路が用いられている所では，溶解性および粒子性の両者の形態（例えば，BOD および TSS）で存在する沈降性物質の濃度は，従来の排水と比べて減少している．沈降性ではない，もしくは固形物に吸収されているその他の溶解性物質の濃度は，希釈が少ないために高くなっている．
3. 腐敗槽排水ポンプ式 (STEP) 下水路が用いられている所では，排水は，STEG システムとよく似た特徴を持つ．
4. 粉砕ポンプ利用型圧送式下水路が用いられている所では，排水中の固形分の溶解性が増すため，高濃度の排水が得られるだろう．

5. 真空式集水システムが用いられている所では，従来の下水道と比べ希釈が少ないため，高濃度の排水が得られるだろう．

12.6　サテライト処理システムのための基盤施設

サテライトシステムに使用される処理プロセスと同程度に重要なのは，排水を処理施設まで運搬し，再生水を利用地点まで運搬する基盤施設である．主要な基盤施設の要素として，分流と合流のための構造，流量調整および貯留，揚水と移送のシステムが存在する．処理過程に及ぼす固形物の遮断のために特別なスクリーンが必要とされる場合もある．3種類のサテライトシステムの基盤施設要素は，表-12.2にまとめて示し，以下に詳述する．

表-12.2　3種類のサテライトシステムにおいて必要な基盤施設

サテライトシステムの種類	必要とされる基盤施設[a]
インターセプト型	・未処理排水のスクリーン ・未処理排水の集水システムへのバイパスライン（処理施設が非稼動の時） ・集水システムへの残留物流の返送ライン ・流量調整のための再生水貯留タンク ・再生水の揚水と分配システム
抜取り型	・分流構造 ・未処理排水のためのスクリーン ・未処理排水の揚水場（システムの水圧状況による） ・集水システムへの残留物流の返送ライン ・再生水貯留タンク（需要のピークに合わせるために必要とされる） ・再生水の揚水，輸送，分配システム
上流型	・合流構造（必要なら） ・スクリーニングと砂塵除去のためのライン中の水量調節装置 ・集水システムへの残留物および過剰な流量の返送ライン ・再生水貯留タンク ・再生水の揚水，輸送，分配システム

[a] 処理施設以外．

12.6.1　分流と合流のための構造

分流と合流のための構造物の設計と建設は，物理的な特徴もしくは集水システムの範囲によって多くの例で異なっている．現存する集水システムに導入する場合に重要となる事項は，(1)サテライト施設への分流方法，(2)集水システムへの余剰流の返流方法，および(3)現存する排水の流れの遮断を最小限とする建設の実行である．

分　流

排水の流れは，重力もしくはポンプによって収集システムから分離される．重力式分流（gravity diversion）では，例えば，既存のマンホール内にダムや堰がサテライトプラントへつながる管渠と共に設置される［図-12.7(a)］．もしくは，(b)に示されたような特殊な分流構造物が設計される．分流

12.6 サテライト処理システムのための基盤施設

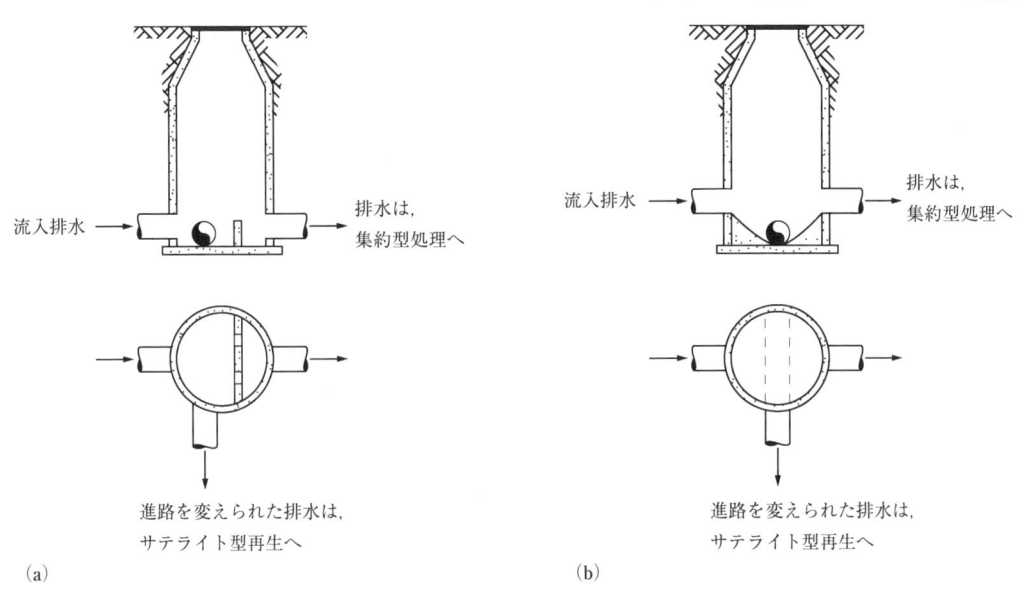

図-12.7 排水の分流に使われる典型的な装置．(a)アクセス可能な場所に設置する分流堰，(b)特別な分流構造

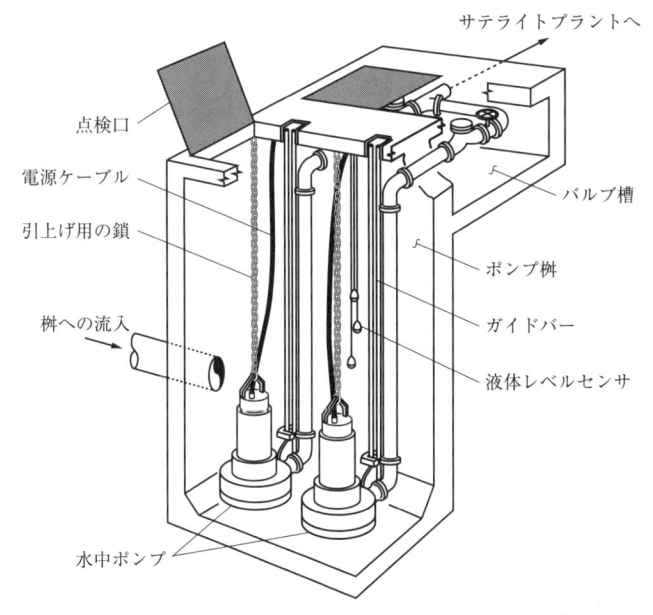

図-12.8 排水分水のために使われる典型的な桝型ポンプ場

構造物のデザインは，晴天時および雨天時流量を扱う合流式下水道と類似したものにできる．ポンプ桝(wetwell)もまた，サテライトプラントへの揚水のための水中ポンプ(submersible pump)を導入するために分流地点の近くに建設される．桝型ポンプ場(wet pit pumping station)を図-12.8に示す．可能であれば，分流構造物は，スクリーニングを行う量を最小化するように設計すべきである．

残留物の返送

サテライト処理から発生する残留物は，スクリーニングし渣(screening)，一次処理汚泥とスカム，表層，担体もしくはメンブレンフィルタの洗浄排水，それと廃有機汚泥で構成される．流入排水にお

いて取り除かれたし渣は，(1)特に多量のし渣がある場合には，排水のフローから取り除かれ，別に処理されるか，もしくは(2)排水のフローおよび底部から取り除き(運転を容易にするため)，残留物の排出ラインに戻されるべきである．ほとんどの事例で，特に膜処理が使用されている所では，水中し渣粉砕機は，粉砕された固形分が膜を詰まらせ，膜性能を低下させる可能性があるため，処理部へつながる流れの中で利用すべきではない．ほとんどのサテライト処理プラントは，固形物の処理施設を有していないため，多くの場合，生物的処理プロセスからの固形廃棄物が残留物の最も大きなフローを占める．集水システムへ返流された残留物は，大部分が液体と微細固形物を含み，一般には通常の排水の流れには影響しない．ほとんどの場合，下流の点検口にある管路の結合部は，残留物を十分に返流できるように設計されるべきである．

建設上の注意点

分流構造の場合，もし施設の新設もしくは改修を行うことで(例えば，輸送管，合流枡，点検口)，排水の流れが遮断される際には，排水のフローの扱い方が重要である．一時的に排水のフローを遮断し，その地点を迂回したルートを設置するための特別な対策が必要だろう．そのような対策は，既存の集水システムの改修に携わっている建設業者にとっては特別なことではない．

12.6.2 流量調整および貯留

特に流量の変化が大きい場合，サテライト処理施設への流量調整が必要となる可能性がある．ある程度の流速の減衰は，抜取り型サテライトプラントへ排水を供給するポンプ場の調整枡の容量を増加させることによって，もしくは12.7に示されているような回分式活性汚泥法システムを用いることによって可能である．しかしながら，ほとんどのシステムでは，貯留が必要となる．これは，特に再生水の利用が断続的な場合(例えば，修景用灌漑)に必須である．貯留は，地上もしくは地下タンク，屋外の貯水池，帯水層での貯水による．貯留に対する代替策としては，再生水の需要と同等もしくはそれを上回る割合で処理施設を稼動し，余剰の再生水を集水システムへ返流することである．後者の場合，集水システムへの返流ラインは，最大流量時に対応できる十分な能力を備える必要がある．

流量調整

流量調整を検討する主な理由は，(1)インターセプト型システムで起こる晴天時流量および負荷のピークを低減させること，(2)流入および浸透が起こる上流型サテライトシステムにおいて雨水流入が起きている分流式集水システム，合流式集水システムからの降雨時の流量を制限することである．

ほとんどの場合，生排水の調整は，必要なスペースが限られるために，そして最も重要なことには，臭気発生の可能性およびオペレータの必要性を減らすために，最小限にとどめられるべきでる．理想的な状態では，集水システムにおける排水のフローは，プラント運転と水の再利用のための必要量を十分に満たし，処理プラントは，多様な濃度の有機物に対応できる十分な能力を有する．抜取り型システムにおいては，ピーク流量を減衰する必要はなく，必要とされるに十分な量のみが集水システムから採掘される．集水システムにおけるピーク流量の残りは，集約型集水システムに流れ続ける．流量が最少となる時期には，集水システムの流量は，再生処理プラントを連続運転を維持するのに十分でないかもしれず，それ故，流出水を再循環するシステムが必要となるかもしれない．こうした再循環システムに必要とされる貯留量が最小値となると考えられる．

再生水の貯留

再生水の貯留には，運転のための貯留および季節変動のための長期貯留の2種類がある．運転のための貯留のために必要なことは，1日当りの再生水の生産量と，再生水利用の需要量とのバランスを

保つことである．処理後の再生水の運転のための貯留は，地下貯留井，オンサイトもしくはオフサイトの被覆された地上貯留池，もしくは地下水盆によって可能である．高温で乾燥した期間の修景用灌漑もしくは非飲用の防火用水といった場合には，再生水の利用を最大限に活かすためには，日々もしくは季節的な大量の貯留量が必要となる．貯留および配水システム中での微生物の成長を防ぐため，何らかの消毒方法が検討される必要がある．貯留池の種類や運転方法については，14章で議論する．

12.6.3 再生水の揚水，移送および配水

非飲用の再生水の揚水，移送および配水システムの設計は，飲用水システムの設計に類似する．しかしながら，非飲用水システムは，飲用水システムほどの信頼性は必要とされないかもしれない．修景灌漑や地下水涵養のような大部分の非飲用の再生水利用は，大きな被害につながらない短期間の供給停止には対処できる．しかし，産業利用のための水供給システムは，信頼できる配水を保障するために追加のシステムが必要になるかもしれない．揚水および配水システムは，14章でも議論する．

12.7　サテライトシステムのための処理技術

様々な種類の処理技術は，(1)サテライトシステムの種類，(2)生産される再生水の量，(3)必要とされる再生水の質，(4)場所と環境の制約，(5)既存の集水および処理システムとの適合性に応じて利用されている．利用される技術は，一般的には，従来の二次処理，膜分離活性汚泥法を含めた小型の処理施設，回分式活性汚泥法である．7章で議論されている従来型の生物処理技術は，大型の上流型サテライト施設で使われうる．膜分離活性汚泥法および回分式活性汚泥法のような小型の処理技術は，大部分のインターセプト型および抜取り型サテライト処理にとっての選択肢となるだろう．

12.7.1　標準的な処理技術

サテライト処理で用いられてきた従来の技術は，活性汚泥法，付着微生物法，もしくはこれらの組合せで，場合により栄養塩類除去を含む方法である．窒素，または窒素およびリンの除去は，地下水涵養，レクリエーション目的の湖への排水，もしくはその他の再利用において必要となる．ともかく，栄養塩類除去は，生物学的処理プロセスとしての一体型，あるいは付加型のどちらかとなる．従来の活性汚泥法の典型的な処理フローを図-12.9に示す．

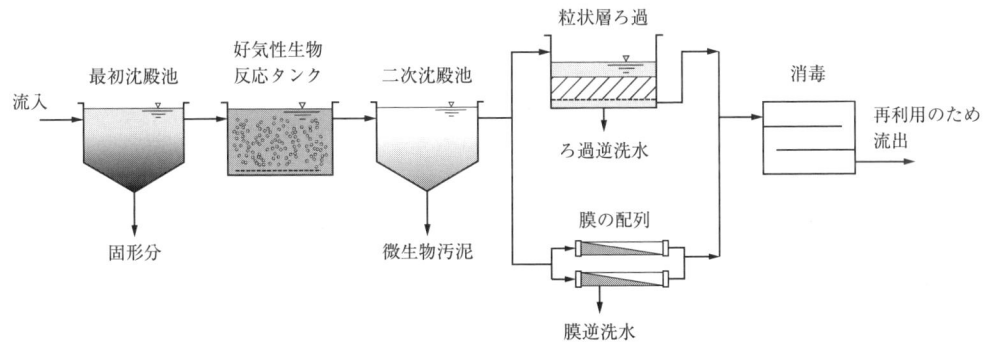

図-12.9　代替型ろ過プロセスを付加した従来型活性汚泥法のフロー概略図

12.7.2 膜分離活性汚泥法

膜分離活性汚泥法(membrane bioreactor；MBR)は，小型で狭い場所に収まるため，特にサテライト処理への利用に適している．7.5に示すように，MBRは，有機物と浮遊物質の高度な除去を可能にする膜分離システムと生物学的処理を組み合わせたものである．膜は，浮遊汚泥中の有機物を処理水から分離するための沈殿(sedimentation)および深層ろ過(depth filtration)を代替する機能を有する．膜分離型システムと活性汚泥法を結合することで，必要な面積と処理コストを減らすことができる．沈降やろ過を用いた従来のシステムに対する膜の利点は，(1)施設がより小さくなる，(2)より質の高い再生水を生産できる，(3)返送汚泥システムは，削除もしくは大きく縮小される，および(4)システムの運転がより容易になることがある．一般に膜の目詰まりを防いだり，性能を向上したりするために前処理が必要とされ，細目スクリーンもしくは布フィルタが利用される．サテライト処理に利用されるMBRの典型的な処理フローを図-12.10に示す．

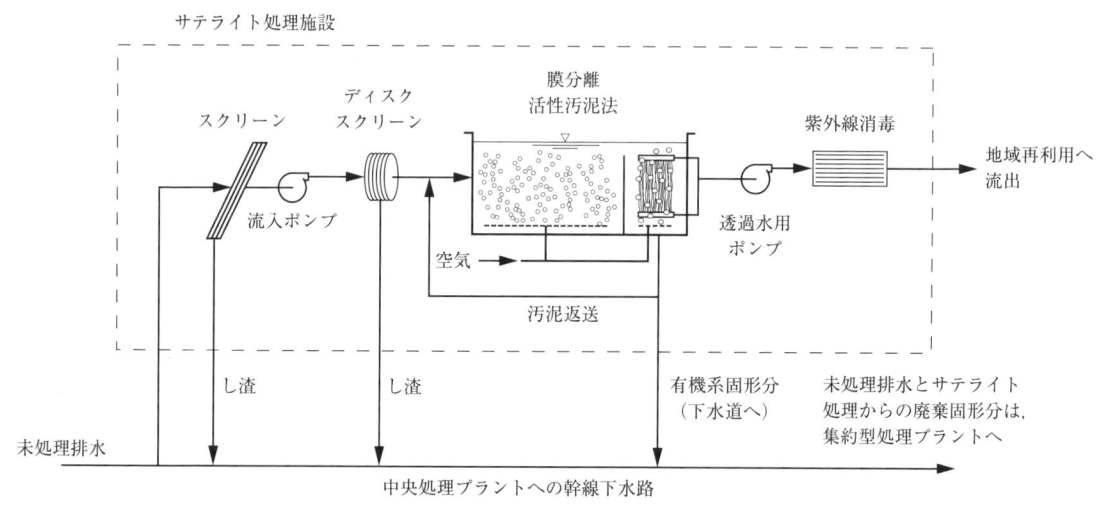

図-12.10 サテライト処理適用で使われる膜分離活性汚泥法の典型的な処理フロー図

小型であること，および処理性能が高いことに加え，MBRは，特にサテライトシステムに適合する．なぜなら，(1)プロセスが安定しており，不調となりにくい．(2)効果的に濁度と粒径が減少するため，消毒が高レベルで達成されるようになり，12.2に示されるように，生産された水が地域での多くの再利用に適合するようになる，(3)特に都市化された居住地域において，懸案事項である臭気発生の可能性は，最小である．あるいは閉鎖型の施設および臭気管理によって軽減できる．および(4)汚泥滞留時間(solids retention time；SRT)は，通常12～20日の範囲であり，集水システムへの返送時には活性汚泥は，安定化しており，急激な変質を受けず，臭気ガスおよび腐食性ガスを発生しないためである．

12.7.3 回分式活性汚泥法

7.3に記述されている回分式活性汚泥法(sequencing batch reactor；SBR)は，単一槽内で複数の処理プロセスを行うことで空間の制約を最小限にする，活性汚泥法の一種である(図-12.11参照)．SBRプロセスは，充填-引抜き(fill-and-draw)型反応タンクを用い，回分反応中は，(注水した後に)

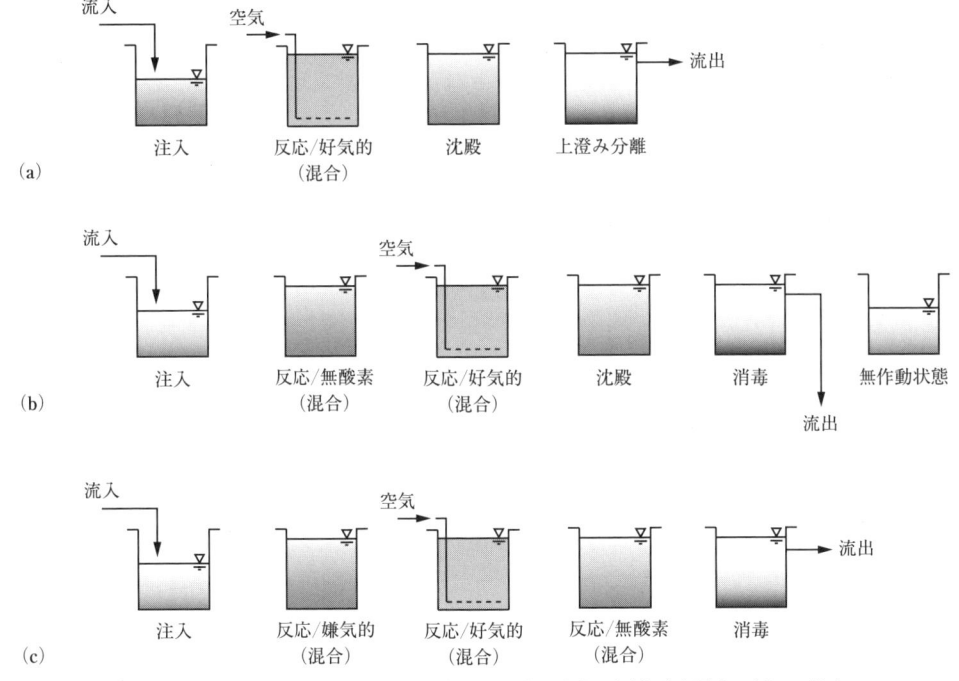

図-12.11 回分式活性汚泥法の構造. (a)BOD除去と硝化, (b)無酸素脱窒, (c)リン除去

完全混合を行い，その後のエアレーションおよび沈降の過程は，同じ槽内で行う．(a)に示されるように，BOD除去および硝化に関してはSBRの運転は，連続する4つのステップ，(1)注水，(2)反応（エアレーション），(3)沈降（沈殿もしくは清澄化），および(4)固液分離（清澄水の除去），を含む．SBRプロセスは，BOD除去と硝化に加え，主にエアレーションサイクルの運転方法や長さを変えることで脱窒および脱窒・脱リンに使われるように用途が広く，したがって，目的により嫌気，無酸素，もしくは好気状態をつくり出すことができる．

窒素除去に関しては，図-12.11(b)に示されているように無酸素脱窒が注水後に起こる．注水中は，混合し，混合溶液と流入排水とを接触させ，沈降および固液分離の段階からの残留している硝酸を除去する．混合を分割して行うことにより，柔軟な運転が可能となり，エアレーションしながらの無酸素運転に，さらには注水しながらの嫌気もしくは無酸素での接触にも役立つ．

リン除去に関しては，図-12.11(c)に示されるように，もし十分な硝酸がSBR運転中に除去されれば，注水中およびその後に発生する嫌気状態を利用する．硝化および硝酸生産に十分な好気的時間の後に無酸素運転とする．再利用のための水質の条件に応じて，SBRの後に布ろ過や膜といった固液分離装置が利用される．

12.8 既存施設との結合

サテライト処理の概念は，比較的単純で，集水システムから排水を遮断または抽出して，それを処理し，残留物流を集水システムに戻すというものであるが，実際には，既存の集水システムにサテライト処理をつなげる際の影響を，その結合がうまくいっていることを保証するために評価する必要がある．主な影響としては，集水システムからの排水の抽出および残留物の返流である．多くの例によると，排水の遮集もしくは分流は，集水システム運転上は無視できる程度の影響しか与えていない．

第12章 水再利用のためのサテライト処理

そして，排水が連続的に遮集もしくは分流されるならば，将来的に下流でより多くの水量を使えることになるため，実際有益であるといえる．残留物を返流した場合の下流の処理システムへの影響，特に中央処理場への返流には影響がある可能性があり（例えば，藻類制御のために毒性物質を冷却水に加えるなど），こうした影響は，注意して評価されるべきである．残留物を返流した場合の排水性状への影響を**例題12-1**に示す．

例題12-1　サテライト処理施設を集約型処理施設と連結した場合の効果

下図に示すような幹線下水路1と幹線下水路2および集約型処理施設から構成される既存の集水システムにおいて，将来的に幹線下水路1にサテライトシステムを連結した場合，集約型処理施設への流量と負荷量を予測せよ．なお，現状の下水流量と水質は下図のとおりとする．

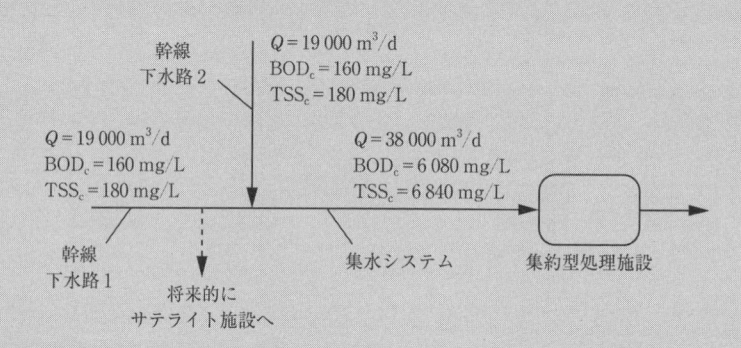

幹線下水路2: $Q = 19\,000$ m³/d, $BOD_c = 160$ mg/L, $TSS_c = 180$ mg/L

幹線下水路1: $Q = 19\,000$ m³/d, $BOD_c = 160$ mg/L, $TSS_c = 180$ mg/L

集水システム: $Q = 38\,000$ m³/d, $BOD_c = 6\,080$ mg/L, $TSS_c = 6\,840$ mg/L → 集約型処理施設

将来的にサテライト施設へ（点線分岐）

上図および以下に示される情報をもとに，細目スクリーンおよび膜分離活性汚泥法により構成される処理プロセスを有するサテライト排水再生施設の固体バランスを考えよ．MBRからの廃棄固形分は，下流の中央処理施設で処理するために下水管へ返流される．し渣は，取り除かれ，埋め立てられる．サテライト施設からの排水は，農業用灌漑に利用される．

1. 用語の定義
    a. CWWTP (central wastewater treatment plant)：集約型排水処理施設
    b. SWRP (satellite wastewater reclamation plant)：サテライト型排水再生施設
    c. BOD_C：BOD 濃度 (g/m³, mg/L)
    d. BOD_m：BOD 質量 (kg/d)
    e. TSS_C：TSS 濃度 (g/m³, mg/L)
    f. TSS_m：TSS 質量 (kg/d)
2. 排水流量
    a. CWWTP に流下する全流量　　38 000 m³/d
    b. SWRP に流下する下水管中の全流量　　19 000 m³/d
    c. SWRP で処理される全流量　　7 600 m³/d
3. 未処理排水の性状
    a. BOD_C　　160 mg/L
    b. TSS_C　　180 mg/L
    c. VSS/TSS　　0.83
4. 再生水の性状
    a. BOD　1 mg/L
    b. TSS　1 mg/L
5. 細目スクリーンの性能

a. BOD 除去率　　25%
　　b. TSS 除去率　　30%
　　c. 注意点　　MBR へ影響を与える流量計算の際，し渣中の水分は無視する．
6. MBR の特性と性能
　　a. MLVSS/MLSS　　0.8
　　b. 回収率　　95%

解　　答

1. 与えられた構成条件を 1 日当りの質量に変換する．
   a. 幹線下水管 1 の中の BOD_m
      $BOD_m = (19\,000 \text{ m}^3/\text{d})(160 \text{ g/m}^3)/(10^3 \text{ g/kg}) = 3\,040 \text{ kg/d}$
   b. 幹線下水管 1 中の TSS_m
      $TSS_m = (19\,000 \text{ m}^3/\text{d})(180 \text{ g/m}^3)/(10^3 \text{ g/kg}) = 3\,420 \text{ kg/d}$
   c. SWRP 流入水中の BOD_m
      $BOD_m = (7\,600 \text{ m}^3/\text{d})(160 \text{ g/m}^3)/(10^3 \text{ g/kg}) = 1\,216 \text{ kg/d}$
   d. SWRP 流入水中の TSS_m
      $TSS_m = (7\,600 \text{ m}^3/\text{d})(180 \text{ g/m}^3)/(10^3 \text{ g/kg}) = 1\,368 \text{ kg/d}$
   e. 細目スクリーン後の BOD_m(MBR への流入水)
      $BOD_m = (1\,216 \text{ kg/d})(0.75) = 912 \text{ kg/d}$
   f. 細目スクリーン後の TSS_m(MBR への流入水)
      $TSS_m = (1\,368 \text{ kg/d})(0.70) = 957.6 \text{ kg/d}$
   g. し渣中の BOD_m
      $BOD_m = (1\,216 \text{ kg/d})(0.25) = 304 \text{ kg/d}$
   h. し渣中の TSS_m
      $TSS_m = (1\,368 \text{ kg/d})(0.30) = 410.4 \text{ kg/d}$
   i. MBR 処理水中の BOD_m
      $BOD_m = (7\,600 \text{ m}^3/\text{d})(0.95)(1 \text{d}/\text{m}^3)(10^3 \text{ g/kg}) = 7.2 \text{ kg/d}$
   j. MBR 処理水中の TSS_m
      $TSS_m = (7\,600 \text{ m}^3/\text{d})(0.95)(1 \text{g/m}^3)(10^3 \text{ g/kg}) = 7.2 \text{ kg/d}$
2. MBR において排出され，廃棄される固形分の生産量を決定する．
   a. 運転上のパラメータ
      MLSS 中の揮発分 = 0.80 TSSC
      産出係数 $Y_{obs} = 0.3125$
   b. 式(7.20)を用いて得られた揮発性固形分(volatile solids)の質量を試算する．処理水中の BOD は，生物分解性ではないと仮定する．
      $P_{X,VSS} = Y_{obs}Q(S_0 - S)/(1 \text{ kg}/10^3 \text{ g}) = (0.3125)[(912 - 7.2) \text{ kg/d}] = 282.8 \text{ kg/d}$
   c. 廃棄される TSS_m を試算する．
      $TSS_m = (282.8 \text{ kg/d})/0.80 = 353.5 \text{ kg/d}$
3. 下水管に返流される全固形分質量を決定する．
   a. 返流される固形分の質量
      全固形分 = 細目スクリーン後の TSS_m + 活性汚泥法からの TSS_m − 排水中の TSS_m
      $= (057.6 + 353.5 − 7.2) \text{ kg/d} = 1\,303.9 \text{ kg/d}$
   b. 返流される固形物の流量 = $0.05 \times 7\,600 \text{ m}^3/\text{d} = 380 \text{ m}^3/\text{d}$

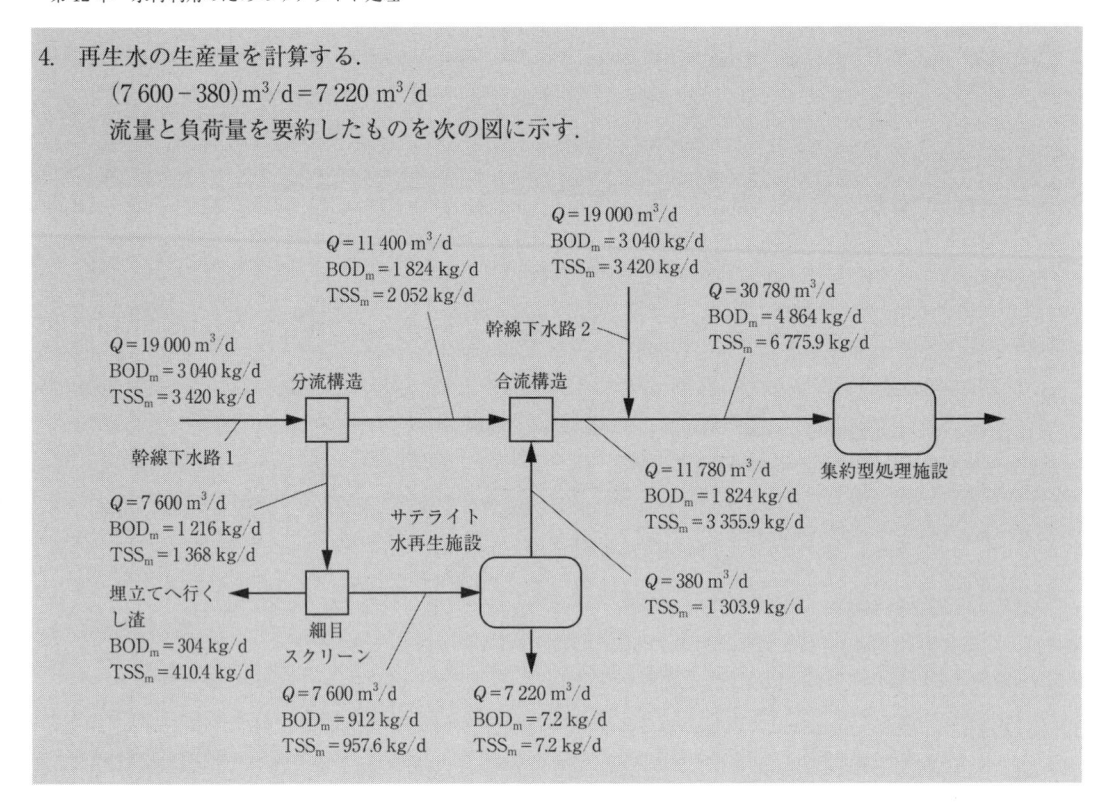

4. 再生水の生産量を計算する．
   $(7\,600 - 380)\,m^3/d = 7\,220\,m^3/d$
   流量と負荷量を要約したものを次の図に示す．

```
                           Q = 11 400 m³/d        Q = 19 000 m³/d
                           BODₘ = 1 824 kg/d      BODₘ = 3 040 kg/d
                           TSSₘ = 2 052 kg/d      TSSₘ = 3 420 kg/d
                                                                    Q = 30 780 m³/d
                                          幹線下水路 2                  BODₘ = 4 864 kg/d
   Q = 19 000 m³/d                                                   TSSₘ = 6 775.9 kg/d
   BODₘ = 3 040 kg/d    ┌─────┐          ┌─────┐
   TSSₘ = 3 420 kg/d ──▶│分流 │─────────▶│合流 │──────────────▶ ┌──────────┐
                        │構造 │          │構造 │                  │集約型処理│
   幹線下水路 1          └──┬──┘          └──▲──┘                  │施設      │
                           │                │         Q = 11 780 m³/d
   Q = 7 600 m³/d          │                │         BODₘ = 1 824 kg/d
   BODₘ = 1 216 kg/d       ▼                │         TSSₘ = 3 355.9 kg/d
   TSSₘ = 1 368 kg/d    ┌─────┐    サテライト
                        │細目 │    水再生施設    Q = 380 m³/d
   埋立てへ行く ◀──────│スク │    ┌─────┐    TSSₘ = 1 303.9 kg/d
   し渣                 │リーン│──▶│     │
   BODₘ = 304 kg/d      └──┬──┘    └──┬──┘
   TSSₘ = 410.4 kg/d       │          │
                    Q = 7 600 m³/d   Q = 7 220 m³/d
                    BODₘ = 912 kg/d  BODₘ = 7.2 kg/d
                    TSSₘ = 957.6 kg/d TSSₘ = 7.2 kg/d
```

12.9　事例 1：New York 市 Solaire Building

Solaire は，図-12.1(a) に示されているようなインターセプト型のサテライトシステムの概念を例証している．排水のオンサイト処理と再利用を含んでおり，環境を配慮した居住用高層ビルである．その建物は，U.S. Green Building Council から，LEED (Leadership in Energy and Environmental Design．エネルギーと環境設計のリーダーシップ) の金賞を受賞した．Solaire は，都市型住宅からの排水の再利用の申請を認められた米国で最初の建物である．なお，以下の議論は，Zavoda (2005) および www.usgbc.org による．

12.9.1　周辺状況

Solaire は，293 の賃貸部屋を持つ 27 階建ての居住用高層ビルであり，以前 World Trade Center が存在した場所に近接した Manhattan 南西の Battery Park City に位置する．Battery Park City は，Hugh L.Carey Battery Park City Authority (BPCA) に所有され，多機能型都市住宅団地として基本計画されている．完全に開発がなされれば，37 ha (92 ac) の敷地には 14 000 戸の居住世帯があり，総床面積 55 ha (6×10^6 ft²) の商業空間，10 ha (25 ac) 以上の公園，ショッピングセンター，Hudson 川沿いの遊歩道等ができる．Solaire は，2000 年に BPCA によって設けられた環境ガイドラインに従って設計された最初の建物である．

12.9 事例1：New York市 Solaire Building

12.9.2 水管理上の問題点

開発者は，その開発全体が高いレベルでLEEDの基準を達成できるよう努めた．LEEDプログラムで設計された最初の建物であるSolaireは，従来の居住用高層ビルに比べ50％飲用水の必要量が少なくなるよう設計された．その建物は，トイレや冷却塔へ再利用水を供給するための排水処理やリサイクルシステムを備えている．さらに，水を保存する設備や，フロント荷重型洗濯機，雨水利用灌漑も備えている．その建物で消費する水や下水道の費用を25％削減したことから，New York City Department of Environmental Protection Comprehensive Water Reuse Programから報奨金が授与された．

12.9.3 実施方法

Solaireにおける水再生利用システムのプロセスのフローを図-12.13に示す．このプロセスには，次の要素が含まれている．

・エアレーションした流入水用給水タンク，
・非生分解性の固形物を遮断するためのトラップ，

図-12.12 Solaireは，New Yorkにある居住用高層ビルであり，トイレ水洗および冷却水利用のためのオンサイト型排水処理システムを有する（北緯40.717度，西経74.016度）

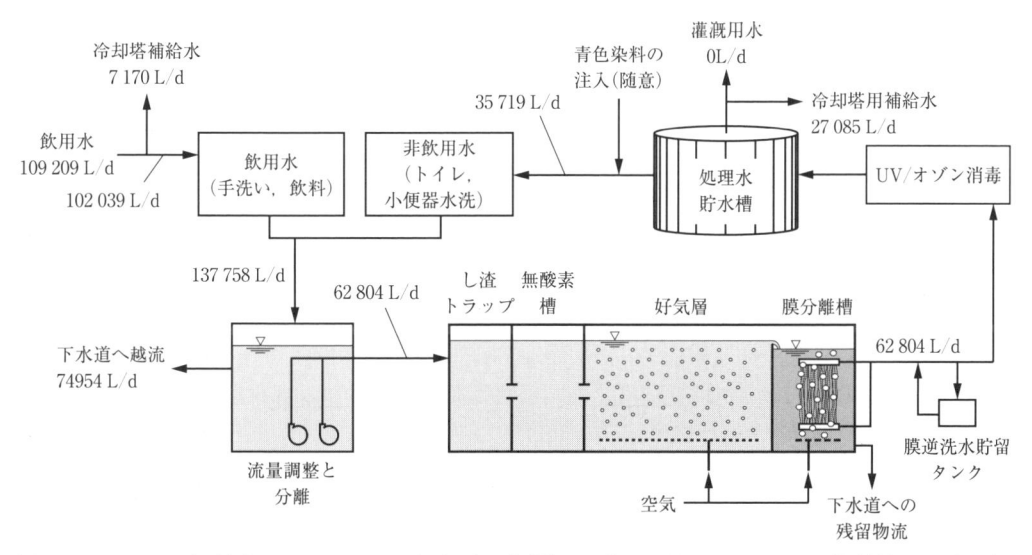

図-12.13 Solaireの水再生利用システムのフロー概略図と，稼動後12ヶ月間の再利用システムの日平均流量［Zavoda（2005）より引用］

第12章 水再利用のためのサテライト処理

- 無酸素混合槽，好気性消化槽，限外ろ過膜を用いたろ過槽および混合液の無酸素槽への再循環の3段階からなる膜分離活性汚泥法(MBR)，
- 色度を低下させるためのオゾン酸化，
- 紫外線(UV)消毒，
- 処理水貯留槽，
- 昇圧汲上げシステムと再利用水の分配のための配管．

水の再利用システムは，建物の地下に設置されなければならなかったため，システムの占有面積は，設計の鍵となった．すべての必要な装置は，197 m^2(2 120 ft^2)という1つの階の面積に設置しなければならなかった．そのスペースの基準を満たすために，膜分離活性汚泥法に基づく排水処理およびリサイクルシステムが選ばれた．再生水は，トイレの洗浄用に使われるため，色と臭気の除去を目的にオゾン処理が適用された．処理された再生水は，紫外線消毒され，計56 m^3(14 700 gal)の容量のグラスファイバ製の貯留槽に貯留される．貯留された再生水は，微生物の再増殖を防ぐため紫外線システム内を再循環する．

再生水は，トイレや冷却塔で使われるために貯水槽から汲み上げられる．飲用水と区別するため，および残った色をわかりにくくするため，トイレに送られる前に再利用水には青い染料が加えられる．配水システムは，Battery Park City内にあるTeardrop公園の景観のための灌漑利用のためにも設置されている．

表-12.3 Solaireの水再生利用過程における再利用水の水質調査結果[a]

項目	サンプルの日付			
	04.2/5	04.4/13	04.8/25	05.2/16
電気伝導度(dS/m)			0.898	0.405
TDS(mg/L)	448	994		242
カルシウム(mg/L)	11.5		48.9	11.3
マグネシウム(mg/L)	3.62		33.4	
全リン(mg/L)	6.74			8.0
オルトリン酸(mg/L)			21.8	
ナトリウム(mg/L)	124			48.5
カリウム(mg/L)	17.4			8.5
鉄(mg/L)	0.033		0.051	
銅(mg/L)	0.046		0.031	
シリカ(mg/L)	10.1		20.07	
亜鉛(mg/L)			0.045	
硫酸塩(mg/L)	34			40
塩化物(mg/L)	48		158.7	43
硝酸性窒素(mg/L)	21.3			11.4
アンモニア性窒素(mg/L)	0.16			
重炭酸塩[mg/L(CaCO$_3$換算)]	120			
Mアルカリ度[mg/L(CaCO$_3$換算)]			97.6	
総アルカリ度[mg/L(CaCO$_3$換算)]		290		
カルシウム硬度[mg/L(CaCO$_3$換算)]		50		24
ランゲリア飽和度指数(−)		−0.73		
TOC(mg/L)	6.62			
COD(mg/L)	22			

[a] Zavoda(2005)よりデータ．

12.9.4 得られた知見

システムの設置後，再生水の利用者すべての質的要求を満たすための追加処理が必要かどうかを判断するために，再生水の検査が実施された．再生水の水質分析結果の概略を表-12.3に示す．最初に，再生水は，冷却システムの主要な水源として使われる．しかし，作動から約6ヶ月後，冷却システムのブローダウン（19章参照）が現場での水再生システムの流入に返されるため，全溶解性蒸発残留物濃度（total dissolved solid；TDS）が著しく上がった．TDS値を下げるため，飲用水が補給水に混ぜられた．加えて，冷却塔内でのスケール形成（19章参照）を防ぐため，MBRにおいてリンを沈殿させるためにアルミニウムの化合物を添加するシステムが取りつけられた．

灌漑用水に関して，園芸家は，ほとんどの植物に対して心配される値以下の塩分濃度（18章参照）を心配し，TDS値を100 mg/L以下にするよう要求した．より低いTDS値を達成するため，20 L/min（5 gal/min）の逆浸透膜システムが取りつけられた．RO処理なしの少量の再生水は，TDS値を調整するためRO処理水と混ぜられる．

紙も排水中に存在しており，トイレからの移動時間が非常に短いため，給水タンクに入る前には分解されない．ポンプを詰まらせる可能性のある物質を除去する装置，例えば，水平型廃棄物籠が給水タンクに取りつけられ，定期的に運転者によって掃除されることが勧められる．

環境に配慮した設計の一部として，水の再利用は，住宅団地全体に取り入れられた．賃借人は，設計コンセプトを理解していることから，トイレの洗浄に再生水を使うことにはほとんど抵抗なく受け入れられてきた．

12.10　事例2：東京における水再生と再利用

日本での水の再利用のパターンは，独特であり，農業用と修景用灌漑に対して比較的少ない量しか使われていない．水の再利用のほとんどは，都市部で，小河川の流量増加のための環境水として，あるいは融雪のため，さらにトイレの水洗といった目的で使われる．全再生水（200×10^6 m^3/yr，2001年）の中で，環境水としての使用が60％以上を占め，続いて融雪（16％），トイレの水洗（約3％）となる．トイレの水洗に使われる割合が他国と比べてかなり高い（JSWA, 2005）．東京での水の再利用は，トイレや小便器の水洗への再生水の利用に主眼点を置いたものであり，これを事例として説明する．再生水は，地域の水再生プラントや，高層ビルに設置されたオンサイトサテライト処理設備によって生産される．

12.10.1　周辺状況

東京は，世界最大級の都市であり，人口は1 200万人以上，日本の総人口の約10％で，人口密度は5 500人/km^{2}以上（TMG, 2005）である．日本は，毎年平均1 400 mm以上の降水量のある温暖なモンスーン気候であるが，人々が密集して居住する東京都心部では，急速な経済成長と人口増加のあった1960年代から水不足に悩まされてきた．未処理の生活排水と工業排水は，東京湾だけでなく放流水域の水質のひどい悪化をもたらしてきた．日本政府は，急速な経済成長が始まったのとほぼ時期を同じくして下水および排水の集水システムに多額の投資をしてきた．1995年までに，東京の全区（23区）には公共下水道システムが設置された（TMG, 2000）．

12.10.2　水管理上の問題点

東京での水の再利用の急速な発展は，経済成長のあった1960年代に始まった．この頃，急速に発展する都心部の将来の水需要をどのように満たすことができるのかという不安が高まっていた．有限な水資源を最大限に利用するために，東京都は，1984年に条例を制定し，すべての新しく建設される，通常3 000～5 000 m^3 までの大きな建物や，直径50 mm以上の水供給パイプが設置された建物に二系統配管システム(dual plumbing systems)を取りつけ，再生水をトイレと小便器の水洗に使うように求めた(Suzuki *et al.*, 2002；Yamagata *et al.*, 2002)．国からの補助金が「再生水の利用型下水道事業」として，これらの水の再利用プロジェクトに支払われている．建設コストの半分は，補助金によって賄われている．しかしながら，維持管理と運営のコストには国の補助金は一切出ない(Maeda *et al.*, 1996)．

再生水の水質基準は，数回の改正を通して発展してきた．全大腸菌群数の最初の基準は，100 mL当り1 000個で，米国のCalifornia州や他のほとんどの州が発表した基準値よりもかなり高かった(Asano *et al.*, 1996)．水の再利用に関する日本の指針の最近の改正は，2005年に行われ（表-12.4），その中で大腸菌数の目標は，「検出されないこと」で，100 mL当り10個が最大値とされた(MLIT, 2005)．日本の指針の改正より前に東京都は，水質基準を改正し，全大腸菌群数の上限を，1週間平均で100 mL当り1個以下に下げた．

表-12.4　日本における都市利用のための再生水の水質指針[a]

	トイレ／小便器水洗	道路や地面への散水	レクリエーションもしくは水景利用
全大腸菌群数(個/100 mL)	検出されない	検出されない	検出されない
濁度(NTU)	2	2	2
pH(-)	5.8～8.6	5.8～8.6	5.8～8.6
見た目(-)	不快でない	不快でない	不快でない
色度(CU)			<10
臭気[b](-)	不快でない	不快でない	不快でない
残留塩素(mg/L)	0.1(遊離)，0.4(結合)	0.1(遊離)，0.4(結合)	0.1(遊離)，0.4(結合)
処理の必要条件	砂ろ過，またはそれに替わるもの	砂ろ過，またはそれに替わるもの	凝集，沈殿，ろ過，またはそれと同等のもの

[a]　MLIT(2005)より引用．
[b]　使用者の要求に合わせてケースバイケースで合わせる．
注)　水質は，水再生プラントからの流出水を測定した．

12.10.3　実施方法

3つの主要な下水処理場では，その再生水をトイレの水洗およびその他の多方面にわたる非飲用の都市再生水として東京都心で供給することができる．処理場は，(1)落合，(2)有明，(3)芝浦である．これらの3つの処理場は，区域に広範囲に及ぶ配水網によって再生水を供給している．それに加えて，インターセプト型のオンサイト処理および再利用システムが発達し，再生水は，高層ビルのトイレや小便器の水洗に使われてきた．図-12.14に示されるように，オゾンが色度除去のために使われ，続いてオゾン耐性膜を使ったろ過が行われる．1999年には，300棟以上の建物がオンサイトもしくは広域システムを通して水の再利用システムを持つと報告されている(Yamagata *et al.*, 2002)．2003年の

12.10 事例2：東京における水再生と再利用

時点で，122棟の建物が3つの処理場からの再生水を利用している．

トイレの水洗のための最大の水再利用システムの一つは，東京の新宿区にある商業ビジネスセンターであり，トイレの水洗のために再生水を割り当てる二系統配管システムの設計がされている．1993年には，平均流量 2 700 m^3/d，最大流量 4 300 m^3/d が計画区域の建物に配水された(Asano *et al.*, 1996；Maeda *et al.*, 1996)．新宿の再生水システムの概要を図-12.15に示す．このシステムは，トイレの水洗水を19の高層ビルに供給するものである．排水は，落合公共下水処理場で急速砂ろ過に

図-12.14 日本の高層ビルにおけるトイレ水洗利用のための色度除去に使われているオゾン耐性膜処理装置

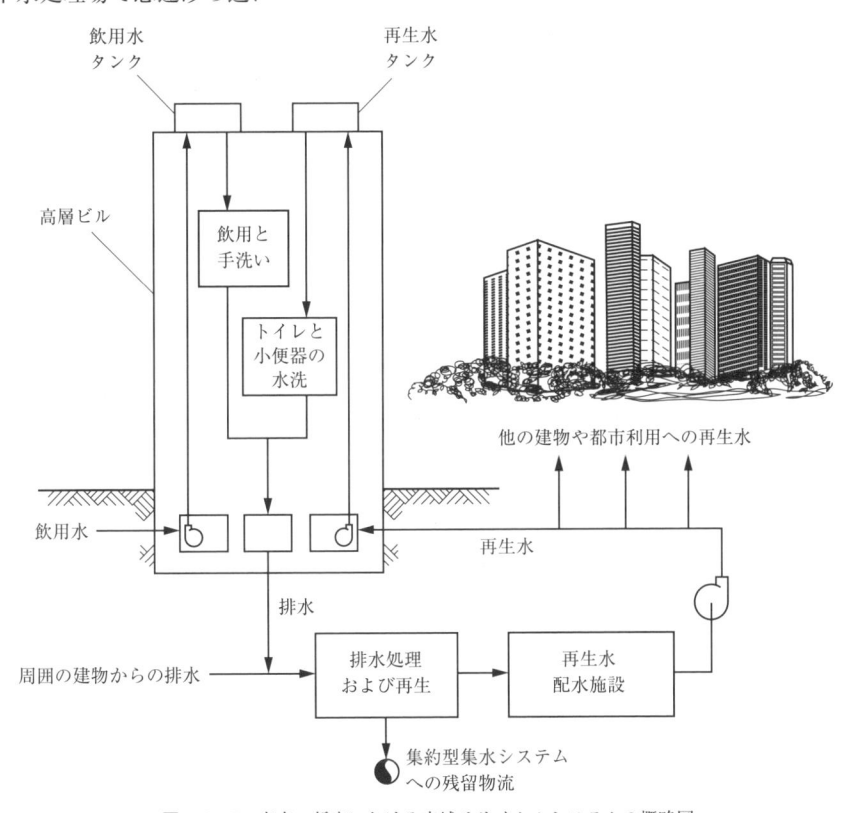

図-12.15 東京の新宿における広域リサイクルシステムの概略図

よって三次処理がなされ，東京ヒルトンホテルの地下に位置する新宿リサイクルセンターにポンプで送られる．再生水は，塩素消毒されて再生水送水管を通して各建物に配水される前に，このリサイクルセンターの配水用貯水槽に貯えられる．東京都庁ビル(図-12.16)は，トイレの水洗のために再生水が利用されている建物の一つである．このシステムは，さらに拡大し，2003年にはおよそ8 000

第12章 水再利用のためのサテライト処理

m³/d の再生水が計画区域内でのトイレの水洗に使われた.

トイレと小便器の水洗水の再利用計画で最も早期のものの一つは，新宿区で始められたものである．水質基準として，(1)100 mL 当り 1 000 個未満の全大腸菌群数，(2)残留結合塩素の残留，(3)不快感のない見た目と臭い，および(4)5.8〜8.6 の範囲内のpH を定めた．1994 年度には，常に再生水の水質は，これらの水質基準を満たし，臭いと見た目に問題はなく，配管の詰まりもなかった．1994 年 4 月〜1995 年 1 月までの実際の水質データを表-12.5 に示す．

芝浦の下水処理場は日本で最も古い下水処理場の一つであるが，トイレの水洗水として利用するための水質基準を満たすために，処理プロセスの改良が必要とされていた．もともとの再生プロセスは，ろ過およびその前後に次亜塩素酸(HClO)を加えるものだった．追加された処理プロセスには，前オゾン処理，膜分離活性汚泥法，第二オゾン処理に続くオゾン耐性精密ろ過が含まれた(図-12.14)．オゾン処理は，色度の除去に必要であった．水質データの例を表-12.6 に示す．新しいシステムでの再生水の生産コストは，約 1.50 ドル/m³ であった．

図-12.16 再生水がトイレ水洗に利用されている東京都庁(TMG)ビル(北緯 35.689 度，東経 139.692 度)

表-12.5 東京都新宿区における 1994 年 4 月〜1995 年 1 月の再生水の水質[a]

構成要素	月									
	4	5	6	7	8	9	10	11	12	1
pH(−)	7.2	7.2	7.2	7.0	7.3	7.2	7.1	6.8	7.1	7.5
腸菌群数(個/mL)	0	0	0	0	0	0	0	0	0	0
結合残留塩素	0.2	1.5	1.0	0.8	0.2	0.2	0.3	0.2	0.4	1.5
見た目[b](−)	SY	C	C	C	C	C	C	SY	C	C
臭気[c](−)	WM	WM	WS	WS	WM	WS	SS	MS	MS	SS
BOD(mg/L)	2.8	2.5	1.0	2.3	2.0	1.4	1.5	3.0	1.9	4.3
濁度(NTU)	1	1	1	1	1	0	1	0	1	1
SS(mg/L)	0	—	—	0	—	—	0	—	—	0
全窒素(mg/L)	13.0	—	—	9.7	—	—	9.6	—	—	16.0
全リン(mg/L)	0.48	—	—	0.70	—	—	1.00	—	—	0.65

[a] Maeda et al.(1996)より引用.
[b] SY：薄い黄色　C：透明
[c] WM：弱いかび臭　WS：弱い汚水臭　MS：普通の汚水臭　SS：強い汚水臭

12.10.4 得られた知見

近年，東京都心地域では，インフラストラクチャの改善と水の保全の努力によって，水不足は，数十年前ほどは深刻ではなくなった．水の再利用計画は，ほとんどは規制を満たすために，また自治体

が水を保全し環境を守る最大の努力をしていることを示すために実行される．二系統配管システムの設置が高層ビルにおける水の再利用のために要求されることによって，水の再利用が新たなデザインの形に組み込まれることとなり，基盤施設の費用削減につながっている．

12.11 事例3：California州Upland市

表-12.6 芝浦の汚水処理施設における，オゾン耐性精密ろ過処理システムの装置の前後の水質の比較

構成要素	二次処理水	膜処理後の再生水
SS(mg/L)	10.3	0.0
濁度(NTU)	9.4	<0.1
色度(CU)	40	3
臭気(—)	わずかなかび臭	臭気は検知されず

高地であるCalifornia州Upland市にある引抜き型サテライト水再生プラントは，25年間操業されており，ゴルフ場灌漑のための消毒済みの三次処理水を生産し続けている．このプラントは，上流地域で生じる家庭排水を分離し，排水処理によって生じる残留物を下流の集水システムに返すものである(Ripley, 2005)．

12.11.1 周辺状況

Upland Hills Water Reclamation Plant(UHWRP)は，Upland市のUpland Hillsカントリークラブゴルフ場にある．その水再生プラントは，1981年に建設され，760 m^3/d(0.2 Mgal/d)の処理能力を持ち，ゴルフ場灌漑のためにUpland Hillsカントリークラブに供給されているTitle 22に合致した水をつくり出す．処理水は，灌漑システムに送られる前にゴルフ場の水景内に貯留される．

12.11.2 水管理上の問題点

この計画は，当初，住宅向け不動産としての市場性や価値を向上させるためにゴルフ場を必要としていた宅地開発業者によって考え出され，つくられた．その計画を推し進めるためには，地下水供給量の低さと捕捉可能な下水の量が限られていることが大きな問題だった．しかし，下水の採掘という概念がこの2つの問題を同時に解決し，プロジェクトが進められるようになった．

12.11.3 実施方法

この計画の実施は，水不足の地域において水の有効利用のために排水を再生するという考えに基づいて推進された．処理場における処理プロセスには，流入水のスクリーニング，一次沈殿，流量調整，3つの連続した好気-嫌気生物膜反応タンクがある．3番目の反応タンクからの排水は，種々の担体を充填した加圧フィルタに送られた後，塩素で消毒される．処理プラントは，住居型の建物に完全に囲まれていて(図-12.17)，脱臭装置が備えつけられている．このデザインは，処理施設が迷惑施設になることなく住居型の建物の内側に建設され，運転されうることを証明している．

UHWRPは，水管理の視点から見てとても良い働きをしている．流入排水は，家庭が排出源であり，排水のTDSは，約35 mg/Lであるため，処理後の水質は，ゴルフ場灌漑にぴったりである．ゴルフ場の芝生の季節ごとに変化する需要を満たすために，(1)集水システムからの排水の引抜きを制限する，および(2)ゴルフ場の池の中での流量調整のために流出水を貯蔵する，などの制御を実施している．

第12章 水再利用のためのサテライト処理

図-12.17 California 州 Upland の居住団地に位置するサテライト型処理プラントの概観．サテライトプラントからの再生水は，ゴルフ場灌漑に利用される（北緯 34.125 度，西経 117.641 度）（協力：Ripley Pacific Company, D. Ripley）

12.11.4 得られた知見

サテライト再生プロジェクトは，25 年以上にわたり成功をおさめているが，施設には改良が必要である．改良のための地元の融資が十分でないことが障害となっている．ゴルフ場は，再生水のために約 105 /10^3 m^3(130 /ac·ft)を払い続けている．その額は，California 州南部都市部における典型的な排水の額，約 650 /10^3 m^3(800 /ac·ft)(2 006 dollars)よりはるかに少ない．再生水の価値に対する十分な支払いがされていないために，結果として，システムの全面的修理をすることなく継続的な運転を続けられるようにするために必要な修理や交換を行うための資金が不足することとなっている．

問　題

12-1　2 つの成長しつつある地域が排水システムの拡大を考えている．これは，処理普及区域の上流地域で居住用および商業用団地を計画しているためである．一方の地域は，10%の容量拡大を予想しており，もう一方の地域は，25%の容量拡大を予想している．ニーズに見合った排水システム拡大のタイプ(サテライト型もしくは集約型)をそれぞれの地域が決定するうえで考慮しなければならない要因を挙げよ．

12-2　12-1 の中で，し渣が集水システムに返送された場合，集約型処理場へ排出される BOD および TSS 負荷に及ぼす影響について述べよ．

12-3　地下水涵養のための再生水を生産するために上流型サテライト処理施設が検討されているとする．その施設の場所は，郊外地域である．異なる代替処理技術を用いた 2 つの処理フロー図を用意し，それぞれの長所と短所を述べよ．

12-4　サテライトシステムの事例を文献検索あるいはインターネット検索せよ．さらに，少なくとも 2 つの事例を要約せよ．使われているサテライトシステムの種類を明確にし，その選択や適用において重要な要因を挙げよ．

12-5　複合オフィスビルのトイレ水洗やエアコン冷却水へ再生水を供給するために，都市域にサテライト型の水再生プラントを建設することが計画されている．施設の位置決定，および建設の際に評価すべき美的および環境上の注意点について述べよ．

12-6　修景用およびゴルフ場灌漑用の目的で郊外に建設するサテライト型の水再生プラントに関し

て2つの代替システムが、えられている。それらは、(1)浸水式膜分離活性汚泥法[図-7.12(b)参照]、および(2)回分式活性汚泥法、布ろ過、精密ろ過を用いたシステム(図-7.17参照)である。それぞれのシステムの長所と短所について述べよ。また、経済的な要因を考慮する必要がなければ、どのシステムが推薦されうるか。さらにその推薦の理由を述べよ。

参考文献

Asano, T. (ed.) (1998) *Wastewater Reclamation and Reuse*, Water Quality Management, **10**, CRC Press, Boca Raton, FL.

Asano, T., M. Maeda, and M. Takaki (1996) "Wastewater Reclamation and Reuse in Japan: Overview and Implementation Examples," *Water Sci Technol*, **34**, 11, 219–226.

AWWA (1994) *Dual Water Systems,* AWWA Manual M24, American Water Works Association, Denver, CO.

AWWARF (1999) *Residential End Uses of Water*, American Water Works Association Research Foundation, Denver, CO.

JSWA (2005) *Sewage Works in Japan 2005: Wastewater Reuse*, Japan Sewage Works Association, Tokyo, Japan.

Maeda, M., K. Nakada, K. Kawamoto, and M. Ikeda (1996) "Area-Wide Use of Reclaimed Water in Tokyo, Japan," *Water Sci Technol*, **33**, 10–11, 51–57.

MLIT (2005) *Manual on Water Quality for Reuse of Treated Municipal Wastewater*, Japanese Ministry of Land, Infrastructure, and Transport, Tokyo, Japan.

Ripley, G. (2005) Personal Communication.

Suzuki, Y., M. Ogoshi, H. Yamagata, M. Ozaki, and T. Asano (2002) "Large-Area and On-Site Water Reuse in Japan," presented at International Seminar on Sustainable Development of Water Resource Pluralizing Technology, held at Korean National Institute of Environmental Research, Seoul, Korea.

Tchobanoglous, G., F. L. Burton, and H. D. Stensel (2003) *Wastewater Engineering: Treatment and Reuse*, 4th ed., McGraw-Hill, New York.

TMG (2005) website: http://www.metro.tokyo.jp/ENGLISH/

TMG (2000) *Sewerage in Tokyo*, The Bureau of Sewage, Tokyo Metropolitan Government, Tokyo, Japan.

Yamagata, H., M. Ogoshi, Y. Suzuki, M, Ozaki, and T. Asano (2002) "On-Site Insight into Reuse in Japan," *Water 21*, August, 26–28.

Zavoda, M. (2005) "The Solaire, a High-Rise Residential Reuse Case Study," *Proceedings, 20th Annual WateReuse Symposium*, WateReuse Association, Alexandria, VA.

第13章　排水再利用のためのオンサイト分散型システム

翻訳者　船　水　尚　行（北海道大学大学院工学研究院環境創生工学部門 教授）

関連用語　*599*

13.1　分散型システムの概要　*601*
 13.1.1　分散型システムの定義　*601*
 13.1.2　分散型システムの重要性　*602*
  個別対応型処理システム／*602*　　公共的施設必要性の低減／*602*　　信頼性に関する事項／*602*
  流域管理の観点／*603*　　水密性のシステム／*603*　　処理効率／*603*
 13.1.3　集約型システムとの統合化　*604*

13.2　分散型システムの形式　*604*
 13.2.1　戸別オンサイトシステム　*605*
 13.2.2　住宅の集合システム　*605*
 13.2.3　住宅団地や小規模コミュニティシステム　*606*

13.3　排水の量と質　*607*
 13.3.1　排水の量　*607*
  日間流量変動／*607*　　家庭での水利用形態／*609*　　雑排水分離／*609*
 13.3.2　排水成分の濃度　*610*
  戸別住宅からの排水の質／*610*　　排水中の家庭用品／*610*　　家庭系雑排水の組成／*611*
  混合家庭排水の組成／*614*

13.4　処理技術　*614*
 13.4.1　排水分離システム　*614*
 13.4.2　屋内前処理　*615*
 13.4.3　一次処理　*616*
 13.4.4　二次処理　*619*
 13.4.5　栄養塩除去　*622*
  窒素除去／*622*　　リン除去／*627*
 13.4.6　消毒プロセス　*627*
 13.4.7　効　率　*628*
 13.4.8　信　頼　性　*629*
 13.4.9　メンテナンスの必要性　*629*

13.5　住宅団地や小規模コミュニティシステムのための技術　*629*
 13.5.1　集水システム　*630*
  小口径可変勾配自然流下式集水システム／*631*　　圧力式集水システム／*631*
  真空式集水システム／*631*　　ハイブリッド集水システム／*632*　　集水システムの比較／*633*
 13.5.2　処理技術　*634*
  再生水の多段水質／*635*　　必要な処理レベル／*636*

13.6 分散型水再利用の可能性　*638*
- 13.6.1 修景用灌漑システム　*638*
- 13.6.2 雑排水による灌漑　*639*
- 13.6.3 地下水涵養　*639*
- 13.6.4 水再利用を組み込んだシステム　*641*
- 13.6.5 野生生物生息域　*642*

13.7 分散型システムの管理とモニタリング　*642*
- 13.7.1 モニタリングとコントロール装置　*643*

問題　*645*

参考文献　*645*

関連用語

イムホフタンク Imhoff tank　生下水の沈殿(clarification)に用いるプロセス．流れは，上部槽に向かう一方，排水から沈殿分離された粒子は，下部槽に堆積する．下部槽に堆積した固形物は，消化(digest)され，定期的に引き抜かれる．上昇してくる気泡と粒子が上部槽へ漏出することを防ぐため，阻流板(baffle)が用いられる．

オンサイトシステム onsite system　排水が発生するまさにその場で用いる下水管理システム．オンサイトシステムは，戸別の家庭から発生する排水の多様な特性に適合するように設計される．排水流量が少ないので，処理水は，土壌に浸透させたり，所定の用途に再利用される．

好気性処理装置 aerobic treatment unit；ATU　腐敗槽(septic tank)の二次処理(secondary treatment)のために用いる機械的な下水処理システム(wastewater treatment system)．ただし，自動制御を最小限にして活性汚泥法(activated sludge process)と同様な運転を行う．処理の安定性を増すため，固定または浮遊型の充填材(packing materials)がしばしば用いられる．

コミュニティシステム community system　コミュニティからの排水を処理するために用いる下水管理システム．生下水や腐敗槽の処理水を水密性のある集水システムを用いる．

コンポスト型トイレ composting toilet　人のし尿の収集，コンポスト化に用いるトイレ．多くのタイプは，機械的な混合装置とエアレーション装置を有する．し尿を排水から分離することで，下水処理プロセスの性質を変化させることができる．

雑排水，グレイウォーター grey water　風呂や手洗い設備からの排水．雑排水は，トイレの洗浄排水や台所，ディスポーザからの食物廃棄物を含まない．排水の例としては，風呂，シャワー，手洗い，洗濯排水が含まれる．典型的な雑排水は，洗剤や石鹸に含まれる高濃度の塩類やミネラル分を高濃度で含む．粉末洗剤や軟水剤を使用している場合，ナトリウム塩濃度が増加することが知られている．

様々な収集システム alternative collection systems　排水を輸送するためのシステム．重力式(gravity)，圧力式(pressure)または真空式(vacuum)で，小口径，水密性のあるパイプを用いる．

集合システム cluster system　ビルディングから集めた排水を処理するために用いる下水管理システム．代表的なものは，ビルディングがお互いに隣接しているような地区で排水の輸送距離を削減する．処理を一つのシステムに集約することで維持管理性と処理効率が上がる．

充填ろ床 packed bed filter　充填材の表面に付着した生物膜微生物群を用いる処理プロセス．下水は，充填材の表面に散水され，重力により下降する．排水は，生物膜に接触し，排水中成分は，吸着，分解される．

蒸発散 evapotranspiration　土壌，植物表面から大気中への蒸発ならびに植物体からの輸送による水分損失の総量．灌漑用水の需要量の予測のために，農業改良普及所や気象庁のような政府機関が蒸発散速度を各地域について提供している．

真空式集水システム vacuum collection system　真空ポンプを用いて排水を発生源から処理施設へ輸送するシステム．

人工湿地 constructed wedland　例えば，二次処理水として水質を向上させるために設計された人工湿地．人工湿地は，他の機械的な処理プロセスに比較して広い面積を必要とするが，運転にほとんど，もしくは全くエネルギーを必要としない．

浸透 infiltration　土壌への水の動き．浸透の例として，土壌へ入る降雨，土壌への処理水への排

第13章　排水再利用のためのオンサイト分散型システム

出，表流水貯水池の底からの排出等があげられる．

浸透　percolation　土壌の不飽和層(vadose zone)に進入していく水の動き．適切に運転されている場合，高度処理の処理水に匹敵する高レベル水質の処理水を得ることができる．

点滴灌漑　drip irrigation　細いパイプや低流量の放出口を用いた灌漑用水の散水．点滴灌漑は，根による吸収を最大化できるように根圏に直接地中の散水装置から灌漑用水が供給される．

バイオフィルタ　biofilter　固定充填材(fixed packing material)に排水を散布する生物学的ろ過プロセス(biological filtration process)．重力により排水がフィルタを通過する際，充填材表面の微生物群(microbial community)[例えば，生物膜(biofilm)]が排水中の成分を吸着(adsorb)，分解(transforms)する．

ハイブリッド集水システム　hybrid collection system　重力式，圧力式または真空式を組み合わせた下水集水システム．多様なシステムへの適用や輸送効率を高めるために用いる．

破砕式ポンプ　grinder pump　家庭からの排水に含まれる固形物を破砕し，圧力をかけて輸送する装置．小口径のパイプによる集水システムと同時に用いられる．破砕式ポンプは，排水の発生源の近くに設置され，発生源における一次処理(固形物除去)を不要とする．

パッケージ型プラント　package plant　一般にプレハブ式の一つの槽式の下水処理プロセスであり，容易に運搬，設置される．ATUが一般的な例である．

腐敗槽　septic tank　水密の密閉式タンクを用い，個別の家庭排水，商業施設，小規模住宅開発地区等からの種々の排水を受け入れる．腐敗槽内では，重力沈降や生物学的反応により，排水は部分的な処理を受ける．腐敗槽の処理水は，後続処理を受ける場合や受けない場合があるが，一般に土壌に浸透させたり，再利用する．

腐敗槽排水重力式集水システム　septic tank effluent gravity(STEG) collection system　共用の処理システムへ腐敗槽の処理水を自然流下で輸送する小口径パイプよりなる集水システム．

腐敗槽の汚泥　septage　腐敗槽や貯留タンクから引き抜かれた汚泥．この汚泥は，タンクから特別に設計されたトラックにより引き抜かれ，下水処理場や汚泥処理施設に運搬される．

不飽和層　vadose zone　土壌表面と飽和層の間に存在する不飽和層．

ブラックウォーター　black water　トイレの洗浄排水と食物残渣を含んだ台所排水のみからなる下水．有機物濃度，栄養塩(nutrient)濃度，病原微生物(pathogen)濃度が高い．

分散型システム　distributed systems　この用語は，サテライト(satellite)や分散型排水管理システムによく用いられる．

分散型排水管理　decentralized wastewater management；DWM　排水の発生源またはその近くにおける排水の集水，処理，再利用．分散型下水管理は，散在する個々の施設や小さなコミュニティ単位の排水を処理するために用いられる．

　集約型または地域的な排水の収集，処理施設は，開発が進んだ都市域や人口密度の高い地域で再生水(reclaimed water)の生産に広く利用されている．しかし，集約型の集水システムが敷設されていない場合や個別の処理施設が望まれる場合には，分散型の排水管理システムが用いられる．分散型下水再生システム(decentralized wastewater reclamation systems)は，広く郊外の修景用水や散水用水に用いられてきており，本章で議論する様々な利点に加え，水道水の需要量を削減させている．集約型の集水システム(centralized collection system)に隣接する地域では，サテライト施設(satellite facilities)も再生水需要を満たすために用いられる(**12章参照**)．サテライト施設は，本章で述べる分散型システム(decentralized systems)と幾つかの共通点を有するが，サテライトシステムは，集約型集水システムに直接接続されている点が異なり，オンサイトにおける貯蔵や汚泥の処理の仕組みを持たない．

13.1 分散型システムの概要

　分散型排水管理(decentralized wastewater management；DWM)は，集約型の下水管を敷設することが技術的，政治的，環境的，または経済的に難しい郊外，農村，遠隔地に一般的に用いられるシステムである(図-13.1 参照)．ある地域では，集約型システムの代わりに分散型システムを用いることにより，その地域の開発を制限したり管理したりする場合もある．しかし，現状では，分散型システムは，設計にはまだ難しい部分が存在している．その理由は，分散型システムの設計では長期間の維持管理業務，システムの冗長性のなさ，排水の量と質の大きな変動，ならびに地域性のような多くの制約条件の中で高い信頼性が必要とされるからである．

　分散型システムは，下水道が普及していないコミュニティに対する smart-growth community design 構想[*1]の不可欠な構成要素であり(Joubert *et al.*, 2004)，排水管理へのインパクトが小さく，かつ以下に述べるような利点により，コミュニティの持続可能な開発の要素とすることができる．加えて，実用上ならびに経済上の制約が存在することから，米国のすべての地域に集約型下水道を導入することが不可能，または相応しくないと認識されている．このことから，DWM は，公衆衛生と環境管理や水資源マネジメントの長期的な戦略確立のために必須なシステムである．

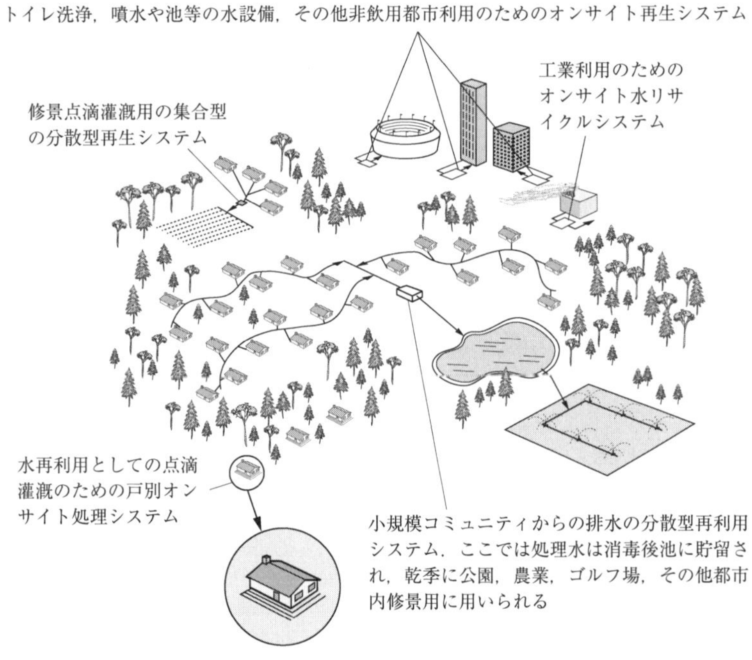

図-13.1　排水の集水，処理，再利用のための分散型システムの概念図

13.1.1　分散型システムの定義

　分散型排水管理は，排水の発生源またはその近くにおける排水の集水，処理，再利用と定義される

[*1] 訳者注：衣食住の都市機能をコンパクトにすることにより，インフラ整備等の開発コストの効率化と開発による環境負荷の低減を可能にするという都市開発コンセプト(http://www.toyo.ac.jp/econpmy/yogosmartgrowth.htm より引用)．

第13章　排水再利用のためのオンサイト分散型システム

(Crites and Tchobanoglous, 1998).分散型施設は，個別の家，幾つかの家の集合，分譲地，孤立して存在する商業・工業・農業施設からの排水を管理するために用いる．排水の量と質，ならびに流量変動は，集水地区の規模と内容に依存する．

13.1.2　分散型システムの重要性

2006年時点，米国では6 000万人以上の人が分散型下水処理システムを設置した家に住んでいる．加えて，U.S. EPAによれば，1990年代に建設された家屋の約40%は，分散型システムを設置しているとされている(U.S. EPA, 1997).腐敗槽を用い，その処理水を表流水に放流するのが従来型であるが，本章では，処理水の一部または全部を地域で有効に再利用することを意図したシステムに焦点を当てる．分散型システムの使用にあたっての留意しなければならないことを以下に記述する．

個別対応型処理システム

分散型下水処理システムは，処理すべき排水に適合するように個別に設計された処理システムを用いることができる．大規模，地域スケールの下水処理システムでは，不明な発生源や工場からの排水に起因する重金属，塩類，有害微量有機物が問題となる．商業施設からの排水や工場排水を含む都市部の排水は，高度処理(advanced treatment)を必要とするような成分が混入する場合もある．一方，分散型システムでは，内容の明確なより均質な排水が流入する．家庭排水を商業施設からの排水や工場排水と分離することで，その排水に適した方法により効果的にオンサイトで処理することができる．

公共的施設必要性の低減

分散型システムを利用することにより，公共的な施設の必要性を減らすことができ，そして，このことによる多くの利点がある．発生源で排水を処理することにより，集水パイプの口径や規模を小さくすることができる．また，従来型の集水システムの規模や維持管理に起因するコストを削減することができる．特に，集約型の集水システムを拡張する際のコストは，種々の要因に影響される．主要な要因としては，集水システムの特性，システムを敷設する地域の開発形態，地形学的，地理学的制約等である．コストに重要な集水システムの特性は，必要なパイプの総延長やポンプの利用の有無である．地域の開発形態のうち道路，歩道，工事が必要な土地等の固定資産がコストに影響する．地形学的，地理学的制約としては，急勾配，地中の岩盤，浅い地下水位等があげられる．

既存の下水集水システム，処理システムは，都心部を対象として容量が定められており，周辺域の宅地開発は，考慮する必要がなかったか，予想されていない場合が多い．地域によっては，設計容量またはそれに近い状態で運転されている既存の集水システムや処理システムの寿命が負荷を低減することにより延命することができる．設計容量で運転されている下水処理システムでは，下水管の接続を増やすことが特に周辺地域では制限されている．加えて，既存の処理システムは，新しい排水基準(discharge requirement)に対応するように設計されていない場合が多く，高度処理の増設が必要な場合もある．一般に再利用場所は，離れた場所に存在しており，再生処理施設とは離れていることから，処理水を再利用先に再分配・輸送するコストも考慮する必要がある．排水の再利用場所と排水の発生源，処理施設が一致している場合には，分散型システムは，再生水輸送ネットワークの必要性がない．

信頼性に関する事項

下水処理プラントの不調やその他処理の信頼性に関連する事態に起因する影響は，分散型排水システムの方が大規模の集約型システムに比べて小さくなる．これは，分散型の方が規模が小さいことによる．例えば，幾つかの家からなるクラスターから排水を集める真空式システムが停電や真空弁の不

良によって問題が発生した場合，故障の修理期間における不便は，限られた人数が被るだけである．分散型システムは，1日または数日の排水を扱う容量を有し，自然流下システム(gravity flow system)はほとんど影響を受けない．一方，集約型の集水システム，処理システムに障害が生じ，一定期間使用不能になった場合，多くの人々が影響を受け，部分的もしくは全く処理されない下水が直接表流水に放流されることになる．ほとんどの分散型システムは，処理水を土壌散布や灌漑に用いるように設計されているので，表流水に放流されることはない．

流域管理の観点

表流水の近くに処理施設が存在している場合，大規模な集約型排水システムは，点源としての排出特性を持つ．それとは対照的に，分散型システムでは処理水を土壌に浸透させるので，地域の流域において水を保持できる．例えば，再生水は，修景や農業用の灌漑用水として用いられ，夏季の植物の成長時期にはほとんどすべての再生水が蒸発散される．一方，蒸発散の少ない冬季には，再生水は，地下水へと浸透する．散水型浸透システム(distributed infiltration system)の総括的な効果は，地域の水文学的(hydrologic)状態に依存するが，地域によっては渇水の影響の埋合せや地下水位低下を低減することに役立つ．しかし，不十分な処理や不適切な散布による地下水質への影響がないように放流水の水質には十分な考慮が必要である．

水密性のシステム

集約型集水システムの高い敷設費用に加え，水密性が確保されていない管路の接合部や破損部分からの多量の不明水の浸入または下水の漏れ出しの問題がある．極端な場合には，処理施設に流下する間に，不明水の浸入は流量を2倍以上に増加させ，排水濃度を低下させる．また，長期間の浸入は，地下水位の低下を引き起こす．集水システムからの流出は，地下水や表流水の汚染を引き起こす．大規模な集約型集水システムは，システムからの漏れを前提としていないが，剛性の長いパイプを種々の土壌に埋設することは，経年的な漏れの増加やパイプの破損につながる．加えて，地下に埋設された管路の破損部の発見と修理には費用が掛かる．特に，開発が終了した地域の道路や建物の下に埋設されている場合のコストは高い．分散型施設に用いられるパイプは，接合部を溶剤により溶融密着させる塩化ポリビニル(polyvinyl chloride；PVC)製，圧着ジョイントを用いる中密度ポリエチレン管(medium density polyethylene；MDPE)製の可撓性小口径管が用いられている．これらは，真空式や圧力式の集水システムのために設計されたものである．可撓性のプラスチックパイプは，通常の曲げ条件ではほとんど漏れが生じない．これらのパイプは，最小限の幅の掘削によって埋設可能であるため，資産や道路への損傷を最小限にとどめることができる．

処理効率

集水システムの拡張に伴う下水量の増加は，処理施設の水理学的負荷や汚濁物負荷を変化させるため，処理効率を変化させる．現在または将来の表流水への放流成分水質の規制と，ほとんどの生物学的処理プロセス(biological treatment process)が多くの微量有害成分の除去のために設計されていない事実から，既存処理施設への負荷の増加は，高度処理プロセスの導入を必要とする．

土壌を用いた処理システムは，排水中の難分解成分を除去できることが見出されている(22章参照)一方，従来型の処理プロセスは，ほとんど分解することなくこれらの物質を通過させてしまう．土壌を用いた環境施設は，その複雑な特性により病原体(pathogen)や微量物質を除去する．分散型やオンサイトの処理システムは，土壌の自然浄化と同化容量(assimilative capacity)を利用している．対照的に多くの処理水を1箇所から表流水に放流する集約型システム場合には，同化容量を利用することはできない．表流水への放流は，太陽光による光分解(solar photolysis)の効果を期待できるが，灌漑に用いた場合には期待できない．しかし，光分解による微量物質の分解については，多くの要因

が関与するため，その予測は難しい(23章参照)．土壌中で自然に生じる高い処理レベルに匹敵する高品質の処理水を集約型施設で得るためには，高度処理プロセスを付加する必要がある．DWM システムからの処理水の灌漑への利用は，農業や修景用の灌漑用水の基準を満たし，根圏の外へ浸透する水について土壌中での高品質の処理につながる．

13.1.3 集約型システムとの統合化

実用上の制約が存在する地域では，排水管理の要求を満たすため，分散型システムは，集約型システムの補完ともなる．また，対応することが難しい成分が含まれる排水を排水全体から分離することが必要な場合もある．例えば，工場排水や商業施設からの排水をサテライトシステムで処理するための遮集や迂回は，集約型システムへの汚濁負荷低減となる．

多くの分散型システムは，長時間汚泥を保持，消化するための適切な容量を持つように設計されている．例えば，腐敗槽の一次処理は，処理すべき汚泥の量を減少させる機能を持つ(**例題 13-3** の計算を参照)．しかし，汚泥は，定期的に引き抜いて，集約型システムで処理するか，土壌に還元するか，次の処理のために特別な貯留施設(holding facility)に集める必要がある．ある種の分散型施設では，汚泥の熱分解や好気的コンポスト化(aerobic composting)，土壌処理(subsurface soil treatment)を利用することにより，追加の汚泥処理を必要としないものもある．

遠隔の分散型システムのポンプの運転状況，液面・汚泥面水位，温度，警報，紫外線ランプの出力，排水中の成分の濃度のようなデータは，集約施設で整理，加工される．遠隔の施設からのデータを電話回線を用いて転送する多くのシステムが利用可能である．インターネットを用いてデータを転送，表示したり，ある種の操作機能を持つアプリケーションが利用されている．分散型システムのモニタリングと管理を集約施設で行うことは，統合的，包括的な排水管理計画への期待されるアプローチである．

13.2 分散型システムの形式

分散型システムは，種々のスケールや異なった目的に適用される．幾つかの分散型下水再生・再利用システムを前出の図-13.1 に示した．多くの場合，適用のスケールや目的により用いられるプロセスが選定される．例えば，遠隔地のような場所で施設の使用頻度が変化する場合への適用には，多量の余剰汚泥が発生しないようなシステムが用いられる．人口密度の高い地域では，特にコンパクトなシステムが用いられる．設計時に特別な配慮を必要とする要因として，寒冷地，処理水の放流ができ

表-13.1 分散型排水管理システムの各種形式

形　式	説　明
戸別住宅用	腐敗槽と自然流下型浸透域を持つシステムから腐敗槽，間欠砂ろ過，滴下灌漑のシステムまで多様
集合住宅用	2戸以上の家からの排水を集めて集約処理し，より改善した下水処理を行う
住宅団地やその一部	独立した住宅団地では，排水管理を行うためにグループ化できる
コミュニティ	コミュニティでは，多様な集水システムと下水処理施設，再利用施設により排水管理が行われる
遠隔の屋外施設	キャンプ場，公園，その他アウトドアの施設のような遠隔地に設置されたシステムでは，電力の供給や業務用水の供給がないことがある
農業用	乳製品製造，食品加工，畜舎の管理に用いられた水の管理に用いる．水利用の用途によっては，特定の季節のみ運転，排水に有機物と栄養塩が高濃度に含有されることが経験されている
商用，研究・学校施設	個々の商用建物，アパート，そして研究・学校施設では，完全なリサイクルシステムが運転できる

ない，処理しにくい成分を含有する排水等がある(Crites and Tchobanoglous, 1998)．DWM システムの形式は，戸別のオンサイトの排水管理システムから集約型システムと統合しているサテライト処理システムまで幅広い．13.7 で示すように，個々の特性の違いに対応して，システムの設計，適用方法，種々のアプローチの方法がシステムの管理，維持管理に用いられる．主要な DWM システムのカテゴリーを表-13.1 に整理して示す．

13.2.1 戸別オンサイトシステム(individual onsite system)

戸別の建物からの排水の再利用のための処理は典型的なチャレンジである．処理システムは，流量と濃度・成分の大きな変動に対応できるように大きさが決められなければならない．下水の処理と再利用に用いる典型的な戸別システムは，一次処理として腐敗槽またはそれに相当する装置，有機物と栄養塩を除去する好気プロセス，そして再利用のための配水システムよりなる．オンサイト下水処理システムのフローチャートと外観を図-13.2 に示す．ある種の再利用では処理水の消毒が必要となる．

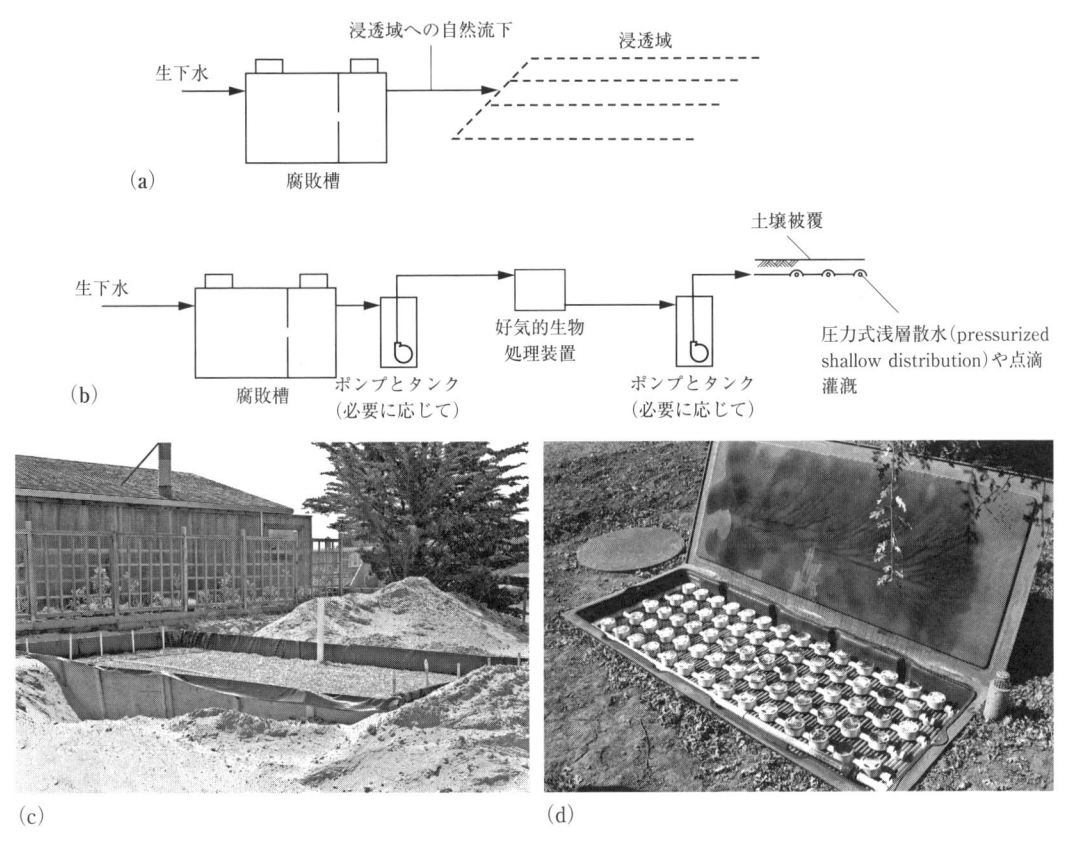

図-13.2 典型的なオンサイト下水処理システム．(a)腐敗槽と浸透域よりなる腐敗槽システム．地下水涵養に伴い事実上の間接的飲用再利用となる．(b)腐敗槽，生物処理，処理水再利用よりなるオンサイトシステム．(c)戸別の家で用いられる建設中の砂ろ過層．(d)戸別の家で用いる非浸漬型の人工充填材を用いたバイオフィルタ

13.2.2 住宅の集合システム

隣接する建物からの排水を集め，共通の処理システムで処理するシステムは，集合型の分散型下水処理システムとして知られている．集合システム(cluster system)は，2～12 程度の隣接する建物の

第13章 排水再利用のためのオンサイト分散型システム

集まりに用いられる．集合システムは，処理施設のモニタリングや維持管理について経済的に有利な大きさを用いることができる利点がある．幾つかの家のための下水処理に用いる典型的な集合処理システムのフローチャートと外観を図-13.3に示す．集合処理に用いられる処理プロセスの構造や機能は，先に記述した戸別オンサイトシステムと類似のものが用いられることが多い．集合システムは，住宅団地や小規模のコミュニティに用いられるものと比較して形式や集水システムが異なる．

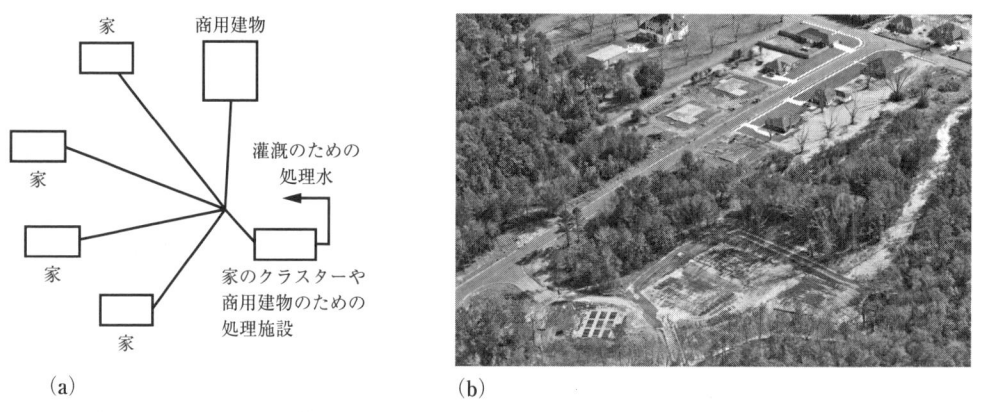

図-13.3 集合システムの典型例．(a)集合処理の概念図，(b)隣接する建物用処理システム(左下)．図-13.2(d)に示した形式の装置が9つよりなる．処理水は，点滴灌漑に用いられる（提供：Orenco Systems, Inc.)

13.2.3 住宅団地や小規模コミュニティシステム

住宅団地や小規模コミュニティからの排水の集水と処理は，多様な集水システムと小規模下水処理施設により行うことができる(13.5参照)．小口径で水密性のあるパイプを排水の集水・輸送に用いることができる．加えて，多様な選択枝が集水システムには存在する．例えば，排水中の固形物は，オンサイトの一次処理タンクで回収，処理され，液のみが集められ，再利用場所の近くの下流で処理する場合もある．コミュニティ処理システムの他の利点として，規模の経済性，より高度な処理システムの利用，専任の運転管理要員の確保があげられる．処理フローチャートと建設中の小規模施設の例を図-13.4に示す．

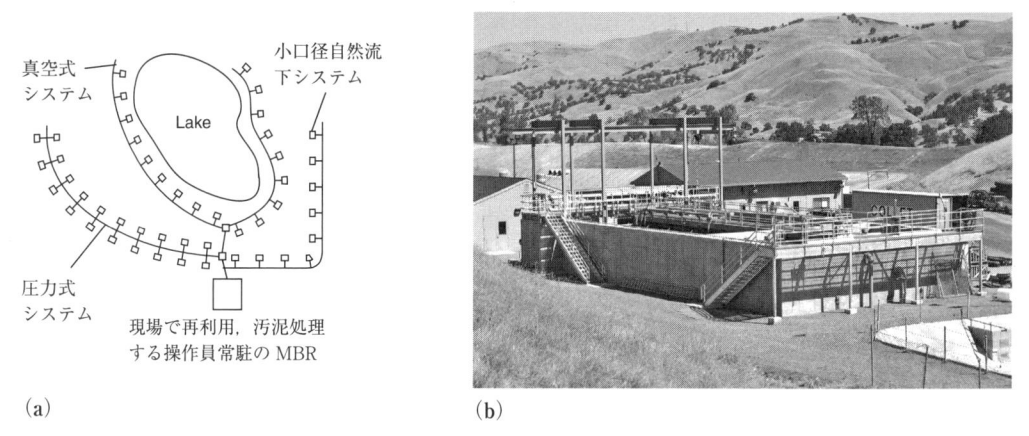

図-13.4 住宅団地や小規模コミュニティシステムの典型例．(a)異なる形式の集水システムの模式図，(b)処理水をゴルフ場の灌漑とトイレの洗浄用水に用いる商業モールの小規模膜分離活性汚泥法施設

13.3 排水の量と質

水再利用の施設を適切に設計するためには，排水の量と質を適切に把握する必要がある．水量と排水成分の負荷の変動特性は，選択するプロセスの形式と大きさを左右する．個々の建物からの排水の量と質は，その建物の利用形態，備品や設備の形式，また建物利用者の生活習慣に依存する．

13.3.1 排水の量

住宅や商用施設で発生する廃棄物輸送に用いる水量は，処理システムの容量と排水濃度に大きく影響を与える．多くの処理プロセスは，処理のための最低限の接触・滞留時間を必要とする．流量の変動も考慮する必要がある．集約型システムとは異なり，システムは，水密性が保たれているので，浸入水は最小限にとどめることができる．戸別の家庭からの排水量は，次式で推算される．

$$\text{流量}(L/\text{家庭}\cdot d) = 150\ L/\text{家庭}\cdot d + (130\ L/\text{人}\cdot d)(\text{人}/\text{家庭}) \tag{13.1}$$

式(13.1)を2人，3人，4人世帯に適用すると，1人当りの平均水量は，205，180，168 L と計算される．ある地域では，住宅からの排水量はベッドルーム当り 570 L と大きめに見積もられている．これは，ピーク時の流量を加味したものである．しかし，ベッドルーム当りの推算値は，水使用の変動パターンや世帯人数により過大にも過小にもなる．加えて，過大な設計による低負荷運転は，ある流量と負荷によって設計されたシステムの処理効率を低下させる．節水型機器の使用や雑排水の分離は，排水量を低下させる一方，漏水防止機器(leaking fixture)の設置は，流量を増加させる．

日間流量変動

住宅地域の分散型システムにおいて，排水量の日間流量変動(daily flow variations)は，主に生活様式に依存する．典型的な分散システムの流量変動の解析結果を図-13.5に示す．図-13.5に示したように，流量の変動は，個数には関係なく，主に朝と夕方に流量が多い．家庭で仕事するというような生活様式の変化は，戸別家庭の流量変動を変化させる．休暇により家を離れるようなことは，流量変動につながるが，その影響は，幾つかの家の排水を集めるようなシステムより戸別家庭で大きい．

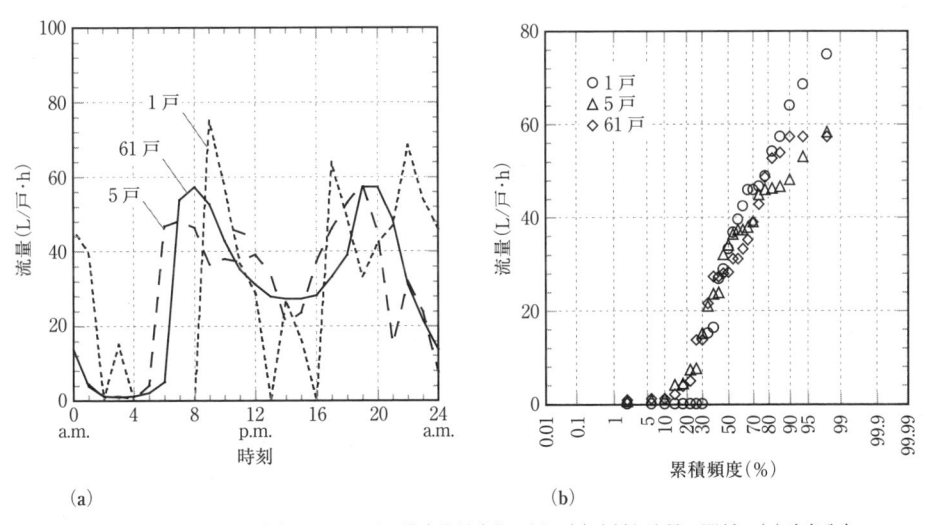

図-13.5 1，5，61戸の家庭からの戸別の排水流量変化の例．(a)時刻と流量の関係，(b)確率分布．

流量変動の大きさは，対象とする時間スケールに依存する．時間単位や日単位のような短い時間スケールでは大きい．同様に，小規模のシステムほど変動の規模が大きく，コミュニティや町全体のスケールと比較して，戸別家庭での変動幅は大きい．他の推定値を用いることができない場合に使用する時間最大流量を求めるピーク係数(peaking factor)の代表値を表-13.2に示す．ピーク係数の使用例を例題13-1に示す．

表-13.2 戸別住宅，小規模商用施設，小規模コミュニティのピーク係数[a]

ピーク係数[b]	戸別住宅		小規模商用施設		小規模コミュニティ	
	範囲	代表値[c]	範囲	代表値	範囲	代表値
時間最大	4 ~10	6	6 ~10	7.5	3~6	4
日最大	2 ~ 5	2.5	2 ~ 6	3.0	2~4	2.5
週最大	1.25~ 4	2.0	2 ~ 6	2.5	1.5~3	1.75
月最大	1.15~ 3	1.5	1.25~ 4	1.5	1.2~2	1.25

[a] Crites and Tchobanoglous(1998)より引用．
[b] 最大流量と平均流量の比．
[c] より大きな値が報告されているが，本表の値は，下水管理施設の設計に適している．

例題13-1 戸別住宅からの設計排水流量の決定

1人当りの発生量と表-13.2のピーク係数を用いた設計流量をベッドルーム当り570 Lという計算方式を用いた設計流量と比較せよ．

解　答

1. 1人当りの発生量による設計流量の計算．
   a. 式(13.1)を用いて1人当りの流量を計算．
      流量＝150 L/家庭・d＋(130 L/人・d)(1人/家庭)＝280 L/家庭・d
   b. 表-13.2より日最大流量を求めるためピーク係数を選択．戸別住宅なので，ピーク係数として2.5を選択．1人世帯の設計流量は，
      設計流量＝(2.5)(280 L/家庭・d)＝700 L/d
2. ベッドルーム当りの計算方式による設計流量の計算．
   ベッドルームが1部屋の世帯の設計流量は，
   設計流量＝(570 L/ベッドルーム・d)(1ベッドルーム)＝570 L/d
3. ベッドルーム数が1部屋，2部屋，3部屋の場合の設計流量を下表に整理する．

ベッドルーム数	人数	流量[a](L/人・d)	ピーク係数	設計流量(1人当り，日最大計算方式)	設計流量(ベッドルーム当り計算方式)
1	1	280	2.5	700	570
1	2	205	2.5	1 025	570
2	3	180	2.5	1 350	1 140
3	4	168	2.5	1 680	1 710
4	5	160	2.5	2 000	2 280

[a] 式(13.1)により計算．

解　説

設計流量は，処理プロセスの全体の大きさと運転操作に影響するので，システムを利用する人数とピーク係数のような因子を考慮することが重要である．ベッドルーム数を基礎とした方式と人数を基礎とした方式では，計算流量に違いがでることを認識しておくことも重要である．

家庭での水利用形態

トイレの洗浄，自動または手動食器洗浄器，洗濯機，入浴のような家庭内の水利用が排水量に影響する．また，屋外での散水や洗車は，排水量に影響しない．個別の家庭用機器の水使用量を表-13.3 に示す．家庭での水使用量を減らすためには，節水機器の導入や節水行動が必要であり，これは，排水量の低減につながる一方，排水濃度の増加となる．屋内の水利用において節水機器の節水量を表-13.4 に示す．節水行動の排水濃度に与える影響については，次節で議論する．

表-13.3 米国の各種機器の典型的な水使用量[a]

機器	米国単位		SI 単位	
	単位	範囲	単位	範囲
家庭用自動洗濯機				
上面投入型	gal/回	34 ～57	L/回	130～216
前面投入型	gal/回	12 ～15	L/回	45～60
家庭用自動食器洗い機	gal/回	9.5～15.5	L/回	36～60
手動食器洗浄シンク	gal/回	3 ～ 6	L/回	11～23
風呂桶	gal/回	30	L/回	114
ディスポーザ	gal/d	1 ～ 2	L/d	4～ 8
シャワー	gal/min·回	2.5～ 3	L/min·回	9～11
トイレ				
タンク，節水型	gal/回	1.6～ 3.5	L/回	6～13
タンク，従来型	gal/回	4 ～ 6	L/回	15～23
手洗い	gal/min·回	2 ～ 3	L/min·回	8～11

[a] Salvato(1992)，Crites and Tchobanoglous(1998)より引用．

表-13.4 節水機器の利用による節水量の例[a]

機器	節水方法	水使用量(L/人·d)	
		節水なし	節水あり
蛇口	吸気装置により空気を加え，かつ流れを集中化することにより洗浄力を増加させる．これにより使用水量が減少	27	16
入浴／シャワー	加圧空気と水を混合した圧力化シャワーにより従来のシャワーに受圧力感覚を加える．流量オリフィスを装備した制限型のシャワーヘッドが水量と水を集中させる．オリフィスは，入浴者に最適なシャワー流量を制限，転換させる．	55	35
トイレ	フラッシュバルブからの漏れを色素により示す漏れ検出装置．1 回のフラッシュ水量を減らすためにトイレタンク内に設置する堰．1 回当りのフラッシュ水量を減らしたトイレ	80	25
食器洗い	食器洗浄に必要な水量を減らした節水型食器洗浄器	19	11
洗濯	洗濯に必要な水量を減らした節水型洗濯機	53	15
総量		234	102

[a] Crites and Tchobanoglous(1998)より引用．

雑排水分離

入浴，手洗い，洗濯機(使用後のおむつは含まない)からの排水は，雑排水あるいはグレイウォーター(grey water)と呼ばれるが，これらはし尿と分離して扱われる場合がある．これは，雑排水が病原微生物，有機物，微量物質が相対的に低いことによる．雑排水が分離されると，台所，自動食器洗い機，ディスポーザから排水がトイレ排水とともに排出される．これはブラックウォーター(black water)と呼ばれる(オーストラリアでは,台所排水は,雑排水に含めることに注意).分離した雑排水は,雑排水とブラックウォーターの混合排水より容易に処理,再利用できる.あるシステムでは,雑排水を樹木の根囲い域に直接放流する方式にして,処理装置や貯留槽を不要にし,大幅にコストと運転管理の必要性を低減させている(Ludwig, 2000).分離したブラックウォーターは,別途処理するか,集水システムに排出する.

雑排水とブラックウォーターの水量は,表-13.4中のデータにより推算される.建物を改造して雑排水処理システムを導入することは費用が多く掛かるので,可能な限り計画,建設段階から企画することが望ましい.水が不足する時期に雑排水を灌漑やトイレ洗浄に用いることが推奨される地域もある.十分な計画がなければ,雑排水の管理は大変難しい.

13.3.2 排水成分の濃度

排水成分の濃度は,毎日変動する.この変動は,節水行動・機器,食事の内容,家庭用洗剤の種類や軟水剤の種類等に依存する.処理水水質の正確な予測は,成分濃度の代表値や負荷パラメータを基礎にして計算する.実際に稼動しているシステムについては,繰り返しサンプリングやコンポジットサンプル(composite sampling)の分析によって得られたデータの解析により水質を定めることができる.一般的な水利用の場合についての各成分の濃度を以下に記述する.

戸別住宅からの排水の質

米国の戸別住宅排水の代表値を表-13.5に示す.表からわかるように,ディスポーザの利用は,BODとTSSを約20%増加させる.病原性微生物の存在と濃度は,住民の感染状態とし尿からの微生物の寄与に依存する.汚濁負荷量と排水濃度の関係は,排水を出す際の希釈量による.

表-13.5 乾重量基準の戸別住宅からの排水濃度[a]

成分(1)	値(lb/人·d)			値(g/人·d)		
	範囲(2)	ディスポーザなしの場合の代表値(3)	ディスポーザありの場合の代表値(4)	範囲(5)	ディスポーザなしの場合の代表値(6)	ディスポーザありの場合の代表値(7)
BOD	0.11〜0.26	0.180	0.220	50 〜120	80	100
COD	0.30〜0.65	0.420	0.480	110 〜295	190	220
TSS	0.13〜0.33	0.200	0.250	60 〜150	90	110
アンモニア性窒素	0.011〜0.026	0.017	0.019	5 〜 12	7.6	8.4
有機性窒素	0.009〜0.022	0.012	0.013	4 〜 10	5.4	5.9
全ケルダール窒素	0.020〜0.058	0.029	0.032	9 〜 21.7	13	14.3
有機性リン	0.002〜0.004	0.0026	0.0028	0.9〜 1.8	1.2	1.3
無機性リン	0.004〜0.006	0.0044	0.0048	1.8〜 2.7	2.0	2.2
全リン	0.006〜0.010	0.0070	0.0076	2.7〜 4.5	3.2	3.5
油分,グリース	0.022〜0.088	0.0661	0.075	10 〜 40	30	34

[a] Crites and Tchobanoglous(1998)より引用.

排水中の家庭用品

様々な日常使用される家庭用品は,排水の全塩分濃度を増加させる.塩分以外の物質としては,処理装置内の微生物や処理水で灌漑される植物に毒性を示すものがある.塩類や毒性物質の除去は,小規模の下水処理の範囲内ではないので,ある種の再利用用途では発生源での管理や希釈が必要となる.

分散型処理システムの利点として，排水に流入すると問題になる成分を住民が直接管理できる点がある．幸いなことに，水中の塩分濃度は，ほとんどの水利用に対して問題する必要ないレベルである．しかし，軟水剤が変性した塩水の排出や毒性物質の利用がプロセスや再利用用途と両立しない場合には，システムの適正な運転に興味を持つ利用者とこの問題について協議することができる．処理プロセスに影響を与える恐れのある物質としては，強力な消毒剤，衣類の柔軟剤，受水タンクの化学的洗浄・消毒剤，化学治療薬，多量の油分やグリース，軟水剤からの塩水等がある．より大規模なシステムでは，匿名性の存在が違法な排水放流源の特定を難しくし，処理施設の効率や運転に関する問題に個々の責任はより希薄である．そして，違法排水放流源の特定は，運転の責任を有する自治体や企業体の責任となっている．

家庭系雑排水の組成

家庭での水利用に伴う排水に含まれるイオンのうち，陽イオンとしてはナトリウム，カルシウム，

表-13.6 家庭での水利用に伴うイオン濃度の増加[a]

成分	増加範囲[b] (mg/L)		成分	増加範囲[b] (mg/L)	
	腐敗槽放流水	都市部の排水		腐敗槽放流水	都市部の排水
主要陰イオン			総括指標		
重炭酸（HCO_3）	100 ～200	50 ～100	全溶解性蒸発残留物（TDS）	200 ～400	150 ～380
炭酸（CO_3）	2 ～ 20	0 ～ 10	総アルカリ（$CaCO_3$ 換算）	60 ～120	60 ～120
塩素（Cl）	40 ～100	20 ～ 50[c]	他の非主要成分		
硫酸（SO_4）	30 ～ 60	15 ～ 30	アルミニウム（Al）	0.2～ 0.3	0.1～ 0.2
主要陽イオン			ホウ素（B）	0.1～ 0.4	0.1～ 0.4
カルシウム（Ca）	10 ～ 20	6 ～ 16	フッ素（F）	0.2～ 0.4	0.2～ 0.4
マグネシウム（Mg）	8 ～ 16	4 ～ 10	マンガン（Mn）	0.2～ 0.4	0.2～ 0.4
カリウム（K）	10 ～ 20	7 ～ 15	シリカ（SiO_2）	2 ～ 10	2 ～ 10
ナトリウム（Na）	60 ～100[d]	40 ～ 70[d]			

[a] Tchobanoglous et al.(2003)より一部引用．
[b] 450 L/人・d を用いた．
[c] この値は，商用施設からの排水や工業排水を含んでいない．
[d] 家庭用の軟水剤を含んでいない．

表-13.7 洗剤等の家庭用品中に検出される成分濃度と薬品使用量

家庭用品	使用量の予測値		製品中の濃度例			家庭用品	使用量の予測値		製品中の濃度例		
	単位	値	単位	成分	値		単位	値	単位	成分	値
液体漂白剤	L/人・d	0.05	g/L	Na^+	23.6	液体自動食器洗い機用洗剤	L/人・d	0.001	g/L	Na^+	60.2
			g/L	Cl^-	36.3				g/L	P	45
粉末漂白剤	kg/人・d	0.05	g/kg	Na^+	47.7	粉末自動食器洗い機用洗剤	kg/人・d	0.005	g/kg	Na^+	257.0
			g/kg	B	22.4				g/kg	SO_4^{2-}	119.2
液体洗濯洗剤	L/人・d	0.05	g/L	Na^+	40.7				g/kg	B	5.65
粉末洗濯洗剤	kg/人・d	0.10	g/kg	Na^+	400.5	食器洗剤	L/人・d	0.025	g/L	Na^+	18
			g/kg	SO_4^{2-}	119.2				g/L	P	0.13
			g/kg	HCO_3^-	565.9	軟水剤（ナトリウムベース）	kg/人・d	0.3	g/kg	Na^+	393.3
硼砂（borax）	kg/人・d	0.02	g/kg	B	113.4				g/kg	Cl^-	606.6
						軟水剤（カリウムベース）	kg/人・d	0.3	g/kg	K^+	524.4
									g/kg	Cl^-	475.6

マグネシウム，カリウムがある．陰イオンとしては，重炭酸，炭酸，塩素，フッ素，硫酸塩等がある．これらを表-13.6に示す．表-13.6に示したイオンのうち，重炭酸，ナトリウム，塩素，硫酸塩が普遍的な主要成分である．ホウ素を含むこれらのイオン源の解析結果を表-13.7に示す．表-13.7に明示されていないが，現在使用されている掃除用薬品や洗剤は，排水のアルカリ度を増加させ，もし酸性状態を好む植物の灌漑に直接用いた場合に成長阻害を引き起こす．家庭用の化学薬品の使用に伴う塩分濃度増加の推算を**例題13-2**で扱う．

例題13-2 家庭用品の使用による塩分の増加

表-13.7のデータを利用して，家庭での水利用に伴う塩分増加を計算せよ．表-17.5に示されている塩分，土壌浸透性(soil permeability)，植物への毒性に関する値と計算結果を比較せよ．3人家族とし，1日の全水使用量を570 L/dと仮定する．

使用する用水の成分データ

成分	濃度(mg/L)	成分	濃度(mg/L)
Na^+	80	Cl^-	56
Mg^{2+}	63	SO_4^{2-}	152
Ca^{2+}	37	HCO_3^-	350
K^+	1.1	F^-	0.2
B	0.75		

解 答

1. 使用する用水の塩分濃度の計算．
   塩分濃度(TDS)は，各イオン成分の和で計算される．
   TDS = $[Na^+] + [Mg^{2+}] + [Ca^{2+}] + [K^+] + [Cl^-] + [SO_4^{2-}] + [HCO_3^-] + [F^-]$ = 739.3 mg/L

2. 用水のナトリウム吸着比(SAR)を式(17.3)を用いて計算．

$$SAR = \frac{[Na^+]}{\sqrt{([Ca^{2+}]+[Mg^{2+}])/2}} = \frac{[80/23]}{\sqrt{([37/20]+[63/12.15])/2}} = 1.86$$

3. 用水の灌漑利用の適正評価．
   a. 塩分濃度は，ほとんど考慮する必要はない．塩分に感受性の高い植物に影響があるかもしれない．
   b. SARは，問題ない．土壌の浸透性に影響はない．
   c. イオンの毒性については，ナトリウムとホウ素について若干の考慮が必要である．ナトリウムまたはホウ素によってある種の感受性の高い植物に影響があるかもしれない．塩素濃度は，安全なレベルにある．

4. 典型的な水利用による成分濃度変化の推算．
   a. 表-13.7のデータを利用して，排水中に存在が予想される塩分の各成分について質量増加量の表を用意する．

家庭用品	使用量の予測値		製品中の濃度例			質量増加
	単位	値	単位	成分	値	
液体漂白剤	L/人·d	0.05	g/L	Na^+	23.6	3.5
			g/L	Cl^-	36.3	5.5
液体洗濯洗剤	L/人·d	0.05	g/L	Na^+	40.7	6.1
硼砂	kg/人·d	0.02	g/kg	B	113.4	6.8
食器洗剤	L/人·d	0.025	g/L	Na^+	18	1.4
			g/L	P	0.13	0.01
軟水剤(ナトリウムベース)	kg/人·d	0.3	g/kg	Na^+	393.3	354.0
			g/kg	Cl^-	606.6	545.9

b. 3人世帯，平均全水使用量を 570 L/d とした場合の塩分濃度に寄与する各成分の濃度を 4. a の表の値を用いて推算．

ナトリウムについての計算は，以下のようになる．

$$\text{ナトリウム} = 80 \text{ mg/L} + \frac{(3.5 \text{ g/d} + 6.1 \text{ g/d} + 1.4 \text{ g/d} + 354.0 \text{ g/d})(1\,000 \text{ mg/g})}{(570 \text{ L/d})} = 723.7 \text{ mg/L}$$

c. 塩分の各成分の濃度を下表に示す．

成分	濃度(mg/L)	成分	濃度(mg/L)
Na^+	723.7	Cl^-	1 028
Mg^{2+}	63	SO_4^{2-}	152
Ca^{2+}	37	HCO_3^-	350
K^+	1.1	F^-	0.2
B	12.75		

5. 水利用に伴う濃度増加を用水の濃度に加えて，排水の塩分濃度(TDS)の推算．

$$\text{TDS} = [Na^+] + [Mg^{2+}] + [Ca^{2+}] + [K^+] + [Cl^-] + [SO_4^{2-}] + [HCO_3^-] + [F^-] = 2\,368 \text{ mg/L}$$

6. 排水の SAR の計算．

$$\text{SAR} = \frac{[Na^+]}{\sqrt{([Ca^{2+}] + [Mg^{2+}])/2}} = \frac{[723.7/23]}{\sqrt{([37/20] + [63/12.15])/2}} = 26.8$$

7. 排水の灌漑用水としての利用評価．
   a. 塩分濃度が高いので，塩分耐性のある植物に限定的に利用可能．
   b. SAR は，土壌浸透性に影響が予想される範囲にある．
   c. 個別のイオン毒性については，ナトリウム，塩素，ホウ素について留意する必要があり，多くの植物について悪影響が予想される．

8. 塩類を使用していない軟水剤の使用と硼砂の不使用とした場合の各成分濃度変化の推算．

   4. を軟水剤と硼砂を使用しない場合に適用し，結果を下表に整理する．

成分	濃度(mg/L)	成分	濃度(mg/L)
Na^+	99.4	Cl^-	65.6
Mg^{2+}	63	SO_4^{2-}	152
Ca^{2+}	37	HCO_3^-	350
K^+	1.1	F^-	0.2
B	0.75		

9. 水利用に伴う濃度増加を用水の濃度に加えて，排水の塩分濃度(TDS)の推算．

$$\text{TDS} = [Na^+] + [Mg^{2+}] + [Ca^{2+}] + [K^+] + [Cl^-] + [SO_4^{2-}] + [HCO_3^-] + [F^-] = 769 \text{ mg/L}$$

10. 排水の SAR の計算．

$$\text{SAR} = \frac{[Na^+]}{\sqrt{([Ca^{2+}] + [Mg^{2+}])/2}} = \frac{[99.4/23]}{\sqrt{([37/20] + [63/12.15])/2}} = 769 \text{ mg/L}$$

11. 排水の灌漑用水としての利用評価．元の用水と比較して，軟水剤と硼砂の使用を止めることにより，水再利用目的の水質が水利用によって大きく劣化しない．

第13章 排水再利用のためのオンサイト分散型システム

> **解説**
> 家庭からの雑排水は,大腸菌や他の微生物を含有している.例えば,大腸菌群数と糞便性大腸菌群数は,それぞれ10^5,10^4/100 mL 程度である.

混合家庭排水の組成

排水の各成分濃度は,排出量と廃棄物の輸送に用いる希釈水量を考慮することにより計算される.表-13.5に示した排出量を用い,様々な水利用パターンについて濃度が推算される.家庭排水の各成分の濃度を計算した結果を表-13.8に示す.

表-13.8 米国の戸別住宅からの各成分の負荷量と濃度[a]

成 分	代表値[b]	濃度(mg/L) 希釈体積[L/人·d,( )内は gal/人·d]	
		190(50)	460(120)
BOD(g/人·d)	85	450	187
COD(g/人·d)	198	1 050	436
TSS(g/人·d)	95	503	209
アンモニア性窒素(g/人·d)	7.8	41.2	17.2
有機性窒素(g/人·d)	5.5	29.1	12.1
全ケルダール窒素(g/人·d)	13.3	70.4	29.3
有機性リン(g/人·d)	1.23	6.5	2.7
無機性リン(g/人·d)	2.05	10.8	4.5
全リン(g/人·d)	3.28	17.3	7.2
油分,グリース(g/人·d)	31	164	68

[a] Crites and Tchobanoglous(1998)より引用.
[b] 表-3.5の6,7列のデータ.25%の家庭がディスポーザを使用と仮定.

13.4 処理技術

多くの分散型システムの設計において難しい点は,大きな流量・濃度変動への対応と地域特性ならびに水の経済的価値が大きくない状況でのシステムの経済的制約への対応である.加えて,戸別のオンサイトや集合システムで用いる技術は,あまりメンテナンスの必要性がなく長期間運転できること,基本的に容易に運転できること,そして,13.3に記述した排水の量と質の変動に対応できるように設計することが必要である.

分散型に適用する処理システムの形式は,プロジェクトの制約条件とシステムのデザイナーの経験に依存する.例えば,土壌への浸透速度が遅すぎたり,速すぎたりする場合,地下水位が高い場合,井戸や水域に隣接している場合,傾斜が急すぎる場合,用地が限られている場合等では従来型の腐敗槽と土壌被覆付の土壌吸着浸透域を持つシステムは用いることができない.そのため,設計技術者は与えられた信頼性と処理性を満たすためのプロセスを選定する必要がある.個人所有または非所有のシステムを含む非常に多くのプロセスが存在するため(Leverenz et al., 2001;Gaulke, 2006),分散型システムについての設計と運転特性に関する一般的な知識が必要である.分散型処理システムの選択と設計時に考慮すべき因子を整理して表-13.9に示す.

13.4.1 排水分離システム

排水分離システム(source separating system)は,主要な排水と混合させないように固形性廃棄物と液状廃棄物を分離するための施設である.し尿は,水洗化するのか,しないのかで分離でき,コンポストシステムや廃棄物焼却システムで処理する.コンポストトイレや分離湿式コンポストシステムによるし尿(ならびにディスポーザからの厨芥)の収集と処理は,後続の排水管理システムの規模を小さくすることができ,修景用のコンポストを生産することができる(Del Porto and Steinfeld, 1999).焼却システムは,し尿を灰にガスや電力によって焼却するためエネルギーを必要とする.

排水分離システムは,尿の分離や雑排水の分離のような液系の廃棄物にも使用できる.尿の肥料価値が高いので,尿を分離貯留し農業利用するためのトイレが開発されている(Ecosan, 2003).尿分離

表-13.9 オンサイト処理システムの選択，設計時に考慮すべき事項

事　柄	内容と例
審美的事項	・臭気コントロール(例：機密性の蓋，通気孔や空気放出点の活性炭素フィルタ) ・地上設備(例：タンクのカバー，空気ポンプ，制御盤) ・騒音発生(例：ポンプ，散気装置)
流量	・流量と負荷変動の許容レベル
維持管理必要性	・頻度(例：汚泥の引抜き頻度，出口フィルタの清掃，充填剤の交換，放出口やスプレノズルの清掃) ・責任主体(例：システム製造者，サードパーティ，持ち主) ・維持管理費用や料金 ・維持管理に必要な時間と技術
モニタリング	・遠隔監視の容量(例：ポンプのオン／オフサイクル，ポンプの運転時間，タンク水位，警報の状態，成分の濃度，UVランプの状態) ・遠隔運転の容量(例：ポンプのセッティング，警報の解除)
処理効率と信頼性	・システムの処理効率と信頼性(例：栄養塩除去，病原微生物) ・停電時(例：短時間，24時間以上，長期間) ・長期間の流入停止(例：家族休暇による不在) ・毒性化学物質の流入(例：塩素系漂白剤) ・スタートアップに必要な時間(例：時間，日，週)
エネルギー消費	・電力がポンプ，消毒，制御系，モニタリングとデータ転送に使用される
拡張性や改造性	・水理学的負荷または汚濁物負荷の増加へ対応するための拡張性 ・既存システムの要素の利用可能性
寿命	・プロセス構成要素の保証 ・ポンプ，電気機器，タンク，充填材の寿命
システムの所有	・建物のオーナーにリースする ・建物のオーナーが所有する
タンク	・非腐食性，水密性蓋，施錠可能蓋，地上部材質の紫外線耐性
プロセスの形式	・表-13.12参照
体積	・システムの全体積，停電時や閉塞に対応した非常時の水理学的滞留時間

型トイレの例を図-13.6(a)に示す．同様に，雑排水は，その病原性微生物や有機物濃度が低いことから再利用の対象と考えられている．システムの選択にあたっては，多くのこれらのシステムは，実際の場で適切に運転されていない場合があることから，排水分離システムについては，そのメンテナンスや使用者の労力を慎重に考慮する必要がある．しかし，制約条件が存在する場合には，一つの選択肢となりうる．

13.4.2 屋内前処理

屋内前処理システムは，各種排水の混合後，屋外の処理装置へ排出する前に排水組成を操作するために用いる．屋内前処理システムとしては，固液分離装置，グリース分離装置や特定の成分を除去するフィルタ等があげられる．固液分離装置は，渦巻き水流を利用してトイレ排水から固形分を除去するために開発された．分離装置は，一般に地下に設置され，重力や遠心力を用いて分離し，分離後の固形物はコンポスト化プロセスへ，液体部分は後段の処理へと導かれる．グリースの分離は，高濃度の脂肪，油，グリース等を含むレストラン等の排水を受け入れる場合に重要である．外来の調理油や乳化力の強い洗剤の利用は，グリース分離に悪影響を及ぼす(直列につながっている腐敗槽もグリースや油の除去に使用される)．衣類の洗濯排水に対する図-13.6(b)のようなスクリーンやフィルタの

第13章　排水再利用のためのオンサイト分散型システム

図-13.6　排水分離や前処理のための屋内施設．(a)尿中栄養塩の回収を可能としたし尿の尿分離型トイレの外観(提供：C. Etnier)．(b)洗濯機排水から非生物分解性の繊維を分離するフィルタ．オンサイト処理システムの運転を向上させる可能性がある．バッグやカートリッジフィルタは，洗濯排水からそれぞれ95，99%以上の除去が可能(提供：Septer Protector)

(a)　　　(b)

使用は，糸くずや非生物分解性繊維の排水への流入を減少させる．前処理装置による一次処理システムの延命化は，コストやメンテナンスの必要性，後続の処理システムの効率に良い影響を与える．

13.4.3　一次処理

沈降性または浮上性粒子の除去を腐敗槽やイムホフタンク(Imhoff tank)のような一次処理(primary treatment)システムで行う．腐敗槽は，除去した固形物を貯留する大きな容量を有し，これらの固形物は，通常，生物分解性が高いことから，タンク内で嫌気的に分解される(図-13.7参照)．

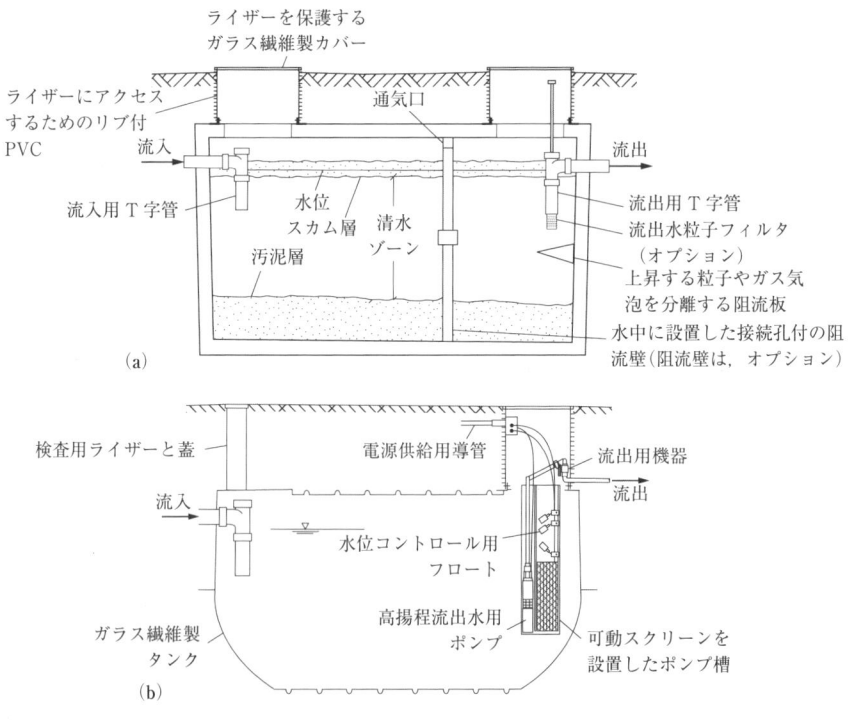

図-13.7　腐敗槽の模式図．(a)二次処理槽に処理水フィルタを装備した2槽式コンクリート製タンク，(b)ポンプ槽と処理水フィルタを装備した1槽式腐敗槽(Orenco systems Inc.より引用)

固形物の液化と消化は，汚泥の発生量を一次沈殿池よりも減少させる．種々の下水処理プロセスからの汚泥の発生量を整理して**表-13.10**に示す．腐敗槽中の汚泥の蓄積量は，**図-13.8**のデータより推算される．

　現在使用されている腐敗槽は，1860年頃にフランスのVesoulのLouis M.Mourasによって初めて開発されたものであり，*fosse Mouras*と呼ばれていた(Dunbar, 1908)．固形物の消化容量が拡張されているため，最小限のメンテナンスとエネルギー使用なしに長期間(例えば，数年間)運転することができる．一次処理の効果は，部分的に導入したタンクの形式等に影響される．一次処理タンクの運転を向上させるための多くの技術開発されており，前述の前処理装置，ライナーや封緘剤，処理水用フィルタ等がある．典型的な腐敗槽を図-13.7に示す．ライナーや封緘剤は，既存または新設のタンクの水密性を向上させる．タンクからの漏れは，未処理排水の放出，ひいては地下水汚染へとつながる．また，腐敗槽の固形物除去能力にも影響を与える．例えば，タンク内水位の変動は，タンク内で浮遊，浮上している固形物が除去のために設置してある阻流板を通過させてしまう．処理水用フィルタは，一次処理タンクの出口に設置され，タンクから流出する粒子を捕捉するスクリーンの役割を果たす．処理水用フィルタは，粒状固形物の放出を制限し，特に生物処理プロセスのような後続の処理プロセスの性能を向上させる．

　前節で述べたように，ディスポーザからの食物残渣は，BODとTSS負荷を増加させる．ディスポーザの設置の有無ごとに腐敗槽処理水組成を未処理家庭排水と比較した結果を**表-13.11**に示す．腐敗槽における消化の効果を一次沈殿プロセスと比較して**例題13-3**に示す．

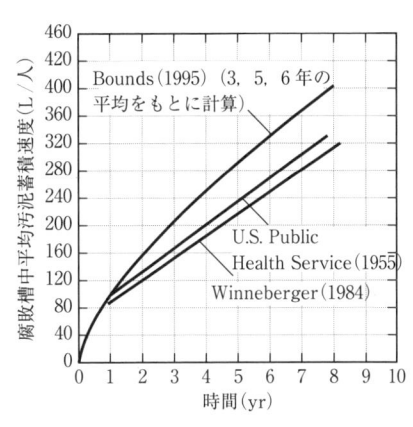

図-13.8　家庭の腐敗槽の汚泥蓄積速度の解析

表-13.10　種々の下水処理プロセスからの汚泥の発生量[a]

プロセスまたは運転	全溶解性蒸発残留物(％固形物)		乾燥汚泥量(kg/1 000 L)	
	範囲	代表値	範囲	代表値
最初沈殿汚泥	5 ～9	6	0.11～0.17	0.15
最初沈殿を伴う活性汚泥法からの余剰汚泥	0.5～1.5	0.8	0.07～0.10	0.6
長時間エアレーション法の余剰汚泥[b]	0.8～2.5	1.3	0.08～0.12	0.1
散水ろ床	1 ～3	1.5	0.06～0.1	0.07
回転円板法	1 ～3	1.5	0.06～0.1	0.07
腐敗槽汚泥[c]	4 ～9	8	0.02～0.1	0.05[d]

[a] Tchobanoglous *et al.*(2003)より引用．
[b] 最初沈殿なし．
[c] U.S. PHS(1955)をもとに計算．
[d] 仮定条件：平均的な蓄積速度，8年に1度の汲取り(0.13L/人・d)，汚泥の比重1.02，固形物濃度8％．

第13章 排水再利用のためのオンサイト分散型システム

表-13.11 家庭の腐敗槽の処理水特性と処理水用フィルタの有無[a]

成分(1)	完全に混合した場合[b](mg/L)(2)	濃度(mg/L)					
		処理水用フィルタなし			処理水用フィルタあり		
		範囲(3)	ディスポーザなし(4)	ディスポーザあり(5)	範囲(6)	ディスポーザなし(7)	ディスポーザあり(8)
BOD	450	150〜250	180	190	100〜140	130	140
COD	1 050	250〜500	345	400	160〜300	250	300
TSS	503	40〜140	80	85	20〜55	30	30
アンモニア性窒素	41.2	30〜50	40	44	30〜50	40	44
有機性窒素	29.1	20〜40	28	31	20〜40	28	31
全ケルダール窒素	70.4	50〜90	68	75	50〜90	68	75
有機性リン	6.5	4〜8	6	6	4〜8	6	6
無機性リン	10.8	8〜12	10	10	8〜12	10	10
全リン	17.3	12〜20	16	16	12〜20	16	16
油分,グリース	164	20〜50	25	30	10〜20	15	20

[a] Crites and Tchobanoglous(1998), Bounds(1997)より引用.
[b] 表-13.5の4列のデータ.腐敗槽による処理の前に完全に混合されたとした時の濃度.

例題 13-3 腐敗槽システムにおける固形物の消化速度

腐敗槽からの汚泥発生量を従来型の活性汚泥法(最初沈殿池付)と表-13.10のデータを用いて比較せよ.なお,腐敗槽は2人世帯に設置され,8年ごとに汚泥を引き抜くと仮定する.また,汚泥の固形物濃度を8%,密度を1 020 kg/m^{3}とせよ.一般に腐敗槽は,汚泥の発生のない内生呼吸型のシステム(間欠供給型の砂層または合成繊維層のろ過のような二次処理プロセス)を用いているので,このシステムから発生する汚泥は,腐敗槽に蓄積しているもののみであると仮定する.

解　答

1. 腐敗槽からの汚泥発生の計算.
    a. 図-13.6のデータを使用すると,8年間での腐敗槽の汚泥蓄積量は,380 L/人(0.00013 m^3/人·d)となる.
    b. 汚泥の固形物量は,固形物濃度と密度を用いて,
    汚泥の固形物量 = (0.00013 m^3/人·d)(1 020 kg/m^3)(0.08) = 0.0105 kg/d
    2人世帯では,腐敗槽からの汚泥の発生量は,0.021 kg/d.
    c. 2人世帯の排水量は,420 L/d.
    d. 処理流量当りの腐敗槽の汚泥発生量は,0.05 kg/1 000 Lと計算される.
2. 腐敗槽からの汚泥発生量を従来型の活性汚泥法(最初沈殿池付)と表-13.10のデータを用いて比較する.最初沈殿池汚泥の発生量は,0.15 kg/1 000 L,活性汚泥プロセスからの余剰汚泥は,0.084 kg/1 000 L.よって,従来法の活性汚泥プロセスは,腐敗槽の場合の4.6倍の汚泥発生となる.

解　説

腐敗槽の固形物の消化は,どちらかというと受身的なものである.また,長い消化時間であることから,高速で処理する活性汚泥法と比較して汚泥の生成がきわめて少ない.汚泥の最終処分

に伴う費用が必要であることから，オンサイトで固形物を消化することは，排水処理の経済性の向上につながる．一方，処理水は，小口径，水密性パイプで輸送されることから，集水コストも低下する．実際の汚泥の引抜き間隔は，設計条件と使用状況により依存することに留意すべきである．通常は，3年から5年に1回，汚泥を引き抜くとして設計される．

樹木への散水や他の点的な灌漑について，土壌中への地表下灌漑(subsurface irrigation)する再利用においては，一次処理のみで十分な場合もある．ある地中点滴灌漑システムのチューブやノズル等の部品は，生物膜の生長を抑制する化学物質の被覆や浸漬が施されており，芝生や修景用の土壌中への灌漑に一次処理水を用いることができる．

13.4.4 二次処理

オンサイトの小規模システムは分散して存在しているため，分散型システムはメンテナンスの必要性を少なくし，かつ操作の必要性なく長期間安定して運転できるように設計される．現在，利用可能な二次処理システムは，大規模システムと同様なオペレーションを行うタイプのものであり，図-13.9に示したシステムとしては，非浸漬型生物膜システム[(a)]，回分式活性汚泥法[(b)]，浮遊性と生物膜微生物を用いたシステム[(c)]がある．膜を用いた排水処理システム[例えば，膜分離活性汚泥法(membrane bioreactor)]が実用化され，分散型の排水再利用システムも開発されている．汚泥の発生量を少なくするために，戸別オンサイトシステムや集合システムは，低水理学的負荷，低汚濁負荷で運転され，結果的に長い汚泥滞留時間(solids retention times；SRTs)となっている．これらのシステムを含む分散型技術の記述と設計上の留意点を表-13.12に示す．代表的な分散型処理シス

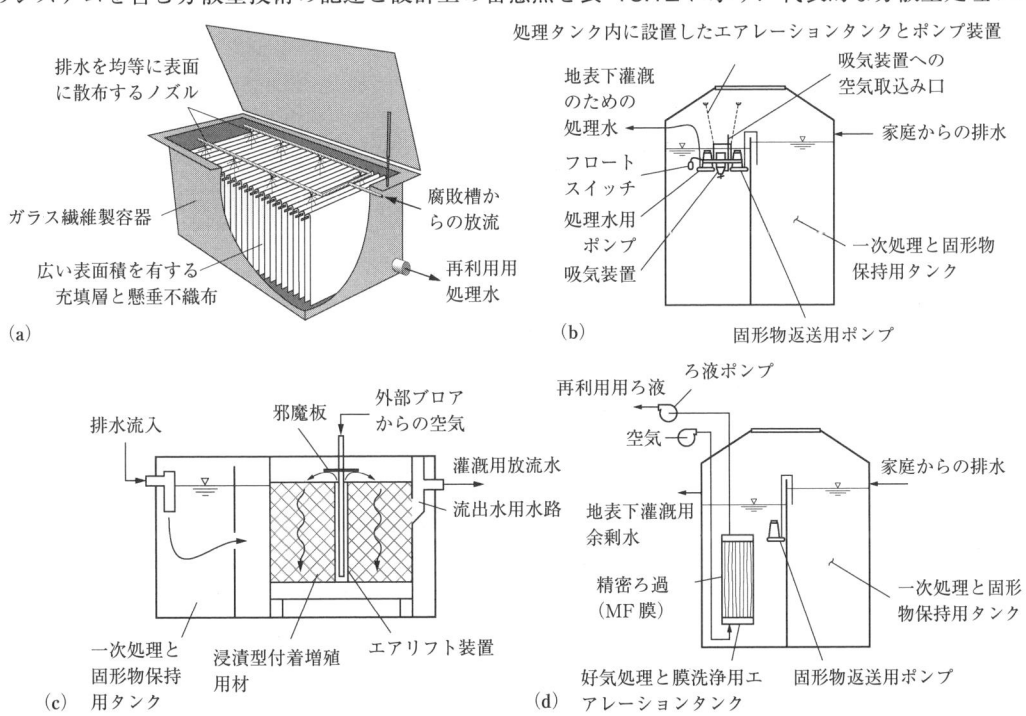

図-13.9 住宅団地開発や小規模コミュニティに用いられる処理システムの例．(a)非浸漬人工充填材を用いた生物膜(Orenco Systems,Inc.)，(b)回分式活性汚泥法(SBR)(ABT Umwelttechnologies GmbH)，(c)付着型浸漬処理システム(Biomicrobics, Inc. より引用)，(d)膜分離活性汚泥法(MBR)(ABT Umwelttechnologies GmbH)

第 13 章 排水再利用のためのオンサイト分散型システム

テムの SRT の計算例を**例題 13-4** に示す.

表-13.12 オンサイトや集約処理のような分散型下水処理に用いる二次生物処理プロセス

技　　術	説　　明	備　　考
(a) 一過型充填層フィルタ (single-pass packed bed filter) 腐敗槽からの流入水／オリフィス型配水システム／放流水／掃除孔／ろ材／下部集水システム／ポンプ槽	基本要素は, (1) 充填材, その表面に生物膜が形成される. (2) 充填材を充填する容器または凹状ピット. (3) 充填材で処理する排水を散水するシステム. (4) 処理水を集水, 排出するシステム. 砂, ガラス, ピート, 岩石, 気泡ゴム, 合成繊維のような特性の異なる充填材が用いられており, ろ層に必要な大きさが決められる. 排水は, 定期的または間欠的に投入される充填材への 1 回の少量の投入により, 多量の酸素が供給される.	・有機物や水量の過負荷は, 閉塞を引き起こす ・水量負荷 (hydraulic loading) は, 40〜50 L/m²·d ・深さは 0.6〜0.9 m ・汚水の投入頻度＞24 回/d ・定期的にオリフィスの洗浄が必要 ・ろ層の充填材のコストが高価
(b) 循環流型充填層フィルタ (multi-pass packed bed filter) 腐敗槽からの流入水／スプレ配水システム／掃除孔／空隙率の高いろ材／下部集水システム／放流水／放流水の一部を脱窒のため腐敗槽へ返送	ろ層を通過したろ過水を放流前に循環する以外は, 一過型充填層フィルタと同じ構造である. 生物ろ層で処理する排水を投入した後, 一部 (返送水) は, 腐敗槽へ返送または再投入のために一時貯留槽に返送される. 残りの水 (処理水) は, 後続のプロセスへ排出される. 返送水は, 生物ろ層へ再送される前に腐敗槽の処理水のようなろ過装置への流入水と混合される. 循環を行うため, ポンプとその制御系が一過型充填層フィルタに加えられることになる.	・処理効率が低下すると, 充填材の交換, 洗浄が必要 ・処理水の循環比は, 2〜8 ・有機物や水量の過負荷は, 閉塞を引き起こす ・水量負荷は, 200〜1 000 L/m²·d ・深さは 0.6〜0.9 m ・汚水の投入頻度＞24 回/d
(c) コンパクト活性汚泥法 (compact activated sludge process) 腐敗槽からの流入水／空気／放流水／沈殿槽／エアレーションタンク／汚泥返送	様々な種類の単一槽活性汚泥プロセスが諸規模の適用に用いられてきた. 一般に, 腐敗槽処理水は, 活性汚泥と混合, エアレーションにより処理される. 水理学的な阻流板により, システム内の流れが制御される. 混合液は, 沈殿部に導入され, 沈降性の固形物は, エアレーション部へ阻流板下部の部分を通して返送される. 分散型での活性汚泥プロセスの利用では, 長時間エアレーション法として運転し, 余剰汚泥量の減少, 排水成分の分解, 除去を増加させる.	・有機物負荷の変動は, 糸状性細菌の増殖や固形物の流出を招く ・専門の管理者が常駐しない場合では効率が変動する ・MLSS の範囲は, 400〜2 000 mg/L ・HRT は, 2〜4 日 ・定期的な汚泥引抜きが必要
(d) 固定充填層 (fixed packing) または浮遊型担体 (suspended packing) とのハイブリッド活性汚泥法 (hybrid activated sludge process) 腐敗槽からの流入水／空気／放流水／沈殿槽／汚泥返送／好気槽／エアリフトポンプ／浸漬型付着生物担体	固定充填層または浮遊型担体を付加しても, コンパクト活性汚泥法の場合と同様な流れが形成される. 内部の固定充填には, 一般にプラスチック材が用いられ, 生物膜の微生物増殖と排水との接触が最大になるように設計される. 多くの場合, エアリフトポンプ (air lift pump) を用いて, 排水を固定充填層上部にまで導く. 浮遊型担体は, エアレーションタンク内をエアレーションによる水流にのって循環する. 流入した排水の体積だけ排出されるように, 排水は移動する.	・一般に, 反応槽内部に生物膜のような付着生物を有すると, プロセスへの外乱に対する緩和効果を持つ ・他の設計因子は, 上述のコンパクト活性汚泥法と同様である

(e) 内部に充填材を有する，または有しない回分式活性汚泥法(sequencing batch reactor system) 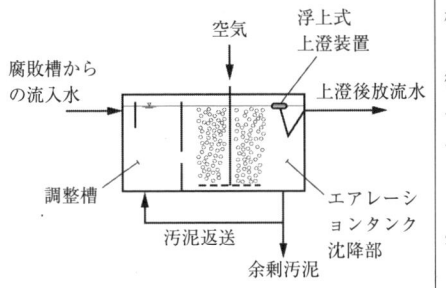 腐敗槽からの流入水／空気／浮上式上澄装置／上澄後放流水／調整槽／汚泥返送／エアレーションタンク沈降部／余剰汚泥	回分式活性汚泥法(SBR)では，排水は，一定量のバッチを処理開始するまで調整槽(equalization)またはエアレーションタンクに貯留する．排水のバッチは，処理用微生物群(活性汚泥)を植種され，処理工程でエアレーションされる．反応が終了した後，エアレーションと混合を停止し，生物フロックと固形物が沈降する．清澄層(上澄み)は，反応槽から排出される．そして，次の処理サイクルが開始し，一定量の排水(バッチ)が流入する．排水の流入，反応，沈降，排出のサイクルが繰り返される．回分式活性汚泥法では，充填材が用いられる場合と用いられない場合があるが，オンサイトシステムでの利用では，プロセスの安定性を増すために充填材の利用が推奨される．	・他の処理方式と比較して，バルブ，ポンプ，制御系が必要となる ・水再利用に相応しい高品質処理の可能性を持つ ・MLSSの範囲は，3～6 g/L ・HRTの範囲は，8～14時間 ・汚泥を処理する施設が必要
(f) 回転生物接触法(rotating biological contactor process) 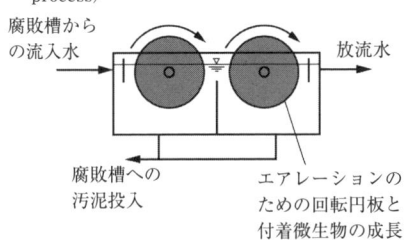 腐敗槽からの流入水／放流水／腐敗槽への汚泥投入／エアレーションのための回転円板と付着微生物の成長	回転生物接触法は，部分的に浸漬し，排水の流れと同様に回転する水平軸に取りつけられた円板群より構成される．円板に付着している微生物群集は，円板の回転に伴い，大気と排水へ交互に接触する．円板の回転速度と浸漬深さの調整により処理効率を最適化する．分散型システムの利用においては，エアレーションと生物膜支持のための回転円板は，特に効果的であると見出されている．	・幾つかのデモンストレーションプロジェクトでは，高い性能と安定性が示されている ・必要に応じて，モータの交換，ベアリングの分解清掃，円板の清掃というメンテナンスが必要である ・エアレーションのためにポンプを使用する場合と比較して，騒音が少ない
(g) 膜分離活性汚泥法(membrane bioreactor) 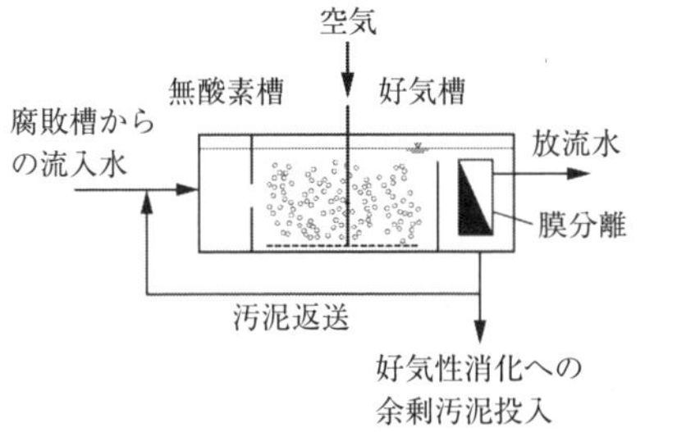 腐敗槽からの流入水／無酸素槽／空気／好気槽／放流水／膜分離／汚泥返送／好気性消化への余剰汚泥投入	7, 12章で記述したシステムと同様のシステムが戸別のオンサイトシステムや集合システム用にも開発されている．システムは，活性汚泥法に微細孔を有する膜と膜のフラックスを維持するための仕組みが付加されている．膜分離活性汚泥法は，様々な大きさのコミュニティの排水処理／再生利用処理に用いられる．	・有機物負荷の変動は，糸状性細菌の増殖や固形物の流出を招く ・MLSSの範囲は，8 000～12 000 mg/L ・定期的な汚泥引抜きが必要 ・コミュニティ単位の処理に加え，戸別家庭の処理にも利用可能
(h) 人工湿地(constructed wetland)または他の自然処理システム(natural treatment system) 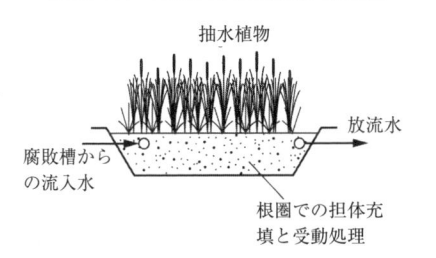 抽水植物／放流水／腐敗槽からの流入水／根圏での担体充填と受動処理	オンサイト処理において，自然処理システムは，機械的なシステムの代替案となる．自然システムで，運転管理コストが削減できる利点を有するが，天候，気候条件，季節的に変動する要因やその変動パターンにその処理性が影響され，システムの制御が難しい欠点も有している．自然処理システムの主要な方式は，表流水型人工湿地(surface flow constructed wetland)，浸透流型人工湿地(subsurface flow constructed wetland)，生態学的システム(ecological system)，蒸発散システム，ラグーンがある．人工湿地には，水平流型と垂直流型の両者が用いられているが，垂直流型の方が性能が良いとされている．	・気候条件と季節変動の影響を他のシステムより大きく受ける ・長いHRTが可能 ・市民への処理水の曝露と蚊の制御のために，表面流による排出を避ける ・エネルギー消費が少なく，かつ生態系への保持につながる ・審美的に好まれる

第13章　排水再利用のためのオンサイト分散型システム

> **例題 13-4　オンサイト好気処理プロセスの SRT の計算**
>
> 多くのオンサイト処理プロセスは，長時間エアレーション法として運転され，MLSS は，750 mg/L である．生物体は，主に処理水中の浮遊粒子として流出する．処理水の平均浮遊物濃度は，15 mg/L である．典型的な反応タンクの容積は，4 000 L，流量は，2 000 L/d である．この処理プロセスの SRT を計算せよ．汚泥の引抜きは，手動で間欠的に行われるが，この引抜きは，通常の運転状態における SRT に影響しないので，考慮しないことに留意せよ．
>
> **解　答**
>
> 1. 流入水とともに生物体が流入しないと仮定し，反応タンクから流出する生物体量は，処理水とともに流出する量と余剰汚泥として計算される．
>   処理水とともに流出する生物体量は，
>   処理水中生物体量 = (2 000 L/d)(15 mg/L) / (1 000 mg/g) = 30 g/d
> 2. システム内の平均生物体量は，平均 MLSS とタンク容積の積である．
>   エアレーションプロセス内の生物体量 = (4 000 L)(750 mg/L) / (1 000 mg/g) = 2 906 g
> 3. SRT は，エアレーションプロセス内の生物体量をシステムから流出する生物体量で除して求められる．
>   SRT = (2 906 g) / (30 g/d) = 97 d
>
> **解　説**
>
> 上記のプロセスの SRT は，97 日であり，多くの長時間エアレーション活性汚泥法で用いられる 30 日より長い．加えて，20 年以上も安定して運転されている砂ろ過や充填層ろ過では，TSS が 5 mg/L 以下の処理水をろ過し，汚泥の引抜きを必要としていないことから，もっと長い SRT で二次処理が運転されていることがわかる．

表-13.12 に示したプロセスは，二次処理の処理基準を満たしており，処理水は，ある種の再利用のための消毒，三次処理に用いられる．多くの実例では，戸別のオンサイトシステムや集合システムに用いる処理システムは，自然流下の利点を生かし，システムを目立たないように地下に設置される．

13.4.5　栄養塩除去

地下水の硝酸汚染や表流水の富栄養化に対する関心から，栄養塩類に関する様々な排水基準が分散型下水処理システムにも適用される．図-13.10 に示したように，分散型処理システムにおいて排水中の窒素やリンを除去するための種々の方法が適用されてきた．しかし，流量や排水質の変動が大きいことから，戸別のオンサイトシステムでは安定した栄養塩除去が難しい．集合システムや大規模システムでは，薬品添加施設を付加した栄養塩除去やプロセス制御によりより安定した栄養塩除去が可能である．小規模システムでは，多くの要因が硝化反応，脱窒反応の効率的な進行を制限していることに留意する必要がある．硝化反応については，多くの表流水の特徴であるアルカリ度が低いことによりその進行が抑えられる．同様に，排水中の炭素と窒素の存在割合が脱窒反応の程度を制限する．これら 2 つの点について以下に議論する．

窒素除去

窒素除去のための基本的なプロセスは，2 段階，すなわち硝化と脱窒よりなる．窒素除去のために他のプロセスも開発されているが，処理効率を上げるためにプロセスコントロールの必要性が増すた

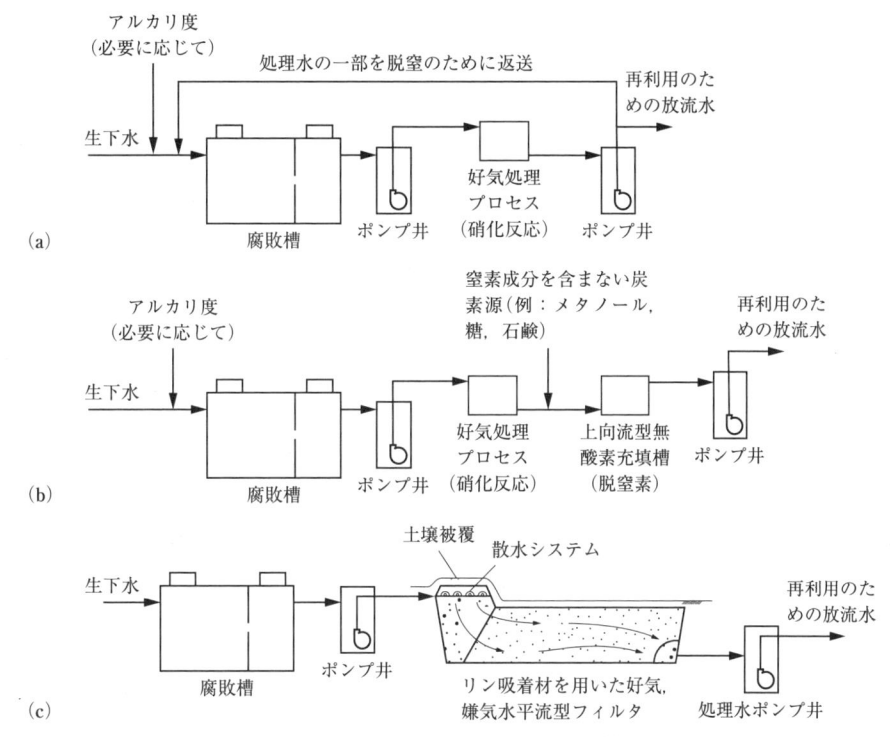

図-13.10 栄養塩除去のためのオンサイトシステムの処理フロー図.(a)内部の炭素源(排水)を用いた脱窒プロセス,(b)外部炭素源を用いた脱窒素プロセス,(c)リン除去のための好気/嫌気プロセス

表-13.13 硝化,脱窒反応の化学量論係数のまとめ

硝化反応	化学量論関係
エネルギー取得のためのアンモニアの酸化	$NH_4^+ + 1.5O_2 \rightarrow NO_2^- + H_2O + 2H^+$
エネルギー取得のための亜硝酸の酸化	$NO_2^- + 0.5O_2 \rightarrow NO_3^-$
アンモニアから硝酸への反応の総括的な表現	$NH_4^+ + 2O_2 \rightarrow NO_3^- + H_2O + 2H^+$
見かけの収率(observed yield)に基づく菌体合成を伴うアンモニアの酸化	$NH_4^+ + 1.44O_2 + 0.0196CO_2 \rightarrow$ $0.99NO_2^- + 0.001C_5H_7O_2N + 0.97H_2O + 1.99H^+$
見かけの収率に基づく菌体合成を伴う亜硝酸の酸化	$NO_2^- + 0.00619NH_4^+ + 0.50O_2 + 0.031CO_2 + 0.0124H_2O \rightarrow$ $NO_3^- + 0.00619C_5H_7O_2N + 0.00619H^+$
見かけの収率に基づく菌体合成を伴う硝化の総括的な表現	$NH_4^+ + 1.92O_2 + 0.08CO_2 \rightarrow$ $0.98NO_3^- + 0.016C_5H_7O_2N + 0.95H_2O + 1.98H^+$
pH変化に対応するアルカリ度の消費	$6H^+ + 6HCO_3^- \rightarrow H_2CO_3 + 5CO_2 + 5H_2O$
脱窒反応	化学量論関係
排水[a]を炭素源とする場合の見かけの収率に基づく硝酸の還元	$NO_3^- + 0.17C_{10}H_{19}O_3N + H^+ \rightarrow$ $0.4N_2 + 0.16C_5H_7O_2N + 1.13H_2O + 0.91CO_2 + 0.17NH_4^+ + 0.17OH^-$
メタノールを炭素源とする場合の見かけの収率に基づく硝酸の還元	$NO_3^- + 1.08CH_3OH + 0.073H_2CO_3 \rightarrow$ $0.47N_2 + 0.056C_5H_7O_2N + 1.51H_2O + 0.83CO_2 + OH^-$
水酸化イオン生成に伴うアルカリ度	$H_2CO_3 + 5CO_2 + 6OH^- \rightarrow H_2O + 6HCO_3^-$

[a] BODに相当する排水中有機物の組成として$C_{10}H_{19}O_3N$を用いた.

め,分散型システムにおいては一般に用いられていない.窒素除去に関する他の方法については,Schmidt et al.(2003)を参照されたい.

第13章 排水再利用のためのオンサイト分散型システム

硝化反応は，アンモニア性窒素を生物学的に 2 段階で好気的に酸化するものであり，独立栄養細菌が関与する（CO_2 や HCO_3^- のような無機炭素を固定する菌）．第 1 段階は，nitroso-グループ（*Nitrosomonas, Nitrosopira, Nitrococcus*）によるアンモニアを酸化して亜硝酸にする反応である．第 2 段階は，nitro-グループ（*Nitrobacter, Nitrococcus, Nitrospira*）による亜硝酸から硝酸への変換である．硝化反応に関与する細菌は，好気的条件とエネルギー源としての窒素に依存する独立栄養性であるため，増殖速度が小さく，環境条件（反応タンクの酸素濃度，温度）に敏感である．硝化菌は，pH にも影響され，推奨 pH の範囲は，6.5～8.0 である（U.S. EPA, 1993a）．硝化反応を記述する式を表-13.13 に示す．アンモニアの酸化反応に記したように，反応では水素イオンが生成する．もし，水素イオンを中和するに足るアルカリ度が存在しない場合には，pH は，低下し，硝化反応を阻害する．硝化反応の解析例を**例題 13-5** に示す．

例題 13-5　硝化プロセスの解析

分散型下水処理プロセスでは，その SRT が長いことから硝化反応が生じる．しかし，排水のアルカリ度が低いため，低 pH 状態による硝化反応の阻害が生じる．表-13.13 の化学量論関係を用いて，腐敗槽処理水の硝化反応に必要な酸素量ならびにアルカリ度を求めよ．ただし，腐敗槽処理水のアンモニア濃度を 50 mg-N/L とする．

解　答

1. アンモニアを硝酸に酸化するために必要な酸素量の計算．
    a. 表-13.13 の見かけの収率に基づく菌体合成を伴う硝化の総括的な表現の化学量論式を書く．
    $$NH_4^+ + 1.92\ O_2 + 0.08\ CO_2 \rightarrow 0.98\ NO_3^- + 0.016\ C_5H_7O_2N + 0.95\ H_2O + 1.98\ H^+$$
    b. 反応に必要な酸素と窒素の質量を計算する．
    　　1.a で与えられた式より，アンモニア 1 mol を酸化するのに 1.92 mol の酸素が必要．
    　酸素の必要量 = (32 g/mol)(1.92 mol) = 61.4 g
    　窒素の量 = (14 g/mol)(1 mol) = 14 g
    c. 1 g のアンモニアを酸化するために必要な酸素量の計算．
    　酸素の必要量 = (61.4 g)/(14 g) = 4.39 g-O_2/g-N
    d. 腐敗槽処理水中アンモニアを酸化するために必要な酸素量の計算．
    　酸素の必要量 = (4.39 mg-O_2/mg-N)(50 mg-N/L) = 219.5 mg-O_2/L
2. 発生する水素イオンを中和し，硝化反応の阻害が起こらない範囲の pH にするために必要なアルカリ度の計算．
    a. 反応に関与する窒素と水素イオンの質量の計算．
    　　1.a で与えられた式より，アンモニア 1 mol を酸化するのに 1.98 mol の水素イオンが生成．
    　水素イオンの量 = (1 g/mol)(1.98 mol) = 1.98 g
    　窒素の量 = (14 g/mol)(1 mol) = 14 g
    b. 1 g のアンモニアを酸化する際に生成する水素イオン量の計算．
    　水素イオン生成量[*2] = (1.98 g)/(14 g) = 0.14 g-H^+/g-N
    c. 表-13.13 の式を用いて，水素イオンを中和するために必要なアルカリ度の計算．
    $$6\ H^+ + 6\ HCO_3^- \rightarrow H_2CO_3 + 5\ CO_2 + 5\ H_2O$$
    　　上記の式により，1 mol の水素イオンの中和に 1 mol の重炭酸イオンを消費，または 1 g の窒素を酸化した場合に 8.63 g-HCO_3^-/g-N の消費．

[*2] 訳者注：原本には The amount of oxygen required と記されているが，誤記．

d. 必要なアルカリ度を $CaCO_3$ で表現すると，

$$\text{アルカリ度} = \left(\frac{8.63 \text{ g-HCO}_3^-}{\text{g-NH}_4^+\text{-N}}\right)\left(\frac{50 \text{ g-CaCO}_3}{\text{等量}}\right)\left(\frac{\text{等量}}{61 \text{ g-HCO}_3^-}\right) = \frac{0.07 \text{ g-CaCO}_3}{\text{g-NH}_4^+\text{-N}}$$

e. 50 mg/L のアンモニア性窒素を硝化する際に生じる pH 変化を抑えるために必要なアルカリ度の総量($CaCO_3$ として)計算.

アルカリ度 = (50 mg-N/L)(7.07 mg-$CaCO_3$/mg-N) = 353.5 mg/L

解　説

上記の例に示したように，腐敗槽処理水の硝化には，多量の酸素とアルカリ度が必要である．戸別家庭のためのシステムでは安定した硝化反応を維持することは難しい，一方，大規模なシステムでは，最適条件下で維持，管理できる．

窒素除去の最終段階は，無酸素状態(溶存酸素が存在しない状態)で生じる脱窒反応であり，硝酸または亜硝酸[電子受容体(electron acceptor)]と生物分解可能な有機性炭素または電子供与体(electron donor)が必要である．硝酸や亜硝酸を窒素ガスに転換する細菌は通性嫌気性菌(facultative aerobe)として知られており，これらは，溶存酸素が制限された時のみ酸化性窒素を利用して呼吸する．従属栄養細菌と独立栄養細菌ともに脱窒能力を有している(Rittmann and McCarty, 2001)．従属栄養細菌(*Pseudomonas, Bacillus*)は，排水中の BOD 発現有機物や BOD が不十分な場合に付加される有機物(メタノール，酢酸)を利用する．独立栄養脱窒細菌は，主に外部から供給される無機の電子供与体(水素ガスや硫黄)を利用する．

戸別オンサイトシステムや集合システムでは，脱窒に排水中に存在する BOD を使用するのが一般的である．これは上述[図-13.10(b)参照]のように，メタノールや水素のような電子供与体を用いると，付加的費用が必要となることによる．炭素源を排水に求める場合，硝化を行った処理水を好気的に処理されていない排水と混合することが行われる．戸別や小規模のシステムでは，硝化液を腐敗槽に返送して脱窒反応を行う．排水中 BOD を用いる場合の窒素除去率は，炭素と窒素の比(BOD/TKN)，処理水の循環比に依存することに留意しなければならない．炭素源として排水中の BOD を用いた場合の窒素の除去率は，50～70%であることが見出されている．化学量論関係を用いて予測した以上に窒素除去が行われる場合もある．この差は，BOD_5 を炭素源の評価に用いることに関係し，BOD_5 試験は，実際に利用可能な炭素源量を過小評価する．化学量論に基づく脱窒反応の解析例を**例題 13-6** に示す．

例題 13-6　脱窒プロセスの解析

砂ろ層の処理水のように硝化反応が進んだ処理水を腐敗槽流入部に返送し，流入排水と混合することにより脱窒反応が生じる．この場合，脱窒反応は，排水に存在する BOD 量に依存する．表-13.13 に示した化学量論関係を用い，硝酸濃度が 50 mg/L の場合について，脱窒に必要な BOD 量，脱窒に伴うアルカリ度の生成量を求めよ．ただし，BOD 成分の組成を $C_{10}H_{19}O_3N$，究極 BOD (ultimate BOD)の 68%が脱窒に利用可能と仮定して計算せよ．

解　答

1. 硝酸を窒素ガスに還元するために必要な BOD 量の計算．
   a. 脱窒反応の化学量論(表-13.13 の排水を炭素源とする場合の見かけの収率に基づく硝酸の

還元).

$NO_3^- + 0.17\ C_{10}H_{19}O_3N + H^+ \rightarrow 0.4\ N_2 + 0.15\ C_5H_7O_2N + 1.13\ H_2O + 0.91\ CO_2 + 0.17\ NH_4^+ + 0.17\ OH^-$

  b. 究極BOD(uBOD)の計算.$C_{10}H_{19}O_3N$ が酸化され二酸化炭素,アンモニア,水が生成すると仮定.

   反応の化学量論式は,

   $C_{10}H_{19}O_3N + 12.5\ O_2 \rightarrow 0.4\ N_2 + 0.15\ C_5H_7O_2N + 1.13\ H_2O + 0.91\ CO_2 + 0.17\ NH_4^+ + 0.17\ OH^-$

   化学量論式より,1 mol の $C_{10}H_{19}O_3N$ は,12.5 mol の酸素を消費,または 1.99 g-O_2/g-$C_{10}H_{19}O_3N$.uBOD の 68%のみ(これは BOD_5 に相当)が脱窒に利用されると仮定する.利用される BOD は,次のように計算される.

   BOD = (1.99)(0.68) = 1.35 g-O_2/g-$C_{10}H_{19}O_3N$

  c. 1.a の量論式を用いた消費される硝酸量と BOD 量の計算.

   硝酸性窒素の質量 = (14 g/mol)(1 mol) = 14 g

   BOD 量 = (201 g/mol)(0.17 mol/)(1.35 g-O_2/g) = 46 g-O_2

  d. 1 g の硝酸の反応で消費される BOD 量の計算.

   酸素の必要量 = (46 g)／(14 g) = 3.3 g-O_2/g-N

  e. 硝酸性窒素を還元するのに必要な BOD 量の計算.

   必要 BOD = (3.3 mg-O_2/mg-N)(50 mg-N/L) = 165 mg-BOD/L

2. 生成するアルカリ度量の計算.

  a. 反応に関与する窒素と水素イオンの質量の計算.

   1.a で与えられた式より,硝酸 1 mol を還元するのに 0.17 mol の水酸化イオンが生成.

   水酸化イオンの量 = (17 g/mol)(0.17 mol) = 2.89 g

   窒素の量 = (14 g/mol)(1 mol) = 14 g

  b. 1 g の硝酸を還元する際に生成する水酸化イオン量の計算[*3].

   水酸化イオン生成量[*4] = (2.89 g)(14 g) = 0.21 g-OH^-/g-N

  c. 表-13.13 のアルカリ度生成式を用いて,生成アルカリ度の計算.

   $H_2CO_3 + 5\ CO_2 + 6\ OH^- \rightarrow H_2O + 6\ HCO_3^-$

   上記の式により,1 mol の水酸化イオンに対して 1 mol の重炭酸イオンが生成.4.69 g-HCO_3^-/g-N.

  d. 必要なアルカリ度を $CaCO_3$ で表現すると,

   $$\text{アルカリ度} = \left(\frac{4.69\ \text{g-}HCO_3^-}{\text{g-}NH_4^+\text{-N}}\right)\left(\frac{50\ \text{g-}CaCO_3}{\text{当量}}\right)\left(\frac{\text{当量}}{61\ \text{g-}HCO_3^-}\right) = \frac{3.85\ \text{g-}CaCO_3}{\text{g-}NH_4^+\text{-N}}$$

解 説

このように,脱窒反応には,多くの BOD が必要である.脱窒反応を行うと,BOD の低下により,エアレーションの必要量が減少する場合もある.また,例題 13-5 に示したように,硝化反応の過程で消費されるアルカリ度の一部を脱窒反応により補填することができる.

窒素を含まない外部炭素源を付加する装置も用いられ,この場合には,完全な窒素除去を達成することができる[図-13.10(b)参照].外部炭素源を用いるシステムや他の窒素除去システムは,7 章に

[*3] 訳者注:原本には The hydrogen produced in the reaction per gram of ammonia と記されているが,誤記.

[*4] 訳者注:the amount of oxygen required と記されているが,誤記.

紹介されている．窒素をほぼ完全に除去できる他のシステムの一つに，硝化液をろ過する木質系の基質を用いた受動的フィルタ(passive filter)がある(Robertson et al., 2005).

リン除去

7章で議論したように，リンの細胞内蓄積を進めるように酸化還元状態を制御することにより生物学的にリンを除去することができる(Tchobanoglous et al., 2003). リンを蓄積した微生物体を引き抜くことで，水中のリン量を低減できる．しかし，戸別オンサイトシステムや小規模集合システムでは，リンを制御するに十分な汚泥の引抜きを行うことは現実的ではない．それ故，排水からのリン除去は，化学沈殿や吸着により行われる．塩化第二鉄を処理水に添加し，沈殿をろ過することによりリン除去が行われてきた．アルミを直接腐敗槽へ添加する方式も行われている(Jowett, 2001). 軽量発泡クレー，頁岩骨材，破砕レンガ，スラグ等の充填材に接触させる方法によってもリン除去が可能である(Anderson et al., 1998；Baker et al., 1998；Johansson, 1997；Zhu et al., 1997). オンサイト下水処理システムにおけるリンの存在，挙動については，Lombardo(2006)に詳しい．腐敗槽処理水のリン除去のフロー図を図-13.10(c)に示す．

13.4.6 消毒プロセス

処理水を地中灌漑に用いる場合には，一般に消毒は必要ではない．生物膜による灌漑用水放水口の閉塞を考慮すれば，消毒により地中灌漑の効率を上げることができる．地中を排水が浸透する際に多様なレベルの消毒作用が自然に発生するが，多くの土壌浸透システムでは，この利点を設計では考慮していない．消毒プロセスを有する分散型処理システムは，地下水資源と公衆衛生に寄与する．

少水量の場合に用いられる消毒プロセスを整理して表-13.14 に示す．表-13.14 に示した消毒剤のうち，次亜塩素酸カルシウムと紫外線が最も一般的に小規模システムで用いられている(U.S. EPA, 2002, 1980). オゾンも用いられるが，小規模への適用では，そのコストのため有効ではない．表-13.14 に示した他のプロセスのうち，下水処理に用いられているものとして，生物ろ過(biological filtration)(Gross and Jones, 1999；Emerick et al., 1997), 過酢酸を用いた方法(Kitis, 2004)がある．塩素ガスや二酸化塩素を用いた方法は，通常，分散型処理では用いられない．これは，これらの物質の貯蔵，取扱い，利用において有害物質としての扱いが必要であるためである．表-13.14 に示したものは，すべて排水の消毒に用いることができる．しかし，それぞれのプロセスは，考慮すべき事項ならびに一般的な適用には限界があるというそれぞれ固有の制約条件がある(Leverenz et al., 2005；U.S. EPA, 2002). 代表的な UV 消毒の装置とプロセスフローを図-13.11 に示す．

表-13.14 少流量系の消毒に用いられる消毒剤

消毒剤	構造	形	少流量に適用時の留意点
次亜塩素酸ナトリウム	$NaOCl$	液体	腐食性．毒性．発癌性物質の生成．薬品供給システムが必要．効率は水質に依存．
次亜塩素酸カリウム	$Ca(OCl)_2$	固形錠剤	腐食性．毒性．発癌性物質の生成．薬剤供給システムが必要．効率は水質に依存．不均一な薬剤の溶解は塩素量の変動につながる．
オゾン	O_3	ガス	腐食性．毒性．オゾン生成装置と注入装置が必要．効率は水質に依存．小規模では経済的に不利．
過酢酸	CH_3CO_3H	液体	腐食性．毒性．市販薬品ではない．薬品供給システムが必要．効率は水質に依存．
紫外線	—	放射	UV ランプの定期的なメンテナンスと交換が必要．ランプのファウリングは効率の低下につながる．効率は水質に強く影響される．
バイオフィルタ	—	酵素活性, 捕食	ろ層の大きさには制限；適切な充填材を得るために費用が必要．

第13章 排水再利用のためのオンサイト分散型システム

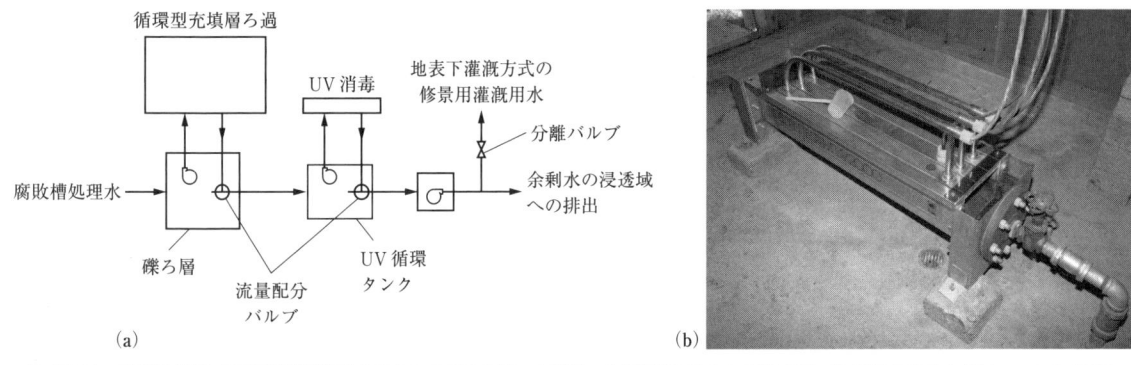

図-13.11 遠隔地開発での修景用灌漑用水のための UV を用いた消毒．(a)処理システムの模式図，(b)UV システム(Crites et al., 1997)

13.4.7 効　率

分散型下水処理システムに用いられる種々のプロセスの効率を表-13.15 に示す．表-13.15 中の値は，適正なメンテナンスが行われている場合のプロセスから得られたものである．効率の低下や失敗を防ぐためには，適切なメンテナンスが必須である．表-13.15 に示したように，栄養塩除去のために多くのプロセスが使用される．しかし多くの場合，栄養塩の除去は必要ない．また，表-13.15

表-13.15　分散型下水処理に用いられる単位操作の組合せやプロセスよって達成できる処理レベル[a]

プロセス	典型的な達成可能な処理水質レベル(mg/L)，濁度(NTU)						
	TSS	BOD	COD	T-N	NH_4-N	PO_4-P	濁度
処理水用フィルタなしの腐敗槽[b]	40 〜140	150〜250	250〜500	50 〜90	30〜50	8〜12	15 〜30
処理水用フィルタ付腐敗槽[b]	20 〜 55	100〜140	160〜300	50 〜90	30〜50	8〜12	10 〜20
腐敗槽＋間欠式一過型充填層フィルタ	0 〜 5	0〜 5	10〜 40	<30	1〜 5[c]	6〜10	0.01〜 2
腐敗槽＋間欠式循環型充填層フィルタ	0.5〜 15	5〜 10	20〜 40	7 〜20	1〜 3[c]	6〜10	0.1 〜 2
腐敗槽＋コンパクト活性汚泥法	10 〜 30	20〜 60	40〜120	20 〜40	1〜 5	6〜10	
腐敗槽＋固定充填層または浮遊型担体とのハイブリッド活性汚泥法	5 〜 30	10〜 40	20〜 80	20 〜40	1〜 5	6〜10	
腐敗槽＋回転円板法	1 〜 15	2〜 20	10〜 50	5 〜30	1〜 5	6〜10	
腐敗槽＋人工湿地	10 〜 20	10〜 20	25〜 50	5 〜20	1〜10	4〜 8	
腐敗槽＋間欠式フィルタ＋リン除去	0 〜 5	0〜 5	10〜 40	<30	0〜 5[c]	<0.5	0.01〜 2
腐敗槽＋間欠式砂ろ過＋窒素除去	0.5〜 15	10〜 30	20〜 60	0.5〜 5	1〜 4	6〜10	
腐敗槽＋間欠式砂ろ過＋窒素除去＋リン除去	0.5〜 15	10〜 30	20〜 60	0.5〜 5	1〜 4	<0.5	
腐敗槽処理水集水システム＋膜分離活性汚泥法＋リン除去	<1	<5	<30	<10	<1	<0.1	<0.1
腐敗槽処理水集水システム＋長時間エアレーション法＋布ろ過＋精密ろ過	0	<2	<15	<10	<1	<6	<0.1
腐敗槽処理水集水システム＋回分式活性汚泥法	<5	<5	<30	<5	<1	4〜 8	<1

[a] Leverenz et al.(2001)より引用．文献調査によるため，データは規格化されていない．
[b] 表-13.11 より引用．
[c] ここでは，アルカリ度が十分に存在し，完全に硝化反応が生じると仮定している．処理水中に残存するアンモニア濃度は，利用可能なアルカリ度に依存する．

に示した値は，最適な状態によるものであり，アルカリ度の制約が硝化に影響を与え，ひいては脱窒に影響するように，個別の状況が処理効率に影響することに留意されたい．

13.4.8 信頼性

オンサイトや分散型水再利用システムの全コストや適用性を正確に決定するために，信頼性について理解することが必要である．小規模システムでは，ある程度の不適切な利用へ対応できるようにする必要がある他に，大規模システムと比較してピーク値と平均値の間に大きな差があることから（表-13.2 参照），オンサイトや分散型システムは，この大きな変動に対応できるように設計されねばならない．分散型システムの信頼性は，プロセスの種類と規模，システム設計，システム内の機械化やコントロールの程度に依存する．分散型システムの信頼性解析の方法として，故障曲線，GIS システム，故障モードと効果解析，確率解析が開発されている（Etnier *et al.*, 2005）．

13.4.9 メンテナンスの必要性

分散型システムは，長期間メンテナンスや操作無しで運転することが期待されるので，適正な設計や運転のため，プロセスの特性把握が重要である．分散型システムを経済的なものにし，メンテナンスの必要性に影響する規模の効果を克服するために，設計時に種々の工夫がなされる（Katehis, 2004）．
・効率的な建設とコンパクトな設計（共通壁，総合的コントロールシステム，多目的ポンプ等）．
・最小限のプロセスコントロール，自己適応型設計．
・薬品の非使用，必要な場合には固体薬品の供給システム．
・最小限の機械メンテナンス．
・最小限の汚泥発生，オンサイトの汚泥処理施設の非使用．
・遠隔モニタリングのためのテレメータシステムの利用．

システムの運転を行うのに把握または予測しておかねばならない排水量や成分濃度といった排水の特性について熟知することは，適切な処理効率を得るためには必要である．

典型的な戸別住宅や集合システムのための水再利用システムは，腐敗槽，ポンプと制御システム，そして点滴灌漑システムよりなる．適切な設計とメンテナンスにより，このシステムは，長期間にわたり安定して運転される．例えば，適切な大きさの腐敗槽は，5 年または 10 年に 1 回の汚泥引抜きで済む．同様に，オンサイトシステムに用いられているポンプは，10 年間にわたり機能する．連続的な粒子除去と管路洗浄を行う適切に設計された滴下灌漑システムは，閉塞の問題なく長期間運転される．しかし，メンテナンスの不良や腐敗槽の容量が十分ではない場合，固形物が点滴灌漑システムに流出し，回復不可能な灌漑水放出口の閉塞を引き起こす．それ故，適切な設計とメンテナンスは，長期間の適正な効率での運転に必須である．

オンサイト処理システムのメンテナンスの必要性は，システムの形式とシステム全体の設計，使用方法により決まる．例えば，高度処理や消毒プロセスを利用した精緻な処理水質を必要とするオンサイトシステムの利用では，定期的点検またはテレメータシステムを用いた連続モニタリングが必要となる．それほど精緻な処理を必要としない場合には，メンテナンスの必要性は，低減する．処理システムの製造者や設計者に個々のシステムに特有のメンテナンス間隔や内容を確認する必要がある．

13.5　住宅団地や小規模コミュニティシステムのための技術

住宅団地や小規模コミュニティへの適用では，排水をパイプや付属機器を用いて集水し，小規模処

理施設により処理する．コミュニティ単位の処理は，十分な排水量があり，住宅地の近くに池があるような水質管理を行わなければならない場合に実施される．このような分散型適用における典型的な集水システムと一般的な処理技術について以下に議論する．

13.5.1 集水システム

集合処理やコミュニティシステムを用いる場合には，集水システムが必要である．都市域からの排水を集水，輸送する大規模な自然流下式システムの利用は，米国の排水管理において基本であるが，従来型の自然流下式システムは，ある地域では効率的でないことも判明している．例えば，従来型の自然流下式システムは，位置関係，地形条件，高地下水位，構造的に不安定な地質，岩盤等の理由により経済的でない場合がある．加えて，集水システムを持たない小規模コミュニティ，特に開発密度

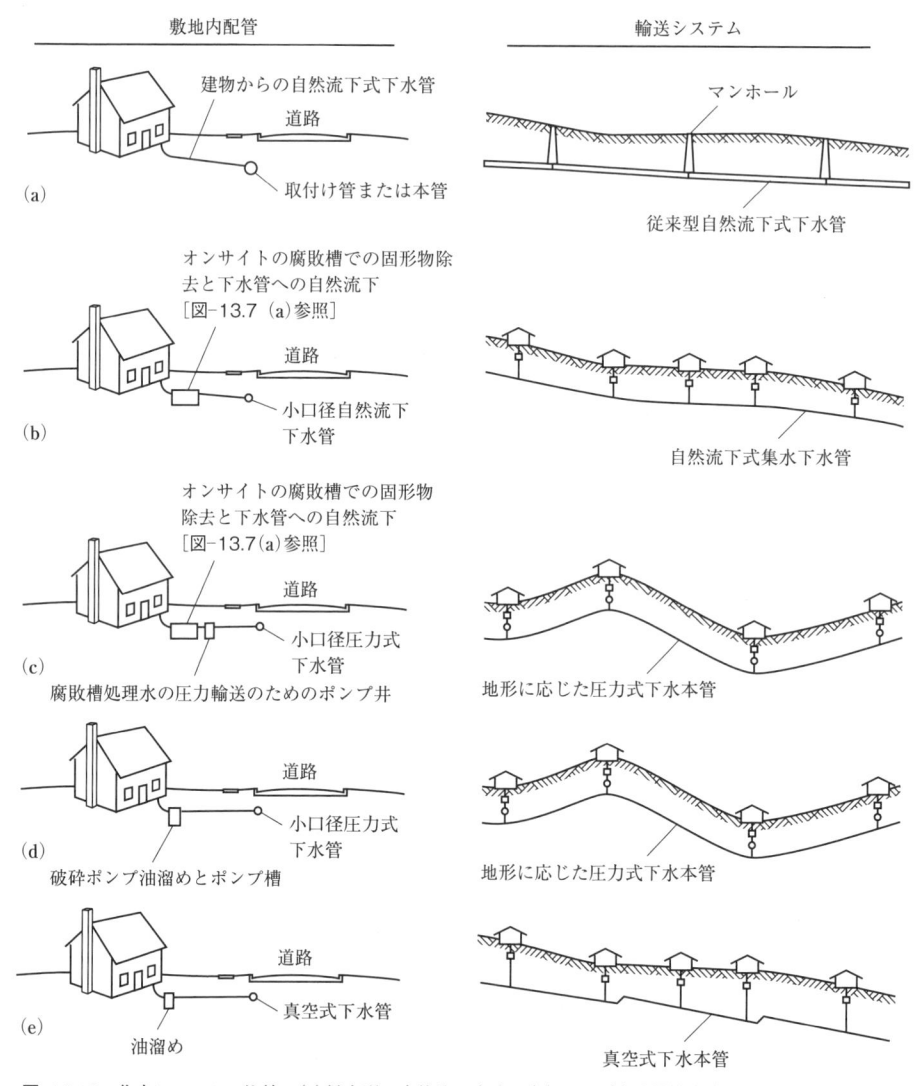

図-13.12　集水システムの比較．(a)従来型の自然流下方式，(b)STEG(腐敗槽排水自然流下集水システム)．これは，小口径可変勾配自然流下式集水システムまたは排水集水システムとして知られている，(c) STEP(腐敗槽排水ポンプ)圧力式集水システム，(d)破砕ポンプを有する圧力式集水システム，(e) 真空式集水システム

13.5 住宅団地や小規模コミュニティシステムのための技術

が低い場合には，従来型自然流下式排水集水システムが経済的でないこともある．

従来型の自然流下方式の欠点を克服するために，多くの代替案が開発されてきた．これらは，
- オンサイトの一次処理と一次処理水の小口径可変勾配自然流下式集水システム(small-diameter variable-grade gravity collection)，
- オンサイトの一次処理または破砕ポンプを有する圧力式集水システム(pressure collection system)，
- オンサイトの集水タンクと制御計を有する真空式集水システム(vacuum collection system)，
- ハイブリッド集水システム(hybrid collection system)．

これらの集水システムの比較を図-13.12に示す．分散システムの集水システムは，水密につくられるので，外部からの浸透や流入のための余裕を設計で加味する必要はない．従来型の集水システムからの漏水による土壌や地下水汚染の可能性も，このような集水システムを用いることで防ぐことができる．

小規模コミュニティ，近隣，住宅団地で用いられるこのような集水システムの設計は，等価家庭単位(equivalent dwelling units；EDUs)が基礎とされる．EDUは，コミュニティの平均的な家庭(例えば，3.5人世帯)からの排水量として仮定される．設計目的では，ピーク流量として1.3～1.9 L/min・EDUの値がしばしば用いられる．EDUの小さなシステムの設計では，ピーク時の余裕として38～76 L/minの追加流量が用いられる．

小口径可変勾配自然流下式集水システム

十分な勾配が存在する場合には，腐敗槽の処理水は，小口径パイプの自然流下方式[小口径自然流下式システムまたは腐敗槽排水重力式(septic tank effluent gravity；STEG)システムとして知られている]で集水することができる．このシステムの要素は，固形物処理を行う腐敗槽の処理水を小口径集水システムに自然流下もしくはポンプで輸送する取付け管(service lateral)よりなる．STEG集水システムの解析例を図-13.13に示す．上流部における固形物除去により，集水に小口径管を用いること，ならびに固形物流送に必要な最低流量を低く設定することができる．必要に応じて，処理水輸送ポンプステーションを用いることができる．STEGシステムの設計と運転に関する情報は，U.S. EPA(1991)，Bounds(1996)，Crites and Tchobanoglous(1998)に詳しい．

圧力式集水システム

十分な勾配がとれない，またはその他の制約により自然流下で排水を流下されることができない場合，ポンプシステムが用いられる．腐敗槽の処理水は，腐敗槽から浸漬型のフィルタとポンプを用いて腐敗槽からポンプアップされるか，ポンプを用いて外部の汚水枡に集められる．ポンプは，水位センサにより駆動され，排水は，集水システムへ排出される．これらの形式は，腐敗槽排水ポンプ式(septic tank effluent pump；STEP)システムと呼ばれている．STEPに用いられるタンクの例を図-13.7(b)に示す．STEPシステムの解析例を図-13.14に示す．処理水の再利用に用いるSTEPシステムのフローを図-13.15に示す．オンサイトの腐敗槽を用いることなく，排水をすべて破砕ポンプを用いて処理する場合もある．圧力式集水システムでは，圧力式下水本管(pressure main)への流入点すべてにポンプが必要である．STEPの設計，運転，ならびに破砕ポンプシステムに関する情報は，U.S.EPA(1991)，Bounds(1996)，Crites and Tchobanoglous(1998)に詳しい．

真空式集水システム

圧力式下水に代わるシステムとして，真空システムとバルブを用いて排水の流れを制御する方法がある．これらのシステムでは，戸別の建物からの排水は，真空汚水枡と制御系が位置する場所まで自然流下させる．真空汚水枡のバルブにより本管への接続がシールされるため，本管の真空が保持され

第13章 排水再利用のためのオンサイト分散型システム

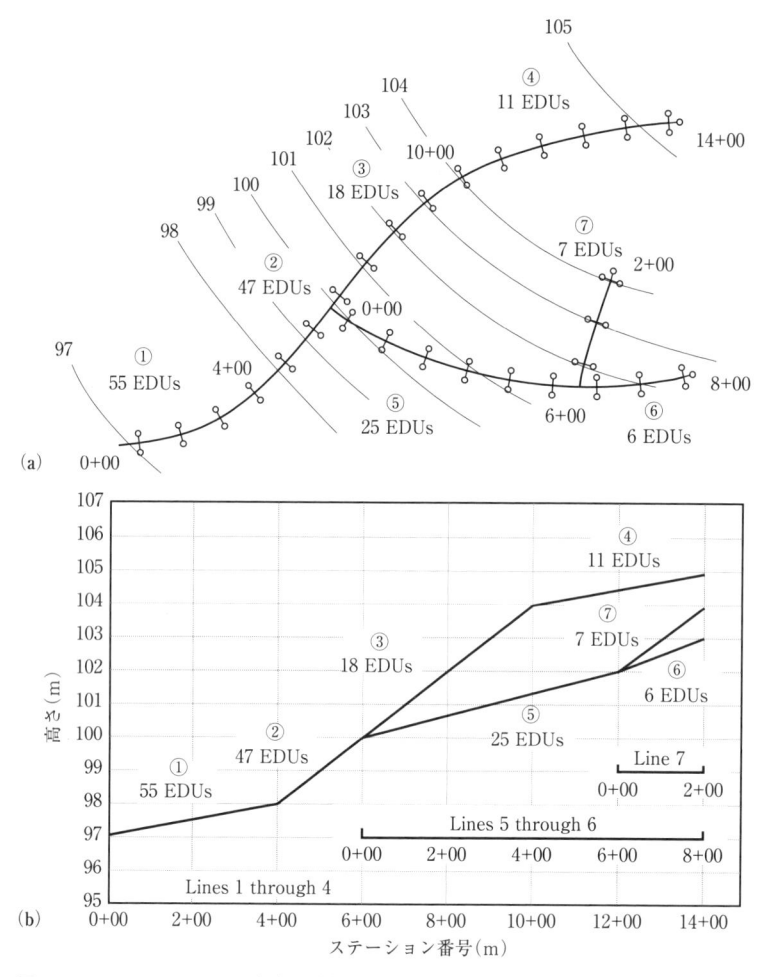

図-13.13 STEG システムの解析．(a)EDU 値の分布，(b)流量，流速と各セクションの口径を推定するための集水システムの断面図

る．汚水枡に所定量の排水が貯まると，バルブが自動的に開き，排水がプラグの形で真空により本管に流入する．真空ポンプは，処理施設の近傍か適切な場所に位置する真空ステーションに設置される．幾つかの貯水タンクから1つの真空システムで集水する場合に真空システムの効率が高くなる．真空式下水道の解析例を図-13.16に示す．真空式システム[*5]に関する情報は，AIRVAC(1989)，U.S. EPA(1991)，Crites and Tchobanoglous(1998)に詳しい．

ハイブリッド集水システム

2, 3種類の集水技術を組み合わせて利用するシステムをハイブリッド集水システムと呼ぶ．従来型の自然流下式以外のシステムを用いる場合，各種技術の組合せが最も効率的なシステムの設計を可能とする．典型的な例は，真空式システムを破砕ポンプステーションまでの輸送に利用する場合である．また，STEP と STEG システムも同時に組み合わせて用いる場合もある．Massachuetts 州 Provincetown 市に導入されたハイブリッド集水システムを図-13.17に示す．Provincetown 市の場合，沿岸域でのオンサイトシステムの低性能が水質に影響を与えていた．ハイブリッド集水システム

[*5] 訳者注：原文は STEP となっているが，真空式システムの誤記．

13.5 住宅団地や小規模コミュニティシステムのための技術

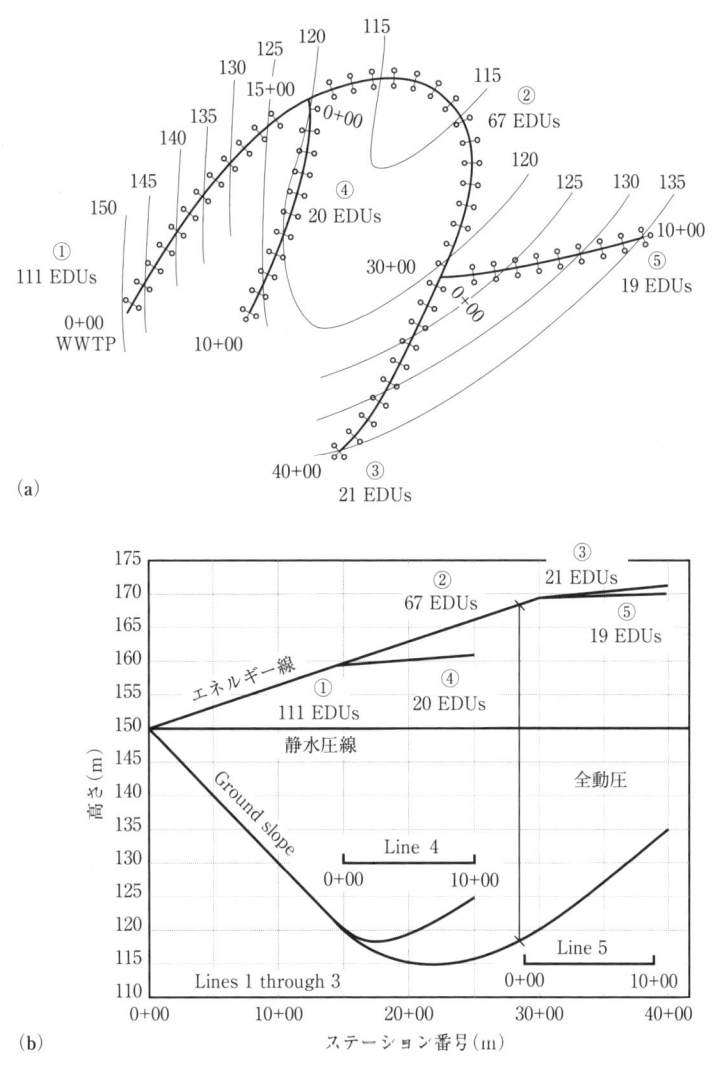

図-13.14 STEP システムの解析. (a) EDU 値の分布, (b) ポンプ必要性と口径を決定するために用いる断面図

は，戸別の家庭においてオンサイトシステムを維持するか止めるかの選択肢を与える．新ハイブリッド集水システムは，自然流下と低圧力による 15% の家庭からの排水の集水，真空式による残りの家庭からの集水に用いられる．それぞれの接続におけるエネルギー使用量は，個別にモニタされ，月ごとに同一の集水システム利用料金を支払う．

集水システムの比較

集水システムの選択は，地形条件や他の制限要素のような多様な要素を考慮しなければならない．多くの場合，パイプは，容易に用いることができる埋設技術を用いて地下 1 m 程度(または，不凍結深度以下)に埋設される．分散型システムに用いられる従来型の集水システムとそれ以外のシステムの比較を表-13.16 に示す．一般に，オンサイトにおける腐敗槽からの固形物除去は，利用者の負担となる．一方，自然流下方式では，最小限の運転コストとなる．破砕ポンプを有する圧力式集水システムでは，オンサイトの破砕ポンプ利用によりメンテナンスの必要性が増加する．真空式集水システムでは，破砕ポンプシステムと比較してそれほど多くのエネルギーを消費しない(150 kWh/yr 対し

第13章 排水再利用のためのオンサイト分散型システム

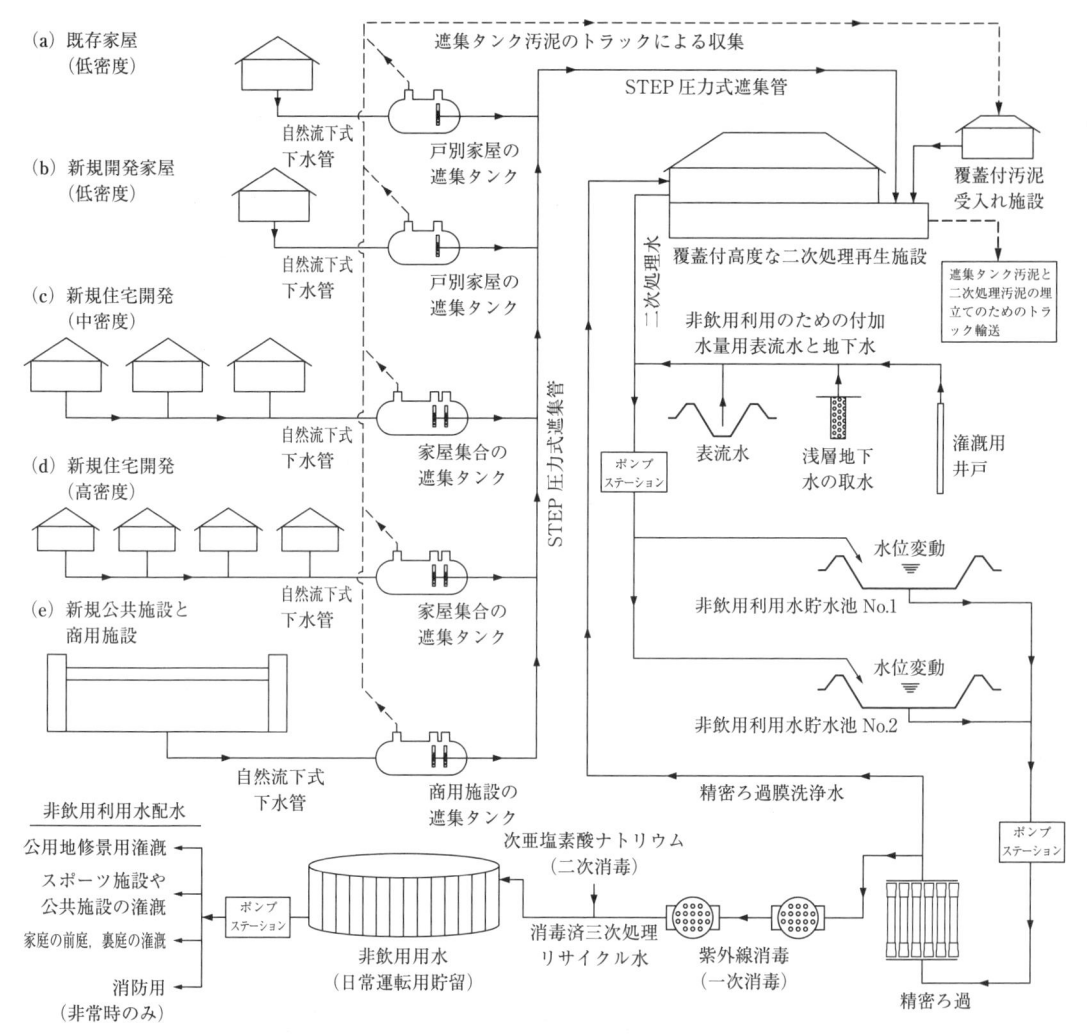

図-13.15 低密度，中密度，高密度開発における STEP を用いた排水再利用プランのフロー図(提供：D. Ripley, Ripley Pacific Company)

て 400 kWh/yr)，メンテナンスの必要性も少ないことが見出されている．

13.5.2 処理技術

処理流量が 40 000 L/d 以上の大規模なオンサイトや集合処理システムのから小規模の集約型処理プロセスに用いられる処理技術の形式については，7，8，9章で述べた．しかし，分散型システムの運転の必要条件を満たす幾つかの二次処理システムが見出されており，以下のものがあげられる．
・回分式活性汚泥法．
・オキシデーションディッチ法(oxidation ditch)．
・ハイブリッドや従来型の生物膜処理．
・湿地システム(wetland system)等を用いた自然処理(natural treatment)．
・膜分離活性汚泥法．

小規模処理施設のメンテナンスの必要性のレベルは，使用する処理プロセスによって定まる．例えば，オンサイトでの汚泥処理を有する膜分離活性汚泥法では，1ないし2名のフルタイムの運転操作

13.5 住宅団地や小規模コミュニティシステムのための技術

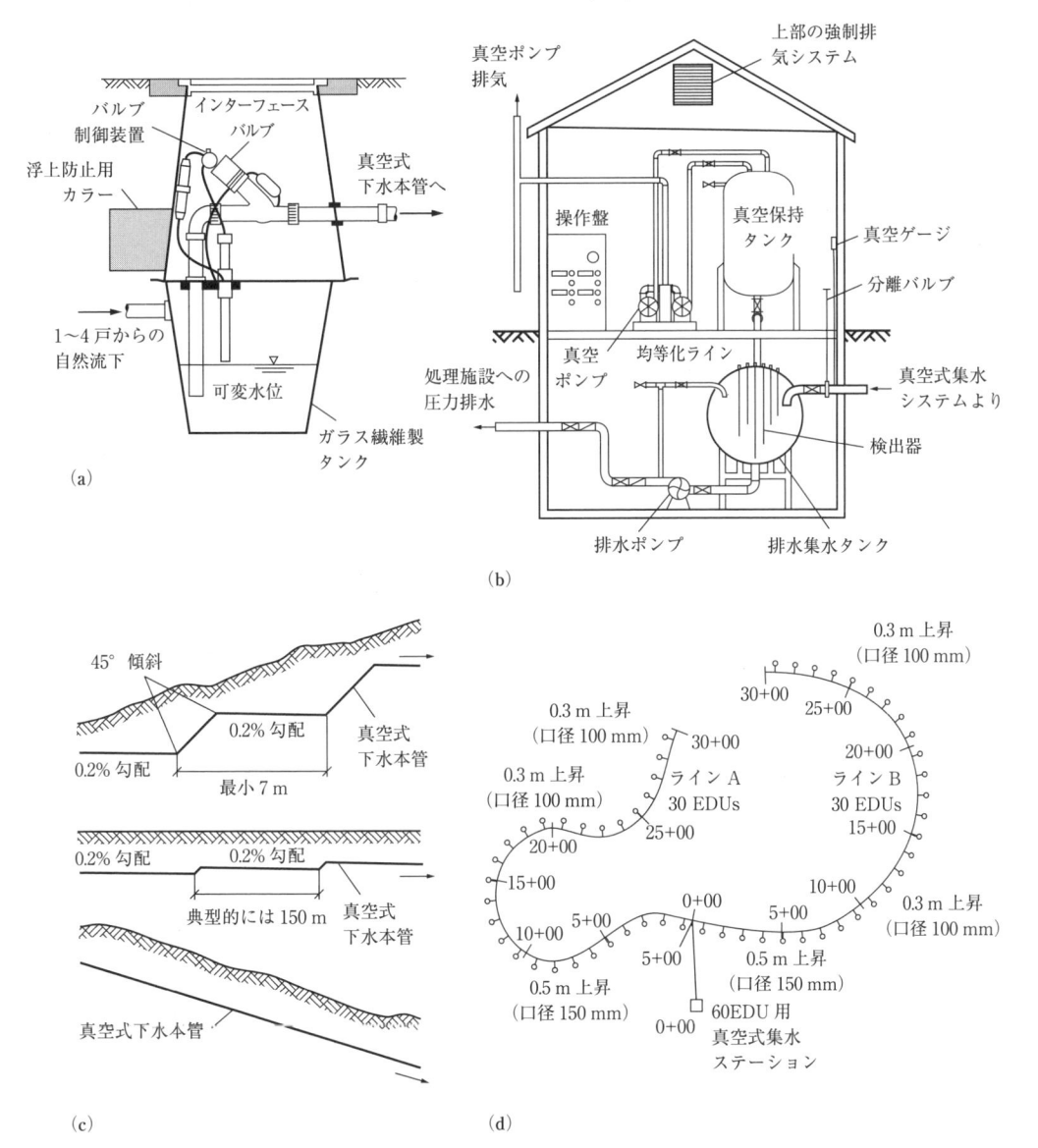

図-13.16 排水集水のための真空式システム．(a)各家庭ユニットに設置される集水タンクと制御弁の概要，(b)真空集水ステーション，(c)異なる勾配を持つ地形への真空式集水パイプの埋設例，(d)システム設計に用いる EDU 分布

員が必要である．一方，大規模な人工湿地システムでは，1人のパートタイムの運転員で十分である．排水再利用もオプションとして加える場合，処理プロセスの選択にメンテナンスの必要性を加味する必要がある．

再生水の多段水質

多様な再生水質要求を満たすために，再生水の処理，配水には通常2つの考え方がある．一つは，すべての下水を必要レベルまで処理する施設規模を用いる方法．この場合，最も厳しい再生水質をもとに処理水質のレベルが決められる．この場合，系統配管による配水ネットワーク導入に伴うコストを避けることに重点が置かれる．もう一つのアプローチは，もっとも需要の多い再生水利用用途にあわせて処理水質レベルを定める方法である．配水ネットワークにより配水される再生水よりもより高

第13章　排水再利用のためのオンサイト分散型システム

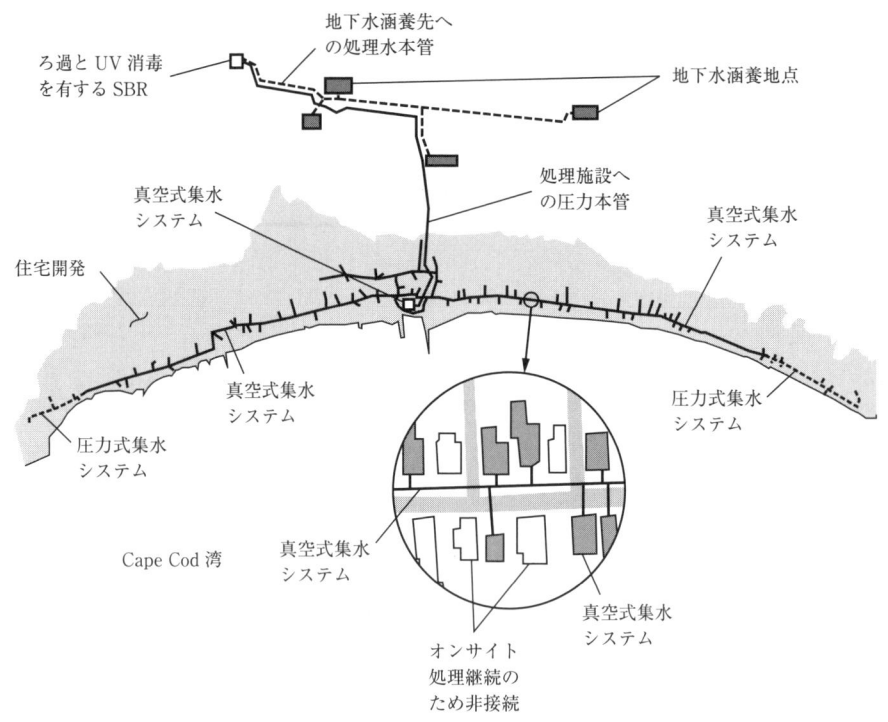

図-13.17　Massachusetls 州 Provincetown で用いられているハイブリッド集水システム[Katehis et al. (2004) より引用]

い水質が必要な場合には，再生水利用場所において必要な水質を得るための処理施設が必要となる．このようにして，利用点における処理の利用により，二系統配管ネットワークに起因する高コストを避けることができる．

　分散型システムは，種々の水質要求を満たす再生水製造のために用いることができる．多様な再生水利用にあわせて処理プロセスを構築することは，多段水質コンセプト(multiple quality concept；MQC)として知られている(Tchobanoglous et al., 1999)．水再利用における MQC の目的は，異なるレベルの処理を用いて最大限の効果を得るところにある．図-13.18 に示した例では，生物化学的酸素要求量(BOD)，全浮遊物質(TSS)，栄養塩，病原微生物について3つの異なるレベルの水質要求が用いられている．(a)地域の水供給により高品質の水を飲用として供給，(b)家庭排水は，BOD，TSS を除去され，修景用土壌内灌漑に用いる，(c)処理水の一部は，栄養塩除去，消毒の後，トイレ洗浄や洗濯用の室内非飲用利用に用いる．

必要な処理レベル

　必要な処理レベルは，検討中の再利用用途によって定まる．しかし，オプションの範囲は，大規模システムとは異なるものとなる．例えば，上述のように再生水配水ネットワークを用いずに直接土壌中灌漑を行うような場合には，再生水質が再生水の基準を満たす必要がないこともある．同様に，再生水利用用途に特化した処理プロセスを用いることも可能である．与えられて再生水用途のために必要な処理の形式を検討は，その地域の法律，規制と検討対象の水質に対する理解のもと慎重に行わねばならない．

　非制限的な排水再利用では，二次処理水は，充填層や布ろ過や精密ろ過によるろ過の後，UV 消毒が行われるのが一般的である．膜分離活性汚泥法と UV 消毒の組合せでは，ろ過のプロセスが不要である．上述のプロセスを組み込んだ下水処理・再生システムの特徴を図-13.19 に示す．

13.5 住宅団地や小規模コミュニティシステムのための技術

表-13.16 小集落, 住宅団地, 小規模コミュニティに用いる従来型とそれ以外の集水システムの比較[a]

設計因子	従来型自然流下システム	従来型以外の分散型集水システム			
		オンサイトの一次処理を有する場合		オンサイトの一次処理を用いない場合	
		腐敗槽排水ポンプ式(STEP)	腐敗槽排水重力式(STEG)	破砕ポンプを有する圧力式集水システム(GP)	真空式集水システム
理想的な地形	下り勾配のみ	起伏等の地形に適応	下り勾配, 可変	昇り勾配	平ら
建設の容易さ	深く, 幅広い掘削が建設に時間を要し, 交通障害の可能性	浅く, 狭い掘削により最小限の交通障害で迅速に埋設	浅く, 狭い掘削により最小限の交通障害で迅速に埋設	浅く, 狭い掘削により最小限の交通障害で迅速に埋設	浅く, 狭い掘削により最小限の交通障害で迅速に埋設
建設コスト	高い	低い	中間	低い	低い
エネルギー使用量推算値(kWh/ユーザー・yr)	0	150〜300	0	300〜400	100〜200
最小勾配または必要流速	あり	なし	なし	あり	あり
管路への進入水と漏水	一般的	なし	なし	なし	なし
最小口径	150〜200 mm	50 mm	50 mm	50 mm	50 mm
本管洗浄のためのアクセス	一般的にアクセス点は, 管径が変化する場所に設置される	それぞれの接続点に清掃用の点検孔が設置される	それぞれの接続点に清掃用の点検孔が設置される	それぞれの接続点に清掃用の点検孔が設置される	それぞれの接続点に清掃用の点検孔が設置される
埋設深さ	最低5〜7 m	最小深さを維持	最小深さから2 mまで	最小深さ	最小深さから1.5 mまで
遠隔ポンプステーション	下り勾配が維持できない場合に必要	個別の接続点ごとに必要	下り勾配が維持できない場合に必要	個別の接続点ごとに必要	不要. しかし真空ステーションが必要
他埋設施設との取合い	勾配の調整等が必要となる場合がある	不要	勾配の調整等が必要となる場合がある	不要	不要

[a] Crites and Tchobanoglous(1998)より引用.

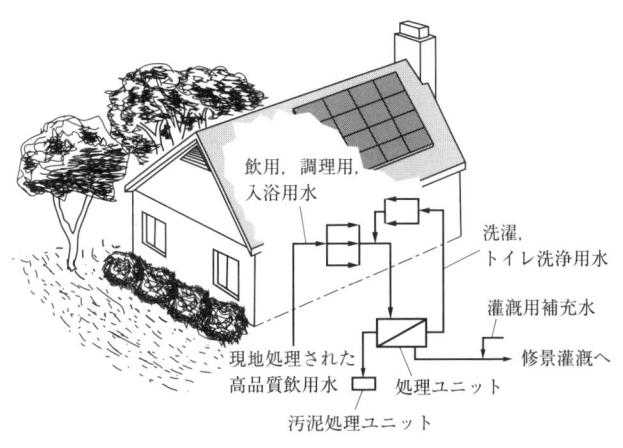

図-13.18 戸別住宅における水再利用のための多段水質概念

第13章　排水再利用のためのオンサイト分散型システム

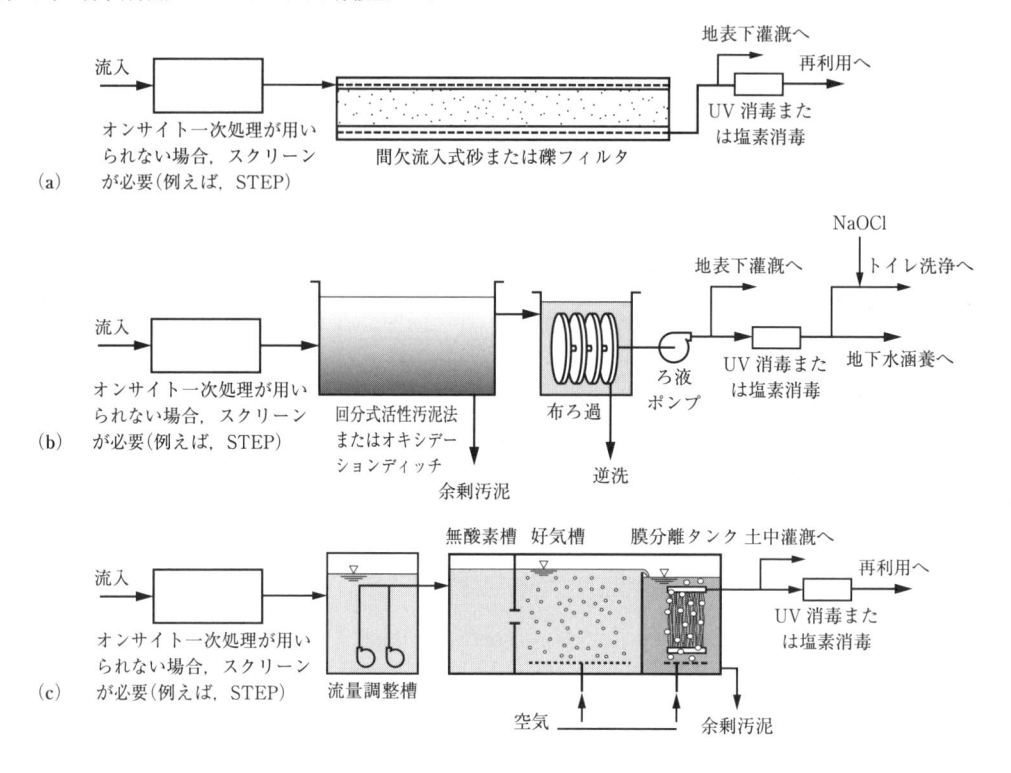

図-13.19　住宅開発や小規模コミュニティ用分散型下水処理・再生施設(代替集水システムとともに用いられることが一般的)のフロー図

13.6　分散型水再利用の可能性

前節で示した多くの処理技術により，分散型システムは，原理的にはいかなる水再利用のために用いることができると推測される．大部分の一般的な分散型水再利用プロジェクトは，修景用の点滴装置を用いた土壌中灌漑，地下水涵養，非飲用利用の室内利用，野生生物生息域の形成である．

13.6.1　修景用灌漑システム

ほとんどの分散型下水処理システムでは，処理水の放流先として土壌を用いる．これらの土壌浸透システムは，植物による水分や処理水中栄養塩類の利用を設計時に組み込んでいない．それ故，土壌浸透システムによる地下水系への水の浸透や植物の利用は，非計画的な水再利用と位置づけられる．計画的な修景灌漑用分散型再利用システムの利用が多くの場所で行われている．これは，水需要を減らせること，安全と考えられていること，再生水の発生源と利用場所が近いこと等の理由による．修景灌漑用水利用を意図した分散型下水処理システムは，植物の摂取速度にあわせた再生水と栄養塩類の添加のために用いられており，点滴灌漑のような浅層処理水散水法が利用される．アパート，商用施設，家の集合からの排水は，水密性の大きな腐敗槽や他の固液分離装置に貯留され，それらの一部または全量は，樹木や中央分離帯に地表下点滴灌漑法を用いて散水するのが典型的な例である．排水中の栄養塩類は有用であるため，腐敗槽の処理水は，処理水フィルタにより2～3 mm以上の粗大粒子を除去した後，施用される．修景用灌漑システム(landscape irrigation system)の詳細は**18章**に譲る．

13.6.2 雑排水による灌漑

濃度の高い人のし尿や食物残渣を含まない風呂や洗浄施設からの排水は，雑排水として知られている．雑排水は，地表下灌漑に未処理で用いられる場合もあるが，一般には再利用のために処理が必要である．雑排水の処理システムとしては，生物処理，浮遊物除去，ならびに消毒が含まれる．未処理の雑排水をある期間貯留タンクや流量調整タンクに貯蔵すると，嫌気的な条件となり，腐敗槽と同様の反応が生じる．図-13.20に示したように，雑排水を未処理で地表下灌漑システムを用いて樹木の灌漑に用いる場合もある(Ludwig, 2003)．前述のように，病原微生物，有機物，微量汚染物質，ならびに栄養塩類は，混合下水に比べて濃度は低いが，使用する洗剤，清掃用薬品，塩含有の軟水剤の種類によって，ナトリウムや他のミネラルの濃度が高くなる場合もある．雑排水の再利用システムを図-13.22(b)に示す．

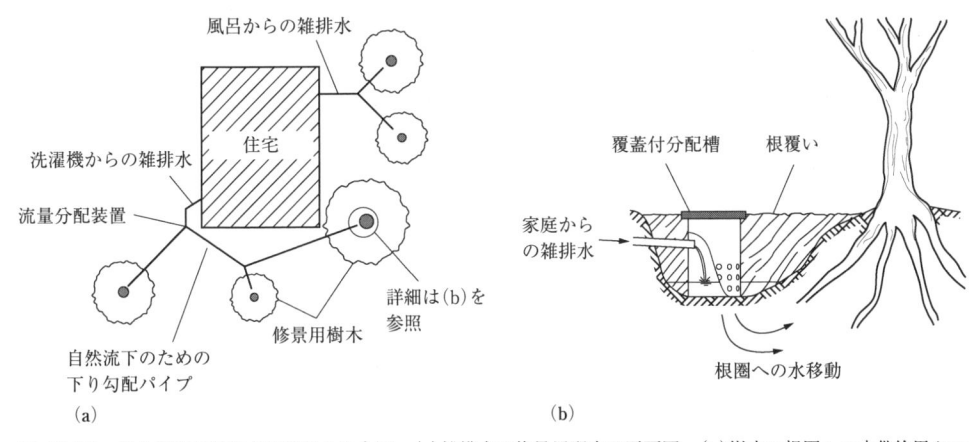

図-13.20 樹木灌漑用雑排水再利用の概念図．(a)雑排水の修景用配水の平面図，(b)樹木の根圏への水供給用タンクの詳細(Ludwig, 2003)

13.6.3 地下水涵養

多くの分散型システムは，排水を浸透させるので，浸透させた排水の一部は，地下水に達する．適切な一次処理システムが導入されていない地域では，地下水盆や井戸水の硝酸濃度が高くなっていることが見出される．適切な処理システムを用いて分散型システムを積極的に利用するためには，地域の地下水資源の劣化を防ぐことが必要である．硝酸の負荷が問題となる場合，下水処理システムは，窒素除去プロセスを組み込む必要がある．

多くの分散型処理システムでは，処理水を土壌浸透させるに十分なほどその流量が小さい．一般に，物理学的，生物学的プロセスによって水蒸気に変換されない限り，地下水まで達する．それ故，処理水の土壌浸透では，土壌中の処理が最大限に発揮されるように行わなければならない．土壌浸透による高度な処理は，点滴灌漑のような低負荷条件を用いることで最適化される．不飽和域において好気的な条件を維持し，土壌との接触時間を最大化することにより，再生水で検出される微量化学物質の分解も可能である．土壌処理に関する詳しい情報は22章に記されている．図-13.21に地下水の流動に関する概念図を示す．蒸散と深部への浸透による地下水の流動の解析例を例題13-7に示す．

第13章 排水再利用のためのオンサイト分散型システム

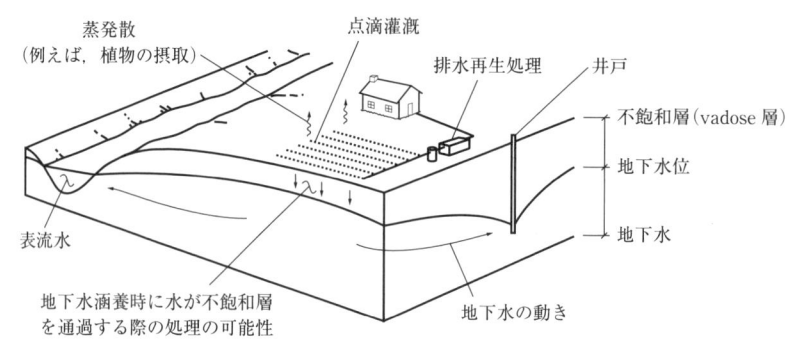

図-13.21 地下水と分散型システムからの再生水の動きの模式図(土壌への負荷率が蒸発散速度より大きな場合、17, 18章参照)

例題 13-7 オンサイト排水再利用システムからの地下水涵養可能性の評価

季節的な需要変動に対応する貯留容量を有しない修景用灌漑システムを設計する場合,灌漑水の一部は,不飽和域を通過して地下水盆に達する.下記の水収支解析により,浸透量を推算し,蒸散によるロスと比較せよ.表は,土壌への処理水散水負荷(soil effluent loading rate)を6.1 mm/dとして求めたものである.水収支解析を用いる処理水灌漑システムの設計については,17, 18章を参照されたい.

月	日数	月間降水量 (mm/mo)	蒸発(ET$_L$) (mm/mo)	処理水散水負荷 (mm/mo)	処理水浸透 (mm/mo)
1月	31	98	20	191	191
2月	28	90	35	172	172
3月	31	71	69	191	191
4月	30	26	111	184	99
5月	31	13	140	191	64
6月	30	5	165	184	24
7月	31	1	172	191	19
8月	31	2	152	191	40
9月	30	9	118	184	76
10月	31	23	86	191	127
11月	30	56	41	184	184
12月	31	62	24	191	191
計	365	455	1 133	2 243	1 377

解 答

1. 地下水へ浸透する割合の計算.
   浸透(%) = (1 377 mm/yr)/(2 243 mm/yr) = 61.4
2. 種々の散水負荷に対する計算.
   計算結果を右図に整理する.

解 説

図に示したように,最小浸透量は,散水負荷2.5 mm/d以下で生じる(41%).散水負荷の増加に伴い浸透量も増加する.点滴灌漑で一般に用いられる6.1 mm/dの散水負荷では,61%の水が地下水に浸透することがわかる.低散水負荷(例えば,10 mm/d以下)で,土壌における高い処理効率が期待される.

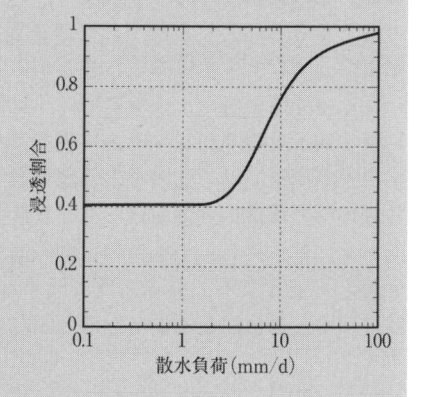

13.6.4 水再利用を組み込んだシステム

あるコミュニティでは，消毒を行う分散型システムで排水を集水・処理し，処理水を別の配水系で各家庭に配水し，トイレの洗浄に用いている．トイレの洗浄用の水再利用は，全水再利用の大きな割合を占めるので，水使用量を減らすことができるのが本システムの主な利点である．他の非飲用再利用としては，修景用灌漑，洗車，消防用水，レクリエーション用水，工業用水への利用がある．

建物やコミュニティからの雑排水または混合排水を適切に処理し，再生水をトイレや小便器の洗浄，衣類の洗濯，非飲用屋外利用に用いる様々な水再利用を組み込んだシステムが開発されてきた．これらのプロセスは，高価であるが，下水道システムが敷設されていない地域や水供給量が不足する地域のアパートやオフィスビルでこれらのシステムが用いられてきた．図-13.22にこのシステムの水処理，再利用システムのフローを示す．

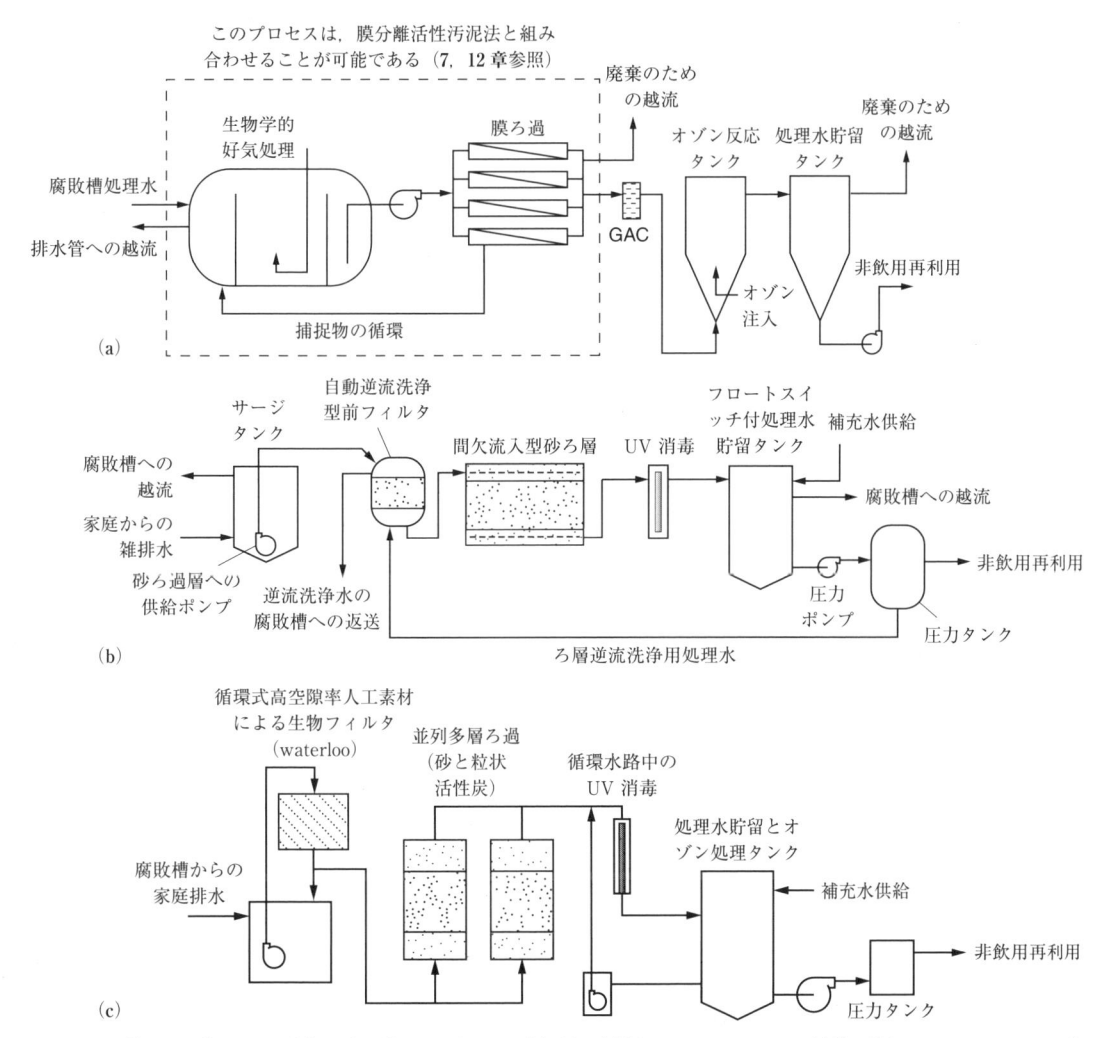

図-13.22 種々のろ過プロセスを組み込んだオンサイトの下水処理・再利用システムのフロー．(a)膜ろ過(Thetford Systems Inc.)，(b)雑排水再利用のための砂ろ過(www.ecoseeds.org)，(b)粒状層ろ過(Canada Mortagaqe and Housing Corporation)

13.6.5 野生生物生息域

下水処理システムのうち，植物や他の生態系を利用したシステムを自然処理システムと呼ぶ．自然処理システムは，種々の生き物の生息に有用な植物や樹木の成長をサポートする．加えて，下水処理や再利用の区域を小さくすることで，地域の野生生物への影響を小さくすることができる．高度処理と自然処理の両者を利用した設計例を図-13.23 に示す．自然処理プロセスは，太陽エネルギーに依存し，自然流下方式を利用することから，他の高負荷で運転するシステムと比較して，運転，維持管理のコストを相当少なくすることができる．しかし，自然処理システムは，相当低い負荷で運転され，かつ季節変化や環境条件の変化に影響を受けやすい．下水処理と野生生物生息域への自然処理システムの利用に関する情報は，Kadlec and Knight(1996)，U.S. EPA(1993b)，Crites and Tchobanoglous (1998)に詳しい．水再利用の野生生物生息域や他の環境利用については，21 章で詳述する．

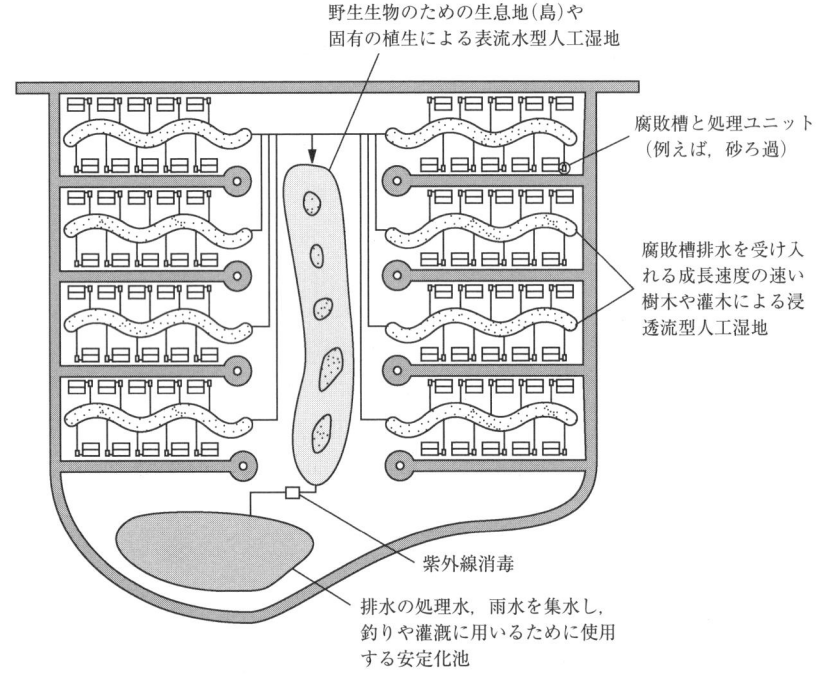

図-13.23 自然と省エネルギー型処理プロセスを利用し，野生動物の生息地や鳥獣保護区として利用できるように設計した分散型下水再利用システムの模式図

13.7 分散型システムの管理とモニタリング

システムの管理と小規模排水システムが分散していることから，適正な運転と処理効率を得ることは簡単ではない．分散型排水管理(DWM)システムでは，次の目的をはっきりとさせた管理が行われなければならない．(1)分散型技術の効率と信頼性を向上させる，(2)歴史的に失敗があったオンサイトシステムの歴史的汚名を克服する，(3)最近開発された技術を用いてコストを抑える，(4)新しい技術の開発と実証を許す，(5)持続可能な環境の観点から集水システムの敷設されてこなかった地域の段階的な開発を可能とする．DWM システムの管理方策，モニタリングとコントロール装置に関連するトピックを以下に記す．まず，分散型システムの導入における種々の段階における責任主体を整理

して表-13.17に示す．

管理方策の策定では，多くの多様な管理方式が可能であることを認識する必要がある．しかし，問題は，管理対象の状況に応じて最も適切な管理方策を決定することである．特に稠密に開発された地域や集合またはコミュニティシステムを用いる地域では，戸別の分散型システムを適正に機能させるために，管理組合の組織化，または公共または民間の管理会社との契約により定期的な検査と必要に応じたメンテナンスを行う必要がある．図-13.24 に，オンサイト排水システムとオンサイト排水管理組合を組織したコミュニティを示す．大規模の DWM プロジェクトは，建設前に責任ある管理組織が設計されていることが前提である．提案される種々の DWM に対応した柔軟な管理方式が検討されねばならない．分散型システムの管理方策の設計と選択の詳細については，U.S. EPA(2005)を参照されたい．

表-13.17 分散型システム管理システムの責任主体

課題	責任主体[a]
計画	CE, LG
財源	PO, LG, SRG
用地取得	PO, LG[b]
許可	LG, SRG
設計	CE, M
建設	CR
運転	CR, PU
モニタリング	CR, LG, PU
規制	LG, SRG

[a] PO：施設所有者
　　CE：コンサルタント／技術者
　　CR：請負業者
　　M：機器製造者
　　PU：公益企業
　　LG：地方政府機関
　　SRG：州または地域政府機関
[b] 大規模システムについては，用地取得に地方政府が関与する場合もある．

13.7.1 モニタリングとコントロール装置

オンサイトシステムを適切に管理するためには，プロセスの運転と効率についてのモニタリングが必要である．オンサイトシステムの種類と複雑さが増す傾向にあるため，自動のモニタリングとコントロールのシステムがオンサイトシステム管理の重要な要素となっている．システムコントロールは，ポンプのコントロール，警報，その他プロセス装置に必要である．モニタリング装置は，ポンプのオン／オフのサイクル，運転時間，水位，UV ランプの運転，警報状態のモニタに用いられる．

ほとんどのオンサイトシステムの製造者は，基本的なコントロールと警報システムを提供している．

図-13.24 California 州 San Francisco 市北部の海岸沿いのコミュニティ Stinson Beach の国道1号から撮った写真．この地域は，オンサイト排水処理管理組合の管理のもと，コミュニティ全体がオンサイトシステムを用いている

第13章 排水再利用のためのオンサイト分散型システム

しかし，テレメトリシステムを用いた遠隔モニタリングがオンサイト利用のより適切なシステムとなってきている．テレメトリシステムは，自動計測とデータの有線，無線等の方法による遠隔地から記録，解析ステーションまでの転送のための科学技術である．オンサイト処理システムの集中管理は，これらの自動計測とコントロールデバイスにより可能となった．実時間のデータ管理とプロセス管理を行うインターネット技術を用いたソフトウェアも開発されている．

センサは，デジタルまたはアナログ形式の信号を出力する装置である．センサは，物理的な特性の測定とモニタリングまたはコントロール装置に信号を入力するために用いられる．水位をモニタリングするフロートスイッチは，オンサイトシステムで用いられる最も一般的なセンサである．アナログセンサも，水位(圧力変換器を用いる)，ポンプの運転時間，汚泥やスカムの厚さ，排水成分濃度の計測に用いられる．

テレメトリシステムは，遠隔データを取得し，コントロールを可能とする．そして，オンサイトシステムの管理方策の幅を広げる．遠隔排水処理・再利用システムのモニタリングに用いられているテレメトリシステムの例を図-13.25に示す．データは，システムのデバイスやセンサから取得され，モデムまたはブロードバンドによって特定の場所に転送される．ウェブを用いたテレメトリシステムでは，データをサーバに転送し，サーバでは，データは，データベースに保存される．そして，このデータベースは，他のコンピュータからインターネットを経由してアクセスされる．加えて，論理的コントローラによりシステムのダウンが生じる前に適切な問題が検出される．遠隔モニタリングシステムは，多くの分散型システムに対して経済的かつ信頼性のある運転管理を可能とする．また，オンラインモニタリングシステムは，システムの利用者が気づく前に管理組合が問題の検出と修理を行うことを可能とする．

(a) (b)

図-13.25 分散型システムの遠隔モニタリングのためにデータ転送システムが付属している操作盤の全景．(a)戸別家庭用の操作盤，(b)循環型砂ろ過装置用操作盤

問　題

13-1　排水の集水のために STEP システムを用いる分散型システムが 150 戸の住宅団地開発に用いられる．平均流量，ピーク流量，処理プロセスの設計流量を推算せよ．年間の汚泥発生量と必要なメンテナンスを推測せよ．

13-2　あなたの家の 1 日水使用量，汚濁負荷，濃度を計算せよ．表-13.4 に示した節水方策が実施された場合の値を計算せよ．節水方策が新下水処理施設の設計と現存システムの運転に与える影響について論じよ．

13-3　あなたの地域の灌漑用水供給の安定性について論ぜよ．(a)現状，(b)節水策を用いない場合の生活排水の利用，(c)節水策を用いた場合の生活排水の利用．

13-4　家屋の集まりや小さなコミュニティの戸別オンサイトシステムの利点と欠点を比較せよ．これらのシステムを検討する際の要因について議論せよ．

13-5　地下水保全のために窒素，リン，TDS ならびに病原微生物除去が必要な場合がある．分散型システムの導入にあたり，その限界ならびに克服すべき課題について論じよ．

13-6　従来型の集約型集水システムよりも他の集水システムが適切となる地域は，どのような地域か議論せよ．

13-7　あなたの地域の気候条件について蒸散量と降水量のデータ（または，教員から与えられたデータ）を用いて，以下の条件について土壌への散水負荷を定めよ．(a)浸透に必要な面積を最小とする，(b)最大蒸散時に灌漑需要を満たす，(c)窒素の利用効率を最大化する．計算に用いたすべての仮定条件を明示すること．

13-8　図-13.5 を用いて，1，5，61 戸の家庭からの排水量のピーク係数を求めよ．またこの場合の流量調整槽の必要容量を計算せよ．

13-9　分散型処理システムの効率と信頼性を増すための方策を議論せよ．技術が与えられた場合，あなたは，大規模システムの代わりに分散型下水管理システムを推奨するか？　あなたの答えについてその合理性を議論せよ．

13-10　問題 13-1 の住宅団地開発において，修景灌漑用再利用を行う場合の処理システムのフロー図を描け．

参考文献

AIRVAC (1989) *Design Manual, Vacuum Sewerage Systems*, AIRVAC Company, Rochester, IN.

Anderson, D. L., M. B. Tyl, R. J. Otis, T. G. Mayer, and K. M. Sherman (1998) "Onsite Wastewater Nutrient Reduction Systems (Owners) For Nutrient Sensitive," in *Proceedings of the 8th National Symposium of Individual and Small Community Sewage Systems—2001*, American Society of Agricultural Engineers, 235–244, St. Joseph, MI.

Baker M. J., D. W. Blowes, and C. J. Ptacek (1998) "Laboratory Development of Permeable Reactive Mixtures for the Removal of Phosphorus from Onsite Wastewater Disposal Systems," *Environ. Sci. Technol.*, **32**, 15, 2308–2316.

Bounds, T. R. (1995) "Septic Tank Septage Pumping Intervals," in R. W. Seabloom (ed.) *Proceedings 8th Northwest On-site Wastewater Treatment Short Course and Equipment Exhibition*, University of Washington, Seattle.

Bounds, T. R. (1996) *Alternative Sewer Designs*, Orenco Systems Inc., Roseburg, OR.

Bounds, T. R. (1997) "Design and Performance of Septic Tanks," *Conference of the American Society for Testing and Materials*, Philadelphia, PA.

Crites, R., and G. Tchobanoglous (1998) *Small and Decentralized Wastewater Management*

Systems, McGraw-Hill, Boston.

Crites, R., C. Lekven, S. Wert, and G. Tchobanoglous (1997) "A Decentralized Wastewater System for a Small Residential Development in California," *The Small Flows J.*, **3**, 1, Morgantown, WV.

Del Porto, D., and C. Steinfeld (1999) *The Composting Toilet System Book: A Practicle Guide to Choosing, Planning, and Maintaining Composting Toilet Systems, an Alternative to Sewer and Septic Systems*, The Center for Ecological Pollution Prevention, Concord, MA.

Dunbar, Professor, Dr. (1908) *Principles of Sewage Treatment*, Charles Griffen, London.

Ecosan (2003) "Ecosan-Closing the Loop," *Proceedings of The 2nd International Symposium on Ecological Sanitation*, GTZ Publishers, Lubeck, Germany.

Emerick, R., R. M. Test, G. Tchobanoglous, and J. Darby (1997) "Shallow Intermittent Sand Filtration: Microorganism Removal," *Small Flows J.*, **3**, 1, 12–22.

Etnier, C., J. Willetts, C. A. Mitchell, S. Fane, and D. S. Johnstone (2005) *Decentralized Wastewater System Reliability Analysis Handbook*, Project No. WU-HT-03-57, Prepared for the National Decentralized Water Resources Capacity Development Project, Washington University, St. Louis, MO, by Stone Environmental Inc., Montpelier, VT.

Gaulke, L. S. (2006) "Johkasou: On-site Wastewater Treatment and Reuses in Japan," *Proceedings of the Institute of Civil Engineers—Water Management*, **159**, WM2, 103–109.

Gross, M., and S. Jones (1999) "Stratified Intermittent Sand Filter and Ozonation for Water Reuse," in *NOWRA Proceedings of the 8th Annual Conference and Exhibit*, Jekyll Island, GA.

Johansson, L. (1997) "The use of LECA (Light Expanded Clay Aggregates) for the Removal of Phosphorus from Wastewater," *Water Sci. Technol.*, **35**, 5, 87–93.

Joubert, L., P. Flinker, G. Loomis, D. Dow, A. Gold, D. Brennan, and J. Jobin (2004) *Creative Community Design and Wastewater Management*, Project No. WU-HT-00-30, Prepared for the National Decentralized Water Resources Capacity Development Project, Washington University, St. Louis, MO, by University of Rhode Island Cooperative Extension, Kingston, RI.

Jowett, E. C., H. Millar, and K. Pataky (2001) "Four Golf Resorts are Reusing Treated Sewage for Irrigation," *Environ. Sci. Eng.*, **14**, 66–68.

Kadlec, R., and R. Knight (1996) *Treatment Wetlands*, Lewis Publishers, Boca Raton, FL.

Katehis, D., P. Mantovani, and L. Henthorne (2004) "Developing a Successful Decentralized Wastewater Treatment and Reuse Strategy," Presented at the *International Water Demand Management Conference*, May 30 to June 3, 2004, Dead Sea, Jordan.

Kitis, M. (2004) "Disinfection of Wastewater with Peracetic Acid: A Review," *Environ. Int.*, **30**,

Leverenz, H., J. Darby, and G. Tchobanoglous (2001) *Review of Systems for the Onsite Treatment of Wastewater*, Center for Environmental and Water Resources Engineering, University of California, Davis, CA. Available online at http://www.waterboards.ca.gov/ab885/technosite.html

Leverenz, H., J. Darby, and G. Tchobanoglous (2005) *Evaluation of Disinfection Units for Onsite Wastewater Treatment Systems*, Center for Environmental and Water Resources Engineering, University of California, Davis, CA.

Lombardo, P. (2006) *Phosphorus Geochemistry in Septic Tanks, Soil Absorption Systems, and Groundwater*, Prepared by Lombardo Associates, Inc., Newton, MA.

Ludwig, A. (2000) *Create an Oasis with Greywater*, 4th ed., Oasis Design, Santa Barbara, CA.

Rittmann, B., and P. McCarty (2001) *Environmental Biotechnology: Principles and Applications*, McGraw-Hill, Boston.

Robertson, W. D., G. I. Ford, and P. S. Lombardo (2005) "Wood-Based Filter for Nitrate Removal In Septic Tank Systems," *Transactions of the ASAE, American Society of Agricultural Engineers*, **48**, 1, 121–128.

Salvato, J. A. (1992) *Environmental Engineering and Sanitation*, 4th ed., Wiley Interscience Publishers, New York.

Schmidt, I., O. Sliekers, M. Schmid, E. Bock, J. Fuerst, J. Gij, S. Kuenen, M. Jetten, and M. Strous (2003) "New Concepts of Microbial Treatment Processes for the Nitrogen Removal in Wastewater," *FEMS Micro. Rev.*, **27**, 4, 481–492.

Tchobanoglous, G., L. Ruppe, H. Leverenz, and J. Darby (1999) "Decentralized Wastewater

Management Challenges and Opportunities for the Twenty-First Century," in *10th Onsite Wastewater Treatment Proceedings*, Seattle, Washington, DC.

Tchobanoglous, G., F. Burton, and H. D. Stensel (2003) *Wastewater Engineering: Treatment and Reuse*, 4th ed., McGraw-Hill, Boston, MA.

U.S. EPA (1980) *Onsite Wastewater Treatment and Disposal System—Design Manual*, EPA 625-180-012, Municipal Environmental Research Laboratory, U.S. Environmental Protection Agency, Cincinnati, OH.

U.S. EPA (1991) *Alternative Wastewater Collection Systems*, EPA 625/1-91/024, Center for Environmental Research Information, U.S. Environmental Protection Agency, Cincinnati, OH.

U.S. EPA (1993a) *Nitrogen Control,* EPA/625-93-1-000, U.S. Environmental Protection Agency, Washington, DC.

U.S. EPA (1993b) *Constructed Wetlands for Wastewater Treatment and Wildlife Habitat*, EPA/832-R-93-005, Municipal Technology Branch, Washington, DC.

U.S. EPA (1997) *Response to Congress on Use of Decentralized Wastewater Treatment Systems*, EPA 832-R-97-001b, U.S. Environmental Protection Agency, Washington, DC.

U.S. EPA (2002) *Onsite Wastewater Treatment Systems Manual*, EPA 625-R-00-008, Office of Water, US. Environmental Protection Agency, Washington, DC.

U.S. EPA (2005) *Handbook for Managing of Onsite and Clustered (Decentralized) Wastewater Treatment Systems: An Introduction to Management Tools and Information for Implementing EPA's Management Guidelines*, EPA 832-B-05-001, Office of Water, U.S. Environmental Protection Agency, Washington, DC.

U.S. PHS (1955) *Studies on Household Sewage Disposal Systems, Part III*, U.S. Public Health Service Publication No. 397.

Winneberger, J. H. T. (1984) *Septic-Tank Systems, A Consultant's Toolkit, Volume II the Septic Tank*, Butterworth Publishers/Ann Arbor Science, Ann Arbor, MI.

Zhu, T., P. D. Jennsen, T. Maehlum, and T. Krogstad (1997) "Phosphorus Sorption and Chemical Characteristics of Lightweight Aggregates (Lwa)—Potential Filter Media In Treatment Wetlands," *Water Sci. Technol.*, **35**, 5, 103–108.

第14章　再生水の供給と貯留

翻訳者　榊原　　隆(国土交通省国土技術政策総合研究所下水道研究部 下水道研究官)
共訳者　松宮　洋介(さいたま市建設局 副理事)
　　　　吉田　敏章(国土交通省都市・地域整備局下水道部下水道事業課 課長補佐)

関連用語　*651*
14.1　計画策定における課題　*652*
　14.1.1　種類，大きさ，位置，施設　*652*
　14.1.2　個別方式か二系統配水方式か　*652*
　14.1.3　市民参加　*653*
14.2　計画と基本設計　*653*
　14.2.1　再生水供給，大量使用者，需要先の位置関係　*653*
　14.2.2　主な需要先の必要水量と圧力　*654*
　14.2.3　配水施設網　*655*
　　　　　配水管網／*655*　　　配水のための貯留／*656*　　　圧送区域／*658*　　　ポンプ場／*658*
　14.2.4　管路設計　*658*
　　　　　管路の大きさの決定／*658*　　　ポンプ場の設計係数／*658*　　　貯水池の容量／*659*
　14.2.5　配水施設の解析　*660*
　　　　　管網解析の種類／*661*　　　配水施設モデル／*661*　　　静的解析／*662*　　　拡張解析／*662*
　14.2.6　配水施設の最適化　*662*
14.3　管路の設計　*667*
　14.3.1　再生水管路の位置　*667*
　　　　　水道管路と再生水管路の離隔／*667*　　　他の管路との離隔／*668*
　14.3.2　再生水管路の設計基準　*668*
　14.3.3　管路の材質　*669*
　　　　　ダクタイル鉄管／*669*　　　鋼管／*669*　　　塩ビ管／*670*　　　高密度ポリエチレン管／*670*
　14.3.4　継手，接合　*670*
　　　　　挿込み継手／*670*　　　メカニカル継手／*670*　　　フランジ継手／*671*
　　　　　溶接(融着)継手／*671*　　　継手の離脱防止／*671*
　14.3.5　腐食対策　*671*
　14.3.6　管の識別方法　*672*
　14.3.7　配水施設のバルブ　*672*
　14.3.8　配水施設の付帯設備　*673*
　　　　　再生水給水の必要事項／*673*　　　逆流防止装置／*673*　　　水抜きと空気弁／*673*
　　　　　消火栓／*675*
14.4　ポンプ施設　*675*
　14.4.1　ポンプ場用地選定と施設配置計画　*676*
　14.4.2　ポンプ形式　*676*

　　　　　　　　　片吸込渦巻ポンプ／676　　　横軸両吸込渦巻ポンプ／677　　　立軸タービンポンプ／677
　　　　　　　　　ポンプの材質／677
　　14.4.3　ポンプ性能　678
　　14.4.4　一定速度運転と可変速運転　679
　　14.4.5　バ ル ブ　679
　　　　　　　　　止水弁，補修弁，逆止弁／679　　　ポンプ運転と上昇圧力制御のための特別バルブ／680
　　14.4.6　設備および配管計画　680
　　14.4.7　非常用電源　680
　　14.4.8　ポンプ運転計画の設計への影響　682
14.5　再生水貯水施設の設計　684
　　14.5.1　再生水貯水槽の位置選定　684
　　　　　　　　　用地の地盤高と取得の可能性／684　　　用地の地質と地形／685　　　用地へのアクセス／685
　　　　　　　　　景観への影響／685
　　14.5.2　貯水槽，配管，付帯設備に係る施設計画　685
　　　　　　　　　配置計画／685　　　貯水槽用地内の配管／685　　　貯水槽配管／686
　　　　　　　　　貯水槽の付帯設備／686
　　14.5.3　建設材料　687
　　14.5.4　保護塗装：内面，外面　687
　　　　　　　　　内面保護塗装／687　　　外面保護塗装／688
14.6　配水施設の運転管理　688
　　14.6.1　管　　路　688
　　　　　　　　　定期的な洗浄／688　　　誤接合の管理／688　　　弁装置の動作確認／689
　　14.6.2　ポンプ場　689
14.7　再生水の配水，貯留における水質管理の問題　689
　　14.7.1　水質の問題　690
　　　　　　　　　物理的な水質／690　　　化学的な水質／690　　　生物学的な水質／690　　　美観の問題／691
　　14.7.2　水質の問題による影響　691
　　14.7.3　貯留の水質変化への影響　692
　　　　　　　　　開放型貯水池における貯留／692　　　閉鎖型貯水池における貯留／693
　　14.7.4　開放型貯水池，閉鎖型貯水池における水質管理の戦略　693
　　　　　　　　　開放型貯水池／693　　　閉鎖型貯水池／695
問　　題　695
参考文献　699

関連用語

圧送区域　pressure zone　　特に丘陵地等の給水圧がほぼ一定値で保たれる区域．
供給管　transmission line　　水を供給元から配水施設へ送る管路．
需要　demand　　緑地への散水供給等の特定された用途に必要な水量．
水撃作用　water hammer　　管内の急激な圧力，水流の変化で，ポンプの立上げ，停止，故障時に発生する．圧力の変化する間に，衝撃による騒音を伴う．
全水頭　total dynamic head　　全エネルギー水頭のことで，再生水のポンプによる圧力水頭が加わったもの．静水圧とポンプ吸込み側の摩擦損失，形状損失，出口損失，吐出側の管路摩擦損失の総和に相当する．
地上権　easement　　施設の所有者の許可以外に使用者に対して与えられる権利．供給管の設置等の施設を特定の目的に使う場合に適用される．
通行権　right-of-way　　資産の管理者が認める権利で，通行権等の資産管理者の権利を侵害しない合理的な使用のこと．公的に所有された土地の道路，ユーティリティ，他の公的な使用もこれにあたる．
停止水頭　shutoff head　　遠心力ポンプにおいて，吐出量が0になった時の水頭を示す．
二系統配管システム　dual plumbing system　　給水管から需要先までの間，飲料水と再生水をそれぞれ供給する管路．
二系統配水システム　dual distribution system　　飲料水と再生水を供給する2つの独立した管路．
配水施設　distribution system　　水を供給する管路網のうち，送水管から需要先への給水施設の接続箇所までの部分を指す．しばしばポンプ場がこれに加わる．小規模施設では，供給施設は配水と給水の双方の役割を果たす．
ピーク対応貯留容量　working storage　　日最大需要量を超えるピーク時の需要に備えた貯留容量．
非常用貯留容量　emergency storage　　非常用に貯留される貯留容量．消防用の再生水．
分岐　turn out　　ある地域に再生水を供給するために送水管に管を接続すること．送水管は，再生水供給者により所有され，地域への再生水は，再生水の小売業者により供給されるなど，所有者と供給者が分かれている場合等に使われる．
水需要量　water demand　　顧客の仕様に必要な水量．

　再生水の供給元，再生水の供給先の場所と特性，需要量がわかれば，再生水の供給施設(distribution facility)と貯留施設(storage facility)を計画し，設計することが可能となる．再生水の供給と貯留施設は，多くの点で飲料水の供給と貯留施設に類似している．再生水の性質上，時間の経過に伴い再生水の水質が変化する可能性がある(**14.7**参照)ことを考えると，施設の計画，設計，運転においてはあらゆる影響を防止または緩和すること注意する必要がある．本章の目的は，集約型システム(centralized system)，サテライト型システム(satellite system)双方の再生水供給・貯留施設に関する計画，設計に含まれるべき基本的な課題と概念を紹介することにある．サテライト型システムとオンサイト型システムに必要な施設は，**13**章で扱われる．需要先に再生水を配水する二系統配管システムは，**15**章で扱われる．

　本章では，多くの再生水供給・貯留事業にとって重要な課題，要因である，(1)計画，適用上の課題，(2)供給・貯留施設の計画と基本設計，(3)供給管(pipeline)の設計，(4)ポンプ施設(pumping facility)の設計，(5)供給管とポンプ場(pumping station)の維持管理，(6)貯留施設の設計，(7)再生水の貯留の運転上の課題，が取り上げられる．

14.1 計画策定における課題

再生水の貯留と供給に関する計画策定と適用時における課題は，以下である．
・種類，大きさ，施設の位置．
・飲料水と再生水施設の相互関係：飲料水の供給施設が存在する地域に再生水施設を設置するのか，飲料水と再生水の二系統配水施設が必要なのか．
・計画策定と適用時における市民参加．市民は，施設の設置位置と建設の影響を直接に受けるかもしれない．
これらの課題は，以下の段落において議論される．

14.1.1 種類，大きさ，位置，施設

供給・貯留施設にとって主要な支配因子は，再生水を供給する処理施設の位置と，再生水の使用者の要求事項である．再生水の供給の主要な施設は，貯水槽(storage tank)，ポンプ場，送配水管(transmission and distribution pipeline)であるが，それは，表-14.1に示す再生水施設の種類による．供給施設と貯留施設は，表-14.2のように分類できる．集約型システム，サテライト型システムに必要とされるであろう多数の施設の概念図を図-14.1に示す．再生水供給施設の個々の要素については，本章の各節で議論される．

14.1.2 個別方式か二系統配水方式か

再生水施設は，飲料水施設と全く独立して計画，設計，設置されるか，飲料水施設と合わせた二系統配水施設として計画されるかである．単独供給方式(individual system)と二系統配水方式(dual system)の区別は，一見曖昧であ

表-14.1 排水管理システムに必要な施設

施設	集約型	サテライト型	分散型
供給	○	○	
貯留	○	○	*
ポンプ	○	○	○

* まとまった数の住宅開発への供給に必要かもしれない．

表-14.2 供給・貯留施設の分類

供給施設	単独供給施設
	二系統配水施設(再生水と飲用水)
貯留施設	長期貯留
	短期貯留
	開放型貯水池
	閉鎖型貯水池
	地上／地下式貯水槽
	帯水層貯留

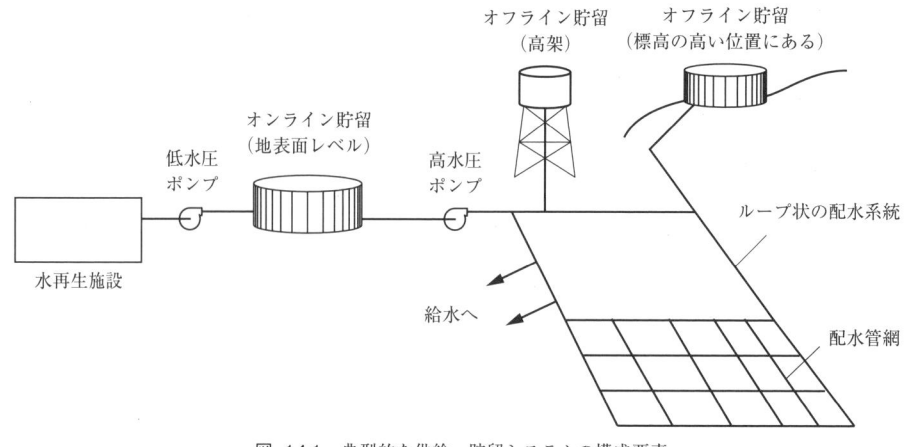

図-14.1 典型的な供給・貯留システムの構成要素

るが，この後に議論するように二系統配水方式の計画，設計，建設を総合的に実施することにより水資源マネジメントとコスト削減の双方に有利となる．いずれの場合においても，施設の構成要素の設計は，14.2 で記述される一般的な基準に適合することとなる．二系統配水施設の出所と適用については，AWWA(1994)，Okun(2005) に記述されている．

再生水が飲料水の代替となることは，二系統配水施設の主要な目的の一つである．本書の最初の方で述べられていたように，再生水が非飲用使用であっては，要求される飲料水としての水質が確立している場合には，飲料水の供給確保に役立つ．二系統配水施設において再生水が飲料水の代わりに消防用水(firefighting water)として使われる場合は，飲料水の供給・貯留施設は，消防用水分ではなく，家庭用水分として大きさを決めることができる．供給・貯留施設を小さくすることができると，滞留時間が短くなる．これによって飲料水の水質を良くすることができる．長時間滞留すると，残留する消毒成分が失われ，微生物の再増殖(regrowth)を招きかねない．微生物は，細菌学的水質，味，臭いに影響を与える可能性がある．

14.1.3　市民参加

再生水事業計画に対する市民の関心は，多岐にわたるが，次のようなものである．
・再生水利用は何故必要か．
・公衆衛生上の影響は何か．
・必要な施設は何か，どこに設置するのか．
・そもそも資産価値に影響があるのか．
・事業により発展・成長が促されるのか．
・建設と運転による影響は何か．

これらの関心の多くは，事業の概念・考え方や実行適用における様々な段階を通じて直接間接に市民が参加することにより解決することができる．市民を巻き込み，市民の支援を受けるような成功した計画により，論争や遅れを避け，適用を加速することも可能である．市民参加と情報提供計画に関する様々なアプローチは，25，26 章にて議論される．

14.2　計画と基本設計

再生水事業計画の過程は，次のような事項からなる．
・再生水の使用者の特定と需要量の把握．
・主な需要家に必要とされる水量と水圧の決定．
・配水施設の配置(供給管の経路設定，当初設定の管径，ポンプ場と貯留池の配置を含む)．
・配水施設の分析．
・配水施設配置の最適化．

これらの事項については，以降議論される．

14.2.1　再生水供給，大量使用者，需要先の位置関係

最初の計画事項の一つは，再生水の供給施設の位置と供給量を主な需要先の位置と需要量に適合させることである．再生水は，集約型あるいはサテライト型の再生水プラントから近くの主な需要先に供給されるかもしれない．多くの場合，上流側のサテライト型プラントは，水のみを供給し，処理過程で発生した固形物は，下水処理場につながる集水システムに排出されることになる(12 章参照)．

第14章　再生水の供給と貯留

再生水供給には，場合によっては地域の再生水供給用の本管からの分岐が設けられることになる．

主な需要先の重要な特徴は，次のようなものである．(1)再生水の必要量，(2)需要先の位置と標高，(3)運転時刻と使用時間，(4)需要先での必要水圧，である．農業灌漑利用に加えて，ゴルフ場，公園，修景池，道路の緑樹帯での散水，それに二系統配管による供給が行われている住居，商業，工業地域での使用がある．二系統配水施設は，新しい業務地区に見られることが多い．これらの地区では，再生水の供給管と飲料水の供給管や他の施設が同時に建設される．米国南西部の半乾燥地域の管轄区域では，開発区域に対し二系統配水施設の建設を求める条例を採用している．

14.2.2　主な需要先の必要水量と圧力

農業利用と修景利用に必要な再生水量の決定方法は，17，18章に示される．主な需要のそれぞれに対して，日平均使用量(average daily flow)，日最大使用量(maximum daily flow)，時間最大使用量(peak hourly flow)が決定されなければならない．日平均と日最大の使用量は，工場施設への供給のように，連続した使用がある場合にのみ重要である．時間最大使用量は，農業灌漑や修景灌漑のような間欠的な利用のために用いられる供給施設の大きさを決めるのに最も重要な水量指標である．水量の決定方法を**例題**14-1に示す．

例題 14-1　日最大使用量，時間最大使用量の推計

ある地域公園では，8月の最も使用量が多い時期に日平均で6 mm分の散水が必要である．しかしながら，この時期は気温が高い日が何日か続くことから，必要散水量は，12 mmに増加する．公園の芝生面積は4 haで，開園時間は午前8時から午後10時である．日の出は午前6時頃である．日平均使用量，日最大使用量，時間最大使用量を計算せよ．

解　答

1. 日平均使用量を決める．
   日平均使用量 $= (6\,\text{mm/d})(1\,\text{m}/10^3\,\text{mm})(4\,\text{ha})(10^4\,\text{m}^2/\text{ha}) = 240\,\text{m}^3/\text{d}$
2. 日最大使用量を決める．
   日最大使用量 $= (12\,\text{mm}/6\,\text{mm}) \times$ 日平均使用量 $= 480\,\text{m}^2/\text{d}$
3. 公園は，日中は使用されているため，散水は，夜間に実施される．概して散水は，閉園1～2時間後に開始され，日の出の1～2時間前までに終了しなければならない．利用者が入園する前にある程度の乾燥が必要であるためである．よって約4時間の最大需要に対し供給が必要である．
4. 時間最大使用量を決める．
   時間最大使用量は，以下により計算される．
   時間最大使用量 $= (480\,\text{m}^3/\text{d}) \div (4\,\text{時間}/\text{d}) = 120\,\text{m}^3/\text{h}$

解　説

もし需要が24時間以上継続するならば，平均設計使用量は，10 m³/hとなる．その場合，この例に示すように，運転スケジュールは，設計使用量に大きな影響を与える可能性がある．設計使用量は，ポンプ施設や供給量の大きさを決める時に用いられる．ポンプ吐出量を削減するには，貯留施設の追加が必要である(**例題**14-2参照)．

再生水の必要水量に加えて，再生水配水施設における必要水圧を決定しなければならない．施設全

体としての水圧は，散水散布施設(irrigation distribution system)やスプリンクラ装置(sprinkler fixture)等の現場の施設の運転に十分なものでなければならない．例えば，散水スプリンクラ(irrigation sprinkler)は，そのヘッドが適切に作動するために，通常，最小値でも 140 kPa の水圧が必要である．したがって，再生水配水施設の水圧は，現地の散水施設(平坦な土地を想定)の 70 kPa の圧力減を考えると，最低でも 210 kPa 必要となる．散水場所におけるあらゆる地形の起伏は，必要となる運転水圧を決める際に考慮しなければならない．主な需要先に再生水を供給する場合には，最低でも 280〜350 kPa の水圧をもって供給することが望ましい．560 kPa 以上の水圧の場合は，通常，減圧弁が必要である．これは，給水管との接続点に設けられ，過剰水圧や現場施設の水撃作用を防ぐために設けられる．

14.2.3 配水施設網

再生水の配水施設網は，配水管，貯水池の位置・大きさ・種類，ポンプ場の位置と能力で構成される．供給先の地形の起伏の変化が激しい場合には，配水施設を 2 つ以上の圧力区域に分ける必要があるかもしれない．それぞれの圧力区域は，施設を十分重複させ，需要量が最大の時においても安定供給を確保すべきである．安定供給の水準は，妨害を受けない供給が必要かどうかにかかっている．様々な配水施設の構成要素の概念図は，図-14.1 に示している．配水施設網の主な要素は，以降で議論されている．

配水管網

格子，ループ，樹形の 3 種類の配水施設があり，表-14.3 と図-14.2 に示す．格子とループは，主要な供給先は，1 つ以上の方向から供給される．したがって，配水施設の一部に不具合があっても，

表-14.3 配水管網の種類

種類	内　　容	注　　釈
ループ	大きな供給管が区域を囲み，小さな横断管がこれに接続する．	主要な供給先に 2 方向から供給する．信頼性の高い再生水供給．樹形に比べ圧力損失が少ない．「末端」がないため，詰まりや水質の劣化の可能性も減らすことができる．
格子	配水管は，チェッカー盤のように配置され，供給元から遠ざかるにつれ管径が小さくなる．	ループと同様の有利な点を有する．管径減少は，管材のコスト縮減となる．
樹形	単独の送水管が用いられ，供給元から遠ざかると，管径が小さくなる．枝管が送水管より分岐する．	ループ，格子のような高い信頼性が必ずしも必要でない場合に使われる．末端の堆積物除去のための洗浄の用意が定期的に必要．

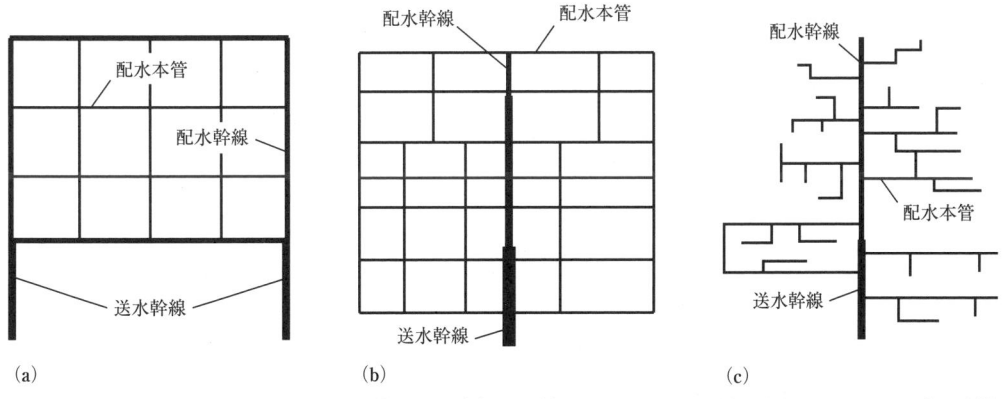

図-14.2 典型的な配水システムの構成図．(a)ループ，(b)格子，(c)樹形．ループは，最も一般的に用いられる．格子と樹形は，比較的小規模システムに用いられ，ループの末端で使われる (AWWA, 2003b)

第14章　再生水の供給と貯留

すべての需要は満たされる．樹形の場合，1箇所の不具合が一部またはすべての需要停止となるため，信頼性は劣る．概して，樹形は，間欠的な利用をされる末端において臭気の発生の可能性があることから再生水供給には勧められない．典型的なループの事例として，Florida 州 St.Petersburg の例を図-14.3 に示す．

配水のための貯留

短期の貯留(short-term storage)は，多くの再生水配水施設で供給側と需要側の間の水量変動を緩和するのに必要である．再生水の需要は，特に収穫，修景用の散水や冷却用水は，季節変動を伴う．1日や1週間の間にも需要は大きく変動する．例えば，ゴルフ場や他の修景用の散水はしばしば夜間と日の出前の早朝に実施される．貯水施設を設けることで，供給速度と再生水の利用との間のバランスを保つようにする必要がある．

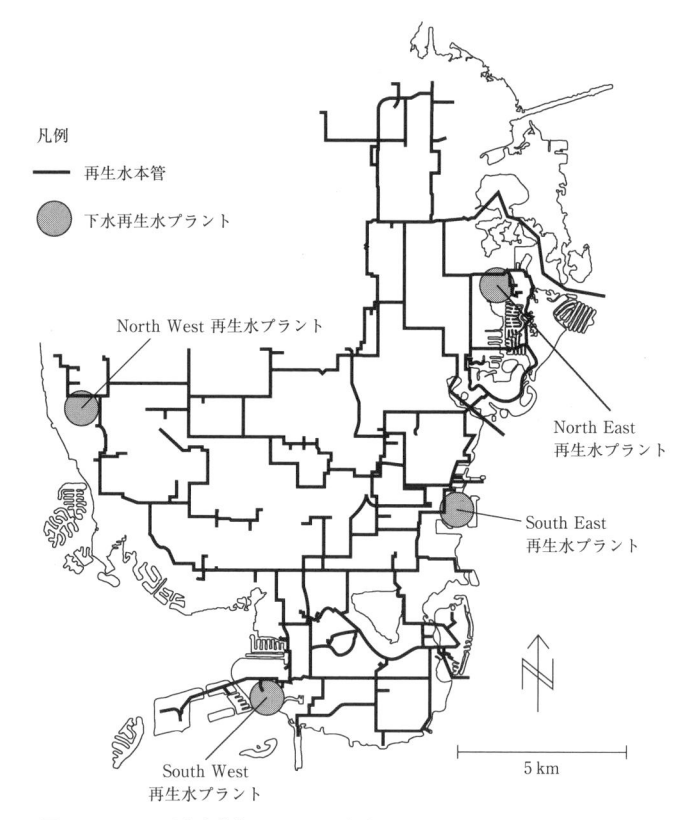

凡例
── 再生水本管
● 下水再生水プラント

図-14.3　ループ配水管網．4つの再生水プラントが相互に接続されている
（提供：City of St. Petersburg, Florida）

貯留は，短期と長期に分類される．短期貯留は，通常1日から1週間といった相対的に短期間における供給と需要の間の変動分を貯留するものである．長期貯留は，数ヶ月から，場合によっては数年といった季節的な供給と需要の間の差分を貯留する必要がある場合に用いられる．

短期貯水施設は，通常，鉄あるいはコンクリート製で，飲用水用のものと同様である．典型的な短期貯水池は，(1)地上設置で補助ポンプ付き［図-14.4(a)］，(2)地下埋設で補助ポンプ付き［(b)］，(3)高い位置での貯留で補助ポンプあり，またはなし［(c)］，(4)ゴルフ場用の小規模池［(d)］，となっている．高い位置での貯留では，鉄製高架水槽として用いる場合と，標高が高い場所で地上設置の池を置く場合があり得る．

長期貯留は，通常，貯水池や湖で実施される（図-14.5 参照）．貯水池や湖は，地形上ダムや大きな堰堤の建設に適した場合，季節的な貯留によく使われる．小規模の事業や地形が平坦な場合，池や潟が用いられる．長期貯水池の大きさは，**17章**で検討される．

米国南西部のような半乾燥地域では，夏等の乾季は河川表流水はごく僅かか，全く流れない．下水処理場からの処理水放流については，処理の程度にかかわらず，規制当局により禁じられていることがしばしばである．この時期は，灌漑の需要が最も高く，下水の再生利用が一般的であることが多い．このような状況下で，再生水の貯留は，灌漑用途が減少する秋の数ヶ月から冬の雨により表流水量が復活するまで必要とされる．

配水施設においては，貯水池は，必要に応じた緊急用の貯留と合わせてピーク対応貯留容量分を考慮して容量が決められる．ピーク対応貯留容量を与えることにより，日最大供給速度を超えた再生水需要に関しては，貯水池より生み出すことができ，配水施設やポンプ施設の能力を削減することがで

図-14.4 典型的な短期貯水施設．(a)地上設置型コンクリート製水槽，(b)地下埋設型，レクリエーションスポーツ場の下にある(提供：City of San Diego，撮影：Jeran-Aero Graphics)，(c)鉄製高架水槽，(d)ゴルフ場内の池

図-14.5 典型的な長期貯水施設．(a)ダム(右側)式貯水池，(b)湖

きる．さらに，高い位置での貯水池が与えられた場合，配水施設の水圧を一定に保つための供給用ポンプは不要となる．

　緊急用の貯留は，再生水の供給源を1つ加えることにより再生水供給の信頼性を増すことができる．それは，ポンプ場や配水管等の他の施設が点検や修理で動いていない場合である．緊急用の貯留容量を大きくしすぎないよう気をつけるべきである．長時間の貯留が水質の劣化につながる恐れがあるからである(**14.7**参照)．概して，緊急用の貯留必要量は，それが消防用が主目的であるならば飲料水の必要量と比べて重大ではない．

　貯水池の位置は，配水施設と合わせて再生水の供給元と主な需要先と連携を図る必要がある．でき

れば，貯水池は，供給元から離れた場所に設置すべきで，そのことにより需要がピークになった時にポンプと貯水池の双方から供給することができる．丘陵地に設置する場合は，供給の信頼性とコスト効率に配慮しつつ，景観上の影響を最小限にするよう気をつける必要がある．

圧送区域

供給区域に高低差が大きくある場合，区域を圧送区域(pressure zone)に分割することが通常実施されている．圧送区域を何段階にも設ける場合，安定した供給を行うために圧送区域の深さ，ポンプ場と貯水池の数を決める必要があり，それは重大なことである．圧送区域の深さとは，その区域の高低差を指す．圧送区域の高低差が小さい場合には，圧送区域，ポンプ施設，貯水施設の数が多くなり，過剰なコストが必要とされることになる．一方，圧送区域の高低差が大きい場合には，圧力の差が大きくなることから最も低い区域の静水圧が大きくなりすぎるため，現場の散水施設における水撃現象や管の破損を防ぐために減圧装置が必要になる．推奨される圧送区域の判断基準(圧力)を表-14.4に示す．

表-14.4 推奨される圧送区域の判断基準(圧力)

	最小値	最大値
区域内の圧力差(kPa)	210	500
静水圧(kPa)		
標高が最も高い区域	210	350
標高が最も低い区域	560	700

ポンプ場

ポンプ場の設置場所の決定には，注意が必要である．多くの場合，再生水のポンプ場は，再生水プラントに設置される．配水用のポンプ場，特に圧送区域で高い圧力を必要とする場合は，低い区域を対象とする貯水池に設置される．

貯水施設と連動して使用されるポンプ場は，その供給先の日最大需要量に見合った大きさとしなければならない．主な再生水の需要先が多数ある場合には，運転スケジュールにも注意が必要である．さらに，オフピーク電力による低電力料金の有利さを生かすために，ポンプ能力と運転方法を検討する必要がある．オフピーク電力は，電力料金が低い夜間・早朝に利用可能である．

14.2.4 管路設計

再生水配水施設の主な施設の位置が決まったら，次に計画・設計を行い，送・配水管，ポンプ場，貯水池の大きさを決める．本項では，再生水配水施設の様々な構成要素の予備設計の方法について示す．送・配水管，ポンプ場，貯水池の詳細設計については，それぞれ14.3～14.5で扱う．すべての施設の位置決めと予備設計が終わったら，計画・設計段階においてシステム解析を行う．これは次に議論される．

管路の大きさの決定

再生水の配水施設を設計する際には，管路の大きさ，費用と最大流速，全損失水頭とを調整する必要がある．管路が小さい場合，損失水頭，ポンプ施設，エネルギー費用は大きなものになる．最後に，サージ(surge)や水撃作用による運転時および最大水圧は，管の選定を適切に行うために知っておく必要がある．

ポンプ場の設計係数

ポンプ場の能力は，ポンプの最大吐出量と最大運転圧で定義される．概して，再生水需要家の需要量を満足するような水量をポンプ場は配水施設に供給しなければならない．したがって，ポンプの最大吐出量は，日最大需要量と一致する．その際，供給先のピーク係数(peak factor)，需要家の運転(使用)スケジュール，エネルギーを保存する手法を配慮し修正される．施設中の貯留機能がわずかか，

全くなければ，最大吐出量は，時間最大需要量と一致する．典型的なピーク係数は，表-14.5 に示すように農業灌漑，修景散水，冷却水利用等の広範囲の経験に基づく．

運転スケジュールの配慮事項には，需要に合わせ適切な時期に再生水を需要先に供給することを含む．例えば，都市内公園は，通常の利用の妨げとならないよう深夜から午前4時まで散水することがしばしばである（例題14-1参照）．この場合，ピーク係数は，24 h/4 h すなわち日最大量の6倍となる．

表-14.5 様々な用途における典型的なピーク係数

用途	ピーク係数	
	日最大／日平均	時間最大／日最大
農業灌漑	1.5～2	2～3
修景散水	1～1.5	4～6
冷却用水	1～1.5	1～2

ポンプ場のエネルギー節約の配慮により，より高いポンプ能力が保証されることになる．そのことにより低電力料金が利用可能なオフピーク電力期間にすべてのポンプを動かすことができる．例えば，電力会社が午後8時から午前6時までオフピーク電力料金を設定した場合，ポンプ場能力は，日最大需要量の2.4倍（24 h/10 h）あれば，オフピーク時に貯水池を満たすことが可能である．設計，運転条件，費用を評価する際には，料金スケジュールを電力会社より入手する必要がある．

貯水池の容量

短期貯留を高めるよう設計した典型的な再生水配水施設の場合，多くのピーク流量は，ポンプから直接供給されるのではなく，貯水池より供給される．貯水池の容量は，日および時間ピーク流量を供給するのに必要な大きさと定義され，供給先の緊急用の必要貯留量を伴うものである．日最大需要量を上回る需要ピーク流量（peak flow demand）を満たすのに必要な貯留量をピーク対応貯留容量（working storage）と呼ぶ．

ピーク対応貯留容量は，幾つかの方法で決定される．一つの方法は，ピーク対応貯留容量は，貯水池からの配水先における日最大需要量の割合に等しいと仮定するものである．日最大需要量の25～50％が一般的に用いられる．もう一つの方法は，累積水量収支解析（cumulative mass balance analysis）を行うもので，例題14-2 に方法を示す．この方法では，入力（供給）と出力（需要）が24時間累加され，グラフ上に2つの線が描かれる．ピーク対応貯留容量は，入力の線と出力の線の差が最大になった時の値と等しい．

例題 14-2　累積水量収支解析法でピーク対応貯留容量を推計する

ある町では，再生水の需要が最大となる日の時間ごとの再生水配水量は，次表のようである．町では，ポンプの運転を平準化し，ポンプの大きさを小さくしたい．ポンプの流量および貯水池の容量を決定せよ．

期間	開始時刻	需要量(m³/h)	期間	開始時刻	需要量(m³/h)	期間	開始時刻	需要量(m³/h)
1	0時	680	9	8時	110	17	16時	410
2	1時	680	10	9時	110	18	17時	410
3	2時	680	11	10時	410	19	18時	110
4	3時	710	12	11時	410	20	19時	80
5	4時	710	13	12時	410	21	20時	80
6	5時	710	14	13時	410	22	21時	80
7	6時	110	15	14時	410	23	22時	680
8	7時	110	16	15時	410	24	23時	680
計								9 600 m³/d

解 答

1. ポンプの定常流量を決める.
   求められる時間当りのポンプの定常流量は，1日の需要量を24hで除して求める.
   時間当りの定常流量 = $(9\,600\,\text{m}^3/\text{d}) \div (24\,\text{h}/\text{d}) = 400\,\text{m}^3/\text{h}$

2. 1.で求められた定常流量を達成するために必要な貯留量を決める.
   a. 計算表を用意し，供給水量および需要水量の累積値を書き込む．最後の列に双方の累積値の差の絶対値を計算する．これが必要な貯留量に対応する．

期間	開始時刻	供給水量(m^3/h) 時間当り	累積値	需要水量(m^3/h) 時間当り	累積値	累積値の差 (m^3) (絶対値)	期間	開始時刻	供給水量(m^3/h) 時間当り	累積値	需要水量(m^3/h) 時間当り	累積値	累積値の差 (m^3) (絶対値)
0			0		0	0	13	12時	400	5 200	410	5 840	640
1	0時	400	400	680	680	280	14	13時	400	5 600	410	6 250	650
2	1時	400	800	680	1 360	560	15	14時	400	6 000	410	6 660	660
3	2時	400	1 200	680	2 040	840	16	15時	400	6 400	410	7 070	670
4	3時	400	1 600	710	2 750	1 150	17	16時	400	6 800	410	7 480	680
5	4時	400	2 000	710	3 460	1 460	18	17時	400	7 200	410	7 890	690
6	5時	400	2 400	710	4 170	1 770	19	18時	400	7 600	110	8 000	400
7	6時	400	2 800	110	4 280	1 480	20	19時	400	8 000	80	8 080	80
8	7時	400	3 200	110	4 390	1 190	21	20時	400	8 400	80	8 160	240
9	8時	400	3 600	110	4 500	900	22	21時	400	8 800	80	8 240	560
10	9時	400	4 000	110	4 610	610	23	22時	400	9 200	680	8 920	280
11	10時	400	4 400	410	5 020	620	24	23時	400	9 600	680	9 600	0
12	11時	400	4 800	410	5 430	630		計	$9\,600\,\text{m}^3/\text{d}$		$9\,600\,\text{m}^3/\text{d}$		

計算表の結果は，右図にまとめられる．

b. 累積水量の差が最も大きくなるのは，午前5時(期間6)である．したがって，必要な貯留容量は，$1\,770\,\text{m}^3$ である．

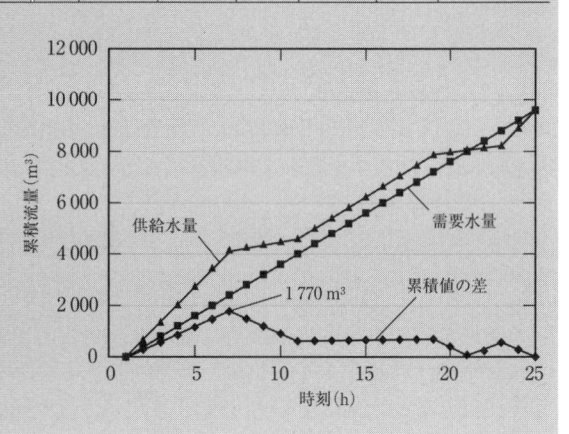

最後に，最も正確には，ピーク対応貯留容量は，コンピュータによる管網解析プログラムを用いた拡張解析で決定することができる．この方法によると，管網解析プログラムは，複数回入力と出力の値を様々に変えながら計算するが，計算期間は，日最大流量時の24時間とすることが普通である．配水管網の管径や貯水池の大きさは，必要に応じて修正されるが，それはすべての貯水池が日最大需要量を満足できるまで，そして24時間の計算時間中に再度水が蓄えられるまで続く．さらなる議論は，次項の拡張解析(extended period system analysis)で行われる．

14.2.5 配水施設の解析

すべての管路，ポンプ場，貯水池を含む再生水配水施設の配置が終了したら，コンピュータによる

配水施設の解析が可能となる．幾つかのコンピュータによる管網解析プログラムが入手可能である．商業的に入手可能なプログラムには，Bentley System の一部 Haestad Methods による WaterCAD, MWHSoft による H₂ONet と H₂OMap, Wallingford Sogtware による Infoworks WS, University of Kentucky の KYPIPE Software Center による KYPipe/Pipe2000 等がある．一般に公開されている管網解析プログラムも同様に入手可能であり，U.S. EPA による EPANET2, 世界銀行による Branch and Loop, 米国陸軍工兵隊にある Construction Engineering Research Laboratory による W-Piper, London の South Bank University にある Water Development Research Unit による NETIS 等がある．

管網解析の種類

再生水の配水施設のための管網解析(network analysis)には，2つの種類がある．静的解析(static system analysis)と拡張解析である．静的解析は，配水施設のある1点の時間—通常は，日最大か時間最大である—における供給と需要，ポンプ場，貯水池の状態を調べるものである．静的解析の目的は，予備設計で想定した管路の大きさがピーク需要時に必要な水圧を維持できるかどうかを決定することである．拡張解析は，配水施設を通常24時間モデル化するものである．24時間は，日最大の日が選ばれ，実際の状態を正確に再現するため，供給と需要が期間中を通じて変化させられる．拡張解析の目的は，拡張された期間中を通して配水施設に必要とされる圧力と水量が満足できるかどうかを決定することである．拡張解析では，貯水池が24時間内のピーク需要が来る前に再び満水になるかどうかを決定する．

配水施設モデル

システム解析は，すべての管路，ポンプ場，貯水池を含む配水施設モデルの作成から始まる．配水施設は，一連の線(パイプ)と点(接続点)で描かれる．水理モデルの簡単な例を図-14.6に示す．接続点に必要なデータは，(1)接続点に流入，流出する管，(2)需要量，(3)標高，(4)管芯までの埋設深さ，等である．接続点での需要量は，接続点が受け持つ区域の需要量を加算したものである．パイプに必要なデータは，①パイプの両端の接続点，②管径，③長さ，④粗度(例えば，Chezy 式の C, Hazen-Williams 式の C, Darcy-Weisbach 式の f, Manning 式の n)である．ポンプの接続点に必要なデータは，ⅰ標高，ⅱポンプの中心線の標高，ⅲポンプの特性曲線，である．特性曲線は，ポンプの Q-H 曲線に沿った3ないしそれ以上の点からなる．貯水池の接続点に必要なデータは，ⓐ槽の直径(円形でない場合は，幅や長さ等)，ⓑオーバーフロー時の水深，ⓒ槽底の標高，ⓓ標高，である．

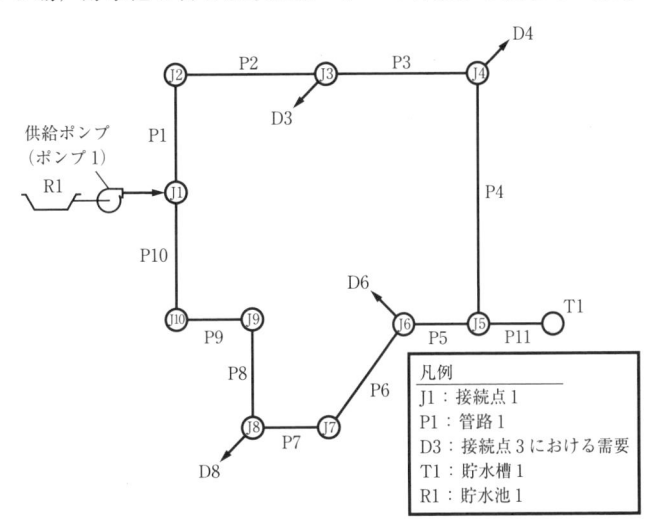

図-14.6 簡単な配水システムモデル．管路，接続点，その他の機器が描かれている

連続の法則に基づくと，一般的な式は，配水管網のそれぞれのパイプと接続点に立てることができる．パイプの接続点となる点では，流入と流出(需要を含む)の和が0になる．同様に接続点への流入・流出管の圧力は，等しくなければならない．貯水池の接続点は，連続の法則が貯留量の変化項を

含むことを除けば，（通常の）接続点と同様である．ポンプ場の接続点は，Q-H曲線を用いて流量を決定し，流入側と出口側の管の計算された圧力を決定するのに用いられる．それぞれのパイプの流量式は，水理学の標準的な教科書や参考図書から入手可能なChezy式，Hazen-Williams式，Darcy-Weisbach式，Manning式を用いて立てることができる．結果は，N個の未知数があるN個の式のマトリックスとなる．繰返し数値計算法により，それぞれの接続点における未知の圧力と水量は，管網解析プログラムにより決定される．

静的解析

静的解析では，個々の需要は，モデル上の各接続点に流量の条件として割り当てられる．管径と粗度は，管網の送・配水管のそれぞれに割り当てられる．解析プログラムは，各接続点における圧力を仮定し，その結果からパイプにおける流量を計算することから始まる．それぞれの接続点における流量を計算し，連続の法則が成立するかどうか確認される．もし成立しなければ，1度目に計算された圧力と流量の値を用いて2度目の反復計算がなされ，連続の法則が成立するか確認される．この反復計算は，各接続点における圧力と流量に関して当初に仮定した値と計算値が許容範囲内に収まるまで続けられる．静的モデルによる最終的な成果は，各接続点における需要量と圧力，各パイプの流量と流速を含む．ポンプの接続点では，ポンプ流量とポンプ流入圧と吐出圧が得られる結果である．貯水池の接続点では，モデルの条件下における流入量または流出量が得られる結果である．静的解析は，**例題14-3**の一部に描かれている．

拡張解析

拡張解析は，通常24時間の期間，静的解析を実施することで，この期間中の点における需要の時間変化を実際にシミュレートするものである．例えば，公園の散水のピーク流量は，深夜から午前4時にかけての4時間である．他の事例では，電力費節減のためオフピーク時である午後8時から午前6時までに再生水を貯水池に貯めるというポンプ運転の制約がある．拡張期間解析の結果は，ピーク流量発生時に部分的な低水圧が生ずるかどうか，夜間の注水で翌日までに貯水池に完全に水が貯まらないことが生ずるかどうか，を示すものである．拡張期間解析は，**例題14-3**に示す．

14.2.6 配水施設の最適化

配水施設の最適化は，解析の拡張事項である．配水施設の欠点がモデル計算より明らかになったら，他の管径，貯水池やポンプ場の位置や能力をモデル化することができる．この過程を通じて，再生水配水施設は，性能と費用の面から最適化することができる．

例題14-3　コンピュータによる管網解析プログラムを用いた再生水配水，貯水施設の設計

例題14-2で示した町の日最大再生水需要量は，9 600 m^{3}である．この需要は，次頁上表に示す4つの大口需要家に配分される．

需要家1は，小さな工場で，2交代制により一定値の需要がある．需要家2は，倉庫で，午前10時から午後6時の間冷却水の補充に再生水を使う．需要家3は，大きなゴルフ場と公園の複合施設で，午後10時から午前6時まで散水する．需要家4は，小さな発電所で，24時間一定の冷却水の需要がある．需要家と接続点の関係は，右表のようである．

再生水配水施設において必要とされる管路の大きさ，ポンプ場および貯水池に必要な事項を静的解析および拡張解析によって決定する．

需要家の番号	接続点
1	J3
2	J4
3	J6
4	J8

期　間	開始時刻	総需要量 (m³/h)	需要量(m³/h)			
			需要家1	需要家2	需要家3	需要家4
1	0時	680	0	0	600	80
2	1時	680	0	0	600	80
3	2時	680	0	0	600	80
4	3時	710	30	0	600	80
5	4時	710	30	0	600	80
6	5時	710	30	0	600	80
7	6時	110	30	0	0	80
8	7時	110	30	0	0	80
9	8時	110	30	0	0	80
10	9時	110	30	0	0	80
11	10時	410	30	300	0	80
12	11時	410	30	300	0	80
13	12時	410	30	300	0	80
14	13時	410	30	300	0	80
15	14時	410	30	300	0	80
16	15時	410	30	300	0	80
17	16時	410	30	300	0	80
18	17時	410	30	300	0	80
19	18時	110	30	0	0	80
20	19時	80	0	0	0	80
21	20時	80	0	0	0	80
22	21時	80	0	0	0	80
23	22時	680	0	0	600	80
24	23時	680	0	0	600	80
総計(m³/d)		9 600	480	2 400	4 800	1 920

次の条件や仮定を解析に用いる.
・Hazen-Williams 式の C　　130
・すべての接続点の標高(貯水槽を除く)　　30 m
・丘陵地の貯水槽の標高　　60 m
・貯水槽のオーバーフロー高さ(有効水深)　　10 m
・ピーク対応貯留容量　　約1 800 m³(**例題14-2**より)
・緊急時の貯留量　　全体の30%
・日最大需要がある場合の再生水ポンプの定常水量　　400 m³/h
・通常のポンプ吐出(揚水)水頭(全水頭)　　40 m
・接続点での水需要量(J3, J4, J6, J8を除く)　　0 m³/s
・標準管径　　200, 250, 300, 350, 400, 450 mm 等
・管径(当初の設定値)　　200 mm
・管路の長さ

次のような設計基準を適用する.
・需要家の接続点における最小水圧　　30 m
・管内最大流速　　1.5 m/s
・最小管径　　200 mm
・配水管網の管長は右表のとおり.

管番号	接続点(m)
P1	600
P2	600
P3	450
P4	600
P5	600
P6	250
P7	300
P8	550
P9	150
P10	600

第14章　再生水の供給と貯留

解　答

注：ここでは，管網解析プログラムとして U.S. EPA のサイト (www.epa.gov/ORD/NRMRL/epanet.html) から無料で利用可能な EPANET2 を用いた.

1. はじめに，管網図や出力表の名前 (label)，流量の単位，長さ，水頭と圧力，使用する圧力損失式等の当初設定値を EPANET2 に入力する.
   a. 管網の接続点とパイプは，それぞれ J, P と定義する．ポンプ，供給用の貯水池，貯水槽は，Pump, R, T とする.

注：従来の EPANET2 では，供給用の貯水池は，再生水が無限に供給され，水位 (水頭) が一定とされた．貯水槽は，接続点として扱われ，そこでは水深が変化することにより貯水を表した.

   b. 流れの単位は，メトリック単位を選ぶ [流量 (m^3/h)，流速 (m/s)，管径 (mm)，水頭と圧力 (m)].
   c. 圧力損失式として Hazen-Williams 式を選ぶ．$C=130$ を当初設定値とする.

2. 次に管網として接続点，配水管，供給用貯水池，ポンプ場，貯水槽を描く (右図)．貯水槽は，町に隣接する丘陵地に設ける．従来の EPANET2 では，次の順番で施設を加えていく．(1) 供給用貯水池，(2) 接続点，(3) 貯水槽，(4) 管，(5) ポンプ.

3. 管網図に示されたすべての施設の特性を決める.
   a. すべての施設が管網図に示されたら，入手可能な当初設定値をあてはめる．必要であれば，Property Editor を用いて特性を変更する.
   b. 各接続点に対し，標高と需要量を入力する．各パイプに対し，長さ，管径，粗度を入力する.
   c. ここでは，接続点の標高は，貯水槽を除いて 30 m とする．貯水槽の標高は，60 m とする.
   d. J3, J4, J6, J8 を除き，すべての接続点の需要量は，0 m^3/h とする.
   e. 2 つの静的解析がここでは必要となることに注意が必要である．J4 と J6 における最大需要が同時に発生しないためである．もし 1 つの静的解析が行われ，2 つの最大需要を見込むと，配水管網は，過大設計になる．J3, J4, J6, J8 での需要量に関する 2 つの静的解析結果を右表に示す.

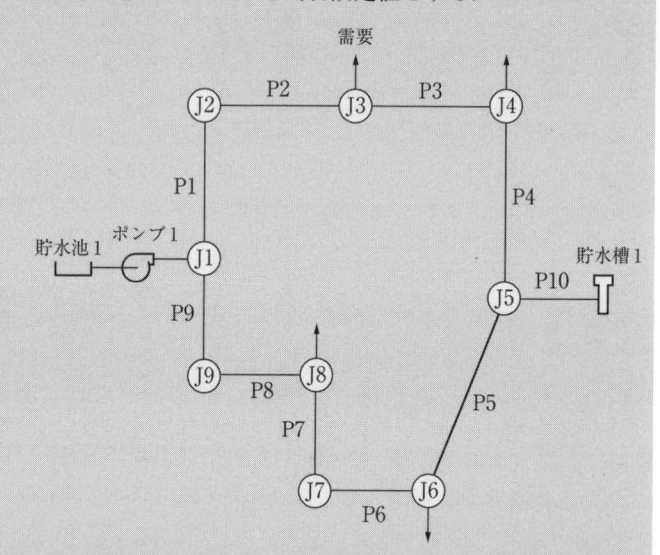

接続点番号	需要量 (m^3/h)	
	静的解析 1	静的解析 2
J3	30	30
J4	0	300
J6	600	0
J8	80	80

   f. ピーク対応貯留容量として約 1 800 m^3，緊急用容量として 30% を見込むと，貯水槽の全容量は，約 2 400 m^3 となる．したがって，槽の有効水深を 10 m とすると，貯水槽の直径は 18 m となる.

4. 上記において静的解析 1 とした最大需要時に対する管網の最初の計算を行う.
   a. 最初の計算結果は，幾つかの接続点において負圧になることがある．これは，管径の当初設定値の 200 mm が最大需要先の近くにある J6 において小さすぎるためである．J6 に接続する両方のパイプの管径を増加させ，また供給ポンプと貯水槽も受け入れられる結果が得ら

れるまで増加させる．さらに貯水槽の標高やポンプの特性曲線，管内最大流速も修正することができる．

b. 何回かの反復計算の後に接続点での圧力と管径は，右にようになった．

従来は，貯水池や貯水槽において需要量がマイナスとなることは，接続点から出て行く流れとして表されていた．J6において最小圧力30 mを確保するために貯水槽の標高が63 m必要なことに注意．EPANET2では，マイナスの流量は，逆向きの流れとして最初描かれる．同様に，従来，ポンプにおけるマイナスの損失水頭は，貯水池(あるいは接続点)での水頭にポンプでの水頭が加わることを示す．ここでは，すべての管において流速が1.5 m/s以下に保たれている．

接続点での圧力

接続点番号	標高(m)	需要量(m^3/h)	全水頭(m)	圧力水頭(m)
J1	30	0	68.3	38.3
J2	30	0	66.7	36.7
J3	30	30	65.0	35.0
J4	30	0	64.4	34.4
J5	30	0	63.8	33.8
J6	30	600	60.1	30.1
J7	30	0	62.1	32.1
J8	30	80	64.5	34.5
J9	30	0	67.5	37.5
R1	30	−451.0	30.0	0.0
T1	63	−259.0	66.5	3.5

管路の水理特性

管の番号	長さ(m)	管径(mm)	流量(m^3/h)	流速(m/s)	単位長さ当りの損失水頭(m/km)
P1	600	200	79.3	0.70	2.81
P2	600	200	79.3	0.70	2.81
P3	450	200	49.3	0.44	1.16
P4	600	200	49.3	0.44	1.16
P5	600	300	349.3	1.37	6.08
P6	250	250	−250.7	1.42	7.99
P7	300	250	−250.7	1.42	7.99
P8	550	300	−330.7	1.30	5.49
P9	150	300	−330.7	1.30	5.49
P10	600	300	−300.0	1.18	4.59
ポンプ1	−	−	410.0		−38.3

5. 静的解析2を行い，J4での最大需要に対応する管径を決める．

a. Property Editorの接続点の需要量を新しい条件に修正する．管径は，静的解析1のままにしておく．

b. 静的解析2の最初の計算を行う．ここでは，圧力水頭として30 mを確保するため，右表に示すようにJ4に接続する1つの管径を増加しなければならない．

接続点での圧力

接続点番号	標高(m)	需要量(m^3/h)	全水頭(m)	圧力水頭(m)
J1	30	0	71.4	41.4
J2	30	0	67.9	37.9
J3	30	30	64.4	34.4
J4	30	300	62.9	32.9
J5	30	0	66.4	36.4
J6	30	0	67.3	37.3
J7	30	0	68.2	38.2
J8	30	80	69.3	39.3
J9	30	0	71.0	41.0
R1	30	−381.6	30.0	0.00
T1	63	−28.4	66.5	3.50

第14章 再生水の供給と貯留

J4での需要のほとんどは，ポンプから供給され，貯水槽から供給されるのではないことに注意が必要である．

管路の水理特性

管の番号	長さ(m)	管径(mm)	流量(m³/h)	流速(m/s)	単位長さ当りの損失水頭(m/km)
P1	600	200	117.8	1.04	6.85
P2	600	200	117.8	1.04	6.85
P3	450	200	87.8	0.78	4.18
P4	600	250*	−212.2	1.20	8.93
P5	600	300	−162.8	0.64	1.66
P6	250	250	−162.8	0.92	2.54
P7	300	250	−162.8	0.92	2.54
P8	550	300	−242.8	0.95	3.35
P9	150	300	−242.8	0.95	3.35
P10	600	300	−49.4	0.19	0.06
ポンプ1	−	−	360.6		−41.4

* 増径された．

注：静的解析2での管内流速は，設計基準の1.5 m/s以下になっている．

6. 拡張された期間における解析：静的解析が終了し，ピーク需要の条件に合わせた管網が定義されれば，拡張された期間における解析を行い，24時間内におけるピーク需要において管網が適切に機能するかを決定する．

a. Pattern Editor を使い，J3，J4, J6, J8におけるピーク因子を入力する(右表)．

b. Pattern Editor により供給ポンプの時間変化をつくる．この拡張期間中ポンプは，連続運転することになる．

c. 最後に時間オプションを Times Option のダイアログボックスに入力する．例えば，計算時間は24時間，計算間隔は1時間とする．

d. 最初の計算を行い，次の条件を満足するように決定する．
・圧力は，24時間にわたって全接続点で30 m以上．
・管内流速は，1.5 m/s以下．
・貯水槽の水位は，拡張され

接続点での需要の時間変化

開始時刻	総需要量 (m³/h)	ノードでの需要(需要因子)(m³/h)			
		J3	J4	J6	J8
0時	680	0(0)	0(0)	600(1.0)	80(1.0)
1時	680	0(0)	0(0)	600(1.0)	80(1.0)
2時	680	0(0)	0(0)	600(1.0)	80(1.0)
3時	710	30(1.0)	0(0)	600(1.0)	80(1.0)
4時	710	30(1.0)	0(0)	600(1.0)	80(1.0)
5時	710	30(1.0)	0(0)	0(0)	80(1.0)
6時	110	30(1.0)	0(0)	0(0)	80(1.0)
7時	110	30(1.0)	0(0)	0(0)	80(1.0)
8時	110	30(1.0)	0(0)	0(0)	80(1.0)
9時	110	30(1.0)	0(0)	0(0)	80(1.0)
10時	410	30(1.0)	300(1.0)	0(0)	80(1.0)
11時	410	30(1.0)	300(1.0)	0(0)	80(1.0)
12時	410	30(1.0)	300(1.0)	0(0)	80(1.0)
13時	410	30(1.0)	300(1.0)	0(0)	80(1.0)
14時	410	30(1.0)	300(1.0)	0(0)	80(1.0)
15時	410	30(1.0)	300(1.0)	0(0)	80(1.0)
16時	410	30(1.0)	300(1.0)	0(0)	80(1.0)
17時	410	30(1.0)	300(1.0)	0(0)	80(1.0)
18時	110	30(1.0)	0(0)	0(0)	80(1.0)
19時	80	0(0)	0(0)	0(0)	80(1.0)
20時	80	0(0)	0(0)	0(0)	80(1.0)
21時	80	0(0)	0(0)	600(1.0)	80(1.0)
22時	680	0(0)	0(0)	600(1.0)	80(1.0)
23時	680	0(0)	0(0)	600(1.0)	80(1.0)
総計(m³/d)	9 600	480	2 400	4 800	1 920

た期間中オーバーフロー水位を越さぬように，また最小水位を下回らないようにする．さらに貯水槽の水位は，解析終了時に当初値まで回復している必要がある．
  e. ここでは右表に示すようにJ6につながる管の管径を増加することにより，J6での最小圧力を保つ必要がある．

    さらに，貯水槽の直径は，緊急用の貯留として30%を確保するために18mから20mに増加された．一方，拡張期間解析は，貯水槽の標高を63mから61mに減少しても全接続点に必要な最小水圧が確保されることを示す．
注：拡張解析が終了すると，静的解析により決定された施設が修正されなければならない．しばしばこの変化は，拡張期間中における設計基準を満足させるためにより大きめの施設となる．ここでは，貯水槽とポンプ場と貯水槽に供給するための送・配水管は，静的解析で決められた大きさより拡大される必要がある．

パイプ番号	管径(mm)	
	静的解析2	拡張解析
P1	200	200
P2	200	200
P3	200	200
P4	250	250
P5	300	300
P6	250	300*
P7	250	300*
P8	300	300
P9	300	300
P10	300	300

* 増径された．

14.3 管路の設計

再生水配水施設の計画を終えた後，管路，ポンプ場，貯水槽の設計が可能となる．本節では，再生水管路の設計時に配慮すべき重要事項を示す．具体的には，下記の内容を示す．
・管路の位置［水道管路や他のライフラインからの離隔条項(separation requirement)を含む］．
・管路の設計基準［最大流速(maximum velocity)，内水圧，土圧(earth loading)を含む］．
・管材［異形管(fitting)，継手(joint)，腐食対策(corrosion protection)を含む］．
・バルブ．
・附帯設備．
再生水ポンプ場と貯水槽の設計は，14.4 と 14.5 に示す．

14.3.1 再生水管路の位置

できる限り再生水管は，歩車道含め公道に敷設するべきである．公道に敷設することにより，建設から維持管理段階までアクセスが容易になるとともに，事業費の低減が図れる．管路を敷設する主体が用地を確保しておらず，管路を公道でなく私有地や他の公園や運動場等の公共用地に敷設する場合，地上権設定(easement acquisition)が必要となる．重要なことは，地上権設定により管理のための管路へのアクセスが担保されるとともに，地上権の範囲内での永久構造物の建設に制限が加えられることである．米国における公衆衛生上の管路の離隔距離規則を表-14.6 に示すとともに，以下に解説する．

水道管路と再生水管路の離隔

再生水管(reclaimed water pipeline)を敷設するにあたり最も重要な要素の一つとして，水道や他のライフラインからの離隔があげられる．一般市民に対し水道と再生水の二系統配水系統が使用されている場合，管路の離隔が特に重要となる．多くの公衆衛生管轄部局は，再生水による水道汚染を防ぐために管路に離隔をとる規則を設けている．一般的にこれらの規則には，再生水管と水道はじめ他

表-14.6 米国の公衆衛生管轄部局による管路の離隔距離規則(例)[a]

州名	水道水と下水	水道水と再生水	再生水と下水	基準の出典	備考
Utah	水平方向3m(10ft)	水平方向3m(10ft)	水平方向3m(10ft)	Utah Administrative Code	再生水管の位置が下水管の下でも上でも適用.
Massachusetts	水平方向3m(10ft)		定めなし.	2001 Guidelines and Policies for Public Water Systems	再生水管について特に定めなし.
Oklahoma	水平方向3m(10ft)	水平方向1.5m(5ft)	定めなし.	Oklahoma Regulations for Public Water Systems: Water Pollution Control Facility Construction	下水管と水道管は,同じ開削溝に敷設できない.
California	水平方向3m(10ft) 鉛直方向0.3m(1ft)	Cal-Nevada AWWA Guidelines for Distribution of Non-Potable Waterによる	Cal-Nevada AWWA Guidelines for Distribution of Non-Potable Waterによる	California Safe Drinking Water Act	離隔を確保できない場合,異なる開削溝にできるだけ離して敷設する.
Georgia	水平方向3m(10ft) 下水管と同じ開削溝に入れないこと	管の外縁距離で0.9m(3ft),水道管の管底から再生水管の管頂まで460mm(18in)	管の外縁距離で0.9m(3ft)	Georgia Guidelines for Water Reclamation and Urban Water Reuse & Minimum Standards for Public Water Systems	可能な限り離隔を大きくとる.水道管と下水管の離隔が3m(10ft)未満の場合,個別検討.
Texas	管の外縁距離で全方向に2.7m(9ft)	特に定めなし.	特に定めなし.	Texas Administrative Code, Title 30, Part 1, Chapter 290.44	平行に敷設の場合は,異なる開削溝とする.
Texas州の固有条件	自然流下の下水管から漏水がないと確認された場合:水道管は,上方向に0.6m(2ft)以上,水平方向に1.2m(4ft)以上隔離をとる. 新しく水道管を敷設する場合:1034kPa(150lb$_f$/in^2)以上の耐圧管を上方向に0.6m(2ft)以上,水平方向に1.2m(4ft)以上離隔をとる. 横断の場合:水道管を下水管の上方向に0.6m(2ft)以上離隔をとる. 下水管からの漏水が確認された場合,すべての方向に5.5m(18ft)離隔をとり,水道管は,1034kPa(150lb$_f$/in^2)以上の耐圧管を用いる. 新規の上水管を水道管上部に敷設する場合は,2.7m(9ft),水道管を既存の下水管の上部に敷設する場合,5%偏心時に1034kPa(150lb$_f$/in^2)以上の耐圧管を用いる. 下水管基礎部の上方150mm(6in),下方100mm(4in)にセメント改良土(1m^{3}当り2袋のセメントを使用).				

[a] WSWRW(2005)より引用.

企業管との最低限必要な鉛直ならびに水平方向の離隔距離が定められている.例えば,特別な防護がない場合,再生水管と水道管(potable water pipeline)の間には,最低3mの水平方向の離隔が必要である.さらに,通常,再生水管は,水道管より少なくとも0.3m深い位置に敷設する必要がある.もし必要な離隔をとることなく再生水管が水道管の上を横切る必要がある場合,再生水管は,水道管の中心線上から最低6mの長さの鋼管で防護する必要がある.この規則では,再生水管から漏れた再生水は,水道管に到達するまで土壌中を最低3m移動する必要があることとなる.さらに,同じサービスエリアでは,再生水管の水圧を水道より低くして(69kPa)運転することが非飲用水配管による水道への汚染を防ぐ手段としてあげられる(AWWA, 1994).

他の管路との離隔

離隔規則は,多くの場合,他の管路,例えば汚水管や雨水渠にも同様に適用される.例えば,通常,再生水管は,水道管と同様,汚水管,雨水渠から水平方向に3m,鉛直方向には上側に0.3m離隔をとる必要がある.

14.3.2 再生水管路の設計基準

再生水管路の主な設計基準は,最大流速,使用圧力,最大圧力である.一般的に管内の最大流速を1.5〜2.1m/sにすると,建設費,ポンプ運転費含めて最も経済的になる.再生水があまり使われない時間帯の比較的短時間の揚水に対しては,最大流速を3m/s程度にまですることもある.

14.3.3 管路の材質

再生水の配水については，多くの管材を用いることができる．最も一般的な管材は，ダクタイル鉄管，鋼管，塩ビ管，高密度ポリエチレン管である．各管材の特徴を表-14.7に示す．

表-14.7 再生水管に用いられる管材の特徴

種類	特徴	対応するAWWAの仕様[a]
ダクタイル鉄管	・強くて可撓性がある． ・撓み，蛇行を防ぐため基礎への配慮が必要． ・内面，外面の腐食への対策が必要． ・圧力に応じた3種類の管がある． ・挿込み継手，メカニカル継手，フランジ接合が可能． ・フランジ接合を除き，屈曲部で離脱防止が必要．	AWWA C51，ダクタイル鋼管，Aerican National Standard
鋼管	・ダクタイル鉄管より強く，可撓性がある． ・撓み，蛇行を防ぐため基礎への配慮が必要． ・内面，外面の腐食への対策が必要． ・多数の管厚，圧力の管がある． ・挿込み継手，フランジ接合，溶接が可能． ・溶接継手，フランジ接合を除き，屈曲部で離脱防止が必要．	AWWA C200，鋼管，呼び径150 mm (6 in)以上
塩ビ管	・軽量で敷設が容易． ・可撓性があり，撓み，蛇行を防ぐため基礎への配慮が必要． ・腐食対策は，不要． ・圧力に応じた3種類の管がある． ・呼び圧力には水撃圧が考慮されていないので，水撃圧を別途見込んで設計流速を決める必要がある． ・挿込み継手のみ． ・屈曲部で離脱防止が必要．	AWWA C900，呼び径100 mm (4 in)～300 mm (12 in)の塩化ビニル圧力管と配管継手 AWWA C905，呼び径350 mm (14 in)～1 200 mm (48 in)の塩化ビニル圧力管と規格配管継手
高密度ポリエチレン管	・軽量で敷設が容易． ・可撓性があり，撓み，蛇行を防ぐため基礎への配慮が必要． ・腐食対策は，不要． ・圧力に応じた4種類の管がある． ・呼び圧力には水撃圧が考慮されている． ・溶接継手のみ． ・屈曲部での離脱防止は，不要．	AWWA C906，呼び径100 mm (4 in)～1 575 mm (63 in)のポリエチレン圧力管と配管継手

[a] American Water Works Association (Colorado 州 Denver)により発刊された規格仕様．

ダクタイル鉄管

ダクタイル鉄管 (ductile iron pipe) は，流体輸送に100年以上の歴史を持つ鋳鉄管から発展を遂げた．ダクタイル鉄管の製造は，鋳鉄管と同様である．しかし，ダクタイル鉄管は，鋳鉄管より強度があり，靱性も高い．このため，通常の荷重条件では破損しにくい．その靱性故にダクタイル鉄管は，可撓管に分類される．基礎には，管が土圧に耐えるのを側方から助ける役目をするものを採用する必要がある (AWWA, 2003)．ダクタイル鉄管には，管厚による幾つかの種類がある．設計者は，内圧と土圧に耐えうる最適な管圧を選ぶ必要がある．鉄の性質上，ダクタイル鉄管は，内面および外面に腐食対策を実施する必要がある．ダクタイル鉄管と他の管材に対する腐食対策については後述する．

鋼　管

鋼管 (steel pipe) もまた再生水を輸送するのに使用される．特に大口径あるいは高耐圧管に使用さ

れる．鋼管は，ダクタイル鉄管よりも強度は高いが，腐食には弱い．鋼管もまた可撓管に分類され，基礎には，配慮が必要である．特に内面および外面の保護にセメントモルタルが使用されている場合，注意が必要である．これは，セメントモルタルの脆弱性故に管路が少しでも外力により変形すると破損するためである．1 050～1 200 mm 以上の口径になると，通常，鋼管が用いられる．

塩ビ管

塩ビ管(polyvinyl chloride pipe)は，特に 450 mm までの口径において最も広く用いられている管材である．塩ビ管は，幾つかの業界仕様に基づいて製造されているが，水道および再生水の輸送システムに一般に用いられている塩ビ管は，AWWA(米国水道協会)規格 C-900(呼び径 300 mm 以下)と C-905(呼び径 350～750 mm)により製造されている．これらの規格のもとでは，管と継ぎ手の寸法は，ダクタイル鉄管と共通であり，アダプターなしに接続が可能である．AWWA 規格 C-900 の管は，3通りの耐水圧レベル(700，1 050，1 400 kPa)に対応している．

AWWA 規格 C-905 の管規格は，700，1 140，1 620 kPa である．塩ビ管の公称圧力には，ポンプ停止や急なバルブ閉鎖による水撃作用とその圧力が見込まれていない．したがって，塩ビ管の選定に当たっては，最大送水圧に水撃圧を加えて評価する必要がある．設計者の中には塩ビ管に圧力が掛かりすぎるのを嫌い，最大流速を抑える者もある．塩ビ管は，ダクタイル鉄管や鋼管よりも可撓性がある．塩ビ管や他の可撓管の開削工法設計の詳細については AWWA(2002)，教科書，設計マニュアルに記述されている．

高密度ポリエチレン管

高密度ポリエチレン管(high-density polyethylene pipe)は，再生水の送水のためには比較的新しい管材である．本管材は，多くの点で塩ビ管と似ている．軽くて取扱い性が良く，敷設も容易である．また，腐食に強く，再生水を送水するにあたり，特別なコーティングやライニングを必要としない．高密度ポリエチレン管は，特別な接合機により熱融着され接合される．高密度ポリエチレン管は，4種の規格圧(550，700，860，1 140 kPa)が製造されている．塩ビ管と異なり，規格圧には，最大送水圧に対し 50％の水撃圧を見込んだものとなっている．高密度ポリエチレン管もまた可撓管であり，塩ビ管と同様，外圧による変形を防ぐために基礎に特別な配慮が必要である．

14.3.4 継手，接合

再生水管は，管材，使用条件により様々な接合方法が用いられる．これらには，挿込み継手，メカニカル継手，フランジ接合および可撓接合(離脱防止あり，またはなし)がある．

挿込み継手

挿込み継手(push-on joint)は，ダクタイル鉄管，鋼管，塩ビ管に用いられ，端部に圧縮可能な弾性体のガスケットが嵌め込まれている受口部と差口部で構成されている．ガスケットは，天然ゴム，ネオプレン，エチレンプロピレンゴム等の合成ゴムがある．様々な管端部の受口部と差口部は，似たようなものだが，管メーカーごとに独自なものとなっている．挿込み継手では，差口部を隣接管の受口部に押し込むことにより接合される．典型的な挿込み継手を図-14.7(a)に示す．

メカニカル継手

メカニカル継手(mechanical joint)は，挿込み継手と似ているが，鍔部の末端リングを差口に合わせ，ボルトで受口にある鍔部を伸縮性のあるゴム輪を締め付けて水密性を確保する．典型的なメカニカル継手を図-14.7(b)に示す．メカニカル継手は，一般的にダクタイル鉄管に用いられる．

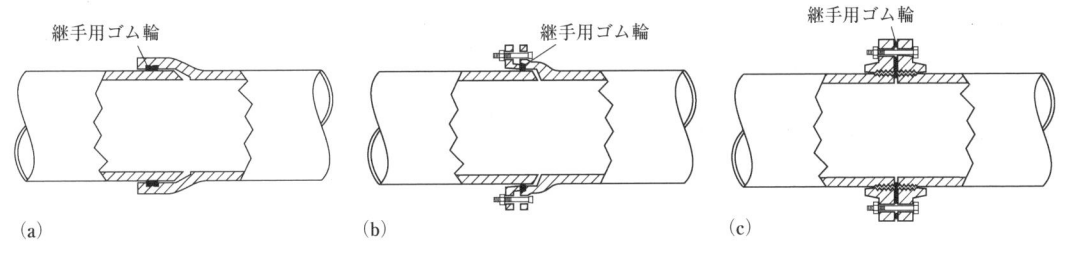

図-14.7 様々な管材の継手のタイプ．(a)ダクタイル鉄管，鋼管，塩ビ管に用いられる挿込み継手，(b)ダクタイル鉄管用のメカニカル継手，(c)ダクタイル鉄管，鋼管用フランジ継手

フランジ継手

フランジ継手(flanged joint)は，図-14.7(c)に示されるとおり強度が非常に大きく，一般的には地上部にあるダクタイル鉄管と鋼管に用いられる．フランジ継手は，地下埋設のダクタイル鉄管と鋼管にも使用される．フランジ継手は，ボルトで接合されるため，管壁とガスケットの間の摩擦に頼っている挿込み継手やメカニカル継手と異なり，確実に離脱が防止される．

溶接(融着)継手

溶接(融着)継手(welded joint)は，高密度ポリエチレン管に用いられる．しばしば高圧下の鋼管，特に地下埋設の場合に用いられる．高密度ポリエチレン管は，図-14.8に示されるような特別な接合機械を用いて熱溶接(融着)される．溶接(融着)継手は，強拘束されており，圧力下でも離脱することはない．

図-14.8 高密度ポリエチレン管での作業．(a)大口径管の突合せ溶接に用いられる機械，(b) T形継手の溶接(提供：A. Wilkes, Chevron Phillips Chemical Company, Woodlands, Texas)

継手の離脱防止

圧力状態にある再生水管では，ほとんどの継手のすべての屈曲部で離脱防止が必要である．離脱防止は，継手内の圧力による不均一な力および管路の方向変化に抗するため必要となる．離脱防止には，コンクリートブロックによるもの，離脱防止押輪，機械式離脱防止，特殊な離脱防止継手等がある．

14.3.5 腐食対策

再生水の送水に用いられるすべての金属系の管は，地下埋設でも露出配管でも腐食対策を行う必要がある．腐食対策には様々な手法がある．具体的には，ライニング(lining)，コーティング(coating)，

プラスティックスリーブによる防護，電気防食がある．通常，管の内面に腐食防止材が施される場合にライニング，外面の場合にコーティングと呼ばれる．地下埋設の再生水管に一般的に使用されるライニングおよびコーティング材料には，セメントモルタル，エポキシ樹脂，ポリウレタンである．地上管の外面にもまた，アルカイド，アクリル，エポキシ，ポリウレタン系の樹脂が塗られる．セメントモルタルライニングは，通常，遠心力により回転する管の断面に塗られる．セメントモルタルによるコーティングは，通常，吹付けで行われる．吹付け時に管径によっては，強化用金属網や螺旋状に編んだ金属や棒が埋め込まれる場合もある．エポキシ樹脂によるライニングおよびコーティングは，吹き付ける場合と融着させる場合がある．ウレタンライニングおよびコーティングは，通常，吹付けで行われる．ライニング材は，National Sanitation Foundation の水道用標準仕様 (NSF Standard 61) に適合する必要がある．

金属管の保護に際し，特にダクタイル鉄管が腐食性土壌に埋設される場合，敷設に先立ちまずポリエチレンのシートまたはスリーブで防護する必要がある．ポリエチレンによる被覆は，管が直接腐食性土壌と接触するのを避け，効果的に管と低密度防護の間の隙間を小さくすることにより，腐食につながる電解質を抑える．ポリエチレンでの被覆の利点は，低コストである．

電気防食 (cathodic protection) は，通常，腐食環境または迷走電流の影響を受ける環境に埋設された鋼管に対して施される．電気防食により，管路全体が直流電流あるいは腐食電池の陰極となる．電気防食には，犠牲陽極法と外部電極法があり，腐食させることを意図した陽極が埋設される．両者とも確実に腐食対策を行うためには，継続して電流が流れている必要がある．さらに管路は，追加的に誘電性の材料またはボンドコートで保護し，必要な電流量を抑える措置が施される．電気防食は，通常，ポリエチレン被覆より高価である．電気防食の詳しい内容は，AWWA (2004c) を参照されたい．

14.3.6 管の識別方法

水道水と再生水の誤接合 (cross-connection) を防ぐための公衆衛生規則の一環として，再生水管は，製造および敷設時にはっきりとそれと確認できるようにしなければならない．最もよく用いられる方法は，特に塩ビ管や高密度ポリエチレン管の再生水管を紫色で塗ることである．管材の性質上，色を塗れない場合，施工中は，紫色の警告テープで開削溝の管上にマーキングする．すべての再生水管は，製造段階に呼び径，耐圧力，用途が記される．再生水管の識別方法の例を図-14.9 に示す．

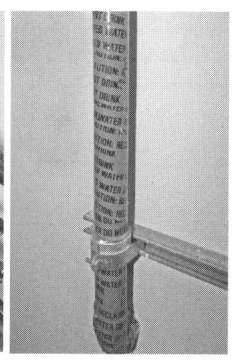

図-14.9　紫色のマーキングテープが貼られた再生水管の様子

14.3.7 配水施設のバルブ

バルブは，流量を制御し維持管理するため，再生水配水施設中に備えられている．計画的にバルブ

を配置することにより，配水施設の止水，補修，更新が可能になる．場合によっては，バルブを使って配水施設の一部を水抜きして清掃する必要がある．ゲート式とバタフライ式の2種類のバルブが止水とサービス停止のため，再生水配水には通常用いられる．

14.3.8 配水施設の付帯設備

再生水配水施設によく見られる付帯設備には，以下がある．
・給水装置と流量計．
・逆流防止装置．
・空気抜き．
・消火栓．

再生水給水の必要事項

給水は，再生水が使用されるすべての場所で必要となる．給水は，再生水配水本管への接続，再生水を利用するエリアへの配管，仕切り弁，流量計からなる．管理者によっては，逆流防止装置を必要としている場合もある．これは，供給用の再生水が使用者側施設からの逆流で汚染するのを防ぐためのものである．大量の水を使う業務系の利用が多いため，再生水の給水は，代表的な家庭用水道供給より規模が大きい．再生水の給水管の様々な口径による給水能力を表-14.8に示す．給水停止用のバルブは，一般的にゲート式またはバタフライ式で，75 mm 以上の口径となっている．給水量が小さい場合には，プラグバルブを給水停止に用いるのが一般的である．流量計には，幾つかのタイプがある．給水量が小さい場合には，水道の給水と同様，容積流量計を用いる［図-15.12(c)参照］．給水量が大きい場合，タービン式，プロペラ式，電磁式の流量計を用いる．

表-14.8 様々な再生水給水管の流量

給水管大きさ		流量範囲[a]	
mm	in	m³/h	gal/min
38	1.5	0.9～ 45	4～ 200
50	2	0.9～ 57	4～ 250
75	3	1.1～ 125	5～ 550
100	4	2.3～ 284	10～1 250
150	6	4.5～ 528	20～2 500
200	8	6.8～1 022	30～4 500

[a] 給水管のサイズ，流量の範囲，流量の低い側の値は，給水管流量計の検出限界に基づく．

逆流防止装置

逆流防止装置(backflow preventer)は，再生水および水道の配水施設において危機管理上重要な装置である．これらのバルブは，誤接合や上水配水管の圧力不足時に再生水供給地区からの水道配水施設への再生水逆流を防ぐために設けられる．逆流防止装置はまた，水道が再生水供給のバックアップとして用いられている場合にも使用される．このように水道汚染は，積極的な対応で防ぐことが可能である．逆流防止装置は，ほとんどが減圧タイプである．適切な設計による二重バルブシステム(double check valve system)が用いられる場合もある．減圧式逆流防止装置は，2連の自動圧力作動停止弁とその間の3つ目のバルブを備えている．3つ目のバルブを開けることにより，2連バルブの間に溜まった再生水を大気中に放散する．逆流防止装置は，**15章**で解説する．逆流防止装置の図は，図-15.3のとおりである．使用方法は，表-15.3のとおりである．

水抜きと空気弁

水抜き(blowoff)と空気弁(air release valve)は，すべての再生水配水施設に共通する要素である．水抜きは，小さな管の結合体で，バルブが付いている．水抜きは，配水施設の末端と底部に位置しており，堆積物をフラッシングで清掃し，管の排水を行うものである．典型的な水抜きを図-14.10に示す．空気弁は，配水施設のすべての高い位置にあり，配管内空気や他のガスを圧力管から水を逃すこと

第14章 再生水の供給と貯留

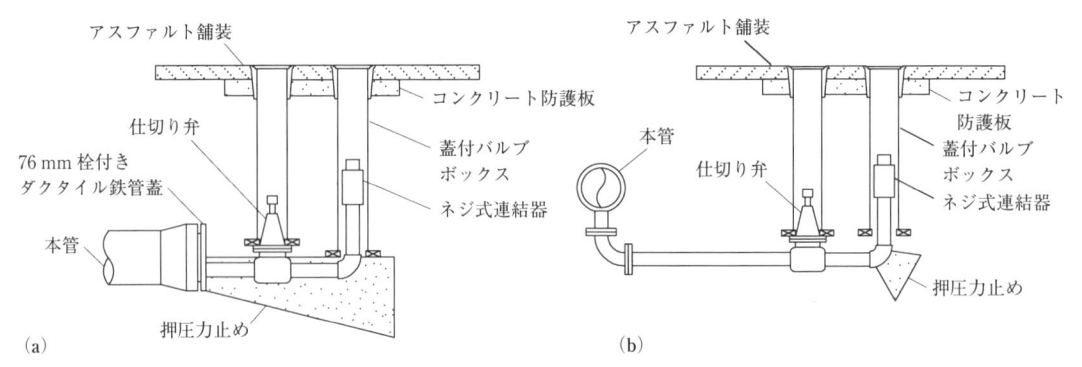

図-14.10 典型的な水抜きバルブ．(a)末端部設置の場合，(b)配水管途中の低部への設置の場合

なく取り除くことを可能にする．配管内空気が特定の高部で溜まると，水頭損失が増えることにより管路の能力が下がる．空気抜き真空破壊共用弁(combination air release/vacuum relief valve)は，管路が空気を混入しながら排水した時に生じる真空を解除する点を除き，空気弁と類似である．空気抜き真空破壊共用弁を図-14.11に示す．空気弁と空気抜き真空破壊共用弁は，図-14.12に示される位置に設置する必要がある．

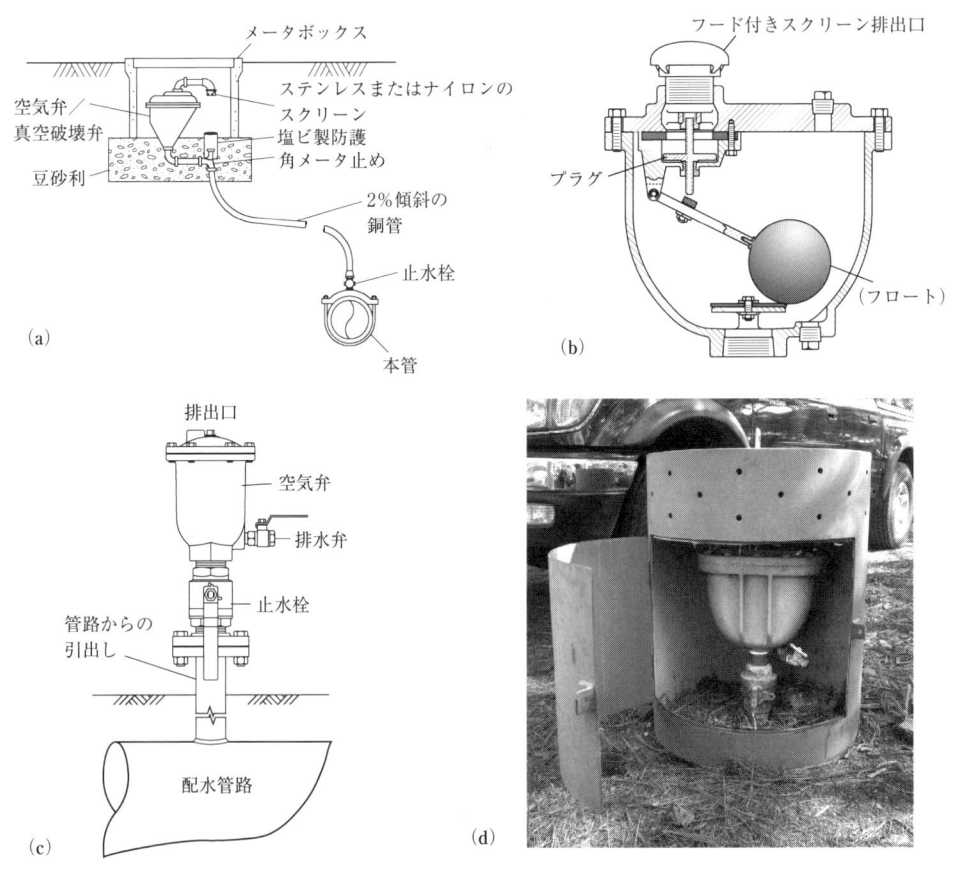

図-14.11 典型的な空気弁または空気抜き真空破壊共用弁の詳細図．(a)地下埋設型の概観図，(b)バルブ内部機能の概観図(提供：Val-Matic Valve and Manufacturing Corp.)，(c)地上設置型の概観図，(d)防護内にある地上設置型

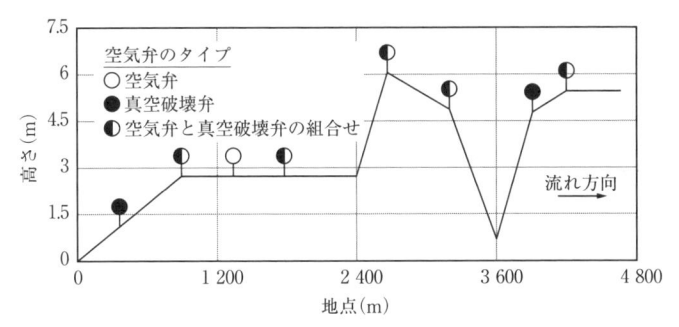

図-14.12 配水系統へ空気弁と空気抜き真空破壊共用弁が設置されている様子を示す概略図(提供：Val-Matic Valve and Manufacturing Corp.)

消火栓

再生水の排水系統に消火栓(hydrant)が設置されることは必ずしも一般的でない．しかし，再生水供給施設に一時的に人が立ち入る必要がある場合，および再生水施設が構造的に耐火性を有するように設計される場合，消火栓は，有用なものとなる．典型的な再生水消火栓を図-14.13に示す．再生水消火栓は，紫色をしており，水道消火栓と明確に区別される．

図-14.13 典型的な消火栓．(a)適切なマークがあるもの，(b)特別なバルブ解放ナットがあるもの

14.4 ポンプ施設

少数の例外を除き，再生水は，貯水槽や再生水供給地区にポンプアップする必要がある．したがって，通常の再生水配水施設には少なくとも1箇所，多くは数箇所のポンプ場が必要となる．再生水のポンプ場設計において重要な配慮事項として，以下を本節で解説する．

・ポンプ場用地選定と施設計画．
・再生水供給用ポンプの形式．

第 14 章　再生水の供給と貯留

- 一定速度と可変速度駆動ポンプの比較.
- バルブと付帯設備.
- 非常用電源.
- 設備と配管設計.
- システム設計に関わるポンプ運転計画の影響.

14.4.1　ポンプ場用地選定と施設配置計画

　一般的に，ポンプ場は，揚水すべき再生水源の近傍に位置し，再生水製造施設用地内にあるのが通常である．ポンプ場は，独立している場合もあり，処理施設に統合されている場合もある．処理施設に統合されている場合のポンプ場の位置は，通常，塩素混和池または紫外線消毒施設の出口に位置する．離れた場所にある貯水槽に再生水を送るためにブースタポンプ（booster pumping station）が必要となる場合もあり，これは，送水管に沿って設置される．高台に供給するために用いられる再生水配水ポンプは，供給水貯水槽の用地内に設置される．

　ポンプ場は，運転管理のためのアクセスが容易であることから，地上に建設される場合が多いが，地下に建設される場合もある．地下ポンプ場は，一般的に小規模であり，地上に用地がない場合に建設される．再生水ポンプ場の施設計画では，表-14.9 に示される特徴を満足する必要がある．再生水ポンプ場の施設計画の例を図-14.14 に示す．

表-14.9　ポンプ場の特徴と必要施設

特　徴	機能／解説
アクセス	設備の修繕，更新および維持管理，運転のためにアクセスが確保される必要がある．
駐車場	施設の規模に応じ，1 台以上の車両が駐車できるスペースが確保される必要がある．
セキュリティ	ポンプ場付近に人の出入りがない場合，セキュリティに配慮する必要がある．用地周辺への柵の設置により，セキュリティは，向上する．コンクリートまたは煉瓦の壁，鋼製ドア，小さくて高い窓を採用することにより，施設をより強固にすることが可能となる．
バルブと流量計の構造	流量計と制御バルブがポンプ場の外にある場合，堅固な構造で安全を確保する必要がある．
照明	通りから敷地内を監視できるように場内の照明は，適切に施される必要がある．センサによる監視も考慮する．
ユーティリティ供給	信頼のおける電力供給と通信サービスが必要となる．運転員に便所が必要な場合には，上下水サービスの確保も必要である．

14.4.2　ポンプ形式

　再生水供給には，渦巻ポンプが最も一般的に用いられている．渦巻ポンプには，片吸込渦巻ポンプ，横軸両吸込渦巻ポンプ，立軸タービンポンプがある．

片吸込渦巻ポンプ

　片吸込渦巻ポンプ（end-suction centrifugal pump）には，横軸，縦軸がある．横軸および縦軸の片吸込渦巻ポンプを図-14.15(a)，(b)に示す．横軸片吸込渦巻ポンプの利点は，ポンプの電気モータ部が床面にあり，維持管理が容易であることである．しかしながら，ポンプ設備一式と関連配管を横向きに配置すると，専有面積が大きくなる．縦軸片吸込渦巻ポンプでは，設備および配管ともそれほどスペースを要しない．しかし，電動モータが一段高い位置にあり，維持管理にやや難がある．

14.4 ポンプ施設

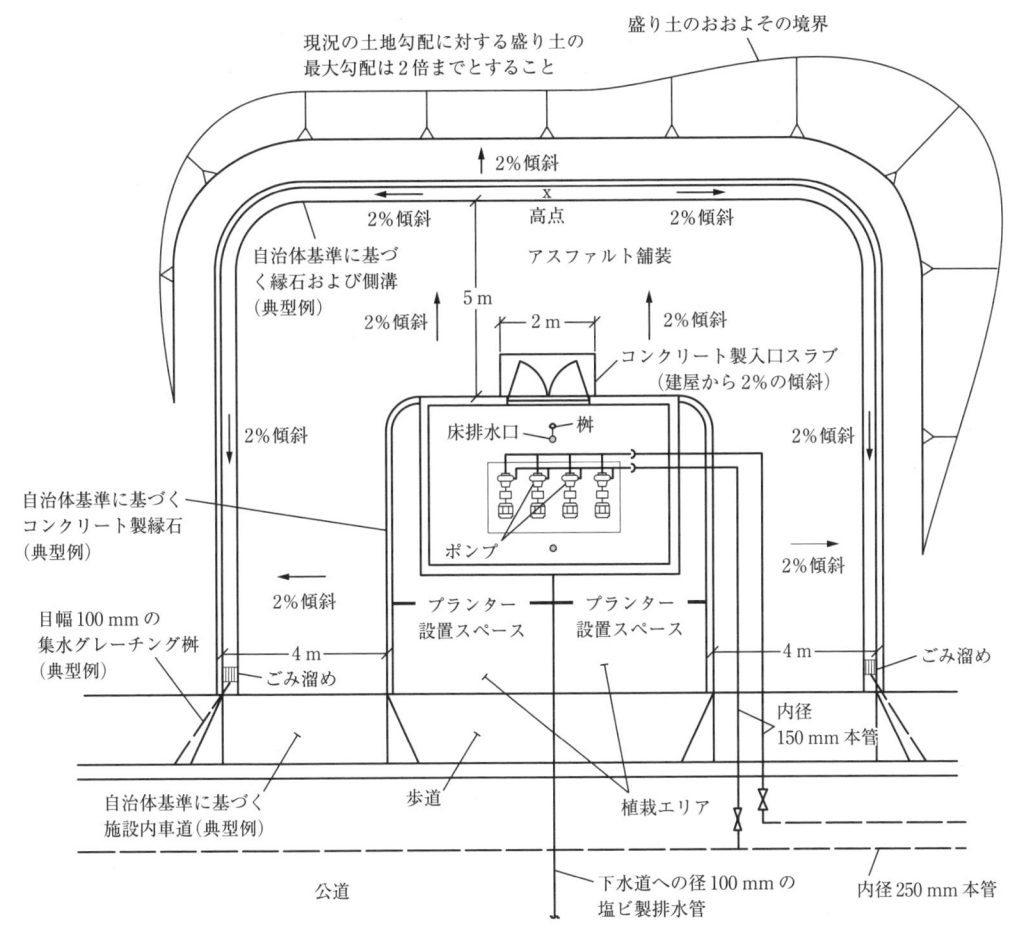

図-14.14 再生水ポンプ場施設計画の例

横軸両吸込渦巻ポンプ

横軸両吸込渦巻ポンプ(horizontal split case centrifugal pump)は，複数の羽根車を縦軸に取り付けられるので，大容量，高水頭差への適用に特に適している．横軸両吸込渦巻ポンプの例を図-14.15(c)，(d)に示す．本ポンプの設計では，ポンプ格納器が水平に分かれ，上側部を維持管理や羽根車および内側部品の交換のために取り外すことが可能である．横軸両吸込渦巻ポンプは，横軸片吸込渦巻ポンプと同じ利点，欠点を持つ．横軸両吸込渦巻ポンプは，特に吸入と吐出用配管に大きな面積が必要となる．

立軸タービンポンプ

立軸タービンポンプ(vertical turbing pump)は，床面積が確保できない中小規模の再生水ポンプ場に用いられる．タービンポンプのユニットは，通常，「缶」と呼ばれポンプ場床下に埋められる吸入容器に据え付けられる．縦方向に据えられているため，ポンプと配管のためのスペースは，横軸ポンプより少なくてすむ．しばしば，吸入配管も階下に設置され，見かけ上は最低限のものだけが見える状態となる．典型的な立軸タービンポンプを図-14.15(e)，(f)に示す．

ポンプの材質

再生水ポンプには，一般的に特別な材質は必要としない．一般的な供給ポンプでは，鋳鉄のケーシ

図-14.15 再生水配水施設に用いられる典型的なポンプ．(a)横軸片吸込渦巻ポンプ，(b)縦軸片吸込渦巻ポンプ，(c)小規模横軸両吸込渦巻ポンプ(高揚程への適用)，(d)大規模横軸両吸込渦巻ポンプ(高揚程への適用)，(e)地上放流型の立軸タービンポンプ，(f)地下放流型の立軸タービンポンプ

ングと羽根車，鋼またはステンレス鋼のシャフト，銅またはステンレス鋼の内部部品が適当である．例外は，逆浸透膜(RO)による再生水が化学的に安定化処理されずにポンプアップされる場合である．この場合，逆浸透膜水の物質を溶かす性質により，ステンレス鋼製のポンプを用いる必要がある．

14.4.3 ポンプ性能

遠心ポンプ(centrifugal pump)の性能は，全揚程 H と吐出量 Q の特性曲線で決まる．片吸込渦巻ポンプ，横軸両吸込渦巻ポンプ，立軸タービンポンプの典型的な H–Q 曲線(H–Q curve)を図-14.16

に示す．それぞれのポンプに対するH–Q曲線の形状は，適用条件に合わせて変えることができるが，一般的に片吸込渦巻ポンプ，横軸両吸込渦巻ポンプの曲線は，同じ規模の立軸タービンポンプの曲線より平らである．

14.4.4 一定速度運転と可変速運転

一定速度運転の渦巻ポンプの能力レンジは比較的小さい．この場合，能力の範囲は，主にH–Q曲線の傾きと静的状態での全揚程のうちの実揚程で決まる．ポンプを一定速度電動モータ（constant-speed electric motor）で駆動する場合，ポンプ能力は，放流バルブの開くことによってのみ揚程を増加させることができる．図-14.17に示されるように，変速機を付加することにより，最高速度時における最大能力の範囲内で流量を変えて運転することが可能となる．渦巻ポンプの可変速制御（variable-speed operation）では，モータの周波数制御装置（variable frequency drive；VFD）を使用することが多い．実施例は少ないが，可変速ポンプ制御を行うための他の同じ（電気的な）方法としては，磁界制御装置（magnetic drive），液体制御装置（hydraulic drive），そして特別な電気制御システム（electrical control system）を保持する特別に設計された籠形モータ（high-slip squirrel cage electric motor），巻線形モータ（wound-rotor electric motor）を使用することもある．特異な例としては，二段速モータ（極数変換制御）が使われることもある．

可変速運転は，ポンプの出力速度を入力速度に合わせる必要がある場合に有効である．例えば，再生水をビルの配管施設に揚水する際に，貯留容量が限られており，揚水される水の需要に時間変動がある場合があげられる．適切な貯水施設を有する再生水配水施設の場合，可変速運転は，必要ないかもしれない．この場合，単純なオンオフ運転で問題ない．二段速電動機を用いて貯留容量を減らした運転を行う場合もある．

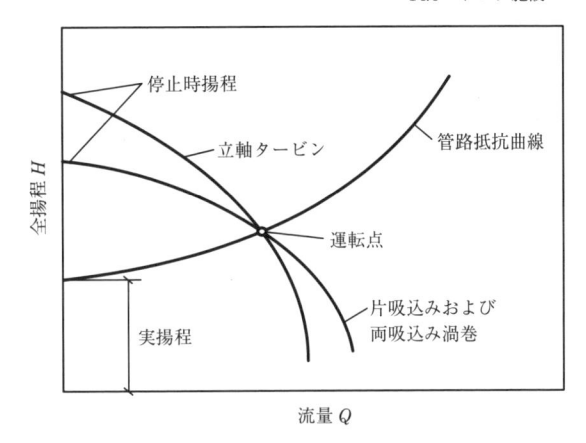

図-14.16 片吸込渦巻ポンプ，横軸両吸込渦巻ポンプ，立軸タービンポンプに対する典型的な全揚程カーブ

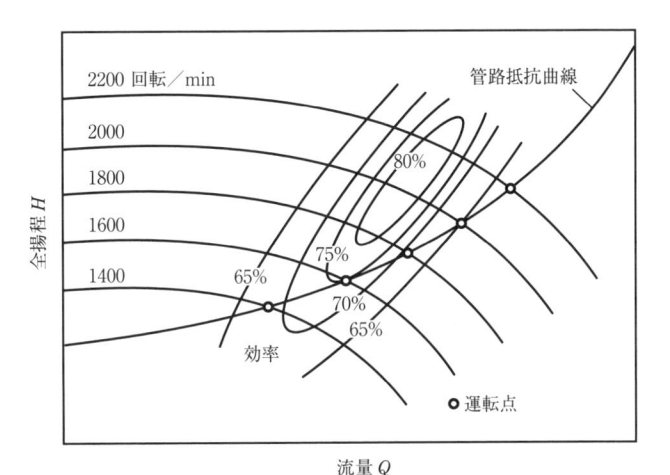

図-14.17 様々な速度での遠心ポンプの性能

14.4.5 バルブ

ポンプ場のバルブは，給水停止，逆流防止，ポンプ制御，減圧，上昇圧力制御のために用いられる．

止水弁，補修弁（isolation valve），逆止弁
止水とポンプの切離し用のバルブには，仕切弁（gate valve）またはバタフライ弁（butterfly valve）が通常用いられる．最低でもすべてのポンプの吸入と吐出配管に止水弁（shutoff valve）が必要となる．

第14章　再生水の供給と貯留

これらのバルブによりポンプを供給サービスから切り離して維持管理を行う．逆止弁(check valve)は，各ポンプの吐出管に設置し，運転停止時の逆流を防ぐ．

ポンプ運転と上昇圧力制御のための特別バルブ

多くの場合，特に大規模な場合にポンプの運転開始と停止に特別なバルブを採用して過剰な上昇圧力を制御する．通常運転状況下では，圧力上昇は，ポンプの運転開始時と停止時の両方の場合に起こりうる．ポンプの運転開始時に圧力が上昇する理由は，ポンプが動き始める瞬間の流量が0であるのに対し，短時間で急激に流量が必要な能力レベルまで上昇するためである．結果として，短い時間であるが，ポンプは，渦巻ポンプのH–Q曲線上の停止時全揚程から運転ポイントまで高圧力下で運転していることとなる．停止時全揚程は，ポンプ流量が0の時の圧力である．この種の圧力上昇は，過剰でもなければ，ポンプや配管の耐圧レベルを超えるものでもない．より大きな問題は，意図されたものであれ，停電時であれ，ポンプ停止時の圧力上昇である．ひどい場合(吐出配管に水柱の分離が起きるような場合)には，水撃現象と呼ばれる圧力の波が生じ，配管とポンプに損傷を与える可能性がある．運転開始時と停止時の過剰な圧力上昇を防ぐとともに，圧力上昇があった場合に圧力を消散させるためのバルブがつくられている．これらのバルブによる圧力上昇を抑える方法には，次の2通りがある．(1)バルブの開閉をゆっくりと行い，圧力上昇を部分開放されたバルブに水を通過させることにより消散させる方法，(2)バイパス管のバルブを急激に開いて上昇圧力を圧力の低い方に解放させる方法で，多くの場合，供給水貯水槽に圧力を解放する．場合によっては，再生水配水系統の流量が少ない時に圧力が高まるのを防ぐためにポンプの吐出側に減圧バルブが必要になる．需要が少ない時の配水系統の圧力上昇は，畑地での灌漑施設に不具合を引き起こす可能性がある．この理由は，多くの場合，畑地灌漑施設の低耐圧配管が減圧バルブによって保護されていないためである．

14.4.6　設備および配管計画

再生水ポンプ場の設備および配管計画には，多くのオプションがある．ポンプ場計画の一般則を以下にまとめる．
- 建設から維持管理段階まで支障が生じないよう，建屋，揚水設備，配管，電気制御盤へのアクセスを適正に確保すること．
- 様々な目的のために必要な最低限の設けるべき離隔(案)は，以下のとおり．
    建屋本館と設備へのアクセススペース：小規模ポンプで2m，大規模ポンプで2～3mの離隔．
    ポンプ本体，配管，特別なバルブ：1mの離隔．
    電気制御盤近傍：1mの離隔(National Electric Codeによる)．
- 重量設備(ポンプとモータ)用のクレーンを組み込むこと．天井または梁に吊りフック，巻上げ滑車，設備上の取外式天窓等．
- 可能なら通りから外れた所に設備を修繕のために運び出す際に必要となる大型車両の駐車スペースを含めたメンテナンンス用車両のための駐車スペースを設けること．

3種類の再生水ポンプ場の平面図を図-14.18，14.19に示す．3種類の再生水ポンプ場の平面図は，片吸込渦巻ポンプ，横軸両吸込渦巻ポンプ，立軸タービンポンプに対応している．図-14.18(a)の横軸両吸込渦巻ポンプの平面図は，他の2つの平面図より規模が大きい．図-14.19の立軸タービンポンプの平面図では，立軸型仕様故に横軸型仕様より平面上現れている面積が小さい．

14.4.7　非常用電源

再生水ポンプ場に非常用電源(emergency power)を置くか否かの判断には，幾つかの要素が関係

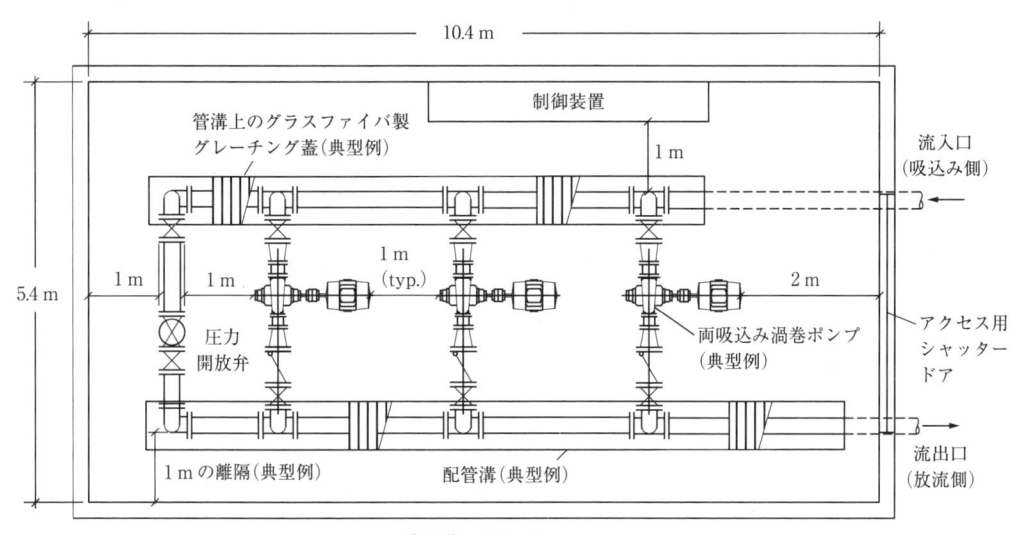

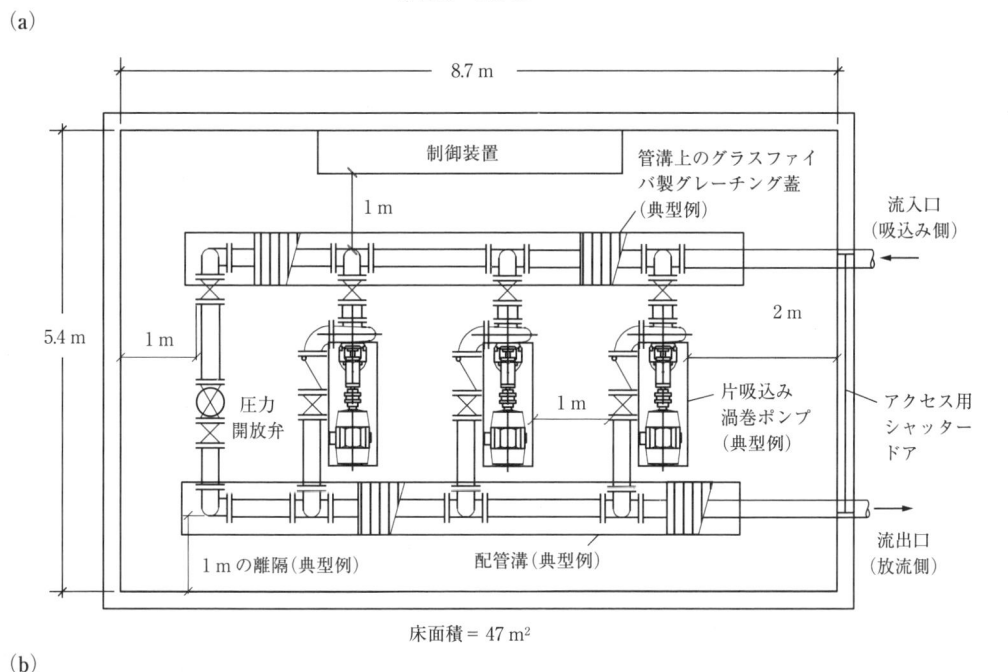

図-14.18 典型的なポンプ場平面図. (a)両吸込み渦巻ポンプ, (b)片吸込み渦巻ポンプ

する. 最も大きな判断要素は, 停電時にも継続してポンプを動かして再生水供給を行う必要があるか否かである. 仮に十分な貯留により水圧が保たれているか, または再生水供給が短時間, 停止してもよいならば, 長時間にわたる停電により再生水の輸送と利用に悪影響を与えない限り, 非常用電源は, 必要ないかもしれない. 予備電源は, 独立した電力供給源または自家発電による. さらに言えば, 再生水に対するお客様要望によっては連続供給が必要ないかもしれない. 例えば, 多くの場合, ゴルフ場や公園での散水であれば, 停電中に供給サービスが止まっても悪影響は少ない. 一方, もし再生水が工場のプロセス用水に使われていたり, あるいは二系統配管された高層ビルにおいて防火用水の役割を担っているならば, 非常用電源の確保は, ポンプ場の設計において重要な配慮事項となる. 非常用電源システムの例を図-6.10(b)に示す.

第14章 再生水の供給と貯留

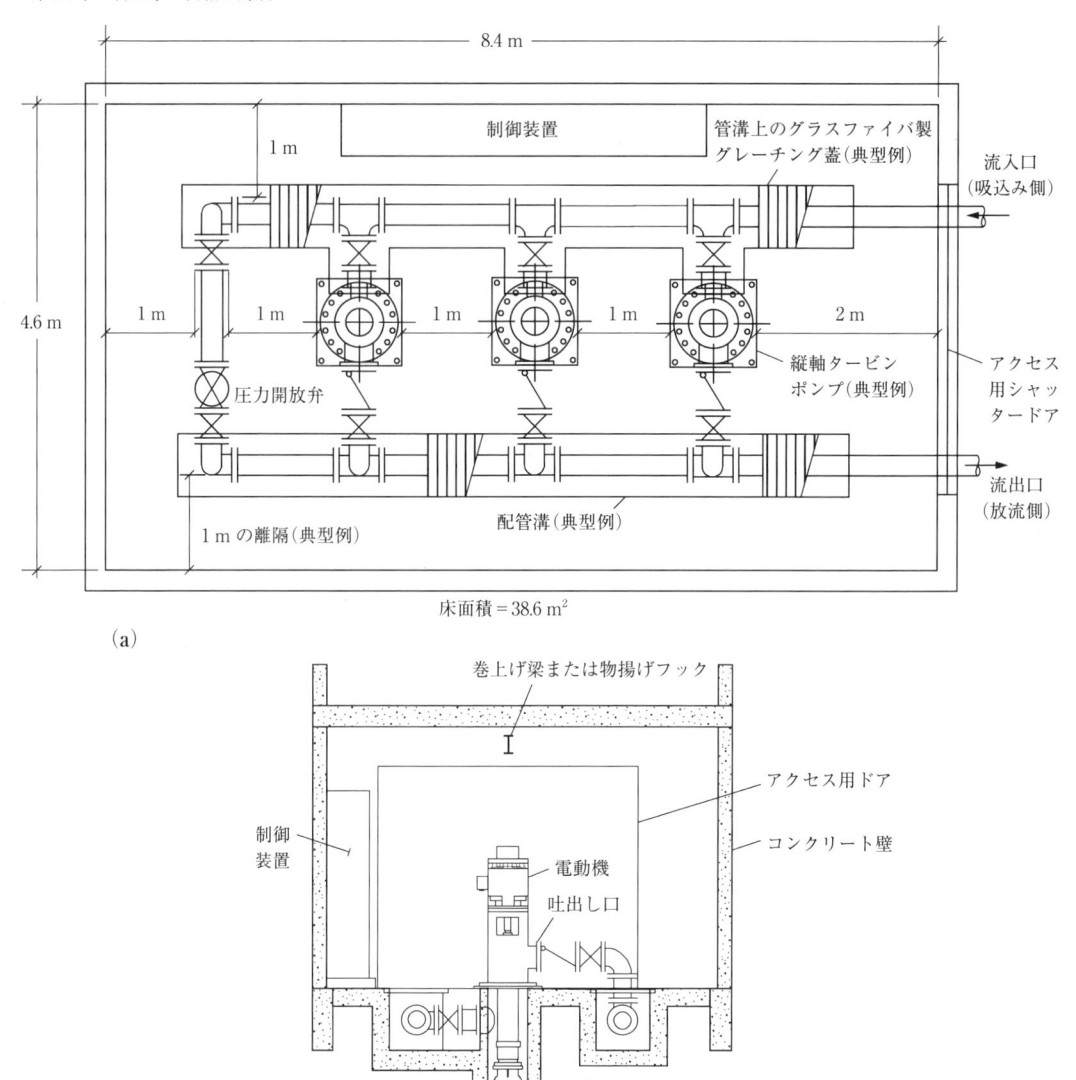

図-14.19 典型的な立軸タービンポンプ場．(a)平面図，(b)代表断面図

14.4.8 ポンプ運転計画の設計への影響

再生水供給事業者が運転費用を削減するために行いうる手法の一つに，ポンプ施設をオフピーク時だけに運転するよう設計することがある．電力会社は，一般的に夕方から夜間にかけて需要が小さくなる時間帯の電力料金を低くしている．このような料金設定の恩恵を受けることも可能ではあるが，運転時間を短く設定することの配水施設と必要貯留量への影響を十分に検討したうえで，最終的な結論を下さねばならない．多くの場合，ポンプ場と貯留槽につながっている管路は，運転時間を短くするのに伴いより大きな流量を流すための大きさが必要となる．**例題14-4**によりこの状況を解説する．

14.4 ポンプ施設

例題14-4　ポンプ運転計画の再生水配水，貯水施設設計への影響照査

例題14-2および**14-3**の小都市が供給ポンプ場の運転を夜8時から朝6時までのオフピークの間だけにした場合，配水施設にどのような改造を行う必要があるか知りたがっている．

管網解析ソフトを用いて，管径，揚水，貯水施設をどのように変更する必要があるか検討せよ．

例題14-3での仮定条件に加え，次の条件を本解析では用いよ．

・再生水ポンプは，一定流量で8時間運転し，最大日需要に対応する　　24/8×400 m³/h＝1 200 m³/h
・供給ポンプの公称全揚程　　40 m

本解析には，以下の**例題14-3**と同じ設計基準を用いる．

・すべての接続点で最低圧力水頭　　30 m 確保
・最大流速　　1.5 m/s
・最小管径　　200 mm

解　答

1. まず本解析の出発点として，**例題14-3**の管網解析の結果を用いる．
   a. EPANET2を用いて，右表に示されるように**例題14-3**から初期の管径を設定する．
   b. **例題14-3**で定めたように貯水槽の直径を20 m，地盤高を61 mとする．
2. 供給ポンプの運転計画をオフピーク電力料金が設定される午後8時から朝6時に変更する．
   a. 供給ポンプの稼働パターンをパターンエディタで変更する．朝6時から夜8時までのポンプ停止時間帯に0を入力する．
   b. 夜8時から朝6時までの間には1を入力する．
3. 管網解析
   a. 初期条件で管網解析ソフトを走らせ，設計上の運転条件が満たされるかどうか調べる．
   b. 初期条件での解析結果には幾つかの接続点で負圧が含まれる．この理由は，大きなポンプは，大きな流量を最大流速の許容範囲内で流すためにより太い管を必要とするためである．さらに，貯水槽につながる管路が細すぎて，より大きな流量に対処できない．
   c. 供給ポンプから接続的J6につながる管の管径と貯水槽の内径を大きくし，問題の解決を図る．さらに，必要があれば，貯水槽の地盤高とポンプの運転カーブを調整し，管網の最低圧力と最大流速の条件をクリアする．
   d. 何回か繰り返し計算を行い，24時間運転およびオフピーク運転下において適切な接続点圧力を維持するのに必要な管径を決定する．結果を右表に示す．
   e. 重要なことは，ポンプ運転が停止している時間帯も含め，すべての再生水需要を満足するためには，貯水槽の内径を20 mから28 mに拡

管番号	初期の管径(mm)
P1	200
P2	200
P3	200
P4	250
P5	300
P6	300
P7	300
P8	300
P9	300
P10	300

| 管番号 | 管径(mm) ||
	時間運転	オフピーク運転
P1	200	200
P2	200	200
P3	200	200
P4	250	300*
P4	300	300
P5	300	300
P6	300	300
P7	300	300
P8	300	300
P9	300	450*
P10	300	450*

* 増径管．

第14章 再生水の供給と貯留

> 大する必要があるということである．
>
> **解　説**
> ポンプ運転時間をオフピーク時間に限定することにより電力費削減が可能になるが，配水，貯水施設の規模，コストに大きな影響を与える可能性がある．本例題では，ポンプ場と貯水槽につながる管路の内径を増大させる必要が生じた．また，貯水槽の内径も 20 m から 28 m に大幅に大きくする必要性が生じた．

14.5　再生水貯水施設の設計

　必要な貯水施設の概略の位置，大きさは，14.2 で示したように再生水事業の計画段階で決められる．本節では，短期貯水施設を扱う．
　短期貯水施設は，通常，鋼製またはコンクリート製で建設され，水道の貯留と同様である．鋼製タンクは，ほとんどの場合，溶接でつくられるが，プレハブ式で，ボルトで接合のタンクもある．コンクリート製のタンクは，地上または地下に建設される．短期貯水施設の例は，14.2 に示す．再生水貯水施設の設計に必要な実施事項を以下に示す．
・再生水貯水槽の最終的位置とタイプの決定．
・貯水槽，配管，付帯設備に対する施設計画の作成．
・貯水槽，付帯設備の建設材料の決定．
・必要な場合には貯水槽に対する保護加工の選定．
これらの実施事項について本節で示す．

14.5.1　再生水貯水槽の位置選定

　貯水槽の概略位置は，計画段階で決める．貯水槽の最終的な位置と種類は，幾つかの要素に影響される．具体的には，
・適切な地盤高での用地取得の可能性，
・用地の地質と地形，
・用地へのアクセス，
・景観への影響．

用地の地盤高と取得の可能性
　適切な地盤高での貯水槽用の用地取得の可能性を考慮すると，選択肢は，限られる場合がほとんどである．さらに，2つ以上の貯水槽が同じ圧力管網に存在する場合，運転操作を簡略化するため，貯水槽の満水位の高さは，同じにすべきである．もしこれが可能でなければ，低い方の貯水槽の流入管に貯めすぎや溢水を防ぐため，特別な水位制御バルブが必要となる．これらのバルブは，水位調整バルブと呼ばれ，貯水槽の水深を計測し，貯水槽が一杯になると自動的にバルブを閉じる．しかしながら，場合によっては，需要量が少ない時間帯において配水施設の水圧が高くなるため，低い位置にある貯水槽から水が入らない．その結果，貯水槽内に滞水が生じる可能性がある．仮に貯水槽を用地難のために低い位置に設置する必要がある場合，特に貯水槽近傍の配水施設の水頭に対し特別な配慮を行う必要がある．例えば，貯水槽への流入管と流出管は，配水系統から切り離すことにより，より高い水圧を貯水槽付近で維持することが可能となる．また，代わりに貯水槽からの流出管を配水施設の

圧力の低い部分につなぐことも対策となりうる．

用地の地質と地形

　用地の地質と地形は，再生水貯水槽の用地選定の決定的要因となりうる．貯水槽用地は，平らでなければならないので，地形によっては掘削が必要となることを考慮する必要がある．あまりに急峻な崖地は，用地として不適である．用地の地質や土質の特性もまた重要である．これらは，しばしば他の要因に優先する．岩の出る用地では，必要な掘削がそもそもできないかもしれない．弱くて脆い岩や土質では，貯水槽とその中身の重さ支えるのに十分な強度が得られないかもしれない．地滑りを起こしやすい用地も同様に適当でない．貯水槽用地が地震断層の上または近くの場合，入念な地盤調査（geotechnical investigation），地震調査が必要である．もし可能なら，このような土地は避けるべきである．再生水貯水槽用地の選定に当たり徹底的な地盤調査の必要性について強調しておく．

用地へのアクセス

　建設，運転，維持管理のために貯水槽用地に立ち入ることは必要不可欠である．アクセス道路は，維持管理，外装塗装，設備修繕，交換のための車両が通行可能になるよう適切なものとすべきである．

景観への影響

　貯水槽の周辺環境に対する景観上の影響は，再生水貯水槽の選定に当たり重要な要素である．可能ならば，貯水槽は，貯水槽や関連設備が景観上問題にならないような場所に設置すべきである．このため，貯水槽周辺に植栽等による景観への配慮や盛り土を行う場合もある．貯水槽のむき出しの外面に建築的配慮を行うこともまた景観悪化を緩和するうえで有効である．

14.5.2　貯水槽，配管，付帯設備に係る施設計画

　貯水槽，配管，付帯設備に係る施設計画に当たっては，以下を考慮する．
- 施設配置，施設へのアクセス，駐車場，排水，セキュリティ．
- 用地内配管（流入管，流出管，排水管）．
- 貯水槽配管（流入管，流出管，オーバーフロー管，排水管）．
- 付帯施設（流量計測，撹拌，消毒剤添加，遠隔計測器のための貯水槽へのアクセス用マンホールと昇降口等）．

配置計画

　貯水槽位置を最終的に確定した後，施設計画を作成しなければならない．アクセス道路は，建設，維持管理に使用される最も大きな車両が通行できるよう設計する必要がある．設計で配慮すべき事項として，車道幅，最大傾斜，最小カーブ角度，舗装材料があげられる．貯水槽周辺エリアは，可能なら管理用車両や塗装資材運搬用に舗装するべきである．

　人の視線がない辺鄙な所に貯水槽を設ける場合，セキュリティを高め，いたずら行為を防ぐために鎖が連結した有刺鉄線付きフェンスを設置することが望ましい．

貯水槽用地内の配管

　貯水槽用地内の配管は，流入管，流出管，オーバーフロー管，ドレイン管，敷地内の配水管からなる．流入管，流出管を1本ですませるか，別々に設けるかについては後述する．傾斜部と舗装部を含む貯水槽用地の排水管は，設計降雨量からの流出量に加えて，貯水槽からの最大越流量，ドレイン流量を含んだものとして内径を設定すべきである．流入配管，流出配管，バルブ，流量計測口は，運転

管理のしやすさ考えた位置に設置する必要がある．

貯水槽配管

　流入管と流出管は，1本の場合もあるし，2本別々の場合もある．流入管と流出管が貯水槽の反対側に設置されていれば，槽内を撹拌できるので，2本別々の場合が望ましい．流入管，流出管別々の場合，両方の管に逆流防止弁が必要となる．維持管理，地震または事故による再生水の流出を防ぐため，オーバーフロー管を除いて貯水槽に出入りするすべての管に対し切離し弁が必要である．活発な地震が観測される地域では，流入管，流出管は，可撓継手を用いて地震時の破損を防ぐように設計する場合もある．前述のように，周辺の配水施設の水理学的に低い位置にある貯水槽では，過剰流入を防ぐために水位調整バルブが必要となる場合もある．すべてのバルブは，地下のユーティリティ（管理室）に設置し，凍結や不法アクセスを防ぐ必要がある．

貯水槽の付帯設備

　貯水槽（reservoir）の付帯設備は，以下で構成される．
・貯水槽点検用マンホールと昇降口．
・水位計測計と流量計測計．
・撹拌装置．
・消毒剤注入装置（disinfectant addition facility）．
・テレメータ（telemetry equipment）．

すべての貯水槽には，建設，点検，維持管理，塗装のために最低限2つのアクセスポイントが必要である．鋼製タンクの場合，アクセスは，通常，地上部に設けられた側方からのマンホールと貯水槽上部に取りつけられた昇降口から行われる．コンクリート製のタンクの場合，アクセスは，通常，貯水槽上部に取りつけられた昇降口から行われる．すべてのアクセスポイントは，鍵を取りつけてセキュリティを保つ必要がある．

　水位計（water depth measurement）と流量計（flow metering）は，再生水貯水槽にとって一般的な付帯設備である．水位は，再生水貯水槽の主な運転指標であり，貯水槽への供給ポンプの制御に用いられる．流量計は，再生水貯水槽の運転に必須ではないものの，流量計の時系列データは，新たな貯留施設を供給エリアで計画する際に重要となりうる．流入管，流出管が1本の場合の流量計は，電磁流量計等により両方向の流量を計測できるようにする必要がある．

　撹拌装置（mixing facility）は，長時間貯留する場合，より重要となりつつある．特に再生水貯水槽において水質変化が顕著となりうる場合（14.7参照）において重要となる．撹拌は，幾つかの方法で行われるが，機械撹拌（mechanical mixer）と空気撹拌（air-mixing）が最も一般的である．機械撹拌装置は，天井部または側方部に取りつけられる．電気駆動モータは，貯水槽の外に設置される．近年，貯水槽内部に設置される水没式の機械撹拌装置が出回るようになった．空気撹拌は，貯水槽内部に設置された空気配管装置にコンプレッサを連結して行われる．空気配管装置の複雑さは，主に貯水槽の規模に依存する．コンプレッサは，恒久的に貯水槽に設置することも可能であるし，あるいは必要な時だけ持ち込む可搬式にすることも可能である．

　遠方の再生水貯水槽に消毒剤を添加できることもまた重要性を増している．消毒剤添加（disinfectant addition）は，人力で次亜塩素酸溶液を天井部の昇降口から入れる単純な手法から，恒久的塩素注入設備による複雑な手法まである．特に夏場おいてであるが，消毒剤添加は，一般的に間欠的にしか必要ないため，多くの事業体にとって可搬式のトレーラ搭載型塩素注入設備が適当である．

　テレメータも再生水貯水槽にとって重要な配慮事項である．テレメータは，水位情報を遠方の貯水槽からポンプ場と運転管理センターに送り，供給ポンプの制御と運転状況の監視に用いる．テレメータは，電話回線とともに専用回線を用いることがある．近年，多くのテレメータシステムでは電波や

電磁波の周波数を使い，無線で情報を伝達している．貯水槽のセキュリティシステムが侵入警告機能を有している場合，テレメータにより不法侵入の知らせを管理センターに送信することも可能である．

14.5.3 建設材料

再生水貯水槽は，一般的に鋼または鉄筋コンクリートを用いて建設される．鋼製であれコンクリート製であれ，基本的な機能は同じであるが，それぞれの材質の特性に応じた設計施工を行わなければならない．水道，再生水供給用の鋼製タンクは，工場製作のボルト式鋼製タンクが用いられる場合もあるが，通常，溶接で現場施工される．鋼製タンクは，地上に設置されるため，内面・外面の塗装，あるいは他のコーティング材により腐食防止を行う必要がある．電気防食も鋼の電気化学的腐食を防ぐために一般的に用いられる．鋼製タンクの大きさは，より大きなタンクも一部にあるが，一般的に内径で30〜45 m，高さで10〜15 mである．190〜11 360 m^3 までを標準化した地上設置型鋼製タンクが入手可能である(AWWA, 1996)．

コンクリート製タンクは，通常，現場施工であり，鉄筋で補強されるか，打設硬化後，金属線で巻いて後から張力を与える．コンクリート製タンクの大きさは，鋼製と同様であるが，内径は，60〜70 mまで大きくとることが可能である．コンクリート製タンクは，地上あるいは地下に設置可能である．大きな貯水構造物の景観への影響を低減する必要がある場合には，地下式が採用される．地下建設費用は，一般的に地上建設より大きくなる．この大きな理由は，土工費用のためである．水道水および再生水用コンクリート製タンクの防食の必要性は，鋼製に比べて小さい．鋼製タンク，鉄筋コンクリート製タンクの利点，欠点を表-14.10に示す．

表-14.10 鋼製および鉄筋コンクリート製の閉鎖型貯水槽の利点，欠点

利　　点	欠　　点
鋼製構造物	
溶接施工により漏水がない．	腐食防止のために電気防食装置が必要となる．
熱膨張および収縮によっても構造的健全性に影響が出ない．	定期的な防食塗装が必要となる．
定期的に防食することにより，経済的寿命が50年を超える．	地上のみでの建造に適する．
大きさおよび仕様によっては，鉄筋コンクリート製より初期投資が低い．	
鉄筋コンクリート製構造物	
鋼構造より維持管理費が安い．	不適切な設計，施工によりひび割れを起こしやすい．
地上でも地下でも建設が可能．	熱膨張，収縮の影響を設計段階で考慮する必要がある．
施工時に特別な建築的処理を容易に組み込むことが可能．	建設費用が鋼製より高い．

4.5.4 保護塗装：内面，外面

鋼製タンクの保護塗装の必要事項は，後述のように内面と外面で異なる．コンクリート製タンクの内面，外面の保護塗装は，希望すれば可能であるが，一般的に必要ない．

内面保護塗装

内面保護塗装(interior coating)は，常時再生水と接触しているため，塩素を含んだ水に浸しても問題ないものとする必要がある．また，有機性物質等を再生水に溶出させてはならない．National Sanitation Foundation(NSF)は，米国他で広く受け入れられている上水タンク，再生水タンク用の内面塗装に係る自主的国家基準を採用している．これらの基準は，American Water Works Association(AWWA)の鋼製上水貯留タンク塗装基準の参照となっている．2006年において最もよ

く用いられた内面塗装材は，エポキシ，ポリウレタン塗装である．長期にわたり内面塗装の効果を持続させるためには，鋼，コンクリートの適切な表面前処理が非常に重要である．

外面保護塗装

エポキシ，ウレタン，アクリル系の外面保護塗装(exterior coating)を使用する際の必要事項は，一般的に内面保護塗装の必要事項ほど厳密なものでない．これは，主に外面塗装は，連続的に水に浸かっている可能性が低いためである．外面保護塗装のより大きな問題点は，紫外線に曝されることにより塗装材に悪影響を与える可能性があることである．

14.6 配水施設の運転管理

配水施設は，処理施設と同様，再生水の使用者に対して信頼できるサービスを維持するため，適切な運転管理を必要とする．管路の維持管理の業務には，水質を維持するために行う定期的な管路の洗浄，細菌の再増殖を予防するためのシステム全体において行う規則的な消毒残留物の確認，弁装置・給水栓の動作確認，誤接合の管理の厳重なプログラムが含まれる．ポンプ場の運転管理の業務には，規則的かつ予防的なポンプ設備，弁装置・電気設備の保守，ポンプの管理が含まれる．ポンプの管理，貯水池の計測運転は，適切な運転，較正のために定期的に確認する必要がある．配水施設の維持管理の要件は，本節に記述する．貯水池については，14.7 に記述する．

14.6.1 管　　路

いったん消毒された再生水が配水施設に入ると，水質に悪影響を及ぼす変化が起きる．まず，消毒剤(例えば，塩素，クロラミン，二酸化塩素)の残存濃度は，他の水質項目との化学反応により生物膜が管路の内壁で成長するため，緩やかに減少する．水質項目には，溶存酸素，還元された無機化合物，微量の残存有機物が含まれうる．さらに，残留消毒剤の存在下であっても，スライム層は，時間をかけて管路の内壁で成長しうる．これらの反応は，管路内で緩やかに進行し，一般的に，配水の源から遠く離れるほど明らかである．残留消毒剤の減衰は，一般的に再生水が空気に曝される貯水池で比較的大きく，特に直射日光にも曝される開放型貯水池で大きい．残留消毒剤の減衰は，管路が行き止まりとなると特に重大であり，そこでは臭気が発生しうる．可能な限り配水システムにおいて行き止まりは避けるべきである．

定期的な洗浄

水質を維持する重要な方法の一つは，配水幹線の定期的な洗浄を実施することである．一般的に幹線の洗浄は，配水施設内の低い位置や末端にある給水栓，噴出装置を使用することによって完了できる．洗浄水は，排水集水施設に放流する，もしくは適切な許可を取得して雨水管，または地元の水路に放流することができる．許可を取得できないならば，洗浄水を処分のためタンク車により下水道施設に輸送しなければならない場合がある．洗浄水を雨水管，または地元の水路に放流する場合，あらゆる残留消毒剤の除去を要求する規制官庁もある．管路清掃用ピグ(pig)(図-14.20 参照)を使用して管路を清掃しなければならない場合もある．大規模な配水施設では，残留消毒剤を許容規定レベルにまで上げるため，遠く離れた管路，または貯水池で消毒剤を添加しなければならない場合がある．

誤接合の管理

誤接合の管理は，おそらくあらゆる再生水の機関，飲料水の機関にとって最も重大な責任となる．

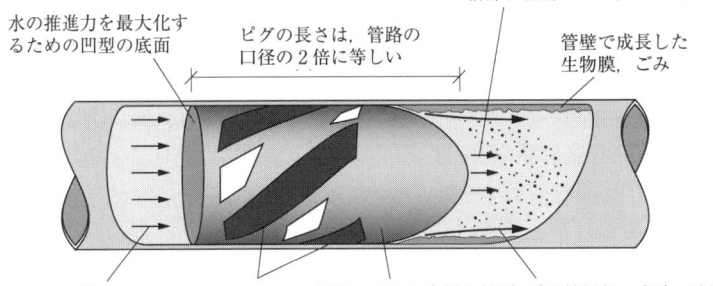

図-14.20 管路清掃に用いられる典型的なオープンセル型ポリウレタン製フォームの装置であり，通常は，ピグという名前で知られる(Girard Industries)．一般的に4種類のピグが使用され，それらは，オープンセル型・クローズドセル型ポリウレタン製フォーム，心軸式・機械式，ソリッド型ウレタン，複合材料から製作された一体化したものである

誤接合の管理を周到に計画し実施することによってのみ，使用者の健康を十分に守ることができる．再生水のバックアップ，または補充用として飲料水源が使用される場合は，いつでも誤接合の防止がなされなければならない．誤接合の管理は，15章に記述され，誤接合の予防，モニタリングに用いられる多様な手法がU.S. EPA(2003)，AWWA(2004a)に記述されている．

弁装置の動作確認

再生水の配水施設のもう一つの重要な維持管理の業務は，施設内の弁装置，給水栓の規則的な動作確認のプログラムである．弁装置，給水栓は，適切な運転を確保するため，少なくとも年1回は運転すべきである．

14.6.2 ポンプ場

再生水のポンプ場は，設計によって，電力需要のピーク時にもほぼ連続運転するもの，オフピーク時のみに運転するものがある．電力需要のピーク時に連続運転しなければならない場合，定期的かつ予防的な保守の重要性は明らかで，ポンプ能力に多少の余裕を確保すべきである．ポンプの保守の要件には，ポンプ・モータへの規則的な注油，軸封装置からの漏れの確認，パッキンの交換が含まれ，必要であれば，自動・手動の弁装置，ポンプの制御システム・計装の適切な運転の確認が含まれる．

14.7 再生水の配水，貯留における水質管理の問題

配水，貯留における水質の劣化は，常に再生水の供給者の関心事であるが，開放型または閉鎖型貯水池における再生水については，特にあてはまる．飲料水は，配水，貯留において比較的小さい水質変化を受けやすく，たいてい残留消毒剤の濃度の低下，配水管における細菌の再増殖・スライム形成という形態をとる．これらの変化は，再生水の場合に大きくなるが，それは，溶存態の栄養塩類・残留有機物の濃度が飲料水よりも高いからである．次に展開される水質の諸問題，これらの問題を緩和するためのマネジメント戦略に係る記述は，Tchobanoglous and Schroeder(1985)，Tchobanoglous *et al.*(2003），Miller *et al.*(2003)を一部書き換えている．

14.7.1　水質の問題

再生水の水質の劣化は，次の一般的な区分に分類される［Kirmeyer *et al.*(2001)の改変］．
・物理的：温度，濁度，浮遊物質(沈殿物)．
・化学的：pH・アルカリ度の変化，残留消毒剤の減少．
・生物学的：細菌(再増殖，鳥／動物由来)，藻類，少ない溶存酸素，硝化．
・美観：臭気(例えば，硫化水素)，色度，濁度．
これらの水質の問題は，個々に列記されているが，本節に記述されるように相互に関係している．

物理的な水質

　再生水の配水，貯留における物理的な水質の問題は，一般的に水温の変化，濁度・浮遊物質(沈殿物)の濃度変化に関係する．水温の上昇は，再生水が開放型貯水池または地上型貯水槽で貯水される時，とりわけ暑く乾燥した気候の地域においてかなり大きくなりうる．一般的に水温の上昇は，再生水の使用に直接的には影響を与えないが，再生水の他の水質項目の濃度変化を速める．変化の主要な機構は，化学的反応，生物学的反応の温度依存性である．例えば，配水管における細菌の再増殖，開放型貯水池における藻類の増殖，残留塩素の減少は，温度が高いと速く進む．
　再生水の濁度，浮遊物質の濃度は，開放型貯水池に貯留された場合，プランクトン・藻類の自然増殖，流域からの局地的な雨水流出のため著しく上昇しうる．極端な場合，許可された除草剤を使用して藻類の増殖を制御しなければならない．濁度，浮遊物質の増加を防ぐためには，流域内の浸食を制御する最新の手法を用いるべきであり，極端な場合，局地的な雨水流出の一部，または全部について流出先を貯水池から変更しなければならない．

化学的な水質

　再生水の配水，貯留における化学的な水質の問題は，一般的にpH・アルカリ度の変化，消毒残留物の減少に関係する．配水管，貯留施設における幾つかのプロセスによって，再生水のpHとアルカリ度との均衡が変化しうる．再生水中の残留有機物の生物学的酸化によって副産物として二酸化炭素が放出され，再生水のpHが低下する．さらに，アンモニアから硝酸への生物学的硝化によって水素イオンが放出され，pHが低下する．
　一般的に，配水管，貯水施設における再生水の滞留時間が長いほど消毒剤の濃度は低下する．消毒剤の濃度の低下は，再生水中の残留有機物が低濃度で存在すること，配水管・貯水池の表面でスライムが成長すること，閉鎖型貯水池・開放型貯水池で空気に曝されることが原因である．配水施設において残留消毒剤が低下することになれば，細菌の再増殖が起こりうる．

生物学的な水質

　再生水中の生物学的な水質の問題は，主に配水施設・貯水施設における藻類の増殖，細菌・その他の病原体の増殖，または再増殖に関係する．生物学的な硝化は，再生水中のpH，アルカリ度の変化，溶存酸素濃度の低下も引き起こす．
　開放型貯水池に藻類が存在すると，pH，アルカリ度，溶存酸素が昼間に変化する．藻類は，繁殖のために太陽光のエネルギー，水中の二酸化炭素を用いる植物プランクトンであり，この生物学的反応による副産物として溶存酸素が発生する．しかし，太陽光が利用できない時，藻類は，呼吸に水中の溶存酸素を用い，より多くの二酸化炭素が水中に放出される．これらに起因するpH，溶存酸素の変動は，再生水中に藻類が高濃度に存在する場合，かなり大きくなる．さらに，開放池または貯水池

で貯留された再生水中の藻類の過度な存在は，灌漑用の散水栓，点滴灌漑装置の維持管理上の問題が発生する．再生水中の藻類の存在は，多くの再利用用途にとって美観上許容されない．

　細菌の増殖，再増殖は，ほとんどの再生水利用用途において重大な水質の問題である．細菌の増殖は，開放型貯水施設における動物，鳥の存在によっても引き起こされる．アンモニアは，都市下水に自然に含まれる一成分であり，処理施設に生物学的な硝化，または硝化脱窒工程がない限り，かなり高い濃度のアンモニアが処理水中に観測される．アンモニアは，灌漑用途において肥料としての価値があるにせよ，上述の水質の問題のうち幾つかの主因であり，特に藻類の増殖，低濃度の溶存酸素に係る問題においてそうである．

美観の問題

　再生水中の臭気は，アンモニア，硫化水素の存在により，時間をかけて少しずつ発生する．アンモニアガスは，再生水から揮発するにつれて顕著な臭気を有するようになる．アンモニアの硝化は，溶存酸素の存在下で自然に進行し，ある条件では，再生水中の溶存酸素が消費され，嫌気状態になる．(1)末端管路，(2)十分に使用されていない閉鎖型貯水池，(3)普通以上に大きい管路，(4)成層が形成された開放型貯水池の深層部においては，流れのない状態で，酸素の不足，臭気の発生が起きうる．

　嫌気状態では，再生水中の溶存態の硫酸塩は，通性嫌気性細菌(facultative bacteria)によって生物学的に硫化水素に還元される．さらに，灌漑された芝生では，アンモニアが硝酸塩に自然に酸化されて土壌断面の酸素が消費される場合，黒色の硫化物の沈殿物が形成される．嫌気状態が存在する場合，一般的に排水の不良，過度の灌漑が原因となって，芝生が撹乱される時に臭気が放出される(例えば，ゴルフ場のディボット)．

14.7.2　水質の問題による影響

　上述の水質の問題は，解決しないままでは，再生水の有益な利用に係る美観，維持管理の問題につながりうる．美観の問題には，臭気，目に見える影響が含まれる．公園，またはゴルフ場の貯水池から発生する臭気は，再生水の利用に対する受容度に重大な影響を与えうる．同様に，観賞用の池における藻類の大量の増殖は，美観の重大な問題である．細菌の過度の再増殖は，公衆衛生の問題，規制を受ける問題につながりうるので，大きな関心事である．したがって，このような水質の悪い状態は，発生する前に防止することが重要である．

　維持管理の問題には，散水栓・点滴灌漑施設の詰まり，過度の管路洗浄，貯水池の保守が含まれる．再生水中の藻類，他の粒子は，散水栓，点滴エミッタの保守要件に係る重大な問題を引き起こしうる．配水施設における再増殖の問題を制御するための解決策候補を**表-14.11**に示す．管路洗浄は，配水施設において水質を管理する通常の方法であるが，洗浄水の雨水排水施設への放流が許可されない場合があるため，特別な関心事であり，洗浄水の収集，処分のために特別な設備，または手配が必要となる場合がある．

表-14.11　配水施設中の細菌の再増殖を制御するための解決策候補[a]

区　分	解　決　策
モニタリング	サンプル水をとり，一般細菌数，残留塩素を分析する．細菌学的な結果と残留消毒剤との相関を見る．濁度，水温，栄養塩類のレベルもモニタリングする．
運転管理	残留消毒剤を増加し，滞留時間を減少し，貯水施設内の交換率を増加し，管路内で問題となる領域を隔離し消毒する．
保守	堆積物を除去するため，定期的な一方向から，または全面の洗浄を実施する．ピグ(図-14.20参照)により，管壁から生物膜を剥離する．貯水施設における堆積物の存在を確認する．

[a] Kimeyer *et al.*(2001)より一部引用．

14.7.3 貯留の水質変化への影響

上述のとおり，貯水池の滞留時間は，再生水の水質に影響を与える．開放型貯水池・閉鎖型貯水池における貯留による影響について以下に述べる．

開放型貯水池における貯留

開放型貯水池における再生水の貯留に関係して最もよく起こる問題は，表-14.12 に列挙されるとおりである．主な問題は，次のとおりである．
- 臭気，主に硫化水素の放出．
- 水温成層の形成．
- 臭気，魚の死を引き起こす低溶存酸素．
- 藻類，植物プランクトンの過度の増殖．
- 高いレベルの濁度，色度．
- 微生物の再増殖．
- 鳥類，齧歯類の個体群による水質の劣化．

表-14.12 再生水の貯留に使用される開放型貯水池の運転の際に直面する問題[a]

貯水池に係る問題	内 容
物理的／美観上	
色度	色度の存在は，水に対する美観上の受容度に影響を与えうる．雨水流出中の腐植質のもの，細かいシルト・粘土，再生水中の色度がしばしば原因となる．
臭気（主に硫化水素）	再生水の貯留に関して最もよく起こる問題の一つ．硫化水素は，臭気の原因であり，塩素を消費する．
温度	年間のうちのある期間は，水を使用できない場合がある．
水温成層	緯度によるが，たいてい年に1，2度発生する．
濁度	濁度の存在は，水に対する美観上の受容度に影響を与えうる．濁度は，シルト・粘土を含む雨水流出，藻類の増殖が原因となりうる．
化 学 的	
塩素	塩素，塩素化合物は，開放型貯水池内の水生生物に対する毒性を有する場合がある．
溶存酸素	低溶存酸素が開放型貯水池における魚の死，臭気の放出の原因となりうる．
窒素	栄養塩は，植物プランクトンの増殖を誘発できる．
リン	栄養塩は，植物プランクトンの増殖を誘発できる．
生物学的	
藻類	過剰の藻類の存在により，臭気が引き起こされたり，濁度が増加したり，フィルタが詰まったりしうる．
水鳥	過剰の水鳥の存在により，貯水された水の水質が劣化しうる．
細菌	再増殖は，開放型貯水池において通常起こる．可能な再生水利用用途に影響を与える場合がある．
硝化	アンモニウム性窒素が亜硝酸性窒素，硝酸性窒素に酸化される微生物による工程．
クロロフィル	過剰の藻類，植物．
蠕虫	可能な再生水利用用途に影響を与える場合がある．
昆虫（蚊）	殺虫剤を散布しなければならない場合がある．
植物プランクトン	過剰の藻類により，臭気が引き起こされたり，濁度が増加したり，フィルタが詰まったりしうる．
原生動物	可能な再生水利用用途に影響を与える場合がある．
ウイルス	可能な再生水利用用途に影響を与える場合がある．

[a] Tchobanoglous *et al.*(2003) より引用．

閉鎖型貯水池における貯留

閉鎖型貯水池における再生水の貯留に関係して最もよく起こる問題は，表-14.13に列挙されるとおりであり，次を含む(Tchobanoglous et al., 2003).
- 流れのない状態．
- 臭気，主に硫化水素の放出．
- 残留塩素の消費．
- 微生物の再増殖．

表-14.13 再生水の貯留に使用される閉鎖型貯水池の運転の際に直面する問題[a]

貯水池に係る問題	内　容
物理的／美観上	
色度	再生水中の腐植質のものの存在がしばしば原因となる．
臭気(主に硫化水素)	再生水の貯水に関して最もよく起こる問題の一つ．硫化水素は，臭気の原因であり，塩素を消費する．
濁度	濁度の存在は，水に対する美観上の受容度に影響を与えうる．
化　学　的	
塩素	塩素および塩素化合物は，臭気の原因となる場合がある．塩素は，通常，生物学的な増殖を制御するために使用される．
溶存酸素	酸素の不足によって閉鎖型貯水池において臭気が放出しうる．
生物学的	
細菌	再増殖は，閉鎖型貯水池で起こってきた．可能な再生水利用用途に影響を与える場合がある．
昆虫(蚊)	昆虫は，密閉が不適切な貯水池に入りうる．殺虫剤を散布しなければならない場合がある．
ウイルス	可能な再生水利用用途に影響を与える場合がある．

[a] Tchobanoglous et al.(2003)より引用．

14.7.4　開放型貯水池，閉鎖型貯水池における水質管理の戦略

表-14.12，14.13にあげられる問題を克服するために用いられてきた管理戦略は，表-14.14に列挙されるとおりである．開放型貯水池，閉鎖型貯水池向けの戦略は，次のとおりである．

開放型貯水地

表-14.14にあげられるすべての戦略が用いられてきたが，開放型貯水池向けの最も効果的な戦略は，酸素の供給，成層の破壊のためにエアレーションすることであった．幾つかの種類のエアレーションシステムが酸素を供給し成層を除去するために用いられており，高いポンプ能力を有する表面エアレーション装置(surface aerator)，ブラシエアレーション装置(brush aerator)，静圧管エアレーション装置(static tube aerator)，散気式エアレーションシステム(diffused aeration system)が含まれる．California州IrvineにあるIrvine Ranch Water Districtは，成層の形成を防止し，溶存酸素のレベルを高くするために，Sand Canyonにある再生水貯水池の上部，下部の水を循環させる空気圧縮機と散気装置のシステムを用いている(IRWD, 2001)．

比較的新しいエアレーション装置であるSpeece cone(図-14.21参照)は，非常に高い酸素移動速度を有し，貯水池内の撹拌に優れている．エアレーション，成層の破壊に必要な供給電力は，$0.30 \sim 0.50 \, kW/1\,000 \, m^3$程度である．明らかなことだが，実際に必要な電力は，貯水池の水面の面積，縦横比(aspect ratio)，深さ，水温を含む物理的な特性により変動する．

貯水池におけるプランクトンの増殖は，硫酸銅，またはより選択的な殺藻剤の使用により制御できる．硫酸銅のような化学製品の効果的な使用のためには，関係する生物の数，種類を決定する水の顕

第14章 再生水の供給と貯留

表-14.14 再生水の貯水に使用される開放型貯水池，閉鎖型貯水池向けの管理戦略[a]

管理戦略	解　説
開放型貯水池	
エアレーション／成層の破壊	エアレーション施設を導入することで，好気状態を維持し水温成層を破壊できる．底泥からのリンの放出を引き起こす場合がある．
硫酸アルミニウムによる凝集沈殿	浮遊物質，リンを除去するために，硫酸アルミニウムによる凝集沈殿が用いられてきた．堆積物からのリンの放出を止めるために用いることができる．
バイオマニピュレーション	微生物の増殖速度の制御．
硫酸銅の添加	硫酸銅は，藻類の増殖を制御するために使用される．銅の蓄積に対する毒性の懸念を理由に，銅の使用が禁止されている場合がある．硫酸銅の使用を禁止している政府機関もある．
成層の破壊（再循環を含む）	水温成層を破壊するために水中撹拌機，または吸引式撹拌機を使用できる．再循環用ポンプも使用できる．底泥からのリンの放出を引き起こす場合がある．
希釈	水質を管理するために貯水池の水に他の水を混合できる．
浚渫	堆積物の形成，硫化水素の生成を制限するために，積もった堆積物を毎年除去できる．
ろ過	藻類を除去し水の透明度を向上させるために，ロックフィルタ，緩速ろ過用フィルタ，または円盤型フィルタによって貯水池の水をろ過できる．
微生物の自然減衰	自然減衰の有効性は，貯水池の運転，滞留時間による．
光酸化	適切に撹拌することにより，水を日光に曝すことの有益な効果が得られる．
湿地処理	水の透明度を向上させ，藻類を除去するため，貯水池の水を人工湿地に流入させることができる．
選択取水	貯水池において選択された水深から取水することにより，様々な水質を得ることができる．
閉鎖型貯水池	
エアレーション	臭気の生成を除去するために，残留する溶存酸素のレベルを維持する．
塩素処理	微生物の増殖を制御するために用いる．
再循環	十分な再循環によって微生物の増殖，臭気の生成を抑制できる．

[a] Tchobanoglous et al.(2003)，Miller et al.(2003)より引用．

(a)　　　　　　　　　　　　(b)

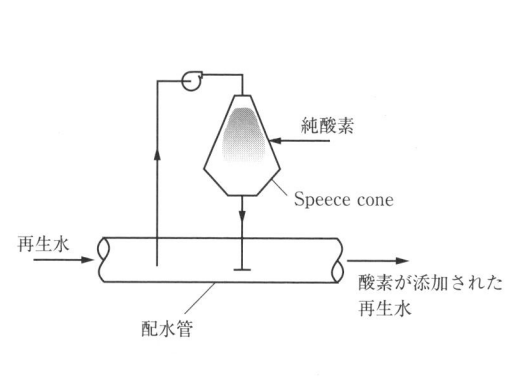

図-14.21　管路におけるエアレーション，貯水池における再循環およびエアレーションのためのSpeece coneエアレーション装置．(a)構成図，(b)典型的な装置一式

微鏡検査をしなければならない．硫酸銅の使用を禁止している政府機関もある．理想的には，生物の数が急速に増加し始める時のみ制御用の化学製品は使用されるべきである．開放型貯水池における塩素の使用は，制御の手段として勧められない．ある条件では，塩素は，貯水池に存在する臭気の原因となる化合物と結合し，臭気を増大させうる．

閉鎖型貯水池

閉鎖型貯水池については，効果的な管理戦略に，(1)貯水池内を再循環する施設，(2)残留塩素を維持するために追加的な塩素を添加する施設を導入することが含まれる．循環を促進するためのエアレーション装置，ポンプの使用に加えて，循環を促進するよう流入口と流出口とを管でつなぐ設計が可能である．一般的に塩素の添加は，修景用灌漑，工業用用途のために典型的に使用される小規模のオフライン貯水池に制限される．

問　題

14-1　下表に要約される需給の要素を有する再生水がある．

再生水	年平均	月最大	日最大	時間最大
給水量(m³/h)	2 000	2 100	2 200	2 200
需要水量(m³/h)	500	1 500	2 000	2 500

　a．これらの水量から，配水施設において貯留が必要かどうか決定せよ．また，そのように決定した根拠を説明せよ．

　b．配水施設において貯留が必要ならば，経験則を用いて，需要水量の供給に必要なピーク対応貯留容量を推定せよ．

　c．供給区域内の使用者の1人は，高価値製品を生産しており，再生水 500 m³/h の信頼できる連続的な供給を決定的に必要とする．最悪のシナリオを想定すると，再生水の供給は，2日間中断する．貯水池の適切な非常用貯留容量を推定せよ．

　d．供給を決定的に必要とする使用者が自らの非常用貯水施設をオンサイトで設ける方が費用対効果が高いか推定せよ．鋼製の貯水槽の費用は，次式で表されると想定する．

　　　費用 $= a \times V^b$

　　ここで，費用：米ドル，a：定数，637，b：定数，0.65，V：貯水槽の容量(m³)．

14-2　ある町では，日最大の再生水需要水量は，下表のとおりである．再生水の処理施設の能力は，

時間帯の番号	始点の時刻	終点の時刻	再生水給水量 (m³/d)	再生水需要水量 (m³/d)	時間帯の番号	始点の時刻	終点の時刻	再生水給水量 (m³/d)	再生水需要水量 (m³/d)
1	0時	1時	1 000	0	13	12時	13時	2 000	3 000
2	1時	2時	1 000	0	14	13時	14時	2 000	4 000
3	2時	3時	1 000	0	15	14時	15時	2 000	4 000
4	3時	4時	1 000	1 000	16	15時	16時	2 000	4 000
5	4時	5時	1 000	1 000	17	16時	17時	2 000	3 000
6	5時	6時	1 000	2 000	18	17時	18時	2 000	2 000
7	6時	7時	2 000	2 000	19	18時	19時	2 000	1 000
8	7時	8時	2 000	1 000	20	19時	20時	2 000	1 000
9	8時	9時	2 000	1 000	21	20時	21時	2 000	1 000
10	9時	10時	2 000	2 000	22	21時	22時	2 000	1 000
11	10時	11時	2 000	3 000	23	22時	23時	1 000	1 000
12	11時	12時	2 000	3 000	24	23時	0時	1 000	1 000

第14章　再生水の供給と貯留

全人員が勤務する昼間・晩の交代勤務時間では2 000 m³/dであり，2人の操作員だけが勤務する深夜12時から午前8時までの交代勤務時間では1 000 m³/dに低下する．

a. 累加曲線法を用いて，この再生水需要水量の条件に必要となるピーク対応貯留容量を決定せよ．
b. 町が3つすべての交代勤務時間で全人員を再生水の処理施設に勤務させれば，必要となるピーク対応貯留容量は削減できるか．できるならば，削減されるピーク対応貯留容量を求めよ．

14-3 ある小さい町は，下図に示されるような新しい再生水の配水施設を導入しようとしている．

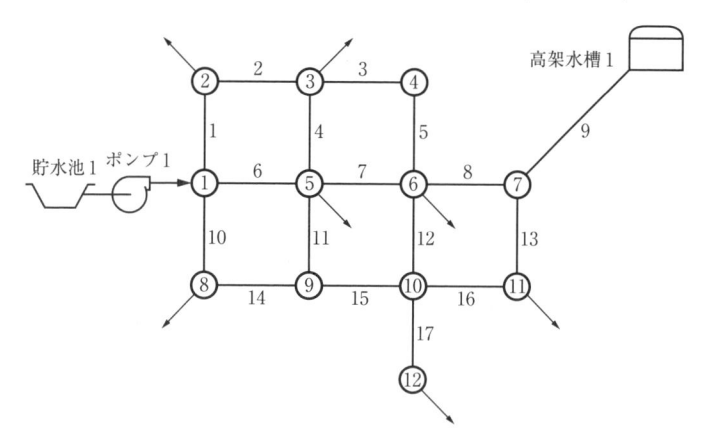

配水施設は，次の要素から構成されると想定する．

	接続点			管路		
番号	標高(m)	日最大需要水量(m³/d)	必要最小水圧(m)	番号	長さ(m)	粗度(mm)
1	100	–	–	1	700	0.259
2	110	100	14	2	500	0.259
3	110	500	21	3	600	0.259
4	120	–	–	4	700	0.259
5	110	200	14	5	700	0.259
6	110	300	14	6	500	0.259
7	130	–	–	7	600	0.259
8	110	100	14	8	900	0.259
9	120	–	–	9	1 500	0.259
10	130	–	–	10	600	0.259
11	120	600	14	11	600	0.259
12	150	1 000	28	12	600	0.259
				13	600	0.259
				14	500	0.259
				15	600	0.259
				16	900	0.259
				17	300	0.259
日最大需要水量の合計		2 800 m³/d				

貯水池1	数値(m)	高架水槽1	数値(m)
大きさ	5×5	直径	10
底面の標高	99	底面の標高	180
最大の標高	103	最大の標高	186
最小の標高	100	最小の標高	181

ポンプ1	単位	
中心線の標高	m	98
運転点	m³/d（90 mにおいて）	1 400

a. EPANET2 管網解析プログラムを使用し，提案されている施設の静的解析を行え．管路の口径の初期値は，適当に想定する．解析においては，標準的な口径を 150～450 mm とする．管路の最大流速は，2.0 m/s とする．最初の解析の結果を次の項目を示す図表の形式で提出せよ．口径，流量，流速，単位長さ当りの損失水頭；接続点の標高，水頭，水圧；最終の高架水槽の直径，底面の標高，水頭；給水用のポンプの運転特性．給水用のポンプと高架水槽とを結ぶ管網への流入の平衡を保つように配水施設の構成要素を調整せよ．最終の管網の構成を最初の解析と同様の図表により報告せよ．

b. ピーク需要時に給水用のポンプが運転できないと想定すると，日最大需要水量を給水するために管網および／または高架水槽を変更しなければならないか．必要となる変更について簡潔にまとめ，なぜ必要となるか示せ．

c. 使用者のあらゆる要求を満たしつつ，省略可能な管路がこの管網中で存在するか．存在するとすれば，どの管路を省けるか．また，他のネットワーク構成要素に対してどのような影響があるか．

14-4 新しいポンプ場の水再生施設から 600 m 離れ丘陵に位置する新しい貯水池まで再生水を送水するために必要である．再生水給水量は変動するので，市はポンプ場に可変速駆動装置を使用することを望んでいる．再生水の流量は 30 L/s (最小値) から 45 L/s (平均値)，65 L/s (最大値) にわたる．給水用のポンプの水位は 105～106 m の範囲で変動する．新しい貯水池の水位は 130～133 m の範囲で変動する．そのポンプの中心線の標高は 100 m である．吸込みから吐出までの配管は，右表の要素から構成される．

要素	長さまたは数
吸込管 (口径 200 mm)	6 m
吐出管 (口径 200 m)	600 m
仕切弁 (200 mm)	それぞれ 2 個
スイング式逆止弁 (200 mm)	それぞれ 1 個

a. Darcy-Weisbach の摩擦損失係数 f を 0.017 と想定し，ポンプ配管，本管のシステム揚程曲線を計算せよ．揚程曲線の略図を描け (ヒント：入口損失，出口損失を忘れないこと)．

b. 揚程曲線上において，最大，平均，最小のポンプ能力に対応する運転点を示せ．

c. 下表の特性を有する 2 台のポンプが使用可能である．

	ポンプ 1：垂直タービン	ポンプ 2：水平割形の遠心ポンプ
停止水頭 (m)	90	60
20 L/s における水頭 (m)	83	56
40 L/s における水頭 (m)	68	50
60 L/s における水頭 (m)	44	41
最大能力における水頭	30 m (70 L/s において)	28 m (80 L/s において)
最大効率における水頭	57 m (50 L/s において)	50 m (40 L/s において)

各ポンプの長所，短所の一覧表を作成せよ．新しいポンプ場にはどちらのポンプが適当か．それはなぜか．

14-5 あなたは，再生水プログラムの実施を担当する中規模の上下水道局の技術管理者とする．あなたの最初の仕事の一つは，上下水道区域の使用者に再生水を供給するための新しい配水施設の計画を監督することである．

再生水供給区域は，両側に丘陵があり，幅広く南北に延びる谷間に位置する．谷間の底は，およそ長さ 5 km，幅 3 km であり，標高の高い端で海抜 110 m，流出地点で海抜 100 m と傾斜している．西側，東側の丘陵の頂点は，それぞれ 325 m，300 m である．再生水の全需要のおよそ 70% が谷間の底にあり，残りの需要は，西側，東側の丘陵に分かれ，それぞれ 10%，20% である．

a. 表-14.4 の推奨される圧送区域の判断基準を用いて，必要となる圧送区域の数，それらの境界の標高，各区域に対応する貯水池の流出する標高を求めよ．その根拠を説明せよ．

第 14 章　再生水の供給と貯留

　　b．飲料水施設と再生水施設との偶発的な誤接合の影響を最小化する方法の一つは，再生水施設を飲料水施設より低い水圧で維持することである．上下水道局が飲料水施設より 70 kPa 低い水圧で再生水施設を運転する方針を採用することを決定するならば，a. で求めたものに与える影響を記述せよ．

14-6　あなたは，新しい再生水配水施設の設計技師とする．都心の主要な交差点には，次の既存施設がある．

公益設備	記号	口　径(mm)				インバートの標高(m)	位置
		北	東	南	西		
飲料水	PW	250	250	350	300	98.7	SS から 3 m 離隔
汚水管	SS	300	375	600	375	96.0	車道の中心線
雨水管	SW	300	300	525	300	97.0	PW と逆側で SS から 1.6 m 離隔

　次図のとおり，既設の舗装道路は 12 m の幅があり，舗装道路の両側に 1.5 m の歩道／公益設備用の公道用地がある．舗装道路は，路頂の標高が交差点で 100 m であり，側溝に向かい 2% 傾斜している．

　州の保健局は，新設の再生水(RW)管路と新設・既設の公益設備との離隔基準を次表のとおり採用している．

備考：離隔は，すべての管路につき外径から測られる．

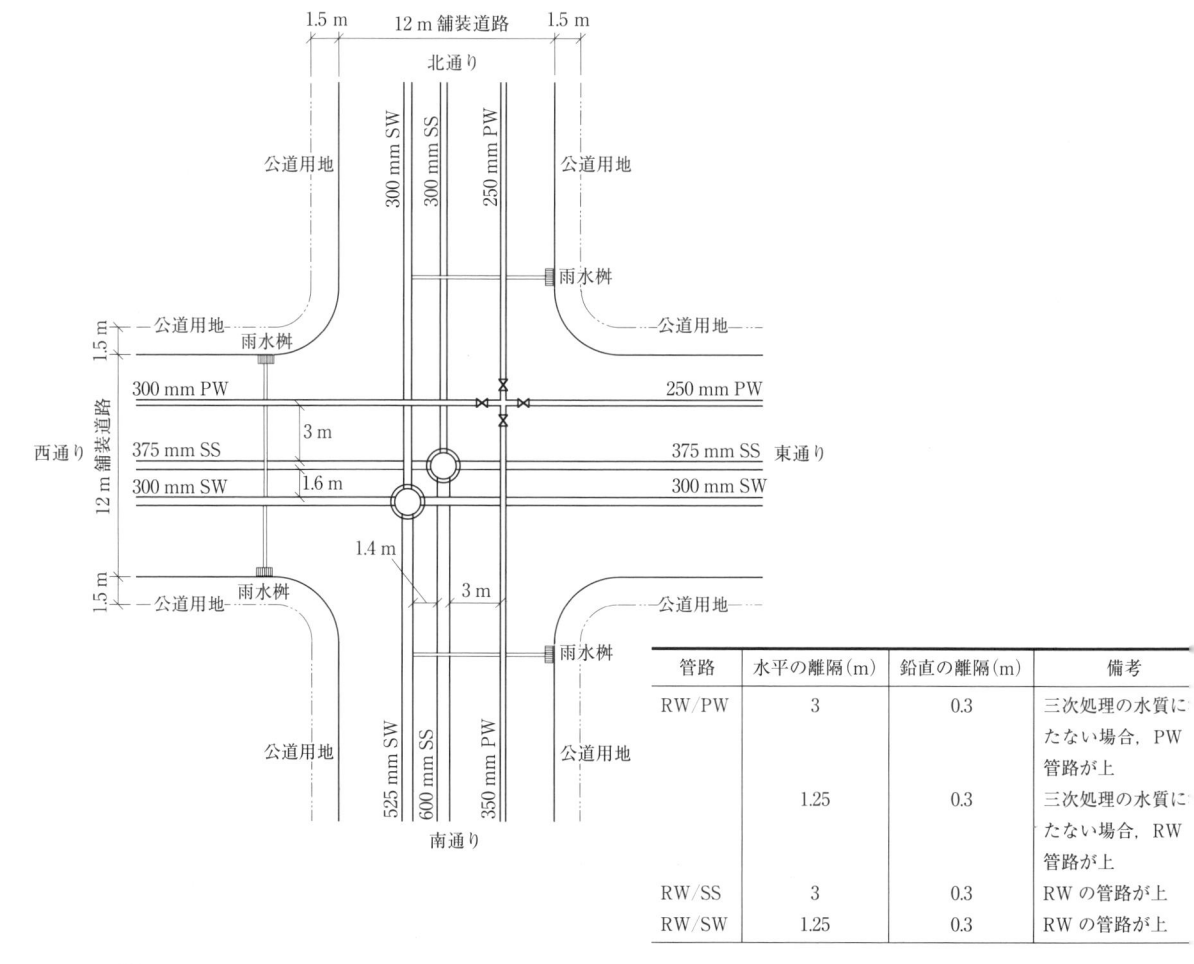

管路	水平の離隔(m)	鉛直の離隔(m)	備考
RW/PW	3	0.3	三次処理の水質にたない場合，PW 管路が上
	1.25	0.3	三次処理の水質にたない場合，RW 管路が上
RW/SS	3	0.3	RW の管路が上
RW/SW	1.25	0.3	RW の管路が上

さらに，市は舗装道路下の新設の管路すべてが歩道の縁石の表面から少なくとも 0.45 m 離隔することを要求する．
a. 上の離隔基準を用いて，新しい再生水管路の水平・鉛直位置の適切な選択肢を示す略図を描け．再生水は三次処理の水質ではないと想定する．平面図，断面図の両方を示せ．
b. 再生水が三次処理の水質であるならば，新しい再生水管路の位置の追加的な選択肢はあるか．あるならば，追加的な選択肢を略図に示せ．

参考文献

AWWA (1994) *Dual Distribution Systems*, AWWA Manual M24, 2nd ed., American Water Works Association, Denver, CO.

AWWA (1996) *Welded Steel Tanks for Water Storage*, AWWA Standard D100-96, American Water Works Association, Denver, CO.

AWWA (1998) *Steel Water-Storage Tanks (M42)*, American Water Works Association, Denver, CO.

AWWA (2002) *PVC Pipe—Design and Installation (M23)*, 2nd ed., American Water Works Association, Denver, CO.

AWWA (2003a) *Ductile-Iron Pipe and Fittings (M41)*, 2nd ed., American Water Works Association, Denver, CO.

AWWA (2003b) *Principles and Practices of Water Supply Operations*, 3rd ed., Part 3, Water Transmission and Distribution, American Water Works Association, Denver, CO.

AWWA (2004a) *Recommended Practice for Backflow Prevention and Cross-Connection Control*, AWWA Manual M14, American Water Works Association, Denver, CO.

AWWA (2004b) *Steel Water Pipe: A Guide for Design and Installation (M11)*, 4th ed., American Water Works Association, Denver, CO.

AWWA (2004c) *External Corrosion: Introduction to Chemistry and Control (M27)*, 2nd ed., American Water Works Association, Denver, CO.

IRWD (2001) *Reclaimed Water News Briefs*, Irvine Ranch Water District, Irvine, CA.

Kirmeyer, G. J., M. Friedman, K. D. Martel, P. F. Noran, and D. Smith (2001) "Practical Guidelines for Maintaining Distribution System Water Quality," *J. AWWA*, **93**, 7, 62–67.

Miller, G., R. Bosch, A. Horne, A. Lazenby, E. Quinian, and C. Spangenberg (2003) *Impact of Surface Storage on Reclaimed Water: Seasonal and Long Term*, Water Environment Research Foundation, Alexandria, VA, also copublished by IWA Publishing, London.

NFPA (2005) *National Electric Code, 2005, (NFPA 70)*, National Fire Protection Association, Boston, MA.

Okun, D. A. (2005) "Dual Systems to Conserve Water While Improving Drinking Water Quality," 20th Annual WateReuse Symposium, Denver, CO.

PPI (2001) *Handbook of Polyethylene Pipe*, The Plastic Pipe Institute, Washington, DC.

Stroud, T. F. (1988) "Polyethylene Encasement versus Cathodic Protection: A View on Corrosion Protection," *Ductile Iron Pipe News,* Spring/Summer issue, Ductile Iron Pipe Research Association, Birmingham, AL.

Tchobanoglous, G., F. L. Burton, and H. D. Stensel (2003) *Wastewater Engineering: Treatment and Reuse*, 4th ed., McGraw-Hill, New York.

Tchobanoglous, G., and E. D. Schroeder (1985) *Water Quality: Characteristics, Modeling, and Modification*, Addison-Wesley, Reading, MA.

U.S. EPA (2003) *Cross-Connection Control Manual,* EPA 816-R-03-002, U.S. Environmental Protection Agency, Office of Water, Washington, DC.

WSWRW (2005) "Pipeline Separation: Design & Installation Reference Guide," Washington State Water Reuse Workgroup, 20th Annual WateReuse Symposium, Denver, CO.

第15章　二系統配管システム

翻訳者　黒住　光浩(東京都下水道局施設管理部　部長)
共訳者　川本　和昭(東京都下水道局計画調整部事業調整課　課長)
　　　　田崎　敏郎(東京都下水道局建設部設備設計課　主任)
　　　　塚本　幸雄(東京都下水道局計画調整部技術開発課　課長補佐)
　　　　山田　欣司(東京都下水道局中部下水道事務所芝浦水再生センター　センター長)

関連用語　703
15.1　二系統配管システムの概要　703
　　15.1.1　二系統配管システム使用の合理性　703
　　15.1.2　二系統配管システムの適用　704
　　　　　　商業ビルでの利用／704　　居住用建物での使用／706
15.2　二系統配管システムの計画の考え方　707
　　15.2.1　二系統配管システムの適用　707
　　15.2.2　二系統配管システムを規制する規則と規定　707
　　15.2.3　適切な健康，安全上の規則　708
15.3　二系統配管システムにおける設計上の留意事項　708
　　15.3.1　配管規定　708
　　15.3.2　安　全　策　708
　　　　　　逆流防止／708　　配管分離／710　　配管識別／710　　減圧／711　　表示／711
15.4　点検と運転における留意事項　712
15.5　事例１：California 州 Orange 郡 Irvine Ranch Water District　713
　　15.5.1　周辺状況　713
　　15.5.2　水管理上の問題点　713
　　15.5.3　実施方法　713
　　　　　　再利用プログラムの現状／714　　商業ビルでの再生水利用／714
　　15.5.4　運転上の問題　715
　　　　　　塩類／715　　季節的な貯留／716
　　15.5.5　得られた知見　716
15.6　事例２：Rouse Hill Recycled Water Area Project(オーストラリア)　716
　　15.6.1　周辺状況　717
　　15.6.2　水管理上の問題点　717
　　15.6.3　実施方法　717
　　　　　　下水処理／717　　再生水の配水／718
　　15.6.4　得られた知見　718
15.7　事例３：California 州 Serrano　718
　　15.7.1　周辺状況　719
　　15.7.2　水管理上の問題点　719

15.7.3 実施方法 *720*
　　　　　居住地区の修景用灌漑／*720*　　　Homeowmers Association／*721*

問　　題 *721*

参考文献 *721*

関連用語

飲料水 potable water　　飲用，料理，入浴に安全とみなせる水．
逆流 backflow　　所定の方向と反対に水が流れること．
逆流防止装置 backflow prevention device　　逆流を防止するための装置，吐水口空間の確保，圧力式バキュームブレーカ，大気圧式バキュームブレーカ，二重逆止弁装置，減圧式逆流防止器．
誤接合 cross connection　　飲料水系統と汚染の恐れのある系統とが，認可された逆流防止装置なしで物理的に接続されること．
吐水口空間の確保 air gap　　飲料水と非飲料水（再生水を含む）の水源の間を空間的に分離すること．
二系統配管システム dual plumbing system　　それぞれの配水システムの接続点から飲料水と再生水を別々に給水する分離した配管システム．
非飲料水 nonpotable water　　飲料目的以外に使用する水．
UPC Uniform Plumbing Code　　配管設計統一規定．居住用以外の建物に飲料水と再生水を安全に配管する設計基準．

再生水を使用者に届ける配水システムについては，12章と14章で既に述べた．商業建築物や居住用建築物において，配水本管との接続点から水使用場所までの間の配管システムについて本章で述べる．二系統配管システム（dual plumbing system）は，次のものを供給する．(1)飲用，料理用，風呂用等に使用される飲料水（potable water），(2)修景用灌漑（landscape irrigation），トイレや小便器用の洗浄用の非飲料水（nonpotable water）．飲料水と再生水の給水の誤接合（cross-connection）や飲料水の汚染の可能性があるため，再生水の水質，設計，設置，そして二系統配管の運用に対して，厳しい要求事項が定められている．本章で扱う課題は，(1)二系統配管システムの概要，(2)計画の考え方，(3)設計の考え方，そして(4)運転の考え方，である．章の最後の3つの事例は，二系統配管システムの成功事例を示している．雑排水のリサイクル（風呂やシャワー，手洗いや洗濯用の水のリサイクル）については，本章ではなく，13章で述べる．

15.1　二系統配管システムの概要

二系統配管システムの合理性と適用を本節で検討する．設計の詳細については，次節で述べる．

15.1.1　二系統配管システム使用の合理性

水資源の運用管理の観点から水の再生と再利用を実施する合理性は，1.1で明瞭に述べた．二系統配水システム（dual distribution system）に再生水を供給するサテライトシステム（satellite system）の合理性は，12章で概説された．水利用の用途の多くのものには，必ずしも飲料水を利用する必要はなく，適切に処理され消毒された再生水を安全に使うことができる．修景用灌漑（landscape irrigation）等の戸外での利用や消火，トイレ洗浄水等の屋内利用の非飲用用途に用いる場合，再生水は，飲料水を代替することができる．こうすれば飲料水を節約でき，現在そして将来とも飲用，料理，風呂等の主に人間の健康に関わる用途に使用できる．しかしながら，そのためには2つの別個の配管システムが必要である．飲料水の配水と再生水の配水システムである．

第15章 二系統配管システム

15.1.2 二系統配管システムの適用

二系統配管システムの設置は，商業建築物や居住用建築物における再生水の使用機会を拡大する．二系統配管システムは，(1)オフィスビルや共同住宅のような商業ビルで再生水がトイレや小便器の洗浄水，消防用水，庭の散水や噴水や池の用水として，(2)住宅開発地域での修景用灌漑用水として活用できる．以下に，これらの適用について述べる．

商業ビルでの利用

州や地区の規則によると，再生水は，高層ビルや他の商業ビルにおいて屋内で使用することができる．Florida 州では，再生水は，(1)商業ビルや工場に設置された消防用スプリンクラ，(2)客や住民が個人的に配管システムを修理できないモーテルやホテル，アパートやマンションの消防スプリンクラシステムやトイレの洗浄用水として使用できる(Godman and Kuyk, 1997)．California 州 Irvine Ranch Water district では，15.5 で述べられるように，再生水は，トイレや小便器の洗浄水や各階の配水トラップの水封水として高層オフィスビルで使用されている．典型的な商業オフィスビルに設置された再生水の使用による節約量の目安としては，おおよそ総使用水の75％が再生水から供給可能であるとされる(Holliman, 1998)．

トイレの洗浄水として使用される量は，節水型機器が使用されているか否かに影響される．節水型でなければ，トイレ洗浄用水は，1人当り76.1 L/人・d(表-1.2 参照)であり，これは，American Water Works Association Reserch Foundation(AWWARF, 1999)による家庭用の水使用に基づいた1回のトイレで流す量13.2 L を用いている．節水型低流量のトイレの場合は，トイレ洗浄に使う量は，36.3 L/人・d まで削減される(表-1.2 参照)．

もし将来，商業ビルで洗濯に再生水を使うことが許可されれば，さらなる水使用の節約が実現されるだろう．上述した AWWARF の研究データによると，衣服の洗濯に使用する平均水量は，1～8人まで所帯の大きさに応じて47～71 L/人・d であった(表-15.1 参照)．節水型の洗濯機ならば，さらに25～30％使用量が削減されるだろう(表-1.2 参照)．共同住宅に対して，上記の水使用量は，1日当りの水需要量の計算の目安に使えるだろう．ただし，時間当りの需要水量の変動は大きい．

住居や商業用等の建物の使用タイプや人の数，階数等により，再生水の必要量は，供給システムから以下の方法で供給される．(1)供給管本管からの直接給水，(2)加圧ポンプを用いた直接給水，(3)高架水槽，または(4)ハイドロニューマチックタンクシステム(hydropneumatic tank system)による(図-15.1 参照)．アパートの再利用システムの容量は，**例題 15-1** に示されている．

表-15.1 服の洗濯で家族が使用する水[a]

世帯規模(居住者数)	服の洗濯の平均使用水量 (L/d・人)	標準偏差(L/d・人)
1	71	55
2	62	40
3	56	38
4	47	23
5	49	24
6	49	21
7	53	20
8	48	17

[a] AWWARF(1999).

15.1 二系統配管システムの概要

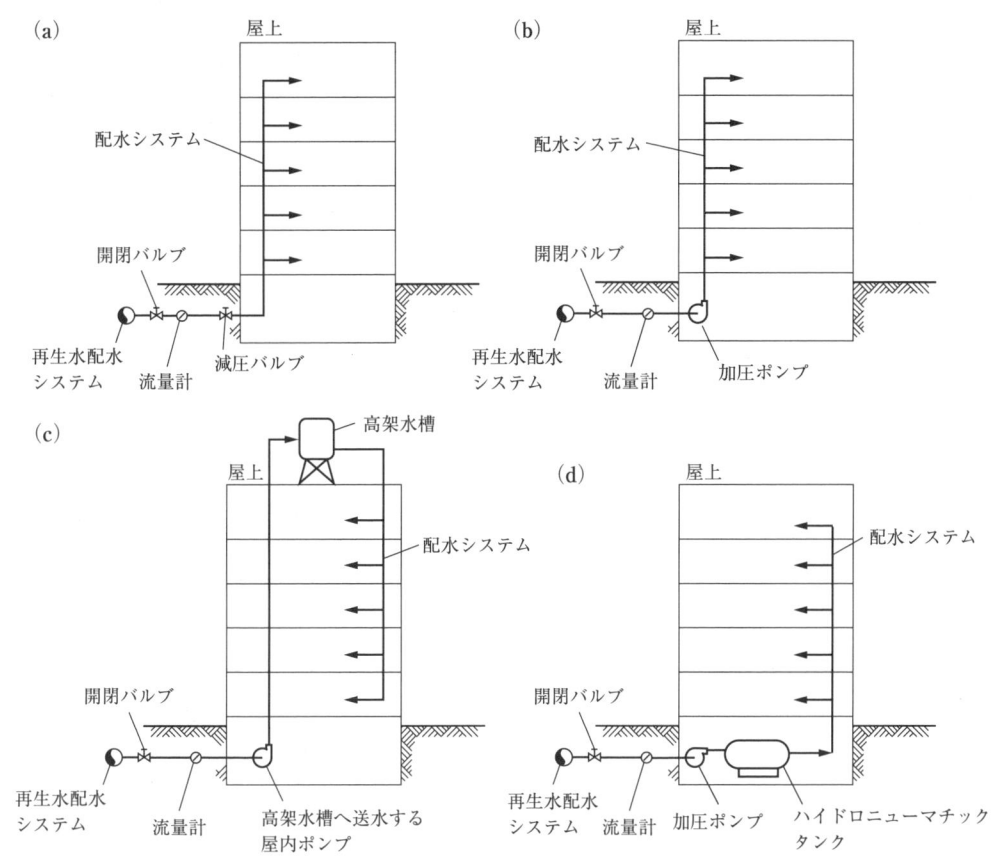

(a)、(b)、(c)、(d)の4つの再生水配管システムの図

図-15.1 外部の下水再生施設(中央処理,あるいはサテライト処理)からの再生水を供給する商業建築物の再生水配管システム．(a)直接給水，(b)加圧ポンプによる直接給水，(c)加圧ポンプで高架水槽へ，(d)ハイドロニューマチックタンクからの直接給水

例題 15-1　アパート建築物の再生水需要量の計算

計画中のアパートでトイレ洗浄水に再生水を利用すること考えている．衛生部局へは許可申請中であるが，再生水を衣服の集中洗濯施設においても使用することを考えている．

1. 以下の条件の建物について，再生水の日平均と時間最大量を求めよ．
   - 寝室が1つの世帯数　　30
   - 寝室が2つの世帯数　　36
   - 寝室が3つの世帯数　　12
   - 階数　　8
2. トイレの洗浄用と洗濯用に水を再利用した場合の飲料水の日平均使用量に占める割合を求めよ．

設計条件と仮定
1. 寝室が1つの場合の平均世帯数は1.5人，寝室2つの場合は2.5人，寝室3つの場合は4人．
2. トイレの洗浄水は，1人当り65L/人・d．
3. 洗濯の水量は，表-15.1による．
4. 時間最大需要量は，日平均量の6倍とする[家庭水使用量の最大値のデータはないが，家庭か

ら排出される下水量は，平均量の 4〜6 倍の範囲である(Crites and Tchobanoglous, 1998).
5. 建築物でのその他の水使用については，表-1.2 に示す非節水型の代表的な使用量を用いる．

解　答　1

1. 日平均量を求める．
   a. トイレ洗浄と洗濯用の日平均量を求めるための計算表（右）を作成する．

寝室数	世帯数	家族数	総人数	トイレ洗浄		洗濯	
				L/人·d	L/d	L/人·d	L/d
1	30	1.5	45	65	2 925	66.5	2 993
2	36	2.5	90	65	5 850	59	5 310
3	12	4	48	65	3 120	47	2 256
合計			183		11 895		10 559

   b. トイレ洗浄用水と洗濯用水の合計　22 454 L/d
2. 時間最大量を求める．
   最大量 = (22 454 L/d)(1 d/24 h)×6 = 5 614 L/h

解　答　2

1. 計算表（右）をつくって建物の総使用水量を求める．
2. 再生水をトイレと洗濯に使用する場合の飲料水の節水量を求める．
   節水 = (22 454 L/d) / (48 367 L/d) = 46.4%

使用法	単位使用水量 (L/人·d)	人数	総使用量 (L/d)
トイレ	解答1 参照		11 895
洗濯	解答1 参照		10 559
シャワー	47.7	183	8 729
蛇口	42.0	183	7 686
漏水	37.9	183	6 936
その他家庭用	5.7	183	1 043
入浴	4.5	183	824
皿洗い	3.8	183	695
合計			48 367

解　説

上記の例において設定された条件下では，洗濯に再生水を使用することによって節減される飲料水の量は，トイレの洗浄水で節減される量とほぼ同じである．全体では，非飲用目的に再生水を使えば，建物の使用する飲料水のおおよそ半分が節減される．したがって，再生水の利用が規制基準値に適合し，かつ利用者に受け入れられれば，屋内での使用量が将来拡大する可能性がある．

居住用建物での使用

米国の住宅における再生水の使用は，通常，修景用灌漑のための屋外使用に限定されている．季節や気候特性によっては，庭の散水に再生水を利用すれば相当量の飲料水の節約が達成される．例えば，日平均で，屋外での水使用量は，Pennsylvania 州では住宅の水需要の約 7%，California 州では 44% に達する(AWWA, 1994)．Colorado 州 Denver では，7 月と 8 月の間，飲料水のおおよそ 80% が芝生の散水に使われる(U.S.EPA, 1992)．

個人住宅でのトイレ洗浄用水の屋内使用は，一般的に規制されている．理由は，配管システムの改造は，飲料水と非飲料水システムとの誤接合を発生させる可能性があるからである．個人住宅で用いられる二系統配管システムを図-15.2 に示す．二系統配管システムが設置された典型的な個人住宅システムについては，外観を図-15.12 に示し，15.7 で述べる．

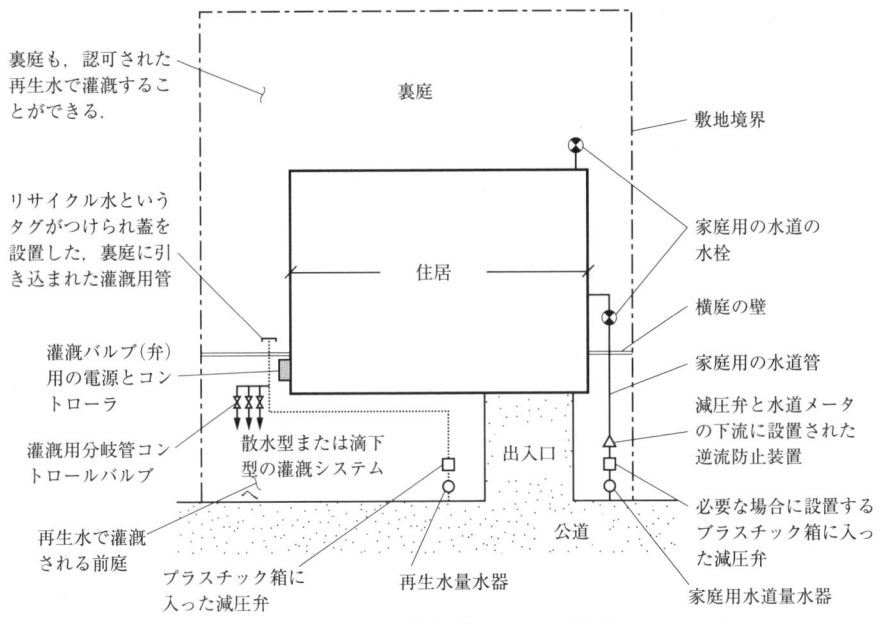

図-15.2 典型的な住宅用の二系統配管システムの配置(Serrano, 2001)

15.2 二系統配管システムの計画の考え方

二系統配管システムが必要な場合，計画段階では，以下の点を考慮する必要がある．(1)使用用途（例えば，公共，商業，住宅等），(2)地方や州の建築規制に適合する配置や計画の作成，(3)安全衛生の規制を満足していることの確認．

15.2.1 二系統配管システムの適用

供給システムの計画段階にある商業，住宅，工業の開発事業は，二系統配管システムを使う絶好の機会である．一方，既設の建物や施設の改造は，屋内の配管システムを変更する必要があるため困難で，費用も掛かる．多くの場合，個人住宅では，再生水利用は修景用灌漑用途に限られる．ごく希な状況で，トイレ洗浄のような屋内利用が許される．これに対し，日本では東京やその他大都市での最も重要な再生水の用途は，居住用，商業用，工業用の建物のトイレ洗浄用水である(Okun, 2000)．より高品質の再生水量の増加と利用用途の拡大に伴い，再生水の屋内利用が，米国でもより広く受け入れられようになるだろう．12章で述べたように，二系統配管システムには，下水終末処理場から，もしくは中途取水，抜取り取水，または上流取水方式のサテライト処理場の再生水を供給することが可能であることは留意すべきである．配水システムの設計の諸元は，14章に述べられている．

15.2.2 二系統配管システムを規制する規則と規定

米国においては，二系統配管システムの使用は，強制力を持つ政府機関の定める配管規定により規制されている．商業または居住用の建物で再生水を使用するための配管システムは，一般に配管規定を含む様々な規則により規制されている．規則は，公衆衛生の保全と，配管類やその付属装置を安全に設置することを目的に定められている．配管規定の策定における基本的な考え方の一つは，誤って，

あるいは意図的に飲料水と再生水供給管が相互接続される危険を最小化することである．そのため，複数の安全策がシステム設計と運転に組み込まれており，それを担保するため，建設中および建設後に規則の要求事項を満たしているかどうかについて厳しい検査と監視がなされる．

15.2.3 適切な健康，安全上の規則

4章で述べたように，再生水の使用を許可する州や地方の機関の多くは，使用用途や使用場所に応じて多くの厳しい水質基準を設けている．人が再生水と接触する可能性のある場合は，公衆衛生の問題が最も重要な関心事となる．配管システムは，公衆衛生を保全できるよう安全に設計されなければならない．しかしながら，将来，処理技術が改良され，規則の要求事項が改定されれば，再生水を水道の貯水池に戻し，他の表流水と混合し，長時間貯留した後，水処理を行うことで，二系統配管システムを使用する必要がなくなるかもしれない（間接的飲用再利用に関する議論については，23章を参照のこと）．

15.3 二系統配管システムにおける設計上の留意事項

再生水システムにおける設計上の留意事項は，従来の水道システムと同じであるが，2つの重要な相違点がある．(1)配管規定と地域の規制において，再生水システムを適用するための特別な要求事項を設定，(2)故意であろうとなかろうと，不適切な設計と操作により生じる再生水の誤使用を確実に防止するための安全策の追加の必要性．

15.3.1 配管規定

米国の多くの州における配管の基準は，Uniform Plumbing Code(UPC)(IAPMO, 2003)である．UPCのAppendix Jでは，飲料水と再生水システムの両方を非居住用建築物に安全に配管工事するための標準設計を示している．その一般的な対策を表-15.2に要約する．

15.3.2 安全策

飲料水と再生水のシステムは，それぞれ非常に近い場所で使用されるため，誤って，もしくは意図的に接続される可能性がある．それ故，飲料水のシステムを汚染原因から守るため，特定の使用点において識別できるようにしなければならない．誤接合のリスクを減らすため，多くの安全策を実施する．安全策としては，逆流防止装置，配管の隔離，配管・水槽・付属品の色指定，再生水システムの水圧を低くする，標識等である．

逆流防止

飲料水と再生水システムを常時接続してはならない．例えば，防火のような緊急のバックアップのために一時的に接続する場合は，必ず誤接合と逆サイフォン作用(back-siphonage)による飲料水汚染防止のための逆流防止装置(backflow prevention device)を設置しなければならない．逆流を防止する基本的な方法には5つある．(1)吐水口空間の確保(air gap separation)，(2)圧力式バキュームブレーカ(pressure-type vacumm breaker)，(3)大気圧式バキュームブレーカ(atmospheric-type vacumm breaker)，(4)二重逆止弁逆流防止装置(double check valve assembly)，(5)減圧式逆流防止器(reduced pressure zone backflow preventer)．それぞれの型の装置を表-15.3で説明し，図-15.3に示す．

15.3 二系統配管システムにおける設計上の留意事項

表-15.2 非居住建築物における再生水システムのための UPC の Appendix J の一般的な対策[a]

一般区分	対　策
配管材料／配管における識別	すべての再生水用金属管と接合材は，連続して紫色のマイラーテープで巻かなければならない．テープには，黒い大文字で『注意：再生水，飲むな』と印刷しなければならない．埋設される PVC 管については，パイプは，紫色が配合されたプラスチック素材で製造されなければならず，上記の表記が両サイドに施されていなければならない．
機器の識別	再生水システムに用いられるすべての機器は，マイラーラッピングテープと同じ紫色に塗らなければならない．
設置規定	・ホース接続水栓は，再生水配管システムには用いてはならない． ・再生水システムと飲料水システムの排水や給水停止のため，バルブのような装置を建築物内に設置しなければならない． ・再生水配管を飲料水配管と同じ掘削範囲に敷設してはならない．再生水と飲料水の圧力配管を埋設する場合は，水平距離で 3 m の離隔をとらなければならない．埋設された飲料水配管が加圧された再生水の圧力配管と直交する場合，最低でも 300 mm 以上再生水配管の上部に敷設しなければならない． ・バルブや付属品は，鉛・ワイヤー式シールかプラスチックシールで封印しなければならない．もし封印が壊れていたら，再生水系統が操作された証拠である． ・構造上の禁止事項． 　(a) トイレで立ち上げる再生水配管は，部屋の中で飲料水システムの設備を設置した側の反対側に設置しなければならない． 　(b) 再生水のヘッダ管と枝管は，飲料水配管が設置された壁裏や天井裏に設置してはならない．
表示	再生水をトイレや小便器の洗浄に使用するすべての施設，バルブ扉，再生水設備室には，再生水が使用されていることを示す定められた表示をしなければならない．

[a] IAPMO(2003)，AWWA(1994)より引用．

表-15.3 飲料水供給における誤接合と逆サイフォン作用による逆流に対する安全対策として用いられる逆流防止装置[a]

型	説明／適用	参考図
吐水口空間の確保	典型的な吐水口空間の確保は，供給系統から水が流入するタンクによりなされる．水は，タンクからポンプで使用場所まで送られる．建物への水の供給口とタンクの水面間は，50 mm 以上の空間的な分離が保持される．この装置は，きわめて有害な物質を対象とする．	図-15.3(a)
圧力式バキュームブレーカ	逆圧状態により引き起こされる逆流のみを防ぐために設計された機械式装置．当装置は，装置の両側から常に圧力が加わっている状態で機能する．この装置は，比較的軽度の有害物質を対象とする．	図-15.3(b)
大気圧式バキュームブレーカ	逆サイフォン作用のみを防ぐために設計された機械式装置．当装置は，装置の片側から圧力が加わっている状態で機能する．この装置は，比較的軽度の有害物質を対象とする．	図-15.3(c)，(d)
二重逆止弁逆流防止装置	2 つの独立した可動式逆止弁が連結して設置された機械式装置．この装置は，比較的軽度の有害物質を対象とする．	図-15.3(e)
減圧式逆流防止器	独立して作動するバネ式の逆止弁と，その間に圧力作動する逃がし弁からなる機械式装置．この逃がし弁は，逆流状況下で開き，状況が正常に戻るまで逆流水を排出する．この装置は，きわめて有害な物質を対象とする．	図-15.3(f)

[a] Nayyer(2000)，U.S. EPA(2003)より引用．

　一般に逆流防止装置は，建物の量水器の側で，飲料水の供給ラインに設置される．再生水利用の有無とは無関係に逆サイフォン作用による飲料水の汚染を防止するため，逆流防止装置を設置することは，高層建築物では一般的なことである．例えば，San Francisco 市では，すべての 4 階以上の建物には，飲料水配管に認可された逆流防止装置の設置が求められる(San Francisco, 2001)．図-15.4 に示す逆流防止装置は，バックアップ用に飲料水系統に接続される再生水配水システムにも用いられ，また逆サイフォン作用による逆流も防止する．

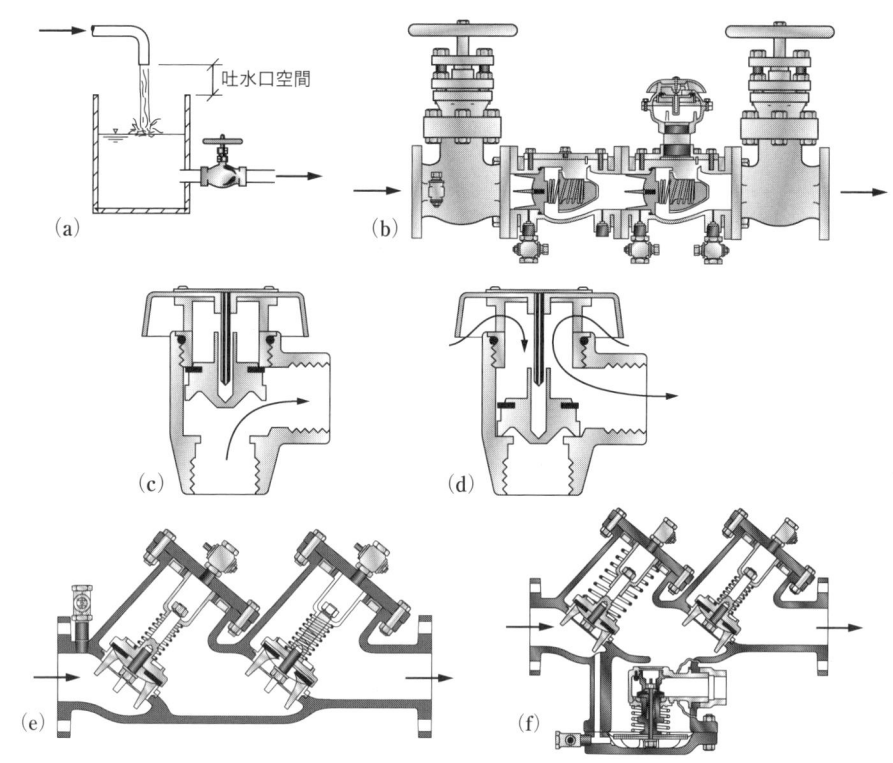

図-15.3 逆流防止装置．(a)吐水口空間型，(b)圧力式バキュームブレーカ，(c)大気圧式バキュームブレーカ（通水時），(d)大気圧式バキュームブレーカ（負圧発生時），(e)逆止弁逆流防止装置，(f)減圧式逆流防止器(U.S. EPA より引用)

図-15.4 再生水用の地上に立ち上げた逆流防止装置の典型例を示す．(a)Californiad 州，(b)Florida 州．地上に立ち上げているのはメンテナンスがしやすいためと，Florida 州の地下水位が高いためである（一般に，地表より 0.3 m 下）

配管分離

飲料水と再生水の地下埋設配管が近くに設置される場合，再生水の漏れが飲料水の汚染につながらないように配管を分離する必要がある．表-15.2 に望ましい水平および鉛直方向の離隔を示す．図-15.5 に商業ビルへ飲料水と再生水配管の引込みを示す．

配管識別

表-15.2 に示すように，UPC の対策は，配管，タンク，水栓，および付属品のマーキングや色別

け(color coding)を求めている．マーキングとは，注意書きを配管に印刷したり，警告用テープを巻いたり，明確に区別できる色で塗ったり，明確に区別できる色を混ぜたプラスチック管や接続部品の資材を用いることである．米国では，紫色が UPC における再生水配管の指定された色である．オーストラリアでは，ライラック色(薄紫)が選択されている(Sydney Water, 2003)．

減　圧

飲料水と再生水システム間の誤接合と汚染を最小限に抑える効果的な手段として，飲料水系で使用されている圧力より低い 70 kPa 程度以下で再生水システムを運用する(AWWA, 1994)．

図-15.5 商業業務のための飲料水供給(左)と再生水供給(右)の分離．表-15.2 にあるように，系統間の分離距離は，3 m (10 ft) であることに注意

表　示

再生水の取出し口や使用場所では，施設では再生水が使われているため，飲料用に使用できない由を使用する可能性のある人に警告する適切な表示を行わなければならない．場合によっては，再生水の使用用途等の関連情報も表示するべきである(例：飲料不適，灌漑用途のみ)．図-15.6 に警告表示の例を示す．表示は，目立つように掲げられ，取り除かれないようにしなければならない．

図-15.6 再生水の使用に関する典型的な注意表示．(a) トイレにおける表示，(b) 壁内部の再生水制御バルブを覆う着脱可能な警告表示，(c) と (d) 修景用灌漑のために用いられる表示

15.4 点検と運転における留意事項

誤接合が発生するのは，飲料水系統を再生水の使用に改造する最初の工事の際，飲料水系統への接続が見過ごされる場合や，系統の拡張や増圧のために改造や修理を行う場合である．二系統配管システムの設置が完了した時，配管規定に基づいて検査と試験することが必要である．表-15.4にUPCによる検査と試験の規定を示す．完了時の検査と試験に加え，システムが安全で，かつ計画どおりの用途に適合していることを確認するため，後日，規制に従って検査と試験を行わなければならない．

表-15.4 飲料水と再生水の配管系統の検査と試験の手順[a]

方法／試験	解　説
目視検査	誤接合試験前に，状況に応じて以下の目視検査をしなければならない． ・改造と誤接合が行われていないことを確認するため，再生水と飲料水の量水器位置を検査する． ・すべてのポンプと装置，設備室の警告，設備室の露出配管を検査する． ・すべてのバルブの封印が正しく貼りつけられており，破られていないことを確認する．すべてのバルブ制御扉の警告が除去されていないことを確認する．
誤接合試験	以下の試験をしなければならない． ・飲料水系統を開けて圧力を掛ける．再生水系統を閉じて排水する． ・再生水系統が空になった状態で，規定により定められた最小時間(一般に1時間を下回らない)，飲料水系統に圧力を掛ける． ・飲料水系統試験中および試験後，再生水系統の排水の流量チェックを行う． ・続いて再生水系統に圧力を掛ける． ・飲料水系統が空の状態で，規定により定められた最小時間(一般に1時間を下回らない)，再生水系統に圧力を掛ける． ・すべての飲料水と再生水設備の流量検査を行う．飲料水系統出口からの流量検知は，誤接合の存在を示す． ・試験中および試験後に飲料水系統の排水の流量チェックを行う． ・すべての設備に誤接合を示す流量がなければ，飲料水系統を開くことができる．
誤接合試験のフォローアップ	誤接合が見つかった時，以下の処置を行わなければならない． ・建物に来ている再生水を量水器の所で閉め，再生水の立ち上がり配管の排水を行う． ・建物に来ている飲料水を量水器の所で閉める． ・誤接合箇所を突き止めて分離する． ・飲料水と再生水系統を目視検査と誤接合試験の手順どおりに再試験する． ・飲料水系統を50 mg/Lの塩素で24時間殺菌する． ・24時間後，飲料水系統を洗い流し，標準的な細菌テストを行う．細菌テストが問題なければ，飲料水系統を再稼動できる．
年次検査およびその他	設置状況から誤接合試験が不要の場合を除いて，目視検査と誤接合試験は毎年行わなければならない．どのような場合でも，最低でも4年に1度は誤接合試験を行わなければならない．

[a] IAPMO(2003)より引用．

表-15.4に記載された圧力テストに加え，誤接合あるいはその可能性を発見するために，カラーテストやバルブ封印のような他の方法が提案されている．カラーテストは，再生水系統中に染料を落とし，飲料水系統中にその染料の存在を調べる方法である．小規模な誤接合の場合，染料によるテストでは見つけられないので，染料によるテストは，圧力テストほど信頼性はない(AWWA, 1994)．圧力と染料によるテストは，水の供給を停止しなければならないため，利用者に受け入れられない場合もあるので，California州では，配管工事完了時にバルブを封印する方法が提案されている．再生水系統が認可された後，バルブ操作を防止するため，再生水の主遮断バルブあるいは壁に設置された再

生水量水器のコックとバルブが封印される．もし，この封印が破られていた場合，再生水系統が操作されたことの証拠となる．実施された配管工事の内容を記録した記録簿も求められる(State of California, 2003)．

15.5　事例1：California 州 Orange 郡 Irvine Ranch Water District

Irvine Ranch Water District(IRWD)は，California 州 Orange 郡の南部にあり，上下水道サービスを供給する機関である．1967年から，IRWDは，下水の収集と非飲用利用に限定した再生水の製造供給事業を始めた．以下の議論は，Crook(2004)，Holliman(1998)，WEF(1998)，および IRWD (2005)から引用したものである．

15.5.1　周辺状況

IRWD の事業地域は，California 州 Orange 郡の南部約 46 360 ha(114 560 ac)，すなわちおよそ 460 km^2(179 mi^2)である．IRWD の事業地域は，Irvine のすべての都市と Tustin，Newport Beach，Costa Mesa，Orange，Lake Forest の一部である．

IRWD の事業地域は，太平洋から山麓までに及び，高度は，海水面から海抜約 1 000 m(3 300 ft)の範囲にわたる．IRWD の事業地域は，温暖な気候で年間降水量 300〜330 mm(12〜13 in)の半乾燥地域である．

15.5.2　水管理上の問題点

California 州南部の他の地域と同様に基本的に砂漠であるため，Orange 郡の現在の水管理上の問題点は，数百年前からのものである．水の重要性は，1863〜64年の旱魃の間に明白になった．その時，何千頭もの牛が死に，その結果，土地所有者は破綻し，所有権が変わった．以降，その地域は，水問題(主に周期的な水不足)により苦しんできた．1950年代から1960年代に話しを進めると，その時期に Irvine Ranch(牧場)として知られていた地域が基本計画において，California 州 Irvine 都市計画地区に変わり，California 大学 Irvine 校が設立された．成長が持続可能な形で継続するためには，限られた資源である水を運用管理しなければならないことを認識し，拡大するコミュニティのための灌漑用と家庭用の水を供給するために California Water Code に基づき1961年に IRWD が設立された．IRWD が直面した水管理上の問題点は，限られた資源の運用管理に関するものである．

IRWD の飲用水の約35％は，Metropolitan Water District of Southern California から購入されている．輸入水は，Colorado River Aqueduct を経由し Colorado 川から，および State Water Project の管網を経由し California 州北部から来る．残りの65％は，地域の井戸から供給される．

15.5.3　実施方法

IRWD の発展に伴い，1967年に再生水の農業用途への利用が開始された．次に，再生水の利用は，公園，ゴルフ場，学校の校庭，運動場，地区協議会，オープンスペースおよび緑地帯の修景用灌漑に拡がった．水の再利用は，最終的に，広い敷地を持つ大きな商業ビルの正面および裏庭の散水，カーペットの染色，建設工事粉塵の防止，冷却塔への適用にまで拡大した．修景用灌漑として供給範囲の拡大に合わせて，2つの配水システム(一つは飲料水，一つは再生水)が建設された．この方法(再生水のための)は，第2の供給システムを別途構築するより経済的である．再生水は，Michelson

第15章　二系統配管システム

Water Reclamation Plant の処理水である．処理は，活性汚泥法による硝化-脱窒，ろ過，塩素消毒である．再生水は，IRWD の供給区域で利用される水の 25% 以上を補っている．使用されている再生水は，California Department of Health Services(4 章を参照)の Title 22 法の必要条件を満たしている．再生水によって修景用灌漑がなされている地区の典型的な例を図-15.7 に示す．

図-15.7　California 州 Irvine での再生水により灌漑された修景地域の代表的な風景．(a)多くのゴルフ場のうちの一つ，(b)ショッピングセンター，(c)宅地開発地区，(d)正面と裏庭散水のための住宅用の区画

再利用プログラムの現状

2005 年 7 月現在，供給人口は，316 287 人で，88 423 の住居に接続している．再生水の接続数は，3 812．その内訳は，商業 13，工業 2，灌漑 3 742，農業 55．配水総量は，次の内訳のとおりである．総量 101.52×10^6 m^3/yr(82 307 ac・ft/yr) のうち，上水(飲料水)66.08×10^6 m^3/yr(53 573 ac・ft/yr)，未処理水(非飲用)7.77×10^6 m^3/yr(6 301 ac・ft/yr)，再生水 27.67×10^6 m^3/yr(22 434 ac・ft/yr)．現在(2006)，修景用に使われる水の 90% は，再生水が供給されている．再生水のために使用される二系統配管システムは，483 km(300 mi)以上の送水管，13 の貯水池と 15 のポンプ所から構成されている．

供給区域の人々に情報を与え，水保全の意識を浸透させるため，IRWD は，居住者のための毎週の施設見学会や学校での教育プログラムの実施，PR 誌，パンフレットの発行を行っている．また，学校の生徒に水の保全と賢い利用が有益であることを教えるため，地元の先生に小額の補助金を授与している．

商業ビルでの再生水利用

1987 年，IRWD は，飲用の水質を要求しない用途のため，商業ビルで再生水利用の実現可能性の

調査を開始した．1991年に，衛生部局および地方自治体，地元の開発者，建築業者と緊密に連携して，IRWDは，二系統配管設備を持つ6つの高層の事務所ビルの建設を進めた．最初に開業したビルは，20階建てのJamboree Tower 2C［図-15.8(a)参照］であった．再生水は，大・小便器の洗浄や床排水管の水封に使用される．Jamboree Tower 2Cには，19の階に男性用と女性用の洗面所がある．男性用の洗面所は，一般的に3つのシンク，2つの小便器，1つの大便器，1箇所の床排水がある．女性用の洗面所は，一般的に2つのシンク，3つの大便器と1箇所の床排水がある．

図-15.8 二系統配管によるビル．(a)California州IrvineのJamboree Tower 2C(左)．再生水は，大・小便器の洗浄に使用(床排水にも，再生水使用のための配管がある)．(b)二系統配管システムを用いた工事中の新しい販売用ビル(北緯33.677度，西経117.838度)

建築物の二系統配管システムの重要な仕様は，以下のとおりである．
・すべての再生水配管は，紫色のマイラー警告テープで巻かれている．
・壁を通って突き出ていて，直接，配管取付器具に接続されている部分を除き，洗面所から配管へのアクセスできない．
・減圧原理を利用した正規の逆流防止装置が建物の飲料水供給ラインに設置されている．
・洗面所，ユーティリティー室，機械室，弁のアクセスドアには，再生水使用を示す表示がなされている．
・すべての再生水用の弁は，弁固定封印により開放位置で固定されている．

IRWDが住宅以外の建物での再生水利用が適当であると考えた主な理由は，誤接合の防止に相当の注意が払われていたからである．IRWDは，24時間，2人の従業員に潜在的あるいは実際にある誤接合の発生を専任で調査させ，突き止める業務に当たらせている．これらの取組みに加え，IRWDは，再生水の水質を監視するための十分な設備を備えた水質試験所を有している．IRWDは，また，建設中および完成後の施設の誤接合を監視し調査するための現地の水システム係を持っている．

15.5.4 運転上の問題

運転上の主な問題は，塩類の蓄積と冬季の貯水方法に関するものである．

塩　類

塩類の課題は，(1)原水(Colorado川)の塩類濃度の増加，(2)閉鎖系の水の再利用システムによるミネラル分の蓄積，(3)大量の塩類を収集システムに加える可能性のある自己再生型軟水剤の使用，である．軟水剤の使用を抑制するため，IRWDは，地区内での自己再生型軟水剤の使用を禁止するための規則を制定した．軟水剤の禁止は，裁判で無効とされたが，IRWDは，塩類を抑制する水リサイ

第15章 二系統配管システム

クル機関の権限を取り戻すための立法活動を続けている．

季節的な貯留

　再生水の需要と造水量のバランスを保つことは，特に灌漑用途の場合等では困難であるので，季節的な貯留が必要になる(図-15.9参照)．冬季には，灌漑用水や再生水の必要性が低い一方，下水の発生量がピークとなるとともに降雨のほとんどはこの時期に発生する．夏季は，灌漑需要が多く，需要が再生水の造水量を超過することもある．都市の中で貯水池の建設用地を見つけることや，開放型の貯水池や湖を設置することが非常に難しいため，季節的な貯留により必要量のバランスをとることは大変困難である．再生水は，栄養塩類を含むため，開放型の貯水池では藻類の繁殖が問題となる．前処理の必要性を最小限にするため，昼間の需要量増に対応するための覆蓋された貯水槽が開放型の貯水池の近傍に設置されている．

(a)　　　　　　　　　　　　　　　(b)

図-15.9　California州Irvineでの再生水貯留のために使われる貯水池の外観．(a)再生水のために特別につくられた貯水池．(b)再生水用として利用転換されたコンクリート張りの飲料水用貯水池

15.5.5　得られた知見

　貯水池は頻繁な清掃が必要なため，再生水のシステムは，飲料水のシステムより多くのメンテナンスを必要とする．制御弁は，高濃度の残留塩素のために腐食しやすい．また，既に論じたように，誤接合の防止には常時点検することが必要である．そのうえ，漏水や流出についても郡の保健機関に報告しなければならない．そのためには，文書事務をこなすためにさらなる労働時間を必要とする．結局，水再利用事業が成功するか否かは，継続的で効果的な監視と，効果的な地域の啓発活動にかかっている．

15.6　事例2：Rouse Hill Recycled Water Area Project(オーストラリア)

　Rouse Hill Development Area(RHDA)は，Sydneyの北西に位置し，総面積は，13 000 ha (32 124 ac)であり，再生水利用が計画的に進められている世界最大の地域のうちの1つである．以下の議論は，Cooper(2003)とwww.sydneywater.com.auから引用している．

15.6 事例2：Rouse Hill Recycled Water Area Project(オーストラリア)

15.6.1 周辺状況

1989年，New South Wales政府は，土地所有者団体から出されたRHDAにおける上下水道，排水施設への資金計画，設計，建設に関する提案を受け入れた．環境的な懸念，すなわちHawkesbury-Nepean川に流入する下水処理水の影響のため，事業機関であるSydney Waterは，庭の灌漑やトイレ用水，洗車用水のような家庭での利用のために高品質の処理水を送ることができる新しい下水処理施設の設計を提案した．その結果，川への汚濁負荷の減少と飲料水の節約が期待された．プロジェクトは，Rouse Hill Recycled Water Plantと二系統配管システムの建設からなっている．

15.6.2 水管理上の問題点

再生される下水の原水は，商業地区の下水を少量含むが，ほとんどすべてが家庭からのものである．商業地域からの下水の水質は，有害な化学物質による汚染リスクを管理するために厳しく規制されている．

15.6.3 実施方法

2001年11月，再生水システムの第一段階が稼動し，4 000戸の住居に供給を開始した．現在は，15 000以上の敷地に再生水を接続している．2004年8月には，次期プロジェクトとして，再生水と飲料水をさらに10 000区画に供給することが発表された．供給施設の最終的な完成は，2006年の予定である．完成後，再生水は，庭の水やり，洗車，トイレ用水，公園・ゴルフ場の灌漑，工業用に利用される．飲料水は，飲料，料理，入浴等，家庭用途の大部分への使用が続けられる．

下水処理

下水は，晴天時の平均水量約5 600 m^3/dの生物学的栄養塩類除去法の下水処理場で処理される．処理水の一部(3 000 m^3/d)は，再生水造水施設(図-15.10参照)に供給される．下水処理場は，3 mmの細目スクリーン，沈砂池，第一沈殿池，硝化-脱窒と生物学的リン除去を行う生物反応槽(5つの反応槽に分けられている)，凝集，沈殿工程，ろ過施設から構成されている．再生水造水施設では，ウイルス不

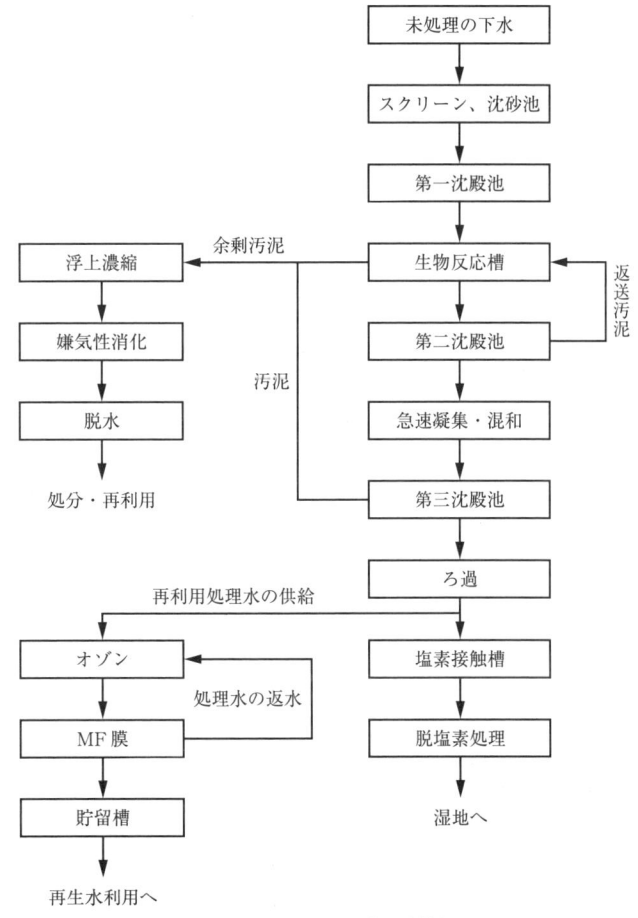

図-15.10 Rouse Hill下水再生施設のフロー図

表-15.5 Rouse Hill下水処理場および再生水造水施設の代表的なデータ[a]

下水処理場						再生水造水施設			
項目	単位	U.S.EPA license limit		実測値		項目	単位	RWCC ガイドライン[c]	実測値
		50%	90%	50%	90%				
BOD	mg/L	4	5	< 2	< 2	糞便性大腸菌	CFU/100 mL	< 1	< 1
TSS	mg/L	5	8	1	4	大腸菌	CFU/100 mL	< 10[d]	< 1
アンモニア	mg/L	1	2	< 0.01	0.03	ウイルス	50 L 中	< 2	< 1
T-N	mg/L	10	15	5.2	7.6	寄生虫	50 L 中	< 1	< 1
T-P	mg/L	0.2	0.4	0.08	0.18	濁度	NTU	< 2[e]	0.01
塩素	mg/L	—	0.5	—	0.07	色度	TCU	< 15	4
大腸菌	CFU/100 mL	200[b]		35[b]		pH		6.5〜8.0	6.9〜7.8

[a] Cooper(2003)より引用．データは2000/2001．
[b] 80%．
[c] NSW guidelines for urban and residential use of reclaimed water by NWS Recycled Water Coordination Committee.
[d] 試料の95%中
[e] 幾何平均

活化のためのオゾン処理や連続的な精密ろ過(CMF)，さらに次亜塩素酸ナトリウムによる消毒処理を行う．再生水は，利用地域の近くの3つの2 000 m^{3}の貯水池に貯留される．もし，CMF工程からのろ過水(の濁度)が0.5 NTUを超えた場合，造水された再生水は，再処理のためにオゾン処理槽に戻される．下水処理場の処理水と再生水造水施設からの処理水の典型的な水質を表-15.5に示す．

再生水の配水

再生水は，約34 km(21 mi)の送水管を通じ自然流下で住宅地に配水される．再生水の蛇口，配管，配管取付具は，再生水系と飲料水系を区別するためにライラック色(薄紫)に着色され，図-15.6に示した標識と同様の「再利用水−飲用するな」というラベルが貼られている．しかし，誤接合による汚染を防止するため飲料水の供給設備には，逆流防止装置を設置することが必要である．残留塩素を保持するため，各貯水池には塩素の再注入施設が設置される．

15.6.4 得られた知見

Rouse Hillの水リサイクル計画は，増加する需要にうまく対応してきている．再生水の利用が可能になった2001年以降，飲料水の需要は，平均で約35%減少した．しかし，二系統配管システムの設置と運用の経費は，当初の予想を上回った．需要の伸びが緩やかであったことと，再生水造水施設に運転上の問題が発生したため，事業が予定どおり進まなかったためである．再生水の需要が造水能力を超えたため，飲料水2 000 m^3/dが補給されている．再生水のシステムは，5 200 m^3/d(2003年現在で)に拡大される計画である．

15.7 事例3：Calfornia州Serrano

Serranoは，California州の中で都市計画の基本計画が策定された最大の自治体の一つである．地域の水供給基本計画の一部として，再生水が修景用やゴルフ場の灌漑に使用されている．住宅には，

室内用の飲料水配管と修景用灌漑のための再生水管の二系統配管が備えられている.

15.7.1 周辺状況

Serrano は,Sierra Nevada 山脈の麓,州都である Sacramento から約 50 km(31 mi)離れた El Dorado 郡に位置する.Serrano の面積は,約 1 400 ha(3 500 ac)で,81 ha(200 ac)のゴルフ場と 400 ha(1 000 ac)の緑地帯がある.その地形は,緩やかな起伏があり,一部に森林がある.平均的な住宅用地の大きさは,約 0.13 ha(0.33 ac)である.

夏の日中はとても暑いが,夜は涼しい.最も暑い7月の最高気温の平均は,30℃(90°F)台半ばである.最も寒い1月の気温は,9〜12℃(48〜54°F)の範囲である.年間降水量 380〜510 mm(15〜20 in)の4分の3の量が11月から3月にかけて降る.

15.7.2 水管理上の問題点

El Dorado 郡は,十分な飲料水を供給できるが,その供給は,長期の旱魃等の自然災害による影響を受けやすい.需要量が継続的に増加している一方,新たな水源は不足している.修景用やゴルフ場の灌漑(図-15.11 参照)に非飲用として再生水を利用することにより,飲料,冷却,風呂,洗濯用等の用途に飲料水を取っておくことができる.

図-15.11 Serrano の開発の様子.(a)典型的な居住区画の光景,(b)レクリエーション場,(c)ゴルフ場,(d)典型的な標識(北緯 38.678 度,西経 121.054 度).

第15章　二系統配管システム

15.7.3　実施方法

Serrano El Dorado Owners Association は，地区の下水処理場から灌漑目的のための再生水を供給することについて，El Dorado 郡での主要な水道事業者である El Dorado Irrigation District（EID）と合意している．再生水は，生物学的に処理され，ろ過，消毒を行い，Title 22 法の法基準（4 章を参照）の要求を満たしている．

居住地区の修景用灌漑

1999 年，Serrano は，再生水の利用先をゴルフ場，緑地帯，公園，運動場から新たに配水施設の利用が可能となったすべての区画における前庭および裏庭の灌漑のための利用用途に拡大した．二系統配水システムが建設され，各戸二系統配管設備が設置された．1999 年の用途拡大以前に建設されたおよそ700世帯には，飲料水だけが供給されている．前庭の修景の設計，点検，維持管理は，Serrano El Dorado Owners Association の責任で行われるが，裏庭の設計，修景用および灌漑システム建設は，家主の責任（Serrano, 2001）で行われる．再生水灌漑システムは，表-15.2 にリスト化された Uniform Plumbing Code の規定に従って設置される．住宅の屋外配管の工事中の状況を図-15.12に示す．

各戸への再生水は，再生水配管システムからの供給管を通じて供給される．量水器と弁は，歩道の近くに設置される．誤って接続することのないよう，再生水配管に水栓をつけることは許されない．

図-15.12　住居における再生水配管システムの設置例．(a)住宅の様子（水の供給は，車進入路の右側に位置していることに注意），(b)再生水配水システムから引き込まれた流量計と逆止弁を有する再生水管（車進入路の左側にある），(c)量水器表面に警告ラベルを付した紫色のプラスチック製の量水器，(d)裏庭への接続配管と通りに続く排水システムのある住居側地の様子

Serrano El Dorado Owners Associationの規則に従い，裏庭への灌漑システムが設計され，承認されるまで，裏庭への供給ラインの仕切り弁は，封印される．飲料水ラインは，量水器，弁と逆流防止装置を有する再生水ラインから少なくとも3 m(10 ft)離して設置される(図-15.12参照)．飲料水ラインと再生水ラインが交差する箇所では，再生水ラインには，飲料水ラインとの交差点前後を最低1.5 m(5 ft)ずつの長さの紫色のPVCスリーブ管をつけ，再生水ラインは，飲料水ラインの少なくとも15 cm(6 in)下に設置されなければならない．

Homeowners Association

新たな家主には，再生水の運用と維持に関する情報が提供される．加えて，Serrano El Dorado Owners Associationは，家主と造園業者の教育のためのワークショップを年4回開催している．このワークショップに出席した造園業者だけが二系統配管による多くの灌漑システムの設計，工事または修理を認可される(Klein and Bone, 2005)．

当初，El Dorado郡における再生水システムの事業化の費用は，Serranoが負担したが，その事業は，EIDにとって次第に重要となってきた．Serranoでの成功をもとに，EIDは，2005年にすべての新しい開発で可能な限り再生水を使用するよう指示した．本地区では，再生水の利用により，その地域の河川への放流をなくすことによって2025年までに処理費用を1億ドル節減することができるだろうと予測している(Klein and Bone, 2005)．

問　題

15-1　**例題15-1**の例のような集合居住複合施設において必要とされる内部給水設備について議論せよ．

15-2　あなたの住む自治体の配管規定を入手し，再生水の利用に適用される事項を記述せよ．そういった規定がない場合は，あなたの考える再生水の安全な使用を可能とするための使用用途とシステムの備えるべき事項を記述せよ．

15-3　倉庫施設において，二次処理，凝集処理，ろ過，塩素消毒によって処理された再生水を防火(スプリンクラ)や消防活動に使うことが提案されている．これらの目的に再生水を利用する時の危険とは何か？　また，危険はどのようにして軽減したらよいか．

15-4　本書以外の書籍から再生水利用に関する警告標識を少なくとも2例みつけよ．これらの標識は，明瞭かつ十分な警告を再生水利用者と影響を受ける市民に提供しているか．警告をより効果的にするにはどうしたらよいか．

15-5　インターネット(http://www.epa.gov/safewater/crossconnection.html)からU.S. EPA Cross-Connection Control Manual(誤接合防止マニュアル)をダウンロードし，逆流と逆サイフォン作用による逆流の防止のために使われる様々な方法と装置についてまとめよ．

15-6　水道水と再生水の二系統配水システムを有する共同体の事例を文献検索し，そのシステムの特徴をまとめよ．

参考文献

　　AWWA (1994) *Dual Water Systems*, Manual of Water Supply Practices AWWA M24, American Water Works Association, Denver, CO.
　　AWWARF (1999) *Residential End Uses of Water*, American Water Works Association Research Foundation, Denver, CO.

第 15 章　二系統配管システム

Crites, R., and G. Tchobanoglous (1998) *Small and Decentralized Wastewater Management Systems,* McGraw-Hill, New York.

Cooper, E. (2003) "Rouse Hill and Picton Reuse Schemes: Innovative Approaches to Large-Scale Reuse," *Water Sci. Technol.: Water Supply*, **3**, 3, 49–54.

Crook, J. (2004) *Innovative Applications in Water Reuse: Ten Case Studies*, WateReuse Association, Alexandria, VA.

Godman, R. R., and D. D. Kuyk (1997) "A Dual Water System for Cape Coral," *J. AWWA*, **89**, 7, 45–53.

Holliman, T. R. (1998) "Reclaimed Water Distribution and Storage," Chap. 9, in T. Asano (ed.), *Water Reclamation and Reuse*, Water Quality Management Library, **10**, CRC Press.

IAPMO (2003) *Uniform Plumbing Code*, International Association of Plumbing and Mechanical Officials, Ontario, CA.

IRWD (2005) *2005 Urban Water Management Plan,* Irvine Ranch Water District, 15600 Sand Canyon Avenue, Irvine, CA.

Klein, P., and K. Bone (2005) "Recycled Water Benefits New Development," *Source,* Fall 2005 issue, CA-NV AWWA, 26–27, Rancho Cucamonga, CA.

Nayyar, M. L. (2000) *Piping Handbook*, 7th ed., McGraw-Hill, New York.

Okun, D.A. (2000) "Water Reclamation and Unrestricted Nonpotable Reuse: A New Tool in Urban Water Management," *Ann. Rev. Public Health*, **21**, 1, 223–245.

San Francisco (2001) *2001 Building, Electrical, Housing, Mechanical and Plumbing Codes*, v6, Updated Through 9-25-2004, City and County of San Francisco.

Serrano (2001) *Recycled Water User's Manual for Dual Plumbed Homes in Serrano*, Serrano El Dorado Owners Association, El Dorado Hills, CA.

State of California (2003) *Water Recycling 2030: Recommendations of California's Recycled Water Task Force*, Department of Water Resources, Sacramento, CA.

Sydney Water (2003) "Recycled/Reclaimed Water Pipes," *Plumbing Policies Standards and Regulations*, City of Sydney, Australia.

U.S. EPA (1992) *Guidelines for Water Reuse*, EPA/625/R-92/004, U.S. Environmental Protection Agency, Cincinnati, OH.

U.S. EPA (2003) *Cross-Connection Control Manual,* EPA 816-R-03-002, U.S. Environmental Protection Agency, Office of Water.

WEF (1998) *Using Reclaimed Water to Augment Potable Water Resources*, Water Environment Federation, Alexandria, VA.

第4部　再生水利用用途

　再生水利用の進展に伴い，3部に述べられたように，事実上いかなる水質の再生水を生産することも技術的には可能である．問題は，特定の再生水利用用途にとってどのレベルの処理が必要十分であるかという点である．再生水の水質の条件は，関係する法令やガイドラインにだけでなく，再生水の用途にも依存する．需要と供給のバランスや施設の必要性も様々な用途に応じて変わる．したがって，再生水の主要な利用者および潜在的な利用者を特定し，再生水がそれぞれの用途でどのように使われるかを把握することが再生水利用プロジェクトを計画するうえで必須である．

　4部では，様々な再生水利用プロジェクトが議論される．再生水利用の概観は，16章で示される．水質や施設の条件は，それぞれの特定の用途に応じて大きく変わるので，主要な再生水利用の用途が個別の章で議論される．17～21章では，それぞれ農業利用，修景用灌漑利用，工業への利用，環境およびレクリエーション利用，都市の非飲用および商業利用を含む様々な非飲用の再利用用途が議論される．22章では，地下水涵養が議論される．これは，涵養された帯水層が飲料水の井戸とつながっている場合には，間接的飲用再利用の一種とみなされる．23章および24章では，それぞれ間接的飲用再利用および直接的飲用再利用が議論される．

第16章　再生水利用用途：概観

翻訳者　山縣　弘樹（環境省大臣官房廃棄物・リサイクル対策部産業廃棄物課　課長補佐）

関連用語　*727*
16.1　再生水利用用途　*727*
 16.1.1　農業用灌漑利用　*728*
 16.1.2　修景用灌漑利用　*729*
 16.1.3　工業への利用　*729*
 16.1.4　都市の非灌漑利用　*729*
 16.1.5　環境利用およびレクリエーション利用　*730*
 16.1.6　地下水涵養　*730*
 16.1.7　表流水への補充による間接的飲用再利用　*730*
 16.1.8　直接的飲用再利用　*730*
 16.1.9　世界の他の地域における再生水利用用途　*730*
16.2　再生水利用における課題　*731*
 16.2.1　資源の持続可能性　*731*
 16.2.2　水資源の選択肢　*731*
 16.2.3　水供給の信頼性　*732*
 16.2.4　経済的配慮　*732*
 16.2.5　公共政策　*732*
 16.2.6　規　制　*732*
 16.2.7　特定の用途における課題と制約条件　*733*
16.3　再生水利用の選択における重要な要因　*733*
 16.3.1　水質への配慮　*733*
 16.3.2　技術の種類　*735*
 16.3.3　供給と需要の整合性　*735*
 16.3.4　施設の要件　*735*
 16.3.5　経済的実行可能性（経済性）　*736*
 16.3.6　環境への配慮　*737*
16.4　再生水利用用途の将来の動向　*737*
 16.4.1　規制の変化　*738*
 16.4.2　水供給の補充　*738*
 16.4.3　分散型システムおよびサテライト型システム　*739*
 16.4.4　新しい処理技術　*739*
 16.4.5　飲用再利用に関連した課題　*739*
問　　題　*740*
参考文献　*740*

関連用語

経済的実行可能性 economic feasibility 再生水利用プロジェクトにおける経済的実行可能性は，以下の分析方法で評価される．現在価値(present worth)，年間総費用(total annual cost)，あるいはライフサイクル費用(life cycle cost)．

誤接合 cross-connection 飲料水システムと非飲用用途の水源との間が誤って接合されてしまうこと．飲料飲料水システムの汚染を引き起こす可能性がある．

再生水利用用途 water reuse applications 再生水が利用される方法．

持続可能性 sustainability 現在の水供給システムの便益を将来の便益を損なうことのないように最適化する原則．

需要，水 demand, water 特定の用途に必要な水量の日変動または季節変動．

都市の再生水利用 urban water reuse U.S.EPA 再生水利用ガイドラインで都市の再生水利用として位置づけられている用途は，都市の修景用灌漑利用，空調利用(air conditioning)，防火利用(fire protection)，トイレ水洗利用(toilet and urinal flushing)，水を利用した施設(water features)，商業用の洗車およびクリーニング(commercial car washing and laundries)，建設現場の粉塵防止(dust control at construction sites)等を含む．

都市化が進み，これまでの水供給が逼迫するにつれて，再生水利用は，水資源マネジメントにおいてさらに重要な役割を担うであろう．さらに，再生水利用は，増加する需要を満たし，水供給の信頼性を高め，既存の水資源を保全する手段として期待されるであろう．BCC Research による報告書では，米国における再生水の量は，すべての用途を合わせて，2006 年から 2010 年までに年間平均 11.8％増加することが予想されている(AWWA, 2006；Castelazo, 2006)．農業用灌漑利用および修景用灌漑利用は，引き続き再生水の最大の用途であろうが，成長の潜在性を具体的に示す指標である工業での水再利用に関する技術開発と材料の市場規模は，年間平均 14.2％で急速に増加することが期待されている．再生水の水資源における重要性が高まってきたため，再生水利用用途の種類やその便益および制約を理解することは，再生水利用を計画するうえでますます重要になっている．

本書の 4 部で議論される再生水利用用途を紹介するため，本章は，(1)一般的な利用用途の種類，(2)再生水利用における課題，(3)再生水利用用途を選択，実施するうえでの重要な要因，(4)再生水利用の将来の動向，について議論することを目的とする．

16.1 再生水利用用途

一般的な再生水利用用途は，表-1.6 のとおりであり，本節では参照のため概観を示す．米国で行われている再利用の一般的な分類は，以下のとおりである．
- 農業用灌漑利用(agricultural irrigation)
- 修景用灌漑利用(landscape irrigation)
- 工業用水利用(industrial uses)
- 都市の非灌漑利用(urban nonirrigation uses)
- 環境利用およびレクリエーション利用(environmental uses and recreational uses)
- 地下水涵養(groundwater recharge)
- 間接的飲用再利用(indirect potable reuse)

第 16 章　再生水利用用途：概観

(a)　(b)　(c)　(d)　(e)　(f)

図-16.1　典型的な再利用の用途．(a)地中点滴灌漑による農業用灌漑利用(北緯 38.383 度, 西経 122.770 度)，(b)修景用灌漑利用(高速道路の中央分離帯)，(c)冷却用水およびプロセス用水への工業用の再利用，(d)洗車への商業用の再利用，(e)レクリエーション用の湖(出典：Padre Dam Municipal Water District)，(f)Florida 州 Orlando の Conserve II における地下水涵養のための急速浸透池(rapid infiltration basin；RIB)(北緯 28.493 度, 西経 81.620 度)．オレンジの果樹園が背後に広がっている

　これらの分類のうち，最初の 6 つの事例を図-16.1 に示す．それぞれの分類は，本節で定義され，それぞれの詳細は 4 部の各章で説明される．

16.1.1　農業用灌漑利用

　農業用灌漑利用は，未処理の都市排水(下水)を利用した初期の下水灌漑利用(sewage farming)か

ら始まった．世界のある地域では，人の健康および環境への影響にもかかわらず，いまだに下水灌漑利用が行われている．農業用の灌漑利用は，米国や世界の大部分で再生水の最大の用途となっている．作物が食用あるいは非食用であるか，また灌漑方法［畦間灌漑(ridge and furrows)，スプリンクラ(sprinklers)，地表・地表下点滴灌漑(surface/subsurface drip irrigation)等．図-16.1(a)］に応じて必要な処理の程度は変わる．米国では，ほとんどすべての用途で最低限二次処理が求められている．食用の作物に散水灌漑を行うことが認められている場合，消毒を含めたより高いレベルの処理が義務づけられている．農業用灌漑利用において他に配慮すべき点は，作物の種類，地形および土壌の性状，特に溶解性物質(dissolved solids)等の水質が土壌，作物，地下水へ与える影響，灌漑排水の管理，施設の要件等である．農業用灌漑利用については，17章で議論される．

16.1.2　修景用灌漑利用

修景用灌漑利用は，米国において再生水の2番目に大きな用途であり，ゴルフ場，公園，住宅地，道路の中央分離帯や沿道の植樹帯［図-16.1(b)］，墓地等の様々な場所での利用が増えている．灌漑用水への人の接触が潜在的な健康被害の要因と考えられているので，再生水は，浮遊物質(suspended solids)や病原微生物の濃度について，農業用灌漑利用より高い水質レベルを満たす必要がある．修景用灌漑利用における再生水のこの他の物理化学的な性状の多くは，農業用灌漑利用に類似している．灌漑システムの維持管理においては，エアロゾルの生成・拡散の制限，滞留や流出を避けるための灌漑速度(application rates)の管理，適切な消毒を維持するための残留塩素(chlorine residuals)の管理等が考慮されている．修景用灌漑利用については，18章で議論される．

16.1.3　工業への利用

再生水の工業における主な利用者は，発電所，石油精製所，冷却目的に水を必要とする工場等である［図-16.1(c)］．水質，特に全溶解性蒸発残留物(total dissolved solids；TDS)，塩化物(chlorides)，溶存酸素(dissolved oxygen)は，配管(piping systems)や熱交換器内のスケールの生成(scaling)や腐食(corrosion)の可能性のため，特に配慮されている．残留有機物は，熱交換器や配管内の微生物の増殖の原因となる可能性もある．特定の工業の用途に求められる水質に応じて，利用先での付加的な処理が必要な場合がある．他の重要な配慮すべき点は，需要と供給の整合性，システムの信頼性(system reliability)，冷却塔の排水(cooling tower blowdown)の処理等である．工業への利用については，19章で議論される．

16.1.4　都市の非灌漑利用

都市の非灌漑利用は，空調冷却用水(air conditioning cooling water)，防火用水，トイレの洗浄用水，水を利用した鑑賞施設(ornamental water features)，道路の維持管理等の幅広い分野に及ぶ．都市部で行われている商業用の再利用の典型的な用途は，洗車［図-16.1(d)］，クリーニング等であり，20章に示されるように，都市の非灌漑利用の一部と考えられている．都市における利用は，上水と再生水の二系統配管システムの設置が経済的に妥当な商業ビルや集合住宅等の密集した開発地域に一般的に限定される．ほとんどの都市の非灌漑用途に必要な水の量は少なく，一般的には修景用灌漑利用を含めた多目的な再利用が行われている．二系統配管システムに関して主に配慮すべき点は，施設の高いコストと2つの水供給システム間の誤接合の問題である．人の健康の保護のためにも，再生水は高質で十分に消毒されている必要がある．都市の非灌漑利用については，20章で議論される．

16.1.5 環境利用およびレクリエーション利用

環境利用およびレクリエーション利用は，野生生物の生息域の保全(wildlife habitat maintenance)，湿地帯の創出(enhancement of wetlands)，河川の低水流量の維持(low flow augmentation)，レクリエーション用の湖や池の形成［図-16.1(e)］等である．ほとんどの場合，再生水の処理レベルは，再生水が供給される水域の種類，人の接触の程度，用途に応じた潜在的な健康被害の要因に依存している．栄養塩類の必要性や，浮遊物質の追加的な除去も考慮される．水質以外に重要な要因は，利用の連続性あるいは間欠性，供給と需要の整合性である．環境およびレクリエーション利用については，21章で議論される．

16.1.6 地下水涵養

地下水涵養の目的は，(1)地下水位の低下の抑制または防止，地下水位の上昇［図-16.1(f)］，(2)沿岸域の淡水の帯水層への塩水や汽水の浸入の防止，(3)雨水や他の余剰水，再生水等の将来の利用に備えた地下貯留等である．水質の要件は，窒素の除去や削減，特定の有機物や無機物の管理等を含む場合がある．再生水による地下水涵養は，飲料水源の計画的な補充のための再生水利用である(Asano, 1985, 1998)．再生水による地下水涵養については，22章で議論される．

16.1.7 表流水への補充による間接的飲用再利用

計画的な間接的飲用再利用(planned indirect potable reuse)は，人の健康や環境を保護しながら水資源を補充する注意深く慎重なプロセスである．ほとんどの計画的な間接的飲用再利用は，地下水涵養に関連したものである．しかし，ほとんどの間接的飲用再利用は，それが計画的なものか，計画的なものではないかにかかわらず，表流水で希釈されるという形で現実的に行われている．下水処理水が河川等へ放流され，下流で飲料水源として利用されているケースは，事実上の間接的飲用再利用(*de facto* indirect potable reuse)(3章)であるが，下水処理水の現実的な放流方法の選択肢の一つであり，計画的な間接的飲用再利用ではない．表流水への補充による間接的飲用再利用については，23章で議論される．

16.1.8 直接的飲用再利用

米国では，直接的飲用再利用の事例は報告されていない．直接的飲用再利用が行われていることが報告されている唯一の事例は，ナミビアのWindhoekである．飲用のための再生処理施設は1968年に完成し，深刻な水不足に対応して数回にわたり増強されてきた(処理プロセスについては，**附録EのE-2参照**)．Windhoekでは，再生水は標準的に処理された表流水で希釈されている(24.3の事例2参照)．飲料水が100％再生水によって供給されている直接的飲用再利用の事例は報告されていない．直接的飲用再利用については，24章で議論される．

16.1.9 世界の他の地域における再生水利用用途

U.S.EPAおよびU.S. Agency for International Developmentの報告書(U.S.EPA, 2004)では，「今日，農業用灌漑用途への再生水利用は，世界のほとんどの乾燥地帯で行われている」と指摘されている．世界の水利用の特徴の評価においては，さらに「経済的な実行可能性，市民の受容性(public acceptance)の観点から，最良の再生水利用プロジェクトは，灌漑，環境修復，クリーニング，トイレ洗浄，工場用水等へ用いられている上水道を再生水へ置き換えることである」と指摘されている．これらのプロジェクトの便益として言及されているのは，水資源の保全，汚染の削減である．さらに，上記にあげた再生水利用用途は，米国だけでなく，世界の先進国および発展途上国に適用可能である．

前記にあげた再生水利用用途は，それぞれの地域の必要性に応じて世界中の国々で行われているものである．幾つかのプロジェクトの再生水の処理方法等については，**附録E**の**E-2**に示されている．幾つかの国では，生活雑排水(greywater)の利用が広く行われているが，米国では生活雑排水の利用はごくわずかである．

16.2　再生水利用における課題

再生水利用プロジェクトは様々な理由により行われているが，多くの場合，渇水による水不足，人口増加による需要の増加，既存の水資源の過剰利用の緩和等のやむを得ない理由により行われている．また，下水の放流水質基準が厳しくなり，大規模な下水処理プロセスの追加や改善が必要となっていることも主な理由の一つである．広い意味では，水資源マネジメントにおける誘因は，資源の持続可能性の観点から，現在だけでなく将来の必要性を満たすために既存の水資源を保全し，補充することである．再生水利用における課題は，水供給の信頼性の改善，再利用の機会，経済性の考慮，公共政策，法律的要因等を含む．また，特定の用途に応じた地域的な課題についても注意深く考慮される必要がある．それぞれの課題について，本節で議論される．

16.2.1　資源の持続可能性

1章で議論されたように，持続可能な発展への挑戦は，水利用の効率性を最適化しながら統合的で柔軟なシステムを計画し実施することである．水供給に限界があり，需要が増加している地域では，水資源の持続可能性のための選択肢は限られる．可能性のある選択肢は，(1)節水策(water conservation)の導入，(2)追加的に必要となる水量・水質に対応した地域の水資源の開発，(3)他地域からの水の輸入，(4)以上の選択肢の組合せ，等である．また，飲用目的の表流水の保全につながる非飲用用途への再生水利用も選択肢の一つである．したがって，再生水利用は，地域の水資源の保全，拡大，管理のための統合的かつ長期的な計画の一部となる．幾つかのケースでは，再生水の利用により，地域社会が上水道の供給能力の限界を超えて成長することが可能となっている．しかし，地域社会の成長が限定的である場合には，再生水の利用は議論の対象となるかもしれない．

16.2.2　水資源の選択肢

歴史的には，農業用灌漑利用や工業への利用等の再生水利用は，既存の下水処理場に近い地域で再生水利用が行われるという地理的な理由で始まった．そのため，再生水利用は，十分に計画された水資源マネジメントの結果というよりは，機会的なものかもしれない．再生水源が潜在的な利用先から遠すぎて経済的な妥当性がないなどの機会の欠如により，再生水利用計画の多くが実現されていない．下水処理場の位置が分散している場合(サテライト型や分散型の下水処理施設等)や，潜在的な利用先に近い場合には，地域内の再生水利用の機会は著しく高まる．

16.2.3 水供給の信頼性

 旱魃(drought)等の水不足の期間に水道事業者がとる典型的な対応は，給水制限(curtail use of water)である．農業や工業の水利用者は，給水制限により直接的にその操業に大きな影響を受ける．家庭も，水不足により利用可能な飲料水や修景用灌漑用水が減るなどの不便を被る．再生水を水供給システムに統合することにより，システム全体の信頼性が高まるのは，(1)飲料水の供給への圧迫が減少する，(2)地域で利用可能な非飲用用途への代替的な水源が提供される，等の理由からである．

16.2.4 経済的配慮

 再生水利用の経済性は，再生処理施設の位置，潜在的な再生水利用者の位置と種類，水質の要件，追加的な処理の必要性，水供給の代替案の費用，等の地域的な条件に大きく依存する．水供給の代替案を考慮する際に評価される項目は，水の取得費用(水利権を含む)，施設の建設費，維持管理費，資金調達費等である(25章)．さらに，再生水利用用途についての検討項目は，水質要件を満たすための追加的な再生処理の費用，再生水を利用者へ供給するために必要な施設の費用，等である．費用の負担に関する検討項目は，(1)利用可能な借款や補助金，(2)再生水販売による歳入，(3)上水の処理費用の節減，(4)新規の水道水源の開発を回避できることによる潜在的な費用の節減，等である．再利用のための水質基準が下水処理水の放流水質基準よりも厳しくない場合には，下水処理費用の節減も検討項目となりうる．例えば，生態系への影響が懸念される水域へ下水処理水を放流する場合に必要な窒素・リン除去等の高度な下水処理を導入するより，農業用灌漑利用や修景用灌漑利用へ再生水を供給する方が費用は少なくて済む．

16.2.5 公共政策

 公共政策は，再生水プロジェクトの成功の鍵である．選挙による公職者や鍵となる市民グループの主張は，それを推進するうえで非常に重要である．幾つかの水が不足している地域では，州，地域の自治体がゴルフ場への再生水利用を義務づけている(4章)．

16.2.6 規　制

 再生水利用の基準(criteria)や規則(regulations)は4章で議論されたが，その他にも様々な政府レベルでの法律・規則に関する課題が再生水利用の実施にあたって検討されなければならない．米国の連邦レベルでの再生水利用に関する規則(rules)や規制を表-16.1に示す．Clean Water Act(CWA)の重要な要素はNPDES(National Pollution Discharge Elimination System)である．公共用水域へ下水処理水を放流する下水処理場は，NPDESに基づく認可を受けなければならない．すべての下水処理水を再利用し，公共用水域へ放流しない下水処理場は，NPDESの対象から除外される．NPDESの要件は，しばしば再生水利用の水質要件よりも厳しいことがあるため，下水道事業者が処理水の放流の代わりに再生水利用を検討することもある．特定の再利用用途の実施に影響するCWAの要素については以降の章で議論される．
 Endangered Species Act(ESA)(絶滅危惧種法)は，再生水利用に影響を与える連邦法の一つである．再生水が絶滅危惧種を含めた野生生物生息域の保全と拡大を目的とする環境用水として利用される場合がある一方で，再生水利用は，下水処理水の放流口より下流の水量バランスを変える．表-16.1に示されていない重要な連邦法としては，Fish and Wildlife Coordination Act(魚類及び野生生

16.3 再生水利用の選択における重要な要因

表-16.1 再生水利用に関する連邦政府の規制

主な規制	説 明
Safe Drinking Water Act	飲料水質基準の制定により国の飲料水を保護すること目的に制定された．これらの基準は，直接的または間接的に再生水の間接的飲用再利用の制約となっている(2章).
Clean Water Act	U.S.EPA に対し，州政府の地下水，表流水，湿地帯保全戦略の実施を支援するよう求めている(2章)．再生水利用に関しては，NPDES に基づく認可，日最大汚濁負荷量(TMDL)計画(17, 21章)，浚渫物や埋立材の湿地帯を含む水域への排出に関する404条に基づく認可等を含む．
National Environmental Policy Act (NEPA)(国家環境政策法)	連邦政府の活動や連邦資金を受けた事業で，環境に重大な影響を与える可能性のあるものについて，環境評価を行うことを義務づけている．一般的に，水に関する事業は，この法律の保護の対象となる．
Endangered Species Act(ESA)(絶滅危惧種法)	絶滅の恐れのある生物の保護を目的としている．連邦機関は，指定された種に関する計画を実行し，連邦機関が実施または資金提供する事業が絶滅危惧種の存在を危うくすることのないように対策を講じなければならない．水に関する事業は，この法律の保護の対象となる．
U.S. EPA Surface Water Treatment Rule (連邦環境保護庁表流水処理規則)	表流水源に依存する水道事業者に対し，ウイルスと原生動物のシストを不活化するためろ過処理と適切な消毒を行うよう義務づけている．この規則は，再生水の飲用用途への利用に直接的，間接的に影響を与えている．
U.S. EPA Disinfection Byproducts Rule (連邦環境保護庁消毒副生成物規則)	飲料水に含まれるトリハロメタンや他の発癌性有機化合物に関する基準を示している．こうした化合物の濃度は，水源の有機物濃度に一部依存する．再生水の処理方法も，可能な再利用における特定の条件や量に適していなければならない．

物調整法)，Coastal Zone Management Act(沿岸管理法)，Wild and Scenic Rivers Act(野生及び景観河川法)，National Historic Preservation Act(国立歴史保全法)がある．これらの連邦の法や規則に準拠した規制が州レベルでも存在する場合がある．州の規則が連邦の規則よりも厳しいこともある (Getches *et al.*, 1991).

16.2.7 特定の用途における課題と制約条件

再生水を用いた特定の用途を評価する場合，それぞれの用途に応じた課題と制約条件が注意深く検討されなければならない．それぞれの用途の典型的な課題と制約条件を**表-16.2**に示す．

16.3 再生水利用の選択における重要な要因

再生水利用の用途の選択に影響を与える要因は，(1)水質，(2)技術の種類，(3)供給と需要の整合性，(4)施設，(5)経済性(affordability)[経済性の検討(economic consideration)]，(6)環境影響の緩和，等である．それぞれの要因については，以下で議論される．

16.3.1 水質への配慮

3，5章で議論したように，再生水の受容性は，水の物理的，化学的，微生物に関する質に依存する．pH，色度，水温，懸濁物質等の物理的な項目や，塩化物，ナトリウム，重金属，微量有機物等の化学的な項目が芝生や他の植生，土壌，地下水に与える影響についてはよく知られており，多くの物質について基準値が提案されている(17, 18章)．下水中の化学物質については，農業の観点から

表-16.2 再生水利用用途の課題と制約条件[a]

項目	用途	課題／制約条件
農業用灌漑利用	商業用の苗木畑 食用，飼料，繊維，種子用の作物 霜の防止 植林 芝生	緩衝地帯の必要性 作物のマーケティング 公衆衛生の配慮 排水流出およびエアロゾル管理 水質の土壌，作物，地下水への影響
修景用灌漑利用	墓地 ゴルフ場および緑地帯 工業団地 住宅地等の芝生 道路の中央分離帯および沿道の植樹帯	残留消毒剤の管理 市民の受容 公衆衛生の配慮 排水流出およびエアロゾル管理
工業利用	ボイラ給水 冷却水 機器の洗浄 防火用水 建設現場（粉塵防止，コンクリート製造，圧密，洗浄）	排水の処理 冷却塔のエアロゾル 飲料水配管との誤接続 スケール，腐食，付着物，微生物の増殖 プロセス水
非飲用の都市利用	空調冷却用水 商業用の洗車 商業用のクリーニング 修景用の噴水等の水の施設 私道やテニスコートの洗浄 防火用水 下水管の洗浄 融雪用水 トイレ洗浄用水	飲料水配管との誤接続 市民の受容 公衆衛生の配慮 スケール，腐食，腐食物，微生物の増殖
レクリエーション利用および環境利用	人造湖および池 漁業 人工雪の製造 河川維持流量の確保 湿地帯の保全	富栄養化 公衆衛生の配慮 水生生物への毒性
地下水涵養	塩水または汽水の浸入防止 地下水の涵養 地盤沈下の抑制	適切な場所の利用可能性 塩分やミネラルの蓄積 有機化学物質の毒性影響
間接的飲用再利用	飲用水源との混合利用 表流水の補充	市民の受容 公衆衛生の配慮
直接的飲用再利用	現時点で事例報告なし	市民の受容 規制当局の認可

[a] AWWA(1994), Tchobanoglous et al.(2003), Crook et al.(2005)の一部より引用．

の配慮が行われているのに対し，病原微生物については，再生水の供給と利用時の人の健康の観点からの配慮が行われている．

　工場の発生源での管理プログラム(industrial source control programs)は，人の健康・環境・灌漑に関する懸念，再生処理プロセスへの影響，特定の用途への再生水利用の受容性への影響を生じる恐れのある化学物質や病原微生物の混入を抑制できる．乾燥地帯では，全溶解性蒸発残留物が水質の主な検討事項であり，軟水剤(water softener)の使用の制限等，水道利用者の発生源での管理対策が検

討される．7～9 章で議論されたように，再生処理の信頼性を高めることは，明らかな水質管理対策であるが，しばしば見落とされることがある．

2，3 部で議論されたように，再生水利用における水質の配慮は，特に人の健康や環境の問題が懸念されている場合にはきわめて重要である．もし再生水が意図される用途に関する基準や規則を満たすのに十分な水質を確保していない場合には，再生水の潜在的な利用者や受益者は受け入れないだろう．同様に，意図される用途に求められるレベルを超える過度の処理は，エネルギー，労働力，設備，資金等の資源の無駄である．

16.3.2　技術の種類

3 部で議論したように，二次処理に付加して行う多くの用途に適した再生処理技術は，深層・表層ろ過(depth and surface filters)，膜ろ過(membrane filtration)［圧力式(pressure)，吸引式(vacuum)］，活性炭吸着(carbon adsorption)，逆浸透(reverse osmosis)，紫外線消毒(disinfection with ultraviolet radiation)，促進酸化法(advanced oxidation)等である．膜分離活性汚泥法(membrane bioreactors)は，二次処理と膜ろ過の代わりに用いられる．

多くの上下水処理および再生処理法がある中でも，膜は，最も重要な技術である．膜は，従来は水の軟水化と淡水化に限定されていたが，今では再利用に適した高質の再生水を生産するための再生処理への適用が増えている．膜ろ過を組み込んだ処理システムは，様々な用途に適した再生水を生産することができる．再生水は，逆浸透や電気透析(electrodialysis)により脱塩することもできる．汚染物質の除去レベルが高まるにつれて，高質の再生水を生産できるだけでなく，人の健康リスクを低減することができる．さらに，低圧力型の膜ろ過法の開発や，多くの供給者の競争市場への参入により，高質の再生水の生産費用を大きく低減することができる．

塩素消毒は最も広く使われる消毒法であり，再生水質が良くなると，その効果も増す．懸濁物質の除去率が向上し，紫外線消毒技術が改良されると，再生水の多くの用途への適用性が改善される．促進酸化法も，特に間接的飲用再利用では，微量物質(trace constituents)や新興化学物質(emerging contaminants)を安全なレベルに除去・低減するうえで重要な技術である．

16.3.3　供給と需要の整合性

施設の要件に関する重要な検討項目は，供給と需要の整合性の基礎となる水の需要プロファイル(demand profile)の作成である．需要プロファイルは，水需要の時系列的な特徴を示すものである．需要プロファイルの目的は，(1)水需要の日変動および季節変動の決定，(2)需要に見合う再生水生産量および運転スケジュールの提示，(3)施設の種類とレベルの定義である．水需要分析において必要となる重要な要因を表-16.3 に示す．再生水利用が断続的か変動が大きい場合には，貯留施設の規模と位置は，システムの経済的・機能的な実行可能性を決定するうえで重要である．農業用灌漑利用のための再生水の貯留については，17 章で議論される．

16.3.4　施設の要件

施設(主に配管，貯水池，ポンプ場等)は経済性に大きな影響があるため，再生水利用プロジェクトの実行可能性を評価するうえできわめて重要な要因である．再生水の利用先が供給元から遠く離れている地域では，配水システムの建設・維持管理費は基本的に高いので，そのプロジェクトの経済性を低下させる．12，13 章でそれぞれ議論されたサテライト型システム(satellite system)および分散型システム(decentralized systems)は，これらの施設の要件を大きく緩和し，再生水利用の経済性を

表-16.3 水需要分析において検討すべき重要な変数

水利用の用途	検討項目
農業用灌漑利用および修景用灌漑利用	季節的な利用 天候条件 使用頻度・期間 水の利用速度 1日の変動 最大・最小流量 灌漑方法の種類
工業利用および商業利用	常時使用あるいは断続的使用 最大・最小流量 施設やプロセスの運転停止の頻度と期間
環境利用およびレクリエーション利用	季節的な利用 気象条件の影響 使用頻度・期間
非飲用の都市利用	修景用灌漑等の再利用用途の種類 季節的な利用 使用頻度・期間 1日の変動 防火用水における流量・圧力の要件
地下水涵養	季節的な利用 気象条件の影響
間接的飲用再利用	土地利用の種類(住宅,商業地域等) 屋内あるいは屋外利用(住宅および商業利用者) 使用頻度・期間 1日の変動 最大・最小流量
直接的飲用再利用	希釈の制約条件や要件 最大・最小流量

高める.

ほとんどの再生水利用施設は,上水道の施設に類似している.貯留と配水に関するシステムの構成要素と要因については,14章で議論されている.灌漑に関する補助的な施設については,17,18章で議論される.

16.3.5 経済的実行可能性(経済性)

プロジェクトの費用—建設費だけでなく年間の維持管理費—は,再生水利用用途を選択するうえで重要である.政府機関からの借款や補助金によってプロジェクト費用の一部を賄うことができる場合があるが,維持管理費は通常運営組織が責任を負わなければならない.実行可能性分析は,現在価値,総年間費用,ライフサイクル費用(25章)をもとに行われることが多い.現在価値分析法では,すべての将来の支出が計画期間の最初の現在価値に換算される.資金の時間的な価値(資金によって得られる利子)を表現する割引率が分析において利用される.総年間費用法では,建設費を債券の想定利子率および償還期間に基づいて減価償却する.年間固定費[減価償却費(amortized cost)]は,年間維持管理費に合算される.ライフサイクル費用は,施設の耐用年数におけるすべての費用により決定される.

処理水の処分が必要となる下水処理場の施設と厳密に比べた場合，再生処理施設は，より上水道の施設に近く，歳入を生む可能性のある再生水を生産しているということができる．再生水利用の実行可能性分析では，再生水の潜在的な販売収入を評価する必要がある．再生水の価値を評価する基準は，既存の上水道の料金体系である．しかし，価格が実際には変わる可能性があるので，料金体系の決定は，困難な作業である．実行可能性分析の前段階に再生水の潜在的な顧客とその利用用途を特定し，顧客と生産者にもたらされる経済的便益を評価する市場調査が行われる．再生水利用計画の経済性についてのさらなる考察は，25章に示される．

16.3.6 環境への配慮

提案される再生水利用プロジェクトにおける環境への配慮は，費用への配慮より重要となる場合がある．環境に関する規制は，可能性のある環境影響を特定し，合理的な数の代替案とその環境影響を検討し，市民と政府機関の意思決定過程への関与を保証する．議論の対象となるプロジェクトでは，環境に関するプロセスは，プロジェクトの実施をやめさせる手段として用いられることもある．したがって，市民の参加(public participation)と支持は，再生水利用プロジェクトの成功にとって重要な要因である．再生水利用プロジェクトの実施における課題については，26章で議論される．

16.4　再生水利用用途の将来の動向

1980年代中頃は，米国の水道業における大きな変化の始まりの時期であった．変化の多くの推進力は，水道水においてどの物質が「きれい」で「安全」であるかということについての市民の意識の変化である．これらの意識の変化は，流域管理，水資源，水質基準，浄水処理，水の保全，再生水利用，消費者が水に対して支払う費用の将来の動向に影響を与えてきた．同時に，下水処理場の老朽化や，下水処理水の放流水質基準の強化により，多くの下水道事業者が施設の更新を求められ，それが再生水利用の可能性について検討するきっかけになってきた．

再生水利用の計画に優先する要因は，再生水利用よりも十分な量の水を提供し，経済的にも有利な水資源の特定と開発であろう．容易に利用可能な水資源のほとんどは，既に水管理計画に組み込まれている．水の費用が上がり続け，処理技術が成熟し経済的に現実性が増すにつれて，それ以外の水源も魅力が増してきている．このような水源は，長期的に研究開発の対象となる．National Aeronautics and Space Administration (NASA) が行っている宇宙での水管理のような分野で，技術的な突破口が開け，従来は非飲用であった水資源の利用が可能になるかもしれない．

今後10年から20年の間に，再生水利用における重要な要因となる可能性のある9つの技術開発や動向が特定されている．
・再生水利用の規制の変化
・表流水の補充による間接的飲用再利用
・地下水涵養による間接的飲用再利用
・帯水層の貯留と回収 (aquifer storage and recovery) の改善
・非飲用用途へ用いられている淡水の再生水への転換
・分散型処理システム (decentralized treatment systems)
・サテライト型処理システム (satellite treatment systems)
・新しい処理技術
・全溶解性蒸発残留物の除去

これらの技術開発の要点は，以下で議論され，その便益については表-16.4に示される．

表-16.4 再生水利用における技術開発および動向，効果

技術開発・動向	効　果
再生水利用の規制の変化	州の規則間の対立の解消 特定の再利用用途への要件の設定 処理水放流と比べた再生水利用の便益の認識 処理施設の信頼性基準の制定による不適切な処理からの保護
表流水補充による間接的飲用再利用	表流水による水供給の補充 低水流量時における受水域の流量の安定化 下流の流量を削減することなく水供給のための表流水の取水の可能性 環境価値の向上
地下水涵養による間接的飲用再利用	地下水供給の補充 水質の改善 沿岸地域での海水浸入へのバリアの提供
帯水層の貯留と回収	地下浸透中の水質の改善 貯留と取水の効率の改善
淡水の再生水への転換	水利用の効率化（例えば，非飲用用途への水道水の需要の削減） 「水クレジット（water credit）」プログラムの創設の可能性 地下水汲上げの削減
分散型処理システム	小規模集落への再生水利用の機会の提供 集約型システムからの下水の流量と負荷量の削減 比較的「ローテク（low-tech）」な処理プロセスの利用可能性
サテライト型処理システム	分散した処理と再利用のシステムの機会の提供 利用先の近くで再生水を提供することによる地域内での再利用の機会の提供 既存の集約型システムへの水量負荷の削減 既存の集約型処理プロセスの拡張の必要性の削減 処理水の放流による受水域への影響の削減 集約型システムでの冗長な設備の不要性 ピーク流量の削減
新しい処理技術 　膜プロセス 　　（精密ろ過，逆浸透，電気透析） 　促進酸化 　消毒の強化	拡大した再生水利用用途への上質の水の提供 様々な質の水の生産の可能性 公衆衛生の保護のための複数のバリアの提供 微量物質の効率的な除去
全溶解性蒸発残留物（TDS）の除去	灌漑用途，地下水涵養，工業用途等の多目的な利用の拡大 再生水利用時のスケール発生の可能性の削減

16.4.1　規制の変化

再生水利用が増加し，微量物質や新興化学物質の影響に関する情報が蓄積されるにつれて，再生水利用の規制の変化は避けられない．連邦の規制が整備され，州や地方の規制にとって代わり，再生水利用プロジェクトの実施がさらに促進されるようになるかもしれない．

16.4.2　水供給の補充

表流水の補充や地下水涵養による間接的飲用再利用，帯水層の貯留と回収の改善，非飲用用途へ用いられている表流水の再生水への転換は，水供給を保全し補完する機会となる．放流のみを目的とす

る下水の高度処理の代わりに，より良い水資源マネジメントに重点が置かれるであろう．将来の飲用目的の表流水を保全するための再生水の利用は，既存の水供給能力を増強するだけでなく，再生水の非飲用用途へのより効率的な利用につながる．

16.4.3 分散型システムおよびサテライト型システム

分散型システムおよびサテライト型システムは，下水処理および再生水利用システムの計画において新たな方向性を示している．分散されたシステムを整備することにより，人口増加による既存の老朽化した施設への影響を緩和し，再生水の潜在的な利用地域のより近くへ再生水利用の機会を提供することができる．

16.4.4 新しい処理技術

処理技術の開発と改良の結果，再生水利用への多くの経済的，環境的な障壁が著しく減り，再生水利用の新たな機会が提供される．例えば，膜処理および紫外線消毒により再生水利用機会が広がる．再生水利用における人の健康と環境への懸念を著しく緩和することができるため，修景用灌漑や地下水涵養等の用途への再生水の利用の受容性が改善される．より多くの膜施設が建設・運営され，高質の水を安定的に生産する能力が認知されるにつれて，再生水への市民の受容性は著しく向上する．

全溶解性蒸発残留物の除去により高度な質の再生水が提供され，灌漑利用，工業利用，地下水涵養等へ適用性が著しく向上する．全溶解性蒸発残留物の管理は，特に閉じた再利用システムにおいては，鍵となる要素である．

16.4.5 飲用再利用に関連した課題

特に飲用再利用のプロジェクトの場合，水資源の開発は，非常に幅広い懸念をもたらす課題である．飲料水システムの整備や，そのようなプロセスに対応した水質基準の設定においては，「水供給は実行可能性のある最も望ましい水源から行われるべきであり，その水源の汚染の防止と管理のための努力がなされるべきである」ことが本質的に理解されている(Okun, 1998)．この主張は，1962年のU.S. Public Health Service の Drinking Water Standards(飲料水基準)に提示され，水の監視と分析よりも汚染源の特定を強調している．

Drinking Water Standards は，保護された流域にある飲料水源の許容水質を提示することを目的に制定されたもので，再生水への適用を前提としたものではない．しかし，非計画的な間接的(事実上の)飲用再利用は，多くの受容された公共の飲料水供給に影響を与えている．下水処理水の影響が大きい表流水が水道水源に用いられ，事実上の飲用再利用が行われている事例は，3.1 で議論されている．重要なことは，受容された公共の飲料水源であるこれらの自然の水資源に現在放流されている下水処理水のほとんどが二次処理水であり，計画的な間接的飲用再利用としての地下水涵養や公共の貯水池への補充において通常利用されている高度に処理された再生水ではないことである．

もともとの水資源が枯渇し，再生水利用の誘因が強まるにつれて，再生水利用の現実性と実践性が継続的に検討されなければならない．この時に，再生水利用の主な方向性は，計画的な非飲用再利用と間接的飲用再利用である．間接的飲用再利用は，米国のみならず，世界の多くの水不足の地域で既に行われている(WPCF, 1989；附録 E の E-2，22〜24 章を参照)．明らかなことは，再生水による(直接的・間接的な)飲料水供給への補充は，再生水利用の最も厳密で要求の多い用途であることである．

第16章 再生水利用用途：概観

問　題

16-1　あなたの州，地域，国における再生水利用に関する規制について文献検索あるいはインターネット検索を行い，16.1 で議論された7つの用途に関する主な水質基準をまとめよ．

16-2　Florida 州における食用の作物と制限のない都市用途に関する水質基準と処理要件を比較せよ（17, 18 章参照）．類似点や相違点を述べよ．California 州での要件のうち，Florida 州と異なるものをあげよ．

16-3　修景用灌漑システムと比べて，農業用灌漑システムの設計はどのように異なるか？

16-4　近隣の発電所で，再生水が冷却塔の補充水源として考えられている（表-19.4）．冷却用水への水質要件を表-7.7 に示された典型的な処理水質と比較し，再利用のための処理方法を提案せよ．特定の物質の除去のために追加的な処理が必要か？　もし必要なら，どのような選択肢が検討されるか？

16-5　あなたの地域で実行される可能性のある潜在的な再生水利用の用途を特定せよ．プロジェクトの成功のためには，どのような障害を乗り越える必要があるか？

16-6　23.5 にある Upper Occoquan Sewage Authority での間接的飲用再利用の事例と，24.3 にあるナミビアの Windhoek での直接的飲用再利用の事例を論評せよ．これらの2つの事例から，将来の再生水利用にとってどのような教訓が得られるか？

参考文献

Asano, T. (ed.) (1985) *Artificial Recharge of Groundwater*, Butterworth Publishers, Boston, MA.

Asano, T. (ed.) (1998) *Wastewater Reclamation and Reuse*, Water Quality Management Library, **10**, CRC Press, Boca Raton, FL.

AWWA (1994) *Dual Water System*, 2nd ed., AWWA Manual, M24, American Water Works Association, Denver, CO.

AWWA (2006) "Recycling and Reuse to Grow at an Annual Rate of 8%," *J. AWWA*, **98**, 4, 70–71.

Castelazo, M. (2006) *Water Recycling and Reuse: Technologies and Materials*, Report No. GB-331, BCC Research, Norwalk, CT.

Crook, J., J. Mosher, and J. M. Casteline (2005) *Status and Role of Water Reuse: An International View*, Global Water Research Coalition, London, UK.

Getches, D. H., L. J. MacDonnell, and T. A. Rice (1991) *Controlling Water Use: The Unfinished Business of Water Quality Protection*. Natural Resources Law Center, University of Colorado, School of Law, Boulder, CO.

Okun, D. A. (1998) "Philosophy of the Safe Drinking Water Act and Potable Reuse," *Environ. Sci. Technol.*, **14**, 11, 1298–1303.

Tchobanoglous, G., F. L. Burton, and H. D. Stensel (2003) *Wastewater Engineering: Treatment and Reuse*, 4th ed., McGraw-Hill, New York.

U.S. EPA (2004) *Guidelines for Water Reuse*, EPA/625/R-04/108, U.S. Environmental Protection Agency and U.S. Agency for International Development, Washington, DC.

WPCF (1989) *Water Reuse*, 2nd ed., Manual of Practice SM-3, Water Pollution Control Federation, Alexandria, VA.

第17章　再生水の農業利用

翻訳者　治多　伸介（愛媛大学農学部地域環境工学コース　准教授）
共訳者　川本　　健（埼玉大学大学院理工学研究科環境科学・社会基盤部門　准教授）
　　　　　　小松　登志子（埼玉大学大学院理工学研究科環境科学・社会基盤部門　教授）
　　　　　　斎藤　広隆（東京農工大学農学研究院若手人材育成拠点　特任准教授）

関連用語　*743*
17.1　再生水による農業灌漑の概要　*744*
　　17.1.1　米国における農業への再生水灌漑　*745*
　　17.1.2　世界における農業への再生水灌漑　*745*
　　17.1.3　再生水による農業灌漑に対する規制とガイドライン　*746*
　　　　　灌漑地への廃棄物排出規制／*746*　　　日当り全汚濁負荷量／*747*
　　　　　再生水灌漑への規制とガイドライン／*747*　　　再生水灌漑へのWHOガイドライン／*748*
17.2　農学と水質における検討事項　*748*
　　17.2.1　土壌特性　*749*
　　　　　土性／*750*　　　土壌構造／*750*　　　土壌深さ／*750*　　　土壌化学特性／*751*
　　17.2.2　浮遊物質　*751*
　　　　　塩分による影響／*751*　　　ナトリウム化による影響／*753*　　　イオン毒性／*756*
　　17.2.3　微量元素と栄養塩類　*757*
　　　　　微量元素／*757*　　　栄養塩類／*758*
　　17.2.4　作物の選定　*760*
17.3　再生水灌漑システムの設計要素　*765*
　　17.3.1　水再生と再生水の量と質　*765*
　　17.3.2　灌漑システムの種類と選択　*766*
　　　　　灌漑システムの種類／*766*　　　灌漑システム選定における考慮点／*768*
　　17.3.3　リーチング必要量　*772*
　　17.3.4　水供給量の推定　*774*
　　　　　蒸発散／*774*　　　純灌漑水量／*775*　　　水量負荷／*776*
　　　　　窒素負荷限界からの水量負荷／*777*
　　17.3.5　必要農地面積　*779*
　　17.3.6　排水システム　*779*
　　　　　地下水位深さ／*780*　　　水理学的特性／*780*　　　排水係数／*780*
　　　　　排水管の深さと間隔／*781*
　　17.3.7　排水管理と処分　*782*
　　17.3.8　貯留システム　*783*
　　17.3.9　灌漑計画　*787*
17.4　再生水灌漑システムの維持管理　*787*
　　17.4.1　需要・供給管理　*787*

17.4.2 栄養塩管理　*787*
　　　窒素／*788*　　　　リン／*788*
17.4.3 公衆衛生の保護　*788*
　　　灌漑地からの後退距離／*788*　　　微量有機化合物による健康影響の可能性／*789*
17.4.4 土壌と作物に対する再生水灌漑の影響　*790*
　　　水源水への配慮／*790*
17.4.5 モニタリング要件　*790*

17.5 事例 1：California 州の Monterey Wastewater Reclamation Study for Agriculture　*792*
　17.5.1 周辺状況　*792*
　17.5.2 水管理上の問題点　*792*
　17.5.3 実施方法　*792*
　　　下水中の成分／*792*　　農学上の検討点／*793*　　区画計画と輪作／*793*
　　　実行性と一般市民の受容／*793*
　17.5.4 研究結果　*794*
　　　下水中の成分／*794*　　結果の解析／*795*　　実行と賛同／*796*　　再生水灌漑の費用／*796*
　17.5.5 後続プロジェクト　*796*
　17.5.6 Recycled Water Food Safety Study　*796*
　17.5.7 得られた知見　*796*

17.6 事例 2：Florida 州の Water Conserv Ⅱ　*797*
　17.6.1 周辺状況　*797*
　17.6.2 水管理上の問題点　*798*
　17.6.3 実施方法　*798*
　　　水再生施設と送水ポンプ場／*798*　　　送水管，配水センターと配水ネットワーク／*799*
　　　補給水井戸／*799*　　分岐点／*799*　　急速浸透池(RIBs)／*799*　　市民の受容／*799*
　　　再生水灌漑の長期的影響調査／*801*　　再生水利用の新用途／*801*
　17.6.4 Water Conserv Ⅱ の重要性　*801*
　17.6.5 得られた知見　*801*

17.7 事例 3：Soueh Australia 州の Virginia Pipeline Scheme－灌漑を目的とした再生水による帯水層の貯留と回収　*802*
　17.7.1 周辺状況　*802*
　17.7.2 水管理上の問題点　*803*
　17.7.3 規制要件　*803*
　17.7.4 技術上の課題　*803*
　17.7.5 実施方法　*805*
　17.7.6 性能と運転　*806*
　17.7.7 得られた知見　*806*

問　　題　*808*
参考文献　*810*

関連用語

塩分 salinity 水中や土壌中の溶存塩類の存在を示すパラメータ．通常は，電気伝導度として，dS/m ないしは mmho/cm で測定される．

灌漑効率 irrigation efficiency 田畑に散布された水のうちで，有効に利用された水の割合．

基準蒸発散量 ET_0 reference evapotranspiration 十分に灌漑された基準表面からの標準化された蒸発散．利用された水の深さで表される．

クロロシス chlorosis 葉の組織における黄色化．通常は，鉄等の必須元素の欠乏によって起こる．

根圏 root zone 植物根が容易に侵入し，主要な根の活性が発揮される土壌深さ．

作物係数 K_c crop coefficient 基準蒸発散量（ET_0）に対する作物の蒸発散量（ET_c）の比．

作物の蒸発散量 ET_c crop evapotranspiration 特定の作物の蒸発散量．深さで表される．

蒸発散量 ET evapotranspiration 土壌と植物表面からの蒸発と，植物組織から蒸散によって大気中に失われる水の量．

深層浸透 deep percolation 根圏より下での浸透．深層浸透は，土壌が高い透水係数を持つ場合や，作物が利用する以上の水が供給される場合に起こる．

帯水層の貯留と回収 aquifer storage and recovery；ASR 再生水の貯留に対する被圧帯水層の利用．水は，ろ過されて帯水層に入るか，直接注入される．

多量要素 macronutrients 作物成長に対して，かなり多くの量が必要とされる6元素．すなわち，窒素，リン，カリウム，マグネシウム，カルシウム，硫黄．

地下水位 water table 土壌表面より下に位置する水分飽和領域の上面．

土壌透水性 soil permeability ガスや液体が土壌を浸透する容易さを示す指標．

ナトリウム化 sodicity 植物根圏における土壌溶液と灌漑水中で，ナトリウムが塩類の主要成分となっている状況．ナトリウム化は，通常はナトリウム吸着比（SAR）によって示される．

ナトリウム吸着比 sodium adsorption ratio；SAR 水が土壌に散布された時，潜在的な浸透問題を評価するために使われる化学的指標．SAR は，$Na/[(Ca+Mg)/2]^{1/2}$ と等しい．ここで，ナトリウム（Na），カルシウム（Ca），そしてマグネシウム（Mg）の濃度は，1L 当りのミリ当量（meq/L）で表現される．

排水係数 drainage coefficient 排水によって単位面積から除去される水の速度（mm/h）．

ライシメータ lysimeter 土壌浸透した水を計量したり集めたりする装置．ライシメータは，蒸発散の測定に使われる．また，土壌浸透した水の水質測定に利用されることもある．

リーチング leaching 過剰な水の使用による，根圏からの溶存物質や他の浸透性物質の除去．

米国では，全淡水取水量の約 40％にあたる 190×10^9 m^3/yr（137 000 Mgal/d）が農業の灌漑（irrigation）に使われている（Huston et al., 2004）．世界全体で見ても，農業は，依然として淡水供給の70％を消費する最大の水利用者となっている．このような大きな水需要を背景に，農業灌漑（agricultural irrigation）は，再生水利用に重要な機会を提供している．

本章の目的は，処理水を使った農業灌漑の設計，運用，管理について実用的な情報を提供することであり，主題は，(1)再生水を利用した農業灌漑の概要，(2)水質と農学の考慮事項，(3)再生水灌漑システムの設計指針，(4)運用と管理の課題，(5)実際の農業灌漑プロジェクトの遂行状況についての事例研究，となっている．修景用灌漑（landscape irrigation）に対する再生水の利用は，**18**章で扱う．

第17章 再生水の農業利用

17.1 再生水による農業灌漑の概要

様々な農作物が再生水で灌漑される可能性がある．公衆衛生の保護(public health protection)を確実にするためには，作物の種類と灌漑方法に応じて，水の適切な再生プロセスが採用されるべきである．表-17.1には再生水が灌漑可能な農作物の種類を示し，図-17.1には再生水の農業灌漑事例を示す．灌漑の実務を扱う節への導入として，(1)米国と他国での農業灌漑への再生水の利用，(2)再生水灌漑に関連する規制要件，を以下に簡単に述べる．

表-17.1 再生水の灌漑可能な農作物の種類[a]

種　　類	作物の例	処理の種類[b]
圃場作物	大麦，トウモロコシ，麦	二次処理，殺菌
繊維作物と種作物	綿，亜麻	二次処理，殺菌
生食可能な野菜	アボカド，キャベツ，レタス，イチゴ	二次処理，ろ過，殺菌
調理の必要な野菜	アーティチョーク，テンサイ，サトウキビ	二次処理，殺菌
家畜用作物	アルファルファ，大麦，ササゲ	二次処理，殺菌
果樹園・ブドウ園	アプリコット，オレンジ，ピーチ，プラム，ブドウ	二次処理，殺菌
苗床	花	二次処理，殺菌
商業用の林地	樹木，ポプラ	二次処理，殺菌

[a] Lazarova and Asano(2004)より引用．
[b] U.S. EPA Guidelines(2004)の推奨に基づく最低限の処理．それぞれの州で要求条件が異なることがある．

図-17.1 再生水で育つ様々な作物．(a)飼料作物(アルファルファ)，ヨルダン．(b)ナツメヤシ，ヨルダンAquaba(北緯29.563度，東経34.988度)．(c)カボチャ，California州Santa Rosa(北緯29.563度，東経34.988度)．(d)市販用の花，California州Monterey(北緯36.720度，東経121.778度)．

17.1.1　米国における農業への再生水灌漑

乾燥地域(arid region)および半乾燥地域(semiarid region)において，表流水や地下水といった限られた水供給源からの水消費量を削減するために，再生水は，広く利用されている．再生水利用は，温暖で湿潤な地域でも利用されてきている．再生水の利用されている温暖・湿潤な場所では，表流水域(surface water bodies)への処理水排出に対する規制が厳しかったり，降雨が不規則であったり，植物生育に適した水を土壌が保持できなかったりしている．

2002年には，約 300×10^6 m^3/yr(220 Mgal/d)，すなわち California 州の全再生水の46％が農業灌漑に利用されている．図-17.2 に作物種別の California 州における再生水の利用状況を示す．2002年，再生水は，州内における全灌漑水の約0.7％を占めている(State of California, 2003, 2004)．再生水は，現時点での農業灌漑への寄与は小さいものの，地域によっては不可欠な水源となっている．例えば，米国内で生産されるアーティチョーク(artichokes)の約70％は，Monterey 郡で栽培されており，そこでは，約95％の農家が再生水を灌漑水の一部として利用している．

Arizona, Florida, Hawaii, Nevada, Texas, Washingtone 州は，California 州以外で農業灌漑に対して再生水が利用されている代表的な州である．Florida 州は，米国内の最も大きな再生水利用者であるにもかかわらず，農業灌漑は，州全体における再生水利用の約16％にとどまっている(State of Florida, 2004)．2004年には，40州が食用作物(food crop)と非食用作物(non-food crop)への再生水利用に対するガイドラインと規則(regulations)を有している(4章参照)(U.S.EPA, 2004)．

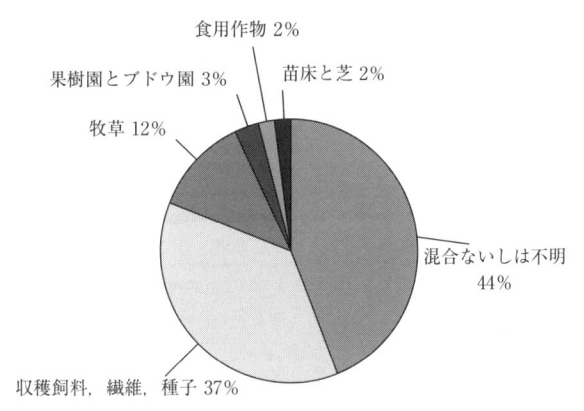

図-17.2　California 州での作物種別の再生水利用(State of California, 1990)

17.1.2　世界における農業への再生水灌漑

米国以外の多くの国々においても，様々な形態で再生水が灌漑に活用されている．代表的な国々における農業への再生水灌漑の例を表-17.2 に示す．生下水(untreated wastewater)もまた，世界の様々な地域で農業に使われているが，本章では，そのことは扱わない．

オーストラリアは，過去10年間で，水の再利用が最も活発な国の1つとなった．オーストラリアでは，2000年において約 420×10^6 m^3/yr(111×10^3 Mgal/d)，すなわち全再生水の82％が農業灌漑に利用されており，農業灌漑が再生水の主要な利用者となっている．

イスラエル，ヨルダン，クウェート，チュニジア，アラブ首長国連邦といった乾燥した国々では，再生水を大規模に灌漑利用している．例えば，イスラエルでは，一部で相互接続されている230の水再利用システムが稼働しており，下水の72％が主に農業灌漑に利用され，再生水からの水供給がイスラエルにおける水資源の15％を占めている(Lazarova and Asano, 2004 ; Weber and Juanico, 2004)．灌漑への再生水利用は，半乾燥状態の地中海地域や中東の国々で，公衆衛生と水供給プロジェクトに不可欠な要素になってきている．

表-17.2　体表的な国における再生水による農業灌漑事例[a]

アルゼンチン(Mendoza)	160 000 m³/d 以上の下水(人口百万人)が非制限的灌漑についての WHO ガイドラインに対応できるように，290 ha のラグーンシステムを有する Campo Espejo 下水処理施設で処理されている．再生水は，樹木，ブドウ，オリーブ，アルファルファ，果樹，その他の作物に対して 360 ha 以上で灌漑されている．
オーストラリア(Adelaide, Bolivar/Virginia Pipeline Scheme)	オーストラリアで最も大きな再生水システム Bolivar 下水処理施設から，約 280×10^6 m³/yr の再生水が 150 km のパイプラインを通って，200 km² の野菜畑の灌漑のために送水されている．
中国	Gaobeidian 下水処理施設が 500 000 m³/d 以上の二次処理水を工業と農業用に供給している．
フランス(Clermont-Ferrand)	10 000 m³/d の下水三次処理水が 700 ha のトウモロコシ畑に灌漑されている．
ギリシャ	Crete, Thessaloniki, Chalkida, その他の地域で，ブドウ畑，テンサイ，トマト，花卉への複数の下水再生プロジェクトが進行している．再生水による水耕栽培(hydroponic cultivation)も調査されている．
イスラエル(Tel Aviv, Dan Region プロジェクト)	栄養塩除去と土壌—帯水層処理(SAT：soil aquifer treatment)を付加した二次処理による約 130×10^6 m³/yr の再生水が非制限的灌漑に利用されている．
イタリア	Emilia Romagna の Basso Rubicone 肥料灌漑施設からの約 450 000 m³/yr が 125 ha の農地に灌漑されている．
ヨルダン	安定池(stabilization pond)または活性汚泥によって処理された約 70×10^6 m³/yr の下水が国家の水供給の約 10% を占め，農業灌漑に使われている．
クウェート	Ardiya, Rikka, Jahra の3つの主要三次処理施設で 1997 年には約 356×10^6 m³/yr の再生水が生産され，約 125×10^6 m³/yr が農業灌漑に使われている．
スペイン	Vitoria において，高度処理と殺菌を受けた約 8×10^6 m³/yr の下水が非制限的灌漑に利用されている．Canary 諸島では，極性転換方式電気透析(electrodialysis reversal；EDR)プロセスの再生水を，バナナへの灌漑に利用する試験が行われている．
チュニジア	1965 年から，Le Cherguia-Tunis 下水処理施設の再生水が農業灌漑に利用されている．La Soukra 600 ha(1 480 ac)では，柑橘類とオリーブに対して再生水が灌漑されている．灌漑された野菜は，生のままでも調理しても食用は禁止されている．

[a] Angelakis et al.(1999), Gotor et al.(2001), Kracman et al.(2001), Icekson-Tal et al.(2003), Hamoda et al.(2004), Lazarova and Asano(2004)より引用．

17.1.3　再生水による農業灌漑に対する規制とガイドライン

水再利用のガイドライン，基準(criteria)，関連規制(related regulation)は，4 章で詳細に述べられている．一般的には，処理水が航行可能な水路(navigable water)に放出される場所では，都市下水処理場(municipal wastewater treatment plants)は，NPDES(National Pollutant Discharge Elimination System)と各州によって科せられている他の廃棄物排出規制(waste discharge requirement)に適合しなければならない．すべての下水が再利用され，内水路に放出されない場所では，再利用水は NPDES から免除される．その代わりに，再生水システムは，各州で設定されている処理方法と水質基準を遵守しなければならない．再生水灌漑への関連規制における論点の幾つかを以下に述べる．

灌漑地への廃棄物排出規制

農地からの流出水は，通常，廃棄物排出規制から免除される．だが，近年の非点源汚染(nonpoint source pollution)への懸念から，農業排水に対する厳しい排出規制が近い将来に見込まれている．例

えば，California 州の Central Valley Regional Water Quality Control Board of California では，2003年に Irrigated Lands Conditional Waiver Program（灌漑地条件付き免除措置プログラム）を採用した．このプログラムは，農業者が廃棄物排出規制からの免除状況を維持するためには，California Water Code と他の計画や政策を遵守できるように，農業者が共同または個人で努力することを要求している（State of California, 2003）．これらの要求は，農業者に課されているが，水に関する計画者も関連の要求を認識している必要がある．

日当り全汚濁負荷量

河川中の多くの成分は，U.S. EPA の日当り全汚濁負荷量（total maximum daily load；TMDL）規制を受けている．TMDL は，水域（waterbody）がすべての寄与する点源（point source）および非点源（nonpoint source）から汚染物質（pollutant）を受け入れた時，それでも水質基準を維持できる最大の汚染物質量の見積りである．許容可能な汚染物質排出量（pollutant discharge quantitiea）の割当ては，すべての点源および非点源に対して行われる．

再生水灌漑への規制とガイドライン

2002 年時点で，21 州が食用作物に対して，40 州が非食用作物に対して再生水灌漑（reclaimed water irrigation）への規制ないしはガイドラインを有している（U.S. EPA, 2004）．表-17.3，17.4 には，それぞれ食用作物および非食用作物に対する代表的な 7 州における処理と水質の基準を示した．幾つかの州は，California Water Recycling Criteria に基づいた規制を利用している一方で，他の州は，再生水利用の健康影響に対する独自調査に基づいて，それとは異なった規制を発展させてきた．

表-17.3 食用作物に対する再生水水質と処理要件[a]

項　目	Arizona 州	California 州	Florida 州
処理	二次処理，ろ過，殺菌	酸化[b]，凝集，ろ過，殺菌	二次処理，ろ過，高度殺菌
BOD	NS	NS	CBOD 20 mg/L
TSS	NS	NS	5 mg/L
濁度	2 NTU（平均値）	2 NTU（平均値）	NS
	5 NTU（最大値）	5 NTU（最大値）	
大腸菌	糞便性	全大腸菌	糞便性
	検出なし[d]	2.2/100 mL（中央値）[e]	75%のサンプルで検出なし
	23/100 mL（最大値）	23/100 mL（30 日の最大値）	25/100 mL（最大値）

項　目	Hawaii 州	Nevada 州	Texas 州	Washington 州
処理	酸化，ろ過，殺菌	二次処理，殺菌	NS[c]	酸化，凝集，ろ過，殺菌
BOD	NS	30 mg/L	5 mg/L	30 mg/L
TSS	NS	NS	NS	30 mg/L
濁度	2 NTU（最大値）	NS	3 NTU	2 NTU（平均値）
				5 NTU（最大値）
大腸菌	糞便性	糞便性	全大腸菌	全大腸菌
	2.2/100 mL（中央値）[e]	200/100 mL（平均値）	20/100 mL（幾何平均値）	2.2/100 mL（平均値）
	23/100 mL（30 日の最大値）	400/100 mL（最大値）	75/100 mL（最大値）	23/100 mL（最大値）

[a] U.S.EPA（2004）より引用．
[b] 酸化（oxidized）とは，生物処理（biological process）による下水の処理を意味する．この用語は，水質基準を達成する処理プロセスの詳細な指定を避けるために，「二次処理」の代わりに使われる．
[c] NS は，州規制で定められていない（not specified）ことを意味する．
[d] 直近 7 日サンプルのうち，4 日で検出がないこと．
[e] 7 日間の中央値．

表-17.4 非食用作物に対する再生水水質と処理要件[a]

項　目	Arizona 州	California 州	Florida 州
処理	二次処理，ろ過	酸化[b]，殺菌	二次処理，基本的な殺菌
BOD	NS	NS	CBOD 20 mg/L
TSS	NS	NS	5 mg/L
濁度	NS	NS	NS
大腸菌	糞便性	全大腸菌	糞便性
	200/100 mL[d]	23/100 mL（中央値）	200/100 mL
	800/100 mL（最大値）	240/100 mL（30日の最大値）	800/100 mL（最大値）

項　目	Hawaii 州	Nevada 州	Texas 州	Washington 州
処理	酸化，ろ過，殺菌	二次処理，殺菌	NS[c]	酸化，殺菌
BOD	NS	30 mg/L	5 mg/L	30 mg/L
TSS	NS	NS	NS	30 mg/L
濁度	2 NTU（最大値）	NS	3 NTU	2 NTU（平均値）
				5 NTU（最大値）
大腸菌	糞便性	糞便性	全大腸菌	全大腸菌
	2.2/100 mL（平均値）	200/100 mL（平均値）	20/100 mL（平均値）	23/100 mL（平均値）
	23/100 mL（最大値）	400/100 mL（最大値）	75/100 mL（最大値）	240/100 mL（最大値）

a　U.S. EPA（2004）より引用．
b　酸化とは，生物処理による下水の処理を意味する．この用語は，水質基準を達成する処理プロセスの詳細な指定を避けるために，「二次処理」の代わりに使われる．
c　NSは，州規制で定められていない（not specified）ことを意味する．
d　直近7サンプルの4サンプルで200/100 mL未満．

再生水灌漑へのWHOガイドライン

　米国における規制とガイドラインは，利用可能な最高の技術と実現可能な最も高いレベルの公衆衛生（public health）の保護を要求している．そのため，世界保健機関（World Hearth Organization；WHO）によるガイドラインは，米国のガイドラインや規制とは異なった取組み方をしてきた．WHOガイドラインでは，費用の高い処理プロセスを採用することの実行可能性や，再生水灌漑と他の原因による病気との相対健康リスクが考慮されている（Blumenthal *et al.*, 2000）．農業における下水の安全利用に関するWHOガイドラインは，4.8で説明されている．

17.2　農学と水質における検討事項

　灌漑計画の持続性は，利用可能な水が土壌，作物，環境に与える影響を適切に管理できるかどうかに依存する．農学（agronomic）の知識は，実現可能性を検討する段階から，構築されるシステムの設計，施行，管理に至る再生水灌漑事業のすべての段階で必要となる．再生水灌漑における農学と水質に関して本節で示す項目は，(1)土壌特性（soil characteristics），(2)浮遊物質（suspended solids），(3)塩分（salinity），ナトリウム分（sodicity），イオン毒性（ion toxicity），(4)微量元素（trace elements）と栄養塩類（nutrients），(5)作物選定（crop selection）について考慮すべき事柄，である．
　表-17.5には，灌漑に用いられる再生水の水質パラメータ（water quality parameters）とその適切性を評価する一般的な指針をまとめた．各パラメータについては，本節の後半で論じる．水質に望まれる具体的な要件は，土壌特性，気候，灌漑作物，灌漑方法，また，それ以外の地域特性に依存することに留意すべきである．灌漑用水の水質を決定する最も重要な特性は，(1)溶存塩分濃度（concentration of soluble salts），(2)ナトリウムの，他の陽イオン（cations）［マグネシウム（magnesium），カル

表-17.5 灌漑のための水質評価指針[a]

灌漑による障害	単位	使用制限度		
		なし	小～中程度	深刻
塩分				
EC_w[b]	dS/m	<0.7	0.7～3.0	>3.0
TDS	mg/L	<450	450～2 000	>2 000
ナトリウム分[c]				
SAR, 0～3		EC_w≥0.7	0.7～0.2	<0.2
3～6		≥1.2	1.2～0.3	<0.3
6～12		≥1.9	1.9～0.5	<0.5
12～20		≥2.9	2.9～1.3	<1.3
20～40		≥5.0	5.0～2.9	<2.9
イオン毒性				
ナトリウム(Na)[d,e]				
表面灌漑	SAR	<3	3～9	>9
スプリンクラ灌漑	mg/L	<70	>70	
塩素(Cl)[d,e]				
表面灌漑	mg/L	<140	140～350	>350
スプリンクラ灌漑	mg/L	<100	>100	
ホウ素(B)	mg/L	<0.7	0.7～3.0	>3.0
その他の影響				
窒素(全窒素)[f]	mg/L	<5	5～30	>30
重炭酸(HCO_3)	mg/L	<90	90～500	>500
（スプリンクラ灌漑のみ）				
pH	—		正常な範囲 6.5～8.4	>5.0
残留塩素	mg/L	<1.0	1.0～5.0	
（スプリンクラ灌漑のみ）				

[a] University of California Committee of Consultants(1974)，Ayers and Westcot(1985)より引用．
[b] EC_w：灌漑水の電気伝導度．
[c] SAR(sodium adsorption rate)：ナトリウム吸着比（詳細は本節参照）．
[d] 多くの樹木作物や園芸樹は，ナトリウムと塩素に敏感であるので，本表の値を使用する．多くの一年生作物は，敏感ではないので，塩耐性の表を参照のこと（表-17.12）．
[e] 低湿度(<30%)でのスプリンクラ灌漑においては，ナトリウムまたは塩素がそれぞれ70または100 mg/L 以上の濃度では，過度の葉への付着と敏感な作物に対する作物被害を引き起こす．
[f] 全窒素には，硝酸性窒素，アンモニア性窒素，有機性窒素が含まれる．排水中の窒素形態は，様々であるものの，植物は，全窒素量に感応する．

シウム(calcium)，カリウム(potassium)]に対する相対比率，(3)植物に対して有毒なホウ素(boron)やその他の元素の濃度，である．

17.2.1 土壌特性

灌漑の適用可能性，作物選定，および灌漑方法の選択は，土壌特性に大きく依存する．土性(soil texture)，土壌構造(soil structure)，土壌深さ(soil depth)，土壌層位(soil profile)，化学特性(chemical properties)といった様々な土壌特性の詳細な情報源としては，米国農務省(U.S. Department of Agriculture；USDA)のNatural Resources conservation Service が提供している『Soil survey Manual』(USDA, 1993b)等を参考にすることが望ましい．

土 性

　土壌の物理性を分類するために用いられる土性分類(soil textural classes)は，砂(sand)，シルト(silt)，粘土(clay)の相対割合に基づく．土壌の3成分，すなわち砂，シルト，粘土は，直径2mm以下の土粒子画分によって決定される．図-17.3に土性分類を示す．例えば，シルトを60％，砂を30％，粘土を10％含む土壌は，シルト質ローム(silt loam)に分類される．土性分類は，粒径分布から決められるか，土壌科学者によって現地で推定される(Crites, 1985)．再生水灌漑に対して最も適切な土壌は，砂質ローム(sandy loam)，シルト質ローム，シルトといった中間的な組成のものである．

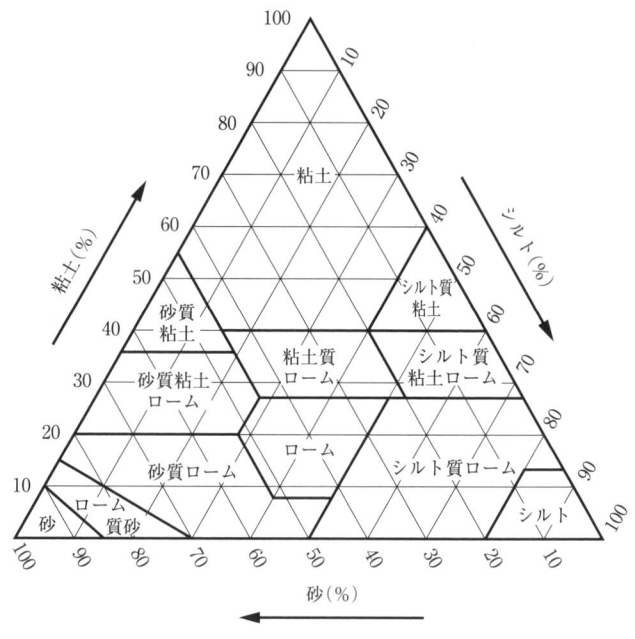

図-17.3　基本的な土性分類における砂，シルト，粘土の含有率を示す三角図 (USDA, 1993b)

　土壌有機物(soil organic matter)の存在は，土壌の物理的特性(physical properties)，密度(density)，浸透速度(infiltration rate)，植物および根の成長，酸素供給性(oxygen availability)，微生物活性(microbiological activity)，養分の有効性(nutrient availability)，水分保持特性(capacity to hold water)等を向上させる(USDA, 1997)．土壌中の有機物は，様々な分解段階にある植物残渣や動物遺体，土壌生物群の細胞や組織，そして，腐植土(humus)と呼ばれる安定的な有機物から成り立っている．有機質土壌中の有機物割合は，20～95％にわたる．有機物を多く含む土壌は，通常，黒泥(muck)，泥炭(peat)，黒泥質の泥炭(mucky peat)等と呼ばれる．

土壌構造

　土粒子(soil particles)は，化学的，生物学的プロセスによって団粒化(aggregated)し，自然の構造を形成する．土壌構造は，土壌を通る空気と水の移動速度に影響を与える．また，根の成長や植物への養分供給にも影響する(USDA, 1991)．土壌構造の種類と，それらが水の移動に与える影響を図-17.4に示す．柱状(prismatic)，塊状(blocky)，粒状(granular)構造を持つ土壌は，板状(platy)や壁状(massive)構造(無構造)を持つ土壌に比べて透水性は高い．しかし，柱状土壌や塊状土壌は，土壌構造周辺での灌漑水の選択的流れ(peripheral flow)を発生させ，根の成長を阻害する．したがって，より粒状の構造を持つ土壌が作物生育には望ましい．土壌構造は，深耕作(deep tillage)，有機物の投与，石膏(gypsum)(硫酸カルシウム)等の無機化学物質の投与といった特定の耕作法で"変化"しうる．

土壌深さ

　土壌深さ(soil depth)とは，土壌表面から母岩(bed rock)，硬盤(hardpan)，地下水位(water table)といった根の成長を阻害する層までの厚さのことである．土壌深さは，植物が利用できる水を保持する能力に影響するので，灌漑の実施間隔にも影響する．土壌の不透水層(impermeable layer)や浅い地下水面(groundwater table)の存在は，下方への水の移動と根の伸長を阻害する．土壌層位，すなわち深さによる土壌特性の相違もまた，水の下方移動に影響を与える．

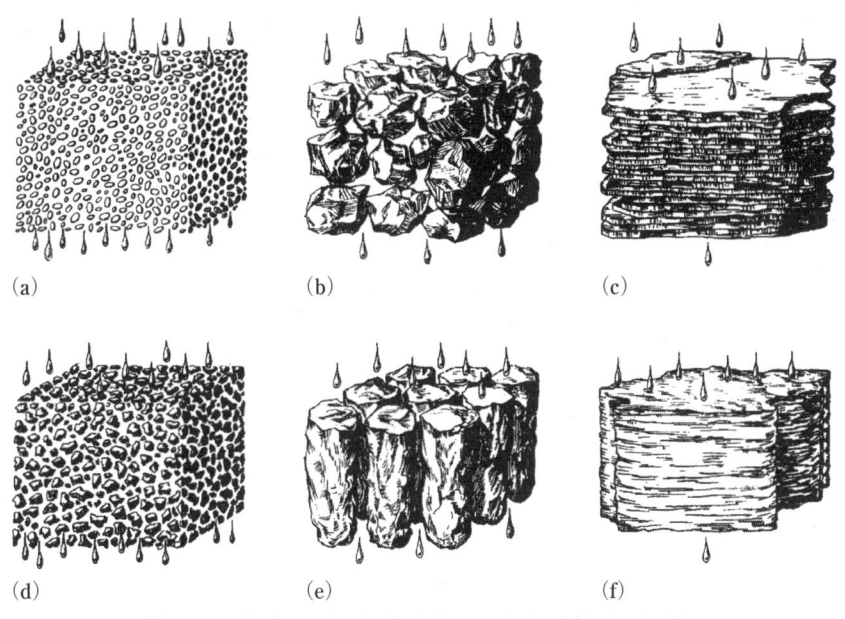

図-17.4 土壌構造. (a)単粒状, (b)塊状, (c)板状, (d)粒状, (e)柱状, (f)壁状 (USDA, 1991)

土壌化学特性

　土壌は，主に風化を受けた岩石からなる．土壌の化学的，鉱物的構成は，酸化(oxidation)，還元(reduction)，水和(hydration)，加水分解(hydrolysis)，炭酸化(carbonation)の程度によって変化する．主に鉱物からなる土壌は，鉱物土壌(mineral soil)と呼ばれる．鉱物土壌では，有機物含量，酸素濃度，地温は，一般的に土壌表面で最も高い．微生物活性もまた，土壌表面で最も高い．陽イオンの栄養塩を含む土壌による保持力(ability of soil to retain cations)は，土壌の化学特性や有機物含量によって影響を受ける．陽イオン保持力の低い土壌には，より頻繁な施肥が必要である．

17.2.2 浮遊物質

　再生水中の浮遊物質は，灌漑水の配水管(distribution line)やエミッタ(emitter)を詰まらせる可能性がある．小さなエミッタ開孔部を持つ灌漑システムを低流速で使用する場合，エミッタの閉塞問題が生じる可能性が高い．一般的に，二次処理水は，全浮遊物質(total suspended solids；TSS)を5～25 mg/L 含む．浮遊物質濃度(suspended solids level)は，三次処理水では低く，通常は10 mg/L 以下である(表-3.14参照)．30 mg/L 以下のTSS濃度は，一般的には灌漑システムに適していると考えられる．しかし，温度，日射，エミッタの種類，流量といった他の要因も，配水管やエミッタの目詰まりに強く関与する．灌漑システムの管理と再生水灌漑における目詰まり問題については，17.4で詳しく述べる．16章で述べたように，生活や他の水利用によって付加される溶解性物質(dissolved solids)(表-3.11参照)は，通常，水処理や水再生プロセスでは減少しない．そのため，再生水では，飲料水や他の淡水よりも溶解性物質の濃度が高い．高濃度の溶解性物質が灌漑に与える影響は，以下に述べるように，一般に塩分，ナトリウム分，イオン毒性の観点から評価される．

塩分による影響

　塩分は，水または土壌中の溶存塩(soluble salts)の定量的指標(quantitative measure)である．水中の塩分は，全溶解性蒸発残留物(total dissolved solids；TDS)の指標となる．dS/m, mmho/cm,

または μmho/cm で表される水の電気伝導度 EC_w(water of electrical conductivity)は，TDS 濃度の代替指標として使われる．電気伝導度 EC(electrical conductivity)の値は，温度の影響を受け，EC が測定される標準温度は 25℃ である．農業灌漑を目的とするほとんどの場合，EC_w と TDS の値には互いに相関があり，(式)17.1 によって約 10% 以内の精度で変換できる．

$$\begin{aligned}EC_w < 5\,(\mathrm{dS/m}) \quad & \mathrm{TDS}\,(\mathrm{mg/L}) \approx EC_w\,(\mathrm{dS/m}) \times 640 \\ EC_w > 5\,(\mathrm{dS/m}) \quad & \mathrm{TDS}\,(\mathrm{mg/L}) \approx EC_w\,(\mathrm{dS/m}) \times 800\end{aligned} \quad (17.1)$$

式(17.1)は，水中のイオン構成にも依存するため，第一近似として用いられるべきである．塩分濃度が増加するにつれて，土壌水と根の細胞との間の浸透圧勾配(osmotic gradient)は低下する．言い換えると，土壌から水を吸収するために根の細胞中の溶質濃度を増加させなければならず，植物はより多くのエネルギーを必要とする．その結果，植物の成長阻害や，旱魃条件と同様な症状が生じる(図-17.5 参照)．

図-17.6 に作物の耐塩性(salt tolerance or salt resistance)の評価を示す．塩分閾値(salinity threshold level)を超えると，塩分増加に伴って作物収量は減少する．表-17.6 に水と土壌に対する塩分測定の定義をまとめた．リーチング(leaching)した塩分量が灌漑水によって土壌に供給された塩分量と一致する場合，土壌の塩分濃度は安定する．植物に取り込まれる塩分量は，灌漑水によって与

図-17.5 作物成長に対する塩分の影響．図中の 3 本のトウモロコシは，播種後 1 mmol NaCl 溶液中で 14 日間水耕栽培された．その後，3 種類の異なる濃度の溶液へと移植され，さらに 7 日間栽培された．(a) 1 mmol NaCl，(b) 75 mmol NaCl，(c) 100 mmol．1 mmol NaCl 溶液で栽培された植物を対照植物とした (Courtesy of Malcolm Drew Agricultural Research Council, Letcombe Laboratory, United Kingdom)

表-17.6 塩分測定の定義

塩分の種類	記号	定義
水の塩分	EC_w	水の電気伝導度．
灌漑水の塩分	EC_{iw}	灌漑水の電気伝導度．
土壌の塩分	EC_e	土壌試料中に含まれる水，または測定のために抽出された水の電気伝導度．飽和抽出の電気伝導度とも呼ばれる．
土壌水の塩分	EC_{sw}	土壌水の電気伝導度．土壌水塩分を測定することは難しく，普通，土壌塩分(EC_e)が測定される．一般的に EC_e は土壌水塩分(EC_{sw})の約半分である．
流出水の塩分	EC_{dw}	根圏からの流出水，または特定の層から流出した水の電気伝導度．

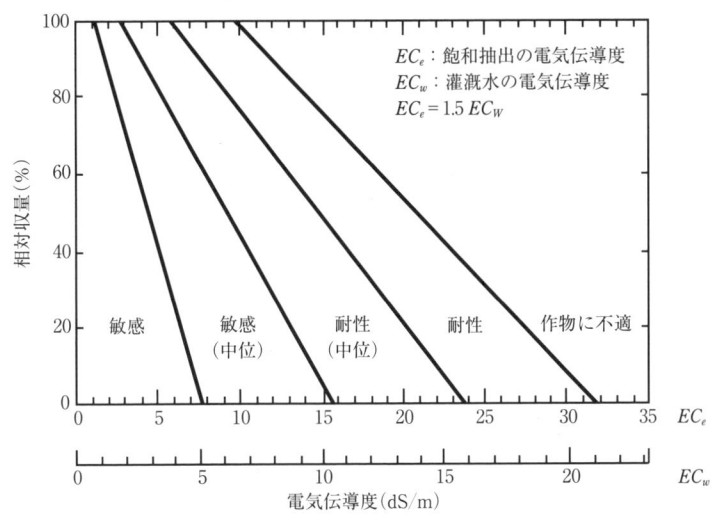

図-17.6 農業用作物の相対耐塩性評価 (Ayers and Westcot, 1985)

えられる塩分量に比べると，一般的には無視できるほど僅かである．それ故，再生水の灌漑では，リーチングが塩分問題を制御する重要な鍵となる．

ナトリウム化による影響

土壌溶液や灌漑水において，ナトリウムが支配的な陽イオンとなっている状態をナトリウム化 (sodicity) という．ナトリウムに富んだ条件下で，土粒子は分散し，粘土は膨潤する (図-17.7 参照)．その結果，土粒子は土壌マトリックス (soil matrix) 中の粗大間隙 (large pore) を閉塞させ，土壌への水および空気の浸入速度を低下させる．水の浸透が制限される土壌表面に湛水 (water ponding) が生じる [湛水害 (waterlogging)]．

ナトリウム化は，普通，SAR (カルシウムイオンとマグネシウムイオンに対するナトリウムイオンの比) で表される．SAR は，水や土壌からの抽出溶液の測定値から，以下の式によって計算される．

$$\mathrm{SAR} = \frac{[\mathrm{Na}^+]}{\sqrt{([\mathrm{Ca}^{2+}] + [\mathrm{Mg}^{2+}])/2}} \quad (17.2)$$

ここで，$[\mathrm{Na}^+]$：ナトリウム濃度 (meq/L)，$[\mathrm{Ca}^{2+}]$：カルシウム濃度 (meq/L)，$[\mathrm{Mg}^{2+}]$：マグネシウム濃度 (meq/L)．

式 (17.2) では，Ca^{2+} に対する $\mathrm{HCO_3}^-$ の比は，所定の土壌水分条件で平衡になっていると仮定されている．再生水灌漑を検討する際には，灌漑水が土壌と平衡に達した後における土壌水中の残存濃度をより正確

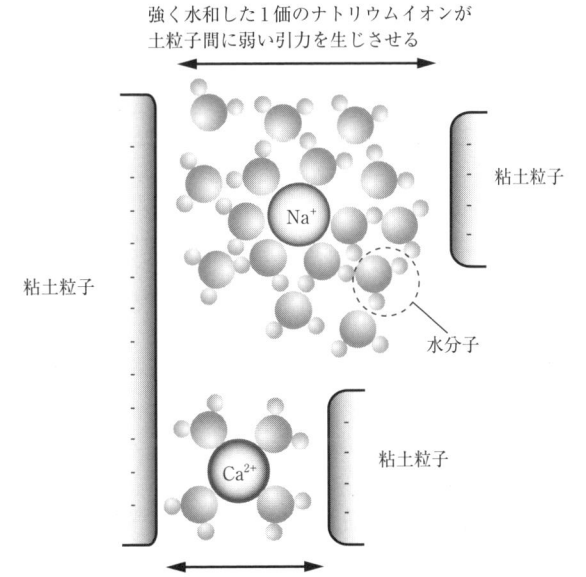

図-17.7 ナトリウムイオンとカルシウムイオンが土粒子に与える影響 (McKenzie, 1998)

表-17.7 調整ナトリウム吸着比を計算するための Ca_x 値[a, b, c]

比　　率	供給水の塩分 EC_w (ds/m)											
HCO_3/Ca	0.1	0.2	0.3	0.5	0.7	1.0	1.5	2.0	3.0	4.0	6.0	8.0
0.05	13.20	13.61	13.92	14.40	14.79	15.26	15.91	16.43	17.28	17.97	19.07	19.94
0.10	8.31	8.57	8.77	9.07	9.31	9.62	10.02	10.35	10.89	11.32	12.01	12.56
0.15	6.34	6.54	6.69	6.92	7.11	7.34	7.65	7.90	8.31	8.64	9.17	9.58
0.20	5.24	5.40	5.52	5.71	5.87	6.06	6.31	6.52	6.86	7.13	7.57	7.91
0.25	4.51	4.65	4.76	4.92	5.06	5.22	5.44	5.62	5.91	6.15	6.52	6.82
0.30	4.00	4.12	4.21	4.36	4.48	4.62	4.82	4.98	5.24	5.44	5.77	6.04
0.35	3.61	3.72	3.80	3.94	4.04	4.17	4.35	4.49	4.72	4.91	5.21	5.45
0.40	3.30	3.40	3.48	3.60	3.70	3.82	3.98	4.11	4.32	4.49	4.77	4.98
0.45	3.05	3.14	3.22	3.33	3.42	3.53	3.68	3.80	4.00	4.15	4.41	4.61
0.50	2.84	2.93	3.00	3.10	3.19	3.29	3.43	3.54	3.72	3.87	4.11	4.30
0.75	2.17	0.24	2.29	2.37	2.43	2.51	2.62	2.70	2.84	2.95	3.14	3.28
1.00	1.79	1.85	1.89	1.96	2.01	2.09	2.16	2.23	2.35	2.44	2.59	2.71
1.25	1.54	1.59	1.63	1.68	1.73	1.78	1.86	1.92	2.02	2.10	2.23	2.33
1.50	1.37	1.41	1.44	1.49	1.53	1.58	1.65	1.70	1.79	1.86	1.97	2.07
1.75	1.23	1.27	1.30	1.35	1.38	1.43	1.49	1.54	1.62	1.68	1.78	1.86
2.00	1.13	1.16	1.19	1.23	1.26	1.31	1.36	1.40	1.48	1.54	1.63	1.70
2.25	1.04	1.08	1.10	1.14	1.17	1.21	1.26	1.30	1.37	1.42	1.51	1.58
2.50	0.97	1.00	1.02	1.06	1.09	1.12	1.17	1.21	1.27	1.32	1.40	1.47
3.00	0.85	0.89	0.91	0.94	0.96	1.00	1.04	1.07	1.13	1.17	1.24	1.30
3.50	0.78	0.80	0.82	0.85	0.87	0.90	0.94	0.97	1.02	1.06	1.12	1.17
4.00	0.71	0.73	0.75	0.78	0.80	0.82	0.86	0.88	0.93	0.97	1.03	1.07
4.50	0.66	0.68	0.69	0.72	0.74	0.76	0.79	0.82	0.86	0.90	0.95	0.99
5.00	0.61	0.63	0.65	0.67	0.69	0.71	0.74	0.76	0.80	0.83	0.88	0.93
7.00	0.49	0.50	0.52	0.53	0.55	0.57	0.59	0.61	0.64	0.67	0.71	0.74
10.00	0.39	0.40	0.41	0.42	0.43	0.45	0.47	0.48	0.51	0.53	0.56	0.58
20.00	0.24	0.25	0.26	0.26	0.27	0.28	0.29	0.30	0.32	0.33	0.35	0.37

[a] Suarez(1981)より引用.
[b] 調整ナトリウム吸着比は，SAR の変形である．これまで長い間，土壌水中のカルシウム濃度は，一定ではないと考えられてきた．平衡状態でのカルシウム濃度は，供給水中の濃度，および土壌に吸着したカルシウムからの溶出や土壌水からの析出に依存する．それらの影響により，土壌水中の相対的なナトリウム含量は増加または低下する．平衡溶液中のカルシウム濃度は，土壌水の塩分，カルシウムイオン，重炭酸イオン，溶存二酸化炭素の濃度に影響を受ける．
[c] 調整ナトリウム吸着比は，上記 b 中の要因の影響を含み，水質によって引き起こされるナトリウム被害や浸透問題をより正確に予測するのに使われる．浸透問題の可能性を評価する場合，SAR の代わりに調整吸着比(SAR$_{adj}$)を用いてもよい．
[d] カルシウムに対する重炭酸の割合(mEq/L).

に推定するため，カルシウム濃度[Ca^{2+}]値を調整する必要がある．カルシウム濃度の調整値(adjusted value)である[Ca_x^{2+}]は，表-17.7 から得られる．表-17.7 の値は，様々な塩分濃度における土壌表面付近の土壌水分に適用でき，マグネシウム沈殿が生じず，土壌表面付近の CO_2 分圧が 0.071 kPa(0.0007 atm)との仮定に基づいている．調整ナトリウム吸着比 SAR$_{adj}$(adjusted sodium adsorption ratio)は，式(17.3)で計算する．

$$\mathrm{SAR_{adj}} = \frac{[\mathrm{Na^+}]}{\sqrt{([\mathrm{Ca_x^{2+}}] + [\mathrm{Mg^{2+}}])/2}} \tag{17.3}$$

ここで，[Ca_x^{2+}](meq/L)：表-17.7 から得られたカルシウムイオン濃度.

実用上は，SAR$_{adj}$ 値と SAR 値の差は僅かであり，通常，SAR 値が用いられる．調整値は，水質と土壌の化学特性がカルシウムの平衡濃度に大きな影響を与えうる場合に用いる．高アルカリ度の水は，平衡濃度に影響を与え，高い SAR$_{adj}$ 値につながる(**例題 17-1 参照**).

土壌のナトリウム化に関連して浸透問題(infiltration problem)が生じる可能性は，浸透する水の電気伝導度が低下するにつれて増加する．灌漑水の SAR と電気伝導度 EC が浸透に与える影響を図-17.8 に示す．EC と SAR を知ることによって，浸透問題が発生する可能性を予測できる．再生水や土壌では，一般に，カルシウム濃度は，マグネシウム濃度より高い．その濃度関係が逆の場合，マグネシウムは，カルシウムよりも水和されやすく，土壌に保持されにくいため，ナトリウム化の問題が起こる可能性が僅かに増加する(Ayers and Westcot, 1985).

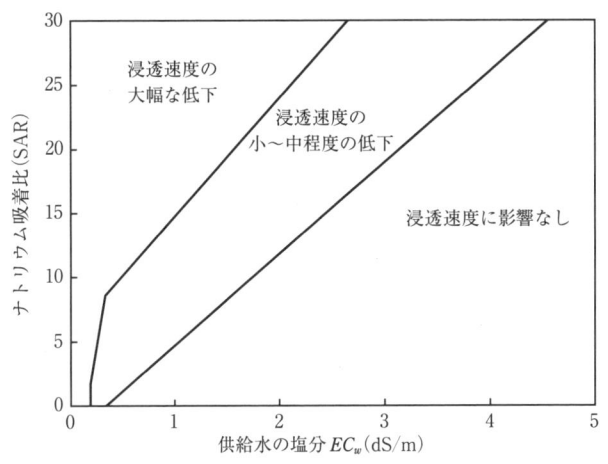

図-17.8 灌漑水中の SAR と EC が浸透速度に与える複合的影響(Hanson et al., 1999)

例題 17-1 ナトリウム吸着比の計算.

次の化学特性を持つ再生水の SAR と SAR$_{adj}$ 値を計算せよ．

成 分	単 位	値
pH	–	6.6
ナトリウム	mg/L	129
カルシウム	mg/L	49
マグネシウム	mg/L	18
塩化物	mg/L	137
硫酸塩	mg/L	163
アルカリ度	mg/L(CaCO$_3$ として)	127
TDS	mg/L	680

解 答

1. ナトリウムイオン，カルシウムイオン，マグネシウムイオン，炭酸水素イオン濃度を meq/L として求める．
    a. ナトリウム分子量 = 23.0，[Na$^+$] = 129/23.0 = 5.6 meq/L
    b. カルシウム分子量 = 40.1，[Ca^{2+}] = 49/(40.1/2) = 2.4 meq/L
    c. マグネシウム分子量 = 24.3，[Mg^{2+}] = 18/(24.3/2) = 1.5 meq/L

> d. 炭酸水素イオン
>   pH = 6.6 の時，アルカリ度は，炭酸水素イオン濃度から一義的に決まる．
>   アルカリ度 = 127 mg/L (CaCO₃ として)
>   ミリ当量濃度 = 127/(100.1/2) = 2.54 meq/L
> 2. 式(17.2)を用いて SAR を決定する．
>
> $$\mathrm{SAR} = \frac{[\mathrm{Na^+}]}{\sqrt{([\mathrm{Ca^{2+}}] + [\mathrm{Mg^{2+}}])/2}} = \frac{5.6}{\sqrt{(2.4 + 1.5)/2}} = 4.0$$
>
> 3. 表-17.7 に示されているデータを用いて $[Ca_x]$ を決定する．
>   a. $[\mathrm{HCO_3^-}]/[\mathrm{Ca^{2+}}]$ 比を決定する．
> $[\mathrm{HCO_3^-}]/[\mathrm{Ca^{2+}}] = 2.54/2.4 = 1.06$
>   b. 式(17.1)を用いて，TDS から EC_w を推定する．
> $EC_w = \mathrm{TDS}/640 = 680/640 = 1.06$ dS/m
>   c. 表-17.7 を用いて $[Ca_x]$ を決定する．
> $[\mathrm{Ca_x^{2+}}] = 2.02$
> 4. 式(17.3)を用いて $\mathrm{SAR_{adj}}$ を決定する．
>
> $$\mathrm{SAR_{adj}} = \frac{[\mathrm{Na^+}]}{\sqrt{([\mathrm{Ca_x^{2+}}] + [\mathrm{Mg^{2+}}])/2}} = \frac{5.6}{\sqrt{(2.02 + 1.5)/2}} = 4.2$$
>
> **解 説**
>
> 表-17.5 によると，$EC_w = 1$ dS/m，SAR = 4.0，$\mathrm{SAR_{adj}} = 4.2$ の再生水に対しては，灌漑使用への制限はない．再生水のアルカリ度が 50 mg/L の場合，$\mathrm{SAR_{adj}}$ は 3.5 となる．アルカリ度が 200 mg/L の場合，$\mathrm{SAR_{adj}}$ は 4.5 となる．いずれの場合も，SAR と $\mathrm{SAR_{adj}}$ の差は，農業灌漑への再生水利用制限を変更するほどの大きさではない．

ナトリウム化に影響する土壌特性は，交換性ナトリウム率(exchangeable sodium percentage；ESP)として測定できる．ESP は，土壌の陽イオン交換容量(cation exchanged capacity；CEC)に対するナトリウムイオンの割合と定義される．陽イオン交換容量とは，土壌がカルシウム，マグネシウム，ナトリウム，カリウムといった陽イオンを吸着保持する容量の指標である．ある種の土壌では，SAR と ESP の値には線形関係がある．一般に，土粒子の分散(すなわち，土壌の透水性問題)は，ESP が 15% 以上，土壌塩分が 4 dS/m 未満の場合に生じやすい．このような条件の土壌をナトリウム土壌(sodic soils)[または，アルカリ土壌(alkali soils)]と呼ぶ．

一般には，石膏として知られる硫酸カルシウム($CaSO_4$)は，灌漑農地の透水性を回復させるためによく用いられる．SAR を十分に低下させて，好ましい土壌透水性とするために投与すべき石膏の量は，陽イオン交換容量と ESP によって決まる．石膏は，直接土壌に与えられるか，灌漑水に溶かして投与される．土壌を酸性化させる硫酸等の土壌改良剤(amendments)は，高い石灰($CaCO_3$)含有率の土壌によく利用され，土壌からカルシウムを溶出させてナトリウム化を低減させる．

イオン毒性

再生水に存在する多くのイオンは，低濃度であれば，有益であるか害はない．しかし，高濃度になれば，蓄積して植物組織(plant tissue)に害を及ぼす．ナトリウムイオン，塩化物イオン，ホウ素イオンは，再生水灌漑によって固有のイオン毒性を引き起こす主要な化学物質である．過剰なナトリウ

ムは，葉やけ(leaf burn)，クロロシス(chlorosis：黄色化や白化)，胴枯病(twig dieback)を引き起こす．ナトリウム毒性は，アボカド，柑橘類，アプリコット，サクランボ，モモ，プラムといった石果類(stone fruit tree)に見られる．土壌中のカルシウム濃度が低い場合，根膜の選択性に影響を与え，植物体内へのナトリウムの吸収・蓄積が生じることがある．塩化物イオンも，植物に同様な影響を与えるが，この影響は，樹木類(woody plants)に対してだけである．もしSARが極端に高くなければ，野菜，穀物，飼草(forage)や繊維作物類(fiber crop)は，再生水中における通常濃度のナトリムイオンや塩化物イオンからは影響を受けない．

ホウ素イオンは，植物生育に適するといわれる値より僅かに高いだけで，毒性を持つ．その症状には，葉やけ，萎縮病(leaf cupping)，クロロシス，アントシアニン(赤葉，青葉：anthocyanin)，ロゼット病(rosette spotting)，早期落葉(premature leaf drop)，枝枯病(branch dieback)，成長阻害(reduced growth)等がある(Westcot and Ayers, 1985)．ホウ素イオンによって影響を受ける植物器官は，ホウ素を再移動させる植物の内的能力に依存する．ホウ素イオンへの耐性は，気候，土壌条件，作物の種類によって異なることには留意すべきである．

17.2.3 微量元素と栄養塩類

上述した再生水の化学成分に加えて，微量の金属や無機化合物も，灌漑への再生水の適性に影響する．有機化合物，pH，温度といった水質要素も同様である．再生水中の微量元素の毒性や栄養塩類が与える影響を以下に述べる．

微量元素

微量元素という用語は，自然環境中に低濃度で存在する化学元素に対して用いられる．幾つかの微量元素は，低濃度であれば，植物成長にとって必要不可欠であるものの，高濃度では害を及ぼす．植物への毒性は，元素の濃度と植物の種類によって異なる．表-17.8に，再生水と関連する微量元素と，灌漑水に対して一般に推奨される最大濃度を示す．葉障害や減収量といった被害は，植物根の吸収した微量元素が葉や他の植物組織に蓄積されて生じる．

汚濁源が主に家庭下水である地域では，再生水中の微量元素濃度は，通常，μg/Lからmg/Lのオーダの範囲で変化する．工業排水が公共下水道システムに排出される地域では，より高濃度の微量元素が見られる．一般に，再生水中の微量元素濃度は，短期間では害のない程度である．しかし，微量元素を含む水を長期間用いた場合，土壌に微量元素が蓄積し，植物に対する被害や地下水汚染を引き起こすことがある．作物の食用部に高濃度の微量元素が蓄積し，濃度が十分に高くなった場合には，人間や動物に害を及ぼす可能性がある．表-17.9に，二次処理水での微量元素の一般的な濃度，三次処理および逆浸透プロセスにおける処理水質の例，また，U.S EPAによる灌漑のための推奨値を示す．

平均灌漑速度を1.2 m/yrと仮定すると，年間の微量元素流入量は，次式で計算される．

$$\text{微量元素流入量}(kg/ha \cdot yr) = 1.2(m/yr) \times 10^4(m^3/ha \cdot m) \times C \times 10^3(L/m^3) \times 10^{-6}(kg/mg)$$
$$= 12C(kg/ha \cdot yr) \tag{17.4}$$

ここで，C：灌漑水中の微量元素濃度(mg/L)．

表-17.10に灌漑に三次処理再生水を用いる場合の重金属負荷量の許容値に達するまでの推定年数を示す．植物による吸収や根圏からの溶脱は，考慮されていないので，この推定年数は，余裕を持った値となっている．しかし，幾種類かの微量元素は，土壌中に蓄積し，植物組織に吸収されることがある．したがって，微量元素の濃度を植物組織とともに土壌でも測定することが重要である．表-17.11に土壌と植物組織で検出される代表的な微量元素について，その通常の濃度と植物成長への影響を示す．

第17章 再生水の農業利用

表-17.8 灌漑水中の微量元素の推奨最大濃度[a]

元素	推奨最大濃度(mg/L)[b]	注釈
Al	5.0	酸性土壌(pH<5.5)では,生産障害を引き起こすが,アルカリ土壌(pH>5.5)では,イオンの析出により毒性が排除される.
As	0.10	植物への毒性は,スーダングラス 12 mg/L から米 0.05 mg/L の範囲で大きく異なる.
Be	0.10	毒性を引き起こす濃度は植物種によって大きく異なる(ケール 5 mg/L,ツルナシインゲン 0.5 mg/L).
Cd	0.010	豆類,ビート類,カブ類に対しては,0.1 mg/L ほどの低濃度(栄養溶液中)で毒性を示す.植物中や土壌中カドミウムが人体に影響を及ぼす程度まで蓄積する可能性があるため,低い許容限度が推奨される.
Co	0.050	トマトの木には 0.1 mg/L(栄養溶液中)で毒性を示す.中性・アルカリ土壌で不活性化する傾向がある.
Cr	0.10	一般に作物成長にとって不可欠な元素とは考えられていない.植物に対する毒性は,十分理解されていないため,低い許容限度が推奨される.
Cu	0.20	0.1~1.0 mg/L(栄養溶液中)の濃度で多くの植物に毒性がある.
F	1.0	中性・アルカリ土壌では毒性が見られない.
Fe	5.0	好気土壌では植物に対する毒性はないが,土壌酸性化および植物成長にとって不可欠なリンやモリブデンの有効性を低下させる.スプリンクラ灌漑は,植物,設備,建物に見苦しい鉄の付着を引き起こす可能性がある.
Li	2.5	5 mg/L までは多くの作物には耐性がある.柑橘類へは低濃度(>0.075 mg/L)で毒性を示し,ホウ素に似た作用をする.
Mn	0.20	一般的に酸性土壌で,0.2~0.3 mg/L から数 mg/L の濃度で多くの作物に毒性を示す.
Mo	0.010	土壌および水中の通常の濃度では植物に害はない.高濃度のモリブデンを含む土壌で飼料が栽培された場合,家畜に害を及ぼす可能性がある.
Ni	0.20	0.5~1.0 mg/L(栄養溶液中)の濃度で多くの植物に毒性を示す.中性またはアルカリ pH 条件で毒性は低下する.
Pb	5.0	高濃度で植物細胞の成長を阻害する.
Se	0.020	0.025 mg/L 程度の低濃度で植物に毒性を示し,セレンが比較的高い濃度に添加された土壌で飼料が栽培された場合,家畜にも毒性がある.動物には必須元素であるが,非常に低濃度である.
Sn	—	植物によって効率的に除去される.特有の耐性は知られていない.
Ti	—	スズを参照.
W	—	スズを参照.
V	0.10	比較的低濃度で多くの植物に毒性を示す.
Zn	2.0	幅広い濃度で多くの植物に毒性を示す.pH 6 以上および細粒土壌または有機土壌では毒性は低下する.

[a] Ayers and Westcot(1985),NRC(1973)より引用.
[b] 散水量 1.25 m/yr(4 ft/yr)に基づいた最大濃度.

栄養塩類

再生水は,灌漑にとって有益な栄養塩類を含む.再生水中に含まれる 3 大多量栄養塩は,窒素,リン,カリウムである.窒素とリンは,再生水中に十分な濃度で存在し,作物成長に効果的である.再生水中のカリウム濃度は,普通,それほど高くなく,作物成長に与える効果は小さい.カルシウム,マグネシウム,硫酸塩も,植物成長にとって必要な多量栄養塩である.表-17.12 に再生水中の一般的な窒素およびリン濃度を示す.生下水中の窒素,リン以外の多量栄養塩濃度は,下水や処理に利用される化学薬品に大きく依存し,通常,標準的な二次処理・三次処理プロセスではほとんど減少しない.栄養塩類必要量もまた,作物の種類や成長段階で大きく変化するので,施肥量(fertilizer application rate)は,再生水の水質と作物の栄養要求に応じて調整する必要がある.再生水中の栄養

17.2 農学と水質における検討事項

表-17.9 再生水中の微量元素の一般的濃度[a]

元素	二次処理水(mg/L)		三次処理後[b]	逆浸透処理後	灌漑に対するEPA推奨濃度[c]	
	範囲	中央値			長期	短期
As	<0.005〜0.023	<0.005	<0.001	0.00045	0.10	10.0
B	<0.1〜2.5	0.7	0.3	0.17	0.75	2.0
Cd	<0.005〜0.15	<0.005	<0.0004	0.0001	0.01	0.05
Cr	<0.005〜1.2	0.02	<0.01	0.003	0.10	20.0
Cu	<0.005〜1.3	0.04	<0.01	0.015	0.20	5.0
Hg	<0.0002〜0.001	0.0005	0.0001	—	—	—
Mo	0.001〜0.018	0.007	—	—	0.001	0.05
Ni	0.003〜0.6	0.004	<0.02	0.002	0.2	2.0
Pb	0.003〜0.35	0.008	<0.002	0.002	5.0	20.0
Se	<0.005〜0.02	<0.005	<0.001	0.0007	0.02	0.05
Zn	0.004〜1.2	0.04	0.05	0.05	2.0	10.0

[a] Page and Chang(1985)より引用.
[b] ろ過および殺菌を伴う活性汚泥処理.
[c] U.S. EPA(2004)より引用.

表-17.10 農地への再生水灌漑が重金属負荷限界に達するまでの時間[a]

元素	三次処理水中濃度(mg/L)[b]	年間の投入量(kg/ha・yr)[c]	土壌CEC別の推奨負荷量(kg/ha)[d]			土壌CEC別の負荷限界に達するまでの時間(yr)		
			<5	5〜15	>15	<5	5〜15	>15
Cd	0.0004	0.0048	5	10	20	1 042	2 083	4 167
Cu	0.01	0.12	125	250	500	1 042	2 083	4 167
Ni	0.02	0.24	125	250	500	521	1 042	2 083
Zn	0.05	0.6	250	500	1 000	417	833	1 667
Pb	0.002	0.024	500	1 000	2 000	20 833	41 667	83 333

[a] Page and Chang(1985)より引用.
[b] 一般的な濃度(California州における3処理施設からデータ収集).
[c] CEC:陽イオン交換容量(meq/100 g 土壌).

表-17.11 主な微量元素が土壌および植物細胞中に通常検出される濃度と作物成長に与える影響[a]

元素	土壌中濃度(µg/g)		植物細胞中における一般的な濃度(範囲)(µg/g)	作物成長に与える影響[b]
	範囲	一般値		
As	0.1 〜 40	6	0.1 〜 5	必須ではない.
B	2 〜 200	10	5 〜 30	必須,植物種によって大きく異なる.高濃度で毒性.
Be	1 〜 40	6	—	必須ではない,毒性.
Cd	0.01 〜 7	0.06	0.2 〜 0.8	必須ではない,毒性.
Cr	5 〜 3 000	100	0.2 〜 1.0	必須ではない,低毒性.
Co	1 〜 40	8	0.05〜 0.15	豆科植物にとって必須(0.2 µg/g以下で).
Cu	2 〜 100	20	2 〜 15	必須(2〜4 µg/g以下で).20 µg/g以上で毒性.
Pb	2 〜 200	10	0.1 〜 10	必須ではない,低毒性.
Mn	250 〜1 700	600	15 〜100	必須,毒性はFe/Mn比に依存.
Mo	0.2 〜 5	2	1 〜100	必須(0.1 µg/g以下で),低毒性.
Ni	10 〜1 000	40	1 〜 10	必須,50 µg/g以上で毒性.
Se	0.1 〜 0.2	0.5	0.02〜 2.0	必須,50 µg/g以上で毒性.
V	20 〜 500	100	0.1 〜 10	幾種かの藻類で必須,10 µg/g以上で毒性.
Zn	10 〜 300	50	15 〜200	必須,200 µg/g以上で毒性.

[a] Allaway(1994), Bowen(1979), Chapman(1965), Lisk(1972), Page(1974), Chang and Page(1994)より引用.
[b] 乾燥質量(70℃)基準での植物組織中の濃度.

表-17.12 再生水中の一般的な栄養塩濃度[a]

	単位	再生水中の栄養塩濃度範囲					
		未処理排水	標準活性汚泥法	標準活性汚泥法(+BNR)[b]	標準活性汚泥法(BNR+深層ろ過+殺菌)	膜処理活性汚染法[c]	二次処理(BNR+MF[d]+RO[e]+殺菌)
全窒素	mg-N/L	20〜70	15〜35	2〜12	2〜12	7〜18	<1
硝酸性窒素	mg-N/L	0〜微量	<1〜5	1〜10	1〜10	5〜11	<1
全リン	mg-P/L	4〜12	4〜10	1〜2	<2	0.3〜5	<0.05

[a] Tchobanoglous *et al.*(2003)より引用.
[b] BNR(biological nutrient removal):生物的栄養塩除去.
[c] BNRなし.
[d] MF(microfiltation):精密ろ過.
[e] RO(reverse osmosis):逆浸透.

塩は,貯水池(storage reservoir)での藻類繁殖にも影響を与える.もし,再生水中の栄養塩が藻類増殖に必要な濃度よりも高ければ,栄養塩を除去するか,他の水源からの水と再生水を混合して,再生水の水質を変えなければならない場合がある.栄養塩の管理については17.4で詳述する.

窒素 作物に必要な窒素量は,作物の種類で大きく変化する.植物は,交換性および水溶性のアンモニウムイオン(NH_4^+)および硝酸イオン(NO_3^-)の形態で窒素を利用する.有機性窒素は,アンモニウムイオンか硝酸イオンに分解された後に利用される.通常は,施肥量を決定するため,植物の特定部位の窒素濃度が分析される.

硝化(nitrification)が行われた再生水中では,硝酸イオンが主要な窒素形態であるのに対し,硝化が行われない標準的な二次処理の再生水では,アンモニウムイオンが主要な形態となる.再生水における窒素の形態と濃度範囲は,処理プロセスに依存する(表-17.12参照).多くの排出規制(discharge permits)では厳しい窒素規制(nitrogen requirement)があるため,重要水域(sensitive water body)に対して処理水の一部ないしはすべてを排出する下水処理施設では,しばしば窒素除去が必要とされる.また,再生水の様々な利用形態に対応した水質基準を満たすために多くの水再生施設が窒素除去を行っている.

リン 再生水中のリン濃度は,処理プロセスに依存し,0.1〜15 mg/Lの範囲にある(表-17.12参照).再生水灌漑で土壌に与えられたリンは,作物に吸収されたり,土壌に蓄積されたり,リーチングや土壌浸食によって失われる.再生水中のリンは,主に無機態であり,複雑なプロセスで土壌に吸着する.リンの見かけの吸着は,土粒子表面への速やかな可逆吸着に加え,時間依存性の緩慢な吸着プロセス等の複数プロセスの複合である.これらのプロセスの幾つかは,土粒子間隙でのリン沈着(deposition of phosphorus)を引き起こす(McGrechan and Lewis, 2002).

17.2.4 作物の選定

作物の選定は,再生水灌漑システム計画における中核となる.作物選定は,再生水の水質,気候,経済状況,管理技術,作業者と設備の能力,耕作慣習に影響される(George *et al.*, 1985).

重要な農学的要素の中で,作物の選定の際に考慮すべき第一の植物特性は,耐塩性(resistance to salt)であり,ホウ素耐性(boron tolerance)が次に考慮される.耐塩性とは,回避性(avoidance)と耐容性(tolerance)の両方ないしはいずれかで,塩ストレスに対抗する能力である.塩回避は,植物が塩ストレスによる害を回避もしくは遅らせるメカニズムである(Carrow, 1994).耐塩性は,植物が高い塩ストレスに耐えることのできるメカニズムである.表-17.13に農作物の相対的な耐塩性を,表-17.14に相対的なホウ素耐性を示す.これらの表は,様々な作物の耐塩性およびホウ素耐性についての簡単な点検に利用できる.塩分の影響をさらに評価するためには,様々な塩濃度での相対的な作

17.2 農学と水質における検討事項

物収量(relative crop yield)を推定しなければならない．一般には，それ以下の値では，塩分の影響が見られない塩分閾値(threshold salinity)が存在する．閾値以上では，塩分が増加するにつれて相対的な作物収量は減少する．相対的な作物収量は，式(17.5)で推定できる．

$$Y_r = 100 - b(EC_e - a) \tag{17.5}$$

ここで，Y_r：相対的な作物収量(％)，a：塩分閾値(dS/m)，b：1dS/mに対する作物減収率(％)，EC_e：根圏における平均塩分濃度(dS/m)．

表-17.15に様々な作物の収量に対応する土壌の電気伝導度を示す．絶対的な耐塩性は，気候，土壌条件，栽培方法に依存するため，表-17.15の値は，作物間での相対的な耐塩性のガイドラインとしてのみに用いるべきである(Maas and Grattan, 1999)．

表-17.13 農作物の相対的耐塩性[a, b]

一般名	学名	感受性[c]			
		耐性	中程度の耐性	中程度に敏感	敏感
農 作 物					
大麦	Hordeum vulgare	✓			
インゲン豆	Phaseolus vulgaris				✓
そら豆	Vicia faba			✓	
トウモロコシ	Zea mays			✓	
綿花	Gossypium hirsutum	✓			
ササゲ	Vigna unguiculata			✓	
麻	Linum usitatissimum			✓	
ホホバ	Simmondsia chinensis	✓			
オート麦	Avena sativa		✓		
水稲	Oriza sativa				
ライ麦	Secale cereale		✓		
テンサイ	Beta vulgaris	✓			
サトウキビ	Saccharum officinarum			✓	
モロコシ	Sorghum bicolor		✓		
大豆	Glycine max		✓		
小麦	Triticum aestivum		✓		
アルファルファ	Medicago sativa			✓	
ギョウギシバ	Cynodon dactylon	✓			
シロツメクサ	Trifolium repens			✓	
レッドクローバー	Trifolium pratense			✓	
ヒロハノウシノケグサ	Festuca elatior		✓		
オオスズメノテッポウ	Alopecurus pratensis			✓	
ハーディンググラス	Phalaris tuberosa			✓	
ラブグラス	Eragrostis sp.			✓	
オーチャードグラス	Dactylis glomerata			✓	
セスバニア	Sesbania exaltata			✓	
Sphaerophysa	Sphaerophysa salsula			✓	
スーダングラス	Sorghum sudanense		✓		
ネビキミヤコグサ	Lotus uliginosus				
カラスノエンドウ	Vicia angustifolia			✓	
フェアリークレスティッドホイートグラス	Agropyron cristatum	✓			
スタンダートクレスティッドホイートグラス	Agropyron sibiricum		✓		
トールホイートグラス	Agropyron elongatum	✓			
ハマニンニク	Elymus triticoides		✓		

一般名	学名	耐性	中程度の耐性	中程度に敏感	敏感
		野　菜			
キクイモ	*Helianthus tuberosus*		✓		
アスパラガス	*Asparagus officinalis*	✓			
赤カブ	*Beta vulgaris*		✓		
キャベツ	*Brassica oleracea capitata*			✓	
ニンジン	*Daucus carota*				✓
セロリ	*Apium graveolens*			✓	
キュウリ	*Cucumis sativus*			✓	
レタス	*Lactuca sativa*			✓	
玉ねぎ	*Allium cepa*				✓
ジャガイモ	*Solanum tuberosum*			✓	
ほうれん草	*Spinacia oleracea*			✓	
ズッキーニ	*Cucurbita pepo melopepo*		✓		
サツマイモ	*Ipomoea batatas*			✓	
トマト	*Lycopersicon esculentum*			✓	
カブ	*Brassica rapa*			✓	
		果物類			
アーモンド	*Prunus dulcis*				✓
アプリコット	*Prunus armeniaca*				✓
ブラックベリー	*Rubus* sp.				✓
ナツメヤシ	*Poenix dactylifera*	✓			
ブドウ	*Vitus* sp.			✓	
オレンジ	*Citrus sinensis*				✓
桃	*Prunus persica*				✓
プルーン	*Prunus dmestica*				✓
イチゴ	*Fragaria* sp.				✓

a Westcot and Ayers(1985)より引用.
b これらのデータは，作物間の相対的耐性の指針としてのみ役立つ．絶対的耐性は，気候，土壌条件，耕作慣習によって異なる.
c 感度評価は，図-17.6の境界線によって決められている.

表-17.14　農作物の相対的ホウ素耐性[a]

一般名	学名	感受性[b]			
		耐性	中程度の耐性	中程度に敏感	敏感
		農作物			
大麦	*Hordeum vulgare*		✓		
インゲン豆	*Phaseolus vulgaris*				✓
トウモロコシ	*Zea mays*		✓		
綿花	*Gossypium hirsutum*	✓			
ピーナッツ	*Arachis hypogaea*				✓
オート麦	*Avena sativa*		✓		
モロコシ	*Sorghum bicolor*	✓			
テンサイ	*Beta vulgaris*	✓			
小麦	*Triticum aestivum*				✓

17.2 農学と水質における検討事項

野　菜					
アーティチョーク	*Helianthus tuberosus*		✓		
アスパラガス	*Asparagus officinalis*	✓			
赤カブ	*Beta vulgaris*	✓			
キャベツ	*Brassica oleracea capitata*		✓		
ニンジン	*Dacus carota*			✓	
セロリ	*Aplum graveolens*		✓		
キュウリ	*Cucumis sativus*			✓	
レタス	*Lactuca sativa*		✓		
玉ねぎ	*Allium cepa*				✓
ジャガイモ	*Solanum tuberosum*			✓	
サツマイモ	*Ipomoea batatas*				✓
トマト	*Lycopersicon esculentum*	✓			
カブ	*Brassica rapa*		✓		
家畜用農作物					
アルファルファ	*Medicago sativa*	✓			
大麦(飼料)	*Hordeum vulgare*				✓
ササゲ(飼料)	*Vigna unguiculata*				✓
果　物　類					
アプリコット	*Prunus armeniaca*				✓
ブラックベリー	*Rubus* sp.				✓
ブドウ	*Vitus* sp.				✓
グレープフルーツ	*Citrus paradisi*				✓
オレンジ	*Citrus sinensis*				✓
桃	*Prunus persica*				✓
プルーン	*Prunus domestica*				✓

[a] Maas(1986)より引用.
[b] 感度評価は，収量または植物成長の減少を引き起さない土壌水中の最大ホウ素濃度によって決められている．敏感(<0.5〜1.0 mg/L)，中程度に敏感(1.0〜2.0 mg/L)，中程度に耐性(2.0〜4.0 mg/L)，耐性(>4.0 mg/L)．

表-17.15　農作物に対する塩分の影響：閾値 EC_e レベルと生産額減少[a, b]

一　般　名	学　　名	観察されたパラメータ[c]	耐塩性パラメータ		
			閾値 EC_e[d]	傾き[e]	評価[f]
農　作　物					
大麦	*Hordeum vulgare*[g]	穀物収量	8.0	5.0	T
インゲン豆	*Phaseolus vulgaris*	種子産量	1.0	19	S
そら豆	*Vicia faba*	新芽　DW	1.6	9.6	MS
トウモロコシ	*Zea mays*	穂　FW	1.7	12	MS
綿花	*Gossypium hirsutum*	種綿産量	7.7	5.2	T
ササゲ	*Vigna unguiculata*	種子産量	4.9	12	MT
麻	*Linum usitatissimum*	種子産量	1.7	12	MS
オート麦	*Avena sativa*	穀物収量	—	—	T
水稲	*Oriza sativa*[g]	穀物収量	3.0	12	S
ライ麦	*Secale cereale*	穀物収量	11.4	10.8	T
テンサイ	*Beta vulgaris*[h]	貯蔵根	7.0	5.9	T
サトウキビ	*Saccharum officinarum*	新芽　DW	1.7	5.9	MS
モロコシ	*Sorghum bicolor*	穀物収量	6.8	16	MT
大豆	*Glycine max*	種子産量	5.0	20	MT

第17章　再生水の農業利用

小麦	*Triticum aestivum*	穀物収量	6.0	7.1	MT
デューラム小麦	*Triticum turgidum*	穀物収量	5.9	3.8	T
野　菜					
キクイモ	*Helianthus tuberosus*	塊茎収量	0.4	9.6	MS
アーティチョーク	*Cynara scolymus*	芽収量	6.1	11.5	MT
アスパラガス	*Asparagus officinalis*	茎収量	4.1	2.0	T
赤カブ	*Beta vulgaris*	貯蔵根	4.0	9.0	MT
ブロッコリ	*Brassica oleracea botrytis*	新芽　FW	2.8	9.2	MS
キャベツ	*Brassica oleracea capitata*	地上部　FW	1.8	9.7	MS
ニンジン	*Daucus carota*	貯蔵根	1.0	14	S
セロリ	*Apium graveolens*	柄　FW	1.8	6.2	MS
キュウリ	*Cucumis sativus*	果物収量	2.5	13	MS
レタス	*Lactuca sativa*	頭部　FW	1.3	13	MS
玉ねぎ	*Allium cepa*	球根狩猟	1.2	16	S
ジャガイモ	*Solanum tuberosum*	塊茎収量	1.7	12	MS
大根	*Raphanus sativus*	貯蔵根	1.2	13	MS
ほうれん草	*Spinacia oleracea*	頭部　FW	2.0	7.6	MS
ズッキーニ	*Cucurbita pepo melopepo*	果物収量	4.9	10.5	MT
サツマイモ	*Ipomoea batatas*	不定根	1.5	11	MS
トマト	*Lycopersicon esculentum*	果物収量	2.5	9.9	MS
カブ	*Brassica rapa*	貯蔵根	0.9	9.0	MS
家畜用農作物					
アルファルファ	*Medicago sativa*	新芽　DW	2.0	7.3	MS
ギョウギシバ[i]	*Cynodon dactylon*	新芽　DW	6.9	6.4	T
シロツメクサ	*Trifolium repens*	新芽　DW	1.5	12	MS
アカクローバ	*Trifolium pratense*	新芽　DW	1.5	12	MS
オオスズメノテッポウ	*Alopecurus pratensis*	新芽　DW	1.5	9.6	MS
ハーディンググラス	*Phalaris tuberosa*	新芽　DW	4.6	7.6	MT
ラブグラス[i]	*Eragrostis* sp.	新芽　DW	2.0	8.4	MS
オーチャードグラス	*Dactylis glomerata*	新芽　DW	1.5	6.2	MS
セスバニア	*Sesbania exaltata*	新芽　DW	2.3	7.0	MS
Sphaerophysa	*Sphaerophysa salsula*	新芽　DW	2.2	7.0	MS
スーダングラス	*Sorghum sudanense*	新芽　DW	2.8	4.3	MT
ネビキミヤコグサ	*Lotus uliginosus*	新芽　DW	2.3	19	MS
カラスノエンドウ	*Vicia angustifolia*	新芽　DW	3.0	11	MS
フェアリークレスティッドホイートグラス	*Agropyron cristatum*	新芽　DW	7.5	6.9	T
スタンダートクレスティッドホイートグラス	*Agropyron sibiricum*	新芽　DW	3.5	4.0	MT
トールホイートグラス	*Agropyron elongatum*	新芽　DW	7.5	4.2	T
ハマニンニク	*Elymus triticoides*	新芽　DW	2.7	6.0	MT
果　物　類					
アーモンド	*Prunus dulcis*	新芽　成長	1.5	19	S
アプリコット	*Prunus armeniaca*	新芽　成長	1.6	24	S
ブラックベリー	*Rubus* sp.	果物収量	1.5	22	S
ナツメヤシ	*Poenix dactylifera*	果物収量	4.0	3.6	ST
ブドウ	*Vitus* sp.	新芽　成長	1.5	9.6	MS
オレンジ	*Citrus sinensis*	果物収量	1.3	13.1	S
桃	*Prunus persica*	新芽　成長，果物収量	1.7	21	S
プルーン	*Prunus dmestica*	果物収量	2.6	31	S
イチゴ	*Fragaria* sp.	果物収量	1.0	33	S

a　Maas and Grattan(1999)より引用.
b　これらのデータは，作物間の相対的耐性の指針としてのみ役立つ．絶対的耐性は，気候，土壌条件，耕作慣習によって異なる．
c　DW：乾燥質量，FW：生質量．
d　それ以下では，特定のパラメータに対して影響を及ぼさない電気伝導度値のレベル[式(17.5)参照]．1%以上の石膏を含む土壌では，示された値よりも約2 dS/m 高い塩分に植物は耐えられる．
e　dS/m 当りの%で示された相対収量の減少[式(17.5)参照]．
f　図-17.6 に基づいて決定された塩耐性評価．S：敏感，MS：中程度に敏感，MT：中程度に耐性，T：耐性．表-17.13 も参照．
g　播種段階では低耐性．
h　発芽および出芽時には敏感 Ec_e は，3 dS/m を超えてはいけない．
i　幾種類かの平均値．

17.3　再生水灌漑システムの設計要素

再生水灌漑システムの設計では，通常は，以下の内容が検討される．
・下水再生プロセスの選択と再生水の量および質の評価．
・灌漑システムの選択．
・リーチング必要量(leaching requirement)の推定．
・水供給量(water application rate)の推定．
・必要農地面積(field area requirement)．
・排水システム．
・貯留システム．
・灌漑計画(irrigation schedule)．
・運転と管理．

これらの内容は，すべて以下で述べられる．各内容の記載は，上記の順とするが，実際に対応する順番は，事業や現場の状況によって変化することには注意が必要である．上記の内容に加え，再生水灌漑システムの実現可能性に影響を与える，水再生施設の位置，灌漑場所(irrigation site)の配置，そしてポンプ場(pumping station)，配水管(distribution pipeline)，貯水槽(storage reservoir)といった付属施設の必要性についても考慮する必要がある．これらの内容は，14章に委ねる．

17.3.1　水再生と再生水の量と質

農業灌漑のための水の再利用事業は，既存の下水処理施設と併せて計画される場合と，再生水利用者のために特別に設計された新規施設とともに計画される場合がある．既存の下水処理施設を使う時には，農業灌漑のための水再利用の実現性は，灌漑場所に対する水再生施設の位置，灌漑に必要な水の量と質，供給される再生水の値段によって決まる．灌漑される作物によっては，再生水の水質基準を満たすために，既存の下水処理施設を改修しなければならないことがある．農業用に再生水を供給する新しい処理施設を計画する際には，再生水の送水に必要な施設を小さくするため，再利用場所の近くに処理施設を設置するのがよい．処理プロセスは，現在および将来の利用に必要な水質を実現できるように選ぶべきである(3部「水再生と再利用の技術とシステム」参照)．農業灌漑への再生水利用の実現性を評価するために必要な再生水の量と質に関する情報を表-17.16 にリスト化した．

表-17.16 農業灌漑水として再生水を利用する可能性を評価するために必要な情報[a]

情報	灌漑管理に関する意志決定項目
再生水の量	
作物成長期に利用可能な再生水の量	全灌漑面積
需要と供給の季節変化	貯留要求量，他目的への再生水利用の可能性
m^3/d ないしは L/s としての供給量	常時灌漑できる農地面積，農地および施設の配置，灌漑システム
供給方法：連続，断続的，あるいは需要に応じた方法	農地と施設の配置，灌漑システム，灌漑計画
供給方式：利用地点まで運ぶか，貯留槽から利用者が汲み出すか	再生水を送水するポンプやパイプの必要性，灌漑システムの必要条件
他の水源の利用可能性	再生水供給を補填するため，また水質を制御するための水の混合
再生水の質	
微生物学的性質	作物の種類および灌漑方法の選定．さらなる処理の必要性
排水の全塩分濃度・電気伝導度の両方ないしはその一方	作物の選定，灌漑方法，溶脱やそれ以外の管理の必要性
Ca^{2+}，Mg^{2+}，Na^+ 等の陽イオン濃度	ナトリウムの危険性評価と，適切な影響軽減策の必要性
重金属，ホウ素，塩素等の毒性イオン濃度	再生水灌漑が原因と考えられる毒性の評価と，適切な対応方法の必要性
微量元素濃度(特に植物への毒性が疑われる元素の濃度)	再生水灌漑が原因と考えられる毒性の評価と，適切な影響軽減策の必要性
栄養塩類，特に硝酸性窒素の濃度	施肥必要量と作物選定．処理施設での栄養塩除去の必要性．
浮遊物質	灌漑システムの選定と目詰まり防止方法．固形物除去のためのさらなる処理の必要性．

[a] Pescod(1992)より引用．

17.3.2 灌漑システムの種類と選択

灌漑システムは，作物の種類，水の質および量の要件，用地の特性，管理費用と専門技術者の必要性に基づいて選択される．灌漑システムの種類と，灌漑システム選定に影響する要因を以下に述べる．

灌漑システムの種類

灌漑システムは，(1)自然流下表面流(gravity surface flow)，(2)自然流下地下流(gravity subsurface flow)および毛管流(wicking)，(3)加圧地表面システム(pressurized surface application system)，(4)加圧地下システム(pressurized subsurface application system)，に分類される．再生水を使った灌漑システムの例を図-17.9に示す．代表的な灌漑システムの基本的な特徴と評価を表-17.17，17.18にまとめた．表-17.19に代表的な灌漑システムを使うための条件を示す．

自然流下表面流 地表灌漑システムには，冠水灌漑(flood irrigation)，ボーダ灌漑[*1](border irrigation)，畝灌漑(ridge irrigation)，畝間灌漑(furrow irrigation)等がある．一般に，冠水およびボーダ灌漑は，飼料作物(fodder crop)に使われるのに対して，畝および畝間灌漑[図-17.9(a)]は，主に食用作物に使われる．

自然流下地下流 連結管システム(manifold system)や毛管流システム(wicking system)等，新しい重力地下流システムが開発されてきた．一般に，自然流下地下流システムの利用は，大規模農業用灌漑に限られ，以下では取り扱わない．

[*1] 訳者注：低い畦畔で区切った帯状の区画に薄層流で全面越流させる方法．

17.3 再生水灌漑システムの設計要素

図-17.9 再生水を使った灌漑方法の例．(a)畝間灌漑，(b)噴射式スプレ灌漑，(c)California 州 Watsonville/Monterey（北緯36.760度,西経121.780度）における可搬式固定吹出し口スプリンクラ，(d)点滴灌漑（提供：G. Oron）

表-17.17 一般的に使われる灌漑システムの基本的性質[a]

灌漑方法	選定に影響する要素	再生水灌漑への対策
冠水灌漑	・低価格 ・厳密な水平化は不要 ・低い灌漑効率 ・低水準の健康保護性	・農地での作業者，作物を取り扱う作業者，消費者の綿密な保護が必要 ・米国の再生水灌漑では，一般的でない
畝間灌漑	・低価格 ・水平化が必要な場合あり ・低い灌漑効率 ・中程度の健康保護性	・低水準の下水処理が必要 ・農地での作業者と，できれば作物を扱う作業者，消費者の保護が必要 ・適切な作物選定が必要
ボーダ灌漑	・比較的低価格 ・水平化が必要 ・低い灌漑効率 ・中程度の健康保護性	・低水準の下水処理が必要 ・農地作業者，できれば作物を扱う作業者，消費者の保護が必要 ・作物の制限が必要
スプリンクラ灌漑	・中から高価格 ・中程度の灌漑効率 ・水平化の必要なし ・特にエアロゾル発生に関して，低水準の健康保護性	・飲料用井戸，家屋，道路からの最小距離（後退距離）が必要 ・水質制限 ・悪臭防止のため，嫌気性処理水の利用禁止
地下灌漑および点滴灌漑	・高価格 ・高い灌漑効率 ・高収穫量 ・高水準の健康保護性	・特別な保護方法は不要 ・エミッタの目詰まり防止のための水質制限 ・再生水への曝露を避ける適切な管理

[a] WHO(1989)より引用．

第17章 再生水の農業利用

表-17.18 再生水の利用に関する一般的な灌漑方法の評価[a]

評価要素	畝間灌漑	ボーダ灌漑	スプリンクラ灌漑	点滴灌漑および地表下灌漑
葉面濡れ，それに伴う低収穫量につながる葉の損傷	作物は，畝上に作付けされるので，葉面は傷つかない	下層の葉は，影響を受けるかもしれないが，収穫量を減らすほどの深刻な損傷はない	深刻な収穫量減少につながる甚大な葉の損傷が起こり得る	葉面に傷はつかない
繰返し供給による根圏への塩類集積	塩類は，畝内に集積する傾向にあり，作物を痛める可能性がある	塩類は，鉛直方向に移動し，根圏に集積する可能性は低い	塩類は，鉛直方向に移動し，根圏に集積する可能性は低い	塩類の移動は，水の移動方向に対して放射状であり，塩類楔が点滴と点滴の間につくられる
高い土壌水分ポテンシャルを維持する能力	植物は，灌漑と灌漑の間に水ストレスを受ける可能性がある	植物は，灌漑と灌漑の間に水ストレスを受ける可能性がある	高い土壌水分ポテンシャルを成長期間全般で維持することは不可能	高い土壌水分ポテンシャルを成長期間全般で維持でき，塩分の影響を最小限にすることが可能
収穫量の大幅な減少なしに，汽水性再生水を利用する持続性	普通から中程度．適切な管理と排水により，受入れ可能水準の収穫量生産が可能	普通から中程度．適切な灌漑と排水により，受入れ可能水準の収穫量生産が可能	低程度から普通．ほとんどの作物は，葉にダメージを受け，収穫量は低くなる	優秀から良好．ほとんどの作物で，収穫量をほとんど減らすことなく栽培可能

[a] Pescod(1992)より引用．

加圧地表面システム　加圧地表面灌漑には，噴射型(guns)[図-17.9(b)参照]，可動型回転頭上式スプリンクラ(wheel roll and center pivot overhead sprinkler)[図-1.6(a)参照]，固定式また移動可能なインパクトスプリンクラ(impact sprinkler)[図-17.9(c)参照]，標準的スプリンクラシステム(例えば，芝生用)，地表点滴灌漑(aboveground drip irrigartion)[図-17.9(d)参照]の利用等がある．噴射型および頭上式スプリンクラは，飼料用作物に最も一般的に使われる．固定式また移動可能なインパクトスプリンクラは，一般に食用作物に使われる．地表点滴灌漑システムは，食用作物やブドウや樹木に水を撒く際に使われる[図-2.8(c)，図-2.9(b)参照]．

加圧地下システム　加圧地下システムでは，通常，点滴エミッタ(drip emitter)を利用する．点滴エミッタは，システム設計によって，圧力補填(pressure-compensating)あるいは屈曲経路(tortuous path)タイプとなる．再生水を使った点滴灌漑は，遊び場，運動場，中央分離帯(median strips)，修景(18章参照)等に使われる．最近導入された大規模点滴灌漑の例がGeorgia州Forsyth郡にある．限外ろ過膜を付加した新しい活性汚泥法プラントからの再生水 9.3×10^3 m^3/d (2.5 Mgal/d)がポンプによって16.7 km(10 mi)，500 mm(20 in)のパイプラインを通って，73 ha(180 ac)の点滴灌漑システムへ送水されている．図-17.10に7農地17管理区における610 km(380 mi)の点滴ラインに配置された点滴灌漑システムを示す．

灌漑システム選定における考慮点

再生水を灌漑利用する場合，公衆衛生が保護されるような特別な注意が必要である．灌漑システム選定における他の考慮点としては，灌漑効率(irrigation efficiency)と目詰まり(clogging)防止もある．これらについて以下に述べる．

公衆衛生の保護　灌漑システムの選定は，再生水の人への曝露可能性に大いに影響する．再生水のガイドラインと規制は，通常，再生水水質や灌漑作物の種類に応じて灌漑方法を指示している．また，灌漑のタイミングや公共の場からの後退距離の要件も，現場作業者や周辺住民の再生水曝露を最小限にするように定められている(17.5参照)．地表灌漑が使われる時には，現場作業者の再生水への曝露の可能性は高まる．スプレ灌漑システムによるエアロゾルや作物上の残留灌漑水は，現場作業者，

17.3 再生水灌漑システムの設計要素

表-17.19 灌漑システムと利用条件[a]

灌漑システム	利用の適合性と条件[b]				灌漑効率[c]（%）
	作物	地形	土	水	
地表面システム					
直線畝[d]	野菜，植条作物，果樹園，ブドウ園	最大傾斜：3% 横断勾配：10% （侵食の危険性あり）	IR：2.5 mm/h NR：畝の長さが調整できる場合 深さ：整地に十分な深さが必要	量：中程度の流量が必要	70～85
等高線畝[d]	野菜，植条作物，果樹園，ブドウ園	最大傾斜：8% 横断勾配：10% （侵食の危険性あり）	IR：2.5 mm/h NR：畝の長さが調整できる場合 亀裂のない土が必要	量：中程度の流量が必要	70～85
4.6 m (15 ft) 幅までの狭いボーダ	草地，穀物，アルファ，ブドウ園	最大傾斜：7% 横断勾配：0.2%	IR：7.6～150 mm/h	量：適度な流量が必要	65～85
30 m (100 ft) 幅までの広いボーダ	草地，穀物，アルファ，ブドウ園	最大傾斜：0.5～1% 横断勾配：0.2%	IR：7.6～150 mm/h 深さ：整地に十分な深さが必要	量：大きな流量が必要	65～85
水平ボーダ	穀物，畑作物，米，果樹園	最大傾斜：水平 横断勾配：0.2%	IR：2.5～150 mm/h 深さ：整地に十分な深さが必要	量：適度な流量が必要	75～90
スプリンクラシステム					
携帯式ないしは可搬式	果樹園，草地，穀物，アルファルファ，ブドウ園，低く育つ野菜，畑作物	最大傾斜：20%	最小 IR：2.5 mm/h WHC：76 mm	量：NR 質：高い TDS の水は，葉やけの原因となりうる	70～80
タイヤ回転式	0.9 m (3 ft) 未満の作物	最大傾斜：20%	最小 IR：2.5 mm/h WHC：76 mm	量：NR 質：上と同様	70～80
固定式	NR	NR	最小 IR：1.3 mm/h	量：NR 質：上述と同様	70～80
センタービボットあるいは横方向移動	樹木以外の全作物	最大傾斜：15%	最長 IR：7.6 mm/h WHC：51 mm	量：大流量 質：上と同様	70～80
移動噴射型	草地，穀物，アルファルファ，畑作物，野菜	最大傾斜：15%	最長 IR：7.6 mm/h WHC：51 mm	量：380～3 800 L/min 質：上と同様	70～80
点滴および地下システム					
点滴および地下	果樹園，ブドウ園，野菜，苗木	NR	最小 IR：0.51 mm/h	量：NR	70～90

a Smith *et al.*(1985) より引用．
b IR：透水速度　NR：制限なし　WHC：水分保持容量．WHC は，土壌が植物のために水を保持・放出できる容量．
c 適切な管理と，地表流が流出しないことを前提としている．
d 畝長は，水の透水速度に応じて調整されなければならない．

周辺住民，作物を扱う作業労働者への潜在的なリスクを高める．スプレ灌漑には，三次処理を行った再生水のみが利用され，幾つかの州では，未加工のままで消費される食用作物にスプレ灌漑は利用できない．公衆衛生の立場からは，通常，人への曝露がほとんど無視できる点滴灌漑が好まれる．

灌漑効率　灌漑システムは，灌漑効率が最大となるように計画・管理される必要がある．灌漑効率

第17章　再生水の農業利用

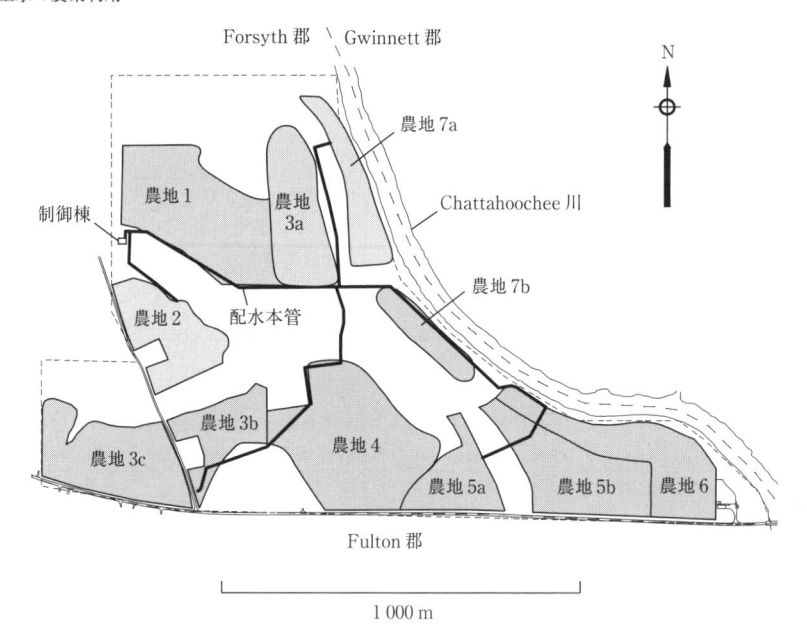

図-17.10　73 ha（180 ac）の大規模点滴灌漑システムの配置．灌漑システムは，7つの農地と17の作業ゾーンに対して，土壌および再生水の性質に基づいて配置された610 km（380 mi）の点滴ラインからなる．各農地は，2つから3つの作業ゾーンに分けられ，再生水供給量が管理されている（北緯34.055度，西経84.110度）（提供：Georgia州Ellijay Waste Water Systems）

は，農地に供給された水のうち，有効に使われた水の割合で定義され，式(17.6)で求められる．

$$E_i = \frac{F_b}{F_f} \times 100 \tag{17.6}$$

ここで，E_i：灌漑効率（%），F_b：有効に使われた水の量（mm/単位時間），F_f：農地に供給された水の量（mm/単位時間）．

　有効に使われた水とは，作物の蒸発散（evapotranspiration），作物の冷却，作物の品質管理，根圏（root zone）からの塩分溶脱に利用される水である．掃風（wind drift），地表流出（runoff），過剰供給［例えば，深層浸透（deep percolation）］で失われる水は，有効に使われた水には含まれない．

　灌漑水供給の均一性は，灌漑効率を左右する重要要素である．水の損失と灌漑の均一性は，灌漑方法だけでなく，灌漑システム，土壌特性，作物の種類や植栽間隔（crop spacing），灌漑の時期と供給量，水管理方法，そして環境条件に影響を受ける（USDA, 1993b）．一般に，灌漑効率は，月ごとに決められる．適切に計画・管理された灌漑システムでは，全体の灌漑効率は，80%以上になる．表-17.19に様々な灌漑システムの一般的な灌漑効率の範囲を示す．

目詰まり防止　浮遊物質の濃度が高い生下水を使う場合には，エミッタ目詰まりの原因となる固形物を除去するため，スクリーンフィルタ（screening filter），砂分離装置（sand separator）の両方ないしは一方が使われる．農業灌漑に使われる再生水は，通常，二次・三次レベルの処理が行われる．処理水中の浮遊物質は，大部分が生物フロックであり，その固形物濃度は，ほとんどの灌漑システムにとって十分に低い．しかし，点滴灌漑システムのように流速が小さいシステムは，生物膜の生成や化学沈殿で目詰まりしやすい傾向にある（図-17.11参照）．表-17.20に点滴灌漑システムにおける水質と目詰まりの可能性を示す．灌漑システムの目詰まり防止方法には，水質モニタリング，適切なエミッタ選定，流速管理，ろ過，定期的な塩素処理（chlorination）と洗浄による灌漑システムの管理が

図-17.11 微生物の成長で一部目詰まりを起こした点滴灌漑エミッタ(試験エミッタ：M. Tajrishy 提供)

表-17.20 点滴灌漑システムにおける水質と目詰まりの可能性[a]

問題となる成分	単位	利用制限の程度		
		なし	軽度から中程度	重度
物理性				
浮遊物質	mg/L	<50	50〜100	>100
化学性				
pH	—	<7.0	7.0〜8.0	>8.0
溶解性物質	mg/L	<500	500〜2 000	>2 000
マンガン	mg/L	<0.1	0.1〜1.5	>1.5
鉄	mg/L	<0.1	0.1〜1.5	>1.5
硫化水素	mg/L	<0.5	0.5〜2.0	>2.0
生物性				
細菌群数[b]	個/L	<10 000	10 000〜50 000	>50 000

[a] Pescod(1992), Gilbert et al.(1982), Lazarova et al.(2004) より引用.
[b] 従属栄養生物の平板計数値.

(a)　　　　　　　　　　　(b)

図-17.12 再生水を農業用灌漑に使うためのろ過装置．(a)オレンジの木へのマイクロスプレ灌漑システムで使われているろ過，Florida 州 Orange 郡の Conserve II，(b)地下点滴灌漑に使われているろ過，California 州 Santa Rosa

第17章 再生水の農業利用

ある．農業灌漑に用いられる代表的なろ過装置を図-17.12に示す．各灌漑周期(irrigation cycle)の終了時に，残留塩素濃度が 0.5 mg/L となるような塩素処理が効果的な目詰まり防止方法とされている(Cararo et al., 2006)．

17.3.3 リーチング必要量

先に述べたように，塩分，アルカリ土壌，イオン毒性による問題を防止するため，与えた水の一部を植物根圏から溶脱させて塩濃度を制御する必要がある．リーチング必要量は，土の塩分が特定の値を超えないようにするため，与えた水のうちで植物根圏を通過させる必要のある水の割合と定義される．リーチング必要量は，式(17.7)にあるように，根圏より下に浸出した水の量(深さ表示)と地表面から与えられた水の量の比であるリーチング割合(leaching fraction；LF)によって表される．

$$LF = \frac{D_{dw}}{D_{iw}} \tag{17.7}$$

ここで，LF：リーチング割合(無次元)，D_{dw}：根圏から浸出する水(排水)の深さ(mm)，D_{iw}：地表面に与えられた水(灌漑水)の深さ(mm)．

定常状態では，与えられた水の塩分量と，排水の塩分量は等しくなる．

$$D_{dw}EC_{dw} = D_{iw}EC_{iw} \tag{17.8}$$

ここで，EC_{dw}：排水の塩分(dS/m)，EC_{jw}：灌漑水の塩分(dS/m)．

式(17.7)，(17.8)より，排水の塩分 EC_{dw} は，以下のように計算される．

$$EC_{dw} = \frac{EC_{iw}}{LF} \tag{17.9}$$

LF の決定方法を**例題 17-2** に示す．

例題 17-2 リーチング割合の決定

ある作物に塩分濃度 1 dS/m の再生水を灌漑する．根圏の土壌水における平均塩分濃度が 3 dS/m となる LF を求めよ．ただし，以下の条件を仮定する．(1) 40%の水分消費は，根圏の上部1/4 の層で起こり，(2)それ以下に続く 1/4 ごとの層で 30%，20%，10%の水分消費が起こり，(3)土からの塩分付加はない．

解 答

1. 各 1/4 層(右図)での水の消費量を求める．
   LF を x，供給再生水量を A mm/d とし，根圏の1/4 厚さの層それぞれで消費される水の量と各層下端から浸出(leaching out)する土壌水の電気伝導度を式(17.7)，(17.9)より次頁の表のように求める．
2. 根圏内土中水の電気伝導度を求める．
   a. 根圏内排水の平均電気伝導度を以下のように求める．

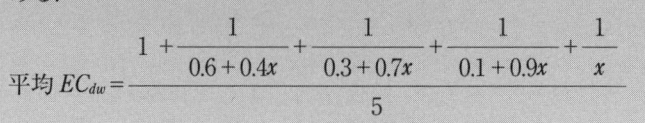

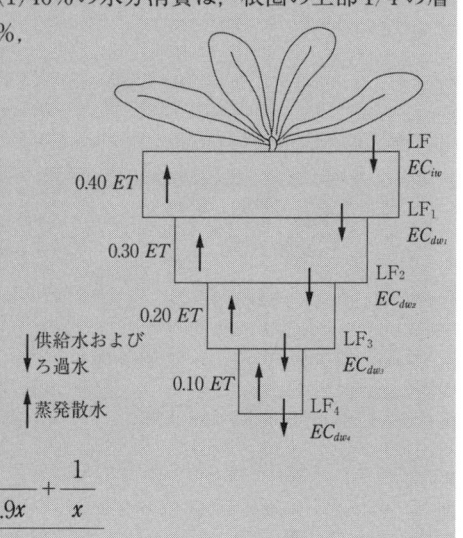

$$平均 EC_{dw} = \frac{1 + \dfrac{1}{0.6 + 0.4x} + \dfrac{1}{0.3 + 0.7x} + \dfrac{1}{0.1 + 0.9x} + \dfrac{1}{x}}{5}$$

層	各層でのET消費率(%)	水消費量	各層から浸出する水の電気伝導度 EC_{dw} (dS/m)
土壌表面	—	—	1
第1層	40	$0.4(1-x)A$	$1 \times \dfrac{A}{A - 0.4(1-x)A} = \dfrac{1}{0.6 + 0.4x}$
第2層	30	$0.3(1-x)A$	$1 \times \dfrac{A}{A - (0.4+0.3)(1-x)A} = \dfrac{1}{0.3 + 0.7x}$
第3層	20	$0.2(1-x)A$	$1 \times \dfrac{A}{A - (0.4+0.3+0.2)(1-x)A} = \dfrac{1}{0.1 + 0.9x}$
第4層	10	$0.1(1-x)A$	$1 \times \dfrac{A}{A - (0.4+0.3+0.2+0.1)(1-x)A} = \dfrac{1}{x}$

b. 表計算ソフトのプログラム[エクセル(Excel)のソルバー(Solver)等]を使って，平均 EC_{dw} が3 dS/m と対応する x を求める．

$x = 0.165$

したがって，平均 EC_{dw} が3 dS/m を達成するために必要な LF は，16.5%（0.165×100）となる．

解 説

場合によっては，根圏底部の塩分は，地表面近傍の塩分よりも高いので，平均電気伝導度からLFを求めると，塩分の植物に与える影響を過小評価してしまう可能性がある．蒸発速度が大きくて灌漑水の塩分濃度が高い時，灌漑頻度 (irrigation frequency) もまた，灌漑と灌漑の間に蓄積する塩分に影響を与える．

リーチング必要量は，図-17.13 を使って求めることもできる．例えば，もし塩分濃度 1 dS/m の再生水を使い，LFを 0.1 とすると，土壌塩分 (EC_e) は 2.1 dS/m，土壌水の塩分は 4.2 dS/m となる（表

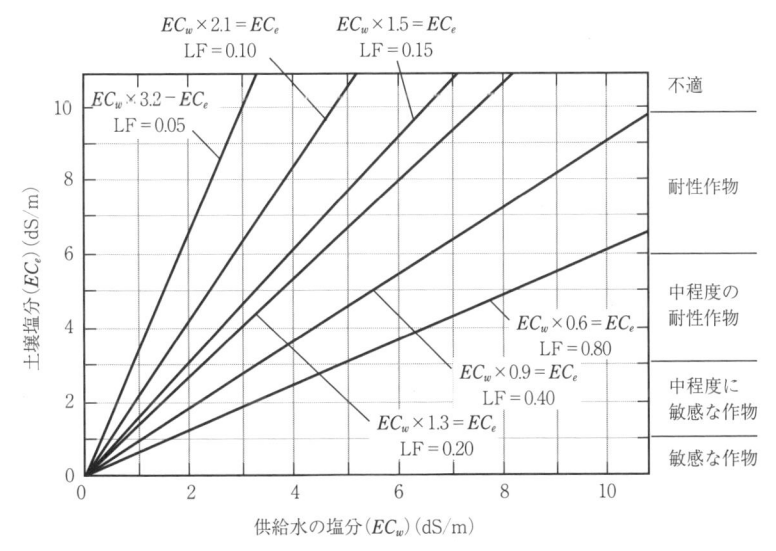

図-17.13 様々な浸出割合(LF)において供給水の塩分(EC_w)が根圏の塩分(EC_e)に与える影響(Ayers and Westcot, 1995)

-17.6参照).LFが0.1の時,中程度に敏感な作物に対しては,塩分濃度0.1 dS/mの水を灌漑できる.ただし,図-17.13のグラフは,$EC_e=1.5\times EC_w$で,LFが15〜20%,水利用パターンは,**例題17-2**にあるように40,30,20,10%を仮定していることには注意が必要である.

17.3.4 水供給量の推定

作物と灌漑方法が決まれば,次の段階では水供給量を推定する.灌漑水の必要量計算についての基本的な考え方は,供給水量に降雨量を加えたものと,蒸発散および深部への浸透による水の損失との間の水収支である.水収支の主な構成要素を図-17.14に示す.水の必要量に影響する他の要素には,地表流出,深層浸透,運搬と分配による損失,灌漑の均一性,土壌特性,種子発芽,環境の制御,霜よけ(frost protection),肥料あるいは化学物質の使用等がある.蒸発散速度(以下で定義),純灌漑水量(net irrigation requirement),水量負荷(hydraulic loading rate),窒素負荷限界(nitrogen loading limits)に基づく水量が以下の議論の対象である.

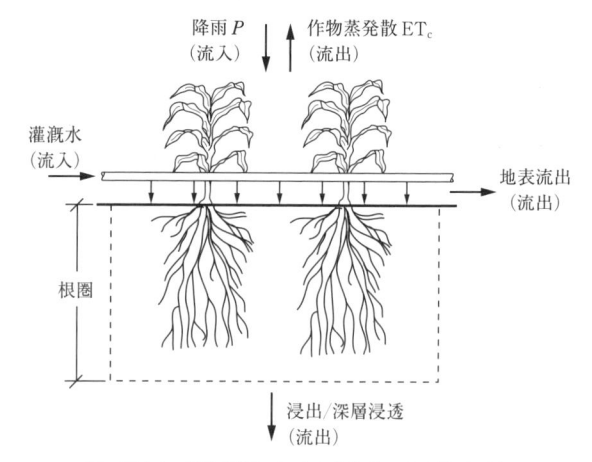

図-17.14 農業灌漑における水収支の主な構成要素

蒸 発 散

土壌および植物表面からの蒸発(evaporation)により,また,植物体からの蒸散(transpiration)により失われる水の量を併せて蒸発散量ET(evapotranspiration)と呼ぶ.定義からは,灌漑の消費水量は,ETと植物に吸収された水量を足し合わせたものとなる.しかし,供給水量の99%以上は,蒸発散で消費される(Pescod, 1992)ので,ETは,消費水量と等しいと仮定されることが多い.ETの値は,気候条件,地表面の植生被覆,植生の種類,土の性質によって変化する.特定の場所で,ETの値を最も正確に求める方法は,ライシメータ(lysimeter)等を使って直接測定する方法である.ライシメータは,灌漑,降雨,蒸発散による土壌含水量の変化を測定するために使われる.また,ライシメータは,根圏より下方に浸透する水の質をモニタリングすることにも使える.図-17.15に3種類のライシメータの概略図を示す.

基準蒸発散量ET_0は,十分に灌漑された基準地表面からの蒸発散量である.ET_0は,ある特定の場所および時期の大気条件で決まる要素であり,植生や土の影響は考慮されない.通常,緑の芝生が基準面として使われる.実際には,ETの直接測定には,高い費用と長い時間が必要となる.そこで通常は,対象とする場所の基準蒸発散量ET_0を経験式で推定し,ある植物のETをET_0から推定する.ET_0のデータは,Food and Agricultural Organization of United Nations(FAO:国と地域レベルのデータ),U.S. Geological Survey(USGS),州や地方政府関連機関(例えば,California州のCIMIS)といった多くの情報源から入手可能である.灌漑する場所での,ET_0のデータが入手できなければ,ET_0を推定する経験的なモデルが使える.Penman-Monteith式は,精度が最も高いものの,非常に複雑である.ET_0を推定する他の方法には,放射法,温度法,蒸発皿法(Doorenbos and Pruitt, 1977)等がある.これらの方法の詳細は,USDA(1993a)等の灌漑に関する参考文献が詳しい.

ET_0の値は,作物係数K_c(crop coefficient)と式(17.10)を使って作物蒸発散量ET_c(crop evaporation value)に変換できる.

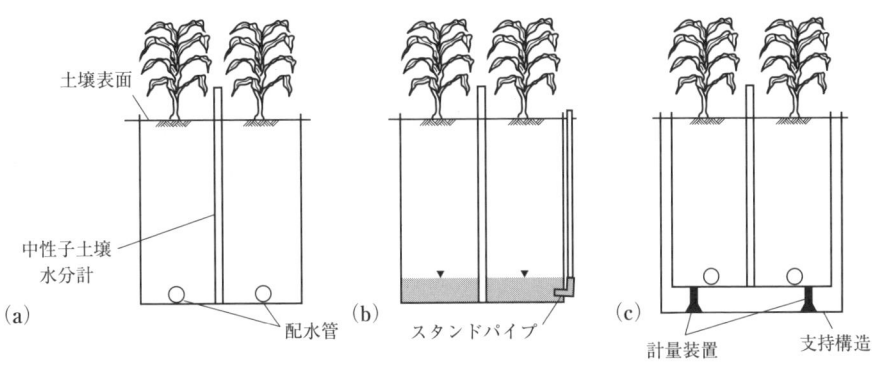

図-17.15 4種類のライシメータの概略図と写真. (a)重量測定を行わないライシメータ. 灌漑水の深土への浸透を防ぐために設計され, 中性子土壌水分計を使ってライシメータ内の含水率の変化が測定される. (b)中性子土壌水分計が挿入された地下水面ライシメータ. 主に湿潤地域で用いられる. (c)ライシメータに重量測定装置が加えられた重量測定ライシメータ. (d)浸透水量を測定するために使われる転倒ます型ライシメータ［概略図(a), (b), (c)は, USDA(1993a)より引用］

$$\mathrm{ET}_c = K_c \times \mathrm{ET}_0 \tag{17.10}$$

ここで, ET_c：作物蒸発散量(mm/単位時間), K_c：作物係数, ET_0：基準蒸発散量(mm/単位時間).

作物係数は, 植物の生長および植物群落(plant canopy)の発達とともに変化する. 地表面からの水の蒸発は, 生育初期に顕著である. 植物が生長するにつれて, 植物組織からの蒸散が蒸発散量の大部分を占めるようになる. 表-17.21に, 代表的な作物の作物係数を示す. 作物係数の正確な推定のためには, 植物の生長段階と気候条件を考慮しなければならない. 図-17.16に標準的な農地での畝作物(row crop)の仮想的な作物係数を示す. 作物係数推定の詳細手順は, USDA(2001)やSnyder *et al.*(2002)等の灌漑ガイドラインやハンドブックに示されている.

純灌漑水量

ET, 降雨量, 浸出のマスバランスから単純に計算できる水の要求量は, 純灌漑水量NR(mm/単位時間)と呼ばれ, 式(17.11)で求められる.

$$\mathrm{NR} = (\mathrm{ET}_c - P)(1 + \mathrm{LR}/100) \tag{17.11}$$

ここで, NR：純灌漑水量(mm/単位時間), P：降雨量(mm/単位時間), LR：リーチング必要量(%). ET_cは, 既に定義されている.

$\mathrm{ET}_c - P$の値は, 通常, 90％超過レベル(90％の確率で, 与えられた値と等しいかそれ以上となる実際の値)を使って月ごと(mm/mo)に計算する. 90％超過レベルは, 余裕をもって灌漑面積を小さめに見積るのに使われる. 既に定義したように, リーチング必要量は, 供給された水のうち, 植物に

表-17.21 代表的な作物と芝の作物係数[a]

作物の種類または名前	K_cの値 低値[d]	K_cの値 高値[d]
落葉性果樹[b]	0.50	0.97
被覆作物のある落葉性果樹[c]	0.98	1.27
ブドウ	0.06	0.80
オリーブ	0.58	0.80
ピスタチオ	0.04	1.12
柑橘類	0.65	0.65
芝		
寒地型芝(冬芝)	0.8	0.8
暖地型芝(夏芝)	0.6	0.6

[a] University of California and State of California(2000)より引用.
[b] 落葉性果樹とは,リンゴ,サクランボ,クルミ.
[c] 成育中の被覆作物がある時には,K_cは,25〜80%増加する.
[d] 低値は,早期(3〜4月)あるいは晩期(9〜10月)のためで,高値は,中期(5〜6月)用である.

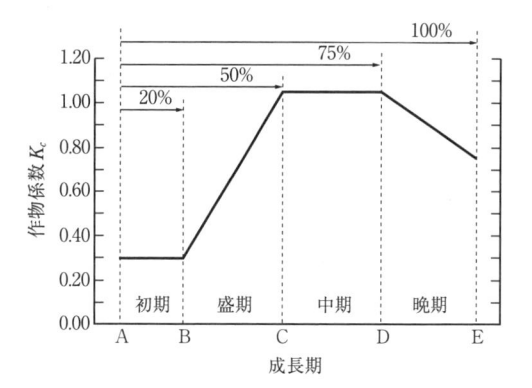

図-17.16 典型的な農地畝作物の仮想的な作物係数曲線.成長段階とその各段階の期間が百分率で示してある

悪影響が生じるレベルよりも塩分濃度を低く維持するために,根圏より下方に浸出させるべき水の割合である.

水量負荷

　実際には,すべての灌漑水がETや浸出に使われるわけではない.不均一な水の供給や,配水システムによる損失や地表面からの損失を水量負荷の推定に考慮しなければならない.水量負荷$L_{w(1)}$は,一般的に式(17.12)で算出される.

$$L_{w(1)} = NR/(E_i/100) = (ET_c - P) \times (1 + LR/100) \times (100/E_i) \tag{17.12}$$

ここで,$L_{w(1)}$:灌漑水量負荷(mm/単位時間),E_i:地表面流出や偏流損失を考慮した灌漑効率(%).他の記号は,既に定義済みである.

　表-17.19に様々な灌漑システムにおける灌漑効率の標準的な値を示す.式(17.12)の適用は,**例題17-3**に示す.

　下水処理水の処分[土地散布処理(land treatment)と廃棄]のために再生水灌漑を考える時は,利用可能な農地面積が制約になることがある.この場合,土壌の有効容水量(available water capacity)を超えて供給された水は,根圏より下に浸透する.許容浸透速度W_p(allowable percolation rate)は,根圏よりも下方に水を浸透させることのできる最大速度である.W_pを求める詳しい方法は,U.S. EPA Process Design Manual(U.S. EPA, 1981)等に記されている.水理学的負荷速度$L_{w(2)}$は,式(17.13a)ないしは式(17.13b)を使って求められる.

$$L_{w(2)} = (ET_c - P) + W_p + W_r + W_d \tag{17.13a}$$
$$L_{w(2)} = [ET_c/(E_i/100) - P] + W_p \tag{17.13b}$$

ここで,$L_{w(2)}$:土地散布処理の水量負荷(mm/単位時間),W_p:許容浸透速度(mm/単位時間),W_r:地表流出水による水損失(mm/単位時間),W_d:掃風による水損失(mm/単位時間).他の記号は,既に定義済みである.

例題 17-3　水量負荷の計算

以下の条件で，California州北部での灌漑のための水量負荷を求めよ．
1. 各月の90%超過値(ET_c-P)は，右の表に示す．
2. 灌漑が必要な際のリーチング必要量は11%である．
3. 降雨量がETより大きい時には，灌漑は必要ない．
4. 1年を通じて，灌漑効率は80%である．

月	$(ET_c-P)_{90}$(mm)
1	-93.7
2	-65.8
3	-46.2
4	34.0
5	25.9
6	120.4
7	217.4
8	169.7
9	52.1
10	26.9
11	-53.3
12	-75.7
合計	311.7

Smith *et al.*(1985)より引用．

解　答

1. 式(17.12)中の各項の値を求める．

$$L_{w(1)} = \frac{NR}{E_i/100} = (ET_c-P) \times (1+\frac{LR}{100}) \times (\frac{100}{E_i})$$

a. リーチング必要量11%の時の$(1+LR/100)$は，
$1+LR/100 = 1+11/100 = 1.11$

b. 灌漑効率80%の時の$(100/E_i)$は，
$(100/E_i) = 100/80 = 1.25$

2. 式(17.12)により，各月の水量負荷を求める．例えば，6月の水量負荷は，120.4 mm×1.11×1.25 = 167.1 mm となる．結果は，以下の表にまとめた．

月	$(ET_c-P)_{90}$(mm)	$1+LR/100$	$100/E_i$	水量負荷 $L_{w(1)}$(mm)
1	-93.7			
2	-65.8			
3	-46.2			
4	34.0	1.11	1.25	47.1
5	25.9	1.11	1.25	35.9
6	120.4	1.11	1.25	167.1
7	217.4	1.11	1.25	301.6
8	169.7	1.11	1.25	235.5
9	52.1	1.11	1.25	72.3
10	26.9	1.11	1.25	37.3
11	-53.3			
12	-75.7			
合計				896.8

解　説

90%超過レベルを使う場合には，推定された水量負荷は，水の必要量を90%の確率で満たす．価値の低い作物には，より小さい値を使うこともできる．

窒素負荷限界からの水量負荷

根圏から溶脱する窒素は，排水が放出される地下水や表流水に影響を与えるであろう．浸透水の許容窒素濃度に基づく水量負荷は，式(17.14)で求められる．

$$L_{w(n)} = \frac{C_p(P-ET)+10^2 U}{(1-f)C_n-C_p} \tag{17.14}$$

ここで，$L_{w(n)}$：窒素限界(nitrogen limit)による年間許容水量負荷(mm/yr)，C_p：浸透水の許容硝酸濃度(allowable nitrate concentration)(mg-N/L)，$P-\mathrm{ET}$：降水量の90％値からETを差し引いた値(mm/yr)，10^2：kg/ha·yrからmg·mm/L·yrへの変換係数，U：作物の窒素吸収(kg-N/ha·yr)，C_n：供給する再生水の窒素濃度(mg-N/L)，f：供給窒素のうちで脱窒(denitrification)および揮発(volatilization)により除去される割合(通常0.2が使われる)．

U.S. EPA による初期の飲料水品質基準の最大汚染許容濃度(maximum contaminant level；MCL)をもとに，C_pには10 mg/Lが用いられてきた．水量負荷(制限要因によって$L_{w(1)}$か$L_{w(2)}$のいずれかを採用する)と窒素負荷より求められた許容水量負荷$L_{w(n)}$を比べ，**例題17-4**のように小さい方の値をシステム設計に使う．

例題17-4　窒素負荷限界からの水量負荷の計算

窒素負荷限界と以下の条件から，灌漑のための許容水量負荷を求めよ．
1. 右の表に通常年の$(P-\mathrm{ET}_c)$の値を示す．
2. 正味の$(P-\mathrm{ET}_c)$は年間基準で計算されている．
3. 浸透水の許容窒素濃度は，$C_p = 10$ mg-N/Lである．
4. 灌漑される作物の窒素吸収は，$U = 0.3$ kg/ha·yr.
5. 供給される再生水の窒素濃度は，$C_n = 15$ mg-N/L.
6. 供給された窒素のうち，脱窒と揮発で除去される割合fは0.2．

月	$(P-\mathrm{ET}_c)$ (mm)
1	66.8
2	14.7
3	47.0
4	-52.3
5	-28.4
6	-132.3
7	-239.0
8	-186.4
9	-57.2
10	-41.4
11	9.9
12	51.6
合計	-641.0

解　答

1. 式(17.14)から許容水量負荷を計算する．

$$L_{w(n)} = \frac{C_p(P-\mathrm{ET}) + 10^2 U}{(1-f)C_n - C_p} = \frac{10 \times 311.7 + 102 \times 0.03}{(1-0.20) \times 15 - 10} = 1560 \text{ mm}$$

2. $L_{w(n)}$を例題17-3で求められた年間$L_{w(1)}$と比較する．

    $L_{w(n)} = 1560$ mm
    $L_{w(1)} = 896.8$ mm

    $L_{w(n)}$が$L_{w(1)}$より大きいため，$L_{w(1)}$を設計に使う．

解　説

再生水の窒素濃度が15 mg-N/Lでなく20 mg-N/Lなら，窒素限界を示す式(17.14)を使って計算すると，許容水量負荷は520 mmとなり，これは例題17-3で求めた$L_{w(1)}$よりも小さい．その際には，$L_{w(n)}$が設計に使われ，リーチング必要量11％を満たさない．このような場合，リーチング必要量を満たして地下水汚染を避ける解決策の一つは，水再生施設に硝化や脱窒過程を加えることである(7章参照)．本章の最後で示すような地下排水システム(subsurface drainage system)を導入する方法もある．排水システムは，地下水位が浅いか，根圏のすぐ直下に不透水層がある場合のみに有効であることには注意が必要である．

17.3.5 必要農地面積

再生水を灌漑できる土地面積 A_w は，上述の計画年間水量と再生水の日平均利用可能量に基づいて式(17.15)で求められる．

$$A_w = \frac{Q_i(365\,\mathrm{d/yr}) + \Delta V_s}{L_w \times 10^{-3}} \tag{17.15}$$

ここで，A_w：灌漑農地面積(irrigated field area)($\mathrm{m^2}$)，Q_i：日平均再生水流量(年間の平均値)($\mathrm{m^3/d}$)，ΔV_s：降雨，蒸発，浸出(seepage)から生じる貯留された再生水量の正味の減少量ないしは増加量($\mathrm{m^3/yr}$)，L_w：年間計画水量負荷($\mathrm{mm/yr}$)，10^{-3}：変換係数($\mathrm{m/mm}$)．

先に灌漑農地面積が決まっていて，計画水負荷量を達成するために再生水が配水される場合は，日平均再生水流量 Q_i は，式(17.15)で求められる．

例題 17-5　必要農地面積の決定

以下の条件で，再生水灌漑に必要な農地面積を求めよ．
1. 例題17-3と例題17-4で求めた年間の水負荷量を用いる．
   $L_{w(1)} = 896.8\,\mathrm{mm/yr} = 896.8 \times 10^{-3}\,\mathrm{m/yr}$
2. 輸送効率で補正した調整後の再生水の日平均流量 Q_i は，$380\,\mathrm{m^3/d}$ である．
3. 貯留した再生水の正味の増減は，0 と仮定する．

解　答
1. 式(17.15)を使って，必要な農地面積を計算する．

$$A_w = \frac{Q_i(365\,\mathrm{d/yr}) + \Delta V_s}{L_w \times 10^{-3}} = \frac{(380\,\mathrm{m^3/d})(365\,\mathrm{d/yr}) + 0}{(896.8\,\mathrm{mm/yr})(10^{-3}\,\mathrm{m/mm})} = 1.55 \times 10^5\,\mathrm{m^2} = 15.5\,\mathrm{ha}$$

解　説

開放型貯留システム(open storage system)では，再生水の正味の増減は無視できず，解析に考慮する必要がある．必要面積(field requirement)および必要貯留量(storage volume requirement)は，本節の後半で説明する．

17.3.6 排水システム

リーチング必要量や水量負荷の算定は，灌漑された土が十分な浸透能を維持し，正味の下方フラックス(flux)が保たれることを前提としている．しかし，土性，地下水面の深さ，根の深さ，気候条件によって水の下方への移動は不十分となり，水分過剰や塩害の問題を起こすことがある．正味の下方への水分フラックスを確実にするためには，人工的な排水システムの灌漑農地への導入が必要になることがある．排水システムは，過度の塩分や窒素等の汚染物質が地下水に到達することを防ぐのにも有効である．しかし，このような排水システムは，根圏と地下水面の間に低透水層が存在し，根圏を通って浸透した水が貯留される場合だけに機能する(Feigin *et al.*, 1991)．

排水システムは，(1)地表排水(surface drainage)，(2)地下排水(subsurface drainage)，(3)中間

排水(interception drainage)に区分できる．地表排水は，低い透水係数(permeability)の表層土壌から，過剰水を排除するのに使われる．通常，農地からの排水を集めるのには，浅い水路が使われ，その水路は，より大きくて深い集水排水路につながっている．過剰水の流れを促進するために，農地には人工的な傾斜がつけられる．地下排水は，根圏の過剰水を除去し，灌漑水の下方フラックスを確実にするために用いられる．地下排水システムは，(1)深い開排水路(明渠)排水(deep open drain)か，(2)暗渠排水(subsurface pipe drain)のいずれかである．明渠排水は，作物の植栽可能な土地の一部を使うことになり，また，高度な管理が必要で，農地での機械利用も制限される．そのために，一般には暗渠排水が好まれる．地下排水の設計に影響する主な要因である，(1)地下水位深さ，(2)土の水理学的特性，(3)排水係数(drainage coefficient)，(4)排水路間隔について，以下に簡単に述べる．

地下水位深さ

地下水位の深さは，塩分の上方移動を制御し，根圏の好気的な条件を維持するためにきわめて重要である．地下水に塩分が含まれる場合には，地下水上昇を避けるためにも，地下水位は，十分に深くしなければならない．灌漑間断日数(irrigation interval)が比較的長い場合，作物の種類や土の性質によっては，1.0～2.0 m (3.3～6.6ft)の地下水位深さが必要である．スプリンクラや点滴灌漑システムの場合，通常の散水間隔は，水の下方移動を維持するのには短かすぎる．この場合には，根圏の通気状態が地下水面の深さを決める制限要因となる(Feigin et al., 1991)．灌漑エリア全体に及ぶ地下水位が存在する場合には，灌漑システム設計の前に，ピエゾメータや観測井といった地下水観測装置網を導入し，地下水流の現状を把握する必要がある．表-17.22に乾燥地域で推奨される地下水位の最小深さを示す．

表-17.22 乾燥地で推奨される最小の地下水位の最小深さ[a]

作物	細粒土(透水性あり)	中粒土	軽粒土
普通作物	0.9	1.2	0.9
野菜	0.9	1.1	0.9
樹木	1.4	1.4	1.1

[a] Booher(1974)より引用．
注：休作期間には，地下水面の深さは，軽粒と細粒土では1.4 mに，中粒土では1.5～1.8 mに管理されることが望ましい．

水理学的特性

透水係数 K(hydraulic conductivity)と有効間隙率[*2] p(drainable porosity)は，排水計画で考慮されるべき主要要素である．透水係数は，土壌中の水の動きやすさの指標である．通常，透水係数は，オーガーホール法で現場測定されるか，不攪乱コア試料を使った室内での測定が行われる．有効間隙率は，地下水位が下がって水分飽和でなくなった際に，水が土から排出される間隙の体積と定義される．

排水係数

排水係数は，排水システムが単位時間当りに排出できる水の深さと定義され，標準的な単位は，mm/h である．排水係数は，地域固有であり，排水係数を推定するには，地域のガイドライン等を使う必要がある．乾燥地の排水係数 q は，式(17.16)で求められる．

$$q = \frac{[(P+C)/100]i}{24F} \tag{17.16}$$

ここで，q：排水係数(mm/h)，P：リーチング必要量を含む深部浸透率(%)，C：用水路での損失(%)，i：灌漑水量(mm)，24：変換係数(24h/d)，F：灌漑頻度(d)．

例題17-6にあるように，必要な排水係数は，リーチング必要量，水供給速度，灌漑間隔より求められる．

[*2] 訳者注：実際に排水に寄与する間隙率．

17.3 再生水灌漑システムの設計要素

> **例題 17-6　排水係数の計算**
>
> 以下の条件で，排水係数を求めよ．
> 1. 灌漑水量　　　100 mm
> 2. 灌漑間隔　　　2週間(14日)
> 3. 深部浸透　　　消費水量実験より18%と推定された
> 4. 農地水路損失　供給灌漑水量の8%と推定された
>
> 解　　答
>
> 1. 式(17.16)を使い，排水係数を以下のように計算する．
> 2.
> $$q = \frac{[(P+C)/100]i}{24F} = \frac{[(18+8)/100](100\,\text{mm})}{(24\,\text{h/d})\times(14\,\text{d})} = 18\,\text{mm/h}$$

排水管の深さと間隔

最も一般的な地下排水システムは，灌漑農地の地下水流れ方向と平行に設置された一連の平行した排水パイプからなる．このタイプの排水システムは，暗渠排水(relief drain)と呼ばれる．平行暗渠が処理できる能力 Q_r は，式(17.17)で求められる．

$$Q_r = 2.4 \times 10^{-2} \times qS(L+S/2) \tag{17.17}$$

ここで，Q_r：暗渠の排水容量(drain capacity)(m^3/d)，q：排水係数(mm/h)，S：暗渠間隔(m)，L：暗渠長(m)，2.4×10^{-2}：単位変換係数．

地下排水システムの深さと間隔は，Hooghoudt式やDonnan式といった方法で求められる(Van Schilfgaarde, 1972；USBR, 1993b；USDA, 2001)．Hooghoudt式では，年間の流出量と地下水涵養量がほぼ等しいと仮定される．この条件は，動的平衡(dynamic equilibrium)といわれ(USBR, 1993)，暗渠の間隔 S は，式(17.18)で求められる．

$$S^2 = \frac{8K_1 d y_0}{q} + \frac{4K_2 y_0^2}{q} \tag{17.18}$$

ここで，S：暗渠間隔(m)，K_1：暗渠より上層の透水係数(m/d)，K_2：暗渠より下層の透水係数(m/d)，d：排水管より下層の流れの収束を考慮した"等価層(equivalent layer)"の厚さ(m)，y_0：各排水期間開始時における排水管より上の地下水位高さ(m)，q：排水流出量(m/d)．

Hooghoudt式は，湿潤地域の暗渠間隔を決めるのに適しており，結果はあまり正確ではないものの，半乾燥地や乾燥地でも使うことができる．

一般的に使われる他の方法は，U.S. Bureau of reclamationが開発した非定常流法(transient flow method)である．非定常流法は，乾燥地での水分流れの動的平衡に基づいている．暗渠間隔は，次のパラメータと図-17.17，17.18によって求められる．

1. y_0 および H：各排水期間最初の暗渠より上の地下水位高さ(m)．y_0 および H は，それぞれ暗渠が不透水層(barrier)より上部ないしは不透水層上にある時の値である．この高さは，暗渠間の中点で得られる値である．
2. y および Z：各排水期間の最終時点における排水管より上の地下水位高さ(m)．y および Z は，それぞれ排水管が不透水層より上部ないしは不透水層上にある時の値である．
3. 透水係数 K_1：暗渠間の水が流れる領域の透水係数．K_1 の値は，排水領域内の何点かで行われた透水係数試験の結果を平均して求める．

4. 比排出量 Y(specific yield)：水分飽和土壌から重力で排水される地下水量．透水係数と比排出量の関係を図-17.17 に示す．
5. 時間 t：灌漑と灌漑の間の排水時間あるいは非灌漑期のある特定の間隔(d)．
6. 流れの深さ D：排水管へ水を運ぶ流れの平均深さ(m)．$D = d + y_0/2$ で求められる．
7. 暗渠間隔 S：平行する暗渠と暗渠の間の距離(m)．

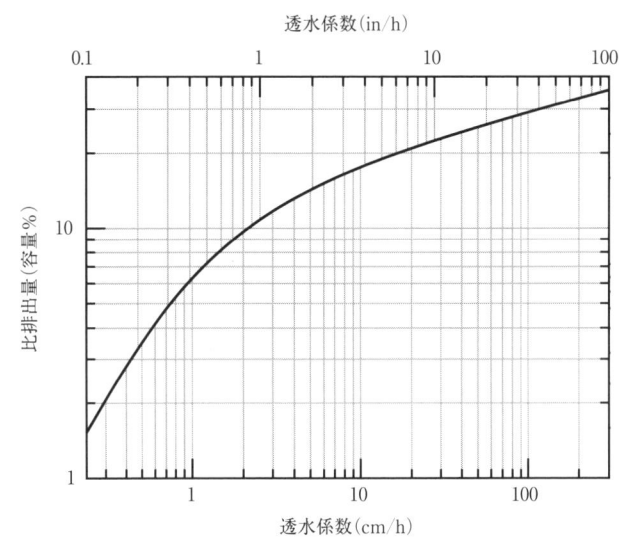

図-17.17 比排出量と透水係数の一般的な関係(USDA, 2001)

上記パラメータによって y/y_0 や Z/H が求められ，図-17.18 の曲線との交点が見つかる．そこに対応する x 軸から K_1Dt/YS^2 あるいは K_1Ht/YS^2 の値が求められ，暗渠間隔 S は，他の既知パラメータから一連の試行錯誤によって求まる．このような種類の排水システムに関するさらなる議論は，Tanji and Kielen(2002)，USDA(2001)，USBR(1993)等の様々なガイドラインやハンドブックに記載されている．

17.3.7 排水管理と処分

農地排水の塩分濃度は，灌漑水よりも高い．再生水の塩分が十分に低く，塩分感受性が高い作物(salt-sensitive crop)への灌漑に使えるのであれば，農地排水は，耐塩性の高い作物の灌漑に使える可能性がある．隣接した灌漑農地で，順番に耐塩性作物を灌漑する計画は，排水を再利用する効果的な方法である．しかしながら，排水に蓄積した塩分は，最終的には，適切な方法で処分しなければならない．

排水処分の方法や取組みは，再生水灌漑排水システムを設計する前に規制やガイドラインに合致するように決めなければならない．排水処分方法としては，河川や水路といった灌漑水輸送システムへの放流や，灌漑農地への水の再循環，湿地(marsh)への放出，蒸発池(evaporation ponds)や機械的な蒸発過程の利用，等が考えられる．工業過程で一般的に使われている塩分結晶化技術(Bostjancic and Ludlum, 1996)は，本格的な実用レベルにまで進歩し，塩分を含んだ水の処分への実行可能な選択肢となっている．結晶化の費用は，ほとんどの排水処分にとっては高価すぎるものの，塩水や高塩濃度廃棄物の問題が重要になるにつれて，結晶化は，より有効な選択になると考えられる．

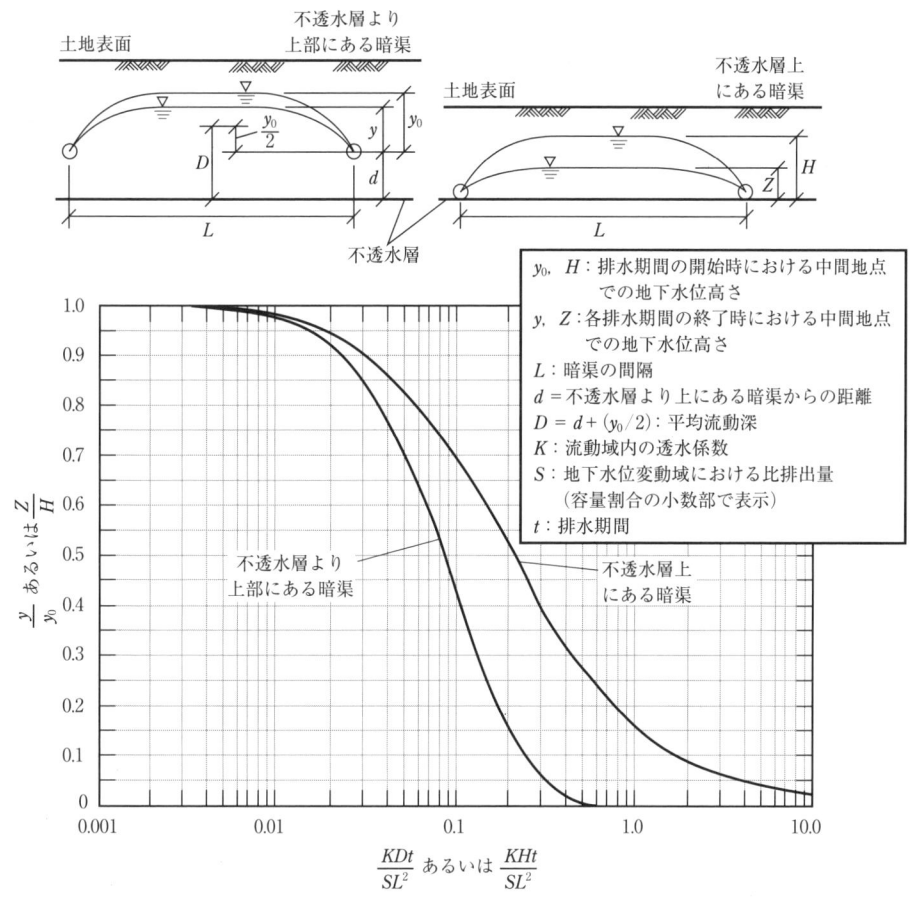

図-17.18 非定常流理論を使って暗渠間隔を計算する際に必要なパラメータの関係を表す曲線(USDA, 2001)

17.3.8 貯留システム

比較的安定している再生水の供給量とは異なり，灌漑水必要量は，天候条件によって大きく変化する．再生水利用を最大にして，灌漑期全般にわたって水供給の要求を満たすためには，再生水の貯留が必要となる．貯水施設としては，湖，池，貯水槽が考えられる．被圧帯水層(confined aquifer)は，再生水の貯留と回収(aquier storage and recovery；ASR)に使うことができる(Martin *et al.*, 2002；**22章**参照)．再生水の量が灌漑量や貯留能力を超える時は，余った再生水は，受水域(receiving waters)に排出されることがある．再生水の表流水域への排出は，NPDES許可要件(permit requirement)に従う必要があることには，注意が必要である．

ここでは，再生水貯留必要量(water storage requirements)を概説し，より詳細な検討は**14章**を参照されたい．再生水貯留必要量は，以下の手順で算出できる．

1. それぞれの地域条件における蒸発散量および降水量のデータと式(17.12)，(17.13)，(17.14)を用いて月別の水量負荷を計算する．
2. 利用可能な再生水量を決定あるいは推定する．
3. 貯水池からの正味の増減を無視して，式(17.15)から最初の農地面積を推定する．推定された農地面積および水負荷量から月別の必要量を計算する．
4. 利用可能水量から必要水量を差し引き，月別の正味の貯留量変化を計算する．

5. 累積貯留量を計算する．貯留時期の最初，すなわち灌漑時期の終わりには，貯水池が空であるとの前提で計算を行う．
6. 降雨や蒸発，浸出による貯水槽での正味の増減を考慮して，調整した農地面積を決定する．
7. 降雨や蒸発，浸出による貯水池の正味の増減を考慮して，式(17.15)から修正貯留量(adjusted storage volume)を決定する．

例題17-7に上記手順の適用例を示す．

例題17-7 開放型貯水池の必要容量・面積の算定

再生水灌漑システムに利用するための以下の特性を有する開放型貯水池の容積と面積を求めよ．

1. システムの設計は，利用可能な再生水の量で制限される[つまり，式(17.12)を使って水量負荷を計算する]．
2. リーチング必要量と灌漑効率は，それぞれ15%と85%と推定される．
3. 月別の水収支に関する値[ET_0, P, $(ET_c - P)_{90}$]と推定した月別の利用可能再生水量 Q_i を右表[Smith et al. (1985)からのデータ]に示す．
4. 貯水池の深さ d_s は 3.7 m で，浸出は無視できると仮定する．

月	ET_0 (mm/mo)	P (mm/mo)	$(ET_c - P)_{90}$ [a] (mm/mo)	Q_i ($\times 10^3$, m³/mo)
1	26.4	98.6	−91.7	93.0
2	46.7	70.9	−65.8	90.5
3	80.5	49.5	−46.2	116.9
4	119.9	38.1	34.0	113.2
5	164.3	13.0	25.9	117.2
6	195.1	4.1	120.4	135.9
7	207.8	0.25	217.4	135.9
8	176.8	0.76	169.7	135.9
9	137.9	4.1	52.1	135.9
10	93.0	26.4	26.9	118.9
11	41.9	51.8	−53.3	90.5
12	24.9	81.5	−75.7	94.0

[a] 過去のデータに基づいて推定された90%超過値．例題17-3参照．

解　答

1. 式(17.12)より，月別の水量負荷 $L_{w(1)}$ を求める．
   $(ET_c - P)$ が負となる月には，$L_{w(1)}$ は0となる．4月について必要な計算は，以下のようになる．
   $L_{w(1)} = (ET_c - P) \times (1 + LR/100) \times (100/E_i)$
   $= (34 \text{ mm/mo}) \times (1 + 15/100) \times (100/86) = 46 \text{ mm/mo}$
   右の表の3列目に，計算された水量負荷を示す．

2. 灌漑に利用可能な再生水量を求める．右表の4列目(4)に，この問題で与えられている各月の再生水量(Q_i)の積算値を示す．

3. 必要農地面積と月別の必要容量を推定する．
   a. 年間の水負荷量と年間利用可能再生水量から式(17.15)を使って農地面積を推定する．この最初の推定では，降雨，蒸発，浸出による貯水槽の正味の増減 ΔV_s は無視する．

(1)月	(2) $(ET_c - P)_{90}$ (mm/mo)	(3) $L_{w(1)}$ (mm/mo)	(4) Q_i ($\times 10^3$, m³/mo)
1	−91.7	0	93.0
2	−65.8	0	90.5
3	−46.2	0	116.9
4	34.0	46.0	113.2
5	25.9	35.0	117.2
6	120.4	162.9	135.9
7	217.4	294.1	135.9
8	169.7	229.5	135.9
9	52.1	70.5	135.9
10	26.9	36.4	118.9
11	−53.3	0	90.5
12	−75.7	0	94.0
年間		874.5	1377.8

$$A_w = \frac{Q + \Delta V_s}{L_w \times 10^{-3}} = \frac{1\,377.8 \times 10^3 \text{ m}^3 + 0}{(874.5 \text{ mm})(10^{-3} \text{ m/mm})} = 1.576 \times 10^6 \text{ m}^2 = 157.6 \text{ ha}$$

b. 各月の灌漑水量 V_w を求める．4月の V_w は，以下のように計算される．
$$V_w = A_w L_{w(1)} = (1.576 \times 10^6 \text{ m}^2)[(46 \text{ mm})(10^{-3} \text{ m/mm})] = 72.5 \times 10^3 \text{ m}^3$$
各月の V_w の値を以下の表の2列目に示す．

月 (1)	灌漑水量 V_w ($\times 10^3$ m^3) (2)	再生水量 Q_i ($\times 10^3$ m^3/mo) (3)	貯留量増減 ΔS ($\times 10^3$ m^3/mo) (4)	累積貯留量 $\Sigma \Delta S$ ($\times 10^3$ m^3) (5)
9	111.1	135.9	24.8	0
10	57.3	118.9	61.6	24.8
11	0	90.5	90.5	86.4
12	0	94.0	94.0	176.9
1	0	93.0	93.0	270.9
2	0	90.5	90.5	363.9
3	0	116.9	116.9	454.4
4	72.5	113.2	40.7	571.3
5	55.2	117.2	62.0	612.0
6	256.6	135.9	−120.7	674.0*
7	463.4	135.9	−327.5	553.3
8	361.7	135.9	−225.8	225.8
年間		1 377.8		

* 貯留要求量 $V_{s(\text{est})}$．

4. 貯留量の正味の変化量 ΔS を推定する．正味の変化量は，Q_i（3列目）から V_w（2列目）を差し引くことで求められる．上表の4列目に計算値を示す．この表では，ΔS が負から正になる月が最初に来るように再配置されていることには注意が必要である．

5. 累積貯留量（cumulative storage volume）とそれに相当する貯水池の表面積を求める．この例では，9月の累積貯留量は，0となる．このことは，灌漑期の最後には貯水池が空になることを示している．

   a. 上表の5列目には累積貯留量が示されている．最大累積貯留量は，再生水灌漑システムに対して推定される必要貯留量 $V_{s(\text{est})}$ である．この例では，$V_{s(\text{est})} = 674.0 \times 10^3$ m^3 である．

   b. 貯水池の表面積 A_s を求める．仮定された貯水池深さ 3.7 m を用いて，貯水池の表面積は，次のように計算できる．
   $$A_w = V_{s(\text{est})}/d_s = (674.0 \times 10^3 \text{ m}^3)/(3.7 \text{ m}) = 165.4 \times 10^3 \text{ m}^2 = 16.5 \text{ ha}$$

6. 貯留量の正味の月間増加ないしは減少を考慮して，調整した農地面積（adjusted field area）を求める．

   a. 5. で求めた必要表面積を使って，降雨量（P），蒸発量（ET_{res}），浸出による貯留量の正味の増減 ΔV_s を推定できる．ET_{res} の値は，ET_0 のデータに自由水面（free water surface）における作物係数（通常 1.05〜1.15）を掛け合わせて推定できる．この例では，ET_{res} は，$\text{ET}_{\text{res}} = 1.1 \times \text{ET}_0$ で求める．貯水池における4月の月間の増減は，次のように計算される．
   $$\Delta V_s = (P - \text{ET}_{\text{res}} - \text{浸出量})(10^{-3} \text{ m/mm})(A_s)$$
   $$= [(38.1 \text{ mm/mo}) - 1.1 \times (119.9 \text{ mm/mo}) - 0](10^{-3} \text{ m/mm})(165.4 \times 10^3 \text{ m}^2)$$
   $$= -15.5 \times 10^3 \text{ m}^3/\text{mo}$$

以下の表の3列目の計算による各月の ΔV_s を示す.

月 (1)	ET_{res}(mm/mo) (2)	貯留量の正味の増減 ΔV_s ($\times 10^3$ m³/mo) (3)	調整量 V_w ($\times 10^3$ m³/mo) (4)	貯留量変化 ΔS ($\times 10^3$ m³/mo) (5)	貯留累積量 $\Sigma\Delta S$ ($\times 10^3$ m³/mo) (6)
9	151.7	−24.4	97.6	−13.9	−8.0[*1]
10	102.3	−12.5	50.4	56.0	13.9
11	46.1	0.9	0	91.4	69.8
12	27.4	9.0	0	95.0	161.3
1	29.1	11.5	0	104.5	256.3
2	51.4	3.2	0	93.7	360.8
3	88.6	−6.4	0	110.4	454.5
4	131.9	−15.5	63.7	34.0	564.9
5	180.8	−27.8	48.5	40.9	598.9
6	214.6	−34.8	225.6	−124.5	639.8[*2]
7	228.5	−37.8	407.3	−309.2	515.3
8	194.5	−32.0	317.9	−214.1	206.1
年間		−166.7	1211.1		

[*1] 調整に伴う誤差. 0と仮定する
[*2] 最大計画貯留容量

b. 調整後の必要農地面積を求める. 水量の正味の増加量ないしは減少量を使って, 式(17.15)から調整後の必要貯留量が推定できる. 調整した農地面積 A'_w は,

$$A'_w = \frac{Q + \Delta V_s}{L_{w(1)} \times 10^{-3}} = \frac{(1\,377.8 \times 10^3 \text{ m}^3) - (166.7 \times 10^3 \text{ m}^3)}{(874.5 \text{ mm}) \times (10^{-3} \text{ m/mm})} = 1.385 \times 10^6 \text{ m}^2 = 138.5 \text{ ha}$$

上の計算によって, 灌漑が必要な最終的な面積は, 157.6 ha から 138.5 ha に減少する.

7. 必要な調整貯留量を求める.
   a. 月別の調整後の灌漑水量 V_w は, 6.b. で得られた灌漑面積を使って求められる. 4月の計算は, 以下のようになる.
   $V_w = A_w L_{w(1)} = (1.385 \times 10^6 \text{ m}^2)[46 \text{ mm}(10^{-3} \text{ m/mm})] = 63.7 \times 10^3 \text{ m}^3$
   各月の V_w の値は, 6. に示されている表の4列目である.
   b. 貯留量の変化 ΔS は, $Q_i + \Delta V_s - V_w$ で算出される. 4月の計算は, 以下のとおりである.
   $\Delta S = Q_i + \Delta V_s - V_w = 113.2 \text{ m}^3 + (-15.5 \times 10^3 \text{ m}^3) - 63.7 \text{ m}^3 = 34 \text{ m}^3$
   各月の ΔS の値は, 6. に示されている表の5列目に示されている.
   d. 最終的な設計貯留量は, 6. に示した表の6列目にあるように, 各月の ΔS の値を足し合わせて $639.8 \times 10^3 \text{ m}^3$ となる.

解説

理論的には, 計画量をさらに改善するために, 調整農地面積 A_w を使って灌漑水量を再計算することができる. しかしながら, 計算値は, 余裕を持った見積りであるため, 灌漑面積や貯留量は, 通常, 調整する必要がない.

17.3.9 灌漑計画

各灌漑期間に供給する水量，時期，灌漑頻度は，土が根圏に水を保持できる能力，灌漑期間と灌漑期間の間における根圏での許容水不足量，灌漑エリアの ET によって決まる．灌漑計画は地域固有なものであり，数多くの複雑な問題を考慮しなければならず，詳細は本書が取り扱う範囲を超える．灌漑計画についての関連情報は，Pettygrove and Asano(1985)，U.S. EPA(1981)，USDA(1997)のガイダンスマニュアルやハンドブックに掲載されている．

17.4　再生水灌漑システムの維持管理

灌漑システムの運転計画(operation plan)は，設計のための計画と文書が準備される時点で，設計者によって用意されるべきである．表-17.23 に運転計画に含まれるべき情報のリストを示した．本章で述べる運転面における課題は，(1)需要と供給，(2)栄養塩類，(3)作物と土壌，(4)公衆衛生保護，に関する管理である．モニタリングや灌漑システムの管理といった問題も説明される．

17.4.1　需要・供給管理

再生水と他の水源からの水の混合は，ピーク灌漑期間における再生水の量が，灌漑要求量に満たない場所で広く実施されている．異なった水の混合には，(1)灌漑水供給の信頼性向上，(2)灌漑水の水質改善，といった利点がある．複数の水源からの水が再生水貯水施設で混合されたり，吐水口空間の分離(air-gap separation)等を行った適切な接続部を経て灌漑システムに加えられることがある．

17.4.2　栄養塩管理

施肥量は，作物の種類と地域条件で大きく変化する．例えば，表-17.24 に幾つかの作物に対する California 州での一般的な施肥量を示す．再生水が灌漑される際，適切な灌漑と施肥が実施されれば，肥料の量を大きく減らせ，無肥料にできることもある．再生水灌漑の 1 年目には，作物は，再生水中の栄養成分に対応する目立った差異を示さないことがあり，その傾向は，特に樹木作物(tree crop)で顕著であること

表-17.23　運転計画に含まれるべき情報[a]

1. 以下の情報からなる灌漑エリア情報
    a. 土地および区画番号，面積，作物
    b. 灌漑システムの配置と装置
    c. 排水システムの配置と装置
    d. その他の関連情報
2. 土壌断面情報
    a. 深さによる土性変化
    b. 有効水分容量
    c. 灌漑計画以前からの問題点
3. 作物情報
    a. 作物の育て方
    b. 輪作体系(必要な場合)
    c. 根圏の深さ
    d. 生育重要期間
4. 必要とされる灌漑水
    a. 水源(再生水ないしは再生と湛水の混合水)
    b. 灌漑水水質
    c. 灌漑に必要な流量と時間
    d. 運転圧力
    e. 流量と圧力の制御装置
5. 灌漑期間のスケジュール
6. 灌漑停止の手順
7. 同時に灌漑される農地数
8. 農地を灌漑する順番
9. 灌漑システムを始動する運転手順
10. 灌漑システムを停止する運転手順
11. 安全チェック
12. 保守手順と頻度
13. 規制当局ないしは作物管理面から要求されるモニタリング計画
14. システムの竣工図面(建設後に用意し，運転計画に付加する)

[a] Smith *et al.*(1985)より引用．

窒　素

　窒素は，作物生育の初期段階では有益であるものの，成熟にはそれほど有益でない．成熟期における窒素施肥は，過度な成長，成熟の遅れ，ないしは作物品質低下の原因となる場合がある(Ayer and Westcot, 1985)．一般的に，再生水中の濃度が5 mg-N/L以下であった場合には，作物には，ほとんどあるいは全く悪影響は生じない．感受性の高い作物は，5 mg-N/L以上で，他の多くの作物は30 mg-N/L以上で，減収，晩熟(late maturing)，ないしは作物の品質低下といった悪影響を示すことがある(表-17.5 参照)．牧草に対する過剰の窒素施肥は，飼料における窒素集積を引き起こし，反芻哺乳動物(ruminant mammals)の健康に悪影響を生じさせることがある(Ayer and Westcot, 1985)．

　成長の後期において，窒素濃度の低い水と再生水を混合したり，水源を変更することは，感受性の高い作物に対して役立つであろう．別の選択肢としては，窒素濃度への感受性が生育段階全般にわたって低い作物に対して再生水を利用する方法がある．最近建設された多くの水再生施設は，廃棄物排出許可(例えば，NPDES)を遵守するために，硝化と脱窒を組み入れており，再生水の窒素濃度は，多くの場合で5 mg/L未満となっている．

表-17.24　California州における一般的な施肥量[a]

作物および作物区分	一般的な施肥量[b](kg/ha))		
	窒素(N)	リン(P)	カリウム(K)
柑橘類と亜熱帯性作物	137	110	78
圃場作物	124	58	116
果物とナッツ類	141	78	253
牧草	62	35	14
芝	523	124	247
野菜類 b	50〜300	50〜200	0〜300
ブドウ	54	27	126

[a]　Rauschkolb and Mikkelsen(1978)より引用．
[b]　施肥量は，野菜の種類によって異なる．

リ　ン

　再生水中のリン濃度が5 mg/Lであれば，1灌漑期間当り1.0 mの再生水灌漑は，農地へ50 kg-P/haのリンを供給する．作物の種類によっては，収穫によって持ち出されるリンの量は，再生水によって与えられる量より小さいことがある(表-17.24)．したがって，過剰なリンが土壌に蓄積される．蓄積したリンは，たいていの作物にすぐに悪影響を与える可能性は低いものの，幾つかの種類の植物は，高いリン濃度への感受性は強いことが知られている．

17.4.3　公衆衛生の保護

　一般の人と農業従事者に対する潜在的健康リスクを最小限に抑えるために，再生水への曝露は，規制とガイドラインで管理されている．それらの要求は，灌漑方法，灌漑地からの後退距離(setback distance)，灌漑時期からなり，再生水灌漑の実施場所に適用される．一般に，その要求は，灌漑される作物や灌漑方法に応じて指定される．農業灌漑への水の再利用は，米国や他の国で広く実施されてきたことを記しておくことは重要である．30〜40年の経験で，再生水による灌漑が健康への悪影響の原因となった証拠は，報告されていない．

灌漑地からの後退距離

　再生水による灌漑エリアからの後退距離に対する要求条件が，再生水に対する公衆の曝露管理に関する多くの州の規制やガイドラインで規定されている．表-17.25には代表的な州の後退距離への要求を示されている．

17.4 再生水灌漑システムの維持管理

表-17.25 食用作物灌漑における再生水の人体曝露を抑制する後退距離[a]

	最小後退距離(m)[ft]									
	消毒なしの二次処理水			消毒ありの二次処理水			消毒ありの三次ないし高次処理			灌漑方法と灌漑時期の制限
	家庭用水井戸から	家庭用水井戸に対する貯水池から	公共区域から	家庭用水井戸から	家庭用水井戸の防護柵	公共区域から	家庭用水井戸から	家庭用水井戸の防護柵	公共区域から	
California 州	NA[b]	NA	NA	30[100][c]	45[150][c]	30[100][c]	15[50]	30[100]	NS[d]	灌漑方法は，再生水水質と灌漑作物によって規定されている．
Florida 州	NA	NA	NA	NA	NA	Na	23[75][e]	61[200]	30 m(100 ft)以内では，低軌道ノズルが要求される．	灌漑方法は，再生水水質と灌漑作物によって規定されている．
Hawaii 州	45[150]	305[1 000]	NS	30[100]	91[300]	152[500]	15[50]	30[100]	NS	灌漑方法は，再生水水質と灌漑作物によって規定されている．灌漑時期も規定されている．
New Jersey 州	NA	NA	NA	NA	NA	NA	23[75][e]	NS	30[100]	灌漑方法は，灌漑作物によって規定されている．
Washington 州	NA	NA	NA	30[100]		15[50]	15[50]	NS	NS	加工する作物への処理水水質は，ケースバイケースで決められている．

[a] U.S. EPA(2004)より引用．
[b] NA：許可されていない．
[c] スプレ灌漑用．
[d] NS：規定されていない．
[e] 灌漑地および再生水送水施設から井戸までの距離．

微量有機化合物による健康影響の可能性

　非飲用の水再利用を通じての微量有機化合物の悪影響については，それらの化学物質を含む水は，人に摂取されないため，きわめて小さいであろうと考えられている．今まで，再生水灌漑を経由した食用作物への難溶性の微量有機汚染物質の吸収や，再生水を灌漑した作物による人への影響については，限られた情報しかなかった．幾つかの研究では，微量有機物の様々な影響が報告されているものの，制御実験(controlled experiments)は，ほとんど行われてこなかった．

17.4.4 土壌と作物に対する再生水灌漑の影響

再生水利用によって短期間で生じる問題は，広範に研究され，再生水灌漑システムの設計指針は，十分に確立されている．塩類の制御は，農業面における主要な問題である一方で，公衆衛生の保護は，再生水利用の規制とガイドラインの原則となっている．再生水灌漑の長期的な影響は，短期的な影響のように広範には研究されてこなかったものの，その影響は，従来の灌漑水からの影響に比較して大きな違いがあるとは考えられてない．

水源水への配慮

表-17.26にCalifornia州南部における水源水と再生水の水質を示した．この報告によると，TDSとSAR_{adj}で示される再生水の塩分とナトリウム度は，いずれも3つの主要な飲用水源よりも高い．再生水の塩分とナトリウム度は，ほとんどの作物と植物に対して受容可能な範囲にある．だが，長期間にわたる塩類の根圏における集積と地下水への浸出は，水再利用システムの持続性を確保するためにモニタされるべきである．

イスラエルでは，下水の約70%が灌漑に再利用されており，塩類の集積が重要な問題となってきている．塩分は，例えば，海水の下水システムへの排出禁止や，軟水剤(water softener)や洗剤(detergent)の変更，工業への厳しい排出規制といった厳格な発生源管理(source control)によって管理されている(Weber and Juanico, 2004)．イスラエルの水リサイクルシステムで塩類を低減させるためには，高塩分汚水の脱塩も提案されている(Rebhum, 2004)．

表-17.26 California州南部の水管理地区の水質データ

成分	単位	水源A(表流水)[a]		水源B(地下水)		水源C(地下水)		再生水	
		範囲	平均	範囲	平均	範囲	平均	範囲	平均
pH	—	8.9〜8.2	8.2	6.8〜9.0	8.0	7.7〜7.8	7.8	6.5〜6.8	6.6
ナトリウム	mg/L	55〜87	68	34〜141	57	97〜130	116	116〜142	129
カルシウム	mg/L	24〜56	37	2.8〜65	31	42〜100	75	37〜68	49
マグネシウム	mg/L	12〜23.5	17.5	ND〜14	6.2	11〜32	19	11〜26	18
塩素	mg/L	67〜105	81	12〜35	19	51〜71	62	102〜183	137
硫酸	mg/L	41〜177	109	4.7〜131	47	110〜00	267	110〜248	163
アルカリ度	mg/L (CaCO₃)	73〜112	89	109〜269	153	179〜193	186	101〜150	127
TDS	mg/L	278〜528	384	188〜432	267	450〜850	670	566〜812	680
SAR_{adj}	—		2.2		2.7		3.7		4.2
全体供給内での割合	%		45		50		5		

[a] 26〜100%は，State Water ProjectによってCalifornia州北部から，0〜74%は，Colorado川から導水されている．
ND：未検出

17.4.5 モニタリング要件

公衆衛生の保護と健康的な植物生育を確実にするため，再生水水質は，モニタされるべきである．一般的に，様々な水質成分をモニタするため，24時間コンポジットサンプル(24-hr composite sample)ないしはスポットサンプル(grab sample)が採取される．各種水質成分に対するサンプリング頻度と成分リストは，州の規制によって様々である．サンプリング頻度は，再生水利用に関連する

17.4 再生水灌漑システムの維持管理

表-17.27 灌漑への水再利用システムにおける一般的な最小モニタリング要件とサンプリング頻度[a]

項　目	生下水と再生水	受入れ土壌	地 下 水 浅層帯水層	地 下 水 深層帯水層
大腸菌[b]	週ごとから月ごと	—	2年ごと	年ごと
濁度	非制限的灌漑の場合はオンラインモニタリング	—	—	—
残留塩素	非制限的灌漑の場合はオンラインモニタリング	—	—	—
水量	月ごと	—	—	—
水位	—	—	2年ごと	—
pH	月ごと	年ごと	2年ごと	年ごと
浮遊物質	月ごと	—	—	—
全溶解性蒸発残留物	月ごと	—	2年ごと	年ごと
電気伝導度	月ごと	2年ごと(EC_e)	2年ごと	年ごと
BOD	月ごと	—	—	—
アンモニア	月ごと	—	2年ごと	年ごと
亜硝酸	月ごと	—	2年ごと	年ごと
硝酸	月ごと	年ごと	2年ごと	年ごと
全窒素	月ごと	2年ごと	2年ごと	年ごと
全リン	月ごと	2年ごと(抽出性リン)	2年ごと	年ごと
リン酸(溶存態リン)	月ごと	2年ごと	2年ごと	年ごと
主要溶存物質(Na, Ca, Mg, K, Cl, SO_4, HCO_3, CO_3)	四季ごと	—	—	—
交換性陽イオン(Na, Ca, Mg, K, Al)	—	年ごと	—	—
微量元素	年ごと	—	—	—

[a] Lazarova *et al.*(2004)より引用.
[b] 修景用灌漑と食用作物灌漑への非制限的利用では,さらに高頻度のサンプリングとモニタリング要素の追加を要求している.

健康リスク,プロジェクトの規模,そして曝露人口を考慮して決定されるべきである.表-17.27 に,再生水利用システムにおける代表的な最小モニタリング要件とサンプリング頻度を示した.調査結果は,再利用用途別の限界値(numerical limit)に対応させてチェックする必要がある.

水質モニタリングにおいては,(1)再生水が再生システム(もし,処理プロセスに貯水施設が含まれていれば,処理施設に貯水施設を加えたもの)から放出される地点,(2)再生水利用の最終地点,の2つの地点を考慮すべきである.現在の規制とガイドラインは,通常,再生水が生産される地点での水質モニタリングを要求し,利用の最終地点でのモニタリングは,再生水の事業体が自主的に行うのが一般的である.飲用の不圧帯水層が,再生水の灌漑される農業用地の下に存在している場合には,地下水のモニタリングプログラムが実施されるべきである.そのモニタリングは,井戸とピエゾメータの組合せを基本とし,再生水の水質と水文地質学的な状況に基づきケースバイケースで決定されなければならない.

17.5 事例1：California 州の Monterey Wastewater Reclamaion Study for Agriculture

MWRSA(Monterey Wastewater Reclamation Study for Agriculture)は，生食野菜を含む食用作物への再生水灌漑のリスクと影響を調査するために計画された最初の大規模研究である．MWRSAは，1976年に開始され，MWRSAの最終報告書は，1987年に出版された．この報告書は，米国内だけでなく他国における研究計画の基準としても使われてきた．本節では，MWRSAの概要を述べる．

17.5.1 周辺状況

California 州 Monterey 郡の Castroville 周辺のエリアは，アーティチョーク生産の国家的中心地である．また，このエリアは，ブロッコリー，アスパラガス，ニンジン，カリフラワー，セロリ，ホウレンソウ，数種類のレタスや，最近ではイチゴといった様々な食用作物に対する主要生産地でもある．農業は，Monterey 郡の主要産業であり，2004年時点では約30億ドルを生み出した．

17.5.2 水管理上の問題点

1980年代まで，Monterey 郡では，地下水が主な灌漑水源であった．集中的な地下水揚水(groundwater withdrawal)は，海水侵入(seawater intrusion)につながる地下水位の低下を引き起こし，幾つかの井戸水が灌漑に適さない状態になった．その一方で，地域の既存の下水処理施設が許容容量に達したため，施設の拡大が求められた．California Central Coast Regional Water Quality Control Board による水質管理計画では，水再生を地域で実行する前に，水再生が安全であると証明される必要があると提言された．この提言は，再生水による農業灌漑の安全性と実行可能性を評価するための10年にわたるMWRSAプロジェクトの実施動機となった(Sheikh *et al.*, 1990)．

17.5.3 実施方法

MWRSAの究極の目的は，Monterey 郡北部での下水再生の総合的な実行性を証明することであった．主要な関心事は，(1)下水中の成分，(2)栽培への懸念，(3)実行性と一般の人々の理解であった．地域の農業従事者とともに，連邦，州，地域の様々な団体がMWRSAに参加し，Monterey Regional Water Pollution Control Agency がリーダー団体として役割を果たした．

下水中の成分
Monterey 郡が1980年代に水再利用プロジェクトの発展に着手するまでは，Castroville Wastewater Treatment Plant が中心的な処理施設であり，$1.5 \times 10^3 \, m^3/d$ (0.4 Mgal/d)の容量で下水を処理していた．この処理施設は，初期の California Wastewater Reclamation Criteria(Title 22法)と，ろ過処理(FE処理)を採用した実規模のパイロットプラントに改良された．
・Title 22法：凝集，フロック化，沈殿，ろ過，および塩素消毒．
・FE処理：凝集，フロック化，ろ過，および消毒．
最終処理水に対する脱塩素処理(dechlorination)は，研究の最初の3年間は実施されたものの，微生物の再増殖と残留塩素の作物に対する影響を解明するために，その後は継続されなかった．
研究でモニタされた項目は，以下のとおりである．

17.5 事例1：California州のMonterey Wastewater Reclamaion Study for Agriculture

・重金属を含む無機および有機の化学成分．
・ウイルス，細菌，寄生虫といった微生物学的性質．

地下水水質のデータは，研究の5年間にわたって集められ，スプリンクラで生じるエアロゾルの微生物学的性質は，稼働の初期段階で調査された．

農学上の検討点

上記のパイロットプラント建設後，1980年7月に，5年間の研究は始まった．12 ha(30 ac)の農地は，実証用と実験用に2分割された．3種類の水(Tiele 22法の水，FEの水，地下水)と，4段階の施肥量(無施肥，1/3施肥，2/3施肥，全量施肥)が試験された．それぞれの実験区画に異なった種類の水を供給するために，可搬式アルミニウムパイプラインによる地下配水系統を有する3系統の灌漑システムが建設された．研究された項目を以下に示す．

・灌漑水と野菜におけるウイルスと大腸菌群の生存と他の選択された病原菌の存在．
・土壌と植物組織における金属類の蓄積．
・土壌の塩分，ナトリウム度と透水性．
・作物収量と作物品質．

区画計画と輪作

実験区画に対して，多様な水と施肥量を無作為に割り当てるのに区画分割法(split-plot design)(Little and Hills, 1978)を用いた．この実験計画は，異なった種類の水による灌漑と様々な施肥量の影響比較を同時に行うことを可能にした．作物と年によって施肥量を変化させたが，施肥量は，常に地域の実施基準をもとにした．3種類の水は，スプリンクラか畝間灌漑システムのいずれかで施用した(図-17.19)．地域の一般的な農作業状況に準じ，実験区画の半分ではアーティチョークを育てた．ブロッコリー，カリフラワー，レタス，セロリといった他の野菜は，残り半分の実験区画で，輪作(crop rotation)スケジュールに従って育てた．図-17.20に輪作スケジュールを示す．プロジェクト全般にわたって，地元の農作業が参考とされた．

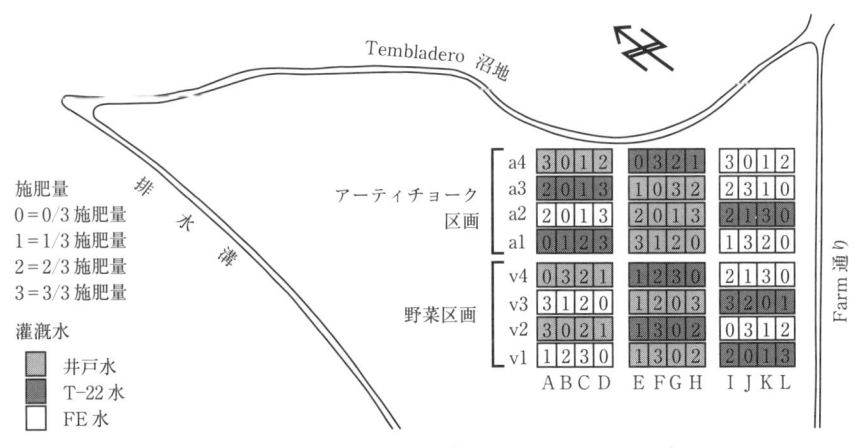

図-17.19 試験区画の実験計画(Engineering Science, 1987)

実行性と一般市民の受容

実行性を実証し，一般市民の受容を得ることが研究の主要目的であった．実験地に隣接した2つの5 ha(12 ac)が大規模実施の可能性を調査するための実証農地として確保された．実証農地における作物は，一般的な地域の農作業の下で再生水によって育てられ，外観と活力が観察された．地域の栽

第17章 再生水の農業利用

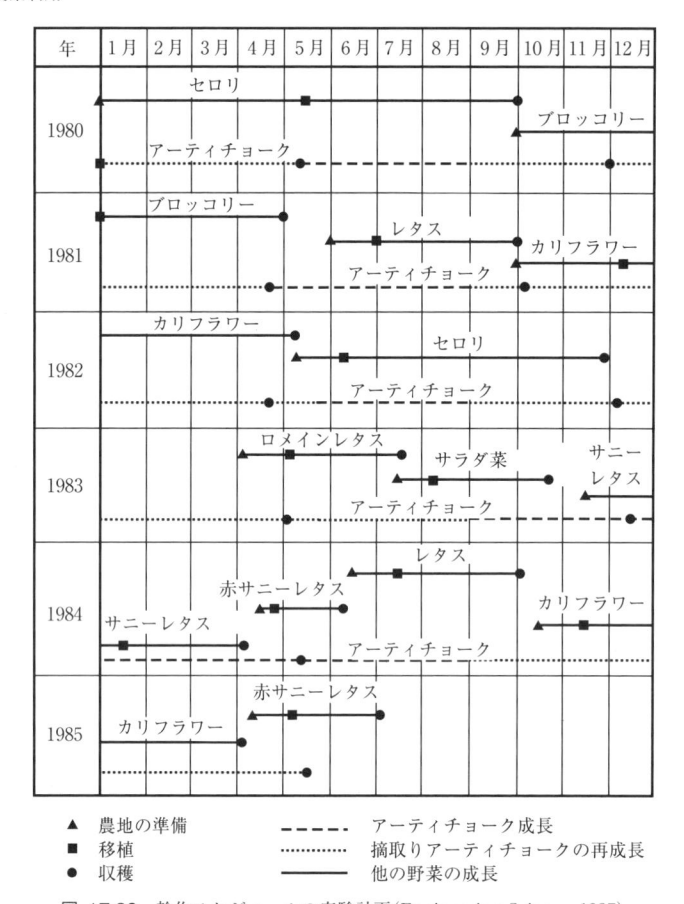

図-17.20 輪作スケジュールの実験計画(Engineering Science, 1987)

培者とマスコミに対しては，進行中の活動を示すために，農地の見学日が設定された．栽培者やマスコミの認識，質問，関心は，その後の活動にフィードバックされた．

17.5.4 研究結果

三次処理のパイロット施設は，現地調査期間全般にわたってほぼ継続的に運転された．現地調査は，1980年に始まり，1985年に終了した．実証農地における実農場規模の調査は，最初の3年間で適切なデータが得られたために，4年目と5年目には行われなかった．実験結果からは，再生水(三次処理(凝集，フロック化，沈殿，ろ過，殺菌)を付加した二次処理によるもの)は，食用作物の灌漑に利用しても安全であることが示された．また，ろ過と殺菌だけを付加した二次処理水も，食用作物への灌漑に対して十分に安全であることが実証された(Engineering-Science, 1987；Sheikh et al., 1990；Asano and Levine, 1996；Sheikh et al., 1998)．

下水中の成分

表-17.28に実験区画に利用された灌漑水中の化学成分を示す．重金属のレベルは，灌漑水に非常にふさわしい範囲にあった．

再生水スプリンクラからのエアロゾルにおける微生物レベルは，井戸水スプリンクラからのエアロゾルにおけるレベルと有意差はなかった．さらに，再利用水を利用したことによる，浅層地下水

17.5 事例1：California 州の Monterey Wastewater Reclamaion Study for Agriculture

表-17.28 実験場所で利用された灌漑水の化学成分[a]

項目	単位	井戸水 範囲	井戸水 中央値	三次処理水 範囲	三次処理水 中央値	ろ過処理水 範囲	ろ過処理水 中央値
pH	—	6.9 〜 8.1	7.8	6.6 〜 8.0	7.2	6.8 〜 7.9	7.3
電気伝導度	dS/m	400 〜 1 344	700	517 〜 2 452	1 256	484 〜 2 650	1 400
カルシウム	mg/L	18 〜 71	48.0	17 〜 61.1	52.0	21 〜 66.8	53
マグネシウ	mg/L	12.8 〜 36	18.8	16.2 〜 40	20.9	13.2 〜 57	22
ナトリウム	mg/L	29.5 〜 75.3	60.0	77.5 〜 415	166	82.5 〜 526	192
カリウム	mg/L	1.6 〜 5.2	2.8	5.4 〜 26.3	15.2	13 〜 31.2	18
炭酸	mg/L[b]	0.0 〜 0.0	0.0	0.0 〜 0.0	0.0	0.0 〜 0.0	0.0
重炭酸	mg/L[b]	136 〜 316	167	56.1 〜 248	159	129 〜 337	200
硬度	mg/L[b]	154 〜 246	203	187 〜 416	218	171 〜 435	227
硝酸	mg/L[c]	0.085 〜 0.64	0.44	0.18 〜 61.55	8.0	0.08 〜 20.6	6.5
アンモニア	mg/L[c]	ND[e] 〜 1.04	—	0.02 〜 30.8	1.2	0.02 〜 32.7	4.3
全リン	mg/L	ND 〜 0.6	0.02	0.2 〜 6.11	2.7	3.8 〜 14.6	8.0
塩素	mg/L	52.2 〜 140	104	145.7 〜 841	221	145.7 〜 620	250
硫酸	mg/L	6.4 〜 55	16.1	30 〜 256	107	55 〜 216.7	84.8
ホウ素	mg/L	ND 〜 9	0.08	ND 〜 0.81	0.36	0.11 〜 0.9	0.4
全溶解性蒸発残留物	mg/L	244 〜 570	413	643 〜 1 547	778	611 〜 1 621	842
BOD	mg/L	ND 〜 33	1.35	ND 〜 102	13.9	ND 〜 315	19
調整 SAR	—	1.5 〜 4.2	3.1	3.1 〜 18.7	8.0	3.9 〜 24.5	9.9
MBAS[d]	mg/L	—	—	0.095 〜 0.25	0.14	0.05 〜 0.585	0.15
カドミウム	mg/L	ND 〜 0.1	ND	ND 〜 0.1	ND	ND 〜 0.1	ND
亜鉛	mg/L	ND 〜 0.6	0.02	0.07 〜 6.2	0.33	ND 〜 2.08	0.20
鉄	mg/L	ND 〜 0.66	0.1	ND 〜 2.3	0.05	ND 〜 0.25	0.06
マンガン	mg/L	ND 〜 0.07	ND	ND 〜 0.11	0.05	ND 〜 0.11	0.05
銅	mg/L	ND 〜 0.05	0.02	ND 〜 0.05	ND	ND 〜 0.04	ND
ニッケル	mg/L	0.001 〜 0.20	0.04	0.002 〜 0.18	0.04	0.004 〜 0.20	0.04
コバルト	mg/L	ND 〜 0.057	ND	0.001 〜 0.062	0.002	ND 〜 0.115	0.05
クロム	mg/L	ND 〜 0.055	ND	ND	ND	ND	ND
鉛	mg/L	ND	ND	ND	ND	0.001 〜 0.70	0.023

[a] Sheikh *et al.*(1990)より引用.
[b] $CaCO_3$ として.
[c] N として.
[d] メチレンブルー活性物質(methylene-blue active substance；MBAS).
[e] ND：検出限界以下
検出限界は，以下のとおりである．
NH_3-N：0.02 mg/L　　P：0.01 mg/L　　B：0.02 mg/L　　BOD：1 mg/L　　MBAS：0.05 mg/L　　Cd：0.01〜0.1 mg/L
Zn：0.02〜0.5 mg/L　　Fe：0.03 mg/L　　Mn：0.05 mg/L　　Cu：0.001〜0.02 mg/L　　Co：0.001〜0.1 mg/L
Cr：0.04〜0.2 mg/L　　Pb：0.001〜0.2 mg/L

(shallow groundwater)の水質に対する影響は明確でなかった．

結果の解析

異なった種類の水と施肥量を施された区画間での土壌と植物の特性における有意差を検定するためには，分散分析(analysis of variance；ANOVA)が用いられた．Title 22 法と FE 処理の水における SAR_{adj} は，問題を起こす可能性がある範囲であったものの，比較的高い TDS レベルが高い SAR 値の影響を弱め，それらの水を灌漑に望ましい範囲にまで下げることに役立った(図-17.8 参照)

(Sheikh et al., 1990). 再生水を灌漑した実験区の作物試料から，ウイルスは検出されなかった．井戸水を灌漑した作物と再生水を灌漑した作物で，自然発生する細菌の発生レベルに有意差はなかった．土壌中の重金属は，施肥量の影響を受けたものの，水の種類の違いによる測定可能な影響はなかった．

実行と賛同

通常の農作業中における農業従事者に対する再生水成分の曝露は，健康への悪影響を生じさせなかった．再生水が灌漑されたすべての作物の品質・収量・外観・品質保持期間は，井戸水で育った作物と比較して同等ないしは優れていた．研究報告書は，経済的な悪影響は全くないであろうと結論している．再生水で育った製品にラベルを付けたり，それを分別したりする法的な要求はなく，ラベリングがなされない限り，製品の市場性は損なわれないと考えられた(Sheikh et al., 1990)．

再生水灌漑の費用

MWARSA では，再生水灌漑の推定コストが算出された．20年稼動における現在価格が，(1)凝集，フロック化，沈殿，ろ過からなる本来の完全処理，(2)ろ過のみの処理，(3)フロック化を加えたろ過処理，の3種類の選択肢に対して算出された．表-17.29 に推定コストを示した．

表-17.29 様々な三次処理プロセスによる再生水の推定コスト[a, b]

処理プロセス	推定コスト(ドル/m^3)
ろ過処理水	0.05
ろ過と凝集による処理水(FE-E)	0.06
三次処理水(50 mg/L アルミニウム添加)	0.09
三次処理水(200 mg/L アルミニウム添加)	0.13

[a] 仮定：計画処理水量 114×10^3 m^3/d. 28×10^6 m^3/d の再生水が灌漑用に配水される．FE-F プロセスの資本金は，11 170 000 ドル，年間の維持管理コストは，376 000 ドル(Engineering News Records Construction Cost Index. 1990)．
[b] Sheikh et al.(1990) より引用．

17.5.5 後続プロジェクト

Salinas Valley Reclamation Project(SVRP)と Castroville Seawater Intrusion Project(CSIP)からなる Monterey County Water Recycling Project(MCWRP)は，MWRSA の結果として生まれた(Crites, 2002)．MCWRP は，地域処理施設，ポンプ場，貯水施設，パイプラインとその他の配水システムの建設に関与した．地域処理施設は，1988年に稼動開始し，約 110×10^3 m^3/d(29.6 Mgal/d) の許容容量で，約 80×10^3 m^3/d(21 Mgal/d) の下水を処理している(Monterey 郡ウェブサイト)．フル稼動の状況では，ほぼ 25×10^6 m^3/yr(20 000 ac・ft/yr) の消毒された三次処理水が約 4 700 ha(12 000 ac) の食用作物に配送される(Sheikh et al., 1999)．

17.5.6 Recycled Water Food Safety Study

地域処理施設でつくり出される消毒された三次処理水において，病原菌の存在を検討するために，Recycled Water Food Safety Study が 1997年に実施された．この調査では，病原菌除去に対する処理プロセスの有効性も評価された．衛生評価により，サルモネラ菌，シクロスポラ属，大腸菌 O157：H7 は，MWRSA プロジェクトの三次処理水からは検出されなかったことが示された(Sheikh et al., 1999)．表-17.30 に消毒された三次処理水における微生物学的性質と化学性質を示した．

17.5.7 得られた知見

再生水は，病原菌の発生を含めて現在まで定期的にモニタされ，MRWPCA のウェブサイトで報告されている．MRWPCA は，より効果的な軟水剤を利用したり，軟水剤再生のために塩化ナトリウムを塩化カリウムと交換することで塩分レベルを低減させることに取り組んでいる．塩分の悪影響

表-17.30 Monterey 水再生調査における殺菌された三次処理再利用水の微生物学的性質と化学性[a]

試料	大腸菌 O157：H7 (CFU/100 mL)	Legionella (CFU/100 mL)	Salmonella (CFU/100 mL)	Giardia (個/L)	Cryptosporidium (個/L)	Cyclospora (個/L)	糞便菌大腸菌（MPN/100 mL）	濁度 (NTU)	残留塩素 (mg/L)
1	ND[b]	ND	—	—	ND	—	ND	1.9	14
2	—	ND	—	—	—	—	ND	1.7	6.2
3	ND	ND	—	ND	ND	ND	ND	2.7	—
4	ND	ND	ND	0.03	ND	ND	ND	1.2	—
5	ND	ND	—	0.08	ND	ND	ND	2.3	14
6	ND	ND	ND	0.09	ND	ND	ND	1.6	12
7	ND	ND	ND	0.05	Nd	ND	ND	1.5	14
平均	ND	ND	ND	0.06	ND	ND	ND	1.8	12
範囲	—	—	—	ND〜0.09	—	—	—	1.2〜2.7	6.2〜14

[a] Sheikh *et al.*(1999)より引用．
[b] ND：未検出

は，1999 年に始まったサンプリングでは見られてない．

MWRSA 実施によって得られた知見は，以下のものである．
- 実験区画に対する研究計画は，作物灌漑への再生水の影響調査での基準を提示した．
- California Wastewater Reclamation Criteria で要求されている元来の処理と同様に，ろ過処理であっても，病原菌ないし重金属に対する曝露の観点からは，いかなる公衆衛生上の危険も生じさせなかった．この研究の結果は，食用作物灌漑にろ過処理水の利用を許可するという，基準の見直しを導いた．
- 再生水灌漑による生産物の市場性は，下がらないと考えられた．

17.6　事例 2：Florida 州の Water Conserv II

Water Conserv II は，食用作物の灌漑に再生水を利用する Florida 州での最初のプロジェクトである．その主目的は，下水排出の軽減，農業(主に柑橘類)灌漑，そして地下水涵養である．Orlando 市 Water Conserv II 水再生施設と Orange County South Regional Water Reclamation Facility の 2 つの水再生施設がプロジェクト地域に再生水を提供している．Water Conserv II の所有機関は，Orlando 市と Orange 郡(Orlando 市は Orange 郡にある)である．図-17.21 はプロジェクト地域の地図である．本節では，Water Conserv II の概要を示す．

17.6.1　周辺状況

この地域の農業は，大部分が柑橘栽培である．1979 年に，Save Our Lake と呼ばれる団体は，Orlando 市と Orange 郡に対して，2 つの下水処理施設(McLeod Road 下水処理施設と Sand Lake Road 下水処理施設)から Shingle 川への下水処理水放流を停止することを求める訴訟を起こした．裁判所は，市と郡に対して，1988 年までに Shingle 川への処理水放流を停止する禁止命令を発効した(*Cross et al.*, 2000)．連邦政府の補助金を最小とするために，市と郡は，「Water Conserv II 水再生プロジェクト」と呼ばれる共同プロジェクトを開始することを決定した．

第 17 章　再生水の農業利用

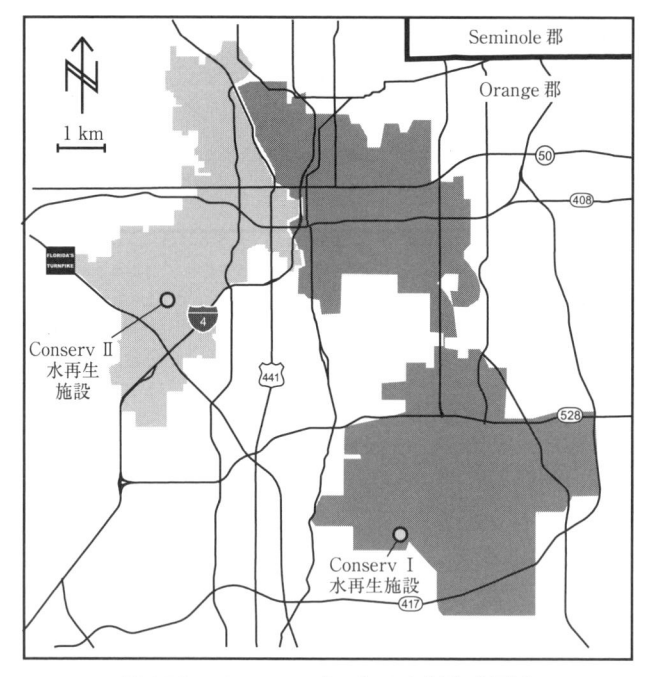

図-17.21　ConservⅡ プロジェクト地区の概要図

17.6.2　水管理上の問題点

処理水放流を停止する裁判所決定の後，市と郡は，連邦補助による地域下水計画(Southwest Orange County 201 Facilities Plan)を委託した．計画立案者は，様々な選択肢を検討し，農業灌漑と複数の急速浸透池(rapid infiltration basins；RIBs)の組合せが，実行性と費用効率が最も高い選択肢であることを見出した．推奨された選択肢は，灌漑への井戸水の必要性を解消し，帯水層を涵養し，さらに地域の湖水水位を安定させることによって，Floridan 帯水層への需要を減らすことが期待された(City of Orlando, 2006)．

17.6.3　実施方法

施設の建設は，1986 年後半まで継続され，1986 年 12 月に運転が開始された．農業および工業の顧客は，再生水の 60％を利用し，残りの 40％の再生水は，RIBs から地下水に補給されている(Water ConservⅡ, 2006)．1998 年には，このプロジェクトは，再生水を，柑橘栽培者，樹木苗農場(landscape and foliage nurseries)，埋立地(landfill)(その一つは，ソイルセメント製造工場)，動物保護施設(animal shelter)，Mid-Florida Citrus Foundation(MFCF)(影響を調査するための機関)，ゴルフ場，そして RIBs に供給した(Cross *et al.*, 1998)．

水再生施設と送水ポンプ場

Water ConservⅡ は，Orlando 市 Water ConservⅡ 水再生施設と Orange County South Regional WaterReclamation Facility の 2 つの再生施設からの再生水を利用している．2 つの再生施設からの平均流量は，$114〜132×10^3$ m^3/d($30〜35$ Mgal/d)の範囲で変動する．建設時の許可年間平均日流量 (annual average daily flow；AADF)は，灌漑用の一般利用許可分 $180×10^3$ m^3/d(46.4 Mgal/d)と RIB への許可分 $83×10^3$ m^3/d(21.9 Mgal/d)からなり，$260×10^3$ m^3/d(68.3 Mgal/d)である．

Water ConservⅡ Reclamation Facility は，スクリーニングと沈砂(grit removal)，最初沈殿(primary sedimentation)，微細気泡エアーション(fine bubble aeration)による活性汚泥(activated sludge)，そして最終沈殿からなる2つの同一処理プロセス系統を有している．処理水は，再利用のための配水センター(distribution center)にポンプ移送される前にろ過と塩素消毒が行われる．

移送ポンプ場は，それぞれの水再生施設に設けられている．最大ポンプ容量は，各ポンプ場で 140×10^3 m³/d (37.5 Mgal/d) で，合計容量は 280×10^3 m³/d (75 Mgal/d) である (Water ConservⅡ, 2001)．

送水管，配水センターと配水ネットワーク

2つの水再生施設からの再生水は，配水センターと RIB まで 34 km (21 mi) の送水管(transmission pipeline)によって送られている．この送水管は，サージ(surge)防御のために2つのサージ施設を有している．配水センターは，配水ポンプ場，4つの 3.8×10^3 m³ (5 Mgal) 貯水池，中央制御局コンピュータ，そして運転管理棟を有している(図-17.22 参照)．その後，再生水は，79 km (49 mi) のパイプラインネットワークを通って，76 の農業および工業の顧客ないしは RIB まで配水される (Water ConservⅡ, 2001)．受益地域での，主な再生水利用者は，柑橘栽培者である．再生水は，配水ネットワーク(distribution network)で移送され，灌漑前にろ過が行われる(図-17.12 参照)．

補給水井戸

Water ConservⅡ プロジェクトにおいて，地下水は，ピーク需要，特に柑橘類の凍結予防(freeze protection)のニーズに対応するために使われている(York and Wadsworth, 1998)．補給水を供給するために，25 の補給水井戸(supplemental water well)が計画的に配水ネットワーク上に設置されている．補給水のピーク供給容量は，約 212 m³/min (56 000 gal/min) である．

分岐点

分岐点(turnouts)とは，モニタ，記録，顧客への流量調整といった業務と機能が市および郡所有の施設から民間顧客へと受け渡される場所である．分岐点には鍵があり，契約管理者のみが入ることができる．顧客は，モニタと記録管理のため，必要に応じて流量計に近づいてオンオフを行う．システムラインの通常圧力は，550〜830 kPa (80〜120 lb/in²) である．水は，配水センターから 380〜500 kPa (55〜72 lb/in²) で送水される (Water ConservⅡ, 2001)．

急速浸透池(RIBs)

調査中に，McLeod Road 施設と Sand Lake Road 施設の約 16〜24 km (10〜15 mi) 東の土地が地質的特性から RIBs に対する適地であるとみなされた．2004 年時点で，7つの RIBs 用地が Orange 郡にある(図-17.22 参照)．RIBs の総数は 66 で，それぞれの RIBs は，1〜5 の小区画(総数 135 区画)を有している．RIB 底部の地下浸透総面積は，約 79 ha (195 ac) であり，最大浸透速度は，83×10^3 m³/d (21.9 Mgal/d) で，総面積は，約 1 170 ha (2 900 ac) となっている (Water ConservⅡ, 2001)．Groundwater Opeeational Control System(GOCS)と呼ばれるコンピュータ管理システムが RISBs の流量管理に使われている．このシステムは，地域の地下水システムに対する RISBs の影響を予測する機能を提供している．

市民の受容

最初に，このプロジェクトは，柑橘栽培者と住民からの強い抵抗にあった(Cross et al., 2000)．栽培者は，灌漑に再生水を利用する利点を確信できなかった．住民は，NIMBY[*3] (Not in My Back

---

[*3] 訳者注：「必要なのはわかるけど自分の裏庭ではやらないで」との意味．

第 17 章 再生水の農業利用

図-17.22 Conserve II 水再生施設の外観．(a) Conserve II の標識，(b) 無線塔を有する制御棟，(c) 配水センターの中央ポンプ場，(d) 再生水貯水タンク(北緯 28.473 度，西経 81.647 度)，(e) 典型的な急速浸透池(北緯 28.439 度，西経 81.620 度)，(f) 再生水で灌漑されているオレンジの木(北緯 28.474 度，西経 81.658 度)

Yard) グループと提携して抵抗を強めた．

　柑橘灌漑の第一人者である R. C. J. KOO (Florida 大学 Lake Alfred Citrus Research and Education Center) による柑橘生産と果実品質への再生水影響に関する研究データが，市と郡から提供されてから後，柑橘栽培者は，プロジェクトを受け入れた．また，市と郡は，再生水灌漑による長期的影響に対する研究に資金を提供することに同意した．市と郡は，(1) マイクロスプリンクラ灌漑(micro-sprinkler irrigation) への適切な圧力を維持した状態で，最初の 20 年間は，再生水が栽培者に無償で提供されること，(2) 作物の防寒性を向上させるために水を供給すること，の 2 点のインセンティブを提供した．

　市と郡が市民の懸念の解決に十分に配慮して取り組むことを保証した後，市民は，慎重にプロジェクトを受け入れた．市民の懸念は，住民の安全性，健康，福利厚生，環境への悪影響を最小化する必

要性に集中していた.

再生水灌漑の長期的影響調査

MFCFは,再生水による柑橘灌漑の長期的影響調査を行う非営利組織である.また,MFCFは,柑橘類以外の作物やゴルフ場への灌漑といった他の目的に再生水を利用する調査も行っている.

再生水利用の新用途

市と郡は,顧客多様化の重要性を認識した(Cross *et al.*, 1998).柑橘園に代わる再生水の利用先として,ゴルフ場が建設された(図-17.23).また,様々な作物が再生水灌漑に適しているかどうかが検討されている.Orange郡西部においては,宅地造成や商業地開発が避けられないと考えられる.1995年には,村落の新規開発が認められ,2000年時点では,村落建設が間もなく始まると予想されていた.その村落では,修景用灌漑の他に商業と軽工業利用にも再生水を利用する予定である(Cross *et al.*, 2000).

図-17.23 Conserve II. フロリダ州Orange郡で再生水が灌漑されているゴルフ場.(a)クラブハウスを望むゴルフ場の景観(北緯28.442度,西経81.626度),(b)ゴルフ場内のる急速浸透池

17.6.4　Water Conserv II の重要性

Orland市とOrange郡に対するWater Conserv IIの重要性は,以下のようなものである.
・下水処理水の表流水域への放流がなくなった.
・RIBは,市と郡の法令に正式に記載されている植物と動物の絶滅危惧種(endangered species)と絶滅の恐れのある種(threatened species)に対する保護区を提供している.
・Floridan帯水層は,RIBsへの再生水放流によって涵養されている.地下水への需要は,灌漑水としての井戸水のニーズがなくなったことにより低減してきた.
・ゼロ排出要求(zero-discharge requirement)に対応するために,再生水利用は順調に拡大してきている.

17.6.5　得られた知見

Water Conserv IIを実行することで得られた知見には,以下のようなものがある.
・栽培者の支持を得るためには,再生水灌漑の安全性と有益性を実証する広範囲な研究が必要である.
・凍結防止に必要な高いピーク流量と高い維持管理コストにより,凍結予防水を必要とする農業顧

第 17 章　再生水の農業利用

客に対し，再生水を配水することはできなった．
・増大する人口と開発に対応するために，RIB 用地をさらに購入するなどの計画的なプロジェクトの改善と拡大が必要である．

17.7　事例 3：South Australia 州の Virginia Pipeline Scheme —灌漑を目的とした再生水による帯水層の貯留と回収

Virginia Pipeline Scheme は，季節的な帯水層の貯留と回収を扱う大規模水再利用プロジェクトである．本事例では，農業灌漑に対する帯水層の貯留と回収，そして帯水層の水質変化についての研究を紹介する．

17.7.1　周辺状況

South Australia 州 Adelaide の Bolivar Wastewater Treatment Plant(WWTP)は，従来は $40 \times 10^6 \mathrm{m^3/yr}$(29 Mgal/d)の二次処理水を St. Vincent 湾の環境影響が懸念される水域に放流してきた．図-17.24 に施設の位置，Adelaide 市，農業の中心地である Virginia 三角地帯をともに示す．降雨 600 mm/yr，蒸発量 2 000 mm/yr のこの乾燥した沿岸農業地域では，水の安定供給が作物生産の制限因子であり，灌漑需要に対して地下水源の過剰揚水が行われてきた(Kracman *et al.*, 2001)．持続的な水利用を奨励するために 1993 年に交付された South Australia 州における政策や，水再利用をさらに推進して管理する 1995 Environmental Protection Act に従い，Adelaide 市は，Bolivar WWTP

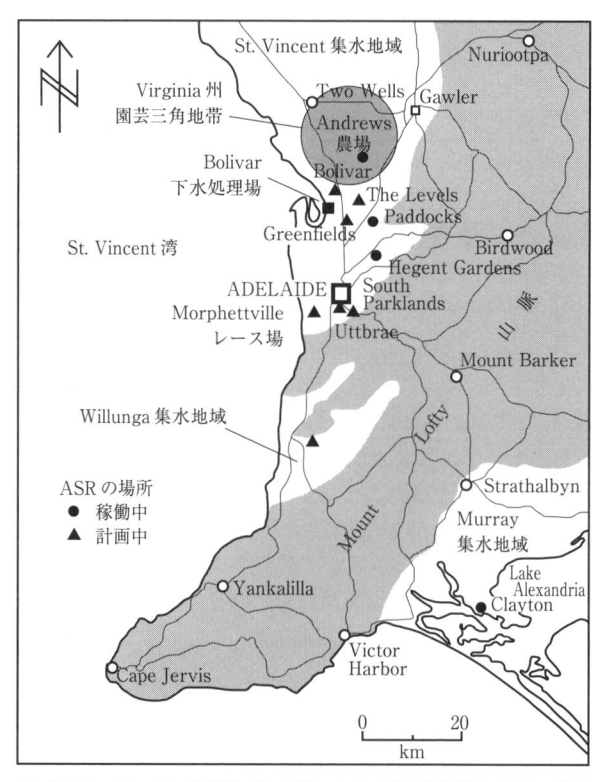

図-17.24　Virginia 州園芸三角地帯における帯水層貯留と回復の地域
[Barnette et al.(2000)より引用]

17.7 事例 3：South Australia 州の Virginia Pipeline Scheme

の処理水を再生・再利用することを検討することとした．これは，季節的な灌漑需要の一部を満たし，海洋環境に対する栄養塩類排出による生態系への悪影響を減じることを目的としている．

17.7.2　水管理上の問題点

夏季ピーク需要期の農業利用に対して再生水を供給し，また St. Vincent 湾への年間の栄養塩負荷量を減らすことを目指すうえで，この水再利用プロジェクトは，地域内の経済効果も生み出した．すなわち，収益が得られない Bolivar 施設への栄養塩除去性能の改善に対して，単純に税金を使うのではなく，沿岸水質の改善と農業生産の増進のために水再生プロジェクトを活用した．立案者は，経済的目標を最大化するためには，再生水を低需要期に貯留し，それによって夏季の灌漑ピーク時における再生水の安定供給を達成するべきと判断した．

広い土地の必要性，再汚染の危険性，蒸発損失，そして周辺地での湛水の懸念から，地上での貯留は見送られた(Barnett et al., 2000)．帯水層の貯留と回収(ASR)は，飲料水供給においてその地域で既に成功した経緯があり，再生水貯留において推奨できる方法とされた．一方で，再生水の ASR は，独特の状況を生み出すため，公衆衛生と灌漑の要件とともに，持続可能な長期的 ASR 地域管理の要件も満たすことができる水質と処理条件を検討する専門的な調査を行う必要性が生じた．

Bolivar WWTP での従来の処理過程は，最初沈殿，散水ろ床(trickling filter)，安定化ラグーン(stabilization lagoon)から成り立ち，その処理水は海洋に放出されていた．

17.7.3　規制要件

非制限的灌漑(unrestricted irrigation)への再生水の安全利用に関する，South Australia 州の規制要件(regulatory requirement)は，以下のようなものである．
・平均濁度(turbidity) 10 NTU 未満，最大濁度 15 NTU 未満．
・糞便性大腸菌(fecal coliform)中央値 10 FCU/100 mL 未満．
・病原菌 1/50 L 未満(ゼロ目標)

これらの水質を達成するために処理工程を追加することにより，帯水層や井戸で起こる物理，化学，生物学プロセスも最小限に抑えられるように処理水が改善される．複数の関係官庁と民間団体の共同体は，ASR の技術的な実行性，環境の持続可能性，そして経済的な実行性を検討するために，3年の調査プロジェクトを請け負った．本調査により加圧浮上分離(dissolved air flotation)とろ過(filtration)の組合せ(DAF/F)の後に消毒を行うのがラグーン処理水を再浄化する最も効果的な方法であることが確認された．この推奨プロセスの工程図を図-17.25 に示す．

17.7.4　技術上の課題

$120×10^3$ m³/d (31.7 Mgal/d) の DAF/F 施設が，消毒タンク，調整貯水池(balancing storage reservoir)，最終ポンプ場とともに，Boliver 地域に建設された．図-17.25 に示すように，凝集剤は，溶解空気浮上の前に藻類を含んだラグーン処理水に添加される．その後，浮上プロセスからの処理水は，塩素処理され，利用される前に粒状ろ材(granular polishing filter)を通される．

冬季限定の再生水貯留は，Port Willunga 層の汽水性石灰岩帯水層(brackish limestone aquifer)に注入されることで達成される．注水前における帯水層の地下水の塩分は，2 100 mg/L で，灌漑に対して不適切であった．塩分の低い再生水によって十分な覆いをつくることは，混合・拡散現象を制限し，灌漑水としての水の適性を回復する鍵となった(Vanderzalm et al., 2002)．図-17.26 に Virginia Pipeline Scheme における施設外観を示す．

第 17 章　再生水の農業利用

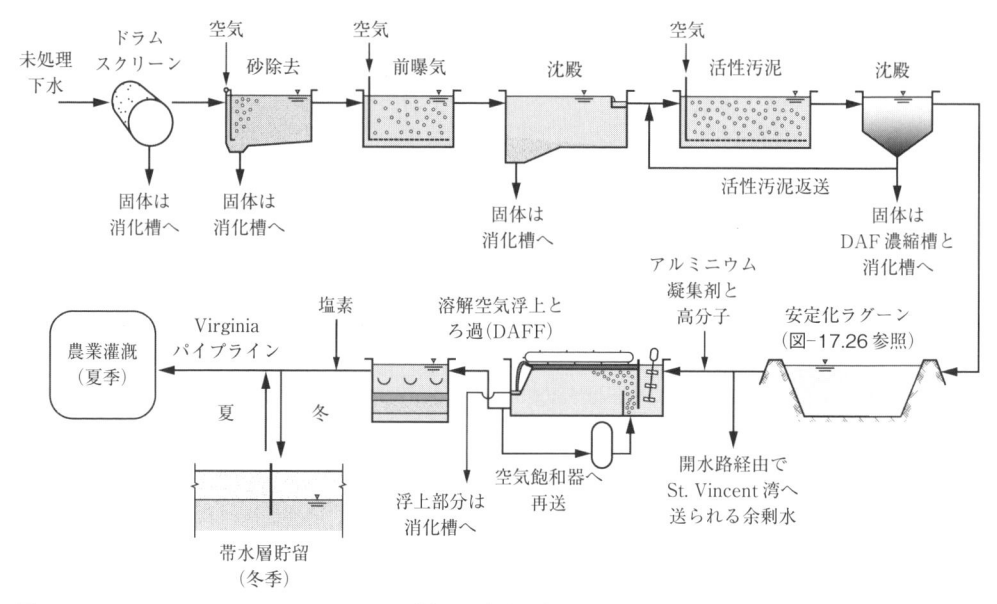

図-17.25　Virginia Pipeline Scheme における非制限的作物灌漑と ASR への三次処理プロセス（南緯 35.174 度，東経 138.595 度）

図-17.26　Virginia Pipeline Scheme の外観．(a) Bolivar 下水処理施設の標識（南緯 34.770 度，東経 138.583 度），(b) 二次処理水の再浄化のために使われる 6 つの大規模安定化ラグーンの 1 つ（南緯 34.756 度，東経 138.569 度），(c) ラグーンからの余剰再生水をマングローブ林を通って St. Vincent 湾に送水する水路，(d) 帯水層の貯留と回復の試験現場におけるプロジェクトトレーラ

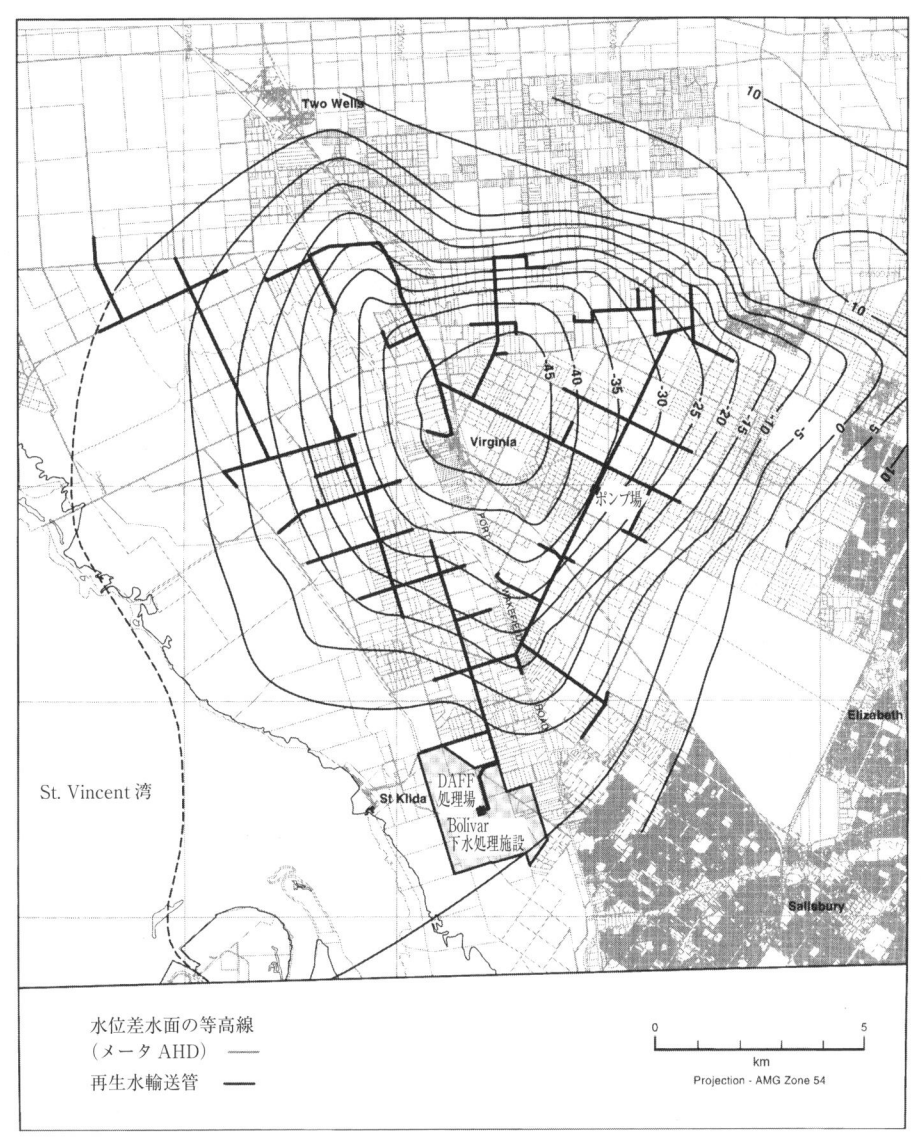

図-17.27 Virginia Pipeline Scheme と被圧帯水層の水位差水面等高線の一般設計図(Barnett *et al.*, 2000)

灌漑期間の間に生産された再生水は，PVCパイプからなる150kmのネットワークであるVirginia Pipelineを通じて約250の利用先に分配される．請負業者は，再生水の販売責任を含む利権契約のもとでパイプラインを運用するために選定される．Virginia Pipelineの一般設計図を図-17.27に示す．

17.7.5 実施方法

Bolivar/Virginia Pipeline プロジェクトは，オーストラリアで最も大きい再生水プロジェクトであり，また，灌漑用の再生水を得るための世界最大のASRプロジェクトである．さらに，塩水地下水を涵養するために深い帯水層に質の低い水を注入する初のASRプロジェクトの一つでもある(Barnett *et al.*, 2000)．このプロジェクトの成功の鍵は，3年間の調査，教育，トレーニングプログラムであり，これらは，プロジェクトの持続性に関する知識を得ることと，それを実務につなげるこ

とを意図していた(Kracman *et al.*, 2001).モニタリングの目標は,費用効果を上げることと,運転事故や目詰まり現象に対する可能な限りの早期警告を行うこととされた.

水の再利用に対する一般市民の受容と教育は,このプロジェクトにおいてきわめて重要と考えられた.初期の目的は,地下水の継続的利用に対して再生水が好ましいと利用者に認識してもらうこととされ,このことは,プロジェクトを経済的に可能かつ持続的にすることにつながった(Kracman *et al.*, 2001).利用者になる可能性のある人が,再生水の外観を理解できるように,市民集会ではサンプルが展示された.South Australia Hearth Commissionは,この処理プロセスが最小の制限で,複数の作物への灌漑に適した水質を達成できることを保障した.

3年の間に,市民の認識は,再生水を粗悪物ではなく,地下水の良好な代替品と受け止めるように変化した.地下水に関して市民を啓発するために,また,ASRプロジェクトのリスクと潜在的利益について市民と話し合うために,市民の連絡会がつくられた.この会には,帯水層の利用に関する情報を提供し,飲料水への混入防止を確実にする意図もあった.

17.7.6 性能と運転

DAF/F施設は,初期の委託期間にモニタされ,当初予定の性能が発揮されていた(Kracman *et al.*, 2001).24時間コンポジット試料においては,全浮遊物質濃度100〜150 mg/Lの流入水が平均11 mg/Lに低下していた.糞便性大腸菌の90%値は,38/100 mLであった.

ASRから回収された再生水の水質は,モニタリングの重要な要素とされた.それは,再利用への厳しい要求を満たす必要があることと,帯水層における水質悪化か本システムの持続性を損なうと考えられるからである.再利用水の周辺地下水への注入と混合に関する懸念には,酸化還元反応,鉱物溶解,沈殿反応,イオン交換,目詰まり,溶解過程等があった.

Bolivarでの現場試験で得られた水質データは,再生水水質と地下水の安定性のいずれに対しても,肯定的な結果を示した.1999年10月から2001年4月の間の再生水の総注入量は,250×10^3 m^3 (66.0 Mgal)であった.約16週間後に,150×10^3 m^3 (39.6 Mgal)の水が帯水層から回収された.主な成分の濃度変動を表-17.31に示す.予想されたとおり,最初に10^3 m^3の水を汲み上げた時点で大きな濃度変動が起こったが,それは表-17.31には反映されていない.

現場調査における地下水の主な変化は,溶存酸素,硝酸塩,有機物濃度の低下およびpH,カルシウム,重炭酸塩の若干の緩衝(buffering)であった.現場調査から得られたデータにより,帯水層に注入された再生水中の消毒副生成物(disinfection-by-product),特にトリハロメタン類(trihalomethanes;THMs)とハロ酢酸類(haloacetic acids;HAAs)への懸念を評価することが可能となった.ASR井戸と,そこから4 m(13ft)離れた観測井戸におけるクロロホルム,ブロモジクロロメタン,ジブロモクロロメタン,ブロモホルムといった懸念される主なトリハロメタン類の経時的な濃度変化をNicholson *et al.* の報告に基づき,それぞれ表-17.32,17.33に示した.

注入された水の中の残留塩素と含有有機物との反応によって,初期にはTHMsが継続的に形成され,幾つかの化合物の濃度は上昇したものの,全THMsは,時間とともに減少した.CFの分解は,メタン生成環境下のみで起こるため,そのような条件がASR井戸と観察井戸で優勢となっていることが明らかとなった.観察井戸での低い分解速度は,反応を起こすバイオマスが小さいことを示唆している.HAAsは,好気条件でも嫌気条件でも分解し,帯水層で速やかに除去されることが見出された(Nicholson *et al.*, 2002).

17.7.7 得られた知見

Virginia Pipeline Schemeの実行によって得られた知見を以下に示す.

17.7 事例3：South Australia 州の Virginia Pipeline Scheme

表-17.31 ASR 試験における周辺地下水，注入水，回収水．Bolivar/Virginia Pipeline プロジェクト(オーストラリア)[a]

項　目	単　位	周辺地下水($n=5$)[b]	注入水($n=15$)	回収水($n=8$)
pH	—	7.2 ～ 7.3	6.4 ～ 7.8	7.0 ～ 7.3
EC	dS/m	2.9 ～ 3.9	1.8 ～ 2.6	1.9 ～ 2.5
DO	mmol/L	< 0.02	< 0.02 ～ 0.33	< 0.02
Cl^-	mmol/L	21 ～ 28	10 ～ 15	11 ～ 16
SO_4^{2-}	mmol/L	2.0 ～ 3.2	2.0 ～ 2.4	2.3 ～ 2.7
HCO_3^-	mmol/L	3.5 ～ 4.9	2.6 ～ 6.7	4～5
Ca^{2+}	mmol/L	3.3 ～ 3.9	1.0 ～ 1.8	1.5 ～ 1.9
Na^+	mmol/L	16 ～ 25	11 ～ 15	12 ～ 16
Mg^{2+}	mmol/L	2.5 ～ 3.7	1.2 ～ 1.7	1.2 ～ 2.0
K^+	mmol/L	0.24 ～ 0.38	1.1 ～ 1.5	1.0 ～ 1.3
全Fe	mmol/L	0.015 ～ 0.024	< 0.0005 ～ 0.37	0.007 ～ 0.12
全Sr	mmol/L	0.011 ～ 0.013	0.0018 ～ 0.0046	0.0031 ～ 0.0061
TOC	mmol/L	< 0.025 ～ 0.04	1.1 ～ 2.0	0.9 ～ 1.2
DOC	mmol/L	< 0.025 ～ 0.04	1.0 ～ 1.9	0.9 ～ 1.2
NH_4^+	mmol/L	0.003 ～ 0.02	0.004 ～ 2.1	0.1 ～ 1.0
NO_3^-	mmol/L	< 0.0004	< 0.0004 ～ 0.34	< 0.0004 ～ 0.007
LSI カルサイト[c]		0.10 ～ 0.19	−1.44 ～ −0.13	−0.39 ～ −0.07

[a] Vanderzalm *et al.*(2002)より引用.
[b] サンプル数.
[c] ランゲリア飽和指数(Langelier saturation index)(9, 19章参照).

表-17.32 貯留期間における SAR 井戸での THM と塩素．Bolivar/Virginia Pipeline プロジェクト(オーストラリア)[a]

日数[c]	トリハロメタン[b]濃度(mg/L)					塩素濃度 (mg/L)
	CF	BDCM	DBCM	BF	合計	
0	33	8	46	58	145	415
7	71	20	10	< 1	101	382
12	46	6	3	< 1	55	360
28	12	2	3	< 1	15	358
69	4	< 1	< 1	< 1	4	387
82	2	< 1	< 1	< 1	2	363
109	< 1	< 1	< 1	< 1	< 4	370

[a] Nicholson *et al.*(2002)より引用.
[b] CF：クロロホルム　　BDCM：ブロモジクロロメタン　　DBCM：ジブロモクロロメタン　　BF：ブロモホルム
[c] 日数0の欄は，再生水涵養の最終日における注入水の THMs.

表-17.33 貯留期間における SAR 井戸から4m離れた観測井戸での THM と塩素．Bolivar/Virginia Pipeline プロジェクト(オーストラリア)[a]

日数[c]	トリハロメタン[b]濃度(mg/L)					塩素濃度 (mg/L)
	CF	BDCM	DBCM	BF	合計	
0	41	56	40	8	143	394
7	47	57	38	5	147	370
12	35	41	26	3	105	360
28	33	27	12	1	73	381
69	—					—
82	19	9	5	1	34	379
109	14	2	< 1	< 1	16	357

[a] Nicholson *et al.*(2002)より引用.
[b] CF：クロロホルム　　BDCM：ブロモジクロロメタン　　DBCM：ジブロモクロロメタン　　BF：ブロモホルム
[c] 日数0の欄は，再生水涵養の最終日における注入水の THMs. 注入井戸から観測井戸までの移動時間は約1日.

- プロジェクト成功の鍵は，広範な調査，教育，そしてトレーニングプログラムであった．利用者の信頼は，再生水を販売するために不可欠な要素であった．
- ASR は，特に South Australia 州等の，主な水源が地下水である場所では，持続的な水資源の循環を創出する可能性を有している．
- ASR は，重要環境の保護，塩水帯水層への淡水補充，淡水の非持続的利用の防止，そして再生

水含有成分の除去といった多様な効果を提供しうる．

問　題

17-1 図-17.3を参照し，(a)シルト30%，砂60%，粘土10%と，(b)シルト55%，砂15%，粘土30%，を含む土壌を分類せよ．

17-2 右の化学特性を有する再生水のナトリウム吸着比(SAR)と調整ナトリウム吸着比(SAR_{adj})を計算せよ．

成分	単位	数値
pH	−	7.2
ナトリウム	mg/L	143
カルシウム	mg/L	58
マグネシウム	mg/L	13
塩化物	mg/L	157
硫酸塩	mg/L	123
アルカリ度*	mg/L	132
TDS	mg/L	754

* $CaCO_3$ として．

17-3 以下のデータと表-17.21の作物係数を用いて，オリーブ栽培のための水要求量を計算せよ．灌漑期間のリーチング要求量は，10%，年間を通じての灌漑効率は，75%と仮定する．作物の蒸発散より降雨が多い場合は，灌漑は不要である．

月	日数	降雨量 (mm/mo)	基準蒸発散量 ET_0 (mm/mo)
1	31	97.5	25.0
2	28	90.0	44.0
3	31	71.1	85.8
4	30	25.9	139.1
5	31	13.5	175.0
6	30	5.1	206.4
7	31	1.3	215.6
8	31	1.5	189.9
9	30	9.1	147.0
10	31	22.6	107.6
11	30	55.6	51.8
12	31	62.2	29.5

17-4 全溶解性蒸発残留物650 mg/Lを含む再生水を，リーチング率15%の条件でオレンジに灌漑した場合の塩分による収量低下を推定せよ．

17-5 ある作物は，全溶解性蒸発残留物で測定された塩分が850 mg/Lの再生水で灌漑されている．もし，その作物が15%のリーチング率の条件で灌漑された場合の，(a)根圏から溶脱する水の塩分と，(b)作物収量を80%以上に保つための適切なリーチング率を求めよ．その作物の塩分閾値は，4.6 dS/mで，収量低減曲線の勾配は，1 dS/m当り7.6%とする．

17-6 17-5の作物が問題17-3で与えられた気候条件で成長した場合，作物係数が年間を通じて0.8であると仮定して，栽培のための水の必要量を計算せよ．

17-7 17-5と17-6の作物を10 haの農地で生育させた場合，1年間に灌漑農地から溶脱する塩分の量を求めよ．また，再生水を灌漑に用いたことによる悪影響を塩分の観点から論じよ．さらに，塩分の問題を軽減するための方法についても論じよ．

17-8 農業灌漑に対して，(1)標準活性汚泥法(conventional activated sludge)，(2)ろ過を付加した生物学的栄養塩除去型(biological nutrient removal)の活性汚泥法，の2つが考えられており，それらの一般的な全窒素と全リン濃度は，表-17.12に示されている．作物生育期の最初の3ヶ月に

平均150 mm/moで再生水が利用された場合，2つのタイプの再生水から農地に供給される窒素量を算出せよ．

17-9 平均TDSが1 200 mg/Lの再生水をトマトに灌漑する．ピーク時期の蒸発散は，12 mm/d，根圏より下への最大浸透速度は，8 mm/dである．地下水位上昇が起こらないとして，作物の最大収量を推定せよ．収量減少の推定には表-17.15を用いなさい．

成分	単位	数値
pH	—	7.2
カルシウム	mg/L	74.4
マグネシウム	mg/L	14.8
アンモニア性窒素	mg-N/L	6.35
T–N	mg-N/L	10.86
濁度	mg/L	2.6
T–P	mg-P/L	3.5
アルカリ度	mg/L(CaCO₃として)	191
TDS	mg/L	1 067
SAR	—	4.05

17-10 以下の特性を持った再生水を農業灌漑に利用した．この水質データから，ナトリウム濃度を推定せよ．また，作物の選択と灌漑方法について何を評価しなければならないかを論じよ．

17-11 EC1.8 mmho/cmの灌漑水をレタス生産に利用する．灌漑期間は，165 hで，その期間の蒸発散は，650 mmとし，水の施用速度は，9 mm/hで平均浸透速度よりも小さいとする．最大収量を450 kg/haと仮定し，作物生産量を予測せよ．

17-12 灌漑に対する許容水量負荷を窒素負荷限界をもとにして求めよ．浸透水の許容窒素濃度は，$C_p = 10$ mg-N/L，植物の許容窒素吸収量は，0.04 kg/m²·yrと仮定する．また，再生水の平均窒素濃度は，25 mg-N/L，施用された窒素の脱窒と気散による消失割合は，0.24とする．根圏からの窒素溶脱は，すべて硝酸の形態と仮定する．施用された窒素の脱窒と揮散による消失割合は，$f = 0.20$とする．ET_c–Pは，右に示す．

月	ET_c–P(mm)	月	ET_c–P(mm)
1	−20.5	7	−42.5
2	−2.5	8	−67.9
3	35.2	9	−50.5
4	65.0	10	20.9
5	73.4	11	3.8
6	−48.8	12	−22.6

17-13 17-12における蒸発散データに対して，年間の水量負荷を計算せよ．ただし，最大浸透速度は，最大許容浸透速度を13 mm/dとして，式(17.13a)を用いて求め，表面流出と掃風による損失は無視せよ．また，その結果を17-12で計算した水量負荷と比較せよ．そして，どちらの水量負荷を使うべきか判断し，その根拠を述べよ．

17-14 以下の条件で，再生水灌漑に対して必要な農地面積を求めよ．
・年間の水量負荷　　655.8 mm/yr
・再生水の日平均流量　　1 000 m³/d
・配水効率　　90%
・再生水貯留による水量の増減は，無視できる．

17-15 17-12において，浸出水の許容硝酸濃度を10 mg-N/Lと仮定すると，水量負荷が求まる．地下水水質の観点から，根圏からの硝酸10 mg-N/Lの溶脱に関する悪影響を論じよ．

17-16 石の水収支データを用いて，再生水灌漑システムに対する開放型貯水池の面積を求めよ．水量負荷の計算には式(17.12)を使うこととする．リーチング割合は，15%，灌漑効率は，90%とする．貯水池の平均水深は，5 mとし，浸透による水損失は，無視する．

月	ET_c–P(mm)	月	ET_c–P(mm)
1	−84	7	219
2	−47	8	183
3	−22	9	98
4	50	10	36
5	132	11	−21
6	183	12	−47

参考文献

Allaway, W. H. (1994) "Agronomic Controls over the Environmental Cycling of Trace Elements," *Adv. Agron.*, **20**, 236.

Angelakis, A. N., M. H. F. M. do Monte, L. Bontoux, and T. Asano (1999) "The Status of Wastewater Reuse Practice in the Mediterranean Basin: Need for Guidelines," *Water Res.*, **33**, 10, 2201–2217.

Asano, T., and A. D. Levine (1996) "Wastewater Reclamation, Recycling and Reuse: Past, Present and Future," *Water Sci. Technol.*, **33**, 1–14.

Australian Bureau of Statistics (2004) 4610.0 *Water Account, Australia*, Australian Bureau of Statistics, accessed online: http://www.abs.gov.au/.

Ayers, R. S., and D. W. Westcot (1985) *Water Quality for Agriculture*, FAO Irrigation and Drainage Paper No. 29, Food and Agriculture Organization of the United Nations (FAO), Rome.

Barnett, S. R., S. R. Howles, R. R. Martin, and N. Z. Gerges, (2000) "Aquifer Storage and Recharge: Innovation in Water Resources Management," *Aust. J. Earth. Sci.*, **47**, 1, 13–19.

Blumenthal, U. J., D. D. Mara, A. Peasey, G. Ruiz-Palacios, and R. Stott (2000) "Guidelines for the Microbiological Quality of Treated Wastewater Used in Agriculture: Recommendations for Revising WHO Guidelines, *Bull. World Health Organ.*, **78**, 9, 1104–1116.

Booher, L. J. (1974) *Surface Irrigation*, FAO Agricultural Development Paper No. 95, Food and Agricultural Organization of the United Nations, Rome.

Bostjancic, J., and R. Ludlum (1996) "Getting to Zero Discharge: How to Recycle that Last Bit of Really Bad Wastewater," in *Proceedings, the 57th Annual International Water Conference*, Engineer's Society of Western Pennsylvania, Bellevue, WA.

Bowen, H. (ed.) (1979) *Environmental Chemistry of the Elements*, Academic Press, New York.

Cararo, D. C., T. A. Botrel, D. J. Hills, and H. L. Leverenz (2006) "Analysis of Clogging in Drip Emitters During Wastewater Irrigation," *Appl. Eng. Agric.*, **22**, 2, 1–7.

Carrow, R. N. (1994) "A Look at Turfgrass Water Conservation," in United States Golf Association (ed.), *Wastewater Reuse for Golf Course Irrigation*, Lewis Publishers, Inc., Chelsea, MI, 24–43.

Chang, A. C., and A. L. Page (1994) "The Role of Biochemical Data in Assessing the Ecological and Health Effects of Trace Elements," in *Proceedings of 15th World Congress of Soil Science, Acapulco, Mexico*, International Society of Soil Science, Vienna.

Chapman, H. D. (ed.) (1965) *Diagnostic Criteria for Plants and Soils*, Quality Printing Co., Abilene, TX.

City of Orlando (2006) *Water Conserv II Water Reclamation Program*, accessed online: http://www.cityoforlando.net/public_works/wastewater/reclaim.htm.

Crites, R. W. (1985) "Site Characteristics," Chap. 4, in G. S. Pettygrove and T. Asano (eds.), *Irrigation with Reclaimed Municipal Wastewater: A Guidance Manual*, Report No. 84-1 wr, Lewis Publishers, Chelsea, MI.

Crites, R. (2002) "Agricultural Water Reuse in California," Presented at the 2002 Hawaii Water Reuse Conference, Kauai, Hawaii.

Cross, P., G. Delneky, and T. Lothrop (1998) "Water Conserv II: Past, Present and Future," 281–289, in *98 Water Reuse Conference Proceedings, February 1–4, 1998, Lake Buena Vista, FL*, American Water Works Association, Denver, CO.

Cross, P., G. Delneky, and T. Lothrop (2000) "Worth Its Weight in Oranges," *Water Environ. Technol.*, **1**, 26–30.

Doorenbos, J., and W. O. Pruitt (1977) Guidelines for Predicting Crop Water Requirements, *Irrigation and Drain*, Paper No. 24, 2nd ed., Food and Agricultural Organization of the United Nations (FAO), Rome.

Edraki, M., H. B. So, and E. A. Gardner (2004) "Water Balance of Swamp Mahogany and Rhodes Grass Irrigated with Treated Sewage Effluent," *Agric. Water Mgnt.*, **67**, 3, 157–171.

Engineering Science (1987) *Monterey Wastewater Reclamation Study for Agriculture: Final Report*, Prepared for Monterey Regional Water Pollution Control Agency, Engineering Science, Berkeley, CA.

Feigin, A., I. Ravina, and J. Shalhevet (1991) *Irrigation with Treated Sewage Effluent: Management for Environmental Protection*, Advanced Series in Agricultural Sciences 17,

Springer-Verlag, Berlin.

George, M. R., G. S. Pettygrove, and W. B. Davis (1985) "Crop Selection and Management," Chap. 6, in G. S. Pettygrove, and T. Asano (eds.), *Irrigation with Reclaimed Municipal Wastewater: A Guidance Manual*, Report No. 84-1 wr, Lewis Publishers, Chelsea, MI.

Gilbert, R. G., F. S. Nakayama, D. A. Bucks, O. F. French, K. C. Adamson, and R. M. Johnson (1982) "Trickle Irrigation—Predominant Bacteria in Treated Colorado River Water and Biologically Clogged Emitters," *Irrig. Sci.*, **3**, 2, 123–132.

Gotor, A. G., S. O. P. Baez, C. A. Espinoza, and S. I. Bachir (2001) "Membrane Process for the Recovery and Reuse of Wastewater in Agriculture," *Desalination*, **137**, 3, 187–192.

Hamoda, M. F., I. Al-Ghusain, and N. Z. Al-Mutairi (2004) "Sand Filtration of Wastewater for Tertiary Treatment and Water Reuse," *Desalination*, **164**, 3, 203–211.

Hanson, R. B., S. R. Grattan, and A. Fulton (1999) *Agricultural Salinity and Drainage*, University of California Irrigation Program, University of California, Davis, Davis, CA.

Huston, S. S., N. L. Barber, J. F. Kenny, D. S. Lumia, and M. A. Maupin (2004) *Estimated Use of Water in the United States in 2000*, U.S. Geological Survey, Circular 1268, Reston, Virginia.

Ickeson-Tal, N., O. Avraham, J. Sack, and H. Cikurel (2001) "Water Reuse in Israel—the Dan Region Project: Evaluation of Water Quality and Reliability of Plant's Operation," *Water Sci. Technol.: Water Supply*, **3**, 4, 231–237.

Kracman, B., R. Martin, and P. Sztajnbok (2001) "The Virginia Pipeline: Australia's largest water recycling project," *Water Sci. Technol.*, **43**, 10, 35–42.

Lazarova, V., and T. Asano (2004) "Challenges of Sustainable Irrigation with Recycled Water," 1-30, in V. Lazarova and A. Bahri (eds.), *Water Reuse for Irrigation: Agriculture, Landscapes, and Turf Grass*, CRC Press, Boca Raton, FL.

Lazarova, V., I. Papadopoulos, and A. Bahri (2004) "Code of Successful Agronomic Practice," 103–150, in V. Lazarova and A. Bahri (eds.) *Water Reuse for Irrigation: Agriculture, Landscapes, and Turf Grass*, CRC Press, Boca Raton, FL.

Lisk, D. J. (1972) "Trace Metals in Soils, Plants and Animals," *Adv. Agron.*, **24**, 267.

Little, T. M., and F. J. Hills (1978) *Agricultural Experimentation: Design and Analysis*, John Wiley & Sons, New York.

Maas, E. V., (1986) "Salt Tolerance of Plants," *Appl. Agr. Res.*, **1**, 1, 12–26.

Maas, E. V., and S. R. Grattan (1999) "Crop Yields as Affected by Salinity," 55–108, in R. W. Skaggs and J. van Schilfgaarde (eds.), *Agricultural Drainage*, Agronomy Monograph No. 38, American Society of Agronomy, Crop Science Society of America, Soil Science Society of America, Madison, WI.

Martin, R., D. Clarke, K. Dennis, J. Graham, P. Dillon, P. Pavelic, and K. Barry (2002) *Boliver Water Reuse Project*, Report DWLBC 2002/02, The Department of Water, Land and Biodiversity Conservation, The Government of South Australia, Adelaide, Australia.

McGechan, M. B., and D. R. Lewis (2002) "Sorption of Phosphorus by Soil, Part 1: Principles, Equations and Models," *Biosyst. Eng.*, **82**, 1–24.

McKenzie, D. C. (ed.) (1998) *SOILpak for Cotton Growers*, 3rd ed., NSW Agriculture, NSW Department of Primary Industries, New South Wales, Australia.

NRC (National Research Council) (1973) *Water Quality Criteria, 1972: A Report of the Committee on Water Quality Criteria*, EPA-R3-73-033, U.S. Environmental Protection Agency, Washington, DC.

Nicholson, B. C., P. J. Dillon, and P. Pavelic (2002) "Fate of Disinfection By-Products During Aquifer Storage and Recovery," *Management of Aquifer Recharge for Sustainability*, Swets and Zeitlinger, Lisse, The Netherlands.

Page, A. L. (1974) *Fate and Effects of Trace Elements in Sewage Sludge when Applied to Agricultural Soils: A Literature Review Study*, EPA-670/2-74-005, U.S. Environmental Protection Agency, Cincinnati, OH.

Page, A. L., and A. C. Chang (1985) "Fate of Wastewater Constituents in Soil and Groundwater: Trace Organics," in G.S. Pettygrove and T. Asano (eds.) *Irrigation with Reclaimed Municipal Wastewater: A Guidance Manual*, Report No. 84-1 wr, Chap. 15, Lewis Publishers, Chelsea, MI.

Pescod, M. B. (1992) "Wastewater Treatment and Reuse in Agriculture," FAO Irrigation and Drainage Paper No. 47, Food and Agriculture Organization of the United Nations (FAO), Rome.

Pettygrove, G. S., and T. Asano (eds.) (1985) *Irrigation with Reclaimed Municipal Wastewater: A Guidance Manual*, Report No. 84-1 wr, Lewis Publishers, Chelsea, MI.

Rauschkolb, R. S., and D. S. Mikkelsen (1978) "Survey of Fertilizer Use in California," University of California Division of Agricultural Science, U.S. Department of Agriculture Bulletin **1887**, 27.

Rebhum, M. (2004) "Desalination of Reclaimed Wastewater to Prevent Salinization of Soils and Groundwater," *Desalination*, **160**, 2, 143–149.

Sheikh, B., R. P. Cort, W. R. Kirkpatrick, R. S. Jaques, and T. Asano (1990) "Monterey Wastewater Reclamation Study for Agriculture," *J. WPCF*, **62**, 3, 216–226.

Sheikh, B., R. P. Cort, R. C. Cooper, and R. S. Jaques (1998) "Tertiary-Treated Reclaimed Water for Irrigation of Raw-Eaten Vegetables," 779–825, in T. Asano (ed.), *Wastewater Reclamation and Reuse*, Water Quality Management Library, Vol. **10**, CRC Press, Boca Raton, FL.

Sheikh, B., R. C. Cooper, and K. E. Israel (1999) "Hygienic Evaluation of Reclaimed Water used to Irrigate Food Crops—A Case Study," *Water Sci. Technol.*, **40**, 4–5, 261–267.

Smith, R. G., J. L. Meyer, G. L. Dickey, and B. R. Hanson (1985) "Irrigation System Design," in G.S. Pettygrove and T. Asano (eds.) *Irrigation with Reclaimed Municipal Wastewater: A Guidance Manual*, Report No. 84-1 wr, Chap. 8, Lewis Publishers, Chelsea, MI.

Snyder, R. L., M. Orang, S. Matyac, and S. Eching (2002) *Crop Coefficients, Quick Answer ET 002*, University of California, accessed online: http://lawr.ucdavis.edu/.

State of California (1990) *California Municipal Wastewater Reclamation in 1987*, California State Water Resources Control Board, Office of Water Recycling, Sacramento, CA.

State of California (2003) *Water Recycling 2030: Recommendations of California's Recycled Water Task Force*, Department of Water Resources, Sacramento, CA.

State of California (2004) *California Irrigation Management Information System*, Department of Water Resources, Office of Water Use Efficiency, accessed online: http://wwwcimis.water.ca.gov/cimis/welcome.jsp.

State of Florida (2004) *2003 Reuse Inventory Report*, Florida Department of Environmental Protection, Tallahassee, FL, accessed online: http://www.dep.state.fl.us/water/reuse/.

Suarez, D. L. (1981) "Relation between pHc and Sodium Adsorption Ratio (SAR) and Alternative Method of Estimating SAR of Soil or Drainage Waters," *Soil Sci. Soc. Am. J.*, **45**, 3, 469–475.

Tanji, K. K., and N. C. Kielen (2002) *Agricultural Drainage Water Management in Arid and Semi-Arid Areas*, FAO Irrigation and Drainage Paper 61, Food and Agricultural Organization of the United Nations (FAO), Rome.

Tchobanoglous, G. F. L. Burton, and H. D. Stensel (2003) *Wastewater Engineering: Treatment and Reuse*, 4th ed., McGraw-Hill, New York.

University of California Committee of Consultants (1974) *Guidelines for Interpretation of Water Quality for Agriculture*, Memo Report, University of California, Cooperative Extension.

University of California and State of California (2000) *A Guide to Estimating Irrigation Water Needs of Landscaping Plantings in California*, University of California Cooperative Extension, Department of Water Resources, Sacramento, CA.

USBR (1993) *Drainage Manual*, 2nd ed., U.S. Department of Interior, U.S. Bureau of Reclamation, Denver Federal Center, Denver, CO.

USDA (1991) "Soil-Plant-Water Relationships," Chap. 1, in U.S. Department of Agriculture, *Irrigation,* National Engineering Handbook, Sec. 15, Soil Conservation Service, U.S. Department of Agriculture, Washington, DC.

USDA (1993a) "Irrigation Water Requirements," Chap. 2, in U.S. Department of Agriculture, *Irrigation*, National Engineering Handbook, Sec. 15, Soil Conservation Service, U.S. Department of Agriculture, Washington, DC.

USDA (1993b) *Soil Survey Manual*, Chap. 3, Soil Conservation Service, U.S. Department of Agriculture Handbook 18, accessed online: http://soils.usda.gov/technical/manual/.

USDA (1997) "Irrigation Guide," Part 652, *National Engineering Handbook*, Natural Resources Conservation Service, U.S. Department of Agriculture, Washington, DC.

USDA (2001) "Drainage," Chap. 14, *Engineering Field Handbook*, Natural Resources Conservation Service, U.S. Department of Agriculture, Washington, DC.

U.S. EPA (1981) *Process Design Manual for Land Treatment of Municipal Wastewater*, EPA 625/1-81-013, U.S. Environmental Protection Agency, Cincinnati, OH.

U.S. EPA (2004) *Guidelines for Water Reuse*, EPA/625/R-04/108, September 2004, U.S. Environmental Protection Agency (U.S. EPA) and U.S. Agency for International Development (U.S. AID), Washington, DC.

Van Schilfgaarde, J. (ed.) (1972) *Drainage for Agriculture*, Number 17 in the series Agronomy, American Society of Agronomy, Madison, WI.

Vanderzalm, J. L., C. Le Gal La Salle, J. L. Huston, and P. J. Dillon (2002) "Water Quality Changes during Aquifer Storage and Recovery at Bolivar, South Australia," 83–88, in P. Dillon (ed.), *Management of Aquifer Recharge for Sustainability*, A. A. Balkema Publishers, Lisse, The Netherlands.

Water Conserv II (2001) *Water Conserv II: A Cooperative Water Reuse Program by the City of Orlando, Orange County, and the Agricultural Community*, Water Conserv II, accessed online: http://www.waterconservii.com/.

Water Conserv II (2006), accessed online: http://www.waterconservii.com/.

Weber, B., and M. Juanico (2004) "Salt Reduction in Municipal Sewage Allocated for Reuse: The Outcome of a New Policy in Israel," *Water Sci. Technol.*, **50**, 2, 17–22.

Westcot, D. W., and R. S. Ayers (1985) "Irrigation Water Quality Criteria," in G. S. Pettygrove and T. Asano (eds.), *Irrigation with Reclaimed Municipal Wastewater: A Guidance Manual*, Report No. 84-1 wr, Chap. 3, Lewis Publishers, Chelsea, MI.

WHO (World Health Organization) (1989) *Health Guidelines for the Use of Wastewater in Agriculture and Aquaculture*, Report of a WHO Scientific Group, Technical Report Series 778, World Health Organization, Geneva.

York, D. W., and L. Wadsworth (1998) "Reuse in Florida: Moving Toward the 21st Century," *Florida Water Res. J.*, **11**, 31–33.

第18章 再生水による修景用灌漑

翻訳者　谷　戸　善　彦(日本下水道事業団 理事)
共訳者　石　田　　　貴(財団法人下水道新技術推進機構資源循環研究部 部長)
　　　　中　里　卓　治(財団法人下水道新技術推進機構企画部 部長)

関連用語　*817*
18.1　修景用灌漑：概要　*817*
　　18.1.1　修景用灌漑の定義　*818*
　　18.1.2　米国における修景用灌漑への再生水利用　*819*
18.2　再生水修景用灌漑システムの設計と運転についての考察　*819*
　　18.2.1　水質要件　*819*
　　　　　　美しさ，心地よさについて考慮すべきこと／*821*　　　公衆衛生上考慮すべきこと／*821*
　　　　　　処理と水質要件／*821*
　　18.2.2　修景用植物の選定　*822*
　　18.2.3　灌漑システム　*824*
　　18.2.4　水の必要量の評価　*824*
　　　　　　修景蒸発散量／*827*　　　灌漑効率／*829*
　　18.2.5　散布の流量と灌漑のスケジュール　*831*
　　18.2.6　需給バランスの管理　*832*
　　　　　　貯留施設／*832*　　　その他の需給問題／*832*
　　18.2.7　維持管理の問題　*832*
　　　　　　エミッタ目詰まりの管理／*833*　　　表流水への流出制御／*833*
　　　　　　塩分とナトリウム分の問題／*835*　　　具体的なイオン毒性／*836*　　　葉への損傷の管理／*836*
18.3　再生水によるゴルフ場の灌漑　*836*
　　18.3.1　水質と農学的考慮　*836*
　　　　　　水質／*836*　　　芝生の選定／*837*　　　灌漑方法の選択／*837*
　　18.3.2　再生水の供給と貯留　*839*
　　18.3.3　配水システムの施設で考慮すべきこと　*840*
　　18.3.4　浸出，排水，流出　*840*
　　　　　　浸出と排水／*840*　　　流出水と浸出水／*841*
　　18.3.5　その他考慮すべき事項　*841*
18.4　再生水を用いた公共地域への灌漑　*841*
　　18.4.1　公共地域の灌漑　*841*
　　18.4.2　再生水処理と水質　*841*
　　18.4.3　送水システムと配水システム　*843*
　　18.4.4　美観と市民の受容　*843*
　　18.4.5　維持管理の問題　*843*
18.5　再生水による住宅地の修景用灌漑　*844*

- 18.5.1 住宅地における修景用灌漑システム　*845*
- 18.5.2 再生水の処理と水質　*845*
- 18.5.3 送水システムと配水システム　*845*
- 18.5.4 維持管理の問題　*846*

18.6 分散処理と地表下灌漑システムによる修景用灌漑　*846*
- 18.6.1 オンサイトシステムまたは集約システムのための地表下点滴灌漑　*846*
- 18.6.2 住宅地の灌漑　*848*

18.7 事例1：Florida州St. Petersburg市の修景用灌漑　*849*
- 18.7.1 周辺状況　*849*
- 18.7.2 水管理上の問題点　*849*
  - St. Petersburg市の水不足／*849*　　Wilson-Grizzle Act／*850*　　再生水システムの開発／*850*
- 18.7.3 実施方法　*851*
  - ループ配水／*851*　　深井戸注入システム／*851*　　修景用灌漑のための調査計画／*851*
- 18.7.4 Greenleaf計画と資源管理計画　*851*
  - Greenleaf計画の目的／*851*　　Greenleaf計画の成果／*851*　　資源管理計画／*853*
- 18.7.5 St. Petersburg市における修景用灌漑　*853*
- 18.7.6 得られた知見　*855*

18.8 事例2：California州El Dorado Hillsにおける住宅地の灌漑　*855*
- 18.8.1 水管理上の問題点　*855*
- 18.8.2 実施方法　*856*
  - 下水再生施設／*856*　　灌漑地域とゴルフ場／*856*　　住宅の灌漑／*857*
- 18.8.3 教育プログラム　*857*
- 18.8.4 得られた知見　*858*

問　題　*858*

参考文献　*860*

関連用語

アクセス制限地域 restricted access area　　高速道路の中央分離帯(highway medians)，墓地，工業地域内等の一般人が自由に出入りすることを制限されている地域．

アクセス非制限地域 unrestricted access area　　ゴルフ場，公園，校庭，商業地域，住宅地域等の一般人が自由に出入りすることを制限されていない地域．

乾景観 xeriscape　　水がほとんどないか，全くなくてもすむ耐乾性植物でつくった景観．

修景係数 landscape coefficient　　基準蒸発散量 ET_0(evapotranspiration)に対する修景地の蒸発散量(ET_L)の比率．

葉の損傷 foliar damage　　修景用植物の葉への損傷．塩素等の再生水に含まれる成分は，スプリンクラで灌漑すると，修景用植物の葉に損傷を与えることがある．

水の都市利用 urban use of water　　主要な水の都市利用には，修景用灌漑，トイレ洗浄，エアコン，道路洗浄，消防利用，車洗浄のような幾つかの商業利用等がある．

再生水による修景用灌漑(landscape irrigation)は，利用される場所の関係でよく都市地域の水再利用に分類される(U.S. EPA, 2004)．しかし，修景用灌漑に対する水質やその他の農学的(agronomic)配慮は，17章で述べた農業における灌漑の原理原則と全く同じである．本章では，再生水を用いた修景用灌漑の全体像に沿って，特有な設計，運転についての考慮すべきことが述べる．とりわけ，次の修景用灌漑の応用例については，詳しく述べる．(1)ゴルフ場，(2)公共地域，(3)住宅地の修景，(4)田舎の分散型オンサイト下水処理システムの放流水による修景用灌漑，再生水による修景用灌漑を説明するため2つの事例を示す．都市における再生水の他の非飲用再利用については，20章で述べる．

18.1　修景用灌漑：概要

　修景用の植物は，美しく魅力的な土地をつくり出したり，道路や駐車場と非商業地域間の緩衝帯をつくり出したり，用地に垂直的または水平的な広がりを与えたりして，いろいろな機能を発揮する．鑑賞用植物も，周りの湿気を保ち，都市地域の熱の影響を軽減しているかもしれない．
　修景用灌漑のために必要とする水量は，地理的条件，季節，植物の種類によって大きく変化するが，かなり乾燥した都市地域で，一般的にはおおむね住宅用の水量の3分の1である(US. EPA, 1992)．例えば，California州南部のIrvine Ranch Water Districtでは，水使用総量の70%以上が修景用灌漑に使われていると見られている．
　修景用灌漑システムで考慮すべき構成要素は，
・修景の設計と水をあまり必要としない植物の選定，
・灌漑効率の高い灌漑方式の選定，
・再生水等の非飲用水の利用．
　再生水を用いた修景用灌漑は，飲料水需要を減らしたり，水環境に放流する下水量を削減したり，またはなくしたりできる実行可能な選択肢である．
　再生水利用を多くの地方公共団体に促す要因は，(1)修景用水の高い需要，(2)都市地域において追加的に水を確保するための費用の高騰，(3)厳しい排水基準(2章参照)，等である．

第18章　再生水による修景用灌漑

18.1.1　修景用灌漑の定義

本書で使われているように，修景用灌漑には，アクセスの制限された地域への灌漑と制限されない地域への灌漑があり，「制限された」と「制限されない」の定義は，米国各州の規制やガイドラインで異なるが，一般的には以下の適用による．
・アクセス非制限地域の修景用灌漑．
　　・公共公園，
　　・遊び場，校庭，運動場，
　　・公共施設，商業施設，
　　・個人住宅，集合住宅，
　　・居住施設を伴うゴルフ場．
・アクセス制限または禁止地域の修景用灌漑．
　　・墓地，
　　・高速道路の中央分離帯と路肩，
　　・工業地区の修景，
　　・居住地域と関係ないゴルフ場．

以上の分類は，California州の規制に基づいている．Florida州では，「public access areas」の用語には，墓地，高速道路の中央分離帯，居住施設を伴わないゴルフ場も含む(State of Frorida, 1999)．再生水による修景用灌漑の事例を図-18.1に示す．

図-18.1　再生水で修景用灌漑している事例．(a)ゴルフ場(Florida州Orlando)，(b)遊園地(California州Marin County)，(c)道路の中央分離帯(California州Irvine)，(d)住宅(California州El Dorado Hills)

18.1.2　米国における修景用灌漑への再生水利用

米国における修景用灌漑利用再生水の二大ユーザーは，Florida 州と California 州である．Florida 州は最大のユーザーで，2004 年におおよそ $3.8 \times 10^8 \, \mathrm{m}^3$ ($3.1 \times 10^5 \, \mathrm{ac \cdot ft}$) の再生水を利用した．これに対して，California 州では，同年に $1.4 \times 10^8 \, \mathrm{m}^3$ ($1.1 \times 10^5 \, \mathrm{ac \cdot ft}$) であった．California 州と Florida 州の修景用灌漑利用再生水の使用量比較を図-18.2 に示す．

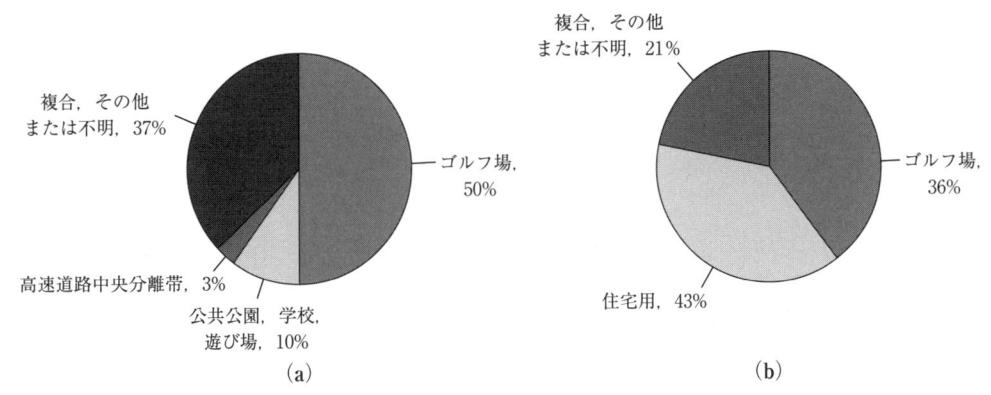

図-18.2　修景用灌漑．(a) California 州．(b) Florida 州 (State of California, 1990 ; State of Florida, 2004)

Florida 州では，修景用灌漑利用再生水の 40%以上が住宅用に使われているが，住宅用は，California 州を含め他州では一般的ではない．ゴルフ場の灌漑は，Florida 州では 2 番目に大きい再生水利用であり，California 州と Florida 州では，再生水利用のそれぞれ 50%，36%を占めている（図-18.2 参照）．修景用灌漑に再生水を利用している州は，Arizona, Colorado, Hawaii, Nevada, New Mexico, Texas, Utah の各州で，ほとんどの州は，乾燥した地域に位置している．しかし，最近では東海岸の水源が豊富な地域でも，厳しい排水規制や人口密集地域での局地的な水不足等のため，修景用灌漑への再生水利用が増加している．表-18.1 に米国の再生水を用いた修景用灌漑の主な例をあげる．

18.2　再生水修景用灌漑システムの設計と運転についての考察

再生水を用いた都市地域の修景用灌漑システムを設計する時に考慮すべき点を表-18.2 にまとめる．多くの都市地域の修景用灌漑システムにおいて，再生水システムと既存の修景地域は，それぞれ個別に存在している．この 2 つのシステムを合わせて再生水を用いた都市地域修景用灌漑システムに変えるには，既存の修景地域の灌漑システムを再生水が使えるように改造しなければならない．また，新しい修景地域を現存の再生水システムに接続して建設しなければならない．本節では，再生水修景用灌漑システムの設計や運転に影響を与える要素について述べる．

18.2.1　水質要件

農学的水質要件（agronomic water quality）は，17 章に述べている（表-17.5 参照）．一般的に，修景用植物の灌漑には，公衆衛生の保護のために三次処理（tertiary treatment）か，同等レベルの処理が必要である．修景用灌漑のための水質基準に合致している処理プロセスについては，7, 8 章で述

第18章 再生水による修景用灌漑

表-18.1 米国の再生水を用いた修景用灌漑の主な例

州	場　所	修景用灌漑の形態	年間使用量 ($\times 10^6$ m^3/yr)	備　考
Arizona	Mesa, Southeast Water Reclamation Plant (SEWRP)	ゴルフ場，住宅．	11[a]	貯水池補給用や農業灌漑にも使用．
Arizona	Scottsdale Water Campus	ゴルフ場灌漑．	17	余った再生水は地下水を涵養するために逆浸透(RO)処理をして地下水面より上の部分に注入．
California	Irvine Ranch Water District	広域再利用システム．公園，ゴルフ場，学校運動場，競技場，公共用地，家主協会(homeowner associations)がメンテナンス．	11	農業灌漑や工業用水，トイレフラッシュ水にも利用．
California	Vallecitos Water District and Leucadia County Water District (for City of Carlsbad)	ホテルやリゾート会場，公園，中央分離帯，ショッピング地域，高速道路修景用，公共用地，持ち家協会がメンテナンス．	3.5	約42kmの再生水給水システム．約60の灌漑サイトに供給．
Colorado	Denver	公園，学校，ゴルフ場．	41[a]	工業用冷却水と環境改善に利用．
Florida	City of St. Petersburg	住宅や住民立入り地域 (public access area)．	50	米国での最も古く規模の大きい都市地域の灌漑システム．
Geogia	Forsyth County	地表下点滴灌漑を用いた公園灌漑．	3.5	汚水処理に膜分離活性汚泥法を利用．
Hawaii	Kihei wastewater reclamation facility, Maui	ゴルフ場，公園の修景用，住宅地，コミュニティセンター，学校，公共建築．	2.2〜2.8	農業利用，ダスト管理，コンポスト，トイレットフラッシングにも利用．
Nevada	Clark County Water Reclamation District	ゴルフ場．	1.2	再生水は，飲料水と混ぜられる．
Texas	Northwest Wastewater Treatment Plant, El Paso	学校11校，公園12箇所，ゴルフ場3箇所，墓地，動物園，住宅，小規模コミュニティ．	24[a]	4箇所の水再生プラントが再生水を供給，地下水涵養と工業用水に利用．
Texas	San Antonio	ゴルフ場，学校，商業地域，墓地．	43	工場冷却水や河川水量増量にも利用．
Utah	Tooele City	ゴルフ場，郡のレクリエーション施設．	3.1	住宅地域の修景用灌漑利用の計画がある．

[a] 流量能力．

べている．修景用植物を地表面下で灌漑するオンサイトの処理システムは，この水質基準を満たさなくてもよいことに注目すべきである(**18.6**参照)．水質目標を設定する時は，灌漑システムから見た水質の影響も考慮する必要がある．灌漑システムの維持管理から見た水質の影響は，本章の最後に論じられる．再生水を利用した修景用灌漑における包括的な塩分の管理ガイドは，Tanji *et al.* (2006)によってまとめられている．

農学的水質要件は，再生水に含まれるナトリウム，塩化物，ホウ素等の成分に対する植物の許容値，灌漑する土地の塩分やナトリウム分の影響，修景用植物に依存する．再生水成分の長期的影響，土にどれだけ浸み込みやすいか，排水しやすいかということは，水質要件を決める時に必ず考慮しなければならない点である．栄養塩類は，普通は好ましいものと考えられているが，過度に栄養塩類が存在

表-18.2 都市修景用灌漑システム設計の代表的な考慮点

システム	具体的な考慮点	参照
処理プロセス	修景用灌漑利用に適した水質要件に合った処理システムの選定 ・病原体(指標生物) ・栄養物 ・浮遊物質	3章
修景地域	水質要件	17, 18章
	施設選択 ・塩分許容値 ・ホウ素許容値 ・水必要量 灌漑方法 ・必要な水圧 ・灌漑効率 ・人への接触の管理	18章
	地下浸透要件	17章
	水利用率	17, 18章
	維持管理 ・灌漑のスケジュール 灌漑地域の制限 ・土壌条件 ・スプリンクラと吐出孔の閉塞管理 ・モニタリング	18章
配水と貯留システム	広域配水本管 ・流量 ・ポンプ諸元 ・ピーク要素	14章
	需給バランス ・貯留諸元 ・他の水源との混合 ・再生水の多目的利用	17, 18章
	誤接合管理 ・再生水配管と飲料水配管の間隔 ・異なる水圧 ・飲料水配管への逆流防止 ・再生水配管の色識別	14, 15章

すると，再生水給水管に生物膜が発生するし，覆いのない再生水貯水池には藻類が発生する．下水排出許可に当たっての厳しい水質要件，いろいろな処理水再利用の用途ごとの水質基準に合わせる必要性のため，水再生施設で栄養塩を除去することがより一般的になってきている．

美しさ，心地よさについて考慮すべきこと

美しさの水質指標は，大切であるが，規制の対象にならないことがある．例えば，再生水の灌漑利用の際の市民の受容(public acceptance)には，臭気管理が重要であるが，ほとんどの規制では臭気レベルを具体的に示していない．典型例として，三次処理またはこれと同等の処理をされた再生水のカビ臭は，全くないかほとんどなく，再生水が灌漑に使われてもほとんどの場合に気がつかない．しかし，配水システムで再生水が停滞すると，臭気が発生する(14章参照)．臭気の原因は，主に硫化水素によるが，処理水の硫酸イオン濃度(SO_4^{2-})が 50 mg/L を超えて，かつ化学的酸素要求量(COD)が 20 mg/L を超えると，臭気の発生が問題となってくる．したがって，この水質パラメータは，臭気対策としては規制されていないが，規制されているものと同じくらい重要であるかもしれない．

公衆衛生上考慮すべきこと

公衆衛生上で考慮すべきことは，4章に示す．再生水を利用した修景用灌漑に関係ある2つの事柄は，(1)誤接合による飲料水汚染の健康リスク，(2)灌漑中や灌漑後における再生水とその成分の人への接触，である．2003年時点で，28州がアクセス非制限地域の灌漑に対する規制か，またはガイドラインを持っており，34州では，アクセス制限地域における規制か，またはガイドラインを持っている(U.S. EPA, 2004)．特に，その基準値については，(1)最小限の処理レベル，(2)消毒，化学的水質，微生物学的水質，モニタリングの必要性，(3)離隔の確保や灌漑時間の規制による接触管理，等を含んでいる．規制やガイドラインの基本は，再生水を使用する時に接触によるリスクを最小にすることである．

処理と水質要件

水質要件は，Arizona, California, Florida, Hawaii, Nevada, Washington 等のほとんどの州で具体的になっている．通常，アクセス非制限地域での再生水利用には，ろ過と消毒を含んだ三次処理を必要とする．アクセス制限地域では，人への再生水の曝露は，比較的簡単に管理できる．したがっ

第18章　再生水による修景用灌漑

表-18.3　各州におけるアクセス非制限地域とアクセス制限地域ごとの水質要件，処理要件[a]

パラメータ	Arizona 州	California 州	Florida 州	Hawaii 州	Nevada 州	Texas 州	Washington 州
アクセス非制限地域への利用							
処理	二次処理, ろ過, 消毒	酸化[b], 凝集, ろ過, 消毒	二次処理, ろ過, 高レベル消毒	酸化, ろ過, 消毒	二次処理, 消毒	不明	酸化, 凝集, ろ過, 消毒
BOD(mg/L)	不明	不明	20(CBOD)	不明	30	5	30
TSS(mg/L)	不明	不明	5	不明	不明	不明	30
濁度(NTU)	2(平均) 5(最大)	2(平均) 5(最大)	不明	2(最大)	不明	3	2(平均) 5(最大)
大腸菌群(MPN/100 mL)	糞便性. 7日間中4日で非検出. 23(最大)	全. 2.2(7日間の中央値). 23(30日中最大)	糞便性. 検体の75％は, 検出限界以下. 25(最大)	糞便性. 2.2(7日間の中央値) 23(30日中最大)	糞便性. 2.2(7日間の平均) 23(最大)	糞便性. 20(平均) 75(最大)	全. 2.2(平均) 23(最大)
アクセス制限地域への利用							
処理	二次処理, 消毒	酸化, 消毒	二次処理, ろ過, 高レベル消毒	酸化, 消毒	二次処理, 消毒	不明	酸化, 消毒
BOD(mg/L)	不明	不明	20(CBOD)	不明	30	20	30
TSS(mg/L)	不明	不明	5	不明	不明	不明	30
濁度(NTU)	不明	不明	不明	2(最大)	不明	3	2(平均) 5(最大)
大腸菌群(MPN/100 mL)	糞便性. 200(平均) 800(最大)	全. 23(7日間の中央値) 240(30日の最大)	糞便性. 検体の75％は, 検出限界以下. 25(最大)	糞便性. 2.3(7日間の中央値) 200(最大)	糞便性. 2.3(平均値) 240(最大)	糞便性. 200(平均値) 800(最大)	全. 23(平均値) 240(最大)

[a] U.S. EPA(2004)より引用.
[b] 酸化された下水(oxidized wastewater)とは，有機物を酸化，安定化させるという処理を施した下水のことであり，溶解した酸素を含んでいる．oxidized wastewater という用語は，処理プロセスの詳細を述べなくてもすぐわかるように使われている．

て，制限地域の水質要件や求められる処理方式は，非制限地域よりも厳格でない．代表的な州の処理と水質基準について表-18.3にまとめてある．

18.2.2　修景用植物の選定

　普通，修景用植物の選定は，造園デザイナーの仕事であるが，植物の選定に当たっては，水の必要量や要求される水質が関わってくる．17章で述べたように，塩分の許容値は，植物を選択するうえで最も重要な要素である．代表的な修景用植物の塩分許容値を表-18.4に示す．その他の考慮すべき事項は，
・ホウ素や再生水に含まれる他の成分の許容値，
・水の必要量や旱魃への耐性，
・地元ゆかりの土着の植物であるかどうか．
　一般的には，再生水を用いた灌漑を行う修景用植物には，水をあまり必要とせず，塩分濃度の許容値が高いものが推奨される．水をほとんどか全く必要としない植物を用いたXeriscape[*1]という造園法は，乾燥地域や準乾燥地域で水を節約するために推奨されている．
　特定の地域で推奨される植物の種類は，気候，地質，文化等によって変わる．植物のガイドラインや推奨リストは，普通，地方の園芸店や大学の売店，市の事務所で購入できる．例えば，Florida 州

[*1] 訳者注：米国の商標.

18.2 再生水修景用灌漑システムの設計と運転についての考察

表-18-4 修景用植物の相対的塩分耐性[a]

通称	学名	塩分耐性[b]					
		非常に敏感	敏感	やや敏感	やや耐性	耐性	強い耐性
アレッポパイン(Aleppo pine)	*Pinus halepensis*				✓		
Algerian ivy	*Hedera canariensis*		✓[c]				
Blue dracaena	*Cordyline indivisa*				✓		
ブーゲンビリア(Bougainvillea)	*Bougainvillea spectabilis*					✓	
Brush cherry	*Syzygium paniculatum*					✓	
Ceniza	*Leucophyllum frutescens*					✓	
ミロバランスモモ(Cherry plum)	*Prunes cerasifera*			✓			
ブッソウゲ(Cinese hibiscus)	*Hibiscus Rose-sinensis*		✓				
Chinese holly, cv. Burford	*Ilex cornuta*	✓					
サルスベリ(Crape myrtle)	*Lagerstroemia indica*		✓				
Croceum ice plant	*Hymenocyclus croceus*						✓
Dodonaea, cv. Atropurpurea	*Dodonaea Viscosa*			✓			
European fan palm	*Chamarops humilis*				✓		
Evergreen pear	*Pyrus kawakami*					✓	
Glossy abelia	*Abelia x grandiflora*		✓				
Glossy privet	*Ligustrum lucidum*			✓			
ナンテン(Heavenly bamboo)	*Nandia domestica*		✓				
Indian howthorn	*Raphiolepis indica*			✓			
Italian stone pine	*Pinus pinea*					✓	
クロマツ(Japanese black pine)	*Pinus Thunbergiana*				✓		
ツゲ(Japanese box wood)	*Buxus microphylla var. japonica*				✓		
Japanese pittosporum	*Pittosporum Tobira*		✓				
Laurustinus, cv. Robustum	*Viburnum Tinus*		✓				
カリッサ(Natal plum)	*Carissa grandiflora*					✓	
フィリンシンカ(Orchid tree)	*Bauhinia purpurea*			✓			
セイヨウキョウチクトウ(Oleander)	*Nerium oleander*				✓		
ヒイラギメギ(Oregon grape)	*Mahonia Aquifolium*	✓					
コノテガシワ(Oriental arborvitae)	*Platycladus orientalis*				✓		
Photinia	*Photinia x Fraseri*	✓					
アナナスガヤバ(Pineapple guava)	*Feiojoa Sellowiana*		✓				
Purple ice plant	*Lamparanthus productus*						✓
Pyracantha, cv. Graberi	*Pyracantha Fortuneana*			✓			
Pyrenees cotoneaster	*Cotoneaster congestus*	✓					
バラ(Rose cv. Grenoble)	*Rosa sp.*			✓			
Rosea ice plant	*Drosanthemum hispidum*						✓
ローズマリー(Rosemary)	*Rosarius officinalis*				✓		
タイサンボク(Southern magnolia)	*Magnolia grandflora*			✓			
Southern yew	*Podocarpus macrophyllus*			✓			
ニシシギ(Spindle tree, cv. Grandflora)	*Euonymus japonica*				✓		

和名(英名)	学名	非常に敏感	敏感	やや敏感	やや耐性	耐性	強い耐性
Spreading juniper	*Juniperus chinensis*				✓		
タイワンテイカカズラ(Star jasmine)	*Trachelospermum jasminoides*	✓					
Strawberry tree, cv. Compact	*Arbutus Unedo*		✓				
モミジバフウ(Sweet gum)	*Liquidambar Styraciflua*					✓	
Thorny elaeagnus	*Elaeagnus pungens*			✓			
ユリノキ(Tulip tree)	*Liriodendon Tulipifera*		✓				
ボトルブラシ(Weeping bottlebrush)	*Callistemon viminalis*					✓	
White ice plant	*Delosperma alba*						✓
Xylosma	*Xylosma cumongest*				✓		
Yellow sage	*Lantana camara*				✓		

a　Maas(1986)より引用.
b　非常に敏感：最大電気伝導度＝0.7〜1.4 dS/m，敏感：最大電気伝導度＝1.4〜2.7 dS/m，やや敏感：最大電気伝導度＝2.7〜4.0 dS/m，やや耐性：最大電気伝導度＝4.0〜5.5 dS/m，耐性：最大電気伝導度＝5.5〜6.8 dS/m，強い耐性＞6.8 dS/m．
c　Florida 州では，Algerian ivy は，塩分に耐性のある植物に分類されている．
注）EC_w：灌漑水の電気伝導度．許容された塩分(最大電気伝導度)を超えると，植物は，葉やけ(leaf burn)を起こしたり，葉が落ちたりするとともに，発育阻害(stunting)が生じる．本表で扱っている最大電気伝導度(EC_w)は植物が許容できる電気伝導度(EC_e)の3分の2である．

St. Petersburg 市では，1980年代に再生水が修景用植物に及ぼす影響についての大規模な調査が行われていた．Project Greenleaf では，203種類の植物について再生水による灌漑の許容値を調べた(Parnell, 1988)．このプロジェクトの成果の要約は 18.7 に示す．

18.2.3　灌漑システム

再生水を用いた修景用灌漑システムは，ポンプ，流量計，配管，スプリングクラ，エミッタ(emitter)からなる配水システムと水再生プロセスで構成される．修景用灌漑システムの典型的な構成要素を表-18.5 に示す．

多くの州では，再生水の水質要件に応じて灌漑方式が指定されている．一例として，California州の再生水水質要件と灌漑方式の関係を表-18.6 に示す．再生水を用いた各種の修景用灌漑方式を表-18.7 にまとめた．そして，さらに深めた議論は，17章にある．地表用スプリンクラ(surface sprinkler)は，一般に芝生の灌漑に用いられている．マイクロスプリンクラ(microsprinkler)と点滴システム(drip system)は，高い灌漑効率を求めたり，再生水の人への接触のリスクを低くしたりするため，好んで用いられるようになってきた．特に，地表下灌漑システム(subsurface irrigation system)は，再生水の人への接触を大きく削減する．修景用灌漑によく使われているスプリンクラと点滴システムのエミッタの事例を表-18.5 に示す．

18.2.4　水の必要量の評価

植物に必要な農学的な水の必要量を算定する時の基本的な2つのパラメータは，灌漑を必要とする修景地域面積と蒸発散量である．農学的水必要量の算定方法は，農業における灌漑の水必要量と似ている(17章参照)．本章では，修景用灌漑に限った考え方について議論する．

18.2 再生水修景用灌漑システムの設計と運転についての考察

表-18.5 修景用灌漑システム構成要素のまとめ

修景用灌漑システム構成要素	説　　明
点滴ライン 直列エミッタ	点滴ラインは，耐紫外線ポリエチレンでできていて，点滴灌漑システムに使われている．エミッタは，管の外側に直列に差し込まれている．幾つかの製品では，管に生物膜が生成しないように抗菌剤をコーティングしてある．再生水を使う場合には，点滴ラインを紫色に塗るか，紫色のストライプを巻かなければならない．点滴ラインは，地表から150～300 mm (6～12 in) の深さに埋める．直列に配置したエミッタの間隔は，450～600 mm (18～24 in) で，並列に配置した点滴ラインの間隔は，200～600 mm (8～24 in) である．
遠回り流路つきエミッタ ドリップする水量は，迷路状の流路を流れる時にできる乱流で制御される	遠回り流路つきエミッタは，流れの制限される迷路状の流路を乱流状態で流れながら散水量を制御する．散水量は，ポンプの運転を変えて水圧を変化させると変わる．エミッタには，除草剤や抗菌剤をコーティングして植物の根の侵入や生物膜の発生を防ぐ機能を有するものもある．エミッタの水圧は，0.7～3 bar (10～45 lb/in^2) の範囲で使われる．
圧力補正エミッタ 点滴する水量は，オリフィスを覆い，流路の幅を調整する柔軟なダイアフラム(薄膜)で圧力補正される	内部に組み込まれたダイアフラムで圧力補正をすると，水圧変化に対して点滴水量は安定する．これらは，高さが異なる地区で使用する時に圧力補正がないと，点滴水量が位置によって変化してしまう対策として使われる．生物膜が生成して管が閉塞しても，一定程度まではダイアフラムの補正で点滴水量を維持できる．エミッタに根が侵入すると，ダイアフラムの動作を妨げる．幾つかの点滴ライン製品では，根の侵入を抑えるために除草剤をコーティングしたり，生物膜生成を防ぐために抗菌剤をコーティングしている．エミッタの水圧は，0.7～3 bar (10～45 lb/in^2) の範囲で使われる．
マイクロスプリンクラ マイクロスプリンクラヘッド	マイクロスプリンクラ，噴霧器，水ジェットは，花壇や芝生の代わりに植える装飾用の多年草 (ground cover)，果樹園等に使用できる．フルサイクルやハーフサイクル，クォーターサイクルの噴霧器は，0.7～2 bar (10～30 lb/in^2) の圧力範囲で使うことができる．流量と散水半径は，適用圧力によって変わるが，一般的な流量は110 L/h (30 gal/h) までである．
ポップアップスプリンクラ ポップアップロータ	ポップアップスプリンクラは，草や芝生の代わりに植える装飾用の多年草，花壇，潅木等に使うことができる．ロータタイプは，芝地によく使われるが，散水の半径は，3, 4, 5 m (10, 12, 15 ft) である．フルサイクル，ハーフサイクル，クォーターサイクルのスプリンクラがあり，散水を均一に行うためには飛び出るスプリンクラのヘッドは，灌漑を行う植物の高さより高くなければならない．操作水圧の範囲は，2～2.8 bar (30～40 lb/in^2) である．
スクリーンフィルタ ろ過される水　ろ過された水 微粒子は，洗い落とされて容器の下の所に集められる　水は，管状のメッシュスクリーンを内側から外側に向かって流れる	配管に直列に入れるインラインフィルタはスピンフィルタまたはボルテックスフィルタとして知られている．その構造は，ステンレス製のメッシュスクリーンとプラスチックのハウジングでできている．水は，メッシュスクリーンの内側から外側に向かって流れて微粒子を内側に残して外側に出てもとの配管に戻る．残った微粒子は，徐々に底に蓄積する．溜まった微粒子は，バルブを開けると排出できる．

第18章　再生水による修景用灌漑

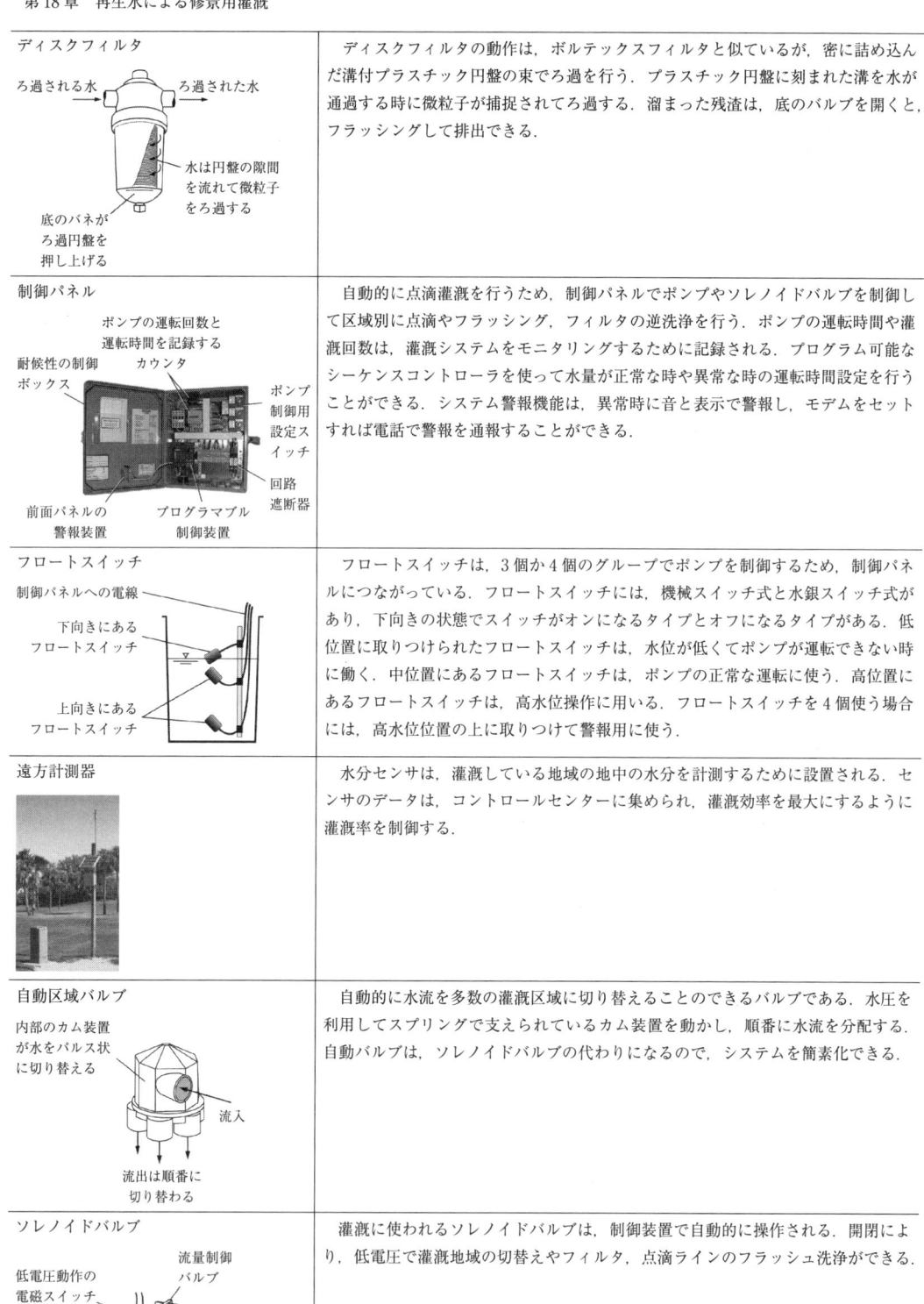

ディスクフィルタ	ディスクフィルタの動作は，ボルテックスフィルタと似ているが，密に詰め込んだ溝付プラスチック円盤の束でろ過を行う．プラスチック円盤に刻まれた溝を水が通過する時に微粒子が捕捉されてろ過する．溜まった残渣は，底のバルブを開くと，フラッシングして排出できる．
制御パネル	自動的に点滴灌漑を行うため，制御パネルでポンプやソレノイドバルブを制御して区域別に点滴やフラッシング，フィルタの逆洗浄を行う．ポンプの運転時間や灌漑回数は，灌漑システムをモニタリングするために記録される．プログラム可能なシーケンスコントローラを使って水量が正常な時や異常な時の運転時間設定を行うことができる．システム警報機能は，異常時に音と表示で警報し，モデムをセットすれば電話で警報を通報することができる．
フロートスイッチ	フロートスイッチは，3個か4個のグループでポンプを制御するため，制御パネルにつながっている．フロートスイッチには，機械スイッチ式と水銀スイッチ式があり，下向きの状態でスイッチがオンになるタイプとオフになるタイプがある．低位置に取りつけられたフロートスイッチは，水位が低くてポンプが運転できない時に働く．中位置にあるフロートスイッチは，ポンプの正常な運転に使う．高位置にあるフロートスイッチは，高水位操作に用いる．フロートスイッチを4個使う場合には，高水位位置の上に取りつけて警報用に使う．
遠方計測器	水分センサは，灌漑している地域の地中の水分を計測するために設置される．センサのデータは，コントロールセンターに集められ，灌漑効率を最大にするように灌漑率を制御する．
自動区域バルブ	自動的に水流を多数の灌漑区域に切り替えることのできるバルブである．水圧を利用してスプリングで支えられているカム装置を動かし，順番に水流を分配する．自動バルブは，ソレノイドバルブの代わりになるので，システムを簡素化できる．
ソレノイドバルブ	灌漑に使われるソレノイドバルブは，制御装置で自動的に操作される．開閉により，低電圧で灌漑地域の切替えやフィルタ，点滴ラインのフラッシュ洗浄ができる．

18.2 再生水修景用灌漑システムの設計と運転についての考察

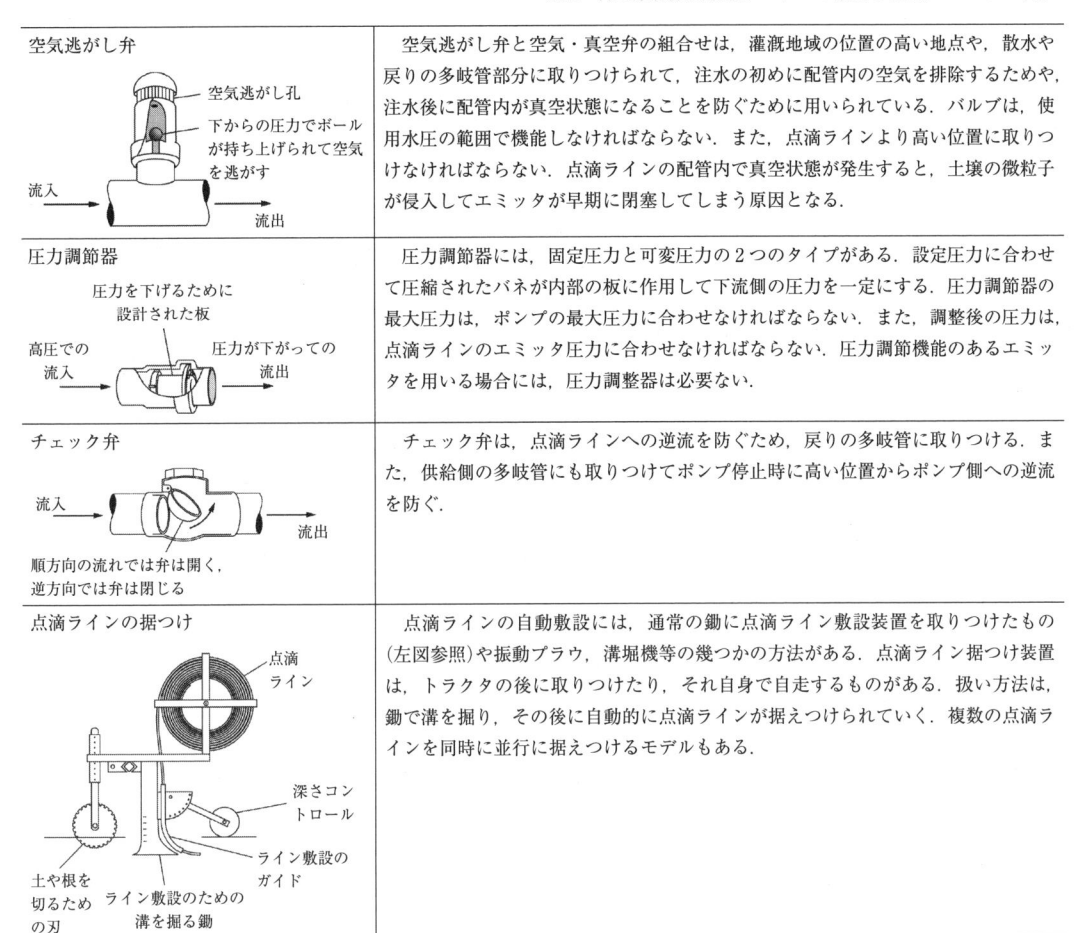

空気逃がし弁	空気逃がし弁と空気・真空弁の組合せは，灌漑地域の位置の高い地点や，散水や戻りの多岐管部分に取りつけられて，注水の初めに配管内の空気を排除するためや，注水後に配管内が真空状態になることを防ぐために用いられている．バルブは，使用水圧の範囲で機能しなければならない．また，点滴ラインより高い位置に取りつけなければならない．点滴ラインの配管内で真空状態が発生すると，土壌の微粒子が侵入してエミッタが早期に閉塞してしまう原因となる．
圧力調節器	圧力調節器には，固定圧力と可変圧力の2つのタイプがある．設定圧力に合わせて圧縮されたバネが内部の板に作用して下流側の圧力を一定にする．圧力調節器の最大圧力は，ポンプの最大圧力に合わせなければならない．また，調整後の圧力は，点滴ラインのエミッタ圧力に合わせなければならない．圧力調節機能のあるエミッタを用いる場合には，圧力調整器は必要ない．
チェック弁	チェック弁は，点滴ラインへの逆流を防ぐため，戻りの多岐管に取りつける．また，供給側の多岐管にも取りつけてポンプ停止時に高い位置からポンプ側への逆流を防ぐ．
点滴ラインの据つけ	点滴ラインの自動敷設には，通常の鋤に点滴ライン敷設装置を取りつけたもの（左図参照）や振動プラウ，溝堀機等の幾つかの方法がある．点滴ライン据つけ装置は，トラクタの後に取りつけたり，それ自身で自走するものがある．扱い方法は，鋤で溝を掘り，その後に自動的に点滴ラインが据えつけられていく．複数の点滴ラインを同時に並行に据えつけるモデルもある．

表-18.6 California 州における再生水修景用灌漑利用と灌漑方法[a]

	使用が認められた再生水の条件			
利用	消毒した高度処理	消毒した二次処理 大腸菌群数 2.2/100 mL	消毒した二次処理 大腸菌群数 23/100 mL	消毒しない二次処理
公園，遊園地，校庭，住宅，宿泊施設付ゴルフ場	噴霧器，点滴，散水	不許可	不許可	不許可
アクセス制限ゴルフ場，墓地，高速道路修景用	噴霧器，点滴，散水	噴霧器，点滴，散水	噴霧器，点滴，散水	不許可
商業用の装飾植物	噴霧器，点滴，散水	噴霧器，点滴，散水	噴霧器，点滴，散水	不許可

[a] Tchobanoglous *et al.*(2003) より引用．

修景蒸発散量

修景地域における蒸発散量(evapotranspiration)に影響を与えるものとして，(1)植物の種類，(2)植生の密度，(3)修景地域の微気候(microclimate)，がある(University of California and State of California, 2000)．作物係数 K_c(crop coefficient)は，農業における灌漑でこれらの効果を説明するために用いられている．修景用灌漑では，作物係数の代わりに修景係数 K_L が用いられている．修景係数は，式(18.1)で定義される．

第18章　再生水による修景用灌漑

表-18.7　修景用灌漑に用いられる灌漑方法

灌漑方法	人との接触可能性	人との接触の主な原因	人との接触の管理対策	その他の所見
スプリンクラ	普通	誤飲，エアゾルの吸入，灌漑している表面に触れることによる間接的な接触	灌漑のタイミング，パブリックアクセスから緩衝ゾーンを設ける	比較的低コスト，閉塞の問題なし，高い水圧が必要
点滴	低い	灌漑している表面に触れることによる間接的な接触	再生水灌漑の表示	低い水圧でよい，閉塞がある
地中点滴	なし	灌漑システムを不適切に設置すると点滴と同じ接触レベルになる	再生水灌漑の表示	低い水圧でよい，閉塞がある，設置コスト，管理コスト共に比較的高い，土壌のクラックや浅すぎる据つけは地表での人との接触の原因になる

$$K_L = K_s \times K_d \times K_{mc} \tag{18.1}$$

ここで，K_L：修景係数，K_s：植物種要素，K_d：植生密度要素，K_{mc}：微気候要素．

それぞれの係数，要素の典型的な範囲は，表-18.8にまとめてある．芝生の灌漑については，一般的な作物係数が使われている(表-17.21参照)．しかし，均一に植物が植えられている農業と違い，修景地域には何種類もの異なった植物が混在して植えられているので，厳密に扱う時には，修景係数を変えなければならない．修景係数を算定する式(18.1)の方法は，概算であり，正確な修景係数を得るには，経験の豊富な専門技術者の判断が欠かせない．

修景蒸発散量 ET_L (mm/d)は，次のように定義される．

$$ET_L = K_L \times ET_0 \tag{18.2}$$

ここで，K_L：修景係数，ET_0：基準蒸発散量(mm/d)．

修景係数の算出は，例題18-1に示す．

表-18.8　修景係数要素の代表値[a]

値	植物種要素[b] K_s	植生密度要素 K_d	微気候要素 K_{mc}
高	0.7〜0.9	1.1〜1.3	1.1〜1.4
普通	0.4〜0.6	1	1
低	0.1〜0.3	0.5〜0.9	0.5〜0.9
非常に低	<0.1		

[a] University of California and State of California(2000)より引用．
[b] 植物種要素は，一年を通じて季節とともに変わる．特に落葉種の変化は大きい．

事例18-1　修景係数の算出

California州南部の沿岸地域にある公園におけるブーゲンビリア(bougainvillea)やcoyote brush，セイヨウキョウチクトウ(oleander)，purple hopseed，オリーブ(olive trees)等の混在した植生の修景係数を算出せよ．修景用の植物は，地面を埋め尽くし，終日太陽にさらされている．この場所の風は普通である．

解　答

1. 植物種要素 K_s の値を選ぶ．
　　植物の種類は，水の必要の低いものに分類される．表-18.8から，水の必要の低い植物種要素は 0.1〜0.3 の範囲にある．この例では，植物に対するこれ以上の情報はないので，K_s には中間の 0.2 を採用した．
2. 植生密度要素 K_d の値を選ぶ．

> 各種の植物が植生の層をなして地表をくまなく覆っているので，植生密度要素は，高い範囲にある．平均の K_d の値は，表-18.8から1.2を選んだ．
> 3. 微気候要素 K_{mc} の値を選ぶ．
> 　微気候要素は，修景地域の特定な気候条件を表している．この場所の気候は，暑くもなく寒くもなく，乾燥してもいないし，湿潤でもない．したがって，表-18.8から1.0を選んだ．
> 4. 修景係数 K_L の計算する．
> 　修景係数 K_L は，式(18.1)を用いて以下のように表される．
> $K_L = K_s \times K_d \times K_{mc} = 0.2 \times 1.2 \times 1.0 = 0.24$
>
> **解　説**
> 　水の必要量の算定は，農業灌漑ほど正確ではない．なぜなら，(1)植物の産出は，農業ほど重要ではない，(2)混在した植生の水の必要量を算出するのは難しい．

灌漑効率

　植物の表面や地表へ過度に撒かれた水は，水が効果的に使われる前に蒸発して失われてしまう可能性がある．水は，地表を流れて修景地区の外に流れ出してしまう形でも失われる．17章で定義したように，灌漑効率(irrigation efficiency)は，その土地に散布した水のうち有効に使われたものの比率である[式(17.9)参照]．灌漑効率に影響を与える要素は，
- 水散布の均一性，
- 灌漑方式による水損失，
- 送水システムによる水損失，
- 水散布流量とタイミング．

　灌漑システムは，灌漑効率を最大にするように設計して運用する必要があるが，避けられない水の損失は，水の必要量を算出する時には考慮しなければならない．いろいろな修景用灌漑方式における考慮すべき水の損失を表-18.9に示す．修景地域の灌漑効率を算出するのは難しく，標準的な方法はない．実際，灌漑効率は，灌漑システムを設計した時の数字と実行した結果の数字を照らし合わせて評価される．もし，似た機能の修景場所が近くにあれば，灌漑効率は，既存の場所で流量を計測したり，蒸発散量を算定したりして決めることができる．良く設計して良く運営すれば，80〜90%の灌漑効率が得られる．修景地域の典型的な灌漑効率は，65〜90%の間にある(University of California and State of California, 2000)．

　灌漑効率が与えられると，式(17.6)を整理して，トータルの水散布量 F_f が次のように計算できる．

$$F_f = F_b / E_i \times 100 \tag{18.3}$$

ここで，F_f：農学的水必要量(mm/単位時間)，F_b：有効使用水量(mm/単位時間)，E_i：灌漑効率(%)．

表-18.9　修景用灌漑利用において水損失に影響を与える要素

灌漑方法	不適切な水管理[a]	植物表面からの蒸散	地表からの蒸発	水面からの蒸発[b]	流出または浸透	輸送システムからの漏水
スプリンクラ	✓	✓	✓	✓	✓	✓
小規模灌漑	✓	✓	✓		✓	✓
地表下	✓				✓	✓

[a] 不適切な水管理には，不必要な水散布や過度な水散布が含まれ，地下水位は高すぎたり低すぎたりする．
[b] 水面からの蒸発は，水が過度に散布されて水溜りが生じることによる．

修景地域の農学的に必要な水量は，式(18.3)を用いて月ごとに算出される．式(18.3)の有効使用水量は，式(18.2)で与えられた修景用蒸発散量 ET_L に一致する．農学的に必要な水量の求め方は，**例題18-2**に示す．

例題18-2 農学的水必要量の決定

例題18-1のオフィス系施設との複合公園は，4 ha の灌漑地域を有している．公共のデーターベースから得られる月ごとの蒸発散量と降水量を使って，次の条件のもとに合計の散布水量を算出せよ．

1. リーチング必要量（leaching requirement；LR）は，灌漑水量の11%．
2. 蒸発散量より降水量の方が多い月は，灌漑は必要ない．
3. 1年を通して，単位散布効率は，80%．
4. 修景係数は，**例題18-1**（$K_L = 0.24$）を使用する．

月	基準蒸発散量 ET_0(mm/mo)	降水量 P(mm/mo)
1	510	110
2	610	750
3	910	180
4	1 090	18
5	1 470	3
6	1 220	0
7	1 520	0
8	1 440	1
9	1 100	0
10	780	38
11	560	75
12	390	250

解　答

1. 計算表を整え，**例題18-1**と式(18.2)の修景係数を使って灌漑地域に対する蒸発散量を計算する．例えば，1月の蒸発散量は，

   $ET_L = K_L \times ET_0 = 0.24 \times (510 \text{ mm/mo}) = 120 \text{ mm/mo}$

2. 各月の水の収支［下表(d)］を得るため，計算した蒸発散量［下表(b)］から降水量［下表(c)］を減じる．

3. 各月の最小灌漑水量［下表(e)］を決める．降水量が蒸発散量を上回っていれば，灌漑水量は，0になる．

月	基準蒸発散量 ET_0(mm/mo) (a)	灌漑地域に対する蒸発散量 ET_L(mm/mo) (b)	降水量 P(mm/mo) (c)	$ET_L - P$(mm/mo) (d)	最小水必要量(mm/mo) (e)
1	510	120	110	10	10
2	610	150	750	−600	0
3	910	220	180	40	40
4	1 090	260	18	242	242
5	1 470	350	3	347	347
6	1 220	290	0	290	290
7	1 520	360	0	360	360
8	1 440	350	1	349	349
9	1 100	260	0	260	260
10	780	190	38	152	152
11	560	130	75	65	65
12	390	94	250	−156	0

4. 水理学的負荷率 $L_{W(1)}$ を決める。$L_{W(1)}$ は，以下の方程式で定義されている［式(17.12)参照］．
   $L_{W(1)} = NR/(E_i/100) = (ET_L - P) \times (1 + LR/100) \times (100/E_i)$
   ここで，NR：正味の灌漑水量(mm/mo)，E_i：灌漑効率(％)，ET_L：修景蒸発散量(mm/mo)，P：降水量(mm/mo)，LR：リーチング必要量(％)．
   a. $(1 + LR/100)$ の項の値を決める．
      リーチング必要量(LR)11％は，問題で与えられていた．
      $1 + LR/100 = 1 + 11/100 = 1.11$
   b. $(100/E_i)$ の項の値を決める．
      単位散布効率の80％は，問題で与えられていた．
      $(100/E_i) = 100/80 = 1.25$
   c. 以上の値を使って，式(17.12)から毎月の水理学的負荷率を決める．例えば，6月の水力学的負荷率は，
      $L_{W(1)} = (ET_L - P) \times (1 + LR/100) \times (100/E_i) = (290 \text{ mm} - 0) \times 1.11 \times 1.25 = 402 \text{ mm}$
      結果は，下表(g)に示す．
5. 修景地域に灌漑する毎月の必要な水量を計算する．毎月の必要な水量は，灌漑率(irrigation rate)[*2] に灌漑面積を乗ずる．例えば，6月の必要な水量 V は，
   $V = (灌漑率) \times (灌漑面積) = 402 \text{ mm} \times 4 \text{ ha} = (402 \times 10^{-3} \text{ m}) \times (4 \times 10^4 \text{ m}^2) = 16.1 \times 10^3 \text{ m}^3$
   計算結果は，下表(h)に示す．

月	最小水必要量(mm/mo)(f)	灌漑水必要量(mm/mo)(g)	合計水量(10^3m^3/mo)(h)
1	10	14	0.6
2	0	0	0
3	40	56	2.2
4	242	336	13.4
5	347	481	19.2
6	290	402	16.1
7	360	500	20
8	349	484	19.4
9	260	361	14.4
10	152	211	8.4
11	65	90	3.6
12	0	0	0
合計	—	2 935	1 17.3

18.2.5 散布の流量と灌漑のスケジュール

再生水を用いた灌漑において，灌漑水を散布する割合やタイミングを決める時に最初に考慮すべきことは，
・農学的水必要量，

[*2] 訳者注：水理学的負荷率．

第18章 再生水による修景用灌漑

・配水のピーク量と供給能力，
・再生水の市民への接触．

　再生水を都市の修景地域において地上で散布(17.3参照)する場合は，市民への再生水の接触を最小限に抑えるため，多くの地域で，夜遅くか朝早く(例えば，午後9時から午前6時)に制限されている．この結果，配水量のピーク時間は，夜間になり，低流量(または0)の時間は，残りの時間帯になる．もし，再生水の配水システムが複数箇所の灌漑場所で同時に起こるピーク流量条件に応じられず，短い時間でも供給圧力が足らなくなるようなことがあれば，その場合，それぞれの場所での灌漑時間を変えることによって灌漑水需要ピークを減ずることが可能である．公園や運動場の灌漑時間は，灌漑をした後の朝方，利用者にどれだけ濡れた状態を受け入れられるかに左右される(Young et al., 1998)．都市の修景場所の多くは，再生水配水幹線配管が接続されており，灌漑の時間割を決める時は，再生水配水システムのピーク流量供給能力や貯留の必要性，他の再生水利用場所の需要動向を考慮しなければならない．再生水配水システムの詳細は，14章に示されている．

18.2.6 需給バランスの管理

　一般的に，下水の流入は，1年を通じてかなり一定であり，そのため再生水の供給も同じように1年を通じて安定的に供給できる状態にある．しかし，修景用灌漑のための再生水の需要は，灌漑地域の気象条件で大きく変動する．再生水の需給バランス(demand-supply balance)は，貯留と流量の均等化，他の水源による供給増加，余った再生水の他への転用[例えば，地下水涵養(groundwater recharge)]や水路への導水で管理される．水路への導水ができない場合，余った再生水は，灌漑地域で利用する必要があるので，地下浸透率(water infiltration rate)に割り当てる[式(17.13)参照]．

貯留施設

　貯留施設(storage facilities)は，水再生施設か修景灌漑場所の近くにあることが多い．ゴルフ場では，池が灌漑水の貯留施設として使われている．蓋付きの貯留施設や地下貯留施設は，普通の池より高コストであるが，好評で増える傾向にある．蓋付き貯留施設や地下貯留施設の利点は，(1)蒸発の損失がない，(2)藻の成長の可能性が低い，(3)臭気発生が少なくなったり，またはなくなる，(4)目に見えることが少ない，特に地下貯留の場合，(5)再生水へ人々が近付くことがない，(6)雨水の流入がない，等である．貯留施設の詳しい検討は，14，17章にある．

その他の需給問題

　需給バランスに対して貯留施設が不足している場合には，灌漑のピーク流量時に他の水源(例えば，飲料水)を使うことやピーク以外の時間に余った再生水を放流したり，他の需要へ再生水を転用していることを見直さなければならない．例えば，Arizona州Scottsdale Water Campusの余った再生水は，精密ろ過と逆浸透の膜処理を行い，帯水層より上の通気層に注入して帯水層に地下水涵養している(22章参照)．灌漑に再生水以外の水源も一緒に使う場合には，修景用植物の管理に必要である肥料と同じように，他の水源の塩分やナトリウム分をモニタする必要がある(17章参照)．

18.2.7 維持管理の問題

　再生水による修景用灌漑システムの適切な維持管理(operation and maintenance；O&M)は，再生水の配水を確かなものにするうえで基本的な事項である．再生水を配水するうえで灌漑システムは，次の固有の維持管理の問題がある．

・灌漑設備の目詰まり防止，

- 表流水流出の管理，
- 再生水成分の短期間での影響についての管理，
- 再生水成分による土壌や植物，環境に対する長期間の影響の緩和.

　再生水成分の短期間での影響には，塩分やナトリウム分による問題，特定イオンの毒性，スプリンクラ灌漑(sprinkler irrigation)による葉の損傷(foliar damage)，栄養分の地下水への影響等がある．場合によっては，再生水による臭気に対して，再生水の利用者や市民から苦情が寄せられることがある．再生水成分による長期間の影響には，塩分や他の成分の土壌や地下水への蓄積の問題等がある．地形的な条件によっては，連続した灌漑は，地下水位(depth of water table)を変えることになるかもしれない．

エミッタ目詰まりの管理

　水の利用効率が高いので，マイクロスプリンクラや点滴灌漑システム(drip irrigation systems)は，農業や修景用灌漑分野で好評である．しかし，これらのシステムは，高水圧で大容量のスプリンクラに比べてエミッタの目詰まり(emitter clogging)が発生しやすい．エミッタの目詰まりは，再生水水質，ろ過，エミッタデザイン，適切な維持管理等により防止しなければならない(Tajrishy et al., 1994)．エミッタの物理的，化学的，生物学的閉塞要因は，表-18.10 にまとめられている．点滴エミッタの目詰まり危険度は，表-18.11 に示してある．再生水の利用箇所に設置できる各種のろ過装置は，修景用灌漑システムに有効である．一般的に使われているろ過装置の例を図-18.3 に示す．修景用灌漑に使われているろ過装置は，使用流量が少ないので，総じて農業灌漑用より小さい(17 章参照)．目詰まりの3大原因を以下に示す．

カルシウムとマグネシウム　　重炭酸塩(bicarbonate)濃度が 2.0 meq/L[*3] 以上，pH が 7.5 以上であると，カルシウムや鉄分が溶液から析出(precipitation)する．析出は，灌漑している際，エミッタ大気開放部で水が残っている場所で水が蒸発して起こる．この結果，ミネラルは濃縮される．アンモニアの添加は，pH をよりアルカリ性にしてカルシウムやマグネシウムの析出を促進する(Keller and Karmeli, 1975)．

細菌と藻類　　再生水の内部での生物の成長は，再生水配水や貯留システムにとって重大な問題である．再生水配水管内の残留塩素は，モニタして一定値に保たなければならない．塩素濃度レベルは，修景用植物(表-17.5 参照)への利用や他の再生水用途において塩素による損傷を防ぐため，モニタし，制御しなければならない．再生水配水管は，管内の生物の成長を防ぐため，定期的に塩素による洗浄をすることがある．藻類は，再生水が開放型貯水池に貯留されると，急激に成長する．再生水プロセスに栄養塩除去を組み込むと，藻類の成長を劇的に抑えることができる．藻類の成長は，貯水池に蓋をしたり，管材料を透明から黒に変えたりすると防ぐことができる．硫酸銅は，ゴルフ場等の蓋のない池での藻類対策で用いられてきた．しかし，銅イオンは毒性があるので，硫酸銅の使用は減少傾向にあり，除草剤の利用が増えている．

鉄酸化細菌　　鉄の溶解状態である第一鉄イオン(ferrous ion)(Fe^{2+})は，鉄酸化細菌(ironoxidizing bacteria)のエネルギー源である．第一鉄イオンが酸素や鉄酸化細菌に曝されて酸化すると，第二鉄イオン(ferric ion)(Fe^{3+})になり，水酸化第二鉄(ferric hydroxide)$[Fe(OH)_3]$が析出する．鉄イオン濃度が 0.2 mg/L 以上で，典型的な pH(4.0〜8.5)(Nakayama and Bucks, 1991)の時，鉄酸化細菌の成長とその結果としての水酸化第二鉄の析出が閉塞の原因となることがある．

表流水への流出制御

　人体への接触や環境汚染をなくすためと水の損失を防ぐため，修景地域からの表流水流出は，最小

[*3] milliequivalents per liter. meq はミリグラム当量と表す.

第18章　再生水による修景用灌漑

表-18.10　エミッタ目詰まりの物理的，化学的，生物学的要素[a]

閉塞の理由	管理方法
物 理 的	
無機物質	微粒物質除去用フィルタの使用
砂（50～250 μm）	
シルト（2～50 μm）	
粘土（＜2 μm）	
有機物質	配水管の定期的なフラッシングと定期的な塩素殺菌
水生植物	
植物性プランクトン，藻類	
水生動物	
動物プランクトン，巻貝	
バクテリア	
プラスティック切りくず，潤滑剤残渣	使用前の検査とフラッシング
化 学 的	
アルカリ土類，重金属イオン	pHを5.5～7.0に保持
カルシウム	次亜塩素酸ナトリウムを添加
マグネシウム	貯水池が平衡に達するまで灌漑水をエアレーションする
鉄	
マンガン	
陰イオン	析出またはキレート化
炭酸塩	塩素による析出（Cl_2）：0.64×第一鉄イオン濃度
水酸化物	塩素によるマンガン析出：1.3×Mn濃度
シリカ	
硫化物	
化学肥料原料	水再生施設での栄養物除去
アンモニア水	
鉄	
銅	
亜鉛	
マンガン	
リン	
生物学的	
藻類	塩素処理
細菌	藻類：連続で残留塩素濃度0.5～1.0 mg/L，または灌漑サイクルごとに20分間で残留塩素濃度20 mg/L
糸状菌	
スライム	鉄酸化細菌：1 mg/Lまたは鉄イオン濃度以上
微生物学的沈着	遊離残留塩素濃度1 mg/L保持
鉄	配水システムの定期的なフラッシング
マグネシウム	
硫黄	

[a] Bucks et al.(1979)，USDA(1987)より引用．

限にする必要がある．表流水流出は，通常は水の浪費であり，排水許可の対象になり得ると考えられている．表流水流出をなくすには，適切な灌漑方法の選定と灌漑率の制御の2つがある．円周の一部分だけ散水できるスプリンクラは，修景地域の区域外への散水を防ぐことができる．点滴灌漑や地表下灌漑システムも不要な散水を防ぐことができる．灌漑率は，灌漑土壌の浸透率（infiltration rate）を超えないように設定すべきである．灌漑地域で浸透率が変化する時は，灌漑率は，浸透率の最小限の

表-18.11 水質によるドリップ吐出孔閉塞可能性[a]

閉塞要素	障害の度合い		
	軽い	普通	重い
物理的			
全浮遊質(mg/L)	< 50	50～100	> 100
化学的			
pH	< 7.0	7.0～8.0	> 8.0
全溶解性蒸発残留物(mg/L)	< 500	500～2 000	> 2 000
マンガン(mg/L)	< 0.1	0.1～0.5	> 0.5
全鉄イオン(mg/L)	< 0.2	0.2～1.5	> 1.5
硫化水素(mg/L)	< 0.2	0.2～1.5	> 1.5
生物学的			
細菌数(個/mL)	<10 000	10 000～50 000	>50 000

[a] Nakayama and Buchs(1991)より引用.

図-18.3 修景用灌漑で使われている再生水のろ過装置．(a)ゴルフ場等の大規模灌漑に使われているフィルタ，(b)商業施設や個人住宅の再生水配水管に使われているディスクフィルタ

値で設定されるべきである．過剰な灌漑水は，排水システムで集めて表流水流出をなくするように管理すべきである．

塩分とナトリウム分の問題

　大部分が塩化ナトリウム(sodium chloride)である塩分は，植物によって，また蒸発でほとんど消費されない．17章で述べたように，蓄積された塩類(salt)は，塩分問題やナトリウム分問題の原因になる．再生水を利用した修景用灌漑システムにおいて有用な管理上の選択肢は(USDA, 1993)，
・再生水を塩分の少ない河川水や地下水，飲料水と混ぜる，
・塩分に耐性のある植物(salt-tolerant plant)を使う，
・根の部分の塩分を大量の水で洗い流す，
・石膏(gypsum)等の化学薬品で土壌の化学的性質を改良する，
・排水システムを設置して塩分を多く含んだ水を人為的に排除する．

　再生水灌漑場所の土壌の透水性を改善するため，化学薬品で土壌の性質を改良することはよく用いられている．石膏[硫酸カルシウム(calcium sulfate)($CaSO_4$)]は，価格が安いこと，使いやすさ，効果の良さの理由で土壌の透水性を改善するためによく用いられている．灌漑水の塩分濃度が低い場合やナトリウム吸着比(sodium adsorption ratio；SAR)が高い場合には，化学薬品の使用は，効果的であることが多い(**17章**参照)．

具体的なイオン毒性(ion toxicity)

17章で述べたように，土壌に蓄積されて毒性を示す一般的なイオンは，ナトリウム，塩素，ホウ素である．再生水の中に，銅，ニッケル，亜鉛，カドミウム等の重金属イオンが見出されるかもしれない．再生水の中には僅かな量が残っているにすぎない．これらの重金属イオンは，長期間には植物に対して毒性を示すことがあるかもしれないが，農業用灌漑利用の場合と違い，植物の繊維に蓄積された重金属が公衆衛生に影響を与えることはない．

葉への損傷の管理

修景用植物の葉への損傷は，スプリンクラ灌漑水の塩分濃度が上昇することや，鉄欠乏(鉄クロロシス)(iron chlorosis)等，灌漑水の基本的ミネラルが不足すると生じる．再生水を利用したスプリンクラ灌漑における葉の損傷は，水道水利用の場合より目立っている．米国南西部の乾燥地帯によく植えられている観賞用植物の中で，オリーブ，mesquite，アレッポパイン(Aleppopine)，Mondell pine，African sumac，イタリアカケマツ(Stone pine)，Raywood ash 等は，再生水を利用したスプリンクラ灌漑による葉への損傷には比較的に強い．塩分起因の葉の損傷に敏感な Modesto ash や Chinese pistache への散水は，再生水を用いたスプリンクラ灌漑システムは避けるべきである(Jordan *et al.*, 2002)．低い位置の散水ができるスプリンクラ，マイクロスプリンクラ，点滴灌漑システムは，再生水が葉に接触する機会を減らすことができるので，潅木や樹木の葉の損傷を削減できる．

18.3 再生水によるゴルフ場の灌漑

再生水の修景用灌漑のうち，ゴルフ場の灌漑の使用量が最も多い．米国のゴルフ場の平均面積は，61 ha(150 ac)であり，このうち灌漑が必要なのは，32～40 ha(80～100 ac)というのが一般的である．ゴルフ場の灌漑に必要な水量は，気候条件によって大きく異なるが，一般的な年間使用量は，東海岸で $190～230×10^3 m^3$ (50～60 Mgal)，南西部で $300～380×10^3 m^3$ (80～100 Mgal)である．ゴルフ場の灌漑に必要な水量は大きいため，再生水が利用可能な幾つかの州では，再生水の利用が指定されており，問題なく利用できる．

本節で議論される項目には，(1)水質と農学的考慮，(2)再生水の供給と貯留，(3)配水システムの設計，(4)浸出，排水，流出，(5)ゴルフ場灌漑システムの計画，設計で考慮されるべきその他事項が含まれている．

18.3.1 水質と農学的考慮

再生水による典型的なゴルフ場の灌漑システムの主要な構成要素は，図-18.4 に示すとおりである．ゴルフ場の再生水灌漑システムの計画，設計において農学的に考慮すべきことは，(1)水質，(2)芝の選定，(3)灌漑方法の選択である．これらの問題は，建設後よりもむしろ新しいゴルフ場の灌漑システムの設計段階で考慮されるのであれば，より容易に対応可能である．

水　質

再生水の水質は，本章で既に述べたように，農学的な条件かつ規制として求められる条件に合致しなければならない(17章も参照)．ゴルフ場が再生水の主要な利用者であるならば，ゴルフ場に特に要求される水質に合う再生水の処理プロセスが選択されることになる．あるいは，その水質は，オンサイト処理システム(onsite treatment system)によって調整されることになる．よくある再生水のオンサイト調整には，pH調整(一般的には6.5～8.4)，腐敗防止，SAR調整等がある．例えば，

California 州 Daly 市の再生水施設では，近くのゴルフ場のための水量調整用貯水池へ配水される前に，石膏が SAR を調整するために再生水に添加される．再生水の配水管の始端に肥料が添加されることもある（図-18.5 参照）が，芝生や他の修景用植物に必要な肥料は，直接施用されることの方が一般的である．肥料の施用速度は，再生水が相当量栄養物を含む場合には調整されるべきであるが，再生水中の栄養物の肥料効果分が無視され，肥料の施用過多という結果になることがよくある（Tanji *et al.*, 2006；17 章も参照）．

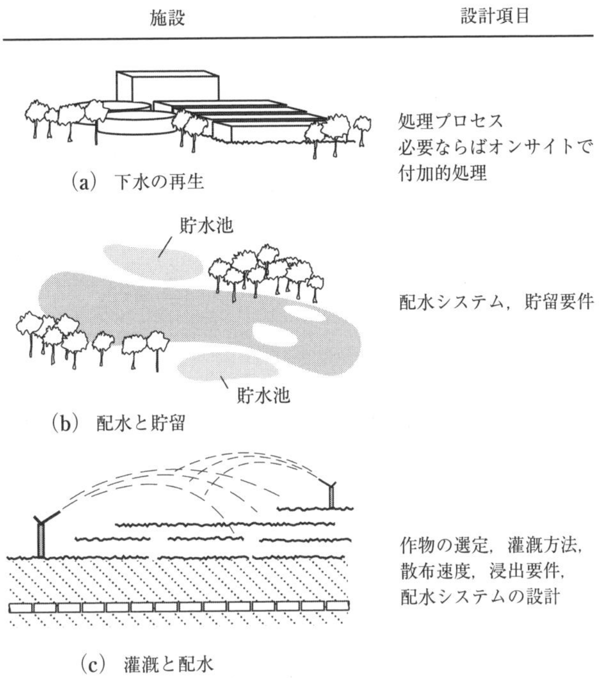

乾燥地域では，根の部分の塩分レベルを維持するために再生水から土に浸出する塩分を制御することは難しく，結果として乾季の終わりには塩分が増加することが多い．通常，季節的な降水により根の部分の塩分レベルを低く維持することができる．しかし，再生水による灌漑によって塩分レベルが経年的に上昇するようであれば，付加的な管理手段をとる必要がある．灌漑期を通して塩分レベルを低くするため，再生水と塩分濃度の低い他の水源の水とが混合されたり，根の部分の過剰な塩分を流すため，定期的に塩分濃度の低い水が利用されることがある．

施設	設計項目
(a) 下水の再生	処理プロセス 必要ならばオンサイトで付加的処理
(b) 配水と貯留	配水システム，貯留要件
(c) 灌漑と配水	作物の選定，灌漑方法，散布速度，浸出要件，配水システムの設計

図-18.4 ゴルフ場灌漑システムの主要構成要素

図-18.5 再生水配水管に取りつけられた肥料供給管

芝生の選定

芝生の選定で最も留意すべき事項は，再生水の塩分レベルである．たいていの芝生は，土壌水の塩分が 3 dS/m（TDS = 1 920 mg/L）以下であれば，あまり影響を受けない．しかしながら，灌漑に対する再生水の適合性は，場所特有の条件を考えて評価されなければならない（Harivandi *et al.*, 1992）．芝生の塩分耐性は，表-18.12 に報告されている．塩分に敏感な芝生の種類，例えば，アニュアルブルーグラス（Poa annua）は，再生水が芝生の灌漑に利用されるような場合は避けられるべきである．他の典型的な修景用植物の塩分耐性については，18.2 で述べた．また，その塩分耐性評価については，表-18.4 に示されている．グリーンやティーグラウンドの芝生は，人の行き来が多く，低く刈られているため，灌漑の水質に敏感である．上水の利用や再生水に上水を混合することは，再生水の成分による悪い影響がグリーンやティーグラウンドの芝生に見られた場合に必要とされる．

灌漑方法の選択

ゴルフ場で一般に使われる灌漑方法は，スプリンクラ，地表点滴システム（surface drip system）または地表下点滴システム（subsurface drip system）である．最も一般的な再生水による芝生の灌漑

第18章 再生水による修景用灌漑

表-18.12 一般的な芝の塩分耐性の評価[a, b]

	一般名 (学名)	耐性[c]			
		敏感	やや敏感	やや強い	強い
寒地型西洋芝	アルカリグラス(*Puccinellia* spp.)				✓
	アニュアルブルーグラス(*Poa annua* L.)	✓			
	アニュアルライグラス(*Lolium multiflorum* Lam.)		✓		
	チューイングスフェスク(*Festuca rubra* L. spp. *Commutate Gaud.*)		✓		
	コロニアルベントグラス(*Agrostis tenuis* Sibth.)	✓			
	クリーピングベントグラス(*Agrostis palustris* Huds.)		✓		
	クリーピングベントグラス，シーサイド			✓	
	クリーピングレッドフェスク(*Festuca rubra* L. spp. *rubra*)		✓		
	フェアウエイウイートグラス〔*Agropyron cristatum*(L.)Gaertn.〕			✓	
	ハードフェスク(*Featuca longifolia* Thuill.)		✓		
	ケンタッキーブルーグラス(*Poa pratensis* L.)	✓			
	ペレニアルライグラス(*Lorium perenne* L.)			✓	
	ラフブルーグラス(*Poa trivialis* L.)	✓			
	スレンダークリーピングレッドフェスク，ドーソン(*Festuca ruba* L. spp. *trichophylla*)			✓	
	トールフェスク(*Festuca arundinacea* Schreb.)			✓	
	ウエスタンウイートグラス(*Agropyron smithii* Rydb)			✓	
暖地型西洋芝	バハイアグラス(*Paspalum notatum* fluegge)		✓		
	バミューダグラス(*Cynodon* spp.)				✓
	ブルーグラマ〔*Bouteloua gracilis*(H.B.K.)Lag.exsteud.〕			✓	
	バッファローグラス〔*Buchloe dactyloides*(Nutt.)Engelm.〕			✓	
	センチピードグラス〔*Eremochloa ophiuroides*(Munro)Hackel	✓			
	シーショアパスパラム(*Paspalum vaginatum* Swartz)				✓
	セントオーガスチングラス〔*Stenotaphrum secundatum*(Walter)Kuntze〕				✓
	ゾイシアグラス(*Zoysia* spp.)			✓	

[a] Harivandi *et al.*(1992)より引用.
[b] 評価はその芝を育てたり維持する上での一般的難しさを示しているにすぎない．これらの芝が良い生育条件や最適な世話を得た場合はもっと高い塩分耐性を示すことがある．
[c] 土壤水の電気伝導度に基づいている(EC$_e$)．敏感：<3 dS/m　やや敏感：3~6 dS/m　やや強い：6~10 dS/m　強い：>10 dS/m

方法は，スプリンクラによる散布である．地表下灌漑(subsurface irrigation)は，灌漑効率が高く，再生水が人に接触することが希であるため，特に樹木やグリーンに対して普及しつつある．

固形物によるスプリンクラヘッドの閉塞は，高度処理された再生水中で一般的に見られるSS濃度レベルで，その粒径が小さく抑えられている場合，大きな問題になることはない．しかし，18.2で述べたように，地表または地表下点滴灌漑システムのエミッタの閉塞を防ぐためには，適切な管理手段をとる必要がある(**17.4も参照**).

ゴルフ場内全体の灌漑システムは，遠隔システムや中央制御室によって制御されることが多い(**表-18.5参照**)．湿気感知器(moisture sensor)は，制御弁に近接して設置され，灌漑のタイミングや量が最適となるように制御される．灌漑は，一般的にゴルファーがいない夜間や早朝に制約されるが，ゴルファーがプレーを始める前に芝が乾く必要があるためである．

18.3.2 再生水の供給と貯留

再生水の農学的散布速度(agronomic application rate)は，18.2，さらに詳細は17章で述べたように，ET_0(基準蒸発散量)やリーチング必要量によって決定される．再生水の配水システムの容量は，14章で述べたように，必要なピーク流量に基づいて設計される．水再生施設とゴルフ場との位置関係によっては，ゴルフ場への再生水の専用配水管を設置することも可能である．再生水貯留施設は，1日の需要や季節的な需要に対する再生水の供給を確実なものとするために必要とされることがある．

再生水の貯留には，湖や池を使うことができる．ゴルフ場にこれらを設けることによって，ゴルファーにとっては挑戦すべき障害物となる．ゴルフ場が灌漑に再生水を利用し，過剰な再生水を流出させることのできる表面水域が近くにない場合は，生産された再生水のすべてがゴルフ場で利用されることを確実なものとするため，付加的に貯留が必要となる(Terrey, 1994)．幾つかのゴルフ場では，湖や池は，雨水の表面流出水も集める．降水量の多い時には，再生水を含む池の水が溢れることもある．再生水の貯水池は，雨水収集システムとしても機能するので，ゴルフ場は，NPDES(National Pollutant Discharge Elimination System)の許可を要することがある．また，池は，雨水に対する貯留量を増加するように設計されたり改修されたりすることがある(図-18.6参照)．再生水の需要量に基づいて算出される貯留量は，14，17章で述べられている．

ゴルフ場の湖や池の維持管理で重要なのは，藻類の増殖を抑制することであり，ゴルフ場の設計段階で考慮されるべきである．湖の藻類増殖を抑制する手段は，表-18.13に述べられている．

図-18.6 ゴルフ場の再生水貯水池が100年降水確率の流出水を保持できるように深く掘削された例．(a)建設中の深く掘削された池，(b)浸透損失を最小にするために掘削された池にシートを敷設，(c)完成後の池の景観，(d)再生水で灌漑されたゴルフ場の景観[提供：B. Buchanan(City of Roseville)]

第18章 再生水による修景用灌漑

表-18.13 ゴルフ場貯水池の藻類抑制[a]

設計/管理項目	抑制手段	備　考
水再生プロセス	硝化，脱窒，リン除去によって標準的処理法を能力アップする．高度処理．	十分確立しており，多くの水再生施設で採用されている．
貯水池の設計	池を浅くしたり深くすること．	太陽光を制限することによる抑制．設計が不良で循環がない場合は，嫌気状態を引き起こす．
貯水池の藻類の抑制	噴水，滝，流れによるエアレーション，または機械的エアレーション装置．	ゴルファーの美観にアピールする．
	薬剤の添加．	硫酸銅あるいは水生草食動物．銅の毒性により硫酸銅の使用は減っている．
	水生草食動物(魚)．	低い維持管理費．

[a] Terrey(1994)より引用．

18.3.3 配水システムの設計で考慮すべきこと

　灌漑配水システムは，再生水を送水システム(transmission system)からゴルフ場の散布地点まで運ぶ．配水システムは，終端をできるだけ少なく設計されるべきである．これは，配水システムをループ化することで達成することができる(14章参照)．配管を洗浄するため，すべての終端や低い地点に弁や栓が設置されるべきである．
　芝地への再生水の散布の時間，継続時間，速度は，一般的に自動化システムにより制御される．システムの設定は，ゴルフ場開場時間や農学的水需要に基づいて行われる[式(18.4)，例題18-2参照]．再生水灌漑システムに使う管やスプリンクラヘッドは，容易に確認できるようにする．管は，一般的に紫色のプラスチックであったり，識別のためのテープが巻かれたりする．しかし，再構築においては，一般的には埋設管の置き換えられた部分のみが再生水管であると確認できる(Steinburgs, 1994)．
　乾燥地で，再生水の灌漑による塩分の影響を軽減するため，塩分濃度の低い水を使う必要がある場合，再生水と上水のような他の水源との二系統配管がティーグラウンドやグリーンのような特別なエリアでは設置されることがある．また，二系統配水システム(dual distribution system)は，貯水池の上流で灌漑システム全体に対して低塩分の水と再生水を混ぜるために考慮されることがある．上水が低塩分水として使われる所では，誤接合(cross-connection)を避けるための適切な手段をとることが重要である．上水システムについては，逆止弁，逆流を防ぐ空気穴の両方，またはいずれかが設置されるべきである．また，色付き管やテープ(通常，紫色)が再生水の配管には使用されなければならない(14，15章参照)．

18.3.4 浸出，排水，流出

　芝生に必要とされる水量は，樹木や低木のような他の修景用植物よりも多いので，ゴルフ場の芝をゴルファーに対して良い条件で維持するのに必要なゴルフ場の散布流量は，他のほとんどの修景用灌漑の場合より一般的に大きくなる．このため，浸出や排水のことに十分注意を払う必要がある．

浸出と排水

　17章で述べたように，地下水位が根の部分の塩分の蓄積を避けるのに十分深くない場合には，排水システムが設置される必要がある．再生水の灌漑システムを使って新しいゴルフ場が建設される場

合，ティーグラウンドやグリーンの下の土壌は，高い透水性を確保するため，改修(例えば，砂層の利用)される．芝の質がきわめて重要なグリーンやティーグラウンドでは，排水システムを設置することはかなり一般的であるが，フェアウエイやラフにおいても排水システムは重要である(Terrey, 1994)．浸出水(leachate)と自然降水では，根の部分の塩分を抑制するのに不十分な場合，上水のような塩分の低い水が蓄積した塩分を流すために定期的に利用されることがある．

流出水と浸出水

灌漑システムからの流出水(runoff)や浸出水には，一般に高い濃度の塩分の他，殺虫剤，肥料を含む化学物質が含まれている．幾つかの例では，特別の許可によって，排水システムによって集められた水は，下水収集システム(wastewater collection system)に排出される．下水収集システムに流す場合，化学物質の濃度が高いと，収集された水を下水システムに流す前に前処理が必要なことがある．別の選択肢は，流出水や浸出水を灌漑用貯水池に収集することである(Terrey, 1994)．

18.3.5 その他考慮すべき事項

規制やガイドラインは，主として市民の健康保護のためにあるが，幾つかの州では水源を保護するため，再生水の利用を求めている．経済的な見地から，再生水システムの建設費と再生水の利用に係るあらゆる付加的な維持管理費が考慮されなければならない．ゴルフ場の再生水灌漑システムを計画，設計する時のチェックリストを表-18.14に示す．

18.4　再生水を用いた公共地域への灌漑

公共地域への再生水灌漑システムは，一般的に広域的な再生水配水システムと結びついている．たいていの広域的配水システムは，公共地域での修景用灌漑，消火栓，冷却水システム，水洗便所のような建物内の非飲用利用(20章参照)のような複数の再生水利用者と結びついている．既に開発された都市域での再生水配水システムの建設費は高いため，サテライトや分散化されたシステムの利用が増加している(12, 13章参照)．再生水の公共地域への灌漑については，独特な特徴と特別な考慮が求められるため，本節で扱われる．集合下水収集システムや下水処理システムが利用できない地域で，地表下点滴灌漑を利用して最小限処理された下水で修景用灌漑を行うことは，一つの代替可能なシステムである．これについては18.6で述べる．

18.4.1 公共地域の灌漑

修景用灌漑として再生水が利用可能な公共地域には，街路，高速道路の中央分離帯，駐車場，商業および業務用建物の地域，墓地，公園，運動場，学校の敷地が含まれる(図-18.7参照)．スポーツスタジアムもまた再生水灌漑の可能性のある場所として認識されている．一般に，人が再生水と接触する可能性があるかどうかで，公共地域は，アクセス制限地域とアクセス非制限地域に類別される(18.1参照)．修景用灌漑に対する再生水の利用可能性は，灌漑地域の大きさ，および灌漑地域が再生水配水システムや水再生施設に近いかどうかにより決まる．

18.4.2 再生水処理と水質

人が再生水と接触する可能性を最小限とするため，たいていの水再利用の規則やガイドラインでは，

第18章 再生水による修景用灌漑

表-18.14 ゴルフ場の灌漑に再生水を利用する場合のチェックリスト[a]

土壌サンプル	1. 土壌サンプルは，ゴルフ場の異なる場所，すなわちティーグラウンド，グリーン，フェアウェイ，ラフを含むように採取されるべきである．サンプリングは，再生水の利用による変化の影響が出ないように上水から再生水に変える前に行われるべきである． 2. 土壌は季節ごとにサンプリングすること．土壌をモニタリングすることで灌漑スケジュールの調整や必要な緩和措置がとれる．
水質	1. さらなる処理が必要かどうかを決めるために最初に分析する．水は，土壌とともに定期的に分析されるべきである． 2. 再生水の源を確かめること．工場起源の再生水は，居住地域を源とする再生水に比較すると，望ましくない成分を大量に含むことがある． 3. 処理レベルを確かめること．固形物の除去にろ過が必要かを決めること． 4. 生物化学的酸素要求量(BOD)，全溶解性蒸発残留物(TDS)，全浮遊物質(TSS)の最大レベルを定めるように供給者と交渉すること．可能であれば，望ましくない成分を処理施設側に抑制させることは，最終需要者にとって非常に安心となる．
ポンプ所と水の貯留	1. 可能であれば，圧力の掛かった送水管から直接水を引き，ゴルフ場に直接散布する． 2. 圧力が不十分な場合は，ゴルフ場のスプリンクラまでに必要な圧力を得るため，昇圧ポンプ所を設ける． 3. 水が貯留されなければならない場合，最初の選択は，太陽光に曝されて藻が生成しないような閉じられたタンクである．二番目の選択で最もありうるのは，湖における貯留である．藻類抑制の問題を少なくするには，湖の数を最少にすることが望ましい． 4. 湖は，深い方が良い．深い湖は，太陽光の浸透を減じ，水をより冷たい状態に保つのに手助けとなる．冷たい水は，藻類の抑制システムにより有効である．機械的なエアレーション装置を使って中身を循環させ，好気状態に維持することを考慮する． 5. エアレーションの別の選択肢として，池の中で下水と淡水を混ぜることは，BOD，TDS，TSSを制御するのに通常役立つ．再生水による淡水の汚染を防ぐため，混合する場合は，それぞれの水源を分ける必要がある． 6. 淡水が利用可能であれば，二系統灌漑システムが望ましい．淡水は，グリーン，ティーグラウンド，美観を保つ湖や他の塩分耐性の弱い植物に散布されるべきである．
その他	1. 飲用の噴水は，自己閉鎖蓋を持つ必要がある．配管工事用規則と地方自治体の規制をチェックすること． 2. 看板で「再生水が芝の灌漑に使われている」ことを示す． 3. 再生水が現在は使われていないが，将来使われる可能性がある場合，将来変更が容易となるように灌漑システムを設計する． 　a. 地方規則に従い警告テープや色付き管を使う． 　b. 家庭用の配管と再生水の配管を適正に識別できるように設計する(15章参照)． 4. 再生水調達者と操業時間について協議する．幾つかの施設では，付加的にポンプ所を設けずに直接灌漑をするため，昼間に供給ラインの圧力を下げ，夜間に圧力を増加させている． 5. 適当であれば，運転に支障が生じた時にシステムを閉鎖するため圧力感知器を設置する． 6. 簡素化され一貫した運転となるように自動化されたシステムを利用する． 7. 少なくともグリーンやティーグラウンドでは，バックアップシステムの利用を考慮する．幾つかの再生水処理場では，施設の維持管理のために定期的に停止する．

[a] Gill and Rainville(1994)より引用．

再生水の水質と灌漑方法の両方が規定されている．アクセス非制限地域では，一般的に高度処理またはそれに等しい処理が求められている．アクセス制限地域では，より低いレベルの処理が適当であるが，再生水修景用灌漑システムは，広域的再生水配水システムに結びついていることが多い．このため，アクセス非制限地域の灌漑の基準に適合した再生水は，多くのアクセス制限地域にも利用される．再生水の利用者が複数である地域では，水質レベルは，大多数の利用者の要求に適合しなければならない．少数の利用者がより高い水質を求めている場合は，その需要量に対応して，それに合うプロセスを用意した方が経済的となりうる．処理レベルについての決定は，既存および可能性のある再生水市場と，その市場に供給するための全費用に基づいてなされなければならない(25章参照)．

多くの場合，水再生プロセスの選択は，既存の下水処理施設に大きく依存しており，既存の下水処

18.4 再生水を用いた公共地域への灌漑

(a) (b)
(c) (d)

図-18.7 再生水を用いた公共地域への灌漑の例．(a) Florida 州 Dunedin 市の野球場（北緯 28.003 度，西経 82.787 度），(b) Florida 州 St. Petersburg 市のショッピングモールの駐車場の景観，(c) California 州 Los Angeles 市の公園，(d) California 州 San Diego 市の商業地域

理施設をいかに水再生に利用できるかである．7, 8 章で述べたように，過去の実施例ではたいていの場合，アクセス非制限地域での非飲用への利用のための再生水の水質基準に適合するため，ろ過や改善した消毒を付加して，既存の標準的な二次処理施設の処理水質を向上させている．膜技術の進歩により，水の再利用に膜分離活性汚泥法（membrane bioreactors；MBRs）が使われるケースが増加しており，特に，新しい水再生施設の建設が必要とされる場合はそうである．

18.4.3 送水システムと配水システム

都市域の多くの修景用地は小さく，それ故，再生水の需要は，それぞれの場所内に限られている．システムを経済的に可能とするためには，公園，校庭，ゴルフ場等の大きな修景地域，その他都市域の再生水利用者（20 章参照）等が広域的水再利用システムに含まれる必要がある．もう一つの方法としては，特定の修景地域に対する分散化ないしサテライトな水再利用および配水システムである．再生水の塩分が 1 年を通して高いような乾燥地域では，再生水に低塩分の水を混ぜることを，再生水の貯留，送水，配水システムの計画と設計で考慮するべきである．

18.4.4 美観と市民の受容

再生水利用についての市民の理解は，外観によって大きく影響されるので，再生水で灌漑される地

843

域を美観的に人を引きつける魅力的な状態に保持することが重要である．再生水は，少し色がついていたり，再生水を散布される目的物にしみがつくような化学物質が含まれることがある．地表点滴灌漑または地表下点滴灌漑の利用は，そのような問題を避けることができる．再生水の配水システムの設計や維持管理が悪く，再生水の配水システムが嫌気状態になり，硫化水素が発生した場合，臭気がその証拠となる(18.2 参照)．定期的な洗浄，塩素処理，再生水配水システム中の再生水の水質監視を行うことで，再生水の水質の変化に伴う問題を小さくすることができる．

再生水起因の病原菌を偶然摂取する可能性があるということで，校庭，公園の灌漑について心配が寄せられている．理論的に見て，再生水の摂取は，子供が草に倒れたり触れたりし，手から口への接触(例えば，手を洗わずに食べ物を食べる)があった時に起こりうる．再生水起因の病原菌に人が曝露される可能性は，きわめて低いと考えられているが，健康についての心配は，特に子供達にはある．このように運動場や校庭への再生水の灌漑については，いまだ議論のあるところである．一つの例として，California 州 Redwood 市では，何年にもわたる議論の後，再生水の灌漑から校庭と運動場を除外することを決定した(26 章参照)．

18.4.5 維持管理の問題

一般的に公共地域の修景用灌漑の維持管理は，再生水供給者に責任がある(例えば，water district, public utilities department, environmental protection department)．重要な維持管理上の項目として，(1)新設または改修された修景地域の工事検査，(2)誤接合検査，(3)自動化された灌漑システムとろ過装置の維持管理，(4)サービスの接続開始や中止，計量，緊急時対応等の顧客サービス等がある．中央監視室から遠隔システムによって制御，監視する自動化された灌漑システムが都市域の修景用灌漑システムとして増加している．それぞれの灌漑地域では湿気感知器を持っており，施用される量が自動的に調節される．ゴルフ場の灌漑では遠隔システムがよく使われる．

18.5　再生水による住宅地の修景用灌漑

住宅地の修景用灌漑は，多くの州で主な再生水の利用先であり，本節の中心となる．住宅地の修景地域の灌漑には雑排水も使われるが，本節の主要な中心は，公共下水を源とする再生水の利用である．住宅地の修景用灌漑に使われる再生水は，アクセス非制限地域の灌漑に使われる基準に適合するように処理されなければならない．再生水による住宅地の修景用灌漑の例を図-18.8 に示す．

図-18.8　再生水による修景用灌漑を行う住宅の代表例．(a)California 州 El Dorado Hills，(b)Florida 州 St. Petersburg

18.5.1　住宅地における修景用灌漑システム

住宅地の灌漑水は，広域システムの再生水の主要配管から，あるいはサテライトまたは分散化された再生水利用システムから配水される．住宅地の修景地域には，住宅の前庭および後庭，住宅地域の公共の空間，例えば，街路の中央部等が含まれる．再生水による住宅地修景用灌漑システムの設計基準は，地域により異なるので，地方の規則やガイドラインを参考にしなければならない．一般的には，芝の灌漑は，スプリンクラ灌漑であるが，低木には，丈の低いマイクロスプリンクラや点滴灌漑が望ましい．地表下点滴灌漑は，人と再生水との接触をなくすために使うことができる．

18.5.2　再生水の処理と水質

小さな分散化されたシステムが利用され，処理された流出水が灌漑によって処分される場合(13章参照)を除けば，住宅地の修景地域の再生水の利用には，高度処理かそれと同等の処理が必要とされる．再生水の配水システムは，複数の利用者と結びついているという特色がある．また，18.2で述べたように，その水質は，主要な利用者の求めに応じることになる．

18.5.3　送水システムと配水システム

再生水が住宅地の修景用灌漑に利用される場合，二系統配管システムを地方の配管規則に則り設置する必要がある．例えば，上水と再生水の分離は，通常，配管規則に定められている(14，15章参照)．住宅地で二系統配管システムが設置される場合，上水と再生水の誤接合が起きないように特別な注意が必要である．個々の住宅での二系統配管システムの例を図-18.9に示す．再生水による後庭の灌漑は，地方規則によっては許可されないことに注意すべきである．サービス供給者の条件によっては，再生水のサービスが再生水システムに接続するすべての住宅に強制的に求められたり，Florida

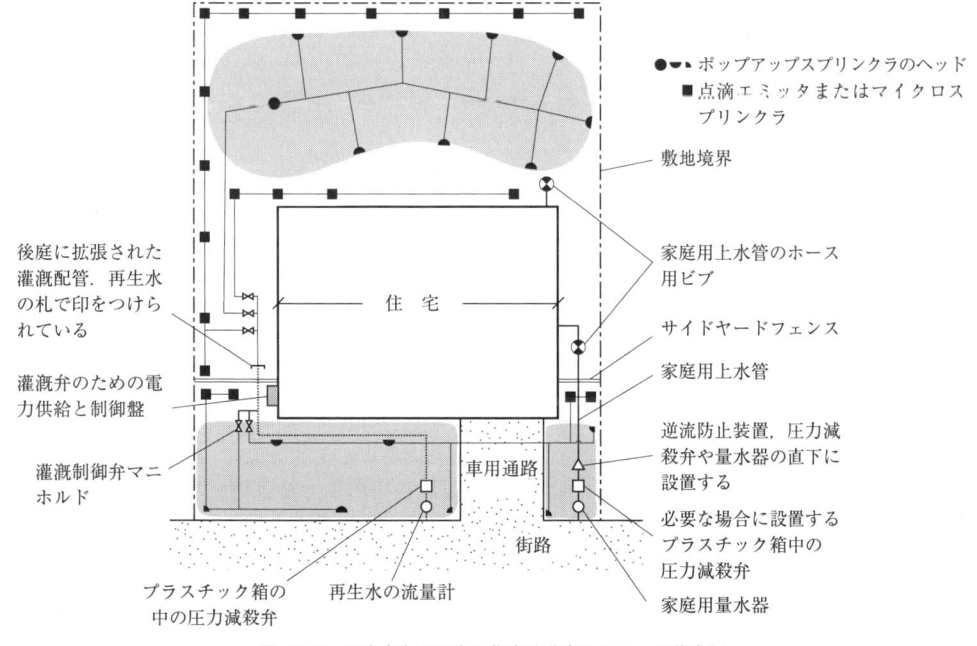

図-18.9　再生水を利用する住宅地灌漑システムの代表例

第18章　再生水による修景用灌漑

州 St. Petersburg 市のように契約した住宅のみに行われることもある．

18.5.4　維持管理の問題

　住宅地の修景用灌漑の維持管理は，一般的に再生水の供給者の責任である(例えば，water district, public utilities department, environmental protection department)．民間により開発された共同体で再生水が利用される場合，修景用灌漑システムの維持管理について地域管理組合が重要な役割を果たす(18.7 参照)．重要な維持管理活動には，(1)新設の修景用灌漑の工事検査，(2)誤接合検査，(3)自動化された灌漑システムとろ過装置の維持管理，(4)サービスの接続開始や中止，計量，緊急時対応等の顧客サービス等がある．住宅所有者は，通常，植物，芝，スプリンクラや点滴エミッタのような灌漑用装置の管理に責任があるが，再生水配管ラインの変更を含む何らかの変更は，再生水供給者または地域管理組合の許可によって行われることになる．

18.6　分散処理と地表下灌漑システムによる修景用灌漑

　13章で述べたように，分散化されたオンサイト下水処理および管理システムにおける再生水の有益な利用に対して可能性のある選択の一つは，地表下灌漑システムによる修景用灌漑である．地表下灌漑は，腐敗槽(septic tank)流出水を利用する場合，人が再生水に触れることを完全に避けることができるので，特に適している．米国では，6 000万人以上が下水処理として分散化されたシステムが使われている住宅に住んでいる(13章参照)ため，地表下点滴灌漑システムに焦点を当てて修景用灌漑のための再生水の利用を議論することは，有用である．

18.6.1　オンサイトシステムまたは集約システムのための地表下点滴灌漑

　地表下点滴灌漑は，オンサイト下水処理システムから周辺環境へ処理水を分配するのに信頼性があり，有効な方法である．消毒された再生水の場合には，空中散布灌漑(overhead spray irrigation)または表面点滴灌漑によって分配される．これらは，地表下システムの設置が現実的でない所では，より費用の掛からない方式となる．しかし，健康の保護を確実にし，水溜りや流出等の問題となる情況を最小限にするための手段は，注意深く考慮されなければならない．
　オンサイトシステムからの流出水を利用する地表下点滴灌漑システムは，処理プロセス，ポンプ，エミッタつき点滴管で構成される(表-18.5 参照)．必要とされる処理プロセスは，点滴システムの製造者により異なるが，一般的には，二次処理/高度処理システムで構成される．しかし，幾つかの点滴システムでは，スクリーン処理された腐敗槽流出水(未消毒の沈殿後水)を利用する設計となっている．再生水は，排水溜めに集められ，点滴管の中を圧送される．エミッタへと固形物が逆流しないように，点滴灌漑ネットワークの最も高い位置にはアンチサイフォン弁が設置される．
　地表下点滴灌漑システムを利用した修景用灌漑システムの設計を**例題18-3**に示す．

例題18-3　集合下水処理システムと地表下点滴灌漑を利用した修景用灌漑システムの設計
　次頁上表に示す水収支を使い，日平均流量 6.8 m³/d (1 800 gal/d) のシステムのピーク灌漑需要量，灌漑される面積，点滴システムの配置，12戸のためのポンプの必要条件を含む修景用灌漑システムを設計せよ．土壌は粘土ローム(clay loam)で，再生水の散布速度の推奨される最大値は，10.2 mm/d (0.4 in/d) である．灌漑効率 E_i は90％と仮定する．

18.6 分散処理と地表下灌漑システムによる修景用灌漑

点滴灌漑を利用して分散化した再生水の散布においては，一般に最大需要量に適合するように大きさが決まることに注意せよ．しかし，分散されるべき再生水の供給は，比較的一定で，灌漑需要量とは独立しているので，一定負荷条件で散布される水量は，蒸発散の少ない期間では，灌漑需要量を上回り土壌に浸透するものとする．

月	日数 (d/mo)	降水量 P (mm/mo)	蒸発量 ET_L (mm/mo)	$ET_L - P$ (mm/mo)
1月	31	97.5	20.1	-77.5
2月	28	90.0	35.0	-55.0
3月	31	71.1	68.6	-2.5
4月	30	25.9	111.3	85.4
5月	31	13.5	140.0	126.5
6月	30	5.1	165.1	160.0
7月	31	1.3	172.5	171.2
8月	31	1.5	151.9	150.4
9月	30	9.1	117.6	108.5
10月	31	22.6	86.1	63.5
11月	30	55.6	41.4	-14.2
12月	31	62.2	23.6	-38.6

解 答

1. 灌漑負荷速度の選択．

   灌漑負荷速度は，17章で示された水収支を使って決定される．本例では，再生水は，最大灌漑需要量に基づいて散布される．すなわち，式(17.13b)による．

   $L_W = [ET_L/(E_i/100)] - P] + W_P$

   ET_L の数値と灌漑システムの効率性を使って，その月の灌漑需要量を表す式(17.13b)の第一項は計算される．最大灌漑需要量は，7月に生じ，灌漑システムに散布される水量は，以下のように計算される．

   $ET_L/(E_i/100) - P = (172.5/0.9) - 1.3 = 190.4$ mm/mo

2. 一様な水理学的負荷率 (L_W) として1.で計算された最大灌漑需要量を使い，各月に土壌中に浸透されると予期される水量を求める．予期される浸透量は，灌漑効率で補正された1月の水収支から以下のように求められる．

   $W_P = L_W - [ET_L/(E_i/100) - P]$
   $= 190.4 - [(20.1/0.9) - 97.5] = 265.7$ mm/mo

   各月のすべての数値を右表に示す．

3. 予期される最大浸透速度が推奨される土壌負荷速度を下回ることをチェックする．

   土壌浸透速度の最大値は，1月に生じ，以下の数値となる．

   $(265.7$ mm/mo$)/(31$ d$) = 8.6$ mm/d

   予期される最大浸透速度 8.6 mm/d は，推奨される土壌の最大散布速度 10.2 mm/d より小さい．

4. 灌漑システムに必要な面積を求める．
   $A = (6.8$ m^3/d$)/(8.6$ mm/d$)(1$ m$/1\,000$ mm$)$
   $= 790.7$ m^2

5. 点滴灌漑システム設置のための用地計画．
   幅 26 m × 長さ 30 m の長方形の用地とする．

月	日数 (d/mo)	$ET_L/(E_i/100) - P$ (mm/mo)	W_P* (mm/mo)
1月	31	-75.2	265.7
2月	28	-50.8	241.3
3月	31	5.1	185.4
4月	30	97.5	92.7
5月	31	142.0	48.3
6月	30	178.3	12.2
7月	31	190.4	0.0
8月	31	167.4	23.1
9月	30	121.7	68.8
10月	31	73.2	117.3
11月	30	-9.7	199.9
12月	31	-36.1	226.6

* 190.4 mm/mo の L_W に基づく．

6. 点滴管の間隔とエミッタの間隔を決める．
   a. 点滴管の間隔は，0.6 m (24 in)．
   b. エミッタの間隔は，0.6 m (24 in)．
7. 点滴管の長さとエミッタの数を計算する．
   a. 点滴管の長さ = 30 m × (26/0.6) = 1 300 m
   b. エミッタの数 = (26/0.6) × (30/0.6) = 2 166
8. エミッタの流量とシステムの流量を決める．
   a. 流量 3.8 L/hr のエミッタを選択する．
   b. システム流量 = 2 166 × (3.8 L/hr)/(60 min/hr) = 137.2 L/min
9. 散布スケジュール(頻度と継続時間)を決める．

   2.5 mm/回以下の水理学的散布速度(hydraulic application rate；HAR)となるように散布頻度を選ぶ．

   散布頻度を3回/dとし，1日散布速度を7.2 mm/dとすれば，散布速度は，次のとおりとなる．

   HAR = (7.2 mm/d)/3 = 2.4 mm/回
   散布継続時間は，次のとおりとなる．
   散布継続時間 = (6.8 m³/d)/[137.2 L/min](3回/d)(1 m³/1 000 L)] = 16.5 min
   1回当りの散布量は，次のとおりとなる．
   1回当り散布量 = (137.2 L/min)(16.5 min) = 2 263.8 L
10. 点滴灌漑システムに供給するためのポンプを決める．

    ポンプは，計算された全水頭に対し 137.2 L/min を供給できなければならない．多くの点滴灌漑システムでは，1.4～2.0 bar (20～30 lb/in²) の圧力で散布場所に供給されるように設計される．全水頭は，位置水頭とマニホルド管，付属品，フィルタ，弁を通る摩擦損失からなる．摩擦損失は，多くの例では 0.69 bar (10 lb/in²) として見積もることができる．位置水頭を 0.28 bar (4 lb/in²)，散布場所で必要とされる圧力を 1.4 bar (20 lb/in²)，摩擦損失を 0.69 bar (10 lb/in²) とすると，ポンプは，全水頭 2.37 bar (34 lb/in²) で，137.2 L/min を供給しなければならない．

解　説

補給のための水が付加されるならば，より大きな面積が灌漑されることになる．幾つかの事例では，点滴システムでは，生物的ファウリングや根の侵入を減じるための薬品が使用されたり，殺生剤がプラスチック管やエミッタにしみこんでいる．先に述べたように，最も問題のある成分が点滴灌漑に先立って除去されていることを確実とするためには，適切な前処理が必要である．

18.6.2　住宅地の灌漑

集水システムを利用して住宅開発地や小さな共同体から集められた下水は，点滴灌漑や他の再利用のために処理される．例えば，幾つかの住宅開発地では，処理された下水は，地域の修景用灌漑のために再利用される．住宅開発地の灌漑システムの代表的フロー図を図-18.10 に示す．多くの地域で，再生水量は，生育期の修景用灌漑の需要量には不十分で，補給水が追加されたり，修景用灌漑の範囲を縮小しなければならないケースが多い．

図-18.10 住宅の地表下灌漑システムの代表的設計例

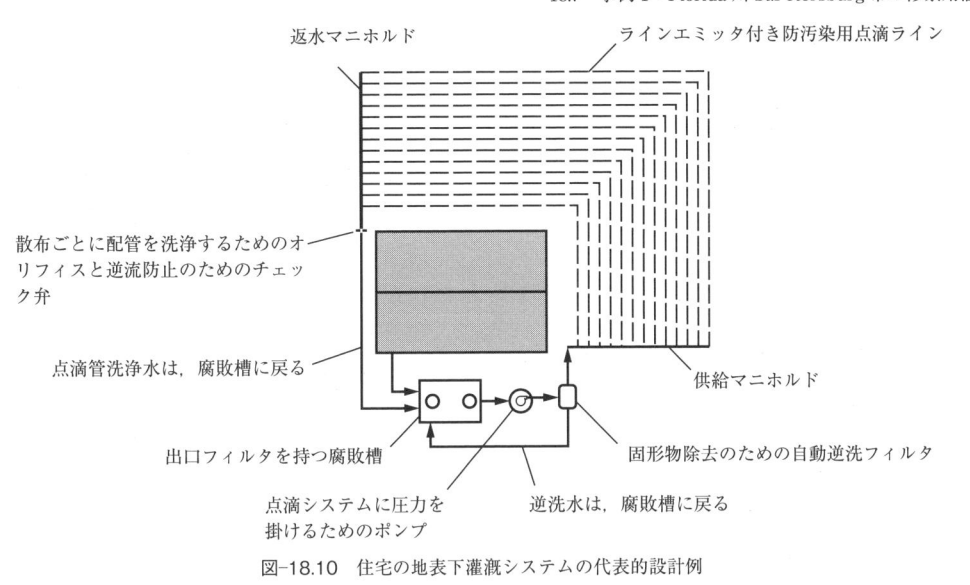

18.7 事例1：Florida 州 St.Petersburg 市の修景用灌漑

　Florida 州 St. Petersburg 市の再生水配水システムは，米国で最も大規模な都市の再生水システムである．再生水システムの開発は，1972 年に Florida 州議会で採択された Wilson-Grizzle Act (Johnson and Parnell, 1998)に対応して始まった．Wilson-Grizzle Act の主要な目的は，表流水への下水の放流を減少するためのものであった．継続的な都市の成長とそれに伴う上水供給の不足により，主な狙いは，下水の放流の減少から上水の保護へ変わった．本節では修景用灌漑への適用に重点を置き，St. Petersburg 市の再生水システムの開発と実施について要約して述べる．

18.7.1 周辺状況

　St. Petersburg 市は，Pinellas County 半島の先端に位置し，三方を Mexico 湾，Tampa 湾，Old Tampa 湾に囲まれている．2003 年の市の人口は，約 25 万人で，Florida 州で 4 番目に人口の大きな市である．

18.7.2 水管理上の問題点

　St. Petersburg 市は，1 世紀以上にもわたって新しい水源を探し続けてきた．1800 年代遅くに貯水湖(Mirror 湖として今日知られている)が市の最初の大規模な水道水源となった．1900 年代初期から 1970 年代まで，市は，新しい水源を市内ばかりでなく隣接した Pinellas 郡，Hillsborough 郡，Pasco 郡内も調査し，増加する水需要に間に合うように土地を購入し井戸を掘った．

St. Petersburg 市の水不足
　1970 年代の初期には，降水量の減少とともに地域の人口増加が続き，St. Petersburg 市と周辺 3 郡は，水問題に関して自治体間の協力を始めた．20 世紀の終わり頃には井戸が非常に逼迫し，St. Petersburg は，水不足地域であると宣言された．市は，新しい顧客が上水を使って 1 戸の住宅地を

第18章 再生水による修景用灌漑

越えた土地区画に灌漑することを禁止したが,地域の人口は増加し続け,将来の水需要量に対応することは依然として大きな関心事であった(Johnson and Parnell, 1998).

Wilson-Grizzle Act

1972年にFlorida州議会は,Wilson-Grizzle Actを採択した.この法律は,「本法が有効となる施行日(1972年3月15日)以後建設される下水を衛生的に処理するための施設は,Old Tampa湾,Tampa湾,Hillsborough湾,Sarasota湾,Boca Ciega湾,St. Joseph海峡,Clearwater湾,Lemon湾,Punta Gorda湾,または湾,入り江,海峡およびそれにつながる支流に,department of pollution controlに認められた高度処理をすることなく処理水を放流しない」というものである.下水の放流を減らす必要性が水再生や再利用のシステムの開発を導いた.

再生水システムの開発

Florida州議会のWilson-Grizzle Actの採択に対応して,St. Petersburgの市議会は,排水のゼロディスチャージを成し遂げるため,水の循環利用と深井戸による注入を行うことを決定した.その決定は,1971年に認められた実験的な研究の結果によっており,その研究成果の中で都市の灌漑システムに再生水を利用することの可能性が立証されていた.1970年から1990年の間のSt. Petersburg市のシステムの歴史的発展は,表-18.15に要約されている.再生水システムの最初のスタートは,1977年であった.1990年までに4つの下水再生施設(wastewater reclamation plants;WRPs),す

表-18.15 St. Petersburg市の再生水システムの発展の経緯[a]

西暦年	出来事
1971	再生水の散水灌漑システムの実験的研究.
1972	Wilson-Grizzle Act. St. Petersburg市議会は,再利用と深井戸注入システムを行うことを決定する.
1974	Southwest下水再生施設を高度化するため,灌漑と深井戸注入システムの設計と建設にU.S. EPAの連邦補助金(1400万ドル).
1975	Northeast下水再生施設を高度化するため,配水システムの建設,深井戸注入システムの建設にU.S. EPAの連邦補助金(1880万ドル).
1977	Southwest下水再生施設がシステムへの再生水の供給を開始.U.S. EPAによる下水の再利用計画への財政援助.
1978	201-Facilities Planへの連邦基金(Northwest下水再生施設を高度化するため,3340万ドルの連邦補助金).
1980	Northeast下水再生施設の増設完了.
1981	120 km(76 mi)を超える幹線送水ループの建設完了. 再生水システムを住宅地域へと拡大するためのマスタープランの完成. 市議会は,再生水サービスに対する政策と規定を採択する.
1983	Northwest下水再生施設が再生水をシステムに供給開始.
1984	水質が危機状況になっている4箇所の水域が市によって確認され,再生水灌漑システムの建設が始まる[160 km(100 mi)の管渠延長の付加].
1985	Northwest下水再生施設で高塩化物濃度の流出水の深井戸システムへの注入が始まる.
1986	Greenleaf計画が始まる.
1987	Albert Witted下水再生施設の高度化が完成し,高品質で低塩化物濃度の流出水のシステムへの供給が始まる. Wilson-Grizzle ActがGrizzle-Figg Billに変わり,すべての下水処理施設は,1990年10月1日までにCBOD₅5 mg/L,TSS5 mg/L,窒素3 mg/L,リン1 mg/Lを達成することが決まる. 修景用灌漑の適用のため,資源管理計画が始まる(1987～1988).
1989	Albert Wittedの深井戸は,連続注入が許可され,Tampa湾への放流が恒久的になくなる.

[a] Johnson and Parnell(1998)より引用.

なわち Southwest, Northeast, Northwest, Albert Witted の各施設が Tampa 湾への排出がゼロとなるように高度処理化された．2003 年現在，再生水の配水システムは，約 460 km(290 mi) の管渠延長，136×10^3 m^3/d(36 Mgal/d) の能力をもって，10 400 以上の顧客に供給されている．

18.7.3 実施方法

St. Petersburg 市の再生水システムの特徴には，(1) 市の 4 つの角に位置する 4 箇所の WRPs (下水再生施設) を結ぶループ配水 (distribution loop)，(2) 余分な再生水や水質基準に適合しない再生水は，深井戸に注入されるシステム，(3) 都市の修景用灌漑に再生水を利用するための広範囲な調査がある．

ループ配水

4 箇所の WRPs と再生水配水システムは，図-14.3 に示されている．再生水配水システムは，市の 4 つの角に位置する 4 箇所の WRPs を結んでループ状に建設された．その形態は，小さな直径の管の利用を可能にし，それにより建設費を著しく低減することができた．配水の幹線に使われた最も大きな管は，直径約 1 100 mm (42 in) で，他のほとんどの管は，900 mm (36 in) 以下であった．

深井戸注入システム

深井戸注入システム (deep-well injection system) は，表流水への排水ゼロディスチャージを維持する有効な放流手段として，それぞれの WRPs ごとに建設された．深井戸システムは，余分な再生水と再生水の基準 (City of St. Petersburg, 1994) に適合しない水を放流するために設計された．

修景用灌漑のための調査計画

2 つの調査計画，すなわち以下に述べる Greenleaf 計画と資源管理計画が修景用灌漑への再生水の適否を評価するために行われた．再生水灌漑に適した施設のリストは，St. Petersburg 市から得ることができる．

18.7.4　Greenleaf 計画と資源管理計画

1985 年を通じて，St. Petersburg 市は，再生水で灌漑した観賞用植物や樹木の損傷について，著しく増加した数多くの苦情を受け取った．植物への再生水の影響を調べるため，調査基金が市によって認められ，「Greenleaf 計画」と名づけられた研究が 1986 年に始まった．

Greenleaf 計画の目的

本計画の目的は，以下のとおりである (Parnell, 1988 ; Johnson and Parnell, 1998)．
・流入水の質と量の変動を測定し，結果である再生水の水質の変動と利用可能性を予測する．
・その地域で修景用や装飾用目的で一般的に利用される観賞用植物や樹木の成長や発達に対する再生水の影響を予測する．
・観賞用植物への再生水の利用を成功させるためのガイドラインの確立．
・耐性の弱い植物種への必要な管理項目のリスト．
・市民教育と科学出版物のための文献の提供．
・再生水灌漑システムの運転操作が将来うまくいくことを保証するために必要な勧告をすること．

Greenleaf 計画の成果

下水の水質データの解析から，塩分を含む地下水や雨水が下水管に浸入し，下水再生施設の流入水

質に影響を与えていることが発見された．4箇所のWRPsの流出水質が灌漑水中の化学物質が修景用植物へ与える影響に関し，既に公表されているデータと比較された．8種類のよく利用される修景用・観賞用植物と2つの苗木が，植物の成長と成熟に対して再生水が与える影響を調査するために使われた．3つの変数を用いて，すなわち塩化物濃度，灌漑方法，屋外か屋内か，で調査された．植物の成長指標は，植物の高さと平均的幅を掛けることによって求められた．また，それぞれの植物の状態は，月ごとに記録された．成長のデータは，調査された条件により差があるかどうかを求めるために解析された．植物の成長調査の結果は，表-18.16に要約されているが，植物の種類により再生水灌漑への耐性が強いか弱いかでランクづけされている．要約すると，ボストンフェルン(Boston fern)は，再生水で灌漑されると成長が非常に良く，塩化物濃度の高い時も成長が良いことが示されている．バーフォードホリー(Burford holly)，スイートビバーナム(Sweet viburnum)，ハイビスカス(Hibiscus)は，上水よりも再生水の方が成長が良いが，塩分濃度が高い場合は，成長が劣る．表-

表-18.16 10実験灌漑条件下での10種類の観賞用植物の成長の違い[a]

	実験条件										塩化物濃度 (180 mg/L での損傷)	塩化物濃度 (400 mg/L での損傷)
場所	屋外		温室		屋外		温室		屋外			
塩化物濃度 (mg/L)	15		15		180+		180+		400+			
水の種類	上水		上水		再生水		再生水		再生水			
施用方法	空中	点滴	空中	点滴	空中	点滴	空中	点滴	空中	点滴		
植物の種類による反応												
ボストンフェルン	I[b], S[c]	I	NSD[d]		I, S	I	NSD		NSD		無	無
バーフォードホリー	NSD		NSD		NSD		I	I, S	NSD		無	無
スイートビバーナム	NSD		NSD		NSD		I	I, S	NSD		無	少し
ハイビスカス	NSD		I	I, S	NSD		I	I, S	NSD		無	少し
クリープマートル	NSD		I	I, T[e]	I, L	I, S	I, L[f]	I, S	L		少し	中
アボカド	I	I, T	I	I, T	I, L	I, S	I, L	I, S	I, L	I, S	少し	中
ドウオーフアザレア	I	I, T	I	I, T	L		D[g], L	S	L		大	非常に大
チャイニーズプリビト	NSD		I	I, T	D, L	S	D, L	S	D, L	S	大	非常に大
フォーモウサアザレア	I	I, T	I	I, T	D, L	S	D, L	S	D, L	S	大	非常に大
ローレルオーク	I	I, T	I	I, T	D, L	S	D, L	S	D, L	S	大	非常に大

[a] Parnell(1988)より引用．
[b] I：植物が非常に大きくなった．
[c] S：他の施用方法よりもかなり大きく成長．
[d] NSD：施用の間，成長に大きな差はなかった．
[e] T：他の施用方法より大きく成長する傾向がある．
[f] L：明かな葉の焼けが観察される．
[g] D：植物の大きさが小さくなる．

18.16 に掲載された最後の 4 種類の植物は，空中灌漑および点滴灌漑の両方で高い塩分に対して弱いことが示されている．このようなコントロールされた実験に加えて，1986 年には全部で 203 種類の観賞用植物が 56 の個人住宅で観察された．これらの植物は，再生水灌漑に対する耐性で以下のように分類された．

分類 A：塩化物濃度の如何に関わらず，再生水の灌漑に完全に耐性がある植物．
分類 B：塩化物濃度が 400 mg/L 以下の時，再生水に耐性がある植物．
分類 C：再生水の塩化物濃度が 100 mg/L 以上で特別な管理が必要となる植物．
分類 D：再生水の利用が推奨されない植物．

上記の分類による植物の種類は，表-18.17 に示されている．

資源管理計画

Greenleaf 計画の成長実験は，プラスチックポットで一定の灌漑速度で行われた．それ故，調査が野外での植物の成長を最適とするのに必要な灌漑水量を正確に求めるため，付加的な調査が行われた．野外調査の結果，3 月から 11 月の間，観賞用植物の最適な成長のためには，灌漑水の灌漑速度 38 mm/wk という推奨値が導かれた．12 月から 2 月の低成長期には，灌漑速度を減少できる(Johnson and Parnell, 1998)．

18.7.5 St. Petersburg 市における修景用灌漑

1993 年に再生水は，約 43×10^6 m^3/yr が生産され，37×10^6 m^3/yr が住宅地および商業地の修景用灌漑に利用された(City of St. Petersburg, 1994)．再生水で灌漑された St. Petersburg 市の住宅とゴルフ場を図-18.11 に示す．2002 年 3 月に St. Petersburg 市議会は，「Landscape, irrigation, Vegetation Management and Tree and Mangrove Protection Ordinance」を採択した(City Code Chapter 16, Articl 15 of the Land Development Code)(City of St. Petersburg, 2002)．再生水による修景用灌漑の設計と実施は，その同じ規定で決められている．

再生水が利用可能な地域の住宅は，再生水を利用するかどうかを選択することができる．再生水は，規則に従って利用することができる．火曜日，木曜日，土曜日といった指定もできるし，水曜日，金曜日，日曜日という指定もできる．2006 年の時点で，再生水の利用料金は，月 13 ドルである．灌漑システムが上水に接続している場合，住人が修景用植物に灌漑することが許されるのは週 1 回のみである．

大規模な商業施設，集合住宅，学校，役所の建物に付随した修景用地域の灌漑は，週 3 日に制限されている．また，ピーク流量の制約から水撒きをする日は，市によって特定されている．ゴルフ場，墓地，運動場，レクリエーション施設は，灌漑計画を市に提出することが求められている．

図-18.11 Florida 州 St. Petersburg 市の再生水による修景用灌漑．(a)居住用住宅，(b)ゴルフ場

第18章 再生水による修景用灌漑

表-18.17 再生水による灌漑への耐性に応じた植物の種類のリスト[a]

再生水灌漑への耐性[b]		植物の一般名
分類A	樹木	Monkey puzzle tree, Norfolk Island pine, Black olive, Australian pine, Sea grape, Silk oak, Dahoon holly, Torulosa juniper, Cajeput(punk) tree, Wax myrtle, Live oak, Brazilian pepper
	ヤシ科	Pindo palm, European fan palm, Chinese fan palm, Canary Island date palm, Scrub palmetto, Cabbage palm, Washingtonia palm
	低木	Century plant, Agave, Asparagus fern, Begonia, Variegated bougainvillea, Bougainvillea, Carissa boxwood, Crown of thorns, African daisy, Hibiscus, Variegated hibiscus, Burford holly, Yaupon holly, Dwarf yaupon holly, Lantana, Lisianthus, Bostonfern, Oleander, Dwarf oleander, Pittosporum, Plumbago, Yew podocarpus, Indian hawthorn, Cape honeysuckle, Sweet viburnum, Spanish bayonet, Spineless yucca
	地表を覆うもの	Aloe, Dwarf carissa boxwood, Hottentot fig, Creeping juniper, Mondo grass, Dwarf pittosporum, Purple queen, Confederate jasmine, Wedelia, Coontie
分類B	樹木	Carambola Schefflera, Lemon bottlebrush, Weeping bottlebrush, Pecan, Lime, Lemon, Grapefruit Tangrine, Orange, Carrotwood, Italian cypress, Italian rosewood, Black sapote, Loquat, Weeping fig, Fig, Indian rubber tree, Laurel fig(Cuban laurel), Golden rain tree, Lingustrum(Privet), Sweetgum, Southern magnolia, Apple, Sapodilla, Chinaberry, Banana, Florida slash pine, Oriental arbor vitae, Cherry laurel, Peach, Guava, Pomegranate, Water oak, Drake elm, Chinese elm
	ヤシ科	Paurotis palm, Queen palm, Ponytail palm, Fishtail palm, Areca palm, Senegal date palm, Pygmy date palm, Lady palm
	つる草	Allamanda, Purple allamanda, Coral vine Trumpet vine, Night blooming cereus
	低木	Copper leaf, Maiden hair fern, Silver queen, Allamanda, Joseph's coat, Zebra plant, Bamboo, Japanese boxwood, Canna lily, Papaya, Periwinkle, Orange cestrum, Chrysanthemum, Croton, Ti plant, Pampas grass, Palay rubber vine, Heather, Queen sago, King sago, Sedge, African iris, Dracena, Crape jasmine, Gerbera daisy, Heliconia, Coral plant, Monstera, Iris, Opuntia cactus, Yellow shrimp plant, Petunia, Philodendron, Red firethorn, Travellers tree, Firecracker plant, Dwarf schefflera, Bird of paradise, Sandankwa viburnum
	地表を覆うもの	Bromeliads, Spider plant, Potos, English ivy, Day-lily, Juniper, Kalanchoe, Liriope, Purslane, Oyster plant, Rosemary, Society garlic, Wandering jew
分類C	樹木	Red maple, Silver maple, Cherimoya, Orchid tree, Camphor tree, Persimmon, Longan, Kumquat, Jacaranda, Crape myrtle, Lychee, Mango, Avocado, Laurel oak, Weeping willow
	つる草	Bleeding heart, Passion flower
	低木	Caladium, Powder puff tree, Camellia, False aralia, Surinam cherry, Poinsettia, Gardenia, Hydrangea, Ixora, Downy Jasmine, Shrimp plant, Orange jasmine, Geranium, Pentas, Red leaf photinia, Aralia, Rose, Blue sage, Marigold, Verbena
	地表を覆うもの	Bugle weed, Peperomia
分類D	低木	Chinese privet, Dwarf azalea, Formosa azalea

[a] Johnson and Parnell(1998)より引用．原典は，Parnell(1988)．
[b] 分類A：塩化物濃度によらず非常に耐性がある．分類B：塩化物濃度400 mg/L以下で耐性がある．分類C：塩化物濃度100 mg/L以上の再生水では，やや耐性が弱く，特別の管理が必要である．分類D：耐性が弱く，再生水の利用は，推奨されない．

消火栓は，非住宅地域の場合のみ再生水配水システムに接続される．再生水を利用する消火栓は，継続的な供給源としては考慮されない．補完的消火栓が上水配水システムに接続される(Crook, 2005)．住宅地の消火栓は，すべて上水に接続される．再生水消火栓は，利用によるアクシデントを

防ぐために弁に蓋をしている．

18.7.6　得られた知見

St. Petersburg 市の再生水修景用灌漑システムの実施から学んだ重要な知見は，以下のとおりである．
・水の再利用計画は，そもそも下水の放流をなくすことに焦点を当てたものであったが，再生水システムは，人口増加と水不足に直面する地域の修景用灌漑や他の非飲用利用に市として水を供給する重要な要素となった．
・ループ化した再生水配水システムは，小口径管の利用を可能とし，その結果，建設費を著しく低減した．
・Southwest Florida Water Management District (SWFWMD) は，技術的，経済的に可能であれば再生水を利用するという規則を採択した (City of St. Petersburg, 1994)．また，そのことが再生水の広域利用を導いた．
・調査計画である Greenleaf 計画は，再生水による最適な散布に関する知見ばかりでなく，再生水灌漑に適した植物に関する科学的知見を明らかにするのに役立った．その結果，再生水によって灌漑された修景用地域の継続的な成功と成長をもたらした．

18.8　事例2：California 州 El Dorado Hills における住宅地の灌漑

California 州 El Dorado Hills は，Sacramento 市の東部郊外に位置し，その人口（2000 年に 18 016 人）は，1990 年代当初以来急速に増加した．1990 年に Serrano は，California 州北部で最初に再生水による前庭および後庭の灌漑に二系統配管システムを採用して，開発された．その共同体は，1 400 ha（3 500 ac）以上で，その中には 400 ha（1 000 ac）の緑地帯，2 箇所のゴルフ場が含まれ，完成時には約 4 500 戸が建設されると期待されている．Serrano の二系統配管システムは，15 章で述べられている（15.7 参照）．本事例研究では，住宅地の修景用灌漑のための再生水の利用が議論される．

18.8.1　水管理上の問題点

開発地域は，Sierra Nevada 山地の麓に位置し，利用できる水に制限がある．開発が行われるに当たり，その地域は，信頼できる水源が不足していることが明らかとなった．Serrano の開発は，2 000 戸に安全な上水を供給することで，1988 年に最初に承認された．安全な水は，公園，緑地帯，ゴルフ場の修景用灌漑には十分でなかった．付加的な水なしでは，開発者は，計画された共同体の建設を進めることはできなかった．最初に計画（6 100 戸）された内容で全体の共同体に供給するためには，開発者は，新しい水契約によるさらなる水の権利を得ることで別の水源を探し求める必要があった．Serrano の開発時には，その水を得られそうもなかったので，開発者は，灌漑目的で再生水を利用しようと考えた．

再生水の利用により，その開発を進めることが可能となった．地方の水事業体である El Dorado Irrigation District (EID) は，再生水が非飲用利用のための確かな水源となること，また，処理された下水の河川への放流を減ずることになる点において，その事業地域の水再生と再利用の重要性を認識した．その結果，EID は，1998 年に循環水基本計画を作成し，すべての新しい開発に対して，可能な場所ではできる限りの再生水の利用を定めた（HDR, 2002）．

18.8.2 実施方法

El Dorado Hills の循環水システムの歴史的経緯は，表-18.18 に要約されている．EID は，2箇所の下水再生施設と4箇所の再生水貯留槽，供給支援用として補充用上水屋外貯水池，3箇所の昇圧ポンプ所，事業地域の再生水配水管を維持管理する(15.7 も参照)．再生水の平均利用量は，約 $5.8×10^3$ m^3/d(1.5 Mgal/d)である．再生水の価格は，上水の 80% である．

表-18.18 California 州 El Dorado Hills の Serrano 地区の再生水システムの歴史的経緯

西暦年	出来事
1979	El Dorado Hills 下水処理場(WWTP)より二次処理水が再生水として El Dorado Hills ゴルフ場と Wetsel Oviatt に送られる．
1988	Serrano の開発が2 000 戸に対して許可される．
1989	El Dorado Hills Development Company が1 400 ha(3 500 ac)を購入する．
1990	California Department of Health Services(DHS)が二次処理再生水の利用を夜間のみに制限する．
1994	Deer Creek 循環水システムが完成する．
1996	El Dorado Irrigation District(EID)循環水基本計画ができる． El Dorado Hills WWTP は，高度処理に改造され，処理能力を $7.6×10^3$ から $11.4×10^3$ m^3/d(2 Mgal/d から 3 Mgal/d)に増強した Deer Creek WWWTP は，$9.4×10^3$ から $13.6×10^3$ m^3/d(2.5 Mgal/d から 3.6 Mgal/d)に増強する．
1998	Serrano は，修景灌漑に再生水を使うため，Silva Valley に 46 cm(18 in)の管を敷設する．
1999	Serrano は，二系統配管システムの建設を始める．
2001	ビレッジ C 槽が再生水の貯留のために建設される．
2002	EID は，可能な場所では修景用灌漑に再生水の利用を行うことを定めた．

下水再生施設

主として家庭を源とする下水が2箇所の下水再生施設[Deer Creek Wastewater Treatment Plant(DCWWTP)と El Dorado Hills Wastewater Treatment Plant(EDHWWTP)]で処理される．DCWWTP は，二次処理を行う処理能力 $9.4×10^3$ m^3/d(2.5 Mgal/d)の下水処理場として 1990 年に建設されたが，1996 年に処理能力 $13.6×10^3$ m^3/d(3.6 Mgal/d)の高度処理(直接ろ過)を行う施設に改良された．EDHWWTP は，処理能力 $11.3×10^3$ m^3/d(3.0 Mgal/d)，日平均下水処理量 $6.4×10^3$ m^3/d(1.7 Mgal/d)である．BNR(生物学的栄養塩除去)活性汚泥法(7 章参照)の二次処理水は，貯留量 $280×10^3$ m^3(73 Mgal)の屋外貯水池に貯留される．流出水は，加圧浮上分離(dissolved air flotation；DAF)を利用して処理され，再生水配水システムにポンプで排出される前に，ろ過，塩素消毒が行われる．2箇所の処理場からの再生水は，California Codo of Regulations(Title 22, Disinfected Tertiary Recycled Water)に規定された都市のアクセス非制限地域における再利用に関する基準に適合している．余分な再生水は，California State Water Quality Control Board によって発せられた NPDES の許可に従って Carson 川に放流される．

灌漑地域とゴルフ場

Serrano 開発は，2箇所のゴルフ場，公園，学校，共同体全体にわたる広い緑地帯を特色とする(図-18.12 参照)．公共地域の景観は，管理組合によって設計，検査，建設，維持管理が行われている．EID は，再生水施設があらゆる規則にすべて適合していることを確実にするために検査する．ゴルフ場灌漑は，ゴルフクラブによって管理される．ゴルフ場の灌漑システムは，蒸発速度を決める

18.8 事例2：California州 El Dorado Hills における住宅地の灌漑

(a) (b)

図-18.12 California州 El Dorado Hills, Serrano開発における再生水による修景用灌漑．(a)専用看板を持つ公共地域，(b)ゴルフ場(北緯38.679度，西経121.051度)

のに役立つ遠隔感知システムを使っている．

住宅の灌漑

2005年現在，Serrano開発では，毎年600〜900戸が新しく建設されている．Serrano開発の住宅のすべての前庭は，再生水で灌漑されている．住宅景観設計ガイドラインが管理組合によって出版されており，修景用灌漑システムの設計も，そのガイドラインに従わなければならない．上水と再生水の配管ラインは，配水幹線からそれぞれの所有地へ引かれ，家の反対側まで引き入れられる(図-15.12参照)．各戸では，上水と再生水の両方に量水器が設置される．逆流防止装置は，上水管のみに設置される．再生水が飲用目的で誤って利用される事故を防ぐため，ホース用水栓(hose bibs)は，再生水管に接続できない．ガイドラインは，空中スプリンクラ(overhead sprinkler)の利用は，芝生の灌漑のみとすべきことを明記している．低木には，超少量スプリンクラ(ultra-low volume sprinkler)および／または点滴エミッタ(drip emitter)が利用されなければならない．前庭景観の設計，検査，管理は，Serrano El Dorado管理組合の責任であるが，後庭の景観と灌漑の設計および建設は，それぞれの家主に責任がある．後庭の灌漑に再生水を利用するかどうかは，家主の判断にかかっており，再生水灌漑システムの建設の前には管理組合に景観と灌漑の設計を提出する必要がある．その計画が設計基準に適合していることを確実にするため，灌漑の専門家が目を通すことになっている．初期設置の前庭灌漑システムが後庭へと延長されるまでの間，認められていない後庭灌漑に利用されないよう閉鎖弁が設置される．管理組合は，配管が覆土される前に二系統配管系のすべての配管を検査する．さらに，承認を得ることなく変更されていないことや灌漑システムの管理が適正にされていることを確かめるために毎年点検が行われる．

18.8.3 教育プログラム

管理組合は，広範囲な教育プログラムを持っている．建築業者，景観設計者，請負業者，家主には，無料で年4回のペースでワークショップを開催する．教育プログラムの目的は，灌漑システムがガイドラインに従って設計され設置されることを確実にするため，共同体の設計ガイドラインや再生水利用マニュアルを出席者によく知ってもらうことである．ワークショップでは，景観設計ガイドラインや関連の情報を含む一連の情報が提供される．修景用灌漑の請負業者は，18ヶ月ごとにその資格を更新する必要がある．

第18章 再生水による修景用灌漑

18.8.4 得られた知見

Serrano 開発の再生水修景灌漑システムの実施から学んだ重要な知見は，以下のとおりである．
- 再生水の利用は，水の不足地域の開発で必要となる淡水の需要を最小限とする．
- 再生水による大規模住宅地修景用灌漑は，California 州北部において，まだ共通に適用される再生水利用の方法となっているわけではないが，有力な水の再利用の選択肢として成功裏に実証された．
- 民間と公共部門の協力は，再生水利用の導入によって開発規模を大きくするのに役立った．また，水の再利用は，共同体の資産として認識された(Hazbun, 2003)．
- 地域の水事業体である EID は，水の再生と利用を行い，非飲用水の信頼できる水源を確保し，河川等への下水の放流を減少することによって利益を得ている．
- Serrano 共同体の広範囲な教育プログラムは，居住者が再生水を利用することの利益を理解し，再生水の適正な利用を確実にし，共同体の資産として再生水を受け入れることの手助けとなった．
- 再生水システムは，新しい開発で導入され，家の購入者は，共同体で再生水の利用が行われることを知らされていたので，共同体に住むことを決めた人々は，本質的に再生水の利用を受け入れた人々である．

問　題

18-1　再生水配水システムが，修景用灌漑のために住宅地とゴルフ場に接続されている．ゴルフ場の需要量が大きいため，配水システムは，ピーク流量発生時に配水システム全体の圧力を維持することができない．流量と必要な圧力を維持するために採用可能な手段について論ぜよ．

18-2　たいていの州の規則やガイドラインによれば，高速道路の中央分離帯は，アクセス制限地域に適した再生水で灌漑することができる．アクセス制限地域の灌漑に必要とされる再生水の水質は，一般的に市民がアクセスできる地域の灌漑に必要とされる水質ほど厳しくはない．アクセス制限地域のための再生水で高速道路中央分離帯を灌漑することは，どのような面で実際的であるか？

18-3　再生水供給者が再生水で灌漑された公園の臭気の苦情について景観管理者が相談された．臭気は，腐った卵のようなもので，それぞれ灌漑を始めた時に特に認められる．考えられる臭気の原因と臭気問題を緩和する手段について論ぜよ．

18-4　灌漑が必要な 40 ha (100 ac) の芝生，4 ha (10 ac) の低木，2 ha (5 ac) の樹木を持つ California 州南部のゴルフ場を考えよ．降水量と蒸発散量のデータは，California Irrigation Management Information System (CIMIS) から得て，月ごとの水需要量を算出せよ．

18-5　ある water district が市の郊外に位置する新しいショッピングセンターの修景用灌漑に再生水の利用が可能かを考えている．その水管区は，既に三次処理された再生水を生み出す下水再生施設を持っている．再生水を利用することの実現可能性を評価するのに取り組むべき問題を論ぜよ．

18-6　Georgia 州の処理能力 700×10^3 m³/yr (185 Mgal/yr) の下水処理場が公共用水域への処理水の放流を軽減するために水の再利用を考えている．可能性のある再生水の利用者は，公園であり，地表下点滴システムが景観設計者によって提案されている．土壌への最大散布速度の推奨値は，15 mm/d である．次頁上表に示す降水量と蒸発散量のデータを使い，灌漑に再生水のすべてを利用するのに必要な面積を計算せよ．貯留システムが必要かを決定せよ．その計画の実現性に影響を与える他の要因を論ぜよ．

月	日数 (d/mo)	降水量 P (mm/mo)	蒸発散量 ET_L (mm/mo)	月	日数 (d/mo)	降水量 P (mm/mo)	蒸発散量 ET_L (mm/mo)
1月	31	113.5	6.1	7月	31	126.7	157.0
2月	28	111.5	11.4	8月	31	90.2	142.2
3月	31	130.6	32.2	9月	30	94.0	99.8
4月	30	93.0	57.1	10月	31	77.0	53.6
5月	31	100.3	96.5	11月	30	93.2	24.9
6月	30	106.7	133.6	12月	31	97.5	9.9

18-7 一つのゴルフ場が灌漑に再生水を利用することを計画している．再生水配水システムに関して大きな需要量を緩和するため，ゴルフ場の一つの池が再生水貯留のために利用されるものとする．以下の与えられた条件に対し，再生水貯留量を計算せよ．
・灌漑される総面積は，24 ha (59 ac) である．
・灌漑に許された時間は，午後10時から午前4時までの間である．
・灌漑面積は，等しく分けられ，それぞれ1日おきに灌漑される．
・最大水需要量の月では，12 mm の水が1.5時間で散布される．
・池は，再生水の供給が2日なくともゴルフ場を灌漑するのに十分な水を保持するものとする．

18-8 18-7のゴルフ場の設計者は，池から水が偶発的に越流や流出することのないように貯水池を設計しなければならない．池に関する設計上の選択肢と，それぞれの選択肢の損失を論ぜよ．

18-9 Florida 州の処理能力 $1\,660\times10^3$ m^3/yr (439 Mgal/yr) の水再生施設がゴルフ場の灌漑に再生水を供給するものとする．余分な再生水は，ゴルフ場に隣接する急速ろ過池 (RIB) で処理される．以下の条件下で，(1) 十分な再生水が長期貯留施設なしで供給できるかどうかを決めよ，(2) RIB に供給される水の量を算出せよ．
・灌漑面積は，55 ha (136 ac)．
・最大浸透速度の推奨値は，18 mm/d．
・降水量と蒸発散量は，右表で与えられる．

月	日数 (d/mo)	降水量 P (mm/mo)	蒸発散量 ET_L (mm/mo)
1月	31	85.1	66.0
2月	28	79.2	76.2
3月	31	86.6	111.8
4月	30	56.6	127.0
5月	31	81.5	154.9
6月	30	200.0	137.2
7月	31	184.7	138.2
8月	31	207.3	134.6
9月	30	183.6	111.8
10月	31	68.8	88.9
11月	30	69.1	71.1
12月	31	83.3	58.4

18-10 あなたの共同体で，再生水による修景用灌漑システムを計画する際，次の(1)〜(6)を含む計画を完成するために必要な手順をリストアップし，説明せよ．(1) 水需要量，速度，タイミング，(2) 必要な水質，(3) 修景用植物の選定，(4) 需要量と供給量のバランス，(5) 必要な維持管理，(6) 必要な許可．

18-11 ある家族がすべての住宅修景地域が再生水で灌漑されている共同体で家を買ったものとする．彼らは，管理組合と接触し，食べるために果実の収穫を希望しているアンズの木を植えられるかどうかを尋ねたものとする．あなたの助言とその理由を述べよ．

18-12 次の項目について本章で述べられたことを考慮に入れて，Florida 州 St. Petersburg と California 州 El Dorado Hills の2つの事例の類似点と相違点を比較せよ．(1) 水の再利用を動機付ける要因，(2) 水管理上の問題点，(3) 実施方法と管理，(4) 得られた知見．

18-13 あなたの意見では，修景用灌漑への水の再利用は，将来どのように展望されるか？ また，その将来の発展に影響を与える要因には何があるか？

第 18 章 再生水による修景用灌漑

参考文献

Bucks, D. A., F. S. Nakayama, and R. G. Gilbert (1979) "Trickle Irrigation Water Quality and Preventive Maintenance," *Agr. Water Mgnt.*, **2**, 149–162.

City of St. Petersburg (1994) *Reclaimed Water Report to City Council 1994*, St. Petersburg, FL.

City of St. Petersburg (2002) *Landscaping and Irrigation Requirements*, December 2002 Revision, City of St. Petersburg, Development Review Services Division, St. Petersburg, FL.

Crook, J. (2005) "St. Petersburg, Florida, Dual Water System: A Case Study," 175–186, in *Proceedings of an Iranian-American Workshop: Water Conservation, Reuse, and Recycling*, National Academies Press, Washington, DC.

Gill, G., and D. Rainville (1994) "Effluent for Irrigation," in United States Golf Association (USGA), *Wastewater Reuse for Golf Course Irrigation*, Lewis Publishers, Boca Raton, FL.

HDR (2002) *Recycled Water Master Plan, Draft*, El Dorado Irrigation District, Prepared by HDR Engineering, accessed online: http://www.eid.org/.

Harivandi, M. A., J. D. Butler, and L. Wu (1992) "Salinity and Turfgrass Culture," 207–229, in D. V. Waddington, R. N. Carrow, and R. C. Shearman (eds.) *Turfgrass*, Agronomic Monograph, No. 32, ASA-C55A-SSSA, American Society of Agriculture, Madison, WI.

Hazbun, A. E. (2003) "Recycled Water for Residential Irrigation: It Works and Is Economically Feasible," in *Proceedings, First Annual Regional Water Reuse Conference, December 7–9, 2003, Amman, Jordan.*

Johnson, W. D., and J. R. Parnell (1998) "Wastewater Reclamation and Reuse in the City of St. Petersburg, Florida," 1037–1104, in T. Asano (ed.) *Wastewater Reclamation and Reuse*, Water Quality Management Library, **10**, CRC Press, Boca Raton, FL.

Jordan, L. A., D. A. Devitt, R. L. Morris, and D. S. Neuman (2002) "Foliar Damage to Ornamental Trees Sprinkler-Irrigated with Reuse Water," *Irrig. Sci.*, **21**, 1, 17–25.

Keller, J., and D. Karmeli (1975) *Trickle Irrigation Design*, Rainbird Sprinkler Manufacturing Corporation, Glendora, CA.

Maas, E. V. (1986) "Salt Tolerance of Plants," *Appl. Agric. Res.*, **1**, 1, 12–26.

Nakayama, F. S., and D. A. Bucks (1991) "Water Quality in Drip/trickle Irrigation: A Review," *Irrig. Sci.*, **12**, 187–192.

Parnell, J. R. (1988) *Project Greenleaf Final Report*, City of St. Petersburg, Public Utilities Department, St. Petersburg, FL.

State of California (1990) *California Municipal Wastewater Reclamation in 1987*, California State Water Resources Control Board, Office of Water Recycling, Sacramento, CA.

State of Florida (1999) *Florida Administrative Code (F.A.C.), Chapter 62-610, Reuse of Reclaimed Water and Land Application*, Florida Department of Environmental Protection, Tallahassee, FL, accessed online: http://www.dep.state.fl.us/.

State of Florida (2004) *2003 Reuse Inventory*, Florida Department of Environmental Protection, Tallahassee, FL, accessed online: http://www.dep.state.fl.us/.

Steinburgs, C. Z. (1994) "Retrofitting a Golf Course for Recycled Water: An Engineer's Perspective," in United States Golf Association (USGA), *Wastewater Reuse for Golf Course Irrigation*, Lewis Publishers, Boca Raton, FL.

Tajrishy, M. A., D. J. Hills, and G. Tchobanoglous (1994) "Pretreatment of Secondary Effluent for Drip Irrigation," *J. Irrig. Drain. Eng., ASCE*, **120**, 4, 716–731.

Tanji, K., S. Grattan, C. Grieve, A. Harivandi, L. Rollins, D. Shaw, B. Sheikh, and L. Wu (2006) *Salt Management Guide for Landscape Irrigation with Reclaimed Water: A Literature Review*, WateReuse Foundation, Alexandria, VA.

Tchobanoglous, G., F. L. Burton, and H. D. Stensel (2003) *Wastewater Engineering: Treatment and Reuse*, 4th ed., McGraw-Hill, New York.

Terrey, A. (1994) "Design of Delivery Systems for Wastewater Irrigation," 130–142, in United States Golf Association (USGA), *Wastewater Reuse for Golf Course Irrigation*, Lewis Publishers, Boca Raton, FL.

University of California and State of California (2000) *A Guide to Estimating Irrigation Water Needs of Landscaping Plantings in California*, University of California Cooperative Extension, California Department of Water Resources, Sacramento, CA.

USDA (1993) "Irrigation Water Requirements," Sec. 15, Chap. 2, in D.S. Department of Agriculture, *Irrigation, National Engineering Handbook,* Soil Conservation Service, U.S. Department of Agriculture, Washington, DC.

USDA (1987) "Trickle Irrigation," Chap. 7, in U.S. Department of Agriculture, *Irrigation, National Engineering Handbook,* Sec. 15, Soil Conservation Service, U.S. Department of Agriculture, Washington, DC.

U.S. EPA (1992) *Manual—Guidelines for Water Reuse*, EPA/625/R-92/004, U.S. Environmental Protection Agency and U.S. Agency for International Development, Washington, DC.

U.S. EPA (2004) *Guidelines for Water Reuse*, EPA/625/R-04/108, September 2004, U.S. Environmental Protection Agency and U.S. Agency for International Development, Washington, DC.

Young, R. E., K. A. Thompson, R. R. McVicker, R. A. Diamond, M. B. Gingras, D. Ferguson, J. Johannessen, G. K. Herr, J. J. Parsons, V. Seyde, E. Akiyoshi, J. Hyde, C. Kinner, and L. Lodewage (1998) "Irvine Ranch Water District's Reuse Today Meets Tomorrow's Conservation Needs," 941–1036, in T. Asano (ed.) *Wastewater Reclamation and Reuse*, **10**, CRC Press, Boca Raton, FL.

第19章　再生水の工業利用

翻訳者　　久 場　隆 広（九州大学大学院工学研究院環境都市部門　准教授）

関連用語　*865*
19.1　再生水の工業利用：概論　*866*
  19.1.1　米国における工業分野での水使用の状況　*866*
  19.1.2　工業分野での水管理　*867*
  19.1.3　工業への再生水利用に影響する要因　*867*
19.2　再生水の工業利用に対する水質上の問題点　*869*
  19.2.1　水質上考慮すべき一般的な事項　*869*
  19.2.2　腐食問題　*869*
    腐食の形式／*870*　　　水質上考慮すべき事項／*872*
  19.2.3　再利用システムに対する再生水水質の影響を評価するための指標　*874*
    侵食度指数／*875*　　　緩衝能／*876*　　　炭酸カルシウム析出能／*876*
    ランゲリア飽和度指数／*880*　　　リズナー安定度指数／*880*　　　他の指標／*881*
  19.2.4　腐食管理オプション　*881*
  19.2.5　スケール生成問題　*882*
    スケール生成の形式／*882*　　　スケール生成管理オプション／*882*
  19.2.6　溶解性塩類の蓄積　*883*
19.3　冷却水系　*885*
  19.3.1　システムの概要　*885*
  19.3.2　水質上考慮すべき事項　*886*
    アンモニア／*886*　　　炭酸塩，重炭酸塩（アルカリ度）／*887*　　　カルシウム／*887*
    リン酸塩／*887*　　　他の化学成分／*887*　　　微生物／*887*
  19.3.3　設計および運転上考慮すべき事項　*888*
    ブロー水／*888*　　　濃縮倍数／*888*
  19.3.4　管理上の問題点　*890*
    公衆衛生リスクの防止／*890*　　　腐食／*892*　　　スケール生成／*892*
    生物学的なファウリング／*892*
19.4　他の工業での水再利用　*892*
  19.4.1　ボイラ　*892*
    システムの概要／*893*　　　水質上考慮すべき事項／*894*　　　一つの珍しい適用例／*896*
  19.4.2　パルプ・製紙工業　*897*
    システムの概要／*897*　　　水質上考慮すべき事項／*899*　　　パルプ・製紙工場での再生水利用／*899*
  19.4.3　織物工業　*900*
    システムの概要／*900*　　　水質上考慮すべき事項／*901*　　　織物製造における再生水の利用／*902*
  19.4.4　その他の工業への適用　*902*
19.5　事例１：Colorado 州 Denver の火力発電所における冷却塔　*904*

- 19.5.1　周辺状況　*904*
- 19.5.2　水管理上の問題点　*904*
- 19.5.3　実施方法　*904*
- 19.5.4　得られた教訓　*904*

19.6　事例2：Calfornia州 West Basin Municipal Water Districtにおける再生水の工業利用　*905*
- 19.6.1　周辺状況　*905*
- 19.6.2　水管理上の問題点　*905*
- 19.6.3　実施方法　*906*
- 19.6.4　得られた教訓　*907*

問　　題　*908*
参考文献　*910*

関連用語

ガルバニック腐食 galvanic corrosion　異種金属間の電位差に起因する腐食.

供給水 feedwater　冷却塔やボイラにおいて熱交換するために供給される水で，補給水と循環水を合わせたもの.

スケール生成 scaling　パイプライン，熱交換器，タンクの内壁に酸化物，炭酸塩，水酸化物，その他の無機物の析出物が形成されること.

生物膜 biofilm　物体の表面に付着して群集を形成するための高分子ポリマー物質を生成する微生物が凝集したもの．水と接触する物体の表面に生物膜は形成される．局部的な腐食を引き起こしたり，熱交換のような産業プロセスに影響を及ぼすこともある.

内部水循環利用 internal water recycling　特定の工業用水に利用するために工場内で水を循環させること.

濃縮倍数 cycles of concentration　ブロー水中での塩類濃度が補給水に対して何倍になっているのかを求めた比率であり，循環水がどの程度循環したのかを示す指標.

排水ゼロディスチャージ zero liquid discharge；ZLD　産業施設からの排水をゼロにすること.

飛散水 drift　送風によって冷却塔から飛散する水.

腐食 corrosion　外部あるいは内部の局所的条件によって金属表面で起こる電気化学的な反応．腐食は，故障の原因となるような金属特性の変質を引き起こす.

ブロー水 blowdown water, purge water　水質を制御するため，循環冷却水系から排出される水．ブロー水は，連続的ないしは間欠的に除去される．ブロー水は，冷却水系からの排水であり，生活排水処理システムあるいはオンサイト(onsite)での処理が必要である.

ボイラ boiler　圧力下でプロセス水を加熱するために利用する閉鎖系容器.

飽和pH saturation pH　ある温度のもとで，カルシウムイオンとアルカリ度とが炭酸カルシウムと平衡状態にある水のpH.

補給水 makeup water　蒸発や飛散，ブロー，漏水により失われた水を補うために冷却水系に補給される水.

水ピンチ解析 water-pinch analysis　工業プロセスにおいて必要水量を最少化するための検討手法.

冷却塔 cooling tower　空気と接触させて水を蒸発させることで冷却水から熱を除去する施設.

　大量で低質な洗浄水としての利用から，製造あるいはボイラ供給水といった質の高いプロセス水としての利用まで，工業で利用されている水の量と質は幅広い．比較的大量の水を利用している工業活動においては，要求される水質に応じて，再生水は代替の水源あるいは新たな水源となるに違いない．ある種の工業においては，再生水が直接的に利用されるし，他の場合には，より厳しい水質条件を満たすために付加的な水処理が必要かもしれない．冷却水，移送水，洗浄水，装置・施設の洗浄，修景用灌漑等が再生水の直接的な利用例としてあげられる(18章参照)．製造，ボイラ供給水，あるいは特殊な水質が要求される工業プロセスに再生水が利用される場合には，付加的な水処理が必要となる．都市(生活排水)再生水の工業への適用の実現可能性については，他の水源との相対的な費用，有用性，信頼性，持続性等により決まる．一般に，再生水の工業利用の可能性は，工業特有である傾向にあり，さらにその利用の範囲は，限られた費用や環境上考慮すべき事柄によって強く影響を受ける.

　本書では，冷却水，ボイラ供給水，製造プロセス水のように工業上での再生水の利用のことを「工業用水再利用」(industrial water reuse)と呼ぶ．一方，特定の工業施設内での水の再利用を「内部水

第19章　再生水の工業利用

循環利用」(internal water recycling)と呼ぶ．工業プロセスにおいては，付加的な処理の有無にかかわらず，ある特定プロセスに利用された水は，他のプロセスに再利用(reuse)されるかもしれない．工業活動を通して生成された排水は，循環利用(recycling)あるいは再利用，排出するためにオンサイトで処理される．再生水は冷却水として幅広く利用されているので，水質，設計，そして運転・管理上の問題点について本章で詳しく説明する．その他の工業水再利用についても簡単に説明する．

19.1　再生水の工業利用：概論

多くの工業プロセスでは，大量の水の安定的確保が必要である．火力発電，パルプ・紙製造，織物生産，食料品製造，化学製造プロセス，製油所，鉱石の抽出（採掘）といったものが水を多く使う工業の典型である．一般に，農業や修景用の灌漑等の水利用(17，18章参照)と比較して，工業で利用される水量の季節や場所ごとの変動は，年間を通して相対的に小さい．したがって，工業は，年間を通して再生水を利用できる稀な例である．工業上の再利用についての序論として，工業での水使用の状況や，工業用水再利用・循環利用，再生水の利用上の制約について概説する．

表-19.1　1975，1995，2000年における工業での淡水取水量(10^6 m³/yr)[a]

部門	1975年	1995年	2000年[b]
発電	120 000	192 000	188 000
製造	71 000	35 000	21 000
計	191 000	227 000	209 000

[a] U.S. Water Resources Council(1979)，Solley *et al.*(1998)，Houston *et al.*(2004)によるデータ．
[b] 公共上水道からの送水量は，含まれない．1995年では，熱電発電用水および工業用水として上水がそれぞれ約0.3%，12%利用されている．2000年の上水取水量は，67 000×10^6 m³/yrである（同じ比率で両部門に使用されていると仮定するなら，67×10^6 および8 000×10^6 m³/yr）．

19.1.1　米国における工業分野での水使用の状況

1975年および1995年，2000年の工業における淡水取水量の比較を表-19.1に示す．1995年の淡水使用量は，約190×10^9 m³/yr(137 Bgal/d)であり，そのうちの約100×10^9 m³/yr(75 Bgal/d)は，内部での水循環利用および再利用により供給されていた．製造部門での淡水取水量は，約71×10^9 m³/yr(53 Bgal/d)である(U.S.Water Resources Council, 1979)．一方，1995年の製造部門での淡水使用量は，1975年のおおよそ半分であり，その後も減り続けている．製造工程の変更，水保全，工業排水の排出規制，そして工業活動のグローバル化とアウトソーシングの拡大により製造部門による水使用量が削減されている(Huston *et al.*, 2004)．

1975年と1995年における製造部門向け用水の水源の比較を図-19.1に示す．これまで製造部門で

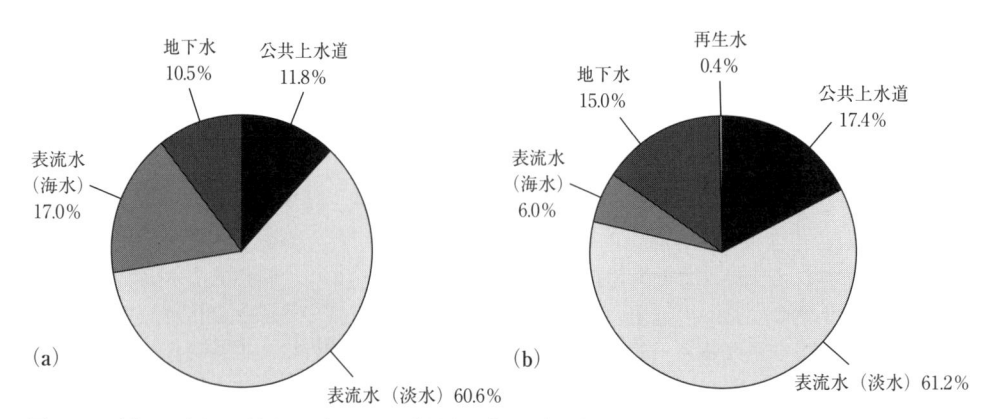

図-19.1　(a)1975年および(b)1995年における製造部門向けの水源(U.S. Water Resources Council, 1979；Solley *et al.*, 1998)

の再生水の利用は，非常に限られていることがわかる．1995年のデータでは，約 150×10^6 m^3/yr (40×10^3 Mgal/d) の再生水が工業で利用され，それは全工業用水量の0.4%にしか相当しない (Solley et al., 1998). しかしながら，実施可能な再生水の工業分野での利用に対する関心は増大している．工業分野での再生水の利用例を表-19.2 に示す．その使用量は，水道施設，近辺の再生水送水管，水質，他の水源との相対的な費用や有効性に依存している．ある場合は，地域規模あるいは州規模で再生水の利用を促進するための誘導プログラムが開発されてきている．また，他の水源との比較において，再生水の相対な費用が経済的な誘導をもたらす場合もある．一般的には，再生水の有効性の増大や費用の観点から，工業活動のための水源の代替としての，あるいは補充のための再生水の利用がより一層広まりつつある．

表-19.2 工業プロセスでの再生水の利用例

場　所	工業プロセスの種類	再生処理
Flagstaff (Arizona 州)	パルプ・紙(ティッシュペーパー)	三次処理
Palo Verde (Arizona 州)	原子力発電	三次処理
Los Angeles (California 州)	パルプ・紙(新聞紙)	三次処理
Los Angeles (California 州)	織物(カーペット染色)	三次処理
Richmond (California 州)	製油	
Santa Rosa (California 州)	間欠泉による熱電発電	三次処理
West Basin (California 州)	高圧ボイラ(供給水)	RO(逆浸透)-RO
	低圧ボイラ(供給水)	RO
	製油所の冷却塔	三次処理
Denver (Colorado 州)	熱電発電所の冷却塔	三次処理
Pinellas County (Florida 州)	廃棄物焼却場の冷却塔とボイラ供給水	三次処理
		MF(精密ろ過)-RO
Vero Beach (Florida 州)	熱電発電	
Harlingen (Texas 州)	織物	三次処理-RO

19.1.2　工業分野での水管理

1990年代以降，特に排水の放流について，工業界に対してより一層厳しい環境目標の達成が求められるようになってきた．長期的な目標は，排水ゼロディスチャージ (zero liquid discharge; ZLD) の概念を適用すること，すなわち受水域へのすべての廃棄物排出を0にすることである．ZLDを達成するという挑戦は，より一層の効率的な水利用の実施や内部水循環の採用を現実に工業界にもたらすことになった．

ZLDの目標を実現するための第一歩は，水利用の効率を高め，工業用水量を削減することである．水ピンチ解析 (water-pinch analisis) は，水をより一層効率的に利用するための手法を明確化するための最適化技術の一つである (Baetens, 2002; Mann and Liu, 1999). ピンチ解析技術により，水質要因と絡めつつ必要流量を検討することで工業用水の最少必要量を評価できる．既存の水源の補充ないしは代替として内部水循環利用の可能性や再生水の利用といったことをピンチ解析に導入可能である．工業施設内での水の再生と再利用，循環利用のフローダイアグラムを図-19.2 に示す．

19.1.3　工業への再生水利用に影響する要因

前述したように，灌漑のような他の非飲用水の再利用における季節性と比較して，必要となる用水量が年間を通して相対的に一定であることが工業への再生水利用の主な利点である．したがって，統

第19章 再生水の工業利用

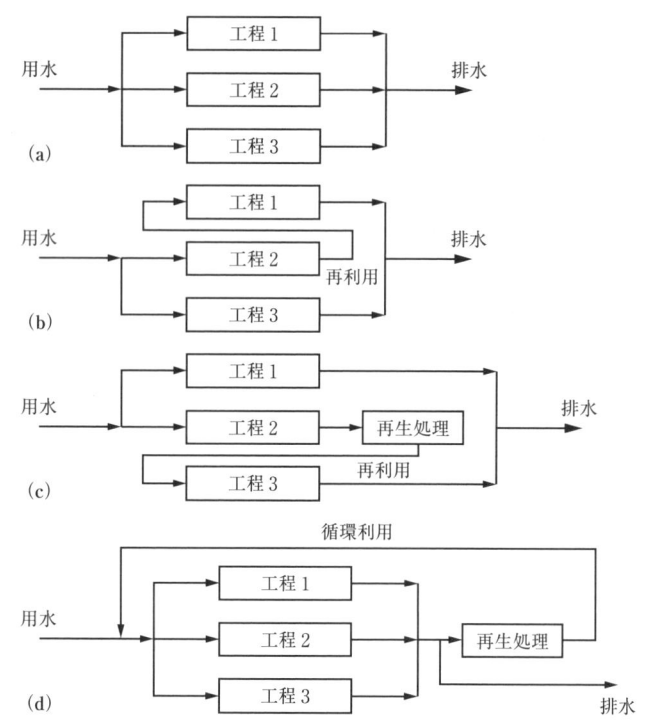

図-19.2 工業プロセスにおける水の再利用オプション．(a)再生・循環なし，(b)再利用，(c)再生処理後に再利用，(d)再生処理後に再循環(Mann and Liu, 1999)

合的水管理計画に工業用水再利用プログラムを導入することで，非灌漑期における余剰となった再生水の貯留ないしは廃棄を防ぐことができる(17，18章参照)．逆に，再生処理施設からその利用地までの再生水の輸送システムがなければ，工業は再生水の利用を思いとどまるかもしれない．特定の工業プロセスにおける要求水質に合致させるために付加的な処理を導入する場合，その費用は，再生水の利用による削減額よりも勝るかもしれない．再生水に特有な水質の変性も，ある種の工業上の目的を目指した再生水の利用を困難にするかもしれない．例えば，塩類や微量汚染物質の蓄積は，閉鎖系循環冷却水系の運転を阻害してしまう(19.2参照)．

もう一つの重要な論点は，工業での再生水利用についての経済的な実現可能性である．調査すべきシステムの構成要素と関連する主要なコスト要因を以下に示す(Treweek, 1982)．
1. 再生水の給水：付加的なオンサイト処理に要する追加費用，
2. 配水システム：処理施設から工業用地まで再生水を輸送するために，工業所有の水道管を敷設する費用，
3. オンサイトでの再配管：再生水を利用できるようにするための既存の水道管システムの改造，
4. 水質と付加的な代替処理に関する技術的解析，
5. 前処理の資本と運転・維持(O&M)費，
6. 内部での処理の必要性，
7. 汚泥やブラインといったプロセス残滓の管理(処理，有効な再利用，または廃棄)，
8. 次のような制度，法律上，行政上の活動：(a)管轄の政府機関の間での提携と調整，(b)すべての法的な必要条件に合致すること，(c)水道局との契約交渉，(d)許可の取得，(e)必要に応じて，区域・地域プロジェクトの他の参加者との調整．

工業再生水システムに必要な主要コストは，次のとおりである．(1)再生水の購入費用，(2)関連付

帯設備およびオンサイト施設の建設・設置のための資本金，(3)O&M費，(4)資金調達と管理上の費用．水再生の基盤施設と工業施設との近接性に応じて，輸送・配水システムの費用は，再生水使用による経済的便益を上回るかもしれない(Treweek, 1982).

19.2 再生水の工業利用に対する水質上の問題点

工業の種類に応じて必要とされる水質は異なるものの，その主要な水質上の問題点は，装置や配水システムの腐食，スケール生成，微生物によるファウリング(fouling)を防止することである．再生水そのもの，あるいは，再生水から生じるエアロゾル(aerosol)と人間との接触がある場所においては，病原性微生物の制御が特に重要である．本節では，再生水の工業用水利用において，一般的に水質上考慮すべき事柄が議論されている．それぞれの適用において特別に配慮すべき事柄については，後節で説明する．

19.2.1 水質上考慮すべき一般的な事項

工業利用における再生水の水質上の問題点は，表-19.3にまとめられている．また，種々の工業プロセスに要求される典型的な水質は，表-19.4に示されている．主要な水質は，pH，アルカリ度，有機物，栄養塩，腐食やスケール生成に影響する要素である．要求される水質は，それぞれの工業プロセスに特有であることに注意が必要であり，異なった水利用シナリオの比較のための水質情報を提供することを表-19.4は意図している．

表-19.3 工業プロセスに対する再生水の水質上の問題点[a]

項　目	問　題　点
アルカリ度	pHの安定性に対する影響
アンモニア	遊離残留塩素の生成を阻害，銅合金の応力腐食の原因，微生物増殖の促進
カルシウムとマグネシウム	スケール形成
硫化水素	腐食，臭気
鉄	スケール形成，汚れ・染み
微生物学的水質	生物ファウリングの可能性
硝酸塩	微生物増殖の促進，染色の阻害
pH	化学反応に影響を及ぼす可能性，溶質の溶解度
リン	スケール形成，微生物増殖の促進
残留有機物	微生物増殖，粘着物やスケールの形成，ボイラの泡立ち
シリカ(ケイ酸)	スケール形成
硫酸塩	腐食
SS	付着物，微生物増殖のための"種"

[a] WPCF(1989), Asano and Levine(1996)より引用．

19.2.2 腐食問題

米国では，飲料水の配水システムにおける腐食問題の解決のために年間190億ドル以上使われている(Bell and Aranda, 2005)．再生水システムにおいて同様な問題を回避するためには，特に水温や圧力が変動する場において，腐食に対する検出・制御・管理手法が必要となる．金属の変性を引き起こすような金属とその周辺環境間での物理化学的反応の結果として，腐食が生じる(ISO, 1999)．電気

表-19.4　種々の工業プロセスに要求される再生水の

項目	単位	循環のためのボイラ供給水(bar)[b]				冷却水			
						一過型		補給水	
		0〜10	10〜12	48〜103	103〜344	淡水	汽水	淡水	汽水
シリカ(SiO_2)	mg/L	30	10	0.1	0.01	50	25	50	25
アルミニウム(Al)	mg/L	5	0.1	0.01	0.01			0.1	
鉄(Fe)	mg/L	1	0.3	0.05	0.01			0.5	
マンガン(Mn)	mg/L	0.3	0.1	0.01	0.01			0.5	
銅(Cu)	mg/L	0.5	0.05	0.05	0.01				
カルシウム(Ca)	mg/L		0	0	—[c]	200	520	50	420
マグネシウム(Mg)	mg/L		0	0	—[c]				
ナトリウム(Na)	mg/L								
アンモニア(NH_3)	mg/L	0.1	0.1	0.1	0.07				
重炭酸塩(HCO_3)	mg/L	170	120	50	—[c]	600		25	
硫酸塩(SO_4)	mg/L					680	2 700	200	2 700
塩素(Cl)	mg/L					600	500		
フッ素(F)	mg/L					600	19 000	500	19 000
硝酸塩(NO_3)	mg/L								
リン酸塩(PO_4)	mg/L								
溶解性蒸発残留物	mg/L	700	500	200	0.5	1 000	35 000	500	350 000
浮遊物質(SS)	mg/L	10	5	0	0	5 000	2 500	100	100
硬度	mg/L($CaCO_3$換算)	20	1.0	0.1	0.07	850	6 250	130	6 250
アルカリ度	mg/L($CaCO_3$換算)	140	100	40	0	500	115	20	115
酸度	mg/L($CaCO_3$換算)								
pH	—	8〜10	8〜10	8.2〜9.2	8.2〜9.2	5.0〜8.3			
色度	度								
COD	mg/L	5	5	0.5	0	75	75	75	75
溶存酸素(DO)	mg/L	<0.03	<0.03	<0.03	<0.005				
温度	℃	49	49	49	49	38	49	38	49
濁度	NTU[f]	10	5	0.5	0.05	5 000	100		

[a] State of California(1963), U.S.EPA(1973)より引用.
[b] 1 bar = 10^5 Pa = 14.5 lb/in^2.
[c] 他成分の処理によって左右される.
[d] SiO_3として換算.
[e] 酸化アルミニウム(Al_2O_3)として換算.
[f] nephelometric turbidity unit：ホルマジン濁度.
注) 幾つかの特定成分に要求される水質は，工業プロセスごとに非常に大きく変動する可能性がある.

化学的反応が酸化や，再生水に接触している配管や他の材料から解離させる発端となる場合もある.
　一般には，次の4つの要素からなる腐食電池が存在する場合に腐食が発生する．図-19.3に示すように，(1)陽極，(2)陰極，(3)電解液，(4)陽極と陰極とを結ぶ伝導体．種々の腐食とその特徴や，水質上考慮すべき事項，再生水システムに適した腐食管理手法について，以下に述べる．

腐食の形式
　腐食は，次のように分類される．(1)電気化学的反応に誘発される腐食，(2)物性的および他の物理的要因により誘発される腐食．それぞれ，あるいはそれら両者により誘発される腐食の例を表-19.5にまとめた．pH，アルカリ度(alkalinity)，溶存酸素(dissolved oxygen；DO)，微生物活性や生物ファウリング(汚れ)(bio-fouling)の程度，温度，他の水質の変性に応じて，塩化物あるいは硫化物，硫

典型的な水質[a]

	工業プロセス水					
織物	パルプ・紙	化学製造	石油・石炭生産	第一次金属	製革
25^d	50	50	60		
8^e					
0.1 ～ 0.3	0.3	0.1	1.0		50
0.01～ 0.05	0.1	0.1			0.2
0.01～ 5					
	20	70	75		60
	12	20	30		
			230		
			40		
		130	480		
100		100	600		250
	200	500	300	500	250
		5	1.2		
			10		
100 ～200	100	1 000	1 000	1 500	
0 ～ 5	10	5	10	3 000	
0 ～ 50	475	250	350	1 000	150
		125	500	200	
				75	
6 ～ 8	4.6～9.4	5.5～9.0	6～9	5～9	6～8
0 ～ 5	10	20	25		5
		38		38	
0.3 ～ 5					0

酸塩のような再生水中の攻撃的な(すなわち,非常に反応性に富む)イオンの存在は,孔食(pitting),あるいは隙間腐食(crevice),応力腐食割れ(stress corrosion cracking)といった局部的な腐食を引き起こす可能性がある.溶解性や安定性に関する指標,および腐食性を評価するために利用される比率を表-19.6 に示した.

他の物理学的要因とともに物性により誘発される腐食の例は,ガルバニック腐食や応力腐食割れ等である.ガルバニック腐食が異種金属間

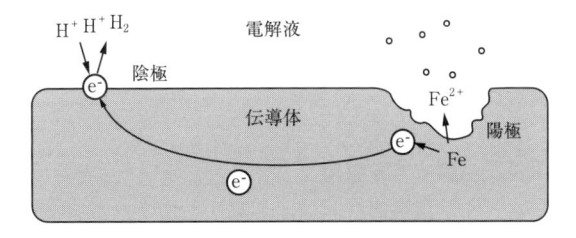

$$Fe(s) \rightarrow Fe^{2+} + 2e^- \quad (陽極)$$
$$2e^- + 2H^+ \rightarrow H_2(g) \quad (陰極)$$
$$\overline{Fe(s) + 2H^+ \rightarrow Fe^{2+} + H_2(g) \quad (全体反応)}$$

図-19.3 鉄の腐食電池

表-19.5 腐食の形式，発生状況，主要な要因[a]

腐食の形式	発生状況	主要な要因
主として電気化学的反応により誘発される腐食		
隙間腐食(crevice corrosion)	2つの材料表面間の狭い隙間あるいは空隙に発生する局部腐食．	抑制物質の消失や酸素の消失，酸性状態の形成，主として塩化物のような反応性の高いイオンの蓄積といったことを引き起こすような隙間内部での局所的化学変化．
微生物学的な誘発	本表に述べられている他の形式の腐食と最も関連の深い酸化還元反応の速度を加速させることで腐食動力学を促進．	高い酸度あるいは高い腐食成分の濃度となったパイプ上の微細領域からの細菌や他の微生物．
孔食(pitting corrosion)	金属の窪みに発生する局所的腐食．一部の管表面が永続して陽極となり，その周辺の管が陰極として作用する．	主として塩化物のような高濃度の高反応性イオンや，酸度，低濃度の酸素といったことが主要な化学的要因であり，これらが孔食を引き起こす．製造上の欠陥や金属表面の使用状態がその他の要因である．
錆瘤(瘤状の腐食生成物)形成 (tuberculation)	酸素を含む水に曝された鋼鉄や鋳鉄の表面で発生．酸化された金属は，その表面に錆瘤を形成し，その瘤の下部で腐食が進行する．	微生物学的に誘発された錆瘤の瘤状構造は，非生物的な錆瘤よりも強固である．錆瘤の外部が陰極的に作用し，その内部が陽極的に強く作用する．
全面腐食(均一腐食) (uniform corrosion)	水に接した金属導管が水中の電解質と反応する，あるいは，一様に酸化される．	水の酸化電位，主として塩化物のような高反応性イオンの存在．
主として物性およびその他の物理学的要因により誘発される腐食		
電解腐食	外部電源による管あるいは他の金属構造物(内部ないしは外部)の迷走直流による腐食．そして，この過程で，金属が陽極で離脱する．	電流の強さや内部・外部の状態，水のpH，伝導率，流速，露出した金属表面に達する酸素量．
侵食(erosion)	特に，高反応性イオンを含んでいるような場合，流体の移動によって発生したり，促進される金属の腐食．その2つの最も一般的な形式は，衝撃(impingement)とキャビテーション(空洞現象，cavitation)．	流体の流速や，排水中の小さな砂のような研磨性粒子状物質，金属表面の欠陥，他の形式の腐食部分の存在．気泡の形成に起因する非常に低い水圧．
ガルバニック腐食 (Galvanic corrosion)	2つの異種金属が接する時，ガルバニック腐食が生じる．	2つの金属間の電位差，2つの金属の相対的な面積の差，水の伝導率．
応力腐食割れ (stress corrosion cracking)	引張応力(tensile stress)や腐食的な環境により誘発．	溶接による残留応力，不適切な配置，腐食的な環境(主に塩化物の存在)下での循環の繰返し．

[a] Crittenden *et al*.(2005)より引用．

の電位差に起因するのに対し，応力腐食割れは，引張り応力と反応性の高い水質により誘発される．腐食と応力の共働効果が応力腐食割れを促進する．たとえこれらの形式の腐食が主に物理学的な要因により誘発されるとしても，化学的および生物学的な反応が非常に重要な役割を果たしていることは間違いない．

水質上考慮すべき事項

　水質や水理学的要因は，工業に利用される容器や輸送構造物に腐食が発生するかどうかを左右する．例えば，pH変化と腐食速度の増加には相関関係がある(Stumm, 1956)．($CaCO_3$換算で150 mg/Lを超えるほどの)高いアルカリ度は，鉛，銅，亜鉛の腐食を促進する，ということがわかっている(Vik *et al*., 1996)．特に酸素濃度が低い場合には，塩化物や硫化物のような中性塩は，腐食速度を増大させる(Clement *et al*., 2002)．腐食に影響する水質指標の比較を表-19.7に示す．特に高温や高圧条件下

表-19.6 水の腐食性を評価するために用いられる様々な指標やパラメータ，比率

項　目	原理的説明	最適な範囲
侵食度指数 (aggressiveness index；AI)	石綿セメント管の腐食の評価のために開発されたpHとアルカリ度，硬度との経験的な関係．	>12
緩衝能	水のpHの変化を緩和する能力の尺度．高い緩衝能は，パイプ壁面や水自体のpHを安定化させ，したがって，局所的な金属の放出を防止する．	>0.5 meq/L·pH
炭酸カルシウム析出能 (calcium carbonate precipitation potential；CCPP)	沈殿する，あるいは管壁から溶出するカルサイト($CaCO_3$)量を推定するもの．	4〜10 mg/L($CaCO_3$換算)
ランゲリア飽和度指数 (Langelier saturation index；LSI)	カルサイトが沈殿するのか，あるいは管壁から溶出するのかという傾向を推定するもの(定量的な情報は提供されない)．	0±0.2(pH)
リズナー安定度指数 (Ryznar stability index；RSI)	飽和pHにより一層重みづけしたLSIに対する経験的な変化率．	>6.2(pH)
アルカリ度／(塩化物＋硫酸塩)比	金属と反応する陰イオンの利用性を比較したもの．	>1 eq/eq
塩化物／重炭酸塩比	塩化物と重炭酸塩が金属錯体を形成する能力を比較したもの．値が0.3を超えると，鉄鋼の腐食が進展することがわかっている．	>0.2 eq/eq
塩化物／硫酸塩比	陰イオンと溶解した金属間での競争反応の尺度．	<0.6 mg/mg

表-19.7 腐食に影響する水質値の比較

項　目	最適な範囲	原理的説明
アルカリ度	調和していること	アルカリ度の変化は，金属-炭酸塩錯体の形成に影響し，金属の溶出を増大させる．
アンモニア	存在しないこと	アンモニアは，金属と錯体を形成して溶解度を増大させ，金属の溶解が起こる．微生物の増殖を促進し，微生物学的に腐食を誘発する．銅および銅合金の腐食．
カルシウム	調和していること	カルシウムは，管壁にカルサイトを形成し，おそらく銅の溶解を阻害する．水質変動がパイプの被膜の分解を促し，金属の溶解を促進する．
塩化物	調和していること	酸素濃度が低い場合には，塩化物は，腐食速度を増加させる．金属と錯体を形成して，溶解度と金属の溶出を増大させる．
溶存酸素(DO)	調和していること	溶存酸素は，腐食反応の電子受容体として作用する．一方，被覆酸化物層を形成することで腐食を抑制することもある．DOの局部的な差は，腐食を促進する．
マグネシウム	調和していること	管壁上のカルシウム錯体の分解を阻害する．
全有機炭素 (TOC)	調和していること	有機炭素は，配管表面を覆い，金属の溶解を抑制する．金属錯体が形成され，金属の溶出が促進されることもある．微生物の増殖を促進し，微生物学的に腐食を誘発する．
オルトリン酸塩	0.5〜5 mg/L(PO_4換算)	リン酸塩は，銅と反応し，管の内壁を覆うリン酸銅錯体を形成する．
pH	7.3〜7.8	pHは，金属の溶解度や炭酸塩との反応に影響する．アルカリの生成により，配管の表面で局部的にpHは高くなるかもしれない．
硫酸塩	調和していること	硫酸塩は，水酸化銅スケールの生成を抑制し，金属が溶出する可能性を増大させる．
温度	調和していること	温度の上昇とともに腐食速度が増加する．温度は，溶解度，微生物活性，水の密度，混合効率に影響する．

表-19.8 微生物学的腐食を誘発する最も一般的な微生物[a]

属ないしは種	pH 範囲	温度範囲(℃)	酸素要求性	影響を受ける金属	微生物の影響
細 菌					
Desulfovibrio (最も一般的な種: D.desulfuricans)	4 ～8	10～40	嫌気性	鉄,鉄鋼,ステンレス鋼,アルミニウム,亜鉛,銅合金	水素を利用して SO_4^{2-} を S^{2-} および H_2S に還元.硫化物膜の形成を促進.
Desulfotomaculum (最も一般的な種: D.nigrificans, 別名 Clostridium)	6 ～8	10～40(幾つかの種は,40～75)	嫌気性	鉄,鉄鋼,ステンレス鋼	SO_4^{2-} を S^{2-} および H_2S に還元(胞子形成細菌).
Desulfomonas		10～40	嫌気性	鉄,鉄鋼	SO_4^{2-} を S^{2-} および H_2S に還元.
Thiobacillus thioosidans	0.5～8	10～40	好気性	鉄および鉄鋼,銅合金,コンクリート	硫黄や硫化物を酸化して H_2SO_4 を生成.防護塗料を損傷.
Thiobacillus ferroosidans	1 ～7	10～40	好気性	鉄,鉄鋼	Fe^{2+} を Fe^{3+} に酸化.
Gallionella	7 ～10	20～40	好気性	鉄,鉄鋼,ステンレス鋼	Fe^{2+} を Fe^{3+} に酸化(Mn^{2+} を Mn^{3+} にも酸化).錆瘤の生成を促進.
Sphaerotilus	7 ～10	20～40	好気性	鉄,鉄鋼,ステンレス鋼	Fe^{2+} を Fe^{3+} に酸化(Mn^{2+} を Mn^{3+} にも酸化).錆瘤の生成を促進.
Sphaerotilus natans				アルミニウム合金	Fe^{2+} を Fe^{3+} に酸化(Mn^{2+} を Mn^{3+} にも酸化).錆瘤の生成を促進.
Pseudomonas	4 ～9	20～40	好気性	鉄,鉄鋼,ステンレス鋼	幾つかの種は,Fe^{3+} を Fe^{2+} に還元可能.
Pseudomonas aeruginosa	4 ～8	20～40	好気性	アルミニウム合金	幾つかの種は,Fe^{3+} を Fe^{2+} に還元可能.
菌 類					
Cladosporium resinae	3 ～7	10～45		アルミニウム合金	ある種の燃料成分を代謝して有機酸を生成.

[a] Davis(2000)より引用.

では,DO は,腐食反応を誘発し,促進する.

化学的な水質に加えて,再生水中に存在する微生物(microorganisms)は,配管,復水器,プロセス容器等の湿った表面上に形成される生物膜(biofilms)によって直接的ないしは間接的に腐食現象に影響を及ぼす.局部腐食(localized corrosion)を引き起こす二酸化炭素や硫化水素のような酸性ガス(acid-forming gases)が生物膜内の生物活動により生じる(Adams et al., 1980).さらに,生物膜の存在は,管内や反応槽内の水理学的な不連続性をもたらし,化学反応が生じる付加的な場を提供することになる.生物膜は,殺菌剤の作用から病原性微生物を保護してしまうこともある.微生物学的な腐食に関連する微生物を表-19.8 に列挙した.

19.2.3 再利用システムに対する再生水水質の影響を評価するための指標

腐食性(corrosion)およびスケール生成能(scaling)を評価する一つの手法は,水質値を用いて,腐食に関連する指標値を計算することである.腐食性の評価に用いられている指標の例を表-19.6 に示す.これらの指標は,pH,アルカリ度,溶解性無機炭素との相互関係を定量的に明らかにするため

の種々の代表的アプローチである．これらの指標は，幅広く利用されてはいるものの，腐食およびスケール生成の制御においてのその適用可能性に関しての議論も続いている．それら指標の詳細については，以下で説明する．9章で述べたように，これらの指標のうちランゲリア飽和度指数は，後RO処理(post-RO treatment)の必要性を評価するために広く利用されている．

本節で紹介する指標の計算では，イオン強度の影響と溶液中のイオンの活量(有効濃度)を評価することが重要である．溶液のイオン強度 I は，Lewis and Randall によって次のように定義されている(Lewis and Randall, 1921)．

$$I = \frac{1}{2}\Sigma C_i(Z_i)^2 \tag{19.1}$$

ここで，I：イオン強度(mol/L)，C_i：i番目のイオンの濃度(mol/L)，Z_i：i番目のイオンの価数．

多くの産業では，伝導度ないしは全溶解性蒸発残留物(total dissolved solids；TDS)を定期的に計測している．イオン強度は，ラッセル(Russell)あるいはランゲリア(Langelier)の近似式を用いて伝導度あるいはTDSの測定値からも推定できる(Langelier, 1936；Russell, 1976)．

$$I = 1.6 \times 10^{-5} \times 比伝導度(\mu mho/cm) \tag{19.2}$$
$$I = 2.5 \times 10^{-5} \times TDS(mg/L) \tag{19.3}$$

これらの関係式の利用においては，TDSが比伝導度と比例し，TDS(mg/L)≈0.64×比伝導度(μmho/cm)が仮定されている．この比例定数は，精確ではないかもしれないので，可能であれば，実際の運転データを用いて検証されねばならない．

活量係数(activity coefficient)とは，理想溶液(ideal solution)との比較において，実際の溶液中のあるイオンの有効濃度を決定するために用いられる尺度である．イオンAの活量係数 γ_A は，デバイ-ヒュッケル(DeBye-Hückel)の式を修正したデービス(Davies)の式を用いて式(19.4)のように推定される．

$$\log\gamma_A = -0.5 Z_A^2\left(\frac{\sqrt{I}}{1+\sqrt{I}} - 0.3I\right) \tag{19.4}$$

ここで，Z_A：イオンAの価数．

一般に，イオン強度が0.5 M以下の溶液であれば，デービスの式で精度よく近似できる．多くの排水や再生水がそのようなイオン強度の条件下にある(Sawyer *et al*., 2003)．

あるイオンAの活量係数が与えられれば，式(19.5)を用いてイオンAの活量$\{A\}$がそのモル濃度から計算できる．

$$\{A\} = \gamma_A \times [A] \tag{19.5}$$

ここで，$[A]$：イオンAのモル濃度(mol/L)．

種々の指標に関する以下の議論においては，活量(例えば，$\{A\}$，$\{B\}$)が使用されている．実際には，活量係数 γ はほぼ1である(すなわち，$\{A\} = [A]$と仮定する)．しかし，幾つかの場合，特にTDSが500 mg/Lを超える再生水のような場合においては，活量は，測定濃度よりも著しく低く，溶解性成分の溶解度や平衡分布に影響を与える．

侵食度指数

経験的な指標である侵食度指数(AI)は，アスベスト-コンクリート(A/C)管内の液体の腐食能を判定するために用いられてきた．AIの定義は，

$$AI = pH + \log(AH) \tag{19.6}$$

ここで，pH：実際(測定した)のpH(－)，A：全アルカリ度(mg/L，CaCO$_3$換算)，H：カルシウム硬度(mg/L，CaCO$_3$換算)．

第19章 再生水の工業利用

本節で後ほど議論するランゲリア飽和度指数(LSI)を単純化した指標として開発されたAIでは，温度やイオン強度の影響が考慮されていない(NAS, 1982)．もしAI値が12以上であれば，その水には侵食性あるいは腐食性がないと仮定されている．多くの場合，特に冷却水の場合には，水温が塩類の溶解度や腐食性あるいは侵食性に影響を与える50℃を超えることもあり，AIの適用には限界がある．

緩衝能

最も重要な水質指標の一つが緩衝能(buffer capacity)であり，緩衝強度(buffer intensity)とも呼ばれる．緩衝能は，炭酸塩のような緩衝剤がpHの安定性を制御するといった機能の尺度であり，式(19.7)のように定義される．

$$\beta = \frac{\Delta\beta}{\Delta pH} \tag{19.7}$$

ここで，β：緩衝能[meq/(L・pH)]，$\Delta\beta$：単位容積当り添加される酸あるいは塩基のモル数(meq/L)，ΔpH：pH変化．

滴定曲線の傾きとして定義される緩衝能は，溶液のpHの単位変化量に対して必要となる塩基あるいは酸の量を表し，pH，アルカリ度，温度により変化する．腐食速度の増加は，緩衝能の低下と相関関係にあることが知られている(Clement et al., 2002；Pisigan and Singley, 1987)．再生水の緩衝能を最適化することは，管／水界面におけるpH変化を抑制し，よって局部腐食の可能性を低下させる．

100〜250 mg/L(CaCO$_3$換算)のアルカリ度における緩衝能に対するpHの影響を比較したものが図-19.4である．図にあるように，最小の緩衝能は，pH 8.3辺りにある．pH 8以下では，アルカリ度は，緩衝能に非常に大きな影響を及ぼす．

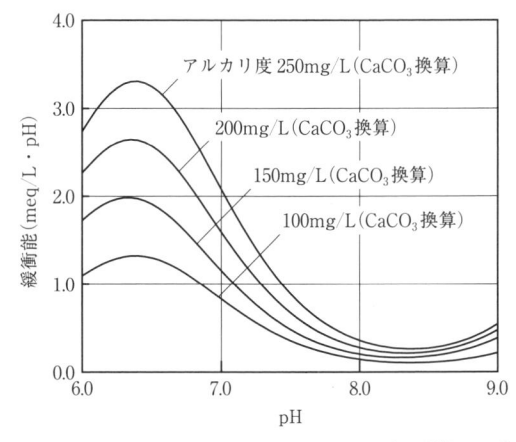

図-19.4 緩衝能に対するpHおよびアルカリ度の影響の比較

炭酸カルシウム析出能

炭酸カルシウム析出能(CCPP)は，平衡状態のもとで再生水の水源中で析出する炭酸カルシウム濃度を推定する指標である(図-19.5参照)．CCPPが負の値の場合，配管や復水器等の金属表面上に保護膜として存在するであろう炭酸カルシウム析出物を可溶化させる可能性がある．

CCPP指標は，炭酸カルシウムの形でのみ析出物が形成され，析出に対する動力学的な障壁はないものとするという仮定に基づいている．しかしながら，マグネシウム，あるいは銅，亜鉛，オルトリン酸，ポリリン酸は，カルサイト(炭酸カルシウム)(calcite)の生成を阻害する可能性があるが，これらの値は，この指標の計算においては考慮されていない．

まず，CCPPの計算のために炭酸塩システムで使用する項目を次のように定義する．

$$C_T = \{H_2CO_3{}^*\} + \{HCO_3{}^-\} + \{CO_3{}^{2-}\} \tag{19.8}$$

$$K_{a1} = \frac{\{H^+\}\{HCO_3{}^-\}}{\{H_2CO_3{}^*\}} \tag{19.9}$$

19.2 再生水の工業利用に対する水質上の問題点

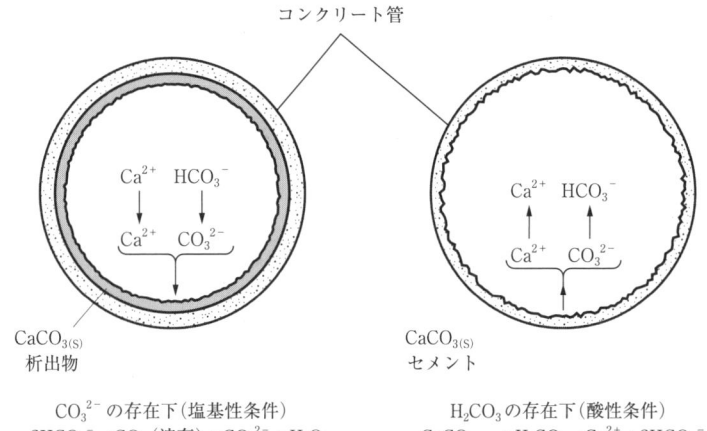

コンクリート管

(a) CO_3^{2-} の存在下（塩基性条件）
$2HCO_3^- \rightarrow CO_2$(溶存)$+ CO_3^{2-} + H_2O$
$Ca^{2+} + CO_3^{2-} \rightarrow CaCO_{3(S)}$

(b) H_2CO_3 の存在下（酸性条件）
$CaCO_{3(S)} + H_2CO_3 \rightarrow Ca^{2+} + 2HCO_3^-$
CO_2(溶存)$+ CO_3^{2-} + H_2O \rightarrow 2HCO_3^-$

図-19.5 コンクリート管内で発生する炭酸塩システムの化学反応の模式図．(a) CO_3^{2-} の存在下，(b) H_2CO_3 の存在下 (Snoeyink and Jenkins, 1980)

$$K_{a2} = \frac{\{H^+\}\{CO_3^{2-}\}}{\{HCO_3^+\}} \tag{19.10}$$

$$\alpha_0 = \frac{\{H_2CO_3^*\}}{C_T} = \frac{\{H\}^2}{\{H^+\}^2 + K_{a1}\{H^+\} + K_{a1}K_{a2}} \tag{19.11}$$

$$\alpha_1 = \frac{\{HCO_3^-\}}{C_T} = \frac{K_{a1}\{H^+\}}{\{H^+\}^2 + K_{a1}\{H^+\} + K_{a1}K_{a2}} \tag{19.12}$$

$$\alpha_2 = \frac{\{CO_3^{2-}\}}{C_T} = \frac{K_{a1}K_{a2}}{\{H^+\}^2 + K_{a1}\{H^+\} + K_{a1}K_{a2}} \tag{19.13}$$

ここで，$\{H_2CO_3^*\}$：平衡状態での炭酸の活量(mol/L)，$\{HCO_3^-\}$：平衡状態での重炭酸塩の活量(mol/L)，$\{CO_3^{2-}\}$：平衡状態での炭酸塩の活量(mol/L)，K_{a1}：炭酸と重炭酸塩に対する平衡定数，K_{a2}：重炭酸塩と炭酸塩に対する平衡定数，$\{H^+\}$：平衡状態でのプロトン（水素イオン）(proton)の活量(mol/L)，α_0, α_1, α_2：炭酸塩システムの分配係数［イオン化フラクション(ionization fractions)］(-)．

再生水から X mol/L の $CaCO_3$ が析出する（あるいは，溶解する）と仮定すると，平衡条件は，次のように表される．

$$\{Ca^{2+}\}\{CO_3^{2-}\} = K_{so} = (\{Ca^{2+}\}_{initial} - X)(C_T - X)\alpha_2 \tag{19.14}$$

ここで，$\{Ca^{2+}\}_{initial}$：平衡状態以前のカルシウムの活量(mol/L)，$\{Ca^{2+}\}$：平衡状態でのカルシウムの活量(mol/L)，C_T：$\{H_2CO_3^*\}_{initial} + \{HCO_3^-\}_{initial} + \{CO_3^{2-}\}_{initial}$，$K_{so}$：$CaCO_3$ の溶解度積(solubility product) $= \{Ca^{2+}\}\{CO_3^{2-}\}$，$X$：平衡状態で析出する（あるいは，溶解する）$CaCO_3$ の量(mol/L)．

平衡状態でアルカリ度は，$2X$ 減少するので，以下の式が得られる．

$$\text{Alk}_{initial} - 2X \approx (C_T - X)(\alpha_1 + 2\alpha_2) + \frac{K_w}{\{H^+\}} - \{H^+\} \tag{19.15}$$

ここで，$\text{Alk}_{initial}$：初期アルカリ度(eq/L)，K_w：水の平衡定数．

定数 K_{so} および K_{a1}, K_{a2}, K_w は，温度に依存している．典型的な値は，表-9.13 に与えられている．X の値を決定するために，次のような表計算プログラムが利用される (Trussell, 1998)．

1. 初期 pH を選択する．
2. その初期 pH を用いて式(19.9)を解き，X の値を求める．
3. 式(19.8)を解いて $\{H^+\}$ を求め，初期 pH との誤差を計算する．

4. pH の増加値を徐々に小さくしながら，pH の誤差が 0.01 以下になるまで 1. から 3. を繰り返す．

目標となる CCPP の値は，4～10 mg/L($CaCO_3$ 換算)である．一般に，過剰な炭酸カルシウムの析出を避けるための指針を確立することを目的として，高レベルの硬度やアルカリ度の水についてのスケールの制御のためにランゲリア飽和度指数(LSI)(後述)と CCPP は，幅広く利用されてきた (Ferguson *et al.*, 1996 ; Kirmeyer *et al.*, 2000 ; Reiber *et al.*, 1996).

例題 19-1 炭酸カルシウム析出能(CCPP)の計算

以下に示す特性を持つ再生水の炭酸カルシウム析出能を計算せよ．イオン強度による影響(つまり，{A} = [A])やカルシウム錯体形成，マグネシウムあるいは銅，亜鉛，オルトリン酸，ポリリン酸といった他のイオンの影響は無視してよい．

$[Ca^{2+}] = 1 \times 10^{-3}$ mol/L (40 mg/L)

pH = 7.5

アルカリ度 = 100 mg/L ($CaCO_3$ 換算) ($[HCO_3^-] = 2 \times 10^{-3}$ mol/L)

表-9.13 から温度 15℃ での平衡定数は，以下のとおりである．

$$K_w = [H^+][OH^-] = 10^{-14.35}$$

$$K_{a1} = \frac{[H^+][HCO_3^-]}{[H_2CO_3^*]} = 10^{-6.42}$$

$$K_{a2} = \frac{[H^+][CO_3^{2-}]}{[HCO_3^-]} = 10^{-10.43}$$

$$K_{so} = [Ca^{2+}][CO_3^{2-}] = 10^{-8.22}$$

解　答

1. 与えられた水についての値を用いて，式(19.12)を変形して，全炭酸塩濃度 C_T を求める．

$$C_T = \frac{\{HCO_3^-\}(\{H^+\}^2 + K_{a1}\{H^+\} + K_{a1}K_{a2})}{K_{a1}\{H^+\}}$$

$$= \frac{0.002[(10^{-7.5})^2 + (10^{-6.42} \times 10^{-7.5}) + (10^{-6.42} \times 10^{-10.43})]}{(10^{-6.42} \times 10^{-7.5})} = 0.002163$$

2. 前述の計算ステップ(Trussell, 1998)を実行して，X の値を求める．計算手順を組み込んだ表計算プログラムを用いるとよい．最初の試行として，pH の値を 7 とする．

3. 2. で選択した pH の値を用いて式(19.15)を解いて，X の値を求める．

   a. α_1 と α_2 の値を計算する．

$$\alpha_1 = \frac{K_{a1}\{H^+\}}{\{H^+\}^2 + K_{a1}\{H^+\} + K_{a1}K_{a2}}$$

$$= \frac{(10^{-6.42} \times 10^{-7})}{(10^{-7})^2 + (10^{-6.42} \times 10^{-7}) + (10^{-6.42} \times 10^{-10.43})} = 0.792$$

$$\alpha_2 = \frac{K_{a1}K_{a2}}{\{H^+\}^2 + K_{a1}\{H^+\} + K_{a1}K_{a2}}$$

$$= \frac{(10^{-6.42} \times 10^{-10.43})}{(10^{-7})^2 + (10^{-6.42} \times 10^{-7}) + (10^{-6.42} \times 10^{-10.43})} = 0.000294$$

b. 式(19.15)を変形して，X の値を計算する．

$$X \approx \frac{C_T(\alpha_1 + 2\alpha_2) + K_w/\{H^+\} - \{H^+\} - \text{Alk}_{\text{initial}}}{(\alpha_1 + 2\alpha_2 - 2)}$$

$$\approx \frac{0.002163[0.792 + (2)(0.000294)] + 10^{-14.35}/10^{-7} - 10^{-7} - 0.002}{[0.792 + (2)(0.000294) - 2]} \approx 0.000237$$

c. 式(19.14)を解いて K_{so} を求め，初期 K_{so} との誤差の大きさを計算する．

$$K_{so} = ([\text{Ca}^{2+}] - X)(C_T - X)\alpha_2$$
$$= (0.001 - 0.000237)(0.002163 - 0.000237) \, 0.000294 = 4.32 \times 10^{-10}$$

計算された K_{so} の値は，目標とする K_{so} の値($10^{-8.22}$)よりも小さいことから，平衡 pH の値を増加させるべきである．pH 8 で次の試行を行う．

4. K_{so} の値が収束するまで pH の増加値を徐々に小さくしながら，3. の計算を繰り返す．

a. pH 8 を用いて，α_1 と α_2 の値を再計算する．

$$\alpha_1 = \frac{K_{a1}\{H^+\}}{\{H^+\}^2 + K_{a1}\{H^+\} + K_{a1}K_{a2}}$$

$$= \frac{(10^{-6.42} \times 10^{-8})}{(10^{-8})^2 + (10^{-6.42} \times 10^{-8}) + (10^{-6.42} \times 10^{-10.43})} = 0.971$$

$$\alpha_2 = \frac{K_{a1}K_{a2}}{\{H^+\}^2 + K_{a1}\{H^+\} + K_{a1}K_{a2}}$$

$$= \frac{(10^{-6.42} \times 10^{-10.43})}{(10^{-8})^2 + (10^{-6.42} \times 10^{-8}) + (10^{-6.42} \times 10^{-10.43})} = 0.00361$$

b. 式(19.15)を変形して，X の値を再計算する．

$$X \approx \frac{C_T(\alpha_1 + 2\alpha_2) + K_W/\{H^+\} - \{H^+\} - \text{Alk}_{\text{initial}}}{(\alpha_1 + 2\alpha_2 - 2)}$$

$$\approx \frac{0.002163[0.971 + (2)(0.00361)] + 10^{-14.35}/10^{-8} - 10^{-8} - 0.002}{[0.971 + (2)(0.00361) - 2]} \approx -0.00014$$

c. 式(19.14)を解いて K_{so} を求め，初期 K_{so} との誤差の大きさを見てみる．

$$K_{so} = ([\text{Ca}^{2+}] - X)(C_T - X)\alpha_2$$
$$= (0.001 + 0.000114)(0.002163 + 0.000114) \, 0.00361 = 9.15 \times 10^{-9}$$

計算された K_{so} の値は，目標とする K_{so} の値(6.03×10^{-9})よりも大きいことから，平衡 pH の

値を低下させるべきである．pH 7.75 で次の試行を行う．
5. 数度の試行の後，pH の値が 7.84 の時に K_{so} の値は収束し，$X = -0.0000869$（$CaCO_3 = -8.69$ mg/L）となった．したがって，CCPP $= X = -8.69$ mg/L である．

解　説

$CaCO_3$ の負の平衡濃度は，侵食性の水であることを意味している．より精確に計算するには，アルカリ度に貢献するイオンや，HCO_3^- および CO_3^{2-}，OH^-，H^+ 以外のイオン対を考慮しなければならない．この例に示したような単純な計算では，実際よりも解離できる炭酸カルシウム塩の量を低めに見積もり，一方，炭酸カルシウムの析出量を多めに見積もることになるかもしれない（Clescerl et al., 1999）．

ランゲリア飽和度指数

ランゲリア飽和度指数（LSI）は，水の侵食性を予測するための最も一般的な指標である（Langelier, 1936；Black and Veatch, 1992；Edwards et al., 1996；Faust, 1998；Rothberg, 2000）．LSI は，飽和 pH と実測 pH の差として計算される．

$$\mathrm{LSI} = \mathrm{pH} - \mathrm{pH_s} \tag{19.16}$$

ここで，pH：水の実測（実際）の pH（-），pH_s：飽和 pH（水中のカルシウムとアルカリ度とが固相の炭酸カルシウムと平衡となっている状態の pH 値）（-）．

pH 7.0～9.5 の範囲では，飽和 pH（pH_s）は，次のように計算できる．

$$\mathrm{pH_s} = (pK_{a2} - pK_{so}) + p\mathrm{Ca}^{2+} + p\mathrm{Alk} \tag{19.17}$$

ここで，pK_{a2}：K_{a2} の常用対数値にマイナスを掛けたもの，pK_{so}：K_{so} の常用対数値にマイナスを掛けたもの，$p\mathrm{Ca}^{2+}$：カルシウムの有効濃度の常用対数値にマイナスを掛けたもの，$p\mathrm{Alk}$：|Alk| = |HCO_3^-| と仮定して，アルカリ度（eq/L）の常用対数値にマイナスを掛けたもの．

LSI から，炭酸カルシウムの析出ないしは溶解への熱力学的推進力が推定される．しかしながら，析出に有効な炭酸カルシウム濃度の推定には利用できない．LSI は，特定の炭酸カルシウム〔calcite（カルサイト，方解石）あるいは valerite，aragonite（アラゴナイト，あられ石）〕が存在するという仮定のもとでの指標である．一般的な LSI の値の解釈については，9.4 に示されている．腐食制御のためには，炭酸カルシウムにより管壁を被覆するように LSI をわずかに正の値に保つようにする．多くの場合，酸素の陰極性還元により管壁上で局部的な pH 変化が起るために，たとえ LSI の値が負であったとしても，炭酸カルシウムの析出が観察される．さらに，LSI の計算においては，腐食防止剤の使用については考慮されていない．

リズナー安定度指数

リズナー安定度指数（RSI）は，炭酸カルシウムと平衡となっている水の pH（pH_s）により一層の重みを与えるように LSI を経験的に修正した値である．しかし，銅のような特定の金属に対するその妥当性については，場合に応じて検討されねばならないだろう（Ryznar, 1944；Ferguson et al., 1996；Reiber et al., 1996；Kirmeyer et al., 2000）．RSI は，式 (9.18) のように定義される．

$$\mathrm{RSI} = 2\,\mathrm{pH_s} - \mathrm{pH} \tag{19.18}$$

ここで，pH_s：飽和 pH（炭酸カルシウムと平衡となっている水の pH），pH：実試料の pH．

RSI の値は，一般的には，以下のように判断されている．

RSI＞8.5　　　水は，非常に不飽和な状態である．鉄鋼の軽い腐食が起るかもしれない．
8.5＞RSI＞6.8　水は，不飽和な状態である．固相の $CaCO_3$ が溶解する傾向にある．
6.8＞RSI＞6.2　$CaCO_3$ の保護膜が形成も溶解もしない．

6.2＞RSI＞5.5　　　水は，過飽和な状態にある．スケール生成する傾向にある．
5.5＞RSI　　　　　水は，非常に過飽和な状態にある．激しくスケールが生成される．

pH$_s$の値に応じて飽和平衡に対するその値は，変動することに注意が必要であり，したがって，その値の解釈は，pH$_s$に応じて調整すべきである．

他の指標

　スティフ-デービス安定度指数(Stiff and Davis stability index；SDI)は，油田水中での炭酸カルシウムスケールの析出の傾向を予測するために開発された(Stiff and Davis, 1952)．Puckorius and Brooke(1991)も，10年以上をかけて開発した炭酸カルシウムのスケール生成についての新しい指標を提案している．腐食を促進する溶解性陰イオンの相対的な役割を評価するために，幾つかの比率が開発されてきた(表-19.6 参照)．もともと塩化物/重炭酸塩比，あるいはラーソン比(Larson's ratio)は，鉄鋼や鋳鉄の腐食の評価のために得られた指標である．

19.2.4　腐食管理オプション

　腐食管理手法は，塗装，腐食防止剤，陰極/陽極防食，合理的プロセス設計の選択的利用と同時に，適切な(非腐食性)材質の選択である．前述のように，ボイラのように高質な水を利用する工業システムでは，酸素は，腐食反応を誘発する．残存する酸素や酸化性物質を抑制するための還元剤の利用は，ボイラ系を防御するために役に立つ．理想的には，供給水中のDOは，0.03 mg/L以下にすべきであり，高圧ボイラであれば0.005 mg/L以下が望ましい(McCoy, 1981)．ボイラ系では，DOの除去が腐食を防止するための最も一般的な手法である(Pagliaro, 1997)．

　塗装は，腐食から金属表面を防護するもう一つの実効性のある手法である．3つの機構により，有機あるいは無機塗装は，金属腐食を防除している(Davis, 2000)．

・障壁防護：腐食性の環境から基層を隔離する．
・化学的阻害：塗料に阻害性顔料を添加する．
・ガルバニック(犠牲的)防護：基層が腐食電極の陰極となるように，より活性の高い金属で基層を塗装する．

　腐食防止剤には，陽極防食剤，陰極防食剤，電気抵抗防食剤，凝集阻害剤，気相防食剤がある(Davis, 2000)．陽極防食剤は，クロム酸塩，亜硝酸塩，硝酸塩，リン酸塩，タングステン酸塩，モリブデン酸塩のような非酸化的化合物を含む酸化剤である．その防食剤は，鉄表面の酸化還元電位を低下させる作用があり，それにより鉄の溶解量が低下し，水素イオンによる酸化が起きにくくなる(McCoy, 1974)．陰極防食剤は，陰極還元過程を若干負の状態に変化させ，結果として，陽極腐食反応の速度を低下させる．弱アルカリ条件下で腐食防止剤は，より一層有効に作用する傾向にあり，またそれらの信頼性は，温度やpHにより影響を及ぼされる．ある種の金属の腐食を抑制する防食剤が他種の金属や合金の腐食を促進することもあるため，防食剤の選定と添加量は，製造者の説明に従い慎重に決定されなければならない．腐食防止剤の有効性を検証するためのパイロットスケール実験は，良い予行となる．

　化学的な防食剤の使用の代わりに，陰極防食および/あるいは陽極防食が利用される．これらは，防食されるように金属の電位差を変化させることで機能する．電源からの直流電流を適用する，あるいは配管材の代わりに犠牲となるような異種の金属を接続することで，電位差を変化させる．

　腐食管理手法を最適化するためには，その場での腐食試験あるいは観察が重要である．腐食試験や観察に関する詳細な情報は，米国材料試験協会(American Society for Testing Materials；ASTM)や国際標準化機構(International Organization for Standardization；ISO)，国際腐食防食協会〔National Association of Corrosion Engineers(NACE)International〕，MTI(Materials Technology

Institute of the Chemical Process Industries)等の様々な情報源から得られる．

　水質の管理も腐食制御の有効な手法の一つである．pHやアルカリ度の制御のための薬品，あるいは殺菌剤の添加は，水質に起因した腐食を緩和する．工業において再生水が利用される場合，水質が変動するような水源からの水が普通の金属配管や容器中で利用されることになる．変動する水質は，腐食へと導くような遷移状態を引き起こすかもしれない点に注意しなければならない．水質変化の増大，あるいはオフラインでの水源の混合は，これらの問題を軽減することに役立つかもしれない（Videla, 1996）．

19.2.5　スケール生成問題

　スケール生成とは，配管，熱交換器，容器の表面上，そしてその他の水に接触する表面上に酸化物，炭酸塩，その他の析出物が生成されることである．腐食は，固相成分（鉄，銅，鉛等）の溶解であるが，一方，スケール生成は，固体表面上での溶解性成分の析出を表してしている．金属表面上の酸化物，あるいは炭酸塩の薄い膜は，有益である．なぜなら，水と金属表面の接触を抑制する障壁となり，よって腐食反応の発生を抑制するためである．一方で，分厚い析出物の膜は，管を閉塞させ，水の流れ，熱交換を阻害するためシステムに逆の影響を及ぼす．例えば，ボイラ系でのスケール生成は，熱交換の効率を低下させ，さらに，過剰なスケール生成は流量を低下させ，最終的には配管を閉塞させてしまうかもしれない．

スケール生成の形式

　再生水に関連した最も一般的なスケール生成は，炭酸カルシウムの析出である（図-19.6参照）．炭酸カルシウムのスケール生成は，pHの最適化と定期的な監視により制御できる．析出を防ぐためにスケール防止剤が利用される場合もある．一般に，水中の溶解性成分の溶解度は，温度上昇とともに増大する．しかし，リン酸カルシウムや硫酸カルシウムのように，溶解度が温度上昇に伴い低下する場合もある．析出反応は，熱交換器にスケールを形成し，熱伝導率を低下させる．リン酸カルシウム［$Ca_3(PO_4)_2$］あるいはヒドロキシアパタイト［$Ca_{10}(PO_4)_6(OH)_2$］（hydroxyapatite）の析出物は，これらの相対的に低い溶解度のため工業の冷却系において問題となる．もし再生水に対して塩類除去プロセスが施されないならば，処理水中のリン酸塩のレベルがリン酸スケールの生成に十分なほどに高いかもしれない．リン酸カルシウムやヒドロキシアパタイトに加えて，スケールが生成される可能性があるものとして，リン酸マグネシウム，ケイ酸マグネシウム，アクマイト［acmite（$Na_2O \cdot Fe_2O_3 \cdot 4SiO_2$）］（錐輝石），アナルサイト［analcite（$Na_2O \cdot Al_2O_3 \cdot 4SiO_2 \cdot 2H_2O$）］（方沸石）のようなケイ酸塩，時として，炭酸カルシウムがあげられる（McCoy, 1981）．

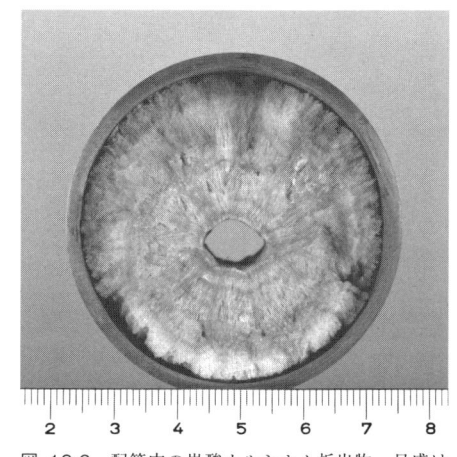

図-19.6　配管内の炭酸カルシウム析出物．目盛はcm単位（提供：R.R.Trussell）

スケール生成管理オプション

　スケール生成を抑制する最適な方法は，主としてカルシウム，マグネシウム，炭酸塩，リン酸塩，その他の有機物質といったスケールを引き起こす成分を制御することである．溶解性成分は，オンサイト処理（**9章**参照）を利用することで制御できるかもしれない．しかしながら，付加的な処理システ

ムの利用は，資本および運転の費用を増大させ，廃棄物の処分を必要としてしまう．特に小規模なプロセスでは，石灰軟化処理(lime softening)やイオン交換(ion exchange)が利用されている．ナノろ過(nanofiltration)や逆浸透(reverse osmosis；RO)といった膜処理技術は，溶解性塩類の除去のための代替手法であり，溶解性有機物の除去や病原微生物の制御にも利用できる(9章参照)．

しばしば冷式石灰処理(cold lime treatment)と呼ばれるプロセスは，再生水からのリン酸塩の除去に有効である．工業プロセスの上流部でリン酸塩を除去することにより，配管内，ポンプ内部，装置内部での析出の可能性を低下させる．冷式石灰プロセスでは，リン酸塩は，式(19.19)に示すような化学的凝集反応により除去される．

$$10\,Ca^{2+} + 6\,PO_4^{3-} + 2\,OH^- \rightleftarrows Ca_{10}(PO_4)_6(OH)_2 \tag{19.19}$$

この冷式石灰プロセスでは，pHを11以上に上昇させる．高いpHは，ヒドロキシアパタイト，マグネシウム，シリカを析出させる．冷式石灰処理の副産物は，カルシウム濃度の増大である．過剰なカルシウムを除去するため，その水をpH 10で再炭酸塩化させる必要があり，以下に示すようにソーダ灰(soda ash)(Na_2CO_3)で処理される．

$$Ca^{2+} + CO_3^{2-} \rightleftarrows CaCO_3(s) \tag{19.20}$$
$$Ca^{2+} + Na_2CO_3 \rightleftarrows CaCO_3(s) + 2\,Na^+ \tag{19.21}$$

スケール生成を防止するため，ないしは蓄積したスケールを除去するために，工業プロセスではスケール防止剤(antiscalants)もよく利用されている．多くのスケール防止剤は，リン酸含有化合物，キレート剤(chelate)［例えば，EDTA(エチレンジアミン四酢酸塩)(ethylene-dinitrilo tetraacetate)，NTA(ニトリロ三酢酸塩)(nitrilotriacetate)］，重合体である．リン酸塩がカルシウム除去の内部処理に利用される際には，黄褐色のリン酸鉄スケールが熱交換器に生成するかもしれない(McCoy, 1974)．しばしば製品組成の詳細は，製造者による専売特許の情報であると考えられ，したがって，スケール防止剤の有効性については，その場ごとに評価する必要がある．スケールの構造が堅固でなければ，スケールの析出した配管に対する機械的除去が有効である．一般にピグ(pig)(図-14.20参照)と呼ばれる除去装置が配管の内面からスケールや増殖した生物を除去するために利用できる．そのピグは，管の直径よりもわずかに大きく，高圧水流で管内を移動させることで析出物を削り落としていく．化学洗浄剤を併用すれば，ピグは特に効果的である．

19.2.6 溶解性塩類の蓄積

水質は，工業利用，循環利用，再利用の結果として変化する．洗浄で，あるいは腐食またはスケール制御，生産を目的として化学的な化合物が水に添加されるかもしれないし，温度条件によっては水は，水蒸気として流出するかもしれない．例えば，蒸発に伴う水の損失により冷却水中の溶解性物質は濃縮される．工業プロセス水が都市下水処理場へ返送され，そして再生水が何度も工業目的に利用される時，処理プロセスで除去されない再生水中の成分は，流出水の水質が排水基準を満足しないレベル，あるいはその再生水は，水の再利用に適さないレベルにまで蓄積されるかもしれない(McIntyre et al., 2002)．例えば，多くの排水処理プロセスは，塩化物，あるいはナトリウム，カリウム，その他の溶解性成分，特に親水性化合物を除去するようには設計されていない．再生水中に蓄積する可能性のある成分の影響を評価するため，水再利用系での物質収支が必要となるかもしれない．

もし，ある再生水がその大部分が工業目的に利用され，排水収集系に返送されると同時に灌漑に利用されるならば，たとえ工業用水としての水質基準を満足して利用可能であったとしても，再生水中の塩分は，灌漑利用には不適切となるかもしれない．再利用されない処理された排水は，NPDES (National Pollutant Discharge Elimination System)の規制値以下で受水域に放流されねばならない．多数回の閉鎖循環型の水再利用が行われて高濃度のTDS排水が収集系に返送される際には，受水域の水質によっては，TDSのレベルは，NPDES排出規制の遵守に影響を及ぼすかもしれない．

第19章　再生水の工業利用

循環型水再利用システムの単純な例を図-19.7に示す．重要成分の物質収支は，以下のようになる．

水再生処理プラントについて
$$C_0 Q_0 + C_r Q_r = C_e Q_e + C_e Q_1 \quad (19.22)$$

工業プロセスについて
$$C_e Q_1 + C_A Q_A = C_L Q_L + C_r Q_r \quad (19.23)$$

ここで，C_0，Q_0：流入都市下水濃度と流量，C_e：再生水濃度，C_r，Q_r：工業排水濃度と流量，C_A，Q_A：工業プロセスに添加された水の濃度と流量，C_L，Q_L：工業プロセス中の損失水の濃度と流量，Q_e：全流出水流量，Q_1：工業プロセスへの循環流量．

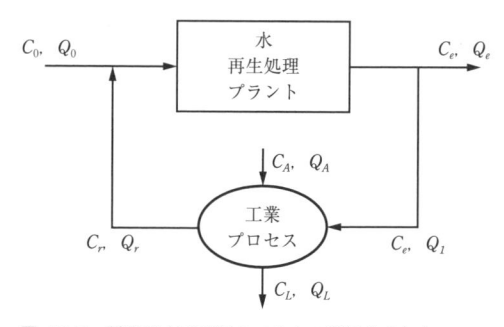

図-19.7　循環型水再利用システムの単純化されたフローダイアグラム

もし再生水が工業上の冷却に利用され，濃縮された水(ブロー水)が排水収集系に返送されるとすると，冷却塔では，TDSは添加も低減もされない．$C_A Q_A = M_A = 0$，および $C_L Q_L = M_L = 0$ であり，ここで，M_A および M_L はそれぞれの質量値である．式を連立させ，再生水中の成分濃度 C_e について解くと，

$$C_e = C_0 \frac{Q_0}{Q_e} \quad (19.24)$$

したがって，もし特定の成分を濃縮するような工業プロセスに再生水が利用されるならば，循環系の水の水質は，どれほどの水が排水収集系に返送されるかに依存することになる．実際には，循環型水再生・水再利用システム中での化学成分の入力と出力は，より一層複雑であり，循環系における溶解性成分の蓄積を検討するための物質収支モデルが構築されるべきである．

例題19-2　継続的な排水成分の蓄積

下図に示すように，1つの下水処理施設の供給区域内に2つの異なる工業プロセスがあるとする．工業プロセスAでは，再生水が工業上の冷却目的に利用され，ブロー水(濃縮水)は，排水収集系に返送されている．工業プロセスBでは，飲料水が利用され，その工業排水は，排水収集系に排出されている．定常状態での，(1)水再生処理プラントから排出される流出水のTDS濃度 C_e，および(2)工業プロセスAからの循環水のTDS濃度 C_r を計算せよ．

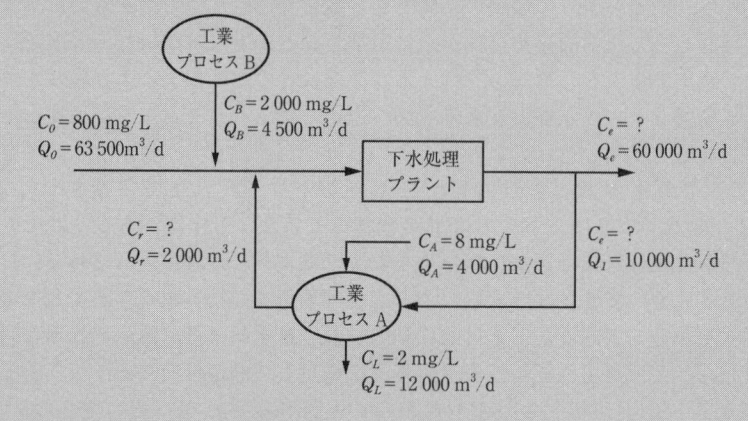

工業プロセスB
$C_B = 2\,000$ mg/L
$Q_B = 4\,500$ m³/d

$C_0 = 800$ mg/L
$Q_0 = 63\,500$ m³/d

下水処理プラント

$C_e = ?$
$Q_e = 60\,000$ m³/d

$C_r = ?$
$Q_r = 2\,000$ m³/d

$C_A = 8$ mg/L
$Q_A = 4\,000$ m³/d

$C_e = ?$
$Q_1 = 10\,000$ m³/d

工業プロセスA

$C_L = 2$ mg/L
$Q_L = 12\,000$ m³/d

解　答

1. 下水処理プラントおよび工業プロセスの全体についての物質収支式を立てる．

$C_oQ_0 + C_BQ_B + C_rQ_r = C_eQ_e + C_eQ_1$

与えられた数値を代入する．

$800 \times 63\,500 + 2\,000 \times 4\,500 + C_r \times 2\,000 = C_e \times 60\,000 + C_e \times 10\,000$

あるいは，

$59\,800\,000 + 2\,000\,C_r = 70\,000\,C_e$

2. 工業プロセス A について物質収支式を立てる．

$C_eQ_1 + C_AQ_A = C_LQ_L + C_rQ_r$

与えられた数値を代入する．

$C_e \times 10\,000 + 8 \times 4\,000 = 2 \times 12\,000 + C_r \times 2\,000$

変形すると，次の式が得られる．

$C_r = 5\,C_e + 4$

3. 1.と2.で得られた式を連立し，C_e および C_r について解く．

$59\,800\,000 + 2\,000(5\,C_e + 4) = 70\,000\,C_e$

$C_e = 996.8$ mg/L

これを代入して，

$C_r = 4\,988$ mg/L

解　説

再生水が工業プロセス A に利用される前の下水処理プラントに流入する（排水収集系の排水と工業プロセス B からの排水を合わせたもの）TDS のレベルは，879 mg/L である．工業プロセス A のための循環系を含めると，その TDS のレベルは 997 mg/L にまで，おおよそ 11% 増加した．その工業プロセスに利用される再生水の割合の増加に伴い，閉鎖循環系の溶解性物質のレベルは増加するだろう．下水処理や水再利用系が閉鎖循環型利用の場合には，塩類(TDS)に対する物質収支が評価されねばならない．塩類濃度を制御する手法としては，工業プロセス水の排出を循環系の外部に置くこと，高塩類濃度排水の処理を行うこと，および再生水の利用率を低下させることがあげられる．

19.3　冷却水系

熱電発電産業は，米国における最大の水利用者であり，全淡水取水量(477×10^9 m^3/yr)の 40% 近い量(188×10^9 m^3/yr)を利用している(Huston *et al.*, 2004)．発電に次いで，製造業，石炭・石油産業(Wijesinghe *et al.*, 1996)，さらに商業上の空調システムの冷却系が最大の水利用者である．水質条件を満足することができれば，一定量の大きい水需要があるということが再生水を冷却系のための水源として魅力的なものにしている．事実，冷却目的の再生水利用は，下水の工業用水再利用のうちの最大のものとなっている．

19.3.1　システムの概要

一般に，冷却水系は，3つに分類される．一過型間接冷却(one-through non-contact cooling)，循環型間接冷却(recirculating non-contact cooling)，直接冷却(direct contact cooling)(State of California, 1980)である．一過型間接システムでは，プロセスで生じた熱は，熱交換器で冷却水に伝えられ，そして冷却水は冷却系から排出される．一般に，一過型システムは，冷却水を大量に，そして空

間的に容易に得ることができる場所において利用される．通常，そのような場合には，再生水の利用が検討されることはない．循環型間接冷却システムでは，冷却運転あるいは熱交換器からの温かい水は，冷却塔において蒸発を通して空気へとその熱を伝えて冷却される．そして，その冷却された水は，熱交換器を通して再循環され，熱を吸収するために再利用される．再生水を利用する主要な冷却水系は，循環型間接システムである．循環型間接冷却システムの概略図を図-19.8(a)に，再生水を利用している冷却塔の一例を(b)に示す．(a)に示されているように，プロセスの冷却で生じた温水は，空気と水の接触を促進するためにスプレで水滴状に分散されて，内部充填材の上部に噴霧される．蒸発により温水を冷却するために，回転する大きなファンにより冷却塔を通して冷たくて乾いた外部の空気が引き上げられる．一般的な気-液比(air to water ratio)は600～800程度である．

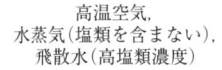

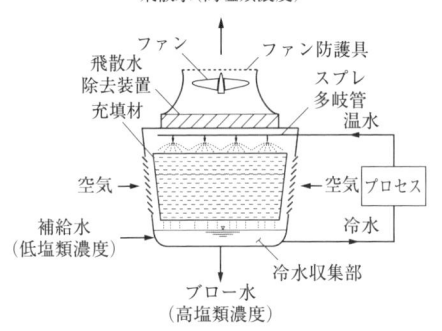

図-19.8 冷却水系．(a)冷却塔の簡略な運転フロー図，(b)再生水を利用している冷却塔の一例(Florida州Largo)

直接冷却システムは，冷却されるべき装置あるいは製品を直接に冷却するのに水が用いられる幾つかの工業プロセスで利用されている．Maryland州SparrowsPointの製鉄所(以前のBethlehem Steel社)では，1942年以降，再生水が直接噴霧型およびカスケード型冷却系に利用されてきた．もともとは，BaltimoreのBack川下水処理場からの消毒された二次処理水が溶鉱炉の表面および平炉の扉，スキッド・パイプ(ころ)，鉄鋼製品自体の直接的な冷却に利用されていた．現在，Back川下水処理場は，三次処理施設からの再生水を供給している．

19.3.2 水質上考慮すべき事項

適切な運転条件を維持し，水質を制御することで，冷却水の水源として再生水はうまく利用されている．冷却系に対して第一に考慮すべき事項は，腐食，スケール生成，微生物によるファウリング(汚れ)(biological fouling)の防止である．冷却塔で利用する際に重要となる再生水中の成分について表-19.9にまとめた．水再生処理プラントかオンサイト処理により水質が制御されなければならない．幾つかの特定の水質に関連して考慮すべき事項を以下で説明する．

アンモニア
アンモニアは，生物を増殖させたり，金属と錯体を形成して腐食を引き起こすこともある．銅または銅合金は，アンモニアにより腐食しやすい(表-19.7参照)．既存の排水処理プロセス中の生物学的プロセスが硝化(nitrification)を経ないならば，処理系に硝化プロセスを付加する必要があるかもしれない(7章参照)．硝化を行う一つの利点は，炭酸カルシウム，リン酸カルシウムのスケール生成を硝酸塩が阻害することである．

表-19.9 冷却塔に適用する際に重要となる再生水中の成分

重要な成分	可能性のある問題点	制御のオプション	制御の場所[a]	参照すべき章
アンモニア	微生物によるファウリング	硝化,ストリッピング	R/S	7
炭酸塩,重炭酸塩	腐食,スケール生成	pH制御,スケール防止剤の利用	S	9, 19
カルシウム	スケール生成	ナノろ過,逆浸透(RO),イオン交換,電気透析(EDR)	R/S	9, 10
マグネシウム	スケール生成	ナノろ過,逆浸透,イオン交換,電気透析	R/S	9, 10
微生物	微生物によるファウリング	消毒,ショック塩素処理,機械的洗浄	R/S	11
有機化合物	微生物によるファウリング	生物学的処理	R	7
リン酸塩	スケール生成	pH低下,生物学的栄養塩除去,冷式石灰処理(析出)	R/S	7, 8
シリカ	スケール生成			
全溶解性蒸発残留物(TDS)	腐食,スケール生成	ブロー(排出)	S	19

[a] R:水再生処理プラント　S:オンサイト.

炭酸塩,重炭酸塩(アルカリ度)

冷却水のアルカリ度は,冷却系での腐食あるいはスケール形成能に影響することがある.高いアルカリ度は,炭酸イオン,重炭酸イオンを供給して,カルシウムの存在下でスケール生成を促し,一方,非常に低いアルカリ度は,水の腐食性を増大させるかもしれない.循環型冷却系の補給水に対しては,アルカリ度レベルが$CaCO_3$換算で20 mg/L以下であることが推奨されている(表-19.4参照).

カルシウム

炭酸カルシウム,硫酸カルシウム,リン酸カルシウムのようなカルシウムスケールは,冷却塔内のスケール生成問題の主要因である(Adams *et al.*, 1980).前述したように,炭酸カルシウムは,pH調整により制御でき,主要な要因とはならない.リン酸塩の制御は,カルシウムの析出を防止するうえでも必要かもしれない.

リン酸塩

前述のように,オルトリン酸塩,有機物の除去は,スケール生成能を低下させることに役立つ.水再生処理プロセスにおける生物学的リン除去により,一般にリン濃度は,問題となるレベル以下となる(表-19.4参照).

他の化学成分

他の重要な成分は,マグネシウム,シリカ,溶解性有機物である.マグネシウム,リン酸塩,アルカリ度の相対的な濃度に応じて,マグネシウムスケール(炭酸マグネシウムやリン酸マグネシウム)が生成されるかもしれない.シリカの析出物も生成される可能性があり,それを熱交換器の表面から除去するのは,特に困難である.しかしながら,大半の水には,相対的に僅かな量のシリカしか含まれていない.栄養塩類を伴った再生水中の有機化合物は,循環水中の微生物の増殖を促進する.微生物活動の代謝産物は,有機酸,二酸化炭素,溶解性有機化合物,バイオマスである.アルカリ度に応じて,微生物の増殖は,pHの局所的な変化を引き起こし,故に腐食反応を促進する.

微 生 物

生分解性の有機化合物が存在すると,再生水配水系や冷却系で微生物の増殖が起こる.生物学的な

第19章 再生水の工業利用

ファウリング(汚れ)は,冷却系に再生水を利用する際の最も懸念される問題の一つである.冷却系のファウリングを防止するため,微生物の増殖は制御されなければならない.冷却塔での再生水の利用では,病原性微生物が存在するかもしれないことを認識することが重要である.冷却塔内の微生物による曝露の可能性は,飛散水中のエアロゾルの形成と輸送に関連している.病原性微生物や生物学的ファウリングの制御のための管理オプションについては,以下で詳しく説明されている.

費用や利用可能要素に応じて,腐食を防ぐための最良の方法は,腐食抵抗性のある材料を用いたシステムを設計することである.いったん冷却系が運転されたならば,水質管理に対する有効な計画は,腐食やスケール形成問題を防止し,公衆衛生リスクを管理するうえで必須である.様々な水源を利用した冷却系における材料の選択について表-19.10に示す.

冷却水系の運転に対する主要な水質問題は,溶解性ミネラルや有機性成分の蓄積を制御することである.冷却プロセスの間,一部の冷却水が蒸発し,循環水中の非揮発性成分の濃縮の増大が起こる.全溶解性蒸発残留物濃度の上昇した水のブロープロセスによる除去と,蒸発水を補うための補給水(makeup water)の添加とをバランスさせることで,溶解性物質濃度の制御が達成される.ブロー水は,このプロセスの廃棄物であるため,発生したブロー水の水量と水質を評価すること,および適切な処理・廃棄のオプションを開発することが重要である.

表-19.10 冷却系に対する材料の選択[a]

水の種類[b]	合金の選定
淡水	鉄鋼,銅,アルミニウム
腐食性の淡水	銅(アドミラルティ黄銅)
汽水および海水(低〜中速度)	70%銅-30%ニッケル,90%銅-10%ニッケル
非汚染および汚染された海水(高速度)	ステンレス鋼(タイプ316),亜鉄酸モリブデンステンレス鋼(Fe-Cr-Mo),チタン
汚染された海水(低速度)	亜鉄酸モリブデンステンレス鋼(Fe-Cr-Mo),チタン

[a] Davis(2000)より引用.
[b] 腐食性が増大する順に記載.

19.3.3 設計および運転上考慮すべき事項

ブロー水

図-19.8(a)に示されているように,冷却系から意識的に除去された水は,ブロー水(blowdownあるいはpurge)と呼ばれる.少量の水も飛散水(drift)として失われる.単純な物質収支計算を行うと,水蒸気による損失と飛散による損失,ブロー水の流量の合計値は,補給水の流量と等しくなければならない.

$$Q_m = Q_e + Q_d + Q_b \tag{19.25}$$

ここで,Q_m:補給水の流量(L/min),Q_e:蒸発による損水流量(L/min),Q_d:飛散による損水流量(L/min),Q_b:ブロー水の流量(L/min).

濃縮倍数

うまく運転されている循環型冷却系では,蒸発による損水は,循環流量の約1〜2%,そして飛散水による損水は約0.1〜0.001%である.ブロー水として排除される水の割合は,冷却水系における許容塩類濃度により決定される(Asano *et al.*, 1988;McCoy, 1974).

濃縮倍数(cycles of concentration, concentration cycle)は,補給水の溶解性物質濃度に対する冷却塔内の水の濃度の割合で定義される(Cheremisinoff and Cheremisinoff, 1981).

$$C = \frac{X_b}{X_m} \tag{19.26}$$

ここで，C：濃縮倍数，X_b：ブロー水の溶解性物質濃度，X_m：補給水の溶解性物質濃度．

溶解性物質は，蒸発では失われないこと，および飛散水中の溶解性物質濃度は，ブロー水の濃度と同じであることに注意する．物質収支計算により，補給水で付加された溶解性物質の質量は，ブロー水および飛散水で排除された溶解性物質の質量と等しい．

$$(Q_d + Q_b) \times X_b = Q_m \times Z_m \tag{19.27}$$

式(19.25)～(19.27)より，流量を用いて濃縮倍数は，次のように表される．

$$C = \frac{X_b}{X_m} = \frac{Q_m}{Q_d + Q_b} \tag{19.28}$$

式(19.28)を書き直すと，

$$Q_d + Q_b = \frac{Q_m}{C} \tag{19.29}$$

式(19.25)と式(19.29)から，補給水の流量は，

$$Q_m = Q_e + \frac{Q_m}{C} \tag{19.30}$$

蒸発の速度は，蒸発の潜熱のみが冷却に働いていると仮定することで予想できる．推定のために，1 kg(1 L)の水の蒸発により約 2 300 kJ の熱が失われるとする．1 kg(1 L)の水を1℃冷却するためには，約 4.2 kJ の熱を除去する必要がある．したがって，冷却系から除去される熱は，以下のように表される．

$$2\,300 \times Q_e = 4.2 \times Q_c \times \Delta T \tag{19.31}$$

ここで，Q_c：循環流量(L/min)，ΔT：温度変化(℃)．

式(19.30)と式(19.31)から，

$$\frac{Q_m}{Q_c} = \frac{4.2 \times \Delta T}{2\,300} + \frac{1}{C} \times \frac{Q_m}{Q_c}$$

あるいは，

$$M = \frac{Q_m}{Q_c} \times 100 = \frac{C}{C-1} \times \frac{4.2\Delta T}{2\,300} \times 100 \approx \frac{\Delta T \times C}{548(C-1)} \times 100 \tag{19.32}$$

ここで，M：必要な補給水量(循環流量に対する割合)(%)．

同様に，式(19.29)から，

$$B = \frac{Q_b}{Q_c} \times 100 = \left[\frac{\Delta T}{548(C-1)} - \frac{Q_d}{Q_c}\right] \times 100 \tag{19.33}$$

ここで，B：必要なブロー水量(循環流量に対する割合)(%)．

式(19.32)と式(19.33)から得られた必要となる補給水およびブロー水量をそれぞれ図-19.9, 19.10 に示す．これらの図は，濃縮倍数の関数として，必要となる補給水およびブロー水量を推定するために利用できる．濃縮倍数は，補給(再生)水の水質および許容溶解性物質濃度をもとに決定される(Cheremisinoff and Cheremisinoff, 1981)．再生水を用いた冷却系の濃縮倍数は，一般的には2～5の

図-19.9 冷却塔に必要な補給水量

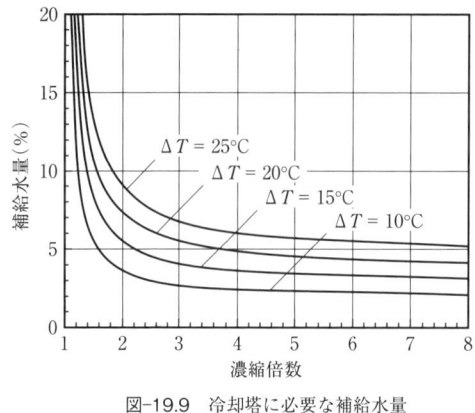

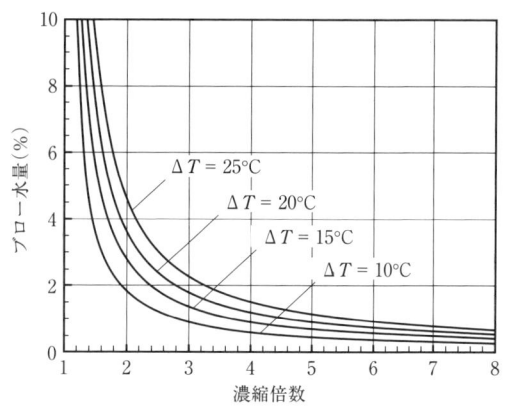

図-19.10 冷却塔に必要なブロー水量．飛散水による損水を0.1％と仮定

範囲である．

19.3.4 管理上の問題点

微生物の増殖を防止し，腐食，スケール，内面のファウリングを制御するために，冷却水系の適切な管理が必要である．もし冷却プロセスで生成されたエアロゾルが周辺環境に放出され，風により輸送されると，生物汚染は，公衆衛生リスクをもたらす．風の作用により冷却系内に存在する水は，飛散水(drift)として知られている．多くの施設では，運び去られる水滴の漏出を最小限にするための飛散水の除去装置が設置されている(Cooling Technology Institute, 2006)．冷却塔においてしばしば見られる水煙あるいは水蒸気は，蒸発した水であり，飛散水ではないので，冷却水中の溶解性物質あるいは微生物，他の非揮発性成分を含んでいないことに注意する．

公衆衛生リスクの防止

冷却水中の微生物の人への曝露の可能性は，飛散水によるエアロゾルの生成に関連している．再生水は，再利用する前に消毒されているが，幾らかの微生物は，生き続けている．従属栄養桿菌であるレジオネラ(*Legionella*)により引き起こされ，重篤で致死の可能性のある肺炎であるレジオネラ症(Legionellosis)は，冷却系関連の水に起因する病気の一つである．レジオネラは，重篤さは劣るインフルエンザ様の兆候を持つポンティアック熱(Pontiac fever)にも関連している(CDC, 2006)．広範な温度およびDO条件の下で生き残ることができる能力により，レジオネラ属は冷却塔内環境で生存でき，生物膜の隙間や原生動物あるいは藻類細胞内で増殖する能力を持つ．レジオネラの特徴の概要を表-19.11に示す．

一般に，冷却水系内のレジオネラの生存性は，水温，水の停滞の度合い，沈殿物や生物膜の蓄積に関連している．レジオネラの熱耐性の例は，図-19.11に示されている．60℃以上に温度を上昇させることでレジオネラの増殖を制御する助けとなる．温度に加えて，その他の制御手法としては，十分に注意した管理の実施と定期的な水質の監視がある．

レジオネラは，生物膜あるいは沈殿物，原生動物，藻類，他の微生物と共存しているため，レジオネラの直接的な監視は複雑になってしまう．さらに，細胞培養技術(1～2週間)を用いて生きている微生物群を検出するための必要時間は，かなり長い．ポリメラーゼ連鎖反応(polymerase chain reaction；PCR)を用いたレジオネラの検出および計数の技術が開発されつつあるが，その試験結果の特異度や感度は，それぞれの試料ごとに検証される必要がある(Joly *et al.*, 2006)．原生動物や藻類

表-19.11 冷却塔内で増殖する *Legionella* に関連する特徴

項　目	説　明
大きさ	0.3×1.3 μm～0.9×1.3 μm．20 μm 程度の鞭毛を形成可能
温度要求性	15～43℃
酸素要求性	好気あるいは微好気(0.2 mg/L)
世代時間	最適条件の下で99分
他の水質要求性	鉄
	生息場所
共生微生物	
原生動物	*Acanthamoeba*, *Hartmanella*, *Naegleria*, *Echinamoeba*, *Vahlkampfia*, *Tetrahymena*
シアノバクテリア	*Fischerella*, *Phormidium*, *Pscillatoria*
緑藻	*Scenedesmus*, *Chlorella*, *Gleocystis*
生物膜	生物膜内の微生物が防護し，栄養塩を提供
他の場所	沈殿物や汚泥，スケール，有機物，滞留した水

の顕微鏡解析とともに，生物膜や濁度に対する目視検査による間接的な監視は，レジオネラの増殖を促進するかもしれない条件を明らかにするために利用できる．レジオネラ症の流行の可能性に備えて直接的な監視が推奨されている(Cooling Technology Institute, 2006)．

レジオネラや他の病原性生物の制御は，予防や注意深い管理の実施により最もよく達成される．Cooling Technology Institute(2006) および ASHRAE(American Society of Heating, Refrigerating and Air-Conditioning Engineers, Inc.)(2000)の推奨事項を以下に示す．

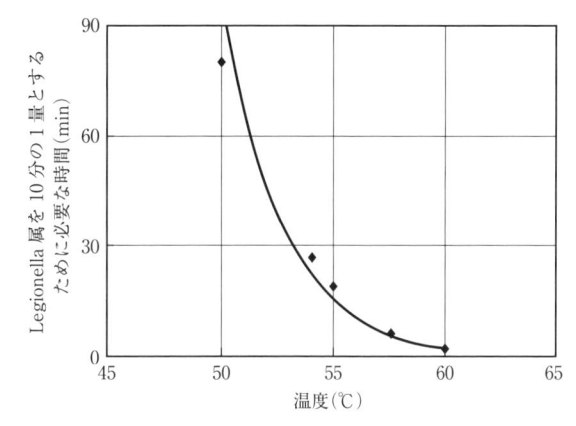

図-19.11 レジオネラを10分の1の量にするために必要な時間に対する温度の影響

・水の滞留を少なくする．
・細菌に栄養塩を供給してしまう冷却系への漏水を少なくする．
・細菌や他の病原性生物を滞留させたり，栄養塩を供給してしまう沈殿物の堆積を避けるために系全体の清澄度を維持する．
・スケールおよび腐食防止剤の適切な使用．
・冷却塔での高効率な飛散水除去装置の利用．
・微生物群集の良好な制御の維持．
・冷却塔と取り入れた新鮮な空気の物理的な分離を可能とするための努力．

冷却系の定期的な消毒は，熱処理あるいは化学的な消毒剤により行われる．レジオネラの制御に効果のある化学的な消毒について表-19.12に取りまとめた．塩素(chlorine)は，最も幅広く利用されている消毒剤である．高濃度の塩素は，金属表面を腐食することに注意が必要である．さらに，健康リスクを高めてしまう揮発性有機塩素化合物の生成を塩素処理は引き起こす．レジオネラの制御のための UV 滅菌の効果は，その高い光回復能のため，不確実で

表-19.12 冷却水系でのレジオネラの制御のために必要となる消毒

消毒剤	一般的な添加量(mg/L)	接触時間(min)
オゾン	0.3	20
塩素処理		
連続式	3～5	20
間欠式	5～10	60(1日1回)
超塩素処理	10～30	360～1440

ある(Oguma et al., 2004)(11章も参照).

　もし病気の流行が起った場合，冷却系全体を停止し，病原体を根絶しなければならない．24時間の接触時間で少なくとも10 mg/Lの残留遊離塩素になるような2, 3の手法を用いた連続的な超塩素処理が推奨されてきた(Cooling Technology Institute, 2006). その洗浄運転は，系内の生物膜あるいは濁度の痕跡がなくなるまで繰り返すべきである.

腐　食

　2つの手法を用いて腐食の制御は達成される．腐食の原因となる成分の除去と腐食を阻害する薬品の添加である(19.2参照). 冷却系のための一般的な腐食防止剤は，溶解性ミネラルを隔離するリン酸塩とポリリン酸塩である(Davis, 2000；Levine and Asano, 2002). 塩化物に起因する腐食の抑制のためには，硫酸鉄($FeSO_4$)が利用されている(Bogaerts and van Haute, 1985).

スケール生成

　前述したように，冷却系におけるスケール生成の第一の原因は，リン酸カルシウムである(19.2参照). スケール生成を抑制するための管理オプションは，カルシウムおよびリン酸塩の濃度を低減するような再生水の前処理，およびスケール防止剤の利用，定期的な洗浄である.

生物学的なファウリング

　生分解性有機物を含む再生水を利用する際の主要な問題は，冷却水系における生物膜の形成である．生物膜は，隔離物質の厚さを増し，最終的には循環水系を閉塞させる(Adams et al., 1980). 化学的ないしは機械的な手法が冷却水系における生物の増殖を抑制するために利用される．冷却塔の洗浄には，塩素，次亜塩素酸ナトリウム(NaOCl)，塩化臭素(BrCl)が一般的に用いられている．実際には，ショック塩素処理，つまり系内を短時間の高濃度塩素(>10 mg/L)で殺菌する手法が冷却系における生物膜の成長を抑制するために定期的に利用される．必要となる塩素処理量や間隔は，再生水の水質や生物膜の成長の度合による．定期的な塩素処理と，併せて機械的な洗浄によって冷却系の大半の配管内の生物膜は十分に除去される．しかしながら，冷却水の塩素処理は，ハロゲン化された有機化合物を生成してしまうことに注意しなければならない.

19.4　他の工業での水再利用

　1990年代以降，工業施設では水利用効率の改善や内部水循環の実施を目指す方向にある．今日まで，都市下水からの再生水の工業利用は，費用，水質，再生水の有効性といったことから限定されてきた．幾つかの場合には，再生水輸送系の建設および維持費は，他の水源を利用するよりも高価となる．本節では，再生水の利用に成功した特定の工業の例について述べる.

19.4.1　ボイラ

　多くの工業プロセスには，ボイラの利用を必要とする様々な物質の過熱の過程が含まれている．ボイラは，タービンを駆動したり，他の物質を加熱するための温水あるいは水蒸気を製造している．熱電発電所では，タービンを駆動するための水蒸気生成を燃焼エネルギー源に頼っている．実際，大半の工業製造工場は，製造プロセスにおいての加熱または冷却のため，ボイラで製造した温水や蒸気を必要としている.

　次に示すような理由から，再生水は，ボイラ補給水のための水源として経済的に魅力あるものにな

る．(1)信頼性のある水供給を実施する，(2)表流水や地下水のような従来の水源を利用する場合においても，一般にボイラ供給水は，徹底した前処理プロセスを通過している，(3)工業施設は，しばしば大都市の周辺に位置しており，そこには下水処理場も存在している．

一般に冷却水に比べ，ボイラ系に要求される水質は，より一層厳しい．再生水が利用される場所では，RO(9章参照)のような高度処理が実施されねばならない．ボイラ系の一般的な概要，水質上考慮すべき事項，ボイラ系において再生水が利用された例について以下に紹介する．

システムの概要

工業に使われるボイラは閉鎖系の容器であり，そこでは燃料源により駆動される燃焼プロセスによって水が加熱されたり，あるいは蒸気が生成される．最も一般的な種類のボイラの特徴を表-19.13に示す．ボイラ系は，煙管ボイラ，水管ボイラ，電気ボイラに分類される．煙管ボイラでは，熱されたガスが水に浸漬したボイラ管を通過する．煙管ボイラは，一般に20 bar(300 lb/in^2)以下の圧力で運転される．水管ボイラでは，ボイラ管内を流れる水が燃焼ガスにより加温される．水管ボイラは，煙管ボイラよりも高い圧力での運転に適している．

表-19.13 ボイラの形式，特徴，適用[a]

形式	効率	圧力範囲[b]	一般的なサイズ (kW)[c]	一般的な適用先
鋳鉄ボイラ	低	HW，LPS	～1 960	加温用，加工用
電気ボイラ	高	HW，LPS，HPS(～62bar)	～2 940	加温用，加工用
火室	中	HW，LPS	～2 940	加温用
煙管	高	HW，LPS，HPS(～24bar)	～14 700	加温用，加工用
煙管(鉛直型)	低／中	HW，LPS，HPS(～10bar)	～980	加温用，加工用
水管(フレキシブル)	中	HW，LPS	400～2 450	加温用
水管(工業用)	中	高温HW，HPS(～69bar)	—	加工用
水管(膜式)	中	HW，LPS，HPS(～41bar)	～2 450	加温用，加工用

[a] Cleaver-Brooks(2005)より引用．
[b] HW：温水　　LPS：低圧蒸気　　HPS：高圧蒸気．1 bar = 10^5 Pa ≈ 14.5 lb/in^2．
[c] 1 kW ≈ 0.102 bhp(ボイラ馬力)．1 bhp = 33 475 BTU/時間，あるいは100℃で1時間当り15.6 kg (34.5 lb)の水蒸気に相当．

ボイラ系は，高圧あるいは低圧システムとしても分類できる．アメリカ機械工学会(American Society of Mechanical Engineers；ASME)によるボイラと圧力の規定によると，低圧ボイラは，1 bar(15 lb/in^2)を超えない圧力で運転されるか，あるいは121℃(250°F)を超えない温度の温水加熱ボイラにおいて11 bar(160 lb/in^2)を超えない圧力で運転されている．管の金属に対して安全な最高温度範囲は，480～540℃(900～1 000°F)であり，炭素鋼で建造された高圧ボイラは，480～730℃(900～1 350°F)の最高温度範囲で運転することができる(Pagliaro, 1997)．

再生水を利用しているボイラ系の概要図を図-19.12に示す．水蒸気生成ボイラ系では，水蒸気凝縮水は，ほとんど溶解性成分を含んでおらず，ボイラ供給水として返送される．供給水として有効な凝縮水の量は必要となる供給水量よりも一般的には少ないことから，返送された凝縮水には補給水が添加されねばならない．一般的に，再生水から製造される補給水は，以下に説明するように前処理され，調質される．補給水と返送された凝縮水がボイラ供給水となり，それはボイラに供給される前に脱気される．DOや他のガスが腐食の原因となることから，脱気システムは，ボイラ系に不可欠な要素である．

第19章　再生水の工業利用

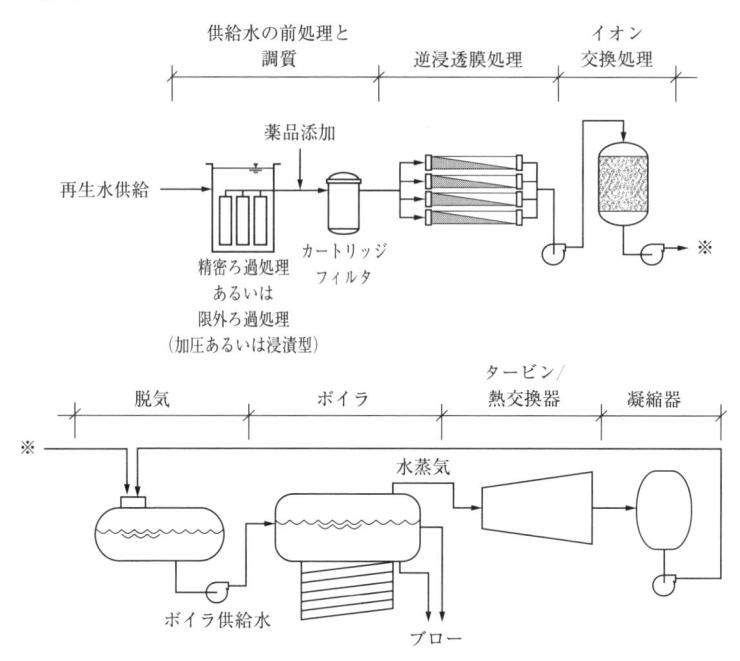

図-19.12　再生水を利用しているボイラ系の一般的なフローダイアグラム

水質上考慮すべき事項

　水中の不純物は，系の運転能力に著しく影響することから，ボイラ供給水は高質でなければならない．スケール生成は熱交換能を低下させ，最終的には交換能を消失させ，一方，腐食は結果として系の破損をもたらす．基本的には，ボイラの腐食は，pHの低下，応力，水中の過剰な量のDOや二酸化炭素によって発生する．ボイラ系でしばしば見られるpHが低く，温度が高いといった状態は，供給水中に過剰なDOが存在することで，腐食を激化させる(Pagliaro, 1997)．汽水共発(キャリーオーバー)(carryover)は，水蒸気のみが存在すべきボイラ水に見られる一つの現象である．汽水共発の第一の原因は，発泡である．汽水共発した水中の成分は，系の効率を低下させ，系の能力の消失をもたらすかもしれない．ボイラ系で懸念される成分を表-19.14に，また推奨されるボイラ供給水の水質を表-19.15に示す．表-19.15に示した推奨値よりも多少厳しい水質が要求される可能性があり，個々のボイラ系に応じて特殊な水質要求性があるかもしれない．

　ボイラ供給水のための再生水は，再生処理プラントないしは工業施設(つまり，利用する地点)において処理される．高質な再生水が生成される水再生処理プラントでは，精密ろ過(MF)，限外ろ過(UF)，ナノろ過(NF)，逆浸透(RO)といった種々の膜によるろ過がますます用いられるようになってきている(図-19.12参照．8〜10章に詳しく説明されている)．高圧ボイラに対しては，使用場所での脱イオン(deionization；DI)システムの維持費を実質的に削減できるようにRO膜で処理された水が望ましい．薬品の使用を抑制し，排水の水質を改善することから，RO膜の利用は，工業にとっても有利である．

表-19.14 ボイラ供給水で懸念される成分[a]

成　分	懸念事項	除去手法	備　考
溶解性ガス			
二酸化炭素 (CO_2)	腐食性．凝縮水中での炭酸の生成，ミネラルとのスケール形成．	脱気，アルカリによる中和．	被膜，凝縮水管の腐食を防止するために利用されるアミンの中和．
硫化水素 (H_2S)	臭気，異臭味．多くの金属に対する腐食性．	エアレーション，ろ過，塩素処理．	主に地下水や汚染された流水に見られる．
酸素 (O_2)	腐食．ボイラ管の孔食．	脱気，亜硫酸ナトリウムあるいはヒドラジンによる化学処理．	ボイラ管やタービン翼の孔食，蒸気管や付属品の破損．
SS			
有機物	汽水共発（キャリーオーバー），発泡．析出物は，管を閉塞させ，腐食を引き起こす．腐食の原因となる低いボイラ供給水のpH.	沈殿，ろ過，化学処理．	珪藻，かび，細菌のスライム，鉄／マンガン細菌を含む．ボイラ内の水表面の浮遊物質は，表面に浮いてきた気泡の開放を妨げる．
沈殿物，濁度	汚泥．スケールの汽水共発．	沈殿，ろ過．	多くの場合の許容濃度は，5 mg/L．飲料水の場合には，10 mg/L．
溶解性物質およびコロイド粒子			
カルシウム (Ca)，マグネシウム (Mg)	ボイラのスケール析出物は，熱輸送および熱交換を阻害．激しい場合には，ボイラ管の破損．	軟化処理，それに加えて，ボイラの内部処理．	重炭酸塩，硫化物，塩化物，硝酸塩の順番で形成．逆に，一部のカルシウム塩は，溶解する．マグネシウムは，炭酸塩と反応して低溶解度の化合物を形成する．
塩素 (Cl)	ボイラからの水蒸気の不均一な運び出し［プライミング (priming)］や，水蒸気の汽水共発は，水蒸気の効率を低下させ，過熱器やタービン翼上に塩類を析出させる．過剰量が存在する場合には，発泡．	脱イオン．	プライミング，すなわちボイラからの水蒸気の噴出は，炭酸ナトリウムあるいは硫酸ナトリウム，塩化ナトリウムにより引き起こされる．米国，特に沿岸域における多くの再生水中に塩化物が見られる．
鉄 (Fe)，マンガン (Mn)	ボイラ内の大量の析出物は，熱交換を阻害．	エアレーション，ろ過，イオン交換．	ボイラ供給水中の鉄の最も一般的な形は，重炭酸鉄である．
油，グリース	発泡．ボイラ内の析出物．	凝集，ろ過．	凝縮水とともにボイラに侵入．
シリカ (Si)	ボイラや冷却系における強固なスケール．タービン翼の析出物．	脱イオン，石灰ソーダ法，高温石灰ゼオライト処理．	ケイ酸塩を形成することで，シリカは，多くの元素と結合する．ケイ酸塩は，ボイラの配管上にしつこい析出物を形成する．除去することは困難であり，フッ化水素酸のみがそれを除去．最も危険の考慮事項は，タービン部品への汽水共発である．
ナトリウム (Na)，アルカリ度，NaOH，$NaHCO_3$，Na_2CO_3	発泡．炭酸塩は，水蒸気中で炭酸を生成し，返送管や水蒸気トラップの腐食，脆化を発生．	補給水の脱気や凝縮返送水中に凝縮させる．イオン交換，脱イオン，補給水の酸処理．	多くの水にナトリウム塩は見られる．それらは，非常に溶解性が高く，そして化学凝集によって除去されない．発泡も溶液中の炭酸塩によって引き起こされ，それらは，軽い毛房状の凝集物を水面に形成する．
硫酸塩 (SO_4)	カルシウムが存在すると，強固なスケール．	脱イオン．	許容限界は，$CaCO_3$換算で約100〜300 mg/L.

[a] EnerCon Consultancy Services (2003) より引用．

第19章　再生水の工業利用

表-19.15　推奨される工業ボイラの供給水水質の規準値(注記のないものの単位はmg/L)[a]

項　目	低圧(<10 bar)	中圧(10〜50 bar)	高圧(>50 bar)
アルミニウム	5	0.1	0.01
アンモニア	0.1	0.1	0.1
重炭酸塩	170	120	48
カルシウム	受入れ可	0.4	0.01
塩化物	受入れ可	受入れ可	受入れ可
銅	0.5	0.05	0.05
硫化水素	受入れ可	受入れ可	受入れ可
鉄	1	0.3	0.05
マンガン	0.3	0.1	0.01
マグネシウム	受入れ可	0.25	0.01
シリカ	30	10	0.7
硫酸塩	受入れ可	受入れ可	受入れ可
亜鉛	0.01	0.01	—
アルカリ度	350	100	40
四塩化炭素抽出物	1	1	0.5
COD	5	5	1.0
DO	2.5	0.007	0.0007
溶解性物質	700	500	200
SS	10	5	0.5
硬度	350	1.0	0.07
メチレンブルー 活性物質	1	1	0.5
pH(−)	7.0〜10.0	8.2〜10.0	8.2〜9.0
温度(℃)	受入れ可	受入れ可	受入れ可

[a]　U.S. EPA(1980)より引用.
注)1 bar = 10^5 Pa.

　ボイラとともに用いられるその他の処理技術は,脱気(deaeration),非交換型脱イオン(non-exchange deionization),析出沈殿(precipitation)である.供給水からの脱気は,酸素や二酸化炭素のように腐食を引き起こすことで知られるガス状成分の前処理法として最も一般的に採用されている.陰イオンおよび陽イオン樹脂を用いた脱イオンは,高圧ボイラに対する効果的な前処理法として利用されてきた.スプリット・ストリーミング(split streaming)と呼ばれるイオン交換手法は,供給水の処理方法として広く用いられている.スプリット・ストリーミングでは,ボイラ供給水のアルカリ度を削減するため,標準的なナトリウム型の陽イオン交換軟水器の処理水と水素型陽イオン軟水器の処理水が混合される(Pagliaro, 1997).リン酸塩(phosphate)は,再生水利用に関連するカルシウム硬度の除去に用いられる最も一般的な薬品である.しかしながら,リン酸塩の不適切な使用は,ボイラ系においてリン酸カルシウムスケールを形成させることがある(Schroeder, 1991).

　冷却水系について19.3で述べた概念と同様に,蒸発は,ボイラ水中の溶解性物質濃度を増加させることから,水質を制御するためにブロー水として一部の水が除去される.一般的には,ブロー水は,水表面に近い所から連続的に抽出され,手動でのブローの場合には,底部から抽出される.ボイラ底部からの手動によるブローでは,沈殿物を除去できる.

一つの珍しい適用例

　California州Santa Rosaにおいて,地熱発電所で水蒸気を製造するために用いられる地下水を補

うために三次処理された再生水が用いられている(Geyser Spring発電所，北緯38.799度，西経122.754度，標高4.5 km)．水蒸気を生成するためにボイラを利用する発電所とは異なり，間欠泉に注入された再生水が地熱エネルギーによって地下水とともに加熱されている．その発電系では，水蒸気を生成するためのボイラが利用されないことから，三次処理された再生水の水質で十分である．2003年以来，その発電所は，再生水を用いて運転されている．

19.4.2 パルプ・製紙工業

2005年現在，米国では550の工場が操業されており，その多くは，パルプと紙の両方を製造している(Center for Paper Business and Industry Studies, 2005)．過去10年間，紙製品の全生産量は，比較的安定している．20世紀初頭のパルプおよび紙生産のために利用された水の量は，生産されたパルプ量1t当り600 m^3 (72 gal/lb)である．対照的に，パルプ生産における現在の方法では，生産されたパルプ量1t当り20〜70 m^3 の水が消費されている(Brongers and Mierzwa, 2001；U.S. EPA, 2000, 2004)．パルプおよび紙製造が水を集中的に利用する工業の一つであるとしても，都市(生活排水)再生水の利用は，一般的には実施されていない．その代り，大量の水循環が製造プロセス自身の内部で行われている．米国では，約十数箇所のパルプ・製紙工場が都市再生水を利用している(U.S. EPA, 2004)．一般的なパルプ・製紙プロセスの簡単な概要と都市再生水の利用上の重要な要素について以下に説明する．

システムの概要

パルプ・製紙工業における主要なプロセスは，
1. パルプ製造，
2. パルプ加工と薬品回収，
3. パルプ漂白，
4. 製紙原料の準備，
5. 紙／ボール紙製造．

水と物質の流れを含めたパルプ・紙製造の一般的なフローダイアグラムを図-19.13に示す．パルプ製造プロセスでは，木材，あるいは木片，リンター(綿繰りした後の綿の種子に残る短い綿繊維)，古紙，麦藁のような他の物質からの繊維は，パルプを製造するために分離される．機械的あるいは化学的，その両方を組み合わせた手法がパルプ製造に利用されている．Lockwood-Post's Directory (Paperloop, 2003)によると，木質パルプの約80%は，高温・高圧の下で蒸解釜の中で硫酸ナトリウムを用いるクラフトプロセスを用いて生産されている．原材料から繊維を取り出すクラフトプロセスを通してリグニン(繊維間の接着剤のような物質)の化学的な結合が選択的に破壊される．

黒液(black liquor)として知られている煮沸液からの不純物の除去と薬品の回収のための一連の段階を経て，パルプは洗浄される．その後，洗浄されたパルプは，漂白され，種々のパルプ，樹脂，ワックス，填料，染料を含む薬品を混ぜ合わせ，販売用パルプとして乾燥されたり，あるいは，直接的に製紙工程に送られる．抄紙段階の後に，付加的に添加物が利用されるかもしれない．紙をつくるための一連の加圧・加熱ローラを経るうちに，繊維は互いに結合される．パルプ・製紙工場での水消費量は，それぞれのプロセスごとに異なるが，一般的には，漂白および抄紙工程で最も大量の水が必要である(図-19.14参照)．

パルプ・紙製造系は，浮遊性および溶解性有機物，および／あるいは無機物を含む排水を生み出す．要求される排水の水質を満足でき，廃棄物の排出量を削減できるように，大半の工場は，自身で排水処理施設および内部水循環システムを有している．輸送管の有効性や相対的な費用によるが，再生水の利用は，一つの実効性の高いオプションである．パルプ・紙製造に対する再生水利用の実現可能性

第 19 章　再生水の工業利用

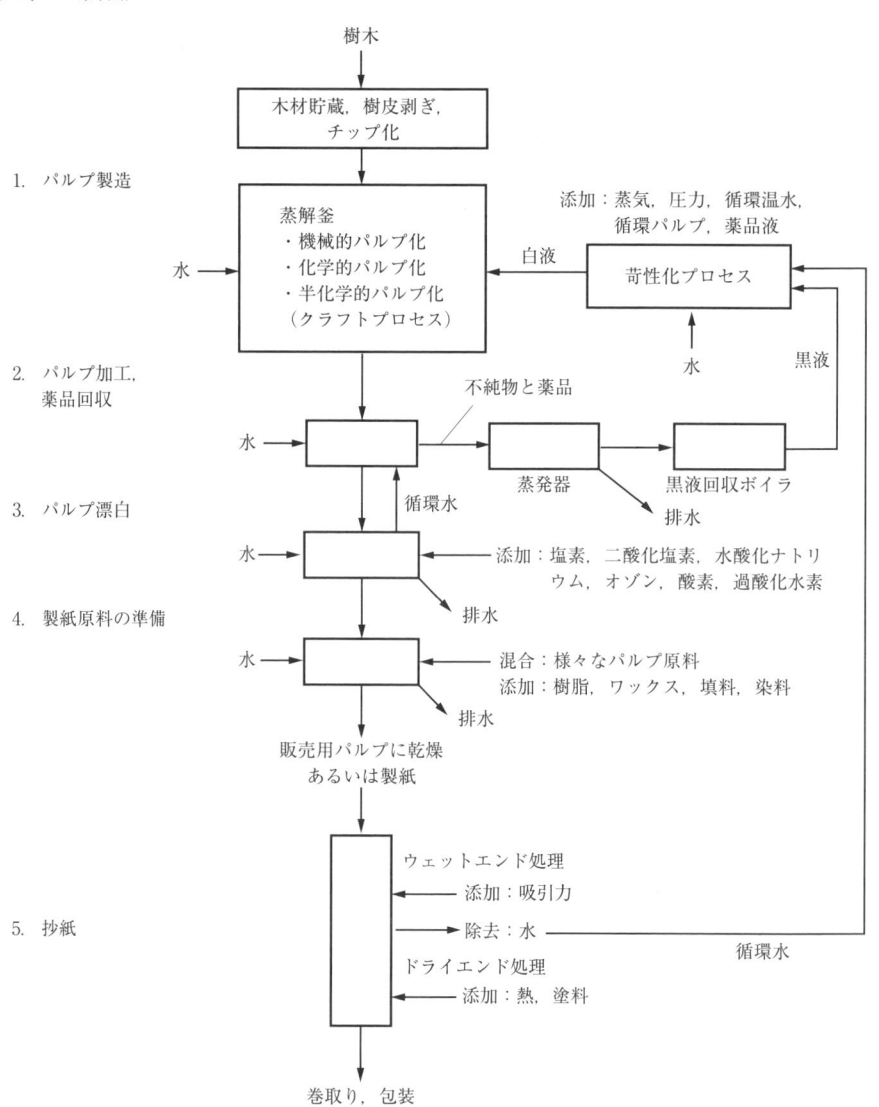

図-19.13　典型的なパルプ・紙製造のフローダイアグラム〔Brongers and Mierzwa, 2001〕

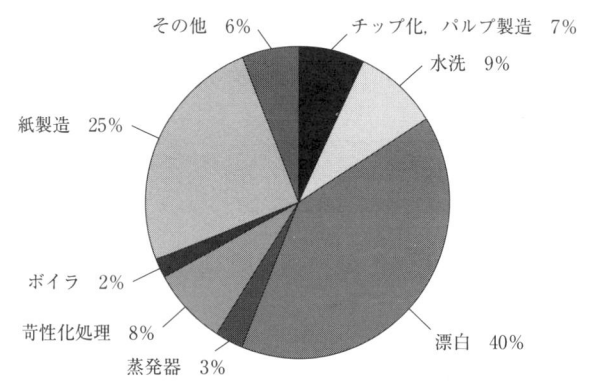

図-19.14　パルプ・紙製造プロセスにおいての水消費 (Panchapakesan, 2001)

は，再生水の水質や，特定のプロセスの目的に対応できるような再生水水質の改善のために必要となる前処理のレベルに依存している．

水質上考慮すべき事項

　パルプおよび紙製造に対して要求される水質は，紙の等級に依存する．一般に，低質水は，アスファルトあるいはタール含有紙，ライナ（ライナボード），低光沢のボール紙，包装紙，絶縁紙のような褐色等級の紙に利用できる．白色等級の紙は，より高質な水を要求し，高い光沢を有する上質紙は，最高質のプロセス水が必要となる(Rommelmann et al., 2003)．種々の紙に要求される一般的な水質を表-19.16 に示す．リン酸塩，界面活性剤，金属イオンは，製紙原料の準備プロセスにおいての樹脂の有効性に影響するかもしれない．鉄，マンガン，微生物汚染は，変色の原因となる．SS も紙の光沢に影響し，再生水の色は，高級紙の生産上の問題となるかもしれない．例えば，California 州 Pomona では，抄紙のための品質基準に合致するように活性炭ろ過が色度除去に利用されている(U.S. EPA, 2004)．生物の増殖は，紙のきめや一様性に影響することがある(Rommelmann et al., 2003)．一般的には，生物の増殖は，残留塩素の維持により制御されるが，非常に高濃度の塩素残留は，腐食問題や塩素副生物の生成を引き起こすかもしれない．

表-19.16　種々の紙製品のプロセス水として推奨される一般的な水質[a]

項　目	褐色等級		白色等級		
	砕木パルプ（タール）紙	ソーダおよび硫酸塩（クラフト）パルプ	クラフト紙，漂白	非漂白紙	漂白紙
濁度(NTU)	70	35	40	140	14〜56
色度(度)	30	5	25	30〜100	5〜25
全溶解性蒸発残留物(mg/L)	250〜1 000	250〜1 000	300	75〜650	75〜650
全浮遊物質(mg/L)	40	10	10	10〜30	10〜30
アルカリ度[mg/L($CaCO_3$換算)]	75〜150	75〜150	75	150	75〜125
硬度[mg/L($CaCO_3$換算)]	100〜200	100〜200	100	200	100
塩化物(mg/L)	75	75	200	200	200
鉄(mg/L)	0.3	0.1	0.2	1.0	0.1
マンガン(mg/L)	0.1	0.05	0.1	0.5	0.03
シリカ[mg/L(SiO_2換算)]	50	20	50	100	9〜20
硫酸塩(mg/L)	微量	—	—	—	100〜300
温度(℃)	<55	27	—	—	15〜27

[a]　U.S. EPA(1980)，State of California(1963)，WPCF(1989)，Rommelmann et al.(2003)のデータから作成．
注）　それぞれのプロセスに対して要求される水質には変動があるかもしれない．

パルプ・製紙工場での再生水利用

　製紙工場における再生水利用の一例として紹介するのは，California 州 Los Angeles の新聞紙製造プラントであり，約 5.3×10^6 m³/yr(1.4 Bgal/yr)の三次処理再生水が利用されている．Los Angeles の他のもう一つの製紙工場は，約 0.8×10^6 m³/yr(0.21 Bgal/yr)の再生水を利用している．Arizona 州 Flagstaff の製紙工場は，2005 年以降，製紙プロセスの大半に対して再生水を用いている．City's Rio de Flag 工場での水再生処理プロセスは，栄養塩類除去のためのバーデンフォ(Bardenpho)法[Tchobanoglous et al.(2003)参照]やろ過，UV 滅菌で構成されている．閉鎖循環系を構成するため，工場からの工業排水は，水再生処理プラントに返送されている．水再生処理プラントからの再生水は，公立学校，公園，共同墓地，ゴルフ場，住宅地の灌漑水としても利用されている．

19.4.3　織物工業

過去10年間，安価な輸入品のため，米国の織物生産量はだんだんと低下している(U.S. Department of Commerce, 2005). Economic census(U.S. Department of Commerce, 2005)によると，2002年，米国には3 932の織物工場(つまり，繊維工場，紡績糸工場，縫糸工場，織物工場，繊維・織物仕上げ工場，布被覆工場)と7 304の織物製品工場(つまり，カーペットのような織物家具工場，カーテン工場，他の繊維製品工場)が存在する．織物製造プロセスは，大量の水を必要とするため，再生水利用の機会が多い．以下の議論では，織物製造プロセスおよび要求される水質について簡単に説明し，織物工業での再生水の利用について紹介する．

システムの概要

織物製造プロセスの概要図を図-19.15に示す．一般的な織物製造プロセスは，4段階から構成されている．(1)紡績糸製造，(2)織物製造，(3)湿式処理，(4)織地加工である．一般に，紡績糸製造，織物製造，織地加工での水利用は，ほとんど無視できる．水利用および廃棄物発生に関して，湿式処理が織物工業の最も重要な部分である(U.S. EPA, 1997). 湿式処理は，次の工程からなる．(1)織物加工，(2)染色，および/または，(3)捺染[図-19.15(b)参照]．多くの羊毛製品，ある種の合成繊維，木綿製品に対して，織物にする前に紡績糸は染色される．したがって，模様は，織地に織り込まれる．湿式処理の概要を表-19.17に示す．

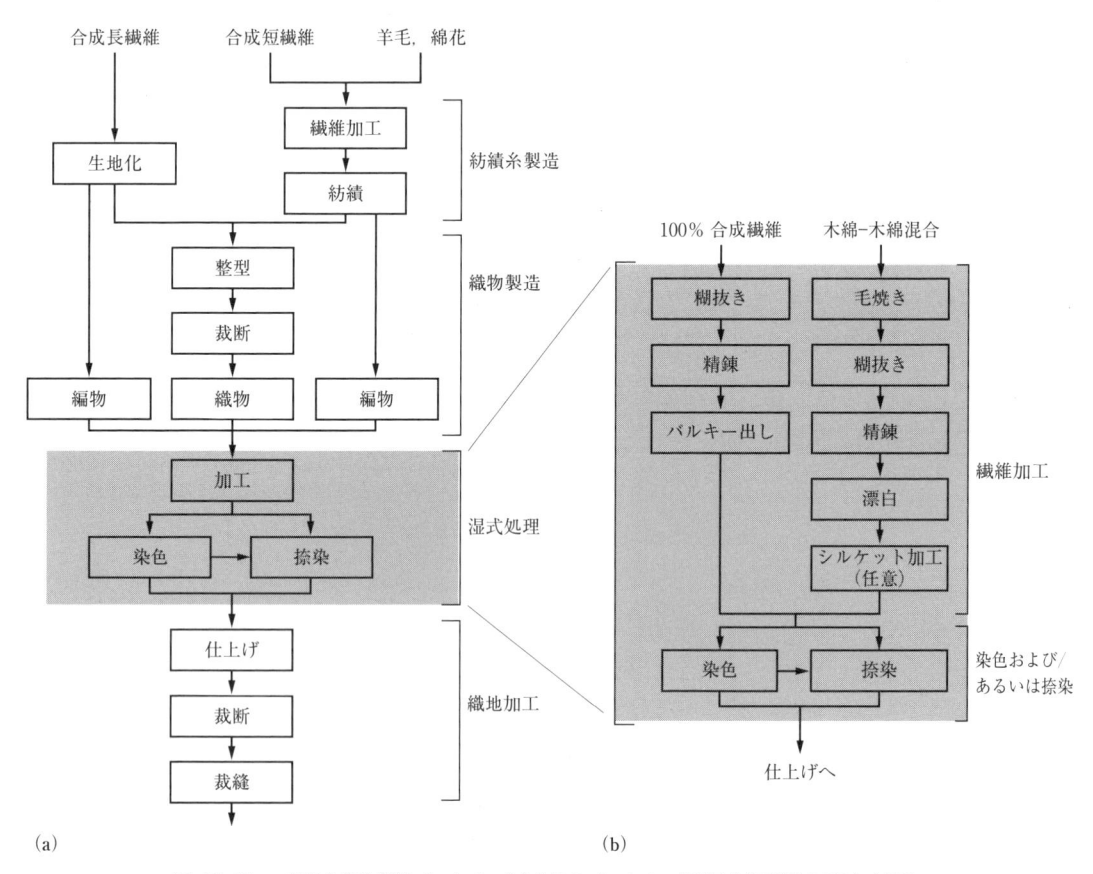

図-19.15　一般的な織物製造プロセス．(a)全体のプロセス，(b)湿式処理(U.S. EPA, 1997)

表-19.17 織物製造プロセスの概要

単位プロセス	概　　要	備　　考
繊維加工		
毛焼き	滑らかに仕上げるため，繊維は，火炎あるいは加温した銅板を通過させられる．捺染される繊維には便利であり，また，滑らかな表面が望ましい．	毛焼きは，一つの乾燥プロセス．
糊抜き	繊維製造（織物）プロセスの間に添加された糊づけ剤は，温水と薬剤を用いて除去される．精錬プロセスにおいて水酸化ナトリウムに曝されると，変色の原因となるかもしれないため，精錬の前に澱粉糊を除去することは重要である．	自然の繊維に対して一般的に用いられる澱粉糊には，酵素が用いられる．一方，多くの人工糊は，温水で除去できる．
精錬	繊維からの不純物が除去される．一般的には，分解にはアルカリ溶液が利用され，自然の油分，界面活性剤，潤滑剤，汚れ，他の自然な物質，人工物質を除去する．	一般的には，精錬廃棄物は，加工プロセスの大きな部分を占める有機物負荷である．糊抜きおよび精錬操作は，同時に行われるかもしれない．
漂白	望ましくない色は，織物繊維，あるいは紡績糸，布から取り除かれる．一般的には，漂白プロセスには次の事柄が含まれる．(1)漂白剤および他の必要な薬品で湿潤，(2)昇温して漂白処置，(3)洗浄と乾燥．	一般的な漂白剤は，過酸化水素，次亜塩素酸ナトリウム，亜塩素酸ナトリウム，二酸化硫黄ガスである．過酸化水素漂白が最も一般的に用いられる(NPI, 1999)．漂白剤の選択は，紡績糸の種類や後続のプロセスに依存している．
シルケット加工	繊維は，冷アルカリ液を通過し，その後，柔らかなフレームで広げられ，そこでは温水の噴霧が大半の苛性液を除去する．繊維は，その強さを増し，染料に馴染む．	張力下で，数回の洗浄により苛性液はほとんど除去される．残った苛性液は，冷処理で中和され，それに続いて酸を除去するためにさらに数回洗浄される．
染色と捺染		
染色	織物は，広範な薬品，染料，技術，装置を用いて染色される．回分ないしは連続系が用いられる．一般的に，染色プロセスは，染色処置，薬品，あるいは加温による染色固定，洗浄からなる．	連続染色は，産業において染色される製品の全量の約60%を占める(NPI, 1999)．
捺染	仕立てられた繊維に顔料あるいは染料を用いて装飾的な模様あるいはデザインがなされる．主要な捺染手法は，回転スクリーン，ローラ，平板スクリーンである．	顔料が最も一般的に用いられる．
仕上げ		
機械仕上げ	機械仕上げは，ブラッシング，アイロンがけ，その他の物理的な処理である．	
化学仕上げ	化学仕上げは，パーマネントプレス加工，防汚加工，汚れ防止仕上げのように織物の特性を緩和する．通常，化学仕上げは，乾燥，キュアリング（ベーキング），冷却ステップで終えられる．	化学仕上げは，しばしば機械仕上げとともに適用される．

　織物製造での水の必要量は，製造される織物の種類に応じて非常に大きく異なる．繊維の種類ごとに，織物1 kgを製造するために必要な水の量を表-19.18にまとめた．水をより一層集中的に利用するため，個々の単位プロセスの中で湿式処理が再生水利用の最も高い可能性を持っている．織物製造プロセスの水の一般的な必要量を表-19.19に示す．

水質上考慮すべき事項

　織物製造に関する主要な水質上の課題は，染料が適切に作用し，脱色や着色が起らないようにすることである．濁度，色度，鉄，マンガンは，製造過程で繊維の汚れを引き

表-19.18 繊維の種類ごとに織物加工で利用される水使用量の分布[a]

繊維の種類	生産量当りの水利用量(L/kg)		
	最小	中程度	最大
羊毛	111	285	658
織物	5.0	113	508
編物	20	83	377
カーペット	8.3	47	163
原料/紡績糸	3.3	100	558
不織布	2.5	40	83
フェルト繊維	33	213	933

[a] U.S. EPA(1996)より引用．

起こす可能性がある．硬度は，種々の洗浄過程で利用される石鹸に負の影響を及ぼし，凝乳状の析出物を織物上に形成する．通常，石鹸は，硬水でも析出しないが，染色むらを生じる．硬度は，幾つかの染料の凝集を引き起こし，巻取りや糸に撚る際に絹の破損を増加させる(Treweek, 1982)．織物工業に一般に必要となる水質は，表-19.4のように報告されている．

織物製造における再生水の利用

再生水は，カーペット染色や木綿織を含めた種々の織物製造プロセスで利用される．California州南部の2，3のカーペット工場は，カーペット染色に再生水を利用している．例えば，California州Santa Fe SpringsのTuftex Carpetsは，CBMWD(Central Basin Municipal Water District)から再生水を，また，Royalty Carpet Millsは，IRWD(Irvine Ranch Water District)から再生水を受け入れている．繊維の染色プロセスに対しての再生水の利用の適性を判断するため，CBMWDからの再生水を用いてGeneral Dyeing and Finishing, Inc.でパイロットスケールや実証プロジェクトが実施された．CBMWDから受け入れた再生水は，変動が少なく，飲料水の水質に匹敵し，必要となるすべてのプロセス水として受入れ可能であることが実証された(表-19.20参照) (U.S. EPA, 2004；Water 3 Engineering, 2005)．Texas州Harlingenでは，二次処理，ろ過，RO膜処理された再生水がFruit of the Loom Corporationの織物プロセスのために送水されている．そして，そのプロセス排水は，都市排水系へ返送されている(Gerston et al., 2002)．

表-19.19 織物製造における単位プロセスごとの一般的な水の需要量[a]

加工のサブカテゴリー	水消費量(L/kg-生産量)
紡績糸，繊維製造	0
裁断	0.5～7.8
加工	
毛焼き	0
糊抜き	2.5～20
精錬	19～43
連続漂白	2.5～120
シルケット加工	1.0
染色	
ビーム染色	170
ベック染色	230
液流(ジェット)染色	200
ジッガ染め	100
パドル染色	290
綛(かせ)染め	250
先染め	170
パッドバッチ法	17
パッケージ染色	180
連続漂白	170
藍染	8.3～50
捺染	25
捺染の最終洗浄	110
仕上げ	
化学仕上げ	5.0
機械仕上げ	0

[a] U.S. EPA (1996) より引用．

19.4.4 その他の工業への適用

製油所，工業化学製造プロセス，半導体産業，ごみ焼却場が再生水を利用するその他の工業プロセスである．大半の工業プロセスは，加熱や冷却が必要であり，したがって，場所および水質基準に合致した処理費用に応じて，再生水を冷却塔やボイラの補給水のために利用することができる．再生水は，洗浄や，工業施設やコンクリート混合・土壌の締固めの際の埃の制御にも利用されている．他のオンサイトでの再生水利用の実現性は，その施設内でより広範な再生水の利用先があるかどうかに依存している．多様な目的に対する再生水の利用は，工業での水再利用の首尾よい実現においての重要な要素である．例えば，Florida州Hillsboroughの都市ごみ焼却場は，冷却塔および施設の洗浄に再生水を利用しており，その使用された再生水を焼却灰の冷却にさらに再利用している．再生水は，修景用の灌漑水にも利用されている(図-19.16参照)．

19.4 他の工業での水再利用

表-19.20 California 州の CBMWD における飲料水と再生水の水質の比較[a]

事　項	飲料水			再生水[e]	織物産業の一般的な要求水質[f]
	州プロジェクト水[b]	Colorado 川との混合水[c]	地下水[d]		
アルカリ度[mg/L(CaCO$_3$ 換算)]	97	112	181	198	
アルミニウム(mg/L)	0	0.14	<0.05	NA	8
塩化物(mg/L)	64	76	45	116	
塩素(mg/L)	2	2	NA	3.7	
色度(度)	2	1.2	4.8	NA	0 〜 5
銅(mg/L)	<0.05	<0.05	<0.05	0.03	0.01〜 5
重金属(mg/L)	0	0.0020	NA	NA	
鉄(mg/L)	<0.1	<0.1	0.36	0.08	0.1 〜 0.05
マンガン(mg/L)	<0.02	<0.02	0.09	0.02	0.01〜 0.05
pH(-)	8	8.1	7.7	7.0	6 〜 8
硫酸塩(mg/L)	68	174	110	101	100
TSS(mg/L)	NA	NA	NA	1.7	0 〜 5
TDS(mg/L)	305	487	419	569	100 〜200
全硬度[mg/L(CaCO$_3$ 換算)]	147	241	227	217	0 〜 50

a Water 3 Engineering, Inc.(2005) より引用.
b Metropolitan Water District Jensen プラントの水質報告の 1999〜2002 年の平均値.
c Metropolitan Water District Weymouth プラントおよび Diemer プラントの水質報告の 1999〜2002 年の平均値(61〜82% の Colorado 川の水を州プロジェクト水と混合).
d CBMWD により報告されている 1998〜2000 年の平均値.
e San Jose 水再生処理プラントにより報告されている 1998 年から 2000 年の平均値.
f 表-19.4 より.
注) NA：データなし.

図-19.16 Florida 州 Tampa のごみ焼却場では，再生水が多様な目的に利用されている．(a)施設の洗浄に再生水が利用されているプラントの全景，(b)再生水を用いた冷却塔，(c)再生水を用いた焼却灰の冷却，(d)再生水によって灌漑されている修景地域

19.5 事例1：Colorado 州 Denver の火力発電所における冷却塔

Colorado 州 Denver の火力発電所の冷却塔には再生水が利用されている．発電所は水再生処理プラントに隣接しているため，水再利用は容易である．

19.5.1 周辺状況

Colorado 州 Denver の Xcel Energy 社 Cherokee 発電所は，Colorado 州西部の鉱山からの硫黄石炭を燃焼して発電している．そこでは，ボイラおよび冷却塔のために，South Platte 川や Clear 川，上水，Denver Water Recycling Plant からの再生水等の様々な水源から水を受け入れている．これらの水源からの水は，Cherokee Northwest Reservoir に貯められ，冷却塔や灰溜池への焼却灰の洗出しに利用されている．

19.5.2 水管理上の問題点

その循環利用プラントは，Metro Wastewater Treatment Plant からの二次処理水を受け入れており，そこでは，水再生処理プロセスとして(硝化のための)好気ろ床法(生物ろ過法)，凝集沈殿，粒状層ろ過，塩素消毒等が行われている．その循環利用プラントでは，約 $170 \times 10^3 \mathrm{m}^3/\mathrm{d}$ (45 Mgal/d) の再生水が生成されている．公園，ゴルフ場，学校，動物園，および Xcel Energy 社 Cherokee 発電所等の様々な場所に再生水が分配される前に，$42 \times 10^3 \mathrm{m}^3$ (11 Mgal) の地下貯水槽に貯留されている．その一般的な水質を表-19.21 に示す．再生水を用いて運転されている冷却塔を図-19.17 に示す．

表-19.21 Denver Water Recycling Plant における再生水の水質データ[a]

項　目	平均	最小値	最大値
全アルカリ度[mg/L(CaCO^{3}換算)]	78	64	104
アンモニア性窒素(mg/L)	<0.2	<0.2	0.9
ホウ素(mg/L)	291	240	380
カルシウム(mg/L)	49	44	60
塩化物(mg/L)	86	77	102
全塩素(mg/L)	1.89	0.63	4.2
鉄(mg/L)	0.34	0.18	0.59
マグネシウム(mg/L)	10.8	8.6	13.4
マンガン(mg/L)	23	14	45
硝酸性窒素(mg/L)	15.2	11.6	17.7
亜硝酸性窒素(mg/L)	<0.01	<0.01	0.01
pH(-)	7.1	6.8	7.4
全リン(mg/L)	0.172	0.073	0.308
カリウム(mg/L)	12	11	14
ナトリウム(mg/L)	117	100	140
比伝導度(μmhos/cm)	891	801	1 000
硫酸塩(mg/L)	139	118	160

[a] Denver Water Recycling Plant からのデータ．2004 年 10 月 21 日から 2005 年 9 月 9 日に採取されたサンプル．

19.5.3 実施方法

循環利用プラントからの再生水の利用は，Xcel Energy 社 Cherokee 発電所において 2004 年に始まった．再生水を利用する前は，リン酸カルシウムのスケール形成を防ぐため，冷却塔の水はスケール防止剤で処理されていた．再生水のリン濃度は原水よりも低いため，冷却系においてのリン酸カルシウムの生成は，定期的な洗浄の実施により制御されている(表-19.21 参照)．生物の増殖は，ピグ(図-14.20 参照)による機械的な洗浄とともに，1 日おきのショック塩素処理により制御されている．

19.5.4 得られた知見

循環利用プラントは，Xcel Energy 社 Cherokee 発電所に近接しており，長大な輸送・分配系が必要なく，発電所は，再生水の水源を容易に入手できる．その循環利用プラントにとって，隣接する発

図-19.17 Colorado州DenverのXcel Energy Cherokee Generating Station(Xcel Energy社Cherokee発電所)の冷却塔(北緯39.806度,西経104.961度,標高2.7 km)

電所からの恒常的な再生水の需要がある点も利点である.そのうえ,循環利用プラントでの処理は,主要な再生水利用者の一つであるXcel Energy社Cherokee発電所の要求する水質に合致するように設計されている.例えば,要求される厳しいアンモニアの値に合致するように,ポリスチレンビーズを用いた生物学的な好気ろ床(生物ろ過)が硝化を促すために利用されている.再生水を用いることでリン酸カルシウムによるスケール生成は著しく低減され,したがって,スケール防止剤の利用は省かれている.

19.6 事例2:California州West Basin Municipal Water Districtにおける再生水の工業利用

California州南部にあるWBMWD(West Basin Municipal Water District)は,6種の異なった水質の再生水を生成している珍しい水再生処理施設を有している.しばしばWBMWDが「デザイナー(designer)」と称する,これらの様々な水質の再生水は,種々の水再利用のために利用されており,その最大の適用先は工業利用である.このWBMWDでの再生処理運転の進展について述べる.

19.6.1 周辺状況

WBMWDは,Los Angeles郡南西480 km^2(185 mi^2)の地域の約90万人に供給する水道用水供給事業体である.その水道局は,平均流量 1.4×10^6 m^3/d(362 Mgal/d)を有する米国の最大規模の下水処理場の一つであるHyperion WWTP(Hyperion Wastewater Treatment Plant)から二次処理水を購入している.その水道局の供給地域には,製油所や製造工場等の多数の工業が存在している.

19.6.2 水管理上の問題点

1980年代後半から1990年代前半にかけてのCalifornia州での厳しい旱魃の時期以降,WBMWDは,飲料水の供給事業体から,再生水を含めた様々な水源からの水の調達者へと自身を変貌する計画

を開始した．Drought-Proof(旱魃耐性)2000 キャンペーンでは，WBMWD は，地域の水資源の開発を試み，そして，California 州南部の MWD(Metropolitan Water District)からの輸入水への地域依存度を低減するため，供給水源の構成の多様化を試みた．MWD からの輸入水の水源は，主に California Aqueduct を通した California 州北部からの水と，Colorado River Aqueduct を通した Colorado 川からの水で構成されている．1992 年に WBMWD は，El Segundo 市での水再生処理プラントの建設を含む水循環利用プログラムを実行するため，州および連邦政府の補助金を受けた．その循環利用プログラムの目標は，以下のとおりである(Miller, 2003；WBMWD, 2006)．

- 輸入水の地域依存度を 50％削減する，
- 現在および将来の水需要に合致するように，旱魃に耐え得る代替となる地域の水源を提供する，
- Santa Monica 湾への二次処理水の排出量を 25％削減する，
- West Coast Basin Barrier への再生水の涵養(WCBB Project)による地下水盆への塩水浸入を防止する．

1995 年に建設された WBWRP(West Basin Water Reclamation Plant)は，Hyperion WWTP からの二次処理水を受け入れ，そして，再生処理と分配を行っている．様々な水質の再生水は，公園，運動場，製造プロセス，製油に利用されている．Hyperion WWTP の二次処理水の約 7.7％は，WBWRP で再生処理されている．

19.6.3 実施方法

WBMWD における水再利用系の珍しい特性は，再生水の主要な利用先が工業であることで，全再生水利用の 70％以上を占めている(図-19.18 参照)．様々な工業での利用に要求される水質に合致させるため，WBMWD は，特殊な水再利用に適用できるような 6 種類の異なる水質の再生水を生成する能力を持つ．California Water Recycling Criteria(Title 22)(State of California, 2003)に全種類の再生水が合致している．6 種類の再生水の特徴は，次のとおりである．

- 工業および灌漑利用のための三次処理水：Hyperion WWTP からの二次処理水は，広範な工業および灌漑利用のために，凝集，フロック形成，ろ過，消毒が行われる．
- 土壌の透水性のためにナトリウム吸着比(sodium adsorption ratio：SAR)(**17 章参照**)を調整するよう改善された三次処理水は，芝生の灌漑に利用される．
- 硝化された水は，工業用の冷却塔に利用される．
- 軟水化処理された RO(逆浸透)水は，地下水涵養に用いられる：地下水涵養のため，二次処理水は MF(精密ろ過)で前処理された後，RO 処理され，後処理として脱炭酸，UV(紫外線)消毒・

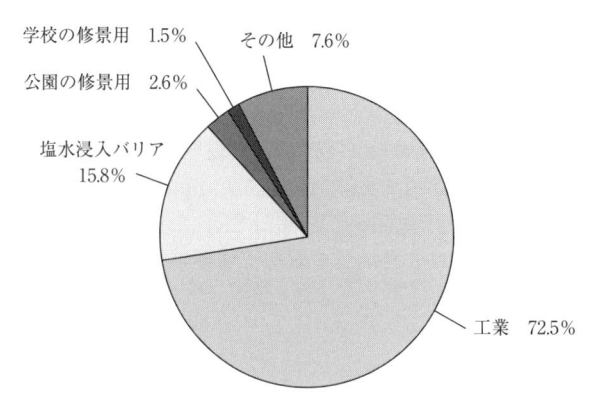

図-19.18 California 州 West/Central Basin(西部/中部流域)における再生水の主要な利用先(WBMWD, 2006)

19.6 事例2：California 州 West Basin Municipal Water District における再生水の工業利用

安定化，過酸化水素の添加が行われる．
・RO膜で処理された水は，低圧ボイラの供給水に利用される．
・ダブルRO処理された水は，高圧ボイラの供給水に利用される．

三次処理された再生水は，Home Depot National Training Center や Toyota, Goodyear（図-19.19参照）といった公園，運動場，商業地の修景用灌漑に利用されている．三次処理された再生水は，3箇所の高度処理施設にも送水されている．Exxon-Mobil Water Recycling Plant, Chevron Nitrification Plant, Carson Regional Water Recycling Plant では，特定の工業目的のためにより一層の処理が行われる．高度に処理された再生水は，Exxon-Mobil, Chevron, BP 等の製油所において工業目的に利用されている（Cearly and Cook, 2003）．塩水の浸入を防止するために，WBWRF でRO膜処理された再生水は，South 湾の地下水盆に涵養されている．

図-19.19 California 州 West／Central Basin（西部／中部流域）における再生水の利用例．(a)Goodyear 運動場，(b)Home Depot National Training Center での修景用の灌漑，(c)Toyota Motor Sales での修景用の灌漑，トイレおよび小便用便器の水洗，空調のための冷却塔，(d)Chevron 製油所での冷却塔およびボイラ（提供：U. Daniel, West Basin Municipal Water District）

地域の水需要を満たすため，WBWRP は，高質な循環水の生産量を増加してきた．2003年から2004年の間，WBWRP は 33×10^6 m^3（3.8 Bgal）以上の再生水を生産していた．2つの成功した拡張計画の後，WBMWD は，5 200万ドルをかけて第4期拡張計画を実施している．最終的にその拡張は，地下水涵養のための再生水の供給を 18 900 m^3/d（5 Mgal/d），また三次処理された再生水を 37 900 m^3/d（10 Mgal/d）まで増大させる予定である（WBMWD, 2006）．他の2つの拡張計画は，Madrona/Palos Verdes lateral 拡張計画と Harbor/South Bay 水循環利用計画である．これらの計画では，非飲料水を目的として，特に修景用の灌漑のため，三次処理された再生水の利用が拡大されるだろう．

19.6.4 得られた知見

WBMWD における水再利用系から得られた教訓は，以下のようにまとめられる（Miller, 2003）．

第19章　再生水の工業利用

- 再生水は，信頼性のある新たな供給水源であることが立証された．
- WBMWD は，Heyperion WWTP の処理水の約 7.7% しか利用していない．また，再生水の量は，天候の変動に左右されない．現在のところ，再生水の生産量よりもはるかに多い下水の基底流量が，水文学的な傾向あるいは周期性とは無関係な信頼性ある供給水源として確実に用いられるに違いない．
- 工業からの再生水に対する恒常的で多量の要求水量が各顧客の水質要求に応じた再生水を生産するとした WBMWD の決断を正当なものとしていた．
- 水再生処理プラントは，工業地域の中央に位置しており，そのことが工業に過剰な再生水分配管の敷設なしに再生水の利用を可能にしている．再生水の拡大利用は，既存の下水施設，輸送施設，沿岸域の放流口施設のために既になされた投資効果を高める．
- 輸入水や地域の地下水の供給とは異なり，さもなければそれは海洋に捨てられることから，再生水は，法的な水利権に関連した事柄に支配されることがない．さらに，再生水の利用は，しばしば新たな水源の開発で強いられるような生態学上の苦難を伴わない．

問　題

19-1　図に示すような3つの工業用水の利用オプション(a)，(b)，(c)について検討せよ．シナリオ(b)および(c)について水収支から必要な淡水量を計算し，また，シナリオ(b)および(c)を実施するうえでの利点や問題点を検討せよ．

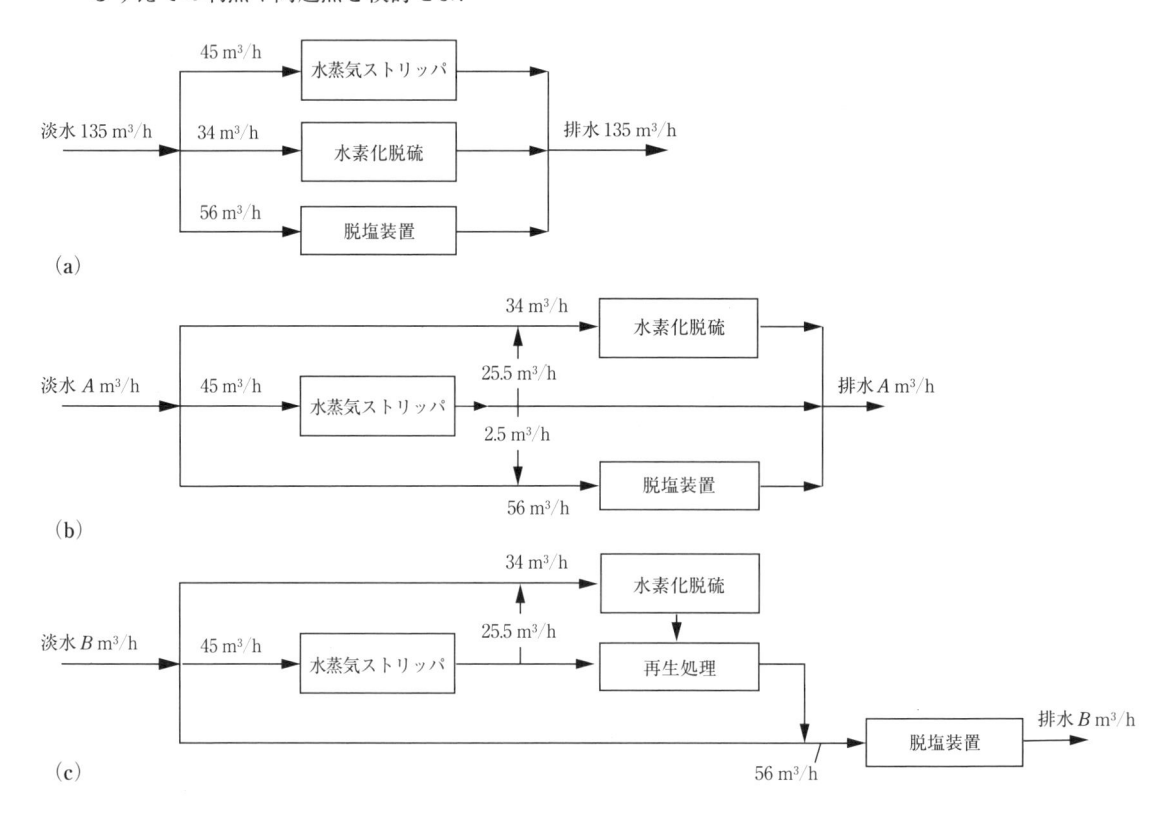

19-2　工業目的での下水(生活排水)再生水の利用の実現性に影響を及ぼす要因について検討せよ．生活排水からの再生水利用オプションを同一工業サイト内で生成された工業排水からの再生水と比

較せよ.

19-3 例題 19-1 では，イオン強度の影響が無視できるものと仮定されていた．その溶液の TDS が 650 mg/L であると仮定し，イオン強度の影響を考慮して炭酸カルシウム析出能(CCPP)を再計算せよ．CCPP を推定する際，再生水に対してイオン強度の影響がどれほど大きいかを検討せよ．

19-4 右表のような特徴を持つ再生水のランゲリア飽和度指数(LSI)およびリズナー安定度指数(RSI)を計算せよ．それらの指標の計算においてイオン強度の影響を考慮すること．pH は 7.0 とする．

項目	単位	濃度
水温	℃	20
全溶解性蒸発残留物	mg/L	880
Ca^{2+}	mg/L	60
Mg^{2+}	mg/L	33
全アルカリ度	mg/L($CaCO_3$ 換算)	90

19-5 右表のような特徴を持つ再生水のランゲリア飽和度指数(LSI)および炭酸カルシウム析出能(CCPP)を 10, 20, 40, 60, 80℃ において計算せよ．それらの指標の計算においてイオン強度の影響を考慮すること．もし，その水が加温や冷却循環等の工業プロセスに利用されるならば，計算結果にどのような影響が予想されるか？

項目	単位	濃度
全溶解性蒸発残留物	mg/L	840
カルシウム硬度	mg/L($CaCO^3$ 換算)	288
全硬度	mg/L($CaCO^3$ 換算)	347
pH	—	6.9
全アルカリ度	mg/L($CaCO^3$ 換算)	114

19-6 年平均 TDS 濃度 375 mg/L の再生水が火力発電所の冷却塔に利用されている．ブロー水の平均 TDS 濃度を 1 500 mg/L 以下に維持するための平均濃縮倍数を計算せよ．

19-7 ある製油所の冷却塔において再生水の利用が提案された．その実現可能性に関する事前調査において，既存の排水処理プラントの処理水質が製油所の冷却塔に要求される水質と比較された．その水質の比較を右表に示す．冷却塔に再生水を用いるために必要な付加的な処理について検討せよ．

項目	単位	処理水質	冷却塔水に要求される水質
アルカリ度	mg/L($CaCO_3$ 換算)	138	350
アルミニウム	mg/L	0.2	0.1
アンモニア	mg-N/L	5.6	データなし
重炭酸塩	mg/L	データなし	24
カルシウム	mg/L	36.5	125
COD	mg/L	19	75
塩化物	mg/L	225	300
大腸菌	個/100 mL	20〜40	<2.2
硬度	mg/L($CaCO_3$ 換算)	180	350
鉄	mg/L	0.21	0.5
pH	—	6.8	6〜9
マンガン	mg/L	0.13	0.5
活性物質(界面活性剤)	mg/L	0.19	1
リン酸塩	mg/L	29.2	<5
シリカ(SiO_2)	mg/L	14.4	50
硫酸塩	mg/L	124	200
SS	mg/L	37	100
全溶解性蒸発残留物	mg/L	780	500
全有機炭素	mg/L	12	0.1

19-8 右表のような水質特性を持つ再生水を冷却塔に用いる．濃縮倍数を 4 に維持する時，ブロー水の組成を計算せよ．冷却塔に流入する水の温度は 50℃ とし，50℃ における $CaSO_4$ の溶解濃度は 2 200 mg/L であると仮定する．

項目	単位	濃度
カルシウム硬度	mg/L($CaCO_3$ 換算)	86
全硬度	mg/L($CaCO_3$ 換算)	122
全アルカリ度	mg/L($CaCO_3$ 換算)	102
SO_4^{2-}	mg/L	18
Cl^-	mg/L	14
SiO_2	mg/L	2.4

19-9 あるごみ焼却場で冷却塔が再生水を用いて運転されてきた．その冷却塔の調査中に，循環利用水系に生物膜の形成が確認された．その系の洗浄のための適切な手法について検討せよ．

19-10 ある火力発電所で，隣接する水再生処理プラントからの再生水を利用することを検討している．水質解析をもとに目標となる濃縮倍数は，4に設定された．以下に与えられた条件から，(a)ブロー水の流量，(b)飛散損失水量，(c)必要となる補給水量を決定せよ．
- 冷却塔内の全循環流量は，$330 \text{ m}^3/\text{min}$
- 飛散損失水量は，全循環流量の0.1%
- 冷却塔内の水の温度は，20℃

19-11 ある火力発電所の冷却塔に再生水が利用されている．その再生水の全溶解性蒸発残留物濃度は，680 mg/L である．その冷却塔の濃縮倍数は，3.5 に維持されている．ブロー水の処分の方法について検討せよ．もしブロー水が下水道に排出されるならば，どのような影響が予想されるか？

19-12 ある製油所がボイラ供給水に再生水を利用することを検討している．水再生処理プラントは，製油所に隣接しており，現在，修景用の灌漑水のために三次処理された再生水を生産している．(a)どのような付加的な処理が必要となるのか，(b)その付加的な処理プロセスはどこに設置されるべきか，を決定するために必要な情報について検討せよ．

19-13 逆浸透膜処理により達成されるTDSの一般的な除去率は，90〜98%の範囲にある(表-9.6参照)．高圧ボイラに要求されるTDS濃度は，0.5 mg/L以下である(表-19.4参照)．ある地域の下水処理場の二次処理水の溶解性物質濃度は，600〜800 mg/Lである．高圧ボイラに要求されるTDS濃度を満足するための再生水処理の手法について検討せよ．どの成分が高圧ボイラへの再生水の利用に影響するのかを列挙し，さらに，上で議論した処理手法の効率について評価せよ．

参考文献

Adams, A. P., M. Garbertt, and H. B. Rees (1980) "Bacterial Aerosols Produced from a Cooling Tower Using Wastewater Effluent as Makeup Water," *J. WPCF*, **52**, 3, 498–501.

Asano, T., and A. D. Levine (1996) "Wastewater Reclamation, Recycling and Reuse: Past, Present, and Future," *Water Sci. Technol.*, **33**, 10–11, 1–14.

Asano T., R. Mujeriego, and D. Parker (1988) "Evaluation of Industrial Cooling Systems Using Reclaimed Municipal Wastewater," *Water Sci. Technol.*, **20**, 10, 163–174.

ASHRAE (2000) *ASHRAE Guideline 12-200 Minimizing the Risk of Legionellosis Associated with Building Water*, American Society of Heating, Refrigerating, and Air Conditioning Engineers.

Assink, J. W., and H. C. van Deventer (1995) "Cooling Water Systems: Options and Recommendations for Reducing Environmental Impact," *Euro. Water Pollut. Contrl.*, **5**, 1, 39–45.

Baetens, D. (2002) "Water Pinch Analysis: Minimisation of Water and Wastewater in the Process Industry," 205–228, in P. Lens, L. H. Pol, P. Wilderer, and T. Asano (eds.), *Water Recycling and Resource Recovery in Industry: Analysis, Technologies and Implementation*, IWA Publishing, London, UK.

Bell, G. E. C., and J. Aranda (2005) *Corrosion Engineering Training*, Hawaii Water Environment Association, Corrosion Workshop, Feb. 16, 2005, Honolulu, HI.

Black & Veatch, and Malcolm Pirnie, Inc. (1992) *Lead and Copper Rule Guidance Manual*, Vol. 2, Corrosion Control Treatment, American Water Works Association, Denver, CO.

Bogaerts, W. F., and A. A. Van Haute (1985) "Chloride Pitting and Water Chemistry Control in Cooling or Boiler Circuits," *Corros. Sci.*, **25**, 12, 1149–1161.

Brongers, M. P. H., and A. J. Mierzwa (2001) "Pulp and Paper: Summary and Analysis of Results, Corrosion Control and Prevention," Appendix W, in G. H. Koch, M. P. H. Brongers, N. G.

Thompson, Y. P. Virmani, and J. H. Payer (eds.) *Corrosion Cost and Preventive Strategies in the United States*, Department of Transportation, Washington, DC.

CDC (2006) "Legionellosis: Legionnaires' Disease (LD) and Pontiac Fever," in *Disease Listing*, Division of Bacterial and Mycotic Diseases, Centers for Disease Control and Prevention (CDC), accessed online: http://www.cdc.gov/.

Cearley, D., and P. Cook (2003) "Customizing for Industrial Reuse," in *Proceedings, Annual WateReuse Symposium*, San Antonio, TX, WateReuse Association, Alexandria, VA.

Center for Paper Business and Industry Studies (2005) *Pulp Mills, Pulp and Paper Mills, Paper Mills in USA*, Center for Paper Business and Industry Studies (CPBIS), Georgia Institute of Technology, accessed online: http://www.cpbis.gatech.edu/.

Cheremisnoff, P. N., and N. P. Cheremisnoff (1981) *Cooling Towers: Selection, Design and Practice*, Ann Arbor Science Publishers, Ann Arbor, MI.

Cleaver-Brooks (2005) *The Boiler Book*, Cleaver-Brooks, Milwaukee, WI.

Clement, J., M. Hayes, P. Sarin, W. Kriven, J. Bebee, K. Jim, M. Beckett, V. Snoeyink, G. Kirmeyer, and G. Pierson (2002) *Development of Red Water Control Strategies*, American Water Works Association Research Foundation, Denver, CO.

Clescerl, L. S., A. E. Greenberg, and A. D. Eaton (eds.) (1999) *Standard Methods for Examination of Water and Wastewater*, 20th ed., 2330C: "Indices Predicting the Quantity of $CaCO_3$ that Can Be Precipitated or Dissolved," American Public Health Association, Washington, DC.

Cooling Technology Institute (2006) "Legionellosis Guideline: Best Practices for Control of *Legionella*," *CTI Guidelines WTP-148* (06).

Davis, J. R. (ed.) (2000) *Corrosion: Understanding the Basics*, ASM International, Materials Park, OH.

Edwards, M., Schock, M.R., and Meyer, T. E. (1996). "Alkalinity, pH, and Copper Corrosion Byproduct Release," *J. AWWA*, **88**, 3, 81–94.

EnerCon Consultancy Services (2003) *Boiler Feed-Water Treatment*, accessed online: http://energyconcepts.tripod.com/energyconcepts/.

Faust, S. D., and O. M. Aly (1998) *Chemistry of Water Treatment*, Ann Arbor Press, Chelsea, MI.

Ferguson, J., O. van Franqué, and M. Schock (1996) "Corrosion of Copper in Potable Water Systems," in V. Snoeyink and I. Wagner (eds.), *Internal Corrosion of Water Distribution Systems*, 2nd ed., American Water Works Association Research Foundation and DVGW, Denver, CO.

Gerston, J., M. MacLeod, and C. A. Jones (2002) *Efficient Water Use for Texas: Politics, Tools, and Management Strategies*, Texas Agricultural Experiment Station, Texas A&M University, College Station, TX.

Huston, S. S., N. L. Barber, J. F. Kenny, D. S. Lumia, and M. A. Maupin (2004) *Estimated Use of Water in the United States in 2000*, Circular 1268, U.S. Geological Survey, Reston, VA.

ISO (1999) *ISO 8044: Corrosion of Metals and Alloys—Basic Terms and Definitions*, International Organization for Standardization, Geneva.

Joly, P., P. A. Falconnet, J. Andre, N. Weill, M. Reyrolle, F. Vandenesch, M. Maurin, J. Etienne, and S. Jarraud (2006) "Quantitative Real-Time *Legionella* PCR for Environmental Water Samples: Data Interpretation," *Appl. Envir. Microbiol.*, **72**, 4, 2801–2808.

Kirmeyer, G. J., G. Pierson, J. Clement, A. Sandvig, V. Snoeyink, W. Kriven, and A. Camper (2000) *Distribution System Water Quality Changes Following Corrosion Control Strategies*, AWWA Research Foundation, Denver, CO.

Langelier, W. (1936) "The Analytical Control of Anti-Corrosion Water Treatment," *J. AWWA*, **28**, 10, 1500–1521.

Larson, T. E., and R. V. Skold (1958) "Laboratory Studies Relating Mineral Quality of Water to Corrosion of Steel and Cast Iron," *Corrosion*, **14**, 6, 285–288.

Levine, A. D. (2003) "Use of Reclaimed Wastewater for Cooling Tower Applications, Chap. 3 in *Membranes for Industrial Wastewater Recovery and Reuse*, IWA Publishing, London," UK

Levine, A. D., and T. Asano (2002) "Water Reclamation, Recycling and Reuse in Industry," in P. Lens, L. Hulshoff Pol, P. Wilderer, T. Asano (eds.) *Water Recycling and Resource Recovery in Industry: Analysis, Technologies and Implementation*, IWA Publishing, London, UK.

Lewis, G. H., and Randall, M. J. (1921) "The Activity Coefficient of Strong Electrolytes," *J. Am. Chem. Soc.*, **43**, 1112–1154.

Mann, J. G., and Y. A. Liu (1999) *Industrial Water Reuse and Wastewater Minimization*, McGraw-Hill, New York.

McCoy, J. (1974) *The Chemical Treatment of Cooling Water*, Chemical Publishing, Co., New York.

McCoy, J. (1981) *The Chemical Treatment of Boiler Water*, Chemical Publishing Co., New York.

McIntyre, R., E. Kobylinski, G. Hunter, and S. Howerton (2002) "Returned Reuse Water—Impacts and Approaches of Pollutant Concentration Buildup," in *Proceedings Water Sources Conference*, Las Vegas, NV, American Water Works Association, Denver, CO.

Middlebrook, E. J. (1982) "Municipal Wastewater Reuse in Power Plant Cooling Systems," in E. J. Middlebrooks (ed.) *Water Reuse*, Ann Arbor Science Publishers, Ann Arbor, MI.

Miller, D. G. (2003) "West Basin Municipal Water District: 5 Designer (Recycled) Waters to Meet Customer's Needs," in *Proceedings, Annual WateReuse Symposium*, San Antonio, TX, WateReuse Association, Alexandria, VA.

NAS (1982) Drinking Water and Health, Chap. III, 21–23, The National Academies Press, Washington, DC.

NPI (1999) *Emission Estimation Technique Manual for Textile and Clothing Industry*, National Pollutant Inventory, Environment Australia, Canberra, Australia.

Oguma, K., H. Katayama, and S. Ohgaki (2004) "Photoreactivation of *Legionella Pneumophila* after Inactivation by Low- or Medium-Pressure Ultraviolet Lamp," *Water Res.*, **38**, 2757–2763.

Pagliaro, T. (1997) "Water Treatment Key to Maintaining Boiler Efficiency: DI and RO Work in Tandem to Reduce Dissolved Solids, Hardness," *Water Technology Magazine*, National Trade Publications Inc., accessed online: http://www.watertechonline.com/.

Panchapakesan, B. (2001) "Optimizing White Water System Design," *Paper Age*, **117**, 2, 56–63.

Paperloop (2003) *Lockwood-Post's Directory of the Pulp, Paper and Allied Trades*, 2003 ed., Paperloop, San Francisco, CA.

Pisigan, R. A., and Singley, J. E. (1987). "Influence of Buffer Capacity, Chlorine Residual, and Flow Rate on Corrosion of Mild Steel and Copper," *J. AWWA*, **79**, 2, 62–70.

Puckorius, P. R., and J. M. Brooke (1991) "A New Practical Index for Calcium Carbonate Scale Producing in Cooling Tower Systems," *Corrosion*, **47**, 4, 280–284.

Reiber, S., R. A. Ryder, and I. Wagner (1996) "Corrosion Assessment Technologies," in AWWARF, *Internal Corrosion of Water Distribution Systems*, AWWA Research Foundation, Denver, CO.

Rommelmann, D. W., S. J. Duranceau, M. W. Stahl, C. Kamnikar, and R. M. Gonzales (2003) *Industrial Water Quality Requirements for Reclaimed Water*, AWWA Research Foundation, Denver, CO.

Rothberg, Tamburini, and Windsor, Inc., (2000) *The Rothberg, Tamburini and Windsor Model for Water Process and Corrosion Chemistry*, American Water Works Association, Denver, CO.

Russell, L. L. (1976) *Chemical Aspects of Groundwater Recharge with Wastewaters*, Ph.D Thesis, University of California, Berkeley, CA.

Ryznar, J. W. (1944) "A New Index For Determining The Amount Of Calcium Carbonate Scale Formed By Water," *J. AWWA*, **36**, 472–484.

Sawyer, C. N., P. L. McCarty, and G. F. Parkin (2003) *Chemistry for Environmental Engineering and Science*, 5th ed., McGraw-Hill, New York.

Schroeder, C. D. (1991) *Solutions to Boiler and Cooling Water Problems*, 2nd ed., Van Nostrand Reinhold, New York.

Smith, B. (1986) *Identification and Reduction of Pollution Sources in Textile Wet Processing*, North Carolina Department of Environment, Health, and Natural Resources, Office of Waste Reduction, Raleigh, NC.

Snoeyink, V. L., and D. Jenkins (1980) *Water Chemistry*, John Wiley & Sons, New York.

Solley, W. B., R. R. Pierce, and H. A. Perlman (1998) *Estimated Use of Water in the United States in 1995*, Circular 1200, U.S. Geological Survey, Reston, VA.

State of California (1963) *Water Quality Criteria*, 2nd ed., McKee, J. E. and H. W. Wolf (eds.), State Water Resources Control Board, Sacramento, CA.

State of California (1980) *Evaluation of Industrial Cooling Systems Using Reclaimed Municipal Wastewater: Applications for Potential Users*, Office of Water Recycling, California State Water Resources Control Board, Sacramento, CA.

State of California (2003) *Water Recycling 2030: Recommendations of California's Recycled Water Task Force*, Department of Water Resources, Sacramento, CA.

Stiff, H. A.,Jr., and L. E. Davis (1952) "A Method for Predicting the Tendency of Oil Field Water to Deposit Calcium Carbonate," *Pet. Trans. AIME* **195**, 213–216.

Stumm, W (1956) "Calcium Carbonate Deposition at Iron Surfaces," *J. AWWA*, **48**, 300–310.

TMI (1997) *Textiles: America's First Industry*, American Textiles Manufacturers Institute, Washington, DC.

Treweek, G. P. (1982) "Industrial Reuse of Wastewater: Quantity, Quality and Cost," Chap. 23, 521–548, in E. J. Middlebrooks (ed.) *Water Reuse*, Ann Arbor Science Publishers, Ann Arbor, MI.

Trussell, R. R. (1998) "Spreadsheet Water Conditioning," *J. AWWA*, **90**, 6, 70–81.

U.S. Department of Commerce (2005) *2002 Economic Census*, U.S. Department of Commerce, U.S. Census Bureau, accessed online: http://www.census.gov/econ/census02/.

U.S. Department of Commerce (2005) *Trade Data—U.S. Imports and Exports of Textiles and Apparel*, accessed online: http://otexa.ita.doc.gov/.

U.S. EPA (1973) *Water Quality Criteria 1972*, EPA-R-73-033, Washington, DC.

U.S. EPA (1980) *Guidelines for Water Reuse*, EPA-600/8-80-036, Municipal Environmental Research Laboratory, U.S. Environmental Protection Agency, Cincinnati, OH.

U.S. EPA (1996) *Manual, Best Management Practices for Pollution Prevention in the Textile Industry*, EPA/625/R-96/004, Office of Research and Development. National Risk Management Research Laboratory, Center for Environmental Research Information, U.S. Environmental Protection Agency, Cincinnati, OH.

U.S. EPA (1997) *Profile of the Textile Industry*, Sector Notebook Report, EPA/310-R-97-009, Office of Compliance, Office of Enforcement and Compliance Assurance, U.S. Environmental Protection Agency, Washington, DC.

U.S. EPA (2000) *Profile of the Pulp and Paper Industry*, 2nd ed., Sector Notebook Report, EPA/310-R-02-002, Office of Compliance, Office of Enforcement and Compliance Assurance, U.S. Environmental Protection Agency, Washington, DC.

U.S. EPA, and U.S. AID (2004) *2004 Guidelines for Water Reuse*, EPA/625/R-04/108, U.S. Environmental Protection Agency and U.S. Agency for International Development, Washington, DC.

U.S. Water Resources Council (1979) "The Nation's Water Resources *1975–2000*," Vol. 2, *Water Quantity, Quality, and Related Land Considerations*, U.S. Water Resources Council, Washington, DC.

Videla, H. A. (1996) *Manual of Biocorrosion*, CRC Press, Boca Raton, FL.

Vik, E. A., R. A. Ryder, I. Wagner, and J. F. Ferguson (1996) "Mitigation of Corrosion Effects," in AWWARF, *Internal Corrosion of Water Distribution Systems*, AWWA Research Foundation, Denver, CO.

Water 3 Engineering, Inc. (2005) *Analysis of the Potential Benefits of Recycled Water Use in Dye Houses, Final*, Prepared for Central Basin Municipal Water District and California Department of Water Resources, accessed online: http://www.owue.water.ca.gov/recycle/

WBMWD (2006) *2005 West Basin Water Management Plan*, West Basin Municipal Water District, Carson, CA.

Wijesinghe, B., R. B. Kaye, and C. J. D. Fell (1996) "Reuse of Treated Sewage Effluent for Cooling Water Make Up: A Feasibility Study and a Pilot Plant Study," *Water Sci. Technol.*, **33**, 10–11, 363–369.

WPCF (1989) *Water Reuse: Manual of Practice*, SM-3, Water Pollution Control Federation, Alexandria, VA.

第20章　都市における灌漑用途以外の再生水利用

翻訳者　加賀山　　守（元・大阪府下水道技術センター　理事長）
共訳者　小田垣　正則（大阪府都市整備部下水道室事業課　課長）
　　　　竹ノ内　　恵（大阪府都市整備部東部流域下水道事務所　技師）
　　　　田　中　弘　美（大阪市下水道技術協会工務部工務課　国際交流担当）
　　　　長谷川　明巧（大阪府都市整備部南部流域下水道事務所　所長）
　　　　長谷川　福男（大阪府都市整備部南部流域下水道事務所　主査）
　　　　福　永　良　一（大阪府都市整備部交通道路室都市交通課　総括主査）

関連用語　*917*
20.1　都市における水利用と再生水利用の事例　*918*
　　20.1.1　米国における家庭用上水の利用　*918*
　　20.1.2　米国における商業用水利用　*918*
　　20.1.3　米国の都市における灌漑以外の再生水利用　*918*
　　20.1.4　諸外国の都市における灌漑以外の再生水利用　*919*
20.2　都市における灌漑以外の再生水利用に影響を及ぼす要因　*920*
　　20.2.1　基盤施設の問題　*921*
　　　　　　二系統配水システムと貯留施設／*921*　　　二系統配管システム／*922*
　　20.2.2　水質と供給の問題　*922*
　　　　　　水質の保持／*922*　　　給水の信頼性／*923*
　　20.2.3　受容の問題　*924*
20.3　空調設備　*924*
　　20.3.1　空調システムの説明　*924*
　　20.3.2　空調システムへの再生水利用　*925*
　　20.3.3　水質上考慮すべき事項　*925*
　　20.3.4　管理上の問題　*927*
20.4　防　火　*928*
　　20.4.1　利用形態　*928*
　　　　　　消火栓を有する屋外システム／*928*　　　屋内スプリンクラシステム／*929*
　　20.4.2　水質上考慮すべき事項　*929*
　　20.4.3　実施上の問題　*929*
　　20.4.4　管理上の問題　*930*
20.5　トイレの洗浄　*930*
　　20.5.1　利用形態　*930*
　　20.5.2　水質上考慮すべき事項　*930*
　　20.5.3　実施上の問題　*933*
　　20.5.4　サテライト型・分散型のシステム　*933*
　　20.5.5　管理上の問題　*934*

- 20.6 商業利用　*935*
  - 20.6.1 自動車やその他の車両の洗浄　*935*
  - 20.6.2 クリーニング業　*935*
- 20.7 公共施設での修景用利用　*935*
  - 20.7.1 噴水や滝　*937*
  - 20.7.2 反射池　*937*
  - 20.7.3 公園の池や湖　*937*
- 20.8 道路の維持管理　*938*
  - 20.8.1 粉塵対策と道路清掃　*938*
  - 20.8.2 融雪　*938*
- 問題　*939*
- 参考文献　*939*

関連用語

生活雑排水 grey water　　し尿(トイレ排水)や生ごみ(台所シンク，ディスポーザ排水)を含まない，浴室や洗面室からの排水．例えば，浴槽やシャワーの排水，手洗いや洗濯の排水である．生活雑排水は，一般に洗剤や石鹸からの塩類や無機物を多く含む．もし，塩水の淡水化装置が使われていると，生活雑排水のナトリウム濃度は増加する．

トイレ排水 black water　　し尿を含むトイレからの生活排水．

都市における飲用以外の水再利用 nonpotable urban water reuse　　都市における飲用以外の水再利用は，修景用灌漑[*1]，トイレ洗浄，消防，空調，粉塵制御，道路清掃，融雪，洗車，クリーニング業への利用，噴水や池のような修景利用等がある．

二系統配管システム dual plumbing system　　上水と再生水をそれぞれの配水設備の接続点から利用箇所まで供給するための分離した配管方式(15章参照)．

二系統配水システム dual distribution system　　上水と再生水を配水するのに使われる二系統の独立した配水方式(14章参照)．

ハイドロニューマチックシステム hydro pneumatic system　　水面上に圧力空気層を持つ貯水タンク(ハイドロニューマチックタンクとして知られている)と，タンクの外部に設置する空気圧縮機，特殊バルブやスイッチから構成される．ハイドロニューマチックタンクは，水をタンクから引き抜いている間，タンク内の圧力を定められた操作範囲内に保つことによってポンプ回転数が過剰になるのをできるだけ少なくするために使われる．

ピーク係数 peaking factor　　日平均流量に対する設計最大流量の比率．再生水配水システムの設計においては，一般に時間流量が使われる．

ブローダウン blowdown　　溶解性物質濃度を制御するために循環冷却水から引き抜く水．ブローダウンは，連続的または間欠的に引き抜く(19章参照)．

UPC，附則J Uniform Plumbing Code, Appendix J　　International Association of Plumbing and Mechanical Code(IAPMC)による配管規則で，住居建物の再生水を対象とする二系統配管システムの基準を定めている(15章参照)．

レジオネラ症 Legionnaires' disease　　レジオネラ菌によって発症する病気．症状は，肺炎と似ており，抵抗力が弱い人は，死に至ることもある．レジオネラ菌は，あらゆる所に存在し，維持管理が悪い冷却水システム，温水タンク，温水蛇口等に，時には高濃度で存在することがある．

　都市における水の再利用には，飲用レベルを必要としない様々な利用がある．修景用灌漑は，都市における主な再生水利用用途である．適切な水再利用基準に適合した再生水は，都市での灌漑以外の様々な用途に公衆衛生の観点からも安全に利用することができると考えられる．

　本章において述べる都市における主要な灌漑以外の再生水利用用途は，(1)空調，(2)防火，(3)トイレ洗浄，(4)商業利用，(5)公共修景施設，(6)道路の清掃と維持管理，である．

　これらの利用について詳細に述べる前に，都市での灌漑以外の再生水利用の可能性や，都市における再生水の再利用に影響している要因等を一般的に検討しておくことは有用である．再生水の配水や二系統配管システム等の都市の水再利用システムの主要な構成要素について本章で簡潔に述べ，14，15章で詳細に述べている．都市で実施可能なもう一つの水再利用である間接的飲用再利用については，22，23章で詳細に述べる．

[*1]　訳者注：緑地の芝生や樹木等への灌漑を目的とした散水や灌水のこと．

20.1 都市における水利用と再生水利用の事例

都市における灌漑以外の再生水利用の可能性を理解するために，米国や諸外国の家庭や業務用の上水の利用状況を確認しておくことは有用である．

20.1.1 米国における家庭用上水の利用

2000年の1年間における米国の家庭用上水の使用量は，約1億400万 m^3/d ($27.6×10^3$ Mgal/d) と推定されている．2000年における1人当りの家庭の水使用量は，全国平均で約372 L/人・d (98.3 gal/人・d) で，1990年に比べほぼ10%減少している (Solly *et al.*, 1993 ; Solly *et al.*, 1998 ; Hutson *et al.*, 2004). 家庭での水総使用量の約65〜70%は，屋内で使用され，約30〜35%は，屋外で使用されている．屋内使用量の約40%をトイレ洗浄水が占めている (U.S. EPA, 1992 ; Vickers, 2001). したがって，屋外使用やトイレ洗浄のような飲用以外の利用が家庭の水の総使用量の半分以上を占める．しかしながら，家庭の水利用形態は，各地方の気候や節水対策の違いから大きく異なる．例えば，California州における屋外の水使用量は，家庭の水使用量の約44%であるが，Pennsylvania州では，約7%にすぎない (U.S. EPA, 1992).

修景用灌漑の必要性が高い乾燥した地域では，家庭用水の必要量の大部分を再生水で賄うことができる．会社や商業ビル，公共の建物が林立する非常に都市化した地域における潜在的な再生水需要の割合は，さらに高くなる．例えば，California州 Irvine Ranch Water Districtでは，高層商業ビルで使われている水の約90%が空調やトイレ洗浄等の飲用以外の用途に使われている (15章参照).

20.1.2 米国における商業用水利用

2000年の米国における商業用水の使用量は，約3 980万 m^3/d ($10.5×10^3$ Mgal/d) であり，この水量は，モーテル，ホテル，レストラン，オフィスビル，その他の商業施設，行政機関や軍用施設を含んだ数値である．ゴルフ場や，状況によっては水域から離れた魚の孵化場に対して給水することも商業用水使用量の見積りに含まれている (Solly *et al.*, 1998 ; Hutson *et al.*, 2004). 商業利用における再生水の利用は重要な用途であるが，利用希望者が分散している状態なので，集約的に貯留し配水するシステムでは，再生水を経済的に供給することは非常に困難である．サテライト型・分散型の水再生利用システム (12, 13章で詳細に述べている) が普及すれば，再生水の利用が進む地域があると考えられる．

20.1.3 米国の都市における灌漑以外の再生水利用

米国の都市における灌漑以外の再生水利用の例を表-20.1と図-20.1に示す．これらの例は，実施中またはこれから実施予定の都市における灌漑以外での多様な利用の実例である．California州における10都市の再生水供給者 (水管理組合もしくは市の公益企業) は，トイレ洗浄，ビルの冷却塔，自動車の洗浄，道路清掃，クリーニング業や建設現場の埃 (ほこり) 対策等の多様な都市の利用用途に再生水を供給している (State of California, 2003). Florida州では，トイレ洗浄用に5箇所，防火用に1箇所，空調や道路清掃のような他の都市利用に9箇所の水再利用システムがある (State of Florida, 2005). 米国の東部地域における都市の水再利用は，一般的に小規模であり，サテライト型・分散型の水再生利用システムが利用されてきている．今後，都市部での水再利用は，都市の人口増加，新たな水資源

20.1 都市における水利用と再生水利用の事例

表-20.1 米国における都市水再利用の典型的な例

用 途	所 在 地	解説／注釈
空調用冷却塔	Caliofornia 州 Irvine Ranch Water District Florida 州 St. Petersburg 市 New York 市 Solaire	2002 年に再生水による冷却装置が運転開始された Opus Center Irvine II では，再生水を水洗トイレにも使用． スポーツ競技場を含む商用ビル群で再生水を空調用として利用． オンサイト処理システムを備えている高層マンション．再生水を水洗トイレにも使用．
防火施設	Florida 州 Altamonte Springs(Project APRICOT) California 州 Livermore 市 Florida 州 St. Petersburg 市	75 基の消火栓を再生水配水システムに接続． 商用ビルにスプリンクラを装備． 460 km を超える再生水配水管に 308 基の消火栓を接続．
水洗トイレ洗浄	California 州 Irvine Ranch Water District California 州 Marin 郡 Massachusetts 州 Patriots Stadium, Foxborough California 州 San Jose 市 New York 市 Solaire	上述． 330 床の拘置所と公園のトイレ洗浄． 処理能力 950 m^3/d のオンサイト処理施設． 新市庁舎と公共図書館では，再生水が利用できるよう二系統配管を設置．幾つかの複合商業施設で水洗トイレに再生水を利用． 上述．
洗車場	Florida 州 Largo California 州 Marin 郡	再生水を主洗浄に利用．仕上げ濯ぎには，逆浸透膜で処理した上水を利用． 内部循環されている洗車用水の一部を逆浸透で処理し，水滴跡防止のため仕上げ濯ぎに使用．
クリーニング業	California 州 Marin 郡	Nazareth House では，再生水を洗濯に利用．洗浄効果を上げ洗剤の使用量を抑えるため，洗浄の温度は 70℃．
修景空間	California 州 Los Angeles 市 Tillman Water Reclamation Plant	再生水をよく知られた日本庭園内の反射池に利用．
道路清掃	Florida 州 Altamonte Springs 市 (Project APRICOT) California 州 Los Angeles 市 Inglewood	再生水を防火や洗車にも使用． 再生水と上水を併用．

[a] 米国には，多くの都市で水再利用の事業があり，上記は，様々な都市水再利用を説明するため，一部の典型的な事例を示したものである．

確保の困難さ，そして汚水排出に対する環境への不安の増大等によりますます重要になると予想される(1章参照)．

20.1.4 諸外国の都市における灌漑以外の再生水利用

先進国の都市域における水再利用，特にその利用について，本章で詳しく述べる．オーストラリアでは 2001 年から 2003 年に深刻な渇水があり，水再利用プロジェクトの数が急速に増加してきている(Radcliffe, 2004)．日本における水再利用は，農業灌漑や修景用灌漑が主な利用ではない点で独特であり，その代わりに修景施設(例えば，観賞用の池，湿地，小川の水量維持)，融雪，トイレ洗浄のような都市での利用が一般的である(JSWA, 2005)．米国以外の都市における水の再利用の実例を表-20.2 に示す．

ヨーロッパ諸国における多くの都市の水再利用は，小規模サテライト型・分散型水再生利用システムを組み合わせたものである．13 章で定義した生活雑排水は，英国，フランス，ドイツを含む多くの欧州諸国で再生利用されている．スペインでは，生活雑排水と一般下水の両方が再利用されている．例えば，スペイン Costa Brava の Portbou では，三次処理した再生水を修景用灌漑，道路清掃，防

第 20 章　都市における灌漑用途以外の再生水利用

図-20.1　都市における非灌漑水再利用の用途例．(a)スポーツ競技場の空調，(b)再生水給水システムに接続された消火栓，(c)洗浄用に再生水を使用しているトイレ，(d)自動車洗車場，(e)再生水を利用している鑑賞池，(f)防塵や路面温度調節のための再生水の路面散水

火に利用している．市当局は，新たに建設したスポーツマリーナでボートの洗浄のために再生水配水システムを拡張しようとしている(Sala, 2003)．

20.2　都市における灌漑以外の再生水利用に影響を及ぼす要因

都市における再生水の利用に影響を及ぼす重要な要素には，(1)基盤施設，(2)水質と供給の信頼性，(3)市民の受容，がある．これらの問題の個々について述べる．

20.2 都市における灌漑以外の再生水利用に影響を及ぼす要因

表-20.2 諸外国での都市における非灌漑水への再利用の例

国名	解説	再生水の主な水源
オーストラリア	再生水は，Rouse Hill, Sydney, Taronga 動物園，Springfield, Peredenya(Byron Shire Council, 2005)等で水洗トイレに使用している．Sydney 地域(Sydney Olympic Park Authority の管理区域を除く)では，再生水を消防活動，建設工事，修景施設等の非飲用目的に使用している(Radcliff, 2004).	一般下水，生活雑排水
フランス	Annecy では，生活雑排水を処理し，実験規模で水洗トイレに使用している(Lazarova, 2005).	生活雑排水
日本	再生水の大半を都市部の水路の水量維持に利用している．再生水の水温を利用する融雪利用は，日本独特の利用方法である．水洗トイレも主要な用途であり，2001 年に再生水使用の約 3%を占めている(JSWA, 005).	一般下水，生活雑排水，雨水
スペイン	Portbou では，三次処理水を修景用灌漑，路面清掃および防火に使用している．市当局は，最近，建設されたスポーツマリーナでのボートの洗浄のため，再生水配水管を拡張している(Sala, 2003).	生活雑排水，一般下水
英国	生活雑排水が下水(トイレ排水)より一般的に利用されており，それらの大半は，実証実験の段階である．Millennium Dome における生活雑排水のオンサイト処理と水洗トイレ利用は，英国での画期的なプロジェクトとなった(Lazarova et al., 2002).	生活雑排水，雨水

20.2.1 基盤施設の問題

都市域の水再利用システムの整備に必要な主要な基盤施設には，(1)二系統配水・貯留システム，(2)二系統配管システムがある．

二系統配水システムと二系統配管システムは，既存の都市地域より新しく開発される地域の方が整備が容易である．既成市街地での再生水供給システムへの改造は，過大な事業費や誤接合のリスク等の課題を負うこともある．二系統配水システムおよび二系統配管システムについての重要な考慮すべき点は，以下のとおりである．

二系統配水システムと貯留施設

都市での利用に向け，広域的な配水システムを通じて再生水を供給するためには，上水と再生水の二系統配水システムを整備する必要がある．そのシステムを必要な基盤として設置が妥当と判断するのに十分な再生水の需要が必要である．既存の開発地の規模にもよるが，都市の水再利用に向けた二系統配水システムの整備と維持に関する費用は，水を再利用する場所が水再生処理施設に近接していないと非常に多額になることもある．例えば，輸送管が 15〜25 km 以上の広範囲な再生水配水システムの建設は，ほとんどの都市では現実的ではないと考えられる．遠隔地に再生水を供給するには，サテライト型や分散型のシステムの方がより現実的な選択である(12, 13 章参照)．

二系統配水システムの設計における重要な要因は，以下のとおりである．
(1) 再生水需要に関する広範囲な市場予測(25 章参照)，
(2) 大口利用者の把握を含む計画区域内の水再利用量増大の見込み，
(3) システムの拡張の可能性(Young et al., 1998).

将来のネットワーク接続が予想される箇所では，接続口を設置しなくてはならない(AWWA, 1994)．14 章で述べているように，都市部での再生水利用の実現可能性に影響を及ぼすもう一つの要因は，十分な貯留容量を確保できるかどうかである．再生水需要量の日々の変動は，短期貯留施設の設置により緩和され，またその施設は，同時に再生水供給の信頼性を高めることができる．季節による再生水需要量の変動を緩和するには，大規模長期貯留施設が必要である．貯留施設の規模決定の考

第20章 都市における灌漑用途以外の再生水利用

察要因については，14章で述べている．

二系統配管システム

再生水をトイレ洗浄や建物内での他の用途に利用するには，建物の建設時に二系統配管システム（15章参照）を施工しておくべきである．既設配管システムを改良して既存の建物や商業複合施設を二系統配管システムに新装するには，相当の費用を見込む必要があり，困難と考えられる．非居住用建物の二系統配管システムの設置の基準は，Uniform Plumbing Code(UPC)［附録J, IAPMO(2003)］や，州・市の配管規則に定められている．

20.2.2 水質と供給の問題

水質の安定と給水の信頼性は，都市における水再利用にとって重要な問題である．水質の必要条件は，利用者の再生水利用に対する受容と同様に，公衆衛生の保持と再生水施設の設計に関係している．例えば，再生水が防火に利用される場合，給水の信頼性は，最重要課題である．

水質の保持

米国内数州での用途に制約のない都市利用の水質必要条件の概要を表-20.3に示す（他の水質規制については4章参照）．California州で，通常，Title 22水[*2]と呼ばれる総大腸菌群数2.2/100 mL以下，濁度2 NTUを満足するようろ過および消毒された再生水は，多くの都市の非灌漑用水への再利用に適している．通常，他の州でも都市の灌漑以外の水再利用に関する類似の基準がある．

特定用途に必要な水質　都市における灌漑用途以外の再生水利用に当って，公衆衛生の観点からは

表-20.3 米国の幾つかの州における用途に制約のない都市利用に必要な再生水の水質とその処理[a]

項目	各州における水質の必要条件				
	Arizona州	California州	Florida州	Hawaii州	Texas州
処理法	二次処理，ろ過，消毒	酸化処理[b]，凝集，ろ過，消毒	二次処理，ろ過，高度な消毒	酸化，ろ過，消毒	NS[c]
全浮遊物質	NS	NS	5.0 mg/L	NS	NS
濁度	2 NTU（平均） 5 NTU（最大）	2 NTU（平均） 5 NTU（最大）	NS	2 NTU（最大）	3 NTU
pH	NS	NS	6.0〜8.5	NS	NS
大腸菌	糞便性大腸菌（直近の7日間のうち，4日間は無検出） 23個/100 mL（最大）	総大腸菌［2.2個/100 mL(7日間の中央値)］ 23個/100 mL（30日間の最大）	糞便性大腸菌［試料の75％は検出値未満］ 25個/100 mL（最大）	糞便性大腸菌［2.2個/100 mL(7日間の中央値)］ 23個/100 mL（30日間の最大）	糞便性大腸菌［20個/100 mL（相乗平均）］ 75個/100 mL（最大）

[a] U.S. EPA(2004)より引用．
[b] 酸化された下水は，有機物を酸化・安定させ，溶存酸素を含む処理水．「酸化された下水」という用語は，二次処理水の代替語で，処理法を特定するのを避けるために用いられる．
[c] NS：規定なし．

[*2] 訳者注：Title 22水　California州政府の規則集『California Code of Regulations(CCR)』には，分野ごとにまとめられた28の"Titles"があり，Title 22法は，そのうちの一つで，題目は，social securityである．再生水利用については，その中の細目 environmental health のさらに細々目 water recycling criteria に用途に応じた処理法や大腸菌群数等の基準が定められている．

重要ではないと考えられるが，管理の必要な成分が存在する．例えば，配水システム中で臭気物質を生成する恐れのある成分は，監視・制御すべきである．この他に，残存栄養塩類の存在による生物膜の生成や，溶解限度を超えている無機物によって生成するスケール，十分中和されていない脱塩水によって引き起こされる腐食等がある．

特定用途の再生水利用に必要な水質は，公衆衛生の保持に必要な水質より厳しい場合がある．再生水を洗車に使用する場合，溶解性物質が洗車後の水滴跡の原因となる可能性があるため，仕上げの濯ぎには使用しない．最新式の洗車場では，仕上げの濯ぎには，逆浸透システムを通した水を使用する．特定の用途に必要な再生水の水質要件や，用途に応じた処理水準は，個別対処が基本となる．選択された処理法の効果や実現可能性を判断するために，必要に応じて実証実験を行う必要がある（3部参照）．

水再利用の目的が複数の場合，留意すべき経済上の問題は，以下の3点のいずれが費用対効果が高いか，ということである．
(1) すべての利用者の個別の基準を満たす複数の水質レベルの再生水の生産，
(2) すべての基準を満たす単一水質の再生水の生産，
(3) ほとんどの基準を満たす単一水質の再生水を生産し，特定用途については使用箇所またはその近傍で処理．

通常，水再利用システムでは，使用者は多様で，水質は単一であり，再生水の水質条件は，最も高品質を必要とする大口利用者の水準によって決定する．例えば，再生水の配水システムが修景用灌漑，高層ビルのトイレ洗浄水，および工業用冷却塔へ供給する場合，トイレ洗浄に対する細菌の基準が決定的となる．一方，工業用冷却塔での使用においては，生物膜生成，スケール，および腐食等を防止するために窒素とリンの除去を必要とすることがある（19章参照）．また，水質の外観的要素も，都市における灌漑以外の再生水利用，特にトイレ洗浄や都市修景に用いられる場合は重要である．

代表的な規則やガイドライン　　様々な飲用以外の再生水利用についての代表的な基準の例を表-4.5に示した．また，日本の都市における再生水の様々な用途へのガイドラインを表-20.4に示す．

給水の信頼性

消火活動のような中断の許されない用途では，給水の信頼性が要求される．再生水が消火活動に使

表-20.4　日本の都市利用における再生水の水質ガイドライン[a]

項目	単位	下記利用例の水質要件[b]		
		トイレ洗浄	道路，路面等の散水	修景用水
総大腸菌	個/100 mL	検出されないこと	検出されないこと	検出されないこと
濁度	NTU	2	2	2
pH	—	5.8～8.6	5.8～8.6	5.8～8.6
外観	—	不快でないこと	不快でないこと	不快でないこと
色[c]	CU[d]			<10
臭気[c]	—	不快でないこと	不快でないこと	不快でないこと
残留塩素	mg/L	0.1(遊離)，0.4(結合)	0.1(遊離)，0.4(結合)	0.1(遊離)，0.4(結合)
処理レベル		砂ろ過，または同等のもの	砂ろ過，または同等のもの	凝集，沈殿，ろ過，または同等のもの

[a] MLIT(2005)より引用．
[b] 水質は，再生水処理施設の流出口で測定．
[c] 利用者の要求に応じて対応．
[d] CU：色度．

用される場合には，再生水供給に適切な水量と水圧が常時保証されなければならない．

再生水供給が中断されると考えられる場合には，消火活動のために，主に上水によるバックアップ給水システムが必須となる．複数のバックアップシステムが必要になると，基盤施設整備費用は，著しく増加することになる(U.S. EPA, 2004)．再生水供給の中断が短時間許されるならば，供給信頼性の問題は，致命的とは言い切れない．

再生水の配水システムは，制約を受けずに需要に応じて供給設計ができ，また，再生水を期間限定で供給することもできる．都市部での再生水の最大の用途は修景用灌漑であり，この用途では人との接触と蒸発の損失を最小限にするため，通常，夜間に利用されることが多いので，制約のない供給をすると，高いピーク需要量をもたらすことになる．ピーク需要量は，生産可能な再生水の日平均流量の数倍にも及ぶこともある(U.S. EPA, 2004)．このような場合には，時間最大需要量に見合うような貯水池の設置が必要となる．再生水が消火活動に使用される場合，非常用の貯水によって配水システムのバックアップとして給水することができ，維持や修理でポンプや配管設備を利用できない際にも給水が可能となる．

20.2.3 受容の問題

一般市民や将来の利用者による再生水利用の受容は，重要な課題である．再生水を利用する一般市民および業務従事者を再生水の利用に伴う健康被害の危険性から守らなくてはならない．この問題に対して満足な対処がなされない場合，策定された水の再利用計画案は，実行されない場合がある．例えば，オーストラリアSydney Olympic Parkの消防士達は，業務遂行に際して，再生水と接触することによる健康上のリスクにさらされ，作業効率が悪くなるという理由で，消火活動に再生水を使用することを認めなかった．この問題を解決するために，Sydney市当局は，消火活動には上水を使用することに決めた．

また，再生水の水質の美観的要素も保証されなければならない．再生水は，生物処理，ろ過，消毒され，制約のない再利用の基準に適合した場合でも，かすかな色と臭気が残ることがある．特にトイレ洗浄においてその色と臭気が目立つと，利用者は，その水は安全でないと受け取ってしまうかもしれない．修景利用でも，再生水中の残存界面活性剤は，噴水や他の修景施設で泡を発生させることがある．そのため，美観に関する課題を解決し，一般市民に受け入れてもらうためには，再生水にさらなる処理が求められることがある．

20.3 空調設備

ほとんどの高層商業ビルやマンションには集中冷暖房システムがある．空調システム用水は，商業ビルにおける主要な水需要の一つである．商業利用における空調システムについては，本節で考察する．工業利用における冷却塔に関するより詳しい情報については19章で述べている．

20.3.1 空調システムの説明

ビルや商業施設の冷房では，空調施設に冷却材が必要である．冷却材には，水か，液化プロパンガスやハイドロフルオロカーボン(フロン類)等の冷媒を用いる．水冷式空調システムでは，冷却水を冷やすために水冷器を用いる(水冷システムという)．水冷器は，空冷式か水冷式で熱交換器から熱を取り去る．単独ビルでは，最も一般的には空冷式冷却器を用いる．より大きなビル群やショッピングモールでは，水冷式冷却器を用いる．水冷システムでは，熱交換器の冷却水を冷やすのに冷却塔を用い

る．循環冷却水は，冷却塔で直接冷やす（開放型）か，分離型冷却塔で間接的に冷やす（密閉型）．開放型水冷式空調システムの典型的な例を図-20.2に示す．典型的な冷却塔と水冷式冷却器を図-20.3に示す．

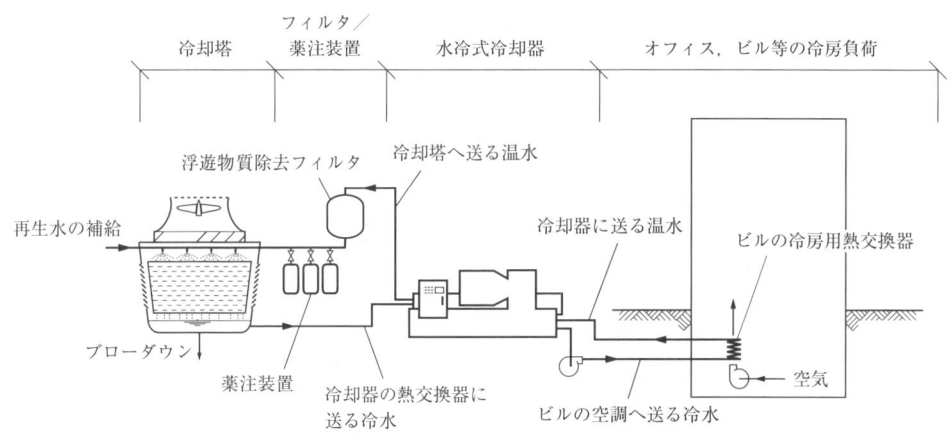

図-20.2 開放型水冷による冷水を用いた空調システムの典型的な概略図

図-20.3 再生水を用いた空調システム．(a)ステンレス製の冷却塔，(b)水冷式遠心型冷水器

20.3.2 空調システムへの再生水利用

高層ビルやショッピングモールの冷却塔は，通常，一般人の立入りが制限されているビルの最上部や裏手に位置している．冷却塔システムに再生水を使用するには，上水と再生水の供給のための二系統配管システムを導入しなければならない．前述のとおり，大部分の既設のビルを改造するのは経済的に実行不可能であるので，二系統配管システム導入は，通常，新築時に限定される．空調の目的で再生水を利用しているビルの事例に14階建のOpus Center Irvine II buildingがある．California州Orange郡にあるこのビルは，空調用再生水を初めて利用した商業ビルである(IRWD, 2003)．空調の冷房用途に使われている水は，ビルに使われる再生水総量の約75%を占めている．残りの約25%は，トイレ洗浄用である．高層ビルとショッピングモールに使われている冷却塔の例を図-20.4に示す．

20.3.3 水質上考慮すべき事項

一般的に，都市における制約のない利用での水質基準に適合した再生水は，スケールや腐食，生物膜生成を防ぐなどの特別な必要条件を満せば，冷却水として利用できる(**19章参照**)．空調システム

第 20 章 都市における灌漑用途以外の再生水利用

図-20.4 冷却塔の例．(a)高層ビル，(b)ショッピングモール

のための水質についての考慮事項の要約を表-20.5 に示す．再生水中の高いアンモニア濃度は，生物膜の生成や腐食を引き起こすので，特に注意すべきである．したがって，脱窒された再生水の方が冷却システムに適している．都市域においてビル上に冷却塔を設置する場合は，冷却塔から放出されるエアロゾルに一般人が曝される可能性があるので，特別の予防策が不可欠である．

もう一つの重要な水質上の問題は，生物膜の生成を防ぐことである．冷却塔の中では，レジオネラ症やポンティアック熱(Pontiac fever)と呼ばれる呼吸器疾患を引き起こす細菌である *Legionella* spp. の生長を阻止するよう特別な注意を払わなければならない(19章参照)．ほとんどの場合，生物膜生

表-20.5 再生水を空調システムに使う場合に考慮すべき水質の課題

課題	考慮すべき要因	制御法／注釈
生物膜の生成	再生水中の残留有機物とアンモニアの存在．時間の経過と共に，難分解性有機物でさえも生物膜中の微生物の炭素源【訳者注：栄養源】となり得る．	場合によっては，消毒剤の残留が必要となる．定期的な排水と清掃(例えば四半期ごと)．
金属腐食	金属腐食は，アンモニア・塩化物・硫酸塩・ガスを含む再生水中の溶解物によって引き起こされる．微生物によって生成された酸も同様に金属腐食をもたらす．	プラスチックのパイプを使用するとともに，金属部品があるところには，防錆材を使用する．
冷却塔からのエアロゾル飛散	特にレジオネラ病原菌(LDB)に関しての水の安全性．	冷却システムを囲む．
ファウリング(汚染性物質)[a]	再生水中の浮遊性，コロイド状および全溶解性蒸発残留物．再生水中の微生物の存在．冷却塔に入ってくるダスト．	ナノろ過や逆浸透を用いる．生物由来物質とスケールを同時に制御するため，オゾンをよく用いる．汚染防止剤の添加が行われてきた．
レジオネラ病原菌 (Legionnaires' disease bacteria：LDB)	総微生物量，全溶解性蒸発残留物，水素イオン濃度(pH)等の代用測定法は，冷却塔中のLDBに関して良い指標にはならないことが判明している．	化学殺菌剤を添加する．定期的な排水と清掃(例えば，四半期ごと)．
微生物学的品質	冷却塔使用水は，Title 22 か同等の基準に適合しなければならない．	場合によっては，消毒剤の残留が必要となる．定期的な排水と清掃(例えば，四半期ごと)．
公衆衛生	Tite 22 に適合するように処理された水は安全だとみなされているので，公衆衛生に関する問題は懸念されない．	場合によっては，消毒剤の残留が必要となる．
スケール生成(沈殿物)	アルカリ度，水素イオン濃度，カルシウム濃度，リン濃度等が関連している．スケール生成能は，Langelier 飽和指数や Ryzner 安定指数を用いることにより評価できる．	濃縮倍数を制限する．ナノろ過を用いてカルシウムや重炭酸を除去する．スケール防止剤を添加することが行われてきた．
全溶解性蒸発残留物 (TDS)	TDS が高いと，汚染やスケール生成がひどくなり，LDB を制御するために加えられた殺菌剤の効果が制限される．	濃縮倍数を制限する．ナノろ過を用いてカルシウムや重炭酸を除去する．

[a] 閉じた循環システム系内に形成される汚濁沈殿物で，結晶化した無機物によるものと思われる．

成阻止には，冷却システムの定期的な洗浄と過剰塩素処理(高濃度塩素水による洗浄．現場条件に大きく左右されるが，通常，10 mg/L 以上)が十分有効である．California 州 San Diego 市における，冷却水に特有な水質必要条件と典型的な再生水の水質との比較および再生水を空調システムに使用することの影響を表-20.6 に示す(Gagliardo et al., 2005)．

表-20.6　California 州 San Diego おける冷却水の一般的な水質必要条件と典型的な再生水の水質との比較および再生水を空調システムに使用することの影響[a]

項　　目	単　　位	製造メーカーの推奨値[b]			再生水の典型的な値	冷却塔の運転に対する再生水質の影響と可能な改善措置
		A	B	C		
物理項目						
pH	—	6.5〜9.0	7.0〜9.0	6.5〜8.0	8.65	悪影響なし
温度	℃	52(最大)	—	—	35	悪影響なし
		指標または代用項目				
LSI[c]	—	0.0〜1.0	—	—	2.12	スケール生成／抑制剤増量
全アルカリ量	mg/L($CaCO_3$ 換算)	100〜500	500(最大)	50〜300	500	スケール生成／抑制剤増量
全溶解性蒸発残留物	mg/L	5 000(最大)	1 000(最大)	10 000(最大)	3 596	熱効率に悪影響．濃縮度の減少
化学項目						
アンモニア(腐食防止に対して)	mg/L	50	—	—	0.4	悪影響なし
アンモニア(生物膜生成防止に対して)	mg/L	10〜25	—	—	0.4	悪影響なし
塩素	mg/L	1(ショック投入後の残留値) 0.4(連続値)	—	16		非常に高い濃度では，木材の脱リグニン化を引き起こす．残留塩素を減らすか，代用の薬品を使う
カルシウム	mg/L($CaCO_3$ 換算)	800	30〜500	50〜300	364	悪影響なし
塩化物(亜鉛メッキ鋼に対して)	mg/L(Cl^- 換算)	455	125	200	784	腐食／抑制剤添加
塩化物(ステンレス鋼に対して)	mg/L(Cl^- 換算)	910	—	400	784	悪影響なし／腐食の監視
硝酸塩	mg/L(NO_3 換算)	300	—	—	70	生物膜生成／殺菌剤使用の増量
シリカ	mg/L(SiO_2 換算)	150(最大)	—	—	62	悪影響なし
硫酸塩	mg/L($CaSO_4$ 換算)	800	125(最大)	—	812	適度なカルシウムが，あるとスケール生成の可能性．コンクリート容器の腐食・監視

[a]　Gagliardo et al.(2005) より引用．
[b]　種々の空調設備メーカーの推奨値．
[c]　LSI：Langelier 飽和度指数(Langlier saturation index) (**19 章参照**)

20.3.4　管理上の問題

冷却塔システムの運転や管理において最も重要なパラメータは，しばしば「濃縮倍数」(cycles of concentration)として表現される塩類の濃縮である．「濃縮倍数」は，冷却塔の再循環水の溶解性物質の濃度と補給水の溶解性物質の濃度との比を表す用語である[図-19.10，式(19.26)]．冷却システム中の水が蒸発するにつれて再循環水の溶解性物質濃度は上昇し，ついには冷却システムの運転に弊害をもたらすレベルにまで達する．ブローダウン，つまり溶解性物質の集積を制御するために再循環冷却水から除かれた水は，新鮮な水と入れ替えられる．通常，再生水が利用される場合は，「濃縮倍数」はおよそ 3〜5 に制限される．なぜなら，それよりも高い「濃縮倍数」では，再循環水中の塩類には溶解限度を超え沈殿するものがあるからである．特殊な例外として，Florida 州 Pinellas 郡では，スケ

第 20 章　都市における灌漑用途以外の再生水利用

ールの生成と腐食を防ぐため，冷却塔中の再循環水に合成ポリマーを使用している．ポリマー添加の効果[*3]により「濃縮倍数」を 20～30 の間に増加させることができたので，ブローダウン量を著しく減少することができた．

　生物フロックや沈殿物を連続的に除去するため，粒状ろ過装置が水冷システムに付け加えられることがある（図-20.5 参照）．再循環水のブローダウンには，ろ過装置を定期的に逆洗した排水を含めるべきである．逆洗頻度と許容できる「濃縮倍数」によるが，再循環水中の望ましい塩類含有レベルを維持するためには，逆洗排水として排出する水量があれば十分であろう．ブローダウンと逆洗排水は，通常，下水道システムに放流される．

図-20.5　砂ろ過．空調システム用水として再生水の前処理に続いて残留する生物フロックや沈殿物を除去する

　冷却水システムには，化学薬品による pH 調整システムや，スケール防止剤，消泡剤，消毒剤等の他の化学薬品を添加するためのシステムが設置される場合が多い．冷却システムにおいては，生物膜の生成を防止するための定期的な過剰塩素処理もよく行われている．過剰塩素処理の頻度は，再生水の水質や気候条件にもよるが，一般的には月に 1 度で十分であると考えられている．

20.4　防　　火

　上水を防火に利用するには，不定期で限られた時間内に大流量を供給できる適切な規模の配水システムが必要である．防火をはじめ多目的に上水管を使用する場合は，平均流量が上水管の配水能力に比べてはるかに少なくなり，その結果，管内滞留時間が長くなることから生物膜の生成や水質の悪化を招くことになる．再生水を防火に利用することで，上水管では最大流量をより低く，また管内滞留時間を短く計画することができるようになる（AWWA, 1994；Okun, 1997）．

　再生水を防火に利用することで，上水道システムの計画最大流量を低くすることができる一方，再生水の配水システムの設計，操作や維持管理においては別途考慮すべき点がある．防火システム（fire protection system）や水質上の考慮すべき事項，および再生水利用の防火システムの設計，操作や維持管理の問題を以下に簡略に述べる．

20.4.1　利用形態

　防火システムには，(1)屋外システム，(2)屋内システムがある（図-20.6 参照）．
　一般的に，消火栓（barrel）は，屋外システムでの主要な装置である．消火栓は，再生水配水システムに直結されている．スプリンクラシステムは，屋内防火に用いられる．

消火栓を有する屋外システム
　消火栓には，主に 2 形式，(1)乾式（dry-barrel），(2)湿式（wet-barrel）がある（AWWA, 1989）．乾式消火栓は，水抜き管を有する唯一の消火栓であり，寒冷地で一般的に使われる．湿式消火栓は，一

[*3] 訳者注：ブローダウンを減らして「濃縮倍数」を 20～30 に上げても，ポリマーの効果によりスケールが生じなかったものと考えられる．

20.4 防 火

図-20.6 防火システム例. (a)消火栓, (b)屋内スプリンクラシステム用の再生水配管

般的に温暖な地域で使用される．再生水用の一般的な消火栓は，14章で述べている（図-14.13参照）．消火栓は，配水システムのフラッシング時にも使用され，また消火栓によって建設現場での粉塵対策に再生水を使うことが可能となる．

屋内スプリンクラシステム

再生水は，屋内スプリンクラシステムではほとんど使用されていない．その理由は，(1)二系統配水システムが必要なこと，(2)人体曝露のリスクがかなり大きくなること，また(3)上水の節約にはほとんど寄与しないこと，からである．再生水をスプリンクラシステムに採用しうる唯一のケースは，上水道が容易に入手できない場所においてである．再生水がスプリンクラシステムに使用されるのは，次のようなところである．(1)一般人の立入が制限されており，また再生水が容易に入手できる再生水処理施設．(2)特殊な事情のある商業ビル群．例えばCalifornia州Livermore市当局は，既設の上水の配水システムではスプリンクラシステムとして防火基準に適合するのに十分な圧力と流量が得られなかったため，商業開発地区の防火に再生水を利用しようと考えた．また近くには，防火に必要な十分な圧力と流量を供給できる再生水処理施設が立地している(Johnson and Crook, 1998)．しかし，市当局では，さらに再生水を利用したスプリンクラシステムを拡張しようとは計画していない．その主な理由は，経済的側面とCalifornia Department of Health Servicesから許可を得ることが困難だからである．Livermore市では，2003年時点で約50基の再生水が利用可能な消火栓が備わっている．消火システムの設計に関しては，Nayyar(2000)が参考になると思われる．

20.4.2 水質上考慮すべき事項

米国では，防火への再生水利用は，一般的に制約のない非飲用利用として分類されている（表-20.3参照）．配水システム内での再生水の水質の変化によって，都市の水の再利用に関わる操作や維持管理上の課題が出てくる．再生水の配水システム内での沈殿防止や水質の保持には，ループ式の配水システムの採用や定期的なフラッシングが設計上・操作上の重要な考慮すべき事項である．再生水の配水や貯留システム中の水質管理については，14章で述べている．

20.4.3 実施上の問題

防火に再生水を利用するには，独特な難題がある．再生水を防火に用いるには，上水道システム同様の信頼性がなければならない．防火用水は，いつでも入手できなければならないことから，再生水

の配水システムは，損害保険料率算定業界が定めているように，中断なく供給するように計画，選定しなければならない．貯水量は，計画時間最大需要に見合う量でなければならない(14章参照)．防火基準に適合するには，一般的に管径150 mm以上の管が必要である．防火に再生水を用いることが実現できるか否かは，所要の基盤整備のコストに左右される．

　高い信頼性を獲得するためには，冗長性があって，かつ非常時にも対応した電力の供給を必要とするが，それにはコスト増を伴う．結果的に再生水利用システムは，上水道システムより経済性に劣ることになる(U.S. EPA, 2004)．Florida州St. Petersburg市では，再生水が防火に使用されてはいるが，中断する可能性のある水源と考えられており，再生水は，防火用水としての主要な供給源とはみなされていない(Crook, 2005)．

20.4.4　管理上の問題

　管理上の問題としては，再生水配水システムの維持管理，誤接合の防止，また適切な水量と水圧の確保がある．再生水消火栓の誤った使用は，避けなければならない．再生水消火栓は，消火栓を操作するのに標準工具が使用できないように改造されることもある(図-14.13参照)．
　消火栓は，適切な機能の確保やシステム中に蓄積した物質の除去のため，定期的にフラッシュ洗浄する．上水に比べ，再生水は，生物膜や粒子性物質が生成しやすいことから，再生水配水システムを定期的にフラッシュ洗浄することが好ましい．フラッシュ洗浄に使った再生水は，下水道に排水するか，排水基準を満たしていれば雨水渠または地区水路に排水する．配水施設に関わる操作と維持管理の問題は，14章で述べている．

20.5　トイレの洗浄

　高層商業ビルでの水需要の大半は，トイレ洗浄水と空調用冷却水であり，これらの用途には上水並みの水質は必要ない．したがって，商業ビル等で再生水をトイレ洗浄に使用すれば，上水使用量を減らすことができる．現実に再生水をトイレ洗浄水として使えるかどうかは，主として配管等の関連する基盤施設整備のコストにかかっている．住居やマンションでの再生水利用は，誤接合の恐れや，特に幼い子供達の再生水への不慮の接触が懸念され，より困難と考えられる．

20.5.1　利用形態

　再生水のトイレ洗浄利用は，高層商業ビル，公共建築物，マンションや公共公園での採用が考えられる(図-20.7参照)．再生水のトイレ洗浄利用は，集約化された再生水配水システムとともに複合的な都市水再利用計画の一部として設計されたり，小規模なオンサイトの処理・利用計画の一部として設計されたりすることがある．大小便器については，上水使用の場合と同じタイプの器具が再生水の場合にも使用できる．図-20.8は，高層ビルでの二系統配管再生水利用システムの概略図である．

20.5.2　水質上考慮すべき事項

　トイレで利用する再生水は，美観上の理由から無臭かつ無色でなければならず，また不慮の接触を考慮し，公衆衛生上きちんと消毒されていなければならない．トイレでの再生水利用上の考慮すべき課題を表-20.7に示す．California州では，三次処理された再生水は，トイレ洗浄用には安全とみなされる(4章参照)．再生水のトイレ洗浄を許容している他の多くの州では，同様の規定やガイドライ

図-20.7 再生水のトイレ洗浄利用例，(a)商業ビル，(b)マンション

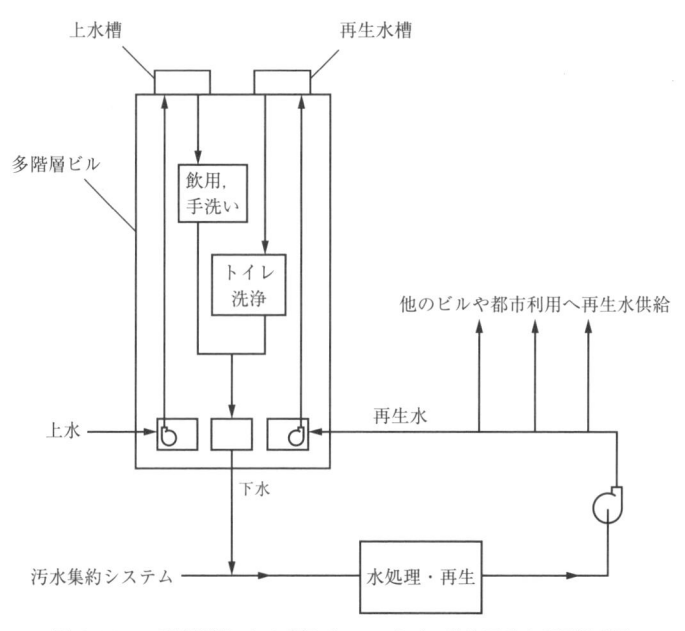

図-20.8 二系統配管による高層ビルでのトイレ洗浄再生水利用概略図

ンが導入されている．トイレ洗浄への利用がかなり一般的に行われている日本では，水質要件に臭気と色度の基準が含まれている．

許容できるpHの基準は，スケールや腐食発生の可能性に関係するため，再利用水の供給および配管計画に関連がある(**19章参照**)．オーストラリア New South Wales((NSW)のガイドラインでは，色度の上限とともにウイルスと寄生虫の濃度が特定されている．California 州，日本，NSW の水質基準を**表-20.8**に示す．

色と臭気は，トイレ洗浄利用の水質面での主要な問題である．(主として人由来の)有機物と(鉄の

ような）無機物によって再生水は色を帯びる．塩素やオゾン，過酸化水素等の酸化剤は，色や臭気の除去に使用できる．東京における地域全体に及ぶ水再利用システムの一つでは，再生水が微かに色を帯びており，追加処理しないと基準を満足できなかった．色の基準を満足するために，芝浦水再生セ

表-20.7 再利用水トイレ洗浄利用の課題

課　題	考慮すべき要因	制御法／注釈
生物膜の生成	再生水中の残留有機物質とアンモニアの存在．時間の経過とともに，難分解性有機物も生物膜中の微生物の炭素源となり得る．	供給システムの循環保持．定期的な消毒の実施．必要に応じ残留消毒剤の保持．
色度	糞尿や他の有機染料中で確認されるインドールタイプの化合物を含む再生水中の残留有機物の存在．	色はオゾンで除去する．日本ではオゾン耐性の逆浸透膜を使用(8章参照)．
金属腐食	再生水中の成分により，特に埋設管方式では金属腐食が起こる．微生物の生成する酸も金属腐食を誘発する．	プラスチックパイプの使用．金属製部品があれば，防錆剤を使用する．
ファウリング（粒子性物質）[a]	再生水中の浮遊物質，コロイド性物質，溶解性物質の総量．金属腐食物質の存在．	ナノろ過，逆浸透により溶解性物質を除去できる．汚染防止剤により汚染物質の上限を制御．
微生物的水質	再利用水は Title 22 またはこれに相当する規定に適合すること．	供給システムの循環保持．定期的な消毒の実施．
臭気	残留有機物と 50 mg/L を超える硫酸塩が存在すると嫌気化が進み，硫化水素やメルカプタン等の悪臭成分が形成される．	供給システムの循環保持．定期的な消毒の実施．供給システムの行き止まりの回避．
公衆衛生	Title 22 に適合していれば安全とみなされ，一般的に健康上の問題はない．	場合によっては，残留消毒剤の保持が必要となる．
スケール生成（沈殿物）	アルカリ度，pH，カルシウムやリンが関連項目．他の塩類も臨界濃度では関連する．スケーリングの可能性は Langelier 飽和指数や Ryzner 安定指数で算出．	ナノろ過によりカルシウムや重炭酸塩濃度を下げ，スケーリング付着を低減できる．またスケール防止剤が効果あり．

[a] 閉じた循環システム系内に形成される汚濁沈殿物で，結晶化した無機物によるものと思われる．

表-20.8 トイレ洗浄利用の水質基準比較表

項　目	各地域の基準		
	California 州	東京[a]	NSW[a]
濁度，NTU	2	2	2(相乗平均値)
大腸菌群数（100 mL 当り）	総数 <2.2(中央値) <23(最大値)	糞便性 ND 10(最大値)	総数 <2.5(相乗平均値) <25(95%値)
pH	NS[b]	5.8～8.6	6.5～8.0 (7.0～7.5 が望ましい)
残留塩素 mg/L	5[c]	0.4／0.1(利用地点)[d]	1(30 分後)
その他		臭気，色	ウイルス，寄生虫，色

[a] ガイドライン．
[b] NS：規定なし．
[c] 貯留および供給システムでは規定なし．水再生プラントの貯留槽への越流水を 5 mg/L に維持．
[d] 再生水使用地点で，結合塩素 0.4 mg/L，遊離塩素 0.1 mg/L

ンターでは，オゾン処理とオゾン耐性膜ろ過処理が追加されている（図-20.9）．

水中の鉄分濃度が高い所で臭気や色の除去に化学的酸化剤を使用すると，水酸化鉄 $[Fe(OH)_3]$ が沈殿する（Crittenden *et al.*, 2005）．沈殿した鉄化合物は，器具の汚染を防ぐために，再生水使用前にろ過による除去が必要である．また，利用地点での残留塩素を維持するため，通常，再生水には塩素を添加する．

色や臭気の原因となる化合物の除去には，ナノろ過や逆浸透等の高圧膜を使用できるが，精密ろ過や限外ろ過等の低圧膜は効果がない（8章参照）．再生水に残っている色

図-20.9 芝浦水再生センターで，臭気および色の除去のためのオゾン処理後に通されるオゾン耐性膜ろ過処理施設

をマスキングするために青色染料を添加しているケースもある．また染料は，再生水と上水の識別にも役立てることができる（Zavoda, 2005）．

20.5.3 実施上の問題

15章の記述のとおり，建築物の中で再生水利用を行うためには，上水と再生水の二系統配管システムが必要である（図-15.1）．水圧を維持し，高層建築の最上階まで再生水を送るために加圧ポンプが使われる．また，ハイドロニューマチックシステムも利用されることが多い．低層建築物で再生水を送るには，配水本管の圧力で十分である．二系統配管システムを採用した所では，上水システム側に逆流防止装置の設置が求められる（15章参照）．

前述のとおり，再生水は，高度に処理されない限りかすかに色を帯びていることが多いので，通常，少し茶色味を帯びた陶磁製の便器が推奨されるが，上水システムに使用されている衛生器具は，再生水システムにも使用することができる．

図-20.10 公共のトイレで洗浄水に再生水を利用していることを示す表示板（内容：節水のため，このビルのトイレ洗浄には，再生水を使用しています）

公共のトイレでは，洗浄水に再生水を使用していることを示す標識板の設置が必要である（図-20.10）．二系統配管システムの標識や色表示については，15章で詳しく述べている．

20.5.4 サテライト型・分散型のシステム

省スペースで，かつ良質な処理水を得られる水再生技術の進歩を背景に，サテライトタイプの水再生・再利用システムが普及しつつある（12, 13章参照）．また，生活雑排水をトイレ洗浄水に使用するという別のタイプのサテライト型システムがヨーロッパ諸国や日本で一般的に見られるようになってきた（Asano *et al.*, 1996；Maeda *et al.*, 1996；Suzuki *et al.*, 2002）．例えば，フランス Annecy では，約120戸，40棟の共同住宅で再生水をトイレ洗浄に利用するための大規模な生活雑排水再生システムが導入されている（Lazarova *et al.*, 2003）．東京では，高層商業ビルでトイレ洗浄用に再生水を生産する生活雑排水の処理・再生システムが導入されている（図-20.11）．このシステムでは，トイレ排水は再利用せず，下水道に排除している．

第20章 都市における灌漑用途以外の再生水利用

人口密度の高い日本の首都圏では，オンサイトの大規模水再生・再利用システムもトイレ洗浄用によく使用されている．1996年時点で，オンサイト水再生システムを設置，または地域全体の水再生・再利用システムに接続しているビルは2100に及んでいる．それ以降も再生水を利用するビルは着実に増加している．例えば，2002年には130箇所のオンサイト型再生水システムが導入されている(Gaulke, 2006；Yamagata *et al.*, 2002)．

20.5.5 管理上の問題

公衆衛生が保持されていることを確認する水質監視は重要である．一般的には，再生水の水質監視は，配水前に再生水プラントで定期的に行われている．特に用途に制約のない再生水の標準的な水質監視要件を表-20.9に示す．残念ながら，多くの再生水提供者は，広域配水システムのために確立された監視・管理のプログラムを持っていない(Daniel, 2005)．不適切な監視プログラムのもとでは，配水システム中の再生水の使用目的に影響する水質変化に気づかない状況が起こりうる．California州 West Basin Municipal Water District は，限定されたサンプルに基づいてではあるが，配水システム中で起こりうる水質の変化について表-20.10のように報告している．

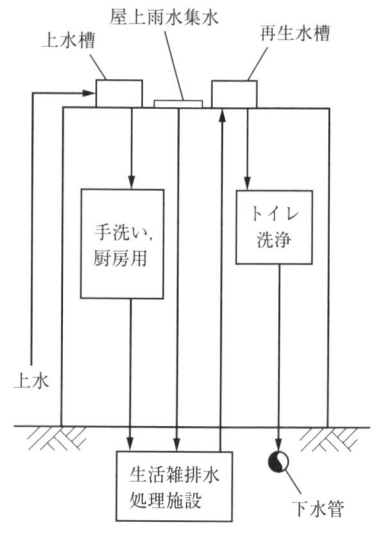

図-20.11 トイレ洗浄に生活雑排水の処理再利用システムを導入している高層商業ビル

表-20.9 各州[a]での，用途に制約のない都市利用再生水の水質監視要件

項 目	州				
	Arizona	California	Florida	Hawaii	Texas
TSS	個別判断	NS[b]	規模による	毎週	NS
濁度	個別判断	ろ過後連続測定	連続測定	連続測定	週2回
pH	個別判断	NS	規模による	NS	NS
大腸菌群	個別判断	消毒後の処理水について最低1回／日	規模による	毎日	週2回 送水システムでの定期的監視が必要な場合有
残留塩素	個別判断	処理後貯留槽への流入水を連続測定	連続測定	連続測定	NS
その他	個別判断	NS	ジアルジア(鞭毛虫)およびクリプトスポリジウム(規模により1回/2～5年)第1級および第2級水道水基準での測定(>3800 m³/d の施設)月1回～年4回	BOD (毎週)	BOD または CBOD (週2回)

[a] U.S. EPA (2004) より引用．
[b] NS：規定なし．

臭気や色の問題については，トイレの使用者側から時々報告が寄せられる．生物膜の付着や臭気の報告を受けた際，過剰塩素処理（溶解塩素濃度が 10 mg/L を超える溶液での洗浄）を行うのが最も一般的である．前述のとおり，着色問題が続くようであれば，再生水処理システムそのものの修正・見直しが必要な場合もある．

20.6 商業利用

再生水の商業利用の主な用途は，車両の洗浄業とクリーニング業での使用である．これらの用途では，需要水量が比較的少なく，利用に当たっては，状況に応じた個別の判断が必要である．顧客満足と公衆衛生の保持は，当然満たすべき目標であるが，これらの用途における水質の適合性についても評価しなければならない．水質に懸念がある場合や設備規模と使用水量の適正化を図るには，実証実験を検討すべきである．

表-20.10 California 州 West Basin Municipal Water District による再生水配水システムでの残留塩素および pH 値

場所[b]	再生水のパイプ中の推定経過時間(時間)	残留塩素濃度 (mg/L)	pH
A	< 1	5	7.0
B	1.7	2.75	8.0
C	4.3	2.38	8.2
D	9.2	0.08	7.9
E	13.3	0.06	7.6
F	13.7	0.16	8.2
G	16.8	ND[c]	8.2
H	21.8	1.84	7.7
I	22.6	0.03	7.9
J	23.7	0.14	7.7
K	>24	0.02	7.8
L	>24	ND	7.7
M	>24	0.21	7.8
N	>24	2.26	8.0
O	>24	ND	7.8
P	>24	0.03	8.1
Q	>24	ND	8.2

[a] Daniel(2005)より引用．サンプル数は限定的で，データは必ずしも典型的な水質変化を示すものではない．
[b] A は，水再生プラントでの数値．B～Q は，再生水供給パイプラインに沿っての採水点．
[c] ND：検出せず．

20.6.1 自動車やその他の車両の洗浄

自動車等の洗浄の例として，自家用車や営業車，貨物トラック，長距離貨物輸送トラック，列車，飛行機の洗浄がある．自動車および列車の代表的な洗浄施設を図-20.12 に示す．再生水中には比較的高い濃度の溶解性物質が存在するため，再生水を利用する多くの洗浄設備では，仕上げの濯ぎには別の水源を使っている．水滴跡を残さず，洗浄された車両の乾燥時の水切れを改善するため，上水か再生水を逆浸透またはイオン交換で処理した水を使用している．

20.6.2 クリーニング業

クリーニング業での衣類の洗濯は，比較的小規模な水使用であるので，大規模再生水システムからの再生水を部分的に利用する．その例が California 州 Marin 郡にある．ここでは，再生水を業務用洗濯機に使用している（図-20.13 参照）．実施に先立って，再生水を利用して洗濯機が適切に運転できることを確認するための実証実験が行われ，満足のいく結果を得た．

20.7 公共施設での修景用利用

公共の修景用利用には，公園の噴水や大小の池等がある．再生水のこれらの用途は，再生水の需要に大きく貢献するものではないが，説明看板等によって独自の教育効果が期待できる．再生水の利用により，これらの修景施設は，旱魃の年でも上水を使用することなく運転を続けられる．しかしながら，水質については，臭気や蚊や藻の発生等の不快な状況にならないように注意深く管理する必要が

第 20 章　都市における灌漑用途以外の再生水利用

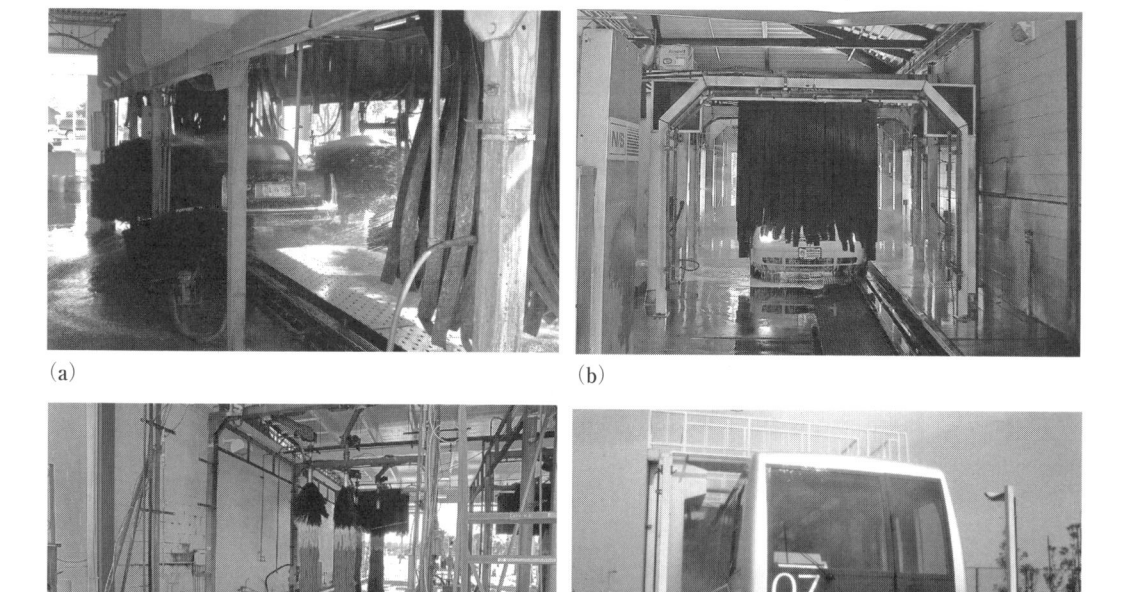

図-20.12　自動車の洗浄設備と列車洗浄装置の例．(a)California 州 Marin 郡にある洗車施設，(b)Florida 州 Largo にある洗車施設，(c)Florida 州 Orlando 市にあるバスの洗車施設，(d)東京にある列車洗浄装置

図-20.13　California 州 Marin 郡にある業務用洗濯機に再生水を利用したクリーニング工場．
　　　　　(a)入口のドアに再生水を使用している旨の注意書があるクリーニング工場の建物，
　　　　　(b)洗濯機

20.7 公共施設での修景用利用

ある．

20.7.1 噴水や滝

再生水は，都市において噴水や滝等の観賞目的にも利用される．California 州 San Diego 市の工業団地内には，商業ビル群に隣接して再生水を活用した修景施設がある［図-20.14(a)参照］．

20.7.2 反射池

反射池は，どんな背景にも良く映える．California 州 Los Angeles 市にある Tillman Water Reclamation Plant に設置された日本庭園の再生水利用の反射池の例を図-20.14(b)に示す．

20.7.3 公園の池や湖

公園で修景用灌漑に再生水を利用している所では，再生水が湖や池の整備にも役立っている．前述のとおり，再生水がこれらの修景用水に利用されていることを明記した注意看板を適切な場所に設置しなければならない．California 州 Santee 市にあるレクリエーション用の湖の例を図-20.14(c)に示す．また，日本の大阪城を囲む再生水を湛えたお堀の例を図-20.14(d)に示す．これら再生水の環境やレクリエーションへの利用は，21章で詳細に述べる．

図-20.14 都市における再生水の観賞目的の利用．(a) California 州 San Diego 市にある複合商業施設，(b) California 州 Los Angeles 市にある Tillman Water Reclamation Plant の日本庭園(北緯 34.183 度，西経 118.480 度)，(c) California 州 Santee 市にあるレクリエーション用の湖(北緯 32.850 度，西経 117.006 度)，(d) 日本の大阪にある再生水を湛えた古城を囲む掘(北緯 34.687 度，東経 135.526 度)

20.8 道路の維持管理

道路の維持管理に使用する再生水の量は多くないが,考慮すべき特別な水質の条件がある.通常,臭気や腐食性のあるもの,色のついた再生水は,受け入れ難い.

再生水を使った道路の維持管理には,(1)道路清掃,(2)融雪がある.

20.8.1 粉塵対策と道路清掃

粉塵対策や道路清掃に使う再生水は,通常,水再生施設に設置している再生水給水施設,または再生水の給水栓からトラックに補給される(図-20.15参照).通常,この給水施設は,一般市民の立入り禁止区域に設置されている.

図-20.15 道路清掃や粉塵対策への再生水利用.(a)道路洗浄車のための再生水補給施設,(b)再生水散水車

20.8.2 融　雪

北日本地域では,再生水を融雪に利用しているところがある(図-20.16参照).融雪は,再生水の熱エネルギーを活用する.融雪能力は,熱バランスと使用される再生水量から算出する(Funamizu et al., 2001).融雪には2つの方法がある.

・水再生施設で発生した熱を有効に活用するために,雪をトラックで集め,施設に隣接している集中融雪タンクに投入する.
・暗渠を道路下に設置し,再生水をその暗渠に流しておく.住民は,道路脇の投入口から暗渠に雪を投入する.融雪水と再生水の混合水中の夾雑物は,暗渠から水路へ放流する前に除去する.

日本での融雪利用については,融雪溝の再生水は,人体曝露の危険性が低いことから,これらの方法で二次処理水を融雪に利用することは適切であるとみなされている(JSWA, 2005).

図-20.16　日本の融雪施設（提供：札幌市）．(a)再生水融雪施設への雪の投入，(b)再生水が流れる融雪溝の内部と雪の投入状況

問　題

20-1　あなたの地域で用いられる代表的な節水対策をまとめ，節水と水再利用がどのように都市の水管理プログラムに組み込まれてきたのか，論じよ．

20-2　地元の下水処理場からの放流水の水質データを入手し，それを商業ビルの空調装置に再利用するならば，さらにどのような処理が必要か．公衆衛生の保持と施設運転上，重要な水質項目を具体的にあげよ．

20-3　空調システムの冷却塔は，開放型と密閉型がある．再生水を冷却塔に使用する場合，それぞれの型式の長所と短所について論じよ．

20-4　家庭でのトイレ洗浄に再生水を使用する際の問題について論じよ．(a)設計，(b)維持管理，(c)ユーザー教育においてとるべき予防措置をまとめよ．

20-5　ある商業ビルでは，オンサイトの処理，再利用システムを備え，再生水をトイレ洗浄水として使用している．外来者が水の色がわずかに黄色いのに気づいた．健康上の問題は存在するのか．色の問題を解決するために何をすべきか．様々な対策の長所と短所について論じよ．

20-6　表-20.2を参照して，アフリカ，中東，地中海，アジア等から2つの地域の事例を加えて，都市における灌漑以外の再生水利用について議論を展開せよ．

20-7　見た目や臭い等の再生水に求められる外観的な項目は，表-20.4で確認できる．水の再利用の規定を目的とした場合，どのように定量化できるか述べよ．

20-8　表-20.8におけるCalifornia州，東京，オーストラリアNew South Wales州で規定されているそれぞれの異なる大腸菌群数基準の根本的な統計上の前提は何か，そして，どの都市の基準が他の都市より厳しいか．また，「検出されない」という基準の意味と限界は何か，述べよ．

参考文献

AWWA (1989) *Installation, Field Testing, and Maintenance of Fire Hydrants*, 3rd ed., AWWA M17, American Water Works Association, Denver, CO.

AWWA (1994) *Dual Water Systems*, AWWA M24, American Water Works Association, Denver, CO.

Asano, T., M. Maeda, and M. Takaki (1996) "Wastewater Reclamation and Reuse in Japan: Overview and Implementation Examples," *Water Sci. Technol.*, **34**, 11, 219–226.

Crittenden, J. C., R. R. Trussell, D. W. Hand, K. J. Howe, and G. Tchobanoglous (2004) *Water Treatment: Principles and Design*, 2nd ed., John Wiley & Sons, Hoboken, NJ.

Crook, J. (2005) "St. Petersburg, Florida, Dual Water System: A Case Study," in National Research Council, *Water Conservation, Reuse, and Recycling: Proceedings of an Iranian-American Workshop*, National Academy Press, Washington, DC.

Daniel, U. (2005) "Reclaimed Water Distribution Maintenance," in *Proceedings, 20th WateReuse Symposium, Denver, CO.*, WateReuse Association, Alexandria, VA.

Funamizu, N., M. Iida, Y. Sakakura, and T. Takakuwa (2001) "Reuse of Heat Energy in Wastewater: Implementation Examples in Japan," *Water Sci. Technol.*, **43**, 10, 277–285.

Gagliardo, P., B. Pearce, and K. Mortensen (2005) "Recycled Water Use in Cooling Towers: Issues and Solutions," in *Proceedings, WateReuse Association California Section Conference, San Diego, CA*, WateReuse Association, Alexandria, VA.

Gaulke, L. S. (2006) "Joukasou: On-Site Wastewater Treatment and Reuses in Japan," in *Proceedings, the Institute of Civil Engineers—Water Management*, **159**, WMZ, 103–109.

Hutson, S. S., N. L. Barber, J. F. Kenny, D. S. Lumia, and M. A. Maupin (2004) *Estimated Use of Water in the United States in 2000*, Circular 1268, U.S. Geological Survey, Reston, VA.

IAPMO (2003) *Uniform Plumbing Code and Uniform Mechanical Code*, International Association for Plumbing and Mechanical Officials (IAPMO), Ontario, CA.

IRWD (2003) *Pipelines: The Newsletter of Irvine Ranch Water District*, Public Affairs Dept., Irvine Ranch Water District, **1**, 1–4.

Johnson, L. J., and J. Crook (1998) "Use of Reclaimed Water in Buildings for Fire Suppression," in *Proceedings, Water Environment Federation 71st Annual Conference and Exposition, Orlando, FL.*

JSWA (Japan Sewage Works Association) (2005) *Sewage Works in Japan 2005: Wastewater Reuse*, Japan Sewage Works Association, Tokyo.

Lazarova, V., S. Hills, and R. Birks (2003) "Using Recycled Water for Non-potable, Urban Uses: a Review with Particular Reference to Toilet Flushing," *Water Sci. Technol.: Water Supply*, **3**, 4, 69–77.

Maeda, M., K. Nakada, K. Kawamoto, and M. Ikeda (1996) "Area-Wide Use of Reclaimed Water in Tokyo, Japan," *Water Sci. Technol.*, **33**, 10–11, 51–57.

MLIT (2005) *Manual on Water Quality for Reuse of Treated Municipal Wastewater*, Japanese Ministry of Land, Infrastructure, and Transportation, Tokyo.

Nayyar, M. L. (2000) *Piping Handbook,* 7th ed., McGraw-Hill, New York.

Okun, D. A. (1997) "Distributing Reclaimed Water Through Dual Systems," *J. AWWA*, **89**, 11, 52–64.

Radcliffe, J. (2004) *Water Reuse in Australia*, Australian Academy of Technological Science and Engineering (ATSE), Ian McLennan House, Victoria, Australia.

Sala, L. (2003) *Water Reuse in Costa Brava*, accessed online: http://www.med-reunet.com/.

Solley, W. B., R. R. Perce, and H. A. Perlman (1993) *Estimated Use of Water in the United States in 1990*, U.S. Geological Survey, Circular 1008, U.S. Department of the Interior, U.S. Geological Survey, Denver, CO.

Solley, W. B., R. R. Pierce, and H. A. Perlman (1998) *Estimated Use of Water in the United States*, U.S. Geological Survey Circular 1200, U.S. Department of the Interior, U.S. Geological Survey, Denver, CO.

State of California (2003) *2002 Statewide Recycled Water Survey*, California State Water Resources Control Board, Office of Water Recycling, Sacramento, CA.

State of Florida (2005) *2004 Reuse Inventory*, Division of Water Resources Management, Florida Department of Environmental Protection, Tallahassee, FL.

Suzuki, Y., M. Ogoshi, H. Yamagata, M. Ozaki, and T. Asano (2002) "Large-Area and On-Site Water Reuse in Japan," in *Proceedings, International Seminar on Sustainable Development of Water Resource Pluralizing Technology*, Korean National Institute of Environmental

Research, March 27–29.
U.S. EPA (1992) Manual: *Guidelines for Water Reuse*, EPA/625/R-92/004, Office of Water, U.S. Environmental Protection Agency, Washington, DC.
U.S. EPA (2004) *Guidelines for Water Reuse*, EPA/625/R-04/108, U.S. Environmental Protection Agency and U.S. Agency for International Development (U.S. AID), Washington, DC.
Vickers, A. (2001) *Handbook of Water Use and Conservation*, WaterPlow Press, Amherst, MA.
West, W. (2005) "Innovative Approaches and Sustainable Efficiencies for Cooling Towers Using Reclaimed Water," in *Proceedings 20th Annual WateReuse Symposium, Denver, CO.*, WateReuse Association, Alexandria, VA.
Yamagata, H., M. Ogoshi, Y. Suzuki, M. Ozaki, and T. Asano (2002) "On-Site Insight into Reuse in Japan," *Water 21*, **7**, 26–28.
Young, R. E., K. A. Thompson, R. R. McVicker, R. A. Diamond, M. B. Gingras, D. Ferguson, J. Johannessen, G. K. Herr, J. J. Parsons, V. Seyde, E. Akiyoshi, J. Hyde, C. Kinner, and L. Oldewage (1998) "Irvine Ranch Water District's Reuse Today Meets Tomorrow's Conservation Needs," 941–1036, in T. Asano (ed.), *Wastewater Reclamation and Reuse*, Water Quality Management Library, **10**, CRC Press, Boca Raton, FL.
Zavoda, M. (2005) "The Soloaire, a High Rise Residential Reuse Case Study," *Proceedings 20th Annual WateReuse Symposium, Denver, CO.*, WateReuse Association, Alexandria, VA.

第 21 章　再生水の環境利用とレクリエーション利用

翻訳者　山口　　登(大阪市下水道技術協会 理事長)
共訳者　城居　　宏(大阪市建設局東部下水道管理事務所 所長)
　　　　永持　雅之(大阪市環境局環境保全部 部長)
　　　　藤田　　眞(公益財団法人地球環境センター企画調整課 課長)
　　　　前田　邦典(大阪市建設局 理事)

関連用語　945
21.1　再生水の環境利用とレクリエーション利用の概説　946
　21.1.1　環境利用とレクリエーション利用の類型　946
　21.1.2　再生水の環境利用とレクリエーション利用に影響を及ぼす重要な要素　946
21.2　湿　　地　948
　21.2.1　湿地の類型　950
　　　　　人工湿地／950　　　自然湿地／951　　　水文条件が改変された湿地／951
　21.2.2　再生水を用いた湿地の開発　952
　　　　　水質の改善／952　　　生息環境の重要性／952　　　再生水の代替利用／952
　　　　　回復措置と緩和措置(ミチゲーション)／952　　　レクリエーション／953
　21.2.3　水質の検討事項　954
　　　　　野生生物への影響／954　　　地下水への影響／954
　21.2.4　維持管理　955
　　　　　システムの水文条件／956　　　蚊の駆除／956　　　望ましくない生物種／957　　　臭気／957
　　　　　植生の管理／958　　　保安対策／958
21.3　川の流量の増加　958
　21.3.1　再生水を用いた水中・水辺の生息環境の向上　958
　　　　　水中生息環境／959　　　水辺生息環境／959
　21.3.2　再生水で流量が増加された川のレクリエーション利用　960
　21.3.3　再生水の水質要求基準　960
　21.3.4　川の必要流量　961
　21.3.5　維持管理　962
　　　　　水質監視／962　　　生息環境監視／962
21.4　池・湖　963
　21.4.1　水質面の必要条件　963
　　　　　美観に関する検討事項／963　　　野生生物の健康に関する検討事項／964
　21.4.2　維持管理　964
　　　　　管理上問題となる生物種／964　　　水の補給／965
　21.4.3　その他の検討事項　965
　　　　　環境学習／965　　　レクリエーション／965
21.5　その他の利用　965

- 21.5.1 造　雪　*965*
- 21.5.2 動物観察園　*966*

21.6　事例1：California 州 Arcata 市　*966*
- 21.6.1 周辺状況　*966*
- 21.6.2 水管理上の問題点　*966*
- 21.6.3 実施方法　*966*
- 21.6.4 得られた知見　*968*

21.7　事例2：California 州 San Luis Obispo 市　*968*
- 21.7.1 周辺状況　*968*
- 21.7.2 水管理上の問題点　*969*
- 21.7.3 実施方法　*969*
  　　関係機関との協議・調整／*970*　　水再利用の選択肢／*970*
- 21.7.4 得られた知見　*971*

21.8　事例3：California 州 San Diego 市の Santee 湖群　*971*
- 21.8.1 周辺状況　*971*
- 21.8.2 水管理上の問題点　*972*
- 21.8.3 実施方法　*972*
- 21.8.4 得られた知見　*973*

問　題　*974*

参考文献　*974*

関連用語

ESA　Endangered Species Act　絶滅危惧種法．絶滅の恐れのある魚，野生生物，植物等の生物種を保護するよう求めた連邦法．連邦の各機関は，絶滅の恐れがあるとリストアップされた種に対するプログラムを遂行するとともに，自らが認可したり，補助したり，企画したプロジェクトが絶滅の恐れのある生物種の継続的な存在を危うくすることがないよう保証する行動をとらなければならない．

NPDES　National Pollutant Discharge Elimination System　州の水域に汚濁物質を放流する点源を規制し，水質汚濁を管理するためCWAに定められた許可プログラム．

河道内必要水量　in-stream flow requirements　「最小必要流量」と同義．

基本流量　base flow　地下水浸出に起因する流量部分．基本流量は，晴天期間中の固有水源からなる．

最小必要流量　minimum flow requirements　魚類や野生生物の生育場所の保護や促進，レクリエーション活動，航行，水力発電，そして水質管理を含む流水機能を維持し回復するために必要な流量．

最適管理手法　best management practices；BMPs　汚染を制御，防止，除去あるいは減少させるための，点源汚染(point source pollution)および非点源汚染(nonpoint source pollution)，ならびに水環境(aquatic environment)に影響を及ぼすその他の要素に対する，施設を利用した，もしくは施設によらない取組み．

自然湿地　natural wetland　水が飽和した土壌条件(含水土)での生育に通常適合する植物(水生植物)が優勢種となることができるよう表流水または地下水で十分な頻度と期間を持って湿潤されるエリア．湿地は，一般に沼地(swamps)，沼沢地(marshes)，湿原(bogs)等の類似のエリアを含む．

CWA　Clean Water Act　州が地下水(groundwater)，表流水(surface water)および湿地(wetland)の保全戦略を実行する際にU.S. EPAの支援を規定した連邦法(2章参照)．

湿地回復　wetlands restoration　排水や満水等の活動によって変えられたり，破壊されたりした所で，自然湿地で起きている現象を回復すること．

州水域　water of the state　CWAで定義されているように川，河川，湖および湿地等の航行できる水域．

人工湿地　constructed wetland　一般的に，管理しながら水質改善を図るため，自然の湿地で起こる現象過程と同じ過程を起こさせるよう非湿地地域につくられた湿地．

水生生物　aquatic life　湿地，河川や小川，湖や池等の水域に生存する魚，動物，植物，その他の生物．

抽水植物　emergent plants　水面上に広がる根のある水生植物．

貯水池　impoundment　レクリエーションや景観目的に使用されることもある表流水あるいは再生水の貯留施設．

媒介生物　vector　それ自身は病気を発生させないが，病原生物を寄生させたり，宿主から宿主へ移転させたりすることにより感染を拡大させる生物．

富栄養化　eutrophication　水生植物の過剰な増殖をひき起こす栄養塩類の増加や，ごみくず，沈殿物の増加に起因する湖沼その他の水域の経年現象．

浮遊水生植物　floating aquatic plants　水面に浮き，水面上に広がる水生植物．

水辺生息環境　riparian habitat　動植物が生存する河川や小川に隣接する地帯．

第21章 再生水の環境利用とレクリエーション利用

ミチゲーション湿地 mitigation wetlands 開発行為によって失われた自然の湿地を復活させ，環境への影響を緩和（ミチゲーション）させるために設置（例えば，建設または修復）された湿地．

止らない人口増加(population growth)，都市化(urbanization)，そして増大する水需要(water demand)は，しばしば，川の流量や湿地を維持する流入水量の減少を引き起こし，その結果，水質および水量の両面で水環境の悪化を招くことになった．近年，環境目的のために河川，小川，湿地の最小水量(minimum water dlow)を維持することの必要性は，水資源マネジメントの主要課題の一つとなりつつある．再生水は，種々の有益な用途のために表流水量を増加させるためだけでなく，枯渇し，忘れられた都市の小川を回復させるためにも利用することができる．本章で述べる再生水の環境およびレクリエーション利用は，水環境やレクリエーション活動の機会を維持し，向上させるという明確な意図を持って企画し，実行される事業である．

本章では，次の論題について述べる．(1)環境利用とレクリエーション利用の類型，(2)再生水の環境利用とレクリエーション利用に当たっての一般的な考慮事項，(3)湿地，川の流量増大，湖や池および環境利用とレクリエーション利用のその他類型に対する特別な考慮事項．環境とレクリエーションに水再利用がどのように企画され，実行されたかを3件のケーススタディを示して説明する．

21.1 再生水の環境利用とレクリエーション利用の概説

近年，多くの下水処理場は，ますます厳しくなる放流基準を満足させるため改善，拡張されてきている．その結果，多くの地域で良質な放流水が受水域に放流され，水環境の保全向上に寄与している．

21.1.1 環境利用とレクリエーション利用の類型

再生水の環境利用の多くは，歴史的には処理水の放流から始まった．その後，下水システムがより高いレベルの放流基準に適合するよう向上した時，より高水質の放流水が環境を向上させるという二次的な効果が得られた．多くの場合，高度に処理された排水の放流（処分）と再生水の計画的な環境利用（再利用）の相違を区別するのは難しい．

レクリエーション利用や，その水の特性に関しては，多くの環境利用の場合よりも，通常，より慎重に計画され実施に移される．レクリエーション利用は，高品質の再生水の再利用や再生水の貯留の便益を実証する事業のように，より実用的な目的から始まっていることが多い．全身が水に触れる可能性がある貯水池において，高度処理された再生水が利用されることが認められている州はあっても，水泳のような形態で全身が水に触れることはほとんど認められていない．環境利用とレクリエーション利用の類型を表-21.1にまとめて示す．

21.1.2 再生水の環境利用とレクリエーション利用に影響を及ぼす重要な要素

他の水再利用に比べ，再生水を環境目的で利用する場合は，公衆衛生を第一義的重要事項として考慮しなければならないが，生態系の保全に対してもさらに考慮しなければならない．再生水の水質基準は，再生水の放流水域の類型や人が再生水に触れる可能性等によって決まる．環境利用とレクリエーション利用を考える時，各種の法規制を考慮することが最も重要である．再生水の環境利用とレクリエーション利用に影響を及ぼす重要な要素を表-21.2にまとめて示す．これらのうち幾つかの要素については，次節以降でより詳細に述べる．

水再利用に影響を及ぼす連邦法規の重要構成要素を表-21.3に示す．水再利用に関する法規や指針

21.1 再生水の環境利用とレクリエーション利用の概説

表-21.1 環境利用とレクリエーション利用の類型

適用類型	環境目的	レクリエーション目的
湿地(自然または人工)	再生水は，野生生物生息地のための湿地開発や回復のために，また水質改善のために利用される．湿地は，多種類の鳥をひきよせることが知られている．時には湿地は，環境への影響を緩和するのに利用される．現に存在するか，または荒らされた湿地を回復ないしは増進することは，環境面で有益である．	誰でもが立ち入れる湿地では，来訪者が野生生物を観察することができる．学校関係者は，野外教育および環境教育プログラムのために湿地施設を利用することができる．主な施設としては，遊歩道，説明センター，案内表示板がある．野鳥観察のため，観察用望遠鏡や観察用の隠れ場所が設けられる．
川の流量増加	川の流量増加のために再生水を利用する主要な環境目的は，魚の生息環境を保護するための最小流量を維持することである．より小さな小川や水路では，再生水により，乾季においても干上がりを防ぐことができる．	とりわけ都市域では，河川は，川辺の遊歩道として，時には川の中を歩くことや魚釣り場として利用される．再生水を利用した河川での遊泳や徒渉は，通常，最高の水質の再生水を利用した場所に制限される．
湖沼	湖沼は，多くの魚や鳥類により利用される．しかし，再生水を利用した湖沼は，一般的には単に魚や野生生物の生息地のためだけに開発されるものではない．	舟遊びと魚釣りは，主要なレクリエーション利用である．幾つかの州では，遊泳のために再生水を貯水し利用することを認めているが，これは一般的ではない．反射池(refrecting pool)は，多くの場所で美しい景観を創出するために使われている．
造雪	寒冷地では，造雪が冬季の貯水の一方法として時には利用される．春季の雪解け水は，小川やその他の表流水域の維持用水となる．	造雪は，主としてスキー，スノーボード等のウィンタースポーツで天然雪を補うために利用される．

表-21.2 再生水の環境利用とレクリエーション利用に影響を及ぼす要素

要　素	説　明
公衆衛生問題	一般の人が近づいて再生水と接触する可能性の程度は，環境利用とレクリエーション利用を実施する際の重要な検討事項である．偶然，病原性微生物を摂取することに起因する疾病が主要な健康に関する問題である(11章参照)．
生態系の保護	再生水の環境利用にとって，生態系の保護は，主要な検討事項である．表流水に関する幾つかの法規則が環境目的への再生水利用に適用される．適用される法規則にもよるが，一般に再生水に含まれる残留塩素，アンモニア，微量残留物質等の物質は，魚や野生動物への毒性の懸念があるために除去されなければならない．
水質問題	環境利用とレクリエーション利用に対する再生水の処理方式や水質要求基準は，再生水の利用・放流先の類型によって変わる．放流先によっては，表流水の水質基準を遵守する必要が生じる．
法規検討事項	CWA(Clean Water Act)とESA(Endangered Species Act)は，再生水の環境利用とレクリエーション利用に影響を及ぼす最も重要な連邦法規である．その他の重要な法規上の要求事項にはNEPA(National Enviromental Policy Act)に定められた環境影響評価や同等の州レベルでの法規がある．
季節的な再生水の利用	米国における再生水の主たる利用は，農業用と修景用の灌漑であり，季節的なものであるため，需要量は，年間を通じて変動する．多くの地域では，夏は乾燥し，灌漑目的の再生水の需要は高まる．と同時に，川の流量が減少する時期でもある．水不足が生じる地域では灌漑用やその他の用途の水量を減じてでも，環境目的のため，整備した生息地を守るため，再生水が優先利用される必要が起きうる．

で環境利用とレクリエーション利用に対する基準を定めている州もある．レクリエーション利用では，しばしば再生水と人体との接触があり，通例，厳しい水質基準が適用される．代表的な州における再生水の環境利用とレクリエーション利用に対する法規を表-21.4にまとめて示す．再生水を間接的飲用再利用(indirect potable reuse)するため表流水を増加させるような再生水の利用については23章で述べる．

　水再利用は，直接的にあるいは間接的に水域の環境向上や保全に寄与することができる．環境利用とレクリエーション利用には，湿地，川，湖沼での再生水利用がある．再生水は，非飲用目的のために利用することができ，そのことによって飲用の水需要を減少させることができる．再生水を既存の

第 21 章 再生水の環境利用とレクリエーション利用

表-21.3 環境利用とレクリエーション利用に影響を及ぼす連邦法規の構成要素[a]

規定	説明
CWA (Clean Water Act)	
NPDES	再生水の環境利用は，再生水が受水域に戻されないような多くの水再利用と違って，再生水が自然の水路に放流されるため，NPDES 規準を満たさなければならない．したがって，再生水を環境利用とレクリエーション利用に供するための水再生プラントは，NPDES の許可を得る必要がある．法規が適用される地点は，環境利用とレクリエーション利用の類型によって決まる．例えば，再生水が人工の湿地に放流される場合は，湿地から表流水域への放流について規制を受けるが，湿地に放流される再生水は規制を受けない．
404 節許可	CWA の 404 節で，湿地を含む航行可能な水域 (州水域として定義される) に，浚渫対象となったり，閉塞させるような物質を放流することは規制を受け，米国陸軍工兵隊によって許可が発行される．いかなる州においても，川，水路および湿地に影響を及ぼす建設事業は 404 節の許可を得なければならない． 多くの環境利用とレクリエーション水再利用プロジェクトが CWA の 404 節の適用を受けている．404 節許可関連では，州水域に堆積物を放流するようなプロジェクトは，一般に U.S. EPA に代わって州政府環境機関によって認可される 401 節の水質証明を得なければならない．
日最大汚濁負荷量 (TMDL)	日最大汚濁負荷量は，CWA で初めて採用された手法である．TMDL 手法は，水域の水質基準を維持するために点源および非点源汚染源からの特定の汚染物質を減少させるのが目的である．許容汚濁物放流量が点源および非点源汚染源に対し割り当てられる．
ESA (Endangered Species Act)	
安全湾協定	Safe Harbor Agreements (安全湾協定) は，U.S. Fish and Wildlife Service (FWS) あるいは National Oceanic and Atmospheric Administration (NOAA) の Fisheries (漁場部門) と FWS の絶滅する恐れのある種リストに載った野生動物種を自発的に管理しようとする非政府系の土地所有者との自発的な協定である．その協定に従って FWS と土地所有者は特定の野生動物種に対するベースライン条件を決定し，土地所有者は，協定期間内に所有地内に生息地を保存，増加させる努力をする．その見返りとして，土地所有者に対し将来の追加的な規制は課せられない．契約期間終了時には，土地所有者は，ベースライン条件が守られる範囲まで合法的にはいかなる方法でも所有地を利用することが許される．
NEPA (National Enviromental Policy Act)	
環境影響報告書 (EIS)	NEPA に基づき，連邦機関は，提案された行動計画により環境影響評価を実施しなければならない．合理的な代替手法および軽減策を報告書に盛り込まなければならない．

[a] 水再利用プロジェクトに関連する連邦法規については，表-16.1 を参照されたい．

水路の流量を増加させる目的に使うか，または，他の非飲用目的のために利用するかの決定は，地域特性であり，地域の諸条件による．

　環境利用とレクリエーション利用目的の水再利用の計画策定および実施は，たいてい，他の水再利用と少し異なった方法が必要となる．再生水の環境利用とレクリエーション利用は，下水処理水の公共水域への放流と密接に関係し，場合によっては，再利用と見ることはできないかもしれない．したがって，許容されるプロセスは，複雑になる．水文状況が変化した歴史的な湿地帯や，廃鉱となった場所，乾燥した河床等，様々な理由から遺棄され，荒廃した場所がしばしば環境目的とレクリエーション目的の水再利用プロジェクト開発対象となる．環境目的とレクリエーション目的の水再利用の計画策定および実施で考慮すべき事項を表-21.5 にまとめて記す．

21.2 湿　　地

　湿地 (wetland) は，十分な頻度と期間で表流水または地下水によって湛水 (inundated) あるいは満水にされ，通常の状態で飽和土壌での生息に適合した植生群と多様な生態系群を支える地域と，米国

表-21.4 代表的な州における環境利用とレクリエーション利用の水質基準と処理方式[a]

州	California 州	Florida 州	Texas 州	Washington 州
環境利用				
処理方式		硝化二次処理(処理湿地)		酸化[b], 消毒
BOD(mg/L)		20/5[c]		20[d]
TSS(mg/L)		20/5[c]		20[d]
窒素(mg/L)		2(アンモニア)/3(全)[e]		3(全)
リン(mg/L)		1(全)		1(全)
大腸菌(MPN/100 mL)		NS[f]		23(平均)　240(最大)
立入りが制限されないレクリエーション利用				
処理方式	酸化, 凝集, ろ過, 消毒	二次処理, ろ過, 高度消毒	NS	酸化, 凝集, ろ過, 消毒
BOD(mg/L)	NS	20[c]	5	30
TSS(mg/L)	NS	5	NS	30
濁度(NTU)	2(平均)　5(最大)	NS	3	2(平均)　5(最大)
大腸菌	全	糞便性	糞便性	全
(MPN/100 mL)	2.2(中央値)[g]　23(最大・30日間)	試料の75%が検出数25(最大)以下	20(平均)　75(最大)	2.2(平均)　23(最大)
立入りが制限されるレクリエーション利用				
処理方式	酸化, 消毒	二次処理, ろ過, 高度消毒	NS	酸化, 消毒
BOD(mg/L)	NS	20[c]	20	30
TSS(mg/L)	NS	5	NS	30
濁度(NTU)	NS	NS	3	2(平均)　5(最大)
大腸菌	全	糞便性	糞便性	全
(MPN/100 mL)	23(中央値)[g]　240(最大・30日間)	試料の75%が検出数25(最大)以下	200(平均)　800(最大)	23(平均)　240(最大)

[a] U.S. EPA(2004)より引用.
[b] 酸化された下水とは, 有機物質を酸化, 安定化し, 溶存酸素を含有させるよう処理された下水をいう. 酸化された下水という用語は, 処理プロセスの特定を避けるために使われる.
[c] CBOD基準値. 処理湿地, 受水湿地の湿地に対する基準値. 処理湿地は, 一連の処理プロセスの一部と考えられる. 受水湿地は, 処理プロセスとは考えられない.
[d] 年平均.
[e] 受水湿地のみに適用される全窒素.
[f] NS:明記なし.
[g] 7日中間値.

陸軍工兵隊(U.S. Army Corp of Engineers)とU.S. EPAにより定義されている. 湿地には, 一般に, 水生と陸生の生態系の接点で見られる沼地(swamps), 沼沢地(marshes), 湿原(bogs), および類似した地域がある. 湿地はまた, 洪水の制御(flood control), 地下水の涵養(recharging groundwater), 湿地システム(wetland systems)を通過することによる水質の改善(improving water quality), 多くの絶滅危惧種(endangered species)の植物や動物を含む野生生物に生息環境(habitat)を提供するなど, 多くの重要な機能を果たしている(Mitch and Gosselink, 2000). 残念なことに, 農業やその他の人間の利益のために, 多くの自然湿地で干拓(drained)や改変(altered)が行われた. 本節では, 生息環境の創出やレクリエーションを目的とした再生水を用いた自然および人工の湿地の整備について述べる.

21.2.1 湿地の類型

湿地システムを説明するため，歴史的な例，水文条件(hydrological conditions)，植生の特徴等に基づいた多くの分類がされる．湿地への流量を維持するか，増加するかを決定する場合，再生水の導入が生態系の変化を引き起こす可能性があるため，その湿地本来の性質は考慮すべき重要事項である．それ故，自然に存在する湿地システムでは，自然の生態系とシステムの生物多様性が保たれるべき場合には，再生水の利用が制約を受けることがある．一方，再生水を利用するように設計され，後に生息環境や他の生態系に有益な効果をもたらす人工の湿地システムでは，要求される水質や許容される水量負荷率において，より柔軟性が与えられる．その他の湿地の類型として，通常は人間の活動の結果として，水文条件(hydrology)の改変がもたらされた自然湿地があり，水文条件が改変された湿地(hydrologically altered wetland)として分類することができる．改変された湿地や自然の湿地が再生水で湛水される場合，環境的な観点からその地域が悪影響を受けないことを確実にするため，追加的な検討が必要である．

人工湿地

人工湿地(constructed wetland)は，人工的に建設された湿地で，水質を改善するために自然の水生の植物や生物(organisms)を利用し，豪雨の時に洪水を制御するため雨水を溜め，野生生物に生息地を与えるよう設計されている．人工湿地においては，雨水や汚水の処理が多くの過程で起こる．人工湿地は，野生生物の生息地としての機能を果たすことができる．また，公衆衛生を安全に防護し，主要な機能を維持できるよう設計されていれば，レクリエーションの場所としての機能を果たす可能性を持っている．人工湿地の主な類型は，次のとおりである．

・自由水面(free-water-surface；FWS)人工湿地：沈水植物(submerged vegetation)，浮遊植物(floating vegetation)，または抽水植物(emergent vegetation)による植生がある水面域を持つ湿地システム．

表-21.5　環境利用とレクリエーション目的の水再利用計画策定および実施のためのチェックリスト

現状評価(再利用前)
下水放流地点
放流量
放流水質
水中および岸辺の生息状況
絶滅の恐れのある種の確認
計画目的および考えられる再利用代替策の確認
再利用の目的
再生水の放流地点
再生水流量と生息地の季節需要量との適合性
レクリエーション目的のための再生水流量
基盤施設からの要求(特定の目的のための水環境の変更または創出)
建設予定のレクリエーション施設
緩和策
プロジェクトを開始するために必要な計画書の準備
水再利用代替策の確認
再生水要求水質基準の確認
連邦政府および州政府の法規，指針
基金への申請
水管理と水再利用マスタープランの準備
法規必要事項の遵守
EIS/EIR*環境影響評価書類
NPDES/排水放流許可
404節許可
生息地モニタリング/生物学的意見
水再利用関連法規/指針
その他必要事項
特定の水再生プロセスの確認
付加的処理の必要性
消毒/脱塩素
運転管理の必要事項の確認
公衆衛生保護対策
水質モニタリング
生息地モニタリング

*　訳者注：Enviromental Impact Statement/Enviromental Impact Report.

注)　水再利用計画について詳述は，25章参照．

- 伏流式(subsurface-flow；SF)人工湿地：抽水植物を植えた砂利や他の粒状の支持体による床で構成される湿地システム．処理される水は，運転期間中，支持体と植物の根の間を流れる．
- 浮遊性水生植物システム(floating aquatic plant systems)：様々な長さの根を持つ浮遊植物を繁茂させた開水路により構成される工学的につくられた湿地システム．
- 併用したシステム：上記のシステムを様々に組み合わせたもの．

人工湿地は，工学的につくられたシステムであるので，これらのシステムのための土木工事として，湿地域を囲む土手の建設や，地下水との混じり合いを防ぐための不浸透粘土や樹脂のシートの施工等がある．流入・流出構造，勾配，負荷率，植生等の設計検討事項，ならびに維持管理の指針は，Crites et al.(2006)やKadlec and Knight(1996)の文献に述べられている．後述するように，水質基準に適合するよう求められることもあるため，区画間の水の移動が促進されるような導流構造が設けられるべきである．人工湿地の建設位置が自然湿地の存在しない地域である場合は，植生，生物学的に活性な沈殿物，魚類やその他の生物種等の種つけとなる物質を移入することが生態系を確立するために必要となるかもしれない．人工湿地の例を図-21.1に示す．

図-21.1 環境向上のため，再生水を使用した人工湿地の例．(a)Empriabrave 人工湿地(スペイン Costa Brava)(提供：L. Sala)，(北緯 42.243 度，東経 3.103 度)，(b)Lakeland 湿地処理システム(Florida 州 Lakeland)(北緯 27.910 度，西経 81.950 度)

自然湿地

自然湿地は，自然環境に元から存在するものであり，人為的な造成や大幅な改変を受けていないものである．自然湿地での再生水の使用は，自然の生態系の改変に関する懸念から，一般に実施されるものではない．自然湿地の流量を増やすために再生水を使用する場合は，特別な要求水質が適用される．例えば，Florida Administrative Code(F.A.C. Chap. 62-611)では，BODとTSSが5 mg/L以下，T-Nが3 mg/L以下，T-Pが1 mg/L以下と定められている．これに加えて，F.A.C. Chap. 62-611では，水量負荷率，成分の物質負荷率(constituent mass loading rate)，およびシステムの天然水の周期(hydroperiod)を維持することに対する制限が定められている．

水文条件が改変された湿地

自然湿地システムの水文条件が主として地下水の汲上げや人工的な排水による水位低下等の人間の活動によって，影響を受けた場合，周囲の陸生生物の生息域が影響を受けた地域に徐々に侵入していくことになる．生息環境の消失によって種の絶滅の速度が増大するため，自然で固有の湿地動植物種が駆逐されることが懸念される．水文条件が改変された湿地の再生水を用いた修復が望ましい地域もあるが，その場合，再生水の質と量は，修復事業の要求項目や目標に従うものとなるであろう．

Florida州は，水文条件が改変された湿地への再生水の放流基準を規定している．

21.2.2 再生水を用いた湿地の開発

再生水は，野生生物の生息環境(habitat)の向上，生息環境の復元，侵食の制御，洪水の制御等，多くの理由で湿地システムに放流される．いかなる既定の湿地の水再利用計画に対しても，再生水の放流と関連付けた複数の目的が検討されなければならない．

水質の改善

湿地システムによる水質改善の潜在能力は，十分に証明されている(U.S. EPA, 1993)．水質目標の達成を第一に意図した人工湿地は，微粒子の除去や生物膜の成長促進のための密集した植生の区域，再エアレーションと光分解反応のための開水面域，脱窒のための深い無酸素の死水域のような幾つかの注目すべき設計上の特徴を持っている．処理水の高度化のために設計された湿地は，通常，消毒した二次処理水を受け入れ，湿地システムが三次処理と同等の役割を果たす．

湿地は，窒素の濃度を低下させることができるが，除去効率は，湿地の類型や設計と気象条件に依存する．窒素除去は，一次的には微生物による硝化と脱窒の過程によって達成される．自由水面の人工湿地では，植物による摂取が窒素除去の約10%を占める(Crites and Tchobanoglous, 1998)．伏流式の湿地での通常の窒素除去率は，20〜70%の範囲に分布するが，人工湿地の中には80%を超える窒素除去を達成したとの報告もある．

生息環境の重要性

湿地は，絶滅危惧種を含む水生や陸生の植物や動物に生息環境を提供するために開発することができる．野生生物の生息環境のための湿地は，結果的に水質の改善をもたらすことが多いが，その生息環境のための湿地の設計は，処理のための湿地の設計とは異なる．

生息環境を目的としてつくられた湿地は，入口と出口を独立して流量制御する区画，起伏ある底の地形と様々な水深，島のような保護された営巣地を組み込んだ水面の形状，湿地の植生の連なり，といった特徴を持つ場合がある．

再生水の代替利用

再生水の他の用途での需要が少なくなった場合，時には湿地システムが再生水の利用先として使われる．例えば，夏季の灌漑への利用を第一に考えた水の再利用システムは，雨季には代わりの再利用先が必要となるだろう．湿地システムの水需要が再生水の供給事情と関係なく生じる場合には，自然湿地への適切な季節的な流量配分と水理学的負荷率を維持することは，困難となるかもしれない．次のような場合には，対立が起こる可能性がある．(1)湿地システムにおける動植物が自然の乾季のサイクルに順応しているのにもかかわらず，再生水の供給が一定である場合．(2)他の競合する再生水の利用方法があっても，湿地システムに転用されなければならない場合．ほとんどの自然湿地は，植物や動物の種が適応している季節的な流量変動を経験している．しかしながら，植生や野生動物の変化が処理用の湿地に転換された自然湿地では観察されている(U.S. EPA, 1993)．考慮されるべきもう一つの要素は，乾季の間，従来の植物や動物の群落を維持するため，最小流量が求められる場合があることである．例えば，灌漑と生息環境に給水する再利用システムは，灌漑への再生水の供給が不十分であったとしても，湿地への最小流量を維持する必要があることもある．

回復措置と緩和措置(ミチゲーション)

再生水は，環境面や法的な目的のため，湿地を設置したり，改善するために用いられてきた場合も

ある．水が排出されたか，あるいは荒廃させられた従来の湿地帯が再生水を使って回復されてきている．湿地回復措置(wetland restoration)には，他の回復活動に加え，回復箇所の季節的な，または連続的な水没を必要とすることがある．関連する手法として，別の地域の湿地の破壊を補償するために湿地がつくられるものがあり，湿地の損失の緩和策(ミチゲーション)(wetland mitigation)として知られている手法である．例えば，開発者は，現存する自然湿地での排水，埋立て，建設の許可と引換えに，他の場所での湿地帯の設置や改善を行うことに同意することがありうる．残念ながら，緩和措置(ミチゲーション)による湿地は，その設置が人工的な性質であるため，元の場所と同じようにはうまくいかないことがある．

レクリエーション

　湿地は，レクリエーションや学習の目的で一般に開放することができる．多くの人工湿地，特に野生生物の生息環境を創造するため設計されたものでは，訪問者用の宿泊施設が備えられている．一般的な特徴として，野生生物の識別や水循環の学習のための説明標識，水上の高床式の木道や土手に沿った遊歩道，訪問者センター等が備えられている(図-21.2参照)．再生水を受ける湿地帯は，学校の遠足，湿地の学習や大学の研究に使われる．学生は，適切な施設とスタッフから水管理，野生生物の生息環境，地域の環境問題といった課題について学ぶことができる．人工および自然の湿地は，渡り鳥の飛来地や野生生物の保護地区として機能し，それによって野生生物を見られる人気の場所となり得る．再生水の水質，標識，その他の注意事項に関する基準は，一般開放の要求レベルや水との接触の可能性の度合いに応じて関係する衛生部局によって規定されることもある(表-21.4参照)．

図-21.2　Arcata沼沢地のレクリエーション施設の特徴(California州Arcata)．(a)沼沢地の入口の標識，(b)利用案内所，(c)ベンチと案内板がある標準的な休憩所，(d)沼沢地の土手に位置している標準的な遊歩道

21.2.3 水質の検討事項

　湿地システムに放流される再生水の水質は，湿地の類型（例：自然か人工か），意図する湿地の機能，野生生物問題の可能性，そして一般開放の程度のような多くの要因によって異なる．水質要求基準は，通常，湿地域への流入と湿地からの放流に対して指定される．しかしながら，その湿地内の他の地点においても，水質要求基準が野生生物保護のために適用される場合がある．通常，湿地での再利用の前には，前処理最低要求基準として，消毒した二次処理水であることが定められている．人工湿地システムに対する監視で考慮すべき代表的な事項を表-21.6にあげる．

野生生物への影響

　一般に，環境および生息環境を目的として湿地へ排出する再生水は，金属を含む有機および無機の微量成分に関連する表流水の水質基準に適合するべきである．環境利用に対する処理の要求項目は，多くの他の水再利用の用途の場合とは異なる．大部分の水再利用の用途には，再生水の配水システムにおける生物の増殖を抑制するため，残留塩素が要求される．しかしながら，塩素には水生生物に対する毒性作用があるため，環境目的の再利用のためには，残留塩素は放流する前に除去されなければならない．現場型の脱塩素装置を図-21.3に示す．脱塩素処理については，11.5で述べている．再生水のレクリエーション使用には，残留塩素基準は，再生水が放流される水域の類型と，人間と再生水の接触の可能性に基づいて定められる．また，イオン化していないアンモニアも，水生生物に対する配慮が必要で，環境目的で使用される再生水に含まれてはならない．

図-21.3　池に放流する前に再生水から塩素を除去する小型の現場型脱塩素処理装置．脱塩素のための二酸化硫黄を硫黄を燃やして発生させる

　また，微量有機成分や金属も，これらが食物連鎖により鳥等に高いレベルで濃縮される可能性があるので，懸案事項である．例えば，メチル水銀（すなわち，水銀の有毒な形態）は，湿地に存在する無酸素状態下で生じることが知られている．そして，全溶解性蒸発残留物（total dissolved solids；TDS），栄養塩類，そして植生の変化といった再生水の湿地への導入の結果として起こる変化も，野生生物に影響を与える可能性がある．湿地内部の植物や動物の分布の定期的な評価は，あらゆる変化を特徴付けるため実施されるべきである．湿地内で問題を起こすと予想または判明した成分は，水の再生処理の一環として除去されるべきである．

地下水への影響

　自然湿地の水は，しばしば地下水と繋がっている．また，自然湿地や素掘りの人工湿地は，地下浸透を経て地下水を涵養することができる．それ故，逆にもし人工湿地の水質が地下水に影響すれば，その湿地は，再生水が下にある地下水に漏出するのを防ぐため防水処理される必要がある．地下水の増加が見込まれる場合，その再生水は，地下水の水質が低下しないことを保証する適切な処理基準に適合する必要がある．

表-21.6 人工湿地に対して推奨される監視指標の概要[a]

要素	事業の段階 (建設前・後, 継続)	位置 流入, 流出, その他	収集の頻度
水　質[b, c]			
溶存酸素	継続	流入, 流出, 縦断面に沿って	毎週
時間ごとの溶存酸素	継続	選択した地点	四季ごと
温度	建設前, 継続	流入, 流出, 縦断面に沿って	毎日／毎週
伝導度	建設前, 継続	流入, 流出	毎週
pH	建設前, 継続	流入, 流出	毎週
BOD	建設前, 継続	流入, 流出	毎週
SS	建設前, 継続	流入, 流出	毎週
栄養塩類	建設前, 継続	流入, 流出, 縦断面に沿って	毎週
クロロフィル a	継続	流入, 流出, 縦断面に沿って	毎年
金属(Cd, Cr, Cu, Pb, Zn)	建設前, 継続	流入, 流出, 縦断面に沿って	四季ごと
微生物(全及び糞便性大腸菌)	建設前, 継続	流入, 流出	毎月
EPA優先汚染物質	建設前, 継続	流入, 流出, 縦断面に沿って	毎年
他の有機物	建設前, 継続	流入, 流出, 縦断面に沿って	毎年
生物毒性	建設前, 継続	流入, 流出	半年ごと
沈殿物			
酸化還元電位	建設前, 継続	流入, 流出, 横断面に沿って	四季ごと
塩分	建設前, 継続	流入, 流出, 横断面に沿って	四季ごと
pH	建設前, 継続	流入, 流出, 横断面に沿って	四季ごと
有機物質	建設前, 建設後	流入, 流出, 横断面に沿って	四季ごと
植　生			
植物の被覆率	継続	湿地内, 横断面に沿って	四季ごと
植物種の同定	継続	湿地内, 横断面に沿って	毎年
植物の健康状態	継続	湿地内	毎週観察
生物相			
プランクトン(動物プランクトン綱)	継続	湿地内, 横断面に沿って	四季ごと
無脊椎動物	継続	湿地内, 横断面に沿って	毎年
魚	継続	湿地内, 横断面に沿って	毎年
鳥	建設前, 継続	湿地内, 横断面に沿って	四季ごと
絶滅危惧種	建設前, 建設中, 継続	湿地内, 横断面に沿って	四季ごと
蚊	建設前, 建設中, 継続	湿地内, 選択した場所	重要な期間中毎週
湿地開発			
流量	継続	流入, 流出	連続
流量分配	継続	湿地内	毎年
水面上昇	継続	湿地内	半年ごと
沼面上昇	継続	湿地内	四季ごと

[a] Tchobanoglous(1993)より引用.
[b] 建設前および建設期間中の, 湿地に適用する排水に関する水質.
[c] 許可する機関は, すべての項目を試験すること, あるいは同じ頻度で試験することを求めない場合がある.

21.2.4 維持管理

再生水による湿地システムが安全で楽しい環境面やレクリエーションの機会を与えることに成功するかどうかは, 多くの場合, 湿地システムに対する維持管理上の配慮による. システムの水文条件の

管理，蚊や不快感を与える生物種の制御，臭気の制御，植生の管理，安全対策への配慮が必要である．

システムの水文条件

前述したように，再生水の流量は，幾つかの生物種の増殖やライフサイクルに影響を与えるような自然の季節的変動に適合するように調整される必要がある場合がある．湿地の植物の中には，湛水期間が長くなることに耐えられないか，または毎年乾燥した期間を必要とするものもある．このようにもし適切な条件がつくられなければ，その地に適応したか侵入した植物の群落がこれらの湿地植物の種にとって代わり，それらが維持していた固有の生息環境を変えてしまうだろう．処理に使われる人工湿地は，通常，1年中冠水しており，この環境に耐えられる植生のみが育成される．流入・流出構造物は，水位や水量が必要に応じて調整できるように設計されるべきである．また，迂回構造物あるいは送水構造物も，必要に応じて水を湿地の他の区域に送るため備えられるべきである（図-21.4参照）．

図-21.4 自然湿地や人工湿地において，水位制御に使用される流入・流出構造物

また，システムの水文条件は，放流の水質基準に適合させる必要がある場合もある．例えば，水が蒸発のために失われたとすると，幾つかの成分の濃度は，湿地への流入水に比べ湿地からの流出水の方で高くなるだろう．湿地からの流出水に（NPDES National Pollutant Discharge Elimination System）と州の排水の放流基準が課されるため，湿地を通る再生水の一部をバイパスさせたり，または，放流前に他のTDSが低い水と再生水を混合することによりTDSの基準が適合するよう，湿地を設計する必要があるかもしれない．

蚊の駆除

蚊（mosquito）の個体数の制御は，特に蚊による問題を経験しておらず，蚊の関係する疾病が懸念される地域では，湿地を管理するうえでの重要な要素となる場合がある．伏流である湿地は，自由水面がないため，蚊の増殖の問題の影響を受けない．蚊の増殖は，通常，有機物濃度の高い水が淀んでいる場所，例えば，浅瀬の抽水植物の付近や，水辺や水際に沿った所，流入・流出部の導流構造の近くのような流れの淀みができる場所で発生する．人工湿地での蚊の駆除の成功例は，次のような設計や管理による駆除対策を実施することで達成されている（William et al., 1996；Crites and Tchobanoglous, 1998）．

- 開水面域へボウフラを食べる魚［カダヤシ（Gambusia）］を放流し，冬季に魚が生き残れる生息環境をつくること．カダヤシは，水中に存在しているボウフラを食べ尽くす丈夫な種である．カダヤシは，寒い地域では，場合によって毎年放流する必要がある．
- 蚊の季節の期間（例えば，4～10月），常にボウフラの試料採取と監視をすること．
- 蚊が卵を産むであろう時間帯（すなわち，午後8時～午前6時）に湿地全体に水を撒くこと．

- 必要に応じて幼虫の制御に生物学的防除剤(biological control agent)を使用. よく使われる生物学的防除剤は，細菌 *Bacillus thuringensis israelensis*(Bti)によってつくられる毒素から抽出され，魚や他の水生生物に害を与えない. 様々な市販製品が入手可能であり，製剤の中には他のものよりも効果的であるものがある.
- 化学的防除剤(chemical control agent)の使用(例えば，Golden Bear Oil 1111 のような幼虫駆除剤).
- 静止水面を乱すためのエアレーション.
- アンモニア性窒素の酸化(アンモニアは，蚊の誘引物質であると考えられている).
- カダヤシがボウフラに近づけるよう開水面や水路を維持するための植生の管理. また，淀みを最小限度に抑えるため，随時，植生を除去すること.
- 土手や境界地域における流れや水の動きを増すため，それらの地域を急勾配の領域とすること.

もし可能であるなら，湿地開発の影響を評価するため，建設事業が始まる前や工事期間中のその地域の現況確認としての蚊の固体数を算定しておくべきである. 蚊の個体数は，効果的に設置された捕獲器と，一般に認められた計数法を使用して決定される. 蚊の調査は，個体数を正確に定量化するため，複数の季節で実施する必要があるかもしれない.

望ましくない生物種

湿地で望ましくない生物種には，外来植物(nonnative plants)や侵入植物(invasive plants)，水質を損なう水の華(algal blooms)がある. 侵入植物であるホテイアオイ(water hyacinth)は，水生生物による処理システムで時々使われるが，もし環境中に出されると，地域によっては問題となる可能性がある. ホテイアオイを封じ込むことができる所では，その大きな表面積を持つ根は，水を処理するために有益となり得る. ホテイアオイが周辺環境に入ることによって脅威や危険がある所では，それらは使われるべきでない.

湿地における藻類は，再生水中の栄養塩類濃度の上昇に起因して自然に発生する. しかし，湿地からの流出水中の藻類の存在が水質基準を超過する可能性がある. 藻類を防止する方策としては，流出構造の周りに抽水植物[例えば，ガマ(cattails)]または浮遊植物[例えば，浮き草(duckweed)，ホテイアオイ]の密生した植生を用いて，藻類の流出を遮断し沈殿させる区域を設けるとともに，藻類の成長に必要な日光を遮るなどの方法がある. 日光を妨げるため，浮上性のマットや球も用いられる. 藻類の防止に関するさらなる情報は，次節の湖と池に関する項で述べる.

地方により異なるが，湿地に棲む生物が次のような管理上の問題を引き起こすことがある. (1)堤防や土手を損傷する[例えば，ヌートリア(nutria)，マスクラット(muskrat)，穿孔動物(bore)]，(2)人やペットの安全上の懸念を起こす[例えば，熊(bear)，アメリカワニ(alligator)，毒蛇(poisonous snake)]，(3)植生を損傷する[例えば，マスクラット，ガチョウ(geese)，昆虫(insect)]，または(4)野生生物の健康問題を引き起こす[例えば，鳥インフルエンザ(avian influenza)]. これらの課題は，地域の野生生物学者や湿地専門家の助けを得て取り組むのが最善である.

臭　気

臭気問題は，通常，無酸素状態の結果で，硫化水素(H_2S)(hydrogen sulfide)の放出，すなわち悪臭ガスが淀んだ水から放散することである. 臭気は，再生水の有機成分を削減し，湿地に多数の流入口を備え，かつ十分に酸化された再生水を適用することにより制御できる. 湿地内の臭気を制御するために使われる技術としては，十分な水頭がある場合には，階段流で水に酸素を供給する導流構造や，水を混合して溶存酸素濃度を増加させる水中エアレーション装置がある.

植生の管理

　植生の管理には，(1)炭素や栄養塩類をシステムから除去する，(2)蚊の増殖を防ぐ，そして(3)水理条件を改善する，ための定期的な植生の除去がある．栄養塩類制御のための植生の除去は，一般的には水質への悪い影響があるため，植物を収穫する区画を休止して流れを迂回することができる場合を除いて推奨できない．水流は，植物密集地帯を通っても，直線流路は，自然に形成され，短絡流が生じることになる．水理条件を改善するために植生を管理することは，その湿地が水質の改善に使われている時，特に重要である．水深は，どの種の植物が増殖できるかを決定する主な要因であるので，水深を変えることで植生の形態をある程度制御することが可能である．

保安対策

　一般の利用に開放された湿地では，特に分流構造物，標識，施設に近づくことが可能な場合に破壊行為を受けることがある．施設の運転や性能に関係するすべての施設を保護するための注意が払われる必要がある．

21.3　川の流量の増加

　下水処理水による川の流量の増加は，下水処理水を受け入れるすべての河川で発生する．しかし，本節で述べる川の流量の増加は，環境保全やレクリエーションのために工学的に設計され実施される川の流量の増加である．乾燥した地域における河川の中には，再生水(もしくは下水処理水)が基本流量を維持するための主要な水源となっているものもある(図-21.5参照)．再生水は，水中生息環境(aquatic habitat)や水辺生息環境(riparian habitat)の向上のためや美観や修景用の目的に定常的に供給することができる確実な水源である．

(a) 　　(b)

図-21.5　California州Santa AnaのSanta Ana川．(a)処理水が大半を占める川の風景，(b)典型的な下水処理水の放流状況（北緯33.881度，西経117.738度から北緯33.837度，西経17.864度を経て北緯33.630度，西経117.957度まで）

21.3.1　再生水を用いた水中・水辺の生息環境の向上

　水中や水辺の生息環境に対する再生水の影響度を評価するためには，比較するための基準の状態，すなわち排出地点より上流の状態および再生水が放流される以前の状態がまず最初に決定されなければならない．基準状態と再生水の潜在的な影響は，通常，連邦および州の規則で定められた環境影響評価に従って調査される．もし，絶滅の危機に瀕した，またはその恐れがある生物種が発見された場

合，これらの生物種を保護する緩和措置（ミチゲーション）が検討されねばならない．多くの場合，川の流量の増加のための再生水の利用は，実際には，これらの生物種を保護するための緩和措置（ミチゲーション）とみなされる．川の生息環境の向上のための再生水利用の最近の事例の一つが California 州 San Luis Obispo で実施されており，21.7 で述べる．

通常，何らかの活動が既存の川や水辺の生息環境を改変させる可能性が高い場合には，U.S. Fish and Wildlife Service（U.S. FWS）ならびに同等の州の機関が関与していかなければならない．州の中には，水中・水辺の生息環境の保護や復元のための手法や技術を規定した生息環境復元指針が設けられている所もある．Washington 州の Stream Habitat Restoration Guidelines で推奨されている技術の概要を表-21.7 に示す．水中生息環境指針では規定されていないが，最適管理手法（best management practices；BMPs）の利用が水質汚濁防止においては一般的な手法となってきている．再生水の利用を含む様々な技術は，BMPs 手法を活用して検討され実施される必要がある．

表-21.7 State of Washington Stream Habitat Restoration Guidelines で水中生息環境の保護や復元に推奨されている技術[a]

水中生息環境指針で規定されているもの
土地や水域の特定
河道の改修
堤防の改修および撤去
支流／河道外の生息環境の回復
水辺の復元と管理
魚の遡上路の復元
栄養塩の補給
ビーバーの生息の復活
サケ科魚類産卵用の砂礫の汚れ除去および設置
河道内の構造物
河道内の構造物の設計や選択における一般的な検討事項
岩石群
大きな木や丸太による流水の堰止め（large wood and log jams）
落差工
多孔型堰堤（porous weirs）
護岸の建設，改修および撤去
河道内堆積物の調節池
水中生息環境指針で規定されていないもの
最適管理手法（BMPs）
生息環境悪化の兆候の対処の技術
利用されているが成功とまでは至っていない技術
適切である可能性はあるが，現在まで実証されていない技術
土地利用計画および保全規定の制定
河口の復元

[a] Saldi-Caromile *et al.*（2004）より引用．

水中生息環境

水中生息環境には，小川や河川に存在する魚類や動物が含まれる．時には，川の水中生息環境には，Endangered Species Act（ESA）（絶滅危惧種法）や同様の州の規則に登録されている絶滅危惧種，またはその恐れがある生物種が含まれることがある．もし，ニジマス［steelhead（rainbow trout）］やサケ（salmon）等の回遊性魚類（diadromous fish）や，その他の絶滅危惧種に登録されている魚類が川で観察されれば，その川の流れは，季節ごとの流れの状態，水質，水温およびその他の条件がこれらの魚類に適したものとなるよう設計されなければならない．U.S. FWS や州の機関は，主な河川や小川，その他の水環境の水中生息環境を定期的に監視している．したがって，水の再利用事業が計画される場合，その影響を受ける地域における野生生物に関する記録が存在する可能性がある．

水辺生息環境

水辺生息環境は，湿潤地帯と乾燥地帯の境界である小川や河川に隣接した陸地域に生息する植物や動物から構成される．水辺域の植生は，川の流れのパターン，およびその結果としての川からの水の供給状況に大きく影響を受ける．再生水が供給されていなければ干上がっていた川に再生水が年間を通じて連続的に供給されることにより，水辺環境の現況が改変される可能性がある．水辺生息環境は，地下水面の方に下向きに根を延ばす種類の植物である地下水植物（phreatophyte）によって構成されることがよくある．多くのこのような植物種は，微生物を宿らせ，栄養塩を吸収することにより水質の浄化にも寄与する．水辺生息環境には様々な野生生物も含まれ，その中には絶滅危惧種，またはそ

の恐れがある生物種に登録されているものが含まれていることもある.

21.3.2 再生水で流量が増加された川のレクリエーション利用

水中生息環境の復元のために再生水で流量が増加された川の中には釣り場となっているものもあるが,再生水で流量が増加された川のレクリエーション利用は,ほとんどが修景用の目的に限られる.最もよく知られた例の一つに Texas 州 San Antonio にある San Antonio River Walk があり,自然の川の水流が地下水と再生水によって増大されている[図-21.6(a)参照].珍しい例として東京の都心にある小川(日本語でせせらぎとして知られている)があり,精密ろ過(MF),逆浸透(RO)および少量の塩素処理による高度処理再生水が供給されている.この実証用の小川では,再生水に人が触れてもよく,環境学習の一環としても勧奨されている[(b)参照].

(a)　　　　　　　　　　　　　　　(b)

図-21.6　再生水のレクリエーション利用の例.(a)San Antonio River Walk(Texas 州 San Antonio)(北緯 29.424 度,西経 98.493 度),(b)MF-RO で処理された再生水が供給されている東京の小川

21.3.3 再生水の水質要求基準

再生水を用いた川の流量増加は,実質的に放流先の水域への処理水の放流と同じとみなされることから,排水排出基準(waste discharge regulation)が順守されなければならない.放流水域に人が触れる可能性がある所では,微生物に係る水質基準として,水の再利用の規定や指針がよく参照される(表-21.4参照).川の流量増加のための再生水の利用に影響するその他の重要な項目として,有機物,栄養塩,TDS,そして水温等がある(表-21.8参照).再生水が環境保全の目的で利用される場合には,水質要求基準の決定において,再生水の成分が水中・水辺生息環境に与える影響が重要な考慮すべき事項となる.

レクリエーションや修景用の利用では,再生水の美観に関連する水質項目も注意深く管理されなければならない.関連する項目としては,色度,臭気や富栄養化を起こしうる栄養塩類等がある.もし保護すべき水生生物がいなければ,残留塩素が微生物や藻類の増殖の防止や臭気発生の抑制に役立つ.人間の活動の影響を受けている川では,様々な微量有機成分が検出されている(Kolpin et al., 2002).魚類等の水生生物に対する排水成分の影響に関して幾つかの報告が出されており,性器官やホルモンの異性化の発生が報告されている(Jobling et al., 1998 ; Rodgers-Gray et al., 2000 ; van Aerle et al., 2001).水中生息環境に対する微量有機成分の因果関係は,まだはっきりとしておらず,さらなる研究が必要である.

流量がかなり多い河川に再生水が放流される場合,放流に対する水質要求基準を決定する際,希釈が考慮に入れられてもよい.もし希釈が考慮されるのであれば,再生水の放流基準を決定するために

表-21.8 川の流量増加を目的とした再生水の利用に対する主要な水質項目

項目	標準的な推奨範囲	説明
残留塩素	全Cl_2<0.1 mg/L（脱塩素後）	毒性量は，様々であるが，通常，塩素は，0.1～1 mg/Lで多くの魚類に毒性を示す．他の様々な用途で利用される再生水は，配水システムにおける微生物の増殖を防止するために残留塩素を保持することが必要であるが，環境利用では，残留塩素は除去されなければならないことがある．再生水の紫外線消毒は，そのような用途に適した代替手法となる場合がある．
全溶解性物質（TDS）	NPDESの認可を順守	ある種の水生生物や水辺植物に有害である場合がある．自治体の中には，原水のTDS濃度が高いため，TDSの基準値の順守が困難になっている所もある．
溶存酸素	DO≥5mg/L	溶存酸素は，水生生物種の生存に必要である．溶存酸素の濃度低下は，敏感な魚類に緊張や死滅を生じさせる．溶存酸素の基準値は，保護されるべき最も影響を受けやすい生物種を基準とすべきであり，最小値として示している5 mg/Lを超えてもよい．
有機物	BOD<20 mg/L	溶存酸素は，有機物の分解によって消耗されうる．水質や流量の状態によっては，通気状態を促進するため，川の改良が必要となる場合がある．
栄養塩	窒素<3 mg/L リン<1 mg/L	富栄養化は，抑制されなければならない．流量の増加は，水の停滞の軽減，ひいては藻類の増殖の低減に役立つ．
温度	放流先の川の水温±2.8℃	温度変化に敏感な魚類が存在し保護する必要がある場合に管理すべき重要な項目である．水辺の植生は，川の遮光となり，水温を下げるのに利用できる．

基本流量，すなわち川の最小流量とその流量での環境水質が評価されなければならない．再生水が水流の主要な水源である場合，再生水は，人間と影響を受ける生息環境の両者に安全な水質基準を満たさなければならない．処理システムの一環とみなされる湿地と異なり，放流地点が利水地点とみなされるため，小川や河川での水質の自然浄化は考慮されない．

21.3.4 川の必要流量

環境保全の目的で再生水を用いた川の流量増加を検討する場合は，現状の流量の状態が事前に評価されなければならない．場合によっては，下水処理水の放流が人為的な基本流量と水中生息環境をつくり出すが，その水中生息環境の維持は，処理水流量に依存することとなる．例えば，Santa Ana川の基本流量は，夏の間，実質的に下水処理場からの放流水となっている（図-21.5参照）．

本来の環境保全の目的で必要な流量は，河道内および地下水の流量調査，水文モデル作成，ならびに計画された事業により予測される生物資源に対する影響の事前評価や解析を通じて決定される．また，増加した流量による下流域の水質への影響も事前評価する必要がある．例えば，ある一定の流量を維持することは，川に淀んだ水域が発達するのを防止し，藻類の増殖や臭気の発生を低減するのに役立つ．川の流量増加の目的が達成され，また再生水の利用が関連規定を順守していることを確認するために，川の流量と再生水は，監視されなければならない（表-21.9参照）．

川の必要流量は，影響を受ける小川や河川の水利権の問題に影響することがある．ある特定の川のための再生水流量の計画や設計においては，再生水に対する権利を明確にしておくことがきわめて重要である．一般的には，再生水が放流されるまで，再生水の提供者が再生水に対する権利を有している．しかし，もし再生水が従来の処理水の放流地点と異なる場所に転用されたならば，従来の放流地点に付随していた水利権が問題になることがある．場合によっては，水利権は，野生生物の増殖のための流量に対しては無効とされる．水利権については，25章でさらに述べる．

第 21 章　再生水の環境利用とレクリエーション利用

表-21.9　環境保全やレクリエーションの目的での再生水の利用に関する代表的な水質監視必要項目

項目	頻度	説明
BOD	週1回	混合試料採取
残留塩素	連続	通常，全残留塩素．1回試料採取
大腸菌	毎日	1回試料採取．大腸菌か糞便性大腸菌かは要件による
溶解性物質	週1回	
金属	週2回または1回	混合試料採取
窒素	週1回	ケルダール窒素，アンモニア性窒素，硝酸性窒素および亜硝酸性窒素．混合試料採取
油脂	週1回	1回試料採取
pH	連続／毎日	連続もしくは毎日監視
リン	週1回	全リンおよびオルトリン酸．混合試料採取
浮遊物質	毎日	混合試料採水
温度	連続	
毒性 　急性 　慢性	月1回	生物学的検定のための供試生物は，放流先の環境による．混合試料を使用できる
微量有機物 　多環芳香族炭化水素 　農薬 　揮発性有機化合物	2週に1回	通常は，事業の初年にのみ必要．その後は，頻度を減じてもよい．揮発性化学物質は，1回採取試料で測定されなければならない
濁度	連続	

21.3.5　維持管理

　環境保全やレクリエーションの目的で川に再生水を用いる場合，重要な事項は，流量の管理と監視である．環境保全と公衆衛生の保護が保証されるよう，水質と生息環境の両方が監視されなければならない．監視計画には，川の水深，流速，河床材料の構成，河川断面形状，護岸または河床の侵食速度等，再生水で流量が増加された川の物理的な特性も含められるべきである．レクリエーション利用については，外観の向上，レクリエーションとしての利用状況，そして事業に対する地域の参加状況の調査が実施されるべきである(Kondolf and Micheli, 1995)．川の流量の管理は，上述の必要流量の事前評価と実施状況に基づいて行われる．事業の効果を評価するため，最低3年間は徹底した監視計画が継続されるべきである．事業の効果が事後評価された後は，実施中の監視計画は継続されるべきであるが，特に重要ではない幾つかの項目については頻度が減じられる．

水質監視

　水質監視必要項目(water quality monitoring requirements)は，通常，NPDES の許可で規定されており，水の再利用に関する規定でも水質監視が要求されていることがある．環境保全やレクリエーションの目的で用いられる再生水の代表的な水質監視必要項目を表-21.9に示す．通常，事業初年は，より高い頻度の監視が必要とされ，その後は，公衆衛生や生態系の保護に緊急の問題とならない項目については，試料採取の頻度が減じられてもよい．もし，事業の実施後にその川で新たな水生・水辺生物種が見つかれば，生息環境の監視の結果に基づき水質要求基準および監視項目が調整されることがある．

生息環境監視

　事業の成果を評価するためには，川にいる水生生物が継続的に監視されるべきである．監視の手法

は，事業計画の一環として作成されなければならない．事業実施中の監視では，事業が計画どおり成果をあげているかどうかが評価されるべきである．事業実施後の評価では，生息環境や川の状態について期待された効果が達成され，環境に対して意図された便益がもたらされているかが測定される(Saldi-Caromile et al., 2004)．監視の結果は，要求水質や必要流量のさらなる変更につながることがある．監視されるべき項目は，個々の事例によるが，通常，植生，プランクトン，無脊椎動物，魚類，鳥類が含まれ，それらの中には絶滅危惧種の可能性があるものもある(表-21.6参照)．

21.4 池・湖

再生水が供給されている池や湖は，修景，レクリエーション用，野生生物の生息場所，灌漑用水の貯留，そして場合によっては飲料水供給の水源等の様々な目的に用いることができる．再生水を用いた池の中には，ゴルフ場を特色づけるために用いられるものもあれば，それと同時に灌漑用水の貯留を兼ねて用いられるものもある．灌漑用水の貯留のための湖，池の利用については，17，18章で述べられている．表流水の供給量を増強するための再生水の利用については，23章で述べられる．以下では，レクリエーションや生物生息場所としての再生水が供給される池，湖の利用法に限定して述べる．

21.4.1 水質面の必要条件

レクリエーション用や生物生息場所用の池，湖の設置のための再生水の利用に関して，まず水質面で念頭に置くべき事項は，美観に関する事項と野生生物の健康に関する事項に分類される．留意すべきこととして，池，湖の流入水には，BOD，栄養塩，病原体，微量成分を含んでいる可能性がある雨水流出水や機能不全の腐敗槽システムからの浸出水等が混入しうることがあげられる．池，湖に流入するすべての点源汚染源や非点源汚染源からの流入物について，水質に及ぼしうる影響を評価しておくべきである．

美観に関する検討事項

適切に設計され，維持管理されていれば，池，湖が富栄養化(eutrophication)や不快臭発生(generation of odor)等を起こす不快な状態になることはない．富栄養化は，池，湖が有機的に豊富になる自然の経年過程であり，やがて水生雑草の支配区域が増加し，沼沢地(marsh land)，そして最終的には乾燥地(dry land)へ変化する．富栄養化は，栄養塩類の流入により促進されうる．植物増殖に伴う死滅と沈降により底質の酸素消費が生じ，溶存酸素(dissolved oxygen；DO)濃度が減少しやすくなる．水生生物に有害となり得る富栄養化の影響は，光合成と呼吸によるDOの大きな昼夜変動により度合いが強められる．富栄養化の過程と栄養塩類の流入との関係は複雑である．湖，貯水池では，通常，リンが制限栄養塩であるが，窒素の存在もまた重要である．簡易的ではあるが，歴史的な基準では，無機性の窒素とリンの濃度がそれぞれ 0.3 mg/L と 0.01 mg/L を超えると，藻類の異常繁茂が発生しやすくなるとされている(Sawyer, 1947)．水温成層が形成される(水深 5 m 以上の)池，湖では，直接再エアレーションを受けない深水層の低DO濃度が富栄養化の初期兆候である．

臭気の発生は，池または湖システムでの無酸素状態(anoxic condition)および嫌気状態(anaerobic condition)の形成によって起こりうる．無酸素状態は，好気呼吸や自然または人工の再エアレーション速度が好気状態を保つのに十分でないことにより，DOが水中からなくなった場合に発生する．嫌気状態は，酸素を含んだ物質が減少し，嫌気呼吸が生じる場合に発生する．無酸素状態および嫌気状態は，硫化物(sulfide)やメルカプタン(mercaptan)等の臭気の原因となる多数の化合物の生成をもた

第21章 再生水の環境利用とレクリエーション利用

らす．多くの場合，臭気の原因となる化合物は，沈殿物または成層水域の深水層の中で生成されることから，表層のエアレーションは臭気の放出を抑制しうる．表面エアレーション装置を図-21.7に示す．

野生生物の健康に関する検討事項

再生水が供給されている池，湖に生息する野生生物の健康と快適環境への主な脅威として，低濃度のDOをもたらす過度の酸素消費と，無機性あるいは有機性の微量成分に関わる毒性の潜在性がある．

図-21.7 再生水で水量補給されている池の表面エアレーション装置

水生生物種によっては，DO濃度が4〜5 mg/L以下に低下すると，有害な影響が発生しうることから，DOは，水生生物にとって重要である．環境中のDO濃度は，アンモニアや硝酸塩を供給する藻類(algae)[植物プランクトン(phytoplankton)，一次生産者(primary producer)]や水生雑草(weed)[大型植物(macrophyte)]の増殖の影響を受けうる．藻類や水生雑草は，日中は光合成により酸素供給源となり，夜間は呼吸により連続酸素吸収源となる．しかし，富栄養化度が高いと，生産性が高くなり(前述の富栄養化を参照)，DOの変動に強い影響を及ぼす可能性がある．日周変動は，日中の光合成による過飽和のDO濃度と夜間の呼吸による非常に低いDO濃度を生じさせる．長期変動は，生物量の高増殖期や高減衰期における光合成と呼吸の不均衡によって生じる．

有毒化学物質とは，特定の濃度で水生生物あるいは人間(つまり，水または魚や貝の摂取により)に有害な影響を与える様々な化合物である．水生生物への毒性効果は，毒物への短期間曝露(short term exposure)(数時間)で発現する急性効果と発現が長期間曝露(long term exposure)(数日)を要する慢性効果として特徴づけられる．化学毒性が懸念される場合は，追加の処理工程が実施されるべきであり(9，10章を参照)，そうでなければ，その成分濃度を減少させる発生源対策がとられうる．池，湖は地表水であるため，池，湖の水を希釈したり，置換したりする手段がなければ，水が蒸発して成分が濃縮されてしまうことにも留意すべきである．通過型の池，湖を利用すれば，継続的な洗浄が行われるため，蒸発の影響を管理するための一つの方策となる．

21.4.2 維持管理

池・湖システムの維持管理としては，管理上問題となる生物種の対策と水の補給がある．

管理上問題となる生物種

池・湖システムの日常管理で問題となる主な生物種は，藻類と水生雑草である．これらの増殖は，通常，窒素等の高い栄養塩負荷に対応して発生する．窒素に加えて，特にリンとシリカといった他の栄養塩類が生物量の増殖に必要である．藻類の原形質中の窒素対リン対炭素の平均的なモル比，いわゆるレッドフィールド比(Redfield ratio)は，ほぼ $N:P:C = 15:1:105$ である．これらの栄養塩の一つが他の栄養塩に比べて小さな割合であれば，増殖が制限されやすくなり，その栄養塩が少しでも付加されれば，生物量の増殖が必然的に生じる．例えば，湖では，リンは，典型的な制限栄養塩であり，リンの付加により増殖が促進されるが，窒素の付加は，最小の影響にとどまる．水中除草剤を藻類や水生雑草の一時的な抑制に用いたとしても，全体的な問題の解決にはならず，長期的な解決策の模索が必要となる．

水の補給

　池，湖の水の補給は，塩分やその他の保存性成分の蓄積を抑制することを目的とする．これらの成分の急速な蓄積は，蒸発量が多く，システムの希釈のための流出および淡水の補給がないか限られている池，湖で発生する．水と成分の物質収支は，池，湖の成分の定常濃度を概算するのに用いることができる．池・湖システムの良好な例としては，再生水が貯水池に一時的に貯留された後に別途目的のために流出する通過型システムがあげられる．

21.4.3　その他の検討事項

　池・湖システムは，環境学習やレクリエーション活動に様々な場を提供する．

環境学習

　池・湖システムが有する学習上の潜在効果は，案内所，説明標識，野外学習プログラムや環境学習プログラムの利用によって高められる．再生水を扱う学習プログラムでは，よく水循環が取り扱われる．野鳥観察や池の生態実習室は，人気のある学習の場でもある(図-21.2参照)．

レクリエーション

　再生水が供給されている池，湖に関連したレクリエーションの機会としては，魚釣り，ボート遊びや，その他僅かながら水に触れる活動等がある．再生水が最高水質であり，水浴や誤飲に対する関連基準を満たす場合でなければ，水の中を歩いたり泳いだりすることは許容されるべきではない．

21.5　その他の利用

　造雪や，動物園や動物を飼育する公園での再生水の利用等，環境保全やレクリエーションの目的で幾つかの新たな水の再利用方法が実証的あるいは本格的に導入されてきている．これらの利用は，通常，事例が少なくても，幅広い再生水の有効利用の機会を検討するうえで有意義である．

21.5.1　造　　雪

　スキー場の中には，特に降雪が予測できないか，平均以下しかない場合，営業期間を延長するため人工雪に頼る所もある．スキーリゾートは，造雪用の確実な水源の確保が困難な場所に立地していることが多い．再生水は，信頼性のある代替の水源となることが多く，環境に影響を与えるような水源からの取水を抑制することができる．雪は，暖かい季節に少しずつ溶けて渓流に流れていくことから，再生水を用いた造雪は，水の季節的な貯留と環境的な再利用とも考えられる．最も重要なことは，公衆衛生の保護である．たとえ再生水が雪の状態であっても，一般の人は，スキー場で雪に触れたり，偶然口に入れることもありえる．通常，公共区域の灌漑のように人の接触を前提とした非飲用目的の水の再利用の水質要求基準が造雪に対しても必要である．公衆衛生の懸念があるため，限外ろ過や信頼性の高い消毒等のより高度な処理が検討されるべきである(Tonkovic and Jeffcoat, 2002)．汚染に敏感な魚や野生生物がいるかもしれないので，水質要求基準を決定する際には，雪解け水が流入する川に与える影響が考慮されるべきである．

　再生水を利用した造雪の事例がオーストラリアのBuller山やHotham山等にある．Arizona州Flagstaffでは，造雪のための再生水の利用が計画されており，U.S. EPAおよびArizona Department of Environmental Quality(ADEQ)によって承認されている．しかし，環境面および衛

生面の懸念から根強い反対が起こっており，2006年の時点で実施されていない．

21.5.2 動物観察園

再生水は，動物観察園での様々な用途に利用することができる．例えば，動物生息環境の創出や人工池への注水，動物施設の洗浄等があげられる．生息環境としては，動物が利用する小川，池等がある．主な長所として，動物の生息環境の水には人が近づけないことから，人との接触がないことがあげられる．水族館や水中動物には，大量の水を消費または循環利用するので，再生水は，これらの需要の一部を供給するのに適するであろう．敏感な生物に対しては，逆浸透または同等の処理が必要になるかもしれない．再生水での動物施設の洗浄は，通常，営業時間終了後に行われ，洗浄水は，集められて処理施設に送られる．

21.6 事例1：California州Arcata市

Arcata Marsh and Wildlife Sanctuaryは，再生水の三次処理および野生生物の生息環境の創出のために湿地を用いた例として最もよく知られたものの一つである．この事例では，Arcata市の汚水管理の進展とArcata Marshの建設について概説する．ここで用いた主要な参考資料は，U.S. EPA (2000, 1993)の資料である．

21.6.1 周辺状況

Arcata市は，San Francisco市から北に約450 kmの太平洋北海岸沿いに位置しており，人口約17 000人である．市は，California州の主要な牡蠣の養殖地の一つであるHumboldt湾に隣接している．Arcata市からの平均下水量は約9 600 m^3/dで，月間の流量ピーク係数は2.5である．システムの設計下水量(design flow)は8 700 m^3/dで，設計雨天時水量(wet weather flow)は22 000 m^3/dである．

21.6.2 水管理上の問題点

Arcata市では，下水処理水は最終的にHumboldt湾に放流される．Arcata市の下水処理システムは，1950年代前半に一次処理のみが設置され，1957年に酸化池，1966年に塩素消毒が増設された．湾における牡蠣の養殖業を守るためには，放流前に追加の処理を行う必要があった．州が推奨する地域処理施設の代替となる低コストの処理方法を評価するために作業部会が設置された．作業部会の結論を受けて，酸化池の流出水の処理に実験規模の湿地を用いた調査研究が実施された．Humboldt湾に放流するのであれば，代替システムは，州のBays and Estuary Policyを満足する必要があった．実験研究結果は，湿地システムにより必要な処理が可能であるとの根拠として用いられた．湿地システムの建設は，1986年に完了した．

21.6.3 実施方法

湿地システムの最終設計は，処理用の湿地と再生水を用いた野生生物の生息用の沼沢地の2つの異なる個別の方式からなる独特のものであった．前者は，二次処理基準(BOD, TSS＜30 mg/L)を満足するように設計された3つの並列した自由水面区画からなる従来型の湿地で，最後に塩素消毒が行

21.6 事例1：California州Arcata市

われる．消毒された二次処理水(すなわち，再生水)は，野生生物の生息地，栄養塩類除去，および公共のレクリエーション区域となるよう設計された沼沢地システムに流入する．NPDESの許可は，湿地からの流出水が再生水の水質および公衆に開放されている沼沢地区域での安全性を確保することを条件に発行された．

再生水を用いた沼沢地システム(図-21.8参照)には，3つの異なる区画があり，合計面積12.5 haである．3つの沼沢地区画は，平均水深が0.6 mで，開放水面区域と抽水植物の群生が組み合わされている．再生水は，Humboldt湾にある沼沢地システムへ送られる．沼沢地に広がる粘土質の土壌のため，広範な地盤工事や遮水工の必要性はなかった．沼沢地の建設には，流れを導く土手，沼沢地の各区画への流入・流出を調節する構造物，鳥が巣をつくるための島が含まれていた．維持管理作業としては，流入堰および流出堰を調節することにより沼沢地区画への流量を均等に保つ作業がある．抽水植物は，沼沢地区画からは刈り取られない．浮遊植物は，生物の生息場所となる開水面を保つとともに，蚊の繁殖の防止となるよう定期的に刈り取られる．

図-21.8 一般への開放と学習効果を目的として建設されたArcata Marsh and Wildlife Sanctuary(California州Arcata市)の上空写真(北緯40.859度，西経124.095度)(提供：R. Gearheart)

再生水を用いた沼沢地からの流出水は，湾に放流される前に消毒と脱塩素のための処理施設に返送される．2回目のNPDESの許可は，湾への放流に対して発行された．再生水を用いた沼沢地システムでの平均滞留時間は，約9日間である．処理用の湿地からの流出水のBOD，全浮遊物質(TSS)および全窒素(T-N)は，生物生息用の湿地を通過した後では，それぞれ平均で28 mg/Lから3.3 mg/L，21 mg/Lから3 mg/L，30 mg/Lから3 mg/Lへ減少した．沼沢地からの良好な水質の流出水は，放流許可条件を満たすために処理用の湿地からの流出水と混合される．窒素除去は，開水面エリアでの酸化とそれに引き続く沈殿ゾーンやその他の無酸素ゾーンでの脱窒によって行われる．

生物生息用の沼沢地の有効利用は，生物生息用の湿地の周囲の一般開放とレクリエーションの機会が可能となることにより最大限に活かされる．再生水を用いた沼沢地に加え，さらに30 haの再生水が用いられていない塩水および淡水の沼沢地，汽水の池，河口域，沼地が集合的にArcata Marsh and Wildlife Sanctuaryを形成している．Arcata Marsh and Wildlife Sanctuaryには，野生生物学習のための利用案内所，沼沢地区画の間や周りの周遊道，道端の説明板等がある(図-21.2，21.9参照)．沼沢地は，よく知られた人気の野鳥観察場所であり，地域財産となっている．

第 21 章 再生水の環境利用とレクリエーション利用

(a)　(b)

図-21.9　Arcata Marsh の風景．(a)沼沢地への流入水路に架かる木製の橋，(b)ウキクサで覆われた沼沢地の開放水面区域の風景

21.6.4　得られた知見

Arcata Marsh and Wildlife Sanctuary は，少ない建設費と維持管理費で開発された優れた多目的施設の事例である．有効利用としては，公共のレクリエーション区域，野生生物の生息場所，そして Humboldt 湾への放流を可能とした水質改善があげられる．沼沢地は，大学の調査研究および環境学習プログラムに利用されている．

水質と施設の運転に関して様々な調査が行われてきた．湿地で発生が観察された短絡流は，沼沢地の各区画の流入および流出構造物での流量配分によって改善することができた．沼沢地の水で検出された糞便性大腸菌(fecal coliform)は，野生生物が原因であるが，一方，流出口付近で稠密に増殖した抽水植物が鳥の開水面区域への接近を制限するとともに，自然のろ過および沈殿エリアとして作用することにより，細菌の流出を抑制している．抽水植物の増殖の制御には，水深が利用されており，水深が浅い区域では，抽水植物の増殖が促進され，水深が深い区域では，開水面区域を保つのに用いられている．

Arcata 市の池・湿地システムのような土地を利用した処理システムに対する排出許可(負荷量および濃度の規制)では，個別の大雨事象と降雨継続時間の影響を検討する必要がある．例えば，Arcata Marsh では，大雨時には流出流量が流入流量を上回る．日間，週間，月間の許可条件の通常の検討では，流出流量の増加をもたらす雨水の集水や水理学的滞留時間が変動することは考慮に入れられない．

21.7　事例 2：California 州 San Luis Obispo 市

California 州 San Luis Obispo 市における処理水再利用事業は，河川内の生息環境の改善を含む多目的の用途に供されている．この事例では，川の流量増加による水環境向上に供される再利用水について取り上げる．

21.7.1　周辺状況

San Luis Obispo 市は，Los Angeles 市の北西約 320 km の California 州中部海岸沿いに位置している．San Luis Obispo 市は，人口約 44 000 人で，California Polytechnic 州立大学が立地している．

延長約 24 km の比較的短い San Luis Obispo 川は，11 の支流があり，San Luis Obispo 市内で一部は地下を流れ，太平洋に注ぎ込む河川である．San Luis Obispo 川の流域は，約 220 km^2 となっている．

21.7.2　水管理上の問題点

　San Luis Obispo 市の水道水は，San Luis Obispo 川流域外から導水されている．San Luis Obispo 川の流量は，季節変動があり，川に放流される下水処理水の量にも影響される．乾季の夏場には，川の流水のほとんどが下水処理水となる．人工的な生物生息地が形成されてきており，その状態は，川への放流水量に依存している．

　同市では，Central Coast Regional Water Quality Control Board(RWQCB)によって課された下水処理水放流基準を達成するため，市議会が既存の二次処理施設を三次処理に高度化する決定を下し，1988 年に水再利用の検討を始めた．水再生施設(water reclamation facility；WRF)を三次処理に高度化する施設整備は，1994 年に完成した．処理工程は，一次処理，硝化脱窒対応の二次処理とろ過および塩素消毒の三次処理施設で構成される．当初の計画では，下水を三次処理レベルまで処理し，修景用の散水利用や工業用水利用が考えられていた．再生水の一部は，川への放流のため塩素を除去したが，主要な目的は，川への放流量そのものを大幅に削減することにあった．再生水の温度は，放流前に冷却塔を用いて魚類生息のための条件温度(放流先との差は 2.8℃ 以内)まで下げられている．処理場では，日量約 13 600 m^3 の三次処理再生水が生成されている．

　1994 年の処理施設高度化の完成後，川への放流水質は，向上し，川の生息環境もともに向上した．こうした改善は，Department of Fish and Game(DFG)(DiSimone, 2006)をはじめ，様々な機関から認知され，市の水再利用事業における新たな挑戦，すなわち水生態系を支える水流の維持へとつながっていくこととなった．

　川における幾つかの水生生物種，サザンスティールヘッド(southern steelhead．鮭の 1 種．連邦指定危急種)やタイドウォーターゴビー(tidewater goby．ハゼの 1 種．連邦指定絶滅危惧種で州指定特別観察種)等は，特に配慮が必要である(DiSimone, 2006)．これらの種は，下水処理場の高度化以前から存在が確認されている．

21.7.3　実施方法

　水再利用の実施のため，市は，California State Water Resources Control Board(SWRCB)に対して，従前の放流水の一部を水再利用に転じるため，放流位置の変更を求める申請を行った．申請に際し，市は，環境影響評価書(environmental impact report；EIR)の提出を求められた．申請に対して，6 件の意見書が下流の地権者や Central Coast Salmon Enhancement と DFG から提出された．意見書は，主に川における流量の減少とそれに伴う下流の環境への潜在的影響についてであった．市は，EIR，および DFG との覚書(MOU)を通じて意見書に対処する必要があった．

　EIR の一環として，水再利用事業によって減少する川の流量の影響評価のため，3 件の調査が実施された．それらは，流量調査，処理水放流口の下流における水文学的および地下水のモデル調査，および生物資源評価と影響分析調査である．EIR では，再生水の主な用途は灌漑であり，処理場で生成された再生水の約 70% は，夏場に利用されることとなっている．残りの部分は，川の流量維持用水として放流される．1997 年に提出された最終の EIR では，対象となる水生生物種への影響を最小にとどめ，川に生息する生物種の存続を妨げないと推定される最低日平均放流量 4 320 m^3/d が設定された(City of San Luis Obispo, 1997)．

関係機関との協議・調整

　川の生息環境のため放流水の量を維持することの必要性が理解され，様々な機関が行動を開始した．水再利用事業の計画に際して市が直面した課題と，関係した機関を表-21.10に示す．最大の問題は，Endangered Species Act(ESA)(絶滅危惧種法)への適合であった．市は，州リボルビング基金(State Revolving Fund；SRF)と水再利用施設建設事業補助金(Water Recycling Construction Program；WRCP)を得た．SRFの財源は連邦から出ているため，市はESAをはじめとする連邦法への適合が必須であり，所管の連邦機関への公式協議が求められた(DiSimone, 2006)．National Oceanic and Atmospheric Administration(NOAA)傘下の連邦組織であるNational Marine Fisheries Service (NMFS)は，調査を実施し，スティールヘッドに関する生物学的見解を取りまとめた．事業の実施前，市は，生物学的見解の遵守の一部として，生息数や移植数のモニタリング調査を数回実施した．特に，1993年の水系全体における生息調査では，相当数かつスティールヘッドのかなりの割合がSan Luis Obispo川の市の放流口の下流側に生息していることがわかった．これらのデータのもと，NMFSは，U.S. EPAに対し，結果に配慮して公式の再協議が望ましいとの見解を示した．再公式協議の結果，最低日平均放流量は，4 320 m³/dから6 000 m³/dに増加させることとなった．

水再利用の選択肢

　一連の検討やNMFSとの再公式協議の後，市は，最低日平均放流水量6 000 m³/dを維持することに同意した．処理水が供給されるSan Luis Obispo川の状況を図-21.10に示す．この決定は，水再利用の潜在的用途に大きな影響を与えた．California Water Code 1212に従って最低放流水量基準のもとで放流される下水処理水は，川道内での用途にすべてが利用され，他の目的に使うことはできないとされた．

　最低放流水量基準は，結果的に当初予定された灌漑や工業用水等の他の用途への利用を最大7 500 m³/dに削減することとなった．灌漑用水需要は，季節変動があるため，再利用水の通年用途は，夏季の最大灌漑用水需要により制約を受けることとなった．灌漑用水利用は，公共エリアの修景用水利用が夜間に制限されるなどのピーク需要制限を受けている．水再利用事業の実行を確実なものとする

表-21.10　水再生事業の課題，関係機関と対応方策(California州San Luis Obispo市)[a]

課題	対応方策	関係機関
下水処理放流水／再生水に関するNPDES許可	三次処理に高度化することで水質基準に合致させる	RWQCB
放流地点の変更申請を含む水再利用事業の提案	California Environmental Quality Act(CEQA) (California州環境保全法)に基づく環境影響報告書の提出．環境目的での最低放流量を0.05 m³k/sと提案	SWRCB
放流地点変更申請への反対意見書	EIR作成後，ほとんどの反対意見は解決．残る意見は，市に影響緩和策をとることを課した覚書(MOU)で解決した	DFG
State Revolving Fund(SRF)(州リボルビング基金)とWater Recycling Construction Program (WRCP)(水再利用施設建設事業)補助金の申請	州および連邦規制への適合．U.S. EPAに関係機関への公式意見照会を求める	SWRCB, U.S. EPA
Endangered Species Act(絶滅危惧種法)対応と生物学的見解の作成	水生生物種への事業の影響調査を要する公式意見照会．放流量を増加することが示唆された	U.S. FWS, NMFS
California州水再利用基準への適合	処理施設の高度化により再利用水質基準に適合	California DHS
California Water Code Section 1212のもとでの最低放流量	最低放流水量を満たすため下水処理水は，他の目的に利用することができない	SWRCB
公式協議への対応	最低放流量を0.05 m³/sから0.07 m³/sに増大	U.S. FWS, NMFS

[a] DiSimone(2006), City of San Luis Obispo(1997)より引用．

ため，市は，年間および昼間の潜在的利用量の特定を進めている．

21.7.4 得られた知見

厳しい放流水質基準を満たすための下水処理プロセスの高度化は，San Luis Obispo 川に処理水を単に放流することよりも，再利用水の恩恵を認識させることの効果をもたらした．

絶滅危惧種や希少な水生生物種の存在が確認されたことは，従来の灌漑目的の水再利用から，河川の環境改善へと焦点を移すきっかけとなった．市は，様々な規制機関との連携により，このプロジェクトを通じて水資源需要と環境保全，改善のバランスをとる最適な方策を見出した．

図-21.10 再利用水が供給されている San Luis Obispo 川（California 州 San Luis Obispo 市）（北緯 35.252 度，西経 120.676 度）（提供：San Luis Obispo 市 K. DiSimone）

21.8 事例3：California 州 San Diego 市の Santee 湖群

Santee Recreational Lakes プロジェクトは，当初は，太平洋への汚水処分に対する経済的代替案として進められた．Santee Lakes Recreational Preserve（保護区）として知られる連続的に配置された湖には再利用水が供給され，様々なレクリエーション活動に利用されている（図-21.11 参照）．現在，Santee Lakes Recreational Preserve は，面積約 77 ha（うち 33 ha は水面）を有し，年間 55 万人の利用者を集めている．次に示す事例は，Santee 湖群の開発とその成功を概説するものである．Santee Recreational Lakes プロジェクトに関する歴史的背景の文献は，Stevens(1971) を参照されたい．

21.8.1 周辺状況

Santee 市は，California 州 San Diego 市の北東約 28km に位置し，Eastern San Diego 郡に属している．Santee 地区は，20 世紀前半はほとんどが農地であったが，California 州南部における人口増加に伴って急速に開発された地域である．Santee 市の現在の人口は，約 54 500 人である．

図-21.11 Santee Lakes Recreation Preserve を構成する 7 湖の全景（California 州 Santee 市）（北緯 32.850 度，西経 117.006 度）（提供：Padre Dam Municipal Water District staff）

971

21.8.2 水管理上の問題点

かつて，Santee市からの下水は，太平洋に注ぎ込むSan Diego川の支流であるSycamore川に放流されていた．これに対し，1950年代後半にCalifornia State Water Resources Control Board (CSWRCB)がSycamore川への放流を禁じる放流基準を設けた．比較的高価な選択肢であるパイプ輸送による海洋投棄や三次処理による川への放流に対する代替案として，水再利用システムが構想された．続いて地域の水質保全計画が見直され，多くの水質項目についてより厳しい基準値が課された．

21.8.3 実施方法

実施方策は，3段階で構成されている．第1段階は，汚泥消化を伴う沈殿一次処理と，その越流水を2つの人造湖に導水して酸化池法で処理するものである．Sycamore渓谷の乾燥地帯に位置する放棄された砂や砂利の採掘跡地において，堤体が築かれ，地表貯水池(surface impoundments)が形成された．こうした貯留池における水質は，1961年に始まったSantee湖における市民へのレクリエーション開放において許容できる水質となるよう定められた．市民からの貯水池のレクリエーション利用の安全性に対する強い要望を受け，第2段階の対策として処理施設の追加が進められた．処理能力14 400 m^3/d(3.8 Mgal/d)の窒素除去対応の活性汚泥処理プラントが1970年代初期に整備された．ろ過およびリン除去は，放流水を粘土層の4～5 m(13～16 ft)上層にわたって玉石，シルト，砂層の土が敷き詰められた浸透池(**22章参照**)で対応することとなった．浸出水は集められ，湖を満たしている．湖のシステムは，水面積24 ha(60 ac)を有する全部で7つの湖へと拡張された．水理的な水の流れは，湖から湖へと順次オーバーフローする方式となっている(図-21.11参照)．最後の湖からは，表流水に放流されている．硝化脱窒施設に関する運転上の問題と許可基準のため，プラントは，1980年代から1990年代にかけて3 600 m^3/d(0.95 Mgal/d)で運転された．

1995年に完成した第3段階は，7 200 m^3/d(1.9 Mgal/d)のバーデンフォ法(Bardenpho plant)の処理施設と三次処理施設の建設であった．三次処理施設は，濁質対策と過剰リン除去のため硫酸アルミニウムと傾斜板沈殿装置(lamella settler)を用いた凝集沈殿システムで構成され，その後に炭素源としてメタノールを用いた脱窒フィルタが続く．すべての放流水に対し，Ctが450 mg·min/L(**11章参照**)となるよう，塩素消毒が施された．湖のシステムに使われた放流水は，二酸化硫黄で脱塩素処理された．このシステムは，人の全身が水に触れる場合，Sycamore川に放流される場合，および近隣の灌漑や工業用水利用者に配水される場合のCalifornia州の水質基準に適合している．この処理プロセスは，窒素，リンおよびある一定範囲の病原体に対し，多段の削減効果がある．濁度は，ろ過前後と最終放流水について連続的に測定されている．塩素濃度は，反応池への流入口の下流と出口において観測され，その注入量は，流量に応じて複数のフィードバックループシステム(feedback loop system)で制御されている．後続の地域処理システムに適合しない際にも対応できるようバイパスシステムが備えられている．

Santee湖でのレクリエーション活動は，釣り，ボート，キャンプ等がある(図-21.12参照)．釣りのプログラムは，キャッチアンドリリース限定から，魚の種類や水生生物環境プログラムに応じて食用養殖またはキャッチアンドリリースにと発展していった．湖には，通年でナマズや2，3の他の一般的な魚，そして冬にはマスがいる．微生物テストと水泳に対する公衆衛生上の注意深い観察のもと安全性が確認され，再利用水を用いたプール施設が整備された．しかし，プール底部の砂が濁度を上昇させ，それが病原体を消毒から保護して，病原体が生き残ってしまう恐れがあることから，プールは取りやめとなった．Santee市での湖や川において，水泳や水浴は，現在禁止されている．カヤックやカヌー，およびペダルボートは，レンタルで利用できる．レクリエーション地区には，各種設備

21.8 事例3：California州San Diego市のSantee湖群

図-21.12 Santee Lakes Recreation Preserveの風景．(a)インフォメーションセンター，(b)代表的な標識，(c)第4湖湖岸のピクニックエリア，(d)フルサービスのキャンプ場（提供：Padre Dam Municipal district Padre Damスタッフ）

の整った300箇所のキャンプ場（フルフックアップキャンプサイト*）が整備されている．湖の周りには，徒歩，ランニング，自転車のための舗装路が長距離にわたって整備されている．その他にも，ピクニック場，遊び場，大規模小売店舗，クラブハウス，プールがある．公園は，2つのセクションに分けられ，用途に応じて約半分がキャンプ用，残り半分が昼間の利用に供されている．幾つかの湖は，より多様に利用されている．浮き輪による水浴は，5つの湖で認められ，ある湖ではバスが養殖されている．

21.8.4 得られた知見

Santee Lakes Recreational Preserveの興味深い一面は，施設が完全に利用料による独立採算制であることである．このレクリエーション地区は，San Diego地域の人気スポットになりつつある．再利用水が一般に広く受け入れられ，水関連のレクリエーション活動への安全性が示されたことは特筆に値する．

湖での再利用水のTDSは，800～900 mg/Lである．リン濃度は，特に低く，0.05 mg/Lで，窒素濃度は，約2 mg/Lである．藻類は，キレート硫化銅法（chelated copper sulfate solution）で制御され，水草は，水面下1.5 mまで刈り取れる除草バージ船で取り除かれる．

バーデンフォ法の施設や三次処理施設が整備される数年前は，リンと濁度の対策として浸透システ

---

* 訳者注：上水，下水，電気をキャンピングカーに接続できる施設が整備されたキャンプ場．

第 21 章 再生水の環境利用とレクリエーション利用

ムが用いられていた．しかし，吸着されたリンを取り除く機能はなく，砂層は，飽和しつつあった．バーデンフォ法が導入されるまで，浅い湖では，硫酸アルミニウム添加による沈殿処理でリンを除去する暫定処理が導入された．

実運転で浸透池(infiltration basins)は，土の目詰まりを起こし，浸透率の低下を招いた．池は，週単位程度で代わる代わる湛水と排水を繰り返すのでなく，常に満水状態となった．浸透率が低下すると，池は，干され，表面をブルドーザで削ぎ取ることとなった．表面を剥がすことで，表層をほぐし，土の多孔性を改善するとともに，有機物を土壌深く浸透させることにも役立った．

このシステムは，湖に長年にわたって質の高い水を供給してきた．釣りやボート遊びで水と接することで病気になったというケースは，報告されていない．水質における微生物量は，鳥類の増殖や冬場の湖周辺からの越流入水によって僅かに悪化した．1 年以上にわたる *Cryptosporidium* や *Giardia* の毎月モニタリング結果では，そのような微生物の生存は確認されなかった．

問 題

21-1 都市計画の観点で，都市における水のレクリエーション利用の推進を決定する責任者は誰か？ こうした環境創造あるいはレクリエーション地区創出の妥当性は何か？ 下水高度処理水をこうした実践に適用する意味は何か？

21-2 再生水の環境およびレクリエーション利用は，公共用水域への下水処理水放流と密接に関連している．単なる処理水放流と再利用水の環境利用はどんな点で違いがあるか？

21-3 再利用水を用いたミチゲーション湿地帯は，自然の湿地帯ほど成功していない理由は何かを論ぜよ．あなたの説明の支えとなる文献を少なくとも3つ引用せよ．

21-4 再利用水を自然型，改造型，人工型のそれぞれの湿地帯に導水する際の，California 州と Florida 州のガイドラインを入手せよ．これら2つの規則の根底にある違いは何か？

21-5 野生生物の健康や水生生物環境に対し，再利用水に含まれる重金属類の影響を最小にするための管理・規制上の選択肢は何か？ 異なる管理上の選択肢が適用されている文献を少なくとも2つ引用せよ．

21-6 再利用水で満たされた湖から取れた魚を食べることによる潜在的健康リスクは何か？ 健康リスクに関する文献を少なくとも2つ引用せよ．

21-7 再利用水で満たされた酸化池システムにおける溶存酸素，植物性プランクトン，pH の典型的な日間における関係を述べよ．その関係が処理の程度とどう関わっているのかについても述べよ．

21-8 Arcata Marsh からの越流水における BOD_5 と TSS は，雨が降った後には数値が上昇することがわかっている．この増加に対して，あなたはどのような解釈を与えるか？ どのような調査を行えばあなたの解釈は確認できるのか？

参考文献

City of San Luis Obispo (1997) *Water Reuse Project, Final Environmental Impact Report*, SCH No. 92031048, City of San Luis Obispo Utilities Department, San Luis Obispo, CA.

Crites, R. W., E. J. Middlebrooks, and S. C. Reed (2006) *Natural Wastewater Treatment Systems*, Taylor and Francis, Boca Raton, FL.

Crites, R. W., and G. Tchobanoglous (1998) *Small and Decentralized Wastewater Management Systems*, WCB/McGraw-Hill, Boston, MA.

DiSimone, K. (2006) "Dedicated Recycled Water Discharge for Steelhead Trout," in *Proceedings, WateReuse Association California Section Annual Conference*, WateReuse

Association, Alexandria, VA.

Jobling, S., M. Nolan, C. R. Tyler, G. Brighty, and J. P. Sumpter (1998) "Widespread Sexual Disruption in Wild Fish," *Env. Sci. Technol.*, **32**, 17, 2498–2506.

Kadlec, R. H., and R. L. Knight (1996) *Treatment Wetlands*, Lewis Publishers, Boca Raton, FL.

Kolpin, D. W., E. T. Furlong, M. T. Meyer, E. M. Thurman, S. D. Zaugg, L. B. Barber, and H. T. Buxton (2002) "Pharmaceuticals, Hormones, and Other Organic Wastewater Contaminants in U.S. Streams, 1999-2000: A National Reconnaissance," *Env. Sci. Technol.*, **36**, 6, 1202–1211.

Kondolf, G. M., and E. R. Micheli (1995) "Evaluating Stream Restoration Projects," *Environ. Mgmt.*, **19**, 1, 1–15.

Mitsch, W. J., and J. G. Gosselink (2000) *Wetlands*, Van Nostrand Reinhold Co., New York.

Rodgers-Gray, T. P., S. Jobling, S. Morris, C. Kelly, S. Kirby, A. Janbakhsh, J. E.Harries, M. J. Waldock, J. P. Sumpter, and C. R. Tyler (2000) "Long-Term Temporal Changes in the Estrogenic Composition of Treated Sewage Effluent and its Biological Effects on Fish," *Env. Sci. Technol.*, **34**, 8, 1521–1528.

Saldi-Caromile, K., K. Bates, P. Skidmore, J. Barenti, and D. Pineo (2004) *Stream Habitat Restoration Guidelines*, Final Draft, Washington Departments of Fish and Wildlife and Ecology, the U.S. Fish and Wildlife Service, Olympia, WA.

Sawyer, C. N. (1947) "Fertilization of Lakes by Agricultural and Urban Drainage," *J. New Engl. Water Works Assoc.*, **61**, 109–127.

Stevens, L. (1971) *The Town that Launders its Water*, Coward, McCann, & Geoghegan, Inc., New York.

Tchobanoglous, G. (1993) "Constructed Wetlands and Aquatic Plant Systems: Research, Design, Operational, and Monitoring Issues," in G. A. Moshiri (ed.), *Constructed Wetlands for Water Quality Improvement*, 23–34, Lewis Publishers, Boca Raton, FL.

Tonkovic, Z., and S. Jeffcoat (2002) "Wastewater Reclamation for Use in Snow-Making within an Alpine Resort in Australia—Resource Rather Than Waste," *Water Sci. Technol.*, **46**, 6–7, 297–302.

U.S. EPA (1993) *Constructed Wetlands for Wastewater Treatment and Wildlife Habitat: 17 Case Studies,* 832-R-93-005, U.S. Environmental Protection Agency, Office of Water, Washington, DC.

U.S. EPA (2000) *Design Manual Constructed Wetlands for Treatment of Municipal Wastewater,* 625-R-99-010, U.S. Environmental Protection Agency, Office of Research and Development, Cincinnati, OH.

U.S. EPA (2004) *Guidelines for Water Reuse*, EPA/625/R-04/108, U.S. Environmental Protection Agency and U.S. Agency for International Development, Washington, DC.

van Aerle, R, M. Nolan, S. Jobling, L. B. Christiansen, J. P. Sumpter, and C. R. Tyler (2001) "Sexual Disruption in a Second Species of Wild Cyprinid Fish (the Gudgeon, *Gobio Gobio*) in United Kingdom Freshwaters," *Env. Tox. Chem.*, **20**, 12, 2841–2847.

Williams, C. R., R. D. Jones, and S. A. Wright (1996) "Mosquito Control in a Constructed Wetland," in *Proceedings, WEFTEC' 96*, Water Environment Federation, Dallas, TX.

第22章 再生水による地下水涵養

翻訳者　片山　浩之(東京大学大学院工学系研究科都市工学専攻 准教授)

関連用語　*979*
22.1　再生水を用いた計画的な地下水涵養　*980*
 22.1.1　地下貯留の長所　*981*
 22.1.2　地下水涵養の形態　*981*
  間接的飲用再利用のための地下水増加／*981*　　海水や汽水の侵入の制御／*982*
  帯水層の貯留と回収／*982*
 22.1.3　地下水涵養システムの要素　*982*
 22.1.4　地下水涵養の技術　*983*
  地表浸透／*983*　　通気帯への注水井／*984*　　帯水層への直接注水井／*984*
 22.1.5　涵養システムの選択　*984*
 22.1.6　涵養水の回収　*985*
22.2　水質要件　*986*
 22.2.1　地下水涵養の水質課題　*986*
 22.2.2　要求される前処理の程度　*986*
22.3　地表浸透池による涵養　*986*
 22.3.1　概　要　*987*
  一般的な運転方法／*987*　　二重の機能を持つ池／*987*
 22.3.2　前処理の必要性　*987*
  水質への影響／*988*　　水理学的処理能力に対する前処理の効果／*989*
 22.3.3　水理学的分析　*989*
  表流水の浸透／*989*　　湿潤前線の移動／*990*　　目詰まり層を通過する際の浸透／*991*
  水の華の影響／*992*　　局所的地下水位上昇の影響／*993*　　清水の浸透速度の予測／*995*
 22.3.4　運転・管理における問題点　*996*
  湿潤-乾燥サイクル／*996*　　畦と畝の利用／*997*　　かき寄せ／*997*
 22.3.5　浸透地の働き　*998*
  混合による影響／*998*　　酸化還元条件による影響／*999*　　有機化合物の変化／*1000*
  窒素化合物の変化／*1002*　　病原体／*1004*
 22.3.6　地表浸透施設の実例　*1004*
22.4　通気帯注入井を用いた涵養　*1005*
 22.4.1　概　要　*1006*
 22.4.2　水理学的分析　*1007*
 22.4.3　運転維持管理　*1008*
  空気連行による目詰まり／*1008*　　固形物の堆積による目詰まり／*1008*
  生物学的な目詰まり／*1008*
 22.4.4　通気帯注入井の性能　*1009*
 22.4.5　実規模通気帯注入井の運転設備の例　*1009*

- 22.5 直接注入井による涵養 *1009*
  - 22.5.1 概　要 *1009*
  - 22.5.2 前処理の必要性 *1010*
  - 22.5.3 水理学的分析 *1010*
  - 22.5.4 運転維持管理 *1012*
    - 目詰まりポテンシャルの測定／*1012*　　実規模試験の必要性／*1012*
  - 22.5.5 直接注入井の性能 *1012*
  - 22.5.6 実規模直接注入井の設備の例 *1013*
- 22.6 地下水涵養に使われるその他の手法 *1013*
  - 22.6.1 帯水層の貯留と回収 *1013*
    - ASRシステムの運転管理上の特徴／*1013*　　水質の問題／*1015*
  - 22.6.2 河川の土手や砂丘でのろ過 *1015*
    - 河岸ろ過システムの運転上の特徴／*1015*　　水質の問題／*1016*
  - 22.6.3 河川涵養の促進 *1016*
  - 22.6.4 地下設備を用いた地下水涵養 *1016*
- 22.7 事例：Orange County Water District Groundwater Replenishment System *1017*
  - 22.7.1 周辺状況 *1017*
  - 22.7.2 GWRシステム *1018*
  - 22.7.3 実施方法 *1018*
  - 22.7.4 得られた知見 *1018*
- 問　題 *1019*
- 参考文献 *1020*

関連用語

アンモニアの嫌気性酸化 anaerobic ammonia oxidation；ANAMMOX　独立栄養の生物学的な窒素除去の一形態．アンモニアの嫌気性酸化反応の際，酸素分子が存在しない条件下では，アンモニアは，電子供与体として働き，亜硝酸は，電子受容体として働く．

NPDES National Pollutant Discharge Elimination System　Clean Water Actで認められているように，NPDESは，米国内で汚染物質を排出する点源を規制することで水質汚染をコントロールするという許可プログラムのこと．

MLFI meelop filter index　涵養水中に含まれる固形物による帯水層の詰まりを評価する指標．MLFIは，帯水層の物質で満たしたカラムに井戸の周囲の帯水槽を通過するよりも速い速度で水を通過させることで求められる．

河岸ろ過 riverbank filtration；RBF　河川の底や岸が表流水と涵養されている帯水層の界面として働くことにより起こる天然のろ過システム．

カルスト石灰岩 Karst limestone　深い亀裂と窪みを持つ多孔性の石灰岩の構造．

間接的飲用再利用 indirect potable reuse　再生水を飲用水用貯水池や地下水帯水層といった水源へ混和し，混合，希釈，同化等の環境緩衝効果を働かせることにより計画的に利用すること．

涵養池 recharge basins　表面拡散を用いた地下水涵養に使われる急速浸透池（rapid infiltration basins；RIBs）とも呼ばれる．

局所的地下水位上昇 mounding　涵養池の下に存在する地下水面の局所的な上昇のこと．

消毒副生成物生成能 disinfection byproduct formation potential；DBPFP　水に消毒用酸化剤を加える際に，消毒副生成物の生成ポテンシャルを評価するために用いられる試験．

処理後有機物 effluent organic matter；EOM　処理後の再生水に残存する有機物．

浸透速度 infiltration rate　水が土壌に滲み込む速度．

帯水層 aquifer　利用可能な水量を供給するだけの透水性を有する地下水を含む地層．

帯水層の貯留と回収 aquifer storage and recovery；ASR　再生水を貯水するために帯水層を使用し，後に必要になった時に帯水層の水を揚水・利用すること．

宙水層 perched aquifer　不浸透層の上に存在する帯水層（不浸透層の典型例がレンズ状粘土層）．

通気帯 vadose zone　地表面と地下水面の間の地層．

天然有機化合物 natural organic matter；NOM　溶解している，もしくは粒子状の有機成分で，主に次の3つの排出源由来のもの．(1)土壌環境（大部分がフミン質），(2)水環境（藻類や他の水生生物，そしてそれらの副生成物），(3)生物処理プロセス内の微生物．

同化性有機炭素 assimilable organic carbon；AOC　同化性有機炭素は，*Pseudomonas fluorescens*（蛍光菌）とともにインキュベートした試料を平面培養し，形成されたコロニー数を計数するという手順で測定される．同化性有機炭素は，細菌に同等の増殖反応をもたらす標準酢酸溶液の有機炭素源濃度として表現される．

透過率 transmissivity　帯水層における水の移動しやすさの程度．より正確には，単位動水勾配のもとで，帯水層の単位厚み断面を一定時間に流れる水の量．

土壌-帯水層処理法 soil aquifer treatment；SAT　再生水が土壌中の通気帯を通過して帯水層に至り，続いて帯水層を流れることによって行われる処理．

被圧帯水層 confined aquifer　相対的に透水性の小さい地層（レンズ状粘土層等）に上下を挟まれた水を含んだ地層．

PCPP personal care products and pharmaceuticals　合成有機化合物と内分泌撹乱化学物質を含

む広い範囲の一般の，あるいは商標名を持つ製品を表記する時に使用する用語．環境中に放出された場合，内分泌攪乱性を持つ可能性がある．

不圧帯水層 unconfined aquifer 　不浸透層に覆われていないために地下水面の上昇・下降が自由にできる帯水層．

不飽和帯 unsaturated zone 　毛管上昇域を含む地表面と地下水面の間の地層（通気帯という語を用いる方が好ましい）．

飽和帯 saturated zone 　間隙がすべて水で満たされている地下水帯水層．飽和帯の水が典型的な地下水に相当する．

膜ろ過指数 membrane filtration index；MFI 　水中に含まれている浮遊物質SS量を評価する時に用いられる指標．膜ろ過指数は，膜ろ過装置を通過する水量の関数としてろ過速度をプロットすることで求められる．

溶解性微生物代謝産物 soluble microbial product；SMP 　微生物の代謝活動により生成され排出される有機化合物．

溶解性有機炭素 dissolved organic carbon；DOC 　一般的に孔径0.45μmの膜を通過する有機物．

　自然界における地下水資源の回復の速度は，非常に遅い．そのため，この自然回復よりも速い速度で地下水を過剰利用すれば，長期的には地下水位の低下を引き起こす．さらにそのままの使用を続けた場合，地下水資源は，枯渇してしまう可能性がある．地下水の供給を増やすためには，地下水管理において人工的に地下水の涵養を行うことが非常に重要であり，このことは，表流水と地下水両方からの供給が想定される場合には特に重要となる．

　本章では，再生水による地下水涵養に焦点を当てる．それは，様々な有益な利用のために，地下水の計画的増加につながるような水の再利用へのアプローチである．地下水利用の主なものとしては，都市用水，農業灌漑，そして工業用水がある．人工的な地下水涵養の目的は，Bouwer(1978)，Todd(1985)，Asano(1985)によって以下のように示されている．

・地下水面の低下を減少させ，止め，あるいは地下水位を上昇させること．
・沿岸域の帯水層に存在する地下淡水を海水の侵入から防ぐこと．
・洪水あるいは他の余剰水や再生水等の表流水を，将来のために貯留すること．
・地盤沈下の潜在的(根本的)な問題を除くこと．

　下水を利用した非意図的な地下水浸透は，様々な状況で起こりうる．例えば，排水の土地散布処理や，蒸発散より高い割合で導水している灌漑システムにおいて地下に浸透する．下水による非意図的な地下水浸透の他の例としては，下水道における漏水や，排水路のつながっていない貯水池等がある．地域によって，浸透による都市排水や工業排水の処分は，表面排出が許容できない地域に，もしくはNPDES許容値を満たす必要を避けるために用いられている．残念ながら，このような形での無計画な涵養は，地下水の品質を落とし，必ずしも最良の手段を反映するものではないので，本章では考慮しないこととし，ここでは計画的な地下水涵養について取り上げることとする．

22.1　再生水を用いた計画的な地下水涵養

　1960年代以来，再生水を用いた地下水涵養は，米国において非飲用再利用や間接的飲用再利用に適用するために実施されてきた．地下水涵養の主な目的としては，長期間の水の貯留がある．しかしながら，再生水の水質の改善が重要な二次利益をもたらすのも事実である．飲用に用いる場合，水質の向上は，再生水を利用した地下水涵養において重要な要素である．

22.1.1　地下貯留の長所

　地下水涵養は，表流水の貯留と比較した場合に，表-22.1に示されているような様々な利点を持つ．その中でも最大の利点は，地下水涵養プロセスによって水質が改善する可能性があることである．再生水を用いた表流水貯留は，二次汚染や藻類異常増殖による重大な水質低下を引き起こす可能性がある（14.7参照）．また，蒸発による損失は，塩分濃度の増加や乾燥した土地における塩分の集積（＝塩害）をもたらす可能性がある．

　地下の水移動における水質の改善は，様々な機構物によって成り立っている．主な機構としては，ろ過，生物的分解，吸着，そして加水分解がある．生分解の結果，有機化合物や窒素の変換が無限に継続できるようになっている．最も重要な除去機構は，土壌表面に存在する微生物による表面反応に伴うものである．それ故，地下で水が流れる際の土壌表面における接触は重要な要素である．

　砂や礫でできた帯水層等の多孔層を通じた地下の移動に際しては，水質改善のために必要な表面積は十分豊富である．石灰岩等の割れ目を通る水流では，接触面積が限られているため，水質改善が望めない可能性がある．以下の議論では，帯水層には水質の変換に適した素材があると想定されている．

表-22.1　表流水の貯留と比較した場合の地下貯留の長所と短所

長　　　所
・枯渇した帯水層への補充になる
・引抜き超過による地盤沈下の予防になる
・より深い帯水層からの揚水に掛かるエネルギーコストの削減ができる
・蒸発による損失が無視できる
・二次汚染のリスクが低い
・藻類ブルームがない
・土壌–帯水層処理法は，再生水の質によっては水質改善をもたらしうる
・地表の貯水施設を建設することによる環境影響を防ぐ
・表流水の貯水池のための最適な土地は，入手不可能かもしれないし，環境的に許容できないかもしれない
・地下で水を貯留することでダム建設による悪影響を防ぎうる
・人工涵養に掛かる建設費，運用費，維持管理費は，表流水の貯水池に掛かる同様のものよりも安価になりうる
・帯水層は，最終的に配水システムとして働きうる．その結果，表流水を給水するための輸送管や水路を省略することが可能かもしれない
短　　　所
・複雑な地質化学的反応が起こりうる
・吸着していた物質が再生水の特性によっては溶出することがある
・逆浸透処理の排水を化学的に安定させる必要があるかもしれない

22.1.2　地下水涵養の形態

　米国において展開されてきた実践に基づくと，現在実施されている地下水涵養は，(1)間接的飲用再利用のための地下水増加，(2)海水や汽水の淡水帯水層への浸入制御，(3)帯水層における水の貯留と回収，の3項目に分類される．それぞれの涵養の形態を以下に紹介し，それぞれを別の節においてより詳しく考察する．

間接的飲用再利用のための地下水増加

　高度処理が行われ，さらに地下帯水層の通過に伴ってさらに処理される，再生水を用いた地下水涵養は，現在，既存の飲用利用目的の地下水資源を増やすために行われている．飲用再利用を考慮する

場合，地下水涵養は，社会問題や社会認知という点で複数の利点がある．さらに，再生水を飲用目的で再利用する場合，自然処理を一度受けた再生水は，世間で容易に受け入れられる．

海水や汽水の侵入の制御

海に近い地域では，地下帯水層への海水の侵入がしばしば問題になる．地下水を揚水すると，淡水の圧力水頭が海水面よりも低くなる可能性があり，そのことにより海水が帯水層に入り込む可能性がある．注水井は，海水の侵入を防ぐために地下帯水層と海の間に水圧の壁をつくる．自然の涵養を超える地下水回収が行われている California 州南部の Los Angeles や Orange 郡等では，海水や汽水の侵入制御の必要性から，大規模な注水井のネットワークが形成された．中には，水を様々な帯水層に注入することができ，それ故，浅い位置での帯水層でも深い位置での帯水層でも塩水の侵入を防ぐことができる井戸もある．水が飲用目的で再生されること，また注水井の維持管理が高価なことから，水のほとんどは，注水する前に高度処理される．

帯水層の貯留と回収

14 章で取り上げたように，再生水の供給は，定常的に行われるものの，需要に日間変動，季節変動があるため，再生水システムにおいて貯留は，必要な構成要素である．古典的な季節依存性のある需要の例は，再生水の主たる利用が灌漑である場合に見られる．再生水の供給が年を通じて比較的一定であるのに対して，灌漑において需要が最も高まるのは，蒸発散速度が最も高くなる夏である．したがって，需要が供給を下回る冬の間に出た余分な再生水は貯留されなければならない．そうして初めて，貯えられた水で夏の間の需要のピークを補うことができる．Arizona 州では，需要と供給の季節間格差が地域分散型の水の再生，貯留，そして再利用システムの発展をもたらし，とどまることを知らない人口増加による水需要を満たした．そして新たな開発が行われると，さらに下水が再生された．再生水は，夏の間は主に灌漑用水として用いられ，冬の間は地下に涵養され，貯留されている．その後その水は，必要に応じて飲用目的あるいは非飲用目的で回収される．このような地域分散型の水の再利用戦略は，NDPES 許可の必要を免れるものでもある．

22.1.3 地下水涵養システムの要素

図-22.1 に示されているように，地下水涵養システムは，地上そして地下の要素を併せ持つ多成分構成システムであると考えられる．地上の要素としては，再生水資源の原水および地下水涵養の前に必要な水処理プロセス，その後の利用のための取水プロセスが含まれる．再生水は，受け入れる帯水層が被圧（すべて飽和している）か不圧（飽和帯と不飽和帯が混ざっているか）によって異なる注水方法で地下水涵養される．

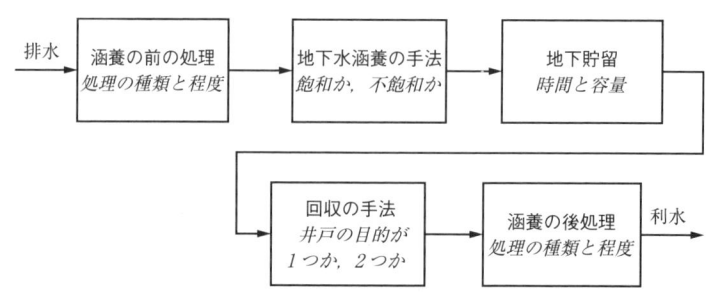

図-22.1 地下水涵養システムにおける五大要素．太字の単語は，主な要素を示す．斜体の単語は，デザインの要因を示す

再生水は，ろ過や注入を経て地下に貯留される．水質浄化は，しばしば水が地下の地層を通過する際の貯留時間の関数である．注入された水は，後に利用のために回収されるか，将来的な回収のために貯留される．

22.1.4 地下水涵養の技術

一般に再生水では，以下の3種の地下水涵養法が用いられる．(1)地表浸透，(2)通気帯への注水，(3)帯水層への直接的注水．これら3つの手法を図-22.2に示す．

地表浸透

地表浸透は，最も単純で，古くて，そして広く適用されている人工涵養の手法である(Todd, 1980)．地表浸透では，浸透池からの再生水は，通気帯(不飽和)を通じてろ過もしくは浸透する．図-22.3にイスラエルの大規模地表浸透池の例を示す．涵養池を用いた地表浸透は，地下水涵養において最も好まれる手法である．浸透池が好まれるのは，土地利用が効率的であるということと，維持管理が簡単

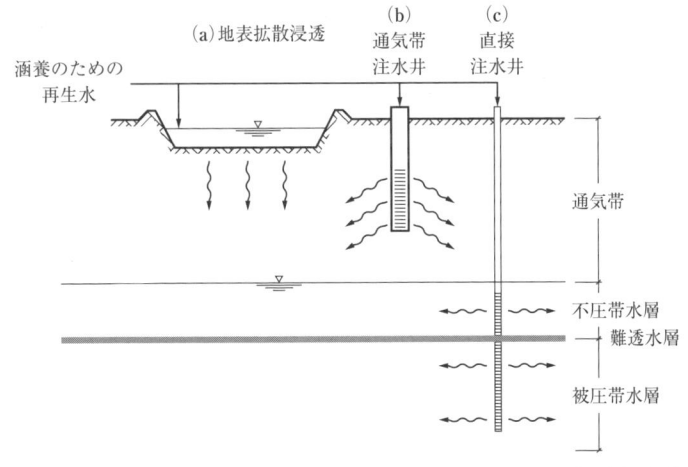

図-22.2 地下水涵養の主要な手法．(a)浸透池を用いた地表拡散浸透，(b)通気帯への注入井，(c)帯水層への直接注入井

なことからである．一般的に，ろ過速度が一番高くなるのは，耕土と植生が乱れてない土地である．

水文地質学的に地表浸透を用いた地下水涵養に適している場所では，水の再生処理は，土壌−帯水層処理(soil aquifer treatment；SAT)プロセスにより比較的単純に水再生を成し遂げることができる．下水が通気帯を通り地下水まで浸透し，帯水層内をいくらか移動する間に必要な処理が達成される．SATシステムの前処理に必要な条件は，**22.2**において取り上げる．

地表浸透を用いた地下水涵養の利点としては，以下のようなものがある．

・大都市や農耕地域といった地下水資源の汲上げ超過が激しい地域の近くで水を補充できる可能性がある．

図-22.3 イスラエルの大規模再生水拡散浸透池の航空写真(北緯：31.850度，東経34.710度)．(提供：Israel National Water Company MEKOROT)

- 地表浸透は，水が通気帯を，そして帯水層を浸透していく際，さらに処理が進むという利点がある．

通気帯への注水井

地下水涵養のために開発された最も新しい技術である通気帯注水井は，不飽和帯の存在が不可欠である．その通気帯注水井は，都市域での地価コスト上昇の産物として開発された．地価が上がるにつれて，費用対効果の高い，不飽和帯水層を涵養する代替注水技術の必要性が明白となった．地表浸透に掛かる主な費用は，土地取得費と，浸透システムへと水を運ぶための配水システムの費用である．通気帯注水井と直接注水井(以下の項で説明される)は，土地集約的でないことから，これらの注水井は，配水工程において様々な場所に配置される．

帯水層への直接注水井

地下での直接涵養は，水が運搬され，帯水層へおさまることで達成される．一般的に直接注入では，高度に処理された再生水が地下水層，普通は十分に被圧している帯水層へと注入される．直接注水による地下水涵養は，以下の場合に実施される．
- 地下水が深い，もしくは地形や土地利用等の理由から，地表浸透が非現実的もしくは高価すぎる場所．
- 沿岸域の帯水層を塩水の侵入から守る目的で，淡水のバリアをつくる直接注水が特に有効である場合．

地表浸透と直接注水の両方において，取水井を浸透池や直接注水井からできる限り離れた場所に設置することで，涵養水の水路長と滞留時間を伸ばせる．このような空間的そして時間的な分離は，涵養水と帯水層の混合をもたらし，そして下水起源の涵養水であるという認識が失われる．後者は，水再生利用プロジェクトの成功に必要な市民の受容を容易に進めるために考慮すべき重要事項である．

22.1.5　涵養システムの選択

浸透池を用いた地表浸透は，地下水涵養の手法で最も一般的なものであるが，この手法は，通気帯を有する不圧帯水層への適用に限られる．不圧帯水層内の通気帯への注水井の適用は，近年開発された手法であり，あまり一般的でない．直接注水井は，被圧帯水層と不圧帯水層の両方に使用することができる．また，様々な深さに存在する複数の帯水層へ注水するやり方もある．加えて，直接注水井は，注水と汲上げの2つの用途に対応する井戸としても使われることがある．表-22.2に様々な涵養手法の選択と設計に関する主な要素を示す．

表-22.2　主要な帯水層の涵養手法の特徴

特　徴	浸　透　池	通気帯への注水井	直接注水井
処理が行われる場所	通気帯と飽和帯	通気帯と飽和帯	飽和帯
帯水層の種類	不圧	不圧	不圧/被圧
前処理条件	二次処理[a]	二次処理とろ過	高度処理
容量	1 000～20 000 m^3/ha・d	1 000～3 000 m^3/井戸・d	2 000～6 000 m^3/井戸・d
維持管理条件	乾燥と掘削	乾燥と消毒	消毒と逆流
推定される寿命	100 年	5～20 年	25～50 年
推定される主な費用[b]（ドル）	土地と配水システム[c]	100 000～150 000 ドル/井戸	100 000～1 500 000 ドル/井戸

[a] 再生涵養水が飲用目的で使用される場合には，追加の処理が必要かもしれない．
[b] ENRCC 指標：7 800
[c] 浸透池に掛かる主要な費用は，土地の取得に掛かるものと，配水システムに掛かるものであり，幅がある．

涵養手法を選ぶ際に最も考慮すべき2つの点は，帯水層の種類と土地の入手可能性である．例えば，すべてが飽和帯の場合(すなわち，通気帯がない場合)，直接注水井が適している．もし通気帯を持つ不圧帯水層があり，土地が既に用意されている場合は，論理的に浸透池が選ばれるべきである．もし土地がその時点で十分でない場合は，通気帯注水井か直接注水井が使用される．また，帯水層が深く，直接注水井を採用するために大規模な穿孔が必要な場合には，通気帯への注水井が最も経済的となる．通気帯注水井も，直接注水井も，固形物を除去し，微生物の増殖による目詰まりを防ぐため，井戸の前処理が必要である．通気帯への注水井では水の流れを逆向きにさせることはできず，目詰まりは不可逆的であり，井戸の寿命は不明である．表-22.3に複数の涵養手法の長所と短所をまとめる．

表-22.3 様々な涵養手法の長所と短所

長 所	短 所
浸 透 池	
・建設と運転が比較的簡単 ・前処理として一次処理か二次処理で十分	・広大な土地が必要 ・適した土地が限られている．用地選択において土壌の性質が重要である ・ろ過の速度と方向を制御するため，乾燥と加水を繰り返さなければならない ・定期的な土地のメンテナンスが必要 ・開放的な水面から蒸発によるいくらかの損失がある ・藻類の増殖による目詰まりへの影響が考えられる
通気帯への注水	
・用地が比較的小さくてすむ ・蒸発による損失は無視できる ・直接注水井よりも安価な技術を使用 ・直接注水井よりも良い水質改善が可能である	・比較的新しい技術である ・短期間の記録しか存在しない ・土壌の品質検査が必要である ・井戸の設計・建設に特殊な技術が必要 ・固形物や微生物の増殖による目詰まりを防ぐために高度下水処理が必要 ・一度目詰まりが起こってしまった井戸を再開発する効果的な技術が存在しない
直接注水	
・用地が比較的小さくてすむ ・再生水の注入にも回収にも使用できる可能性がある ・再生水の注水を高速で行える ・メンテナンスや再開発の際には水流を逆転させることができる ・複数の帯水層を涵養するよう設計できる	・建設費用が比較的高価である ・エネルギー消費が膨大である．再生水の注水には高圧なポンプが必要である ・通気帯注入井のための設計・建設よりも専門的な知識を要する ・固形物や微生物の増殖による目詰まりを防ぐために高度下水処理が必要．通気帯への注水井戸よりも高度な前処理が必要な可能性がある ・水質の改善はあまり期待できない

22.1.6 涵養水の回収

貯留の後，その水は，専用の回収井戸もしくは浸透汲上げ両用井戸を用いて回収される．最終的な使用のために回収された水に対する後処理が必要である．地下水涵養場所や回収井戸の設置場所は，涵養場所に水を届ける，もしくは必要な場所に水を届けるための配水システムが主たる出費になることがあることから，非常に重要である．それ故，水再生施設の近くにある氾濫源が地下水涵養のために使用されることも多い．

22.2 水質要件

水質改善は，飲用目的で水が再生される地下水涵養システムにおいて必須の項目である．これは，しばしば間接的飲用再利用と呼ばれている(23章参照)．帯水層に直接注水する場合，注入の前にROや促進酸化等の高度処理によって水質汚染物質を除去する．浸透池が使用される場合，消毒された二次もしくは三次処理水が用いられる．飲用目的で水を回収する場合，有機炭素，窒素，病原体に関する項目をクリアしなければならない．大規模な後処理を行わなくても，自然浄化プロセスでこれらの水質項目が満たされることが多い．このプロセスは，表流水が地下水になる際に起こる自然浄化プロセスと類似している．

22.2.1 地下水涵養の水質課題

再生水を用いた地下水涵養により，慎重に評価されるべき広い範囲の技術的，そして衛生的な課題が明らかとなった．水質に関する基本的な幾つかの疑問点は，以下のとおりである(Asano and Wassermann, 1980；Roberts, 1980；Crook *et al.*, 1990；NRC, 1994)．
・地下水涵養に適した水を生産するためには，どのような水処理プロセスが使用可能であるか？
・これらのプロセスは，どのようにしたら実践可能になるのか？
・ろ過-浸透間と地下水中での水質は，どのように変化するのか？
・ろ過-浸透と地下水脈は，全処理システムの効能と信頼度にどのように貢献しているのか？
・重要な衛生問題は，何か？
・涵養と回収という視点で，これらの論点は，地下水涵養規制にどのように影響するのか？
・過去の実践において，どのような便益と問題があったのか？

上記の論点に関して，再生水を用いた地下水涵養において特に重要な水質項目は，(1)微生物学的水質，(2)全無機物(全溶解性蒸発残留物)，(3)リン酸等の析出しやすい成分，(4)重金属等の有毒な成分，(5)栄養分，そして(6)微量有機成分，である．

22.2.2 要求される前処理の程度

地下水涵養の目的，再生水の水源，涵養手法，そして場所によって，前処理の必要要件は大きく左右される．地下水涵養における地表浸透が下水処理において有用であることは事実だが，未処理の下水を地下水涵養に用いるためには何らかの前処理が必要となる．高濃度の藻類が再生水に残存するような前処理は，ろ過池の土壌に深刻な目詰まりをもたらすので，避けるべきである．

微量成分の存在や，間接的飲用再利用プロジェクトの綿密な吟味により，ROと促進酸化処理を併せ持ったより高度な処理が，地表浸透と直接注水による涵養の前に適用されてきた．脱塩された水は，石灰を混和することで侵食性のない水に安定化される(9章参照)．高度処理を適用するかどうかの判断は，自然の地下水の水質や微量成分についての懸念の度合等地域特有の様々な要因に依存する．様々な涵養手法に必要な前処理の要件は，それぞれの節で取り扱う．

22.3 地表浸透池による涵養

浸透池[急速浸透池(rapid infilteration basins；RIBs)としても知られている]を利用した地表浸透

は，地下水涵養法として最も一般的で，また，古くから知られている．浸透池の多くは，土壌の透水性が高い氾濫原や，その近隣に位置している［図-22.23(a)参照］．大きな局所的地下水位の上昇をもたらす不透水層のない通気帯と，水平方向に高い透過性を持つ不圧帯水層が，過剰な局所的地下水位上昇を防止するために必要となる．

22.3.1 概　要

浸透池のサイズは，0.4 ha(1 ac)から 4 ha(10 ac)以上に至るまで多岐にわたる．掘削は透水性の低い表層土壌を取り除くうえで重要であり，掘削した土は，浸透池を囲む堤防建設に使用される（図-22.4 参照）．浸透速度を減少させる細かい土壌粒子の侵入をもたらす侵食を防ぐため，浸透池底部へ最初の導水が行われる際，底面で薄層流が生じるように浸透池には傾斜をつける［図-22.4(b)参照］．

図-22.4　典型的な地表浸透池．(a) Florida 州 Conserve II の空の浸透池，(b) 浸透池に導かれた再生水が薄層流を形成して底面に広がっていく（北緯 28.493 度，西経 81.620 度）

一般的な運転方法

再生水を使用した浸透地の一般的な運転に際しては，浸透速度を保つために湿潤期間と乾燥期間を導入することが必要である．水が池に導水されるにあたり，水中に存在する固形物質は，土壌表面中に除去される．さらに，生物活動によって土壌表面へ有機物質が集積する．日射の強い地域では，藻類の増殖が浸透速度を経時的に減少させる主要因となる．池への導水が止められるまで浸透速度は低下し続ける．浸透池から水が引き抜かれ，乾燥するようになると，土壌表面の有機物質も乾燥し，浸透速度が回復する．このような乾燥サイクルが用いられなければ，水面下に洗浄装置を設置して目詰まりの原因物質を除去しない限り，浸透速度が低下して用をなさなくなる．

二重の機能を持つ池

浸透池は，野生動物の保護や魚類の生態系維持を目的としても設計される．この2つの機能は，浸透池の底部に深い窪地を掘ることにより達成される．乾燥サイクル中は，この窪地に溜まった水が魚類やその他の水生生物の避難所となる．池に再び導水されるようになれば，魚類や水生生物は，池全体を生息環境とすることができるようになる．

22.3.2 前処理の必要性

浸透池は，洗浄により浸透速度が回復し，地下浸透処理は，ほとんどの環境下で水質をしっかりと

向上できるため，幅広い水質の水が用いられている．一次，二次および三次処理水のすべてが浸透池に適用された例がある．下水中の様々な溶存物質がもたらす影響を表-22.4にまとめた．飲料水として使用する場合には，法規制により三次処理水を用いるよう要求されることが多い．一次処理水は，テストプロジェクトの際に用いられるのみであり，現在は浸透地には用いられていない．California州にあるFountain ValleyのOrange County Water District(OCWD)は，飲用水供給目的の地下水涵養池にROと促進酸化で処理された再生水を使用している．ROと促進酸化プロセスにより，再生水を地表浸透池に適用する場合に懸念されるすべての溶存物質を除去

表-22.4 地下水涵養システムにおける排水含有成分の影響

関連成分	水質への影響	浸透への影響
有機炭素	・多ければ，酸化濃度を下げる	・一次処理水は，生物膜形成により目詰まりする
微量有機化合物	・無視できる ・長期残留するものがある	・影響はない
窒素	・湿潤-乾燥サイクルでアンモニア除去ができる ・硝化された処理水は，使用不可	・窒素を減らしても藻類の増殖制限にならない
浮遊物質	・無視できる	・SSが少なければ，浸透を促進する
病原体	・無視できる	・無視できる

することができる．OCWDの地下水補填(groundwater replenishment；GWR)システムについてのさらなる詳細は，22.7で述べられている．

水質への影響

再生水を用いた地下水涵養に関連して関心のある水質項目として，有機化合物，酸化還元能，窒素，病原体の変化があげられる．

有機物質 地表浸透池による涵養の場合，有機物質の除去は，前処理の程度とは驚くほど無関係である(AWWARF, 2001)．下水処理の段階で除去される生物分解されやすい物質は，地下浸透中にも除去されやすいためである．一般的に，地下の表層近くの環境は，大きな生物膜に見立てることができ，浸透時間と滞留時間がともに数ヶ月や数年単位の場合には，生物分解性の有機物除去を目的とした前処理の程度は，地下の生物的除去能にそれほど影響を与えない．

酸化還元電位 生物分解性の高い有機物質が土壌と水の境界近傍で除去される際，水中の酸素が消費されるので，帯水層では，しばしば酸素が枯渇している．このような酸素の枯渇は，涵養水中に無酸素水塊を形成することもあり，帯水層中の物質の望ましくない反応を引き起こすことがある．酸化還元電位が低いと，帯水層に存在していた鉄，マンガン，ヒ素が還元され可溶化する．このような可溶化は，歴史的にはヨーロッパの河岸ろ過システムで起こっている．米国の涵養池においては，多くの帯水層が還元的雰囲気になってはいるが，大きな問題となったことはない．

窒素 地上での窒素除去は，しばしば実践されており，地下水の硝酸汚染への懸念を解消している．硝化もしくは脱窒された下水処理水と，還元状態の窒素を含む二次処理水とでは，酸素要求量が異なる．20 mg/Lのアンモニア性窒素を含む下水は，80 mg/L以上の窒素系酸素要求量となるのに対し，2 mg/Lのアンモニア性窒素を含む硝化-脱窒された下水処理水は，10 mg/L以下の窒素系酸素要求量となる．アンモニアは，土壌粒子上で，湿潤期間中に陽イオン交換によっても除去され，吸着したアンモニアは，乾燥期間中に硝化される．アンモニアによる酸素要求量の増加は，通気帯および飽和帯の両方において，酸化還元電位を低く保つ主要因となりうる．

通気帯において好気-嫌気サイクルが生じるため，アンモニア性窒素があっても湿潤-乾燥サイクルにより窒素除去が継続的に行われることとなる．窒素除去は，多様な土壌状態において様々な処理下水に対して適用されている．Arizona州では，湿潤-乾燥サイクルが適正に行われている場合には，アンモニア性窒素濃度が10 mg/Lを超えても許容される．硝酸は，土壌に吸着せず，有機炭素量が少ないため，無酸素状態でも脱窒があまり起きることがない．10 mg/Lの硝酸性窒素を除去するた

めには，40 mg/L 程度の炭素系 BOD(carbonaceous BOD；CBOD)が必要である．硝酸濃度が 10 mg-NO₃-N/L を超えるまで硝化が進んだ下水処理水は，地下水涵養に用いるべきではない．硝化された下水は，植物が脱窒を促進する有機炭素を供給するような湿地／涵養の混合池に対しては用いることができる．

病原体 下水排水を浸透池に適用する前段階での病原体の除去は，その他の水再利用計画と同様に市民や労働者の安全性を第一義としたものである．ろ過と生物分解の組合せは，地下での移動における細菌や寄生虫の除去に効果的である．ウイルスの生残性が地下での移動において最も懸念されている．もし一般人の浸透池への接近が制限されているなら，さらなる消毒は，不要であろう．浸透池の多くは，未消毒の再生水を使用している．

水理学的処理能力に対する前処理の効果

下水を浸透池へ放流する前に行う処理は，生物分解性の有機物や浮遊性物質，栄養塩類の量を調整することにより目詰まり層の形成に影響を与える．通常，二次処理水には三次処理水よりも高濃度の浮遊性物質が含まれており，浮遊性物質による目詰まりが起こりやすい．しかし，浮遊性物質は，日光の透過を妨げるため，日射が強い場合の藻類の増殖を抑制することもできる．易生物分解性の有機物量は，二次処理水と三次処理水で大きな差はないため，土壌と水の境界面での細菌の増殖による目詰まり層の形成は，処理により大きく異なるものではない．硝化−脱窒下水処理水中では，通常の下水処理水と比べ窒素濃度が非常に低くなっているが，硝化−脱窒下水処理水中の栄養塩類濃度は，藻類の増殖を抑制するほどの低濃度とはならない．最終的に利用される再生水において富栄養化が問題視されることはほとんどないため，浸透池での藻類増殖抑制を目的としたリン除去の適用例はない．リンは，地下水涵養中で石灰質の土壌により効果的に除去される．

22.3.3 水理学的分析

浸透池の水理学的処理能力(hydraulic capacity)は，基本的に土壌の鉛直方向の水の透過度と目詰まり層の形成速度によって決まるものである(図−22.5参照)．それに加えて，乾燥期には池へ導水することはないため，湿潤期と乾燥期の相対的な長さが重要な要素となる．地下水位が地表面に近づいたり，浸透池の下に宙水層が発達したりすると，涵養水を池から外向きに逃がす水平方向の流れが優勢となる(Morel-Seytoux, 1985)．浸透池の水深は，水理学的処理能力に影響することもあるが，一般的にこれは重要ではない．

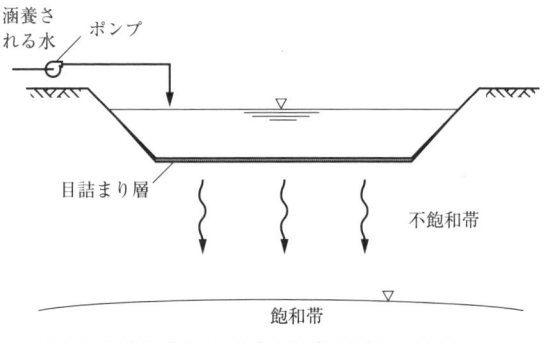

図−22.5 地表浸透池からの水の浸透に関するプロセス

表流水の浸透

表流水の浸透式は，まず最初に Green and Ampt(1911)によってつくられ，続いて Bouwer(1966)と Neuman(1976)により改良された．これを用いて浸透速度を予測することができる．浸透速度を計算するための式の一般的な形は，以下のようなものである．

$$v_i = K \frac{H_w + L_f - H_{cr}}{L_f} \tag{22.1}$$

ここで，v_i：浸透速度(m/d)，K：湿潤層の水の透過度(m/d)，H_w：底面土壌上部にある水の水深(m)，L_f：湿潤前線の深さ(m)，H_{cr}：土壌の湿潤のための限界圧力水頭(m)．

式(22.1)を立てるにあたり，水流は沿直方向であり，水中の溶存物質に変化はないことと，湿潤層において，水の透過度は一定であることが仮定として用いられている．湿潤前線とは，湿った物質と湿っていない物質との境界面のことである．水が浸透池へ流入し浸透が始まると，池の下部に湿潤前線が形成され，湿潤前線は，一様に地下水方向へ近づいていくと考えられる．地表での浸透速度 v_i は，Darcy 速度と一致する．空隙が水で満たされていくだけなので，湿潤前線の実際の移動速度は，浸透速度よりも速くなる．出口を失った空気が浸透池下部にある土壌の飽和を妨げるため，通常，湿潤層における実際の K の値は，飽和の水透過度(K_{sat})の値より小さくなる．多くの適用事例において，式(22.1)における K の値は，K_{sat} のほぼ半分の値となっている．水深 H_w は，浸透が始まる時の 0 m から浸透池や河川における数 m まで幅広い値をとる．湿潤前線における圧力水頭 H_{cr} は，土壌の性質により変化する．H_{cr} は，粗い土壌における -0.1 m 以上程度から粒径の細かい土壌における -1 以下程度までの値をとる．式(22.1)からわかるように，L_f の値が増加して湿潤前線が深部へ移動し，L_f が $H_w - H_{cr}$ の値より十分に大きくなると，v_i は減少して，定数 K に近づく．それ故，深い不飽和帯水層を持つ浸透池における最終的な浸透速度は K であり，水深が浸透に与える影響は重要ではない．

湿潤前線の移動

湿潤前線の移動速度 dL_f/dt の算出は，いつ湿潤前線が帯水層へ到達して，局所的地下水位の上昇に影響を与えるかを見積もるうえで重要である．湿潤速度の移動速度は，f を空隙率(湿潤前後での水の含有量の差)とすると，v_i/f と等しい．式(22.1)を t について解くと，以下のように変形，結合することができる．

$$t = \frac{f}{K}\left\{L_f - (H_w - H_{cr})\left[\ln\left(\frac{H_w + L_f - H_{cr}}{H_w - H_{cr}}\right)\right]\right\} \tag{22.2}$$

ここで，t：浸透が始まってからの時間．その他については，前記のとおりである．

地下へ浸透した水の全体での水の深さ I_t は，$f \times L_f$ に等しい．通常，土壌中の水含有量は深度に伴い増加するため，f は深度に伴い減少し，式(22.1)，(22.2)で得られる結果に影響する．土壌断面は，固有の f を持つ厚み Δz の層に分けなければならない．式(22.2)は，各層内の移動速度を算出するのに用いられる．I_t と t の関係は，各層での $f\Delta z$ と Δt を合計することで得られる．さらに，このような層断面の図式化作業は，異なる水の透過度を持つ不均一な土壌に対しても適用することができる．しかしながら，水の透過度の低い土壌層があると，全行程の浸透速度が制限されることがある．水の透過度が最も低い層における K の値は，湿潤前線がその層を通過する時の制限速度となる．

例題 22-1　浸透池の浸透解析

再生水が浸透池内で浸透するとする．下記の変数を浸透池に適用し，(a) 10 m の深さまで，湿潤前線の深度 L_f を時間の関数としてをプロットせよ，(b) 浸透速度 v_i を時間の関数としてプロットせよ，(c) 100 m² の浸透池において浸透する水の総量を求めよ．

H_w：地上からの水の高さ　0.7 m
K：水の透過度　1 m/d（定数とする）
f：空隙率　0.35（無次元）
H_{cr}：-0.5 m

解　答

1. 湿潤前線の深度が0.01〜10 mの場合に，湿潤前線の深度と時間の関係を0.5 m間隔で求める．
   a. 深度が0.5 mの場合，式(22.2)を用いて，時間は，以下のように計算できる．

$$t = \frac{f}{K}\left\{L_f - (H_w - H_{cr})\left[\ln\left(\frac{H_w + L_f - H_{cr}}{H_w - H_{cr}}\right)\right]\right\}$$

$$= \frac{0.35}{(1\text{ m/d})}\left\{0.5\text{ m} - [0.7\text{ m} - (-0.5\text{ m})]\left[\ln\frac{0.7\text{ m} + 0.5\text{ m} - (-0.5\text{ m})}{0.7\text{ m} - (-0.5\text{ m})}\right]\right\} = 0.029\text{ d}$$

   b. 深度10 mまで計算を続け，湿潤前線の深度と時間の関係を計算すると，右のグラフが得られる．

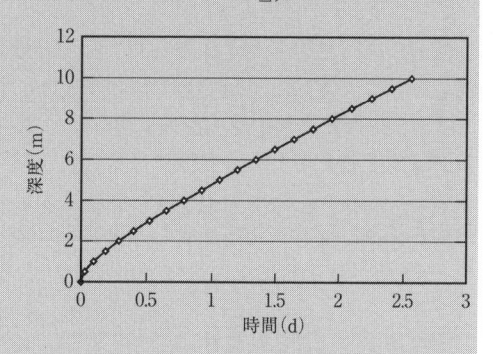

2. 浸透速度と時間との関係の決定．
   a. 式(22.1)を用いて湿潤前線の深度が0.5 mである場合の浸透速度を求める．

$$v_i = K\frac{H_w + L_f - H_{cr}}{L_f} = (1\text{ m/d})\left[\frac{0.7\text{ m} + 0.5\text{ m} - (-0.5\text{ m})}{0.5\text{ m}}\right] = 3.4\text{ m/d}$$

   b. 結果より，時間が0.029 dの時点で浸透速度は，3.4 m/dとなる．湿潤前線の深度10 mまで計算を続けると，右のグラフが得られる．1 d以降，浸透速度は，1 m/dの水の浸透度に近づく．

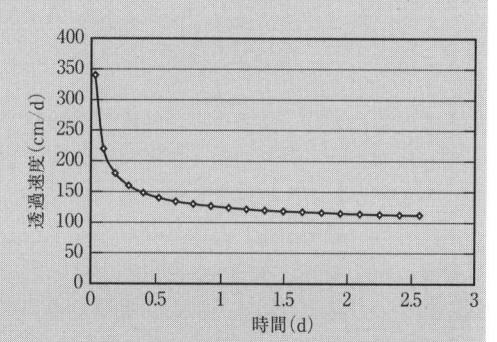

3. 浸透する水の総量の決定．
   a. 100 m²の池における浸透水の総量を計算する．ここで必要なのは，湿潤前線の深度である．深度が10 mである時，土壌間隙中の水量は，浸透水量となる．
   b. 浸透水量 V_{int} は，以下のようになる．

$$v_{inf} = L_f \times f \times 池面積 = (10\text{ m})(0.35)(100\text{ m}^2) = 350\text{ m}^3$$

目詰まり層を通過する際の浸透

清水を対象とした式(22.1)の展開において，浸透池において考慮されるべき2つの重要な要素が考慮されていなかった．第一の要素は，湿潤前線が均一のものではなく，湿潤前線中の水含有量および水透過度は，時間とともに増加する傾向があるということである．しかし，表層近くで目詰まり層が

形成されるため,浸透過程で水含有量の増加によるろ過の増大はめったに見られない.第二の要素は,浸透速度は定常値でなく,目詰まり層の形成に伴い浸透速度が経時的に減少する傾向にあることである.目詰まり層により表層で水の透過度が制限を受けることもあり,目詰まり層の形成は,池の水理に対しても影響を与える.目詰まり層内に飽和状態の湿潤前線が存在し,目詰まり層より下部では,Kの値が大きく,不飽和な流れが発達する.

目詰まり層を通過する際の浸透速度は,飽和の水の透過度 K_c で陸地薄膜を通過する際の浸透速度を求めることと類似している.この際の浸透速度 v_i は,以下のように表される.

$$v_i = K_c \frac{H_w + L_c - H_i}{L_c} \tag{22.3}$$

ここで,H_w:薄膜上での水深(m),L_c:薄膜の厚さ(m),H_i:薄膜底部での圧力水頭(m).その他は前記のとおりである.

式(22.3)の概念図を図-22.6に示した.K_c や L_c 等,ほとんどの変数が時間変動するため,実際には式(22.3)の解を求めるのは難しいが,式(22.3)を調べることにより重要な結果が得られる.L_c の値が H_w の増加と比較して大きく増加することはないため,式(22.1)とは異なり,H_w の増加が潜在的に浸透速度へ影響を与える主要因となり得る.そのため,このような条件下では,理論的には池内での水深が増加すると,浸透速度に良い影響を与えると考えられる.

式(22.3)では,水深の増加に伴い K_c の値がどう変化するかを把握することはできない.Bouwer and Rice(1984)は,浸透池の水深が浸透に与える影響を考察し,深度の増加により目詰まりの原因となる堆積物と有機物の圧縮が起こることを明らかにした.圧密理論により,

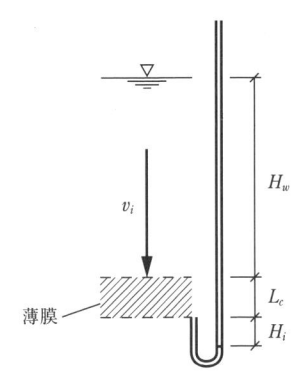

図-22.6 式(22.3)における変数の図説

目詰まり層においてどのように圧縮が起こるかが説明され,その結果はフィールド調査および実験室内の実験により実証された.このような調査から得られたこととして,浸透水の原水が再生水である場合は,実用的に最小の水深を用いることが一般的に推奨されている.その理由として,再生水は,目詰まり層形成の原因となる藻類や細菌の増殖に十分な栄養分が含まれているからである.そのため,深度の増加により一時的な浸透速度が増加し,その後,以前よりも浸透速度が減少するという現象がしばしば起こる.湿潤期および乾燥期の両者を含む全体での浸透速度も,水深の増加によりさらに減少することがある.目詰まり層による影響がより強くなり,水深が増加すると,より多くの水が水の透過度の低い層を通過しなければならなくなるため,池からの水の引抜きにさらに時間が掛かるようになる.乾燥の前に池の水を完全に引き抜き,浸透速度の回復が起こる.水深が実用的に最小の値に保たれていれば,目詰まり層が圧縮されることはなく,引き抜かねばならない水量は,0.6 m(2 ft)分以下ですむ.たいていの場合,0.6 m 分の水を引き抜くのには1日とかからない.

水の華の影響

水の華,すなわち藻類ブルーム(algal bloom)は,目詰まりの原因となるため非常に重要な問題であり,水深を低く保たねばならないもう一つの理由となっている.二次処理水をそのまま用いた再生水中には,基本的に藻類の栄養に制限がないため,日射が藻類増殖を制限する主要因となる.一度藻類が増殖し始めると,対数増殖期に入って水の華が発生し,これが目詰まりの主要因となる.藻類の増殖は,浸透池の水の滞留時間を短くすることで抑えることができる.Arizona 州の Tucson にある Under-ground Storage and Recovery Facility では,藻類の増殖が始まると,湿潤が打ち切られる.監視員が池が緑色になったことに気づくと,池への導水が打ち切られ,池からの水の引抜きが始まり,水の華が形成される前に乾燥される.一度水の華が形成されると,藻類が浸透池内の微生物群集で支

配的になってしまう．光合成中に藻類が二酸化炭素を利用することによるpHの上昇も引き起こされる．藻類のマットが表層にできてしまうと，局所的なpH上昇が起こり，目詰まり層で炭酸カルシウムの沈殿が発生する．このようにして起こる無機物の沈殿による目詰まりは，不可逆的なものとなる．

局所的地下水位上昇の影響

地下水からの深度が浅い場合，浸透速度は，水平方向の流れにより制限を受ける．水平方向の流れにより，浸透した水は，浸透池から外に横方向へ移動することになる．局所的な水位上昇が浸透池の下に形成される(図-22.7参照)，もしくは宙水層が形成されれば，浸透速度は，水平方向の流れにより制限される．水平方向の流れを用いて地下水位の局所的な上昇，下降を表現する式がHantush(1967)により導かれている．長方形の浸透池の下に位置する不圧帯水層における局所的地下水位の上昇は，以下の式によって表される．

$$h_{x,y,t} - H = \frac{v_a t}{4f} \left\{ \begin{array}{l} F[(W/2+x)n, (L/2+y)n] \\ + F[(W/2+x)n, (L/2-y)n] \\ + F[(W/2-x)n, (L/2+y)n] \\ + F[(W/2-x)n, (L/2-y)n] \end{array} \right\} \quad (22.4)$$

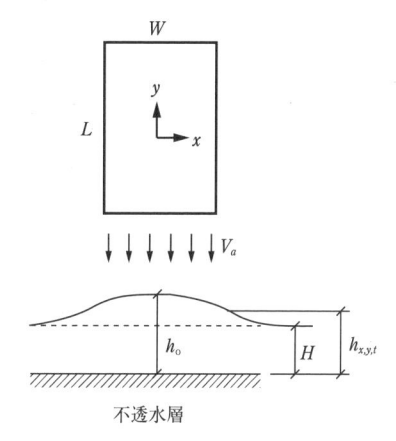

図-22.7 不圧帯水層における局所的地下水位の上昇に伴う鉛直・水平方向の浸透

ここで，$h_{x,y,t}$：位置x, y，時間t(図-22.7参照)における不透水層上部の地下水位(m)，H：不透水層上部の地下水位の初期値(m)，v_a：浸透池からの水の地下水面への到達速度(m/yr)，t：涵養が始まってからの時間(d)，f：空隙率(無次元)，L：y方向の浸透池の長さ(m)，W：x方向の浸透池の幅(m)，$n:(4tT/f)^{-1/2}$，T：透過率(m^2/d)．

$$F(\alpha, \beta) = \text{Hantush の誤差関数} = \int_0^1 [\text{erf}(\alpha\tau^{-1/2}) \times \text{erf}(\beta\tau^{-1/2})] d\tau$$

$\alpha = (W/2+x)n$ あるいは $(W/2-x)n$
$\beta = (L/2+y)n$ あるいは $(L/2-y)n$

Hantushの誤差関数の値は，Hantushにより表にまとめられており，簡略化されたものを**附録G**の**表-G.1**に示した．

透過率Tは，nにおいては$K(H+h_{x,y,t})/2$と評価され，局所的な水位上昇部位が形成される過程での帯水層の厚さの増分を補正する．最終的な局所的な水位上昇の高さがわからないため，まず$h_{x,y,t}$におけるTの値を$K(H)$として最初に評価する．最初に算出された$h_{x,y,t}$の値を用いてTを算出し，$h_{x,y,t}$が厳密に定義されるまで逐次代入によりTを計算する．$h_{x,y,t}$が$0.5H$より大きな値をとる場合，式(22.4)は，無効である．tの値は，浸透が始まってから数日後となることが普通であり，湿潤前線が地下水面に達した時の時間と解釈される．局所的な上昇地下水位の中央では，x, yはともに0であり，式(22.4)におけるFの項の合計値は，$4F[Wn/2, Ln/2]$と簡略化される．

式(22.5)は，浸透が終わってからの地下水の局所的上昇の消失を評価するためのものである(Hantush, 1967)．

$$h_{x,y,t} - H = Z(x, y, t) - Z(x, y, t-t_s) \quad (22.5)$$

ここで，t_s：浸透水の地下水面への到達が止まってからの時間．その他については前に定義したとおりである．$Z(x, y, t)$と$Z(x, y, t-t_s)$は，それぞれ$t, t-t_s$を時間変数とした式(22.4)の右辺である．局所的地下水位上昇部の上の湿潤層の水は，帯水層へ流入し続けるので，t_sは，地下水面へ達する水が停止してから数日という値をとる．さらに，局所的地下水位上昇の退行を求める場合，fは，元の空隙率より小さい流出用の値をとるとすべきである．

例題 22-2　局所的地下水位上昇の測定と潜在的効果

不圧帯水層上に位置する浸透池に対し，以下に与えられる変数を用いて，(a)浸透池の運用開始から1年後における局所的地下水位上昇値の上限，(b)浸透池が地下水位の局所的上昇に影響を受けるかどうか，(c)このような条件化における式(22.4)の有効性，(d) $x=350$ m, $y=350$ m における地下水位の上昇，を求めよ．

T：透過率　　0.005 m²/s
H：不浸透層上方の地下水位(帯水層の厚さ)　　30 m
L　　100 m
W　　100 m
f：空隙率　　0.25
v_a　　100 m/yr
地下水までの深さ　　20 m

解　答

1. 局所的地下水位上昇の上限値を求める．
   a. 地下水位の最大上昇値は，$x=0$，$y=0$ の場合に得られる．したがって，式(22.4)より地下水位の最大上昇値を求めることができる．

   $$h_{x,y,t} - H = \frac{v_a t}{4f} \begin{cases} F[(W/2+x)n,\ (L/2+y)n] \\ + F[(W/2+x)n,\ (L/2-y)n] \\ + F[(W/2-x)n,\ (L/2+y)n] \\ + F[(W/2-x)n,\ (L/2-y)n] \end{cases}$$

   $x=0$，$y=0$ の時，式(22.4)は，以下のように簡略化できる．

   $$h_{x,y,t} - H = \frac{v_a t}{4f} \{4 \times F[(W/2)n,\ (L/2)n]\}$$

   b. 式(22.4)で定義されている n の値を算出する．
   $n = (4tT/f)^{-1/2} = [(4)(365\ \text{d})(0.005\ \text{m}^2/\text{s})(86,400\ \text{s/d})/0.25]^{-1/2} = 0.00063\ \text{m}$

   c. $F(\alpha, \beta)$ の値を決定する．$F(\alpha, \beta)$ の値は，以下のようにして算出できる．$F(\alpha, \beta)$ の値は，**附録 G の表-G.1** に示されている．
   $\{F[(W/2)n,\ (L/2)n]\} = F[(100\ \text{m}/2)(0.00063),\ (100\ \text{m}/2)(0.00063)]$
   　　　　　　　　　　$= F[(0.0315),\ (0.0315)] = 0.00877$

   d. 以上より地下水位の上昇が計算できる．

   $$h_{x,y,t} - H = \frac{(100\ \text{m/yr}) \times 1\ \text{yr}}{4 \times 0.25}(4 \times 0.00877) = 3.51\ \text{m}$$

2. 地下水位の上昇が浸透に影響するか．

   1年間で3.51 m という地下水位の上昇により，地下水までの深さは，20 m から16.49 m へ減少する．この現象が涵養池へ与える影響は小さいが，地下水位上昇が数年にわたって続く，もしくは浸透速度が上昇する場合，地下水位の上昇が浸透速度へ影響を与えることがある．

3. 式(22.4)が有効であるかの確認．
   a. 式(22.4)の有効性は，地下水位上昇と帯水層の厚さ(H)の比により検討できる．

   $$\frac{h_{(0,0,1)} - H}{H} = \frac{33.51\ \text{m} - 30\ \text{m}}{30\ \text{m}} = 0.11 < 0.5$$

b. 比が 0.5 以下であるので，式(22.4)は，有効である．
4. $x = 350$ m，$y = 350$ m の地点での地下水位上昇量の増加分を計算する．
   a. (350 m, 350 m) の時の F の値を式(22.)から得る．1年の場合，n の値は，1. a の場合と等しい．

   $F[(W/2+x)n,\ (L/2+y)n] = F[(100\text{ m}/2+350\text{ m})n,\ (100\text{ m}/2+350\text{ m})n] = 0.24$
   $F[(W/2+x)n,\ (L/2-y)n] = F[(100\text{ m}/2+350\text{ m})n,\ (100\text{ m}/2-350\text{ m})n] = -0.195$
   $F[(W/2-x)n,\ (L/2+y)n] = F[(100\text{ m}/2-350\text{ m})n,\ (100\text{ m}/2+350\text{ m})n] = -0.195$
   $F[(W/2-x)n,\ (L/2-y)n] = F[(100\text{ m}/2-350\text{ m})n,\ (100\text{ m}/2-350\text{ m})n] = 0.16$

   b. (350 m, 350 m, 1 yr) での地下水上昇は，式(22.4)を用いて計算できる．

   $$h_{(350\text{ m, }350\text{ m, }1\text{ yr})} = \frac{(100\text{ m/yr})(1\text{yr})}{4\times 0.25}(0.24 - 0.195 - 0.195 + 0.16) = 1.0\text{ m}$$

清水の浸透速度の予測

地表浸透池における浸透速度予測にあたってまずすべきことは，浸透計を用いることにより，またはパイロットスケールの導水試験を行うことにより，清水の浸透速度を測定することである．浸透計を用いる場合，二重リング式の浸透計か，水平方向の流れの影響が最小となるよう十分なサイズのものを用いなければならない(Bower, 1986)．二重リング式の浸透計を用いる場合，土壌中を水が垂直方向に流れることとなる内側のリングの内部について測定が行われる(図-22.8 参照)．外側のリングは，垂直方向へ流れている水が水平方向へも流れることができるように流れを分けるためものである．H_{cr} の正確な評価がなされるとして，土壌の水の透過度を求めるのには，式(22.2)を用いる．式(22.1)は，浸透計で維持されている水頭よりも十分に湿潤前線が大きい場合，定常な浸透速度を求めるのに用いられる．浸透計の導水試験においては，一つの池内で表面の水の透過度が大きく異なることがあるため，浸透池内の様々な地点で行うことが重要である．十分に余力があれば，清水を用いて大きな機器でパイロット試験を行うことで精度良く浸透速度を予測することができる．しかし，パイロット試験は，大量の水を必要とするため，現実的でないこともある．

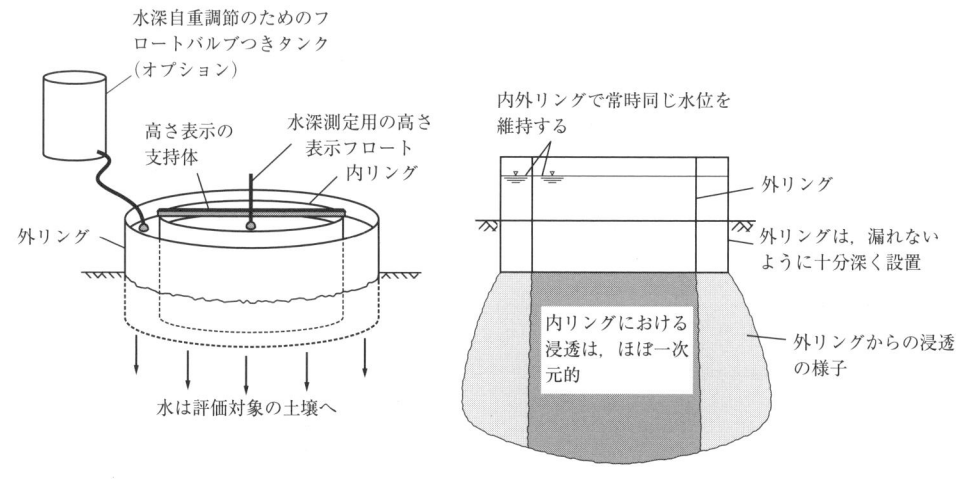

図-22.8 地表の浸透速度を測定するための二重リング

22.3.4 運転・管理における問題点

実験により浄水を用いて浸透速度の評価を行った後は，実際の浸透速度を湿潤-乾燥サイクルおよび目詰まり層の形成に対して補正しなければならない．浸透池の総運転時間には，(1)導水時間，(2)池から水を引き抜く時間，(3)乾燥に掛かる時間，が含まれる．再生水が乾燥した気候で用いられるのであれば，総導水時間は，しばしば総時間の50％を下回る．残りの時間は，引抜きと乾燥に用いられる．さらに，目詰まり層の形成により，浸透速度は，清水による試験の時と比較して著しく減少する．したがって，実際の浸透速度は，総導水時間/総時間の比によって補正しなければならない．目詰まり層の形成により，比率が50％程度になるまで浸透速度は減少する．浸透速度がArizona州のMesaにあるNorthwest Water Reclamation Plantのように0.15 m/d(0.5 ft/d)以下ととても遅いという計測結果なら，もしくは地下土壌の水の透過度が目詰まり速度より遅いなら，目詰まり層による浸透速度の低下は起こらない．目詰まり層は，浸透速度を50％まで低下させるため，実測清水浸透速度が2.5 m/d(8 ft/d)で総運用時間の50％が導水時間であるようなシステムは，浸透時間を平均浸透速度0.6 m/d(2 ft/d)を基準にして設計すべきである．

湿潤-乾燥サイクル

再生水を水源とする浸透池の運転においては，湿潤期と乾燥期のサイクルはひとまとまりのパートとなる．乾燥サイクルは，土壌と水の境界で目詰まりの原因物質の集積を止めるうえで重要である．乾燥サイクル中は，土壌表面で集積した有機物を乾燥させることができる．乾燥により有機物は，収縮し，土壌粒子から分離する．さらに，空気の取入れによりエアレーションが起こり，有機物の生物分解も乾燥サイクルの間に促進される．乾燥した有機物は，密度が小さく，風によって散りやすくなる．表-22.5にあるように，湿潤-乾燥サイクルは，浸透池ごとに大きく異なる．Bouwer et al. (1980, 1991)は，Arizona州の実験地にて幾つかの異なる湿潤-乾燥サイクルの評価を行った．これらの実験地は，好ましい水理学的条件を示し，湿潤，乾燥期間の変化による水質の影響を評価した．湿

表-22.5 浸透池における湿潤-乾燥サイクルの期間と水質への影響

浸透池	再生水	湿潤-乾燥サイクルの期間	説　明
23rd Avenue Phoenix, Arizona 州	二次処理水	2週湿潤 2週乾燥	60％の窒素除去
Flushing Meadows Phoenix, Arizona 州	二次処理水	2〜4日湿潤 5〜10日乾燥	ほとんど窒素は除去されない[a]
Dan region, イスラエル	硝化-脱窒	1日湿潤 2〜3日乾燥	45％の窒素除去
Tuson Underground Storage and Recovery Facility, Arizona 州	散水ろ床三次処理	2〜7日湿潤 5〜10日乾燥	湿潤-乾燥サイクルは，藻類増殖に支配される．50％以上の窒素除去
Mesa Northwest Water Reclamation Plant, Arizona 州	三次硝化-脱窒	1週湿潤 3週乾燥	粘土レンズが浸透を制限．池間に水理学的結合が生じ，引抜きに余計に時間が掛かる
Anatheim Forebay, California 州 Orange 郡	Santa Ana 川水	1月湿潤後乾燥	深い池は，潜水艦洗浄装置で洗浄
Montebello Forebay, California 州 Los Angeles 郡	三次処理水．雨水および地表水	3〜4週湿潤 2〜4週乾燥	湿潤-乾燥サイクルにおいて水の有無が重要

[a] 短い湿潤期間と長い乾燥期間により，油が好気的に残り，ほとんど脱膣が起こらない．

潤期間は，イスラエルの Dan Region Project と同等の1日程度の短いものから，California 州の Anaheim Forebay in Orange Country のように継続的に行うものまで多岐にわたる．水の華および水の利用可能性の組合せが湿潤-乾燥サイクルの決定因子となることが多い．Arizona 州の Mesa での Northwest Water Reclamation Plant では，レンズ状粘土層が浸透速度を制限し，水平方向の流れが池同士の水理学的な結合を引き起こしている．したがって，長期の乾燥期間を設けることは，池の水を効果的に引き抜くうえで，また近接する池への悪影響を軽減するうえで必要である．

　湿潤-乾燥サイクルを運用するうえでまず考慮すべきなのは，浸透速度の維持であるが，湿潤-乾燥サイクルの長さは，水質の変化ももたらす．湿潤期間中は，有機炭素の生物分解が起こる土壌と水の境界面で酸素の大半が消費される．乾燥期間中には，酸素を含む空気が土壌へ再び供給される．湿潤前線が土壌表面より下へ移動すると，空気は，土壌へと引っ張られていく．質量ベースで，大気中には大気と平衡は水中の30倍の酸素が含まれている．したがって，土壌を効果的にエアレーションし，余剰の酸素要求物質の酸化分解を促進するうえで乾燥サイクルは効果的である．さらに，湿潤-乾燥サイクルは，結果的に不飽和帯水層に無酸素-好気のサイクルを生み出し，窒素の形態変化やその他の酸化還元的な微生物反応が起こる．最終的に表-22.6 に示したとおり，再生水を原水とする多くの浸透池で窒素除去が起こっている．

表-22.6　帯水層処理における窒素除去の概要

浸透池	作動期間	前処理	平均アンモニア濃度 (mg-N/L)	平均アンモニア除去[a](%)
Flushing Meadows[b], Arizona 州 Phoenix	1967〜1978	活性汚泥二次処理．塩素処理せず	21	65
23rd Avenue[c], Arizona 州 Phoenix	1974〜1983	活性汚泥二次処理．1980年まで塩素処理せず，1980年から塩素処理あり	18	69
TTSA[d], California 州 Tahoe-Truckee	1978〜current	高度処理．アンモニア除去のためのイオン交換，塩素処理	7	70〜90
Sweetwater[e], Arizona 州 Tucson	1986〜current	二次処理．塩素処理	20	75

[a] 土壌の性質，用いる水質，およびシステムの運用により涵養池における窒素除去は変動する(表-22.5 参照)．
[b] Bouwer and Rice(1974)より引用．
[c] Bouwer and Rice(1974)より引用．
[d] Woods *et al.*(1999)より引用．
[e] Wilson *et al.*(1995)より引用．

畦と畝の利用

　浸透池の管理を最小限にし，継続的な浸透を可能にするための方法として，波の動きと組み合わせた畦と畝を用いるものがある(Dillon, 2002；Peyon, 2002)．透水性の物質からなる畦を図-22.9(a)のように池床に構築する．畦部から沈殿物が効果的に洗い落とされ，池床に堆積物が集積するため，畦部において浸透速度は，高い値を保つことができる．水位の変化により畦の部分が乾燥し，定期的に畦に蓄積した有機物が除去され，浸透水へ酸素が供給される．沈殿物の負荷が大きい場合には，長時間の池の乾燥，洗浄時間の必要がなくなり，浸透水量を100%以上増加することができる．

かき寄せ(scraping)

　時間の経過とともに，浸透池の底部や堤部に目詰まりの原因物質が集積すると，浸透速度が低下するため，長期の運転期間においては，乾燥サイクルの導入のみでは浸透速度を保つことができなくな

第 22 章 再生水による地下水涵養

図-22.9 浸透を増やすための方法．(a)湿潤-乾燥サイクルを用いずに浸透を増やす，(b)浸透池底面の砕土，手前に見えるのは注水口

る．再生水の使用において浮遊粒子性物質の負荷が 10 mg/L 程度の場合，目詰まりの原因物質は，12〜24ヶ月で除去されなければならない．高濃度の浮遊粒子性物質を含む再生水もしくは混合水を用いる場合は，目詰まりの原因物質除去のための管理の頻度を高くしなければならない．ブルドーザ等の機器を用いるのが，目詰まり層の破壊，原因物質の除去に最も効果的である．目詰まり層を耕せば，浸透速度は回復するが，効果は長くはもたない．砕土すると，目詰まりの原因物質が土壌のより深い位置へ移動し，そこで集積する．結局，浸透速度回復のために土壌の上層を取り除かねばならないことになる．浸透速度回復のために円板すきでかき寄せを行う様子を図-22.9(b)に示した．

22.3.5 浸透池の働き

浸透池が浸透に用いられる場合，通気帯および飽和帯の両者に変化が起こる．飽和帯での滞留時間が数ヶ月なのに対し，通気帯における一般的な滞留時間は，2週間以下である．よって，両方の帯水層に起こる変化は，水質改善の観点から見て重要である．本節で既に述べたが，多くの環境で池への垂直方向の流れにより飽和に近づく．不飽和な状態は，目詰まり層が形成された場合に発生することが多い．さらに，沖積堆積物中にしばしば存在するレンズ状粘土層の両方でより不飽和水層に宙水層や飽和水層が形成される．研究者たちにより，飽和条件と不飽和条件化で大半の水質変化が起こることが確かめられている（AWWARF, 2001）．河岸ろ過の歴史から，水質変化のためには，通気帯は必要がないことが知られている．しかし，通気帯は，無酸素-好気サイクルによる窒素の変換に必要である．

混合による影響

浸透水が帯水層へ達すると，局所的地下水位上昇が形成され，水が涵養地点から外に流れるようになる．水平方向の流れは，基本的に垂直方向への流れよりも大規模であるので，涵養された水の大半は帯水層表面に残り，下方の水が外に流れても表層に残り続ける．地下環境での混合は，分散によって制限されるため，元来の地下水と涵養水との混合は，ゆっくりと起こる．図-22.10 に示したような状況下では，上方の沖積堆積層は，数年の涵養の後には浸透水で満たされる．上方の沖積層は，中央部の沖積層より高い水の透過度を持つ．中央部の沖積層下方に位置する観測井には，元からの地下水が多く存在していたのに対し，中央部の沖積堆積層上方に位置する観測井では，幾らかの地下水涵養水の混合が起こっていた．取水井では水位低下が生じて，上部の帯水層からの沿直方向の流れが起こる．取水井は，100 m 以上のスクリーンを有していて，かつ帯水層の上部しか涵養水を含まないた

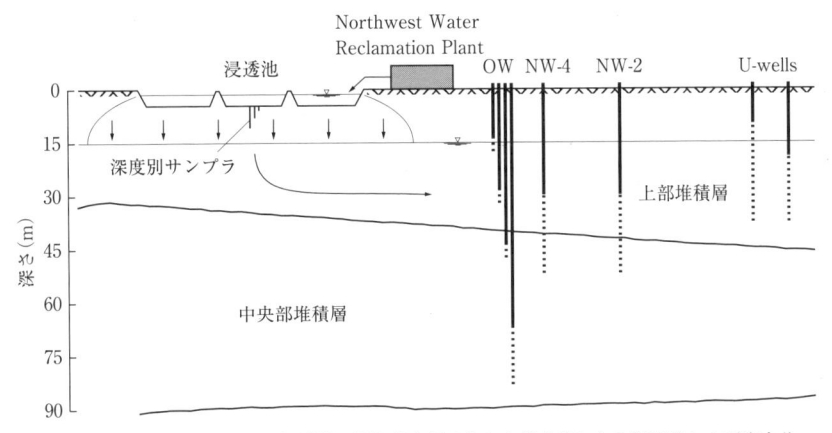

図-22.10 Arizona 州 Mesa の浸透池.通気帯を通る流れと低水位にある観測井および取水井への飽和流れ（北緯 33.435 度，西経 111.884 度）

め，多くの場合，涵養された水が効果的に希釈される．Water Replenishment District of Southern California は，追跡試験を行い，池から水平方向に 15 m (50 ft) 離れた位置にある井戸への移動時間は，6ヶ月以上であることを明らかにした．涵養された水が井戸に到達するまでに 30 m (100 ft) 以上の垂直方向の移動を必要とすることから，このような時間の長さは，起こり得ることである．

酸化還元条件による影響

　浸透池へ流入する水が大気と平衡に近い時，浸透池の酸素は飽和濃度に近い．酸素の大半は，易分解性炭素を分解し，アンモニアを硝化する．土壌と水の境界を水が通る時点で消費される．易分解性の炭素濃度は，対象とする水の究極 CBOD の値とほぼ等しい．ほとんどの水には酸素を消費する十分な量の CBOD が含まれており，涵養水は，通気帯から飽和帯へと移動するにつれて無酸素になる．飽和帯には，酸素濃度を増加させる機構が全くないため，帯水層に無酸素の水塊が形成される．さらに，再生水中には還元状態もしくは硝酸性の窒素が存在しているため，還元状態の窒素の一部は，硝化される．水塊が無酸素状態を保ち，（硫酸還元とメタン生成を引き起こす）嫌気状態を防ぐためには，硝酸濃度は 1 mg/L もあれば十分である．嫌気状態の空間が通気帯にも生じることがあり，硫酸還元および他の副反応が起きる．涵養に雨水と表流水および三次処理水を用いている California 州 Los Angeles の Montebello Forebay では，雨水と表流水から酸素を供給することで帯水層を好気的環境に保っている．

　通気帯の酸化還元条件は，用いられている湿潤-乾燥サイクルによって好気的なものから無酸素条件まで変化する．湿潤サイクルにおいて，土壌と水の境界で酸素が消費されることにより通気帯に無酸素条件が形成される．乾燥サイクルでは空気が土壌へ再流入し，通気帯の上部で好気的な環境がつくり出される．乾燥サイクルの通気帯への空気の透過量は，乾燥サイクルの長さと池の下部における局所的地下水位上昇の消失に左右される．重要な要素として，窒素による酸素要求量と炭素による酸素要求量を含めた水の総酸素要求量を考慮しなければならない．アンモニア性窒素濃度が 20 mg/L 以上の二次処理水の酸素要求量は，100 mg/L を超える．湿潤サイクル中にアンモニアは主として土壌に吸着されることで取り除かれる．吸着したアンモニアは，乾燥サイクル中に硝化される．アンモニアから硝酸への変化により，乾燥サイクル中に土壌へ取り込まれる酸素の大半が消費されるため，好気的な環境は，通気帯の上部のみに形成されることとなる．このような環境下では，通気帯の下部および帯水層で無酸素状態が保たれる．

第22章 再生水による地下水涵養

有機化合物の変化

有機化合物は，微生物を介した反応により地下を流れる中でとどまることなく変化する．好気，無酸素条件が地下の流れに生じているが，微生物を介した反応の大半は，好気条件，無酸素条件で同様のものとなる．嫌気条件が形成されると，微生物を介した反応は異なったものとなる．

考慮すべき有機化合物　有機物に対する懸念は，潜在的な健康影響と処理水中の有機物(effluent organic matter；EOM)の性質の不明瞭さから来ている．有機物の量は，溶解性有機炭素(dissolved organic carbon；DOC)により測定され，天然有機化合物(natural organic matter；NOM)を調べる様々な方法により特徴づけられている．これらの方法としては，分子量分布や，疎水性，分光材による解析，元素分析や反応性を見るもの等がある．消毒副生成物の生成は関心を集めており，NOMと比較したEOMの相対反応性は，間接的飲用再利用において大きな関心を集めているため，反応性は重要な指標となっている．従来の下水処理では除去できない特定の有機化合物質への関心も高い．このような化合物には，個人で使用する医薬品等(personal care products and pharmaceuticals；PCPPs)があり，そのうち幾つかは，内分泌撹乱化学物質(endocrine disrupting compounds；EDCs)として知られている．これらの物質の大半は，人々によって大量に使用されており，μg/Lやng/L単位の濃度で再生水中から検出されているが，その健康影響は，ほとんどわかっていない．再生水中でのDOC濃度は，mg/Lの単位で測定されており，DOC中に占める割合がごく僅かであることから，特定の有機化合物は，微量有機成分と称される．

総有機物の変化　再生水中の総有機炭素は，以下の4つのカテゴリーに分類することができる．(1)NOM，(2)溶解性微生物代謝産物(soluble microbial products；SMPs)，(3)易生物分解性の有機化合物，(4)合成有機化合物．再生中でのNOMの濃度は，飲料水の取水源に依存する．水供給過程でのNOMは，安定であり，浄水工程では取り除かれない．ほとんどのNOMが難生物分解性であるため，NOMは，水利用および下水処理の工程においても除去されにくい(Drews and Fox, 2001)．下水処理工程において，微生物は，分子量やその機構という点でNOMに似た性質を持つSMPsを生成する．易生物分解性の炭素は，地下水涵養中にすばやく除去され，有機炭素全体に対する合成有機炭素化合物の割合は小さいため，NOMとSMPsが除去されない有機炭素のほとんどを占める．

地下水の涵養が始まると，有機化合物は，以下のように定義される異なる型に分割される．(1)比較的速い反応の起こる短期間の土壌-帯水層処理(SAT)，(2)反応性の低い化合物が時間を掛けて緩やかに変化する長期間のSAT．短期間のSATは，一般的に30日以下のものと定義され，易分解性の炭素の大半がこの期間で消費される．野外のSATの結果と好気条件と無酸素条件の土壌柱の比較を行った際のデータを図-22.11に示す．20日を過ぎた時点でDOC濃度は，すべての条件下で同様の値となった．無酸素の条件下では実験の終了時まで掛かった易分解性DOCの除去は，好気性条件下では数日間でほとんど達成された．地下水涵養システムで用いられる時間のスケールが月単位であるため，好気性条件下および無酸素条件下での除去結果は同様である．同様の実験における飲料水取水源でのNOMは，約2 mg/L，残留性の高いSMPsは，約1 mg/Lであり，短期間のSATの後のDOC濃度は，3 mg/Lとなった．

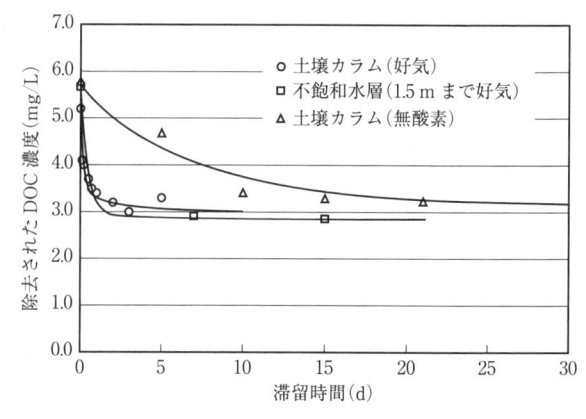

図-22.11　地下移動における溶存有機物の変化

短期間のSATと比べ長時間をかけて飽和水層を水が通過する間も，有機炭素は変化し続ける．これらの変化は，帯水層へ流入する天然の表流水涵養と同様で，水質の改善をもたらす．Mesa Northwest

Water Reclamation Plant(NWWRP)における距離に応じたDOCの変化を図-22.12に示した．Mesa NWWRPにおける再生水の水塊は，無酸素状態である．300 m(1 000 ft)移動するのに約6ヶ月を要する．最も池から近い観測井では，DOC濃度は，飲料水中のDOC濃度よりも低い値まで除去されている．数年間の移動によりDOC濃度は，1 mg/L以下となり，帯水層中の元の水の濃度に近づく．

地下水浸透前，短期間のSAT後，長期間のSAT後の再生水におけるEfOMが特徴づけられている．その目的は，SATシステムの最終産物中でのEfOMと元の飲料水取水源でのNOMを比較することである．C^{13}核磁気共鳴とフーリエ変換赤外線による分光器を用いると，主要な官能基グループには大きな違いが見られなかった．SMPsの影響から，NOMと比較して下水処理の後にはEfOM中の有機性窒素に大きな違いが見られた．蛍光分光光度計を用いても，この違いは観測された．しかし，長期間のSATの後には，元素構成と蛍光がNOMに類似していた．EfOMとNOM間の差異の大半は，短期間のSAT中に失われる．NOM分析のための最新機器を用いても，SAT後の水中の有機物質は，NOMと区別がつかなかった(Drewes and Fox, 2001)．

消毒副生成物生成能　　地下水涵養後の有機炭素の反応性は，消毒副生成物生成能(disinfection byproduct formation potential；DBFP)試験によって評価されている．地下水涵養水における有機炭素のDBFPは，トリハロメタン生成能60 μg/mg-DOCの天然地下水におけるNOMと類似している．このような類似性は，SAT後の有機炭素がNOM中の有機炭素と構造が似ているという解析結果と整合する．これらの有機炭素が同じタイプの分子から構成されているなら，塩素に対する反応性も同様のものとなる．SAT産物の水のDOC濃度は，低いため，水に塩素処理が施された場合の総合的な生成能は，天然の地下水におけるDBFPと同等になるはずである．再生水には，水利用中に加えられた人為起源の臭化物が含まれている．臭化物は，SATによっては除去されないため，水が塩素処理される時に消毒副生成物の構成に影響する．臭素化消毒副生成物の大半が塩素化消毒副生成物よりも高い毒性を持つため，高濃度の臭化物は，懸念される．

微量有機化合物　　微量有機化合物は，通常の下水処理では除去されない合成有機化合物であり，μg/Lからng/Lのオーダーで存在する．存在濃度が微生物の成長に直接寄与するには低すぎるため，地下移動中のこれらの化合物の除去は，共代謝により起きていると考えられる．共代謝は，微生物を介して進行するが，微生物がこの反応によって直接受ける利益はない．地下移動中に起こる有機物質変換のほとんどが高分子量の化合物から小さな化合物への変化であるため，微生物は，高分子量の化合物を直接利用の可能な小さな化合物へと加水分解するための酵素を生産している．したがって，多くの化合物の共代謝反応は，微生物活性の高い帯水層で起こる．微生物の介入が間接的であるため，これらの変化には長い時間を要する．ヨーロッパでの河岸ろ過システムや米国南部の再生水を用いた表面浸透池において，幾つかの微量有機化合物については調査がなされている．PCPPsの包括的調査や有機ハロゲン，アルキルフェノールエトキシカルボキシレート(alkylphenolethoxykarboxylates；APECs)等の洗剤残留物等の調査が行われている．

Mesa NWWRPでの長期間のSAT中のエチレンジアミン四酢酸(EDTA)とAPECsの挙動を図-22.13に示す．APECsとEDTAは，1年の移動距離後，検出限界値以下にまで減少した．吸着性有機ハロゲン(adsorbable organic halides；AOX)と吸着性有機ヨウ素(adsorbable organic iodine；

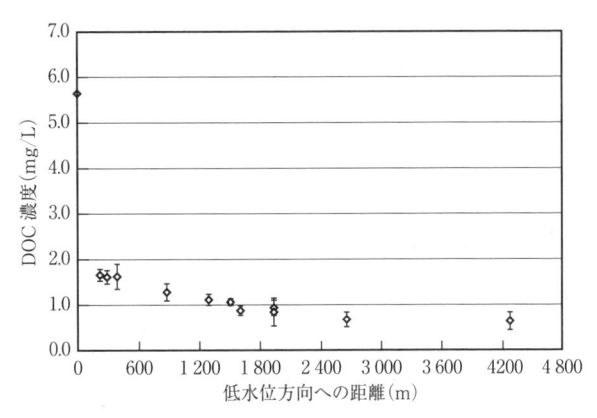

図-22.12　Mesa Northwest Water Reclamation Plantにおける距離と溶存有機物濃度の関係

AOI)の挙動も図-22.13に示している．長期のSATの後，AOX濃度は，AOI濃度とほぼ等しくなった．このことは，塩素化物と臭素化物は除去され，耐性の高いハロゲン化合物はヨウ化物であることを示唆している．ヨーロッパの河岸ろ過システムにおいても同様の結果が得られている（Drews and Jekel, 1998）．ヨウ素化X線造影剤のうちの幾つかは，生物的反応によく適した環境下でも除去されないAOIであることがわかっている．多くの化合物は，地下移動中に除去されないという点でAOIと類似していることが明らかとなっており，これらは，ヨーロッパおよび米国で見つけられている．これらの化合物に共通の特徴は，親水性であり，酵素の攻撃を妨げるような構造をしているという点である．PCPPsには，抗鬱剤のカルバマゼピンと難燃性のトリ（2-クロロエチル）リン化合物であるプリドミン，虫除けとなるDEETが含まれる．環境中でのPCPPsの残留性は，健康や環境への影響機構が明らかにされておらず，問題視されている．これらの化合物の大半は，酸化および塩素処理に弱いため，ある程度までは化学的な消毒によりこれらの化合物を分解することができる．

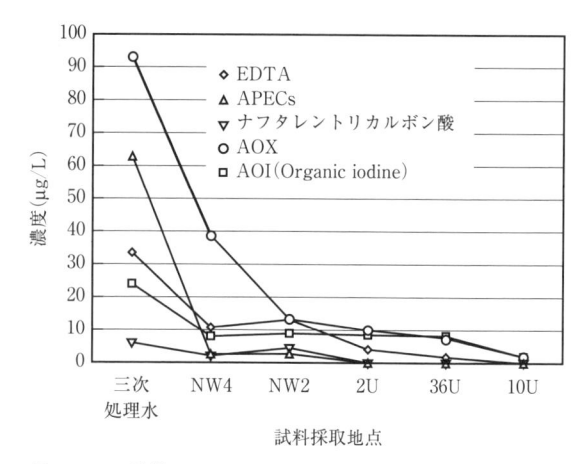

図-22.13 長期SATにおける微量物質の挙動．沈着性有機ヨウ素が比較的残存しやすい

内分泌撹乱性物質の活性 内分泌撹乱化学物質は，ホルモンや洗剤残留物（APECs）のことであり，再生水における懸念材料となっている．天然の女性ホルモンである17-βエストラジオールや合成女性ホルモンであるエチニルエストラジオールは，再生水中のエストロゲン活性に大きく寄与しており，1 ng/L程度の濃度であっても水生生物へ影響を与える．洗剤残留物は，再生水中でμg/Lオーダーで存在しているが，これらの化合物がエストロゲン活性を発揮するのは，高濃度の場合のみである．エストロゲン活性は，短期間のSATにより十分に除去できることが確認されている．懸念されているほとんどのEDCsは疎水性が高く，下水処理工程で生物分解されやすいため，EDCsの地下移動は限定的である（Heberer, 2002）．これらの化合物は疎水性が高いため，地下移動中に土壌表面に集積する可能性はある．浸透池の土壌表層近くを対象とした研究から，疎水性のEDCsは，土壌に吸着することが明らかとなったが，EDCsは時間の経過とともに生物分解し，集積や帯水層への流出は起こらなかった．

窒素化合物の変化

浸透池に再生水が導水されている場合の窒素化合物の質変化は，とても複雑で予測することが難しい．窒素の管理が重要であれば，浸透の前に窒素を除去すべきである．涵養中に土壌から窒素が除去される場合，窒素の変化および除去機構として以下の2通りが考えられる．(1)好気性のアンモニア酸化，この結果として硝酸が生成し（硝化），さらにその後の無酸素条件下で有機炭素が電子供与体，硝酸が電子受容体となる従属栄養的な脱窒反応が起こる．(2)部分的な好気的アンモニア酸化による亜硝酸生成（亜硝化），この後の無酸素条件化でアンモニアイオンを電子供与体，亜硝酸を電子受容体とした独立栄養的な酸化が起こる，である．第一のプロセスは，生物を用いた窒素除去において広く用いられている脱窒である．第二プロセスは，アンモニアの嫌気的酸化（anaerobic ammonia oxidation；ANAMMOX）（Mulder et al., 1995）として知られており，以下のような反応式で表現される．

$$NH_4^+ + NO_2^- \rightarrow N_2 + 2H_2O \tag{22.6}$$

窒素の変換と除去のプロセスは，水質や土壌環境，運転システムに依存して起こるものである．多

くの場合，窒素変換と除去が起こっているプロセスを特定するのは困難である．例えば，涵養中に多量の有機炭素が土壌と水の境界上で除去されるが，そのために通常の脱窒に適さない環境になってしまう．このように，涵養されるべき水（例えば，涵養前に硝化プロセスが導入されるような水）中に硝酸が存在した場合，その後の無酸素環境下での従属的な脱窒を起こすのに足るような有機炭素が存在しないかもしれない．しかし，浸透池に二次処理水が用いられている場合，窒素の除去が達成されている場所もある（表-22.6 参照）．どの地点でも通常の脱窒では，30％以上の窒素除去も達成できない量の生物分解性有機炭素しか存在していないにも関わらず，90％にも達するような窒素除去が達成されている．このような高効率の窒素除去が涵養システムで起こっていることの説明としては，(1) 一般的な BOD の測定では検出されない（COD の測定では得られる）有機物で，下水処理では除去されないが，土壌環境においては炭素源となっているため，(2) 間隙や生物膜中に微小領域が存在し，好気的生物膜内に無酸素域が存在するなどして，そこで窒素の除去が行われている，(3) ANAMMOX のような新種の微生物変換が起きている，などが考えられる．

ANAMMOX プロセスは，Gable and Fox（2003）により，地下水涵養システムに対して研究された．図-22.14 に示したように，通気帯での湿潤-乾燥サイクル中に一連の窒素の変換が起こる．最初の湿潤サイクル中では，アンモニア除去の第一の機構は吸着である．これに続く乾燥サイクルで，表層近くに吸着したアンモニアは，硝化により亜硝酸および硝酸へと変換される．生成した亜硝酸と硝酸は動けるようになり，次の湿潤サイクルでは，無酸素状態の通気帯深部へと移動する．通気帯深部に無酸素層があり，そこの土壌にアンモニアイオンが吸着すると，ANAMMOX 反応に適した環境となる．有機炭素を加えないまま数年にわたる継続的な窒素除去の実験を行っている Sweetwater Tucson のサイトから採取された土壌中で有意な ANAMMOX 反応が見つけられている．ANAMMOX 反応の主要因となる *Planctomycetes* により直接的に利用されるのは亜硝酸であるが，硝酸から亜硝酸への還元もまた確認された（Shah and Fox, 2005）．

適切な湿潤-乾燥サイクルは，窒素除去に影響する重要な運転条件であり（Bouwer and Rice, 1984），Arizona 州は，湿潤-乾燥サイクルを涵養施設許可のガイドラインとしている．既に述べた窒素の変換，除去反応に必要なこととして，乾燥サイクルは，土壌へ酸素を供給して，部分的もしくは完全な硝化を起こすために必要である．しかし，アンモニアが土壌へ送られる際には，アンモニアが帯水層へ流入するのを防ぐため，通気帯に十分な吸着能が必要である．

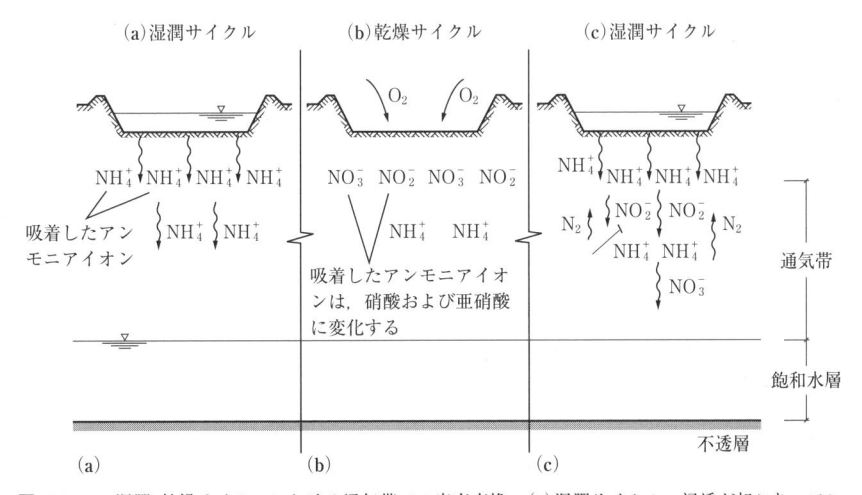

図-22.14 湿潤-乾燥サイクルにおける通気帯での窒素変換．(a)湿潤サイクル．浸透が起こり，アンモニアイオンが土壌に吸着．(b)乾燥サイクル．酸素が土壌に入り，アンモニアが酸化されて亜硝酸，硝酸へと変化．(c)湿潤サイクル．浸透が起こり，アンモニアと硝酸が表面とおそらく深い所で共存する

病原体

人工的な地下水涵養を行う際の病原体への懸念事項としては，寄生虫，細菌，ウイルスの挙動や移動性があげられる．多くの種類の病原体の地下移動に対する研究が既に行われている．地下には病原微生物の宿主となるようなものは存在しないと考えられるので，病原体の増殖については心配ない．したがって考慮すべきなのは，使用目的で地下水を採取する場所まで病原体が地下を移動できるかどうかである．細菌と寄生虫は，地下の流れに乗って効率的に移動するには大きすぎるため，地下環境における移動性および生残性という観点で研究対象の主役となるのはウイルスである．幾つかの州では，ウイルスの生残性をもとにして基準をつくっている．

土壌の種類や組成，pH，湿度，ウイルスの種類のすべてが土壌中でのウイルスの吸着能および死滅速度に関係している(Goyal and Gerba, 1979；Powelson et al., 1993)．幾つかの研究の知見は，実験室における研究結果に整合している．第一の知見は，温度上昇による不活化速度の上昇である(Nasser and Oman, 1999)．最近の研究(AWWARF, 2005)により，温度が微生物の活性を高め，病原体の不活化速度を高めることが明らかとなった．第二の重要な知見は，F特異RNAバクテリオファージ(MS2やf2等の雄性特異大腸菌ファージ：FRNAファージ)は，ほとんど土壌粒子に吸着せず，腸管系ウイルスと比べ，地下水中での生残性が高いということである(Goyal and Gerba, 1979；Powelson et al., 1993；Powelson and Gerba, 1994；Yates et al., 1985)．結果として，FRNAファージが特定の環境下でのモデル，もしくはヒトウイルス指標として推奨されることとなった(Havelaar et al., 1993；Havelaar, 1993)．環境中で腸管系ウイルスの基準としてバクテリオファージを用いることについて検討を行った結果，Havelaar(1993)は，FRNAファージがウイルスの土壌輸送における"最悪の場合"を代表するウイルスモデルであると結論づけた．

SATプロジェクトの一環として，Los Angelesで，再生水を用いた実践的な涵養条件による，特定の地点での野外実験としてバクテリオファージを用いた実験が行われた．本格的な規模の浸透池でバクテリオファージと不活性なトレーサを添加する追跡実験が行われた．追跡実験の結果を外挿すると，バクテリオファージは，Los AngelesのMontebello Forebayの地下を30 m(100 ft)移動する間に7 log減少することになる．バクテリオファージの監視と追跡実験の結果から，このような状況下では，涵養地域にある飲料の深井戸のウイルス汚染は，起きないであろうという結論が得られた．

多くの地下水シナリオにおいて良好なウイルス除去が期待されるものの，間接的飲用再利用が望まれる場合には，U.S. EPAの規定する10^{-4}以下の水系感染症のリスクを達成することは非常に困難である．ウイルスが涵養の前段階で良好に除去されるとはいえ，10^{-4}のリスク低減には少なくとも8 logものウイルス除去を行う必要があり，実践的なスケールでウイルス除去実験を行うのは，技術的に不可能である．

規制の基準は，ウイルスの環境中での生残能力に基づきつくられている．オランダとドイツでは，それぞれ70日，50日の移動距離が河岸ろ過システムの規制に用いられている．移動距離が基準を超えた場合，病原体に対するそれ以上の処理は必要がなく，水は，消毒されずに分配してよい．Berlin市では，給水の大部分を河岸ろ過後の水を用いて行っており，生産された水の消毒を行っていない．California州では，ウイルスの生残性に対する安全側になるように，最低でも6ヶ月以上の地下移動時間を要求する基準を設定している．この基準は，ウイルスから健康を守ることを目的としたものであるが，同時に，共代謝反応による微量有機汚染物質の生物学的変化も十分に起こる基準でもある(4章，附録-Fを参照)．

22.3.6 地表浸透施設の実例

米国やその他の地域で多くの地表浸透が用いられており，イスラエルのDan Region Project(図-22.3参照)が最も有名である．現在，米国で運転されている地表浸透施設について表-22.7にまとめ

ている．表-22.7 に示した施設のうち，最大の浸透池は，Central Basin のもので，地下水の本体は，California 州の Los Angeles 都市部にある（図-2.3，**附録 E-1 参照**）．上記引用元で述べられているように，浸透池の性能については，多くの研究がなされている．浸透池および涵養池の利用を計画するにあたり，運用，管理に関する最新の情報を得るためには，現地視察することを推奨する．現在建設中の OCWD の Groundwater Replenishment(GWR) システムについては，**22.7** に記述した．

表-22.7　実用化された地表浸透貯水池の例

位　置	説　明
Mesa, Arizona 州 北緯 33.435 度，西経 111.884 度	Mesa 市には 2 つの水再生プラントがある．両方とも，ゴルフ場，穀物作物灌漑，工業利用，高速道路修景用水，および地下水涵養に用いられている． 　Northwest Water Reclamation Plant(NWWRP) は，68 000 m^3/d の処理能力を有する最新の技術を駆使した水再生施設である．施設では，窒素除去可能な二次処理，ろ過，沈殿，および消毒等の処理を行う．NWWRP からの再生水は，2 つの浸透池と Salt 川に放流され，川からも水が帯水層に涵養される．近い将来，再生水は，高速道路の修景用灌漑，Riverview Golf Course, Granite ReefUnderground Storage Project に用いられる． 　Southeast Water Reclamation Plant も 30 000 m^3/d の処理能力を持つ最新式の施設である．ここで再生された水は，ゴルフ場の修景用水，池の水の補充，および農業灌漑に用いられる．すべての地下水井戸が飲用水に用いられているわけでなく，多くは穀物作物灌漑，ゴルフ場の灌漑，および都市の湖に用いられる．涵養は，Mesa 市の持続的発展のための 100 年水供給要請の一部として統合されている．
Montebello Forebay Groundwater Recharge Project, California 州 Los Angeles 郡 北緯 33.994 度，西経 111.103 度	Montebello Forebay Groundwater Recharge Project は，Los Angeles 郡の東南に位置し，Los Angeles 大都市圏の水の中心的地位を占める Central Basin に水を補給する主要な水源である． 　2002〜2003 年度には，San Jose 川および Whittier Narrows Water Reclamation Plants からの 194 000 m^3/d の三次処理再生水が地下水補充に用いられた．さらに，Pomona Water Reclamation Plant から河川に放流される 8000 m^3/d の水が間接的に地下水涵養に加算できる． 　水再生プラントからの再生水は，川や水路（洪水調整水路等）に放流され，重力により流路から外れた浸透池に運ばれる．これらの池やつながってない川や水路から大量の再生水が重力により帯水層に浸透していく．このように使われる再生水は，初期費用や維持管理の費用を掛ける必要もなく，ポンプのためのエネルギー消費もない (SDLAC, 2005)．
Water Conserv II, Winter Garden, Florida 州 北緯 28.493 度，西経 81.620 度	Water Conserv II は，農業灌漑と急速浸透池 (RIB) を組み合わせた最も大きい水の再利用プロジェクトの一つである．Orlando 市と Orange 郡が共同で所有し，2 つの水再生プラントを 34 km の管路で配水センターに結んで運用されている．配水センターからは，78 km の管路網で再生水を 76 の農業利用者および商業利用者に送り届けている．灌漑に用いられない再生水は，RIB に送られる．RIB 74 つが 7 地点に配置され，合計 809 ha の広さである．配水網および RIB は，中央コンピュータ制御システムで監視している（**附録 E-1 参照**）．

22.4　通気帯注入井を用いた涵養

　再生水のための通気帯注入井 (vadose zone injection well) の使用は，1990 年代に始まり，浸透池または直接注入井の有効な代替方法となっている．Arizona 州 Scottsdale にある Scottsdale Water Campus においては，40 000 m^3/d (10 Mgal/d) の RO 処理後の再生水を涵養するため，通気帯注入井 27 個が導入された．Scottsdale では，地下水までの深さがおよそ 150 m (500 ft) であり，地価が法外に高い．通気帯注入井の耐用年数は定かではないが，5 年くらいの短い耐用年数でも，Scottsdale Water Campus における涵養には最も経済的な選択となる．実際の耐用年数は 5 年を超えていて，今ではその耐用年数は，現在のような高質の処理水質が保たれれば，少なくとも 20 年はあると推定されている．

22.4.1 概　　要

　通気帯注入井は，本質的には，特に通気帯への継続的な水の注入を目的に設計された吸込み井戸（dry well）の延長である．吸込み井戸は，通気帯にある孔であり，典型的な深さが10～50 m（30～160 ft），直径がおよそ1～2 m（3～6 ft）である．吸込み井戸は，伝統的に，排水または雨天時排水を含まない流出雨水を乾燥地域で注水するために用いられてきた．地下水の深さが100 m（300 ft）を超え，経済的な土地が浸透池に利用できない場合に，通気帯注入井は，費用効率が高くなる．透水係数1 m/d（3 ft/d）の土壌中にあり，深さ50 m（160 ft），直径1.5 m（5 ft）である吸込み井戸の浸透速度は，3 800 m³/d（1 Mgal/d）にもなる可能性がある．

　潜在的に深刻な通気帯注入井の問題は，流れを逆向きにできないために起こる目詰まりと，井戸を再開発する効果的な方法がないことである．それ故，効果的な前処理を通じて目詰まりを防止または最小限に抑える必要がある．通気帯注入井の水は，周囲の帯水層に目詰まりを引き起こす．通気帯由来の粘土の脱離から保護されなければならない．井戸の保護は，スクリーンを用いたり，砂または砂利のような透過性の高い裏込め材料で井戸を満たすことで成し遂げられる．図-22.15にScottsdale Water Campusで用いられている通気帯注入井を示す．通気帯着水井は，周囲の土に空気連行を起こすことなく孔が水で満たされることで，浸透速度が維持されるよう設計されるべきである．井戸の底に水を引き，井戸を底から満たすのに多孔管が用いられる．水が井戸を満たす間，空気連行を避けるため，井戸の上端の換気口から空気が逃げられるようにしておく必要がある．

　Scottsdale Water Campusは，容量が40 000 m³/d（10 Mgal/d）を超える大きな規模で，通気帯注入井を用いた最初の施設である．Scottsdale Water Campus［図-2.1(a)参照］では，RO処理により水を再生しているが，稼働10年以上経過して目詰まりの問題が起きていない．また，ここでは同一の通気帯注入井を精密ろ過された地表水の注入にも用いている．通気帯注入井は，微生物の増殖を防ぐため，2 mg/Lを超える残留塩素濃度の再生水による涵養にも用いられている．微生物の増殖は，

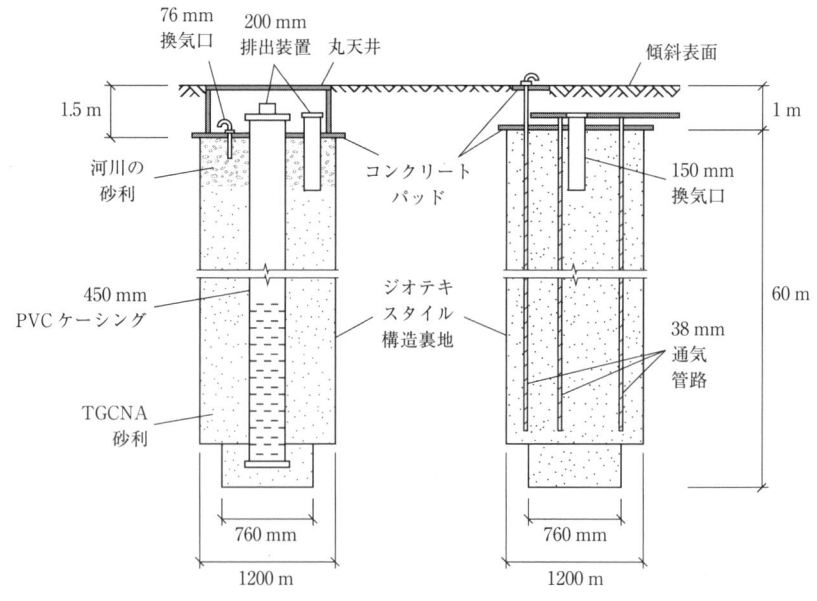

図-22.15　Scottsdale Water Campusで用いられている通気帯注入井．左の井戸が主要なデザインであり，450 mmの注入用ケーシングがある．右の井戸は，供給量がメインシステムの容量を上回った時に緊急用として使われる

通気帯注入井の目詰まりを引き起こすため，配水システムにおいて残留塩素が維持されるよう注意しなければならない．一度微生物の増殖による目詰まりが起きたら，塩素やその他の洗浄剤の添加による井戸の再開発は，今のところ効果的ではない．

通気帯注入井の前処理の必要性は，地表浸透池と似ており，前処理の主要な目的は，浸透速度を維持することである．水質改善に関する可能性は，直接注入井よりも通気帯注入井の方が大きい．窒素の変換には，周期的な酸素／無酸素状態を必要とするが，この例外を除けば，持続可能な生物ろ過メカニズムが似ていることから，ほとんどの地下水涵養システムにおいて，有機物と病原体の水質変化は似ている．

孔や土壌の界面で浮遊物質が蓄積しないようにするため，最低限三次処理後に消毒された処理水を用いるという条件が必要となる．それ故，膜分離活性汚泥法は，適切な前処理技術である（**7章参照**）．もしROのような高度処理が行われなければ，三次処理水の同化性有機炭素（assimilable organic carbon：AOC）濃度が高くなりすぎるため，注入の間，残留塩素を維持する必要がある．

22.4.2 水理学的分析

通気帯注入井は，雨水で地下水を涵養するのに用いられてきた涵養ピットや涵養シャフトと類似している．通気帯注入井は，浸透速度を増加させるため，透水層を通っている必要がある．Zangar（Bouwer and Jackson, 1974）により考案された方程式は，通気帯土壌の透水係数の関数として涵養速度を推定するのに用いることができる．以下に示す方程式は，もともと透水試験の結果を用いて土壌の透水係数を推定するために開発されたものである．透水係数の推定に用いられる方程式は，以下のとおりである．

$$K = \frac{Q}{2\pi L_w^2} \left\{ \ln\left[\frac{L_w}{r_w} + \sqrt{\left(\frac{L_w^2}{r_w^2} - 1\right)} \right] - 1 \right\} \tag{22.7}$$

ここで，K：透水係数(m/s)，Q：体積流量(m^3/d)，L_w：注入井のスクリーン部分の長さ(m)，r_w：注入井の半径(m)．

通気帯注入井周囲の湿潤帯の形状は，不透水層までの深さとよく相関しており，図-22.16に示す．井戸の底から不透水層までの深さ S_i が浅く，$S_i < 2L_w$ である時，式(22.7)は，以下のように簡略化される．

$$K = \frac{3Q \ln(L_w/r_w)}{\pi L_w (3L_w + 2S_i)} \tag{22.8}$$

$S_i \gg L_w$ である時，通気帯注入井は，最も経済的であるため，式(22.7)は，通気帯注入井の適用の際によく用いられる．

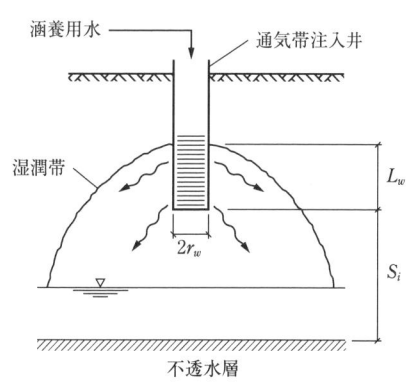

図-22.16 通気帯注入井の湿潤帯の図式

例題22-3 通気帯への体積注入率の推定
通気帯注入井の体積注入率 Q を以下の設計諸元を用いて推定せよ．

第22章　再生水による地下水涵養

K	0.0005 m/s
L_w	20 m
S_i	60 m
r_w	1 m

解　答

1. L_w に対する S_i の比をチェックする.
   $S_i/2L_w = 60/20 = 3$
   $S_i > 2L_w$ であるので，Q を推定するのに式(22.7)を用いることができる.

2. 式(22.7)中の項を整理し，Q の値を求める.

$$Q = \frac{K 2\pi L_w^2}{\left\{\ln\left[\frac{L_w}{r_w} + \sqrt{\left(\frac{L_w^2}{r_w^2} - 1\right)}\right] - 1\right\}} = \frac{(0.0005 \text{ m/s})(2\pi)(20 \text{ m}^2)}{\left\{\ln\left[\frac{20 \text{ m}}{1 \text{ m}} + \sqrt{\left(\frac{20 \text{ m}^2}{1 \text{ m}^2} - 1\right)}\right] - 1\right\}} = 0.029 \text{ m}^3/\text{s}$$

22.4.3　運転維持管理

通気帯注入井の浸透速度を維持するには，目詰まりの防止が最も重要である．井戸の目詰まりの主な原因は，空気連行，固形物の蓄積，微生物の増殖であり，それぞれが異なる割合で目詰まりの発達をもたらしている（図-22.17参照）．通気帯注入井における以下の目詰まりの議論は，22.5で触れられている直接注入井にも当てはまる.

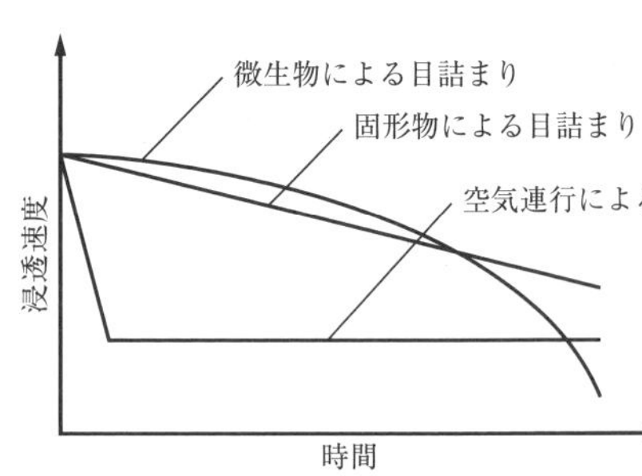

空気連行による目詰まり

空気が土壌孔隙に閉じ込められると，空気連行が生じ，土壌中の水の流れが効果的に遮られる．浸透速度の急激な減少は，しばしば空気連行によるものであり，その回復には，長期の乾燥期間とその後の注意深い水の再導入が必要である．通気帯注入井を底から満たすように注意し，排出管を用いて空気を井戸から大気中へ放出しなければならない.

図-22.17　様々なタイプの目詰まりによる浸透速度の減少

固形物の堆積による目詰まり

時間の経過に伴う浸透速度の線形的な減少は，しばしば水中の浮遊物質による目詰まりによるものである．浸透速度および浮遊物質濃度が一定の場合，物質の負荷は，一定であり，物質が孔および土壌の界面に蓄積するにつれて浸透速度も着々と減少する．通気帯注入井においては，注入の前に物質を取り除かなければならない．孔および土壌の界面に物質が蓄積しない高透水層では，物質による目詰まりは生じないこともある．物質が孔および土壌の界面を通り抜ける場合，それらは帯水層に幅広く広がり，目詰まりを起こすことはないかもしれない.

生物的な目詰まり

浸透速度が時間に対して対数的に減少する場合は，孔および土壌の界面での生物的な目詰まりの結

果であることが多い．微生物が井戸に蓄積すると，それらの成長速度が加速し，浸透速度を減少させる．再生水は，生物分解性有機物を比較的高濃度で含み，微生物による目詰まりを起こさない微生物学的に安定した水をつくるためには，ROのような高度処理が必要である．通気帯注入井での微生物の増殖は，塩素のような消毒剤の添加により阻止できる．孔および土壌の界面での増殖を防ぐのに十分な塩素が添加されると，孔から離れた通気帯で微生物は増殖するかもしれないが，そこでは目詰まりを起こさない．微生物によるファウリングを防ぐには，2～5 mg/Lの残留塩素が効果的であることがわかっている．

22.4.4 通気帯注入井の性能

通気帯注入井に流入する再生水は，浸透池と同様の水質改善を受ける可能性がある．再生水を受ける通気帯注入井に関するデータは限られているが，浸透池における除去メカニズムは，窒素除去メカニズム以外は適用できる．通気帯注入井の周期的な運転が実施されてても，乾燥サイクルが浸透池と同様に土壌のエアレーションを促進するかどうかについては知られていない．もう一つの潜在的な懸念は，地下を移動する際の消毒副生成物の挙動である．残留塩素の要求は，井戸に流入する消毒副生成物の濃度を大いに増加させる可能性がある．

22.4.5 実規模通気帯注入井の運転設備の例

大きな通気帯がある地域は，米国の一部にしか存在しないため，通気帯注入井による地下水涵養は，一般的ではない．前述したように，主な通気帯注入井は，Arizona州 Scottdaleにあり，この地下水涵養手法が先駆けて行われた(附録 E-1 参照)．候補地が特定されている他の州では，長期間の維持に関する疑問から，この技術の利用が制限されている．

22.5 直接注入井による涵養

直接注入井は，飽和および不飽和帯水層で用いることができ，流れを逆向きにすることがあるため，定期的な維持や清掃が可能であり，再生水を用いた地下水涵養に万能な方法である．直接注入井は，一つの井戸が注入および回収の役割を果たす，帯水層貯留および回収井戸としても用いることができる．直接注入井の主な欠点は，深い帯水層を貯留に用いる場合の工事費用である．加えて，十分な動水勾配をつくり，適度な浸透速度を確保するには，水の注入に関するエネルギーコストも重要である．

22.5.1 概　要

直接注入井は，通常の揚水井戸のように建設される．締め固まっていない帯水層においては，ケーシ

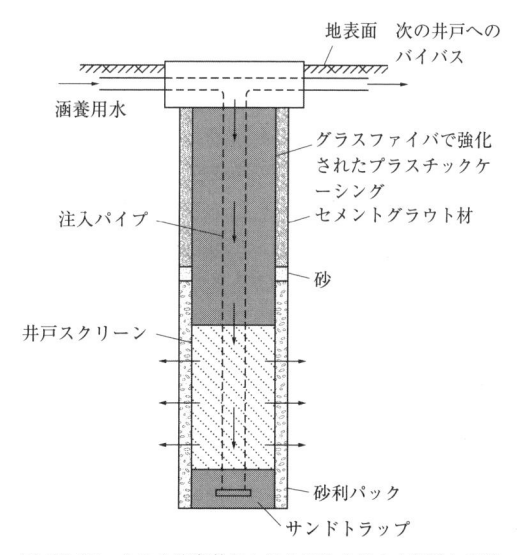

図-22.18 ある土壌条件における再生水用の典型的な直接注入井

ング，スクリーン，砂利のパック，グラウト材，そして帯水層への浸透用に水を井戸へ導入するパイプが使用される(図-22.18 参照)．締め固まった帯水層(粉砕された岩石，石灰岩，砂岩)では，岩の

中にある井戸は，スクリーンなしのむきだしの孔として仕上げられる．涵養井戸は，帯水層それぞれの区間に注入管を用いて，各帯水層を涵養するよう設計される．California 州の Orange County Water District(OCWD)により運転されている注入井システムは，塩水の浸入を阻止するのに，幾つかの狭い帯水層への直接注入が用いられているかを示す重要な例である．帯水層涵養に用いられる典型的な直接注入井を図-22.19 に示す．

通気帯注入井と同様，直接注入井の主要な問題は，目詰まりである．目詰まりは，孔の縁で起き，通常，砂利のパックと帯水層の界面で起きる．孔における帯水層への浸透速度は，浸透池よりも非常に大きいため，涵養井戸は，目詰まりに弱い．定期的にポンプにより揚水し，涵養井戸の流れを逆にし，目詰まり物質を取り除く．汲み出された水は，質が悪いことが多く，廃水として処理しなければならない．注入井の目詰まりの問題を回避する最も良い方法は，注入の前に水を徹底的に処理しておくことである．

図-22.19　直接注入井の写真．(a)Florida 州，(b)California 州 Orange 郡

22.5.2　前処理の必要性

通気帯注入井の前処理の必要性は，一般に直接注入井にも当てはまる．とても深い直接注入井の場合，高いレベルの前処理は，費用効率が高くなることが多い．目詰まりした注入井の再開発費用は，深さに応じて増加するからである．帯水層に直接水が注入される時は，帯水層の水質に関する水質劣化防止条項が当てはまる(附録 F 参照)．一般に，多くの水質劣化防止条項の規定を満たすように，注入水は，帯水層の既存の水質と同等もしくはそれより良くなければならない．幾つかの場合，帯水層の水質劣化防止に関する制限条件は，前処理として RO を要求する．帯水層に直接水が注入される場合は，水質改善が起こらないという仮定は有効でない．しかし，カルスト地形や砕けた地質層に水が直接注入されると，水質改善の可能性は，低下する．地下で水の移動が起きると，生物ろ過反応を支える広大な表面積が利用可能になる．

22.5.3　水理学的分析

再生水が使われる時に孔周囲の透水係数が減少する以外は，注入井の浸透速度は，揚水井と同程度である．密閉された帯水層にある揚水井への放射状流を表す方程式は，注入井からの放射状流を表すのにも使われる．動水勾配の減少の関数として，井戸による水の生産を説明するのにしばしば用いられる Theis の解(1935)は，帯水層の特徴がわかれば，浸透速度を予測するのに使える可能性がある．帯水層の特徴を規定するのに多くの技術が用いられているが，それは資格のある水文地質学者によってなされることが推奨されている．直接注入井に関する Theis の解は，

$$h_0 - h(r, t) = \frac{Q}{4\pi T} W(u) \tag{22.9}$$

$$u = \frac{r^2 S}{4Tt} \tag{22.10}$$

ここで，h_0：注入圧力[m(水頭)]，$h(r, t)$：時間 t における井戸の中心線から半径方向距離 r の地点の圧力[m(水頭)]，r：井戸の中心線からの半径方向距離(m)，t：注入開始後の時間(s)，Q：注入水の体積流量(m^3/s)，T：帯水層の透過率(透水係数×帯水層の深さ)(m^2/s)，$W(u)$：井戸関数(無次元)，u：時間変数(無次元)，S：帯水層の貯留性(無次元)．

井戸関数 $W(u)$ は，表-G.2 に示すとおりであり，地下水ソフトウェアパッケージで入手することができる(附録 G の表-G.2 参照)．T および S が既知であるとすると，注入速度は，注入時の圧力の関数として求めることができる．注入時間が増えるにつれて，帯水層の圧力は増加し，同じ浸透速度を維持するために注入圧力も増加しなければならない．回収井戸または注入井による水の回収は，帯水層の圧力を減らし，注入圧力を増すことなく浸透速度を維持することができる．

例題 22-4　直接注入井の運転圧力の決定

直接注入井を透過率 $0.02\ m^2/s$，貯留性 0.0001 で帯水層の涵養に用いたい．好ましい体積注入速度は，$0.3\ m^3/s$ であり，孔の半径は，0.3 m である．Theis の式[式(22.9)]を用いて，この浸透速度を注入開始 10 日後も維持するのに必要なピエゾ水頭の圧力を決定せよ．

解　答

1. Theis の方程式を注入井について書き換える．

   Theis の方程式は，通常，$h(r, t)$ が h_0 より小さい場所での減少を求めるのに用いられるが，方程式は，以下のように負号を用いることにより，注入に適用することができる．

   $$h(r, t) - h_0 = \frac{Q}{4\pi T} W(u)$$

2. 井戸関数 $W(u)$ を決定する．
   a. 井戸関数 $W(u)$ を決定するには，まず以下のように式(22.10)を用いて u を決定する必要がある．

   $$u = \frac{r^2 S}{4Tt} = \frac{(0.3\ m)^2 \times 0.0001}{(4)(0.02\ m^2/s)(10\ d)(86\,400\ s/d)} = 1.3 \times 10^{-10}$$

   b. 井戸関数 $W(u)$ の値を求める．
   附録 G の表-G.2 より，u は，1.3×10^{-10} であり，したがって $W(u)$ の値は，22.2 となる．

3. 式(22.9)を用いて，好ましい流速を得るために必要な圧力を決定する．

   $$h(r, t) - h_0 = \frac{Q}{4\pi T} W(u) = \frac{(0.03\ m^3/s)}{4\pi(0.02\ m^2/s)} \times 22.2 = 2.65\ m$$

解　説

Theis の方程式を適用する時は，帯水層は，不透水層，他のポンプによる揚水，注入井からの影響を受けず，一様であると仮定する．

22.5.4 運転維持管理

目詰まりの進行への一般的な対策は，通気帯注入井については22.4に示した．空気連行は，直接注入井により阻止できる一方，注入の間は，溶解性ガスの放出を回避するよう注意が必要である．溶解性ガスの放出は，高い注入圧力が用いられて，帯水層でその圧力が急速に消散する時に起こる．圧力が減少するにつれて，溶液から溶解性ガスが放出され，結果的に帯水層にガスが結合する．高圧力時のガスの溶解を阻止すること，または急速な圧力低下を避けることが帯水層に溶解性ガスが放出されるのを防ぐ有用な手段である．注入水の温度が帯水層中で増加する時，溶解性ガスが溶液から放出されるので，温度変動も帯水層中の空気結合をもたらす可能性がある．

目詰まりポテンシャルの測定

研究用の井戸の目詰まりについては，多くの研究がなされており，生物作用や浮遊物質による目詰まりポテンシャルを評価する幾つかのパラメータが開発されている(Peter and Castell-Exner, 1993)．水の浮遊物質の含有量の評価には，膜ろ過指数(membrane filtration index；MFI)が用いられている．MFIは，0.45μmのMillipore社の膜によりろ過された体積の関数として浸透速度をプロットすることにより決定される(8章参照)．MFIは，曲線の直線部分の勾配により決定され，単位の次元は[時間/(体積)^2]である．Meeloop filter index(MLFI)もまた，実際の帯水層の材料中の物質による目詰まりを評価するのに用いられている．MLFIは，天然の帯水層材料で満たされた筒に井戸周辺の帯水層の流速よりも速い流速で水を流すことで決定される．MLFIは，また，目詰まりを起こすような悪い地質化学的な相互作用が起きるかどうかを推定するのにも便利である．細かいコロイド物質の存在を反映するより信頼性のある方法を開発するため，研究が進行中であることをつけ加える．

AOCは，*Pseudomonas fluorescens* と試料水中の細菌を培養し，細菌集落を計数することで決定される．その結果は，同一の細菌増殖反応を起こす酢酸の炭素濃度として表わされる．涵養水のAOC濃度が10μg/L以下であれば，たとえ塩素が添加されなくても，深刻な井戸の目詰まりは起きない．通気帯注入井について述べたように，AOC濃度の増加による目詰まりを阻止するには，高い塩素濃度が用いられる．

実規模試験の必要性

MFI，MLFI，AOCのパラメータは，様々な水の相対的な目詰まりの可能性を評価するのに使われる一方，それらを実際の注入井の目詰まりの明白な判断材料として用いることはできない．設計や運転基準を決定するためには，多くの状況下での注入井の本格調査が必要である．他に実際に考慮しなければならない面としては，流速の変化や浮遊物質の濃度等である．流速が小さい期間の生物膜の形成や，流速が大きい期間の生物膜の脱離も非常に重要である．流速が小さい期間や注入がない間は，生物膜の形成を阻止する残留塩素濃度で少量の流れを維持することがしばしば有用である．

22.5.5 直接注入井の性能

浸透池における除去メカニズムの大多数は，不飽和流および飽和流両方に適用できるため，帯水層に直接注入される再生水は，通気帯注入井と同様の除去メカニズムにも従う．しかし，RO処理水の注入には特別な配慮が必要である．

RO処理水の成分に関する懸念は，ほとんどの成分が除去されているために小さいはずである一方，RO処理水は，地下移動中の水質改善に寄与する生物作用を制限する可能性がある．逆浸透は，生物学的に活発な系をつくる生分解性の有機炭素や栄養分等のほとんどの成分を除去してしまう．地下移

動中は，微生物作用がほとんどの除去メカニズムを支えるため，処理バリアとしての帯水層の有効性は，RO処理水により低下する．クロロホルムやN-ニトロソジメチルアミン(NDMA)のような無極性低分子化合物は，RO膜を通り抜けることができ，地下移動中のこれらの化合物を除去することができる共代謝反応は促進されない．NDMAという物質は，飲料水の健康に関する基準値 0.7 ng/L の消毒副生成物であり，検出下限値を下回る．再生水で検出されるほとんどのPCPPsと異なり，NDMAの毒性は評価されている．NDMAは感光性であり，生物分解する可能性があるため，地表浸透池では問題にはならない．

塩水の浸入を阻止するためにRO処理水が帯水層に直接注入されているOCWDでは，NDMAが除去されず，飲料水生産井戸に残っていることが実証されている．RO処理水が直接地中に注入される場合，光に曝露されることなく，帯水層中の微生物作用が限られているため，NDMAの残存に理想的な状況をとなる．NDMA問題の対策として，OCWDは，注入前にNDMAを除去する高度酸化処理を加えた．NDMAは，RO処理水を注入するのに通気帯注入井が用いられているScottsdale Water Campusの井戸のモニタリングでも同定されている．井戸と帯水層の間には，通気帯が90 m (300 ft) 以上にわたり存在している．

22.5.6 実規模直接注入井の設備の例

特にCalifornia州，Florida州において，様々な直接的な帯水層注入施設が用いられてきた．そのうち現在も運転されているものの例を表-22.8に示す．表-22.8に示されている施設のうち，再生水を用いている最大の直接注入施設はCalifornia州Orange郡にあり，沿岸の帯水層へ海水が浸入するのを防ぐだけでなく，地下水の補充にもなっている．

22.6　地下水涵養に使われるその他の手法

地下水涵養に使われるその他の方法には，以下のようなものがある．(1)帯水層貯留と回収，(2)河川の土手や砂丘でのろ過，(3)河川涵養の強化，(4)地下設備である．これらの方法について，以下で簡単に述べる．

22.6.1 帯水層の貯留と回収

直接注入井も，井戸が水の回収，注入の両方として働く所では，ASR[帯水層の貯留と回収(aquifer storage and recovery)]井戸として使われる．回収注入の両面利用は，国内での水供給に地下水涵養を組み込む評判の良い手法となり，水再生システムのための選択肢にもなりつつある．ASRシステムの他の利点は，汽水性帯水層のような飲用に適さない帯水層に水を貯留するのにも利用できるということである(Pyne, 1995；Dillon et al., 2006)(**17.7**参照)．

ASRシステムの運転管理上の特徴
ASRと他の地下水涵養システムとの大きな違いは，貯留する間の水の通り道である．ASRの井戸に注入すると，涵養水の領域が注入井の周りにできる(図-22.20参照)．涵養水と元あった地下水とが混ざっている所が緩衝帯であり，複雑な地質化学的反応はここで起こりうる．望ましくない地質化学的相互作用を避けるため，最初に大量の涵養水を注入し，貯留帯の周りに大きな緩衝帯をつくり出すことがある．水は過度の供給がある期間に注入され，大きな需要がある期間に回収されるため，回収する前に水を注入し，数ヶ月間貯留されることがある．ASRシステムでの貯留時間は変動し，水

第22章 再生水による地下水涵養

表-22.8 地下水涵養の実規模注入施設の例

場　所	説　明
El Paso Water Utilities, El Paso, Texas 州	Arid El Paso では，帯水層からの地下水供給が徐々に減少していく事態に直面していたため，再生水を再利用する計画が必要であった．Fred Hervey Water Reclamation Plant では，一次処理水は，活性汚泥と粉末活性炭吸着を組み合わせた2段階の生物物理学的プロセスを受ける．この処理方法は，有機物の除去，硝化，脱窒を目的に設計されている．2段階目に脱窒のための炭素源としてメタノールが添加され，その次にリンと重金属の除去，ウイルスの不活化，再生水の軟化のための石灰処理段階が行われる．濁度は，砂ろ過により除去され，消毒は，オゾンによって行われる．最終透過水は，貯水池に放流される前に最後の浄化として粒状活性炭層に通される． 初代注入プロジェクトは，1985年から El Paso で始まり，Hueco Bolson 帯水層に $38 \times 10^3 \mathrm{~m}^3/\mathrm{d}(10 \mathrm{~Mgal}/\mathrm{d})$ 以上の再生水を供給してきた．最終的に，再生水は，地下で約2～6年移動した後，都市の飲料水システムに戻る．現在，再生水は，帯水層全体の少ししか涵養していないが，長期的な目標は，El Paso における将来の水需要の25％を供給することである．
Orange County Water District(OCWD), Fountain Valley, California 州	Orange County Water District の Groundwater Replenishment(GWR)システムは，MF, RO, 過酸化水素／UV による促進酸化等の高いレベルでの浄水という点から，既存のものとは異なる，新しくよく練られた浄水プロジェクトである．GWR システムは，2007年から水を生産することが予定されており，Orange 郡の将来的な水不足を阻止する助けとなる総合計画の一部となっている．GWR システムは，建設段階にあり，Water Factory 21 にある25年以上の実績を持つ水再生事業に取って代わっている．Water Factory 21 は，OCWD により建設，運転されているプロジェクトである(設計容量 $57 \times 10^3 \mathrm{~m}^3/\mathrm{d}(15 \mathrm{~Mgal}/\mathrm{d})$．Water Factory 21 は，都市部の下水を飲料水質にまで浄化して，地下水盆への海水の侵入に対する防壁として用いるという，California 州における最初のプロジェクトである．注入水の一部は，海水のバリアとなっている大洋に向かって流れるが，大部分は，地下水盆に流れ，地下水由来の飲料水供給を増大させている．
West Basin Municipal Water District, Carson, California 州	1992年，West Basin は，州および連邦政府の補助金を受けて，水のリサイクルプログラムを進めた．このプログラムは，El Segundo 市に水の再利用施設を建設するというものであった．将来的な拡張により，最終的には West Coast 地下水盆への再生水の生産量を $19 \times 10^3 \mathrm{~m}^3/\mathrm{d}(5 \mathrm{~Mgal}/\mathrm{d})$ 増加させ，Title 22 の規制に合う再生水の生産量を $38 \times 10^3 \mathrm{~m}^3/\mathrm{d}(10 \mathrm{~Mgal}/\mathrm{d})$ 増加させる．処理プロセス効率の改善や塩水侵入防止用ろ過水の水質を向上させ，既存の海水侵入防止用の水生産システムの高度化も行う予定である．

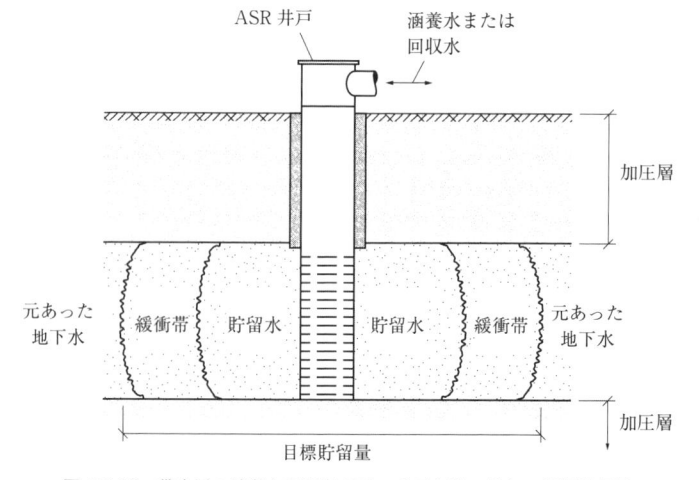

図-22.20 帯水層の貯留と回収(ASR)の井戸と孔の周りの目標貯留量

質変換に与える影響も変わりやすい．貯留帯の外にある水はまず初めに注入される水で，回収されるのも最後になる水である．典型的なASRの井戸を図-22.21(b)に示した．

図-22.21 再生水注入回収井戸．(a)ドリルで穴を開けている井戸(Arizona州Scottsdale)(提供：P. Fox)，(b)井戸システムの運転(提供：P. Dillon, Commonwealth Scientific and Industrial Research Organization, CSIRO, Australia)

水質の問題

ASRの使用にも，水質の点から幾つか特有の問題がある．一つ目の問題は，最初に回収される水が最も移動距離が短く，反対に最後に回収される水が最も移動距離が長いということである．そのため，水質変換が地下水の回収の最初のうちと最後で大きく異なりうる．その効果は，注入の際に生物学的目詰まりを防ぐために必要な残留塩素により生じる消毒副生成物で特に問題になる．消毒副生成物は，井戸近くの帯水層で生成し続け，もし水が長い間貯留されなければ，消毒副生成物(DBPs)は，最初に回収される水に存在することになる．

再生水を用いたASR井戸の使用は，主として灌漑用の回収に限られていた．結果として，帯水層での貯留の間の水質変化に関する深刻な懸念について論じられてこなかった．ASRシステムにおける流路の問題により，間接的飲用再利用は，RO処理水のような非常に上質な水の注入に限られている．ASRの井戸での多くの水質変化は，無酸素状態の帯水層に好気的な水を導入したことで起こる地質化学的な相互作用に関連している．これらの地質化学的相互作用に伴う問題を避けるためには，地質化学的相互作用が回収水の水質に影響を与えないような緩衝帯をつくり出す目的で，大量の水を一度に注入すべきである．

22.6.2 河川の土手や砂丘でのろ過

河岸ろ過システムでは，地下環境を通して間接的に河川から取水するために井戸が用いられる(図-22.22参照)．河岸ろ過システムは，水質の改善のために用いられていて，貯留するためのものではない．基本的に，河川の土手は，汲み出す井戸までの滞留時間が短く，ろ過として用いられる．河川の土手や砂丘でのろ過(riverbank and dune filtration：RBF)システムは，排水により大きく影響を受けた地表水から飲み水を供給するのに古代から使われてきた．

河岸ろ過システムの運転上の特徴

河岸ろ過では，河底が地表水と地下水涵養のための帯水層との境界面として用いられている．ポンプで河川に近接する井戸から汲み上げることは，回収地点の地下を通った河川の水を汲み上げていることになる(図-22.22参照)．湿潤-乾燥サイクルは自然の河川システムでは存在しないため，自然

第22章　再生水による地下水涵養

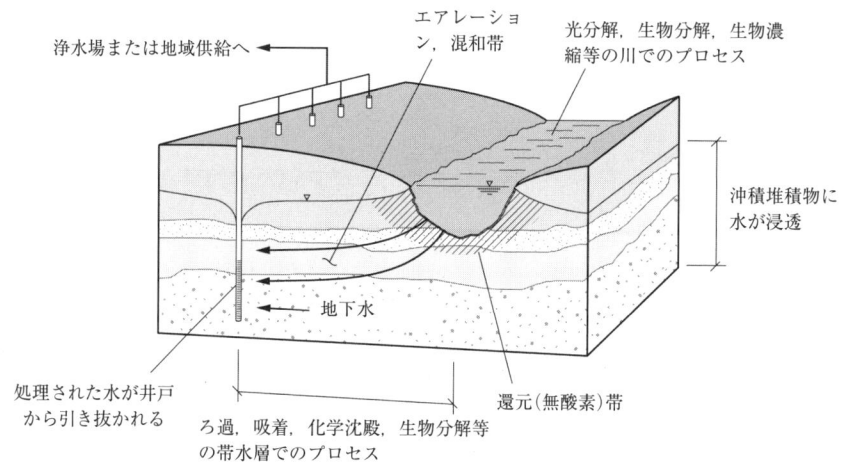

図-22.22　河川水処理のための堤体ろ過

洗掘は，河岸ろ過システムにおいて涵養率を維持するための重要な方法である．RBFシステムは，長年の間存在しているので，広範囲に研究されており，そこで得られた知識が再生水を使用した地下水涵養システムのためにも使われている．

水質の問題

RBFシステムの主な目的は，水質の改善である．河川の土手や砂丘でのろ過システムは，地下を通した回収地点への水の流れを高めるための河川近傍の涵養池も含まれる．

22.6.3　河川涵養の促進

河川に沿った水の流れで生じる自然涵養は，氾濫原に水を拡散させるための堤防，ダム，堰を用いることによって強化できる．California州Orange郡にあるSanta Ana川の河川涵養システムは，改善された河川涵養の顕著な例である．涵養を強化するように一連の堤防が展開されている[図-22.23(a)参照]．河川からの水がゴム製のダムを用いて進路変更されている[図-22.23(b)参照]．進路変更された水は，堤防の周りの曲がりくねった流路を流れなければならず，大きな領域に拡散させて確実に涵養されるようになっている[図-22.23(c)参照]．流路は，定期的に氾濫原の一部を乾燥サイクルとするように調整される．夏の間，河川の流れは，基本的に上流の事業場からの処理水である．

22.6.4　地下設備を用いた地下水涵養

地下水涵養の他の方法には，地下の排水管，樋(troughs)，溝(trenches)の使用がある．地下水涵養のためのこれらの方法の目的は，貴重な土地を使わずに地表からの涵養率を増やすことである．地下の排水管は，腐敗槽からの流出水の処理のために使われる排水システムに似ていて，土地が別の用途で利用できるように完全に埋められていることもある．樋や溝は，涵養のための表面積を増やすのに用いることができる．掘削することにより，地表の土より相対的に大きな透水性を持った土と接触できることが多い．

図-22.23 T型堤防を用いた水路からの浸透システム(California 州 Sant Ana, Sant Ana 川), (a)地表浸透池の航空写真(提供：California 州 Orange 郡 Water District, Fountain Valley)(北緯 33.856 度, 西経 117.845 度, 高度 4 km), (b)河川から浸透池へ水を回すために用いる膨らますことができるゴム製のダム, (c)河川敷に広がる浸透池の地上高さからの景色

22.7 事例：Orange County Water District Groundwater Replenishment System

本章を閉めくくるにあたり，2007年に運転を始めるよう計画されている Calfornia 州 Orange 郡の Groundwater Replenishment(GWR)システムについて考えるのが適当であろう．運転時には，この計画は，この類の世界の施設の中で最も大きな水再生施設で，逆浸透や促進酸化処理を含む最新の処理技術を採用している．この事例は，OCWD(2006)と Daugherty et al.(2005)を出典としている．

22.7.1 周辺状況

Orange 郡は，Los Angeles 郡と San Diego 郡の間の California 州南部の沿岸にある．Orange County Water District(OCWD)では，約230万人に供給している地下水盆を管理している．現在，地下水の使用量は，333×10^6 m^3/yr(270 000 ac・ft/yr)と見積もられている．OCWD によってサービスが供給される人口と水需要は，ともに2030年までに20〜40％増加すると予想されている．この流域への主な水供給源は Santa Ana 川であり，この河川水は地表浸透池によって地下水盆に涵養されている［図-22.23(a)参照］．地下水涵養のための補助的な水源としては，Colorado 川や Sacramento

第22章 再生水による地下水涵養

川があり，California State Water Project によって California 州南部まで送られている．運ばれてきた水とともに，Santa Ana 川の水は深い涵養池を使って涵養されている（図-2.5参照）．涵養された水は，その後，ポンプで汲み出され，郡の人口の大部分への水供給として使われている．現存する水供給を増やすために，OCWD は，高度処理された再生水を使った GWR システムの開発に取りかかった．GWR システムは，OCWD と Orange County Sanitation District（OCSD）との共同出資の計画である．

22.7.1 GWR システム

完全に実施されれば，GWR システムは，約 1.73×10^8 m^3/yr（140 000 ac·ft/yr）もの高度処理再生水を生産する．GWR 計画は，次のような目的を持って実施された．
1. 地下水盆を過度の汲上げや海水の侵入から守る．
2. OCSD から海に流れる処理水量を減らす．
3. 他の水源への依存を減らす（例えば，Colorado 川，Sacrament 川からの輸送水）．
4. 地元で管理された水を供給する（例えば，再生水）．
5. California 州の全体にわたる水の目標を達成するのを助ける．
6. Orange 郡の地下水中のミネラルの増加を減らす一助とする．

22.7.3 実施方法

2003 年から建設中で，GWR システムは，全計画として 4 億 8700 万ドルもの予算で建設されている（2003 年試算）．計画の第一期は 2007 年に行われ，約 88×10^6 m^3/yr（72 000 ac·ft/yr）の水を供給し，将来の拡張のための基幹設備を備える．GWR システムには，3 つの重要な構成要素がある．(1) Advanced Water Treatment Facility（AWTF）とポンプ場，(2) AWTF と OCWD にある地下水涵養池とをつなぐ 21 km（13 mi）の輸送管，(3) 追加の注入・モニタリング井戸による現存の海水侵入防止バリアの拡張である（OCWD, 2006）．

図-22.24 に示す AWTF プロセスのフローチャートには，精密ろ過，カートリッジろ過，逆浸透，石灰添加，UV/H$_2$O$_2$ による促進酸化処理がある．単位プロセスを見ると，他の章でも扱われているものであり，例えば，精密ろ過［図-8.32(d)参照］，カートリッジろ過［図-9.2(a)］，逆浸透［図-9.2(a)，(b)］，石灰飽和器（lime saturator）［図-9.12(a)］，UV 光分解リアクタ（図-10.19）等である．処理された水は，他水源の水とともに地表浸透池に導水される．混ざった水は，帯水層へと浸透し，最終的に Orange 郡の飲用供給水の一部となる．図-22.24 に示したように再生水の一部は，太平洋の海岸線に沿っている塩水侵入防止井戸に注入される．

GWR システムは，進行中ではあるが，精密ろ過，逆浸透，促進酸化用いた 19×10^3 m^3/d（5 Mgal/d）の施設は，既に建設されていて，海水侵入を制御するのに使う注入井戸への水を供給するために運転されている．GWR システムの第一段階施設として知られているように，この施設は，役立つ設計法や運転経験を得ること，実規模のシステムの運転管理のトレーニングのためにも使われている．

22.7.4 得られた知見

GWR システムの第一段階施設でつくられた水は，California DHS や Regional Water Quality Control Board の間接的飲用再利用のすべての要件を満たしている．第一段階施設の成績により，実規模施設の図-22.24 に示された処理フローの有効性が検証された．市民の受容性や安全に対して当初から懸念があったため，広く社会に対して，GWR で生産された水の安全性と地下水質の改善を知

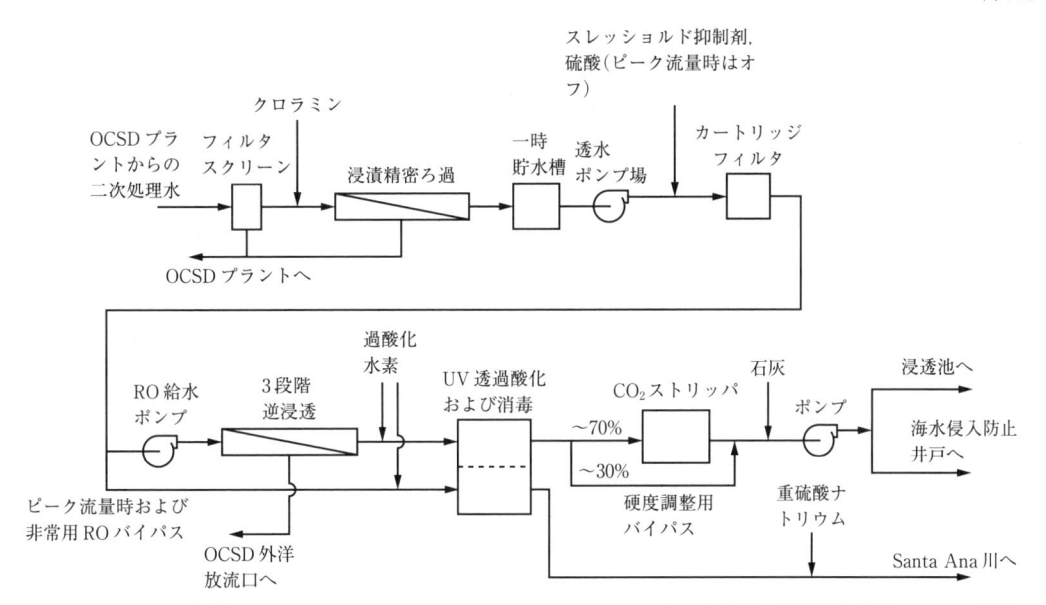

図-22.24 California 州 Fountain Valley の Orange County Water District にある高度水処理施設(処理能力265 000m³/d)のフローチャート(北緯33.692度, 西経117.912度)(提供：Orange County Water District, Fountain Valley, California)

らせるためのアウトリーチ計画が実施された．

問　題

22-1　余剰再生水の地下貯留と回収のため2つの候補地がある．1つ目の地点では，主な貯留は不圧帯水層である．2つ目の地点では，主な貯留は被圧帯水層である．1つ目の地点での地下水涵養方法の選択肢を述べよ．2つ目の地点での地下水涵養方法の選択肢はどんなものか？　もし両方の地点が水再生施設から等距離にある場合，どちらの地域を選ぶか？　あなたの選択を説明せよ．

22-2　地下水涵養のためにある涵養池が評価され，次のパラメータが求められている．
　K：透水係数　　　1.4 m/d（仮定の係数）
　H_w：地上からの水の高さ　　0.5 m
　f：貯留空隙率　　0.15
　H_{cr}　　−0.6 m

Green-Ampt の式により7日の湿潤周期の平均浸透速度を推定せよ．L_f の値を仮定し，その仮定を検討せよ．平均浸透速度をもとに，120 000 m³/d の涵養に必要な地表面積を推定せよ．

22-3　浸透池は地表から0.5 m の水高で運転されている．透水係数が目詰まりなしで0.7 m/d である．貯留空隙率は0.15で，湿潤土壌の限界圧力水頭は−0.4 m である．
　a.　Green-Ampt の式を用いて浸透速度 v_i，湿潤前線(wetted front)の深さ L_f を時間の関数として決定せよ．L_f が30 m となるまで計算せよ．
　b.　a. のデータを使って200 m² の池で浸透する合計水量を推定せよ．

22-4　次のパラメータが涵養池とその下の不圧帯水層のために求められている．
　T：透過率　　　0.003 m²/s
　H：不浸透層上の地下水の高さ（帯水層の厚さ）　　20 m

第22章 再生水による地下水涵養

L　　20 m

W　　120 m

f：貯留空隙率　　0.15

V_a　　80 m/yr

地下水までの深さ　　30 m

a. 浸透池の運転から6ヶ月後の最大の局所的地下水位上昇を計算せよ．

b. a.での結果から，地下水上昇は浸透に影響するか？

c. 埋立地が地下水浸透池の近くにあり，埋立地の底が地下水位の5 m 上にある．埋立地の位置を $x=350$ m, $y=350$ m として，地下水上昇を推定せよ．この地下水上昇は，埋立地に影響を与えるか？

22-5　120 000 m³/d の再生水を浸透するのに必要な通気帯注入井の数を推定せよ．

井戸のパラメータは，以下のとおりである．

K：透水係数　　0.002 m/s

S_i　　100 m

L_w　　25 m

R_w　　1.5 m

もし，$S_i = 20$ m のならば，解は変化するか．もしそうならば，幾つの井戸が必要か．

22-6　湿潤-乾燥サイクルは，なぜ浸透池の操作で使用されるのか．質と量の両面から説明せよ．

22-7　$K = 2$ m/d, $H = 5.33$ m の不圧帯水層に 20×200 m の池から浸透速度 0.2 m/d で涵養している．局所的地下水位上昇の中心は，浸透した水が地下水面に到達して6日後にいくらに上昇するか（通気帯へ直接に垂直な流れを仮定する）．

もし浸透が開始してから6日後に止めたら，6日後の局所的水位上昇の高さは，元の水面からいくらになるか．

22-8　スクリーン部の間隔は40 m, 半径1.5 m の通気帯注入井の体積注入率(Q)を推定せよ．土の透水係数を 0.0001 m/s, 井戸の底から不透水層までの深さを80 m とする．

22-9　透過率 0.01 m²/s, 貯留性 0.0002 の帯水層を涵養するのに直接注入井が用いられる．計画体積注入率は，0.02 m³/s で，孔の半径は，0.2 m である．注入の7日後にこの透水速度を維持するのに必要なピエゾ水頭の圧力を決定せよ．

22-10　Croundwater Ambient Monitoring and Assessment(GAMA)プログラムは，California 州全体で地下水中の広い範囲の化学物質を低検出限界で測定し，特徴を把握しようとするものである．Los Angeles and Orange Country Focus Area の浸透池と関連のある GAMA プログラムの結果をダウンロードしレビューせよ．この研究成果の意義は何か．

参考文献

Asano, T., and K. L. Wassermann (1980) "Groundwater Recharge Operations in California," *J. AWWA*, **72**, 7, 380–385.

Asano, T. (ed.) (1985) *Artificial Recharge of Groundwater*, Butterworth Publishers, Boston, MA.

AWWARF (2001) *Soil Aquifer Treatment for Sustainable Water Reuse*, American Water Works Association Research Foundation, Denver, CO.

AWWARF (2005) *Water Quality Improvements during Aquifer Storage and Recovery*, American Water Works Association Research Foundation, Denver, CO.

Bouwer, H. (1966) "Rapid Field Measurement of Air Entry Value and Hydraulic Conductivity of Soil as Significant Parameters in Flow System Analysis," *Water Res.*, **2**, 729–738.

Bouwer, H., and R. D. Jackson (1974) "Determining Soil Properties," 611–672, in J. van Schilgaarde (ed.) *Drainage for Agriculture*, Agronomy Monograph No. 17, American

Society of Agronomy, Madison, WI.

Bouwer, H., and R. C. Rice (1974) "High-rate Land Treatment I: Infiltration and Hydraulic Aspects of the Flushing Meadows Project," *J. WPCF*, **46**, 834–843.

Bouwer, H. (1978) *Groundwater Hydrology,* McGraw-Hill, New York.

Bouwer, H., R. C. Rice, J. C. Lancc, and R. G. Gilbert (1980) "Rapid-Infiltration Research—the Flushing Meadows Project, Arizona," *J. WPCF*, **52**, 10, 2457–2470.

Bouwer, H., and R. C. Rice, (1984) "Effect of Water Depth in Groundwater Recharge Basins on Infiltration," *J. Irrig. Drain. Eng.* **115**, 4, 556–567.

Bouwer, H. (1986) "Intake Rate: Cylinder Infiltrometer," 825–844, in *A.* Klute (ed.) *Methods of Soil Analysis: Part 1 Physical and Mineralogical Methods*, 2nd ed., American Society of Agronomy and Soil Science Society of America, Madison, WI.

Bouwer, H. (1991) "Role of Groundwater Recharge in Treatment and Storage of Wastewater for Reuse," *Water Sci. Technol.* **24**, 9, 295–302.

Crook, J., T. Asano, and M. Nellor (1990) "Groundwater Recharge with Reclaimed Water in California," *Water Environ. Technol.*, **2**, 4, 42–49.

Daugherty, J. l., S. S. Deshmukh, M. V. Patel, and M. R. Markus (2005) "Employing Advanced Technology for Water Reuse in Orange County," Presented at the California Section of the WateRuse Association Annual Meeting, San Diego, CA.

Dillon, P. J. (ed.) (2002) *Management of Aquifer Recharge for Sustainability*, A. A. Balkema Publishers, Lisse, The Netherlands.

Dillon, P., P. Pavelic, S. Toze, S. Rinck-Pfeiffer, R. Martin, A. Knapton, and D. Pidsley (2006) "Role of Aquifer Storage in Water Reuse," *Desalination*, **188**, 123–134.

Drewes, J. E., and P. Fox (2001) "Effect of Drinking Water Sources on Reclaimed Water Quality in Water Reuse Systems," *Water Environ. Res.*, **72**, 3, 353–362.

Drewes, J. E., and M. Jekel (1998) "Behavior of DOC and AOX Using Advanced Treated Wastewater for Groundwater Recharge," *Water Res.* **32**, 10, 3125–3133.

Freeze, R. A., and J. A. Cherry (1979) *Groundwater*, Prentice-Hall, Englewood Cliffs, NJ.

Gable, J., and P. Fox, (2003) "Sustainable Nitrogen Removal by Anaerobic Ammonia Oxidation," *Proceedings of the 76th Annual Water Environment Federation Conference*, Los Angeles, CA.

Goyal, S. M., and C. P. Gerba (1979) "Comparative Adsorption of Human Enteroviruses, Simian Rotavirus and Selected Bacteriophages to Soils," *Appl. Environ. Microbiol.*, **38**, 242.

Green, W. H., and G. Ampt, (1911) "Studies of Soils Physics, Part I—The Flow of Air and Water through Soils," *J. Agr. Sci.*, **4**, 1–24.

Hantush, M. S. (1967) "Growth and Decay of Groundwater-Mounds in Response to Uniform Percolation," *Water Resour. Res.*, **3**, 1, 227–234.

Havelaar, A. H. (ed.) (1991) "Bacteriophages as Model Viruses in Water Quality Control," IAWPRC Study Group on Health Related Water Microbiology, *Water Res.*, **25**, 529–545.

Havelaar, A. H. (1993) "Bacteriophages as Models of Human Enteric Viruses in the Environment," *ASM News,* **59**, 614–619.

Havelaar, A. H., M. van Olphen, and Y. C. Drost (1993) "F-Specific RNA Bacteriophages are Adequate Model Organisms for Enteric Viruses in Fresh Water," *Appl. Environ. Microbiol.,* **59**, 2956–2962.

Heberer, T. (2002) "Occurrence, Fate, and Removal of Pharmaceutical Residues in the Aquatic Environment: A Review of Recent Research Data," *Toxicol. Lett.*, **131**, 1–2, 5–17.

Morel-Seytoux, H. J. (1985) "Conjunctive Use of Surface and Ground Waters," Chap. 3, in T. Asano (ed.) *Artificial Recharge of Groundwater,* Butterworth Publishers, Boston, MA.

Mulder, A., A. A. van de Graaf, L. A. Robertson, and J. G. Kuenen (1995) "Anaerobic Ammonium Oxidation Discovered in a Denitrifying Fluidized Bed Reactor." *FEMS Microbiol. Ecol.*, **16**, 3, 177–183.

Nasser, A. M., and S. D. Oman (1999) "Quantitative Assessment of the Inactivation of Pathogenic and Indicator Viruses in Natural Water Sources," *Water Res.*, **33**, 7, 1748–1752.

Neuman, S. P. (1976) "Wetting Front Pressure Head in the Infiltration Model of Green and Ampt." *Water Res.*, **12**, 564–566.

NRC (1994) *Ground Water Recharge Using Waters of Impaired Quality*, National Research

Council, National Academy Press, Washington, DC.

OCWD (2006) *Groundwater Recharge System*, Accessed at: http://www.gwrsystem.com/about/overview.html.

Peters, J. H., and C. Castell-Exner (eds.) (1993) *Proc. Dutch-German Workshop on Artificial Recharge of Groundwater*, September, 1993, Castricum, The Netherlands. Published by KIWA, P.O. Box 1072, Nieuwegein 3430 BB, The Netherlands.

Peyton, D. E. (2002) "Modified Recharge Basin Floors Control Sediment and Maximize Infiltration Efficiency," 215–220, in P. Dillon (ed.) *Management of Aquifer Recharge for Sustainability*, A. A. Balkema Publishers, Lisse, The Netherlands.

Powelson, D. K., C. P. Gerba, and M. T. Yahya (1993) "Virus Transport and Removal in Wastewater During Aquifer Recharge," *Water Res.*, **27**, 4, 583–590.

Powelson, D. K., and C. P. Gerba (1994) "Virus Removal From Sewage Effluents During Saturated and Unsaturated Flow Through Soil Columns," *Water Res.*, **28**, 10, 2175–2181.

Pyne, R. D. G. (1995) *Groundwater Recharge and Wells, A Guide to Aquifer Storage Recovery*, CRC Press, Inc., Boca Raton, FL.

Roberts, P. V. (1980) "Water Reuse for Groundwater Recharge: An Overview," *J. AWWA*, **72**, 7, 375–379.

SDLAC (2005) Water Reuse Partnership, Sanitation Districts of Los Angeles County, Accessed at: http://www.lacsd.org

Shah, S., and P. Fox (2005) "The Conversion of Nitrate to Nitrate as a Rate Limiting Step for Anaerobic Ammonia Oxidation in Soil Systems," *Proceedings of the 78th Annual Water Environment Federation Conference*, Washington, DC.

Theis, C. V. (1935) "The Relation between the Lowering of Peizometric Surface and the Rate and duration of a Well Using Groundwater Storage," *Trans. Am. Geophys. Union*, **2**, 519–524.

Todd, D. K. (1980) *Groundwater Hydrology*, John Wiley & Sons, New York.

Wilson, L. G., G. L. Amy, C. P. Gerba, H. Gordon, B. Johnson, and J. Miller (1995) "Water Quality Changes during Soil Aquifer Treatment of Tertiary Effluent," *Water Environ. Res.*, **67**, 3, 371–376.

Woods, C., H. Bouwer, R. Svetich, S. Smith, and R. Prettyman (1999) "Study Finds Biological Nitrogen Removal in Soil Aquifer Treatment System Offers Substantial Advantages," *Proceedings of the 72nd Annual Water Environment Federation Conference*, New Orleans, LA.

Yates, M. V., C. P. Gerba, and L. M. Kelly (1985) "Virus Persistence in Groundwater," *Appl. Environ. Microbiol.*, **49**, 4, 778–781.

第23章　表流水の増大を通じての間接的飲用再利用

翻訳者　　藤　井　滋　穂（京都大学大学院地球環境学堂地球親和技術学廊 教授）

関連用語　*1025*
23.1　間接的飲用再利用の概要　*1025*
 23.1.1　事実上の間接的飲用再利用　*1026*
 23.1.2　表流水増大を通じての間接的飲用再利用のための方策　*1027*
 23.1.3　市民の受容　*1027*
23.2　健康とリスクについて　*1028*
 23.2.1　病原体と微量物質　*1028*
 23.2.2　システムの信頼性　*1028*
 23.2.3　多重バリアの導入　*1028*
23.3　間接的飲用再利用の計画　*1029*
 23.3.1　流域の特徴　*1030*
 23.3.2　混合されるべき再生水量　*1030*
 23.3.3　上水処理，下水処理での必要事項　*1030*
 23.3.4　制度上の考慮事項　*1031*
  規則上の問題／*1031*　　水利権／*1031*
 23.3.5　費用に関する考慮事項　*1031*
23.4　湖沼および貯水池の表流水増大のための技術検討　*1031*
 23.4.1　水道用貯水池の特性　*1032*
  多目的施設／*1032*　　水質への影響／*1032*　　湖沼および貯水池の成層化／*1034*
  密度流／*1034*　　混合過程／*1035*　　滞留時間／*1035*
 23.4.2　湖沼および貯水池のモデリング　*1035*
  物質保存／*1036*　　成層化した系の解析／*1036*　　完全混合解析／*1037*
  コンピュータシミュレーション／*1037*
 23.4.3　水道貯水池を増量する計画　*1038*
  混合とエアレーション／*1038*　　トレーサスタディ／*1038*
23.5　事例1：Upper Occoquan Sewage Authorityにおける間接的飲用再利用の実施　*1038*
 23.5.1　周辺状況　*1039*
 23.5.2　水管理上の問題点　*1039*
 23.5.3　水処理の構成要素　*1039*
  システムの多重性／*1040*　　良質な二次流出水／*1040*　　化学処理システム／*1041*
  活性炭吸着／*1041*　　イオン交換法および不連続点塩素処理法／*1041*　　消毒／*1042*
 23.5.4　今後の処理プロセスの方向性　*1043*
 23.5.5　Occoquan貯水池における水質　*1043*
 23.5.6　水　処　理　*1043*
 23.5.7　得られた知見　*1044*

23.6　事例2：2005年におけるSan Diego市の水再浄化事業と水の再利用研究　　*1044*
 23.6.1　周辺状況　　*1045*
 23.6.2　水管理上の問題点　　*1045*
 23.6.3　廃水処理指令　　*1045*
 23.6.4　Water Repurification Project　　*1046*
 23.6.5　2000 Updated Water Reclamation Master Plan　　*1046*
 23.6.6　City of San Diego Water Reuse Study 2005　　*1046*
  貯水池増量の可能性／*1047*
  評価のために提出された間接的飲用再利用の可能性ある見込みの概要／*1047*　　次段階／*1047*
 23.6.7　得られた知見　　*1048*
  市民の参加／*1048*　　健全性と安全性／*1048*　　他の実行に関する問題／*1048*
23.7　事例3：間接的飲用再利用のためのシンガポールのNEWater　　*1048*
 23.7.1　周辺状況　　*1049*
 23.7.2　水管理上の問題点　　*1049*
 23.7.3　NEWater FactoryとNEWater　　*1049*
 23.7.4　実施方法　　*1049*
  NEWater Factoryの設計と処理系／*1049*　　原水（供給原水）／*1049*　　膜ろ過処理／*1050*
  耐久性と信頼性の試験／*1050*
 23.7.4　NEWaterの実証プラントの実績　　*1050*
 23.7.5　プロジェクトの沿革　　*1050*
 23.7.6　得られた知見　　*1051*
23.8　間接的飲用再利用に関する所見　　*1053*
問　　題　　*1053*
参考文献　　*1054*

関連用語

間接的飲用再利用 indirect potable reuse 飲用水用貯水池や地下水帯水層のような原水源に再生水を計画的に注入する方式．結果，混合，希釈が生じ，環境的に緩衝される．

再純化水 repurified water San Diego市が使っている用語で，間接的飲用再利用に適する複雑な処理方式から得られる水を指す．その方式では，膜ろ過，逆浸透，イオン交換，オゾンを用いた促進酸化，消毒を含む各種の超高度処理を利用している．

事実上の間接的飲用再利用 *de facto* indirect potable reuse 多くの都市は，上流の都市，工場，農業地域からの排出水を様々な流量で含む河川，貯水池から飲料水を得ており，結果として計画に基づかない(事実上の)間接的な飲用のための水再利用を行っている．

多重バリア multiple barriers 多重安全措置．システム全体の信頼性向上のため，通常の水システム以上に幾つかの安全対策を組み込んだ間接的飲用再利用システム．その多重バリアには，排水処理，希釈，水塊の自浄作用，貯水池での貯留，効率的浄水処理，高飲用水質確保のための広範な原水・処理水監視がある．

直接的飲用再利用 direct potable reuse 浄水場後の飲用水配水システムか，浄水場前の原水地点に，計画的に直接，高度処理再生水を導入する方式．

NEWater Singapore Public Utilities Boardが使っている用語で，膜ろ過，逆浸透，紫外線消毒を組み込んだ超高度処理による再生水を指す．これは，表流水貯水池と混合した後，工業用および超高度処理に用いられる．

　間接的飲用再利用は，飲用水用貯水池(potable water storage reservoir)や地下水帯水層(groundwater aquifer)のような原水源に再生水を計画的に導入することを示し，結果として混合，希釈が生じ，環境的に緩衝される．本章では，これらのうち飲用水用貯水池を扱い，地下水供給(groundwater replenishment)とその飲用水供給を目的とした再生水(reclaimed water)による涵養(recharge)は，22章で検討する．また，間接的飲用再利用の動機となる持続的水供給(sustainable water supplies)については，1章で追加開発の必要性を討議し，最近の水再生の技術は，本書の3部で論じる．本章および24章では，表流水増大による間接的飲用再利用，再生水の直接的飲用再利用についてそれぞれ述べる．間接的飲用再利用の紹介に続いて，健康とリスク，間接的飲用再利用の計画作成，湖沼・貯水池での表流水への補給(surface water augmentation)のための技術的考察をその後の3つの節で説明する．また，間接的飲用再利用の現および将来計画の優すぐれた例を3つ事例として示す(23.5〜23.7)．事例に続いて，米国の間接的飲用再利用の現況について概述する．

23.1 間接的飲用再利用の概要

　飲用再利用を公共水道の一つの選択肢として考える場合，間接的飲用再利用か直接的飲用再利用かが重要な分類となる．米国では，最近，人が消費するために再生水を直接再利用することは，人気のある選択肢ではない(24章参照)．しかし，放流先の水域・貯水池に混合する前に高度再利用水処理(advanced water reclamation technologies)を施す形で表流水を増大させる間接的飲用再利用を計画・実施する自治体は，少数だが数を増しつつある．混合された水は，環境中の自然の作用でさらなる水質改善を経た後，取水される．高度に処理された再生水を水道貯水池に混合している所では，再生水水質のさらなる改善が可能なので，直接的飲用再利用を支持する議論を進めことができるだろう．

第 23 章　表流水の増大を通じての間接的飲用再利用

以下，事実上の間接的飲用再利用(*de facto* indirect potable reuse)，表流水増大による計画的な間接的飲用再利用(planned indirect potable reuse)，間接的飲用再利用に関する市民の受容(public acceptance)について考察する．

23.1.1　事実上の間接的飲用再利用

多くの自治体では，近年，飲料用水道のため様々な質の表流水源を用いているが，それらの中には，水源が上流側でかなりの数の下水処理水の放流に影響されているものがある．例えば，米国では，24 以上の主要な水道施設が低水量時(low-flow conditions)に下水放流水(wastewater discharge)が 50% 以上となる河川から水を取水している(Swayne *et al.*, 1980)．下水放流では，規制および未規制分を含め様々な量の下水処理水，農地からの流出水・戻り水(return flow)，雨天時流出・越流水を含んでいる．下水放流水を含む水源での水利用は，本書では事実上の間接的飲用再利用として著述している(3 章参照)．そのような水源を利用している水システムのほとんどは，最近の飲用水質基準を満たしているが，再生水の計画的間接および直接の飲用再利用(potable water reuse)についての多くの関心は，本章と 24 章で論じるように，これら標準の飲用水道システム(conventional drinking water supply system)に広がっている．

California 州南部の場合，図-23.1 に示すように，Colorado 川水系は San Diego 市，Sacramento 川水系は Los Angeles 市の水道水源であるが，それら水道水源は無数の排水放流を受け入れている．これは，同地域の他の小自治体でも同様に見られている．例えば，Colorado 川水系にはすべてが現

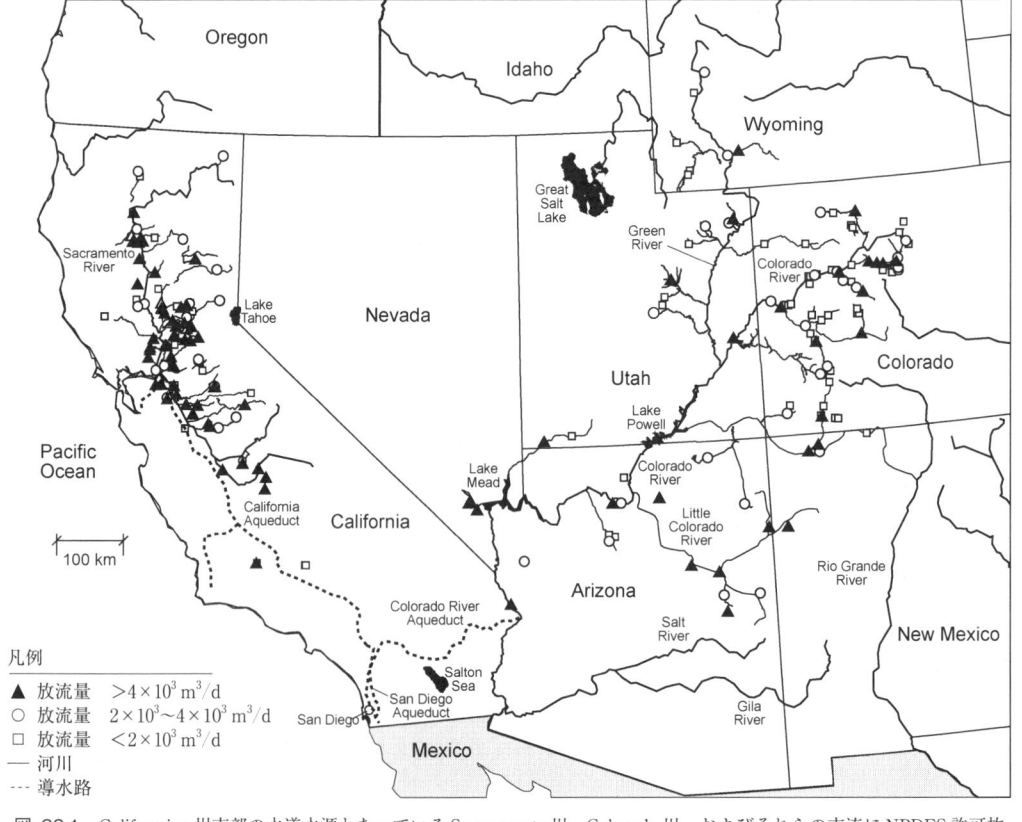

図-23.1　Califormina 州南部の水道水源となっている Sacramento 川，Colorado 川，およびそれらの支流に NPDES 許可放流点を持つ都市部の下水処理施設(California 州 San Diego 市 Water Department)

在も放流しているわけではないが，450以上の許可下水放流地点がある．この水道水源では，下水処理のレベルと他の放流規制が本支流全体を通じて同一ではないことが主要な心配事となる．希釈と自然低減(natural attenuation)は河川内で生じる(Gurr and Reinhard, 2006)が，計画的な間接的飲用再利用は，様々な排水を含む水源に関わる，より一般的な飲料水問題と切り離して考えることはできない．

23.1.2 表流水増大を通じての間接的飲用再利用のための方策

計画的な活動である表流水の増大による間接的飲料再利用は，取水点上流やその放流先が水道水源となる流路の途中に処理再生水が入る場合に生じる．非計画的すなわち付随的(事実上の)間接的飲用再利用，計画的な間接的飲用再利用，および再生水の直接的飲用再利用の概略図を図-23.2に示す．

間接的飲用再利用では，再生水は，飲用目的の最終的な利用の前に2度処理される．最初は，表流水に放流される前である．そして，環境中の原水に導入され，撹拌・混合された後，飲用水システムに配水される前に再度処理される．計画的な間接的飲用再利用システムでは，排水および原水両者に高度処理が施されるであろう．逆浸透(RO)のような高度処理法の適用では，注意深い評価がなされなければならない．例えば，間接的飲用再利用では，再生水をRO処理するのではなく，浄水場でRO処理をすることがより有益かどうかである．幾つかの代替高度処理プロセスの工程図を図-6.2に示している．

23.1.3 市民の受容

いかなる水再利用プログラムでも，最終的な成功は，市民が受け入れられるか(受容)で決まる．このためには，市民の参画，情報および教育について上手なプログラム説明が必要である．そして，その支持を得るには，水道計画全体の中での間接的飲用再利用を含めることへの必要性を伝えることが必須の要素である(26章参照)．論議すべき課題には，以下が含まれる．

・水道供給増加の必要性，
・水再生・再利用に関わる環境保全の考え方，
・間接的飲用再利用事業の成功例の情

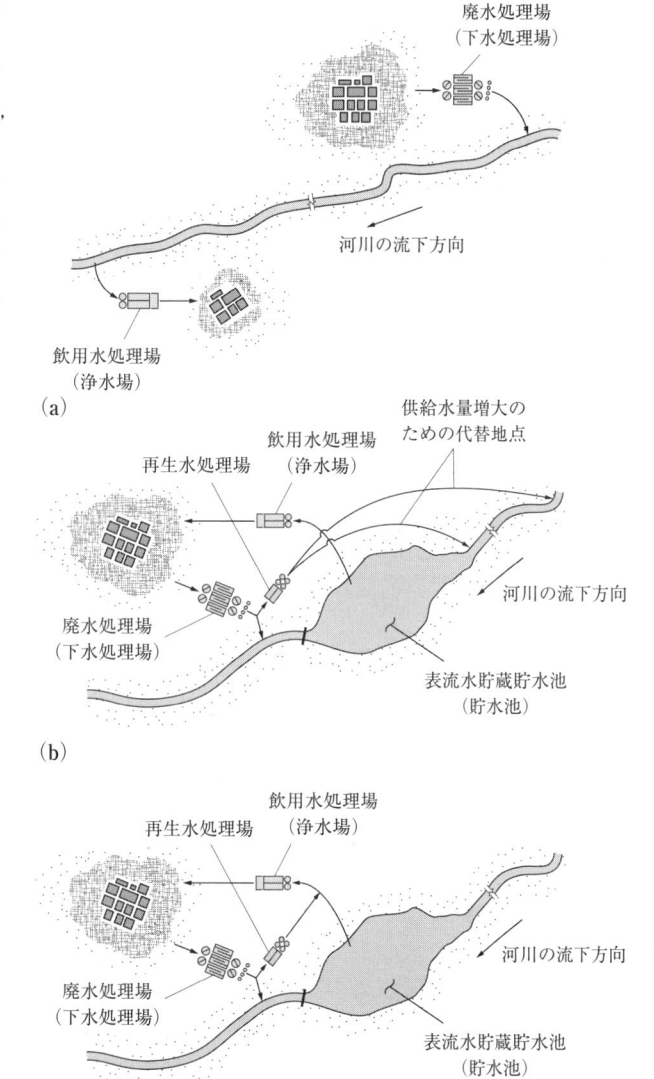

図-23.2 水再利用計画の概要図．(a)付随的(事実上の)間接的飲用再利用，(b)計画的な間接的飲用再利用，(c)直接的飲用再利用

報,
・実際の水質データ,基準,および再生事業で用いられる技術,
・他の水供給方法についての有効性とコスト.

間接的飲用再利用事業は,最近までは意識的な健康懸念(perceived health concerns),環境公正(environmental justice),成長への懸念(growth concerns)により幾つかの高いレベルですら市民や政治的な反対で受け入れられなかったが,将来増加するようである.

23.2 健康とリスクについて

間接的飲料再利用では,再生水中に病原体(pathogens)や微量物質(trace constituents)が含まれているかどうかが健康影響に関係している.健康影響は,市民意識で重要視されているので,病原体と微量物質の除去,そのシステムの信頼性および多重バリア(multiple barriers)のために適切な処理技術を選択し利用することには,細心の注意が必要である.以下では,これらの事柄について取り上げる.

23.2.1 病原体と微量物質

間接的飲用再利用では病原体と微量物質が懸念されるため,100%は無理でも,実質的に健康影響がないよう保証するために様々な高度処理(advanced treatment)が用いられる.現在,間接的飲用再利用で検討される高度処理プロセスには,逆浸透(RO)を伴う精密ろ過(microfiltration；MF),もしくは限外ろ過(ultrafiltration；UF),促進酸化処理(advanced oxidation process；AOP),消毒(disinfection)が一般に含まれる.こうした処理プロセスの組合せで得られる再生水は,病原性生物を含まず,ほとんどの微量物質も検出限界(detection limits)以下の濃度となる.このレベルまで処理された再生水は,ほとんどの水道水源,とりわけ下水処理水を含んでいる水道水源より水質が良い.前述のように,再生水の水質は,水道水源の水と混合することで改善するだろう.

23.2.2 システムの信頼性

間接的飲用再利用の導入に際し,高度処理された再生水を用いる最大の意義は,システムの信頼性,つまり特定の条件下で特定の期間に適切な性能を発揮しうることである.システムの信頼性を決める要因は,(1)流入下水の水質の変動,(2)生物処理プロセスの独特の変動,(3)高度処理プロセスの独特の変動,(4)処理場機械設備の信頼性,(5)モニタリングの有効性,である.各プロセスをより強固かつ冗長性(redundancy)を持つように設計することが,信頼性を考慮した処理設備の設計における重要な一歩である.

23.2.3 多重バリアの導入

間接的飲用再利用の計画の基本は,再生水の安全を保証するために多重バリア(多重安全措置)を導入することである.浄水処理システムで従来使用されてきたバリアのタイプは,(1)水源の保全,(2)自然低減,(3)効率的な処理,(4)欠陥のない配水システム,(5)モニタリング計画,(6)不測の事態への対応,等である.これらのバリアについての詳細を表-23.1に示す.表-23.1からわかるように,多重バリアのコンセプトは,不具合が独立した多重性となることに基づいている.

間接的飲用再利用の導入において再生水に用いられる多重バリアは,(1)下水収集システムの排出

表-23.1 水処理の運転管理におけるバリア方法，対応すべき危険，リスク管理の選択肢の例[a]

バリア方法	関連するリスク	典型的なリスク管理方法
原水保全	病原体，汚染物質，放射性物質	水源保全計画，下水処理の高度化，より良い水資源の選択
処理	病原体，消毒副生成物，汚染物質	水質基準，薬剤添加ろ過，消毒
配水システム	ろ過障害，病原体の再増殖	残留塩素，配水水圧，メンテナンスの基本計画
自然減衰（希釈，死滅，分解）	微量および未規制汚染物質	水系における自然減衰と希釈，貯水池での貯留
モニタリング	予期せぬシステム障害	自動制御，警告とシステム停止，日誌による記録，トレンド分析
悪化事態への対応	システム障害時の対応での錯誤，健康に関わる行政機関や市民との意思疎通上の失敗	緊急時の行動計画，水を煮沸する旨の勧告，指示

[a] Ontario Ministry of the Attorney General(2002)より一部を引用．

源制御，(2)強固で多重性のある標準処理法，(3)強固で多重性のある高度処理法，(4)自然水系への放流(例えば，水道用貯水池)，(5)上水システムにおける配水前の処理，(6)システム上の各点におけるモニタリング，等である．間接的飲用再利用に適用できる多重バリアの様々な段階と組合せを図-23.3に示す．それぞれのバリア手段は効果を発揮するかが，単一のバリア手段のみでは完全ではない．したがって，他のバリアを犠牲にして単一のバリアに過剰に頼ることは，汚染リスクを高めることになる．個々の不具合は，独立するように設計する必要がある（例えば，あるバリア手段の失敗が全体の失敗とならないように防御を選択すべきである）．多数のバリアの組合せは，より高い信頼性を持たせる結果となる．

23.3 間接的飲用再利用の計画

表流水増大による計画的な間接的飲用再利用は，再利用手段として異論が多いため，計画には慎重を期さねばならない．間接的飲用再利用の導入の動機としては，将来の発展のための適切な水供給の確保と放流先における水質保全のための下水処理があげられる．間接的飲用再利用の計画についての最近の事例がAtlanta首都域とGeorgia州のGwinnett郡で見られる(Yari, 2005：Scarbrough, 2005)．

間接的飲用再利用の検討に関わる重要な要素を表-23.2に整理した．間接的飲用再利用の計画においては，(1)流域の特徴，(2)再生水の利用量，(3)上水，下水処理での要求事項，(4)制度上の考慮事項，(5)費用での考慮事項，を評価しなければならない．

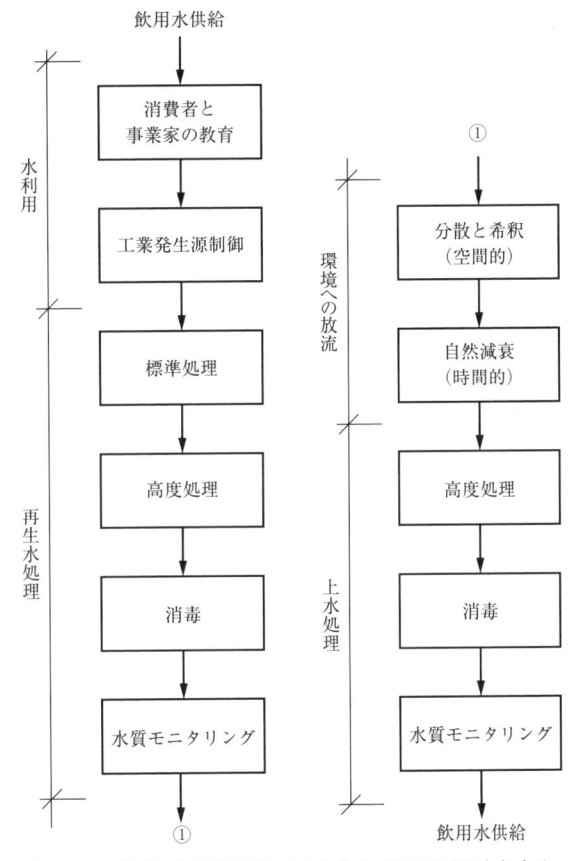

図-23.3 間接的飲用再利用における多重バリアの流れと組合せ

第 23 章　表流水の増大を通じての間接的飲用再利用

表-23.2　間接的飲用再利用が望まれる要因[a]

要　因	解　説
コストが高い，環境への影響が大きい，従来の水資源開発困難	新規のダムや貯水池を郊外に建設する場合には，設備費用が増大し，そうした事業を推進するには，費用が高くなりすぎている．間接的飲用再利用は，遠隔地に従来型水供給施設を開発するよりも，多くの場合，利用しやすい水供給の代替手段となる．
下水処理水の水質基準の強化	例えば，沿岸水域や内陸の生態系の保全を考えると，水生生物用の金属濃度基準と同様に栄養塩もきわめて低濃度で規制すべきとなる．これらの基準の達成には，しばしば高度な化学処理や膜処理を必要とする．そのため，都市部の下水を間接的飲用再利用することは，水域に処理水を放流する場合に比べてより有利となるかもしれない．
経済的に実現可能な非飲用再利用の限界	現存する飲料水の供給，水処理，貯留，配水管路網を利用することで，非飲用再利用との二系統配水システムを整備するより，費用を低く抑えることができる．非飲用水の都市需要は，日ごとおよび季節ごとで変動しており，そのために再生水資源の全量の利用ができず，また，貯留のためには，飲用に近い水質を必要とする．
多くの流域で再生水の流量が増大している	人口増加と都市化により，水域への下水処理水の放流量が増大している．高度に処理された水は，水道水源の貯水池に放流できる．

[a] McEwen (1998) より引用．

23.3.1　流域の特徴

　表流水への放流による間接的飲用再利用を行う前に，水質に対するあらゆる長期的影響を評価する元となる基本状態を解明し，流域の評価をするべきである．他の排水流入（非意図的な間接的飲用再利用）や都市由来・農地由来等の面源の汚濁負荷に影響される流域では，あり得るすべての汚濁源の累積的な影響を評価しなければならない．

　さらに，間接的飲用再利用を実行する前の背後事情を適切に把握するために，水質モニタリングを実施することが重要である．現存水質を把握するため，微生物，有機物，無機物に関する指標を場所ごとに適当な頻度で測定するべきである．水質モニタリングは，季節的に，また人為的に起こりうる水文学的変動を反映するように計画しなければならない (WEF and AWWA, 1998)．流域の分析には，定量的分子微生物学的追跡法 (quantitative molecular microbial source tracking assays) の一連の手法が適用できる．間接的飲用再利用を検討する流域において，面源の糞便汚濁 (fecal pollution) を正確に同定 (identification)，定量化 (quantification) することが最も重要である．

23.3.2　混合されるべき再生水量

　水道水源に加える再生水量は，間接的飲用再利用における基礎的な検討事項である．固有水量 (native water) に対する受水流や貯水池に導入される再生水量が，水道水源における再生水の割合を決める．水道中の割合の元となるこの再生水量割合は，計画の後，市民あるいは担当部局との討議を経て決定され，用いられることになる．23.4 で論じるように，特定のシステムによっては，貯水池の季節的な水位低下 (drawdown) により貯水池内でできるだけ再生水を混合できるように構造，運用面の変更を必要とする極端な状況を引き起こすかもしれない．

23.3.3　上水処理，下水処理での必要事項

　薬品凝集，フロック形成，沈降，ろ過，消毒の処理プロセスを含む標準的な上水処理施設では，浮遊物質 (suspended solids) が除去され，病原体が不活化される（7, 8 章参照）．しかし，都市下水中に

存在し，影響が懸念されている微量物質は，標準的な上水処理，下水処理プロセスではほとんど除去できない．例えば，下水中には発癌性が懸念されている有機化学物質が含まれているが，それらは，標準的な上水処理，下水処理プロセスを通じて部分的にしか除去されない．さらに，ある種の微生物は，従来の処理法ではあまり除去されない．したがって，間接的飲用再利用の計画において懸念成分を除くため，何らかの形の高度処理が必要である（9，10章参照）．

23.3.4 制度上の考慮事項

間接的飲用再利用の計画で考慮すべき制度上の考慮事項には，規制上の問題と水利権（water rights）の問題がある．

規則上の問題
州と連邦の両方のレベルでの法律（legal）や規制（regulatory）の問題は，間接的飲用再利用の実施上多くの課題となる．水の再生と再利用実施に関係する幾つかの重要な規則（rule）と規制（regulation）について，4，16，25章で論じる．通常，多数の規則と規制が州のレベルで並存しており，しばしば州は，連邦より厳しいレベルの要求をしている．

水 利 権
水利権に関する事柄は，水の再利用と放流に対し制約や要求を課すことにより，水の再生利用事業を制限してしまうことがある．水利権問題が複雑であり，また水利権に関する法律が州により異なるため，間接的飲用再利用事業の計画初期段階において専門家の助言が取り入れられている（25章参照）．

23.3.5 費用に関する考慮事項

状況によっては間接的飲用再利用が水資源の効率的利用を実現する最も良い選択肢となりうるが，事業推進自体は，その費用を賄えるかどうかで決まる．非飲用再利用（nonpotable water reuse）のための設備（例えば，再生水配水管やポンプ場等）がない場合には，特に都市部においては費用が高くなりすぎ，間接的飲用再利用事業を適切な時間内に実現できないであろう（U.S. EPA, 2004）．費用分析では，公正な比較のために間接的費用も含めたすべての費用要因を考慮することが必要である．水供給手段の比較のために用いられる直接的および間接的な費用の詳細な分析を25章に示している．様々な水の再利用手段についての費用評価の例を表-23.3に示す．

23.4 湖沼および貯水池の表流水増大のための技術検討

大きな湖沼や貯水池は，再生水にとって大規模な混合と希釈の効果を持つ．再生水を飲用水道貯水池（potable water supply reservoir）に導水する際には，栄養塩類，病原体，微量物質等の残留成分の消長が主要な課題となる．しかし，精密ろ過，逆浸透，促進酸化のような浄水技術を有する近代的な水の再生施設は，実質的にはこうした成分すべてを除去することができる．このような状況では，これらの水を湖沼や貯水池へ混合した場合，実は再生された水は，水環境全体の水質を改善させるのかもしれない．環境基準や飲料水基準の強化，住民参画，高度処理技術が進むならば，間接的飲用再利用の計画では，信頼性が最も高く，最高の水質で再生水を生産できる浄水プロセスのみが受け入れられるだろう．

水中や底泥での残留成分の消長は，多くの物理的，化学的，あるいは生物的要因にやはり左右され

表-23.3 水再利用方法ごとの設備規模に応じた費用評価の比較[a, b]

再利用オプション	設備規模			
	3.8×10^3 m^3/d (1 Mgal/d)	18.9×10^3 m^3/d (5 Mgal/d)	37.8×10^3 m^3/d (10 Mgal/d)	94.6×10^3 m^3/d (25 Mgal/d)
帯水層への直接注入(ドル/m^3)	5.28	2.94	2.93	2.93
間接的飲用再利用[c](ドル/m^3)	4.91	2.99	2.46	2.30
灌漑用水[d](ドル/m^3)	3.72	3.88	3.88	3.88
急速浸透池[e](ドル/m^3)	1.40	1.77	2.22	3.54
湿地[f](ドル/m^3)	0.95	0.95	NA[g]	NA

[a] Beverly et al.(2001)より引用.
[b] 費用は,すべて耐用年数30年,利率8%として算出.間接的飲用再利用と帯水層への直接注入は,放流前の膜処理(MFもしくはUFによる前処理とNFもしくはROの組合せ)の費用を含む.
[c] 自然流下による放流(gravity discharge)とし,許可上の問題がないものと仮定.
[d] 自治体の提供する灌漑のアセスメント資料から引用した平均費用(雨天時のバックアップの費用は,含まない).
[e] 急速浸透池に好適な土地を想定.
[f] 自治体の資料から引用した平均費用であり,湿地に利用できる場所のみを対象とし,湿地造成と維持管理の費用を含んでいる.最も放流可能容量が大きいもので18.9×10^3 m^3/d(5 Mgal/d)であった.土地費用は,この項目に非常に大きく影響する値であるが,実際の買収費用が大きく異なるため含んでいない.
[g] NA:参考資料が存在せず,不明.

る.それらは,輸送および変換の2つ過程に分類される.この両過程は,その系の水理学的状態に影響される.本節で考察するように,湖沼や貯水池のシステムに関する水理的状況は,本来複合的なものであり,コンピュータモデルを伴う実地調査がその固有の系で生じる輸送および変換過程の理解を進めるために用いられる.

23.4.1 水道用貯水池の特性

水道に利用される湖沼および貯水池は,開放系であるため,様々な外的な活動や力が水理状態や水質に影響する.多くの場合,貯水池は,幾つもの機能を持っており,また,渇水,氾濫等の環境により変化しやすい.このため,貯水池における水質や水理状態の管理,モデリング(modeling)は相互関係にあり,独特の複雑さを内在している.水質の構成成分の消長や重要なプロセス検討を管理・制御する一般的な手順を表-23.4に示す.

多目的施設

湖沼や貯水池は様々な役目に利用され,これら役目によりその管理が影響される.それらは,都市水道や工業水道に加え,湛水蓄積,灌漑用水の供給,水力発電,航行,レクリエーション,水生生物の生息地として利用される.水質や水量の維持のために非常に多くの事業が行われる.最適化モデルは,互いに競合する使用者間での水循環経路シミュレーション(simulation of routing of water)によく利用される.このように,湖沼および貯水池は,間接的飲用再利用のための再生水の増大に影響を与える多くの機能を有しているということを認識することが重要である.

水質への影響

水質への影響(water quality impact)は,人為的要因(anthropogenic source)と自然要因(natural

23.4 湖沼および貯水池の表流水増大のための技術検討

表-23.4 上下水処理および環境中における成分の変換および除去プロセス[a]

プロセス	解 説	影響を受ける成分・因子
吸着(adsorption), 脱着(desorption)	多くの化学成分は，固体表面上に付着あるいは吸着する傾向を持つ．下水放流に関わることとして，幾つかの有毒化学物質のかなりの部分は，放流水中の浮遊物質と関連しているということがあげられる．吸着は，物質が沈降することで，結果として，この方法でしか取り除けない成分を水中から除去する．	金属，微量有機物，NH_4^+，PO_4^{3-}
藻類の合成(algal synthesis)	下水中にある栄養塩類を用いて，藻類は自身の細胞組織を合成している．	NH_4^+，NO_3^-，PO_4^{3-}，pH
生分解(biodegradation)	細菌類による(好気性および嫌気性両方の)変換は，環境中への放出成分の形質転換で最も重要な過程である．BODやNODの消費は，水質管理に生ずる細菌類による転換の最も一般的な例である．有機廃棄物の好気性変換での酸素消費は，脱酸素化としても知られている．処理水とともに放流される物質の一部は，有機物である．底への沈降ともに，それらは，細菌類により条件に応じて好気的，あるいは嫌気的に分解される．有害な有機化合物の細菌類による変換もまた，重要なものである．	BOD，硝化，脱窒，硫酸塩除去，底質による嫌気性発酵，有害汚染有機物の転換
生物蓄積(bioaccumulation)	有機性あるいは無機性成分の摂取は，食物連鎖を通じて，通常，その最高位に位置する生物への濃縮へと進む．有害物質の生物蓄積や生物濃縮は，生物種によっては有毒なものである．	有機性または無機性成分
化学反応(chemical reactions)	環境中の重要な化学反応に加水分解，光化学，酸化・還元反応がある．加水分解反応は，水と汚染物質の間で起こる．	有機化合物
ろ過(filtration)	(機械的および偶然的接触による)捕捉，沈降，遮集，慣性衝突，吸着によって浮遊物質およびコロイド物質の除去が生ずる．	TSS，コロイド状物質
フロック形成(flocculation)	フロック形成は，小さい粒子が大きい粒子へと集まり，ろ過や沈降によって除去されることを示す用語である．凝集は，ブラウン運動や速度勾配，および沈降速度差(大粒子は，小粒子より速く，それを取り込み，より増大)で引き起こされる．	コロイド状または微小粒子
気体の吸収(gas absorption), 気体の放散(gas desorption)	気体が液体に溶解する過程は，吸収として知られている．例えば，開放水面を持つ水塊では，溶存酸素濃度が飽和濃度以下の時，正味の酸素移動は，大気から水中へと起こる．単位表面積，単位時間当りの移動速度は，飽和値までの溶存酸素濃度に比例する．また，水中に酸素が加わることは，再エアレーションとして知られている．放散は，液体中の気体濃度が過飽和になった時に起こり，液体中から大気(気体)中への移動が起こる．	O_2，CO_2，CH_4，NH_3，H_2S
自然崩壊(natural decay)	自然界で汚染物質は，細菌類の死や有機成分の光酸化等の様々な理由によって崩壊することがある．自然および放射性の崩壊は，通常，一次反応で起こる．	植物，動物，藻類，菌類，原生動物，細菌類，ウイルス，放射性物質
光化学反応(photochemical reactions)	太陽放熱は，多くの化学反応を誘発していることで知られている．近紫外線や可視領域線は，有機化合物の分解要因として知られている．	有機化合物，微生物
光合成(photosynthesis), 呼吸(respiration)	日中，水中の藻類は，光合成によって酸素を生成し，溶存酸素濃度は，30～40 mg/Lまで観察される．夕暮れからは藻類は，呼吸により酸素を消費する．著しい藻類の増殖が生じた場合，夜間に酸素涸渇の状態も見られる．	藻類，ウキクサ類，沈降性の底生植物，NH_4^+，PO_4^{3-}，pH，等
沈殿(sedimentation)	下水処理から放流された浮遊物質は，最終的に水底に沈降する．この沈降現象は，フロック形成によって促進されたり，周囲の乱流によって妨げられる．河川や海岸では，乱流は，しばしば全水深に浮遊物質を分配させる力を持つ．	TSS

プロセス	解　説	影響を受ける成分・因子
底質の酸素要求(sediment oxygen demand)	下水処理に伴う残留物質は，時間とともに河床に堆積する．粒子は，一部有機物であることから，条件によって好気的あるいは嫌気的に分解されうる．藻類は，水底に沈降し，同様に分解されるが，その分解速度は，非常に遅い．底質でも好気性分解で酸素を消費するため，水中の溶存酸素要求要因となる．	O_2，粒子状BOD
揮発(volatilization)	揮発は，固体や液体物質が気化して大気中に放出される過程のことである．容易に揮発する有機化合物は，揮発性有機化合物(volatile organic compounds；VOCs)として知られている．この現象の物理学的特性は，正味のフラックスが水表面方向から生じている点以外では，気体吸着と性質が非常に似ている．	VOCs, NH_3, CH_4, H_2S, その他の気体

[a] Crites and Tchobanoglous(1998)より引用．

source)の両方から生ずる．例えば，その影響流域に住む人々の活動進展は，農薬や肥料を含む雨水の流出増加をもたらしうる．雨水流出(stormwater runoff)の制御方法には，雨水処理施設，雨水集水・浸透池，さらにその流域に関わる居住者の家庭での化学物質の使用や土地利用に関する最適な実践を用いた教育プログラムが含まれる．下水集水システムでの漏水やオンサイト下水処理システムの不具合に起因して未処理下水または部分処理された水が発生する可能性がある．水漏れしない管と水輸送システムの使用と適切な下水処理施設の整備が下水に起因する汚染の削減に必須である．開発が進んだ場所では，さらにエアロゾルの大気からの沈着や水質に影響を与える粒子性物質が増加していることが知られている．自動車排出物で見出される成分は，燃料添加物，炭化水素，そして粒子性物質である．通常の農業作業や建設作業も，土壌侵食の過程で生ずる高いシルトや堆積物負荷の原因となるかもしれない．

湖沼および貯水池の成層化

深さが5 m以上の湖沼および貯水池では，ほぼすべてが1年のうちの相当な期間，成層化(stratification)する．その例外は，1ヶ月以下の滞留時間(resident time)を持つ河道貯水池(run-of-river reservoirs)である．温度躍層が発達した夏季には，成層化した層間での混合はほとんど生じないので，成層化は重要である．湖沼や貯水池の成層化条件の知識は，再生水で貯水池水量増量を行う際，水質を最良にする水道取水点の地点・深さの選定に役立つであろう．湖沼における一般的な成層化の進展を図-23.4に示す．

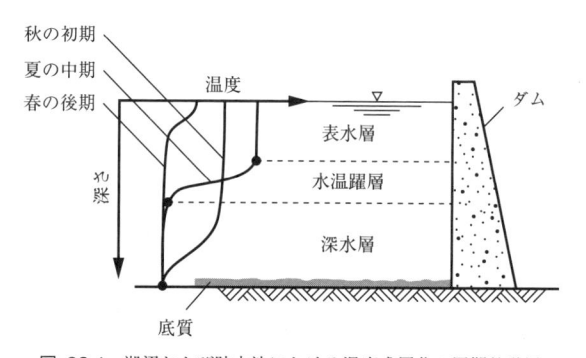

図-23.4　湖沼および貯水池における温度成層化の周期的発展

密度流

成層化に関連する他の現象として，プリューム(plumes)の形での密度流(density current)形成があげられる．初期的混合段階では，温かい再生水は，水柱の中で急速に上昇する浮揚性のプリュームを形成する．このプリュームが多量の周囲の水を連行するため，その結果，導入した再生水は希釈される．水柱成層時には，最初に連行される周囲水は，深くかつ高密度の水であり，より低密度の水の中を上昇するに従い浮揚性を低下させる．この場合，幾つかの地点ではプリュームの密度が周囲の水と等しくなり，さらなる上昇が妨げられる．そしてプリュームは，その上昇が平衡する中間高に達することとなる．冬季のように水柱の成層が弱いか，全くない場合，プリュームは表層まで到達する．

このような初期混合の後は，再生水は周囲の流れによって分散し，拡散現象よりさらに希釈される．

湖沼や貯水池の特定深さへの密度流の貫入は，水理学的力で左右に広がる．結果として，流入水は，特定の深さで湖沼全体にわたり早急に分布する．選択取水(selective withdrawal)は，複数のレベルから取水できるように設計された複数の取水点を持つ構造を利用することで可能となる．選択取水は，貯水池からの下流への放流に対して重要である．例えば，深部の取水点からの引抜き水は，低温傾向にあり，また，深水層が嫌気的な場合には，酸素が涸渇している可能性がある．同様に，1年のある時期には，表水層からの取水は，受け入れがたいレベルの藻類濃度となる可能性がある．

成層化した湖沼や貯水池で急激な温度勾配が生じる時，驚くほどの水平面の均一性がしばしば出現する．水平面の距離が水深の何倍もの長さとなっていても，これは起こりうる．この水平方向の均一性は，一部密度流が要因となっており，これが作用して最終的に平面的不均一を除去する．このような場合には，一次元のモデルがしばしば充当される．これに関しては後に述べる．

混合過程

貯水池や湖において，下水処理場放流箇所や水道取水点では，流入・流出等の自然な力で混合が生じる．流入水の混合は，流体の密度差と流入水の運動エネルギーにより起こる．放流による混合は，放流点から周囲に混合が広がっていき，部分的には放流点の深さにも影響される．表水層(epilimnion)での混合に作用する力は，風の表面剪断力，加熱冷却の繰返しによる対流での混合，そしてコリオリ力と関連を持つ(Martin and McCutcheon, 1999)．また，ある条件下では，表水層の温度と密度の変化により貯水池上下を逆転させ，完全に貯水池を混合させる．これは，典型的には秋季や春季に生じる．

滞留時間

湖沼および貯水池系の滞留時間分布(residence time distribution；RTD)は，適切な水理モデルを用いて決定されるべきものである．RTDは，水の分子・塊が系内にとどまる統計的時間を関連づける．RTDは，水理学的平均滞留時間(mean hydraulic residence time；HRT)の値を決め，また，系内での短絡流(short-circuiting)量の推定によく用いられる．短絡流は，HRTよりも短い時間内に湖や池から一部の水が流出する動きをいい，流量の状況が変化することで起こる．

短絡流が生じる条件には，水柱の成層化や体積変動，吹送流(wind-driven water cur-rents)が考えられる．例えば，極度な渇水状態では，湖沼や貯水池の水位が大きく低下すると，貯水池に流入する流量のほとんどが再生水になる(すなわち，希釈能力なし)．そのため，様々な流量状況や管理状況で短絡流を最小限に抑えるには，流入・流出箇所や混合様式，そして密度流について慎重に考えなければならない．短絡流は，三次処理水のような中間的な水質の再生水が加わる際に懸念される．滞留時間が長くなるほど，湖沼水や貯水池内に残留成分がより増加する．しかし，既に論じているが，California州や他の場所で計画されている(促進酸化処理を伴う逆浸透処理)ような最高水質の水を表流水に加える場合は，水質とリスク管理の観点からHRT，流れの短絡，希釈能力の問題を効果的に抑えられる．HRTが短く(例えば，6ヶ月以下)，もしくは希釈能力が低い(例えば，再生水が流量の5~10%以上)ような状況では，高度処理を行ったとしても，市民の受容の問題についてなお考慮する必要がある．

23.4.2　湖沼および貯水池のモデリング

湖沼や貯水池のモデルは，複雑であり，実際に適用するにはほとんどの場合，コンピュータモデルやフィールドでの計測値が必要となる．要求されるモデリングの水準と，湖沼および貯水池系の動態予測の正確さは，本書の範疇を超えてはいるが，現存するモデル開発とモデルの型について，読者が

湖沼および貯水池のモデリングの基本的な概念に触れるよう簡潔に紹介する．以下の物質保存式に関する記述では，成層化した系と完全混合の2種類の解析モデルについて紹介する．

物質保存

物質保存式は，環境中の成分の消長を説明するもので，湖沼や貯水池系の水理学を説明するために発展してきた多くのモデルの基礎となっている．物質収支解析は，コントロールボリュームとして知られるような一定の固定した体積の水質成分量の収支記録に基づいている．成分物質収支の一般形は，以下のように表すことができる．

$$\text{コントロールボリュームにおける物質増加速度}$$
$$= 物質流入速度 - 物質流出速度 + 物質生成速度 - 物質分解速度 \qquad (23.1)$$

式(23.1)の各項は，単位時間当りの物質変化量の次元(M/T)を持っている．物質保存式は，河川および湖沼のどちらの流出量にも適用できる．しかし，構成成分濃度の解を得るには，系の特異性によって異なる手法と仮定が必要となる．

式(23.1)の物質の系への流入・流出を含む項は，移動の過程に関連する．移流(advection)，分散(dispersion)，拡散(diffusion)の3種類の移動過程は，特に物質収支モデルに位置づけられている．移流は，水塊全体の流れに伴う成分の動きであり，河川の流れにおける溶存成分の動き等をいう．拡散は，(1)濃度勾配(concentration gradient)，もしくは(2)乱流による渦混合(turbulent eddymizing)による成分の移動である．分散は，速度勾配により生じる乱流に関連する．

成層化した系の解析

湖沼や貯水池のための一次元モデルは，図-23.5に示すように，多くの均等な水平層あるいは要素にその形を分割することを基本として開発された．すべての要素は，最上層以外の体積は一定であり，移流，分散の流れを隣接する層とやりとりする．また，外からの移流を受け入れ，そして流出できる．熱と物質は，ともに移流と分散により水平面の要素に通過できるか，もしくは送られる．流出は特定の取水点により決まるが，自然流下の場合は表層となる．

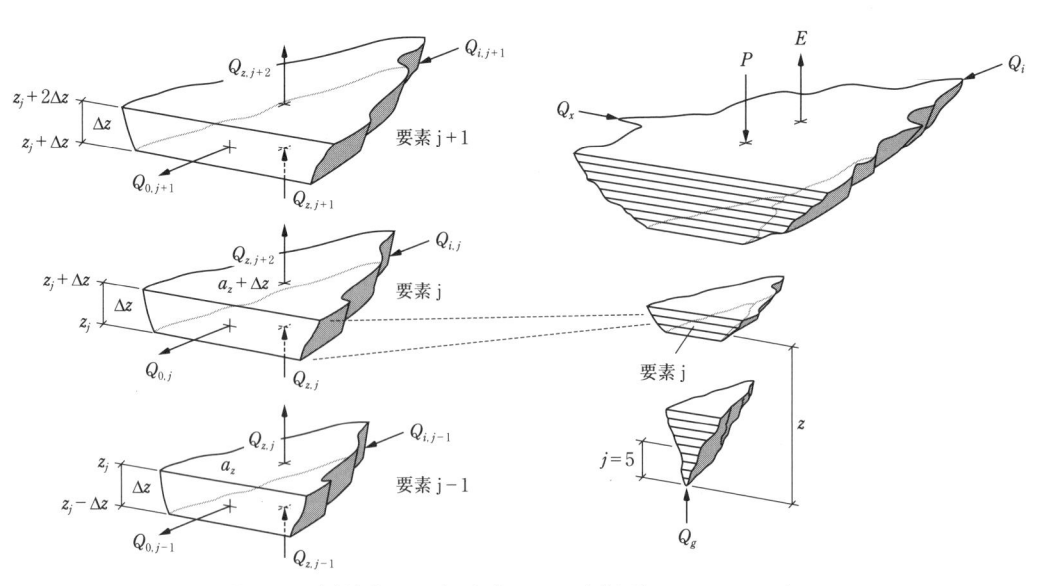

図-23.5 貯水池系での一次元鉛直モデルの定義図(After Orlob, 1983)

完全混合解析

　水深が浅い小さい湖沼や貯水池は，風により起こる乱流によって十分な混合が保たれる傾向がある．湖が深くなると，通常，夏季の間に成層化が起こるが，多くの場合，年に 2 回上層と下層とが混合される．そのため，長期的に見れば，成層化した湖沼にも完全混合解析を適用することができる．完全混合の考え方において，湖沼や貯水池の構成成分の濃度は，均一であると仮定される．

　物質収支式への入力のためには，湖沼や貯水池体積内での物質の増加速度もしくは減少速度が必要である．多くの成分は，分解による一次反応に伴う変換過程に支配されている．この変換過程が独立である場合，これらの効果は加算的であり，変換速度は物質変換式での単純な合計と一致する．

コンピュータシミュレーション

　水質モデルは，静的もしくは動的に表現できる．次元により分けられたモデルの要約を表-23.5 に示す．静的なモデルでは，一定のパラメータが入力されると，平衡状態がわかる．動的または非静的モデルは，時間とともにモデルの入力値や出力値が変動する系の解析に用いられる．これらのモデルは，単純化と系内のエネルギーと物質量の移動と内部変化に関わる単純化と仮定に基づき，さらにその次元に従って分類できる．例えば，図-23.5 にある層化した系の解析は，隣接する層の要素との交

表-23.5　湖沼や貯水池で使用される水質モデル一覧[a]

モデルタイプ	一般特性	例
水　質	毒性物質や微生物の輸送と消長を予測するために用いられる．特別な応用では，流体力学モデルと併用される．	WASP(Wool et al., 2001)，AQUATOX(Park et al., 2004)
無次元	完全混合を仮定して，湖沼や貯水池系列に単一コントロールボリュームあるいはボックスモデルで適用．無次元モデルは，水理学情報を含まず，そのため空間的な変化を持たない[*]．	完全混合反応タンクと入出力モデル (Tchobanoglous et al., 2003；Chapra, 1997)
一 次 元		
流下方向	流下方向の勾配を持つ河川のモデリングに用いられる．成層化しておらず，河川流入のある河道貯水池(run-of-river reservoirs)にも適用しうる．鉛直方向や川幅方向の変化は，無視できると仮定する．	QUAL2K(Chapra et al., 2006)，HEC-RAS(Brunner and Bonner, 1994)
鉛直方向	水平な層要素を上下に配置することで，成層化した湖沼をモデル化．成層化した層間の鉛直混合を計算し，エネルギーや水質指標の鉛直分布のモデリングに用いられる．	SELECT(Schneider et al., 2004)，CE-QUAL-R1(WES, 1986a)
二 次 元		
幅平均	湖沼および貯水池を鉛直方向と流下方向の二次元配列に分割したもの．川幅の次元は，単一の値と仮定する．長く，深く，成層化した貯水池にほぼ適用できる．	BETTER(Bemder et al., 1990)，COORS(TVA, 1986)，CE-QUAL-W2(WES, 1986b)
深度平均	鉛直方向の区画を単一と仮定し，流下方向と川幅方向に沿った要素間の移動と相互作用を考える．長く，幅が広く，浅い湖沼および貯水池に適用される．	RMA4(King et al., 2005)，SWIFT2D(Schaffranek, 2004)
三 次 元		
	湖沼および貯水池の幅方向，長さ方向，深さ方向すべてにおける物質の移動と流れのシミュレーションに用いられる．	HYDRO-3D(Sheng et al., 1990)，CH3D-WES(Chapman et al., 1996)，HEM3D(Park et al., 1995)

[a]　水質モデルの理解のため Martin and McCutcheon(1999)，Wurbs(1994)を参照されたい．
[*]　訳者注：対象空間を一括して扱うのではなく，複数のボックスに分けるモデル(ボックスモデル)である．この場合，このボックスの数を増し，適宜配置することで一次元的，二次元的，三次元的な変化を近似的に求めることが可能．この場合，ボックス間の流出入や交換流で移流や拡散現象を代替的に表現．

第23章 表流水の増大を通じての間接的飲用再利用

換のみが起こるような一次元モデルと考えられる．完全混合モデルは，水理学的な考えのない単純な入出力モデルであるため，無次元と考えられる．

23.4.3 水道貯水池を増量する計画

湖沼および貯水池系の水質を保証するため，様々な方法が適用されてきた．これらの技術には，高度水質の再生水による増量，水塊内の水質を向上，あるいは水理状況改善のための混合・エアレーション，そしてまた，選択的取水の利用が含まれる．

混合とエアレーション

場合によっては，貯水池の全体もしくは部分的に混合することが望ましいこともある．例えば，ある貯水池では，深水層(hypolimnion)で，年間のある期間で無酸素的となり，結果として水質低下を引き起こす．無酸素状態は，植物由来かその他の有機物質の分解により生じ，場合によっては，水生生物に有害な硫化水素を生成させる．エアレーションは，成層を破壊し，貯水池全体の水理学的機能を高めるために用いられる．この混合を行うため一つの方法は，図-23.6 で示すように，貯水池の底部でエアレーション装置を作動させるものである．

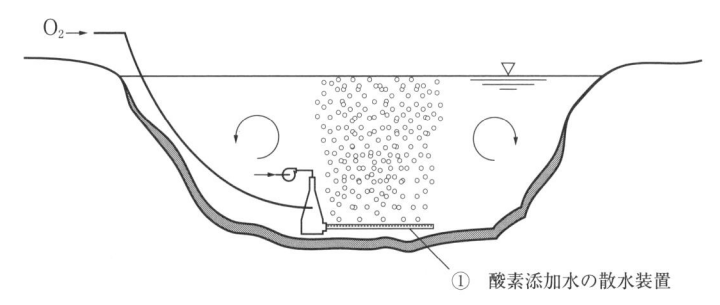

図-23.6 沈められた Speece コーンエアレーション装置の利用による深水層の酸化，もしくは貯留水の層崩壊

① 酸素添加水の散水装置

トレーサスタディ

与えられた系での実際の水理条件の決定にトレーサスタディがよく用いられる．湖沼や貯水池に添加され，水の流れとともに移動しても変化しない物質をトレーサ(tracer)という．水の動きを調べるため，種々の点である期間トレーサ濃度を測定する．Rhodamine WT のような色素が通常トレーサとして用いられるが，臭化物やヨウ化物のような再生水に存在しうる多くの化合物もまたその役割を果たすであろう．トレーサスタディの結果は，モデルの校正に用いられうる．湖沼および貯水池の水の流れを特定するには，多量のトレーサが必要になるため，水道に用いられる場所では，トレーサスタディは，制限する必要があることに注意しなければならない．トレーサデータの処理と評価の情報については，Tchobanoglous *et al.*(2003) と Martin and McCutcheon(1999) で見ることができる．

23.5 事例1：Upper Occoquan Sewage Authority における間接的飲用再利用の実施

Upper Occoquan Sewage Authority(UOSA)プラントは，1978 年から Occoquan 貯水池での表流水増大によって間接的飲用再利用を実施してきた歴史的な水再生利用施設である．現在，この施設か

らの再生水は，貯水池への年平均流入量のおよそ8％を占める．しかし，長期の旱魃時には，その割合は，流入量の90％に達することもある．Occoquan 貯水池は，Virginia 州北部に住む130万人以上の人々の主水源となっているが，この人口は，近い将来150万人に達すると予測される．この事例は，WEF and AWWA(1998)，NRC(1998)，McEwen(1998)，Angelotti et al.(2005)によって立案されたものである．

23.5.1 周辺状況

$1\,475\ km^2$ を有する Occoquan 流域は，Virginia 州北部の水不足地域に位置し，北の境界には Dulles 国際空港，24 km 東方には Washington, DC. がある．Bull 川と Occoquan 川の2つの支流が流域を流れ出て，人工貯水池である Occoquan 貯水池(容量 $42\times10^6\ m^3$)に流れ込んでいる．

23.5.2 水管理上の問題点

Occoquan 川流域の大部分は，農村であったが，1960年代になると，州間幹線道路66号線(Interstate 66)が開通し，Washington, DC. で働く人々にとって郊外・農村地域が便利なものとなった．結果として，地域内での人口増加と土地開発が進み，Occoquan 貯水池における水需要の増加と水質の低下を引き起こした．水質問題には，支流や貯水池での腸管系ウイルスの検出，頻発する水の華，味の低下，処理施設での悪臭，溶存酸素の枯渇，魚類の死滅，貯水池深層部の硫化物形成等が含まれていた(Robbins and Gunn, 1979)．

1969年から1970年にかけて行われたこの貯水池に関する広範囲な研究の結果，11の下水二次処理施設からの放流水が水質悪化の主な要因であることがわかった．Virginia 州政府は，この Occoquan 貯水池における水質悪化が将来世代のための貴重な水資源を脅かしている，と認識した．1971年，Virginia State Water Control Board(現在の Department of Environment Quality)は，包括的な Occoquan 水環境政策を採用した．この政策には，最新技術による処理システムの構築と操作を行うための地域的な水再利用機関の創設や，水源の保全を目的として流域水質をモニタリングし，必要に応じて州立法機関に助言する独立機関の創設，等が盛り込まれた．このようにして，Occoquan 川流域の管理と保全のための包括的政策の一環として UOSA と Occoquan Watershed Monitoring Program(OWMP)が創設された．UOSA の水再生システムの構築は，1974年に始まり，1978年には操業が開始された．

23.5.3 水処理の構成要素

UOSA の $204\times10^3\ m^3/d$ (54 Mgal/d) の Milliard H. Robbins, Jr. 水再生施設のフロー図を図-23.7 に，また，UOSA プラントの航空写真を図-23.8 に示す．この施設は，高度水再生プラントであり，以下のプロセスから構成される．
- 高度生物学的栄養塩除去二次処理(advanced biological nutrient removal secondary treatment)，
- 石灰添加沈殿(lime clarification)，
- 二段階再炭酸化(two-stage recarbonation)，
- 複層ろ過(multimedia filtration)，
- 粒状活性炭(granulated activated carbon：GAC)吸着，
- イオン交換(ion exchange)および不連続点塩素処理(breakpoint chlorination)(代替手段)，
- 消毒(disinfection)および脱塩素処理(dechlorination)．

UOSA 水再生施設からの再生水は，Occoquan 貯水池の支流の一つである Bull 川に放流される．

第23章 表流水の増大を通じての間接的飲用再利用

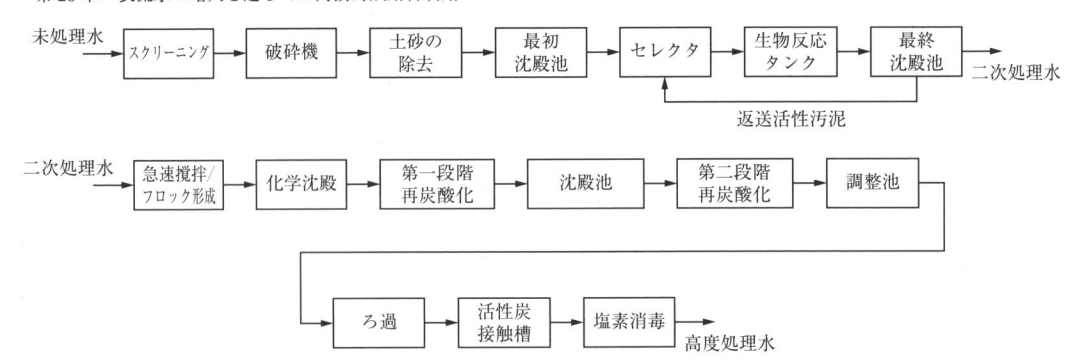

図-23.7 Willard H. Robbins, Jr., Water Reclamation Facility における処理プロセスのフロー図（Upper Occoquan Sewage Authority）

図-23.8 Water Reclamation Facility の Willard H Robbins, Jr. による航空写真（北緯38.807度，西経77.463度）（提供：Upper Occoquan Sewage Authority, Virginia）

放流位置は，貯水池からは9.7 km，飲料水の給水地点からは32 km 上流にある．

システムの冗長性

操作の信頼性を高めるため，多くの安全策が設計に組み込まれている．主要な電気的あるいは機械的システムは，最低1つの予備系列を持つ．処理場や配水システムにおける主要揚水場は3つの電源から電力供給を受け，そのうちの少なくとも1つは，現場に設置されている．処理場や主要揚水場は，貯留タンクを持ち，緊急時や処理システムで障害が生じた時に使用される．さらに，施設と配水システムにおける全主要構成要素は，分散型の制御システムによってモニタリングされ，ほとんどのプロセスは，コンピュータによって制御されている．

良質な二次流出水

高度水再生プロセスの処理性能は，その前に設置した高品位二次処理によって実質的には確保される．二次処理により，良好な固形物分離と完全硝化が達成される．好気および無酸素のいずれでも操作が可能なセレクタ（selector）が生物反応タンク（bioreactors）の前に設置され，高い沈降性を有する固形物を生成する．生物膜（biofilm）の選択的廃棄により，沈殿池からの固形物流出を最小限に抑えることができる．

化学処理システム

　化学処理システムには，急速撹拌，フロック形成(flocculation)，化学清澄化，中間に沈殿を伴う二段階再炭酸化が含まれる．水酸化カルシウムを添加し，二次流出水のpHを10.8～11.3の範囲に上昇させ，これによりフロックを形成させ，その後ポリマー薬を注入してフロックを沈降除去する．二次処理および化学的処理によって，ウイルスの対数的減少，99％以上のリン除去，また相当量の有機物，重金属，粒子性物質(particulate matter)の除去が可能となる．フロック形成と沈降の物理的粒子分離ステップにおいては，病原性原生動物も除去される．

　化学処理プロセスで高められた流出水のpHは，二段階再炭酸化での二酸化炭素注入によって低下する．第一段階でpH 9.5～10.0の範囲に下げられると，沈殿可能な炭酸塩が形成される．これらは，再炭酸化沈殿池で除去される．第二段階の再炭酸化では，pH 7.0にまで低下させる．再炭酸化後の流出水は，流量調整池に排出され，残りの処理プロセスに均一な割合でポンプによって汲み上げられる．

　残存する粒子性物質は，加圧複層ろ過により除去される．ろ過後の流出水中の浮遊物質は，平均しておよそ0.3 mg/L，濁度は0.3 NTU以下となる．微細な粒子性物質の除去は，リンと有機物のさらなる低減につながる(WEF and AWWA, 1998)．

活性炭吸着

　公共用水域水源中の難分解性合成有機化合物(refractory synthetic organic compounds；refractory SOCs)への懸念が高まる中で，UOSAでは，間接的飲用再利用として許容できる質の再生水を供給する微量有機化合物除去手段としてGACを使用している．このプロセスは，SOCs，天然有機化合物(natural organic matter；NOM)，キレート化あるいは不活性の重金属を除去することを目的とする(Angelotti *et al.*, 2005)．ろ過後の流出水は，30分の空塔滞留時間を持つ接触槽で活性炭吸着処理される．消耗した活性炭は，多段炉で再生される．

　GAC処理も有機物質除去のためのもう一つの手段であり，最終ろ過，塩素注入，脱塩素処理に先行して行われる精製プロセスである．最終流出水中のSOCsは，実験室分析で定常的に行われている．2004年には，分析された114のSOCsすべての結果が検出限界以下の濃度となった(Angelotti *et al.*, 2005)．UOSA処理水の測定項目の試験結果と飲料水規制との比較を表-23.6に示す．本表を見ると，有機物質の多様さが見てとれる．また，SOCsに関して再生水水質の良い判断基準となっている．また，全化学的酸素要求量(total chemical oxygen demand)，全有機炭素(total organic carbon)，メチレンブルー活性物質(methylene blue active substances)が構成有機物質および溶解性界面活性剤に関する総括指標として使用される．

イオン交換法および不連続点塩素処理法

　初期のUOSAプラントは，ナトリウムイオンがアンモニウムイオンと交換するイオン交換プロセスを組み込んで設計，建設された．イオン交換膜は，アンモニアを高濃度の塩化ナトリウム溶液で洗浄することによって再生されていた．しかし，生物学的栄養塩除去(biological nutrient removal；BNR)の方がアンモニア除去にとってより経済的である，との理由で，このイオン交換プロセスは，中止された．現在は，全ケルダール性窒素(total Kjeldahl nitrogen；TKN)の基準値1.0 mg/Lを満たすための完全硝化が標準操作となっている．硝化プロセスは，処理施設の性能を実質的に向上させることが可能なうえ，多くの面でOccoquan貯水池にとって有益なためである．しかし，長期の旱魃時には，UOSA処理水中の硝酸塩によって硝酸性窒素の濃度が増加し，飲料水基準である10 mg/Lを超過する可能性がある．このような状況下では，TKNの基準値を満たすとともに硝酸塩濃度を安全なレベルに保つため，窒素を除去する必要がある．BNRは，このような場合の脱窒操作に利用される．また，窒素は，イオン交換法や不連続点塩素処理法によっても除去可能である．

表-23.6 UOSA処理水から検出された有機物質[a]

化合物の分類	化合物名	安全飲料水最大汚染基準(μg/L)	UOSA処理水(μg/L)
芳香族溶媒	ベンゼン	5	<10
	エチルベンゼン	700	< 5～<10
	トルエン	1 000	< 5～<10
	キシレン	10 000	< 0.2～<15
芳香族塩素化合物	クロロベンゼン	100	<10
	ヘキサクロロベンゼン	1	<10
	o-ジクロロベンゼン	600	<10
	PCBs	0.5	nd
	p-ジクロロベンゼン	75	<10
	ペンタクロロフェノール	1	<40
ハロ酢酸	ハロ酢酸	60	38
ハロアルカン	1, 2-ジクロロエタン	75	<10
	1, 2-ジクロロプロパン	5	<10
	トランス-1, 2-ジクロロエチレン	100	<10
	塩化ビニル	2	<10
ハロメタン	ジクロロメタン	5	<10
	全トリハロメタン(THMs)	100	<10～13
産業副産物	ダイオキシン類	0.00003	nd
有機中間体	ヘキサクロロシクロペンタジエン	50	<10
有機溶媒	1, 1, 1-トリクロロエタン	200	<10
	1, 1, 2-トリクロロエタン	5	<10
	1, 1-ジクロロエチレン	7	<10
	テトラクロロカーボン	5	<10
	テトラクロロエチレン	5	< 5～16
	トリクロロエチレン	5	<10
殺虫剤	2, 4-ジクロロフェノキシ酢酸	70	< 0.2
	2, 4, 5-トリクロロフェノキシプロピオン酸(Silvex)	50	< 0.2
	クロルデン	2	nd
	エンドリン	2	< 0.05
	ヘプタクロル	0.4	< 0.05
	リンデン	0.2	< 0.05
	メトキシクロル	40	< 0.05
	トキサフェン	3	nd
フタレート可塑剤	ビス(2-エチルヘキシル)	6	< 5～<10
多環芳香族	ベンゾ(a)ピレン	0.2	<10

[a] Angelotti *et al*.,(2005)より引用.

消毒

消毒は,次亜塩素酸ナトリウム(sodium hypochlorite)を添加し,かつ0.7～2.5 mg//Lの高残留遊離塩素(free chlorine residual)濃度を維持することによってなされる.残留塩素を除去する目的で,プラントの最終流出貯水池への放流前には,亜硫酸ナトリウム(sodium sulfite またはbissulfite)が添加される.この貯水池は,プラント放流とBull川の間の熟成池および環境緩衝帯として機能する.

23.5.4 今後の処理プロセスの方向性

将来的には UOSA は，Chesapeake 湾の水質保全のため，栄養塩負荷規制に見合う処理が必要とされるだろう．処理容量を 242×10^3 m^3/d に増加させる拡張計画も進行中である．拡張計画には，化学的に栄養塩除去能を高めた膜分離活性汚泥法(membrane bioreactor；MBR)と，それに続く深床型粒状活性炭処理(deep-bed granular activated carbon)も含まれ，これによって容量増加に対する需要と栄養塩負荷規制が満足できる．

23.5.5 Occoquan 貯水池における水質

Virginia 州の Fairfax 郡と Prince William 郡に位置する Occoquan 貯水池は，Fairfax County Water Authority(FCWA)によって所有，維持管理されている．この貯水池は，Virginia 州北部地域での主要な飲料水源となっている．貯水池からの清浄かつ安全な水の供給を確保するため，FCWA は，Occoquan Reservoir Shoreline Easement Policy を実施している．この政策により，植栽，建造物，貯蔵所，埠頭，浮球等の湖岸での活動が制限されている．なおここでは，3つのマリーナが貸しボート，擬似餌，釣り道具，食べ物，ボート発着施設等を提供している(FCWA, 2006)．

都市化に伴い，Occoquan 貯水池は高レベルのリン，濁質，溶存酸素の枯渇，硫酸銅(藻類制御のため)，顕在化する医薬品による汚染に対して脆弱となっている．水の華，定期的な魚類の死滅，飲料水の異味や悪臭問題が引き起こされているが，これらは，土地利用と直接的な関わりを持っており，Occoquan 川流域における人口増加や開発の制御の困難さが要因となっている．

貯水池とその主要な支流である 2 河川での水質モニタリングデータによると，栄養塩と堆積物の負荷の大部分は，ノンポイント汚染源が原因であるが，これは土地開発状態と密接な関係がある．貯水池の水質変化トレンドは，流入する河川の水質と類似している．流域内で最も都市化が進んだ地域にある支流の Bull 川が，貯水池に流入する栄養塩や沈殿物負荷の主な寄与源であることが確認されている(Virginia Tech, 2005)．

Virginia 州北部での開発の波は，きわめて大きいようだが，次に述べる幾つかの実施可能な行動計画でこの地域の水質影響を軽減できると，Prince William Conservation Alliance(2006)は述べている．すなわち，(1)水路を保護するための既存の規則を実行する，(2)土地利用と水質の直接的な関連を考慮する，(3)空き地と他の自然資産の便益を認識する，(4)自然資源を保護するため，保全設計，低影響開発，その他の方法について新しいアイデアを考え出す，などである．

23.5.6 水 処 理

Fairfax Water は，Virginia 州の最大の水道事業機関であり，Fairfax 郡，Loudoun 郡，Prince William 郡等の Virginia 州北部および Alexandria 市において 130 万人以上の人々に水を供給している．ここは，Virginia State Corporation Commission から公共非営利水道事業団として認可を受け，合計容量 992×10^3 m^3/d (262 Mgal/d)の 4 基の浄水場を操業している．これらには，Fairfax 郡の北西域，豊かな自然を持つ Potomac 川で 1982 年から操業されている Corbalis 浄水場ほか，南東域の湛水化し貯水池となった Occoquan 川で操業している 3 浄水場が含まれる．

Occoquan 川の 3 浄水場は，2006 年 5 月 4 日に操業を開始した新たな最新水処理プラント(Frederick P. Griffith, Jr., Water Treatment Plant)に置き換えられた．このプラントは，Fairfax 郡の南部地域に 454×10^3 m^3/d (120 Mgal/d)の良質な飲料水を供給することが可能である．特徴として，オゾンと粒状活性炭による高度処理があげられる．オゾン処理によって消毒副生成物がさらに低減さ

れ，もともと高度な水処理性能をより高めている．活性炭層［深さ 1.8 m (6 ft)］によって，飲料水の異味や悪臭の原因となる天然有機化合物をさらに除去する．最終的に，Virginia 州北部において 150 万人近くの人々に良質の飲料水を提供している．水道水は，5 000 km (3 100 mi) 以上の水道本管を通して Fairfax Water の事業エリア全域に配給される．Fairfax Water は，平均して 560×10^3 m^3/d (148 Mgal/d) の水を製造している．総売上げの 60 % は Fairfax 郡の 235 000 世帯への水供給であり，40 % は Loudoun 郡，Prince William 郡および Alexandria 市への販売である．2004 年における収益は，112 万ドルである (FCWA, 2006)．

23.5.7 得られた知見

UOSA 水再生プラントは，1978 年の操業開始から現在に至るまで，Occoquan 貯水池を補うために水再生処理を行ってきた．UOSA での処理水は，今では Occoquan 川流域で最も信頼性と品質が高い水であると認識されている．プラント処理能力は，初期に 57×10^3 m^3/d (15 Mgal/d) であったが，その後，102×10^3 m^3/d (27 Mgal/d)，続いて 204×10^3 m^3/d (54 Mgal/d) となり，段階的に拡張された．この拡張と同時に，以下のような改良や追加もなされてきた (UOSA, 2006)．

- 常時硝化を行い，部分的に脱窒を行うことができるような生物反応タンクの改良．
- 既存の加圧ろ層を補完する重力式ろ層の追加．
- 単一の上昇流式流動床型接触槽を補うための二段階上昇/下降流式活性炭接触槽の追加．このシステム配列は，現在でも使われている．再生水の間接的飲料再利用を通して Occoquan 貯水池での安全な水生産を増やす一方，公共水道の保持を目的とする UOSA にとって，GAC プロセスはなくてはならないものである．

このような成功を受け，容量を 242×10^3 m^3/d (64 Mgal/d) にするさらなる拡張計画が設計段階にある (2006)．この拡張計画に関して，UOSA は，Virginia Department of Health and Environmental Quality と，Occoquan 貯水池の恩恵を受ける地方公共団体から全面的に支援されている．UOSA の将来的な拡張構想には，生物反応タンク中に設置する低圧膜ろ過も含まれる．設計構想の早い段階において，各プロセスの性能を一定にし，どのような品質の水が必要とされるかを明らかにする試験研究が行われている．UOSA の計画では，再生水の増産に加え，新たな再利用の手法も描かれている．例えば，嫌気性消化汚泥 (anaerobical-digested sludge) と余剰汚泥 (waste-activated sludge) とを調合，脱水，乾燥して，土壌改良剤や肥料に使う高品質な汚泥ペレットの製造である．消化ガス (およそ 70 % のメタンと 30 % の二酸化炭素からなる) は，プラントのボイラの燃料となり，このボイラの蒸気は，消化槽 (digester) の加熱や建物の暖房に使われる．ボイラ，熱による乾燥機，GAC 再生炉の煙突からのガスは，再炭酸化に使用される二酸化炭素の主要な供給源である．再生水は，プラントでの水需要の大部分を供給するほか，冷却水，処理過程，防火装置，トラック洗浄，撒水，建設用水，噴水，景観用や芝生の灌漑等の様々な用途で使用される (UOSA, 2006)．

23.6 事例 2：2005 年における San Diego 市の水再浄化事業と水の再利用研究

2006 年現在，San Diego 市では，飲料水のうち 80～90 % を移入している．地域の水資源開発の重要性を認識し，市は，「San Diego 市の現在と未来の水需要を満たすため，公平でバランスがとれ，包括的で科学的なすべての水再利用研究」に取り組んだ (City of San Diego, 2006a)．研究の一つで，評価されている代替案は，表流水の増大による間接的飲料再利用であった．この事例は，Trussell et al. (2002)，City of San Diego (2006a, b, c) 等の幾つかの文献によって明らかにされている．

23.6 事例2：2005年におけるSan Diego市の水再浄化事業と水の再利用研究

23.6.1 周辺状況

San Diego市は，California州で最も古く，2番目に大きい町である．メキシコ国境に近いCalifornia州南部の乾燥地帯に位置し，年平均降水量は，約255 mm(10 in)ほどである．2006年時点で，人口130万人であり，今後25年で50%増加すると推測される．現在のSan Diego市における飲料水の利用は，平均795×10^3 m^3/d(210 Mgal/d)である．厳格な水の保全手段を用いても，人口増加をもとにした飲料水の予想需要は約25%，すなわち189×10^3 m^3/d(50 Mgal/d)の増加と，市は予想している．

23.6.2 水管理上の問題点

San Diego市およびその郊外が発展するにつれて，移入水供給源への依存も高まってきた．歴史的に，市に供給される水の90%がColorado川やCalifornia State Water Projectから移入している．市は，移入水への依存を軽減するため，地元の水資源開発の必要性を認識している．San Diego市自体以外の外部要因もまた，未来の水需要や現水供給への信頼性に影響する．すなわち，Colorado川余剰水へのCalifornia州の権利は，縮小され，頻発する米国西部やColorado川流域での旱魃が移入水の供給に影響を与えている．都市域利用者，農業利用，さらに環境利益の間での州全体にわたる競合は，解決されつつあるが，水分配に関わる問題は，将来も調整が続くであろう(City of San Diego, 2006a)．

23.6.3 廃水処理指令

San Diego市の周辺状況を完全に理解するため，市の廃水処理の状況をレビューすることもまた重要である．現在，San Diego市は，深い吐口を通して海に高規格な一次処理水を放流する許可証を手放している．この許可放棄は，San Diego市に170×10^3 m^3/d(45 Mgal/d)の水を再生する能力を2010年まで達成することを条件に，海洋への放流水の二次処理免除を許した法律に由来している．この法律は，二次処理や高規格の再利用を推進する環境団体と，どの負担も正しいとは感じていない納税者団体・地方新聞との，論争上の妥協であった(Trussell *et al.*, 2002)．

市は，まず非飲用再利用システムの建設から始めた．North City Water Reclamation Plant (NCWRP)は，1997年に運転を開始した．この処理場は，北部地域にサービスを提供し，114×10^3 m^3/d(30 Mgal/d)を処理することができる．NCWRPの処理過程は，すべての目的に再生利用可能とするCaliforina's Title 22 regulationsに適合するように設計された．2002年には，南部地域で供給する類似施設South Bay Water Reclamation Plant(SBWRP)が57×10^3 m^3/d(15 Mgal/d)の能力で運転開始した．両再生処理場の設計処理能力の合計は，条例の要求に合っている．これら処理場の再生する最大生産能力は，場内の損失と利用を除いた純生産量としてそれぞれ91×10^3 m^3/d(24 Mgal/d)と51×10^3 m^3/d(13.5 Mgal/d)である．

両処理場の近くにある施設では，容易に水の再利用が行われていたが，市は，やがて大流量を配水する費用がひどく高いことに気づいた．利用者は，処理場から遠く，また高い所に位置し，多くの建設工事が必要であった．さらに再生水のTDSは，約1 000から1 100 mg/Lであり，幾つかの適用には塩分濃度が高すぎていた．結局，利用者の大多数は，再生水を灌漑，主にゴルフ場に使った．また，需要は，気候パターンや季節で変動しており，そのため，水再生場の約半分の能力が年間数ヶ月使われず，規定と一致していない．結果として，後述する表流水増量による間接的飲用再利用が効率性とコストの観点から魅力的な選択肢となる．

23.6.4 Water Repurification Project

1993年，San Diego市は，San Diego County Water Authority(SDCWA)とともにWater Repurification Project(WRP)と呼ばれる間接的飲用再利用事業を提案した．間接的飲用再利用事業は，企画，規定の見直し，予備設計等の種々の段階を通して進められたが，市議会は，1999年撤回した．WRPは，実行されなかったが，この過程は，表流水の増量による間接的飲用再利用の将来への評価にとって重要である．

当初は，NCWRPからの再生水を近くの新しい高度処理施設に送ることが提案された．パイロット規模の追加処理段階としては，膜分離，逆浸透，イオン交換，オゾンによる促進酸化，消毒を含む高度処理技術の使用を予定していた．このような手の込んだ高度処理によって生産する水は，「再浄化水(repurified water)」と呼ばれた．約 25×10^6 m^3/yr，68×10^3 m^3/d(20×10^3 ac・ft/yr または 18 Mgal/d)の再浄化水は，約 32 km 先にある飲料水源の一つで，111×10^6 m^3(90×10^3 ac・ft)の容量を持つ San Vincente 貯水池に送られ，移入水や地域の水と混合される予定であった．再浄化水は，貯水池で約 2 年間貯えられ，その間，さらなる自浄作用が生じると予測された．再浄化水によって増量した San Vincente 貯水池の水は，利用者に給水される前に，他の水資源とともに市の Alvarado 浄水場で処理される予定であった．

California Department of Health Services がその事業に対して条件付の認可を 1994 年に与え，そして U.S. EPA，Sierra クラブ，San Diego Medical Society，U.S. Bureau of Reclamation(米国内務省開拓局)，市民評議委員会や企業，自治体を含んだ多くの団体が支持を表明した．再浄化事業への支持にもかかわらず，住民の反対の声が生じ始めた．1998 年の政治キャンペーンの間，再浄化プロジェクトは，幾つかの競り合う選挙において争点となった．公共団体やメディアは，再生水の利用の問題点をあげ始め，事業反対者は，スローガンを用いて否定的な反応を住民から引き出すようにその事業を説明した(例えば，「トイレから蛇口へ(toilet to tap)」)．また，特定の社会経済団体が不当に再浄化水を使用させられるだろう，という利害関係者間の懸念も大きな要因となった．これらの要因は，政策立案者にとって厄介な問題であった．その後，1999 年 1 月に市議会は，WRP の中止を決定した(City of San Diego, 2006a)．

23.6.5 2000 Updated Water Reclamation Master Plan

U.S. EPA 助成金や Ocean Pollution Reduction Act の条件により，市は，再生水の利用を義務づけられていたため，同水道局は，非飲料水の再利用を評価する Beneficial Reuse Project(有効再利用事業)に着手した．当時は SBWRP が行われていなかったことは注目すべきであろう．Beneficial Reuse Project は，再生水の最大活用をするために 2000 Update Water Reclamation Master Plan やその他多くの計画・実施システムの改善をもたらした．

23.6.6 City of San Diego Water Reuse Study 2005

前述したように，市は，水資源を多様化すべきことを認識しており，将来的に十分な量で信頼のおける供給を保証するため，地元の再生水生産量を増やしている．この多様化の努力の一部として，2004 年 1 月 13 日の市議会の指令により，Water Department は，再生水の生産と利用の増加の可能性を評価する研究を始めた．水の再利用の研究は，この指令に対する対応であり，貯水池増量による間接的飲用再利用を含んだマスタープランの要素を構成している．さらに市は，本研究を技術的に助言する Independent Advisory Panel(IAP)を組織するため，National Water Research Institute と契

約した．審査中には，IAP は，広範な科学を基盤にした事業とともに組織再編，研究増強に関する重要な提案をした．市は，水再利用事業の実行の将来的な方向性を定めるため，幅広い広報活動および住民参画過程とともに，本研究から得られた成果を活用するであろう (City of San Diego, 2006a, b, c)．

貯水池増量の可能性

高度処理水の市保有表流水貯水池への運搬に関する見込みと制約事項は，北部と南部の両地域で検討されている．高度処理再生水は，自浄作用を受けるため，貯水池内で最低 12 ヶ月間貯水することを法令で要求されている．自然浄化を貯水池流入前でも得るため，表流水貯水池上流の湿地帯の開発も考慮されていた．貯水池増量プロジェクトの候補として 9 つの貯水池が選ばれ評価されたが，このうち 3 つのみがこの研究で適当とされた．

評価のため提出された間接的飲用再利用の可能性ある見込みの概要

多くの間接的飲用再利用の見込みが調査されているにもかかわらず，前述したようにすべてが実行計画として評価されたわけではない．表流水増量を通じた間接的飲用再利用のため，再生水の配給するのに必要な実行可能な見込みおよび施設の概要を表-23.7 に示してある．前の評価から得た所見は，以下のとおりである (City of San Diego, 2006a)．

1. すべての提示した代替案は，実行可能である．
   North City と South Bay の両地域は，工学的，科学的，法令的側面から実行可能な再利用戦略となっている．間接的飲用再利用戦略での市民の受容は，市の責任，また広範な住民参画プログラムを通して，市民の支持を得るための市の寄与および能力に依存している．
2. 市は，非飲料水と間接的飲用再利用の選択に直面している．
   再利用の形により戦略は異なり，とりわけ，もっぱら非飲料水使用を求める場合と，間接的飲用再利用を含める場合とでは大きく異なる．追求するべき戦略を決定する際，市は，それぞれのタイプの長所を考える必要があるだろう．
3. 市は，選択した戦略をどこまで追及するかを決定する選択に直面している．
   それぞれの戦略には，新たな水再利用装置を付加する段階があり，通常，コストが累進的に増大する．市は，どの程度それぞれの戦略を進めるか決定する際，報告書で提案されている水供給の信頼性，持続可能性，他の価値に関わる費用を勘案する必要があるだろう．

次 段 階

水再利用の研究により，San Diego 市で利用可能な異なる水再利用手段の利点，制限，そして価値

表-23.7 San Diego 市のための表流水貯水池増量のまとめ[a]

普及地域	増加場所	推定平均日需要 $[m^3/d(Mgal/d)]$	推定年使用量 $[m^3/d(ac \cdot ft/yr)]$	利用者	必要な施設
北部	Hodge 湖	$6.0 \times 10^3 (1.6)$	$2.2 \times 10^6 (1\,800)$	飲料水利用者：North City と North Country San Diego	第Ⅲ期再利用水拡張 7.7×10^3 m³/d (2 Mgal/d)，高度水処理場，塩水廃棄パイプライン，Escondido Hale Avenue 資源回収場への接続
北部	San Vincente	$36.0 \times 10^3 (9.4)$	$13.0 \times 10^6 (10\,500)$	市全体の飲料水利用者	60.6×10^3 m³/d (16 Mgal/d) の高度処理場，37 km (23 mi) のパイプライン
南部	Otay 湖群	$19.0 \times 10^3 (4.9)$	$6.8 \times 10^6 (5\,500)$	市中央と南部の一部飲用水利用者	20.8×10^3 m³/d (5.5 Mgal/d) の高度処理場，26 km (16 mi) のパイプライン

[a] City of San Diego (2006a) より引用．

第23章　表流水の増大を通じての間接的飲用再利用

が評価された．市審議会の答申にあるように，本研究は，特定のプロジェクトを推薦するものではない．この報告書は，IAP や，プロジェクトの利害関係者である American Assembly グループによって再検討された．報告書は，2006 年後半には市の Natural Resource Committee に，その後，水再利用開発における考察と将来の方向性の決定のため，市議会に提出される予定である．

23.6.7　得られた知見

最も重要な知見は，間接的飲用再利用を含むいかなる計画も，成功するためには，以下の要素が決定的に重要であることである．すなわち，(1)広報と市民参画，(2)間接的飲用再利用の健全性と安全性のための科学は，厳格かつ安全側でなければならない．そして(3)工学技術の専門知識収集は，徹底的，そして安全側でなくてはならない．

市民の参加

前述された WRP から学んだように，市民参加が重要であることは明確である．市民が研究に関与し，水再生過程を理解し，最良の水資源利用方法の決定において手助けすることは，最優先事項である．幅広い会合や取決めの話合い，コミュニケーションの機会は，市民と研究チーム間での対話や情報の共有を容易にするものである．市民参加のある重要構成事項では，2つの American Assembly スタイルのワークショップを行ってきている(City of San Diego, 2006a, b)．ワークショップには，市周辺から利害関係者が再生水の問題について対話するため集まった．参加者は，市長室や市評議会によって推薦され，市周辺のいろいろなグループから選定された．ワークショップの参加者は，それぞれの声明を用意し，ワークショップの結論としてそれを採用した．

健全性と安全性

水再利用の研究の焦点は，再生水の健全性と安全性にある．理学，経済，薬学，そして教育のエキスパートから構成される IAP は，市とそのコンサルタントが得た情報を分析し，"膜分離システムや促進酸化等の評価を受けた技術により生産された水は，どんな水再利用の戦略に対しても要求される健全性や安全性を満たす"ことを明らかにした(City of San Diego, 2006a)．

他の実行に関する問題

様々なオプションのコストや利益，市民の受容，健全性と安全性の問題，そして環境への配慮の評価を含んだ他の重要な要因もまた検討されてきた(City of San Diego, 2006a)．再び IAP の知見を引用すると，"San Diego 市のための適正な水再利用の代替戦略が特定され，San Diego 市の市民が水の再利用について説明を受けたうえで選択ができるよう，それらの代替案が明確に準備されてきたことは，委員会の満場一致の結論である"(City of San Diego, 2006a)．今回，市がどのように間接的飲用再利用のオプションを決定し，2010 年までに要求された 142×10^3 m^3/d(37.5 Mgal/d)の水再生能力の実現を図っていくかを見守ることは，特に興味深いものである．

23.7　事例 3：間接的飲用再利用のためのシンガポールの NEWater

水の再利用は，シンガポールの水道において常に重要な要素であり，1970 年代前半から Jurong Industrial Water Works の計画が開始され，Jurong 島の南西部にある産業に三次処理レベルの水(tertiary quality effluent)を供給した．一方，1999 年以降シンガポール政府は，Public Utilities Board(PUB)を通じ，NEWater Factories として知られる高度水再生利用施設を積極的に開発してき

た．再生水は，高機能半導体製造業部門への供給や，飲料水貯水池の水量増のために使われている（Law, 2003；Giap, 2005；Singh, 2005）．

23.7.1 周辺状況

シンガポール共和国は，小さな都市国家（土地面積699 km^2）であり，世界で人口密度が最も高い国の一つである（約6 200人/km^2）（Singapore Department of Statistics, 2006）．シンガポールは，自国の天然水源の大部分は開発が完了しており，半分以上の水量を，数十年前の条約に基づき隣国マレーシアのJohorから購入している（この条約は，2011年に終了）．この水貿易は，価格設定や他の政治問題・環境問題について，時折，二国間の論争を引き起こしている．

23.7.2 水管理上の問題点

1999年，シンガポール政府は，供給の確実性と水質の恒常性を保証することを目的に，代替で再利用可能な水資源を開発する戦略的企画を打ち出した．現地でこの企画は，Four Tap Strategyとして知られており，(1)自国の表流水の収集と処理，(2)マレーシアからの水の輸入，(3)水の再利用，(4)海水の淡水化（desalination），で構成されている．

23.7.3 NEWater Factory と NEWater

戦略的イニシアティブで最も重要なのは，NEWater Factoryと呼ばれる10×10^3 m^3/d（2.6 Mgal/d）の二段階膜ろ過水再生施設（dual membrane water reclamation plant）の操業である．この施設は，Bedok Sewage Treatment Plantの下流側にコンパクトに配置されている．最近，Bedok Water Reclamation Plant（WRP）に改名された．NEWater Factoryは，膜ろ過を基礎とした高度水再生施設であり，精密ろ過法（MF），逆浸透法（RO），紫外線（UV）消毒で構成されている．先述したとおり，NEWaterは，PUBがつくった用語であり，膜ろ過とUV消毒に基づく高度処理過程から生産された高品質な水を表している．

23.7.4 実施方法

NEWater計画の第一段階は，1999年に実証プロジェクト開発を決定したことにある．実証プロジェクトの成功で，PUBは，この計画を進め，2003年2月21日にNEWaterを表流水貯水池へ導入することに自信を持った．

NEWater Factoryの設計と処理系

NEWater Factoryの二段階膜ろ過とUV技術プロセスの設計は，National Research Council Report（NRC, 1998）の勧告を整合したものである．一番目の設計思想は，未処理排水の排出源を厳密に管理することだった．Bedok WRPは，下水の95％以上が家庭由来であるため，実証施設の場所として選択された．第二の設計思想は，病原体や化学汚染物質の除去のため，物理的多重バリアを用いることであった（Seah *et al.*, 2003）．

原水（供給原水）

実証施設へ供給される水は，活性汚泥法で処理された二次処理水であり，その典型的な水質は，BOD 10 mg/L，TSS 15 mg/L，アンモニア性窒素6.4 mg/L，そしてTOC 12 mg/Lを含んだTDS

400〜1 600 mg/L である．二次処理水は，まずマイクロスクリーン(0.3 mm)，続いて MF による浮遊粒子の除去が行われ，その後，RO による脱塩処理が行われる．

膜ろ過処理

MF 処理は，5つの内臓ユニットが並列して構成されていた．MF ユニットには，細口径約 0.2 μm(微細孔の直径)の微細繊維膜ポリプロピレン中空糸が用いられた．ろ過は，一過性モード(single-path mode)で運転し，設計回収率は，90％であった．

RO 処理は，$5×10^3$ m^3/d(1.3 Mgal/d)の装置を並列で設置した．各々の装置には，芳香族ポリアミド合成物の薄膜が装填され，3 段階の配列で 80〜85％を回収するようになっていた．最後の段階で，RO ろ過水は，最小設計照射量 60 mJ/cm^2 の広周波帯域型中圧 UV ランプ(broad-spectrum medium-pressure lamps)からなる 3 連の UV ユニットで消毒される．

耐久性と信頼性の試験

高品質の NEWater を一貫して製造するため，膜ろ過と紫外線技術に対して耐久性と信頼性の試験を 2 年間にわたって実施した．NEWater の水質と処理の信頼性は，Sampling and Monitoring Program(SAMP)で評価した．SAMP では，飲料水用の原水として NEWater が適正かを決めるため，処理過程に沿って一連の物理的，化学的，微生物学的指標を体系的に測定した．水試料は，現在のU.S. EPA の National Primary and Secondary Drinking Water Standards と WHO の Guidelines for Drinking Water Quality にあげられる全飲料水質指標を分析した．外部研究審議会の答申に基づき，これらの基準やガイドラインにはあげられていないが，潜在的に懸念のあるその他の指標も追加した．NEWater Study のために実施した試験は，合計で約 190 項目の物理的，化学的，微生物学的指標に及び，その数は，2002 年 4 月までで 22 000 の物理的，化学的，微生物学的試験となった(Singapore Water Reclamation Study, 2002；Ong et al., 2004)．

この総合的な監視計画は，NEWater の安全性と信頼性を評価するためには十分なものと考えられた．また一方で，SAMP を補完するとともに，NEWater 中の未確認成分による潜在的な健康影響に対処するため，2 年間の Health Effects Testing Program(HETP)を開発した．HETP は，Bedok 貯水池からの飲料用原水を用いて NEWater の相対的毒物学的評価を含むものであった．NEWater への実証試験は，魚とネズミの慢性試験を含む初めてのプログラムであった．

23.7.4　NEWater の実証プラントの実績

2000 年 5 月に初めて NEWater Factory が稼働し，今までの施設の実績を設計仕様とともに綿密に追跡記録してきた．表-23.8 に示すように，分析結果は，U.S. EPA 1998 と WHO 1993 の飲料水の規制基準や指導基準の値より，NEWater が一貫して高品質であることを示している．

23.7.5　プロジェクトの沿革

シンガポール全体の水管理戦略の中で，NEWater の実証研究は，再生水利用の拡張と開発において PUB を導く重要なデータを生み出してきた．NEWater 利用に関する沿革を表-23.9 に記した．

2003 年初頭，初の実規模 NEWater 施設が Bedok WRP と Kranji WRP で，併せて $72×10^3$ m^3/d(19 Mgal/d)の規模で稼働開始した．将来的にこれらの施設は，$168×10^3$ m^3/d(44 Mgal/d)への拡張性を有している．新たな Bedok と Kranji 施設は，現在，電子機器産業へ水を供給しているが，そのことによって既存の家庭用飲料水を確保している．PUB は，2010 年までに，工業や飲料に使用するため，シンガポールで発生する排水の 20％を再利用することを目標としている．

表-23.8 U.S. EPAとWHOのWater Quality StandardsとNEWater Factoryの生産水[a]の比較

水質パラメータ	単位	U.S. EPA/WHO[b]	NEWater Factory[c]
色	Hazen	15	< 5
pH	—	6.5〜8.5	5.2 〜 6.2
伝導度	μS/cm	—	39.6 〜71.1
アルカリ度	mg/L($CaCO_3$として)	—	8
全溶解性物質	mg/L	500	22 〜41.3
硬度	mg/L($CaCO_3$として)	—	< 5
フッ素イオン	mg/L	1.5	0.18 〜 0.22
亜硝酸塩	mg/L(Nとして)	0.91	0.38
硝酸塩	mg/L(Nとして)	10	0.49 〜 1.65
アンモニア	mg/L	1.5	0.35 〜 0.57
塩化物	mg/L	250	3.6 〜10.9
濁度	NTU	5	< 0.1
アルミニウム	mg/L	0.2	0.09
鉄	mg/L	0.3	< 0.003
マンガン	mg/L	0.05	< 0.003
硫酸塩	mg/L(SO_4として)	250	0.16 〜 0.54
亜鉛	mg/L	3	< 0.004
シリカ	mg/L(SiO_2として)	—	0.21 〜 0.32
リン酸	mg/L(Pとして)	—	0.011〜 0.044
ナトリウム	mg/L	200	5.1 〜 9.6
TOC	μg/L	—	60 〜90
全大腸菌群	個/100 mL	ND[d]	< 1
糞便性大腸菌群	個/100 mL	ND[d]	< 1
ウェルシュ菌	Cfu/100 mL	—	< 1

[a] Singapore Water Reclamation Study(2002)より引用.
[b] U.S. EPAの1998 Surface Water RegulationまたはWHOの1993 Guidelines for Drinking Waterのどちらかの最低下限値.
[c] 2000年6〜7月の分析結果から引用.
[d] ND：不検出.

23.7.6　得られた知見

NEWaterに対する住民理解を高めるため，PUBは，NEWaterについて積極的な一般教育プログラムを開始した．宣伝広告，ポスターや小冊子を発行し，また，NEWaterの意義を広めるため，報告や展示会を開催した．住民がNEWaterの生産中の膜ろ過や紫外線消毒を見ることができるように，NEWater Visitor Centerが2003年の2月にオープンした(図-23.9).

工業への供給に加え，間接的飲用再利用のために貯水池へNEWaterを導入している．これは，NEWaterを貯水池に供給し，原水と撹拌・混合することを含む．混合された水は，標準的な浄水場で飲料水を生産する再処理される前に自然の処理を受けることとなる．2003年にPUBは，13.5×10^3 m^3/d(3.6 Mgal/d)(1日の水消費量の約1%)のNEWaterを原水の貯水池へ導入した．2011年までに，

第23章　表流水の増大を通じての間接的飲用再利用

表-23.9　シンガポール水再生の出来事沿革[a]

年	節目の出来事
1998年	Singapore Public Utilities Board(PUB)と Ministry of Environment は，シンガポールの水道を補完するため，未処理水をもとにした NEWater の利用の適合性を決定する Water Reclamation Study(NEWater Study)を率先して実施することを構想した．
1999年1月	NEWater Study で，調査結果の見直しと PUB への独自の情報提供のため，NEWater Expert Panel を設置．
2000年3月	Bedok NEWater Factory Demonstration Plant が建設され，7ヶ月間稼働した．設計容量は 10×10^3 m^3/d．
2000年10月	Bedok NEWater Factory Demonstration Plant で実現可能性の検討と，NEWater の毒性学的評価を開始した． ・約190項目の水質パラメータの試料採取と監視計画 ・ネズミと魚を用いての初めての毒性学的評価
2001年1月	二次処理水の20%を工業用に再生することを目標にする，と PUB が発表した．
2001年7月	訪問者／住民教育センター設置とともに，Bedok および Kranji NEWater 実施設の工学設計と建設管理が受賞．両実施設の最終設計容量は，168×10^3 m^3/d．
2002年7月	Expert Panel は，シンガポールの既存の水道源を補完するための NEWater の間接的飲用再利用を採用するよう提案した．
2002年8月	独立記念日のパレードや式典で広く市民に受け入れるように NEWater が登場．60 000 本以上の NEWater が独立記念日に配られた．
2003年1月	Bedok と Kranji NEWater Plants が始動した（初期の容量 72×10^3 m^3/d）．
2003年2月	シンガポールの首相は，祝典イベントにおいて，NEWater の飲料・非飲料利用を公式発表した．同時に，訪問者・一般人向けの教育センターを公開した．
2003年11月	NEWater の品質と NEWater Factory の信頼性について独自の監視チェックを行うため，External Audit Panel を編成．
2003年12月	NEWater Visitor Center の来訪者数が 100 000 人に達した．
2004年1月	Seletar NEWater Plant が稼働し，24×10^3 m^3/d の NEWater の供給を開始した．
2005年1月	Ulu Pandan に最も規模の大きな4番目の NEWater Factory の建設を開始した．148×10^3 m^3/d の NEWater を製造する容量を持つこの施設は，Design-Build-Own-Operate(DBOO)の協定に基づいて実施された．PUB は，契約に基づいて，承認民間企業から20年間 NEWater を購入することになる．

[a]　Singapore Public Utilities Board(2006)より引用．

NEWater の総量を1日の総消費水量の2.5%へ徐々に増加させる予定である．2012年までに，国の水供給量の25%を従来の供給源ではない所から調達することを国の目標としており，その内訳は，NEWater からが15%，海水の脱塩化からが5%，残り5%は，工業用水からとなっている．

シンガポール政府によって召集された Expert Panel は，下記の結論に達した [Singapore Water Reclamation Study(2002)]．

1. 2年間にわたって実施した NEWater の総合的な物理的，化学的，微生物学的分析に基づき，NEWater は，飲料水利用として安全であると考えられた．NEWater の品質は，一貫して，U.S. EPA の National Primary and Secondary Drinking Water Standards と WHO の Guidelines for Drinking Water Quality の最小必要条件を満たしている．
2. シンガポールは，下記の理由に基づいて間接的飲用再利用を採用すべきである．
・微量ミネラル(trace minerals)は，逆浸透処理で消失するが，

図-23.9　シンガポールの NEWater Visitor Center の内部（提供：Singapore Public Utilities Board）

これは，貯水池の水との混合により健康や味覚に必要なものとなる．
- 貯水は，安全で高品質な NEWater を生産する高度技術に追加的な安全性をもたらす．
- 市民の受容．このアプローチは，前例の米国の間接的飲用再利用計画に類似している．
3. シンガポール政府は，既存の水供給に対する安全の補完として，間接的飲用再利用のためのNEWater の利用を検討すべきである．
4. 慎重かつ継続的な監視と試験計画を実施すること．

2002 年に一般人に向けて NEWater が正式に公開され，2002 年 8 月 9 日の独立記念日式典で NEWater 60 000 本が配られた(表-23.9，図-23.9 参照)．さらに，市民への教育活動を目的として，公開イベントで NEWater 100 万本が配られ，圧倒的な市民の支持を得た．

23.8 間接的飲用再利用に関する所見

米国内水域への下水処理放流量は，増加しており，これらの水域を水源とする飲料水の水質に注目した研究は，計画的な間接的飲用再利用に関連するものが多くなっている．非計画的よりむしろ計画的な間接的飲用再利用の方が水質に関する積極的な工学的制御を進めること，および意識的に努力して公衆衛生を保護する多重バリアを確立することになるといっていいかもしれない．

飲料水水質問題と，再利用技術およびその応用の原理と能力について住民に教育することは，必須となっている．教育され，よく情報を得られた住民は，その地域における統合的水資源マネジメントに対する必要性を認識し，その管理・規制部局の誠実さに対する信頼性を増加させるだろう．

下記の観察結果は，実在の間接的飲用再利用事業から得られた経験によるものである．
1. 意思決定の際の透明性と市民の信頼は，最も重要である．
2. 利害関係者および一般市民の受容は，絶対に必要である．
3. 化学的および微生物学的な水質の安全性の実証は，非常に重要である．
4. 広範かつ継続的モニタリングプログラムは，間接的飲用再利用事業で必須事項の一つである．飲料水水質基準は，安全性を保証するための基準値となる．
5. 飲料水水質基準の規制成分以外を取り扱うため，根拠のある予防措置を適用すべきである．
6. 未規制物質の安全予防は，発生の重要性，公衆衛生リスクアセスメント，リスク最小化の実現性に基づき実施されるべきである．
7. 処理過程の信頼性とシステムの冗長性は，間接的飲用再利用計画に組み込まなければならない．
8. 公衆衛生と環境を保護するための多重バリアのアプローチは，間接的飲用再利用の必須の部分である．
9. 適切な奉仕サービス，教育，そして気の利いたメッセージで，間接的飲用再利用について住民の支持を得ることは可能である．

問　題

23-1　多くの自治体は，最近，その飲用水として様々な水源を使用しており，その中には，上流でかなりの量の下水処理水が放流されている水源が含まれる．水道水源に下水処理水が放流されている河川流域をあなたの地域で 1 つ以上あげ，清澄で安全な飲用水道とするための実行策について議論せよ．

23-2　人口増大や都市化により生じている事実上の間接的飲用再利用の増加を管理するためのあなたの考える提案は何か？

23-3 将来，非計画的および付随的な間接的再利用が許される程度まで水質を改善することは，技術単独の使用で可能か？

23-4 文献考察に基づいて，環境中での微量物質の低減（除去や変質）を定量化する方法を考察せよ．最低3つの文献を引用すること．

23-5 ある貯水池が近接の自治体に飲用水供給するために使われている．上流のある自治体がその貯水池に再生水を放流する．その水再生処理場にRO処理を設置することの長短所について，飲用水処理場（浄水場）に設置する場合と対比して議論せよ．

23-6 San Diego市で用いられている水再利用（23.6の事例2）の実施へのアプローチをSt. Petersburg市（26.5の事例1）の場合と比較せよ．それぞれのアプローチについてその成功点と限界を論じよ．

23-7 最近の利用可能情報に基づき，San Diego市の事例2（23.6）を補足せよ．

23-8 シンガポールの事例で，「100万本以上のNEWaterボトルが市民教育の目的で公共行事で配布され，結果として市民の圧倒的な支持を得た」と報告されている．同様のキャンペーンをあなたの地域で実施した場合，どのような反応が予想されるか，そしてシンガポールとあなたの地域とで反応が異なる理由についてコメントせよ．

23-9 再生水を貯水池に貯め，その後，処理して飲用水に使う場合，滞留時間がどのくらい必要かを決めるのには，どのような因子を検討すべきか？ 再生水を貯水池に混合して利用する場合，十分な滞留時間を確保するためのアプローチについて論じよ．

23-10 水源制御，下水処理と再生，環境緩衝，飲用水処理（浄水処理）モニタリングに関わる多重バリアの重要な特徴について論じよ．また，そこで論じた各々のバリアの利点と限界を述べよ．

参考文献

Angelotti, R. W., T. M. Gallagher, M. A. Brooks, and W. Kulik (2005) "Use of Granular Activated Carbon as a Treatment Technology for Implementing Indirect Potable Reuse," *Proceedings of the 20th Annual WateReuse Symposium, Denver, CO.*, WateReuse Association, Alexandria, VA.

Bender, M. D., G. E. Hauser, M. C. Shiao, and W. D. Proctor (1990) *BETTER: A Two-Dimensional Reservoir Water Quality Model: Technical Reference Manual and User's Guide* Report No. WR28-2-590-152, Tennessee Valley Authority Engineering Laboratory, Norris, TN.

Beverly, S. D., W. J. Conlon., and D. F. MacIntyre (2001) *Indirect Potable Reuse and Aquifer Injection of Reclaimed Water*, AWWA, Denver, CO.

Brunner, G. W., and V. R. Bonner (1994) *HEC River Analysis System*, U.S. Army Corps of Engineers, Institute for Water Resources, Hydrologic Engineering Center, Davis, CA.

Chapman, R. S., B. H. Johnson, and S. R. Vemulakonda, (1996) *User's Guide for the Sigma Stretched Version of CH3D-WES; A Three-Dimensional Numerical Hydrodynamic, Salinity, and Temperature Model*, Technical Report HL-96-21, U.S. Army Corps of Engineers Waterways Experiment Station, Vicksburg, MS.

Chapra, S. C. (1997) *Surface Water-Quality Modeling*, McGraw-Hill Series in Water Resources and Environmental Engineering, McGraw-Hill, New York.

Chapra, S. C., G. J. Pelletier, and H. Tao (2006) *QUAL2K: A Modeling Framework for Simulating River and Stream Water Quality*, Version 2.04: *Documentation and Users Manual*, Civil and Environmental Engineering Dept., Tufts University, Medford, MA.

City of San Diego (2006a) *City of San Diego Water Reuse Study 2005: Final Draft Report*, March, 2006, prepared in coordination with Water Department, City of San Diego, PBS&J, and McGuire/Pirnie, San Diego, CA.

City of San Diego (2006b) *Public Participation*, accessed at http://www.sandiego.gov/water/waterreusestudy/involvement/index.shtml#assembly

City of San Diego (2006c) *Study Overview: A Need for More Water*, accessed at http://www.sandiego.gov/water/waterreusestudy/geninfo/overview.shtml

Crites, R., and G. Tchobanoglous (1998) *Small and Decentralized Wastewater Management Systems*, McGraw-Hill, Boston.

FCWA (2006) "Fairfax Water," Fairfax County Water Authority, accessed at http://www.fcwa.org/

Giap, L. C. (2005) "NEWater—Closing the Water Loop," *The Int. Desal. Water Reuse Quar.* **15**, 3, 34–36.

Gurr, C. J., and M. Reinhard (2006) "Harnessing Natural Attenuation of Pharmaceuticals and Hormones in Rivers," *Env. Sci. Technol.*, **40**, 9, 2872–2876.

King, I., J. V. Letter, Jr., B. P. Donnell (2005) *RMA4 WES 4.5*, U.S. Army, Engineer Research and Development Center, Waterways Experiment Station, Coastal and Hydraulics Laboratory, Vicksburg, MS.

Law, I. B. (2003) "Advanced Reuse—From Windhoek to Singapore and Beyond," *Water,* May 2003, 44–50.

Lin, A.Y-C., M. H. Plumlee, and M. Reinhard (2006) "Natural Attenuation of Pharmaceuticals and Alkylphenol Polyethoxylate Metabolites during River Transport: Photochemical and Biological Transformation," *Env. Toxcol. Chem.*, **25**, *6, 1458–1464.*

López Ramírez, J. A., J. M. Quiroga Alonso, D. Sales Márquez, and T. Asano (2002) "Indirect Potable Reuse and Reverse Osmosis: Challenging the Course to New Water," *Water 21*, 6, 56–59.

Martin, J. L., and S. C. McCutcheon (1999) *Hydrodynamics and Transport for Water Quality Modeling,* Lewis Publishers, Boca Raton, FL.

McEwen, B. (1998) "Indirect Potable Reuse of Reclaimed Water," Chap. 27, in T. Asano (ed) *Wastewater Reclamation and Reuse*, Water Quality Management Library, **10**, CRC Press, Boca Raton, FL.

NRC (1998) *Issues in Potable Reuse: The Viability of Augmenting Drinking Water Supplies with Reclaimed Water*, National Research Council, National Academy Press, Washington, DC.

Ong, S. L., L. Y. Lee, J. Y. Hu, L. F. Song, H. Y. Ng, and H. Sheah (2004) "Water Reclamation and Reuse—Advances in Treatment Technologies and Emerging Contaminants Detection," Presented at the 10th International Conference in Drinking Water Quality Management and Treatment Technology, held in Taipei, Taiwan.

Ontario Ministry of the Attorney General (2002) *Report of the Walkerton Inquiry: The Events of May 2000 and Related Issues*, Publications Ontario, Toronto, Canada.

Orlob, G. T. (ed.) (1983) *Mathematical Modeling of Water Quality: Streams, Lakes, and Reservoirs*, A Wiley-Interscience Publication, John Wiley & Sons, Chickester, England.

Park, K., A. Y. Kuo, J. Shen, and J. Hamrick, (1995) *A Three-Dimensional Hydrodynamic-Eutrophication Model (HEM3D): Description of Water Quality and Sediment Process Submodels*, Special Report No. 327 in Applied Marine Science and Ocean Engineering, School of Marine Science, Virginia Institute of Marine Science, The College of William and Mary, Goucester Point, VA.

Park, R. A., J. S. Clough, and M. C. Wellman (2004) *AQUATOX (Release 2) Modeling Environmental Fate and Ecological Effects in Aquatic Ecosystems*, Vol. 1 *User's Manual*, U.S. Environmental Protection Agency, Office of Water, Washington, DC.

Prince William Conservation Alliance (2006) Accessed at http://www.pwconserve.org/index.html

Robbins, Jr., M. H., and G. A. Gunn (1979) "Water Reclamation for Reuse in Northern Virginia," **2**, 1311, *Proceedings Water Reuse Symposium*, AWWA, Denver, CO.

Scarbrough, J. H. (2005) "Sustainable Water Resources for Gwinnett County, Georgia," in K. J. Hatcher (ed.), *Proceedings of the 2005 Georgia Water Resources Conference,* Athens, GA.

Schaffranek, R. W. (2004) *Simulation of Surface-Water Integrated Flow and Transport in Two Dimensions: SWIFT2D User's Manual*, U.S. Geological Survey Techniques and Methods, Book 6, Chap. 1, Section B, USGS, Denver, CO.

Schneider, M. L., S. C. Wilhelms, and L. I. Yates (2004) *SELECT Version 1.0 Beta: A One-Dimensional Reservoir Selective Withdrawal Model Spreadsheet*, Coastal and Hydraulics Laboratory, U.S. Army Engineer Research and Development Center, Vicksburg, MS.

Seah, H., J. Poon, G. Leslie, and I. B. Law (2003) "Singapore's NEWater Demonstration Project: Another Milestone in Indirect Potable Reuse," *Water Journal*, 43–46.

Sheng, Y. P., M. Zakikhani, and M. C. McCutcheon (1990) *Three Dimensional Hydrodynamic Model for Stratified Flows in Lakes and Estuaries*, U.S. Environmental Protection Agency, Athens, GA.

Singapore Department of Statistics (2006) "Statistics Singapore-Keystats-Annual Statistics," accessed at http://www.singstat.gov.sg/keystats/annual/indicators.html

Singapore Public Utilities Board (2002) *Singapore Water Reclamation Study—Expert Panel Review and Findings*, Singapore.

Singh S. (2005) "Singapore offers Recipes for Urban Water Management," *Asian Water*, 12, 23–27.

Swayne, M., G. Boone, D. Bauer, and J. Lee (1980) *Wastewater in Receiving Waters at Water Supply Abstraction Points*, EPA-60012-80-044, U.S. Environmental Protection Agency, Washington, DC.

Tchobanoglous, G., F. L. Burton, and H. D. Stensel (2003) *Wastewater Engineering: Treatment and Reuse*, 4th ed., McGraw-Hill, New York.

Thompson, D. E., V. B. Rajal, S. De Batz, and S. Wuertz (2006) "Detection of *Salmonella* spp. in Water using Magnetic Bead Capture Hybridization Combined with PCR or Real-time PCR," *J. Water Health*, **4**, 67–75.

Trussell, R. R., P. Gagliardo, S. Adham, and P. Tennison (2002) "The San Diego Potable Reuse Project: An Overview," *Proceedings of the International Conference on Wastewater Management & Technology for Highly Urbanized Coastal Cities*, Hong Kong Polytechnical University, Hung Hom, Kowloon, Hong Kong.

TVA (1986) *Hydrodynamic and Water Quality Models of the TVA Engineering Laboratory*, Tennessee Valley Authority, 3, Norris, TN.

UOSA (2006) Personal communication with M. Brooks and R. Angelotti, Upper Occoquan Sewage Authority, Fairfax, VA.

U.S. EPA and U.S. AID (2004) *Guidelines for Water Reuse*, EPA/625/R-04/108, U.S. Environmental Protection Agency and U.S. Agency for International Development, Washington, DC.

Virginia Tech (2005) *An Assessment of the Water Quality Effects of Nitrate in Reclaimed Water Delivered to the Occoquan Reservoir*, Prepared by Occoquan Watershed Monitoring Laboratory, Dept. of Civil and Environmental Engineering, College of Engineering, Virginia Polytechnic Institute and State University (VPI), Manassas, VA.

WEF and AWWA (1998) *Using Reclaimed Water to Augment Potable Water Resources*, Water Environment Federation, Alexandria, VA.

WES (1986a) *CE-QUAL-R1: A Numerical One-Dimensional Model of Reservoir Water Quality; Users Manual, Instruction Report E-82-1 (Revised Edition)*, Environmental Laboratory, U.S. Army Engineer Waterways Experiment Station, Vicksburg, MS.

WES (1986b) *CE-QUAL-W2: A Numerical Two-Dimensional, Laterally Averaged Model of Hydrodynamics and Water Quality; User's Manual*, U.S. Army Corps of Engineers, Waterways Experiment Station, Instruction Report E-86-5, Environmental and Hydraulics Laboratories, Vicksburg, MS.

Wool, T. A., R. B. Ambrose, J. L. Martin, and E. A. Comer (2001) *Water Quality Analysis Simulation Program WASP*, Version 6.0, *User's Manual*, U.S. Environmental Protection Agency, Athens, GA.

Wurbs, R. A. (1994) *Computer Models for Water Resources Planning*, U.S. Army Corp of Engineers, Institute for Water Resources, Alexandria, VA.

Yari, P. F. (2005) "Water Reuse—A Water Supply Option in the Metropolitan Atlanta Area?" in K. J. Hatcher (ed.), *Proceedings of the 2005 Georgia Water Resources Conference*, Athens, GA.

第24章　再生水の飲料水としての直接利用

翻訳者　滝沢　智（東京大学大学院工学系研究科都市工学専攻　教授）
共訳者　小熊　久美子（東京大学大学院工学系研究科都市工学専攻　講師）

関連用語　*1059*
24.1　直接的な飲用再利用における論点　*1059*
 24.1.1　市民の理解　*1059*
 24.1.2　健康リスクへの懸念　*1060*
 24.1.3　技術的な適用可能性　*1060*
 24.1.4　費用の検討　*1060*
24.2　事例1：Kansas州Chanute市における非常時の飲用水としての再利用　*1061*
 24.2.1　背　景　*1061*
 24.2.2　水管理上の問題点　*1061*
 24.2.3　実施方法　*1062*
 24.2.4　下水処理および処理プロセス全体の効率　*1062*
  大腸菌群／*1062*
 24.2.5　得られた知見　*1063*
 24.2.6　Chanute市の経験の重要性　*1064*
24.3　事例2：ナミビアWindhoek市における直接的な飲用再利用　*1065*
 24.3.1　背　景　*1065*
 24.3.2　水管理上の問題　*1065*
  気候条件／*1065*　　乾燥地帯での革新／*1066*
 24.3.3　実施方法　*1066*
  Goreangap水再生施設／*1066*　　1997年の改良における処理工程フロー図／*1066*
  新Goreangap水再生施設／*1066*　　多重バリア方式／*1067*　　処理工程の選択／*1068*
  市民の理解／*1068*　　直接的な飲用再利用のための水質ガイドライン／*1069*
  運転と維持管理／*1069*
 24.3.4　得られた知見　*1070*
24.4　事例3：Colorado州Denver市における直接的な飲用再利用の実証プロジェクト　*1071*
 24.4.1　背　景　*1071*
 24.4.2　水管理上の問題点　*1072*
 24.4.3　処理技術　*1072*
  高度処理プロセスの解説／*1072*　　健康影響試験期間中に用いられたプロセス／*1073*
  運転の維持管理／*1073*
 24.4.4　水質試験研究　*1074*
  水質試験結果／*1074*　　多重バリア方式／*1074*　　限外ろ過／逆浸透の混合水の水質／*1077*
  水質試験のまとめ／*1078*
 24.4.5　動物を用いた健康影響研究　*1079*

　　　　　　動物個体を用いた健康影響研究／1079　　　　慢性毒性と発癌性の2年間にわたるラット試験／1079
　　　　　　慣性毒性と発癌性の2年間にわたるマウス試験／1079　　　　生殖毒性の研究／1080
　24.4.6　飲用再利用に要する高度処理施設の費用推定　　1080
　　　　　　米国陸軍工兵隊によるDenver都市圏水供給代替案に関する研究／1080
　　　　　　実規模水再利用施設の費用推定／1080
　24.4.7　情報公開プログラム　　1081
　24.4.8　得られた知見　　1081
24.5　再生水の飲用水としての直接利用について　　1082
問　　題　　1082
参考文献　　1083

関連用語

間接的飲用再利用 indirect potable reuse 　再生水を計画的に水道原水，すなわち貯水池や地下水帯水層に導水すること．処理水は，水道原水と混合され均質化するため，環境中での緩衝作用が期待できる．

直接的飲用再利用 direct potable reuse 　高度に処理した再生水を，浄水場に接続した送配水管へ圧入するか，または，浄水場のすぐ上流に水道原水として導水すること．圧入は，配水池または配水管に直接行う．よって，利用者に供給される水は，下水の再生水を希釈したものとなる．

統合的水資源計画 integrated water resource planning 　水，土地やその他の関連資源の調和をとりながら開発・管理することで，得られる経済的および社会的な便益を公平かつ持続可能な形で最大化すること．

　本章の主題である直接的飲用再利用とは，高度処理した再生水を浄水場につながる送配水管に直接圧入するか，または，浄水場のすぐ上流に水道原水として導水することを指す．一方，23 章で議論したとおり，間接的飲用再利用とは，下水処理水を計画的に水道原水，すなわち貯水池や地下水帯水層に導水することを指し，この場合，処理水は原水と混合され均質化するため，環境中での緩衝作用を経た後の再利用となる．

　直接的再利用と間接的再利用の相違点として鍵となるのは，直接的再利用では，再生水と水利用者との間に時間的にも空間的にも自然環境等の緩衝域が存在しないことである．極端な例として，直接的な飲用再利用では，再生水と飲料水を直接管で接続して混合する pipe-to-pipe システムとなる．直接的飲用再利用の導入事例は，世界的にも限られているものの，3 章で見たとおり，下水放流水を相当量含む河川水を水道水源として取水する事例はきわめて一般的である（"事実上の"飲用再利用）．米国には，直接的飲用再利用を導入した例はない．

　直接的飲用再利用について簡単な議論をした後，3 つの事例を通じて，直接的飲用再利用の持つ異なる側面を概観する．すなわち，(1)歴史的な事例(1956〜57)として Kansas 州 Chanute 市，(2)現在も行われている外国の事例としてナミビアの Windhoek 市，(3)過去に米国で行われた直接的飲用再利用の実証プロジェクト，である．事例の後，24.5 において，直接的飲用再利用に関する米国の動向を記す．

24.1　直接的な飲用再利用における論点

　再生水を直接的に飲用水として利用する事業は，一般に極端な状況，すなわち他の飲料水の選択肢がきわめて高くつくか，そもそも他の選択肢がない場合に実行される．そのような特殊な状況において，直接的飲用再利用は，深刻な渇水時の一時的な水源となるか，他の水源が得られない場合には長期的な水源となる．いずれにせよ，直接的飲用再利用を行う際に論点となるのは，一般市民の理解，健康リスク，技術的な適用可能性，および費用の検討である．

24.1.1　市民の理解

　直接的な飲用再利用は，当然のことながら水の再利用方法のうち，社会的に最も受け入れられ難い

方法である．一度でも人の排泄物を含んだ水を消費することに対し抵抗を感じるのは当然であり，その抵抗感は，得られた再生水がどれだけ下水処理と浄化プロセスを経たかによって変わるものではない．再生水の飲用目的での利用を受け入れるには抵抗があると予想され，特に，再生水を利用する前に実質的な希釈，自然浄化，水の入れ替わりのいずれも生じないことが給水末端の利用者(end users)の間で認知されればなおさらである．California 州 San Diego 市における最近の知見によると，適切な教育と一般市民への行き届いた対応を行えば，間接的飲用再利用は，一般市民の支持を得られそうである(City of San Diego, 2006, 2006a)．市民の理解に関する議論は，続く事例や 26 章でも取り上げる．

24.1.2 健康リスクへの懸念

近年，微量無機成分および有機成分の分析技術が発達し，それら成分の健康影響に関する基礎的知見を大幅に超越するレベルまで測定できるようになった．したがって，再生水に含まれうる多種多様な溶存成分の健康影響が明らかになるまでは，慎重を期して直接的飲用再利用に踏み込むべきではないとの論調がある．しかし，直接的飲用再利用が 100% 安全であると確認することは不可能であり，従来の水供給システムや海水淡水化(desalination)にも同じだけの知られざるリスクが伴うことに留意すべきである．都市の上流で排出された下水放流水の影響を強く受けている従来の水道原水(すなわち，3 章で記した"事実上の"飲用再利用)についての健康影響と毒性に関する研究は僅かしかない．実際のところ，残留成分に対する懸念は根拠がないのかもしれない(Snyder *et al.*, 2006)．同様の状況が鹹水や海水を淡水化して飲料水として利用する場合に生じているが，これらの場合には河口や海岸付近の水域に流入する未知の排水によっても影響を受けている．いわゆる"清澄な"海水を原水(feedstock)として使用する海水淡水化には，下水の再利用と同様のリスクが目立ち難いながら内在しているのかもしれない．

24.1.3 技術的な適用可能性

直接的飲用再利用を行うことは，再利用技術が自然浄化による水質改善なしに常に安全で使用可能な処理水が得られる技術であると確信し，信頼することを意味する．再生水供給事業体が直接的な飲用に適する安全な再生水，例えば，通常の水道水源に比して健康リスクが高くない再生水を常に提供するに十分な技術的能力を有しているかどうかについては，頻々と懸念が表明される．

技術的な懸念を払拭するために，多重バリア方式(multiple barrier systems)を導入し，一連の重複する処理プロセスにより懸念となる成分を除去することで，高い信頼を獲得しようとしている．また，監視技術が劇的に改善し，リアルタイムの工程監視と制御が可能となった．科学的な研究成果や技術の進歩を通じ，ますます頑健な処理プロセスが開発・実用化され，高度膜処理システム(enhanced membrane systems)と促進酸化処理(advanced oxidation processes)の併用等の様々な新技術によって基本的にすべての残留成分を除去できるようになった．現在，水の再生処理で用いられている技術は，現行の水道水質基準よりもはるかに良好な水質の処理水を製造できる，という点に留意することが重要である．

24.1.4 費用の検討

都市域において水の再生と再利用を行う場合，14，15 章で議論したとおり，再生水用に別系統の配管と貯留槽の整備にかなりの費用を要する．多くの事例において，二系統配水システム(dual distribution system)が非常に高くつき，そのために水再利用の実用化が制限されている．直接的な

飲用再利用では，消費者への再生水の輸送に既存の配水システムを使用するため，再生水の輸送に掛かる費用を大幅に削減しうる．したがって，"紫の配管(purple pipe)"を継続して使用することが最終的には無駄な投資になるかもしれない[*1]．直接的および間接的飲用再利用に関するその他の重要な長所は，価値ある資源である再生水について，得られる全量を再利用しうることである．したがって，季節的な灌漑目的の利用やその他の一時的な都市用水としての利用に比べて，直接的または間接的飲用利用は，再生水の利用量を最大化しうると考えられる．

24.2 事例1：Kansas 州 Chanute 市における非常時の飲用水としての再利用

既述のとおり，現在，再生水を直接的飲用再利用するシステムは，米国には存在しない．しかしながら，1956～57年に起きた出来事は，下水処理水の間接的あるいは直接的飲用再利用において，歴史的に重要な意味を持つ．以下の議論は，Metzler et al.(1958)，Kasperson and Kasperson(1977)，Deand and Lund(1981)を含む幾つかの文献から引用している．

24.2.1 背　景

1956～57年にかけての150日間(1956年10月14日から1957年3月14日)，Kansas 州東部の Chanute 市において，非常時の措置として再生水が公共水道に使用された．その際の水再生システムは，一次処理，二次処理[散水ろ床(trickling filter)]，安定化池(stabilization pond)，浄水場，給配水システムからなるものであった．処理を始めてから使用されるまでの1サイクルにおよそ20日を要した．

1952～57年の渇水は，Kansas 州の歴史において最も深刻なものであり，Chanute 市は，断続的な水不足に悩まされていた．通常，人口12 000人の Chanute 市では，Neosho 川を公共水道の水源とし，平均でおよそ 5.3×10^3 m^3/d(1.4 Mgal/d)，最高でおよそ 7.6×10^3 m^3/d(2 Mgal/d)を使用していた．地元の工場がこの水使用量のかなりの部分を占めていた．

Neosho 川は，平均流量が 80×10^3 m^3/d(35 Mgal/d)であるが，渇水5年目にあたる1956年の夏には流況が次第に悪化し，流水が途絶えた．この河川は，Chanute 市の上流にある Emporia 市や幾つかの近隣市町の水源として使われていただけでなく，通常，上流の7地区から下水処理水が流入していた．

24.2.2 水管理上の問題点

渇水が続き，都市に水を供給するために何らかの追加的措置が必要なことは明らかであった．市の行政は，以下の幾つかの対応策について調査検討したが，一つも採用されなかった(Metzler et al., 1958)．

- 大口の工業用水使用者(セメント工場，精油所，蝋工場)への水供給を停止し，都市用水に供給可能な水量を維持する．
- 井戸による水供給開発を検討したが，全硬度725 mg/L，硫酸塩濃度630 mg/Lのため，恒常的な水源としては適切でないと判断された．
- トラックや鉄道による飲料水輸送について，輸送費は，$1/m^3($4/1 000 gal)と推定された．費

[*1] 訳者注：米国の多くの州において，下水再生水の配管を紫色にするよう法令等で指定されているため．

用と物理的な制約のため，採用されなかった．
・他の都市と共同して Smoky Hill 川から Neosho 川の源流に水を汲み上げることも検討された．もし渇水が 1957 年もずっと続いていたら，この提案は，間違いなくもっと真剣に検討されていただろう．

24.2.3 実施方法

下水処理水の循環利用が最終案となり，Chanute 市の行政は，これを選択した．Neosho 川は，下水処理場の放流口地点で堰き止められ，下水処理水は，水道原水に戻された．"1956 年 10 月 14 日，ファンファーレもなく，市は，浄水場取水堰で堰き止められた河道の貯留水に下水処理水を混合させるバルブを開いたのだ"(Metzler et al., 1958)．その浄水場の貯留池は，下水安定化池として非常に効果的に機能した．この取水池により 17 日の滞留時間が確保され，BOD，COD，全窒素，アンモニア，合成洗剤はかなり低減した．水循環利用システムと処理工程の流れを図-24.1 に示す．

市は，5 ヶ月間にわたり下水処理水を再利用し，およそ 8 回から 15 回の循環を行った．多段式塩素注入 (multiple point chlorination) 等の優れた処理を行ったため，処理水は，通常の健康関連水質基準を満たした．しかしながら，処理水は，淡い黄色を呈し，不快でかびた臭味があった．また，循環された水は撹拌により泡立ち，溶存無機物や溶存有機物が相当量混入した (Metzler et al., 1958)．

24.2.4 下水処理および処理プロセス全体の効率

水質項目，下水処理効率，およびプロセス全体の処理効率について，溶存成分濃度が最大であった期間の値を表-24.1 に示す．3 週間にわたって浅い貯留池に滞留した結果，水質の大幅な改善が見られた (Metzler et al., 1958)．

表-24.1 1957 年 1 月 15 日〜2 月 13 日までの循環期間における汚染指標(平均値)[a]

指標	流入下水 (mg/L)	処理下水 (mg/L)	下水処理による減少率(%)	水道原水 (mg/L)	浄水 (mg/L)	全減少率(生下水から浄水まで)(%)
全窒素	78	34	56	15	13	83
アンモニア性窒素	47	29	38	12	10	79
COD	656	156	76	56	43	93
BOD	209	29	86	7.3	—	—
ABS[b]	13.6	10.4	25	4.6	4.4	68
オルトリン酸性リン	22	22	0	12	3.4	88
全リン酸性リン	41	29	29	13	3.9	95
結合リン酸性リン	19	7	67	1	0.5	97

[a] Metzler et al.(1958)，KaspersonandKasperson(1977)，DeanandLund(1981)より引用．
[b] ABS：アルキルベンゼンスルホン酸(alkyl benzene sulfonate)[難分解性合成洗剤]．

大腸菌群

下水処理水の循環利用期間中，水道原水中の大腸菌群 (coliform organisms) の数は，通常時に Chanute 市で取水していた Neosho 川中の数よりもずっと少なかった．1956 年 12 月 20 日に浄水場において原水の前塩素処理が行われるようになってから，第一水槽における大腸菌群数は，3.0 MPN/100 mL よりも小さかった．標準法による試験の結果，水の再利用が行われた全期間を通じて水道水は，微生物に関する水質基準を満たしていた．

直接的な飲用再利用が完全に行われたのは，激しい降雨により下水処理水の放流口付近にあった仮

24.2 事例1：Kansas州Chanute市における非常時の飲用水としての再利用

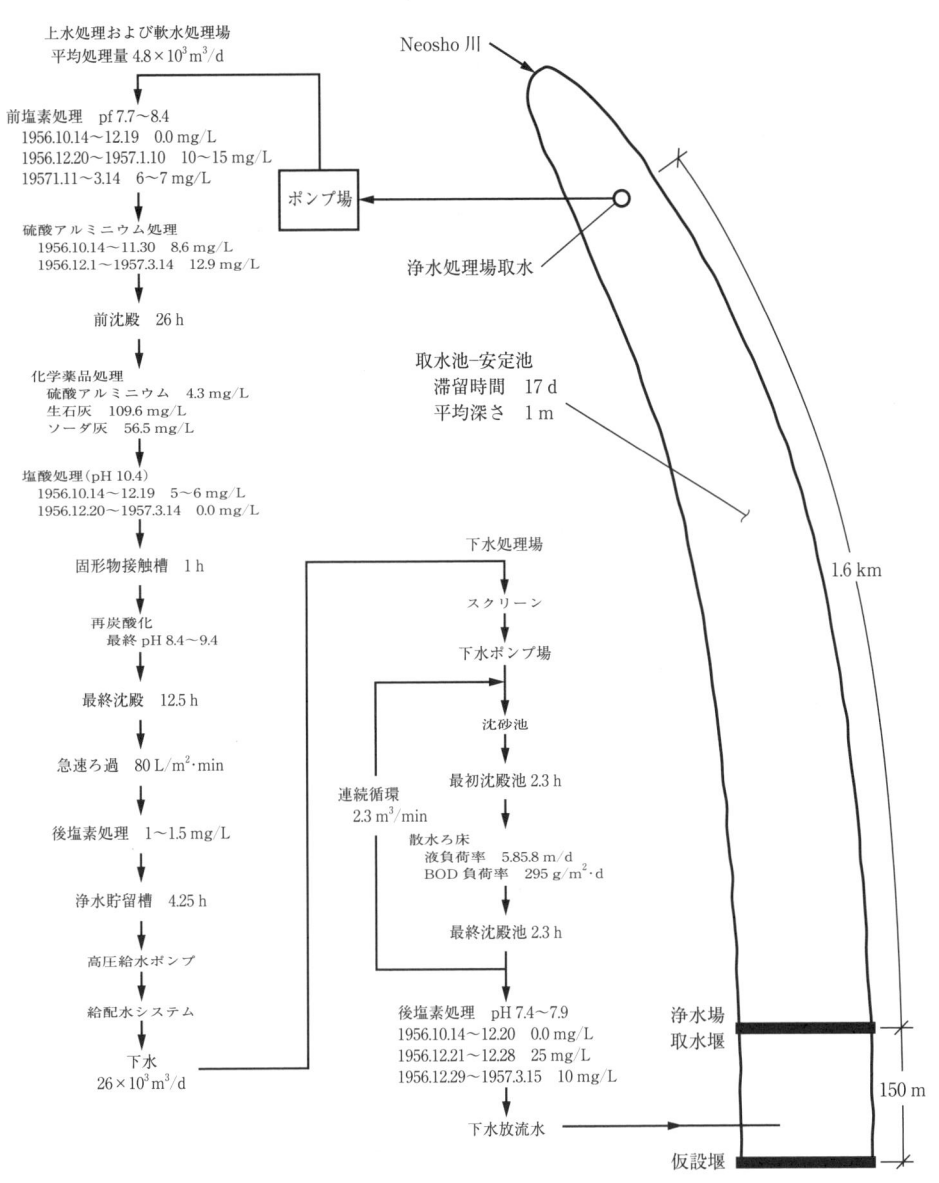

図-24.1 Kansas州Chanuteにおける水循環システムと処理工程の流れ．1956～57年に使用されたもの（Metzler et al., 1958）

設堰が流れてしまうまでだった．"Chanute市は，その後，Emporiaの下水を含む飲料水に戻った"．Chanute市は，自前の下水を再利用したという点で注目を浴びたが，そもそもChanute市は，常に水道原水に幾らかの下水を含んでおり，その原水水質に対応できる浄水処理場を100％の下水再利用を余儀なくされる以前から使用していたという事実はあまり注目されていなかった（Metzler et al., 1958）．

24.2.5 得られた知見

遊離残留塩素は全く検出されなかったが，水質は微生物学的な水質基準（bacteriological requirements）を満たしていた．処理水にウイルスは全く検出されなかったが，小型藻類，アメーバシスト，

線虫類等の生物が多くは死骸として，一部は生きたまま検出された．疫学的な調査によると，下水再生水を使用した期間は，その翌年の冬季にChanute市が河川水を水源として使用した期間に比べ胃腸系疾患が少なかった．あらゆる報告は，いかなる損失も生じなかったものの，今後このような直接的な再利用は推奨しない，との統一見解を示した(Metzler et al., 1958；Dean and Lund, 1981)．

どれだけの再生水が実際に飲用されたのか，明らかでない．ボトル水販売が繁盛し，食糧販売店は事実上大量の在庫を抱えていた(Metzler et al., 1958)．13年後，39人の住民を対象に記憶に基づく電話調査が行われた．その結果，ほとんどの住民は，その当時その水を許容できると感じていたことが示唆された(Kasperson and Kasperson, 1977)．

再生水に窒素が蓄積すると，遊離残留塩素が効力を失い，異臭味管理や色度除去が困難となる．過去の研究により，たとえ消毒にきわめて不利な条件下でも，消毒剤として塩素は有効であることが示されている．大腸菌群試験で判断する限り，微生物学的な水質は非常に優れていた．

溶存態の塩濃度や有機物濃度は，急速な上昇を見せたが，それは，これら成分の多くが通常の処理プロセスでは除去されにくいためである．より高度な処理技術がこれら汚染物質の除去にどれほど効果的であるか，さらなる情報が必要である．Chanute市での事例によって明らかに好ましい結果が得られてはいるものの，公衆衛生(public health)の観点から，再利用水の安全性については多くの疑問点が残っている．浄水場の実験室で用いられる標準的な技術では，健康影響に関する多種多様な項目をすべて検出することはできない(Metzler et al., 1958)．

24.2.6 Chanute市の経験の重要性

Chanute市での一件について，Journal of the American Water Works Associationに発表されたMetzler et al. (1958)による歴史的かつ包括的な論文には，流入下水，処理下水，水道原水，浄水の物理的，化学的，生物的な特徴についての主な相違点が示されている．この論文は，Kansas State Board of HealthとU.S. Public Health ServiceのRobert A. Taft Sanitary Engineering Centerとから当時の指導的な権威が共著者として参加している．さらに，University of TexasのC.H. Connell教授が考察を執筆している．

この論文が歴史的に重要なのは，幾つかの理由による．すなわち，下水中の合成洗剤は，ABSベースの生物分解されない合成洗剤であり，泡立たせることが主たる処理方法であったこと，また，再生水の見た目や色・臭気が問題となったことが特徴的である．水道水が泡立つと，その水源について，絶えず不快な臭いを発することになる．大規模な活性炭技術の導入は，当時まだ空想的なものであったし，9，10章で取り上げた膜技術や促進酸化技術が利用可能になったのは，10年から15年後であった．さらに，水の塩素処理とそれに伴うトリハロメタンの生成が発見されたのは1970年代前半であった(Rook, 1974)．水の再利用のための消毒処理については，11章で取り上げている．

下水処理水を循環させるという決断は，市の行政担当者だけで行った．1956年12月14日，新聞記事における発表を通じて，Kansas State Board of Healthは初めてChanute市で実現された下水処理水の再利用を知ったのである．導入初期にその水が一般市民に受け入れられたのは，おそらく，それまでも上流の7地区からの下水処理水が水道水源に希釈されて混入していることを市民が認識していたからであろう．水の循環が行われるまで，再利用を導入することについての広報は行われなかった．一般市民の反応は，地元の新聞に記事が載るようになってから，より反発的になった．水の再利用の実態は，過去30年間に大幅に洗練されたこと(25，26章参照)を認識し，また，あらゆる水再利用プロジェクト，とりわけ間接的または直接的飲用再利用するプロジェクトを提案する場合は，一般市民との協議やその容認が鍵になることを認識することが重要である．

24.3 事例 2：ナミビア Windhoek 市における直接的な飲用再利用

　1968 年以降，ナミビアの Windhoek 市では高度処理した再生水を上水道システムに加えている．再生水と飲料水の混合は，上水の配水管網に接続した送水管内で直接行われている．Windhoek 市の Goreangab Reclamation Plant は，直接的な飲用再利用の先駆者であり，商業スケールの運転としては今なお世界で唯一での施設である(du Pisani, 2005)．以下の事例は，Harrhoff and Van der Merwe (1996)，Odendaal et al.(1998)，du Pisani(2005)，Lahnsteiner and Lempert(2005)の複数の情報源に基づいて記述した．

24.3.1　背　　景

　再生水を直接的に飲用水として利用している国際的に有名な例は，アフリカ南西部，南アフリカ共和国との国境に接したナミビアの Windhoek 市である．1968 年以降，Windhoek 市は，高度処理した再生水を上水道システムに加えている．再生水と飲料水の混合は，上水供給網に続く管路内で直接行われている．Windhoek 市の Goreangab Reclamation Plant は，直接的飲用再利用の先駆者であり，商業スケールの運転としては今なお世界で唯一の施設である(du Pisani, 2005)．

　Windhoek 市は，ナミビアの首都で，アフリカ南西部の南アフリカ共和国との国境に接しており，サブサハラアフリカ地域において最も乾燥した国である．ナミビアは，国土面積は 825×10^3 km^2 (318×10^3 mi^2)，総人口は 180 万人で，世界で最も人口が散在する国の一つである(www.windhoekcc.org.na)．

　国土内陸には，一時的に流れる河川 Ephemeral 川しか存在しない．常時流れる河川は，北部国境と南部国境に存在するだけで，首都からの距離は，北部国境河川で 750 km(466 mi)，南部国境河川で 900 km(559 mi)に及ぶ．Windhoek 市の人口は，およそ 25 万人で，国土のほぼ中央部に位置している．

24.3.2　水管理上の問題点

　ナミビアは，半乾燥域にあり，1 年のうち数ヶ月しか降雨がないため，水管理は，気候条件を考慮して検討する必要がある．水源としての地下水も限られている．以下の議論に，持続可能な水供給システムを設計するうえでの幾つかの制約を記す．

気候条件

　年間平均降水量は，360 mm(14.4 in)であり，年間蒸発散量は，3 400 mm(136 in)である．市は，水源の 70％を 3 つの貯水池(ダム)に依存している．これらのダムは，一時的に流れる河川に建設されているが，それらの河川は，激しい降雨のあと数日間しか流れない．3 つのダムは，市から 70〜160 km(42〜96 mi)の範囲内に位置しており，州が保有する水道事業体である Nam Water が運営している．これらのダムは，1978 年から 1993 年にかけて建設され，ナミビアの中心地域に水を供給している．Windhoek 市は，ナミビアの中心地域で消費される水のおよそ 90％を使用する．

　最近 10 回の雨季において，これらダムへの流入量が過去の平均値を超えたのはたった 3 回であった．水を"消費"する主な要因は蒸発であり，消費者が使用する水量の 2 倍に相当することも度々ある(du Pisani, 2005)．したがって，ナミビア中心地域や Windhoek 市への水供給の安全確保は，水供給側にとっても Windhoek 市にとっても重要な課題である．

乾燥地帯での革新

　Windhoek 市に入植が始まったのは，温冷両方の湧水が存在したためである．入植者が増加するにつれ，井戸の掘削による水源開発が活発化した．結果として地下水位が低下し，1912 年頃には最初の公共井戸が掘削された．1912 年から今日に至るまで，一つの帯水層に対しておよそ 60 の公共井戸が掘削され，確実に得られる揚水量は 1.73×10^6 m^3/yr である．1933 年に容積 2.4×10^6 m^3(634 Mgal)を有する Avis ダムが建設されるまで，地下水は Windhoek 市にとって唯一の水源であった．このダムの集水域は小さいため，確実に得られる取水量はきわめて小さく，しばしば全く水を供給できないこともあった．現在，このダムは，レクリエーション目的の貯水池としてのみ使用されている．1958 年，2 つ目の小規模な貯水池として容積 3.6×10^6 m^3(951 Mgal)を有する Goreangab ダムが建設され，飲料水質基準を満たす水を供給すべく従来型の浄水場が建設された(du Pisani, 2005)．

24.3.3　実施方法

　直接的飲用再利用計画は，その初期から今日に至るまで発展的に実行されてきた．Goreangab Water Reclamation Plant の改築，1997 年の処理場の改良，新 Goreangab 水再生施設の建設，多重バリア方式の検討，処理工程の選定，市民の理解に関する事柄，再利用ガイドラインの策定，運転と保守等について幾つかの論点が提起された．以下に，これらの論点について簡単に考察する．

Goreangab 水再生施設

　1969 年，Goreangab 浄水場は，Goreangab ダムの水を処理するだけでなく，市内の Gammams 下水処理場の最終放流水も処理するよう改築された．これにより，処理能力 4.3×10^3 m^3/d(1.1 Mgal/d)の Goreangab 水再生施設が誕生した．再生水は，井戸水(water from well field)と混合された．市の全域と不法占拠地帯が Goreangab ダムの集水域内に存在するため，このダムの水質は，しばしば下水処理水よりも悪く，水の再生に適さないこともあった．

　運転開始以来，水再生の要の一つとなったのは，市が工業排水を生活排水から分離し，工業排水を別の処理場に分岐したことである．したがって，水再生に利用される排水は，ほとんどが住宅商業地区で発生した排水である．

1997 年の改良における処理工程フロー図

　初期の Goreangab 処理場は，今日では"旧"Goreangab Plant と呼ばれ，1997 年に最後の改良をするまでに何度かの改良が行われた．1997 年改良時の処理工程図を図-24.2 に示す．この施設の最大能力は，1 日当りの再生水量が 7.5×10^3 m^3/d(2 Mgal/d)であった．

新 Goreangab 水再生施設

　1990 年に南アフリカ共和国から独立して以降，Windhoek 市の人口は，高い増加率で上昇を始め，現在では年間約 5％となっている．この人口増加と市への投資資本や開発の増加により，水供給に対してかつてないほどの圧力が生じた．既に，容易に得られる天然水資源のほとんどは完全に開発され，需要量管理策もうまく導入されていたので，水の再生利用を促進することで水供給量を増大させるという選択が合理的であった．そのため，Windhoek 市は，ヨーロッパの複数の金融機関から融資を受け，新しい 21×10^3 m^3/d(5.5 Mgal/d)の水再生施設を旧施設の隣に建設した．この施設は，現在，市で必要となる 1 日当り水道給水量のうち，通常の水消費時で 30％を供給しており，深刻な渇水時には最大 50％にまで及ぶ(Lahnsteiner and Lempert, 2005)．

24.3 事例2：ナミビア Windhoek 市における直接的な飲用再利用

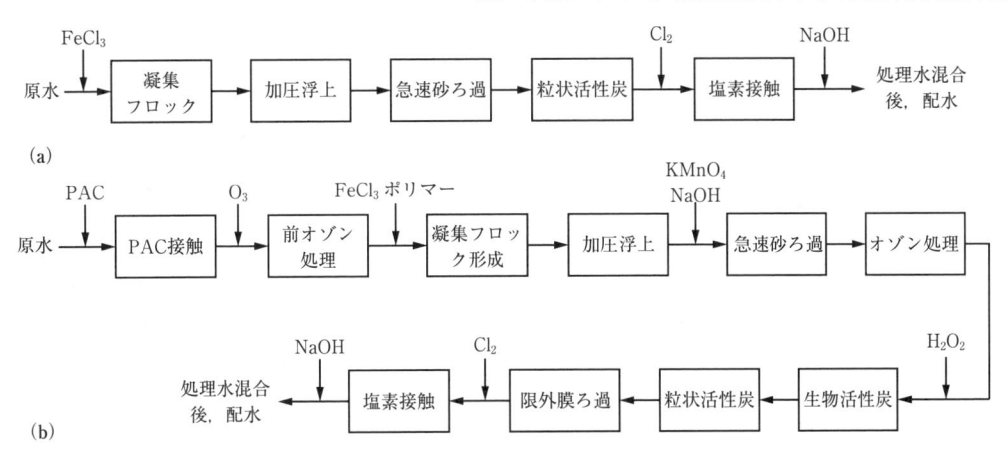

図-24.2 ナミビア Windhoek 市の Goreangab Water Reclamation Plant における水再生処理フロー図．(a)1997年の改良時の Goreangab 処理系列，(b)新Goreangab処理系列(du Pisani, 2005；Lahnsteiner and Lempert, 2005)

多重バリア方式

新施設の設計原理は，多重バリア方式に基づいている．この方式では，水中のある特定の物質や汚染物質が給水末端利用者に及ぼしうるリスクに応じて，適切な数の安全バリアが設けられる．そのようなバリアは，(1)処理バリア(treatment barrier)，(2)非処理バリア(nontreatment barrier)，(3)運転バリア(operational barrier)，の3種に分類できる．処理バリアとは，"継続的に運転するシステムで，水中の好ましくない物質を許容可能なレベルにまで低減するもの"と定義される(Lahnsteiner and Lempert, 2005)．また，新 Goreangab 水再生施設の非処理バリアとは，以下を含む．

・工業排水を分岐して別の処理場へ流入させること，
・前段にある下水処理場の流入水と処理水を完全に監視し，必要があれば処理水が水再生施設に流入する前に何らかの対策をとれるようにすること，
・飲料水水質を徹底的に監視すること，
・水再生施設の処理水を他の水源から得られた水と混合し，通常の水消費時に再生水が飲料水に占める割合は最高でも30%とすること．

これらのバリアとは別に，運転方式にも対策がとられ，さらなるバリアとして機能している．運転バリアの一例として，処理工程中の粒状活性炭(granular activated carbon；GAC)の吸着能があまりに低いか，施設への有機物負荷量があまりに多い場合は，粉末活性炭(powdered activated carbon；PAC)を添加しうることがあげられる．

再生水から不純物を完全に除去することは，逆浸透ろ過を導入しない限り実質的に不可能なのは明らかであるため，汚染物質濃度を飲料水質基準以下まで低減することを目標にバリアが設計されている．例えば，濁度は，完全に除去されなくとも，濁度に対するバリアとしてフロック形成，加圧浮上，2種の媒体によるろ過を組み合わせて使用している．しかしながら，これらの3段階の処理ステップは，COD や DOC に対してはバリアというよりは一部を除去するためのステップにすぎない．

成分によってその健康リスクは大きく異なる．異なる成分に対して，以下のバリアが必要となる．

・濁度や色度のような見た目の指標で，健康への有害影響との直接的な相関は見られないもの：2つのバリア．
・微生物学的な汚染物質：3つのバリア．
・その他，炭酸カルシウム等，健康リスクのない指標：1つのバリアだけが検討され導入された．

新施設の設計は，過去30年以上にわたる水再生利用で得られた経験に基づいているが，さらに，オゾン処理および限外ろ過といった新しい工程も導入している．これらの2工程は，現場での30ヶ

第24章 再生水の飲料水としての直接利用

月を超す実証試験により，実際に現地の原水を用いて処理性能を詳細に調べ，そこで記録された実際の試験結果に基づいて設計方針が決められた．それらの試験および設計を行っていた間，Windhoek市は，新しい処理プラントに導入する予定のオゾン，膜，GAC/BAC(生物活性炭)のそれぞれの分野における著名な専門家に意見を求めた．この施設の運転プロトコルには，多重バリア方式が常に機能するよう配慮してある．

処理工程の選択

新Goreangab水再生施設は，図-24.2に示すとおり各処理工程と運転方式を直列につないだものである．施設の外観を図-24.3に示す．

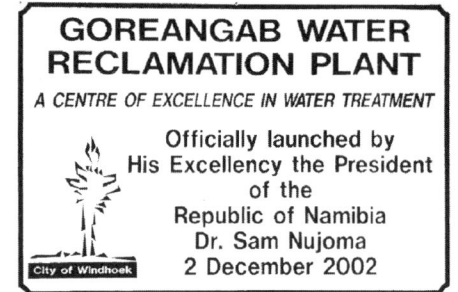

図-24.3 ナミビアWindhoek市のGoreangab水再生施設．(a)新Goreangab水再生施設の外観(東経17.006度，南緯22.528度)(提供：ナミビアWindhoek市Aqua Services & Engineering)，(b)2002年12月2日の正式運転開始を記念するプレート(提供：オーストリアVienna市VA Tech Wagag Gmbh)

市民の理解

疑いなく，飲用水としての再利用における最も重要な基盤は，市民の受容(public acceptance)であり，水利用者の再生水水質に対する信頼である．Windhoek市におけるGoreangab方式を踏襲したいならば，再生水を直接的な飲用再利用に供することへの心理的な障壁を払拭することが最も困難な課題である．1970年代に行われた南アフリカ共和国での水再生利用の先駆者であるLucas van Vuuren博士は，「水は，その履歴(history)ではなく，水質(quality)によって判定されるべきだ」と述べた(Odendaal et al., 1998)．しかし，この考え方が市民に受け入れられるのは容易でなく，また，Windhoek市には水質管理に要求される水準を満たすという重大な責務がある．そのため，市は，長年にわたって研究施設や職員の充実に多大な投資を行ってきた．市のScientific Service Divisionに属するGammams Laboratoryは，最先端の研究設備と分析機器を備え，水利用者を満足させるための安全性と快適性の水準維持に努めている．

Goreangabでは，流入水は処理後の都市下水であるとの前提に立ち，それに見合った再生処理工程を設計してある．市民の信頼を維持するには，水質の監視と管理が最も重要である．すべての主要な工程に設置されたオンライン設備と混合採水器を通じて，水質は継続的に監視される．何らかの水質指標が一定値を超えた場合，施設は循環運転に切り替わり，給水は停止する．最終的に得られる再生水も継続的に監視され，病原性細菌，*Giardia*，*Cryptosporidium*を含むすべての水質指標について分析される．腸管系ウイルス，内分泌撹乱物質，その他の医薬品残留物も直接的飲用再利用において懸念となる．したがって，監視プログラムと調査研究が継続的な研究プロジェクトとして行われ，これらの成分が最終的な処理水に含まれるかどうか調査が行われている．水の再生利用の実施において，

腸管系ウイルスに関する研究は乏しく，今後，世界規模の研究でこの課題に取り組む必要がある．

　Windhoek市の住民は，水を賢明に使う重要性を記した地元メディアや市のニュースレターを通じて十分に情報を与えられている．現在行われている水需要マネジメント運動は，水消費量の削減を目的としており，成功を収めている．現在の水消費量の推定によると，水需要がさらに13%低下した場合，市の経済に負の影響が生じうる．水の再生利用は，十分に情報公開され，新しい水再生施設は，完全なテレビ中継とメディア報道のもと，ナミビア共和国大統領の手によって2002年12月2日に稼働を始めた[図-24.3(b)参照]．施設は，地元だけでなく外国からも学校や科学団体の見学者を頻繁に受け入れている．水利用者を対象とした調査は行われていないが，過去6年間にわたって，Windhoek市では再生水の使用や水質に関する苦情は出ていない．Windhoek市民は，次第に再生水が飲用水として水供給システムに組み込まれているという考え方に慣れ，直接的飲用再利用の分野において，彼らの都市が様々な面で世界を牽引しているのだという強い自負を抱いている(du Pisani, 2005；Lahnsteiner and Lempert, 2005)．

直接的な飲用再利用のための水質ガイドライン

　直接的飲用再利用は，広く実用化されていないため，それに特化した水質ガイドラインはいまだ存在しない．よって，市は，関連性のある飲用水質基準から水質基準を選定して整理し，直接的飲用再利用のためのガイドラインとした(du Pisani, 2005；Lahnsteiner and Lempert, 2005)．これらの関連性のある飲用水質基準やガイドラインの中には，ナミビア水道水質基準(Namibian Drinking Water Guidelines)，U.S. EPA，EU，世界保健機関(WHO)，Rand Water Standards(南アフリカ共和国水質基準)含まれる．

　処理工程の最適な処理性能を確保するため，処理途中で満たすべき水質基準が設けられた．これらの基準は，例えば，凝集を促進して有機物除去を最大化し活性炭の寿命を延ばすことや，鉄やマンガンを効率的に除去して膜を保護すること等を目的としている．この基準では，目標値(target value)と必ず維持すべき規制値(absolute value)が設定されている．ある特定の処理工程において，処理途中の水質基準値を満たせなかった場合，その値が基準に適合するまで最終処理水の供給が停止し，施設は循環運転に切り替わる．処理水水質の詳細と処理途中で満たすべき水質基準をそれぞれ表-24.2，24.3に示す．

運転と維持管理

　ヨーロッパ投資銀行からの融資条件として，施設の運転と維持管理(O&M)は，外注とし，特定の国際的に著名な会社を含めるよう求められていた．この条件は，20年の借入期間を通じて満たさなければならない．建設工事は既に進行中で，BOO(build-operate-own)，BOT(build-operate-transfer)，BOOT(build-operate-own-transfer)等の選択肢はもはや検討の余地がなかったため，Windhoek市は，O&Mコントラクトの採用を決めた．市は，Stallard Burnsbridge，後にKatalyst Solutionsに委託して融資契約条件を満たす運転会社を国際的に獲得する手続きを進めた．

　入札を勝ち取ったのは，Veolia Water，Berlinwasser International，VA Tech Wabagの共同事業体であった．Private Management Agreement(PMA)という契約がなされ，2002年9月から20年間有効となった．この期間中は，運転管理者は，施設のあらゆる維持管理，すべての計画的施設更新，特定の返還条件について責任があることが明記された．

　PMAは，運転管理者が水質ガイドラインを達成し，市の要求に沿って任務を遂行することに最大のインセンティブを与えるよう巧みに作成されていた．"管理者への支払いは，2種類の料金徴収，すなわち，利用者の水利用可能量に応じた料金と，水使用量に応じた料金の総計となる．これらの料金はどちらも，機能低下に関する係数(performance failure factors)と水利用可能性に関する係数(availability factors)の影響を受ける"(du Pisani, 2005)．

第24章 再生水の飲料水としての直接利用

表-24.2 ナミビア Windhoek 市における直接的飲用再利用のための処理水水質[a, b]

指　　標	目　標　値	規　制　値
物理的・官能的項目		
CCPP[c](mg/L)(CaCO$_3$ 換算)	N/A[d]	0から8の間でなければならない
化学的酸素要求量(mg/L)	10	15
色度(mg/L-Pt)	8	10
溶存有機炭素(mg/L)	3	5
全溶解固形分(mg/L)	1 000 または原水より 250 大きい値のいずれか大きい方	1200 または原水より 200 大きい値のいずれか大きい方
濁度(NTU)	0.1	0.2
254 nm 紫外線吸光度(Abs/cm))	N/A	0.06
マクロ成分		
アルミニウム(mg/L)	N/A	0.15
アンモニア(mg/L)	N/A	0.10
塩化物イオン(mg/L)	除去されない	
鉄(mg/L)	0.05	0.1
マンガン(mg/L)	0.01	0.025
亜硝酸性／硝酸性窒素(mg-N/L)	除去されない	
硫酸イオン	除去されない	
微生物学的項目		
従属栄養細菌(個/mL)	80	100
大腸菌群(個/100 mL)	N/A	0
糞便性大腸菌群(個/100 mL)	N/A	0
大腸菌(個/100 mL)	N/A	0
大腸菌ファージ(個/100 mL)	N/A	0
腸管系ウイルス(個/10 L)	N/A	0 または 4 log 除去のいずれか大きい方
糞便性 Streptococci(個/100 mL)	N/A	0
Clostridium 属(個/100 mL)	N/A	0
Clostridium 生残数(個/100 mL)	N/A	0
ジアルジア(個/100 L)	0 または 6 log 除去のいずれか大きい方	0 または 5 log 除去のいずれか大きい方
クリプトスポリジウム(個/100 L)	0 または 6 log 除去のいずれか大きい方	0 または 5 log 除去のいずれか大きい方
クロロフィル a(μg/L)	N/A	1
消毒副生成物		
総トリハロメタン	20	40

[a] du Pisani(2005)より引用.
[b] 本表に記されていない指標については，Rand Water Standards(南アフリカ共和国)の飲料水質基準が施行され次第，その基準を満たさなければならない．処理水は，RSA 規制濃度のうち，低い方の濃度を超えてはならない．
[c] 炭酸カルシウム析出能(calcium carbonate precipitation potential)(19.2 参照)
[d] N/A：設定なし．

24.3.4　得られた知見

　新 Goreangab 水再生施設は，2002 年 8 月に運転を開始し，Windhoek Goreangab Operating Co., Ltd.(WINGOC)が 20 年間の運転維持管理契約に基づき運転を行っている．Windhoek 市での経験から，高度に処理した都市部の下水(再生水)は，飲料水としてうまく再利用可能なことは明らかである．
　Windhoek 市の場合には，他の選択肢が得られないことを最大の要因として様々な要因が重なり，直接的飲用再利用が経済的にも現実味のある選択肢となっている．さらに，あらゆる飲料水質ガイド

24.4　事例3：Colorado州Denver市における直接的な飲用再利用実証プロジェクト

表-24.3　処理途中で満たすべき水質基準[a]

指　　標	目　標　値	目　標　値	規　制　値
加圧浮上後			
濁度[b](NTU)	1.5(1日に8回を超えて超過しないこと) 5.0(1日に4回を超えて超過しないこと)	5.0(1日に4回を超えて超過しないこと)	8.0(絶対最大指示値)
急速砂ろ過後			
濁度[b](NTU)	0.2(1日に4回を超えて超過しないこと)	0.35(1日に4回を超えて超過しないこと)	0.8(絶対最大指示値)
マンガン(mg/L)	0.03	0.05	N/A[c]
鉄(mg/L)	0.05	0.05	N/A
オゾン処理後			
オゾン(mg/L)	—	—	最小値0.1(オンライン監視で観測される絶対最小値)
化学的酸素要求量(mg/L)	25	25	N/A
溶存有機炭素(mg/L)	15	15	N/A
微生物学的水質, 消毒副生成物	処理水水質による(表-24.2参照)		
粒状活性炭処理後			
溶存有機炭素(mg/L)	5	5	8

[a] du Pisani(2005)より引用. 図-24.2(b)参照.
[b] 15分間隔で測定.
[c] N/A：設定なし.

ラインや基準値を満たす水を確実に製造し，直接的飲用再利用に伴うリスクについて許容可能な水準として水利用者の信頼を得られるような技術が存在することも明らかである．

旧Goreangab処理場は，現在，市のすべての運動場や公園の灌漑用水として再生水を供給している．近い将来，きわめて厳しい水質制限のもと，余剰の再生水は，すべてWindhoek市の地下帯水層に人工涵養される予定である．

Goreangab水再生施設は，天然資源と財源の両方が限られた国で実用化された技術革新の一つとして非常に素晴らしい事例である．Windhoek市において，たゆまぬ積極的なマーケティングを行えば，直接的飲用再利用が市民の理解と偏見という課題を克服できることが明らかとなった．Windhoek市での直接的飲用再利用は，現実的な選択であり，地域レベルの統合的な水資源マネジメントの考え方によく適合する．

24.4　事例3：Colorado州Denver市における直接的な飲用再利用実証プロジェクト

1985～1992年の間，Denver市は，直接的飲用再利用について実証プロジェクトを行った．この画期的な研究の方法や成果をLauer and Rogers(1998)の研究を主に引用しながら，ここで概観する．

24.4.1　背　　景

1968年，Denver市は，Denver中心地区の水需要増加を満たすべく，流域をまたいだ分水や水の

再生利用を視野に入れて水供給方法の選択肢について評価検討を開始した．選択肢の評価は，Blue川の水を分岐してDenver中心地区の水源とすることを認めた同意判決の一部として行われた．その同意判決に従うためには，流域をまたいだ分水や様々な形態での逐次的水利用を含むあらゆる選択肢について包括的に評価する必要があった（Works and Hobbs, 1976）．1970年，以下に詳述するパイロットスケールの高度処理施設が運転を開始し，様々な処理技術を評価した．パイロット実験の結果に基づき，Denver飲用水実証プロジェクトが始動し，1985年に装置運転を開始した．Denver市の公共下水道の二次処理水から飲用水を製造するため，実証施設では高度下水処理プロセスが導入された．プロジェクトでは，多重バリア方式の効果の検証と，最終処理水への2年間の曝露による毒性学的影響，発癌性，生殖毒性について動物を用いた健康影響試験が行われた．この飲用水としての再利用プロジェクトは，1992年に終了した．

24.4.2　水管理上の問題点

1968年に開始した"successive use project"として知られる水資源評価プログラムの一環としてFederal Water Quality Administration（（FWQA）の研究費が確保され，19 L/min（5 gal/min）のパイロット実験施設を建設して，処理プロセスごとの評価が行われた．パイロット実験施設は，1970年から1979年まで稼働した．Denver Water Departmentは，国内の専門家からなるプロジェクト諮問委員会を設置し，プロジェクト方針を吟味し，個別の案件について助言するよう求めた．Denver Water DepartmentとUniversity of Colorado's Environmental Engineering Departmentにより行われたパイロット実験施設での研究結果は，以下に詳述する飲用再利用の実証施設の設計に反映された（Linstedt and Bennett, 1973；CH2M Hill, Inc., 1975）．successive use projectの成果に基づく決定的な結論の一つとして注目されるのは，直接的飲用再利用が一層の検討に値する現実味のある選択肢である，ということである．

1979年，実証施設を建設し，飲用再利用の費用と安全性を研究する計画が立てられた．この画期的なプロジェクトでは，技術的および経済的に実現可能かどうかを調べるため，最終処理水の安全性と，直接的飲用再利用に対する一般市民の受容について調査が行われた．実証プロジェクトの中心的な実験施設として，処理能力 3 785 m^3/d（1.0 Mgal/d）の高度下水処理場が1 800万ドルを超す費用を投じて建設された．1979年から1992年にかけての3 400万ドルを超すプロジェクトのうち，700万ドルはU.S. EPAが融資し，重要な健康影響試験（動物個体を用いた健康影響研究）や幅広い分析化学研究が行われた．健康影響諮問パネルも設置され，実験方法や研究結果の評価が行われた．科学的調査と同時に一般向け情報公開プログラムも行われた．この実証試験で得られた知見や経験は，直接的飲用再利用システムを開発し，Denver市の水需要を満たすために重要である（Rothberg et al., 1979；Lauer and Rogers, 1998）．

24.4.3　処理技術

評価対象となった高度処理プロセス，健康影響試験で用いられたプロセス，運転維持管理に関する論点を以下に記す．その後，水質試験結果や，様々な処理技術を用いて行われた研究について記す．

高度処理プロセスの解説

飲用再利用の実証施設に流入するのは，Denver Metropolitan Wastewater Reclamation District地域内の下水処理施設で得られた塩素添加前の二次処理水であった．この施設の処理工程は，スクリーン，沈砂池，最初沈殿池，活性汚泥，二次沈殿池であり，一部の処理水については硝化も行われた．しかし，実証施設に送られたのは，硝化処理を受けない処理水であった．

24.4 事例3：Colorado州Denver市における直接的な飲用再利用実証プロジェクト

飲用再利用の実証施設では，高い成分除去率を達成するため高度なユニットプロセスと運転方法を採用していた．プロセスには，高pH石灰処理，沈殿，再炭酸化，ろ過，紫外線照射，活性炭吸着[*2]，逆浸透，エアストリッピング，オゾン処理，クロラミン処理，限外ろ過等があった(9, 10章参照).

飲料水を得るための実証施設では，最初に曝気，続いて高pH石灰処理，塩化第二鉄添加による沈殿促進が行われた．沈殿の後，再炭酸化によりpH 7.8付近に調整された．そのような化学処理工程の後，3層ろ過システムによりろ過後の処理水濁度は0.5 NTUとなった．流入水のうち380 m^3/d(0.1 Mgal/d)は，さらに紫外線照射後，活性炭吸着，膜ろ過で処理された．その他，全溶解性蒸発残留物除去のための逆浸透ろ過，二酸化炭素と揮発性有機化合物除去のためのエアストリッピング，一次消毒剤としてのオゾン処理，残留消毒剤としてのクロラミン処理が行われた．さらに，限外ろ過システムと逆浸透システムを比較するため，並列で限外ろ過システムがつくられた．

健康影響試験期間中に用いられたプロセス

健康影響試験の対象となったのは，石灰処理，ろ過，紫外線照射，活性炭吸着，逆浸透ろ過(または限外ろ過)，エアストリッピング，オゾン処理，クロラミン処理等の様々な高度処理による再生水であった．健康影響試験に用いた処理プロセスフロー図を図-24.4に示す．

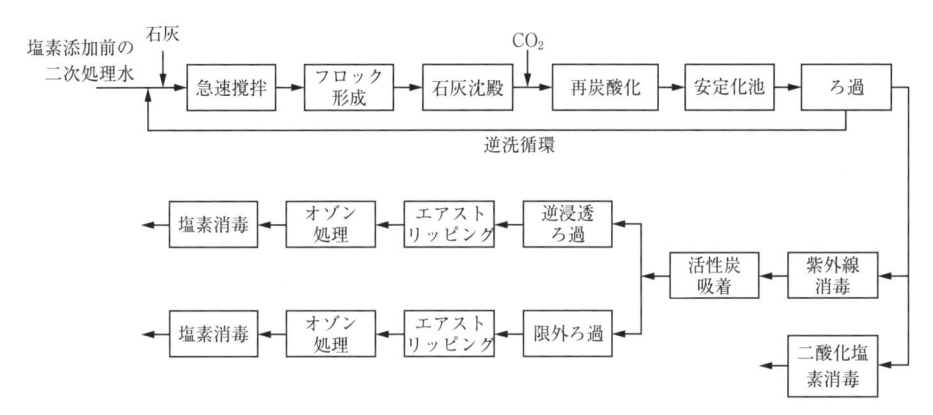

図-24.4 Colorado州Denver市における健康影響評価試験プログラムで用いられた直接的飲用再利用の処理工程[Lauer and Rogers, 1998]

健康影響試験で用いられた技術は，水中のほとんどの成分の除去に有効であることが示され，一部の成分については幾つかのプロセスが予備的な位置づけであった．浮遊物質や濁度は，化学石灰処理とろ過で除去された．大腸菌ファージウイルスや大腸菌群等の微生物も石灰処理で一部除去された後，紫外線照射によって完全に不活化され，逆浸透ろ過は微生物に対する最後のバリアとして機能した．溶存有機成分は，化学石灰処理と活性炭吸着の両方で減少した．二酸化炭素や硫化水素といった溶存気体は，まずエアストリッピングにより除去され，結果的にpHが上昇した．オゾンは，一次消毒剤および残留有機物の酸化剤として機能した．塩素は，残留消毒剤として添加された．この実証施設では，限外ろ過は，逆浸透ろ過と同等の効果があった．

運転と維持管理

処理プロセス全体としての信頼性を向上する最善策として，飲用再利用実証施設では，多重バリア方式(23章参照)が採用された．重複し互いにバックアップとして機能するシステムは，並列の処理

[*2] 訳者注：活性炭吸着(carbon adsorption)について，原書本文中においてactivated carbonと言い直している箇所があるので，carbonはすべて活性炭と訳した．

系が日常的メンテナンスや処理不全で停止する場合に備えて導入されたが，施設全体の信頼性向上にも役立った(Work et al., 1980；Lauer and Rogers, 1998)．ただし，さほど重大ではない幾つかの工程，例えば，エアストリッピング等については，重複するバックアップは設けられなかった．

24.4.4 水質試験研究

2年間にわたる動物投与試験を要する健康影響試験では，処理水の継続的な供給と安定した水質が必要であった．試験用の安定した水質を達成するため，処理工程(図-24.4参照)は，試験期間を通じて定常状態で運転された．高度処理の性能は，総合的な採水分析計画により評価された(Lauer and Work, 1982)．

水質試験結果

事実上，当時関心を集めていた水中成分のすべては，この試験で調査された．結果を**表-24.4**にまとめる．ほとんどの分析結果は，処理施設出口に設置した特殊な自動採水装置で採水した24時間分の混合試料のものである．分析のそもそもの目的は，処理水の安全性を明らかにすることであり，したがって，処理施設の出口で得られた試料が最も慎重に分析された．成分除去率の変動と程度は，施設への流入水を基準として算定された．処理工程そのものを評価するためと，限外ろ過および逆浸透ろ過で得られる付加的な処理特性を調べるために活性炭吸着の後に成分分析が行われた．

多重バリア方式

多重バリア方式によりある特定の成分を単独で処理する工程を設けないことで，高度に信頼性の高いプロセスがつくられた(**23章参照**)．処理工程には，再生水中のウイルス，細菌，原虫，金属，無機物，有機物を除去するために重複するプロセスが設けられていた．飲用再利用実証施設で得られた最終処理水は，ほとんどすべての成分について，U.S. EPAの飲料水質基準(Drinking Water Standards)(物理的項目，一般無機物，微生物学的項目，有機物，金属等)を満たすか，それ以上に優れていた．

多重バリア方式について，幾つかの有機物成分の濃度を高めたチャレンジ試験が行われた．この評価で用いられた有機物の一覧を表-24.5に示す．これら成分のほとんどは，石灰処理によって完全に除去されるか，大部分が除去された．残留した成分は，活性炭によって除去された．唯一の例外は，クロロホルムであった．逆浸透処理後にごく低い残留濃度(<1 µg/L)で検出されたが，最終処理水の採水前にエアストリッピングによって除去された．その他の成分と同様，クロロホルムは，通常の処理施設流入水の100倍の濃度で添加した．このチャレンジ試験の結果，多重バリア処理は，たとえ有機物負荷量が通常時の100倍となっても，汚染物質を検出できないレベルまで除去できることが示

表-24.4 健康影響に関する水再生施設の処理性能[a, b]

指　標	水再生施設流入水	水再生施設処理水		Denver市飲用水
		限外ろ過水	逆浸透ろ過水	
一般項目				
全アルカリ度[mg/L(CaCO$_3$換算)]	247	166	3	60
全硬度[mg/L(CaCO$_3$換算)]	203	108	6	107
全浮遊物質(mg/L)	14.2	d[d]	d	d
全溶解物質(mg/L)	583	352	18	174
比伝導度(µmho/cm)	907	648	67	263
pH	6.9	7.8	6.6	7.8
濁度(NTU)	9.2	0.2	0.06	0.3

24.4 事例3：Colorado 州 Denver 市における直接的な飲用再利用実証プロジェクト

	粒 子 径			
>128 μm(個/50 mL)	NA[c]	d	d	d
64〜128 μm(個/50 mL)	NA	d	d	1
32〜64 μm(個/50 mL)	NA	18	1.2	18
16〜32 μm(個/50 mL)	NA	100	58	168
8〜16 μm(個/50 mL)	NA	448	147	930
4〜8 μm(個/50 mL)	NA	1 290	219	3 460
	放射線学的項目			
総 α(pCi/L)	2.9	<0.1	<0.1	1.3
総 β(pCi/L)	10.0	5.6	<0.4	2.3
ラジウム 228(pCi/L)	<1	<1	<1	<1
ラジウム 226(pCi/L)	<0.3	<0.3	<0.3	<0.3
トリチウム(pCi/L	<100	<100	<100	<100
ラドン 222(pCi/L)	<20	<20	<20	<20
全プルトニウム(pCi/L)	<0.02	<0.02	<0.02	<0.02
全ウラン(pCi/L)	0.004	<0.0006	<0.0006	0.002
	微生物学的項目			
m-従属栄養細菌数(個/L)	1.3×10^6	350[e]	d	3.3
大腸菌群数(個/100 mL)	7.7×10^5	d	d	d
糞便性大腸菌群数(個/100 mL)	6.3×10^4	d	d	d
糞便性連鎖球菌(個 100 mL)	9.3×10^3	d	d	d
大腸菌ファージ B(個/100 mL)	1.7×10^4	d	d	d
大腸菌ファージ C(個/100 mL)	4.8×10^4	d	d	d
ジアルジア(シスト/L)	0.8	d	d	d
Endamoeba coli(シスト/L)	0.5	d	d	d
線虫類(個/L)	3.8	d	d	d
腸管系ウイルス(個/L)	NA	d	d	d
Entamoeba hystolytica(シスト/L)	d	d	d	d
藻類(個/mL)	1.1	1.1	d	1.9
Clostridium perfringens(個/100 mL)	8.5×10^3	8.5×10^3	<0.2	<0.2
赤痢菌	陽性	陰性	陰性	陰性
サルモネラ	陽性	陰性	陰性	陰性
カンピロバクター	陽性	陰性	陰性	陰性
レジオネラ	陽性	陰性	陰性	陰性
	無 機 物[f]			
アルミニウム(mg/L)	0.051	d	d	0.2
ヒ素(mg/L)	0.001	d	d	d
ホウ素(mg/L)	0.4	0.3	0.2	0.1
臭化物(mg/L)	d	d	d	d
カドミウム(mg/L)	d	d	d	d
カルシウム(mg/L)	77	38	1	27
塩化物(mg/L)	98	96	19	22
クロム(mg/L)	0.003	d	d	d
銅(mg/L)	0.024	0.01	0.009	0.006
シアン化物(mg/L)	d	d	d	d
フッ化物(mg/L)	1.4	0.8	d	0.8
鉄(mg/L)	0.025	0.07	0.02	0.03
カリウム(mg/L)	13.5	9.1	0.7	2.0
マグネシウム(mg/L)	12.6	1.8	0.1	7.2

第24章 再生水の飲料水としての直接利用

マンガン(mg/L)	0.103	d	d	0.008
水銀(mg/L)	0.0001	d	d	d
モリブデン(mg/L)	0.019	0.004	d	0.02
ケルダール性窒素(mg/L)	29.5	19	5	0.9
アンモニア性窒素(mg/L)	26.0	19	5	0.6
硝酸性窒素(mg/L)	0.2	0.3	0.1	0.1
亜硝酸性窒素(mg/L)	d	d	d	d
ニッケル(mg/L)	0.007	d	d	d
全リン(mg/L)	5.6	0.05	0.02	0.01
セレン(mg/L)	d	d	d	d
二酸化ケイ素(mg/L)	15.0	8.8	2.0	6.4
ストロンチウム(mg/L)	0.44	0.13	d	0.2
硫酸塩(mg/L)	158	58	1	47
鉛(mg/L)	0.002	d	d	d
ウラン(mg/L)	0.003	d	d	0.001
亜鉛(mg/L)	0.036	0.016	0.006	0.006
ナトリウム(mg/L)	119	78	4.8	18
リチウム(mg/L)	0.018	0.014	d	0.007
チタン(mg/L)	0.107	0.035	d	0.005
バリウム(mg/L)	0.034	d	d	0.04
銀(mg/L)	0.001	d	d	d
ルビジウム(mg/L)	0.004	0.003	d	0.001
バナジウム(mg/L)	0.002	d	d	d
ヨウ化物(mg/L)	d	d	d	d
アンチモン(mg/L)	d	d	d	d
有 機 物				
全有機炭素(mg/L)	16.5	0.7	d	2.0
全有機ハロゲン(μg/L)	109	23	8	45
メチレンブルー反応物(μg/L)	400	d	d	d
全トリハロメタン(μg/L)	2.9	d	d	3.9
ジクロロメタン(μg/L)	17.4	d	d	d
テトラクロロエチレン(μg/L)	9.6	d	d	d
1,1,1-トリクロロエチレン(μg/L)	2.7	d	d	d
トリクロロエチレン(μg/L)	0.7	d	d	d
1,4-ジクロロベンゼン(μg/L)	2.1	d	d	d
ホルムアルデヒド(μg/L)	d	12.4	d	d
アセトアルデヒド(μg/L)	9.5	7.2	d	d
ジクロロアセチル酸(μg/L)	1.0	d	d	3.9
トリクロロアセチル酸(μg/L)	5.6	d	d	d

a Lauer and Rogers(1998)より引用.
b 1989年1月9日～1990年12月20までの幾何平均値.
c NA：分析せず.
d d：検出下限値より小さい.
e パイロットスケールでは，用いた消毒条件が最適でなかったと考えられた.
f 検査の結果，検出下限値以下の濃度であったか，非常に限られたデータしか得られなかった項目は，次のとおりである.

ベリリウム，ガリウム，ニオブ，テルル，ビスマス，ゲルマニウム，オスミウム，テルビウム，セリウム，金，パラジウム，ツリウム，セシウム，ハフニウム，プラチナ，スズ，コバルト，ホルミウム，プラセオジウム，タングステン，ジスプロシウム，イリジウム，ロジウム，イッテルビウム，エルビウム，ランタン，ルテニウム，イットリウム，ユーロビウム，ルテチウム，サマリウム，ジルコニウム，ガドリニウム，ネオジム，スカンジウム

された(Lauer and Rogers, 1998).

表-24.5 水再生施設での汚染物質チャレンジ試験. 有機化合物の累積除去率[a]

化合物	初期負荷量 (mg/L)	処理後の除去率(％)			
		石　灰	活性炭	逆浸透	最終処理水
アセチル酸	5 054	100	―	―	―
アニソール	23	100	―	―	―
ベンゾチアゾール	86.2	63	100	―	―
クロロホルム	229.6	26	99.7	99.9	100
クロフィブリン酸	17.1	0	100	―	―
エチルベンゼン	25.1	100	―	―	―
ケイ皮酸エチル	67.8	100	―	―	―
メトキシクロル	44.6	84	100	―	―
ジクロロメタン	230	8	100	―	―
リン酸トリブチル	69.4	51	100	―	―
ガソリン(第一)	97.8	100	―	―	―
ガソリン(第二)	2 115	―	―	―	―
トルエン	―	25	97	100	―
ベンゼン	―	40	100	―	―
エチルベンゼン	―	36	100	―	―
キシレン	―	32	100	―	―

[a] Lauer and Rogers(1998)より引用.

限外ろ過水と逆浸透ろ過水の混合水の水質

既に指摘したとおり，健康影響試験の一環として逆浸透ろ過と限外ろ過を並列に分岐して備えた処理フローが試験された．分岐処理を採用する利点として，
(1) 逆浸透ろ過処理を単独で用いた場合に生成する腐食性の高い水を生じないこと，または，安定性の高い処理水が得られること，
(2) 逆浸透ろ過よりも運転圧力の低い限外ろ過を用いることで電気料金を低減できること，
(3) 多様な水質の処理水を製造し，農業灌漑用水等の様々な使途の再生水を製造し給水しうること，
(4) 活性炭吸着後の再生水を工業用水として使えること，
(5) 逆浸透処理または限外ろ過処理を施した処理水をボイラ用水等の高い水質を必要とする特殊な用途に使えること，

があげられる(Lauer and Rogers, 1998).
限外ろ過処理および逆浸透ろ過処理による処理水を混合することで，様々な水質の処理水を得ることが可能であった．限外ろ過水と逆浸透ろ過水の50/50混合時の水質をDenver市の飲用水の水質と適用規制値とともに表-24.6に示す．表-24.6にあるとおり，混合水の水質は，既存のDenver市の飲用水の水質と同等であった．アルカリ度，全溶解性蒸発残留物，比伝導度は，既存の飲用水と同程度で，硬度は，飲用水の約半分であった．大規模施設で塩素消毒を施す場合，混合水の微生物学的水質は，すべての規制基準値を満たすと考えられた(Lauer and Rogers, 1998).
Rogers(1989)によると，規制対象となっている無機物質のうち，限外ろ過と逆浸透ろ過の混合水中に規制に照らして問題となりうる濃度で存在するものは皆無であった．Denver市の飲用水中の濃度に比べて，カルシウムとマグネシウムの濃度は低く，ナトリウムとカリウムの濃度は高かった．濃度の高かった項目についても，毒性のない成分については，WHOガイドラインの基準内であった．混合水中のアンモニア性窒素濃度は，およそ10 mgN/Lであったが，実規模の処理施設では生物学的硝化処理の導入が想定されていたため，アンモニア性窒素は，検出下限値以下にまで低減されると

推定された．

徹底的な測定評価に基づき，混合水中の有機物成分濃度は，Denver 市の飲用水に比べて低くなると結論づけられた．ホルムアルデヒドは，オゾン処理において低濃度で生成し，処理水中で検出されたが，混合水中では検出下限値程度になると予想された．検出下限値程度のホルムアルデヒド濃度は，健康影響を及ぼさないものの，エアストリッピングをオゾン処理の前ではなく後にすることでさらに低減できると考えられた．したがって，Denver 市の飲用水に比べた場合，ごく一部の無機成分については混合水中により高い濃度で存在したが，有機成分の濃度は混合水中の方が低くなることがわかった．さらに，混合水の供給は，逆浸透ろ過処理だけで処理を行う場合に比べて，処理水の腐食性が低く，低価格となることが示された(Lauer and Rogers, 1998)．

水質試験のまとめ

2 年間にわたる研究の一つとして，包括的な計画に基づき実証施設の塩素消毒前の処理水について

表-24.6 限外ろ過と逆浸透ろ過の混合水の水質比較．幾つかの項目についての平均値[a]

項　　目	限外ろ過と逆浸透ろ過の混合再生水	Denver 市の飲用水	規制値
一般項目			
全アルカリ度[mg/L($CaCO_3$ 換算)]	78	64	
全硬度[mg/L($CACO_3$ 換算)]	53	107	
全溶解性蒸発残留物(mg/L)	180	183	
比伝導度(mmhos/cm)	361	294	
放射線学的項目			
総 α(pCi/L)	<0.1	1.3	15
総 β(pCi/L)	2.8	2.3	50
微生物学的項目			
m-従属栄養細菌数(個/mL)	91	2.8	
大腸菌群数(個/100 mL)	<0.2	<0.2	1
無機物			
アルミニウム(mg/L)	0.011	0.144	
カルシウム(mg/L)	16.7	25.9	
塩化物(mg/L)	55	25	
フッ化物(mg/L)	0.4	0.7	4
鉄(mg/L)	0.034	0.028	
マンガン(mg/L)	0.9	7.9	
アンモニア性窒素(mg-N/L)	10.6	0.6	
カリウム(mg/L)	4.5	2.0	
二酸化ケイ素(mg/L)	5.2	6.1	
ナトリウム(mg/L)	42	19	
硫酸塩(mg/L)	30	47	
有機物			
全有機炭素(mg/L)	0.7	2.1	
全有機ハロゲン(mg/L)	0.015	0.046	100
トリハロメタン(μg/L)	<0.5	3.9	
ホルムアルデヒド(μg/L)	6	<5	
ジクロロアセチル酸(mg/L)	<0.1	3.9	

[a] Lauer and Rogers(1998)より引用．

水質調査が行われた．施設運転方式を検証するため，10 000 を超す試料が分析され，処理水中で検出され得るきわめて多種の成分が評価された．定期的な採水により，施設流入水の相対的な変動と，それに対する実証施設の応答が調査された(Lauer and Rogers, 1998)．

限外ろ過および逆浸透ろ過で処理した再生水は，既存および検討中の U.S. EPA，WHO，EEC 基準をすべて満たした．さらに，これらの処理水は，Denver 市の既存の飲用水に比べて良好な水質であった．2種の再生水を50/50で混合した水もあらゆる基準を満たし，かつ，逆浸透水を単独で用いる場合に比べて，低腐食性で，低価格な水が得られた．混合水もまた，Denver 市の既存の飲用水と比較して良好な水質であった．カルシウム，マグネシウム，硫酸塩の濃度は，飲用水より低かった．しかし，ナトリウム，カリウム，塩化物の濃度(いかなる基準値も超過しないレベルで)は飲用水よりも高いため，カルシウム，マグネシウム，硫酸塩の濃度が低い影響は相殺され，供給水はやや軟水のきわめて望ましい水質となると期待された．

24.4.5 動物を用いた健康影響研究

再生水の飲用による潜在的な健康影響を調べるため，動物実験が行われた．Lauer and Rogers (1998)によるこの研究では，ラットとマウスを2年間試験に供した．試験結果を以下に述べる．

動物個体を用いた健康影響研究

5章で述べたとおり，たとえ一つの物質についてでも，動物投与試験に基づく用量反応関係の結果をそのままヒトへの同等のリスクに適用することはできない．動物投与試験では，一般にある動物をある物質に曝露させ，その濃度を平均的なヒトが曝露するであろう濃度，例えば，飲料水摂取を介した一生涯の曝露よりも数オーダー高く設定する．複数の物質が存在する場合は，相乗効果等の影響で，いっそう複雑となる．これらを考慮し，さらに，再生水の潜在的な健康への悪影響は，動物個体を用いた慢性毒性試験の結果に基づくべきであるという National Academy of Sciences(NAS) Panel on Quality Criteria for Water Reuse が提示した見解(NAS, 1982)により，健康影響研究パネルは，実証施設の再生水中に含まれる成分の濃度を高めて動物投与試験をするよう勧告した(Lauer *et al.*, 1990)．

慢性毒性と発癌性の2年間にわたるラット試験

慢性毒性試験および発癌性試験の目的は，2年(104週)の試験期間において，潜在的な成長発達への悪影響と発癌性を評価することであった．ラット試験では，幾つかの吸着樹脂(adsorbent resins)を用いて逆浸透ろ過処理水，限外ろ過処理水，Denver 市の飲用水を各成分濃度の500倍に濃縮した試験水が用いられた．濃縮した試験水を F344 ラットに供した結果，対照群に比べていかなる毒性も発癌性も認められなかった．生残率は，オスとメスのラットでそれぞれ52〜70%，64〜84%で，通常，観察される生残率の範囲内であった(Lauer and Rogers, 1998)．

慢性毒性と発癌性の2年間にわたるマウス試験

ラットを用いた研究と同様，2年間の再生水摂取に伴う健康影響試験が $B_6C_3F_1$ マウスを用いて行われた．この研究では，逆浸透ろ過による最終処理水が500倍の濃度に濃縮された．104週にわたる投与の結果，対照群に比べていかなる毒性も発癌性も認められず，生残率は，オスとメスのマウスについてそれぞれ52〜70%，64〜84%であった．さらに，追加的試験として，試験期間中および試験終了時に臨床，肉眼所見，顕微鏡観察による病状の評価が行われた．実験操作による影響は，一切見られなかった(Lauer and Rogers, 1998)．

生殖毒性の研究

生殖毒性研究の目的は，2世代を対象とした試験期間において，生殖能力，子宮内での発育，子世代の成長発達に及ぼす潜在的な健康への悪影響を同定することであった．発生期も対象に含めることで，潜在的な胎児への毒性や対象への先天異常誘発性も調査された．試験水を500倍に濃縮した1試料当り，オス50匹メス50匹のSprague-Dawleyラットが第一世代 F_0 generation として供された．試験動物は，試験開始時点で12週齢から15週齢であった．それぞれの試験群について，試験動物はコンピュータによって無作為に抽出された．

2世代にわたる生殖試験の結果，あらゆる処理群について，生殖能力，成長，交配能力，子世代の生存率，胎児発育に処理による影響は，一切認められなかった．どの水に曝露しても，臨床的な病変の兆候や肉眼で認められる組織異変は，いずれの親世代を解剖しても認められなかった．いずれの親世代においても，処理に関連した組織病理学的な変異は認められなかった(Lauer and Rogers, 1998)．

24.4.6　飲用再利用に要する高度処理施設の費用推定

直接的飲用再利用を導入できるかどうか，その実現可能性は，幾つかの要因次第である．すなわち，処理水の安全性，監督機関による承認，市民の受容，そして費用がある．提案された直接的な飲用再利用計画について，財政面での実現可能性を左右するのは，二次処理下水を飲用可能な水質に変換するための費用と，他に従来型の水供給源開発プロジェクトが実行可能かどうか，可能ならばその相対的な費用はどれほどか，である．関連プロジェクトの事例は，あまりに数が不足しており，正確な推定を行うのは難しいものの，再利用の相対的な利点を明らかにし，調査研究をさらに発展させる価値があるかどうか決定する際には，それらの事例が有用な情報となる(**25章参照**)．実証施設での研究により，高度処理に要する費用は，許容可能な限度額以内に抑えられることが明らかとなり，それを踏まえて健康影響の研究へと発展したのであった．以下に述べる費用推定は，健康影響研究プログラムとして行われた，2年間を超す再利用実証施設の継続運転で得られた情報に基づいている．なお，これらの金額は，1994年1月の状況に合わせて修正した値である．

米国陸軍工兵隊による Denver 都市圏水供給代替案に関する研究

1988年，米国陸軍工兵隊(U. S. Army Corps of Engineers)によりDenver都市圏の水供給代替案に関する環境影響評価研究が行われた(U. S. Army Corps of Engineers, 1988)．Denver都市圏の水供給改善に関連した評価項目には，Denver市の計画水需要量を満たすための水供給プロジェクト代替案の費用も含まれていた．それらのプロジェクトは，今後20年以内，あるいは20年から50年のうちに必要になると判断された．直接的飲用再利用が近い将来に必要になることはないかもしれないが，それに要する費用と代替案の費用が比較された．最終的な環境影響評価の結果，長期的な計画実施費用は，0.2〜0.8ドル/m^3(250〜960ドル/ac・ft)となった．

実規模水再利用施設の概算費用

技術的な概算費用と実証施設で得られた実際の運転データに基づき実規模の水再利用施設の費用を概算した結果，0.4〜0.6ドル/m^3(534〜762ドル/ac・ft)の範囲内になると推定された(Lauer and Rogers, 1998)．推定された費用は，将来の水供給拡大を見据えた他のプロジェクトの推定費用と同等であり，詳細は最終的な環境影響評価に示された．すなわち，Denver市で直接的飲用再利用を導入する場合，費用は制限因子にならないことが明らかとなった．

施設規模 $380×10^3$ m^3/d (100 mgd)のプラント建設に要する費用について，償却後の資本額と実証施設での運転経験に基づいて予想された運転費用を**表-24.7**に示す．実証施設での経験に基づく運転維持管理費の高い方の推定値と資本金の推定額と合わせると，0.6ドル/m^3(2.34ドル/1 000 gal，762

24.4 事例3：Colorado州Denver市における直接的な飲用再利用実証プロジェクト

表-24.7　380×10^3 m^3/d (100 mgd) の逆浸透ろ過施設の概算費用[a]

工　　程	償却後の資本額（ドル/m^3）	運転維持管理費（ドル/m^3）	全　費　用[b]（ドル/m^3）
生物学的窒素除去	0.02	0.01	0.04
高pH石灰処理（汚泥廃棄を含む）	0.03	0.08[c]	0.11
汚泥廃棄	0.01	0.03	0.04
ろ過	0.01	0.01[c]	0.01
活性炭接触と再生（再生・交換を含む）	0.02	0.05[c]	0.07
逆浸透ろ過（濃縮水廃棄を含む）	0.12	0.19[c]	0.31
オゾン処理	0.002	0.02[c]	0.02
クロラミン処理	0.0005	0.0008[c]	0.001
その他諸設備	0.002	0.004	0.01
総　　計[d]			0.6

[a] Lauer and Rogers (1998) より引用.
[b] 全費用の一部は，数字を丸めたために加算的でない.
[c] 運転維持管理費は，水再利用実証施設でのデータに基づく.
[d] 実証施設運転における値を用いると，総処理概算費用＝0.6ドル/m^3＝2.34ドル/1 000 gal＝762ドル/ac·ft. 1991年1月時点での価格.

ドル/ac·ft）という控えめな値が算定された．つまり，実証施設の運転方式に基づけば，直接的飲用再利用のための実規模水処理施設の造水費用は，0.4〜0.6ドル/m^3（534〜762ドル/ac·ft）となり，Denver市のその他の水供給量増加プロジェクトの造水費用0.2〜0.8ドル/m^3（250〜960ドル/ac·ft）に比べて遜色ないと考えられた（Lauer and Rogers, 1998）．

24.4.7　情報公開プログラム

直接的な飲用再利用実証プロジェクトでは，市民に対して直接的飲用再利用を周知し，さらに，それがDenver市の水需要量を満たすために果たす役割について周知することを重要な目標のひとつとしていた．

情報公開プログラムが実証プロジェクトの一部として導入されたのは，直接的飲用再利用が現実となった場合，知識のある市民ほど受け入れやすいと予想したためであった．マルチメディア戦略が展開され，ガイド付きの施設見学ツアーを行い，さらに情報が視覚と聴覚に訴えるプレゼンテーションやフルカラー印刷したパンフレットで提供された（Lohman, 1988）．7 000を超える見学者が40を超す国から訪れ，その教育的プログラムに参加した．

その他の形でも情報提供がなされた．すなわち，(1) Newsletterの発行，(2) 新聞およびテレビ報道，(3) 26分間に及ぶドキュメンタリービデオ（"Pure Water…Again"），であった．このような情報伝達プログラムの目的は，市民にプロジェクトの数々の軌跡を周知し，飲用再利用の一般的な事柄について広く教育することにあった（Carley, 1972；Lauer and Rogers, 1998）．

24.4.8　得られた知見

13年にわたる実証プロジェクトの結果から，高度処理技術によって都市下水から飲用水をつくることの実現可能性が評価された．3.8×10^3 m^3/d (1 Mgal/d) の実証試験施設において，様々な高度処理プロセスの下水成分の除去効率が徹底的に調査された．そこで得られた知見の一部は，以下のとおりである（Lauer and Rogers, 1998）．

第 24 章　再生水の飲料水としての直接利用

1. 高度処理プロセスを用いれば，現在施行または提案されていたすべての U.S. EPA 飲料水質基準を満たす飲用水を下水からつくり出すことが可能であった．
2. 毒性試験および発癌性試験が 2 年間にわたって行われ，再生水の安全性が評価された．いずれの再生水試料に試験動物を一生涯曝露しても，健康への悪影響は皆無であった．
3. 再生水について生殖影響試験が行われた．試験動物 2 世代にわたる研究期間において，健康への悪影響は皆無であった．
4. 物理的，化学的，微生物学的試験を総合的に行った結果，処理水の水質はきわめて良好で，Denver 市の既存の水道水と同等であった．
5. 用いた毒性学的，疫学的試験には不確実性が伴うことを認識する必要があるが，同様の限界は，従来の公共上水道の安全性評価にも言えることである．
6. 集中的な市民教育プログラムの結果，市民の多くは，必然性があり安全性が保障されているならば，飲用目的での下水再利用に協力的であることがわかった．

24.5　再生水の飲用水としての直接利用について

　現在，米国には直接的に飲用再生水を用いる緊急の必要性はない．"環境中での貯留という追加的安全策を経ることなく再生水を人が使用することは，現在のところ，公共水供給システムの現実的な選択肢とはならない"(NRC, 1998)．しかしながら，直接的飲用再利用は，長期的に見れば，費用効果の高い水再利用形態のひとつとなりうる．要求される処理レベルは明らかに高く，市民に受け入れられるかどうかが主な障壁となりうるが，直接的飲用再利用では，給配水および貯水システムを二系統に建設するという無駄な費用をかけなくて済むという利点がある．さらに，直接的飲用再利用は，発生するすべての再生水を無駄なく利用でき，過剰な再生水を環境に放出せずに済む可能性が高い．いずれ，飲用再利用を何らかの形で行うことは避けがたいと思われ，再生水を飲用水供給源の一つに捉える社会的圧力は将来増加するに違いない(Department of Health and Aged Care, 2001；Law, 2003)．

問　　題

　以下の論点のいくつかは，オーストラリアの Queensland Water Recycling Strategy プロジェクトチームが運営する Water Recycling Discussion Group：owner-water-recycling@lists.dhr.qld.gov.au のウェブサイトから引用した．

24-1　水処理事業体は，直接的飲用再利用に見合った再生水，つまり，従来の飲用水に比べていかなる健康リスクも増大しない水を常に製造できるだけの十分な技術力を持つと考えるか？　答えをその理由とともに述べよ．

24-2　直接的飲用再利用で用いられる多重バリア方式について，以下の観点から議論し整理せよ．
(1)下水処理方法のバリア，(2)処理方法以外のバリア，(3)運転方法のバリア．

24-3　下水の化学的性質の分析技術が大幅に発達したため，測定した化学物質の毒性を評価できないことがある．毒性試験の感度が向上するまで待つのは賢明でないとすれば，潜在期間の長い未知の疾病が再生水利用のせいであるといえるか？　答えをその理由とともに述べよ．

24-4　直接的飲用再利用では，非飲用目的での再利用に必要な二系統配管給配水に伴う諸問題を回避できる．これを踏まえ，二系統配管システムの使用と比べて，飲用再利用するという選択は良くないといえるのだろうか？　この議論の賛否を述べよ．

問題

24-5 多くの下水処理場が河口域や海岸付近の水域に放流しているが，海水淡水化で製造した飲用水について，どれだけの健康リスク評価が行われたのだろうか？ いわゆる"きれいな"海水を原水として用いることで，下水再利用の場合と同等にもかかわらず目立ちにくいリスクがあるのだろうか？

24-6 従来の水道水源を対象に行われた研究のうち，上流都市で放流された下水処理水の影響を強く受けた水源を調べた研究の成果について議論せよ．少なくとも3つの参考文献を引用すること．

参考文献

Carley, R. L. (1972) "Attitudes and Perceptions of Denver Residents Concerning Reuse of Wastewater," *Proceedings of the 92nd AWWA Annual Conference*, AWWA, Denver, CO.

CH2M Hill, Inc. (1975) "Conceptual Design Report—Potable Water Reuse Plant—Successive Use Program," Report to the Denver Board of Water Commissioners, Denver, CO.

City of San Diego (2006) *City of San Diego Water Reuse Study*, Final Draft Report 2006, prepared in coordination with City of San Diego Water Department, PBS & J, and McGuire/Pirnie, San Diego, CA.

City of San Diego (2006a) Public Participation http://www.sandiego.gov/water/waterreuse-study/involvement/index.shtml#assembly

Dean, R. B., and E. Lund (1981) *Water Reuse: Problems and Solutions*, Academic Press, Inc., London, UK.

Department of Health and Aged Care (2001) *Review of Health Issues Associated with Potable Reuse of Wastewater (RFT200/00, Final Report),* produced by Gutteridge Haskins & Davey Pth Ltd., Brisbane QLD, Australia.

du Pisani, P. L. (2005) "Direct Reclamation of Potable Water at Windhoek's Goreangab Reclamation Plant," 193-202, in S. J. Khan, A. I. Schäfer, M. H. Muston (eds.) *Integrated Concepts in Water Recycling*, University of Wollongong, NSW, Australia.

Harrhoff, J., and B. Van der Merwe (1996) "Twenty-five Years of Wastewater Reclamation in Windhoek, Namibia," *Water Sci. Technol.,* 33, 10–11, 25–35.

Kasperson, R. E., and J. X. Kasperson (ed) (1977) *Water Re-Use & the Cities*, The University Press of New England, Hanover, NH.

Lahnsteiner, J., and G. Lempert (2005) "Water Management in Windhoek/Namibia," *Proceedings of the IWA Specialty Conference, Wastewater Reclamation & Reuse for Sustainability,* November 8–11, Jeju, Korea.

Law, I. B. (2003) "Advanced Reuse—From Windhoek to Singapore and Beyond," *Water,* 5, 44–50.

Lauer, W. C., and S. W. Work (1982) "Denver's Analytical Studies Program," *Proceedings of the Water Reuse Symposium II*, AWWA Research Foundation, Denver, CO.

Lauer, W. C., and S. E. Rogers (1998) "The Demonstration of Direct Potable Water Reuse: Denver's Landmark Project," Chap. 28, in T. Asano (ed.) *Wastewater Reclamation and Reuse,* 10, Water Quality Management Library, CRC Press, Boca Raton, FL.

Lauer, W. C., F. J. Johns, G. W. Wolfe, B. A. Myers, L. W. Condie, and J. F. Borzelleca (1990) "Comprehensive Health Effects Testing Program for Denver's Potable Water Reuse Demonstration Project," *J. Toxicol. Environ. Health,* 30, 4, 305–321.

Linstedt, K. D., and E. R. Bennett (1973) "Evaluation of Treatment for Urban Wastewater Reuse," EPA-R2-73-122, U.S. EPA, Cincinnati, OH.

Lohman, L. C., and J. G. Milliken (1985) *Informational/Educational Approaches to Public Attitudes on Potable Reuse of Wastewater*, Denver Research Institute, Denver, CO.

Lohman, L. C. (1988) "Potable Water Reuse Can Win Public Support," *Proceedings of the Water Reuse Symposium IV*, AWWA Research Foundation, Denver, CO.

Metzler, D. F., R. L. Culp, H. A. Stoltenberg, R. L. Woodward, G. Walton, S. L. Chang, N. A. Clarke, C. M. Palmer, and F. M. Middleton (1958) "Emergency Use of Reclaimed Water for Potable Supply at Chanute, Kansas," *J. AWWA,* 50, 8, 1021–1060.

NAS (1982) *Quality Criteria for Water Reuse*, National Academy of Sciences, National Academy Press, Washington, DC.

NRC (1998) *Issues in Potable Reuse: The Viability of Augmenting Drinking Water Supplies with Reclaimed Water*, National Research Council, National Academy Press, Washington, DC.

Odendaal, P. E., J. L. J. van der Westhuizen, and G. J. Grobler (1998) "Wastewater Reuse in South Africa," Chap. 25, in T. Asano (ed.) *Wastewater Reclamation and Reuse*, **10**, Water Quality Management Library, CRC Press, Boca Raton, FL.

Queensland Government, Australia (2005), accessed online: http://www.epa.qld.gov.au/environmental_management/water/water_recycling_strategy/

Rogers, S. E. (1989) "Biofilm Nitrogen Removal for Potable Water Reuse," Masters Thesis, Department of Civil, Environmental, and Architectural Engineering, University of Colorado, Boulder, CO.

Rook, J. (1974) "Formation of Haloforms During Chlorination of Natural Waters," *Water Treat. Exam.*, **23**, 2, 234–243.

Rothberg, M. R., S. W. Work, K. D. Linstedt, and E. R. Bennett (1979) "Demonstration of Potable Water Reuse Technology, The Denver Project, *Proceedings of the Water Reuse Symposium I*, AWWA Research Foundation, Denver, CO.

Snyder, S., R. Pleus, E. Snyder, J. Hemming, and G. Bruce (2006) "Toxicological Significance of Trace Endocrine Disruptors and Pharmaceuticals in Water," presented at the WateReuse Symposium 2006, San Diego, CA.

U.S. Army Corps of Engineers (1988) "Metropolitan Denver Water Supply Environmental Impact Statement," U. S. Army Corps of Engineers, Omaha District.

Work, S. W., and N. Hobbs (1976) "Management Goals and Successive Water Use," *J. AWWA*, **68**, 2, 86–92.

Work, S. W., M. R. Rothberg, and K. J. Miller (1980) "Denver's Potable Reuse Project: Pathway to Public Acceptance," *J. AWWA,* **72**, 8, 435–440.

第5部　水再利用の実施

　様々な水利用の目的に応じた水質を有する再生水を生産することは，水再生の技術や規制，環境保全，公衆衛生の保護のたゆみない進歩によって現実のものとなっている．水再利用事業の奨励は，この分野の技術の専門家にとっては完全に理に適ったものである．新たな水源，水源保全，経済的な効果，環境面での便益，政府の援助という点からも，処理水をそのまま無駄に捨ててしまうのは，排水処理に掛けるコストからももったいないと考えさせるものにしている．それなのになぜ，市民にこれまでの水の再利用が受け入れられず，心から支持されてこなかったのか．水の再生と再利用を推進するという最終的な決定には，経済的な側面や，規制上，公共政策上の問題があり，かつその状況に左右される．そして，さらに重要な決定要因は，市民の受容，水需要，水の安全，地域の条件を満足するような安定した水供給への要望である．

　5部では，水再利用の計画と実施に焦点を当てる．25章では，再生水市場の評価，経済，財務解析等を含む統合的水資源計画について示す．技術は継続的に進歩し，水の再利用システムの費用対効果や信頼性がより広く認識されるようになるにつれ，水の再生と再利用の計画と施設は，持続可能な水資源マネジメントに必須の要素として拡大し続ける．水の再生と再利用の実現への社会の懸念に対し，教育プログラムを通じて市民の支持を得て，導入プロジェクトが失敗になりかねない落とし穴を回避するという論点について，26章で説明する．

第25章　水再生・水再利用のための計画

翻訳者　古米　弘明（東京大学大学院工学系研究科附属水環境制御研究センター　教授）
共訳者　春日　郁朗（東京大学大学院工学系研究科都市工学専攻　助教）
　　　　栗栖　　太（東京大学大学院工学系研究科附属水環境制御研究センター　准教授）
　　　　藤田　昌史（茨城大学工学部都市システム工学科　准教授）

関連用語　*1089*
25.1　統合的水資源計画　*1091*
　　25.1.1　統合的水資源計画のプロセス　*1091*
　　25.1.2　問題の明確化　*1092*
　　25.1.3　目的の形成　*1092*
　　25.1.4　背景情報の集積　*1092*
　　　　　　プロジェクトの調査地域の線引き／*1093*　　　市民参加／*1093*
　　25.1.5　プロジェクト選択肢の特定　*1094*
　　25.1.6　選択肢の評価と順位づけ　*1094*
　　25.1.7　実施計画の開発　*1094*
　　　　　　施設計画の要素／*1095*　　　施設計画報告書／*1096*
25.2　水の再生と再利用計画における技術的課題　*1096*
25.3　環境アセスメントと市民参加　*1097*
　　25.3.1　環境アセスメント　*1097*
　　25.3.2　市民参加とその広がり　*1097*
25.4　水の再利用における法律・制度上の側面　*1098*
　　25.4.1　水利権法　*1098*
　　　　　　河岸所有者特権の原則／*1096*　　　先行割当て／*1099*　　　地下水法／*1099*
　　25.4.2　水利権と水の再利用　*1099*
　　25.4.3　政策と規制　*1101*
　　25.4.4　組織連携　*1101*
25.5　事例：Walnut Valley Water District（California州）における制度設計　*1101*
　　25.5.1　水管理の課題　*1101*
　　25.5.2　得られた知見　*1102*
25.6　再生水の市場評価　*1102*
　　25.6.1　データ収集と解析の手順　*1103*
　　25.6.2　水源の比較　*1104*
　　25.6.3　費用と収益の比較　*1104*
　　　　　　小売りによる水供給／*1105*
　　25.6.4　市場の保証　*1105*
　　　　　　潜在的な再生水利用者の意志の度合い／*1105*　　　市場の保証の種類／*1106*
　　　　　　マーケティングへの自主的・強制的アプローチ／*1107*　　　強制利用命令／*1107*

　　　　　　　　　水の廃棄および不適切な利用／1108
25.7　水の再生と再利用の財務評価に影響を与える要因　　1108
　　25.7.1　再生水利用と計画における共通した問題点　　1109
　　　　　視点／1109　　　外部性の影響／1109　　　プロジェクト比較の基礎／1109
　　25.7.2　プロジェクト分析の観点　　1110
　　　　　事業者の観点／1110　　料金納付者の観点／1110　　　社会的な観点／1110
　　25.7.3　計画と設計の対象期間　　1110
　　25.7.4　貨幣の時間的価値　　1111
　　25.7.5　インフレーションと費用指標　　1111
25.8　水の再利用のための経済分析　　1113
　　25.8.1　現在価値分析による事業案の比較　　1113
　　25.8.2　費用とインフレの測定　　1113
　　25.8.3　便益の測定　　1114
　　　　　代替費用の評価／1114　　費用対効果分析／1114　　ライフサイクル費用／1114
　　25.8.4　経済分析の基本的な前提　　1115
　　　　　埋没費用／1115　　時間基準点／1115　　事業案により生じる費用／1115
　　　　　補助金／1116　　関連する事業費用の包含／1116
　　25.8.5　更新費用と残存価値　　1116
　　25.8.6　経済費用の算出　　1117
　　25.8.7　事業の最適化　　1120
　　　　　限界費用分析／1120　　費用と便益の分析の手法の比較／1120
　　25.8.8　補助金の影響　　1121
25.9　財務分析　　1121
　　25.9.1　建設資金調達計画と収益事業　　1122
　　25.9.2　費用分配　　1122
　　25.9.3　水道水料金への影響　　1122
　　25.9.4　他の財務分析の考慮事項　　1123
　　25.9.5　収益源および再生水の料金設定　　1123
　　25.9.6　財務的実現可能性の分析　　1124
　　25.9.7　感度分析と保守的な仮定　　1128
問　　題　　1128
参考文献　　1130

関連用語

インフレ inflation　財とサービスの一般的な価格水準の上昇.

NEPA National Environmental Policy Act of 1969　1969国家環境政策法. 連邦のプロジェクト, もしくは連邦の財源や取締権限等の連邦の管轄内でのプロジェクトによって引き起こされる環境インパクトを調査し緩和する義務を謳った米国連邦法.

外部性 externality　ある行動の結果であって, その行動を行う事業体の外で起こる良い(悪い)影響.

河岸所有者特権 riparian rights　水利権は, 水源に接触している岸の土地と結びついているという原則.

元利支払い総額 debt service　借り入れた資金を元金と利息合わせて返済するために必要な金額で, 通常, 月単位や年単位等の分割払いで返済される.

計画期間 planning period　施設が必要とする全期間について検討され, 費用対効果性や, 長期的実施のために施設の必要性について検討され, 代替案を評価するために要する全期間.

経済分析 economic analysis　プロジェクトに関わるすべての資源の貨幣費用と便益を決定する手法で, プロジェクトが建設されるべきかどうか, またどの選択肢が最も大きな純利益を生むか, を決定するために行うもの.

限界費用 marginal cost　追加的なプロジェクト生産の増加をもたらすために必要となる追加的な資本および運用費用の増加分.

現在における価値分析 present worth analysis　どの代替案が最低の純費用となるか決定するために, 異なるキャッシュフローを持つ代替案を比較する時に用いられる分析手法.

恒常ドル constant dollar　異なる時点における財やサービスの費用について, 通常は費用指標を用いて, ある共通の時点のものに補正したもの.

財務分析 financial analysis　あるプロジェクトがプロジェクトへのすべての参加者の観点から, またある場合においては, プロジェクトによって財務上の影響を受ける外部の団体の観点から, 採算性があるかを評価するために行われる金銭上の分析.

参加型計画 participatory planning　決定や政策により影響を受ける者が政策決定過程に参加し, または代表するという原則に基づいた計画.

資金調達期間 financing period　プロジェクトに着手するための負債の返済や必要となる元本回収の期間. この期間は, 計画期間より短い場合も, 長い場合もある.

市場の採算可能性 market feasibility　再生水の潜在的な市場, つまり潜在的な利用や利用場所, 利用者についての調査プロセスで, 公衆衛生や水質, 利用者と市民の合意等の事柄を含む.

施設計画 facilities plan　施設建設の計画で, その必要性や取り組むべき問題点の提示や, 選択肢の実現可能性分析, 推奨されるプロジェクトの詳細な実施計画を含み, 環境影響評価書, 実現可能性報告書, 市場調査報告書, 財務採算性報告書等の関連する調査を含んだものか, それらをまとめたもの.

実現可能性基準 feasibility criteria　プロジェクトの実現可能性を評価するために用いられる評価基準で, 技術的, 経済的, その他の評価基準がある.

実際費用 actual costs　市場で用いられる費用額で, インフレを反映したもの.

実質費用 real costs　一定の金銭に調整した費用で, インフレの影響を除き, 財やサービスを生産する際の資源や労働力の実質的な投資額を反映するもの.

資本費用 capital cost　プロジェクトの計画の開始から建設完了までに掛かる初期費用. 幾つか

の文献では，資本費用を物理的な施設建設に限っているが，本書では，用地や敷設権の取得も資本費用に含める．

需要管理 demand management 再生水を含めた現在や将来の水需要の管理．純使用量や使用の時期，場所を変えることによって行われる．

使用義務条例 mandatory use ordinance 水供給地区等の地方行政事業体の規定や法律で，代替となる水供給（通常，上水）の代わりに再生水の使用を義務づけたもの．

水利権法 water rights law 水を特定の水源から有益な用途へ分水すること許容する法的権利．

設計寿命 design life 建設される施設の構成部分の使用が設計上の限界に達すると考えられる期間．

先行割当て prior appropriation 多くの西部の州における水の法律の基礎となっている原則で，最初に用いた者が権利を持つという原則．

耐用期間 useful life 施設や施設の部品が取り換えられたり廃棄されたりするまでに供用される期間を推定したもの．

淡水 fresh water 海水に比べて全溶解性蒸発残留物が少なく，大気の水蒸気の降水に由来し，表流水や地下水に見られ，飲料水として用いられる．淡水は，地球上のたったの3%である．

調査対象地域 study area 問題に取り組む地理的な範囲を含むように線引きされた地域．

統合的水資源計画 integrated water resources planning；IWRP 再生水を含む水資源マネジメントの最適なアプローチを決定するために用いられる体系的な意思決定プロセス．

費用対効果分析 cost-effectiveness analysis プロジェクトのどの選択肢が最小の総資源費用でプロジェクトの目的を満たすことになるのかを決める分析．費用効率の良い選択肢とは，非貨幣費用が優占的でない限り，最低の純経済費用（現在の価値もしくはそれに等価な年間価格）でプロジェクトの目的を満たす選択肢である．

埋没費用 sunk costs 将来の出来事にかかわらず，既に発生していて回収できない費用．

無形費用 intangible costs 貨幣価値で直ちに表されない費用．

無形便益 intangible benefits 貨幣価値で直ちに表されない便益．

有形費用 tangible costs 貨幣価値で表現できる費用．

有形便益 tangible benefits 貨幣価値で表現できる便益．

ライフサイクル費用 life cycle cost ある施設のライフスパンでの資本費用および運用費用で，しばしば現在の全価値費用か単位費用で表される．

レトロフィット retrofit 淡水や水道水から再生水への利用に転換すること．

割当て権 appropriative rights 水利用の権利は，実際に水を意図的に使用する行動と結びついていて，権利の優先性は，最初に使った者がまず権利を持つという原則に基づく，という水の法の原理．

割引率 discount rate 経済分析において，将来のキャッシュフロー支払高の現在価値を計算するために用いられる利率．

　本章は，水の再利用プロジェクトの計画と分析について扱い，その目的は，(1)水の再利用計画，(2)水の再生と再利用のプロジェクトにつきまとう多くの起こりうる問題を特定し，解決することを助けるような議論についての枠組みを示すものである．より具体的には，本章では，(1)統合的水資源計画の紹介，(2)環境アセスメントと住民参加についての簡単な議論，(3)水の再生と再利用計画の法律・制度的側面の紹介，(4)再利用水の市場調査の方法の提示，(5)水の再生と再利用の経済的，財政的分析の原理，について述べる．

25.1 統合的水資源計画

　米国における水システムは，歴史的にばらばらな方法で管理されてきた．それは，水供給計画と開発に関わる地域の，地方の，州の，連邦のそれぞれの機関における地理的，機能的な視野の違いを反映している．水の再利用を行うことは，水供給と排水管理が別の機関により管轄されていることから，さらに複雑になる．水の再生と再利用は，水供給にも，排水管理にもいずれの範疇にも入れられない．1章で述べたように，水供給と排水処理と処分は，水文循環において相互につながっていて，社会的，生態学的な要求を満たす利用可能な水の質と量に影響する．水システムの統合的な性質とより広義の持続可能性への要求についての認識のもと，水を扱う機関において，統合的水資源計画と呼ばれる全体システム計画モデルの採用例が増えている．統合的水資源計画では，水の再生と再利用の戦略は，水供給におけるその他のオプションである水需要マネジメント（水資源の保全を含む）や，排水処理と処分，環境修復と並んで評価される．統合的水資源計画の目的は，これらの戦略のうち幾つか，もしくはすべてが地域水システム管理の中に組み入れられるかどうか，また選んだ選択肢を実施することがどのくらいよいか，決定することにある．

25.1.1 統合的水資源計画のプロセス

　統合的水資源計画は，以下の基本的なステップ，(1)問題の特定と明確化，(2)目的の系統だて，(3)背景情報の収集，(4)選択肢の特定，(5)選択肢の評価と順位づけ，(6)実施案の決定，の繰返しによる反復プロセスとなる．統合的水資源計画の単純化したフローチャートを図-25.1に示す．理想的には，統合的水資源計画は，水供給と排水管理の問題を同時に取り組み，統合的な解決法を開発することにより行われるべきものである．水の再利用が推奨される選択肢の一部にある場合，計画における次の反復過程は，水再生と再利用における実現可能性と選択肢に特化したステップとなる．実際には，水の再利用は，しばしば統合的水資源計画とは関係なく進められる．しかしながら，統合的水資源計画の考え方を水の再利用計画のプロセスに組み入れることもできる（図-25.1参照）．そこでの最初の問題設定は，水供給や排水管理の目的に対するものであり，水の再生や再利用を含まない選択肢も考慮されるが，統合的水資源マネジメントほどは包括的な方法とはならない．水の再利用は，より広い水資源の論点や選択肢についての理解なしでは，適切に正当化し評価することはできない (Beecher, 2005)．

　水の再利用法の選択は，しばしば以下の3段階で評価され，それに続く段階は，図-25.1に示されるステップの繰返しとなる．概念的な，もしくは予備的な段階では，問題を定義し，評価のために可能性のある選択肢を見定める．実現可能性の検討段階では，それぞれの計画ステップにおいて十分

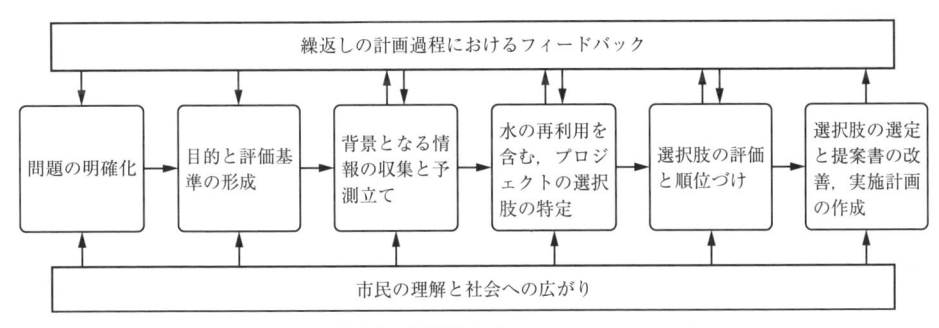

図-25.1　統合的水資源計画プロセスのフローチャート

に定義された選択肢について徹底的な分析を行う．最後に，推奨される選択肢についてすべての段階の結果を取り入れ，設備計画の中で示された予備的な設計と実行計画とともに洗練されたものとなる．

計画における意思決定は，それが構築された基礎以上のものにはならない．不適切な決定は，問題設定が明らかでなかったり，厳密でなかったり，プロジェクトの目的の定義を間違っていたり，計画区域の線引きに問題があったり，背景となる情報を適切に集めていなかったりするところから起きうる．またそれは，計画過程の初期において，需要，目的，リスクについての市民の考え方を評価する段階での失敗からも起こりうる(26章参照)．こうした初期段階の部分は，しばしば見落とされがちだが，計画過程においてはなくてはならない要素である．

25.1.2 問題の明確化

水の再利用は，それ自身で最終的に正当化されることはない．水の再利用は，設定された問題や特定された要求や欲望への対応や解決法である．規定された問題や要求は，計画段階の基準となる．問題を明らかにすることで，見通しのきく目的を定め，広い範囲の考慮すべき選択肢を作成するための健全な基礎が築かれる．

25.1.3 目的の形成

プロジェクトの目的を設定するために，プランナーや参加している利害関係者は，一般的な事柄についてのリストをつくることから始める．目的は，そのリストから導き出され，より簡潔に定義され，「経済的コストの最小化」とか「環境影響の緩和」といった，しばしば短く，直接的なフレーズとなる．すべての関係ある目的をその決定の一部として含めるようにし，技術的，経済的な判断基準に焦点を当てた目的というだけにしないようにすることが重要である．例えば，他の機関のプログラムとの調整は，目的リストに明示されていないと見落とされてしまうかもしれない目的であり，重要な目的となりうる．目的のリストは，目的のための手段なのか，目的そのものなのかを区別することによりさらに改良される．例えば，水質の改善は，公衆衛生を守るという基本的な目的に向けた手段としての目的である．水の再利用計画におけるありがちな間違いは，水の再生を，社会の要求にあった水を供給するという基本的な目的を達成する一つの方法としてではなく，水の再生それ自身を目標としてしまうことである(Gregory and Keeney, 2002；Anderson, 2003)．

水の再生と再利用は，幾つかの水の管理目的を同時に満たしうるという，他にはない可能性を持っている．水の再利用は，より基本的な目的，主として，(1)安定した水供給，(2)公衆衛生の維持，(3)環境保全と修復，(4)地域経済開発(特に開発途上国)のための手段，である．これらの基本的な目的から派生する二次的な目的には，(1)費用効果の高い排水処理処分方法の開発(通常，公衆衛生と環境保全を達成するために必要な規制を満たすもの)，(2)再生水が農業の灌漑に用いられている場所での穀物生産性の向上，等があげられる．

25.1.4 背景情報の集積

水の計画に必要となる背景情報には，人口推移，歴史的な水利用，経済指標，気候や水文データ，現在および将来の水保全プログラム，現存する上下水道施設の容量等がある．背景情報や将来の状況予測は，解決すべき問題を明確に理解するために，また可能性のある解決法を特定するために重要である．既存のインフラについての情報は，代替の配水方法を開発し，再生水の市場を調査するうえで必要である(25.6参照)．

水需要予測は，計画区域において将来どのくらいの水が必要となるかを確立するために必要である．

予測は，平年，渇水年，きわめて渇水の年，および豊水年の条件で行われ，成長予測の範囲でも行われる(AWWA. 2001)．供給と需要の予測における不確実性は，水文学的シナリオ，および開発シナリオの持つ潜在的な幅によるもので，実際の状況に対応する段階段階における施設建設の拠り所を示しうる．水計画において必要となる一般的な背景情報は，表-25.1 にまとめてある．統合的水資源計画に求められる情報の中には，水再利用計画の範囲の外側のようにも思えるものもあるかもしれない．しかし，水の再利用を，水供給の増大や信頼ある排水管理といった基本的な目的に合った基準に従って評価することは必須である．

プロジェクトの調査地域の線引き

　プロジェクトの調査地域は，当初は取り組む問題の地理的な範囲を包含するように線引きする．しかし，プロジェクトの調査地域には，問題の解決に寄与しうるその他の地域や，提案する行動により影響を受けうる地域を含めなければならないかもしれない．上下水道の計画機関は，通常，各機関の最も関心のある地域，つまり各機関の行政管轄の中の地域から計画を着手する．しかし，水の再利用計画のためには，機関の境は，しばしば効率的な水再利用プロジェクトの開発や分析には不適当である．

　水の再利用計画には，プロジェクトの調査地域は，すべての潜在的な再生水源の場所と，再生水が配水され利用されうる場所を含んでいる必要がある．調査地域は，水の再利用によって恩恵を受ける地域や影響がある地域を含むように広く取っていなければならない．例えば，地下水の過剰取水からくる深刻な影響の最たるものは，その局所的な地域の範囲を超えた地域社会に出てくる．他方，排水の排出量を削減することになるため，水の再利用は，下流の利用者から水源を奪うことにもなりうる．実際には，調査地域は，複合的になる．水源の地域，再生水の市場，水の再利用によって良いもしくは悪い影響が及びうる地域である．

市民参加

　市民参加は，計画の初期段階において，正しく目的を設定したり，協働による計画を構築したりするために求められる．プロジェクト計画とその実施を通じて，再利用計画を実施する者は，利用者や利害関係者の代表者に会って意見の提供を求め，情報を開示し，不安に対応し，疑問に答えるために技術的な専門家との接点を提供していく必要がある．市民の誤解はしばしば起こるし，公共機関への

表-25.1　統合的水資源マネジメントに必要となりうるデータの例[a]

データの分類	例
人口統計	人口 　人口規模 　人口分布 　増加率
経済的	収入水準 経済構造 　製造業 　産業 　商業 　農業
土地利用	住宅地 工業地 商業地 製造業地 農業地
文化的／歴史的	考古学上の場所 歴史的に意味を持つ場所
地球物理学的	気候学的 　水文学的 　表流水(水量と水質) 　地下水(水量と水質) 地質学的 　岩石種と構造 　地震のリスク
生物学的	生態系の種と構造 絶滅危惧種，絶滅危機種 湿地帯
社会基盤的	上下水道システム 　現存施設 　現存する流れと流れの多様性 　処理プロセス 　処理施設や送水，貯留施設の容量 　新しい施設の計画
法・制度的	上下水道事業体 （例：卸売業者，小売業者，公益企業） 監督機関 利害関係団体 水利権

[a] Thompson(1999)，Office of Water Recycling(1997) より引用．

信頼の欠如もあるから，調査を行ううえでの透明性は，市民の支援を得るためにきわめて重要となる．水の再利用計画における市民参加については，26章でさらに詳しく述べる．

25.1.5 プロジェクト選択肢の特定

選択肢は，水の再生と再利用計画の基本的な，また二次的な目的に合致するようにつくられる．選択肢は，それぞれの目的がどのようにしたら最もよく達成できるか，という問いから生み出される．市民参加の助けにより，計画者が選択肢を特定することや革新的な解決案を見出すこともある（City of San Diego, 2005）．

水の再利用は，水に関する全体計画の目的を満たす単なる1つの選択肢であり，理想的には水供給の代替源や，供給管理手法，排水処理と排出の方法等と並列に評価されるべきである．現在と将来の状況分析から将来追加的な供給が必要と判断された場合，一連の新しい水源や供給管理の方法を特定しなければならない．考慮されうる水源には，表流水，地下水，海水淡水化，再生水，節水，導水，水の購入がある．工業用水の冷却水等，現位置での水のリサイクルの場合，水の再利用は需要管理手法と考えることができる．こうした水源の保全や再生は，他の水資源開発の必要性を未然に防いだり，遅らせたりすることもある（AWWA, 2001）．基本的な目的に見合う選択肢を考慮することがなければ，水の再生や再利用計画を実施する正当性は弱くなったり，損ねられたりする．水の再利用自身には，幾つかの代替手法，つまり本書の他章で述べられているような異なる需要の市場，再生処理方法，処理レベル，配水や貯留システムがある．構造物を伴わない代替手法も，構造物による代替手法と同時に検討すべきである．例えば，水需要の時間をずらすことで，ピーク時の需要を満たすための再生水貯留の必要性を減らしたりなくしたりすることができるかもしれない．

25.1.6 選択肢の評価と順位づけ

各々の選択肢は，実現可能性や提示されている目的との適合性に基づいて評価される．選択肢を評価する時に考慮される主な基準は，(1)市場調査，(2)技術的要素，(3)経済的な実現可能性，(4)財務的な実現可能性，(5)環境影響，(6)制度上の検討，(7)社会影響と市民の受容，である．このうち，(6)までは本章で述べ，市民の受容については，26章で考える．

(2)～(7)までは，すべての水資源プロジェクトに共通である．市場の実現可能性は，最初の基準であり，水の再生と再利用プロジェクトにおいて特に重要となる．再利用の市場を確保することは，水の再利用プロジェクトを成功させるために必須である．公衆衛生や水質，利用者や市民の受容等の水の再利用に関連する事柄により，自然の水源では一般に直面することのない複雑さが加わる．

図-25.1に示した一般化した統合的水再利用計画のモデルは，水再利用計画の選択肢を開発し，評価するのに有用である．それぞれの選択肢は，水の再利用に関わらないものを含め，プロジェクトの目的を満足させることができるかどうかで評価され，主な実現可能性の基準が適用される．もし，水の再利用が他の選択肢に比べて規定された目的を達成するという点で遜色がない場合，水の再利用という選択肢は，精緻化され，実現可能性の基準がより詳細に，かつ正確に適用される．

地理的な範囲や特定された潜在的選択肢の幅により，計画は，選択肢の特定，実現可能性の最初の基準を適用した選択肢のふるい分け，絞り込んだ選択肢の精緻化，そして実現可能性の基準のさらなる適用，といった繰返し過程になるだろう．

25.1.7 実施計画の開発

施設計画の段階は，ある部分は評価であり，ある部分は実行である．この段階では，徹底的な費用

対効果分析が実現可能性についての予備的なふるい分けで生き残ったすべての可能性のある選択肢について行われる．選択肢がふるい分けされ，より詳細な分析のための選択肢の数が狭まってくるに従い，実現可能性の基準は，より厳格に適用されるようになる．水の再利用の選択肢の評価に用いられる実現可能性の基準の例を表-25.2に示す．障害となりえるものについて，選択肢とし設計を始める前に，それを解決すべく真剣な努力をもって取り組む．推奨されるプロジェクトに必要な施設すべては，信頼性のある費用見積を作成したり，財源と監督機関からの承認を求めたりするために必要な詳細とともに特定される．再生水の市場調査について，さらなる手直しも行われる．手直しには，再生水の利用者となりうる人に対し，サービスの条件や再生水の予定価格を周知することも含まれる．建設資金調達計画や収益プログラムを作成し，財務的な実現可能性について明らかにする．制度的な実現可能性は，納入業者，卸売業者，小売業者，利用者と法律上，運用上の責任について合意に達することにより確立される．利用義務条例や利用者となりうる人からの同意書等の市場保障を取得する(Mills and Asano, 1998)．

表-25.2 California州San Diego市において再利用戦略の選択肢を評価する際に用いられている基準[a]

基準	目的と評価尺度
健康と安全	・リサイクルされた水の利用において，人間の健康と安全を守ること． ・リサイクルされた水の利用のための連邦，州，地方の規制基準に適合するか，それ以上であること．
社会的価値	・リサイクルされた水の有益な利用を生活の質の観点から，またすべての社会経済的なグループへの平等なサービスの観点から，最大化すること．
環境的価値	・地域の生物生息環境や生態系の価値を高め，もしくは発達させ，もしくは改善し，環境への悪影響を回避しもしくは最小限にとどめること． ・環境影響および(もしくは)環境価値向上，回避した環境影響，必要となる許可権の比較を行うこと．
地域の水の信頼性	・水の再利用による水供給の割合を大幅に増加させることで，他地域から水を持ってくる必要性を減ずること．
水質	・利用目的や顧客の要求に必要となる水質水準を満たすか，それ以上であること．すべての顧客の要求水質を満たすこと．
費用	・共同体に課される全費用を最小化すること． ・推定施設改善費用や運転費用，それぞれの再利用の契機における収入を比較し，また同様に将来における地域の上下水設備費用や代替水供給手段(例えば，海水淡水化等)の開発費用を回避する分との比較を行うこと．
運転の信頼性	・将来の状況の幅において，運転される施設の能力を最大化すること．対応する需要の水準とシステムの相互接続の機会と運転上の柔軟性について取り扱うこと．
実施能力	・実現可能性と致命的な欠陥について評価し，政治的な，また市民の受容を調べ評価すること．実施における物理的，社会的また規制上の困難さのレベルで示す．

[a] City of San Diego(2005)より引用．

施設計画の要素

施設計画書もしくは施設計画報告書は，一般市民，意思決定機関，管轄機関，資金調達機関，利用者となりうる人がプロジェクトに関して手に入れることができる主な書類である．環境影響報告書や，実現可能性報告書，市場調査報告書，財務的実現可能性報告書も有益な情報を提供するが，多くの重要な事柄に関する決定やプロジェクト計画の間に行われた分析については，それら報告書の目的とする範囲が狭いために省略されている．すべての様々な分析をまとめた1つのレポートがなければ，それぞれ独立した団体にとっては，様々な分析と最終的に推奨されたプロジェクトとの一貫性を見て取ることは非常に難しいのである．

水の再生と再利用方法を含めた施設計画の概要は，表-25.3のようなものが推奨される．表-25.3

表-25.3 排水の再生処理と再利用の施設計画の概要

項　目	説　　明
1	調査地域の特徴：地理，地質，気候，地下水盆，表流水，土地利用，人口増加
2	水供給の特徴と施設：機関の管轄，供給水の水源と水質，主要な施設と現状の容量についての説明，水利用の推移，将来の施設需要，地下水管理とその問題点，淡水の現在および将来の価格，補助金，小売価格
3	排水の特徴と施設：機関の管轄，主要な施設についての記述，処理水の水量と水質，水量と水質の季節変動や時間変動，将来の施設需要，再利用に関連する要素の供給源管理の必要性，現存の再利用についての説明（利用者，利用量，契約上の，また価格設定上の合意事項）
4	排出や再利用のための処理の要件とその他の制限：健康上の，また水質に関連した要件，利用者個別の水質の要件，利用地域の管理
5	再生水市場の調査：市場分析の手順の説明，再生水の潜在的な利用者の一覧，利用者調査の結果
6	プロジェクト選択肢の分析：計画と設計の仮定，水供給や汚染制御，その他のプロジェクトの目的を達成するためのすべての選択肢の評価．実現可能性の基準に基づく選択肢の予備的な選別．より詳細な評価検討のための，1つ以上の水再生の選択肢と少なくとも1つの水再生を行わない基本となる選択肢を含む絞られた選択肢の選定．それぞれの選択肢について，資本費用と運用維持費用，技術的な実現可能性，経済分析，財務分析，エネルギー分析，水質の影響，市民と市場の許容性，水利権の影響，環境や社会への影響，についての提示．そして以下の選択肢を考慮に入れた選択肢の比較と選択． a　水再生の選択肢：処理の水準，処理方法，パイプラインの経路の選択肢，異なる処理水準とサービス範囲に基づく代替市場，貯留の代替案 b　再生水に代わる淡水やその他の水供給の代替案 c　水再生のための水汚染制御の選択肢 d　プロジェクトの選択肢がない場合
7	推奨される計画：推奨される施設，予備的な設計基準，予想費用，潜在的利用者と取引契約のリスト，供給に関連して再生水需要の量と変動，供給の安定性，追加もしくは予備の水供給の必要性，実施計画，運用計画
8	建設融資計画と収入プログラム：設計と建設のための資金源と調達時期，再生水の価格設定方針，水供給の便益と汚染制御目的の間での費用分配，将来の再生水利用や淡水の価格，再生プロジェクトの費用，単位費用，単位価格，総収入，補助金，埋没原価，債務の予測，そして状況の変化に対する感度解析

[a] Asano and Mills(1990), TFWR(1989)より引用．

のすべての項目は，いつかどこかで水の再生と再利用のプロジェクトの中で関連性を持つものである．したがって，すべての要素がすべてのプロジェクトにおいて深く分析を行うに値するものではないものの，それぞれの項目は，考慮をされるべきものである．その分析や考慮は，提案されたプロジェクトの規模や複雑さに見合ったものであるべきである．排水もしくは水供給の側面についてどれだけ強調されるかは，プロジェクトが単一の目的なのか複数の目的を持つのかによって異なってくるものの，水の再生と再利用の性質から，両側面とも考慮されるべきであるといえる．

施設計画報告書

すべての基礎データ，調査方法，実現可能性解析の結果は，施設計画報告書に記されている．情報は，構造化された形で示されており，見たい時に簡単に入手でき，プロジェクトの注意深い分析や評価を提供するものである．施設計画報告書は，多くのプロジェクトの参加者や，資金調達機関，監督機関と同様，市民にも，徹底的な調査を行うための伝達手段となる．

25.2　水の再生と再利用計画における技術的課題

水の再利用プロジェクトの計画は，水供給と排水管理システムの計画や設計に関する多くの要素を

はらんでいる．しかし，水の再利用プロジェクトに特有で取り組まなければならないのは，以下の点である．

1. 水質．
2. 公衆衛生の保護．
3. システムの信頼性．
4. 水の再生と再利用に用いられる既存および新規処理技術．
5. 水の再利用への分散システムの適用．
6. 貯留と供給システムの立地と設計．
7. 再生水の需要と供給の整合．
8. 二系統配管システムと制御の利用．
9. 再生水の単一利用と複合利用．

これらについては，本書の2～4部で述べられている．

25.3　環境アセスメントと市民参加

プロジェクト評価における実現可能性の主な基準の一つは，悪い環境影響が回避できるか，もしくは緩和できるかである．連邦のプロジェクトでは，このことは，1969年に義務化され，米国における環境運動の帰結として1969年に連邦政府によりNEPA(National Environmental Policy Act of 1969：国家環境政策法)が制定されたことによるものである．この法律は，連邦プロジェクトによって引き起こされる環境影響についての調査と緩和を義務づけている．環境アセスメントの過程では，市民への通知と市民からの意見の機会をまた義務づけている．少なくとも20州が同様に州や地域のプロジェクトに適用される法律を成立させている．調査プロセスは，かなり詳細にわたり，本書の範囲を超えている．しかし，市民参加のコンセプトは，こうした法律で明記されている手続き以上に，特に水の再生と再利用のプロジェクトの成功に関連しているので，26章でより深く述べることとする．

25.3.1　環境アセスメント

NEPAの目的は，(1)人間と環境の生産的で楽しい調和を促進し，(2)環境や生物圏の被害を防いだり取り除いたりする努力を促進し，人間の健康と富を増進し，(3)国家にとって重要な生態系や自然資源への理解を深め，(4)Council on Environmental Quality(環境質審議会)を設立することにある(CEQ, 2005)．連邦予算を受けるプロジェクト，例えば，U.S. Bureau of Reclamationによって管理される水の再利用プロジェクト等は，たとえそれが地方機関により実施されるとしても，NEPAの規定に従わなければならない．

必要となる手続きには，段階的な環境分析が含まれ，そこでは重大な環境影響が起こりえるのか，また重大な影響が重大でないレベルまで緩和し減少させることができるのかを初めに明らかにする．影響が重大であれば，NEPAにより連邦機関は，EIS(environmental impact statement：環境影響報告書)を作成しなければならない．EISには，プロジェクトの選択肢による影響の詳細な分析と実施される緩和策を特定したものを記す．州の環境法も同様の構造を持っている(Kontos and Asano, 1996)．

25.3.2　市民参加とその広がり

参加型計画は，決定や政策の影響を受ける人は，政策立案過程において参加し，もしくは代表とな

るべきだという原理に基づいている．その前提は，専門のプランナーも共同体のメンバーもともに，プロジェクトの計画に価値ある貢献ができる，ということである．市民参加とその広がりの考え方は，単に市民にプロジェクト計画の結果を示しコメントを求めるということを超えている．その目的は，計画のすべての段階において一般からの意見を求める討論の場を提供し，初期におけるプロジェクトの目的の特定や，分析すべき選択肢の策定も含んでいる．プランナーにとって大変なのは，市民参加の最も効果的なやり方を見つけることである．つまり，誰に入ってもらい，どのレベルの影響について，プロジェクト計画過程のどこで，どういう形で参加してもらうかということである．意思決定における市民参加の程度や用いられる手法は，市民の知識や興味のレベル，議論の能力，特定の関心，技術面，規制面での制約によって異なってくる(House, 1999；Hartling, 2001；Marks *et al.*, 2003；RWTF, 2003)．水の再利用における市民参加とその広がりの方法については，**26**章で述べる．

25.4 水の再利用における法律・制度上の側面

水の再利用計画は，水利権法，水利用と排水規制，土地利用規制，環境および公衆衛生保護法等の様々な法律や政策，制度，規制の影響を受ける．水の再生と再利用プロジェクトの実施には，システム構築や水の再利用の信頼性に影響を及ぼす規則と同様，再生水の料金設定や制度的な合意形成についての政策の影響も受ける(U.S. EPA, 2004)．

25.4.1 水利権法

水利権とは，水を利用する権利であり，水自体の所有権ではない．表流水の水利権を決めている州法は，一般に以下2つの範疇に分けられる．河岸所有者特権の原則と先行割当ての原則である．地下水の水利権は，表流水の水利権とは一般に分けて考えられる(Getches, 1990)．水利権法や規制は，複雑である．それ故，熟練した法律の専門家に相談することが推奨される．

河岸所有者特権の原則

水利権における河岸所有者特権の原則は，米国東部の水の法の基礎であるが，他の地域における水の法の他の形式とも共存する．河岸所有者特権の原則の基本的な前提は，水を利用する権利は，所有権であり，河岸の土地を所有している者だけが表流水を使う権利がある，ということである．河岸の土地とは，平均の満潮時に水没する内陸の水，小川や川，湖，湾等に接する土地のことである．川や湖の岸の土地の所有者を河岸所有者という．その所有者は，幾つかの制限つきで，河岸の土地を流れる水の「妥当な利用」の権利がある．歴史的には，土地の所有者は，下流の河岸所有者の権利を守るために，川の自然の流量を変えないようにしておかなければならなかった．現在の妥当な利用についての解釈は，河岸所有者は，自然な流量にかかわらず，他の河岸所有者の水利用者に妥当でない損害を与えない範囲での利用，と規定している(AWWA, 2001)．利用者は，水を貯留したり，別の土地での利用に拡張したりすることは許されていない．未利用の水の部分は，無制限に保持され，権利を奪われることはない．

河岸所有者特権の原則には，以下3つの項目がある(AWWA, 2001；Dzurik, 2003)．
1. 妥当な利用．上流の河岸所有者の利用者は，下流の河岸所有者の妥当な利用を妨げない限り，有益な利用のために取水することができる．
2. 比例的権利．河岸所有者は，土地の所有権に比例して水の取り分を割り当てられる．渇水時には，それぞれの所有者の分け前は，比例して削減される．
3. 統制河岸所有者．直接の利用者は，水の利用についての州の許可書を取得しなければならない．

統制河岸所有者の権利は，政府の許可権や州の機関による規制のシステムの上位に位置し，裁判所でつくられた伝統的な河岸所有者の原則の最上位にある．

先行割当て

「先行割当て」の原則は，米国西部の州の多くにおいて水の法の基礎となっている．その原則は，西部の初期の欧州人移民の期間につくられ，最初に移住した人，主に鉱山労働者の水利用を後から来た人から保護する方法であった．その原則は，裁判所の決定や憲法の条項，州の法律により表現した形で法として形式化された(AWWA, 2001)．水を使用する権利は，「最初に使った者が権利を得る」という原則に基づいて付与される．水を利用する最初の当事者，上位の占有者が最も上位の権利を持つ．その後の水の利用者，つまり下位の占有者は，上位の占有者が権利に従って取水した後にだけ彼らの水の権利を得る．渇水時には，下位の占有者は，上位の占有者が需要を満たした後に余剰分があった場合だけ，水を利用することができる(Dzurik, 2003)．

それぞれの利用者は，有益な利用に用いることができる分以上の水を取水することなく，ある決まった量の水を取水することが許されている．ひとたび水が有効利用に用いられた後は，排水もしくは返流水を流れに戻すことを許されるべきである(AWWA, 2001)．上位の占有者は，水が有益でない目的に用いられていたり，定められた期間に使われていないと，先行割当て権を意志に反して失うこともある．「有益な利用」の解釈は，もともと経済発展するに従って偏りが生じうるものであって，幾つかの西部の州では，保全やレクリエーション，修景についても有益な利用の一部となっている．先行割当て権は，特定の利用や取水地点とも関係しており，利用や取水点の変更は，下位の権利への格下げの引き金となったり，州からの許可が必要となったりする(Dzurik, 2003)．河岸所有者特権と水の先行割当て権の比較を表-25.4に示した．州によっては，河岸所有者特権と先行割当て権の原則を組み合わせて運用している．

地下水法

地下水法は，2つの法的分類で定義されている．地下水流と浸透水である．地下水流とは，既知で定義された流路に流れ込む水である．浸透水は，決まった流路に流れ込まないその他すべての地下の水である．米国の多くの東部の州における規定では，水供給やその他の所有物に悪影響を及ぼさない限り，土地の所有者が妥当な利用のために地下水を揚水してもよい．

地下水盆への再生水の涵養により引き起こされる損害への潜在的な責任は，さらに難しい問題である．原告には，不法行為としうる多くの理屈があって，過失や厳しい生産物責任，超危険行動や瑕疵担保責任，生活への障害に対する厳しい責任について立証しようと試みることができる．契約条項によりこれらの幾つかの論点の適用を避けられるかもしれないが，契約上，誰も完全には責任から逃れることはできない(Schimeider, 1995)．

25.4.2 水利権と水の再利用

水の再利用計画の中で重要なのは，排出者，供給者，他の割当て権を持つ者，環境利益の中で誰が再生水を使う権利を有するか，ということである(Cologne and MacLaggan, 1998)．再生水が国家水保全プログラムの中でより重要になってきているため，法的論争が起こりやすくなっている．予測できる論争としては，再生水の所有権や契約義務の曖昧さを巡る衝突から来るものがある．水の再生と再利用とは，既に大いに利用されている資源の新しい利用である．水は，以前は利用された後に流れに戻されていたものである．再生水として販売するために処理水が処理場で留保されることになると，下流で流量が減少するため，それに頼っていた利用者から慣行として供給を受けていた水を奪うことになる．このような理由で，再生水の販売申込を差し止めた訴訟がある．以下に2つ例をあげる．

表-25.4 河岸所有者特権と先行割当て権による水利権の比較[a]

	水利権の形式	
	河岸所有者特権	先行割当て権
どのようにして権利が獲得されるか	河岸所有者特権は，河岸の土地を取得することにより得られる．河岸の土地とは，湖や流れの水に接している不動産として定義される．河岸所有者特権は，水の利用の権利であり，所有の権利ではない．	先行割当て権は，土地の所有権とは独立である．ある量の水の権利は，水を有益な利用に用いることにより得られるという基本的な原則に基づく．水供給が割当てのすべての需要を満たすことができない場合，権利上最後の，もしくは下位の者がまず供給を止められる―初めに得た者から権利を得る．
どのような利用を行うことができるか	合理的な目的であれば，何にでも利用することができる．	州法で規定された有益な利用のためであれば，何にでも利用できる．一般的な有益な利用とは，灌漑，採鉱，散水用の貯留，製造業，公益利用，家庭用水，修景利用等がある．
水を貯めることができるか	一般には，河岸所有者が豊水時において，後々の利用や放水のために水を貯留する権利があるかどうかは明確でない．河岸所有権を認めている州の幾つかでは，工場や水力発電のための貯留の許可権システムを始めている．	将来の利用のための貯留は，一般的に行われている．
どこで水を使うことができるか	河岸所有者の水使用は，河岸の土地にしばしば限られる．しかし，多くの州では，他の利用者に損害が及ばない限り，河岸の土地以外での使用を許可している．さらに，水利用は，採水した集水域に限られることがある．	水は，どこで使用してもよい．また，既得権を侵害しない限り，集水域の外で使用してもよい．
水をいつ使ってよいか	ある時にはいつでもよい．	先行割当て権は，しばしば特定の時間に限られることがある．例えば，日中もしくは夜間，夏もしくは秋，等．
権利の性格はなにか	家庭での利用分を除き，水の流れの河岸にある者は，共同所有者であり，水の合理的な利用について平等の権利がある．時限の権利を獲得しない限り，河岸所有者は，誰も決まった量を確保することはない．	先行割当て権は，平等ではありえない．なぜなら，最初に割り当てられたものが確実な量の水を確保するからである．割り当てられる者のニーズが少ない水使用量で満たされるならば，その割当て者は，少ない量の水しか確保しないことになる．
水利権を行使しないとどうなるか	権利は，利用の有無によらない．したがって，利用しなかったからといって失われず，放棄させられることもない．	権利は，適切な有益な利用が続いている限りにおいて保たれる．先行割当て権は，放棄させられることがある．

[a] AWWA(2001)より引用．

California 州 Roseville 市の例　市民が市を相手取った事例である(Cvil No.49608, California Superior Court, Placer County, 1977 年 9 月 30 日)．California 州 Roseville 市は，1977 年の渇水年に処理水を一部の灌漑者に販売する契約を結んだ．長年の間，処理水は Dry 川に放流されてきた．California State Water Resources Control Board は，処理水利用が下流の他の法的権利を持つ利用者に損害を与えるとして，販売を禁止する訴訟を起こした．

Washington 州 Walla Walla 市の例　Walla Walla 市は，下水処理水を自然河川である Mill 川に引き続き灌漑のため放流するよう市に求める地元の灌漑区により告訴された．裁判所は，市は下水処理水全量を一年中その川に放流しなければならない，と 2 度命令を下した．

排水再生機関と購入者の間の契約には，相互の義務を十分に明確にしていないものが多い．水再生

プロジェクトが広がっていくにつれ，従前の利用者とそれ以降の利用者との間に水の権利付与に関した対立が生まれてきた．これらの事件は，小さなものであるが，契約上のいざこざに対する最良の保険は，最初に当事者の見込みを明確にしておくことである，ということを実証した．近年，幾つかの州で水に関する条例が改正され，再生水のこうした権利問題を解決しようとしている．California 州では，別途合意書が交わされない限り，排水処理施設は，未処理排水の排出者に対して排他的な権利を持っている．これらの変更により，排水を発生している他の事業者と協議をする必要がなくなった．しかし，どの分野の法律においても見られるように，答えは，確実に与えられ得ない．特定の法律上の問題は，訴訟を通して裁判所で，もしくは法案を通して議会で取り組まれるまでは，その解決法は，推定的な表現でのみ示されうる(Richardson, 1985)．

25.4.3 政策と規制

政策と規制は，権限を持つ幾つかの政府機関により管理される．米国の水政策の基礎的な原則として，連邦政府は，個々の州が水利用や配分に関する独自の政策を作成し管理するという本来の役割を尊重しなければならない．しかし，環境規則等の連邦法は，しばしば州の水政策に干渉する (Cologne and MacLaggan, 1998)．水の再利用には，連邦および州の規則同様，WHO(世界保健機関)ガイドラインも考慮しなければならないことは，4章で述べたとおりである．

25.4.4 組織連携

水再生プロジェクトは，最低限，再生水の供給者と利用者の相互関係を含む．より典型的には，幾つかの事業者が関係する．別々の団体が排水の収集，下水処理，再生水の配水，水の卸売り供給，水の小売販売の責を負っているということがありうる．これらすべての事業者が水の再生と再利用プロジェクトをうまく運用するために，協力したり，責任分野を新たにつくったりしなければならないかもしれない．規制の観点から見ると，水質や水供給，公衆衛生，農業，水の料金設定を管理する当局からの許可権や承認が必要となるかもしれない．規制機関は，計画過程の初期に関与しているべきである．水の再生や再利用プログラムの実施時に起こりうる幾つかの複雑さについては，California 州の水再利用プロジェクトの事例を扱う次節で述べる．

25.5 事例：Walnut Valley Water District(California 州)における制度設計

California 州南部に位置する Walnut Valley Water District は，複雑な組織構成を示す典型例である．この水組合では，水再生プロジェクトにより再生した水を，給水区域内だけでなく，隣接する給水区にも配水している(Bales et al., 1979)．

25.5.1 水管理の課題

計画期間中の本プロジェクトの経済的・財務的実現可能性を理解するためには，水供給の源から末端の水利用者に至る水供給の基盤施設を理解する必要がある．水供給には，連携する水供給組織が関与している．Walnut Valley Water District への飲料水供給に関連する組織構造を図-25.2 に示す．

再生水は，これとは別の連携組織を通して本給水区に配水される．County Sanitation Districts of Los Angeles County と Pomona 市との間で結ばれた合意により，Pomona 市は下水処理場からのす

第 25 章 水再生・水再利用のための計画

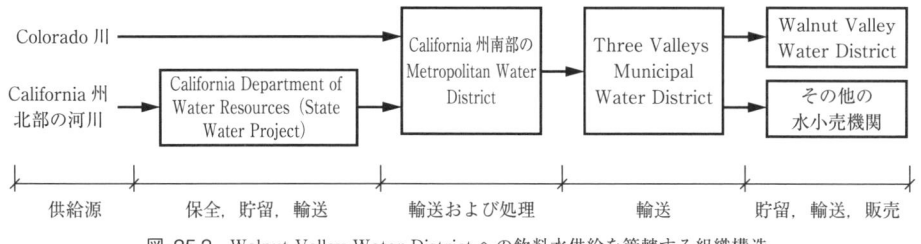

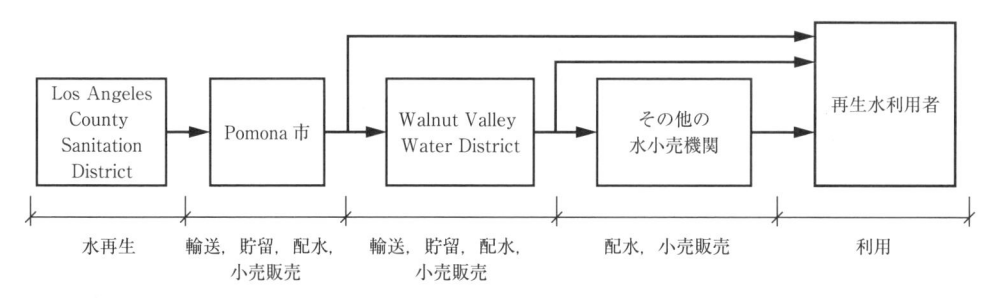

図-25.2 Walnut Valley Water District への飲料水供給を管轄する組織構造

べての放流水に対する権利を与えられている．Walnut Valley Water District，同組織の再生水供給者，Pomona 市の三者の間で合意事項を交渉する必要があった．また，Rowland Water District 内の利用者が本プロジェクトに参画できるように，Walnut Valley Water District と Rowland Water District との間での合意もなされた．このような状況下において，Walnut Valley Water District は，再生水の配水のためのすべての施設を建設・運用している．Rowland Water District は，配水施設の運用はせず，Walnut Valley Water District から再生水を購入し，管轄区域内の利用者に使用量に応じた料金を請求している．再生水の元売価格および小売価格を決定するにあたっては，各組織の独自の料金体系が考慮された．Walnut Valley Water District 水再生プロジェクトにおける各組織の関係を図-25.3 に示す．

図-25.3 Walnut Valley Water District への再生水供給を管轄する組織構造

25.5.2 得られた知見

実現可能なプロジェクトにするためには，再生水の供給源と潜在的な再生水利用者に対して，特定の一機関の管轄区域を越えて，より広域的な管轄区域が必要となった．このため，再生水供給源の確保，再生水を複数の管轄区域内に供給するための権限の承認，費用および利益の組織間の配分方法の確立について，複数の組織間で合意がなされた．

25.6 再生水の市場評価

水再生プロジェクトの計画において鍵となる作業は，再生水を積極的に利用してくれる潜在的な利用者や顧客を探すことにある．市場評価には，再生水利用における様々な制約に関する基礎情報や潜在的な利用者・利用位置の詳細情報の収集が含まれる．基礎情報や利用者データに基づいて，潜在的な利用者が再生水を実際に利用できるかどうかを判断することができる．また，この情報は，潜在的な利用者自身が再生水を利用するかどうか決定することにも有用である．利用者が再生水を使用するかどうかは，再生水が市場において自由に扱われるか，強制的に取引きされるのかにも依存する．再生水のマーケティング方法は，その次に考慮される．

潜在的な利用者を特定することに加え，市場評価を行うことで，プロジェクトの選択肢を考案するために必要な多くのデータを得ることができる．利用者に関する情報は，以下のことを決定するために必要である．(1)施設の位置とその能力，(2)設計基準，(3)再生水の価格設定方針，(4)財政的な実現可能性，(5)再生水によって代替される水道水やその他の淡水資源の量，(6)本プロジェクトの制度的枠組み．

利用者が再生水を利用するかどうかは，水質，利用可能性，適用先への適合性等に依存する．再生水に対する利用意志は，利用が自主的であるかどうかに依存する．利用が自主的であるとすれば，費用，水質，利便性の観点において，再生水がその他の淡水資源と比べてどの程度優れているかということも重要になる．特に再生水を自由に市場でやり取りする場合には，利用者の水供給の状況に関する知見を十分に得ることが必要である(Asano and Mills, 1990；Mills and Asano, 1998)．

25.6.1 データ収集と解析の手順

解析のための基礎情報の収集は，表-25.5に示したような複数の手順からなる．手順1から手順6は同時に行い，手順7および8よりも先に(少なくとも予備的に)取り掛かる．手順7に必要な情報を表-25.6に示す．計画の中でデータの精度を高めたり，潜在的な利用者に関する追加データを得るために，ある程度これらの手順を反復して行うこともありうる．データ収集の第一段階は，大口の水利用者に焦点が絞られ，利用目的の種類や予想される年間使用水量等の基礎情報が集められる．施設の代替案が具体化するにつれ，より詳細な情報が収集され，小規模な利用者も特定される．利用者からのより詳細な情報を収集し，プロジェクトに関する情報を利用者に提供するために，計画が進行するとともに潜在的な利用者と複数回連絡をとる可能性もある．情報を共有し，専門家による回答の

表-25.5 再生水市場評価のための基礎情報収集の手順

手 順	説　　明
1	対象地域内の潜在的利用者の一覧を作成し，地図上に示す．利用形態によって，利用者をグループ化する．この作業を行う際には，小売りの水機関と協同することが非常に有用である．
2	監督官庁と相談しながら，公衆衛生に必要な要件を決定する．これらの要件は，様々な利用形態に対する処理レベルや，利用場所に適用する適用要件(飲料水供給を守る逆流防止装置，許容可能な灌漑方法，再生水の滞留や流出を防止するための利用地域管理，再生水と接触する作業者・住民の保護)を決定する．
3	不快性や水質の問題が発生することを防ぐために，地下水水質を保全するための制限等の水質規制基準を定める．
4	工業用冷却水，作物の灌漑水等，様々な利用形態に適した水質の要件を定める．大学の農場顧問は，この点，有用なアドバイスをしてくれるかもしれない．
5	対象地域にサービスを提供する水の元売・小売機関を特定する．現在および将来において(再生水利用者に適用されうる)淡水(水道水)供給価格に関するデータを彼らから得る．また，供給されている淡水(水道水)の水質に関するデータも得る．
6	再生水の原水を特定し，処理後の再生水について予測水質を評価する．様々な処理レベルにおいてどのような利用形態が許容できるか，公衆衛生の要件と様々な利用形態(工業用水，農業用水)に求められる要件に基づいて決定する．
7	利用者の再生水に対する利用可能性や意志に関する詳細なデータを得るために，特定された潜在的な再生水利用者に対して詳細な調査を行う．収集すべきデータの種類を表-25.6に示す．これらのデータの多くは，利用者から直接得る必要があるが，別の情報源から得られる基礎情報から評価できるデータもある．
8	潜在的な利用者に対して，適用される規制，淡水資源と比較して様々な処理レベルによって得られる再生水の水質，再生水利用の信頼性，予想される再生水・淡水(水道水)の価格等を通知する．予備的に，再生水を受け入れる潜在的な利用者の意志を確認する．

表-25.6 再生水市場調査に必要な情報[a]

項目	説明
1	再生水を使用する特定の潜在的利用者
2	利用者の位置
3	過去・将来にわたる水量のニーズ(水需要は,変動するため,少なくとも過去3年間の使用量データを収集すべきである)
4	水需要のタイミング(季節変動,日間変動,時間変動)
5	水質のニーズ
6	水圧のニーズ
7	再生水の利用可能性や水質等に関する信頼性のニーズ(水供給の中断や水質変動に対して,利用者は,どの程度影響を受けやすいか)
8	使用後の余剰再生水の処分に関する利用者のニーズ
9	再生水を受け入れるために必要な現場での処理や配管装置の特定
10	再生水を受け入れるために現場での処理に必要となる,自己資本投資や運転・維持費用
11	現場での費用の回収に充てられる再生水の金銭的節約,所要返済期間,現場での投資における収益率
12	現在の水源,水を購入している場合は,現在の水小売機関,現在の水源の費用
13	利用者が再生水利用を開始する準備が整う時期
14	農業用地から都市開発への転用等,再生水利用を中止することになりかねない将来の土地利用計画
15	まだ開発されていない潜在的な場所については,水需要が生じる時期,現在の状況,開発スケジュール
16	プロジェクト条件の見込みを通知した後の,再生水受入れに対する利用者の意志

[a] Mills and Asano(1998)より引用.

機会を用意するために,潜在的な利用者を交えた会議を開催することも有用である.

25.6.2 水源の比較

仮に再生水利用が既存の水利用に置き換わったり,新たな水資源の開発を相殺することになる場合には,供給される淡水資源に関する十分な知見を得る必要がある.この知見は,再生水利用者の認可や影響を受ける水供給者の協力を得たり,水道水の純節約量や経済的・財政的な実現可能性を決定するためにも必要である.これらの情報は,市場調査や,地域の水供給者との面接から得られる.

再生水利用者は,質,量,依存度,安全性,費用といった観点において再生水とその他の淡水資源を比較する.計画者は,再生水が利用不可能になった場合に,利用者が使用することになる現在および将来の淡水資源を確認する必要がある.利用者が飲料水の小売地区や淡水供給区域内に存在しているということだけで,利用者が供給者から水を購入すると仮定してはならない.多くの利用者は,自己水源としての井戸を有しているからである.個々の井戸の利用者は,水供給の顧客とは水供給費用に関して異なる意見を持っている可能性がある.

25.6.3 費用と収益の比較

多くの場合,水供給者は,水再生の費用と収益を現在の淡水(水道水)供給,将来の水供給開発,別の供給者からの水の購入の場合と比較するかもしれない.水の元売や小売のサービス区域,およびそれぞれの供給者と関連している潜在的な利用者を確認しておかなければならない.水再生計画者は,淡水資源の供給に精通し,水資源の確保,処理,配水のための主要な設備について熟知しておく必要がある.この知見があれば,再生水を供給することによって,どのように特定の淡水資源の需要を相

殺できるか評価することが可能である．このことは，結果的に淡水供給費用の削減だけでなく，関連する収益の削減にもつながる．場合によっては，費用削減を収益削減が上回り，水供給者が損失を出すことになる．費用と収益は，水の元売や小売供給者の視点からそれぞれ評価しなければならない．各機関がどのような影響を受けるのかを理解することによって，水供給者と下水処理機関との間で水再生の費用と収益を公平に負担し，全面的に協力できるような計画を立案することができる．

費用データを収集する時は，固定費用と変動費用を区別することが重要である．再生水の利用は，淡水供給の変動費用を削減するが，既存の設備の債務元利未払金(debt service)等の固定費用の削減にはならない．

小売りによる水供給

小売りによる水供給者は，水質，飲料水・淡水(水道水)価格，水需要に関するデータを収集するうえで有用な情報源である．水供給者は，実際の利用者の水使用記録を容易に提供できる場合が多い．複数年の記録を利用することで，渇水の年や多雨の年のデータに影響されることもない．

25.6.4 市場の保証

計画の市場評価段階の間に，再生水を利用可能な潜在的な利用者のリストを作成する．このリストは，利用者に再生水を供給するための代替案を具体化することに利用できる一方，評価自体は，このプロジェクトに参画する利用者の意志を汲んだものでなければならない．潜在的な再生水利用者が参画に反対する理由は様々である．しばしばあげられる理由を表-25.7にまとめた．これらの課題を解決するためには，市場評価や水再生プロジェクトの本質と便益を利用者に伝えることを通して利用者の需要を十分に把握するしかない(**26章**参照)．

表-25.7　再生水使用における顧客の主要な懸案事項

主な懸案事項
・水道水の費用と関連して，再生水の価格が非常に高額である
・配管の変換工事の費用を賄うことができない
・水質と信頼性
・従業員が潜在的な健康危機に曝される
・労働組合の反対の可能性
・再生水供給に対する信頼性の欠如
・水供給費用が十分に低いため，再生水利用に伴う追加的な不便性を許容することができない
・法的責任と訴訟

潜在的な再生水利用者の意志の度合い

潜在的な利用者の意志の度合いを測定するには，様々な方法がある．計画段階の間に，通常，以下のような選択肢がある．

1. 面接．
2. 潜在的な利用者の署名入りの書面．プロジェクトの一般的な理解と参画への関心を示したもの．
3. 潜在的な利用者の署名入りの書面．供給量，水圧，現地での転換を行う責務，供給日程，再生水の予想価格等，再生水サービスの条件を理解したことを示すもの．

推奨したプロジェクトを始める契約を結ぶ前に，各利用者の意志を確認する書面をとることを勧める．書面には，利用者がプロジェクトを十分に把握し，プロジェクトへの参画意志を持っていることを明確に示すように，サービスの詳細や財政的な責務等を含めるべきである．しかし，これらの書面

には法的拘束力がないため，利用者がプロジェクトに参画することを保証するには不十分である．設備建設のための財務的約定が締結される前に，通常，より強力で法的にも強制力を有する契約が必要となる．

仮に，利用者が計画期間の間にプロジェクトに参画する意志があることを示す書面や，プロジェクトの設計段階前に契約書に署名することを拒んだ場合は，主な懸案事項を解決することはできない．これらの懸案事項が建設契約を発注する前に解決できない場合には，大きな投資は，リスクを負うことになる．過去の経験では，潜在的な利用者は，初期には再生水の利用に前向きな関心を示すが，長期の契約を拒否したり，設備が完成した後に再生水を利用することを拒むといったことがしばしばある．プロジェクトの建設工事を進める前に，確固たる参画のための交渉を完了すべきである．確約を得るまでの作業は大変であるが，潜在的な顧客の支援と信頼を得るためには必要である．また，隠れた課題を早期に明らかにするうえでも有用である(Asano and Mills, 1990)．

サインのない契約では，水再生プロジェクトへの利用者の参画を期待するには心許ない．California州における16の水再生・再利用プロジェクトにおける調査では，わずか4分の1の水供給機関が初期計画量の再生水を配水しているのみである．初期計画量の50％未満の配水を行っている水供給機関は4分の1を占める．同じ調査において，28のプロジェクトを対象として，設計の経過時間についてもデータが収集された．3分の1のプロジェクトでは，設計に2年以上費やしても建設に至らなかった(設計開始から5年以上経過している事例も含む)．計画水量以下の配水や計画の実施に長期間を要するプロジェクトでは，ほぼすべてにおいて水再生プロジェクトの計画段階で取り組むべき課題を抱えていたことが明らかになった．水需要量の評価に信用できないデータを利用したこと，機関間の対立等は課題の一例であり，潜在的な利用者から再生水購入の同意を得られなかったことは，最もよく見られる問題である(Mills and Asano, 1996)．利用者の参画を保証するためにも，法的に強制力のある合意が必要である．

市場の保証の種類

水再生プロジェクトが成功したかどうかは，最終的にプロジェクト期間において，予測された量の再生水を供給できるかどうかで判断される．この目標を達成するためには，十分な再生水市場が存在することの保証がなければならない．市場の保証の例は，以下のとおりである．

1. 土地所有：再生水プロジェクトが適用される土地を機関が所有している．
2. 借地契約：再生水プロジェクトが適用される土地を機関が賃貸している．
3. 利用者契約：利用者と再生水供給者間で結ばれた法的に強制力のある契約の定めるところに従って，再生水が利用者に売られている．
4. 強制的な再生水利用命令：「水利用者には，水供給者から別の水資源の供給を受ける代わりに，再生水を受け入れる義務がある」とする法的強制力のある命令が小売の水供給者から水利用者に強いられている．
5. 広域水利権の権限：再生水が利用可能な場合，国，州，地方自治体は，淡水利用の権利を制限する権限を有する．
6. 再生水利用許可・非公式な協定による販売：長期義務がない許可または非公式な協定の要項に従って，再生水が販売・供給される．

上記は，一般的に市場保証の高い順に並べたものである．権限を行使する管轄機関や自治体の意思によって，また権限行使の容易さによって，命令や水利権の権限は非常に強くなる可能性がある．

水再生プロジェクトが水質汚濁防止目標を満たすことを意図する場合，プロジェクトの成功は，下水処理場からのすべての放流水を利用者に受け入れさせることにかかっている．特に表流水への放流が制限されている場合には，水の再利用は，放流水を処理するための唯一の手段である．施設計画では，現在および将来の予測水量に対する再生水の市場を特定し，たとえ施設が段階的に建設されると

しても，その市場に再生水を供給するための施設を記載すべきである．放流違反を防ぐためには，施設の寿命を通してしっかりとした再生水の市場保証が必要である．下水処理機関としては，土地を購入したり，長期間借地を行い，放流水を土地に処分する選択肢を検討するかもしれない．長期間の利用者契約も使用される．

マーケティングへの自主的・強制的アプローチ

プロジェクトの発案にあたっては，再生水を市場で扱う方法として，自主的アプローチか強制的アプローチのいずれをとるか決定しなければならない．どちらのアプローチをとるかは，地域の状況やプロジェクトの目的による．自主的なアプローチでは，再生水を供給する土地に自発的な売り手が見つかれば土地所有することも一案である．また，土地の所有者が再生水供給機関に積極的に土地を貸与すれば，借地契約を結ぶことも一案である．仮に，積極的な土地所有者が見つからない場合は，強制的なアプローチを採用し，再生水供給機関は，土地収用権を行使することになるかもしれない．プロジェクトの目的が処理水の処分である場合には，これらの2つのアプローチは最も一般的である．

利用者との契約は，自主的になされるものであり，再生水の提供者と利用者との間で，再生水の販売や譲渡に関して長期間有効で法的拘束力のある責務について相互に同意が交わされる．契約には，再生水サービスの責任，義務，条件，二者間の法的責任等について定めた規定を含めるべきである．再生水利用者契約に入れることが望ましい規定のリストを表-25.8に示す．

表-25.8 再生水利用者協定における望ましい規定[a]

規　　定
・契約期間：期間と終了条件
・再生水の特性：水源，水質，水圧
・再生水の需要量
・再生水需要の流量変動（日内変動，季節変動）：利用者側のニーズ，供給者側の許容範囲を考慮
・供給の信頼性：供給停止の可能性とバックアップ供給
・使用開始時期：いつ利用者は使用を開始するか
・再利用のための特定の地域と条件
・支払協定：再生水の価格設定と施設，借地費用の支払い
・施設の所有と優先権
・運用と維持の責務
・問題点の通知：利用者は，再生水提供者に規制要件の違反を知らせる義務がある．再生水提供者は，利用者に水質基準違反，供給中断を知らせる義務がある
・法的責任：例えば，利用者契約では，再生水の利用に伴って生じた損害については，再利用機関の過失がない場合は，再利用機関の責任はないとすべきである
・運用計画：モニタリングを行い，再生水の安全な利用を保証するために，再生水提供者と利用者は，運用を行う．利用者は，規制要件に従う義務がある
・契約規定の違反：違反の定義，罰則および改善措置の詳細
・現場での再利用施設の点検：利用者の敷地に入り，建設・運用期間中の再利用施設を点検する権利

[a] TFWR(1989)より引用．

強制利用命令

強制利用命令(mandatory use ordinance)とは，代替の水供給（通常は飲料水）の代わりに再生水の利用を義務づけるために，水道局等の地方自治体が利用する規定や法律である．命令の名称は，管轄区域によって様々であるが，命令を発する機関が再生水と代替の水の双方の小売供給者（その地域の利用者は，どちらかの水供給に依存せざるをえない）である場合にのみ法的効力がある．機関が双方の水供給に対する管理権限を有する場合，淡水水源の利用を制限することもできるし，再生水の代わ

りに淡水水源を利用した場合に罰金を課すこともできる．水の元売機関は，水利用と直接的な関係はないため，その権限は制限されている．しかし，小売機関への淡水水源の販売に対して，元売機関が罰金や制約を課すことで，小売機関に再生水の利用を強要することができる．

強制利用命令に含めることが望ましい規定を表-25.9に示す．強制利用命令は，現在，淡水資源を利用している既存の開発地域にも適用することができる．また，二系統配管工事や二系統配水システムの構築を建設期間中に要求することにより，新規の開発にも適用することができる．ある地域においては，再生水サービスの費用効率が悪く，実現可能性は低いかもしれない．したがって，強制利用命令では，命令の及ぶサービス地域を特定すべきである．高額な変換装置の費用が必要になる場所や塩分の影響を受けやすい風致林を含む場所等，再生水利用の障害となるような特殊な事情は常にある．再検査を申請したり，権利放棄を認めたりするためには，強制利用命令は，正式な手続きを要する．

表-25.9　強制使用命令における望ましい規定[a]

規　定
・再生水の利用が義務づけられる水利用形態の指定
・再生水を利用する際に遵守しなければならない条件や，将来の再生水利用を見越して配管工事を行う新規開発が遵守しなければならない条件の指定
・どの水利用者が再生水サービスに転換し，どの水利用者が新たな水サービスに基づいて再生水を受け入れるための配管工事をするか，を決定する手続き
・潜在的な利用者に命令の内容(プロジェクトの情報，命令に伴う利用者の責務，再生水の価格，現場で必要となる装置の要件等)を通知する手続き
・利用者の権利放棄の手続き
・命令を遵守しなかった場合の罰則．罰則の例としては，淡水(水道水)供給の接続中止，淡水(水道水)価格の50％上乗せ等がある

[a]　Office of Water Recycling(1997)より引用．

水の廃棄および不適切な利用

California州では，「水の廃棄および不適切な利用」に関する原則を憲法に取り入れている．この原則の拡張として，州議会は，ある条件下(公衆衛生の保護，適切な費用，適切な水質)において飲料水の代わりに再生水を利用することを求める法律を立案した．しかし，この州権限の行使は，面倒であり準司法的な手続きが必要となった．この原則は強力であるが，地方の水供給者を管理するものではなく，適用例は僅かに数例しかない(Cologne and MacLaggan, 1998；Mills and Asano, 1998)．

25.7　水の再生と再利用の財務評価に影響を与える要因

経済的実現可能性と財務的実現可能性の2つは，プロジェクト評価のための主要な基準である．2つの基準は類似しており，これらの用語はしばしば同じ意味で用いられているが，古典的な水資源経済学で定義されたように，これらには異なる位置づけがある(James and Lee, 1971)．経済的な分析を通して確立された経済的実現可能性では，プロジェクトの結果として得られるすべての便益がそのプロジェクトなしに発生する便益よりもプロジェクトの費用以上に多くなるかどうかを評価する．すべての便益がすべての費用よりも多ければ，そのプロジェクトは経済的に妥当と判断される．共通の基準に基づいて便益と費用を計算できるように，手順が経済学者によって開発されてきた．共通の基準に基づくことにより，プロジェクトの選択肢同士を比較することが可能になる．プロジェクトの建設に資金を投資したり，債務返済やプロジェクトの運用に対して収益を上げることができるかどうかは，財務的な分析に基づいている．経済的妥当性と財務的実現可能性は，必ずしも整合性があるわけではない．たとえ，すべての金銭的な便益がすべての費用を上回ったとしても，プロジェクトを実現

するための財務的な機構が整っていないこともある．したがって，プロジェクトの純便益を計測するよりも，プロジェクトが実現可能などうかを見極めるために財務分析が利用される．簡単に表現すると，経済分析では，プロジェクトにおける建設を進めるべきか，という課題を取り扱うのに対して，財務分析では，プロジェクトにおける建設を進めることができるか，という課題を扱う(Mills and Asano, 1986, 1987)．

経済分析と財務分析の基礎原理を網羅する書籍は多いが，これらの分析自体と，実際に水再生や再利用プロジェクトにこれらの分析を適用する場合の差異については，技術者や計画者にも十分理解されていない．経済分析，財務分析は，しばしば経済的な素養の乏しい技術者や計画者によって行われ，また，これらの分析は市民や意思決定者に理解されなければならないため，水再生・再利用に適用する際の基本的な概念をここで説明する．水再生・再利用プロジェクトの不適切な費用便益計算につながるような，計画段階での共通の問題点を以下で議論する．また，計画の展望，計画対象期間，貨幣の時間的価値，インフレーション，費用指標も考慮する必要がある．これらの議論については，25.8（経済分析）と 25.9（財務分析）の基礎となる部分である．本節，次節における詳細かつ理論的な議論については，工学および水資源経済学の参考書を参照されたい．

25.7.1 再生水利用と計画における共通した問題点

費用便益計算における手落ちやプロジェクトの不適切な設計につながるような水再生・再利用計画における共通の問題点や誤認する点としては，(1)視点，(2)外部性の考慮の欠如，(3)事前事後におけるプロジェクトの比較，等があげられる．

視 点

費用と便益は，特定の視点によって異なるものとして把握される．水再生・再利用計画における共通した問題点としては，単一の視点のみで事を進めてしまうことがあげられる．通常，プロジェクトを提案する機関の視点で事が進められる．水再生・再利用プロジェクトを成功させるには，広く市民の支援を得て，再生水を積極的に受け入れてくれる利用者の意志を高めることが重要である．また，プロジェクトには複数の機関が関わることもある．分析にあたっては，これらの複数の視点を念頭に入れて行わなければならない．

外部性の影響

外部性を無視するということも，計画段階で見られる一般的な誤りである．ここでいう「外部性」とは，個人，グループ，団体によってなされた行動や決定が意思決定プロセスで考慮されなかった人々に及ぼす影響と定義される．例えば，下流側の自治体にとっては水資源である河川に，上流側の自治体からその影響を考慮することなく下水処理水を放流すること等があげられる．水処理費用の上昇を考慮しないことも，外部を無視することの一例である．下流の生態系に与える影響を考えることなく，処理水を地域での利用のために転用することも一例である．

プロジェクト比較の基礎

プロジェクトとその選択肢の便益を特定するにあたっては，そのプロジェクトの前後ではなく，そのプロジェクトの有無を考慮した比較を行うべきである(James and Lee, 1971)．プロジェクトの実施後に，プロジェクトを実施しなくても結局得られていたかもしれない何らかの成果が得られるかもしれない．プロジェクトの実施に依存する成果については，プロジェクトの費用と便益を査定するために分けて考えなければならない．例えば，現状，二次処理水で得られている再生水の利用拡大を進めるために三次処理を導入する場合，再生水を既存の利用者に引き続き配水することは，新規に行っ

た三次処理の便益とはみなされない．

25.7.2 プロジェクト分析の観点

プロジェクトの費用と便益を決定することは，分析をどの視点（事業者，料金納付者，社会）に基づいて行うかに依存している．いかなる費用・便益も見落とさず，意思決定者に最大限の情報を提供するため，それぞれの視点からプロジェクトを評価すべきである．しかし，プロジェクトの財務分析には，すべての視点を取り入れなければならない．

事業者の観点

事業者の観点から分析を行うと，事業に直接影響を与える費用と便益のみが分析に含まれる．例えば，事業に関する費用としては，土地，施設，供給，手数料，コンサルタント，技術者，請負業者，その他の機関，運用管理者，金融費用，公共施設のスタッフに対するものがあげられる．民間資本や自治体の補助金は，直接的な事業費用を削減する．一般的に外部の状況は，分析の中で考慮されない．

料金納付者の観点

料金納付者の観点からの解析には，事業者から水利用者に課せられる費用や，料金納付者の直接的な費用と便益が含まれる．例えば，再生水購入のため，再生水利用者は，事業者に料金を支払う．さらに，灌漑水利用者は，再生水中の栄養塩のおかげで肥料費用を削減できるという便益があるかもしれない．工業水利用者は，再生水に含まれる成分の負の影響を相殺するために，化学処理を追加しなければならないかもしれない．飲料水利用者の場合，飲料水の利用量が少なくなる中で，飲料水システムの固定費用を賄うために料金が上がるかもしれない．

社会的な観点

外部効果を含んだプロジェクトのすべての便益と費用を考慮して最適な選択肢を決定するために，社会的な観点が用いられる．したがって，社会的な観点は経済分析に適している．

25.7.3 計画と設計の対象期間

施設計画，設計，経済的評価，財務分析等に重要な対象期間は複数ある．
1. 計画期間（planning period）とは，施設の必要性を査定し，費用対効果や長期間の実施に対して選択肢を評価するための全期間を指す．
2. 設計寿命（design life）とは，建設される施設が設計能力に達すると期待される期間を指す．
3. 耐用期間（useful life）とは，施設あるいは施設の一部が交換・廃棄されるまで運用されると見積もられた期間を指す．通常，その施設が機能を果たすことができる期間と同等である．しかし，機能を果たすことができても施設が有用でなくなる事例もあり，そのような場合には，耐用期間は運用年数よりも短くなる．耐用期間は，計画期間よりも長い場合もあり，短い場合もある．
4. 資金調達期間（financing period）とは，債務契約を履行したり，進行中のプロジェクトの返済に要する期間である．この期間も計画期間よりも長い場合もあり，短い場合もある．

計画期間中に考えられる代替案は，計画期間中の計画目標をすべて満たすべきである．各選択肢は，計画期間の建設の各段階について評価を行うべきである．各選択肢の最終的な設計案は，計画期間全体のニーズを考慮しているのに対し，建設の初期段階では，計画期間の一部しか考慮されていない．

各プロジェクトの要素の設計寿命に最適な期間は，将来のニーズ，要素の耐用期間，施設拡充のための実際の能力，要素に関連したスケールメリット等をどの程度正確に予測できるかに依存している．

25.8で議論されている費用分析(worth cost analysis)では，施設の種類に応じて異なる段階化の間隔を評価することによって最適な設計寿命を算出することができる．しかし，需要予測において，量にせよ，地理的なことにせよ，不明瞭な部分がある場合には，初期段階の設計寿命は短い方が良い．多くの水再利用プロジェクトの実例においても，将来の再生水需要を予測することは，不確定要素の高い作業である(Mills and Asano, 1996).

25.7.4 貨幣の時間的価値

一般的に，貨幣には，時間的価値があると考えられている．例えば，現在手元にあるドルは，すぐに投資したり，消費したりすることができるため，1年後にドルが手に入るという約束よりも価値がある．この便益は，貨幣の使用に対して利子を課することの基礎である．貨幣の時間的価値には，プロジェクト評価におけるジレンマがある．プロジェクト期間における資金の流れや運用費用が異なる別々のプロジェクトをどのように比較すればよいだろうか．単に費用を追加するだけでは，貨幣の時間的価値を反映することにはならない．

利率は，貨幣の時間的価値の尺度である．利率は，インフレーション，税率，投資リスク等の影響を受ける．しかし，たとえインフレーション，税，リスクのない条件を仮定しても，貨幣の使用における収益率の公算は，ある程度ある．分析でどのような利率を使用するかは，分析の目的による．この点については，25.8，25.9で議論する．

利率係数は，ある時の金融取引の価値から別の時の金融取引の価値を計算するために利用される．受取利息，ローン返済，異なる時点における資金の等価価値等を計算するために，単利と複利の利率係数に関する公式がある．それらの公式の実例は，**附録H**を参照されたい．経済分析と財務分析における貨幣の時間的価値の適用例は，25.8，25.9で説明する．

25.7.5 インフレーションと費用指標

経済分析と財務分析で使用する費用を評価するにあたっては，インフレーションを考慮しなければならない．インフレーション，また一般的ではないがデフレーションは，それぞれ商品やサービス価値の上昇と下降である．全体的なインフレーションは，経済全体における価格に影響を与えるため，貨幣の購買力の変化を反映する．特異的インフレーション(differential inflation：全体的なインフレーション率と比較した時の特定の製品のインフレーション率の差)とは，特定の製品の欠乏や生産の効率の変化を反映することを表している．

計画時に使用される費用見積は，過去のプロジェクトの実例に基づくことが多い．費用指標は，過去のインフレーションの履歴を捉え，当時の実際費用(historical cost)を現在の費用に調整するために利用される．消費者物価指数(consumer price index)は，全体的なインフレーションの一般的な尺度である．特異的インフレーションのために，多くの工業や建設活動を対象として特別な指標が開発されてきた．*Engineering News-Record*誌は，公共事業プロジェクトのためにconstruction cost index(ENRCCI)を提案している．この指標は，水再生・再利用プロジェクトを含む下水・水供給プロジェクトでよく使われている．したがって，この指標の適切な使用方法を理解することは重要である．

一般的な原則として，以下の式を利用することで，ある時点における費用を別の時点の実際費用に変換することができる．

$$\text{Cost}_{t_2} = (\text{Cost}_{t_1}) \frac{\text{Index}_{t_2}}{\text{Index}_{t_1}} \tag{25.1}$$

ここで，Cost$_{t_2}$：時間 t_2 の時点における換算費用，Cost$_{t_1}$：時間 t_1 における元の費用，Index$_{t_2}$：時間 t_2 における費用指標，Index$_{t_1}$：時間 t_1 における費用指標．

地域によってインフレーション率は異なるため，ENRCCI は，米国の 20 の都市に対して計算されている．さらに，毎月発表されるこれらの指標によって米国 20 都市の平均値が算出される．ある地域における費用を別の地域の費用に換算するため，この指標を利用することは，ENRCCI の使用においてよく見られる誤りである．各都市の指標は個別に評価されており，費用の時間的変化を測定するためには利用できるが，都市間の差異を評価することはできない．各都市の指標は 1913 年を 100 としている．*Engineering News-Record* 誌は，この指標の利用方法とともに指標値の過去の傾向を毎年 3 月に刊行している(Grogan, 2005)．

例題 25-1　費用指標と利子係数の使用

2004 年 12 月，校庭の散水に適した再生水を生産するために，20 000 m^3/d の下水二次処理プラントに高度処理として直接ろ過を追加することが提案された．処理施設の改善のための資本費用は，2000 年 5 月時点で 3 275 000 ドルと見積もられた．建設工事は，2007 年 2 月から同年 12 月に及ぶと予想されている．ENRCCI を利用するとともに，将来のインフレーション率を 3％と仮定して，処理プラント建設の資本費用を算定せよ．

解　答

1. 資本費用を 2004 年 12 月時点におけるドルで見積もる．20 都市の平均 ENRCCI を利用して，実際原価を 2004 年 12 月のドルに調整する．

$$2004 年 12 月に調整した資本費用 = (3\,275\,000 ドル)\frac{\text{ENRCCI@2004 年 12 月}}{\text{ENRCCI@2000 年 5 月}}$$
$$= (3\,275\,000 ドル)\frac{7\,308}{6\,233} = 3\,839\,836 ドル$$

2. 建設工事の中間時点(2007 年 7 月)における建設費用を推定する．インフレーション率は，毎年複利計算されているため，2004 年 12 月から 2006 年 12 月までの費用を調整するために複利額係数(compound amount factor)を使用する．また，2007 年 7 月までの調整を完結させるため，単利係数を使用する．複利(F/P)額係数を計算するため，附録 H の式(H.2)を使用する．

2007 年 7 月までの調整費用 = (3 893 836 ドル)(F/P, 3％, 2 年)(単利係数, 3％, 7 ヶ月)
$$= (3\,893\,836 ドル)(1+0.03)^2[1+(0.03)(7/12)] = 4\,145\,000 ドル(端数切捨)$$

解　説

実際原価のトレンドを追跡するために使用される費用指標は，費用を過去または現在のデータに調整するには便利なツールであるが，適切な指標を選択したり，将来の費用に対するインフレーション率を仮定する際には判断が必要となる．

インフレーション率は，実際費用(actual costs)の経時的な変化を示し，市場における費用に相当する．全体的なインフレーションに起因する費用変化は，商品やサービスの生産における資源や労働力の実際の投資の変化を示すわけではない．実質費用(real costs)とは，恒常ドルに調整された費用であり，商品やサービスの生産における資源や労働力の実際の投資を反映するために，インフレーションの影響は除外されている．計画では，将来必要となる費用の見積もりも重要である．実際費用あるいは実質費用は，分析の目的に応じて貨幣分析で利用される．インフレーションを考慮して将来の

費用の調整を行うことは，経済分析および財務分析に関する以降の節で議論する．

25.8 水の再利用のための経済分析

経済分析は，社会の中で誰が貢献するか，あるいは誰がその便益を受け取るかにかかわらず，ある事業に関係するすべての資源の金銭的な費用と便益の総計を求めるために用いられる．経済分析は，即座に影響を受ける当事者だけでなく，すべてに対してより長期にわたり代替の政策の影響を予測し，評価するために設計されている．水資源やそれを開発し保護するために必要となる資源は，ますます不足する．それ故，経済基準が水管理の決定に適用されることは，公共の利益にかなう(Young, 2005)．経済分析は，事業案が金銭的な観点で純便益をもたらすかどうかを割り出して，相対的な便益の観点で事業案を格づけするために行われる．経済分析により，将来の社会を展望する．

水の再生や再利用の事業のような公共事業では，単に事業の出資者に掛かる費用だけでなく，事業に関わるすべての費用と便益を定量するべきである．経済分析には，事業体や納税者の他に，環境影響のような他の観点からのすべての外的影響に対する費用や便益が含まれる．経済分析の目的は，全体として，最も大きな純便益を市民にもたらす事業案を決めることである．資源に関わる事業に対する経済分析の伝統的な手法は，費用便益分析である．この分析は，典型的なものとして水の再生や再利用にも適用できる．金銭的な観点で便益を定量することは難しいので，費用最小化分析に関わる手法で，例えば費用対効果が説明される．

25.8.1 現在価値分析による事業案の比較

現在価値分析は，長期にわたりどちらの事業案が最大の純便益をもたらすか，あるいは最小の純費用を要するかを割り出すために，異なるキャッシュフローを持つ2つの事業案を比較するのに用いられる．この分析の方法は，25.7で述べる貨幣の時間的価値の概念を基礎としている．それは，将来の貨幣的な費用や便益のフローストリームを現在価値，または現在価格と呼ばれる現在における単一の合計金額に換算することを伴う．将来のキャッシュフローは，現在価値係数(P/F)を利用して，現在価値に変換される(附録Hを参照)．経済分析の中で適用される手法は，本節の後半で説明する．

現在価値分析で用いられる利率は，割引率と呼ばれる．適正な割引率は，分析の目的やその脈絡における貨幣の時間的価値に依存する．また，分析の中で実際（インフレ）費用が用いられるか，あるいは実質（恒常ドル）費用が用いられるかにも依存する．これらの費用の違いは，経済分析の基本的な前提の節で後述する．

25.8.2 費用とインフレの測定

経済分析の目的では，物的，人的資源の相対的な投資を表す実質費用に基づいた各事業案の比較がなされる．インフレ率は，社会資源の投資の変化というよりは，むしろ貨幣の価値の変化を表すので，経済分析では，将来の費用を評価するために，実際費用ではなく，恒常ドルにおける実質費用が用いられる．しかしながら，貨幣には時間的価値があるので，現在価値分析は，インフレの要因は別として，価値が等しいことを踏まえて，事業案を比較するために用いられる．

将来費用は，恒常ドルで評価される．すなわち，選択した時間基準点における物的，人的資源の金額の価値で評価される．通常，基準時点は，分析期間に近い日，あるいは事業の施工予定日である．費用を共通となる現在の日付けに合わせるために，費用指標が用いられる場合がある．しかしながら，時間基準点が施工時の場合，現在と将来の施工時の間のインフレの想定がなされる必要がある．そし

て，すべての費用は，共通の時間基準点に合わせて調整される必要がある．共通の時間基準点に合わせて費用を調整する以外には，将来のインフレについては考慮されない．しかしながら，ある財が通常とは違ったインフレ率でインフレすることを仮定する根拠がある場合には，インフレ率格差，すなわち両者のインフレ率の差により，その財の費用を調整することが許容される．

25.8.3 便益の測定

便益は，活動や事業の目標が達成される際の効果の観点から評価される(James and Lee, 1971)．水の再生や再利用の事業において，最も一般的な2つの目標は，使用に適した水供給を行うことと，環境中の汚染を削減することである．便益は，事業の価値を市場価格により評価されうる．しかしながら，より清浄な環境の価値を評価することは非常に難しい．さらに，水が市場価格(すなわち，顧客に対する水の価格)を有する限り，自由市場の経済環境では，水の譲渡は起こらない．多くの場合，水の価格は，市場での価値が反映されるというよりは，むしろ生産費用を回収するために設定される．水の価格は，一般的に新しい水源の開発に要する費用よりも低廉である．十分な水供給の真の便益は実態がない．すなわち，その金銭的な価値は，容易には評価することができない．

代替費用の評価

事業の便益を測定する別な方法は，代替の方法で同じ価値を生み出すための費用を用いて行われる．これは，公共事業に対して最も一般的な方法である．事業の目標を偏りなく効果的に達成する事業案の中では，追加考慮すべき事項がある場合を除いては，通常，費用が最小となる事業案が推奨される．その便益は，次善の事業案の回避費用として測定される．この手法の本質は，推奨される事業が立ち上げられない場合には，実際には，次善の事業案が実施されるということである．比較のために，より高額の事業を見出すことはいつでもできる．しかしながら，妥当な分析を行うためには，次善の事業案は実現可能なものでなければならない(Gittinger, 1982；James and Lee, 1971)．

費用対効果分析

便益を金銭的な観点で合理的に評価できない時，事業を分析するための別な手法は，費用対効果分析である．費用対効果分析は，事業の目的を達成するために，どの事業案が長期にわたり総資源費用を最小化できるのかを割り出すために用いられる．その前提は，検討中のすべての事業案では主要な便益のレベルが同じであること，またはすべての事業案ではあらかじめ規定された最低レベルの便益が満たされていることである．最も費用効率性の良い事業案というのは，事業の目的が最低限度達成されている一方で，非金銭的費用が過大にならない場合のうち，最小の正味の経済コスト(現在価値または同等の年価)を持つものと分析により判断された事業案である．費用対効果分析が著しく経済分析に依存する限り，無形費用や無形便益が考慮される(Gittinger, 1982；Office of the Federal Register, 1991)．

ライフサイクル費用

それぞれの事業案の費用は，事業の比較の基準として代替費用を用いて，例えば，計画期間や割引率は等しいという一般的な想定をして，現在価値の分析を行うことにより求められる．現在価値が事業の全供用期間を対象としている場合，または事業の全供用期間を考慮している場合，その現在価値は，ライフサイクル費用(life cycle cost)とも呼ばれる．現在価値費用には，2つの派生用語がある．一つ目は，等価年間費用であり，二つ目は，単位費用である．

等価年間費用　　等価年間費用とは，事業の現在価値と同じ現在価値を持つ一様な年間費用である．

$$等価年間費用 = (現在価値)(A/P) \tag{25.2}$$

ここで，資本回収係数 A/P [**附録 H** の式(H.5)を参照]は，現在価値と同じ割引率と期間に基づいている．

単位費用　多くの異なる事業活動がある中で，所定の価値を達成するための代替の手段がある場合，再生水量に基づいた単位費用の評価手法は有効である．代替の水供給事業では，同じ水量を生み出さない可能性がある．単位生成水量当りの費用を基礎とした比較は，費用比較において唯一の手段かもしれない．単位費用を比較する時，単位が等価であることが重要である．例えば，ある目的を果たすため，より多くの再生水が水道水よりも必要とされる場合，それぞれの水質は違うので，送水された再生水当りの金額と送水された水道水当りの金額を比較するのは妥当ではない．

単位費用の算出には，送水される再生水の現在価値の計算も含まれる．金銭のような生活必需品にも時間価値がある．現在の単位水量の送水の方が将来の送水よりも価値がある．したがって，金銭については，現在価値と同様の概念が水のような生活必需品に適用することができる．妥当な単位費用を得るためには，時間的価値を考慮しなければならない．したがって，

$$送水される再生水の単位費用 = \frac{(現在価値費用，ドル)}{(等価の現在価値を有する再生水量，m^3)} \qquad (25.3)$$

現在価値費用は，**附録 H** に記載されている式(H.3)を用いて算出される．再生水の等価の現在価値は，送水量と現在価値係数を用いて算出される．水量に対する現在価値が算出されない場合，単位費用は不正確であり，過小評価される．単位費用の過小評価を招く他の要因としては，事業の開発が十分になされている状態での年間費用を最大の送水量で除することで単位費用を見積もることにより，事業の初期において，水の需要や生産量が増加していく過程を無視してしまうことにある．事業の全供用期間にわたり式(25.3)を適用することで，事業の発展過程も計算に組み込まれる．水量単位や比較に適切な単位に基づいた単位費用の導出については，**例題25-3**で説明される．

25.8.4　経済分析の基本的な前提

経済分析における費用表現の基本は，恒常ドルにおける実質費用である．それ故，割引率は，インフレの影響に左右されない値であるべきである．市場の金利は，インフレ率の影響を受ける．インフレ率が増加すると，市場の金利も増加する傾向がある．数年にわたる政府の平均的な長期借入金利は，経済分析では，しばしば割引率の基礎数値になると考えられている．しかしながら，この問題は複雑である．より多くの背景を調べるために，経済分野の文献を参照すべきである(James and Lee, 1971；Riggs and West, 1986；USBR, 1990)．

埋没費用

埋没費用とは，過去に生じた支出である．それが将来の活動についての決定に影響を及ぼすことは，許されるべきではない．さらに，過去の投資に対する債務返済が継続することは，一般的に埋没費用とみなしうる．将来，どのような処置が講じられるかにかかわらず，債務義務が残るためである．

時間基準点

経済分析のための時間基準点は，通常，事業の開始時である．計画期間の終了までの各事業案の費用と便益は，すべて明らかにされるべきである．費用と便益の現在価値は，この時に算出される．この時間基準点の前に生じる設計や施工の費用は，この基準点に繰り越さなければならない．

事業案により生じる費用

事業案により生じるすべての費用は，経済分析で考慮すべきである．事業の実施に必要不可欠とな

るかもしれない費用を無視する傾向がある．しかし，その費用は，実現可能性を調査する事業体に責任があるものではない．例えば，現在，水道水の利用者は，再生水利用に転換するために，レトロフィット費用(retrofit costs)とも呼ばれる現場での転換費用が必要となる．二系統配管や再生水の誤用防止を警告する特別な標識の導入がその例である．事業の提案者は，このような費用を支払わない可能性がある．そうは言うものの，これらは事業の一部であり，経済分析で計上すべきである．

補助金

補助金は，財産の投資ではなく，資金の移譲を表すことから，経済分析では考慮されない．社会の視点からは，公共事業による再生水の顧客に対する戻り金は，考慮されないだろう．戻り金は公共事業における費用であるが，消費者への均等な便益であり，社会に対して純費用や純便益を生み出さない．公共事業間の支払金や公共事業のための政府の補助金についても，同じことが言える．これらの取扱いは，すべて25.9で述べる財務分析で検討すべき事項である．資金の移譲については，社会的影響や市民に受容される事業評価の判断基準となる公正性，公平配分，政治的配慮を考慮することが前提となる．これらは，費用対効果分析を適用する場合，経済分析とともに利用される非金銭的な判断基準の一部でもある．

関連する事業費用の包含

事業の第一段階が再生水の送水計画を実現するための将来段階に左右される場合，設備計画では，市場，設備，依存するすべての段階に関連する費用を含めるべきである．収益を実現するために，将来，追加しなければならない設備や費用のすべてを確認せずに，価値は，事業の結果であると考えるのはよくあることだが，適切ではない．

25.8.5 更新費用と残存価値

計画期間内に耐用期間に達する設備は，更新が必要になる．更新費用は，経済分析や財務分析において考慮されなければならない．耐用期間が計画期間を上回っており，引き続き設備が使用される場合には，計画期間の終了時において，その設備は残存価値を持つ．計画期間が耐用期間よりも短い場合，ライフサイクルコストは，残存価値を考慮して算出する場合がある．

課税の目的や民間セクターの融資のために用いられる減価償却には，様々な式がある．経済分析の目的では，残存価値を求めるために，設備操作の初日から定額償却が想定される．残存価値の算出については，例題25-2で説明される．

例題 25-2　更新費用と残存価値の計算

ある小規模の再生水の配水システムは，1 000 000ドルの費用が掛かる．これは，ポンプ場の構造物のための200 000ドル，ポンプのための150 000ドル，配水管のための650 000ドルからなる．構造物，ポンプ，配水管の耐用期間は，それぞれ20年，15年，50年である．計画期間20年の終了時における残存価値はどのくらいか？

解　答

1. 計画期間の終了時における設備の残存耐用期間を求める．
    a. ポンプは，計画期間の終了前の15年で交換する．
    b. 計画期間の終了時における設備の残存耐用期間は，次の関係に基づく．
    　残存耐用期間＝耐用期間−計画期間
    　ポンプ場の構造物＝20年−20年＝0年

交換するポンプ＝15 年＋15 年－20 年＝10 年
   配水管＝50 年－20 年＝30 年
2. 計画期間 20 年の終了時における残存価値を求める．
  a. 設備の残存価値は，次の関係を用いて求められる．
  残存価値＝(初期コスト)(残存耐用期間)／(耐用期間)
     ポンプ場の構造物＝(200 000 ドル)(0／20)＝0 ドル
     交換するポンプ＝(150 000 ドル)(10／15)＝100 000 ドル
     配水管＝(650 000 ドル)(30／50)＝390 000 ドル
  b. 全残存価値(total salvage value；TSV)は，
     TSV＝100 000 ドル＋390 000 ドル＝490 000 ドル

解　　説

残存価値は，事業の構成要素の様々な耐用期間を認識し，計画期間を超えても有用な設備に対して，信用を付与する資産である．

25.8.6　経済費用の算出

前述した経済分析のための様々な概念の適用については，**例題 25-3** で説明する．

例題 25-3　水の再生と再利用の事業のための経済的実現可能性の分析の実施

総資本費用 150 万ドルの水の再生と再利用の事業がある小都市から提案されている．設計と施工は，2006 年に開始して，それぞれ 1 年を要すると見積もられている．次の表で与えられているように，事業の様々な段階の予定年，資本費用，耐用期間，残存価値の情報を利用することにより，経済分析が実施される予定である．この例題と**例題 25-4** は，Mills and Asano(1998)から改作したものである．

この分析では，次の要因が考慮される．

種類・段階	予定年	資本費用(ドル)	耐用期間(年)	2027 年末の残余価値[a](ドル)
I．施設建設				
三次処理増設	2007	600 000	20	0
ポンプ施設	2007	50 000	15	33 333[b]
配水管	2007	500 000	50	300 000
現場配管転換	2007	100 000	50	60 000
施設建設小計		1 250 000		393 333
II．設計	2006	150 000		0
III．施設建設間連携	2007	100 000		0
総事業費		1 500 000		393 333

[a] 計画期間 20 年に対して直線的な減価償却を仮定する．配水管における計算例．
500 000 ドル×(50 年－20 年)／50 年＝300 000 ドル
[b] 再設置ポンプの回収価値の基本となる．

1. 再生水の送水量は，1 年目には $200\times10^3\,m^3$，2 年目には $270\times10^3\,m^3$，それ以降は，毎年 $450\times10^3\,m^3$ である．送水は，1 年目から始まり，その内訳は，$100\times10^3\,m^3/yr$ が冷却水に利用する工業用，残りが修景用水である．

第25章 水再生・水再利用のための計画

2. 水道水と比較して，再生水の塩分濃度は高いので，根圏から塩分を洗い流すために，より多くの再生水が修景用水に適用されなければならない．工業用では，水道水の時よりもブローダウン水を頻繁に排水する必要がある．それ故，1 m³の再生水は，0.8 m³の水道水に取って代わることになる．
3. 維持管理(O&M)費用は，1年目は40 000ドル，2年目は60 000ドル，それ以降は，毎年85 000ドルである．しかしながら，15年目には，ポンプの交換に50 000ドルが必要になることを想定する．
4. 再生水に含まれる栄養塩類の肥料価値は，0.04ドル／m³である．
5. 経済分析における考え方と整合して，この例題の中で用いられるすべての費用は，2007年の施工の中間点における恒常ドルで表現される．

計画期間20年，利率6%を想定して，事業の現在価値と水量に基づく単位費用を求めよ．

注釈：経済学の文献から容易に引用できる現在価値係数は，附録Hに記載されている．

年	再生水配水(10³ m³)			水道水利用[b](10³ m³)	設計費用[c] (ドル)	資本費用と関連費用[c] (ドル)	維持管理費用と更新費用[d] (ドル)
	工業用水	修景用水[a]	合計				
1	2	3	4	5	6	7	8
2006					150 000		
2007						1 350 000	40 000
2008	100	100	200	160			60 000
2009	100	170	270	216			85 000
2010	100	350	450	360			85 000
2011	100	350	450	360			85 000
2012	100	350	450	360			85 000
2013	100	350	450	360			85 000
2014	100	350	450	360			85 000
2015	100	350	450	360			85 000
2016	100	350	450	360			85 000
2017	100	350	450	360			85 000
2018	100	350	450	360			85 000
2019	100	350	450	360			85 000
2020	100	350	450	360			85 000
2021	100	350	450	360			85 000
2022	100	350	450	360			135 000
2023	100	350	450	360			85 000
2024	100	350	450	360			85 000
2025	100	350	450	360			85 000
2026	100	350	450	360			85 000
2027	100	350	450	360			85 000
合計				8 570	150 000	1 350 000	1 680 000

[a] 3列目＝4列目－2列目
[b] 5列目＝4列目×0.8
[c] 引用文献より
[d] 15年間の耐用期間後に，2022年にポンプ更新費用として50 000ドルを計上されている．
[e] 9列目＝3列目×0.04ドル/m³
[f] 現在価値係数＝$1/[(1+i)^n]$ ここで，i：0.06，n：開始年からの年数．総費用あるいは便益は，最終年に発生すると仮定する．

解　答

1. 現在価値として表現される再生水の送水量と年間費用は，下表に示されている．
2. この事業の総現在価値は，2 172 724 ドルである（表の13列目を参照）．
3. 15列目に示されているように，それぞれの年に送水される再生水の現在価値は，現在価値係数を年間の再生水の送水量に適用して算出される．
4. 20年後までの送水量の現在価値は，4 765 000 m^3 である．式(25.3)を用いて算出される水道水の送水量の単位費用は，

   2 172 724 ドル／4 765 000 m^3 ＝0.46 ドル／m^3

5. 再生水での送水量は，水道水では同じとならないので，水道水についても計算する．水道水での単位費用は，水道水の代替事業を比較するうえで適切な根拠になるだろう．水道水での単位費用は，

   2 172 724 ドル／3 812 000 m^3 ＝0.57 ドル／m^3

肥料価値(ドル)	残余価値^c	総費用(ドル)	利率6%における現在価値係数^f	総費用の現在価値^g(ドル)	水道水利用の現在価値^h(10^{3}m^3)	再生水配水の現在価値^i(10^{3}m^3)
9	10	11	12	13	14	15
		150 000	1.06000	159 000	0	0
(4 000)		1 350 000	1.00000	1 350 000	0	0
(6 800)		36 000	0.94340	33 962	151	189
(14 000)		53 200	0.89000	47 348	192	240
(14 000)		71 000	0.83962	59 613	302	378
(14 000)		71 000	0.79209	56 239	285	356
(14 000)		71 000	0.74726	53 055	269	336
(14 000)		71 000	0.70496	50 052	254	317
(14 000)		71 000	0.66506	47 219	239	299
(14 000)		71 000	0.62741	44 546	226	282
(14 000)		71 000	0.59190	42 025	213	266
(14 000)		71 000	0.55839	39 646	201	251
(14 000)		71 000	0.52679	37 402	190	237
(14 000)		71 000	0.49697	35 285	179	224
(14 000)		71 000	0.46884	33 288	169	211
(14 000)		71 000	0.44230	31 403	159	199
(14 000)		121 000	0.41727	50 489	150	186
(14 000)		71 000	0.39365	27 949	142	177
(14 000)		71 000	0.37136	26 367	134	167
(14 000)		71 000	0.35034	24 874	126	158
(14 000)		71 000	0.33051	23 466	119	149
(14 000)	(393 333)	(322 333)	0.31180	(100 505)	112	140
(262 800)	(393 333)			2 172 724	3 812	4 765

g　13列目＝11列目×12列目
h　14列目＝5列目×12列目
i　15列目＝4列目×12列目

注）本表の数値は，表計算プログラムにより算出されたものであり，丸めて表示されている．

第25章　水再生・水再利用のための計画

> **解　説**
> 1. この事業の現在価値(2 172 724 ドル)を20年間の総送水量(8 570 000 m³)で除すると，単位費用は，0.25ドル/m³になる．総送水量ないしその現在価値の単位費用には，大きな減価償却分も含まれるので，この分析のように減価した送水量を用いないと，代替の事業を評価する時に，比較生産コストを歪めることになる．
> 2. 水再生の事業と水道水の事業とを比較する時，等価の水道水送水量，あるいは代替する水道水を基礎とすることが重要である．

25.8.7　事業の最適化

経済分析は，ある事業目的を達成するために，事業案の中から費用が最小のものを識別するだけでなく，それを規模や機能の観点で最適化するために利用することもできる．

限界費用分析

最適化には，限界費用分析の活用が含まれる．限界費用とは，事業にある特定の機能を付加したり，規模や構成要素を増したりする時に要する費用である．限界費用が機能負荷等による便益の増加よりも少ない場合には，機能を増やしたり，規模を大きくしたりすることは，費用効果がある．

再生水システムに付加される各追加需要の増加量は，付加される排水処理や送水管，日間または季節間の追加貯水量，処理や揚水の運転費用の潜在的な限界費用に関係する．限界費用の分析の適用例の一つに，再生水を増産して送水するために，二次処理から高度処理レベルにすべきかどうかを検討する場合がある．仮に，二次処理水質の再生水 1.0×10^6 m³/yr を利用可能なある事業の市場があるとする．高度処理された再生水の利用に対する制約はより少ないので，再生水利用の潜在市場は，1.5×10^6 m³/yr とする．処理や配水の設備から構成され，二次処理水を利用する事業には，基本的な費用が掛かる．高度処理に高機能化して，これを再生水として利用するためには，追加した処理レベル，追加利用者のための二次・高度処理の処理能力の拡張，高度処理の再生水だけを利用する追加利用者のための配水システムの送水管の拡張について，限界費用が掛かる．事業を正当化する根拠が代替の給水事業の費用と比較する場合，限界費用が新規の水道水開発により供給できる水量が 0.5×10^6 m³/yr 未満であるならば，高度処理への高機能化は正当化される．

限界費用の分析が適用されるべき高機能化に関する別の例は，再生水の配水システムの地理的な範囲を決める時である．新規利用者に再生水を給水するためには，そのための送水管，処理やポンプ設備の能力の拡張，追加需要のための送水管について限界費用が掛かる．

費用と便益の分析の手法の比較

事業を正当化する時の一般的な誤まりは，費用の分析において，限界費用や限界便益ではなく，総計または平均の費用や便益を用いることである．総費用や平均費用は，図-25.4 に示されているように，費用効果のない事業の構成要素や規模を覆い隠してしまう傾向がある．図-25.4 における仮想的な曲線は，再生水

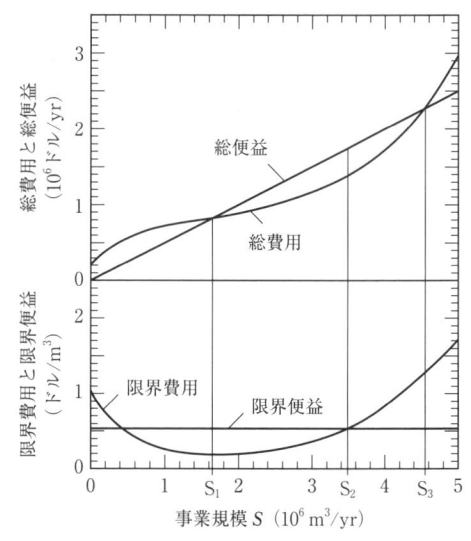

図-25.4　事業規模の最適化のための限界費用と限界便益の利用

事業の費用の典型的な傾向を説明するために用いられる．この図に示されている便益は，費用が最小である代替事業案の源水開発費用である．それは，再生水の事業規模の範囲内では，ある一定の限界単位費用を持つと想定されている．費用曲線は，緩やかな曲線で示されているが，現実には，個人ユーザーやグループユーザーの追加や個別の追加に関連する費用に対応して不規則な階段状になる．

図の限界費用曲線は，規模の経済の初期の影響を示しており，事業がより大きくなるにつれて，単位費用は引き下げられる．しかしながら，水再生施設から離れたユーザーやより少ない水需要のユーザーに給水するためには，配水はより大規模になり，限界費用は非経済的な規模から増加し始める．総費用だけを比較すると，便益・費用比率が計算されるか，平均単位費用が比較されるので，規模がS_1とS_3の間の事業は費用効果があるとみなされる．しかしながら，限界費用が分析されれば，S_2を超える事業の追加は，限界便益よりも大きな限界費用を持つことがわかる．それ故，S_2よりも大きな事業を実施しても，費用効果はない．S_1とS_2の間の事業は正当化されるが，最適な規模は最大の純便益が得られるS_2であろう．便益・費用比率や平均単位費用を根拠に決定がなされることは非経済的であり，事業の規模を過大化させてしまう可能性がある．

25.8.8 補助金の影響

経済分析の目的は，最小の真のコストや最大の純便益を持つ事業を判別することである．補助金，つまり外部から受け取る資金や戻り金は，この分析には取り入れるべきではない．補助金は，図-25.4に示されている費用曲線を低下させるので，事業案がより大きな純便益を持つという誤った印象を与える．事業の選択や最適化のために補助金が分析に取り入れられると，完全に非経済的であっても，事業の規模を過大化させるに至る可能性がある．

補助金には多くの種類がある．水の再生や再利用の事業で最も一般的なものは，外部資金や市場金利以下の融資であり，これらは，再生水の利用や送水のための資本財源や戻り金に対するものである．補助金は，資本費用のような区分だけに適用される場合があるので，幅広い公共の利益に反して，時として事業計画地域の判断に影響を及ぼすことがある．維持費用ではなく，資本費用への補助金の場合，事業費が高いもののうち，資本費用が高額で，維持費用が低額のものは，政府機関から支援される可能性が高い．社会に対して優先すべき非金銭的な便益がない場合に，単に高い費用の事業案に補助金が支払われることにより，地域の判断を偏らせるようなものであるべきではない．

補助金は，社会に対して便益のある事業を奨励するための手段であるべきである．経済分析や他の非金銭的な要因を考慮することにより，最も費用効果のある事業を見極める必要がある．そして，補助金は，当該事業案がより望ましく，経済的に成立するように，あるいは実施できるように用いられるべきである．経済分析により，水再生が最小費用の水供給であると示されても，代替の水供給よりも経済的には高価であると地域レベルでは思われるかもしれない．通常，政府や上下水道の地方機関からの補助金は，最も費用効果のある事業を推進するための費用を低減させることができる．25.9で説明するように，補助金は，当然，財政的な実現可能性を分析する場合に考慮すべき対象となる．

25.9 財務分析

財務分析は，水再利用の事業が財務的に実施可能か(すなわち，その事業に対して，金銭を支払う意思や能力があるか)という問題に取り組むために用いられる．財務的な実現可能性は，事業の関係者すべてや，時には財務的影響を受ける可能性がある外部の当事者の将来の見通しに基づいて，検討されなければならない．事業の出資者，再生水の給水業者や配水業者，再生水の利用者には，それぞ

れ見解がある．しかしながら，水再利用の事業に関係しない利用者でも，再生水の利用による水道料金の上昇や減少に気がつくかもしれない．各関係者や影響を受ける当事者は，水道水の代わりに再生水を利用することにより，財務的に同じ状態が続くか，あるいはより良い状態になることを期待する．

財務分析には，次の段階が含まれる．
1. 事業の金銭的な費用と便益すべての市場価格での識別と評価．
2. 事業が多目的事業の場合，それぞれの事業目的に対するコストの配分．
3. 事業の関係者への費用の配分．
4. 債券の売却や融資のような資金調達メカニズムの開発．
5. 料金，手数料，税，返済の構造を生み出す他の収益の設計．
6. 水道水の利用者のような非関係者に対して逆に作用する財務的影響の判定．

25.9.1 建設資金調達計画と収益事業

水再利用事業に対する財務分析は，一般的に2つに分類される．すなわち，建設資金調達計画と収益事業である．建設資金調達計画では，資本費用の資金調達のための選択肢が検討される．収益事業では，事業が運営されている間の債務元利未払金や維持管理費用を賄うための収益源が分析される．資本財源は年間費用に影響するので，これらの2つの分析は関連している．資金調達の方法は経済分析では考慮されないが，財務的実現可能性の分析では，重要な検討事項である．資金源が異なれば，考慮すべき金利や返済の制約も異なる．25.8で述べたように，いろいろな補助金は，経済的に正当化された事業案をより魅力的なものにするために利用可能な場合がある．財務分析では，債務元利未払金や年間費用の算出において，補助金や借入金利を取り入れることは適切である．債務元利未払金の算出では，計画期間や設備の耐用期間にかかわらず，実際の返済期間が反映されるべきである．恒常ドルで表現される費用が用いられる経済分析とは異なり，財務分析では，予測されたインフレを反映した市場価格が用いられる．

再生水の料金を決める際には，調査中の事業に先立ち，既存の設備の継続費用を考慮することが必要な場合がある．既存の設備の債務元利未払金は，経済分析では埋没費用として取り扱われるが，財務分析では検討事項となりうる．現行の費用は，新しい設備の費用とともに設定する料金の中に取り込まれなければならない場合がある．しかしながら，これは，比較されるすべての事業案に共通になるので，新しい事業の費用として埋没費用に帰することのないように注意が払われなければならない．

25.9.2 費用分配

費用分配とは，政策，公正，便益の相対的な分配および支払い能力の問題である．様々な当事者が含まれる場合，費用分配は，しばしば政策や交渉の問題である．多くの場合，排水基準を満たすために要求される処理のレベルは，水質汚濁防止の目的として割り当てられる．処理水を再利用するために必要とされるより高いレベルの処理に要する費用は，水供給の目的を果たすために考慮される場合がある．特定の目的に容易に結びつく費用は，分離費用である．一つ以上の事業目的に関係する共通費用がある場合の一般的な計算手段は，分離費用－残余便益である．共通費用は，それぞれの事業目的の分離費用を超える便益に応じて分配される．詳細な手順については，James and Lee(1971)，Gittinger(1982)に記載されている．

25.9.3 水道水料金への影響

再生水が利用されることにより，水道水の使用量が少なくなる可能性があるので，水道水料金が影

響を受ける場合がある．既存の水道基盤施設は，その財政の基盤である水道水の販売により資金提供されなければならないが，水道水料金の上昇につながる可能性がある．一方，再生水の利用は，より高価な水道水の購入を相殺する場合もある．単独に資金提供される別個の水供給事業としてではなく，地域全体の水供給の新しい構成要素として再生水を検討するのが最も良い．再生水の料金は，水道水と相対比較しながら，再生水の価値を反映させて設定されるべきである．再生水の販売による収益は，水道水の収益の損失を相殺するために移転されなければならない場合がある．あるいは，水道水の収益は，再生水の供給のコストと便益を公正に配分することを目的として，水の再利用を助成するために適切に用いられる場合がある．

25.9.4 他の財務分析の考慮事項

再生水事業の対象地域における再生水の潜在的な利用者は，様々な費用で様々な水源から水供給を得る場合がある．財務分析を行う時には，現在，どのような利用者が水の料金を支払っていて，将来は，どのような利用者が支払うのかについて考慮することが重要である．利用者に対して平均的な水道料金を用いることは，実現可能性の予備的な分析には妥当かもしれない．しかし，最終的な分析では，利用者の観点から財務的な実現可能性を評価するために，それぞれの潜在的な利用者の状況が考慮されなければならない．水道水から再生水の利用変更に伴う利用者における転換費用は，無視されるか，不適切に決められる場合が多い．この想定では，これらの費用は，利用者に生じるものであり，事業者には関係がないとされる場合がある．しかしながら，これらの費用は，明らかに再生水利用者の受容の問題であり，市場分析の初期の段階やその後の財務分析で考慮されなければならない．利用者の参加を促すために，事業者は，利用者における費用の支払い，ある補助率での利用者への貸付け，あるいは転換費用を相殺するための事業の初期5年間の再生水料金の引下げを決定する場合がある．

インフレは，経済分析では一般的に無視されるが，現実的にインフレ率が予測できる範囲内において，財務分析では考慮されるべきである．

25.9.5 収益源および再生水の料金設定

水再利用事業の費用を賄ううえで，様々な収益源がある．明らかに見込まれる収益源は，利用者による再生水の支払金である．再生水が下水の処理や処分の手段としての機能を果たす範囲においては，下水道使用料は，再生水の費用を賄うための資金源として正当化される場合がある．初めに述べたように，水道水の販売による収益は，再生水の費用を相殺するために用いられる場合がある．債務元利未払金や再生水システムの維持管理費用を賄うために用いられる主な収益源は，表-25.10にまとめられている．

再生水の利用者からの収益は，接続料金，毎月または毎年の固定料金，水使用量に基づいた変動料金を含めた様々な形式で集めることができる．他の水源が利用できる場合，再生水料金の上限は，競争関係にある水道水料金である．再生水の利用を誘導するために，通常，この上限からの割引が利用される．この割引は，スケーリングや腐食のために生じる処理や追加的な維持管理に起因する利用者の追加費用として反映される．再生水を受け入れてもらうために下限の料金により，無償または料金を支払っている利用者に水を提供する．利用者が再生水の利用による真の便益を認識している限り，料金は，この便益を反映させるべきである．余剰の収益は，全体としては，地域のためになる他の水供給や下水管理の費用を相殺するために利用される場合がある．資本融資や収益のメカニズムについての有用な議論は，U.S. EPA (2004)に記載されている．

第25章 水再生・水再利用のための計画

表-25.10 再生水事業の収益源

収益源	潜在的な根拠
再生水の送水費用	再生水の利用者は，水供給の便益，すなわち渇水時により安定した供給を受ける．
再生水の利用者に対する固定資産税または区画課税	
再生水接続料金	新しい再生水利用地区の点検調査，再生水の計量メータや飲用水逆流防止装置の設置のために初期費用が掛かる．
	水供給の制約により開発抑制されていた地域では，再生水の供給により新しい利用地区として開発可能となる．
開発賦課金	再生水利用により，新たな水道水供給，すなわち開発地域への飲用水供給が提供されうる．
小売業者による再生水供給に対する地域の水道事業体からの割戻し	地方レベルで再生水を利用することにより，地域の水道事業体による追加的な水資源開発の必要性が軽減される．
地域の全資産に係る固定資産税または区画課税	再生水を利用しなければ，地域水道水を供給することになったはずの地域全体が再生水利用により恩恵を得る．
飲用水または水道水の収益	再生水利用により，処理水を表流水に放流することを伴う排水処理や処分の費用を削減できる．
下水道使用料	

25.9.6 財務的実現可能性の分析

水再生事業の財務的実現可能性の分析は，例題25-4に示されている．

例題25-4 水再生事業の財務的実現可能性の分析の実施例

以下の条件や仮定を用いて，例題25-3に示されている水再生と再利用の事業の財務的実施可能性を分析せよ．ここで特筆すべきは，例題25-3で紹介されている経済分析では，すべての費用が恒常ドルで与えられていることである．現実のキャッシュフローが関連する財務分析では，インフレに伴う費用が評価されなければならない．自治体の観点では，事業の財務的実現可能性は，自治体に対する他の財務的影響を考慮すると，水再利用事業の費用を回収するのに十分な収益を生むことが条件となる．再生水の顧客の観点では，再生水は，水道水ほど費用を要しないことが期待される．この事業が独立経営される場合，与えられた条件から予想される再生水の料金幅を推定せよ．なお，次の条件と仮定を付け加える．

1. 資本費用は，年利8％の20年融資で調達される．
2. 債務元利未払金の返済期間は，建設の終了時，すなわち2007年末から始まる．融資元金は，その日付で算出される．すべての費用は，その年の最後に生じると想定する．したがって，2006年における設計費用を賄うための融資支払金があるため，1年間の利子がつく．
3. 維持管理費用は，インフレとともに年利4％で増加すると予想される．
4. この例題の基礎データとなっている例題25-3の表の中にある費用は，2007年における建設の中間点の料金に合わせて調整されている．この年からインフレの調整がなされている．
5. 再生水の全顧客は，現在，水再生事業を提案している自治体から水道水を購入しているとする．

その自治体により課せられた水道料金は，2007年のドルで表現すると，0.30ドル/m^3である．この料金は，年利2％で増加すると予想される．

6. 自治体は，現在のところ，2つの水源から水道水を得ている．2007年のドルで表現すると，0.10ドル/m^3の可変費用で汲み上げられる地下水と0.60ドル/m^3の可変費用の受水である．受

水の費用は，年利4％で増加すると予想される．
7. 自治体は，浄水処理と配水施設に対する融資や建設に責任を持つ．また，再生水を受け入れさせるために，必要な配管の変更の経費を再生水の利用者に払い戻すこととする．

解答A. 総事業費用，純費用

1. 融資元金，資本回収係数，年間債務元利未払金支払額を計算する．
   a. 融資元金＝1年間の利子を含めた設計費用＋建設費用
   $$= (150\,000 \text{ドル})(1.08) + (1\,350\,000 \text{ドル}) = 1\,512\,000 \text{ドル}$$
   b. **附録H**の式(H.5)を用いて，利子8％で20年間の資本回収係数(A/P)を算出する．
   $$\text{資本回収係数} = \frac{i(1+i)^n}{(1+i)^n - 1} = \frac{(0.08)(1+0.08)^{20}}{(1+0.08)^{20} - 1} = 0.101852$$
   c. 年間債務元利未払金＝融資元金×資本回収係数＝$(1\,512\,000 \text{ドル})(0.101852) = 154\,001$ ドル

2. 維持管理や機器交換の費用を含めた純年間費用を求める．年間のキャッシュフローと自治体への純費用を分析するための算出表(一般的には表計算ソフトで行われる)を作成する．所要の算出表(p.1126, 1127の上表)を示す．2, 3, 5列目のデータは，**例題25-3**の解答1.で準備した算出表に由来する．問題の記述で述べたように，**例題25-3**で用いられている維持管理や機器交換の費用は，想定される利率4％を用いて，水増しされなければならない．6列目に示されているインフレ率は，複利係数に基づいている．補正された維持管理や機器交換の費用は，7列目に示されている．14列目に示されている事業の純費用は，1 867 396ドルである．

解答B. 再生水の料金の幅

3. 再生水の料金の幅と差益(最小と最大の再生水の見込みの料金の幅)を求める．再生水の料金設定に関係する諸計算は，事業費用表(p.1126, 1127の下表)に記載されている．2, 3, 4列目の情報は，A.の1.で準備した算出表に由来する．再生水の最小料金は，3列目の値を2列目の値で除することで得られる．6列目で与えられている再生水の最大料金は，補正された水道水の料金(4列目)の80％である．7列目で与えられている料金の差益は，最大(6列目)と最小(5列目)の再生水の料金の差である．

実現可能性の分析の結果の検討

水再生事業の実現可能性を財務的に評価するために準備された2つの算出表に含まれている情報を検討する時には，外部への影響，再生水の料金設定，料金の差益の影響について考慮することが求められる．

外部への影響　再生水の利用の結果として，事業外への財務的影響は考慮される必要がある．例えば，自治体は，再生水の顧客への水道水の供給に伴う可変費用を回避しようとする．一般的に，自治体は，A.の2.で準備した算出表の9, 10列目に反映されているように，最も高価な供給源，つまり，受水料金の0.6ドル/m³(2.27ドル/1 000 gal)を縮小しようとする．しかしながら，自治体は，12, 13列目に示されているように，水道水の販売による収益を失うことにもなる．

その顧客により生じると見込まれる外部費用は，二系統配水に対応するための配管のオンサイトでの転換費用である．この例では，オンサイトでの転換の費用は，自治体により生じる事業費用の一部であるとみなされる．そして，自治体の債務元利未払金を通じて融資される．14列目に示されている自治体に対する純費用は，縮小された水道水の購入と収益に反映されている．

再生水の料金設定　B.の3.で準備した算出表の5列目にある仮想の最小料金は，3列目の事業の

第25章 水再生・水再利用のための計画

年	再生水量[a] (10^3 m^3)	水道水用[a] (10^3 m^3)	年間債務元利 未払金(ドル)	維持管理費用			全事業費用[c] (ドル)
				債務元金[a](ドル)	金利4%のインフレ	インフレに伴う元金 支払い[b](ドル)	
1	2	3	4	5	6	7	8
2007							
2008	200	160	154 001	40 000	1.04000	41 600	195 601
2009	270	216	154 001	60 000	1.08160	64 896	218 897
2010	450	360	154 001	85 000	1.12486	95 613	249 614
2011	450	360	154 001	85 000	1.16986	99 438	253 439
2012	450	360	154 001	85 000	1.21665	103 415	257 416
2013	450	360	154 001	85 000	1.26532	1 077 552	261 553
2014	450	360	154 001	85 000	1.31593	111 854	265 855
2015	450	360	154 001	85 000	1.36857	116 328	270 329
2016	450	360	154 001	85 000	1.42331	120 982	274 982
2017	450	360	154 001	85 000	1.48024	125 821	279 821
2018	450	360	154 001	85 000	1.53945	130 854	284 854
2019	450	360	154 001	85 000	1.60103	136 088	290 088
2020	450	360	154 001	85 000	1.66507	141 531	295 532
2021	450	360	154 001	85 000	1.73168	147 192	301 193
2022	450	360	154 001	135 000	1.80094	243 127	397 128
2023	450	360	154 001	85 000	1.87298	159 203	313 204
2024	450	360	154 001	85 000	1.94790	165 572	319 572
2025	450	360	154 001	85 000	2.02582	172 194	326 195
2026	450	360	154 001	85 000	2.10685	179 082	333 083
2027	450	360	154 001	85 000	2.19112	186 245	340 246
合計			3 080 011			2 648 589	5 728 600

[a] 例題25-3の解答1.の表の4, 5列目より引用.
[b] 7列目＝5列目×6列目
[c] 8列目＝4列目＋7列目
[d] 9列目＝0.60ドル/m^3×6列目
[e] 10列目＝3列目×9列目

年	全再生水量[a] (10^3 m^3)	純費用[a](ドル)	補正水道料金[a] (ドル/m^3)	最低再生水料金[b] (ドル/m^3)	最高再生水料金[c] (ドル/m^3)	入手マージン[d] (ドル/m^3)
1	2	3	4	5	6	7
2006						
2007						
2008	200	144 721	0.31	0.72	0.24	(0.48)
2009	270	146 139	0.31	0.54	0.25	(0.29)
2010	450	121 254	0.32	0.27	0.25	(0.01)
2011	450	117 652	0.32	0.26	0.26	(0.00)
2012	450	113 860	0.33	0.25	0.26	0.01
2013	450	109 869	0.34	0.24	0.27	0.03
2014	450	105 672	0.34	0.23	0.28	0.04
2015	450	101 257	0.35	0.23	0.28	0.06
2016	450	96 617	0.36	0.21	0.29	0.07
2017	450	91 740	0.37	0.20	0.29	0.09
2018	450	86 616	0.37	0.19	0.30	0.11
2019	450	81 235	0.38	0.18	0.30	0.12

水道水以外の購入		総小売り収入				純費用[h]（ドル）
受水代金[d]（ドル/m^3）	全費用[e]（ドル）	年利2%の水道料金の率	水道料金[f]（ドル/m^3）	総収入[g]（ドル）		
9	10	11	12	13		14
0.62	99 840	1.02000	0.31	48 960		144 721
0.65	140 175	1.04040	0.31	67 418		146 139
0.67	242 971	1.06121	0.32	114 610		121 254
0.70	252 689	1.08243	0.32	116 903		117 652
0.73	262 797	1.10408	0.33	119 241		113 860
0.76	273 309	1.12616	0.34	121 626		109 869
0.79	284 241	1.14869	0.34	124 058		105 672
0.82	295 611	1.17166	0.35	126 539		101 257
0.85	307 435	1.19509	0.36	129 070		96 617
0.89	319 733	1.21899	0.37	131 651		91 740
0.92	332 522	1.24337	0.37	134 284		86 616
0.96	345 823	1.26824	0.38	136 970		81 235
1.00	359 656	1.29361	0.39	139 710		75 585
1.04	374 042	1.31948	0.40	142 504		69 655
1.08	389 004	1.34587	0.40	145 354		153 478
1.12	404 564	1.37279	0.41	148 261		56 901
1.17	420 747	1.40024	0.42	151 226		50 052
1.22	437 576	1.42825	0.43	154 251		42 869
1.26	455 079	1.45681	0.44	157 336		35 339
1.31	473 283	1.48596	0.45	160 482		27 446
	6 471 096			2 570 453		1 827 956

[f] 12列目＝0.30 ドル/m^3×11 列目
[g] 13列目＝3 列目×12 列目
[h] 14列目＝8 列目＋13 列目－10 列目

（注）本表の数値は，表計算プログラムにより算出されたものであり，丸めて表示されている．

年	全再生水量[a]（10^3 m^3）	純費用[a]（ドル）	補正水道料金[a]（ドル/m^3）	最低再生水料金[b]（ドル/m^3）	最高再生水料金[c]（ドル/m^3）	入手マージン[d]（ドル/m^3）
1	2	3	4	5	6	7
2020	450	75 585	0.39	0.17	0.31	0.14
2021	450	69 655	0.40	0.15	0.32	0.16
2022	450	153 478	0.40	0.34	0.32	(0.02)
2023	450	56 901	0.41	0.13	0.33	0.20
2024	450	50 052	0.42	0.11	0.34	0.22
2025	450	42 869	0.43	0.10	0.34	0.25
2026	450	35 339	0.44	0.08	0.35	0.27
2027	450	66 886	0.45	0.15	0.36	0.21
合計		1 867 396				

[a] 解答1.の表より引用．
[b] 5列目＝3 列目÷2 列目
[c] 再生水 1 m^3 は，水道水 0.8 m^3 に置き換えられることから，最高再生水料金＝4 列目の 0.8 倍となる．
[d] 7列目＝6 列目－5 列目

（注）1 m^3＝8.107×10^{-4} ac·ft＝264.17 gal

第25章 水再生・水再利用のための計画

> 純費用を回収するための単位費用である．顧客の見通しでは，再生水の最大料金は，水道水に対して支払っていた料金である．オンサイトでの転換費用が顧客の負担であるならば，これに対する支給金は，再生水の料金を決めるうえで考慮されなければならない．さらに考慮すべきことは，水道水と再生水の水質が異なるため，顧客は，水道水を購入していたよりも再生水を多く購入する必要があることを想定することである．例えば，より高い塩分含率のために，冷却塔での濃縮回数が減少することや根圏からの塩分を取り除くために灌漑用水量が増加するので，さらに水が必要となる．再生水の最大料金は，この水質の影響があるため，水道水の料金の80％に設定されている．
>
> **料金の差益** 指摘したように，最初の3年間の差益は，有効ではない．この期間の負のキャッシュフローを相殺するために補助収入や補助金が得られない限り，この事業は，財務的に実現可能ではない．しかしながら，補助収入を生み出すために，付加的に水道水販売の収益を上げる場合がある．後年では，余剰の再生水の収益は，水道水システムの費用を回収するために利用される場合がある．

25.9.7 感度分析と保守的な仮定

工学的な信頼性を確保するために，設計要素として，渇水年のような極端な年の灌漑用水の需要を基礎とする場合がある．しかしながら，水供給の計画や費用評価では，事業の産出の現実的な予測や，費用や便益の現実的な評価を行うことから，平均的な年を代表する評価結果を用いることが重要である．見積もられた事業収査をある範囲で報告することや，その範囲内で長期計画の目的の経済的な正当性や財務的実現可能性に関する適切な見直しを利用することは望ましい．

再生水の配水量の評価結果には，最終的には利用者が事業に参加するという不確実性が反映されるべきである．経済費用財務的実現可能性に対する高位，低位の計画配水室の影響を分析することにより，感度分析は実施されるべきである．事業費用の観点で最悪のシナリオは，再生水の需要を見込む際の不確実性や市場保証のレベルにもよるが，再生水を受け入れる契約を快く履行する現存の潜在的な水利用者への最小の配水管となる場合になる．最大の配水量となる最良のシナリオは，事業者が想定している区域外，つまり制度上の合意がまだ正式には決められていない地域における需要増加を含むものである．最良のシナリオは，その需要増加の期待を裏切る最大のリスクも伴うことを明確にしておく必要がある．

問　題

25-1 ある政府機関が500万ドルの水再生事業を立ち上げようとしている．この政府機関には，3つの資金調達の選択肢がある．一つ目は，金利8％の民間金融機関からの資金の借入れ，二つ目は，費用の25％の連邦政府補助金の受入れと金利8％の民間金融機関からの借入れ，三つ目は，金利4％の州の貸付金の受入れである．すべての選択肢の返済期間は20年である．どの選択肢が最も費用が低廉か．最少の費用オプションである等価補助金は何か．

25-2 Barstow Municipal Water District では，再生水の配水システムの建設が提案されている．再生水は，Frederick County Sanitation District から購入することになる．この区域では，都市部の下水を集め，二次処理のレベルまで処理し，Shirley 川に処理水を放流している．入場制限のない都市公園に再生水を供給できるようになるためには，三次処理が要求される．Barstow Municipal Water District は，Mojave ゴルフ場に再生水を販売し，その代わりに灌漑用水を得るために，地下水を汲み上げる権利を得ることになる．Richard 市は，Barstow Municipal Water

Districtから再生水を購入し，都市公園や民有のWhispering Sands共同墓地に配水する．市は，境界内にあるBarstow Municipal Water Districtの付近に建設される再生水の配水システムの一部を保護監督する．再生水の生産，配水，利用に関わる当事者間で必要となる協定の種類，市場保証，または代替の制度上のメカニズムについて述べよ．それぞれの協定や他のメカニズムで取り扱われるべき，または含まれるべき問題点や規定について述べよ．

25-3 Sherwood Lake市では，Mathiesonゴルフ場への再生水の供給の実現可能性を評価している．このゴルフ場は，現在，井戸を所有している．様々な計画基準に対する実現可能性分析の基礎を与えるために，計画調査における市場評価の段階ではどのようなデータや情報が必要になるか．

25-4 Kelseyville Wastewater Districtでは，流量が低い期間の河川の保護を目的として，年に6ヶ月間の排水規制がある．この排水規制の間，すべての処理水を貯留するのは，あまりにも費用が掛かりすぎる．処理水の処分機能を確保するために，この区域で考えられる再利用や地上処分の選択肢は何か．それぞれの選択肢の計画や実施の様々な段階で，どのような形式の市場保証が必要になるか．

25-5 Cory町では，下水道が稼働している．2007年には新しい下水処理施設と再生水システムが建設された．その処理施設の現流量は，$8 \times 10^3 \, m^3/d$である．処理能力である$10 \times 10^3 \, m^3/d$には2017年に到達すると予想されているが，この時，$20 \times 10^3 \, m^3/d$に拡張することが計画されている．2037年には処理施設は建て替えられる必要がある．再生水のポンプ施設は，2017年まで需要を満たすのに十分な$20 \times 10^3 \, m^3/d$の能力がある．ポンプ施設の構造物は，2037年まで存続するが，ポンプは10年ごとに取り替えられなければならない．Thompson農場やBriggs農場への再生水の配水管は，2027年までに設計容量に達する．しかし，2047年までの稼働が期待されている．町は，起債を発行して処理施設と再生水配水システムの建設費を賄ったが，25年で完全に返済しなければならない．処理や再生水の設備計画において，町が採用すべき適切な計画期間を提案し，その理由を説明せよ．処理施設，ポンプ施設，ポンプ，配水管の設計年数はどのくらいか．また，資金調達期間はどのくらいか．

25-6 単位費用がそれぞれ190ドル/m，200ドル/mである同じ設計の再生水配水管が1990年12月と1995年12月にSan Francisco付近のPeniuk渓谷に建設された．Engineering News-Record Construction Cost Index(ENRCCI)を用いて，それぞれの費用を2003年12月当時の価格に調整すると，どちらの再生水配水管が実質費用で最も高額になるか．また，所与の情報に基づいて，2003年12月にKansas市に建設された同じ規模の再生水配水管の費用を建設費用指標であるENRCCIを用いて見積もることができるか．

25-7 ある再生水事業では，$200 \times 10^3 \, m^3/yr$の水を供給する．見積もられた費用は，建設費用が1 000 000ドル/yr，維持管理費用が50 000ドル/yrである．割引率6%，耐用期間20年を仮定して，2つの手法により単位費用ドル/m^3を計算せよ．すべての費用は，年の最後に発生するとを仮定する．第一の手法では，すべての費用と年間の輸送量を現在価値の手法を用いて算出せよ．そして，その現在価値から単位費用を求めよ．第二の手法では，すべての費用を等価年間費用の手法を用いて算出せよ．そして，再生水の年間費用と輸送量から単位費用を求めよ．

25-8 下表に示す設備から構成されるある事業の20年終了時の残存価額を計画期間中における設備更新を考慮して算出せよ．

設備	建設費用(ドル)	耐用期間(yr)
三次処理用ろ過プロセスの増設	5 000 000	30
逆浸透膜	1 000 000	15
ポンプ場(ポンプを除く)	800 000	20
ポンプ	200 000	10

第25章 水再生・水再利用のための計画

参考文献

Anderson, J. (2003) "The Environmental Benefits of Water Recycling and Reuse," *Water Sci. Technol.: Water Supply*, **3**, 4, 1–10.

Asano, T., and R. A. Mills (1990) "Planning and Analysis for Water Reuse Projects," *J. AWWA*, **82**, 1, 38–47.

AWWA (2001) *Water Resources Planning: Manual of Water Supply Practices*, Manual M50, American Water Works Association, Denver, CO.

Bales, R. C., E. M. Biederman, and G. Arant (1979) "Reclaimed Water Distribution System Planning: Walnut Valley, California," *Proceedings Water Reuse Symposium: Water Reuse—From Research to Application*, American Water Works Association Research Foundation, Denver, CO.

Beecher, J. A. (1995) "Integrated Resource Planning Fundamentals," *J. AWWA*, **87**, 6, 34–48.

CEQ (2005) *National Environmental Protection Act of 1969 as Amended*, Council on Environmental Quality Web site, http://ceq.eh.doe.gov/nepa/regs/nepa/nepaeqia.htm

City of San Diego (2005) *City of San Diego Water Reuse Study 2005*, Draft Report, Nov. 2005, City of San Diego Web site, http://www.sandiego.gov/water/waterreusestudy

Cologne, G., and P. M. MacLaggan (1998) "Legal Aspect of Water Reclamation," 1397–1416, in T. Asano (ed.) *Wastewater Reclamation and Reuse*, Water Quality Management Library, **10**, CRC Press, Boca Raton, FL.

Dzurik, A. (2003) *Water Resources Planning*, 3rd ed., Rowman & Littlefield Publishers, Inc., Lanham, MD.

Getches, D. H. (1990) *Water Law in a Nutshell*, West Publishing Co., St. Paul, MN.

Gittinger, J. P. (1982) *Economic Analysis of Agricultural Projects, Second Edition*, The Johns Hopkins University Press, Baltimore and London, published for the Economic Development Institute of the World Bank.

Gregory, R. S., and R. L. Keeney (2002) "Making Smarter Environmental Management Decisions," *J. Am. Water Res. Assoc.*, **38**, 6, 1601–1611.

Grogan, T. (2005) "How to Use ENR's Cost Indexes," *Engineering News-Record*, **254**, 11, 36–71.

Hartling, E. C. (2001) "Laymanization, An Engineer's Guide to Public Relations," *Water Environ. Technol.*, **13**, 4, 45–48.

House, M. A. (1999) "Citizen Participation in Water Management," *Water Sci. Technol.*, **40**, 10, 125–130.

James, L. D., and R. R. Lee (1971) *Economics of Water Resources Planning*, 161–162, McGraw-Hill, New York.

Kontos, N., and T. Asano, (1996), "Environmental Assessment for Wastewater Reclamation and Reuse Projects," *Water Sci. Technol.*, **33**, 10–11, 473–486.

Marks, J., N. Cromar, H. Fallowfield, and D. Oemcke (2003) "Community Experience and Perceptions of Water Reuse," *Water Sci. Technol.*, **3**, 3, 9–16.

Mills, R. A., and T. Asano (1986/87) "The Economic Benefits of Using Reclaimed Water," *J. Freshwater*, **10**, 14–15.

Mills, R. A., and T. Asano (1996) "A Retrospective Assessment of Water Reclamation Projects," *Water Sci. Technol.*, **33**, 10–11, 59–70.

Mills, R. A., and T. Asano (1998) "Planning and Analysis of Water Reuse Projects," 1143–1161, in T. Asano (ed.) *Wastewater Reclamation and Reuse*, Water Quality Management Library, **10**, CRC Press, Boca Raton, FL.

Office of the Federal Register, National Archives and Records Administration (1991) *Code of Federal Regulations, Protection of Environment*, **40**, Parts 1 to 51, U.S. Government Printing Office, Washington, D.C., Title 40, Part 35, Subpart E, Appendix A, 539–546.

Office of Water Recycling (1997) *Water Reclamation Funding Guidelines*, California State Water Resources Control Board, Sacramento, CA.

Richardson, C. S. (1985) "Legal Aspects of Irrigation with Reclaimed Wastewater in California." in G. S. Pettygrove, and T. Asano (eds.) *Irrigation with Reclaimed Municipal Wastewater—A Guidance Manual*, Lewis Publishers, Chelsea, MI.

Riggs, J. L., and T. M. West (1986) *Engineering Economics*, 3rd ed., McGraw-Hill, New York.

RWTF (2003) *White Paper of the Public Information, Education, and Outreach Workgroup on*

Better Public Involvement in the Recycled Water Decision Process, 2002 Recycled Water Task Force, Department of Water Resources, State Water Resources Control Board, Department of Health Services, Sacramento, CA.

Schneider, A. J. (1985) "Groundwater Recharge with Reclaimed Wastewater: Legal Questions in California," Chap. 24, in T. Asano (ed.) *Artificial Recharge of Groundwater,* Butterworth Publishers, Boston, MA.

TFWR (1989) *Water Reuse, Manual of Practice SM-3,* 2nd ed., Task Force on Water Reuse, Water Pollution Control Federation, Alexandria, VA.

Thomas, J. C. (1995) *Public Participation in Public Decisions: New Skills and Strategies for Public Managers*, Jossey-Bass Publisher, San Francisco, CA.

Thompson, S. A. (1999) *Water Use, Management and Planning in the United States*, Academic Press, London.

USBR (1990) "Bureau of Reclamation, Change in Discount Rate for Water Resources Planning," U.S. Bureau of Reclamation, *Federal Register*, **55**, 15, 2265.

U.S. EPA (2004) *Guidelines for Water Reuse*, EPA/625/R-04/108, U.S. Environmental Protection Agency and U.S. Agency for International Development, Washington, D.C.

Young, R. A. (2005) *Determining the Economic Value of Water: Concepts and Methods*, Resources for the Future Press, Washington, D.C.

第26章　市民の参加と事業実施の課題

翻訳者　藤木　修（財団法人下水道新技術推進機構下水道新技術研究所 所長）
共訳者　田本　典秀（日本下水道事業団事業統括部新プロジェクト推進課 主査）
　　　　平山　孝浩（独立行政法人土木研究所水環境研究グループ水質チーム 主任研究員）

関連用語　*1135*
26.1　水の再利用はどのように受けとめられるのか　*1135*
　26.1.1　水の再利用に関する市民の感じ方　*1135*
　26.1.2　水再利用の選択肢に関する市民の意見　*1137*
26.2　再生水利用に関する市民の視点　*1138*
　26.2.1　水質と公衆衛生　*1138*
　26.2.2　経済学的な問題　*1138*
　26.2.3　水供給と成長　*1138*
　26.2.4　環境正義と環境公平の問題　*1139*
　26.2.5　不快要因　*1139*
　26.2.6　その他の要素　*1139*
26.3　市民の参加とアウトリーチ　*1140*
　26.3.1　何故，市民を参画させるのか　*1140*
　26.3.2　市民参画の法規定　*1140*
　26.3.3　「市民」の定義　*1141*
　26.3.4　市民参画のアプローチ　*1141*
　　　　計画立案の早期から市民を参画させる／*1142*
　　　　すべての計画づくりが終わったあと市民参画を求める／*1142*
　　　　主要な選択肢が確定したあと市民を参画させる／*1142*
　26.3.5　市民の参加とアウトリーチの技法　*1143*
　26.3.6　タイプ別市民参画の落とし穴　*1143*
　　　　決定－公表－防御／*1143*　　　　コントロールされた参加者の選定／*1143*
　　　　情報のコントロール／*1145*　　　影響力のない参加／*1145*
　　　　透明性と市民の信頼確保の必要／*1146*
26.4　事例1：Redwood市における修景用灌漑事業で直面した問題点　*1146*
　26.4.1　周辺状況　*1146*
　26.4.2　水管理上の問題点　*1146*
　26.4.3　計画された水再生プロジェクト　*1146*
　26.4.4　得られた知見　*1147*
　　　　思い込みをしない／*1147*　　　　情報を早期に，しかもたびたび共有する／*1148*
　　　　直ちに啓発を始める／*1148*　　　適切な手段を用いる／*1148*　　　市民に発言させる／*1148*
　　　　すべてに時間を掛ける／*1149*
26.5　事例2：Florida州 St. Petersburg市における水の再生と再利用　*1149*

26.5.1 周辺状況　*1149*
26.5.2 上下水道の管理上の問題点　*1149*
　　　水戦争／*1149*　　　広域水道事業／*1149*　　　Wilson-Grizzle Act of 1972／*1150*
26.5.3 水再生システムの建設　*1150*
26.5.4 水の再生と再利用の現状　*1151*
26.5.5 得られた知見　*1152*
　　　再生水システムの効果／*1152*　　　顧客ベースの変化／*1153*　　　運用方針と姿勢の変化／*1153*
　　　下水処理水のゼロディスチャージの達成／*1153*
26.5.6 市の先見的な再生水利用の情報へのアクセス　*1153*

26.6　水の再生と再利用に関する所見　*1154*

問　　題　*1154*

参考文献　*1155*

関連用語

環境正義と環境公平の問題 environmental justice／equity issues 　他の地域には高品質の水が供給されるのに，恵まれないコミュニティに対しては，低品質の水や，健康リスクと資産価値の低下という不均衡な負担を引き受けさせるといったように，事業のマイナス影響を強いること．

市民 public 　利害関係者(stakeholders)として認められる場合もある．市民は，異なる動機，価値観，アプローチを持ち，事業によって直接的にも間接的にも影響を受ける可能性があり，事業に影響を及ぼすことができる社会の部分集合から構成されている．一般に地域住民は，地域の人種グループ，政治的・社会的・経済的グループ，環境正義の提唱者，そして環境保護論者を含む．

成長管理の手段 growth control measures 　市は，水道管への接続を禁止したり，下水の排出を厳しく制限することによって，水道または下水道の管理を成長管理の手段として利用するかもしれない．

不快要因 yuck factor 　一度は下水であった水に触るとか，飲用することに対して，市民が本能的に持つ嫌悪感．

　WateReuse Association(www.watereuse.org/)は，2005年，米国では，下水の約1 100万 m^3/d が再生・再利用され，その量は，毎年約15％ずつ増加していると推定している．多くの他の大規模な公共事業と同じように，水の再生と再利用の事業は，しばしば地域に軋轢を引き起こす可能性がある．事業実施例が増えているにもかかわらず，水の供給源が下水であることから，水の再利用は，依然として地域住民の関心の的である．再生水利用事業は，施設の改築のための債券発行といった財政手段について承認を得るため，住民投票を必要とすることがあることから，支持を得るために，念入りに地域の見解を求めること，計画策定の早い段階から住民の関心事に対応することが非常に重要である．

　本章の目的は，再生水利用事業(water reclamation and reuse projects)に関する少数の課題について洞察を得ることである．水の再利用の実施に関連する幾つかの論点は，既に1章において論じられた．すなわち，(1)困難を乗り越える，(2)市民の支援，(3)機会と必要性によって変化する受容性，(4)汚染した水源からの水道供給，(5)水再生技術の進歩，という論点である．本章では，(1)水の再利用はどのように受けとめられるのか，(2)水の再利用における市民の視点，(3)市民の参加とアウトリーチ，(4)2つの事例，という点について「市民の参加と事業実施の課題」を検討する．

26.1 水の再利用はどのように受けとめられるのか

　以下の議論の目的は，(1)水の再利用に関する市民の感じ方，(2)水の再利用の選択肢に対する市民の評価を検討することである．

26.1.1 水の再利用に関する市民の感じ方

　再生水利用事業の実施において，市民の感じ方が重要であることは，かなり前から認識されていた．過去30年以上にわたり，再生水利用に対する市民の感じ方を評価するため，幾つかの世論調査が行われてきた．再生水の様々な利用に関する世論調査の結果を表-26.1に要約する．一般に再生水による修景用灌漑(landscape irrigation)を受け入れる市民は83～98％であった．米国では，再生水によ

第 26 章 市民の参加と事業実施の課題

表-26.1 一般的な世論調査における様々な再生水利用用途に反対する回答者の割合

項　目	Bruvold[a] (1972年) $N=972$[e]	Bruvold[a] (1981年) $N=140$	Milliken and Lohman[b] (1983年) $N=399$	Lohman and Millihen[b] (1985年) $N=403$	Sydney Water[c] (1999年) $N=$不明	ARCWIS[c] (2002年) $N=665$	City of San Diego[d] (2004年) $N=710$
1. 飲用	56	58	63	67	69	74	64
2. レストランでの食品の調製	56						
3. 家庭での料理	55		55	55	62		
4. 缶詰にする野菜の調製	54						
5. 家庭の風呂	37		40	38	43	52	
6. 水泳	24						
7. 特殊井戸へのポンプ注入	23						
8. 家庭での洗濯	23		24	30	22	30	
9. 商用での洗濯	22						
10. 酪農牧草地の灌漑	14						
11. 野菜畑の灌漑	14	21	7	9			31
12. 砂地への散布	13						
13. ブドウ畑の灌漑	13						
14. 果樹園の灌漑	10						
15. 干し草用の牧草またはアルファルファの灌漑	8						
16. ボート遊び	7						
17. 商用空調	7						
18. 発電所用水	5						18
19. 家庭のトイレ水洗用水	4		3	4	4	4	13
20. ゴルフ場の池	3	8					
21. 居住地の芝生の灌漑	3	5	1	3	3	4	17
22. 公園の灌漑	3	4			3		15
23. ゴルフ場の灌漑	2	4				2	7
24. 高速道路の緑地帯の灌漑	1						7
25. 道路建設	1						
26. 水路または河川への放流							
27. 湾または海洋への放流							

[a] Bruvold(1972, 1981)より引用.
[b] Lohman(1987)より引用. この研究は, Colorado 州 Denver 市における Denver Potable Reuse Demonstration Project と関連している(24 章参照).
[c] Radcliffe(2004)より引用.
[d] PBS&J(2005)より引用.
[e] N:調査における回答者数.

る修景用とゴルフ場の灌漑は普及しており(18 章参照),よく処理した再生水を用いている 2 000 箇所以上において,健康への悪影響は確認されていない.予想されるとおり,回答の大部分は,再生水を飲むこと(直接的飲用再利用)について強く反対している.しかしながら,質問と調査結果の分析の両方にバイアスが悪影響を及ぼすことも非常に多い.例えば,表-26.1 で報告されている調査において,質問が,(a)以下の目的の再生水利用に反対しますかと示される場合と,(b)以下の目的の再生水利用に賛成しますかと示される場合では,異なる回答が得られるであろう.また,もし調査が「直感的な回答(gut response)」に基づくものであり,再生水とはどんなものか,その水質,可能性のある利用用途を説明する情報冊子がついていない調査であった場合,回答結果は,異なったものになったかもしれない.これらの調査から得られる結論は,広い解釈の余地があるが,情報提供プログラムを開

発し，水資源マネジメントに関連した検討課題であることをよく理解してもらう狙いで，市民の感じ方を分析するのに役立つかもしれない．

再生水の飲用について，「はい」，「いいえ」以上の選択肢を回答者に与えた場合，その結果は，表-26.2で示されるように，賛成・非賛成に関して大きく3種類に分類される．一つ目の分類は，非賛成，すなわち再生水利用の提案について全く嫌だと思う市民として定義される．二つ目の分類は，少し疑問に思う(少し嫌だと思う)という条件つきの回答者である．三つ目は，再生水利用の提案をだいたい受け入れる(嫌だと思わない)という回答者である．解釈のバイアスの影響によって，条件つきの回答者が反対するグループに入れられ

表-26.2 再生水の飲用再利用に関する回答者の見解と多様な利用用途に対する反応(1982, 1985)[a]

	回答(%)					
	全く嫌だと思う		少し嫌だと思う		嫌だと思わない	
再生水利用用途	1981	1985	1982	1985	1982	1985
飲用	3.2	2.1	21.6	19.9	71.0	74.3
料理	8.8	10.4	36.3	33.7	75.6	78.0
風呂	25.6	30.2	57.6	60.8	86.3	87.2
洗濯	44.0	44.8	76.0	66.9	95.4	91.7
庭への散水	87.2	82.3	88.7	91.2	97.7	96.3
トイレ水洗用水	92.8	89.6	97.6	96.1	98.5	100.0
洗車	92.8	89.6	97.6	97.2	98.5	100.0
芝生への散水	97.6	90.6	98.4	96.7	99.2	100.0

[a] Lohman(1988)より引用．

てしまう傾向がある．表-26.2に示すように，回答者が選択肢を与えられると，70%以上が直接的飲用への再利用を支持する傾向にある．表-26.1の報告のように，他の選択肢を示されずに，再生水を飲むことに賛成するかしないかを尋ねた場合には，反対がより強くなる傾向がある．

飲用とは対照的に，再生水に直接触れることはより広く受容されている．表-26.1における調査では，約15～25%が再生水中での水泳に反対し，14～21%が再生水による野菜畑の灌漑に反対であった．ゴルフ場と修景用の灌漑，工業，冷房・空調への再生水利用に対する反対はほとんどなかった．

さらに，表-26.1にまとめられている米国での調査が比較的古いことにも注意すべきである．飲用でない水の再利用は，ここ数十年の間に広く行われるようになってきたため，市民の受けとめ方に関する調査は，1980年代中頃からはほとんど実施されてこなかった．もし今調査を実施するのであれば，間接的飲用再利用計画に関するものとなろう．また，肯定的な回答を得るために重要な要因は，水供給当局の信頼性と，回答者に対して水資源の需要，水質，そして公衆衛生の確保について十分な情報が提供されていることであろう．

26.1.2 水再利用の選択肢に関する市民の意見

水供給量増加の必要性，水再生の技術的手段および現在の水道水の汚染について市民の判断や意見を聴くと，それらに対する回答の間には相関関係がある(Bruvold, 1972, 1987, 1988, 1992)．例えば，飲用のために再生水を利用するという論争が巻き起こるような場面でさえ，回答者の信念によっては，肯定的な回答を得ることがある．回答者が，(1)水供給量を増加する必要があること，(2)技術が効率的であること，(3)汚染が深刻で広い範囲に及んでいることを確信している場合には，飲用目的の再生水利用に対してより好意的な回答が得られる(23，24章参照)．

商用広告や商品の売込みは，水道水の安全性に関する市民の意見や理解に影響を及ぼすことに注意しなければならない．ボトル水の広告と浄水器の売込みは，水道水の安全性に関する不確実性を印象づける戦術をよく使うことが報告されている．水の再利用に関する市民または専門家の評価を変えるためには，製品販売者の主張する内容をよく検討し，宣伝され続ける広告の間違いを指摘しなければならない．飲料水の場合，たいていのボトル水は，完全な検査を受けたり保証されたりしていないこと，また，現在の水道水がすべての飲料水基準を満足していることはほとんど知られていない．

26.2　再生水利用に関する市民の視点

再生水利用を市民やプロの専門家が受け入れるかどうかは，再生水利用の方法に依存する．先で議論したように，再生水に接触する可能性が高ければ高いほど，両グループともその利用方法に対して否定的となる（表-26.1，26.2 参照）．しかしながら，地域の問題解決のため，再生水利用の具体的な事業提案に直面すると，市民が重きを置く関心事や目的は様々となる．例えば，ある研究で再生水利用に賛成と答えた市民は，その選択肢か水を節約する，環境を改善する，公衆衛生を確保する，または浄水・下水処理および配水のコストを抑制するからという理由であった（Bruvold, 1988）．このように，事業目的が地域の願望を反映していることと，広報プログラムが目的に基づいた適切な代替案をいかに提示できるかが重要となる．再生水利用が受け入れられるかどうかに影響を与えるかもしれないものとして，以下に示すような様々な課題や関心事があげられる．

26.2.1　水質と公衆衛生

公衆衛生の確保は，一般的に再生水利用にあたって最大の関心事である．再生水利用に関する健康リスクの可能性は，水再生処理（water reclamation）システムの妥当性，信頼性と再生水に対する曝露の程度に関係する．再生水利用の基準と規制は 4 章に示されており，再生水利用の健康，環境関連については，5 章で詳しく議論されている．

26.2.2　経済学的な問題

再生水利用の費用は，利用用途，必要な処理レベル，配水施設，インフラ，現場で必要な調整によって異なる．市民は，水の供給と下水の管理が再生水利用に関連していることを理解している（25 章参照）．再生水利用費用の典型的な比較対象は，再生水に代わる水を供給する，または処理水を利用しないで放流するのに必要とされる費用が節約される部分である．一般に利用者は，再生水の料金が他の水供給料金より低いことを期待する．再生水利用によって渇水年における水道水供給の信頼性が改善されるという追加的経済効果も考慮に入れるべきである．純費用または費用節約部分は，再生水利用者と同時に，水道および下水道サービスの料金負担者全体で負担または享受されることになる．

26.2.3　水供給と成長

市は，時として水道水の供給や下水の収集を成長管理の手段として利用しようとする．水道管への接続の禁止や水道料金の値上げ，下水の排出の厳しい制限は，両方とも成長を制限するのに役立つ．市民の中には，再生水利用は，新しい水資源を創造することによって成長を誘引し，その結果，自分たちが欲しない地域開発につながることを恐れる者もいる．しかしながら，用途地域や保護地域条例によって，または再生水の利用に条件をつけることによって，水の管理は，理想的には成長と切り離すことができる．例えば，再生水利用事業の中には，それまで表流水や地下水を水源として供給されていた水に代替する用途にのみ再生水を使用することを契約条件で規定するものもある．このような規定は，全体として水利用を増大させることなく，水道水供給の信頼性と地域における水供給量制御を改善することになる．このシナリオは，法的に設立された市（訳者注：米国では，あらゆる国土が初めからどこかの市に属しているわけではなく，市は，州法に基づき住民自治によって設立される）のみに適用され，市の境界外の成長には影響を及ぼさない．大部分の州では，水道が整備されている

ことが開発の必要条件とされていない．

26.2.4 環境正義と環境公平の問題

幾つかの再生水利用事業で持ち上がった問題点は，一般の開発事業における場合と同様，事業が恵まれないコミュニティにマイナスの影響を及ぼすことである．他の地域では高品質の水が供給されるのに対して，再生水利用事業が行われる地域の市民は，低品質の水供給を受け，健康リスクと資産価値の低下という不均衡な負担を強いられることを恐れるかもしれない．決定が公正，公平に行われることを確実なものとし，えこひいきの不安を軽減するため，潜在的に悪影響を受ける可能性のある地域の懸念を認識するとともに，オープンで市民参加型の意思決定を行うことが重要である．

26.2.5 不快要因

再生水利用に反対する，あるいは再生水利用は最後の手段としてのみ採用されるべきだと信じている多くの人々がそのような態度をとるのは，一度は下水だった水に触るとか飲用することに対する本能的な嫌悪感からくるのである．これは，間接的，直接的な飲用という選択肢について特に当てはまる．飲用については，過去にマスメディアで「トイレから蛇口へ」という中傷のレッテルを貼られたことがある．このような嫌悪感は，不快要因（yuck factor）とも呼ばれてきた．多くの人々は，たいていの飲み水に，表流水に放流されたり地下水に浸透したりした少量の下水処理水が含まれていることに気づいていない（3章に記述されている事実上の飲用への再利用を参照）．これは，人の感じ方が不当なものであるとか，悪い水質の水道原水でも飲用にすることが正当化されるべきだといっているわけではない．それどころか，そのような感情は，水の清らかさに対する個人的あるいは文化的な感情の表れとして，また，人々が水文学的プロセスと水管理の問題を理解していることの表れとして深刻に受けとめるべきである（Wegner-Gwidt, 1998 ; Hartling, 2001）．そうだとすると，この問題については，様々な教育や情報提供の場で取り組むことができる．

26.2.6 その他の要素

再生水利用事業に対する市民の受容に影響を与える重要な要素には，以下のようなものが含まれる．すなわち，(1)地域の水道水が不足していることを理解し，総体としての水供給の割当てスキームの中に再生水が位置づけられることに気づくこと，(2)再生水の水質および再生水がどのように供給され使用されるかを理解すること，(3)公衆衛生に関する規制基準とその施行が申し分のないものであると確信すること．近年では，水再生と再生水利用システムを都市の水供給システムによりよく統合するという観点から，都市における再生水の間接的飲用再利用に対する市民の受容と参画について把握しようという研究が再び始められるようになった．

水道水，下水，再生水に含まれる人間活動由来の微量汚染物質を同定する分析化学の急速な発達によって，公衆衛生と生態系の健全性に対する国内外の関心が高まっている．このテーマに関する参考文献は，Kolpin et al.(2002)とDaughton(2005)に見られる．つけ加えて，持続可能な地域戦略の一環として，間接的飲用再利用を採用することに関する，複雑な社会的政治的課題を解決するための手引きと研究指針が検討されてきた．再生水利用事業に関連するリスクを人々がどのように理解し計算するのか，そしてこの研究が水供給の行政当局と市民との間の関係改善にどのように役立つのかについて，より多くの研究が必要とされている．これらの研究の努力は，人々が様々な場面で再生水を受け入れるのか拒否するのかを決める意思決定プロセスにおける信頼性の役割，そして水の利用と再利用の分野における科学的知識の限界がどのように受けとめられるかについての理解に役立つだろう．

23章と24章で議論されているように，間接的，直接的な再生水の飲用再利用は，市民の真剣な監視，ならびに必要とされる市民の信頼，信用と再生水利用事業に対する支持を確保する際の論争に直面し続けている．表-26.1, 26.2に報告されている世論調査の結果と再生水利用について広くいきわたっている考え方を非飲用の再生水利用事業の実施に適用することは可能であるが，そのような事業であっても，少数の人々が受け入れることに反対したり疑義を差し挟んだりすることは珍しくない．そこで指摘される理由は，いつも，公衆衛生確保に関する不確実性と，しばしば見られる非現実的な「ゼロリスク」の要求に集中している．また，公開討論では，地域の成長に対する反対といったような，無関係の，もしくは隠された論点が出てくることもある．ありふれた修景用灌漑であっても，組織化されたグループの反対によって遅延させられたり修正されたりしてきたのである．

26.3 市民の参加とアウトリーチ

これまでの議論から，人々の受取り方や意見によって正否が分かれることがあることは明らかである．このことは，すべての再生水利用事業の計画や実施において認識すべき事実である．簡単に成功を保証するものはなく，以下で議論されるように，堅実で先取りした意思疎通と教育が重要である．

26.3.1 何故，市民を参画させるのか

市民は，再生水利用事業について，一部または全部の財政的負担を負うことになるし，再生水に曝露される可能性もあり，また見た目に美しいかどうかという影響やその他の影響を受けるかもしれない．市民の関心事としては，費用と公衆衛生が卓越してきたが，環境正義，成長，土地開発という基本的な問題も明らかとなってきた．市民は，安全で十分な水の供給と環境保護に関心がある．すなわち，水の再生利用は，これらすべての問題に対してどのように積極的貢献ができるかを認識してもらうこと，そして他の懸念材料を勘案しても水の再利用が重要であると認識される状況をつくり出すことが重要である(State of California, 2003)．

水の再生利用計画に市民を巻き込むことは，地域の水需要を満足させ，市民の支援を獲得し，再生水に対する幅広い市場を開拓し，プロジェクトの実行を改善するという点で実質的な利益となり得る．市民の参加(public participation)と双方向の意志疎通プロセスは，他のグループが見過ごしたり誤解したりしていたかもしれない問題を市民と計画者の両方にわかってもらうのに役立つ．例えば，事業の計画者によって実行される情報とアウトリーチ(outreach)のプログラムは，水再生プロジェクトの科学的，技術的，そして経済学的側面について市民を教育するのに役立つ．市民が参加することによって，事業目的に関する視野と可能性のある解決策の幅が広がり，リスクと費用，便益(25章参照)の評価を促進することがある．再生水の使用者となる可能性のある人々は，そのような水量・水質であれば再生水を利用してできる点について，貴重な意見を提供してくれる．

26.3.2 市民参画の法規定

米国の公共事業における市民の参加は，連邦政府機関からの補助事業や連邦政府機関の管轄区での事業を対象とした市民参画に係る連邦政府命令により，1960年代に進んだ．州政府，地方政府の機関も，市民参画(public involvement)に係る独自の命令をつくり，後に続いた．1969年のNational Environmental Policy Act (NEPA)(国家環境政策法)およびCalifornia Environmental Quality Act (CEQA)(California州環境質法)は，米国における環境意識の高まりを表すものであり，社会の価値観を反映した技術的な意思決定を求める新たな声を生み出すこととなった．これらの，連邦，州，地

方の命令は，多くの公共事業において必要最低レベルの市民参画を表している．

Council on Environmental Quality(環境諮問委員会)は，NEPA を施行するための手続きを定め(CEQ, 2005a, b)，関係行政機関には，以下のことが求められることとなった．

1. NEPA の手続きの準備と実行にあたって，市民を参画させるため熱意をもって努力すること．
2. 関心を持つ人々，影響を受けるかもしれない人々に知らせるため，NEPA に関する公聴会，市民集会，利用可能な環境関連書類について公報を行うこと．
3. 適切な場合はいつでも，または当該機関に適用される法定要求基準に従って，公聴会または市民集会を開催または後援すること．
4. 市民から適切な情報を求めること．
5. NEPA のプロセスにおける環境影響評価結果その他の部分に関する情報や状況報告書を関心のある人がどこで入手し得るのか説明すること．
6. 環境影響評価結果，受け取ったコメント，そしていかなる根拠書類も市民が閲覧できるようにすること．

要求基準の包括リストがどのようなものと思われるかにかかわらず，法律は，その運用について相当の自由裁量を認めている．必要基準は，環境評価のプロセスに焦点を当てており，絶対最低要求基準は，完全参加型の計画プロセスには遠く及ばないものである．

26.3.3 「市民」の定義

市民は，異なる動機，価値観，アプローチを持ち，しばしば利害関係者(stakeholders)とみなされる社会の部分集合から構成されている．一般に地域住民は，例えば，地域の民族グループ，政治的，社会的，経済的グループ，環境正義の提唱者，そして環境保護論者を含んでいる(State of California, 2003)．再生水利用事業に興味を持つかもしれない市民の基本的な分類が表-26.3 に掲げられている．計画の目的のためには，市民を 2 つの一般的なカテゴリー，直接当事者(例えば，再生水利用者)と間接的な影響を受ける広範な市民に分けることができる．市民参加戦略は，それぞれのカテゴリーの関心とニーズに合わせて行うべきである．市場での評価の一環として，再生水を利用する可能性のある人々のニーズにも対応しなければならない．

表-26.3 再生水利用事業において市民の様々な利害を代表するグループ[a]

市 民	影響部門
再生水を利用する可能性のある人々	水資源部門
再生水を利用する可能性のある人々の近隣住民	環境保護団体
地域管理組合	地域および市の組織
農民	料金支払い者
農業団体	教育機関／学問の指導者
水販売業者	政治的指導者
食品加工産業	実業界の指導者
土地開発者	地域の指導者

[a] Wegner-Gwidt(1998), U.S. EPA(2004)より引用．

26.3.4 市民参画のアプローチ

水の再生と利用の計画立案における市民参画には，3つの主要なアプローチがある．(1)計画立案の早期段階から最終的な計画採択に至るまで一貫して濃密に市民を参画させる，(2)すべての計画が完成し，計画の承認と実際の予算の採択のため債券発行の投票を行うことが必要となってから，市民参画を求める，(3)計画段階で主要な選択肢が確定した後，予算化のため市民承認手続きを行う必要が出てくる前に市民に参画させる．市民参画についての3つの計画手法のそれぞれに対して行われた次のような賛成論・反対論は，Bruvold and Crook(1980)からの引用である．

計画立案の早期から市民を参画させる

　この方法を支持する意見として，水の再生と再利用に関する意思決定に市民の意見を取り入れる最適な時期は，多数の利害関係者に受け入れてもらえる方向で計画づくりが確実に進むよう，プロセスの早い段階が良いという主張があるだろう．ほとんどすべての熟練した計画者と渉外担当職員は，問題を提起し不意打ちを避けることによって，プロセスの早い段階で市民を参画させることを推奨している（Kelly, 1998；Wegner-Gwidt, 1998）．

　普通の市民は，水の再生と再利用のための選択肢を提示し，それから自分たちで最適な選択肢を決定するために必要とされる専門的知識を欠いていることが文献でしばしば指摘されている．そのうえ，たとえより多くの人々が関連技術に必要な原理を理解することが基本的に可能であったとしても，彼らは，選択肢を考案し評価することには興味がなく，その時間的余裕もない．意思決定する市民側に技術的専門知識がないため，早くから市民を計画立案プロセスに参画させることによって深刻な問題が引き起こされることがある．早期の市民参画について指導もなく，渡される資料が不完全であったり，純粋に技術的なものであったりする場合に，このシナリオが起こるかもしれない．市民参画のどの段階においても，情報資料は，素人にもわかる言葉で適切に表されていなければならない．

すべての計画づくりが終わったあと市民参画を求める

　この方法を支持する意見は，市民参画は，技術的専門家によって選定された事業案が債券発行の投票に付されるものとして認可されるような，意思決定プロセスのずっと後期に行われるべきであるというものである．この手続きは，技術的なプロの専門家が，技術的，職業的専門知識を必要とする計画立案と分析を行うことを認めるものである．これらの個人としての専門家は，選択肢を選定して発展させ，幾つかの選択肢のうちどれが最適かを決め，認可について賛否を問う投票を行う市民に対して，選び出された1つの案を提示する．ここでは，ただ1つの案が提案され，投票者は，技術的専門家と政治家が自ら選んだその1つの案を支持することを認めるか拒否するかの選択を行う．

　この計画立案方法の主要な問題は，この方法では，論争を巻き起こして失敗につながることが多いかもしれないというものである．一般論として，いかなる種類の債券の発行案件も可決してもらうことは難しいであろう．したがって，技術的専門家とプロの計画者は，施設建設と運転の予算化に必要な支持を得るために十分な市民の賛同を獲得できる水再生利用の事業案を練り出すよう，きわめて注意深く対処しなければならない．さらに，専門家が選んだ1つの選択肢に対して認可の賛否を問う方法は，高級技術専門家の専門知識に有利な評価となりすぎ，市民の関心や価値観を軽視しすぎることになるかもしれない．投票する大多数の市民は，選択肢を案出したり評価したりできるほどの専門家ではないだろうが，技術的でなくわかりやすい言葉で情報が表現されれば，技術的専門家によって考え出された選択肢とその分析をはっきり理解することができるだろう．

主要な選択肢が確定したあと市民を参画させる

　この計画方法を支持するものとして掲げられる理由は，多数ある．一つには，技術の視点と民主主義の視点をより適切にバランスさせることができるだろうし，他方，実際的には地方選挙での投票でより大きな成功を確実なものにできるだろう．この方法では，対象地域で実現可能な水の再生と再利用について，少数の選択肢を選ぶ必要がある．これらは，様々な異なる方法から選ばれた代表的なものである．次に選択肢について注意深い比較分析が行われる．技術専門家とプロの計画者によっていったん選択肢の案出と分析が行われると，認可のための投票の前に，その結果を簡単に理解しやすい言葉で市民に示し，投票者の反応や意見を求めることができる．そのような手続きでは，個々の市民は水の再生や再利用の専門家となる必要はないが，最後までやめないで市民参画を求め続けることになる．この方法に対して行われる主要な反対論は，その実用性に集中している．Bruvold and Crook (1980)は，技術部門はリスクを評価し，市民側は安全性と便益を評価することを提案している．

26.3.5 市民の参加とアウトリーチの技法

参加とアウトリーチとは区別される．すなわち，参加は，利害関係者が計画に影響を及ぼすための手法を意味するのに対して，アウトリーチは，単純に情報の普及・収集を行ったり，水の再利用計画について一般の人々を啓発したりする方法ということになる．世論調査，広報プログラム，そしてワークショップは，市民を意思決定のプロセスに巻き込むための努力の一部であり，市民に対するアウトリーチ活動の技術である．しかしながら，作業委員会や諮問委員会は，利害関係者が意思決定に参加する例である．San Diego 市の Water Repurification Project で採用された市民参画の手法を表-26.4 に示す．表-26.5 には，市民の参加とアウトリーチにおいて単独または互いに組み合わせて使用できる手法やツールがまとめられている．

26.3.6 タイプ別市民参画の落とし穴

事業から被害を受けたり利益を得たりする人々に何の実影響も与えないで，市民の支持を求めるために計画者が使う技法はたくさんある．これらの技法は，しばしば市民に，自分たちの権利が剥奪されているとか信用できないという感情を残し，市民にそれ以降の事業も認めてもらうことが難しくなることが多い．以下の記述は，水の再利用の計画立案において避けるべき，市民参画およびアウトリーチのモデルあるいは技法である．

表-26.4 San Diego 市の Water Repurification Project で採用された市民参画の手法[a]

世論調査
・市民に対する1対1の対面インタビュー
・電話によるインタビュー
・フォーカスグループ(focus group：グループ対話形式)
市民諮問委員会
広報
・パンフレットとチラシ
・プロジェクトを説明するビデオ
・スライド発表
・電話情報窓口
・政治家やそのスタッフに対する説明
・ワークショップ
・オープンハウス(展示施設の公開等による個別対話)
報道機関の利用
・重要な段階でのニュース発表
・報道機関への説明
・テレビニュースでの特集
・新聞記事と論説
講演
・諮問委員会や地域団体(シエラ・クラブ，郡医療協会，商工会議所)のメンバーに事業のために講演してもらう
パイロット処理実験施設の視察と処理水の味見テスト

[a] State of California(2003)，U.S. EPA(2004)，Wegner-Gwidt(1998)より引用．

決定-公表-防御

技術的な意思決定者がとってきた伝統的な方法は，決定し，市民に知らせ，それから決定を正当化するというものである．これは，通常，「決定-公表-防御(decide-announce-defend；DAD)」と呼ばれる．DAD アプローチは，プロの技術者が地域のニーズに応える方法を最もよく知っているという信念に由来する．プロの人々は，問題と目的を定義し，可能性のある解決方法を明らかにし，法的に必要とされる公告と公聴会以外に市民参画を行わないで，最適な選択肢を選定する．

DAD アプローチは，水再生プラントの詳細設計のような，技術と規制の制約条件に支配される工学的なプロジェクトには適しているかもしれない．しかし，DAD アプローチは，論争を巻き起こすようなプロジェクト，特に社会や環境に影響を与えるようなものが市民に受け入れられるようにするためには不十分である(Walesh, 1999)．

コントロールされた参加者の選定

市民参画に共通する間違いは，事業に最も賛成してくれそうな人々やグループと当該計画の採否に

第26章 市民の参加と事業実施の課題

表-26.5 市民の参加とアウトリーチの技法[a]

技　　法	説　　明
世論調査	地域社会の選好，意見，価値観を評価するため，1対1のインタビュー，アンケート，非公式討論会のような社会世論調査を用いることができる．社会世論調査は，参加者に情報を提供し，市民がより多くの情報を必要とするような地域を浮き彫りにするのに役立つ．世論調査は，再生水の潜在市場を選び出すのにも有効である．
広報プログラム	情報に対するオープンで完全なアクセスを確保することで，市民との良好な関係を生み出すことができる．情報は，地域で使われている代表的な言語すべてで利用できるようにすべきであり，書き物やラジオ無線による案内を含め，様々な形で提供すべきである．
住民集会／公聴会	市民集会または公聴会が利用できるのは，以下のような場合である．(1)事業計画立案の必要性を紹介する．(2)市民に計画立案の進捗状況や計画の輪郭を知らせる．(3)計画立案プロセスに反映させるため，計画の目的や代替案の特定について市民から意見を聞く．(4)検討中の代替案を提示する．(5)排水システムの高度化やより信頼性の高い水供給を計画する場合に何が要求されるかについて市民の理解を求める．(6)市民意見の計画立案プロセスへの反映に関する規制条件を満足する．
ワークショップ	小規模な市民参加のワークショップは，技術者／計画者のチームが以下のことを行う機会を提供する．(1)技術，環境，地域に係る影響について明らかになったことを提示する．(2)代替案を比較する．(3)市民との討論に参加する．
重要な関係者との相談	計画者は，意見を求めるため，重要な産業，政府，地域のリーダー，とりわけ専門知識と影響力を持つ関係者と連絡を取り合ってよい．エンジニアリング会社，土地開発業者，職業人協会のようなグループが洞察，データ，情報や事業への支持を提供してくれることもある．
諮問委員会	諮問委員会は，事業について深く突っ込んだ意見を提供し，その意見が重要で有用なものであると市民に強く意識させるようにするために役に立つ．諮問委員会は，一般に特定されない期間設置が続き，連続して意見を提出する．諮問委員会の委員は，事業に対して金銭的な利害関係のない個人，利害関係のある市民グループの代表，公務員，経済的な利害関係を有するグループの個人または代表，再生水を利用する可能性のある人およびその雇用者，近隣住民，関連分野(例えば，公衆衛生)の専門的知識を有する市民を含め，幅広い集団を代表するものとすべきである．
特別対策委員会	諮問委員会と同様，特別対策委員会は，システムの特徴を明らかにし，問題の領域を解決するのに役立つ．諮問委員会と異なり，特別対策委員会は，明確に定義された目的を持ち，いったんその目的が達成されると解散する．

[a] House(1999)，Umphres et al.(1992)，U.S. EPA(2004)，Walesh(1999)，Wegner-Gwidt(1998)，PBS&J(2005)，City of San Diego(2006)より引用.

重大な影響力を持つ個人のみを参加させることである．この方法は，事業採択の可能性を高めるように見えるものの，地域の他のメンバーを排除することで，それらの人々が事業反対の準備を行うと，裏目に出ることが多い．事業への影響力の大きい人々だけが対象グループに入るように選定することの問題点は，選定された人々がすべての地域住民の利害を代表しているわけではなく，むしろ個人の利益や脚光を浴びる問題に注目していることである(26.4参照)．

情報のコントロール

もう一つの間違いは，事業に良い印象を与える情報のみを提示し，反対する人に有利となる情報を出さないことである．例えば，便益を強調する一方で，費用を無視するといった具合に，参加者と共有するための情報を注意深く選別していると，計画の利点によって客観的に決定を行う能力が減退してしまう．参加者は，彼らに提示された情報に矛盾を発見できるぐらいの技術的知識を身につけていなければ，情報操作に弱いということになってしまう．意図的にしろ，聴く人の感受性の問題にしろ，計画者と技術者は，不明瞭な技術専門用語を使い複雑な説明をすることで，恐怖や混乱の原因となり得る．こんなアプローチでは成功しないだろう．

マーケティング戦略は，誤用されると，情報コントロールまたは情報操作と受け取られるかもしれない．好都合なイメージを使ってプロジェクトを売り出すことは，信頼性を失う結果となるかもしれない．マーケティング技術の適切な活用には，様々な用途への水の再利用に対する市民の賛成の程度と関心度合を測定し，再生水の潜在的な利用者を明らかにするために用いられる世論調査やフォーカスグループ(focus groups)も含まれる．フォーカスグループは，例えば，どのような言葉やイメージが最も協力的な反応を引き出すかといった，事業を宣伝するための最適な方法の特定にも役立つ．事業の計画立案の期間にマーケティング戦略をとるなら，情報操作と解釈されることを避けるため，他の市民参加技法と組み合わせて行うべきである．

影響力のない参加

市民参画プログラムの最後の間違いは，市民の意見が最後の決定に影響を与えることを許すつもりがないのに，市民から意見を募集するというものである．計画者は，市民の関心やニーズを無視する一方，有力な個人やグループに名ばかりの権限を与えるかもしれない．この方法は，必然的に不信と嫌悪感を生み出す．技術者の観点から市民対応を行うための基礎的な原則のリストを表–26.6に示す．「もしあなたが市民をパートナーにすれば，最後は誰もが勝利する」(Hartling, 2001).

表–26.6 技術者のための市民対応ガイド[a]

標準英語で話す	あなたの言うことがわからなければ，人々はあなたを信用しない．たわごとのように技術を語っても，人々は，離れていき，疑念を抱く．うまく標準英語が話せない間は，重要なポイントだけ語ってあとは黙っていること．長話も嫌われる．
よく話す	ロータリクラブ，教会グループ，市議会等，どこでもいつでもできる機会を捉えて話すこと．友達が多すぎて困るということはない．あらゆる種類の人々を巻き込むことは，最後の段階で反対論が持ち上がった時に必要となる友達を確保することになる．
自分が話していることを知る	人々は，ありとあらゆる質問，興味，異なる視点から問題を引っ張り出すだろう．したがって，ボーイスカウトのように何でも準備すること．「わかりません」という答えばかりでは，信用が得られなくなる．
自分を反対論者からの攻撃の中心に起き，問題を未解決のままにしない	反対論者の中には，事業を頓挫させるため，明らかに間違っていることでも，ほとんど何でもやりかねない，言いかねない人もいるだろう．それらを引き受けて，彼らが市民集会やマスコミ等に言ったことには何でも直截かつ率直に対応すること．そのようにしないと，(意識的にしろ無意識的にしろ)人々は，反対論者の言っていることが本当だと思うだろう．
人間らしく，明るく，ユーモアのセンスを持って	人々は，自分たちが楽しんでいる時，そしてあなたのことが好きになれればそれだけ，あなたの話を聞いたり学んだりするようになるものである．精神安定剤を服用しているかのように，変化のない一本調子でいつも退屈な話ばかりしていた教師のことを思い返してみなさい．何故そんな教師のまねをするのか．
反対論者の中には，あなたが何をしようと関係なく，ただ単に事業を認めない者もいるだろう．そのような人と話が通じなくても気にすることはない	人類が月に降り立ったことをいまだに信じない人々もいる．どのような変革についても理解できない，あるいは理解しようとしない人々がいるものである．このようなグループは，反対のための秘密の行動指針を持っている場合もある．彼らは，公衆衛生の問題があるというかもしれないが，彼らの本当の関心事は，ボトル水や水道水を売ったり，選挙で選ばれて地域の成長を管理したり，その他，人々の同調があまり得られない問題だったりする．
市民を，意思決定の結果を単に受け入れるプロセスだけでなく，意思決定のプロセスにも参画させる	人々がその事業を認めて受け入れるということは，その事業なりアイデアが市民のものであるという意識からくるのである．これは，ゆっくりではあるが，必要なプロセスである．
必要があれば，自負心を機械的に捨てる	あなたが大物の技術者だったとしても，それは関係ない．あなたのアイデアが人々の気に入らなかったとしたら，流れに沿って，彼らの気に入るように修正すること．目的は，仕事を成し遂げることであって，仕事を自分流にすることではない．
あなたが語っているものを見せる	実際，1枚の絵は，1,000語の言葉に匹敵する．したがって，あなたが説得したい人々をあなたの施設の見学会に連れていくこと．舞台裏への入場パスを渡すようなものである．

[a] Hartling(2001)より引用．

透明性と市民の信頼確保の必要

情報獲得のために利用可能な数多くの手段がある今日，間違った情報を得る機会も非常に多い．水を再生し利用する事業の効果を市民が思慮深く考察するとしても，究極的には2つの重要な要素，すなわち「透明性」と「市民の信頼」が必要不可欠である．そのような事業の計画立案プロセスは，情報とデータの源，前提とされた条件，工学的，経済学的，社会学的な実行可能性の評価に用いられる分析手法について透明でなければならない．人々がその結論に同意しなくても，その結論を導くのに用いられたデータと手法は，明快で，正当と認められるものであり，また透明性の高いものでなければならない．透明性についていえば，事業化のためのもう一つの重要な要素は，市民の信頼である．一般に，信頼は，約束が果たされる結果自然にできるものである．公的機関のような事業の提案者は，従業員を含む市民（利害関係者），規制当局，市民グループ，市民一般，そしてマスメディアとの間で信頼と信用を確立し，維持増進できるようにしなければならない．事業のリスク面について話し合う時には，信頼は，特に重要である．結局のところ，今日の社会では，透明性と市民からの信頼なくして，水の再利用事業の計画を進展させ，実現することは困難である．環境に関するリスクコミュニケーションについての優れた情報源は，次のインターネットサイトで見つかるかもしれない．www.centerforriskcommunication.org.

26.4　事例1：Redwood市における修景用灌漑事業で直面した問題点

26.4.1　周辺状況

本事例は，Ingram et al.(2005)とRedwood市HP(http：//www.redwoodcity.org/publicworks/water/recycling/)を含む様々な情報源から引用したものである．

California州Redwood市は，San Francisco市の南40 km(25 mi)に位置する人口約75 000人の都市で，その水道水は，100％をSan Francisco Public Utilities Commission(SFPUC)が管理するHetch Hetchy地方の水道システムから供給を受けている．Hetch Hetchy貯水池は，Yosemite渓谷から，高速道路120号線およびEvergreen道，Hetch Hetchy道を経由して，64 km(40 mi)の所に位置する．政治および環境の観点から論争があり，Hetch Hetchy貯水池は，1923年から，Yosemite渓谷地域と地方水道システムの，まさに両方の一部を形成している．

26.4.2　水管理上の問題点

市の現行の契約水供給保証限界は，年間$15×10^6$ m^3(12 243 ac·ft)である．市は，現在，SFPUCから契約した量を年間$14.8×10^6$ m^3(12 000 ac·ft)も超えて消費している．契約量の全量を使っていない水利使用者が他にあるため，結果として，市は，契約を超過する量を利用することができているのである．現在の需要予測では，Hetch Hetchy地方の水道システムは，2007〜2009年までに全契約量に達し，Redwood市がその契約量を超えて水を買うことはできなくなる．2010年までに，水供給の不足量が年間$3.3×10^6$ m^3(2 700 ac·ft)まで増加することもあり得るだろう．

26.4.3　計画された水再生プロジェクト

水供給保証限界を守るために，Redwood市は，節水プログラムを強化すると同時に，水のリサイクルが2010年までの期間に実施しようと思えば容易に実施できる，現実的で短期の選択肢であると

26.4 事例1：Redwood市における修景用灌漑事業で直面した問題点

決定した．しかしながら，予想される水供給の不足に対応するため灌漑に再生水を使うという計画について論争が巻き起こった．Redwood Shores（市の一区画）では，多くの住民が子供たちが病気になるかもしれないことを恐れて，公園や校庭に再生水を使用することに反対した．市がそれまで手掛けたことがないような大規模で複雑なプロジェクトであるが故に，人々は，そのプロジェクトについて多くの情報を期待し要求するのである．

市は，2002年におよそ年間 2.5×10^6 m^3（2 000 ac·ft）を供給する市全域の規模での再生水による修景用灌漑事業に対して，設計，許可，環境評価を始めた．しかし，再生水を修景用灌漑に使用することは，小さいけれども断固とした市民グループによる強い反対に直面した．彼らは，公衆衛生と安全性の観点から再生水の使用，特に子供の遊び場における使用に反対したのである．この反対に対応するため，市議会は，ついに地区特別対策委員会（community task force）を設置し，市による水供給問題解決策の模索を助ける権限を付与した．要するに，再生水の修景用灌漑用水としての利用は，地域の人口が増大するに従って，重大な懸案となりつつあるのである．毎年，市の水消費量は，Hetch Hetchy 地方の水道システムからの割当量を超過しており，事態は悪化している．Redwood市は，「ファーストステップ」と呼ばれる再生水利用の実証事業をうまく運営するのに成功した．そして現在，強力に節水を推進するとともに，再生水を利用した修景用灌漑（人口芝の校庭と遊び場を除く）の範囲を拡大している（図-26.1 参照）．

(a) (b)

図-26.1 California 州 Redwood 市の再生水による屋外散水．(a) 典型的な住宅地域．(b) 湾岸域の緑化（提供：K. McManus）

26.4.4 得られた知見

地域に立脚し，コンセンサスに後押しされる解決策を見出すプロセスを通して得られた教訓として，真の地域参画，政策決定者に対する教育，迅速かつ完全な情報の共有がある．Ingram *et al.*（2005）によれば，教訓は，以下のとおりである．

思い込みをしない

最初の説明会で参加者が少なくても，その地域が，提案された事業に関心を持っていないとか，事業を承認していると思い込んではいけない．2002年6月に行われた最初のワークショップにおける市の経験では，再生水利用事業を計画どおり進めるべきでないという指摘は出なかった．市のファー

第26章 市民の参加と事業実施の課題

ストステップ事業は，7年間うまく運転されてきた．そして，再生水利用事業が続けて市域全体で行われるかどうかについて，市民は，関心を持っていないように思われた．

しかしながら，市は，彼らのやり方と時間でその事業を理解してくるものであることを学んだ．Redwood市では，地域の中の1つの地理的に限られたエリアから，数人の人々が反対の声を上げようという呼びかけが起った．それが事業のスケジュール，システム設計，さらには結果として地域全体を対象とする事業費用に影響を及ぼすことができたのである．反対意見に傾いている人々は，再生水利用事業のプロセスと対象に重要な課題を提起することがあり得る．しかし，彼らが参加する時は，いつでも彼らの声をよく聞き尊重しなければならない．

情報を早期に，しかもたびたび共有する

情報が間違っていたと白状すること，背景を無視した議論に応えることは，大変困難なことである．それは，計画立案者を指導的立場というより，むしろ防衛的立場に置くことがある．Redwood市では，再生水利用事業を止めさせようとする人々は，自分たちの立場を裏づけるため，インターネットから集めたデータや情報を利用した．その結果，反対論の内容と関係なく，市民の間に強い反応が巻き起こり，勢いを増すことになった．信頼でき信用のある情報源としての市を確立するのと同様に，住民を啓発し情報を与え続けることが重要である．正確な情報を普及させるため，市は，反対側の団体と同等か，それ以上の時間と資源が必要となることを学んだ．

直ちに啓発を始める

政策決定者を前もって啓発することは，後で行われる重要な決定に良い影響を及ぼすことがある．Redwood市の大部分の市議会議員は，水道についても排水処理と規制基準についても，限られた背景情報しか持っていなかった．そのことが，反対派が新しい汚染物質の問題やインターネットで収集した「科学」について幅広く話し始めた時，市議会議員を「知識のうえで不利な立場」に置くことになった．論争の傾向に備えて選挙で選ばれた議員を確保すること，そして，彼らが市民との継続的なつながりと議論の懸案事項を見失わないよう，事業の進展と課題について，彼らに確実に情報を提供し続けることが重要である．

適切な手段を用いる

特別対策委員会の設置は，Redwood市にとって必然的な措置であった．Redwood市のスタッフは，「一緒に偉大なコミュニティをつくろう」というコア目的と，市をコア目的達成に導く「秀逸，誠実，奉仕，創造」という基本的な価値観を採択した．この水再利用事業は，市がその目的と価値観に照らして身近な問題にアプローチする絶好の機会に相当するものであった．特別対策委員会の構成員は，対話集会で宣言し，市の全面的な支援のもと，彼ら自身が打ち立てた基本ルールに従った．このアプローチは，水供給問題の危機的な状況に対する認識を深め，様々な利害関係グループの間に信頼の種を蒔くこととなった．それは，特別対策委員会に参加した人だけでなく，コミュニティ全体，そして市の指導者たちにとっても，心が引きつけられ，癒されるプロセスであった．

市民に発言させる

特別対策委員会の構成員が自らの決意を自分の声で伝えることは，重要なことである．特別対策委員会の2人のメンバーは，もともと反対の立場に立っていたのであるが，市議会に対して，彼らの関心事と提言を自分たちの言葉で発表した．全員一致した声は，確信のある経験に裏づけられたものであり，力強く有意義なメッセージを伝えるものであった．この全員一致によって，市議会は，特別委員会の提言を熱意をもって採択し，事業を推進することができたのである．

すべてに時間を掛ける

コミュニティの信頼を築くことは，時間が掛かる．市には，「急がば回れ」を行う必要があるという一般的な判断があった．特別対策委員会と地域住民が長期の水供給問題の重要性とその解決策に向けた最善の方法を理解するのに時間を掛けることが重要であった．時間を掛けて再検討し，熟考し，学習し，評価することが，究極的に事業推進を可能なものとし，その未来に影響を及ぼし続けるのである．水行政当局とその顧客との間で信頼し，オープンに意見交換する場を築くことは，再生水利用事業の成功にとって重要な要因である．

26.5 事例2：Florida州 St. Petersburg市における水の再生と再利用

本事例は，Johnson and Parnell(1989)を含む様々な文献とウェブサイトhttp：//www.stpete.org/wwwrecla.htp をもとに作成されたものである．

26.5.1 周辺状況

Florida州中西部沿岸，Pinellas County半島の先端に位置するSt. Petersburg市は，三方を海域に囲まれている点でいささかユニークである．この市は，東側にTampa湾，西側にMexico湾，南側にMexico湾からTampa湾への入口，北側に他の自治体がそれぞれ隣接している(図-26.2参照)．St. Petersburg市は，人口25万人以上を擁し，Florida州で4番目に大きな市である．冬には数千人の一時滞在者により人口が増加する．

26.5.2 上下水道の管理上の問題点

増加する人口に対する飲み水の供給と下水の処理は，この市が1880年に始まってから現在に至るまでの発展と成長において最も重要な役割を果たした．多くの上下水道に関わる問題が論争を巻き起こしてきたのである．

水戦争

1970年代初め，Pinellas郡と近隣のHillsborough郡およびPasco郡における継続的な人口増加は，この地域の降水量の総体的な減少と相まって，地下水需要の絶え間ない増加を引き起こした．結果として，危機的な水問題に対応するため，これら自治体間の連携が求められることとなった．Pinellas郡，Hillsborough郡およびPasco郡が地下水を汲み上げていた重要な土地の区画をSt. Petersburg市が所有していたため，これらの郡は，増加する人口に十分な量の水を供給できなくなるかもしれないと悟った時，恐怖を感じるようになった．そこで，St. Petersburg市とPinellas郡が連携してPasco郡内に新たな井戸を開発しようとした時，Pasco, HillsboroughおよびHernandoの各郡は，連帯して彼らの管轄区の外の自治体が水源開発を行うことを阻止する条例を制定した．

1974年の「水戦争」の結果，Hillsborough郡，Pasco郡およびPinellas郡とSt. Petersburg市およびTampa市は，広域水道施設を整備し，これら郡や市へ卸値で水を供給するため，West Coast Regional Water Supply Authority(WCRWSA)という自治体から独立した事業体を設立した．

広域水道事業

WCRWSAの設立によって，近年ではさらに多くの井戸が掘られ，これらを結ぶ連絡管が建設された．すべての井戸の区域は，777 km²(3 300 mi²)の地域にあり，年間総量で550×10^3 m³/d(145

第26章 市民の参加と事業実施の課題

図-26.2 Florida 州 St. Petersburg 市のランドサット衛星画像．東側に Tampa 湾，西側に Mexico 湾，南側に Mexico 湾から Tampa 湾への入口，北側に他の自治体が隣接している（北緯 27.774 度，西経 82.674 度，高度 80 km からの写真）

Mgal/d)の地下水を汲み上げる許可を得ている．

Wilson-Grizzle Act of 1972

1969 年，U.S. EPA は，Tampa 湾を全米で最も汚染された水域の一つと評価した．その結果，Florida 州議会は，1972 年に Wilson-Grizzle Act と呼ばれる法律を可決した．この法律は，短いもので，次のような条文が盛り込まれている．「この法律の発効日以降に建設される下水処理場は，公害防止局が承認する高度処理を行うことなく，Old Tampa 湾，Tampa 湾，Hillsborough 湾，Sarasota 湾，Boca Ciega 湾，St. Jopseph 江，Clearwater 湾，Lemon 湾および Punta Gorda 湾，その他の湾または湿地帯もしくは入り江に排水を排出してはならない」．「高度処理」の意味についてやや混乱があったため，State Pollution Control Board は，BOD および TSS 5 mg/L，リン 1 mg/L，全窒素 3 mg/L という上限値を設定するとともに，BOD および TSS について最低 90％の除去率を求めることとした．

この法律の採択を受け，1972 年に，St. Petersburg 市は，幾つかの代替計画案を評価した．また，市議会は，高度処理施設の建設および運営に要する費用と，「水戦争」による水道水の不足量を考慮して，すべての処理場を高度二次処理（三次処理）化するとともに，最終的には Tampa 湾と Boca Ciega 湾に対してゼロディスチャージとなる，水の再利用と深層注入事業を実施する計画を選択した．この大胆な決定によって，St. Petersburg 市は，米国で最大の都市再生水配水システムとなる事業を始めることとなったのである．

26.5.3 水再生システムの建設

Wilson-Grizzle Act の制定に加え，水の再利用と深層注入事業の実施に関する 1972 年の市議会の決定は，1971 年に認可された実証研究の結果からも影響を受けたものである．この研究は，高度処

理水を都市環境の中で散水に用いることに関する実現可能性と効率性を判断するために設計されたものであったが，下水処理水による散水の方が高度処理した後にTampa湾に放流するよりもより実現性が高く，かつ大幅に費用効果が高いことが結論づけられた．また，水再生システムの建設は，飲用のために運ばれてくる水の総量を減少することで，地域コミュニティの利益にもなった．

　採用されたアプローチは，市内の公園，学校，ゴルフ場への灌漑に十分適する程度に下水を処理し再生するものであった．市議会は，また地域の下水処理施設を高度二次処理（三次処理）化し，再生水の配水システムを建設するため，1972年の施設改善事業計画に予算づけを行った．

　Federal Water Pollution Control Actの改正（Clean Water Act of 1972）によって，連邦政府の認可と財政的支援のもとで，フルスケールの水再利用システムを建設するための扉が開かれた．市は，直ちに4つの下水処理場を高度化し，再生水配水システムおよび深井戸注入システムを設計，建設するための補助金の交付申請を開始した．

　1970年代後半に建設された初期の再生水配水システムは，ゴルフ場，学校および大規模商業地域への供給に制限されていた．1970年代後半と1980年代前半を通じて行われた広範な生物学的研究の結果，再生水システムの住宅地への拡大について，Florida Department of Environmental Protection（FDEP）およびU.S. EPAの承認が得られた．1986年には，限られた数の住宅地および商業地への供給を行うため，新たに1000万ドルを投じたシステムの拡張が完了した．再生水システムの継続的な拡張は，飲用水の需要の減少に大いに貢献した．

26.5.4　水の再生と再利用の現状

　St. Petersburg市の水再生システムは，米国最初の事例というだけでなく，現在でも依然として世界最大のシステムの一つである（図-26.3参照）．再生水配水システムの施設配置と水質面で重要な地域については，18章で議論され，14章の図-14.3に示されている．

　このシステムの重要な諸元は，以下のとおりである．
- 10 400人を超える使用者，
- 470 km（290 mi）の管路延長，
- 308個の消火栓，
- 3 741個のバルブ，
- 4つの水再生施設，
- 1日当り136×10^3 m^3（36 Mgal）の再生水生産量．

再生水については，次のような用途や行為は許可されていない．
- 人間または動物による消費，
- トイレ洗浄水またはその他の屋内使用を目的とした家屋への接続，
- 水源が異なる施設との相互接続，
- 食用作物へ散水，
- 人の身体への接触またはレクリエーション，
- 非再生水用と表示されたホースの札，蛇口，ホース連結器およびホースの使用，
- 水泳用プール，装飾用プールおよび池への供給水，
- 再生水共同利用システムの構築または家屋間の接続，
- 車，ボート，私道および構造物のようなものの洗浄．

　再生水による灌漑は，飲用水の供給に代わる優れた方法である．他の水源の水と同じように，灌漑に使用できる再生水の量は，限られている．St. Petersburg市では，住宅地の典型的な芝生は，成長期の間，114 m^3/mo（30 000 gal/mo）の灌漑用水を必要とする．平均的な住宅地の住民は，23 m^3/mo（6 000 gal/mo）の水を下水道に排水する．したがって，1世帯の灌漑用水の供給に十分な再生水を生

第26章 市民の参加と事業実施の課題

図-26.3 Florida 州 St. Petersburg 市における様々な水再利用.(a)公園内の消火栓,(b)公園およびゴルフ場内の池,(c)フットボールスタジアムの空調システムと連結した冷却塔,(d)ごみ焼却施設内の冷却塔での再生水利用

産するには，5世帯が必要である．結果として，現時点で，St. Petersburg 市のすべての住宅に再生水を供給することは不可能である．Water Resources Department の Reclaimed Water Division は，今や，再生水の未供給地域を解消する要望を検討することが可能になった．再生水サービスに関する他のすべての要望も，施設の拡張が可能になった際の将来検討リストに記載されている．

26.5.5 得られた知見

再生水システムは，処理水の処分に代わる方法の一つから，十分運転可能な再生水供給サービスの一つへと，供用開始以降施設の拡張と性格の変化を続けてきた．地域水管理事業は，(1)水道の浄水と配水，(2)下水の収集と処理，(3)再生水の配水，を包含している．

再生水システムの効果

再生水需要の増大は，水道水需要の抑制に大いに寄与してきた．再生水システムの構築によって，経済・環境面で大きな便益がもたらされてきた．再生水システムの供用開始以降，再生水の需要が着実に増加している一方で，水道水の年間需要は安定している．

再生水システムは，次の水道事業が無期限に延期されている点において，水道を使用しているすべての市民にとって経済的な便益となっている．

・Cosme 浄水場の追加的な処理設備の設置,
・Safety Harbor 地区における直径 1 200 mm (48 in) の送水管に接続する昇圧ポンプ場の設置,
・南側の昇圧ポンプ場と貯水施設の設置.

これらの事業のコスト回避効果，すなわち再生水利用がなければ水道システムの拡張のために使われたであろう金額は，1997年から1998年の間で2 500万から3 000万ドルであった．さらに，下水処理場に高価な栄養塩除去プロセスを導入しないで済んだことによる経済的な節減も認められている．

顧客ベースの変化

配水システムの住宅地への拡大によって，運用方針と姿勢の変化もまた必要となった．初期においては，再生水は，公園，ゴルフ場等の造園管理が十分に確立された広い土地に対して供給されていた．したがって，この新たな水資源は，これらの顧客に対して大きな問題を引き起こすことはなく，市が受ける苦情も非常に少なかった．1981年においては，住宅における使用者は，全顧客数の18.7%でしかなく，これは灌漑総面積の0.5%未満であった．しかし1987年には，住宅の使用者数は，全使用者数の96.2%を占め，住宅地における再生水供給面積は，全供給面積の32%でとなった．1985年以降，水の再利用事業は，非居住地区の使用者を重視したシステムから，より小さな住宅所有者たちのニーズを認識，尊重し，より多くの問い合わせや苦情に対応しなければならないシステムへと変貌してきた．

運用方針と姿勢の変化

再生水配水システムの発展とともに，下水処理事業に携わる職員の下水処理水に対する姿勢もまた，1980年から1987年の間に大きく変化した．St. Petersburg市の下水処理場の職員は，今や「水再生工場」で働いているのである．「水再生工場」という入口の標識で，その施設が下水処理場であるとわかる．そして，「下水処理」ではなく「水の生産」が水再生事業の主題である．処理場の職員たちは，「処理して流す」姿勢ではなく，「生産する」精神を持っている．St. Petersburg市が水の総需要を満足させるために役立っている水再生事業の価値をすべての処理場職員は認識している．

再生水システム基本計画，最新版では，このシステムを拡張し続けなければならないこと，排水の処分に代わる方法から，水道，下水道に次ぐ市水管理局の三番目の新しい要素として全面的に稼動する事業へと性格を変えなければならないことが認識されている．この報告書には，このシステムの将来の発展と運用に関する勧告も盛り込まれている．

下水処理水のゼロディスチャージの達成

積極的な再生水利用事業の展開によって，St. Petersburg市は，下水処理水のゼロディスチャージを達成する全米初の主要な自治体となることができた．この偉業は，1920年代に先人たちが飲用水の問題について洞察したように，綿密な計画と優れた先見性によって成し遂げられた注目すべき事例である．

再生水利用事業は，沿岸地域の水供給と水質汚染に対する実践的な解決策ともなる．St. Petersburg市の再生水利用事業は，現在同じような水の再生と再利用の目標を達成しようと努力している他の多くの自治体にとって，一つの価値あるモデルとして役立っている．

26.5.6　市の先見的な再生水利用の情報へのアクセス

St. Petersburg市の再生水利用に関する情報は，http：//www.stpete.org/wwwrecla.htm で簡単にアクセスでき，ここには，建設的で時代を先取りする情報が豊富に含まれている．

26.6 水の再生と再利用に関する所見

実際の再生水利用事業から，以下のような一般的な所見を導くことができる．
・利害関係者と市民の受容が必要不可欠である．
・再生水が化学的・微生物学的に安全であることを証明することが決定的に重要である．
・水再利用事業においては，包括的なモニタリングの継続が不可欠である．
・未知の物質に対応するため，必要に応じ予防原則が適用されるべきである．
・リスク評価・リスク最小化の観点を踏まえ，追加的な安全対策が実施されるべきである．
・どの水再利用計画にも，処理過程の信頼性とシステムの冗長性（redundancies）が盛り込まれていなければならない．
・市民への対応においては，その結果に関わらず，提案された事業のすべての要素が透明性のある方法で示されていることが不可欠である．
・公的機関等の事業提案者は，市民や利害関係者との信頼と信用を構築し，維持し，強化しなければならない．
・入念なアウトリーチ計画の実施によって，様々な水再利用事業について，住民の支持を得ることが可能である．

問　題

26-1　あなたの住んでいる町で，水の再利用が可能な場面を明らかにせよ．どのような要因が水の再利用を促進するか，また，妨げるか．水の再利用を実行するために，どのようにすればマイナスの要因が克服されるか．プラスの要因・マイナスの要因と，これらの要因に対する評価を記した表を作成せよ．

26-2　水の再利用に対する住民の見方はどのように分析し，住民参加とアウトリーチはどのように組み立てることができるか．また，これら取組みにおける水質の専門家の役割は何か．

26-3　再生水利用事業の計画立案と実施における透明性と社会的信頼のニーズについてさらに論ぜよ．水の再利用に関する最近の文献を3つ引用し，透明性と社会的信頼のニーズについてどのような対応が行われたか議論せよ．

26-4　表-26.6を参照し，どのようにすれば，市民や市当局に好ましい水再生事業の利点を伝え，最終的に認めてもらうことができるか．

26-5　(1)水資源管理，(2)社会的・経済的な側面，(3)環境保護，(4)公衆衛生の確保，(5)都市のアメニティ，(6)市民の受容，(7)持続可能性，の観点から，再生水利用の将来展望を議論せよ．

26-6　仮に再生水を直接飲用しても安全であると疑問の余地なく証明されたと仮定して，再生水の直接的飲用が提案された場合，26-5の要因のうち何が最も克服困難であるか．その根拠も示せ．

26-7　「必要性と機会」が再生水の利用を究極的に促進する重要要因であるといわれることがある．水の再生，リサイクルおよび再利用を推進するうえで，26-5の要因のうちどれが最も大きな影響力を持っているか．

参考文献

Asano, T (ed.) (1998) *Wastewater Reclamation and Reuse*, Water Quality Management Library, **10**, CRC Press, Boca Raton, FL.

Bruvold, W. H. (1972) *Public Attitude toward Reuse of Reclaimed Water,* Contribution No. 137, University of California Water Resources Center, Los Angeles, CA.

Bruvold, W. H., and J. Crook, (1980) *Public Evaluation of Water Reuse Options*, OWRT/RU-80/2, U.S. Department of the Interior, Office of Water Research and Technology, Washington, DC.

Bruvold, W. H. (1981) "Community Evaluation of Adopted Uses of Reclaimed Water," *Water Resour. Res.*, **17**, 3, 487–490.

Bruvold, W. H. (1987) "Public Evaluation of Salient Water Reuse Options," *Proceedings of Water Reuse Symposium IV*, 1019–1028, AWWA Research Foundation, Denver, CO.

Bruvold, W. H. (1988) "Public Opinion on Water Reuse Options," *J. WPCF*, **60**, 1, 45–49.

Bruvold, W. H. (1992) "Public Evaluation of Municipal Water Reuse Alternatives," *Water Sci. Technol.*, **26**, 7–8, 1537–1543.

CEQ (2005a) *National Environmental Protection Act of 1969 as Amended*, Council on Environmental Quality web site, http://ceq.eh.doe.gov/nepa/regs/nepa/nepaeqia.htm.

CEQ (2005b) *Code of Federal Regulations, Title 40, Part 1506*, Other requirements of NEPA, Council on Environmental Quality web site, http://ceq.eh.doe.gov/nepa/regs/ceq/1506.htm#1506.6.

City of San Diego (2006) *City of San Diego Water Reuse Study 2005: Final Draft Report*, March, 2006, prepared in coordination with Water Department, City of San Diego, PBS&J, and McGuire/Pirnie, San Diego, CA.

Daughton, C. (2005) "Emerging Chemicals as Pollutants in the Environment: A 21st Century Perspective," *Renewable Resour. J.*, **23**, 4, 6–23.

Haddad, B. M. (2004) *Research Needs Assessment Workshop: Human Reaction to Water Reuse*, WateReuse Foundation, Alexandria, VA.

Hartley, T. W. (2003) *Water Reuse: Understanding Public Perception and Participation*, 00–PUM-1, Water Environment Research Foundation, Alexandria, VA.

Hartling, E. C. (2001) "Laymanization, An Engineer's Guide to Public Relations," *Water Environ. Tech.*, **13**, 4, 45–48.

House, M. A. (1999) "Citizen Participation in Water Management." *Water Sci. Technol.*, **40**, 125–130.

Ingram, P. C., V. J. Young, M. Millan, C. Chang, and T. Tabucchi (2005) "From Controversy to Consensus: The Redwood City Recycled Water Experience," presented at the 2005 Annual California WateReuse Conference, San Diego, CA.

Johnson, W. D., and J. R. Parnell (1989) "Wastewater Reclamation and Reuse in the City of St. Petersburg, Florida," 1037–1104, in T. Asano (ed.) *Wastewater Reclamation and Reuse*, Water Quality Management Library, **10**, CRC Press, Boca Raton, FL.

Kelly, L. (1998) "Reuse: Eight Critical Steps to Building Community Support," 1447–1455, in T. Asano (ed.) *Wastewater Reclamation and Reuse*, Water Quality Management Library, **10**, CRC Press, Boca Raton, FL.

Kolpin, D., E. T. Furlong, M. T. Meyer, E. M. Thurman, S. D. Zaugg, L. B. Barber, and H. T. Buxton (2002) "Pharmaceuticals, Hormones, and Other Organic Wastewater Contaminants in U.S. Streams, 1999–2000: National Reconnaissance," *Envi. Sci. Tech.*, **36**, 6, 1202–1211.

Lohman, L. C. (1987) "Potable Wastewater Reuse Can Win Public Support," 1029–1044, *Proceedings of the Water Reuse Symposium IV*, AWWA Research Foundation, Denver, CO.

Lohman, L. C. (1988) "Water Reuse: Professional and Public Perspectives," *Proceedings of the Third North American Chemical Conference*, Toronto, Canada.

PBS&J (2005) "Public Outreach and Involvement," 2005 Water Reuse Study, City of San Diego, Technical Memorandum 8, San Diego, CA.

Radcliffe, J. (2004) "Water Recycling in Australia—Arising Policy Issues," Enviro04 Conference, Australian Water Association, Sydney, Australia.

Sheikh, B., E. Rosenblum, S. Kasower, and E. Hartling (1998) "Accounting for the Benefits of Water Reuse," *Water Reuse Conference Proceedings*, Lake Buena Vista, FL.

State of California (2003) *Water Recycling 2030: Recommendations of California's Recycled*

Water Task Force, Department of Water Resources, Sacramento, CA.

Umphres, M. B., F. Stevenson, S. M. Katz, and R. Spear (1992) "Keeping the Public in Public Works Facility Planning," *Proceedings of the Environmental Engineering Sessions, World Water Forum '92*, Baltimore, MD.

U.S. EPA (2004) *Guidelines for Water Reuse*, EPA/625/R-04/108, U.S. Environmental Protection Agency and U.S. Agency for International Development, Washington, DC.

Wegner-Gwidt, J. (1998) "Public Support and Education for Water Reuse," Chap. 31, in T. Asano (ed.) *Wastewater Reclamation and Reuse*, Water Quality Management Library, **10**, CRC Press, Boca Raton, FL.

Walesh, S. G. (1999) "Dad is Out, Pop is In," *J. AWWA*, **35**, 3, 535–544.

附　　録

翻訳者　　中　島　　淳（立命館大学理工学部環境システム工学科 教授）

附録A　換算係数　　*1159*
附録B　気体の物理特性と空気組成　　*1163*
　　B-1　温度がTの時の空気の密度　　*1163*
　　B-2　標高による大気圧の変化　　*1164*
附録C　水の物理特性　　*1165*
　　C-1　比　　重　　*1166*
　　C-2　密　　度　　*1166*
　　C-3　弾性係数　　*1166*
　　C-4　粘性係数　　*1166*
　　C-5　動粘性係数　　*1166*
　　C-6　表面張力　　*1166*
　　C-7　蒸　気　圧　　*1166*
附録D　データの統計解析　　*1168*
　　D-1　基本統計量　　*1168*
　　D-2　グラフを用いたデータ解析　　*1169*
附録E　米国および世界の代表国における水再生事業のレビュー　　*1172*
　　E-1　米国における下水再利用事業および研究に関する重要事項　　*1172*
　　E-2　世界の代表国における水再生と再利用　　*1181*
附録F　California州における非飲用の下水再利用基準と地下水注入規制の変遷　　*1190*
　　F-1　California州における非飲用の下水再利用基準の変遷　　*1190*
　　F-2　California州における地下水涵養規制案　　*1196*
附録G　Hantush関数$F(\alpha, \beta)$表および井戸関数$W(u)$表　　*1200*
附録H　利子・減価計算因子とその使用方法　　*1201*

附録 A　換算係数

表-A.1　換算係数. SI 単位から米国慣用単位へ. 米国慣用単位から SI 単位へ換算のためには矢印方向の係数を乗じる.

SI 単位	→	←	米国慣用単位
加速度			
メートル毎平方秒　m/s^2	3.2808	0.3048	フィート毎平方秒　ft/s^2
メートル毎平方秒　m/s^2	39.3701	0.0254	インチ毎平方秒　in/s^2
面積			
ヘクタール　ha	2.4711	0.4047	エーカー　ac
平方センチメートル　cm^2	0.1550	6.4516	平方インチ　in^2
平方キロメートル　km^2	0.3861	2.5900	平方マイル　mi^2
平方キロメートル　km^2	247.1054	4.047×10^{-2}	エーカー　ac
平方メートル　m^2	10.7639	9.2903×10^{-2}	平方フィート　ft^2
平方メートル　m^2	1.1960	0.8362	平方ヤード　yd^2
エネルギー			
キロジュール　kJ	0.9478	1.0551	英国熱量単位　Btu
ジュール　J	2.7778×10^{-7}	3.6×10^6	キロワット時　$kW \cdot h$
ジュール　J	0.7376	1.356	フィートポンド　$ft \cdot lbf$
ジュール　J	1.0000	1.0000	ワット秒　$W \cdot s$
ジュール　J	0.2388	4.1876	カロリー　cal
キロジュール　kJ	2.7778×10^{-4}	3 600	キロワット時　$kW \cdot h$
キロジュール　kJ	0.2778	3.600	ワット時　$W \cdot h$
メガジュール　MJ	0.3725	2.6845	馬力時　$hp \cdot h$
力			
ニュートン　N	0.2248	4.4482	ポンド　lbf
流量			
立方メートル毎日　m^3/d	264.1720	3.785×10^{-3}	ガロン毎日　gal/d
立方メートル毎日　m^3/d	2.6417×10^{-4}	3.7854×10^3	メガガロン毎日　Mgal/d
立方メートル毎秒　m^3/s	35.3147	2.8317×10^{-2}	立方フィート毎秒　ft^3/s
立方メートル毎秒　m^3/s	22.8245	4.3813×10^{-2}	メガガロン毎日　Mgal/d
立方メートル毎秒　m^3/s	15850.3	6.3090×10^{-5}	ガロン毎分　gal/min
リットル毎秒　L/s	22824.5	4.3813×10^{-2}	ガロン毎日　gal/d
リットル毎秒　L/s	2.2825×10^{-2}	43.8126	メガガロン毎日　Mgal/d
リットル毎秒　L/s	15.8508	6.3090×10^{-2}	ガロン毎分　gal/min
長さ			
センチメートル　cm	0.3937	2.540	インチ　in
キロメートル　km	0.6214	1.6093	マイル　mi
メートル　m	39.3701	2.54×10^{-2}	インチ　in
メートル　m	3.2808	0.3048	フィート　ft
メートル　m	1.0936	0.9144	ヤード　yd
ミリメートル　mm	0.03937	25.4	インチ　in

附　録

		質　量		
グラム　g	0.0353	28.3495	オンス　oz	
グラム　g	0.0022	4.5359×10^2	ポンド　lb	
キログラム　kg	2.2046	0.45359	ポンド　lb	
メガグラム(10^3 kg)　Mg	1.1023	0.9072	トン(ショート：2 000 lb)　ton	
メガグラム(10^3 kg)　Mg	0.9842	1.0160	トン(ロング：2 240 lB)　ton	
		仕　事		
キロワット　kW	0.9478	1.0551	英国熱量単位毎秒　Btu/s	
キロワット　kW	1.3410	0.7457	馬力　hp	
ワット　W	0.7376	1.3558	フィートポンド毎秒　ft·lb$_f$/s	
		圧力(力/面積)		
パスカル(ニュートン毎平方メートル)　Pa(N/m²)	1.4504×10^{-4}	6.8948×10^3	ポンド平方インチ　lb$_f$/in²	
パスカル(ニュートン毎平方メートル)　Pa(N/m²)	2.0885×10^{-2}	47.8803	ポンド平方フィート　lb$_f$/ft²	
パスカル(ニュートン毎平方メートル)　Pa(N/m²)	2.9613×10^{-4}	3.3768×10^3	水銀柱インチ(60°F)　inHg	
パスカル(ニュートン毎平方メートル)　Pa(N/m²)	4.0187×10^{-3}	4.0187×10^{-3}	水柱インチ(60°F)　inH$_2$O	
キロパスカル(キロニュートン毎平方メートル)　kPa(kN/m²)	0.1450	0.1450	ポンド平方インチ　lb$_f$/in²	
キロパスカル(キロニュートン毎平方メートル)　kPa(kN/m²)	9.8688×10^{-3}	9.8688×10^{-3}	気圧(標準状態)　atm	
		温　度		
摂氏(セルシウス度)　℃	1.8(℃) + 32	0.555(°F − 32)	華氏(ファーレンハイト度)　°F	
ケルビン　K	1.8(K) − 459.67	0.555(°F + 459.67)	華氏(ファーレンハイト度)　°F	
		速　度		
メートル毎秒　m/s	2.2369	0.44704	マイル毎時　mi/h	
メートル毎秒　m/s	3.2808	0.3048	フィート毎秒　ft/s	
		体　積		
立方センチメートル　cm³	0.0610	16.3781	立方インチ　in³	
立方メートル　m³	35.3147	2.8317×10^{-2}	立方フィート　ft³	
立方メートル　m³	1.3079	0.7646	立方ヤード　yd³	
立方メートル　m³	264.1720	3.7854×10^{-3}	ガロン　gal	
立方メートル　m³	8.1071×10^{-4}	1.2335×10^3	エーカーフィート　ac·ft	
リットル　L	0.2642	3.7854	ガロン　gal	
リットル　L	0.0353	28.3168	立方フィート　ft³	
リットル　L	33.8150	2.9573×10^{-2}	オンス(米国液体)　oz	

表-A.2 下水処理施設設計で良く用いられる換算係数．換算のためには矢印方向の係数を乗じる．

SI単位	→	←	米国慣用単位
g/m³	8.3454	0.1198	lb/Mgal
ha	2.4711	0.4047	ac
kg	2.2046	0.4536	lb
kg/ha	0.8922	1.1209	lb/ac
kg/kW·h	1.6440	0.6083	lb/hp·h
kg/m²	0.2048	4.8824	lb/ft²
kg/m³	8345.4	1.1983×10^{-4}	lb/Mgal
kg/m³·d	62.4280	0.0160	lb/10³ ft³·d
kg/m³·h	0.0624	16.0185	lb/ft³·h
kJ	0.9478	1.0551	Btu
kJ/kg	0.4303	2.3241	Btu/lb
kPa(gage)	0.1450	6.8948	lb$_f$/in²(gage)
kPa HG(60°F)	0.2961	3.3768	inHg(60°F)
kW/m³	5.0763	0.197	hp/10³ gal
kW/10³ m³	0.0380	26.3342	hp/10³ ft³
L	0.2642	3.7854	gal
L	0.0353	28.3168	ft³
L/m²·d	2.4542×10^{-2}	40.7458	gal/ft²·d
L/m²·min	0.0245	40.7458	gal/ft²·min
L/m²·min	35.3420	0.0283	gal/ft²·d
m	3.2808	0.3048	ft
m/h	3.2808	0.3048	ft/h
m/h	0.0547	18.2880	ft/min
m/h	0.4090	2.4448	gal/ft²·min
m²/10³ m³·d	0.0025	407.4611	ft²/Mgal·d
m³	1.3079	0.7646	yd³
m³/capita	35.3147	0.0283	ft³/capita
m³/d	264.1720	3.7854×10^{-3}	gal/d
m³/d	2.6417×10^{-4}	3.7854×10^{-3}	Mgal/d
m³/h	0.5886	1.6990	ft³/min
m³/ha·d	106.9064	0.0094	gal/ac·d
m³/kg	16.0185	0.0624	ft³/lb
m³/m·d	80.5196	0.0124	gal/ft·d
m³/m·min	10.7639	0.0929	ft³/ft·min
m³/m²·d	24.5424	0.0407	gal/ft²·d
m³/m²·d	0.0170	58.6740	gal/ft²·min
m³/m²·d	1.0691	0.9354	Mgal/ac·d
m³/m²·h	3.2808	0.3048	ft³/ft²·h
m³/m²·h	589.0173	0.0017	gal/ft²·d
m³/m³	0.1337	7.4805	ft³/gal
m³/10³ m³	133.6805	7.4805×10^{-3}	ft³/Mgal
m³/m³·min	133.6805	7.4805×10^{-3}	ft³/10³ gal·min
m³/m³·min	1000.0	0.001	ft³/10³ ft³·min
Mg/ha	0.4461	2.2417	ton/ac
Mm	3.9370×10^{-2}	25.4	in
ML/d	0.2642	3.785	Mgal/d
ML/d	0.4087	2.4466	ft³/s

附　録

表-A.3　SI単位の表記

表記	SI単位
℃	度(摂氏)
cm	センチメートル
g	グラム
g/m²	グラム毎平方メートル
g/m³	グラム毎立方メートル(＝mg/L)
h	時
ha	ヘクタール
J	ジュール
K	ケルビン
kg	キログラム
kg/capita·d	キログラム毎人毎日
kg/ha	キログラム毎ヘクタール
kg/m³	キログラム毎立方メートル
kJ	キロジュール
kJ/kg	キロジュール毎キログラム
kJ/kW·h	キロジュール毎キロワット時
km	キロメートル
km²	平方キロメートル
km/h	キロメートル毎時
km/L	キロメートル毎リットル
kN/m²	キロニュートン毎平方メートル
kPa	キロパスカル
ks	キロ秒
kW	キロワット
L	リットル
L/s	リットル毎秒
m	メートル
m²	平方メートル
m³	立方メートル
mm	ミリメートル
m/s	メートル毎秒
mg/L	ミリグラム毎リットル(＝g/m³)
m³/s	立方メートル毎秒
MJ	メガジュール
N	ニュートン
N/m²	ニュートン毎平方メートル
Pa	パスカル(通常キロパスカル)
s	秒
W	ワット

表-A.4　米国慣用単位の表記

表記	米国慣用単位
ac	エーカー
ac·ft	エーカーフィート
Bgal	ビリオンガロン
Btu	英国熱量単位
Btu/ft³	英国熱量単位毎立方メートル
d	日
ft	フィート
ft²	平方フィート
ft³	立方フィート
ft/min	フィート毎分
ft/s	フィート毎秒
ft³/min	立方フィート毎分
ft³/s	立方フィート毎秒
℉	度(華氏)
gal	ガロン
gal/ft²·d	ガロン毎平方フィート毎日
gal/ft²·min	ガロン毎平方フィート毎分
gal/min	ガロン毎分
h	時
hp	馬力
hp·h	馬力・時
in	インチ
kWh	キロワット時
lb$_f$	ポンド(力)
lb$_m$	ポンド(質量)
lb/ac	ポンド毎エーカー
lb/ac·d	ポンド毎エーカー毎日
lb/capita·d	ポンド毎人毎日
lb/ft²	ポンド毎平方フィート
lb/ft³	ポンド毎立方フィート
lb/in²	ポンド毎平方インチ
lb/yd³	ポンド毎立方ヤード
mgal/d	ミリオンガロン毎日
mi	マイル
mi²	平方マイル
mi/h	マイル毎時
mo	月
ppb	10億分の1
ppm	100万分の1
ppt	1兆分の1
s	秒
ton(2 000 lbm)	トン(2000ポンド質量)
wk	週
yd	ヤード
yd²	平方ヤード
yd³	立方ヤード
yr	年

附録 B　気体の物理特性と空気組成

表-B.1　分子量，比重，水中に存在する気体の密度（標準状態：0℃，1気圧）[a]

気体	分子式	分子量 (g/mol)	比重 (lb/ft^3)	密度 (g/L)
空気	−	28.97	0.0808	1.2928
アンモニア	NH_3	17.03	0.0482	0.7708
二酸化炭素	CO_2	44.00	0.1235	1.9768
一酸化炭素	CO	28.00	0.0781	1.2501
水素	H_2	2.016	0.0056	0.0898
硫化水素	H_2S	34.08	0.0961	1.5392
メタン	CH_4	16.03	0.0448	0.7167
窒素	N_2	28.02	0.0782	1.2507
酸素	O_2	32.00	0.0892	1.4289

[a] 出典：Perry, R. H., D. W. Green, and J. O. Maloney (eds.) (1984), Perry's Chemical ngineers' Handbook, 6thed., McGraw-Hill, New York

表-B.2　0℃，1気圧の乾燥空気組成[a]

気体	分子式	容積百分率(%)[b, c]	重量百分率(%)
窒素	N_2	78.03	75.47
酸素	O_2	20.99	23.18
アルゴン	Ar	0.94	1.30
二酸化炭素	CO_2	0.03	0.05
その他[d]	−	0.01	−

[a] 標準状態によって文献値は異なる．
[b] 出典：North American Combustion, 2nd ed., North American Mfg.CO., Cleveland, OH.
[c] 通常の目的では，空気の容積比として，N_2 が79%，O_2 が21%が用いられる．
[d] 水素，ネオン，ヘリウム，クリプトン，キセノン．

注）空気の分子量＝(0.7803×28.02)＋(0.2099×32.00)＋(0.0094×39.95)＋(0.0003×44.00)＝28.97 (表-B.1 参照)

B-1　温度が T の時の空気の密度

SI 単位

大気圧，温度 T の時の空気の密度 ρ_a の計算には，以下の関係式を用いる．

$$\rho_a = \frac{PM}{RT}$$

ここで，P：大気圧(1.01325×10^5 N/m^2)，M：空気の分子量(表-B.1 参照)(28.97 g/mol−空気)，R：気体定数[8314 N·m/(mol−空気·K)]，T：温度[K(273.15＋℃)]．

例えば，20℃の場合の空気の密度は，以下のように計算される．

$$\rho_{a,20℃} = \frac{(1.01325\times10^3 \text{ N/m}^2)(28.97 \text{ g/mol−空気})}{[8\,314 \text{ N}_g\cdot(\text{m/mol−空気}_g\cdot\text{K})][(273.15+20)\text{K}]} = 1.204\times10^3 \text{ g/m}^3 = 1.204 \text{ kg/m}^3$$

米国慣用単位

1気圧，温度 T の時の空気の密度 γ_a の計算には，以下の関係式を用いる．

$$\gamma_a = \frac{P(144 \text{ in}^2/\text{ft}^2)M}{RT}$$

ここで，P：大気圧(14.7 lb/in^2)，M：空気の分子量(表-B.1 参照)(28.97 lb/lb−mol−空気)，R：気体定数[1544 ft·lb/(lb−mol−空気·°R)]，T：温度[°R(460＋°F)]．

例えば，68°Fの場合の空気の密度は，以下のように計算される．

附　録

$$\gamma_{a.} = \frac{(14.7 \times \text{lb/in}^2)(144\,\text{in}^2/\text{ft}^2)(28.97\,\text{lb/lb-mol-空気})}{[1\,544\,\text{ft}\cdot\text{lb/lb-mol-空気}\cdot°\text{R}][(460+68)°\text{R}]} = 0.0752\,\text{lb/ft}^3$$

B-2　標高による大気圧の変化

SI 単位

ある標高の大気圧の計算には，以下の関係式を用いる．

$$\frac{P_b}{P_a} = \exp\left[-\frac{gM(Z_b - Z_a)}{RT}\right]$$

ここで，P_b：標高 Z_b の圧力(N/m^2)，P_a：標高 Z_a の圧(N/m^2)，g：重力加速度($9.81\,\text{m/s}^2$)，M：空気の分子量(表-B.1 参照)($28.97\,\text{g/mol-空気}$)，Z_b：b の標高(m)，Z_a：a の標高(m)，R：気体定数[$8\,314\,\text{N}\cdot\text{m/(mol-空気}\cdot\text{K})$]，$T$：温度[K($273.15+℃$)]．

米国慣用単位

ある標高の大気圧の計算には，以下の関係式を用いる．

$$\frac{P_b}{P_a} = \exp\left[-\frac{gM(Z_b - Z_a)}{g_c RT}\right]$$

ここで，P_b：標高 Z_b の圧力(lb/in^2)，P_a：標高 Z_a の圧(lb/in^2)，g：重力加速度($32.2\,\text{ft/s}^2$)，M：空気の分子量(表-B.1 参照)($28.97\,\text{lb}_\text{m}/\text{lb-mol-空気}$)，$Z_b$：b の標高(ft)，$Z_a$：a の標高(ft)，$g_c$：$32.2\,\text{ft}\cdot\text{lb}_\text{m}/\text{lb}\cdot\text{s}^2$，$R$：気体定数[$1\,544\,\text{ft}\cdot\text{lb/(lb-mol-空気}\cdot°\text{R})$]，$T$：温度[$°\text{R}(460+°\text{F})$]．

附録C　水の物理特性

水の基本的な物理性状を，SI単位を用いて表-C.1に，米国慣用単位を用いて表-C.2に示した．以下に各変量の概要を記す（Vennard and Street, 1975; Webber, 1971）．

表-C.1　水の物理特性（SI単位）

温度 (℃)	比重 γ (kN/m³)	密度[b] ρ (kg/m³)	弾性係数[b] $E/10^6$ (kN/m²)	粘性係数 $\mu \times 10^3$ (N·s/m²)	動粘性係数 $\nu \times 10^6$ (m²/s)	表面張力[c] σ (N/m)	蒸気圧 p_v (kN/m²)
0	9.805	999.8	1.98	1.781	1.785	0.0765	0.61
5	9.807	1000.0	2.05	1.518	1.519	0.0749	0.87
10	9.804	999.7	2.10	1.307	1.306	0.0742	1.23
15	9.798	999.1	2.15	1.139	1.139	0.0735	1.70
20	9.789	998.2	2.17	1.002	1.003	0.0728	2.34
25	9.777	997.0	2.22	0.890	0.893	0.0720	3.17
30	9.764	995.7	2.25	0.798	0.800	0.0712	4.24
40	9.730	992.2	2.28	0.653	0.658	0.0696	7.38
50	9.689	988.0	2.29	0.547	0.553	0.0679	12.33
60	9.642	983.2	2.28	0.466	0.474	0.0662	19.92
70	9.589	977.8	2.25	0.404	0.413	0.0644	31.16
80	9.530	971.8	2.20	0.354	0.364	0.0626	47.34
90	9.466	965.3	2.14	0.315	0.326	0.0608	70.10
100	9.399	958.4	2.07	0.282	0.294	0.0589	101.33

[a] Vennard and Street(1975)より引用．
[b] 大気圧下での値．
[c] 空気との接触の場合．

表-C.2　水の物理特性（米国慣用単位）

温度 (℉)	比重 γ (lb/ft³)	密度[b] ρ (slug/ft³)	弾性係数[b] $E/10^3$ (lb$_f$/in²)	粘性係数 $\mu \times 10^5$ (lb·s/ft²)	動粘性係数 $\nu \times 10^5$ (ft²/s)	表面張力[c] σ (lb/ft)	蒸気圧 p_v (lb$_f$/in²)
32	62.42	1.940	287	3.746	1.931	0.00518	0.09
40	62.43	1.940	196	3.229	1.664	0.00614	0.12
50	62.41	1.940	305	2.735	1.410	0.00509	0.18
60	62.37	1.938	313	2.359	1.217	0.00504	0.26
70	62.30	1.936	319	2.050	1.059	0.00498	0.36
80	62.21	1.934	324	1.799	0.930	0.00492	0.51
90	62.11	1.931	328	1.595	0.826	0.00486	0.70
100	62.00	1.927	331	1.424	0.739	0.00480	0.95
110	61.86	1.923	332	1.284	0.667	0.00473	1.27
120	61.71	1.918	332	1.168	0.609	0.00467	1.69
130	61.55	1.913	331	1.069	0.558	0.00460	2.22
140	61.38	1.908	330	0.981	0.514	0.00454	2.89
150	61.20	1.902	328	0.905	0.476	0.00447	3.72
160	61.00	1.896	326	0.838	0.442	0.00441	4.74
170	60.80	1.890	322	0.780	0.413	0.00434	5.99
180	60.58	1.883	318	0.726	0.385	0.00427	7.51
190	60.36	1.876	313	0.678	0.362	0.00420	9.34
200	60.12	1.868	308	0.637	0.341	0.00413	11.52
212	59.83	1.860	300	0.593	0.319	0.00404	14.70

[a] Vennard and Street(1975)より引用．
[b] 大気圧下での値．
[c] 空気との接触の場合．

附　録

C-1　比　重

流体の比重γは，単位体積当りの重量である．SI単位ではkN/m³で表される．γ，ρ(密度)および重力加速度 g の関係は $\gamma = \rho g$ である．常温では，γは $9.18\ \mathrm{kN/m^3}$ ($62.4\ \mathrm{lbf/ft^3}$) である．

C-2　密　度

流体の密度は，単位体積当りの質量である．SI単位ではkg/m³で表される．水のρは4℃で $1\,000\ \mathrm{kg/m^3}$ である．温度上昇に伴って，密度はやや減少する．

C-3　弾性係数

多くの実用の場合，水は非圧縮性とみなされる．体積弾性係数 E は次式で表される．

$$E = \frac{\Delta p}{\Delta V/V}$$

ここで，Δp：容積 V が ΔV だけ減少した時の圧力の増加量．水の E は，標準の温度および圧力で，約 $2.17 \times 10^6\ \mathrm{kN/m^2}$ である．

C-4　粘性係数

流体の粘性係数μは，剪断力への抵抗として測定される．SI単位の粘性係数は N·s/m² で表される．

C-5　動粘性係数

流体の運動に関する問題では，粘性係数は，密度を用いて μ/ρ という形で扱われることが多いので，これを動粘性係数νとし，SI単位では m²/s で表す．液体の動粘性係数は温度が上昇すると減少する．

C-6　表面張力

表面張力によって，蛇口から水滴が垂れたり，満杯にしたコップ表面が盛り上がったり，針が液体表面に浮いたりすることができる．自由表面上の架空の直線に対して，表面張力は，垂直に，またその長さに比例して働く．単位長さ当りの表面張力σは，SI単位では N/m で表される．温度上昇に伴って，表面張力はやや減少する．

C-7　蒸気圧

十分な運動エネルギーを持った液体分子は，液体から遊離して蒸気となる．この蒸気の圧力が蒸気圧 p_v で，SI単位では kN/m² で表される．15℃の水の蒸気圧は $1.72\ \mathrm{kN/m^2}$ である．

参考文献

Vennard, J. K., and R. L. Street (1975) *Elementary Fluid Mechanics*, 5th ed., Wiley, New York.

Webber, N. B. (1971) *Fluid Mechanics for Civil Engineers*, SI ed., Chapman & Hall, London.

附　録

附録 D　データの統計解析

排水の流量や含有成分濃度のデータの統計解析では，一連の測定結果を用いて統計量を計算する．ここでは，基本統計量およびグラフを用いたデータ解析について述べる．

D-1　基本統計量

基本統計量には，平均値，中央値，最頻値，標準偏差，変動係数等があり，データが正規分布をし

表-D.1　排水管理データ解析で用いる統計量

パラメータ	式番号	定　　義
平均値 $\bar{x} = \dfrac{\Sigma f_i x_i}{n}$	D.1	$\bar{x}$：平均値 f_i：頻度(群データでなければ $f_i = 1$) x_i：i 番目データ区間の中央値(群データでなければ，$x_i = i$ 番目データの測定値) n：観測データ数($\Sigma f_i = n$)
標準偏差 $s = \sqrt{\dfrac{\Sigma f_i (x_i - \bar{x})^2}{n-1}}$	D.2	s：標準偏差 C_v：変動係数(%) α_3：歪度 α_4：尖度
変動係数 $C_v = \dfrac{100s}{\bar{x}}$	D.3	M_g：幾何平均値 s_g：幾何標準偏差 $\log x_g : \log x_i - \log M_g$ $P_{15.9}$ と $P_{84.1}$：正規確率または対数正規確率プロットでの 15.9% および 84.1% 値中央値(メジアン)．測定値を小さい順に並べた時の中央の値，あるいは中央の2測定値の平均値をいう．
歪度 $\alpha_3 = \dfrac{\Sigma f_i (x_i - \bar{x})^3 / (n-1)}{s^3}$	D.4	**最頻値(モード)** 　測定値の中で最も測定頻度の高いものをいう．頻度分布曲線では，グラフのピーク(最大値)を与える値である．対称な頻度分布のデータの場合には，平均値，中央値，および最頻値は同等の値となる．
尖度 $\alpha_4 = \dfrac{\Sigma f_i (x_i - \bar{x})^4 / (n-1)}{s^4}$	D.5	**歪度** 　頻度分布が非対称の場合に，歪んだ分布と呼ばれる． **尖度** 　分布曲線のピークの鋭さを表す．正規分布の場合の尖度は3である．尖った曲線では，3よりも大きく，平坦な曲線では，3よりも小さい．
幾何平均値 $\log M_g = \dfrac{\Sigma f_i (\log x_i)}{n}$	D.6	
幾何標準偏差 $\log s_g = \sqrt{\dfrac{\Sigma f_i (\log^2 x_g)}{n-1}}$	D.7	
確率紙の使用 $s = P_{84.1} - \bar{x}$　or　$P_{15.9} + \bar{x}$	D.8	
$s_g = \dfrac{P_{84.1}}{M_g} = \dfrac{M_g}{P_{15.9}}$	D.9	

[a] Vennard and Street (1975) より引用．

ていることが前提となっている．データの分布の特性を示すために，さらに2つの変量，歪度と尖度を必要とする．歪度の結果から，データ分布が著しく歪んでいる場合には，正規分布を用いることができない．歪みがある排水データの多くは，対数変換をすると正規分布に従い，これを対数正規分布という．基本統計量の計算式[式(D.1)〜(D.9)]をまとめて表-D.1に示した．

D-2 グラフを用いたデータ解析

データ分布の特性を調べるために，グラフを用いた解析を行う．多くの場合，データを正規確率紙および対数正規確率紙にプロットして，どちらが直線にのっているかを調べ，その分布型を判定する．その手順は，以下に示す3段階で行われる．

① データを測定値の小さなものから順に並べ，番号をつける．
② 各データについて，式(D.10)を用いてプロット位置を計算する．
$$\text{プロット位置}(\%) = [m/(n+1)] \times 100 \tag{D.10}$$
ここで，m：順番に並べたデータの番号，n：全データ数．

データ数が小さな時の誤差を補正するために$n+1$を用いている．プロット位置は，その測定値以下のデータ数の割合あるいは頻度(非超過確率)を示している．以下のBlom変換も，プロット位置の計算に用いられる．

$$\text{プロット位置}(\%) = [(m-3/8)/(n+1/4)] \times 100 \tag{D.11}$$

③ 正規確率紙および対数正規確率紙にデータをプロットする．確率目盛りは，その測定値の非超過確率を示している．

もし，正規確率紙にプロットしたデータが直線に載った場合には，データは正規分布していると仮定できる．直線からの大きな外れは歪みを示している．歪んでいる場合には，対数確率紙を用いる．対数変換したデータが正規分布に従うとすると，対数確率紙のデータは直線に載る．直線は，幾何平均値M_g(確率50%)および$M_g \times s_g$は確率84.1%，M_g/s_gは確率15.9%の点を通る．したがって，表-D.1の式(D.9)を用いて，幾何標準偏差s_gを求めることができる．正規確率紙および対数正規確率紙の使用例を**例題D-1**に示した．

例題D-1 排水濃度データの統計解析

以下に示す下水処理場処理水の24ヶ月間の水質データについて，適切な統計量を求めよ．

月	測定値(g/m³)		月	測定値(g/m³)		月	測定値(g/m³)	
	TSS	COD		TSS	COD		TSS	COD
1	13.50	15.00	9	23.40	18.75	17	16.75	17.90
2	25.90	11.25	10	21.90	37.50	18	8.35	11.35
3	28.75	35.35	11	23.70	27.00	19	18.10	25.20
4	10.75	13.60	12	18.00	23.30	20	9.25	16.10
5	12.50	15.30	13	37.00	46.60	21	9.90	16.75
6	9.85	15.75	14	30.10	36.25	22	8.75	15.80
7	13.90	16.80	15	21.25	30.00	23	15.50	19.50
8	15.10	15.20	16	23.50	25.75	24	7.60	9.40

解　答
1. 正規確率紙および対数正規確率紙のデータをプロットして，その分布の特性を決める．
   a. nを24とし，式(D.10)を用いて，データのプロット位置を決める．

附　録

順位	プロット位置[a](%)	測定値(g/m³)		順位	プロット位置[a](%)	測定値(g/m³)	
		TSS	COD			TSS	COD
1	4	7.60	9.40	13	52	16.75	17.90
2	8	8.35	11.25	14	56	18.00	18.75
3	12	8.75	11.35	15	60	18.10	19.50
4	16	9.25	13.60	16	64	21.25	23.30
5	20	9.85	15.00	17	68	21.90	25.20
6	24	9.90	15.20	18	72	23.40	25.75
7	28	10.75	15.30	19	76	23.50	27.00
8	32	12.50	15.75	20	80	23.70	30.00
9	36	13.50	15.80	21	84	25.90	35.35
10	40	13.90	16.10	22	88	28.75	36.25
11	44	15.10	16.75	23	92	30.10	37.50
12	48	15.50	16.80	24	96	37.00	46.60

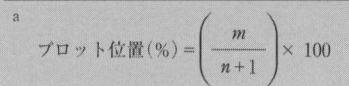

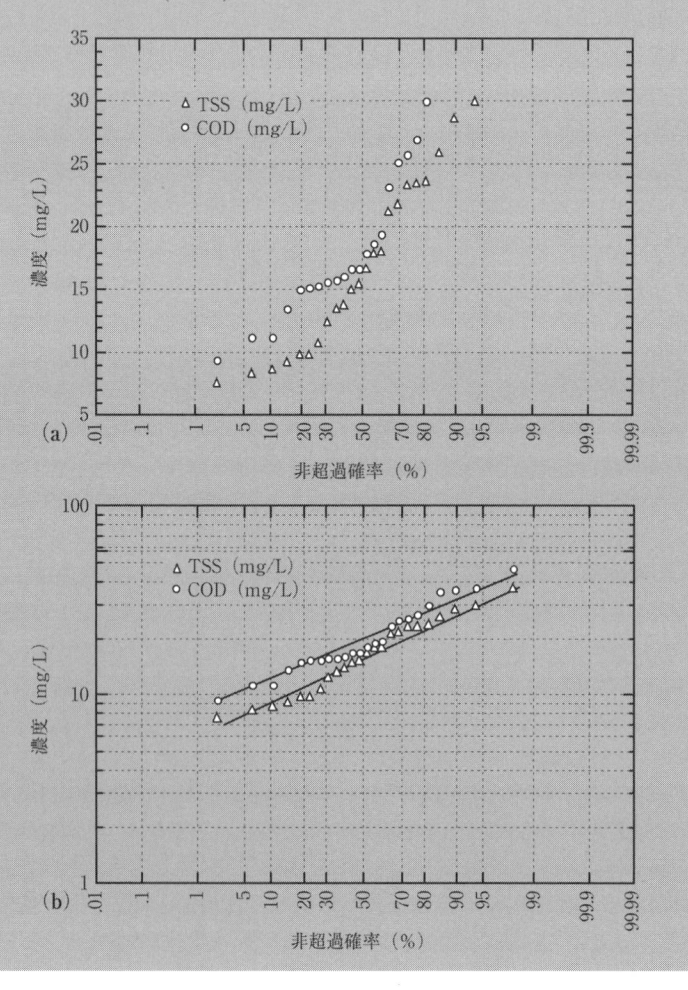

[a] プロット位置(%) $= \left(\dfrac{m}{n+1} \right) \times 100$

b. 図(a)正規確率紙および図(b)対数正確率紙にプロットする．図からわかるように，TSSとCODのいずれも対数正規分布に従っている．
2. TSSとCODの幾何平均値および式(D.9)を用いて，幾何標準偏差を求める．

$$s_g = \frac{P_{84.1}}{M_g} = \frac{M_g}{P_{15.9}}$$

項目	M_g	s_g
TSS	17	1.5
COD	20	1.47

附　録

附録 E　米国および世界の代表国における水再生事業のレビュー

E.1　米国における下水再利用事業および研究に関する重要事項

1912 年　California 州 San Francisco 市の Golden Gate Park(Hyde, 1937；Ongerth and Jopling, 1977；Kubick et al., 1992)

　都市域で最初に再生水が用いられたのは，1912 年の Golden Gate Park であった．その初期には生下水が，またその後には腐敗槽処理水が，景観を目的とした湖沼への給水や，約 100 ha の修景用灌漑に用いられた．1932 年，サテライト型の水再生施設が建設され，運転が開始された．バースクリーン，沈砂池，前エアレーション，最初沈殿池，活性汚泥，最終沈殿池および塩素消毒からなる処理フローが用いられた．この処理施設は，下水再利用のみを目的として建設されたということから，歴史的な意義があるといえる．

　Golden Gate Park 処理場は，California 州で初めてのサテライト型 (現場型) の水再生施設でもあった．すなわち，必要に応じて必要なだけの量の下水を下水管から分取し，処理施設が故障したり，再生水が不要になったりした際には，排水の取水を停止するか，もしくは下水管に返送した．汚泥は，すべて下水道に返送したので，その処理処分施設は必要でなかった．分散型およびサテライト型の現況については，12，13 章で述べられている．

　この歴史的施設による修景用灌漑は 1981 年に終了したものの，San Francisco 市では水循環マスタープランを採用し，2007 年までに約 68×10^3 m^3/d の使用を計画している．法令によって，新規および 930 m^2 以上の既存緑地，また延べ面積 3 700 m^2 以上の建築物の新改築に対しては，二系統配管システムが義務づけられている．また，建設用水に係る法令では，建設現場での締固めおよび粉塵管理に再生水を用いることとされている．

1926 年　Arizona 州 Grand Canyon 国立公園の Grand Canyon Village(Fleming, 1990)

　Grand Canyon の観光は，1880 年代に始まり，当時は Arizona 州 Williams から馬か馬車に乗って 80 km の道のりを旅するものだった．こうした初期の旅行者のため，飲料水が馬車に乗せて運ばれた．1924 年，Grand Canyon Village で再生水供給が計画された．活性汚泥法処理水を急速砂ろ過および塩素消毒する施設が建設された．再生水は，独立した配水系統によって 3 km 離れた村までポンプ送水され，必要な非飲料水を供給した．再生水は，El Tovar ホテル (北緯 36.057 度，西経 112.139 度) のトイレの水洗水，ボイラ用水，発電所エンジンの冷却水および蒸気機関車の補給水等に用いられた．1926 年に建設され，能力日量 493 m^3/d で，米国において最初に運転された下水の再生施設である．

　下水再利用の規模は拡大を続け，1989 年には 63 年間稼働した旧施設は運転を終了し，新施設が建設された．1990 年には，再生水および飲料水の生産コストは，それぞれ 0.26 ドル/m^3 および 1.45 ドル/m^3 と算定されている．他方，Tusayan 市民が Park および Williams から運ばれる飲料水に払う料金は，それぞれ 4.89 ドル/m^3 および 7.52 ドル/m^3 であった．

1972 年　Florida 州 St. Petersburg 市(York and Potts, 1996；Johnson and Parnell, 1998；Walker-Coleman, 1999；26 章も参照)

　St. Petersburg 市は，1 世紀以上に及ぶ人口増加に対応して，上下水道の諸課題に直面してきた．これは，Florida 州全体の人口増加を反映しており，実際，Florida 州の人口は，1950 年には 277 万人，1960 年には 495 万人，1980 年には 975 万人，そして 2005 年には 1779 万人という増加を示して

きた．St. Petersburg 市の水再生事業は，市議会による 1972 年の Wilson-Grizzle 法に従っており，水の循環使用と深井戸への注入によって，表流水に流出させないとしている．Wilson-Grizzle 法では，「……Tampara 湾およびその流入河川に放流する排水処理施設では，排水を飲料水基準にまで処理するか，表流水への放流を停止すること」としている．

パイロット試験から得られた結果から，処理水の灌漑利用の方が，高度処理をして Tampara 湾に放流するよりもコスト的にはるかに有利であることが示された．また，下水再利用システムの建設により，飲料可能な供給水量が削減されることから，地域には便益が図られる．パイロット試験結果から，再生水を市内の公園，学校，ゴルフ場の灌漑に用いる程度に処理することが適当と考えられた．

再生水システム導入の端緒から，年間の飲料に必要な水量が安定しているのに対し，栄養塩類を含んだ再生水の需要は継続的に増加している．再生水システムは，市内の全住民に経済的便益を与えている．Cosme 浄水場の付加処理施設，主に Safety Harbor 地区に送水する 1.2 m 高への配水機場および南部地区の配水機場と貯留施設等の幾つかの水道施設の建設計画が無期限に延期され，これらの施設建設に掛かったであろう 2 500 万～3 000 万ドルの事業コストが削減された．また，下水処理に高価な栄養塩除去プロセスを導入しないことによっても，コストが削減された．

15 年以上の歳月をかけて市内の下水再生・再利用が完全に実施され，St. Petersburg 市は，下水処理水を表流水に一切放流しない米国で最初の大都市となった．Reclaimed Water System Master Plan Update (1987) では，再生水システムをより拡大し，無駄な処理水放流をなくして，市公共部門の第 3 の事業 (すなわち，水道，下水道および再生水) としてフル稼働するとしている．

1977 年　California 州 Irvine の Irvine Ranch Water District (Young et al., 1998；http://www.irwd.com)

Irvine Ranch Water District (IRWD) では，水の 1 回のみの使用は，水の無駄使いであるという哲学を推奨している．農作物の灌漑や修景用水に 1 L の再生水を用いることは，飲料可能な 1 L の水を節水できることを意味する．

1991 年に IRWD では，国内の給水区で初めて集合処理の下水再生水を家庭用に使用する認可を得た．再生水の配水には，完全に独立したシステムが用いられ，394 km 以上の配管と，8 箇所の貯水池，および 12 のポンプ場を有している．再生水システムは，44 の農家の約 405 ha に及ぶ様々な果実，野菜，および苗床用の畑や果樹園に水を供給している．2 818 以上の修景用水に対して再生水が供給されており，商業用およびコミュニティ用植栽 (例えば，公園や学校の運動場等) の約 80 % の灌漑に用いられている．その面積は 2 287 ha 以上であり，中には広大な敷地のものもある．Mason 公園の噴水や池沼等の多数の水施設で再生水が使われている．IRWD の施設および二系統配管の高層オフィスビル内のトイレでは再生水が使われている．再生水の利用によって，飲料水道水の需要が 75 % までに減少した．さらに，地域の幾つかの製造業においても，製造プロセスを再生水に切り替え，飲料水を節約している．例えば，あるカーペット工場では，カーペット染色工程において水道水から再生水に切り替えることにより，1 日 1 892 m^3 から 3 785 m^3 の飲料水が節減された．

1977 年　California 州 Los Angels 郡 Sanitation District における Pomona Virus Study (Sanitation District of Los Angeles Angeles County, 1977；State of California, 1978, 1988, 2000；Dryden et al., 1979；Chen et al., 1998)

Pomona Virus Study では，腸管系ウイルスの除去率 5 log (99.999 % 以上) である代替処理プロセスのコスト評価を行うために開始された．この 5 log の除去率は，典型的な処理の全工程で得られるレベルである．検討されたシステムには，低濃度 (5 mg/L) の硫酸アルミニウム凝集を用いた直接ろ過法の後段に消毒プロセスを設置するシステムも含まれていた (遊離塩素 5 mg/L，結合塩素 10 mg/L の条件下で，理論的塩素接触時間は 2 時間，晴天時のピーク流量時の接触時間は 90～100 分とされた)．様々な

附　録

ろ過処理水の濁度の頻度分布結果によると，代替処理プロセスの場合には約90％，全工程処理の場合には99％以上で，濁度2NTU以下の処理水が得られていた．さらに，適切な前処理によってろ過原水の濁度を4NTU以下に保つことができれば，より容易に濁度2NTUの処理水が得られる．濁度とウイルス除去の比較および処理コストの解析から，直接ろ過法は，全工程処理に代替する最もコスト効率が良い消毒前の簡易処理であり，消毒後は，基本的に病原微生物のいない処理水が得られると考えられた．

Pomona Virus Studyから得られた一連の設計および運転条件は，「Policy Statement for Reclamation Plants with Direct Filtration（直接ろ過を用いた水再生施設の方針）」(State of California, 1998)，さらに今日のWater Recycling Criteria（水循環基準）に組み入れられている(Code of Regulations, Title 22, Division 4, Chap. 3, Water Recycling Criteria)．

1980～1985年　California州Monterey Regional Water Pollution Control Agencyによる農業利用のための水再生研究(Kirkpatrick and Asano, 1986；Engineering-Science, 1987；Sheikh *et al.*, 1990；Sheikh *et al.*, 1998)

Monterey Wastewater Reclamation Study for Agriculture(MWRSA)では，消毒された三次処理水を用いた5年間のフィールド研究によって，アンティチョーク，レタス，ブロッコリー，セロリ，カリフラワー等の生食野菜への灌漑の可能性と安全性が研究された．初期の計画段階において，California州CastrovilleがMWRSAの実験地に選ばれ，環境影響評価が終了した．次に，既存の日処理水量1 500 m³のCastroville処理場を改善し，全工程処理と直接ろ過法のフィールド規模のパイロット処理施設を設計・建設した後，実験を開始した．5年間の研究は，1980年に開始され，1985年間まで継続された．

三次処理施設は，Pomona Virus Studyで得られた結論に基づいて設計された．ウイルスの添加実験が行われ，全工程処理と直接ろ過法(理論接触時間90分の塩素消毒を含む)のいずれによっても，腸管系ウイルス数を5 log以上減少させることができることができるという結果が得られ，Pomona Virus Studyの結果が再確認された．このMWRSAのパイロット・フィールド実験によって，California Title 22 Water Recycling Criteriaでは，直接ろ過法が全工程処理と同等に用いることが受け入れられたのである．直接ろ過法は，三次処理水再生技術として広く用いられる技術となった．

MWRSAで5年間に集められたデータから，食用作物灌漑は，病原体，重金属，作物品質，収量等の点から，安全で受け入れられることが結論とされた．土壌や地下水質に対する障害は見られなかった．塩素消毒された三次処理水による灌漑によって，質の良い作物が豊富に収穫された．カリフラワーとブロッコリーの収量は，再生水を用いた灌漑によって大幅に増加した．MWRSAによって，規制当局，農民，消費者，排水処理当局のいずれの観点からも，再生水による作物の灌漑が受け入れ可能であることが示された．

1983年　Arizona州Palo Verde原子力発電所(Blackson and Moreland, 1998；Water Use, 1983)

発電所では熱を発生するので，発電機を動かす蒸気を凝縮させるために多量の冷却水を必要とする．Palo Verde原子力発電所(Palo Verde Nuclear Generating Station；PVNGS)は，南西部のエネルギー拠点である．ここは，米国における最大の原子力平和利用施設であり，3系列の凝縮水反応機と発電機を有している．各系列で1 270 000 kW，総計では3 810 000 kWの電力を発電している．各系列で，毎秒約35 m³の冷却水を必要とする．

PVNGSは，Arizona州Phoenixの88 km西方に位置する乾燥したSonoran砂漠に建設されたが，近くに自然水域はなく，平均降水量は，年間178 mmにすぎない．そこでPhoenix市の下水処理水が，冷却水の経済的な水源として選択された．Phoenix市の91Avenue下水処理場およびTolleson下水処理場によって，十分な水量(1日およそ492×10³ m³)が得られることがわかったので，これら

の排水は，現場の水再生施設(water reclamation facility；WRF)で処理されている．WRF は，PVNGS の 3 系列原子力発電所の運転に必要な量および質の経済的な冷却塔用水を供給するように設計された．運転の最適化，冬季の水質改善，冷却塔水質の制御，蒸発池への引抜き水の低減等に関する継続的な努力に今日も取り組んでいる．

1984 年　California 州 Los Angels 郡 Sanitation District の Montebello Forebay 地下水涵養事業における健康影響研究(Nellor et al., 1985；Hartling and Nellor, 1998；Sanitation Districts of Los Angeles County, 2002)

Country Sanitation District Los Angels(CSDLAC)は，1923 年に California 州議会法によって成立し，水再生および再利用の分野のパイオニアとして，長い歴史を有している．

1962 年以降，再生水は，河川水(Colorado 川および州の事業用水)および雨水と混合され，地下水涵養に用いられている．処理水を地下水回復に用いることによる健康への影響を評価するために，1978 年から CSDLAC によって健康影響研究が始められた．

研究の主要な目標は，Montebello Forebay における再生水の使用量を，現在のレベルにとどめるのか，減少させるのか，あるいは増加させるべきなのかを保健および規制当局が決定するにあたって，有益な情報を提供することとされた．細かな目的としては，これまでの再利用水量が地下水質や人の健康を悪化させていないかを解明すること，他の涵養水の地下水質に与える相対的な影響を見積もること等であった．研究では，涵養水および地下水の微生物学的および化学的水質の測定，涵養水および地下水中の健康影響に関連する有機物質を分離し同定する毒物学的および化学的研究，再生水の地下水中での動きと水道水への混入比率等を定量する水文地質学的研究，再生水を飲料している人々の健康状態が同等な対照群と比べて人口統計学的に有意差があるかを明らかにするための疫学的研究等を扱っている．

広範なデータの評価の結果，当該地域の地下水や飲料している人々への健康について，負の影響は認められなかった．地下水や涵養水中の微量有機物に関する継続的なモニタリングおよびプロジェクトの評価が必要とされている．加えて，細菌試験で変異原を示す有機物について，人の健康と関連するかどうかの研究も考慮されている．

これらの研究結果および Scientific Advisory Panel の助言に基づき，1987 年の Los Angels Regional Water Quality Control Board によって，涵養水として用いる年間の再生水量を 40×10^6 m^3 から 62×10^6 m^3 に増加させることが認められた．1991 年には，再生水量が見直され，1 年間の再生水量は 74×10^6 m^3 まで，かつ再生水の割合は 50% 以下までとし，そして 3 年間で全量が 185×10^6 m^3 を超えないこと，あるいは再生水の割合を 35% 以下とすることとされた．今日でも広範なサンプリングとモニタリングを通じて，本涵養事業の評価が継続されており，土壌–帯水層での処理，化学，疫学，微生物学と関連した補足的な調査も進められている．

1987 年　California 州 Sacramento 市における Scientific Advisory Panel on Groundwater Recharge (State of Caloifornia, 1987)

1987 年に 3 つの California 州の当局(State Water Resources Control Board, Department of Water Resources, and Department of Health Services)は，Country Sanitation Districts of Los Angeles Country's(CSDLAC's) の Health Effect Study および再生水の地下水涵養についての関連情報を再調査するために，Scientific Advisory Panel on Groundwater Recharge を任命した．

本調査委員会は，Gordon G. Robeck を委員長とし，その目的は，家庭用水道供給量を増加させるために，再生水を地下水涵養に用いた場合の健康上の重要な点を明らかにすること，再生水を用いた地下水涵養に関連した便益とリスクを評価すること，および再生水を用いた州全体の地下水涵養に係る基準をつくるために必要な詳細な基本情報を供給することであった．

附　　録

　調査委員会では，Health Effects Study 最終報告書に示された研究は，最新の方法を用いて行われており，正確な内容であると結論した．加えて，その研究の限界についても言及されている．それは，(1)有機化合物の存在と健康影響は明らかであるか，(2)毒性情報が不足している中，遺伝毒性のデータはリスク評価の基礎として十分であるか，(3)不明瞭な人口統計因子が結果に簡単に影響するので，生態的世帯調査研究によってリスクの立証ができるのか，などである．調査委員会は，Montebello Forebay Groundwater Recharge Project を継続し，水の安全を確保することが好ましいとした．調査委員会は，リスクがあるとしても小さく，通常用いられる表流水に仮定されるものと大差ないであろうと結論している．

1979〜1992年　Colorado州Denver市のDenver Potable Water Demonstration Project（Work et al., 1980；Lauer et al., 1991；Lauer and Rogers, 1998；24章も参照）

　Denver 市の Direct Potable Water Reuse Demonstration Project は，下水二次処理水から，Denver 市の既存水道と同等水質の飲料水が継続し信頼して供給できるかどうかを検討するために始められた．製品の安全性，技術的および経済的可能性，直接の飲料に対する住民の受容可能性等の相互に関係のある課題について研究された．事業の目標は，Denver 市の将来の水道要求に合致した代替水源として，再生水の直接的飲用を検討するのに必要な情報を提供することであった．主たる目的は，(1)再生水が安全であることの立証，(2)プロセスの信頼性の証明，(3)市民の関心の増加，(4)将来の規制受入れのための基盤形成，(5)大規模実施に向けてのデータ収集，等であった．

　他のすべてに関連する鍵となる目的は，再生水の安全性の立証であった．これまでにつくられている飲料水の健康に関する基準は，処理水や再生水に適用することを意図したものでないので，再生水が人の消費に適していることを立証するために新たな基準を追加する必要があった．

　本事業で得られた主な結果は，以下のとおりである．

- 下水二次処理水を用いた処理プロセス（高 pH 石灰凝集沈殿，炭酸再添加，ろ過，活性炭吸着，逆浸透または限外ろ過，脱気，オゾン処理，クロラミン消毒）によって，1992年現在の U.S. EPA の現行および提案中の飲料水基準を十分に満足する信頼できる再生水を得ることができる．
- 再生水に対して初めて2年間の慢性毒性および発癌性試験が行われ，現在用いられている飲料水と比較したところ，生涯曝露に対する健康への悪影響は，どの試料についても認められなかった．
- 再生水に関する生殖影響試験を行い，Denver 市の現行飲料水と比較したところ，2世代生殖影響試験において，健康への悪影響は認められなかった．
- 再生水を用いた新規の物理的，化学的，微生物学的試験の結果，家庭用水道では通常見られないほどの清浄さを示した．いずれの有機・無機化合物および微生物（細菌，ウイルス）についても，通常の基準値に近い試料はなかった．
- 市民の態度は，用心深いが楽観的であり，大多数は，必要性が示され，安全性が保証されれば，飲料再生水をすすんで受け入れると表明した．
- 本事業では，規制当局の同意について求めなかったが，分析および健康影響試験の結果から，将来的には受容の可能性が高いと考えられた．
- 下水再利用のフルスケール施設のコストを実証施設から算定したところ，1 m^3 当り 0.43〜0.62 ドルで，Denver 市が計画していた将来の普通の水道拡張事業（1 m^3 当り 0.20〜0.78 ドル）と比較して，見劣りしないものであった．

1987年　Florida州Winter GardenにおけるOrlando市とOrange郡と農業協同組合との協同による下水再利用プログラム；Water Conserv II（Cross et al., 2000；17章も参照）

　Water Conserv II は，農業灌漑と急速浸透池（rapid infiltration basins；RIBs）を組み合わせた最大級の下水再利用事業である．また，Florida 州において初めて Department of Environmental

Protection から再生水の食用作物(主に柑橘類)への灌漑が許可された事業である.Orlando 市と Orange 郡との両者が所有していた「負債」(すなわち,以前は表流水に放流していた処理水)は,「財産」(すなわち,再生水)に変化し,市と郡と農業協同組合に便益をもたらした.

システムは,2つの水再生施設を有し,両者は,34 km の送水パイプによって配水センターまでつながれている.配水センターからは,78 km の配水ネットワークによって 76 の農業および商業用の顧客に再生水を配水している.灌漑に用いない再生水は,RIB に配水される.RIB ネットワークは 7 つの拠点を有し,そこには RIB が 74 池(総面積 809 ha)設置されている.配水ネットワークも RIB ネットワークも,中央コンピュータ制御システムによって,モニター制御されている.

契約に署名するインセンティブを持たせるために,栽培者たちにはマイクロスプリンクラ灌漑用水圧の再生水が無料で 20 年間提供され,ポンプシステムの設置,運転,維持コストが削減された.その結果,柑橘類の栽培者は年間 1 ha 当り 318 ドルのコスト減額となった.加えて,農業顧客は,凍結防止効果の促進によっても利益を得ることができ,事業は顧客に作物保護に必要な水量を供給することができた.

再生水を利用している柑橘類栽培者たちは,作物の収穫率が 10 %から 30 %に増加し,樹木の生長が 400 %まで増加したことに気づいている.この増加は,再生水による直接効果だけではなく,土壌中の水分が樹木への吸収されやすくなったことにも原因する.再生水は無料なので,栽培者は,土壌中の水分含量を高く保持している.栽培者たちは,Water Conserv II の別の顧客である Mid Florida Citrus Foundation(MFCF)による研究成果からも便益を得ている.MFCF は,柑橘類栽培者を補助する非営利団体であり,以下のような活動を行っている.(1)柑橘類栽培者が直面している課題の解決,(2)再生水による柑橘類灌漑の長期的な影響の研究,(3)農産物の経済力評価,(4)再生水によるゴルフ場散水の影響の研究.

・Water Conserv II は,結果的に表流水への下水処理水放流量を減少させている.
・RIB の現場においては,希少種や絶滅危惧種の植物種や動物種の保存が進められ,市や郡で公式に示されている.
・Water Conserv II は,再生水の RIB への放流を通じて,Florida 州の地下帯水層に水を供給している.また,井戸水の灌漑用途の減少により,地下水需要量を低減させた.

1970 年代~1996 年 California 州 San Diego 市の Total Resources Recovery Project(WCPH, 1996:23 章も参照)

San Diego 市は,事実上,水需要のすべてを州内の他地域および Colorado 川に依存している.新たな水源からの移入は不可能であり,市は,地域に存在する既存下水処理水を利用するため,下水の高度処理技術の研究に力を入れている.太平洋に放流されている下水を地域の水資源に用いる可能性が検討された.市は,Aqua I,II,III と呼ばれる順に大きな 3 つの水処理・資源回収施設(total resources recovery;TRR)を運転した.これらは,下水二次処理水質基準を満足するようにホテイアオイ池を置き,さらに三次処理や高次処理(advanced water treatment;AWT)を追加し,特に飲料水基準を満足させるためには逆浸透(RO)を用いている.

TRR 事業は,1970 年代後期に開始し,初めは日量 1 136 m^3 のパイロット規模の施設を Mission Valley で運転した(Aqua II).1994 年 10 月,Aqua III は,日量 3 785 m^3 のフルスケール規模試験施設を San Pasqual Valley で開始した.二次処理水 3 785 m^3 のうち 1 893 m^3 が ATW 処理された.Aquq III の TRR 施設において,1994~1995 年に 12 ヶ月間のフルスケール運転,モニタリング,および健康影響の研究が行われた.

TRR 事業の健康影響に関する研究によって,AWT の凝集,ろ過,逆浸透,脱気,粒状活性炭(GAC)吸着の一連の処理によって,市の主な水道である既存の Miramar 水道と同等以上の水質の再生水をつくることがきることが再確認された.また,研究結果から,RO 後に GAC を追加しなくと

附　録

も，California Title 22 に従い排水由来有機物を 1 mg/L 未満とすることができ，貯水池への添加による間接的飲用再利用，あるいは地下水への直接注入が可能であることが示された．

1998 年　Arizona 州 Scottsdale 市の Water Campus(Hemken et al., 1997；Mansfield and Nunez, 1998；Nunez, 2000；22 章も参照)

Scottsdale Water Campus は，最新の上下水道処理施設で，Arizona 州 Scottsdale 市に 57ha の敷地を有している．そこには，日量 204×10^3 m^3 の表流水処理施設と，45×10^3 m^3 の水再生施設(water reclamation plant；WRP)，および 27 の土壌不飽和層への注入井戸に連結した 38×10^3 m^3 の高度処理施設がある．Water Campus は，主に年間 19×10^6 m^3 の地下水涵養による間接的飲用の下水再利用を目的として建設された．

WRP からの三次処理水は，配水システムを通じて Scottsdale 北部の 17 のゴルフ場に送られ，灌漑に用いられている．WRP 処理水は，流量調整前に塩素接触槽で消毒されている．

AWT は，ゴルフ場が用いない WRP 処理水をさらに高度処理をするために設計され建設された．AWT は，連続精密ろ過と，目標回収率 85% の 24-10-5 構成の 3 段階逆浸透(低圧薄膜コンポジットエレメント)配列を有する．すべての精密ろ過部は，本下水処理水だけでなく，Central Arizona Project(CAP)の処理水にも用いることができるように設計されている．運転形態は，気候条件とゴルフ場への必要灌漑水量および涵養の目標水量に応じて決められている．AWT を定流量で運転するために，流量調整用の貯水池が設けられている．

AWT 精密ろ過の処理能力以上の流量の WRP からの雨天時排水を処理するために，他の精密ろ過システム(MCAP)が並列に設けられている．晴天時には，Colorado 川からの表流水(CAP Canal を経由して導水される)も，MCAP ユニットを用いて処理されて涵養されている．

Water Campus は，市の主要な総合的上下水再生プログラムであり，地下水の汲出し量と等量の自然もしくは人工の涵養を定めた Arizona's 1980 Ground Water Act に従っている．

2001 年　Virginia 州 Alexandria 市の Water Environment Research Foundation による Management Practices for Nonpotable Reuse(Mantovani et al., 2001；Radcliffe, 2004)

本研究の目的は，非飲料再利用事業による様々な計画や管理について，以下のような事項についての報告書をまとめることであった．(1)過去 10 年間の約 200 の下水再利用技術文献レビュー，(2)米国の 40 のプロジェクトと他の 10ヶ国 25 のプロジェクトにおける非飲用再利用の計画と管理に関する情報と経験の調査，(3)米国内外の 20 の規制当局における規制，指針および排水再利用事業に係る資金に関する文書とプロジェクトの計画・管理の実施に関する規制当局の考えに関する調査．本研究で解析されたプロジェクトは，その年代やタイプ，再利用の目的や方法と再生水の利用者等の面から，多岐にわたっている．

幾つかの基本的な結論は，以下のとおりである．(1)非飲用の下水再利用については，文献上で良好な性能が報告されており，現在までに健康上の問題点が指摘されておらず，人々は強く受容し，基準値にも合致している．(2)長期間のプロジェクトの持続性は，コスト回収の困難さや頻繁な再生水の供給量不足による環境保護の課題等から危惧されている．(3)上水部門と下水部門の間の，あるいは地方と州当局の間の共同はたいへん良好で，最適な事業計画やコスト・便益の配分等を保証している．こうした共同の組織は，プロジェクト推進に対して内在的な長所を有しているといえる．(4)ほとんどのプロジェクトは，既存の下水処理施設への追加改善という形で進められており，新規の場所における検討は少数であった．(5)資金元は広範で多様であり，債権，政府の借款や補助金，開発者や産業界等からの寄付等が見られた．(6)水の価格は，多数のプロジェクトにおいて潜在的利用者にインセンティブを与える必要性の観点から運用されており，すべての建設および運転管理費用を回収するために価格を決める例はほとんどなく，多くの場合は，当該機関内外での財政的可能な範囲によ

って設定されていた．(7)公共への周知や教育のプログラムは再生水の供給計画において重要であるが，それに掛かるコストはプロジェクト全体に比べれば小さなものである．(8)Carifornia 州 Water Recycling Criteria(Title 22)は，多くの州や郡の規制枠組みの基礎となっていた．

2003 年　California Department of Water Resources, Water Recycling 2030 (California's Recycled Water Task Force の提言)(State of California, 2003b)

2030 年に California 州の人口が 5 200 万人に達する計画であることから，州の水供給は拡張および効率化されることとされている．水源保全，循環利用，海水淡水化，表流水と地下水の導水と貯水といった課題が州の総合的な水供給を決めることになるだろう．40 名のメンバーから構成される Recycled Water Task Force は，California Assembly Bill 331 の 590 章の Statues 2001 に基づき，州と地方の規則，規制，法令，および許認可制度，ならびに再生水の安全使用増加を妨害する障害や制度に関して，現状の枠組みを評価するために設立された．

水リサイクルに関する主要な課題と提言が以下のように報告されている．(1)水循環プロジェクトに関する資金供給を増加させること．(2)地域の利益に根ざし，地域に決定権を持たせたモデルプロジェクト計画を促進すること．(3)水再利用の促進にリーダーシップを発揮すること．(4)理解しやすい教育プログラムをつくるべきであること．(5)州がスポンサーとしてメディアキャンペーンを行うこと．(6)Uniform Plumbing Code appendix を見直すこと．(7)誤接合防止の Department Health Service ガイドラインを作成すること．(8)地方と州の健康と安全に係る規制を再吟味すること．(9)偶発的な雨水流出を調査すること．(10)州基準の統一的な判断を構築すること．(11)軟水化による便益を市民に理解させること．(12)経済分析に係る統一的な解析手法を開発すること．(13)水循環研究に対する資金を継続的に提供すること．(14)水循環に係る大学の研究を奨励すること．

2004 年　Scientific Advisory Panel の報告書(Orange County Water District's Santa Ana River Water Quality and Health Study)(National Water Research Institute, 2004)

Santa Ana 川(SAR)は，Orange 郡(OC)の地下水涵養の主たる水源であり，200 万人以上の住民の約 2/3 に水道供給している．米国西部の人口密度の高い都市域を多数有することから，OC では，自然水源には限界がある．夏は乾燥し，冬は温暖であり，年間降水量は 330 mm であることから，乾燥気候の地域に分類されている．OC では，今日 SAR 流域で取水可能な水量の約 2 倍の水量を使用しており，地方の水道は，Colorado 川および California 州北部からの導水を購入して補完しなければならない．人口増加予想から，地方の地下水供給を最大にすることが肝要とされている．将来には，周囲からの十分な量の導水は不可能であろうと考えられているからである．したがって，SAR の水による地下水涵養は，地下水供給を補充するうえでたいへん重要である．

Santa Ana River Water Quality and Health Study(SARWQH) は，Orange Country Water District(OCWD)によって 1994 年に開始され，基底流量の高い割合を下水処理水が占めている SAR 水を OC の地下水の涵養に用いることに対する諸疑問に取り組むこととされた．そして，California Department of Health Services(DHS)によってしばしば主張される，再生水を地下水涵養に用いて，その後汲み上げて飲料に供することに関する懸念に対して，科学的な情報を提供することとされた．

SARWQH における Scientific Advisory Panel の結論は，以下のとおりである．
・SAR 水の地下水涵養による，今日のところ水質および公衆衛生上の不安はない．
・SAR の水質は，今後，変化を続けると予想され，この変化によって OCWD の涵養業務に影響を及ぼすかもしれない．
・未規制で，以前には確認できなかった化学物質や微生物について，継続的な調査が求められる．
・OCWD は，健康に関連する化学物質や微生物について，SAR および地下水の水質モニタリングを継続すべきである．

附　録

・SARWQH の調査地域の地下水は，幾つかの水試料から時折バクテリオファージが検出されることから，微生物汚染を受けやすいといえる．
・汚染されやすい水源を用いて涵養された地下水を使用していることから，安全性の確保のためには，飲料水基準やガイドライン以上の対応が必要である．
・糞便汚染の恐れと関連したリスクを最小とするために，バクテリオファージが検出された調査地域のすべての井戸水は，消毒されなければならない．

参考文献

Blackson, D. E., and J. L. Moreland (1998) "Wastewater Reclamation and Reuse for Cooling Towers at the Palo Verde Nuclear Generating Station," 1143–1161, in T. Asano (ed.) *Wastewater Reclamation and Reuse*, Water Quality Management Library, **10**, CRC Press, Boca Raton, FL.

Chen, C-L., J. F. Kuo, and J. F. Stahl (1998) "The Role of Filtration for Wastewater Reuse," 219–262, in T. Asano (ed.), *Wastewater Reclamation and Reuse*, Water Quality Management Library, **10**, CRC Press, Boca Raton, FL.

Cross, P., G. Delneky, and T. Lothrop (2000) "Worth Its Weight in Oranges: Florida City and County Turn Wastewater Effluent into Valuable Commodity," *Water Environ. Technol.*, **1**, 26–30.

Dryden, F. D., C-L. Chen, and M. W. Selna (1979) "Virus Removal in Advanced Wastewater Treatment Systems, *J. WPCF*, **51**, 8, 2098–2109.

Engineering-Science (1987) *Monterey Wastewater Reclamation Study for Agriculture Final Report*, Prepared for Monterey Water Pollution Control Agency, Monterey, CA.

Fleming, P. A. (1990) "Water Supply, Reclamation and Reuse at Grand Canyon: A Case Study," *Proceedings of CONSERVE 90*, August 12–16, 1990, 129–133, Phoenix, Arizona, American Society of Civil Engineers, American Water Resources Association, American Water Works Association, and National Water Well Association.

Hartling, E. C., and M. H. Nellor (1998) "Water Recycling in Los Angeles County," 917–940, in T. Asano (ed.) *Wastewater Reclamation and Reuse*, Water Quality Management Library, **10**, CRC Press, Boca Raton, FL.

Hemken, B., M. Craig, and D. Mansfield (1997) "Advanced Reclamation for Scottsdale's Integrated Water Management Strategies," **6**, 229–234. *Proceedings of the Water Environment Federation 70th Annual Conference & Exposition*, Chicago, IL.

Hyde, C. G. (1937) "The Beautification and Irrigation of Golden Gate Park with Activated Sludge Effluent," *Sew. Works J.*, **9**, 6, 929–941.

Johnson, W. D. and J. R. Parnell (1998) "Wastewater Reclamation and Reuse in the City of St. Petersburg, Florida," 1037–1104, in T. Asano (ed.) *Wastewater Reclamation and Reuse*, Water Quality Management Library, **10**, CRC Press, Boca Raton, FL.

Kirkpatrick, W., and T. Asano (1986) "Evaluation of Tertiary Treatment Systems for Wastewater Reclamation and Reuse," *Water Sci. Technol.*, **18**, 10, 83–95.

Kubick, K. S., Ross, R. S., and Pitt, P. (1992) "Up a Dry Creek Without a Paddle: San Francisco's Innovative Solution to Wastewater Reclamation," 189–199, *Proceedings of the Water Environment Federation 65th Annual Conference & Exposition*, **9**. New Orleans, LA.

Lauer, W. C., S. E. Rogers, A. M. Lachance, and M. K. Nealey (1991) "Process Selection for Potable Reuse Health-Effects Studies," *J. AWWA*, **83**, 11, 52–63.

Lauer, W. C., and S. E. Rogers (1998) "The Demonstration of Direct Potable Water Reuse: Denver's Landmark Project," 1269–1334, in T. Asano (ed.) *Wastewater Reclamation and Reuse*, Water Quality Management Library, **10**, CRC Press, Boca Raton, FL.

Mansfield, D. M., and A. A. Nunez (1998) "The City of Scottsdale Water Campus—A Complex State of the Art Indirect Potable Reuse Project," Water Resources Department, and Water and Wastewater Treatment Department, respectively, City of Scottsdale, AZ.

Mantovani, P., T. Asano, A. Chang, and D. A. Okun (2001) *Managing Practices for Nonpotable Water Reuse*, Project 97-IRM-6, Water Environment Research Foundation, Alexandria, VA.

National Water Research Institute (2004) *Report of the Scientific Advisory Panel—Orange County*

Water District's Santa Ana River Water Quality and Health Study, Fountain Valley, CA.

Nellor, M. H, R. B Baird, and J. R. Smyth (1985) "Health Effects of Indirect Potable Water Reuse," *J. AWWA*, **77**, 7, 88–96.

Nunez, A. A. (2000) "Scottsdale's Water Campus: Off and Running," *Proceedings Water Reuse Conference*, San Antonio, TX, American Water Works Association, Denver CO.

Ongerth, H. J., and W. F. Jopling (1977) "Water Reuse in California," in H. I. Shuval (ed.), *Water Renovation and Reuse*, Academic Press, Inc., New York.

Radcliffe, J. C. (2004) *Water Recycling in Australia*, Australia Academy of Technological Sciences and Engineering, Parkville, Victoria, Australia.

Sanitation District of Los Angeles County (1977), *Pomona Virus Study Final Report*, Prepared for California State Water Resources Control Board and U.S. Environmental Protection Agency, Sacramento, CA.

Sanitation Districts of Los Angeles County (2002) *Thirteenth Annual Status Report on Reclaimed Water Use*, Fiscal Year 2001–02, Whittier, CA.

Sheikh, B., R. P. Cort, W. R. Kirkpatrick, R. S. Jaques, and T. Asano (1990) "Monterey Wastewater Reclamation Study for Agriculture," *J. WPCF*, **62**, 3, 216–226.

Sheikh, B., R. P. Cort, R. C. Cooper, and R. S. Jaques (1998) "Tertiary-Treated Reclaimed Water for Irrigation of Raw-Eaten Vegetables," 779–825, in T. Asano (ed.) *Wastewater Reclamation and Reuse*, Water Quality Management Library, **10**, CRC Press, Boca Raton, FL.

State of California (1978) *Wastewater Reclamation Criteria, An Excerpt from the California Code of Regulations, Title 22, Div. 4*, Environmental Health, Department of Health Services, Berkeley, CA.

State of California (1987) *Report of the Scientific Advisory Panel on Groundwater Recharge with Reclaimed Wastewater*, prepared for State of California, State Water Resources Control Board, Department of Water Resources, and Department of Health Services, Sacramento, CA.

State of California (1988) *Policy Statement for Wastewater Reclamation Plants with Direct Filtration*, Department of Health Services, Sacramento, CA.

State of California (2000) *Code of Regulations, Title 22, Div. 4, Chap. 3 Water Recycling Criteria*, Secs. 60301 *et seq.*, December 2, 2000.

State of California (2003b) *Water Recycling 2030: Recommendations of California's Recycled Water Task Force*, Department of Water Resources, Sacramento, CA.

Walker-Coleman, L. (1999) "Florida's Reuse Program," in *Southwest Florida Reclaimed Water Guide*, The Southwest Florida Water Management District.

Water Use (1983) A pamphlet, Arizona Nuclear Power Project, Phoenix, AZ.

WCPH (1996) *Total Resource Recovery Project: Final Report,* prepared for City of San Diego Water Utilities Department, prepared by Western Consortium for Public Health in association with EOA, Inc., Oakland, CA.

Work, S. W., M. R. Rothberg, and K. J. Miller (1980) "Denver's Potable Reuse Project: Pathway to Public Acceptance," *J. AWWA*, **72**, 8, 435–440.

York, D. W., and E. A. Potts (1996) "The Evolution of Florida's Water Reuse Program," *Proceedings of Water Reuse 1996*, American Water Works Association and Water Environment Federation, San Diego, CA.

Young, R. E., K. A. Thompson, R. R. McVicker, R. A. Diamond, M. B. Gingras, D. Ferguson, J. Johannessen, G. K. Herr, J. J. Parsons, V. Seyde, E. Akiyoshi, J. Hyde, C. Kinner, and L. Oldewage (1998) "Irvine Ranch Water District's Reuse Today Meets Tomorrow's Conservation Needs," 941–1036, in T. Asano (ed.) *Wastewater Reclamation and Reuse*, Water Quality Management Library, **10**, CRC Press, Boca Raton, FL.

E-2　世界の代表国における水再生と再利用

オーストラリア(Kracman *et al.*, 2001；Dillon, 2004；South Australian Water Corp, 2005；Queensland Water Recycling Strategy, 2003)

　オーストラリアの人口は，2006年において約2000万人である．面積の80％が乾燥地帯と半乾燥

附　録

地帯であり，降水の90％は，人口の10％が居住するにすぎない北部の熱帯地域に集中している．平均の年間降雨量は534 mmだが，乾燥・半乾燥地帯では250 mmに満たない．オーストラリアの下水再利用は，米国と同様に多様で複雑である．下水の再利用事業は国中に広がっている．主な再生水の使途は農業および修景用灌漑である．現場の水循環方法はほぼ共通しており，例えば，下水管から排水を集水し，MBRを用いて三次処理レベルまでの処理をした後，近隣地域に再生水を配水している．2000年においては，$1.6×10^9$ m^3の処理水のうち，11％に相当する$171×10^6$ m^3が再利用されている．

Adelaid市（南オーストラリア州）のVirginia Pipeline Project（VPP）　　Virginiaは，Adelaid市の近郊の農業地帯で，南オーストラリア州の野菜生産の35％を占めている．Adelaid地域の農業は，歴史的に灌漑を地下水に依存してきた．水質の悪化，地下水の過剰な汲上げ，および排水による環境影響等によって排水の再利用が進み，VPPが計画された．

VPPは1999年に運転が開始されており，オーストラリアにおける最大の下水再生プロジェクトである．Boliver下水処理場の二次処理水を三次処理して，主に花や野菜用灌漑に配水している．Bolivar下水処理場は，日量135 000 m^3の生活排水および工業排水を処理しており，その55％はAdelaid市の都市域で生じている．処理は，最初沈殿，散水ろ床および安定化池で構成されている．VPPでは，そのうち日量120 000 m^3について，加圧浮上，ろ過および消毒を行っている．フル稼働の際には，VPPはBolivarの排水の70％を再利用し，年間$20×10^6$ m^3/yr以上の灌漑用水を提供する予定である．

New South Wales州のRouse Hill Recycled Water Area Project　　Rouse Hill Projectは，オーストラリアにおける最初の大規模な居住者用の非飲用目的の下水再利用システムである．これは，新しい宅地開発によって生じる隣接する河川への影響を低減させる必要性から進められた．

最初沈殿，窒素・リン除去型活性汚泥法，凝集沈殿，ろ過，塩素消毒およびpH調整といった生物および化学処理が行われている．再生水は，二系統配水システムを用いて，住居に配水される．2000年においては，15 000世帯に日量25 000 m^3の再生水が供給された．2004年に誤接合が発見され，82世帯に影響が生じたが，これは，GlenwoodのRothwell Court地区の住宅建築における違法な配管工事によるものであった．

カナダ（Jackson and Lee, 2000；Exall *et al.*, 2004；Di Pasquale, 2004）

カナダでは，全般に，ほとんどの地域で豊富な水を有している．下水の再生および再利用は，比較的小規模であり，British Columbia，Alberta，Manitoba，Saskatchewan州では，農業およびゴルフ場での灌漑において用いられている．2000年4月，Alberta Environmentは，Guidelines for Municipal Wastewater Irrigationを公表した．ガイドラインでは，下水の再生による灌漑は，環境に許容され，かつ農業に便益がある場合に限るとしている．British Columbia州では，水の再利用はより広範な適用性を持って扱われており，2001年5月のMunicipal Sewage Regulationの付帯文書であるCode of Practice for the Use of Reclaimed Waterにおいて示されている．

カナダでは，放流先での栄養塩の厳しい排出規制のため，処理水の土地還元が主要であるものの，以下のような幾つかの問題点が出されている．

人口35 000人のVernon市は，British Columbia州南部の降雨量の少ないOkanagan渓谷にあり，米国境の北175 kmに位置している．市は海抜425 mで3つの湖に囲まれている．この都市は，果樹園，ブドウ畑が有名であり，また，夏は湿度が低く，冬は温暖で，ゆったりとしたライフスタイルの土地柄から，退職後の居住場所としても知られている．Vernon市の下水処理水は，$10×10^6$ m^3の貯水池にポンプ移送され，最長1年間滞留させた後，塩素消毒し，ゴルフ場，採種園，苗床等の近隣の100 haの農林業およびレクリエーション地域の灌漑に用いられている．このプログラムは，緊急時以外には下水処理水を表流水路に放流しないという市の政策に合致している．

市では，下水処理水量の増加と近年の降水量増加のため，灌漑対象面積を増大させる必要が生じて

いる．$10 \times 10^6 \, \text{m}^3$ の貯水池を用いた灌漑対象地域を増加させるためには，輸送配管への資金投入が必要であるが，これを末端の利用料金で補填することは不可能である．そこで，計画日水量 $27\,000 \, \text{m}^3$ の新設処理場を計画し，生物栄養塩除去を行ったうえで，ろ過，UV 照射，および塩素消毒を行う設計とされた．新設処理場の処理水は，州の規制を満足することから，直接の灌漑が可能になり，新たな灌漑用貯水池の開発の必要がなくなった．これによって，これまでの処理水の貯水池への移送がなくなるわけではないが，下水量の増加に対応した灌漑対象面積の拡大が可能になると考えられる．

イスラエル(Shelef, 1991；Kanarek and Michail, 1996；Oron, 1998；Friedler, 1999；Ministry of National Infrastructures, 2003)

イスラエルの人口は約 630 万人である．年間降水量は，北部の約 1 000 mm から南部の 30 mm まで分布する．再利用可能な平均年間水量の約 95％は，既に国内消費と灌漑のために利用されている．利用可能な水量の約 80％は国の北部に集中し，南部には 20％しか存在しない．

再生水は主に農業灌漑に利用されている．家庭および工業利用の需要水量が増加した結果，農業部門への淡水の供給は，1960 年代の約 77％から現在の約 60％まで減少している．都市中心部から発生する $410 \times 10^3 \, \text{m}^3$ の排水のうち，$265 \times 10^3 \, \text{m}^3$（65％）が灌漑のために再利用されている．現在では，灌漑に使われる水の全量の 25％は再利用水であると推定され，2020 年までに 2 倍になると予測されている．

Tel Aviv の Dan Region Project（DRP） DRP は，イスラエルで最大の水再生計画である．Tel Aviv Metropolitan Region からの生活排水および工業排水は，処理の後，被圧帯水層へ注入され，その後，汲み上げられて再利用のために配水される．

DRP では，年間およそ $110 \times 10^3 \, \text{m}^3$ の排水を処理している．第 1 期の水再生システムは，1977 年から稼動し，年間 $20 \times 10^3 \, \text{m}^3$ の処理能力を持っている．第 1 期の処理は，循環を有する通性嫌気酸化池およびアンモニアストリッピングと再炭酸化から成り立っている．第 1 期の地下水涵養は，全面積 24 ha の 4 つの散布地で表面散布によって行われている．第 2 期のシステムは 1987 年から稼動し，年間 $80 \times 10^3 \, \text{m}^3$ の処理能力を持つ．第 2 期の二次処理は，硝化・脱窒運転の活性汚泥法による物理・生物処理から成り立っている．第 2 期システムは全面積 42 ha の 2 つの散布地を有する．

処理と地下水涵養の後，再生水は，最も近い涵養場所から 350〜1 500 m 離れた環状の井戸群から汲み上げられる．再生水はイスラエル南部に送水され，非飲用用途に用いられている．再利用の主たる用途は，無規制の農業用灌漑である．

Jeezrael Valley Project（JVP） JVP では，Jeezrael Valley とその周辺の街や小さな集落からの生活排水および工業排水を用いて，農業用灌漑に再利用している．Jeezrael Valley には，20 000 ha の集約的農地がひろがっている．

生活および工業由来の排水は，嫌気性池およびエアレーション式ラグーンを用いて処理されている．処理水は，郊外の農業地域にある貯水池に流入する．貯水池は回分式処理方式で運転され，したがって追加的な処理を提供している．運転の 1 年目の 1996 年には，$6 \times 10^3 \, \text{m}^3$ の処理水が灌漑に使われた．完成時の JVP は，年間 $80 \times 10^3 \, \text{m}^3$ の最大能力を有する予定である．

日本(Asano *et al.*，1996；Ogoshi *et al.*，2001；Yamagata *et al.*，2002；Food and Agriculture Organization，2003；Tokyo Metropolitan Government, 2003；Japan Sewage Works Assoc., 2005)

日本は，年間平均降水量が 1 660 mm もあるにもかかわらず，急な地形と短い河川延長のため，多量の水を貯めることが困難とされている．東京都も同様で，2 187 km^2 の範囲に 1 250 万人が居住する高い人口密度の地域である．日本での下水再利用は，都市部での非飲用用途が大半を占め，工場内の洗浄水，河川流量の確保，大規模な事務所・商業ビルのトイレ用水および修景用等に利用されている．1997 年における日本の再生水総使用量は $206 \times 10^6 \, \text{m}^3$ であった．このうち，農業用再利用はわず

附　録

か16％である一方，トイレ用水への再利用はおよそ36％だった．東京都下水道局は大規模な下水再利用プログラムを実施し，東京における処理水の9％が現在再利用されている．

千葉県幕張副都心の下水再利用　このプロジェクトでは，$0.62 km^2$の対象地域内の会議場，商業ビル，ホテルおよび公園のトイレの水洗や洗浄等に下水の三次処理水を用いている．1989年10月に運転が始まった．処理方法は，活性汚泥法，化学凝集，ろ過，オゾン処理および塩素処理である．供給能力は日流量$4 120 m^3$で，平均日流量$2 372 m^3$である．

神戸市六甲アイランドの下水再利用　本プロジェクトでは，$1.66 km^2$の対象地域内において，トイレ洗浄水，公園の灌漑用水および商業施設や学校，公園の洗浄水に再生水を用いている．1986年4月に運転が始まった．処理方法は，活性汚泥法，ろ過，オゾン処理および塩素処理であり，供給能力は日流量$2 100 m^3$で，平均日流量$415 m^3$である．

東京都庁舎の下水再利用　本プロジェクトでは，東京都庁舎周囲19の高層ビルのトイレ水洗水に再生水を用いている．再生水の配水は1984年に始まった．本プロジェクトの設計能力は，$0.5 km^2$の供給区域に対して日量$4 000 m^3$である．1993年には，最大で日量$4 300 m^3$，平均日量$2 700 km^3$の再生水が事務所・商業ビルに供給された．落合下水処理場の砂ろ過を通した三次処理排水が新宿水リサイクルセンターに送水され，塩素消毒後，各々のビルにトイレ用水として配水されている．

福岡市の下水再利用　福岡市の$7.7 km^2$の対象地域内において，トイレ水洗水，公園の灌漑用水および商業施設や公園の洗浄水に再生水が用いられている．1980年に運転が始まった．床面積$3 000 m^2$以上，もしくは上水管径が50 mm以上のビルでは，再生水の使用が要求されている．処理方法は，活性汚泥，ろ過，オゾン処理および塩素処理である．

クウェート（Al-Attar *et al.*, 1997；von Gottberg and Vaccaro, 2003）

　クウェートの人口は現在250万人であり，1960年の人口80万人以下から，この40年間に急速な発展を経験し，様々な活動に対する水の需要が増加した．クウェートは降雨量が少ない乾燥気候で，飲料水の95％は海水の脱塩（多段フラッシュ蒸発プラント）によって得られる．その他の主要な水源は塩水を含んだ地下水である．

　下水処理は，Ardiya, Riqqa, Jahra, Um Al Haimanの4つの下水処理場において，二次処理または三次処理が行われ（Um Al Haimanでは，長時間エアレーション法，ろ過，塩素消毒およびUV消毒），年間処理能力は，$255 \times 10^6 m^3$以上であるが，これは，飲料水使用量の65～80％に相当する．1994年の年間下水発生量は，$119 \times 10^6 m^3$であり，このうち$103 \times 10^6 m^3$が処理されていた．

Water Reuse Projects　Ardiyaの下水処理水は，Riqqaからの処理水の一部とともに，Data Monitoring Centerの貯水池（容量$170 000 m^3$の閉鎖性の2池）に流入し，そこから年間$36.5 \times 10^6 m^3$がSulaibiyaでの農業および修景用灌漑に移送されている．灌漑には，スプリンクラ方式（センターピボット方式およびサイドロール方式の両方），点滴方式，畝間方式等が用いられている．農場では様々な作物が生産されており，家畜用の飼料（全地域の75％を占める），園芸産物，加熱調理する食用野菜（例えば，ホウレンソウ，ジャガイモ，タマネギ，ナス）等である．比較的少量のレモンとナツメヤシも栽培される．その他の灌漑計画では，森林再生も進められている．個人農場に提供される再生水の料金は$0.07 ドル/m^3$である．三次処理水を用いた灌漑面積は約$1 680 ha$である．灌漑拡大計画では$3 300 ha$とされている．現在，三次処理水は，高速道路の緑地化や砂の散逸低減のためにも再利用されている．処理水の再利用は，クウェートの緑地面積拡大計画の重要な部分を担っている．工業排水の一部も処理後に再利用されている．

Sulaibiyah Wastewater Reclamation and Reuse Project　既存の排水システムを全面的に改善する大規模計画が立ち上げられている．新しい施設は，ArdiyaとJahraの下水処理場に代わってSulaibiyahに建設され，処理水を規制のない非飲料用途に用いることとされた．この施設の設計，建設，所有，運転および維持管理について，クウェート政府から容認されるには30年間を要した．プ

ラントは，2005 年に始まる第 1 期では日量 375 000 m^3 の排水を処理し，将来的には日量 600 000 m^3 まで拡大する予定である．処理方法は，生物処理による栄養塩除去，汚泥処理に加えて，限外ろ過と逆浸透によって難分解有機物，溶解性物質，病原微生物を除去するように設計されている．水の再利用方法としては，含塩水の混合，灌漑，地下水の涵養等が行われる．本施設は，飲料水レベルの水を 1 m^3 当り約 0.6 ドルの費用で供給すると算定され，0.4 ドルは従来の処理費用とパイプラインの費用で，そして 0.2 ドルは処理水を飲料水レベルとする高度処理費用である．

ナミビア（Haarhoff and van der Merwe, 1996；Odendaal *et al.*, 1998；du Pisani, 2000；Lahnsteiner and Lempert, 2005）

ナミビアは居住者が少なく，人口は約 190 万人である．ナミビアは，サハラ以南のアフリカで最も乾燥した国である．国内に通年流れのある河川や自然湖沼はなく，西の海岸線すべてが砂漠に覆われている．首都 Windhoek の年間の平均蒸発量は 3 400 mm であるのに対し，年間降雨量は 370 mm である．

Windhoek 市 Goreangab の水再生プラント（water reclamation plant；WRP）　ナミビアの首都である Windhoek 市では，1968 年から直接飲用の下水再利用が実行されている．Windhoek Water Reclamation Plant は 220 000 人分を受け持っており，都市の生活排水は，初めに従来の生物処理を行った後に，安定化池を通過して水再生プラントへ移送される．WRP では，1968 年以来何度も再編成や施設の更新が行われており，最近では，2002 年に新しい Goreangab の WRP が建設された．都市の工業排水については，生活排水とは別の流路と処理が用いられている．

Goreangab の WRP の容量は 2 100×10^3 m^3 で，都市排水を飲料水レベルまで再生する最初のプラントとして国際的に有名であり，水源が非常に不足している Windhoek 市へ水を供給している．処理の流れは，加圧浮上（DAF），沈殿，急速砂ろ過，オゾン処理，活性炭吸着（粒状と粉末の両方），限外ろ過および塩素消毒からなる．処理後，再生水は他水源の水と混合され，最大でも再生水が都市飲料水の 35% 以下になるように調整される．飲料水への再利用は他の場所では潜在的に困難であるものの，Windhoek 市の水システムに不可欠な要素であり，36 年間にわたってその信頼性と持続性が証明されている．

シンガポール（Public Utilities Board Repoet, 2003；Law, 2003；Ong *et al.*, 2004；Singh, 2005）

シンガポール共和国は，世界一高い人口密度（約 6 000/km^2）の小さな都市国家で，現在では，使用水量の半分以上を隣接しているマレーシアから購入している．これは，数十年間継続している契約によるものであるが，この契約は 2011 年に期限が終了する．水の売買は，しばしば 2 国間に価格やその他の政治や環境の課題に関し論争を引き起こしてきた．

Singapore Water Reclamation Study（NEWater Study）は，1998 年に Public Utilities Board（PUB），Ministry of the Environment，および National University of Singapore の共同発議で開始された．その主たる目的は，シンガポールの水供給を補う水源として，NEWater の使用が可能かどうかを決定することであった．NEWater とは，高度な 2 種の膜処理（精密ろ過膜および逆浸透）と紫外線消毒を用いた厳密な浄化処理による再生水のことである．

2002 年の末，Bedok と Kranji 水再生プラントに対して，NEWater の製造が依頼された．2003 年 2 月から，Woodsland と Tempines/Pasir Rits のウエハー製造工場および他の工場に対して，NEWater の供給が開始された．2004 年 1 月になると，Seletar 水再生プラントに 3 番目の NEWatre 製造が依頼され，Ang Mo Kio のウエハー製造工場への供給が始まり，NEWater の新たな一歩となった．以上の 3 箇所による NEWater 製造能力は，日量 92 000 m^3 となっている．

産業界への供給以外に，NEWater を間接的飲用に用いることも行われている．すなわち，NEWater を貯水池に送水して，湖水の原水と混合調整する．その後，自然水化（naturalization）過程

附　録

を経てから，従来の浄水処理を行って飲料に供する．PUB は，2003 年，日量 13 500 m^3 の NEWater を貯水池に送水開始したが，これは 1 日の消費水量のおよそ 1％に相当する量であった．NEWater の添加量は，2011 年までに次第に増加させ，1 日の消費水量の約 2.5％とする予定である．国は，2012 年までに，給水の 25％を非伝統的な水源から確保することを目標としている．すなわち，NEWater から 15％，海水淡水化から 5％，および残りの 5％を工業用水から得る計画である．

南アフリカ共和国(Isaäcson et al., 1987；Odendaal et al., 1998；Grobicki and Cohen, 1999；Tredoux et al., 1999)

南アフリカ共和国の人口は 4 000 万人である．国全体での年間平均降水量は 483 mm であり，西部海岸部の 55 mm から東部山岳部の 1 250 mm に分布している．平均蒸散量は，東部の 1 100 mm から西部の 3 000 mm となっている．

1998 年の Water Research Commission による研究では，利用可能な処理水で直接再利用されているものは 3％未満にすぎなかった(すなわち，年間 1 089×10^3 m^3 のうちの 30×10^3 m^3 と推定)．主な水の再利用の用途は，製紙工場，発電所の冷却水および帯水層への貯留および涵養である．

Sappi パルプ・製紙グループ　　Enstra 製紙工場は，Springs 市近郊に位置するパルプおよび良質な紙製造の総合工場であるが，水供給には，淡水を日量 15 000 m^3 使用している他に，再生水を日量 15 000 m^3 を使用している．排水は，Springs 市の McComb & Ancor 下水処理場において二次処理され，その後，水再生プラントで，アルミ系凝集，DAF および塩素と活性臭素処理が行われている．

Atlantis Water Resource Management Scheme　　Cape Town の北 50 km に位置する Atlantis 町では，20 年以上の間，都市雨水および下水処理水を地下水帯水層へ注入している．生活排水および工業排水は別々に集められて処理された後，異なる帯水層に注入されている．下水道に放流される工業排水の水質をコントロールするため，厳しい規制が施行されている．三次処理された生活排水は涵養され，その後，汲み上げられて再利用される．他方，工場排水の水質は比較的劣るので，沿岸域に浸透して海水浸入のバリアとして用いている．標準的な注入水量は間接的な再利用分および海水バリア分で，それぞれ年間 3×10^3 m^3 および 2.2×10^3 m^3 である．

スペイン(Mujeriego and Asano, 1991, 1999；Herrero, 1998；Sala et al., 2002；López Ramirez et al., 2002；Sala, 2003)

2006 年におけるスペインの人口は 4 000 万人を超える．国内の天候は，地中海沿岸部での乾燥気候から，大西洋沿岸部で湿潤気候と様々で，降水量の分布や強度も地域により異なっている．年間降水量は地中海地域で 800 mm 未満だが，大西洋地域では 800 mm 以上である．

Consorci de la Costa Brava(CCB, Costa Brava Water Agency)は，Barcelona 北方の Girona 州の 27 の沿岸自治体において，飲料水，下水処理および再利用を管理する公的機関である．CCB は，スペインにおける下水再利用の先駆者と認められている．初期は，1989 年にゴルフ場の灌漑に再生水を用いたのが始まりである．再生水の量は，1989〜2002 年の間に 0.2×10^6 m^3 から 2.6×10^6 m^3 まで増加した．

Girona 州 Portbou 地区　　Portbou 地区は，Costa Brava 北部に位置し，人口 1 600 人ほどである．また，地中海地域の山間の奥地にある．渇水が進行し，修景用灌漑のような非飲用途の水不足に再利用水が用いられるようになった．下水の処理方法は，凝集，直接ろ過後，UV 照射，塩素消毒である．処理能力は毎時 15 m^3 で，処理水は，修景用地灌漑，路面清掃および防火用水等の都市部における非飲用水として用いられている．

Girona 州 Aiguamolls de l'Emporda Nature Preserve (ANEP)　　ANEP は，Costa Brava の北部に位置する天然の湿地で，1984 年に自然保護区に指定された．AENP 内の Cortalet Lagoon は，ダムの建設や都市化に伴い，夏季に乾燥するようになった．1998 年，Cortalet Lagoon の乾燥防止のため，

CCBは，年間500 000〜700 000 m^{3}の再生水の流入を開始した．排水は，Empuriabrave下水処理場で長時間エアレーション法にて処理された後，仕上げの酸化池で処理される．さらに，再生水中の窒素を除去するため，7 haの人工湿地にて処理されている．

Vitoria市における総合水資源管理計画　　人口25万人のスペイン北部の都市Vitoria市において，1995年に始められた総合水資源管理計画では，下水の再生と再利用が最後の礎石とされている．本計画には，California州の基準であるTitle 22で要求される水質を満足し，3つのモジュールが追加可能な日処理量35 000 m^{3}の処理施設，および精巧なポンプ，移送および貯留システムが配備されている．

この計画の目的は，以下の2つである．(1)夏季における9 500 haへのスプレ灌漑に対して，再生水を供給すること．(2)夏季における農業灌漑のために，冬季に7×10^6 m^{3}の再生水を貯留可能とすること．最終的にこの計画では，年間27×10^6 m^{3}に達する再生水を河川水の代わりとして，飲用水源貯水池の流域に供給することができた．貯水池のダム建設は2002年から始められ，2004年6月に完成し，西部地中海集水域の最大級の再生水貯水池となった．Vitoria市周辺の農業灌漑が本計画の主たる目的であるが，市は，都市修景の灌漑(年間3×10^6 m^3)や新しい工業地域に対する工業用水の供給にも再生水を使用する計画である．無規制の灌漑に適した質の高い再生水を生産するという当初の約束によって，本計画は成功を収め，今日および将来の利用者から広く受容される結果となった．

チュニジア(Bahri, 1998；Bahri *et al.*, 2001；Koundi, 2004)

チュニジアの人口は1 000万人である．国内の降水量および蒸散量は偏った分布をしている．北部，中部，および南部チュニジアの年間平均降水量は，それぞれ594，289，156 mmである．蒸散量は，北部の1 300 mmから南部の2 500 mmまで分布している．国内の利用可能な年間$4 700 \times 10^6$ m^{3}の半分のみが塩分が低く制限なく利用できる水である．2003年における集水された下水量は年間240×10^6 m^{3}であり，そのうち187×10^6 m^{3}が70の処理場において，活性汚泥法，オキシデーションディッチおよび安定池処理等によって処理されている．チュニジアでは，1980年代初期に下水再利用の政策が出され，計画段階から下水処理と再利用が同等に扱われている．2003年には43×10^6 m^{3}の処理水が農業や修景用灌漑に利用されており，これは1990年の約4倍の量である．

農業灌漑　　Tunis市のLa Cherguia処理場からの再生水は，過剰な地下水の汲上げによる海水侵入の影響を軽減するため，1960年代初頭から農業の灌漑に利用されている．La Cherguia処理場は，1958年に建設され，二次処理が行われている．再生水による灌漑は，Tunis市の北東部に位置するLa Soukraの面積600 haの柑橘類とオリーブの畑で行われ，生食用野菜に対する灌漑は禁じられている．

国内の再生水による灌漑面積は現在約8 000 haであり，その62%がTunis市の周囲で，その他Hammamet，Sousse，Monastir，SfaxおよびKairouan等で行われている．農業経営者は，農場灌漑に利用する再生水の料金を支払っている．チュニジアにおける二次処理の灌漑には制限があり，生食や加熱調理用途に関係なく食用野菜作物への灌漑は禁じられている．処理水による灌漑が行われる主要な作物は，果樹(柑橘類，ブドウ，オリーブ，モモ，セイヨウナシ，リンゴ，ザクロ)，家畜用の飼料(アルファルファ，モロコシ，クローバー等)，および穀類である．

ゴルフ場の灌漑　　チュニジア国内の8つの既存ゴルフ場は，570 haの面積を有し，すべて再生水で灌漑されている．二次処理水は，ゴルフ場内の一連の池に貯められている．住民への飛散曝露を防止するために，灌漑は夜間に短射程のスプリンクラを使用して行われている．

参考文献

Al-Attar, M. H., N. Al-Awadhi, J. Al-Sulaimi, and G. F. Leitner (1997) "Water Reuse Concepts and Programs in Kuwait Leading to Optimum Use of all Water Resources," Desal. Water Reuse, 6, 4, 46–53.

Asano, T., M. Maeda, and M. Takaki (1996) "Wastewater Reclamation and Reuse in Japan: Overview and Implementation Examples," Water Sci. Technol., 34, 11, 219–226.

Bahri, A. (1998) "Wastewater Reclamation and Reuse in Tunisia," 877–916, in T. Asano (ed.), *Wastewater Reclamation and Reuse*, Water Quality Management Library, **10**, CRC Press, Boca Raton, FL.

Bahri, A., C. Basset, F. Oueslati, and F. Brissaud (2001) "Reuse of Reclaimed Wastewater for Golf Course Irrigation in Tunisia," *Water Sci. Technol.*, **43**, 10, 117–124.

Dillon, P. J. (2001) "Water Reuse in Australia: Current, Future and Research," *J. Water (Australia)*, **28**, 3, 18–21.

Di Pasquale, W. J. (2004) Personal communication, Water Reclamation Plant, City of Vernon, BC, Canada.

Du Pisani, P. (2000) "Potable Re-use of Treated Sewage Effluent in Windhoek, Namibia," *Proceedings of 2nd World Water Forum*, The Hague, The Netherlands.

Exall, K., J. Marsalek, and K. Schaefer (2004) "A Review of Water Reuse and Recycling, with Reference to Canadian Practice and Potential: 1. Incentives and Implementation, and 2. Applications," *Water Qual. Res. J. (Canada)*, **39**, 1, 13–28.

Food and Agriculture Organization of the United Nations (FAO) (2003) AQUASTAT, accessed at: http://www.fao.org/

Friedler, E. (1999) "The Jeezrael Valley Project for Wastewater Reclamation and Reuse, Israel," *Water Sci. Technol.*, **30**, 4–5, 347–354.

Grobicki, A. M. W., and B. Cohen (1999) "A Flow Balance Approach to Scenarios for Water Reclamation," *Water (SA)*, **25**, 4, 473–482.

Haarhoff, J., and B. van der Merwe (1996) "Twenty-Five Years of Wastewater Reclamation in Windhoek, Namibia," *Water Sci. Technol.*, **22**, 10–11, 25–35.

Herrero, A. M. (1998) "Water Reuse: National Report Spain," *Water Supply*, **16**, 1–2, 307–310.

Isaäcson, M., A. R. Sayed, and W. Hattingh (1987) *Studies on Health Aspects of Water Reclamation during 1974 to 1983 in Windhoek, South West Africa/Namibia*, Report WRC 38/1/87 to the Water Research Commission, Pretoria, South Africa.

Jackson, E., and J. Lee (2000) "Dual Distribution Planning," *Proceedings of the 2000 Water Reuse Conference*, San Antonio, TX.

Japan Sewage Works Assoc. (2005) *Sewage Works in Japan 2005: Wastewater Reuse*, Tokyo, Japan.

Kanarek, A., and M. Michail (1996) "Groundwater Recharge with Municipal Effluent: Dan Region Reclamation Project, Israel," *Water Sci. Technol.*, **34**, 11, 227–233.

Koundi, A. (2004) Wastewater Management—The Tunisian Experience, Communication at the 1st African Development Bank Water Week, Tunis.

Kracman, B., R. Martin, and P. Sztajnbok (2001) "The Virginia Pipeline: Australia's Largest Water Recycling Project," *Water Sci. Technol.*, **43**, 10, 35–42.

Lahnsteiner, J., and G. Lempert (2005) "Water Management in Windhoek/Namibia," *Proceedings of the IWA Specialty Conference, Wastewater Reclamation & Reuse for Sustainability*, November 8–11, Jeju, Korea.

Law, I. B. (2003) "Advanced Reuse—From Windhoek to NEWater and Beyond," *The Internat. Desal. Water Reuse Quart.*, **13**, 1, 22–28.

López Ramírez, J. A., J. M. Quiroga Alonso, D. Sales Márquez, and T. Asano (2002) "Indirect Potable Reuse and Reverse Osmosis: Challenging the Course to New Water," *Water 21*, **6**, 56–59.

Melbourne Water (2003) *Recycled Water Handbook*, Melbourne Water, Melbourne, Australia, accessed at: http://www.melbournewater.com.au/

Ministry of National Infrastructures, Israel (2003), Accessed at: http://eng.mni.gov.il/english/index.html—once at website enter "wastewater background" in search box.

Mujeriego, R., and T. Asano (eds.) (1991) *Wastewater Reclamation and Reuse*, Pergamon Press, Oxford, UK.

Mujeriego, R., and T. Asano (1999) "The Role of Advanced Treatment in Wastewater

Reclamation and Reuse," *Water Sci. Technol.*, **40**, 4–5, 1–9.

Odendaal, P. E., J. L. J. van der Westhuizen, and G. J. Grobler (1998) "Water Reuse in South Africa," 1163–1192, in T. Asano (ed.) *Wastewater Reclamation and Reuse*, Water Quality Management Library, **10**, CRC Press, Boca Raton, FL.

Ogoshi, M., Y. Suzuki, and T. Asano (2001) "Water Reuse in Japan," *Water Sci. Technol.*, **43**, 10, 17–23.

Ong, S. L., L. Y. Lee, L. Y. Hu, L. F. Song, H. Y. Ng, and H. Seah (2004) "Water Reclamation and Reuse—Advances in Treatment Technologies and Emerging Contaminants Detection," Presented at the 10th International Conference on Drinking Water Quality Management and Treatment Technology, June 1–3, 2004 in Taipei, Taiwan.

Oron, G. (1998) "Water Resources Management and Wastewater Reuse for Agriculture in Israel," 757–777, in T. Asano (ed.) *Wastewater Reclamation and Reuse*, Water Quality Management Library, **10**, CRC Press, Boca Raton, FL.

Public Utilities Board Report, Singapore (2003) Accessed at: www.pub.gov.sg

Queensland Water Recycling Strategy (2003) Accessed at: http://www.epa.qld.gov.au/

Radcliffe, J. C. (2004) *Water Recycling in Australia*, Australia Academy of Technological Sciences and Engineering, Parkville, Victoria, Australia.

Sala, L., R. Mujeriego, M. Serra, and T. Asano (2002) "Spain Sets the Example," *Water 21*, **4**, 18–20.

Sala, L. (2003) "Water Reuse in Costa Brava (Girona, Spain)," Mediterranean Network on Wastewater Reclamation and Reuse, Case Studies, Accessed at: http://www.med-reunet.com/05ginfo/05_case.asp.

Shelef, G. (1991) "Wastewater Reclamation and Water Resources Management," *Water Sci. Technol.*, **24**, 9, 251–265.

Singh, S. (2005) Singapore offers Recipes for Urban Water Management, *Asian Water*, December 2005, 23–27.

South Australian Water Corporation (SA Water), Accessed at: http://www.sawater.com.au/SAWater/Education/OurWaterSystems/

Tredoux, G., P. King, and L. Cave (1999) "Managing Urban Wastewater for Maximizing Water Resource Utilization," *Water Sci. Technol.*, **39**, 10–11, 353–356.

Tokyo Metropolitan Government (2003) *Reclamation & Recycling*, published by Bureau of Sewerage, **38**, 6.

von Gottberg, A., and G. Vaccaro (2003) "Kuwait's Giant Membrane Plant Starts to Take Shape," *Desal. Water Reuse*, **13**, 2, 30–34.

Yamagata, H., M. Ogoshi, Y. Suzuki, M. Ozaki, and T. Asano (2002) "On-site Insight into Reuse in Japan," *Water 21*, **4**, 26–28.

附　録

附録F　California 州における非飲用の下水再利用基準と地下水注入規制の変遷

4章で触れたように，再利用水の基準と規制の変遷は，水再生施設と再利用の適用の歴史において非常に重要である．California 州における非飲料の下水再利用基準と地下水の注入規制の変遷をF-1，F-2で紹介する．

F-1　California 州における非飲用の下水再利用基準の変遷

下水再利用に係る基準は，1918年に California 州で最初の規制が適用されたことに始まる．再生水が多くの用途のために大規模に使用され始めたため，公共の健康，処理の高度化，分析技術の進歩，他の研究や実証実験からの新しい情報を考慮に入れ，基準は，順次改訂されなければならなかった．California 州における水再利用の規制および基準に示された合理的な決定の背後にある考え方は，公衆衛生の保全を確実にするための努力を常に継続してゆくということである．

低品質の排水を用いた農業用灌漑は，世界中の様々な地域で何百年にもわたって行われてきたが，これに関する規制やガイドラインは，20世紀初期まで見られなかった．下水が農園に使われ始め，疾病の科学的知識が増すにつれて，下水を用いた灌漑による健康リスクについての関心が公共の衛生部署において高まった．この関心の高まりによって，農業用灌漑のための下水使用が管理されるようになり，再生水の利用が初めて規制された．

California 州における規制の歴史

20世紀の初頭において，California 州では，20以上のコミュニティにおいて生下水または沈殿下水が農業用灌漑に用いられていた．1906年2月の California State Board of Health Monthly Bulletin に California 州における公衆衛生の視点から見た水質要件に関する最初の文献が掲載された．これには，「Oxnard では，下水処分に腐敗槽を導入し，放流口を海中に設けている．この処理水を灌漑用に使用し，含有する肥料成分を有効利用するとともに，処理水を完全に浄化してはどうだろうか．腐敗槽と灌漑の組合せは，本州においては，最も合理的で，安価で，効率的だと考えられる」とされていた(Ongerth and Jopling, 1977)．このように，California 州において，水再生のために初めて推薦された処理プロセスは，腐敗槽処理であった．

下水灌漑による生野菜の食用によって腸チフスの発熱を生じることが知られていたが，作物への下水灌漑に関する特別な規制は，1907年まで行われなかった．1907年4月の State Board of Health Monthly Bulletin において，地方保健局から，灌漑の実態を監視し，生食野菜やイチゴへの施肥および灌漑に濃厚な下水や下水で汚染した水の使用を許容しないよう依頼された．1910年には，California 州では，35のコミュニティで下水を用いた農地灌漑が行われ，そのうち11では無処理，24では腐敗槽処理後の下水が用いられていたことが報告された．1910年3月の State Board of Health Monthly Bulletin において，再利用を奨励する以下の声明が出された．「California 州では，灌漑用水は，たいへん貴重であるが，広域灌漑に下水を利用する際には，慎重に検討すべきである」．

最初の規則採択

State Board of Health が最初に基準を採択したのは，1918年のことで，Regulation Governing Use of Sewage for Irrigation Practice（下水の灌漑使用方法に係る規則）(California State Board of Health, 1918)によって生下水による作物の灌漑が禁じられ，非食用作物か，食用については食前に

調理される作物か，または排水との直接接触がない場合に限り，処理水の灌漑使用が許された．加熱調理される菜園作物については，収穫前30日以内を除いて灌漑が許可された．規則には，幾つかの免除があり，下水が蔓や果実に接触しなければメロンへの灌漑が許されたし，風で地上に落下した作物を収穫出荷しない条件で，果樹および木の実への灌漑も許可された．

1933年の規則改正

規則は，1933年，Regulations on the Use of Sewage for Irrigating Crops（下水の作物灌漑使用規則）(California Department of Public Health, 1933)に改正された．新しい規則では，生下水の作物灌漑が禁じられ，また下水汚泥も無害化されなければ，成育野菜，菜園野菜，低い栽培の果実やベリー類に対して，肥料として使用することが禁じられた．沈殿処理下水や未消毒下水処理水については，同様の作物への灌漑および果樹園やブドウ畑への灌漑も果実が風で落下する季節には禁止された．飼料，繊維および種子作物については，沈殿処理下水や未消毒下水処理水による灌漑は許可されたが，下水散布した土地に乳牛を放牧することはできなかった．生食される菜園野菜作物については，下水が十分に酸化され，腐敗のおそれがなく，また十分に消毒されているか，ろ過によって，当時の飲料水基準とほぼ同等の細菌基準を満足する場合には，こうした制限規則は免除された．2台あるいはそれ以上の塩素消毒器の設置，塩素濃度の増加，予備の塩素剤の保管，日2回の大腸菌測定と記録を要求することによって，消毒の信頼性が強調された．1933年の規則では，誤接合規制に関して初めて記載された．下水管と上水管との誤接合を防ぐため，飲料防止の警告標示を下水を含む管路等に明示することとされた．

1933年の規則は，その後，実施され続けたが，1949年のWater Pollution Actの通過によって，規則の基礎であった許可制度が削除された．規則は，1953年のCalifornia Administrative Codeの一部として以前の内容のまま再制定されたが，表題は，多少変更され，Regulations Relating to Use of Sewage for Irrigating Crops（下水の作物灌漑使用に係る規則）(California Department of Public Health, 1953)とされた．

州全体にわたる基準の展開

水再利用プロジェクトの数は，1960年代に劇的に増加し，様々な種類の利用ために，水再生基準を定める必要が出てきた．1967年に州立法委員会は，公衆衛生の保護のために再生下水の利用に関する法律が必要であり，State Department of Public Healthは，州全体の水質基準を制定すべきであると報告した．委員会は，Regional Water Quality Control Boards(RWQCB)が再生水の利用のために要求される排出の水準を決め，それを州の水質基準とすることを勧告した．この勧告の結果，1967年にCalifornia Water Code(California State Water Resources Control Boar, 1967)が改訂され，Department of Public Healthに，再生水の基準作成の権利と責任を与え，またRWQCBに基準を実施する責任を与えた．その結果，1968年に疾病原因の規制を主な目的とするよりわかりやすい規則が制定された．このStatewide Standards for the Safe Direct Use of Reclaimed Water for Irrigation and Impoundments（再生水の灌漑および貯留への安全直接利用のための州基準）(State of California, 1968)では，処理方法と要求水質が定められ，規制で決められた範囲の再生水使用が公衆衛生に不当なリスクを課さないことが意図された．

1960年代後期および1970年代初期のDepartment of Healthによる幾つかの研究では，下水処理場の信頼性が乏しいという結果であった(California Department of Health, 1973；Crook, 1976)．Department of Healthの要求により，Water Codeの13520条と13521条は，1969年に以下のように改訂された．

13520条　本条項で用いられているように，「再生基準」とは，再生水に含まれる成分のレベルであると同時に，再生水を公衆衛生上安全に使用するのための設計で必要とされる信頼性

附　録

13521条　様々な種類の再生水再利用が公衆衛生の保護を保証するために，State Department of Health は，州の再生基準を制定する(California State Water Resources Control Board, 1967).

　上記の州法の改訂によって，Department of Health には，処理の信頼性に関する規制を設立する権限が与えられた．1968年の基準は，1975年に処理の信頼性に関する要求次項を含むように改訂され，Wastewater Reclamation Standard と改名された(State of California, 1978)．さらに基準は，続いて2回改訂され，1回目は，1978年のことで，地下水涵養に関する一般的な要求事項が追加され，また修景用灌漑の様々な方法が区別された．もう1回目は，2000年で，幾つかの変更と追加が行われた．

1968年の基準

　1968年の基準と同様の考え方は，その後の California 州で採択された水再利用の規則にも適用されている(Foster and Jopling, 1969)．公衆衛生を保護する現実的で実行可能な基準について，そのバランス適正化のために顧問委員会が設立された．それによって，廃棄物の排出者，規制当局，潜在的利用者を含んだ広い範囲の関係者は，公共の会議や他の討論会に公式に参画することができた．そこでは，最新技術においても再生水の飲料への利用を検討するのはまだ不十分であるとされていた．

処理工程の制限　基準には，再生水の水質の制限と必要な排水処理工程の双方が以下の理由から盛り込まれた．代替指標だけの水質基準では，再生水の水質を示すのに十分ではないこと．利用可能な再生水が得られる処理方法と要求水質の両方を定めれば，処理水の幾つかの項目に対してモニタリングの必要がなくなること．高価で，時間が掛かり，そして場合によっては疑問のある病原微生物のモニタリングが健康保護の信頼性を損なうことなく不要になること．そして，処理の信頼性の保証が高まること．

　3種の再生水，すなわち一次処理水，生物酸化処理水，およびろ過処理水は，水質指標ではなく，処理工程の解説を用いて定義された．例えば，生物酸化処理水の「有機物が安定化し，腐敗しにくく，酸素を含んだ処理水」という定義は，厳密な説明といえないものの，排水処理に従事する者にとってその意味は明確であると考えられた．他方，BOD や SS の基準を決めたとすると，そのモニタリングが必要となり，小規模の下水再利用施設ではそれが重荷となって，施設の新設や既存施設の運転を取りやめる可能性もあったのである(Ongerth and Jopling, 1977)．

処理工程と水質基準：果樹園やブドウ園の表面灌漑および飼料作物，繊維作物，種子作物の灌漑に用いられた一次処理水については，1933年の基準が継続されていた．こうした灌漑に再生水を用いていた約150の施設で，全く悪影響が知られていなかったので，この基準を変える明確な理由はなかったのである．一次処理水を用いた加工食品用作物の灌漑についても，同様の基準が用いられた．

　生食野菜の灌漑に用いる再生水については，酸化，凝集，ろ過，および大腸菌群数の基準である2.2/100mL以下とする消毒が再生水中にウイルスが存在しないことを保証するために要求されたが，これらは，California 州の Santee や他の場所で行われた研究結果や文献報告に基づいたものであった．California 州では，蠕虫(helminth)やその他の寄生虫には関心が持たれていなかったし，ジアルジアやクリプトスポリジウムは，まだ公衆衛生の脅威として認識されていなかった．ろ過後の濁度10度という基準は，粒子性物質が消毒を妨害するに悪影響を与えるという認識に基づいていた．

サンプリングと分析方法　基準では，毎日の大腸菌群数測定のためのサンプリングが要求され，分析が完了した最新の7日間の移動中央値が評価対象とされた．移動中央値の利用は，以前から Department of Health によって示されていた消毒基準で用いられていたものである．大腸菌群数

の最大値を用いることも検討されたが，多数の試験管を用いた発酵培養では，測定結果を得るには最低2日間を要することから，短期間の曝露被害を検出することは困難とされ，採用されなかった．細菌検査結果は，不十分な状態を素早く検出する手段というよりは，最近の運転状況が妥当であるかを判定するのに適していた(Foster and Jopling, 1969)．残留塩素のような大腸菌群数基準に代わる指標も，大腸菌群よりもさらに間接的な測定であるとされて，採用されなかった．大腸菌群測定の代わりに残留塩素を用いることによるコストの節減は僅かで，毎日の大腸菌群検査サンプリングを削減するのに十分とはみなされなかったのである．

基準には，人の再生水への接触頻度が疾病のリスク増加に直接関連するという考えが反映していた．一次処理水は，非食用の作物灌漑のように，人が再生水と接触しないと見込まれる場合に限って許容された．ゴルフ場や高速道路の植栽のように，接触の程度がごく僅かである場所，またはめったに接触することがない場所では，処理水は多数の病原体を含まないこととされたが，このためには，生物酸化処理水の大腸菌群数の7日間中央値が23/100 mLを超えない程度が適当な制限であるとされた．表層水の下水汚染指標としては，糞便性大腸菌群数の方が良いと考えられているが，ここでは保守的に大腸菌群数を消毒効果の測定に用いることとされた．

釣りやボート遊びが許可された貯水池のように，再生水への接触の可能性がある場所では，大腸菌群数の7日間中央値が2.2/100 mLを超えず，生物酸化処理水で消毒前の二次処理水質が良好であれば，病原体を高レベルで含む可能性はないだろうと考えられた．生食野菜の灌漑や水泳が許可された貯水池については，下水中ウイルスの不活化が可能な処理が要求された．上下水処理での知識をもとに，生物酸化，化学凝集，沈殿，消毒といった処理が，大腸菌群数を2.2/100 mL以下とするために必要とされた．

利用区域規制　1968年の基準は，個々の利用区域における公衆衛生の保護のための適切な管理方法の実現に基礎を置いており，良好事例マニュアルを作成して，基準に含まれる種々の下水再利用における適切な運転管理を示すこととされた．そして数年後に，利用区域の規制が記述されたガイドラインが作成された．

1975年の基準

1975年の下水再利用基準の主な改正点は，信頼性の要件が加えられたことである．基準には，適切なレベルの処理の信頼性を保証するために，設計上と運転上の両方の要件が含まれた．警報システム，予備の電力供給，処理工程の信頼性，不適正処理水の一時的な貯留または放流，処理のバイパス事例の削減，監視装置および自動制御，柔軟な設計，人材の質保証等が基準で要求された．こうした信頼性要件は，以降の基準改正でも変化なく，今日に至っている．

濁度基準は，10度から平均2度，最大5度(24時間測定の95％値)に強化された．有効な凝集およびろ過処理が行われるようになり，1968年の基準よりも厳しいものとなった．濁度基準は，三次処理におけるウイルス除去能力に関する研究結果や，このレベルまでの低減が昨今の技術によって可能となり，California州およびその他の地域の施設で実際に達成されているという知見により定められた(California Department of Health, 1974)．

1978年の基準

1976～1977年の旱魃によって始まった都市地域における修景用灌漑の提案，そして地表散布による地下水涵養に関する基準を盛り込むことに対する担当当局とその他の規制当局からの要請によって，1975年の基準は1978年に改正された．改正によって，公園，競技場，校庭等への灌漑のために利用される再生水に関する処理および水質基準が加えられ，再生水の地表散布による地下水涵養を認める条項が付加された(State of California, 1978)．地下水涵養に関する特別の基準は，本規制には含まれなかった．

附　録

2000年の基準

1970年代後期から1980年代に行われた諸研究および実証試験結果，処理技術の発展，および新たな種類の下水再利用を追加する必要性等から，1978年の基準の改定が長期にわたって検討された．検討は，1988年から2000年まで続けられ，新しい Water Recycling Criteria(State of California, 2000a)がつくられた．これには，再生水の幾つかの新しい利用手段に係る基準が加えられ，処理および水質基準の幾つかが改良され，また，二系統配水システム(dual water system)の基準，誤接合防止基準，さらに以前にガイドラインで示された利用地域規制等が盛り込まれた．California Water Code と用語を揃えて，すべての規則中の reclaimed は，recycled に，reuse は，recycling に置き換えられた．本基準および付帯の処理および水質基準によって示されている再生水利用基準の一覧を表-F.1 にまとめた．

表-F.1　2000年 California 州の水循環に関する基準[a]

利用形態	大腸菌群数の基準値[b]	処理基準
灌漑(飼料，繊維，種子作物，果樹園[c]，ブドウ園[c]，加工食品用作物[d]，非食用の成木，観賞植物の苗木[e]，芝生[e])；下水管の洗浄	・なし	・生物酸化
灌漑(搾乳動物用の牧草地，修景地[f]，公共のアクセスが制限されていない場所の観賞植物の苗木と芝生)；修景用の溜池；霧が発生しない産業用，商業用の冷却水；非建造物の消火活動；産業用のボイラー供給水；土の圧縮，防塵；道路，歩道，街路面の清掃	・≦23/100 mL ・≦240/100 mL　30日間のサンプリングで，超過は1試料を超えない	・生物酸化 ・消毒
食用作物の灌漑[c]；制限のあるレクリエーション用溜池；養魚場	・≦2.2/100 mL ・≦23/100 mL　30日間のサンプリングで，超過は1試料を超えない	・生物酸化 ・消毒
灌漑(食用作物[g]，アクセスが制限されていない修景地[h])；トイレと小便器のフラッシング；産業プロセス用水；装飾噴水；商業用のランドリーと車洗浄；人工雪製造；建造物の消火活動；霧が発生する産業用・商業用の冷却水	・≦2.2/100 mL ・≦23/100 mL　30日間のサンプリングで，超過は1試料を超えない ・240/100 mL(最大値)	・生物酸化 ・凝集[i] ・ろ過[j] ・消毒
制限されていないレクリエーション用溜池	・≦2.2/100 mL ・≦23/100 mL　30日間のサンプリングで，超過は1試料を超えない ・240/100 mL(最大値)	・生物酸化 ・凝集 ・沈殿[k] ・ろ過[j] ・消毒
地表散布による地下水涵養	・場合による	・場合による

[a]　State of California (2000a)から引用．
[b]　7日間の移動中央値を用いる．毎日のサンプリングが必要．
[c]　再生水と作物可食部との接触がないこと．
[d]　人の消費の前に商業的に滅菌される食物．
[e]　収穫，販売，公共アクセスの前に少なくとも14日間灌漑していないこと．
[f]　墓地，高速道路の植栽，アクセスが制限されているゴルフ場，その他のアクセスが制限されている区域．
[g]　再生水と作物の可食部の食物が接触；食用根菜類を含む．
[h]　公園，行楽地，校庭，住宅地の造園，アクセスが制限されていないゴルフ場，その他のアクセスが制限されていない灌漑地．
[i]　ろ過の流入水の濁度を継続して測定し，15分以上の間，5 NTU を超えることがなく，最大でも10 NTU を超えない場合には必要としない．ろ過流入水の濁度が15分以上5 NTU を超える場合には，薬品の自動添加を可能とするか，または排水を迂回可能にすること．
[j]　ろ材によるろ過後の濁度は，24時間の平均値が2NTU 超えず，24時間の5%以上の時間で5NTU を超えることがなく，常時10 NTU を超えることがないこと．膜ろ過後の濁度は，24時間の5%以上の時間で0.2 NTU を超えることがなく，常時0.5 NTU を超えることがないこと．
[k]　再生水中の腸管系ウイルス，ジアルジア，クリプトスポリジウムをモニタリングする場合は必要としない．

処理基準　一次処理水は，飼料作物，繊維作物，種子作物の灌漑用水としてもはや認められておらず，生物酸化処理（未消毒）が現在では最低限必要とされている．Department of Health Service (DHS) によって，このような目的の使用による再生水の公共への接触が僅かであるといえ，従業者等による接触の可能性があることから，公衆衛生の保護を確実にするためには，最低限二次処理が必要であるとされたのである．商業用の加工食品用作物の灌漑についても，生物酸化処理（未消毒）を用いることができるとされている．

　新基準では，高レベルの処理基準は，緩和され，多用途レクリエーション用溜池への利用を除いて，凝集沈殿は，もはや不要となり，凝集剤添加も条件により必要ないとされた．こうした変更は，Pomona Virus Study (SDLAC, 1977) において得られた 1978 年の下水再利用基準による全工程処理（酸化，凝集，沈殿，ろ過，消毒）と代替処理（酸化，凝集，ろ過，消毒）との比較結果に主に基づいている．パイロットスケール実験の結果から，どちらの処理方法によっても添加ウイルスの除去率は，約 5 log であり，また，大腸菌群数および濁度の基準値を満たしていた．これらの消毒条件は，90 分の設計接触時間の後，残留塩素濃度が 5 mg/L というものであった．Monterey Wastewater Reclamation Study for Agriculture の中で行われた他の研究結果 (Engineering-Science, 1987) においても，代替処理によってウイルスが除去されることが確認されている．

　多用途レクリエーション用溜池への再生水利用では，非飲料利用では，唯一，従来処理 (conventional treatment) が必要とされている．従来処理とは，凝集とろ過の間に沈殿工程を含む処理フローのことである．溜池での水泳時に再生水を飲んでしまう可能性や凝集沈殿が省略された場合の病原体除去に関する情報が少ないこと等を考慮し，この場合の基準は，他の非飲料利用と比較して厳しいものとされている．従来処理に代わって消毒済三次処理水を用いることも可能だが，この場合には，腸管系ウイルス，ジアルジア，クリプトスポリジウムを対象とした再生水のモニタリングを必要とする．

　膨大な量の研究と実証運転データに基づいて，膜分離を粒状層ろ過に代えて用いることが本基準で許されるようになった．膜分離の前に化学凝集を用いる必要はないとされている．人が再生水に直接または間接に接触する可能性がある利用に対して，濁度基準が多少変更され，最大値が 10 NTU とされた．1975 年および 1978 年の基準のように，濁度の連続モニタリングが必要とされている．膜分離を用いた場合には，処理水の濁度は，24 時間のうちの 95% 以上で 0.2 NTU 未満，常時 0.5 NTU 未満とされている．基準値は，適切に設計運転された公称口径 0.1 μm の精密ろ過膜による透過水の濁度レベルから決められたもので，良好な運転ならば達成可能である．

消毒基準　消毒済三次処理水が要求される場合，基準では，設計接触時間が 90 分以上で，CT 値が常に 450 mg·min/L 以上の塩素消毒か，または，ろ過工程と組み合わせて，MS-2 ファージあるいはポリオウイルス濃度を 5 log 除去（ろ過前の 1/100000 に除去）できる消毒方法を用いることとされている．基準では，90 分未満の設計接触時間を許可していないが，これは 90 分未満の接触時間での消毒効果を示す研究成果が十分に集積していないためである．以上の基準は，Pomona Virus Study で行われた運転条件に基づいて決められている．

　塩素以外の消毒方法も，同程度の消毒効果と信頼性があることが DHS に了解されれば，用いることができる．例えば，紫外線 (UV) 照射を消毒に用いる場合には，その施設は，Ultraviolet disinfection Guidelines for drinking Water and Water Reuse (NWRI, 2003) で推奨されている設計および運転方法に従わなくてはならないとされている．

利用区域基準　基準には，以前 DHS によるガイドラインで示された利用区域の制限が盛り込まれている．ガイドラインは，California 州において法的強制力がなく，また，以前の利用区域ガイドラインは，RWQCBs 発行の水再生許可証において，州内でも矛盾のあるものであった．再生水利用区域の隔離距離に関する基準は，以下のとおりである．

・家庭用井戸の周囲 50 m (150 ft) 以内の区域では，未消毒処理水の灌漑および灌漑用貯水を禁止．

附　録

- 家庭用井戸の周囲30 m(100 ft)以内の区域では，消毒済二次処理水の灌漑を禁止．
- 家庭用井戸の周囲15 m(50 ft)以内の区域では，三次処理水(二次処理にろ過，消毒を付加)の灌漑を禁止．ただし，特定の条件を満たす場合を除く．
- 家庭用井戸の周囲30 m(100 ft)以内の区域では，三次処理水の灌漑用貯水を禁止．
- 住居や曝露リスクがある場所の周囲30 m(100 ft)以内の区域では，三次処理水のみの散布を許可．他の利用区域基準としては，灌漑地までの表面流出等，他の規制がない場合に適用される制限がある．
- 居住区域，野外飲食の区域，食品取扱施設区域では，再生水の散布，噴霧および表面流出を禁止．
- 水飲み場における再生水が接触しないような防護策．
- 再生水を扱う区域における公共の目につく表示(DHS承認の教育プログラム等もある)．
- 公共が近づける区域での，再生水配管系のホース接続を禁止．

　Water Recycling Criteriaには，配管の色識別の基準は含まれていない．California's Health and Safety Code(State of California, 2000b)には，再生水配管の色識別に関する要請が含まれ，「1993年6月1日以後に地上または地下に敷設された再生水用配管は，紫色とするか，紫色のテープを巻いて識別すべきである」と記述されている．ただし，このCodeでは，農業用および地方局の要請によって建物に再生水使用のラベルかマークが印された工場・事業場用の再生水配管には，紫色のパイプやテープは要求されないとしている．

F-2　California州における地下水涵養規制案

　以下に示されている情報は，地下水涵養規制に関する最新案に基づいたものである(California Department of Health Services, 2004)．将来，基準に採用される際には，大幅に改変される可能性もある．

規制の方法

　その規制化が遅れているとはいえ，California州では，再生水による地下水涵養について，総合的に取り組まれてきた．現在提案されている規制案は繰り返し修正されたものだが，完成して採択された後には，Water Recycling Criteriaの中に追加される予定である．規制案では，地表散布と地下注入のいずれもが扱われており，回収水の飲用再利用に焦点が置かれている．一部が表-F.2にまとめられているが，規制案には，種々の項目の中で，水源管理，水質，処理方法，涵養方法，希釈，運転管理，回収点までの距離，地下での滞留時間，監視井戸，技術報告書提出に係る基準が含まれている．基準は，再生水を利用する地下水涵養計画，すなわち，家庭飲料水源のための地下水涵養を目的として立案・運営される水再生事業に限って適用される予定であり，排水処分事業には適用されない．

ろ過基準

　地表散布と地下注入の規制案は，やや差違のある内容となっている．地表散布については，消毒済ろ過処理水が最低条件とされ，土壌浄化能が不十分な場合には追加処理が要求される．地下注入の場合には，逆浸透(RO)を用いた追加処理が義務づけられ，未規制有機物質を主とする有機物除去を保証することとされている(表-F.2)．

病原性微生物の遮蔽

　規制案では，付加的な病原性微生物に対する防御策として，再生地下水の滞留時間および涵養地点と回収地点間の距離に関する基準が含まれている．これらの2基準は，土壌内のウイルス移動を最小とし，またウイルスが自然に死滅減衰する時間を与えるために設けられた．地下注入では，地表散布

附録F California 州における非飲用の下水再利用基準と地下水注入規制の変遷

初期に見られる土壌によるウイルス除去および不活化効果が得られないので，地表散布と比較して滞留時間が長く設定される．涵養地点と飲料井戸の間の時間的あるいは空間的な距離は，地下水モニタリングで水質の問題が発見された場合の対応に必要な時間を考慮して決められる．

州飲料水基準の遵守

再生水は，第1種飲料水規制項目の最大許容汚染物濃度(maximum contaminant levels；MCL)，無機化学物質(窒素を除く)，消毒副生成物に係るMCL，および鉛と銅に係る暫定濃度に関して，州飲料水基準に従わねばならない．モニタリングは，年4回で，最新4試料の移動平均値を用いて基準遵守を判定する．再生水は，幾つかの第2種飲料水規制項目のMCLについても，年1回のモニタリングをしなければならない．加えて，未規制化学物質，重要な毒性汚染物質，およびDHSが事業結果から決めた州告示で定める化学物質検査のためにも，再生水を年4回サンプリングしなければならない．また，再生水は，毎年DHSが定める内分泌撹乱化学物質および医薬品類についてもモニタリングしなければならない．

窒素規制

表-F.2の窒素基準値に対するDHSの理論的根拠は，以下のとおりである．

表-F.2 California 州における地下水涵養規制案[a]

汚染項目	涵養方法	
	地表散布	地下注入
病原性微生物		
ろ過	濁度 ≤2 NTU	
消毒	ウイルス不活化 5 log[b]，大腸菌群数 ≤2.2 MPN/100 mL	
地下水中滞留時間	6ヶ月	12ヶ月
水平隔離距離[c]	150 m (500 ft)	600 m (2 000 ft)
規制項目		
飲料水基準	全ての飲料水基準のMCL(窒素を除く)と連邦と州の新たな適用基準を満たす	
全窒素	・RWCの増加を伴わない既存事業に対しては，DHSによって示されたレベル ・新規事業，またはRWCを増加する既存事業に対しては，≤5 mg/L ・または，堤内水のNO_2とNO_3が，基準をみたすこと(混合可)	
未規制項目		
ろ過水のTOC	RO膜を用いないろ過後の処理水 TOC ≤16 mg/L	
再生水のTOC	RO膜処理の基準	
	・RWCの増加を伴わない既存事業に対しては，DHSによって示されたTOCレベル ・新規事業，またはRWCを増加する既存事業に対しては，TOC ≤(0.5 mg/L)/RWC ・基準の判定は，再生水または堤内水について(混合不可)	100% RO膜処理を行う ・RWCの増加を伴わない既存事業に対しては，DHSによって示されたTOCレベル ・新規事業，またはRWCを増加する既存事業に対しては，TOC ≤(0.5 mg/L)/RWC
再生水の寄与率(RWC)	上記基準の場合 ≤50% 基準追加の場合 50～100%	

[a] California Department of Health Services (2004) より引用．
[b] ウイルス低減の基準は，除去と不活化の合計による．
[c] トレーサ試験によって滞留時間基準を満たすことが示されれば，隔離距離の短縮が可能．
[d] 堤内水モニタリングが認められる場合．

附　録

- 科学文献では，アンモニア性窒素の硝酸塩への酸化率は，50%である．
- 亜硝酸塩が中間生成物としてつくられる．
- 亜硝酸塩のMCLは，1 mg/Lである．
- 亜硝酸塩が100%硝酸塩になることはないと考えられる．
- したがって，全窒素の基準値を5または10 mg/Lにすれば，亜硝酸塩が1 mg/Lを超えることはないであろう．

有機物除去

提案された規制案では，有機物の除去率を測る際，全有機炭素(TOC)を代替指標として用いている．TOC測定では，特定の有機化合物を測定するわけではないが，再生水中の全有機物含有量を測定して，有機物の除去率を決定することは適切であると考えられている．提案されたTOC基準値は，未規制化学汚染物質に対して関心が増加していることと，分離膜を用いた現在の処理技術により容易にTOCを0.2 mg/L以下に削減できることに基づいている．既存の地表散布事業において不飽和層でのTOCの除去が生じていることが明らかなので，地上での処理によるTOC削減は，地表散布よりも地下注入事業においてより有効であろう(Asano and Cotruvo, 2004；Crook *et al.*, 1990)．TOC基準値は，涵養される排水に適用される．TOC測定のサンプリングは，1週間ごととされ，最新の20試料の平均値で基準遵守が判定される．

希釈基準

規制案では，下水由来でない水を用いた最低50%の希釈が必要とされているが，以下のような条件が満たされる場合には，再生水の寄与率が50%以上の涵養についてもDHSは認めている．

- 年1回，暫定特定物質(tentatively identified compounds；TIC)が試験されること．
- 促進酸化法(過酸化水素水添加UV照射)が適用されていること．
- 関係基準の完全な遵守，DHSの要請する追加研究および独立した助言団による再現調査に関する文書を含む提案書と報告書が提出されること．

再生水の寄与率は，毎月測定し，5年間の異動平均値が基準を満足しなければならない．

地下水モニタリング

地下水の観測用井戸は，涵養地点から，下流部の最短距離にある公共または私設の生活用水井戸までの中間部に，地下水の移動時間が1ヶ月以内および3ヶ月以内の地点と，さらに必要な追加地点に設置しなければならない．観測用井戸は，涵養水を含む可能性のあるすべての帯水層から，それぞれの地下水試料を得ることができるものとする．年4回のサンプリングを行い，TOC，全窒素，大腸菌群数，第2種飲料水規制項目のMCL，およびDHSによって決められたその他項目について再生水のモニタリングを実施する．

認可要件

California州では，再生水を用いて飲料水源を開発したい場合には，2種の州の許可を必要とする．第1は，RWQCBによる廃棄物排出あるいは下水再利用に係る許可だが，RWQCBは，DHSの勧告よりも強い要求を課す権限を持っている．第2は，DHSによる水源変更に係るもので，再生水を含む公共の飲料水システムとして，水道事業上の修正許可を得なければならない．

参考文献

Asano T., and J. A. Cotruvo (2004) "Groundwater Recharge with Reclaimed Municipal

附録 F　California 州における非飲用の下水再利用基準と地下水注入規制の変遷

Wastewater: Health and Regulatory Considerations," *Water Research,* **38**, 8, 1941–1951.
California Department of Health (1973) *Development of Reliability Criteria for Water Reclamation Operations*, California Department of Health Services, Water Sanitation Section, Berkeley, CA.
California Department of Public Health (1933) *Special Bulletin No. 59: Regulations on Use of Sewage for Irrigating Crops*, State of California Department of Public Health, Sacramento, CA.
California Department of Health (1974) *Turbidity Standard for Filtered Wastewater*, State of California Department of Health, Water Sanitation Section, Berkeley, CA.
California Department of Health Services (2004) *Draft Groundwater Recharge Regulations: 12-1-04*. California Department of Health Services, Drinking Water Technical Program Branch, Sacramento, CA.
California Department of Public Health (1953) *Regulations Relating to Use of Sewage for Irrigating Crops*, California Administrative Code, Title 17, Chap. 5, Subchap. 1, Group 7, State of California Department of Public Health, San Francisco, CA.
California State Board of Health (1918) *Regulations Governing Use of Sewage for Irrigation Purposes*, California State Board of Health, Sacramento, CA.
California State Water Resources Control Board (1967) *Wastewater Reclamation and Reuse Law*. California Water Code, Chap. 6, Div. 7, California State Water Resources Control Board, Sacramento, CA.
Crook, J. (1976) *Reliability of Wastewater Reclamation Facilities*, State of California Department of Health, Water Sanitation Section, Berkeley, CA.
Crook, J., T. Asano, and M. Nellor (1990) "Groundwater Recharge with Reclaimed Water in California," *Water Environ. Technol.,* **2**, 4, 42–49.
Crook, J. (2002) "The Ongoing Evolution of Water Reuse Criteria," in *Proceedings of the AWWA/WEF 2002 Water Sources Conf.*, Las Vegas, NV.
Engineering-Science (1987) *Monterey Wastewater Reclamation Study for Agriculture: Final Report*. Prepared for the Monterey Regional Water Pollution Agency by Engineering-Science, Berkeley, CA.
Foster, H. B., and W. F. Jopling (1969) "Rationale of Standards for Use of Reclaimed Water," *J. San. Eng. Div., ASCE,* **95**, SA3, 503–514.
NWRI (2003) *Ultraviolet Disinfection Guidelines for Drinking Water and Water Reuse*, Report Number NWRI-2003-06, National Water Research Institute, Fountain Valley, CA.
Ongerth, H. J., and W. F. Jopling (1977) "Water Reuse in California," 219–256, in *Water Renovation and Reuse*, Academic Press, Inc., New York.
SDLAC (1977) *Pomona Virus Study: Final Report*, Sanitation Districts of Los Angeles County California State Water Resources Control Board, Sacramento, CA.
State of California (1968) *Statewide Standards for the Safe Direct Use of Reclaimed Water for Irrigation and Recreational Impoundments*, California Administrative Code, Title 17, Group 12, California Department of Public Health, Berkeley, CA.
State of California (1978) *Wastewater Reclamation Criteria*, California Administrative Code, Title 22, Div. 4, California Department of Health Services, Sanitary Engineering Section, Berkeley, CA.
State of California (2000a) *Water Recycling Criteria*, California Code of Regulations, Title 22, Div. 4, Chap. 3, California Department of Health Services, Sacramento, CA.
State of California (2000b) *Water Recycling in Landscaping Act*, Government Code, Title 7, Div. 1, Chap. 3, Sacramento, CA.

附録 G　Hantush 関数 $F(\alpha, \beta)$ 表および井戸関数 $W(u)$ 表

表-G.1　代表的な α, β 値に対する Hantush 関数 $F(\alpha, \beta)$ [a, b]

α	β									
	0.02	0.04	0.06	0.08	0.10	0.3	0.5	0.7	0.9	1.0
0.02	0.0041	0.0073	0.0101	0.0125	0.0146	0.0288	0.0361	0.0401	0.0422	0.0429
0.04	0.0073	0.0135	0.0188	0.0236	0.0278	0.0559	0.0705	0.0785	0.0828	0.0842
0.06	0.0101	0.0188	0.0266	0.0335	0.0398	0.0817	0.1035	0.1154	0.1219	0.1239
0.08	0.0125	0.0236	0.0335	0.0425	0.0508	0.1060	0.1350	0.1509	0.1595	0.1622
0.10	0.0146	0.0278	0.0398	0.0508	0.0608	0.1290	0.1650	0.1849	0.1957	0.1990
0.3	0.0288	0.0559	0.0817	0.1060	0.1290	0.3009	0.3995	0.4553	0.4860	0.4955
0.5	0.0361	0.0705	0.1035	0.1350	0.1650	0.3995	0.5420	0.6254	0.6721	0.6865
0.7	0.0401	0.0785	0.1154	0.1509	0.1849	0.4553	0.6254	0.7272	0.7852	0.8034
0.9	0.0422	0.0828	0.1219	0.1595	0.1957	0.4860	0.6721	0.7852	0.8504	0.8710
1.0	0.0429	0.0842	0.1239	0.1622	0.1990	0.4955	0.6865	0.8034	0.8710	0.8924

[a] 出典：Huntush, M. S. (1967), Growth and Decay of Groundwater-mounds in response to Uniform Percolation, *Water Resour. Res.*, 3, 1, 227-234.
[b] 他の値については，原著または水文学のテキストを参照.

表-G.2　無次元数 u に対する井戸関数 $W(u)$ [a]

u	1.0	2.0	3.0	4.0	5.0	6.0	7.0	8.0	9.0
	0.219	0.049	0.013	0.0038	0.0011	0.00036	0.00012	0.000038	0.00
$\times 10^{-1}$	1.82	1.22	0.91	0.70	0.56	0.45	0.37	0.31	0.26
$\times 10^{-2}$	4.04	3.35	2.96	2.68	2.47	2.30	2.15	2.03	1.92
$\times 10^{-3}$	6.33	5.64	5.23	4.95	4.73	4.54	4.39	4.26	4.14
$\times 10^{-4}$	8.63	7.94	7.53	7.25	7.02	6.84	6.69	6.55	6.44
$\times 10^{-5}$	10.94	10.24	9.84	9.55	9.33	9.14	8.99	8.86	8.74
$\times 10^{-6}$	13.24	12.55	12.14	11.85	11.63	11.45	11.29	11.16	11.04
$\times 10^{-7}$	15.54	14.85	14.44	14.15	13.93	13.75	13.60	13.46	13.34
$\times 10^{-8}$	17.84	17.15	16.74	16.46	16.23	16.05	15.90	15.76	15.65
$\times 10^{-9}$	20.15	19.45	19.05	18.76	18.54	18.35	18.20	18.07	17.95
$\times 10^{-10}$	22.45	21.76	21.35	21.06	20.84	20.66	20.50	20.37	20.25
$\times 10^{-11}$	24.75	24.06	23.65	23.36	23.14	22.96	22.81	22.67	22.55
$\times 10^{-12}$	27.05	26.36	25.96	25.67	25.44	25.26	25.11	24.97	24.86
$\times 10^{-13}$	29.36	28.66	28.26	27.97	27.75	27.56	27.41	27.28	27.16
$\times 10^{-14}$	31.66	30.97	30.56	30.27	30.05	29.87	29.71	29.58	29.46
$\times 10^{-15}$	33.96	33.27	32.86	32.58	32.35	32.17	32.02	31.88	31.76

[a] 出典：Wenzel, L.K. (1942), Methods for Determining Permeability of water-Bearing with Special Reference to Discharging-Well Methods, U.S. Geological Survey water-Supply paper 887, p.192, Washington, DC.

附録 H　利子・減価計算因子とその使用方法

現在や将来の価格を計算するための利子計算や減価計算では利子率が用いられる．それらの計算は，電卓や会計処理ソフトに組み込まれているものもあり，そうでないものもある．9種の一般的な利子・減価の計算式を表-H.1 に示した．実際の諸条件に適用させるためには，これらの計算式を理解しておくことが重要である．計算式には，一定期間の利子率 i と，その期間数 n の2つの変数が用い

表-H.1　利子・減価計算因子

因子／計算式	式番号	使用方法
将来価格（単利）率 (F/P) $1+(i)(n)$	(H.1)	第1期初めの現在価格 P，利子率 i の時，第 n 期末の将来価格 F を単利計算で求めるのに用いる．n は，分割も可能．
将来価格（複利）率 (F/P) $(1+i)^n$	(H.2)	第1期初めの現在価格 P，利子率 i の時，第 n 期末の将来価格 F を複利計算で求めるのに用いる．
現在価格率 (P/F) $\dfrac{1}{(1+i)^n}$	(H.3)	第 n 期末の将来価格 F から第1期初めの現在価格 P を求めるのに用いる．
減価償却率 (A/F) $\dfrac{i}{(1+i)^n-1}$	(H.4)	第 n 期末の将来価格 F を積み立てるのに必要な毎期末の定額支払額 A を求めるのに用いる．
資本回収率 (A/P) $\dfrac{i(1+i)^n}{(1+i)^n-1}$	(H.5)	第 n 期末に現在価格 P を回収するのに必要な毎期末の定額支払額 A を求めるのに用いる．借入金 P，利子率 i の時の毎期の返済額 A と同等．
定額級数将来価格率 (F/A) $\dfrac{(1+i)^n-1}{i}$	(H.6)	毎期末の定額支払額 A から，第 n 期末の積立額 F を求めるのに用いる．
定額級数現在価格率 (P/A) $\dfrac{(1+i)^n-1}{i(1+i)^n}$	(H.7)	毎期末の定額支払額 A から，第 n 期末の積立額の現在価格 P を求めるのに用いる．
逓増級数将来価格率 (F/G) $\left(\dfrac{1}{i}\right)\left[\dfrac{(1+i)^n-1}{i}-n\right]$	(H.8)	毎期末に0から G ずつ増加させて積み立てた時の第 n 期末の積立額 F を求めるのに用いる．
逓増級数現在価格率 (P/G) $\left(\dfrac{1}{i}\right)\left[\dfrac{(1+i)^n-1}{i(1+i)^n}-\dfrac{n}{(1+i)^n}\right]$	(H.9)	毎期末に0から G ずつ増加させて積み立てた時の第 n 期末の積立額の現在価格 P を求めるのに用いる．
逓増定額換算率 (A/G) $\left(\dfrac{1}{i}\right)\left[\dfrac{n}{(1+i)^n-1}\right]$	(H.10)	第 n 期末における毎期末に0から G ずつ増加させた積立額から，毎期末の定額積立額 A への換算に用いる．

附　録

られる．種々の利子率に対する計算値は，例えば，Gittinger(1984)のような多数の経済の著書等に掲載されている．

利子率は，年間でのパーセンテージで表現される．複利計算期間が1年に満たない場合には，家庭規模の借入金返済のように，年利を期間，例えば月利に均等に分配する．水源事業の場合には，通常，年単位で計算が行われる．

財政業務は，期間の開始時か終了時のどちらかに行われるとすればよい．電卓や会計処理ソフトで用いられる計算式では，どちらの場合にも対応できる．正確な利子計算結果を得るには，どちらか適切な選択が重要である．水資源事業の通常の経済や財政解析の慣習に従って，表-H.1の計算式では，財政業務は各期間末に行われるとしている．

最初の期間(第1期)の開始時における現在価格をPと表す．また，最後の期間(第n期)の終了時における将来価格をFと表す．第n期までの毎期末に支払う，あるいは受け取る額をAと表す．毎期ごとに定額を支払う運転費のように，期間ごとに同額を繰り返し支払うことから，この場合の因子は，しばしば級数(例えば，定額級数現在価格)と呼ばれることがある．逓増級数とは，期間ごとに同額だけ増加する場合である．逓増級数の計算式は表-H.1に示したとおりであるが，Gは期間ごとの増加額を示し，n期の間の各期間末の支払い額は，0, G, $2G$, $3G$, …$(n-1)G$となる．

表-H.1の計算では，利子が複利であると仮定している．単利とは，期間数に関係なく元金あるいは現在価格で決められる利子である．複利は単利よりも一般的であり，初期の元金ではなく，各期間における残額に対して計算されるものである．したがって，初期の元金とその後に生じた利子の双方に対して利子が生じる．

複利が適用された場合でも，基準期間よりも短いスパンにおいては，単利計算が必要となることがある．単利計算では，単位期間よりも小さな部分に分割することができる．1年以内の単利計算の例として，年5%の1 000ドルの貸付けの場合の7ヶ月後の元利合計について，以下に示した．

$$F = 1\,000\,\text{ドル}\left[1 + (0.05)\left(\frac{7\,\text{mo}}{12\,\text{mo}}\right)\right] = 1\,029.17\,\text{ドル}$$

利子を用いた計算の理解を助けるために，以下に4つの例題を示す．他の計算式も含めた解説や例題は，工学経済学のテキストに詳しい(Gittinger, 1984; Riggs and West, 1986)．

例題 H-1

耐用年数が10年のポンプの交換に10 000ドルを要する．利子率5%の時，10年で10 000ドルを貯めるためには，毎年末にどれだけ貯金する必要があるか．

解　答

$$A = F(減価償却率) = (10\,000\,\text{ドル})\left[\frac{0.05}{(1+0.05)^{10}-1}\right] = 795.05\,\text{ドル}$$

例題 H-2

100 000ドルの借入が認められた．利子率6%で30年間，毎月分割払いしなければならない．毎月の返済額はいくらか？　利子率が年利で，返済が月単位なので，利子率を月利に変換すること．

解 答

$$i = 月利 = \frac{0.06/\text{yr}}{12\,\text{mo}/\text{yr}} = 0.005/\text{mo}$$

$$n = 支払い月数 = (12/\text{yr})(30\,\text{yr}) = 360$$

$$A = P(資本回収係数) = (100\,000\,\text{ドル})\left[\frac{0.005(1+0.005)^{360}}{(1+0.005)^{360}-1}\right] = 599.55\,\text{ドル}$$

例題 H-3

将来の機器交換のための償却用資金として,年間 100 000 ドルずつ積立預金することとされた.利子率 6% とした時,10 年後の積立残高はいくらになるか.

解 答

$$F = A(定額級数将来価格率) = (100\,000\,\text{ドル})\left[\frac{(1+0.06)^{10}-1}{0.06}\right] = 1\,318\,079\,\text{ドル}$$

例題 H-4

ある下水再生処理場の運転管理費は,年間 150 000 ドルである.検討計画年数を 20 年,減価率を 6% とし,運転管理費が年末に支払われるとすると,その現在価格はどれだけか.

解 答

$$P = A(定額級数現在価格率) = (150\,000\,\text{ドル})\left[\frac{(1+0.06)^{20}-1}{0.06(1+0.06)^{20}}\right] = 1\,720\,488\,\text{ドル}$$

参考文献

Gittinger, J. P. (1984) *Compounding and Discounting Tables for Project Analysis: With a Guide to Their Applications,* 2nd ed., published for the Economic Development Institute of the World Bank, The Johns Hopkins University Press, Baltimore, MD.

Riggs, J. L., and T. M. West (1986) *Engineering Economics,* 3rd ed., McGraw-Hill, New York.

謝　　辞

　多くの水関係者から崇敬され，精力的に世界を駆け巡っておられる水のノーベル賞"ストックホルム水賞"受賞者であるカリフォルニア大学デーヴィス校名誉教授浅野孝先生が中心となってまとめられた『WATER REUSE ― Issues, Technologies, and Applications』日本語版が，斯界に名を馳せる多くのエキスパートのご尽力と国土交通省都市・地域整備局歴代下水道部長の協力を得て発刊できましたことは欣快の至りであり，関係者の皆様に深甚の謝意を表するものであります．とりわけ企画段階から暖かいご指導，ご支援を戴いた浅野孝先生，大垣眞一郎先生，田中宏明先生，滝沢智先生，船水尚行先生，藤木修氏には厚くお礼申し上げます．

　私どもが本書の発刊を企画いたしましたのは，次のような経緯と趣旨によるものであります．

　2008年3月末をもって財団法人大阪府下水道技術センターは解散いたしましたが，その事業の一部を財団法人大阪市下水道技術協会に継承するにあたり，剰余金の一部を持続性のある社会貢献事業に活用することを検討しておりました．

　ちょうど解散の年の1月に「地球温暖化と再生水利用」をテーマとしたシンポジウムが国連水と衛生に関する諮問委員会の名誉総裁皇太子殿下のご臨席をいただいて東京にて開催され，その基調講演のため浅野先生が来日されました．そのプレイベントとして大阪市において『「水循環」の計画と設計』というテーマで，浅野先生と大垣先生の基調講演，藤木氏をコーディネーター，船水先生，田中先生らをパネリストとするパネルディスカッションを国土交通省国土技術政策総合研究所，独立行政法人土木研究所，および私ども財団の4者共催で開催いたしました．

　その折，浅野先生から贈呈された原書『WATER REUSE』を閲読し，この日本語版発刊に資金援助し，それが広く関係者に活用され，今後ますます重要な課題となるであろう水再利用の推進に役立てればまさに我々の本懐であるとの結論に至りました．

　解散までの2ヶ月間で刊行方法の確定やプロジェクト推進のための諸手続き等をすべて終了することは至難のことと懸念されましたが，浅野先生，大垣先生をはじめ，田中先生のご指導と力強いご支援を頂き，本当に短期間で『WATER REUSE』翻訳プロジェクトのスキームをまとめることができ，2008年4月に監訳委員および各章翻訳委員が一堂に会する監訳委員会全体会議を開催することができました．

　本書の監訳委員および各章の翻訳委員は，大学や研究機関において水再生と再利用に関する研究分野ですばらしい業績を上げられておられる先生方，そして行政や実務部門においてわが国のリード役を担っておられる実務者であり，大垣委員長を筆頭にこのようなすばらしいドリームチームと思える方々に参画していただけたことは真に光栄なことであります．そして，原書が1570ページに及ぶ大冊にもかかわらず比較的順調に発刊できましたことは，偏に多忙中，本プロジェクトに参画していただいた皆様のご尽力の賜物であると心より感謝いたします．

　地球温暖化が進行する中で持続可能な水資源としての処理水の再利用は，先進国，開発

途上国を問わず世界共通の喫緊の課題となりつつあります．水再生と再利用に関し集大成された世界でも唯一の専門書である本書が若い研究者や実務に携わっている技術者や行政人に広く活用されることを心より祈願いたします．

　最後に，企画段階から深い経験に裏打ちされた事務処理能力を発揮され出版の労をとって頂いた技報堂出版取締役小巻慎氏に深く感謝いたします．

2010 年 9 月

　　　　　　　　　　　　　　元・財団法人大阪府下水道技術センター 理事長　　加賀山　守
　　　　　　　　　　　　　　財団法人大阪市下水道技術協会 理事長　　山　口　登

索　引

【あ】
アウトリーチ　1140
　　──の技法　1143
亜塩素酸　510
亜塩素酸ナトリウム　509
亜鉛　836
アクセス禁止地域　818
アクセス制限地域　817, 818, 821, 841
アクセス非制限地域　817, 818, 821, 841, 844
アーク放電　527
亜硝酸　1002
亜硝酸塩　117
アスコルビン酸　513
アスコルビン酸ナトリウム　513
畦, 浸透池の　997
畦間灌漑　729
アセチル水酸化物　522
圧送区域　651, 658
　　──の深さ　658
圧力駆動式の膜　264
圧力式下水本管　631
圧力式集水システム　631
圧力式バキュームブレーカ　708
圧力スイング吸着　515
圧力損失　369, 372
アデニン　531
アデノウイルス　78, 531
後処理　385
後増殖　508
アノード　391
APRICOTプロジェクト　46
亜慢性毒性　172
亜慢性曝露　172
アメーバ症　76
アメーバ赤痢　76
粗目スクリーン　282
Arizona州　747, 748, 982
　　──の涵養施設許可のガイドライン　1003
　　──の修景灌漑　819, 820
　　──の浸透池　996
　　──の水質要件　822
　　──の水再利用の水質　934
　　──の地表浸透貯水池　1005
亜硫酸化合物　512
亜硫酸水素ナトリウム　511, 512
亜硫酸ナトリウム　511, 512
RNA　531

　　──の変性　471
アルカリ　471
アルカリ度　870, 873, 887
　　──の活量係数　387
アルカリ土壌　756
アルキルフェノールエトキシカルボキシレート　1001
アルコール類　471
アルゼンチン　746
アルデヒド　93
α 係数　282
アルミニウム　438
暗回復　469
　　──の機構　532
暗渠排水　780, 781
安全係数　178
安全性の懸念　12
安全湾協定　948
安定化池　145
安定器　524, 527
安定供給　655, 1085
安定度指数, 水の　385
アンモニア　873, 886, 887, 954, 999
　　──の塩素との反応　486
　　──の嫌気性酸化　979, 1002
アンモニア性窒素　209, 988
アンモニウムイオンの除去　432
アンモニアガス　691
アンモニア酸化　1002

【い】
イオン
　　──の活量　875
　　──の存在　871
　　──の毒性　756
　　──の有効濃度　875
イオン化フラクション　877
イオン強度　387, 875
イオン交換[法]　99, 214, 219, 222, 411, 413, 429, 883, 1041
イオン交換樹脂　429, 432
　　──の再生　435
　　──の特徴　433
イオン交換接触槽　219
イオン交換体　429, 432
イオン交換反応　432
イオン交換プロセス　430
　　──の性能　435
　　──の制約　435

1207

索　引

イオン交換容量　433
イオン選択膜　391
異化　456
閾値　162
易吸着性有機物　416
池　937, 963
　　──において問題となる生物種　964
　　──の水質　963
　　──への再生水の補給　965
維持洗浄　284
維持費用　1121
イスラエル　746, 1004, 1183
　　──の浸透池　996
異性化　960
イタリア　746
一次処理［システム］　214, 616
一次処理水　81
　　──の化学成分　91
　　──の病原微生物　83
一次分解　443
1日総摂取量　174
胃腸病　65
一過型間接冷却　885
一過型充填層フィルタ　620
一定速度運転，ポンプの　679
一本鎖　531
移動ブリッジろ過　312, 314
井戸関数　1011, 1200
イムホフタンク　599, 616
易分解性 COD　287
易分解性炭素　999
医薬品由来化合物　65, 97, 111, 117, 223, 576
医薬品様活性物質　26
医薬品類　97, 1000
色　211, 242
　　──，トイレ洗浄水の　931
色分け，識別の　126, 708
移流　1036
陰イオン膜　391
陰極　391
陰極防食　881
陰極防食剤　881
インセンティブの付与，経済的な　10
インターセプト型サテライトシステム　565, 566, 575, 576
インフレ［ーション］　1089, 1111, 1113
インフレ［ーション］率　1112, 1113
インフレ率格差　1114
飲用再利用　739
　　──，間接的　5, 20, 26, 33, 111, 205. 730, 947, 979, 981, 1025, 1027, 1029, 1059, 1139

　　──，事実上の　67
　　──，直接的　5, 6, 22, 26, 33, 111, 730, 1025, 1027, 1059, 1136, 1140
飲用水道システム　1026
飲用水道貯水池　1031
飲用水の水質基準　24
飲用帯水層　129
　　──の涵養　129, 138
インライン式オゾン接触反応槽　516
飲料水　5, 703
　　──の残留無機化学物質　88
飲料水相当レベル　157, 177

【う】

ウイルス　77, 117, 210, 1004
　　──の上限値　144
　　──の生残性　1004
ウイルス性髄膜炎　77
ウェルシュ菌　81, 120
雨水中の化学成分　89
渦混合　1036
渦巻ポンプ　676
渦流　551
畝，浸透池の　997
畝灌漑　766
畝間灌漑　766
ウラシル　531
ウレタンコーティング　672
ウレタンライニング　672

【え】

エアリフト式 MBR　271
エアレーション　390, 693, 1038
エアロゾル　123, 128, 888
　　──の制御　869
影響力のない市民参加　1145
英国の非灌漑再利用　921
Ames 試験　172
Ames 変異原性試験　170
栄養塩除去，生物学的な　239
栄養塩除去二次処理　214
栄養塩［類］　210, 211, 242, 758, 787, 954
　　──の除去　83, 256, 274, 285, 622
　　──の制御　256
　　──の流入，池・湖への　963
A/O 法　260
A^2O 法　260
A 型肝炎ウイルス　77
疫学　65, 168, 169
疫学調査　131

疫学的状態　185
液化プロパンガス　924
エキシマ紫外線ランプ　527
液体塩素　484
液体酸素　515
液体水銀　526
液体制御装置　679
液体漂白剤　485
エコーウイルス　78
17-βエストラジオール　1002
エストロゲン　231
エストロゲン活性　1002
エタン過酸化酸　522
エチニルエストラジオール　1002
エチレングリコールギ酸エステル　99
エチレンジアミン四酢酸　96, 1001
X線造影剤　97
H-Q 曲線　678
エネルギー回収装置　384
エネルギー効率の改善　233
エネルギー損失　233
エネルギー投入量　453
FRNAファージ　1004
F特異RNAバクテリオファージ　1004
エポキシ樹脂コーティング　672
エポキシ樹脂ライニング　672
エミッタ　751, 824
　　――の目詰まり　770, 833
MF［膜］　239, 264, 289, 299, 309, 337
　　――の性能解析　341
　　――の設計上の留意点　346
エルシニア・エンテロコリチカ　74
エロモナス・ハイドロフィラ　81
塩化キセノン　527
遠隔モニタリング　644
塩化クリプトン　527
塩化シアン　93, 506
塩化臭素　892
塩化ナトリウム　835
塩化物　873
塩化物イオン　757
塩化物／重炭酸塩比　881
煙管ボイラ　893
塩酸　488
遠心ポンプ　678
塩素［ガス］　439, 474, 479, 484, 627, 836, 891, 892, 954
　　――による再生水消毒の長所と短所　482
　　――のアンモニアとの反応　486
　　――の反応　486
塩素化合物　220

　　――の消毒効果　492
　　――の性質　484
塩素酸　510
塩素酸イオン　99
塩素消毒　76, 93, 215, 484, 735
　　――における微生物　495
　　――の相対的殺菌効果　492
　　――への再生水の影響　494
塩素接触時間　481
塩素接触槽　496
　　――の水理的性能　500
塩素注入量　498
塩素濃度レベル　833
塩素要求量　487
園池　127
エンテロウイルス　78, 123
塩ビ管　670
塩分　743, 751, 782, 790, 835, 837
　　――に耐性のある植物　835
塩分閾値　752, 761
塩分許容値, 修景用植物の　822
塩分結晶化技術　782
塩分測定の定義　752
塩分濃度　16, 752
塩類　835
　　――の課題　715
　　――の集積　790, 868

【お】

黄疸　77
横断的研究　171
応力腐食割れ　871
オキシデーションディッチ法　248, 249, 257
屋内スプリンクラシステム　929
屋内前処理システム　615
オーシスト　65, 75
押出し流れ法　248, 249
オーストラリア　746, 1181
　　――の非灌漑再利用　919, 921
オゾン　99, 220, 439, 471, 474, 513, 627
　　――，高pH化での　444
　　――による環境影響　522
　　――による再生水消毒の長所と短所　482
　　――による消毒　513
　　――の生成　516
　　――の分解　517
オゾン／過酸化水素　444, 445
オゾン消毒システム　515
オゾン処理　440
　　――における消毒副生成物　521

索　引

オゾン注入量　520
オゾン発生器　474, 515
オゾン／UV　444, 445
オゾン／UV／過酸化水素　444
オゾン溶解効率　519
汚濁成分　209
　　——の除去　210
　　——の物理的性状　211
　　——の分類　211
汚泥
　　——，下水の　276
　　——の管理　285
　　——のコンポスト化　604
　　——の除去　350
　　——の処理　287
　　——の土壌処理　604
　　——の熱分解　604
　　——の発生　285
汚泥滞留時間　209, 234, 239, 479, 619
汚泥容量指標　288
錘をつけた招き戸　529
オランダ　1004
織物製造　900
　　——における再生水利用　902
　　——における水質　901
オルトリン酸　873
オンサイト[処理]システム　836, 934
　　——，分散型　25, 599
　　——，戸別の　605
　　——の設計　615
　　——の選択　615
　　——のモデリング　643
オンサイトバイオレメディエーション　98
温度　117, 211, 242, 873, 1004
　　——の影響　477
　　——の重要性　492

【か】

加圧浮上分離　214, 215, 299, 308, 309, 349
　　——の設計　351
加圧システム　349
加圧地下システム　766, 768
加圧地表面システム　766, 768
加圧浮上システム　350
加圧ろ過　315
外圧式　335, 338
海域への濃縮水の放流　403
開始点　179
回収井戸　985
回収率　341, 363, 373, 379, 384

塊状構造　750
海水侵入　792, 982
海水淡水化　1060
開水面域，湿地の　952
開水路型紫外線消毒システム　528
開水路反応槽　475
解析的研究　171
回虫　76
回虫症　76
回転生物接触法　215, 621
開排水路排水　780
開発への影響，再生水の　101
回避性　760
回避費用　1114
回復剤，イオン交換樹脂の　435
回復洗浄　284
回復措置，湿地の　953
外部性　1089, 1109
外部費用　1125
回分式イオン交換反応　432
回分式活性汚泥／布フィルタ／精密ろ過システム　271
回分式活性汚泥法　239, 247～249, 257, 565, 582, 619, 621
回分式浮遊増殖型処理法　249
改変された湿地，水文条件が　950
開放型貯水池　692, 693
外面保護塗装，鋼製タンクの　688
回遊性魚類　959
外来植物　957
解離平衡定数，炭酸水素塩の　387
過塩素酸イオン　98, 99, 232
過塩素酸塩　274
カオリナイト　429
化学凝集物の除去　308
化学凝析　383
化学消毒剤の濃度　475
化学処理システム　1041
化学成分　87
化学洗浄排水　299
化学的吸着　317
化学的凝集法　215
化学[的]酸化剤　117, 440
化学[的]酸化[プロセス]　93, 438
化学的洗浄　383
化学的な水質　690
化学的変換プロセス　413
化学的防除剤　957
化学的前処理　374
化学的リスク評価　181
化学反応　1033
化学物質　161

索　引

——の規制　174
化学物質リスク評価　174
化学薬剤　471
化学薬品の添加　385
河岸所有者特権　1089
　　——の原則　1098
河岸ろ過［システム］　979, 1001, 1015
かき寄せ，浸透速度回復のための　997
核酸　531
拡散　1036
拡張解析　661, 662
撹拌装置　686
確率紙の使用　1168
確率論的モデル　186
下向流ろ過　312, 313
籠形モータ　679
過酢酸　471, 522, 627
過酸化酢酸　522
過酸化水素　99, 471
　　——の光分解　451
過酸化水素/オゾン　444
過酸化水素/UV　444, 446, 450
過酸化有機ラジカル　450
瑕疵担保責任　1099
過剰塩素処理　927
可視領域線　1033
加水分解反応　1033
ガスストリッピング　411
ガス洗浄　128
河川涵養　1016
河川の低水流量の維持　730
河川の土手や砂丘でのろ過システム　1015
カソード　391
片吸込渦巻ポンプ　676
片端排水　272
傾き係数　175
カダヤシ　956
活性アルミナ　416, 418
活性汚泥　239
活性汚泥エアレーションタンク　209
活性汚泥法　215, 234, 248, 306, 581
　　——の信頼性の評価　253
活性汚泥モデル　275
活性化エネルギー，消毒における　492
活性酸素　523
活性炭　411, 416, 417, 511
　　——による脱塩素　513
　　——の再生　428
　　——の充填密度　426
　　——の寿命　427

——の使用率　427
——の破過時間　427
——の反応塔　424
——のベンチスケール試験　428
——への吸着性　416
活性炭吸着　214, 231, 735, 1041
——の前処理　308
活性炭処理の経済性　428
活量係数　387, 875
家庭系雑排水　611
家庭生下水の化学組成　90
家庭排水　210
家庭用化学物質　97
家庭用上水の利用　918
家庭用水利用　5, 16
家庭用品，排水中の　610
可撓性小口径管　603
河道貯水池　1034
河道内必要水量　945
カドミウム　836
カートリッジ型　335
カートリッジフィルタ　374, 395
カナダ　1182
蚊の駆除　956
カフェイン　96
貨幣の時間的価値　1111
可変速運転，ポンプの　679
過マンガン酸塩　440
カラーテスト，誤接合発見のための　712
カリウム　758
カリシウイルス　77
California 州　7, 747, 748, 790, 792, 903, 966, 968, 971, 1004, 1044, 1100, 1101, 1146
——の環境利用の水質基準　949
——の間接的飲用再利用の規制　138
——の下水再利用基準　1190
——の後退距離　789
——の再利用戦略の選択肢　1095
——の再利用用水質基準　213
——の修景灌漑　818, 820
——の浸透池　996
——の水質要件　822
——の建物内二系統配管　126
——の地下水涵養　1196
——の地下水涵養実規模注入施設　1014
——の地表浸透貯水池　1005
——のトイレ洗浄水　931
——の都市部の再利用　919, 934
——の水再利用　40, 704
——　——の要件　136

1211

索　引

――のレクリエーション利用の水質基準　949
カルサイト　876
カルシウム　758, 833, 873, 887
カルシウムイオン　753
カルスト石灰岩　979
ガルバニック腐食　865, 871
ガルバニック防護　881
カルバマゼピン　1002
カルボン酸　450
枯葉剤　99
川
　――の水質監視　962
　――の生息環境監視　962
　――の必要流量　961
　――の流量増加　947, 958, 960
灌漑計画　787
灌漑[システム]　114
　――の維持管理　787, 832
　――の影響　790
　――の種類　766
　――の推定コスト　796
　――の選定　768
灌漑効率　743, 768, 769, 829
灌漑需要量　847
灌漑地からの後退距離　123, 788
灌漑農地　16
　――からの排水　779
灌漑配水システム　840
灌漑負荷速度　846
灌漑[用]水
　――の化学成分　795
　――の水質　748
　――の選択的流れ　750
　――の電気伝導度　824
　――の利用　5, 16
　――の微量元素　757
灌漑率　831, 834
管型　335
環境アセスメント　1097
環境影響，再生水の　128
環境影響報告書　100, 948, 1095, 1097
環境疫学　169, 170
環境学習　960, 965
環境工学　23
環境公衆衛生学指標　169
環境公平　1135, 1139
環境効率　5, 8
環境正義　1135, 1139
環境的観点　672
環境毒性学　157, 170, 174

環境バッファ　212
環境への配慮　737
環境利用　20, 730, 946
　――の水質基準　949
環境倫理　1, 5, 12
　――の原則　7, 25
乾景観　817
関係者との相談　1144
間欠式ろ過装置　230
還元剤　441
還元反応　411, 413
Kansas州　1061
観察的研究　171
換算紫外線量　469, 545
監視
　――，水質の　121, 131, 934
　――，病原微生物の　135
　――の遵守ポイント　121
乾式消火栓　928
監視計画　131
感受性個体　184
感受性状態　185
緩衝強度　876
緩衝帯　1013
緩衝能　873, 876
冠水灌漑　766
間接的飲用再利用　5, 20, 26, 33, 111, 205, 730, 947, 979, 981, 1025, 1059, 1139
　――，計画的な　130, 730, 1027, 1029
　――，事実上の　26, 65, 730, 1025～1027
　――，非計画的な　26, 1027
　――の規制　129
　――の州の規則　138
感染確率　164, 184
完全混合解析　1037
完全混合型回分式反応槽　448
完全混合型活性汚泥法　249
完全混合法　248
感染症　168
感染性肝炎　77
完全分解　443
感染用量中央値　82
感染リスク　224
感染リスク評価の枠組み　184
乾燥期間，浸透池の運転における　987
管内滞留時間　928
管の識別　672
旱魃　10
カンピロバクター　70, 73
カンピロバクター・ジェジェニ　74

管網解析　661
管網解析プログラム　660
涵養水
　　——の回収　985
　　——の混合　998
涵養池　979
元利支払総額　1089
還流水　5, 16
管路　658, 688
　　——の材質　669
　　——の設計　667
　　——の洗浄　688
　　——の離隔距離規則　667
緩和策, 湿地の損失の　952

【き】

擬陰性　173
気-液比　886
危害　157
　　——の同定　161
危害因子　170
機械撹拌　686
機械式洗浄装置　529
機械式ワイパ洗浄　527
危害分析　158
規格基準　111, 112
　　——, 水質の　114
幾何標準偏差　243, 1168
幾何平均　134
幾何平均値　1168
奇形発生　178
気-固比　352
基準蒸発散量　743, 774
汽水共発　894
規制　231
　　——の考慮事項　116
　　——の変化　738
　　——の問題, 州・連邦の　1031
寄生性原虫　117
寄生虫　117, 148, 1004
　　——の上限値　140
寄生虫卵　145
犠牲的防護　881
規制プロセス, 水[の]再利用の　116
キセノン　527
キセノンランプ　527
気相酸化　442
規則　111, 113
　　——, 間接的飲用再利用の　129, 138
　　——, 水[の]再利用の　114, 131

——の多様性, 州の　133
既存施設の変更　288
気体
　　——の吸収　1033
　　——の放散　1033
起電力　412
揮発　1034
揮発性浮遊物質　239, 276
揮発性有機化合物　90, 96, 1034
基盤施設要素　578
気泡洗浄システム　267
基本流量　945
逆運転ポンプ　384
逆サイフォン作用　708
逆止弁　679
逆浸透[ろ過]　214, 218, 231, 274, 335, 363, 365, 371, 411, 545, 735, 883, 1028
　　——と電気透析の比較　396
　　——の運転性評価　375
　　——の除去率　372
　　——の性能変動度　373
　　——の設計　373
　　——の操作　373
　　——の特徴　364
　　——のパイロット試験　390
　　——の前処理　374
逆浸透膜の形状　371
逆洗　258, 299, 312, 330, 430
逆洗浄　299
逆洗廃液の処分　373
逆洗排水　928
逆流　703
逆流防止　708
逆流防止装置　126, 673, 703, 708
キャリーオーバー　894
吸引駆動式の膜　264
究極 BOD　625
吸光係数　411, 452, 533
吸光度　452, 469, 533
吸収　411
吸収地方式　138
給水　673
　　——の信頼性　922, 923
給水施設　226
給水制限　732
急性胃腸炎　70
急性下痢症　73
急性健康被害　212
急性毒性　157, 172, 174, 522
急性曝露　130

1213

索　引

急速浸透池［方式］　138, 799, 979, 986
　　——の運転　987
吸着剤　411, 415
　　——の種類　416
吸着質　411, 415
　　——の性質　418
吸着［処理］　219, 411, 415, 1033
　　——，混合物の　421
　　——，有機物の　416
吸着性物質　423
吸着性有機ハロゲン［物質］　96, 1001
吸着性有機ヨウ素　1001
吸着速度　420
吸着等温式　411, 419
吸着等温線　418
吸着能力　422
吸着媒　411
吸着反応塔　424
吸着プロセス　416, 418
吸着容量　411
キュプロニッケル合金　438
供給　653
　　——と需要の整合性　735
　　——に関する計画　652
供給管　651
供給施設　651
供給水　865
　　——，膜の　299, 334
供給に関する計画　652
凝集　413, 1033
凝集剤　218
凝縮水　893
強制循環式晶析装置　401
強制的な再生水利用命令，市場保証における　1106
強制利用命令　1107
凝析処理　374
共代謝　1001
共通費用　1122
極小コロイド粒子　534
局所的地下水位上昇　979, 987
　　——の影響　993
極性転換式電気透析　363, 367, 392
局部的な腐食　871
居住用建物での水再利用　706
許容硝酸濃度　778
許容分解　443
許容リスク　146
ギリシャ　746
キレート樹脂　431
均一腐食　872

緊急用の貯留　657
近紫外線　1033
金属　97
金属イオン　450
金属塩投入によるリン除去　263
均等係数　322

【く】
グアニン　531
クウェート　746, 1184
空気撹拌　686
空気抜き真空破壊共用弁　674
空気の供給，MBR の　282
空気弁　673
空気連行　1006, 1008
空調システム　924
　　——における水質　926
空塔接触時間　426
空中散布灌漑　846
空冷式冷却器　924
クエンチング　412
窪地，浸透池の　987
グレイウォーター　599, 609
　　——の分離　609
組換え修復　532
クラスター研究　171
クリーニング業　128, 935
クリノプチロライト　430, 432
クリプトスポリジウム　136
　　——・パルブム　69, 75
　　——・ホミニス　75
クリプトスポリジウム症　75
クリプトン　527
Greenleaf 計画　851
グレートプレーンズ中央部　18
クレブシエラ　81
クロスフロー方式　340
クロスフローろ過　363, 371
クロラミン　506
クロロシス　743
クロロフェノール　93
クロロホルム　180

【け】
ケア製品　65, 97
計画期間　1089, 1110, 1114
計画的な間接的飲用再利用　130, 730, 1027, 1029
計画的水再利用　33
経済的観点　572
経済的実現可能性　1108

経済的実行可能性　727, 736
経済的妥当性　1108
経済的なインセンティブの付与　10
経済的な価値，水源として　24
経済性，水再利用の　732
経済分析　1089, 1109, 1113
計算流体力学　538
警告表示，再生水使用の　711
経済的な実現可能性　1094
傾斜係数　179
計測施設　226
ケーキろ過式　376
下水　6
　——，酸化された　119, 822, 922, 949
　——，水道水に含まれる　67
　——，未処理の　66
　——と濃縮水の混合　403
　——による作物の汚染　124
　——の安全使用，農業における　147
　——の化学成分　87
　——の灌漑利用　728
　——の採掘　33, 48, 54, 247, 565
　——の病原微生物　82
　——の有機物　89
下水汚泥　276
下水灌漑　114
下水再利用基準，California 州の　1190
下水収集システム　841
下水処理　1031
　——，サテライト型の　11, 25, 54
　——，分散型の　11
　——の規定　11
下水処理水　95
　——，水道水中の　67
　——の残留有機物　118
　——の病原微生物　83
下水処理農地　34
下水道への放流，廃液の　402
下水パラメータ　241
結合塩素　469, 506
結合残留塩素　469, 487
決定－公表－防御　1143
決定論的モデル　186
ゲル／ケーキの形成　382
減圧，再生水システムの　711
減圧式逆流防止装置　673, 708
限界単位費用　1121
限界費用　1089, 1120, 1121
限界費用分析　1120
限界便益　1120

限外ろ過　209, 214, 239, 299, 335, 337, 1028
　——の性能解析　341
限外ろ過膜　309
　——の性状　342
　——の設計上の留意点　346
原核生物　172
減価計算因子　1201
減価償却　1116
嫌気状態　963
嫌気性酸化，アンモニアの　979, 1002
嫌気性処理法　239
嫌気性生物処理　99
嫌気ゾーン　215
嫌気タンク　215
原形質の変質，コロイドの性質として　471
健康影響　1028, 1079
健康の懸念　12
健康保護対策　148
健康目標　147
健康リスク　130, 158, 1028, 1060, 1138
　——，腸管系ウイルスの　195
健康リスク[の]評価　82, 131, 147, 157, 161, 167, 188
健康リスク分析　158
健康リスクマネジメント　147
健康リスクマネジメント戦略　148
現在価値　1114
現在価値係数　1113
現在価値費用　1114
現在価値分析[法]　736, 1113
現在における価値分析　1089
原子質量単位　239
検証試験，紫外線消毒システムの　545
検証線量　545
原水
　——の混合　385
　——の特性　373
　——の分割処理　385
　——の前処理　374, 383
原生動物　210
建設資金調達計画　1095, 1122
原虫　74, 117
現場での洗浄　383
顕微鏡観察，粒子の　305

【こ】

高圧小型カラム　428
高圧スプレ洗浄　331
高圧ボイラ　881, 893, 894
広域水利権の制限，市場保証における　1106
抗鬱剤　97

1215

索　引

公営水道　5
公園　125, 937
抗炎症剤　97
郊外　571
公開討論　1140
工学技術，持続可能な　22
高架水槽　704
鋼管　669
交換性ナトリウム率　756
好気性処理装置　599
好気性処理法　239
好気性生物処理法　247
公共施設での修景利用　917, 935
公共政策　732
公共地域　841
　　——への灌漑　841
工業排水　210
工業プロセス　866, 871
工業用化学物質　97
工業用水　128, 137, 228
　　——の再利用　5, 16, 20, 865
工業用冷却水　210
工業利用　729, 866
　　——のコスト要因　868
孔径　239, 281, 299
更新費用　1116
光合成　1033
格子，標準的な　551
光子吸収速度　453
光子効率　451
格子の配水管網　655
公衆衛生　65, 213, 917, 946, 947, 1064, 1138
　　——の保護，灌漑における　768, 788, 821
　　——のリスク，冷却水系の　890
公衆衛生学　168
高純度酸素　515
恒常的日摂取量　175
恒常ドル　1089, 1113
工場の発生源での管理プログラム　734
孔食　871
洪水の制御　949
合成イオン交換樹脂　432
合成イオン交換体　432
合成洗剤　471
鋼製タンク　687
　　——の保護塗装　687
抗生物質　97
合成ポリマー添加　928
合成有機化合物　89, 411
合成ろ材　315

酵素
　　——の活性への阻害　471
　　——の不活化　472
酵素基質法　491
高速液体クロマトグラフィー　428
高速凝集　232
高速小型カラム試験　428
高速沈殿　232
後退距離，灌漑地からの　123, 788
公聴会　1144
校庭　125
工程排水　299
工程用　128
高度一次処理　214
高度処理［技術］　27, 65, 214, 228, 231, 603, 1028
高度処理水　81
　　——の化学成分　91
　　——の病原微生物　83
高度処理フローダイアグラム　415
高度生物処理プロセス　456
高度生物変換プロセス　456
　　——の制約　459
硬度成分の除去　370
高度膜処理システム　1060
硬盤　750
広幅な刃型堰　529
鉱物土壌　751
高分子脂肪族化合物　88
高分子樹脂　429
公平な水の分配　13
高pH化でのオゾン　444
広報プログラム　1144
高密度ポリエチレン管　670
合流式下水道越流水　523
考慮すべき成分，未処理水の　241
固液分離装置　615
小型球形ウイルス　77
呼吸　1033
黒液　897
コクサッキーウイルス　78
黒泥　750
固形物滞留時間　209, 239
湖沼　947, 1032
　　——の混合　1035
　　——の水質モデル　1037
　　——の増量　1038
　　——の表流水増大　1031
個人用ケア製品　97
誤接合　703, 708, 727, 840, 930
　　——の管理　688

1216

索引

——の防止 126, 672
誤接合試験 712
固体型安定器 527
五大湖 18
固体燃料の酸化剤 99
国家水保全プログラム 1099
固定化汚泥接触法 251
固定化生物膜活性汚泥法 232
固定化生物膜担体添加活性汚泥法 259
固定化担体 232
固定充填層 620
固定床 GAC 反応塔 425
コーティング 671
戸別オンサイトシステム 605, 625
個別成分の測定値 241
コホート研究 171
コミュニティシステム 599
コリファージ 80
Collins-Selleck モデル 497
ゴルフ場 125
　——の灌漑のチェックリスト 842
　——の再生水灌漑システム 836
　——の散布流量 840
コレラ 68, 73
コロイド 210, 300
コロイド状物質 288
コロイド粒子 301, 534
コロナ 516
Colorado 州 1071
　——の修景灌漑 819, 820
Colorado 川 1026
コンクリート製造 128
コンクリート製タンク 687
根圏 743
混合, 湖沼・貯水池における 1035, 1038
混合液 239
混合液揮発性浮遊物質 239
混合液浮遊物質 239
混合過程, 湖沼・貯水池における 1035
混合処理 385
混合物の吸着 421
コントロールされた参加者の選定 1143
コンパクト活性汚泥法 620
コンポジットサンプル 610
コンポスト化, 汚泥の 604
コンポスト[型]トイレ 599, 614
コンポストシステム 614

【さ】

再エアレーション 1033
最確数 111, 134, 491
再活性化 411
細菌 73, 117, 210, 833, 1004
細菌性赤痢 73
細孔の公称径 299
再興病原微生物 100
最終沈殿池 255
再純化水 1025
再循環水, 冷却塔の 927
最小水量の維持 946
最小毒性量 172, 177
最小必要流量 945
最小モニタリング要件 791
再生 7, 411
再生可能な淡水の年間供給量 17
再生可能な水の供給量 17
再生可能な水資源 5
再生基準, California 州の 1191
再生剤, イオン交換樹脂の 435
再生施設の要件 735
再生処理技術 735
　——の開発と改良 739
　——の進歩 149
再生水 5, 7, 33, 113, 412, 946
　——との身体接触 127, 1136
　——との身体非接触 127
　——との制限的接触 127
　——との非制限的接触 127
　——に対する利用意志 1103
　——による灌漑 745
　—— ——のガイドライン 747
　—— ——への規制 747
　——の安全性 71
　——の維持管理 691
　——の飲用 1136
　——の塩素消毒への影響 494
　——の開発への影響 101
　——の化学的性質 493
　——の化学的成分 118
　——の環境影響 128
　——の給水 673
　—— ——の信頼性 922, 923
　——の供給 653
　——の工業利用 729, 866
　——の居住用建物での再利用 706
　——の市場 842, 1093
　——の実証実験 923
　——の需要 568
　——の植物への影響 100
　——の商業ビルでの再利用 704

索　引

——の水質　127, 635, 765, 922, 946
—— ——の劣化　690
—— ——への配慮　733
——の水質監視　121, 934, 962
——の水質管理　689
——の製造　205
——の生態系への影響　101
——の代替利用，湿地による　952
——の多段水質　635
——の建物内利用　126
——の地下水への影響　100
——の貯留　580
——の貯留施設　787
——の定義，California 州の　1192
——の土壌への影響　100
——の土地利用への影響　101
——の非飲用利用の規制要件　136
——の微生物学的成分　118
——の表示　711
——の表流水への影響　100
——の微量元素濃度　757
——の品質　24
——の浮遊粒子　495
——の有機炭素　1000
——の量　765
—— ——の決定　654
——の利用者　1104, 1105
——の利用費用　1138
——の利用目的　222
——の利用用途　723, 727
—— ——の選択　733
——の利用料金　853
——の割合　1030
——への曝露　123, 130
——を用いた湿地の開発　952
——を用いた水中生息環境の向上　958
——を用いた水辺生息環境の向上　958
再生水管
——の識別　672
——の接合　670
——の挿込み継手　670
——の腐食対策　671
再生水管路　667
——の設計　668
——の離隔　667
再生水灌漑［システム］　114
——の維持管理　787
——の影響　790
——の種類　766
——の推定コスト　796

——の設計　765
再生水供給システム　226
—— ——の減圧　711
再生水貯留必要量　783
再生水配管システム　720
再生水事業計画　653
再生水消火栓　675
再生水注入井戸　138
再生水利用許可，市場保証における　1106
再生水利用者協定　1107
再生水利用の経済性　732
再生水量の決定　654
再増殖，微生物の　121, 508, 553, 653
最大汚染許容濃度　157, 174, 179, 778
最大汚染許容目標水準　157, 174, 179
最大灌漑需要量　847
最大許容用量　173
最大光子エネルギー投入量　453
最大電気伝導度　824
最大流速，再生水管路における　668
最大流量管理　285
最適管理手法　945, 959
サイドストリーム　209, 474
サイドストリーム処理　239
サイドストリームプロセス　223
最頻値　1168
細胞外高分子物質　274, 288, 383
細胞
——の合成　531
——の透過性の変性　471
——の分裂　531
細胞壁
——の合成を阻害　472
——の損傷　471, 472
——の破壊　472
——の変性　472
細胞膜破壊　518
細胞溶解　518
債務元利未払金　1105, 1122
財務的実現可能性　1094, 1108, 1121～1123, 1128
財務的実現可能性報告書　1095
財務分析　1089, 1109, 1121, 1123
再利用可能な水の供給量　17
作物係数　743, 775, 827
作物
——の汚染　124
——の蒸発散量　743, 774
——の選定　760
Sacramento 川　1026
挿込み継手　670

索　引

殺菌剤　374
殺藻剤　693
殺虫剤　97, 223
雑排水　599, 609
　　——の再利用　639, 730
　　——の処理システム　639
　　——の分離　609
サテライト[型]システム　651, 703, 735, 739, 933
サテライト型下水処理　11, 25, 54
サテライト型上水処理　25
サテライト型排水管理システム　246
サテライト施設　227, 228, 232, 274, 566
サテライト[処理]システム　209, 228, 239, 247, 565, 566, 583, 600
　　——の基盤施設要素　578
　　——の選択　568
錆瘤　872
サブコロイド　300
サポウイルス　77
サルモネラ菌　70, 73, 74, 123
酸　471
　　——の生成　488
三塩化窒素　469, 487
酸化，独立栄養的な　1002
参加型計画　1089, 1097
酸化還元電位　988
酸化還元条件による影響，帯水層の　999
酸化還元反応　411
酸化剤　98, 374, 413, 438, 439
　　——，固体燃料の　99
酸化された下水　119, 822, 922, 949
参加者の選定，コントロールされた　1143
酸化鉄被覆砂　417
酸化反応　411, 413
　　——，難分解性有機物の　443
　　——の長所と短所　444
酸化副生成物　450
三次処理　65, 119, 214
三次処理水　81
　　——の化学成分　91
　　——の病原微生物　83
参照用量　157, 173
散水型浸透システム　603
散水スプリンクラ　655
散水ろ床／固定化汚泥接触法　251
散水ろ床法　215, 248, 251, 306, 307
酸性ガス　874
酸素透過膜法　232
酸素富化空気　515
残存栄養塩類　923

残存価値　1116
残存浮遊物質　300
残存粒子性物質　306
　　——の除去　355
San Diego 市における空調システム冷却水の水質　927
散布スケジュール　848
散布速度　839, 848
散布流量，ゴルフ場の　840
サンプリング頻度　790
残余便益　1122
散乱光　306
散乱光センサ　305
残留医薬品　576
残留液　239
残留塩素　120, 220, 469, 954, 1007, 1009
　　——の減衰量　498
　　——の測定　491
　　——の連続監視　120
残留オゾンの分解　517
残留化学成分の影響　92
残留物　565, 579
　　——の返送　579
残留物流　565
残留浮遊物質　232
残留無機化学物質，飲料水中の　88
残留有機物
　　——，下水処理水中の　118
　　——，浄水中の　88

【し】

次亜塩素酸塩　485
　　——の殺菌効果　491
次亜塩素酸カルシウム　484, 485, 627
次亜塩素酸ナトリウム[溶液]　218, 284, 484, 485, 892
ジアルジア　136
　　——・ミューリス　75
　　——・ランブリア　69, 75
ジアルジア症　75
$C_R t$　469
$C_R t$ 値　481
$C_R t$ 法　480
Chezy 式　661
1,4-ジオキサン　98
磁界制御装置　679
紫外線　99, 120, 215, 469, 475, 479, 524, 627
　　——による再生水消毒の長所と短所　482
　　——への曝露　472
紫外線吸収　452
紫外線照射　76, 98, 149, 220, 469, 524
　　——に影響を与える下水中の組成　534

1219

索　引

　　　――による微生物の相対効果　537
　　　――の環境影響　553
　　　――の光源　524
　　　――の殺菌効果　532
紫外線消毒［プロセス］　222, 233, 735
　　　――のガイドライン　544
　　　――の検証試験　545
　　　――の水理学　551
　　　――のモデル化　537
　　　――の有効性　478
紫外線ランプ　452, 525
紫外線ランプセット　529
紫外線量　478, 480, 524, 533
　　　――の推定　538
市街地　570
志賀赤痢菌　73
時間基準点　1113, 1115
時間最大使用量　654
時間的価値，貨幣の　1111, 1113, 1115
時間ピーク流量　659
識別
　　　――，再生水管の　126, 672
　　　――の色分け　126
事業所排水　210
仕切弁　679
資金調達期間　1089, 1110
資金調達機関　1096
軸方向混合　536
ジクロラミン　469, 487
自己ろ過　302
し渣　579
支持砂利の盛上がり　329
事実上の飲用再利用　67
事実上の間接的飲用再利用　26, 65, 730, 1025, 1026
市場価格　1114
市場調査　1094
市場調査報告書　1095
市場の採算可能性　1089
市場評価　1102, 1105
市場保証　1106
指針　111, 113
　　　――，水［の］再利用の　133
死水域　255
　　　――，湿地の　952
止水弁　679
システム
　　　――の冗長性　1040, 1154
　　　――の信頼性　1028
シスト　65
シスト濃度　75

次世代の水資源　6
施設計画　685, 1089, 1094
　　　――の概要　1095
施設計画書　1095, 1096
施設計画報告書　1095
施設の要件　735
自然湿地　137, 945, 947, 951
自然処理システム　621, 642
自然洗掘　1015
自然崩壊　1033
自然流下システム　603, 630, 633, 642
自然流下地下流　766
自然流下表面流　766
持続可能性　5, 8, 727
　　　――の原則　1, 7, 25
持続可能な開発　5
持続可能な工学技術　22
持続可能な水資源マネジメント　6, 7, 8, 17, 25, 230, 1085
　　　――の原則　1
持続的な社会　8
持続的な水資源［の］開発　8
持続的な水資源システム　8
持続的な水資源マネジメント　8
湿気感知器　838, 844
Chick の法則　475
Chick-Watson の法則　479
湿原　945, 949
実現可能性　1094, 1125
実現可能性基準　1089
実現可能性報告書　1095
実行可能なオプション　7
実際費用　1089, 1111～1113
湿式酸化　442
湿式消火栓　928
湿式処理　900
実質費用　1089, 1112, 1113, 1115
湿潤-乾燥サイクル　988, 999, 1003
　　　――の期間　996
湿潤期間，浸透池の運転における　987
湿潤前線　990
実証実験，再生水の　923, 935
実証的研究　171
実測 pH　880
湿地　137, 947, 948
　　　――による代替利用　952
　　　――の開発　952
　　　――の損失の緩和策（ミチゲーション）　953
　　　――の地下水への影響　954
　　　――への放流基準　946, 954
湿地回復　945

1220

索 引

湿地回復措置　953
湿地システム　949
　——による水質改善　952
　——の維持管理　955
　——の水文条件　956
湿地帯の創出　730
疾病発生パターン　171
疾病率　169
実用定量限界　181
CD/N 比　394
自動水位調節器　529
シトシン　531
芝生　125, 837
　——の塩分耐性　837
　——の選定　837
ジビニルベンゼン　432
指標微生物　65, 79, 111, 120
死亡率　111
資本回収係数　1115
資本費用　1089, 1121
市民　1135, 1141
　——の感じ方　1135
　——の原則　25
　——の受容　115, 799, 821, 843, 924, 1027, 1068, 1085, 1094, 1139
　——の信頼　1146
　——の近づきやすさ　125
　——の理解　1059, 1068
市民意識　571
市民対応　1145
市民参加　1, 653, 1093, 1097, 1140
　——，影響力のない　1145
　——の技法　1143
市民参画　1141
ジメチルジチオカルバミン酸　98
霜よけ　774
諮問委員会　1144
社会影響　1094
借地契約，市場保証における　1106
遮断　313, 317
収益事業　1122
収益プログラム　1095
臭化シアン　506, 521
臭化物　449, 1001
臭化物イオン　506, 520
臭気　211, 963
　——，トイレ洗浄水の　931
　——の管理　821
　——の防止　440, 957
重金属イオン　836

重金属[類]　117, 471
　——の除去　431
修景係数　817, 827
修景[用]灌漑[システム]　5, 20, 125, 226, 566, 573, 638, 703, 729, 817, 824, 917
　——の維持管理　832, 844, 846
修景用植物の塩分許容値　822
修景用水　228, 573
修景利用　917
住血吸虫症　76
集合システム，住宅の　599, 605, 625
集合的有機物指標　96
収集システム　24, 599
州水域　945
集水システム　571, 575, 630
　——の選択　633
　——の比較　637
自由水面人工湿地　950
修正係数　177
修正 Collins-Selleck モデル　497
修正 Ludzack-Ettinger 法　257
臭素　471
臭素イオン　506
臭素化酢酸　521
従属栄養細菌　625
従属栄養的な脱窒　1002
臭素酸　449
臭素酸塩　117, 521
住宅団地　606
住宅地の修景用灌漑　844, 848
集団感染　70
　——，水系感染胃腸炎の　72
重炭酸　450
重炭酸塩　833, 887
収着　411
充填ろ床　599
重篤度の重み係数　146
州の規則の多様性　133
周波数制御　233
住民集会　1144
集約型システム　651
集約型集水システム　600
集約型処理施設　227, 228
集約型排水管理　209
重力式集水システム　577
重力式分流　578
重力沈殿　209, 232, 264
重力沈殿槽と粉末活性炭接触槽の併用　425
需給バランス　832
樹形の配水管網　655

1221

索　引

出血性腸炎　74
取水　5
受動的フィルタ　627
樹木作物　787
需要　651, 654, 727
　　　──と供給の整合性　735
需要管理　10, 1090
需要ピーク流量　659
需要プロファイル　735
純灌漑水量　774, 775
循環型間接冷却　886
循環式ろ過装置　230
循環水加圧　349
循環流型充填層フィルタ　620
循環冷却水　925
純費用　1116
純便益　1116, 1121
硝化［反応］　231, 239, 256, 622, 760, 886, 1002
硝化菌　624
障害生存年数　146
障害調整生存年数　146
生涯リスク　175
消火栓　675, 854, 928
蒸気圧縮式濃縮装置　399
蒸気圧縮蒸留　437
小規模コミュニティシステム　606
使用義務条例　1090
商業ビルでの水再利用　704
商業用水の利用　918, 935
小口径可変勾配自然流下式集水システム　631
小口径自然流下式集水システム　631
上向流式膨張床 GAC 反応塔　425
上向流式連続逆洗深床ろ過　312, 314
硝酸　231
硝酸塩　117
　　　──の除去　430
硝酸塩交換の破過点　430
硝酸塩選択性樹脂　430
硝酸性窒素　117, 988
照射時間分布　536
上昇圧力制御　680
上水処理　1030
　　　──, サテライト型の　25
浄水中の集合的残留有機化合物　88
晶析　400
晶析装置　401
沼沢地　945, 949
冗長性　225, 1028, 1040, 1154
消毒　83, 214, 220, 308, 443, 469, 470, 1028, 1042
　　　──, U.S.EPA の水再利用における　140

　　　──における温度の影響　477
　　　──における活性化エネルギー　492
　　　──における初期混合の重要性　493
　　　──に用いられる反応槽　473
　　　──の機構　471
　　　──の効果予測　480
　　　──の殺菌効果　491
消毒技術
　　　──, 信頼性の高い　27
　　　──, 冷却系の　891
　　　──の効果　474
　　　──の効果比較　481
　　　──の選択　481
　　　──の相対的効果　472
　　　──の併用　524
消毒剤　469, 627
　　　──, 理想的な　470
　　　──の添加　686
　　　──の濃度　475
　　　──の評価　480
　　　──の併用　524
消毒接触時間　120
消毒副生成物　26, 65, 88, 93, 97, 117, 458, 469, 505, 520, 1015
　　　──の生成速度　506, 510
　　　──の生成制御　508, 510, 521
　　　──の放流　508
消毒副生成物生成能　979, 1001
消毒プロセスの変数　490
衝突　313, 317
蒸発　436, 896
蒸発散［システム］　5, 599, 621, 774
蒸発散量　743, 774, 827
消費者物価指数　1111
消費的利用　5
消費水量　774
情報操作　1144
情報のコントロール　1144
消防用水　653, 657
将来費用　1113
蒸留　436
　　　──, 膜を用いた　401
上流型サテライトシステム　565, 567, 576, 577
上流取水　707
蒸留プロセス　436
　　　──の制約　438
蒸留法　436
症例対照研究　171
初期混合, 消毒プロセスにおける　492
除去修復　532
除去率　363, 370, 372, 379

索　引

植生区域，人工湿地の　952
植生の管理　957
植生密度要素　828
触媒酸化　442
植物
　　──への影響，再生水の　100
　　──への毒性，家庭雑排水の　612
植物種要素　828
食物連鎖による有毒汚染物　127
食用作物　745, 792
Georgia 州の修景灌漑　820
除草剤　97
ショック塩素処理　892
所要エネルギー，膜プロセス操作の　384
処理技術　735
　　──，サテライトシステムのための　581
　　──，土壌を用いた　603
　　──，分散システムの　614
　　──の開発と改良　739
　　──の進歩　149
処理後有機物　979, 1000
処理施設
　　──のコンセプト　233
　　──の信頼性　136
　　──の設計　233
処理水
　　──，膜プロセスからの　498
　　──の循環　373
　　──の有機物　979, 1000
処理水散水負荷，土壌への　640
処理プロセスフロー　209
シリカ　887, 964
磁力安定器　527
事例研究　171
人為的　157
シンガポール　24, 51, 1048, 1185
心筋炎　77
真空式集水システム　578, 599, 631, 633
真空スイング吸着　515
シングルヒットモデル　163, 164
神経毒性　172, 174
芯コイル型安定器　527
新興汚染物質　65, 97
人工化合物　65
深耕作　750
人工湿地　137, 230, 308, 599, 621, 945, 947, 950
　　──の監視指標　955
新興病原微生物　26, 100
人口密集地　569
人材の必要性　22

浸漬型穴あき拡散板　551
浸漬型付着生物膜法　223
浸漬型付着増殖型処理法　257
浸漬式　338
浸漬式 MBR　264
浸出水　841
深床式下向流ろ過　312, 314
深床式単層ろ過　313
侵食　872
侵食度指数　873, 875
深水層　1038
親水用水　229
新生児疾病　77
深層浸透　743, 770
深層ろ過　214, 215, 299, 308, 311, 735
　　──の運転　328
　　──の主要型式　312
　　──の問題　329
身体接触，再生水との　127
身体非接触，再生水との　127
浸透　599, 600
浸透圧　363, 365
浸透圧勾配　752
浸透計　995
浸透式，表流水の　989
浸透水，地下水法の　1099
浸透システム，散水型　603
浸透速度，浸透池の　979, 987, 995
　　──，実際の　996
　　──の回復のためのかき寄せ　997
　　──の計算　989, 992
浸透池　983, 998
　　──における畦と畝の利用　997
　　──による涵養　986
　　──の運転　987
　　──の窪地　987
　　──の水理学的処理能力　989
　　──の総運転時間　996
浸透問題　755
浸透率　834
浸透流型人工湿地　621
侵入植物　957
信頼性の高い消毒技術　27

【す】

水圧　655
　　──の決定　654
水位計　686
水温　117, 211, 242, 873, 1004
　　──，膜の性能における　280

索　引

──の重要性　492
　　──の消毒に対する影響　477
水温成層　963
水管ボイラ　893
水銀-アルゴン電極型紫外線ランプ　526
水銀-インジウムアマルガム　526
水銀蒸気　525
水銀蒸気圧　526
水系感染胃腸炎　72
水系感染細菌症　73
水系感染症　118
　　──のリスク　1004
水系感染微生物　68
水系感染病原微生物　71
水系集団感染　70
水撃作用　651
水源としての経済的な価値　24
吸込み井戸　1006
水酸化速度定数　448
水酸化第二鉄　833
水酸化鉄粒子　417
水質　23
　　──，再生水の　127
　　──の規格基準　114
　　──の問題　690, 691
　　──の劣化　690
　　────の防止，帯水層の　1010
　　──への影響　1032
　　──への配慮　733
水質監視，再生水の　121, 131, 934
水質管理　689
水質基準　24, 114, 822
水質パラメータ，灌漑用水の　748, 822
水質モデル，湖沼・貯水池の　1037
水質モニタリング　1030
水生雑草　964
水生生物　945
　　──への毒性効果，池・湖の　964
水素イオン濃度　117
吹送流　1035
　　──の循環　256
水素の引抜き　443, 450
水中生息環境　959, 961
垂直供給　340
水滴跡，洗車後の　923
水道消火栓　675
水道水
　　──の化学成分　88
　　──の下水　67
　　──の下水処理水　67

水道用貯水池　1032
水封水　704
水平面の均一性，成層化した湖沼・貯水池における　1035
水文条件が改変された湿地　950
水理学的散布速度　848
水理学的負荷率　831
水理学的平均滞留時間　1035
水利権　1031
水利権法　1090, 1098
水量指標　654
水量負荷　776
水冷式冷却器　924
スカベンジャー　411, 450
隙間腐食　871
スクリーニングし渣　579
スクリーンフィルタ　770, 825
スケール生成　215, 374, 438, 865, 869, 881, 882, 886, 892, 894, 923
　　──によるファウリング　382
スケール生成能　874
スケール防止剤　374, 383, 882, 883
濯ぎ，洗車仕上げの　923
スタック　392
スティフ-デービス安定度指数　385, 881
ステップ流入法　248, 249, 257
Stockholm 枠組み　145
ストリッピング　257
砂分離装置　770
スパイラル型　335, 369
スパイラル型複合膜　372
スパイラル型膜エレメント　369
スーパーファンド法　158
スプレドライヤ　401
スプリンクラ　729, 824
スプリンクラ灌漑　767
スプリンクラシステム　928
スプレ灌漑　769
スペイン　746, 1186
　　──の非灌漑再利用　919, 921
隅の平滑化　551
スライム層　688

【せ】

生活雑排水　917
　　──の利用　731
制限栄養塩　963
制限的接触，再生水との　127
製紙　897
　　──における再生水利用　899
　　──に対する水質　899

政治的規制　572
生殖毒性　174, 1080
生食野菜　792
成層化　1034
生息域(環境)　952
　——の保全，野生生物の　730, 949
生存率　174
生体外　170
生態学的研究　171
生態学的システム　621
生態学的リスク評価　157, 167
生態系
　——の回復　8
　——の保護　8, 946, 947
　——への影響，再生水の　101
生体内　170
成長管理の手段　1135, 1138
静的MRAモデル　183, 184
　——を適用したリスク評価　188
静的解析　661, 662
静的微生物リスク評価モデル　184
静的モデルの評価　187
清澄性　127
制度的問題　572
生物化学的酸素要求量　209, 456
生物学的栄養塩除去　239
生物学的還元反応　459
生物学的高度処理技術　456
生物学的処理プロセス　603
生物学的脱窒　459
生物学的窒素除去　215, 220, 263
生物学的な水質　690
生物学的変換プロセス　413
生物学的防除剤　957
生物学的リン除去　215, 239, 260
生物活性炭　458
生物蓄積　1033
生物濃縮　1033
生物の増殖　317
生物反応　65
生物ファウリング　870
生物分解性有機物　117
生物分解性溶解性有機炭素　96
生物膜　459, 551, 865, 874, 892, 923, 928
　——の生成の防止　926
生物利用性　457
生物ろ過　627
西部での危機と争い　20
生分解　1033
生分解性物質　423

成分の測定値　241
精密ろ過　209, 214, 239, 289, 299, 335, 337, 1028
　——の性能解析　341
精密ろ過膜　309
　——の性状　342
　——の設計上の留意点　346
ゼオライト　432
ゼオライト系　430
世界人口　14
世界保健機関
　——の再生水灌漑のガイドライン　748
　——の水再利用ガイドライン　51, 145
石英スリーブ　525
析出沈殿[処理]　896
脊髄性小児麻痺　78
赤痢　73
赤痢アメーバ　75, 76
赤痢菌　70, 73
石灰　385
　——によるリン除去　263
　——の添加　385
石灰軟化処理　883
設計寿命　1090, 1110
石鹸　471
石膏　756, 835
　——の投与　750
接合　670
接触　313
接触時間　469, 475, 481, 493, 496
接触槽　474, 496
接触ろ過　264
節水　9, 609
節水機器　609, 704
接続点，配水施設モデルの　661
施肥量　758, 787
絶滅危惧種法　945
セメントモルタルコーティング　672
セメントモルタルライニング　672
セル　392
ゼロディスチャージ　1150, 1153
ゼロリスク　1140
全塩素　469
全汚濁負荷量　747
線形多段階モデル　163
先行割当て　1090
　——の原則　1099
先行割当て権　1099
センサ　644
全残存価値　1117
洗車　128, 935

索　引

──の仕上げの濯ぎ　923
洗浄　128, 902
　　──，現場での　383
　　──の必要性　381
浅床式単層ろ過　313
洗浄廃液　399
　　──の下水道への放流　402
洗浄排水　299
染色　900
染色体異常　172
全水頭　651
浅層処理水散水法　638
全体的なインフレーション　1111
洗濯　704
選択取水　1035
蠕虫　70, 76, 117, 210
尖度　1168
全動物試験　173
全浮遊物質　117, 209, 239, 302, 922
　　──の確率分布　306
　　──の除去　317, 332
　　──の変動　318
全面腐食　872
全有機炭素　96, 117, 412, 873
全溶解性蒸発残留物　117, 211, 231, 242, 274, 302, 887, 954
　　──の除去　431
　　──の増大　489
栓流塩素接触槽　496, 501
染料　471
全量加圧　349
線量分布　536

【そ】

槽外型MBR　264
操作圧［力］　341, 384
相乗作用　172
送水管　226
造雪　128, 947, 965
相対的発生源寄与　177
装置洗浄　128
装置内強度分布　536
総年間費用法　736
総費用　1120
相補的配列　532
藻類　307, 310, 833, 957, 964
　　──の合成　1033
　　──の繁殖　760
藻類ブルーム　992
促進酸化［処理］　27, 99, 214, 219, 231, 274, 412, 413, 438, 442, 735, 1028, 1060

──の前処理　308
粗大間隙　753
粗大気泡散気装置　266
ソレノイドバルブ　826
損失生存年数　146

【た】

ダイアモンド布ろ過　329, 332
第一鉄イオン　833
耐塩性　752, 760
大気圧式バキュームブレーカ　708
対称膜　336
帯水層　5, 128, 979
　　──の涵養手法　984
　　──の酸化還元条件による影響　999
　　──への直接注入　129, 984
　　──への濃縮水注入　404
帯水層水質規格基準　139
帯水層の貯留と回収　743, 783, 802, 979, 982, 1013
　　──における消毒副生成物　1015
対数除去率　73
対数線形的な不活化　537
Theisの解　1010
大西洋岸中部，米国の　19
代替指標　95, 120
　　──，California州の　1192
代替消毒技術　481
代替微生物　79
代替費用　1114
代替水資源　10
大腸菌　68, 74, 79, 81, 120, 209, 535
大腸菌157:H7　74
大腸菌群　65, 79, 81, 111, 117, 120, 479, 491, 498, 922
　　──の生残数　491
　　──の上限値　133
　　──の除去　472
　　──の破壊　472
大腸菌群試験　80
大腸菌ファージ　80, 120, 1004
大都市域　15
Title 22法　33, 36, 38, 213, 215, 792, 922
第二鉄イオン　833
耐用期間　1090, 1110, 1116
太陽光による光分解　603
耐容性　760
太陽放熱　1033
耐容リスク　146
第四級アンモニウム化合物　471
滞留時間，管内における　928
滞留時間分布，湖沼・貯水池の　1035

多環芳香族炭化水素化合物　88, 96
滝　937
ダクタイル鉄管　669
濁度　117, 118, 210, 211, 242, 301, 305, 922
　　——の確率分布　306
　　——の監視　121
　　——の上限値　120
　　——の除去　313, 332
　　——の測定　305
　　——の破過　329
　　——の変動　318
多重安全措置　111, 209, 212, 1025, 1028
多重効用蒸発　436
多重効用蒸留　436
多重消毒　523
多重バリア　111, 209, 211, 212, 1025, 1028, 1060
多層ろ過　313
多段階モデル　163, 164
多段水質コンセプト　636
多段フラッシュ蒸発　437
脱イオン[処理]　894, 896
脱塩[処理]　218, 431, 790
脱塩水　923
脱塩素化合物　512
脱塩素[処理]　374, 469, 470, 511, 954
脱塩素装置　954
脱塩素用薬剤　511
脱気[処理]　390, 893, 896
脱窒[反応]　231, 239, 256, 622, 625
　　——，従属栄養的な　1002
脱窒細菌　459
脱着　412, 1033
DADアプローチ　1143
立軸タービンポンプ　677
建物内利用　126, 573
妥当な利用，河岸所有者特権の　1098
DAF　215, 299, 309, 349
　　——の設計　351
WHO
　　——の再生水灌漑のガイドライン　748
　　——の水再利用ガイドライン　51, 145
多量要素　743
Darcy-Weisbach式　661
単位操作　82, 209
単位費用　1115, 1121, 1128
単位プロセス　82, 209
短期貯留　656
炭酸　450
　　——の活量　877
炭酸塩　887

炭酸塩システムの分配係数　877
炭酸塩平衡　387
炭酸カルシウム　876, 887
　　——の析出　882
　　——の堆積物　383
　　——の添加　385
　　——の溶解度積　877
　　——の溶解度積定数　387
炭酸カルシウム析出能　873, 876
炭酸水素塩の解離平衡定数　387
炭酸マグネシウム　887
淡水　1090
　　——の導水，流域外への　1, 11
　　——の年間供給量，再生可能な　17
湛水　753, 948
湛水害　753
淡水化装置　917
炭素系生物化学的酸素要求量　240
担体の選択　323
単独供給方式　652
単波長照射　526
短絡流　551, 1035

【ち】
地域固有の水の賦存性　7
チオ硫酸ナトリウム　511, 512
地下灌漑　767
地下浸透率　832
地下水　5, 948
　　——の監視　121
　　——への影響，再生水の　101
　　——　——，湿地の　954
　　——への濃縮水の注入　403
地下水位　743, 750
　　——の深さ　780
地下水涵養　6, 16, 20, 128, 138, 210, 228, 245, 573, 639, 730, 832, 949, 980, 1016
　　——，California州の　1196
　　——の水質課題　986
地下涵養水
　　——の回収　985
　　——の混合　998
地下水植物　959
地下水法　1099
地下水面　750
地下水揚水　792
地下水流，地下水法の　1099
地下貯留　981
地下排水[システム]，灌漑農地からの　778, 779
　　——の間隔　781

1227

索　引

――の深さ　781
地球全体の水循環　13
地球的水循環　6
地質化学的反応　1013
地上権　651
　　――の設定　667
チタン　438
窒素　256, 758, 760, 963, 1002
　　――の規制　760
　　――の除去　257, 286, 622, 988
　　――　――を行う二次処理　214
　　――の制御　257, 430
窒素限界による年間許容水量負荷　778
窒素負荷限界　774, 777
地表下灌漑［システム］　824, 838, 846
地表下点滴灌漑　729, 837, 846
地表浸透　983, 1004
地表浸透池　983
　　――による涵養　986
　　――の運転　987
　　――の窪地　987
　　――の水理学的処理能力　989
地表点滴灌漑　729, 837
地表排水，灌漑農地からの　779
地表面灌漑　124
地表面散水　138
地表用スプリンクラ　824
チミン　531
チャンネル　303
チャンネルサイズ　303
中圧高出力紫外線ランプ　526
注意表示，再生水使用の　711
中央値　134
中央分離帯　125
中間排水，灌漑農地からの　779
中空糸膜　240, 264, 335, 369, 372
中空糸膜エレメント　369
中国　746
柱状構造　750
抽水植物　945, 950
宙水層　979, 993
中西部の東部地域，米国の　18
稠密膜　337
中途取水　707
中和に用いる薬品　386
チュニジア　746, 1187
腸管系　65
腸管系ウイルス　77, 136, 195, 495
　　――に関連した健康リスク評価　189
　　――の健康リスク　195

腸管系寄生原虫　75
腸管系細菌　73
腸管系病原微生物　70, 86
腸管出血性　66
腸管線虫　76
長期貯留　656
長期［の］曝露　130
　　――の影響　178
腸球菌　81, 120
調査対象地域　1090
調整ナトリウム吸着比　754
腸チフス　69, 73
腸チフス菌　69, 74
超臨界酸化　442
直鎖アルキルベンゼンスルホン酸塩　96
直接供給　340
直接注入，帯水層への　129, 984
直接注入井　984
　　――による地下水涵養　1009
直接的飲用再利用　5, 6, 22, 26, 33, 111, 730, 1025, 1027, 1059, 1136, 1140
直接冷却　886
直流極性の反転　392
貯水槽　684
　　――の位置選定　684
　　――の建設材料　687
　　――の配管　686
　　――の配置計画　685
　　――の付帯設備　686
貯水池　127, 945, 1032
　　――の水質モデル　1037
　　――の成層化　1034
　　――の増量　1038
　　――の表流水増大　1031
　　――の容量　659
貯水の要件　122
貯留［システム］　580, 656, 783
　　――，緊急用の　657
　　――に関する計画　652
　　――の水質変化　692
貯留必要量　783
貯留［用］施設　226, 651, 787, 832
　　――の設計　684
沈水植物　950
沈殿　317, 413, 1033
沈殿池
　　――の水深　255
　　――の設備改善　256
沈殿汚泥の除去　350

索　引

【つ】
対イオン　429
追加費用　1123
通気帯　979, 998
　　──における窒素変換　1003
　　──の酸化還元条件　999
通気帯注水井　984, 1005
　　──の水理学的分析　1007
　　──の目詰まり　1006, 1008
通行権　651
通性嫌気性菌　625
継手　670
　　──の離脱防止　671
土の締固め　128
土粒子　750
　　──の分散　756

【て】
低圧高出力紫外線ランプ　526
低圧低出力紫外線ランプ　526
低圧ボイラ　893
DNA　531
　　──の変性　471
定額償却　1116
提供線量　545
停止水頭　651
底質の酸素要求　1034
低水流量の維持，河川の　730
ディスク　330
ディスクフィルタ　329, 331, 826
定性的発癌性評価　179
泥炭　750
DBPs　65, 88, 117, 458, 469, 505
　　──の生成速度　506, 510
　　──の生成制御　508, 510
　　──の放流　508
低ファウリング膜　372
定量的微生物リスク評価　147, 182
定量的分子微生物学的追跡法　1030
定量的リスク評価　159
デオキシリボ核酸　531
Texas 州　747, 748
　　──の環境利用の水質基準　949
　　──の修景灌漑　819, 820
　　──の水質要件　822, 934
　　──の地下水涵養実規模注入施設　1014
　　──のレクリエーション利用の水質基準　949
鉄　534
鉄欠乏　836
鉄クロロシス　836

鉄酸化細菌　633
デッドエンド方式　340
DeBye-Hückel（デバイ-ヒュッケル）の式　875
Davies（デービス）の式　875
テーリング域　497
テルペノイド族　118
テレメータ　686
テレメトリシステム　644
電位　412
電解腐食　872
転換費用　1116, 1123, 1125
電気アーク　525
電気効率　412, 452, 454
電気伝導度　752
　　──，灌漑水の　824
電気透析[膜]　214, 218, 335, 363, 366, 391
　　──と逆浸透の比較　396
　　──に必要な電流量　394
　　──の積層構造　392
　　──の洗浄のための補充水　395
　　──の特徴　364
電気ボイラ　893
電気防食　672
電極の寿命　396
点源汚染源からの池・湖への流入　963
電子安定器　527
電子化学的酸化ポテンシャル　442
電子供与体　457, 459, 625
電子受容体　456, 459, 625
電子伝達　443
点滴エミッタ　768
点滴灌漑[システム]　117, 600, 629, 638, 767, 770
点滴システム　824
点滴ライン　825
伝導度　211, 242
天然水　95
　　──の化学成分　87
天然化学物質　95
天然系樹脂　430
天然ゼオライト　429
天然有機化合物　87, 412, 440, 469, 479, 979, 1000
天然由来ホルモン　97
天日乾燥蒸発　399
電流測定法　491
電流密度　394
電流密度-規定度比　394
電力供給型高出力紫外線　527

【と】
ドイツ　1004

1229

索引

トイレ洗浄水　573, 704, 707, 930
　　——の色　931
　　——の臭気　931
トイレ排水　917
銅　836
銅イオン　833
等温式　411
同化　456
等価価値　1111
等価家庭単位　631
透過水　240, 270, 299, 334
透過水回収率　379
透過水流量　341
同化性有機炭素　96, 458, 979, 1007
透過度，水の　990
等価年間費用　1114
等価有効塩素　509
同化容量　603
透過率　211, 242, 469, 533, 979
透過流束　240, 281, 299, 335, 340, 363, 371, 384
東京都　1184
統計解析　1168
統計的モデル　181
統合的水再利用計画　1094
統合的水資源計画　6, 22, 33, 1059, 1090, 1091
統合的水資源マネジメント　265
統合的リスク情報システム　175
統合膜システム　383
透水係数　780
透水性　240
統制河岸所有者　1098
透析　335
淘汰圧　276
動的MRAモデル　183
　　——を適用したリスク評価　188
動的微生物リスク評価モデル　185
動的モデリング　183
動的モデルの評価　187.
動的リスク評価モデル　185
動物投与試験　1079
透明性　1146
動力学係数　275
動力学方程式　273, 274
道路
　　——の維持管理　938
　　——の清掃　938
特異的インフレーション　1111
特殊検査　172
毒性学　168, 170
毒性試験　170, 172

毒性前駆物質の除去　416
毒性物質　224
　　——の評価　163
特別対策委員会　1144
独立栄養細菌　624
独立栄養性脱窒プロセス　459
独立栄養的な酸化　1002
都市化　15
都市部での非飲用再利用　20, 727, 917
都市部での非灌漑利用　729, 918
都市用水利用　6
土壌
　　——による保持力　751
　　——の化学特性　751
　　——の電気伝導度　761
　　——の透水性問題　756
　　——への影響，再生水の　100
　　——への処理水散水負荷　640
　　——を用いた処理システム　603
土壌改良剤　756
土壌構造　749, 750
土壌処理，汚泥の　604
土壌浸透システム　627, 638
土壌浸透性　612
土壌層位　749, 750
土壌-帯水層処理［法］　129, 231, 979, 983, 1000
土壌透水性　743
土壌特性　749
土壌深さ　749, 750
土壌マトリックス　753
土壌有機物　750
吐水口空間　708
　　——の確保　703
　　——の分離　787
土性　749
土性分類　750
塗装　881
土地所有，市場保証における　1106
土地利用規制　1098
土地利用への影響，再生水の　101
土手や砂丘でのろ過システム　1015
1,1,1-トリクロロエタン　98
トリクロロニトロメタン　93
トリハロメタン［類］　93, 117, 505
トレーサ　501, 1038
　　——の種類　500
トレーサ応答曲線　500
トレーサ試験　500
トレーサスタディ　1038

索　引

【な】
内圧式　335
内部水循環利用　865, 867
内分泌撹乱化学物質　66, 97, 117, 223, 1000, 1002
内分泌撹乱性物質　1002
内面保護塗装, 鋼製タンクの　687
流れ偏向板　551
捺染　900
ナトリウム　836
ナトリウム化　743, 753
ナトリウム吸着比　363, 370, 743, 835
ナトリウム毒性　757
ナトリウム土壌　756
ナトリウム分　66, 835
ナノろ過　214, 218, 222, 231, 274, 335, 363, 365, 369, 883
　　——の運転性評価　375
　　——の除去率　371
　　——の性能変動度　370
　　——の設計　373
　　——の操作　373
　　——の特徴　364
　　——のパイロット試験　390
　　——の前処理　374
ナノろ過膜–逆浸透膜2段プロセスフロー　370
生下水　81
　　——の化学成分　87, 90
　　——の病原微生物　81
ナミビア　50, 1065, 1185
難吸着性有機物　416
軟水化　430, 432
軟水剤　215
　　——の禁止　715
南東部, 大西洋岸を含む米国の　19
難分解性有機物の酸化　443

【に】
二系統配管［システム］　126, 143, 484, 651, 703, 917, 925, 933
　　——の計画　707
　　——の検査　712
　　——の試験　712
　　——の設置基準　922
　　——の適用　704
二系統配水システム　651, 652, 703, 840, 917
　　——の設計　921
二酸化硫黄　511
　　——と遊離塩素の反応　511
　　——による脱塩素　511
二酸化塩素　440, 509
　　——による再生水消毒の長所と短所　482
　　——の脱塩素　513

二酸化塩素消毒プロセス　510
二酸化塩素注入量　510
二酸化チタン/UV　444
二酸化マンガン　417
二次感染　198
二次処理［技術］　119, 214, 412, 619
　　——, 窒素除去を行う　214
　　——, 分散型システムの　634
　　——の選択　288
二次処理水　81, 209
　　——の化学成分　91
　　——の病原微生物　83
　　——の標準的水質　252
二重逆止弁逆流防止装置　126, 708
二層ろ過　313
二段ろ過　315
日間流量変動, 排水の　607
ニッケル　836
N-ニトロソアミン　98
ニトロソアミン類　506
N-ニトロソジメチルアミン　93, 98, 176, 223, 274, 506
二本鎖　531
日本　1183
　　——の再生水質ガイドライン　923
　　——のトイレ洗浄水　931
　　——の非灌漑再利用　921
NEWater　24, 1025, 1048
NEWaterプロジェクト　50
New South Wales（オーストラリア）のトイレ洗浄水　931
New Jersey州の後退距離　789
New Mexico州における修景灌漑　819
New York市の再利用　919
二量体　531

【ぬ】
抜取り型サテライトシステム　565, 566, 575, 577
抜取り取水　707
布製ろ布　329
布ろ過　329, 330
沼地　945, 947, 949

【ね】
ネクローシス　176
ネズミチフス菌　170
熱耐性大腸菌群　66
熱分解, 汚泥の　604
Nevada州　747, 748
　　——の修景灌漑　819, 820
　　——の水質要件　822
年間感染確率　165

1231

索 引

【の】
脳炎　77
ノーウォークウイルス　69, 77
ノーウォーク様ウイルス　70, 77
農学的水質要件　819
農業における下水の安全使用　147
農業[用]灌漑　20, 95, 124, 210, 728, 730, 743, 744
　　――に対する規制　746
　　――のガイドライン　746
農業用水　6, 229
濃縮　436
濃縮液　240, 299, 363
濃縮水　240, 299, 334, 363, 397
　　――と下水の混合　403
　　――の海域への放流　403
　　――の管理　232, 397
　　――の処分　231, 373, 402
　　――の帯水層への注入　404
　　――の地下への注入　403
　　――の表流水への排出　403
　　――の分類　398
　　――の量　397
濃縮倍数　565, 574, 865, 888, 927
農地からの排水　779
農村地域　571
濃度勾配　1036
濃度分極　382
ノロウイルス　70, 77

【は】
廃液　399
　　――の乾燥　399
　　――の下水道への放流　402
　　――の濃縮　399
バイオアッセイ　403, 538
バイオアベイラビリティ　457
バイオオーグメンテーション　456, 457
バイオスティミュレーション　456, 457
バイオフィルタ　600
媒介生物　111, 157, 169, 945
配管設計統一規定　703
配管
　　――の識別　126, 708
　　――の離隔　710
廃棄物焼却システム　614
廃棄物の管理　413
廃棄物排出規制　746
排除率　342, 363, 379
排水　6
　　――, 膜の　335
　　――の家庭用品　610
　　――の質　607, 610
　　――の成分濃度　610
　　――の特徴　576
　　――の日間流量変動　607
　　――の量　607
廃水　6
排水係数　780
排水システム，灌漑農地からの　779
配水管　226
排水管
　　――の間隔　781
　　――の深さ　781
配水管網　655
排水規制　1098
排水係数　743
配水施設　651
　　――の運転管理　688
　　――の解析　660
　　――の最適化　662
　　――のモデル　661
排水成分の塩素消毒への影響　494
排水ゼロディスチャージ　865, 867
排水分離システム　614
媒体微生物リスク評価　182
ハイドロニューマチック[タンク]システム　704, 917, 933
ハイドロフルオロカーボン　924
パイプ，配水施設モデルの　661
ハイブリッド活性汚泥法　620
ハイブリッド集水システム　600, 631, 632
ハイブリッド脱塩プロセス　367
ハイブリッドプロセス　240, 247, 251
パイロット規模試験　326
パイロット規模調査　209, 223
パイロットプラント　289, 390
破過　422
破過曲線　422
破過終末点　422
破過終末濃度　422
刃型堰，広幅な　529
破過点吸着能力　422
破過濃度　422
バクテリオファージ　1004
バクテロイデス　81
白銅　438
曝露　157
　　――, 急性　130
　　――, 長期の　130
曝露強度　187
曝露状態　185

索　引

曝露評価　161, 166
破砕式ポンプ　600
Virginia 州　1038
Hazen-Williams 式　661
パーソナルケア製品　66, 111, 117
バタフライ弁　679
発癌強度　157
発癌強度係数　175
発癌性　173, 174, 522
発癌性［化学］物質　66, 98, 157
発癌性カテゴリー　180
発癌性試験　1079
発癌性評価，定性的　179
発癌物質　162
　　——のリスク推定　178
発癌リスク　178
バックアップ　225
PAC 接触槽　426
PAC 添加式活性汚泥法　426
バックパルス　240
バックパルス洗浄システム　267
パッケージ型プラント　600
発生源管理　790
発生源での管理プログラム，工場の　734
発生毒性　174
発生率　169
発電所　904
発展途上国の水再利用　52
葉の損傷　817, 836
パブリックコメント　179
パラチフス菌　74
パルス型紫外線ランプ　527
パルスベッドろ過　312, 314
パルス流動床式　425
バルプ　897
　　——における再生水利用　899
　　——に対する水質　899
バルブ
　　——，配水管の　672
　　——，ポンプ場の　679
バルブ封印，誤接合発見のための　712
ハロアセトニトリル　93, 117
ハロケトン　93
ハロ酢酸［類］　93, 117, 450, 505
Hawaii 州　747, 748
　　——の後退距離　789
　　——の修景灌漑　819, 820
　　——の水質要件　822, 934
半揮発性有機化合物　96
反射池　937, 947

板状構造　750
半数致死濃度　172
半数致死量　172
半透膜　363
Hantush 関数　993, 1200
反応槽，消毒に用いられる　473
反応停止　412
半反応式　441
半連続運転，深層ろ過の　312

【ひ】

被圧　982
被圧帯水層　783, 979
非イオン界面活性剤　96
非飲用［再］利用　6, 20, 26, 33, 128
非飲用雑用水　128, 137
非飲用帯水層　129
非飲料水　703
東海岸の大都市圏，米国の　19
光回復　469
　　——の機構　531, 532
光回復酵素　532
光化学酸化　553
光化学反応　1033
微気候　827
光強度　452
非制限的灌漑　803
光分解速度　451, 453
光分解［プロセス］　98, 99, 412, 415, 451
　　——，太陽光による　603
　　——の制約　452
非灌漑利用，都市の　729
日感染確率　165
美観の問題　691, 843, 924, 960, 963
非凝縮性ガス　390
非許容分解　443
非金銭的費用　1114
非浸漬型生物膜システム　619
ピグ　688, 883
ピーク係数　243, 608, 658, 917
ピーク対応貯留容量　651, 656, 659
ピーク日値　243
ピーク流量　659
非計画的な間接的飲用再利用　26, 1027
非計画的な水再利用　638
非交換型脱イオン［処理］　896
微細気泡散気装置　266
非細菌性胃腸炎　77
日最大汚濁負荷量　948
日最大使用量　654

1233

索　引

飛散水　865, 888, 890
非常用貯留容量　651
非常用電源　680
非常用発電機　225
非食用作物　745
非制限的接触，再生との　127
微生物　301, 456, 478, 887
　　――，塩素処理プロセスにおける　495
　　――，紫外線照射における　536
　　――における危害の同定　162
　　――によるファウリング　381, 869, 886, 887
　　――の活性　751
　　――の再増殖　121, 508, 553, 653
　　――の除去　307, 320, 333
　　――の不活化　479
　　――の利用　457
微生物学的な腐食　874
非生物反応　66
非生物分解性 VSS　276
微生物リスク評価　147, 166, 182
　　――の方法　184
微生物リスクモデル　186
　　――の複雑性　186
日摂取量　175
非対称膜　336
比致死速度係数　475
非腸チフス性サルモネラ菌　73
必要逆洗水量　333
必要水圧　654
必要水量　654
必要農地面積　779
非定常流法　781
非点源汚染　746
非点源汚染源からの池・湖への流入　963
ヒトカリシウイルス　70, 77
ヒト-ヒト間相互作用　182
1人当りの水利用可能量　13
1人当りの水利用原単位　6
ヒドロキシアパタイト　882
ヒドロキシラジカル　438, 439, 441, 523
　　――の比酸化力　442
比排出量　782
日曝露量　176
非発癌性影響　176
非発癌性化学物質　157
非発癌物質　162
日ピーク流量　659
日平均使用量　654
被覆，ポリエチレンによる　672
病因学　66

評価基準　111, 112
病原ウイルス　117
病原細菌　117
病原細菌リスク評価　182
病原性大腸菌　73
病原体　111, 130, 469, 1028
　　――の除去　989
　　――の生残　123, 1004
病原[性]微生物　66, 69, 120, 210, 211, 242, 888, 947
　　――，下水処理水中の　83
　　――，下水中の　82
　　――，生下水中の　81
　　――の監視　135
　　――の制御　869
　　――の上限値　135
　　――の生残率　87
費用効果のある水資源　8
表示，再生水使用の　711
費用指標　1111, 1113
描写的研究　171
標準押出し流れ　249
標準化学酸化プロセス　438, 439
　　――の制約　441
標準型処理技術　240
標準的下向流ろ過　312, 314
標準的な格子　551
標準的二次処理　209
標準平均余命　146
標準偏差　1168
費用曲線　1121
費用最小化分析　1113
表層ろ過　214, 215, 222, 299, 308, 309, 329, 735
費用対効果分析　1090, 1114
費用分析　1031, 1111
費用分配　1122
費用便益　1109
費用便益分析　13, 1113
表面点滴灌漑　846
表流水　948
　　――の浸透式　989
　　――の増大　245, 1027, 1031
　　――の貯留　981
　　――への影響，再生水の　101
　　――への濃縮水の排出　403
　　――への補充　730
表流水型人工湿地　621
表流水供給量　17
表流水増量事業　138
平膜型　335
ピリミジン二量体　532

微粒子粒径　241
微量化学成分　130, 223
　　——の除去　92
微量元素　757
微量成分　117, 125, 126, 211, 242
　　——の除去　413
　　——の処理プロセス　414
　　——の蓄積　868
微量物質　210, 412, 1028
　　——の影響　230
　　——の除去　219, 513
　　——の蓄積　868
微量有機物［質］　26, 66, 789, 954, 1000, 1001
　　——の除去　416
比例的権利，河岸所有者特権の　1098
ピロ亜硫酸ナトリウム　511, 512
ビン　299, 303

【ふ】

ファウリング　240, 266, 283, 299, 340, 363, 381, 435
　　——の制御　367, 869
　　——の対策　284, 529
ファウリング指標　375
　　——の限界　377
ファージ　80
ファーストステップ　1147
不圧　982
不圧帯水層　980
富栄養化　945
フェイルセーフ機構　211
フェノール　471
フェノール化合物　471
フェントン試薬　447
フェントン反応　444
フォーカスグループ　1145
フォレドックス　260
深井戸注入システム　851
不快要因　1135, 1139
不確実性係数　177, 178
不可逆毒性　178
不活化　469
　　——，対数線形的な　537
　　——の機構　531
負荷量　241, 242
福岡市　1184
複合生物学的膜処理技術　234
複合膜　336, 363, 369
複試験管培養法　491
副生成物，不完全な酸化による　441, 449
複膜システム　383

副流式オゾン接触反応システム　517
伏流式人工湿地　951
浮上汚泥の除去　350
浮上分離タンク　349
腐食　438, 442, 574, 865, 869, 886
　　——に影響する水質　872
　　——の制御，冷却水系の　892
　　——の速度　872
　　——の発生　215
　　——の抑制　390
腐食性　874
　　——の低減　385
腐食対策，再生水管の　671
腐食電池　870
腐植土　750
腐食防止剤　881, 892
付随的間接的飲用再利用　1027
ブースタポンプ　676
付着　313, 317
付着型浸漬処理システム　619
付着増殖型活性汚泥法　240
付着増殖型散水ろ床　251
付着増殖型処理法　240, 247, 248, 257
物質移動係数　378
物質移動帯　422
物質収支　342, 883
物質収支解析　1036
物質収支式　380
物質負荷率　951
物質分解のエネルギー論　456
物質保存式　1036
物理的吸着　317
物理的な水質　690
不透水層　750
不透明膜　527
腐敗槽　230, 600, 846
　　——の一次処理　604, 616
　　——の汚泥　600
　　——の固形物除去能力　617
腐敗槽排水重力式下水路　577, 631
腐敗槽排水重力式集水システム　600
腐敗槽排水ポンプ式下水路　577, 631
不飽和層　66, 600
不飽和帯　980
フミン酸　506, 522
フミン物質　88
浮遊型担体　620
浮遊植物　950
浮遊水生植物　945
浮遊水生植物システム　951

索　引

浮遊増殖型活性汚泥法　209, 240
浮遊増殖型処理法　240, 247, 248, 257
浮遊物質　117, 211, 242, 299, 479, 751, 770, 1033
　　——，促進酸化における　450
　　——によるファウリング　382
　　——の監視　121
　　——の測定　301
浮遊粒子　300, 301, 495
ブライン　363
　　——の管理　435
ブライン濃縮器　399
ブラックウォーター　600, 609
フラックス　240
フラッシュ　437
フラッシュ洗浄　128
フランジ継手　671
フランス　746
　　——の非灌漑再利用　921
ブリドミン　1002
ブリューム　1034
フリーラジカル　514
プール　127
篩い作用　313, 317
不連続点塩素処理［法］　469, 487, 1041
フロイントリッヒの吸着等温式　419
プロセス効率，分散型下水処理における　628
プロセスの信頼性　209
プロセス用水　574
ブローダウン　565, 917, 927
ブロー水　865, 884, 888, 896
ブロープロセス　888
フロック　301
　　——の強度　307
フロック形成　317, 1033
フロック粒子　300
プロビットモデル　163
ブロモアセトニトリル　521
ブロモホルム　521
Florida 州　747, 748, 797, 1149
　　——の環境利用の水質基準　949
　　——の間接的飲用再利用の規制　138
　　——の後退距離　789
　　——の再利用用水質基準　213
　　——の修景灌漑　818
　　——の水質要件　822
　　——の地表浸透貯水池　1005
　　——の都市部の再利用　919
　　——の水再利用　45, 704, 934
　　———の要件　136
　　——のレクリエーション利用の水質基準　949

フロン類　924
分画分子量　363, 382
分画ろ過　302
分岐　651
分極　394
粉砕ポンプ利用型圧送式下水路　577
分散　1036
分散型オンサイトシステム　25
分散型下水再生システム　600, 602
分散型下水処理［システム］　11
　　——におけるプロセス効率　628
分散型システム　600, 735, 739, 933
　　——の管理システム　643
　　——の集水システム　631
　　——の消毒　627
　　——の処理技術　614
　　——の信頼性　629
　　——の二次処理システム　634
　　——の水再利用　638
　　——のメンテナンス　629, 643
分散型施設　227, 230, 232, 233, 274
分散型排水管理［システム］　209, 246, 600
　　——の各種形式　604
分散剤　383
分散状態　535
粉塵対策　938
噴水　127, 128, 937
分水施設　226
分析技術　149
分配係数，炭酸塩システムの　877
糞便汚染（汚濁）　79, 1030
糞便性ステロール　96
糞便性大腸菌群　66, 79, 81, 96, 111, 117, 120, 498, 922
　　——の上限値　133
糞便性連鎖球菌　81
粉末活性炭　418, 513
粉末活性炭接触槽　426
　　——と重力沈殿槽の併用　425
　　——と膜分離の併用　425
粉末活性炭添加式活性汚泥法　425
噴霧灌漑　124
分離湿式コンポストシステム　614
分離費用　1122
分離プロセス　412, 413, 414
分流　578
分流構造物　578
噴流混合　284

【ヘ】

平均単位費用　1121

索　引

平均値　1168
平均費用　1120
平行光　538
平衡定数　877
米国西部での危機と争い　20
米国大西洋岸中部　19
米国中西部の東部地域　18
米国東海岸の大都市圏　19
閉鎖型貯水池　693, 695
閉鎖系循環冷却水系　868
ベイズアプローチ　165, 198
ヘキサメタリン酸ナトリウム　383
壁状構造　750
ベータポアッソンモデル　163, 164
pH　117, 870, 873
　——の調整　374, 438
　——の変化　872
ペルトン水車　384
Beers-Lambert 則　533
変圧器　527
変異原性　172, 178, 522
変異原性試験　170
便益の評価　1114
便益・費用比率　1121
返送水, 膜の　335
弁装置の動作確認　689
ベンチスケール試験, 活性炭の　428
ベンチュリ注入装置　474, 517
変動費用　1105
Penman-Monteith 式　774

【ほ】

ポアッソン分布　164
ボイラ　865, 881, 892, 902
　——の腐食　894
ボイラ供給　128
ボイラ供給水　893, 894
ボイラ補給水　390, 574, 870, 892
ボイラ用水　215, 228
包括的測定値　241
包括的成分　241
防火システム　928
防火用水　128
芳香族炭化水素化合物　88
防食　881
防食剤　881
防塵　128
抱水クロラール　93
ホウ素　836
ホウ素イオン　757

ホウ素耐性　760
膨張床 GAC 反応塔(上向流式)　425
法的問題　571
放流基準, 湿地への　946, 954
放流による混合　1035
飽和帯　998
　——の無酸素水塊　999
飽和 pH　865, 880
母岩　750
補完的消火栓　854
補給水　865, 888, 893
補給水井戸　799
埃の制御　902
補充水, 電気透析膜洗浄の　395
補修弁　679
補助金　1121
補助電源装置　225
捕捉剤　450
細目スクリーン　282
ボーダ灌漑　766
墓地　125
ポップアップスプリンクラ　825
Hooghoudt 式　781
ホテイアオイ　957
ポリアミド複合膜　369
ポリエチレンによる被覆　672
ポリオウイルス　78, 545
　——の不活化　496
ポリメラーゼ連鎖反応　149, 890
ポリリン酸塩　892
ポンティアック熱　890, 926
ポンプ
　——の形式　676
　——の材質　677
　——の最大吐出量　658
　——の性能　678
　——の特性曲線　661
ポンプ施設　651, 675
ポンプ場　226, 651, 658, 675, 689
　——の設備計画　680
　——の能力　658
　——の配管計画　680
ポンプ桝　579

【ま】

マイクロスプリンクラ　824, 825
マイクロ波　527
埋没費用　1090, 1115, 1122
前処理[システム]　214, 282, 363, 373, 383
　——, 屋内　615

索　引

──の必要性　381, 435
曲がり越流堰　551
巻線形モータ　679
マーキング　708
膜　149, 240, 264, 299, 735
　　──における油脂　282
　　──の運転効率　348
　　──の孔径　280
　　──の構造の種類　337
　　──の材質　335
　　──の寿命　281, 348, 373, 396
　　──の種類　335
　　──の処理性能　343
　　──の性能　348
　　──の洗浄　373, 383
　　──の選択上の留意点　346
　　──の操作因子　347, 384
　　──の多段配置による濃縮　399
　　──の段数　378
　　──の分類　335
　　──の面積　378
　　──の劣化　341
　　──を用いた蒸留　401
膜エレメント　240, 369
膜間差圧　240, 270, 299, 363
膜供給水　299, 334
膜細孔
　　──の縮小　382
　　──の閉塞　382
膜処理　131
　　──の運転方法　342
膜透過水　299, 334
膜透過流束　240, 281, 299, 335, 340, 363, 371, 373, 378, 384
マグネシウム　758, 833, 873, 887
マグネシウムイオン　753
マグネシウムスケール　887
マグネトロン　527
幕張副都心　1184
膜ファウリング　372, 373, 374, 381
　　──の形態　382
　　──の種類　381
　　──の制御　367, 383
膜プロセス　27
　　──からの処理水　498
　　──の操作　384
膜分離活性汚泥法　209, 215, 233, 234, 240, 246, 264, 565, 582, 619, 621
　　──に影響する成分　274
　　──の設計　282
　　──の適合性　266

──のパイロットプラント　289
──のプロセス解析　273
膜分離［法］　209, 233, 240
　　──と粉末活性炭接触槽の併用　425
膜ろ過［システム］　215, 264, 299, 308, 309, 334, 339, 545, 735
　　──の前処理　308
膜ろ過指数　980, 1012
Massachusetts 州の都市部の再利用　919
桝型ポンプ場　579
マッドボール　314
　　──の形成　329
Manning 式　661
招き戸，錘をつけた　529
マラチオン　522
マルチヒット機構　537
マルチヒットモデル　163
マンガン緑砂　417
満水　948
慢性健康被害　212
慢性毒性　157, 172, 174
慢性毒性試験　1079
マンソン住血吸虫　76

【み】

未処理の下水　66
未処理水の成分　241
水
　　──の安定度指数　385
　　──の供給量，再生可能な　17
　　──の供給量，再利用可能な　17, 774
　　──の再生　1, 6, 7, 10, 20, 33, 111, 113, 412, 765
　　──　──における実現可能性　1091
　　──　──における選択肢　1091
　　──の再生プロジェクト　1101
　　──の再生プロセス　413
　　──の再配分　10
　　──の再利用　1, 6, 7, 10, 20, 33, 113, 188, 1094
　　──　──，水利権と　1099
　　──　──における実現可能性　1091
　　──　──における選択肢　1091
　　──　──に関連する物理的性質　118
　　──　──に用いるろ過施設　327
　　──　──の規制プロセス　116
　　──　──の規則　114, 131
　　──　──の指針　133
　　──　──　──，U.S. EPA の　140
　　──　──のための技術　245
　　──　──の都市利用　817
　　──　──の目的　1092
　　──　──の用途　212

1238

索 引

―― ――の用途別規制　124
――の再利用計画　1091
―― ――，水利権と　1099
―― ――の技術的課題　1097
―― ――の範囲　1093
――の再利用プロジェクト　12, 14, 20, 25, 1101
―― ――の選択肢　1094
―― ――の調査地域　1093
―― ――の評価　1108
―― ――の分析　1110
――の収支　774
――の需要　727, 946
――の需要分析　735
――の需要予測　1092
――の需要量　651
――の処理技術　23
――の電気伝導度　752
――の透過度　990
――の腐食性　873
――の賦存性，地域固有の　7
――の分配，公平な　13
――の平衡定数　877
――のマトリックス　412, 450
――の輸送システム，流域間での　8
――のリサイクル　7
――の利用可能性　16
――の利用パターン　22
湖　573, 937, 947
――において問題となる生物種　964
――の水質　963
――への再生水の補給　965
水供給　1085
――の信頼性　732
――の補充　738
水供給量，再生可能な　17
水供給量，再利用可能な　17, 774
水効率の良い社会の形成　10
水再生　1, 6, 7, 10, 20, 33, 111, 210, 412, 765
――における実現可能性　1091
――における選択肢　1091
――の技術　214
――の計画者　1104
――の発展　34
水再生計画者　1104
水再生工場　1153
水再生システムの影響　100
水再生施設の要件　735
水再生プロジェクト　1101
水再生プロセス　413
――の選択　842

水再生プロジェクト　12, 14, 25
水再利用　1, 6, 7, 10, 20, 33, 113, 188, 1094
――，California 州における　40, 138
――，計画的　33
――，水利権と　1099
――，発展途上国の　52
――，非計画的な　638
――，Florida 州における　45, 138
――，分散型システムの　638
――における実現可能性　1091
――における選択肢　1091
――に関連する物理的性質　118
――に用いるろ過施設　327
――のインフラ　24
――の主なカテゴリー　20
――の技術　220
――の規制プロセス　116
――の規則　114, 131
――の経済性　732
――の市場性　355
――の指針　133
――の種類　220
――の WHO の指針　145
――のための技術　245
――のための高度処理フローダイアグラム　415
――の発展　34
――の物質収支　883
――の目的　1093
――の U.S. EPA の指針　140
――の用途　212
―― ――の選択　733
―― ――の用途別規制　124
――の類型化　20
水再利用ガイドライン，WHO の　51
水再利用技術　220
水再利用基準，California 州の　1190
水再利用計画　1091
――，水利権と　1099
――の技術的課題　1097
――の範囲　1093
水再利用事業　1085
水再利用プロジェクト　12, 14, 20, 25, 1101
――の数，California 州の　1191
――の選択肢　1094
――の調査地域　1093
――の評価　1108
――の分析　1110
水資源
――，再生可能な　5
――，次世代の　6

1239

索　　引

──，費用効果のある　8
──のガバナンス　17
──の限界，利用可能な　11
──の持続可能性　731
──の信頼性　6
──の選択肢　731
──の有効利用と流域の利害との対立　6
水資源開発　7
水資源計画，統合的　6
水資源工学　23
水資源システム，持続的な　8
水資源マネジメント　1, 7, 22
──，持続可能な　6, 7, 8, 17, 1085
──，持続的な　8
──，統合的な　265
──における持続可能性　8
──におけるパラダイムシフト　25
──の持続可能性　10
水収支　774
水循環，地球全体の　13
水循環経路シミュレーション　1032
水需要分析　735
水需要予測　1092
水処理技術　23
水戦争　1149
水抜き　673
水の華　957, 992
水ピンチ解析　865, 867
水不足　17
水辺生息環境　945, 959
水輸送　17
水リサイクル　33
水利用可能量，1人当りの　13
水利用原単位，1人当りの　6
水利用効率の最適化　8
水利用の制限プログラム　10
ミチゲーション，湿地の損失の　952
ミチゲーション湿地　945
密度流　255, 551, 1034
密閉型紫外線消毒システム　530
密閉型反応槽　475
南アフリカ共和国　1186
ミネラル　833
──の不足　836

【む】

無機化　412
無機臭素酸イオン　521
無機物質　211, 242
無形費用　1090, 1114

無形便益　1090, 1114
無酸素状態　625, 963, 1038
無酸素処理法　240
無酸素ゾーン　215
無酸素タンク　215
無症候性　66
無電極　527
無毒性量　172, 177

【め】

明渠排水　780
メカニカル継手　670
メチル水銀　954
メチル-t-ブチルエーテル　98, 99, 223
メチレンブルー活性物質　96
滅菌　469, 470
目詰まり　991, 992, 1006, 1008
──の評価　1012
目詰まり防止　768, 770
メルカプタン　963
メンブレンバイオフィルムリアクタ　458, 459
メンブレンフィルタ法　491

【も】

毛管吸引時間　288
毛管流システム　766
目視検査，誤接合試験前の　712
モジュール　240
モデル係数　165
戻り金　1121
モニタリング　223, 790
モネル　438
モノクロラミン　487
モル吸光係数　411, 533
モル吸光度　533
モンテカルロシミュレーション　191
モンモリロナイト　429

【や】

薬剤　471
薬品洗浄　340
薬品添加
──による処理水安定化　385
──によるリン除去　260
薬品廃液　399
野生生物
──の生息域(環境)の保全　730, 949
──への影響　954

【ゆ】

有機塩素溶媒　98
有機質土壌　750
有機性妨害物　493
有機物高分子物質　382
有機物[質]　211, 242, 416, 988, 1000
　　──によるファウリング　381
　　──の吸着処理　416
　　──の除去　431, 988
　　──の投与　750
有機ラジカル　450
有形費用　1090
有形便益　1090
有限要素法　538
有効間隙率　780
有効径, ろ材の　322
有効利用　6, 33
有酸素処理　240
雄性特異大腸菌ファージ　1004
融雪　128, 938
融着継手　671
有病率　169
遊離塩素　374, 469, 486, 493, 494, 506
　　──と二酸化硫黄の反応　511
遊離二酸化塩素　509
油脂　282
　　──の蓄積　329
輸送　313
輸送管　24
Utah 州の修景灌漑　819, 820
輸入水　33
UPC, 附則 J　917, 922

【よ】

陽イオン交換樹脂　429
陽イオン交換容量　756
陽イオン膜　391
要因対照研究　170
溶解性塩類　883
溶解性微生物代謝産物　274, 980, 1000
溶解性物質　210
　　──の濃縮　883
溶解性ミネラルの蓄積の制御　888
溶解性無機物質　215
溶解性有機塩素化合物　93
溶解性有機炭素　95, 96, 422, 980
溶解性有機ハロゲン物質　422
溶解性有機物質　209, 887
　　──の蓄積の制御　888
溶解度積, 炭酸カルシウムの　877

溶解度積定数, 炭酸カルシウムの　387
陽極　391
陽極防食　881
陽極防食剤　881
溶血性尿毒症症候群　66, 74
溶質の膜透過流束　378
溶接継手　671
ヨウ素　471
溶存塩　751
溶存酸素　870, 873, 963, 964
用途別規制, 再利用時の　124
用量　469
　　──の概念　476
用量閾値　174
用量−反応曲線　469
用量−反応データの不足　198
用量−反応パラメータ　165, 187
用量−反応評価　161, 162
用量−反応モデル　163
横軸両吸込渦巻ポンプ　677
予防原則　13, 1154
予備機　209, 225
予備プロセス　225
ヨルダン　746
世論調査　1144
404 節許可, CWA の　948

【ら】

ライシメータ　743, 774
ライニング　671
ライフサイクル費用　292, 736, 1090, 1114
ラグーン　307, 621
ラジカル結合　443
ラジカル[の]添加　443, 450
ラーソン比　881
ラングミュアの吸着等温式　419
ランゲリア飽和度指数　385, 387, 534, 873, 880
ランブル鞭毛虫　75
ランプ寿命　526
乱流　1036

【り】

利害関係者　112
離隔規則, 管路の　668
離隔の確保　821
罹患確率　184
罹患率　112
リサイクル　7
リサイクル水　7, 33
利子計算因子　1201

1241

索　引

リスク　157
　　——の推定　181
リスク解析　182
　　——の枠組み　184
リスク管理　157, 160, 168, 224
リスク管理者　160, 188
リスクコミュニケーション　157, 160, 168, 1146
リスク特性評価　161, 166
リスク評価　147, 157, 158, 160
　　——の制限　198
　　——の相対特性　198
　　——の適用　198
リスク評価者　160
リスク分析　157, 160
リスクマネジメントの優先順位　146
リズナー安定度指数　385, 873, 880
理想的な消毒剤　470
理想溶液　875
リーチング　743, 752
リーチング必要量　772, 830
リーチング割合　772
リボ核酸　531
流域　6
　　——の管理　603
　　——の評価　1030
　　——の利害と水資源の有効利用との対立　6
流域外への淡水の導水　1, 11
流域間での水の輸送システム　8
流下液膜式濃縮器　399
硫化水素　691, 957
硫化物　963
粒径
　　——，粒子の　210
　　——，ろ材の　322
粒径分布
　　——，粒子の　210, 302, 306, 319
　　——，ろ材の　322
　　——の測定法　302
硫酸アルミニウム　283
硫酸塩　691, 758, 873
硫酸カルシウム　756, 887
　　——の投与　750
硫酸鉄　892
硫酸銅　693, 833
粒子　301
　　——の除去機構　313
　　——の除去技術　300
　　——の粒径分布　210, 302, 306, 319
粒子カウンタ　302
粒子サイズ電子カウンタ　302

粒子サイズの分布　301
粒子性物質　121, 209, 210, 215, 299, 381
　　——の除去　355
粒子付着状態　535
流出　1036
流出水　6, 841
　　——の粒径分布　306
流出水質　274
粒状活性炭　418, 513
粒状構造　750
粒状水酸化第二鉄　416, 418
粒状層ろ過　545
流束　240, 280
流入水質　274
流入水の混合　1035
流入水量　243
流量
　　——の確保　575
　　——の最大流量管理　285
　　——の増加，川の　947, 958
　　——　　——における水質　960
　　——の測定　575
　　——の調整　240, 285, 565, 580
　　——の変動　607
　　——の変動性　575
　　——のモニタリング装置　575
流量計　686
利用意志，再生水に対する　1103
利用可能な最善の技術　181
利用可能な水資源の限界　11
利用区域　112
　　——の管理　126
量子収率　412, 451, 454
利用者契約，市場保証における　1106
緑膿菌　81
利率係数　1111
リン　256, 758, 760, 963
　　——の細胞内蓄積　627
　　——の除去　259, 287, 627
　　——の沈着　760
リン酸塩　887, 892, 896
　　——の制御　887
リン酸カルシウム　882, 887
リン酸マグネシウム　887

【る】

累積水量収支解析　659
累積発生率　169
ルーズRO　365, 370
　　——の除去率　371

ループの配水管網　655, 851

【れ】

冷却材　924
冷却水［系］　128, 210, 573, 574, 870, 885
　　——の消毒　891
　　——の腐食の制御　892
　　——のスケール生成の抑制　892
冷却塔　128, 215, 865, 886, 902, 925
　　——の再循環水　927
　　——の洗浄　892
冷却塔用水　228
冷式石灰処理　883
レクリエーション機能　573
レクリエーション用園池　127
レクリエーション利用　20, 730, 946
　　——，湿地の　953
　　——の水質基準　949
レッドフィールド比　964
レジオネラ　890
　　——・ニューモフィラ　100, 532
レジオネラ症　100, 890, 917, 926
レジオネラ病原菌　926
レトロフィット　1090
レトロフィット費用　1116
連結管システム　766
連続運転，深層ろ過の　312
連続逆洗　331
連続式イオン交換反応　432
連続式機構　537
連続的なろ過操作　241
連続流れ式浮遊増殖型処理法　249
連邦法規　946

【ろ】

漏水防止機器　607

ろ過　232, 312, 1033
ろ過技術の選択　356
ろ過操作，連続的な　241
ろ過装置　316
　　——の選択　326
ろ材　322
　　——の消失　329
　　——の選択　323
　　——の有効径　322
　　——の粒径　322
　　——の粒径分布　322
ろ床　322
　　——の亀裂　329
　　——の構成　317
　　——の性状　325
　　——の短絡　329
ろ層洗浄排水　299
ロタウイルス　69, 77, 148, 190
六甲アイランド　1184
ろ布ろ過　232
路面清掃　128

【わ】

歪度　1168
ワークエクスチェンジャ　384
ワークショップ　1144
Washington 州　747, 748, 1100
　　——の環境利用の水質基準　949
　　——の後退距離　789
　　——の水質要件　822
　　——のレクリエーション利用の水質基準　949
割当て権　1090
割引率　1090, 1113～1115

欧文索引

【A】

Adelaid, Australia　　1182
Aeromonas hydrophila　　81
AI　　873, 875
Alexandria, Virginia　　1178
AL-MBR　　271
Altamonte Springs, Florida　　919
ANAMMOX　　979, 1002
A/O　　260
A²O　　260
AOC　　96, 458, 979, 1012
AOI　　1002
AOPs　　99, 413, 438
AOX　　96, 1001
APECs　　1001
APRICOT　　46, 919
Arcata, California　　966
Arizona　　747, 748, 819, 820, 822, 922, 982, 996, 1003, 1005, 1172, 1174, 1178
Ascaris lumbricoides　　75
ASM　　275
ASR　　743, 979, 1013
Atlantis Water Resource Management Scheme, South Africa　　1186
ATU　　599

【B】

BAC　　458
BAT　　181
Bacillus　　625
Bacteroides　　81
BDOC　　96
Beers-Lambert law　　533
BMPs　　945, 959
BNR　　263
BOD　　90, 119, 209, 215
BPR　　239
Brundtland Commission　　7

【C】

California　　7, 40, 126, 136, 138, 213, 704, 747, 789, 790, 792, 818, 820, 822, 903, 905, 919, 922, 931, 949, 966, 968, 971, 988, 996, 1004, 1005, 1014, 1017, 1026, 1044, 1095, 1100, 1101, 1146, 1172〜1175, 1177, 1179
California Code of Regulations, Title 22　　213, 922
California Department of Health Services　　44
California Department of Water Resources, Water Recycling 2030　　1179
California Environmental Quality Act　　1140
California Recycled Water criteria　　215
California Wastewater Reclamation Criteria　　36, 38, 792
California Water Plan Update 2005　　44
Califclornia's Recycled Water Task Force　　1179
Califclornia's Water Recycling Criteria　　126, 747
Campylobactor　　70
Campylobactor jejuni　　74
CAMS　　249, 250
Castroville, California　　1174
Castroville Seawater Intrusion Project　　796
CBMWD, California　　903
CBOD　　240
CCB　　1186
CCPP　　873, 876
CCR　　922
CDI　　175
CD/N　　394
CEC　　756
CEQA　　1140
CERCLA　　158
Chanute, Kansas　　1061
Chezy　　661
Chick　　475
Chick-Watson　　479
CI　　169
CIP　　383
City of San Diego Total Resource Recovery Health Effects Study　　36
Clean Water Act　　7, 36, 38, 130, 398, 732, 733, 945, 948, 979, 1151
Cladosporium resinae　　874
Clostridium perfringens　　81, 120
CMBR　　448
CMF　　329
COD　　90, 96
Collins-Selleck model　　497
Colorado　　819, 820, 904, 1071, 1176
Colorado River　　1026
Colorado Springs, Colorado　　36
CONSERV II　　46
Consoci de la Costa Brava, Spain　　1186
Council Environmental Quality　　1141
County Sanitation District Los Angels, California　　1175
$C_R t$　　480, 481
Cryptosporidium hominis　　75

1244

Cryptosporidium parvum   69, 75, 117, 531
CSDLAC   1175
CSIP   796
CSOs   523
CST   288
CWA   7, 38, 130, 732, 733, 945, 948, 979, 1151

【D】
DAD   1143
DAF   215, 299, 309, 349, 351
DALYs   146
Dan Region Project   50, 1004, 1183
Darcy-Weisbach   661
Davies   875
DBPFP   979, 1001
DBPs   65, 88, 117, 458, 469, 505, 506, 508
DCMF   329, 332
DeBye-Hückel   875
DEET   1002
Denver, Colorado   904, 1071, 1176
Denver Potable Water Demonstration Project, Colorado   1176
Desulfomonas   874
Desulfotomaculum   874
——*nigrificans*   874
Desulfovibrio   874
——*desulfuricans*   874
DF   329, 331
DHS   44
DI   894
DNA   471, 531
DO   870, 873, 963, 964
DOC   95, 96, 422, 980, 1000
DOH   422
Drinking Water Act   404
Drinking Water Standards   739
DRP   1183
DWM   600, 601
DWEL   157, 177

【E】
EBCT   426
ED   218, 363, 366, 391
EDCs   117, 1000
EDR   363, 367, 392
EDTA   96, 1001
EDUs   630
EE/O   412, 454
EIS   100, 948, 1097
El Dorado Hills, California   855

El Paso Water Utilities, Texas   1014
Endangered Species Act   732, 733, 945, 948
Entamoeba histolytica   76
EMBR   264
ENRCCI   1111
EOM   979, 1000
EPHIs   169
EPS   274, 288
ERA   167
ESA   732, 733, 945, 948
ESP   756
Estimates Use of Water in the United States in 2000   39
Escherichia coli   68, 79, 111, 120, 209, 495
ET   743, 774
ET_c 743, 774
ET_0 743, 774
European Communities Commission Directive   49

【F】
FAC   48
Florida   45, 136, 138, 213, 704, 747, 748, 789, 797, 818, 820, 822, 919, 922, 949, 1005, 1149, 1172, 1176
Florida Administrative Code   48, 951
Freundlich isotherm   419
FWS   950

【G】
GAC   418, 513
Gallionella   874
Georgia   820
GFH   416
Giardia lamblia   69, 75, 117, 531
Giardia muris   75
Girona, Spain   1186
Golden Gate Park, San Francisco, California   1172
Grand Canyon Village, Arizona   1172
Great Plains   18
Guidelines for Water Reuse   36, 131, 133, 140, 149

【H】
HAAs   505
Hantush   993
HAR   848
Hazen-Williams   661
Hawaii   747, 748, 789, 819, 820, 822, 922
Health Guidelines for the Use of Wastewater in Agriculture and Aquaculture   51, 145
helminths   76
Henry   514
Homeowners Association   721

Hooghoudt 781
HPLC 428
HPMC 428
$H-Q$ curve 678
HRT 1035

【I】
IAPMC 917
IARC 179
IFAS 232, 234
in vitro 65, 170
in vivo 65, 170, 173
International Association of Plumbing and Mechanical Code 917
IRIS 175
Irrigated Lands Conditional Water Program 747
Irvine Ranch Water District, Orange County, California 713, 919, 1173
IRWD 1173

【J】
Jeezrael Valley Project, Israel 1183
JVP 1183

【K】
Kansas 1061
Klebsiella 81

【L】
Langmuir isotherm 419
Largo, Florida 919
Larson's ratio 881
LAS 96
LC_{50} 172
LCC 292
LD_{50} 172
LDB 926
Legionella 890, 926
——*pneumophila* 100, 532
Legionnaires' disease bacteria 926
LF 772
livemore, California 919
LOAEL 172, 177
Los Angeles, California 919, 1175
LOX 515
LR 830
LSI 385, 387, 873, 880

【M】
Management Practices for Nonpotable Reuse, Virginia 1178
Manning 661
Marin County, California 919
Massachusetts 919
MBAS 96
MBfR 458
MBR 209, 234, 240, 246, 264, 565
MCL 157, 174, 179, 778
MCLG 157, 174, 179, 180
MCLs 139
MCWRP 796
MED 436
MEE 436
Meeloop filter index 1012
Mesa, Arizona 1005
MF (microfiltlation) 239, 264, 289, 299, 309, 337, 341, 346
MF (membrane filter) 491
MFI 375, 376, 980, 1012
mini plugging factor index 375, 377
MLE 257, 258
MLFI 979, 1012
MLSS 239
MLVSS 239
modified fouling index 375, 376
Montebello Forebay, California 41
Montebello Forebay Groundwater Recharge Project, California 1005, 1175
Monterey County Water Recycling Project 796
Monterey Regional Water Pollution Control Agency, California 1174
Monterey Wastewater Reclamation Study for Agriculture, California 36, 792, 1174
MPFI 375, 377
MPN 111, 134, 491
MQC 636
MRA 182
MSF 437
MTBE 99, 223
MTF 491
MTD 173
MTZ 422
MWCO 363
MWRSA 792, 1174

【N】
National Environmental Policy Act 733, 948, 1089, 1097, 1140
National Pollutant Discharge Elimination System 137, 403, 732, 945, 979
National Primary Drinking Water Maximum Contaminant

Levels   139
National Toxicology Program   173
National Water Research Institute   541, 545
nbVSS   276
NDMA   93, 98, 176, 223, 274, 507, 1013
NEPA   733, 948, 1089, 1097, 1140
Nevada   747, 748, 819, 820, 822
New Jersey   789
New Mexico   819
New South Wales, Australia   931
New York   19, 919
NEWater   24, 50, 1025
NEWater Study   1185
NF   218, 274, 363, 365, 369
NIMBY   799
Nitrosobacter   624
Nitrosococcus   624
Nitrosomonas   624
Nitrosopira   624
NOAEL   172, 177
NOM   87, 412, 440, 450, 469, 479, 979, 1000
NP   96
NPDES   137, 403, 732, 746, 945, 948, 979
NPT   173
NTU   305
NWRI   541, 545

【O】
OCSD   1018
OCWD   988, 1014
OD   249, 250, 258
Orange County, Florida   1176
Orange County Sanitation District, California   1018
Orange County Water District, California   988, 1014, 1017
Orange County Water District's Santa Ana River Water Quality and Health Study, Califonia   1179
Orlando, Florida   1176
Our Common Future   7

【P】
PAA   522
PAC   418, 426, 513
PAHs   88, 96
Palo Verde Nuclear Generating Station   1174
Patriots Stadium, Massachusetts   919
PCPP   979, 1000
PCPs   65, 111, 117
PCR   149, 890
PEG   96
Penman-Monteith   774

PF   175
pH   117, 374, 438, 870, 872, 873, 880
PhACs   65, 111, 117
Pinellas, Florida   927
POD   179
Pomona Virus Study   37, 1173, 1174
Pontiac fever   890, 926
Potable Water Reuse Demonstration Plant   36
PQLs   181
Primary Drinking Water Regulations   130
PSA   515
Pseudomonas   625
    ——*aeruginosa*   81, 874
public access areas   818
1962 Public Health Service Drinking Water Standards   130
PVNGS   1174

【Q】
QMRA   147, 182

【R】
rbCOD   287
RBF   979, 1015
RCRA   158
Recycled Water Food Safety Study   796
RED   469, 545
refined Collins-Selleck model   497
Regulation Governing Use of Sewage for Irrigation Purposes   38
reunified water   24
RfD   157, 173
RIBs   798, 799, 979, 986
Rio de Janeiro Declaration   13
Rio Grande River   19
RNA   471, 531
RO   218, 363, 365, 371, 411, 883
Roseville, California   1100
Rouse Hill Recycled Water Area Project, Australia   716, 1182
RSC   177
RSI   385, 873, 880
RTD   1035

【S】
Sacramento, California   1175
Sacramento River   1026
Safe Drinking Water Act   38, 39, 130, 179, 733
Safe Harbor Agreements   948
Salinas Valley Reclamation Project   796
Salmonella   70, 74, 123

1247

欧文索引

──*paratyphi* 74
──*typhi* 69, 74
San Diego, California　927, 971, 1026, 1044, 1095, 1177
San Francisco, California　1172
San Jose, California　919
San Luis Obispo, California　968
Santa Ana River Water Quality and Health Study, California　1179
SAR　363, 743, 753
SARadj　754
SARWQH　1179
SAT　129, 231, 979, 983, 1000
SBR　249, 250, 258, 565
Schistosoma mansoni　75
Scientific Advisory Panel on Droundwater Recharge, California　1175
Scottsdale Water Campus, Arizona　1005, 1006, 1013, 1178
SDI(silt density index)　375, 376
SDI(Stiff and Davis stability index)　385, 881
SDWA　38, 39, 130, 179
Redwood, California　1146
Serrano, California　718
sewage　66
SF　951
Shigella　73
──*dyseteriae*　73
──*sonnei*　73
SHMP　383
silt density index　375, 376
Singapore Public Utilities Board　1025, 1048
Singapore Water Reclamation Study　1185
SMP　274, 980, 1000
SOCs　89, 411
Solaire Building, New York　586
Sphaerotilus　874
──*natans*　874
Springs, South Africa　1186
SRT　209, 234, 239, 479, 619
RSSCT　428
St. Petersburg, Florida　37, 849, 919, 1149, 1172
State of California's 1978 Wastewater Reclamation Criteria　36, 38
State of Washington Stream Habitat Restoration Guidelines　959
STEG　577, 630
STEP　577, 631
Stiff and Davis stability index　385, 881
Stockholm Framework　145
Streptomyces griseus　532
Sulaibiyah Wastewater Reclamation and Reuse Project, Kuwait　1184
SVI　288
SVRP　796

【T】

Tallahassee, Florida　46
TCA　98
TDS　117, 242, 274, 302, 489, 883, 887, 954
Tel Aviv, Israel　1183
Texas　747, 748, 819, 820, 822, 922, 949
TFC　369
TF/SC　251
THAP　96
Theis　1010
Thiobacillus ferroosidans　874
Thiobacillus thioosidans　874
Third North Sea Conference　13
THMs　505
Title 22　33, 36, 38, 213, 215, 792, 922
TMDL　747, 948
TMP　240, 299
TOC　90, 96, 117, 412, 873
Total Resources Recovery Project, California　1177
TSS　117, 119, 209, 215, 239, 302, 306, 317
TSV　1117
TTT　96
Tunis, Tunisia　1187

【U】

UC　322
UF　239, 264, 299, 309, 337, 341, 346
Underground Injection Control　137
Uniform Plumbing Code　703, 708, 917
UPC　703, 708, 917
──, Appendix J　917, 922
Upland, California　593
Upper Occoquan Sewage Authority, Virginia　1038
U.S. Department of Interior　20
U.S. EPA　541
U.S. Disinfection Byproducts Rule　733
U.S. EPA Guidance Manual　545
U.S. EPA Surface Water Treatment Rule　733
Utah　819, 820
UV　469, 475, 478, 524

【V】

VARI-RO system　384
Venice, Florida　37
Vernon, Canada　1182
Virginia　1038, 1178

Virginia Pipeline Project　　50
Virginia Pipeline Project, Australia　　1182
Vitoria, Spain　　1187
VFD　　679
VOCs　　90, 96, 1034
VPP　　1182
VSA　　515
VSS　　239, 276

【W】

WallaWalla, Washington　　1100
Walnut Valley Water District, California　　1101
Washington　　747, 748, 789, 822, 949, 1100
wastewater　　66
Wastewater Reclamation Criteria　　44
Water Code　　7
Water Conserv Ⅱ, Florida　　797, 1005, 1176
Water Factory 21　　36, 1014
Water Pollution Control Act　　38
Water 2025 : Preventing Crises and Conflict in the West　　20
Water Quality Standards　　137
Water Recycling 2030　　36, 38
Water Resources Caution Areas　　48
Water Reuse Project, Kuwait　　1184
WBMWD, California　　905
WCRWSA　　1149
West Basin Municipal Water District, California　　905, 1014
West Coast Regional Water Supply Authority, Florida　　1149
WHO　　51, 145
WHO Guidlines for the Safe Use of Wastewater, Excreta, Greywater　　147
Wilson-Grizzle Act　　46, 849, 1150
Windhoek, Namibia　　50, 1065, 1185
Windhoek's Goreangab Water Reclamation Plant　　35
Winter Garden, Florida　　1176
WRCA　　48

【Y】

Yersinia enterocolitica　　74
Virginia Pipeline Scheme, South Australia　　802
YLDs　　146
YLLs　　146

【Z】

Zangar　　1007
ZLD　　865, 867

英和対訳リスト

【A】

AADF　annual average daily flow　年間平均日流量
ability of soil to retrain cation　陽イオンの土壌による保持力
abiotic reaction　非生物反応
aboveground drip irrigation　地表点滴灌漑
ABS　alkyl benzene sulfonate　アルキルベンゼンスルホン酸
absolute value　規制値
absorbance　吸光度
absorption　吸収
absorption field system　吸収地方式
absorptivity　吸光係数
acceptable degradation　許容分解
acetyl hydroxide　アセチル水酸化物
acid-forming gas　酸性ガス
acmite　錐輝石, アクマイト
activated alumina　活性アルミナ
activated carbon　活性炭
activated carbon column　活性炭カラム
activated sludge　活性汚泥[法]
activated sludge aeration tank　活性汚泥エアレーションタンク
activated sludge process　活性汚泥法
active oxygen　活性酸素
activity coefficient　活量係数
actual costs　実際原価
acute gastrointestinal illness；AGI　急性胃腸炎
acute health effect　急性健康被害
acute toxicity　急性毒性
acutely toxic　急性毒性
adenine　アデニン
adenovirus　アデノウイルス
adjusted field area　調整した農地面積
adjusted sodium adsorption ratio；SAR_{adj}　調整ナトリウム吸着比
adjusted storage volume　修正貯留容量
adjusted value　調整値
adsorbable organic halides；AOX　吸着性有機ハロゲン
adsorbable organic iodine；AOI　吸着性有機ヨウ素
adsorbate　吸着質
adsorbent　吸着媒, 吸着剤
sdsorbent material　吸着剤
adsorbent resins　吸着樹脂
adsorption　吸着
adsorption contactor　吸着反応塔
adsorption isotherm　吸着等温線

adsorptive capacity　吸着容量
advanced biological nutrient removal secondary treatment　高度生物学的栄養塩除去二次処理
advanced biological treatment　生物学的高度処理
advanced oxidation　促進酸化[法]
advanced oxidation processes；AOPs　促進酸化処理, 促進酸化プロセス
advanced treatment　高度処理
advanced wastewater treatment；AWT　高度[下水]処理
advanced water reclamation technology　高度再利用水処理
advection　移流
aerated bioreactor　エアレーション式生物反応槽
aeration tank　エアレーションタンク
aeration-activated sludge process　エアレーション活性汚泥処理法
aerobic　好気[性]
aerobic biological process　好気性生物処理法
aerobic composting　好気的コンポスト化
aerobic process　好気[性]処理[法]
aerobic treatment unit；ATU　好気性処理装置
Aeromonas hydrophila　エロモナス・ハイドロフィラ
aerosol　エアロゾル
aerosolization efficiency　エアロゾル化効率
affordability　経済性
aftergrowth　後増殖
aggregate constituent　包括的成分
aggregate measurement　包括的測定値
aggregated　団粒化
aggressiveness index；AI　侵食度指数
AGI　acute gastrointestinal illness　急性胃腸炎
agricultural irrigation　農業用水, 農業[用]灌漑
agricultural irrigation water　灌漑用水の供給
agricultural uses　農業利用
agricultural water use　農業用水
agronomic　農学[的]
agronomic application rate　農学的散布速度
agronomic water quality　農学的水質要件
AI　aggressiveness index　侵食度指数
air conditioning　空調利用
air conditioning cooling water　空調冷却用水
air gap　吐水口空間の確保
air gap separation　吐水口空間の分離
air lift pump　エアリフトポンプ
air pressurization tank　加圧タンク
air release valve　空気弁
air stripping　エアストリッピング

air to water ratio　気-液比
aird region　乾燥地域
air-gap separation　吐水口空間の分離
air-mixing　空気攪拌
air-scour　気泡洗浄
aldehydes　アルデヒド
Aleppopine　アレッポパイン
algae　藻類
algal bloom　水の華
algal synthesis　藻類の合成
alkali soil　アルカリ土壌
alkalinity　アルカリ度
alkyl benzene sulfonate；ABS　アルキルベンゼンスルホン酸
alkylphenolethoxycarboxylates；APESs　アルキルフェノールエトキシカルボキシレート
alligator　アメリカワニ
allowable nitrate concentration　許容硝酸濃度
allowable percolation rate　許容浸透速度
alpha factor　α係数
altered　改変
alternative collection systems　様々な収集方式
alternative water supply projects　代替水供給プロジェクト
alum　硫酸アルミニウム
Ames test　Ames試験
amendment　土壌改良剤
amendment nitrogen　アンモニア性窒素
ammonia nitrogen　アンモニア性窒素
amortized capital costs　償却後の資本額
amortized cost　減価償却費
amperometeric method　電流測定法
amu　atomic mass unit　原子質量単位
Anabena　アナベナ
anabolism　同化
anaerobic　嫌気[性]
anaerobic ammonia oxidation；ANAMMOX　アンモニアの嫌気的酸化，ANAMMOX法
anaerobic bacteria　嫌気性細菌
anaerobic condition　嫌気状態
anaerobic decomposition　嫌気性分解
anaerobic digester　嫌気性消化タンク
anaerobic digeation　嫌気性消化
anaerobic process　嫌気性処理法
anaerobic reactor　嫌気[性反応]タンク
anaerobic sludge digestion　嫌気性汚泥消化
anaerobic zone　嫌気ゾーン
anaerobic-aerobic　嫌気性-好気性
anaerobical-digested sludge　嫌気性消化汚泥
analcite　方沸石

analysis of variance；ANOVA　分散分析
ANAMMOX　anaerobic ammonia oxidation　アンモニアの嫌気的酸化，ANAMMOX法
animal feeding study　動物投与実験
animal shelter　動物保護施設
anion resin　陰イオン樹脂
anion resin,cation resin　陰イオン・陽イオン交換樹脂
annual probability of infection　年感染確率
annual average daily flow；AADF　年間平均日流量
anode　アノード
ANOVA　analysis of variance　分散分析
anoxic　無酸素[状態]
anoxic condition　無酸素状態
anoxic denitrification　無酸素脱窒
anoxic process　無酸素処理法
anoxic reactor　無酸素[反応]タンク
anoxic zone　無酸素ゾーン
anthocyanin　アントシアニン
anthropogenic　人為的
anthropogenic compounds　人工化合物
anthropogenic source　人為的要因
anticipated operating cost　運転経験に基づき予想される運転費用
antiscalants　スケール防止剤
AOC　assimilable organic matter　同化性有機炭素
AOH　adsorbable organic halides　吸着性有機ハロゲン
Adsorbable organic iodine　吸着性有機ヨウ素
AOPs　advanced oxidation processes　促進酸化処理，促進酸化プロセス
APESs　alkylphenolethoxycarboxylates　アルキルフェノールエトキシカルボキシレート
application point　散布地点
application rates　灌漑速度
appropriative rights　割当て権
appurtenance　分水施設
aquatic environment　水環境
aquatic habitat　水中生息環境
aquatic life　水生生物
aquatic life metals criteria　水生生物用の金属濃度基準
aquifer　帯水層
aquifer storage and recovery　帯水層の貯留と回収
aragonite　アラゴナイト，あられ石
archaebacteria　古細菌
arid land　乾燥地帯
ark discharge　アーク放電
artichokes　アーティチョーク
ascariasis　回虫症
Ascaris lumbricoides　回虫，腸管線虫
aspect ratio　縦横比
aspirating aeration　斜軸攪拌エアレーション

英和対訳リスト

ASR　aquifer storage and recovery　帯水層の貯留と回収
assimilable organic carbon；AOC　生物同化性有機炭素
assimilation　同化
assimilative capacity　同化容量
Astroviruses　アストロウイルス
asymmetric membrane　非対称膜
asymptomatic　無症候性
atmospheric deposition　大気からの沈着
atmospheric-type vacumm breaker　大気圧式バキュームブレーカ
atomic mass unit；amu　原子質量単位
attached growth biological treatment　付着増殖型活性汚泥法
attached growth process　付着増殖型処理法
attached-growth denitrification　付着増殖型脱窒
attenuation　低減
ATU　aerobic treatment unit　好気性処理装置
augmentation　増加
auto filtration　自己ろ過
automatic level controller　自動水位調節器
autotrophic denitrification process　独立栄養性脱窒プロセス
autotrophic process　独立栄養プロセス
autptrophs　独立栄養生物
available water capacity　可能容水量
availability factors　可能性に関する係数
availability toll　可能性に応じた徴収
average daily flow　日平均使用量
average daily flowrate　日平均流量
average flow per resident　1人当り平均下水量
average flowrate　平均流量
average mass loading　平均負荷量
average ultraviolet intensity　平均紫外線照度
avian influenza　鳥インフルエンザ
avoidance　回避性
AWT　advanced wastewater treatment　高度［下水］処理

【B】

BAC　biological activated carbon　生物活性炭
backflow　逆流
backflow preventer　逆流防止装置
backflow prevention device　逆流防止装置
backpulse　バックパルス
backpulse water flushing　バックパルス洗浄
back-siphonage　逆サイフォン作用
backups　予備設備
backwash　逆洗
backwashing　逆洗

backwash water requirement　必要逆洗水量
bacteria　細菌
bacterial pathogens　病原性細菌
bacteriological requirement　微生物学的水質基準
bacteriophage　ファージ
Bacteroides　バクテロイデス属
baffle　バッフル
balancing storage reservoir　調整貯留池
ballast　安定器
ballasted flocculation　高速凝集
bank filtration system　河岸ろ過システム
bank of ultraviolet lamp　紫外線ランプセット
bar rack　バーラック
bar screen　バースクリーン
Bardenpho plant, Bardenpho process　バーデンフォ法
barrel　消火栓
barrier　不透水層
base flow　基本流量
BAT　best availability technology　利用可能な最善の技術
batch culture　回分式培養
batch mode　回分式
batch reactor　回分式反応タンク
batch type　回分式
Bayesian analysis　ベイズ解析法
Bayesian approach　ベイズアプローチ
BDOC　biodegradable dissolved organic carbon　生物分解性溶解性有機炭素
bed rock　母岩
Beers-Lambert law　Beers-Lambert則
below outfall　放流口地点
beneficial uses　有効利用
best availability technology；BAT　利用可能な最善の技術
best management practices；BMPs　最適管理手法
BET　Brunauer, Emmet, Teller　ブルナウアー，エメット，テラー
beta-Poisson model　ベータポアッソンモデル
bicarbonate　重炭酸塩
bin　ビン
bioaccumulation　生物蓄積
bioassay　バイオアッセイ
bioaugmentation　バイオオーグメンテーション
bioavailability　バイオアベイラビリティ
biochemical oxygen demand；BOD　生物化学的酸素要求量
biodegradable dissolved organic carbon；BDOC　生物分解性溶解性有機炭素
biodegradable organics　生物分解性有機物
biodegradation　生物分解
biofouling　生物ファウリング
biofilm　生物膜

biofilter	バイオフィルタ
biological activated carbon；BAC	生物活性炭
biological activity	微生物活性
biological breakdown	生物分解
biological control agent	生物学的防除剤
biological denitrification	生物学的脱窒
biological film	生物膜
biological filtration	生物ろ過
biological fouling	微生物学的ファウリング
biological nitrification	生物学的硝化
biological nitrogen removal；BNR	生物学的窒素除去
biological nutrient removal	生物学的[な]栄養塩除去[型]
biological phosphorus removal；BPR	生物学的リン除去
biological process	生物処理
biological solid	下水汚泥
biological treatment	生物学的処理
biological treatment process	生物学的処理プロセス
biological unit operation	生物学的単位操作
biological wastewater treatment	生物学的下水処理
biomass solid	下水汚泥
bioreactor	生物反応タンク
biostimulation	バイオスティミュレーション
biotic reaction	生物反応
bisulfate	亜硫酸ナトリウム
black liquor	黒液
black water	ブラックウォーター，トイレ排水
blended water	混合水
blocky	塊状
bloom	ブルーム
blowdown	ブローダウン
blowdown water	ブロー水
blower	送風機
blowoff	水抜き
BMPs best management practices	最適管理手法
BNR biological nitrogen removal	生物学的窒素除去
BOD biochemical oxygen demand	生物化学的酸素要求量
BOD loading	BOD負荷
BOD removal	BOD除去
BOD removal efficiency	BOD除去効率
BOD_5 concentration	BOD_5濃度
BOD_5 loading	BOD_5負荷
BOD_5 loading rate	BOD_5負荷率
bog	湿原
boiler	ボイラ
BOO build-operat-own	
Booster pumping station	ブースタポンプ
BOOT build-operate-own-transfer	
bore	穿孔動物
Boston fem	ボストンフェルン
BOT build-operate-transfer	
border irrigation	ボーダ灌漑
boron	ホウ素
boron tolerance	ホウ素耐性
bottom scraper	底部掻寄せ機
bougainvillea	ブーゲンビリア
bound group	固定された集団
BPR biological phosphorus removal	生物学的リン除去
brackish	汽水
brackish limestone aquifer	汽水性石灰岩帯水層
branch dieback	枝枯病
breakpoint chlorination	不連続点塩素処理
breakpoint reaction	不連続点反応
breakthrough	破過
brine	ブライン
brine concentrator	ブライン濃縮器
brine processing	濃縮水処理
broad-spectrum medium-pressure lamp	広周波帯域型中圧紫外線ランプ
bromate	臭素酸塩
bromide	臭化物イオン
brominated acetic acid	臭素化酢酸
bromine chloride	塩化臭素
bromoacetonitrile	ブロモアセトニトリル
bromoform	ブロモホルム
bromopicrin	ブロモピクリン
Brunauer, Emmet, Teller；BET	ブルナウアー，エメット，テラー
brush aerator	ブラシエアレーション装置
buffer[ing]	緩衝
buffer capacity	緩衝能
buffer intensity	緩衝強度
build-operate-own	BOO
build-operate-own-transfer	BOOT
build-operate-transfer	BOT
bulking	バルキング
buoyant	揚性
Burford holly	バーフォードホリー
business education	事業者教育
butterfly valve	バタフライ弁

【C】

calcite	方解石，カルサイト
calcium	カルシウム
calcium carbonate precipitation potential；CCPP	炭酸カルシウム析出能
calcium hypochloride	次亜塩素酸カルシウム
calcium sulfate	硫酸カルシウム
Caliciviridae	カリシウイルス科
calicivirus	カリシウイルス

英和対訳リスト

Campylobacter	カンピロバクター
Campylobacter jejuni	カンピロバクター・ジェジュニ
cancer potency	発癌強度
capacity factor	能力係数
capacity to hold water	水分保持特性
capillary suction time；CST	毛管吸引時間
capital cost	資本費用
carbon adsorption	活性炭吸着[法]
carbon regeneration	活性炭の再生
carbon source	炭素源
carbonaceous biochemical oxygen demand；CBOD	炭素系生物化学酸素要求量，炭素系BOD
carbon-adsorption	炭素吸着処理
carbonation	炭酸化
carbonhydrates	炭化水素
carbon-nitrogen ratio	C/N比
carcinogen	発癌性物質
carcinogenic, carcinogenicity	発癌性
carcinogenicity mouse study	発癌性のマウスを用いた研究
carcinogenicity rat study	発癌性のラットを用いた研究
cartridge membrane	カートリッジ型膜
carvyover	汽水共発
catabolism	異化
catalytic oxidation	触媒酸化
catchment area	集水域
cathode	カソード
cathodic protection	電気防食
cation	陽イオン
cation exchanged capacity；CEC	陽イオン交換容量
cation including	陽イオン保持力
cation resin	陽イオン樹脂
cattails	ガマ
cavitation	キャビテーション，空洞現象
CBOD carbonaceous biochemical oxygen demand	炭素系生物化学酸素要求量，炭素系BOD
CCPP calcium carbonate precipitation potencial	炭酸カルシウム析出能
CD current density	電流密度
CDI chronic daily intake	恒常的日摂取量
CD／N ratio current density to normality ratio	電流密度−規定度比
CEC cation exchanged capacity	陽イオン交換容量
cell composition	細胞構成物
cell division	細胞の分化
cell lysis	細胞溶解
cell structure	細胞の構造
cell synthesis	細胞の合成
cell wall disintegration	細胞膜の破壊
cell yield coefficient	菌体収率
center flocculation well	セントラル・フロッキュレーション・ウェル
central wastewater treatment plant；CWWTP	集約型下水処理施設
centralized collection system	集約型[の]集水システム
centralized system	集約型システム
centralized treatment plant	集約型処理施設
centralized wastewater management	集約型排水管理
centrifugal pump	遠心ポンプ
CFD computational fluid dynamics	計算流体力学
check valve	逆止弁
chelate	キレート剤
chelated copper sulfate solution	キレート硫化銅法
chemical carcinogen	発癌性化学物質
chemical cleaning	化学的洗浄
chemical cleaning waste water	化学洗浄排水
chemical control agent	化学的防除剤
chemical noncarcinogen	非発癌性化学物質
chemical oxidation	化学酸化
chemical oxygen demand；COD	化学的酸素要求量
chemical properties	化学特性
chemical reaction	化学反応
chemical unit operation	化学的単位操作
chemical-feed system	薬品供給システム
chemically precipitated phosphorus	リンの化学凝集物
chemoautotrophic	化学独立栄養性
chemoautotrophs	化学独立栄養生物
chemoheterotrophic organisms	化学従属栄養微生物
chemoheterotrophs	化学従属栄養生物
chemostat	ケモスタット
chemotrophs	化学栄養生物
chelating resin	キレート樹脂
chimney	反応筒
chloral hydrate	抱水クロラール
chloramination	クロラミン処理
chloramines	クロラミン
chloride constant	塩素イオン濃度
chloride ion	塩化物イオン
chlorides	塩化物
chlorinated byproducts	消毒副生物
chlorination	塩素処理
chlorine	塩素
chlorine compounds	塩素化合物
chlorine demand	塩素要求量
chlorine dioxide	二酸化塩素
chlorine residual	残留塩素
chlorine residual total	全残留塩素
chlorophenols	クロロフェノール
chlorosis	クロロシス
cholera	コレラ
chronic daily intake；CDI	恒常的日摂取量

chronic health effect	慢性健康被害	community task force	地区特別対策委員会
chronic toxicity	慢性毒性	compact activated sludge process	コンパクト活性汚泥法
chronic toxicity studies	慢性毒性試験	complete mix	完全混合法
ciliate	繊毛虫	complete mix tank	完全混合タンク
CIP　cleaning-in-place	現場での洗浄	completely mixed batch reactor；CMBR	完全混合型回分式反応タンク
circulation cell	吹送流の循環		
clarifier	沈殿池	complimentary strand	相補的配列
clay	粘土	component	構成物質
Clean Water Act；CWA		composite sample	コンポジットサンプル
cleaning-in-place；CIP	現場での洗浄	composite sampling	コンポジットサンプル
clinoptilolite	クリノプチロライト	composting	コンポスト化
clogging	目詰まり	composting toilet	コンポスト型トイレ
closed channel	密閉路	comprehensive sampling and analysis program	総合的な採水分析計画
Clostridium perfringens	ウエルシュ菌		
cloth-media filter；CMW	布ろ過	compressor	コンプレッサ
cluster system	集合システム	computational fluid dynamics；CFD	計算流体力学
CMBR　completely mixed batch reactor	完全混合型回分式反応タンク	computer-generated randomization procedures	コンピュータによる無作為
CMW　cloth-media filter	布ろ過	concentrate	濃縮水，濃縮液
coagulant	凝集剤	concentrated residuals disposal	濃縮［排］水
coagulation	凝集	concentration cycle	濃縮倍数
Coastal Zone Management Act	沿岸管理法	concentration gradient	濃度勾配
coating	コーティング	concentration of soluble salts	溶存塩分濃度
COD　chemical oxygen demand	化学的酸素要求量	concentration polarization	濃度分極
cold lime treatment	冷式石灰処理	condensation	濃縮
coliform	大腸菌群	confined aquifer	被圧帯水層
coliform bacteria	大腸菌群	constant dollar	恒常ドル
coliform group [of bacteria]	大腸菌群	constant-rate filtration	定速ろ過方式
coliform organisms	大腸菌群	constant-speed electric motor	一定速度電動モータ
coliphage	コリファージ，大腸菌ファージ	constituent	成分
coliphage virus	大腸菌ファージウイルス	constituents	汚濁成分
collection system	収集システム	constituent mass loading rate	質量負荷率
collection tube	集水管	constituent of concern	考慮すべき成分
collimated beam	平行光	constituent values	水質項目
Collins-Selleck model	Collins-Selleck モデル	constructed wetland	人工湿地
cooling tower	冷却塔	consume price index	消費者物価指数
colloidal particle	コロイド	consumptive use	消費の利用
colloidal solid	コロイド	contact bed	充填ろ床
color coding	色別け	contact filter	接触ろ床
combination air release/vacuum relief valve	空気抜き真空破壊共用弁	contact filtration	接触ろ過
		contact time	接触時間
combined biological membrane technology	複合生物学的膜処理技術	contaminants	汚濁物
		continuous backwash	連続逆洗
combined chlorine	結合塩素	continuous operation	連続運転
combined chlorine residual	結合残留塩素	continuous mode	連続式
combined sewer	合流式下水道	controlled experiment	制御実験
combined sewer overflows；CSOs	合流式下水道越流水	conventional activated sludge	標準活性汚泥法
commercial laundries	商業用クリーニング	conventional chemical oxidation	標準化学酸化プロセス
commercial uses	事業所排水	conventional drinking water supply system	標準［の］飲用水道システム
community system	コミュニティシステム		

英和対訳リスト

conventional oxidation processes　標準化学酸化プロセス
conventional secondary treatment　標準的［な］二次処理
conventional treatment　標準型処理方法
conventional treatment technology　標準型処理技術
conversion　換算量
conversional diffused aeration　散気型エアレーション
cooling tower　冷却塔
cooling tower blowdown　冷却塔の排水
cooling water　冷却用水
coprecipitation　共沈殿
core coil　芯コイル型
corner fillet　隅の平滑化
corona　コロナ
corrosion　腐食［性］
corrosion protection　腐食対策
cost　費用
cost consideration　費用の検討
cost estimates　費用推定
cost-effectiveness analysis　費用効率性分析
council on environmental quality　環境諮問委員会
cover crop　表面被覆作物
coxsakievirus　コクサッキーウイルス
crevice corrosion　隙間腐食
criteria　評価基準, 基準
criterion　評価基準
crop selection　作物選定
crop coefficient　作物係数
crop evaporation value　作物蒸発散量
crop evapotranspiration　作物［の］蒸発散量
crop spacing　植栽間隔
cross connection　誤接合
cross flow filtration　クロスフロー［方式］ろ過
cross-connection　誤接合
cross-flow　クロスフロー
cross-flow filtration　クロスフローろ過
cryptosporidiosis　クリプトスポリジウム症
Cryptosporidium　クリプトスポリジウム
Cryptosporidium hominis　クリプトスポリジウム・ホミニス
Crypt psporidium parvum　クリプトスポリジウム・パルブム
crystallizer　晶析
CSOs　combined sewer overflows　合流式下水道越流水
CST　capillary suction time　毛管吸引時間
cumulative incidence　累積発生率
cumulative mass balance analysis　累積水量収支解析
cumulative pollutant-loading limits　累積汚染物質負荷制限量
cumulative storage volume　累積貯留量
current density；CD　電流密度
current density to normality ratio　電流密度-規定度比, CD／N比
curtail use of water　給水制限
CWA　Clean Water Act
CWWTP　central wastewater treatment plant　集約型排水処理施設
cyanogens bromide　臭化シアン
cyanogens chloride　塩化シアン
cycles of concentration　濃縮倍数
cytosine　シトシン
Cyclospora　シクロスポラ
cylindrical sludge digestion tank　円筒形消化タンク
cyst　シスト

【D】

DAD　decide-announce-defend　決定-公表-防御
DAF　dissolved air flotation　加圧浮上分離
daily dose　日摂取量
daily exposure　日曝露量
daily flow variation　日間流量変動
daily probability of infection　日感染確率
DALYs　disability adjusted life years　障害調整生存年数
Darcy's law　Darcyの法則
Darcy-Weisbach equation　Darcy-Weisbachの式
dark repair　暗回復
DBPFP　disinfection byproduct formation potential　消毒副生成物生成能
DBPs　disinfection byproducts　消毒副生成物
DC　direct current　直流
DCMF　diamond cloth-media filter　ダイアモンドクロスメディアフィルタ
de facto indirect potable reuse　事実上の間接的飲用再利用
dead space　死水域
dead-end filtration　デッドエンド方式ろ過
deaeration　脱気
debt service　元利支払い総額
decentralized applications　分散型の再生水利用
decentralized facility　分散型施設
decentralized systems　分散型システム
decentralized treatment systems　分散型処理システム
decentralized wastewater management；DWM　分散［型］排水管理
decentralized wastewater reclamation system　分散型排水再生システム
decide-announce-defend；DAD　決定-公表-防御
dechlorination　脱塩素［処理］
deep open drain　開排水路排水, 明渠排水
deep percolation　深層浸透
deep tillage　深耕作
deep-bed downflow filter　深床下降流ろ過
deep-bed granular activated carbon　深床型粒状活性炭処

1256

理

deep-bed upflow continuous-backwash filter　上向流式連続逆洗深床ろ過
deep-well injection system　深井戸注入システム
default value　デフォルト値
degas vessel　脱気装置
degradation　分解
degree of recovery　回収率
degree of rejection　除去率
deionization；DI　脱イオン
delivered dose　提供線量
demand　需要
demand management　需要管理
demand profile　需要プロファイル
demand-supply balance　需給バランス
demand-supply management　需要・供給管理
demineralization　脱塩
demonstration facility　実証施設
denitrification　脱窒
denitrifying bacteria　脱窒細菌
dense membrane　稠密膜
densely populated area　人口密集地
density　密度
density current　密度流
deoxyribonucleic acid：DNA　デオキシリボ核酸
deposition　沈着
deposition of phosphorus　リン沈着
depth filter　深層ろ過
depth filtration　深層ろ過
depth of water table　地下水位
desalination　[海水]淡水化
design flow　設計下水量
design flowrate　計画下水量
design life　設計寿命
design period　計画目標年次
desorption　脱着
detection limit　検出限界
detention time　滞留時間
detergent　洗剤
dewater　脱水
dewatering　脱水
dewatering performance　脱水性能
DF　discfilter　ディスクフィルタ
DI　deionization　脱イオン
diadromous fish　回遊性魚類
diamond cloth-media filter；DCMF　ダイアモンドクロスメディアフィルタ
diaphragm pump　ダイヤフラムポンプ
dichloramine　ジクロラミン
differential inflation　特異的インフレーション

diffused aeration system　散気式エアレーションシステム
diffuser　散気装置
diffusion　拡散
digester　消化槽
dimer　二量体
dilution　希釈
1,4-dioxane　1,4-ジオキサン
direct contact cooling　直接冷却
direct counting　直接計数法
direct current；DC　直流
direct filtration　直接ろ過
direct injection　直接注入
direct microscopic observation　顕微鏡による直接観察
direct potable reuse　直接的飲用再利用
direct reuse　直接的再利用
direct-feed　直接供給
disability adjusted life years；DALYs　障害調整生存年数
discfilter；DF　ディスクフィルタ
discgarge　放流／排出
discharge permit　排出規制
discharge requirement　排水基準
discharge standard　放流基準
discount rate　割引率
discrete measurement　個別成分の測定値
disinfectant　消毒剤
disinfectant addition facility　消毒剤注入装置
disinfection　消毒
disinfection addition　消毒剤添加
disinfection byproducts；DBPs　消毒副生成物
disinfection byproduct formation potential；DBPFP　消毒副生成物生成能
disinfection with ultraviolet radiation　紫外線消毒
disinfection-by-product　消毒副生成物
disk　ディスク
disperse state　分散状態
dispersion　分散
dispersion factor　拡散ファクタ
dissolved air flotation；DAF　加圧浮上分離
dissolved air flotation tank　浮上分離タンク
dissolved constituent　溶解性物質
dissolved gases　溶存気体
dissolved inorganic constituent　溶解性無機物質
dissolved organic carbon；DOC　溶解性有機炭素
dissolved organic contaminant　溶解性有機物質
dissolved organic halogen；DOH　溶解性有機ハロゲン物質
dissolved oxygen；DO　溶存酸素
dissolved oxygen concentration　溶存酸素濃度
dissolved salts　溶解性塩類
dissolved solids　溶解性固形物
distillation　蒸留

英和対訳リスト

distributed infiltration system　散水型浸透システム
distributed systems　分散型システム
distribution center　配水センター
distribution facility　供給施設
distribution line　配水管
distribution loop　ループ配水
distribution method　水分配方法
distribution network　配水ネットワーク
distribution pipeline　配水管
distribution system　配水施設
DNA　deoxyribonucleic acid　デオキシリボ核酸
DO　dissolved oxygen　溶存酸素
DOC　dissolved organic carbon　溶解性有機炭素
DOH　dissolved organic halogen　溶解性有機ハロゲン物質
domestic effluent　生活排水
domestic uses　家庭排水
domestic wastewater　家庭下水
domestic water use　家庭用水利用
dosage　注入量
dose　用量
dose distribution　線量分布
dose response curve　用量-反応曲線
dose-response assessment　用量-反応評価
dosing rate　散水速度
dosing tank　自動散水タンク
double check valve assembly　二重逆止弁逆流防止装置
double check valve system　二重バルブシステム
double-strand　二本鎖
downflow filter　下降流ろ過
drain capacity　排水容量
drainable porosity　有効間隙率
drainage　排水
drainage area　集水域
drainage coefficient　排水係数
drained　干拓
drawdown　水位低下
drift　飛散水
drinking water　飲料水
drinking water equivalent level；DWEL　飲料水相当レベル
drinking water regulations　飲用水規則
Drinking Water Standards　飲料水基準
drinking water treatment　浄水処理
drip emitter　点滴吐出孔
drip irrigation　点滴灌漑
drip irrigation system　点滴灌漑システム
drip system　点滴システム
drought　旱魃
dry land　乾燥地

dry-barrel　乾式消火栓
drying lagoon　乾燥ラグーン
dual distribution system　二系統配水方式，二系統配水システム
dual media filtration　2種の媒体によるろ過
dual membrane system　複膜システム
dual membrane water reclamation plant　二段階膜ろ過水再生施設
dual plumbing　二系統配管
dual plumbing system　二系統配管システム
dual system　二系統配水方式
dual water system　二系統配管システム
duckweed　浮き草
ductile iron pipe　ダクタイル鉄管
dust control　粉塵防止
dust control at construction sites　建設現場の粉塵防止
DWEL　drinking water equivalent level　飲料水相当レベル
DWM　decentralized wastewater management　分散型排水管理
dynamic equilibrium　動的平衡
dysentery　赤痢

【E】

E. coli　大腸菌
EA　environmental assessment　環境影響評価
earth loading　土圧
easement　地上権
easement acquisition　地上権設定
EBCT　empty bed contact time　空床接触時間
EC　electrical conductivity　電気伝導度
EC_{50}　half maximal effective concentration　半数効果濃度，50%効果濃度
echovirus　エコーウイルス
ecoefficiency　環境効率
ecological risk assessment：ERA　生態学的リスク評価
ecological system　生態学的システム
economic analysis　経済分析
economic consideration　経済性の検討
economic feasibility　経済的実行可能性
ecotoxicologic testing　生態毒性試験
ecotoxicology　環境毒性学
ED　electrodialysis　電気透析
EDCs　endocrine-disrupting compounds, endocrine disrupting compounds　内分泌撹乱化学物質
eddy current　渦流
EDR　electrodialysis reversal　極性転換方式電気透析
EDTA　ethylene-dinitrilo tetraacetate　エチレンジアミン四酢酸塩
EDU　equivalent dwelling unit　等価家庭単位

EE/O	electrical efficiency per log order	電気効率	
effluent	流出水		
effluent BOD$_5$	放流水 BOD$_5$		
effluent filtration with chemical addition	薬注を伴ったろ過処理		
effluent organic matter；EOM	処理後有機物		
effluent quality	処理水質		
effluent recovery system	放流水回収システム		
effluent water quality	排水水質		
EIR	environmental impact report	環境影響評価書	
EIS	environmental impact statement	環境影響報告書	
electric ballast	電子安定器		
electric efficiency	電気効率		
electrical conductivity；EC	電気伝導度		
electrical control system	電気制御システム		
electrical efficiency	電気効率		
electrical efficiency per log order：EE/O	電気効率		
electrical potential	電位		
electrochemical oxidation potential	電子化学的酸化ポテンシャル		
electrode-less	無電極		
electrodialysis；ED	電気透析［法］		
electrodialysis reversal：EDR	極性転換方式電気透析		
electromotive force；emf	起電力		
electron acceptor	電子受容体		
electron donor	電子供与体		
electronic particle size analyzer	粒子サイズ電子分析器		
electronic particle size counter	粒子サイズ電子カウンタ		
EMBR	external membrane bioreactor	槽外型膜分離活性汚泥法	
embryo toxicity	胎児への毒性		
emergency power	非常用電源		
emergency storage	非常用貯留容量		
emergent plants	抽水植物		
emergent vegetation	抽水植物		
emerging contaminants	新興汚染物質，新興化学物質		
emf	electromotive force	起電力	
emitter	エミッタ，吐出孔		
emitter clogging	エミッタの閉塞		
empty bed contact time；EBCT	空床接触時間		
emulsified oils	乳化油		
enclosures	覆蓋		
end user	給水末端利用者		
endangered species	絶滅危惧種		
Endangered Species Act；ESA	絶滅危惧種法		
endocrine disrupting compounds；EDCs	内分泌撹乱化学物質		
endocrine disruptors	内分泌撹乱物質		
endocrine-disrupting compounds；EDCs	内分泌撹乱化学物質		
endogenous decay	内生分解		
endogenous metabolism	内生代謝		
endogenous phase	内生呼吸相		
endogenous respiration	内生呼吸		
end-suction centrifugal pump	片吸込渦巻ポンプ		
energy source	エネルギー源		
engineering cost estimates	技術面の費用概算		
enhanced membrane systems	高度膜処理システム		
enhancement of wetlands	湿地帯の創出		
Entamoeba histolytica	赤痢アメーバ		
enteric	腸管系		
enteric viruses	腸管系ウイルス		
Enterococci	腸球菌		
enterohemorrhagic	腸管出血性		
enterohemorurrhagic	出血性腸炎		
Enterovirus	エンテロウイルス		
environmental assessment；EA	環境影響評価		
environmental buffer	環境バッファ		
environmental epidemiology	環境疫学		
environmental equity	環境公正		
environmental ethics	環境倫理		
environmental impact report；EIR	環境影響評価書		
environmental impact statement；EIS	環境影響報告書		
environmental impact study；EIS	環境影響評価［研究］		
environmental information document；EID	環境情報調書		
environmental justice	環境正義		
environmental public health indicators；EPHIs	環境公衆衛生学指標		
environmental toxicology	環境毒性学		
environmental uses	環境利用		
enzymatic substrate test	酵素基質法		
EOM	effluent organic matter	処理後有機物	
epidemiology	疫学		
epilimnion	表水層		
EPHIs	environmental public health indicators	環境公衆衛生学指標	
EPS	extracellular polymeric substances	細胞外高分子物質	
Equalization tank	調整槽		
equilibrium	平衡状態		
equivalent available chlorine	等価有効塩素		
equivalent dwelling unit；EDU	等価家庭単位		
equivalent layer	等価層		
ERA	ecological risk assessment	生態学的リスク評価	
erosion	侵食		
ESA	Endangered Species Act	絶滅危惧種法	
Escherichia coli	大腸菌		
ESP	exchangeable sodium percentage	交換性ナトリウム率	
estrogen	エストロゲン		

英和対訳リスト

英語	和訳
estuary	河川感潮部, 河口
ethane peroxide acid	エタン過酸化酸
ethylene-dinitrilo tetraacetate；EDTA	エチレンジアミン四酢酸塩
etiology	病因学
eutrophication	富栄養化［状態］
evaporation	蒸発
evaporation pond	蒸発池
evapotranspiration	蒸発散［量］
excess activated sludge	余剰汚泥
exchangeable sodium percentage；ESP	交換性ナトリウム率
excision repair	除去修復
eximer ultraviolet lamp	エキシマ紫外線ランプ
exponential singl-hit model	シングルヒット指数モデル
exposure	曝露
exposure assessment	曝露評価
exposure time distribution	照射時間分布
extended aeration activated sludfe	長時間エアレーション法
extended period system analysis	拡張解析
extended sharp crested weir	広幅な刃型堰
external membrane bioreactor；EMBR	槽外型膜分離活性汚泥法
externality	外部性
extinction coefficient	吸光係数
extracellular polymeric substances；EPS	細胞外高分子物質
extraction type satellite system	抜取り型サテライトシステム
extraneous water	浸入水

【F】

英語	和訳
facilities plan	施設計画
facultative aerobe	通性嫌気性菌
facultative bacteria	通性嫌気性細菌
fail-safe provision	フェイルセーフ機構
false negative	擬陰性
far-ultraviolet	遠紫外域
feasibility criteria	実現可能性基準
fecal coliform	糞便性大腸菌
fecal coliforms	糞便性大腸菌群
fecal contamination	糞便汚染
fecal Storeptococci	糞便性連鎖球菌
feed stream	供給水
feed water	供給水
feedback loop system	フィードバックループシステム
feedstock	原水
feedwater	給水, 供給水
Fenton's reagent	フェントン試薬
Fermentation tube method	発酵チューブ法
ferric hydroxide	水酸化第二鉄
ferric ion	第二鉄イオン
ferrous ion	第一鉄イオン
fertilizer application rate	施肥量
fiber crop	繊維作物
field area	農地面積
field area requirement	必要農地面積
field measurement	実地調査
field requirement	必要面積
fill-and-draw reactor	充填-引抜き反応槽
filter media	ろ材
filter units	ろ過処理単位
filter waste washwater	ろ層洗浄排水
filtrate	透過水
filtrate header	ろ過水ヘッダ
filtrate water	透過水
filtration	ろ過
filtration cake	ろ過固形物
filtration rate	ろ過速度
filtration-process variable	ろ過のプロセス変数
financial analtsis	財務分析
financing period	資金調達時間
fine bubble aeration	微細気泡エアレーション
fire protection system	防火システム
fire protection	防火利用
firefighting water	消防用水
Fish and Wildlife Coordination Act	魚類及び野生生物調整法
eitting	異形管
5-day carbonaceous BOD；$CBOD_5$	5日間炭素性 BOD
fixed packing	固定充填層
fixed plate	平膜
fixed-bed column	固定床カラム
fixed-film media	固定化担体
flagellate	鞭毛虫
flanged joint	フランジ継ぎ手
floating aquatic plant	浮遊水生植物
floating aquatic plant systems	浮遊水生植物システム
floating vegetation	浮遊植物
floc	フロック
floc strength	フロック強度
flocculation	フロック形成
flocculation tank	フロック形成タンク
flocculator	フロック形成設備
flocculent particle	フロック粒子
floc-forming organisms	フロック形成菌
flood	洪水
flood control	洪水の制御
flood irrigation	冠水灌漑

flotation	浮上分離
flotation tank	浮上分離タンク
flow deflector	流れ偏向板
flow diagram	フローダイアグラム
flow equalization	流量調整
flow metering	流量計
flowthrough system	連続システム
flow-through type	連続流れ式
flux	膜透過流束，フラックス，流束
flux rate	透過流束
foam	泡
focus group	フォーカスグループ
fodder crop	飼料作物
foliar damage	葉の損傷
food crop	食用作物
forage	飼草
fouling	ファウリング
fouling of membrane	膜ファウリング
fraction	水量
free chlorine	遊離塩素
free chlorine residual	遊離残留塩素
free radical	フリーラジカル
free water surface	自由水面
free-water-surface；FWS	自由水面
freeze protection	凍結予防
fresh water	淡水
Freundlich	フロイントリッヒ
Freundlich's isotherm	フロイントリッヒの吸着等温式
frost protection	霜よけ
full-scale water reuse facility	実規模水再利用施設
furrow irrigation	畝間灌漑
FWS free-water-surface	自由水面

【G】

GAC granular activated carbon, granulated activated carbon	粒状活性炭
galvanic corrosion	ガルバニック腐食
Gambusia	カダヤシ
gas absorption	気体の吸収
gas desorption	気体の放散
gas stripping	ガスストリッピング
gas-phase combustion	気相焼却
gastrointestinal illness	胃腸病
gate valve	仕切弁
geese	ガチョウ
generation of odor	不快臭発生
genus	属
GFH granular ferric hydroxide	粒状水酸化第二鉄
Giardia	ジアルジア
Giardia lamblia	ジアルジア・ランブリア
Giardia muris	ジアルジア・ミューリス
giardiasis	ジアルジア症
Global hydrologic cycle	地球的水循環
golf courses	ゴルフ場
grab	グラブ
grab sample	スポットサンプル
granular	粒状
granular activated carbon；GAC	粒状活性炭
granular ferric hydroxide；GFH	粒状水酸化第二鉄
granular medium filtration	粒状層ろ過
granular medium packing	粒状の担体
granular polishing filter	粒状ろ材
granulated activated carbon；GAC	粒状活性炭
gravity diversion	重力式分流
gravity flow system	自然流下システム
gravity outlet	自然流下口
gravity sediment	重力による沈殿
gravity sedimentation	重力[式]沈殿
gravity settling	重力沈降
gravity sewer	自然流下式下水道
gravity subsurface flow	自然流下地下流
gravity surface flow	自然流下表面流
grey water	雑排水，グレイウォーター，生活雑排水
grey water system	生活雑排水システム
greywater	生活雑排水
grinder pump	破砕式ポンプ
grit	土砂
grit chamber	沈砂池
grit removal	沈砂
groundwater	地下水
groundwater aquifer	地下水帯水層
groundwater infiltration	地下水の浸入水
groundwater quality	地下水の水位
groundwater recharge	地下水涵養
groundwater recharge by direct injection	直接注入による地下水涵養
groundwater recharge by surface soreading	表面浸透による地下水涵養
groundwater recharge with reclaimed wastewater	再生水の地下水涵養
groundwater replenishment；GWR	地下水涵養
groundwater table	地下水位
groundwater withdrawal	地下水揚水
growth	増殖，成長
growth concern	増加への懸念
growth control measures	成長制御の手段
growth curve	増殖曲線
growth factor	増殖因子
growth of offspring	子世代の成長
growth rate	増殖速度

英和対訳リスト

guanine	グアニン
guidelines	指針
gun	噴射型
gut response	直感的な回答
GWR groundwater replenishment	地下水涵養
gypsum	石膏

【H】

HAAs haloacetic acids	ハロ酢酸[類]
habitat	生息場所，生息環境
half maximal effective concentration；EC_{50}	半数効果濃度，50％効果濃度
haloacetic acids；HAAs	ハロ酢酸[類]
haloacetonitriles	ハロアセトニトリル
haloketones	ハロケトン
HAR hydraulic application rate	水理学的散布速度
hard detergent	難分解性合成洗剤
hardpan	硬盤
HAV Hepatitis A virus	A型肝炎ウイルス
hazard	危害
hazard identification	危害の同定
header	ヘッダ
headloss	損失水頭
health effects studies panel	健康影響研究パネル
health effects testing program	健康影響試験
health risk	健康リスク
health risk analysis	健康リスク分析
health risk assessment	健康リスク評価
health risk concerns	健康リスクへの懸念
health studies	健康影響に関する研究
heavy metal	重金属
height of water table	地下水面の高さ
helminths	蠕虫
hemolytic uremic syndrome；HUS	溶血性尿毒症症候群
Henry's law	Henry則
Henry's law constant	Henry定数値
Hepatitis A virus；HAV	A型肝炎ウイルス
Hepatitis E virus	E型肝炎ウイルス
heterotrophy	従属栄養生物
high-density polyethylene pipe	高密度ポリエチレン管
high-pressure liquid chromatography；HPLC	高速液体クロマトグラフィー
high-pressure mini column；HPMC	高圧小型カラム
high-pressure spray wash	高圧スプレ洗浄
high-purity oxygen	高純度酸素
high-rate clarification	高速沈殿
high-slip squirrel cage electric motor	籠形モータ
highway median	高速道路の中央分離帯
hindered setting	干渉沈降
hindered-setting region	干渉沈降帯
histopathologic findings	組織病理学的な変異
historical cost	当時の原価
history	履歴
holding facility	貯留施設
holding tank	貯留タンク
hollow membrane	中空糸膜
hollow-fiber membrane	中空糸膜
homeowners association	家主協会
horizontal split-case centrifugal pump	横軸両吸込渦巻ポンプ
hose bib	ホースビブ
host cell	宿主細胞
HPLC high-pressure liquid chromatography	高速液体クロマトグラフィー
HPMC high-pressure mini column	高圧小型カラム
H–Q curve	H–Q曲線
HRT hydraulic residence time	水理学的滞留時間
HuCVs Human Caliciviruses	ヒトカリシウイルス
Human Caliciviruses；HuCVs	ヒトカリシウイルス
human development	人口増加
humic acid	フミン酸
humus	腐植土
HUS hemolytic uremic syndrome	溶血性尿毒症症候群
Hybiscus	ハイビスカス
Hybrid activated sludge process	ハイブリッド活性汚泥法
hybrid collection system	ハイブリッド集水システム
hybrid processes	ハイブリッドプロセス
hydrant	消火栓
hydration	水和
hydraulic	水理学
hydraulic application rate；HAR	水理学的散布速度
hydraulic capacity	水理学的受容可能量
hydraulic conductivity	透水係数
hydraulic detention time	水理学的滞留時間
hydraulic drive	液体制御装置
hydraulic flushing	水理学的フラッシュ
hydraulic loading rate	水量負荷率
hydraulic profile	水理断面
hydraulic residence time；HRT	水理学的滞留時間
hydraulic retention time	水理学的滞留時間
hydraulic-loading rate	水理学的負荷速度
hydro pneumatic system	ハイドロニューマチックシステム
hydrogen peroxide	過酸化水素
hydrogen peroxide/UV	過酸化水素/UV
hydrogen sulfide	硫化水素
hydrogen-ion constant	水素イオン濃度
hydrogeological characterization	水文地質学特性
hydrologic	水文学的
hydrological conditions	水文条件

hydrologically altered wetland　水文条件が改変された湿地
hydrology　水文条件
hydrolysis　加水分解
hydroperiod　水の周期
hydrophobic membrane　疎水性膜
hydropneumatic tank system　ハイドロニューマチックタンクシステム
hydroponic cultiyation　水耕栽培
hydroxyl radical　ヒドロキシラジカル
hydrpxyapatite　ヒドロキシアパタイト
hypochlorite salt　次亜塩素酸塩
hypochlorite solution　次亜塩素酸溶液
hypolimnion　深水層
hypoxia　酸素欠乏

【I】

ideal solution　理想溶液
identification　同定
IFAS　integrated fixed-film activated sludge　固定化生物膜活性汚泥法
Imhoff tank　イムホフタンク
impact sprinkler　インパクトスプリンクラ
impermeable layer　不透水層
impingement　衝撃
implementation　実行
imported water　輸入水
impounding reservoir　園池, 貯留池
impoundment　貯水池
impoundment uses　園地利用
improving water quality　水質の改善
in vitro　in vitro, 生体内
in vitro assey　in vitro 試験
in vivo　in vivo, 生体外
inactivation　不活化
incidence　発生率
incremental life time risk for cancer　増加生涯発癌リスク
indicator organism　指標微生物
indirect potable reuse　間接的飲用再利用
indirect reuse　間接的再利用
individual compound　構成要素
individual onsite system　戸別オンサイトシステム
individual system　単独供給方式
industrial cooling water　工業用冷却水
industrial effluent　工業排水
industrial source control programs　工業の発生源での管理プログラム
industrial uses　工業排水, 工業用水利用
industrial wastewater　工場排水
industrial water reuse　工業用水再利用
industrial water use　工業用水使用

infectious disease　感染症
infectious hepatitis　感染性肝炎
infiltration　浸透
infiltration basin　浸透池
infiltration problem　浸透問題
infiltration rate　浸透速度, 浸透率
inflation　インフレ
influent water quality　流入水質
injector　注入装置
inlet water　流入水
in-line ozone contact/reaction reactor　インライン式オゾン接触反応槽
inorganic bromated ion　無機臭素酸イオン
inorganic nutrient　無機栄養塩
insect　昆虫
insid-out flow　外圧式流れ[膜]
in-stream flow requirements　河道内必要水量
in-system storage　管内貯留
intangible benefits　無形便益
intangible costs　無形費用
integral health effects testing　必要不可欠な健康影響の試験
integrated fixed-film activated sludge；IFAS　固定化担体添加生物膜活性汚泥法
integrated membrane system　統合膜システム
Integrated Risk Information System；IRIS　統合的リスク情報システム
Integrated water resource management　統合的水資源マネジメント
integrated water resource planning　統合的水資源計画
intensity parameter　指数パラメータ
interception drainage　中間排水
interception type satellite system　インターセプト型サテライトシステム
intermittent and recirculating packed-bed filter　循環式ろ過装置
intermittent backwash　断続逆洗
internal intensity profile　装置内強度分布
internal recirculation rate　内部再循環率
internal recycle　内部循環
internal water recycling　内部水循環利用
interior coating　内面保護塗装
internal water recycling　内部水循環利用
International Organization for Standardization；ISO　国際標準化機構
inundated　湛水
invasive plant　侵入植物
ion exchange　イオン交換[法]
ion exchange contactor　イオン交換接触槽
ion exchange material　イオン交換体

英和対訳リスト

ion exchange reaction　イオン交換反応
ion toxicity　イオン毒性
ionization fraction　イオン化フラクション
IRIS　Integrated Risk Information System　統合的リスク情報システム
iron chlorosis　鉄クロロシス
iron-oxidizing bacteria　鉄細菌
irrigated field area　灌漑農地面積
irrigation　灌漑
irrigation cycle　灌漑周期
irrigation distribution system　散水散布施設
irrigation efficiency　灌漑効率
irrigation efficient　灌漑効率
irrigation field area　灌漑農地面積
irrigation frequency　灌漑頻度
irrigation interval　灌漑間断日数
irrigation schedule　灌漑計画
irrigation site　灌漑場所
irrigation sprinkler　散水スプリンクラ
irrigation system　灌漑システム
irrigation water quality　灌漑用水水質
irrigation water requirement　灌漑水必要量
irrigation water use　灌漑用水使用
isolation valve　補修弁
isotherm　[吸着]等温式

【J】
jet aeration　噴射式エアレーション
jet mixing　噴流混合
joint　継手

【K】
kaolinite　カオリナイト
Karst limestone　カルスト石灰岩
kinetic　動力学
kinetic coefficient　動力学係数
kinetic equation　動力学方程式
kinetic model　動力学モデル
kinetic relationships　動力学的関係
Klebsiella　クレブシエラ属
krypton　クリプトン
krypton chloride　塩化クリプトン

【L】
lagoon　ラグーン
lagoon system　ラグーンシステム
lagooning　ラグーン処理
lake　湖
lamella [plate] settler　傾斜板沈殿池
lamp life　ランプ寿命

land application　土壌処分
land application method　土壌還元方法
land area　土地面積
land treatment　土地散布処理
landfill　埋立地
landfilling　埋立て[処分]
landscape and foliage nurseries　樹木苗農場
landscape coefficient　修景用係数
landscape irrigation　修景用[の]灌漑
landscape water use　修景[用]灌漑
landscaping　修景
Langelier saturation index；LSI　ランゲリア飽和度指数
Langmuir　ラングミュア
Langmuir's isotherm　ラングミュアの吸着等温式
large pore　粗大間隙
Larson's ratio　ラーソン比
late maturing　晩熟
LC_{50}　median lethal concentration　半数致死濃度
LCC　life cycle cost　ライフサイクルコスト
LD_{50}　median lethal dose　半数致死量
leachate　浸出水
leaching　リーチング
leaching fraction；LF　リーチング割合
leaching out　浸出
leaching requirement；LR　リーチング必要量
leaf burn　葉やけ
leaf cupping　萎縮病
leakage　漏水
leaking fixture　漏水防止機器
lectance　反射
legal　法律
Legionella　レジオネラ
Legionella pneumophila　在郷軍人病菌，レジオネラ・ニューモフィラ
Legionellosis　レジオネラ症
Legionnaires' disease　レジオネラ症
lethal concentration　LC_{50}
LF　leaching fraction　リーチング割合
life cycle cost；LCC　ライフサイクルコスト
life expectancy　平均寿命
lime　石灰
lime clarification　石灰添加沈殿
lime post-treatment　石灰後処理
lime pre-treatment　石灰前処理
lime saturator　石灰飽和器
lime softening　石灰軟化処理
lime stabilization　石灰安定化[処理]
limited dissolved oxygen　低DO
limited full-scale　実寸大
limiting factor　制限因子

limiting flux	限界フラックス
limiting solid flux	限界固形物フラックス
linear multistage model	線形多段階モデル
linear-alkyl-sulfonate; LAS	直鎖型アルキルサルフォネート
lining	ライニング
liquid depth	水深
liquid mercury	液体水銀
liquid oxygen; LOX	液体酸素
loading criteria	負荷[の]基準
LOAEL lowest observed adverse effect level	最小毒性量
localized corrosion	局部腐食
log-linear	対数線形的
long term exposure	長期間曝露
longitudinal mixing	軸方向混合
long-term municipal debt	長期都市債
loose RO membrane	ルーズRO膜
loss of identity	水そのものの入れ替え
low flow augmentation	低水流量の維持
lowest observed adverse effect level; LOAEL	最小毒性量
lowest observed effect concentration	最小作用量
low-flow condition	低水量時
low-pressure high-intensity	低圧高出力
low-pressure low-intensity	低圧低出力
lows of chance	偶然性
low-tech	ローテク
LOX liquid oxygen	液体酸素
LR leaching requirement	リーチング必要量
LSI Langelier saturation index	ランゲリア飽和度指数
lumped parameter	総括指標
lysimeter	ライシメータ

【M】

macro-fouling	マクロファウリング
macromolecules	高分子物質
macronutrients	多量要素
macrophyte	大型植物
magnesium	マグネシウム
magnetic ballast	磁力型安定器
magnetron	マグネトロン
magnetic drive	磁界制御装置
maintenance clean	維持洗浄
makeup water	補給水
malathion	マラチオン
manifold system	連結管システム
makeup water	補給水
mandatory use ordinance	使用義務条例
marginal cost	限界費用
market assessment of reclaimed wastewater	再生水の市場調査
market feasibility	市場の採算可能性
marsh	湿地，沼沢地
marsh land	沼沢地
mass balance	物質収支
mass balance equation	物質収支式
mass conservation equation	物質保存式
mass loading	負荷量
mass transfer zone; MTZ	物質移動帯
massive	壁状
matching	整合性
maximum contaminant level; MCL	最大汚染許容濃度
maximum contaminant level goal; MCLG	最大汚染許容目標水準
maximum daily flow	日最大使用量
maximum recommended hydraulic loading	最大推奨水負荷率
maximum tolerated dose; MTD	最大許容用量
maximum velocity	最大流速
MBAS methylene-blue active substance	メチレンブルー活性物質
MBBR moving bed biofilm reactor	可動床生物膜反応
MBfR membrane biofilm reactor	メンブレンバイオフィルムリアクタ
MBR membrane bioreactor	膜分離活性汚泥法
MCL maximum contaminant level	最大汚染許容濃度
MCLG maximum contaminant level goals	最大汚染許容目標水準
MDI Morrill dispersion index	Morrill 分散指標
MDPE medium density polyethylene	中密度ポリエチレン管
mean cell-residence time	平均微生物滞留時間
mean velocity gradient	平均速度勾配
measured directly	直接測定
mechanical aeration	機械式エアレーション
mechanical aerator	機械式エアレーションタンク
mechanical cleaning system	機械的洗浄装置
mechanical joint	メカニカル継ぎ手
mechanical mixer	機械撹拌
mechanical stirring	機械撹拌
mechanical pumping	循環撹拌
mechanical wiping	機械式ワイパ洗浄
MED multiple-effect distillation	多重効用蒸留
media	媒体
media filtration	ろ過
median dose	摂取量中央値
median infectious dose	感染用量中央値
median lethal concentration; LC$_{50}$	半数致死濃度
median lethal dose; LD$_{50}$	半数致死量
median strips	中央分離帯

英和対訳リスト

medium density polyethylene；MDPE　中密度ポリエチレン管
medium pressure high-intensity　中圧高出力
MEE　multiple-effect evaporation　多重効用蒸発
meelop filter index；MLFI　メーロップろ過指数
membrane　膜
membrane biofilm reactor；MBfR　メンブレンバイオフィルムリアクタ
membrane bioreactor；MBR　膜分離活性汚泥法
membrane compartment　膜区画
membrane distillation　膜を用いた蒸留
membrane element　膜エレメント
membrane filter；MF　メンブレンフィルタ
membrane filtration　膜ろ過
membrane filtration index；MFI　膜ろ過指数
membrane flux　膜透過流束
membrane fouling　膜ファウリング
membrane plate　平膜
membrane separation process　膜分離プロセス
membrane separation system　膜分離法
membrane system　膜ろ過システム
membrane treatment process　膜処理プロセス
meq　milliequivalents per liter　ミリグラム当量
mercaptan　メルカプタン
mercury vapor　水銀蒸気
mercury vapor pressure　水銀蒸気圧
mercury-argon electrode　水銀-アルゴン電極型
mercury-indium amalgam　水銀-インジウムアマルガム
metallic sulfide　硫化金属塩
metered service　メータ給水
metering station　計測施設
methane　メタン
methane gas　メタンガス
methyl tertiary[-]butyl ether；MTBE　メチル-t-ブチルエーテル
methylene blue active substance；MBAS　メチレンブルー活性物質
MF　membrane filter　メンブレンフィルタ
MF　microfiltration　精密ろ過
MFI　membrane filtration index　膜ろ過指数
MFI　modified fouling index　修正ファウリング指数
microbial risk assessment；MRA　微生物リスク評価
microbiological activity　微生物活性
microbiological pollutants　微生物学的汚染物質
microclimate　微気候
Microcystis　ミクロキスティス
Microfiltration；MF　精密ろ過
microfiltration module　精密ろ過モジュール
microorganism　微生物
microscopic pathology　顕微鏡観察による病状

microscreening　マイクロスクリーニング
Microsporidia　微胞子虫
microsprinkler　マイクロスプリンクラ
microsprinkler irrigation　マイクロスプリンクラ灌漑
microwave　マイクロ波
middlewave　中波長
milliequivalents per liter；meq　ミリグラム当量
mineral　ミネラル
mineral soil　鉱物土壌
mineralization　無機化
mini plugging factor index；MPFI　ミニ目詰り因子係数
minimum flow requirements　最小必要流量
minimum water dlow　最小水量
miscellaneous nonpotable use　雑用水
mitigate　軽減
mitigation　緩和策, ミチゲーション
mitigation wetlands　ミチゲーション湿地
mixed liquor　混合液
mixed liquor suspended solid；MLSS　混合液浮遊物質, 活性汚泥浮遊物質
mixed liquor volatile suspended solid；MLVSS　混合液揮発性浮遊物質
mixing　混合
mixing facility　撹拌装置
MLFI　meelop filter index　メーロップろ過指数
MLSS　mixed liquor suspended solid　混合液浮遊物質, 活性汚泥浮遊物質
MLVSS　mixed liquor volatile suspended solid　混合液揮発性浮遊物質
modeling　モデリング
modified fouling index；MFI　修正ファウリング指数
modifying factor　修正係数
module　モジュール
moisture sensor　湿気感知器
molar absorptivity　モル吸光度
molecular weight cutoff；MWCO　分画分子量
monetary analyses of wastewater reclamation and reuse project　下水再利用事業の財務分析
monochloramine　モノクロラミン
monochromatic radiation　単波長照射
Monte Carlo simulation　モンテカルロシミュレーション
montmorillonite　モンモリロナイト
morbidity　罹患率, 疾病率
Morrill dispersion index；MDI　Morrill 分散指標
mortality　死亡率
mosquito　蚊
most probable number；MPN　最確数
mounding　局所的水位上昇
moving bed biofilm reactor；MBBR　可動床生物膜反応
MPFI；mini plugging factor index　ミニ目詰り因子係数

英和対訳リスト

MPN	most probable number	最確数
MQC	multiple quality concept	多段水質コンセプト
MRA	microbial risk assessment	微生物リスク評価
MSF	multistage flash	多段フラッシュ
MTBE	methyl tertiary[-]butyl ether	メチル-t-ブチルエーテル
MTD	maximum tolerated dose	最大許容用量
MTF	multiple tube fermentation	複試験管培養法
MTZ	mass transfer zone	物質移動帯

muck　黒泥
mucky peat　黒泥質の泥炭
municipal wastewater treatment plant　都市下水処理場
muskrat　マスクラット
mutagenic　変異原性
multi-hit kinetic　マルチヒット機構
multi-hit model　マルチヒットモデル
multi[-]media filtration　複層ろ過
multi-pass packed bed filter　循環流型充填層フィルタ
multiple barrier [concept]　多重バリア，多重安全措置
multiple disinfection　多重消毒方法
multiple point chlorination　多段式塩素注入
multiple quality concept；MQC　多段水質コンセプト
multiple tube fermentation；MTF　複試験管培養法
multiple use　多目的
multiple-barrier concept　多重バリア，多重安全措置
multiple-effect distillation；MED　多重効用蒸留
multiple-effect evaporation；MEE　多重効用蒸発
multiple-stage membrane　膜の多段配置
multistage flash；MSF　多段フラッシュ
multi-stage flash evaporation　多段フラッシュ蒸発
multistage model　多段階モデル
multi-tube fermentation technique　複数発酵管試験
municipal borehole　公共井戸
municipal wastewater　下水
municipal wastewater treatment plants　下水処理場
municipal water use　都市用水利用
municipality　自治体
mutagenic　変異原性
mutagenicity test　変異原性試験
MWCO　molecular weight cutoff　分画分子量
Mycobacterium tuberculosis　結核菌

【N】

NACE　National Association of Corrosion Engineers
Naegleria　ネグレリア
Nanofiltration；NF　ナノろ過
National Association of Corrosion Engineers　NACE
National Environmental Policy Act　NEPA
National Historic Preservation Act　国立歴史保全法
National Pollutant Discharge Elimination System　NPDES

native water　固有水量
natural attenuation　自然減衰，自然低減
natural decay　自然崩壊
natural draft　自然通気
natural organic matter；NOM　天然有機化合物
natural source　自然要因
natural treatment　自然処理
natural treatment system　自然浄化システム
natural wetland　自然湿地
navigable water　航行可能な水路
nbVSS　nonbiodegradable VSS　非生物分解性 VSS
NDMA　N-nitrosodimethylamine　N-ニトロソジメチルアミン
near-UV　近紫外域
necrosis　ネクローシス
negative electrode　陰極
NEPA　National Environmental Policy Act
nephelometric turbidity unit　NTU
net irrigation requirement　純灌漑水量
net positive suction head；NPSH　全陰圧水頭
network analysis　管網解析
NEWater　ニューウォーター（シンガポールの再生水）
NF　nanofiltration　ナノろ過
nitrate　硝酸塩
nitrate concentration　硝酸塩濃度
nitrate nitrogen　硝酸性窒素
nitrification　硝化
nitrification-denitrification　硝化-脱窒
nitrifying bacteria　硝化細菌
nitrilotriacetate；NTA　ニトリロ三酢酸塩
nitrite　亜硝酸
nitrite concentration　亜硝酸塩濃度
nitrogen　窒素
nitrogen limits　窒素限界
nitrogen loading limit　窒素負荷限界
nitrogen requirement　窒素規制
nitrogen trichloride　三塩化窒素
N-nitrosodimethylamine；NDMA　N-ニトロソジメチルアミン
nitrous oxide　亜酸化窒素
no observed acute effect level　急性無作用量
no observed adverse effect level；NOAEL　無毒性量
no observed effect concentration　無作用濃度
NOAEL　np observed adverse effect level　無毒性量
Nocardia　ノカルディア
Nocardioform　ノカルジオフォーム
NOM　natural organic matter　天然有機化合物
nominal size　公称径
nonbiodegradable　生物分解されない
nonbiodegradable VSS；nbVSS　非生物分解性 VS

1267

noncontact use 非接触利用
non-exchange deionization 非交換型脱イオン
nonfood crop 非食用作物
nonmethanogenic bacteria 非メタン発酵細菌
nominal size 公称径
nonnative plant 外来植物
nonpoint source 非点源
nonpoint source pollution 非点源汚染
nonpotable reuse 非飲用再利用
nonpotable urban water reuse 都市における飲料以外の水再利用
nonpotable water 非飲料水
nonpotable water reuse 非飲用再利用
nonresidential discharge 非住宅の排水
nontreatment barrier 非処理バリア
nontyphoid Salmonella 非腸チフス性サルモネラ菌
Norovirus ノロウイルス
Norwalk virus ノーウォークウイルス
Norwalk-like virus ノーウォーク様ウイルス
not specified；NS 定められていない
NPDES National Pollutant Discharge Elimination System
NPSH net positive suction head 全陰圧水頭
NS not specified 定められていない
NTA nitrilotriacetate ニトリロ三酢酸塩
nucleic acid 核酸
numerical limit 限界値
nutria ヌートリア
nutrient 栄養塩類
nutrient availability 養分の有効性
nutrient of irrigation water 灌漑用水の栄養塩類

【O】
O & M operation and maintenance 維持管理
odor 臭気
oil and grease 油分
oleander セイヨウキョウチクトウ
olive オリーブ
one-through non-contact cooling 一過型間接冷却
onsite オンサイト
onsite system オンサイトシステム
onsite treatment system オンサイト処理システム
oocyst オーシスト
opaque film 不透明膜
open channel 開水路
open drain 開排水路
open storage system 開放型貯留システム
open system 開放系
operating manager 運転管理者
operating pressure 操作圧
operation and maintenance；Q & M 維持管理

operation plan 運転計画
operational barrier 運転バリア
organic fouling 有機物によるファウリング
organic precursor 有機前駆物質
organisms 生物
original domestic water supply 家庭給水用の取水源
ornamental water features 水を利用した鑑賞施設
oscillation 振動数
osmotic gradient 浸透圧勾配
osmotic pressure 浸透圧
outlet water 処理水
outreach アウトリーチ
outside-in flow 内圧式流れ［膜］
outsourced 外注
overall treatment process 処理プロセス全体
overhead spray irrigation 空中散布灌漑
overhead sprinkler 空中スプリンクラ
oxic process 有酸素処理
oxidant 酸化剤
oxidation 酸化
oxidation ditch オキシデーションディッチ法
oxidation reaction 酸化反応
oxidized 酸化
oxidized wastewater 酸化された下水
oxygen availability 酸素供給性
oxygen-based membrane biofilm reactor 酸素透過膜法
oxygen-enriched air 酸素富化空気
ozonation オゾン処理
ozone オゾン
ozone generation オゾン生成
ozone generator オゾン生成器
ozone/hydrogen peroxide オゾン/過酸化水素
ozone/UV オゾン/UV

【P】
PAA peracetic acid 過酢酸
PAC powdered activated carbon 粉末活性炭
package plant パッケージ型プラント
packed bed filter 充填ろ床
packed-bed reactor 固定床反応
PAHs polynuclear aromatic hydrocarbons 多環芳香族炭化水素化合物
paralytic poliomyelitis 脊髄性小児麻痺
parasite 寄生虫
paratyphoid パラチフス
parental generation 親世代
partial vacuum 部分減圧
participatory planning 参加型計画
particle 粒子
particle counter 粒子カウンタ

particle size	粒径
particle size distribution	粒径分布
particle size analyzer	粒子径計測器
particle-associated state	粒子付着状態
particulate constituent	粒子性物質
particulate matter	粒子性物質
passive filter	受動的フィルタ
pathogen	病原体
pathogenic bacteria	病原性の細菌
pathogenic *E. coli*	病原性大腸菌
pathogenic microorganisms	病原微生物
pathogens	病原微生物
PCPP　personal care products and pharmaceuticals	パーソナルケア製品および医薬品
PCPs　personal care products	パーソナルケア製品
PCR　polymerase chain reaction	ポリメラーゼ連鎖反応
peak day value	ピーク日値
peak hourly flow	時間最大使用量
peaking factor	ピーク係数
peak flow demand	需要ピーク流量
peat	泥炭
per capital water use	1人当たりの水利用原単位
peracetic acid；PAA	過酢酸
perceived health concern	意識的な健康懸念
perched aquifer	宙水
perchlorate	過塩素酸塩
percolation	浸透
performance failure factors	機能低下に関する項目
peripheral flow	選択的流れ
permanganate	過マンガン酸塩
permeability	透水性，透水係数
permeate	透過水
permeate flow	透過水量
permeate recovery ratio	透過水回収率
permit requirement	許可要件
peroxyacetic acid	過酸化酢酸
perpendicular	垂直型
perpendicular-feed	垂直供給
personal care products；PCPs	パーソナルケア製品
personal care products and pharmaceuticals；PCPP	パーソナルケア製品および医薬品
PF　potency factor	［発癌］強度係数
pharmaceutical residues	医薬品残留物
pharmaceutically active chemicals；PhACs	医薬品由来化合物
pharmaceutically active compounds；PhACs	医薬品由来化合物
PhACs　pharmaceutically active chemicals	医薬品由来化合物
PhACs　pharmaceutically active compounds	医薬品由来化合物
Phoredox	フォレドックス
phosphate	リン酸塩
photochemical reaction	光化学反応
photocreactive repair	光回復
photolysis	光分解
photonic efficiency	光子効率
photolyase	光回復酵素
photolysis	光分解
photonic efficiency	光子効率
photooxidation	光化学酸化
photoreactivation	光回復
photosynthesis	光合成
phreatophyte	地下水植物
physical	物理的項目
physical operation	物理的操作
physical properties	物理的特性
phytoplankton	植物プランクトン
pig	ピグ
pilot plant	パイロット実験施設
pilot scale testing, pilot-scale testing	パイロット規模調査
pipeline	供給管
piping systems	配管
pitting corrosion	孔食
planned indirect potable reuse	計画的な間接的飲用再利用
planned water reuse	計画的水再利用
planning period	計画期間
plant canopy	植物群落
plant tissue	植物組織
plaque forming unit	プラーク形成単位
plate and frame membrane	平膜型膜
platy	板状
plug flow	押出し流れ［法］
plume	プリューム
PMA　private management agreement	
Poa annua	アニュアルブルーグラス
POD　point of departure	開始点
point of departure；POD	開始点
point source	点源
point source pollution	点源汚染
point source summation；PSS	有限要素法
poisonous snake	毒蛇
Poisson distribution	ポアッソン分布
polarization	分極
poliovirus	ポリオウイルス
pollutant	汚染物質
pollutant discharge quantities	汚染物質排出量
polychromatic radiation	波長域
polymerase chain reaction；PCR	ポリメラーゼ連鎖反応
polymeric resin	高分子樹脂

英語	和訳
polynuclear aromatic hydrocarbons；PAHs	多環芳香族炭化水素化合物
polyvinyl chloride；PVC	塩化ポリビニル製
polyvinyl chloride pipe	塩ビ管
pond treatment	安定池処理
Pontiac fever	ポンティアック熱
population growth	人口増加
pore	細孔
pore size	孔径
porosity	開孔率
porous diffuser	細孔型散気装置
porous membrane	多孔性膜
positive electrode	陽極
positive suction head	陰圧水頭
postanoxic	後段無酸素
postprecipitation	最終沈殿後
post-RO treatment	後RO膜処理
potable reuse	飲用再利用
potable water	飲料水
potable water pipeline	上水管
potable water reuse	飲用再利用
potable water storage reservoir	飲用水用貯水池
potable water supply reservoir	飲用水道貯水池
potassium	カリウム
potency factor；PF	［発癌］強度係数
powdered activated carbon；PAC	粉末活性炭
PQLs practical quantification limits	実用定量限界
practical quantification limits；PQLs	実用定量限界
preanoxic tank	前無酸素槽
precautionary principale	予防原則
precipitation	析出沈殿
premature leaf drop	早期落葉
preprecipitation	前析出沈殿
present worth	現在価値
present worth analysis	現在における価値分析
pressure	圧力式
pressure collection system	圧力式集水システム
pressure driven	圧力駆動
pressure main	圧力式下水本管
pressure release valve	減圧バルブ
pressure swing adsorption；PSA	圧力スイング吸着
pressure tube	圧力管
pressure vessel	圧力容器
pressure zone	圧送区域
pressure-compensating	圧力補填
pressure-type vacumm breaker	圧力式バキュームブレーカ
pressurization pump	加圧ポンプ
pressurization system	加圧システム
pressurized membrane system	加圧式膜ろ過
pressurized shallow distribution	圧力式浅層散水
pressurized subsurface application system	加圧地下システム
pressurized surface application system	加圧地表面システム
prevalence	有病率
primary clarifier	最初沈殿池
primary degradation	一次分解
primary disinfectant	一次消毒剤
primary producer	一次生産者
primary sedimentation	最初沈殿［池］
primary treatment	一次処理
priming	運び出し，プライミング
prior appropriation	先行割当て
prismatic	柱状
private management agreement	PMA
probit model	プロビットモデル
process train	工程列
process upset	処理プロセスの機能不能
process water	プロセス用水
process reliability	プロセスの信頼性
process upset	処理擾乱
process variables	プロセス変数
product water	透過水
projected water demand	計画水必要量
protocol	プロトコル
proton	プロトン
protozoa	原虫，原生動物
PSA pressure swing adsorption	圧力スイング吸着
Pseudomonas aeruginosa	緑膿菌
PSS point source summation	有限要素法
public	住民，一般住民
public acceptance	市民の受容［性］
public access area	住民立入り地域
public coment	パブリックコメント
public health	公衆衛生［学］
public health protection	公衆衛生の保護
public information program	一般向け情報公開プログラム
public involvement	住民参画
public outreach	市民へのアウトリーチ
public participation	市民［の］参加，住民参加
public perception	市民の理解，市民の受容，市民の感じ方
public water supply	公営水道
puge water	ブロー水
pulsed bed filter	パルスベッドろ過
pulsed ultraviolet lamp	パルス型紫外線ランプ
pumping facility	ポンプ施設
pumping station	ポンプ場
purge water	ブロー水
purple pipe	紫色の配管（再生水管）

push-on joint 挿込み継ぎ手
PVC polyvinyl chloride 塩化ポリビニル製

【Q】

QMRA quantitative microbial risk assessment 定量的微生物リスクアセスメント
quality 水質
quantification 定量化
quantitative measure 定量的指標
quantitative microbial risk assessment；QMRA 定量的微生物リスクアセスメント
quantitative molecular microbial source tracking assay 定量的分子微生物学的追跡法
quantum yield 量子収率
quartz sleeve 石英スリーブ
quenching 反応停止, クエンチング

【R】

rainbow trout ニジマス
rapid infiltration basins；RIBs 急速浸透池
rapid mix 急速撹拌
rapid small-scale column test；RSSCT 高速小型カラム試験
rapid-rate infiltration basin system 急速浸透池方式
rate-limiting step 律速段階
raw water 原水
raw water supply source 水道水源
RBC rotating biological contactor 回転生物接触法
rbCOD readily biodegradable COD 易生分解性COD
RBF riverbank filtration 河岸ろ過
reaction kinetics 反応速度論
reactivation 再活性化
reactor 反応タンク
readily biodegradable COD；rbCOD 易生分解性COD
real costs 実質費用
real-time process control 即時の制御
real-time process monitoring 即時の工程監視
recarbonation 再炭酸化
receiving water 受水域
recharge 涵養
recharge basins 涵養池
recharging groundwater 地下水の涵養
recirculating non-contact cooling 循環型間接冷却
recirculation 再循環
reclaimed water 再生水
reclaimed water application 再生水利用
reclaimed water irrigation 再生水灌漑
reclaimed water pipeline 再生水管
reclaimed water project 再生水利用事業
recombination repair 組換え修復

recovery 回収率
recovery cleaning 回復洗浄
recovery ratio 回収率
recreational enhancement 親水用水
recreational uses レクリエーション利用
recycle mode 循環運転
recycled sludge 返送汚泥
recycled water 再生水, リサイクル水, 循環水
recycling 循環利用
RED reduced equivalent dose 換算紫外線量
Redfield ratio 原形質中の窒素対リン対炭素の平均的なモル比, レッドフィールド比
redox potential 酸化還元電位
redox reaction 酸化還元反応
reduced equivalent dose；RED 換算紫外線量
reduced growth 成長阻害
reduced pressure zone backflow preventer 減圧式逆流防止器
reductant 還元剤
reduction 還元
reduction equivalent dose；RED 換算紫外線量
reduction reaction 還元反応
redundancy 冗長性
redundant processes 重複するプロセス
reference dose；RfD 参照用量
reference evapotranspiration 基準蒸発散量
refined Collins-Selleck model 修正Collins-Selleckモデル
refractory organic constituent 難分解性有機物
refractory synthetic organic compound 難分解性合成有機化合物
refrecting pool 反射池
regeneration 再生
regional integrated water resources management 地域の統合的な水資源マネジメント
regional wastewater treatment facility 地域内の下水処理施設
regrowth 再増殖
regulations 規則, 規制
regulatory 規制
regulatory agency approval 監視機関による承認
regulatory requirement 規制要件
rejection 排除率, 除去率
rejection efficiency 除去率
rejection rate 阻止率
related regulation 関連規制
relative crop yield 相対的な作物収量
relative source contribution；RSC 相対的発生源寄与
relief drain 暗渠排水
renewable water resources 再生可能な水資源
Reovirus レオウイルス

英和対訳リスト

reproductive performance　生殖能力
reproductive toxicity　生殖毒性
reproductive toxicity study　生殖毒性の研究
repurified water　再浄化水，再純化水
requirements　要件
reservoir　貯水池
residence time distribution；RTD　滞留時間分布
resident time　滞留時間
residential areas　住宅地
residual disinfectant　残留性消毒剤
residual ozone quenching　残留オゾンの分解
residual stream　残留液
residual suspended solid　残留浮遊物質
residuals　工程排水
residuals　残留物流
resistance to salt　耐塩性
respiration　呼吸
restricted access area　アクセス制限地域
retentate　濃縮水
retention efficiency　排除率
retrofit　レトロフィット
retrofit cost　レトロフィット費用
return activated sludge　返送活性汚泥
return flow　戻り水
reuse　再利用
reuse water　再利用水
reverse osmosis；RO　逆浸透［ろ過］
reverse osmosis filtration　逆浸透膜ろ過
reversetranscriptase polymerase chain reaction；RT-PCR　逆転写ポリメラーゼ連鎖反応
RfD　reference dose　参照用量
ribonucleic acid；RNA　リボ核酸
RIBs　rapid infiltration basins　急速浸透池
RTD　residence time distribution　滞留時間分布
ridge and furrows　畦間
ridge irrigation　畝灌漑
right-of-way　通行権
riparian habitat　水辺生息環境
riparian rights　河岸所有者特権
risk　リスク
risk analysis　リスク分析
risk assessment　リスク評価
risk assessor　リスク評価者
risk characterization　リスク特性評価
risk communication　リスクコミュニケーション
risk management　リスク管理
risk manager　リスク管理者
river channel　河道
riverbank filtration；RBF　河岸ろ過
RNA　ribonucleic acid　リボ核酸

RO　reverse osmosis　逆浸透［ろ過］
roadside plantings　沿道の植樹帯
roadway medians　道路の中央分離帯
root zone　根圏
rosette spotting　ロゼット病
rotating biological contactor；RBC　回転生物接触法
rotavirus　ロタウイルス
row crop　畝作物
RSC　relative source contriburion　相対的発生源寄与
RSI　Ryznar stability index　リズナー安定度指数
RSSCT　rapid small-scale column test　高速小型カラム試験
RT-PCR　reversetranscriptase polymerase chain reaction　逆転写ポリメラーゼ連鎖反応
rule　規則
ruminant mammals　反芻哺乳動物
runoff　流出［水］，地表流出
run-of-river reservoir　河道貯水池
rural area　農村地域
Ryznar stability index；RSI　リズナー安定度指数

【S】

safety factor　安全係数
safety hazard analysis　危害分析
salinity　塩分
salinity threshold level　塩分閾値
salmon　サケ
Salmonella　サルモネラ菌
Salmonella typhi　腸チフス菌
Salmonella typhinurium　ネズミチフス菌
Salmonella paratyphi　パラチフス菌
salt[s]　塩類
salt resistance　耐塩性
salt tolerance ratings　耐塩性
salt-sensitive crop　塩分感受性が高い作物
salt-tolerant plant　塩分に耐性のある植物
sand　砂
sand filtration　砂ろ過
sand separator　砂分離装置
sandy loam　砂質ローム
Sapporo virus　サッポロウイルス
SAR　sodium adsorption ratio　ナトリウム吸着比
SAR_{adj}　adjusted sodium adsorption ratio　調整ナトリウム吸着比
SAT　soil aquifer treatmemt　土壌–帯水層処理［法］
satellite facility　サテライト施設
satellite system　サテライト［型］システム
satellite treatment systems　サテライト［型］処理システム
satellite wastewater reclamation plant；SWRP　サテライト型排水再生施設

satellite wastewater management system	サテライト型排水管理システム
saturated zone	飽和帯
saturation pH	飽和 pH
SBR　sequencing batch reactor	回分式活性汚泥法
scaling	スケール[の]生成
scavenger	スカベンジャー
schematic diagram	概要図
Schistosoma mansoni	マンソン住血吸虫
schistosomiasis	住血吸虫症
scouring	膜洗浄
scraping	代がき
screening	し渣
screening filter	スクリーンフィルタ
SDI　silt density index	シルト濃度指数
SDI　Stiff and Davis Stability index	スティフ-デービス安定度指数
seawater	海水
seawater intrusion	海水侵入
secondary biological treatment	生物学的二次処理
secondary clarifier, secondary sedimentation	二次沈殿池
aecondary effluent	二次処理水
sediment oxygen demqnd	底質の酸素要求
sedimentation	沈殿
seepage	浸出
selective withdrawal	選択取水
selector	セレクタ
semiarid region	半乾燥地帯
semicontinuous operation	半連続運転
semipermeable membrane	半透膜
sensitive water body	重要水域
separate piping	別系統の配管
separation process	分離プロセス
separation requirement	離隔条項
septage	腐敗槽の汚泥
septic tank	腐敗槽
septic tank effluent pump；STEP	腐敗槽排水ポンプ式
septic tank effluent gravity；STEG	腐敗槽排水重力式
septic tank effluent gravity collection system	腐敗槽排水重力式集水システム
sequencing batch reactor；SBR	回分式活性汚泥法
sequential and redundant processes	連続的に重複するプロセス
sequential processes	連続するプロセス
serial filtration	連続的なろ過操作，分画ろ過
series-event kinetic	連続式機構
serpentine effluent weir	曲がり越流堰
service connection	給水施設
service lateral	取付け管
service reservoir	処理槽
setback distance	後退距離
several index	水質指標
severity factor	重み係数
sewage farming	下水灌漑利用
sewage treatment	下水処理
sewer mining	下水の採掘
SF　subsurface flow	伏流出
shallow clarifier	浅型沈殿池
shallow groundwater	浅層地下水
shear across	横切る
Shigella	赤痢菌
Shigella dyseteriae	志賀赤痢菌
SHMP　sodium hexametaphosphate	ヘキサメタリン酸ナトリウム
short circuit	短絡流
short term exposure	短期間曝露
short-circuiting	短絡[流]
short-term storage	短期の貯留
shortwave	短波長
shutoff head	停止水頭
shutoff valve	止水弁
sidestream	サイドストリーム
sidestream ozone contact/reaction system	副流式オゾン接触反応システム
sidestream treatment	副流処理
silt	シルト
silt density index；SDI	シルト濃度指数
silt loam	シルト質ローム
simulation of routing of water	水循環経路シミュレーション
single membrane unit	単独の膜ユニット
single strand	一本鎖
single-hit model	シングルヒットモデル
single-pass mode	一過性モード
single-pass packed bed filter	一過型充填フィルタ
skimming device	掻取り機
slope factor	傾き係数
sludge volume index；SVI	汚泥容量指標
small colloidal particle	極小コロイド粒子
small-diameter variable-grade gravity collection	小口径可変勾配自然流下式集水システム
SMP　soluble microbial product	溶解性微生物代謝産物
SOCs　synthetic organic chemicals, synthetic organic compounds	合成有機化合物
soda ash	ソーダ灰
sodic soil	ナトリウム土壌
sodicity	ナトリウム化
sodium adsorption ratio；SAR	ナトリウム吸着比
sodium chloride	塩化ナトリウム
sodium hexametaphosphate；SHMP	ヘキサメタリン酸ナ

英和対訳リスト

トリウム
sodium hypochlorin 次亜塩素酸ナトリウム
sodium hypochlorite 次亜塩素酸ナトリウム
sodium sulfite 亜硫酸ナトリウム
softening 軟水化
soil aquifer treatment；SAT 土壌-帯水層処理［法］
soil depth 土壌深さ
soil effluent loading rate 土壌への処理水散水負荷
soil matrix 土壌マトリックス
soil organic matter 土壌有機物
soil particle 土粒子
soil permeability 土壌透水性
soil profile 土壌層位
soil structure 土壌構造
soil textural classes 土性分類
soil texture 土性
solar evaporation 天日乾燥
solar photolysis 光分解
solids contact 汚泥接触法
solids loading factor 固形物負荷
solids retention time；SRT 汚泥滞留時間，固形物滞留時間
solids separation device 固液分離装置
solids separation process 固形物分離プロセス
solid-state 固体型
solubility product 溶解度積
soluble microbial product；SMP 溶解性微生物代謝産物
soluble organic matter 溶解性有機物質
soluble salts 溶存塩
solute flux 溶質のフラックス
solute rejection 排除率
sorption 収着
source control 発生源管理
source separating system 排水分離システム
species 種
specific conductance 比伝導度
specific hand back condition 特定の返還条件
specific yield 比排出量
spiral wound スパイラル型
spiral wound membrane スパイラル型膜
split process flow 分岐処理フロー
split streaming スプリット・ストリーミング
split-plot design 区画分割法
spray dryer スプレードライヤ
sprinkler スプリンクラ
sprinkler fixture スプリンクラ装置
sprinkler irrigation スプリンクラ灌漑
sprinkler system スプリンクラシステム
SRT solid retention time 汚泥滞留時間，固形物滞留時間

SS suspended solid 浮遊物質
stabilization lagoon 安定化ラグーン
stabilization pond 安定池
stakeholders 利害関係者
standard electrode potential 標準電極電位
standard grating 標準的な格子
standards 規格基準
standby 予備機
State Revolving Fund 州リボルビング基金
static system analysis 静的解析
static tube aerator 静圧管エアレーション装置
steady-state 定常状態
steel pipe 鋼管
steelhead ニジマス
STEG septic tank effluent gravity 腐敗槽排水重力式
STEP septic tank effluent pump 腐敗槽排水ポンプ式
step-feed ステップ流入法
sterilization 滅菌
Stiff and Davis stability index；SDI スティフ-デービス安定度指数
stone fruit tree 石果類
Stone pine イタリアカサマツ
storage 貯留施設
storage facility 貯留［用］施設
storage reservoir 貯水池，貯留槽
storage tank 貯水槽
storage volume requirement 必要貯留量
stormwater runoff 雨水流出
strain 株
stratification 成層化
stress corrosion cracking 応力腐食割れ
stripping ストリッピング
study area 調査対象地域
stunting 発育阻害
subcolloidal particle サブコロイド
submersible pump 水中ポンプ
submerged attached growth process 浸漬型付着生物膜法
submerged membrane system 浸漬式膜ろ過
submerged perforated diffuser 浸漬型穴あき拡散板
submerged vegetation 沈水植物
subsequent sedimentation 二次沈殿
subsurface drip irrigation 地表下点滴灌漑
subsurface drip system 地表下点滴システム
subsurface drainage 地下排水
subsurface drainage system 地下排水システム
subsurface flow constructed wetland 浸透流型人工湿地
subsurface irrigation 地表下灌漑
subsurface irrigation system 地表下［の］灌漑システム
subsurface pipe drain 暗渠排水
subsurface soil treatment 土壌処理

subsurface-flow；SF　伏流式
suburban area　郊外
successive water use　逐次的水利用
sulfate　硫酸塩
sulfate content　硫酸塩濃度
sulfide　硫化物
sunk costs　埋没原価
supercritical oxidation　超臨界酸化
supplemental water well　補給水井戸
support feature　周辺施設
surface aerator　表面エアレーション装置
surface drainage　地表排水
surface drip irrigation　点滴灌漑
surface drip system　地表点滴システム
surface filters　表層ろ過
surface filtration　表層ろ過
surface flow constructed wetland　表流水型人工湿地
surface impoundment　地表貯水池
surface skimmer　表面スキマ
surface sprinkler　地表用スプリンクラ
surface water　表流水
surface water augmentation　表流水への補給
surface water bodies　表面水域
Surface Water Treatment Rule；SWTR　表流水処理規則
surge　サージ
survival of offspring　子世代の生存率
survival rate　生存率
suspended growth activated sludge reactor　浮遊増殖型活性汚泥法
suspended growth biological treatment　浮遊増殖型活性汚泥法
suspended growth biological reactor　浮遊増殖型活性汚泥法
suspended growth process　浮遊増殖型処理法
suspended growth treatment　浮遊増殖型処理法
suspended material　懸濁物質
suspended packing　浮遊型担体
suspended particle　懸濁粒子
suspended solid；SS　浮遊物質
suspended solids level　浮遊物質濃度
sustainable development　持続可能な開発
sustainable water resources management　持続可能な水資源マネジメント
sustainable water supply　持続的水供給
sustainability　持続［可能］性
SVI　sludge vilume index　汚泥容量指標
swamp　沼地
Sweet viburmum　スイートビバーナム
SWRP　satellite wastewater reclamation plant　サテライト型排水再生施設

SWTR　Surface Water Treatment Rule　表流水処理規則
symmetric membrane　対称膜
synergistic effects　相乗効果
synthetic organic chemicals；SOCs　合成有機化合物
synthetic organic compounds；SOCs　合成有機化合物
system reliability　システムの信頼性

【T】
TAC　technical advisory committee　技術的な諮問委員会
Taenia saginata　サナダムシ
tangible benefits　有形便益
tangible costs　有形費用
target value　目標値
TCA　1,1,1-trichloroethane　1,1,1-トリクロロウタン
TDS　total dissolved solids　全溶解性蒸発残留物
technical advisory committee；TAC　技術的な諮問委員会
technological capabilities　技術的な適用可能性
telemetry equipment　テレメータ
tensile stress　引張応力
tertiary quality effluent　三次処理水
tertiary treatment　三次処理
TFC　thin film composite　複合
TFC membrane　複合膜
thermocline　温度躍層
thermotolerant coliforms　熱耐性大腸菌群
thickener　濃縮タンク
thin film composite；TFC　複合
thin film composite membrane　複合膜
THMs　trihalomethanes　トリハロメタン［類］
threatened species　絶滅のおそれがある［生物］種
threshold salinity　塩分閾値
Title 22 regulations　Title 22 法
TKN　total Kjeldahl nitrogen　全ケルダール性窒素
TMDL　total maximum daily load　日最大汚濁負荷量
TMG　Tokyo Metropolitan Government　東京都
TMP　transmembrane pressure　膜間差圧
TOC　total organic carbon　全有機炭素
toilet and urinal flushing　トイレ水洗利用
Tokyo Metropolitan Government；TMG　東京都
tolerance　耐容性
tortuous path　屈曲経路
total annual cost　年間総費用
total chemical oxygen demand　全化学的酸素要求量
total chlorine　全［残留］塩素
total coliforms　大腸菌群
total daily dose　1日総摂取量
total dissolved solid；TDS　全溶解性蒸発残留物

英和対訳リスト

total dynamic head	全水頭
total hardness	全硬度
total Kjeldahl nitrogen；TKN	全ケルダール性窒素
total maximum daily loads；TMDL	日当り全汚濁負荷量
total organic carbon；TOC	全有機炭素
total resources recovery；TRR	水処理・資源回収施設
total suspended solids；TSS	全浮遊物質，全懸濁物質
toxic byproduct	毒性を持つ副生成物
toxicological studies	毒性に関する研究
toxicology	毒性学
trace constituent	微量物質，微量成分
trace element	微量元素
trace inorganic constituent	無機成分
trace material	微量物質
trace organic compound	微量有機物質
trace organic constituent	有機成分
trace organics	微量有機物
tracer	トレイサ
trans-basin diversions	流域を跨いだ分水
transfer efficiencies	溶解効率
transformation	変換
transformer	変圧器
transient flow method	非定常流法
transmembrane pressure；TMP	膜間差圧
transmissibility	伝達率
transmission and distribution pipeline	送配水管
transmission line	供給管
transmission pipeline	送水管
transmission system	送水システム
transmission pumping station	移送ポンプ場
transmissivity	透過率
transmittance	透過率
transpiration	蒸[発]散
transport	輸送
traveling bridge filter	移動ブリッジろ過
treatment barrier	処理バリア
treatment group	処理群
treatment process	処理プロセス
treatment process flow diagram	処理プロセスフロー
treatment process flow diagram	処理工程フロー図
treatment technologies	処理技術
treatment train	処理プロセスフロー
tree crop	樹木作物
trenche	溝
trichlonitromethane	トリクロロニトロメタン
1,1,1-trichloroethane；TCA	1,1,1-トリクロロエタン
Trichuris trichiora	鞭虫
trickling filter	散水ろ床[法]
trihalomethanes；THMs	トリハロメタン[類]
tri-media filter system	3種の担体によるろ過システム
trough	樋
TRR total resources recovery	水処理・資源回収施設
TSS total suspended solid	全浮遊物質，全懸濁物質
Tuberculation	錆瘤形成
tubular membrane	管型膜
turbidity	濁度
trubulent eddymizing	渦混合
turn out	分岐
turnout	分岐点
twig dieback	胴枯病
thymine	チミン
two-phase jet	二相ジェット
two-stage recarbonation	二段階再炭酸化
typhoid fever	腸チフス

【U】

UC uniformity coefficient	均等係数
UF ultrafiltration	限外ろ過
UJC Underground Injection Control	地下水注入制御規制
Ultimate degradation	完全分解
Ultrafiltration；UF	限外ろ過
ultrafiltration/reverse osmosis blended water quality	限外ろ過／逆浸透の混合水の水質
ultra-iow volume sprinkler	超少量スプリンクラ
ultraviolet dose	紫外線量
ultraviolet irradiation	紫外線照射，UV照射
ultraviolet light	紫外線，UV
ultraviolet radiation	紫外線照射，UV照射
unacceptable degradation	非許容分解
uncertainty factor	不確実性係数
unchlorinated secondary effluent	塩素添加前の二次処理水
unconfined aquifer	不圧帯水層
Underground Injection Control；UJC	地下水注入制御規制
uniform corrosion	全面腐食，均一腐食
Uniform Plumbing Code	UPC
uniformity coefficient；UC	均等係数
unit operation	単位操作
unit process	単位プロセス
unplanned indirect potable reuse	非計画的な間接的飲用再利用
unrestricted	非制限的
unrestricted access area	アクセス非制限地域
unrestricted irrigation	非制限的灌漑
unsaturated zone	不飽和帯
untreated wastewater	未処理の下水
unrestricted irrigation	非制限的灌漑
UPC Uniform Plumbing Code	
upflow submerged	上向流浸漬型
upgrade	改良

upstream type satellite system　上流型サテライトシステム
uracil　ウラシル
urban area　市街地
urban commercial uses　都市の商業利用
urban nonirrigation uses　都市の非灌漑利用
urban nonpotable uses　都市の非飲用利用
urban use of water　水の都市利用
urban water reuse　都市の再生水利用
urbanization　都市化
U.S.Army corp of Engineers　米国陸軍工兵隊
use area　利用区域
use area control　利用区域の管理
use-based　利用ベース
useful life　耐用期間
U.S.EPA Disinfection Byproducts Rule　EPA 消毒副生成物規則
U.S.EPA Surface Water Treatment Rule　EPA 表流水処理規則
UV　ultraviolet light　紫外線
UV disinfection　UV 消毒
UV dose　紫外線量
UV irradiation　紫外線照射
UV light　UV 照射

【V】

vacuum　吸引式
vacuum collection system　真空式集水システム
vacuum driven　吸引駆動
vacuum suction head　真空吸引ヘッド
vacuum swing adsorption；VSA　真空スイング吸着
vadose zone　不飽和層，通気帯
vadose zone infection well　通気帯注入井
valerite　方解石
validated dose　検証線量
validation test　検証試験
vapor compression evaporator system　蒸気圧縮式濃縮装置
vapor reheating process　蒸気再加熱プロセス
vapor-compression distillation　蒸気圧縮蒸留
vaporization　蒸発
variability　変動度
variable frequency drive；VFD　周波数制御装置
variable-speed operation　可変速制御
vector　媒介生物
Venturi injector　ベンチュリ注入装置
vertical turbing pump　立軸タービンポンプ
VFD　variable frequency drive　周波数制御装置
virus　ウイルス
VOCs　volatile organic chemicals　揮発性有機化合物
VOCs　volatile organic compounds　揮発性有機化合物

volatile organic chemicals；VOCs　揮発性有機化合物
volatile organic compounds；VOCs　揮発性有機化合物
volatile solid　揮発性固形分
volatile suspended solid；VSS　揮発性浮遊物質
volatilization　揮発
volumetric efficiency　体積効率
volumetric toll　水使用料に応じた徴収
VSA　vacuum swing adsorption　真空スイング吸着
VSS　volatile suspended solid　揮発性浮遊物質

【W】

waste biological sludge　余剰汚泥
waste discharge requirement　廃棄物排出規制，排水排出基準
waste sludg　排泥
waste stabilization pond　下水安定池
waste stream　排水
waste washwater　洗浄排水
waste water treatment plant　下水処理場
waste-activated sludge　余剰汚泥
wastewater　排水，下水，廃水
wastewater collection system　下水収集システム
wastewater discharge　下水放流水
wastewater parameter　下水パラメータ
wastewater reclamation plant；WRP　下水再生施設
water　水
water agency　水処理事業体
water application rate　水供給量
water conservation　節水
water credit　水クレジット
water demand　水需要
water demand management campaign　水需要管理運動
water depth measurement　水位計
water features　水を利用した施設
water flux rate　膜透過水フラックス
water from well field　井戸水
water hammer　水撃作用
Water hyacinth　ホテイアオイ
water infiltration rate　地下浸透率
water management　水管理
water matrix　水のマトリックス
water of electrical conductivity　水の電気伝導度
water pipeline　配水管
water ponding　湛水
water purification　水の浄化
water quality guidelines　水質ガイドライン
water quality impact　水質への影響
water quality issues　水質の問題
water quality monitoring requirements　水質監視必要項目
water quality parameters　水質パラメータ

1277

英和対訳リスト

water quality results　　水質試験結果
water quality testing and studies　　水質試験研究
water reclamation　　水[の]再生[処理]
water reclamation and reuse projects　　再生水利用事業
water reclamation facility；WRF　　水再生施設
water reclamation plant；WRP　　下水再生施設
water reclamation process　　水再生プロセス
water recycling　　水リサイクル，水の循環利用
Water Recycling Construction Program　　WRCP
water reuse　　水[の]再利用
water reuse applications　　再生水利用用途
water reuse regulations　　水の再利用の規則
water right　　水利権
water right piping　　水利権の配分
water rights law　　水利権法
water softener　　軟水剤
water storage requirement　　水貯留必要量
water supply reservoir　　水道用貯水池
water supply withdrawal　　水道取水点
water table　　地下水位
water treatment dam　　浄水場取水堰
water treatment plant　　浄水場
water utility　　水道事業体
waterbody　　水域
water-logging　　湛水害
water-pinch analysis　　水ピンチ解析
waterright piping　　水利権の配分
waters of the state　　州水域
watershed　　流域
weed　　雑草
weighted flap gate　　錘をつけた招き戸
welded joint　　溶接継ぎ手
wet oxidation　　湿式酸化
wet pit pumping station　　枡型ポンプ場
wet weather flow　　設計雨天時水量
wet-barrel　　湿式消火栓
wetland　　湿地
wetland mitigation　　湿地の損失の緩和策
wetland restoration　　湿地回復[措置]
wetland systems　　湿地システム
wetwell　　ポンプ枡
wheel roll and center pivot overhead sprinkler　　可動型回転頭上式スプリンクラ

WHO　　World Health Organization　　世界保健機関
whole animal health effects studies　　動物個体を用いた健康影響研究
whole animal health effects testing　　動物個体を用いた健康影響研究
whole animal test　　全動物試験
wicking　　毛管流
wicking system　　毛管流システム
Wild and Scenic Rivers Act　　野生及び景観河川法
wildlife habitat maintenance　　野生生物の生息域の保全
wind drift　　掃風
wind-driven water current　　吹送流
wiped-surface evaporation　　表面清掃式蒸発
withdrawal　　取水
withdrawal point　　取水点
woody plants　　樹木類
World Health Organization；WHO　　世界保健機関
working storage　　ピーク対応貯留容量
worth cost analysis　　費用分析
wound-rotor electric motor　　巻線形モータ
WRF　　water reclamation facility　　水再生施設
WRP　　wastewater reclamation plant　　下水再生施設

【X】

xenon　　キセノン
xenon chloride　　塩化キセノン
xenon lamp　　キセノンランプ
xeriscape　　乾景観

【Y】

years lived with a disability；YLDs　　障害生存年数
years of life lost；YLLs　　損失生存年数
Yersinia enterocolitica　　エルシニア・エンテロコリチカ
YLDs　　years lived with a disability　　障害生存年数
YLLs　　years of life losts　　損失生存年数
yuck factor　　不快要因

【Z】

zeolites　　ゼオライト[系]
zero liquid discharge；ZLD　　排水ゼロディスチャージ
zero-discharge requirement　　ゼロ排出要求
ZLD　　zero liquid discharge　　排水ゼロディスチャージ

水再生利用学
持続可能社会を支える水マネジメント

2010年11月5日　1版1刷　発行

定価はケースに表示してあります．

ISBN978-4-7655-3445-1 C3051

監訳者	監 訳 委 員 会
企画者	財団法人大阪市下水道技術協会
発行者	長　　滋　　彦
発行所	技報堂出版株式会社

〒101-0051
東京都千代田区神田神保町1-2-5
電　話　営業　(03) (5217) 0885
　　　　編集　(03) (5217) 0881
F A X　　　　(03) (5217) 0886
振替口座　　　00140-4-10
http://gihodobooks.jp/

日本書籍出版協会会員
自然科学書協会会員
工 学 書 協 会 会 員
土木・建築書協会会員
Printed in Japan

Ⓒ Takashi Asano , Shinichiro Ohgaki *et al.,* 2010

装幀　浜田晃一　印刷・製本　シナノ書籍印刷

落丁・乱丁はお取替えいたします．
本書の無断複写は，著作権法上での例外を除き，禁じられています．

原子番号と原子量[a]

元素名	記号	原子番号	原子量	元素名	記号	原子番号	原子量
アインスタイニウム(Einsteinium)	Es	99	(254)	テルビウム(Terbium)	Tb	65	158.9254
亜鉛(Zinc)	Zn	30	65.38	テルル(Tellurium)	Te	52	127.60
アクチニウム(Actinium)	Ac	89	227.0278	銅(Copper)	Cu	29	63.546
アスタチン(Astatine)	At	85	(210)	ドブニウム(Dubnium)	Db	105	(262)
アルゴン(Argon)	Ar	18	26.98154	トリウム(Thorium)	Th	90	232.0381
アルミニウム(Aluminum)	Al	13	39.948	ナトリウム(Sodium)	Na	11	22.98977
アメリシウム(Americium)	Am	95	(243)	鉛(Lead)	Pb	82	207.2
アンチモン(Antimony)	Sb	51	121.75	ニオブ(Niobium)	Nb	41	92.9064
硫黄(Sulfur)	S	16	32.06	ニッケル(Nickel)	Ni	28	58.70
イッテルビウム(Ytterbium)	Yb	70	173.04	ネオジム(Neodymium)	Nd	60	144.24
イットリウム(Yttrium)	Y	39	88.9059	ネオン(Neon)	Ne	10	20.179
イリジウム(Iridium)	Ir	77	192.22	ネプツニウム(Neptunium)	Np	93	237.0482
インジウム(Indium)	In	49	114.82	ノーベリウム(Nobelium)	No	102	(259)
ウラン(Uranium)	U	92	238.029	バークリウム(Berkelium)	Bk	97	(247)
エルビウム(Erbium)	Er	68	167.26	白金(Platinum)	Pt	78	195.09
塩素(Chlorine)	Cl	17	35.453	ハッシウム(Hassium)	Hs	108	(277)
オスミウム(Osmium)	Os	76	190.2	バナジウム(Vanadium)	V	23	50.9414
カドミウム(Cadmium)	Cd	48	112.41	ハフニウム(Hafnium)	Hf	72	178.49
ガドリニウム(Gadolinium)	Gd	64	157.25	パラジウム(Palladium)	Pd	46	106.4
カリウム(Potassium)	K	19	39.0983	バリウム(Barium)	Ba	56	137.33
ガリウム(Gallium)	Ga	31	69.72	ビスマス(Bismuth)	Bi	83	208.9804
カリホルニウム(Californium)	Cf	98	(251)	ヒ素(Arsenic)	As	33	74.9216
カルシウム(Calcium)	Ca	20	40.08	フェルミウム(Fermium)	Fm	100	(257)
キセノン(Xenon)	Xe	54	131.30	フッ素(Fluorine)	F	9	18.99840
キュリウム(Curium)	Cm	96	(247)	プラセオジム(Praseodymium)	Pr	59	140.9077
金(Gold)	Au	79	196.9665	フランシウム(Francium)	Fr	87	(223)
銀(Silver)	Ag	47	107.868	プルトニウム(Plutonium)	Pu	94	(244)
クリプトン(Krypton)	Kr	36	83.80	プロトアクチニウム(Protactinium)	Pa	91	231.0389
クロム(Chromium)	Cr	24	51.996	プロメチウム(Promethium)	Pm	61	(145)
ケイ素(Silicon)	Si	14	28.0855	ヘリウム(Helium)	He	2	4.00260
ゲルマニウム(Germanium)	Ge	32	72.59	ベリリウム(Beryllium)	Be	4	9.01218
コバルト(Cobalt)	Co	27	58.9332	ホウ素(Boron)	B	5	10.81
サマリウム(Samarium)	Sm	62	150.4	ボーリウム(Bohrium)	Bh	107	(262)
酸素(oxygen)	O	8	15.9994	ホルミウム(Holmium)	Ho	67	164.9304
ジスプロシウム(Dysprosium)	Dy	66	162.50	ポロニウム(Polonium)	Po	84	(209)
シーボーギウム(Seaborgium)	Sg	106	(263)	マイトネリウム(Meitnerium)	Mt	109	(278)
臭素(Bromine)	Br	35	79.904	マグネシウム(Magnesium)	Mg	12	24.305
ジルコニウム(Zirconium)	Zr	40	91.22	マンガン(Manganese)	Mn	25	54.9380
水銀(Mercury)	Hg	80	200.59	メンデレビウム(Mendelevium)	Md	101	(258)
水素(Hydrogen)	H	1	1.0079	モリブデン(Molybdenum)	Mo	42	95.94
スカンジウム(Scandium)	Sc	21	44.9559	ユウロピウム(Europium)	Eu	63	151.96
錫(Tin)	Sn	50	118.69	ヨウ素(Iodine)	I	53	126.9045
ストロンチウム(Strontium)	Sr	38	87.62	ラザホージウム(Rutherfordium)	Rf	104	(261)
セシウム(Cesium)	Cs	55	132.9054	ラジウム(Radium)	Ra	88	226.0254
セリウム(Cerium)	Ce	58	140.12	ラドン(Radon)	Rn	86	(222)
セレン(Selenium)	Se	34	78.96	ランタン(Lanthanum)	La	57	138.9055
ダームスタチウム(Darmstadtium)	Ds	110	(281)	リチウム(Lithium)	Li	3	6.941
タリウム(Thallium)	Tl	81	204.37	リン(Phosphorous)	P	15	30.97376
タングステン(Tungsten)	W	74	183.85	ルビジウム(Rubidium)	Rb	37	85.4678
炭素(Carbon)	C	6	12.011	ルテチウム(Lutetium)	Lu	71	174.97
タンタル(Tantalum)	Ta	73	180.9479	ルテニウム(Ruthenium)	Ru	44	101.07
チタン(Titanium)	Ti	22	47.90	レニウム(Rhenium)	Re	75	186.207
窒素(Nitrogen)	N	7	14.0067	レントゲニウム(Roentgenium)	Rg	111	(284)
ツリウム(Thulium)	Tm	69	168.9342	ロジウム(Rhodium)	Rh	45	102.9055
テクネチウム(Technetium)	Tc	43	(97)	ローレンシウム(Lawrencium)	Lr	103	(260)
鉄(Iron)	Fe	26	55.847				

[a] *Pure Applied Chemistry*, Vol. 47, p.75, 1976.